August Husemann

Die Pflanzenstoffe in chemischer, physiologischer und toxikologischer Hinsicht

Zweiter Band

Verlag
der
Wissenschaften

August Husemann

Die Pflanzenstoffe in chemischer, physiologischer und toxikologischer Hinsicht

Zweiter Band

ISBN/EAN: 9783957004260

Auflage: 1

Erscheinungsjahr: 2015

Erscheinungsort: Norderstedt, Deutschland

© Verlag der Wissenschaften in Vero Verlag GmbH & Co. KG. Alle Rechte beim Verlag und bei den jeweiligen Lizenzgebern.

Webseite: http://www.vdw-verlag.de

Cover: Foto ©Susanne Schmich / pixelio.de

Die

Pflanzenstoffe

in

chemischer, physiologischer, pharmakologischer
und toxikologischer Hinsicht.

Für Aerzte, Apotheker, Chemiker und Pharmakologen

bearbeitet

von

Dr. Aug. Husemann,
Professor der Chemie an der Kantonschule in Chur,

Dr. A. Hilger,
o. Professor an der Universität Erlangen,

und

Dr. Theod. Husemann,
Professor der Medicin an der Universität Göttingen.

Zweite völlig umgearbeitete Auflage.

In zwei Bänden.

Zweiter Band.

Berlin.
Verlag von Julius Springer.
1884.

Inhalt des zweiten Bandes.

a. **Papaveraceae.**

Papaver.

Die Gattung Papaver, speciell die Species Papaver somniferum, zeigt in ihren Bestandtheilen ausserordentliche Mannigfaltigkeit. Vor allem ist es der getrocknete Milchsaft der unreifen Früchte, das Opium, welches eine äusserst complicirte Zusammensetzung hat. Bis jetzt sind darin nachgewiesen:

Alkaloide: von Hesse Rhoeadin, Protopin, Codamin, Hydrocotarnin, Laudanin, Lanthopin, Meconidin, Laudanosin; von Robiquet Codeïn; von Sertürner Morphin; von T. u. H. Smith Cryptopin und Gnoscopin (?); von Pelletier Narceïn; von Derosne Narcotin; von Beckett u. Wright Oxynarcotin; von Merk Papaverin; von Pelletier u. Thiboumćry Oxymorphin; von Thiboumćry Thebaïn; ferner indifferente Stoffe, Meconin und Meconiasin. Die Alkaloide sind besonders an Schwefelsäure oder Meconsäure gebunden, theils auch wohl frei vorhanden (Narcotin). Unter den übrigen Bestandtheilen sind zu erwähnen Pflanzenschleim, Eiweiss, pectinähnliche Körper, kautschukähnliche Substanz, Fett, Wachs (nach Hesse Cerotinsäureester und Palmitinsäureester des Cerotyls), flüchtige Stoffe, auch wohl Ammoniumsalze, etwas Zucker. Der Gehalt an Mineralbestandtheilen beträgt zwischen 3 und 5 %, vorwiegend Sulfate des Calciums und Magnesiums. — Die Grenzzahlen hinsichtlich der Mengen der im Opium enthaltenen Alkaloide lassen sich wohl folgendermassen feststellen: Morphin 2,7—22,8 %, im Durchschnitt zwischen 10 und 14 %, Codeïn 0,2—8 %, Thebaïn 0,2 – 0,5 %, Narcotin 2—10 %, durchschnittlich 4—6 %, Narceïn 0,1—04, Papaverin 0,5—1 %.

Alkaloide des Opiums. Literatur: Darstellung der Alkaloide, speciell Morphin. Derosne, Ann. Chim. **45.** 257. — Seguin, Ann. Chim. **92.** 225. — Sertürner, Trommsdorff's Journ. Pharm. **13.** 1. 234; **14.** 1. 47; **20.** 99; auch Gilbert's Ann. Phys. **55.** 61; **57.** 192; **59.** 50. — Robiquet, Ann. Chim. Phys. **5.** 275; **51.** 232. Journ. Pharm. (2) **19.** 63 u. 160; **25.** 82. — Pelletier, Ann. Chim. Phys. (2) **50.** 240; **63.** 185. Journ. Pharm. (2) **21.** 557; **26.** 164. — Hottot, Journ. Pharm. (2) **10.** 475. — Robinet, Journ. Pharm. (2) **13.** 24. — Merck, Magaz. Pharm. **13.** 142. Trommsdorff's N. Journ. Pharm. **20.** 1. 134. Ann. Chem. Pharm. **18.** 79; **21.** 202; **24.** 46. — Mohr, Ann. Chem. Pharm. **35.** 120. — Liebig, Poggend. Annal. **21.** 16. Ann. Chem. Pharm. **26.** 42. — Duflos, Trommsdorff's N. Journ. Pharm. **10.** 1. 3. Schweigger's Journ. Chem. Phys. **61.** 105. Arch. Pharm. (2)·**39.** 68. — Robertson, Journ. Pharm. (2) **19.** 158. — Gregory, Ann. Chem. Pharm. **7.** 261. — Herzog, Arch.

Pharm. (2) **33.** 158. — Riegel, Jahrb. Pharm. **23.** 202. — Anderson, Ann. Chem. Pharm. **86.** 180. — De Vrij, Journ. Pharm. (3) **17.** 439. — Guillermond, Journ. Pharm. (3) **16.** **17.** — Laurent und Gerhardt, Journ. Pharm. (3) **14.** 302. — Arppe, Ann. Chem. Pharm. **55.** **96.** Journ. pract. chem. **53.** 332. — Elderhorst, Ann. Chem. Pharm. **74.** 80. — How, Chem. Soc. Qu. Journ. **6.** 125. Edinb. New Phil. Journ. 1855. **1.** 47. — O. Hesse, Berl. Ber. **4.** 693. Ann. Chem. Pharm. 8 Suppl. 261. Ann. Chem. Pharm. **176.** 189 und **153.** 47. Jahresber. Pharm. 1875, 343. — Bley & Diesel, Arch. Pharm. (2) **39.** 440. — Beilstein, organ. Chem. **2.** 1943—1963.

Prüfung des Opiums auf Morphin und andere Alkaloide: Guillermond, Journ. pharm. chim. (4) **6.** 102. — Rousille, Bullet, soc. chim. (2) **6.** 104. — Guibourt, Journ. Pharm. (3) **41.** 5. — J. E. Schacht, Arch. Pharm. (2) **114.** 118. — Hager, Pharmac. Centrlb. 1864. 223. — C. Schacht, Arch. Pharm. (2) **125.** 50. — Kieffer, Ann. Chem. Pharm. **103.** 271 maassanalytisch. — Fleury, Journ. Pharm. chim. (4) **6.** 99 maassanalytisch. — Rother, Chicago Pharmacist, **4.** 145. Jahresb. Pharm. 1871. 116. — Schlosser, Ebendas. 118. — Procter, Americ. Journ. Pharm. (4) **1.** 65. — Stein, Jahresb. Pharm. 1869. 107. — Miller, Pharmac. Journ. Trans. (3) **2.** 465. — Heintz, Arch. Pharm. 200. 37. — Jacobson, Jahresb. Pharm. 1871. 118. — C. Arnoldi, Russ. Zeitschr. Pharm. 1873. 641. — Fricker, Dragendorff's Werthbestimmung scharf wirkender Droguen. 1874. 126. — E. F. Tischemacher, Chem. News. **35.** 47. — F. A. Flückiger, Pharm. Zeit. 1879. Nr. 57. — E. Mylius, Arch. Pharm. (3) **15.** 310. — Van der Burg, Jahresb. Pharmac. 1879. 183. — H. J. Müller, Ebendas. 185. — Yvon, Ebendas. 185. — A. Prescott, Proceedings of the Americ. pharm. Associat. 807. 1879. — Portes & Landlis, Pharm. Zeit. 1881. Nr. 84. — E. Buri, Zeitschr. anal. Chem. 1878. 185. — C. Schneider, Arch. Pharm. **19.** 87. 1883. — Siersch, Jahrsb. Pharm. 1870. 193. — Cleaver, Jahrsb. Pharm. 1876. 175. —

Darstellung des Morphins mit Berücksichtigung der übrigen Alkaloide:

Darstellung der Opiumalkaloide, speciell des Morphins.

Die Darstellung des Morphins ist durch das gleichzeitige Vorkommen anderer Alkaloide im Opium erschwert. Die zahlreichen in Vorschlag gebrachten Darstellungsmethoden unterscheiden sich von einander in der Wahl des zum Ausziehen des Opiums benutzten Lösungsmittels, ferner darin, wie das Morphin aus der erhaltenen Lösung gefällt und die Beimengung der begleitenden Basen verhindert wird und endlich in der Art und Weise der schliesslichen Reinigung.

Bezüglich der Extraction des Morphins aus dem Opium sind Mohr, Biltz und Andere der Meinung, dass Wasser, sowohl kaltes wie kochendes, dem Opium in der Regel alles Morphin entzieht. Hiernach ist die Anwendung von säurehaltigem Wasser oder Weingeist nicht nur überflüssig, sondern sogar insofern nachtheilig, als diese Lösungsmittel den grössten Theil des Narcotins in Lösung bringen, was reines Wasser nicht thut. Nach de Vrij geht indess nicht bei jedem Opium alles Morphin in Lösung und schon Sertüner und Berzelius fanden, dass dem mit Wasser erschöpften Opium Säure noch etwas Morphin entzieht. Die Extraction mittelst verdünnter Salzsäure soll ausserdem nach Bley und Diesel den Vortheil gewähren, dass dabei Koliren und Pressen leichter zu bewerkstelligen ist. Von Robinet wurde Ausziehen mit kochsalzhaltigem Wasser empfohlen, um das in Kochsalzlösung unlösliche Narcotin vollständig im Rückstande zu behalten.

Zur Fällung des Morphins aus dem Opiumauszuge wandte schon Sertürner Ammoniak an, dem noch jetzt im Allgemeinen der Vorzug gegeben wird. Doch ist zu beachten, dass dasselbe im Ueberschuss zugesetzt werden muss, wenn nicht neben freiem Morphin auch mekonsaures Morphin niedergeschlagen werden soll. Da aber dieser Ueberschuss einen Theil des Morphins gelöst erhält, so muss derselbe durch Abdunsten bei etwa 50° wieder entfernt werden. Wird zu dem conc. wässrigen Opiumauszug noch warm anfangs nur wenig Ammoniak gesetzt, so scheidet sich nach einigem Stehen ein braunes Weichharz mit fast allem Narcotin und nur sehr wenig Morphin ab; aus dem Filtrat scheidet sich nun auf ferneren Ammoniakzusatz das Morphin bei weitem reiner ab (Hottot. Merck).

Robiquet fällte statt mit Ammoniak mit Magnesia, aber mehr um zu beweisen, dass die alkalische Reaction der gefällten Base nicht von einem Ammoniakgehalt herrühre. — Einfach kohlensaure Alkalien fällen das Morphin vollständig, doppeltkohlensaure dagegen wohl das Narcotin, aber nicht das Morphin; letzteres kommt erst dann zur Ausscheidung, wenn das Bicarbonat durch längeres Kochen der Flüssigkeit in anderthalbfach kohlensaures Salz verwandelt ist (Duflos). — Aetzende Alkalien und alkalische Erden bringen bei überschüssiger Anwendung das anfangs gefällte Morphin (nicht das Narcotin) wieder in Lösung, das dann auf Zusatz einer genügenden Menge Salmiak krystallinisch wieder abgeschieden wird (Thiboumery. Mohr).

Abgesehen von beigemengtem Harz und Farbstoff kann das mittelst Ammoniak gefällte unreine Morphin mit Narcotin, sowie mit kleinen Mengen Thebaïns und Papaverins verunreinigt sein. Zur Beseitigung des Narcotins kann man das rohe Morphin im feingepulverten Zustande mit Aether oder Aetherweingeist ausziehen, wodurch nur das Narcotin gelöst wird — oder es mit Wasser unter Zusatz von Essigsäure bis zur schwach sauren Reaction behandeln, wobei Morphin gelöst wird und Narcotin im Rückstande bleibt (Pelletier. Robiquet. Merck) — oder es in Salzsäure lösen und die Lösung durch Eindampfen krystallisiren, worauf salzsaures Morphin herauskrystallisirt, dagegen das Narcotin in der Mutterlauge bleibt (Lange. Wittstock) — oder die salzsaure Lösung mit einem grossen Ueberschuss von conc. Salzsäure versetzen, wodurch salzsaures Morphin krystallinisch gefällt wird (Hirzel, Zeitschr. Pharm. 1851. 6) — oder durch Zusatz von überschüssigem Aetzkali zur salzsauren Lösung des Narcotin fällen und das Morphin aus dem Filtrat durch Salmiak niederschlagen (Robiquet. Wittstock) — oder endlich das mit Wasser gewaschene Gemenge mit wässrigem Kupfervitriol in geringem Ueberschuss behandeln, wobei nur das Morphin als Sulfat in Lösung geht, aus der es nach Entfernung des Kupfers mittelst Schwefelwasserstoff durch Ammoniak gefällt wird (de Vrij). — Bei der Entfärbung gefärbter Morphinlösungen mit Thierkohle ist zu beachten, dass diese stets Morphin aufnimmt; saure wässrige Lösungen sind leichter zu entfärben als weingeistige.

Darstellung nach Sertürner, Hottot und Merck;

Sertürner erschöpfte das Opium zur Darstellung des Morphins mit heissem destillirtem Wasser, concentrirte durch Eindampfen, fällte mit Ammoniak und reinigte das ausgeschiedene unreine Morphin durch Waschen mit kaltem Wasser und wiederholtes Umkrystallisiren. Da das so gewonnene Morphin stets Narcotin enthält, so empfehlen Hottot und Merck, wie schon oben angedeutet, ein Vorabfällen des Narcotins und des begleitenden Harzes durch wenig Ammoniak, um dann nach geschehener Filtration durch weiteren Ammoniakzusatz reineres Morphin niederzuschlagen. Dabei ist indess kaum zu vermeiden, dass etwas Morphin in den ersten Niederschlag übergeht. — nach Merck; Nach einem anderen von Merck angegebenen Verfahren wird Opium mit kaltem Wasser bis zur Erschöpfung extrahirt. Die vereinigten Auszüge werden in gelinder Wärme bis zur Syrupsconsistenz eingedampft und dann noch warm so lange mit gepulvertem kohlensaurem Natron versetzt, als noch Ammoniakentwicklung stattfindet. Das nach 24 Stunden ausgeschiedene unreine Morphin wird erst mit kaltem Wasser, dann nach dem Trocknen mit kaltem Weingeist von 0,85 specif. Gew. gewaschen, wie oben angegeben mittelst Essigsäure vom Narcotin getrennt und aus der durch Thierkohle entfärbten essigsauren Lösung durch Ammoniak niedergeschlagen.

nach Duflos; Duflos versetzt den kalt bereiteten wässrigen Opiumauszug mit $^1/_8$ vom Gewicht des Opiums an zweifach-kohlensaurem Kali, filtrirt nach einiger Zeit den Narcotin enthaltenden Niederschlag ab, kocht das Filtrat, so lange noch Kohlensäure entweicht und reinigt das nach 24 Stunden abgeschiedene rohe Morphin durch Abspülen mit Wasser, Auflösen in schwachem schwefelsäurehaltigen Weingeist und Niederschlagen mit schwach überschüssigem Ammoniak. Dabei bleiben das Narcotin und andere Verunreinigungen in der weingeistigen Flüssigkeit, während das Morphin allmälig fast vollständig herauskrystallisirt.

nach Wittstock; Wittstock zieht das Opium warm mit einer Mischung von 1 Th. Salzsäure und 32 Th. Wasser aus, versetzt mit dem 4fachen Gewicht des Opiums an Kochsalz, um das Narcotin abzuscheiden und fällt die nach mehrtägigem Stehen klar abgegossene Flüssigkeit unter Einhaltung der oben angegebenen Cautelen mit Ammoniak. Die Reinigung wird durch Waschen mit Wasser, Auflösen in Weingeist, Abfiltriren des ungelöst Bleibenden, Abdestilliren des Lösungsmittels, Binden an Salzsäure und endliche Zersetzung des umkrystallisirten salzsauren Salzes mit Ammoniak bewirkt.

nach Mohr; Als eine der vorzüglichsten muss die von Mohr angegebene Darstellungsmethode bezeichnet werden. Man kocht 1 Theil in Scheiben zerschnittenes Opium etwa eine halbe Stunde mit 3 Th. Wasser und wiederholt diese Operation nach dem Coliren und Auspressen noch zweimal mit frischem Wasser, concentrirt die vereinigten Auszüge durch Eindampfen auf die Hälfte und kocht sie kurze Zeit nach Zusatz von $^1/_4$ Th. in Kalkbrei verwandelten Aetzkalks. Hierauf colirt man durch Leinwand, presst den Rückstand und kocht ihn noch zweimal mit Wasser aus. Die gewonnenen kalkhaltigen Flüssigkeiten werden auf das Doppelte vom Gewicht des Opiums eingeengt, mit $^1/_{10}$ Th. Salmiak versetzt und damit etwa eine Stunde, oder so lange noch Ammoniak entweicht, im Sieden erhalten. Nach acht Tagen wird das in braunen Körnern angeschossene Morphin gesammelt und etwas mehr davon noch durch Eindampfen und Stehenlassen der Mutterlauge gewonnen. Zur Reinigung empfiehlt Herzog, es in kalter Kalilauge zu lösen, die Lösung mittelst Thierkohle zu entfärben und darauf durch Salmiak wieder zu fällen.

nach Robertson-Gregory. Sehr empfehlenswerth ist auch das von Robertson herrührende und von Gregory und Robiquet verbesserte Verfahren, namentlich für den Fall, dass auch die wichtigsten der übrigen Bestandtheile des Opiums gewonnen werden sollen. Zerschnittenes Opium wird mit Wasser von 38° erschöpft, der Auszug unter Zusatz von gepulvertem Marmor zur Syrupsdicke verdunstet und nach weiterem Zusatz von überschüssigem Chlorcalcium einige Minuten gekocht. Nun wird mit Wasser verdünnt, das sich ausscheidende Harz abfiltrirt, das Filtrat auf's Neue mit etwas Marmor abgedampft, der abgesetzte mekonsaure Kalk entfernt und endlich zum Syrup eingeengt. Dieser erstarrt nach einigen Tagen zu einem Brei von Krystallen, welche man durch Auspressen von der schwarzen Mutterlauge möglichst befreit und durch Umkrystallisiren und Behandlung mit Thierkohle reinigt. Sie sind ein Gemenge von salzsaurem Morphin und Codeïn, aus dessen wässriger Lösung Ammoniak nur das Morphin fällt.

Darstellung sämmtlicher wichtiger Opiumbestandtheile. Anderson.

Auf diesem Verfahren weiter bauend, hat Anderson einen Weg angegeben, um auch die Mehrzahl der anderen Opiumbestandtheile zu gewinnen. Nachdem aus der Lösung des Salzgemenges von Morphin und Codeïn das Morphin durch Ammoniak gefällt und abfiltrirt worden ist, wird durch Eindampfen und Kochen mit Kalilauge das Codeïn abgeschieden. — Die vom salzsauren Morphin und Codeïn abgepresste Mutterlauge enthält einen Theil des Narcotins, ferner das Thebaïn, Narceïn, Papaverin und das stickstofffreie Meconin. Man verdünnt sie mit Wasser und fällt mit Ammoniak. Im Niederschlage befindet sich das Narcotin, das Thebaïn und ein Theil des Papaverins, im Filtrat das Narceïn, etwas Papaverin und das Meconin. Der Niederschlag wird mit Weingeist ausgekocht, aus dem sich beim Erkalten das Narcotin begleitet von Papaverin abscheidet. Man wäscht das Abgeschiedene mit wenig kaltem Weingeist, rührt es mit conc. Kalilauge an, wäscht dann mit Wasser und krystallisirt wiederholt aus Weingeist um. Die erhaltenen Krystalle sind reines Narcotin und die davon getrennten Mutterlaugen enthalten das Papaverin. Um dieses von dem gelöst gebliebenen Narcotin zu trennen, bringt man sie zur Trockene und behandelt den Rückstand wiederholt mit Essigsäure, die nur das Papaverin löst, das aus der Lösung durch Ammoniak gefällt und aus kochendem Weingeist umkrystallisirt wird. — Die vorwiegend Thebaïn enthaltende weingeistige Flüssigkeit, aus welcher die ursprüngliche Narcotin-Papaverin-Krystallisation gewonnen war, wird eingedunstet und ihr Rückstand in heisser verdünnter Essigsäure aufgenommen. Aus der essigsauren Lösung lassen sich nun etwas mit in Lösung gegangenes Harz, nebst Narcotin und Papaverin durch Bleiessig ausfällen, worauf dann nach Entfernung des Bleis mittelst Schwefelsäure das Thebaïn durch Ammoniak abgeschieden werden kann. — Die Flüssigkeit, welche das Narceïn neben Papaverin und Meconin enthält, wird mit neutralem essigsaurem Blei ausgefällt und das mittelst Schwefelsäure vom Blei befreite Filtrat nach Uebersättigung mit Ammoniak in gelinder Wärme verdunstet, bis auf der Oberfläche Häutchen erscheinen, worauf in der Kälte innerhalb einiger Tage das Narceïn herauskrystallisirt. Durch Eindampfen conc. Mutterlauge kann durch Ausschütteln mit Aether der Rest des Papaverins und das Meconin entzogen werden. Diese lassen sich durch Salzsäure trennen, welche nur das Papaverin löst. —

Arbeiten von O. Hesse.

O. Hesse, der sich wiederholt und eingehend mit der Untersuchung des Opiums, speciell der Mutterlaugen beschäftigt hat, welche nach Abscheidung des salzsauren Morphin, Codeïn und Pseudomorphin bleiben, giebt eingehenden Bericht hierüber, der im Wesentlichen folgende Gesichtspunkte feststellt. (Ann. Chem. Pharm. **153** und Supplem. 8.) Die Mutterlaugen, mit heisem Wasser verdünnt, werden mit überschüssigem Ammon gefällt. (Ammon löst im Ueberschusse fast sämmtliche der in der Mutterlauge noch vorhandenen Alkaloide.) Es fällt hierbei eine harzige Masse aus, die noch wenig Lanthopin enthält, während das klare Filtrat die übrigen Alkaloide gelöst enthält, welche wiederholt mittelst Aether ausgeschüttelt werden, aus der mittelst verdünnter Essigsäure die Alkaloide als Acetale aufgenommen werden. Diese Lösung wird mit überschüssiger Natronlauge versetzt, in Lösung bleiben Lanthopin, Laudanin, Cryptopin, Meconidin, Codamin, im Niederschlag sind enthalten Papaverin, Narcotin, Thebaïn, Cryptopin, Laudanosin, Protopin, Hydrocotarnin. Zur Isolirung der Alkaloide in dem durch Natronlauge erhaltenen Filtrate wird mit Salzsäure bis zur beginnenden Trübung versetzt, mit Salmiak ausgefällt und mit Aether die freien Basen aufgenommen, welche wieder an verdünnte Essigsäure gebunden werden. Diese Lösung, vorsichtig, mit Ammoniak neutralisirt, scheidet nach 24 stündigem Stehen Lanthopin ab; das Filtrat hiervon wird mit Ammon gefällt. Dieser Niederschlag wird in heissem Alkohol gelöst, der beim Erkalten ein Gemenge von Laudanin und Cryptopin abscheidet.

Trennung von Laudanin und Cryptopin.

Zur Trennung dieser beiden Alkaloide benutzt man die essigsaure Lösung der beiden, die in überschüssige verdünnte Natronlauge eingegossen wird, wodurch das Cryptopin fällt, das beim Stehen krystallinisch wird. Das Filtrat, das Laudanin enthaltend, wird mit Salmiak versetzt, das ausgeschiedene Laudanin in Essigsäure gelöst und mit Kaliumjodid ($^1/_2$ des Gewichtes vom Niederschlage, der in Essigsäure gelöst wurde) versetzt, wodurch Laudaninjodhydrat zur Abscheidung gelangt und zwar als weisses, krystallinisches Pulver, aus dem mittelst Ammon leicht die Base frei gemacht werden kann. —

Die alkoholische Mutterlauge, aus welcher das Gemenge von Laudanin und Cryptopin sich abgeschieden hatte, enthält noch Meconidin und Codamin, welche nach Verdunsten des Alkoholes leicht von Aether aufgenommen werden.

Codamin.

Die Abscheidung des Codamins gelingt ebenfalls mittelst Jodkalium aus der essigsauren Lösung der Basen, wobei ein Zusatz von Silbernitrat die Ausscheidung von Codaminjodhydrat beschleunigt, aus welchem ebenfalls leicht das reine Codamin abgeschieden werden kann. — Die Verarbeitung des oben durch Natronlauge erhaltenen Niederschlages (Papaverin, Thebaïn etc. enthaltend) geschieht in nachstehender Weise: Der feinzertheilte Niederschlag wird mit verdünntem Alkohol digerirt, allmälig verdünnte Essigsäure bis zur schwach sauren Reaction zugesetzt, hierauf mit dem 3 fachen Volumen heissen Wassers vermischt und bei 50° einige Zeit stehen gelassen. Es scheidet sich eine krystallinische Masse, ein Gemenge von Narcotin und Papaverin aus. (Papaverin neutralisirt die Essigsäure nicht vollständig.)

Trennung des Papaverins von Narcotin.

Dieses Gemenge, wiederholt aus heissem Alkohol umkrystallisirt, wird mit $^1/_3$ Oxalsäure gelöst und diese Lösung concentrirt, wobei sich saures oxalsaures Papaverin abscheidet, während das Narcotinsalz in der Mutterlauge bleibt, und daraus mit Ammon abgeschieden werden kann. —

Thebaïn

Das Filtrat, von dem Gemenge von Narcotin und Papaverin erhalten, scheidet nun nach Zusatz von pulverisirter Weinsäure Thebaïnbitartrat ab. (Das beigemengte Cryptopin könnte auch zuerst mit Salzsäure abgeschieden werden.) Nach Trennung dieser wird mit Ammon neutralisirt und hierauf 3% von dem Gewichte der Flüssigkeit Natriummonocarbonat zugesetzt und zur Abscheidung einer pechähnlichen schwarzen Masse 8 Tage bei Seite gestellt. Die klar abgegossene Flüssigkeit wird mit Ammon versetzt, das eine harzige Masse abscheidet, welche durch Filtration getrennt wird. Das Filtrat wird zunächst mit Benzin ausgeschüttelt, welches letztere nun zur Extraction des durch Ammon erhaltenen harzigen Niederschlages in der Siedhietze benutzt wird. Diese Benzinlösung, auf 40° erkalten gelassen, wird vom ungelösten Rückstande abgegossen, mit einer wässrigen Lösung von Mononatriumcarbonat ausgeschüttelt, einer niederen Temperatur ausgesetzt, wobei sich Laudanosin in Krystallen ausscheidet und zuletzt aus der hier erhaltenen Benzinmutterlauge, nach Trennung der Laudanosinkrystalle, durch vorsichtiges Einleiten von Salzsäuregas salzsaures Hydrocotarnin abgeschieden.

Laudanosin.

Hydrocotarnin.

Der in Benzin unlösliche Theil, der das Cryptopin und Protopin enthält, wird in verdünnter Salzsäure oder Essigsäure gelöst. Die Trennung dieser beiden Alkaloide gründet sich entweder auf die schwerere Löslichkeit des Cryptopinbioxalates gegenüber dem Protopinbioxalate oder auf die Fähigkeit der beiden, mit concentrirter Salzsäure schwerlösliche Chlorhydrate zu bilden, von welchen das Protopinchlorhydrat aus verdünnt salzauren Lösungen sich auf Zusatz von concentrirter Salzsäure zuerst abscheidet, allerdings nie rein, stets gemengt mit Cryptopin.

Cryptopin u. Protopin.

Bestimmung des Gehaltes an Morphin in den Opiumsorten des Handels.

Die Bedeutung der Werthbestimmung des Opiums zum Zweck der Darstellung des Morphins für die chemische Industrie, nicht minder für die pharmaceutische Praxis, veranlasst eine kurze Uebersicht über dieses Gebiet. —

Ein sehr viel benutztes, indess wohl nicht allzu genaues Verfahren ist das 1849 von Guillermond angegebene und neuerdings von ihm verbesserte. Man zerreibt 15 Grm. zerschnittenes Opium mit 120 Cub.-Cent. 70 proc. Weingeist, filtrirt nach einiger Zeit, bringt 80 Cub.-Cent. des Filtrats (10 Grm. Opium entsprechend) in einem weithalsigen Stöpselglase mit 2 Grm. Ammoniakflüssigkeit in der Weise zusammen, dass man diese, ohne zu vermischen, mit einer ausgezogenen Pincette auf den Boden des Gefässes fliessen lässt, und überlässt nun 36 Stunden der Ruhe. Es hat sich alsdann das Morphin in ziemlich grossen röthlichen harten Krystallen an die Glaswand angesetzt, überlagert von den feinen leichten Nadeln des Narcotins. Man sammelt den Absatz, wäscht ihn etwas mit Wasser und vertheilt ihn darauf in Wasser, um das sich rasch absetzende Morphin von dem suspendirt bleibenden Narcotin zu decantiren. Riegel trennt statt dessen das mitgefällte Narcotin durch Ausziehen mit Aether oder Chloroform, während de Vrij die oben angeführte Trennung mittelst Kupfervitriol empfiehlt. — Roussille empfiehlt 15 Grm. Opium in 25 Grm. kochenden Wassers zu vertheilen, dann eine Stunde mit 60 Grm. 40grädigen Weingeists zu digeriren, den nach dem Coliren durch Leinwand bleibenden Rückstand nochmals in gleicher Weise mit 10 Grm. Wasser und 60 Grm. Weingeist zu behandeln und endlich noch mit 50 Grm. absoluten Weingeists auszukochen. Die vereinigten, nach dem Erkalten filtrirten Auszüge werden auf ein Drittel eingedampft und kalt nochmals filtrirt. Dann werden sie nach Zusatz von 10 Grm. Ammoniakflüssigkeit 3 Tage über Schwefelsäure verdunstet, worauf das auskrystallisirte Morphin mit Aether und Wasser gewaschen, getrocknet und gewogen wird. — Von Guibourt wurde bei seinen zahlreichen Untersuchungen des Opiums das folgende von ihm vorgeschlagene Verfahren benutzt. Das aus 20—30 Grm. Opium mittelst kalten Wassers bereitete Extract wird wieder in kaltem Wasser gelöst, und die filtrirte Lösung mit einem geringen Ueberschuss von Ammoniak versetzt. Der nach 36 Stunden abgesetzte Niederschlag wird erst mit kaltem Wasser, dann mit 40—50 proc. Weingeist gewaschen und endlich aus kochendem 85 proc. Weingeist um-

Bestimmung des Morphins nach Guillermond; nach Roussille; nach Guibourt;

nach J. E. Schacht; krystallisirt. — Eine sehr empfehlenswerthe Methode ist diejenige von J. E. Schacht. Man rührt 5—10 Grm. des abgetrockneten Opiumpulvers mit destillirtem Wasser zu einem dünnen Brei an, filtrirt nach 24 Stunden durch ein gewogenes Filter ab, behandelt den Rückstand nochmals in gleicher Weise mit Wasser und wäscht ihn dann so lange auf dem Filter aus, bis die ablaufende Flüsssigkeit fast farb- und geschmacklos ist. Der auf dem Filter gebliebene Rückstand darf nach dem Trocknen bei 100° bei einem guten Opium nicht mehr als 40 % desselben betragen. Die erhaltenen wässrigen Flüssigkeiten werden im Wasserbade bis auf das fünffache Gewicht vom angewandten Opium verdunstet, nach dem Erkalten filtrirt und mit reiner feuchter Thierkohle behandelt, bis die ursprünglich dunkelbraune Farbe in eine bräunlich-gelbe übergegangen ist. Dann wird filtrirt und mit einem geringen Ueberschuss von Ammoniak präcipitirt. Man lässt in offnem Gefässe stehen, bis der Geruch nach Ammoniak verschwunden ist, und rührt inzwischen häufiger um, damit das Alkaloid sich pulverig und nicht in Krystallen, die schwieriger zu reinigen sind, absetzt. Der Niederschlag wird auf einem Filter gesammelt, gut ausgewaschen, getrocknet und gewogen. Er pflegt bei einem Opium von 10 % Morphingehalt etwa 14 % vom angewandten Opium zu betragen. Man zerreibt davon, soviel man vom Filter lostrennen kann, bestimmt das Gewicht dieses Qantums, erschöpft so lange mit kaltem Aether, bis ein Tropfen desselben keinen Rückstand mehr lässt, und kocht dann, nachdem zuvor der Aether an einem warmen Orte vollständig verflüchtigt ist, wiederholt und bis zur Erschöpfung mit Weingeist von 0,81 spec. Gew. aus. Das Filtrat wird in einem tarirten Schälchen verdunstet und der Rückstand, welcher narcotinfreies Morphin mit etwas Farbstoff ist, gewogen. Um das Alkaloid so rein als möglich zu erhalten, schlämmt man es mit Wasser auf ein gewogenes Filter, wäscht es zuerst mit Wasser, dann mit sehr verdünntem Weingeist aus, trocknet und wägt auf's Neue. Wenn Schacht 11,8—14 % an gefärbtem Morphin erhalten hatte, so betrug nach Hager: das reine 10,8—13 %. — Von Hager ist folgendes Verfahren als zweckmässig angegeben worden. 100 Th. des getrockneten Opiums werden mit einer genügenden Menge einer kalt gesättigten Lösung von oxalsaurem Ammon zu einem dünnen Brei zerrieben und dann mit soviel Ammoniak versetzt, dass die Mischung schwach nach ihm riecht. Nach einer Stunde wird mit Weingeist von 0,83 spec. Gew. bis auf 1500 Th. verdünnt. Darauf wird filtrirt und der Rückstand gut mit Weingeist nachgewaschen. Nachdem das Filtrat dann schwach mit Oxalsäure übersättigt und mit noch 100 Th. Wasser versetzt ist, wird es zur Vertreibung des Alkohols bis zur dünnen Syrupsconsistenz eingedampft, nach dem Erkalten mit 1000 Th. Wasser verdünnt und nach 1—2 Stunden filtrirt. Das Filtrat versetzt man mit 120 Th. in der dreifachen Menge Wassers gelöster Soda, rührt um, bringt die durch den Niederschlag fast breiförmig gewordene Mischung rasch auf ein Filter, schüttelt das nach gründlichem Auswaschen des Niederschlags etwa 2000 Th. betragende Filtrat mit 30—40 Th. reinem Aether zusammen und lässt unter zeitweiligem Umrühren damit 15 bis 20 Stunden stehen. Das nach dieser Zeit ausgeschiedene Morphin wird mit kaltem Wasser gewaschen, getrocknet und gewogen. In der Fällungsflüssigkeit bleibt nach Hager's Versuchen etwa ½ Th. Morphin und eben so hoch veranschlagt er den aus den verschiedenen Operationen erwachsenden Verlust. Man hat demnach dem Gewicht des aus 100 Th. Opium gefällten Morphins noch 1 Th. hinzu zu addiren. — C. Schacht, welcher die verschiedenen älteren, hier grösstentheils nicht berührten und neueren Bestimmungsmethoden vergleichend prüfte, empfiehlt bei der Untersuchung des Smyrnaer und des Constantinopolitanischen Opiums die Methoden von J. C. Schacht und von Hager als die besten, für das persische Opium giebt er der Schacht'schen den Vorzug. — Von Kieffer endlich ist ein massanalytisches Verfahren beschrieben worden, welches sich darauf gründet, dass rothes Blutlaugensalz durch Morphin, nicht aber durch die anderen Opiumbestandtheile in gelbes Blutlaugensalz verwandelt wird. Man zerreibt 1 Grm. Opium sehr sorgfältig mit 1 Grm. rothem Blutlaugensalz und wenig Wasser und füllt dann nach Zusatz von 1 Grm. Chlorcalcium (zur Ausfällung der Mekonsäure) mit Wasser zu 150 Cub.-Cent. auf. Zu 15 Cub.-Cent. des Filtrats (0,1 Grm. Opium entsprechend) fügt man alsdann 0,1 Grm. Jodkalium, etwas Stärkekleister und überschüssige Salzsäure und lässt nun aus einer Bürette so lange von einer titrirten Lösung von unterschwefligsaurem Natron (1 Cub.-Cent. derselben muss 0,032933 Grm. = $^1/_{10000}$ Aeq. rothem Blutlaugensalz entsprechen) zufliessen, bis die Jodreaction aufgehoben ist. Die Anzahl der verbrauchten Cubikcentimeter mit 32,933 multiplicirt, giebt das vom Morphin unzersetzt gebliebene Kaliumeisencyanid in Milligrammes, und diese von 100 subtrahirt, die Menge des vom Morphin reducirten. Da nun 1 Aeq. Kaliumeisencyanid von 1 Aeq. Morphin reducirt wird, so entsprechen 0,032933 Grm. des ersteren 0,0292 Grm. des Alkaloids. Von C. Schacht (s. oben) ist diese Methode auch geprüft worden, sie lieferte ihm aber keine befriedigenden Resultate. nach Kieffer;

Ein anderes maassanalytisches Verfahren wurde von Fleury in Vorschlag gebracht. Es werden 2 Grm. des zerschnittenen Opiums mit 8 Cub.-Cent. wässrigem oxalsaurem Ammoniak einige Stunden hindurch macerirt, dann damit zerrieben, auf ein Filter gebracht und mit 5 Cub.-Cent. Wasser nachgewaschen. Dem Filtrat wird ein gleiches Volumen 80 % Weingeists und darauf Ammoniak bis zur alkalischen Reaction zugesetzt. Nach 24 stündigem Stehen in einem verschlossenen Kölbchen wird filtrirt und das Kölbchen mit einigen Cubikcentimentern 40 proc. Weingeists nachgespült. Filter nebst Inhalt wird nach dem Trocknen in das nicht gereinigte Kölbchen zurückgebracht und nach Zusatz von einigen Tropfen weingeistiger Campecheholzlösung mit einem genau gemessenen, etwas überschüssigen Volumen (10 bis 15 Cub.-Cent.) titrirter Oxalsäurelösung (4,42 Grm. krystallisirte Säure im Liter) und darauf mit etwa 100 Cub.-Cent. Wasser übergossen. Indem man nun die ganze Flüssigkeit zweckmässig in zwei Hälften theilt, bestimmt man mit titrirter verdünnter Natronlauge den Säureüberschuss. Jeder Cubikcentimeter der vom Morphin gebundenen Oxalsäurelösung entspricht 0,02 Grm. Morphin. Nach Fleury's Controlversuchen mit reinem Morphin beträgt der Verlust bei dieser Methode nicht über 1 Procent. Rother schlägt vor, mit kaltem Wasser zu extrahiren und die concentrirten wässrigen Auszüge mit Natriummonocarbonat zu fällen. Der Niederschlag, der event. mit Alkohol, Wasser und Aether noch gereinigt wird, wird getrocknet. — Schlosser extrahirt 200 Grm. Opium mit Wasser bei gelinder Wärme einen Tag lang, setzt hierauf Kalkmilch (aus 3 Grm. Kalk und 30 Grm. Wasser bereitet) hinzu, filtrirt und setzt zum Filtrate Chlorammonium zur Abscheidung des Morphins bei der Siedetemperatur des Wassers. Nach dem Erkalten wird mit Aether geschüttelt und das ausgeschiedene Morphium auf dem Filter gesammelt. — Procter extrahirt das gepulverte Opium zunächst mit Benzin und nimmt hierauf die Extraction mit Wasser vor, indem er dann den wässrigen Auszug mit Alkohol versetzt und mit alkoholischem Ammon das Morphium ausfällt. — nach Fleury;

Miller. Miller hat die Stein'sche Methode (Zersetzung der Jodsäure durch Morphin und colorimetrische Bestimmung des Jodes) weiter ausgebildet und extrahirt zu diesem Zwecke das Opium mittelst oxalsäurehaltigem Alkohol, versetzt die erhaltenen Filtrate mit Kalkmilch, hierauf wieder mit Oxalsäure und sucht nun aus bestimmten Mengen des Filtrates durch Zusatz von Jodsäurelösung von bestimmtem Gehalte sowie Schwefelkohlenstoff die Menge des ausgeschiedenen Jodes colorimetrisch zu bestimmen. — Fricker hat in einer grösseren Arbeit die Opiumprüfungsmethoden einer Kritik unterzogen und gefunden, was bereits Dragendorff schon beobachtete, dass nach der Schacht'schen Methode die Morphinmenge zu gering gefunden wird, weil bei der mit Ammon ausgeführten Fällung des Alkaloides ein Theil derselben in Lösung bleibt. Derselbe schlägt folgende Modificationen vor:

Fricker.

1) Extraction des Opiums nach Schacht mit Wasser, Wägen des in Wasser unlöslichen Rückstandes nach dem Trocknen, Behandlung dieses Rückstandes mit schwefelsäurehaltigem Wasser, Fällen des Narcotins mit Ammon und Titriren desselben nach dem Lösen mit schwefelsäurehaltigem Wasser.
2) Eindampfen des wässrigen Opiumauszuges, Fällen mit Ammon und Wägen dieses Niederschlages.
3) Extraction des in 2 erhaltenen Niederschlages mit alkohol- und wasserfreiem Aether, und Titriren des in Aether löslichen Narcotins, als des darin unlöslichen Theiles nach Auflösen in schwefelsäurehaltigem Wasser mit Lösung von Quecksilberjodidjodkalium.
4) Ausschütteln des Filtrates vom Ammonniederschlage mit Amylalkohol, Auflösen, Fällen und Titriren des nach Verdunsten bleibenden Rückstandes.

Durch diese Arbeiten lässt sich der Gehalt an Morphin und Narcotin bestimmen.

G. Dragendorff (Beiträge zur gerichtl. Chem. I. Dragendorff p. 120 und 167, chem. Werthbestimmung 80. 1871) kommt auf Grund seiner eingehenden experimentellen Forschungen und Prüfungen der Werthbestimmungsmethoden des Opiums zum Resultate, dass es empfehlenswerth ist bei schneller Arbeit das Hager'sche Verfahren (siehe oben) zu benutzen, bei möglichst genauem Resultate die Methode von Schacht, mit Combination der Anwendung der Mayer'schen volumetrischen Lösung (Quecksilberjodid-jodkalium), welche in den schwefelsäurehaltigen Lösungen des Verdampfungsrückstandes des äther. Auszuges vom Morphin (Narcotin), sowie auch des Rückstandes nach der Extraction mit Aether (Morphin) zur Anwendung kommt. Auch die Ausschüttelungsmethode, die Dragendorff in seinen Beiträgen über gerichtl. Chemie. I erwähnt, wird bei Prüfung der Galenischen Opiumpräparate empfohlen. — Cleaver (Pharm. J. and Trans. 7. 3. 325) empfiehlt bei seinen Prüfungen der Werthbestimmungsmethoden eine verbesserte Mohr'sche Methode, nach welcher zunächst das Opium mit Schwefelkohlenstoff extrahirt wird, welche Lösung nach dem Verdampfen mit Kalk und Bimsstein gemengt, mit Wasser extrahirt wird. Der hierauf mit Schwefelsäure genau neutralisirte Auszug mit überschüssigem Ammon gefällt, der Niederschlag mit Aether extrahirt und gewogen. — Procter extrahirt mit Methylalkohol nach Zusatz von Wasser, filtrirt und fällt das Filtrat mit Methylalkohol und Ammon. Der Niederschlag wird vor dem Wägen mit Benzin ausgewaschen.

Methode Flückiger. F. A. Flückiger empfiehlt folgendes Verfahren zur Prüfung von Opium: 8 Grm. gepulvertes Opium werden mit 80 Grm. Wasser unter öfterem Schütteln 12 Stunden stehen gelassen. Von dem Filtrate werden 42,5 Grm. mit 12 Grm.

Alkohol (0,812. 0,815), 10 Grm. Aether und 1,5 Grm. Ammon (0,960 sp. G.) geschüttelt und hierauf 1—2 Tage stehen gelassen. Die ausgeschiedenen, weissen Morphinkrystalle werden auf einem Filtrum gesammelt, mit einer Mischung von 6 Grm. Alkohol, 5 Grm. Aether, und später mit 10 Grm. Aether. Das betr. Gefäss, sowie die Krystalle auf dem Filter abgespült. — Van der Burg findet die vorstehende Methode brauchbar, glaubt nur, dass beim Abspülen bis 10 mg Morphin verloren gehen können. — E. Mylius, welcher sich mit der kritischen Prüfung der Methode Flückiger's beschäftigte, constatirt, dass die 12stündige Maceration nöthig sei, dass man aber der gefundenen Morphinmenge stets 0,088 Grm. zuzurechnen habe. Ausserdem sucht Mylius das Verhältniss des spec. Gewichtes zur Extractmenge in wässerigen Opiumauszügen festzustellen. — Flückiger erkennt die beobachteten Fehlerquellen der Methode an und schlägt vor, wenn genau nach seiner Methode gearbeitet wird, das Gewicht des gewogenen Morphins um 100 mg zu vergrössern. — Yvon beschreibt eine Morphinbestimmungsmethode mittelst des Polarimeters. — A. B. Prescott empfiehlt zur Morphinbestimmung die Hager-Jacobsen'sche Methode mit der Modification, dass er das Opium vor der Extraction mit kaltem Benzol behandelt. — Petit (Repertoire de Pharmac. 1879. 101) schlägt ebenfalls eine Prüfungsmethode des Opiums vor, die jedoch keine neuen Gesichtspunkte bietet. Portes und Landlois schlagen ein Verfahren der Opiumprüfung vor, nach welchem 7 Grm. Opium, 3 Grm. gelöschten Kalkes und 71 cc. kaltes destillirtes Wasser allmälig gemischt und 1/2 Stunde mit einander in Berührung bleiben. 53 Grm. des hiervon erhaltenen Filtrates werden mit 10 cc. Aether geschüttelt und hierauf 3 Grm. gepulverten Chlorammoniums zugesetzt, unter öfterem Umschütteln 2 St. stehen gelassen. Der entstandene Morphinniederschlag wird entweder nach dem Trocknen gewogen oder in Normalschwefelsäure gelöst (1 cc. = 0,1 Morphin) und der Ueberschuss der allenfalls vorhandenen Schwefelsäure mit entsprechender Normalkalilösung zurücktitrirt. —

E. Mylius hat die Frage der colorimetrischen Bestimmung des Opiums mittelst des Stein'schen Principes (Reduction der Jodsäure mittelst Morphin und Lösen des ausgeschiedenen Jodes in Chloroform) wieder durch weitere Versuche beleuchtet (Pharmac. Zeit. 1881. 193) und Schwefelkohlenstoff unter Anderem anstatt Chloroform vorgeschlagen; ebenso hat sich C. Schneider (Arch. Pharm. **219**, 89) mit dieser Frage beschäftigt und die ursprüngliche Stein'sche Methode als beachtenswerth charakterisirt. Als Vorzüge werden erwähnt, dass dieselbe nur 0,1 Opium beansprucht, während nach Hager 6,5, Flückiger 8, Couerlee 10, Guillermond 15 und Merck 15, nach Mylius 0,5 Grm. nöthig sind, ferner auch die rasche Ausführung bei brauchbarem Resultate in den Vordergrund tritt. Die ursprüngliche Stein'sche Vorschrift lautet:

0,19 Opium werden mit 0,2 g Kupfersulfat gemischt, mit einigen Tropfen verdünnter Schwefelsäure (1 : 5) durchfeuchtet, mit 100 cc. destillirten Wassers gekocht und nach dem Erkalten auf 100 cc. eingestellt. (1 cc. dieses Auszuges = 0,001 Opium). Schneider versetzt 3 cc dieser Lösung mit 5 Tropfen Jodsäurelösung (1 : 2), fügt 3 cc. Chloroform bei und schüttelt das geschlossene Gefäss stark um. Die Chloroformfärbung wird verglichen mit einer Morphinlösung, welche 0,01 Morphin in 100 cc schwefelsaurem Wasser enthält (3 cc = 0,0003 Morphin = dem Auszuge eines 10 % Opiums nach der Pharmacopoea germanica editio altera), welche in derselben Weise im gleichen Gefässe mit Jodsäure und Chloroform behandelt war. — Holdermann (Chemikerz. 1880. 501) hat sich ebenfalls mit der Aufstellung einer jodometrischen Bestimmungsmethode beschäftigt.

Morphin. $C_{17} H_{19} NO_3 + H_2 O$. — Literatur: A. Wright, J. Chem. Min. 1871. 77. Chem. soc. Qu. Journ. **25**. 150. 540. 652. Chem. Min. 1873. 753. — C. R. A. Wright, Chem. News. **27**. 287. 129. — E. L. Mayer u. A. Wrigt, Chem. News. **27**. 317. Jahresb. Chem. Min. 1874. 813. — Jodide, H. R. Bauer, Arch. Pharm. (3) 5. 303. — L. Jassey, Arch. Pharm. (3) **4**. 517. — C. R. A. Wright, Chem. Soc. Quartal-Journ. (2) **12**. 1031. 107. Jahrsb. Chem. Min. 1875. 757. — A. Hilger. Arch. Pharm. (3) **6**. 509. — A. B. Prescott, Pharm. Journ. Trans. (3) **6**. 404. Löslichkeit. — G. H. Beckett und C. R. Wright, Chem. Soc. Quat. Journ. (2) **13**. 15. 689. Jahresb. Chem. Min. 1875. 757. — Kosmann, Bull. soc. chim. **30**. 145. — K. Polstorff, Berl. Ber. 1880. 86. — K. Polstorff u. K. Brookmann, Berl. Ber. 1880. 88. 91. 92. 96. 98. — v. Gerichten, Berl. Ber. 1880. 1635. Ann. Chem. **210**. 396. — H. Schröder, Berl. Ber. **13**. 1076. Berl. Ber. **15**. 734. 2179. 1484. Spec. der Opiumalkaloide. Jahresb. Agricultchem. 1880. 163. — E. Grimaux, Berl. Ber. 1881. **14**. 1413. 1720. Compts. rend. 92. 1140. 1228. **93**. 67. 217. 591. — D. B. Dott, Pharm. Journ. and Transact. 1882. **614**. 1009. — O. Hesse, Berl. Ber. **14**. 2240. Pharm. Journ. and Trans. 1882. **625**. — Chastaing, Compts. rend. **94**. 44. Berl. Ber. **15**. 734. — v. Gerichten und H. Schrötter, Berl. Ber. **15**. 2179. 1484.

Morphinsalze: Morphinönanthylat, H. Schiff, Ann. Chem. Pharm. **140**. 114. — E. Schmidt, Arch. Pharm. (3) **11**. 42. — D. B. Dott; Pharm. Journ. and Trans. No. 461. 883. — Van der Burg, Zeitschr. anal. Chemie. 1880. 212. — H. Tausch, O. Hesse, Ann. Chem. Pharm. **176**. 189. **202**. 151. — Pharmac. Centralh. **3**. 138. — Decharme, Jahresb. Chem. Min. 1863. 444. — A. Hilger, Ueber die Verbindungen des Jodes mit den Pflanzenalkaloiden. Würzburg 1869.

Reactionen: A. Husemann. Ann. Chem. Pharm. **128**. 305. — Fröhde, Arch. Pharm. (2). 126. 54. — Dragendorff, Vierteljschr. pract. Pharm. **18**. 38 u. 183. — Lefort, Journ. pharm. chem. (3) 40. 97. — L. Siebold, Pharm. Journ. Trans. (3) 4. 309. — Kalbruner, Zeitschr. österr. Pharm. 11. 470. — Nadler, Schweiz. Wochenschr. Pharm. **11**. **5**. — Nagelvoort, Niew. Tjdschrift voor de Pharm. en Neder. 1875. 99. — D. Lindo, Chem. News. **36**. 258. — G. Pellagri, Berl. Ber. 1877. 1384. — Nadler, Zeitschr. anal. Chem. 13. 235. — Tattersall, Zeitschr. anal. Chem. **20**. 10. Jahresb. Chem. Min. 1880. 955. — R. Schneider, Ebendas. 1872. 747. Jorissen, Zeitschr. anal. Chemie. **20**. 222. — F. A. Flückiger, Arch. Pharm. (3) **1**. 111. — C. Arnold, Arch. Pharm. (3) **17**. 561.

Medicinische Literatur: Hoppe, De morphio et acido meconico. Lips. 1820. — Mulder, De opio ejusque principiis actione inter se comparatis. Utrecht 1825. — Kindscher, De morphio. Berl. 1828. — Bally, Mém. Acad. Méd. I. 99. 1823. — Desportes, Recherches exp. sur l'empoisonnement lent par l'acétate de morphine. Paris 1824. — Charvet, De l'action comp. de l'opium. Paris 1826. — Bonnet und Trousseau, Compt. rend. 27. 293. **28**. 157. 1832. — Rougier, De la morphine administrée par la méthode endermique dans quelques affections nerveuses. Paris. 1843. — Ambrosoli, Gazz. med. Lomb. 28. 1856. — Albers, Arch. path. Anat. **26**. 225. 1864. — Onsum, Norsk Mag. 635. Forhandl. norsk. med. Selsk. 188. 1864. — Cl. Bernard, Compt. rend. **59**. 406.

1864. Leçons sur les anesthésiques et l'asphyxie. — Gscheidlen, Würzb. physiol. Beitr. H. 3. 1. 1869. — Harley, The old vegetable neurotics. London 1869. — Fronmüller, Klin. Studien über die schlafmachende Wirkung der narkotischen Arzneimittel. Erlangen 1869. — Kersch, Memorab. 1. 1871. — von Boeck, Untersuchungen über die Zersetzung des Eiweisses im Thierkörper unter dem Einflusse von Morphium. München. 1871. — Hitzig, Untersuchungen über das Gehirn. Berlin, 1874. — Witkowski, Arch. exp. Path. 7. 247. 1877. — Levinstein, Die Morphiumsucht. 2. Auflage. Berlin 1880. Wien. Allgem. Zeit. 39. 40. 1875. Berl. klin. Wochenschr. 14. 27. 1876. 36. 1880. — Burkart, Die chronische Morphiumvergiftung und deren Behandlung. 1877. Die chronische Morphiumvergiftung und deren Behandlung durch allmälige Entziehung des Morphiums. 1880. Bonn. Weitere Mittheilungen über die chronische Morphiumvergiftung. 1882. Bonn. Berl. med. Wchschr. 3. 1883. — Dolbanne, Essai sur quelques accidents produits par la morphine. Paris. 1877. — Krage, Ueber Albuminurie und Glykosurie nach Morphin. Greifswald. 1879. — Schweninger, Deutsche med. Wochenschr. 34, 1879. — Eliassow Beiträge zur Lehre von dem Schicksale des Morphin im lebenden Organismus. 1881. Königsberg. — Marmé, Centralbl. klin. Med. 15. Deutsche med. Wochenschr. 14. Pharm. Zeitg. 42—44. 1883. — Obersteiner, H., Der chronische Morphinismus. Wien. Klinik. März 1883.

Eigenschaften.

Das krystallisirte Morphin enthält 1 Atom Krystallwasser ($C^{17}H^{19}NO^{3} + H^{2}O$) und bildet feine weisse seideglänzende Nadeln oder, wenn aus weingeistiger Lösung durch langsames Verdunsten gewonnen, farblose halbdurchsichtige sechsseitige klinorhombische Säulen. Es ist geruchlos und schmeckt trocken schwach, in Lösungen stark bitter. Es reagirt deutlich alkalisch. Das Krystallwasser entweicht bei 120°, schon in wenig höherer Temperatur erfolgt Schmelzung und bei stärkerer Hitze Zersetzung. Es löst sich in 960 bis 1000 Th. kalten, in 400 bis 500 Theilen kochenden Wassers. Absoluter Weingeist löst nach Pettenkofer in der Kälte $^1/_{40}$, kochend $^1/_{30}$ seines Gewichts; alkoholfreier Aether und Benzol lösen fast gar nichts. Weingeist von 90—91% löst kalt $^1/_{100}$, bei Siedhitze $^1/_{36}$ seines Gewichtes Morphin. Von Chloroform sind nach Schlimpert 60, nach Pettenkofer dagegen 175 Th. zur Lösung von alkoholfreiem Chloroform 10,000 Theile erforderlich. Nach van der Burg lösen 10 cc. reines Chloroform 0,001 Morphin, 1% Alkohol enthaltendes 0,005, 5%iges, 0,045 und 10%iges 0,090. Kalter Amylalkohol löst $^1/_4$ Proc., heisser mehr, Essigäther löst etwa $^1/_5$ Proc. Ausser von verdünnten Säuren, die das Morphin leicht in Lösung bringen, wird es dann ferner leicht von wässrigen Alkalien und alkalischen Erden, sowie von etwa 117 Th. wässrigen Ammoniaks von 0,27 spec. Gewicht gelöst; auch kohlensaures Ammon und Chlorammonium lösen geringe Mengen. Die saure wässrige und die weingeistige, schwächer die alkalische Lösung, drehen die Ebene des polarisirten Lichts nach links; in schwefelsaurer, salzsaurer oder salpetersaurer Lösung beträgt [α] r = 89°, 8 und nahezu ebensoviel in weingeistiger Lösung; während in alkalischer Lösung [α] r = 45°, 22 ist (Bouchardat), spec. Gew. 1,317 — 1,326 (Schröder).

Prüfung auf Reinheit.

Die Prüfung des Morphins auf seine Reinheit ergiebt sich zwar aus dem Vorstehenden und dem in der Einleitung zu den Alkaloiden Gesagten von selbst. Wir erinnern indess daran, dass die völlig reine Base auf Platinblech ohne Rückstand verbrennen und in Weingeist vollständig löslich sein muss. Sie muss ferner von wässrigen ätzenden Alkalien gelöst werden, dagegen nur spurweise von Aether, widrigenfalls sie Narcotin beigemengt enthält. Ihre essigsaure oder salpetersaure Lösung darf ferner von Silbernitrat, salpetersauren Baryt, oxalsaurem und phosphorsaurem Ammon nicht getrübt werden.

Zusammensetzung.

Die Zusammensetzung des Morphins ist durch Pelletier und Dumas, Regnault, Liebig, Will, Laurent und Anderen ermittelt worden. Liebig gab ihm die Formel $C^{34}H^{18}NO^{6}$. Die jetzt allgemein angenommene Formel $C^{34}H^{19}NO^{6} = C^{17}H^{19}NO^{3}$ wurde von Laurent aufgestellt. — Das Morphin ist isomer mit dem Piperin. In dem Morphin sind 2 Sauerstoffatome in Form von Hydroxylgruppen (Forschungen von Wright u. Beckett, Polstorff), das dritte wohl als Ketonsauerstoff oder Brückensauerstoff (v. Gerichten).

Salze.

Das Morphin neutralisirt die Säuren vollständig. Es fällt aus den Lösungen einiger Blei-, Eisen-, Kupfer- und Quecksilbersalze die Oxyde dieser Metalle. Seine Salze sind meistens krystallisirbar, geruchlos, von sehr bitterem Geschmack, in Wasser und Weingeist löslich, in Aether, Chloroform und Amylalkohol unlöslich.

Einfache Salze.

Chlorwasserstoffsaures Morphin, $C^{17}H^{19}NO^{3}, HCl + 3H^{2}O$ bildet weisse seideglänzende weiche Nadelbüschel oder grössere durchsichtige Prismen von neutraler Reaction. Es löst sich in 25 Th. kaltem und in weniger als 1 Th. kochendem Wasser. Von kaltem 80 proc. Weingeist sind nach Wittstein 60, von kochendem 10 Th. zur Lösung erforderlich. Es löst sich ferner in 19 Th. Glycerin in 800 Th. fettem Oel (Cap und Garot) und in 50 Theilen 90%igen Alkohol bei 15°. Das Krystallwasser entweicht bei 130° vollständig. Tausch behauptet, dass reines Morphinchlorhydrat schon bei 100° sein Krystallwasser verliere; O. Hesse stellte wasserfreies Morphinchlorhydrat $C_{18}H_{19}NO_{3}$, HCl durch Uebergiessen des wasserhaltigen mit der zwanzigfachen Menge Methylalkohol. Dieses Salz löst sich in 51 Th. Methylalkohol und kann in 4seitigen rhombischen Prismen erhalten werden.

Jodwasserstoffsaures Morphin, $C^{17}H^{19}NO^{3}$, HJ, krystallisirt nach Winckler (Jahrb. Pharm. 20. 323) in durchsichtigen feinen Nadeln oder in vierseitigen Säulen, die von kaltem Wasser kaum, leichter von kochendem Wasser und von Weingeist gelöst werden. E. Schmidt erhielt beim Neutralisiren von Morphin mit Jodwasserstoffsäure oder beim Vermischen einer concentrirten Morphinacetatlösung mit Kaliumjodid Nadeln von $C_{17} \cdot H_{19} NO_{3}$, $JH + 2H_{2}O$, schwerlöslich in kaltem Wasser; Bauer giebt dem Salze 3 Molcüle Wasser.

Jörgensen erhielt beim Fällen von Morphinlösungen mittelst Jodlösung fast schwarze, federförmige Aggregate der Formel $C_{17}H_{19}NO_{3}$, $HJ J_{3}$ (Journ.

pr. Chem. (2) 2. 437); Bauer beschreibt ein Sesquijodid $(C_{17} H_{19} NO_3)_2, J_3$ und eine Verbindung $N_{17} H_{19} NO_3$, HJ. J_4, Hilger hat beim Fällen von Morphinlösungen mit Lösungen von Jod in Jodkalium Producte verschiedener Zusammensetzung erhalten. $C_{17} H_{19} NO_3$, JH, 2 J, $C_{17} H_{19} NO_3$, HJ, 4 J und $C_{17} H_{19} NO_3$ JH, J. — Fluorwasserstoffsaures Morphin bildet farblose lange vierseitige, in Wasser sich schwerlösende Säulen (Elderhorst). — Schwefelsaures Morphin, $(2 C_{17} H_{19} NO_3)$, $SH_2 O_4 + 5 H^2O$ krystallisirt in büschlig vereinigten Nadeln, die sich in 14,5 Thl. Wasser lösen. Schwefligsaures Morphin, $C_{17} H_{19} NO_3, H_2 S_2 O_3 + 4 H_2O$ seidenglänzende Nadeln. — Salpetersaures Morphin bildet sternförmig vereinigte Nadeln und löst sich in $1^1/_2$ Th. Wasser. — Ein sehr leicht zersetzbares kohlensaures Morphin kann nach How durch Zerlegung von salzsaurem Morphin mit kohlensaurem Silberoxyd dargestellt werden. Durch Fällung von Morphinsalzlösungen mit einfach- und zweifach-kohlensauren Alkalien wird immer nur kohlensäurefreies Morphin erhalten. — Phosphorsaures Morphin ist von Pettenkofer (Buchn. Repert. 4. 46) als Neutralsalz in Würfeln, als saures Salz in Büscheln erhalten worden. — Ueberchlorsaures Morphin, $C_{17} H_{19} NO_3$, $ClHO_4 + 2 H_2O$ bildet nach Bödecker (Ann. Chem. Pharm. 71. 63) weisse seideglänzende Büschel.

Schwefelcyanwasserstoffsaures Morphin, $C_{17} H_{19} NO^3$, CHNS $+ ^1/_2 H^2O$ krystallisirt aus einer Auflösung von Morphin in wässriger Schwefelcyanwasserstoffsäure in kleinen wasserhellen Nadeln (Dollfus, Ann. Chem. Pharm. LXV. 214). — Ameisensaures Morphin bildet kleine, in Wasser leicht lösliche Säulen. Oxalat des Morphin $(C_{17} H_{19} NO_3)_2(C_2H_2O_4) + H_2O$ bildet rhombische Prismen. — Essigsaures Morphin, nach Kieffer $C_{17} H_{19} NO_3$, $C^2 H^4 O^2 + H^2O$, wird nach Merk am besten erhalten, indem man mit Wasser verriebenes Morphin so lange vorsichtig und nach und nach mit verdünnter Essigsäure versetzt, bis diese auch bei längerer Berührung nichts mehr löst. Das Filtrat wird alsdann in flachen Gefässen bei 38—50° im Luftstrome verdunstet, da in höherer Temperatur und bei zu langsamem Verdunsten Zersetzung eintritt. Das Salz bildet, wenn langsam krystallisirt, weisse seideglänzende büschlig vereinigte Nadeln, hinterbleibt aber bei raschem Verdunsten als farblose firnissartige Masse. Es löst sich ziemlich leicht in Wasser (24 Th.), schwieriger in Weingeist, nicht in Aether. Die wässrige Lösung verliert bei wiederholtem Abdampfen Säure und setzt freies Morphin ab. Auch die mit viel Aether vermischte weingeistige Lösung lässt nach Merck freies Morphin auskrystallisiren. — (Drehungsvermögen: Oudemanns. Ann. Chem. Pharm. 166. 67. —) Valeriansaures Morphin bildet schöne grosse fettglänzende klinorhombische Krystalle, die stark nach Valeriansäure riechen (Pasteur, Ann. Chim. Phys. (3) 38. 455). — Cyanursaures Morphin kann nach Elderhorst in langen Nadelbüscheln erhalten werden, die sich beim Umkrystallisiren zersetzen. — Mellithsaures Morphin, $C_{17} H_{19} NO_3$, $C_4 H_2 O_4$, scheidet sich nach Karmrodt (Ann. Chem. Pharm. 81. 171) aus seiner Lösung von Morphin in heisser concentrirter wässeriger Mellithsäure in weissen mikroskopischen Nadeln aus, die sich in Wasser, aber nicht in Weingeist und Aether lösen. — Wird Weinsäurelösung mit Morphin neutralisirt und die Lösung langsam verdunstet, so werden warzenförmige, aus dicht verwachsenen Nadeln bestehende Krystallgruppen von neutralem weinsaurem Morphin $2C^{17} H^{19} NO^3$, $C^4 H^6 O^6 + 3H^2 O$, erhalten, die an der Luft oberflächlich verwittern und sich leicht in Wasser, auch Weingeist lösen. Eine wässrige Lösung dieses Salzes, mit noch so viel Weinsäure versetzt, als dieses bereits enthält, lässt bei langsamem Verdunsten platte rectanguläre, in Wasser schwerer lösliche Säulen herauskrystallisiren (Arppe). Die Verbindungen des Morphins mit Asparagsäure, Krokonsäure, Rhodizonsäure, Brenzweinsäure, Hippursäure, Chinasäure und Mekonsäure sind gummiartige Massen.

Vermischt man salzsaures Morphin und Quecksilberchlorid in wässriger Lösung, so entsteht ein krystallinischer Niederschlag, der nach dem Waschen mit Wassser durch Umkrystallisiren aus Weingeist oder conc. Salzsäure im Vacuum neben Kalk in grossen wasserhellen glasglänzenden Krystallen von der Formel $C_{17} H_{19} NO_3$, HCl, 4Hg Cl erhalten werden kann. Dieses chlorwasserstoffsaure Morphin-Quecksilberchlorid löst sich in kaltem Wasser, kaltem Weingeist und Aether sehr wenig, leichter in heissem Weingeist (Hinterberger, Ann. Chem. Pharm. 77. 205). — Der durch Platinchlorid in wässrigem salzsaurem Morphin erzeugte gelbe käsige Niederschlag von chlorwasserstoffsaurem Morphin-Platinchlorid, $C_{17} H_{19} NO_3$, HCl, Pt Cl_2, kann aus kochendem Wasser krystallisirt erhalten werden (Liebig). — Auch das aus wässrigem essigsaurem Morphin durch Kaliumplatincyanür gefällte cyanwasserstoffsaure Morphin-Platincyanür, $C_{17} H_{19} NO_3$, HCy, Pt Cy, verwandelt sich bald in mikroskopisch feine seideglänzende Nadeln (Schwarzenbach, Viertelj. pract. Pharm. 8. 518). — Vermischt man heisse weingeistige Lösungen von Morphin und Chlorzink und fügt vorsichtig Salzsäure zur Wiederauflösung von etwas abgeschiedenem Zinkoxyd hinzu, so krystallisiren beim Erkalten glasglänzende Körner von Morphin-Zinkchlorid, $C_{17} H_{19} NO_3$, 2Zn Cl + $2H_2O$ (Gräfinghoff, Journ. pr. Chem. 95. 221). — B. Chastaing hat mehrere Metallverbindungen des Morphins hergestellt und zwar durch Verdampfen der Lösungen von Morphin in den betreffenden Hydroxydlösungen: Morphinkalium $C_{17} H_9 NO_3$, KHO Morphinkaliumcarbonat, $(C_{17} H_{18} Ka NO_3)_2 K_2 Co_3 + 2H_2O$, Morphinbaryum $(C_{17} H_{19} NO_3)_2 BaO + 2H_2O$ und Morphincalcium in 2 Formen.

O. Hesse giebt für Morphinchlorhydrat in wässriger Lösung das Drehungsvermögen p1 $\alpha j = -99{,}54^0$
p2 $-98{,}41^0$
p4 $-96{,}12^0$

für schwefelsaures Morphin:

p1 $\alpha j = -99{,}54$
p2,5 $= -98{,}18$
p4 $= -96{,}63$

Alkalische Morphinlösung:

p2 + 1 Mol Na_2O $\alpha j = -67{,}5^0$.

Ausser durch Hitze wird das Morphin in wässrigen Lösungen seiner Salze auch durch den elektrischen Strom zersetzt (Rochleder und Hlasiwetz, Wien. Akad. Ber. 5. 447). — Concentrirte Schwefelsäure löst das Morphin farblos und färbt sich damit bei nicht allzu starkem Erhitzen erst roth, violett, dann schmutzig grün. Die erhitzte Lösung sowohl wie die etwa 12 Stunden gestandene kalt bereitete Lösung enthalten verändertes Morphin (Sulfomorphid?), denn sie zeigen ein anderes Verhalten gegen gewisse Reagentien, als die frisch dargestellte (Husemann; siehe unten). Leitet man über verwittertes Morphin Dämpfe von wasserfreier Schwefelsäure, oder verdampft man schwefelsaures Morphin mit etwas überschüssiger Schwefelsäure zur Trockne und erhitzt auf 150—160°, so entsteht Sulfomorphid, $C_{34}H_{36}N_2SO_8$, welches aus der heiss bereiteten wässrigen Lösung des in der zuletzt angegebenen Weise enthaltenen Rückstandes sich in amorphen weissen Kugeln abscheidet, und als aus Morphinsulfat durch Wasseraustritt ($2C_{17}H_{19}NO_3, SH_2O_4$ — $2H_2O = C_{34}H_{36}N_2SO_8$) gebildet angesehen werden kann (Arppe. Laurent und Gerhardt). — Conc. Salpetersäure färbt das Morphin roth und löst es dann mit gelber Farbe. Die dabei entstehenden harzartigen Producte entwickeln nach Anderson mit Kali Methylamin. — Erwärmt man wässeriges salzsaures Morphin mit der äquivalenten Menge salpetrigsauren Silberoxyds auf 60°, so enthält das nach Beendigung der Stickoxydgas-Entwicklung ausgeschiedene Chlorsilber ein basisches Oxydationsproduct des Morphins, Oxymorphin; $C_{17}H_{19}NO_4$, beigemengt. Dieses kann durch salzsäurehaltiges Wasser leicht ausgezogen werden und sein salzsaures Salz, $C_{17}H_{19}NO_4, HCl$ scheidet sich aus dieser Lösung in mikroskopischen, in Weingeist unlöslichen Nadeln ab. Ammoniak macht daraus die Base frei, welche aus überschüssigem Ammoniak, worin sie etwas löslich ist, in feinen Prismen krystallisirt. Sie ist geschmacklos, schmilzt bei etwa 245° und löst sich selbst in der Siedhitze weder in Wasser, noch in Weingeist und Aether. Bei längerer Einwirkung des salpetrigsauren Silberoxyds auf das salzsaure Morphin entsteht eine andere, in kaltem Ammoniak leichter lösliche und daraus beim Kochen in kleinen Krystallkörnern sich abscheidende Base, das Oxymorphinhydrat, $C_{17}H_{21}NO_6$. Schützenberger, Bull. soc. chim. (2) IV. 176, auch Chem. Centralbl. 1865, 1088). Hesse (Ann. Chem. Pharm. CXLI. 87) vermuthet, das Oxymorphin sei identisch mit dem im Opium fertig gebildet vorkommenden Pseudomorphin (s. dieses).

Sulfomorphid.

Oxymorphin.

Leitet man nach Pelletier zu in Wasser vertheiltem Morphin Chlor, so entsteht eine erst orangegelb, dann hellroth gefärbte Lösung. Bromdampf färbt Morphin pomeranzengelb. Beim Zusammenreiben von Morphin mit Jod entsteht ein braunrother, nicht nach Jod riechender Körper, der aber schon nach einigen Stunden violettbraun bis schwarz wird, Jodgeruch entwickelt und nun jodwasserstoffsaures Morphin enthält (Pelletier). Jodsäure und Ueberjodsäure werden durch Morphin und seine Salze unter Ausscheidung von Jod reducirt. — Aehnliche reducirende Wirkung übt das Morphin auch auf Silber- und Goldlösungen aus, die damit wenigstens nach einiger Zeit Metall abscheiden. Nach Kieffer verwandelt es auch Kaliumeisencyanid in Kaliumeisencyanür (s. oben). — Erhitzt man Morphin mit Jodmethyl und absolutem Weingeist im zugeschmolzenen Rohr eine halbe Stunde auf 100°

Metylmorphin. so scheidet sich beim Erkalten Methylmorphiniumjodid, $C_{17}H_{19}(CH_3)NO_3J + H_2O$, in farblosen, glänzenden, quadratisch-prismatischen Nadeln aus, die sich in heissem Wasser leicht lösen. In gleicher Weise kann durch etwa sechsstündiges Erhitzen mit Jodäthyl das in feinen weissen luftbeständigen, in heissem Wasser leicht, in absolutem Weingeist schwierig löslichen Nadeln krystallisirende Aethylmorphiniumjodid, $C_{17}H_{19}(C_2H_5)NO_2J + {}^1/_2H_2O$ dargestellt werden. Mittelst Chloramyl liess sich kein entsprechendes Product darstellen (How). Bei der Einwirkung von Zinkstaub (10 Th.) auf Morphin (1 Th.) entstehen Ammon, Pyridin (wahrscheinlich auch Chinolin, Trimethylamin, und als Hauptproducte Phenanthren, ausserdem wahrscheinlich Phenanthrenchinolin ($C_{17}H_{11}N$) (v. Gerichten, Schrötter).

Aethylmorphin.

Verdünnte Salpetersäure verwandelt Morphin bei 100° C. in eine Säure $C_{10}H_9NO_9$, die vierbasisch sein soll und mit conc. Salpetersäure in Pikrinsäure übergeht (Chastaing). Schmelzende Alkalien zersetzen Morphin unter Bildung von Methylamin und wahrscheinlich Pyridin-Chinolinbasen.

Apomorphin. Oxydationsproducte und sonstige Derivate des Morphin:

Apomorphin $C_{17}H_{17}NO_2$.

Von Mathiesen und Wright 1869 entdeckt, bildet sich diese Basis beim Erhitzen von Morphin oder Codeïn mit conc. Salzsäure bei 140°, ebenso beim Erhitzen von Morphin mit verdünnter Schwefelsäure bei 140° (Arppe), auch beim kurzen Erwärmen von Morphinhydrochlorat mit conc. Chlorzinklösung auf 120—160° (Mayer, Berl. Ber. 4. 121).

Darstellung. Zur Darstellung empfiehlt Liebert (Monit. scient. (3) 2. 620) die Anwendung einer Salzsäure von 25%. Die Zerlegung des salzsauren Apomorphins geschieht durch doppelt kohlensaures Natron, die Isolirung der freien Base durch Aether.

Apomorphin bildet weisse, amorphe Massen, die sich leicht in Alkohol Chloroform nnd Aether, schwer in Wasser lösen. An feuchter Luft färben sich diese Massen grün, mit Salpetersäure wird die Basis blutroth bis violett; die Lösungen derselben in Wasser und Alkohol werden durch Eisenchlorid zuerst röthlich, später schwarz, reduciren Silber-Goldsalze und werden durch fast alle Alkaloïdfällungsmittel ausgefällt. Die Lösung der Basis in Kalilauge färbt sich an der Luft rasch braun, welche Lösung, mit Salzsäure schwach angesäuert, an Aether einen Farbstoff abgiebt von der Formel $C_{40}H_{34}N_2O_7$, der durch Schütteln mit Sodalösung an letztere geht, woraus er mit Salzsäure gefällt wird in indigblauen Flocken (Mayer, Wright).

Ueber Apomorphin sind noch die Arbeiten zu erwähnen von: Siebert, Jahrl. Pharm. 37 47. — Schering, Arch. Pharm. 199. 122. — Bloser,

Jahrb. Pharm. 1872. 360. — Nadler, Schweizer Wochenschr. Pharm. 11. 267.

Bei längerer Einwirkung von conc. Salzsäure, auch Chlor-Zinklösung, entstehen noch eine Reihe von Basen, $C_{34}H_{39}N_2O_6Cl$ etc., auch Condensationsproducte $C_{136}H_{146}ClN_8O_{20}$ und $(C_{17}H_{17}NO_2)_8$ (Mayer und Wright. J. chem. Soc. 26. 215).

Bei der Bildung des Apomorphins, sowie auch bei Einwirkung von Phosphorsäure auf Morphin bei 180—190° entsteht das sogen. Diapotetramorphin $C_{136}H_{148}N_8O_{22}$, das in Aether unlöslich ist, sich an der Luft sehr rasch oxydirt. — Durch oxydirende Einflüsse, besonders Einwirkung von Luft auf ammoniakalische Lösungen von Morphin (Polstorff), Behandeln von Morphinlösungen mit alkalischem Ferricyankalium, oder Kaliumpermanganat, auch durch Erwärmen einer salzsauren Morphinlösung mit Silbernitrit bei 60° (Schützenberger) entsteht Oxydimorphin, $C_{34}H_{36}N_2O_6 + 3H_2O$, weisse, krystallinische Masse, schwer löslich in Wasser und den übrigen Lösungsmitteln, leicht löslich in Alkalien, besonders Ammon, welche Lösungen beim Erhitzen das Oxydimorphin abscheiden. Die salzsaure, schwefelsaure, auch Platinchloriddoppeltverbindung dieser nicht giftigen Basis sind dargestellt. Vom Morphiummethyljodid ausgehend, entsteht bei Einwirkung von alkalischer Ferricyankaliumlösung das Oxyjodur $C_{34}H_{36}N_2O_6 . CH_3J, CH_3 . OH$, dessen schwefelsaure Verbindung beim Zerlegen mit Baryt die freie Basis, das Methyloxydimorphin, $C_{34}H_{36}N_2O_6 . CH_3 . OH + 7H_2O$ bildet (Polstorff).

Schützenberger hat bei dem Kochen von salzsaurer Morphinlösung mit Sibernitrit die Basis $C_{17}H_{21}NO_5$ dargestellt.

Mayer erhielt ferner beim Versetzen einer salzsauren Morphinlösung mit Chlorkalklösung die Verbindung $C_{17}H_{16}Cl_3NO_{10}$, sowie beim Einleiten von salpetriger Säure in mit 30 Th. Wasser angerührtem Morphin eine angebliche Nitrosoverbindung $C_{17}H_{18}(NO)NO_3 + H_2O$. — Wright beschreibt eine Verbindung $C_{34}H_{41}N_2JO_5 . 2HJ$, erhalten beim Erhitzen von Morphin oder Codeïn mit Jodwasserstoff und Phosphor. — Das Oxymorphin Schützenberger's ist vollkommen identisch mit Oxydimorphin Polstorff's.

Bei Einwirkung von Schwefelsäure auf Morphin bei 100° bilden sich nach Beckett und Wright und Mayer 2 Körper Trimorphin $(C_{17}H_{19}NO_3)_3$ und Tetramorphin, amorphe Basen, die salzbildungsfähig sind. Die erstere bildet sich, wenn 30 g Morphin mit 3 CC. Vitriolöl und 30 CC. Wasser auf 100° 3 Stunden lang erhitzt werden, auch beim Erhitzen 1 Th. Morphin mit 3 Th. entwässerter Oxalsäure, die letztere bei zehnstündigem Erhitzen des obigen Gemenges von Morphin und Schwefelsäure. Tri- und Tetramorphin.

Acetyl-, Butyryl-, Benzoyl-, Succinyl-, Camphoryl-Verbindungen des Morphins:

Wright und Beckett haben die Acetylderivate des Morphins studirt und dargestellt:

Acetylmorphin $C_{19}H_{21}NO_4 — C_{17}H_{18}(C_2H_3O)NO_3$, und zwar in 3 Modificationen: Acetylmorphin.

α) beim Erhitzen von 1 Th. Morphin mit 2 Th. Essigsäureanhydrid, auch beim Erhitzen von Morphin mit 2 Th. Eisessig; krystallisationsfähig, mit Salz-

44*

säure Salze gebend, ohne Reaction mit Eisenchlorid, mit Aethyljodid ein Aethylderivat liefernd;

β) beim Erhitzen von 1 Th. Morphin mit 1 Th. Essigsäureanhydrid reichlich entstehend; amorph, mit Eisenchlorid blau werdend und ein Aethylderivat liefernd;

γ) bei derselben Reaction wie bei β erwähnt, entstehend (circa 25%), krystallisirend, mit Salzsäure Salze gebend, sowie auch ein Aethylderivat liefernd.

Diacetylmorphin. Acetyldimorphin wurde ebenfalls bei Einwirkung von wenig Essigsäureanhydrid auf Morphin erhalten, sowie auch Diacetylmorphin $C_{17}H_{17}(C_2H_3O)_2NN_3$, durch Einwirkung von Essigsäureanhydrid im Ueberschusse auf Morphin bei 100—140° C.

Auch die Butyrylmorphine sind von den beiden Forschern dargestellt und zwar durch Einwirkung von Buttersäure (2 Th.) auf 1 Th. Morphin bei 130—140° und zwar α Butylmorphin, β Butyrylmorphin, Dibutyrylmorphin, auch ein Acetylbutyryldimorphin. — Die Benzoylverbindungen des Morphins wurden durch die erwähnten Becket und Wright, sowie auch Polstorff dargestellt und zwar sind bekannt: Benzoylmorphin $C_{17}H_{18}(C_7H_5O)NO_3$, aus Morphin und Benzoësäure bei 160° dargestellt, nebst einem Salzsäuresalz; Dibenzoylmorphin, theils durch Erhitzen von Morphin mit Benzoësäureanhydrid bei 130°, oder auch durch Einwirkung von Benzoylchlorid auf Morphin gewonnen, schön krystallisirend, schwer löslich in Alkohol, von welcher Verbindung auch ein Aethylderivat bekannt ist.

Butyryl-Benzoylmorphin.

Erwähnungswerth sind ferner ein Acetylbenzoylmorphin, ein Succinylmorphin und ein Camphorylmorphin, in analoger Weise, wie die Acetylverbindungen gewonnen.

Methylmorphin $C_{17}H_{19}NO_3.CH_3.OH + 5H_2O$. Diese Basis wurde aus dem Sulfat des Jodmethylmorphines durch Baryt abgeschieden, als stark Silber reducirende, leicht in Wasser lösliche, krystallinische, leicht zersetzbare Substanz. — Aethylmorphinjodür ist von How dargestellt.

Methylmorphin. Die Umwandlung des Morphins in Codeïn ist von E. Grimaux zuerst durchgeführt worden und zwar durch Erhitzen von Morphin mit Jodmethyl (1 Mol.) und Natronhydrat (1 Mol.) in alkoholischer Lösung (Ausbeute 10%). Das so erhaltene Methylmorphin = Codeïn ist vollkommen identisch mit Codeïn, zeigt denselben Schmelzpunkt und dieselben optischen Eigenschaften. Bei Anwendung von Jodaethyl wurde in analoger Weise die entsprechende Aethylätherverbindung erhalten, das Codäthylin.

v. Gerichten und H. Schrötter haben mit Bezugnahme auf die bereits oben mitgetheilte Bildung von Phenanthren bei Einwirkung von Zinkstaub auf Morphin, ebenso mit Berücksichtigung der E. Grimaux'schen Arbeiten weitere Versuche angestellt, welche zur Constitution des Morphins beizutragen geeignet sind. Der Ausgangspunkt war das Bromcodeïn, das zunächst in das Aethyljodidadditionsproduct umgewandelt wurde und zwar durch Erhitzen mit Jodäthyl im geschlossenen Rohre. Durch Einwirkung von Silberoxyd wurde das Jod beseitigt und die Ammoniumbase hergestellt, welche beim Kochen in die tertiäre Base Aethobromcodeïn $C_{18}H_{19}Br(C_2H_5)NO_3$ zerfällt, welche mit Methyljodid ein Additionsproduct giebt, das in entsprechender Weise eine Ammoniumbase liefert, welche beim Erhitzen im Wasserbade zerlegt wird in einen stickstofffreien Körper $C_{15}H_9BrO_2$ und in trimethylaminartig riechende Basen. Die Spaltung des Additionsproductes lässt sich folgendermassen darstellen:

$$C_{18}H_{20}(C_2H_5)NO_3 . CH_3OH = 2H_2O + (C_3H_7)(C_2H_5)(CH_3)N + C_{15}H_{10}O_2.$$

Dieser Spaltungskörper $C_{15}H_{10}O_2$ ist ein Penanthrenderivat, was durch folgende Versuche bewiesen wurde. Wenn es auch nicht möglich in diesem Körper direct das Methoxyl nachzuweisen, so führte folgende Reaction zum Ziele auf indirectem Wege. Wird der Morphinmonoäthyläther (Codäthylin, Grimaux) der Hofmann'schen Reaction (Berl. Ber. 14. 494. 659. 705) unterworfen, so resultirt das homologe Spaltungsproduct $C_{16}H_{12}O_2$, das ebenfalls glatt mit Zinkstaub Penanthren liefert. Die Verfasser geben folgende Zusammenstellung, welche im Interesse der Bedeutung dieser Resultate für die Constitution des Morphium hier eine Stelle finden müssen:

Morphin $C_{17}H_{17}N\begin{cases}OH\\OH\end{cases}$

= N freier Spaltungskörper $C_{14}H_7O . OH$.

Morphinmonoäthyläther Codeïn. $\begin{cases}C_{17}H_{17}NO\begin{cases}OH\\OCH_3\end{cases}\end{cases}$

= N freier Spaltungskörper $C_{14}H_7O . OCH_3$ 65° Schmpkt.

Bromcodeïn. $C_{17}H_{17}BrNO\begin{cases}OH\\OCH_3\end{cases}$

= N freier Spaltungskörper $C_{14}H_6BrO . OCH_3$ Schmpkt. 121—122°.

Morphinmonoäthyläther Codäthylin $\begin{cases}C_{17}H_{17}NO\begin{cases}OH\\OC_2H_5\end{cases}\end{cases}$

= N freier Spaltungskörper $C_{14}H_7O . OC_2H_5$ Schmpkt. 59°.

Das Zwischenproduct zwischen den oben erwähnten Spaltungskörpern und Penanthren $C_{14}H_{10}$ ist $C_{14}H_8O$, bis jetzt noch nicht dargestellt.

Auch gelang es Grimaux andere Morphinäther herzustellen und zwar bei Anwendung von Aethylenbromid den Aethylenäther, das sog. Dicodethin, eine krystallisirende, salzbildungsfähige Basis, löslich in Alkohol, unlöslich in Aether, mit Schwefelsäure keine, wohl aber mit Eisenchlorid enthaltender Schwefelsäure die blaue Codeïnfärbung gebend. Bei Anwendung von Acetochlorhydrin CH_2Cl, OC_2H_3O wurde ferner ein Acetoxycodeïn dargestellt, das leicht beim Kochen mit Wasser in Formaldehyd, Morphin und Essigsäure zerfällt und mit conc. Schwefelsäure Purpurfarbe annimmt. — E. Grimaux liess ausserdem auf Morphin und die Aether desselben das Methylenacetochlorhydrin einwirken $CH_2Cl. OC_2H_3O$ bei Gegenwart von Schwefelsäure und beobachtete verschiedene Farbenerscheinungen, die wohl in der Entstehung von Condensationsproducten ihren Grund haben.

Verhalten gegen Reagentien.

Bringt man in eine 12—15 Stunden gestandene, oder während einer halben Stunde auf 100° oder einige Augenblicke bis etwa 150° erhitzt gewesene und wieder erkaltete Lösung von Morphin in concentrirter Schwefelsäure, die in allen Fällen eine schwach rothviolette Farbe besitzt, etwas verdünnte Salpetersäure, oder ein paar Körnchen salpetersauren oder chlorsauren Kalis, oder etwas Chlorwasser oder gelöstes unterchlorigsaures Natron, so entsteht an der Berührungsstelle eine prächtig blauviolette Färbung, die sich am Saum einige Minuten hält und dann in ein dunkles Blutroth übergeht, das erst sehr allmälig blasser wird. Die Empfindlichkeit dieser sehr characteristischen Reaction ist so gross, dass bei nur $^1/_{100}$ Milligramme Morphin noch deutliche Rosafärbung eintritt. Auch Eisenchlorid erzeugt beim Einfallen in die durch Stehenlassen oder Erhitzen veränderte Schwefelsäure-Morphinlösung eine dunkelrothe Zone mit violettem oder pfirsichblüthfarbenem Saum (Husemannn). — Ein Körnchen Kaliumbichromat bewirkt in der mit etwas Wasser verdünnten Schwefelsäure-Morphinlösung mahagonibraune Färbung (Otto). — Eine frisch bereitete Lösung von 1—5 Milligramm molybdänsaurem Natron in je 1 Cub.-Cent. conc. Schwefelsäure erzeugt beim Zusammentreffen mit Morphin oder dessen Verbindungen mit Essigsäure, Salzsäure oder Schwefelsäure eine schön violette Färbung, welche später in Blau, dann in Schmutziggrün übergeht und zuletzt fast verschwindet (Fröhde, Arch. Pharm. (2) CXXVI. 54). Nach Dragendorff gestattet diese Probe noch die Erkennung von nur $^1/_{200}$ Milligr. Morphin. Ihre Empfindlichkeit übertrifft demnach die der vorhergehenden, dagegen ist ihre Beweiskraft geringer, da nicht nur Papaverin, sondern auch verschiedene Glukoside, wie Salicin, Populin und Phloridzin mit Fröhde's Reagens ganz ähnliche Färbungen hervorbringen (Dragendorff). — Ungleich weniger empfindlich ist die sonst sehr characteristische königsblaue Färbung, welche neutrales Eisenchlorid (eine Auflösung von sublimirtem Eisenchlorid in Wasser) mit festem Morphin oder der neutralen Lösung seines salzsauren oder schwefelsauren Salzes erzeugt. Nach Dragendorff giebt diese Probe erst dann einigermassen befriedigende Andeutungen, wenn die zu prüfende Lösung des Morphinsalzes von diesem mindestens $^1/_{600}$ enthält; auch muss das Morphin sehr rein vorliegen, wenn sie nicht versagen soll. — Nicht sehr beweisend, aber recht empfindlich ist die auf der reducirenden Einwirkung des Morphins und seiner Salze auf Jodsäure beruhende Probe. Noch bei 10,000facher Verdünnung der Morphinlösung kann das auf Zusatz von freier Jodsäure oder einer Mischung von jodsaurem Kali und verdünnter Schwefelsäure frei werdende Jod durch Chloroform, Schwefelkohlenstoff oder Stärkekleister deutlich erkannt werden. Nach Lefort (Journ. Pharm. (3) XL. 97) wird diese Probe dadurch characteristischer, dass die gelbe Färbung der mit Jodsäure versetzten Morphinlösung auf Zusatz von Ammoniak intensiver wird und in's Bräunliche übergeht, während in allen Fällen, wo Jodsäure durch einen anderen organischen Körper reducirt wurde, Ammoniak Entfärbung herbeiführt. — Auch die oben erwähnten Reductionen von Kaliumeisencyanid zu Kaliumeisencyanür, so wie von Silber- und Goldsalzen zu Metall, die sowohl freies Morphin als Morphinsalze bewirken, können zur Erkennung dieses Alkaloids benutzt werden.

Kalbruner wendet die Kieffer'sche Reaction (Eisenchlorid + Ferricyankalium) mit grossem Erfolge an, indem er kleine Mengen der zu prüfenden Flüssigkeit mit 5—6 Tropfen einer Eisenchloridlösung (2 g krystall. Eisenchlorid in 16 g Wasser) und etwa 3 Tropfen Ferricyankaliumlösung (1 in 100 Wasser) vermischt, wobei bei Gegenwart von Morphin blaue Färbungen der Niederschläge erscheinen.

Nadler empfiehlt eine Lösung von Kupferhydroxyd in Ammoniak (7—8 g in 95 Th. Salmiakgeist), welche beim Erwärmen mit Morphin sich grün färbt. — Werden Morphin enthaltende Lösungen mit Chlorwasser und Ammoniack versetzt, so entsteht anfangs eine rothe, bald braun werdende Färbung. (Flückiger).

Grove prüft auf Morphin, indem er die Substanz mit 6 Tropfen conc. Schwefelsäure versetzt und ein Körnchen Kaliumperchlorat einwirft. Morphingegenwart veranlasst dunkelbraune Färbung.

Wird zu einer Lösung von Morphin in concentrirter Schwefelsäure etwas arsensaures Natron gesetzt, so entsteht eine schmutzig violette Färbung (Tattersall).

Schneider giebt an, dass eine Mischung von 1 Th. Morphin mit 6 Th. Zuckerpulver beim Uebergiessen mit einem Tropfen Vitriolöl purpurrothe Färbung veranlasst, die mit Wasser blauviolett, blaugrün, endlich gelb wird. — Jorissen giebt folgende Reactionen auf Morphin an: Erhitzt man Morphin mit Schwefelsäure auf 190—220°, bis die Masse schwarzgrün geworden ist, und giesst hierauf tropfenweise in Wasser, so färbt sich die Lösung blau. Schüttelt man diese Lösung mit Aether, so wird letzterer purpurfarben, schüttelt man mit Chloroform, so färbt sich letzteres blau.

Wird Morphin mit etwas Schwefelsäure im Wasserbade erwärmt, ein Kryställchen Ferrosulfat eingedrückt, noch 1 Minute erwärmt und das Ganze in 2—3 CC. conc. Ammon gegossen, so entsteht an den Berührungsstellen eine rothe Färbung.

C. Arnold bezeichnet als characteristische Reaction für Morphin das gelinde Erwärmen des Alkaloïdes mit einigen Tropfen conc. Schwefelsäure und nachherigen vorsichtigen Zusatz von kleinen Mengen alkoholischer Kalilauge (30—40 %). Es zeigen sich folgende Farbenübergänge, vom Gelblichen in's schmutzig Röthliche dann stahl- bis himmelblau, bei mehr Kalilauge schön kirschroth. Wasser färbt sich damit rothviolett bis blau.

Die neutralen Lösungen der Morphinsalze werden bei etwas stärkerer Verdünnung durch Gerbsäure, Pikrinsäure, Kaliumbichromat und Quecksilberchlorid nicht gefällt. Bei 300facher Verdünnung giebt Jod-Jodkalium kermesfarbigen Niederschlag, Platinchlorid zunächst geringe Trübung, nach 24 Stunden krystallinischen, in kalter Salzsäure nicht löslichen Niederschlag, Kaliumkadmiumjodid weissen Niederschlag, der sich allmälig in seideglänzende Nadeln verwandelt. Auch Kaliumquecksilberjodid, Kaliumwismuthjodid, Kaliumplatincyanür und Phosphormolybdänsäure bringen in sehr verdünnten Lösungen Fällungen hervor.

Gerichtlich-chemischer Nachweis. Bezüglich der Abscheidung des Morphins aus organischen Materien bei gerichtlich-chemischen Untersuchungen vergleiche man S. 40 und Folgendes. Liegt eine Vergiftung mit Opium vor, so lässt sich nach Kubly (Buchner's Repertor. Jahrg. 1867, p. 202) das Morphin von den übrigen Opiumalkaloiden dadurch trennen, dass man der durch Schütteln mit Benzol entfärbten sauren wässrigen Flüssigkeit nach Uebersättigung mit Ammoniak durch Benzol die Alkaloide Narcotin, Codeïn, Thebaïn und Papaverin entzieht, darauf ansäuert, um etwa ausgeschiedenes krystallinisches Morphin wieder zu lösen und nun nach abermaliger Uebersättigung mit Ammoniak heiss mit Amylalkohol schüttelt. Dieser nimmt ausser dem Morphin auch etwas Narceïn auf, welches aus dem beim Verdunsten bleibenden Rückstande durch warmes Wasser ausgezogen werden kann. — Ueber die Nachweisbarkeit des Morphins in den verschiedenen Organen des Körpers haben Dragendorff und Kauzmann sorgfältige Untersuchungen an Thieren ausgeführt. Sie fanden das Alkaloid im Magen stets, wenn nicht bereits mehrere Tage zwischen der Einführung desselben und dem Eintritt des Todes verflossen waren; auch im Darm wurde es in den meisten Fällen nachgewiesen. Die Leber gestattete in allen Fällen den Nachweis des Morphins, wenn dieses vom Verdauungscanal aus resorbirt war und zeigte sich relativ reich daran. Ferner konnten im Blut der vergifteten Thiere stets deutlich erkennbare Mengen des Alkaloids aufgefunden werden, sowie auch in dem während der Dauer der Intoxication von ihnen gelassenen Harn. Die Untersuchungen bestätigten ferner die schon von Stas und Anderen constatirte Widerstandsfähigkeit des Morphins bei Fäulnissvorgängen thierischer Substanz.

Dem widerspricht jedoch die Erfahrung Selmi's (Monit. scient. (3) **8.** 877), dass das Morphin sich in frischen und faulenden Leichentheilen rasch umwandle und, wie es scheint, ein ihm ähnliches Cadaveralkaloid entsteht. Chloroform beseitigt leicht die Ptomaïne, so dass dann in den Rückständen mittelst weinsauren Amyläthers das Morphin leicht rein isolirt werden kann. — Nach Landsberg (Pflüger's Archiv. **23.** 413) wird Morphin im Magen theils resorbirt, theils bleibt es unzersetzt und wird durch Fäces und Erbrechen entleert, weshalb bei Vergiftungen unter Umständen Morphin im Magen, Darmcanal oder in den Fäces zu finden ist.

Beim Nachweis des Morphins wird man stets Amylalkohol den Vorzug als Extractionsmaterial geben, dabei aber dafür sorgen, dass der Uebergang des Morphins in den Amylalkohol sofort nach Abscheidung mit Ammon erfolgen kann und zwar bei 50—60°, da Morphin, sobald dasselbe krystallinisch geworden ist, schwer in Amylalkohol löslich ist. — Guhl (Zeitschr. anal. chem. 1874. 350) benutzt die Eigenschaft der Morphinsalze, durch doppelt kohlensaures Natron vollkommen gefällt zu werden, zum Nachweis bei toxicologischen Arbeiten, indem er Ammon oder Kalilauge als Fällungsmittel vermeidet. — E. Scheibe (Pharm. Zeitschr. Russl. **22.** 49) schlägt vor, beim Nachweis von Morphin in Leichentheilen etc., die sauren wässrigen Auszüge zuerst nach der Concentration mit dem 4—5fachen Volumen Alkohol von 90—95 % zu extrahiren, diese Auszüge von Alkohol zu befreien und wiederholt mit Amylalkohol zu behandeln. Die bleibenden Rückstände werden in der Wärme nach Ammonzusatz mit Amylalkohol wiederholt ausgezogen, diese Auszüge durch Destillation von Amylalkohol befreit, mit Wasser aufgenommen und diese sauren Filtrate abermals mit Amylalkohol behandelt. Was nun zurückbleibt, wird mit Ammon alkalisch gemacht, nachdem zuvor eine Mischung von 1 Th. Alkohol (95 %) und 10 Aether zugesetzt war. Diese letztere Mischung löst Morphin rein und hinterlässt dasselbe beim Verdunsten zu jeder Reaction geeignet.

Historisches in pharmakologischer und toxikologischer Beziehung.

Wenn unter den reinen Pflanzenstoffen eine Substanz bezeichnet werden soll, die vor allen anderen die Aufmerksamkeit des Arztes verdient, so wird Niemand diesen Ehrenplatz dem Morphin abstreiten, das sich täglich als werthvolles Medicament bewährt und als Gift häufiger als jede andere Substanz aus dem Pflanzenreiche zu absichtlicher und unabsichtlicher Intoxication führt.

Magendie scheint der Erste gewesen zu sein, der die durch Experimente an Thieren von ihm selbst, Orfila, Ridolfi u. A. bereits erkannte, auch schon von Sertürner durch Versuche an gesunden Personen constatirte narkotische Wirkung des Morphins therapeutisch zu verwerthen suchte (Nouv. Journ. de méd. **1.** 23. 1813), und nächst ihm ist es Bally, der sich um die Verbreitung der Kenntniss des Mittels Verdienste dadurch erwarb, dass er es bei 700—800 Kranken in Anwendung brachte. Bald wurde es Gemeingut aller Aerzte, und auch ausserhalb Frankreichs fanden seine Salze rasch Aufnahme in die Pharmakopöen. Der Gebrauch wuchs von Jahr zu Jahr, neue Indicationen wurden für das Mittel gewonnen, und namentlich in Folge der Ausdehnung, die in neuester Zeit die hypodermatische Injection fand, ist es wiederum von grösserer Bedeutung für die Therapie geworden. Die Aufmerksamkeit der Toxikologen wurde auf das Morphin schon 1823 durch den Process des Dr. Castaing gelenkt, des ersten Giftmörders, der sich eines Pflanzenalkaloides bediente. Auffallenderweise blieb dieser Fall fast vereinzelt, wenigstens ist uns mit Ausnahme des bei Casper (Klin. Novellen 393) erwähnten Falles, wo ein Berliner Cafetier eine ganze Gesellschaft mit Morphium purum aus Schabernack vergiftete, und zweier in Bezug auf die Absicht der Lebensvernichtung nicht zweifelloser Fälle von Vergiftung, der eines unruhigen Patienten im Krankenhause des Lambeth Workhouse durch einen Wärter (Pharm. Journ. Trans. June 1868. 597) und der eines Säuglings durch die Mutter (bei Casper-Liman) kein weiterer Giftmord mit Morphin bekannt geworden, während die Literatur zahlreiche Selbstvergiftungen und noch mehr unabsichtliche medicinale Intoxicationen aufzuweisen hat, zu denen Grossbritannien und die Vereinigten Staaten das beträchtlichste Contingent stellten und von denen auf dem europäischen Continent namentlich einzelne der letzteren, in denen chlorwasserstoffsaures Morphin statt des entsprechenden Chininsalzes in den Dosen des letzteren gereicht wurde und den Tod der betreffenden Patienten herbeiführte, wie dies z. B. in Bern und Carlsruhe vorkam, die allgemeine Aufmerkkeit der Aerzte erregten. Es schliessen sich an den Castaingschen Process zuerst auch genauere toxikologische Prüfungen des Morphins an Hunden und Katzen, welche Deguise fils, Dupuy und Leuret in ihren Recherches et expériences sur les effets de l'acétate de morphine 1824 veröffentlichten, denen ein Jahr darauf die mit verschiedenen Morphinsalzen ausgeführte Arbeit Mulders folgte, während die erste an einer grösseren Zahl von Thierspecies ausgeführte Studie von Charvet mehrere Jahre später fällt. Merkwürdigerweise sind trotz der ungemein hohen praktischen Bedeutung des Morphins und trotzdem hervorragende Physiologen und Pharmakologen, wie Cl. Bernard und Harley, sich mit dem Stoffe eingehend beschäftigten, exacte physiologische Prüfungen desselben erst in neuester Zeit von Gscheidlen (1868), Witkowski (1877) und Picard (1879), ohne dass bis jetzt vollkommener Abschluss erzielt ist, ausgeführt. In allerjüngster Zeit hat die Aufmerksamkeit der Aerzte sich besonders auf die durch den übertriebenen Gebrauch des Morphins bei hypodermatischer Injection entstehende, der Dipsomanie ähnliche, von Levinstein als Morphiumsucht bezeichnete Affection gerichtet.

Verhältniss zur Wirkung des Opiums.

Das Morphin ist dasjenige Alkaloid, auf welches vorzugsweise die Wirkung des Opiums zurückzuführen ist, in welchem die übrigen Alkaloide — mit Ausnahme des wenig wirksamen Narkotins — in weit geringeren Mengen vorkommen. Es lassen sich jedoch Opium und Morphin bezüglich ihrer Action sowohl in toxischen als in medicinischen Dosen nicht völlig identificiren, vielmehr wirkt Opium entschieden stärker als die entsprechende Morphinmenge, so dass das Morphin nur etwa sechsmal so stark wie Opium ist.

Die etwaigen Differenzen in Hinsicht der Qualität der Action sind in vielen Fällen so wenig charakteristisch, dass manche Autoren, z. B. Trousseau und Pidoux, das Vorhandensein derselben negiren. Im Allgemeinen wird hervorgehoben, dass Morphin reiner narkotisch wirke als das (entschieden convulsionserregende Alkaloide ausserdem enthaltende) Opium und Excitationsphänomene nach Morphin nicht erheblich hervortreten. Von verschiedenen Autoren wird Morphin als — bei kleinen, medicinalen Dosen — mehr auf die Blase lähmend wirkend und, worin jedoch einzelne widersprechen, als minder Schweiss und Hautjucken erregend bezeichnet. Endlich scheint störende Einwirkung auf die Digestionsorgane beim Morphin (Ekel, Erbrechen) stärker zu sein.

Die Wirkung des Alkaloids fällt mit derjenigen seiner Salze, soweit sich dies nach den bis jetzt vorliegenden Versuchen beurtheilen lässt, zusammen.

Die Verschiedenheit der Opium- und Morphinwirkung bei Thieren ist zuerst von Mulder stark betont, der die Wirkung des ersteren sich zusammengesetzt denkt aus derjenigen des Morphins und des von ihm sog. Principium narcoticum, das er namentlich durch die pulsbeschleunigende Wirkung dem die Pulsfrequenz herabsetzenden Morphin entgegenstellt. — In Bezug auf den Menschen hat zuerst Bally das besonders bei Männern, fast gar nicht bei Frauen hervortretende Symptom der Dysurie hervorgehoben, während derselbe Beobachter andererseits das Vorkommen von Pruritus nach grösseren Gaben von Morphin gerade wie beim Opium sah. Die in den Handbüchern der Pharmakologie ausgesprochenen Ansichten über die Differenz der Morphin- und Opiumwirkung weichen sehr von einander ab und enthalten vielfach Irrthümer. Schroff, der über die meisten Opiumalkaloide Versuche an Menschen anstellte, gelangte zu der Ueberzeugung, dass selbst die combinirte Wirkung des Morphin, Codeïn und Narkotin die aus der Einwirkung des Opium in Substanz hervorgehende Symptomengruppe nicht vollständig decke und erkläre. 0,15 und selbst 0,22 Opium in Substanz, wenn das letztere von der besten Qualität ist, enthalten, wie Schroff hervorhebt, sicherlich weniger als 0,07 Morphin und 0,07 Narkotin (das beste Opium enthält 15 % Morphin) und doch ist die Wirkung jener bedeutend intensiver als die Wirkung dieser; jene bewirkten an Schroffs Versuchspersonen in kurzer Zeit Sopor oder an Sopor gränzende, aber schnell verschwindende und bedeutende Nachwirkung nicht zurücklassende Narkose, während nach Morphin in den von ihm angewandten höchsten Gaben nie soporöse Narkose eintrat, dagegen die Folgen der Einwirkung anhaltender waren. Nach Schroff steigert Opium objectiv die Wärmeentwicklung als Erstwirkung und bringt ein angenehmes Wärmegefühl hervor, während Morphin zwar letzteres (in grösseren Gaben), aber Verminderung der Temperatur des Körpers bedingt; Opium steigert die Frequenz des Pulses als Erstwirkung und bewirkt nur im Stadium der soporösen Narkose Verminderung, Morphin bewirkt Herabsetzung der Frequenz, ohne vorhergegangene Steigerung, sehr grosse Dosen ausgenommen.

Die Symptome der Morphinwirkung bei Thieren sind nach kleineren Dosen Schlaf und Betäubung, nach grösseren Sopor und Paralyse, sowie überhaupt die der narkotischen Vergiftung. Convulsionen sind im Laufe der Vergiftung nicht selten. Die Dosis toxica und letalis sind für die einzelnen Thierspecies, die manche Differenzen in Hinsicht der Morphinwirkung aufzuweisen haben, noch nicht mit genügender Sicherheit festgestellt.

Die toxische Action des Morphins und seiner Salze ist an einer grossen Reihe von Thierspecies geprüft worden. Schon Charvet gab es Kaninchen, Holzhähern, Elstern, Blindschleichen, Kröten, Fröschen, Goldfischen, Blutegeln, Spulwürmern, Schnecken, Lymnäen, Malermuscheln, wo er überall toxische Effecte davon sah. Eine besondere Immunität gegen die narkotische Wirkung besitzen nach den Versuchen von S. Weir Mitchell (Amer. Journ. med. Sc. 37. 1869) Tauben, die ebenfalls durch enorme Quantitäten von Opium nicht betäubt noch dadurch in einer markirten Weise vergiftet werden, mag das Gift intern oder subcutan eingeführt sein. Streitig sind vielfach die Morphiumkrämpfe gewesen, deren Existenz nicht allein bei Kaltblütern (Rana temporaria und esculenta), sondern auch bei Warmblütern (ziemlich häufig bei Katzen) vollkommen sichergestellt ist. Onsums Behauptung, dass Morphin bei interner Application an Fröschen keinen Tetanus erzeuge, sondern nur Schwäche der Bewegung, Trägheit, Verlangsamung des Athmens, Abschwächung der Reflexaction und Tod durch Paralyse bedinge, sowie dass gerade hierin ein Unterschied zwischen der Morphin- und Opiumwirkung zu suchen sei, da letzteres Tetanus bedinge, ist irrig, und wenn sich auch nur manchmal ein exquisiter Tetanus bei morphinisirten Fröschen ausbildet, so ist dieser doch von der Verwundung, die Onsum als Ursache ansieht, unabhängig, da er trotz der gegentheiligen Behauptung Onsum's doch auch nach interner Darreichung auftritt. Die Onsumsche Symptomatologie entspricht genau dem von Witkowski als erstem Stadium der Morphiumvergiftung bezeichneten Zustande, welcher bei kleinen Dosen isolirt bleibt; bei grösseren kommt es, wie Witkowski richtig angiebt, constant zu krampfhaften Erscheinungen, und zwar nach vorübergehender Abnahme der Athemfrequenz und spinalen Reflexe zuerst im Bereiche der Athemmuskeln, dann unter deutlicher Steigerung der Reflexaction zu Streckkrampf, welcher jedoch in manchen Fällen erst nach mehreren (und selbst nach mehr als 24) Stunden auftritt und meist sich erst sehr spät, aber vor den Hirnerscheinungen verliert. Der Morphintetanus beim Frosche ist vom Strychnintetanus dadurch verschieden, dass nach jedem Anfalle die Reflexerregbarkeit eine Zeit lang vollkommen erlischt (Witkowski). Auch bei Säugethieren kommen selbst bei nicht toxischen, nur hypnotischen Dosen (0,01—0,15 bei Hunden) Andeutungen von Muskelkrämpfen vor (Grasset und Amblard, Compt. rend. **93.** 373. 1881) und gerade bei künstlich respirirenden Thieren kann man sich von der gesteigerten Reflexthätigkeit am besten überzeugen (Witkowski). Erbrechen ist bei Thieren, welche brechen können, fast constant bei interner Darreichung und kommt auch bei Tauben vor. — Dass eben beim Morphin hinsichtlich der Symptome bei einzelnen Thierspecies und selbst bei einer einzigen Thierspecies Differenzen sich ergeben, ist schon von Mulder beobachtet, der z. B. bei Hunden bisweilen Schärfung der Sinnesthätigkeit durch Morphin eintreten sah, die er mit den später zu berücksichtigenden Idiosynkrasien bei Menschen zusammenbringt. Auch Deguise, Dupuy und Leuret deuten dies schon an. Für die Säugethiere ist übrigens im Ganzen das Bild, welches die letzteren von der Wirkung toxischer Dosen bei Hunden und Katzen sahen, zutreffend. Hiernach zeigen sich bei Hunden früher oder später Schauder und Krämpfe, anfangs Pupillenerweiterung, später Myosis, doch nicht constant; Ausfliessen von Schaum aus dem Maule, Erbrechen, dem oft Agitation voraufgeht, Appetitverlust, unwillkürliche Urinexcretion und Kothabgang, Zucken in den Hinterbeinen, dann Lähmung derselben; Stupor und Somnolenz, worin bisweilen Insensibilität, manchmal aber auch

Zunahme der Sensibilität; anfangs schwieriges, intermittirendes, später sehr verlangsamtes Athmen; der Puls ist zuerst wenig verändert, später klein, langsamer, die Körpertemperatur anfangs vermehrt, später vermindert, und der Tod erfolgt nach voraufgehender langdauernder Agonie. Agitation kann mit Somnolenz abwechseln; bisweilen zeigen sich epileptiforme Convulsionen.

Für die Wirkung von den einzelnen Applicationsstellen aus ermittelten Deguise, Dupuy und Leuret bereits, dass bei Einspritzung in die Venen oder in Brust- und Bauchhöhle das Morphin intensiver als bei der internen Darreichung wirkt. — Bei Anwendung kleiner hypnotischer Dosen bei Thieren (zu 0,05 bei Hunden mittlerer Grösse) ist nach Cl. Bernard besonders auffallend das Erwachen in einem Zustande intellectueller Störung, die längere Zeit (selbst 12—15 Stunden) anhalten kann und mit welcher das Verkriechen des Thieres in dunkle Ecken zusammenhängt, und von Lähmung der Hinterbeine, was den Morphinschlaf von dem Narceïnschlaf unterscheiden soll.

Bei der Wirkung des Morphins auf den menschlichen Organismus haben wir eine locale und eine entfernte Action zunächst zu unterscheiden und hinsichtlich der entfernten Wirkung nach der Grösse der Gaben drei Kategorien zu statuiren.

Als locale Wirkung ergiebt sich auf der entblössten Cutis (bei der endermatischen Methode) Gefühl von Stechen und Brennen, das selbst einige Minuten anhalten kann, vereinzelt sogar heftiger Schmerz (Valleix). Bei Subcutaninjection wässriger Lösungen von Morphinsalzen ist der Schmerz höchst unbedeutend. Auf Schleimhäuten, z. B. bei Application per os, wo nur ein bitterer Geschmack sich geltend macht, übt weder das Alkaloid noch dessen Salze einen derartigen Einfluss aus, doch kommt bei stärkeren Dosen Gastralgie und Erbrechen vor, sowie nicht selten Vermehrung der Speichelsecretion und insbesondere bei längerem Gebrauche Trockenheit im Munde und Schlunde.

Die entfernten Wirkungen des Morphins erleiden mannigfache Veränderungen bei verschiedenen Individuen und Zuständen. Bei Gesunden tritt nach kleinen oder mittleren medicinalen Dosen (8—10—15 Mgm. intern oder subcutan) ein Gefühl von Wärme im Kopfe und geringe Ermüdung in 5—10 Minuten ein, welche Erscheinungen im Verlaufe einer Stunde schwinden, die Pulsfrequenz wird anfangs entweder gar nicht verändert oder um wenige Schläge gesteigert, später verlangsamt; ebenso die Athemfrequenz. Mitunter kommt gelinder Schweiss und Hautjucken vor (Eulenburg). Bei schwächlichen Individuen kann es auch sofort zu Pulsverlangsamung und zu Schlaf kommen, der bei Gesunden sich meist erst nach grösseren Dosen einstellt; ein gewöhnlich als Excitationsstadium gedeuteter, fast unmittelbar nach der Einführung bei subcutaner Injection entstehender Zustand von Angst, Schwindel, Zittern der Glieder, Flimmern vor den Augen, gesteigerter Athemfrequenz, brennender Hitze und intensivem Kopfschmerz findet sich besonders bei nervösen Personen und macht nach 5—10 Minuten entweder tiefem Schlafe oder einem Zustande von grosser Schwäche und Collaps Platz. Hier findet sich dann stets starke Myosis, welche sonst bei den betreffenden Dosen keineswegs constant und meist wenig beständig ist. Kopfweh und Ziehen im Nacken kommen auch bei Gesunden in geringem Masse vor, auch etwas Pupillenerweiterung (Schroff).

Bittere oder mehr säuerliche Geschmacksempfindung wird auch nach subcutaner Injection beobachtet (Wernich, Beigel). Der nach kleinen Dosen eintretende Schlaf dauert ½—12 Stunden und länger und ist meist ruhig und erquickend. Bei etwas höheren Dosen (2—3 Cgm. im Durchschnitt) erfolgt in der Regel rasch Betäubung, Sinken der Puls- und Respirationszahl (nach Hunter kann der Puls nach 0,03 subcutan von 80 auf 66 sinken) und Schlaf von verschiedener Dauer. Bei noch höheren Gaben (3—7 Cgm.) treten Nausea, Erbrechen, Koliken und Dysurie, sowie beträchtliches Hautjucken als Nebenerscheinungen auf, meist erst nach dem Erwachen. Myosis ist fast constant. Ausgedehnte eigene Beobachtungen über die Wirkung grosser Morphindosen liegen von Schroff, Rougier und Vibert vor. Nach Schroffs Versuchen an Gesunden bewirkten kleine Gaben Morphin bis zu 14 Mgm. plötzlich eintretenden geringen Kopfschmerz, der sich allmälig steigerte, ferner Schläfrigkeit; diese beiden Erscheinungen waren schon nach einer Stunde verschwunden; die Frequenz des Pulses, die Temperatur der Zunge und der Hand nahmen etwas ab; die Pupille erweiterte sich unbedeutend. Nach 1¾ Std. war die Wirkung abgelaufen. Mittlere Gaben, 36 Mgm., liessen den Puls anfangs um einige Schläge sinken, worauf er um mehrere Pulsschläge zunahm; es stellte sich auffallende Trägheit und Schläfrigkeit, selbst Betäubung und Ohrenbrausen ein; die Temperatur der Haut nahm anfangs ab, später stieg sie; Gang unsicher, Schlaf gestört; am nächsten Morgen keine Wirkung mehr. Grosse Gaben, 0,07, bewirkten allmäliges Sinken der Frequenz des Pulses um mehrere Schläge während 1¼ Std., Steigen der Hauttemperatur in derselben Zeit um 0,2° C., Erweiterung der Pupille, starkes Aufstossen, Schwere im ganzen Körper, Hitze und Eingenommenheit des Kopfes, Kriebeln im Magen, eigenthümliches ziehendes, fast schmerzhaftes Gefühl an den Handgelenken, sehr wechselndes Gemeingefühl, Zusammenschnüren und Druck im Magen, Retention des Stuhlganges. Am auffallendsten war der fortwährende Drang zum Harnlassen und das Unvermögen während 12 Stunden, diesen Drang zu befriedigen. Nach 24 St. war die Wirkung bei einem Experimentator vollkommen erloschen; dagegen dauerte sie bei einem andern, der nach jeder Dosis Morphium Aufstossen, Ekel, Erbrechen erfuhr, bei 0,07 noch bis zu Ende des 2. Tages, sich in grosser Abgeschlagenheit, Eingenommenheit des Kopfes äussernd; Stuhl konnte nur durch Senna erwirkt werden. Ueberhaupt sprach sich stets, besonders bei höheren Gaben, stärkeres Ergriffensein des gastrischen Systems aus. — Gleiche Gaben von Acetas Morphii bewirkten dieselben Erscheinungen, aber in geringerem Grade, namentlich seitens des Magens, der Harnwerkzeuge und des Afters. Bei beiden Präparaten variirten die Gefühle der Cönästhese nach der Individualität bedeutend; während ruhige, kalte Naturen ausser den Gefühlen der wechselnden Temperatur und Eingenommenheit des Kopfes kaum etwas empfanden, steigerte sich das Gemeingefühl zu Ekstase und mannigfaltigen Hallucinationen, besonders des Gesichtssinns, bei leicht erregbaren, feurigen Naturen. — Bally hat bei Kranken die obenangegebenen Phänomene (Nausea, Erbrechen, Pruritus etc.) nach 2maliger Anwendung von 0,03 Morph. purum in einem Tage gesehen. Im Allgemeinen beobachtete er als unangenehme Nebenwirkungen geringe Salivation bei Integrität der Schleimhaut des Mundes, Pharynx und Oesophagus, Erbrechen, selbst bei normalem Verhalten des Appetits, von lauchgrüner Farbe, oft lange anhaltend (in einem Falle, wo 0,06 irrthümlich genommen wurden, 60 Stunden während), häufiger bei Frauen, die schon nach 2mal täglich 0,0075 tagelange Nausea bekommen können, als bei Männern, mit Gastralgie verbunden, und häufig auf vorhergehende Ructus und bitteren oder fauligen Geschmack im Munde folgend; Stuhlverstopfung, bisweilen gefolgt von dünnflüssigen Stühlen, einige Tage nach Anwendung des Mittels; Coliken, am meisten in der Nabelgegend, nur von kurzer Dauer; Retention des Urins bei $^{19}/_{20}$ der Männer, bei unveränderter Secretion bisweilen Micturition und Brennen beim Uriniren, das auch bei Frauen vorkommt; Verlangsamung und Abnahme der Stärke des Pulses; Pruritus, bald allgemeiner, bald mehr auf Gesicht, Hals und Lenden localisirt, selten die Vagina oder den Penis betreffend, noch seltener Nasenschleimhaut und Conjunctiva, manchmal mit Eruption kleiner konischer Knötchen, bald roth, bald blass, ohne Schweissvermehrung; Schwindel, einige Minuten nach dem Einnehmen grosser Dosen eintretend, unsichrer Gang, Nebel und Funkensehen: Ohrensausen und Hallucinationen des Gesichts und Gehörs; Contraction der Pupille, bei längerem Gebrauche des Morphins constant; Kopfschmerz, jedoch nicht constant, meist nach starkem Schwindel auftretend und bei Frauen häufiger als bei Männern. — Rougiers Angaben über Morphinwirkung bei endermatischer Application stimmen im Allgemeinen zu denen von Bally; hervorzuheben ist, dass er 2mal rauschähnlichen Zustand wahrnahm, der einmal 2 Stunden, das andere Mal einen ganzen Tag anhielt. Bei beginnender Intoxication beobachtete er wohl Beschleunigung, im Allgemeinen aber Sinken des Pulses. Pupillencontraction war fast constant, Dilatation Ausnahme. Appetitmangel bestand im Anfange neben Nausea immer, in einzelnen Fällen rief das Morphin Diarrhoe, meist Obstipation hervor.

Noch höhere Dosen führen dann zu den Erscheinungen der acuten Morphinvergiftung, welche, im Wesentlichen identisch denen der Opiumvergiftung, eine Steigerung des bei etwas zu hohen Dosen des Morphins erfolgenden Symptomencomplexes sind. Die Mehrzahl der Morphinvergiftungen stellt sich dar unter dem Bilde eines allmälig sich entwickelnden comatösen Zustandes, in welchem fast immer die Pupille contrahirt ist, und welcher nach längerer Dauer entweder unter Sinken des Pulses und der Körpertemperatur und allgemeinem Collapsus zum Tode führt, dem manchmal Convulsionen vorausgehen, oder allmälig in ruhigen Schlaf übergeht, nach dessen Aufhören manchmal noch Kopfweh, Verstopfung und Dysurie persistiren oder excessives Hautjucken eintritt.

Alle übrigen Symptome können nicht als charakteristisch angesehen werden, so dass nur die Myosis als einigermassen brauchbares Kriterium erscheint, um die Morphin- resp. Opiumvergiftnng vom Coma aus anderen Ursachen zu unterscheiden, und selbst in einzelnen Fällen, die nicht mit dem Tode enden, scheint entgegengesetztes Verhalten der Pupille stattfinden zu können, so in dem Selbstmordversuche des Dr. Gomez, der über 2 Grm. Morphinacetat genommen hatte (Orfila, Arch. gén. 20. 2. 214. 1829). Im Momente des Todes oder kurz vorher geht die Myose in Pupillenerweiterung über (Johnson); ein Stehenbleiben der Myosis port mortem, wie es Blix (Svenska Sällsk. Handl. 90—125. 1873) constatirte, scheint ausserordentlich selten. In schweren Fällen fehlt Contraction der Pupille bis zu Stecknadelgrösse kaum jemals (Johnson); aber auch in leichteren ist sie Regel. Dass Convulsionen häufig bei Morphinvergiftung vorkommen, ist von Taylor hervorgehoben, und insbesondere scheint bei Kindern im Laufe der Vergiftung Krampf selten zu fehlen, weshalb hier eine Verwechslung mit Eklampsie (vergl. den streitigen Fall von Oppenheimer und Würth, Zeitschr. für Staatsarzneik. 341. 1867. 100. 1868) recht wohl möglich erscheint. Insbesondere wird Trismus häufig beobachtet, und es giebt Fälle, wo man an Strychnismus erinnert wird. Bezüglich der übrigen Symptome vgl. Husemann, D. Klin. 1874. 1—10 und in Maschka, Handb. d. ges. Med. 2. 393. 1881. Das Verhalten des Pulses differirt in den einzelnen Fällen sehr; die Respiration wird sehr oft beschleunigt und gegen Ende der Vergiftung stertorös. — Würgen und Erbrechen kommt in einer Reihe von Fällen vor, auch wo die Intoxication durch endermatische Application bedingt wurde, häufig noch in der Reconvalescenz. — Das Eintreten der Symptome nach Vergiftung mit Morphin geschieht in der Regel rasch, nach 5 Minuten bis 1 Stunde, mitunter selbst erst nach 8 Std., wie in dem erwähnten Falle von Blix; der Zeitpunkt des Endes in tödtlichen Fällen lässt sich im Mittel nicht gut festsetzen, da er von der Dosis und der Individualität abhängt; doch stirbt die Mehrzahl wie bei der Opiumvergiftung zwischen 6—12 Stunden. Auch bei der Morphinvergiftung kommen Fälle vor, wo nach Einleitung einer angemessenen Behandlung der Sopor verschwindet und Rückkehr des Bewusstseins erfolgt, dann aber nach einiger Zeit wieder Unbesinnlichkeit und der Tod eintritt (Taylor).

Abweichung von dem gewöhnlichen Vergiftungsbilde zeigt die durch Subcutaninjection veranlasste, wahrscheinlich durch directe Einspritzung in eine Vene zu Stande kommende acuteste Intoxication, indem hier plötzlich Brustbeklemmung, Athemnoth, grosse Angst, Blässe von Gesicht und Lippen, Irregularität des Pulses, Mydriasis, Trismus, Nackenstarre, Krampf der Gesichtsmuskeln eintreten und die Kranken plötzlich bewusstlos hinstürzen (vgl. Nussbaum, Bayr. Intellbl. p. 36. 1865. Braine, Med. Times Jan. 4. 1868, und Tupper, Boston med. Journ. Oct. 30. 1879).

Der Leichenbefund bei der Morphiumvergiftung bietet ausser Hyperämie der Hirnhäute, des Gehirns und der Lungen, sowie dunkler Farbe und nicht geronnener Beschaffenheit des Blutes keine irgendwie erhebliche Alteration, und selbst diese Erscheinungen sind weder pathognomonisch noch selbst constant. Vgl. über den Sectionsbefund des Morphinismus acutus Th. Husemann in Maschka's Handb. der ges. Med. Einzelne Intoxicationsfälle zeigen kolossale Hyperämie und selbst Blutextravasation im Gehirn; in andern ist weder Hirn- noch Lungenhyperämie constatirt. Irritationsphänomene in den ersten Wegen fehlen. Die Blase ist meist gefüllt. Unrichtig würde es sein, aus dem Leichenbefunde allein ohne Rücksichtnahme auf die Symptome eine gerichtsärztliche Diagnose auf Morphinvergiftung zu stellen.

Die toxische und letale Dosis des Morphins unterliegt beträchtlichen Schwankungen, je nach Alter und Individualität. Wie beim

Opium, so hat auch beim Morphin die Erfahrung gelehrt, dass Kinder besonders stark durch relativ sehr kleine Dosen afficirt werden und dass andrerseits bei allen Altersclassen durch den längeren Gebrauch eine Toleranz für Dosen sich entwickelt, die bei Ungewohnten unfehlbar den Tod nach sich ziehen würden. Auch manche krankhafte Zustände, insonderheit Exaltationszustände, z. B. Manie, scheinen eine grössere Toleranz zu begründen. Die niedrigste letale Dosis, welche bei Erwachsenen beobachtet wurde, war 0,06 Morph. hydrochlor., in getheilten Dosen in Solution binnen 6 St. genommen (Tod eines 19jähr. Mädchen in 13 St., von Paterson im Monthly Journ. Sept. 1846. 191. mitgetheilt). In einem Falle von Eberth (Viertelj. ger. Med. 480. 1873) hatten 0,25 desselben Salzes den Tod einer an Pneumonie leidenden Frau in 40—50 Min. zur Folge. Fälle, wo 0,36 tödtlich wirkten (in einem Falle, den Taylor nach Med. Times 114. 1846 anführt, in 9 Stunden) finden sich in der engl. Literatur mehrfach. Ein von Taylor aus der Lancet (Sept. 1839) citirter Fall, wo der Tod einer kranken Dame durch 0,03 bedingt sein soll, scheint nicht über allen Zweifel erhaben. Andrerseits fehlt es nicht an solchen, wo nach weit grösseren Gaben Genesung erfolgte, z. B. nach 1,25 (Edinb. med. Journ. 33. 220), nach 3,5 (Bonjean, Ann. d'hyg. 1. 150. 1845). Sehr ernstliche Symptome können nach Kelso schon durch 0,03 Grm. veranlasst werden (Lancet, Sept. 1839); auch sind solche mehrfach nach 0,06 bei endermatischer Application (vergl. Bonnet und Trousseau, Arch. gén. 27. 3. 293. 1831. 28. 1. 28. 2. 157. 1832). Bei Kindern scheinen 0,015 Morphinacetat letal wirken zu können (Wimmer, Vtjhrschr. f. ger. Med. Oct. 284. 1868), während schon 0,01 Grm. sehr intensive Intoxicationserscheinungen hervorrufen (Melion, Würtb. Corr. Bl. 137. 1844) und selbst 0,0035 bei Kindern unter ½ Jahr 36 stündigen Schlaf bedingen können (Eulenburg). Andrerseits kann auch hier Genesung nach höheren Dosen vorkommen, z. B. nach 0,3 bei einem 5j. Mädchen (Lyons).

Wie sehr krankhafte Zustände die Dosis toxica und letalis beeinflussen, lehrt der Fall einer von Kellock behandelten Puerpera, die bei ausbrechender Puerperalmanie 2,0 Morphinhydrochlorat in 24 St. ohne jede Vergiftungserscheinung nahm. Fälle, in denen Morphin längere Zeit innerlich oder subcutan genommen waren und eine kolossale Steigerung der Dosis im Laufe des Consums stattfand, berichten Samter (Deutsche Klin. 16. 17. 1864), Eder (Oesterr. Ztschr. pr. Heilk. 33. 1864), Beer (Pr. Ver. Ztg. 25. 1864), Hirschberg (Berl. klin. Wochenschr. 13. 1874), Otis (Boston med. Journ. Apr. 11. 1872) und die Monographen der Morphiomanie oder Morphiumsucht. In dem Falle von Eder wurde sogar bis 3,0 pro die intern genommen und wurde der allmälig gesteigerte Consum 11 Jahre bis zum Tode fortgesetzt; in manchen Fällen von Injection steigen die Patienten auf 1,0 und darüber im Tage. Selbst bei Kindern ist die Steigerungsmöglichkeit enorm, so dass nach Little (Am. Journ. Obstetr. II. 1878) einem Säugling 0,2 in 24 Std. gegeben werden konnte! Dieser durch Gewöhnung u. a. Momente erzeugten Toleranz (nicht Immunität, da erheblich grössere Dosen als die zuletzt eingeführten, acute Vergiftungserscheinungen erzeugen können, nach Aufgebung der Gewohnheit selbst die gewöhnlichen toxischen Gaben, steht eine Idiosynkrasie einzelner Personen gegenüber, wo z. B. 2 Mgm. Morphin endermatisch schon heftigen Narkotismus erregen können (Donyan, Gaz. Hôp. 1844). Hiervon verschieden sind die heftigen Nebenwirkungen auf den Magen bei einzelnen Personen und auf die

Haut bei andern. Vgl. über letztere den Aufsatz von Behrend über Arzneiexantheme in Berl. klin. Wchschr. 42—43. 1864 und Lewin, Nebenwirkungen der Arzneimittel.

Chronische Morphiumvergiftung. Durch den ausserordentlich gesteigerten Verbrauch von Morphin als Medicament, namentlich in Form der Subcutaninjectionen, ist die Pathologie um ein höchst merkwürdiges Krankheitsbild bereichert worden, welchem man den Namen der Morphiumsucht, Morphiomanie, beigelegt hat. Dieses Krankheitsbild setzt sich aus einer doppelten Reihe von Symptomen zusammen, von denen die eine dem schädlichen Einflusse des längere Zeit hindurch in übertriebenen Mengen eingeführten Morphins auf den Organismus, welcher sich während lange fortgesetzten Gebrauches trotz allmäliger Gewöhnung an grosse Dosen dennoch geltend macht, ihre Entstehung verdankt, während die andere bei Entziehung des Morphins eintritt. Sowohl die erste Reihe, die Erscheinungen der eigentlichen chronischen Morphinvergiftung, als die zweite der sogenannten Inanitionserscheinungen entsprechen im Wesentlichen den bereits früher nach dem chronischen Missbrauche von Opium- und Opiumpräparaten bei den sog. Opiophagen auftretenden Symptomen, jedoch mit einzelnen Abweichungen, welche ebenfalls den doppelten Charakter chronischer Vergiftungserscheinungen und durch Entziehung hervorgerufener Entwöhnungssymptome zeigen.

Man hat lange behauptet, dass es keine eigentlichen Morphiophagen gebe und geben könne, weil die sogenannten Opiumesser nach dem Morphin nicht die von ihnen gewünschten Excitationsphänomene bekämen. Schon 1868 zeigte jedoch Fleming (Brit. med. Journ. Febr. 15) die Grundlosigkeit dieser Anschauung durch Mittheilung mehrerer Fälle, wo Morphin statt Opium periodisch intern genommen wurde; in einem Falle zu 1,25 pro dosi in Verbindung mit gleichen Mengen Extractum Hyoscyami. Seit der Ueberhandnahme der Morphininjectionen unter die Haut und seit dem Vorkommen von mehreren 100 Fällen durch dieselbe bedingter Morphiumsucht wird man freilich von solchen aprioristischen Negationen geheilt sein; immerhin aber bleiben die durch internen Gebrauch veranlassten Fälle ausserordentlich vereinzelt. Allbutt (Pract. 327. 1870) scheint der Erste gewesen zu sein, welcher qualvolle Entwöhnungserscheinungen bei mehreren Personen, welche Morphium subcutan gegen Neuralgien benutzt hatten, beobachtete; ihm folgte 1871 Laehr (Allgem. Zeitschr. Psych. XXVIII. 349) mit der Schilderung eines ausgesprochenen Falles von chronischem Morphinismus und Morphiumsucht, dann 1874 Fiedler (Dtsch. Zeitschr. prakt. Med. 27. 28) mit mehreren Fällen und Lewin mit einem Falle, in welchem Morphium subcutan und innerlich gleichzeitig gebraucht wurde, dann Levinstein mit zahlreichen Beobachtungen und einer ausgezeichneten Monographie der Morphiumsucht, woran einzelne Beobachtungen von Kurz (Bayr. ärztl. Intellbl. 5. 1876), Leidesdorf (Wien. med. Wochenschr. 25, 26. 1876), Erlenmeyer (Centrbl. f. Nervenheilkd. 22. 1879), Dalbanne und Thaon (1877), Gossmann (Dtsch. med. Wochenschr. 34. 35. 36. 1879), Güntz (Memorab. 12. 1879), Bernhuber (Bayr. ärztl. Intellbl. 6. 1878) und

Braithwaite (Lancet II. 874. 1878), Franz Müller (Wien. med. Presse 10. 11. 12. 1880), Loveland und Westmoreland (Boston med. Journ. 301. 1881), Kane (Philad. Rep. 649. 1881), Stécoulis (Gaz. méd. d' Orient. 145. 1881) und zwei ebenfalls auf Grundlage eigener reicher Beobachtung geschriebene Monographien von Burkart und Obersteiner sich schliessen. Die Aetiologie des Leidens ist meist darin begründet, dass Kranke wegen irgend eines, namentlich schmerzhaften Leidens oder wegen melancholischer Verstimmung subcutane Morphininjectionen erhalten und dieselben auch bei Rückkehr normalen Verhaltens weiter gebrauchen, weil sie darin das beste Mittel zur Erhaltung ihres körperlichen und geistigen Tonus erblicken und weil sie nach Aufgeben der Injection sich sehr elend befinden. Ein Hauptgrund für die Ausbreitung des Leidens ist darin gegeben, dass man seitens der Aerzte die Injectionen dem Patienten selbst überliess und die Reiteration von Morphinlösungen lange Zeit einer gesetzlichen Beschränkung nicht unterlag. Die Morphiumsucht ist im Gegensatze zum Alkoholismus vorzugsweise Krankheit der gebildeten Stände; Aerzte und Officiere stellen ein bedeutendes Contingent zur Casuistik; erstere bestimmt mehr als ein Drittel. Etwa $^3/_4$ der Kranken scheint dem männlichen Geschlecht anzugehören.

Die Symptome des chronischen Morphinismus haben eine bestimmte Beziehung zu den Inanitionssymptomen nur insofern, als mit ersteren ein allgemeiner Schwächezustand einhergeht, der die Gefahr des Collabirens nach der Morphiumentziehung entschieden vergrössert; andererseits können Inanitionssymptome bei Morphiummissbrauch entstehen, ohne dass vorher krankhafte Veränderungen zu beobachten sind.

Als Symptome des ausgesprochenen chronischen Morphinismus stehen in der Regel Mattigkeit und Kraftlosigkeit oben an, welche nur durch neue Morphinzufuhr beseitigt werden; die unmittelbar nach der Injection auffallende Lebendigkeit der Körperbewegung und der Unterhaltung, die Röthung der Wangen und der Glanz der Augen verlieren sich in einigen Stunden und machen einem schwerfälligen Gange und beschwerlichen Bewegungen der Arme, bleicher Gesichtsfarbe und mattem Blick bei verengten Pupillen und kalten Schweissen an Stirn und Händen Platz. Auffallende Magerkeit ist keineswegs ein frühzeitiges Sympton und wohl erst dann vorhanden, wenn ein intensiver Einfluss des Morphins auf den Tract besteht, der sich in Anorexie und Obstipation oder auch in mit Verstopfung abwechselnden Diarrhöen zu erkennen giebt; dagegen ist die Haut in vielen Fällen schlaff und welk. Häufig sind bei Morphiummissbrauch Secretionsanomalien, namentlich Verminderung der Speichelsecretion und in Folge davon Trockenheit in der Mundhöhle und im Rachen, Amenorrhoe beim Weibe und Aspermatie beim Manne; vermehrt ist dagegen in der Regel die Schweisssecretion, während der Harn durch Auftreten von Zucker und Eiweiss qualitative Veränderungen erfährt. Die Schweisse treten sowohl im Erregungsstadium des Morphiumrausches bei starker Füllung der Hauptgefässe als im Depressionsstadium bei blasser Haut ein. Störungen der Motilität finden sich neben Abnahme der Muskelkraft in ausgeprägter Weise selten, theils als Tremor der Glieder oder der Zunge bei Bewegung derselben, der meist durch Morphiuminjectionen wieder beseitigt wird, theils entweder als vorübergehende oder stabile, mitunter im Beginn der Entziehungscur exacerbirende Ataxie (Burkart). Eigentliche Paralyse kommt nicht vor, höchstens an den Augenmuskeln, wo Paresen des Rectus externus oder internus Diplopie bedingen. Die Pupillen sind meist verengt, doch kommt auch vereinzelt Erweiterung vor. Accomodationsparese ist nach Müller nicht selten zu constatiren. Nach letzterem sind auch Reflexstörungen wiederholt beobachtet, namentlich Verminderung oder Aufhebung des Patellarsehnenreflexes, während Bauch- und Cremasterreflexe sich normal verhalten. Von sensoriellen Störungen ist Amblyopie (Dolbanne) ganz vereinzelt. Perverse Geschmacksempfindungen (bitterer Geschmack) sind nicht selten, minder häufig Störungen des Gehirns und des Geruches. Störungen der Sensibilität geben sich zwar nicht objectiv kund, wohl aber subjectiv in ausgeprägter Weise theils durch das Gefühl des Eingeschlafenseins, theils als Ameisenlaufen, auch als Pruritus, besonders aber in Form von Neuralgien und neuralgieähnlichen Schmerzen, die in den verschiedensten Nervengebieten (Trigeminus, Intercostales) ihren Sitz haben können. Vasomotorische Störungen ergeben sich besonders in dem ausserordentlichen Wechsel der Füllung der Hautgefässe und dem davon herrührenden Schwanken der Farbe und Wärme der Haut; am Herzen constatirt man bald Palpitationen, bald starke Retardation, bald intermittirende Herzarbeit, bisweilen vorübergehende Herzschwäche (Burkart). Eigenthümlich sind die von Levinstein constatirten Fieberanfälle der Morphiumsüchtigen, die gewöhnlich unter bestimmtem Typus (Tertiana, selten Quotidiana) verlaufen, wobei Milzvergrösserung und auf der Höhe des Fieberparoxysmus nicht selten Delirien constatirt werden; in anderen Fällen nimmt das Fieber typhoiden Charakter an und dauert mehrere Wochen hindurch. Ob besondere Beeinflussung bestimmter Gefässprovinzen stattfindet, steht dahin, doch giebt Laborde an, dass dauernde Verengung der Retinalgefässe durch Morphiummissbrauch herbeigeführt werde. Laehr und Fiedler wiesen zuerst darauf hin, dass insbesondere cerebrale Erscheinungen der chronischen Morphiumvergiftung zukommen. Plötzlich eintretende Zufälle von Präcordialangst gehören nicht zu den Seltenheiten, Schlaflosigkeit mit der nothwendigen Folge von Erschlaffung und Schläfrigkeit am Tage sind häufig; Delirien und Hallucinationen des Gesichtssinnes und von schreckhafter Natur sind seltener, Ohnmachtsanfälle (Levinstein) ganz vereinzelt. Tiefe Gemüthsdepression wird durch die Erkenntniss der traurigen Folgen herbeigeführt, namentlich bei jugendlichen Individuen (Burkart). Perception und Gedächtniss scheinen mitunter bei langdauerndem Morphiummissbrauche zu leiden. Nur in einzelnen Fällen scheint sich eine an cerebrale Paralyse erinnernde Psychose zu entwickeln. Zu einer eigentlichen Psychose kommt es indessen in der Regel erst bei dem Versuche der Abgewöhnung, welche die Mehrzahl der eigentlichen chronischen Vergiftungssymptome in potenzirter Form hervortreten lässt. Einige Stunden nach der Entziehung kommt es zu Frösteln, Gähnen, Niesen, Kopfschmerz und qualvollen Neuralgien, ferner zu Diarrhöen, oft auch zu Erbrechen, constant zu Schlaflosigkeit, welche 4—5 Nächte anhält, meist auch zu jenem psychischen Symptomencomplex, welchen Levinstein als Delirium tremens acutum der Morphiumsucht bezeichnet hat, in welchem 6—12 Std. nach der Entziehung starke maniakalische Aufregung eintritt, worauf ruhiges Halluciniren mit Wahnvorstellungen und Steigerung des Tremor, selten länger als 40 Std. anhaltend, folgt. Mitunter werden epileptische Krampfanfälle beobachtet (Busey, Levinstein, Burkart), bei Weibern nymphomanische Exaltation (Levinstein), bei Männern excessive Pollutionen (Güntz). Der schwerste Symptomencomplex ist ein Collaps, welcher mitunter nach prodromaler Störung der Articulation oder ohne Vorboten zu einer Zeit auftritt, wo bereits die schwersten Abstinenzsymptome, wie Brechen und Durchfälle, verschwunden sind und in welchem der Tod erfolgen kann. Asthmatische Symptome kommen häufig vor, ausserdem Albuminurie, meist am 5. oder 6. Tage auftretend.

Für die Diagnose der chronischen Morphiumvergiftung sind für den Arzt die Veränderungen der Haut wichtig, welche durch die z. Th. in Eiterung übergehenden oder zu Entzündung der Umgegend führenden Einstiche hervorgerufen werden. Es giebt Kranke, die an einem grossen Theile ihrer erreichbaren Körperoberfläche wie tätowirt aussehen, die mit Ekzem und Abscessen, nur hervorgerufen durch die fortwährenden Injectionen, bedeckt sind und die schliesslich nicht mehr wissen, wo sie in Zukunft die Injectionsnadel einsenken sollen (Fiedler). Auch an der Leiche findet man die Spuren der oft zahllosen Einstiche an der Hautdecke, besonders an der Streckseite der Vorderarme und der Aussenseite und Oberschenkel, seltener an den Bauchdecken und Waden, wo die Haut auffällige Verdickung, theils durch Infiltrat, theils durch wirkliche Hypertrophie neben blaurother Färbung durch erweiterte Gefässe, kleineren Abscessen und oberflächlichen Krusten, seltener grösseren Geschwüren mit callösen Rändern zeigt. Als sonstigen constanten Leichenbefund bezeichnet Schweninger Hypertrophie des l. Herzventrikels und prägnante excentrische Hypertrophie der r. Herzkammer, relativ beträchtliche Weite der Pulmonalarterie im Gegensatze zur Aorta, Stauungen im ganzen Körper, namentlich im kleinen Kreislauf, Vermehrung der Schleimabsonderung auf der verdickten hyperämischen Darmmucosa, Blutungen in verschiedenen Organen und Oedeme in Haut, Lungen und Gehirn. Mit den Veränderungen am Herzen bringen Schweninger und Grossmann die bei Morphiumsüchtigen so häufigen Palpitationen in Connex, welche, wie andererseits auch der nicht seltene Bronchialkatarrh mit blutigem Auswurfe, dem Arzte das Bestehen einer Brustaffection wahrscheinlich machen kann. In den Lungen bedingt die Stauung mitunter hämorrhagischen Infarct und Blutungen.

Es ist unzweifelhaft, dass durch die Entziehung der Morphiumzufuhr nach Beseitigung der Inanitionssymptome die chronischen Vergiftungserscheinungen vollkommen schwinden können und complete Gesundheit eintritt, insofern der Kranke nicht aufs neue der Morphiumleidenschaft verfällt, was übrigens sehr häufig und in Fällen, wo körperliche Leiden den therapeutischen Gebrauch der Morphininjection dauernd erheischen, in der Regel der Fall ist. In Hinsicht auf die Ausführung der Entwöhnung stehen zwei Methoden einander gegenüber, die von Levinstein und Grossmann vertretene Methode der plötzlichen Entziehung und die von Burkart und Müller vertheidigte einer allmäligen Herabsetzung der zur Injection benutzten Morphinmenge unter theilweiser Substitution des internen Gebrauches von Opium oder Morphin (Burkart, Müller) für das subcutan injicirte Morphin. Beide Verfahren führen zum Ziele, das Levinsteinsche rascher, aber unter weit intensiveren Inanitionserscheinungen, die allmälige Entziehungsmethode langsamer und in der Regel nur mit mässigen Abstinenzsymptomen, namentlich ohne schweren Collaps. Für sehr heruntergekommene Patienten dürfte daher die letztere sich vorzugsweise eignen. Jedenfalls ist eine gleichzeitige tonisirende Behandlung in beiden Fällen von Bedeutung.

In schweren Fällen von Collaps ist die Subcutaninjection einer geringen Menge von Morphin das sicherste Heilmittel. Die zur Erleichterung des Reactionsstadiums von Fleming empfohlenen Tonica (Ferrum phosphoricum, Phosphorsäure und Hopfentinctur) sind bei uns nicht gebräuchlich; die von Bernhuber befürwortete Transfusion ist überflüssig. Auf eine genauere Beschreibung der beiden Entwöhnungsmethoden verzichten wir hier um so mehr, als eine Durchführung derselben nur in sorgfältig überwachten Anstalten möglich ist, wie solche in dem Maison de santé zu Schöneberg in Berlin und in der Wasserheilanstalt Marienberg-Boppard gegeben sind und verweisen bezüglich der Details auf die Monographien von Levinstein und Burkart.

Die physiologische Wirkung des Morphins ist trotz der vielfachen neueren Untersuchungen mit den feinsten wissenschaftlichen Hülfsmitteln noch nicht so weit zum Abschlusse gebracht, dass nicht selbst über die wichtigsten und hauptsächlichsten Effecte diametrale Gegensätze beständen. Theilweise müssen die letzteren davon abgeleitet werden, dass Wirkungsdifferenzen kleiner und grosser Dosen existiren, und dass man auf die von den nach ersteren oder letzteren gemachten Wahrnehmungen Schlüsse auf die Wirkung des Morphins im Allgemeinen gemacht hat. Selbst bezüglich des Grundes der hypnotischen und narkotischen Wirkung des Morphins existirt keine Harmonie der Ansichten, indem Einzelne die Action als eine directe chemische Action auf die Ganglienzellen im Gehirn (Binz), Andere als eine indirecte, entweder durch einen contrahirenden Einfluss auf die Gefässe oder durch eine Herabsetzung des Blutdrucks bedingte, betrachten. Wie weit beide Theorien von einem directen Beweise entfernt sind, leuchtet dadurch ein, dass selbst die beiden Theorien zu Grunde liegenden Versuchsergebnisse streitig sind. Die von Binz als dem Morphin im Gegensatze zum Atropin und im Einklange mit Chloroform und andern anästhetischen Mitteln zukommende Verdunkelung der Hirnganglienzellen bei Contact in Körperwärme wird von Ranke in Abrede gestellt; die Veränderung des Blutdrucks wurde bei Thierversuchen different gefunden und z. B. von Witkowski als relativ sehr unbedeutend hingestellt. Jedenfalls wird für die Hauptwirkung des Morphins dieselbe nicht als Ursache in Frage kommen können, da ein Parallelismus von Blutdrucksenkung und Narkose im Laufe der Vergiftung in keiner Weise existirt (Binz), und noch gewagter erscheint es, mit Picard eine Parese des Sympathicus als Ausgangspunkt für die Beeinträchtigung der Hirnfunctionen hinzustellen, da nach Cl. Bernard und Gscheidlen der Sympathicus seine normale Reizbarkeit behält. Jedenfalls bleibt als primärer Effect des Morphins eine der Dosis proportionale Lähmung der Centren der bewussten Empfindung und willkürlichen Bewegung im Gehirn bestehen, auf welche nach toxischen Dosen eine Herabsetzung des respiratorischen Centrums folgt, in dessen Lähmung wir die Todesursache bei acuter Morphinvergiftung zu sehen haben. Die Schilderung der Vorgänge im Gehirn, welche Witkowski giebt, wonach (beim Frosche) zuerst das Grosshirn (Aufhebung der spontanen Bewegung), bei grösseren Dosen der Reihe nach die Vierhügel (Statik und Dynamik der Bewegung), dann das Kleinhirn (Sprung) und hierauf die Medulla oblongata (Fähigkeit, die gewöhnliche Stellung zu bewahren) afficirt werden, trifft keineswegs in allen Fällen zu, da, wie Filehne richtig hervorhebt, häufig Theile des Mittelhirns, aber selbst auch die Medulla oblongata und spinalis vor gänzlicher Aufhebung der Gehirnfunction gelähmt sind. Mit Morphin vergiftete Säugethiere verhalten sich wie nach Abtragung des Grosshirns (Cl. Bernard). Morphin vernichtet nur in kolossalen Dosen subcutan oder intern die Fähigkeit des Gehirns, auf elektrischen Reiz zu reagiren, nachdem Schmerzempfindungen längst keine Schmerzäusserungen mehr, wohl aber Reflexbewegungen in den Augenlidern und Extremitäten erzeugen (Hitzig). Fraglich bleibt, ob, wie früher allgemein angenommen wurde, der Lähmung eine Erregung vorausgeht, da die darauf zu beziehenden, namentlich beim Menschen, aber auch bei einzelnen Thieren wahrzunehmenden Aufregungszustände allerdings auch theils durch äussere Umstände, theils durch Störungen des Gleichgewichts in einzelnen Hirnfunctionen (Witkowski) sich erklären lassen. Eine erregende Wirkung scheint dem Morphin namentlich in Fällen von Collaps nach Entziehung des Morphins bei Morphiumsüchtigen kaum bestritten werden zu können. Frühzeitig, selbst ohne dass Hypnose vorhanden ist, findet sich gewöhnlich Myose als Wirkung des Morphins, die bei localer Instillation nicht eintritt und über deren Genese nur soviel ermittelt ist, dass ihr eine centrale Wirkung zu Grunde liegt. Picard hält sie für eine Folge der Sympathicus-Parese; Opticusdurchschneidung hebt sie beim Hunde nicht auf, wohl aber erfolgt bei Durchschneidung der vordern Partie der Pedunculi cerebri Pupillenerweiterung (Picard). Atropin erweitert die myotische Morphinpupille constant, sowohl bei localer Application als vom Blute aus, während Morphin nicht auf die Atropinpupille wirkt (Witkowski). Die Herabsetzung des Athemcentrums ist eine directe. Einspritzung von Morphinlösung in die Carotis setzt die Athemzahl sofort herab; die Wirkung ist bei durchschnittenen Vagi eine grössere (Gscheidlen). Bei Kaninchen kommt in frühern Stadien der Morphinvergiftung das Cheyne-Stokes'sche Athemphänomen vor, neben Abnahme der Frequenz, die mitunter auch ohne Periodicität der Athmung besteht; später schwindet die Periodicität unter Wiederansteigung der Athemzahl, schliesslich kommt es zur allgemeinen Erlahmung der Athmung bis zum Tode (Filehne). Mit der Zahl nimmt auch die Tiefe der Athemzüge und die gesammte Athmungsgrösse ab (Leichtenstern). Bei Einwirkung grosser Dosen ist ein herabsetzender Einfluss auf die vasomotorischen Functionen nicht zu verkennen, wie die an Haut und sichtbaren Schleimhäuten hervortretende Gefässerweiterung (Cl. Bernard) zeigt. Es ist jedoch durchaus unberechtigt, diese Alteration zur Hauptwirkung und zur Ursache der hypnotischen Action des Morphins zu machen. Sphygmographische Untersuchungen von Preisendörffer thun in eclatanter Weise kund, dass medicinale Dosen (0,01—0,02) subcutan bei Gesunden und Kranken den Gefässtonus nicht herabsetzen, bei letzteren auch nicht bei sehr geschwächtem

Herzen. Bei Subcutanapplication oder directer Infusion von 0,05—0,07 bei Hunden und Kaninchen erhält man allerdings, wie Picard betont, Herabsetzung des arteriellen Blutdruckes und ausgesprochene Pulsverlangsamung. Aimé Martin (Gaz. Hôp. 43. 44. 1874) und Schüle (Sectionsergebnisse bei Geisteskranken. 1874) haben auch bei Menschen Verminderung des Gefässtonus als Wirkung des Morphins bezeichnet. Bei toxischen Dosen ist eine solche absolut nicht zu bezweifeln und durch Gefässdilatation auf der äussern Haut u.s.w. manifestirt. Auch die Sectionsbefunde ergeben solche in inneren Organen. In den letzten Stadien der Morphinvergiftung erscheint das vasomotorische Centrum selbst stärker afficirt als das respiratorische (Filehne). Vollständige Lähmung der kleinen Gefässe und Gefässnerven bedingt Morphin nicht (Gscheidlen). Die nach Morphininjection in die Venen unmittelbar resultirende Blutdrucksenkung ist weit geringer als die durch Chloralhydrat bedingte; der Druck steigt ohne Wiederholung der Einspritzung wieder an und einige Zeit nach eingetretener Narkose üben selbst grosse Dosen keinen herabsetzenden Einfluss mehr; Vagusdurchschneidung ist auf das Zustandekommen derselben nicht von Einfluss (Witkowski). Die von Gscheidlen inconstant beobachtete primäre Steigerung des Blutdrucks ist nach Witkowski nur Folge respiratorischer Störungen oder Zuckungen und kommt bei curarisirten Thieren nicht vor; ebenso ist die angebliche primäre Steigerung des Gefässtonus (Wolff) von andern Forschern (Schüle, Preisendörffer) nicht bestätigt. Die Veränderungen des Herzschlages sind nicht auf Alteration des Herzens selbst zurückzuführen. Beim Menschen resultirt nach medicinalen Dosen wohl in der Regel directe Abnahme der Pulszahl um 8—12 Schläge pr. Min. (Preissendörffer), doch giebt es fast so viel Ausnahmen wie die Regel beweisende Fälle. Witkowski bezeichnet die bei Thieren unmittelbar nach Morphineinspritzung beobachtete unbedeutende Beschleunigung als Folge einer vorübergehenden Lähmung des Vaguscentrums und die in der Narkose constante Pulsverlangsamung als Folge der Aufhebung accelerirender Einflüsse, die theils von den Muskeln ausgehen. Picard betrachtet die Herzschlagverlangsamung als Folge der Sympathicusparese. Beim Frosche findet meist kein erheblicher Einfluss auf die Schlagzahl, namentlich aber nicht constant primäre Vermehrung und später Verminderung statt (Nunneley, Albers, Witkowski) und bei Säugethieren ist die Resistenz des Herzens fast ebensogross wie beim Kaltblüter (Harley, Witkowski). Eine directe Beeinflussung des Rückenmarks durch Morphin ist nicht in Abrede zu stellen, tritt jedoch später als die Hirnwirkung ein. Sie besteht in einer Steigerung der Reflexe, die jedoch bei Kaltblütern in weit entschiedenerer Weise sich documentirt als an Warmblütern und besonders am Menschen, wo bei hochgradiger Herabsetzung der Grosshirnfunction die Reflexe nur langsam ausgelöst werden oder die Reflexerregung wirklich direct vermindert ist. Mit der Steigerung der Erregbarkeit combinirt sich bei Fröschen, wie Witkowski nachwies, leichte Erschöpfbarkeit der Rückenmarksfunction, so dass nach jedem Krampfanfalle die Reflexerregbarkeit für einige Zeit vollkommen erlischt. Der Tetanus beim Frosche ist entschieden von der Steigerung der Reflexerregbarkeit abhängig und bildet sozusagen die Akme derselben; Decapitation bedingt nur kurze oder überhaupt keine

Hemmung der Krämpfe und beim decapitirten Frosche, der einige Zeit aufbewahrt wurde, bedingt Morphin ebenfalls Tetanus (Witkowski). Dass die anfängliche Herabsetzung der Reflexe nur Folge der Gehirnbetäubung sei (Wundt), wird von Meihuyzen und Witkowski bestritten und primäre Herabsetzung der Reflexerregbarkeit angenommen. Eine specifische Action zeigt Morphin ausserdem noch auf die Peristaltik und auf die Urinentleerung, die noch weiterer Untersuchung bedarf. Nach Nasse vermehrt Morphin die Darmbewegungen und erhöht die Erregbarkeit des Darms für andere Reize; wie daraus die Obstipation, welche Morphin wie Opium erzeugt, sich erklärt, ist nicht recht klar. Das bei manchen Personen auch nach kleinen Morphindosen constante und beim Menschen kaum in einer Vergiftung fehlende Erbrechen könnte eher dadurch erklärt werden, wird aber meist auf Erregung des Brechcentrums bezogen; als rein local ist es kaum zu betrachten, da es auch bei Subcutaninjection eintritt und bei Vergiftung zu einer Zeit erfolgt, wo das Morphin sich nicht mehr im Magen befindet. Nach Nothnagel (Arch. pathol. Anat. 98. 1.) erregt Morphin in kleinen Mengen den Splanchnicus und erzeugt dadurch Obstipation, während es in grösseren Dosen den Hemmungsnerven der Darmbewegung lähmt; die durch local applicirte Natriumsalze resultirende aufsteigende Constriction des Kaninchendarms wird durch 1—3 Mgm. Morphin subcutan aufgehoben, durch grosse Gaben geradezu verstärkt, und verschwindet bei toxischen Dosen nicht vor dem Stillstand der Athmung und der Herzcontractionen. Wovon die im Laufe der Morphinvergiftung auftretenden Harnbeschwerden herrühren, ist fraglich; nach Pellacani (Arch per le Sc. med. 5. 28. 205. 1882) setzen hypnotische Gaben den Tonus der Blasenmuskeln herab.

Ein directer lähmender oder selbst nur herabsetzender Einfluss auf die peripheren motorischen Nerven und die quergestreiften Muskeln ist nicht nachgewiesen. Die Angabe von Albers (Arch. path. Anal. XXVI. 266), Morphin vernichte die Reizbarkeit der motorischen Nerven, widerlegten Onsum und Gscheidlen, letzterer auch für kolossale Dosen. Witkowski bestreitet jede Herabsetzung bei durchschnittenen Nerven, während sonst die partielle Erschöpfung der Nerven durch den Tetanus resultire. Die über die sensiblen Nerven angestellten Versuche sind nicht concludent (Witkowski); die für eine Herabsetzung gedeutete Thatsache, dass ein morphinisirter Frosch stärkerer Säurelösungen bedarf, um sein eingetauchtes Bein herauszuziehen (Cl. Bernard), beweist nur die Herabsetzung der schmerzempfindenden Centren im Gehirn, da dasselbe für decapitirte Frösche nicht gilt (Witkowski). Gscheidlen erklärt die Sensibilität sogar geradezu für erhöht. Nur Kersch erblickt im Morphin ein primär auf die peripheren Theile des Nervensystems wirkendes Mittel; die dafür angeführte Thatsache, dass in der Umgebung von Stellen, in welche Morphin subcutan injicirt wurde, complete Anästhesie bestehe, auf welche übrigens auch Eulenburg, der bei Subcutaninjection die Tastempfindung an der Injectionsstelle schon stark herabgesetzt fand, wenn die symmetrische Hautstelle noch normales Verhalten zeigte, Da Costa u. A. hinweisen, ist wohl für die Erklärung der localen Action des Morphins verwendbar, nicht aber für die Erklärung der entfernten Wirkung. Die Herabsetzung der Tastempfindung bei interner Application (Lichtenfels) beweist natürlich nichts als die Verringerung der Perception im Gehirn. Uebrigens werden die Angaben Eulenburgs von Hilsmann (Ein Beitrag zur hypodermen Injection des Morphins. Strassburg 1874) in Abrede gestellt und die von Kranken nach Morphiumeinspritzungen empfundene Gefühlsabstumpfung durch die örtliche Reizung und Spannung der Haut und des Unterhautgewebes zu erklären versucht. Studien über die Beeinflussung der secretorischen Nerven liegen bisher nicht vor. Man betrachtet Opium und Morphin von jeher als ein Mittel, das die Secretionen vermindere, doch kommt es bei Vergiftung oft umgekehrt zur Vermehrung, insbesondere Schweiss, bei Hunden zu Salivation, für deren Entstehung v. Boeck drei verschiedene Erklärungsmöglichkeiten urgirt. Die Reizempfänglichkeit der Absonderungsthätigkeit der Hautdrüsen überdauert beim Frosche die Muskelcontractilität (Valentin). Experimentell hat übrigens Rossbach (Ueber die Schleimbildung in den Luftwegen etc. Leipzig. 1882) Herabsetzung der Schleimsecretion der Trachea (etwa um das Fünffache) nachgewiesen. Den Stoffwechsel scheint Morphin direct nicht oder nur unbedeutend zu beeinflussen. Herabsetzung der Temperatur ist bei toxischen Dosen offenbar in Folge der Muskelruhe constant. Auch bei medicinalen Dosen sinkt die Temperatur um einige Zehntelgrade (Preissendörffer), doch ist das nicht constant, wie z. B. Oglesby (Practitioner. V. 27. 1870) zuerst Steigen, dann Sinken und schliesslich wieder Steigen beobachtet haben will. Bei Fiebernden wird die Temperatur nicht herabgesetzt (auch nicht die Pulsfrequenz). Bei Melancholischen sah Mickle (Pract. 26. 430. 1881) nach 3mal täglich 0,02 constant geringe Steigerung. Morphin ist ebenso wenig ein Antipyreticum wie ein Antisepticum, insofern es gradezu die Fäulniss organischer Gemische beschleunigt (Dougall, Glasgow med. Journ. Nov. 1872). Für die geringe Herabsetzung des Stoffwechsels, welche nach v. Boecks Versuchen beim Morphingebrauche meist zu constatiren ist, während Fubini und Ottolenghi (Med. Centrbl. 773. 1880) nach 0,01 subcutan keinen Einfluss sahen, könnte vielleicht der von Wolberg (Arch. ges. Physiol. 23. 291. 1880) constatirte hemmende Einfluss auf die Verdauung von Eiweissstoffen, in welcher Beziehung Morphin über Strychnin, Narkotin und Veratrin steht, z. Th. verantwortlich gemacht werden, z. Th., wie von Boeck es thut, die bei acuter Vergiftung constant beobachtete Abnahme des Blutdrucks. Für die von ihm constant gefundene Verzögerung der Digestion bei Tauben hat Cl. Bernard die Möglichkeit einer Hirnwirkung geradezu hervorgehoben. Für die Annahme, dass der Stoffwechsel nur indirect beeinflusst werde, sprechen die Versuche von Bauer und v. Boeck (Ztschr. Biol. 336. 1874) über die Kohlensäureausscheidung welche sich bei Hunden und Katzen vermehrt zeigte, sobald starke Unruhe oder Convulsionen bestanden, während bei ausgeprägter Narkose weniger CO_2 ausgeschieden wurden als in der Norm. Ueber die Beeinflussung des Gaswechsels beim Frosche vgl. Valentin, Arch. exp. Path. 11. 65 (1879).

Im Harn kann, wie dies zuerst Levinstein bei Morphiumsüchtigen nachwies, später Krage auch für die acute Vergiftung mit Morphin bei Thieren zeigte, sowohl Eiweiss als Zucker auftreten. Zur Erzeugung von Glykosurie scheinen grössere Morphinmengen zu gehören; in der Leber findet sich weder bei chronischen noch bei acuter Intoxication unmittelbar nach dem Tode Zucker (Krage).

Schicksale im Thierkörper.

Ueber die Schicksale des Morphins im Organismus lässt sich mit Bestimmtheit sagen, dass totale Destruction nicht statt hat.

Wenn die Auffindung von Morphin im Harn Kranker oder vergifteter Thiere durch Bouchardat (Bull. Thérap. Déc. 1861) und Lefort (Journ. Chim. méd. 11. 93. 1861) auch wegen Mangelhaftigkeit der Reactionen zweifelhaft ist, so besitzt andererseits das negative Resultat Cloetta's (Arch. path. Anat. 35. 369. 1865) wegen des befolgten unzweckmässigen Abscheidungsverfahrens entschieden noch weniger Bedeutung und die gründlichen Untersuchungen von Dragendorff und Kauzmann weisen den Uebergang in Blut und Harn bei Menschen und Thieren zur Evidenz nach; in letzterem fand sich bei vergifteten Thieren Morphin, so lange Intoxicationserscheinungen bestanden, und selbst darüber (24 St.) hinaus. Bei interner Darreichung findet bei Thieren zeitweise Localisation des Alkaloids in der Leber statt, in welcher es selbst noch angetroffen werden kann, wenn es im Magen und Dünndarm bei länger dauernder Intoxication nicht mehr nachweisbar ist. Es scheint in die Galle überzugehen und findet sich bei Subcutanapplication selbst im Tractus. Auch Hilger wies Morphin im Harn vergifteter Kaninchen constant nach. Die Verluste bei der Analyse der mit Morphin vergifteten Thiere sind so gering, dass es kaum zulässig erscheint, überhaupt an Destruction oder Zersetzung zu denken, doch fand Dragendorff in einem Falle von Morphinvergiftung in der Leber ein vielleicht als Zersetzungsproduct des Morphins oder Fäulnissalkaloid zu deutendes besonderes Alkaloid. Beim Menschen erscheint Morphin selbst nach 0,01 in den ersten 24 St. im Harn (Dragendorff und Kauzmann). Bei Morphiumsüchtigen findet sich Morphin bis zum 6.—8. Tage nach der Abstinenz im Harn, später nicht mehr (Levinstein). Die Resorption vom Magen aus ist keine sehr rasche, sodass bei Thieren und Menschen nach interner Einführung toxischer und selbst medicinaler Dosen sich noch 6 Stdn. und länger das Alkaloid im Magen und Dünndarm findet; im Blute, in der Leber und Galle ist dasselbe schon 25 Min. nach der Einführung bei (Katzen) nachweisbar (Dragendorff und Kauzmann). Die negativen Resultate aus allerneuester Zeit (Landsberg, Arch. ges. Physiol. 23. 413. 1880) sind kaum begreiflich; dasselbe gilt von den Resultaten. Eliassows, der im Harn von Patienten, welche an Morphingenuss gewöhnt waren und bis 0,14 Morphin pro die erhielten, Morphin in Substanz nicht constatiren konnte, dagegen das Alkaloid bei Kaninchen nach wiederholter Einbringung grösserer Dosen constatirte. Nach kleinen Mengen trat im Harn eine Substanz auf, welche sich mit Fröhdes Reagens grünblau, mit concentrirter Schwefelsäure braun und auf Zusatz einer minimalen Menge Salpetersäure grünblau färbt. Für die Vermuthung, dass Morphin im Körper Ammoniak abspaltet und sich mit Schwefelsäure paart, scheint Zunahme der Ammoniakausscheidung und der gebundenen Schwefelsäure im Urin zu sprechen, doch ist letztere nicht sehr bedeutend (Eliassow). Burkart (1882) hat aus dem Harne von Morphinisten, welche 1,30—1,45 salzsaures Morphin täglich injicirten, eine Substanz isolirt, deren wässrigsaure Lösung nicht die chemischen Reactionen des Morphins gab, dagegen bei subcutaner Injection unter Erscheinungen der Morphinvergiftung, jedoch in schwächerer Weise als Morphin, toxisch wirkte. Marmé hat Morphin nicht allein in einem Falle complexer Vergiftung mit Atropin, Chinin und sehr geringen Mengen Morphin im Harn nachgewiesen, sondern auch constant im Urin von Morphinisten, welche pro die 0,1 und weniger injicirten, selbst bei allmäliger Entwöhnung so lange bis nur noch wenige Mgm. im Tage verabreicht wurden, ferner fast regelmässig bei Kranken und Gesunden, welche 0,01 bekommen, sobald die Nierenfunctionen intact waren. Ebenso gelang der Nachweis im Harn verschiedener Säugethiere und Vögel. Bei wiederholter Einführung, nicht aber bei acuter Vergiftung wird in Leber und Nieren ein Körper gefunden, der die chemischen Eigenschaften des Oxydimorphin besitzt.

Physiologischer Nachweis.

Zur gerichtlichen Constatirung einer Morphinvergiftung ist für den Experten die Uebereinstimmung der Symptome bei Lebzeiten mit derjenigen des Morphinismus und ebenso des Leichenbefundes ausreichend, selbst wenn der chemische Nachweis des Giftes in der Leiche in Folge von verschiedenen Umständen (Nichtuntersuchung der entfernten Organe, starkes Erbrechen) nicht geliefert worden wäre. Physiologische Versuche mit den aus den Leichentheilen isolirten Alkaloiden haben nur eine untergeordnete Bedeutung, da selbst für Frösche die vergiftenden Dosen ausserordentlich hoch liegen und dadurch die physiologische Reaction in ihrer Empfindlichkeit der chemischen gegenüber sehr niedrig ist.

Für Frösche ist 5 Cgm. Morphium hydrochloricum nicht in allen Fällen tödtlich; 2 Cgm. bei Subcutanapplication führen langsame, aber volle Wirkung herbei (Witkowski). Unter einer solchen vollen Wirkung ist das Eintreten completer Lähmung mit darauffolgenden Krämpfen zu verstehen; bei kleineren Dosen kommt es zu letzteren nicht, meist auch nur zu Trägheit. Da in länger begrabenen Leichen sich basische Fäulnissstoffe entwickeln, welche cerebrale Paralyse und tetanische Convulsionen produciren (Ranke), und da ausserdem höchst geringe Mengen Amylalkohol narkotische Erscheinungen hervorrufen können, welche der durch kleine Dosen Morphin producirten vollkommen entsprechen (Bergeron und L'Hôte), liegen bei dem physiologischen Nachweise der acuten Morphinvergiftung mannigfache Gründe zur Täuschung vor, sodass beim Verdachte auf Morphinismus und Fehlschlagen der Abscheidung des Morphins in solcher Reinheit, dass die chemischen Reactionen nicht mit grösster Bestimmtheit erhalten werden können, überhaupt auf das physiologische Experiment verzichtet werden kann.

Therapeutische Anwendung.

Zur therapeutischen Anwendung eignen sich die Morphinsalze besser als das von Bally angewendete Morphium purum, das seiner Unlöslichkeit wegen zu flüssigen Formen nicht passt. Unter den Salzen haben das salzsaure Morphin, Morphium hydrochloratum s. muriaticum s. hydrochloricum und das schwefelsaure Morphin, Morphium sulfuricum, Sulfas Morphii die grösste Bedeutung.

Das bei den Praktikern augenblicklich noch beliebte essigsaure Morphin, Morphium aceticum, ist wegen der schon von Bally hervorgehobenen und als Ursache manches Misserfolges bezeichneten inconstanten Zusammensetzung des leicht zersetzlichen, Essigsäure verlierenden Präparates durch das Hydrochlorat oder Sulfat zu ersetzen. Völlig entbehrlich sind: Morphium camphoricum, von Tanchon (Frorieps Notizen. 33. 48) gegen schmerzhafte Erectionen gebraucht. — Morphium meconicum und bimeconicum, von Squire, Macleod, Thomson, Brandon u. a. englischer Autoren als ein bei schmerzhaften Leiden länger als andere

Opiumpräparate zu ertragendes Salz empfohlen (Aschenbrenner), auch als leicht löslich neuerdings hypodermatisch angewendet. — Morphium antimonicum s. stibicum, in gleicher Richtung von Falciani empfohlen (Oesterlen); — Morphium hydrocyanicum s. hydrocyanatum, von englischen Aerzten (Bewley, Evans) zu 0,01—0,015 pro die gegen Gastralgie und Kehlkopfleiden benutzt, von van der Corput bei Neurosen der Lungennerven, Bronchialleiden; auch äusserlich in Weingeist und Wasser gelöst, zu Lotionen, Fomenten; als leicht zersetzliches Präparat ohne besonderen Werth; — Morphium hydroiodicum, Iodhydrate de morphine, von Bouchardat, Burggraeve und französischen Aerzten gebraucht, etwas minder kräftig als andere Morphinsalze; — Morphium hydrobromicum, wohl identisch mit Richardsons Brommorphium, das angeblich besser hypnotisch und sedativ als andere Morphinsalze wirkt, neuerdings auch von Landrieux zu 5—10 Mgm. subcutan und 0,01 intern von Landrieux (Journ. Thérap. 4. 6. 1879) besonders empfohlen, in seiner Löslichkeit dem Morphinhydrochlorat nicht überlegen; — endlich das an sich sehr empfehlenswerthe Morphium tartaricum, das sich leicht löst und haltbar ist und namentlich zur Subcutaninjection sich eignet (Stuart, Edinb. med. Journ. 809. 1879). Unnütze Spielereien sind zwei Quecksilberdoppelsalze: Hydrargyrum muriaticum corrosivum cum Morphio muriatico, Morphinquecksilberchlorid, Chlorure de Mercure et de Morphine, in Frankreich gegen schmerzhafte constitutionelle Syphilis (Dorvault, L'officine. 1858. 217) zu 0,01—0,02 pro dosi in Pillenform benutzt, und Ioduretum Hydrargyri et Morphii, Morphinquecksilberiodid, Iodure de mercure et de morphine, nach Bouchardat wie Quecksilberiodid wirkend und gegen constitutionelle Syphilis verwendbar.

Die Morphinsalze finden im Allgemeinen überall Anwendung, wo Opium indicirt ist, und können gewissermassen als Surrogate desselben angesehen werden, die nur in den Fällen, wo man mittelst Opium stopfend oder secretionsbeschränkend wirken will, weniger als die Präparate des letzteren gebraucht werden, obschon auch den Morphinsalzen die hemmende Wirkung auf die Peristaltik nicht abgeht.

Es mag wohl gerechtfertigt sein, dass man bei leichteren Fällen von Gastrointestinalcatarrh ein so energisches Mittel wie das Morphin vermeidet; sicher ist es ungerechtfertigt, zumal da eben eine genaue Dosirung im Stande ist, allen Inconvenienzen zu begegnen, das Morphin bei Behandlung von Diarrhöen auszuschliessen, für welche es schon Bally warm empfahl und wobei es häufig die eclatantesten Erfolge hat (vgl. Vulpian, Gaz. Höp. 26. 1876). Wir glauben uns z. B. berechtigt, die manchmal auffällig günstigen Erfolge im dritten Stadium der Lungenphthise theilweise wenigstens auf das Sistiren der Durchfälle zu beziehen, obschon allerdings die hypnotische Wirkung und die Herabsetzung des Hustenreizes dabei auch eine Rolle spielt. Man sollte weder hier noch bei schweren Fällen chronischer Diarrhöe noch bei acuter Diarrhöe, mit oder ohne Erbrechen, das Morphium verbannen, da es in der That auch bei der subcutanen Injection in dieser Richtung sehr günstige Dienste zu leisten vermag, wie dies von Behier bei Diarrhöen der Phthisiker (Gaz. méd. Aug. 12. 1865) und von Vibert bei Cholera nostras und Dysenterie nachgewiesen wurde. Schon in älterer Zeit heilte Eck eine höchst langwierige chronische Diarrhöe mit Erbrechen durch endermatische Application von Morphin und Rampold empfahl es bei Ruhr. Hier ist besonders der Anwendung des Morphin bei Cholera zu gedenken, wo das Morphin zuerst innerlich von Gerard in Avignon versucht zu sein scheint, angeblich mit dem Erfolge, dass er von 99 Kranken 81 damit heilte und wo die subcutanen Injectionen — in Deutschland zuerst von Ritter in der Göttinger Klinik (Zeitschr. prakt. Heilk. H. 6. 1865) bei Cholera nostras besonders gegen die Crampi wirksam gefunden — von Güterbock, Guttmann, Oser u. A. namentlich in den Epidemien von 1865 und 1866 erprobt wurden und sich besonders im ersten Stadium heilsam erwiesen. Uebrigens scheint Morphin auch keineswegs ohne Einfluss auf andre Secretionen, wie es z. B. Ronander bei Bronchorrhoe und Fluor albus, ja selbst bei Diabetes mit Erfolg gebrauchte und wie der schwedische Arzt Lachendorp sogar zwei Fälle von Zuckerharnruhr damit geheilt haben will. Die starke Herabsetzung des Zuckergehaltes im Harn, welche Kratschmer (1873) mit grossen Dosen erzielte, steht freilich zu der durch das Mittel bedingten Glycosurie in auffallendem Gegensatze und war nicht von günstigen Effecten auf das Allgemeinbefinden begleitet. Moss (Amer. Journ. med. Sc. Jan. 1873) rühmt Morphin subcutan gegen Sommer- und Herbstkatarrh.

Hinsichtlich der Krankheiten, in denen Morphin zur Verwendung kommt, begnügen wir uns mit Aufstellung einiger Kategorien und heben dabei die besonders berücksichtigungswerthen Punkte hervor. Es kommt das Morphin in Betracht:

1. zur Herabsetzung der Schmerzempfindung, und zwar:

a) zur Beschwichtigung schmerzhafter Affectionen, wo Morphin in manchen Fällen ganz entschiedene Vorzüge vor anderen Opiumpräparaten und narkotischen Mitteln besitzt.

Hier stehen obenan die verschiedensten Neuralgien, bezüglich deren namentlich die locale Anwendung des Mittels, früher endermatisch oder durch Inoculation, jetzt hauptsächlich hypodermatisch die vorzüglichsten Dienste leistet, mag es sich um Prosopalgie, Neuralgia brachialis, Intercostalneuralgie oder irgend eine andere Form handeln. Palliative Wirkung fehlt nur höchst ausnahmsweise, und bei idiopathischen frischen Fällen kommt es sehr häufig zu radicaler Heilung. An die Neuralgien reiht sich die Hemicranie, gegen welche die subcutane Morphiuminjection nach Graefe, Pletzer, Saemann u. A. eines der besten Mittel ist, und gegen welche auch Einschnupfen einer Morphinlösung in Verbindung mit Blausäure (nach Jung) Dienste leistet; ferner Herpes Zoster, bei welchem Sander den Schmerz nach einer einzigen Morphininjection schwinden sah, Colica hepatica und renalis (Vibert), ferner Colica saturnina, wo Morphin ganz die nämlichen trefflichen Dienste leistet wie Opium und wo neuerdings durch Geuns, Hermann, Vibert u. A. auch die Morphiuminjection als sehr erfolgreich erprobt wurde. Die antodynische Wirkung macht sich auch bei rheumatischen Affectionen geltend, wo man schon früh (Bally, Lembert, Lesieur, A. W. Richter) innerlich wie endermatisch Morphin gebrauchte und wo in neuester Zeit besonders Sander und Erlenmeyer die Subcutaninjection empfehlen, dann überhaupt bei entzündlichen Schmerzen, wie z. B. die subcutane Injection sich bei Pleuritis und Pneumonie empfiehlt (Südekum, Eulenburg), bei Peritonitis (Lorent), Cystitis, Dysmenorhoe, Orchitis, Epididymitis u. s. w. Philippe und Mothe (Gaz. des Hôp. 148. 1882) empfehlen Subcutaninjection von Morphin vor der Taxis eingeklemmter Brüche. Die Schmerzen bei Skirrhen und Carcinomen werden ebenfalls entschieden gelindert. Es empfiehlt sich in diesen Fällen überall, wenn nicht besondere Contraindicationen vorliegen, das Morphin der schmerzhaften Stelle möglichst nahe zu appliciren.

b) zur localen Anästhesirung behufs Ausführung von Operationen.

In dieser Hinsicht ist besonders die subcutane Morphininjection angewendet, und zwar zunächst von Semeleder vor der Vornahme von Aetzung mit Silbersalpeter; ferner von Jarotzki und Zuelzer vor Entwicklung des Scrotum bei Orchitis und vor der Extraction eines Nagels, von Lorent und Eulenburg vor Cauterisationen. Ferner gehören hierher die Anwendung derselben von Bricheteau (Bull. Thérap. 15. Dcb. 1868) vor Application von Vesicatoren und die neuerdings von Ravoth (Berl. klin. Wchschr. 22. 1869) gepriesene hypodermatische Injection vor der Taxis von Hernien, die schon früher von Walker dringend empfohlen wurde. Eulenburg hat dasselbe Verfahren auch zur localen Anästhesirung des Larynx angewendet.

2. Zur Herabsetzung der Erregung der Nervencentra.

a) zur Herbeiführung von Schlaf, in allen Fällen, wo Insomnie das Leben oder die Gesundheit gefährdet, besonders bei idiopathischer nervöser Schlaflosigkeit, aber auch bei Agrypnie im Verlaufe acuter oder chronischer Krankheiten.

Im Allgemeinen ist Morphin das beste Hypnoticum, das von Vielen sogar den Opiumpräparaten als weniger excitirend vorgezogen wird und in der That oft noch Dienste leistet, wenn Opium solche versagt; doch lässt sich nicht leugnen, dass in manchen Fällen, namentlich bei zu hoher Dosirung, Inconvenienzen hervortreten, unter denen Kopfschmerz beim Erwachen und Dysurie die hauptsächlichsten sind, und dass bei längerer Anwendung die stopfende Wirkung unangenehm wird. Dies ist der Grund für die in neuerer Zeit mehrfach versuchte Substituirung verschiedener anderer Opiumalkaloide (vgl. Codeïn, Narceïn, Papaverin) und Narcotica (Chloral u. s. w.).

b) Zur Verlängerung und Sicherung der Chloroformanästhesie.

Nussbaum (Bayr. ärztl. Intellbl. Oct. 10. 1863) machte zuerst die Beobachtung, dass eine während des Verlaufes der Chloroformnarkose ausgeführte subcutane Morphininjection erstere 8—12 Std. verlängern könne und empfahl die Combination beider bei solchen langwierigen Operationen, welche die Erneuerung der Chloroforminhalation sehr erschweren (Resection des Oberkiefers u. s. w.). Das Verfahren hat verschiedene Lobredner (Pitha, Paget) gefunden, ist aber auch nicht ohne Tadel geblieben. In einem Falle von Bartscher scheint geradezu der Tod eines Chloroformirten durch dasselbe eingetreten zu sein, was bei der grossen Morphindose (0,06), welche Bartscher in Uebereinstimmung mit den Angaben von Nussbaum verwendete, nicht unmöglich erscheint und das Verfahren discreditirt, zumal die kleineren Dosen einen nennenswerthen prolongirenden Einfluss nicht besitzen (Eulenburg). Verschieden von der Nussbaum'schen Methode ist übrigens das Verfahren von Uterhard (Deutsche Klin. 20. 1869), das Excitationsstadium der Chloroformnarkose durch vorherige Injection von 0,03 Morphin (mindestens 10 Min. vor der Einathmung) zu verhindern, was namentlich bei Säufern zu einer sehr ruhigen Narkose führt. Diese Methode wirkt der Lebensgefahr insofern entgegen, als in der Regel die zur Narkose erforderliche Chloroformmenge sehr verringert wird, wie dies zuerst von Cl. Bernard (Bull. gén. de Thérap. Sept. 30. 1869) durch Thierversuche constatirt wurde und auch durch Labbé und Goujon (Gaz. Hôp. 579. 1872) und andere Chirurgen verschiedener Länder bestätigt wurde. Eine ausführliche Würdigung der Uterhard-Bernard'schen Methode auf Grund physiologischer Versuche, welche Mollow (Moskauer pharmakol. Arb. I. 20. 1876) giebt, hebt als die Vorzüge den Wegfall der reflectorisch im Beginn der Inhalation hervorgerufenen Respirationsstörungen und der Störungen der Gefäss- und Herznerven, das Ausbleiben des Erregungsstadiums, die Verringerung der Chloroformmengen und die dadurch bedingte Verhinderung von Paralyse der Respirations- und Gefässcentren (Syncope), endlich das Nichtzustandekommen so tiefen Sinkens des Blutdrucks wie unter den gewöhnlichen Chloroformnarkosen, hervor. Die Dauer der Narkose wird auch bei diesem Verfahren verlängert. Nach Guibert (Bull. Acad. de méd. 168. 1872) tritt bei zuvoriger Injection von 1—2 Cgm. Morphinhydrochlorat durch Chloroforminhalation in geringen Mengen zunächst ein Zustand von Analgesie, mit Erhaltung des Bewusstseins, der Sinnesthätigkeiten und der Willkürbewegung ein, der sich zur Vornahme kleinerer Operationen, besonders geburtshülflichen, ausreichend erweist und sich besonders zweckmässig für die Anwendung von Chloroform während der Wehenthätigkeit zeigt, da er sich durch äusserst geringe Mengen Chloroform mehrere Stunden lang unterhalten lässt. Eine solche Combination von Morphin und Chloroform scheint namentlich auch bei vorübergehenden heftigen Schmerzen (Gallensteinkolik, Bleikolik) indicirt.

c) Bei Störungen der Gehirnfunction sowohl mit exaltativem als mit depressivem Charakter.

Dass Morphin, innerlich oder subcutan, nicht allein bei maniakalischer, sondern noch mehr bei Gemüthsdepression, namentlich aber in Aufregungszuständen alter Fälle (Silomon), einen nicht bloss palliativen Erfolg häufig hat, ist seit der Empfehlung desselben durch Seymour (Lond. med. Gaz. 9. 114) durch die verschiedensten Beobachter, neuerdings insbesondere durch Voisin, verbürgt. Nichtsdestoweniger haben sich auch hier manche Irrenärzte gegen die Anwendung des Mittels ausgesprochen, und namentlich will Reissner bei acuten und bei chronischen Fällen von Manie oder Melancholie häufig keine Spur von Wirkung gefunden haben; nur Störungen des Gemeingefühls wurden durch das Mittel oft gehoben. Auch hier hat man vielfach auf andere Narcotica recurrirt. Jedenfalls sind die grossen Gaben, wie sie Voisin (0,7 pro die, selbst 1,5!) gab, kaum zulässig, da sie die Gefahren des Morphinismus involviren.

Es fallen unter diese Kategorie auch die Delirien in acuten Krankheiten (Erysipelas, Typhus), wo Morphin nach Vibert besonders bei gleichzeitiger Mydriasis und Asthenie günstig wirken soll, und einzelne Intoxicationen chronischer oder acuter Art, in denen die Gehirnthätigkeit besonders aufgeregt erscheint, nämlich das Delirium tremens und die Vergiftungen durch die mydriatisch wirkenden Solaneen (Hyoscyamus, Belladonna). Ueber die letzteren wird beim Atropin das Nähere mitgetheilt. Erlenmeyer will auch bei einer Intoxication mit Digitalin und Eulenburg mehrfach bei dem nach Chloroformvergiftung zurückbleibenden Unwohlsein mit Nausea subcutane Morphininjection erfolgreich angewendet haben. — Man hat in früherer Zeit vielfach die Ansicht gehegt, dass Morphium bei entzündlichen Affectionen des Gehirns oder seiner Häute contraindicirt sei; neuerdings ist man von dieser Annahme zurückgekommen, da man sowohl bei gewöhnlicher Meningitis als bei Meningitis cerebrospinalis manchmal auffallend günstige Wirkung dadurch erzielte.

d) bei Affectionen des Rückenmarks.

Hier kommt besonders in Betracht die Steigerung der Reflexaction, wie sie beim Tetanus und namentlich beim Tetanus toxicus (Strychninvergiftung) ausgeprägt ist. Es liegen in der Literatur nicht wenige Fälle von Tetanus rheumaticus oder traumaticus vor, wo das Leiden, namentlich wenn es noch ziemlich frisch war, durch Morphium beseitigt wurde; doch lässt sich nicht verkennen, dass auch ebensoviel Misserfolge und wohl noch mehr vorliegen. Schon in dem Ballyschen Mémoire über Morphin werden zwei Fälle von idiopathischem Tetanus erwähnt, die unter der endermatischen Anwendung des Mittels von Lembert geheilt wurden; ein anderer wurde von Henry (Bull. de l'Acad. I. 57, 1836) erzählt, wo das Medicament in eine Wunde gebracht wurde; neuere von Vogel, Kober u. A., wo die Subcutaninjection in Anwendung kam, finden sich bei Eulenburg mitgetheilt. Auch bei Strychninvergiftung sah schon Lembert die rasche Wiederherstellung durch Morphin, ebenso Richter (Med. Ztg. Ver. Heilk. Preuss. 36, 1834), nach Subcutaninjection neuerdings Aufrecht. Nach eignen Versuchen an Thieren leistet Chloral entschieden mehr. Bei Trismus neonatorum hat Eulenburg keine Erfolge von Subcutaninjection des Morphins gesehen.

Der Tetanus gehört zu denjenigen Affectionen, bei denen die gewöhnlichen Dosen des Morphins überschritten werden können, ohne dass daraus Gefahren resultiren. Indessen ist man bei endermatischer Application doch nicht über 0,12, bei hypodermatischer nicht über 0,06 gestiegen.

3. Zur Beseitigung spastischer und convulsivischer Neurosen.

Der Nutzen des Morphins bei peripherischen Krämpfen ist unbestritten. So leisten, wie zuerst A. v. Graefe hervorhob, subcutane Injectionen längs des N. supraorbitalis bei Blepharospasmus nach Hornhautentzündungen oder Traumen des Auges gute palliative Hülfe und führen oft selbst zur Radicalheilung. Erlenmeyer und Schirmer sahen auch bei Krämpfen der Gesichtsmuskeln, Eulenburg bei Myospasmen in Amputationsstumpfen, Saemann bei Stottern von der Subcutaninjection gute Erfolge. Bei Epilepsie und Eclampsie, Chorea, hysterischen Convulsionen, sowie bei Paralysis agitans und Tremor ist weniger von der Anwendung des Morphins zu hoffen, obschon für dieselbe manche Autoritäten sprechen, so Scanzoni für die Application bei Eclampsie. Wenn auch Bally bei Bekämpfung von Hustenreiz nicht viel vom Morphin hält, so leistet es doch manchmal bei Hyperaesthesie des Larynx gute Dienste, und auch bei Tussis convulsiva ist es häufig endermatisch oder hypodermatisch injicirt nützlich, wie schon Meyer (Rust's Magazin. 28. 2. 356. 1829) hervorhob, auch intern in kleinen Dosen (Edw. Smith, Edinb. med. journ. May 1856); doch ist es durchaus nöthig, vorsichtig mit dem Mittel zu sein, da es leicht Intoxicationsphänomene bedingt, wie dies Kyld und Eulenburg sahen. Im Asthma nervosum, sowie bei Emphysem und Oppression der Brust überhaupt (Vibert, Aimé Martin, Renault) leistet Morphin bisweilen günstigen palliativen Effect, wenn man grosse Dosen innerlich oder hypodermatisch administrirt. Sehr erfolgreich scheint die hypodermatische Injection bei Krampfwehen (Pletzer, Lebert) und drohendem Abortus (Vibert).

4. Zur Beseitigung der Extrauterinschwangerschaft (Friedreich) behufs Tödtung der Frucht mittelst Subcutaninjection.

Als Contraindication des Morphingebrauches ist Neigung zu apoplektischen Anfällen, besonders wo solche bereits dagewesen sind, hervorzuheben; Bally hat mehrere Fälle mitgetheilt, wo eine Verschlimmerung des bestehenden Zustandes oder eine Repetition des Anfalles durch den Morphingebrauch herbeigeführt zu sein scheint.

Formen der Anwendung.

Morphium sulfuricum und hydrochloricum können in fast allen Arzneiformen, die bei reinen Pflanzenstoffen in Betracht kommen, verordnet werden. Innerlich giebt man sie am häufigsten als Pulver, wobei Zucker oder, im Fall leicht Erbrechen dadurch bewirkt wird, Brausepulver als Vehikel dient, und in wässriger Lösung. Sehr zweckmässig ist auch die Darreichung in Form von Gelatina in lamellis nach Almén, wovon jedes kleine Quadrat 0,015 Grm. enthält. Ebenso ist die Pillenform ohne Bedenken. In England ist ein Liquor Morphiae Hydrochloratis, der in seiner Stärke den gewöhnlichen Opiumtincturen entspricht, officinell; 1 Th. mit 5 Th. Syr. simplex geben einen Syrupus Morphiae Hydrochloratis.

Die Dosis für die interne Darreichung ist bei Erwachsenen 0,005—0,03 Grm., welche jedoch unter verschiedenen Umständen — bei acquirirter Toleranz oder bei einer Reihe von Exaltationszuständen — überschritten werden muss. Bei Kindern ist 0,001—0,004 als erlaubte Dosis zu bezeichnen. In allen Fällen, wo man voraussehen kann, dass das Präparat längere Zeit hindurch gereicht werden muss, thut man wohl, mit einer möglichst niedrigen Dosis zu beginnen, um nicht genöthigt zu werden, rasch enorme Dosen zu verwenden.

In Bezug auf die äussere Anwendung ist die gebräuchlichste Applicationsweise die subcutane Injection. Die Dosis des zu injicirenden Morphinsalzes schwankt zwischen 0,002—0,025 Grm., kann aber auch in einzelnen Fällen erheblich überschritten werden; auch hier gilt die Regel, da, wo die Injection voraussichtlich öfters zu wiederholen ist, mit sehr kleinen Gaben zu beginnen. Zum Vehikel dient natürlich am besten destillirtes Wasser, das für Morphinsulfat (und namentlich für Morphintartrat) leicht Lösungen von der nothwendigen Stärke liefert. Fehlerhaft ist beim Morphinhydrochlorat ein Zusatz von Salzsäure, da dadurch gar zu leicht Ausscheidung des Salzes bedingt wird. Für länger vorräthig zu haltende Lösungen empfiehlt sich vor Allem Morphinsulfat, das man in 25 Th. durch Kohle gereinigten destillirten Wassers in der Siedehitze auflöst und in filtrirter Lösung in kleinen wohl verschlossenen Glasgefässen aufbewahrt. (Hamberg, So. Läk. Sällsk. Handl. 43. 94). In wie weit die für den Einzelfall zu gebende Dosis zu bestimmen ist, lässt sich nicht gut in Regeln fassen; doch giebt Vibert an, dass, um Effect zu erhalten, man, mit kleinen Mengen beginnend, so weit gehen soll, bis ein deutlicher Effect auf die Pupille sich manifestirt.

Zur endermatischen Anwendung dürfte die Dosis der internen Darreichung die passendste sein; man ist indessen häufig bis 0,12 Grm. gestiegen, wonach bisweilen Intoxicationsphänomene beobachtet wurden. Reil empfiehlt statt blossen Aufstreuens mit Zucker eine mit Zucker und Wasser gefertigte Paste, die allerdings die Resorption erleichtert. Vibert empfiehlt Imprägnation kleiner Vesicatore mit Morphin.

Die Impfung, nach Lafargue zu 0,03 mit 1,0 Excipiens, ist nie sehr in Aufnahme gekommen. Ebensowenig erscheint die Form des Clysma oder der Injection, denen man besser Opiumtinctur zusetzt, sehr geeignet; die Dosis würde hier der internen entsprechen. Lösungen in Oel (1:120—60) können als Liniment verwerthet werden, ebenso Lösungen von Morph. purum in Oelsäure; vorzuziehen sind die bei Algien von Soubeiran, Debout u. A. empfohlenen Glycerinlösungen (1:50—30), welche auch bei Kehlkopfleiden örtlich applicirt werden (Scott, Alison). Eine Lösung von essigsaurem Morphin in Bittermandelwasser (1:18) unter Zusatz von Essigsäure und verdünnter Blausäure liess Jung bei Hemicranie schnupfen. Zu Zahntropfen ist Solution in Kreosot zweckmässig.

In England sind Morphinsuppositorien mit 0,03 Morph. hydrochloricum officinell. Cardigal und Albers empfahlen Vaginalkugeln aus 0,06 Morph. acet., 4,0 Wachs und 0,5 Axungia mehrere Tage vor der Menstruation bei Dysmenorrhoe in die Scheide einzulegen.

Nicht selten combinirt man die Morphinsalze mit analog wirkenden Stoffen, bei Neuralgien besonders mit Atropinsulfat, innerlich bei psychischen Erregungszuständen mit Chloral, auch mit Blausäurepräparaten. Das sog. Morphinchloral von Jastrowitz ist eine Mixtur aus 5,0—8,0 Chloralhydrat, 0,1 Morph. hydrochl., 150,0 Dec. Alth. und 10,0 Succ. Liquirit. depuratus.

Bei Verordnung von Morphinsalzen sind alle Stoffe zu vermeiden, welche Abscheidung von Morphin oder Bildung eines morphinhaltigen unlöslichen Niederschlages bewirken. Dahin gehören Salzbilder, Alkalien und Alkalicarbonate, alkalische Erden und Metallsalze, für Morphiumacetat auch Gerbsäuren.

Derivate des Morphins. — Von den Derivaten des Morphins sind Verbindungen von Methylmorphin von Crum Brown u. Fraser (Transact. R. Soc. Edinb. 25. 1868) untersucht. Methylmorphinjodür und Methylmorphinsulfat sind weit weniger giftig als Morphin und bewirken bei Fröschen Paralyse durch Lähmung der peripherischen Nervenendigungen; das schwerlösliche Jodür wirkt zu 1,25 subcutan und innerlich auf Kaninchen nicht toxisch und zu 0,05 beim Menschen nicht hypnotisch, während 0,6 des leicht löslichen Sulfats subcutan bei Kaninchen deutliche Narkose, Paralyse und Tod, 0,5 nur Narkose bedingen. Methylmorphin.

α Diacetylmorphin, β Diacetylmorphin und Tetracetylmorphin wirken nach Pierce (Pract. June. 1875. 437) in Gaben, welche 5 Cgm. wasserfreien chlorwasserstoffsauren Morphins entsprechen, als Hydrochlorat bei Hunden und Kaninchen subcutan injicirt, ziemlich gleich, indem sie grosse Prostration und Schläfrigkeit mit Empfindlichkeit der Augen, Pupillenerweiterung, anfänglicher Beschleunigung und späterer Verlangsamung der Athmung, Herabsetzung und Irregularität der Herzaction und namentlich auffallende Störungen in der Coordination der Muskelbewegungen und Schwäche des Hintertheils, bei Hunden auch starke Salivation, Brechneigung und beträchtliches Sinken der Rectaltemperatur hervorrufen; die Wirkung entspricht im Ganzen der des Dioxymorphins und ist bei β Diacetylmorphin mit anfänglicher starker Aufregung verbunden. Acetylmorphin.

Apomorphin. Unter den Derivaten des Morphins hat das **Apomorphin** in physiologischer und therapeutischer Hinsicht die allergrösste Bedeutung, indem es ein seiner Wirkung nach bis jetzt allein dastehendes Alkaloid darstellt, insofern es durch directe Erregung bestimmter Partien des centralen Nervensystems Brechen erzeugt, ohne bei interner Application Irritation der Magennerven oder überhaupt an der Applicationsstelle Entzündungserscheinungen zu bewirken. Neben der emetischen Wirkung, die bei subcutaner Application nach kleineren Dosen und überhaupt mit grösserer Sicherheit als bei interner eintritt, scheint es noch mehrere Partien der Nervencentren, die quergestreiften Muskeln (Harnack), die glatten Muskeln des Darms (Reichert) und die Schleimdrüsen der Respirationsorgane (Rossbach) zu afficiren. Die emetische und expectorirende Wirkung des Apomorphins haben die Einführung des Apomorphinhydrochlorats in den Arzneischatz veranlasst.

Die emetische Wirkung des Apomorphins wurde schon von Matthiessen und Wright wiederholt bei ihren Versuchen wahrgenommen. Praktisch wurde Apomorphinum hydrochloricum zuerst von Gee (Barthol. Hosp. Rep. 5. 215. 1869) versucht, der dasselbe zu 0,006 subcutan und 0,015 intern beim Erwachsenen in kurzer Frist, oft nach 80 Sec., Erbrechen, manchmal von starker Hyposthenisation begleitet, hervorrufen sah. Später wurde die Wirkung von einer grossen Anzahl Forscher, namentlich Siebert (Untersuchungen über die physiologischen Wirkungen des Apomorphins. Dorpat. 1871), Riegel und Böhm (Arch. klin. Med. 9. 211. 235), Köhler und Quehl (Ueber die physiogischen Wirkungen des Apomorphins. Halle. 1872), Harnack (Arch. exp. Path. 2. 1874), David Compt. rend. 79. 537), Coyne und Budin (Gaz. méd. de Paris. 649. 1874), Bourgeois (De l'apomorphine; Recherches cliniques sur un nouvel émétique. Paris. 1874), Prevost (Gaz. hebdom. 20. 1875), Tassinari (Ann. univers. 385. Dic. 1875), Bendz (Ugeskr. f. Laeger. 20. 365. 474. 1875), Paszkowski (Przeglad lekarski. 34—36. 1875; und E. Reichert (Phil. med. Times. 109. 1879. 161. 1880) in sehr eingehender Weise erforscht. Als Emeticum therapeutisch geprüft wurde das Apomorphinhydrochlorat von Loeb (Berl. klin. Wochenschr. 400. 1872), Moerz (Prag. Vtljschr. 76. 1872), Fronmüller (Memorab. 390. 1873), Eichberg (Würtb. Corrbl. 319. 1873), Moeller (Bull. Acad. Belg. 749. 1874), Dujardin-Beaumetz (Bull. gén. de Thérap. Oct. 30. 1875), Munnich (Nederl. Tijdschr. Geneesk. 110. 1874), Routy (De l'emploi de l'apom. comme vomitif administrée par injection hypodermique. Paris. 1875) u. A. Die expectorirende Wirkung wurde zuerst von Fronmüller hervorgehoben, dann besonders von Jurasz (Centrbl. med. Wiss. 499. 1874. Arch. klin. Med. 16. 41. 1875) betont, von Wertner (Wien. med. Presse. Nr. 8. 1876), Kormann (Deutsch. med. Wochenschr. Nr. 37. 1880), Beck (ebendas. Nr. 12. 1881) und von Rossbach (Ueber die Schleimbildung und die Behandlung der Schleimhauterkrankungen in den Luftwegen. Leipzig. 1881) bestätigt und von letzterem begründet.

Die emetische Wirkung des Apomorphins tritt nach sehr kleinen Dosen nicht nur beim Menschen, sondern auch bei den verschiedenen Thieren, welche brechen können, auf. Ueberall zeigen sich in Bezug auf die Dosis selbst Differenzen der Empfänglichkeit. So brechen Katzen durchschnittlich nach 20, bisweilen schon nach 5—6 Mgm. subcutan (Siebert), mitunter selbst nicht nach 35 Mgm. (David). Hunde sind empfindlicher als Katzen und brechen schon nach 0,5—2 Mgm. bei Subcutanapplication. In allen Fällen sind zur Erzielung emetischer Wirkung vom Magen aus weit bedeutend stärkere Dosen erforderlich. In Sieberts Versuchen brachten von einem Apomorphin, welches hypodermatisch durchschnittlich zu 6—7 Mgm. brechenerregend wirkte, 60 resp. 100 Mgm. bei einem Erwachsenen nur Nausea hervor, ebenso 80—120 Mgm. bei Katzen und 20 Mgm. bei Hunden. Quehl fand Apomorphinhydrochlorat beim Hunde zu 1—2 Mgm. subcutan, zu 30—40 Mgm. intern, zu 60 Mgm. per anum und zu 10—20 Mgm. bei Einreibung in die Zunge brechenerregend; Einführung in Vagina und Einreibung in Salbenform blieben ohne Wirkung. Einen gewissen Einfluss auf die Dosis hat übrigens die Beschaffenheit des Präparats; krystallinisches Apomorphin wirkt stets kräftiger als amorphes. Grünfärbung der Lösungen hebt die emetische Wirkung nicht auf und scheint deren Wirkungseffect nicht bedeutend herabzusetzen; Quehl fand 6 Wochen alte, Harnack intensiv schwarzgrüne Lösung, die schon ein Jahr in leicht verschlossenem Gefässe gestanden hatte, Jurasz 19 Monate alte noch kräftig. Innerhalb gewisser Grenzen hat die Dosis auf die Wirkungsgrösse keinen besonderen Einfluss, so dass z. B. beim Hunde 0,006 nicht rascher und stärker Emese erzeugt als 0,001 (Reichert). Dosen, welche sich der unteren Grenze nähern, rufen bei Thieren häufig einen Zustand von Unruhe hervor, den man vielleicht mit Nausea zusammenbringen kann, da auch beim Menschen nach nicht emetischen Dosen (unter 0,006) die Erscheinungen sehr verschleppter Prodromalstadien des Erbrechens (Nausea, Unruhe, Blässe des Gesichts, Ructus) neben Injection der Bindehaut, Pupillenerweiterung, Hinfälligkeit und protrahirtem Schlafe auftreten (Moerz). Das Erbrechen nach emetischen Dosen, dessen Eintritt beim Menschen zwischen 4 und 16 Min. schwankt, erfolgt manchmal ohne Vorläufer, meist jedoch nach Auftreten von etwas Schwere des Kopfes, Schwindel, Neigung zum Gähnen und Schwächegefühl, bisweilen auch von reichlichem Schweisse des Gesichts und des ganzen Körpers, Schlafneigung und Apathie, welche Erscheinungen mit dem Eintritte des Erbrechens verschwinden (Riegel und Böhm). Die Schlafneigung besteht häufig auch nach den reinsten Apomorphinpräparaten (Dujardin-Beaumetz) fort und deutet darauf hin, dass neben denjenigen Theilen des Centralnervensystems, durch deren Reizung das Brechen resultirt, auch noch andere centrale Gebiete in Mitleidenschaft gezogen sind.

Ueber eine gewisse Grenze hinaus bedingt das Apomorphin keine Emese mehr (offenbar in Folge der Lähmung der primär erregten Centren) und es treten Vergiftungserscheinungen auf, welche noch deutlicher die Wirkung auf andere Partien des Nervensystems bekunden. Neben geringer Betäubung und Schwäche der Hinterbeine, sowie Herabsetzung der Reflexerregbarkeit kommen bei Hunden eigenthümliches Drehen im Kreise und Schwimmbewegungen, meist auch Pupillenerweiterung und starke Erweiterung der Conjunctivalgefässe zur Beobachtung (Quehl). Diese Symptome gleichen sehr den bei den schon gegen viel kleinere Dosen empfänglichen Thieren, welche nicht brechen können, zu beobachtenden, z. B. bei Kaninchen, welche schon nach 0,01 zu Grunde gehen und durch kleinere Dosen in einen Zustand hochgradiger Erregung und beständiger Agitation, mit unausgesetztem Kauen und Nagen, heftiger Schreckhaftigkeit, enormer Steigerung der Athemzahl, durch grössere in intensive convulsivische Bewegungen gerathen (Harnack). Hochgradige Unruhe und Aufregung zeigt sich übrigens nach kleinen Dosen auch bei Katzen (Siebert) und Tauben (Tassinari). Der Umstand, dass enthirnte Tauben derartige Unruhe nicht zeigen, scheint auf eine directe Erregung des Grosshirns hinzudeuten. Völlig verschieden ist das Vergiftungsbild bei Fröschen, auf welche Apomorphin nicht brechenerregend wirkt; hier kommt es rasch nach vorübergehender Excitation zu completer Lähmung, die, obschon vorzugsweise central, doch auch mit einer sehr stark herabsetzenden Wirkung auf die quergestreiften Muskeln einhergeht (Harnack). Auch bei Menschen sind Intoxicationserscheinungen, welche an die Vergiftungen bei Thieren erinnern, beobachtet (vielleicht veranlasst durch Eindringen der Einspritzungsflüssigkeit in Venen). So sah Dujardin-Beaumetz bei einem kräftigen Manne nach 0,01 sehr intensiven Collaps, Möller nach 0,005 bei einem alten Manne bei Ausbleiben des Erbrechens Agitation, Trübung des Sehens und kleinen Puls, Gähnen und Salivation, später Somnolenz und Schwäche. Prevost hat nach 0,003—0,004 eines von anderen Kranken sehr gut tolerirten Apomorphins bei einer Frau wiederholte Anfälle von Syncope mit wechselnder Mydriasis und Myosis und Zucken der Mundwinkel gesehen. Von Interesse ist die Vergiftung von Professor Pécholier (Bull. gén. de Thérap. Mai 15. 1882) durch eine subcutane Injection von nahezu 0,015 Apomorphin, der nach heftigen, aber vergeblichen Brechanstrengungen plötzlich bewusstlos wurde und zu athmen aufhörte und nur durch eine zweite Dosis Apomorphin, welche Erbrechen hervorrief, und durch energische extreme und interne Stimulantien wieder zum Leben zurückgebracht werden konnte. Bei einem Soldaten, welchen Pécholier kurz zuvor nach erfolgloser Injection von 0,01 eine solche von 0,02 Apomorphinhydrochlorat hatte machen lassen, rief die Dosis zwar einen Schwächezustand, aber keine bedenklichen Symptome hervor. Bei Kindern hat Jurasz auffallende Vor- und Rückwärtsbewegung des Kopfes, Pronation und Supination eines Armes, Zucken und krampfhafte Bewegung der Extremitäten, Kaubewegungen und Singultus, erhöhte Reizbarkeit und sogar Steigerung der Reflexerregbarkeit gesehen. Aehnliche Bewegungsstörungen hat auch Moerz beobachtet. Kinder reagiren übrigens auf emetische Dosen überhaupt etwas anders wie Erwachsene, indem die Wirkung früher eintritt (in $^1/_2$—3 Min.) und mit kurzdauernder starker Apathie und leichtem Collaps einhergeht. Solcher kann schon durch 2 Mgm. bei Kindern erfolgen (Loeb). Dass das durch Apomorphin bedingte Erbrechen die Folge von directer Reizung centraler Nervenpartien ist, beweist nicht nur der promptere und sichere Effect hypodermatisch injicirter Dosen, sondern auch das durch Vivisectionen constatirte Freibleiben des Magens und des Darms von Entzündung. Allerdings wollen Coyne und Budin bei Hunden, denen sie Apomorphin gaben, indem sie gleichzeitig durch Chloroform das Brechen verhüteten, serös sanguinolente Diarrhoe und hochgradige Hyperämie des Dünndarms gesehen haben. Ob dies aber eine Eliminationswirkung des Apomorphins ist, kann um so mehr bezweifelt werden, als bei der subcutanen Injection starker Lösungen fast niemals irgend ein erheblicher Reizungszustand der Injectionsstelle sich entwickelt. Dass das Erbrechen nicht Eliminationswirkung ist, geht daraus hervor, dass intravenös injicirtes Apomorphin auch Emese bewirkt, wenn die Aorta unterbunden wurde und somit kein Apomorphin zum Magen gelangen kann. Vagusdurchschneidung verhindert das Zustandekommen des Erbrechens nicht ausnahmslos (Siebert, Reichert), dagegen wird dasselbe durch Chloroform, Chloral und Morphin in narkotisirenden Gaben verhindert (David). In wieweit Asphyxie und Apnoe auf das Zustandekommen des Erbrechens wirken, bleibt bei den widersprechenden Resultaten noch festzustellen. Nach Harnack treten auch bei künstlich respirirenden Thieren durch Apomorphin Brechbewegungen ein, wodurch die von S. Grimm und Greve geleugnete Einwirkung des Apomorphins auf ein besonders Centrum (Brechcentrum), das vom Athemcentrum verschieden ist, eine Stütze erhält. Allerdings ist ein sehr bedeutender Einfluss des Apomorphins auf das Athemcentrum nicht zu verkennen; bei Thieren, welche brechen können, bewirken emetische Dosen stets ansehnliche Beschleunigung der Athemzahl, bei toxischen Dosen folgt Verlangsamung und Verflachung, die durch weitere Apomorphineinspritzung wieder vorübergehender Steigerung Platz macht. Diese Erscheinungen, welche sehr exquisit an Kaninchen hervortreten, bei denen kolossale Dosen sofort hochgradige Verlangsamung oder Athemstillstand bedingen, werden bei diesen durch Vagusdurchschneidung nicht modificirt und sind somit auf Erregung bezw. Lähmung des Athemcentrums zurückzuführen (Harnack). Bei Hunden und Katzen bleibt dagegen die primäre Beschleunigung aus (Reichert). Apomorphin erzeugt Athembeschleunigung auch im Chloralschlafe (Harnack), worin ein weitere Beweis für die Differenz des Athem- und Brechcentrums gegeben ist, da die emetische Wirkung im Chloralschlafe ausbleibt.

Siebert wollte die Vermehrung der Athemzahl bei der Apomorphinemese auf das Erbrechen selbst beziehen und führte auf dieses auch die zu beobachtenden Pulsveränderungen zurück. Beim Menschen kommt es nach emetischen Dosen constant zu Pulsbeschleunigung, die in der Regel bis kurz vor dem Erbrechen anhält, worauf wieder Verlangsamung folgt. Da auch nicht emetische Dosen Acceleration bedingen, ist die Siebertsche Deutung unzulässig. Harnack bezog dieselbe auf Reizung der herzbeschleunigenden Nerven, da sie auch nach zuvoriger Atropinisation auftritt. Bei subcutaner Einspritzung scheint Einwirkung auf den Blutdruck zu fehlen, dagegen erzeugt Infusion zuerst Sinken, dann Wiederansteigen und hierauf wieder Sinken des Blutdrucks; Vagusdurchschneidung lässt die primäre Druckherabsetzung nicht zu Stande kommen und steigert die Druckzunahme; bei Section beider Vagi und des Halsmarks sinkt der Druck continuirlich; Curarisation und künstliche Respiration wirken nicht modificirend (Reichert). Es ist somit ein erregender Einfluss auf das vasomotorische Centrum neben einem lähmenden auf das Herz nicht zu verkennen, von welchem letzteren auch die Kleinheit des Pulses Zeugniss ablegt. Die Reflexübertragung von sensiblen Nerven auf das vasomotorische Centrum wird durch Apomorphin nicht gelähmt (Quehl). Inwieweit die Herzmuskel selbst afficirt wird, lassen wir dahin gestellt sein. Harnack hat ermittelt, dass bei der Paralyse der Frösche die Reizbarkeit der quergestreiften Muskeln und auch der Herzmuskel relativ früh herabgesetzt werde und dass namentlich bei directer Application Muskellähmung überaus rasch resultire. Reichert fand Gleiches auch für die glatten Muskeln, constatirte aber auch, dass Apomorphin in Lösung oder Pulverform applicirt jedes höhere organisirte Gewebe, z. B. das Gehirn und Rückenmark des Frosches, sensible und motorische Nerven ebensogut wie die Muskeln, mit denen er in Contact kommt, functionsfähig macht, ohne dasselbe materiell zu modificiren. Locale Application auf die Conjunctiva bedingt keine Pupillenveränderung; bei subcutaner Einverleibung kommt häufig Mydriasis, ausnahmsweise Myose vor (Reichert). Ein erheblicher Einfluss auf die Körpertemperatur kommt beim Menschen nach emetischen Dosen nicht vor (meist anfängliche Steigerung um 0,1—0,2°). Die convulsivischen Bewegungen mit Atropin vergifteter Kaninchen sind nicht Folge der Respirationsstörung (Harnack); Rückenmarkdurchschneidung beschränkt sie bei Säugethieren auf die vordere Körperhälfte. Während Reichert nur Vermehrung des Speichels, nicht der übrigen Secretionen zugiebt, constatirte Rossbach erhebliche Vermehrung des Schleims in der Trachea mit Hervorwölbung der Schleimdrüsen, unabhängig von der Blutzufuhr und von der Innervation. Reichert will Apomorphin selbst nach 2 Mgm. bei Thieren im Harn nachgewiesen haben, ausserdem in Speichel und im Erbrochenen (nach subcutaner Injection).

Ob bei längerem Gebrauche von Apomorphin Gewöhnung an dasselbe stattfindet, ist nicht vollkommen sicher; einige Beobachtungen an Thieren (Tassinari) scheinen dafür zu sprechen.

Beim Menschen ist Apomorphin vorwaltend als Emeticum in allen Fällen, wo Brechmittel indicirt sind, verwendet. Besondere Indicationen für dasselbe bilden einerseits die Unmöglichkeit, ein Emeticum intern zu appliciren (Trismus u. s. w.), andererseits das Vorhandensein entzündlicher Affectionen des Magens und Darms, welche durch Brechweinstein, Kupfersulfat u. s. w. verschlimmert werden würden. Auch bei alten und schwachen Personen, ebenso bei Kindern, ist Apomorphin ebenso gut wie Ipecacuanha anzuwenden, da schwere Collapserscheinungen danach nur ausnahmsweise auftreten. Narkotische Vergiftungen contraindiciren die Anwendung nur im Sopor, da bei geringeren Graden der Narkose die Apomorphinwirkung nicht ausbleibt. Loeb hat z. B. bei Vergiftung mit Bittermandelöl guten Erfolg gehabt. Verger (Bull. gén. Thérap. Sept. 30. 1878) entfernte durch Apomorphin eine im Halse stecken gebliebene Pflaume. Duncan (New York med. Rec. Aug. 7. 1875) empfahl es bei der Vergiftung mit Irritantien; Fronmüller bei hochgradiger mit Magenüberfüllung complicirter Berauschung und in galligen Zuständen nach Morphingebrauch. Bei Geisteskranken, für welche das Apomorphin in Folge der Möglichkeit, die Wirkung durch subcutane Injection zu erhalten, das beste Brechmittel ist, gebrauchte es v. Gellhorn (Allg. Ztschr. Psychiatr. 30. 48. 1873) als schlafmachendes und beruhigendes Mittel, besonders bei Maniakalischen, mit günstigem und auf die Dauer weder somatisch noch psychisch schädlichem Erfolge. Vallender (Berl. klin. Wchschr. N. 14. 1877) empfahl Injectionen von 4 Mgm. zum Coupiren epileptischer Anfälle. Münnich gab es bei Spasmus glottidis. Am meisten ist es zur Entleerung der mit Schleim überfüllten Luftwege bei Bronchialkatarrhen, Asthma, auch bei Keuchhusten und bei Halbertrunkenen (Fronmüller) empfohlen. In den Affectionen der Luftwege, insbesondere Bronchitis catarrhalis, Bronchiolitis, katarrhalischer Pneumonie, Pseudocroup, aber auch bei Diphtheritis faucium et laryngis und bei stockendem Auswurfe der Pneumoniker hat indessen das Mittel noch viel grössere Bedeutung als Expectorans (Fronmüller, Jurasz, Wertner, Kormann, Beck, Rossbach), indem es die Schleimsecretion fördert, den zähen Schleim verflüssigt und dadurch den Husten mildert Bei Laryngitis acuta und Katarrhen der Phthisiker scheint es ohne Nutzen (Fraentzel, Beck).

Als emetische Durchschnittsdosis für die subcutane Injection bei Erwachsenen lassen sich 6—10 Mgm. bezeichnen, bei Frauen 5—8 Mgm., bei Kindern 0,5—4 Mgm. Es ist zweckmässig, die Dosen nicht kleiner zu nehmen, da man sonst unangenehme Nausea als Zugabe erhält (Riegel und Böhm). Man verwendet zur Subcutaninjection wässrige Lösungen (1:200). Zusatz von Zuckersyrup verhindert das Grünfärben derselben (Blaser). Intern ist Apomorphinhydrochlorat als Brechmittel nicht empfehlenswerth. Dagegen giebt man es innerlich als Expectorans zu 0,01—0,02 (!) pro adulto. Für die Bemessung der Dosis bei Kindern sind die Maximen von Kormann empfehlenswerth, wonach man bei Kindern unter 1 Jahr 1 Mgm. (in den ersten drei Lebensmonaten nach Jurasz nur 0,5—0,8 Mgm.) reicht und dann mit jedem Jahre bis zum 11. Jahre um 1/2 Mgm., vom 11. Jahre an bis zum 15. um 1 Mgm. steigt. Pro die werden 10 Dosen verordnet, womit dann beim Erwachsenen allerdings die Maximalgabe der deutschen Pharmakopoe bei Anwendung von 0,01 pro dosi um das Doppelte überschritten ist. Anwendung in Pillen oder Pulver ist weniger üblich.

Oxydimorphin.

Nach Marmé und Diedrich (1883) wirkt Oxydimorphin nicht narkotisch und erscheint als solches im Harn. Zu 0,05 pr. Kilo in die Venen gespritzt, erzeugt es bei Hunden rasch Asphyxie und Tod; bei allmäliger Infusion kleiner Dosen toleriren dieselben bis 0,12 pr. Kilo, zeigen aber laut hörbare Peristaltik mit nachfolgenden, bisweilen blutigen Darmentleerungen, starke Pulsbeschleunigung ohne Lähmung der Vagi, starkes Sinken des Blutdrucks unter gleichzeitiger Erweiterung der Gefässe, Sinken der Körpertemperatur und collapsusartige Schwäche, welche Erscheinungen durch Einspritzung mittlerer Mengen von Morphin gehoben werden können. Bei tödtlicher Vergiftung findet sich Röthung der Magenschleimhaut mit zahlreichen kleinen Blutextravasaten, Schwellung, Röthung und Extravasation in der Darmschleimhaut, sowie Verfettung des Nierenepithels und des Herzmuskels.

Codaethylin und Methocodeïn.

Codaethylin wirkt nach Bochefontaine tetanisirend und tödtet Frösche zu 7—12 Mgm., Meerschweinchen zu 0,05 (in 11 Min.), Kaninchen zu 0,11. Methocodeïn bedingt bei Hunden Erbrechen und Schlaf.

Codeïn. $C_{18}H_{21}NO_3$ $C_{17}H_{17}(OCH_3)(OH)NO + H_2O$. — Literatur: Chemische: Robiquet, Journ. Chim. méd. **9.** 96, auch Journ. Pharm. (2) **19.** 89; Journ. Pharm. (3) **31.** 10. — Gregory, Journ. Pharm. (2) **20.** 85. — Pelletier, Journ. Pharm. (2) **21.** 557; Ann. Chim. Phys. (2) **63.** 185. — Liebig, Ann. Chem. Pharm. **26.** 44. Dollfus, Ann. Chem. Pharm. **65.** 215. — Anderson, Edinb. Roy. Soc. Trans. **20.** 157, auch Ann. Chem. Pharm. **77.** 341; Edinb. N. Phil. Journ. **50.** 103. — How, Chem. Gaz. 1854, **341**; Edinb. N. Phil. Journ. 1855. **1.** 47. — Armstrong, Berl. Ber. **4.** 129. — A. Wright, Berl. Ber. **7.** 1550. — G. H. Beckett u. Wright, Chem. Soc. Journ. (2) **13.** **15.** 689. — A. Arzruni, Jahresb. Chem. Min. 1877. 882. — D. Lindo, Chem. News. **37.** 158. — O. Hesse, Arch. Pharm. (3) **12.** 330. — E. v. Gerichten u. H. Schrötter, Berl. Ber. **15.** 1484. 2179. — Hesse, Ann. Chem. Pharm. Suppl. 8. 267. — **176.** 191. — Jörgensen, J. pr. Chem. (2) **2.** 439. — Haidinger, Pogg. Ann. **80.** 553. — E. v. Gerichten, Ann. Chem. Pharm. **210.** 105. — O. Hesse, Berl. Ber. **11.** 983. — Lindo, Berl. Ber. **11.** 997.

Medicinische: Wachs, L. O., Das Codeïn. Marburg 1868. (Enthält die frühere Literatur fast vollständig). Kunkel, Journ. de Chim. méd. **11.** 223. 1833. — Barbier, Gaz. méd. 10. 1834. — Berthé, Monit. des Hôp. 4. 75. 76. 87. 1856. Compt. rend. **59.** 914. — Baxt, Arch. f. Anat. u. Physiol. 1, 70. 1869. — Crum Brown und Fraser, a. a. O. 31. — C. Ph. Falck, D. Klin. 1870. 25—52. 1871. 2—13. — Rabuteau, Cpt. rend.

74. 17. Gaz. hebd. 17. 19. 24. 1872. — Bouchut, Cpt. rend. 74. 20., Bull. gén. de Thérap. Avr. 15. 30. 1872. — Laborde, ebend. Oct. 15. 1873. — Barnay, Etude exp. sur l'action physiol. et tox. de la codéine etc. Paris. 1877. — Wehr, Chloral und die Krampfgifte. Heiligenstadt. 1877. — Fronmüller, Klin. Stud: über nark. Arzn. 28. 1870. — Harley, The old vegetable neurotics. 168. — Bernard, Leçons sur les anésthésiques. 184. — Bardet, Etude physiol. et clin. sur la valeur thérapeutique et soporifique des alcaloides d l'opium Paris 1878.

Entdeckung und Vorkommen. Darstellung. Das Codeïn (Name von κώδεια, Mohnkopf) wurde 1832 von Robiquet entdeckt. Es findet sich im Opium. — Zur Darstellung behandelt man dieses am besten nach der Methode von Robertson-Gregory (vergl. Morphin p. 115) und scheidet aus dem gewonnenen Gemenge von salzsaurem Morphin und salzsaurem Codeïn in wässriger Lösung durch Ammoniak das Morphin zum Theil ab. Beim Eindampfen des Filtrats krystallisirt alsdann zuerst vorwiegend salzsaures Codeïn heraus, das durch Umkrystallisiren vom anhängenden Salmiak befreit werden kann. Es wird in heisser wässriger Lösung durch concentrirte Kalilauge zerlegt, wodurch ein Theil der Base sogleich ölförmig abgeschieden wird, während ein anderer Theil beim Erkalten herauskrystallisirt (Robiquet, Anderson). Zur Reinigung wäscht man sie nach Robiquet mit kaltem Wasser, löst sie dann in Aether und lässt sie daraus nach Zusatz von etwas Wasser krystallisiren. Anderson löst in Salzsäure, entfärbt die Lösung durch Thierkohle, scheidet die Base wieder durch Kalilauge ab und krystallisirt erst dann aus wasserhaltigem Aether. — Andere Darstellungsweisen sind von Winckler (Buchner's Repert. 45. 459), Merck (Ann. Pharm. 11. 279) und Henry (Journ. Pharm. (2) 21. 222) angegeben worden.

Ausbeute. Als Gehalt des Opiums an Codeïn wird für Smyrnaisches von Mulder $^2/_3$—$^3/_4$ Proc., von Merck und von Schindler nur $^1/_4$ Proc. angegeben; in Constantinopolitanischem fand Schindler $^1/_2$ Proc., in Bengalischem Merck gleichfalls $^1/_2$ Proc.

Eigenschaften. Das Codeïn wird aus seiner Lösung in wasserfreiem Aether in kleinen farblosen wasserfreien Krystallen erhalten, die bei 155° schmelzen und beim Erkalten krystallinisch wieder erstarren. Aus Wasser oder wasserhaltigem Aether schiesst es dagegen in wasserhaltigen, bei langsamer Bildung oft sehr grosssen und regelmässig gebildeten farblosen und durchsichtigen Oktaëdern und Säulen des orthorhombischen Systems an, die ihr Krystallwasser (1 At. = H_2O) bei 100° verlieren und schon in kochendem Wasser zu einer öligen Flüssigkeit schmelzen. Aus Schwefelkohlenstoff erhaltene Krystalle waren gelblich, stark lichtbrechend, zeigten rhombische Iphenoëdrisch-hemiedrische Ausbildung (Arzruni). Es ist geruchlos und schmeckt schwach bitter. Es reagirt stark alkalisch und ist nicht unzersetzt flüchtig. Zur Lösung in Wasser erfordert es 80 Th. von 15°, 27 Th. von 43° und 17 Th. von 100° (Robiquet). Weingeist, Aether und Chloroform lösen das Codeïn gut; von Amylalkohol erfordert es nach Dragendorff etwa 7 Th., von Benzol etwa 10 Th. zur Lösung, während es in Petroleumäther beinahe unlöslich ist. Ausser in verdünnten Säuren löst es sich auch in wässrigem Ammoniak, und zwar etwa so reichlich als in Wasser. Von conc. Kali- oder Natronlauge wird es nicht gelöst und kann durch diese Flüssigkeiten aus seiner gesättigten wässrigen Lösung gefällt werden. — Die Molecularrotation ist links; $[\alpha]r$ ist = 118°,2 und durch Säuren kaum veränderlich. (Bouchardat und Boudet) Nach Hesse alkoholische Lösung (97 % = αj = — 135,8°, (80 %) αj = — 137,75, Chloroformlösung αj = 111,5. — Spec. Gew. = 1,311 — 1,323 (Schröder).

Zusammensetzung. Das Codeïn wurde von Robiquet, Couerbe, Regnault, Gregory, Will und Anderson analysirt. Regnault legte ihm die Formel $C_{35} H_{20} NO_5$, Dollfuss die Formel $C_{34} H_{19} NO_5$ bei. Die jetzt angenommenen Formeln $C_{18} H_{21} NO_3$ für das wasserfreie und $C_{18} H_{21} NO_3 + H_2O$ wurden von Gerhardt (Ann. Chim. Phys. (3) 7. 253) vorgeschlagen und später von Anderson bestätigt. Das Codeïn ist eine tertiäre Aminbase, die die Gruppen Methyl und Hydroxyl enthält und ist als ein methylirtes Morphin zu betrachten. Wright glaubt, auf Grund seiner Forschungen, die Formel $C_{36} H_4 2N_2 O_6$ annehmen zu sollen.

Salze. Das Codeïn ist eine starke Base. Es fällt die Auflösungen der Blei-, Eisen-, Kupfer-, Kobalt- und Nickelsalze. Die Codeïnsalze sind meistens krystallisirbar, schmecken sehr bitter und sind in Aether fast unlöslich.

Einfache Salze. Chlorwasserstoffsaures Codeïn, $C_{18} H_{21} NO_3, HCl + 2 H_2O$, krystallisirt aus verdünnten Lösungen in kurzen sternförmig gruppirten Nadeln, die unter dem Mikroskop als vierseitige Prismen mit zweiflächiger Zuschärfung erscheinen. Von dem Krystallwasser entweicht 1/4 bei 100°, der Rest erst bei 121°. Zur Lösung sind von kochendem Wasser weniger als 1 Theil, von Wasser von 15° 20 Theile erforderlich (Anderson); wässrige Lösung αj = — 108, 18° (Hesse). — Jodwasserstoffsaures Codeïn, $C_{18} H_{21} NO_3, HJ + H_2O$, scheidet sich aus einer heiss bereiteten Lösung von Codeïn in wässriger Jodwasserstoffsäure beim Erkalten in langen glänzenden Nadeln ab, die sich in etwa 60 Th. kaltem, viel leichter in kochendem Wasser lösen (Pelletier. Anderson). Jörgensen hat noch folgende Verbindungen hergestellt: Cod. HJ, J_2, violette trikline Krystalle, unlöslich in Wasser, löslich in Alkohol, und Cod. JH, J_4 grünlichgraue, unbeständige Nadeln. — Kohlensaures Codeïn soll als leicht unter Freiwerden von Kohlensäure sich zersetzendes Salz nach How durch Zerlegung von salzsaurem Codeïn mit kohlensaurem Silberoxyd erhalten werden. — Schwefelsaures Codeïn, $2 C_{18} H_{21} NO_3, SH_2O_4 + 5 H_2O$, bildet glatte, vierseitige Prismen oder sternförmig gruppirte Nadeln, die ihr

Krystallwasser bei 100° verlieren und sich in 30 Th. kaltem, viel leichter in heissem Wasser lösen (Anderson). — Unterschwefligsaures Codeïn, $2C_{18}H_{21}NO_3, S_2H_2O_3 + 5H_2O$, krystallisirt in rhombischen Säulen, welche bei 100° wasserfrei werden und sich in 18 Th. kaltem Wasser, leichter in Weingeist lösen (How). — Salpetersaures Codeïn, $C_{18}H_{21}NO_3, NHO_3$, wird erhalten, indem man unter Vermeidung jeglichen Ueberschusses verdünnte Salpetersäure von 1,06 spec. Gew. allmälig zu gepulvertem Codeïn fügt. Es krystallisirt aus kochendem Wasser in kleinen Prismen, die beim Erhitzen schmelzen und harzartig wieder erstarren (Anderson). — Phosphorsaures Codeïn, $C_{18}H_{21}NO_3, PH_3O_4 + 1\frac{1}{2}H_2O$, scheidet sich auf Zusatz von starkem Weingeist zu einer gesättigten Lösung von Codeïn in wässriger dreibasischer Phosphorsäure in kurzen, dicken Prismen oder in Schuppen ab, die sich leicht in Wasser lösen und ihr Krystallwasser bei 100° verlieren (Anderson).

Schwefelcyanwasserstoffsaures Codeïn, $C_{18}H_{21}NO_3, CNHS + \frac{1}{2}H_2O$, kann rein nur durch Behandlung von Codeïn mit Schwefelcyanwasserstoffsäure erhalten werden und bildet wasserhelle, sternförmig gruppirte Nadeln (Dollfus). — Oxalsaures Codeïn, $2C_{18}H_{21}NO_3, C_2H_2O_4 + 3H_2O$, krystallisirt aus seiner heiss gesättigten Lösung beim Erkalten in kurzen Prismen und Schuppen, die sich bei 15°,5 in 30 Th., bei 100° in $\frac{1}{2}$ Th. Wasser lösen und bei 100° wasserfrei werden (Anderson).

Doppelsalze. Chlorwasserstoffsaures Codeïn-Platinchlorid, $C_{18}H_{21}NO_3, HCl, PtCl_2 + 2H_2O$, scheidet sich aus mässig concentrirten Lösungen von salzsaurem Codeïn auf Zusatz von Platinchlorid als gelbes, allmälig körnig krystallinisch werdendes Pulver, aus verdünnteren Lösungen dagegen langsam in feinen büschlig gruppirten Nadeln aus. Löst sich wenig in kaltem Wasser und wird beim Kochen damit theilweise zersetzt. Von dem Krystallwasser entweicht $\frac{1}{4}$ erst bei 121° (Liebig. Anderson).

Zersetzungen. Beim Erhitzen auf Platinblech verbrennt das Codeïn mit Flamme. — Concentrirte Schwefelsäure löst es farblos. Aus der mässig erwärmten Lösung fällt kohlensaures Natron amorphes Codeïn als grauen Niederschlag, das bei 100° schmilzt, sich nicht in Wasser, leicht in Weingeist löst und aus letzterem durch Aether wieder gefällt wird. Seine Lösungen in verdünnten Säuren hinterlassen beim Verdunsten harzige Massen (Anderson). Beim Erwärmen mit conc. Salpetersäure entsteht unter heftiger Einwirkung eine rothe Lösung, die beim Verdunsten ein gelbes, beim Erhitzen mit Kalilauge viel Methylamin lieferndes Harz hinterlässt. Trägt man dagegen gepulvertes Codeïn in mässig erwärmte verdünnte Salpetersäure von 1,06 spec. Gew. ein und setzt das Erwärmen noch einige Minuten oder so lange fort, bis Ammoniak in einer herausgenommenen Probe einen starken Niederschlag erzeugt (bei zu lange fortgesetztem Erwärmen entsteht das oben erwähnte gelbe Harz), so scheidet sich beim Neutralisiren mit Ammoniak
Nitrocodeïn. Nitrocodeïn, $C_{18}H_{20}(NO_3)NO_2$, in silberglänzenden Blättchen aus.

Beim Erhitzen mit Kali spaltet Codeïn Methylamin und Trimethylamin ab; mit alkalischer Permanganatlösung liefert es reichlich Ammoniak, mit Chlor, Brom und Jod Substitutionsproducte, mit Salzsäure Apomorphin und Methylchlorid.

Derivate des Codeïn.

Acetylcodeïn $C_{18}H_{20}(C_2H_3O)NO_3$, entsteht durch Einwirkung von Essigsäureanhydrid auf Codeïn, Krystalle, leicht löslich in Alkohol, Aether, Chloroform und Kalilauge, bildet ein salzsaures und Platinchloriddoppelsalz, auch ein Aethylacetylcodeïn (Wright).

In analoger Weise haben Beckelt und Wright Butyrylcodeïn $C_{18}H_{20}(C_4H_7O)NO_3$ nebst dessen Aethylderivat, sowie ein Succinyl-Codeïn (salzsaures Salz und Platinchloriddoppelsalz), ausserdem ein Camphorylcodeïn hergestellt, wodurch das Vorhandensein einer Hydroxylgruppe constatirt ist.

Dieselben Forscher, auch Anderson, erhielten bei Einwirkung von conc. Schwefelsäure oder Phosphorsäure bei 200°, auch Oxalsäure, auch Codeïn bei 140° ein Condensationsproduct, das Dicodeïn $(C_{18}H_{21}NO_3 . H_2O)_2$, amorph, kaum in Wasser löslich, löslich in Alkohol und Aether, ferner ein Tricodeïn $(C_{18}H_{21}NO_3 . H_2O)_3$. Beim Erhitzen von Codeïn mit Chlorzink, endlich auch ein Tetracodeïn von entsprechender Zusammensetzung, am besten durch 3stündiges Kochen einer Lösung von Codeïn in Benzol mit trocknem Natriumalkoholat. Von diesen Condensationsproducten sind auch die entsprechenden Acetylderivate bekannt.

Wird 1 Th. Codeïn mit 10—15 Th. conc. Salzsäure 12—15 Stunden auf dem Wasserbade erhitzt, diese Lösung verdampft, wieder mit Wasser aufgenommen und mit Mononatriumcarbonat gefällt, dieselbe Manipulation wiederholt, so erhält man die Base Chlorcodid $C_{18}H_{20}ClNO_3$, amorph, leicht löslich in Alkohol und Aether, mit conc. Salzsäure in Methylchlorid und Apomorphin zerfallend. (Chlorocodid HCl und Chloradid $HCl)_2PtCl_4$ sind dargestellt von Matthiessen und Wright) (sp. G. 1,5). Wirkt Bromwasserstoffsäure auf Codeïn bei 100° ein, so entstehen:

Bromocodid, $C_{18}H_{20}BrNO_3$.
Bromtetracodeïn, $C_{72}H_{83}BrN_4O_{12}$.
Desoxycodeïn, $C_{18}H_{21}NO_2$.

Aether löst nur Bromocodid, während Bromtetracodid ungelöst bleibt. Lässt man auf letztere Verbindung starke Salzsäure einwirken, so fällt salzsaures Chlortetracodeïn $C_{72}H_{83}ClN_4O_{12}$, 4HCl aus. Wirkt BrH auf Bromtetracodid ein, so entsteht Bromtetramorphin $C_{68}H_{75}BrNO_{12}$. — Wirkt BrH auf Bromocodid ein, so entsteht neben Brommethyl Bromtetramorphin, auch Desoxymorphin $C_{17}H_{19}NO_2$.

Erhitzt man salzsaures Codeïn 15 Minuten lang mit überschüssiger, conc. Chlorzinklösung bei 170—180°, so entsteht salzsaures Apocodeïn, aus dem durch Alkalien das reine Apocodeïn $C_{18}H_{19}NO_2$ abgeschieden werden kann. (Matthiessen, Burnsiede). Bei Einwirkung von Jodwasserstoff bei Gegenwart von Phosphor auf Codeïn bei 100° oder 135° entstehen eine Reihe jodwasserstoffsaurer Jodcondensationsproducte, die 4 Molecüle Codeïn einschliessen (Wright).

E. v. Gerichten (Ann. Chem. 210. 107) studirte die Einwirkung von

Phosphorpentachlorid auf Codeïn, sowie Bromcodeïn, und erhielt hierbei folgende interessante Basen:

1) $C_{18}H_{20}ClNO_2$, perlmutterglänzende Blättchen (aus Ligroïn gewonnen), 148° Schmpkt., unlöslich in Wasser und Alkalien, löslich in Aether, Alkohol, Legroïn vor Allem. Darstellung: In überschüssiges Phosphorpentachlorid, dem die 5fache Menge Phosphoroxyhlorid beigemengt ist, trägt man bei 120° getrocknetes Codeïn und schüttelt bis zur Lösung. Durch Zusatz von viel Wasser, längeres Stehenlassen und Fällen des nun erhaltenen Filtrates mit Ammon wird diese schwache Basis erhalten. Die salzsaure und Platinchloriddoppelverbindung sind hergestellt.

2) $C_{18}H_{19}Cl_2NO_2$, glänzende Prismen, 196.–197° Schmpkt., schwerer in Ligroïn löslich, im Uebrigen mit vorhergehendem Körper übereinstimmend. Darstellung: Ein Gemenge von 1 Mol. Codeïn mit 2—3 Mol. P_2Cl_5 wird in Phosphoroxychlorid eingetragen und bei 60—70° erhitzt. Diese Masse wird in Wasser eingegossen, die Base mit Ammon ausgefällt, wieder in Salzsäure und nochmals mit Ammon ausgefällt. — Salzsaures Salz krystallisirt leicht, Platinchloriddoppelverbindung ist krystallinisch.

3) $C_{18}H_{19}ClBrNO_2$, harte Prismen, Schmpkt. 131°, noch schwerer in Ligroïn löslich, welche mit Schwefelsäure erhitzt grünbraun werden, sich mit Wasser blau färben, mit Alkali grün. Die Darstellung ist dieselbe wie bei Base 1 mittelst Bromcodeïn.

Auch aus Chlorcodeïn entstehen Basen bei Einwirkung von Phosphorpentachlorid, in denen Hydroxyl durch Chlor ersetzt ist.

Von concentrirter Schwefelsäure wird Codeïn farblos gelöst, aber nach 8 Tagen ist die Lösung blau geworden. Die Färbung tritt schneller ein und ist lebhafter, wenn der Schwefelsäure eine Spur Salpetersäure zugesetzt wird. In der auf 150° erwärmten Schwefelsäure-Codeïnlösung erzeugt nach dem Erkalten ein Tropfen Salpetersäure eine blutrothe Färbung. Conc. Schwefelsäure, die in jedem Cub. Cent. 1 Milligrm. molybdänsaures Natron erhält, löst das Alkaloid mit schmutzig grüner Farbe, die aber bald prächtig königsblau und erst nach 24 Stunden blassgelb wird (Dragendorff, Ermittel. von Giften, p. 302). — Von conc. Salpetersäure wird Codeïn mit rother Farbe gelöst. Eisenchlorid verändert Codeïn nicht, dagegen ist eisenoxydhaltige Schwefelsäure (Eisenchlorid) ein sehr zuverlässiges Reagens für Codeïn, das sich tiefblau damit färbt (Lindo, Hesse). Schwefelsäure mit Rohrzucker giebt mit Codeïn analoge Färbung, wie Morphin, purpurroth. — Noch bei sehr starker Verdünnung erzeugen in den Lösungen der Codeïnsalze Gerbsäure weisse, auf Zusatz von Salzsäure wieder verschwindende Fällung, Pikrinsäure gelben, Jod-Jodkalium kermesfarbigen, Phosphormolybdänsäure bräunlich gelben, Phosphorantimonsäure schmutzig weissen, Kaliumquecksilberjodid weisslichen, Kaliumwismuthjodid orangerothen, Kaliumkadmiumjodid weissen, Quecksilberchlorid weissen, allmälig stärker und zugleich krystallinisch werdenden Niederschlag. Concentrirtere Lösungen werden auch von Platinchlorid gelb, von Goldchlorid braun, von Palladiumchlorür gelb, von Schwefelcyankalium, Kaliumeisencyanür und Kaliumeisencyanid weiss und krystallinisch gefällt. — Ammoniak scheidet aus den Salzlösungen bei hinreichender Concentration das Codeïn erst nach einiger Zeit in kleinen undurchsichtigen Krystallen ab; Kalilauge fällt die Base sogleich, von der jedoch bei grossem Ueberschuss des Fällungsmittels etwas gelöst bleibt; kohlensaure Alkalien fällen nicht.

Bei der gerichtlich-chemischen Untersuchung einer Opiumvergiftung kann der Gerichts-Chemiker neben dem Morphin und Narkotin auch das Codeïn zu isoliren versuchen. Da Narkotin schon aus saurer Lösung in Chloroform übergeht, Morphin aber auch aus alkalischer Lösung nicht davon aufgenommen wird, wohl aber das Codeïn, so ist eine Trennung dieser drei Basen ohne besondere Schwierigkeit zu bewirken (vergl. auch Morphin). Zur Constatirung des Codeïns dienen die oben beschriebenen Farbenreactionen.

Das Codeïn ist das hauptsächlichste derjenigen Opiumalkaloïde, welche nach Art des Pikrotoxins erregend auf gewisse Krampfcentren wirken und gleichzeitig einen gewissen Grad von Hypnose bedingen. Obstipirende Action kommt ihm nicht zu. Wirkung.

Schon Kunkel bezeichnete (1833) das Alkaloid nach Infusion und endermatischer Application bei Hunden und Kaninchen als Convulsionen in den Muskeln des Halses und der Gliedmassen und eigenthümliches Rückwärtsgehen erzeugend und schrieb ihm eine Action auf das Kleinhirn und verlängerte Mark zu, welches sich post mortem in hyperämischem Zustande finden sollte. Das später von Cl. Bernard betonte Ausbleiben stärkerer Lähmung des Hintertheils nach hypnotischen Gaben von Codeïn (im Gegensatze zu Morphin) wurde ebenfalls von Kunkel bereits constatirt, welcher ausserdem auf die Verzögerung der Harnentleerung und die Beeinflussung (Beschleunigung) des Kreislaufes und der Athmung hinwies. Seine Angabe, dass Codeïn nicht local irritirend wirke, bestätigte 1856 Berthé, indem er bei seinen Versuchen an Hunden, bei denen er 1,5 citronensaures Codeïn letal fand, während das schwieriger lösliche reine Alkaloid in dieser Dosis zwar schwer toxisch, aber erst zu 2,0 letal wirkte, nach interner Application niemals Erbrechen und Durchfall beobachtete, vielmehr constatirt haben will, dass Codeïn zu 0,5 mehrere Tage gegeben, wie er glaubt, durch Beeinflussung des Sympathicus, in den ersten Wegen einen eigenthümlichen Zustand von Toleranz bedinge, so dass reizende Stoffe, z. B. Arsenik dargereicht werden können, ohne Erbrechen, Durchfall oder sonstige Vergiftungserscheinungen zu bedingen. Die von Berthé beobachteten Erscheinungen waren Stupor, in 5 Minuten auftretend und immer zunehmend, Legen auf die Seite, Unmöglichkeit, sich aufzurichten, in Folge von Lähmung des ganzen Hintertheils von den Lenden abwärts, Verminderung der Athemzahl, bedeutende Abschwächung des Herzschlages, zweistündiger Schlaf, dann plötzliches Aufschreien und heftige Convulsionen, die einige Minuten andauerten, hierauf Collaps und Tod oder Erholung, je nach den Dosen.

An diese älteren Versuche bei Warmblütern reihen sich aus späterer Zeit die bekannten Studien von Cl. Bernard über die hypnotischen Wirkungen des salzsauren Codeïns. Hiernach wirkt Codeïn zu 0,05, also in derselben Dosis wie Morphinsalze, bei Hunden hypnotisch, erscheint aber weniger toxisch, da es selbst zu 2 Cgm. in die Jugularis gespritzt nicht tödtlich ist. Nach Bernard ist der Codeïnschlaf nie so tief wie der Morphinschlaf, das Thier kann leicht durch Geräusche oder äussere Reize geweckt werden, die Sensibilität ist niemals so sehr gesunken und das Erwachen geschieht rascher und ist nicht mit intellectuellen Störungen oder Erschrecken begleitet; ebenso wenig erfolgt Lähmung des Hintertheils. Auch constatirte Bernard, dass die Thiere im jugendlichen Alter grössere Empfänglichkeit gegen Codeïn zeigen und dass bei längerem Gebrauche eine Toleranz gegen dasselbe eintritt. Diese Studien wurden später durch Rabuteau (1872) im Wesentlichen bestätigt, welcher besonders die nicht verstopfende Action betonte und experimentell zeigte, dass die Wirkung von Glaubersalz in Darmschlingen nicht dadurch gehemmt wird. Laborde hob die grosse Gefährlichkeit des Codeïns hervor, insofern bei einem im Codeïnschlafe befindlichen Thiere nachträgliche Application kleiner Mengen tödtlich werde. Die Wirkung an Fröschen scheint zuerst Cogswell (1852) studirt zu haben, der nach 0,03 allgemeine Convulsionen und Immobilität des zur Application verwendeten, übrigens galvanisch reizbaren Schenkels beobachtete. Albers fand Codeïn bei Fröschen weit mehr die Reflexaction steigernd und krampferregend als Morphin. Baxt beobachtete bei diesen Versuchsthieren nach 0,03 geringe Unruhe, dann nach 8—12 Minuten Abstumpfung und Coma, nach dessen 3—5stündiger Dauer äussere Reize energische Contractionen hervorrufen, nach grössern Dosen rascheren Eintritt von Coma und vielfältige krampfhafte Zuckungen auf Irritation. Baxt scheint übrigens mit einem nicht ganz reinen Präparate gearbeitet zu haben, da dasselbe bei Kaninchen und Meerschweinchen zu 0,1 und mehr ausser leichter Herabsetzung der Reizbarkeit keine Erscheinungen bedingt. In Deutschland studirten C. Ph. Falck und Wachs die Wirkung des salzsauren Codeïns auf Frösche, Tauben, Kaninchen, Hunde und Katzen, meist in subcutaner Application. Hiernach wirkte dasselbe auf alle diese Thierspecies tödtlich, doch nicht gleich stark giftig; so schienen Frösche resistenter als Tauben und Kaninchen, indem 0,05 Tauben in 24 Min., Kaninchen in 29—36 Min. und einen Frosch erst in 24 Stunden tödteten, während Tauben wieder resistenter als Säugethiere erschienen, insofern der Tod nach 0,1 bei Hund und Hündin von $1^1/_4$ Pfd. Schwere in 45 resp. 164, bei einer Katze in 46, bei Kaninchen von $1^3/_7$ bis $2^1/_8$ Pfd. in 21—38 Min., bei einer Taube in 18 Min. erfolgte. Directe Injection in das Blut von 0,4 tödtete einen durch subcutane Injection derselben Dosis nur erkrankten Hund in $9^1/_2$ Min. Bei Hunden waren 0,125—0,25—0,4 nicht tödtlich, dagegen 0,5 (in 55 Min.), bei Tauben und Kaninchen war die niedrigste tödtliche Gabe 0,05 (bei Tauben 0,01 bis 0,025 nicht tödtlich). Bei Fröschen fand die Absorption des Giftes vom Unterhautbindegewebe viel besser als von der Mundhöhle statt, von welcher aus 0,005 nur geringe Störungen der Motilität und Locomotion bedingten. Bei diesen Versuchen resultirten am Frosche nach 0,01 0,05 subcutan zuerst Aenderungen in der Haltung, bedingt durch Innervationsstörung in den Adductoren, Unlust zu Bewegungen, dann Streckkrampf, wobei die Respiration unterdrückt, der Kreislauf gestört und die Augäpfel retrahirt sind, anfallsweise auftretend und anfangs bei gesteigerter Sensibilität durch die kleinsten Reize ausgelöst, später, zugleich mit Abnahme der Sensibilität in

Zuckungen übergehend, endlich Lähmung und Tod, wobei das Herz noch einige Zeit fortschlägt. Bei Tauben riefen 10—25 Mgm. keine Convulsionen, sondern nur zeitweilig frequenteres Athmen, Brechanstrengungen, Schläfrigkeit hervor; tödtliche Mengen dagegen zuerst Unruhe, Unlust zum Stehen oder Gehen, zunehmendes Zittern, Rückwärtsgehen, Bewegung im Kreise, Brechneigung, Entleerung von Fäces, Respirationsstörung mit öfterem Oeffnen des Schnabels, Krämpfe einzelner Muskeln und Muskelgruppen, hierauf Convulsionen, die seltener tonisch, meist klonisch waren, sich häufiger wiederholten, sei es spontan, sei es durch äussere Reize bedingt, mit Dyspnoe oder Athemstillstand verbunden, später einem adynamischen Zustande und Zuckungen einzelner Muskeln und raschem Tode Platz machend. Bei Kaninchen constatirte Wachs Senken des Kopfes, zunehmendes Zittern, plötzliches Zusammenschrecken, Dehnen und Strecken, spasmodische Zuckungen an Augäpfeln und Lippen, selten masticatorischen Krampf, sowie Rückwärtsgehen und Ausschreiten im Kreise, Schwäche in den Beinen, Unruhe, frequentere Respiration, Prominenz der Bulbi als Prodromi der Convulsionen, die mit einem starken Anfalle von Opisthotonos mit Unterdrückung der Respiration begannen, nach welchem bisweilen bei den grössten Dosen starke Erschlaffung und Tod eintrat, meist indess weitere Anfälle und namentlich auch klonische Krämpfe (Schwimm- oder Trottbewegungen, Stosskrämpfe, Zitterkrämpfe) folgten, die nachher Adynamie und Scheintod, endlich wirklichem Tod Platz machten. Ganz ähnlich verhalten sich die Erscheinungen bei Hunden und Katzen. Hinsichtlich der Wirkung des Codeïns auf die Temperatur giebt Wachs an, dass bei Kaninchen ein constanter Einfluss nicht stattfand, während bei Hunden, trotz gleichzeitiger grosser Respirationsfrequenz, constant Sinken, selbst um 3°, eintrat.

Crum Brown und Fraser sahen bei Kaninchen 0,06 Codeïn bei subcutaner Application tödtlich wirken; es traten danach in 15 Minuten schwache Zuckungen der Nackenmuskeln, hierauf 71 Min. hindurch starke convulsivische Anfälle, zu welcher Zeit das Hintertheil etwas gelähmt erschien, dann zwei tetanische Anfälle, in deren letztem der Tod (nach $^3/_4$ Stunden) erfolgte, worauf schon nach 15 Minuten Rigor mortis auftrat. Innerlich angewendet tödteten selbst 0,6 Grm. nicht, und hier zeigte sich der bei subcutaner Application ganz fehlende Schlaf nach 24 Minuten und eine Steigerung der Reflexaction in 39 Minuten, Genesung in 3 Stunden.

Nach Barnay und Laborde wirken 0,15 bei Kaninchen fast immer tödtlich und bedingen bereits 0,05 die eigenthümlichen Krampfanfälle, in denen die Pupille erweitert erscheint, während in den Ruhepausen Myose besteht. 3 Cgm. tödten eine junge Katze.

Die bereits von Falck und Wachs betonte Aehnlichkeit der Wirkung des Codeïns mit dem des Pikrotoxins macht sich besonders noch darin geltend, dass vor dem Ausbruche allgemeiner Krämpfe sich constant spasmodische Bewegungen einzelner Muskeln zeigen, und zwar fast constant zuerst der des Nackens und der Ohren, dann der Augenlider. des Gesichts, des Mundes und der Vorderextremitäten, hierauf der Hinterbeine (Th. Husemann und Wehr). Bei Kaninchen stellt sich die letale Dosis auf 0,07 — 0,1 pro Kilo (Wehr).

Der Sectionsbefund mit Codeïn acut vergifteter Thiere bietet wenig Charakteristisches, da die von Kunkel behaupteten circumscripten Hyperämien am Kleinhirn und verlängerten Marke nicht existiren. In Wachs' Versuchen trat Todtenstarre bei Kaninchen in 7 bis 32 Min., bei einem Hunde in 79 Min. ein, bei ersteren, wie es scheint, in umgekehrtem Verhältnisse zu den angewendeten Vergiftungsdosen. Hyperämie, zum Theil sehr starke, fand sich an den Hirnhäuten der meisten von Wachs vergifteten Warmblüter, bei den Hunden ausserdem meist viel Flüssigkeit in den Hirnhöhlen, während die Hirne der Versuchsthiere ziemlich frei von Hyperämie und stets frei von Hämorrhagie waren. Die Kranzgefässe des Herzens waren bei den vergifteten Säugethieren gefüllt, die Herzen von schwarzrothem Blute in allen Höhlen ausgedehnt, das Blut bald flüssig, bald geronnen. Die Lungen waren überwiegend blutreich, nie anämisch, ebenso Leber, Milz und Nieren, dagegen Tractus (das Gift war subcutan injicirt), Harnblase und Pankreas, sowie Muskeln und Haut mehr anämisch (Wachs). Barnay weist ausdrücklich auf den anämischen Zustand des Gehirnes hin, Wehr auf starke Injection der Dura und Ekchymosen in den Lungen. Ueber chronische Vergiftung mit allmälig gesteigerten Codeïngaben liegen wenige Versuche von Barnay vor, wonach die betreffenden Versuchsthiere stark abmagerten, stets einen (bei stärkeren Codeïndosen wohl kaum jemals fehlenden) hyaenenartigen Gang in Folge von Lähmung des Hintertheils zeigten und bei den höheren Gaben stets heftige Krämpfe bekamen. Auffallend war auch das hochgradige Hautjucken der Versuchsthiere.

Das Zurücktreten der krampfhaften Erscheinungen nach Codeïn bei Menschen erhellt aus zahlreichen Versuchen mit grösseren Dosen bei Gesunden und Kranken und einzelnen Intoxicationsfällen.

Die ersten Versuche machten bereits 1834 Gregory und seine Schüler mit Codeïnum nitricum. Bei weniger als 0,2 entblieb jede Wirkung; 0,25 bis 0,35 bewirkten Pulsbeschleunigung, Hitze im Kopfe und Gesichte, psychische Aufregung, wie nach Spirituosen, Hautjucken über den ganzen Körper, nach einigen Stunden Abspannung, Ekel, manchmal Erbrechen, endlich Schlaf. Eine Wirkung auf den Darmcanal fehlte in den meisten Fällen, nur 2—3mal erfolgte Purgiren. Fast gleichzeitig sind die Beobachtungen von Barbier und Martin Solon, welche beide dem Mittel eine besondere Wirkung auf das Gangliensystem vindiciren, während es auf die Hirnhemisphären geringer und auf das Rückenmark gar keinen Einfluss habe. Nach Barbier wirkt Codeïn zu 0,06—0,12 Grm. nicht auf die Circulation, stört die Verdauung nicht, bewirkt keine Obstipation, stillt aber das Hungergefühl. Der durch passende Dosen bewirkte Schlaf ist weder von Schwere des Kopfes noch von Betäubung und Hirncongestionen begleitet, doch tritt nach dem Mittel Hautjucken auf. Auf einer frischen Vesicatorstelle bedingten 0,12 Grm. lebhaftes schmerzhaftes Brennen; entfernte Wirkungen stellten sich danach nicht ein, auch keine Modification bestehender neuralgischer Schmerzen). Nach Martin Solon bewirkt schon 0,01—0,02 Codeïn Schlaf. — Magendie erklärte Codeïn für halb so stark wie Morphin, so dass es zu 0,06 (auf einmal oder in zwei Dosen) stark hypnotisch wirke, während die doppelte Menge Ekel und Erbrechen bedinge. Bouchardat schrieb ihm dieselben hypnotischen Wirkungen wie dem Morphin zu, bezeichnete es aber als fünfmal weniger stark. — F. Robiquet stellte zur Entscheidung der Frage, ob das Codeïn ein Excitans oder ein Sedativum sei, zwei Versuchsreihen an, bei deren erster kleine Dosen zu 0,01—0,03 Grm.

pro die gereicht wurden, während bei der zweiten in 24 Stunden 0,1—0,2 Grm. zur Anwendung kamen. Nach diesen letzteren grösseren Dosen trat nicht erquickender Schlaf ein, der Stupor schwand beim Erwachen nicht leicht, bisweilen zeigte sich Nausea und Erbrechen. Bei den kleineren Dosen war dagegen der Schlaf sehr erquickend, an Stelle des Stupors trat ein Gefühl von Wohlsein und Ruhe, die Gehirnfunctionen waren beim Erwachen nicht beeinträchtigt. Nach E. Robiquet war sogar der Erfolg um so besser, je irritabler und nervöser die betreffende Versuchsperson war, ja bei einem Hypochonder schwanden, so lange er Codeïn nahm, die üble Laune und seine vermeintlichen Beschwerden. Bei Kindern sollen schon 0,1 Grm. gefährliche Zufälle erregen können. — Nach der Mittheilung von Schroff bewirkte Codeïn, von Dworzak und Heinrich zu 0,1 Grm. geprüft, bei seiner langsam vor sich gehenden Auflösung in den Flüssigkeiten der Mundhöhle einen allmälig sich mehr entwickelnden bitteren Geschmack, öfteres Aufstossen, heftige Magenschmerzen, Uebelkeit, Brechreiz, einige Salivation, Eingenommenheit und Hitze des Kopfes, Gefühl von Druck in der Stirn und Schläfegegend, zeitweilig Ohrenklingen, Gesichtsschwäche, Unfähigkeit sich geistig zu beschäftigen, Verminderung der Häufigkeit des Pulses (bei dem einen Beobachter binnen der ersten 4 Stunden um 28 Schläge), der zugleich sehr klein und schwach gefühlt wurde. Am meisten charakteristisch und beiden Beobachtern auffallend war das Zittern am ganzen Körper, das sich nach 4 Stunden einstellte und mehrere Stunden bis zum Einschlafen andauerte. Noch am andern Tage bestand eine gewisse Schläfrigkeit, Langsamkeit in der Ideenassociation und verminderte Aufmerksamkeit. Bei einer wiederholten Prüfung des Mittels durch Fossek und Krueg verursachte 0,1 Cod. hydrochl. bei beiden Experimentatoren, ausser intensiv bitterem Geschmacke, eine bedeutende Verminderung der Pulsfrequenz, bei Fossek in 4 Stunden um 18 Schläge, und gleichzeitig Magenschmerzen und Neigung zum Erbrechen, bei Krueg ein Gefühl angenehmer Wärme, Eingenommenheit des Kopfes, „Verlegtsein der Ohren" und Schläfrigkeit. — Berthé und Aran, die das Mittel in 45 Fällen als Hypnoticum oder als schmerzstillendes Medicament anwendeten, geben an, dass auf den dadurch bedingten leichten Schlaf eine Schwere im Kopfe oder Uebelbefinden folge und dass (doch wohl nur nach kleineren Dosen) nie Brechneigung oder Erbrechen, noch endlich Obstipation eintrete. Ebenso sahen sie nie Hautaffectionen danach eintreten und selbst plethorische, zu Congestionen geneigte Personen wurden vom Codeïn nicht unangenehm afficirt.

Rabuteau verspürte bei sich noch 0,05 Schwere im Kopf und etwas Schwäche in den Gliedern, leichte Pupillencontraction und etwas Congestion der Retina (alle übrigen Functionen blieben intact) und erklärt dasselbe für wenig hypnotisch. Auch Bouchuts Versuche an Kindern, denen pro die in jüngeren Lebensaltern 0,06, in älteren 0,1—0,2 gegeben wurde, constatiren als constant Myosis und etwas Somnolenz, nicht aber immer Schlaf (Rabuteau). In den therapeutischen Versuchen von Fronmüller war am Morgen nach dem Codeïnschlafe wenig Betäubung, wohl aber starkes Hautjucken vorhanden, die Pulsfrequenz und Temperatur stiegen etwas danach.

Nach Versuchen von Bardet bringt Codeïn beim Erwachsenen in Dosen unter 0,15 subcutan ausser Muskelschwäche und Schwere des Kopfes keinen Effect hervor; 0,2—0,4 bewirkt so grosse Schwäche, dass Stehen, Gehen und Halten von Gegenständen unmöglich ist, wozu Hautjucken, mitunter Erythem, leichter Schwindel, Sehstörung, Trockenheit und schlechter Geschmack im

Munde, Nausea, Hinterhauptskopfschmerz, Pulsverlangsamung, geringe Myose, aber kein Schlaf folgt. 0,4—0,8 erzeugt wiederholtes Erbrechen und Prostration, jedoch mit rascher Erholung und ohne Hypnose. Fubini und Ottolenghi (Centrbl. med. Wiss. 773. 1880) vindiciren dem Codeïn zu 0,01 starke Vermehrung der 24stündigen Harnstoffausscheidung.

Vergiftung beim Menschen. Codeïnvergiftungen sind beim Menschen nur selten vorgekommen. Myrtle (Brit. med. Journ. 1874. April 11) beobachtete bei einem Diabetiker nach 0,24 zuerst in 30 Min. rauschartige Aufregung, dann in 2 Std. Schwindel, Sprachlosigkeit und Erbrechen, dann Angst und hochgradigen Collapsus, nach dessen Beseitigung Insomnie und Delirien, worauf noch Mattigkeit zurückblieb; auch 0,1 wurde schlecht ertragen. Auch in einem Falle von Ambrosoli (Gazz. med. Lomb. 6. 1875) war der nach Verbrauch von 0,1 in 4 Stunden bei einem 2jähr. Kinde eintretende hochgradige Collaps die Haupterscheinung, gegen welche, wie auch in Myrtles Falle, Excitantien günstig wirkten. Convulsionen hat Bouchut bei Kindern nach 0,2 nur einmal als Nebenerscheinung, einige Male Agitation oder Schweiss beobachtet. Bouchut gab bei einem Knaben 2,0 in 2 Tagen, ohne dass toxische Effecte eintraten.

Eine von Rabuteau erwähnte letale Intoxication eines Erwachsenen durch Codeïnsyrup, nach Brard in 14 Stunden unter comatösen Erscheinungen tödtlich verlaufen, giebt über die Dosis keinen Aufschluss.

Behandlung der Vergiftung. Beim Menschen sind Excitantien offenbar indicirt. Chloralhydrat verhütet bei Kaninchen die Krämpfe nur bei einfach letaler Dosis und wirkt mitunter lebensrettend bei 1—2facher minimal tödtlicher Gabe, aber nicht bei grösseren Mengen (Wehr).

Schicksale im Organismus. Das Codeïn geht in den Harn über und findet sich bei damit getödteten Thieren in fast allen Organen, reichlich in Herz, Blut, Leber, Lungen und Nieren (Dragendorff und Schmemann).

Anwendung. Therapeutisch passt Codeïn als Ersatzmittel des Morphins oder anderer Opiumpräparate, namentlich bei längerem Gebrauche desselben, wenn die dem Codeïn nicht adhärente verstopfende Wirkung unangenehm ist, oder wenn Morphium nicht vertragen wird, z. B. von Frauen, oder wenn nach dem Morphiumgebrauche Kopfschmerz u. a. Unbequemlichkeiten resultiren, oder endlich bei zu Hirncongestionen geneigten Personen; doch ist das Narceïn in den meisten Fällen vorzuziehen. Codeïn hat Anwendung gefunden:

a) als Hypnoticum. Als solches empfehlen es Magendie, Robiquet, Berthé und Aran, die es als besonders indicirt erachten, wenn die Schlaflosigkeit durch quälenden Hustenreiz, rheumatische oder gichtische Schmerzen, oder in Folge carcinomatöser Leiden bedingt wird, endlich Krebel in Petersburg, der den Codeïnschlaf ebenfalls als in der Regel ruhig, erquickend und nicht von Eingenommenheit und Schwere des Kopfes gefolgt bezeichnet, nie Hirncongestionen nach dem Mittel noch sonstige üble Folgen nach dem längern Gebrauche sah und besonders nervöse Insomnie und Schlaflosigkeit in Folge rheumatischer Leiden als dasselbe indicirend bezeichnet. Reissner (Allg. Ztschr. Psychiatr. 24. 74. 1867) versuchte das Mittel subcutan bei Geisteskranken und fand es dem Morphin analog wirkend und die durch dieses bedingten unangenehmen Nebenerscheinungen theilend.

b) als schmerzstillendes Mittel. Zuerst gegen Neuralgie des Solargeflechts, mit oder ohne Structurveränderungen, gerühmt, fanden bei solchen Abdominalneurosen (Neuralgia coeliaca) auch Martin Solon, Barbier und Szerlecki, sowie neuerdings Berthé und Aran das Mittel wirksam; ferner Miranda auf Cuba, der Codeïn bei Dyspepsie, bei nervösen Irritationen der Magen- und Darmschleimhaut, bei chronischer Gastritis und Gastralgie erfolgreich benutzte; Krebel, der grade bei Magenkrampf und Koliken nervöser Personen das Medicament bevorzugt, zumal da es selbst bei längerem Gebrauche höchstens trägen Stuhl, nie Obstipation bewirkte; endlich Rieken, der eine Verbindung von Codeïn mit Bismutum subnitricum bei Gastralgien junger chlorotischer Mädchen, die Martialia nicht ertragen, von günstiger Wirkung fand. Magendie empfahl es gegen Prosopalgie u. a. Neuralgien, die andern Mitteln, auch dem Morphin, getrotzt hatten; ebenso F. des Brulais und Marcé; Krebel sah bei Insomnie in Folge von rheumatischer Ischias nicht nur hypnotischen Effect, sondern auch Heilung des Hauptübels. Nach Rabuteau ist die schmerzstillende Action des Codeïns gering.

c) bei verschiedenen Krankheiten der Respirationsorgane. Vigla und Aran empfahlen dasselbe theils bei Bronchitis und Pneumonie als Sedativum, theils zur Beschränkung von Hypersecretion der Bronchien. Viel gepriesen ist es, namentlich in Italien (im Linctus mit Melonensyrup) gegen Keuchhusten und gegen nervösen Husten Schwangerer.

d) gegen Ohrentönen, hier jedoch der Bromwasserstoffsäure nachstehend (Woakes, Brit. med. Journ. 773. 1877).

Wie alle Opiumalkaloide ist auch das Codeïn mit Vorsicht anzuwenden, insonderheit bei Kindern und um so mehr, weil grade grosse Dosen dieses Mittels mehr zu Excitationsphänomenen Anlass bieten, so dass Patienten von Magendie um Aussetzung des Mittels baten, weil es sie in zu tiefen Schlaf versetze. Man kann sowohl das reine Alkaloid als die von Magendie gebrauchten Salze, das chlorwasserstoffsaure und das salpetersaure Codeïn, in Anwendung bringen, welche letztere leichter resorbirt werden und deshalb nach Magendie in geringerer Gabe zu reichen sind. Ueberall dürfte nur die innerliche Anwendung zu rathen sein, da Erlenmeyer durch die subcutane Application einer Lösung von 1 : 120 bei Neuralgien keine besonderen Erfolge erzielte. Reissner sah Schlaf bei Geisteskranken nach 0,06—0,12 Grm. subcutan injicirt. Fronmüller hatte von 0,03—0,15 weniger hypnotischen Effect als von interner Darreichung. — In Frankreich, wo das Mittel vorzugsweise Anwendung gefunden hat, ist es gebräuchlich dasselbe in Form eines Sirop de codéine zu verordnen; doch variiren die Vorschriften für denselben in den einzelnen Pharmacien von Paris dergestalt, dass namentlich für das jugendliche Lebensalter durch Substituirung des einen für den andern Gefährdung der Gesundheit möglich ist. So enthält der Codeïnsyrup von Guibourt 0,05, der von Cap 0,1, der von Bouchardat 0,15, der von Berthé 0,25 und der von Robiquet 0,30 Alkaloid auf 30 Grm. Syrup. Besser ist somit Pillen- und Pulverform.

Die Dosis ist 0,04—0,1 Grm. 1—2 stündlich; als Hypnoticum gab Krebel 2mal 0,06, meint aber, dass bei reizbaren Personen schon 0,008—0,015 ausreiche. Die Ph. Germ. giebt als Maximaldosis 0,05 pro dosi und 0,2 pro die.

Codeïnderivate. — Methylcodeïn wirkt nach Crum Brown und Fraser (Journ. Anat. Physiol. II. 224) bedeutend schwächer giftig als

Codeïnderivate.

Codeïn, indem Methylcodeïnjodür subcutan zu 0,3 und intern selbst zu 2,0 Kaninchen nicht afficirt; 1,0 subcutan wirkt auf die Nervenendigungen paralysirend. — Das intensiv bittere Chlorocodid bedingt bei Katzen zu 0,05 Pupillenerweiterung, Speichelfluss und die eigenthümlichen Krämpfe des Codeïns (Gee, St. Bartholom. Hosp. Rep. 5. 125. 1869).

Diacetylcodeïnhydrochlorat und Dioxycodeïn wirken nach Pierce ähnlich wie die entsprechenden Derivate des Morphins (siehe das.), jedoch minder kräftig, so dass die Genesung viel früher eintritt; bei Hunden ist der Speichelfluss intensiver. Apocodeïnchlorid bedingt nach Wickham Legg (Barthol. Hosp. Rep. 6. 97. 1870) bei Subcutanapplication locale Entzündung, dagegen nicht als Pulver auf der Bindehaut und in Salbenform auf der Haut, und erregt zu 0,05—0,2 subcutan bei Hunden in 5—10 Min. Erbrechen, zu 0,25—0,3 Coma und Tod in 24 Std. Bei Gesunden und Intermittens Leidenden blieb 0,12—0,2 intern ohne physiologischen Effect, während 6 Mgm. subcutan wochenlange locale Inflammation bedingten.

Thebaïn. $C_{19}H_{21}NO_3$. — Literat.: Chemische: Pelletier, Journ. Pharm. (2) **21.** 565 und **22.** 29, auch Ann. Chem. Pharm. **16.** 38. — Couerbe, Ann. Chim. Phys. (2) **59.** 153, auch Ann. Chem. Pharm. **17.** 171. — Kane, Ann. Chem. Pharm. **19.** 7. — Anderson, Edinb. Roy. Soc. Trans. **20.** 3. 347, auch Ann. Chem. **86.** 179. — O. Hesse, Ann. Chem. Pharm. 8. Supplem. 262. **176.** 196. **153.** 61. — Beckett & Wright J. chem. Soc. **29.** 652.

Medicinische Literatur: Albers, Arch. path. Anat. **26.** 255. — C Bernard, Compt. rend. **60.** 406. — Baxt, Sitzungsber. Wien. Acad. **56.** 2. 89. 1867; Arch. Anat. Physiol. H. 1. p. 112. 1869. — F. W. Müller, Das Thebaïn. Diss. Marburg. 1868. (Literatur vollständig). — Crum Brown and Fraser, Transact. R. Soc. Edinb. **26.** 6. Jan. Journ. of Anat. 2. 224. 1868. — C. Ph. Falck, Deutsche Klin. 14. 15. 1870. — S. Weir Mitchell, Amer. Journ. of. med. Jan. p. 14. 1870. — Rabuteau, Cpt. rend. **74.** 17. Gaz. hebdom. 17. 19. Eléments de Thérap. 1872. 457. — Bouchut, Cpt. rend. **74.** 20. Bull. gén. Avr. 15. 30. 1872. — Harley, The old veget. neurotics. p. 298. St. Thomas Hosp. Rep. Vol. II. — Ott, Boston med. Journ. 401. 1875. — Th. Husemann, Arch. exp. Path. **8.** 102. — Fliescher, Tetanisirende Gifte und ihr Antidot. Heiligenstadt. 1877. — Fronmüller, Klin. Studien über narkotische Arzneimittel. Erlangen. 1868. p. 36. — Eckhard, Beitr. zur Anat. Physiol. 8. 3. 133. 1878.

Das Thebaïn wurde 1835 von Thiboumery in der Fabrik Pelletier's entdeckt und von Letzterem zuerst näher untersucht. Es findet sich im Opium.

Darstellung. Zur Darstellung kocht man nach Mohr's Methode der Morphingewinnung den wässrigen Opiumauszug mit Kalkmilch aus, deren Ueberschuss das Morphin löst, während das Thebaïn in den Niederschlag übergeht. Dieser wird gewaschen, getrocknet, mit Weingeist ausgekocht und der beim Verdunsten der weingeistigen Lösung bleibende Rückstand mit Aether erschöpft, der das Thebaïn als braune Krystallmasse hinterlässt. Durch Auflösen in Säuren, Wiederausfällen mit Ammoniak und Umkrystallisiren aus Weingeist oder Aether wird es rein erhalten. (Pelletier). — Anderson's Weg, das Thebaïn neben den anderen Opiumbasen zu gewinnen, wurde beim Morphin beschrieben. — Auch die Abscheidung des Thebaïn's als Bitartrat kommt bei der Darstellung aus den Mutterlaugen in Betracht (siehe oben Verarbeitung der Mutterlaugen, Hesse).

Die Ausbeute an Thebaïn beträgt nach Merck etwa 1 Proc., Couerbe erhielt kaum 1/6 Proc., nämlich aus 40 Pfund Opium 1 Unze Thebaïn.

Eigenschaften.

Das Thebaïn bildet nach Anderson weisse silberglänzende quadratische Blättchen. Pelletier erhielt es in Nadeln oder kleinen körnigen Krystallen. Es schmeckt mehr scharf und styptisch als bitter und reagirt stark alkalisch. Es schmilzt, ohne Wasser abzugeben, bei 193°. Beim Reiben wird es stark negativ elektrisch. In Wasser, wässrigem Ammoniak und wässrigen Alkalien ist es so gut wie unlöslich. Von kaltem Weingeist erfordert es 10 Th. zur Lösung, von Aether 140 Th.; beide Flüssigkeiten lösen es besonders leicht im siedend heissen Zustande. 100 Th. Benzol lösen nach Kubly (N. Repert. Pharm. 1867. 202) 5,27 Th., 100 Th. Amylalkohol, 1,67 Th. Thebaïn. Petroleumäther nimmt es weder aus saurer noch aus alkalischer Lösung auf, Chloroform aus beiden schwer. Spec. Gew. 1,282—1,305; linksdrehend, alkoholische Lösung $\alpha j = - 218,64$.

Von Pelletier wurde dem Thebaïn die Formel $C_{34}H_{18}NO_6$, von Couerbe die Formel $C_{50}H_{27}N_2O_8$ und von Kane die Formel $C_{25}H_{14}NO_3$ beigelegt. Die jetzt angenommene Formel $C_{19}H_{21}NO_3$ ist von Anderson aufgestellt worden.

Salze.

Verdünnte Säuren lösen das Thebaïn leicht unter Bildung von Salzen, die nicht aus wässrigen, dagegen aus weingeistigen oder ätherischen Lösungen krystallisirt erhalten werden. — Versetzt man eine concentrirte weingeistige Thebaïnlösung mit weingeistiger Salzsäure unter Vermeidung eines Ueberschusses, so scheiden sich gut ausgebildete rhombische Krystalle von salzsaurem Thebaïn, $C_{19}H_{21}NO_3$, $HCl + H_2O$ ab, welche sich schwierig in Weingeist, nicht in Aether lösen und deren wässrige Lösung beim Eindampfen verharzt (Anderson). Platinchlorid fällt aus letzterer chlorwasserstoffsaures Thebaïn-Platinchlorid, $C_{19}H_{21}NO_3$, HCl, $PtCl_4 + H_2O$ als gelbes krystallinisches, in Wasser wenig und nur unter Zersetzung lösliches Pulver.

O. Hesse hat eine Reihe Thebaïnsalze hergestellt: Das mekonsaure Salz mit 6 (H_2O), in Prismen krystallisirend, in 130 Th. Wasser löslich; das salzsaure Salz Th. $HCl + H_2O$, rhombische Säulen bildend, in 15,8 Th. Wasser löslich, welche Lösung ein Drehungsvermögen zeigt $\alpha j = -$ (168,32 bis 2,33. p); das weinsaure u. oxalsaure Salz.

Zersetzungen. Thebenin.

Bei Einwirkung von Salzsäure auf Thebaïn und zwar beim Kochen von 1 Th. Thebaïn mit 20 Th. Salzsäure (sp. G. 1,04) entsteht Thebenin $C_{19}H_{21}NO_3$, amorphe Masse, unlöslich in Aether, Benzol, löslich in Kalilauge, schwerlöslich in Alkohol, Salze bildend. Diese Base löst sich in conc. Schwefelsäure mit blauer Farbe und wird durch Säuren rasch in Thebaïcin umgewandelt.

Concentrirte Säuren, sowie Chlor und Brom verharzen das Thebaïn. Das Product der Einwirkung von conc. Salpetersäure entwickelt nach Anderson mit Kali eine flüchtige Base.

Verhalten gegen Reagentien. Nachweis.

Concentrirte Schwefelsäure löst das Thebaïn mit blutrother Farbe, die allmälig in gelbroth übergeht. Molybdänsäure- oder salpetersäurehaltige Schwefelsäure verhält sich ganz ähnlich. Concentrirte Salpetersäure löst mit gelber Farbe. — Verdünnte Lösungen der Thebaïnsalze werden durch Pikrinsäure gelb und amorph gefällt; Gerbsäure giebt gelblichen Niederschlag, der sich in Salzsäure in der Wärme löst, in der Kälte wiederkehrt; Jod-Jodkalium fällt kermesfarbig, Quecksilberchlorid giebt anfangs gelbliche Trübung, später deutlichen Niederschlag; Goldchlorid erzeugt reichliche rothbraune Fällung, Platinchlorid citronengelben, allmälig etwas krystallinisch werdenden Niederschlag; Kaliumquecksilberjodid und Kaliumkadmiumjodid fällen weisslich; Kaliumbichromat giebt erst nach einiger Zeit undeutlich krystallinischen Niederschlag. Ammoniak, ätzende und kohlensaure Alkalien scheiden freies Thebaïn ab.

Physiologisches Verhalten.

Das Thebaïn ist das hauptsächlichste tetanisirende Gift des Opiums, doch kommt demselben auch eine vermuthlich von den Nervencentren ausgehende Herabsetzung der Sensibilität, welche namentlich bei kleineren Dosen an Thieren hervortritt und an Menschen auch bei grösseren Dosen sich als Alleinwirkung geltend zu machen scheint, zu. Neutrale Thebaïnsalze haben keine besonders irritirende Localaction.

Dass das Thebaïn zu den Venena tetanica gehört, constatirte schon Magendie, der nach Einspritzung von 0,06 Grm. in die Jugularis oder die Pleuren bei Hunden Opisthotonos und Tod erfolgen sah und bereits das Gift mit dem Strychnin parallelisirte; später Orfila, der mit einem nicht reinen Präparate gearbeitet zu haben scheint, da die Injection von 0,12 und 0,5 Thebainnitrat in die Jugularis von einem grossen Hunde überstanden wurde; ferner Cl. Bernard und Albers, welche beide das Thebaïn unter den krampferregenden Opiumalkaloiden obenanstellen, Letzterer nach Versuchen an Fröschen, bei denen subcutan Thebaïnum purum intensivere Krämpfe als Morphin und Codeïn, jedoch mit geringerer Steigerung der Empfindlichkeit und weniger rascher Erschöpfung (daher Dauer der Vergiftung über 24 Stunden) bedingte; weiter Baxt, Fraser, Harley, S. Weir Mitchell, Ott, Rabuteau, Bouchut, C. Ph. Falck und Müller, F. Eckhard, Th. Husemann und Fliescher. Die betreffenden Versuche stellen die Giftigkeit für Säugethiere (Hunde, Meerschweinchen, Katzen, Kaninchen), Vögel (Tauben, Sperlinge) und Batrachier (Rana) fest. Tauben sind verhältnissmässig resistent und reagiren auf 0,01 subcutan nicht, während 0,04—0,1 Convulsionen von 6—11 Min. Dauer bedingen (Falck und Müller). Die letale Dosis ist, abgesehen von der Reinheit des Präparates, auch von der Individualität abhängig; das chemisch reine Thebaïn von Hesse wirkte bei Versuchen von C. Ph. Falck (Deutsche Klin. 14. 15. 1870) bei Kaninchen rascher tödtlich als das von Falck u. Müller früher benutzte, in einem am Hunde langsamer. In den Versuchen der Letzteren tödtete 0,1 subcutan einen mittelgrossen Hund nicht, wohl aber bei Infusion (in 17 Min.), und 0,3 subcutan in 17 Stunden; auf Kaninchen wirkten 0,1—0,2 in 6—21 Minuten tödlich. Nach Cl. Bernard tödtet 0,1 Hunde von 6—7 Kgm. bei Injection in die Drosselader nicht. Crum Brown und Fraser konnten Kaninchen mit 0,24 intern (Eintritt von

Tetanus in 6 Min., Tod in 19), sowie mit 0,12 subcutan in 44 Min. tödten. Baxt sah nach 6—7 Cgm. bei Kaninchen und Meerschweinchen in 15—25 Minuten heftigen Tetanus, meist vom Tode gefolgt, eintreten. Harley fand beim Kaninchen 0,12 in 17 Min. tödlich. Rabuteau sah beim Hunde nach 0,5 nur leichtes Zittern der Extremitäten, nach 0,15—0,2 Tod. Für Thebaïnum-hydrochloricum (von T. und H. Smith) stellt sich die tödtliche Dosis beim Kaninchen auf 0,025 (somit für Thebaïn auf 21—22 Mgm.), 10 -15 Mgm. pr. Kgm. bewirken nur Zittern der Vorderbeine und Kiefer, 20 Mgm. tonischen und klonischen Krampf mit Genesung (Th. Husemann und Fliescher). Frösche werden schon durch Bruchtheile eines Mgm. tetanisirt (Eckhard).

Auf die Differenz der Wirkung verschiedener Dosen hat zuerst Baxt bei Fröschen aufmerksam gemacht. Bei diesen bedingen 0,75 Mgm. subcutan zuerst starke Excitation (Sprünge) von $^1/_2$—$1^1/_2$ Min. Dauer, dann nach 3—6 Min. Coma, in welchem schwächere Reize gar keine, stärkere nur einfache Zuckungen auslösen, hierauf nach 12—18 Min. einen Zustand wie bei Strychnismus, tetanische Convulsionen nach dem geringsten Reize, später bei Fortdauer der Erregbarkeitssteigerung 1—2 Stunden lang spontanen tetanischen Krampf von ziemlich langer Dauer und sehr kurzen Pausen, nach dessen Beendigung noch 3—6 Std. gesteigerte Reflexerregbarkeit anhält. Statt dieser Erscheinungsreihe, welche wiederholte gleiche Dosen mehrere Tage hinter einander hervorrufen, erfolgt nach der 3—6fachen Menge sofort in 3—6 Min. Tetanus, anfangs Reflextetanus, später spontaner, und Tod in 2—6 Stunden. Bei Säugethieren rufen kleine, sonst unwirksame Dosen, z. B. bei Kaninchen 10 Mgm. pr. Kilo, einen Zustand completer Empfindungslosigkeit hervor, so dass die Thiere selbst auf die stärksten Reize nicht reagiren und selbst operative Eingriffe nicht empfunden werden (Rabuteau, Th. Husemann und Fliescher).

Neben den tetanischen Krämpfen beobachtet man bei der Thebaïnvergiftung von Warmblütern Unruhe (im Beginn), Beschleunigung der Athmung (besonders ausgeprägt nach der Erholung aus den Anfällen), Zittern, Trismus, bisweilen klonische Krämpfe und abnorme Füllung oder Leere der Ohrgefässe; die Pupille ist anfangs enger, im Anfalle erweitert, später häufig verengt; die Temperatur erhöhet (Falck). Bei Fröschen persistirt der Herzschlag nach Erlöschen der übrigen vitalen Thätigkeiten, doch nehmen die Herzschläge in einer schwachen Thebaïnlösung rascher als in destillirtem Wasser ab (Falck und Müller); bei Warmblütern schlagen die Vorhöfe noch $^1/_4$ Std. und länger fort.

Der Strychninvergiftung entsprechen auch die physiologischen Versuchsresultate, denen zufolge die motorischen Nerven und Muskeln nicht wesentlich alterirt erscheinen (Cl. Bernard, Ott). Auch die sensibeln Nerven verhalten sich ebenso (Ott). Blutdruck und Pulszahl steigen, ersterer durch Reizung des vasomotorischen Centrums, letztere unabhängig vom Vagus und den cerebrospinalen Centren. Die Reflexaction des N. depressor wird durch Thebaïn nicht afficirt. Directe Application auf das Rückenmark bedingt starken Tetanus (Ott).

Ebenso entspricht der Leichenbefund dem Strychnismus, insbesondere der schnelle Eintritt der Todtenstarre und die Zeichen des asphyktischen Todes. Falck und Müller constatirten Abwesenheit von Ekchymosen, Injection der Hirnhäute bei normaler Blutfülle des Gehirns, starke Hyperämie der Lungen, Leber, Milz und Nieren, schwache Injection der Trachea und einzelner Stellen des Darmcanals, starke Injection der Kranzarterien und Füllung des Herzens mit dunklem flüssigen oder geronnenem Blute, endlich Gefässramificationen an Magen und Blase.

Schicksale im Organismus.

Im Organismus scheint Thebaïn zum grössten Theil zersetzt zu werden. Bei vergifteten Thieren findet es sich nur zu einem Theile im Magen, Dünndarm, Leber, Blase und Nieren wieder, bei Lebzeiten nicht im Harn (Dragendorff und Schmemann). Im Harn findet sich keines der durch Säuren entstehenden Spaltungsproducte.

Behandlung der Vergiftung.

Chloralhydrat hebt bei Kaninchen die krampferregende Wirkung doppelt letaler Dosen der Thebaïnsalze auf und rettet das Leben selbst bei 6fach letaler Dosis, wenn es in grossen, nicht letalen Mengen subcutan applicirt wird (Husemann und Fliescher). Morphin verhindert selbst bei schon eingetretener Narkose die Erscheinung der durch nachträgliche Thebaïninjection eintretenden Krämpfe nicht und scheint sogar den Tod zu beschleunigen (Falck und Müller). Ueber den Antagonismus des Thebaïns und Papaverins vergl. das letztere. Atropin verhindert die Convulsionen nicht (Harley). Die Wirkung purgirender Salzlösungen wird durch Thebaïn nicht verhindert (Rabuteau).

Dosis toxica.

Die toxische Dosis beim Menschen ist eine relativ hohe (Rabuteau, Harley). Dosen von 0,02—0,15 werden von Erwachsenen intern und subcutan, 0,1 sogar von Kindern (Bouchut) ohne Störung des Befindens ertragen. Fronmüller gab Thebaïn als Hypnoticum bis zu 0,4 mit keinem andern als hypnotischen Effecte, und hebt hervor, dass es stark auf die Hautabsonderung wirke, den Puls ziemlich stark und die Athemfrequenz etwas beeinflusse, die Eigenwärme etwas steigere und selten Pupillenerweiterung, nie Obstipation bedinge. Nach Harleys Versuchen mit Thebaïn von T. und H. Smith bedingen 0,02—0,1 Schläfrigkeit, bisweilen etwas Schwindel, Beschleunigung des Pulses und der Athmung und bedeutende Myosis. Rabuteau bekam nach 0,1 salzsauren Thebaïns nur etwas rauschartige Aufregung bei normaler Digestion und Diurese. Application auf die Augenbindehaut bedingt anfangs Myosis, später Erweiterung (Eulenburg). Nach Fubini und Ottolonghi (Centrbl. für med. Wiss. 737. 1880) steigert Thebaïn beim Menschen die tägliche Harnstoffausscheidung.

Anwendung.

Als Medicament ist Thebaïn beim Menschen nicht häufig verwerthet. Schroff führt es unter den Opiumalkaloiden auf, die zu 0,1—0,2 Grm. sich ihm unwirksam erwiesen. Reissner (Allg. Zeitsch. Psych. 75. 1867) erzielte damit bei Geisteskranken keine Narkose. Fronmüller, welcher den von ihm bis 0,4 intern gegebenen Thebaïn eine ähnliche hypnotische Wirkung wie dem Papaverin zuschreibt, hatte von der Subcutaninjection (zu 0,1) weniger Erfolg als von der internen. Eulenburg stimmt Ozanams Ansicht, es wirke besonders auf den Cervicodorsaltheil des Rückenmarks, zu, indem er bei subcutaner Injection von Thebaïn (mit Hülfe von Salzsäure in 15. Th. Wasser gelöst) zu 0,012—0,04 Grm. bei mehreren Kranken Erhöhung der Temperatur, der Puls- und Athemfrequenz eintreten sah; die betreffenden Dosen riefen keine Intoxicationsphänomene (einige Male mässige Erweiterung und träge Reaction beider Pupillen) hervor, wirkten aber weder hypnotisch noch schmerzstillend (bei Prosopalgie, Ischias), noch übten sie Einfluss auf bestehende Diarrhoe.

Bei der Injection trat momentan starkes Brennen, aber keine entzündliche Erscheinung auf. Dagegen hat Rabuteau von 0,01 Thebaïnum hydrochloricum, welches als in Wasser leicht lösliches Salz den eine Zersetzung des Thebaïns leicht bedingenden Lösungen des Alkaloids mit Säurezusatz vorzuziehen ist, bei Neuralgien wiederholt besseren palliativen und selbst curativen Erfolg gehabt als mit der gleichen Morphinmenge. Harley hat dasselbe mit Atropin combinirt, wodurch die hypnotische Wirkung verlängert, die Athemfrequenz noch mehr gesteigert und die Myosis aufgehoben wird.

Methylthebaïnjodür lähmt die peripherischen Nervenendigungen und tödtet grosse Kaninchen zu 0,6, ist also erheblich weniger giftig als Thebaïn (Crum Brown und Fraser). Thebenin und Thebaïcin bewirken (ersteres zu $1^1/_2$—6 Mgm., letzteres in noch grössern Mengen) bei Fröschen gleichzeitig Vernichtung der Reflexaction und cerebrale Paralyse ohne Krampf oder Lähmung der periph. Nervenendigungen (Eckhard). Derivate.

Papaverin. $C_{20}H_{21}NO_4$. — Literat.: Chemische: G. Merck, Ann. Chem. Pharm. **66**. 125 und **73**. 50. — Anderson, Edinb. Roy. Soc. Trans. **21**. 1. 195, auch Ann. Chem. Pharm. **94**. 235. — How, Edinb. Roy. Soc. Trans. **21**. 1. 27, auch Ann. Chem. Pharm. **92**. 336. — O. Hesse, Ann. Chem. Pharm. **153**, 75. Suppl. 8, 289 Tatersall, Chem. News. **40**. 126.

Das Papaverin wurde 1848 von Merck im Opium entdeckt.

Zu seiner Darstellung fällt man nach Merck den wässrigen Opiumauszug mit Natronlauge und zieht den grösstentheils aus Morphin bestehenden Niederschlag mit Weingeist aus. Die braune Lösung wird eingedunstet, der trockne Rückstand in verdünnter Säure aufgenommen und das Filtrat mit wenig Ammoniak versetzt. Es entsteht ein brauner harzartiger Niederschlag, den man wieder in verdünnter Salzsäure löst. Auf Zusatz von essigsaurem Kali scheidet sich aus der erhaltenen Lösung eine dunkle harzartige Masse ab, die man mit Wasser wäscht und mit Aether auskocht, aus dem beim Erkalten das Papaverin krystallisirt. — Einfacher kann man gleichfalls nach Merck das durch Ammoniak gefällte braune Harz nach dem Austrocknen im Wasserbade auch mit dem gleichen Gewicht Weingeist ausziehen. Die syrupdicke Lösung erstarrt dann an einem mässig warmen Orte nach einigen Tagen zu einem Brei aus Krystallen, die man abpresst und durch Umkrystallisiren aus Weingeist und Behandlung mit Thierkohle reinigt. Da sie noch Narcotin enthalten, so löst man sie in verdünnter Salzsäure und bringt sie zur Krystallisation. Das schwer lösliche salzsaure Papaverin schiesst zuerst an und kann durch Waschen mit kaltem Wasser völlig narkotinfrei erhalten werden. — Bei Befolgung von Anderson's beim Morphin beschriebenen Verfahren zur Gewinnung sämmtlicher Opiumalkaloide findet sich das Papaverin in der schwarzen Mutterlauge vom salzsauren Morphin und Codeïn und geht beim Ausfällen derselben mittelst Ammoniak grösstentheils in den Niederschlag über. Die weingeistige Auskochung des letzteren setzt beim Verdunsten Krystalle von Narkotin und Papaverin ab, deren Trennung am angeführten Orte bereits besprochen wurde. In der Flüssigkeit bleibt das Thebaïn neben Harz, etwas Narkotin und dem Rest des Papaverins. Wird sie zur Trockne verdunstet und der Rückstand in Essigsäure aufgenommen, so können die letztgenannten Stoffe aus der Lösung durch Bleiessig niedergeschlagen werden. Kocht man diesen Niederschlag mit Weingeist aus, löst den beim Verdunsten des Auszugs bleibenden Rückstand Darstellung.

in Salzsäure, filtrirt das ungelöst gebliebene Harz ab und concentrirt durch Eindampfen, so schiesst salzsaures Papaverin an, während Narkotinsalz in der Mutterlauge bleibt. Die Trennung von Papaverin und Narkotin kann auch mit Hilfe von Oxalsäure geschehen, welche mit Papaverin eine schwerlösliche Verbindung bildet, die leicht durch Chlorcalcium und Ammon später zerlegt werden kann.

Eigenschaften. Das Papaverin krystallisirt aus Weingeist in weissen, verworren angehäuften Nadeln oder Schuppen auch Prismen. In Wasser ist es fast unlöslich, kalter Weingeist und Aether (258 Th.) lösen es schwierig, kochender Weingeist dagegen so reichlich, dass es damit beim Erkalten erstarrt. 100 Th. Benzol lösen 2,73 Th., 100 Th. Amylalkohol 1,3 Theile. Petroleumäther löst es in der Wärme und scheidet es beim Erkalten krystallinisch wieder ab. Chloroform nimmt es aus saurer wässriger Lösung eben so gut auf, als aus alkalischer (Dragendorff). — Spec. Gew. 1,308—1,337, Schmpkt. 147°, linksdrehend, alkoholische Lösung (97%) $\alpha j = -4^{0}$ bei $p = 2$ $t = 15^{0}$.

Die Zusammensetzung des Papaverins wurde durch Merck und Anderson übereinstimmend festgestellt. Es ist isomer mit dem Hydroberberin.

Salze. Die Salze des Papaverins sind meistens in Wasser schwer löslich. Salzsaures Papaverin, $C_{20}H_{21}NO_4$, HCl, wird aus einer Auflösung von Papaverin in verdünnter Salzsäure durch conc. Salzsäure als schweres, dickes, allmälig zu einem Haufwerk von kurzen rhombischen Nadeln erstarrendes Oel gefällt und krystallisirt in gleicher Weise beim Verdunsten jener Lösung. Es ist in kaltem Wasser sehr wenig löslich (Merck), in 37 Th. (Hesse). Jodwasserstoffsaures Papaverin, $C_{20}H_{21}NO_4$, HJ, bildet farblose rhombische Krystalle, die sich leicht in kochendem Wasser lösen und daraus beim Erkalten als Oeltropfen abgeschieden werden. Wässriger Weingeist löst sie gut. — Versetzt man weingeistiges Papaverin mit weingeistiger Jodlösung, so krystallisiren nach einigem Stehen kleine rectanguläre purpurrothe, dunkelroth durchscheinende Säulen von Dreifach-Jodpapaverin, $C_{20}H_{21}NO_4, 3J$ heraus, welche sich nicht in Wasser, aber in kochendem Weingeist lösen, durch verdünnte Säuren nicht verändert, aber durch Ammoniak oder Kali unter Ausscheidung von Papaverin zerlegt werden. Aus der Mutterlauge schiessen bei weiterem Verdunsten feine hellrothe, orangegelb durchscheinende Nadeln von Fünffach-Jodpapaverin an, die über 100° Jod entwickeln (Anderson). — Salpetersaures Papaverin lässt sich rein nur durch Zerlegung des heissen wässrigen salzsauren Salzes mit Silbernitrat erhalten, und krystallisirt aus dem Filtrat beim Erkalten (Merck). — Schwefelsaures Papaverin ist nach Merck krystallisirbar. — Kohlensaures Papaverin soll nach How durch Zerlegen des salzsauren Salzes mit kohlensaurem Silberoxyd zu erhalten sein. — Chlorwasserstoffsaures Papaverin-Platinchlorid, $C_{20}H_{21}NO_4$, HCl, $PtCl_2$ wird durch Fällung einer wässrigen Lösung des salzsauren Salzes mit Platinchlorid als hellgelber pulvriger, in Wasser und Weingeist unlöslicher Niederschlag erhalten.

Zersetzungen. Derivate. Fügt man zu der farblosen Lösnng des Papaverins in verdünnter Salpetersäure überschüssige concentrirte Salpetersäure, so färbt sie sich unter

Entwicklung rother Dämpfe dunkelroth und scheidet gelbe vierseitige, in kaltem Wasser wenig, in verdünnten Säuren, Weingeist und Aether leicht lösliche Nadeln von salpetersaurem Nitropapaverin, $C_{20}H_{20}(NO_2)NO_4, NHO_3$, ab. Daraus kann die Base Nitropapaverin, $C_{20}H_{20}N(O_2)NO_2$, durch Kochen mit wässrigem Ammoniak und Umkrystallisiren der ausgeschiedenen Flocken aus heissem Weingeist in blassrothgelben, beim Erhitzen verpuffenden, in Wasser unlöslichen, in Weingeist und Aether löslichen Nadeln erhalten werden. Die Krystalle enthalten $^1/_2$ At. Wasser. Sie neutralisiren die Säuren vollständig unter Bildung blassrothgelber, in Wasser schwer löslicher Salze (Anderson). Hesse stellt das Nitropapaverin durch Erhitzen von 1 Th. Papaverin mit 10 Th. Salpetersäure (sp. G. 1,06) dar. Das sich beim Erkalten ausscheidende salpetersaure Salz wird mit Ammon zerlegt, wieder in Salzsäure gelöst und mit Natriumsulfat zerlegt, und das sich ausscheidende Sulfat endlich mit Ammoniak zerlegt. Dasselbe bildet gelbe, am Licht sich verändernde Prismen, Schmpkt. 163°, unlöslich in Wasser, in heissem Alkohol löslich, schwer löslich in Aether. Salzsaures, salpetersaures, schwefelsaures, jodwasserstoffsaures, oxalsaures Salz, auch die Platindoppelverbindung sind hergestellt. — Leitet man Chlor in eine Auflösung von salzsaurem Papaverin, so entsteht ein schmutzig grauer Niederschlag, aus dessen heiss bereiteter weingeistiger Lösung sich die harzige Chlorwasserstoffverbindung einer chlorhaltigen Base abscheidet (Anderson). — Tröpfelt man Bromwasser in wässriges salzsaures Papaverin, so fällt bromwasserstoffsaures Brompapaverin $C_{20}H_{20}BrNO_4$, HBr, als gelber, aus kochendem Weingeist krystallinisch zu erhaltender Niederschlag aus. Ammoniak zerlegt dieses Salz unter Bildung von Brompapaverin $C_{20}H_{20}BrNO_4$, das aus kochendem Weingeist in kleinen weissen in Wasser unlöslichen Nadeln krystallisirt (Anderson). — Beim Kochen von Papaverin mit Braunstein und verdünnter Schwefelsäure scheiden sich allmälig braune krystallinische Flocken von noch nicht näher untersuchter Zusammensetzung aus (Merck). — Beim Erhitzen mit Natronkalk entwickelt das Papaverin eine flüchtige Base, vielleicht Aethylamin oder Trimethylamin (Anderson). — Nach How wirkt Jodäthyl nicht substituirend, sondern es entsteht beim Erhitzen mit weingeistigem Jodäthyl nur jodwasserstoffsaures Papaverin.

Nitropapaverin.

Concentrirte Schwefelsäure färbt Papaverin augenblicklich tief blauviolett und löst es zu einer violetten, sich nur langsam entfärbenden Flüssigkeit (Merck). Durch übermangansaures Kali wird diese Lösung erst grün, dann schiefergrau (Guy, Zeitschr. analyt. Chem. I. 93). Enthält die zur Auflösung dienende Schwefelsäure etwas molybdänsaures Natron (1 Milligrm. im Cub.-Cent.), so entsteht eine prächtig violette Färbung, die bald blau, dann gelblich wird und nach 24 Stunden verschwindet (Dragendorff, Ger. chem. Ermittel. p. 238). — Verdünnte Lösungen der Papaverinsalze werden durch Phosphormolybdänsäure nicht gefällt (charakteristisch); Kaliumquecksilberjodid fällt sie gelblich weiss, Kaliumzinkjodid weiss, krystallinisch, Kaliumsilberjodid weiss, Niederschlag anfangs amorph, später krystallinisch, Platinchlorid fast weiss, Goldchlorid dunkelgelb, Pikrinsäure gelb, Niederschlag anfangs amorph, später krystallinisch, Gerbsäure gelblich, Niederschlag in Salzsäure in der Wärme löslich, beim Erkalten wiederkehrend,

Jod-Jodkalium kermesfarbig; Quecksilberchlorid und Kaliumbichromat bewirken langsame Fällung. Ammoniak, sowie ätzende und kohlensaure Alkalien fällen freies Papaverin.

Physiologische Wirkung.

Papaverin scheint wie die meisten Opiumalkaloide hypnotische und convulsionserregende Wirkungen zu besitzen, von denen sich die erstere vorzugsweise beim Menschen, jedoch keineswegs constant, die letztere bei Thieren äussert. Es ist weit schwächer als Morphin. Auf den Stuhlgang wirkt es nicht retardirend, auch scheinen ihm schmerzstillende Wirkungen nur in geringem Grade zuzukommen.

Ueber die Wirkung keines Opiumalkaloids differiren die Angaben der Autoren so wie über das Papaverin, woran z. Th. die Verschiedenheit des benutzten Präparats, welche in älterer Zeit wohl stets mit Zersetzungsproducten des Thebaïns, die wahrscheinlich die krampferregende Action steigerten, verunreinigt waren, z. Th. individuelle Verhältnisse mitwirken mögen. Während Albers nach Versuchen an Fröschen das Papaverin zu den krampferregenden Opiumbestandtheilen rechnet und in dieser Beziehung mit Cl. Bernard übereinstimmt, der es in Hinsicht auf die Erregung von Krämpfen über Codeïn und Morphin stellt, wobei Albers zugleich noch die ungemeine Steigerung der Sensibilität betont, bezeichnet Baxt es als das erste der hypnotisch wirkenden Alkaloide, so dass es zu 0,001 Grm. Frösche schon in 1 bis 5 Min. in tiefen und lange anhaltenden Schlaf versetzt, ohne je Convulsionen zu bedingen, während Meerschweine und Kaninchen grössere Dosen erfordern, und als Antitetanicum, indem es bei mit Strychnin oder Thebaïn vergifteten Fröschen bei subcutaner Injection vor dem Krampfanfalle diesen verhinderte oder abschwächte, im Anfalle diesen abkürzte. Schroff sah bei Fröschen, die er durch Injection von alkohol. Lösung des Alkaloids oder wässriger von Papaverinum muriat. anscheinend in einen Zustand von motorischer Lähmung mit aufgehobener Respiration versetzt hatte, nach den geringsten Reizen Reflexbewegungen und 1 mal spontan Strychninkrämpfe auftreten, welche Action sich überhaupt erst bei 0,03 einstellte, während 5 Mgm. total unwirksam blieben. Günstigen Einfluss auf Strychninvergiftung bei Thieren konnte Schroff ebenfalls nicht constatiren (1874). Nach Rabuteau ist salzsaures Papaverin zu 0,15 beim Kaninchen und zu 0,25 beim Hunde wirkungslos; Frösche verfallen nach 0,3 in Krämpfe mit nachfolgendem Tod. Bernard fand 0,05 beim Hunde schwach hypnotisch, 5—10 Mgm. bei Tauben und Sperlingen in wenigen Minuten bald mit, bald ohne Convulsionen tödlich.

In physiologischer Beziehung macht Baxt auf die Verlangsamung des Herzschlages bei Fröschen aufmerksam, die mit der Grösse der Dosis in gleichem Verhältnisse steht, so dass grössere Dosen baldigen Herzstillstand bedingen. Diese Wirkung äussert sich auch in dem ausgeschnittenen Froschherzen, das durch Zusatz einiger Tropfen einer 2% Papaverinlösung zu der zum Fortschlagen besonders qualificirten Kochsalzlösung schon nach 2 Min. unbeweglich in Diastole stillsteht, sich aber in frischer Kochsalzlösung wieder zu erholen im Stande ist. Bei Ausschliessung der Betheiligung des Nervus vagus durch Nicotin ist die hemmende Wirkung des Papaverins auf die Herzthätigkeit dieselbe. Die Beziehungen des Stoffes zur Herzaction konnte Baxt nicht bei Säugethieren, auch nicht am Menschen constatiren. In Hinsicht auf die Herabsetzung der Reizbarkeit durch Papaverin fand Baxt Muskeln und motorische Nerven intact und die Setschenowschen Centren unbetheiligt, glaubt dagegen vorwaltend die peripherischen Endungen der sensibeln Nerven betroffen.

Die Widersprüche in Bezug auf die Wirkung des Papaverins auf Menschen beziehen sich theils auf die Summe der Wirkung, theils auf einzelne Effecte, z. B. auf die Herzaction und die Pupille. Die ersten Versuche Schroffs liessen das Alkaloid zu 0,1—0,2 beim Erwachsenen als wirkungslos erscheinen. Dasselbe Resultat gab die Wiederholung dieser Versuche durch Hofmann selbst für 0,42, wonach weder Schlaf noch Muskelerschlaffung noch ausser geringfügiger Abnahme der Pulsfrequenz mit folgender noch geringerer Steigerung irgend eine andere Erscheinung zu Tage trat. Hofmanns Versuch diente zur Controlle der Angaben von Leidesdorf und Bresslauer (Vierteljahrschr. Psychiatr. 403. 1868), wonach das salzsaure Papaverin innerlich zu 5—12 und subcutan zu 7—12 Tr. einer wässerigen Lösung von 1 : 150 in 5 bis 7 Stunden tiefen Schlaf mit starkem Sinken der Pulsfrequenz und einen 25 bis 28 Std. anhaltenden Zustand starker Muskelrelaxation bei Geisteskranken bedinge. Diese Effecte fanden Bestätigung durch Baxt und Sander, welche jedoch keine Abnahme der Herzthätigkeit constatirten, später durch Stark (Allg. Ztschr. Psych. 26. 121. 1869), welcher in wenigen Fällen Beschleunigung, bei Eintritt von Schlaf constant Sinken der Pulsfrequenz und Myose constatirte, endlich H. Landerer (Ueber die Wirkung des Papaverins bei Geisteskranken. Tübingen 1873), der 0,03—0,35 fast constant hypnotisch und sedativ bei Geisteskranken fand. Fronmüller (Klin. Studien. 35) erzielte mit Papaverin zu 0,12—0,36 intern und mit salzsaurem Papaverin zu 0,03—0,12 subc. in 50 Versuchen bei verschiedenen Kranken Hypnose, wobei der Erfolg jedoch hinter Codeïn zurückblieb; Puls und Athemzahl wurden wenig herabgesetzt, die Pupille häufig erweitert. Diesen Erfolgen gegenüber stehen eine Menge Misserfolge, so von Drasche (Ber. Rudolph Stift. 1869), Kelp (Arch. Psychiatr. 2. 177. 1869), Reissner (Allg. Ztschr. Psych. 74. 1867), der nach dem Mittel wohl Myosis, aber keinen Schlaf eintreten sah, und Bouchut (Bull. gén. de Thér. 239. 1872), dem selbst 1,0 intern den Dienst versagte. Sichting (Therapeutische Wirkungen des Papaverin und Narceïn. Bonn. 1869), welcher bei sich selbst nach Dosen unter 0,2 keinerlei Wirkung verspürte, constatirte dagegen nach 0,2—0,4 schon in $^1/_2$ Stunde Mattigkeit mit Muskelschwäche, besonders in den Beinen, und anfänglicher Steigerung der Pulsfrequenz, nach 2 Stunden Narkose und Sinken der Pulszahl, worauf tiefer und anhaltender Schlaf, bisweilen mit Träumen, folgte und wonach auch noch am folgenden Tage Muskelermattung und Schlafneigung hinterblieb. Bei Geisteskranken konnte selbst durch 0,3—0,5 kein Schlaf, sondern nur vorübergehende Ermattung erzielt werden; auch wurden bei Peritonitis die Schmerzen durch Subcutaninjection nicht gemildert, während bei Neuralgien einige Male Schmerzlinderung nach der Subcutaninjection eintrat. Elben (Ueber den therapeutischen Werth des Papaverins. Tübingen. 1870)), welcher mit Papaverin aus vier verschiedenen Bezugsquellen experimentirte, bestätigt zwar die hypnotische Action bei Fröschen, aber nicht am Menschen und constatirte bei Selbstversuchen, in denen er bis 0,54 stieg, nur Myosis und Sinken der Pulszahl, bisweilen etwas Uebelkeit.

Schicksale im Thierkörper.

Das Papaverin scheint bei Vergiftungen von Thieren im Organismus theilweise zersetzt zu werden, indem es im Harn nur in Spuren nachweisbar ist (Dragendorff und Schmemann).

Anwendung. Das Papaverin ist ausschliesslich als Hypnoticum, und zwar besonders nach Leidesdorfs Empfehlung bei Geisteskranken benutzt.

Nach Leidesdorf soll man dasselbe bereits am Mittage reichen und alle 3—4 Tage wiederholen und ist dasselbe wegen der fehlenden Obstipation und sonstigen Nebenerscheinungen besonders empfehlenswerth und namentlich dem Narceïn wegen seines 6 mal niedrigeren Preises vorzuziehen, zumal da die Wirkung sicherer sei. Nach Leidesdorf bessert sich durch den Zustand der Ruhe, den Papaverin schafft, auch der somatische Zustand, während die der Geisteskrankheit zu Grunde liegende Hirnaffection nicht beeinflusst wird. Die Angabe Leidesdorfs, dass die Wirkung des Mittels sich auch bei längerem Gebrauche nicht abstumpfe, konnte Baxt nicht bestätigen, welcher sonst bei Geisteskranken glänzende Erfolge sah. Die negativen Resultate anderer Irrenärzte wurden bereits oben erwähnt und jedenfalls leistet, wie Sichting nach vergleichenden Untersuchungen mit Morphin betont, letzteres weit mehr. Starck rühmt Papaverin besonders bei Psychsen mit Steigerung des Bewegungsgrundes. Funck (Berl. klin. Wochenschr. 36. 1860) fand 0,05—0,1 wohl bei Melancholischen, nicht aber bei Maniakalischen sedativ.

In Bezug auf die Verwendung des Papaverins bei Geistesgesunden betont Elben nach 30 Versuchen im Katharinenhospital zu Stuttgart, dass dasselbe bei gewöhnlicher Insomnie Nichts leiste, entzündliche Schmerzen und intensiven Hustenreiz zu beseitigen ausser Stande sei, wohl aber mitunter bei Neuralgien und krampfhaftem Asthma, jedoch auch hier weniger sicher als Morphin, palliativ wirke.

Zur Verwendung kommt am besten Papaverinum hydrochloricum zu 0,05 bis 0,3 und darüber, intern in Pulverform oder subcutan in wässriger Lösung. (1 : 10). Phosphorsaures Papaverin bedingt nach Leidesdorf leicht Entzündung an der Einstichstelle, welche übrigens auch bei concentrirten Solutionen des salzsauren Papaverins leichter als bei Morphin vorkommt (Elben).

Pseudomorphin. $C_{17}H_{19}NO_4$. — Literat.: Pelletier, Journ. Pharm. (2) 21. 575, auch Ann. Chem. Pharm. 16. 49. — O. Hesse, Ann. Chem. Pharm. **141**. 87. Suppl. S. 267.

Entdeckung u. Vorkommen. Diese Base wurde 1835 von Pelletier und Thiboumery im Opium entdeckt. Als sie narkotinhaltiges Morphin zum Zweck der Reinigung in Natronlauge gelöst, vom Narkotin abfiltrirt, alsdann das Filtrat mit Schwefelsäure übersättigt und mit Ammoniak das Morphin gefällt hatten, lieferte die Flüssigkeit nach weiterem Eindampfen weissliche perlglänzende Schuppen einer noch Schwefelsäure zurückhaltenden, aber davon durch Kochen mit wässrigem Ammoniak zu befreienden Base, die sie mit Rücksicht auf mancherlei Aehnlichkeiten, welche dieselbe mit dem Morphin zeigt, Pseudomorphin nannten. Nach der Meinung der Entdecker sollte diese Base, die sie nur einige Male bei der Verarbeitung grösserer Quantitäten levantischen Opiums erhalten hatten, nicht in jedem Opium vorkommen.

Darstellung. Nach Hesse's neuesten Untersuchungen gewinnt man das Pseudomorphin leicht aus jedem Opium, wenn man das nach dem Verfahren von Gregory erhaltene, durch Umkrystallisiren genügend gereinigte, vorwiegend aus salzsaurem Morphin und salzsaurem Codeïn bestehende Gemenge in weingeistiger Lösung mit einem geringen Ueberschuss von Ammoniak versetzt. Es wird alsdann nur das Morphin gefällt, und das schwach mit Salzsäure übersättigte, vom Weingeist befreite und mit Thierkohle theilweise entfärbte Filtrat giebt beim Neutralisiren mit verdünntem Ammoniak einen voluminösen, hauptsächlich aus Pseudomorphin bestehenden Niederschlag. Löst man diesen nach möglichst vollständigem Auswaschen in Essigsäure und fügt dann vorsichtig so viel verdünntes Ammoniak hinzu, dass blaues Lackmuspapier eben noch geröthet wird, so fällt nur Pseudomorphin nieder und kann durch Ueberführung in das gut krystallisirende salzsaure Salz und Zerlegung desselben in heisser wässriger Lösung durch Ammoniak rein erhalten werden.

Das Pseudomorphin bildet, durch Ammoniak aus heisser Lösung gefällt, einen fein krystallinischen weissen, seideglänzenden Niederschlag, der an der Luft zu einer mattweissen Masse eintrocknet, die noch Wasser (etwa 1 At. H_2O entsprechend) enthält, welches erst bei 120° vollständig entweicht. Aus kalter Lösung abgeschieden ist es gelatinös und wird beim Trocknen hornartig. Es besitzt keinen Geschmack und wirkt nicht auf Pflanzenfarben. Beim Erhitzen zersetzt es sich schon vor dem Schmelzen. Es ist unlöslich in Wasser, Weingeist, Aether, Chloroform, Schwefelkohlenstoff, verdünnter Schwefelsäure und wässrigem kohlensaurem Natron, dagegen leicht löslich in den Auflösungen der ätzenden Alkalien und in Kalkmilch. Von wässrigem Ammoniak wird es nur wenig, sehr leicht dagegen, wenigstens im frisch gefällten Zustande, von weingeistigem Ammoniak gelöst (Hesse). Linksdrehend; wässrige Lösung des salzsauren Salzes $\alpha j = -(114{,}76-4{,}96\,p)$, alkalische Lösung $\alpha j = -198{,}86$ (Hesse). Eigenschaften.

Die Zusammensetzung des Pseudomorphins wird nach Hesse's Analysen der freien Base sowohl als verschiedener Salze derselben durch die Formel $C_{17}H_{19}NO_4$ ausgedrückt. Es enthält demnach 1 At. Sauerstoff mehr als das Morphin und scheint aus demselben auch künstlich durch oxydirende Behandlung mit salpetriger Säure erzeugt werden zu können. Hesse ist nämlich der Meinung, dass das auf diese Weise als Oxydationsproduct des Morphins von Schützenberger erhaltene Oxymorphin, mit dem Pseudomorphin, dem es in jeder Beziehung gleicht, identisch ist. Dass das Pseudomorphin fertig gebildet im Opium vorkommt und nicht etwa bei der Verarbeitung desselben erst gebildet wird, scheint dadurch erwiesen zu sein, dass reines Morphin nach Hesse kein Pseudomorphin giebt, wenn es der gleichen Behandlung wie das Opium unterworfen wird. Auch spricht dafür der Umstand, dass manches Opium constant 0,02 Procent, anderes dagegen nur Spuren dieses Alkaloids liefert. Zusammensetzung. Beziehungen zum Morphin.

Die Salze des Pseudomorphins sind geschmacklos und können wegen ihrer Schwerlöslichkeit grösstentheils aus dem salzsauren Salz durch doppelte Zersetzung erhalten werden. Salze

Salzsaures Pseudomorphin, $C_{17}H_{19}NO_4.HCl + H_2O$ scheidet sich beim Eindampfen einer Auflösung der freien Base in verdünnter Salzsäure als weisses, stark sauer reagirendes Pulver ab, das sich nicht in Weingeist löst und von Wasser bei 20° 70 Theile zur Lösung erfordert. Durch Versetzen seiner heissen verdünnten wässrigen Lösung mit schwefelsaurem Natron und etwas freier Schwefelsäure wird schwefelsaures Pseudomorphin, $2C_{17}H_{19}NO_4, SH_2O_4 + 6H_2O$ in kleinen weissen, dem Gyps sehr ähnlichen und vermuthlich bisher dafür genommenen Blättchen erhalten. Es reagirt sauer und löst sich in 422 Th. Wasser von 20°, etwas besser in kochendem Wasser und heisser in verdünnter Salzsäure. In verdünnter Schwefelsäure, sowie in Weingeist und Aether ist es so gut wie unlöslich. Oxalsaures Pseudomorphin, $2C_{17}H_{19}NO_4, C_2H_2O_4 + 6H_2O$ bildet weisse mikroskopische deutlich sauer reagirende Prismen, welche sich in 1940 Th. Wasser von 20° und auch in kochendem Wasser nur schwierig lösen. Das salpetersaure Salz bildet kleine, glänzende, in Wasser schwer lösliche Blättchen, das jodwasserstoffsaure blassgelbe schwer lösliche Prismen, das chromsaure feine gelbe schwer lösliche Prismen und das weinsaure feine weisse, gleichfalls schwer lösliche Prismen. Das salzsaure Pseudomorphin-Platinchlorid, $C_{17}H_{19}NO_4, HCl, PtCl_2$ wird durch Fällung als gelber amorpher, in Salzsäure etwas löslicher Niederschlag erhalten. Das Golddoppelchlorid ist gleichfalls gelb und amorph, und das Quecksilberdoppelchlorid bildet kleine farblose, in Salzsäure äusserst schwer lösliche Prismen (Hesse).

Verhalten gegen Reagentien. Concentrirte Schwefelsäure löst das Pseudomorphin allmälig mit olivengrüner Farbe. Concentrirte Salpetersäure löst die Base sowohl wie auch ihre Salze mit intensiv orangerother Farbe, die bald in Gelb übergeht. Eisenchlorid bringt damit, ähnlich wie mit Morphin, eine blaue Färbung hervor.

Opianin. Das Opianin (Hinterberger, Wien. akad. Ber. VI. 104 u. VII. 432), früher für ein eigenthümliches Alkaloïd gehalten, welches nach seinem Entdecker auf Katzen genau wie Morphin wirken sollte und von Frohmüller als Hypnoticum dem Papaverin gleichgestellt wurde, ist identisch mit Narkotin.

Porphyroxin. Das Porphyroxin (Opin) von E. Merck seiner Zeit beschrieben, ist ein Gemenge verschiedener, nach physiologischen Versuchen von Baxt und Albers und den negativen hypnotischen Effecten Frohmüllers namentlich krampferregender Opiumalkaloïde gewesen.

Ebenso dürften die seiner Zeit beschriebenen Alkaloïde als Bestandtheile des Opiums, Metamorphin (Wittstein, Viertelj. pr. Pharm. 9. 481), nach Frohmüller dem Morphin als schlaferregendes Mittel gleich stehend, Deuteropin, Papaverosin (Deschamps Jahresb. Chem. Min. 1864. 446) auf Selbständigkeit keinen Anspruch machen.

Gnoscopin. $C_{34}H_{36}N_2O_{11}$. — Smith (Pharm. Journ. Trans. 8. 415. 981. Jahresb. Pharm. 1878. 148) hat aus den Mutterlaugen der Narkotin-Darstellung dieses Alkaloïd isolirt. Es bildet lange Nadeln, leicht löslich in

Benzol, Chloroform, Schwefelkohlenstoff, schwer löslich in kaltem Alkohol (1500 Thl.), unlöslich in Alkalien. Zahlreiche Salze sind bekannt von dieser Basis, wie die salzsaure, schwefelsaure. Conc. Schwefelsäure löst dasselbe mit gelber Farbe, die auf Zusatz von Salpetersäure carminroth wird.

Die von O. Hesse (Annal. Chem. Pharm. **153.** 56. Supplem. **8.** 280) aus den Mutterlaugen, nach Abscheidung des salzsauren Morphin und Codeïn, isolirten Alkaloïde, in geringerer Menge im Opium enthalten, folgen in kurzer Charakteristik, wobei bezüglich der Darstellung und Trennung dieser Alkaloïde auf die oben ausführlich besprochene Verarbeitung dieser Mutterlaugen verwiesen wird.

Codamin. $C_{20}H_{25}NO_4$. — Die Trennung dieses Alkaloïdes von Laudanin und Mekonidin, welche beide als Begleiter nach Hesse's Verfahren auftreten, gründet sich auf die Leichtlöslichheit derselben in Aether gegenüber dem Laudanin und auf die Fähigkeit des Mekonidins, durch verdünnte Säuren beim Erhitzen zerlegt zu werden. Codamin.

Das reine Codamin, aus Aether krystallisirt, bildet sechsseitige Prismen, leicht löslich in Chloroform, Alkohol, Aether, Benzol, auch kochendem Wasser, in Kalilauge. Schmpkt. 121°. Von Salzen sind dargestellt: Das jodwasserstoffsaure, Platinchloriddoppelsalz.

Conc. eisenoxydhaltige Schwefelsäure löst Codamin mit grünblauer Farbe bei 100° dunkelviolett, conc. Salpetersäure mit dunkelgrüner, Eisenchlorid ebenfalls mit grüner Farbe. Reactionen.

Laudanin. $C_{20}H_{25}NO_4$. — Die Reindarstellung des Laudanin gründet sich auf die leichte Löslichkeit desselben in Kalilauge gegenüber dem Cryptopin, sowie die Fähigkeit des essigsauren Salzes, mittelst Jodkalium als jodwasserstoffsaures Salz gefällt zu werden, welch' letzteres durch Ammon leicht zerlegbar ist. Laudanin.

Aus Alkohol krystallisirt Laudanin in Prismen, die sich schwer in Alkohol und in Aether (647 Thle.), leicht in Benzol und Chloroform und Kalilauge lösen. Spec. Gew. 1,255; Schmpkt. 166°. Chloroform nimmt aus ammoniakalischen Lösungen das Alkaloïd auf. Linksdrehend: Chloroformlösung bei $p = 2 . \alpha j = -13,50$. Dasselbe bildet mit Kali eine krystallinische Verbindung, sowie Salze, von denen dargestellt sind: das salzsaure, schwefelsaure, oxalsaure, weinsaure, brom-jodwasserstoffsaure, sowie die Platinchlorid-Doppelt-verbindung.

Eisenchlorid färbt Laudanin grün, eisenoxydhaltige Schwefelsäure löst mit Rosafarbe, die bei 150° violett wird. Reactionen.

Das Laudanin bewirkt nach C. Ph. Falck (Deutsche Klin. 38—42. 1874) in kleinen Dosen Steigerung der Athemfrequenz und Injection der Ohrgefässe, in grösseren Tetanus und Erstickungstod nach Art des Strychnins und Thebaïns. Als minimal letale Dosis für Kaninchen erscheint 0,025 bei Subcutanapplication als lösliches Salz, wonach es giftiger als Morphin und Codeïn, dagegen weniger giftig als Thebaïn ist. Wirkung.

Laudanosin. $C_{21}H_{27}NO_4$. — Die Isolirung des Laudanosins wird möglich durch dessen Leichtlöslichkeit in Aether (gegenüber Cryptopin, The- Laudanosin baïn) und die Fähigkeit durch Jodkalium aus seinen Lösungen gefällt zu werden.

Aus Benzol krystallisirt dasselbe in Nadeln, welche auch in Alkohol, Chloroform, Aether, sowie Ligroïn löslich sind, dagegen unlöslich in Wasser und Alkalien. Schmpkt. 89°. Rechtsdrehend: alkoholische Lösung bei p = 2 αj = + 123, 23°, salzsaure wässrige Lösung bei p = 2 und t = 22,5; αj = + 108, 41°.

Reactionen. Eisenoxydhaltige Schwefelsäure löst dasselbe mit braunrother Farbe, die bei 150° grün und dann dunkelviolett wird.

Wirkung. Das Laudanosin tödtet nach Versuchen von Falck und Wortmann (Beitrag zur Kenntniss der Wirkung des Laudanosins. Marburg, 1874) Kaninchen bei Subcutanapplication von mindestens 0,0675 (als chlorwasserstoffsaures Salz) und darüber in 1/4—2 Stunden; der Tod ist dabei asphyktisch (dunkle Blutfarbe, Ausdehnung der Herzcavitäten, Lungenhyperämie). Die Erscheinungen der Vergiftung sind Unruhe, Athembeschleunigung, Zittern, an den Ohren beginnend und allmälig auf den ganzen Körper sich ausdehnend, Röthung der Ohrlöffel, Speichelfluss, Zusammenfahren auf Geräusche, endlich ausgebildeter Zitterkrampf, der bei letalen Dosen unmittelbar in Tetanus überging; die Temperatur steigt bis zum Tode. Bei Fröschen bewirkt Laudanosin tetanische Krämpfe, welche auch die Herzaction herabsetzen; doch steht das Herz erst nach vielen Stunden in Diastole still. Nach F. A. Falck (Leipz. physiol. Arb. 11. 25. 1875) wirkt Laudanosin in kleinen Dosen (2½—5 Mgm.) durch Reizung des vasomotorischen Centrums und der beschleunigenden Nerven drucksteigernd und pulsbeschleunigend, in grössern (10—20 Mgm.) stark druckherabsetzend und pulsverlangsamend durch directe Schwächung der Herzkraft, ohne Vagus und Depressor zu afficiren.

Mekonidin. **Mekonidin.** $C_{21}H_{23}NO_4$. — Amorphe Masse, bräunlichgelb, leicht löslich in Alkohol, Aether, Benzol, Chloroform, in Natronlauge, leicht zersetzbar durch Mineralsäuren unter Rothfärbung. — Die Darstellung desselben kann nach folgender Methode geschehen:

Der wässrige Opiumauszug wird mit Kalk und Soda gefällt, der Niederschlag in Aether gelöst und diese Lösung mit Essigsäure geschüttelt und in Natronlauge gegossen, wodurch Thebaïn, Papaverin etc. gefällt werden. Nach 24stündigem Stehen wird das Filtrat mit Salzsäure neutralisirt, mit Ammon gefällt und die ammoniakalische Flüssigkeit mit Chloroform ausgeschüttelt, wodurch Mekonidin neben Codeïn, Lanthopin u. A. in Lösung gehen. Diese Chloroformlösung wird mit Essigsäure ausgeschüttelt, diese saure Flüssigkeit neutralisirt, wobei Lanthopin ausfällt, das Filtrat mit Kali übersättigt und wiederholt mit Aether ausgeschüttelt. In die ersten ätherischen Auszüge geht vorzüglich Codeïn über, die späteren Auszüge geben beim langsamen Verdunsten zuerst Laudanin, dann, nach Ausschüttelung mit Monocarbonatlösung, Codeïn, und zuletzt die Mutterlaugen, nachdem sie mit verdünnter Essigsäure geschüttelt waren, Mekonidin in essigsaurer Lösung das mit Kochsalz als salzsaures Salz abgeschieden werden kann. Das salzsaure Salz kann leicht durch Natriummonocarbonat zerlegt werden.

Lanthopin. **Lanthopin.** $C_{23}H_{25}NO_4$. — Mikrokrystallinische Massen, kaum löslich in Alkohol, Aether und Benzol, leicht löslich in Chloroform, in Kalilauge, Kalkmilch, nicht in Ammon, welche krystallisirbare Salze liefern.

Die Reindarstellung ist, wie oben bereits erwähnt, möglich durch die Fähigkeit der essigsauren Lösung des Lanthopin, schon bei der Neutralisation aus der Lösung zu fallen.

Schwefelsäure und Eisenchlorid veranlassen mit dieser Basis keine Farbenveränderung.

Protopin. $C_{20}H_{19}NO_5$. — Die Darstellung des Protopines, das bei der Verarbeitung der Opiumauszüge mit Cryptopin gemengt gewöhnlich abgeschieden wird, gründet sich auf die Fähigkeit desselben mit Oxalsäure ein leicht lösliches Salz zu bilden, während Cryptopin ein schwer lösliches Dioxalat liefert. Deswegen benutzt man zur Isolirung des Lanthopins am besten die Mutterlaugen nach Abscheidung des Cryptopinoxalates, die mit Ammon zerlegt, mit Aether ausgeschüttelt werden, der mit verdünnter Salzsäure behandelt Protopin abgiebt, das am besten mit conc. Salzsäure ausgeschieden und mit Ammon zerlegt wird. Protopin

Krystallinisches Pulver, leicht löslich in Aether im frischgefällten Zustande, sonst schwer löslich in Alkohol, Chloroform, Benzol, unlöslich in Wasser, Kalilauge. Schmpkt. 202°.

Eisenoxydhaltige Schwefelsäure löst dasselbe mit dunkelvioletter Farbe, Eisenchlorid färbt nicht.

Cryptopin. $C_{21}H_{23}NO_5$. – Literat.: T. u. H. Smith, Pharm. J. Trans. (2) 8. 595 u. 716, auch Viertelj. pr. Pharm. 17. 579. – O. Hesse. Ann. Chem. 8. Suppl.

Das Cryptopin (Name von κρύπτειν, verbergen) wurde 1857 von T. u. H. Smith im Opium aufgefunden, in dem es jedoch nur sehr spärlich und wohl unter allen Opiumbestandtheilen in kleinster Menge enthalten ist; denn 10,000 Pfund Opium lieferten nur 5 Unzen des salzsauren Salzes. Die Entdecker gewannen es aus den weingeistigen Waschflüssigkeiten vom rohen Morphin, indem sie dieselben mit verd. Schwefelsäure neutralisirten, dann zur Trockne brachten, den Rückstand in heissem Wasser aufnahmen und die Lösung mit Kalkmilch fällten. Den das Cryptopin enthaltenden Niederschlag zogen sie mit kochendem Weingeist aus, destillirten vom Auszuge den Weingeist ab und erschöpften die aus dem wässrigen Rückstand sich abscheidende pechartige Substanz wiederum mit kochendem Weingeist. Die Lösung erstarrte beim Stehen zu einer weichen Krystallmasse von Thebaïn mit etwas Cryptopin. Diese wurde abgepresst, in möglichst wenig verdünnter Salzsäure gelöst und die Lösung zur Krystallisation verdampft. Es krystallisirte zuerst salzsaures Thebaïn und aus den letzten Mutterlaugen salzsaures Cryptopin mit salzsaurem Thebaïn. Zur völligen Trennung wurde die letzte Krystallisation aus möglichst wenig heissem Wasser umkrystallisirt und die anschiessende weiche blumenkohlartige Krystallmasse nach dem Trocknen mit 5 Th. Weingeist ausgekocht. Die weingeistige Lösung lieferte nun zuerst einige harte Krystallisationen des Thebaïnsalzes und zuletzt eine weiche, durch Kohle leicht zu entfärbende Krystallmasse von salzsaurem Cryptopin. Dieses wurde in wässriger Lösung durch Ammoniak zersetzt und die abgeschiedene Base zur Entfernung der letzten Thebaïnreste mit Aether oder Weingeist gewaschen. Bei einer auf die Darstellung aller Opiumbasen gerichteten Verarbeitung des Opiums würde man das Cryptopin in der Mutterlauge vom Thebaïn aufzusuchen haben. (Siehe oben „Arbeiten von O. Hesse".)

Eigenschaften. Das Cryptopin krystallisirt aus kochendem Weingeist in mikroskopischen farblosen sechsseitigen Prismen oder Tafeln, welche keinen Geruch zeigen und anfangs bitter, hinterher aber pfeffermünzartig kühlend schmecken. Es schmilzt bei 217°,3 und erstarrt strahlig krystallinisch wieder bei 171°. In höherer Temperatur wird es unter Entwicklung ammoniakalischer Dämpfe zerstört. Von Wasser, Aether, Terpentinöl und Benzol wird es so gut wie nicht gelöst, von kaltem Weingeist erfordert es 1265 Th. zur Lösung. Kochender Weingeist löst es reichlicher und Chloroform sehr leicht. In wässrigem Ammoniak, sowie in den Lösungen der ätzenden Alkalien ist es unlöslich. Spec. Gew. 1,351, optisch inaktiv.

Salze. Das Cryptopin ist so stark basisch, dass es die stärksten Säuren vollkommen sättigt. Das neutrale salzsaure Cryptopin, $C_{23}H_{25}NO_5, HCl + 5H_2O$ scheidet sich aus einer Lösung in 10 20 Th. heissem Wasser beim Erkalten als Krystallmasse, aus verdünnteren heissen Lösungen dagegen als durchsichtige Gallerte ab, die sich bei 38° allmälig in Krystallbüschel verwandelt, bei raschem Trocknen aber hornartig wird. Es löst sich in Wasser 3mal schwerer als salzsaures Morphin, dagegen in Weingeist etwas leichter. Ein zweifach-salzsaures Cryptopin hat die Formel $C_{23}H_{25}NO_5, 2HCl + 6H_2O$. Auch das schwefelsaure, salpetersaure und essigsaure Salz konnten krystallisirt erhalten werden.

Verhalten gegen Reagentien. Conc. Schwefelsäure färbt das Cryptopin rein blau; die Färbung verschwindet allmälig mit dem Anziehen von Wasser aus der Luft und geht durch ein Körnchen Salpeter in bleibendes Grün über (die vorübergehend blaue Färbung, welche das Papaverin mit conc. Schwefelsäure giebt, geht auf Salpeterzusatz durch Grün rasch in Orange über). Mit Eisenchlorid erzeugt das Cryptopin (Unterschied von Morphin und Pseudomorphin) keine Färbung.

Nitrocryptopin. Durch Erwärmen von 1 Th. Cryptopin mit 20 Th. Salpetersäure (1,06 spec. Gew.) innerhalb 8 Stunden bei 50—60° bildet sich salpetersaures Nitrocryptopin $C_{21}H_{22}(NO_2)NO_5$, das durch Ammon isolirt werden kann. Es bildet ein krystallinisch dunkelgelbes Pulver, leicht löslich in Chloroform, unlöslich in Wasser und Kalilauge, löslich in concentrirter Schwefelsäure mit blutrother Farbe. Schmpkt. 185; alkalische Reaction, in Folge dessen Salze bildend.

Wirkung. Nach Harley (The old vegetable neurotics. 156) bewirkt Cryptopin bei Hunden zu 0,12 subcutan eigenthümliche Illusionen und Agitation, in grösseren Dosen Schlaf und Pupillenerweiterung und bei letaler Gabe (3 Mgm. bei Mäusen) stets zunehmendes Sinken der Respiration, ohne direct das Herz zu afficiren. Beim Menschen zeigte sich nach 0,06—0,1 hypnotische Wirkung in ausgeprägtem Masse mit Athembeschleunigung und Mydriasis und bezeichnet Harley das Alkaloïd als doppelt so stark wie Narceïn und 4mal schwächer als Morphin. Combination mit Atropin steigerte bei Hunden die Aufregung und führte beim Menschen zu sehr ruhigem Schlafe. Weitere Versuche von Munk (Versuche über die Wirkung des Cryptopins. Berl. 1873) und von Falck und Sippel (Beiträge zur Kenntniss des Cryptopins. Marburg, 1874) an Thieren bestätigen, dass das Cryptopin Säugethiere durch Lähmung des respiratorischen Centrums tödtet; doch vindicirt ihm Munk auch eine directe lähmende Wirkung auf das Herz, unabhängig vom Vagus, die in exquisiter Weise beim Frosche beobachtet wird und bei Säugethieren die künstliche Athmung nicht bei kolossalen Dosen lebensrettend wirken lässt, ferner eine herabsetzende bezw.

lähmende Action auf die motorischen Centren und die Reflexcentren des Rückenmarks. Nach Sippel wirkt es auch auf die motorischen Nerven und die willkürlichen Muskeln. Munk bezeichnet 0,04–0,06 als letale Dosen für Kaninchen, die bei künstlicher Respiration die 4fache Menge ertragen; nach Falck und Sippel beträgt die tödtliche Menge pr. Kilo für den Hund bei Infusion 0,021, wonach der Tod schon vor 5 Minuten erfolgt; bei Subcutaninjection starben Katzen nach 0,1 und Kaninchen nach 0,05 (in der Regel) —0,18 in 21 Min. bis 7 Stunden. Die bei Cryptopin vor dem Tode auftretenden convulsivischen Bewegungen sind Erstickungskrämpfe (Munk, Falck und Sippel).

Narkotin. (Opian.) $C_{22}H_{23}NO_7$. — Literat.: Chemische: Derosne, Ann. Chim. 45. 271. — Robiquet, Ann. Chim. Phys. (2) 5. 575; Journ. Pharm. (2) 17. 637; Ann. Chim. Phys. (2) 51. 226. — Duflos, Schweigg. Journ. Chem. Phys. 61. 217. — Pelletier, Ann. Chim. Phys. 50. 240. — Liebig, Ann. Chem. Pharm. 6. 35 u. 26. 51. — Couerbe, Ann. Chim. Phys. (2) 59. 159. — Wöhler, Ann. Chem. Pharm. 50. 1. — Blyth, Ann. Chem. Pharm. 50. 29. — Wertheim, Ann. Chem. Pharm. 70. 71 u. 73. 208; Wien. Akad. Ber. 6. 109. — Laurent und Gerhardt, Journ. Pharm. (3) 14. 303. Anderson, Ann. Chem. Pharm. 86. 179. — How, Ann. Chem. Pharm. 92. 337. — Matthiessen, u. Foster, Royal Soc. Proc. 11. 55, 12. 502 u. 16. 39, auch Ann. Chem. Pharm. Suppl. 1. 330, 2. 377 u. 5. 332. — A. Husemann, Ann. Chem. Pharm. 128. 308. — G. H. Beckett u. C. R. A. Wright, Chem. Soc. Quatern. Journ. (2) 13. 573. Ebendas. 1876. 1. 164, 281. Opiumsäure., A. Wright. Chem. Soc. Quatern. Journ. 1877. 2. 525. Jahresb. Chem. Min. 1877, 882. — E. v. Gerichten, Berl. Ber. 13. 1635. Ann. Chem. 210. 79. 212. 165, Cotarnin. —

Medicinische: Bally, Rév. méd. 1825. — Mitchell, Amer. Journ. med. sc. 14. 1870. — Rabuteau, Cpt. rend. 74. 17. Gaz. hebd. 17. 19. 1872. — Bonchut, Cpt. rend. 74. 20. 1872. — Cl. Bernard, Leçons sur les anésthésiques. p. 188.

Das Narkotin (Name von *ναρκωτικος*, betäubend) wurde bereits 1803 von Derosne dargestellt, aber von ihm weder als Base, noch als vom Morphin wesentlich verschieden erkannt. Sertürner hielt es eine Zeit lang für basisch mekonsaures Morphin, bis Robiquet im Jahre 1817 seine Eigenthümlichkeit und seine basische Natur nachwies.

Das Narkotin findet sich im Opium nach Pelletier frei, nach Sertürner und Berzelius als schon durch Lösungsmittel zerlegbares Salz. Ob die von T. und H. Smith (Pharm. Journ. Trans. (2) 5. 317) in der Wurzel von *Aconitum Napellus L.* aufgefundene und Aconellin genannte Base, wie sie selbst vermuthen, identisch mit Narkotin ist, bedarf noch weiterer Bestätigung. Vorkommen.

Zur Darstellung des Narkotins lassen sich die Rückstände vortrefflich verwerthen, welche nach Erschöpfung des Opiums mit kaltem Wasser behufs Darstellung von Morphin bleiben. Diese pflegen den grössten Theil des Narkotins zu enthalten. Man extrahirt Darstellung.

sie mit verdünnter Salzsäure, fällt den Auszug mit doppelt kohlensaurem Natron, kocht den Niederschlag mit 80 proc. Weingeist aus, concentrirt die weingeistige Lösung und lässt krystallisiren. Die erhaltenen Narkotinkrystalle werden mit kaltem Weingeist gewaschen und aus kochendem Weingeist umkrystallisirt. — Wurde das Opium mit salzsäurehaltigem Wasser ausgezogen, so kann durch Versetzen des Auszuges mit Kochsalz das Narkotin niedergeschlagen werden. Zur Reinigung löst man den braunen käsigen Niederschlag in verdünnter Salzsäure, fällt mit Kalilauge und krystallisirt das ausgeschiedene Narkotin aus Weingeist um (Wittstock). — Robiquet behandelt das Opium zur Entfernung von Fett und Harz zuerst mit kaltem Aether, erschöpft es dann mit kochendem Aether, verdunstet die letzteren Auszüge und reinigt das zurückbleibende mit Weichharz verunreinigte Narkotin durch wiederholtes Umkrystallisiren aus Weingeist. — Man vergleiche auch Anderson's Verfahren zur Darstellung sämmtlicher Opiumalkaloide auf Seite 116.

Morphinhaltiges Narkotin wird am besten durch Auflösen in Salzsäure, Fällen mit überschüssigem Kali und Krystallisiren des mit Wasser gewaschenen Niederschlages aus kochendem Weingeist gereinigt.

Eigenschaften. Das Narkotin krystallisirt aus Weingeist oder Aether in farblosen durchsichtigen perlglänzenden Prismen oder büschlig vereinigten häufig platten Nadeln des orthorhombischen Systems. Aus sauren Lösungen durch ein Alkali gefällt bildet es weisse leichte Flocken. Es ist geruch- und geschmacklos und reagirt neutral. Es ist schwerer als Wasser. Bei 176° schmilzt es, bei langsamem Erkalten strahlig krystallinisch, sonst harzig wieder erstarrend. Kaltes Wasser löst von ihm fast nichts, kochendes sehr wenig. Nach Duflos erfordert es von kaltem 85 proc. Weingeist 100 Th., von kochendem 20 Th. zur Lösung, von kaltem Aether von 0,735 spec. Gewicht 166 Th., von kochendem Aether 48 Th. Nach Pettenkofer löst es sich in 2,69 Th. Chloroform und in 400 Th. Olivenöl, nach Henry in 60 Th. Essigäther, nach Dragendorff und Kubly in etwa 300 Th. Amylalkohol und in 22 Th. Benzol, unlöslich in kalter Kalilauge, löslich in heisser Kalilauge oder Kalkmich. Die neutralen Lösungen des Narkotins drehen die Polarisationsebene nach links, saure Lösungen sind rechtsdrehend. Chloroformlösung $\alpha j = -207{,}35^{\circ}$, salzsäurehaltige wässrige Lösung $p = 2\ \alpha j = +47^{\circ}$, alkoholische salzsaure Lösung $\alpha j = +104{,}64$. Spec. Gewicht 1,374—1,395.

Zusammensetzung. Das Narkotin ist von Pelletier, Liebig, Regnault, A. W. Hofmann und Anderen, zuletzt von Matthiessen u. Foster analysirt worden. Pelletier stellte die Formel $C_{34}H_{17}NO_{10}$, Liebig $C_{48}H_{24}NO_{15}$ und $C_{40}H_{20}NO_{12}$, Regnault $C_{44}H_{28}NO_{13}$ auf. Die bis in die neueste Zeit allgemein für richtig gehaltene Formel $C_{40}H_{25}NO_{14}$ wurde von Blyth vorgeschlagen. Matthiessen und Foster berechneten aus ihren Analysen die auch zu den älteren Analysen gut stimmende Formel $C_{22}H_{23}NO_7$, welche die Zersetzungsweisen des Narkotins sehr gut erklärt. Sie fanden ferner, im Widerspruch mit Wertheim, nachdem 3 homologe Basen (Methylnarkotin, $C_{22}H_{23}NO_7$, Aethylnarkotin, $C_{23}H_{25}NO_7$ und Propylnarkotin, $C_{24}H_{27}NO_7$) unter dem gemeinsamen Namen Narkotin bisher zusammengefasst sein sollten, dass alles Narkotin der Fabriken gleich und nach der obigen Formel zusammengesetzt sei. Das Narkotin enthält 3 Methylgruppen.

Das Narkotin verbindet sich mit den Säuren zu sauer reagirenden, meistens unkrystallisirbaren, in Wasser, Weingeist und Aether löslichen Salzen, die sehr bitter schmecken, und von denen die mit schwächeren Säuren durch viel Wasser, die mit flüchtigen Säuren durch Abdampfen ihrer Lösungen unter Abscheidung von Narkotin zerlegt werden. Salze.

Salzsaures Narkotin, $C_{22}H_{23}NO_7, HCl$, erstarrt aus syrupdicker Lösung zu einer strahligen Masse (Robiquet). Jodwasserstoffsaures Narkotin hinterbleibt beim Verdunsten seiner Lösungen ölförmig (How). — Schwefelsaures und phosphorsaures Narkotin sind gleichfalls unkrystallisirbar. — Essigsaures Narkotin soll nach Berzelius bei monatelangem Stehen seiner syrupdicken Lösung theilweise krystallisirt erhalten werden können. — Chlorwasserstoffsaures Narkotin-Quecksilberchlorid, $C_{22}H_{23}NO_7, HCl, HgCl$ wird aus weingeistigem salzsaurem Narkotin durch Quecksilberchlorid als weisser Niederschlag gefällt, der aus seiner Lösung in salzsäurehaltigem Weingeist in kleinen weissen Krystallen anschiesst (Hinterberger, Ann. Chem. Pharm. 82. 311). — Chlorwasserstoffsaures Narkotin-Platinchlorid, $C_{22}H_{23}NO_7, HCl, PtCl_2$, ist ein gelber krystallinischer Niederschlag, der durch Fällung einer kalten verdünnten wässrigen Lösung von salzsaurem Narkotin mit der eben genügenden Menge Platinchlorids dargestellt werden muss (Blyth). — Chromsaures Narkotin, gelber Niederschlag (Hesse). — Jodjodwasserstoffsaures Narkotin, Nr. HJ . J_2, schwarze, rhombische Krystalle (Jörgensen J. pr. chem. (2.) 2. 442). — Dioxalat und Ditartrat sind ebenfalls dargestellt.

Concentrirte Schwefelsäure löst Narkotin anfangs farblos, die Lösung wird aber nach einigen Minuten gelb, dann röthlichgelb und im Laufe von einem bis mehreren Tagen himbeerfarben (Dragendorff). Wird die frisch bereitete Lösung sehr allmälig erhitzt, so wird sie zuerst orangeroth, dann bilden sich vom Rande ausgehende prächtig blauviolette, bisweilen rein purpurblaue Streifen und endlich entsteht bei der Temperatur, bei welcher die Schwefelsäure zu verdampfen beginnt, eine intensiv rothviolette Färbung. Wird das Erhitzen vor dem Eintritt der rothvioletten Färbung unterbrochen, so nimmt die Lösung in der Kälte langsam eine zart kirschrothe Farbe an. Enthält die Schwefelsäurelösung Verhalten gegen Reagentien.

noch $^1/_{2000}$ des Alkaloids, so treten die blauen Färbungen noch sehr deutlich auf; bei $^1/_{4000}$-facher Verdünnung zeigt sich statt derselben nur ein zartes Carmoisin (A. Husemann). — Bringt man in eine Auflösung von Narkotin in conc. Schwefelsäure ein Tröpfchen Salpetersäure, so entsteht eine rothe Färbung (Couerbe); war die Lösung auf etwa 150° erwärmt, so ruft unterchlorigsaures Natron eine carmoisinrothe, Eisenchlorid eine anfangs violette, dann bleibend kirschrothe Färbung hervor (Husemann. Dragendorff). Conc. Schwefelsäure, welche $^1/_{1800}$ molybdänsaures Natron enthält, färbt sich mit Narkotin sogleich grün, dann braungrün, gelb, zuletzt röthlich (Dragendorff). — In sehr conc. Salpetersäure löst sich Narkotin gelb, aber die Färbung verschwindet bald. C. Arnold (Arch. Pharm. (3) **17.** 563) empfiehlt zum Nachweis von Narkotin einerseits, das Erhitzen mit conc. Schwefelsäure bis zur gelben oder violetten Färbung und Zusatz von alkoholischer Kalilauge (30—40%), wobei tief orangerothe Färbung entsteht, ferner noch das Erwärmen des Narkotins mit conc. Schwefelsäure und Zusatz von Kaliumnitrit, wobei prachtvoll kirschrothe Färbung intritt.

In den Auflösungen der Narkotinsalze erzeugt noch bei starker Verdünnung (1:1000—1:3000) Phosphormolybdänsäure bräunlichgelben flockigen, Phosphorantimonsäure gelblichweissen flockigen, Pikrinsäure schwefelgelben amorphen Niederschlag; Gerbsäure trübt, giebt aber auf Zusatz von etwas Salzsäure deutlichen Niederschlag, der sich beim Erwärmen löst, beim Erkalten wieder erscheint, Schwefelcyankalium fällt weiss und amorph, Jod-Jodkalium kermesfarben; Kaliumquecksilberjodid weisslich und amorph; Kaliumkadmiumjodid weiss und amorph; Zweifach-Chloridnatrium ockergelb; Quecksilberchlorid giebt allmälig zunehmende Trübung, zuletzt krystallinischen Niederschlag. In concentrirteren Lösungen bringt auch Platinchlorid gelbe, Goldchlorid gelblich weisse, bald grün werdende Fällung hervor; verdünntere mit Goldchlorid versetzte Lösungen scheiden allmälig metallisches Gold ab. — Jodsäure und Ueberjodsäure werden durch Narkotin und Narkotinsalze nicht reducirt, Eisenchlorid färbt sich damit nicht blau. Ammoniak, ätzende, kohlensaure und zweifach-kohlensaure Alkalien fällen das Narkotin aus seinen Salzen als weisses krystallinisches, im Ueberschuss der Fällungsmittel unlösliches Pulver.

Gerichtlich-chemischer Nachweis.

Wenn man bei einer gerichtlich-chemischen Untersuchung etwa vorhandene Alkaloide in saure wässrige Lösung übergeführt und diese durch Schütteln mit Benzol, Petroleumäther und Amylalkohol gereinigt hat, so lässt sich jetzt, ohne dass alkalisch gemacht zu werden brauchte, das Narkotin mit Chloroform ausschütteln (Dragendorff). Läge eine Opiumvergiftung vor, so würden Morphin und Codeïn in der wässrigen Flüssigkeit bleiben und letzteres nach Uebersättigung mit Ammoniak durch Chloroform, darauf das Morphin durch heissen Amylalkohol ausgezogen werden können (vergl. Morphin und Codeïn).

Im Narkotin können durch Einwirkung von Salzsäure oder Jodwasserstoffsäure die Methylgruppen ausgeschieden werden (Matthiessen). — Die Jodverbindung des Narkotins zerfällt beim Erhitzen mit Alkohol in Opiansäure und Methyltarconinsuperjodid. Die Einwirkung von Wasser auf Narkotin liefert bei 140° Mekonin und Hydrocotarnin, bei 240—260° Trimethylamin. — Längere Einwirkung von Baryt liefert in der Wärme Mekonin und Methylamin, Kali liefert bei 240° Trimethylamin, schmelzendes Kali Methylnormekonin; auch Natriumamalgamwirkung veranlasst Bildung von Mekonin und Hydrocotarnin. — Durch Oxydation wird das Narkotin mannichfach verändert und zwar durch Braunstein und Schwefelsäure entstehen Cotarnin und Opiansäure (Wöhler), bei Anwendung von Salzsäure und Braunstein auch Hemipinsäure neben etwas Hydrocotarnin (Beckett, Wright, Wöhler), ähnlich wirken verdünnte Salpetersäure und Platinchlorid. Diese Spaltung des Narkotins in Cotarnin, Opiansäure ist für die Constitution des Narkotins von Wichtigkeit, indem diese 3 Körper im Verhältnisse von Alkohol, zu Aldehyd und Säure stehen: Zersetzungen.

$$(CH_3O)_2.C_6H_2<{CH_2 \atop CO}>O \quad (CH_3O)_2.C_6H_2<{C.OH \atop CO.OH} \quad (CH_3O)_2.C_6H_2<{CO.OH \atop CO.OH}$$

Mekonin — Opiansäure — Hemipinsäure

Derivate des Narkotins. Resultate der Forschungen zur Aufklärung der Constitution.

Die Arbeiten von Beckett, Wright, Matthiessen, auch die älteren von Armstrong, Gerhard, Laurent haben folgende Derivate des Narkotins festgestellt. Aethylnarkotin, das als Jodid beim Erhitzen von Narkotin mit absolutem Alkohol und Aethyljodid bei 100° erhalten wird. Aethylnarkotin. Methylnornarkotin. Nornarkotin.

$$C_{22}H_{23}NO_7 . C_2H_5J;$$

Dimethylnornarkotin, $C_{21}H_{21}NO_7$, beim Erwärmen von Narkotin mit Schwefelsäure, sowie auch mit Salzsäure entstehend, amorph, leicht löslich in Alkohol, löslich in Kalilauge, schwerlöslich in Aether und Wasser; Methylnornarkotin, $C_{20}H_{19}NO_7$, bei längerer Einwirkung von Salzsäure auf Narkotin entstehend, amorph, und das Nornarkotin, $C_{19}H_{17}NO_7$, durch Einwirkung rauchender Jodwasserstoffsäure auf Narkotin entstehend, amorph, sich rasch zersetzend.

Unter den Oxydationsproducten ist vor Allem das Cotarnin zu erwähnen, dessen näheres Studium Aufklärung über die Constitution des Narkotins geliefert hat.

Cotarnin, $C_{12}H_{31}NO_3 + H_2O$. — Literatur: F. Wöhler, Ann. Chem. Pharm. 50. 19. — Blyth, Ebendas. 50. 36. — Anderson, Ebendas. 86. 189. — Beckett, Wright, J. chem. Soc. 28. 580; 29. 169; 32. 531. — Matthiessen, Foster, Ann. Chem. Pharm. Supplem. 2. 379. — v. Gerichten, Ebendas. 210 u. 212. Cotarnin.

Zur Darstellung trägt man in eine siedende Lösung von 2 Th. Narkotin in 30 Th. Wasser und 3 Th. Schwefelsäure 3 Th. Braunstein ein, lässt erkalten, filtrirt die ausgeschiedene Opiansäure ab, neutralisirt im Filtrate die Säure mit Kalk, setzt etwas Soda zu und fällt mit conc. Natronlauge das Cotarnin aus, das aus Benzol umkrystallisirt wird.

Farblose, nadelförmige Krystalle, leicht in Alkohol und Aether löslich, schwer löslich in Wasser, welche bei der Oxydation mit verdünnter Salpetersäure Apophyllensäure liefern, mit Salzsäure Methylchlorid und Cotarnaminsäure abspalten und mit Wasserstoff Hydrocotarnin liefern. Bei Einwirkung von Aethyljodid auf Cotarnin in absolutem Alkohol bei 100° entsteht Aethylcotarnin.

Aethylcotarnin.

Bromcotarnin, $C_{12}H_{12}BrNO_3 + H_2O$, entsteht beim Behandeln eines Hydrocotarninsalzes mit Bromwasser, Bromcotarnindibromid, $C_{12}H_{12}Br_3NO_3$, beim Behandeln von Cotarnin mit Bromwasser (Wright, v. Gerichten). Wird Cotarnin mit conc. Salzsäure auf 140° erhitzt, so entsteht Cotarnaminsäure, $C_{11}H_{11}NO_5$, löslich in Kalilauge, mit verdünnter Salpetersäure Apophyllensäure liefernd. Wird das bromwasserstoffsaure Bromcotarnin auf 190—200° erhitzt, so entsteht nach der Zersetzung des Salzes mit Kali Tarkonin, $C_{11}H_9NO_3$ (Wright).

Cotarnaminsäure. Tarkonin.

Wird in kleinen Partien (50 g) bromwasserstoffsaures Bromcotarnindibromid auf 160° erhitzt, mit Wasser ausgelaugt, so scheiden sich aus dieser Lösung Krystalle aus, welche mit Soda zerlegt Bromtarkonin liefern:

Bromtarkonin.

$$C_{11}H_8BrNO_3 + 2H_2O = C_4H_8BrO . \begin{array}{l} CO - O \\ | \\ C_5H_3 . N \quad CH_2 \end{array} + 2H_2O$$

(v. Gerichten) orangerothe, seidenglänzende Nadeln, die bei 100° carminroth werden, bei 235—238° unter Zersetzung schmelzen. Dieser reactionsfähige Körper verbindet sich mit Alkyljodiden (Methyl-Aethyl), zerfällt mit Wasser bei 160° in Cupronin und Tarnin, beim Erhitzen mit Salzsäure bei 120° in Nartinsäure und Tarnin neben CO_2 und CO.

Bromtarkonin liefert, mit Chromsäure und Schwefelsäure gekocht, Apophyllensäure und Bromoform; wird salzsaures Bromtarkonin mit Bromwasser erwärmt, so entsteht Cuprin, mit mehr Brom Bromapophyllensäure und endlich Dibromapophyllin; endlich liefert Bromtarkonin mit Natronkalk erhitzt Pyridin.

Die Methyljodid- und Aethyljodidderivate des Bromtarkonins liefern weiter, mit Barythydrat erwärmt, neben Formaldehyd Methylbromtarkoninsäure, $C_{11}H_{10}BrNO_3, + 2H_2O = C_{10}H_8BrNO_3 . CH_3 . OH$, gelbe, glänzende Prismen, Schmpkt. 233—235°, und Aethylbromtarkoninsäure, $C_{12}H_{12}BrNO_3 + 2H_2O$, gelbe, glänzende Nadeln, 223—225° Schmpkt., welche beide beim Erhitzen in Methyl- oder Aethylchlorid, Bromwasserstoff und Tarkonsäure zerfallen (v. Gerichten). Die freie Tarkonsäure, $C_{10}H_7NO_3$, aus der salzsauren Verbindung durch Mononatriumcarbonat abgeschieden, bildet gelbe, leicht zersetzbare Nadeln, in Natronlauge löslich, welche Lösung grünblaue Flocken nach einiger Zeit abscheidet. Die Tarkonsäure reducirt Silbersalze.

Die weiteren Derivate des Bromtarkonin, wie bereits oben erwähnt, sind nach E. v. Gerichten:

Nartinsäure.

Nartinsäure, $C_{20}H_{16}N_2O_6$, durch Erhitzen von Bromtarkonin mit Salzsäure bei 120—130° entstehend, orangeroth, leicht oxydationsfähig, in Alkalien löslich, daraus grünblaue Flocken abscheidend, Silbersalze reducirend, giebt mit Eisenchlorid rothbraune Färbung und mit Natronkalk Pyridin.

Cupronin.

Cupronin. $C_{20}H_{18}N_2O_6$. — Beim Erhitzen von Bromtarkonin mit Wasser entsteht neben Tarnin diese Base bei 130°. Wasser löst aus dieser

Masse bromwasserstoffsaures Tarnin, während bromwasserstoffsaures Cupronin zurückbleibt, das mit $NaHCO_3$ zerlegt werden kann. Schwarzes Pulver, in heissem Alkohol, Aether, Benzol löslich, unlöslich in heissem Wasser, löslich in Aetzalkalien mit braunrother Farbe. Cupronin ist löslich in conc. Schwefelsäure und Salzsäure mit fuchsinrother Farbe, die mit Wasser blauviolett wird. Das bromwasserstoffsaure Salz ist kupferglänzend.

Tarnin. $C_{11}H_9NO_4 + 1^1/_2 H_2O$. Orangerothe, feine Nadeln, 220° Schmpkt., in heissem Wasser und Alkohol löslich, unlöslich in Aether, zerfällt beim Erhitzen mit Salzsäure in CO und Nartinsäure. Tarnin.

Cuprin. $C_{11}H_7NO_3$. — Eine kalt gesättigte Lösung von salzsaurem Bromtarkonin, mit Bromwasser versetzt, bis die Lösung braun zu werden beginnt, wird beim Kochen dunkelblau und liefert nach Sodazusatz Cuprin, das eine kupferglänzende Masse bildet, in Wasser und Alkohol mit grüner Farbe sich lösend, unlöslich in Aether, mit verdünnten Säuren tiefblau werdend, nicht zersetzbar durch conc. Schwefelsäure, eine schwache Basis. Cuprin.

Dibromapophyllin. $C_{14}H_{10}Br_2N_2O_4$. — Das Endproduct der Einwirkung von Bromwasser auf Bromtarkonin, entsteht, wenn die salzsaure Bromtarkoninlösung mit überschüssigem Bromwasser versetzt unter Erwärmen, wobei sich Dibromapophyllin ausscheidet, eine 2säurige Basis, die leicht Salze bildet. Die Base ist ziemlich leicht löslich in kaltem Wasser, schmilzt bei 229° unter Zersetzung, reducirt Silbersalze und wird bei 180° von Salzsäure zerlegt in CO_2, CH_3Br und Dibrompyridin (v. Gerichten). Durch die hier beschriebenen Reactionsproducte ist ein Abbau des Cotarnins bis zum Pyridin von E. v. Gerichten erreicht, was in folgender Zusammenstellung übersichtlich erscheint: Dibromapophyllin.

$$\underset{\text{Cotarnin}}{C_{12}H_{13}NO_3} + Br_4 = \underset{\text{Bromwasserstoffsäure}}{BrH} . \underset{\text{Bromcotarnindibromid.}}{C_{12}H_{12}BrNO_3 . Br_2}$$

$$BrH . C_{12}H_{12}BrNO_3 . Br_2 = BrH + BrCH_3 + BrH . C_{11}H_{18}BrNO_3$$

$$\underset{\text{Bromtarkonin}}{C_{11}H_8BrNO_3} = BrH + \underset{\text{Cuprin}}{C_{11}H_7NO_3}$$

$$C_{11}H_7NO_3 + 16\,Br + 7\,H_2O = \underset{\text{Bromapophyllin}}{C_{14}H_{10}Br_4N_2O_4 , 2\,BrH} + 2\,CO_2.$$

$$C_{14}H_{10}Br_4N_2N_4 , 2\,HCl = CO_2 + 2(\underset{\text{Methyldibrompyridylammoniumchlorid}}{C_5H_3Br_2N . CH_3Cl})$$

$$C_5H_3Br_2N . CH_3Cl = CH_3Cl + \underset{\text{Dibrompyridin}}{C_5H_3Br_2N}.$$

Die Constitution des Bromtarkonin, $C_{11}H_8BrNO_3$, darf folgendermassen aufgefasst werden:

```
                 ╱CO — O╲
C4H3BrO — C5H3 — N — CH3
               Pyridin
```

Das Bromtarkonin ist demnach ein lactonartig constituirter Körper, denn er enthält die Gruppe

```
╲
 C — CO╲
 |      O
 N — CH2╱
```

Das Cotarnin wäre demnach ein Wasserstoffadditionsproduct von methylirtem Tarkonin: $C_{11}H_8(CH_3)NO_3 + H_2 = C_{12}H_{13}NO_3$.

Apophyllensäure. $C_8H_7NO_4$. — Die, wie oben erwähnt, bei der Oxydation von Cotarnin oder Bromcotarnin entstehende Säure erhält man am besten durch Kochen von 1. Cotarnin mit 1 Th. conc. Salpetersäure und 3 Th. Wasser, bis mit Kali kein Cotarnin mehr fällt, worauf man Alkohol und Aether zusetzt. Rhombendodekaeder oder kurze Nadeln, bei 241—242° schmelzend unter Zersetzung, schwerlöslieh in Wasser, unlöslich in Alkohol und Aether, welche mit Salzsäure Methylchlorid und Cinchomeronsäure $C_5H_3\left\{\begin{matrix}CO\ \ OH\\ CO\ \ OH\end{matrix}\right.$ liefern.

Die Apophyllensäure ist demnach der saure Methyläther der Cinchomeronsäure, $CO.OH.C_5H_3N(CH_3)\left\langle\begin{matrix}CO\\ |\\ O\end{matrix}\right.$ (Wöhler, Ann. Chem. Pharm. 50. 24. — Anderson, Ebendas. 86. 196. — v. Gerichten, Ebendas. 210. 85.)

Opiansäure.

Opiansäure. $C_{10}H_{10}O_5$. — Die Opiansäure, welche, wie oben bei Cotarnin angegeben, erhalten wird, lässt sich aus siedendheissem Wasser umkrystallisiren, mittelst Natriumthiosulfat oder mittelst salpetriger Säure, die in die Lösung von 1 Th. Opiansäure in 20 Th. Wasser eingeleitet wird, reinigen. Feine Prismen, leicht löslich in heissem Wasser, in Alkohol, Aether löslich, Schmpkt. 145°, liefern bei der Oxydation Hemipinsäure und bei der Reduction mit Natriumamalgam Mekonin $(CH_3O)_2.C_6H_2<\begin{matrix}CH_2\\ CO\end{matrix}>O$, mit conc. Salpetersäure Nitroopiansäure und Nitrohemipinsäure, mit Kalilauge Mekonin und Hemipinsäure, mit conc. Schwefelsäure Rufiopin (Anthracenderivat), bei der Destillation mit Natronkalk Methylvanillin. Die Opiansäure kann ihrer Constitution nach als Noropiandimethyläthersäure, $(CH_3O)_2.C_6H_2(COH).CO.OH$, aufgefasst werden. Sie liefert, mit Jodwasserstoffsäure erhitzt, Noropiansäure, $(OH)_2.C_6H_2(CHO).CO.OH$, mit conc. Salzsäure auf 100° erwärmt, Neropianmethyläthersäure,

$$CH_3O.C_6H_2(OH)(COH).CO.OH.$$

(Wöhler, Ann. Chem. Pharm. 50. 1. — Anderson, Ebendas. 86. 193. Blyth, Ebendas. 50. 37. — Matthiessen, Foster, Ebendas. Suppl. 1. 332. — Liebermann und Chotnacki, Ebend. 162. 323. — Prinz, J. pr. Chem. (2) 24. 353.).

Hemipinsäure.

Hemipinsäure. $C_{10}H_{10}O_6$. — Die Darstellung dieser Säure gelingt am besten aus Opiansäure, die mit Bleihyperoxyd und Wasser gekocht wird, welche Lösnng, von Blei mit Schwefelsäure befreit, die Säure liefert. Monokline Krystalle, 180° Schmpkt., sublimationsfähig, schwer löslich in kaltem Wasser, leichter löslich in Alkohol. Die Säure liefert mit Salzsäure erhitzt Chlormethyl, Isovanillinsäure, mit Kali Protocatechusäure, mit Natronkalk in der Hitze Brenzcatechindimethyläther.

Die Hemipinsäure ist als eine Norhemipindimethyläthersäure zu betrachten:

$$(CH_3O)_2.C_6H_2\left\{\begin{matrix}CO.OH\\ CO.OH\end{matrix}\right.$$

(Wöhler, Ann. Chem. Pharm. 50. 17. — Blyth, Ebendas. 50. 43. — Anderson, 86. 194. — Beckett, Wright, J. Chem. Min. 1876. 809. — Liechtl, Ann. Chem. Pharm. Suppl. 7. 150. — Prinz, J. pr. Chem. (2) 24. 370).

Das Narkotin besitzt im Verhältniss zu den übrigen Opiumalkaloïden eine schwache toxische Wirkung, über deren Qualität die Angaben differiren, doch ist bei Thieren reines Narkotin mehr convulsionserregend als narkotisch. Eine Wirkung auf die Bewegung des Darmes oder die Darmsecretion besitzt es auch in sehr grossen Dosen nicht. Wirkung.

Dass unter den Opiumalkaloïden keines, trotz mannigfacher Prüfungen, so wenig genau gekannt ist wie das Narkotin und erhebliche Widersprüche nicht nur zwischen den Angaben einzelner Autoren, sondern selbst in den Ansichten eines und desselben Experimentators existiren, erklärt sich daraus, dass bis in die neueste Zeit hinein im Handel unter dem Narkotin mehr oder weniger differente oder unreine Präparate vorkommen, die sogar bezüglich ihrer chemischen Reactionen nicht harmoniren.

Von Derosne als dem Opium gleichwirkend bezeichnet, nannte Nysten das Narkotin kaum wirksam, indem es ihm selbst zu 0,25 bei Menschen nur geringe Neigung zum Schlafe machte. Bally fand es bei Kranken ebenfalls in kleinen Dosen auf den Menschen ohne Action und stieg oft bis auf 4,0 bis 4,5 in 24 Stunden. In einem Falle blieben Gaben unter 1,0 wirkungslos, die Dosis von 1,0 bewirkte glänzendes Aussehen der Augen und häufige Erectionen, später hatten auch 2,0 keine auffallende Wirkung. Aufregung der Geschlechtsfunction bekamen auch zwei Frauenzimmer nach grossen Dosen. Bei einer Versuchsperson stellte sich nach 1,5 Verdunklung des Gesichts, nach 2,5 Schwindel ein, welcher letztere bei Anderen erst nach 4,5 und selbst erst nach 7,0—8,0 erschien; bei einem Manne trat nach 2,5 in der Nacht plötzliches Zusammenfahren auf das leiseste Geräusch auf. Mit dieser Wirkungslosigkeit fast enormer Dosen harmonirt in keiner Weise die Angabe von Barbier, dass Narkotin zu 0,06 in gleicher Weise wie 0,03 Morphin Schlaf bewirkt habe, dem aber heftiger Kopfschmerz und allgemeine Betäubung am andern Morgen folgten, dass nach weiteren 0,12 wieder Schlaf, aber am folgenden Morgen heftige Cephalalgie und einige Stunden später grosse, selbst die nächste Nacht hindurch anhaltende Mattigkeit eingetreten seien, worauf trotz Aussetzen des Mittels am folgenden Tage ein höchst beunruhigender Zustand (Entfärbung von Lippen und Haut, Kälte des ganzen Körpers, Schlafsucht, Schwindel, Sinnestäuschungen, Contraction der Pupillen) folgten. Roats hinwiederum gab es bis 1,25 allmälig ohne Erfolg und Cogswell sah weder von der inneren noch von der äusseren Anwendung Symptome. O'Shaugnessy sah darnach allgemeine Hitze und Schweiss auftreten; Garden beobachtete, dass es von 0,06—0,36 den Puls voller und frequenter mache, während es von 0,36—1,0 Schweiss und bisweilen Nausea, Schwindel und Erbrechen, ausserdem Constipation bedingte. Garrod sah hinwiederum von 2,0 keine narkotischen Phänomene. Charvet bekam nach 0,015 in Olivenöl gelöst und ebenso nach 0,03 Unregelmässigkeit des Pulses mit anfänglicher Beschleunigung, späterem Sinken, nach 0,06 in Essigsäure gelöst nach 20 Min. leichte Spannung des Kopfes, die 1/4 Stunde anhielt, später einen kleinen, sehr unregelmässigen Puls, der erst nach 3—4 Stunden wieder normal wurde; denselben Effect zeigte 0,06 krystallisirtes nicht schmeckendes Narkotin. Wibmer sah auf 0,015 und 0,03 keine Wirkung, auf 0,06 eine Stunde dauernden leichten Schmerz der Stirn und Eingenommenheit des Kopfes. Bei Schroffs Schülern bedingten 0,07—0,15 anfangs Steigen der Pulsfrequenz um 6—14, später Sinken um ebensoviel oder noch mehr Schläge unter die Norm, womit anfängliches Steigen der Körperwärme um 0,2, dann continuirliches Sinken correspondirte; ferner faden, nicht bitteren, bei Einigen etwas kratzenden Geschmack, bald nach dem Einnehmen nicht lange andauernden Kopfschmerz mit Summen im Kopfe, Röthung des Gesichtes, Injection der Augen, Erweiterung der Pupille, Vermehrung der Transpiration, unangenehmes Kriebeln in den Gliedern, angenehmes Wärmegefühl in der Brust, tiefere Respiration, angenehme Gemüthsstimmung, Mattigkeit und Schläfrigkeit, schliesslich Kälte und Frösteln, welche Erscheinungen sämmtlich nach zwei Stunden verschwanden; Aufstossen und Uebelkeit fehlten. In neueren Versuchen mit salzsaurem Narkotin, dessen Geschmack als sehr bitter und scharf angegeben wurde, bewirkte 0,2 bei zwei Schülern Schroff's nach 1 Stunde ein schwaches Drücken in der Stirngegend und Frösteln an den Extremitäten. Pulsbeschleunigende, Temperatur und Respirationsfrequenz erhöhende Eigenschaften des Narkotins constatirte auch Eulenburg bei hypodermatischer Injection desselben, jedoch in schwächerem Grade als beim Thebaïn. Rabuteau sah an sich selbst nach 0,4 Narkotin innerlich in Lösung genommen keine Befindensänderung und namentlich keine stuhlverstopfende Action, auch blieben therapeutische Dosen von 0,05—0,1 ohne jeden physiologischen Effect. Bouchut fand 0,075 bei Kindern weder hypnotisch noch toxisch.

Bei Thieren. Orfila fand 0,6—0,8 Narkotin, auf das Zellgewebe des Oberschenkels eines Hundes gebracht, ganz wirkungslos, während vom Magen aus auf 0,5—0,8 nach 15—20 Stunden Würgen und Erbrechen, Schwäche, Stupor, Beschleunigung des Athmens auftreten und unter zunehmender Schwäche der Thiere der Tod in einigen Stunden erfolgt; stellt sich dieser erst später (am Ende des 2., 3. oder 4. Tages) ein, so gehen schwache Krämpfe in den Beinen vorher; Schwindel, Lähmung der Hinterbeine, klägliches Geheul und starke Convulsionen, sowie Störungen der Sinnesorgane fehlen. Vergiftung durch 2,5 in Oel gelöst bedingt nach Orfila dieselben Erscheinungen. In der Dosis von 2,0 in Wasser mit einigen Tropfen Salzsäure oder Salpetersäure sah Orfila vom Narkotin keinen Effect. In verdünnter Essigsäure gelöst bewirkten 0,8 bei Application in das Schenkelbindegewebe eines Hundes keinen Effect; vom Magen aus bedingten 2,0 in derselben Weise gelöst in 5 Minuten wankenden Gang, nach ³/₄ Stunden Hinfallen, Zuckungen, Schäumen des Mundes, Beschleunigung des Athmens, dann Schwäche, convulsivische Anfälle, Betäubung und Tod in 6—10 Stunden, welche Erscheinungen wohl auf Rechnung der verdünnten Essigsäure zu schreiben sind. Denselben Effect hatten 2,5 in verdünnter Schwefelsäure vom Magen aus in 3—4 Stunden, worüber das Nämliche gilt. In die Venen injicirte Orfila 0,06 mit Oel, manchmal selbst 0,12 ohne Effect, während 0,2 bei kleinen Hunden convulsivische Bewegungen, Opisthotonus und Stupor bei offnen Augen und nicht tiefem Schlafe hervorrufen, worauf der Tod manchmal in 2 Minuten, meist in einigen Stunden erfolgt. — Bally sah bei einem jungen Hunde 0,06 und 0,12 Narkotin in Oel gelöst rasch Erbrechen, leichtes Zittern, beschleunigtes Athmen, Mydriasis und krampfhaftes Ziehen in den Hinterbeinen, Verlust von Appetit und Munterkeit bedingen; doch erfolgte weder nach diesen Dosen noch nach 0,5 der Tod. —

Charvet beobachtete bei einer Katze nach 1,25 Narkotin in Olivenöl gelöst nach 18 Min. Erbrechen, das $1^1/_2$ Stunden dauerte, dann leichtes Zittern und Steifheit der Glieder, gegen 4 Stunden dauernd, dann schwindend; bei einem Kaninchen nach 1,0 Unregelmässigkeit der Athemzüge, Zittern, wiederholte tetanische Anfälle und Tod nach 12 Stunden; bei Vögeln Erbrechen, Zittern der Flügel, Steifheit der Beine, Starrkrampf, der sich durch Geräusch oder Stoss erneuerte; Sperlinge starben auf 0,1 in Oel in 2 Stunden. — Kauzmann fand 0,31 bei einer Katze tödtlich; die Vergiftungssymptome stellten sich erst in 4 Stunden als Zittern, tetanische Spannung der Extremitäten, Pupillencontraction, klonische Krämpfe von $^1/_2$—1 Min. Dauer, in Pausen von 10—15 Minuten wiederkehrend, ein, worauf ein Zustand von Coma eintrat, dem erst nach 36 Stunden der Tod folgte.

Cl. Bernard stellt bei seinen Mittheilungen über die Opiumalkaloide das Narkotin zu den krampferregenden, während er es gleichzeitig für das am schwächsten giftige Opiumalkaloid bezeichnet. Albers will dagegen auf Grundlage seiner Froschversuche das Narkotin in Gegensatz zu den convulsivisch wirkenden stellen; nach ihm wirkt es zu etwa 0,5 tödtlich und zwar gewissermassen als umgekehrtes Thebaïn, indem es zwar anfangs eine geringe und kurzdauernde Erhöhung der Sensibilität und einiges Zucken bedingt, dann aber sehr rasch Empfindungslosigkeit, Lähmung und einen schlafsüchtigen Zustand, wobei die Empfindlichkeit des Auges und die elektrische Reizbarkeit der Nerven vermindert schienen. Die Versuche Bernards, nach denen Frösche nach 0,002 Muskelstarre und Convulsionen bekommen, jedoch erst nach 0,025 starben und selbst Sperlinge 0,01 toleriren, zeigen in den bei letzteren u. a. Vögeln beobachteten Phänomenen entschiedene Anklänge an die Hirnkrampfgifte (Rückwärtsgehen etc.). — Nach Baxt wirkt Narkotin dem Thebaïn und Porphyroxin analog, jedoch minder stark Convulsionen erregend und stärker sedativ. 20—40 Mg. bedingen bei Fröschen sofort Unruhe und Reizbarkeit, in $1^1/_2$ Min. Ruhe und Abstumpfung der gewöhnlichen Reizbarkeit während 1 3 Stunden, worauf Rückkehr zur Norm erfolgt; die $1^1/_2$fache Dosis erzeugt denselben halbcomatösen Zustand, jedoch nur 10—15 Min. anhaltend, dann Reflextetanus und endlich spontanen Tetanus, 1—2 Stunden paroxystisch auftretend; der Tod erfolgt erst bei grösseren Dosen, wo dann starker Rigor mortis sich einstellt. 0,1 und mehr Narkotin wirkt subcutan auf Kaninchen und Meerschweinchen nicht toxisch. Rabuteau fand es bei Fröschen zu 0,02—0,03 subcutan krampferregend, aber nicht letal wirken. Auf die Wirkung des Glaubersalzes in Darmschlingen blieb es in grossen Gaben unwirksam.

Die convulsionserregende Wirkung ergiebt sich auch bei Tauben, welche trotz ihrer Immunität gegen Opium und Morphin schon durch 0,12—0,3 Narkotin zu Grunde gehen.

Auf die Verdauung von Fibrin wirkt Narkotin hemmend, jedoch schwächer als Morphin (Wolberg, Arch. ges. Physiol. 22. 308). Nach Fubini und Ottolenghi (Centralbl. med. Wiss. 737. 1880) modificirt es die tägliche Harnstoffausscheidung nicht.

Schicksale im Organismus.

Narkotin geht in den Harn damit vergifteter Thiere über (Dragendorff und Kauzmann).

Therapeutische Anwendung.

Ausser der ziemlich empirischen Anwendung gegen Intermittens hat keine therapeutische Benutzung des Narkotins Bedeutung. Dass die physiologischen Versuche an Menschen und Thieren für die Anwendung des Narkotins in Krankheiten keine festen Indicationen geben, liegt klar zu

Tage. Es als Excitans bei niedergedrückter Lebenskraft zu benutzen, wozu Brera stündliche Gaben von 0,12 proponirte, scheint bei dem Reichthume des Arzneischatzes an besser empfohlenen Medicamenten dieser Art unnöthig. Hypnotische Effecte des Narkotins rühmt Fronmüller nach Versuchen an 39 Patienten, von denen 16 danach gut, 17 befriedigend schliefen, so dass er das Alkaloid dem Morphin und Metamorphin als Schlafmittel zunächst anreiht, doch musste das Mittel, welches in Form von Salzen besser als das Alkaloid zu wirken schien, — als physiologische Wirkungen resultirte nur Erregung der Pulsfrequenz, keine Retardation des Stuhles — zu 1,2—1,8 gegeben werden, somit in Dosen, welche, da die Präparate häufig morphinhaltig zu sein scheinen, Gefahren für die Gesundheit begründen. Schmerzstillende Wirkung kommt dem Alkaloide nach den Erfahrungen Eulenburg's nicht oder nur höchst mässig zu und in Cadet de Gassicourts Combination von Narkotin, Extr. Belladonnae und Decoctum Lactucae virosae zu einer Injection bei Neuralgie der Urethra und Vagina ist das erstere wohl das am wenigsten Wirksame. Reissner fand es bei Geisteskranken subcutan injicirt nicht hypnotisch. Es bleibt somit nur die auf die Bitterkeit der Narkotinsalze basirte Anwendung gegen Intermittens übrig, die besonders in Ostindien seit 1839 beliebt zu sein scheint, wo man dieselben als dem Chinin fast an Wirksamkeit gleichkommend bezeichnet und wo das Mittel bei dem hohen Gehalte des indischen Opiums leichter zu haben ist. Ausser O'Shaugnessy, Stewart, Roats wollen eine Reihe ostindischer Aerzte bei Wechselfieber aller Typen die besten Erfolge damit erzielt haben. Man giebt das Narkotin in verdünnter Schwefelsäure oder Salpetersäure gelöst, in einer Mixtur, zu 1,0 bis 1,5 pro die (nach Roats: Narcotini puri 2,0, Acid. sulfur. diluti 8,0, Aq. destill. 180,0, 2stdl. 1 Esslöffel).

Dosis und Arzneiform.

Wirkung von Narkotinderivaten.

Cotarnin lähmt bei Fröschen zu 7,5 Mg. die peripherischen Nervenendigungen (Buchheim und Loos). Sehr giftig ist eine Verbindung von Chlorwasserstoffsäure mit Cotarninsäure, die nach Legg (St. Barth. Rep. 6. 97. 1870) zu 0,24—0,5 Hunde und Katzen unter erst sehr spät eintretenden Erscheinungen von Schwäche und Zuckungen in 24—27 Stunden tödtet.

Cotarninsäure.

Hydrocotarnin.

Hydrocotarnin. $C_{12}H_{15}NO_3 + \frac{1}{2}H_2O$. — Bestandtheil des Opiums, wird am besten dargestellt, indem man in eine salzsaure Lösung von Cotarnin Zinkgranalien einträgt, mehrere Tage stehen lässt, mit Ammon versetzt und mit Aether ausschüttelt. — Monokline Prismen, löslich in Alkohol, Aether, Chloroform, Benzol, Schmpkt. 50°, löslich in conc. Schwefelsäure mit gelber Farbe, die beim Erhitzen roth wird. Aethylhydrocotarnin, auch Brom und Dibromhydrocotarnin sind bekannt. Von Salzen sind hergestellt: Das salzsaure, bromwasserstoffsaure, jodwasserstoffsaure, sowie Platinchloriddoppelsalz. (O. Hesse, Ann. Chem. Pharm. Suppl. 8. 320. Durch Eisenchlorid und Oxydationsmittel überhaupt geht das Hydrocotarnin in Cotarnin über. — Beckett, Wright, J. chemic. Soc. 28. 577; 29. 170).

Wirkung.

Das Hydrocotarnin ist nach F. A. Falck (Toxikologische Studien über das Hydrocotarnin. Marburg, 1872) giftiger als Morphin, indem es in Dosen von 0,2 pr. Kilo subcutan als chlorwasserstoffsaures Salz applicirt Kaninchen tödtet, welche nach 0,2—0,27 in 11—47 Minuten zu Grunde gehen. Der Tod ist ein asphyktischer (dunkle Färbung des gesammten Blutes, Ausdehnung des Herzens u. s. w.). Das Vergiftungsbild entspricht der Codeïnvergiftung und stellt sich nach prodromaler Athembeschleunigung, Unruhe, Mydriasis, Zittern und Speicheln, bald mehrmals wiederholter Opisthotonos mit Trismus, bald mehr als Coma, mitunter von Convulsionen unterbrochen, dar; im ersten Falle steigt, im zweiten sinkt die Temperatur. Auch Pierce (Journ. Chem. Soc. 573. 1875) beobachtete bei Säugethieren die von Falck wahrgenommenen Symptome, insbesondere epileptiforme Convulsionen, und fand 0,25 für Meerschweinchen und 0,4 für Katzen in 10 Min. tödtlich. Frösche sterben erst von 0,1 subcutan nach voraufgehendem Tetanus; das Herz schlägt nach dem Absterben der übrigen Theile fort; Muscarinstillstände werden durch schwache Hydrocotarninlösungen aufgehoben (F. A. Falck).

Oxynarkotin. $C_{22}H_{23}NO_8$. — (Beckett, Wright, J. chemic. Soc. 29. 461). Aus Gemengen von Narceïn und Oxynarkotin ist dasselbe leicht zu erhalten, indem man dieselben in verdünnter Schwefelsäure löst, mit Natron fällt und den Niederschlag mit Wasser auskocht; Oxynarkotin bleibt zurück. Krystalle, schwer löslich in Alkohol, Wasser, unlöslich in Aether, Chloroform, giebt mit Eisenchlorid Hemipinsäure und Cotarnin, beim Kochen mit Wasser dieselbe Zersetzung. Oxynarkotin.

Beckett und Wright geben dieser Basis die Formel $(C_{11}H_{11}(CH_3)NO_3)$

$$-CO-C_6H_2\begin{cases}CO.OH\\OCH_3\\OCH_3\end{cases}$$ Das Narkotin wäre das Aldehyd dieses Oxynarkotins.

Narceïn. $C_{23}H_{29}NO_9$. — Literat.: Chemische: Pelletier, Ann. Chim. Phys. (2) **50**. 252 u. 262, auch Ann. Chem. Pharm. **2**. 274 und **5**. 163; Journ. Pharm. **21**. 573, auch Ann. Chem. Pharm. **16**. 47. — Couerbe, Ann. Chim. Phys. (2) **59**. 151, auch Ann. Chem. Pharm. **17**. 171. — Winckler, Repertor. Pharm. 59. 1. — Anderson, Edinb. Roy. Soc. Trans. **20**. **3**. 347, auch Ann. Chem. Pharm. **86**. 182. — O. Hesse, Ann. Chem. Pharm. **129**. 250. — A. Petit, Bullet. soc. chim. (2) 18. 534; Jahresb. Chem. Min. 1873. 755. — O. Hesse, Berl. Ber. 7. 105. — A. Wright, Ebendas. **6**. 1551; Annal. Chem. Pharm. **129**. 251. — Beckett und Wright, Chem. Soc. Journ. (2) **13**. 699. Nachweis: A. Vogel, Berl. Ber. 7. 906. — Stein, Zeitschr. anal. Chem. 9. 390. — Pelletier, Ann. Chem. Pharm. **29**. 467; **28**. 701; **16**. 48.

Medicinische: Cl. Bernard, Comptes rend. **59**. 406. 1864. — J. Bouchardat, De la narcéine. Paris, 1865. — Ch. Liné, Etudes sur la narcéine et son emploi thérapeutique. Paris, 1865. — Debout, Bull. Thérap. **67**. 145. — Béhier, Bull. Thérap. **67**. 152. — Laborde, Bull. Thérap. **69**. 224. — Eulenburg, Dtsch. Arch. klin. Med. **1**. 55. — Reissner, Allg. Ztschr. f. Psychiatrie 24. 74. 1867. — Oetinger, Das Narceïn als Arzneimittel. Tübingen. 1866. — Fronmüller, Memorab. **13**. 3. — Kersch, Ebend. **13**. 7. 1868.

Das Narceïn (von ναρκή, Betäubung) wurde 1832 von Pelletier entdeckt. — Es findet sich im Opium, nach Winckler auch in den reifen Kapseln des blausamigen Mohns. Entdeckung und Vorkommen.

Zur Darstellung verdampft man nach Pelletier den kalt bereiteten wässrigen Opiumauszug zur Trockne, löst den Rückstand wieder in Wasser, filtrirt vom ungelöst bleibenden Narkotin ab, versetzt nach dem Erhitzen auf 100° mit überschüssigem Ammoniak und kocht, bis dieser Ueberschuss wieder verflüchtigt ist. Beim Erkalten und Stehen scheidet sich das meiste Morphin Darstellung.

nebst etwas Mekonin, verunreinigt mit Harz und öliger Materie, ab. Man filtrirt und versetzt das Filtrat mit Barytwasser, wodurch Mekonsäure und etwas brauner Farbstoff niedergeschlagen werden. Entfernt man nun den überschüssigen Baryt durch kohlensaures Ammon und verdunstet zur dicken Syrupsconsistenz, so gesteht die Flüssigkeit nach einigen Tagen zu einem Krystallbrei, der nach dem Abpressen an kochenden 40grädigen Weingeist alles Narceïn abtritt. Dieses wird durch Behandeln mit Thierkohle und wiederholtes Umkrystallisiren aus dem kochenden Wasser oder Weingeist gereinigt. Da die vom Baryt befreite Flüssigkeit nach dem Eindampfen leicht schimmelt, so empfiehlt Pelletier zu ihrer weiteren Verarbeitung auch den folgenden Weg: Man übersättigt sie mit Salzsäure, concentrirt bis zur Syrupsdicke und reinigt das nach längerem Stehen anschiessende Krystallgemenge von salzsaurem Morphin, — Codeïn und — Narceïn, sowie von Mekonin durch Entfärben seiner wässrigen Lösung mit Thierkohle und mehrfaches Umkrystallisiren aus Weingeist. Die gereinigten Krystalle werden dann so lange mit Wasser von 50° behandelt, bis etwa $^1/_{10}$ derselben noch ungelöst geblieben ist. Dieser Rest ist in der Hauptsache salzsaures Narceïn und kann von noch anhängendem Morphinsalz durch Umkrystallisiren aus kochendem Wasser, von etwas Mekonin durch Behandlung mit Aether, der nur das letztere löst, befreit werden. Ein kleiner Theil des Narceïns bleibt übrigens bei diesem Verfahren in der von dem Krystallgemenge der salzsauren Salze getrennten Mutterlauge. — Die Gewinnung des Narceïns neben allen übrigen Opiumalkaloiden nach der Methode von Anderson ist bereits beim Morphin mitgetheilt worden.

Ausbeute. An Ausbeute erhielt Couerbe etwas mehr als $^1/_{10}$Procent vom angewandten Opium, nämlich aus 40 Pfund 6 Drachmen.

Eigenschaften. Das Narceïn krystallisirt aus Wasser, Weingeist oder verdünnter Essigsäure in langen weissen vierseitigen rhombischen Prismen oder feinen büschlig vereinigten Nadeln von anfangs schwach bitterem, hinterher styptischem Geschmack und ohne Geruch (Pelletier. Hesse. Winckler). Die Krystalle enthalten nach Anderson Wasser, welches bei 100° nur schwierig fortgeht; sie schmelzen nach Hesse bei 145°,2 (nach Pelletier bei 92°) und erstarren amorph; gegen Pflanzenfarben verhalten sie sich indifferent. 1 Th. Narceïn löst sich nach Hesse in 1285 Th. Wasser von 13°, nach Pelletier in 230 Th. kochendem Wasser und 375 Th. Wasser von 14°. Nach Anderson löst es sich leicht in kochendem Wasser und die gesättigte Lösung erstarrt beim Erkalten zu einem Brei von seideglänzenden Nadeln. Von wässrigem Ammoniak, Kali oder Natron wird es leichter als von Wasser gelöst, jedoch fällt sehr conc. Kalilauge es aus wässriger Lösung als Oel aus. Von kalter verdünnter Essigsäure sind nach Hesse 800 Th. zur Lösung erforderlich, während heisse leicht löst. Von 80proc. Weingeist lösen bei 13° 945 Th. ein Theil Narceïn; kochender Weingeist löst es leicht, Aether dagegen nicht. Benzol und Petroleumäther entziehen das Narceïn weder der sauren noch der alkalischen, Amylalkohol und

Chloroform nur der alkalischen wässrigen Lösung in geringer Menge (Kubly und Dragendorff) optisch inactiv.

Zusammensetzung.

Pelletier berechnete aus seinen Analysen für das Narceïn die Formel $C_{32}H_{24}NO_{16}$. Couerbe stellte die Formel $C_{28}H_{20}NO_{12}$ auf. Die jetzt angenommene Formel $C_{23}C_{29}NO_9$ ist von Anderson aus seinen Analysen abgeleitet und neuerdings durch Hesse bestätigt worden. Beckett und Wright geben dem Narceïn die Structurformel

$$(C_{13}H_{20}NO_4) - CO - C_6H_2 \begin{cases} CO.OH \\ OCH_3 \\ OCH_3 \end{cases}$$

Salze.

Reines Narceïn löst sich in verdünnten Mineralsäuren und Pflanzensäuren farblos (unreines nicht selten mit blauer Farbe) und verbindet sich, obwohl nur eine schwache Base, damit zu krystallisirbaren Salzen. Salzsaures Narceïn, $C_{23}H_{29}NO_9, HCl$ wurde von Winckler in weissen mattglänzenden hexagonalen neutral reagirenden Säulen mit $2^1/_2$ At. H_2O erhalten, welche sich kaum in kaltem, reichlicher in heissem Wasser und in Weingeist lösen. Nach Anderson bildet es kurze dicke, in Wasser und Weingeist leicht lösliche Prismen von deutlich saurer Reaction. — Schwefelsaures Narceïn krystallisirt aus der Lösung des Narceïns in heisser verdünnter Schwefelsäure in kleinen Prismen, die durch kochendes Wasser theilweise in Base und Säure zerlegt werden. — Salpetersaures Narceïn kann nach Winckler durch Zersetzung einer wässrigen Lösung des salzsauren Salzes mit Silbernitrat erhalten werden und bildet weisse matt seidenglänzende feine, in kaltem Wasser sehr schwer lösliche Prismen. — Chlorwasserstoffsaures Narceïn-Platinchlorid, $C_{23}H_{29}NO_9, HCl, PtCl_2$ wird durch Fällung als gelber, anfangs amorpher, später krystallinisch werdender Niederschlag erhalten (Anderson. Hesse). Das chlorwasserstoffsaure Narceïn-Goldchlorid ist ein gelber, in kochendem Wasser löslicher und daraus ölförmig sich wieder abscheidender Niederschlag. Auch das chlorwasserstoffsaure Narceïn-Quecksilberchlorid scheidet sich zuerst als Oel ab, das sich später in concentrisch gruppirte kurze Prismen verwandelt. Auch die Verbindungen (Narceïn HJ)$_2$J und Narceïn JH, J_2 sind dargestellt (Jörgensen).

Zersetzungen.

In höherer Temperatur entwickelt das Narceïn nach Häringslake riechende Dämpfe und giebt bei nicht zu langem Erhitzen einen Rückstand, der an Wasser eine sich mit Eisenchlorid schwarzblau färbende Substanz abtritt (Pelletier. Hesse). — Conc. Salpetersäure löst das Narceïn mit gelber Farbe; beim Erhitzen entweichen rothe Dämpfe, die eingedickte Flüssigkeit setzt Krystalle von Oxalsäure ab (Pelletier. Anderson). — Jod erzeugt mit dem Narceïn eine schwarzblaue Masse, die sich in kochendem Wasser farblos löst und beim Erkalten mit violetter und blauer Farbe wieder abscheidet. Bei der Oxydation mit Chromsäure wird Narceïn in CO_2, Methylamin und Hemipinsäure umgewandelt, Kalilauge liefert beim Erhitzen Ammon, Dimethylamin und Trimethylamin und eine Säure $C_{23}H_{23}NO_8$!. Schmelzendes Kali erzeugt Protocatechusäure.

Verhalten gegen Reagentien.

Durch conc. Schwefelsäure wird Narceïn braun gefärbt und löst sich dann mit hellgelber Farbe. Ist das Narceïn nicht völlig rein (mit Rhoeadin, Thebaïn oder Papaverin verunreinigt) so kann blutrothe oder blaue Färbung eintreten. Mit molybdänsäurehaltiger Schwefelsäure wird es gelbbraun, dann gelblich, endlich farblos. Conc. Salpetersäure löst mit gelber Farbe (s. oben). Narceïn wird durch verdünnte Jodlösung blau (Stein), beim Uebergiessen mit Chlorwasser und Ammoniak blutroth (Vogel). Arnold weist Narceïn nach durch Uebergiessen mit wenig conc. Schwefelsäure und Zusatz von wenig Natriumnitrit; es entsteht zunächst eine braungrüne Färbung, die am Rande blau wird, worauf beim Erhitzen eine blauviolette Farbe entsteht. In verdünnten Lösungen der Narceïnsalze erzeugt Jod-Jodkalium einen braunen Niederschlag, der bald heller und krystallinisch wird. Bei Gegenwart von freier Säure bringt Kaliumbichromat darin allmälig einen gross krystallinischen Niederschlag hervor; neutrale Lösungen bleiben klar. Auf Zusatz von Kaliumzinkjodid scheiden sich nach und nach lange haarförmige Krystalle ab, die nach 24 Stunden eine schön blaue Farbe angenommen haben (Dragendorff). Kaliumquecksilberjodid und Kaliumkadmiumjodid geben sogleich Niederschläge. Platinchlorid lässt anfangs klar, giebt aber nach einiger Zeit deutlich krystallinische Fällung. Goldchlorid giebt gelben amorphen Niederschlag, dem nach 20—30 Stunden reducirtes Gold beigemengt ist. Quecksilberchlorid erzeugt nur in sehr conc. Lösungen milchige Trübung. Pikrinsäure giebt gelben, allmälig krystallinisch werdenden Niederschlag, Gerbsäure verursacht weisse Trübung. Ammoniak, sowie ätzende und kohlensaure Alkalien fällen daraus freies Narceïn.

Constitution. Wright stellte folgende Betrachtungen über die Constitution der 3 Basen Narceïn, Narcotin und Oxynarcotin an:

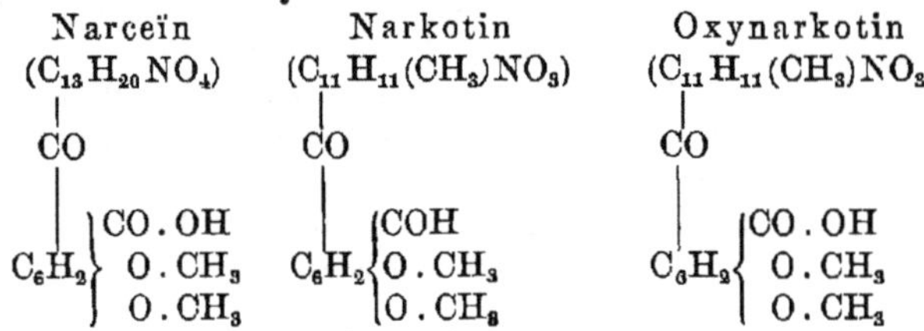

Alle diese Basen müssen demnach Hemipin-Säure liefern =

$$C_6H_3 \begin{cases} CO.OH \\ CO.OH \\ O.CH_3 \\ O.CH_3 \end{cases} = \text{carboxylirte Protocatechusäure.}$$

Wirkung. Das Narceïn zeichnet sich vor den übrigen Opiumbasen dadurch aus, dass es die reinste hypnotische Action und eine sehr geringe Giftigkeit besitzt. Obstipirende Wirkung scheint ihm nicht abgesprochen werden zu können, obschon sie nicht constant danach auftritt.

bei Thieren. Bekanntlich lenkte Cl. Bernard die Aufmerksamkeit der Aerzte auf das früher nach den negativen Infusionsversuchen von Magendie und Orfila, welche Narceïn zu 0,12—0,25 benutzten, für unwirksam gehaltene Alkaloid. Doch wies schon 1852 Ch. Lecomte in der Soc. de Biologie auf die hypnotische Wirkung der Infusion von 0,1 beim Hunde hin und betonte die nicht soporöse Natur des Narceïnschlafes, wobei er wegen der verminderten Sensibilität und Motilität der Hinterbeine dem Mittel eine Action auf den Lumbartheil des Rückenmarks zuschrieb und die Abwesenheit von Obstipation und Ischurie hervorhob. Cl. Bernard fand bei seinen Versuchen mit Opiumalkaloiden, dass das Narceïn, zu 0,05 — angeblich in wässriger Lösung — subcutan injicirt, Hunde in tieferen Schlaf versetzt als Codeïn, der aber nicht den lethargischen Charakter des Morphinschlafes trägt, noch mit völliger Aufhebung der Sensibilität verbunden ist, und dass die Thiere nach dem Erwachen aus demselben weder eine gleiche Lähmung des Hintertheils noch solche Verstörtheit zeigen wie nach Morphin. Dieselben Charactere trägt der Narceïnschlaf bei Katzen, Kaninchen, Meerschweinchen, Tauben, Sperlingen und Fröschen und glaubt Bernard, der noch der auffallend stärkeren Wirkungen des Narceïns auf junge Thiere und des Umstandes gedenkt, dass die Wirkung bei Wiederholung der Versuche an einem und demselben Thiere sich abschwächt, das Alkaloid als Hypnoticum zu physiologischen Operationen sehr geeignet empfehlen zu müssen. Diese Versuche Bernards, deren Ergebnisse durchaus richtig sind, wurden später von Baxt und von Rabuteau wiederholt, von denen der Letztere die stark hypnotische Action bei Hunden bestätigte und Ersterer nach 0,03—0,05 subcutan bei Fröschen unbedeutende Aufregung und in 8—15 Minuten einen halbcomatösen Zustand von 2—3 Stunden Dauer ohne besondere Alteration des Herzschlages und der Athmung und mit Herabsetzung der Reizbarkeit, nach 0,15 bei Kaninchen und Meerschweinchen keinen Effect beobachtete. Harley (Practitioner. I. 289. 1869) bestätigte ebenfalls die hypnotische Wirkung reinen Narceïns bei Hunden und fand, dass dasselbe zu 0,006 Mäuse in 18 Min. durch Respirationslähmung tödte. Kersch hatte keinen Erfolg von der internen Application von 0,37 beim Hunde.

Weiter aber gaben Bernards Mittheilungen Veranlassung zu einer grossen Anzahl von Prüfungen des Narceïns, theils an Gesunden, theils an Kranken, wobei die erhaltenen Resultate freilich nicht in allen Punkten übereinstimmen, wozu individuelle Verhältnisse einerseits und Verschiedenheit der Präparate andererseits Anlass gaben, auf welche letzteren die durchaus verschiedenen Löslichkeitsverhältnisse der von den Einzelnen benutzten Base hindeuten, die nach Cl. Bernard (Präparat von Guillemette) Morphin und Codeïn an Löslichkeit übertreffen soll, während Eulenburg und Harpprecht ihre aus andern Quellen stammenden Präparate wegen ihrer Schwerlöslichkeit als zur hypodermatischen Injection ungeeignet erklären. Bernards Präparat enthielt vermuthlich Meconin beigemengt, das die Löslichkeit des Narceïns sehr erhöht (T. Smith) und ist es möglich, dass ein solches Präparat wegen seiner leichteren Resorption auch grösseren Effect haben kann. Ausserdem scheint Rabuteau darin Recht zu haben, wenn er das Mittel bei gesunden kräftigen Menschen für weit weniger hypnotisch erklärt als bei schwächlichen oder kranken Personen, obschon auch bei Kranken mitunter kein Schlaf danach eintritt. Dabei ist die Darreichungszeit nicht ohne Bedeutung, wie z. B. in den Versuchen J. Bouchardats nach Anwendung etwas erheblicherer Dosen bei Tage statt des gehofften Schlafes Kopfschmerz, Myosis und nur wenig Schlaf auftrat. Erlenmeyer erwähnt, dass neben dem theuern reinen Alkaloide eine 5mal billigere unwirksame Sorte im Handel vorkomme. bei Menschen.

Als hauptsächlichste physiologische Effecte beobachtete Eulenburg in 1—2 Minuten auftretende primäre Beschleunigung der Pulsfrequenz um 12—18

Schläge, der bisweilen Beschleunigung folgt, mit gleichzeitiger Schwächung der Blutwelle, und vorübergehende Verminderung, bisweilen Zunahme der Athemzahl bei gleichbleibender Temperatur; ferner bei wiederholtem Gebrauche 1—2tägige Verstopfung und Retardation der Menses. Modification der Urinmenge und Urinexcretion beobachtete Eulenburg nie, ebensowenig Myosis, die auch nicht bei localer Application eintrat. Erlenmeyer fand die obstipirende Action stärker als die des Morphins. Oetinger giebt als Gesammtresultat seiner Versuche an Gesunden und Kranken, dass Narceïn fast rein schlafmachend wirkt, wobei seine primäre erregende Wirkung nur gering ist, dass es Muskelschwäche, Schläfrigkeit, in geringem Grade Pelzigsein und Abstumpfung der Empfindung bedingt, dass Schwindel und Brechneigung nicht ganz fehlen, dass aber weitaus überwiegend und selbst bei nicht schlafmachenden Gaben eine Verminderung der Pulsfrequenz eintritt. Bei einem Versuche zeigte sich Gelbsehen, bei einem andern starker Schweiss, ausserdem kam vereinzelt Trockenheit im Halse und etwas Kopfweh vor. Petrini will Steigerung der Pulsfrequenz und der Temperatur beobachtet haben. Sichting (Therapeutische Wirkungen des Papaverin und Narceïn. Bonn, 1869) sah bei seinen besonders im Würzburger Juliushospitale gemachten Beobachtungen, in denen 0,05—0,1 Ermattung und Muskelschwäche mit oder ohne nachfolgende Narkose erzeugten, stets Sinken der Athemzahl, während die Pulszahl anfangs sehr variirte, bisweilen sich hob und erst bei Eintritt von Schlaf constant sank. Der Schlaf trat bei Frauen und schwächlichen Individuen bisweilen in 15 Min., meist jedoch erst nach $1^1/_2$ Stunde ein und unterschied sich von dem Morphinschlafe nur durch die geringere Herabsetzung der Reflexerregbarkeit. Bei längerer Dauer der Narkose sinkt die Temperatur constant. Der Schlaf soll in der Regel sehr reich an Träumen sein.

Dass übrigens auch Narceïn nicht ganz frei von Nebenerscheinungen ist, beweisen diverse Erfahrungen. Als solche constatirte Béhier einmal auf mehrtägigen Gebrauch von 0,12—0,14 Durst in Folge von Trockenheit im Munde und pappigen Zustand der Zunge; Erbrechen beim Erwachen aus dem Narceïnschlafe, nur bei Frauen; endlich Schwierigkeit bei der Emissio urinae, bei fünf Kranken mehrfach beobachtet, auch nach hypodermatischer Injection. Vergleichende Versuche mit salzsaurem Morphin lehrten, dass vom Narceïn bei weitem grössere Gaben ohne jede üble Wirkung tolerirt wurden und dass dieselben Individuen, welche nach Anwendung mittlerer Gaben Morphins am folgenden Morgen über schweren Kopf u. s. w. klagten, nach mittleren Dosen Narceïn sich recht wohl befanden. Laborde sah bei einem Kinde nach 0,02 Unruhe, Kolik und Schwere im Kopfe, bei einem an Insomnie post diphtheritidem Leidenden Lautreden im Schlafe.

J. Bouchardat nennt als Nebenerscheinungen Trockenheit im Munde, schon nach kleineren Mengen, wie sie Béhier angiebt, auftretend; Nausea bei geringen und Erbrechen bei höheren Dosen, einmal auch bei einem männlichen Individuum beobachtet; Obstipation oder Steigerung bestehender Verstopfung durch kleine Gaben, Diarrhoe nach 0,07—0,10, die in zwei Fällen Aussetzen des Mittels erforderte; Hautjucken, besonders im Gesicht und an der Nase und Verlangsamung von Puls und Respiration. Störung beim Harnlassen zeigte sich in Bouchardat's Beobachtungen nie; in einem Falle von Securincontinenz war das Leiden vorübergehend sistirt. In den Versuchen von Liné und Delpech war Durst nach 0.03—0,07 nur selten, wahrscheinlich nur durch bestehende hektische Schweisse veranlasst; Brechneigung, Ekel und Erbrechen waren bedeutend weniger häufig als bei anderen Opiaceen und noch seltener Verlust des Appetits, beides auch nach subcutaner Application von 20 Tropfen einer Narceïnsolution (angeblich 0,04 entsprechend); die Stuhlgänge waren normal oder frequenter und nur ausnahmsweise retardirt, hartnäckige Verstopfung nie Folge des Mittels. Constant war Vermehrung der Schweisssecretion, jedoch nicht in einer störenden Weise und nur in Ausnahmefällen stärker; ferner Verminderung der Urinquantität; nur höchst ausnahmsweise (nach 0,07 in Pillenform oder subcutan) folgte dem Erwachen Schwere im Kopfe.

Auch Sichting hat wiederholt nach dem Erwachen Schwindel, Ohrensausen, Abgeschlagenheit und Muskelschwäche, niemals aber, selbst nicht nach 0,6, gastrische Erscheinungen beobachtet.

Nach Fubini und Ottolenghi (Centrlbl. med. Wiss. 737. 1880) soll Narceïn die Harnstoffausscheidnng vermehren.

Das Narceïn geht in alle Organe über und wird bei interner Einführung bis auf einen kleinen, mit den Fäces abgehenden Theil durch Harn und Galle eliminirt (Dragendorff und Schmemann).

Medicinische Anwendung hat das Narceïn gefunden:

a) als Hypnoticum. Die negativen Erfahrungen von Da Costa (Pennsylv. Hosp. Rep. 1858. 177), der 0,03—0,15 in mit Salzsäure angesäuertem Wasser gelöst intern wirkungslos und grösseren Dosen nur inconstant Schlaf bedingend fand, von Fronmüller (Memorabilien, 13. 3), der damit zu 0,12—1,2 intern und zu 0,015—0,08 subcutan in 22 Fällen nur geringe oder keine Narkose erzielte, und der Ansicht ist, dass das Alkaloid innerlich selbst zu 4,0 ohne Schaden genommen werde, von Kersch, Caspari (D. Klin. 1872. 20) und insbesondere von Schroff, der 0,05—0,2 intern weder bei Gesunden (Krueg bekam danach sogar jedesmal Insomnie, Fossek nach 0,2 eine unruhige Nacht) noch bei Kranken hypnotisch sah, lassen keinen Zweifel darüber, dass das Narceïn als Hypnoticum dem Morphin an Sicherheit der Wirkung weit nachsteht. Selbst bei Kindern hat Bouchut das Mittel zu 0,01—0,75 in Pillenform nicht wirksam gefunden. Andererseits aber lassen die vielfältigen Erfahrungen der verschiedensten Aerzte den Versuch des Mittels bei Schwerkranken oder bei solchen Personen, welche Morphin oder Opiumpräparate nicht ohne Nebenerscheinungen gebrauchen können, wohl gerechtfertigt erscheinen, zumal in solchen Fällen, wo gleichzeitig eine obstipirende Wirkung des Mittels oder eine Beschwichtigung bestehenden Hustenreizes erwünscht ist, wie solches namentlich die Indication für die Anwendung bei Phthisis abgiebt. Diese Effecte treten z. B. schon in den Selbstversuchen von Debout (Bull. gén. de Thérap. 117. 145. 1864) hervor, welcher nach 0,01 bis 0,02 Narceïn von Guillemette 2 mal täglich keinen, wohl aber, als die Abendgabe 0,03 betrug, entschiedenen hypnotischen Erfolg bei sich beobachtete, wobei der Schlaf stets ruhig, ohne ängstliche Träume, dabei leise war und beim Erwachen kein Kopfweh hinterliess; bei der Tagesgabe von 0,07 auf zweimal genommen, zeigte sich geringe Abnahme des Appetits und hartnäckige Verstopfung, dagegen kein ungewöhnlicher Durst noch Gastralgie, wie sie Debout nach der gleichen Gabe Opiumextract bekam; nach 0,07 auf einmal auch Dysurie (Analogie mit Morphium), dagegen keine Störung der sensoriellen oder sensiblen Nerven und keine des Bewusstseins, das auch durch die Morgengabe nicht turbirt wurde. Ausserdem sah Debout bei der Abendgabe von 0,03 heilsamen Effect auf eine hartnäckige Bronchitis in Gestalt von Verminderung des Hustens und der mucös werdenden Expectoration. Béhier sah bei Phthisikern schon nach 0,02—0,03 (Guillemette'schem oder Menier'schem) Narceïn, noch mehr bei 0,05—0,15 pro die Abnahme des Hustens, des Rasselns und des Auswurfs, sowie bestehender Diarrhoe, und Besserung des Allgemeinbefindens, nach Aussetzen der Medication schwindend, bei höheren Dosen auch Schlaf. Laborde erzielte meist bei phthisischen Kindern durch 0,02—0,03 ruhigen Schlaf und Minderung des Hustenreizes. J. Bouchardat constatirte auch in einigen Fällen von Phthisis durch 0,02—0,08 Sistiren der nächtlichen Schweisse und Beseitigung bestehenden heftigen Kopfschmerzes. Liné und Delpech, welche in der Regel Insomnie durch 0,03—0,04 beseitigen konnten, selbst wenn die Wirkung andrer Opiumpräparate schon versagte, geben an, dass bei Tuberculösen durch Dosen von 0,01—0,05, in Pillen von 0,01, Hustenreiz und Auswurf einige Tage lang gemindert und Nachtruhe bewirkt wurde, wobei bei weiblichen Individuen schon nach 0,03—0,04 vermehrte Transspiration und Durst eintrat.

Abgesehen von der Phthisis dürfte aber auch bei einfacher oder symptomatischer Insomnie bei Frauen (Brown-Séquard) und Kindern (Laborde) das Narceïn dem Morphin vorzuziehen sein.

b) als Sedativum bei Reizungszuständen im Respirationstractus. Laborde gab das Mittel in Syrup gegen Tussis convulsiva, wobei er fand, dass auch Kinder unter 1 Jahre es gut tolerirten; Liné bei Bronchitis acuta. Die günstige Wirkung bei Hustenreiz bestätigt auch Oetinger. Hierher gehört auch die Empfehlung Levis (Giorn. Veneto. 478. 1869) bei Asthma.

c) als schmerzlinderndes Mittel. Béhier injicirte mit palliativem Erfolge 0,02—0,03 bei Peritonitis und Intercostalneuralgie von Phthisikern. J. Bouchardat gab es mit Erfolg bei Cephalalgie phthisischer Personen, Liné bei Gastralgie, Bleikolik (innerlich mit palliativem Erfolge), Ischias (curativ) und Intercostalneuralgie (zu 0,04 curativ, wo Morphinlösung nur palliativ wirkte). Eulenburg fand, dass Narceïn in vielen Fällen, wo örtliche Reizzustände mit bedeutender Schmerzhaftigkeit oder allgemeine Excitation Narkotisation forderten, bald Schmerznachlass und meist auch 4—5, selbst 9stündigen, ruhigen, tiefen, ununterbrochenen Schlaf mit freiem Erwachen herbeiführte, und zwar auch in Fällen, wo Morphin nicht wirkte oder nicht vertragen wurde. Als Mittel bei Neuralgien bewährte sich dasselbe in Fällen von Supraorbitalneuralgie, Prosopalgie und Neuralgia cruralis theils palliativ theils curativ, während es bei Hemicranie wirkungslos blieb. Petrini (Des injections hypodermiques de la chlorhydrate de narcéine. Paris, 1871) stellt nach vielfältigen Erfahrungen bei Ischias u. a. Neuralgien das salzsaure Narceïn weit über das Morphin. Auch Oetinger heilte eine Neuralgie mit Narceïn subcutan. Rabuteau beseitigte wiederholt Schmerzen bei einem Epithelioma uteri durch Injection von 50 Ccm einer 5%igen Lösung in die Scheide. Erlenmeyer benutzte es intern und subcutan mit Erfolg als Sedativum bei Krankheiten der Harn- und Geschlechtswerkzeuge, der Muskeln und Knochen. Levi fand es bei Hemicranie wirksam. Sichting sah nach Subcutaninjection von Narceïn besonders bei reinen Neuralgien nach hypnotischen Dosen Linderung, namentlich auch wenn längerer Gebrauch von

Morphininjectionen diese unwirksam gemacht hatte; doch versagte auch Narceïn bald den Dienst.

d) bei Motilitätsneurosen (Eulenburg, Erlenmeyer). In einem Falle von hysterischen Convulsionen und spastischer Contractur am Unterschenkel, wo Morphin im Stiche liess, beseitigte Narceïn dis Anfälle und bedingte Relaxation der Muskeln (Eulenburg).

e) als Sedativum und Hypnoticum bei psychischen Krankheiten (Erlenmeyer, Reissner). Erlenmeyer fand Narceïn selbst in Fällen wirksam, wo grössere Dosen Morphin den Dienst versagten. Reissner sah bei schwachsinnigen Individuen nach weniger als 0,06 subcutan keine Einwirkung und selbst bei Dosen von 0,12—0,36 nicht den durch Morphin bedingten narkotischen Effect, welcher dagegen bei unruhigen Kranken entschieden auftrat, und zwar ohne Schwindel und Congestionserscheinungen, oft 12 Stunden dauernd und durch das Bedürfniss Urin zu lassen nur kurz unterbrochen, ohne darauf folgende Abspannung. Bisweilen fehlte der Schlaf, dagegen trat grössere Ruhe ein; Suspension der Darmentleerung zeigte sich nach subcutaner Anwendung nicht, während das Mittel im Clysma gut styptisch wirkte. Sinken der Temperatur war constanter als Herabgehen der Pulsfrequenz. Der Schlaf erfolgte selten unter 0,06, häufig erst nach 3—4mal grösserer Gabe. Bei acuter Tobsucht traten bisweilen nach dem Narceïn alle krankhaften Erscheinungen vorübergehend zurück; unbedeutend war der Erfolg bei älteren Fällen von Melancholie, besser bei Excitation nach längerem Bestehen allgemeiner Paralyse und bei Marasmus in Verbindung mit stärkerer Unruhe, sehr gut bei den motorischen Exacerbationen der Verrücktheit, des Schwach- und Blödsinns, wo Narceïn günstigere Resultate als Morphin lieferte; bei typisch verlaufenden Formen und Unruhe mit vorwaltenden Hallucinationen leistete das Mittel Nichts. Den auffallendsten Effect hatte Narceïn nach Reissner bei Tobsuchtsformen der Epileptiker in Verbindung mit ekstatischen Zuständen. In manchen Fällen war die Beruhigung nicht bloss momentan und namentlich trat die triebartige Beweglichkeit Blödsinniger oft Wochen und Monate lang danach auffallend zurück.

Man giebt das Narceïn innerlich in Pulverform oder besser, um möglichst rasche Resorption zu erzielen, in Lösung zu 0,06—0,2, auch in höheren Dosen. Gegen Hustenreiz empfiehlt Oetinger, dasselbe zu 0,1—0,2 zu versuchen. Wirksamer ist Subcutaninjection, doch führt der zur wässrigen Lösung behufs subcutaner Verwendung in derselben Dosis für die reinen Präparate erforderliche hohe Säurezusatz zu Schmerzen und Entzündung an der Einstichstelle. Kersch verwendete milchsaures Narceïn; Reissner injicirte erwärmte Solutionen. Am zweckmässigsten ist die Vorschrift von Harley. Narceïni 0,3, in Glycerini 4,5 calefiendo solut., Acid. hydrochlor. 0,1, Aq. dest. q. s. ad 6,0. (Lösung von 1 20). Verbindung mit Atropin (Harley) oder Morphin (Lebanski) soll die Hypnose verstärken; Narceïn bei vorheriger Anwendung die Chloroformnarkose verlängern (Rabuteau). Sichting räth die Application bei Neuralgie möglichst nahe bei der schmerzenden Partie zu machen. Anwendungsweise und Dosis.

Mekonin. Opianyl. $C_{10}H_{10}O_4$. — Literat.: Dublanc, Ann. Chim. Phys. (2) **49**. 17. — Couerbe, ibid. **49**. 44; **50**. 337; **59**. 148. — Regnault, ibid. **68**. 157. — Anderson, Ann. Chem. Pharm. **86**. 190; **98**. 44. — Matthiessen und Foster, Ann. Chem. Pharm. Suppl. **2**.

377 und 5. 332. — Prinz, J. pr. Chem. (2) 24. 371. — O. Hesse, Ann. Chem. Pharm. 176. 194. — Beckett und Wright, Berl. Ber. 128. 550. — Hessert, Berl. Ber. 12. 514.

Entdeckung, Vorkommen und Darstellung. Zuerst von Dublanc (1832) bemerkter, von Couerbe rein dargestellter indifferenter Stoff im Opium. Zur Darstellung erschöpfte Couerbe dasselbe mit reinem Wasser, concentrirte die Auszüge und fällte Morphin und Narkotin mit Ammoniak. Das Filtrat, zum Syrup verdunstet, setzte dann an einem kühlen Orte innerhalb mehrerer Wochen eine braune Krystallisation eines Gemenges von Mekonin, mekonsauren Salzen und anderen Substanzen ab, die mit kochendem Weingeist von 30° ausgezogen wurde, worauf die stark eingedampfte Lösung Mekonin herauskrystallisiren liess, das durch Behandlung mit Thierkohle und Umkrystallisiren aus Wasser und zuletzt aus Aether gereinigt wurde. — Anderson's Darstellungsverfahren wurde schon beim Morphin, mitgetheilt.

Künstliche Bildung. Das Mekonin lässt sich künstlich aus Narkotin erzeugen, unter dessen durch Einwirkung von Salpetersäure gebildeten Zersetzungsproducten es sich befindet (Anderson). Auch kann die Opiansäure, ein anderes dieser Zersetzungsproducte, nach Matthiessen und Foster durch Behandlung mit Natriumamalgam und Wasser, oder mit Zink und verdünnter Schwefelsäure in Mekonin übergeführt ($C_{10}H_{10}O_5 + 2H = C_{10}H_{10}O_4 + H_2O$), oder durch Behandlung mit Kali in Mekonin und Hemipinsäure gespalten werden

$$(2C_{10}H_{10}O_5 = C_{10}H_{10}O_4 + C_{10}H_{10}O_6).$$

Eigenschaften. Das Mekonin bildet nach Anderson glänzende weisse Nadeln, die unter Wasser schon bei 77°, für sich bei 110° (nach Regnault bei 90°) schmelzen und bei 104° (nach Regnault bei 75°) wieder erstarren. Bei etwas stärkerem Erhitzen sublimirt es in schönen Krystallen. Es ist geruchlos und schmeckt nach Couerbe scharf, nach Anderson bitter. Es löst sich nach Anderson in 700 Th. Wasser von 15°,5 und in 22 Th. kochendem, nach Couerbe schon in 266 Th. kaltem und 18,5 Th. kochendem Wasser. Es löst sich ferner in Weingeist, Aether, Essigsäure und ätherischen Oelen, auch Benzin, Chloroform (Couerbe, Anderson). Seine Lösungen werden durch Bleiessig und andere Metallsalze nicht gefällt (Anderson). Schmpkt. 102–102,5°, optisch inactiv.

Zersetzungen. Die farblose Lösung des Mekonins in conc. Schwefelsäure wird beim Erwärmen purpurfarbig, auf Wasserzusatz braun und scheidet dann einen braunen Niederschlag ab, der sich in Alkalien mit rother Farbe löst. Chlor, Brom und Jod erzeugen mit dem Mekonin in farblosen Nadeln krystallisirende Substitutionsproducte $C_{10}H_9JO_4$, $C_{10}H_9BrO_4$ und $C_{10}H_9ClO_4$, conc. Salpetersäure weisse Nadeln von Nitromekonin, $C_{10}H_9(NO_2)O_4$ Anderson). Beim Erhitzen mit conc. Chlor- oder Jodwasserstoffsäure auf 100° zerfällt es nach Matthiessen und Foster in Chlor- resp. Jodmethyl und in Methylnormekonin, $C_9H_8O_4$. In Alkalien löst sich Mekonin, auch in Barytwasser, wobei Mekoninsäure entsteht, schmelzende Alkalien liefern Methylnormekonin, später Protocatechusäure. Bei Einwirkung von Salzsäure oder Jodwasserstoffsäure tritt eine Methylgruppe aus.

Das Mekonin ist als das Anhydrid der Mekoninsäure aufzufassen und besitzt die Formel:

$$(CH_3O)_2 . C_6H_2 <{}^{CH_2}_{CO}> O \text{ Mekoninsäure} = (CH_3O)_2 . C_6H_2(CH_2 . OH) . CO.OH).$$

Beim Erhitzen von Mekonin mit HCl oder JH auf 100° entsteht Normekoninmethyläther:

$$C_9H_8O_4 = CH_3O . C_6H_2 . OH <{}^{CH_2}_{CO}> O$$

monokline Prismen, Schmpkt. 125°, reducirend wirkend auf Silbersalze, mit Eisenchlorid blaue Färbung gebend (Beckett, Wright).

Auf Menschen scheint Mekonin nur sehr wenig zu wirken. Dublanc (Pharm. Centralbl. 515. 1832) fand es zu 1,25, Schroff (Med. Jahrb. 1870. 82) zu 0,1—0,2 nicht narkotisch; Fronmüller (Klin. Stud. 35) hatte selbst bei 1,0 intern und 0,12 subcutan keinen hypnotischen Erfolg. Bouchut (Compt. rend. 74. 1289. 1872) erklärt es auch bei Kindern für nicht hypnotisch. Dagegen erhielt Harley (The old vegetable neurotics. 152) von der Subcutaninjection eines von Morson stammenden Präparats zu 0,03—0,12 sedative und hypnotische Effecte und hält Mekonin für doppelt so wirksam wie Narceïn. Innerlich fand auch Harley 0,35 auf Gesunde ohne Einfluss. — Auf Thiere wirkt Mekonin wenig giftig. 0,06 in die Drosselader gespritzt sind auf Hunde ohne Effect (Orfila), desgleichen auf Pferde 1,25 intern und 1,0 subcutan (Harley). Bei Hunden fand Harley dagegen 0,12 beruhigend. Nach Albers (Arch. path. Anat. 26. 248) bewirken 0,045 subcutan beim Frosch leichten Zitterkrampf, Abstumpfung der Empfindung und in 6 Stunden Tod. — Vielleicht ist dieser Stoff, obschon an sich indifferent, nicht ohne Beziehung zu der Wirksamkeit gewisser Opiumalkaloide, indem er häufig das Narceïn verunreinigt, das durch die Anwesenheit von Mekonin (aber auch von Codeïn) leichter löslich gemacht wird (T. Smith), wodurch die leichtere Löslichkeit der französischen Narceïnsorten und auch deren grössere Wirkung sich vielleicht erklärt. Harley empfiehlt Mekonin als Hypnoticum bei Kindern und Personen, welche Idiosynkrasie gegen Opium und Morphin haben, in āā 9 Th. Spiritus und Glycerin gelöst; die Lösung wirkt local nicht irritirend. Wirkung u. Anwendung.

Mekonoïsin. $C_8H_{10}O_2$. — Diese Substanz wurde von T. u. H. Smith (Pharm. J. Trans. (3) 8. 981) in den Mutterlaugen von der Mekoninabscheidung beobachtet. Krystalle, in 27 Th. Wasser löslich, mit verdünnter Schwefelsäure beim Erwärmen dunkelroth, dann purpurfarben werdend.

Mekonsäure. $C_7H_4O_7 + 3H_2O$. — Literat.: Sertürner, Trommsdorff's Journ. Pharm. 13. 1. 234 und 14. 1. 47. — Robiquet, Ann. Chim. Phys. (2) 5. 282; 51. 236; 53. 425. — Pelletier, Ann. Chim. Phys. (2) 50. 250. — Merck, Repert. Pharm. 32. 87. — Winkler, Repert. Pharm. 45. 460. — Gregory, Ann. Chem. Pharm. 24. 43. — Liebig, Ann. Chem. Pharm. 7. 237; 26. 113 u. 147. — Wackenroder, Arch. Pharm. (2) 25. 167. — Stenhouse, Ann. Chem. Pharm. 51. 231. — How, Ann. Chem. Pharm. 80. 65; 83. 350. — v. Korff, Ann. Chem. Pharm. 138. 191. — Burghardt, J. Chem. Min. 1874. 619. — Ost, J. pr. Chem. (2) 19. 177; 23. 439; 27. 257. — Reibstein, J. pr. Chem. (2) 24. 276. — Brown, Ann. Chem. Pharm. 92. 324. — Iblée, Ebend. 188. 31; 84. 41. — Liebig, Ann. Chem. Pharm.

7. 237; 26. 113 und 147. — Seguin, Ann. chim. phys. (2) 19. 282. — O. Hesse, Ann. Chem. Pharm. 185. 329. — Dott, Pharm. J. Trans. 1881. 576.

Entdeckung und Vorkommen. Die Mekonsäure wurde 1805 von Sertürner im Opium entdeckt, findet sich im Milchsaft der unreifen Samenkapseln von Papaver Somniferum, wahrscheinlich auch in den unreifen Samenkapseln von P. Rhöas.

Darstellung. Zur Darstellung fällte Sertürner aus dem wässrigen Opiumauszug des Morphin durch Ammoniak, dampfte das Filtrat ein, schied noch etwas Morphin durch Ammoniak ab und fällte nun mittelst Chlorbarium. Der stark gefärbte Niederschlag von mekonsaurem Baryt wurde dann mit Weingeist vermischt und durch Digestion mit der zur Zersetzung genau erforderlichen Menge Schwefelsäure anhaltend zersetzt, worauf das Filtrat beim Verdunsten im Vacuum Krystalle von gefärbter Meconsäure lieferte. — Zweckmässiger zieht Merck das Opium mit starkem Weingeist aus und versetzt die Tinctur mit Chlorbarium, welches alle Mekonsäure als beinahe reines Barytsalz fällt, das dann mit Weingeist gewaschen und durch Schwefelsäure zersetzt wird. — Winkler fällt aus dem durch Ammoniak und Morphin befreiten wässrigen Opiumdecoct die Mekonsäure durch Chlorcalcium aus, suspendirt den gut gewaschenen Niederschlag in dem sechsfachen Volumen heissen Wassers, fügt Salzsäure hinzu, um ihn in ein reineres Krystallpulver zu verwandeln und zerlegt je 103 Theile desselben durch Digestion mit 36 Th. krystallisirter, in Wasser gelöster Oxalsäure. Das Filtrat wird mit Thierkohle entfärbt und zur Krystallisation gebracht. Andere Darstellungsmethoden sind von Pelletier, Robiquet und Gregory angegeben worden.

Die Reinigung durch Thierkohle gelingt nach Liebig und Robiquet zwar gut, ist aber mit beträchtlichem Verlust verbunden, wenn man den von der Kohle zurückgehaltenen Theil der Säure nicht durch wässriges kohlensaures Alkali wieder auszieht. How reinigt die unreine Säure, indem er sie unter Zusatz von Ammoniak in ihrem doppelten Gewicht Wassers löst, das beim Erkalten auskrystallisirende Ammoniumsalz aus möglichst wenig kochendem Wasser 2 oder 3mal umkrystallisirt, dieses dann in heisser wässriger Lösung durch überschüssige Salzsäure zersetzt und die beim Erkalten in farblosen Blättchen anschiessende Säure mit kaltem Wasser wäscht und noch einmal aus kochendem Wasser umkrystallisirt.

Nach Hesse scheint die Darstellung von Mekonsäure am besten in folgender Weise zu geschehen: Das lauwarme Opiumextract wird mit Kreide abgestumpft, verdampft und mit Chlorcalcium vermischt. Der erhaltene mekonsaure Kalkniederschlag mit 3 Th. Salzsäure und 20 Th. Wasser so lange bei 100° behandelt, bis sich Alles gelöst hat, wobei sauer mekonsaurer Kalk auskrystallisirt. Dieses Salz wird wiederholt in der angedeuteten Weise behandelt, wobei schliesslich fast kalkfreie Mekonsäure erhalten wird, welche nun in das 2—3basische Kaliumsalz umgewandelt, welches letztere in analoger Weise mittelst Salzsäure (2—3 Th.) und Wasser (16 Th.) auf 1 Th. Mekonat in reine Mekonsäure umwandelt. Auch die Zerlegung des Calciummeconates mit Oxalsäure ist sehr zweckmässig.

Eigenschaften. Die aus Wasser krystallisirte Mekonsäure, $C_7H_4O_7 + 3H_2O$ bildet weisse glimmerartige Schuppen oder kleine gerade rhombische Prismen, die sich bei 100° unter Verlust des Krystallwassers in eine weisse undurchsichtige Masse verwandeln. Sie schmeckt sauer und röthet Lackmus stark. Von kaltem Wasser wird sie wenig, aber schon von 4 Th. kochendem gelöst; in Weingeist löst sie sich leicht, weniger gut in Aether, nicht in Chloroform.

Von den Salzen der Mekonsäure, welche 1, 2 und 3 At. Metall enthalten können, sind nur die der Alkalimetalle und des Ammoniums in Wasser leicht löslich; in Weingeist lösen sie sich nicht. Die Mekonsäure, welche folgende Structurformel besitzt, $OH . C_5 HO_2 \begin{pmatrix} CO . OH \\ CO . OH \end{pmatrix}$ bildet 3 Reihen von Salzen, mit Aethyl nur Aether. Das oben erwähnte Bariumsalz ist nach der Formel $C_7 H_2 Ba_2 O_7 + H_2 O$ zusammengesetzt. Von den Calciumsalzen entsteht das Salz $C_7 H_8 CaO_7 + H_2 O$ beim Zusammentreffen der wässrigen Säure mit Chlorcalcium und krystallisirt aus salpetersäurehaltigem Wasser in Blättern, während das Salz $C_7 H_2 Ca_2 O_7 + H_2 O$ aus der mit Ammoniak übersättigten Lösung der Säure oder ihres Kalisalzes durch Chlorcalcium als gelblicher gallertartiger Niederschlag gefällt wird (Liebig). — Die Aethyl-Aether der Mekonsäure wurden von How beschrieben. Ferner sind dargestellt das zweibasische und einbasische Kaliumsalz, das zweibasische Natrium und saure und neutrale Ammonsalz, das mekonsaure Blei und Silbersalz. (Doppelsalze von Rennie, Chem. News. 42. 57). Salze.

Bei schwachem Erhitzen zerfällt die Mekonsäure in Kohlensäure und Komensäure, $C_6 H_4 O_5$, während bei stärkerer Hitze Pyromekonsäure, $C_5 H_4 O_3$ und Kohlensäure und ausserdem Wasser, Essigsäure und Benzol gebildet werden. Die Komensäure bildet schwach gelbliche harte körnige Krystalle, oder Prismen und Blättchen, von stark saurer Reaction. Sie erfordert mehr als 16 Th. kochendes Wasser zur Lösung und löst sich wenig in wässrigem, gar nicht in absolutem Weingeist. In stärkerer Hitze liefert sie ähnliche Producte wie Mekonsäure (Robiquet). — Die Pyromekonsäure sublimirt in grossen durchsichtigen Tafeln, die schon bei 100° sich verflüchtigen, bei 120—125° schmelzen und sich leicht in Wasser und Weingeist lösen (Robiquet). — Die Zersetzung der Mekonsäure in Komensäure und Kohlensäure findet auch schon beim Kochen derselben mit Wasser statt, erfordert aber dann bis zur Beendigung tagelanges Fortkochen. Wird dagegen ein mekonsaures Salz mit überschüssiger verdünnter Mineralsäure zum Kochen erhitzt, so erfolgt die Zersetzung ungleich rascher (Robiquet). — Beim Kochen mit wässrigem Kali zerfällt die Säure in Oxalsäure, Kohlensäure und eine braune humusartige Materie (Wackenroder). — Bei längerem Kochem mit wässrigem Ammoniak entsteht komenaminsaures Ammonium, aus welchem Salzsäure Komenaminsäure, $C_6 H_5 NO_4$, abscheidet. Diese bildet farblose glänzende Tafeln mit 2 At. $H_2 O$, die sich sehr wenig in kaltem Wasser, besser in kochendem wässrigem Weingeist lösen (How). — Trägt man in mit Wasser angerührte Mekonsäure allmälig Natriumamalgam ein, so entsteht Hydromekonsäure, $C_7 H_{10} O_7$, die aus ihrem Bleisalz durch Schwefelwasserstoff frei gemacht und als stark saurer Syrup erhalten werden kann (v. Korff). — Durch Salpetersäure wird die Mekonsäure heftig und unter Bildung von viel Oxalsäure zersetzt (Robiquet). — Löst man gepulverte Säure in Bromwasser auf, so erfolgt lebhafte Kohlensäure-Entwicklung und nach einiger Zeit schiessen farblose glänzende Krystalle von Bromkomensäure, $C_6H_3BrO_5$, an. Bei Einwirkung von Chlor auf mekonsaures Ammonium entsteht Chlorkomensäure, $C_6 H_3 ClO_5$ (How).

Zersetzungen. Komensäure. Pyromekonsäure. Komenaminsäure. Hydromekonsäure. Bromkomensaure. Chlorkomensäure.

Die Arbeiten von Ost und Reibstein, welche zur Klärung der Constitution der Mekonsäure beitragen, folgen in ihrem wesentlichen Inhalt:

Der Aethyläther der Komensäure wird durch Salpetersäure oder salpetrige Säure bei Ausschluss von Wasser in den Nitrokomensäureäther übergeführt, der bei der Reduction mit Zinn und Salzsäure in die in farblosen Nadeln krystallisirende Amidokomensäure $C_5H(NH_2).O_2\begin{cases}OH\\CO.OH\end{cases}$ übergeht, die mit Eisenchlorid indigblau wird. Einwirkung von Ammoniak auf Komensäureäther liefert Komenamid, isomer mit Komenaminsäure. Aus Bromkomensäure entsteht durch Kochen mit Barytwasser oder mit Salzsäure oder Bromwasserstoffsäure mit 1 Mol. Wasser krystallisirende Oxykomensäure, die durch Brom in einen Körper $C_5H_3BrO_5$ übergeführt wird, ebenso wie Pyromekonsäure durch Brom in einen Körper $C_4H_3BrO_3$ umgewandelt wird.

Eine Pyromekazonsäure, $C_5H_5NO_3$, entsteht durch Reduction von Oxypyromekonsäure mit Jodwasserstoff oder der Nitropyromekonsäure, in rhombischen Tafeln krystallisirend, die in Suspension in Aether mit Salpetersäure in Pyromekazon übergeht, $C_5H_3NO_3$, leicht löslich in Wasser, unlöslich in Aether, durch schweflige Säure wieder in Pyromekazonsäure übergehend, welche in Eisessig aber durch Salpetersäurehydrat in Nitropyromekazon, $C_5H_2(NO_2)NO_3 + H_2O$, verwandelt wird, die wieder durch schweflige Säure in Nitropyromekazonsäure übergeht. — Ferner hat Ost den Triäthyläther der Mekonsäure hergestellt,

$$C_5HO_2 < \begin{matrix}OC_2H_5\\(CO.C_2H_5)_2\end{matrix},$$

Schmpkt. 61°, in Nadeln krystallisirend.

Die Oxykomenaminsäure, in Wasser suspendirt, nimmt Brom auf und geht, in Alkohol suspendirt, mit Salpetersäurehydrat behandelt in die dem Pyromekazon entsprechende Azoncarbonsäure, $C_5H_2NO\begin{cases}O_2\\CO.OH\end{cases} + 2\,ag$ über.

Sämmtliche stickstoffhaltigen Derivate der Komensäure und Pyrokomensäure fasst Obst als Derivate des hypothetischen Pyridons auf, C_5H_5NO, die den Benzolderivaten in ihrem chemischen Verhalten gleichen. Die Pyromekazonsäure, $C_5H_3NO\begin{cases}OH\\OH\end{cases}$, ist als das Hydrochinon, das Pyromekazon als das Chinon, die Pyrokomenaminsäure als das Phenol, die Komenaminsäure als die Oxycarbonsäure des Pyridons aufzufassen. Pyridin war aus diesen Körpern durch Zink nicht abzuspalten, dagegen lieferten Komenaminsäure mit Phosphorpentachlorid und Phosphoroxychlorid Derivate des Pyridins. Es wurden dargestellt: Das Aldehyd einer Dihydroxypyridincarbonsäure, $C_5H_5N\begin{cases}OH\\COH\end{cases}$, auch ein Hexachlor-$\alpha$ picolin, $C_6H_6Cl_6N$, Dichlorpicolinsäure, $C_6H_3Cl_2O_2N$ und Andere. Aehnlich der Bildung von Dichlorchinolin aus Hydrocarbostyril wurde bei diesen Reactionen Sauerstoff, Hydroxyl und Wasserstoff durch Chlor ersetzt. Beachtenswerth ist die Analogie zwischen Komensäure und der Chelidonsäure, die ein Atom Sauerstoff weniger enthält, indem letztere eine der Komenaminsäure analoge Säure enthält. — Komensäure liefert mit Phosphorchlorid eine einbasische Säure, $C_6H_2Cl_3D_4$, bei stärkerem Erhitzen aber Perchlormekylen C_5Cl_8.

Mit Eisenchlorid und löslichen Eisenoxydsalzen färben sich Mekonsäure und ihre Salze auch bei grosser Verdünnung lebhaft roth. Diese Färbung schwindet weder beim Erhitzen und auf Zusatz von Salzsäure (Unterschied von Essigsäure), noch auf Zusatz von Goldchlorid (Unterschied von Schwefelcyanwasserstoffsäure). Die beim Erwärmen wässriger saurer Lösungen der Mekonsäure aus dieser entstehende Komensäure zeigt das gleiche Verhalten gegen Eisenoxydsalze. Bleizucker giebt damit einen weissen, Silbernitrat einen weissen, beim Erwärmen gelb werdenden, salpetersaures Quecksilberoxydul einen gelben Niederschlag. Verhalten gegen Reagentien.

Wenn es sich um den gerichtlich-chemischen Nachweis einer Opiumvergiftung handelt, so kann neben der in erster Linie zu bewirkenden Constatirung der Opiumbasen auch diejenige der Mekonsäure versucht werden. Zu diesem Ende extrahirt man am besten das Object mit schwach salpetersäurehaltigem Weingeist, destillirt nach Zusatz von etwas Wasser von dem erhaltenen Auszuge den Weingeist ab, fällt die rückständige Flüssigkeit mit Bleizucker, filtrirt den die Mekonsäure enthaltenden Niederschlag ab (das Filtrat enthält die Alkaloide), reinigt ihn durch Behandlung mit conc. Essigsäure, welche mekonsaures Blei nicht löst, wäscht ihn sorgfältig aus und zerlegt ihn dann unter Wasser durch Schwefelwasserstoff. Die vom Schwefelblei abfiltrirte Flüssigkeit wird, um jede Spur von Essigsäure zu entfernen, in gelinder Wärme vollständig zur Trockne verdunstet und die heiss bereitete wässrige Lösung des Rückstandes nach sorgfältiger Neutralisation mit Ammoniak mittelst Eisenchlorid geprüft. Ein Theil der Lösung kann zu weiteren Reactionen verwendet werden, unter denen das Verhalten gegen Silbernitrat insofern characteristisch ist, als der dadurch bewirkte weisse Niederschlag beim Kochen mit conc. Salpetersäure unter lebhafter Kohlensäureentwicklung Cyansilber abscheidet, während oxalsaures Silber gelöst bleibt. Gerichtlich-chemischer Nachweis.

Sertürner (Ann. Phys. 25. 56; 27. 183) nahm 0,3 Mekonsäure ohne Effect, will aber nach mekonsaurem Natrium Brustbeklemmung und Schmerzen im Halse bekommen haben und sah nach 0,2 desselben Salzes und 0,06 mekonsaurem Barium bei jungen Hunden Wanken, Schwäche in den Beinen, Parese der Hinterbeine und tiefe, mühsame Respiration, welche Symptome nach stattgehabtem Erbrechen verschwanden. Lange fand mekonsaures Natrium zu 0,2 bei Hühnern und Katzen nicht toxisch. Vogel und Sömmering (Schweigg. Journ. 23. 89) gaben Hunden Mekonsäure und mekonsaures Natrium, letzteres sogar zu 0,6, ohne narkotische Wirkung. Grape (De Opio et de illis quibus constat partibus. Berol. 1822) und Loewer nahmen bis 0,8 reine Mekonsäure ohne narkotischen Erfolg; 0,2 blieben selbst auf einen Hänfling ohne Wirkung; von 3,0 mekonsaurem Natrium bekam eine Frau rasch vorübergehendes Wärmegefühl und Blutandrang zum Kopfe. Mulder gab 1,25 Mekonsäure und 0,4 Natr. mecon. Hunden ohne Effect. Ebenso negativ waren nach Pereira Versuche von Fenoglio und Polengini mit 0,5 Mekonsäure an Fröschen, Krähen und Hunden und mit 0,25 an Menschen. Diesen älteren Angaben gegenüber fand Albers (Arch. path. Anat. 26. 248) in Versuchen an Fröschen, dass Mekonsäure, obschon in kleinern Gaben, wie 0,03, ohne Wirkung, doch zu 0,1—0,2 vorherrschend Abstumpfung und Betäubung, später tonischen Muskelkrampf und Tod herbeiführen könne. Geringe narkotische Wirkung bei Menschen, jedoch ohne besondere Bedeutung, wird der Säure auch von Wirkung.

C. Schroff jun. (Med. Jahrb. 1869) und Fronmüller (Klin. Stud. narkot. Mittel. p. 39) vindicirt, welcher Letztere oft Pupillendilatation erfolgen sah. Wenn hiernach die Anwendung als hypnotisches Mittel sich nicht empfiehlt, so liegt überhaupt kein Grund vor, die Mekonsäure für sich als Medicament zu verwerthen, da die aus älterer Zeit datirenden Empfehlungen als Antidot des Quecksilberchlorids (Pettenkofer) und als Wurmmittel ohne jede Bedeutung sind. Nach Fronmüller soll Mekonsäure die Wirksamkeit des Morphins und Narkotins erhöhen, wohl nur in Folge der leichteren Löslichkeit der Präparate. Rabuteau (Cpt. rend. 74. 1109. 1872) fand sogar 0,5 in wässriger Lösung (1 : 9) in die Venen gespritzt und 2,0—3,0 doppeltmekonsaures Natrium oder Kalium auf Hunde ohne jede Wirkung, wobei er den Uebergang der Säure in den Harn constatirte.

Mohnöl. Das Mohnöl, das fette Oel der Samen von *Papaver somniferum L.*, ist blassgelb bis goldgelb, dünnflüssig, schmeckt kaum scharf, hat das spec. Gew. 0,922—0,925, erstarrt erst bei — 18°, trocknet an der Luft noch rascher als Leinöl, löst sich in etwa 25 Th. kaltem und in 6 Th. kochendem Weingeist, in Aether nach allen Verhältnissen. Es ist leicht zu verseifen und liefert eine sehr weisse harte Seife. Der Hauptbestandtheil ist nach Oudemanns das Glycerid der Leinölsäure. In der Medicin hat man es statt Leberthran oder nach Art des Baumöls verwendet.

Opiumwachs. Der wachsartige Ueberzug der Samenkapseln des Mohns gelangt theilweise auch in das Opium und kann dem bei der Extraction desselben mit Wasser bleibenden Rückstande, nachdem man ihm zur Bindung harzartiger Substanzen etwas Kalkhydrat zugesetzt hat, durch kochenden Weingeist entzogen werden. Es schiesst daraus beim Erkalten in weissen Krystallisationen an, die sich durch kochendes Chloroform in eine darin unlösliche prismatisch krystallisirende Substanz und in zwei sich lösende Ceryläther zerlegen lässt, von denen der eine Cerotinsäure-Ceryläther ist und aus der Chloroformlösung bei + 10° in atlasglänzenden Schüppchen auskrystallisirt, während der andere, Palmitinsäure-Ceryläther, erst aus der auf — 10° erkalteten Mutterlauge in matten, aus kleinen Prismen zusammengesetzten Warzen anschiesst. (O. Hesse, Berl. Ber. 1870. 637).

Rhoeadin. $C_{21}H_{21}NO_6$. — Literat.: O. Hesse, Ann. Chem. Pharm. Suppl. 4. 50 und 140. 145; 185. 329.

Entdeckung und Vorkommen. Dieses Alkaloid wurde 1855 von Hesse in den Samenkapseln von *Papaver Rhoeas L.* entdeckt, dann aber auch in allen anderen Theilen dieser Pflanze, in den reifen Samenkapseln von *Papaver somniferum L.* und im Opium nachgewiesen, im Milchsafte von wilden Mohnkapseln 2,1 % (Hesse).

Darstellung. Zur Darstellung dunstet man den warm bereiteten wässrigen Auszug der zerkleinerten Klatschrose stark ein, übersättigt mit Soda, schüttelt so lange mit Aether, als dieser noch Rhoeadin aufnimmt und entzieht dieses dem Aether wieder durch Schütteln mit wässrigem zweifach-weinsaurem Natron. Aus der so gewonnenen Lösung fällt Ammoniak einen grauweissen, anfänglich amorphen und voluminösen, aber bald dicht und krystallinisch werdenden Niederschlag, den man zuerst mit kaltem Wasser wäscht, dann zur Entfernung von Farbstoff und einem anderen Alkaloid, das wahrscheinlich Thebaïn ist, mit Weingeist auskocht, endlich in Essigsäure löst, und nach Behandlung dieser Lösung mit Thierkohle daraus mit wässrigem, oder, um grössere Krystalle zu erhalten, mit weingeistigem Ammoniak wieder abscheidet.

Das Rhoeadin bildet kleine weisse wasserfreie geschmacklose Prismen, welche bei 232° schmelzen und theilweise, besonders leicht im Kohlensäurestrome, in langen weissen Säulen sublimiren. Es ist in Wasser, wässrigem Ammoniak, Sodalösung, Kalkwasser, sowie in Weingeist, Aether, Chloroform und Benzol fast unlöslich oder doch äusserst schwer löslich. Von Aether erfordert es bei 18° 1280 Th. zur Lösung. Die weingeistige Lösung bläut rothes Lackmuspapier kaum. Eigenschaften.

Die farblose Lösung des Rhoeadins in verdünnter Salzsäure giebt mit Platinchorid einen gelben amorphen Niederschlag von chlorwasserstoffsaurem Rhoeadin-Platinchlorid, $C_{21}H_{21}NO_6, HCl, PtCl_4 + H_2O$, der sich in Wasser und überschüssiger Säure ziemlich leicht löst, mit Goldchlorid einen gelben flockigen, in Säuren schwer löslichen, mit Quecksilberchlorid einen weissen, mit Kaliumquecksilberjodid einen blassgelben, in verdünnten Säuren völlig unlöslichen, mit Gerbsäure einen weissen amorphen Niederschlag. Verbindungen.

Salzsäure und Schwefelsäure lösen das Rhoeadin, ohne von demselben neutralisirt zu werden, bei mässiger Concentration mit purpurrother Farbe. Bei grösserer Verdünnung dieser, oder bei Anwendung schwächerer Säuren, wie Weinsäure und Essigsäure, entsteht die Färbung erst nach längerem Stehen oder beim Erwärmen. Sie beruht auf einer Zerlegung des Rhoeadins in farbloses Rhoeagenin und einen rothen Farbstoff, dessen Menge kaum 5 % vom Rhoeadin beträgt. Die durch diesen Farbstoff bedingte Färbung verschwindet auf Zusatz von Alkalien und wird durch Säuren wieder hergestellt. Sie ist von solcher Intensität, dass 1 Th. durch Säuren zersetztes Rhoeadin noch 10,000 Th. schwach angesäuertes Wasser purpurroth, 200,000 Th. intensiv rosa und 800,000 Th. wenigstens deutlich röthlich färben. Zersetzungen.

Das eben erwähnte Zersetzungsproduct des Rhoeadins mit verdünnten Mineralsäuren, das Rhoeagenin, $C_{21}H_{21}NO_6$, kann aus den rothen Lösungen durch Ammoniak gefällt und durch Umkrystallisiren aus heissem Weingeist gereinigt werden. Es ist mit dem Rhoeadin isomer und bildet kleine weisse geschmacklose Prismen, welche bei 223° schmelzen und in höherer Temperatur nicht sublimiren, sondern zersetzt werden. Es löst sich in Wasser, Weingeist, Aether und wässrigem Ammoniak nur spärlich und färbt in weingeistiger Lösung rothes Lackmuspapier blau. Als starke Base neutralisirt es die Säuren vollständig. Sein schwefelsaures Salz bildet eine farblose firnissartige bitter schmeckende Masse, die neutral reagirt und sich sehr leicht in Wasser, schwieriger in Weingeist löst. Platinchlorid fällt aus seiner Lösung gelbes amorphes, in Wasser und Säuren ziemlich reichlich lösliches chlorwasserstoffsaures Rhoeagenin-Platinchlorid, $C_{21}H_{21}NO_6, HCl, PtCl_4$. Goldchlorid giebt mit der Lösung des Sulfats einen gelben, in verdünnten Säuren unlöslichen, Quecksilberchlorid einen weissen, in Wasser und Säuren leicht löslichen, Kaliumquecksilberjodid einen blassgelben fast unlöslichen, Kaliumbichromat einen schön gelben schwer löslichen Niederschlag. Rhoeagenin.

Concentrirte Schwefelsäure löst das Rhoeadin mit olivengrüner, conc. Salpetersäure mit gelber Farbe. Verhalten gegen Reagentien.

Das Rhoeadin ist nicht giftig. Wirkung.

Rhoeadinsäure und **Klatschrosensäure.** — Diese beiden Säuren bilden nach Leo Meier (Repert. Pharm. **91.** 346) den rothen Farbstoff der Blüthen von *Papaver Rhoeas L.* Kocht man die wässrige Abkochung der Blüthen mit kohlensaurem Bleioxyd, so wird rhoeadinsaures Blei niedergeschlagen, während das Bleisalz der Klatschrosensäure gelöst bleibt. Ersteres wird ausgewaschen und zur völligen Entfernung der Klatschrosensäure wiederholt durch Schwefelsäure zersetzt und durch Bleizucker wieder niedergeschlagen. Zuletzt zerlegt man es durch eine nicht ganz zur Zersetzung genügende Menge kochender mit Weingeist verdünnter Schwefelsäure und verdunstet das Filtrat zur Trockne. — Zur Gewinnung der Klatschrosensäure entbleit man das Filtrat vom rhoeadinsauren Blei mit Schwefelsäure, verdunstet, nimmt den Rückstand in 60%igen Weingeist auf, und verdunstet das noch etwas Gyps enthaltende Filtrat aufs Neue.

Rhoeadinsäure. Die Rhoeadinsäure ist eine dunkelrothe glänzende amorphe Masse von saurem Geschmack und saurer Reaction. Sie löst sich leicht in Wasser mit intensiv rother Farbe, auch in wässrigem und absolutem Weingeist, aber nicht in Aether, Kalk- und Barytwasser, sowie Ammoniak und kohlensaure Alkalien färben die wässrige Lösung violett, ohne sie zu fällen. Die Salze sind amorph, blau oder blaugrau und bis auf die der schweren Metalle in Wasser löslich.

Klatschrosensäure. Die Klatschrosensäure gleicht äusserlich der Rhoeadinsäure, ist aber zerfliesslich und färbt Wasser nur rosenroth. Sie löst sich ausser in Wasser auch in 60—80%igen Weingeist, nicht aber in absolutem und in Aether. Mit den Alkalien und alkalischen Erden färbt sich ihre wässrige Lösung gleichfalls violett, wird aber durch Bleizucker, Silbernitrat, Kupferacetat und Eisenchlorid nicht gefällt (Leo Meier).

Argemone.

Argemone. Das fette Oel der Samen von *Argemone mexicana L.* ist orangegelb, milde, schwierig erstarrend (Lepine). Nach Flückiger (Arch. Pharm. (2) **145.** 51) hat es ein spec. Gewicht von 0,919 und trocknet langsam. Von Bestandtheilen sind nur die darin enthaltenen flüchtigen Fettsäuren (Butter-, Baldrian- und Essigsäure) bekannt (Fröhlich, ebendas.). Es wird in Westindien und Mexiko gegen Kopfschmerzen, sowie als Purgans gerühmt und bedingt zu 15—20 Tropfen wässrige Stühle und Erbrechen (Charbonnier). Aus Ostindischen Samen gepresstes Oel nahm Flückiger ohne drastische Wirkung.

Chelidonium. Sanguinaria. Macleya.

Die Gattungen Chelidonium und Sanguinaria enthalten die Basen Chelidonin und Chelerythrin, an Chelidonsäure, Chelidoninsäure, sowie Aepfelsäure gebunden, ausserdem auch Farbstoffe. L. Haitinger (Monatsh. f. Chem. 1881) hat ausserdem neben Chelidonsäure und Aepfelsäure, noch reichlich Citronensäure gefunden. Das von Wayne (Americ. Journ. Pharm. **28.** 521) seiner Zeit als Bestandtheil von Sanguinaria erwähnte. Puccin ist nach Hopp (Americ. Journ. Pharm. (5) **47.** 193) ein Gemenge von Sanguinarin mit Harz und Farbstoff, ebenso soll die Sanguinarinsäure Vewbolds ein Gemenge von Citronensäure mit Aepfelsäure sein. E. Masing (Arch. Pharm. (3) **8.** 224) hat den Gesammtgehalt an Chelidonin und Chelerythrin in Chelidonium majus in verschiedenen Entwicklungsstadien mittelst Mayerscher Lösung bestimmt und gefunden, dass derselbe bei heissem und trocknem Wetter zunimmt, bei regnerischem abnimmt, ferner, dass der Alkaloidgehalt mit Beginn der Blüthenperiode fällt, um nach einigen Tagen wieder zu steigen. Gut cultivirter, gepflegter Boden fördert den Alkaloidgehalt.

Nach Lietzenmayer wurden aus 35 kg stark in Blüthe stehendem Schöllkraute 33 g Chelidonsäure und das Dreifache an Aepfelsäure erhalten. Die Chelidonsäure ist in allen Vegetationsperioden des Krautes vorhanden, am reichlichsten in dem verblühten, schon fructificirenden Kraute. — F. W. Carpenter (Pharm. Journ. Trans. (3) **9**. 914) will aus dem Rhizom von Sanguinaria Sanguinarin, Porphyroxin, Citronensäure und Aepfelsäure erhalten haben.

Chelidonin. $C_{19}H_{17}N_3O_3 + H_2O$. — Literat.: Probst, Ann. Chem. Pharm. **29**. 123. — Reuling, Ann. Chem. Pharm. **29**. 131. — Polex, Arch. Pharm. (2) **16**. 77. — Will, Ann. Chem. Pharm. **35**. 113. — Dragendorff, Zeitschr. pharm. Russl. **2**. 457. — Schneider, J. pr. Chem. (2) **1**. 460.

Entdeckung. Dieses Alkaloid wurde, nachdem es bereits 1825 von Godefroy (Journ. Pharm. **10**. 635) bemerkt worden war, 1839 von Probst rein erhalten und später von Will genauer untersucht. — Vorkommen. Es findet sich, begleitet von Chelerythrin (s. unten) im Schöllkraut, *Chelidonium majus L.*, und zwar am reichlichsten in der Wurzel, jedoch auch im Kraut und in den unreifen Samenkapseln, gebunden, wie es scheint, an Chelidonsäure und Aepfelsäure.

Darstellung: aus der Wurzel. Zur Darstellung aus der Wurzel zieht man diese, frisch oder trocken, mit schwefelsäurehaltigem Wasser aus, fällt den Auszug mit Ammoniak, wäscht den Niederschlag, presst ihn gut aus und löst ihn in schwefelsäurehaltigem Weingeist. Die Lösung wird nach Zusatz von Wasser durch Destillation vom Weingeist befreit und wiederum mit Ammoniak gefällt. Dem gewaschenen und bei gelinder Wärme möglichst rasch getrockneten Niederschlage entzieht nun Aether vorzugsweise das Chelerythrin. Nach dessen Entfernung löst man ihn in möglichst wenig schwefelsäurehaltigem Wasser und fügt das doppelte Volumen conc. Salzsäure hinzu, wodurch salzsaures Chelidonin gefällt wird. Dieses zerlegt man mit wässrigem Ammoniak und reinigt die frei gewordene Base durch wiederholtes Auflösen in wenig salzsäurehaltigem Wasser, Fällen der Lösung durch conc. Salzsäure, abermaliges Zerlegen des Niederschlags durch Ammoniak und endliches Umkrystallisiren aus kochendem Weingeist (Probst).

aus dem Kraut. Der in dem ausgepressten Safte des Krauts durch Ammoniak bewirkte Niederschlag enthält neben anderen Stoffen, etwas Chelidoxanthin und chelidonsaurem Salz das Chelidonin und Chelerythrin. Man zieht ihn möglichst rasch mit schwefelsäurehaltigem Weingeist aus, destillirt vom Filtrat nach Zusatz von Wasser den Weingeist ab, filtrirt aus der rückständigen Flüssigkeit das ausgeschiedene Harz ab, fällt sie dann, um eine anfangs mit niederfallende braune Substanz wieder in Lösung zu bringen, mit Ammoniak im starken Ueberschuss und behandelt den Niederschlag, dem durch Aether wieder das Chelerythrin entzogen werden kann, ganz in der oben angegebenen Weise (Probst).

Eigenschaften. Das Chelidonin krystallisirt in farblosen glasglänzenden Tafeln mit 2 At. Krystallwasser ($2H_2O$), welches bei 100° fortgeht (Will). Es ist geruchlos, schmeckt bitter und hinterher kratzend (nach Polex nur scharf) und reagirt alkalisch. Es schmilzt bei 130° zu einem farblosen Oel (Will) und verflüchtigt sich mit Wasserdämpfen (Reuling). In Wasser ist es unlöslich und im krystallisirten Zustande auch in Weingeist und Aether nur schwierig und erst bei längerem Kochen auflöslich (Polex). In fetten und flüchtigen Oelen löst es sich leichter (Polex, Reuling), auch in Amylalkohol.

Zusammensetzung. Aus seiner Analyse berechnete Will für das Chelidonin die Formel $C_{40}H_{20}N_3O_6$, wofür Gerhardt $C_{40}H_{19}N_3O_6$ und Gmelin $C_{42}H_{19}N_3O_6$ in Vorschlag brachten. Am besten stimmt die oben angeführte und von Limpricht aufgestellte Formel zu den analytischen Resultaten.

Salze. Die Chelidoninsalze sind, wenn die Säure ungefärbt ist, farblos, krystallisirbar, von saurer Reaction und stark bitterem Geschmack. — Salzsaures Chelidonin bildet feine Krystalle, löst sich in 325 Th. Wasser von 18°, wird aber aus dieser Lösung durch conc. Salzsäure gefällt (Probst). Auch das in Wasser leicht lösliche schwefelsaure und phosphorsaure, sowie das schwer lösliche salpetersaure Salz wurden von Probst krystallisirt erhalten, während das essigsaure Salz gummiartig ist. Chlorwasserstoffsaures Chelidonin-Platinchlorid, $C_{19}H_{17}N_3O_3, HCl, PtCl_2$, wird durch doppelte Zersetzung als gelber flockiger, allmälig körnig werdender Niederschlag erhalten (Will).

Verhalten gegen Reagentien. Die Lösungen der Chelidoninsalze werden durch Gerbsäure weiss gefällt. Wässriges essigsaures Chelidonin wird durch Jodtinctur kermesfarbig, durch chromsaures Kali gelb, Bleiessig weiss und Goldchlorid dunkelrothgelb gefällt. Alkalien scheiden aus seinen Salzlösungen das Chelidonin als voluminösen, käsigen, allmälig körnig werdenden Niederschlag ab (Polex). Auch Thierkohle schlägt daraus Chelidonin nieder (Probst).

Mit salpetersäurehaltiger Schwefelsäure färbt es sich grün, bei 150° olivengrün, später braun. Wird Chelidonin in Zuckerlösung vertheilt und langsam mit Schwefelsäure vermischt, so entsteht eine roth- oder blauviolette Färbung. — Die mit dem Mayerschen Reagens entstehende Doppelverbindung ist leicht durch Wasser und Alkohol zersetzbar, d. h. dieselbe giebt Chelidonin ab, während das Sanguinarindoppelsalz diese Eigenschaft nicht zeigt.

Wirkung. Chelidonin wirkt nach den Versuchen von Probst und Reuling in kleinen Dosen nicht giftig. Probst gab einem Kaninchen 0,36 in Lösung, ohne dass sich nennenswerthe Symptome zeigten; Reuling hatte nach etwa 0,3 schwefelsauren Chelidonins sich nur über sehr bittern, kratzend scharfen Geschmack zu beklagen.

Chelerythrin. Sanguinarin (Chelin). $C_{19}H_{17}NO_4$. — Literat.: Chemische: Dana, Mag. Pharm. **23**. 125. — Polex, Arch. Pharm. (2) **16**. 77. — Probst, Ann. Chem. Pharm. **29**. 120 und **31**. 250. — Schiel, Ann. Chem. Pharm. **43**. 233; Journ. pract. Chem. **67**. 61. —

Peirpoint, Amer. J. Pharm. (2) 2. 349. — Weppen, Arch. Pharm. 202. 81. — Dragendorff, Werthbestimmung scharf wirkender Droguen. 1874. — Naschold, Z. Chem. 1870. 119.

Diese Base wurde zuerst von Dana 1829 in der Wurzel von *Sanguinaria canadensis L.* entdeckt und als Sanguinarin bezeichnet, dann 1839 von Probst und 1844 von Polex im *Chelidonium majus L.* aufgefunden und von Ersterem Chelerythrin (von Chelidonium und ἔρυθρος, roth), von Letzterem Pyrrhopin genannt. Probst und Schiel endlich zeigten die Identität des Sanguinarins und des Chelerythrins. Entdeckung.

Das Chelerythrin findet sich im *Chelidonium majus L.*, reichlicher in der Wurzel, als im Kraut und in den unreifen Früchten, neben Chelidonin, in der Wurzel und, wie es scheint auch in den Blättern und Samen von *Sanguinaria canadensis L.* neben zwei anderen Alkaloiden (s. unten), nach Probst auch noch in der Wurzel (nicht im Kraut) von *Glaucium luteum Scop.* neben Glaukopikrin. Vorkommen.

Darstellung: aus der Wurzel von Chelidonium majus.

Beim Verdunsten der ätherischen Lösung des rohen Chelerythrins aus der Wurzel von *Chelidonium majus* (vergl. Chelidonin) hinterbleibt eine klebrige terpentinartige Masse. Diese wird in wenig salzsäurehaltigem Wasser aufgenommen, die vom Harz abfiltrirte Lösung zur Trockne gebracht, der Rückstand mit Aether gewaschen, in wenig kaltem Wasser gelöst, wobei noch beigemengtes salzsaures Chelidonin zurückbleibt, und diese Operation nach dem Verdunsten so lange wiederholt, als noch von letzterem Salz etwas vorhanden ist. Zuletzt fällt man die wässrige Lösung des salzsauren Chelerythrins mit Ammoniak, wäscht den Niederschlag, trocknet ihn, löst ihn in Aether und verdunstet die Lösung (Probst).

aus der Wurzel von Sanguinaria canadensis.

Dana zog die gepulverte Wurzel von *Sanguinaria canadensis* mit absolutem Weingeist aus, destillirte vom Auszuge nach Zusatz von Wasser den Weingeist ab, fällte die filtrirte rückständige Flüssigkeit mit Ammoniak, kochte den grauen Niederschlag mit Wasser und Kohlenpulver und zog ihn nach dem Waschen und Trocknen mit Weingeist aus, der beim Verdunsten die Base hinterliess. — Schiel bediente sich zur Darstellung des Chelerythrins aus der Sanguinaria-Wurzel einer von Probst für die Darstellung aus *Chelidonium majus* in Anwendung gebrachten aber nicht publicirten Methode. Er erschöpfte das getrocknete Wurzelpulver mit Aether, behandelte die Lösung mit Salzsäuregas, wodurch unreines salzsaures Chelerythrin gefällt wurde, und zersetzte dieses nach dem Waschen und Trocknen in wässriger Lösung mit Ammoniak. Den entstandenen Niederschlag löste er in Aether, entfärbte die Lösung durch Blutkohle, filtrirte, fällte abermals durch Einleiten von Salzsäuregas und schlug aus der wässrigen Lösung des gefällten scharlachrothen reinen salzsauren Chelerythrins die freie Base durch Ammoniak nieder. — Später empfahl Schiel als das vortheilhafteste Verfahren, die Sanguinaria-Wurzel (oder die Wurzel von *Chelidonium majus*) mit stark schwefelsäurehaltigem Wasser auszuziehen, den Auszug mit Ammoniak zu fällen, den Niederschlag nach dem Waschen und Trocknen in Aether zu lösen und aus dieser Lösung nach vorangegangener Entfärbung mit Thierkohle durch Zusatz einer ätherischen Lösung von Schwefelsäure reines schwefelsaures Chelerythrin zu fällen, aus dem dann durch Ammoniak die Base abgeschieden werden kann.

Aus der Wurzel von Glaucium luteum.

Zur Darstellung aus *Glaucium luteum Scop.* erschöpfte Probst die getrocknete und gepulverte Wurzel der 1—2jährigen Pflanze mit essigsäurehaltigem Wasser, fällte den Auszug mit Ammoniak, zog den gewaschenen und getrockneten Niederschlag mit Aether aus, löste den Verdunstungsrückstand der ätherischen Lösung in möglichst wenig salzsäurehaltigem Wasser, verdunstete zur Trockne, behandelte den Rückstand zur Entfernung von Chlorophyll mit Aether, nahm ihn wieder in wenig Wasser auf, fällte aus der Lösung durch Zusatz des gleichen Volumens conc. Salzsäure salzsaures Chelerythrin, reinigte dieses durch Umkrystallisiren aus Wasser, zerlegte es dann durch Ammoniak und krystallisirte die freie Base aus Aether unter Zusatz von etwas Wasser.

Nach Naschold wird die Wurzel von Sanguinaria mit 88—89% Alkohol ausgezogen, dieser Auszug mit dem ½ Volumen Wasser vermischt, filtrirt, mit Ammon gefällt, der getrocknete hier erhaltene Niederschlag mit Aether behandelt und in diese ätherische Lösung Salzsäuregas eingeleitet, welches salzsaures Chelerythrin fällt.

Eigenschaften.

Das Chelerythrin krystallisirt in farblosen, aus feinen Nadeln zusammengesetzten Warzen oder Sternchen, die beim Trocknen undurchsichtig werden. Es ist im trocknen Zustande geschmacklos, während seine weingeistige Lösung nach Probst brennend scharf, nach Schiel sehr bitter schmeckt. Sein Staub reizt heftig zum Niesen. Ob es alkalisch reagirt, bleibt nach den Angaben zweifelhaft. Bei 65° erweicht es harzartig. Es löst sich nicht in Wasser, leicht in Weingeist, Aether, flüchtigen und fetten Oelen, Petroleumäther, Benzin, Chloroform, Amylalkohol. Die Lösungen der kräftigen Base fluoresciren violett, scheiden Ammon aus Salzen ab.

Zusammensetzung.

Schiel, welcher sowohl die aus *Sanguinaria* als auch die aus *Chelidonium* erhaltene Base analysirte, stellte als Ausdruck für die Zusammensetzung die Formel $C_{38}H_{16}NO_8$ auf, wofür Gorup-Besanez (im Handwörterb. d. Chem.) $C_{38}H_{15}NO_8$ schreibt und Limpricht die oben angeführte Formel $C_{19}H_{17}NO_4$ vorschlägt.

Salze.

Mit den Säuren verbindet sich das Chelerythrin zu schön orangeroth gefärbten, theilweise krystallisirbaren, meistens in Wasser löslichen, brennend scharf schmeckenden Salzen. — Das salzsaure Chelerythrin ist eine neutrale krystallinische rothe Masse, die sich in Wasser mit rother Fluorescenz und Weingeist, aber nicht in Aether löst und aus wässriger Lösung durch conc. Salzsäure fast vollständig gefällt wird. Das schwefelsaure Salz krystallisirt schwierig und löst sich leicht in Wasser und wässrigem Weingeist, schwer in absolutem Weingeist, nicht in Aether. Besser krystallisirt das ähnliche Löslichkeitsverhältnisse zeigende phosphorsaure Salz (Probst). Das Platindoppelsalz, $C_{19}H_{17}NO_4, HCl, PtCl_2$, ist ein orangerother Niederschlag (Schiel).

Verhalten gegen Reagentien.

Das Chelerythrin färbt sich mit kleinen Mengen saurer Dämpfe sogleich roth. In den Lösungen seiner Salze erzeugt Gerbsäure einen gelbrothen Niederschlag. Alkalien, Ammoniak und Magnesia fällen daraus grauweisses käsiges Chelerythrin. Essigsaures Chelerythrin wird nach Polex durch Quecksilberchlorid und Silbernitrat gelbweiss, durch

Chlorgold dunkelrothgelb, durch chromsaures Kali gelb und durch Jodtinctur kermesfarben gefällt. Salpetersäure färbt vorübergehend blutroth, Schwefelsäure löst es mit gelbrother Farbe.

Das Sanguinarin bedingt die toxischen und medicinischen Wirkungen sowohl unseres Schöllkrautes als der in Nord-Amerika besonders als Alterans und Brechmittel vielbenutzten Blutwurzel. Ueber das Chelerythrin aus Chelidonium majus gab zuerst Probst an, dass es Niesen errege und zu 0,02 ein Kaninchen in 10 Stunden unter den Erscheinungen der narkotisch scharfen Gifte tödte. Nach Buchheim und Weyland (Untersuchungen über Veratrin u. s. w. Giessen, 1869) tödtet Sanguinarin (aus Blutwurzel) Frösche zu 0,001 subcutan nach vorgängiger Adynamie und klonischen Krämpfen und unter frühzeitigem Stillstande des Herzens, dessen Reizbarkeit früher als die der Muskeln erlischt; auf letztere wirkt es nicht wie Veratrin. Nach Schroff jun. (Med. Jahrb. 1870. H. 4. 120) kommt diese Wirkung, zusammen mit starker und langdauernder Steigerung der Reflexerregbarkeit, dem aus Sanguinaria gewonnenen Stoffe zu, während Chelerythrin aus Schöllkraut mehr paralysirend und gleichzeitig die Reflexaction herabsetzend, nicht krampferregend wirkt; die Action auf das Herz ist bei beiden dieselbe, beim Chelerythrin unbedeutend schwächer. Adynamie und Krämpfe, bei Säugethieren klonische, bei Fröschen auch tetanische, bezeichnet auch R. M. Smith (Amer. Journ. med. Sc. 587. 1876) als Haupterscheinungen, neben denen bei Meerschweinchen, Kaninchen, Hunden, Katzen und Tauben auch Speichelfluss, Mydriasis und mitunter Diarrhoe, bei den drei letztgenannten Thierspecies auch Erbrechen vorkommt; der Tod erfolgt bei Warmblütern durch respiratorische Lähmung und ist das Herz unmittelbar nach dem Tode noch schwach reizbar. Die Convulsionen treten auch bei durchschnittenem Rückenmarke und in unterbundenen Extremitäten auf und werden mitunter durch Entfernung des Gehirns aufgehoben; die Paralyse ist central; die Muskelreizbarkeit wird nur bei Infusion von Sanguinarin herabgesetzt (bei localer Application vernichtet), motorische und sensible Nerven nicht afficirt; die Herabsetzung der Reflexerregbarkeit scheint theils Folge von Reizung der Setschenowschen Centren, theils von Lähmung der spinalen Ganglien. Kleine Dosen steigern Pulsfrequenz und Blutdruck, grosse setzen beide durch lähmende Einwirkung auf das vasomotorische Centrum und das Herz herab; die Vagi sind dabei unbetheiligt. Kleine Dosen reizen das Athemcentrum, grosse setzen dessen Tonus herab und vermindern die Athemzahl durch Verlängerung der Pausen nach der Exspiration (Smith). Wirkung.

Nach Van der Espt (Journ. med. de Brux. Juill. 1868. 1) wendet man das Alkaloid in Amerika zwar wenig an, aber es passt in allen Fällen, wo man die Sanguinaria giebt; man verreibt 0,6 mit 1,25—2,0 Milchzucker und theilt dies Quantum in 10—30 Theile, je nachdem man alterirend oder brechenerregend wirken will. — Das Alkaloid ist nicht mit dem Resinoide gleichen Namens, das ein braunrothes pulverförmiges Extract der Blutwurzel darstellt und von der eklektischen Schule gebraucht wird, zu verwechseln. Anwendung.

Sanguinaria-Porphyroxin. Dieses sehr problematische Alkaloid wurde von Riegel (Jahrb. Pharm. 11. 102) aus der Wurzel von Sanguinaria canadensis dargestellt.

Chelidonsäure. $C_7H_4O_6$. — Literat.: Probst, Ann. Chem. Pharm. 29. 116. — Lerch, Ann. Chem. Pharm. 57. 273. — Hutstein, Arch.

Pharm. (2) 65. 23. — Wilde, Ann. Chem. Pharm. 127. 164. — O. Lietzenmayer, Dissertation. Erlangen. 1878. — A. Lieben, L. Haitinger, Monatsh. Chem. 4. 273.

Entdeckung und Vorkommen. Diese 1838 von Probst entdeckte Säure findet sich in allen Theilen von *Chelidonium majus L.* neben Aepfelsäure und Bernsteinsäure, und zwar am reichlichsten zur Zeit der beginnenden Fruchtbildung.

Darstellung. Zu ihrer Darstellung zog Probst Kraut oder Wurzel mit sodahaltigem Wasser aus, säuerte den geklärten Auszug, oder statt dessen bei frischem Material auch den ausgepressten Saft mit Salpetersäure an und fällte mit Bleinitrat unter Vermeidung eines Ueberschusses. Der gewaschene Niederschlag wurde dann zur Entfernung von Bleisalzen beigemengter Säuren wiederholt mit sehr verdünnter Salpetersäure behandelt und nun mittelst Schwefelnatrium zersetzt. Die erhaltene Flüssigkeit wurde mit dem Schwefelblei und etwas Thierkohle gekocht, während des Kochens mit einer Säure übersättigt, dann filtrirt und das eingedampfte Filtrat so lange mit verdünnter Schwefelsäure versetzt, als sich Chelidonsäure ausschied.

Lerch und nach ihm Hutstein coagulirten den frisch ausgepressten Saft durch Kochen und fällten ihn nach dem Ansäuern mit Salpetersäure (auf 2 Pfund Saft 4 g Salpetersäure von 1,3 spec. Gew.) mit der eben ausreichenden Menge Bleinitrats. Den gewaschenen Niederschlag zersetzte Lerch durch Schwefelwasserstoff und neutralisirte das Filtrat mit Kreide zur Bildung von chelidonsaurem Kalk, der beim Abdampfen bis zur Krystallhaut fast rein in seideglänzenden Nadeln anschoss. Hutstein zerlegte zweckmässiger den Bleiniederschlag durch wässriges Fünffach-Schwefelcalcium und gewann das gebildete Kalksalz durch Einkochen des Filtrats, wiederholtes Filtriren und Krystallisirenlassen. Das Kalksalz wurde nun durch Zersetzung mit kohlensaurem Ammon in das Ammoniumsalz verwandelt und dieses in kalt gesättigter wässriger Lösung mit 2 Th. mässig verdünnter Salzsäure versetzt. Die ausgeschiedene Chelidonsäure wurde noch mit kaltem Wasser gewaschen und aus kochendem Wasser umkrystallisirt. Lietzenmayer hat die Hutsteinsche Methode der Darstellung etwas modificirt.

Eigenschaften. Die Chelidonsäure krystallisirt aus Wasser bei allmäligem Verdunsten ihrer Lösung in langen seideglänzenden Nadeln, bei raschem Abkühlen ihrer kochend gesättigten Lösung in kleinen verfilzten, die ganze Flüssigkeit zum Gestehen bringenden Nadeln. Die erstern enthalten 1 ½, die letzteren 1 At. H_2O, das bei 100° entweicht. Aus Salzsäure krystallisirt die Säure in klinorhombischen, dem Feldspath ähnlichen Krystallen mit 1 Mol. H_2O. Die Krystalle verwittern auch bei gewöhnlicher Temperatur an der Luft. Sie schmecken stark sauer und lösen sich nach Probst in 166 Th. Wasser von 6° und in 26 Th. kochendem Wasser, ferner in 700 Th. 75grädigem Weingeist von 12°. Schmpkt. unter Zersetzung 225—230°.

Salze. Die Chelidonsäure löst als starke Säure Zink und Eisen unter Wasserzersetzung. Ihre namentlich von Lerch untersuchten Salze sind nach den Formeln $C_7H_3MO_6$, $C_7H_2M_2O_6$, $C_7HM_3O_6$ und $C_7H_3MO_6 + C_7H_4O_6$ zusammengesetzt. Sättigt man die Säure mit einem Metalloxyd oder kohlensaurem Salz, so entstehen in der Regel Salze der Formel $C_7H_2M_2O_6$; nur bei Anwendung von Alkalien entstehen auf diese Weise auch Salze von der Formel $C_7HM_3O_6$. Fast alle chelidonsauren Salze mit nur 1 oder 2 At. Metall sind in Wasser löslich und bei ungefärbter Basis farblos. Die Salze mit 3 At. Metall sind meistens gelb und färben, wenn in Wasser löslich, dasselbe sehr stark. Lietzenmayer hat die Salze der Chelidonsäure einem eingehenden Studium unterworfen, um die Basicität der Säure festzustellen. Besonders waren es die Silber-Ammon- und Calciumsalze, welche näher untersucht wurden und deren Untersuchungsresultate mit Sicherheit die Zweibasicität der Chelidonsäure zeigten. Die Formeln der Salze lassen sich feststellen: $C_7H_2O_6Me_2$, $C_7H_2O_6(MOH)_2$, $C_7H_2O_6$, HM, $C_7H_2O_6HM.C_7H_2O_6$. Die neutralen Salze entstehen leicht durch Neutralisation der Säure oder der sauren Salze mit Oxyden oder Carbonaten. Mit verdünnten Mineralsäuren gehen die neutralen Salze in saure, mit Ammon in basische Salze über. Auch gelang die Darstellung eines Kalisalzes von der Formel $(C_7H_2O_6K_2)_2.KOH + 5H_2O$, eines Doppelsalzes $C_7H_2O_6<{CaOH \atop CaOH}$. Das chelidonsaure Silbersalz zersetzt sich mit verdünnter Salpetersäure in Cyansilber, Kohlensäure, Oxalsäure, genau wie mekonsaures Silber.

Die bei 100° getrocknete Säure verliert bei 150° etwas Wasser und wird bei einer 220° übersteigenden Temperatur unter Schwärzung und lebhafter Kohlensäure-Entwicklung zersetzt. Der Rückstand enthält nun eine neue krystallisirbare Säure, welche nach Wilde weisse, bei 230° schmelzende Nadeln von der Formel $C_{15}H_{14}O_{14}$ bildet. — Von starker Salpetersäure wird die Chelidonsäure fast gar nicht angegriffen, während mässig verdünnte sie unter Entwicklung von Kohlensäure und Stickoxyd zersetzt. Kalte conc. Schwefelsäure löst sie unzersetzt, aber beim Erwärmen färbt sich die Lösung unter Gasentwicklung erst gelblich und beim Kochen purpurroth. Beim Kochen mit überschüssiger Kalilauge entsteht Oxalsäure (Lerch). — Versetzt man mit Wasser zu einem Brei angeriebene Chelidonsäure mit überschüssigem Brom, so entstehen Bromwasserstoff, Oxalsäure, Bromoform und ein Körper von der Zusammensetzung und wesentlichen Eigenschaften des fünffach-gebromten Acetons, C_3HBr_5O (Wilde). Die Säure steht in einem genetischen Zusammenhange mit Mekonsäure. — Essigsäureanhydrid zerlegt Chelidonsäure, Salzsäure ist ohne Einwirkung; beim Kochen der Ammonsalze mit überschüssigem Ammon entstehen Ammonsalze einer Säure, 2basisch, von der Formel $C_7H_5NO_5 + H_2O$ (Lietzenmayer). Zersetzungen.

A. Lieben und Haitinger haben die interessante Thatsache festgestellt, dass Chelidonsäure bei der Einwirkung von Alkalien in der Siedhitze unter Wasseraufnahme in Aceton übergeht und interpretiren diese Umwandlung folgendermassen:

$$\begin{array}{l} CO.OH \\ | \\ C=CH \\ | \quad\quad | \\ O \quad\quad CO + 3H_2O = \\ | \quad\quad | \\ C=CH \\ | \\ CO.OH \end{array} \quad \left\{\begin{array}{l} CO.OH \\ | \\ CO.OH \end{array}\right. + \begin{array}{l} CH_3 \\ | \\ CO \\ | \\ CH_3 \end{array} + \left\{\begin{array}{l} CO.OH \\ | \\ CO.OH \end{array}\right.$$

Zink und Essigsäure liefern ein Reactionsproduct, 140° Schmpkt.

Chelidoxanthin. — Gelber Farbstoff in allen Theilen von *Chelidonium majus, L.* Man erhält ihn nach Probst (Ann. Chem. **29.** 128), indem man die durch Ausziehen mit verdünnter Schwefelsäure von Chelidonin und Chelerythrin (s. diese) befreite Wurzel mit Wasser auskocht, den Auszug mit Bleizucker fällt, den Niederschlag unter Wasser durch Schwefelwasserstoff zersetzt und das mit kaltem Wasser gewaschene Schwefelblei mit Wasser auskocht. Dieses nimmt das Chelidoxanthin auf, das beim Verdunsten als gelbe bröckliche Masse hinterbleibt, welche man zur Reinigung nacheinander mit sehr verdünntem Ammoniak und Aether wäscht, dann in absolutem Weingeist aufnimmt, um den Verdunstungsrückstand nochmals mit kalter verdünnter Schwefelsäure, ammoniakalischem Wasser und Aether zu waschen.

Das so dargestellte Chelidoxanthin bildet eine gelbe zerreibliche Masse, auch wohl gelbe Krystallkrusten und kurze Nadeln. Es schmeckt sehr bitter. Von kaltem Wasser wird es sehr schwer, leichter und mit sattgelber Farbe von kochendem, von Weingeist nur schwierig, von Aether gar nicht gelöst. Säuren und Alkalien sind ohne Einwirkung. Die wässrige Lösung wird durch Gerbsäure gefällt. (Probst.)

Chelidoninsäure. — Diese Säure will Zwenger (Ann. Chem. Pharm. **114.** 350) als eigenthümliche Pflanzensäure neben Chelidonsäure aus blühendem Schöllkraut, *Chelidonium majus L*, erhalten haben, scheint aber in ihrer Existenz nach Walz und Kraut (Gmelins Suppl. 823) sehr fraglich zu sein.

Macleya-Alkaloide. — Eykmann hat aus Macleya cordata 2 Alkaloide isolirt, von welchen das eine mit Sanguinarin (Chelerythrin), das andere mit dem Protopin von Hesse übereinzustimmen scheint. (Pharm. Journ. Trans. (4) **614.** 803.)

Glaucium.

Die Wurzel dieser Gattung enthält die Base Glaucopikrin, das Kraut Glaucin, und ausserdem Fumarsäure. Die Blüthen enthalten einen gelben Farbstoff, der nicht näher gekannt ist (Probst). Von Cloëz (Compts. rend. **50** u. **61.**) liegen Aschenanalysen und Analysen der Samen von Glaucium flavum und rubrum vor.

Entdeckung und Vorkommen. **Glaucopikrin.** — Dieses 1839 von Probst (Ann. Chem. Pharm. **31.** 254.) entdeckte Alkaloid findet sich in der Wurzel von *Glaucium luteum Scop.* neben Chelerythrin. — Darstellung. Um es zu erhalten, fällt man aus dem mit essigsäurehaltigem Wasser bereiteten Auszuge der Wurzel das Chelerythrin mittelst Ammoniak und darauf das mit Essigsäure neutralisirte Filtrat mit Gerbsäure aus. Der ausgewaschene Niederschlag wird mit Kalkhydrat und Weingeist erwärmt und in das Filtrat Kohlensäure eingeleitet. Nach dem Filtriren wird die weingeistige Flüssigkeit durch Destillation und Eindampfen zur Trockne gebracht, der Rückstand mit Aether erschöpft, der ätherische Auszug verdunstet und das zurückbleibende unreine Alkaloid durch Waschen mit wenig Aether in einen ungelöst bleibenden reineren und einen in Lösung gehenden unreineren Antheil zerlegt. Ersterer wird aus heissem Wasser umkrystallisirt. Letzteren nimmt man nach dem Verdunsten des Aethers in essigsäurehaltigem Wasser auf, fügt Bleiessig hinzu und behandelt mit Schwefelwasserstoff. Dem ausgeschiedenen Schwefelblei wird mit niedergerissenes Glaucopikrin durch wiederholtes Auskochen mit essigsäurehaltigem Wasser entzogen, worauf man die erhaltenen Flüssigkeiten mit dem ersten Filtrat vom Schwefelblei vereinigt, mit Glaubersalz sättigt, mit Ammoniak ausfällt, den Niederschlag in Aether löst, die Lösung dem Verdunsten überlässt und den Rückstand gleichfalls aus kochendem Wasser krystallisirt.

Das Glaucopikrin bildet blendend weisse luftbeständige Körner von bitterem Geschmack. Es löst sich in Wasser, besonders in heissem, ferner in Weingeist und schwierig auch in Aether. Thierkohle schlägt es aus seinen Lösungen nieder. — Seine Salze schmecken bitter und widrig. Das salzsaure Glaucopikrin krystallisirt in farblosen glasglänzenden rhombischen Tafeln, oder büschlich vereinigten Prismen. Eigenschaften. Salze.

Beim Erhitzen mit conc. Schwefelsäure färbt sich das Glaucopikrin dunkelgrasgrün und verwandelt sich in eine zähe, in Wasser, Säuren und wässrigem Ammoniak unlösliche Masse (Probst). Zersetzungen.

Glaucin. — Literat.: Probst, Ann. Chem. Pharm. 31. 242.

Wurde von Probst 1839 in dem einjährigen Kraut von *Glaucium luteum Scop.* aufgefunden. Aus der Wurzel und dem zweijährigen Kraut konnte es nicht erhalten werden. — Man presst die einjährige, von Wurzeln und Blumen befreite Pflanze aus, fällt den Saft mit essigsaurem Bleioxyd, entbleit das Filtrat durch Schwefelwasserstoff, neutralisirt und fällt mit Gerbsäure. Der Niederschlag wird noch feucht mit Kalkhydrat und Weingeist digerirt, das alkoholische Filtrat nach Entfernung des Kalks mittelst Kohlensäure zur Trockne gebracht, der Rückstand zuerst mit wenig kaltem Wasser gewaschen und dann aus kochendem Wasser krystallisirt. Entdeckung und Vorkommen. Darstellung.

Das Glaucin bildet weisse, aus kleinen perlglänzenden Schuppen bestehende Rinden von bitterem und zugleich sehr scharfem Geschmack und deutlich alkalischer Reaction. Durch Ammoniak aus seinen Salzen gefällt wird es bald harzartig, und von ähnlicher Beschaffenheit hinterbleibt es beim Verdunsten seiner ätherischen Lösung. Es schmilzt schon unter 100° zu einer öligen Flüssigkeit. Im Sonnenlichte röthet es sich. Von kaltem Wasser wird es wenig, besser von kochendem, sehr leicht von Weingeist und Aether gelöst. Thierkohle fällt es aus diesen Lösungen und tritt es nur schwierig an Weingeist wieder ab. Eigenschaften.

Es neutralisirt die Säuren und bildet Salze von brennend scharfem Geschmack. — Salzsaures Glaucin bildet feine weisse Nadeln, die sich im Lichte röthlich färben und leicht in Wasser, aber nicht in Weingeist und Aether löslich sind. Das in weissen glänzenden Nadeln krystallisirende schwefelsaure Glaucin ist auch in Weingeist gut löslich. Salze.

Beim Erhitzen mit conc. Schwefelsäure färbt sich Glaucin schön blauviolett; auf Zusatz von Wasser entsteht eine dunkel pfirsichblutrothe Lösung, die mit Ammoniak einen indigoblauen Verhalten gegen Reagentien.

Niederschlag giebt. Conc. Salzsäure verhält sich der Schwefelsäure ähnlich, wirkt aber schwächer.

Eschscholtziabasen. — Bei einer 1844 ausgeführten Untersuchung der *Eschscholtzia californica Cham.* fand Walz (Jahrb. Pharm. **7.** 282 und **8.** 147 und 209) drei Alkaloide, von denen zwei, ein bitteres und ein scharfes, sowohl in der Wurzel, als auch im Kraut, das dritte, mit Säuren hochrothe Salze bildende und nach Darstellung und Eigenschaften mit Chelerythrin identische, nur in der Wurzel vorkommen.

b. Fumariaceae.

Corydalis.

Corydalin. $C_{18}H_{19}NO_4$. — Literat.: Wackenroder, Kastners Archiv. **7.** 423. — Peschier, Trommsdorffs N. Journ. Pharm. **17.** 80. — Winckler, Chem. Centralbl. 1832. 301. — Döbereiner, Ann. Chem. Pharm. **28.** 289. — Ruickholdt, Arch. Pharm. (2) **49.** 139. — Müller, Viertelj. pract. Pharm. **8.** 526. — Leube, Viertelj. pract. Pharm. **9.** 524. — H. Wicke, Ann. Chem. Pharm. **137.** 274.

Entdeckung und Vorkommen. Diese 1826 von Wackenroder entdeckte Base findet sich in den Wurzeln von *Corydalis cava Schwgg.* (*s. Bulbocapnus cavus Bernh., s. Corydalis bulbosa Pers., s. Corydalis tuberosa Dec.*), *Corydalis solida Sm.* (*s. Bulbocapnus digitatus Bernh., s. Corydalis digitata Pers., s. Corydalis bulbosa Dec.*) und *Corydalis intermedia Mer.* (*s. Corydalis fabacea Pers.*), gebunden an Fumarsäure, Aepfelsäure.

Darstellung: nach Peschier; Zur Darstellung zieht man nach Peschier (im Wesentlichen auch nach Wackenroder) die gröblich gepulverten trocknen Wurzeln der genannten Pflanzen mit kaltem Wasser aus und fällt den schwach sauer reagirenden dunkelrothen Auszug mit Kali, Natron oder kohlensaurem Natron. Der getrocknete Niederschlag wird mit Weingeist ausgekocht, der beim Verdunsten der Lösung bleibende Rückstand in verdünnter Schwefelsäure aufgenommen und die saure Lösung allmälig mit einem Alkali gesättigt, wodurch zuerst noch etwas von einer gefärbten abzusondernden Materie, später aber farbloses Corydalin gefällt wird. Durch nochmaliges Ausziehen der Wurzeln mit schwefelsäurehaltigem Wasser und Behandlung des Auszugs in der gleichen Weise kann noch mehr, aber schwieriger zu reinigendes Corydalin erhalten werden. — nach Ruickholdt: Das Verfahren, welches Ruickholdt zur Darstellung anwandte, unterscheidet sich von dem angegebenen nur dadurch, dass er die Wurzeln mit 1 Proc. Salzsäure enthaltendem Wasser auszieht. nach Müller: Müller schlug den gleichen Weg ein, zog aber den durch kohlensaures Natron erhaltenen Niederschlag nach dem Waschen und Trocknen mit Terpentinöl oder Schwefelkohlenstoff aus, entzog diesem die in Lösung gegangene Base durch Schütteln mit salzsäurehaltigem Wasser und schlug sie daraus wieder mit Kali nieder.

nach Winckler: Winckler presste die frischen und zu Brei zerstossenen Wurzeln aus, coagulirte den Saft durch Aufkochen, fällte das Filtrat durch Bleizucker, entfernte den Ueberschuss des Bleis durch Schwefelsäure und schlug nun das Corydalin durch Ammoniak nieder. Zur Reinigung wurde es in weingeistiger Lösung mit Blutkohle behandelt und dann daraus entweder durch langsames Verdunsten krystallinisch oder durch Zusatz von Wasser pulverförmig abgeschieden.

Nach Wicke, welcher die letzte und eingehendste Untersuchung des Corydalins ausführte, werden die zerkleinerten trocknen Wurzeln von *Corydalis cava Schwgg.* (die *Rad. Aristoloch. cav. s. rotund.* des Handels) am besten dreimal hintereinander mit etwa der sechsfachen Menge schwach mit Schwefelsäure angesäuerten Wassers einige Stunden bei 50° unter öfterem Umrühren digerirt. Die durch Absetzenlassen geklärten dunkelgrünen Auszüge werden mit Bleiessig ausgefällt und nach der Filtration mittelst Schwefelsäure entbleit. Die resultirende hellgrüne Flüssigkeit wird nun mit metawolframsaurem oder phosphorwolframsaurem Natron gefällt, wobei zu beachten, dass sie stark sauer bleiben muss. Den etwas ausgewaschenen und abgepressten gelbweissen Niederschlag trocknet man mit geschlämmter Kreide ein und erschöpft die trockne Masse mit heissem Weingeist. Nach dem Abdestilliren des Weingeists schiesst das Corydalin aus der rückständigen dickflüssigen Lösung zum grössten Theile in sternförmig gruppirten Prismen an; der Rest wird durch Behandeln der eingetrockneten Mutterlauge mit essigsäurehaltigem Wasser, Fällen mit Bleiessig, Entbleien mit Schwefelwasserstoff, Uebersättigen des Filtrats mit Soda und Umkrystallisiren des Niederschlages aus Weingeist erhalten. Zur Entfernung eines den Krystallen noch anhaftenden gelblichen Harzes werden sie mit Aetherweingeist gewaschen, zwischen Fliesspapier abgepresst und wiederholt aus Aetherweingeist umkrystallisirt. nach Wicke:

Eigenschaften.

Das reine Corydalin krystallisirt aus conc. Lösungen in kurzen blendend weissen Prismen, aus verdünnten in feinen Nadeln. Es ist geruchlos und für sich fast geschmacklos, schmeckt jedoch in weingeistiger oder saurer Lösung bitter. Die weingeistige Lösung reagirt stark alkalisch. Bei längerer Erwärmung auf 110—120° färbt es sich gelblich, schmilzt bei 130° zu einer braunrothen, zu einer anfangs amorphen, nach längerer Zeit aber krystallinisch werdenden Masse erstarrenden Flüssigkeit und beginnt bei 180° sich unter Entwicklung empyreumatischer Dämpfe zu zersetzen. Es löst sich nicht in Wasser, ziemlich schwer in Weingeist (das unreine harzhaltige leicht), auch in Aether, Chloroform, Amylalkohol, Schwefelkohlenstoff, Benzol und Terpentinöl. Seinen mit Ammoniak übersättigten Salzlösungen wird es durch Schütteln mit Aether leicht entzogen. Aus seiner weingeistigen Lösung wird es durch Wasser, wenn völlig rein, in feinen mikroskopischen Nadeln, sonst amorph gefällt (Wicke).

Zusammensetzung.

Das Corydalin wurde zuerst von Döbereiner analysirt, aus dessen Analyse sich die Formel $C_{34}H_{21}NO_{10}$ berechnet. Ruickholdt gelangte zu der Formel $C_{54}H_{27}NO_{18}$, Wackenroder berechnete aus der Analyse des salzsauren Salzes die Formel $C_{50}H_{30}NO_{20}$, Müller leitete aus seiner Analyse die Formel $C_{46}H_{29}NO_7$ ab, welche Leube bestätigte. Nach Wickes neuester Untersuchung, bei welcher ausser der reinen Base noch verschiedene Salze analysirt wurden, entspricht die Zusammensetzung der angeführten Formel $C_{18}H_{19}NO_4$.

Verbindungen.

Das Corydalin löst sich leicht in erwärmten verdünnten Säuren und bildet damit meist leicht krystallisirbare Salze. — Salzsaures Corydalin, $C_{18}H_{19}NO_4$, HCl, wird durch Krystallisation einer Lösung der Base in verdünnter Salzsäure in wasserfreien blendend weissen kleinen Nadeln erhalten, die neutral reagiren und sich ziemlich schwierig in Wasser, ausserdem auch in Weingeist lösen. Schüttelt man eine conc. Lösung von Corydalin in Schwefelkohlenstoff mit wenig salzsäurehaltigem Wasser zusammen, so gesteht die wässrige Flüssigkeit rasch zu einem Krystallbrei, der beim Umkrystallisiren aus heissem Wasser blendend weisse, büschelförmig gruppirte Nadeln des wasserhaltigen Salzes $C_{18}H_{19}NO_4$, $HCl + 5H_2O$ liefert. Diese verlieren schon beim Stehen über Schwefelsäure ihr gesammtes Krystallwasser und lösen sich gut in kaltem, reichlicher noch in warmem Wasser. — Das durch Abdampfen einer Lösung der Base in warmer verdünnter Schwefelsäure leicht krystallisirt zu erhaltende saure schwefelsaure Corydalin, $C_{18}H_{19}NO_4$, SH_2O_4 bildet feine weisse Nadeln von saurer Reaction, welche sich träge in Wasser und wenig auch in Weingeist lösen. Das in gleicher Weise zu erhaltende essigsaure Salz bildet ebenfalls feine Nadeln, das oxalsaure kurze dicke Prismen. Das chlorwasserstoffsaure Corydalin-Platinchlorid $C_{18}H_{19}NO_4$, HCl, $PtCl_4$ ist ein gelber mikroskopisch-krystallinischer Niederschlag, der sich in vielem Wasser löst (Wicke).

Aethylcorydaliniumjodid. Erhitzt man Corydalin mit Jodäthyl einige Stunden im zugeschmolzenen Rohr auf 100°, so setzt die goldgelbe Lösung beim Erkalten röthlichgelbe, in Wasser schwierig, in Weingeist leichter mit goldgelber Farbe sich lösende und daraus unzersetzt umkrystallisirbare Prismen von Aethylcorydaliniumjodid, $C_{18}H_{19}(C_2H_5)NO_4J$, ab. — Diese werden aus ihrer wässrigen Lösung durch Aetznatron unverändert gefällt, durch frisch gefälltes Silberoxyd aber in das stark alkalisch reagirende, aber nicht in fester Form erhaltene Aethylcorydalin übergeführt, welches, aufs Neue mit Jodäthyl erwärmt, wieder Aethylcorydaliniumjodid liefert, also keiner weiteren Aufnahme von Aethyl fähig ist. Aus seiner mit Salzsäure neutralisirten Lösung fällt Platinchlorid das schmutziggelbe unkrystallinische Platindoppelsalz $C_{18}H_{19}(C_2H_5)NO_4Cl$, $PtCl_4$ (Wicke).

Verhalten gegen Reagentien. Concentrirte Schwefelsäure löst das Corydalin farblos, conc. Salpetersäure mit goldgelber Farbe. Seine weingeistige Lösung wird durch Gerbsäure flockig gefällt. Die wässrigen Lösungen seiner Salze fällt Pikrinsäure gelb und krystallinisch, metawolframsaures Natron weiss, flockig, chromsaures Kali gelb, Jod-Jodkalium braun, Jodkalium weiss, Kaliumquecksilberjodid gelblich weiss, Quecksilberjodid weiss, Gold- und Platinchlorid gelb und krystallinisch, Schwefelcyankalium weiss und krystallinisch. Aetzende und kohlensaure Alkalien schlagen daraus Corydalin nieder, das sich im Ueberschuss der ersteren wieder löst (Wicke).

Fumaria.

Die Gattung Fumaria enthält eine Base Fumarin, die auch sonst noch verbreitete Fumarsäure und ist besonders reich an Kali. 100 Theile Fumaria officinalis liefern 7,9 Kaliumcarbonat.

Fumarin. **Fumarin.** — Literat.: Peschièr, Trommsdorff's N. Journ. Pharm. 17. 2. 80. — Hannon, Journ. Chim. méd. (3) S. 705. — Preuss, Ztschr. Chem. 1866. 414.

Entdeckung und Vorkommen. Dieses, wie es scheint, zuerst von Peschier (1829), dann von Hannon (1852) dargestellte Alkaloid des Erdrauchs, *Fumaria officinalis L.*, wurde neuerdings von Preuss etwas näher untersucht. — Zu seiner Darstellung erwärmte Hannon das zu Brei zerstampfte und mit Essigsäure angesäuerte frische Kraut einige Stunden im Wasserbade, verdunstete den abgepressten Saft zum Syrup und behandelte diesen mit kochendem Weingeist. Die mit Kohle entfärbte weingeistige Lösung setzte alsdann beim Verdampfen essigsaures Fumarin in feinen Nadeln ab. Oder er fällte den abgepressten, filtrirten und mit dem doppelten Volum Wasser vermischten Saft mit Bleizucker aus, entfernte aus dem Filtrat den Bleiüberschuss mit Schwefelsäure und verdampfte, worauf schwefelsaures Fumarin sich krystallinisch ausschied. Aus den Lösungen dieser Salze fällte Hannon dann die freie Base durch ätzende oder kohlensaure Alkalien als käsigen Niederschlag und krystallisirte sie durch freiwilliges Verdunsten ihrer weingeistigen Lösung. — Preuss kochte das trockne Kraut mit essigsäurehaltigem Wasser aus, fällte den Auszug mit Bleiessig, entfernte aus dem Filtrat das Blei und fällte es nach starkem Ansäuern mit Schwefelsäure mit metawolframsaurem Natron. Der Niederschlag wurde mit schwefelsäurehaltigem Wasser gewaschen und dann mit frisch gefälltem Bleioxydhydrat eingetrocknet. Der kochend bereitete weingeistige Auszug der trocknen Masse wurde eingedunstet, der Rückstand in essigsäurehaltigem Wasser gelöst, die Lösung mit Bleiessig ausgefällt und das entbleite und durch Eindampfen stark concentrirte Filtrat mit Kali übersättigt. Der erhaltene, mit wenig Wasser gewaschene und getrocknete Niederschlag wurde trocken mit Schwefelkohlenstoff in der Wärme ausgezogen, der filtrirte Auszug mit salzsäurehaltigem Wasser geschüttelt, die safrangelbe Lösung des salzsauren Fumarins mit kohlensaurem Baryt eingetrocknet und dem trocknen Rückstande die nun reine Base mit absolutem Weingeist entzogen.

Darstellung: nach Hannon; nach Preuss.

Eigenschaften.

Das reine Fumarin krystallisirt in farblosen, irregulär sechsseitigen klinorhombischen Prismen, die in Lösung bitter schmecken und alkalisch reagiren. Es löst sich wenig in Wasser, leicht in Weingeist, Amylalkohol, Chloroform, Benzol und Schwefelkohlenstoff, aber nicht in Aether (Unterschied vom Corydalin). (Preuss).

Die Zusammensetzung wurde noch nicht ermittelt.

Salze.

Das salzsaure und das schwefelsaure Fumarin krystallisiren in Prismen und sind schwer löslich. Das leicht lösliche essigsaure Fumarin bildet seideglänzende Nadelbüschel. Platin- und Golddoppelsalz krystallisiren in Octaëdern. (Preuss).

Verhalten gegen Reagentien.

Conc. Schwefelsäure löst, was sehr characteristisch ist, das Fumarin sogleich mit dunkelvioletter, allmälig in Braungrün, durch Zusatz von Oxydationsmitteln in Braun übergehender Farbe. Conc. Salpetersäure löst es in der Kälte farblos. (Preuss).

Fumarsäure. $C_4H_4O_4$. — Literat.: Lassaigne, Ann. Chim. Phys. (2) **11**. 93. — Pfaff, Schweiggers Journ. **47**. 476. — Winckler, Repert. Pharm. **39**. 48 u. 368; **48**. 39 u. 363. — Pelouze, Ann. Chim. Phys. (2) **56**. 72. — Demarçay, Ann. Chim. Phys. (2) **56**. 429. — Schödler, Ann. Chem. Pharm. **17**. 148. — Rieckher, Ann. Chem. Pharm. **49**. 31. — Dessaignes, Compt. rend. **31**. 432 und **37**. 782; Journ. Pharm. (3) **32**. 48. — W. Wicke, Ann. Chem. Pharm. **87**. 225. — J. Müller, Viertelj. pract. Pharm. **8**. 526. — Bolley, Ann. Chem. Pharm. **86**. 44. — Kekulé, Ann. Chem. Pharm. **130**. 21; **131**. 85; Suppl. **1**. 129 u.

2. 108. — Werigo und Tanatar, Ann. Chem. Pharm. **174**. 367. — Limpricht, Ebendas. **165**. 285. — Mühlhäuser, Ebendas. **101**. 176. — Strecker und Meissl, Chem. Ctrbl. 1870. — Perkin u. Dieppa, Ann. Chem. Pharm. **112**. 24. — Otto, Ebendas. **127**. 178. — Jungfleisch, Bull. soc. chim. **30**. 147. — Laubenheimer, Ann. Chem. Pharm. **164**. 294. — Henry, Ebend. **156**. 178. — Petri, Ebendas. **195**. 56. — Anschütz, Berl. Ber. 1879. 2280. — Ossipoff, Berl. Ber. 1879. 2096. — S. Tanatar, Ebendas. 2293. — C. A. Bischoff, Ebendas. 1880. 2161. — Fittig und Dorn, Ann. Chem. Pharm. **188**. 190. — Loidl, Berl. Ber. 1876. 925. — Carius, Berl. Ber. 1871. 928; Ann. Chem. Pharm. **142**. 153.

Entdeckung. Diese Säure wurde 1819 von Lassaigne neben Maleïnsäure bei der trocknen Destillation der Aepfelsäure erhalten und unter dem Namen Paramaleïnsäure 1834 von Pelouze genauer untersucht. Im Jahre 1826 stellte Pfaff sie unter dem Namen Flechtensäure aus isländischem Moos dar und 1833 Winckler als Fumarsäure aus dem Erdrauch (*Fumaria officinalis*). Demarçay und Schröder zeigten dann, dass alle diese Säuren identisch seien.

Vorkommen. Die Fumarsäure findet sich ausser in *Fumaria officinalis*, *L.* nach W. Wicke auch im Kraut, nicht in der Wurzel von *Corydalis bulbosa De C.* (*Fam. Fumariaceae*), ferner nach Probst in *Glaucium luteum*, *L.* (*Fam. Papaveraceae*), nach Bolley und Dessaignes in verschiedenen Schwämmen, so in *Agaricus piperatus*, *A. tomentosus*, *A. muscarius* und *Boletus pseudoigniarius*, dann, wie schon erwähnt, nach Pfaff in *Cetraria islandica Ach.*

Darstellung aus Fumaria officinalis. Zur Darstellung der Säure aus Erdrauch fällt man die wässrige Abkochung oder den durch Aufkochen geklärten frischen Saft kochend heiss mit überschüssigem Bleizucker und colirt sogleich. Aus dem Filtrat scheidet sich beim Stehen körnig krystallinisches fumarsaures Blei ab (Pasteur, Ann. Chim. Phys. [3] **31**. 92). Dieses zerlegt man nach Delffs (Poggend. Annal. **80**. 435) am besten durch Salpetersäure und reinigt die abgeschiedene Säure durch Auflösen in kochendem Weingeist, Umwandlung in das Ammoniumsalz und Zersetzung desselben durch Salzsäure oder Salpetersäure.

Künstliche Bildung. Die Fumarsäure lässt sich künstlich, zugleich mit der isomeren Maleïnsäure, durch trockne Destillation der Aepfelsäure erhalten ($C_4H_6O_5 = C_4H_4O_4 + H_2O$). Man erhitzt zu diesem Zweck die Aepfelsäure längere Zeit etwas über 130°. Es destillirt alsdann Wasser neben etwas Maleïnsäure über, während Fumarsäure zurückbleibt (Pelouze). — Auch beim Kochen mit Salzsäure (Dessaignes), sowie beim Erhitzen mit einem grossen Ueberschuss von Bromwasserstoffsäure (Kekulé) geht die Aepfelsäure in Fumarsäure über. Ebenso wird Maleïnsäure, wenn man sie in einem langen aufsteigenden Glasrohr kocht, so dass das entweichende Wasser stets wieder zurückfliesst (Pelouze), oder wenn man sie mit Jod- oder Bromwasserstoffsäure oder mit verdünnter Salpetersäure erhitzt (Kekulé), in Fumarsäure umgewandelt. Auch Monobrombernsteinsäure liefert nach Kekulé beim Erhitzen Fumarsäure ($C_4H_5BrO_4 = C_4H_4O_4 + HBr$). Diese Säure entsteht nach Mühlhäuser auch bei Behandlung der Eiweissstoffe mit Königswasser; beim Schmelzen von Sulfomaleïnsäure mit Kali (Strecker), beim Erhitzen von Bibrombernsteinsäure mit Kupfer und Jodkalium auf 150°, beim Erhitzen von Dichlorpropionsäure mit alkoholischem Cyankalium (Werigo, Tanatar), beim Einwirken von Barytwasser auf Trichlorphenomalsäure (Carius), beim Behandeln von Pyroschleimsäure mit Brom und Umwandeln des erhaltenen Productes (Fumaraldehyd?) mit Silberoxyd oder Bromwasser in Fumarsäure (Limpricht), auch beim Kochen von Monochloräthenyltricarbonsäureester mit Salzsäure am Rückflusskühler (Bischoff), sowie beim Behandeln von äpfelsaurem Kalke mit Phosphorpentachlorid und Zerlegen des gebildeten Chlorides mit Wasser.

Eigenschaften.

Die von Winckler aus Erdrauch dargestellte Säure bildete sternförmig vereinigte Schuppen, Pfaffs Flechtensäure Nadeln; die aus Aepfelsäure entstandene Säure krystallisirt aus Wasser in farblosen, breiten, gestreiften Prismen (Pelouze). Sie ist geruchlos, schmeckt und reagirt stark sauer. Erst bei starker Hitze schmilzt sie und sublimirt über 200° in langen weissen Nadeln, wobei ein kleiner Theil in Wasser und Fumarsäureanhydrid zerfällt (Winckler). Sie löst sich in 390 Th. Wasser von 10° (Winckler), in 216 Th. von 17° (Probst), viel reichlicher in heissem Wasser; sie löst sich ferner in 21 Th. 76proc. Weingeists (Probst) und reichlich in Aether. Die Lösungen sind optisch inactiv (Pasteur).

Ausser der Maleïnsäure ist auch Kämmerers Isofumarsäure mit der Fumarsäure isomer. Die Structurformel der Fumarsäure ist

$$\begin{array}{l} CH.CO.OH \\ \| \\ CH.CO.OH \end{array}$$

Salze.

Die Fumarsäure bildet neutrale Salze von der Formel $C_4H_3MO_4$. Dieselben sind theils krystallisirbar, theils pulvrig. Viele von ihnen sind in Wasser löslich, aber alle sind unlöslich in absolutem Weingeist (Winckler). Sie wurden von Pelouze, Winckler und namentlich von Rieckher und Carius genauer untersucht. Es sind dargestellt: Die Alkalisalze, die Salze des Magnesiums, Calciums, Bariums, Strontiums, des Zinks, Eisens, Bleis, Quecksilbers, Silbers, Nickels, Mangans und Cobaltes. Die löslichen Salze werden durch Eisenchlorid zimmtbraun, durch Silbersalze und Bleisalze weiss gefällt.

Zersetzungen. Fumarsäureanhydrid.

Beim Erhitzen zerfällt die Fumarsäure zu einem kleinen Theil in Wasser und sich verflüchtigendes Fumarsäureanhydrid, $C_4H_2O_3$. Dieses entsteht auch beim Erhitzen von Maleïnsäure und ist ein fester, bei 57° schmelzender und bei 176° destillirender Körper (Pelouze). — Wird ihr Natronsalz der Electrolyse unterworfen, so werden am positiven Pol Acetylen und Sauerstoff frei, während am negativen Pol Bernsteinsäure und später auch Wasserstoff auftreten. Die Verwandlung der Fumarsäure in Bernsteinsäure ($C_4H_4O_4 + 2H = C_4H_6O_4$) kann auch durch Behandlung mit Natriumamalgam bei Gegenwart von Wasser, durch Erhitzen mit sehr concentrirter Jodwasserstoffsäure, sowie durch Einwirkenlassen von Zink auf eine mit überschüssiger Kalilauge versetzte Lösung der Säure bewirkt werden (Kekulé). Nach Dessaignes endlich geht fumarsaurer Kalk bei der durch Caseïn eingeleiteten Gährung gleichfalls in bernsteinsauren Kalk über. — Durch Behandlung mit oxydirend wirkenden Körpern, z. B. mit conc. Salpetersäure oder mit Bleihyperoxyd oder Kaliumbichromat und Wasser wird die Fumarsäure nicht verändert (Winckler, Rieckher). Bei sehr lange andauerndem Erhitzen von Fumarsäure mit überschüssiger Salzsäure auf 100° scheint ein Theil der-

51*

selben in Aepfelsäure (wahrscheinlich inactive) verwandelt zu werden (Dessaignes). Phosphorsuperchlorid erzeugt daraus Chlorfumaryl, $C_4H_2O_2Cl_2$, eine farblose bewegliche Flüssigkeit, die mit Wasser wieder Fumarsäure liefert. Beim Erwärmen mit Brom geht die Fumarsäure durch Aufnahme von 2 At. desselben in Bibromsteinsäure, $C_4H_4Br_2O_4$, bei andauerndem Erhitzen mit Bromwasserstoffsäure, wie es scheint, in Monobrombernsteinsäure, $C_4H_5BrO_4$, über (Kekulé). Durch Kaliumpermanganatlösung wird Fumarsäure in Traubensäure umgewandelt, beim Erhitzen mit Wasser bei 150, sowie auch beim Erhitzen mit Kalilauge bei 100° C. geht dieselbe in inactive Aepfelsäure über (Loidl, Jungfleisch). Von Derivaten der Fumarsäure seien noch erwähnt:

Chlorfumaryl.

Die Sulfofumarsäure, $C_4H_3(SO_4)(OH)_3$, die Methyl-Aethylester (Osipow, Anschütz, Henry, Laubenheimer), $(CH_3)_2.C_4H_2O_4$, $(C_2H_5)_2.C_4H_2O_4$, Aethylfumarsäure, $C_2H_5.C_4H_3O_4$ (Laubenheimer), Fumaramid, $C_4H_2O_2(NH_2)_2$ (Hagen), Diäthylfumaramid, $C_4H_2O_2(NH.C_2H_5)_2$ (Wallach, Kamensky, Berl. Ber. **14**. 170). Fumarimid; Bromfumarsäure, $C_4H_3BrO_2$ und Dibromfumarsäure, $\begin{array}{l}CBr.CO.OH\\ \|\\ CBr.CO.OH\end{array}$ (Brandrowsky, Berl. Ber. **12**. 2213).

c. Cruciferae.

Die Familie der Cruciferen zeigt in ihren Bestandtheilen charakteristische Eigenthümlichkeiten. So sind die Samen der dieser Familie angehörenden Gattungen, vor Allem Brassica, durch einen hohen Gehalt an fettem Oele ausgezeichnet, sowie durch das Vorhandensein eines charakteristischen, gleichsam als ungeformtes Ferment wirkenden Körpers (Myrosin), der Veranlassung zur Entstehung schwefelhaltiger oder stickstoffhaltiger ätherischer Oele giebt, welche als Senföle oder Nitrile vielfach erkannt wurden. Auch sind Glycoside vertreten und die Mineralbestandtheile der meisten der hierher gehörigen Arten zeigen in ihren Gemengtheilen einen verhältnissmässig hohen Kaligehalt (Meerrettigwurzel 41,67%, Blumenkohl 17—51%, Weisskraut 23—48%, Kohlrabiwurzel 40,41%, Rettigwurzel 21,98%, Weissrübe 39,1% etc. in der Asche).

Die Brassicaarten speciell (Blumenkohl, Weisskraut, Wirsing, Kohlrabi, Raps etc.), sowie die Gattungen Cochlearia, Nasturtium spielen als Oelpflanzen, nicht minder als Nahrungs- und Genussmittel eine hervorragende Rolle und sind in Folge dessen von letzterem Standpunkte aus wiederholt Gegenstand der Untersuchung gewesen. A. W. Dahlen (Landwirthsch. Jahrb. **3**. 321) hat bei seinen Untersuchungen über den Gehalt an Trockensubstanz, darin an Fett, Proteïn, Traubenzucker, Holzfaser, Phosphorsäure, Schwefelsäure etc. auch die Brassicaarten berücksichtigt. Böhmer (Landw. Versuchsstat. **28**. 247) hat bei seinen Arbeiten über Bestimmung des Stickstoffgehaltes in Form von Proteïn, von Amidosäuren, sowie Säureamidamidosäuren bei Gemüsepflanzen in den Kreis dieser Untersuchung Brassica oleracea var. botrytis, Blumenkohl, var. napobrassicca Kohlrabi, gezogen und hierbei folgende mittheilungswerthe Zahlen für die lufttrockne Waare erhalten.

	Protëinstickstoff Mittel	Stickstoff in Form von Amidosäuren	Säureamidamidosäure
Kohlrabi	2,09	0,231	0,151
Blumenkohl	2,76	0,566	0,104.

Lepidium.

Bei der Destillation der Samen, der sog. Kresse, mit Wasserdämpfen und unter Umständen Ausschütteln des ätherischen Oeles mit Benzol und nochmalige Rectification wird ein ätherisches Oel erhalten. (Pless, Ann. Chem. Pharm. 58. 39. — A. W. Hofmann, Berl. Ber. 7. 1293). Dasselbe besitzt, nach Hofmann ein spec. Gew. von 1,014, eine lichtgelbe Farbe, Siedepkt. 226,5 (corr. 231,5) und besteht neben geringen Mengen eines schwefelhaltigen Körpers aus dem Nitrile der Alphatoluylsäure (Phenylessigsäure, von Cannizaro zuerst künstlich dargestellt) C_8H_7N, das mit Kali erwärmt Phenylessigsäure liefert. Aetherisches Oel d. Kresse.

Das fette Oel des Kressensamens ist braungelb, gesteht bei — 15°, trocknet langsam, spec. Gew. 0,925. Fettes Oel der Kresse.

Nasturtium. Cardamine. Cheiranthus. Erisymum. Iberis. Raphanus. Capsella. Sisymbrium. Erisymum. Thlaspi. Hesperis. Cochlearia. Brassica.

Das ätherische Oel der gewöhnlichen Brunnenkresse (Nasturtium officinale), durch Destillation mit Wasserdämpfen und Ausschütteln des Destillates mit Petroleumäther erhalten, bildet eine Flüssigkeit von 1,0014 spec. Gew., die als Hauptbestandtheil einen bei 253° (corr. 261°) siedenden Körper enthält, der nach A. W. Hofmann (Berl. Ber. 7. 520) als das Nitril der Phenylpropionsäure, $C_9H_{10}O_2$, zu betrachten ist, von der Formel $C_9H_{10}N$. Aetherisches Oel von Nasturtium.

Die Gattung Cardamine (Cardamine amara) soll einen der Myronsäure ähnlichen Körper enthalten, der durch Myrosin ein dem Meerrettigöl ähnliches Oel giebt (Winckler, J. pr. Pharm. 18. 89). Nach den Angaben von Pless haben die Gattungen Cheiranthus, Erysimum (Wurzel), Iberis (Kraut und Samen), die Samen von Raphanus Raphanistrum, Capsella bursa pastoris, Sisymbrium officinale, ätherische Oele liefern, welche mit dem ätherischen Senföl fast übereinstimmen, während das Kraut von Erisymum Alliaria, sowie Kraut und Samen von Thlaspi arvense Gemenge von Senföl mit Schwefelallyl sein sollen. Auch sind der Erwähnung werth die von Schübler beschriebenen fetten Oele von Raphanus chinensis, das Oelrettigöl, braungelb, von mildem Geruche und Geschmacke, spec. Gew. 0,918, bei 15 bis 16° starr werdend, nicht trocknend, das Leindotteröl aus den Samen von Camelina sativa, hellgelb, fast geruch- und geschmacklos, von 0,925 spec. Gew., bei —19° erstarrend, das Oel der Samen von Hesperis matronalis, grünlich, fast geruchlos, von 0,928 spec. Gew., — 16° flüssig, leicht trocknend. Cardamine. Raphanus. Camelina etc. Oelrettigöl. Leindotteröl. Oel v. Hesperis matronalis.

Löffelkrautöl. Cochlearia officinalis liefert nach bekannten Methoden ein ätherisches Oel, welches zwischen 158 und 165° siedet, das aber als Hauptbestandtheil eine bei 161 bis 163° siedende Fraction enthält (spec. Gew. 0,944), welche nach den Forschungen von A. W. Hofmann als Isosulfocyanat des secundären Butylalkoholes, als Isobutyl, Senföl C_5H_9NS

$$S=C=N-\overset{\displaystyle CH_3}{\underset{\displaystyle H}{\overset{|}{\underset{|}{C}}}}-CH_2.CH_3$$

aufzufassen ist. Hofmann stellte dasselbe aus den Aminen des secundären Butyls künstlich her. (Literatur: J. E. Simon, Pogg. Ann. **50**. 377. — O. Geissler, Dissertation. Berlin, 1857. — A. W. Hofmann, Berl. Ber. **7**. 508). Die Wurzeln des Meerrettig (Cochlearia Armoracia) liefert ebenfalls ein ätherisches Oel, das dem Allylsenföl vollkommen gleich sein soll (Hubattka, Ann. Ch. Pharm. **47**. 153). Eine Aschenanalyse der Meerrettigwurzel hat L. Mutschler geliefert (Landw. Versuchsst. **23**. 75).

Capsella. Das ätherische Oel der Samen von Capsella bursa pastoris ist Allylsenföl. Die Samen enthalten nach Mulder 28% fettes Oel.

Fettes Oel von Brassica (Rapsöl). Die Samen der zahlreichen Brassicaspecies sind sämmtlich sehr reich an fettem Oele, das, analog dem fetten Oele von Sinapis, aus den Glyceriden der Erucasäure und Behensäure besteht. Die ölreichsten Samen sind die der Species Brassica Rapa oleifera (Sommerraps), Br. Napus oleifera, sowie des Sommerreps Br. Rapa campestris (bis 40%), welche die im Handel vorkommenden Oele unter dem Namen Raps-, Reps-, Rübsen- oder Koltzatöl liefern. Dasselbe ist braungelb bis gelb, spec. Gew. 0,913—0,914, erstarrt bei —4° bis —6°, ist nicht trocknend.

Das Rapsöl, sowie alle fetten Cruciferenöle enthalten kleine Mengen schwefelhaltiger Körper, welche ein Mittel zu deren Nachweis abgeben, da die Verfälschung von Olivenöl und Mandelöl mit Cruciferenölen öfter vorkommt. Wird eine Lösung von Rapsöl beispielsweise in der doppelten Menge Aether gelöst und werden einige Tropfen alkoholische Silbernitratlösung zugesetzt, so entsteht nach einiger Zeit Schwefelsilber. Auch bei der Verseifung mit Kalilauge entstehen aus Cruciferenölen Kaliumsulfidlösungen, die leicht zu erkennen sind. Zahlreiche Aschenanalysen, sowie Analysen der ganzen Pflanzen der verschiedenen Brassicaarten sind ebenfalls ausgeführt worden, wegen welcher verwiesen sei auf die folgende Literatur: Boussignault, Ann. chim. phys. (2) **63**. 337. — Anderson, Chem. Ctrlbl. 1856. – Sprengel, J. techn. und ökon. Chem. **13**. 385. — Richardson, Ann. Chem. Pharm. 67. — Way, J. Chem. Min. 1849, 207. — Liebig, Erdmann, J. Chem. Min. 1849, 686. — Herapath, J. chem. Soc. **2**. 4.

Erucin, Lepidin. Die Körper Erucin (Simon, Poggend. Ann. **44**. 600), sowie Lepidin (Leroux, Chem. Centralbl. 1837, 459) sind zweifelhaft.

Myrosin. — Mit diesem Namen bezeichnet Bussy (Journ. Pharm. (2) **26**. 39) den in den Samen der Senfpflanze, wohl auch in anderen Cruciferen enthaltenen Fermentkörper, der die Bildung des ätherischen Oeles veranlasst. Bussy erhielt denselben durch Extraction des Senfsamens mit kaltem Wasser, Verdunsten des Auszuges bei 400 bis zum Syrup und Ausfällen mit

Alkohol und wiederholt letztere Manipulation zum Zwecke der Reinigung. Die wässrigen Lösungen desselben schäumen stark und wirken wie Emulsin.

Sinapis.

Die Gattung Sinapis, speciell die Samen enthalten eine Reihe interessanter Körper: das Alkaloid Sinapin, das Glycosid Sinalbin. Erucasäure und Behensäure als Bestandtheile des fetten Oeles, Myronsäure.

Sinapin. $C_{16}H_{23}NO_5$. — Literat.: Henry u. Garot, Journ. Pharm. (2) **42**. 1. u. **20**. 63. — Winckler, Repert. Pharm. **41**. 169 u. **67**. 257. — v. Babo u. Hirschbrunn, Ann. Chem. Pharm. **84**. 10. — Will Laubenheimer. Ebendas. **199**. 162. —

Dieses Alkaloid findet sich als Schwefelcyansinapin, das 1825 von Henry und Garot aus den Samen des weissen Senfs, *Sinapis alba L.*, isolirt und von ihnen Sulfosinapisin, von Berzelius Sinapin, von Anderen auch Sulfosinapin, Sulfosinapinsäure und Sinapisine genannt worden ist, aber erst 1852 von v. Babo und Hirschbrunn bezüglich seiner chemischen Natur richtig erkannt wurde, ausser im weissen Senf, wie es scheint, auch in den Samen von *Sinapis nigra L.* und *Turritis glabra L.* Sinapin bildet sich ferner beim Behandeln von Sinalbin mit Myrosin, wobei Zucker, Sinapindisulfat und Sinalbinsenföl entstehen (siehe Sinalbin). Entdeckung u. Vorkommen.

Das Schwefelcyansinapin wurde von Henry und Garot dargestellt, indem sie gepulverten weissen Senf einige Augenblicke mit Wasser auskochten, den Auszug zur Honigconsistenz eindampften, mit dem 6-8fachen Volumen Weingeist von 40% B. schüttelten und der weingeistigen Lösung den Weingeist durch Destillation entzogen, worauf es herauskrystallisirte. — Da es auf diesem Wege nach v. Babo und Hirschbrunn nur schwierig soll zum Krystallisiren gebracht werden können, so erschöpfen diese Forscher das durch Pressen vom Oel befreite Senfmehl erst mit kaltem, dann mit heissem 85procentigen Weingeist, destilliren von den vereinigten Auszügen etwa ¾ oder so viel des Weingeists ab, dass sich der Rückstand beim Erkalten in zwei ungefähr gleiche Schichten von Oel und wässrigem Schwefelcyansinipin scheidet. Letzteres krystallisirt aus der vom Oel getrennten wässrigen Flüssigkeit gewöhnlich in etwa 8 Tagen heraus und wird am besten auf Leinwand gesammelt und mit Hülfe der Centrifugalmaschine von der dickflüssigen Mutterlauge befreit. Darauf presst man es, mit Weingeist angefeuchtet, stark zwischen Fliesspapier und krystallisirt es aus kochender weingeistiger und durch Thierkohle entfärbter Lösung um. — Zur Darstellung im Kleinen ist nach v. Babo das weitaus vortheilhafteste und einfachste Verfahren das, das trockne Senfpulver zuerst mit Aether zu erschöpfen, um das fette Oel zu entfernen, darauf mit kaltem absolutem Weingeist, der nur wenig Schwefelcyansinapin aufnimmt, zu behandeln, bis dieser sich nicht mehr färbt, endlich mit 90proc. Weingeist wiederholt auszukochen und die heiss bereiteten und durch theilweises Abdestilliren des Weingeistes concentrirten Auszüge der Krystallisation zu über- Darstellung von Schwefelcyansinapin.

lassen. — Die Ausbeute beträgt bei dem letzten sogleich farblose Krystalle liefernden Verfahren nach v. Babo aus 1 Pfund 0,5 g.

Darstellung von wässrigem Sinapin. Im freien Zustande ist das Sinapin rein nicht zu erhalten, da es aus seinen Salzen abgeschieden rasch zerfällt. Wenn man die farblose Lösung von zweifach-schwefelsaurem Sinapin (s. unten) so lange mit einer gemessenen Menge Barytwassers versetzt, bis, nachdem gerade neutrales Salz gebildet ist, ein weiterer Tropfen gelb färbt und dann noch eine der verbrauchten gleiche Quantität Barytwassers hinzufügt, so enthält die nach dem Abfiltriren des schwefelsauren Baryts resultirende intensiv gelb gefärbte und deutlich alkalisch reagirende wässrige Flüssigkeit freies Sinapin. Eigenschaften des wässrigen Sinapins. Sie fällt aus den Lösungen vieler Metallsalze die Oxyde. Beim Verdunsten geht ihre Farbe durch Grün und Roth in Braun über, und zuletzt hinterbleibt ein nicht krystallinischer brauner Rückstand. Auch durch Weingeist und Aether lässt sich die Base aus ihrer wässrigen Lösung weder abscheiden noch derselben entziehen.

Zusammensetzung. Die durch Analyse des Schwefelcyansinapins und des zweifach-schwefelsauren Sinapins ermittelte Zusammensetzung wird nach v. Babo und Hirschbrunn durch die Formel $C_{16}H_{24}NO_5$ ausgedrückt, wofür nach Gerhardt besser die oben angeführte Formel $C_{16}H_{23}NO_5$ gesetzt wird.

Salze des Sinapins. Die Salze des Sinapins sind farblos und weniger leicht zersetzbar als diese freie Base. Auf Zusatz von wässrigen Alkalien, alkalischen Erden oder Ammoniak färben sie sich durch Freiwerden der Base augenblicklich gelb.

Schwefelcyansinapin. Das Schwefelcyansinapin (das alte Sinapin), $C_{16}H_{23}NO_5$, CNHS (Darst. s. oben), bildet farblose glasglänzende meistens gerade abgestumpfte feine Prismen, die entweder sternförmig gruppirt oder zu feinen Warzen aggregirt sind, keinen Geruch, aber bitteren Geschmack besitzen, neutral reagiren und bei 130° zu einer gelben, amorph wieder erstarrenden Flüssigkeit schmelzen. (Henry und Garot. Winckler). Es löst sich in Wasser und Weingeist mit gelber Farbe, und zwar weit reichlicher in der Wärme; in Aether, Schwefelkohlenstoff und Terpentinöl löst es sich nicht. Es röthet Eisenoxydsalze, wie die löslichen Schwefelcyanmetalle, jedoch bisweilen erst beim Erwärmen. (v. Babo und Hirschbrunn).

Zweifach-schwefelsaures Sinapin, $C_{16}H_{23}NO_5$, $SH_2O_4 + 2H_2O$, scheidet sich aus einer heissen weingeistigen Lösung von Schwefelcyansinapin auf Zusatz von conc. Schwefelsäure beim Erkalten in rectangulären Blättchen aus. Fällt man aus ihrer wässrigen Lösung die Hälfte der Schwefelsäure durch Baryt, so hinterbleibt beim Verdunsten des Filtrats neutrales, schwefelsaures Sinapin als farblose, in Wasser leicht lösliche Krystallmasse. Das salzsaure und das salpetersaure Salz bilden farblose, sehr leicht lösliche Nadeln. Das Platindoppelsalz ist ein harzartiger Niederschlag (v. Babo und Hirschbrunn).

Zersetzungen. Wässriges Sinapin zerfällt beim Kochen mit Alkalien oder alkalischen Erden in Cholin und Sinapinsäure ($C_{16}H_{23}NO_5 + H_2O = C_5H_{13}NO + C_{11}H_{12}O_5$). Die nämlichen Spaltungsproducte liefert bei gleicher Behandlung das Schwefelcyansinapin. Cholin. Um das stark basische Cholin, $C_5H_{13}NO$, rein zu erhalten, kocht man Schwefelcyansinapin mit Barytwasser bis zur völligen Abscheidung des sinapinsauren Baryts, säuert das Filtrat mit Schwefelsäure an, fällt es mit Eisen- und Kupfervitriol, und das Filtrat vom Niederschlage wieder mit Baryt aus, entfernt dessen Ueberschuss durch Kohlensäure und verdampft die Lösung des kohlensauren Cholins zur Trockne. Dieses wird in das salzsaure Salz verwandelt, welches in wässriger Lösung durch Digestion mit Silberoxyd zerlegt wird, worauf das Filtrat beim Verdunsten reines Sinkalin als farblose, beim Erhitzen verkohlende Krystallmasse liefert. — Die Sinapinsäure wird durch Kochen von Schwefelcyansinapin mit Kalilauge und Uebersättigen der Lösung mit Salzsäure als Niederschlag erhalten und krystallisirt aus kochendem Weingeist in kleinen farblosen, zwischen 150 und 200° schmelzenden, bei stärkerem Erhitzen sich zersetzenden Säulen, die sich sehr schwer in Wasser, leicht in kochendem Weingeist, nicht in Aether lösen) v. Babo und Hirschbrunn). — Con. Schwefelsäure löst das Schwefelcyansinapin mit grünlichgelber Farbe unter Entwicklung von Schwefelcyanwasserstoffsäure. Sehr con. Salpetersäure färbt es unter Entwicklung salpetriger Dämpfe dunkelroth, beim Erhitzen gelb unter Bildung von Schwefelsäure. Aehnliche Veränderungen bewirkt Chlor in seiner wässrigen Lösung (Henry und Garot. Winckler. v. Babo und Hirschbrunn). Sinapinsäure.

Myronsäure. $C_{10}H_{19}NS_2O_{10}$. — Literat.: Bussy, Journ. Pharm. (2) **26**. 39; auch Ann. Chem. Pharm. **34**. 223. Ludwig und Lange, Zeitschr Chem. **3**. 430 und 577. — Will und Körner, Ann. Chem. Pharm. **119**. 376 und **125**. 257. — Ritthausen, J. pr. Chem. (2) **24**. 273.

Diese Säure findet sich nach Bussy in (1840) als Kaliumsalz in den Samen des schwarzen Senfs, *Sinapis nigra L.* und *Brassica Rapa.* Entdeckung u. Vorkommen.

Zur Darstellung des myronsauren Kalis kocht man 2 Pfund des gepulverten, aber nicht entölten (wie Bussy vorschrieb) Senfsamens im Glaskolben mit $2\frac{1}{2}$—3 Pfund Weingeist von 80—85%, bis etwa $\frac{1}{2}$ Pfund Weingeist überdestillirt ist, presst heiss aus und behandelt den Rückstand noch einmal in gleicher Weise. Der jetzt gebliebene, im Wasserbade scharf ausgetrocknete und zerriebene Presskuchen wird nun etwa 12 Stunden mit seinem 3fachen Gewicht kalten Wassers macerirt und darauf der abgepresste Rückstand ein zweites Mal mit dem doppelten Gewicht kalten Wassers ausgezogen. Die vereinigten wässrigen Auszüge werden unter Zusatz von etwas kohlensaurem Baryt zum Syrup eingedampft und dieser nach einander zuerst mit 3—4 Pfund und dann mit 2 Pfund Weingeist von 85% ausgekocht. Von den nach 24stündigem Stehen filtrirten Auszügen wird der Weingeist abdestillirt und der filtrirte Destillationsrückstand auf flachen Tellern der Krystallisation überlassen. Die nach einigen Tagen gebildete Krystallmasse rührt man mit 75proc. Weingeist zu einem dünnen Brei an, presst sie ab und krystallisirt sie nun noch einige Mal aus kochendem 84—90proc. Weingeist um. Zwei Pfund Senfsamen liefern nach diesem Verfahren 5—6 g myronsaures Kali (Will und Körner). Darstellung von myronsaurem Kali. Ausbeute.

Aus dem weiter unten beschriebenen Barytsalz hat Bussy durch Zersetzung seiner wässrigen Lösung mit der grade erforderlichen Menge Schwefelsäure wässrige Myronsäure dargestellt und diese durch Abdampfen als geruchlosen, bitter und sauer schmeckenden, stark sauer reagirenden Syrup erhalten. Derselbe zersetzte sich bei stärkerem Erhitzen und seine wässrige Lösung entwickelte schon bei längerem Kochen Schwefelwasserstoff. Darstellung und Eigenschaften der freien Säure.

Das myronsaure Kali, $C_{10}H_{18}KNS_2O_{10}$, krystallisirt aus Weingeist in wawellitartig gruppirten seideglänzenden Nadeln, aus Myronsaures Kali.

Wasser in durchsichtigen glasglänzenden, anscheinend rhombischen Prismen. Es ist krystallwasserfrei, besitzt keinen Geruch, schmeckt kühlend bitter und reagirt neutral. Von Wasser wird es sehr leicht, von verdünntem Weingeist schwer, von absolutem kaum und von Aether, Chloroform und Benzol gar nicht gelöst (Bussy, Ludwig und Lange, Will und Körner). — Vermischt man die wässrige Lösung des Salzes mit Weinsäure und absolutem Weingeist und digerirt die vom ausgeschiedenen Weinstein getrennte und eingedunstete Flüssigkeit mit kohlensaurem Baryt, so liefert das Filtrat tafelartige leicht lösliche Krystalle von

Myronsaurer Baryt.

myronsaurem Baryt, $C_{10}H_{10}BaNS_2O_{10}$, die an der Luft bald undurchsichtig und milchweiss werden und beim Erhitzen unter Entwicklung von Senföl schwefelsauren Baryt hinterlassen (Will und Körner).

Zersetzungen des myronsauren Kalis.

Beim Erhitzen verbrennt das myronsaure Kali mit stechendem Geruch und Hinterlassung von schwefelsaurem Kali und Kohle (Ludwig und Lange). — Seine Lösung entwickelt mit Zink und Salzsäure anhaltend Schwefelwasserstoff und enthält dann Zucker, ein Ammoniumsalz und die Hälfte des Schwefels als Schwefelsäure. Kochende Salzsäure bewirkt ähnliche Zersetzung, aber langsamer (Will und Körner). — Concentrirte Kalilauge von 1,28 spec. Gew. erhitzt sich mit dem trocknen Salz von selbst zum Sieden unter Entwicklung von Senföl, Cyanallyl und Ammoniak.

Beim Erhitzen des Salzes mit Barytwasser entwickelt sich Senföl unter Abscheidung von schwefelsaurem Baryt. Versetzt man die wässrige concentrirte Lösung des Salzes mit Silbernitrat, so entsteht nach und nach unter Freiwerden von Salpetersäure ein weisser käsiger Niederschlag von der Formel $C_4H_5Ag_2NS_2O_4$ nach der Gleichung $C_{10}H_{18}KNS_2O_{10} + 2NAgO_3 = C_4H_5Ag_2NS_2O_4 + C_6H_{12}O_6 + NKO_3 + NHO_3$. Diese Verbindung zerfällt beim Erhitzen für sich oder mit Wasser in Senföl, schwefelsaures Silber und Schwefelsilber. Wird sie unter Wasser durch Schwefelwasserstoff zersetzt, so zerfällt sie nach der Gleichung: „$C_4H_5Ag_2NS_2O_4 + H_2S = C_4H_5N + Ag_2S + S — SH_2O_4$“ in Cyanallyl, Schwefelsäure, Schwefel und Schwefelsilber. Schwefelsaures Quecksilberoxydul erzeugt in der wässrigen Lösung des myronsauren Kalis einen gelbweissen, beim Erwärmen unter Senfölbildung zerfallenden Niederschlag; Bleizucker giebt gelblich weissen, sehr leicht in Essigsäure löslichen Niederschlag. (Will und Körner.) — Kommt die wässrige Lösung des myronsauren Kalis mit Myrosin (s. dieses) oder mit dem frisch bereiteten, wässrigen Auszug des weissen Senfsamens in Berührung, so trübt sie sich bald durch Ausscheidung von Schwefel und enthält nun Senföl (s. dieses), Zucker und saures schwefelsaures Kali (Bussy. Ludwig und Lange). Die Zersetzung erfolgt nach der Gleichung: $C_{10}H_{18}KNS_2O_{10} = C_4H_5NS + C_6H_{12}O_6 + SHKO_4$ (Will und Körner). — Emulsin, Bierhefe oder Speichel bewirken diese Zersetzung nicht (Ludwig und Lange. Will und Körner).

Anwendung.

Myronsäure und Myrosin haben nur durch das bei Contact derselben mit Wasser entstehende ätherische Senföl Bedeutung in therapeutischer Beziehung. Von Lebaigne (Journ. Pharm. d'Anvers. 24. 425) wurde der Vorschlag gemacht, an Stelle des Senfteiges und des als dessen Substitut von Rigollot empfohlenen Senfpapiers Myrosin und myronsaures Kali als hautröthendes

Mittel zu benutzen, indem man zwei Stücken Papier oder feines Gewebe, das eine mit Myrosinlösung und das andere mit Lösung von myronsaurem Kali getränkt und nachher wieder getrocknet, auf der Haut über einander legt und mit Wasser befeuchtet. Dieser von Hager Sinapismus theoreticus getaufte Sinapismus ist unter dem Namen Tissu Sinapisme im Handel; eine Darstellungsweise von Myrosin- und Myrosinsäurepapier, wobei die beiden activen Principien allerdings nicht völlig rein sind, giebt Wittstein (Vtljhrschr. 17. 238). Nach Hager wirkt das Lebaigne'sche Papier langsamer und kommt viel theurer als das nach Rigollot einfach mit vorher des fetten Oels beraubtem Senfpulver beklebte. Sinapismus theoreticus.

Sinalbin. $C_{30}H_{44}N_2S_2O_{16}$. — Will und Laubenheimer. Ann. Chem. Pharm. 199. 150. Sinalbin.

Nachdem Will schon früher (Chem. Centralbl. 1870. 148) die Existenz eines Glycosides in dem weissen Senfsamen, gleichsam an Stelle des myronsauren Kalis im schwarzen Senf angedeutet hatte, liegen nun jetzt die Untersuchungsresultate über das sog. Sinalbin von Will und Laubenheimer vor, welche diesen Körper näher charakterisiren.

Zur Gewinnung des Sinalbins werden die meisten, gepulverten Senfsamen durch Pressen und Schwefelkohlenstoff vom fetten Oele befreit, an der Luft getrocknet und mit 3 Thl. Alkohol (85%) ½ Stunde lang gekocht und heiss filtrirt. Beim Erkalten krystallisirt Sinalbin aus, das mit Schwefelkohlenstoff gewaschen, in Wasser gelöst, mit starkem Alkohol gefällt und nochmals aus Alkohol umkrystallisirt wird. In der Mutterlauge der Sinalbinausscheidung ist das Sulfocyan-Sinapin gelöst, das nach dem Abdestilliren des Alkoholes aus dem Rückstande in kugeligen Aggregaten verschiesst.

Das Sinalbin krystallisirt in glasglänzenden Nadeln, löslich in 3,3 Th. siedenden Alkoholes (86%), unlöslich in Aether, Schwefelkohlenstoff und kaltem absolutem Alkohol. Mit Alkalien wird derselbe gelb, mit Salpetersäure vorübergehend blutroth, reducirt Kupfersalze. — Sinalbinlösungen werden durch Quecksilberchlorid gefällt, indem 2 Quecksilberdoppetsalze entstehen, während Glycose in Lösung bleibt. Silberlösung verhält sich mit Sinalbinlösungen eigenthümlich; zunächst entsteht ein weisser Niederschlag der Silberverbindung, welche beim Zerlegen mit Schwefelwasserstoff S, Schwefelsilber und das Nitril einer Säure C_8H_7NO abspaltet. Durch Einwirkung von Myrosin, sowie auch beim Anrühren des weissen Senfsamens mit Wasser entsteht aus Sinalbin = Glycose, schwefelsaures Sinapin, Sinalbinsenföl. Folgende Uebersicht wird die Umwandlungsvorgänge des myronsauren Kali im Vergleiche mit Sinalbin, veranlasst durch Myrosin, klar wiedergeben: Eigenschaften. Zersetzungen.

Myronsaures Kali $C_{10}H_{18}NS_2O_{10}Ka$	Sinalbin $C_{30}H_{44}N_2S_2O_{16}$
Allylsenföl C_3H_5—NCS	Sinalbinsenföl C_7H_7O—NCS
Saures schwefelsaures Kalium	Saures schwefelsaures Sinapin
$KHSO_4$	$(C_{16}H_{24}NO_5)$, HSO_4
$C_6H_{12}O_6$	$C_6H_{12}O_6$

Traubenzucker.

Das Sinalbinsenföl C_7H_7O, NCS, welches bei der Spaltung Sinalbinsenföl.

des Sinalbins erhalten wird, bildet ein gelbes Oel, unlöslich in Wasser, löslich in Aether und Alkohol, das mit Eisenchlorid keine Reaction zeigt.

Erucasäure. Brassinsäure. $C_{22}H_{42}O_2$. — Literat.: Darby, Ann. Chem. Pharm. **69**. 1. — Websky, Journ. pract. Chem. **58**. 449. — Städeler, Ann. Chem. Pharm. 87. 133. — R. Otto, Ann. Chem. Pharm. **127**. 183; **135**. 226. — Haussknecht, Ebendas. **143** 141. — Fitz, Berl. Ber. **4**. 442. — Goldschmidt, J. Chem. Min. **1877**. 579.

Entdeckung und Vorkommen. Diese Säure wurde 1849 von Darby im fetten Oel der Samen des schwarzen und weissen Senfs, *Sinaps nigra L.* und *S. alba L.*, aufgefunden, und 1853 wies Städeler die Identität derselben mit der von Websky aus dem Rapsöl, dem fetten Oel der Samen verschiedener Brassica-Arten, erhaltenen Brassinsäure nach; Fitz wies dieselbe im Traubenkernöle nach.

Darstellung: aus Senföl; Zur Darstellung aus fettem Senföl verseifte Otto dasselbe mit Bleiglätte, zog das gebildete Pflaster mit Aether aus, der das erucasaure Blei löst (im Widerspruch mit Darbys Angabe, dass Aether aus dem Bleisalzgemenge senfölsaures Blei löse, aber erucasaures Blei ungelöst lasse), versetzte die ätherische Lösung mit Salzsäure, verdunstete nach Entfernung des ausgeschiedenen Chlorbleis im Wasserbade und reinigte die zurückbleibende Säure durch Waschen und Umkrystallisiren aus Weingeist.

aus Rapsöl. Aus Rapsöl erhielt Websky die Säure, indem er dasselbe verseifte, die aus der Seife durch Salzsäure abgeschiedenen, gut gewaschenen fetten Säuren in ihrem gleichen Volumen heissen Weingeists von 0,835 spec. Gew. löste und die Lösung bei 5° der Krystallisation überliess. Die abgepressten Krystalle wurden dann noch 3mal mittelst Weingeist bei 10° umkrystallisirt und schliesslich mit Wasser geschmolzen.

Eigenschaften. Die Erucasäure bildet sehr dünne oft zolllange, weisse, glänzende Nadeln, luftbeständig ohne Geruch und Geschmack, Schmpkt. 33—34°, unlöslich in Wasser, löslich in Alkohol und Aether.

Die Salze derselben (Barium, Natrium, Blei und Silbersalz sind dargestellt) sind nach der Formel $C_{22}H_{41}MO_2$ zusammengesetzt und zum Theil krystallisirbar.

Zersetzungen. Schmelzendes Kali zerlegt Erucasäure in Essigsäure und Arachinsäure (Fitz), Einwirkung von salpetriger Säure oder Erwärmen mit Salpetersäure liefert Brassidinsäure, Schmpkt. 60°, die beim Schmelzen mit Kali Arachinsäure, $C_{20}H_{40}O_2$, liefert (Goldschmiedt, J. Chem. Min. 1877. 728). Erucasäure und Brassidinsäure liefern mit JH und Phosphor bei höheren Temperaturen Behensäure.

Brossidinsäure.

Die Verbindungen $C_{22}H_{41}BrO_2$, sowie $C_{22}H_{40}Br_2O_2$ sind ebenfalls bekannt (Hausknecht).

Behensäure. $C_{22}H_{44}O_2$. — Diese Säure ist Bestandtheil des Behenöles (von Moringa) und des Senföles. Dieselbe bildet nadelförmige Krystalle, in Alkohol, Aether löslich, Schmpkt. 73° (Völcker, Ann. Chem. Pharm. **64**. 342).

Allylsenföl. Aetherisches Senföl. $C_3H_5 . NCS$. — Literat.: Wertheim, Ann. Chem. Pharm. 55. 297. — Zinin, Ebendas. 95. 128. — Berthelot, Luca, Ebendas. 97. 126. — E. Schmidt, Berl. Ber. 10. 187. — Billeter, Ebendas. 8. 464. — Gerlich, Ann. Chem. Pharm. 178. 89. — Oeser, Ebendas. 134. 8. — Kopp, Ebendas. 98. 375. — Bulk, Ebendas. 193. 63. — Grabowsky, Ebendas. 138. 173. — V. Dircks, Landw. Versuchsst. 28. 179. — Henry, Berl. Ber. 7. 87. — A. W. Hofmann, Berl. Ber. 1. 169 u. 201.

Indem hinsichtlich der Bildung des Allylsenföles auf die vorhergehenden Abschnitte verwiesen wird, sei hier vor Allem die künstliche Bildung erwähnt, welche stattfindet, wenn Schwefelallyl mit Rhodankalium erwärmt (Wertheim) oder Jodallyl mit Kaliumjodid destillirt wird (Zinin, Berthellot, Billeter, Gerlich). Aus den Senfsamen (Sinapis nigra und juncea, Sareptasenf) erhält man dasselbe am besten durch Einweichen der vom fetten Oele befreiten Samen mit Wasser (3—6 Theilen) und 24stündigem Stehenlassen, am besten unter Zusatz von etwas wässrigem Auszuge von weissem Senfsamen. Durch Destillation wird das ätherische Senföl abgeschieden (100 Th. Samen = 0,7 Th. Oel). — Bei 0° entsteht bei dieser Gährung stets das isomere Rhodanallyl.

(V. Dircks hat sich mit der Frage der quantitativen Bestimmung des Senföles mittelst Oxydation (alkalische Permanganatlösung, Salpetersäure), beschäftigt, sowie mit der Senfölbildung in den Samen der Cruciferae und auch Oelkuchen).

Das ätherische Senföl ist farblos oder gelblich, leicht löslich in Alkohol, Aether, in 900 Theilen Wasser, Siedepkt. 148° (150° corr.), spec. Gew. 1,021 bei 15°, optisch inactiv. Eigenschaften.

Zink und Salzsäure liefern mit Senföl Allylamin, Schwefelwasserstoff und Kohlensäure; erwärmt man 2 Th. Senföl, 1 Th. absoluten Alkohol und 7 Th. Ammon bei 100° im geschlossenen Rohre, so entsteht Thiosinnamin $C_4H_8N_2S$. — Bezüglich der weiteren interessanten Umwandlungen des Senföles siehe die Arbeiten von Henry, Bulk, Grabowski u. A. Zersetzungen.

Die Verfälschungen des Senföles sind Cyanallyl, Schwefelkohlenstoff, Alkohol, fremde ätherische Oele, wie Nelkenöl, Ricinusöl etc. Die Prüfung auf Reinheit wird nach Forschungen von Hager und besonders Flückiger sich beschränken können auf die Feststellung des Siedepunktes, spec. Gewicht (Cyanallylgegenwart vermindert beides), auf die Einwirkung von conc. Schwefelsäure, wobei keinerlei Färbung entstehen darf und auch ferner auf die oben erwähnte Thiosinnaminbildung. (Bei der Einwirkung von Schwefelsäure auf Senföl entstehen schwefelsaures Allylamin und Kohlenoxysulfid neben schwefliger Säure, Hofmann, Flückiger). Verfälschungen. Prüfungen.

Zur Erkennung von Schwefelkohlenstoff im Senföle, natürlichem oder künstlichem, dient einerseits der Siedepunkt, spec. Gew., die Xanthogenreaction von E. Luck (Zeitschr. anal. Chem. 11. 410), wobei Senföl destillirt wird und das Destillat, mit alkoholischem Kali erwärmt, nach Zusatz von Essigsäure + Kupfersulfat Kupferxanthogenat liefert, andererseits als empfindlichste Probe, die von A. W. Hofmann entdeckte Reaction des Schwefelkohlenstoffs mit Triäthylphosphin (Ann. Chem. Pharm. Suppl. I. 35.; Berl. Ber. 13. 1733). — Bezüglich der Prüfung des Senföles sei auch auf eine Arbeit von E. Mylius (Arch. Pharm. 7. 207) verwiesen. (Literatur über Prüfung des Senföles:

Hager, Pharm. Centrlh. **10.** 65; **12.** 149. 66; **16.** 361. 172. — Flückiger, Arch. Pharm. **196.** 214).

Wirkung. Das Senföl hebt die Gerinnbarkeit des Eiweisses beim Kochen und die der Milch, sowie die alkoholische Gährung auf (Eberbach) und wirkt nach Mitscherlichs Versuchen unter allen ätherischen Oelen am giftigsten, indem es Kaninchen zu 4,0 in 2 Stdn. und zu 15,0 in $^1/_4$ Std. tödtet. Nach den neuesten Versuchen von H. Köhler und R. Henze (Med. Centralbl. 24. 1878) sind künstliches und natürliches Senföl in ihrer physiologischen Wirkung identisch. Beide retardiren die alkoholische, faulige, ammoniakalische und Milchsäuregährung in minimalen Mengen, ohne dieselbe völlig zu sistiren, und wirken bei Infusion, Subcutaninjection, interner Application (in Emulsion), ebenso zu 5—10 Tr. inhalirt, bei Hunden, Kaninchen, Katzen und Ratten letal. In nicht zu grossen Dosen bedingen sie Erregung des vasomotorischen Centrums, des Athemcentrums und der Reflexfunction des Rückenmarks, woraus Blutdruckssteigerung mit Retardation des Herzschlages und tetanischer Krampf resultirt; bei Wiederholung kleiner und bei grossen Dosen werden die betreffenden Centren gelähmt; die Reflexaction erlischt manchmal vor der Respiration, kann aber durch künstliche Athmung wieder belebt werden; vor dem Tode tritt Herzverlangsamung und Dikrotismus ein, doch schlägt das Herz bei künstlicher Athmung noch stundenlang. Vagus, Muskelirritabilität und Peristaltik werden nicht afficirt, dagegen sinkt die Temperatur beträchtlich und nimmt das arterielle Blut kirschrothe und dunkelbraune Färbung an. Knoblauchgeruch des Athems ist constant, während Meerrettiggeruch des Harns nur ausnahmsweise vorkommt. Chronische Vergiftung von Magen aus ruft hämorrhagische Entzündung in diesem und im Coecum hervor und bedingt kleine Hämorrhagien, aber keine Verfettung in der Leber; bei acuter Vergiftung finden sich häufig Pneumonien. Senföl verstärkt im Erregungsstadium und schwächt im Depressionsstadium die Wirkung des Strychnins und zeigt mit Curare keinen Antagonismus; Apnoe beseitigt Senfölkrämpfe nicht (Köhler und Henze). Auf der menschlichen Haut erzeugt ätherisches Senföl sofort heftiges Brennen mit sehr rasch folgender Hautröthung und Blasenbildung selbst noch bei sehr starker Verdünnung mit Alkohol oder Wasser. Riechen an Gefässen, die das Oel enthalten, erregt sogleich Stechen in der Nase und Thränen der Augen. — Nach Riecke schon 1820 in Spanien (Cadix) angewendet, wurde es 1835 in die Hamburger Pharmakopoe aufgenommen und fand in derselben Zeit durch die Empfehlung von Meyer in Aachen ausgedehnte Prüfung in der Charité zu Berlin, deren Resultate Wolff (Preuss. Ver.-Ztg. 41. 1835) publicirte. Vorzugsweise kommt es äusserlich als Rubefaciens und Vesicans in Anwendung, und zwar als Substitut des Senfteigs, sowohl als ableitendes Mittel bei schmerzhaften Affectionen, besonders im Gesichte, bei Rheumatismus und Folgen desselben, wie auch als Reizmittel bei Lähmungen, in specie rheumatischen Lähmungen. Man gebraucht es hier verdünnt, meist in alkoholischer Lösung als sogen. Senfspiritus (24 Tr. auf 30,0), wie ihn schon Meyer und Wolff empfahlen, weniger häufig in Oel (5 Tr. in 4,0 Mandelöl) gelöst. In der Oesterreichischen Armee hat man mit Erfolg, auch was den Kostenpunkt anlangt, dem Senfkuchen das ätherische Senföl substituirt. Russheim (Wien. Wchschr. 31. 1860) schüttelt 1 Tr. Senföl mit 4,0 Wasser (bei Kindern und zarthäutigen Individuen mit 6,0), tränkt damit ein Stück Löschpapier und applicirt dies unter einem mit Heftpflaster befestigten Stück Wachsleinwand. — Innerlich ist das ätherische Senföl

Anwendung.

von Wolff bei chronischem Magenkatarrh und Anorexie und von Kuhk (Med. Ztg. 1836. p. 191) bei Hydrops gerühmt. Man reicht es zu $^1/_{12}$ bis $^1/_4$ Tropfen mehrmals täglich, am besten in Emulsion.

Fettes Oel von Sinapis.

Das fette Oel vom schwarzen und weissen Senf ist hellgelb bis braungelb, von 0,915—0,920 spec. Gew., erstarrt bei —12 bis —16°, trocknet nicht. Es besteht aus den Glyceriden der Erucasäure, auch Behensäure, sowie auch zweier Oelsäuren (Darby, Völcker, Wien. Anz. 1874. 193).

Arbeiten über Bestandtheile der Senfsamen, deren Verfälschungen, Prüfungen auf Reinheit und Güte liegen vor von H. Hassals, Pharm. J. Trans. (3) 5. 669; von Charles, H. Piesse und Lionel Stansell, Ebendas. (3) 416 bis 418; sowie besonders von A. Leeds und Edgar Everhart, Z. anal. Chem. 21. 389.

Isatis.

Die Gattung Isatis speciell Isatis tinctoria gab zuerst die Veranlassung zur Beobachtung der Bildung des Indigofarbstoffes durch die Feststellung des Indicans in der Pflanze, einem Glycoside, das in allen Indigo liefernden Pflanzen zu beobachten ist, von welchen hier zunächst zu nennen sind die Indigoferaarten, Nerium tinctorium, Calanthe veratrifolia, Tankewillia cantonensis, Polygonum tinctorium.

Indican. $C_{26}H_{31}NO_{17}$. — Literat.: E. Schunck, Philos. Mag. (4) **10**. 73; **14**. 288; **15**. 29. 117. 283; Manchest. Soc. Mem. **14**. 239; auch Journ. pract. Chem. **66**. 321; **73**. 268; **74**. 99. 174; **75**. 376. — Carter, Edinb. Chem. Journ. August. 1859. — Hoppe-Seyler, Arch. pathol. Anatom. **27**. 388. — Rumer, Berl. Ber. **12**. 2311.

Entdeckung und Vorkommen.

Dieser 1855 von Schunck entdeckte Körper ist nach ihm der Indigblau bildende Stoff im Waid (s. Indigblau) und findet sich vielleicht auch in den Indigofera-Arten und den übrigen Indigo liefernden Pflanzen. — Sein ebenfalls von Schunck zuerst beobachtetes Vorkommen im menschlichen Harn wurde von Carter, der es auch im Harn des Ochsen, sowie im Blut des Menschen und Ochsen nachwies, und von Hoppe-Seyler bestätigt.

Darstellung.

Zur Isolirung des Indicans aus den vorsichtig getrockneten Blättern des Waids schlug Schunck zwei verschiedene Wege ein. Entweder fällte er den im Verdrängungsapparate bereiteten kalten weingeistigen Auszug mit in Weingeist gelöstem Bleizucker unter Zusatz von Ammoniak, zerlegte den mit kaltem Weingeist gewaschenen Niederschlag unter Wasser durch Kohlensäure, entfernte aus dem Filtrat den Rest des Bleis durch Schwefelwasserstoff und verdunstete es dann im Vacuum über Schwefelsäure, wobei Indican zurückblieb. Oder er concentrirte den mit etwas Wasser versetzten weingeistigen Auszug bei gewöhnlicher Temperatur mit Hülfe eines darüber geleiteten Luftstroms, schüttelte nach vorgängigem Filtriren mit frisch gefälltem Kupferoxydhydrat, befreite das Filtrat durch Schwefelwasserstoff vom gelösten Kupfer und verdunstete die klare Flüssigkeit bei gewöhnlicher Temperatur zur Syrupsconsistenz. Aus dem Rückstande nahm alsdann kalter Weingeist das Indican auf (die ungelöst bleibende braune zähe Masse enthielt Oxindicanin, ein Verwandlungsproduct desselben), welches, nachdem aus der Lösung durch Zusatz ihres doppelten

Volumens Aether noch weitere Zersetzungsproducte abgeschieden waren, beim Verdunsten nun rein (bis auf etwas noch beigemengtes Fett) hinterblieb.

Eigenschaften. Das Indican ist ein gelber oder hellbräunlicher Syrup, der sich nicht ohne Zersetzung trocken erhalten lässt. Es schmeckt bitter und ekelhaft und reagirt sauer. Es löst sich in Wasser, Weingeist und Aether.

Zusammensetzung. Die Zusammensetzung wurde von Schunck durch Analyse der Bleiverbinduug ermittelt, welche durch Bleizucker aus der weingeistigen Lösung des Indicans als hellgelber Niederschlag gefällt wird.

Zersetzungen. Schon bei gelindem Erwärmen beginnt das Indican sich zu zersetzen; bei stärkerem Erhitzen bläht es sich stark auf und wird vollständig zerstört. Auch in wässriger Lösung zersetzt es sich beim Erwärmen unter Bildung von Leucin, Indicanin ($C_{20}H_{23}NO_{12}$) und Indiglucin ($C_6H_{10}O_6$). Beim Verdunsten der wässrigen Lösung erhielt Schunck eine Anzahl anderer, bis jetzt nur ungenügend charakterisirter Umwandlungsproducte, nämlich bei freiwilligem Verdunsten das schon oben genannte Oxindicanin ($C_{20}H_{23}NO_{16}$?) und Indicasin ($C_{28}H_{40}N_2O_{23}$?), beim Verdunsten in der Wärme Oxindicasin ($C_{28}H_{32}N_2O_{23}$). In Berührung mit wässrigen Alkalien oder Baryt erleidet das Indicanin eine Spaltung in Indicanin und Indiglucin ($C_{26}H_{31}NO_{17} + H_2O = C_{20}H_{23}NO_{12} + C_6H_{10}O_6$). Durch verdünnte Säuren endlich wird es bei gewöhnlicher Temperatur langsam, beim Erwärmen rascher in der Hauptsache in Indigblau und Indiglucin zerlegt ($C_{26}H_{31}NO_{17} + 2H_2O = C_8H_5NO + C_6H_{10}O_6$). Jedoch treten bei dieser Zersetzung noch eine Reihe anderer Producte auf, die Schunck als Indihumin ($C_{10}H_9NO_3$?), Indirubin (C_8H_5NO?), Indifuscin ($C_{24}H_{20}N_2O_9$?), Indifuscon ($C_{22}H_{20}N_2O_5$?), α-Indifulvin ($C_{22}H_{20}N_2O_8$?), β-Indifulvin ($C_{44}H_{38}N_4O_9$?) und Indiretin ($C_{18}H_{17}NO_5$?) bezeichnet, von denen vielleicht das mit dem Indigblau isomere Indirubin mit dem Indigroth und das Indihumin mit dem Indigbraun ist.

Indicanin. Das oben erwähnte Indicanin, $C_{20}H_{23}NO_{12}$, ist ein gelber, bitter schmeckender Syrup, welcher beim Kochen mit verdünnten Säuren in Indirubin und Indiglucin zerfällt und beim Erhitzen mit wässrigen Alkalien Ammoniak entwickelt. — *Indiglucin.* Das Indiglucin, $C_6H_{10}O_6$, ist ein brauner Syrup von schwach süssem Geschmack, der alkalische Kupferlösung reducirt, aber durch Hefe nicht in weinige Gährung versetzt wird.

Beim Behandeln des Indicans mit Salzsäure im Vacuum entsteht weder Indigblau noch Indigweiss, bei Zusatz von Eisenchlorid aber ebenfalls Indigblau.

Ueber Indigblau und dessen Derivate, wie überhaupt über die Constitution des Indigo wird bei der Gattung Indigofera (Papilionaceae) eingehend berichtet werden.

d. Capparideae.

Capparis.

Die Blüthenknospen von Capparis spinosa, welche bekanntlich mit Salz und Essig zubereitet im Handel als Gewürz eine Rolle spielen, enthalten

Rutinsäure und einen flüchtigen an Knoblauch im Geruche erinnernden Körper (Hlasiwetz und Rochleder, Ann. Chem. Pharm. 82. 197).

6. Cistiflorae.

a. Resedaceae.

Reseda.

Luteolin. $C_{20}H_{14}O_8$. — Literat.: Chevreul, Journ. Chim. méd. 6. 157. — Moldenhauer, Ann. Chem. Pharm. 100. 180. — Schützenberger und Paraf, Compt. rend. 52. 92; auch Zeitschr. Chem. 4. 134. — Rochleder und Breuer, Wien. Akad. Ber. 54. 127; auch Journ. pract. Chem. 99. 433.

Entdeckung und Vorkommen.

Gelber Farbstoff des Wau, *Reseda Luteola L.*, von Chevreul 1830 entdeckt, besonders von Moldenhauer untersucht.

Darstellung.

Zur Darstellung erschöpft man nach Moldenhauer den Wau heiss mit 80 % Weingeist, destillirt von den Auszügen den Weingeist ab, löst das nach eintägigem Stehen abgeschiedene unreine Luteolin entweder in kochendem conc. Essig und entzieht es dem Verdunstungsrückstande der filtrirten Lösung im reineren Zustande durch Aether, oder trocknet es, wäscht es mit wenig kaltem Aether, löst es dann in mehr Aether und verdunstet die Lösung. Zur vollständigen Reinigung wird es endlich in 150 Th. Weingeist gelöst und die Lösung in die 20fache Menge Wasser gegossen, worauf die zum Kochen erhitzte und heiss filtrirte Flüssigkeit beim Erkalten reine Krystalle abscheidet. — Rochleder und Breuer zogen den Wau heiss mit Wasser, dem nur 1/8 50 % Weingeist zugesetzt war, aus, colirten siedend heiss, lösten das beim Erkalten sich in grauen Flocken abscheidende unreine Luteolin in wenig heissem Weingeist, filtrirten die Lösung in Wasser, erhitzten die trübe Flüssigkeit zum Sieden und reinigten das beim Erkalten schon reiner ausfallende Luteolin endlich vollständig nach Moldenhauers Verfahren. — Schützenberger und Paraf endlich erhitzten das durch Wasser aus dem weingeistigen Auszuge gefällte unreine Luteolin mit Wasser in einem Stahlcylinder auf 200°, worauf nach dem Erkalten die Wände mit Luteolinkrystallen bekleidet waren, während ein harzartiger Körper am Boden lag.

Eigenschaften.

Das Luteolin bildet kleine gelbe seidenglänzende vierseitige Nadeln mit 2½ At. Krystallwasser (Schützenberger und Paraf) die vollständig erst bei 150° fortgehen. Es ist geruchlos, schmeckt schwach bitter und herbe und reagirt schwach sauer. Bei 320° schmilzt es unter theilweiser Zersetzung (nach Chevreul soll es in gelben Nadeln sublimiren). Es löst sich in 14,000 Th. kaltem und 5000 Th. kochendem Wasser, in 37 Th. Weingeist, in 625 Th. Aether, gut auch in conc. warmer Essigsäure, die es aber beim Erkalten fast vollständig wieder abscheidet (Moldenhauer).

Verbindungen.

Schützenberger u. Paraf gaben für das Luteolin die Formel $C_{12}H_8O_5$, Hlasiwetz $C_{28}H_{20}O_{12}$. Die hier angenommene wurde von Moldenhauer aufgestellt, und ist neuerdings durch Rochleder und Breuer bestätigt worden.

Zersetzungen.

Das Luteolin verbindet sich mit den Basen. Wässrige Alkalien und Ammoniak geben damit gelbe Lösungen.

Wird das Luteolin mit Kalihydrat geschmolzen, so spaltet es sich nach Rochleder und Breuer in Phloroglucin und Protocatechusäure ($C_{20}H_{14}O_8 + 2H_2O + 2O = 2C_6H_6O_3 + C_7H_6O_4 + CO_2$). — Beim Erhitzen mit Phosphorsäureanhydrid auf 200° verwandelt es sich in eine rothe, mit violetter Farbe sich in Ammoniak lösende Substanz. Beim mehrtägigen Erhitzen mit wässrigem Ammoniak auf 100° scheint ein Luteolamid gebildet zu werden (Schützenberger und Paraf). Bei längerer Einwirkung von Salpetersäure entsteht Oxalsäure, beim Destilliren mit Chromsäure Ameisensäure (Moldenhauer).

Resedaöl. Das ätherische Oel der Blüthen von *Reseda odorata L.* kann nicht durch Destillation, sondern nur nach Art des Oels von *Philadelphus coronarius* durch Extraction mit Aether gewonnen werden. Es ist gelblich, von beigemischtem Wachs dicklich, leichter als Wasser und riecht höchst angenehm (Buchner, Arch. Pharm. 8. 70).

Wausamenöl. Das fette Oel der Samen von *Reseda luteola L.* ist dunkelgrün, sehr dünnflüssig, von widrigem Geruch und Geschmack und 0,9358 spec. Gew. Es wird erst bei —30° fest und trocknet leicht an der Luft (Schübler).

b. Violaceae.

Viola. Anchietea.

Mandelin (Jahrb. 1879. 42. Dorpat Dissertat. 1881. Zeitschr. pharm. Russl. 22. 339) hat in verschiedenen Violaarten Salicylsäure nachgewiesen und zwar in Viola palustris, sylvatica, canina, arenaria, odorata, am reichlichsten in Viola tricolor. Diese Säure war in den Stielen und Blättern dieser Pflanzen, bei V. odorata nur im Rhizom, in den Blumenblättern und Samen nur in Spuren enthalten. Derselbe Verfasser fand in Viola tricolor var. arvensis ein Glycosid Violaquercitrin, das durch verdünnte Schwefelsäure in 3 Mol. Zucker und 1 Mol. Quercitin gespalten wird, wobei ein Körper auftritt, der in alkalischer Lösung stark fluorescirt. Die Formel $C_{42}H_{42}O_{24}$ wird aufgestellt.

Viola-quercitrin.

Violin. — Literat.: Boullay, Mem. de l'Acad. de Méd. 1828. 1. 417, auch Repert. Pharm. 31. 37.

Dieser sehr ungenügend untersuchte Stoff wurde 1828 von Boullay aus der Wurzel des Veilchens (*Viola odorata L.*), welches ihn in allen Theilen enthalten soll, dargestellt. Er behandelte das weingeistige Extract zur Entfernung von Fett und Chlorophyll mit Aether, zog den Rückstand mit kochender verdünnter Schwefelsäure aus, trocknete die Lösung mit feuchtem Bleioxydhydrat ein und erschöpfte die trockne Masse mit Weingeist, der dann beim Verdunsten das noch mit schwachem Weingeist anhaltend zu waschende Violin hinterliess. Es ist ein blassgelbes bitter schmeckendes Pulver, das beim Erhitzen erst schmilzt, dann in höherer Temperatur wie Harz verbrennt, sich in Wasser reichlicher, in Weingeist weniger als Emetin löst und gleich diesem in Aether fast unlöslich ist. Seine Verbindungen mit den Säuren konnten nicht in charakteristischer Form erhalten werden. — Vielleicht ist das Violin doch nur Emetin?

Wirkung und Anwendung. Nach Orfila (Mém. Acad. méd. 1828. 1. 440) bewirkte Violin zu 0,36 innerlich bei einem Hund (bei Ligatur des Oesophagus) in 12 St. Abgeschlagenheit und Pulsbeschleunigung, sowie Tod in 48 St. unter Convulsionen;

die Section constatirte brandige Entzündung der Schleimhaut des Magens. Dieselbe Menge war vom Unterhautbindegewebe des Schenkels aus in 10 St. letal, ohne besondere Symptome, und tödtete, in Essigsäure und Wasser gelöst, einen Hund bei Injection in die Jugularis sofort, während die Hälfte ohne Wirkung blieb. 0,36 bedingten Abgeschlagenheit, aber nicht Tod. 0,72 bewirkten, intern beim Hunde ohne Oesophagusligatur applicirt, nach 2 Stdn. Erbrechen und Uebelbefinden von 36 St. Dauer. — Bei Menschen hat Chomel (ebendas. 443) unreines und reines Violin angewendet. Von ersterem bewirkten bei 9 Kranken 0,2 in 6 Fällen Erbrechen, in 2 Fällen nur leichten Durchfall, bei 2 Kranken 0,36 und 0,72 weder Vomitus noch Diarrhoe, in 1 Fall wurde eine bestehende Diarrhoe durch 3 Dosen geheilt. 0,21 reines Violin, auf 3mal genommen, bewirkten bei einem Kranken, der nach 0,24 Emetin brach, 2 dünne Stühle, bei einem zweiten 0,06 einmaliges Erbrechen, dagegen eine weitere Gabe von 0,12 weder Erbrechen noch Durchfall. Diese Inconstanz der Wirkung hat wohl die weitere Anwendung des Violins an Stelle des Emetins verhindert.

Anchietin. — Findet sich nach Peckolt (1859. Arch. Pharm. (2) 97. 271) in der für ein als ausgezeichnetes Brech- und Abführmittel geltenden und namentlich für Ausschlagskrankheiten und beim Keuchhusten gerühmten Wurzelrinde von *Anchietea salubr's St. Hil.*, einer brasilianischen Schlingpflanze. Zur Darstellung zerstampft man die frische Wurzel zu Brei, lässt diesen einige Zeit an der Luft gähren, zieht ihn dann digirirend mit salzsäurehaltigem Wasser aus, fällt den Auszug mit Ammoniak und krystallisirt den erhaltenen und mit Wasser gewaschenen Niederschlag aus mit Thierkohle entfärbter weingeistiger Lösung.

Entdeckung und Vorkommen. Darstellung.

Das Anchietin bildet strohgelbe geruchlose Nadeln von ekelerregendem beissendem Geschmack und schwach alkalischer Reaction. Es löst sich nicht in kaltem, wenig in kochendem Wasser, leicht in Weingeist, nicht in Aether. — Es neutralisirt die Säuren. Das salzsaure Salz bildet weisse, sternförmig gruppirte Nadeln, die sich nur im feuchten Zustande in heissem Wasser lösen.

Eigenschaften. Verbindungen.

c. Droseraceae.

Die „Insectivorae", die Gattungen Drosera, Dionaea, Aldrovandia, auch Sarraceniaceae und Nepenthaceae enthalten und secerniren einen starksauren Saft, der neben freien Säuren auch ein ungeformtes Ferment enthält, welches Eiweissstoffe in Peptone umwandelt, so dass der secernirte Saft als eine pflanzliche Pepsinlösung aufzufassen ist.

Drosera.

Ueber die Säure des Saftes von Drosera existiren verschiedene Angaben. Lucas und Trommsdorff (Ann. Chem. Pharm. 8. 237) halten die Säure von Drosera rotundifolia für Aepfelsäurs, Reess und Will (Centralblatt f. Agriculturchem. **10.** 230) vermuthen als Bestandtheile Ameisensäure, Propionsäure und Buttersäure, Hager glaubt, dass Aepfelsäure und Citronensäure gemeinschaftlich vorkommen. Stein (Berl. Ber. 12. 1603) hat sich eingehender mit dieser Frage beschäftigt und Drosera intermedia vor der Blüthezeit untersucht. Der Saft, roth gefärbt durch den Farbstoff der Drüsenhaare, enthielt nur Citronensäure, welche aus dem Verhalten des Kalk, Blei und Silbersalzes als solche erkannt wurde.

d. Nepenthaceae.

Nepenthes.

v. Gorup und Will (Berl. Ber. 9. 673) haben das Secret aus den Drüsen des Schlauches verschiedener Nepenthesarten auf peptonbildende und diastatische Fermente untersucht, mit Bezugnahme auf die Beobachtung J. D. Hookers, dass dieses Secret Eiweiss verdaue.

Peptonbildendes Ferment. Dieselben beobachteten in dem Secrete, welches nach dem Eindringen von Insecten abgesondert war, saure Reaction und die Eigenschaft, Blutfibrin, Hühnereiweiss, rohes Fleisch und Legumin zu verdauen resp. in Pepton umzuwandeln. Das Secret, welches aus nicht gereizten Drüsen stammt, wirkte nicht für sich allein peptonisirend, aber auf Zusatz von Salzsäure, Ameisensäure, Aepfelsäure, Citronensäure.

S. H. Vinnes (Pharm. J. Trans. (3) 7. 596) bestätigte die Resultate v. Gorups im Secrete von Nepenthes hybrida und gracilis.

e. Sarraceniaceae.

Sarracenia.

Sarracenin. In der auch von Björklund und Dragendorff (Arch. Pharm. (2) 119. 93) untersuchten Wurzel von Sarracenia purpurea will St. Martin (Journ. med. Bruxelles 1865. 471) ein Alkaloid erkannt haben, weisses, bitter schmeckendes Pulver. Hêtet (Compt. rend. 88. 185) will neben zwei nicht sicher festgestellten Alkaloiden ein Alkaloid beobachtet haben, das alle Eigenschaften des Veratrins zeigt (Smitt, Journ. Chim. Pharm. 21. 219).

f. Cistaceae.

Cistus.

Verschiedene Species der Gattung Cistus liefern ein Harz (Ladanum) von brauner bis schwarzer Farbe (jetzt meist Kunstproduct), das in Griechenland und der Türkei gewonnen wird. Näheres über die Bestandtheile desselben ist nicht mit Sicherheit festzustellen (Buchner, Repert. Pharm. 65. 159. — Landerer, Ebend. 71. 240; 92. 242. — Johnston, Ebendas. 81. 370).

g. Bixaceae.

Bixa, Gynocardia. Laëtia.

Aus dem rothen, harzigen Mark der Fruchtkapseln von Bixa Orellana wird durch Zerreiben mit Wasser und Gährenlassen der Farbenteig als „Orlean“ dargestellt und in den Handel gebracht. Die Untersuchungen dieses Farbstoffes haben vor Allem einen gelben und rothen Farbstoff darin erkannt, welch' letzterer näher studirt ist.

Bixin. **Bixin.** $C_{28}H_{34}O_5$. — Literat.: John, Zeitschr. Chem. 2. 73. — Bolley und Picard, Chem. Centrlbl. 1861. 887. — Bolley und Mylius,

Ebendas. 1865. 400. — W. Stein, J. pr. Chem. 102. 175. — Etti, Berl. Ber. 11. 864.

Die Darstellung des Bixins gelingt dadurch, dass man circa $1\frac{1}{2}$ kg gereinigten Orlean mit $2\frac{1}{2}$ kg 80%igen Alkoholes unter Zusatz von 150 g calcinirter Soda bei 80° digerirt, warm filtrirt, den ausgepressten Rückstand nochmals mit Alkohol von 60° extrahirt und die alkoholischen Auszüge mit Wasser und conc. Sodalösung ausfällt. Der Niederschlag, Natriumbixin, wird nochmals in 60%igen Alkohol gelöst, abermals mit Wasser und Soda gefällt und endlich mit Salzsäure zerlegt. Das Filtrat vom gefällten Natriumbixin, mit Salzsäure zerlegt, liefert einen Niederschlag, der mit Aether behandelt, amorphes Bixin hinterlässt. Darstellung.

Bolley und Mylius behandeln mit Wasser ausgewaschenen Orlean mit Alkohol und verdampfen den alkoholischen Auszug. Der dabei bleibende Rückstand wird mit Aether extrahirt, hierauf in Alkohol gelöst, mit alkoholischer Bleizuckerlösung gefällt, der Niederschlag mit Schwefelwasserstoff zerlegt, das das Bixin einschliessende gebildete Schwefelblei endlich mit Alkohol ausgekocht.

Metallglänzende, dunkelrothe Blättchen, löslich in Chloroform und heissem Alkohol, schwerlöslich in Aether, Benzol, Eisessig und Benzol, unlöslich in Wasser, Schmpkt. 175—176°. Schwefelsäure löst Bixin mit blauer Farbe, aus welcher Lösung Wasser einen dunkelgrünen Niederschlag abscheidet, Fehlingsche Lösung wird reducirt. Eigenschaften.

Von Etti wurden Natrium- und Kaliumverbindungen, auch amorphe Calcium- und Baryumverbindungen dargestellt. Salpetersäure und Kaliumpermanganat oxydiren Bixin zu Oxalsäure, beim Erhitzen mit Zinkstaub entstehen m Xylol, m Aethyltoluol und ein bei 270—280° siedendes Oel, mit Phosphor und Jodwasserstoff bildet sich ein gelbes Harz $C_{28}H_{40}O_4$. Zersetzungen und Verbindungen.

Von Laëtia resinosa kommt ein Harz, der amerikanische Weihrauch, im Handel vor, das ätherisches Oel enthält. Harz von Laëtia.

Die Samen von Gynocardia odorata liefern beim kalten Pressen ein fettes Oel, körnig fest, bei 42° schmelzend, löslich in Chloroform, Benzin und Schwefelkohlenstoff, theilweise in Alkohol (Pharm. Zeit. 24. 618). Nach Moss (Arch. Pharm. (3) 13. 224) besteht das Fett aus freien Fettsäuren und Fetten und zwar 63,6 Palmitinsäure, 11,7 Gynocardiasäure, 2,3 Cocinsäure, Hypogäasäure 4; die Gynocardiasäure ist ein Glied der Reihe $CnH_2n + 2O_2$. Das Oel gilt in Ostindien als Specificum bei Scabies, parasitären Hautaffectionen und Lepra und scheint nach D. Young (Pract. 23. 321) bei Lepra maculosa und in frischen Fällen von Lepra anaesthetica nicht ohne Nutzen. Bei Phthisikern versuchte Yeo (ebend 24. 241) das schlecht zu nehmende Oel mit negativem Erfolge. Fettes Oel Gynocardia.

Canellaceae. Hypericaceae. Tamaricaceae.

Aus der nahe verwandten Familie der Canellaceae ist die Rinde der Canella alba zu erwähnen, welche ein Eugenol vorwiegend enthaltendes ätherisches Oel liefert ($\frac{3}{4}$%) und einen Körper Canellin, der aber als mit Mannit identisch erkannt wurde (Meyer und v. Reiche, Ann. Chem. Pharm. 47. 243. — Flückiger und Harbury, Pharmacographia. London, 1884. 17). Canellceae. Eugenol.

In der Familie der Hypericaceae sind erwähnenswerth die Gattung Hypericum und zwar Hyper. perforatum, dessen Blüthen ein rothes Harz enthalten, das sich leicht in fetten, ätherischen Oelen, Alkohol etc. löst, ferner die Gattung Vismia, welche ein dem Gummi-Gutt ähnliches Harz liefert. Hypericaceae.

Tamaricaceae. Die Familie der Tamaricaceae schliesst die Gattung Tamarix ein, von welcher Tamarix orientalis Gallen liefert mit 43 % Gerbstoff, Tamarix mannifera, durch Einstich von Insecten, einen Saft absondert, der keinen Mannit enthält, und eingetrocknet die sog. biblische Manna liefert.

h. Ternströmiaceae.

Thea.

Die Blätter der Gattung Thea, welche die im Handel vorkommenden grünen und schwarzen Theesorten liefern, enthalten Coffeïn (Theïn) 0,5— über 2 %, durchschnittlich 1—2 %, reichlich Gerbstoff, identisch mit der Eichengerbsäure 7—19 %, eine andere Säure, von Rochleder, Boheasäure genannt, ätherisches Oel in kleinen Mengen und 3—7% Aschenbestandtheile, von welchen sich gewöhnlich 2,5—4,5 % (auf die Theeblätter berechnet), in Wasser lösen.

Durch die Bedeutung der Theesorten als unentbehrliches Lebensmittel ist der chemischen Untersuchung der Theeblätter grosse Aufmerksamkeit zugewendet worden, besonders der Beschaffenheit der Mineralbestandtheile, den Bestimmungsmethoden des Coffeïnes, den Gerbstoffbestimmungen. Kann es auch nicht die Aufgabe sein, hier eingehend diese Fragen zu besprechen, so dürften doch Literaturangaben und allgemeine Bemerkungen zur Orientirung am Platze sein.

Charakteristik der Theesorten des Handels. Aus den Resultaten der bis jetzt vorliegenden Untersuchungen lässt sich wohl entnehmen, dass durch die chemische Untersuchung die Güte der Theesorten des Handels kaum bestimmt werden kann, wohl aber fremde Beimengungen erkannt werden. In dieser Richtung sind besonders die Bestimmungen des Gehaltes an Coffeïn, die Feststellung des Gehaltes an Mineralbestandtheilen, die Beschaffenheit der Asche, speciell wie viel in Wasser lösliche und in Salzsäure darin lösliche Bestandtheile vorhanden sind, sowie der Gehalt an Gerbstoff massgebend.

Bei Coffeïnbestimmungen werden die wässrigen oder alkoholischen Auszüge der Theeblätter mit Kalk oder Magnesia eingetrocknet und hierauf das Coffeïn aus diesen Massen mittelst Aether oder Chloroform oder Mischungen beider extrahirt. — Zur Bestimmung des Gerbstoffes dürfte die Methode von Eder empfehlenswerth sein, wonach der wässrige Theeauszug mit Kupferacetat gefällt und aus dem entstandenen Kupferniederschlage die Gerbstoffmenge bestimmt wird, indem das Kupfer in Schwefelkupfer umgewandelt wird (1 Th. Schwefelkupfer = 1,3061 Gerbstoff).

Literatur: Aschenanalysen und Analysen der ganzen Pflanzen. A. Strauch, Lehmann, J. Chem. Min. 1867. – Ph. Zöller, Ann. Chem. Pharm. 158. 180. — C. Kraus, J. Chem. Min. 1872. 805. — Hlasiwetz und Maly, ebend. 1867. 732. — A. S. Wilson, ebend. 1873. 851. — Wigner, Arch. Pharm. (3) 375. Pharm. J. Trans. (3) 6. 261—402. — Hodges, Chem. News. 1874. — A. Wynter-Blyth, 30. 212. — Slattes, Zeitschr. gegen Fälschung d. Nahrungsm. 1878. J. Bell, Analyst. 1882. — R. Weyrich, Pharm. Z. Russl. 12. 322 u. 353 — Würthner, ebend. 11. 712. — J. Eder, Berl. Ber. 12. 1352. — Gerbstoffbestimmung: H. A. Allen, Chem. News. 29.

129. — J. F. Clarke, J. Chem. Min. 1876. 1149. — Stenhouse, Dingl. Journ. **165.** 150. — Löwenthal, Z. anal. Chem. 1877. 33. — Kathreiner, Dingl. Journ. **165.** 150. — Neubauer, Zeitschr. anal. Chem. 1870. — Eder, Dingl. Journ. **229.** — Theïnbestimmung: W. Markownikoff, Berl. Ber. 9. 1312. — Mulder, Zeitschr. anal. Chem. **12.** 107. — Cazeneuve und Caillol, ebend. **17.** 221. — Legrèp und Petet, Dingl. Journ. **226.** 434. — A. Commaille, J. Chem. Min. 1875. 476 und 976. — A. Strauch, ebend. 1867. 770. — Löwenthal, ebend. 1872. 924. — Aubert, ebend. 805. — C. Grosskopf, ebend. 1866. 470. — Claus, ebend. 1863. 708. — R. Puccetti, Arch. Pharm. (2) **84.** 198. — Stahlschmidt, Poggend. Ann. **112.** 441. — Thompson, Jahresb. Chem. Min. 1872. 924.

Aetherisches Oel. Nach Mulder (Poggend. Ann. **43.** 133) enthält man durch Destillation der Theeblätter und Ausschütteln des Destillates mit Aether oder Benzin eine kleine Menge eines ätherischen Oeles (0,6—1%), hellgelb, leicht sich zersetzend, in der Kälte erstarrend.

Boheasäure. $C_7 H_{10} O_6$. — Rochleder (Ann. Chem. Pharm. **63.** 202) hat in den Theeblättern und zwar in deren wässrigem Auszuge, durch Fällen mit Bleiacetat, eine Säure, neben Gerbsäure, angeblich isolirt, die amorph, gelb, an der Luft zerfliessend, wohl kaum als reine Substanz angesehen werden kann.

Camellia.

Die Samen von Camellia japonica sollen eine glycosidähnliche Substanz enthalten, Camellin, $C_{53} H_{84} O_{19}$, in Alkohol löslich, mit Schwefelsäure und Salpetersäure roth sich lösend, Fehlingsche Lösung reducirend (Katzujama, Arch. Pharm. (3) **13.** 334). **Camellin.**

Das fette Oel der Samen von Camellia oleifera, in China vielfach benutzt, ist gelb, geruchlos, von 0,927 spec. Gew., bei 4,5° trübe werdend, unlöslich in Weingeist, löslich in Aether und besteht aus 1 Th. Stearin und 3 Th. Oleïn (Thomson, Journ. Chim. méd. **12.** 409. — Hugh Mecallum, Pharm. Journ. Trans. (3) **681.** 21.) Auch soll in den Samen ein mit dem Saponin übereinstimmendes Glycosid enthalten sein.

Cochlospermum. Die Gattung Cochlospermum liefert das Kutiragummi, das in seinen Eigenschaften dem Traganthaschleim sehr nahe steht.

i. Clusiaceae.

Garcinia.

Gummigutt. Das Gummigutt des Handels stammt grösstentheils von dem in Siam und auf Ceylon einheimischen *Garcinia Morella Desr.*, zum kleineren Theile von *Garcinia cochinchinensis Chois*, einem Baume Cochinchinas und der Molukken, und von der über einen grossen Theil Ostindiens verbreiteten *Garcinia pictoria Roxb.* Es bildet entweder cylindrische Stücke von ³/₄ bis 3 Zoll im Durchmesser oder 3—4 Pfund schwere Kuchen oder Klumpen. Aeusserlich ist es schmutzig grünlichgelb, auf dem Bruche glänzend braungelb, gepulvert schön hochgelb. Nur in dünnen Splittern ist es durchscheinend. Es zeigt keinen Geruch, aber scharfen kratzenden Geschmack. Beim Erhitzen erweicht es ohne zu schmelzen unter Verbreitung eigenthümlichen Geruchs und wird zersetzt. Mit Wasser giebt es eine schön gelbe Emulsion, von Weingeist, leichter noch von Aether wird es unter Zurücklassung von Gummi gelöst, wenig löslich in Petroleumäther und Schwefelkohlenstoff (Hirschsohn). Das Röhrengummigutt besteht nach Christison (Ann. Chem. Pharm. **23**. 172) aus etwa 72 % der harzigen Gambogiasäure, 23 % Gummi und 5 % Wasser, die übrigen Sorten sind ärmer an ersterer und enthalten auch Stärkemehl und Holzfaser. Costelo (Pharm. J. Trans. (3) **9**. 1022) untersuchte verschiedene Gummiguttsorten des Handels und fand 6,7—7,9 % Harz und 1,9—2,7 % Gummi. — Das Gummigutt wird als gelbe Wasserfarbe und zur Darstellung gelber Firnisse, sowie als drastisches Purgirmittel benutzt.

Gummiguttgelb. (Gambogiasäure). $C_{20}H_{24}O_4$. — Literat.: Chemische: Christison, Ann. Chem. Pharm. **23**. 185. — Johnston, Phil. Trans. 1839. 281. — Büchner, Ann. Chem. Pharm. **45**. 72. — Hlasiwetz und Barth, Ann. Chem. Pharm. **138**. 68.

Medicinische: P. B. C. Pabo, Additam. quaed. ad virtutes chem. et physiol. resinarum quarundam comparatas. Dorp. 1851. — Berg, De nonnull. materiarum in urinam transitu. Dorpat. 1858. — Daraszkiewicz, Meletemata de resinarum, praesertim resinae Gutti, in tractu intestinali rationibus. Dorpat. 1858. — Untiedt, De bilis vi in effectu quorundam remediorum purgantium. Dorp. 1858. — Alf. Schaur, Beiträge zur Ermittlung der Ursachen des versch. Verhaltens einig. Harze geg. den Darm. Dorp. 1866.

Vorkommen u. Darstellung. Dieser nach Christison bis zu 72 % im Gummigutt vorkommende, als schwache Säure sich verhaltende harzige Farbstoff kann daraus entweder durch Ausziehen mit Aether und Verdunsten der Lösung (Christison, Johnston), oder durch Auflösen in Weingeist und Fällen mit Wasser, oder endlich durch Ausziehen mit Kalilauge und Fällen mit Salzsäure (Johnston) gewonnen werden, wobei er indess nach dem ersten Verfahren etwas kalkhaltig, nach dem letzten kalihaltig ausfällt (Büchner).

Eigenschaften. Das Gummiguttgelb bildet eine fast undurchsichtige kirschrothe, zum gelben Pulver zerreibliche, geruch- und geschmacklose, sauer reagirende Masse, die erst bei 260°, ohne vorher zu schmelzen, zersetzt wird. Es löst sich nicht in Wasser, leicht in Weingeist und Aether. Aus seiner roth gefärbten Lösung in conc. Schwefelsäure wird es durch Wasser unverändert wieder gefällt (Johnston, Büchner).

Verbindungen. Mit den Basen verbindet es sich zu gelbgefärbten amorphen Verbindungen, von denen die der Alkalien in Wasser löslich, die der alkalischen Erden und schweren Metalloxyde unlöslich sind (Büchner).

Zersetzungen. Beim Erhitzen mit conc. Salpetersäure entsteht eine dem Mangostin ähnliche krystallisirende Substanz (Schmid, Ann. Chem. Pharm. **93**. 87). — Beim Schmelzen mit Kalihydrat werden neben viel Essigsäure, und wie es scheint auch Buttersäure, vier in Aether lösliche Producte gebildet, nämlich Phloroglucin, Brenzweinsäure und zwei durch Bleizucker fällbare Säuren, von denen die eine amorph ist, die andere, mit der Uvitinsäure isomere und als Isuvitinsäure, $C_9H_8O_4$, bezeichnete, in kurzen farblosen rhombischen Säulen krystallisirt und krystallisirbare Salze von der Formel $C_9H_6M_2O_4$ bildet (Hlasiwetz und Barth).

Wirkung. Das Gummiguttgelb wirkt drastisch, jedoch nicht so stark wie das Gummigutt selbst (Christison, Pabo); wässrige Stühle erfolgen bei einzelnen Personen schon nach 0,3—0,4 in wenigen Stunden (Christison, Buchheim), bei andren dagegen nicht einmal constant nach 0,6—0,8, wo dann nur ein Gefühl von Schwere im Unterleibe sich geltend macht; selbst 1,2—2,0 bedingen flüssige Entleerungen, von etwas Nausea und Mattigkeit begleitet, erst nach 12 resp. 10 Stunden (Pabo, Daraszkiewicz). Bei Hunden ruft Gambogiasäure meist Brechen, aber selbst zu 1,2 nicht constant flüssigen Stuhl hervor (Schaur). Zur abführenden Wirkung der Gambogiasäure ist Contact mit Galle unbedingt nothwendig (Daraszkiewicz, Untiedt) und vielleicht auch der Succus pancreaticus nicht ohne Bedeutung (Schaur); Lösung in Oel steigert zwar die Purgirwirkung, ist aber nicht deren Ursache, Säuren sind dabei ohne Bedeutung. In den Mastdarm gebracht bedingt Gambogiasäure zu 0,4—0,8 für sich oder in Oel gelöst kein Abführen, wohl aber mit Galle oder glykokolsaurem Natrium schon in 20 Min. Koliken und Durchfälle (Daraszkiewicz, Untiedt). Subcutane Application bedingt bei Hunden Abscessbildung (Schaur) in loco. — Die gambogiasauren Salze scheinen bei verschiedenen Personen höchst different auf den Tractus zu wirken. Das Kaliumsalz, das auch Christison als nicht drastisch bezeichnet, nahmen Pabo zu 5,0 und Berg zu 3,0 ohne abführende Wirkung, während das Magnesiumsalz schon zu 0,4 bei Berg heftige Kolik und 8 flüssige Stühle, zu 0,45 bei Daraszkiewicz einen flüssigen Stuhl bedingte. Gambogiasaures Natrium wirkte bei Letzterem vom Mastdarme aus in Substanz oder mit Seife zu 0,35—1,2 nicht purgirend, wohl aber in Verbindung mit Galle zu 0,35; bei Buchheim bewirkten 1,2 vom Mastdarm aus, bei Schaur 0,35 intern flüssige Ausleerung. Subcutan bedingen einige Tropfen 5 %ige Lösung bei Menschen und Hunden örtliche entzündliche Anschwellung (Schaur). 0,025—0,5—1,0 bewirken bei Katzen in die Jugularis gebracht kein Purgiren (Daraszkiewicz, Schaur). — Während Tiedemann und Gmelin den Uebergang des Gutti in den Harn angeben, konnte Berg nach 3,0 gambogiasaurem Natron Gambogiasäure weder in den Fäces noch im Urin constatiren. Dagegen fand Schaur das Harz zwar nicht im Urin und den Fäces von Personen, die 1,0 resp. 1,25 gambogiasaures Natron genommen hatten, wohl aber bei einer mit einer Gallenfistel versehenen Hündin nach 12,0 resp. 16,0 gambogiasaurem Natron Gambogiasäure als solche im Stuhl zu 6,3 resp. 3,0 wieder, während sie im Harn nicht erschien. Nach subcutaner Injection und selbst nach Einspritzung in die Venen fand Schaur kein Guttiharz im Urin von Hunden, wohl aber nach directer Einführung grösserer Mengen in das Blut einen von der Gambogiasäure verschiedenen harzartigen Körper neben kohlensauren Alkalien, woraus er auf eine Verbrennung der Säure in der Blutbahn schliesst. In einen Froschmuskel injicirt bedingt gambogiasaures Natron Zerfall der Muskelbündel (Schaur).

Mangostin. $C_{20}H_{22}O_5$. — Von W. Schmid (Ann. Chem. Pharm. 93. 83) aus den Fruchtschalen der *Garcinia Mangostana L.* dargestellt. — Man kocht die mit heissem Wasser erschöpften Schalen mit Weingeist aus, verdunstet den Auszug, bis sich gelbe amorphe Massen von Mangostin und Harz ausscheiden und versetzt deren weingeistige Lösung kochend heiss mit Wasser bis zur Trübung, worauf sich beim Erkalten zuerst das Harz, dann bei längerem Stehen das Mangostin abscheidet. Dieses wird behufs vollständiger Reinigung aus weingeistiger Lösung durch Bleiessig niedergeschlagen und aus der ausgewaschenen Bleiverbindung unter Weingeist durch Schwefelwasserstoff frei gemacht. — Goldgelbe, dünne Blättchen neutral reagirend, 190° schmelzend, später sublimirend, unlöslich in Wasser, löslich in Alkohol und Aether und wässrigen Alkalien, aus welchen Lösungen es durch bas. Bleiacetatlösungen gefällt wird. Conc. Schwefelsäure löst Mangostin mit gelbrother Farbe, Salpetersäure oxydirt zu Oxalsäure.

Mangostanharz. Das Mangostanharz, welches in kleiner Menge aus den Stämmen der *Garcinia Mangostana L.* ausschwitzt, bildet citronengelbe erbsengrosse geruch- und geschmacklose, leicht zerreibliche Stücke. Es giebt an 90% igen Weingeist etwa 88% ab und hinterbleibt aus dieser Lösung beim Verdunsten als klare amorphe, bei 110° schmelzende, in Weingeist und Aether leicht lösliche Masse, die sich durch wässriges Ammoniak in ein darin lösliches, bei 80° schmelzendes Alphaharz und ein ungelöst zurückbleibendes, bei 115° schmelzendes Betaharz, beide der Formel $C_{16}H_{22}O_5$ entsprechend, zerlegen lässt (Reitler, Viertelj. pract. Pharm. 7. 170).

Calophyllum.

Maynoresin. Maynasharz. $C_{14}H_{18}O_4$. — Das aus Einschnitten in den Stamm von Calophyllum longifolium ausfliessende Harz krystallisirt nach Lewy (Ann. Chim. Phys. (3) **10**. 374) aus kochendem Weingeist in schönen gelben, klinorhombischen Prismen, Schmpkt. 105°, löslich in Weingeist, Aether, flüchtigen und fetten Oelen, wässrigen Alkalien, Ammoniak, auch conc. Schwefelsäure mit schön rother Farbe. Conc. Salpetersäure oxydirt zu Buttersäure, Oxalsäure, Chromsäure zu Kohlensäure und Ameisensäure.

Ostindisches Tahamahak. Das ostindische Takamahak, entweder von *Calophyllum Inophyllum L.* oder von *C. apetalum Willd.* stammend, ist ein gelbgrünes durchscheinendes, angenehm riechendes, bitter und gewürzhaft schmeckendes, in Weingeist völlig auflösliches Weichharz. Der auf Madagaskar als Wundbalsam viel benutzte grüne Marienbalsam oder das bourbonische Takamahak stammt von *Calophyllum Tacamahaca Willd.* Ersteres diente früher zu Räucherungen und als Zusatz von Pflastermassen, kommt aber nur sehr selten, letzteres gar nicht in den Handel.

Fettes Oel von Calophyllum Inophyllum und Mesua ferrea. Das fette Oel der Samen von *Calophyllum Inophyllum L.* ist grüngelb, von bitterem gewürzhaftem Geschmack, hat das spec. Gew. 0,942 und erstarrt bei + 5°; das Oel der Früchte des Nagas- oder ceylonischen Eisenholzbaumes, *Mesua ferrea L.*, ist kastanienbraun, von 0,954 spec. Gew. und gesteht gleichfalls bei + 5° (Lepine).

k. Dipterocarpeae.

Dryobalanops.

Campheröl. In dem Stamme und den Zweigen von Dryobalanops Camphora findet sich neben dem Borneol (Borneolcampher, s. S. 564) ein Oel, das sog. natürliche Campheröl, das gelb, mehr oder weniger durchsichtig, von campherartigem Geruche ist, spec. Gew. 0,945. Die verschiedenen Campheröle zeigten bei der Untersuchung verschiedene Resultate, weshalb etwas Sicheres hierüber nicht bekannt ist und auf die Literatur verwiesen werden muss (Martius u. Ricker, Ann. Chem. Pharm. **27**. 60. — Pelouze, Compt. rend. **11**. 365. — Mulder, Ann. Chem. Pharm. **31**. 71. — Lallemand, Ann. chim. phys. (3) 57. 405).

Dipterocarpus.

Gurjunbalsam. Der Harzsaft verschiedener ostindischer Dipterocarpusarten kommt schon längere Zeit als Wood-oil, Gardschanöl, Balsamum Capivi, Gurjunbalsam im Handel vor. Auch der von de Vrij beschriebene und von G. Haussner untersuchte Balsam Minjak Lakam gehört zu den Dipterocarpeenbalsamen (Inauguraldissertation. Erlangen, 1883). — Derselbe bildet eine dicke, zähe Consistenz, 0,964 spec. Gew., grünlich fluorescirend, löst sich in Chloroform, Schwefelkohlenstoff und ätherischen Oelen, nur theilweise in Aceton, Amylalkohol, Essigäther etc.

Beim Verdünnen mit Schwefelkohlenstoff und Einleiten von Salzsäuregas oder Zusatz von wenigen Tropfen einer Mischung von gleichen Theilen conc. Schwefelsäure und Salpetersäure wird derselbe tief violett bis blau. — Derselbe besteht aus einem flüchtigen Oele, einem Kohlenwasserstoffe, $C_{20}H_{32}$ ($C_{15}H_{24}$ Werner), Sdpkt. 255—256°, spec. Gew. 0,918, linksdrehend 32,5° und einem Harze, der Gurjunsäure (Werner). — Der in Ostindien zum Anstreichen der Häuser und Schiffe benutzte Balsam hat durch Vidal (Journ. de Thérap. 15. 1877) bei Gonorrhoe Empfehlung gefunden. Er wird, in Emulsion zu 2,0 2mal täglich genommen, besser als Copaivabalsam vertragen, schmeckt weniger unangenehm und erzeugt keine Roseola. Die Diurese wird dadurch vermehrt; Salpetersäure giebt im Harn damit behandelter Kranken reichlicheres Präcipitat als nach dem Gebrauche von Copaivabalsam. Die Eiterzellen bei Tripper unterliegen der fettigen Degeneration und nehmen an Zahl ab (Mauriac). Grössere Dosen (15,0 pro die) bedingen heftige Koliken und Diarrhöen und geben in Folge der rascheren Ausführung des Balsams mit den Fäces schlechtere Heilresultate bei Tripper (Mauriac). Ein Liniment mit Kalkwasser bewährt sich bei Eichel-, Vorhaut- und Scheidentripper (Vidal) und scheint in Verbindung mit interner Darreichung des Balsams sehr günstigen Erfolg bei Lepra zu haben (vergl. Dougall, Med. Times. Nov. 21. 1874 und Alken, Tijdschr. voor Nederl. Ind. 7. 141), indem bei dieser Behandlung theils die Sensibilität und Motilität wieder hergestellt wird, theils Verheilung der leprösen Geschwüre eintritt. Vergl. über den medicinischen Gebrauch des Balsams auch Deval, Etude sur le baume Gurjun et quelques unes de ses applications thérapeutiques. Paris, 1877.

Gurgunsäure. $C_{32}H_{34}O_4$. — Die Darstellung der Gurgunsäure geschieht aus dem bei der Destillation des Balsames zurückbleibenden Theile durch Lösen in kochender Kalilauge, Zufügen von Salmiak im Ueberschusse, und Fällen des Filtrates mit Salzsäure. — Farblose krystallinische Krusten, Schmpkt. 220°, unlöslich in Wasser, leicht löslich in Aether, Alkohol, etwas schwieriger in Benzol und Schwefelkohlenstoff (C. Werner, Zeitschr. Chem. 1862. 588. — Pharmacognosie, Flückiger. 2. Aufl. 87. — Pharmacographie. 1879. 88. — F. A. Flückiger, Arch. Pharm. 212). Gurgunsäure.

Flückiger (Pharm. J. Trans. 8. 725) beschreibt auch ein indifferentes Harz als Bestandtheil eines Gurjunbalsames, unlöslich in Kalilauge, Schmpkt. 126°, löslich in Petroleumäther (60° Sdpkt.). Zusammensetzung $C_{28}H_{46}O_2$.

Die Gattung Shorea liefert verschiedene, nicht näher untersuchte Harze, Chaïharz, Saulharz, Dhoonaharz etc.

Vateria.

Das feste Fett der Samen von Vateria indica ist weiss bis grüngelb, Schmpkt. 36° (30° Dal Sie), spec. Gew. 0,926 (0,9102 Dal Sie), und besteht aus Palmitinsäure (ca. 75%) und Oelsäure, beide frei (Dal Sie. Berl. Ber. **10**. 1381; **11**. 1249. — Babington, J. chem. Soc. **19**. 177). Vateriatalg.

7. Columniferae.

a. Tiliaceae.

Tilia. Corchorus.

Linden-blüthenöl. Aus den Blüthen der Tiliaspecies lässt sich durch Destillation mittelst Cohobirens eine geringe Menge eines ätherischen Oeles gewinnen (0,05 %), farblos oder gelblich (Winkler, Chem. Centralbl. 1837. 781).

Die Bastfasern der Gattung Corchorus liefern (besonders Corchor. olitorius und capsularis) die Jute, jene Faser, die schon in Indien massenweise zu Flechtereien, sowie seit neuerer Zeit in hervorragender Weise in der Spinnerei benutzt wird, auch in der Chirurgie und anderen Zweigen der Industrie grosse Verwendung erfährt. Von den Untersuchungen der Jutefaser (Hodges und Andere, J. Chem. Min. 1874. 906) sind die neueren Arbeiten von J. Bevan und C. F. Cross erwähnenswerth, welche den Aschengehalt zu 0,6—2% angeben, sowie den Cellulosegehalt zu 70—72 %. Dieselben haben durch Einwirkung von Chlor auf den harzigen Begleiter der Cellulose einen Körper, $C_{19}H_{18}Cl_4O_8$, hergestellt, der in die Gruppe Luteolin, Rubian etc. gehören soll. (Chem. News. 42. 77—91.)

Aus den Früchten von Apeiba Thourbon wird ein rothes fettes Oel gewonnen (Hanausek, Z. östr. Apothver. 15. 203).

b. Sterculiaceae (incl. Büttneriaceae).

Theobroma.

Die Samen der Früchte von Theobroma Cacao, die Cacaobohnen, dienen zur Herstellung der als Nahrungsmittel bedeutungsvollen Cacaopulver, Chocoladen (Gemenge von Cacao mit Zucker, Gewürzen oder anderen Zusätzen), auch zur Herstellung des in den Samen enthaltenen Fettes der Cacaobutter. Die Untersuchungen von Tuchen (J. Chem. Min. 1857. 53), besonders von A. Mitscherlich (Cacao u. s. Bestandtheile. Berlin 1859) haben zuerst über die Hauptbestandtheile der Samen Aufschluss gegeben. Dieselben sind Theobromin (1—4%), das Cacaofett (40—50%), neben Stärke in grösseren Mengen und einem rothen Farbstoff, dem Cacaoroth, auch kleine Mengen Coffeïn (E. Schmidt). Der Aschengehalt beträgt 2—4% mit viel Kali und Phosphorsäure. Erwähnenswerth ist der Kupfergehalt der Cacaobohnen, der im Episperma der Frucht 0,0102—0,02 per kg beträgt, in den Chocoladesorten, 0,005—0,125 per kg (Duclos, Repert. d. Pharmac. 11. 277). Ueber die Untersuchung der Cacaosorten, besonders die Prüfung der verschiedenen Cacaopräparate des Handels auf Reinheit sind zahlreiche Arbeiten vorhanden, auf welche hier nur verwiesen werden kann. Literatur: Trojanewsky, Inauguraldissertat. 1875. J. Pharm. 1875. 151. — Heintz, Arch. Pharm. (3) 10. 506. — Collin, J. Pharm. 1877. 154. — Elsner, Industriebltt. 15. 245. — Skalweit, Kupfergehalt der Asche, J. Pharm. 1879. 44. — R. Benzemann, Berl. Ber. 16. 856.

Cacaofett. Das durch Extraction mittelst Aether, Petroleumbenzin oder Schwefelkohlenstoff, auch durch Auspressen gewonnene Fett, die Cacaobutter, ist eine weisse, schwach gelbliche harte Masse, von mildem Geschmacke, spec. Gew. 0,90—0,91, Schmpkt. 32—34° (wasserfrei 34°), löslich in 6 Th. Anilin (Hager), 2 Th. Aether. Seine Zusammensetzung wurde von Mitscherlich, Kingzett (Pharm. J. Trans. 8. 412) und in neuerer Zeit von M. C. Traub (Arch. Pharm. (3.) 21. 19) näher studirt.

Kingzett will zwei Säuren, eine solche mit geringerem Kohlenstoffgehalt als Laurostearinsäure und eine Säure von der Zusammensetzung $C_{64}H_{128}O_2$, Theobromsäure vom Schmpkt. 72°, ausserdem 20% Oelsäure als Bestandtheil des Fettes nachgewiesen haben. M. C. Traub hat mit Zuhilfenahme der Methoden der fractionirten Destillation im luftverdünnten Raume, sowie der fractionirten Fällung durch Magnesiumacetat die Zusammensetzung des Cacaofettes dahin festgestellt, dass die Glycerinester der Oel-, Palmitin-, Stearin-, Laurin- und Arachinsäure vorhanden sind, flüchtige Säuren fehlen.

Theobromin. $C_7H_8N_4O_2$. — Literat.: Woskresensky, Ann. Chem. Pharm. 41. 125. — Glasson, Ann. Chem. Pharm. 40. 335. — Keller, Ann. Chem. Pharm. 92. 71. — A. Mitscherlich, Der Cacao und die Chocolade, 1859. — Strecker, Ann. Chem. Pharm. 118. 151. — Rochleder und Hlasiwetz, Sitzber. Ac. Wien. 4. 266. — Maly und Hinteregger, Monatsh. Chem. 2. 94; 3. 107. — Treumann, Arch. Pharm. (3) 13. 5. — E. Schmidt, Ann. Chem. Pharm. 217. 270. — E. Fischer, Ann. Chem. Pharm. 215. 253. — Wolfram, Jahresber. Centralst. Dresden 1878 u. 1881. — Heckel und Schlagdenhauffen, J. Chim. Pharm. (5) 8. 177.

Entdeckung u. Vorkommen.

Diese Base wurde 1841 von Woskresensky in den Cacaobohnen, den Samen von *Theobroma Cacao L.*, aufgefunden. Sie findet sich vorwiegend in den Cotyledonen, in geringerer Menge nach Bley (Arch. Pharm. (2) 23. 201) auch in den Schalen. Auch in einigen Theesorten, sowie in den Colanüssen (Heckel und Schlagdenhauffen) ist Theobromin nachgewiesen.

Darstellung.

Zur Darstellung zieht man gepulverte Cacaobohnen auf dem Wasserbade wiederholt mit destillirtem Wasser aus, fällt die durch Leinwand colirten Auszüge vorsichtig mit Bleizucker, befreit die vom Bleiniederschlag getrennte Flüssigkeit vom Bleiüberschuss durch Schwefelwasserstoff, verdunstet das Filtrat zur Trockne und krystallisirt das zurückbleibende, schwach röthlich gefärbte Theobromin mit Zuhülfenahme von Thierkohle so lange aus Weingeist um, bis es weiss geworden ist (Woskresensky). — Nach A. Mitscherlich wird eine reichliche Ausbeute an Theobromin erhalten, wenn man 12 Th. entölter Cacaomasse mit 30 Th. Wasser und 1 Th. Schwefelsäurehydrat bis zur völligen Umwandlung der Stärke in Zucker kocht, die Flüssigkeit dann mit kohlensaurem Bleioxyd sättigt, das Filtrat durch Zusatz von Hefe in Gährung bringt, nach deren Beendigung aufkocht, mit Soda vollständig neutralisirt, nach dem Filtriren stark durch Eindampfen concentrirt und die sich nun abscheidenden bräunlichen Massen von unreinem Theobromin, nachdem sie zuvor noch weiter eingetrocknet wurden, in heisser Salpetersäure löst (die zugleich den beigemengten Farbstoff oxydirt). Die Lösung wird mit Ammoniak gefällt, der Niederschlag wieder in Salpetersäure gelöst, das salpetersaure Salz zur Krystallisation gebracht, abermals mittelst Ammoniak zersetzt und das resultirende Theobromin durch Wiederholung dieser Operationen gereinigt.

Dragendorff empfiehlt, die Cacaoschalen auf Theobromin zu verarbeiten, indem dieselben mit Wasser ausgekocht werden, dieser Auszug mit bas. Bleiacetat gefällt wird, dieser Niederschlag mittelst Schwefelsäure zerlegt und das so erhaltene Filtrat mit Magnesia zur Trockne gebracht wird. Durch Extraction dieses Rückstandes mit 80%igem Alkohol wird Theobromin in Lösung gebracht (4—5 kg Schalen = 13,5 g Theobromin). E. Schmidt und Pressler extrahirten bei der Darstellung des Theobromins käufliche entölte Cacaomasse, welche mit dem gleichen Gewichte Calciumhydroxyd gemengt war, mit 80%igem Alkohol.

Eigenschaften. Das Theobromin bildet ein weisses, aus mikroskopischen rhombischen Nadeln bestehendes Krystallpulver von sehr bitterem, aber nur langsam sich entwickelndem Geschmack. Es sublimirt bei 290—295° unzersetzt. Es löst sich in 55 Th. Wasser von 100°, in 660 Th. von 20° und in 1600 Th. von 0°, in 47 Th. kochendem und 1460 Th. kaltem Weingeist, in 600 Th. kochendem und 17000 Th. kaltem Aether. In Chloroform und warmem Amylalkohol löst es sich etwas leichter, in Benzol schwerer als in Wasser, in Petroleumäther ist es unlöslich. Sämmtliche Lösungen reagiren neutral; die heisse opalisirt beim Erkalten (Woskresensky. Glasson. Keller). Treumann hat die Löslichkeitsverhältnisse des Theobromins folgendermassen festgestellt: für Wasser von 100° 1:148,5, Wasser von 17° 1:1600, siedenden absoluten Alkohol bei 17° 1:4284, siedendes Chloroform mit 1:105.

Zusammensetzung. Woskresensky stellte für das Theobromin die Formel $C_9H_5N_3O_2$ auf, Glasson die jetzt angenommene, von Keller und Strecker bestätigte Formel $C_7H_8N_4O_2$. E. Fischer hat mit Sicherheit Theobromin als Dimethylxanthin, Homologon von Coffeïn festgestellt und nimmt die Structurformel an:

```
CH3N — CH
  |    ||
  CO   C — N.CH3
  |    |   |>CO
  HN   C = N
```

Salze. Das Theobromin bildet leicht krystallisirende Salze. Die einfachen neutralen Salze werden durch Wasser unter Bildung basischer Salze zersetzt und verlieren ihre Säure, wenn sie flüchtig ist, schon bei 100°.

Chlorwasserstoffsaures Theobromin, $C_7H_5N_4O_2$, HCl, schiesst beim Erkalten einer Auflösung der Base in heisser Salzsäure in Krystallen an. Salpetersaures Theobromin, $C_7H_8N_4O_2, NHO_3$, wird in gleicher Weise in klinorhombischen Prismen erhalten. Chlorwasserstoffsaures Theobromin-Platinchlorid, $C_7H_8N_4N_2$, HCl, $PtCl_2 + 2H_2O$, scheidet sich aus einer gemischten Lösung der beiden einfachen Salze in schönen gelben klinorhombischen Prismen ab, die an der Luft verwittern und bei 100° alles Wasser verlieren. Versetzt man salpetersaures Theobromin in sehr verdünnter wässriger Lösung mit Silbernitrat, so scheiden sich in kurzer Zeit silberweisse, in Wasser schwer lösliche Nadeln von salpetersaurem Theobromin-Silberoxyd, $C_7H_8N_4O_2, NHO_3 + NAgO_3$, ab.

Pressler hat dargestellt:

Bromwasserstoffsaures Theobromin, $C_7H_8N_4O$, $HBr + H_2O$. Theobromingoldchlorid, $C_7H_8N_4O_2$, $HCl + AuCl_3$, gelbe Nadeln; schwefelsaures Theobromin, ohne constante Zusammensetzung; salpetersaures Theobromin, $C_7H_8N_4O_2$, HNO_3; essigsaures Theobromin, $C_7H_8N_4O_2$, $C_2H_4O_2$.

Leitet man zu in Wasser suspendirtem Theobromin Chlorgas, bis keine Wärmeerzeugung mehr stattfindet, so scheidet die Lösung farblose weiche Krystalle von Amalinsäure, $C_6H_8N_2O_4$, ab, während salzsaures Methylamin in Lösung bleibt (Rochleder, Ann. Chem. Pharm. 71. 1). — Löst man Theobromin in wässrigem Ammoniak, von dem es viel leichter als von Wasser gelöst wird und fügt Silbernitrat hinzu, so entsteht ein gallertartiger Niederschlag, der sich in überschüssigem warmem Ammoniak leicht löst. Bei längerem Kochen dieser Lösung scheidet sich farbloses, körnig-krystallinisches Theobrominsilber, $C_7H_7AgN_4O_2$, ab. Wird letzteres 24 Stunden mit wasserfreiem Jodmethyl auf 100° erwärmt, so entsteht Coffein neben Jodsilber ($C_7H_7AgN_4O_2 + CH_3J = C_8H_{10}N_4O_2 + AgJ$) (Strecker.) — Wird Theobromin mit Bleihyperoxyd und verdünnter Schwefelsäure erhitzt unter Vermeidung eines Ueberschusses des Oxydationsmittels, so entweicht Kohlensäure und das farblose Filtrat vom schwefelsauren Bleioxyd entwickelt mit Kali Ammoniak, scheidet mit Schwefelwasserstoff Schwefel ab, färbt die Haut purpurroth und Magnesia indigoblau. Verdampft man diese Flüssigkeit mit überschüssiger Magnesia, welche die blaue Färbung wieder aufhebt, zur Trockne, so zieht Weingeist aus dem Rückstande einen schwach sauer reagirenden, in farblosen rhombischen Säulen krystallisirenden Körper aus (Glasson).

Zersetzungen.

Amalinsäure.

Durch die neueren Arbeiten sind ferner folgende Thatsachen festgestellt worden: Die Einwirkung von Chlor liefert nach E. Fischer Monomethylharnstoff und Monomethylalloxan. Maly und Hinteregger erhielten Monomethylparabansäure durch Oxydation mit Chromsäure, Dimethylparabansäure, Kohlensäure, Methylamin und Ammoniak, mittelst Salzsäure und Kaliumchlorat, Monomethylalloxan, Apotheobromin, Dimethylalloxanthin. Die Forschungen von E. Fischer zur Aufklärung der Constitution des Theobromins im Anschluss an seine Arbeiten über Coffein schliessen folgende Resultate ein. Die Einwirkung von Salzsäure und Kaliumchlorat (5 Theobromin, 8 rauch. Salzsäure 1,19, 15 Wasser, $2^1/_2$ Kaliumchlorat bei 50°) lieferte Monomethylalloxan, das, in Dimethylalloxanthin umgewandelt, durch Chromsäureoxydation reichlich Monomethylparabansäure lieferte. Ausserdem entstand Methylharnstoff, Schmpkt. 102°, wodurch nachgewiesen wurde, dass Theobromin im Alloxankern nur eine Methylammingruppe enthält. Zur Aufklärung der Stellung dieser Methylamingruppe wurde das Bromtheobromin, $C_7H_7N_4O_2Br$, dargestellt, das nun in das Bromäthyltheobromin übergeführt wurde, welches mit alkoholischer Kalilauge Aethyloxyäthyltheobromin, Schmpkt. 153°, liefert, und durch Kochen mit Salzsäure in Chloräthyl und Hydroxyäthyltheobromin, $C_7H_6C_2H_5.N_4O_2.OH$, gespalten wird. Aus dieser Verbindung resultirte mit Brom und Alkohol der Aether Diäthyloxyhydroxyäthyltheobromin (152° Schmpkt.), der mit 20%iger Salzsäure reichlich Methylamin und Apoäthyltheobromin liefert, das sich durch Wasser in das entsprechende Homologon der Caffursäure umwandelt. Das Hydroxyäthyltheobromin erfährt eine ähnliche Zersetzung in salzsaurer Lösung durch Chlor, wobei neben der Apo- auch reichlich die Hypoverbindung entsteht, das Hypoäthyltheobromin (Schmpkt. 142°).

Durch diese Resultate ist festgestellt, dass bei der Bildung der Apo- und Hypoverbindung aus dem Coffein, wie Theobromin dasselbe Methylamin abgespalten wird. — E. Fischer hat ferner den mit negativem Resultate von Strecker ausgeführten Versuch der Bildung von Theobromin aus Xanthin

Künstliche Darstellung.

mit positivem Resultate wiederholt, indem er Xanthinblei mit der $1^1/_4$ fachen Menge Jodmethyl 12 Stunden lang bei 100° im Rohre erhitzte und die dargestellte wässrige Lösung nach Abscheidung des Bleis mit Ammon concentrirte, durch welchen Versuch die oben erwähnte Constitution das Theobromin sicher steht. — E. Schmidt hat die Einwirkung von Jodmethyl, Salzsäure, Baryumhydroxyd, Brom, Salpetersäure studirt und im Wesentlichen keine neuen Gesichtspunkte festgestellt. Die Einwirkung von Salzsäure lieferte Ammon, Methylamin, Sarkosin, Kohlensäure, Ameisensäure, wie das Coffein, Baryumhydroxyd dieselben Producte, Salpetersäure liefert Kohlensäure, Aethylamin, Methylparabansäure.

Verhalten gegen Reagentien. Verdünnte Lösungen der Theobrominsalze werden durch Phosphormolybdänsäure gelblich gefällt; Platinchlorid scheidet daraus langsam braune Flocken, Goldchlorid noch langsamer nadelförmige Krystalle ab; Quecksilberchlorid, Jod-Jodkalium und Gerbsäure bewirken in verdünnten Lösungen nur geringe Trübung und Pikrinsäure, Kaliumquecksilberjodid und Kaliumkadmiumjodid fällen nicht (Dragendorff). Beim Verdampfen von Theobromin mit Chlorwasser bei 100° zur Trockne und nachherigem Zusatz von Ammon entsteht die charakteristische Murexidfärbung.

Quantitative Bestimmung. Zur quantitativen Bestimmung des Theobromins werden die Rohmaterialien (Cacaobohnen etc.) mit Wasser ausgekocht, mit ammoniakalischer Bleiacetatlösung gefällt, das Filtrat mit Natronlauge versetzt und auf 50 CC. eingedampft. Nach dem Ansäuern mit Schwefelsäure zur Abscheidung des Bleis fällt man das Filtrat mit phosphorwolframsaurem Natrium (100 g Natriumwolframat, 80 g Natriumphosphat, 500 g Salpetersäurehaltiges Wasser). Nach mehrstündiger Digestion wird der Niederschlag abfiltrirt, mit Schwefelsäure gewaschen, mit Baryt zerlegt, der überschüssige Baryt der erhaltenen Lösung mit Schwefelsäure (und Baryumcarbonat) beseitigt und hierauf die Lösung verdampft. Der Rückstand giebt nach der Wägung das Alkaloid mit Aschenbestandtheilen, die durch Glühen leicht ermittelt werden können. (Wolfram).

Wirkung. Das Theobromin besitzt eine dem Coffeïn analoge, jedoch geringere toxische Wirkung auf die verschiedensten Thierclassen (A. Mitscherlich). Frösche erliegen 0,06 innerlich und in 0,1%iger Lösung, Schleien in derselben Flüssigkeit, Tauben 0,5, Kaninchen 1,0 in einer nach der angewandten Menge und der Schnelligkeit der Resorption entsprechenden Zeit, Kaninchen sterben nach 1,0 2,75 mit mehr oder weniger Wasser per os in 80 Min. bis 34 Stunden; kleinere Dosen oder Application an Stellen, wo das schwer lösliche Theobromin nur langsam gelöst wird, bewirken nur Erkrankung.

Als Symptome der Vergiftung zeigen sich bei Kaninchen zuerst eigenthümliches Knirschen mit den Backenzähnen, Sinken der Athemfrequenz (oft bis auf $^1/_3$—$^1/_4$ der Norm) und der Temperatur, Zunahme der Frequenz und Schwächerwerden der Herzschläge, daneben bei langsamer Resorption des Giftes allmähliche Abnahme der Muskelkraft, Trägerwerden, Liegen auf dem Bauche, wobei die ausgeführten Bewegungen der Absicht entsprechen, bei schneller Resorption Krämpfe; Absonderungen, Appetit, Durst und Diurese sind nicht verändert. Bei Kaninchen wurden Brechbewegungen, bei Tauben Erbrechen beobachtet. Bei Fröschen findet im Laufe der Vergiftung Aufschwellen in Folge Ausdehnung der Lungen und der Blase statt. Der Tod erfolgt asphyktisch, nach A. Mitscherlich unter den Erscheinungen der Vagus- und Rückenmarkslähmung; bei schnellerer Resorption beschleunigen spinale Krämpfe das Ende. Post mortem zeigt sich bei schnell eingetretenem Tode starke und sehr lange anhaltende Reizbarkeit der willkürlichen Muskeln bei normalem Verhalten der peristaltischen Bewegung; bei länger dauernder Vergiftung sind Herz und Muskeln völlig reizlos, die Ventrikel sind contrahirt, die Vorhöfe, die grossen venösen Stämme und die kleinen Gefässe in allen Körpertheilen, besonders auf Schleim- und serösen Häuten, im Gehirn, in Leber und Nieren stark hyperämisch; in den Lungen finden sich fast constant, häufig auf der Schleimhaut und unter dem peritonealen Ueberzug der Blase, selten im Magen und Duodenum Blutextravasate; das Blut ist dunkelroth und oxydirt sich schnell an der Luft (A. Mitscherlich).

Nach interner oder subcutaner Application toxischer Dosen bei Kaninchen *Elimination.* ist Theobromin im Harn nachweisbar (A. Mitscherlich).

c. **Malvaceae** (incl. Bombaceae.

Die Familie der Malvaceae enthält in dem inneren Gewebe der vegetativen Organe, den Blättern, den Wurzeln etc. vielfach grössere Mengen Pflanzenschleim (Althaea, Hibiscus), der sich im Allgemeinen dem Tragantschleim in seinem Verhalten nähert, ausserdem in den Samen der Früchte grössere Mengen fetten Oeles (Baumwollsamenöl).

Althaea. Hibiscus.

Die Wurzel von Althaea officinalis ist reich an dem bereits erwähnten Schleime, enthält Asparagin; die Blüthen von Althaea rosea enthalten einen violettrothen Farbstoff, über dessen chemische Beschaffenheit noch nichts Sicheres festzustellen ist.

Die Samen von Hibiscus esculentus (Abelmoschus) enthalten denselben Schleim wie Althaea (Gobine Landrin's). Die Asche der Samen ist reich an Phosphorsäure (Landrin, J. pharm. 22. 278. — Popp, Arch. Pharm. 1871. 142).

Gossypium.

Die Epidermisbildungen des Samens der Gattung Gossypium liefern die Baumwollfaser, die fast ganz aus Cellulose besteht, mit wenig Fett, Eiweissstoffen etc. (Analysen der Pflanze: Schunck, J. Chem. Min. 1868. 980; Staehle, J. Pharm. 1875. 160; Drueding, J. Pharm. 1877. 152). Die Samen enthalten 20—40% fettes Oel, welches als Baumwollsamenöl besonders in der Seifenindustrie sowie zur Verfälschung des Olivenöles und der Cruciferenöle benutzt wird. — Das Baumwollsamenöl ist von tiefgelber Farbe, spec. Gew. *Baumwollsamenöl.* 0,925—0,93, besteht nach Slessor (Chem. Centralbl. 1859. 140) aus Palmitin und viel Oleïn, giebt mit Schwefelsäure eine violette, mit Schwefelsäure und Kaliumdichromat rothe, nach dem Verseifen mit Natronlauge blauviolette Färbung (Anderson, Calvert, Saxe, J. Chem. Min. 1864. 1865. 1866. 1869; C. Widemann, Mon. scientif. 1881. 453; C. Scheibe, Pharm. Ztschr. Russl. 1881. 431, —).

Das Obreguin, von Dauzats (Journ. pharm. (4) 5. 174) als eine durch Insectenstich in Althaca rosea gebildete Substanz beschrieben, scheint ein Gemenge von Harzen oder Fetten zu sein.

Adansonia.

Die Rinde von Adansonia digitata ist von Walz (Jahrb. pr. Pharm. 24. *Adansonin.* 100 u. 242; 27. 1) und Wittstein (Vtljschr. pr. Pharm. 4. 41) untersucht worden und enthält nach Walz einen Körper, durch Extraction der Rinde mit Aether zu erhalten, weisse Nadeln, von bitterem Geschmacke, aloë- oder enzianähnlichem Geruche, leicht löslich in Alkohol und Aether, ebenso in verdünnten Alkalien mit gelber Farbe. Der Körper Adansonin genannt, soll die Formel $C_{84}H_{36}O_{33}$ haben. — Die Früchte dieser Pflanze sind von Slocum (Americ. J. Pharm. 1881. 129) untersucht, der neben bekannten Bestandtheilen Aepfelsäure und saures apfelsaures Kalium fand.

8. Gruinales.

a. Geraniaceae.

Geranium. Pelargonium.

Die Gattungen Geranium und Pelargonium, besonders letztere, sind durch den Gehalt an ätherischem Oele ausgezeichnet, das besonders in den Blättern und Blüthen von Pelargonium Radula, welche das deutsche und französische sog. Palma-Rosaöl liefern, sowie Pelargonium roseum und odoratissimum, welche vorzüglich das algerische Oel liefern, vorkommt. Dieses ätherische Geraniumöl (nicht mit dem Oele von Andropogonarten zu verwechseln) ist farblos oder gelb bis bräunlich gefärbt, siedet bei 216—220°, erstarrt bei 16° und ist linksdrehend, reagirt sauer. Dasselbe enthält Pelargonsäure und Geraniol, $C_{10}H_{18}O$ (siehe S. 419). — Das von Müller (Arch. Pharm. (2) 22. 29) erwähnte Geraniin bedarf noch sehr des Beweises seiner Existenzfähigkeit.

Geraniumöl.

Pelargonsäure. $C_9H_{18}O_2$. Literat.: Pless, Ann. Chem. Pharm. 59. 54. — Redtenbacher, Ann. Chem. Pharm. 59. 52. — Gerhardt, Ann. Chim. Phys. (3) 24. 107; auch Ann. Chem. Pharm. 67. 245. — Cahours, Compt. rend. 26. 262 und 31. 143; Quart. Journ. Chem. Soc. 3. 240. — Chiozza, Compt. rend. 35. 797; Ann. Chim. Phys. (2) 39. 207. — Perrot, Compt. rend. 45. 309. — Limpach, Ann. Chem. Pharm. 190. 297. — Zincke und Franchimont, Ann. Chem. Pharm. 164. 333. — Jordan, Ebendas. 200. 107. — Krafft, Berl. Ber. 10. 2034; 11. 1413.

Entdeckung und Vorkommen.

Diese Säure wurde 1846 von Pless als Bestandtheil des flüchtigen Oels von *Pelargonium odoratissimum* und *roseum Willd.* und *P. capitatum Ait.* erkannt und gleichzeitig von Redtenbacher künstlich durch Oxydation der Oelsäure erhalten. Sie findet sich nach Perrot in ziemlich reichlicher Menge auch im Runkelrübenfuselöl.

Darstellung aus Pelargonium.

Zur Darstellung aus Kraut und Blüthen der Pelargoniumarten destillirt man dieselben mit Wasser, sättigt das Destillat mit Baryt, verdunstet zur Trockne, zieht aus dem Rückstande den pelargonsauren Baryt mit Weingeist aus und zerlegt diesen mit verdünnter Schwefelsäure, worauf sich die Pelargonsäure als obenaufschwimmendes Oel abscheidet (Pless).

Künstliche Darstellung.

Vortheilhafter lässt sich die Säure durch Oxydation des Rautenöls darstellen. Man erhitzt dasselbe in einer Retorte mit dem gleichen Gewicht käuflicher Salpetersäure und dem doppelten Gewicht Wasser unter wiederholtem Zurückgiessen des Ueberdestillirten bis zum Aufhören der Entwicklung rother

Dämpfe. Die aufschwimmende Oelschicht wird nun nach vorgängigem Waschen mit Wasser mit verdünnter Kalilauge behandelt, welche die Säure löst und ein nicht saures Oel zurücklässt. Erstere wird durch Uebersättigung mit Schwefelsäure aus der kalischen Lösung wieder abgeschieden und rectificirt. Dann sättigt man sie mit Baryt, entfernt den Ueberschuss desselben mit kaltem Wasser, das den pelargonsauren Baryt kaum löst, krystallisirt diesen dann aus kochendem Weingeist um und macht daraus in der oben angegebenen Weise die Säure frei (Gerhardt). – Redtenbacher erhielt die Pelargonsäure auch durch Behandlung von Oelsäure und Choloïdinsäure mit Salpetersäure, und nach Al. Müller und O. Hesse (Journ. pract. Chem. **70.** 66 und **71.** 472) entsteht sie neben vielen anderen flüchtigen Säuren auch bei der Fäulniss der Hefe in kleiner Menge. Die künstliche Darstellung gelingt ferner durch Oxydation der Stearolsäure mit Salpetersäure (Limpach), beim Erhitzen von Heptylacetessigester mit festem Kali und wenig Wasser, beim Schmelzen von Undecylensäure, $C_{11}H_{20}O_2$, mit Kali, aus den Cyanüren des normalen Octylalkoholes.

Die Pelargonsäure ist ein farbloses, in niedrigen Temperaturen erstarrendes und dann bei 125° wieder schmelzendes Oel, das schwach nach Buttersäure riecht und bei 253–254° siedet und unzersetzt destillirt. In Wasser löst sie sich kaum, leicht in Weingeist und Aether (Cahours, Redtenbacher); spec. Gew. 0,9065. Eigenschaften.

Ihre Salze enthalten 1 At. Metall, sind meistens krystallisirbar und bis auf die der Alkalimetalle in Wasser schwer löslich oder unlöslich, dagegen in Weingeist, namentlich kochendem, löslich. Es sind dargestellt das Kalksalz, sowie die Salze des Zink, Kupfer, Baryum, Silbers; ebenso sind die Methyl- und Aethylester bekannt. Salze.

Beim Aufbewahren färbt sich die Säure gelb. Wird sie mit überschüssigem Kalikalk der trocknen Destillation unterworfen, so entweichen Wasserstoff, Sumpfgas, Aethylen, Propylen, Butylen, Caprylen und höher siedende Kohlenwasserstoffe, und kohlensaures Alkali bleibt im Rückstande. Bei trockner Destillation des Barytsalzes entsteht kohlensaurer Baryt und überdestillirendes Pelargon, $C_{17}H_{34}O$, das bald erstarrt und aus Aether in grossen glänzenden Blättern krystallisirt. Bei Behandlung des Barytsalzes mit Phosphoroxychlorid entsteht Pelargonsäureanhydrid, $C_{18}H_{34}O_3$, ein farbloses, auf Wasser schwimmendes, bei 0° erstarrendes Oel, während bei Einwirkung von Phosphorsuperchlorid Chlorpelargyl, $C_9H_{17}ClO$, eine farblose, bei 220° siedende Flüssigkeit, gebildet wird (Cahours). Zersetzungen. Pelargon. Pelargonsäureanhydrid. Chlorpelargyl.

b. Tropaeolaceae.

Die Gattung Tropaeolum enthält nach Franck in den Embryonen einen dem Amyloid ähnlichen Pflanzenschleim, ausserdem liefern Kraut, Blätter und Samen von Tropaeolum majus (Kapuzinerkresse) bei der Destillation mit Wasserdämpfen ein ätherisches Oel, das nach A. W. Hofmann (Berl. Ber. 4. 1874. 518) vorwiegend aus dem bei 226° siedenden Nitril der α Toluylsäure (Phenylessigsäure) besteht. Aetherisches Oel von Tropaeolum.

c. Oxalideae.

Die Blätter der Oxalisarten sind reich an Oxalsäure in Form von saurem Kaliumoxalat.

d. Linaceae.

Linum.

Die Samen von Linum usitatissimum sind reich an fettem Oele (22—30%), sowie Pflanzenschleim, der mit Salpetersäure Schleimsäure und mit verdünnter Schwefelsäure Dextrin, Zucker und Cellulose liefert. (Siehe S. 127, auch Kirchner und Tollens, Ann. Chem. Pharm. **175**.)

Leinöl. Das fette Oel des Leinsamens ist gelblich bis dunkelgelb, von charakteristischem Geruche und Geschmacke, erstarrt bei —27°, spec. Gew. 0,93—0,94, löst sich in 1,6 Th. Aether, 40 Alkohol (17°) und 5 Th. kochenden Alkoholes. Derselbe trocknet an der Luft rasch zu einer harzartigen, festen Masse ein und besteht aus den Glyceriden der Leinölsäure, Elaïnsäure, Palmitinsäure. Das Leinöl nimmt beim längeren Kochen mit Schwefel bis 9,129% auf und bildet den sog. Schwefelbalsam (Ol. lini sulfuratum). Es dient medicinisch äusserlich zu eröffnenden Klystieren und zu Umschlägen bei Verbrennung (mit Kalkwasser als sog. Linimentum calcareum), selten intern auf van Ryns Empfehlung zu 60,0 als gelindes Purgans bei Haemorrhoidariern.

Leinölsäure. **Leinölsäure.** $C_{16}H_{22}O_2$. — Literatur: Pelouze und Boudet, Ann. Chim. Phys. (2) **69**. 43. — Laurent, Ann. Chim. Phys. (2) **65**. 150. 298. — Liebig, Ann. Chem. Pharm. **51**. 214. — Schüler, Ann. Chem. Pharm. **101**. 252. — Oudemanns, Scheik. Verhand. 1858. II. 1. 184. Liessenguth, Z. Chem. 1865. 563. — Mulder, Chemie der Oele.

Entdeckung und Vorkommen. Nachdem schon Pelouze und Boudet, auch Laurent die Oelsäure des Leinöles als verschieden von der Oelsäure erkannt hatten, zeigte Sacc 1854 deren Eigenthümlichkeit bestimmt und unterwarf sie einer genaueren Untersuchung. Nach Oudemanns findet sie sich auch im Mohnöl (Fam. Papaveraceae).

Darstellung. Zur Darstellung verseift man Leinöl oder Mohnöl, salzt die Seife wiederholt aus, fällt darauf ihre verdünnte wässrige Lösung durch überschüssiges Chlorcalcium (nach Oudemanns zweckmässig unter Zusatz von Ammoniak) und behandelt den gewaschenen und ausgepressten Niederschlag mit Aether. Dieser löst aus dem Gemenge der Kalksalze nur den leinölsauren Kalk. Auf Zusatz von Salzsäure behält der Aether freie Leinölsäure in Lösung, die beim Verdunsten als dunkelgelbes Oel zurückbleibt. Zu weiterer Reinigung löst man sie in Weingeist, fällt mit Ammoniak und Chlorbarium, löst den ausgewaschenen Niederschlag wieder in Aether und krystallisirt die daraus allmälig anschiessenden Warzen und Körner wiederholt um. Schliesslich wird das reine Bariumsalz durch Schütteln mit Aether und Salzsäure wieder zerlegt, von der abgehobenen ätherischen Lösung der Aether abdestillirt und die rückständige Säure im Vacuum über Vitriolöl und einem Gemenge von Eisenvitriol und Kalk getrocknet. (Schüler).

Eigenschaften. Die Leinölsäure ist ein hellgelbes dünnes Oel von 0,9206 spec. Gew. bei 14°. Es erstarrt noch nicht bei —18°, besitzt starkes Lichtbrechungsvermögen, schwach saure Reaction und milden, hinterher kratzenden Geschmack. Es löst sich nicht in Wasser, ziemlich gut in Weingeist, sehr leicht in Aether.

Sacc gab für die Säure die Formel $C_{23}H_{39}O_3$, Schüler die Formel $C_{16}H_{28}O_2$ und neuerdings hält Süssenguth die Formel $C_{16}H_{26}O_2$ für die richtigere. Zusammensetzung.

Die von Liebig, Sacc und Oudemanns untersuchten Salze der Leinölsäure werden nur schwierig rein erhalten und sind meistentheils nicht krystallisirbar. Nur die mit alkalischer Basis lösen sich in Wasser, die übrigen in Weingeist und Aether. An der Luft färben sie sich und werden riechend. Salze.

An der Luft absorbirt die Säure Sauerstoff und wird allmälig dickflüssig und zähe (Schüler. Oudemanns). Bei der trocknen Destillation liefert sie andere Producte, als die gewöhnliche Oelsäure (Laurent), auch verwandelt sie sich nicht bei Einwirkung von salpetriger Säure, wie diese, in Elaidinsäure (Pelouze und Boudet. Laurent. Schüler). Bei Behandlung mit Salpetersäure entsteht ein schmieriges Harz, Korksäure, aber nur sehr wenig Oxalsäure (Sacc). Bei Einwirkung von Brom entsteht neben einem ölartigen Körper eine in Blättchen krystallisirende Säure von der Formel $C_{16}H_{22}Br_4O_2 + 2H_2O$ (Süssenguth). Zersetzungen.

Linin. Bitterstoff des *Linum catharticum L.*, darin am reichlichsten nach der Blüthe sich findend. Wurde von Pagenstecher (Repert. Pharm. 72. 311; 76. 213; 79. 216) entdeckt, später auch von L. A. Buchner (Repert. Pharm. 88. 11) und besonders von Schröder (N. Repert. Pharm 11. 11) untersucht. Man erhält ihn nach Schröder, indem man die Pflanze mit verdünnter Kalkmilch digerirt, das gelbe Filtrat mit Salzsäure übersättigt und dann mit Aether ausschüttelt, der es beim Verdunsten hinterlässt. Buchner kocht den wässrigen Auszug des Krauts auf, filtrirt und säuert mit Salpetersäure oder Schwefelsäure an, worauf unreines Linin ausfällt, das nach Pagenstechers Angabe durch Eintrocknen mit Ammoniak und einer weingeistigen Lösung von Bleizucker und Behandeln des Rückstandes mit Aether, der das Linin auszieht, gereinigt werden kann.

Schröder erhielt das Linin in blendend weissen seideglänzenden Krystallen, die neutral reagiren und in weingeistiger Lösung stark anhaltend bitter schmecken. Es löst sich etwas in kochendem Wasser, in absolutem Weingeist nach jedem Verhältniss, gut in Aether, Chloroform und conc. Essigsäure (Pagenstecher. Schröder). Von wässrigen Alkalien und Ammoniak wird es mit gelber Farbe gelöst und daraus durch Säuren wieder gefällt (Buchner). — In stärkerer Hitze wird das Linin verkohlt unter Ausstossung eines reizenden Geruchs. Von conc. Schwefelsäure und Phosphorsäure wird es mit dunkelvioletter Farbe gelöst (Pagenstecher). — Enthält nach Schröder 62,92 C, 4,72 H und 32,36 O und wirkt purgirend.

9. Terebinthineae.

a. Rutaceae.

Die Familie der Rutaceen zeigt hinsichtlich der chemischen Bestandtheile grosse Mannigfaltigkeit. Besonders reich sind die einzelnen Gattungen an ätherischen Oelen (Citrus, Diosma, Galipea, Ruta etc.), ebenso an Glycosiden (Rutin, Hesperidin, Murrayin, Limonin), auch Alkaloiden (Pilocarpin, Jaborin, Harmin, Harmalin, Angusturin).

Ruta.

Rautenöl. Das ätherische Oel der Ruta graveolens ist farblos oder schwach gelblich, riecht angenehm, spec. Gew. 0,03—0,84, erstarrt bei —1 bis —2° zu glänzenden Blättchen und besteht aus einem unter 200° siedenden Kohlenwasserstoff und einem sauerstoffhaltigen Oele, welches in reinem Zustande nach Giesecke (N. Jahrb. Pharm. **34**. 306) bei 225—236° siedet, bläulich violett fluorescirt, das spec. Gew. 0,826 besitzt und bei +6° krystallinisch erstarrt. Die Untersuchungen von v. Gorup und Grimm (N. Repert. Pharm. **19**. 385), die den sauerstoffhaltigen Bestandtheil künstlich durch Erhitzen von gleichen Molekülen caprinsaurem und essigsaurem Kalke herstellten, sowie von Giesecke, der daraus bei der Oxydation mit Chromsäure Pelargonsäure und Essigsäure erhielt, haben die Vermuthung Harbordts (Ann. Chem. Pharm. **123**. 293) bestätigt, wonach der sauerstoffhaltige Bestandtheil des Rautenöles Methylcaprinol oder Methylpelargonylketon, $C_{10}H_{10}(CH_3)O$, sei, ausser Zweifel gestellt. Gerhardt hielt denselben früher für Caprinaldehyd, Williams und Hallwachs betrachteten denselben für ein Gemenge von Enodylaldehyd, $C_{11}H_{22}O$ und wenig Laurylaldehyd. — Rautenöl bedingt zu 1,0 in die Vene eines Hundes injicirt in 2 Min. Erbrechen, Schwindel und Lähmung der Hinterbeine, jedoch nicht den Tod (Orfila). Medicinisch ist das Oel zu ableitenden Einreibungen, auch innerlich zu 1—5 Tr. bei Krämpfen, Menostase und Helminthiasis benutzt.

Rutin. Rutinsäure. Phytomelin. Meliu. $C_{25}H_{28}O_{15}$. — Literatur: Weiss, Chem. Centralblt. 1842. 903. — Bornträger, Ann. Chem. Pharm. **52**. 385. — Stein, Journ. pract. Chem. **58**. 399; **85**. 351; **88**. 280. Rochleder und Hlasiwetz, Ann. Chem. Pharm. **82**. 197; auch Journ. pract. Chem. **56**. 96. — Hlasiwetz, Ann. Chem. Pharm. **96**. 123; auch Journ. pract. Chem. **67**. 97; Chem. Centralbl. 1862. 449. — Zwenger und Dronke, Ann. Chem. Pharm. **123**. 145. — Förster, Berl. Ber. **15**. 215.

Entdeckung und Vorkommen. Dieses früher mit Quercitrin für identisch gehaltene, als schwache Säure fungirende Glycosid wurde 1842 von Weiss in den Blättern der Gartenraute, *Ruta graveolens L.*, entdeckt. Später fanden es Rochleder und Hlasiwetz auch in den Kappern, den Blüthenknospen von *Capparis spinosa L.* (Fam. Capparideae), und Stein, sowie auch Spiess und Sostmann (Arch. Pharm. (2) **122**. 75) in den als „Waifa“ oder „chinesische Gelbbeeren in Körnern“ bezeichneten unentwickelten Blüthenknospen von *Sophora japonica L.* (Fam. Papilionaceae) (siehe Sophora, Leguminosen).

Nach Stein, der es deshalb als Pflanzengelb oder Phytomelin zu bezeichnen vorschlug, soll ihm ein noch viel allgemeineres Vorkommen im Pflanzenreich zukommen. Er hält das Safflorgelb, sowie die Farbstoffe des Strohs, von *Aethalium*, *Hippophaë* und *Polygonum Fagopyrum* für mit dem Rutin übereinstimmend.

Darstellung: aus Gartenraute; Aus Gartenraute erhält man das Rutin nach Weiss und Bornträger, indem man die getrocknete und zerschnittene Pflanze mit gewöhnlichem Essig eine halbe Stunde auskocht und die abgepresste Flüssigkeit einige Wochen der

Ruhe überlässt. Es scheidet sich dann unreines Rutin ab, das durch Waschen mit kaltem Wasser und Umkrystallisiren zuerst aus kochender verdünnter Essigsäure (1:4), dann aus kochendem Weingeist unter Beihülfe von Thierkohle gereinigt wird.

Sehr ergiebig ist die Darstellung aus Waifa. Man kocht sie mit Weingeist aus und concentrirt den Auszug durch Destillation, worauf gegen 11% an unreinem Rutin herauskrystallisiren, das durch wiederholtes Umkrystallisiren aus kochendem Wasser oder vollständiger so gereinigt werden kann, dass man aus der kochenden weingeistigen Lösung zuerst durch wenig Bleioxydhydrat die Verunreinigungen fällt, dann aus dem Filtrat durch mehr Bleioxydhydrat alles Rutin als Rutin-Bleioxyd niederschlägt und dieses unter Weingeist durch Schwefelwasserstoff zerlegt (Stein). Waifa,

Aus den eingemachten Kappern des Handels stellten Rochleder und Hlasiwetz das Rutin dar, indem sie dieselben zunächst mit kaltem Wasser zur Entfernung von Kochsalz und Essig aussüssten, dann aber mit nicht zu vielem Wasser auskochten. Die Abkochung schied beim Stehen unreines Rutin in gelbweissen Flocken ab, deren filtrirte weingeistige Lösung nach Zusatz von Wasser und Abdestilliren des Weingeists beim Erkalten zu einem Brei von Krystallen erstarrte, welche durch Auspressen und wiederholtes Umkrystallisiren aus kochendem Wasser vollständig gereinigt wurden. aus Kappern.

Das aus Wasser krystallisirte Rutin bildet feine hellgelbe, schwach seideglänzende Nadeln mit 2½ At. Krystallwasser. Bei 100° getrocknet enthält es noch $2 H_2O$ und bei 150—160° wird es wasserfrei (Zwenger und Dronke). Es ist geruchlos, schmeckt trocken nicht, in weingeistiger Lösung nach Stein bitter, reagirt neutral. Es löst sich kaum in kaltem, leicht dagegen und mit hellgelber Farbe in kochendem Wasser. Auch heisse Essigsäure löst es reichlich. Von kaltem absolutem Weingeist wird es nur wenig, von kochendem 76procentigem sehr leicht gelöst und krystallisirt aus dieser Lösung erst nach stattgefundenem Concentriren und Zusatz von Wasser. Aether löst nicht; mit Leichtigkeit und mit gelber, an der Luft durch Sauerstoffaufnahme in Dunkelbraun übergehender Farbe wird es aber von wässrigem Ammoniak, wässrigen ätzenden und kohlensauren Alkalien, Baryt- und Kalkwasser gelöst, dabei aus den Carbonaten die Kohlensäure austreibend. Die wässrigen und weingeistigen Lösungen werden durch Bleiacetat gelb gefällt, durch Eisenchlorid dunkelgrün gefärbt. Eigenschaften.

Für die Zusammensetzung gab Bornträger die Formel $C_6H_8O_4$. Die jetzt angenommene $C_{25}H_{28}O_{15}$ ist von Zwenger und Dronke aufgestellt. Zusammensetzung.

Bei stärkerem Erhitzen verkohlt das Rutin mit Caramelgeruch; unter den Destillationsproducten befindet sich Quercetin. Bei Einwirkung von kochender Salpetersäure entsteht hauptsächlich Oxalsäure. Beim Kochen mit verdünnten Mineralsäuren erfolgt Spaltung in Quercetin (s. dieses) und Zucker (Hlasiwetz. — $C_{25}H_{28}O_{15} + 3 H_2O = C_{13}H_{10}O_6 + 2 C_6H_{12}O_6$, nach Zwenger und Dronke). — Förster will beobachtet haben, dass bei Einwirkung verdünnter Schwefelsäure auf Rutin sich Quercetin und Isodulcit bilden, ebenso wie Zersetzungen.

bei dem Glycoside von Capparis spinosa und Sophora japonica (siehe Leguminosen). Aus Gold- und Silberlösungen scheidet das Rutin schon in der Kälte die Metalle ab, während es kalische Kupferoxydlösung nicht reducirt (Zwenger und Dronke).

Wirkung. Die von Einigen auf Rutin bezogenen Wirkungen der Gartenraute auf Haut (vgl. Buchners Repert. 16. 258; Ann. d'hyg. 1861. p. 431) und Uterus (vgl. Ann. d'hyg. 20. 496. 1838) sind eher Folge des ätherischen Oeles.

Peganum.

Die Samen der Species Peganum Harmala enthalten die sog. Harmalaalkaloide, Harmalin und Harmin.

Harmalin. $C_{13}H_{14}N_2O$. — Literat.: Göbel, Ann. Chem. Pharm. 38. 363. — Varrentrapp und Will, Ann. Chem. Pharm. 39. 289. — Fritsche, Petersb. Akad. Bull. 6. 49. 242. 289; 7. 129; 8. 81; 12. 17. 33. 225; auch Ann. Chem. Pharm. 64. 360; 68. 351; 72. 306; 88. 327; 92. 330.

Entdeckung. Dieses Alkaloid wurde 1837 von Göbel entdeckt, aber erst seit 1847 von Fritsche ausführlicher untersucht. Es findet sich

Vorkommen. gemeinsam mit einer zweiten Base, dem Harmin, in den im Orient als Gewürz benutzten Samen von *Peganum Harmala L.*, einer südrussischen Steppenpflanze, und zwar kommen beide fast nur in den Schalen und kaum spurweise im Kern vor. — Der Gesammtgehalt

Ausbeute. der Samen an beiden Alkaloiden beträgt etwa 4 %, wovon das Harmalin beinahe 2/3 ausmacht.

Darstellung. Zur Darstellung erschöpft man die gepulverten Samen mit kaltem essigsäure-, salzsäure-, oder schwefelsäurehaltigem Wasser im Verdrängungsapparate, stumpft die freie Säure des Auszugs durch Soda ab, und versetzt ihn mit einer reichlichen Menge conc. Kochsalzlösung, wodurch Harmalin und Harmin als salzsaure Salze gefällt werden. Der Niederschlag wird mit Kochsalzlösung ausgewaschen, in kaltem Wasser gelöst, das Filtrat mit Thierkohle entfärbt und dann bei 50—60° so lange tropfenweise und unter starkem Umrühren mit Ammoniak versetzt, bis sich ein Niederschlag zu bilden beginnt. Dieser vermehrt sich auch ohne weiteren Ammoniakzusatz bei fortdauerndem Rühren rasch und besteht gewöhnlich nur aus Harmin. Man filtrirt dieses ab, fällt nun mit Ammoniak vollständig aus, vertheilt den erhaltenen Niederschlag in Wasser, fügt Essigsäure bis zur Lösung hinzu, filtrirt und fällt durch Zusatz einer reichlichen Menge von Kochsalz, Natronsalpeter oder Salzsäure. Das ausgefallene Harmalinsalz wird mit einer verdünnten Lösung des Fällungsmittels gewaschen, dann in wässriger Lösung nochmals mit Thierkohle entfärbt, und diese mit überschüssiger Kalilauge versetzt, worauf sich Harmalin ausscheidet, das man erst mit Wasser, dann mit Weingeist wäscht und endlich aus kochend gesättigter weingeistiger Lösung bei völligem Luftabschluss krystallisiren lässt (Fritsche).

Eigenschaften. Das Harmalin krystallisirt in farblosen rhombischen Oktaëdern. Es besitzt einen schwach bitteren, später etwas zusammenziehenden und scharfen Geschmack. Der Speichel wird von ihm citronengelb gefärbt. In Wasser, kaltem Weingeist und Aether löst es sich schwer, dagegen leicht in kochendem Weingeist. Auch Steinöl, Terpentinöl und Citronenöl lösen es in geringer Menge.

Varrentrapp und Will berechneten aus ihren Analysen für das Harmalin die Formel $C_{24} H_{13} N_2 O$; Fritsche giebt auf Grund seiner letzten Analysen die oben angeführte Formel $C_{13} H_{14} N_2 O$. Zusammensetzungen.

Das Harmalin neutralisirt die Säuren und bildet damit gelbgefärbte, bitter schmeckende Salze, welche sich leichter in reinem, als in säure- oder salzhaltigem Wasser lösen und daher aus ihren wässrigen Lösungen durch Säuren und Salze gefärbt werden. Verbindungen.

Chlorwasserstoffsaures Harmalin, $C_{13} H_{14} N_2 O, HCl + 2 H_2 O$ bildet lange feine gelbe, in Wasser und Weingeist leicht lösliche Nadeln. Schwerer löslich ist das gleichfalls in Nadeln krystallisirende salpetersaure Harmalin. Die Verbindungen des Harmalins mit Schwefelsäure, Phosphorsäure, Jodwasserstoffsäure, Chromsäure, Essigsäure und Oxalsäure sind gleichfalls krystallisirt oder doch krystallinisch erhalten worden. Eine Mischung von essigsaurem Harmalin und zweifach kohlensaurem Kali in conc. wässriger Lösung scheidet zweifach-kohlensaures Harmalin in feinen, ziemlich haltbaren Nadeln ab. Chlorwasserstoffsaures Harmalin-Platinchlorid, $C_{13} H_{14} N_2 O, HCl, PtCl_2$ ist ein hellgelbes leichtes, aus mikroskopischen Krystallen bestehendes Pulver.

Beim Erhitzen zersetzt sich das Harmalin. Im feuchten Zustande oder in wässeriger Lösung färbt es sich an der Luft, namentlich bei grösserem Ammoniakgehalt derselben, braun. — Wird salpetersaures Harmalin in weingeistiger Lösung mit Salzsäure gekocht, so krystallisirt beim Erkalten salzsaures Harmin heraus ($C_{13} H_{14} N_2 O + O = C_{13} H_{12} N_2 O + H_2 O$). Auch beim Erhitzen von zweifach-chromsaurem Harmalin auf 120° wird neben einem hornartigen Product Harmin gebildet. — Kochende verdünnte Salpetersäure verwandelt das Harmalin unter stürmischer Entwicklung rother Dämpfe in Nitroharmalin, $C_{13} H_{13} (NO_2) N_2 O$. Dieses kann aus der Lösung durch ein Alkali gefällt werden und bildet im reinen Zustande kleine orangegelbe, etwa bei 120° schmelzende Säulen, löst sich wenig in kaltem Wasser und Aether, leicht in Weingeist, namentlich in kochendem und erzeugt mit den Säuren krystallisirbare gelbe Salze. Bei längerer Einwirkung der Salpetersäure, besonders in concentrirterem Zustande, auf das Harmalin geht das zuerst gebildete Nitroharmalin in Nitroharmin (vergl. Harmin) über. Wird Nitroharmalin in warmer weingeistiger Blausäure gelöst, so krystallisiren beim Erkalten gelbe Nadeln von Hydrocyannitroharmalin, $C_{14} H_{14} (NO_2) N_3 O$. — Durch kochendes Königswasser wird Harmalin in Chlornitroharmin (vergl. Harmin) verwandelt. — Aus einer Lösung von Harmalin in kochender weingeistiger Blausäure oder aus einer mit Blausäure versetzten concentrirten Lösung von essigsaurem Harmalin scheiden sich farblose, dünne, rhombische Tafeln von Hydrocyanharmalin, $C_{14} H_{15} N_3 O$ ab, welches sich nicht in Wasser, schwer in kaltem, reichlicher in kochendem Weingeist löst und mit den Säuren farblose, schwierig krystallisirbare und sehr leicht zersetzbare Salze bildet (Fritsche). Zersetzungen. Nitroharmalin. Nitroharmin. Hydrocyannitroharmalin. Hydrocyanharmalin.

In den Lösungen der Harmalinsalze erzeugt Quecksilberchlorid einen weissen flockigen, Schwefelcyankalium einen hellgelben krystallinischen, Verhalten gegen Reagentien.

Kaliumeisencyanür einen ziegelrothen krystallinischen Niederschlag. Zweifach-chromsaures Kali fällt aus sauren verdünnten Lösungen orangefarbene Tröpfchen, die allmälig strahlig krystallinisch erstarren. Auch Kaliumeisencyanid scheidet daraus Tropfen ab, die sich in dunkelgrünblaue Krystalle verwandeln. Ammoniak, ätzende und kohlensaure Alkalien fällen die freie Base.

Harmin. $C_{13} H_{12} N_2 O$. — Literat.: Fritsche, die beim Harmalin citirten Abhandlungen und Petersb. Akad. Bull. (1862) 5. 12; auch Chem. Centrlbl. 1862. 209.

Entdeckung, Vorkommen und Darstellung.

Wurde von Fritsche 1847 entdeckt. Ueber Vorkommen, Ausbeute und Darstellung vergl. man Harmalin. Zur Reinigung löst man den durch Ammoniak in der Lösung des salzsauren Harmins und Harmalins entstandenen Niederschlag, wenn er nicht ausschliesslich aus mikroskopischen Nadeln von Harmin besteht, sondern Blättchen von Harmalin beigemengt enthält, nochmals in verdünnter Säure auf und nimmt eine abermalige partielle Fällung mittelst Ammoniak vor. Schliesslich krystallisirt man nach vorgängiger Entfärbung mittelst Thierkohle aus Weingeist. Dass Harmin auch künstlich aus Harmalin durch oxydirende Behandlung erzeugt werden kann, wurde schon beim Harmalin (S. 833) erwähnt.

Künstliche Bildung.

Eigenschaften.

Das Harmin krystallisirt in farblosen, sehr spröden, glänzenden, stark lichtbrechenden, langen und sehr dünnen, vierseitigen, rhombischen Prismen. Es schmeckt im festen Zustande nicht, in Lösung bitter. In Wasser löst es sich wenig, schwer auch in kaltem Weingeist, leichter in kochendem. Aether löst nur wenig davon, ebenso Steinöl; etwas reichlicher lösen es Terpentinöl, Citronenöl und Olivenöl in der Siedehitze.

Verbindungen.

Die Salze des Harmins sind farblos oder schwach gelblich und grösstentheils krystallisirbar. Concentrirte Lösungen derselben sind gelblich gefärbt, verdünnte, besonders weingeistige, erscheinen im auffallenden Lichte bläulich. Durch Mineralsäuren und Salze werden sie wie die Harmalinsalze aus ihren Lösungen gefällt.

Das chlorwasserstoffsaure Harmin, $C_{13} H_{12} N_2 O, HCl + 2 H_2 O$, bildet feine gelbliche Nadeln, oder, wenn aus Weingeist krystallisirt, farblose, wasserfreie Krystalle. — Jod- und bromwasserstoffsaures Harmin haben ähnliche Eigenschaften. Salpetersaures Harmin bildet farblose Nadeln. Neutrales und saures schwefelsaures Harmin sind krystallisirbar und in kaltem Wasser schwer löslich. Neutrales chromsaures Harmin wird durch Kaliumchromat aus wässrigem salzsaurem Harmin als hellgelbes Pulver gefällt, das bald in Harmin und zweifach-chromsaures Harmin zerfällt. Letzteres scheidet sich beim Vermischen saurer Harminlösungen mit Chromsäure oder chromsauren Alkalien in Oeltropfen aus, die bald zu feinen gelben Nadeln erstarren. Essigsaures Harmin ist kaum rein zu erhalten. Saures oxalsaures Harmin, $C_{13}H_{12}N_2O, C_2H_2O_4$, krystallisirt aus einer Lösung der Base in überschüssiger Oxalsäure in feinen, in kaltem Wasser schwer löslichen Nadelbüscheln, während das neutrale Salz durch Eintragen von frisch gefälltem Harmin in die kochende Lösung des vorhergehenden als krystallinischer Niederschlag erhalten wird. — Platinchlorid fällt aus verdünntem wässrigen salzsauren Harmin gelbe, bei gelindem Erwärmen krystallinisch werdende Flocken von chlorwasserstoffsaurem Harmin-Platinchlorid, $C_{13}H_{12}N_2O, HCl, Pt, Cl_2$.

Fügt man zu einer sehr verdünnten und mit Salzsäure in reichlichem Ueberschuss versetzten kochenden Lösung von salzsaurem Harmin nach und nach chlorsaures Kali und setzt das Kochen fort, bis die Lösung hellgelb geworden ist, so krystallisiren beim Erkalten farblose Nadeln von salzsaurem Bichlorharmin heraus, aus welchem durch mehrstündiges Kochen mit überschüssiger Natronlauge und Umkrystallisiren des Products aus Weingeist Bichlorharmin, $C_{13}H_{10}Cl_2N_2O$, in lockeren weissen Nadeln erhalten worden kann. — Ein Nitrosubstitutionsproduct des Harmins, das Nitroharmin, $C_{13}H_{11}(NO_2)N_2O$, ist bis jetzt nur durch Einwirkung von heisser concentrirter Salpetersäure auf Harmalin und Nitroharmalin (vgl. Harmalin) erhalten werden und bildet feine schwefelgelbe Nadeln oder kleine dunkelgelbe Quadratoctaëder und quadratische Tafeln. Es löst sich wenig in kaltem Wasser, reichlicher in kochendem, gut in Weingeist und kochendem Steinkohlentheeröl, wenig in Aether. Mit den Säuren bildet es krystallisirbare hellgelbe Salze. Durch Chlor wird es in hellgelbes, kaum krystallinisches, mit den Säuren Salze bildendes Chlornitroharmin, $C_{13}H_{10}Cl(NO_2)N_2O$, durch Brom in sich ähnlich verhaltendes Bromnitroharmin, $C_{13}H_{10}Br(NO_2)N_2O$, verwandelt, das sich mit überschüssigem Brom zu Bromnitroharmin-Dibromür, $C_{13}H_{10}Br(NO_2)N_2O, Br_2$, verbindet. Versetzt man eine heisse Lösung von Nitroharmin in Steinkohlentheeröl mit Jod, bis sie purpurroth geworden ist, so scheidet sich Nitroharminbijodür, $C_{13}H_{11}(NO_2)N_2O, J_2$, als ein aus gelbbraunen mikroskopischen Nadeln bestehender Niederschlag aus.

Zersetzungen. Bichlorharmin. Nitroharmin. Chlornitroharmin. Bromnitroharmin. Bromnitroharmin-Dibromür. Nitroharminbijodür.

Quecksilberchlorid erzeugt in der kalten verdünnten wässrigen Lösung des salzsauren Harmins einen weissen käsigen, Kaliumeisencyanür einen hellgelben krystallinischen, Kaliumeisencyanid einen schmutzig-gelben flockigen und Schwefelcyankalium einen weissen, aus feinen Krystallnadeln bestehenden Niederschlag. Ammoniak, ätzende, kohlensaure und zweifach kohlensaure Alkalien fällen daraus Harmin.

Verhalten gegen Reagentien.

Die Harmalasamen enthalten noch einen rothen Farbstoff, den Göbel (Ann. Chem. Pharm. 38. 363), als ein Oxydationsproduct des Harmalins betrachtet, was Fritsche (J. pr. Chem. 43. 155) in Abrede stellt.

Harmalaroth.

Galipea.

Ueber die Bestandtheile der Rinde von Galipea officinalis, der sog. Angusturarinde existiren verschiedene Angaben, welche noch keinen sicheren Schluss ziehen lassen. Die einzelnen Arbeiten folgen nachstehend:

Cusparin. Angusturin. Scheidet sich nach Saladin (Journ. Chim. méd. 9. 388) aus dem mit 3 Th. kaltem Weingeist von 0,795 spec. Gew. bereiteten Auszug der ächten Angusturarinde (von *Galipea officinalis Hanc. s. Cusparia febrifuga Humb.*) bei langsamem Verdunsten in Krystallwarzen aus, die man durch Waschen mit wenig Wasser, Weingeist und Aether reinigt. Es bildet kleine vierseitige, zu Büscheln vereinigte Nadeln von stark bitterem und etwas scharfem Geschmack und neutraler Reaction. Es schmilzt bei 45° unter Verlust von Krystallwasser und beginnt bei 133° sich zu zersetzen. Es löst sich sehr schwer in Wasser, gut in Weingeist, nicht in Aether und flüchtigen Oelen, leicht dagegen in wässrigen Säuren und Alkalien. Die Lösungen werden durch Gerbsäure gefällt, durch salpetersaures Quecksilberoxydul purpurroth gefärbt. In relativ grossen Mengen afficirt es den Organismus nicht (Saladin). Winckler (Repert. Pharm. 66. 336) sowohl als Husband (Journ. Chim. méd. **10.** 334) haben auf verschiedenem Wege einen amorphen braunrothen, in Wasser und Weingeist löslichen Bitterstoff aus der ächten Angusturarinde erhalten, der, wenn er nicht unreines Cusparin war, genauerer Untersuchung bedarf. Oberlin und Schlagdenhauffen (J. Pharm. 1878. 172) fanden in der ächten Angusturarinde neben wenig ätherischem Oele ein Alkaloid, das Angusturin, $C_{20}H_{40}NO_{28}$, das sich mit Schwefelsäure amaranthroth färbt. Dieselben Forscher isolirten aus der Rinde 1,9% eines ätherischen Oeles von orangeähnlichem Aroma, Siedepkt. 267°, spec. Gew. 0,934, Rotation = +5,4°.

Aetherisches Oel von Angusturarinde.

Esenbeckia.

Esenbeckiabitterstoffe. — Nach Winckler (Repert. Pharm. 91. 314) war der von Buchner s. als „Esenbeckin" bezeichnete Körper Chinovin, aber neben demselben enthält die Rinde der brasilianischen Angustura oder China, *Esenbeckia febrifuga Mart.* noch zwei andere Bitterstoffe. Den einen erhält man, indem man das ätherische Extract der Rinde mit Weingeist auszieht und dem Verdunstungsrückstande der weingeistigen Lösung mit wässrigem Ammoniak das Chinovin entzieht, als weisses, amorphes, neutral reagirendes, sehr bitter schmeckendes, in Weingeist und Aether lösliches Pulver. Der andere wird aus der zuvor mit Aether erschöpften Rinde durch Weingeist in Lösung gebracht und rein gewonnen, wenn man den Verdunstungsrückstand derselben mit starker Glaubersalzlösung auszieht, die Lösung concentrirt, mit Aether ausschüttelt, dann zur Trockne bringt, den Rückstand in 90procent. Weingeist aufnimmt, die weingeistige Tinctur mit Bleiessig ausfällt, das entbleite Filtrat mit Kohle entfärbt und nun verdunstet. Es hinterbleibt ein blassgelber Rückstand, aus dessen Lösung in wenig starkem Weingeist Aether einen braungelben Syrup fällt, der allmälig krystallisirt. Die nach dem Waschen mit Aetherweingeist farblosen Krystallschuppen schmecken sehr bitter, reagiren neutral und werden beim Erhitzen zersetzt (Winckler). — Oberlin und Schlagdenhauffen (Journ. Pharm. 1878. 172) haben in der Rinde von Esenbeckia ein Alkaloid Erodin, $C_{12}H_{13}NO_{12}$, nachgewiesen.

Barosma.

Die Blätter von Barosma betulina, die sog. Bukublätter, enthalten einen von Landerer (Repert. Pharm. 34. 63) kurz erwähnten Bitterstoff „Diosmin" und ein ätherisches Oel.

Aetherisches Oel.

Das ätherische Oel, welches in einer Menge von 180 g aus 35 kg Blätter von Barosma betulina erhalten wurde, enthält einen festen, campherähnlichen Körper, das Diosphenol, $C_{14}H_{22}O_3$, monoklinisch krystallisirend, Schmpkt. 83°, Siedepkt. 233°, leicht löslich in Alkohol, Aether. Die Lösungen reagiren neutral, geben mit alkoholischer Eisenchloridlösung schmutziggrüne Färbung. Neben diesem Phenole kommt noch ein mit dem Borneol isomerer Körper in dem Oele vor, $C_{10}H_{18}O$, Siedepkt. 205—210° optisch inactiv, wahrscheinlich als Ester vorhanden. Wayne will Salicylsäure nachgewiesen haben. — (Flückiger, J. Pharm. 1880. 54; Pharm J. Trans. 533. 219.)

Pilocarpus.

Die i. J. 1874 näher bekannt gewordene Drogue, die Jaborandiblätter, haben ihren Ursprung von der Gattung Pilocarpus, deren Blätter von Rabuteau (Gaz. méd. d. Paris (4) 3. 216) zuerst untersucht wurden, der zuerst kein Alkaloid, nur kleine Mengen eines ätherischen Oeles fand. Hardy (J. chem. soc. (2) 24. 497) war der erste, welcher im Jahre 1875 das Alkaloid Pilocarpin und das ätherische Oel beschrieb. E. Harnack und H. Meyer zeigten die Gegenwart zweier Alkaloide, Pilocarpin und Jaborin. Die Arbeiten, theils zur Aufklärung der Abstammung der Jaborandiblätter, weniger zur Erkennung der chemischen Bestandtheile geeignet, mögen hier eine Stelle finden:

Ullersperger, Deutsch. Klinick. 1874. 212. — Martindale, Pharm. J. Trans. 5. (3) 228. — Gubler, Un. pharmac. 89. 120. — Robin, Journ. thérapeuth. 1. 801 und 930. — Jordan, Pharm. J. Russl. 14. 193. — Ferrand, J. Chim. méd. 45. 151. — Peckolt, Pharm. P. 8. 249. — Baillon, J. Pharm. Chem. 21. 20. — M. Holmes, Pharm. J. Trans (3) 5. 239. — Schelenz, Arch. Pharm. 7. 414. — Drasche, Z. östr. Apothv. — Byasson, Pharm. J. Trans. (3) 5. 826. A. Pach, Pharm. Z. Russl. 1880. 129.

Aetherisches Oel.

Das ätherische Oel von Pilocarpus, von Hardy zuerst beschrieben und dargestellt (10 kg Blätter = 56 g Oel), besteht vorzüglich aus einem bei 178° siedenden Terpen, dem Pilocarpen, farblos, sp. G. 0,852, $C_{10}H_{16}$, rechtsdrehend $(\alpha)D = + 1,21$. Dasselbe bildet mit Salzsäure krystallinische Additionsproducte, welche $C_{10}H_{16}$, 2 HCl bei 49,5° schmelzen. Pöhl hat aus dem Oele eine bei 174° siedende Fraction abgeschieden, dem Carven ähnlich.

Pilocarpin.

Pilocarpin. $C_{11}H_{16}N_2O_2$. — Literatur: Hardy, J. chem. soc. (2) 24. 497. — Kennedey, Arch. Pharm. 1882. 156. — Gerrard, Pharm. J. Trans. (3) 5 u. 6. 251. 273. — E. Harnack und H. Meyer, Ann. Chem. Pharm. 204. A. Poehl, J. Chem. M. 1880. 1074. — A. Christensen, Pharm. Z. Russl. 1881. 622. — P. Chastaing, Compts. rend. 94. 223. 968. — Petit, Berl. Ber. 10. 896. — Blyth, Schwees, W. Pharm. 1879. 61.

Medicinische: Drasche, Allg. Wien. med. Ztg. 215. 1875. — Murrell, Pharm. Journ. Transact. Sept. 18. 1875. — Craig, Edinb. med. J. 599. 1876. — Kahler und Soyka, Arch. exp. Path. Pharm. 7. 435. 1877. — Fronmüller, Memor. 337. 1876. 206. 1877. 529. 1880. 12. 272. 1882. — Boegehold, Deutsche med. Wchschr. N. 49. 1878. N. 26. 1880. — Schwahn, Beitr. Anat. Physiol. 8. 53. — Nawrocki, Med. Centrlbl. 97. 1878. — Marmé, Gött. Nachr. 102. 1878. — Tonoli, Gaz. med. Lomb. 338. 1878. — Albertoni, Arch. exp. Path. Pharm. 11. 415. 1879; Del veneficis per Policarpina. Genova 1880. — Pitois, Jaborandi et pilocarpine. Étude physiol. et thérap. Paris 1879. — Sassetzki, Petersb. med. Wchschr. N. 6. 1879. — Lussana, Lo Sper. 576. Dic. 1879. — Heimann, Warschauer Denkschr. 72. 1880. — Harnack und Hans Meyer, Arch. exp. Path. Pharm. 12. 366. 1880. — M'Keown, Dubl. med. Journ. May. 1882.

Darstellung: Nach Hardy werden die Blätter mit Wasser extrahirt, die Flüssigkeit zum Syrup eingedampft, unter Zusatz von Magnesia eingetrocknet, mit Chloroform extrahirt, dieser Auszug eingedampft, wieder in Wasser gelöst und diese Lösung im Vacuum eingedampft. — Gerrard hat aus der Rinde von Pilocarpus durch Extraction mit Alkohol das Alkaloid zu isoliren versucht, indem dieser Auszug nach Abdestillation des Alkoholes mit Wasser gewaschen und diese Lösung, nach Uebersättigen mit Ammoniak mit Chloroform ausgeschüttelt wurde. — A. Pöhl giebt folgende Darstellung: Die Blätter werden mit Wasser, dem 1% Salzsäure zugesetzt ist, infundirt, dieser Auszug mit Bleiessig gefällt, aus dem Filtrate mit Salzsäure das Blei gefällt, dann dieser Auszug concentrirt und mit Phosphormolybdänsäure ausgefällt. Dieser Niederschlag, mit Aetzbaryt bei 100° zerlegt, wird mit Chloroform extrahirt und diese Lösung verdampft.

E. Harnack und H. Mayer stellten aus dem Jaborandiextract das Pilocarpin dar, indem sie zuerst die Platindoppelsalze herstellten, welche in heissem Wasser gelöst, mit Schwefelwasserstoff zerlegt wurden. Nach Filtration des Schwefelplatins wurde das Filtrat mit Soda übersättigt, wiederholt mit Aether ausgeschüttelt, der das zweite Alkaloid „Jaborin" vollkommen aufnimmt. Nachdem wieder angesäuert wurde, wird mit Phosphorwolframsäure das Pilocarpin ausgefällt, dessen Fällung nach bekannten Methoden zerlegt wird (Barythydrat).

Eigenschaften. Das Pilocarpin ist schwer krystallinisch herzustellen, bildet gewöhnlich eine farblose, amorphe, zähe Masse, in Wasser, Alkohol, Aether, Chloroform löslich. Drehungsvermögen: Chloroformlösung $(\alpha)D = +127°$, alkoholische Lösung $(\alpha)D = +103°$, verdünnte Salzsäurelösung $(\alpha)D = +76°$ (Petit); nach Poehl für eine 7,24% Lösung + 101,6, für eine 25,89% Lösung $(\alpha)D = +87,77\%$. Das Pilocarpin bildet mit Säuren Salze, von welchen folgende hergestellt sind: Das salzsaure Salz: weisse Nadeln, in Wasser und Alkohol löslich; das Pilocarpinhydrobromid, zerfliesslich; das schwefelsaure Salz, krystallinisch, in Wasser, Alkohol löslich; das phosphorsaure und essigsaure Salz, auch das salicylsaure Salz, letzteres in Wasser schwerlöslich (1:300). Das Platindoppeltsalz, $C_{16}H_{11}N_2O_2$, Cl_6Pt, ist krystallinisch; das Golddoppeltsalz, $C_{11}H_{16}N_2O_2$, $HCl + AuCl_3$ ist ebenfalls krystallinisch.

Zusammensetzung. Kingzett stellte die Formel $C_{23}H_{35}N_4O_4 + 4H_2O$ auf, aus dem Platindoppelsalze abgeleitet; Pöhl bestätigte dieselbe. Harnack u. Meyer nehmen auf Grund ihrer Versuche und Untersuchung der Platindoppelsalze und Goldchloriddoppelsalze die Formel $C_{11}H_{16}N_2O_2$ und halten das Pilocarpin für ein tertiäres Amin, da dasselbe mit Jodmethyl eine Ammoniumbase von der Zusammensetzung ($C_{12}H_{19}N_2O_2Cl$) liefert.

Das Pilocarpin liefert beim Erhitzen mit Alkalien Trimethylamin, beim Erhitzen für sich oder mit Salzsäure Jaborin. — Chastaing erhielt beim Schmelzen mit Alkalien Methylamin, Kohlensäure, Buttersäure, Essigsäure, auch bisweilen Proteïnkörper, bei der Einwirkung von Salpetersäure (rauchende) salpetersaures Jaborandin, $C_{10}H_{12}N_2O_3$, HNO_3 und Spuren von Jaborin.

Nachweis und Reactionen. Die bekannten Fällungsmittel der Alkaloide überhaupt erzeugen in Pilocarpinlösungen ebenfalls Niederschläge. Farbenreactionen zur Erkennung des Pilocarpins sind bis jetzt nicht bekannt geworden; Schwefelsäure löst dasselbe farblos. — Zum gerichtlich chemischen Nachweis desselben ist seine Fähigkeit, aus alkalischen Lösungen durch Petroleumäther und Chloroform aufgenommen zu werden, neben seinen physiologischen Wirkungen massgebend. (Dragendorff, Arch. Pharm. 1878. 204) Poehl bestreitet die Fähigkeit des Pilocarpins, aus alkalischer Lösung in Benzin überzugehen. — Die weiteren Versuche über quantitative Bestimmungen des Pilocarpins, sowie Werthbestimmungen der Jaborandiblätter haben bis jetzt keinen durchschlagenden Erfolg gehabt.

Gerichtlich-chemischer Nachweis.

Das Pilocarpin, das hauptsächlichste active Princip der Jaborandiblätter, nähert sich in seiner vorwaltend auf die Schweiss- und Speichelnerven, den Herzvagus und die Irisnerven gerichteten Action und seinem ausgesprochenen Antagonismus gegen Atropin dem Physostigmin und insbesondere dem Muscarin. Mit diesem und dem Nicotin, dem Harnack und Mayer das Pilocarpin parallelisiren, theilt es auch die Wirkung auf die Peristaltik und die Uteruscontractionen. Das wegen seiner ausserordentlich vermehrend auf die Schweisssecretion wirkenden Arzneikraft in Brasilien sehr geschätzte und durch Coutinho und Gubler 1874 in den europäischen Arzneischatz eingeführte Jaborandi und das darin enthaltene Alkaloid veranlasst die ausserordentlich starke Hidrose nicht bloss durch Wirkung auf die Drüsen, sondern auf bestimmte Theile des Nervensystems, und zwar nicht nur auf das im verlängerten Mark belegene Schweisscentrum, sondern auch auf die peripherischen Endigungen der Schweissnervenfasern, da die hidrotische Action auch nach Durchschneidung der peripheren Schweissnerven und des Rückenmarks eintritt (Luchsinger). Die durch Pilocarpin erzeugte Diaphorese wird durch Atropin aufgehoben und zwar durch grosse Mengen vollständig (Rossbach), während sie bei Anwendung kleiner Atropinmengen durch neue Pilocarpingaben wieder hervorgerufen werden kann (Luchsinger und Trümpy). Dass die peripheren Schweissnerven in erster Linie getroffen sind, beweist der Umstand, dass dem Pilocarpinschweisse eine am Orte der Injection auftretende Hidrose vorausgeht, die bei kleinen Dosen als einzige Pilocarpinwirkung resultirt (Strauss, Cpt. rend. 89. p. 53. 1879). Die vermehrende Wirkung auf die Speichelsecretion resultirt ebenfalls aus einer Erregung peripherischer Secretionsnerven Carville, Gaz. méd. de Paris. 1. 1875) und zwar nach Nawrocki und Nussbaum (Denkschr. der Warschauer ärztl. Gesellsch. 76. H. 3. 1880) ausschliesslich, nach Marmé auch durch Erregung gewisser Centren, die auch nach Abschneiden der Blutzufuhr zum Gehirn, jedoch nur bei erhaltenem Sympathicus erregt werden. Die Vermehrung der Speichelsecretion wird durch Atropin aufgehoben (Vulpian, Gaz. hebd. 81. 1875). Eine ähnliche vermehrende Wirkung, vermuthlich überall im Zusammenhange mit Erregung peripherischer und centraler Nervengebiete, kommt dem Pilocarpin auch zu in Bezug auf die Thränensecretion (zuerst von Drasche bei Hunden beobachtet), die Absonderung von Ohrenschmalz (Marmé) und Nasenschleim (Sassetzki), die Bronchialsecretion und die Diurese, insofern kleine Dosen bei Katzen und Hunden constant fortwährendes Ausfliessen des Harns, grössere starke Ansammlung desselben in der Blase bedingen. Auch die Secretion der Magendrüsen wird durch Pilocarpin erhöht (Albertoni), wahrscheinlich auch die der Darmdrüsen; sicher erregt dasselbe, ebenfalls in Analogie mit

Wirkung.

Muscarin und Physostigmin, die Peristaltik, bei Ausschluss des Gehirns und der atmosphärischen Luft, vermöge directer Reizung der Darmganglien; Atropin wirkt auch hier antagonistisch (Marmé). Die secretionvermehrende Action erstreckt sich bei den Speicheldrüsen auf Parotis, Sublingualis und Submaxillaris (Nawrocki). Auch in Bezug auf die Herzwirkung ergiebt sich eine Analogie zur Muscarinwirkung, namentlich am Froschherzen, wo Verlangsamung, vorübergehende diastolische Stillstände und eigenthümliches blutleeres Aussehen in charakteristischer Weise (nach $^1/_2$—2 Mg reinen Pilocarpins) auftreten. Bei Warmblütern kommt Pulsbeschleunigung nach reinem Pilocarpin nie vor, vielmehr mit Drucksenkung verbundene Verlangsamung, nach Harnack und Mayer anfangs durch Erregung der Vagusendigungen, später nach eingetretener Vaguslähmung im Zusammenhange mit einer lähmenden Wirkung auf das vasomotorische Centrum und auf das Herz, nach Albertoni durch Wirkung auf den Herzmuskel, da derselbe Effect auch bei neugeborenen Katzen, wo der Vagus nicht als Hemmungsnerv wirkt, eintritt, überdies der Vagus seine Reizbarkeit behält, während der Herzmuskel bei Katzen nach directer Infusion rasch unerregbar wird. Atropin hebt die diastolischen Stillstände auf. Abweichende Resultate, wie sie z. B. Ringer und Murrell (Journ. of Physiol. 2. 135. 1879), Nawrocki und Heimann erhielten, die einen Gegensatz zwischen Pilocarpin- und Muscarinwirkung andeuten, sind auf jaborinhaltiges Pilocarpin zu beziehen.

Auf die Pupille wirkt Pilocarpin vorwaltend myotisch, doch folgt, wie zuerst Albertoni fand und später Harnack und Mayer mit völlig reinem Pilocarpin bestätigten, auf die Myose Pupillenerweiterung (nach Albertoni auch bei Exstirpation des Ganglion cerv. sup.); die Myose wird durch Atropin und Hyoscyamin aufgehoben und verschwindet beim Tode oder beim Eintritt von Asphyxie; Reizung des Halssympathicus erweitert die stark verengte Pupille stets. In atropinisirten Augen erzeugt Pilocarpin keine Myose. Die Effecte auf die Pupille treten sowohl bei Localapplication als bei Subcutaninjection grösserer Dosen eclatant auf, bei Kaninchen weniger stark als bei Katzen und Hunden. Nach Fronmüller soll auch Aconitin die Pilocarpinmyose aufheben.

Die bereits von Harnack und Mayer hervorgehobene Wirkung auf den Uterus hat Van der Mey (Journ. de méd. de Brux. Août 1881. 118) sowohl bei subcutaner als bei intravenöserer Injection experimentell an Kaninchen constatirt, bei denen die Contractionen gewöhnlich von der Tubenmündung bis zum Orificium colli verlaufen und anfangs mehr tetanisch, später peristaltisch sind. Bei wiederholter Anwendung schwächt sich die Wirkung ab; Zerstörung des unteren Marks hebt die Wirkung nicht auf. Dieselbe erfolgt bei Infusion in der Regel erst später als die Salivation und die Beschleunigung der Peristaltik.

Ein besonderer Einfluss des Pilocarpins auf Gehirn und Rückenmark ist nicht mit Sicherheit nachgewiesen. Die Reizbarkeit der peripheren Nerven und Muskeln nimmt durch toxische Dosen ab, wird jedoch nicht aufgehoben (Albertoni). — Bei Rana esculenta kommt es, jedoch erst nach sehr grossen Dosen (10—15 Mg), zu Krämpfen, die den Charakter der Pikrotoxinkrämpfe tragen, bei Rana temporaria nur zu Lähmung (Harnack und Meyer). Pilocarpinisirte Frösche geben bei Drücken Stimmtöne aus wie Frösche, deren Grosshirn abgetragen ist; bei denselben ist die Kohlensäureausscheidung erheblich vermehrt, jedoch nicht so stark wie nach Pikrotoxin (Valentin, Arch. exp. Path. Pharm. 13. 287. 1881). Infusion von Pilocarpin erzeugt auch bei Warmblütern constant Krämpfe, jedoch wohl nur in Folge der Circulationsstörungen (Albertoni). Nach Manasseïn und Sassetzky verkleinert Pilocarpin (zu 15—30 Mgm. subcutan beim Menschen) die normale und pathologisch vergrösserte Milz. Pilocarpin bewirkt durch directen Einfluss auf die glatten Muskeln Contraction der Blase, oft vor Eintritt des Speichelflusses (Pellacani, Archivio Sc. med. 5. 205. 1882).

In grösseren Dosen wirkt Pilocarpin toxisch und letal, doch liegt die tödtliche Dosis für den Menschen wohl ziemlich hoch, wenn auch unter besonderen Umständen, z. B. bei Herzkranken, gewöhnliche medicinale Dosen mitunter intensiven Collaps herbeiführen. Toxische Wirkung.

Die giftige Wirkung erstreckt sich auch auf Fliegen (Murrell); Hunde werden durch subcutane Application von 0,01 pr. Kilo getödtet; doch findet rasche Gewöhnung auch für letale Dosen bei wiederholter Application statt. Die tödtliche Gabe stellt sich pro Kilo bei Katzen auf 0,02, bei Kaninchen erst auf 0,04. Ausser Salivation und anderen Hypersecretionen zeigt sich bei Hunden Diarrhoe (oft blutig), Erbrechen, Harnträufeln und Dyspnoe (theils in Folge der Circulationsstörungen, theils in Folge der Anhäufung catarrhalischen Secrets), deren Eintritt constant mit Mydriasis sich verbindet, vor dem Tode Tremor und allgemeine Paralyse, selten Krampf und Verlust des Bewusstseins und der Sensibilität; die Temperatur sinkt bis zum Tode. Bei Hunden zeigt die Section intensive hämorrhagische Gastroenteritis, bei Katzen und Meerschweinchen nur unbedeutende Injection im Tractus, dagegen constant Lungenödem. Tauben sterben nach 0,03—0,04, Frösche mitunter nicht nach 0,03 (Albertoni).

Beim Menschen können grössere Dosen (0,03—0,04), von Schwellung und Schmerzhaftigkeit der Submaxillaris (Sassetzky) abgesehen, starkes Kopfweh und starke physische und psychische Erschlaffung, ferner hartnäckiges Erbrechen und Diarrhoe, mit nachfolgender Somnolenz und Prostration hervorrufen (Albertoni). Dass die Dosis letalis beim Menschen eine sehr hohe sein muss, beweist ein Vergiftungsfall von Sziklai (Wien. med. Wochenschr. 996. 1881), in welcher 0,4 Pilocarpin subcutan (aus Versehen statt 0,04 dispensirt) zwar sehr heftigen Ptyalismus und Diaphorese, auch Harndrang, Erbrechen und Abführen, drückende Schmerzen in der Bulbis und Myosis ad minimum hervorrief, der ganze pathologische Zustand jedoch in 4 Stunden beendigt war. Bei Kranken, namentlich Herzkranken, ist mehrfach schon nach 0,02 Collaps beobachtet. Fronmüller sah bei einem Pleuritiskranken nach 0,02 hochgradige Cyanose, Starre der Augen, beschleunigte oberflächliche Respiration und starke Acceleration des Pulses bei ängstlichem Gesichtsausdruck. bei Menschen.

Als physiologisches Antidot ist, wie schon Albertoni bei Thieren fand und Fronmüller in dem oben erwähnten Intoxicationsfalle bestätigte, Atropin empfehlenswerth. Auch Homatropin hebt Wirkung und Nebenerscheinungen auf (Fronmüller). Behandlung der Vergiftung.

In medicinalen Dosen ruft Pilocarpin vorzugsweise Schweiss und Vermehrung der Speichelsecretion hervor, welche Wirkungen auch bei Wiederholung der Dosis sich einstellen. Wirkung medicinaler Dosen beim Menschen.

Nach den vielfältigen Erfahrungen an Gesunden und Kranken, welche A. Weber (Med. Centr. Blatt 769. 1876), Ringer und Bury (Practit. 17. 401) und in den folgenden Jahren (1877) Scotti (Berl. kl. Wchschr. 141), Bardenhewer (ibid. 7), Curschmann (ib. 353), Leyden (ib. 622), Rosenkranz (D. med. Wchschr. 100. 452), Zaubzer (Bayr. Intbl. 77), Kahler (Prag. med. Wchschr. No. 33, 34), Challand und Rabow (Bull. Soc. méd. Suisse Symptome bei medicinalen Dosen.

Rom. No. 2, 3), Jurasz (Przgl. lek. No. 30, 31.), (1878) Fränkel (Char. Ann. 3. 272), Felsenreich (Wien. med. Wchschr. No. 22), Lösch (Arch. klin. Med. 21. 258), Petrino (ib. 116), Rokitansky, Dor (Lyon méd. 117), Stevenson (Barth. Hosp. Rep. 14. 283), Jacobi (Proc. N. Y. Therap. Soc. Febr. 1879), Hartzell (New York Rec. Apr. 12), Sassetzki, Landesberg (Arch. Augenheilk. 8. 242), v. Brunn (Deutsche med. Wchschr. No. 9), Weinberg (Arch. klin. Med. 24. 504), L. Gutmann (Wien. med. Bl. No. 49. 50) und Ciaramelli (Giorn. internaz. 1193. 1326.), (1881) Dupré (Montpell. méd. Juin. 499) und 1882 M'Keown u. A. veröffentlicht haben, stellt sich das Bild der Pilocarpineinwirkung beim Menschen bei subcutaner Einführung folgendermassen: 1—2 Minuten nach der Einspritzung, welche bei Anwendung 2%iger Lösung weder Schmerz noch Entzündung, dagegen mitunter Cutis anserina in der Umgebung der Einstichstelle (Rabow) erzeugt; macht sich lebhaftes Wärmegefühl und Röthung des Gesichts, sich rasch auf den Hals und die Brust, mitunter auf den ganzen Körper (Jacobi) verbreitend, mit Schwellung und Pulsation der Carotiden bemerkbar; sehr vereinzelt momentane Dyspnoe (Jacobi), häufig Pulsbeschleunigung, selbst um 20—30 Schläge in der Minute, mit vermehrter Spannung der Arterien und Steigen der Temperatur um einige Zehntelgrade (Lösch). Nach 2—3 Min., in einzelnen Fällen später, zeigt sich der Effect auf Schweiss- und Speicheldrüsen, gewöhnlich zuerst auf letztere, gleichzeitig auch auf die Thränendrüsen; der Schweiss beginnt in der Regel am Kopfe, mitunter in der Nähe der Einstichstelle (Rabow), und dehnt sich auf Rumpf und Extremitäten aus, bisweilen an Vorderarm und Unterschenkel fehlend. Die Dauer der Hidrosis variirt nach der Individualität und der Dosis; in der Regel hören Speichelfluss und Transpiration nach 0,02—0,03 in 1—2½ Stunden auf, während sie nach 0,04 3—4 Stunden und nach 0,05 selbst 4 Stunden dauern (Jacobi). Beide Wirkungen machen sich selbst in der Agone bemerklich (Challand und Rabow). Auch die Menge der Schweiss- und Speichelabsonderung ist von Individualität und Dosis abhängig und kann der abgesonderte Speichel zwischen 160 und 500 g variiren, im Durchschnitt nach 0,02 275, nach 0,03 435 g betragend (Curschmann); der Speichel ist von hohem spec. Gew. und wirkt saccharaficirend, enthält aber wenig oder kein Rhodankalium (Curschmann). Auf die Wirkung influirt der psychische Zustand; die Effecte sind bei Maniakalischen weit ausgeprägter als bei Melancholischen; bei Personen mit Dementia und allgemeiner Paralyse besteht ebenfalls eine gewisse Unempfänglichkeit (Challand und Rabow). Einzelne Refractäre, die aber meist noch nach 0,03 schwitzen, kommen vor; auch sehr spätes Auftreten der Hidrose, z. B. nach 1½ Stunde, sehr selten nochmaliger Schweissausbruch nach Cessiren des ersten. Bei Atropinisirten kann der Effect ausbleiben (Landesberg, M'Keown). In wenigen Fällen constatirt man auch deutliche Vermehrung des Nasen- und Bronchialschleims. Der Puls nimmt an Frequenz ab und wird in Folge von Anschwellen der Arterien (und der Venen) subdikrotisch (Leyden, Kahler und Soyka). Nach Beendigung des Schweises ist Mattigkeit, Abgeschlagenheit und Durst meist vorhanden. Der gesammte Gewichtsverlust beträgt durchschnittlich 400—900 Gm. (Lösch), nach Weber bisweilen 4 Kgm. In den ersten 24 Stunden ist die Harnmenge sowohl bei Gesunden als bei Fiebernden um 250—1000 Ccm. verringert, in den beiden folgenden Tagen in derselben Höhe vermehrt (Sassetzki). Die Temperatur der Achselhöhle steigt schon in den ersten Minuten um 0,2—0,6°, in der Hidrose sinkt sie, dann folgt wieder eine Steigerung; die Rectaltemperatur sinkt sofort; das Sinken beträgt regelmässig weniger als 1°, selbst bei Dosen von 0,02 nicht mehr als 2° (Sassetzki, Pitois). Sphygmographische Untersuchungen von Leyden nnd Fränkel ergaben nach medicinalen Dosen neben Beschleunigung der Pulszahl Erweiterung der Arterien und Venen; die Schläfearterie schwillt selbst um das Doppelte an und die Curven entsprechen mitunter einem Pulsus celer und dicrotus.

Als Nebenerscheinungen der Pilocarpinwirkung machen sich namentlich Nausea und Erbrechen geltend, welche von Einzelnen mit dem Verschlucken des Speichels oder mit der Füllung des Magens (Bardenhewer) in Zusammenhang gebracht werden und von welchen Leyden u. A. den Collaps, der in wenigen Fällen, bisweilen auch ohne Nausea vorkommt und meist rasch nach Atropin verschwindet, ableitet. Schmerz im Hypogastrium, Stuhldrang und Diarrhoe können bei Pilocarpin vereinzelt ebenso wie bei Jaborandi vorkommen, häufiger bei hohen Gaben fast nie fehlend, sind Störungen der Harnentleerung (Strangurie, Tenesmus vesicalis). Viele Patienten klagen über Frösteln während der Hidrose; bei den meisten ist leichtes Nebelsehen vorhanden, vielleicht im Zusammenhange mit unbedeutender Myose, die bei gewöhnlichen Pilocarpindosen (0,02—0,03) niemals stark ausgesprochen ist; nach Jacobi kommt in einzelnen Fällen auch anfangs Mydriasis vor. Ausnahmsweise wurde nach Pilocarpin Albuminurie mit starker Verminderung der Diurese (Jacobi), Schwellung der Parotiden und Tonsillen (Ranneft, Nederland Weekbl. Geneesk. 617. 1877), Singultus, Blutung aus der Scheide und Antecipiren der Menses (M'Keown) beobachtet.

Nebenerscheinungen.

Bei interner Application sind die eintretenden Erscheinungen im Wesentlichen dieselben, nur ist das Auftreten der Hidrose und des Speichelflusses ein weit späteres und erfolgt dasselbe erst nach weit höheren Dosen, nach Jacobi kaum in gleicher Weise nach der sechsfachen Pilocarpinmenge; dasselbe gilt von der Einführung in das Rectum. Auf die Conjunctiva applicirt, ruft Lösung von Pilocarpinum muriaticum oder nitricum zu wenigen Tropfen Myosis, in 10 Min. beginnend und meist in 20 Min. ihr Maximum erreichend, hervor (Weber, Tweedy, Rampoldi); dieselbe dauert meist 2—3 Stunden und verbindet sich mit Accommodationskrampf.

Das Pilocarpin geht unverändert in den Harn über. Nach subcutan injicirten letalen Dosen ist es im Blute und in der Brust und Baucheingeweiden nachweisbar; beim Menschen ist es nach Subcutaninjection von 0,01 im Harn (physiologisch), dagegen nicht im Speichel zu constatiren (Albertoni).

Schicksale im Thierkörper.

Das Pilocarpin und insbesondere dessen officinelles chlorwasserstoffsaures Salz, Pilocarpinum hydrochloricum, hat seit der Empfehlung desselben durch Weber die Anwendung der Folia Jaborandi und der daraus dargestellten Präparate in allen Krankheitsfällen verdrängt, in denen letztere wegen ihrer Wirkung auf die Secretionen therapeutisch Verwendung finden können. Bei der bequemen Handhabung des salzsauren Pilocarpins zur Subcutaninjection, bei welcher örtliche Reizungserscheinungen nicht hervortreten, macht sich dies leicht erklärlich, wenn auch die auf der Vermehrung gewisser Secretionen oder auf bestimmte Nervenwirkungen des activen Princips der Jaborandi beruhenden Nebenerscheinungen nicht seltener als nach der Mutterdroge des Alkaloids eintreten können. Möglicherweise kommt Erbrechen und Abweichen bei subcutaner Pilocarpinapplication seltener als bei dem Genusse von Jaborandiauf-

Therapeutische Anwendung.

güssen vor, da die Darmganglien dabei nicht so stark erregt werden wie bei directem Contact; Einbringung von 0,06 in den Magen in Pulverform kann bei empfindlichen Personen (Frauen) geradezu schmerzhaftes Brennen erregen. Dass Pilocarpin gar nicht selten und zwar nicht bloss bei Gebrauch unreiner Präparate (Bardenhewer) Nebenerscheinungen macht, hat vielfache Erfahrung gelehrt. Dass die auf der physiologischen Wirkung beruhenden therapeutischen Effecte mit grösserer Sicherheit durch Pilocarpin als durch das im Handel in sehr verschiedener Qualität vorkommende Jaborandi erzielt werden können, ist jedenfalls nicht zu bestreiten. Ob man eine Verminderung der Nebenerscheinungen durch Combination mit Amylnitrit (Senator) erzielen kann, lassen wir dahin gestellt sein. Manche Autoren rechnen den Speichelfluss als Nebenerscheinung, der doch nichts als characteristische Pilocarpinwirkung ist, auch die Herabsetzung der Dosis (Kerséa) behütet nicht immer davor. Nausea scheint durch Alkohol oder Opiate rasch beseitigt werden zu können (Keating). An Stelle des Pilocarpinum hydrochloricum können auch das Nitrat, Salicylat und Valerianat als gleichwerthig verwendet werden; das Sulfat scheint den Magen stärker zu afficiren (Fronmüller).

Therapeutische Anwendung findet das Pilocarpin: a) bei Erkältungskrankheiten und rheumatischen Affectionen. Bei acutem Rheumatismus kürzt es die Dauer nicht ab und wirkt symptomatisch weit weniger günstig als Salicylsäure; am nützlichsten scheint es zur Zeit der Krise, nicht im Anfange (Dupré). Complication mit frischen oder alten Herzklappenfehlern oder mit Endocarditis contraindicirt den Gebrauch. Von Erkältungskrankheiten scheint es katarrhalische Anginen (Leyden, M'Keown) am besten zu beeinflussen, und wenn auch einzelne Autoren dadurch Pneumonien und Bronchiten coupirt haben wollen, gelingt das keineswegs immer; doch steht das Mittel bei Katarrhen und namentlich Catarrhus siccus den Dampfbädern u. a. Mitteln nicht nach. Die von G. Guttmann (Berl. klin. Wochenschr. N. 40. 1880) empfohlene Behandlung der Diphtheritis mit Pilocarpin, das auf die Lösung der Membranen günstig wirken soll, scheint nicht ohne Bedeutung (vgl. aus der Literatur von 1881 Dehio, Petersb. med. Wochenschr. Nr. 18—21; Küster, Berl. klin. Wchschr. N. 40; Lereboullet, Bull. gén. Juin. 30; Faludi, Bull. Thér. Dec. 30), ist aber keineswegs constant von günstigem Erfolge und in schweren Fällen unzureichend (vgl. Neumeister, Deutsche med. Wchschr. N. 8. 1881; Courtois, De la diphthérie et de son traitement par la pilocarpine (Paris 1881); Peyrandeau, Du traitement de la diphthérie par la pilocarpine (Paris 1883) u. a. m.). Küster befürwortet die Anwendung besonders bei Pseudocroup und Keuchhusten; Merkel (Bayr. ärztl. Intell.-Bl. N. 47. 1880) bei Soor, wo die Salivation die Pilze fortschwemmt.

b) Zur Beförderung der Aufsaugung wässriger Exsudate, insbesondere bei Hydrops und pleuritischen Exsudaten. Bei letzteren ist mitunter deutliche Verminderung nach jedesmaligem Gebrauche nachweisbar (Sassetzki), meist ist die Wirkung vorübergehend. Contraindicirt ist P. bei Exsudaten in den Lungen, indem die vermehrte Schleimsecretion das Respirationshinderniss vermehrt.

c) Bei Nierenaffectionen und damit im Zusammenhange stehenden Leiden, besonders bei urämischen Convulsionen. Die günstigsten Erfolge giebt Pilocarpin in frischen Fällen von Nephritis desquamativa nach Scharlach und Diphtheritis (Leyden, Jacobi, Seemann), aber auch bei parenchymatöser Nephritis ist es nicht ohne günstige Wirkung (Sassetzki), obschon mitunter die Albuminurie steigt (Sakowski). Die Diurese wird mitunter höchst bedeutend vermehrt (Hartzell), doch können die Oedeme auch ohne eine solche Vermehrung schwinden. Die günstige Wirkung bei Uraemie, die z. Th. wohl auf die Vermehrung der Harnstoffausscheidung im Speichel zurückzuführen ist (Lussana), wird durch zahlreiche Beobachtungen von Boegehold, Napier (Glasgow med. Journ. Juli 1879), v. Brunn (Deutsche med. Wchschr. 100. 1879), Prätorius (Jahrb. für Kinderheilkd. 15. 375. 1880), Thomayer (Wien. med. Presse N. 49. 50. 1882) verbürgt, obschon auch natürlich Misserfolge vorkommen. Bei Eclampsia parturientium sind Welponer (Wien. med. Wchschr. N. 52. 1879) und Barker (N. Y. Rec. 15. 9) sehr unbefriedigt und vindiciren dem Mittel die Erzeugung von Lungenödem. Hoffer (Wien. med. Wchschr. N. 36. 37. 1880) will beim Diabetes günstige Wirkung gesehen haben.

d) Zur Bekämpfung dyskrasischer Leiden, insbesondere Syphilis, und chronischer Metallvergiftungen. Die Verwerthung bei Arsenicismus (Lussana) und Hydrargyrismus chronicus (Fronmüller) ist entschieden rationell, obschon bis jetzt der Nachweis nicht geliefert ist, dass As oder Hg darnach in grösserer Menge eliminirt wird. Wie Robin Jaborandi, hat Weinberg (D. Arch. klin. Med. 24. 534. 1879) Pilocarpin bei Bleikolik erfolgreich benutzt; hier kommt vielleicht auch die Wirkung auf den Gefässtonus in Frage. Die Heilung chronischer Hautkrankheiten, z. B. Psoriasis (Chipon) durch Pilocarpin ist Thatsache; Morton (Glasg. med. Journ. July 1879) will es sogar bei Lupus angewendet wissen. Sehr rationell wandte Simon (Berl. klin. Wchschr. N. 49. 1879) Pilocarpin bei Prurigo an, wo der Juckreiz sofort schwindet. Pick sah ähnlichen Erfolg bei Urticaria chronica und Alopecia pityrodes. Factisch ist das zuerst von Schmitz (Berl. klin. Wchschr. N. 4. 1879) betonte Wiederwachsen der Haare bei Kahlköpfigen nach Pilocarpingebrauch. In Bezug auf Syphilis liegen sehr concludente Erfahrungen von Lewin (Charité Ann. 5. 589) vor, der bei 14—43tägiger Behandlung von 32 Kranken 25 genesen sah, von denen nur 2 recidiv wurden. Israel versuchte Pilocarpin bei Fettsucht, Tadlock bei Hypertrophie der Prostata.

e) Bei verschiedenen Augenaffectionen. Zunächst bei Glaskörpertrübungen in Folge von Iridochorioiditis durch Weber empfohlen, bezeichnete später Landesberg (Arch. Augenheilk. 8. 248) dasselbe als das beste Mittel bei intraoculären Blutungen und serösen Ausschwitzungen. v. Schröder (Petersb. med. Wochenschr. N. 5. 1881) empfahl es gegen Retinitis albuminurica, Keyser (Philad. med. Times. June 18. 1881) bei glaucomatöser Erblindung, Josso (Du traitement du décollement de la rétine par le nitrate de pilocarpine. Paris, 1881) und M'Keown bei Netzhautablösung, Longhi zur Einträufelung bei chronischen Katarrhen.

f) Bei Wehenschwäche und zur Einleitung der künstlichen Frühgeburt. Obschon die uteruscontrahirende Wirkung des Pilocarpins experimentell feststeht und Fälle vorliegen, in denen dasselbe künstliche Frühgeburt bedingte (Gigeolet, Journ. méd. Brux. 117. Août. 1881), liegen doch mehr Misserfolge als Erfolge vor (vgl. Weiss, Ueber heisse Douchen und Pilocarpinum mur. als Mittel zur Einleitung der künstl. Frühgeburt. Berlin, 1881).

g) Gegen Atropinvergiftung. Als Antidot des Atropins ist Pilocarpin in der neuesten Zeit seit der Empfehlung von Purjesz (1880) viel in Anwendung gekommen, ohne dass die bis jetzt vorliegenden Beobachtungen von Fanzler (Jahrb. f. Kinderheilk. 16. 436), Kauders (Wien. Wchschr. 1254. 1881), Grattan (Lanc. June 11. 1881) und Sanders (Nederl. Weekbl. 711. 1882) einen deutlich erkennbaren Einfluss des Pilocarpins auf die Atropinvergiftung zeigen, deren Haupterscheinungen (Mydriasis, Trockenheit der Haut) auf der Höhe der Affection in keiner Weise verändert wurden, und ohne dass irgend wie in den günstig verlaufenen Fällen der Nachweis, dass es sich um letale Atropinmengen gehandelt habe, geliefert wäre. Bei Hunden ruft Infusion von Pilocarpinlösung zwar vorübergehend Steigerung des durch Atropin stark erniedrigten Blutdrucks hervor, mildert aber die nervösen Erscheinungen nicht und verhütet weder bei grossen noch bei kleinen Dosen den tödtlichen Ausgang von Intoxicationen von mehr als letalen Atropinmengen (F. Deutschmann, Beitrag zur Kenntniss der Atropinvergiftung. Göttingen, 1881).

Alle übrigen Verwendungen sind ohne Bedeutung. Als Antipyreticum bei Ileotyphus ist es unzureichend (Leyden) und scheint sogar zu Darmblutungen zu prädisponiren (Ohms, Petersb. med. Wochenschr. N. 50. 1878). Bei Intermittens ist es höchst unzuverlässig (Sassetzki). Craig sieht bei fieberhaften Zuständen einen Nutzen nur in der Beseitigung der Trockenheit im Munde. Vereinzelte Anwendung und Empfehlung fand das Mittel bei Icterus (Fronmüller), bei Diabetes insipidus (Kahler und Soyka), bei fötiden Fussschweissen (Armaingaud), bei halbseitigem Schweisse (Ringer und Murrell) und bei Hemianaesthesie (Gille, Grasset), wo die Sensibilität dadurch mitunter vorübergehend hergestellt werden soll. Longhi (Gazz. med. Lomb. N. 7. 1881) empfahl es örtlich bei Ohrenkatarrhen, besonders in Folge von Tabakrauchen, und bei mangelndem Ohrenschmalz.

Contraindicationen.

Als contraindicirt kann Pilocarpin zwar nicht völlig bei Herzkrankheiten erscheinen, da man es hier sogar in Stadien geben kann, in denen die Anwendung anderer Diaphoretica unthunlich erscheint (Curschmann), doch ist hier die grösste Vorsicht nöthig, da nach den Erfahrungen von Petrino (Arch. klin. Med. 21. 116. 1878) durch Wiederholung mittlerer Dosen bei Kranken mit fettiger Degeneration des Herzmuskels oder mit Klappenfehlern oder mit intensiven Circulationshindernissen (in Folge von Emphysem oder Pleuritis), starke Pulsverlangsamung, Arhythmie des Herzschlages, Angst, Cyanose und Collaps eintreten können, welcher letztere auch bei fieberhaften Zuständen zu befürchten sein soll.

Dosis und Gebrauchsweise.

Man wendet das Pilocarpin in Form des salzsauren Salzes ausschliesslich in wässriger Lösung (2—4 : 100) an. Als mittlere Dosis für subcutanen Gebrauch ist 0,01—0,02 anzusehen. Grössere Mengen sind wegen der stärkeren Nebenerscheinungen zu meiden, obschon 0,05—0,06 (Jacobi, Craig) nicht als toxisch wirkend angesehen werden können. Als Maximalgabe bezeichnet die Pharm. Germ. für den internen Gebrauch 0,03 pro dosi und 0,06 pro die. Zu vermeiden ist die Application einer zweiten Dosis unmittelbar nach Beendigung des Schweisses, da danach leicht Steigerung der Herzschwäche und Asystolie eintritt (Dupré). Bei Herzkranken gehe man nicht über 0,01 hinaus. R. Demme (Jahrb. Kinderheilk. N. F. 17. 337. 1881) stellt die Dosis der Subcutaninjection für Kinder unter 1 Jahr auf 1—2,5 Mgm., von 1—10 Jahren auf 5 Mgm.; nur bei mehrmals täglicher Application grösserer Dosen und 2—3 wöchentlichem Gebrauche kommt es zu Sinken der Herzenergie, mitunter mit vorübergehendem Verluste des Bewusstseins und dem Beginne des Cheyne-Stokesschen Athmungsphänomens. Albrecht verordnet bei Keuchhusten einen Theelöffel bis einen Esslöffel voll einer Mixtur aus 0,025 Piloc. hydrochl., 5,0 Cognac, 25,0 Syr. cort. Aur. und 70,0 Wasser.

Jaborin. Dieses von E. Harnack und H. Meyer erkannte Alkaloid ist in den Jaborandiblättern von Pilocarpus und von Piper reticulatum enthalten, reichlich in den Mutterlaugen der Pilocarpindarstellung. Jaborin.

Zu seiner Isolirung benutzt man die leichtere Löslichkeit der Platinchloriddoppelverbindung, sowie auch des Quecksilberchloriddoppelsalzes. — Das Jaborin ist amorph, schwerer löslich in Wasser, als Pilocarpin, in Aether leichter löslich, bildet amorphe Salze und ist eine starke Basis. Dasselbe ist möglicherweise ein Umwandlungsproduct des Pilocarpines.

Jaborin wirkt qualitativ dem Atropin gleich, doch ist die mydriatische Action weit schwächer (Harnack und H. Meyer, Arch. exp. Path. Pharm. 12, 366. 1880).

Aurantieae.

Die Unterfamilie der Aurantieen zeigt in ihren Beerenfrüchten grossen Reichthum an ätherischen Oelen, sowie auch interessante Glycoside. Charakteristisch ist ferner das Auftreten freier Citronensäure, sowie citronensaurer Salze in den Früchten.

Citrus.

Die einzelnen Species der Gattung Citrus haben vielseitiges Interesse durch das Vorhandensein von ätherischen Oelen in den Blüthen, sowie Fruchtschalen, von Glycosiden in den unreifen, sowie reifen Früchten, auch in den Blüthen und übrigen Theilen der Pflanze, Hesperidin, Naringin, Bitterstoffen in den Samen, Limonin, auch durch die Beschaffenheit der Fruchtsäfte, welche neben Glycose, Rohrzucker auch Citronensäure (0,4—2—4%), sowie Aepfelsäure enthalten.

Citrus Aurantium L., Citrus vulgaris Risso liefern durch Destillation der Blüthen das Orangeblüthen-Neroliöl, sowie aus den Fruchtschalen das Oleum corticis Aurantii; die unreifen Früchte sind reich an Hesperidin und einem charakteristischen, orangegelben Farbstoff, der Saft der Früchte wird zur Darstellung der Citronensäure benutzt. — Citrus Limetta liefert ätherisches Oel; die Früchte von Citrus Bigaradia, Citrus Aurantium var. amara, die Mandarinen, liefern ätherisches Oel und enthalten Hesperidin. — Die Früchte von Citrus Limonum Risso sind wegen des ätherischen Oeles, des Citronenöles, Ol. de Cedro, sowie des citronensäurereichen Fruchtsaftes wichtig; die Fruchtkerne enthalten Limonin. — Citrus Bergamia besitzt ölreiche Früchte, die das Bergamottöl liefern, Citrus medica Risso besitzt sehr grosse Früchte, die den Citronat liefern und auch Hesperidin enthalten. Die Blüthen von Citrus decumana (Pampelmus) enthalten das Glycosid Naringin, (das Hesperidin de Vrij's), ätherisches Oel. – Mikrochemische Untersuchungen über einige Früchte von Aurantiaceae liegen von Licopoli vor (Rendic. della Reale Accad. delle scienze di Napoli 1876). — Pfeffer (Botan. Zeit. 32. 530) beobachtete Sphärokrystalle von Hesperidin in den reifen und unreifen Früchten der Apfelsinen (Citrus sinensis), sowie in den Achsen- und Blattorganen der Citrus Aurantium Risso, nicht in denen von Citrus vulgaris Risso. — Nach Paterno u. Briosi

(Berl. Ber. 9.) ist Hesperidin in den Früchten von Citrus aurantium, Limonum, und medica enthalten. — Tschirch hat das Glycosid in Früchten und theilweise auch in Blättern und Blattstielen von Citrus Aurantium, chinensis, longifolius, Mandarin nachgewiesen. — Ricciardi (Gazz. chim. 10) lieferte Beiträge zur Kenntniss der Mineralbestandtheile der einzelnen Organe der Citrusarten.

Murraya.

Die Blüthen von Murray exotica enthalten ein Glycosid und ätherisches Oel.

Die ätherischen Oele der Aurantieae.

Citronenöl. Das Citronenöl wird aus den Citronenschalen, den Fruchtschalen von *Citrus medica Riss.*, auch wohl von *C. Limonum Riss.*, durch blosses Auspressen, seltener durch Destilliren mit Wasser gewonnen. Es ist dünnflüssig, gewöhnlich grünlich oder gelb, frisch mit Wasser destillirt jedoch farblos, riecht angenehm, reagirt neutral, hat ein spec. Gew. von 0,84—0,86 und siedet bei 160—175°. Es löst sich in jeder Menge absoluten, aber erst in 10 Th. wässrigen Weingeists von 0,85 spec. Gew., sehr leicht ferner in Aether, sowie in anderen flüchtigen und fetten Oelen. Nach Blanchet und Sell (Ann. Chem. Pharm. 6. 280) ist das Citronenöl ein Gemenge von zwei Camphenen, dem Citren oder Citronyl und dem Citrilen oder Citryl, während es nach Soubeiran u. Capitaine (Ann. Chem. Pharm. 34. 317) erst unter der Einwirkung von Salzsäure in diese beiden isomeren Kohlenwasserstoffe zerfällt. Gewöhnlich enthält es auch unter dem Einfluss der Luft entstandenen Citronencampher, der beim Destilliren des Oels aus dem gebliebenen schwer flüchtigen Rückstande in farblosen glänzenden Säulen anschiesst, welche bei 45° schmelzen, unzersetzt sublimiren, über 100° destilliren, sich reichlich in kochendem Wasser lösen und in ihrer Zusammensetzung nach Mulder (Ann. Chem. Pharm. 31. 69) der Formel $C_{10}H_{18}O_5$ entsprechen. In seinem chemischen Verhalten gleicht das Citronenöl dem Terpentinöl (s. dies.). So entsteht beim Behandeln mit Wasser und Salpetersäure ein krystallinisches Hydrat, $C_{10}H_{20}O_2 + H_2O$, das vielleicht mit dem Terpin (s. Terpentinöl) identisch ist. Auch geht es Verbindungen mit Salzsäure ein, von denen das Bihydrochlorat, $C_{10}H_{16}$, 2HCl, theils in weissen, angenehm gwürzhaft riechenden Blättchen und Säulen krystallisirt, theils als farbloses Oel erhalten wird. Die erstere Form liefert beim Erhitzen mit Kali oder Kalk das optisch indifferente, bei 165° siedende, das spec. Gew. 0,85 besitzende Camphen, Citren oder Citronyl (s. oben), die letztere bei gleicher Behandlung das ebenfalls inactive Camphen Citrilen oder Citryl, das bei 168° zu sieden beginnt und das spec. Gew. 0,88 hat (Soubeiran und Capitaine. Blanchet und Sell l. c.). — Das Citronenöl ist rechtsdrehend, $(\alpha)D = +109{,}32°$, Sdpkt. 177° verhält sich gegen Chromsäuremischung wie Terpentinöl, verbindet sich mit Brom zu Dibromid, das beim Erhitzen für sich oder mit Anilin Cymol liefert (Oppenheim, Berl. Ber. 5. 628). Nach Tilden besteht das Oel der Citronenschalen, durch Destillation gewonnen, aus einem mit französischem Terpentinöl übereinstimmenden Terpen, Cymol, aus Citren $C_{10}H_{16}$, dem Orangeöle ähnlich, Polyterpenen u. A. (J. Chem. M. 1879. 943). — C. R. A. Wright (J. chem. soc. (2) 12. 2 u. 317) untersuchte ein Citronenöl, in welchem als Hauptbestandtheil $C_{10}H_{13}O$, Sdpkt. 199—205, enthalten war (entgegen Gladstone, der einen Körper $C_{10}H_{16}O$ beschrieb). Derselbe liefert, mit Phosphorpentachlorid Terpen $C_{10}H_{16}$, mit Brom Cymol.

Dem Citronenöl äusserst ähnlich sind: das Apfelsinenöl aus den Schalen der Früchte des süssen Pomeranzenbaums, *Citrus Aurantium Risso;* das Orangeschalenöl aus den Fruchtschalen des bitteren Pomeranzenbaums, *C. Bigaradia Duham.*; das Mandarinöl aus den Fruchtschalen von *C. Bigaradia sinensis* u. *C. myrtifolia* (untersucht von Luca, Compt. rend. 45. 904); das Limettöl aus den Fruchtschalen des in Ostindien einheimischen *C. Limetta Risso* (untersucht von Dumas, Journ. pract. Chem. 4. 434, und von Vohl, Arch. Pharm. (2) 74. 16). Das Oel von Citrus Limetta hat spec. Gew. 0,905, enthält Terpen, 176° Sdpkt., das mit Brom ebenfalls Cymol liefert (Wright, J. Chem. M. 1877).

Orangeschalenöl. Mandarinöl. Limettöl.

Das Oel von Citrus Luma siedet bei 180°, hat spec. Gew. 0,853, ist rechtsdrehend, giebt mit Salzsäure krystallisirbare Verbindung. — Das Oel der bitteren Orangen Citrus aurantium var. amara, das Portugalöl, enthält das Terpen, Hesperiden genannt, $C_{10}H_{16}$, Sdpkt. 178, das mit Chromsäure, Kohlensäure, Essigsäure und den flüssigen Campher $C_{10}H_{16}O$, mit Salpetersäure, Oxalsäure und Hesperinsäure liefert (Wright, J. Chem. Min. 1873. 369). — Das Neroliöl, Pomeranzenblüthenöl, enthält einen bei 185—195° übergehenden, fluorescirenden Antheil, der mit Natriumbisulfitlösung sich purpurn färbt, ausserdem ein festes Stearopten, Aurade genannt, bei 55° schmelzend.

Portugalöl. Hesperiden. Pomeranzenblüthenöl.

Das Bergamottöl wird in ähnlicher Weise wie das Citronenöl aus den Fruchtschalen von *Citrus Bergamia Risso* gewonnen. Es ist gelblich oder blassgrün, frisch mit Wasser destillirt wasserhell, riecht angenehm, schmeckt bitter, reagirt gewöhnlich sauer, siedet bei 183—195°, hat ein spec. Gew. von 0,85—0,88, ein Rotationsvermögen von + 25°, löst sich in absolutem Weingeist in allen Verhältnissen, in $^1/_2$ Th. Weingeist von 0,85 und in 2 Th. von 0,95 spec. Gew., leicht in Aether und fetten Oelen. Dasselbe enthält stets etwas Chlorophyll. Es ist nach Soubeiran und Capitaine (Ann. Chem. Pharm. 34. 321; 35. 313) ein Gemenge von einem oder zwei Terpenen mit einem Hydrat derselben und einem Oxydationsproduct. Beim Aufbewahren des Oels scheidet sich der Bergamottcampher oder das Bergapten ab. In Berührung mit Wasser oder wässrigem Weingeist und Salpetersäure entsteht ein krystallinisches, mit dem Terpin (s. Terpentinöl) identisches Product (Deville, Ann. Chem. Pharm. 71. 348). Beim Behandeln mit Salzsäuregas entsteht keine krystallinische Verbindung. Dient als Zusatz zu Haarölen, Pomaden; auch als Mittel gegen Epizoën (Reil) gebraucht.

Bergamottöl.

Die Aurantieenöle dienen durchgängig als Zusatz zu Haarölen und Pomaden, und soweit sie officinell sind (Citronenöl, Oleum Aurantii) zur Bereitung von Oelzuckern, das Citronenöl auch als Geschmackscorrigens in Limonaden. Aeusserlich wirkt Citronenöl (Husemann, Toxikologie) energisch stark hautröthend, ebenso Orangeschalenöl (vgl. Imbert-Gourbeyre, Gaz. méd. No. 38. 39. 1853). Beide Oele sind in grösseren Dosen giftig. Citronenöl tödtet nach Mitscherlich (Preuss. Ver.-Ztg. 19. 22. 1848) Kaninchen zu 30,0 in 50 Std. und bedingt zu 8,0 mehrtägiges Kranksein, Orangenschalenöl wirkt nach Nieberding (De natura olei cort. Aur. Berl. 1863) zu 10,0—30,0 in $9^1/_2$—56 Std. auf Kaninchen tödtlich; der Geruch beider Oele ist im Urin und im Athem, in Kopf-, Bruch- und Brusthöhle deutlich. Besondere therapeutische Empfehlung fand Citronenöl (Werlitz, Obss. de Olei citri aether. usu. Berl. 1828) gegen chron. Augenentzündung, Pannus, Pterygium und Hornhautflecken, das Orangenschalenöl (Hannon, Presse méd. 6. 1854) bei idiopathischer Cardialgie, Flatulenz, Pyrosis und reizbarer moroser Stimmung und

Wirkung der Aurantieenöle.

das Orangenblüthenöl (Maret, Gaz. Hôp. 141. 1855) zu 6—10 Tropfen in schleimigem Vehikel bei chron. Durchfall.

Glycoside und Bitterstoffe der Aurantieen.

Vorkommen und Darstellung. **Murrayin.** $C_{18}H_{22}O_{10}$. Von De Vrij entdecktes Glycosid in den Blüthen der südasiatischen *Murraya exotica L.* Zu seiner Darstellung wird nach C. Blas (Bull. de l'Acad. roy. de Belgique. (2) 26. 303; auch Zeitschr. Chem. 1869. 316) der Verdunstungsrückstand der wässrigen Abkochung der Blumenblätter zur Entfernung von Zucker und anderen leicht löslichen Stoffen mit kaltem Wasser behandelt und dann mit absolutem Weingeist ausgezogen. Aus der Lösung wird durch Bleizucker Murrayetin (s. unten) gefällt, das entbleite Filtrat eingedunstet und das hinterbleibende Murrayin durch Umkrystallisiren aus kochendem Weingeist gereinigt.

Eigenschaften. Es bildet ein aus mikroskopischen Nadeln bestehendes weisses leichtes Pulver ohne Geruch und von schwach bitterem Geschmack, das lufttrocken noch $^1/_2\,H_2O$ enthält. Es schmilzt bei 170° und giebt ein krystallinisches Sublimat. Von kaltem Wasser wird es wenig, ziemlich leicht dagegen von kochendem gelöst. In Weingeist löst es sich reichlich und scheidet sich beim Eindampfen dieser Lösung daraus als Gallerte aus; in Aether ist es fast unlöslich. Von wässrigen, ätzenden und kohlensauren Alkalien und kaustischen alkalischen Erden wird es leicht gelöst und diese Lösungen zeigen in Folge einer Beimengung von Murrayetin gewöhnlich grünlichblaue Fluorescenz.

Zersetzungen. Beim Erwärmen mit verdünnter Schwefelsäure wird das Murrayin in Glycose und Murrayetin gespalten, das beim Erkalten auskrystallisirt ($C_{18}H_{22}O_{10} + H_2O = C_{12}H_{12}O_5 + C_6H_{12}O_6$). Das Murrayetin, $C_{12}H_{12}O_5 + {}^1/_2\,H_2O$, krystallisirt in kleinen, zu einer lockeren seideglänzenden Masse zusammengehäuften Nadeln ohne Geruch und Geschmack, schmilzt bei etwa 110° und sublimirt theilweise unzersetzt. Es löst sich wenig in kaltem, reichlich in kochendem Wasser und Weingeist, schwieriger in Aether, gut in wässrigen Alkalien. Alle diese Lösungen zeigen blaue Fluorescenz. Die wässrige Lösung wird durch Eisenchlorid bläulichgrün gefärbt, durch Bleiacetat gelb gefällt.

Wirkung. Das Murrayin scheint keine besondere Wirkung auf den thierischen Organismus zu äussern (Blas).

Limonin. $C_{22}H_{26}O_7$. (?) — Von Bernays (Repert. Pharm. 71. 306) aus den Kernen der Apfelsinen und Citronen erhalten, indem er sie mit Wasser zum Teig zerstiess und diesen mit kaltem Weingeist auszog; es schied sich dann beim Stehen das Limonin als Krystallpulver aus. — Es ist ein weisses mikrokrystallinisches geruchloses, stark bitter schmeckendes, neutral reagirendes Pulver, das bei 244° schmilzt, beim Erkalten amorph wieder erstarrt, aber aus essigsaurer Lösung wieder krystallisirt. Es löst sich sehr wenig in Wasser und Aether, leicht in Weingeist und Essigsäure, auch in Kalilauge, woraus Säuren, und mit blutrother Farbe in conc. Schwefelsäure, aus der Wasser es unverändert fällen (K. Schmidt, Ann. Chem. Pharm. 51. 338). Die weingeistige Lösung wird durch Gerbsäure und Pikrinsäure gefällt. Schmidt gab nach seinen Analysen die Formel $C_{42}H_{25}O_{13}$, Weltzien berechnete die obige (siehe auch Paterno u. Oglialoro, Gazz. chim. 1879. Berl. Ber. 12. 685).

Hesperidin. — Literat.: Lebreton, Journ. Pharm. (2) 14. 377; auch Repert. Pharm. 31. 261. — Jonas, Arch. Pharm. (2) 27. 186. — Lepage,

Journ. Chim. méd. 17. 583. — Landerer, Repert. Pharm. 52. 215. — Brandes, Arch. d. Apoth. ver. 27. (1) 137. — Widemann, Repert. Pharm. 32. 207. — Riker, J. pr. Pharm. 14. 327. — Dehn, Z. Chem. 1866. 103. — Hilger und Hoffmann, Berl. Ber. 9. 26. 685. — E. Hoffmann, Inauguraldissertation. Erlangen, 1876. — G. Francke, Hesperidin, 1881. Dissertation. — F. Tiemann und W. Will, Berl. Ber. 14. 946. — Paterno und Briosi, Berl. Ber. 9. 250.

Das in reifen, besonders unreifen Früchten, wie bereits oben erwähnt, verbreitete Hesperidin ist als Glycosid durch die Arbeiten von Hilger und Hoffmann festgestellt und bewiesen, dass die Körper, von Lebreton, Jonas seinerzeit beschrieben, identisch mit dem von Pfeffer beschriebenen Hesperidin sind, das als das wahre Hesperidin aufgefasst werden muss. Die Hesperidine Landerers und Widnmann waren keine reinen Körper, kommen nicht in Betracht, ebensowenig das Hesperidin Rikers, das sicher mit Ohme's Bergapten (siehe unten) zusammenfällt. Auch der Hesperidinzucker Dehns ist nicht als besondere Zuckerart aufzufassen.

Darstellung: Die Darstellung des Hesperidins geschieht am besten aus unreifen, bitteren Orangen (5—8 %) nach Hilger-Hoffmann in folgender Weise: Die gröblich gepulverten, unreifen Orangefrüchte (Poma Aurantiorum immatura) werden mit kaltem Wasser so lange extrahirt, bis Bleiacetat keine Fällung mehr erzeugt, hierauf mit einer Mischung von gleichen Volumina Alkohol und Wasser, der 1—2 % Aetznatron zugesetzt sind, vollkommen ausgezogen. Diese Auszüge werden mit Salzsäure gefällt, der Niederschlag mit 90 % Alkohol ausgekocht, hierauf in verdünnter alkalischer Kalilauge gelöst, und mit Essigsäure oder Kohlensäure aus dieser Lösung das Hesperidin ausgeschieden, das meistens vollkommen rein ist, leicht auch durch Umkrystallisiren aus verdünnter Essigsäure gereinigt werden kann. Paterno und Oglialoro verarbeiteten reife Apfelsinen auf Hesperidin mit Anwendung einer ähnlichen Methode und erhielten aus 1000 Apfelsinen 45 g unreines Hesperidin.

Das Hesperidin krystallisirt aus Wasser, Alkohol und verdünnten Säuren, sowie Eisessig in weissen, mikroskopischen Nadeln, geruch- und geschmacklos, löslich in 5000 Th. heissen Wassers, unlöslich in Benzol, Aether, Aceton, Chloroform, Schwefelkohlenstoff, löslich in verdünnten Alkalien, sowie alkalischen Erden. Schmpkt. 250—251°. Conc. Schwefelsäure färbt dasselbe beim Erwärmen intensiv roth, mit verdünnter Kalilauge zur Trockne verdampft, zeigt dasselbe nach Zusatz verdünnter Schwefelsäure Färbungen von Roth zu Violett. Hesperidin mit Wasser und etwas Natriumamalgam gelinde erwärmt, filtrirt, giebt mit Salzsäure eine Fällung, die sich in Alkohol mit rothvioletter Farbe löst (Tiemann-Will). Mit verdünnten Säuren erhitzt (am besten mit einem 1—2 % Schwefelsäure enthaltenden Gemische von Alkohol und Wasser bei 112—115°) liefert dasselbe Hesperetin und Glycose, schmelzendes Kali Protocatechusäure (Hilger-Hoffmann). Die Zusammensetzung des

Eigenschaften.

Hesperidins ist durch die Formel $C_{22}H_{26}O_{12}$ festgestellt, diejenige des Hesperetins durch die Formel $C_{16}H_{14}O_6$. Das letztere kann aus Alkohol leicht krystallisirt erhalten werden und zwar in Blättchen oder Tafeln. Dasselbe ist in Wasser fast unlöslich, schwer löslich in Aether, Benzol, ist von süssem Geschmacke und giebt mit Eisenchlorid eine braune Färbung. Schmpkt. 224—226° (Hoffmann-Hilger).

Hesperetin.

Spaltungen, Zersetzungen, Constitution. Die Arbeiten von E. Hoffmann, dann später von Will-Tiemann haben Aufschluss über die Constitution dieses interessanten Glycosides gegeben, wie aus nachstehender kurzer Uebersicht erhellt.

Hesperetinsäure. Durch Einwirkung von Kalihydratlösungen in der Wärme auf Hesperetin entsteht Phloroglucin und Hesperetinsäure $C_{10}H_{10}O_4$ ($C_{16}H_{14}O_6 + H_2O = C_{10}H_{10}O_4 + C_6H_6O_3$). Schmpkt. 228°; schmelzendes Kalihydrat giebt mit Hesperetinsäure Protocatechusäure. Die von Tiemann und Will durchgeführten experimentellen Arbeiten, von der Hesperetinsäure ausgehend, ergaben, dass Hesperetinsäure mit Salzsäure Methylchlorid und Kaffeesäure

Methylhesperetinsäure. mit Jodmethyl Methylhesperetinsäure $C_{11}H_{12}O_4$ liefert, Schmpkt. 64°, aus welcher durch Oxydation mit Kaliumpermanganat in alkalischer Lösung Veratrumsäure (Dimethylprotocatechusäure) entsteht. Hesperetinsäure liefert mit Essigsäureanhydrid Acethesperetinsäure (Francke, Tiemann und Will) $C_{12}H_{12}O_5 = C_6H_3(\overset{1}{C_2H_2O_2})(\overset{3}{OC_2H_3O})(\overset{4}{OCH_3})$, welche bei der Oxydation Isovanillinsäure bildet, wodurch erwiesen ist, dass in der Hesperetinsäure die Methoxylgruppe in der Para- und die Hydroxylgruppe in der Metabeziehung zu der Kohlenstoffseitenkette steht. Tiemann und Will haben ferner durch Darstellung einer Hydroisoferulasäure:

$$C_6H_3(CH_2 - \overset{1}{CH_2} - CO.OH)(\overset{3}{OH})(\overset{4}{OCH_3}),$$

sowie Dimethylhydrokaffeesäure die Identität der Hesperetinsäure und Isoferulasäure hergestellt, wonach die Constitution der Hesperetinsäure durch folgende Formel ausgedrückt werden kann:

$$C_6H_3 \begin{cases} CH = CH - CO.OH\ (1) \\ OH\ (3) \\ OCH_3\ (4) \end{cases}$$

Hesperetol. Durch trockne Destillation von hesperetinsaurem Kalke entsteht ein gelbes Oel, das krystallinisch erstarrt, Schmpkt. 57°, das Hesperetol, mit conc. Schwefelsäure sich mit rother Farbe lösend. Die Formel des Hesperetol ist:

$$C_9H_{10}O_2 = C_6H_3(\overset{1}{CH = CH_2})(\overset{3}{OH})(\overset{4}{OCH_3}).$$

Nach diesen Resultaten darf die Constitution des Hesperetins in der Weise aufgefasst werden, dass ein Hesperetinsäurerest an einen Phloroglucinrest analog der in den Estern vorhandenen Säurereste gebunden angenommen wird und dadurch die Formel entsteht:

$$C_6H_3 \begin{cases} CH = CH - CO - O \\ OH\ (3) \\ OCH_3\ (4) \end{cases} \begin{matrix} \\ (3)\ HO \\ (5)\ HO \end{matrix} \Big\rangle C_6H_3$$

Nerolicampher. **Nerolicampher.** Auradine. — Scheidet sich aus frischem Neroliöl (s. dieses) beim Aufbewahren in Krystallen ab und wird nach Plisson (Journ. Pharm (2) 15. 152; 20. 63) am besten erhalten, indem man das Oel so lange mit Weingeist von 0,85 spec. Gew. versetzt, als dadurch noch ein weisser Niederschlag hervorgebracht wird, den man dann entweder durch nochmaliges Ausfällen aus ätherischer Lösung durch Weingeist oder durch Umkrystallisiren aus Aether reinigt. Die Ausbeute beträgt 1 %.

Er bildet weisse perlglänzende, geruch- und geschmacklose, neutral reagirende Krystalle von 0,913 spec. Gew. bei 17°, erweicht bei 50°, schmilzt bei 55° (nach Boullay (Journ. Pharm. (2) 24. 496) bei 100°), wachsartig wieder erstarrend, und sublimirt bei stärkerem Erhitzen zum Theil unzersetzt. In Wasser löst er sich nicht, in kaltem Weingeist schwierig, gut dagegen in kochendem Weingeist und reichlich in Aether, leicht auch in heisser Essigsäure und heissem Terpentinöl (Plisson).

Salpetersäure zersetzt den Campher nur schwierig, auch conc. Schwefelsäure erst beim Erwärmen, Salzsäure und Kalilauge wirken gar nicht ein (Plisson).

Die Zusammensetzung ist noch nicht festgestellt. Plisson fand 83,76 % Kohlenstoff und 15,08 % Wasserstoff.

Bergamottcampher. Bergapten. — Scheidet sich aus dem Bergamottöl (s. dieses) beim Aufbewahren ab und wird rein erhalten, indem man den Bodensatz abpresst, trocknet, mit kaltem Weingeist oder wenig Aether wäscht und aus kochendem Weingeist krystallisirt (Kalbruner, Baumgärt. Jahrb. Phys. 3. 367. — Mulder, Ann. Chem. Pharm. 31. 70. — Ohme, ebendaselbst. 31. 320. — R. Godefroy, Z. östr. Apoth.-V. 1881. Bergapten.

Bildet kurze weisse seideglänzende, geruch- und geschmacklose, neutral reagirende, bei 206,5° schmelzende und unzersetzt sublimirende Nadeln (Kalbruner. Mulder. Ohme), die sich in 2000 Th. kochendem Wasser lösen und daraus beim Erkalten in Flocken wieder abscheiden, ferner in 200 Th. Weingeist von 0,85 spec. Gew. bei 15°, reichlich in kochendem Weingeist und in Aether, auch in heisser Essigsäure und in Kalilauge, aus letzterer durch Säuren wieder fällbar (Kalbruner).

Verbrennt angezündet mit heller Flamme, färbt sich mit conc. Schwefelsäure roth und wird durch heisse Salpetersäure zersetzt, ohne Oxalsäure zu bilden (Mulder).

Aus den Analysen von Mulder und Ohme ergiebt sich annähernd die Formel $C_9 H_6 O_3$, welche aber durch die Arbeiten Franckes nicht bestätigt wird, der $C_{17} H_{16} O_5$ aufstellt und den Schmelzpunkt zu 181—182° findet, und das Bergapten für einen sehr resistenten Körper erklärt (Dissertation. Erlangen, 1880). Godefroy stellt die Formel $C_{11} H_{10} O_4$ auf und will eine Säure, Bergaptensäure, $C_8 H_9 O_{10}$, Schmpkt. 103—104, durch Einwirkung rauchender Salpetersäure erhalten haben.

Naringin. (Hesperidin de Vrij, Aurantiin). — Im Jahre 1857 hat de Vrij in den entwickelten Blüthen von Citrus decumara (Pampelmus) ein Glycosid abgeschieden, das er im Anfange für Lebretons Hesperidin hielt (getrocknete Blüthen enthielten 2 %, frische, unentwickelte 0,29 %). Aus dem flüssigen Theile des Destillationsrückstandes krystallisirte das Naringin heraus und konnte durch nochmaliges Umkrystallisiren aus Wasser oder Alkohol gereinigt werden. — Dasselbe bildet gelbe Krystalle, löslich in 300 Th. Wasser, in Alkohol, Eisessig, unlöslich in Aether, Chloroform, Benzol, ätherischen Oelen. Schmpkt. 171°. Der Geschmack ist bitter, linksdrehend, Eisenchlorid färbt dasselbe braunroth, Kalihydrat liefert damit keine Protocatechusäure; mit verdünnten Säuren liefert dasselbe den sog. Hesperidinzucker von Dahn (?). Als empirische Formel ist zunächst anzunehmen $C_{23}H_{26}O_{12} + 4H_2O$ (E. Hoffmann, Arch. Pharm. (3) **14.** 139).

b. Zygophylleae.

Guajacum.

Guajakharz. **Guajakharz.** — Das Guajakharz fliesst zum Theil aus dem in Westindien einheimischen Baume *Guajacum officinale L.* freiwillig aus (*resina Guajaci nativa*), wird aber in grösserer Menge durch künstliches Erwärmen aus dem Stamme durch Bohrlöcher ausgeschmolzen oder aus dem Holz und der Rinde durch Weingeist ausgezogen. Es bildet hasel- bis wallnussgrosse tropfenförmige Stücke oder grössere unregelmässige eckige Massen, die aussen grün und in Folge ihrer grünlichgrauen Bestäubung undurchsichtig erscheinen, im Innern aber gelb oder rothbraun und in dünnen Schichten durchsichtig sind. Es ist hart, sehr spröde, von glasglänzendem muscheligem und splittrigem Bruch und liefert ein grauweisses Pulver. Der Geruch ist schwach, beim Erwärmen verstärkt und angenehm, der Geschmack anfangs süsslich bitter, dann scharf und kratzend. Es erweicht zwar nicht in der Hand, schmilzt aber leicht. Das spec. Gew. ist 1,20—1,228. In Wasser ist es so gut wie unlöslich, von Weingeist wird es leicht und vollständig gelöst; Aether löst schwieriger und nicht ganz vollständig und Terpentinöl auch in der Wärme nur sehr unvollständig. Aceton, Amylalkohol, kaustische Alkalien, Chloroform, Kreosot lösen dasselbe leicht. Schmpkt. 85°. Nach den neuesten Untersuchungen von Hadelich (Journ. pract. Chem. 87. 321) enthält das Harz in 100 Theilen 10,5 Th. Guajakharzsäure, 70 Th. Guajakonsäure, eine sehr kleine Menge Guajaksäure etwa 10 Th. eines in Aether unlöslichen indifferenten Harzes, Hadelichs Guajakbetaharz ($C_{40}H_{20}O_{12}$ oder $C_{28}H_{14}O_8$), einen krystallisirbaren Farbstoff, das Guajakgelb, etwas Gummi, Mineralbestandtheile und gewöhnlich Holztheile. Ueber einen von Landerer (Repert. Pharm. 52. 94; 56. 83) als Guajacin bezeichneten Körper, der sich beim Stehen in zarten weissen Nadelsternen aus weingeistiger Guajaktinctur abgeschieden hatte, sich mit salpetriger Säure, conc. Salpetersäure und Chlorwasser schön grün färbte und in alkalischen Flüssigkeiten sich nicht löste, sind weitere Angaben abzuwarten. — Besonders charakteristisch für das Guajakharz ist die Leichtigkeit, mit welcher es sich oxydirt und in Folge davon grün oder blau färbt. Reductionsmittel stellen das ursprüngliche Gelb wieder her. An gewöhnlicher Luft erfolgt die Farbenveränderung nur sehr langsam, am raschesten nach Wollaston im violetten Licht, während der Focus des rothen Lichts wieder zu Gelb reducirt. Dagegen bewirken ozonisirter Sauerstoff, Chlor, Brom, Jod, salpetrige Säure, Chromsäure, verschiedene metallische Hyperoxyde u. s. w. die Oxydation sehr rasch. Verdünnte weingeistige Guajaktinctur (1 : 100) oder damit getränktes Papier werden noch durch äusserst geringe Mengen der genannten Körper blau gefärbt und sind daher empfindliche Reagentien darauf. Die Guajaktinctur wird auch bei Gegenwart von Spuren von Kupfersalzen durch Cyanwasserstoff blau gefärbt (Schaer. Z. anal. Chem. 9. 93. 430). — Bei der trocknen Destillation liefert das Harz einen braunrothen Theer, der Guajakol, Pyroguajacin, Quajacin, Guajol, Kreosol (Wurtz, Ann. Chem. Pharm. **144.** 122) enthält. Ausserdem entsteht beim Schmelzen des Harzes mit Kali Protocatechusäure. Mit Zinkstaub destillirt bilden sich Kreosol (50 %),

30 % Gemenge von Para und Metoxylol, Toluol und Guajon ($C_{12}H_{12}$ (Bötsch, Monatsh. Chem. **1**. 615). Die Destillationsproducte des Guajakharzes wurden später von Hlasiwetz (Ann. Chem. Pharm. **106**. 361) und Herzig (Monatsh. Chem. **3**. 118), Volckal (Ann. Chem. Pharm. **89**. 347), Lieben und Zeisel (Berl. Ber. **14**. 932) näher studirt. Das Guajol (Quajacen) C_5H_8O, flüssig, spec. Gew. 0,871, Sdpkt. 118°, ist unlöslich in Ammoniak, riecht dem Bittermandelöl ähnlich, giebt mit Salpetersäure Oxalsäure, mit Chromsäure Essigsäure. Nach Lieben und Zeisel ist dasselbe Tiglinaldehyd, $CH_3 - CH = C(CH_3) . COH$, das aus Acet- und Propionaldehyd gebildet wird, was durch Herzig bestätigt wird, der bei der Oxydation derselben Tiglinsäure erhielt, auch mit Natriumbisulfit eine Verbindung darstellte. — Guajakharz gilt als schweiss- und harntreibend und kommt bei Dyscrasien und Diathesen (Syphilis, Rheumatismus, Gicht, Psoriasis, Scrophulose), bei Hydrops, chron. Bronchialkatarrh und Amenorrhoe in Anwendung, entweder für sich zu 0,1–0,8 in Pillenform oder Emulsion, oder in Lösung in Alkohol (Tinctura Guajaci) oder Ammoniakflüssigkeit (Tinct. Guajaci volatilis s. ammoniata) zu 20—60 Tr., auch mit Kalihydrat verseift als Sapo guajacinus. Krahmer empfand beim Kauen mehrgräniger Stücke bittern Geschmack und benzoëartigen Geruch, nie aber Kratzen im Halse oder Einwirkung auf die Peristaltik. Dagegen bewirkten bei Behr (Meletemata de effectu nonnull. resinarum in tract. intest. Dorp. 1857) Gaben von 4,0 Purgiren ohne Kolikschmerzen; noch stärker wirkte eine Verbindung mit Magnesia. Guajol.

Der Schwefelkohlenstoff des Harzes färbt sich mit concentrirter Schwefelsäure roth.

(Das von E. Kopp untersuchte Guajacum peruvianum aromaticum (Arch. Pharm. (3) **9**. 193) gehört nicht zu den Guajakharzen, von Guajacum stammend; dessen Ursprung ist nicht bekannt).

Guajakharzsäure.

$C_{20}H_{26}O_4$. — Literat.: Hlasiwetz, Ann. Chem. Pharm. **112**. 182. — Hlasiwetz und v. Gilm, Ann. Chem. Pharm. **119**. 266. — Hlasiwetz und Barth, Ann. Chem. Pharm. **130**. 346. — Hadelich, Journ. pract. Chem. **87**. 321.

Die Guajakharzsäure wurde 1859 von Hlasiwetz in dem von *Guajacum officinale L.* gewonnenen Guajakharz (s. dieses) entdeckt, in dem sie sich neben Guajakonsäure und sehr wenig Guajaksäure findet. Entdeckung und Vorkommen.

Zu ihrer Darstellung versetzt man eine durch Coliren geklärte, beinahe syrupdicke weingeistige Lösung von 1 Th. des Harzes mit einer warmen concentrirten weingeistigen Lösung von ½ Th. Kalihydrat, presst den nach 24stündigem Stehen gebildeten Krystallbrei zwischen Leinwand ab, reinigt das so erhaltene guajakharzsaure Kali durch mehrfach wiederholtes Anreiben mit starkem Weingeist und Abpressen desselben, dann durch Waschen mit kaltem Wasser, endlich durch zweimaliges Umkrystallisiren aus einer reichlichen Menge kochenden schwachen Weingeists und zerlegt es hierauf durch Salzsäure. Die als weicher klebender Niederschlag abgeschiedene Säure kann nach dem Auswaschen mit Wasser durch freiwilliges Verdunstenlassen ihrer weingeistigen Lösung krystallisirt erhalten werden (Hlasiwetz). — Statt dessen kann man auch das gepulverte Harz mit der Milch von ½ Th. Aetzkalk eine halbe Stunde kochen, den abgeseihten Rückstand nach dem Auswaschen und Trocknen im Verdrängungsapparate mit heissem Weingeist erschöpfen und den Destillationsrückstand der vereinigten weingeistigen Auszüge in Natronlauge Darstellung.

von 1,3 spec. Gew. lösen. Es krystallisirt dann beim Abkühlen guajakharzsaures Natron aus, das durch Abpressen und Umkrystallisiren aus natronhaltigem Wasser gereinigt und endlich durch Salzsäure zerlegt wird (Hlasiwetz und v. Gilm).

Ausbeute. Nach Hadelich enthält das Guajakharz 10,5% Guajakharzsäure.

Eigenschaften. Die aus wässrigem Weingeist angeschossenen Krystalle der Guajakharzsäure enthalten nach Hadelich $\frac{1}{2}$ At. H_2O, das beim Schmelzen entweicht. Es sind nach Hadelich rhombische Pyramiden mit zugespitzten Endecken. Hlasiwetz und v. Gilm erhielten aus starkem Weingeist kleine weiche Warzen und Schuppen von schwachem Vanillegeruch, aus schwachem Weingeist glänzende dünne Blättchen und aus Essigsäure spröde geruchlose Nadeln. Die Säure schmilzt nach Hlasiwetz und v. Gilm bei 75—80° und erstarrt bei sofortigem Abkühlen krystallinisch, nach stärkerer Erhitzung amorph. Sie ist in Wasser völlig unlöslich, löst sich dagegen sehr leicht in Weingeist (in 1,85 Th. von 90% bei 15°) und Aether; sie löst sich auch in Chloroform, Benzol, Essigäther, Essigsäure und Schwefelkohlenstoff (Hadelich). Von wässrigem Ammoniak wird sie nur sehr wenig gelöst, leicht aber von warmer Kali- oder Natronlauge. Die weingeistige Lösung ist linksdrehend ($[\alpha]j = 13{,}25°$).

Verbindungen. Von den 1 oder 2 At. Metall enthaltenden Salzen der Guajakharzsäure sind die der Alkalien krystallisirbar und in Wasser löslich, die der alkalischen Erden und schweren Metalle amorphe Niederschläge.

Zersetzungen. Bei der trocknen Destillation der Guajakharzsäure geht ein dickes gelbes Oel über, welches aus Guajakol oder Pyrojaksäure und bald herauskrystallisirendem Pyroguajacin besteht (Hlasiwetz und v. Gilm). Die

Pyroguajacksäure oder Guajakol. auch durch trockne Destillation des Guajakharzes zu gewinnende Pyroguajacksäure bildet ein farbloses, schwach kreosotartig riechendes, in Wasser wenig, in Weingeist und Aether leicht lösliches Oel, das mit den Basen Salze erzeugt (Völkel, Ann. Chem. Pharm. 89. 345). Das Guajakol ist nach Herzig (siehe oben) in der Guajakonsäure präformirt enthalten, da dieselbe mit Salz-

Pyroguajacin. säure bei 170° Chlormethyl und Brenzcatechin liefert. — Das Pyroguajacin krystallisirt in perlglänzenden, unzersetzt sublimirbaren Blättchen und Nadeln, die bei 180° schmelzen, sich nicht in Wasser, aber in Weingeist und Aether lösen (Pelletier und Deville, Compt. rend. 1843. 17. 1143). — Durch concentrirte Schwefelsäure wird die Guajakharzsäure mit purpurrother Farbe gelöst; aus der Lösung scheidet Wasser eine weisse Substanz ab. Conc. Salpetersäure verwandelt die Säure unter heftiger Einwirkung in ein gelbes Harz. Bei Einwirkung von Chlor entsteht ein rothes harziges Product, während durch Eintröpfeln von Brom in eine Auflösung von Guajakharzsäure in Schwefelkohlenstoff in kurzen farblosen glänzenden Nadeln krystallisirende

Bromguajakharzsäure. Bromguajakharzsäure, $C_{20}H_{22}Br_4O_4$, erhalten wird (Hlasiwetz und v. Gilm). — Beim Schmelzen mit Kalihydrat bildet sich Protocatechusäure neben anderen Producten (Hlasiwetz und Barth).

Guajakonsäure. $C_{19}H_{20}O_5$. — Literat.: Hadelich, Journ. pract. Chem. 87. 321.

Diese 1862 von Hadelich im Guajakharz, von dem sie gegen 70% seines Gesammtgewichtes ausmacht, aufgefundene Säure erhält man, wenn man die Mutterlauge von dem guajakharzsauren Kali, welches sich auf Zusatz von weingeistigem Kali zu einer dicken weingeistigen Lösung des Harzes ausgeschieden hat, bis zur dicken Syrupsconsistenz verdunstet, um dann zunächst durch Zusatz von absolutem Weingeist noch etwas guajakharzsaures Kali auszufällen und hierauf durch Einleiten von Kohlensäure das Kali als kohlensaures Kali abzuscheiden. Von der mit etwas Wasser und Salzsäure versetzten Flüssigkeit wird nun der Weingeist abdestillirt, das ausgeschiedene Harz mit warmem Wasser gewaschen und dann durch Aether in sich lösende Guajakonsäure und ungelöst bleibendes Guajakbetaharz zerlegt. Aus der ätherischen Lösung schüttelt man die Säure durch Kalilauge aus, fällt die vom Aether getrennte und mit Wasser verdünnte kalische Lösung mit Bleizucker, zerlegt den grüngrauen Niederschlag unter Wasser durch Schwefelwasserstoff, trocknet das entstandene Gemenge von Schwefelblei und freier Guajakonsäure, zieht letztere durch Weingeist aus und verdunstet die Lösung.

Die Guajakonsäure ist eine hellbraune spröde amorphe Masse von muschligem Bruch und liefert ein heller gefärbtes geruch- und geschmackloses neutrales Pulver. Sie schmilzt bei 95—100°. In Wasser ist sie unlöslich, leicht löslich in Weingeist, Aether, Essigäther, Essigsäure und Chloroform, schwer löslich in Benzol und Schwefelkohlenstoff. Ihre Lösungen sind linksdrehend. — Von ihren Salzen sind die der Alkalimetalle in Wasser und Weingeist leicht löslich, aber unkrystallisirbar und schon durch Kohlensäure zersetzbar. Die übrigen Salze sind unlösliche Niederschläge, von denen das bei 100—130° getrocknete Bleisalz die Formel $C_{19}H_{18}Pb_2O_5 + H_2O$ oder nach Hadelich $C_{19}H_{20}Pb_2O_6$ hat. Hadelich hält nämlich die von ihm analysirte geschmolzene Säure für das Anhydrid, nimmt also für die lufttrockne Säure die Formel $C_{19}H_{22}O_6$ an.

Bei der trocknen Destillation liefert die Säure ein öliges Destillat. Conc. Schwefelsäure löst sie mit kirschrother Farbe und Wasser fällt aus dieser Lösung violette, schwefelhaltige Flocken. Oxydationsmittel färben sie vorübergehend blau. Aus Silberlösung reducirt ihre weingeistige Lösung metallisches Silber.

Guajaksäure. $C_6H_8O_3$. — Literat.: Righini, Journ. Chim. méd. **12.** 355. — Thierry, Journ. Pharm. (2) **27.** 381. — Deville, Compt. rend. **19.** 137. — Hadelich, Journ. pract. Chem. **87.** 321.

Righini erhielt 1837 diese von den Guajacum-Säuren zuerst untersuchte Säure aus dem Guajakholz, indem er von dessen weingeistigem Auszuge den meisten Weingeist abdestillirte, die vom ausgeschiedenen Harz getrennte milchige Flüssigkeit nach Beimischung von Magnesia zur Trockne brachte, den in wenig Wasser vertheilten Rückstand durch Schwefelsäure zersetzte und die dadurch abgeschiedene weisse Substanz aus Weingeist umkrystallisirte. — Thierry stellte sie aus Guajakharz dar. Er destillirt von dessen weingeistiger Lösung $^3/_4$ des Weingeists ab, neutralisirt das Filtrat vom ausgeschiedenen Harz mit Baryt, verdampft bis zur Hälfte, scheidet den Baryt durch Schwefelsäure und einen Ueberschuss von dieser sorgfältig wieder durch Barytwasser ab, verdampft das Filtrat zum Syrup, entzieht diesem durch Schütteln mit Aether die Guajaksäure und reinigt die beim Verdunsten der ätherischen Lösung in noch mit etwas Harz verunreinigten Krystallwarzen hinterbleibende Säure durch vorsichtige Sublimation in kleinen Mengen und bei sehr gelinder Hitze. — Hadelich erhielt aus 4 Pfund Harz 0,1 g Guajaksäure.

Sie bildet weisse glänzende, der Benzoësäure gleichende (und von F. Jahn (Arch. Pharm. (2) **23.** 279 und **33.** 256), aber wohl mit Unrecht, für Benzoësäure erklärte) Nadeln, die in Wasser viel leichter löslich sind, als Benzoë- und Zimmtsäure und sich gut in Weingeist und Aether lösen (Thierry). —

Nach Deville, der die oben angeführte Formel aus seinen Analysen ableitete, zerfällt sie bei rascher Sublimation in Kohlensäure und Guajacen ($C_6 H_8 O_3$ Guajacen. $= C_5 H_8 O + CO_2$). — Das Guajacen, $C_5 H_8 O$, ist ein farbloses, bei 118° siedendes, bittermandelölartig riechendes Oel von 0,874 spec. Gew.

Guajakgelb. — Den schon von Pelletier bemerkten gelben Farbstoff des Guajakharzes erhält man nach Hadelich (Journ. pract. Chem. **87.** 321), indem man das gepulverte Harz mit Kalkmilch auskocht, das Filtrat eindampft, den Rückstand in Wasser aufnimmt, die Lösung mit Essigsäure übersättigt und nach dem Filtriren längere Zeit der Ruhe überlässt. Es schiessen dann kleine hellbraune Krystalle an, die aus Weingeist umkrystallisirt, als blassgelbe quadratische Tafeln oder als Quadratoctaëder mit abgestumpften Endecken erscheinen. Sie sind geruchlos, schmecken bitter, reagiren neutral und besitzen kein Rotationsvermögen. In Wasser lösen sie sich schwierig, ebenso in verdünnten Säuren, in Chloroform, Benzol und Terpentinöl, leicht dagegen in Weingeist, Aether, Essigäther, Schwefelkohlenstoff und in wässrigen Lösungen des Ammoniaks, der Alkalien und alkalischen Erden. Conc. Schwefelsäure löst mit schön blauer Farbe, die durch Wasseranziehung grün und gelb wird, aber beim Erwärmen zurückkehrt, rauchende Salpetersäure mit Orangefarbe, die durch conc. Schwefelsäure in Roth übergeht (Hadelich).

c. Meliaceae.

Die Familie der Meliaceae schliesst eine Reihe von Gattungen ein, welche besonders Nutzhölzer liefern, wie Swietenia (Mahagoni), Kohoya, Cedrela (Cigarrenkistenholz), Melia u. A. Die Samen der Früchte sind reich an Fetten, auch liefern einzelne Gattungen Harze und dem arabischen Gummi ähnliche Ausflüsse, besonders die Gattung Cedrela, welche das Acajouharz und Gummi liefert (nicht zu verwechseln mit dem Acajouharz von Anacardium); andere wie Swietenia, Soymida sind reich an adstringirenden Substanzen, Catechin (Latour und Cazeneuve, Bull. soc. chim. **24.** 118). — Aus der als Caïlcedrarinde bezeichneten Rinde von Swietenia Senegalensis hat E. Caventou (Journ. Pharm. (3) **16.** 355; **33.** 123) einen als Caïlcedrin. Caïlcedrin bezeichneten, nach Montard Martin (Gaz. Hôp. 21. 1850) antitypisch wirkenden indifferenten Bitterstoff in Gestalt einer spröden harzartigen Substanz isolirt, indem er den wässrigen Auszug mit Weingeist extrahirte, den Auszug mit Bleiessig fällte, den Verdunstungsrückstand des entbleiten Filtrats in wenig Wasser aufnahm, die nicht filtrirte Lösung mit Chloroform ausschüttelte und den bei Verdunsten des letzteren hinterbleibenden Stoff durch Ausfällen aus weingeistiger Lösung mit Wasser reinigte. Das Caïlcedrin erweicht in heissem Wasser, löst sich aber nur wenig darin auf; die Lösung fluorescirt wie wässriges Chininsulfat. In Weingeist, Aether und Chloroform ist Caïlcedrin leicht löslich. Tannin fällt die wässrige Lösung. Die Analyse ergab 64,9 % C, 7,6 % H und 27,5 % O.

Die Gattung Melia Azidarachta soll nach Piddington (Geigers Magazin. **19.** 50) einen bitter schmeckenden, basischen, antitypisch wirkenden Stoff enthalten. Carapa guianensis liefert aus den Samen ein farbloses, butterartiges Fett, 55° Schmpkt., vorzugsweise aus Palmitin bestehend. Die Rinde derselben Pflanze ist von Petros und Robinet (J. pharm. 7. 293. 349) ohne nennenswerthes Resultat untersucht worden. Carapa Tulucuna soll einen Bitterstoff Tulucunnin enthalten.

d. Simarubeaceae.

Xanthoxylon.

Xanthoxylin. $C_{20}H_{24}O_8$. — Das durch Destillation der zerquetschten Früchte von *Xanthoxylum piperitum De C.*, dem sogen. japanischen Pfeffer, mit Wasser gewonnene ätherische Oel, welches aus einem bei 162° siedenden Terpen besteht, scheidet beim Abkühlen nach Stenhouse (Ann. Chem. Pharm. **89**. 251; **104**. 326) Krystalle dieses Körpers aus, der auch zurückbleibt, wenn das Oel durch Abdestilliren bei 130° vom Xanthoxylen befreit wird und ferner durch Verdunsten des weingeistigen Auszugs der Früchte gewonnen werden kann. Zur Reinigung krystallisirt man ihn aus Aether oder Weingeist um. Er bildet grosse farblose seideglänzende klinorhombische Tafeln von schwachem Geruch, gewürzhaftem Geschmack und neutraler Reaction. Er schmilzt bei 80° und lässt sich unzersetzt destilliren. Wasser löst ihn nicht, Weingeist und Aether dagegen leicht. — Die weingeistige Lösung wird weder durch Bleizucker, noch durch Silbersalpeter gefällt. Bei Behandlung mit Salpetersäure entsteht Oxalsäure (Stenhouse). Xanthoxylin.

In der Rinde von Xanthoxylon fraxineum hat Witte (Dissertation 1876. Göttingen) eine farblose, neutrale, monoklinisch krystallisirende, bei 131—131,5° schmelzende Substanz hergestellt, unlöslich in Wasser, löslich in 12 Th. kaltem und 8 Th. heissem Alkohol (95%), leicht löslich in Aether, Chloroform, Benzol, Essigäther, Schwefelkohlenstoff. Diese Substanz wurde Xanthoxyloïn genannt $C_{14}H_{14}O_2$. Xanthoxyloïn

G. Havens Colton (J. americ. Pharm. **52**. 191) hat in der Rinde von Xanthoxylum Carolinianum krystallisirbares Harz und gelbgefärbten, alkaloidähnlichen Bitterstoff nachgewiesen.

Samadera.

Die Samen der ostindischen Samadera indica liefern ein gelbes, nicht trocknendes Oel mit 84% Oleïn, 16% Stearin und Palmitin (Oudemanns J. pr. Chem. **119**. 407). Die Gattung Samadera enthält wahrscheinlich nach Bennet Quassiin.

Quassia.

L. C. Trädgarth (J. Pharm. 1879. 44) untersuchte das surinamische Bitterholz.

Quassiin. $C_{10}H_{12}O_3$. ($C_{31}H_{42}O_9 + 4$ aq.) — Literatur: Winckler, Repert. Pharm. **54**. 85; **65**. 74. — Wiggers, Ann. Chem. Pharm. **21**. 40. — Goldschmidt und Weidel, Sitzber. Ac. Wien. (2), **74**. 389. — A. Christensen, Arch. Pharm. (3) **20**. 481. — Adrian und Moreaux, Repert. d. Pharm. **246**.

Wurde 1835 von Winckler entdeckt und findet sich im Holz und der Rinde von *Quassia amara L.* und *Picraena excelsa Lindl.*, vielleicht auch in der Rinde von *Simaruba amara Hayne.*

Zur Darstellung zog Winckler das Holz mit 80proc. Weingeist aus, verdunstete, nahm den Rückstand in Wasser auf, filtrirte, verdunstete wiederum zur Extractconsistenz, erschöpfte mit kleinen Mengen absolutem Weingeist, dampfte die erhaltene Tinctur nochmals bis fast zur Trockne ein, löste in heissem Wasser und überliess die filtrirte und mit Thierkohle entfärbte Lösung in gelinder Wärme der Krystallisation. — Wiggers extrahirte mit kochendem Wasser, schüttelte den etwas concentrirten Auszug mit Kalk, filtrirte, verdunstete bis fast zur Trockne, kochte den Rückstand mit 80—90proc. Weingeist aus, brachte die Lösung wieder zur Trockne, nahm jetzt in wenig absolutem Weingeist auf, fällte aus der Lösung braunen Farbstoff durch Aether aus, wiederholte dieses Verfahren, bis beim Verdunsten ein fast farbloser Rückstand blieb und goss die ätherweingeistige Lösung zuletzt auf Wasser, worauf das Quassiin allmälig herauskrystallisirte.

Nach Wiggers' Methode aus Aetherweingeist oder aus heissem Wasser oder heissem schwachem Weingeist krystallisirt, bildet es weisse undurchsichtige glänzende luftbeständige Säulen ohne Geruch, von neutraler Reaction und äusserst bitterem Geschmack. Es schmilzt etwas schwerer als Colophonium und erstarrt zu einer durchsichtigen gelben Masse. Bei 12° erfordert es 222 Th. Wasser zur Lösung, in Weingeist löst es sich leicht, in Aether nur sehr wenig (Wiggers). Bei stärkerem Erhitzen an der Luft brennt Quassiin wie ein Harz. Kalte mässig conc. Schwefelsäure löst es farblos und Wasser fällt es daraus scheinbar unverändert (Wiggers). Gerbsäure fällt es aus weingeistiger Lösung in dicken weissen Flocken.

Goldschmidt und Weidel haben das Quassiin nicht erhalten und erhielten durch Einwirkung von Kali auf ein aus Quassia abgeschiedenes Harz Protocatechusäure und Essigsäure. — A. Christensen, der sich eingehend mit dem Quassiin beschäftigt hat, giebt folgende Darstellung an: Quassiaholz wird 2mal mit Wasser ausgekocht, die Auszüge werden concentrirt, filtrirt und mit Gerbsäure gefällt, der Niederschlag mit Bleicarbonat in der Wärme zerlegt und die so erhaltenen, trocknen Rückstände mit Alkohol wiederholt ausgekocht. Die alkoholischen Lösungen liefern beim Verdampfen unreines Quassiin, das durch wiederholtes Umkrystalliren aus Aetherweingeist und Wasser gereinigt werden kann. Auch aus den Mutterlaugen lässt sich durch Ausschütteln mit Chloroform Quassiin erhalten. (Quassia lieferte 0,6 pro Mille, Picraena excelsa 0,6 pr. Mille Quassiin). — Das Quassiin wurde in rectangulären Blättchen, doppeltbrechend, erhalten, von bitterem Geschmacke, ist in Wasser, Alkohol (30 Th. 84%), Chloroform (2 Th.) löslich, schwerlöslich in Aether, Petroleumäther, rechtsdrehend (α) D = 378 (bei 210 mm Röhrenlänge), Schmpkt. 205°. Christensen constatirt, dass das Quassia kein Glycosid ist, die Formel $C_{31}H_{42}O_9$ besitzt, beim längeren Erhitzen mit verdünnten Säuren einen krystallinischen Körper liefert, $C_{31}H_{38}O_9$ + 4 Molec. Krystallwasser, Schmpkt. 237°. Adrian u. Moreaux erhielten aus 1 kg Surinamfliegenholz 1,25—1,5 g Quassiin; dieselben sprechen von einem amorphen Quassiin, das leichter löslich ist in Aether.

Wirkung. Eine genaue physiologische Prüfung dieses Stoffes, dessen toxische Wirksamkeit sich nicht allein auf Fliegen und Insecten erstreckt, fehlt. Die Angabe, dass Härtl (De Quassiae in specie et aliis remediis amaris in genere. Landshut, 1826; Buchners Repert. 24. 251) nach Application von 0,06—0,12 in eine Wunde bei Kaninchen Schwäche, Appetitmangel und ohne örtliche Symptome Tod in 30—36 Std. beobachtet habe, bezieht sich auf alkoholisches Extract des Fliegenholzes. Schroff sah von 0,4 Quassiin Lähmungserscheinungen, aber Erholung in fünf Stunden. Bei Hunden fanden wir innerlich 2,0 bis 3,0 Merckschen Quassiins, das aber mehr einem Extracte als dem reinen

Stoffe glich, ohne Wirkung. Nach Compardon (Bull. gén. de Thérap. Nov. 15. 1882) bewirkt reines krystallisirtes Quassiin zu 0,005—0,01 Zunahme des Appetits, regelt die Defäcation, vermehrt die Gallenausfuhr und die Diurese und ruft mitunter Speichelfluss hervor. Grössere Dosen als 0,012 pro die führen zu Brennen im Schlunde und in der Speiseröhre, Schwere im Magen, Stirnkopfschmerz, Nausea, Erbrechen und Durst, doch können einzelne Personen 0,035—0,04 ohne Nebenwirkungen ertragen. In therapeutischer Beziehung empfiehlt Compardon Quassiin als Tonicum in der Reconvalescenz nach schweren Krankheiten zur Beseitigung abnormer Contractionen des Magens und der Gedärme, bei Vomitus gravidarum, Dyspepsia flatulenta, Icterus, und namentlich zur Regulirung der Harnexcretion sowohl bei Parese als bei Tenesmus. Auf die Zuckerausscheidung bei Diabetes ist Quassiin ohne Wirkung. — Das in Italien als antitypisches Mittel benutzte Solfato di Quassina (!) ist nach De Luca ein künstliches Gemenge diverser bitterer Substanzen mit viel unorganischen Stoffen (Wiggers Jahresber. 1868. p. 436).

Picramnia.

Pereirin. — Literat.: Goos: Repert. Pharm. 76. 32. — Peretti, Journ. Chim. méd. 26. 162.

In der aus Brasilien und anderen südamerikanischen Ländern kommenden als Fiebermittel gerühmten Pereira-Rinde, welche nach Wiggers von *Picramnia ciliata Mart.* (Fam. *Cassuvieae*), nach Avé Lallemant dagegen von einer *Cerbera*- oder *Valesia*-Art (Fam. *Apocyneae*) stammt, wurde von Correa dos Santos eine Pflanzenbase entdeckt, deren Vorkommen darin Goos 1839 bestätigte. Entdeckung und Vorkommen.

Zu ihrer Darstellung wird die Rinde nach Goos mit angesäuertem Wasser ausgezogen, der Auszug mit Ammoniak gefällt, der Niederschlag mit Aether behandelt, der Verdunstungsrückstand der ätherischen Lösung in verdünnter Salzsäure aufgenommen und die filtrirte Lösung nochmals mit Ammoniak ausgefällt. Darstellung.

Das so dargestellte, wahrscheinlich noch nicht völlig reine Pereirin bildet ein weissgelbes amorphes Pulver (Goos), das nach Peretti aus Weingeist oder Aether in Körnern anschiesst. Es schmeckt sehr bitter und reagirt alkalisch. Eigenschaften. In Wasser löst es sich wenig, dagegen leicht in Weingeist und Aether. — Mit den Säuren vereinigt es sich zu neutral reagirenden amorphen, in Wasser und Weingeist löslichen Salzen. Aus der salzsauren Lösung fällt Platinchlorid einen gelben Niederschlag. Verbindungen.

Beim Erhitzen schmilzt das Pereirin zu einer blutrothen Masse und zersetzt sich in höherer Temperatur unter Ammoniakentwicklung. Conc. Schwefelsäure löst es mit violetter Farbe, die später in Braun, beim Verdünnen mit Wasser in Olivengrün, endlich in Grasgrün übergeht. Conc. Salpetersäure giebt damit eine blutrothe Lösung, die allmälig eine graubraune Farbe annimmt (Goos. Peretti). Zersetzungen.

Simaba.

Cedrin. — Entfettet man nach Lewy (Journ. Chim. méd. 1851. 282; auch Repert. Pharm. **109**. 350) die am Magdalenenstrom in Südamerika gegen Schlangenbiss, Wechselfieber, Rheumatismus und Gicht benutzten Samen von *Simaba Cedron Planch.* mittelst Aether und zieht sie dann mit Weingeist aus, so schiessen aus der Lösung beim Verdunsten seideglänzende Nadeln an, die so bitter wie Strychnin schmecken und in grösseren Dosen giftig wirken. Tanret hält das Cedrin identisch mit Valdivin. Nach Restrepo (Étude du cédron, du valdivia et de leur principes actifs, la cédrine et la valdivine. Paris, 1881) und Dujardin-Beaumetz (Compt. rend. **92.** 730) ist Cedrin, das zu 4 Mgm. subcutan Schwindel erregt, ein wirkliches Antitypicum, dessen Action allerdings weniger rasch und sicher als die des Chinins ist. Auf Frösche wirkt es nicht giftig, auf Kaninchen zu 0,01 tödtlich.

Valdivin. In den stark bitter schmeckenden Früchten hat Ch. Tanret (Compt. rend. 91. 886. — J. Chem. Min. 1880. 1004) einen Bitterstoff nachgewiesen, den er durch Extraction der Früchte mit Alkohol, Verdampfen des Letzteren, Ausschütteln mit Chloroform, Verdampfen dieses Chloroformauszuges, Aufnahme des erhaltenen Rückstandes mit kochendem Wasser, aus welcher Lösung das Valdivin, der sogenannte Bitterstoff krystallisirt. Derselbe bildet hexagonale Prismen, $C_{36}H_{48}O_{20} + 5H_2O$, löslich in 600 Th. Wasser, leicht löslich in Alkohol, Chloroform, unlöslich in Aether, Schmpkt. 230°, spec. Gew. 1,46. Nach dem Behandeln mit Alkalien reducirt das erhaltene Product Fehlingsche Lösung. Valdivin ist nach Restrepo und Dujardin-Beaumetz giftiger als Cedrin und tödtet Kaninchen schon zu 0,002—0,004 subcutan, Hunde zu 0,006 in 5—6 Std., wobei dem Tode heftiges Erbrechen vorhergeht. Beim Menschen wirken 0,004 in $^1/_4$ Std. emetisch. Therapeutisch wirkt Valdivin auf Schlangenbiss, Biss toller Hunde und Malariafieber nicht.

e. Burseraceae.

Die Familie der Burseraceae zeichnet sich besonders durch ihren Reichthum an Harzen, Gummiharzen und Balsamen aus. Diese Bestandtheile sind in Form emulsionähnlicher Gemenge von Harzen mit Kohlehydraten, oder sog. Harzsäfte, vielfach Lösungen von Harzen in ätherischen Oelen in den Rindenparenchymyellen enthalten. Es muss hier zunächst hinsichtlich der allgemeinen Charakteristik der hierher gehörigen Myrrha, Olibanum (Weihrauch), Bdellium, Elemi auf die Arbeiten von Hirschsohn verwiesen werden (J. Pharm. 1877. 168. Arch. Pharm. (3) **10. 11.** auch Dissertation, Dorpat), die hier kaum eingehend referirt werden können. In Betreff der Myrrhe dürfen auch hier Notizen von R. H. Parker (Pharm. J. Trans. **475.** 81. 84. **525.** 41) Erwähnung finden.

Balsamodendron.

Myrrhe. Die Myrrhe, ein Gummiharz von dem in Arabien und Abyssinien einheimischen *Balsamodendron Myrrha Nees.* oder *Balsamodendron Ehrenbergianum Berg.*, bildet unregelmässige gelbe, röthliche oder rothbraune durchscheinende spröde Stücke von balsamischem Geruch und gewürzhaft bitterem Geschmack und einem specif. Gew. von 1,12—1,18. Sie enthält in 100 Th. etwa 2—4% ätherisches Oel, das Myrrhol, ferner 27—40 Th. durch Weingeist ausziehbares Harz, das Myrrhin von Ruickholdt (Arch. Pharm. (2) **41.** 1), welches bei 90—95° schmilzt, sich völlig in Aether und Essigsäure, aber nur theilweise in Kalilauge löst, etwa der Formel $C_{48}H_{32}O_{10}$ entspricht und bei längerem Erhitzen auf 168° sich in Myrrhinsäure, $C_{48}H_{32}O_8$, verwandelt, und endlich 40—50 Th. Gummi. Die Menge des Gummis beträgt 40—60%. Das Harz löst sich reichlich in Schwefelkohlenstoff, welche Lösung mit Bromdampf roth bis violett wird. — Mit Wasser zerrieben giebt die Myrrhe eine Emulsion. Beim Erhitzen bläht sie sich stark auf, ohne zu schmelzen, und wird dann zerstört. Beim Schmelzen mit Kalihydrat liefert sie Protocatechusäure und Brenzcatechin.

Myrrhenöl. Das flüchtige Oel des Gummiharzes Myrrhe wurde von Brandes (Almanach. 1819. 125), Braconnot (Journ. Pharm. (2) 15. 288) und Bley und Diesel (Arch. Pharm. (2) 48. 304) durch Destillation der Myrrhe mit Wasser zu 1,6—3% erhalten. Ruickboldt (Arch. Pharm. (2) 41. 10), der es analysirte (Kraut berechnet in Gmelins Handbuch aus seinen Analysen die obige Formel), stellte es durch Destillation des weingeistigen Myrrhenextractes mit Wasser dar und erhielt so 2,2% vom Gewicht der Myrrhe. Es ist nach ihm ein hellweingelbes dünnflüssiges, an der Luft jedoch bald dunkler und dicker werdendes Oel vom Geruch und Geschmack der Myrrhe, welche leichter als Wasser ist und sich in Weingeist und Aether leicht löst. Gladstone (Chem. Soc. Journ (2) 2. 1) fand dagegen ein spec. Gew. von 1,0189 bei 7,5°, ferner einen Siedepunkt von 266° und ein bedeutendes Rotationsvermögen nach Links. Nach Blei und Diesel soll es in Berührung mit Luft und Wasser zum Theil in Ameisensäure übergehen. Das Myrrhenöl ist linksdrehend; die Formel von Ruickoldt, $C_{10}H_{14}O$, ist noch nicht sicher (Flückiger).

Anwendung. Als tonisch balsamisches Mittel hat Myrrha bei Hypersecretion der Respirations- und Urogenitalorgane, ferner als Stomachicum bei Indigestion, Magenkatarrh, auch als Emmenagogum zu 0,3—1,0 in Pulver (mit 4 Th. Milchzucker als Hoffmannscher Myrrhenzucker gegen Phthisis), Pillen, Emulsion, meist in Verbindung mit roborirenden Mitteln, z. B. Eisen (Griffithsche Mixtur), bis in die neueste Zeit Anwendung gefunden. Aeusserlich dient sie in Substanz zu Räucherungen gegen Rheumatismus, selten zu Inhalationen bei chronischen Katarrhen (auf Kohle gestreut oder mit Essig gekocht), in Form verschiedener Präparate (Tinctur, wässr. Extract u. s. w.) als Verbandmittel für schlecht eiternde Geschwüre, als Gurgelwasser bei Anginen, und besonders zu Zahnlatwergen und Mundspülwässern bei scorbutischem Zahnfleisch (Bestandtheil der Tinctura gingivalis s. Myrrhae composita), auch als Mittel gegen Zahncaries. — Grössere Gaben (2,0—4,0) sollen Magenentzündung und Fieber bedingen können (Pereira). Nach Hirt (De copia relativa corpusculorum alborum. Lips. 1853) soll Myrrhe (in Tinctur zu 30 Tr.) die Zahl der farblosen Blutkörperchen stark vermehren.

Boswellia.

Olibanum oder Weihrauch. Das Olibanum oder der Weihrauch ist theils afrikanischen, theils asiatischen Ursprungs, von verschiedenen Boswelliaspecies stammend. Die reinen Stücke sind blassgelb, seltener röthlich, durchscheinend oder undurchsichtig, spröde, mit mehligem Ueberzug, von splitterigem Bruch. Spec. Gew. 1,22. Geruch schwach balsamisch, Geschmack bitter und scharf. Das Olibanum schmilzt nur unvollkommen unter Verbreitung eines angenehmen Geruchs. Es besteht in 100 Th. aus etwa 4—5 Th. eines wasserhellen, bei 162° siedenden ätherischen Oels von 0,86 spec. Gew. (Stenhouse, Ann. Chem. Pharm. 35. 306), 56 Th. saurem Harz und 30—36 Th. Gummi, das mit dem arabischen übereinkommt, und 6 Th. Bassorin (Braconnot, Ann. Chim. 68. 60). Mit Wasser bildet es eine milchige Flüssigkeit, von Weingeist wird es grösstentheils gelöst. Nach Hlasiwetz besitzt das Harz die Formel $C_{20}H_{32}O_4$ und giebt, mit Kali geschmolzen, keine Producte der aromatischen Reihe. Das ätherische Oel, bei 50 mm Säulenlänge 8°7' **links** drehend (**Flückiger**), besteht aus einem bei 158° siedenden Terpen, das mit Salzsäure einen krystallisirbaren Körper bildet, nebst einer geringen Menge eines sauerstoffhaltigen Bestandtheiles (**Kurbatow**, Ann. Chem. Pharm. **173**. 1). Früher auch als Balsamicum innerlich (mit Eigelb emulgirt) zu 2,0—3,0 bei chronischen Katarrhen benutzt, kommt Olibanum jetzt medicinisch nur als Bestandtheil diverser Gemenge zum Räuchern von Zimmern oder Körpertheilen und des früher als wärmendes Deckpflaster bei Magen-, Darm- und Brustaffectionen benutzten Empl. aromaticum s. stomachicum in Betracht.

Amyris (Icica).

Elemi. Das **Elemi**, von mittel- und südamerikanischen *Icica-* odere *Amyris*-Arten stammend, bildet in der Regel gelbliche oder grünliche undurchsichtige fettglänzende, oder auch weissliche, schon zwischen den Fingern erweichende und sehr leicht schmelzbare Massen von 1,02—1,08 spec. Gewicht. Es löst sich nicht in Wasser, nur theilweise in kaltem, vollständig in kochendem Weingeist, leicht in Aether, gut auch in Terpentinöl. Beim Destilliren mit Wasser liefert es bis zu 13% eines wasserhellen dünnflüssigen, bei 166—174° siedenden Terpens von 0,816 spec. Gew. (**Stenhouse**, Ann. Chem. Pharm. **35**. 304; **Deville**, ebendas. 71. 352). Das Oel ist rechtsdrehend oder auch linksdrehend und giebt mit Salpetersäure **Terpinhydrat**, $C_{10}H_{18}O_2 + H_2O$. Kalter Weingeist zieht ein braungelbes amorphes Harz aus, worauf der gebliebene Rückstand aus kochendem Weingeist farblose Krystalle liefert, die nach **Baup** (Ann. Chem. Pharm. **80**. 312) identisch mit dem Amyrin des Arboa-a-Breaharzes (s. dies.) sind. Die Hauptmasse des Elemi besteht aus amorphem nicht saurem Harze, in kaltem Weingeiste löslich. Beim Behandeln von Elemi mit kaltem Alkohol bleibt ein weisser Krystallbrei zurück, das **Amyrin** (**Buri**,
Amyrin. **Flückiger**), $C_{25}H_{42}O = (C_5H_8)_5, H_2O$, Schmpkt. 177°, sublimirbar in Alkohol (27 Th.) Aether, Chloroform, Schwefelkohlenstoff löslich. (O. **Hesse** giebt die Formel ($C_{47}H_{78}O_2 = C_{47}H_{76}(OH)_2$.) Alkalien bilden damit Spuren von Oxalsäure und flüchtigen Fettsäuren). Essigsäureanhydrid liefert damit **Acetylamyrin**, Brom eine krystallinische Verbindung. Bei der Destil-
Elemisäure. lation mit Zinkstaub erhielt **Ciamician** Toluol, Methylätherbenzol, Aethylnaphthalin. — Neben Amyrin ist eine geringe Menge einer Säure vorhanden, die **Elemisäure**, $C_{35}H_{46}O_4$, grosse Krystalle, Schmpkt. 215°, löslich in Alkohol, Aether, Amylalkohol, unlöslich in Wasser, linksdrehend. **Flückiger** hat ferner durch Extraction des Harzes mit 22% Alkohol, auch aus den
Bryoïdin. wässrigen Destillationsrückständen des Elemi einen dritten Körper, das **Bryoïdin**, in Prismen krystallisirend, Schmpkt. 135—136°, sublimationsfähig, löslich in Alkohol, Aether, Chloroform, Glycerin, Essigsäure, von der Zusammensetzung $2(C_{10}H_{16}) + 3H_2O$. Trocknes Salzsäuregas färbt dasselbe roth, blau, violett, grün. **Baups** Breïdin ist wohl identisch mit reinem Bryoïdin. Die Bestandtheile des Elemiharzes lassen sich nach **Flückiger** folgendermassen darstellen:

Aetherisches Oel $C_{10}H_{16}$
Amyrin $2(C_{10}H_{16}) + H_2O$
Amorphes Harz $2(C_{10}H_{16}) + 2H_2O$.
Bryoïdin $2(C_{10}H_{16}) + 3H_2O$.
Elemisäure + Bitterstoff.

Literatur: Schwanert, Ann. Chem. Pharm. 128. 124. — Flückiger, Repert. Pharm. (3) 24. 221. — Buri, Repert. Pharm. 25. 193. — Arch. Pharm. (3) 12. 385. — Ciamician, Berl. Ber. 1878. 1344. — O. Hesse, Ann. Chem. Pharm. 192. 179. — Rose, Ann. Chem. Pharm. 32. 40. — Johnston, Ebendas. 29. 137. — Hess, Ebendas. 29. 136.

Das Elemi dient fast ausschliesslich zur Darstellung von Firnissen und in der Medicin zur Bereitung einer reizenden Salbe, die als Unguentum Elemi oder Balsamum Arcaei (weil von Arcaeus schon 1654 eine zusammengesetzte Salbe mit Elemi angegeben) bezeichnet und besonders bei torpiden Geschwüren gebraucht wird. Ueber das ätherische Elemiöl hat Mannkopf (De Olei aetherei natura. Berol. 1858. Virch. Arch. 15. 192) toxikologische Studien an Fröschen und Kaninchen angestellt, wonach es die Wirkungen des Terpentinöls besitzt, aber erst zu 15,0 bis 30,0 bei Kaninchen unter den Erscheinungen der Vergiftungen durch ätherische Oele den Tod herbeiführt. Anwendung.

Das Arbol-a-Breaharz, wahrscheinlich von *Canarium album R.* stammend, ist graugrün, weich, klebend, von eigenthümlichem Geruch, schmilzt schwer und enthält in 100 Th. 7 Th. beim Destilliren mit Wasser sich verflüchtigendes ätherisches Oel, 61 Th. in Weingeist leicht lösliches und 25 Th. darin schwer lösliches Harz (Bonastre, Journ. Pharm. (2) 10. 199). Letzteres hat Baup (Ann. Chem. Pharm. 80. 312) in vier verschiedene krystallisirbare Harze zerlegt, die er als Breïn, Bryoïdin, Breïdin und Amyrin bezeichnet. Arbol-a-Breaharz.

Das früher zur Bereitung von Pflastern benutzte Bdellium, ein Gummiharz von *Balsamodendron africanum Arn.* in Senegambien und *B. Mukul. Hook.* in Indien, ist gelb oder rothbraun, klebt an den Fingern, erweicht beim Kauen, riecht wie Myrrhe, schmeckt bitter (untersucht von Pelletier, Bull. Pharm. 4. 52; Johnston, Phil. Trans. 1840. 368; Bley und Diesel, Arch. Pharm. (2) 43. 304; Flückiger, Schweiz. Wchschr. 1869. No. 8). — Das Carannaharz, von *Bursera acuminata Willd.* auf den Antillen, ist grünbraun bis dunkelbraun, an den Kanten durchscheinend, frisch zähe, später hart und spröde, hat 1,124 spec. Gew., schmilzt leicht, enthält 96% in Weingeist, Aether und Alkalien lösliches Harz (Pelletier, l. c.) — Das Gomartharz, von *Bursera gummifera Jacq.* in Westindien und Südamerika, ist weiss, fest, von krystallinischer Textur, riecht terpentin- und elemiartig, liefert beim Destilliren mit Wasser etwa 5% eines farblosen, terpentinartig riechenden Camphens (Deville, Ann. Chim. Phys. (3) 27. 90). — Der Hedwigiabalsam, Bergzuckerbalsam oder Schweinbalsam, von *Hedwigia balsamifera Sw.* in Westindien und Südamerika, wird nach Art des Copaivabalsams medicinisch verwendet, riecht terpentinartig und liefert beim Destilliren mit Wasser ein gelbes ätherisches Oel (Bonastre, Journ. Pharm. (2) 12. 485). — Der Meccabalsam, von *Balsamodendron gileadense Knth.*, einem arabischen Strauch, ist blassgelb, dünnflüssig, von angenehmem Geruch und bitterem gewürzhaftem Geschmack, hat 0,95 spec. Gew., löst sich leicht in Weingeist und Aether und liefert beim Destilliren mit Wasser etwa 10% wasserhelles ätherisches Oel (Bonastre, Journ. Pharm. (2) 18. 97). — Das Westindische Takamahak, zu Räucherungen dienend, von *Amyris tomentosa Spr.*, bildet gelbe bis gelbbraune, durchscheinende, spröde Stücke von 1,046 spec. Gew., riecht schwach, schmeckt gewürzhaft, ist leicht schmelzbar und in Weingeist und Kalilauge löslich. — Das Icicaharz, von *Icica*-Arten aus Cayenne, bildet gelbweisse Stücke oder durchsichtige Körner von angenehmem Geruch, die sich in 55 Th. kaltem und 15 Th. kochendem Weingeist von 36° B., sowie in $3^1/_2$ Th. kaltem

Bdellium. Carannaharz. Gomartharz. Hedwigiabalsam. Meccabalsam. Westindisches Takamahak. Icicaharz.

Terpentinöl lösen, und besteht aus 2 krystallisirbaren Harzen, dem Brean und Icican, und einem amorphen Harz, dem Colophan, die sämmtlich in wässrigem Kali unlöslich sind (Scribe, Ann. Chim. Phys. (3) **13.** 166).

Oel von Canarium commune. Das fette Oel der Nüsse von *Canarium commune L.* ist farblos, ziemlich dünnflüssig, von süsslichem Geschmack (Bizio).

f. Anacardiaceae.

Pistacia.

Mastix. Der Mastix wird auf der Insel Chios von einer bestimmten Varietät der *Pistacia Lentiscus L.* gewonnen. Er bildet Körner oder Thränen von gelblicher oder grünlicher Farbe mit weiss bestäubter, manchmal rissiger Oberfläche. Er ist ziemlich hart, auf dem Bruche glasglänzend, von schwach balsamischem Geruch und einem an Mohrrüben erinnernden Geschmack, wird beim Kauen teigig, erweicht bei 80° und schmilzt bei 105—120° unter beginnender Zersetzung. Das spec. Gew. ist 1,07—1,074. Benzol und ätherische Oele, Amylalkohol, Terpentinöl, weisses Aceton lösen leicht. Gewöhnlicher Weingeist bringt etwa $^4/_5$ eines Harzes in Lösung, dessen Zusammensetzung nach Johnston (Phil. Trans. 1839. 132) ungefähr der Formel $C_{40}H_{32}O_4$ entspricht, und lässt ein weiches zähes Weichharz, das Masticin ($C_{40}H_{30}O_2$), ungelöst. Hlasiwetz rechnet Mastix mit zu den Coniferenharzen zu den Terpentinabkömmlingen. Das ätherische Oel (2%) ist nach F. A. Flückiger (Arch. Pharm (3) **19.** 170) ein Terpen, $C_{10}H_{16}$, rechtsdrehend (14° bei 50 mm-Säulenlänge), Sdpkt. 155—160°, liefert Terpin. In der Medicin dient Mastix (Mastiche s. Resina Mastiches) vorzugsweise als Bestandtheil von Pflastern (Empl. Canth. perpet., Empl. Mezerei cantharid.) und Räucherspecies, ferner für sich oder in Verbindung mit Sandarak (Explementum ad dentes Ph. Austr.) zu Zahnkitten behufs provisorischer Ausfüllung von Zähnen, wozu man in concentrirte Lösungen des Mastix in Spiritus aethereus oder absolutem Alkohol (Mastixtinctur) getauchte Watte oder Baumwolle benutzt, früher auch zu Pillenmassen (z. B. den als Dinner pills bezeichneten Aloëpillen der Engländer) und spirituösen Mischungen (Eau de Luce), ferner als Kaumittel bei übelriechendem Athem oder aufgelockerter und geschwüriger Mundschleimhaut (Krahmer), als blutstillendes Mittel (Mastixtinctur auf Charpie nach Fränkel), innerlich gegen Urinincontinenz (Debout), Leukorrhoe, chron. Durchfall u. s. w., endlich äusserlich gegen schmerzhafte Affectionen (als Tinctur oder in Form des Spir. Mastiches compositus oder matricalis bei starker und schmerzhafter Ausdehnung des Abdomen in der Schwangerschaft).

Chiosterpentin. Ueber den Chiosterpentin von Pistacia terebinthus sind von G. W. Wigner (Anal. 1880. 112. J. Chem. M. 1880. 1083) sowie Modlen (Pharm. J. Trans. (3) **10.** 913) u. A. neuere Angaben vorhanden. Derselbe bildet feste grüngelbe Massen, löslich in Alkohol, Amylalkohol, Eisessig, Benzin, Aceton, Aether, Chloroform. Derselbe enthält 9—12% ätherisches Oel, ein Terpen, rechtsdrehend, α Harz 79—81%, γ Harz 4—6% Spuren von Benzoësäure. Der Pistazienterpentin (Terebinthina Chia), welcher früher wie Terebinthina laricina medicinische Anwendung fand, wurde von Clay (Lancet, March. 27. 1880) neuerdings, innerlich in Pillen- oder Emulsion verabreicht, als Specificum gegen Gebärmutterkrebs gerühmt, doch haben die vielfachen Versuche in englischen und nordamerikanischen Hospitälern (vgl. die ausgedehnte Literatur in Virchow-Hirsch Jahresber. f. 1880. **1.** 488 und 1881. **1.** 456) durchgängig negative Resultate geliefert. Ueberhaupt ist entfernte Wirkung schon deshalb zweifelhaft, weil die Resorption vom Darm aus problematisch bleibt, da z. B. eine Kranke (Jacksons Brit. med. Journ. June 26. 1880) nach einmonatlichem Gebrauche einen Block von 120,0 Schwere wieder ausbrach.

Das Pistacienfett, aus den Beeren von *Pistacia Lentiscus L.*, ist dunkelgrün und schmilzt bei 32—34°. Pistacienfett.

Das Dikafett, aus den Mandeln von *Mangifera gabonensis Aubr. Lec.*, (Afrika), gleicht dem Cacaofett, schmilzt bei 30—33°, enthält Laurinsäure und Myristinsäure. Dikafett.

Ein Fett, einer noch nicht sicher festgestellten Anacardiacee entstammend, ist von F. Reinitzer (Monatsh. Chem. 3. 266) untersucht worden. Dasselbe bildet eine dem Cacaofett ähnliche Masse, Schmpkt. 41° und besteht aus 57,88% Tristearin und 42,12% Trioleïn.

Rhus.

Die Gattung Rhus liefert reichlich Gerbstoff enthaltende Materialien, Sumach, die Blätter von Rhus coriaria, die japanischen Gallen, durch Insectenstich veranlasste Ausflüsse der Blätter von Rhus semialata, auch Fett, den sog. Japantalg, von den Früchten von Rhus succedanea und vernicifera.

Rhusgerbsäure. — Zieht man nach J. Khittel (Viertelj. pract. Pharm. 7. 348) das ätherische Extract der Blätter von *Rhus Toxicodendron L.* mit warmem Wasser aus, filtrirt den Auszug nach zweitägigem Stehen, entfernt daraus Schwefelsäure und Phosphorsäure erst durch wenig Bleizucker, fällt nun damit vollständig aus, zerlegt den ausgewaschenen Niederschlag unter Wasser durch Schwefelwasserstoff und verdunstet das wässrige Filtrat zur Trockne, so hinterbleibt Rhusgerbsäure als gelblichgrüne firnissartige Masse. Ihre wässrige Lösung färbt und fällt Eisenchlorid dunkelgrün, färbt Brechweinstein dunkelgelb und trübt bei grösserer Concentration Leimlösung. Der bei 110° getrocknete Bleiniederschlag ergab die Formel: $C_{18}H_{14}O_{13}$, 2 PbO.

Löwe (Z. anal. Chem. 12. 128) hat sich eingehend mit dem Studium der Sumachgerbsäure beschäftigt und nachgewiesen, dass dieselbe vollkommen identisch mit der Gallusgerbsäure ist. — Macagno fand in Sumachblättern 15—21% Gerbstoff (Bot. Centralbl. 1880. 235.) Sumachgerbsäure.

Toxicodendronsäure. — Nach Maisch (Viertelj. pract. Pharm. 15. 585) ist der wirksame Bestandtheil des Giftsumachs, *Rhus Toxicodendron L.*, eine flüchtige als Toxicodendronsäure bezeichnete Säure. Sie ist nicht Ameisensäure, da ihr schwer lösliches Quecksilberoxydsalz beim Kochen nicht reducirt wird. Buchheim hält Cardol (vgl. S. 868) für den activen Bestandtheil, doch scheint die Toxicodendronsäure als das eigenthümliche toxische Princip des Giftsumachs, welches die meist durch Berührung, zuweilen aber auch durch die Ausdünstungen des letztern bedingten Hautausschläge hervorruft, angesehen werden zu müssen; wenigstens erzeugte die Säure bei Maisch u. a. Personen an den unbedeckten Körpertheilen analoge Ekzeme, gegen welche Bleiwasser, übermangansaures Kali und Ammoniak sich am meisten hülfreich erwiesen.

Das Japanische Wachs, der Japantalg, kommt in grossen runden Scheiben von Ost- und Westindien, Brasilien und Japan in den Handel, hat 0,97—0,98 spec. Gew., schmilzt bei 42—52°, löst sich in 3 Th. kochendem

Weingeist von 96%, auch in heissem Aether, liefert bei der Verseifung Glycerin und eine harte feste Seife (gehört also zu den wirklichen Fetten), enthält Palmitinsäureglycerid (Stham, Ann. Chem. Pharm. **43**. 343).

Japanisches Wachs. E. Buri (Arch. Pharm. (3) **14**. 403) hat die Zusammensetzung dieses Fettes ermittelt, welches vorwiegend aus den Glyceriden von Palmitinsäure mit einer höher schmelzenden Säure besteht. A. Meyer (Arch. Pharm. (3) **12**. 97) beschäftigte sich eingehend mit Studien über die Abstammung und Bereitung des Japantalges und zeigte auch, dass die Früchte von Rhus succedanea im Mesocarp 20,9% und in den Cotyledonen 36% Fett, diejenigen von Rhus vernicifera in der Epidermis 5,7%, Mesocarp 39,3% und Endocarp 53% Fett enthielten. Medicinisch dient Japantalg als Constituens für Pillen aus Copaivabalsam statt Cera alba rasa.

Loxopterygium.

Arata (J. Pharm. 1878. 169) hat das sog. Quebracho Colorado untersucht und den darin enthaltenen Farbstoff näher untersucht, bei der trocknen Destillation dieser Substanz Brenzcatechin erhalten, mit Salpetersäure Pikrinsäure und Oxalsäure, mit schmelzendem Kali Protocatechusäure und Phloroglucin nachgewiesen.

O. Hesse (Ann. Chem. Pharmac. **211**. 249) hält den rothen Gerbstoff der rothen Quebrachorinde für Catechin ähnlich und hat in dieser Quebrachorinde 2 Alkaloide nachgewiesen, von denen das eine durch Rhodankalium fällbar ist, mit verdünnter Schwefelsäure Blaufärbung giebt, während das zweite nicht durch
Loxopterygin. Rhodankalium gefällt wird, dagegen durch Ammoniak. Dasselbe, Loxopterygin, $C_{26}H_{34}N_2O_2$, schmilzt bei 18°, ist in Alkohol, Aether löslich, wird mit Salpetersäure blutroth, ist in Schwefelsäure löslich, auf Zusatz von Molybdänsäure violett, dann blau werdend, mit Kaliumdichromat violett werdend (siehe Aspisdosperma, Apocyneae).

Anacardium. Cassuvium.

Anacardienöl. Das Anacardienöl, aus dem Pericarpium der ostindischen Elephantenläuse, *Semecarpus Anacardium L. fil.*, hat 0,991 spec. Gew., ist in Aether leicht löslich, wirkt blasenziehend und drastisch. — Das Oel aus den Kernen der
Acajouöl. Acajou-Nüsse, von *Cassuvium pomiferum S.*, ist blassgelb, süss, von 0,916 spec. Gew., während das Pericarpium der Nüsse ein dickes klebriges blasenziehendes Oel von 1,014 spec. Gew. liefert (Lepine). Die blasenziehende Wirkung der letztgenannten Oele beruht wahrscheinlich auf beigemengtem Cardol.

Anacardsäure. $C_{44}H_{64}O_7$. — Literat.: Städeler, Ann. Chem. Pharm. **63**. 137.

Entdeckung und Vorkommen. Diese Säure wurde von Städeler 1848 im Pericarpium der Nüsse von *Anacardium occidentale L.*, den sogen. westindischen Elephantenläusen oder Mahagonynüssen entdeckt, in dem sie sich neben Cardol findet. — Zu ihrer Darstellung erschöpft man das vom öligen Kern getrennte Pericarpium mit Aether, entfernt aus dem Destillationsrückstande des ätherischen Auszuges durch Waschen mit Wasser die Gerbsäure, löst ihn dann (er enthält jetzt etwa 90% Anacardsäure, 10% Cardol und Spuren von Ammoniaksalz) in 15 bis 20 Th. Weingeist und digerirt diese Lösung so lange mit frisch gefälltem Bleioxydhydrat, bis sie nicht mehr sauer reagirt und alle Anacardsäure gefällt ist. Der Niederschlag wird mit Weingeist gewaschen, so lange das Ablaufende noch Cardol enthält und sich mit Wasser trübt, und darauf unter Wasser mit Schwefelammonium zerlegt. Aus dem nun anacardsaures Ammonium enthaltenden Filtrat fällt Schwefelsäure unreine Anacardsäure als weiche, allmälig erstarrende Masse. Diese wird in Weingeist gelöst und die Lösung nach Zusatz von Wasser bis zur Trübung tropfenweise mit Bleiessig versetzt, so lange dadurch noch Farbstoff (neben etwas Anacardsäure) als dunkles Oel abgeschieden wird. Das Filtrat kocht man mit kohlensaurem Baryt, filtrirt nach 12 Stunden, fällt es nach Zusatz von Weingeist mit einer weingeistigen Lösung von Bleizucker aus, zerlegt den entstandenen Niederschlag nach dem Auswaschen mit weingeistiger Schwefelsäure und scheidet aus dem durch Abdestilliren des meisten Weingeists concentrirten Filtrat die Anacardsäure durch Wasser als farbloses, später erstarrendes Oel aus.

Eigenschaften.

Die Anacardsäure bildet eine weisse krystallinische Masse, die schon bei 26° schmilzt, beim Abkühlen langsam wieder erstarrt und in höherer Temperatur zersetzt wird. Sie zeigt erst bei 100° Geruch und schmeckt schwach gewürzhaft, hinterher brennend. Auf Papier macht sie Fettflecke. Ihre weingeistige Lösung röthet Lackmus stark. In Wasser ist sie unlöslich, aber leicht löslich in Weingeist und Aether.

Salze.

Die Salze der Anacardsäure sind bis auf das körnig krystallinische Bleisalz amorph und bis auf die Salze der Alkalien und des Ammoniums in Wasser schwer löslich oder unlöslich. Städeler untersuchte das Ammonium-, Kalium-, Barium-, Calciumsalz, die Bleisalze $C_{44} H_{60} Pb_4 O_7$ und $C_{44} H_{62} Pb_2 O_7 + 2 C_2 H_3 PbO_2$, das Silbersalz $C_{44} H_{62} Ag_2 O_7$ und das Eisenoxydsalz.

Zersetzungen.

Die Säure giebt, über 200° hinaus erhitzt, ein farbloses dünnöliges Destillat. An der Luft zerfliesst sie allmälig und wird ranzig. Conc. Schwefelsäure löst sie mit blassrother Farbe und scheidet dann, nachdem sie Wasser angezogen hat, ein zähes Harz ab. Bei Einwirkung von heisser conc. Salpetersäure scheinen unter reichlicher Entwicklung salpetriger Dämpfe Korksäure und Buttersäure gebildet zu werden.

Entdeckung und Vorkommen.

Cardol. $C_{21} H_{30} O_2$. — So nennt (Name aus Anacardium und Oleum gebildet) Städeler (Ann. Chem. Pharm. 63. 137) den 1848 von ihm genauer untersuchten scharfen öligen oder balsamartigen Bestandtheil des Pericarpiums der Nüsse von *Anacardium occidentale*. — Zu seiner Darstellung verfährt man zunächst wie bei der Darstellung der Anacardsäure (s. diese), kocht das nach Ausfällung der letzteren mittelst Bleihydroxyd erhaltene Filtrat mit kleinen Mengen von Bleihydroxyd, wodurch Ammon entwickelt und eine violette Bleiverbindung abgeschieden wird, filtrirt, beseitigt den Alkohol, zersetzt mit Wasser, entfärbt vorsichtig mit bas. Bleiacetat, entbleit das Filtrat mit Schwefelsäure, verdunstet und wäscht das rückständige Cardol mit Wasser.

Darstellung.

Eigenschaften.

Das Cardol ist eine gelbe, in dickeren Schichten röthlich erscheinende, rein wohl farblose Flüssigkeit von 0,978 spec. Gew. neutral, unlöslich in Wasser und Weingeist, brennbar. Conc. Schwefelsäure löst dasselbe mit rother, conc. Kalilauge mit gelber, an der Luft roth werdender Farbe.

Anwendung.

Im Handel kommt ein Cardol vesicans und ein Cardol pruriens vor, welches erstere dem Städelerschen Cardol aus Anacardium occidentale entspricht, während letzteres aus den Früchten von *Semecarpus Anacardium*

L. fil., den sog. ostindischen oder orientalischen Elephantenläusen, dargestellt werden soll. Beide sind scharf und bewirken Hautreizung, und zwar ersteres schon nach wenigen Minuten Gefühl von Brennen und im Verlaufe von 4 bis 12 St., je nach Individualität und Applicationsstelle, Abhebung der Epidermis in Quaddeln und später in Blasen. Bartels (Deutsche Klin. 20. 1852) nennt nach Versuchen mit nicht reinem Cardol (Aetherextract der Elephantenläuse) die Wirkung milder, aber anhaltender als die der Canthariden, indem sie ohne Schmerzen eintrete und nach Oeffnung der Blase reichliche Eiterung stattfinde. Da sich bei einzelnen Personen starkes entzündliches Oedem der Umgebung ausbildet, die von Bartels gerühmte Beschränkung der Wirkung somit illusorisch ist, ausserdem die locale Reizung so heftig sein kann, dass die Blasen mit Blut gefüllt erscheinen (Wucherer), hat sich die Anwendung als Ableitungsmittel, für welche namentlich die Fortdauer plastischer Exsudation nach Entfernung des Mittels spricht, trotz der kleinen Mengen, die zur Erzielung der Wirkung nöthig sind (8,0 genügen bei 100 Personen zur Etablirung ausgedehnter Eiterstellen) und trotz der Autorität von Frerichs, der es besonders bei Larynxaffectionen empfahl, nicht allgemein Bahn gebrochen. Nach Krahmer (Arzneimittell. p. 697) kann die Darstellung des Cardols zum Auftreten von Ekzem im Gesicht und auf dem übrigen Körper und allgemeinem Unwohlsein, nach Bertram (Hasselt-Henkel, Giftlehre. 1. 478) zu Hautentzündung, Harnbeschwerden und selbst narkotischen Phänomenen Anlass geben. Cardol pruriens bewirkt Dermatitis, selbst erysipelatöser Art, meist, jedoch keineswegs immer, ohne Blasenbildung.

10. Aesculinae.

a. Sapindaceae (incl. Hippocastaneae).

Aesculus.

Aescinsäure. $C_{24}H_{40}O_{12}$. — Literat.: Rochleder, Journ. pract. Chem. 87. 1; 101. 415.

Entdeckung und Vorkommen. Die Aescinsäure findet sich nach Rochleder (1862) in kleiner Menge neben etwas Propaescinsäure und verschiedenen eigenthümlichen indifferenten Substanzen in den Cotyledonen des Samen der Rosskastanie, *Aesculus Hippocastanum L.*

Darstellung. Kocht man mittelst Aether entfettete Rosskastanien mit Weingeist von 40° aus, so scheidet dieser beim Erkalten etwas Aescinsäure aus, die jedoch auf 8 Pfund angewandter Samen nur 0,6 g beträgt. — Eine etwas grössere Ausbeute erhält man, wenn man die zerschnittenen frischen Cotyledonen wiederholt mit kaltem Weingeist von 35° B. extrahirt, von dem honigdicken Destillationsrückstand der vereinigten Auszüge die nach einigen Tagen obenauf abgeschiedene Fettschicht trennt, ihn dann zur Entfernung des Zuckers mit absolutem Weingeist ausknetet und hierauf mit Kalilauge erwärmt, bis die Masse durch Bildung von aescinsaurem Kali zur Gallerte gesteht. Diese wird mit Wasser zum Sieden erhitzt, nach dem Erkalten auf ein Filter gebracht und zur Entfernung des überschüssigen Kalis ausgewaschen, wodurch sie krystallinisch wird. Aus dem aescinsauren Kali wird die Säure durch Salzsäure abgeschieden.

Die Aescinsäure kann auch auf künstlichem Wege aus Aphrodaescin (s. dieses) erhalten werden, welches beim Erhitzen mit wässrigen Alkalien in Aescinsäure und Buttersäure zerfällt. Künstliche Bildung.

Die aus ihren Salzen abgeschiedene Aescinsäure ist eine farblose amorphe, leicht zu einem weissen Pulver zerreibliche Masse, die bei längerem Kochen mit einer zur Lösung ungenügenden Menge Weingeists fein krystallinisch wird und auch aus weingeistiger Lösung beim Verdunsten als Krystallmehl niederfällt. Sie löst sich wenig in kaltem, leicht in heissem Wasser, im frisch gefällten Zustande auch leicht in Weingeist, aber nach dem Trocknen nicht mehr. Durch Aether wird sie aus ihrer weingeistigen Lösung amorph gefällt. Eigenschaften.

Für ihre Zusammensetzung gab Rochleder anfangs die Formel $C_{48}H_{80}O_{23}$, später $C_{24}H_{40}O_{12}$. Zusammensetzung.

Das Kaliumsalz, $C_{48}H_{39}KO_{12}$, bildet weisse, seideglänzende, in Wasser schwer lösliche Nadeln. Das Bariumsalz, $C_{48}H_{39}KO_{12}$, und das Bleisalz sind weisse amorphe Niederschläge. Salze.

Wird Aescinsäure über 130° hinaus erhitzt, so wird sie gelb und zersetzt sich in höherer Temperatur vollständig. — Beim Kochen mit verdünnter Salzsäure zerfällt sie in Zucker und Telaescin ($C_{24}H_{40}O_{12} + H_2O = C_6H_{12}O_6 + C_{18}H_{30}O_7$), welches letztere bei fortgesetzter Einwirkung der Salzsäure weiter in Zucker und Aescigenin ($C_{18}H_{30}O_7 + H_2O = C_6H_{12}O_6 + C_{12}H_{20}O_2$) gespalten wird. — Das Aescigenin ist ein weisses, undeutlich krystallinisches, nicht in Wasser, aber in Weingeist lösliches Pulver, das sich bei Gegenwart von Zucker in concentrirter Schwefelsäure mit blutrother Farbe löst (Rochleder). Zersetzungen. Aescigenin.

Propaescinsäure. — So bezeichnet Kraut (Gmelins Handbuch. 7. 2027) die zweite in den Cotyledonen der Rosskastaniensamen von Rochleder aufgefundene, aber von ihm nicht weiter benannte Säure. — Zu ihrer Darstellung kann man die wässrige Lösung des mit Weingeist bereiteten Extracts der Cotyledonen mit Bleiessig fällen und den Aphrodaescin, Argyraescin und Propaescinsäure enthaltenden Niederschlag unter Weingeist durch Schwefelwasserstoff zerlegen. Es scheidet sich dann beim Erkalten des Filtrats die Propaescinsäure aus. — Die Säure kann auch künstlich aus Argyraescin erhalten werden. Wenn man dasselbe mit Kalilauge von 1,27 spec. Gew. im Wasserbade bis zum Wiederdünnflüssigwerden der anfangs entstandenen Gallerte erwärmt, so erstarrt die Flüssigkeit beim Erkalten zu einem Krystallbrei von propaescinsaurem Kali, aus dem nach dem Umkrystallisiren aus heissem Weingeist die Säure durch Salzsäure abgeschieden werden kann. Bei längerer Einwirkung des Kalis auf das Argyraescin spaltet sich die anfangs gebildete Propaescinsäure in Aescinsäure und Propionsäure.

Rochleder giebt für die nicht näher beschriebene Säure die Formel $C_{51}H_{80}O_{22}$.

Capsulaescinsäure. $C_{13}H_{12}O_8$. — Diese Säure erhält man nach Rochleder (Journ. pract. Chem. 100. 346) aus den Fruchtschalen der Rosskastanie, wenn man die aus der durch Destillation concentrirten weingeistigen Abkochung beim Erkalten sich abscheidende Gallerte entfernt, den Verdunstungsrückstand der abgepressten Flüssigkeit in lauwarmem Wasser aufnimmt, das Filtrat mit Bleizucker fällt, den in verdünnter Essigsäure unlöslichen Theil des Niederschlags unter Wasser durch Schwefelwasserstoff zersetzt, das Filtrat wiederum mit Bleizucker ausfällt, den Niederschlag nach dem Auskochen mit Weingeist auf's Neue durch Schwefelwasserstoff zerlegt und die jetzt vom Schwefelblei abfiltrirte Flüssigkeit verdunstet. Es schiessen dann farblose, unzersetzt sublimirbare und auch aus heisser verdünnter Salzsäure krystallisirbare Krystalle an, deren wässrige Lösung sich mit Eisenchlorid dunkelgrünlichblau färbt und deren Lösung in heisser Kalilauge sich wie eine alkalische Lösung von Gallussäure verhält. — Die Capsulaescinsäure ist isomer mit Triacetylgallussäure.

Kastaniengerbsäure. $C_{26}H_{24}O_{12}$. — Die Rinde der Wurzel, des Stammes, der Aeste und Zweige, die Deckblätter der Blatt- und Blüthenknospen, die Fruchtschalen und die Samenhaut der unreifen Früchte der Rosskastanie enthalten nach Rochleder (Journ. pract. Chem. **100.** 346) eine eigenthümliche Gerbsäure. — Dieselbe bildet im reinen Zustande eine fast farblose, unkrystallinische, geruchlose, stark adstringirend schmeckende, leicht in Wasser, Weingeist und Aether lösliche Masse. Alle Lösungen färben sich an der Luft, namentlich bei Gegenwart von Alkali, dunkel, zuletzt rothbraun. Die wässrige Lösung färbt sich mit Eisenchlorid intensiv grün, bei Gegenwart von freiem Alkali violett. Sie wird durch Leim aber nicht durch Brechweinstein gefällt. Unvollständige Fällung bewirken auch Schwefelsäure, Salzsäure und Metaphosphorsäure (nicht bei Gegenwart von Essigsäure), ferner Schwefelwasserstoff, Schwefelammonium, zweifach-schwefligsaure Alkalien und Kochsalz. Essigsaures Blei giebt damit rehfarbigen pulvrigen, essigsaure Thonerde blass rehfarbenen Niederschlag. Auf Zusatz von Kaliumbichromat scheidet sich eine braune Verbindung von Chromoxyd mit $C_{26}H_{22}O_{13}$, einem Oxydationsproduct der Gerbsäure aus. Aus einer bis zum Sieden erhitzten Lösung der Gerbsäure in verdünnter Kalilauge scheidet Salzsäure einen rehfarbenen Niederschlag ab, der bei 100° getrocknet nach der Formel $2C_{26}H_{24}O_{13} + H_2O$ zusammengesetzt ist. Erwärmt man die wässrige oder weingeistige Lösung der Gerbsäure mit einer verdünnten Mineralsäure auf 100°, so tritt prächtig kirschrothe Färbung ein und dann Abscheidung eines rothen flockigen Körpers, des Kastanienroths, das je nach der Dauer der Einwirkung und der stattgefundenen Temperatur $C_{26}H_{22}O_{11}$ oder $C_{26}H_{20}O_{10}$ oder ein Gemenge beider Verbindungen ist. Bei 127° verliert die Kastaniengerbsäure im Kohlensäurestrome Wasser und wird zu einer weissgrauen spröden Masse, die wie das Kastanienroth der Formel $C_{26}H_{22}O_{11}$ entspricht und durch Kochen mit Wasser wieder in die ursprüngliche Gerbsäure übergeht. Durch Schmelzen mit Kalihydrat wird die Gerbsäure sowohl, wie der daraus durch Mineralsäuren gebildete rothe Körper in Phloroglucin und Protocatechusäure verwandelt.

Phyllaescitannin. Die kleinen noch in den Blattknospen eingeschlossenen Blättchen der Rosskastanien enthalten nach Rochleder einen anderen, aber dem vorhergehend beschriebenen sehr ähnlichen Gerbstoff von der Formel $C_{26}H_{24}O_{13} + H_2O$, den er Phyllaescitannin nennt.

Harzige Modification des Kastanienroths. Ferner hat Rochleder (Wien. Akad. Ber. 57. 783) in den Blättern und der Rinde der Rosskastanie eine harzige Modification des durch Einwirkung von Mineralsäuren auf die Kastaniengerbsäure sich bildenden Kastanienroths fertig gebildet angetroffen.

Aesculin. $C_{15}H_{16}O_9 + 1^1/_2 H_2O$. — Literat.: Minor, Arch. Pharm. 38. 130. — Trommsdorff, Ann. Chem. Pharm. 14. 189. 205. — Jonas, ebendas. 15. 266. — Rochleder und Schwarz, ebendas. 87. 186; 88. 356. — Zwenger, ebendas. 90. 63. — Rochleder, Wien. Akad. Ber. 13. 169; 16. 1; 20. 351; 23. 1; 24. 32; 48. 236; 55. 819; 57. 693; auch Journ. pract. Chem. 64. 29; 66. 208; 69. 211; 71. 414; 87. 1; 90. 433; 101. 415. — Sonnenschein, Berl. Ber. 9. 1182. — Fairthorne, J. Chem. M. 1872. 788. — H. Schiff, Berl. Ber. 3. 366; 4. 472; 14. 302; 13. 1950. — Hlasiwetz, ebendas. 4. 550. — C. Liebermann und Knietsch, ebendas. 13. 1590; Tiemann und Will, ebendas. 15. 2072. — Nachbauer, Ann. Chem. Pharm. 107. 248. — H. Schiff, ebendas. 161. 79.

Dieses früher als „Schillerstoff, Bicolorin, Polychrom, Aesculinsäure“ bezeichnete Glykosid wurde zuerst von Minor rein dargestellt. Mit Sicherheit ist sein Vorkommen in der Rinde der Rosskastanie nachgewiesen, in welcher es nach Rochleder von Fraxin, sehr wenig Aesculetin, etwas Aesculetinhydrat, Kastaniengerbsäure und Spuren eines dem Morin ähnlichen citronengelben Körpers begleitet wird. Sonnenschein will dasselbe in der Wurzel von Gelsemium gefunden haben. *Entdeckung und Vorkommen.*

Ob das Schillern der Aufgüsse mancher anderen Pflanzenstoffe z. B. des Brasilien-, Santel- und Quassiaholzes, der Angelica- und Belladonnawurzel, der Samen des Stechapfels u. s. w., auch von Aesculin herrührt, ist nicht festgestellt worden.

Zur Darstellung des Aesculins kann man nach Trommsdorff die Rinde mit kochendem 80 % Weingeist erschöpfen, von den erhaltenen Auszügen den meisten Weingeist abdestilliren, den Rückstand wochenlang in offnen Schalen der Krystallisation überlassen und das so gewonnene unreine Aesculin durch Waschen mit eiskaltem Wasser und wiederholtes Umkrystallisiren aus möglichst wenig warmem ätherhaltigem Weingeist reinigen. Rochleder und Schwarz fällen die wässrige Abkochung mit Bleizucker aus, verdunsten das entbleite Filtrat zum Syrup, überlassen diesen mehrere Tage der Ruhe, krystallisiren die ausgeschiedenen Krystallkörner wiederholt aus schwachem kochendem Weingeist um und waschen die erhaltenen Krystalle so lange mit kaltem Wasser, bis sich $^1/_3$ derselben gelöst hat, wo dann der Rest völlig reines Aesculin darstellt. — Das ergiebigste Darstellungsverfahren besteht nach Rochleder darin, dass man die wässrige Abkochung der Rinde mit Alaunlösung und etwas überschüssigem Ammoniak ausfällt, das blassgelbe Filtrat zur Trockne bringt, dem Rückstande das Aesculin durch Auskochen mit starkem Weingeist entzieht und durch Umkrystallisiren aus Weingeist reinigt. Fairthorne extrahirt die Rinde mit verdünntem Ammon, verdampft zur Trockne, vermischt mit Thonerde und extrahirt mit Alkohol. — Liebermann und Knietsch empfehlen Rochleders Methode ohne Alaunfällung. *Darstellung.*

Trommsdorff erhielt aus 1 Pfund Rinde $11^1/_4$ g Aesculin; Rochleder gewann nach seiner Methode mehr, Liebermann über 3 %. *Ausbeute.*

Das krystallisirte Aesculin enthält Krystallwasser ($1^1/_2$ %), das bei 120—130° entweicht. Es bildet ein blendend weisses lockeres, *Eigenschaften.*

aus zarten, oft kuglig gruppirten Nadeln und Prismen bestehendes geruchloses, schwach bitter schmeckendes, sauer reagirendes Pulver, welches bei 160° schmilzt und zu einer amorphen rissigen Masse wieder erstarrt, die in Berührung mit Wasser wieder krystallinisch wird. Es löst sich in 672 Th. Wasser von 10,5°, in 12,5 Th. von 100°, in 90 Th. kaltem und 24 Th. kochendem Weingeist von 0,798 spec. Gew., gar nicht in absolutem und nur sehr wenig in gewöhnlichem Aether. Von wässrigen Säuren und Alkalien wird es leichter als von Wasser gelöst. Die wässrige Lösung fluorescirt in Blau, eine Erscheinung, die noch bei 1½ millionenfacher Verdünnung bemerkbar ist und bei Anwendung von Brunnenwasser stärker auftritt, als bei destillirtem. Die alkalischen Lösungen sind gelb gefärbt und schillern stärker blau. Von Metallsalzen fällt nur Bleiessig die wässrige Aesculinlösung.

Zusammensetzung. Trommsdorff gab die Formel $C_{16}H_{9}O_{10}$, Delffs $C_{22}H_{14}O_{14}$, Zwenger $C_{78}H_{41}O_{47}$; Rochleder und Schwarz stellten die Formel $C_{42}H_{24}O_{26}$ auf und neuerdings giebt Rochleder für das bei 115° getrocknete Aesculin auf Grund der bei seiner Spaltung auftretenden Zuckermenge die oben angeführte Formel $C_{60}H_{34}O_{38}$. Schiff nimmt $C_{15}H_{16}O_{9} + 2H_{2}O$, Liebermann $C_{15}H_{16}O_{9} + 1^{1}/_{3}H_{2}O$.

Zersetzungen. Ueber seinen Schmelzpunkt hinaus erhitzt, färbt sich das Aesculin gelb, dann braun und enthält nun Aesculetin (s. dieses) und Zersetzungsproducte der Glykose. Auch bei der trocknen Destillation werden Krystalle von Aesculetin erhalten (Zwenger). — Beim Erhitzen mit verdünnter Schwefelsäure oder Salzsäure, sowie beim Erhitzen auf 230° wird es in Aesculetin (s. dieses) und Glykose zerlegt, eine Spaltung, die auch durch Kochen mit Barytwasser, wobei aber ersteres weiter in Aesculetinsäure, letztere in Glucin- und Apoglucinsäure verwandelt wird (Rochleder), sowie durch Einwirkung von Emulsin auf seine wässrige Lösung bei 26 bis 30° herbeigeführt wird (Rochleder und Schwarz). Rochleder giebt für diese Spaltung neuerdings die Gleichung: $C_{15}H_{16}O_{9} + H_{2}O = C_{6}H_{12}O_{6} + C_{9}H_{9}O_{4}$. Durch Behandlung mit Natriumamalgam bei Gegenwart von Wasser hat derselbe Forscher das Aesculin in Hydraesculin verwandelt, welches durch Säuren in Zucker und Hydrasculetin, $C_{18}H_{14}O_{8}$, gespalten wird. — Die Fluorescenz der wässrigen Lösung verschwindet beim Aufbewahren. Aesculin giebt beim Schütteln mit verdünnter Salpetersäure gelbe Lösung, die mit Ammon tief blutroth wird.

Aesculetin. $C_{9}H_{6}O_{4} + H_{2}O$. — Literaturnachweise s. b. Aesculin.

Dieses Spaltungsproduct des Aesculins findet sich nach Rochleder in sehr kleiner Menge bereits fertig gebildet in der Rinde der Rosskastanie. Es wird leicht durch Erwärmen des Aesculins mit verd. Schwefelsäure oder Salzsäure erhalten, wobei es sich krystallinisch abscheidet. Zur Reinigung krystallisirt man es aus kochendem Wasser mit Hülfe von Thierkohle um, oder schlägt es nach Zwenger aus weingeistiger Lösung durch Bleizucker als Bleiverbindung nieder, die man unter kochendem Wasser durch Schwefelwasserstoff zerlegt, worauf das Filtrat vom Schwefelblei beim Erkalten reines Aesculetin abscheidet.

Das Aesculetin krystallisirt in farblosen seideglänzenden, der Benzoësäure gleichenden Nadeln und Blättchen mit Krystallwasser das bei 100° oder im Vacuum entweicht. Es schmeckt bitter und kratzend und reagirt neutral. In kaltem Wasser löst es sich sehr wenig, leichter in kochendem; die Lösung fluorescirt nur schwach blau. Auch Weingeist löst nur beim Kochen leicht, Aether gar nicht. In wässrigen Alkalien löst es sich leicht und mit goldgelber Farbe und wird durch Säuren daraus in Nadeln wieder abgeschieden. Der durch Bleizucker in seiner wässrigen oder weingeistigen Lösung hervorgebrachte Niederschlag ist nach der Formel $C_9H_4Pb_2O_4$ zusammengesetzt (Rochleder und Schwarz. Zwenger). Silberlösung und Fehlingsche Lösung werden durch Aesculetin reducirt.

Bei 270° schmilzt das Aesculetin, bräunt sich und wird grösstentheils zerstört, zum kleineren Theil unzersetzt verflüchtigt. Beim Kochen mit Barytwasser wird es in die einatomige Aesculetinsäure, $C_9H_{12}O_7$ (Rochleder), durch Salpetersäure in Oxalsäure verwandelt (Zwenger). Bei Einwirkung von conc. Kalilauge entsteht aus dem Aesculetin neben Ameisensäure und Oxalsäure die mit der Protocatechusäure isomere Aescioxalsäure, $C_7H_6O_4 + H_2O$; beim Behandeln mit wässrigem zweifach-schwefligsaurem Natron in der Siedhitze verwandelt es sich in das isomere Paraaesculetin, das aus seiner auf Zusatz von Weingeist als weisse Krystallmasse sich abscheidenden Verbindung, $C_9H_6O_4, SNaHO_3 + {}^1/_2H_2O$, als ein schwer in Aether, leichter in Weingeist, sehr leicht in Wasser löslicher und über Schwefelsäure in undeutlichen Krystallen anschiessender Körper von der Zusammensetzung $C_9H_6O_4 + 2{}^1/_2H_2O$ erhalten werden kann und im feuchten Zustande in ammoniakalischen Dämpfen sich sogleich roth färbt durch Verwandlung in Aescorceïn, $C_9H_7NO_5$, einer dem Orceïn sehr ähnlichen Substanz; lässt man endlich Natriumamalgam in einer Atmosphäre von Kohlensäure auf in Wasser vertheiltes Aesculetin einwirken, so entsteht durch Aufnahme von 2 At. Wasserstoff Aescorcin, $C_9H_8O_4$, ein weisser pulvriger, in neutralen und sauren Flüssigkeiten kaum löslicher, in Alkalien dagegen sich mit grüner, an der Luft roth werdender Farbe lösender Körper, der in Berührung mit Ammoniak rasch in rothes Aescorceïn übergeht (Rochleder). — Durch Erwärmen von Aesculetin mit Chloracetyl hat Nachbauer (Ann. Chem. Pharm. 107. 248) ein in blendend weissen Nadeln krystallisirendes Acetylaesculetin, $C_9H_3(C_2H_3O)_3O_4$, dargestellt.

Aesculetinsäure. Aescioxalsäure. Paraaesculetin. Aescorceïn. Aescorcin. Acetylaesculetin.

Die neueren Arbeiten von H. Schiff, Liebermann und Knietsch, Wiel und Tiemann haben verschiedene Derivate und Reactionen geliefert, welche über die Constitution des Aesculetin Aufschluss geben und die in ihrem wesentlichen Inhalt folgen.

Derivate, Constitution.

Acetyl- und Benzoylderivate. — Pentacetylaesculin, $C_{15}H_{11}(C_2H_3O)_5O_9$, durch Erhitzen von Aesculin mit Essigsäureanhydrid, kleine Nadeln, Schmpkt. 130° (Schiff). Pentabenzoylaesculin, $C_{15}H_{11}(C_7H_5O)_5O_9$, mittelst Benzoylchlorid, aus heissem Alkohol, Warzen bildend. — Diacetylaesculetin, $C_9H_4(C_2H_3O)_2O_4$, durch Einwirkung von Essigsäureanhydrid und Natriumacetat (Liebermann, Knietsch, Nachbauer,

Schiff), Prismen, Schmpkt. 133—134°, in Alkohol, Aether löslich, mit Schwefelsäure leicht verseifbar.

Bromderivate. — Dibromaesculin, $C_{15}H_{14}Br_2O_9$, Nadeln, Schmpkt. 193—195°, schwer löslich in Alkohol; Pentacetyldibromaesculin, $C_{15}H_9Br_2(C_2H_3O)_5O_9$, Nadeln, Schmpkt. 203—206° (Liebermann). Dibromaesculetin, $C_9H_4Br_2O_4$, Dibromaesculin mit verdünnter Schwefelsäure, gelbliche Nadeln, Schmpkt. 233°, das sich acetyliren lässt und Diacetyldibromaesculetin bildet. Auch Tribrom- und Diacetyltribromaesculetin sind von Liebermann und Knietsch hergestellt.

H. Schiff hat Trianilaesculin, $C_{15}H_{16}(N.C_6H_5)_3O_6$, mit noch 4 durch Säureradicale vertretbare Wasserstoffatome und Dianilaesculetin hergestellt.

Zusammensetzung. Schiff stellt für das Aesculetin die Constitutionsformel

$$C_6H_2\begin{cases}CHO\\COH\\COH\\OH\end{cases}$$

und beweist die Präexistenz der alkoholischen Gruppe C—OH und Aldehydgruppe CHO durch die Bildung des Triacetylaesculetines, das von Nachbaur hergestellt wurde. Paraaesculetin (s. oben) besitzt die Constitution:

$$C_6H_2\begin{cases}CHO\\CHO\\CHO\\OH\end{cases}$$

Diese interessanten Thatsachen führten Hlasiwetz zu den Beziehungen des Aesculins zum Umbelliferon, wodurch nämlich nachstehende Zusammengehörigkeit klar wird:

$$C_6H_2\begin{cases}CHO\\CHO\\COH\\H\end{cases}\qquad C_6H_2\begin{cases}CHO\\COH\\COH\\OH\end{cases}\qquad C_6H_2\begin{cases}CHO\\CHO\\CHO\\OH\end{cases}$$

Umbelliferon Aesculetin Paraaesculetin

F. Tiemann und W. Will halten die Schiff'sche Constitutionsformel nicht für wahrscheinlich, erinnern an die Zusammengehörigkeit des Cumarin, $C_9H_6O_2$, Umbelliferon, $C_9H_6O_3$ und Aesculetin, $C_9H_6O_4$, durch je ein Sauerstoffatom verschieden, ferner an die Thatsache, dass Umbelliferon als hydroxylirtes Cumarin aufgefasst werden muss, wodurch das Aesculetin als dihydroxylirtes Cumarin betrachtet werden darf.

Um diese Frage bestimmt zu entscheiden, wurden von diesen Forschern zunächst die Methylabkömmlinge studirt und hergestellt: Dimethylaesculetin $C_9H_4O_2(OCH_3)_2$ und Monomethylaesculetin, ebenso Trimethylaesculetinsäuremethyläther und daraus Trimethylaesculetinsäure, $C_6H_2(CH = CH - CO.OH)(OCH_3)_3$.

Das ganz gleiche Verhalten des Dimethylaesculetin, sowie des Methylumbelliferon bei Einwirkung von Jodmethyl auf die Lösungen ihrer Natronverbindungen in Methylalkohol zeigen deutlich, dass das Aesculetin als dihydroxylirtes Cumarin aufgefasst werden darf. Weiteres Studium der Trimethylaesculetinsäure durch Oxydation u. s. w. wird auf das Trioxybenzol führen, von welchem aus die Synthese wohl ermöglicht werden kann. Mit Aesculetin isomer ist Daphnetin.

Aesculetinhydrat. $C_{36}H_{26}O_{17}$ ($= 4C_9H_6O_4 + H_2O$). — Dieser mit dem Daphnetin isomere Stoff findet sich nach Rochleder (Wien. Akad. Ber. 48. 236) in etwas grösserer Menge als Aesculetin in der Rosskastanienrinde. Er löst sich weniger in Wasser als dieses, aber mit deutlicher Fluorescenz, und scheidet sich daraus in kleinen körnigen Krystallen ab. Wässrige Alkalien lösen ihn mit gelber Farbe und Bleizucker oder Barytwasser fällen ihn gelb. Bei 203° sublimirt er, schmilzt bei 250° und erstarrt krystallinisch wieder. Wird er im Kohlensäurestrom auf 200° erhitzt oder aus heisser Salzsäure oder mit conc. Salzsäure versetztem absolutem Weingeist krystallisirt, so geht er in Aesculetin über, ebenso beim Fällen seiner Lösung in concentrirter Schwefelsäure durch Wasser. Ueber seine Darstellung fehlen nähere Angaben.

Argyraescin. $C_{27}H_{42}O_{12}$. — Von Rochleder (Wien. Akad. Ber. 45. 675; 55. 819; auch Journ. pract. Chem. 87. 1; 101. 415) in den Cotyledonen der Rosskastanie aufgefundenes bitteres Glucosid, das sich darin zur Zeit der Reife nur in sehr kleiner Menge, etwas reichlicher kurz vor der Reife findet. — Zur Darstellung kann ausser verschiedenen anderen von Rochleder angegebenen Wegen auch der folgende benutzt werden: Man fällt das in vielem Wasser aufgelöste weingeistige Extract der Cotyledonen mit Bleizucker aus und darauf, nach Zusatz eines gleichen Volumens Weingeist von 35° B., das Filtrat durch Bleiessig. Der durch letzteren erzeugte Niederschlag wird nach dem Abfiltriren noch mit heissem Weingeist ausgewaschen und das Ablaufende mit dem Filtrat vereinigt. Der ungelöst gebliebene Theil des Niederschlags enthält nun Aphrodaescin und Queraescitrin (s. diese), während alles Argyraescin, etwas Aphrodaescin und Propaescinsäure sich in der Lösung befinden und daraus durch Wasser als Bleiverbindungen niedergeschlagen werden können. Diese werden unter Weingeist durch Schwefelwasserstoff zerlegt, worauf das Filtrat beim Verdunsten Argyraescin anschiessen lässt, während der Rest beim Eindampfen der Mutterlauge und Behandeln des Rückstandes mit kaltem Wasser, das Aphrodaescin und Propaescinsäure in Lösung bringt, ungelöst zurückbleibt.

Das Argyraescin krystallisirt aus wässrigem Weingeist in mikroskopischen sechsseitigen Tafeln. Die Krystallisation trocknet auf dem Filter zu einer silberglänzenden Haut zusammen, was zur Benennung Veranlassung gab. Aus absolutem Weingeist oder Wasser hinterbleibt es als farbloses Gummi. Es löst sich schwierig in Wasser zu einer schäumenden Flüssigkeit, auch in mässig conc. Essigsäure. Seine weingeistige Lösung wird durch Aether schleimig gefällt. Kalte conc. Schwefelsäure giebt damit eine goldgelbe Lösung, die beim Eingiessen in wenig Wasser sich blutroth färbt und dann mit mehr Wasser graugrüne Flocken abscheidet.

Beim Erhitzen wird das Argyraescin zerstört. Durch Mineralsäuren wird es beim Erwärmen in Zucker und Argyraescetin, $C_{21}H_{30}O_6$, zerlegt, welches sich in gelblichen Flocken abscheidet, die zu einer amorphen kreideähnlichen Masse eintrocknen ($C_{27}H_{42}O_{12} = C_{21}H_{30}O_6 + C_6H_{12}O_6$). Beim Kochen mit wässrigem Kali erfolgt, wenn schwächere Lauge nur kürzere Zeit einwirkt, Spaltung in Propionsäure und Propaescinsäure (s. diese), während concentrirte Lauge sogleich Zerlegung in Propionsäure und Aescinsäure ($C_{27}H_{42}O_{12} + 2KHO = C_3H_5KO_2 + C_{24}H_{39}KO_{12}$) bewirkt (Rochleder). Argyraescetin.

Bisweilen soll sich nach Rochleder (Wien. Akad. Ber. 56. 39; auch

Journ. pract. 102. 16) in den Rosskastaniensamen statt des Argyraescins eine sehr ähnliche homologe Substanz von der Formel $C_{26} H_{40} O_{12}$ finden.

Aphrodaescin. $C_{52} H_{82} O_{23}$. — Von Fremy für Saponin gehalten. Kommt nach Rochleder (Literat. s. b. Argyraescin) in etwas reichlicherer Menge als das Argyraescin in den Cotyledonen der Rosskastaniensamen vor. Zur Darstellung zerlegt man seine bei der Darstellung des Argyraescins (s. dieses) erhaltene Bleiverbindung unter schwachem Weingeist mit Schwefelwasserstoff, löst den Verdunstungsrückstand des Filtrats in Wasser und schüttelt die Lösung mit Barytkrystallen, wodurch Aphrodaescin-Baryt ausgeschieden wird. In der gleichen Verbindungsform lässt sich auch noch der in der Mutterlauge vom Argyraescin steckende Antheil gewinnen, wenn man die kalte wässrige Lösung ihres Verdunstungsrückstandes eindampft, die beim Erkalten sich gallertartig ausscheidende Propaescinsäure entfernt und nun mit Baryt schüttelt. Die Baryt-Verbindung reinigt man, indem man sie mit Barytwasser wäscht, in kochendem Weingeist von 40° löst, zur heiss filtrirten Flüssigkeit Wasser fügt und den Weingeist verjagt, worauf sie wieder auskrystallisirt. Uebergiesst man sie mit wässriger Essigsäure, so scheidet sich das Aphrodaescin ab, das man durch Waschen mit Wasser, Auflösen in absolutem Weingeist und Verdunsten der Lösung rein erhält.

Das Aphrodaescin bildet eine farblose amorphe Masse, deren Staub heftiges Niesen erregt. Es löst sich leicht in Wasser und giebt damit eine stark schäumende Lösung; auch Weingeist löst es gut. — Durch wässrige Alkalien wird es beim Erhitzen in Buttersäure und Aescinsäure zerlegt ($C_{52} H_{82} O_{23} + 3KHO = C_4 H_7 KO_2 + 2C_{24} H_{39} KO_{12}$) (Rochleder).

Telaescin. $C_{18} H_{30} O_7$. — Dieses erste Spaltungsproduct der Aescinsäure (s. diese) kommt nach Rochleders neuesten Angaben (Wien. Akad. Ber. 57. 783. 1868) auch fertig gebildet in den reifen Kapseln der Rosskastanienfrüchte vor. Es gleicht in seinen Eigenschaften dem Chinovabitter.

Die Blätter der Rosskastanie enthalten nach Rochleder einen mit dem Telaescin homologen Stoff von der Formel $C_{17} H_{28} O_7$.

Queraescitrin. $C_{41} H_{46} O_{25}$. — So nennt Rochleder (Ann. Chem. Pharm. 112. 112) den in den Blättern, nach einer neueren Angabe, wie es scheint, auch in den Cotyledonen der Rosskastanie vorkommenden, dem Quercitrin verwandten Farbstoff. Er kann in gelben mohnsamengrossen Krystallkörnern erhalten werden. Erwärmte Salzsäure spaltet ihn in Zucker und Quercetin ($C_{41} H_{46} O_{25} + 3 H_2 O = C_{23} H_{16} O_{10} + 3 C_6 H_{12} O_6$).

Rosskastanienöl. Das fette Oel der Samen von Aesculus Hippocastanum ist tiefgelb, von 0,927 spec. Gew., erstarrt bei + 1,25°.

Nephelium.

Rambutantalg. Das Fett der Samen von Nephelium Cappaceum schmilzt bei 65° und enthält die Glycoside der Oel- und Arachinsäure, letztere in grösserer Menge (Oudemans).

Paullinia.

Die Gattung Paullinia, speciell Paullinia sorbilis enthält Coffeïn, liefert die sog. Quarana (J. Pharm. 1873. 147. 1874. 175. 1877. 161). Dieselbe enthält 1,1—2 % Coffeïn.

Timbonin. Martin (Pharm. J. Trans. (3) 7. 1020) hat aus der Wurzelrinde des Timbobaumes, Paullinia pinnata, neben Harz, ätherischem Oele etc. ein Alkaloid isolirt, Timbonin, dessen schwefelsaures Salz krystallisirt.

b. Aceraceae.

Acer.

Der Saft der Ahornarten enthält, im Frühjahre besonders, grössere Mengen Rohrzucker, 0,9—3%, der industriell in Nordamerika verwerthet wird. Es sind besonders zuckerreich Acer saccharinum und campestre.

c. Malpighiaceae.

Coriamyrtin. $C_{30}H_{36}O_{10}$. — Literat.: Riban, Compt. rend. 57. 798; 63. 476. 680; auch Chem. Centralbl. 1864. 367; 1866. 973.

Vorkommen und Darstellung. Von Riban in den Blättern und Früchten von *Coriaria myrtifolia L.* aufgefundener Bitterstoff. Wird erhalten, indem man den Saft der frischen oder den wässrigen Auszug der trocknen Pflanze mit Bleiessig ausfällt, das entbleite Filtrat zum Syrup concentrirt, diesen mit Aether ausschüttelt und das beim Verdunsten hinterbleibende unreine Coriamyrtin durch Umkrystallisiren aus Weingeist reinigt. 100 kg der frischen Pflanzen geben 6—9 g der unreinen Substanz.

Eigenschaften. Weisse geruchlose klinorhombische Prismen, sehr bitter schmeckend, neutral, bei 220° schmelzend und krystallinisch wieder erstarrend. Löst sich bei 22° in 70 Th. Wasser und in 50 Th. Weingeist, sehr reichlich in kochendem Weingeist, gut auch in Aether, Chloroform und Benzol, kaum in Schwefelkohlenstoff. Die weingeistige Lösung ist rechtsdrehend (annähernd $[\alpha]j = +24°,5$.

Zersetzungen. Bei längerem Schmelzen tritt Bräunung, in stärkerer Hitze Verkohlung ein. Beim Kochen mit verdünnter Salzsäure treten mindestens drei Zersetzungsproducte auf, von denen eines sich in gelben Flocken abscheidet, die anderen in der zwar Kupferoxydkali reducirenden, aber keinen Zucker enthaltenden Lösung bleiben. Wässrige Alkalien zersetzen das Coryamyrtin unter Bildung brauner Producte. Wird es dagegen bei Luftabschluss mit Baryt- oder Kalkwasser erhitzt, so entsteht unter Wasseraufnahme eine amorphe zweibasische Säure von der Formel $C_{30}H_{46}O_{16}$. — Tröpfelt man Brom in weingeistiges Coriamyrtin, so fällt Bibromcoriamyrtin, $C_{30}H_{34}Br_2O_{10}$, aus, das aus kochendem Weingeist in schönen Nadeln krystallisirt.

Wirkung. Die in früherer Zeit nicht seltenen Vergiftungen mit Theilen von *Coriaria myrtifolia* sind offenbar durch das Coriamyrtin bedingt, wodurch Riban bei einem grossen Hunde, innerlich zu 0,2 in 20 Min., heftige Convulsionen und in 75 Min. Tod eintreten sah. 0,08 intern und 0,02 subcutan tödten Kaninchen in 25 Min. Die Symptome, anfallsweise auftretende tonische und klonische Krämpfe mit Trismus und Schäumen des Mundes, erinnern an das Pikrotoxin, auffallend ist die hochgradige Contraction der Pupille. Nach dem Tode ist die Muskelcontractilität nicht erloschen und werden keine örtliche Irritationserscheinungen im Tractus, dagegen Hyperämie der Hirnhäute, rascher Eintritt des Rigor mortis, starke Füllung beider Herzhälften und der grossen Gefässe mit dunklem Blut und Ekchymosen in den Lungen constatirt. Bei Fröschen erregt Coriamyrtin zu $^1/_2$ Mgm. abwechselnd Sonnolenz und Convulsionen, welche bei Rückenmarkdurchschneidung in den Vordertheilen fortdauern und mit dem Schrei und Meteorismus sich verbinden, welche für die Hinterkrampfgifte charakteristisch sind (Tessier). Wahrscheinlich ist Coriamyrtin auch in dem Neuseeländischen Tut-Gifte, Coriaria sarmentosa s. ruscifolia (vgl. Th. Husemann, N. Jahrb. Pharm. 30. Nov. Dec. 257) das active Princip. Tannin ist als Antidot unbrauchbar, da es Coriamyrtin nicht fällt.

d. Erythroxyleae.

Erythroxylon.

Cocaïn. $C_{17}H_{21}O_4$. — Literat.: A. Niemann, Ann. Chem. Pharm. **114.** 213, ausführlicher: Viertelj. pract. Pharm. **9.** 489. — W. Lossen, Ann. Chem. Pharm. **133.** 351.

Medicinische Literatur: Schroff, Ztschr. Wien. Aerzte. 30—34. 1862. — Moréno y Maïz, Recherches chim. et physiol. sur l'Erythroxylon Coca du Pérou et la cocaïne. Paris, 1868. — Fronmüller, Prag. Vtljhrsschr. **79.** 109. 1863. — Ploss, Ztschr. Chir. 222. 1863. — Nikolsky, Beitr. zur Cocaïnwirkung auf den Thierorganismus. Petersburg (Russisch). — Danini, Ueber physiol. Wirkung und therap. Anwendung des Cocaïns. Charkow, 1873 (Russ.). — Tarchanoff, Cocaïn und Diabetes. Petersb., 1872 (Russ.). — Ott, Cocaïn, Veratria and Gelsemium. Philadelphia, 1874. — v. Anrep, Arch. ges. Physiol. **21.** 38. 1880.

Entdeckung und Vorkommen. Nachdem Wackenroder (Arch. Pharm. (2) **75.** 23) und Johnston (Chem. Gaz. 1853. 438) aus den von *Erythroxylon Coca Lam.*, einem südamerikanischen Baum, abstammenden Cocablättern vergebens das wirksame Princip darzustellen versucht hatten und Gädeke (Arch. Pharm. (2) **82.** 141) daraus bereits eine kleine Menge einer in nadelförmigen Kryställchen sublimirenden basischen Substanz, von der er es zweifelhaft liess, ob sie mit Coffeïn identisch sei, abgeschieden hatte, gelang Niemann 1860 die Isolirung einer wohl charakterisirten Pflanzenbase, welche er Cocaïn nannte. Lossen fand dann später in den Blättern noch ein zweites Alkaloid, das Hygrin, auf.

Darstellung. Die Darstellung des Cocaïns wird nach Lossen am besten in der Weise bewirkt, dass man die zerkleinerten Blätter zweimal hintereinander einige Stunden mit reinem Wasser von 60—80° digerirt, die vereinigten Auszüge mit Bleizucker ausfällt, den Bleiüberschuss nach vorgängigem Eindampfen durch schwefelsaures Natron entfernt, das Filtrat mit Soda schwach alkalisch macht und dann in einem passenden Gefässe 4—6 mal mit stets erneuertem Aether ausschüttelt. Dieser nimmt nicht das Hygrin, sondern nur das Cocaïn auf und hinterlässt es beim Verdunsten im unreinen Zustande. Zur Reinigung vermischt man es mit Wasser und der eben zur Lösung erforderlichen Menge Salzsäure und lässt die Lösung durch Pergamentpapier diffundiren. Aus dem Diffusat fällt man es dann wieder durch kohlensaures Natron, wäscht es, nachdem es krystallinisch geworden ist, mit Wasser ab und krystallisirt es aus heissem Alkohol um. — Niemann reinigte das unreine Cocaïn, indem er dessen ätherische Lösung mit schwefelsäurehaltigem Wasser schüttelte, die nun schwefelsaures Cocaïn enthaltende wässrige Flüssigkeit mit Soda fällte und den Niederschlag nach vorgängigem Abwaschen mit wenig Weingeist aus wässrigem Weingeist krystallisirte. — Lossen erhielt aus den besten Blättern $^1/_5$ %, aus anderen $^1/_{25}$, ja wohl nur $^1/_{60}$ % an Cocaïn. Ausbeute

Eigenschaften. Das Cocaïn krystallisirt in grossen farblosen 4—6seitigen Prismen des klinorhombischen Systems. Es schmeckt bitterlich, die Zungennerven vorübergehend betäubend, fast gefühllos machend. Es reagirt stark alkalisch. Bei 98° schmilzt es und erstarrt wieder krystallinisch. In höherer Temperatur wird es zwar grösstentheils zersetzt, jedoch scheint sich ein kleiner Theil unzersetzt zu verflüchtigen. Es löst sich in 704 Th. Wasser von 12°, leicht in Weingeist, noch leichter in Aether (Niemann).

Zusammensetzung. Niemann leitete aus einer Analyse des reinen Cocaïns die Formel $C_{16}H_{20}NO_4$ ab. Eine Reihe von Analysen der freien Base und verschiedener Salze derselben, so wie die Untersuchung ihrer Spaltungsproducte führte Lossen zu der oben angeführten Formel $C_{17}H_{21}NO_4$.

Verbindungen. Das Cocaïn löst sich sehr leicht in verdünnten Säuren und diese Lösungen hinterlassen beim Verdunsten meistens krystallisirbare Salze, welche sich auch in Weingeist, aber nicht in Aether lösen und den Geschmack der freien Base und ihre eigenthümliche Wirkung auf die Zungennerven in verstärktem Grade zeigen (Niemann).

Einfache Salze. Das chlorwasserstoffsaure Cocaïn, $C_{17}H_{21}NO_4$, HCl, krystallisirt aus Wasser in zarten langen, strahlig gruppirten luftbeständigen Kryställchen (Niemann), aus Weingeist in wasserhellen kurzen linealförmigen, am Ende gerade abgestumpften Prismen (Lossen). Das schwefelsaure Cocaïn hinterbleibt beim Verdunsten seiner Lösungen als durchsichtige gummiartige, nur sehr langsam krystallinisch werdende Masse, und auch das salpetersaure Salz ist wegen seiner Zerfliesslichkeit nur schwierig krystallisirt zu erhalten (Niemann). — Die essigsaure Lösung der Base hinterlässt diese beim Verdunsten im freien Zustande, während aus der oxalsauren Lösung neutrales oxalsaures Cocaïn in undeutlichen Krystallen erhalten wird (Lossen). Fügt man zu einer Lösung von entwässerter Oxalsäure und Cocaïn in absolutem Weingeist wasserfreien Aether bis zur bleibenden Trübung, so setzen sich allmälich zarte federartige Krystalle von saurem oxalsaurem Cocaïn, $C_{17}H_{21}NO_4$, $C_2H_2O_4$, ab (Lossen).

Doppelsalze. Der flockige weissgelbe durch Fällung zu erhaltende Niederschlag von salzsaurem Cocaïn-Platinchlorid, $C_{17}H_{21}NO_4$, HCl, $PtCl_2$, krystallisirt aus heisser verdünnter Salzsäure beim Erkalten in mikroskopischen dünnen rhombischen Blättchen (Lossen). Das salzsaure Cocaïn-Goldchlorid, $C_{17}H_{21}NO_4, HCl, AuCl_3$, ist ein hellgelber, aus heissem Wasser nicht ohne theilweise Zersetzung zu krystallisirender Niederschlag (Lossen).

Zersetzungen. Ecgonin. Durch Erhitzen mit conc. Salzsäure wird das Cocaïn in Benzoësäure, Methylalkohol und eine neue Base, das Ecgonin (von ἔκγονος, Sprössling, $C_9H_{15}NO_3$), zerlegt, wobei der primär gebildete Methylalkol theils in Chlormethyl, theils in Benzoësäure-Methyläther verwandelt wird. Zur Darstellung des Ecgonins erhitzt man am besten im zugeschmolzenen Rohr, bis die Abscheidung der Benzoësäure nicht mehr zunimmt, entzieht diese und den gebildeten Methyläther der erkalteten Flüssigkeit durch Aether, verdampft im Wasserbade zum Trocknen, wäscht das zurückbleibende salzsaure Ecgonin mit absolutem Weingeist löst, es dann in Wasser, erwärmt mit überschüssigem Silberoxyd, filtrirt und krystallisirt die beim Verdunsten des Filtrats hinterbleibende freie Base aus Weingeist um. Das Ecgonin krystallisirt aus Weingeist in farblosen glasglänzenden klinorhombischen Prismen mit 1 Atom (H_2O) Krystallwasser. Es schmeckt schwach süsslich-bitter, reagirt neutral, löst sich sehr leicht in Wasser, weniger leicht in absolutem Weingeist und nicht in Aether. Es schmilzt bei 198° und zersetzt sich in höherer Temperatur. Sein Platindoppelsalz, $C_9H_{15}NO_3, HCl, PtCl_2$, krystallisirt aus Weingeist in langen orangerothen Spiessen (Lossen).

Beim Erhitzen des Cocaïns mit Jodmethyl oder Jodäthyl wird nur jodwasserstoffsaures Cocaïn (neben dem betreffenden Alkohol erhalten) (Lossen).

Verhalten gegen Reagentien. In einer verdünnten wässrigen Lösung von salzsaurem Cocaïn erzeugt Gerbsäure erst nach Zusatz von freier Salzsäure einen weissen flockigen Niederschlag; Pikrinsäure fällt gelb und pulvrig, Phosphormolybdänsäure flockig gelblich-weiss, Jod-Jodkalium kermesbraun, Platinchlorid weissgelb, Goldchlorid hellgelb, Quecksilberchlorid weiss und flockig, Zinnchlorür weiss. Aetzende und kohlensaure Alkalien fällen die freie Base, ohne sie in ihrem Ueberschuss zu lösen, während Ammoniak und kohlensaures Ammoniak bei überschüssiger Anwendung den anfänglich erzeugten weissen Niederschlag leicht wieder lösen (Niemann, Lossen).

Wirkung. Die bedeutenden Erwartungen, welche man nach den Berichten von Tschudi, Pöppig u. A. über die eigenthümlichen Effecte des Kauens der Blätter von Erythroxylon Coca, wodurch die Indianer Perus in den Stand gesetzt würden, Nahrungsmittel zu entbehren und ungewohnte Anstrengungen mit Leichtigkeit zu ertragen, vom Cocaïn hegte, haben sich nicht bestätigt. Das Cocaïn ist ein besonders auf die Nervencentren, aber auch auf andre Nervengebiete, in kleinen Gaben meist erregend, in grösseren lähmend wirkendes Gift, welches bei Warmblütern durch Respirationsstillstand tödtet und in seinen Wirkungen manche Verwandtschaft mit dem Coffeïn zeigt. Die Giftigkeit ist relativ gering und cumulative Wirkungen kommen demselben nicht zu.

Dass das Cocaïn in mittleren Gaben bei langdauernder täglicher Verabreichung (30 Tage) keinerlei Störungen im Gesammtverhalten des Organismus oder der einzelnen Functionen bedingt, dass aber andererseits der Einführung solcher Dosen unterworfene Thiere durch Fasten eben so rasch getödtet werden als nicht cocaïnisirte und dass die tägliche Körpergewichtsabnahme beider innerhalb derselben Grenzen schwankt, lehren Versuche v. Anreps. Schon Schroff, der die ersten Versuche mit dem Alkaloide der Coca anstellte, hatte nach einem Selbstversuche, wonach Eingenommenheit des Kopfes, Müdigkeit, Verminderung der Gehörsperception und des Gedächtnisses, Unmöglichkeit den Ideengang zu reguliren, anfängliche Vermehrung und spätere Verminderung der Athemzahl, sowie Retardation der Urinentleerung hervortrat, sowie nach Versuchen an Kaninchen, bei denen interne Einführung von 0,05 geringe Schwankungen der Respiration und des Herzschlages und vorübergehende Pupillenerweiterung, dieselbe Dosis subcutan Tod in 28 Min. nach epileptiformen Convulsionen und sehr bedeutender Mydriasis, die nach dem Tode gleich verschwand, zur Folge hatte, den Schluss gezogen, dass Cocaïn ein Narcoticum sei, welches in kleineren Dosen die Function des Gehirns anrege und steigere, später herabsetze und Schlaf erzeuge, wonach das Alkaloid dem indischen Hanf analog wirke. Für die Dosis toxica beim Menschen sind die Beobachtungen von Fronmüller über die hypnotischen Wirkungen des Cocaïns an 6 Männern und 8 Frauen von Bedeutung, wonach dasselbe zu 0,03 – 0,33 intern keine besonders auffälligen Effecte zeigte und nur in 4 Fällen zu wirklichem Schlaf führte. Allerdings kamen mitunter, und zwar auch bei den kleinsten Dosen, Ohrensausen, Schwindel, Kopfschmerz und Unruhe, einmal sogar mit Delirien verbunden, einige Male auch Aufstossen und Erbrechen vor, doch ist nicht zu bestimmen, in wie weit dabei individuelle und pathologische Verhältnisse mitwirkten oder massgebend waren. Im Allgemeinen wurde in Fronmüllers Versuchen der Stuhl nicht gefördert, die Diurese eher vermindert als vermehrt, Puls und Athmung etwas beschleunigt, später (am Morgen) subnormal; die Achselhöhlentemperatur um 0,1 — 0,4° vermindert; Mydriasis kam in Fronmüllers Beobachtungen 3 mal vor. Tarchanoff beobachtete nach 0,02 unregelmässige Herzaction, bald Acceleration, bald Retardation, Wärmegefühl im ganzen Körper, dann Mattigkeit und Kopfschmerzen. Interessant ist auch ein von Ploss berichteter Selbstvergiftungsfall eines Apothekers, der circa 1,5 Cocaïn in einem Glase Bier zu sich genommen hatte und danach in einigen Stunden ruhig einschlief, aber bald darauf unter heftigem Bauchgrimmen, Brennen am Gaumen, Trockenheit im Munde und Durst erwachte, die genommene Flüssigkeit wieder erbrach, an Schwindel, Schwäche und 24stünd. Anurie litt, dagegen weder Trübung des Bewusstseins noch Störung der Herzaction zeigte. Die letale Cocaïndose muss hiernach als eine sehr hochliegende betrachtet werden, so dass in Vergiftungsfällen selbst bei den wenig charakteristischen chemischen Reactionen des Cocaïns kaum ein physiologischer Nachweis, wie er von Moréno y Maïz gefordert wird, nothwendig sein wird. Immerhin bleibt es interessant, dass letzterer im Stande war, mit dem eingedampften Urin eines mit 0,04 vergifteten Meerschweinchen beim Frosche angeblich unzweideutige Cocaïnvergiftungssymptome hervorzurufen.

Leichte, nicht tödtliche Vergiftung, die sich schon in den ersten 5 Min. durch Unruhe, energische Bewegungen und Mydriasis zu erkennen giebt und in 20 Min. verschwindet, tritt nach Nikolsky schon nach $^1/_{10}$ Mgm. bei Fröschen ein, während nach 1 Mgm. auf diese Excitationserscheinungen vollkommene Bewegungslosigkeit folgt, während deren Irritation der Haut starke Reflexcontractionen veranlasst, und nach 2 Mgm. der Tod erfolgt, doch ist letzteres wohl nur ausnahmsweise der Fall, da Moréno erst 0,045 seines allerdings kaum reinen Cocaïns als absolut letal bezeichnet und nach v. Anrep von Merckschem Cocaïn 0,03 tolerirt werden, indem die Thiere selbst aus tiefer Prostration sich trotz völligen Cessirens der Athmung und diastolischen Herzstillstandes nach einigen Tagen erholen. Bei sehr grossen Gaben fehlt das Excitationsstadium. Frösche sind weit empfindlicher als Warmblüter und unter diesen Fleischfresser empfänglicher als Pflanzenfresser; ein Unterschied der Wirkung bei Rana temporaria und R. esculenta existirt nicht. Für Hunde sind 0,15—0,3 tödtlich (Danini); Meerschweinchen toleriren 0,09 (Moréno); Kaninchen werden durch 0,1 pr. Kg subcutan in einigen Stdn. und selbst in einigen Min. getödtet (von Anrep).

Als hauptsächlichste Wirkungen des Cocaïns ergeben sich nach den bisherigen Untersuchungen mit Sicherheit folgende: Oertlich setzt es die Erregbarkeit verschiedener Nerven herab. Bei Thieren sind von dem Schenkel aus, in welchem Cocaïn injicirt wurde, keine Reflexbewegungen mehr zu erzielen (Moréno). Beim Menschen tritt nach Subcutaninjection diluirter Cocaïnlösung zuerst Wärmegefühl, dann Unempfindlichkeit gegen ziemlich starke Nadelstiche, in 15 Min. circumscripte Röthe der Haut und nach 25—30 Min. Rückkehr zur Norm ein; Pinseln der Zunge mit etwas stärkeren Lösungen betäubt sowohl den Geschmacksnerven, so dass nach 15 Min. Zucker, Salz und Säure auf der gepinselten Stelle nicht unterschieden wird, als die sensibeln Nerven, letztere 20—25 Min. und bei wiederholter Pinselung mehrere Std. (von Anrep); zu $^1/_2$ Mgm. auf die Bindehaut applicirt ruft Cocaïn in 8—12 Min. unbedeutende und kurz dauernde Erweiterung der Pupille hervor, welche durch Atropin noch weiter dilatirt wird (von Anrep).

Die entfernte Wirkung des Cocaïns ist in kleinen Dosen eine erregende auf die Nervencentren, und zwar zuerst und am deutlichsten der psychomotorischen bei Warmblütern, wie sich namentlich auch am Hunde ergiebt, dann der übrigen cerebralen Centren, der Medulla oblongata und des Rückenmarks; besonders betroffen erscheinen auch die Canales semicirculares, wie die langdauernden Kopfbewegungen bei allen Warmblütern, die bald eintretenden Gleichgewichtsstörungen, das Fehlen der Coordination, die Rollkrämpfe u. s. w. beweisen (von Anrep). Die Vorderstränge des Rückenmarks werden durch Cocaïn nicht gelähmt, wohl aber die Hinterstränge und die sensibeln Nerven (Ott). Künstliche Athmung hebt die durch Cocaïn hervorgerufenen Krämpfe nicht auf (Danini), wohl aber Durchschneidung des Halsmarks, während bei Rückenmarksdurchschneidung am sechsten Brustwirbel nur die Krämpfe in den hinteren Extremitäten verschwinden, die Reflexerregung aber erhöht bleibt (von Anrep). Kleine Gaben erhöhen die Sensibilität, nach Nikolsky auch die Reizbarkeit der motorischen Nerven, was von Anrep in Abrede stellt; grössere Gaben bewirken nach kurzdauernder Erhöhung in der Reizbarkeit der sensibeln Fasern Herabsetzung der Erregbarkeit der sensibeln und motorischen Nerven; auf die Erhöhung der Reflexe folgt beim Frosche Verlust der tactilen, dann der chemischen, bei tödtlichen Gaben auch der elektrischen Reflexe, zuletzt der durch Nervenstammreize entstehenden. Die Pupille wird bei Warmblütern constant erweitert, Sympathicusdurchschneidung ist darauf ohne Einfluss (Nikolsky). Die von Buchheim und Eisenmenger und auch von Ott behauptete Verlängerung der Muskelcontractionen durch Cocaïn ist weder von Nikolsky noch von v. Anrep constatirt, welche die quergestreiften Muskeln als intact bezeichnen. Die Athmung wird bei Warmblütern stark beschleunigt, bei Kaltblütern schon durch kleine Dosen dauernd sistirt; die Athmung cessirt vor der Herzaction, nur bei Injection in die Jugularis hören beide (nach Ott) gleichzeitig auf. Cocaïn retardirt bei Kaltblütern die Herzaction bis zum diastolischen Herzstillstande und wirkt bei Warmblütern in mittleren Dosen beschleunigend; die Reizbarkeit der hemmenden Vagusfasern wird durch kleine Gaben herabgesetzt, durch grössere vernichtet. Bei Fröschen bedingt C. Gefässverengung, die rascher als alle übrigen Effecte schwindet (v. Anrep); bei Warmblütern tritt nach mittleren Gaben durch Splanchnicusreizung momentan aufgehobene Steigerung des Blutdrucks, nach grossen Sinken ein, auf welches der Splanchnicus ohne Einwirkung ist; Vagusdurchschneidung ist auf die Drucksteigerung ohne Einfluss, Halsmarkdurchtrennung lässt sie nicht zu Stande kommen (Danini); Vagusdurchschneidung und Atropin heben den gesunkenen Blutdruck nicht, auch bleibt nach Durchtrennung des Halsmarks der Effect der nämliche (Ott). Mittlere Gaben steigern die Darmperistaltik, grössere bedingen nach kurzdauernder Erregung der Peristaltik Schwäche derselben und venöse Ueberfüllung der erweiterten Darmgefässe. Im Harn kann Zucker (Tarchanoff) und Eiweiss (namentlich bei langdauerndem Krampf und Dyspnoe) eintreten. Die Hauttemperatur steigt, während die Rectaltemperatur um $^1/_2$—1° im Lähmungsstadium sinkt und während der Krämpfe steigt (v. Anrep). Secretionsvermehrung, wie Speichelfluss (Danini) und Production dicken Schleims (Tarchanoff), wurde von v. Anrep nicht beobachtet; nach Bennett (Report on antagonism. 1875) unterscheidet sich Cocaïn durch den mangelnden Speichelfluss vom Coffeïn.

Hygrin. — Literat.: W. Lossen, Ann. Chem. Pharm. **121**. 374 und **133**; 352; ausführl. in dessen Dissertation über Cocaïn.

Entdeckung und Vorkommen. Bei Gelegenheit seiner Untersuchung des Cocaïns entdeckte Lossen 1862 noch eine zweite flüchtige Base in den Cocablättern, über welche indess nur sehr unvollständige Angaben vorliegen. — *Darstellung.* Um sie zu gewinnen fällt man aus der schwach mit Soda übersättigten und durch Schütteln mit Aethern von Cocaïn befreiten Flüssigkeit durch mehr Soda die Kalksalze aus, filtrirt, fügt dann noch so viel Soda hinzu, als gelöst werden kann und schüttelt aufs Neue wiederholt mit Aether. Dieser hinterlässt beim Destilliren eine bräunliche hoch siedende Flüssigkeit, welche ein Gemenge von Hygrin mit theils leichter, theils schwerer flüchtigen neutralen ölförmigen Substanzen ist. Bei anhaltendem Erhitzen auf 140° im Wasserstoffstrome lässt dieselbe eine gelbgefärbte viel Hygrin enthaltende Flüssigkeit übergehen, aus der man oxalsaures Hygrin darstellt. Dieses wird, um beigemengtes Ammoniaksalz zu beseitigen, in absolutem Weingeist gelöst, und nach dem Verdunsten des Weingeists mit Kalilauge der Destillation im Wasserstoffstrome unterworfen. Dem wässrigen Destillat wird dann das Hygrin durch Aether entzogen, der es beim Verdunsten hinterlässt. Auch aus dem schwerer flüchtigen Antheile des rohen Hygrin-Gemenges lässt sich durch Auflösen in salzsäurehaltigem Wasser, Ausschütteln der sauren Lösung mit Aether, Uebersättigen mit Natronlauge und nochmaliges Behandeln mit Aether noch Hygrin gewinnen.

Eigenschaften. Das so wohl immer noch nicht genügend rein zu erhaltende Hygrin ist ein dickflüssiges hellgelbes Oel von brennendem Geschmack, einem an Trimethylamin erinnernden Geruch und stark alkalischer Reaction. Es löst sich leicht, aber nicht in jedem Verhältniss in Wasser, leicht auch in Weingeist und Aether. Mit flüchtigen Säuren bildet es Nebel. Das salzsaure Salz ist krystallinisch aber zerfliesslich. Seine Lösung wird durch Jod-Jodkalium rothbraun, durch Zinnchlorür, Quecksilberchlorid und Gerbsäure weiss, durch Platinchlorid schmutzig weissgelb, durch Pikrinsäure gelb gefällt. Die wässrige Lösung der freien Base fällt Zinnchlorür, Quecksilberchlorid und Silbernitrat weiss, schwefelsaures Eisenoxyd gelblich, Kupfervitriol blassblau (Lossen).

Verhalten gegen Reagentien.

Wirkung. Das Hygrin soll nach Wöhler auf Kaninchen ohne Wirkung sein.

Cocagerbsäure. Niemann hat bei seinen Arbeiten auch die Cocagerbsäure abgeschieden, eine braunrothe Masse, mit Alkalien braunroth, mit Eisenchlorid braungrün werdend.

Cocawachs. Das Wachs der Blätter von Erythroxylon Coca scheidet sich aus kochendem Weingeist in weissen Körnern aus, leicht löslich in Aether, 70° Schmpkt., von der Zusammensetzung $C_{33}H_{86}O_2$ (Niemann, Vierteljschr. pr. Pharm. 9. 489).

e. Polygalaceae.

Polygala.

Die Wurzel von Polygala Senega, die sog. Senegawurzel enthält einen früher als Senegin beschriebenen Körper, der aber mit Saponin (siehe dieses) als identisch erklärt werden muss (Christophsohn, Dissert. 1874. J. Pharm. 1874; Schneider, Arch. Pharm. (3) 7. 394).

11. Frangulinae.

a. Celastraceae.

Evonymus. Celastrus.

Dulcit. Fettes Oel. Die Gattung Evonymus spec. europaeus enthält in der Cambialschichte der dickeren Zweige Dulcit (Kobel, Journ. pr. Chem. 85. 372), in den Samen ein fettes Oel, rothbraun (Schübler), hellgelb, dickflüssig (Schweizer), von bitterem, kratzendem Geschmacke, unangenehmem Geruche, spec. Gew. 0,938, bei —15° erstarrend. Dasselbe trocknet nicht und besteht aus den Glyceriden von Oelsäure, Palmitinsäure und Essigsäure und enthält freie Essigsäure (Schweizer, J. pr. Chem. 53. 437. — Riederer, Repert. Pharm. 14. 1). — Die Wurzelrinde von Evonymus atropurpureus soll ein Alkaloid und einen Bitterstoff (Glykosid) enthalten (Prescott, Amer. Journ. pharm. (4) 50. 363). Nach H. Meyer (Arch. exp. Path. 16. 163) ist der active Stoff der gegen Wassersucht benutzten Rinde ein als Herzgift wirkendes, zu $^1/_{15}-^1/_{10}$ mg systolischen Herzstillstand des Froschherzens bedingendes, in farblosen, strahlig gruppirten Nadeln krystallisirendes, in Wasser schwer, in Alkohol leicht lösliches Glykosid. — Dragendorff (Arch. Pharm. (3) **12**. 97) hat die Blätter von Celastrus obscurus (das abyssinische Add-Add) untersucht und spricht von Celastrusgerbsäure, einem glykosidähnlichen Celastrin und ätherischem Oele.

b. Aquifoliaceae.

Ilex.

In Ilex aquifolium (Stechpalme) sind folgende Substanzen als Bestandtheile bezeichnet worden:

Ilexsäure. — Fällt man den wässrigen Auszug der im Herbste gesammelten Blätter mit Bleiessig aus, erwärmt das entbleite Filtrat mit Bleihydroxyd, filtrirt, entfernt abermals mittelst Schwefelwasserstoff das Blei aus der Lösung und verdunstet zum Syrup, so krystallisiren in einigen Tagen Blättchen von ilexsaurem Kalk heraus, die durch Abpressen, Ausfällen aus wässriger Lösung durch Weingeist und Umkrystallisiren gereinigt werden können. Die Säure wurde nicht rein dargestellt. Das in Wasser leicht lösliche Kalksalz fällt Kupfer-, Silber-, Zink-, Eisen und Mangansalze nicht, aber Zinnchlorür und essigsaures Blei. Das gleichfalls lösliche Barytsalz ist amorph (Moldenhauer, Ann. Chem. Pharm. **102**. 350). Ilexsäure.

Ilixanthin. $C_{17}H_{22}O_{11}$. — So nennt Moldenhauer (Ann. Chem. Pharm. **102**. 346) einen gelben Farbstoff, der sich spärlich in den im Januar, dagegen reichlich in den im August gesammelten Blättern der Stechpalme findet. — Zur Darstellung überlässt man den durch Destillation stark concentrirten und dann heiss filtrirten weingeistigen Auszug der Krystallisation, wäscht die nach einigen Tagen angeschossenen Körner zur Beseitigung des Chlorophylls mit Aether, löst sie dann in Weingeist, fällt die eingedampfte Lösung mit Wasser aus und krystallisirt den Niederschlag mit kochendem Wasser. Man erhält dann strohgelbe mikroskopische Nadeln, die bei 198° schmelzen, über 215° sich zersetzen. Sie lösen sich kaum in kaltem, leicht und mit gelber Farbe in heissem Wasser, ferner in Weingeist, aber nicht in Aether. Die wässrige Lösung wird durch Alkalien orangefarben, durch Bleiacetat gelb gefällt. — Verdünntere Säuren bewirken auch beim Kochen keine Veränderung. Ilixanthin.

Ilicin. — Der als „Ilicin" bezeichnete Bitterstoff der Blätter von *Ilex aquifolium L.* ist bis jetzt nicht rein dargestellt worden. Wir verweisen auf die zum Theil sich widersprechenden Angaben von Déleschamps (Repert. Pharm. **41**. 230), Lebourdais (Ann. Chim. Phys. (5) **24**. 62; auch Ann. Chem. Pharm. **67**. 251), Moldenhauer (s. oben) und Bennemann (Arch. Pharm. (2) **93**. 4), sowie auf Gmelins Handbuch **7**. 1413. Italienische und französische Aerzte benutzten Ilicin gegen Wechselfieber in den Dosen des Chinins (Bertini, Ann. univ. di Med. Sept. Oct. 1833). Ilicin. Wirkung.

Ilex paraguayensis liefert den Paraguaythee oder Maté, die Blätter, Blattstiele und jungen Zweige dieser Pflanzen. Dieselben enthalten Coffeïn 0,2—1,8 %, vielleicht ein Glykosid und Fettsubstanzen (2 %), Wachssubstanzen, aus welchen eine bei 110° schmelzende Matécerinsäure isolirt wurde (Arata). Maté.

Die Blätter sind reich an Gerbsäure, die vielleicht identisch mit Kaffeegerbsäure ist (Strauch, J. Chem. Min. 1867. 770. — Rochleder, Lenoble, Pharm. Centrlbl. 1850. 702. — Arata, J. Chem. Min. 1877. 954. — A. Robbins, Pharm. Journ. Trans. (3) 8. 1027. — Byasson, ebendas. (3) 8. 605).

Ilex cassine enthält in den Blättern Coffeïn (Smith, J. Chem. Pharm. 1872. 206).

c. Vitaceae (Ampelideae).

Ampelopsis.

Ampelopsis hederacea (wilder Wein) wurde von v. Gorup (Buchners Repert. 21. 109) untersucht, der darin im Wesentlichen dieselben Bestandtheile wie im Weinstock nachwies, unter Anderem Glycolsäure, auch Brenzcatechin. F. A. Flückiger (Berl. Ber. 5. 1) weist mit Bezug auf obige Thatsache auf den Gehalt der Kinosorten an Brenzcatechin hin und erklärt letzteres als Product der Lebensthätigkeit der Pflanze.

C. Preusse (Zeitschr. phys. Chem. 2. 324) bestreitet das Vorkommen von Brenzcatechin in Ampelopsis, indem er nachzuweisen versucht, dass die grüne Färbung mit Eisenchlorid nicht von Brenzcatechin, sondern von einem anderen Bestandtheile jedenfalls herrührt.

Vitis.

Bei der Bedeutung der Früchte des Weinstockes „Vitis vinifera“ für die Herstellung des gegohrenen Traubensaftes „des Weines“ dürfte eine kurze Uebersicht über die Bestandtheile der einzelnen Organe von Vitis vinifera am Platze sein.

Die Blätter enthalten im Jugendzustande: saures weinsaures Kalium, weinsauren Kalk, Quercetin, Quercitrin, Gerbstoff, Amylum, Weinsäure, Aepfelsäure, Gummi, Inosit, Zucker, Oxalsäure, Ammon, phosphorsauren Kalk, Gyps, im Herbste kein Inosit, keine Aepfelsäure, Spuren von Quercitrin.

Die Rebthränen, der im Frühjahre aus den Zweigen ausfliessende Saft, enthalten: Kohlensäure, salpetersaures Kalium, Gyps, phosphorsauren Kalk, Magnesium, Ammonsalze, Zucker, weinsauren Kalk, Inosit, Bernsteinsäure, Oxalsäure.

Die Früchte des Weinstockes resp. deren Saft, enthalten: Dextrose, Levulose, Inosit, Weinsäure, Traubensäure, Aepfelsäure, Bernsteinsäure, Glycolsäure (?), Kohlensäure, Farbstoff, Spuren von Quercitrin, Quercetin, Gerbstoff, nebst den allgemein verbreiteten Albuminaten etc.

Der Zuckergehalt des Traubensaftes schwankt zwischen 10 und 40 %, der Gehalt an freier Säure zwischen 0,4 und 1,6 %.

Die Kerne der Früchte sind sehr reich an Gerbsäure und fettem Oele (15—18 %), das aus Glyceriden der Palmitinsäure, Stearinsäure, Erucasäure besteht (A. Fitz, Berl. Ber. 1871. 910).

(Literatur: C. Neubauer, Ann. de Oenol. 4. 102. 499. — Nessler, Weinlaube. 1871. — Hilger in Hilger und Nies, Mittheilungen. 1873. Würzburg. — R. Fresenius, Zeitschr. f. Landwirthe. 1857. 45. — Brunner und Brandenburg, Berl. Ber. 1876. 942. — Erlenmeyer, Zeitschr. Chem. 2. 639. — A. Blankenhorn, Ann. d. Oenol. 3. 256. — Reifen der Früchte: A. Fitz, Ann. d. Oenol. 2. 235. — Le Canee, Etudes sur les raisins. 1868. — C. Neubauer, Landw. Versuchsst. 11. — A. Hilger, siehe oben. — A. Famintzin, Verhandl. naturforsch. Ges. Freiburg, 1860. 117. — E. Mach, Ann. Oenol. 1877. 6. 409; J. Agriculturchem. 1877. 590. — E. Bechi, ebend. 603. — J. Macagno, ebendas. 1878. 672. — E. Mach, ebendas. 1878. 678. — E. Pollaci, ebendas. 682. — E. Mach und C. Portele, Jahresb. Agriculturch. 1879. 620. 633. — 1881. S. 598. — C. Amthor, Z. phys. Chem. 6 und 7. — Mineralbestandtheile: siehe Ann. d. Oenol., sowie Jahresb. f. Agriculturch. 1870—1882).

Rhamnus.

Ueber die Bestandtheile von Rhamnus liegen zahlreiche Arbeiten vor, welche vielfach widersprechende Angaben aufweisen. — Haben auch die neueren Arbeiten von Liebermann, Hörmann und Waldheim zur Klärung der Verhältnisse beigetragen, so scheint es doch zweckmässig, hier auch die frühere Literatur eingehender zu berücksichtigen.

Rhamnogerbsäure. — Zieht man das aus dem Saft der Beeren von *Rhamnus cathartica L.* dargestellte Extract mit Weingeist aus, verdunstet die Lösung und vermischt mit Wasser, so scheidet sich Rhamnogerbsäure ab, die durch Auswaschen, Trocknen, Auflösen in Aether und Verdunstenlassen dieser Lösung gereinigt wird. Sie ist eine grüngelbe, amorphe, zerreibliche Masse von bitterlich herbem Geschmack und neutraler Reaction, die beim Erwärmen erst schmilzt und dann sich zersetzt. Sie löst sich kaum in Wasser, leicht in Weingeist und Aether. Von wässrigem Ammoniak, Kalilauge und Kalkwasser wird sie mit gelber Farbe gelöst. Ihre kochend bereitete wässrige Lösung färbt und fällt Eisenoxydsalze olivengrün, Bleisalze orangegelb, Brechweinstein erst nach längerer Zeit gelb, Leimlösung nicht (Binswanger, Repertor. Pharm. 104. 58).

Rhamnin. Xanthorhamnin Gellatlys. Rhamnegin Leforts und Schützenbergers. Nicht zu verwechseln mit dem Rhamnin Fleurys (s. Rhamnetin). — Literat.: Fleury, Journ. Pharm. (2) 27. 666; auch. Journ. pract. Chem. 26. 226. — Kane, Phil. Mag. 23. 3; auch Journ. pract. Chem. 29. 481. — Winckler, Jahrb. Pharm. 24. 1. Binswanger, Repert. Pharm. 104. 54. — Gellatly, N. Edinb. Phil. J. 7. 252; auch Chem. Centr. 1858. 477. — Ortlieb, Bull. Soc. de Mulhouse. 30. 16. — Bolley, Polytechn. Centralbl. 1860. 1125. — Lefort, Compt. rend. 63. 840. 1081; auch Journ. Pharm. (4) 4. 420. — Schützenberger, Bull. Soc. Chim. (2) 10. 179. 1868; auch Chem. Centralbl. 1868. 806. — Stein, Polyt. Centralbl. 1868. 1176 und 1869. 41; auch Chem. Centralbl. 1868. 801 und 1869. 247. — Liebermann und Hörmann, Ann. Chem. Pharm. 196. 307.

Vorkommen. Nach den Untersuchungen von Lefort, Schützenberger und namentlich von Stein enthalten im Widerspruch mit den älteren

Angaben sowohl die Färber-Kreuzdornbeeren oder Avignonkörner von *Rhamnus infectoria*, als die persischen Gelbbeeren von *Rh. oleoides, amygdalina* und *Rh. saxatilis*, als endlich die gewöhnlichen Kreuzdornbeeren von *Rh. cathartica*, die nämlichen beiden, nur nach der Species und nach der Reife der Beeren in der Quantität differirenden Farbstoffe, das Glykosid oder richtiger Mannid Rhamnin und sein Spaltungsproduct, das Phloroglucid Rhamnetin.

Darstellung. Lefort zieht zur Darstellung des Rhamnins (seines Rhamnegins) nicht völlig reife (olivengrüne), möglichst zerkleinerte Färber-Kreuzdornbeeren oder persische Gelbbeeren heiss mit 90proc. Weingeist aus, filtrirt heiss, lässt 12 Stdn. absetzen, wobei sich Rhamnetin ausscheidet und überlässt die geklärte Flüssigkeit bei einer nicht unter 15° liegenden Temperatur der freiwilligen Verdunstung. Die sich allmälich bildenden, aus Krusten und Körnern zusammengesetzten blumenkohlähnlichen Efflorescenzen werden zuerst mit starkem kalten Weingeist, dann mit Aether gewaschen. Er erhielt so etwa 5 % vom Gewicht der Beeren. — Aehnlich verfuhr Schützenberger und auch schon Gellatly zur Darstellung seines Xanthorhamnins. — Stein erhielt sein Rhamnin, indem er den mit 80procent. Weingeist im Verdrängungsapparate bereiteten Auszug zerstossener olivengrüner Beeren zunächst in kleinen Portionen mit absolutem Weingeist versetzte, so lange bis keine Trübung dadurch mehr erzeugt wurde, das harzähnlich abgeschiedene Rhamningummi beseitigte und nun mit Aether fällte. Es schied sich alsdann das Rhamnin beim Schütteln in käsigen Flocken aus, die rasch mit Aether ausgewaschen wurden und zu einer gummiartigen Masse eintrockneten. Nur durch ganz langsame freiwillige Verdunstung seiner weingeistigen Lösung oder durch portionenweisen Zusatz von Aether zu einer solchen in langen Zwischenräumen konnte es krystallisirt erhalten werden.

Eigenschaften. Das Rhamnin erscheint unter dem Mikroskop nach Lefort als ein Conglomerat von gelblichen durchsichtigen, vierseitig prismatischen Tafeln, nach Stein in Form theils blassgelber, theils goldgelber dünner Nadeln. Gellatly beschrieb sein Xanthorhamnin als dichte Büschel blassgelber seideglänzender Krystalle bildend. Es ist geruch- und geschmacklos (nach Stein fast geschmacklos) und von neutraler Reaction. Es löst leicht bei jeder Temperatur in Wasser, gewöhnlichem Weingeist und Essigsäurehydrat, in absolutem Weingeist reichlich nur beim Kochen, in Aether, Chloroform, Benzol und Schwefelkohlenstoff fast gar nicht. Die wässrige Lösung ist schön goldgelb, die weingeistige mehr blassgelb gefärbt; beide Lösungen nehmen bei längerem Stehen eine braune Farbe an (Stein). Auch von den Lösungen der kaustischen Alkalien und alkalischen Erden wird es leicht mit gelber Farbe gelöst, welche an der Luft sehr rasch in Braun übergeht (Lefort).

Zusammensetzung. Die Zusammensetzung des Rhamnins ist noch nicht mit Sicherheit ermittelt. Gellatly stellte für sein krystallisirtes Xanthorhamnin die Formel $C_{23}H_{28}O_{14}$

$+ 5 H_2O$ auf. Lefort gab für sein Rhamnegin die Formel $C_{12}H_{12}O_6 + 2 H_2O$. Stein erhielt ähnliche Zahlen wie für Quercitrin, hält es damit jedoch neuerdings nicht mehr für isomer, sondern für wasserstoffreicher. Schützenberger endlich, was Stein bestreitet, nimmt zwei verschiedene Rhamnine an, α-Rhamnin und β-Rhamnin. Ersteres krystallisirt nach ihm aus dem weingeistigen Auszuge der Rhamnusbeeren beim freiwilligen Verdunsten zuerst heraus, hat die Zusammensetzung $C_{24}H_{32}O_{14}$ und liefert als Spaltungsproduct in Weingeist fast unlösliches α-Rhamnetin (man vergl. dieses). Letzteres kann aus der Mutterlauge von ersterem gewonnen werden, entspricht der Formel $C_{25}H_{34}O_{14}$ und liefert in Weingeist ziemlich gut lösliches β-Rhamnetin.

Zersetzungen.

Beim Erhitzen auf Platinblech bläht sich das Rhamnin auf und verbrennt mit Hinterlassung von Kohle. — Beim Kochen mit verdünnten Mineralsäuren wird es, wie schon Gellatly fand, leicht gespalten. Die Spaltung erfolgt nach Stein durch Schwefelsäure auch schon bei gewöhnlicher Temperatur, und zwar durch concentrirte rasch, durch verdünnte in 24 Stunden. Sie wird auch bewirkt durch das in den unreifen Rhamnusbeeren vorkommende stickstoffhaltige Rhamninferment, aber nicht durch Emulsin oder Malzaufguss. Die Spaltungsproducte sind Rhamnetin (s. dieses) und Rhamninzucker. Für letzteren giebt Stein, der ihn wenig süss fand und Rhamningummi nennt, die Formel $C_{12}H_{22}O_9$. Schützenberger beschreibt ihn als sehr hygroskopisch, sehr süss, rechtsdrehend, nicht gährungsfähig, Fehlingsche Lösung leicht reducirend und hält ihn für isomer mit Mannit. — Beim Erhitzen des α-Rhamnins mit Essigsäureanhydrid auf 140° erhielt Schützenberger ein farbloses, schwierig krystallisirbares, in Wasser nicht, in Weingeist leicht lösliches Hexacetrhamnin, $C_{24}H_{26}(C_2H_3O)_6O_{14}$.

Verhalten gegen Reagentien.

Die nicht zu concentrirte wässrige Lösung des Rhamnins wird durch neutrales und basisches Bleiacetat nicht gefällt, wohl aber die weingeistige mit schön orangegelber Farbe. Beide Lösungen scheiden beim Kochen aus essigsaurem Kupferoxyd einen braunen Niederschlag, aus Silbernitrat graues metallisches Silber ab, reduciren aber kalische Kupferlösung nicht. Eisenchlorid färbt sie noch bei grosser Verdünnung olivengrün, Chlorkalklösung tief dunkelgrün; bei stärkerer Concentration bewirken beide dunkelbraunrothe Färbung. — Thonerdehydrat schlägt aus der wässrigen Lösung das Rhamnin ziemlich vollständig nieder. Mit Alaun oder Zinnsalz gebeizter Thibet färbt sich darin gar nicht oder doch nur unvollständig, aber es tritt sogleich befriedigende Färbung ein, wenn man der Lösung etwas von dem wässrigen, Rhamninferment enthaltenden Aufguss grüner Rhamnusbeeren zusetzt. Das färbende Princip der letzteren ist demnach nicht Rhamnin, sondern Rhamnetin (Stein).

Rhamnetin. Rhamnin Fleurys und Leforts. Chrysorhamnin Kanes. — Literat.: s. b. Rhamnin.

Entdeckung u. Vorkommen.

Dieses zuerst von Gellatly beobachtete Spaltungsproduct des Rhamnins (s. dieses) findet sich nach Lefort und Stein neben diesem bereits fertig gebildet in den unreifen Färber-Kreuzdornbeeren und persischen Gelbbeeren und bildet das eigentlich färbende Princip derselben.

Nach Schützenberger ist jedoch das durch Spaltung des Rhamnins zu erhaltende Rhamnetin mit dem fertig gebildet in den Beeren vorkommenden, in Wasser unlöslichen gelben Farbstoff nicht identisch, sondern von anderer Zusammensetzung (s. unten). — Das geringe Farbvermögen der reifen Beeren ist nach Stein darin begründet, dass sie zwar viel Rhamnin, jedoch kein oder doch nur wenig Rhamnetin enthalten und dass ihnen ausserdem das Ferment fehlt, welches die Abspaltung des Rhamnetins aus dem Rhamnin zu bewirken vermag. Es liegt hierin ein Fingerzeig, wie auch die reifen Beeren für die Färberei verwendbar zu machen wären.

Darstellung. Bezüglich der Darstellung des Rhamnetins aus Rhamnin vergl. man Rhamnin. — Aus unreifen Rhamnusbeeren kann man es nach Stein gewinnen, indem man den weingeistigen Auszug derselben mit Bleiessig ausfällt (wodurch namentlich das Rhamnin entfernt wird), aus dem entbleiten Filtrat das Rhamnetin durch Wasser niederschlägt und dieses durch Auskochen mit Benzol oder Schwefelkohlenstoff entfettet. — Lefort zerquetscht persische Gelbbeeren mit der Vorsicht, dass die ölreichen Samen darin nicht zersprengt werden und erhitzt 1 Stunde mit Wasser, worauf das Rhamnetin als citronengelbe gallertartige Masse herausquillt und auf einem feinen Haarsiebe nach Art der Stärke abgeschlämmt werden kann. Setzt man dem Wasser vor dem Kochen $^1/_{50}$ Schwefelsäure zu, so wird auch das Rhamnin der Beeren in Rhamnetin verwandelt und eine vermehrte Ausbeute erzielt. Der abgesetzte gelbe Schlamm wird mit Wasser gewaschen und aus heissem Weingeist umkrystallisirt.

Eigenschaften. Das Rhamnetin krystallisirt nach Lefort aus Weingeist in kleinen goldgelben atlasglänzenden durchsichtigen quadratisch-prismatischen Tafeln und Schuppen, die sich zu blumenkohlähnlichen Aggregaten vereinigen. Es ist fast geschmacklos (Gellatly) und färbt zwar Wasser schwach gelblich, löst sich aber darin kaum. Von Weingeist erfordert es beim Kochen 58,5 Th., von Aether in der Kälte 76 Th. zur Lösung, jedoch variirt die Löslichkeit je nach dem Grade der Dichtigkeit (ob feucht oder getrocknet) und der Reinheit erheblich (Stein).

Aus Phenol krystallisirt Rhamnetin am besten. Dasselbe ist in Alkalien mit gelber Farbe löslich, reducirt Fehlingsche Lösung und Silberlösung schon in der Kälte. Die alkoholische Lösung färbt sich mit Eisenchlorid braungrün, wird gefällt durch Bleiacetat, Kalk- und Barytwasser. Mit Thonerde oder Eisensalz gebeizte Zeuge werden durch Rhamnetin gefärbt, die ersteren canariengelb, die letzteren schwarz.

Zusammensetzung. Nach Stein ist das Rhamnetin nicht nur gleich zusammengesetzt mit dem Quercetin (s. dieses), sondern auch, was schon Hlasiwetz früher vermuthete, aller Wahrscheinlichkeit nach damit identisch, hat also die Formel $C_{23}H_{16}O_{10}$. — Gellatly gab die Formel $C_{11}H_{10}O_5$, Lefort nimmt Isomerie mit Rhamnin an. Schützenberger endlich unterscheidet ein in Weingeist fast unlösliches α-Rhamnetin, $C_{12}H_{10}O_5$, und ein darin ziemlich gut lösliches β-Rhamnetin, $C_{13}H_{12}O_6$, von denen dann noch (s. oben) das fertig gebildet in den Beeren vorkommende Rhamnetin (Leforts unlösliches Rhamnin) verschieden und nach der Formel $C_{18}H_{22}O_{10}$ zusammengesetzt sein soll. Stein glaubt alle diese angeblichen Verschiedenheiten auf ungleiche Grade der Reinheit und Dichtigkeit zurückführen zu müssen.

Nach Stein verhält sich das Rhamnetin durchaus wie Quercetin, wird namentlich ganz wie dieses beim Schmelzen mit Kalihydrat in Quercetinsäure und Phloroglucin zerlegt. Zersetzungen.

Beim Behandeln mit Natriumamalgam oder Schmelzen mit Kali entstehen Phloroglucin und Protocatechusäure (Smorawsky, Berl. Ber. 12. 1595).

Die Arbeiten von Liebermann und Hörmann (Ann. Chem. Pharm. **196**. 299. 307; Berl. Ber. 1878. 952 u. 1618) haben nachstehende Resultate ergeben:

1) Die Gelbbeeren, von Rhamnus infectoria und tinctoria stammend, enthalten, auch nach längerem Liegen neben wenig freiem Farbstoff gegen 12% Farbstoffglykoside.

2) Das in Weingeist schwerer lösliche Glykosid ist stets Kanes Xanthorhamnin von der Formel $C_{48}H_{66}O_{29}$. Das löslichere, Schützenbergers β-Rhamnegin ist noch nicht genügend festgestellt.

3) Das Xanthorhamnin erleidet durch Säuren keine moleculare Umlagerung, sondern spaltet sich dadurch in Rhamnetin und Isodulcit, dieselbe Zuckerart, die beim Spalten von Quercitrin auftritt.

$$C_{48}H_{66}O_{29} + 5H_2O = 4C_6H_{14}O_6 + 2C_{12}H_{10}O_5.$$

4) Rhamnetin besitzt die Formel $C_{12}H_8O_3(OH)_2$ (Schützenberger).

5) Eine Identität mit Quercitrin und Quercetin existirt nicht.

Aus den wässrigen Gelbbeerenauskochungen fällt ein ursprünglich in den Gelbbeeren präformirter Farbstoff, Leforts Rhamnin, aus, der aber durch die Wirkung eines Fermentes auf eines der Glykoside entsteht und ist selbst noch ein Glycosid.

Aus den Arbeiten von Liebermann und Hörmann folgen noch nachstehende Mittheilungen:

Darstellung von Xanthorhamnin. — Die zerstossenen Gelbbeeren werden mit der 3fachen Menge Alkohol (85%) 10 Stunden lang ausgekocht, heiss filtrirt, und der Rückstand ausgepresst. Die erhaltenen alkoholischen Lösungen werden stehen gelassen, bei wiederholter Entfernung der ausgeschiedenen Harzmassen abgegossen, bis die blumenkohlähnlichen, gelben Krystalle sich ausscheiden, die aus Alkohol umkrystallisirt werden.

Xanthorhamnin reducirt Silberlösung und Fehlingsche Lösung beim Erwärmen, färbt sich mit Eisenchlorid braungrün.

Rhamnetinderivate. — Dimethylrhamnetin, $C_{12}H_8(CH_3)_2O_5$. Nadeln, Schmpkt. 156—157.

Dibromrhamnetin, $C_{12}H_8Br_2O_5$.

Diacetylbromrhamnetin, $C_{16}H_{12}Br_2O_7$; ausserdem sind dargestellt:

Diacetylrhamnetin (aus 1.Th. Rhamnetin, 3–4 Th. Essigsäureanhydrid, und 1 Th. wasserfreiem Natriumacetat durch Kochen dargestellt).

Dipropionylrhamnetin, Dibenzoylrhamnetin.

Frangulin. Rhamnoxanthin. $C_{20}H_{20}O_{10}$. — Literat.: Binswanger, Repert. Pharm. **104.** 151. — Winckler, ibidem. **104.** 145. — Buchner jun., Ann. Chem. Pharm. 87. 218. — Casselmann, ibidem. **104.** 77. — Phipson, Compt. rend. **47.** 153; Chem. News. 1861. 255. — Enz, Viertelj. pract. Pharm. **16.** 106. — A. Faust, Arch. Pharm. **187.** 8; **165.** 230. — Liebermann und Waldheim, Berl. Ber. **9.** 1775. — Keussler, Jahresb. Pharm. 1877. 161.

Vorkommen. Dieser zuerst von Binswanger erwähnte und als „Rhamnoxanthin" bezeichnete, aber erst von Casselmann rein dargestellte, genauer untersuchte, und weil er ihn als eigenthümlich für *Rhamnus Frangula L.* hielt, „Frangulin" genannte Farbstoff, findet sich in der Wurzel- und Stammrinde dieser Pflanze, namentlich in älterer (Casselmann), ferner im Bast und in den Gefässen der Markhülle (Phipson), in den Beeren (Enz) und den Samen (Buchner), nach Letzterem auch in Rinde und Samen von *Rh. cathartica L.* — Gegen die Annahme, es möchte das Frangulin mit dem Rhamnetin und damit also vielleicht auch mit dem Quercetin identisch sein, spricht namentlich die von Faust durch Kochen mit weingeistiger Salzsäure bewirkte Spaltung des ersteren in Zucker und Frangulinsäure.

Darstellung. Zur Darstellung extrahirt man nach Casselmann die zerkleinerte Rinde des Stammes oder der Zweige durch Auskochen mit ammoniakhaltigem Wasser, übersättigt die Auszüge mit Salzsäure, kocht den erst nach mehrwöchentlichem Stehen gesammelten und ausgewaschenen schwarzbraunen Niederschlag unter Zusatz von Bleiacetat mit 80procent. Weingeist aus, versetzt das noch heisse Filtrat mit Wasser bis zur Trübung und krystallisirt das im Laufe von Wochen sich absetzende Frangulin aus Weingeist um. — Enz erschöpft die Rinde oder die Beeren des Faulbaums heiss mit einer wässrigen Lösung von ätzendem oder kohlensaurem Natron, übersättigt den Auszug mit Salzsäure und behandelt den gewaschenen und getrockneten Niederschlag mit Chloroform, das beim Verdunsten nun reines Frangulin hinterlässt.

Eigenschaften. Das Frangulin bildet eine citronengelbe, matt seideglänzende, geruch- und geschmacklose Krystallmasse, die bei 226° schmilzt und theilweise unzersetzt in goldgelben Nadeln sublimirt. Es löst sich nicht in Wasser, in 160 Th. warmem Weingeist von 18 %, beim Erkalten fast vollständig sich wieder ausscheidend, kaum in Aether; jedoch wird unreines Frangulin von Weingeist und Aether leicht gelöst (Casselmann). Auch von Schwefelkohlenstoff wird es gelöst (Phipson), sowie mit Purpurfarbe von wässrigen Alkalien und Ammoniak. Aus seinen Lösungen wird es nicht durch Metallsalze gefällt, bildet aber mit den Metalloxydhydraten schön gefärbte Lacke (Casselmann). Es färbt Seide, Wolle und Baumwolle (Phipson).

Zusammensetzung. Die Zusammensetzung des Frangulins wird nach Casselmann durch die Formel $C_6H_6O_8$ ausgedrückt. Hesse (Ann. Chem. Pharm. **117.** 349) giebt die Formel $C_{20}H_{20}O_{10}$, die Faust bestätigt.

Zersetzungen. Beim Uebergiessen mit conc. Schwefelsäure färbt sich das Frangulin sogleich schön smaragdgrün, dann purpurfarben und löst sich mit dunkelrother Farbe; durch Wasser wird es wieder ausgefällt (Phipson. Casselmann).

Kocht man das Frangulin in weingeistiger Lösung mit Salzsäure, so spaltet es sich nach Faust in einigen Minuten in Zucker und Frangulinsäure, $C_{14}H_{10}O_5$ ($C_{20}H_{20}O_{10} + H_2O = C_{14}H_{10}O_5 + C_6H_{12}O_6$), die sich beim Verdünnen mit Wasser ausscheidet. Die Spaltung wird auch durch Alkalien bewirkt, denn beim Auskochen von Faulbaumrinde mit soda- oder ammoniakhaltigem Wasser wird nur noch sehr wenig Frangulin und dafür relativ viel Frangulinsäure erhalten. Die Frangulinsäure bildet eine goldschwefelfarbige leichte Krystallmasse, bei langsamem Verdunsten ihrer verdünnten weingeistigen Lösung auch schöne mikroskopische Nadeln von röthlicher Farbe. Sie schmilzt bei 248—250°. In Wasser löst sie sich schwer, wenig auch in Chloroform und Benzol, leicht dagegen in Weingeist und Aether. Mit den wässrigen Alkalien und Ammoniak giebt sie prachtvoll roth gefärbte Lösungen, aus denen Säuren sie unverändert wieder abscheiden. Ihre Salze scheinen nicht zu krystallisiren. Bei Einwirkung von Brom auf ihre weingeistige Lösung entsteht Dibromfrangulinsäure, $C_{14}H_8Br_2O_5$ (Faust). — Neben Frangulinsäure resultirt bei der Spaltung des Frangulins in kleiner Menge noch eine zweite, ihr sehr ähnliche, aber dunkler roth gefärbte krystallisirbare Säure, die Faust als Difrangulinsäure, $C_{28}H_{18}O_9 + H_2O$, bezeichnet.

Frangulinsäure.

Dibromfrangulinsäure.

Difrangulinsäure.

Auch mässig conc. heisse Salpetersäure löst Frangulin unverändert und lässt es beim Erkalten wieder auskrystallisiren, rauchende dagegen verwandelt es in der Wärme in Oxalsäure und Nitrofrangulinsäure. Letztere, nach Hesse $C_{20}H_{11}(NO_2)_5O_8$, krystallisirt aus Wasser in kleinen gelben Tafeln, aus Weingeist in langen seideglänzenden orangefarbenen Nadeln, schmeckt bitter, löst sich in kochendem Wasser mit carmoisinrother, in wässrigen Alkalien mit violettrother Farbe und giebt mit vielen Metallsalzen feuerrothe Niederschläge (Casselmann).

Nitrofrangulinsäure.

Die Arbeiten von Liebermann und Waldheim, welche mit einer von Merck nach Casselmanns Methode der Darstellung hergestellten Substanz arbeiteten, die durch wiederholte Behandlung mit verdünnter Schwefelsäure, sowie Alkohol und Eisessig gereinigt war, ergaben, dass anstatt Frangulinsäure „Emodin" $C_{15}H_{10}O_5$, Trioxymethylanthrachinon (siehe S. 524) vorhanden war.

Emodin.

Faust hält Frangulinsäure für ein dem Alizarin isomeres Dioxyanthrachinon $C_{14}H_8(OH)_2O_2$; Liebermann und Waldstein vermuthen, dass vielleicht Dioxymethylantrachinon, $C_{14}H_6(OH).(CH_3O)_2$, vorliegt. Keussler spricht sogar von Trioxyäthylanthrachinon. Ob die beiden Körper Frangulinsäure und Emodin Bestandtheile der Gelbbeeren sind, ob dieselben identisch, oder je nach Alter, Art der Behandlung der Gelbbeeren allein oder gemeinschaftlich auftreten, ist noch zu entscheiden.

Constitution.

Es sei hier noch verwiesen auf die Arbeiten von Piccard, Berl. Ber. 6. 8896. — Liebermann und Giesel, Berl. Ber. 8. 1647. — Schunck und Römer, ebendas. 8. 1629.

Nach Faust war das von Kubly (N. Repertor. Pharm. 15. 295) beschriebene Avornin nur unreines Frangulin, und die daraus abgespaltene Avorninsäure daher identisch mit der Frangulinsäure.

Avornin.

Frangulinsäure wirkt bei Hunden zu einigen Dgm. prompt abführend (Baeumker, Exper. Beitr. zur Kenntniss der pharmakol. Wirkung der Frangularinde. Göttingen, 1880).

Wirkung.

Rhamnocathartin. — So hat man den von Hubert (Repert. Pharm. **35.** 293), Winckler (Jahrb. Pharm. **19.** 221; **24.** 1) und Binswanger (Repert. Pharm. **104.** 54) untersuchten unkrystallisirbaren Bitterstoff der Beeren von *Rh. cathartica* genannt. Van Pelt (Journ. d. Pharm. d'Anvers, **29.** 1) hat sich mit den Reactionen des Saftes von Rhamnus cathartica beschäftigt.

Wirkung und Anwendung. Wincklers Rhamnocathartin wurde von Graff als Abführmittel angewendet und zwar nach heute wenig klaren Indicationen, nämlich bei Schlaffheit der Eingeweide, Stockungen der Leber und Milz, endlich bei Hämorrhoiden. Die cathartische Wirkung wurde auch von Strohl und Wieger (Gaz. de Strasb. 3. 1854) constatirt, die es sehr mild, reizlos und schmerzlos flüssige, stets von vielen Gasen begleitete Stühle hervorrufend fanden, wobei die Wirkung sich langsam entwickelte und lange anhielt, während diese Forscher eine Action auf die Leber in Abrede nehmen. Bei Kindern purgirt es sicher zu 0,1—0,2, ist aber selbst in Syrup schlecht zu nehmen. Für Erwachsene genügen in der Regel 0,5, Abends in Pillenform genommen.

12. Tricocceae.

a. Euphorbiaceae.

Mercurialis.

Die von Reichardt (J. pr. Chem. **104.** 301. — Chem. Centrlbl. 1863. 65.) seiner Zeit in Mercurialis annua und perennis gefundene flüchtige Basis

Methylamin. „Mercurialin," die dieselbe Zusammensetzung mit Methylamin hatte, ist nach E. Schmidt (Ann. Chem. und Pharm. **193.** 73) vollkommen identisch mit Methylamin, dem es gelang, dasselbe krystallisirt herzustellen. Auch

Trimethylamin. gelang es Schmidt kleine Mengen von Trimethylamin neben Methylamin in Mercurialis annua nachzuweisen.

Ricinus.

Die Samen von Ricinus communis liefern durch Pressen das als mildes Abführmittel bekannte und auch zu anderen Zwecken medicinisch benutzte

Ricinusöl. Ricinusöl (Oleum ricini, s. Palmae Christi, Castoröl). Dasselbe ist farblos und grünlichgelb, durchsichtig, dickflüssig, von fadem Geruche, mildem, hinterher kratzendem Geschmacke und ist in einer Menge von 50% ungefähr darin enthalten. Das spec. Gew. ist 0,962 bei 21°; bei —18° erstarrt dasselbe, in dünnen Schichten trocknet es langsam ein und mischt sich mit absolutem Alkohol, auch mit Eisessig, sowie mit dem doppelten Gewichte Weingeistes von 0,838 spec. Gew. Dasselbe besteht aus den Glyceriden der Ricinölsäure und Stearinsäure (Saalmüller, Ann. Chem. Pharm. **64.** 108). Bei der Destillation entstehen Methylcaprinyl, secundärer Aethylalkohol, $C_8H_{18}O$, und Sebacinsäure. Bei der Destillation unter vermehrtem Drucke entsteht Oenan-

Undecylensäure. thol, $C_7H_{14}O$, und eine Säure, $C_{11}H_{20}O_2$, Undecylensäure (Krafft, Berl. Ber. 10. 2035). Diese Säure ist ein Glied der Oelsäurereihe, Schmpkt. 24,5°, zerfällt, mit Kali geschmolzen, in Essigsäure und Nonylsäure, mit rauchender Salpetersäure in Sebacinsäure, $C_{10}H_{18}O_4$ (Becker, Berl. Ber. 11. 1412). E. Neison (Journ. chem. soc. (2) 12. 301) erhielt beim Erhitzen von Ricinölnatronseife Sebacinsäure. Genauere Angaben über die Wirkung und

Anwendung des Ricinusöls findet sich in Husemann, Arzneimittellehre. 2. Aufl. S. 595—599.

Ricinölsäure. $C_{18}H_{34}O_3$. — Literat.: Saalmüller, Ann. Chem. Pharm. **64**. 108. — Svanberg und Kolmodin, Journ. pract. Chem. **45**. 431. — Bouis, Ann. Chim. Phys. (3) **44**. 103; **48**. 99. — Petersen, Ann. Chem. Pharm. **118**. 69. — Ulrich, Zeitschr. Chem. 1867. 545. — Städeler, J. Chem. Min. 1857. 359. — Claus. Berl. Ber. **9**. 1916. — Hassencamp, Freiburg. Dissertation 1877.

Die Darstellung dieser als Glycerid im Ricinusöl, dem fetten Oel der Samen von *Ricinus communis L.*, enthaltenen und von Saalmüller als verschieden von der gewöhnlichen Oelsäure erkannten Säure geschieht ganz in der nämlichen Weise, wie die der Oelsäure aus Mandel- oder Olivenöl. Am besten gelingt die Darstellung dadurch, dass man Ricinusöl mit Natronlauge verseift und die rohe Seife fractionirt mit Chlorcalcium fällt. Die ersten Fractionen beseitigt man und krystallisirt die letzteren aus Alkohol um, wodurch man das Kalksalz erhält, das man mit Säuren leicht zerlegen kann. Darstellung.

Sie bildet ein hell weingelbes, in dünnen Schichten farbloses syrupdickes Oel von 0,94 spec. Gew. bei 15°, das bei —6 bis —10° körnig erstarrt, ohne Geruch aber von scharfem und kratzendem Geschmack und in weingeistiger Lösung von saurer Reaction ist. Sie ist unlöslich in Wasser, dagegen in Weingeist und Aether in allen Verhältnissen löslich (Saalmüller). Eigenschaften.

Saalmüller gab für die Säure die Formel $C_{19}H_{36}O_3$; die jetzt allgemein angenommene ist von Svanberg und Kolmodin aufgestellt worden. Zusammensetzung.

Die Ricinölsäure vermag in weingeistiger Lösung die Kohlensäure aus ihren Salzen auszutreiben. Ihre Salze, genauer von Saalmüller, Swanberg und Kolmodin und Petersen untersucht, enthalten sämmtlich 1 At. Metall an Stelle von 1 At. Wasserstoff der Säure und sind bis auf das Silbersalz aus Weingeist, theilweise auch aus Aether, krystallisirbar. Beim Aufbewahren oxydiren sie sich nicht. Salze.

An der Luft nimmt die Ricinölsäure keinen Sauerstoff auf. Bei der trocknen Destillation für sich liefert sie im Anfang ein dünnflüssiges, später ein dickflüssiges, widrig riechendes Destillat (Saalmüller). Bei der trocknen Destillation ihres neutralen Natronsalzes geht nur Oenanthol, $C_7H_{14}O$, über und pyroricinsaures Natron (vergl. Ricinusöl) bleibt im Rückstande. Wird das Natronsalz dagegen mit überschüssigem Natronhydrat destillirt, so geht ein flüchtiges Oel über, das nach Städeler ein Gemenge von Methylönanthol, $C_8H_{16}O$, und Oenanthylalkohol, $C_7H_{16}O$, ist, während sich im Rückstande Sebacylsäure und Palmitinsäure finden. — Leitet man in eine Mischung von Ricinölsäure und Salpetersäure salpetrige Säure, so verwandelt sich erstere in gleich zusammengesetzte feste Ricinelaidinsäure, die aus Weingeist in weissen seideglänzenden, bei 50° schmelzenden Nadeln krystallisirt (Plaifair, Ann. Chem. Pharm. **60**. 322). — Vermischt man die abgekühlte Säure allmälig mit 2 At. Brom, so entsteht schweres öliges, in Wasser unlösliches Ricinölsäuredibromid, $C_{18}H_{34}Br_2O_3$, welches sich mit weingeistigem Kali in der Kälte unter Bildung von gleichfalls ölförmiger Monobromricinölsäure, $C_{18}H_{33}BrO_3$, zersetzt. Letztere geht bei 8stün- Zersetzungen. Ricinelaidinsäure. Ricinölsäuredibromid. Monobromricinölsäure.

Ricinstearolsäure. digem Erhitzen mit weingeistigem Kali in **Ricinstearolsäure**, $C_{18}H_{32}O_3$, über, die aus Weingeist in farblosen Nadelbüscheln oder Warzen krystallisirt (Ulrich). — Bei Einwirkung von 2 At. Phosphorsuperchlorid auf 1 At. der Säure in der Kälte entsteht ein schweres Oel von der Formel $C_{18}H_{32}Cl_2O$ (Ulrich). Mit Jodwasserstoff entsteht Jodstearinsäure und aus dieser durch nascirenden Wasserstoff Stearinsäure.

Wirkung. Nach G. F. Krich's (Exp. quaed. pharmacol. de oleis Ricini, Crotonis et Euphorbiae Lathyridis. Dorpat. 1857; Arch. path. Anat. 12. 1) Selbstversuchen mit Ricinölsäure und verschiedenen Salzen und Producten derselben kann dieselbe nicht als das purgirende Princip des Ricinusöls betrachtet werden, welches Buchheim in Zersetzungsproducten, die sich im Oele bilden und namentlich auch bei der Verseifung entstehen, suchte. 16,0 ricinölsaures Natrium brachte bei Buchheim und Krich geringe Nausea, Ructus, Kollern im Leibe und flüssigen Stuhl hervor, während dieselbe Menge ricinölsaure Magnesia ohne Wirkung auf den Tractus blieb. Ricinolamid bedingte zu 16,0 bei Krich Kratzen im Halse und geringen Ekel, aber keine Diarrhoe; Ricinölsäure-Aethyläther wirkte selbst zu 32,0 nicht purgirend. Ricinelaidinsäure bewirkte Abführen nicht, als 16,0 und 6 Stunden später 32,0 eingenommen waren. Ricinolamid wurde in den Fäces theilweise wiedergefunden, daneben keine Ricinölsäure oder ein Zersetzungsproduct derselben; ricinölsaures Natrium wurde nicht wieder gefunden (Buchheim und Krich).

Ricinin. — Literat.: R. V. Tuson, Chem. Soc. J. (2) 2., 195; auch Chem. Centralbl. 1864, 965.

Vorkommen und Darstellung. Findet sich nach Tuson (1864) in den Samen von *Ricinus communis L.* — Kocht man die zerquetschten Samen wiederholt mit Wasser aus, verdampft den vom fetten Oel durch ein feuchtes Zeugfilter getrennten Auszug zum Extract, erschöpft dieses mit Weingeist, und überlässt die nach dem Erkalten zur Entfernung von etwas ausgeschiedenem Harz noch einmal filtrirte und durch Eindampfen concentrirte Lösung der Ruhe, so scheiden sich Krystalle der angeblichen Base ab, die durch Behandeln mit Thierkohle und Umkrystallisiren aus Weingeist rein zu erhalten sind. — Es sind rectanguläre Prismen oder Tafeln von schwach bitterem Geschmack, die bei vorsichtigem Erhitzen schmelzen und, wie es scheint, unverändert sublimiren. Sie lösen sich leicht in Wasser und Weingeist, schwierig in Aether und Benzol. — Mit Kalihydrat erhitzt, entwickeln sie Ammoniak; ihre farblose Lösung in conc. Schwefelsäure färbt sich mit Kaliumbichromat grün. Das salpetersaure Salz krystallisirt in Nadeln, die auf Zusatz von Wasser undurchsichtig werden. Das salzsaure Salz ist leicht zersetzbar. Doppelsalze mit Platinchlorid und Quecksilberchlorid scheinen zu existiren. Der sehr problematische Stoff wirkte zu 0,12 auf Kaninchen nicht purgirend.

Croton.

Crotonöl. Die Samen von Croton Tiglium enthalten 50—60% eines fetten Oeles, das am besten aus den Samen durch Extraction mit Schwefelkohlenstoff gewonnen wird. Das Oel ist dickflüssig, gelb bis braungelb, spec. Gew. 0,942, löslich in 36—40 Th. 90% Alkohol, linksdrehend, trocknet nicht aus. Das Oel besteht aus den Glyceriden der Stearinsäure, Palmitinsäure, Laurinsäure, Myristinsäure, Oelsäure, sowie Ameisensäure, Essigsäure, Isobuttersäure, Isovaleriansäure, Tiglinsäure und einer Säure $C_7H_{12}O_2$ (?). (Schlippe, Ann. Chem.

Pharm. 105. 9. — E. Schmidt und Berendes, Ebendas. 191. 94. — Geuther, Fröhlich, Z. Chem. 1870. 26. und 549. — L. Buchner, Repert. Pharm. 19. 185. — Pelletier und Caventou, Ebendas. 6. 300.) Ueber Wirkung und medicinische Anwendung des als Drasticum und ableitendes Mittel geschätzten Oleum Crotonis vgl. Th. Husemann, Arzneimittellehre. 2. Aufl. S. 639.

Tiglinsäure. Methylcrotonsäure. $CH_3 . CH : C(CH_3) . CO\ OH$. Diese Säure ist als Glycerid im Crotonöl enthalten, sowie als Amylester im Römisch-Kamillenöl (Köbig), entsteht künstlich auf mannichfache Weise: durch Kochen der Angelicasäure, durch Behandlung von äthomethoxalsaurem Aethyl mit Phosphortrichlorid (Franckland und Duppa, Ann. Chem. Pharm. 136. 9), durch Destilliren von α Methyl-β oxybuttersäure für sich oder mit Jodwasserstoff.

Trikline Krystalle, schwer in kaltem, reichlich in heissem Wasser löslich, Schmpkt. 64,5, Sdpkt. 198,5°. (Röhrbeck, Ann. Chem. Pharm. 188. 235. — Rücker, A., Ebendas. 201. 61. — Kopp, A., 195. 84. — Miller, A. Ebendas. 200. 268. — Berendes, E. Schmidt, Ebend. 191. 94. — Geuther, Fröhlich, siehe oben.)

Crotonol. $C_9H_{14}O_2$. — Findet sich nach Schlippe (Ann. Chem. Pharm. 105. 1) etwa zu 4% im Crotonöl. Zur Gewinnung erwärmt man letzteres mit so viel weingeistiger Natronlauge, dass sich eine Milch bildet, fügt dann Wasser hinzu und trennt eine sich oben absetzende Oelschicht durch ein nasses Filter. Das Filtrat wird mit mehr Wasser und Salzsäure versetzt, worauf sich ein anderes Oel oben abscheidet, das man in weingeistiger Lösung mit Bleioxydhydrat bis zum Verschwinden der sauren Reaction digerirt und dann durch Wasser unter Zusatz von etwas Natron wieder ausscheidet. Es wird zuerst für sich, dann in ätherischer Lösung mit Wasser gewaschen und diese der Verdunstung überlassen. Crotonol.

Das Crotonol hinterbleibt dann als farblose oder schwach weingelbe terpentinartige Masse von schwachem eigenthümlichem Geruch, die durch Hitze zerstört, durch Kalilauge in einen braunen harzartigen Stoff verwandelt wird und beim Destilliren mit verdünnter Schwefelsäure ein moderartig riechendes Oel liefert (Schlippe).

Schlippe vindicirte dem Crotonol die hautröthende Wirkung des Oleum Crotonis, sprach ihm dagegen drastische Action (nach einem Versuche am Kaninchen, bei welchem 0,1 weder Purgiren noch Entzündung des Darms bewirkte) ab. Buchheim (Arch. Pathol. 1872. 1), der das Crotonol für eine Säure erklärt, die theilweise frei im käuflichen Crotonöl sich finde und diesem durch Alkohol entzogen werden könne, theils bei der Verseifung des Oeles im Darme frei werde und welche mit der Ricinölsäure die Eigenschaft theile, bei trockner Destillation des Natriumsalzes Oenanthol und beim Kochen mit Salpetersäure Oenanthylsäure zu liefern, während es bei Behandeln mit Kalilauge eine der Korksäure nahestehende Säure (Crotonylsäure) gebe, vindicirt ihm auch die Wirkung auf den Tractus. Die früheren Versuche von Buchheim und Krich (vgl. Ricinölsäure) ergeben übrigens eine Differenz der ricinölsauren und crotonsauren Salze, da Natrium- und Magnesiumcrotonat zu 0,04 bis 0,06 purgirend oder emetocathartisch wirken, während Crotonolamid und Crotonol-Aethylester selbst zu 0,35 nicht abführen. Das des Crotonols Wirkung.

beraubte Crotonöl wirkt nicht mehr hautröthend, wohl aber zu 1 Tropfen purgirend, weil im Darme bei der Verseifung weiteres Crotonol frei wird. Die bei Einwirkung von überschüssigem Kalihydrat auf Crotonol entstehende bittere und dunkelgefärbte Substanz ist ohne purgirende Wirkung (Buchheim).

Cascarillin. **Cascarillin.** — Unrein von Trommsdorff, rein von Duval (Journ. Pharm. (3) **8.** 95) aus Cascarillrinde (*Croton Eluteria Swartz*) dargestellt. Wird erhalten, indem man den heiss bereiteten wässrigen Auszug mit Bleizucker ausfällt, das entbleite Filtrat mit Kohle behandelt, zum Syrup eindunstet, die daraus sich abscheidende krystallinische oder harzige Masse mit wenig kaltem Weingeist auszieht und das Ungelöste aus kochendem Weingeist unter Beihülfe von Thierkohle umkrystallisirt. Von E. und C. Mylius wurde dasselbe aus dem in Wasser unlöslichen Theile des Extractes aus heissem Alkohol gewonnen (Berl. Ber. 1873. 1052).

Es bildet weisse Nadeln oder sechsseitige Tafeln, ohne Geruch, von bitterem Geschmack und neutraler Reaction. In Wasser löst es sich kaum, dagegen in Weingeist und Aether, auch in conc. Schwefelsäure mit blutrother und in conc. Salzsäure mit violettrother Farbe. Wird weder durch Bleisalze noch durch Gerbsäure gefällt (Duval), Schmpkt. 205°, nicht flüchtig, kein Glykosid.

Aetherisches Oel. Durch Destillation der Cascarillrinde mit Wasserdämpfen erhält man ein ätherisches Oel, spec. Gew. 0,862, rechtsdrehend, aus einem Terpen, 172° Sdpkt., und einem sauerstoffhaltigen Körper bestehend. (A. Völcker, Ann. Chem. Pharm. **35.** 307.)

Copalchin. **Copalchin.** — F. Mauch (Viertelj. pr. Pharm. **18.** 161). Extrahirt man feingepulverte Copalchi-Rinde (von *Croton Pseudochina Schlecht.*) mit 90proc. Weingeist im Verdrängungsapparate, verdunstet den Auszug zur Trockne, zieht den Rückstand mit Wasser aus, fällt die Lösung mit Bleizucker, entfernt aus dem Filtrat das Blei durch kohlensaures Ammon, fällt nun die Gerbsäure, zerlegt den Niederschlag durch Digestion mit Bleiweiss, behandelt mit Weingeist, entfärbt die weingeistige Lösung durch Thierkohle und verdunstet sie in gelinder Wärme zur Trockne, so hinterbleibt eine gummiharzige gelbliche spröde hygroskopische Masse von bitterem Geschmack, welche den Bitterstoff der Rinde darstellt. Er löst sich leicht in Weingeist und Chloroform, nur theilweise in Aether (ist daher wohl noch kein reiner Körper?), wenig in Wasser. Mit conc. Schwefelsäure färbt er sich roth (Mauch).

Hura. Hyaenanche.

Hurin. **Hurin.** — Zieht man den eingedampften Milchsaft von *Hura crepitans L.* kochend mit Weingeist aus, verdunstet zum Extract, erschöpft dieses mit Wasser und nimmt das Ungelöste in Aether auf, so hinterlässt dieser beim Verdunsten einen zuerst öligen, dann krystallinisch werdenden Rückstand, der scharf und brennend schmeckt, über 100° schmilzt, dann in äusserst scharfen Dämpfen sich verflüchtigt, sich nicht in Wasser, leicht in Weingeist, Aether und Oelen löst und von Alkalien nicht verändert wird (Boussingault und Rivero, Ann. Chim. Phys. (2) **28.** 430; auch Repert. Pharm. **23.** 189).

Hyaenanchin. **Hyaenanchin.** — Wird nach Henkel (Arch. Pharm. (2) **94.** 30) aus den Fruchtschalen von *Hyaenanche globosa Lam.* erhalten, indem man die wässrige Abkochung mit Bleizucker ausfällt, aus dem entbleiten und stark eingedunsteten Filtrat durch Weingeist, Gummi und äpfelsaures Salz, dann durch Aether noch Zucker abscheidet und nun die klar abgegossene Flüssigkeit verdunstet. Es hinterbleibt ein offenbar noch unreiner amorpher firnissartiger, sehr bitter schmeckender, in Wasser leicht löslicher Rückstand. Das Hyaenanchin tödtet zu 0,06 innerlich einen mittelgrossen Hund in $1^1/_2$ St. nach mehreren (zuerst nach 45 Min. sich einstellenden) tetanischen Anfällen; örtliche Entzündung im Tractus fehlt (Henkel). Wirkung.

Euphorbia.

Die auf den canarischen Inseln heimischen Euphorbiaarten, besonders Euphorbia resinifera auf Marrokkanischem Gebiete, liefern den eingetrockneten Milchsaft, das Euphorbium, gelbliche bis bräunlichgelbe, im Innern weissliche, undurchsichtige brüchige, beim Erwärmen erweichende Stücke ohne Geruch, in Staubform heftiges Niesen erregend, von brennend scharfem anhaltendem Geschmacke. Dasselbe enthält Gummi, Aepfelsäure, circa 38 Th. amorphes, in Alkohol lösliches Harz $C_{10}H_{16}O_2$ (Hlasiwetz), 10% Mineralbestandtheile. Euphorbium.

Euphorbon. $C_{13}H_{22}O$. — So nennt Flückiger (Viertelj. pract. Pharm. 17. 82) den schon von Rose (Poggend. Annal. 33. 52; 53. 369) als schwer lösliches Euphorbiumharz beschriebenen Bestandtheil des Euphorbiums, welchen man erhält, indem man den beim Erschöpfen desselben mit Wasser bleibenden, etwa 77% betragenden Rückstand wiederholt mit 75 volumprocentig. Weingeist behandelt, der ein neutrales Harz auszieht, das ungelöst Bleibende in Aether aufnimmt, wobei etwas Gummi und Salze zurückbleiben, und die filtrirte ätherische Lösung verdunstet. Euphorbon.

Das etwa 22% vom Gewicht des Euphorbiums ausmachende Euphorbon ist ein farbloser luftbeständiger geruchloser, nur langsam einen mässig starken scharfen Geschmack entwickelnder, völlig neutral reagirender, bei 106—116° schmelzender und in höherer Temperatur sich zersetzender Körper, der von Wasser gegen 38000 Theile, von 87 volumprocent. Weingeist bei 17°,5 59 Theile, von schwächerem bedeutend mehr zur Lösung bedarf, dagegen von kochendem, starkem wie schwachem, Weingeist reichlich gelöst wird und sich daraus bei langsamem Erkalten in kugelrunden Wärzchen, bei rascherem Erkalten in Gestalt eines lockeren magnesiaähnlichen Staubes absetzt, beim raschen Verdunsten der Lösung aber als glasartige, allmälig concentrisch strahliges Krystallgefüge annehmende Masse hinterbleibt. Von Aether, Benzol, Chloroform und Amylalkohol wird es leicht gelöst, und die beiden erstgenannten Lösungsmittel scheiden es bei langsamem Verdunsten in ziemlich langen, oft federartigen Nadeln ab, während die mit Weingeist verdünnte Chloroformlösung kurze, doppelt brechende Prismen liefert. Wässrige Säuren und Alkalien lösen vom Euphorbon wenig mehr als reines Wasser und verändern es auch beim Kochen nicht. Auch schmelzendes Kalihydrat wirkt kaum nennenswerth darauf ein, eben so wenig Natrium auf seine weingeistige Lösung. Salpetersäure löst es langsam und verwandelt es in Oxalsäure und eine nicht krystallisirende Säure. Von conc. Schwefelsäure wird es schwer und mit gelbbrauner Farbe gelöst, und diese Lösung nimmt beim Zusammentreffen mit mässig conc. Salpetersäure, mit Salpeter oder chlorsaurem Kali eine schön violette Färbung an, was als charakteristische Reaction für das Euphorbon von Bedeutung ist. Brom wirkt heftig ein, aber ohne eine krystallisirende Verbindung zu erzeugen (Flückiger).

O. Hesse (Ann. Chem. Pharm. **192.** 182) stellte reines Euphorbon her von der Formel $C_{15}H_{24}O$, Schmpkt. 113—114°, isomer mit Lactucon, linksdrehend.

Von Flückiger dargestelltes Euphorbon wurde von Th. Husemann (N. Jahrb. Pharm. **30.** 129) als nicht hautreizend, aber Niesen und bei Hunden zu 0,2 flüssigen Stuhl hervorrufend gefunden. Die letztere Wirkung ist vielleicht Folge von Beimengung sauren Harzes, da längere Zeit mit Natronlauge behandeltes Euphorbon sie nicht besitzt. Von Buchheim erhaltenes Euphorbon wirkte zu 2,0 beim Menschen (bei Buchheim selbst zu 5,0) nicht abführend (Th. Husemann). Nach Schaur (Beitr. zur Ermittl. der Ursachen des versch. Verhaltens einiger Harze geg. d. Darm. Dorpat. 1866) wird das Euphorbon nicht vom Speichel und sehr wenig von Galle gelöst.

Die zahlreichen, anderen Euphorbiaspecies enthalten sämmtlich Milchsaft, sind jedoch bezüglich ihrer näheren Bestandtheile noch wenig gekannt.

O. Zander (Arch. Pharm. (3) **12.** 211) hat die kathartischen Samen von Euphorbia Lathyris (Semen Cataputiae minoris) untersucht, Riegel (Jahrb. pract. Pharm. **6.** 165) Euphorbia Cyparissias, welche auch von O. Hesse und Stickel (Arch. Pharm. **40.** 30) untersucht wurde. Hesse hat in den Blüthen eine wachsähnliche Substanz nachgewiesen. Höhn (Arch. Pharm. **190.** 218) spricht von einem gelben Farbstoff in den Blüthen von E. Cyparissias, der

Luteïnsäure Luteïnsäure, bei 220° sublimirend, $C_{20}H_{20}O_{12}$ (?), schwerlöslich in Wasser, löslich in Alkohol und Aether. Die Samen der Pflanze enthalten 26% fettes Oel. — Die Samen von E. Zyberna, Lathyris sind reich an fettem Oele? — Das Oel von Euphorbia Lathyris wirkt nach Buchheim und Krich durch eine den Fettsäureglyceriden beigemengte Substanz emetocothartisch, nach ältern Autoren, wie Chevallier, Calderini und Bally, zu 3—4 Tropfen als mildes Purgans, und sahen dieselben erst nach 20 Tropfen Koliken. O'Rourke fand es erst zu 1,0 purgirend, gleichzeitig aber auch brechenerregend.

Rottlerastoffe. — In der in Indien als Farbmaterial für Seide viel benutzten Kamala, den sternförmigen Haaren und Drüsen, womit die Frucht *Mallotus philippinensis Müller* (*Rottlera tinctoria*) besetzt ist, findet sich nach der Anderson (Edinb. New. Phil. Journ. (new. ser.) **1.** 300; auch Chem. Centralbl. 1855. 372) Rottlerin, Rottleraroth und eine eigenthümliche flockige Materie.

Rottlerin. Das Rottlerin, $C_{22}H_{20}O_6$ krystallisirt aus dem ätherischen Auszuge beim Verdunsten in gelben seideglänzenden Krystallen, die beim Erhitzen schmelzen, in höherer Temperatur sich zersetzen, sich in Wasser, wenig in kaltem, besser in kochendem Weingeist, leicht in Aether und mit tiefrother Farbe in wässrigen Alkalien lösen. Die weingeistige Lösung wird nicht durch Bleizucker gefällt (Anderson).

Flockige Materie der Rottlera. Die flockige Materie, $C_{20}H_{34}O_4$, scheidet sich aus dem kochend bereiteten weingeistigen Auszuge in sehr reichlicher Menge ab und wird durch wiederholtes Auflösen in heissem Weingeist und Wiederabscheiden daraus in fast farblosen körnigen Flocken erhalten, die sich nicht in Wasser und nur wenig in kaltem Weingeist und Aether lösen (Anderson).

Rottleraroth. Das Rottleraroth, $C_{30}H_{30}O_7$, hinterbleibt beim Verdunsten der Mutterlauge von der flockigen Materie als dunkelrothes, durch Auflösen in Aether (wohl nach vorangegangener Behandlung mit Wasser, wenn nicht Rottlerin beigemengt bleiben soll?) zu reinigendes Harz. Es löst sich nicht in Wasser, aber leicht und in jedem Verhältniss in Weingeist und Aether. Seine weingeistige Lösung wird durch Bleizucker orangeroth gefällt. Seine Lösung in wässriger Soda färbt Seide schön und dauerhaft orange. Baumwolle dagegen nimmt keine schöne Farbe an (Anderson).

Leube (Viertelj. pract. Pharm. 9. 321) vermochte kein Rottlerin aus Kamala darzustellen, sondern nur zwei Harze, ein bei 80° schmelzendes, und in kaltem Weingeist leicht lösliches und ein bei 191° schmelzendes, schwer lösliches, beide in Kalilauge mit schön rother Farbe sich lösend. E. Merck hat Krystalle von Kamalin in den Handel gebracht, welche mit Kali Paraoxybenzoësäure liefern.

Jatropha. Anda. Stillingia. Elaeococcus. Manihot. Aleurites.

Das Oel der Samen von *Jatropha Curcas L.*, das sogen. Oleum cicinum s. Ol. Ricini majoris, ist farblos, geruchlos und von mildem Geschmack, hat das specif. Gew. 0,91 bei 19°, erstarrt bei — 8° butterartig und löst sich kaum in Weingeist. Es soll nach Bouis das Glycerid einer besonderes festen Säure, der Isocetinsäure, enthalten, die jedoch wohl als ein Gemenge von Palmitinsäure und Myristinsäure zu betrachten ist (Kraut, Gmelin's Handbuch. 7. 1282. — Bouis, Compts. rend. 29. 923). Das Oel, früher als Höllenöl, Oleum infernale, für das am stärksten drastisch wirkende Euphorbiaceenöl gehalten, wirkt erst zu 10—15 Tropfen purgirend und ist ohne Einwirkung auf die äussere Haut (Th. Husemann, N. Jahrb. Pharm. 30. 129). — Das Oel der Samen von *Jatropha glauca Vahl* ist gelb, von 0,963 spec. Gew. und wird schon bei + 5° fest (Lepine). — Das Oel von Jatropha multifida ist das Pinhoënöl (Brechöl). Das aus den Kernen von *Anda Gomesii Juss.* gepresste Oel ist blassgelb, geruch- und geschmacklos, austrocknend, hat ein specif. Gew. von 0,927 und dient in Brasilien zur Application auf Brandwunden. Die von Norris zuerst constatirte leichte purgirende Wirkung zu 20—50 Tr. wird von Alex. Ure (Pharm. Centralbl. 37. 1849) und O'Rourke bestätigt. — Andre Euphorbiaceen-Oele, die als Purgirmittel benutzt werden, sind noch einer genaueren chemischen und pharmakologischen Prüfung bedürftig, so das von O'Rourke als äusserst mildes Laxans empfohlene Oel von *Aleurites triloba Forst* (Molukken). Nicht purgirend wirkt das fette Oel von *Omphalaea triandra* (Westindien, Guyana) nach O'Rourke, sowie dasjenige der Chinesischen Oelfirnissbäume, *Elaeococcus Vernicis Juss.* und *E. verrucosus Juss.* das sog. Huile de bois.

Fettes Oel von Jatropha Curcas; von Jatropha glauca; von Anda Gomesii. Sonstige Euphorbiaceen-Oele.

S. Cloëz (Pharm. J. Trans. (3) 7. 200. Compts. rend. 82. 501 und 83. 943) hat das Elaeococcaöl näher untersucht und nimmt darin die Glyceride einer Elaeomargarinsäure, $C_{17}H_{30}O_2$, und einer Stearolsäure an, Schmpkt. 72°.

Der chinesische oder vegetabilische Talg aus der Schale der Beeren von *Stillingia sebifera Michx.* zeigt eine grünlichweisse oder weisse Farbe und schmilzt bei 37—44°,4, welcher aus Palmitin- und Oelsäureglycerid besteht (Mackelyne, J. Chem. M. 1855. 519).

Chinesischer Talg.

Die Maniokpflanze, Manihot utilissima und andere Species, enthält in ihren Wurzelknollen reichlich Stärkemehl, welches als Cassava, Gemenge von Stärke, Eiweiss und Zellgewebsmassen, oder als Tapiocca, durch Erwärmen mit Wasser in Klümpchen geformt in den Handel kommt. Der Saft

Cassava Tapiocca.

der Knollen enthält noch einen Bitterstoff, entwickelt auch Blausäure, besonders beim Eindampfen. — Das von Peckolt aufgestellte Manihotin ist nach Rochleder Mannit (Peckolt, Jahrb. pr. Pharm. **38**. 1872).

Gummilack. Der Gummilack schwitzt nach dem Stich der Lackschildlaus, *Coccus Lacca Kerr.*, aus den Zweigen des auf den Molukken einheimischen *Croton lacciferum L. s. Aleurites laccifera Willd.*, auch wohl aus den Zweigen einiger ostindischer *Ficus-*, *Acacia-* und *Zizyphus*-Arten aus und bildet zunächst den Stangen- oder Stocklack des Handels, aus dem dann weiter durch Ablösen von den Zweigen und Entfernung des meisten Farbstoffs durch Auskochen mit sodahaltigem Wasser der Körnerlack und endlich durch Schmelzen und Durchseihen von diesem der Schellack gewonnen wird. Der durch Eindampfen des heissen wässrigen Auszugs des Stocklacks erhaltene Farbstoff, der etwa 10 % desselben ausmacht, ist der sogen. Lack-Dye, eine zum Scharlach- und Carmoisinrothfärben verwendete Substanz, und durch Fällen des alkalischen Auszugs mit Alaun erhält man den Lack-Lack des Handels. — Der Schellack ist glänzend, spröde, durchscheinend bis undurchsichtig, erweicht beim Erwärmen vor dem Schmelzen, löst sich in kaltem Weingeist und Holzgeist unter Zurücklassung eines aus Wachs und schwer löslichem Harz bestehenden Gemenges, während er in kochendem Weingeist mehr aufquillt und damit eine trübe Flüssigkeit bildet, löst sich auch in Aether, Benzol und ätherischen Oelen nicht vollständig und dabei schwierig, wird dagegen von wässrigem Kali leicht gelöst. — Ueber die Bestandtheile des Schellack liegen nur ältere Untersuchungen von Hatschett, John, Pearson, Nees v. Esenbeck und Marquart (Ann. Chem. Pharm. **13**. 286) und von Unverdorben (Pogg. Annal. **14**. 119) vor. Nach letzterem enthält derselbe 5 durch ihr Verhalten gegen Lösungsmittel unterschiedene Harze. Ausserdem sind Wachs, Pflanzenleim, Farbstoff und Mineralbestandtheile vorhanden. Preschern (Dissertation. Rostock, 1874) versuchte das Verhalten des Gummiharzes gegen schmelzende Alkalien, ohne nennenswerthe Resultate zu erhalten. Hertz (Arch. Pharm. 1876. 234) untersuchte eine Schellacksorte, Goma de Sonora, und will eine dem Sarkosin nahestehende Säure, Sarkosinsäure, $C_8 H_7 NO_3$, nachgewiesen haben.

Benutzt wird der Schellack zur Bereitung von Siegellack und von Polituren. Früher wurde der Körnerlack als Adstringens angewendet, besonders in Lösung mit Alaun in der Tinctura Laccae (aquosa), als Mundwasser in Gebrauch; auch der Stocklack diente als Zusatz zu rothen Zahnpulvern.

Oel von Aleurites. Das fette Oel von Aleurites cordata bildet das Holzöl der Chinesen, das wegen seiner trocknenden Eigenschaften vielfach benutzt wird und von Cloëz untersucht ist.

b. Buxaceae.

Buxus.

Buxin. Pelosin. Bibirin. $C_{18} H_{21} NO_3$. — Liter.: Für Buxin: Fauré, Journ. Pharm. (2) **16**. 432. — Bley, Trommsdorff's N. Journ. Pharm. **25**. 2. 64. — Walz, N. Jahrb. Pharm. **12**. 302. — Flückiger N. Jahrb. Pharm. 1869. May. Für Bibirin: Maclagan, Ann. Chem. Pharm. **48**. 106. — Maclagan und Tilley, Ann. Chem. Pharm. **55**. 105. — v. Planta, Ann. Chem. Pharm. **77**. 333. Für Pelosin: Wiggers, Ann. Chem. Pharm. **33**. 81. — Bödeker, Ann. Chem.

Pharm. 69. 53. — Barbaglia, Berl. Ber. 1871. 757. — Pavesi und Rotondi, Ebendas. 1874. 590. — v. Planta, Ann. Chem. Pharm. 77. 333. — Williams, J. pr. Chem. 76. 382. — Alessandri, Gazz. chim. 1882. 96.

Entdeckung und Vorkommen.

Im Jahre 1830 entdeckte Fauré in der Rinde von *Buxus sempervirens L.* (Fam. *Euphorbiaceae*) ein später auch von Bley und Walz untersuchtes und von Letzterem auch in den Blättern angetroffenes Alkaloid, welches er Buxin nannte. Vier Jahre später fand dann Dr. Hugh Rodie in Demerara ein als Bebeerin (Bibirin) bezeichnetes, von Maclagan und Tilley genauer erforschtes Alkaloid in der als Färbemittel benutzten Bibirurinde, welche von *Nectandra Rodiaei Schomb.* (Fam. *Laurineae*) stammt, einem in Guyana vorkommendem und im Britischen Antheile „Bibiru", im Holländischen „Sipiri" genannten Baume. Von Wiggers wurde endlich im Jahre 1838 eine Base aus der Brasilianischen Grieswurzel oder Pareirawurzel (*rad. Pareirae bravae*) dargestellt, welche nicht, wie bisher meistens angenommen wurde, von *Cissampelos Pareira L.* (Fam. *Menispermeae*), sondern, wie Flückiger gezeigt hat, von der nahe verwandten und zu der nämlichen Familie gehörenden *Botryopsis platyphylla St. Hil.* gewonnen wird. Das von Wiggers „Pelosin" genannte Alkaloid wurde besonders von Bödeker genauer untersucht. Im Jahre 1861 erklärte nun Walz das Buxin für identisch mit dem Bibirin und 1869 führte Flückiger den Nachweis, dass alle genannten Pflanzen das nämliche Alkaloid enthalten, also auch Wiggers' Pelosin mit dem Buxin und Bibirin zusammenfalle. Flückiger hat das Buxin (wie in Zukunft nach dem üblichen Rechtsgebrauch das Alkaloid zu nennen sein dürfte) auch noch in der von der käuflichen Pareirawurzel durchaus verschiedenen Wurzel und der Rinde der oben erwähnten *Cissampelos Pareira L.*, einer in der heissen Zone sehr verbreiteten Schlingpflanze, aufgefunden und erinnert daran, dass Winckler 1852 (N. Repert. Pharm. **1.** 11) sein 1846 in einer bezüglich ihres Ursprungs unbekannt gebliebenen Chinarinde aufgefundenes Paricin (s. dieses unter Rubiaceae) selbst für höchst wahrscheinlich identisch mit Bibirin erklärt hat. Das hiernach über vier weit auseinander liegende Familien verbreitete Buxin dürfte vermuthlich noch in ausgedehnterer Weise im Pflanzenreich vorkommen.

Darstellung aus Buxus sempervirens;

Zur Darstellung aus der Rinde von *Buxus sempervirens* fällte Fauré die wässrige Lösung des weingeistigen Extracts mit Bleizucker, kochte das entbleite Filtrat mit Magnesia und entzog dem gewaschenen und getrockneten Niederschlage durch Weingeist das Buxin, welches durch wiederholte Behandlung mit Thierkohle farblos erhalten wurde. — Walz fällte den heiss mit schwefelsäurehaltigem Wasser bereiteten Auszug der Blätter mit Soda, zog den gewaschenen und etwas abgetrockneten Niederschlag mit Weingeist aus, nahm den Verdunstungsrückstand in salzsäurehaltigem Wasser auf und fällte durch Zusatz von starker Salzsäure darin unlösliches Buxin als weisse Gallerte. Dieses zersetzte er in wässriger Lösung mit Soda, digerirte zur Abscheidung des gelben noch beigemengten Buxoflavins die weingeistige Lösung mit einem Gemenge von Bleioxydhydrat und Bleiessig, entbleite das Filtrat mittelst verdünnter Schwefelsäure und fällte mit wässrigem Ammoniak die freie Base.

aus Bibirurinde; Die Bibirurinde kochte Maclagan mit schwefelsäurehaltigem Wasser aus und fällte den durch Eindampfen concentrirten und filtrirten Auszug mit Ammoniak. Der gewaschene und getrocknete Niederschlag wurde in schwefelsaurer Lösung mit Thierkohle behandelt und dann wieder mit Ammoniak abgeschieden. Aus dem Verdunstungsrückstand seiner weingeistigen Lösung zog dann Aether das Bibirin aus, während Sipirin (ein zweites Alkaloid der Rinde: s. *Laurineae*) zurückblieb. Das so erhaltene Bibirin wurde dann noch durch Behandeln seiner weingeistigen Lösung mit Thierkohle gereinigt. — Aus dem rohen schwefelsauren Bibirin des Handels stellten Maclagan und Tilley dann später reines Bibirin dar, indem sie dasselbe mit Ammoniak fällten, den Niederschlag mit frisch gefälltem Bleioxydhydrat eintrockneten, den Rückstand mit Weingeist auszogen und das von diesem beim Verdunsten hinterlassene Gemenge von Bibirin und Sipirin durch Aether trennten. — v. Planta, der nach letzterem Verfahren noch kein genügend reines Präparat erzielte, löste es wieder in Essigsäure, versetzte mit Bleizucker und Kalilauge, entzog dem ausgewaschenen und getrockneten Niederschlage das mitgefällte Bibirin wieder mit Aether und fällte es endlich durch Eingiessen seiner weingeistigen Lösung in Wasser als dichtes flockiges Pulver.

aus der Pareirawurzel: Aus der Pareirawurzel erhielt Wiggers sein Pelosin, indem er sie wiederholt mit schwefelsäurehaltigem Wasser auskochte, die erkalteten Auszüge mit nicht überschüssiger Soda fällte, den gewaschenen graubraunen Niederschlag in schwefelsaurer Lösung mit Thierkohle behandelte, das Filtrat wieder mit Soda ausfällte, den nun schmutzig gelben Niederschlag nach dem Waschen und völligem Austrocknen bei 100° mit Aether auszog und die ätherische Lösung verdunstete.

aus Cissampelos Pareira Zur Darstellung des Alkaloids aus der Rinde von *Cissampelos Pareira* zog Flückiger mit essigsäure- oder oxalsäurehaltigem Wasser aus, fällte mit nicht überschüssiger Natronlauge (nicht Natroncarbonat, da die sich alsdann entwickelnde Kohlensäure einen Theil des Buxins in Lösung erhält), reinigte durch Wiederauflösen in Essigsäure und fractionirte Fällung nud schliessliches Lösen in Aether oder besser noch in Schwefelkohlenstoff und Verdunsten der filtrirten Lösungen.

Ausbeute. Aus der Cissampelos-Rinde erhielt Flückiger ½% trocknes Alkaloid. Die Pareirawurzel enthält davon nach Wiggers 4—5%.

Aus Buxus. Nach Barbaglia werden die Blätter und grünen Zweige von Buxus sempervirens mit schwefelsäurehaltigem Wasser ausgezogen, der Auszug mit Kalk oder Soda gefällt. Der getrocknete Niederschlag wird mit absolutem Alkohol ausgekocht, der Alkohol abdestillirt und der Rückstand dieser Destillation mit schwefelsäurehaltigem Alkohol behandelt, um das in Alkohol unlösliche Parabuxin zu entfernen. Das erhaltene Filtrat wird concentrirt und bei 40—50° mit Ueberschuss von kohlensaurem Natron gefällt. Der gewaschene Niederschlag wird in Wasser suspendirt und mittelst Kohlensäure gelöst, welche

Lösung zur Abscheidung des Harzes erwärmt und hierauf mit Ammon gefällt wird. Buxin fällt weiss heraus.

Eigenschaften.

Das reine Buxin ist ein weisses, sehr lockeres, völlig amorphes, durch Reiben elektrisch werdendes Pulver, welches bei 100° 8,2% Wasser (entsprechend 1½ H_2O) verliert. Es schmeckt stark und anhaltend bitter (Pelosin nach Wiggers widrig süsslich bitter). Es beginnt bei 145—148° zusammenzusintern und verflüssigt sich ohne weiteren Gewichtsverlust in etwas höherer Temperatur. Geröthetes Lackmus bläut es stark. In Wasser löst es sich sehr wenig (6600 Th. kaltes, 1500—1800 Th. kochendes). Von absolutem Weingeist erfordert es 5 Th., von Aether 13 Th. zur Lösung. In letzterem löst sich das getrocknete Alkaloid weit rascher als das wasserhaltige. Besonders leicht lösen das Buxin noch Chloroform und Aceton, gut auch Amylalkohol, Benzol und Schwefelkohlenstoff. Es ist rechtsdrehend.

Zusammensetzung.

Für das Bibirin gaben Maclagan und Tilley die Formel $C_{35}H_{20}NO_6$, v. Planta die Formel $C_{38}H_{21}NO_6$, zu welcher auch Walz' Analyse des Buxins stimmte. Für das Pelosin fanden Bödeker und Carius (N. Repert. Pharm. **13.** 200) übereinstimmend eine der oben angeführten Formel $C_{38}H_{21}NO_6$ entsprechende Zusammensetzung, womit auch Kraushaar's Analyse des von Flückiger aus Cissampelos Pareira dargestellten Alkaloids in Uebereinstimmung ist.

Verbindungen.

Das Buxin neutralisirt die Säuren vollständig und bildet damit unkrystallisirbare Salze. — Das salzsaure Buxin, $C_{18}H_{21}NO_3$, HCl, bildet ein weisses, an der Luft unter Wasseraufnahme sich zu einer bernsteingelben Masse zusammenballendes Pulver, das sich in Wasser und Weingeist leicht löst und beim Verdunsten nach Bödeker als amorpher Firniss, nach Maclagan in durchsichtigen Schuppen zurückbleibt. Das schwefelsaure Salz ist nach Maclagan eine hellgelbe, glänzende, in Wasser lösliche Masse. Das chromsaure Salz, $2C_{18}H_{21}NO_3$, $Cr_2O_3 + {}_2H_2O$, wird nach Bödeker aus wässrigem salzsauren Salz durch Kaliumbichromat in lebhaft gelben, beim Trocknen braun werdenden Flocken gefällt. Das Platindoppelsalz ist ein amorphes blassgelbes Pulver von der Formel $C_{18}H_{21}NO_3$, HCl, $PtCl_2$ (Bödeker).

Zersetzungen.

Nach Bödeker soll wasserhaltiges Pelosin bei längerem Liegen an feuchter Luft in einen hellbraungelben Körper übergehen, den er Pelluteïn genannt hat. Flückiger konnte weder aus dem von ihm aus *Cissampelos Pareira* dargestellten Alkaloid, noch aus Wiggersschem Pelosin dieses Zersetzungsproduct erhalten und erklärt dasselbe für einen das Alkaloid von vornherein begleitenden Stoff. — Conc. Salpetersäure verwandelt das Alkaloid nach Wiggers in eine zähe braungelbe, in Wasser unlösliche Harzmasse. — Beim Destilliren mit Kalihydrat werden Methyl- und Bimethylamin, Pyrrhol und andere Körper erzeugt (Gr. William's, Chem. Gaz. 1858, 321).

Verhalten gegen Reagentien.

Die wässrige Lösung des essigsauren Buxins giebt nach Flückiger und Anderen mit phosphorsaurem Natron, Kalisalpeter, Salpetersäure, Jodkalium, Kaliumquecksilberjodid, Quecksilberchlorid, Kaliumplatincyanür reichliche weisse Niederschläge, von denen der mit dem zuletzt genannten Reagens in kurzer Zeit durchaus krystallinisch wird, während die übrigen vollkommen amorph bleiben. Goldchlorid fällt gelbweiss, Platinchlorid blassgelb, neutrales chromsaures Kali schön hellgelb, gelbes und rothes Blutlaugensalz gelblich, Schwefelcyankalium weiss mit einem Stich ins Röthliche, Pikrinsäure schwefelgelb, Chloriridnatrium ockerfarbig. Der durch Phosphormolybdänsäure in stark saurer Lösuug erzeugte gelbliche Niederschlag löst sich in wässrigem Ammoniak mit blauer Farbe. Jodsäure wird, wenn das Alkaloid rein ist, nicht reducirt. Ammoniak, ätzende und kohlensaure Alkalien fällen wasserhaltiges weisses voluminöses Buxin, das sich in überschüssigem Kali, auch in freier Kohlensäure leicht löst.

Alessandri will in den Blättern von Buxus sempervirens noch ein neues Alkaloid, das Buxeïn, hergestellt haben, das aber möglicherweise mit Buxin identisch ist.

Therapeutische Anwendung.

Von dem gemeinsamen Alkaloide der *Radix Pareirae*, des Buxbaumes und der Bibirurinde ist das aus ersterer dargestellte nicht pharmakodynamisch geprüft oder therapeutisch angewendet (die Pareirawurzel galt als Diureticum und Lithontripticum). Buxin und Bibirin werden von verschiedenen Seiten als das beste Ersatzmittel des Chinins bei intermittirenden Fiebern gepriesen, worin vielleicht noch ein Grund mehr gegeben ist, sie zu identificiren, obschon die Wirkung des aus dem Buxbaum dargestellten Alkaloids sich durch die Störung der Darmfunctionen etwas zu differenziren scheint, was aber vielleicht darauf beruht, dass in Buxus noch mehrere Stoffe vorhanden sind, wie denn die neuerdings von Ringer und Murrell (1876) constatirte tetanisirende Action von Buxusextract auf Frösche wahrscheinlich nicht dem Buxin zukommt. Für Bibirin sind auch dem Chinin analoge Wirkungen auf höhere und niedere Thiere von Binz und Conzen nachgewiesen.

Buxin.

Schon 1857—1859 hat Vitali in Melegnano das Buxin mit Erfolg bei Intermittens in Anwendung gebracht und dasselbe für den bedeutendsten Rivalen des Chinin erklärt, indem er es sogar für perniciöse Fälle empfiehlt. Neuere, durch Pavia in Locate Triulzi veranlasste und von Mazzolini (Annal. univers. Febr. 1869. 108) zusammengestellte Beobachtungen von Tibaldi, Buzzoni, Tiraboschi, Anelli, Albani u. A. über die Heilkraft des Buxinsulfats lassen dasselbe als ein ziemlich werthvolles Febrifugum, selbst in inveterirten Fällen, erscheinen, das unter 308 Fällen 235, also 75% zur Heilung brachte, während in $^1/_4$ der Fälle zum Chinin gegriffen werden musste. In vielen Fällen genügte 1,0, in vertheilten Dosen während der Apyrexie gereicht, wonach das Fieber bisweilen noch einmal wiederkehrte, um dann auf immer zu schwinden; nach Mazzolinis eignen Erfahrungen ist es indessen besser, bei Erwachsenen die Cur mit 1,2—1,5 zu beginnen und im Nothfall die Dosis noch einmal zu wiederholen. Tibaldi empfiehlt die Pulverform, Albani Lösung in einem bitteren Decocte, Mazzolini die Pillenform, welche letztere, um die Wirkung auf den ohnehin gereizten Darm zu mildern, geeigneter scheint, da das Mittel nach Tibaldi, Buzzoni und Mazzolini bisweilen Pyrosis, heftigen Durst, Magen- und Leibschmerzen, selbst Erbrechen und Durchfall bedingt und somit selbst einen Reiz für die Darmschleimhaut bildet, weshalb es auch wohl nicht zweckmässig sein würde, die Einzeldosis (0,12—0,15) zu vergrössern oder das Mittel bei bestehender stärkerer Darmreizung zu gebrauchen. Auch Schwindel, Ohrensausen und Kopfschmerz traten mitunter ein, doch nie mit solcher Intensität wie beim Chininsulfat.

Bibirin.

Das Bibirin verdankt seine Einführung in die medicinische Praxis als Surrogat des Chinins, wozu es der Umstand, dass der Bibiru-Baum von den Eingebornen Guyanas als ein treffliches Mittel gegen Wechselfieber angesehen wird, a priori stempelte, besonders Douglas Maclagan in Edinburg, nachdem schon früher Rodie in Demerara sich von dessen Heilwirkung überzeugt hatte. Das Alkaloid und dessen Sulfat haben seit 1843 namentlich in England Anhänger gefunden, weil Bibirin ohne Nebenwirkung, namentlich ohne Störung der Verdauung und des Sensoriums, Intermittens beseitige, welchen letzteren Umstand auch Becquerel bestätigt, während Patterson in Philadelphia Angegriffensein des Magens und Erbrechen gesehen haben will. In Frankreich scheinen die Empfehlungen von Becquerel, der von 7 veralteten und recidiven Fällen von Wechselfieber 5 durch eine Tagesgabe von 1,0—2,0 heilte, dem Mittel keine besondere Ausdehnung seines Gebrauchs verschafft zu haben; in Deutschland ist es therapeutisch nur von Clarus versucht, dem das von Tromsdorff bezogene schwefelsaure Bibirin in schwefelsaurer Lösung bis zu 2,0 in vier Intermittensfällen völlig fehlschlug, die dann später Chinin rasch heilte. Auch in England will Bennett (1852) nicht mehr so gute Dienste von dem Mittel gesehen haben wie früher, vielleicht aber in Folge von Verunreinigungen des Präparats, während schon 1847 Blair das Bibirin als weit unter dem Chinin stehend bezeichnete.

Williams (Prov. med. Journ. Oct. 1848) empfiehlt Bibirinum sulfuricum gegen scrophulöse Ophthalmien in der Dosis von 0,12, Morgens und Abends, weil es für gewisse Constitutionen besser passe und nicht so erregend auf Nerven- und Gefässsystem wirke, wie das von andrer Seite empfohlene Chininsulfat. Gegen Menorrhagie ist es von Merril zu 0,3 pro dosi mit Erfolg gebraucht. Bei intermittirendem Kopfschmerz und bei atonischer Dyspepsie will Maclagan durch Bibirin Heilung erzielt haben.

Das Mittel wird als Febrifugum entweder in zwei grossen Dosen zu 0,6 bis 0,8 Morgens und Abends gegeben oder in stündlichen Dosen von 0,12 in der Apyrexie bis zu einer Gesammtmenge von 1,25—2,0. Als Tonicum reicht man 0,03—0,1. Man hat es in Pulverform oder in Lösung, zu deren Herstellung zweckmässig ein geringer Zusatz von Schwefelsäure benutzt wird, gegeben. Die Mixtur von Becquerel besteht aus Bibirin. sulfur. 2,0, Acid. sulf. dil. gtt. 20, Syrupi Sacchari, Tr. cort. Aur. aa 30,0 und Aq. 120,0, wovon er dreimal täglich einen Esslöffel nehmen liess.

Physiologische Wirkung.

Conzen (Exper. Unters. über einige Ersatzmittel des Chinin. Bonn, 1869) und Binz (Arch. path. Anat. 46. 129) fanden, dass das Bibirinsulfat auf niedere Organismen fast ebenso intensiv wirkt wie Chininhydrochlorat und sogar auf Salzwasser-Amöben und Euglenen heftiger als dieser Stoff, dass es in Verhütung der Fäulniss organischer Substanzen ebenfalls dem Chininhydrochlorat gleichsteht und auf Hefegährung stärker hemmend wirkt, und dass endlich auch auf weisse Blutkörperchen Chinin und Bibirin dieselbe tödtende Wirkung haben, nur dass beim Bibirin die weissen Zellen ihre Klebrigkeit beibehalten, wie auch die Zahl der weissen Blutkörperchen durch Incorporation von Bibirin bei Thieren stark herabgedrückt wird. Conzen hat auch Hunden per os 0,05—0,8, letztere Gabe in verschiedenen kleineren Dosen, beigebracht;

die beobachteten Symptome waren vermehrtes Hungergefühl, Erbrechen, Jammern, Mattigkeit, Schwindel, Durchfall oder Stuhldrang, Zittern, die indessen nicht immer sämmtlich vorhanden waren; nach Dosen bis 0,3 erfolgte in einigen Stunden Genesung; ein Hund, der zuerst 0,1, nach 3 St. 40 Min. 0,2, dann nach 40 Min. 0,4 und 1 St. später noch 0,1 Bibirin in Lösung bekommen, starb ohne vorausgehende Convulsionen; der Sectionsbefund war negativ.

Von 0,1—0,3 sah Conzen bei sich selbst keine Störung des Befindens; nach 0,2—0,3 erzeugte Schwefelsäure und conc. Jodlösung $^1/_2$—1 Stunde nach dem Einnehmen Trübung im Urin, die in dem nach 4 Stunden gelassenen Harn nicht mehr entstand, woraus vielleicht auf rasche Resorption und baldiges Verschwinden des Bibirins aus dem Organismus zu schliessen ist. Nach Golding Bird und Powell soll Bibirin die Harnstoffausscheidung bedeutend vermehren.

Parabuxin. **Parabuxin.** — $C_{24}H_{48}N_2O$. — Von Pavia beobachtetes, von Pavesi und Rotondi untersuchtes Alkaloid, welches neben Buxin in Buxus sempervirens vorkommt und, wie oben angegeben, erhalten werden kann. Das schwefelsaure Salz ist in Alkohol unlöslich, in heissem Wasser löslich, hat die Zusammensetzung $C_{24}H_{48}N_2O$, H_2SO_4. Auch das salzsaure Salz und Chloroplatinat des Parabuxin sind untersucht.

13. Umbelliflorae.

a. Umbelliferae.

Die Familie der Umbelliferae zeigt interessante Verhältnisse hinsichtlich des Vorkommens der verschiedenartigsten chemischen Moleküle. Die Früchte sind sehr reich an ätherischen Oelen, enthalten ausserdem vielfach Glykoside, so wie campherähnliche Körper; die Wurzeln vieler Gattungen sind reich an Gummiharzen, Säuren, Bitterstoffen, auch Farbstoffen; in einzelnen Gattungen ist es der Gehalt an Alkaloiden, der über die ganze Pflanze stets verbreitet ist. Ferner ist hier zu erwähnen, dass H. Gutzeit (Beiträge zur Pflanzenchemie. Jena, 1879) in Heracleum und Pastinaca, spec. den unreifen Früchten Methylalkohol, feste Paraffine C_nH_{2n} nachgewiesen hat.

Conium.

Coniin. $C_8H_{17}N$. — Literat.: Chemische: Giesecke, Arch. d. Pharm. 20. 97. — Geiger, Magaz. f. Pharm. 35. 72 u. 259. — Boutron-Charlard u. Henry, Annal. de Chim. et de Phys. 61. 337. — Liebig, Mag. d. Pharm. 36. 159. — Ortigosa, Annal. d. Chem. u. Pharm. 42. 313. — Blyth, Annal. d. Chem. u. Pharm. 70. 73; Chem. Soc. Quart. Journ. 1. 345. — Planta und Kekulé, Ann. Chem. u. Pharm. 89. 129. — Wertheim, Wien. Akad. Ber. 22. 113; 45 (Abth. 2). 512; 47 (Abth. 2). 299 und 48. (Abth. 2). 491. 100. 328; 123. 157; 130. 269. — Barruel, Journ. de Chim. méd. (3) 8. 516. — A. W. Hofmann, Berl. Ber. 1881. 705; 1882. 2313. — Schorm, ebendas. 1881. 1725. — A. Petit, Pharm. J. Trans. (3) 8. 649. — Mourrut, ebendas. 649. — Zepharovich, Wien. acad. Anz. 47. 281. — Schwarzenbach, Vierteljschr. Pharm. 11. 29—32. — H. Schiff, Berl. Ber. 1873. Wischnegradsky, ebend. 1880. 2316. — Königs, ebend. 1881. 19. — Ladenburg, ebend. 1881. 2409. — Schotten, ebend. 1947. — Grünzweig, Ann. Chem. Pharm. **168**. 118. — Peters, Ann. Chem. Pharm. **100**. 335.

Medicinische: Christison, Trans. Royal. Soc. Ed. **13**. 383. 1835. Ann. Chem. Pharm. **17**. 348; **19**. 58. — Poelmann, Physiologisch toxikol. Unters. über das Coniin. Erlang. 1838. — Rossi, L. H., De effectu Coniini in organismum anim. Marburg, 1844. — Schultz, Hufel. Journ. Apr. 1843. — Ern. Jul. Böhm, De Conio maculato ejusque praeparatis imprimis de Coniino. Vratislav. 1846. — Albers, Deutsche Klin. 1852. 51; 1853. 34. — Reuling und Salzer, ebendas. 1853. **40**. — L. v. Praag, Nederl. Lancet. 672. 1855. Journ. f. Pharm. 1. 1. 1856. — Koelliker, Arch. path. Anat. **10**. 3. 1. 1856. — Ihmsen, Disquisitiones physiol.-toxicol. de Coniino tam puro quam aliis corporibus juncto. Petropoli, 1857. — Werigo, Russ. Arch. ger. Med. 2. Jahrg. 1866. — P. Guttmann, Berl. klin. Wchschr. 5—8. 1866. — Casaubon, Étude physiologique de la conicine. Paris, 1868. — Crum Brown und Fraser, Transact. R. Soc. Edinb. **25**. 893. 1869. — Jolyet und Pelissard, Compt. rend. **68**. 149. 1869. — Martin-Damourette und Pelvet, Gaz. méd. de Paris. 9—37. 1870. — Brown und Davidson, Med. Times. July 9. 1870. — Lautenbach, Philad. med. Times. July 9. 1875. Philad. Proceed. 367. 1876. — Colignon, Recherches sur la conine et ses sels. Paris, 1877. — Valentin, Ztschr. Biol. **13**. 358. 1877. — Bochefontaine u. Tiryakim, Compt. rend. **86**. 344. 1878. — Tiryakim, La conine et ses sels. Paris, 1878. — Prevost, Note relative à l'action du bromhydrate de conine Cpt. rend. **79**. 180. 1879. Arch. anat. norm. (2) **7**. 1. 1880. — Wertheim, Das Leucoleïn und Coniin im Wechselfieber und Typhus. Wien, 1849. — Fronmüller, Ammons Monatsschr. **3**. 317. Walth. und Ammons Journ. N. F. **2**. 2. Beobachtungen auf dem Gebiete der Augenheilkunde. Fürth, 1850. S. 41. — Hasner, Anatomische Begründung der Augenkrankheiten. Prag, 1847. — Mauthner, Journ. für Kinderkrankheiten. **12**. 1. 2. 1854. — Murawjeff, Med. Ztg. Russl. 17. 29. 1854. — Nega, Günsb. Ztschr. f. klin. Med. **1**. 1. 1850. — Spengler, N. Ztg. f. Med. u. Med. Reform. 102. 1849. Med. Centralztg. 1852. 24. Oesterr. Ztschr. f. Kinderheilk. **2**. 73. 1856. — Reil, Journ. Pharmacod. **1**. 48. — Pletzer, Ztschr. f. pract. Heilkund. 1864. H. 3. 333. — Johnson, Amer. Journ. med. Sc. 113. 1871. — Mourrut, Bull. gén. May 30. Journ. de Thér. 14. 1876. — Dujardin-Beaumetz, Bull. gén. Juill. 15. 1877.

Das Coniin wurde schon 1827 von Giesecke beobachtet und als unreines schwefelsaures Salz erhalten, aber erst 1831 von Geiger rein dargestellt und als Pflanzenbase erkannt. — Es findet sich, wahrscheinlich an Aepfelsäure gebunden, in allen Theilen des Schierlings, *Conium maculatum L.*, am reichlichsten in den nicht ganz reifen Früchten mit homologen Basen, Conydrin und Methylconiin. In den unreifen Früchten scheint seine Menge beim Trocknen nicht vermindert zu werden, aber bei fortschreitendem Reifen abzunehmen; die im Ganzen daran armen Blätter verlieren es beim Trocknen fast vollständig. In anderen Pflanzen wurde das Coniin bis jetzt nicht aufgefunden; denn die Angaben von Walz, dass es

Entdeckung.

Vorkommen.

wahrscheinlich in den reifen Samen von *Aethusa Cynapium L.* vorkomme, sowie von Wagner (Journ. f. pract. Chem. **61**. 504), dass die flüchtige Base der Imperatoriawurzel Coniin zu sein scheine, sind im Grunde nur Vermuthungen.

Darstellung. Zur Darstellung destillirt man die zerquetschten halbreifen Früchte mit einem Vierteltheil ihres Gewichts an starker Kalilauge und 5—6 Thln. Wasser, so lange das Uebergehende noch merklichen Geruch und alkalische Reaction zeigt. Das neben Coniin auch ein flüchtiges Oel und viel Ammoniak enthaltende Destillat wird mit verdünnter Schwefelsäure neutralisirt und nach Entfernung des auf der Oberfläche abgeschiedenen Oels zur Syrupsdicke eingedampft. Den Rückstand behandelt man alsdann mit einer Mischung von 1 Th. Aether und 2 Th. 90procent. Weingeist, welche das Coniinsulfat löst, das Ammoniumsulfat dagegen ungelöst lässt. Der Lösung wird der Aetherweingeist durch Destillation entzogen, worauf man die zurückgebliebene Flüssigkeit nach Zusatz von etwas Wasser so lange im Wasserbade erwärmt, bis ein hartnäckig zurückgehaltener Weingeistantheil verflüchtigt ist. Man vermischt jetzt in einer Retorte mit der Hälfte des Gewichtes an concentrirter Kalilauge und destillirt mit möglichster Beschleunigung aus dem Chlorcalciumbade bis zur Trockne. Das Destillat besteht aus zwei Schichten, einer oberen ölartigen von wasserhaltigem Coniin und einer unteren dünnflüssigen wässrigen Lösung von Coniin. Letztere wird zweckmässig mit etwas festem Kalihydrat in die Retorte zurückgebracht, um daraus noch weiteres ölartiges Destillat zu erhalten. Dieses wird nun zur Entwässerung einige Zeit hindurch mit Chlorcalcium geschüttelt und dann noch einmal im luftverdünnten Raume rectificirt. Da das so gewonnene Coniin gewöhnlich noch etwas Ammoniak gelöst enthält, so stellt man es noch kurze Zeit im Vacuum neben Schwefelsäure, bis keine Gasbläschen mehr daraus entweichen. — Dieses im Wesentlichen von Geiger herrührende Verfahren wurde von Wertheim dahin modificirt, dass nicht das pflanzliche Material selbst, sondern der mit heissem schwefelsäurehaltigem Wasser bereitete Auszug desselben mit Kalk oder Kalihydrat destillirt wird. Es wird dann ferner die nach der Trennung von Ammoniumsulfat und der Verflüchtigung des Weingeists resultirende Lösung von schwefelsaurem Coniin stark mit concentrirter Kalilauge übersättigt und mit Aether geschüttelt. Dieser nimmt das Coniin auf. Die abgehobene ätherische Lösung wird zuerst im Wasserbade verdunstet und dann im Oelbade bei sehr langsam erhöhter Temperatur im Wasserstoffstrome destillirt. Es geht dann zuerst in mit Wasser und Aether verunreinigtes, später farbloses ölartiges Coniin über. Zuletzt folgt bei gesteigerter Temperatur Conydrin (siehe dieses), eine zweite im Schierling enthaltene Base.

Eine weitere Darstellungsmethode besteht darin, dass man die Früchte mit kohlensaurer Natronlösung benetzt, mit Wasserdampf destillirt, das Destillat mit Salzsäure neutralisirt, zum Syrup eindampft und diesen mit dem doppelten Volumen Alkohol ausschüttelt. Nach Filtration des ausgeschiedenen Salmiaks wird der Alkohol abdestillirt. Das Coniin des Destillates wird mit Aether ausgeschüttelt.

Endlich gelingt, wenn auch mit geringer Ausbeute, die Reindarstellung von Coniin sehr gut dadurch, dass man die zermalmten Früchte im Vacuum mit essigsaurem Wasser auszieht, im Vacuum zum Syrupe bringt, Magnesia zusetzt und mit Aether das Coniin ausschüttelt.

Künstlich kann das Coniin nach Wertheim aus dem eben erwähnten Conydrin dargestellt werden, welches bei anderthalbstündigem Erhitzen mit 3 Th. wasserfreier Phosphorsäure auf 200° in Coniin und Wasser zerfällt. Künstliche Darstellung.

Geiger erhielt aus 6 Pfd. frischen grünen unreifen oder aus 9 Pfd. trockenen reifen Samen (Früchten) etwa 1 Unze Coniin, aus 100 Pfd. frischem Kraut kaum 1/8 Unze. Barruel gewann bei einem vorzugsweise zum Zweck der Bestimmung des Gehalts unternommenen Versuche an unreinem Coniin 4 % vom Gewicht des trockenen Samens. Schoonbroodt erhielt aus frischen Blättern 0,14 %, aus getrockneten 0,04 % Coniin. Von Wertheim endlich wurden aus 336 kg frischen Samen 700 g reines Coniin gewonnen. Ausbeute.

Das Coniin ist eine wasserhelle, ölartige Flüssigkeit. Sein Geruch ist höchst durchdringend, widrig, an Mäuseharn erinnernd, betäubend und zu Thränen reizend, sein Geschmack scharf und unangenehm, tabaksähnlich. Sein specifisches Gewicht wurde zu 0,878—0.89, 0,886 (Schorm) bestimmt. Es siedet nach Geiger bei 150°, nach Blyth bei 168—171°, nach Christison bei 180°, nach Ortigosa bei 212°, nach Wertheims neuesten Bestimmungen unter 733 Mm. Druck bei 163°,5. Bei Luftabschluss kann es nach Ortigosa unverändert destillirt werden, während Zutritt von Luft dabei theilweise Zerstörung bewirkt. Stärker an freier Luft erhitzt verbrennt es mit heller russender Flamme. Auch bei gewöhnlicher Temperatur ist es etwas flüchtig; die Fettflecken, welche es auf Papier erzeugt, verschwinden bei gelindem Erwärmen. Von Wasser wird es nur in kleiner Menge gelöst, und zwar von kaltem Wasser reichlicher, als von warmem. Bei gewöhnlicher Temperatur lösen 100 Th. Wasser etwa 1 Th. der Base; die Lösung trübt sich beim Erwärmen. Das Coniin selbst löst bei niederer Temperatur etwa 1/4 Th. Wasser, bei —5° sogar etwas mehr als sein gleiches Gewicht. Auch diese Lösungen werden beim Erwärmen durch Wasserausscheidung trüber. Die wässrigen Lösungen reagiren stark alkalisch, jedoch verschwindet die braune Färbung des Curcumpapiers beim Erwärmen sogleich und auch das gebläute Lackmuspapier röthet sich allmälig wieder. Von Weingeist wird das Coniin, wie es scheint, in allen Verhältnissen gelöst. Eine Lösung von 1 Th. Coniin in 4 Th. Weingeist mischt sich mit Wasser. 6 Th. Aether lösen bei gewöhnlicher Temperatur 1 Th. Coniin. Auch von Amylalkohol, Chloroform, Aceton, Benzin und verschiedenen ätherischen Oelen wird es leicht gelöst, schwieriger von Schwefelkohlenstoff. Es löst seinerseits Schwefel in reichlicher Menge, der daraus krystallisirt erhalten werden kann, ferner Chlorsilber und Silberoxyd. Das Coniin ist rechtsdrehend, $\alpha(D) = 10,63$. — Seine basischen Eigenschaften übertreffen diejenigen der Oxyde der schweren Metalle und der Thonerde, so dass es ausser der letzteren auch die Oxyde des Eigenschaften.

Zinns, Quecksilbers, Kupfers, Silbers, Bleis, Zinks, Eisens und Mangans aus ihren Lösungen fällt. Eiweiss coagulirt beim Zusammentreffen mit Coniin.

Zusammensetzung. Das Coniin ist zuerst von Liebig, später von Ortigosa und von Blyth analysirt worden. Von Ersterem, dessen Coniin wahrscheinlich sehr wasserhaltig gewesen ist, wurde die Formel $C_{12} H_{14} NO$ aufgestellt. Ortigosa gelangte zu der Formel $C_{16} H_{16} N$ und Blyth berechnete aus seinen Analysen $C_{17} H_{17} N$. Gerhardt schlug die Formel $C_{16} H_{15} N = C_8 H_{15} N$ vor, welche später sowohl in den weiter unten besprochenen Untersuchungen von Planta und Kekulé über äthylirtes Coniin, als auch in der von Wertheim bewirkten Spaltung des Conydrins in Coniin und Wasser ihre Bestätigung fand. — Planta und Kekulé halten das käufliche Coniin für ein Gemenge von zwei oder möglicher Weise drei flüchtigen Basen, von dem eigentlichen Coniin $C_8 H_{15} N$, von Methylconiin $C_9 H_{17} N$ und vielleicht noch von einer Base $C_7 H_{13} N$. Sie glauben, dass von Ortigosa nahezu reines, von Blyth dagegen stark mit Methylconiin vermengtes Coniin analysirt wurde. — Es geht aus ihren Untersuchungen ferner hervor, dass das Coniin noch 1 substituirbares Wasserstoffatom enthält, also eine secundäre Aminbase ist. Seine rationelle Formel wäre demnach $\left.\begin{matrix} C_8 H_{14} \\ H \end{matrix}\right\} N$, zu deren Gunsten sich die Wertheim gelungene Darstellung des Kohlenwasserstoffs Conylen, $C_8 H_{14}$, als Azoconydrin, einem Derivate des Coniins, geltend machen liesse, oder vielleicht $\left.\begin{matrix} C_4 H_7 \\ C_4 H_7 \\ H \end{matrix}\right\} N$, wofür der Umstand spräche, dass bei Behandlung des Coniins mit oxydirenden Agentien Buttersäure erhalten wird. Das Coniin ist metamer mit dem Cyanönanthyl.

Hofmann stellte auf Grund seiner Forschungen die Formel $C_8 H_{17} N$ auf, wornach das Coniin als Homologon des Piperidins anzusehen ist.

Salze. Das Coniin neutralisirt die Säuren vollständig und bindet auf je 1 Atom gleichfalls 1 Atom einbasischer Säuren. Die durch Verdunsten ihrer Lösungen im Vacuum in fester Form zu erhaltenden Salze sind meistentheils schwierig krystallisirbar und zerfliesslich. Sie lösen sich leicht in Wasser und Weingeist, auch in Aetherweingeist, aber nicht in reinem Aether. Obgleich im trockenen Zustande geruchlos, riecht ihre wässrige Lösung schwach nach Coniin und ist überhaupt sehr unbeständig; schon bei gewöhnlicher Temperatur färbt sie sich an der Luft rasch roth, dann violett, grün und blau, namentlich bei Säureüberschuss. In der Wärme erfolgt die Zersetzung noch weit rascher, die Lösung wird braun und scheidet braune Flocken ab. Am besten krystallisirt das chlorwasserstoffsaure Coniin, $C_8 H_{15} N, HCl$. Es wird nach Wertheim durch Verdampfen von Coniin mit Salzsäure in gut ausgebildeten, durch Umkrystallisiren aus Weingeist leicht zu reinigenden, durchaus luftbeständigen, fettglänzenden, bis 4 Mm. langen rhombischen Krystallen erhalten. — Mit Schwefelsäure, Salpetersäure,

Essigsäure und Weinsäure konnten nur extractähnliche, oder doch nur schwierig krystallisirbare zerfliessliche Salze hervorgebracht werden. Dagegen wurden krystallisirbare, aber nicht genauer untersuchte Verbindungen des Coniins mit Phosphorsäure, Jodsäure und Oxalsäure erhalten, sowie krystallisirbare, schwer lösliche Doppelsalze mit schwefelsaurer Thonerde. — Verdampft man nach Ortigosa eine mit Platinchlorid versetzte weingeistige Lösung von Coniin im Vacuum über Schwefelsäure, so scheidet sich chlorwasserstoffsaures Coniin-Platinchlorid, $C_8H_{15}N, HCl, PtCl_2$, als pomeranzengelbes krystallinisches Pulver ab. Blyth erhielt dieses Doppelsalz beim freiwilligen Verdunsten einer gemischten weingeistigen Lösung von salzsaurem Coniin und Platinchlorid in büschlig vereinigten scharlachrothen vierseitigen, mit vier Flächen zugespitzten Säulen. Es kann aus kochendem Weingeist umkrystallisirt werden.

In gut krystallisirender Form sind noch dargestellt: Das salzsaure Salz, $C_8H_{17}N.HCl$, das bromwasserstoffsaure Salz, sowie das jodwasserstoffsaure Salz, auch das Bitartrat (Schorm).

Bei abgehaltener Luft bleibt das Coniin farblos und unverändert, aber bei Luftzutritt wird es rasch gelb, dann braun und dickflüssig und verwandelt sich endlich unter Freiwerden von Ammoniak in eine harzartige, bitter schmeckende, in Wasser und Aether schwierig, dagegen in Weingeist leicht lösliche Masse. Die nämliche Zersetzung erleidet die wässrige oder weingeistige Lösung. Beide färben sich an der Luft rasch braun, die erstere unter Abscheidung harziger Flocken. Das harzige Verwandlungsproduct wird von conc. Salzsäure gelöst und aus dieser Lösung durch kohlensaures Kali wieder gefällt. Nach mehrmaliger Wiederholung dieser Operation erhält man es coniinfrei als ziegelmehlfarbige Gallerte, welche stickstoffhaltig ist und an feuchter Luft sowie beim Verbrennen nach Buttersäure riecht. — Leitet man nach Wertheim in reines, gut abgekühltes Coniin sorgfältig getrocknete salpetrige Säure, so färbt es sich unter lebhafter Absorption des Gases und beträchtlicher Vergrösserung seines Volumens gelb und endlich grün. Wird nun trockene Kohlensäure eingeleitet, zuletzt bei 40°, bis der Ueberschuss der salpetrigen Säure wieder verdrängt und die Flüssigkeit wieder dunkel weingelb geworden ist, so hat diese nach Wertheims Annahme die Zusammensetzung $C_8H_{15}N, N_2O_3$. Wasser zersetzt diese Verbindung in freie Salpetersäure und ein sich oben auf abscheidendes, weingelbes, in Wasser fast unlösliches, in Weingeist und Aether leicht lösliches Oel von aromatischem Geruch und brennendem Geschmack. Wertheim nennt es Azoconydrin. Seine Zusammensetzung wird durch die Formel $C_8H_{16}N_2O$ und seine Bildung durch die Gleichung $C_8H_{15}N, N_2O_3 + H_2O = C_8H_{16}N_2O + NHO_3$ ausgedrückt. Wird Azoconydrin in einer Atmosphäre von trocknem Salzsäuregas erwärmt, so zerfällt es nach der Gleichung $2C_8H_{16}N_2O + 2HCl = N + NO + H_2O + 2(C_8H_{15}N, HCl)$ in Stickstoff, Stickoxyd, Wasser und salzsaures Coniin. Durch Wasserstoff im Entstehungsmoment, also z. B. durch Einwirkung von Zink und verdünnter Salzsäure auf weingeistiges Azoconydrin, wird es gleichfalls nach der Gleichung $C_8H_{16}N_2O + 4H = C_8H_{15}N + NH_3 + H_2O$ in Coniin zurückverwandelt. Wird Azoconydrin endlich mit dem 3fachen Gewicht wasserfreier Phosphorsäure und der 8fachen Menge Glaspulver in einer Atmosphäre von Kohlensäure auf 90° erwärmt, so destillirt unter gleichzeitiger Entwicklung von Stickstoff ein Kohlenwasserstoff über von der Formel C_8H_{14}. Wertheim nennt ihn Conylen und betrachtet ihn als das bivalente

Zersetzungen.

Azoconydrin.

Conylen.

Radical des Coniins. Es entsteht nach der Gleichung $C_8H_{18}N_2O + P_2O_5 = C_8H_{14} + 2N + P_2O_5, H_2O$ und stellt eine farblose, stark lichtbrechende Flüssigkeit dar von 0,7607 spec. Gew. bei 15° und dem Siedepunkt 126° bei 738mm B. Er ist unlöslich in Wasser, leicht löslich in Weingeist und Aether und besitzt einen penetranten, an Leuchtgas erinnernden Geruch. Mit Brom verbindet er sich zu Conylenbromid, $C_8H_{14}Br_2$, welches durch Kalihydrat in Conylenoxyd, $C_8H_{14}O$, übergeführt wird. Auch einen Conylen-Alkohol und einen Essigsäure-Conylen-Aether vermochte Wertheim darzustellen.

Beim Erwärmen des Coniins mit Salpetersäure oder einer Mischung von zweifachchromsaurem Kali und verdünnter Schwefelsäure, sowie bei anderen Oxydation veranlassenden Vorgängen entsteht Buttersäure und zwar Normalbuttersäure (Blyth, Panta und Kekulé). Trockne Chromsäure bewirkt nach Hofmann augenblickliche Entzündung des Coniins. Chlor wirkt sehr heftig auf Coniin. Treffen beide im wasserfreien Zustande zusammen, so entstehen zunächst dichte weisse, nach Citronenöl riechende Nebel, zugleich nimmt die Flüssigkeit unter starker Temperatur-Erhöhung eine dunkelrothe Färbung an; bei fortgesetztem Zuleiten des Chlorgases und äusserer Abkühlung wird sie wieder farblos, dickflüssiger, bedeckt sich mit weissen Krystallen und verwandelt sich zuletzt ganz in eine weisse, sehr flüchtige, in Wasser unter Rotiren leicht lösliche, aus Weingeist und Aether krystallisirbare Masse (Blyth). Brom verhält sich dem Chlor ähnlich. Möglichst reines Coniin gesteht unter der Einwirkung von Bromdämpfen bald zu einer Masse von Krystallnadeln (Blyth). — Jod liefert nach Geiger beim Zusammenreiben mit wasserfreiem Coniin unter gleichzeitiger Bildung von dicken weissen Nebeln eine anfangs blutrothe, später olivengrün und extractartig werdende, in Wasser zum Theil fast farblos lösliche Masse. Jodtinctur erzeugt in weingeistiger Coniinlösung einen dunkelbraunen Niederschlag, der sich leicht in Wasser löst und beim Verdunsten dieser Lösung im Vacuum weisse Krystalle giebt (Blyth). Wird eine alkoholische Coniinlösung mit Jodtinctur versetzt, vorsichtig verdunstet, mit Wasser aufgenommen und über Chlorcalcium gestellt, so entstehen Octaëder von jodwasserstoffsaurem Jodconiin, $C_8H_{17}N, HJ, J_3$ (Bauer, Arch. Pharm. 205. 214). — Cyansäure-Aethyläther löst das Coniin unter Wärmeerzeugung und bildet damit, gleich wie mit dem Anilin und anderen Aminbasen einen krystallisirbaren zusammengesetzten Harnstoff (Wurtz, Annal. d. Chem. u. Pharm. 80. 349). — Tröpfelt man nach Schwarzenbach Coniin in eine Auflösung von Alloxan, so färbt sich diese nach einigen Augenblicken intensiv purpurroth, und es scheiden sich weisse, nadelförmige mikroskopische Krystalle ab, die sich in kalter Kalilauge unter Entwicklung des Geruchs der Base mit prächtig purpurblauer Farbe auflösen. Erhitzt man nach Planta und Kekulé möglichst reines Coniin im zugeschmolzenen Glasrohr mit Jodäthyl eine halbe Stunde auf 100°, so entsteht ein zähflüssiges Gemenge des

Aethylconiin. überschüssig vorhanden gewesenen Jodäthyls mit Jodwasserstoff-Aethylconiin (Aethylconiiniumjodür), dem letzteres durch Wasser entzogen werden kann. Aus der wässrigen Lösung scheidet Kalilauge das Aethylconiin ölförmig an der Oberfläche ab.

Das durch Behandeln mit Chlorcalcium entwässerte und im Wasserstoffstrome rectificirte Aethylconiin, $C_8H_{14}(C_2H_5)N$, ist ein flüchtiges, fast farbloses, stark lichtbrechendes Oel, leichter als Wasser und dem Coniin sehr ähnlich riechend. Sein Siedepunkt erwies sich nicht constant. Es löst sich nur wenig in Wasser und diese Lösung trübt sich beim Erwärmen. Es bildet mit den Säuren Salze, von denen die einfachen jedoch nicht krystallisirt erhalten werden können. Das in Wasser und Weingeist leicht lösliche chlorwasserstoffsaure Aethylconiin-Platinchlorid, $C_8H_{14}(C_2H_5)N, HCl, PtCl_2$, wird durch Fällung seiner weingeistigen Lösung mit Aether als gelbes Krystallpulver erhalten. Das durch Fällung des salzsauren Aethylconiins mit Goldchlorid zu erhaltende Golddoppelsalz ist ein rothgelbes, krystallinisch erstarrendes, aus kochendem Wasser in gelben Krystallen anschiessendes Salz. Der in gleicher Weise durch Quecksilberchlorid entstehende weisse Niederschlag krystallisirt aus verdünnter heisser Lösung in rhombischen Tafeln.

Wird Aethylconiin mit Jodäthyl zusammengebracht, so erstarrt die Mischung schon in der Kälte nach 12stündigem Stehen zu einem Krystallbrei von Diäthylconiiniumjodür, das in wässriger Lösung durch frischgefälltes Silberoxyd unter Abscheidung von Jodsilber in Diäthylconiinium-Oxydhydrat $= \left.\begin{matrix} C_8H_{14}(C_2H_5)_2N \\ H \end{matrix}\right\} O$ übergeführt wird. Diäthylconiin.

Die Lösung dieser nicht in fester Form zu erhaltenden Verbindung ist geruchlos, schmeckt bitter und reagirt stark alkalisch. Das durch Sättigen mit Salzsäure zu erhaltende Diäthylconiiniumchlorür bildet mit Platin-, Gold- und Quecksilberchlorid krystallisirbare Doppelsalze.

Wie schon erwähnt, scheint manches Coniin des Handels viel Methylconiin zu enthalten. Planta und Kekulé beobachteten, dass mit einer einzigen Ausnahme alle von ihnen untersuchten Coniinsorten beim Behandeln mit Jodäthyl ausser dem syrupartigen unkrystallinischen Aethylconiiniumjodür noch ein krystallisirbares Jodür lieferten, welches sich als Aethylmethylconiiniumjodür, $C_8H_{14}(C_2H_5)(CH_3)J$, herausstellte. Aethylmethylconiin. — Zur Trennung wird die wässrige Lösung beider mit Kalilauge versetzt, worauf sich ein braunes Oel abscheidet, das theils aus flüssigem Aethylconiin, theils aus dem unzersetzt gebliebenen Aethylmethylconiiniumjodür besteht, das aus Wasser oder Weingeist in langen weissen Krystallnadeln erhalten werden kann. Durch Silberoxyd wird es bei Gegenwart von Wasser in Aethylmethylconiiniumoxydhydrat übergeführt, eine farb- und geruchlose, stark alkalische, die Haut ätzende, zerfliessliche Masse, die bei trockner Destillation in Wasser, Aethylengas und Methylconiin zerfällt. Mit Salzsäure giebt sie krystallisirbares, leicht lösliches Aethylmethylconiiniumchlorür, das mit den Chloriden des Platins, Goldes und Quecksilbers krystallinische, in Wasser schwer lösliche, und daher durch Fällung darstellbare Doppelsalze bildet. — Das aus dem Aethylmethylconiiniumoxydhydrat, wie oben angegeben, durch trockene Destillation zu erhaltende Methylconiin ist ein flüchtiges farbloses Methylconiin. Oel, von geringerem specifischen Gewicht als Wasser und dem Geruch des Coniins.

Hofmann hat Dimethylconiin, $C_8H_{15}(CH_3)_2N$ durch Einwirkung Dimethylconiin. von Jodmethyl auf Coniin, flüssig, Sdpkt. 182°, ebenso Trimethylconiin, $C_8H_{14}(CH_3)_3N$ in analoger Weise, das bei der Destillation in Dimethylconiin, Trimethylconiin. Trimethylamin, Conylen C_8H_{14} und Holzgeist zerfällt. — Ladenburg erhielt durch Einwirkung von Aethylenchlorhydrin auf Coniin Aethoxylconiin, $C_{10}H_{21}NO = OH.CH_2.CH_2.N.C_8H_{16}$, flüssig, Sdpkt. 240—242°. — Die Aldehyde und Coniin bilden neben Aldehydharz Aldehydderivate, die schwach basisch oder indifferent sind (Schiff).

Constitution.

Die bis jetzt bekannt gewordenen Reactionen des Coniin berechtigen zur Annahme, mit specieller Berücksichtigung der Thatsache, dass Coniin mit Alkyljodiden Additionsproducte giebt, dass Coniin eine secundäre Aminbase ist, in welcher 2 Wasserstoffatome durch die zweiwerthige Grupps C_8H_{16} ersetzt sind. Besonders werthvoll für die Constitution des Coniin sind ferner die Thatsachen, dass Wischnegradsky bei der Oxydation eine Pyridinmonocarbonsäure erhielt, sowie dass Schotten durch Oxydation von Conylurethan eine Säure der Formel $C_7H_{15}NO_2$ erhielt.

Verhalten gegen Reagentien.

Wässriges Coniin wird durch Chlorwasser weisslich getrübt (Geiger). Trocknes Salzsäuregas färbt Coniin zuerst purpurroth, dann tief indigoblau (Liebig). Erwärmt man Coniin gelinde mit sehr wenig conc. wässriger Salzsäure, so entsteht nach Palm (Russ. Zeitschr. f. Pharm. 1. 4) eine blaugrüne krystallinische Masse. — Die wässrige neutrale Lösung der Coniinsalze wird durch Kaliumquecksilberjodid noch bei 800facher Verdünnung gefällt. Kaliumkadmiumjodür verhält sich ähnlich. Bei 300facher Verdünnung giebt Goldchlorid noch gelbliche Trübung, Quecksilberchlorid weissen, Gerbsäure gelblichweissen Niederschlag; dagegen fällen Pikrinsäure und Platinchlorid verdünnte Lösungen nicht. Phosphormolybdänsäure erzeugt noch in sehr verdünnten sauren Lösungen einen hellgelben voluminösen Niederschlag, der sich beim Uebergiessen mit Ammoniak blau färbt (bei Verdünnung 1 : 1000. Dragendorff).

Gerichtlich chemischer Nachweis.

Für den gerichtlich chemischen Nachweis des Coniins empfiehlt sich die Methode von Stas und Otto. Jedoch ist bei den vorzunehmenden Operationen die Flüchtigkeit der Base und die leichte Zersetzbarkeit, welche nicht nur das freie Coniin, sondern auch seine Salze in der Luft ausgesetzten Lösungen, namentlich bei Säureüberschuss und beim Erwärmen, zeigen, stets im Auge zu behalten. Zur Constatirung des abgeschiedenen Alkaloids dient der flüssige Aggregatzustand, der charakteristische Geruch, die Fähigkeit Eiweiss zu coaguliren, die Färbungen, welche bei Einwirkung von wasserfreier Salzsäure sowie beim Erwärmen mit wässriger Salzsäure eintreten, endlich die Trübung seiner wässrigen Lösung beim Erwärmen und durch Chlorwasser, sowie das Verhalten der Coniinsalzlösungen gegen die oben aufgeführten Reagentien. Nicotin, mit dem es am leichtesten verwechselt werden könnte, hat verschiedenen Geruch, ist weit löslicher in Wasser und wird durch Platinchlorid noch bei 3000facher Verdünnung seiner Salzlösungen gefällt. — Zur mikroskopischen Diagnose eignet sich das salzsaure Coniin. Ein Tropfen seiner Lösung hinterlässt beim freiwilligen Verdunsten auf dem Objectgläschen einen aus sehr dünnen vierseitigen, anfangs blass rubinrothen, später rothgelb und endlich farblos werdenden Säulen gebildeten Rückstand (Helwig).

Bei Vorhandensein eines Verdachtes, dass Coniin oder Nicotin vorliegt, empfiehlt sich auch die Destillation der Objecte oder sauren Auszüge mit Alkali. Sehr zweckmässig ist der Vorschlag Dragendorffs, beim Nachweise der flüchtigen Alkaloide die sauren Auszüge mit Benzin vollkommen auszuschütteln, hierauf alkalisch zu machen (mit Ammon) und nun mit Petroleumäther auszuschütteln, der beim Verdampfen bei Gegenwart von Spuren von Salzsäure die salzsauren Basen zurücklässt, welche an der Krystallform, Lichtbrechung (bei Coniin) vor Allem erkannt werden können, auch an dem charakteristischen Geruche, der bei Berührung mit etwas Alkali auftritt (Dragendorff). Eine charakteristische Reaction zur Erkennung von Coniin giebt es noch nicht.

Quantitative Bestimmung.

Die Bestimmung des Coniins und seiner Salze kann quantitativ durch das Mayersche Reagens (Kaliumquecksilberjodid) volumetrisch geschehen oder auch durch Phosphormolybdänsäurelösung, deren Titre mit Strychnin gestellt ist (Dragendorff, Werthbestimmung scharf wirkender Droguen. 1874. 40). Sokoloff (Berl. Ber. 1876. 2024) schlägt zu diesem Zwecke verdünnte Säuren vor.

Verhältniss der Wirkung des Coniins zur Mutterpflanze.

Das Coniin gehört zu den in toxikologischer und physiologischer Beziehung am genauesten studirten Pflanzenbasen; es ist durch den Giftmordprocess Jahn in gerichtlich medicinischer Hinsicht bekannt geworden, hat als Medicament bei manchen Aerzten sich Vertrauen erworben und ist sogar von Einzelnen als eine Art Panacee gepriesen. Dass das Coniin als wirksames Princip sämmtlicher Pflanzentheile von Conium maculatum anzusehen ist, haben Einzelne in Abrede stellen wollen, jedoch nach unserer Ansicht mit Unrecht. — Alle chemisch-reinen Stoffe, die man in der neueren Zeit neben dem Coniin im gefleckten Schierling aufgefunden hat, wirken, wie das Conydrin, minder toxisch oder, wie Rhizoconylen, gar nicht giftig. Der Glaube, dass die Wurzel einen anderen giftigen Bestandtheil enthalte (Schroff), beruht auf älteren Vergiftungsgeschichten, in denen Bilsenwurzel mit Schierlingswurzel verwechselt wurde; neuere Versuche lassen die Wurzel in Folge geringeren Coniingehaltes weniger giftig als Blätter und Samen erscheinen.

Wirkung auf einzelne Thierclassen

Nach den zahlreichen Versuchen von Giesecke, Geiger, Christison, Koelliker, Ihmsen, L. v. Praag, Guttmann, Damourette und Pelvet, Fraser, Lautenbach, Prévost u. A. scheint Coniin für alle Thierclassen toxisch. — So für Flöhe und Fliegen (Christison), Regenwürmer und Blindschleichen (Geiger), Nattern (Pöhlmann), Salamander (Schultz), Cyprinus Tinca u. a. Fische (Rossi u. v. Praag), Tauben, Geier und Sperlinge (Geiger), Hühner, Eulen und Habichte (Rossi), Fringilla connubina und Fr. chloris (v. Praag), Hunde, Katzen, Mäuse (Christison), Ratten und Fledermäuse (Pelvet),

Kaninchen und Pferde (Ihmsen). Die gewissen Vögeln (Staar, Wachteln) zugeschriebene Immunität gegen Schierlingssamen, vielleicht nur weil diese unverdaut abgehen, besteht bezüglich des Coniins für den Staar nicht (Rossi, v. Praag). Ob Ziegen Immunität gegen Coniin besitzen, steht dahin; Pöhlmanns halbjähriger Ziegenbock, der 2mal hinter einander 30 Tropfen erhielt und danach in Schwächezustand verfiel, aber sich erholte, ist nicht beweisend, da das Coniin zersetzt war.

Dosis toxica und letalis bei Thieren. Die Dosis toxica und letalis lässt sich für die einzelnen Thierarten nicht leicht feststellen, da das Coniin des Handels ein häufig zersetztes Product ist. — Auf diesem Umstande beruhen einmal die widersprechenden Angaben der Autoren über die tödtlichen Dosen des Alkaloids, andererseits der Irrthum, in welchen einzelne Autoren verfallen sind, die Salze des Coniins für giftiger als das Alkaloid zu erklären, indem z. B. das Hydrochlorat haltbarer als das reine Alkaloid ist und deshalb bei den Versuchen mit älteren Präparaten von beiden ersteres wirksamer sein kann; auch ist zu bedenken, dass, wenn Coniin unverdünnt unter die Haut injicirt wird, dasselbe sich mit Eiweiss verbindet und kaustisch wirkt, wodurch die entfernte Action natürlich eine geringere wird. Die massenhaften und genauen Versuche Ihmsens über die Wirkung der Verbindungen des Coniins, Salze und Doppelsalze, ergeben in Uebereinstimmung mit Geiger und v. Praag und im Gegentheile zu der Annahme Christisons, dass Coniinhydrochlorat stärker wirke als das reine Alkaloid, zur Evidenz, dass die Wirkung des Coniins mit andern Körpern verbunden eine geringere sei als die des reinen Coniins, insofern die Symptome meist später eintreten, der Tod nicht so rasch, in manchen Fällen trotz grosser Dosen und selbst bei nicht statthabenden Erbrechen nicht erfolgt, und dass selbst nur wenige seiner Salze eine annähernd gleich starke Wirkung besitzen. Bei einzelnen Salzen erfährt Symptomatologie und Leichenbefund, wenn die Säure selbst giftige Eigenschaften besitzt und in grösseren Mengen vorhanden ist, Modificationen, woraus sich z. B. bei den Intoxicationen mit oxalsaurem Coniin das bei Coniinvergiftung ungewöhnliche Stillstehen des Herzschlages mit der Respiration erklärt. Bei manchen Coniinverbindungen, z. B. dem Coniin-Quecksilberchlorid, ist die örtliche Wirkung verstärkt und beschränken sich die Symptome bei Hunden selbst nach 1,0 ausschliesslich auf Erbrechen und Durchfall, während Kaninchen, die nicht brechen können, nach 0,33 unter den Erscheinungen der Coniinvergiftung zu Grunde gehn. Selbst ziemlich schwerlösliche Coniinsalze wirken entschieden toxisch; so bedingte in Ihmsens Versuchen Jodconiin bei Katzen Tod in 4 Min. Essigsaures Coniin in entsprechender Menge führte den Tod in 2½ Min. herbei, während weinsaures Coniin diesen Effect erst in 12 Minuten hatte.

Zersetzung. In Bezug auf die differente Action verschiedener Handelssorten geben Crum Brown und Fraser an, dass dieselben nicht allein quantitative, sondern auch qualitative sind; so wirkte von Christison dargestelles Coniin für Kaninchen schon zu 0,012 letal, dagegen solches von Morson erst zu 0,06; ersteres lähmte die motorischen Nervenendigungen rasch, letzteres nur in grossen Dosen, während kleine Dosen die Reflexfunction des Rückenmarks herabsetzten. Letzteres entspricht der Wirkung des Methylconiins (siehe unten) und beruht auf dessen Beimengung, die schwächere Wirkung auf Anwesenheit von Ammoniakverbindungen in Folge von Zersetzung. Letztere, schon möglich durch blossen Contact mit der Luft, bei sonst sorgfältiger Aufbewahrung, kann die

Wirkung so schwächen, dass, wenn 3 Tropfen des frischen Coniins, auf den Bulbus eines Kaninchens applicirt, Tod in 7 Minuten bedingen, dieselbe Menge später nur local entzündlich wirkt (Schroff). Uebrigens können wir aus eigener Erfahrung für Kaninchen angeben, dass vom Magen aus selbst $^1/_2$ Tropfen frisches Coniin den Tod derselben herbeiführen kann, während andere nach der 4fachen Menge wieder genesen. Schon Giesecke gab für sein unreines Coniinsulfat an, dass es zu 1 Tropfen Kaninchen in 45 resp. 55 Minuten, zu $^1/_2$ Tropfen in $1^3/_4$ Stunden tödte. Grössere Thiere bedürfen mehr, so sah Ihmsen bei einem Pferde 30 Tropfen innerlich ganz ohne Wirkung bleiben, und selbst 5 Tropfen bei Injection in die Jugularis toxisch, aber nicht letal wirken. Katzen scheinen verhältnissmässig stark durch das Gift afficirt zu werden. Tauben sterben schon nach $^1/_8$ Tropfen. L. van Praag bezeichnet als die geringste tödtliche Gabe bei Hunden und Katzen 0,122, bei Kaninchen 0,0163; bei kleineren Vögeln 0,243, bei Fröschen 0,004, bei Fischen 0,0732.

Gewöhnung.

Guttmann nimmt Modification der Wirkung durch Gewöhnung an, indem er bei Fröschen, die sich von $^1/_6$ Tropfen erholt hatten, $^1/_{12}$ Tr. unwirksam und auf $^1/_6$ Tr. viel unbedeutendere Erscheinungen eintreten sah, wie das erste Mal.

Cumulative Wirkung kommt dem Coniin nicht zu; vielmehr schwächt sich nach den mit bromwasserstoffsaurem Coniin gemachten Erfahrungen bei Kranken die Empfänglichkeit ab. — Die anfangs durch 0,15 in Pillenform bedingten Nebenerscheinungen treten später erst nach 0,25 auf. Die Einzelgabe kann selbst bis 0,4 bei vorsichtiger Steigerung getrieben werden; der Verbrauch von 4,0 in 45 Tagen war ohne Nachtheil (Andhouy) — Rossi hebt energischere Wirkung auf junge Thiere hervor.

Lebensalter.

Applicationsstellen.

Bei der grossen Schnelligkeit des Eintretens der Symptome und der Intensität der Action des Coniins liegt es von vornherein nahe anzunehmen, dass die Applicationsstellen darauf nicht so stark modificirend einwirken wie bei anderen Giften; doch wird es trotz des Widerspruches v. Praags, der sich auf ein mit sehr kleiner Dosis ausgeführtes Experiment stützt, wohl richtig sein, wenn Ihmsen (im Einklange mit Christison) die Injection in die Jugularis als die am raschesten Intoxication (in $^1/_4$ Minute) und Tod (in $^3/_4$ Minuten beim Hunde nach 20 Tropfen) bedingende Applicationsweise bezeichnet. Der letztere Experimentator nennt als in zweiter Reihe gefährliche Applicationsstellen die Mucosa oris, linguae, tracheae, das Unterhautbindegewebe und bei jungen Thieren (Katzen) die Magenschleimhaut, in dritter Reihe die Conjunctiva, in vierter die Mastdarmschleimhaut und in letzter bei grossen Thieren (Hund, Pferd) die Magenschleimhaut, während v. Praag einen Unterschied zwischen Magenschleimhaut und Unterhautbindegewebe nicht statuirt. Man kann unseres Erachtens massgebende Experimente nur bei Vögeln machen, wo die Application per rostrum intensiv rasch wirkt, und in der That eine Differenz zwischen dieser und anderen Applicationsmethoden besteht; man sieht bei Subcutanapplication oft mehrere Minuten vergehen, ehe Vergiftung eintritt, während bei einem gleichzeitig durch den Schnabel vergifteten Vogel der Tod schon erfolgt ist. Nach Dujardin-Beaumetz wirkt bromwasserstoffsaures Coniin vom Unterhautbindegewebe aus weit intensiver als vom Magen aus.

Symptome bei Thieren.

In Betreff der Symptome bei Thieren herrscht unter den einzelnen Versuchsanstellern, so sehr sie in ihren Schlüssen differiren, ziemliche Uebereinstimmung, was bei den auffallenden Erscheinungen der Coniinvergiftung nicht befremden kann.

Bei Fischen tritt schnell zunehmendes Sinken der Kräfte, so dass sie auf eine Seite fallen, in wenig Minuten ein; die Respiration ist erschwert und langsam; bisweilen werden einige zitternde Bewegungen beobachtet, ebenso Krummziehen der Flossen; die Sensibilität und Reflexaction ist nicht erloschen; der Tod erfolgt binnen 4—8 Minuten (Rossi, v. Praag).

Bei Fröschen tritt ebenfalls Lähmung, und zwar häufig zunächst an den vorderen Extremitäten und später an den Hinterbeinen, aber auch umgekehrt, ein; schon nach 1—2 Minuten liegt der Frosch völlig gelähmt da, ohne Spur von Convulsionen oder Tetanus, und die gleich anfangs schwach und unregelmässig gewordene Respiration steht still; in diesem Zustande pulsirt das Herz weiter, während das Lymphherz still steht; anfangs werden durch starke Hautreize noch Reflexe ausgelöst, später hören diese auch auf, während die Herzaction noch fortdauert. Ist die Gabe nicht zu hoch (nach Guttmann nicht über $^1/_3$ Tropfen), so tritt völlige Erholung ein, so dass der Frosch 20—24 Stunden nach der Vergiftung wieder aufrecht sitzt und seine Bewegungen nach einiger Zeit wieder erlangt. Während des Stadiums der Asphyxie kann man sich in der Schwimmhaut des Thieres von dem normalen Fortbestehen der Circulation überzeugen. Bei grösseren Dosen ist die Stärke der Herzcontractionen etwas beeinträchtigt, obschon selbst nach 10 Tropfen das Herz noch lebhaft pulsirt (Koelliker), wenn der Tod erfolgt. Frösche können auch durch Eintauchen in Coniinlösungen vergiftet werden (Guttmann).

Bei Vögeln erfolgt rasch Krummziehen der Klauen und Strecken der Pfoten, Hinstürzen, keuchende und langsame Respiration, Tod, oft schon vor Ablauf einer Minute, manchmal erst nach 5—8 Minuten, der Dosis entsprechend. Auch an den Halsmuskeln können krampfhafte Erscheinungen vorkommen (Rossi), häufig fehlen solche Convulsionen vollständig. Die Angabe Guttmanns, dass das Bild der Coniinvergiftung bei Vögeln ganz ohne Convulsionen verlaufe, muss nach unsern Versuchen als irrig bezeichnet werden.

Auch bei den Säugethieren sind die Lähmungserscheinungen das ausgesprochenste Symptom, neben welchem aber convulsivische Symptome vorkommen. Bisweilen sind anfangs Schmerzäusserungen oder reflectirte Bewegungen, z. B. bei Hunden nach Application auf die Conjunctiva bulbi Blepharospasmus und Schreien oder Kauen und Lecken nach Einbringung in den Mund oder Niesen nach Application auf die Nasenschleimhaut, das erste Symptom. Das Auftreten der übrigen Vergiftungserscheinungen, zumeist in umgekehrtem Verhältnisse zur eingebrachten Dosis stehend, kann sich schon in $^1/_2$ Minute zeigen (insbesondere bei Katzen), häufiger vergehen einige Minuten. Bei interner Application zeigt sich manchmal Speichelfluss. In Bezug auf die Reihenfolge der Symptome herrscht keine Gleichmässigkeit, indem bald erschwerte Respiration, bald Lähmung der Hinterbeine und allgemeine Paralyse, bald klonische Krämpfe der Extremitäten zuerst zur Erscheinung kommen. In dem apathischen und paretischen Zustande des Thieres ist der Zustand der Pupille nicht constant, die Sensibilität und Reflexaction anfangs erhalten, auch scheint das Sensorium intact; der Tod erfolgt in $2^1/_2$ Minuten bis 50 Minuten und später, und zwar erlischt die Respiration früher als die Herzthätigkeit, so dass bei sofortiger Eröffnung das Herz noch schlagend und 10 Minuten lang reizbar gefunden wird. Bei leichten Intoxicationen bleibt es nicht selten bloss bei wankendem Gange in Folge von Parese, insbesondere nach Application auf den Bulbus; in solchen Fällen haben wir nie klonische Krämpfe gesehen. Die Krämpfe beschränken sich manchmal nur auf die Hinterbeine, gehen aber auch auf die Vorderbeine über und können auch die Muskulatur des Rückens, des Schwanzes und des Halses betreffen. Ihmsen sah sie in 23 Experimenten an Säugethieren 12mal. Sie sind klonischer Natur, doch kommen auch tonische Convulsionen vor, bald nur in den Hinterbeinen, wo dann auch die Vorderbeine gleichzeitig klonische Krämpfe zeigen können, bald selbst als Pleurotonos (Ihmsen). — Die Pupille ist meist dilatirt (Ihmsen), ausnahmsweise verengt (Rossi) oder normal. Trotz eines geringen Grades von Schläfrigkeit und Apathie hören die Thiere auf den Ruf; erst später kommt es zu Sopor. — Vomiturition und Erbrechen kommt bei Carnivoren vor. — Was die Einwirkung auf die Respiration anlangt, so ist dieselbe, wie L. v. Praag richtig angiebt, in den meisten Fällen zuerst beengt, keuchend, schnaubend und beschleunigt, nachher retardirt, doch kann sich die Affection auf geringe Dyspnoe beschränken oder in leichteren Vergiftungsfällen das Athmen nahezu normal sein, endlich auch bei sehr starken Dosen die Respiration sofort sistiren. — Die Sensibilität überdauert die Bewegungen des Thorax (Ihmsen). — Ein Einfluss auf die Diurese ist nicht zu constatiren; der bisweilen beobachtete Speichelfluss scheint Folge localer Reizung. — Wie das Herz post mortem noch fortschlägt, — Ihmsen constatirte ein Fortschlagen der Ventrikel bis 27 Minuten, eins der Atrien sogar bis $2^1/_2$ Stunde — so ist auch die peristaltische Bewegung der Eingeweide intact. Die Körpertemperatur sinkt nach L. v. Praag, vielleicht nach vorausgehender geringer Steigerung.

Leichenbefund bei Thieren.

Der Leichenbefund bei Thieren hat nichts Charakteristisches. Oertliche Läsionen zeigen sich bald, bald nicht, je nach der Applicationsstelle oder nach der Verdünnung, in der das Alkaloid angewendet wurde. Die ausgebreitetsten Zeichen örtlicher corrodirender Wirkung finden sich bei Application von Coniin auf die Conjunctiva bulbi, wo, wenn die Thiere die Intoxication überstehen, es nicht bei blosser heftiger Injection und Trübung der Cornea bleibt, sondern zu Eiterung und Ulceration kommt. Auch bei interner Application kann man im Maule vermehrte Schleimsecretion als Folge örtlicher Reizung, jedoch nur ausnahmsweise Röthung constatiren; ebenso ist letztere im Oesophagus und im Magen entschieden Ausnahme. Verätzung kommt selbst bei leerem Magen niemals vor und findet sich auch nicht bei Application von Coniinsalzen im Unterhautbindegewebe. Von sonstigen Befunden ist besonders auf die Blutbeschaffenheit aufmerksam gemacht; diese ist indess nach unserem Dafürhalten keine andere als die bei dem Tod durch Asphyxie überhaupt, die Farbe als dunkelkirschroth zu bezeichnen und das Blut ziemlich flüssig und erst spät coagulirend. Dem Tode durch Asphyxie entsprechen auch die venösen Hyperämien im Abdomen, insonderheit der Leber und Nieren, vielleicht auch die der Hirnhäute und des Gehirns (Rossi, v. Praag), endlich das keineswegs constante Lungenödem (Ihmsen).

Symptome beim Menschen.

Beobachtungen über toxische Wirkung des in Rede stehenden Alkaloides bei Menschen sind selten. Die einzige tödtliche Vergiftung mit Coniin ist die der Louise Berger, der Geliebten des Dr. Hermann Jahn von Quellendorf in Anhalt-Dessau, deren Tod durch 10 bis 15 Tropfen in wenigen Minuten herbeigeführt zu sein scheint. Dieser Fall gewährt weder für die Dosis letalis und toxica, noch bei dem Fehlen genau constatirter Data über denselben hinsichtlich der

Symptomatologie Anhaltspunkte, doch muss hervorgehoben werden, dass die Vergiftete über stürmisches Herzklopfen geklagt haben soll. Ausserdem sind mehrmals Erscheinungen durch sich verflüchtigendes Coniin beobachtet, die zum Theil als örtliche Reizungserscheinungen der Conjunctiva etc. durch das kaustische Alkaloid aufzufassen sind. Poehlmann giebt an, dass bei Bereitung der zu seinen Thierversuchen benutzten Coniinlösungen er selbst und mehrere dabei Anwesende drückenden Kopfschmerz in der Supraorbitalgegend bekommen hätten, der bei ihm selbst mehrere Stunden anhielt. Ebenso bekam Trommsdorff in Erfurt bei der Bereitung Kopfschmerzen, Augenthränen und Pupillenerweiterung (Med. Ver.-Ztg. 52. 1837). Albers theilt mit, dass einer seiner Zuhörer durch den Geruch des Coniins schwindlig, übel und ohnmächtig wurde und bis zum dritten Tage anhaltenden Taumel bekam und dass er selbst ebenfalls durch das Einathmen von Coniin Schwindel und Erlahmung, ja 3 Wochen lang Neigung zu Schwindel und Ermüdung verspürte. Casaubon und Hénoque verspürten bei Versuchen mit Coniin mehrfach Zittern der Hände und Trübung des Gesichtes, an einem sehr heissen Tage leichten Schwindel, Trockenheit im Schlunde und Schwäche. Ferner liegen mehrere Selbstbeobachtungen vor. So nahm Poehlmann von einer Verdünnung eines Tropfen Coniin mit 99 Tropfen 90° Alkohol 4 Tropfen ohne besonderen Erfolg; 25 Tropfen verursachten leichten Schwindel von einigen Minuten Dauer mit dem Gefühle auffallender Schwere der Beine und Arme, namentlich links, länger als $^1/_4$ Stunde anhaltend, Kleinwerden des Pulses und Sinken der Pulsfrequenz, in $^1/_2$ Stunde der Normalzahl wieder Platz machend; 50 Tropfen machten ausserdem ein eignes Gefühl des Missbehagens, das, wie die übrigen Erscheinungen wieder in $^1/_2$ Stunde schwand. Pupillenerweiterung fehlte stets; ein bei dem zweiten Versuche constatirter Lumbalschmerz ist vielleicht nicht Folge des Giftes. Aus den interessantesten dieser Selbstversuche, welche Dworzak, Heinrich und Dillnberger unter Schroff anstellten, geht hervor, dass schon $^1/_4$ Tropfen Vergiftungserscheinungen, obschon nicht sehr erhebliche (Brennen im Munde, Kratzen im Halse, Speichelfluss, Brechneigung und Erbrechen, Hitze im Gesicht und Kopf, Eingenommenheit und Druck im Kopf) bedingen kann, während 1 Tropfen bedenklichere Symptome (Schwindel, ungemeine Schwäche und Hinfälligkeit, Wanken beim Gange, Undeutlichsehen, Pupillenerweiterung, Krämpfe in den Waden und andern Muskelgruppen, anfangs Zunahme, später Abnahme der Pulsfrequenz) hervorzurufen vermag. Hiermit stimmen auch Beobachtungen bei Kranken von Wertheim, Nega, Albers, Reil und Eulenburg. Wertheim sah in drei Typhusfällen nach 0,0375 Schwindel, Erbrechen, Schmerz und Abgeschlagenheit in den Unterschenkelmuskeln. Nega, der einzelne Fälle nicht angiebt, und nur bemerkt, dass man das Mittel mit grösster Vorsicht bis 0,006 steigern könne, sagt über narkotische Symptome: „Die Zeichen der eintretenden Narkose manifestiren sich zunächst im Spinal-, Ganglien-, Gefäss und endlich im Cerebralsystem als grosse Schwäche, Lähmung der willkürlichen Muskeln, Analgie, Anästhese, Uebelkeit, Erbrechen, Magendarmlähmung, Retardation der Herzschläge bis zur Asphyxie, und endlich Schwindel,

Ohnmacht und Betäubung.“ Albers beobachtete dreimal bei einer an Carcinoma mammae leidenden Frau nach der dritten Gabe von 0,004 krampfhafte Verdrehung des Halses, Gesichtskrämpfe und ohnmachtsähnliche Bewusstlosigkeit. W. Reil giebt an, dass nach Application von Coniinlösung in hohle Zähne oft schon in 1—3 Minuten Dysphagie, Schwindel, Gehörtäuschung und Visus alienatus, so dass die Patienten ihre eigene Nase für einen grossen unförmlichen Klumpen hielten, eintrete, aber meist in 10 Minuten verschwinde. Eulenburg sah bei einem Kinde nach Subcutaninjection von 0,83—1 Mgm. rasche Verlangsamung des Pulses um 10—20 Schläge, oft Schlaf und Schwindelgefühl; Busch in Ems beobachtete ebenfalls rasch vorübergehende narkotische Erscheinungen nach 1,7 Mgm. subcutan. Beim bromwasserstoffsauren Coniin entstehen nach Audhouy (Gaz. de Paris. N. 11. 1879) durch 0,14 bis 0,25 intern in Pillen Sehstörungen, Schwere des Kopfes und lähmungsartige Schwäche, bei intactem Sensorium bisweilen Schwindel, Ohrensausen, Ohnmacht und Schmerz in den Gelenken, welche Erscheinungen nach Ablauf einer Stunde schwinden.

Dass gewisse pathologische Zustände des Nervensystems modificirend auf die Wirkung des Coniins wirken, deuten die englischen Erfahrungen über dessen Anwendung bei Tetanus und Hydrophobie an, wo endermatisch 2 Tropfen und 3 Tropfen im Clystier keine toxischen Erscheinungen hervorriefen. Die Angabe von Murawieff, dass bei Kranken selbst 5 Tropfen keine narkotischen Phänomene erzeugten, lässt sich nur dadurch erklären, dass er zersetztes Coniin anwandte. Nach Harley toleriren Tabaksraucher mehr Coniin als an Tabak nicht Gewöhnte.

Coniinlösungen verursachen bei Kindern in Folge länger fortgesetzter Einreibung im Gesichte stark juckenden papulösen Hautausschlag (Fronmüller); concentrirt bedingt Coniin auf der Haut leichtes Jucken und Röthe (Werigo).

In dem Jahn'schen Vergiftungsfalle wurde Röthung und Injection der Gefässe im Magen gefunden. Leichenbefund.

Unbestreitbar hat das Coniin eine örtliche kaustische Wirkung, welche jedoch nur dem Alkaloide, nicht dessen Salzen zukommt und auf der Affinität des ersteren zum Eiweiss beruht. Sie äussert sich nur bei Anwendung des unverdünnten Stoffes und zeigt sich in intensiverer Weise ausschliesslich an der Conjunctiva und Schleimhäuten mit dünner Epithelschicht, während bei letalen Vergiftungen von anderen Applicationsstellen aus der rasch tödtliche Effect sie nicht zu Stande kommen lässt. Damourette und Pelvet unterscheiden bei der örtlichen Action eine neuromusculäre, zuerst in Excitation (Schmerz und Krampf), dann in Depression (Herabsetzung der Sensibilität und Parese) sich äussernde, und eine anatomische, welche in differenter Weise, besonders an den Epithelialzellen, aber auch an den Nerven und Muskeln, dagegen nicht am Bindegewebe sich äussert. Bei nicht zu langem Contacte von Coniin auf Muskeln und Nerven stellt sich die Function spontan wieder her (Lautenbach). Auch Vibrionen und Bacterien werden durch Coniin in ihrer Structur geändert und getödtet; damit vergiftete Thiere faulen nicht leicht und mumificiren häufig (Damourette und Pelvet). Physiologische Wirkung.

Der Nachweis der Resorption ist durch Orfila, Dragendorff

und Zaleski, van Praag und Prévost mit Sicherheit geliefert. Orfila fand Coniin in Milz, Nieren und Lungen, nicht im Blute, in geringer Menge in der Leber wieder, Zaleski und Dragendorff auch im Blute in solchen Fällen, wo das Gift bei leerem Magen verabreicht war, ausserdem ebenfalls in geringen Mengen in der Leber und sehr deutlich im Harn von Thieren, welche der Intoxication nicht unterlagen, wobei die grösste Menge in den ersten 12 Stunden nach der Vergiftung, Spuren aber auch noch nach $2^1/_2$ Tagen sich fanden. Prévost constatirte Coniin im Harn von Katzen durch den physiologischen Nachweis am Frosche.

Harley konnte Coniin nach grösseren medicinalen Gaben von Schierlingspräparaten in Schweiss, Harn und Faeces nicht entdecken, auch nicht im Athem, in welchem L. van Praag in einem Falle, wo Coniin einem Hunde in einer Rückenwunde beigebracht war, deutlichen Coniingeruch wahrnahm. Ausscheidung durch die Lungen scheint man um so mehr anzunehmen, als Orfila relativ grosse Mengen in den Lungen constatirte. Dass übrigens ein Theil des Coniins im Organismus zersetzt wird, ist höchst wahrscheinlich, wie dies auch Zaleski und Dragendorff betonen.

Hinsichtlich der entfernten Wirkung des Coniins kann es keinem Zweifel unterliegen, dass die käufliche Waare ein nach Art des Curare wirkendes, die Nervenendigungen lähmendes Gift ist, welches die Nervencentren im geringeren Grade afficirt. Diese Wirkungsweise, welche zuerst von Kölliker nachgewiesen wurde, soll nach Bochefontaine und Tiryakim dem reinen Coniin nicht zukommen, welchem eine die Nervencentren lähmende Action angehöre, und durch einen nicht nur dem Coniin, sondern auch seinem bromwasserstoffsauren Salze stets in grösserer oder geringerer Masse beigemengten harzartigen Stoff bedingt werden.

Es giebt kaum ein Gift, über dessen entfernte Wirkungen so viele verschiedene Meinungen aufgestellt sind, wie über Coniin. Dass das Nervensystem und nicht, wie Casaubon annahm, das Blut primär durch das Gift afficirt wird und dass die Veränderungen, welche man nach dem Tode im Blute constatirt, secundäre, durch die in Folge von Lähmung der Respirationsmuskeln bedingte Asphyxie entstanden sind, kann keinem Zweifel mehr unterliegen. Dass der Coniintod bei Warmblütern auf Erstickung beruhe, wurde zuerst durch Christison dargethan, der jedoch die Athemlähmung wie die Lähmung überhaupt als vom Rückenmark abhängig betrachtete. Die Ableitung der Lähmung von der Medulla spinalis fand in Reuling und Salzer, van Praag und Werigo Vertheidiger, von denen letzterer ein Fortschreiten der Paralyse von dem Rückenmarke zu den peripheren Nerven behauptet. Albers und ebenso Brown und Davidson vindicirten dem Coniin cerebrale Lähmung, Schroff einen besonderen Einfluss auf das verlängerte Mark, Rossi auf das Cerebrospinalsystem überhaupt und zwar vorwaltend auf die Varolsbrücke (Gleichgewichtsstörungen) und die Medulla oblongata (Respirationsstörungen), nach Ansicht des letzteren im Zusammenhange mit directen Veränderungen der Nervensubstanz durch Coniin, indem bei Warmblütern ausser

Hyperämie auch Erweichung im Kleinhirn und Rückenmark vorkäme, die als Leichenphänomen wegen ihres frühzeitigen Eintritts etwas Auffallendes haben würde. Dass Coniin, wie es im Handel vorkommt, als wichtigste und erste Wirkung nach Art von Curare Paralyse der Nervenorgane bedingt, beweist der einfache, von Guttmann, Damourette und Pelvet, Prévost u. A. wiederholte Versuch Köllikers, wonach bei einseitiger Unterbindung der Schenkelarterie oder der Bauchaorta bei Fröschen die Lähmungserscheinungen in der unterbundenen Extremität nicht auftreten und Reflexe in dieser während der ganzen Zeit der Intoxication hervortreten. Es stehen dieser Anschauung auch keineswegs die bei Warmblütern vorkommenden fibrillären Muskelzuckungen entgegen, da man dieselben aus einer Reizung der Endorgane (Guttmann, Damourette und Pelvet) oder als Erstickungskrämpfe (Prévost) zu deuten vermag. Eine Nebenwirkung auf die Nervencentren ist allerdings kaum in Abrede zu stellen, da auch Ligatur sämmtlicher Gefässe der Extremitäten eine Abnahme der Reflexerregbarkeit nicht hindert (Lautenbach), was übrigens beim Curare ebenfalls der Fall ist (von Bezold). Etwas mehr als letzteres scheint Coniin allerdings central zu wirken, insofern bei künstlicher Respiration, welche zwar die Krämpfe aufhebt, bei sehr starken Dosen Lebensrettung nicht immer gelingt. Ein Einfluss auf die psychomotorischen Centren findet wohl nur soweit statt, als Veränderungen des Blutdrucks störend einwirken. Ebensowenig werden die sensibeln Nerven afficirt (Lauterbach), noch endlich die secretorischen Nerven für Schweiss-, Speichel- und Thränendrüsen (Prévost), dagegen werden die Vagusendigungen früher und selbst durch geringere Mengen als die Endorgane in den willkürlichen Muskeln gelähmt (Jolyet und Pelissard, Prévost). Eine Wirkung des Coniins auf das Blut neben der neurotischen Action nehmen Damourette und Pelvet an, doch ist, wenn auch Coniin bei directem Contact Blut in eine dunkle viscöse Masse verwandelt, im kreisenden Blute nichts Abnormes zu constatiren. — In Bezug auf die Beeinflussung sonstiger Organe constatirte Lautenbach ein anfängliches Sinken und späteres Steigen des Blutdrucks, Erbrechen (auch bei subcutaner Action), Speichelfluss, Contraction der Eingeweide und der Blase, sowie eine entschiedene Steigerung der Körpertemperatur, die auch beim Menschen, selbst nach medicinalen Dosen auftritt und $^1/_2$—$^3/_4$ Stunden anhält. Die durch Coniin hervorgerufene primäre Athembeschleunigung scheint vom Vagus abhängig, da sie bei vorheriger Vagusdurchschneidung ausbleibt.

Nach Valentin theilt Coniin mit Curare das Gemeinsame in der Wirkung auf den Muskel, dass dieser bei Reizung mit Kettenströmen während der Dauer des Geschlossenseins der Kette zusammengezogen bleibt und bei der Oeffnung plötzlich und mehr oder minder rasch erschlafft; die fortgesetzte Zusammenziehung fehlt jedoch im Leben und kurz nach dem Tode sowohl bei indirecter als directer Reizung gänzlich. Die Empfänglichkeit des Rückenmarks stirbt viel früher als die des Hüftgeflechts ab. Bei langsamer Vergiftung geht der Lähmung erhöhte Reizempfänglichkeit voraus (Oeffnungszuckung neben Schliessungszuckung, auffallend kurze Dauer der latenten Reizung, Nachzuckungen); Reflexe schwinden (besonders bei Kröten) vor der Willkürbewegung und mechanische Reize büssen ihre Wirksamkeit mitunter eher als chemische ein (Valentin).

Behandlung der Coniinvergiftung.

Die rasche Wirksamkeit, welche Coniin entfaltet, lässt, wie bei dem allerdings nach den Selbstversuchen von Dworzak und Heinrich wohl 16 mal intensiver wirkenden Nicotin, von chemischen Gegengiften (Tannin, Jod) nicht viel erwarten. Nach Ihmsen wirkt Jodconiin fast ebenso rasch toxisch und letal wie Coniinum purum. Christison und Guttmann reden der künstlichen Respiration das Wort, deren Anwendung ganz rationell ist, obschon Thierversuche kein so günstiges Resultat wie bei Curarevergiftung ergeben, vielmehr bei sehr starken Dosen Coniin künstliche Athmung nicht immer den Tod abwendet. Harley empfiehlt Elektrisation des Halsmarkes. Die empfohlenen dynamischen Antidote der Schierlingsvergiftung (Wein mit Citronensaft) haben keine Bedeutung. Brandy hebt die physiologischen Effecte grösserer medicinaler Dosen Schierling nicht auf (Harley).

Physiologischer Nachweis.

Als Versuchsthiere zum physiologischen Nachweise der Coniinvergiftung sind kleine Vögel und Frösche besonders geeignet. Tardieu und Roussin begnügen sich, auf die an Hunden angestellten Experimente hinzuweisen, doch ist es sehr bedenklich, Thiere, die doch verhältnissmässig grosse Dosen erfordern und bei denen ausserdem schwer zu schliessen ist, ob man es mit Nicotin, Curarin oder Coniin zu thun habe, zu Versuchen mit Minimalmengen anzuwenden, da man hier leicht zu negativem Resultate gelangen könnte, wo die chemischen Reactionen noch eine verhältnissmässig grössere Sicherheit geben. Man bringt das aus Leichentheilen extrahirte Coniin bei Vögeln in den Schnabel, bei Fröschen applicire man es subcutan. Die sehr rasche, oft nach wenigen Secunden eintretende Lähmung, der rasche Tod, die Lähmungserscheinungen und das Fortschlagen des Herzens nach dem Tode sind die Symptome, auf welche besonders zu achten ist. Die Wiedererholung der Frösche nach kleinen Dosen — wozu es zweckmässig ist, dieselben von Zeit zu Zeit, jedoch nicht zu stark zu befeuchten oder in einer mit feuchtem Fliesspapier ausgelegten Glasglocke hinzustellen — kann versucht werden und ebenfalls zur Constatirung dienen. Ist mehr vorhanden, so ist es zweckmässig, etwas auf ein Kaninchenauge zu bringen, um die durch Coniin entstehende Entzündung hervorzurufen.

Therapeutische Anwendung.

Es lässt sich nicht verkennen, dass die therapeutische Anwendung des Coniins zum grössten Theile auf reiner Empirie beruht und die durch die physiologischen Untersuchungen eruirten Thatsachen völlig unberücksichtigt gelassen hat, während man diejenigen Affectionen in Betracht zog, bei denen früher die Präparate des Schierlings angewendet wurden. Dass der Gebrauch des Coniins manchen Bedenken unterliegt, namentlich wegen seiner leichten Zersetzlichkeit und grossen Giftigkeit, wollen wir nicht verhehlen; aber es ist auch hervorzuheben, dass die zumal aus trockenen Theilen von Conium maculatum hergestellten Schierlingspräparate Coniin nicht enthalten und damit jeder Wirksamkeit ermangeln. Zu der Stelle einer modernen Panacee, wozu das Coniin durch Dr. Murawjeff in Puticol im Gouvern. Kursk gestempelt wird, ist es nicht berufen. Seine hauptsächlichste Anwendung findet Coniin in folgenden Affectionen:

1) Bei scrophulösen Augenentzündungen, besonders zur Beseitigung von Lichtscheu und Blepharospasmus. Die erste Verwerthung hat das Mittel bei scrophulösen Augenentzündungen durch Fronmüller und Hasner gefunden, und die günstigen Wirkungen, welche dieselben von dem innerlichen und äusserlichen Gebrauche sahen, sind von Mauthner,

Spengler, Murawjeff, Reuling und Salzer, van Praag, Reil u. A. bestätigt. Insbesondere ist es die Lichtscheu, die bei der erethischen Form der scrophulösen Ophthalmie zusammen mit Augenlidkrampf und Thränenrinnen in kurzer Zeit, meist 8—14 Tagen, Beseitigung findet, während, wie Fronmüller schon hervorhebt, die torpide Form weniger günstig dadurch beeinflusst wird. Es geht aus diesen Erfahrungen hervor, dass das Coniin in bestimmten Dosen auch von Kindern selbst längere Zeit hindurch gebraucht werden kann; Fronmüller gab es innerlich in Tropfenform (Coniini gtt. 3 bis 4, Spir. vini 1,25, Aq. destill. 20,0, davon 3mal täglich 15—30 Tropfen) und äusserlich dieselbe Lösung in die Umgebung des Auges eingerieben, wonach jedoch bei längerem Gebrauche ein stark juckender papulöser Ausschlag hervortrat. Spengler gab eine Lösung von 0,004 in 180,0 Aq. destill. zu 3mal im Tage 1 Esslöffel und empfahl Fortgebrauch des Mittels noch eine Zeit lang nach Beseitigung der Lichtscheu. Mauthner pinselte 2—3mal täglich die Augenlider mit einer Lösung in Mandelöl (1 : 120). Murawjeff gab es im Collyrium von 1—3 Tropfen Coniin in 25,0 Aq. Fragariae und 8,0 Mucil. sem. Cydoniorum, auch als Salbe mit Coldcream.

Gegen Blepharospasmus und Photophobie bei Keratitis und Iritis rheumatica wirkt es auch bei subcutaner Application nur vorübergehend günstig (Lorent, Eulenburg).

2) Gegen andere scrophulöse Affectionen, insbesondere Drüseninfiltrationen, intern oder extern (Nega, Mauthner, Gubler).

3) Als Mittel gegen Carcinom, ebenfalls äusserlich und innerlich, von sehr problematischem Werthe. Zunächst waren es in neuerer Zeit die coniinreichen Früchte von Conium maculatum, die von Devay und Guillermond (Recherches nouvelles sur le principe actif de ciguë (conicine) et de son mode d'application aux maladies cancéreuses. Paris, 1852) und Beauclair (Rev. thér. du midi. Août. 1853) statt der Herba Conii in Anwendung gezogen wurden. Murawjeff benutzte das Coniin selbst, und zwar in der Weise, dass er dasselbe mit einigen Tropfen Gummischleim auf dem leidenden Theile selbst mischte und diese Mischung mittelst des mit einem Handschuh bekleideten Fingers leicht in die ganze Geschwürsfläche einrieb, die dann mit Ceratläppchen und Binde bedeckt wurde; die Wirkung war indess, mit Ausnahme eines damit geheilten Lippenkrebses, nur eine palliative. Negative Resultate bei Krebs erhielten Reuling und Salzer. Von Heilung durch Coniin berichtet Cade (Gaz. hebd. 4. 58. 1855) einen Fall. Albers sah längere Zeit anhaltende Abnahme der Schmerzhaftigkeit bei Carcinoma mammae, und Nega giebt an, dass durch das Mittel bei Krebs anfangs die Entwicklung der Knoten für einige Zeit sistirt, die Geschwüre gereinigt und die Schmerzen gelindert würden. Reil rühmt vom Coniin, dass es die Beschaffenheit der Krebsgeschwüre bessere und die Schmerzen lindere; auch sah er eine bedeutende Verhärtung der Brustdrüse, die auf Jodgebrauch nicht wich, nach innerlicher und äusserlicher Anwendung von Coniin ganz verschwinden. Bei Magenkrebs bezeichnet er es als eines der schätzbarsten Mittel (zu 1 Tropfen auf 180,0 1- 2- 3stündlich 1 Esslöffel, bei vorherrschender Säurebildung mit Zusatz von Natr. carbon. 2,0—4,0).

4) Bei chronischen Entartungen des Magens und der nächstgelegenen Organe, auch bei Pankreaskrankheiten (W. Reil).

5) Bei entzündlichen und krampfhaften Leiden der Respirationsorgane, wo es meist durch Beschwichtigung des Hustenreizes günstig wirkt. So im ersten Stadium der Tuberculose (Nega), bei chronischem Bronchialkatarrh (Reuling und Salzer), bei Keuchhusten, den Spengler auch in den schlimmsten Fällen durch 1,5—4 Mgm. pro die weichen sah, während Reil nur in Einzelfällen Abkürzung des convulsivischen Stadiums wahrnahm, bei Grippehusten (W. Reil), nach Erlenmeyer bei allen Krämpfen im Gebiete der Circulations- und Respirationsorgane, besonders bei Angina pectoris. Pletzer fand in einem Falle von nervösem Asthma die 2malige subcutane Injection von 0,36 einer Lösung von 0,06 Coniin in 8,0 Wasser höchst wirksam, während bei einem Emphysematiker mehrmals injicirt werden musste. Lorent constatirte bei 12 Pneumonikern, denen er von 0,002—0,03 injicirte, Abnahme der Dyspnoe und der Respirationsfrequenz bei gleichbleibender oder ebenfalls abnehmender Pulszahl; bei Pleuritis verminderten sich die Athemzüge nicht, wohl aber Pulsfrequenz und Dyspnoe, doch nicht so bedeutend wie nach Morphin.

6) Bei verschiedenen nervösen Leiden, insbesondere Psychosen, Neuralgien und Krämpfen. Erlenmeyer empfiehlt die Subcutaninjection zu 0,002—0,004 bei den Angstanfällen Seelengestörter. L. v. Praag hält Coniin für indicirt bei Erethismus der Muskelnerven, verbunden mit Anämie des Gehirns, wie es oft im letzten Stadium von Typhus und nach bedeutenden Blutverlusten vorkommt, bezweifelt aber eine eigentlich anästhetische Wirkung. Busch und Gubler fanden bei hypodermatischer Anwendung Coniin resp. Coniinhydrobromat in schmerzhaften Affectionen — wie bei interner Application Reuling und Salzer — nicht so sicher wirkend wie Morphin. Nega und Murawjeff vindiciren dem Coniin eine günstige Wirkung gegen Neuralgien. Letzterer rühmt es besonders bei syphilitischen Knochenschmerzen und Neuralgien, die von herpetischer Dyskrasie abhängig sind, endlich bei cariösem Zahnschmerz. Reil fand bei letzterem vom Coniin (gtt. 1 in 4,0 Sp. v. rfss., Ol. Cinnam. gtt. 4, zu einigen Tropfen mittelst eines Pinsels in den hohlen Zahn gestrichen) raschen palliativen Nutzen und bei öfters wiederholter Anwendung Ertödtung des Nerven und Beschränkung der Caries, ein Umstand, auf welchen auch schon Murawjeff aufmerksam gemacht hatte. Nega empfiehlt Coniin bei Neuralgia bronchialis, ischiadica, cruralis und intercostalis, auch bei cardialgischen Zufällen. Bei letzteren hat Reil mehrfach das Coniin versucht; es versagte den Dienst ganz bei Cardialgie auf anämischer oder chlorotischer Basis, wo das Mittel selbst in der Tagesgabe von nur 0,03 nicht ertragen wurde, ebenso bei sympathischer von Uterinleiden abhängiger Cardialgie und bei solcher, die mit Migräne abwechselte, wo meist Erbrechen erfolgte, dagegen wirkte es — wenn auch nur palliativ — günstig bei Cardialgie, die gleichzeitig mit Anschwellung des linken Leberlappens, Leberanschoppung überhaupt, träger Gallensecretion und trägem Stuhlgang verbunden ist, wie sie bei Hämorrhoidariern, atrabilärer Constitution und sitzender Lebensweise häufig vorkommt, indem die Schmerzen gemildert und die Stuhlgänge befördert wurden. Nega gab es zur Stillung des Schmerzes auch bei Gonorrhoe und Orchitis.

Die Frage, ob nicht Coniin wegen der dadurch hervorgerufenen Muskelrelaxation bei Tetanus zu gebrauchen sei, und zwar besonders bei dem durch Strychnin hervorgerufenen, ist schon von Pereira aufgeworfen, doch sprach ein Versuch zu Ungunsten des Mittels, da zwar die Strychninkrämpfe cessirten, nichts destoweniger der Tod aber eintrat. Damit stimmen die Versuche von Gallard (Ann. d'hyg. 395. 1865), sowie auch unsere eigenen überein. Es ist die Beurtheilung des Coniins als dynamisches Antidot bei Strychninvergiftung — und auch wohl bei Intoxication durch Pikrotoxin, das Gubler als Antagonisten des Coniins bezeichnet — wohl die nämliche, wie die des Curarins; man wird nur selten Effect damit erzielen, da der Tod ex asphyxia von zu grossen Dosen des Antidots meist erfolgen wird, während zu kleine Mengen dem Tode durch das Gift nicht vorbeugen. Bei der grossen Feindseligkeit des Coniins gegen den Thierkörper dürfte selbst Combination mit künstlicher Respiration bei Strychnismus nicht immer nützen. Die in England und Amerika angestellten Versuche bei Tetanus traumaticus (Johnson) und Hydrophobie (Rieken, Rapport. 49) fielen negativ aus.

7) Gegen Typhus und Wechselfieber. Von Wertheim als pulsherabsetzendes Mittel empfohlen, ist es doch nur in toxischen Gaben wirksam und deshalb werthlos (Hasse, Nega, Spengler).

Völlig empirisch ist der Gebrauch gegen alle chronischen Hautausschläge, sowie Oedeme nach Verwundungen (Murawjeff), Harnblasencatarrh, Orchitis, Prostatitis (Nega, Murawjeff) Vomitus gravidarum, Icterus, Hepatitis chronica, Cholera, Helminthen, Peritonitis, Hydrops, Puerperalfieber u. s. w. (Murawjeff); endlich Hypertrophia uteri (Damourette) und bei Dentitionsstörungen (Landure).

Als Contraindication des Coniingebrauchs nennt Murawjeff entzündliches Fieber, active Entzündungen, abnorme Zustände der Circulationsorgane, Trägheit der Verdauung, Neigung zu Tympanites, paralytischen Zustand des Rückenmarks, scorbutische Kachexie, höhere Grade von Anämie und venöse Congestionen. Reil giebt an, dass blühende, vollsaftige oder erethisch nervöse Personen am ehesten Schwindel nach Coniin bekommen. L. v. Praag bezeichnet als Gegenanzeige Neigung zu Lähmung, Herzkrankheiten mit Desorganisation, allgemeine Schwäche in Folge chronischer Krankheiten und Habitus apoplecticus.

Dosis und Gebrauchsweise.

In der Regel wird das reine Alkaloid angewendet. Van Praag giebt dem chlorwasserstoffsauren Coniin wegen geringerer Zersetzlichkeit den Vorzug, er empfiehlt deshalb das Alkaloid mit dem doppelten Volum verdünnter Salzsäure vermischt und gehörig verschlossen im Dunkeln aufzubewahren, von welcher Mischung 0,065 ohne Lebensgefahr gereicht werden können. Vom reinen unzersetzten Coniin giebt man meist 1—3 Mgm. als Einzeldosis, am besten in Wasser oder einem destillirten Wasser, oder, wie dies Schroff und Harley (auch zur Subcutaninjection) empfehlen, in verdünntem Alkohol gelöst. Dass bei einem so leicht zersetzlichen Stoffe nicht auf zu lange Zeit verschrieben werden darf und dass die Verordnung am zweckmässigsten im schwarzen Glase geschieht und die Tropfenform als die am genauesten zu dosirende den Vorzug verdient, ist klar. Noch weniger haltbar als wässrige Solutionen sind Salben und Linimente, da das Coniin auf die Fette zersetzend wirkt.

In Frankreich geniesst das von Mourrut (1876) empfohlene bromwasserstoffsaure Coniin, Coniinum hydrobromicum, besondere Gunst. Man giebt dort weit grössere Dosen, nach Dujardin-Beaumetz 0,01 (nicht mehr, da 0,015 bereits Schwindel und unsicheren Gang bewirkt!) mehrmals täglich bis 0,1 und nach Martin-Damourette selbst bis 0,2 pro die intern in Syrup (1 : 1000) oder in wässriger Lösung oder in den Mourrutschen

Granules de bromhydrate de cicutine, die 2 Mgm. enthalten; Saison gab selbst einem 5jähr. Kinde 5 Mgm., Landure in der Dentitionsperiode 2 Mgm. stündl. ohne Schaden. Noch weiter ging Audhouy (Gaz. méd. de Paris. N. 11. 1879), der bei Erwachsenen erst nach 0,14—0,25 des Salzes in Pillenform Nebenerscheinungen eintreten sah und bei vorsichtiger Steigerung der Dosis bei einem 8jähr. Mädchen sogar 0,08 und bei Kindern von einigen Monaten 12--15 Mgm. ohne Nachtheil nehmen liess. Subcutan in 2procent. Lösung in Aqua Laurocer. wirkt es nicht irritirend, aber auch wenig schmerzstillend (Gubler). Bei Dyspnoe lässt Mourrut Coniin aus einer Federspule, in welcher zwei Wattepfröpfe, der eine mit 0,01 Con. hydrobrom. bestreut, der andre mit Lösung von Natr. bicarbon. getränkt, sich befinden, inhaliren; bei Anwendung von 0,02 in dieser Form resultirt leichte Intoxication.

Derivate des Coniins.

Nach Brown und Fraser wirkt chlorwasserstoffsaures Methylconiin zu 0,012 auf Kaninchen und in einer $^1/_{4560}$ des Körpergewichts entsprechenden Menge bei Fröschen letal und lähmt in grossen Dosen zuerst die peripherischen Nerven, in kleinen das Rückenmark, während Dimethylconiinjodür bei Kaninchen erst zu 0,15 temporäre Lähmung und zu 0,2 bis 0,3 den Tod bedingt und genau wie Curare wirkt, ohne das Rückenmark irgendwie zu afficiren. Nach Jolyet und Pelissard bedingen Aethylconiin und Diaethylconiinjodür wie Coniin Lähmung der Vagus- und peripheren Nervenendigungen, doch ist der letztere Effect schwächer ausgesprochen und tritt namentlich nach Diaethylconiinjodür weit später ein; der Lähmung geht bei Aethylconiin, nicht bei Diaethylconiin, ein deutlich convulsivisches Stadium voraus.

Conydrin. Conhydrin. $C_8H_{17}NO$. — Literat.: Th. Wertheim, Wien. Akadem. Ber. 22. 113 u. 47. (Abth. 2.) 299; auch Annal. d. Chem. und Pharm. **100**. 328 und Chem. Centralbl. 1857. 40 und 1863. 641. — A. W. Hofmann, Berl. Ber. 15. 1882. 2313.

Conydrin.

Diese Base wurde 1856 von Wertheim als zweites Alkaloid des Schierlings *(Conium maculatum L.)* sowohl in den Blüthen als in den Früchten (Samen) dieser Pflanze aufgefunden. In den Früchten überwiegt indess weitaus das Coniin. Wertheim erhielt aus 336 kg frischer Früchte neben 700 g reinem Coniin nur 40 g völlig reines Conydrin; 280 kg frisch gesammelte Blüthen lieferten neben einer gewissen, nicht näher angegebenen Menge Coniin 17 g Conydrin.

Die Darstellung wurde bereits beim Coniin beschrieben. Bei der nach Wertheims Verfahren schliesslich ausgeführten Destillation der ätherischen Lösung der freien Basen geht, nachdem der Aether überdestillirt ist, zuerst das Coniin über und darauf sublimirt zwischen 150 und 210° das Conydrin in den Hals der Retorte. Um es rein zu erhalten, löst man die sublimirte, stets mit Coniin durchtränkte Krystallkruste ab, umgiebt sie in einem Glasgefässe mit einer Kältemischung, um auch das im Coniin gelöste Conydrin zum Krystallisiren zu bringen und die Krystalle compacter zu machen, presst sie darauf stark aus und krystallisirt sie zu wiederholten Malen aus Aether. — Bei der Schwerflüchtigkeit des Conydrins bleibt, wenn man nach Wertheims Verfahren den mit schwefelsäurehaltigem Wasser bereiteten Auszug der Früchte oder Blüthen mit Aetzkalk destillirt, ein Theil desselben (die kleinere Hälfte) in den Blasenrückständen stecken. Um ihn zu gewinnen, neutralisirt man diese mit Schwefelsäure, trennt die Lösung vom ausgeschiedenen Gyps und verdampft sie im Wasserbade zur Trockne. Die trockne Masse wird mit conc. Kalilauge zersetzt und dann mit einer reichlichen Menge Aether anhaltend geschüttelt. Die ätherische Lösung liefert beim freiwilligen Verdunsten das Conydrin, das zur völligen Reinigung noch einmal aus Aether umkrystallisirt wird.

Das Conydrin bildet vollkommen farblose, perlmutterglänzende, irisirende Krystallblättchen. Es besitzt schwachen Coniingeruch. Sein Schmelzpunkt liegt bei 120°,65. Es siedet unter normalem Druck bei 226°,3, beginnt aber schon unter 100° langsam zu sublimiren. Bei höheren Temperaturen verdampft es rasch, ohne Rückstand zu hinterlassen. Es löst sich ziemlich gut in Wasser und leicht in Weingeist und Aether. Die Lösungen reagiren stark alkalisch. Eigenschaften.

Die Formel der freien Base wurde von Wertheim aus der Analyse des chlorwasserstoffsauren Conydrin-Platinchlorids abgeleitet. Sie findet ihre Bestätigung in den von ihm zwischen Conydrin und Coniin aufgefundenen Beziehungen. Die Substitutionsversuche mittelst Jodäthyl ergaben, dass Conydrin wie das Coniin eine secundäre Aminbase ist mit 1 Atom vertretbaren Wasserstoff. Seine rationelle Formel wäre demnach $\left.\begin{matrix} H \\ (C_8 H_{16} O) \\ H \end{matrix}\right\} N$.

A. W. Hofmann bestätigt auf Grund seiner Versuche die Formel $C_8 H_{17} NO$, bezweifelt aber, dass die durch Wasserentziehung aus Conydrin entstehende Base von Coniin verschieden ist.

Das Conydrin ist eine starke Base. Es treibt schon bei gewöhnlicher Temperatur das Ammoniak aus seinen Verbindungen aus, scheint aber seinerseits durch Coniin aus seinen Salzen abgeschieden zu werden. Von den einfachen Salzen krystallisirt das schwefelsaure Conydrin beim Verdunsten seiner sorgfältig neutralisirten weingeistigen Lösung im Vacuum allmälig in farblosen, vollkommen durchsichtigen, ziemlich harten, flachen Prismen, die sich in Wasser und Weingeist leicht lösen. Das salpetersaure Conydrin wird auf die gleiche Weise als strahlige, in Wasser und Weingeist schwerer lösliche Krystallmasse erhalten. Salze.

Das chlorwasserstoffsaure und essigsaure Salz bilden unkrystallisirbare syrupdicke Massen. Versetzt man die weingeistige Lösung des Chlorürs mit weingeistigem Platinchlorid in eben zureichender Menge und überlässt dies der freiwilligen Verdunstung, so erhält man sehr schöne, grosse, hyacinthrothe rhombische Krystalle von chlorwasserstoffsaurem Conydrin-Platinchlorid $C_8 H_{17} NO, HCl, PtCl_2$.

Salpetrige Säure ist ohne Einwirkung auf das Conydrin. Auch durch Erhitzen mit verdünnter Schwefelsäure, verdünnter Kalilauge oder wasserfreiem Baryt auf 200—250°, sowie durch Schmelzen mit dem zweiten Hydrat des Kalis, wird es nicht verändert. — Lässt man dagegen das dreifache Gewicht wasserfreier Phosphorsäure im verschlossenen Glasrohr Zersetzung.

bei 200° darauf einwirken, so zerfällt es gerade auf in Wasser und Coniin ($C_8H_{17}NO = H_2O + C_8H_{15}N$). — Bringt man Natrium in geschmolzenes Conydrin, so löst sich dasselbe unter Wasserstoffentwicklung und Bildung einer gelblichen, dickflüssigen, amorph erstarrenden Masse (vielleicht $C_8H_{15}Na_2NO$), die beim Zusammenbringen mit Wasser sofort in Coniin und Natronhydrat zerfällt. — Quecksilberoxyd wirkt auf Conydrin, wenn es mit einer wässrigen Lösung desselben anhaltend im geschlossenen Rohr auf 100° erhitzt wird, anscheinend oxydirend. Es entsteht unter Reduction des Oxydes zu Metall und Oxydul eine harzartige Substanz, die sich leicht in Weingeist, nicht in Wasser und Aether löst und sehr bitter schmeckt. — Von der äquivalenten Menge Jodäthyl wird das Conydrin schon bei mässiger Erwärmung unter lebhafter Reactien zuerst gelöst, worauf dann sogleich die Masse zu einem Brei von Krystallen erstarrt, die durch Abpressen und Umkrystallisiren aus Weingeist völlig farblos erhalten werden können und der Analyse zufolge jodwasserstoffsaures Aethylconydrin sind. Kalilauge zerlegt sie in wässriger Lösung und scheidet daraus Aethylconydrin als gelbliches Oel ab, welches unzersetzt destillirbar ist und allmälig zu einer in Aether sehr leicht löslichen Krystallmasse erstarrt. Wird dieses nochmals mit einem geringen Ueberschuss von Jodäthyl einer Temperatur von 100° ausgesetzt, so erstarrt die Mischung beim Abkühlen wiederum zu einer krystallinischen Masse, welche, mit kaltem Weingeist gewaschen und dann aus heissem Weingeist umkrystallisirt, scharfe, kleine und sehr harte rhombische Krystalle von Diäthylconydriniumjodür, $C_8H_{16}(C_2H_5)_2NOJ$, liefert. Kalihydrat fällt diese Verbindung aus ihrer wässrigen Lösung unverändert als körnig-krystallinischen Niederschlag, Silberoxyd aber zerlegt sie unter Abscheidung von Jodsilber. Das Filtrat schmeckt jetzt bitter und kaustisch und hinterlässt beim Verdunsten Diäthylconydriniumoxydhydrat als durchsichtige, syrupdicke, an der Luft begierig Kohlensäure aufnehmende Masse. Das Chlorid dieser Base krystallisirt nur schwierig in langen dünnen Nadeln. In seiner Lösung erzeugt Platinchlorid einen hell weingelben Niederschlag des Platindoppelsalzes, der aus kochendem Wasser in sehr schönen orangerothen quadratischen Säulen krystallisirt.

Conydrin wirkt in Dosen, in denen daraus dargestelltes Coniin in 2 bis 2½ Min. tödtet, auf Fringilla Chloris und Kaninchen nur vorübergehend giftig; 0,3 bedingte bei letzteren 1stündige Parese der Hinterbeine und Athembeschleunigung (Wertheim).

Paraconiin. Paradiconiin. Hinsichtlich der durch Einwirkung von Butyraldehyd auf alkalisches Ammoniak und analoge Reactionen entstehenden Paraconiin, Paradiconiin, Methylparaconiin sei auf die Literatur verwiesen: H. Schiff, Ann. Chem. Pharm. 157. 352; **166**. 188. 99. — Michael-Gunderlach, Americ. J. Chem. **2**. 172.

Cicuta.

Cicutoxin. **Cicutoxin.** Nachdem van Ankum (Journ. prakt. Chem. 1868. **105**. 151) das active Princip des Wasserschierlings, Cicuta virosa, als einen harzartigen, chemisch indifferenten Körper bezeichnet hatte, gelang es Böhm (Arch. exp. Path. **5**. 281) dasselbe ziemlich rein als völlig homogene, zähflüssige, amorphe, nicht trocknende, sauer reagirende, wenig riechende, aber widrig schmeckende Substanz, durch Behandeln des ätherischen Extracts mit Petroleumäther, in welchem sich dieselbe nicht löst, darzustellen. Diese von Böhm Cicutoxin genannte Substanz löst sich in Alkohol, Aether, Chloroform, ziemlich reichlich in heissem Wasser und (ohne Verlust der Activität) in verdünnten Alkalien, weniger in verdünnten Säuren. Die trockne Wurzel giebt etwa 3,5, die frische 0,2% Cicutoxin. Die Darstellung desselben aus ätherischem Extract wird durch das Vorhandensein eines fetten grünen Oeles erschwert, welches in 70% Alkohol sich nicht löst. Man digerirt deshalb das ätherische Extract zunächst mit 70% Alkohol, decantirt und lässt die klare Lösung mehrere Tage in der Kälte stehen, filtrirt, schüttelt das Filtrat so lange mit Petroleumäther aus, bis letzterer sich nicht mehr färbt, verdunstet die Ausschüttlungsflüssigkeit unter der Luftpumpe und reinigt durch wiederholtes Auflösen in Alkohol und Verdunsten. Umständlicher ist die Darstellung aus einer wässrigen Abkochung der Wurzel (vgl. das Original).

Das Cicutoxin tödtet zu 2—3 Mg Fische und zu 5 Cgm intern oder 7 Mg in Infusion per Kilo Katzen, Hunde in etwas grösserer Dosis. Die Resorption erfolgt vom Magen aus und noch mehr bei Einführung in das Unterhautzellgewebe sehr langsam. Es ruft nach Art des Pikrotoxins Krämpfe hervor, welche bei Fröschen tagelang persistiren und nach Entfernung des Grosshirns und der angrenzenden Theile bis zu den Lobi optici, ebenso nach Schnitt unterhalb des Kleinhirns durch den oberen Theil der Rautengrube wie bei unversehrten Thieren auftreten, dagegen bei Durchschneidung des Rückenmarks nur in den oberhalb des Schnittes belegenen Partien sich zeigen und denen in Folge von Erschöpfung des vom Krampfcentrum aus heftig erregten Rückenmarks Paralyse folgt. Auf Athmung und Herzaction wirkt Cicutoxin durch centrale Erregung des Vagus. Bei Säugethieren ruft das Gift klonische und tonische Krämpfe und einen comatösen Zustand hervor; kleine Dosen retardiren den Puls und vergrössern die Pulswelle, ohne den Blutdruck besonders zu afficiren (centrale Vagusreizung), grössere steigern den Blutdruck und beschleunigen den Puls stärker als nach einfacher Vagusdurchschneidung; die Blutdrucksteigerung beruht auf Erregung des vasomotorischen Centrums (Böhm).

Cicutin.

Die basischen und starkriechenden Destillate, welche Polex (Arch. Pharm. (2) 18. 174) bei Destillation des mit säurehaltigem Wasser bereiteten Extracts frischer Wasserschierlingswurzel mit Kali und Wittstein (Repert. Pharm. 68. 19) bei gleicher Behandlung des Samens und frischen Saftes von Cicuta virosa erhielten, berechtigen nicht zur Aufstellung eines besonderen flüchtigen Cicutaalkaloides (Cicutin), das jedenfalls für die Wirkung der Pflanze irrelevant sein müsste.

Aetherisches Oel der Wurzel und Samen.

Das durch Destillation der Wurzeln mit Wasserdampf erhaltene ätherische Oel ist neutral, enthält ein Terpen $C_{10}H_{16}$, das sog. Cicutin, rechtsdrehend 14,7°, 0,870 spec. Gew., 166° Sdpkt, giebt mit Chlorwasserstoff, Chlor, feste Verbindungen. Das ätherische Oel der Samen von Cicuta virosa enthält Cuminol und Cymen (Trapp, J. pr. Chem. 105. 151. — v. Ankum, ebend.

105. 151.). Das ätherische Oel der Wasserschierlingwurzel ist nicht oder doch nur in sehr grossen Dosen giftig (E. Simon, v. Ankum).

Aethusa.

Cynapin. **Cynapin.** — Nach Ficinus (Kastn. Arch. 11. 144, auch Geigers Magaz. Pharm. 20. 357) soll die früher als Giftpflanze verdächtigte, jedoch völlig ungiftige *Aethusa Cynapium L.* eine in rhombischen Prismen krystallisirende, alkalisch reagirende, in Wasser und Weingeist, aber nicht in Aether lösliche, mit Schwefelsäure ein krystallisirbares Salz bildende giftige Pflanzenbase enthalten. — Walz (N. Jahrb. Pharm. 11. 351) will nach dem zur Darstellung des Coniins dienenden Verfahren aus dem Samen eine flüchtige, nach Coniin und Nicotin riechende Base erhalten haben. — Bernhardt (Arch. Pharm. (3) 16. 117 beobachtete bei der Destillation der Früchte mit Kalkmilch eine rothgelbe, ölartige, stickstoffhaltige Flüssigkeit, von starkalkalischer Reaction.

Oenanthe. Chaerophyllum. Pastinaca.

Oenanthin. **Oenanthin.** Oenanthinharz. — So nennt Gerding (Journ. pract. Chem. 44. 175) eine durch Extraction des frischen Krauts von *Oenanthe fistulosa L.* mit Weingeist, Eindampfen der Tinctur, Fällen des mit Wasser verdünnten Rückstandes mit Bleiacetat und Verdunsten der mittelst Schwefelwasserstoff entbleiten Flüssigkeit erhaltene bräunliche, harzartige, narkotisch riechende, kratzend schmeckende, in Wasser nicht, in Aether wenig, in warmem Weingeist leicht lösliche Masse, die aus essigsaurer Lösung durch Ammoniak pulvrig gefällt wird und mit Kali Ammon entwickelt.

Chaerophyllin. **Chaerophyllin.** — Wenn man nach Polstorff (Arch. Pharm. (2) 18. 176) die zerquetschten Früchte von *Chaerophyllum bulbosum L.* mit Wasser unter Zusatz von Natronhydrat destillirt und den Verdampfungs-Rückstand des mit Schwefelsäure neutralisirten Destillats mit Aetherweingeist auszieht, so krystallisiren aus dieser Lösung Blättchen eines in Wasser sehr leicht löslichen schwefelsauren Salzes, welche beim Erhitzen mit dem Geruch stickstoffhaltiger Körper verbrennen, mit Alkalien den Geruch der Pflanze entwickeln und durch Gerbsäure flockig gefällt werden. Vier Gran des Salzes tödteten eine Taube.

Pastinacin. **Pastinacin.** — Der frische Samen von *Pastinaca sativa L.* wurde von Wittstein (Repert. Pharm. 68. 15) mit verdünnter Kalilauge destillirt. Das alkalisch reagirende Destillat wurde von etwas aufschwimmendem ätherischem Oel getrennt und nach dem Neutralisiren mit Schwefelsäure zur Trockne verdunstet. Beim Behandeln des Rückstandes mit Aetherweingeist blieb Ammoniumsulfat ungelöst, während die zur Syrupsdicke eingedampfte Lösung beim Destilliren mit Kali ein farbloses stark alkalisch reagirendes Destillat von urinösem Geruch und ein wenig scharfem Geschmack lieferte. Als dasselbe mit Schwefelsäure neutralisirt der langsamen Verdunstung überlassen wurde, bildeten sich einzelne feine Nadeln, die mit Kali sogleich den eigenthümlichen Geruch des Destillats entwickelten.

Aetherisches Oel. J. v. Renesse (Ann. Chem. Pharm. 166. 80) hat das ätherische Oel der Früchte von Pastinaca sativa untersucht und darin normalen Buttersäure-Octylester nachgewiesen.

Die jungen Früchte von Pastinaca sativa enthalten ausserdem Methylalkohol, Aethylalkohol, Paraffin und einen Körper „Heraclin" $C_{32}H_{22}O_{10}$, der auch in den jungen Früchten von Heracleum vorkommt, Schmpkt. 185°, löslich in Chloroform, unlöslich in Wasser (Gutzeit, Beiträge zur Pflanzenchemie. 1879. Jena).

Pimpinella. Foeniculum.

Das ätherische Oel von Pimpinella Anisum wird aus den Früchten dargestellt, die bis 3% enthalten. Es ist je nach Alter farblos oder gelblich, bald mehr bald weniger dickflüssig, zeigt den characteristischen Geruch und Geschmack des Samens, hat das specif. Gew. 0,98—0,99, das sich mit dem Alter bisweilen auf 1,075 erhöht, löst sich in 2,4 Th. Weingeist von 0,84 specif. Gew., in absolutem Weingeist, Aether, anderen ätherischen und fetten Oelen in jedem Verhältniss. Es ist ein Gemenge von festem und flüssigem Anethol nach wechselnden Verhältnissen (das aus der Spreu erhaltene Oel ist dickflüssiger und reicher an Campher als das aus den Samen dargestellte; im Allgemeinen variirt der Gehalt an festem Anethol zwischen 1/4 und 3/4) und erstarrt daher bei verschiedenen Temperaturen, gewöhnlich erst bei + 6 bis 10°, manchmal aber schon bei 15° (älteres Oel vielfach weniger leicht als frisches); das erstarrte Oel schmilzt meistens erst wieder bei 17 bis 18°. — Nach Strumpf (Arzneimittell. 1. p. 611) tödtet Anisöl zu 15,0 Kaninchen, bedingt dagegen zu 60,0 bei Katzen nur gesteigerte Pulsfrequenz, grosse Mattigkeit, Durst, mehrtägige Obstipation und vermehrte Diurese. Hunde werden durch 15,0—20,0 nicht wesentlich afficirt (Magnan). 1 Tr. unter die Haut eines Kanarienvogels gebracht bedingt Schlaf und Tod in einigen Stunden; auch ist die Application von 2–3 Tr. auf den Kopf betäubend (Strumpf). Sehr deleter ist das Oel für Kopfläuse, Morpionen und Krätzmilben, die es in weniger als 10 Minuten tödtet (Küchenmeister). Auf die Haut wirkt es reizend. Medicinisch wird es innerlich zu 2—6 Tropfen in der Form von Oelzucker oder emulgirt als Expectorans (Bestandtheil des Liquor Ammonii anisatus, der Tinctura Opii benzoica), als Galactagogum und Carminativum (bei Koliken auch eingerieben) benutzt. Zu Krätzcuren nach vorheriger Abreibung mit Bimssteinseife (Küchenmeister) lässt es sich in fettem Oel gelöst mit Vortheil benutzen, auch gegen Kopfläuse. Dass es bei letzterer Anwendung die Haare ergrauen machen könne (Blosfeld, Hufel. Journ. Juni 1834), ist ebenso wenig factisch wie die antidotarische Wirkung gegen chronische Blei- und Arsenvergiftung (Poppe, Allg. Rettungsbuch, Pyrm. 1808), die schon Sachs (Repert. Pharm. (2) 13. 1.) widerlegte.

Aetherisches Anisöl. Wirkung.

In weingeistigem Extractum Pimpinellae (aus Pimpinella Saxifraga?) fand Buchheim (Arch. Pathol. 1. 1872) einen von ihm Pimpinellin genannten Körper, der 63,48 C. und 4,07 H. enthielt. Er ist in Wasser unlöslich, in Petroleumäther fast gar nicht, in Aether schwer löslich, leicht löslich in Weingeist, aus dem er in farblosen Nadeln oder wawellitartigen Gruppen krystallisirt. Schmpkt. 37°, über 150° erhitzt sich zersetzend, stickstofffrei. Conc. Schwefelsäure färbt ihn vorübergehend roth. In weingeistiger Lösung hat er eine bedeutende Schärfe.

Pimpinellin.

Das ätherische Oel der Wurzel von *Pimpinella Saxifraga L.* ist goldgelb, dünnflüssig, leichter als Wasser, von durchdringendem, an Petersilien-

Aetherisches Oel von Pimp. Saxifraga.

samen erinnerndem Geruch und bitterem kratzendem Geschmack, dasjenige der Wurzel von *Pimpinella nigra Willd.* dagegen hellblau, von schwächerem Geruch und brennendem, hinterher kratzendem Geschmack. (Bley, Trommsd. N. Journ. **12.** (2) 62).

Fenchelöl. Das Fenchelöl wird aus den Früchten von *Foeniculum capillaceum L.* bis zu 7 Procent erhalten. Es ist farblos oder gelblich, etwas dickflüssig, von gewürzhaftem Geruch und süsslichem Geschmack, hat das specif. Gew. 0,90 bis 1,0; erstarrt in der Regel bei + 5 bis 10° und zeigt ähnliche Löslichkeitsverhältnisse wie das Anisöl. Es besteht wie dieses in der Hauptsache aus festem und flüssigem Anethol, enthält aber daneben ein bei 185—190° siedendes Camphen. (Cahours, Ann. Chem. Phys. (3) **2.** 303). — Das Fenchelöl kann zu 24,0 Kaninchen in 30 Stunden tödten und scheint bei Vergiftungen nicht in den Urin überzugehen (Mitscherlich). Die Dämpfe erregen Thränenfluss, Husten und bisweilen Ptyalismus (Magnan). Medicinisch ist es in Form des Oelzuckers als Corrigens, Carminativum und Galactagogum geschätzt.

Cuminum. Carum.

Römischkümmelöl. Das ätherische Oel der Früchte von Cuminum Cyminum (Ausbeute 2,8—3,2 %) ist hellgelb, dünnflüssig, von gewürzhaftem Geschmacke und Geruche, spec. Gew. 0,975. Es löst sich in 3 Th. 85procentigen und in jeder Menge absoluten Weingeists. Es ist ein Gemenge von Cuminol und Cymol und soll nach Wittstein ein Bestandtheil des Doecks'schen Geheimmittels wider Magenkrampf sein. Die Reflexerregbarkeit setzt es weniger als Eucalyptol u. a. ätherische Oele herab (Grisar, Exp. Beitr. z. Pharmakodyn. der äther. Oele. Bonn, 1874).

Kümmelöl. Das Kümmelöl, aus den Früchten von *Carum Carvi L.* (Ausbeute 3 bis 5 %), ist farblos oder blassgelb, dünnflüssig, von durchdringendem Geruch und brennendem bitterlichem Geschmack, hat das specif. Gew. 0,88 bis 0,97, destillirt zwischen 175 und 230°, polarisirt rechts, und löst sich klar in seinem gleichen Gewicht Weingeist von 0,85 specif. Gew. Es lässt sich schon durch fractionirte Destillation in den höher siedenden sauerstoffhaltigen Bestandtheil Carvol und das flüchtigere, schon bei 173° siedende, schwach und angenehm riechende, bei 15° das specif. Gew. 0,861 zeigende, mit Salzsäure die krystallisirbare Verbindung $C_{10}H_{16}$, 2 HCl eingehende Camphen Carven zerlegen. (Man vergl.: Völkel, Ann. Chem. Pharm. **35.** 308; **85.** 246. — Schweizer, ebendas. **40.** 329). — Das Kümmelöl tödtet Kaninchen zu 30,0 in 5 Min., zu 4,0 in 5 St., wobei der Geruch des Oeles in der Bauchhöhle und im Athem, aber nicht im Urin sich findet. Dass es auch bei Menschen toxisch wirkt, beweist ein von Oesterlen (Arzneimittell. 5. Aufl. S. 472) nach Lilienfeld erwähnter Fall, wonach bei einem Gesellen, der gegen Blähungsbeschwerden etwa 4,0 Kümmelöl eingenommen, Frösteln, Hitze, Kopfcongestionen und Delirien eintraten. Therapeutisch wird das Oel als Carminativum bei Blähsucht der Kinder, bei Cardialgie und Koliken (meist Hausmittel) benutzt.

Coriandrum. Crithmum. Anethum. Phellandrium. Imperatoria. Ptychotis.

Corianderöl. Das Corianderöl, aus den Früchten von *Coriandrum sativum L.*, ist farblos oder gelblich, von angenehmem Geruch und gewürzhaftem, aber nicht brennendem Geschmack, hat das specif. Gew. 0,871 bei 14° und destillirt grösstentheils bei 150° über. Der flüchtigere Theil entspricht der Formel $C_{10}H_{16}, H_2O$, der höher siedende der Formel $4\,C_{10}H_{16}, H_2O$. Beide geben beim Destilliren mit wasserfreier Phosphorsäure ein widerlich riechendes Camphen $C_{10}H_{16}$. (Man vergl. Kawalier, Journ. pract. Chem. **58**. 226).

Aetherisches Oel von Crithmum.

Das ätherische Oel der Früchte von *Crithmum maritimum L.* trennt sich beim Rectificiren in eine geringe Menge eines schwerer flüchtigen, in Wasser untersinkenden Bestandtheils und in ein leichter flüchtiges, bei 175—178° siedendes Oel von 0,98 specif. Gew. bei 13°, das an der Luft durch Oxydation bald dickflüssig wird und durch verdünnte Salpetersäure in eine krystallisirbare der Benzoësäure ähnliche Säure, die noch näher zu untersuchende Crithminsäure, verwandelt wird (Hérouard, Journ. Pharm. (4) **3**. 324).

Dillöl.

Das Dillöl, aus den Früchten von *Anethum graveolens L.*, enthält als Hauptbestandtheil ein bei 173° siedendes, stark rechts polarisirendes Camphen (Gladstone, J. Chem. Min. 1863. 545; 1872, 813). R. Nietzki (Arch. Pharm. (3) **4**. 317) fand für das ätherische Dillöl folgende Zusammensetzung: 10% Kohlenwasserstoff $C_{10}H_{16}$, Sdpkt. 155—160°, 60% Kohlenwasserstoff, Sdpkt. 170—175°, 30% Carvol, Sdpkt. 225—230°. Das Wasserfenchelöl, aus den Früchten von *Phellandrium aquaticum L.*, die davon 0,8% liefern, ist gelb, riecht durchdringend, schmeckt gewürzhaft, hat das specif. Gew. 0,852 bei 19° und wirkt nur in grösseren Gaben bei Thieren giftig (Frickhinger, Repert. Pharm. **68**. 1). Es wird nach Pesci (Riv. di Chim. med. **1**. 174. 1883) zum grössten Theile von einem Terpen, Phellandren, gebildet, welches bei 171° siedet, bei —10° nicht fest wird, stark lichtbrechend und linksdrehend ($[\alpha] = -16{,}74$) ist, das spec. Gew. 0,858 besitzt, mit Salzsäure zwei Verbindungen giebt, welche sich in der Hitze zersetzen und von denen das Monohydrochlorat ein lavendelartig riechendes Liquidum bildet, und beim Erhitzen in ein Diterpen, Diphellandren, übergeht, welches eine in kaltem und siedendem Weingeist unlösliche, bei 86° schmelzende, stark lichtbrechende, rechts polarisirende ($\alpha = +103{,}10$) glasartige Masse bildet, die beim Erhitzen auf 300° in eine flüchtige Verbindung von dem Geruche des Phellandrens übergeht. Das Phellandren ist zu 2,0 intern und subcutan bei Hunden nicht giftig (Malagosa). — Das Meisterwurzöl, von *Imperatoria Ostruthium L.* (Ausbeute 0,18 bis 0,78%), ist farblos oder blassgelb, dünnflüssig, von durchdringendem Geruch und campherartigem Geschmack, siedet zwischen 170 und 220°. Es ist nach Hirzel (Journ. pract. Chem. **46**. 292) ein Gemenge verschiedener Hydrate eines Kohlenwasserstoffs der Formel $n\,C_5H_8$, der daraus durch Destillation mit wasserfreier Phosphorsäure als wasserhelles, rosmarinähnlich riechendes Oel abgeschieden werden kann. — Das ätherische Oel der Samen von *Ptychotis Ajowan Dec.* (Ausbeute 5—6%) ist hellbraun, von angenehm gewürzhaftem Geruch und dem specif. Gew. 0,896 bei 12°. Es ist ein Gemenge von einem bei 172° siedenden Kohlenwasserstoff von 0,854 specif. Gew., der vielleicht Cymol ist und von Thymol (Stenhouse. Haines).

Wasserfenchelöl. Meisterwurzöl. Oel von Ptychotis.

Anethol. Aniscampher. $C_{10}H_{12}O$. — $CH_3O.C_6H_4(CH:CH.CH_3)$. —

Literat.: Saussure, Ann. Chim. Phys. (2) **13**. 280. — Blanchet und Sell, Ann. Chem. Pharm. **6**. 288. — Cahours, Ann. Chim. Phys. (3) **2**. 274; **14**. 489; auch Journ. pract. Chem. **24**. 337; **36**. 421. — Laurent, Compt. rend. **10**. 531; **12**. 764; auch Journ. pract. Chem. **27**. 232. —

Gerhardt, Ann. Chim. Phys. (2) 72. 167; (3) 7. 292; Compt. rend. 20. 1440. — Kraut und Schlun, Arch. Pharm. (2) 116. 24. — Ladenburg und Leverkus, Ann. Chem. Pharm. 141. 260. — Dumas, Ebendas. 6. 253. — Erlenmeyer, Z. Chem. 1866. 430 u. 472. — Saussure, Ann. chim. phys. (2) 13. 280. — Rossel, Ann. Chem. Pharm. 151. 25. — Persoz, Ebendas. 44. 311. — Städeler und Wächter, Ebendas. 116. 161. — Will und Rhodius, Ebendas. 6. 230. — Limpricht und Ritter, Ebendas. 97. 364. — Landolph, Berl. Ber. 9. 725; 13. 147. — Tönnies, Ebendas. 13. 1845. — Perrenoud, Ann. Chem. Pharm. 187. 73. — Perkin, J. Chem. Miu. 1877. 382. — Ladenburg, Ann. Chem. Pharm. Suppl. 8. 88.

Unter dem Namen „Anethol" fassen wir die chemisch-identischen, wenn auch physikalisch verschiedenen sauerstoffhaltigen Bestandtheile der flüchtigen Oele von *Pimpinella Anisum L.*, *Anethum Foeniculum L.* (Fam. Umbelliferae), *Illicium anisatum L.* (Fam. Magnoliaceae) und *Artemisia Dracunculus L.* (Fam. Synantherae) zusammen.

Darstellung. Bildung. Festes Anethol erhält man aus Anis-, Fenchel- oder Sternanisöl, indem man sie bei 0° erstarren lässt, dann zwischen Fliesspapier kräftig presst, aus warmem 90procent. Weingeist einige Mal umkrystallisirt und endlich den anhängenden Weingeist durch Schmelzen entfernt (Blanchet und Sell, Cahours). Bizio beobachtete, dass aus dem mit dem Fenchelöl überdestillirenden Wasser sich beim Aufbewahren Anethol in breiten weissen Blättern abschied und Mohr sah dasselbe aus gestossenem Fenchelsamen bei langem Liegen sich bisweilen in wolligen Flocken abscheiden. Anethol entsteht ferner beim Erhitzen von p-Methoxyphenylcrotonsäure unter Austritt von Kohlensäure.

Flüssiges Anethol findet sich neben festem in den genannten Oelen und in relativ grösserer Menge im Esdragonöl. Zur Isolirung unterwirft man Fenchel- oder Esdragonöl der fractionirten Destillation und sammelt bei ersterem das bei 225°, bei letzterem das bei 206° Uebergehende (Cahours. Laurent.).

Das feste Anethol krystallisirt in weissen spröden glänzenden Blättchen oder bildet eine weisse harte körnige, bei 0° zerreibliche Masse. Es schmilzt bei 21°,1, siedet bei 232° und hat bei 28° das specif. Gew. 0,989 (Kraut und Schlun). Es riecht schwächer und angenehmer als Anisöl (Cahours). — Flüssiges Anethol aus Fenchelöl siedet bei 225° (Cahours), aus Esdragonöl bei 206°; letzteres hat bei 15° das specif. Gew. 0,945 (Laurent). Sämmtliche Anethole lösen sich ein wenig in Wasser, das flüssige reichlicher als das feste, und ertheilen ihm Geruch und Geschmack. In Weingeist lösen sie sich leicht, in Aether nach allen Verhältnissen. Das feste Anethol löst sich nach Günther in 10 Th. Terpentinöl und beim Erwärmen in eben soviel Mandelöl, daraus beim Erkalten krystallisirend.

Zersetzung. An der Luft nimmt das flüssige oder das geschmolzene feste Anethol Sauerstoff auf und verharzt allmälig (Sassure). — Salpetersäure verwandelt das Anethol zuerst in Anisoïnsäure (Limpricht und Ritter), bei längerer Einwirkung entstehen anisylige Säure und Oxalsäure, Anissäure, Nitroanissäure und bei Anwendung von rauchender Salpetersäure Binitranisoin (Bertagnini. Cahours). Durch eine Mischung von Kaliumbichromat und verd. Schwefelsäure wird das Anethol zu Anissäure und Essigsäure oxydirt (Persoz).

Die Anisoïnsäure, $C_{10}H_{18}O_6$. — ($C_{10}H_{12}O + 3\,H_2O + 2\,O = C_{10}H_{18}O_6$) krystallisirt aus wässriger Lösung in kleinen Blättchen und Tafeln von stark saurer Reaction, schmilzt bei etwa 120°, zersetzt sich in höherer Temperatur, löst sich leicht in Wasser, Weingeist und Aether und bildet krystallisirbare, nach der Formel $C_{10}H_{17}MO_6$ zusammengesetzte Salze (Limpricht u. Ritter). — Die anisylige Säure oder der Anisaldehyd $C_8H_8O_2$. — ($C_{10}H_{12}O + 6\,O = C_8H_8O_2 + C_2H_2O_4 + H_2O$) ist ein farbloses, gewürzhaft riechendes, brennend schmeckendes, zwischen 253 und 255° siedendes Oel von 1,09 specif. Gew. bei 20°, das nach Art der Aldehyde krystallisirbare Verbindungen mit den zweifach-schwefligsauren Alkalien eingeht (Cahours. Bertagnini). — Die Anissäure, $C_8H_8O_3$, bildet farblose glänzende Nadeln und Säulen, die sauer reagiren, bei 175° schmelzen und in höherer Temperatur unzersetzt sublimiren. Sie löst sich kaum in kaltem, besser in kochendem Wasser, leicht in Weingeist und Aether und bildet Salze von der Formel $C_8H_7MO_3$ (Cahours. Laurent). Sie giebt nach Schultzen und Gräbe (Arch. Anat. Physiol. 166. 1867) im Thierkörper ein Glykokollsubstitutionsproduct, die Anisursäure, von der Formel $C_{10}H_{11}NO_4$. — Die Nitranissäure, $C_8H_7(NO_2)O_3$, krystallisirt in blassgelblichen, bei 175—180° schmelzenden, sublimirbaren, geruch- und geschmacklosen Nadeln von ähnlichen Löslichkeits- und Verbindungs-Verhältnissen wie die Anissäure (Cahours. Laurent). — Das Binitranisoïn ist ein schneeweisses, stark elektrisches Pulver Kraut).

Anisoïnsäure. Anisaldehyd. Anissäure.

Beim Zusammenbringen mit conc. Schwefelsäure färbt sich das Anethol blutroth und verwandelt sich unter gleichzeitiger Bildung von Anetholschwefelsäure zum grösseren Theile in das isomere Anisoïn. Die gleiche Veränderung in Anisoïn erleidet es durch Zinnchlorid, sowie beim Erwärmen mit wasserfreier oder glasiger Phosphorsäure (Cahours), während es beim Destilliren über schmelzendes Chlorzink in ein Gemenge von Metanethol und Metanetholcampher übergeführt wird.

Anisoïn.

Das Anisoïn wird sowohl aus festem als aus flüssigem Anethol am bequemsten durch Vermischen mit conc. Schwefelsäure und Abscheidung aus der gestandenen Mischung durch Wasser erhalten. Es bildet ein farbloses oder gelbliches, zu einem weissen äusserst elektrischen Pulver zerreibliches geruchloses Harz, das aus Aether in kleinen Nadeln oder feinen Warzen krystallisirt, bei 140—145° schmilzt, glasartig wieder erstarrt und sich nicht in Wasser und Weingeist, dagegen in Aether und flüchtigen Oelen löst. Beim Destilliren verwandelt es sich nach Gerhardt in zwei isomere Verbindungen, das flüssige bei 206° siedende Metanethol und den krystallisirbaren Metanetholcampher, während Kraut und Schlun dabei ausser Metanethol das gleichfalls isomere schwerer flüssige terpentinartig zähe Isanethol auftreten sahen.

Schwefligsäuregas und Salzsäuregas werden vom Anethol reichlich absorbirt, letzteres nach Cahours unter Bildung der Verbindung $C_{10}H_{12}O, HCl$. Brom und Chlor erzeugen mit dem Anethol Substitutionsproducte (Cahours), ersteres das in farblosen Krystallen zu erhaltende Tribromanethol, $C_{10}H_9Br_3O$, während Jod dasselbe in Anisoïn zu verwandeln scheint (Kraut).

— Mit Phosphorsuperchlorid erstarrt es zu einer körnigen Masse, aus der Wasser ein Oel von der Zusammensetzung $C_{10}H_{11}ClO$ abscheidet (Kraut und Schlun). — Beim Erhitzen mit conc. wässriger Jodwasserstoffsäure entsteht nach Ladenburg und Leverkus viel Jodmethyl, woraus dieselben folgern, dass das Anethol als der Methyläther eines Allylphenols $= C_6H_4\left\{\begin{matrix}OCH_3\\C_3H_5\end{matrix}\right.$ zu betrachten sei.

Kochende wässrige und weingeistige Kalilauge ist ohne Einwirkung, aber beim Schmelzen mit Kalihydrat scheint eine mit der Cuminsäure isomere Säure gebildet zu werden (Gerhardt). Mit festem Kali erhitzt bildet Anethol p-Oxybenzoësäure und Anol $C_9H_{10}O$.

Beim Erhitzen mit Jodwasserstoffsäure auf 260° entsteht aus Anethol Octylen, C_8H_{16}, oder $C_{12}H_{22}$; Fluorbor wandelt siedendes Anethol in Anisöl, $C_6H_5 . OCH_3$, und eine bei 225° siedende Flüssigkeit um $C_{11}H_{16}O$ (Landolph). Ueber die Einwirkung von alkoholischem Kali auf Anethol siehe Landolph (Berl. Ber. 13. 147), über die Einwirkung von salpetriger Säure (Tonnies). Beim Erhitzen von Anisöl mit Salpetersäure (1,1 spec. Gew.) während einer Stunde und nachherigem Schütteln mit Natriumdisulfit entsteht das Natronsalz der Thianisoïnsäure, $C_{10}H_{14}SO_4 + 2 H_2O$, die rein eine krystallinische Masse bildet. Die Einwirkung von Phosphorpentachlorid auf Anethol liefert Chloranethol, $C_{10}H_{11}ClO$, Schmpkt. 6°, Sdpkt. 258.

Als polymere Modificationen des Anetholes sind nur bis jetzt bekannt: $(C_{10}H_{12}O)$

Anisoïn, Metanethol fest und flüssig, Isanethol. Als Additionsproducte sind zu betrachten:

Additionsproducte. Hydrüre.

1) $C_{10}H_{12}O, HCl$, beim Einwirken von HCl auf Anethol, 2) $C_{10}H_{12}O . Br$, durch Einwirkung von Br auf ätherische Lösung von Anethol erhalten und 3) $C_{10}H_{12}O . NOCl$, durch Einleiten von Nitroxyl in Anethol zu erhalten.

Als Hydrüre des Anetholes sind zu betrachten:

Der Aniscampher, $C_{10}H_{16}O$, bei der Einwirkung von Salpetersäure auf Anethol entstehend (Landolph), das Anetholhexahydrür, $C_{10}H_{18}O$, bei längerem Erhitzen von Aniscampher mit alkoholischer Kalilauge, und das Anetholhydrür, $C_{10}H_{14}O$, wie oben erwähnt, bei Einwirkung von Fluorbor auf Anethol entstehend. Ueber Anisaldehyd, Methyläther des p-Oxybenzaldehydes, $CH_3O . C_6H_4 . CHO$, sowie die Anissäure, Oxybenzoemethyläthersäure, $CH_3O . C_6H_4 . CO . OH$, mögen noch einige Literaturangaben folgen:

Anisaldehyd: Bildung aus Anisalkohol, Cannizzaro u. Bertagnini, Ann. Chem. Pharm. 98. 189; aus anissaurem und ameisensaurem Kalke, Piria, Ebendas. **100.** 103; aus p-Oxybenzaldehyd mit Jodmethyl, Methylalkohol, Kali, Tiemann, Herzfeld, Berl. Ber. **10.** 63; aus Anisöl, Rossel, Ann. Chem. Pharm. **151.** 28.

Derivate und Zersetzungen: Bücking, Berl. Ber. **9.** 528. — Tiemann, Rossel, Herzfeld (Berl. Ber. **10.** 1271) Cahours.

Anissäure, Bildung und Eigenschaften: Durch Erhitzen von p-Oxybensoësäure mit Kali, Jodmethyl, Ladenburg, Ann. Chem. **141.** 245; Oxydation von p-Kresolmethyläther mit Chromsäuremischung, Körner, Z. Chem. 1868, 326; Erhitzen von p-Anisidinsenföl mit Kupferpulver und Anissäurenitril, H. Salkowsky, Berl. Ber. 7. 1012; Oxydation von Anethol, Anisöl, Fenchelöl, Esdragonöl, Chicaroth mit Salpetersäure oder Chromsäure, Cahours, Ann.

Chem. Pharm. **41**. 65; Hempel, Ebendas. **59**. 104; Laurent, Ebendas. **44**. 313. — Erdmann, J. Ch. Min. 1857. — Oppenheim und Pfaff, Berl. Ber. **3**. 893; Schröder, Ebendas. **12**. 1612.

Cuminol. p-Cuminaldehyd. $C_{10}H_{12}O$. — $C_3H_7 . C_6H_4$ CHO. — Cuminol.

Literat.: Gerhardt und Cahours, Ann. Chim. Phys. (3) **1**. 63; auch Ann. Chem. Pharm. **38**. 67. — Cahours, Ann. Chim. Phys. (3) **23**. 345; auch Ann. Chem. Pharm. **70**. 44; Compt. rend. **25**. 459. — Bertagnini, Ann. Chem. Pharm. **85**. 275. — Chiozza, Ann. Chim. Phys. (3) **39**. 216. — Kraut, Ann. Chem. Pharm. **92**. 66. Sieveking, Ebend. **106**. 257. — Trapp, Ebend. **108**. 386. — Buliginsky und Erlenmeyer, Ebendas. **140**. 137. — Kopp, Ann. Chem. Pharm. **94**. 317. — Borodin, Berl. Ber. **6**. 1253. — Raab, Ebendas. **8**. 1150. — Lippmann, Strecker, Ebendas. **12**. 76. — Widmann, Ebendas. **15**. 167.

Dieses Aldehyd wurde 1841 von Gerhardt und Cahours als Bestandtheil des Römisch-Kümmelöls, des flüchtigen Oels von *Cuminum Cyminum L.* erkannt, später von Trapp auch im flüchtigen Oel der Samen (nicht der Wurzeln; man vergl. Cicutaöl) des Wasserschierlings, *Cicuta virosa L.*, aufgefunden. In beiden Oelen wird es von dem flüchtigeren Kohlenwasserstoff Cymol (s. dies.) begleitet.

Zur Isolirung zerlegt man nach Bertagnini das Römisch-Kümmelöl (Trapp verfuhr ähnlich mit Cicutasamenöl) durch fractionirte Destillation in einen vorwiegend das Cymol enthaltenden, unter 190° siedenden und in einen über 190° siedenden Theil und vermischt letzteren mit dem 2–3fachen Volumen einer conc. wässrigen Lösung von zweifach-schwefligsaurem Natron. Es bildet sich dann eine nach 24 Stunden völlig erhärtete Krystallisation von schwefligsaurem Cuminol-Natron, die nach möglichst vollständigem Abpressen zwischen Fliesspapier beim Destilliren mit wässrigem ätzendem oder kohlensaurem Alkali reines Cuminol mit den Wasserdämpfen übergehen lässt. — Man kann auch das schwefligsaure Doppelsalz durch verdünnte Schwefelsäure zersetzen, darf alsdann aber nicht das Gemenge direct der Destillation unterwerfen, sondern muss das abgeschiedene Cuminol für sich rectificiren, da es sonst verändert wird (Sieveking).

Das Cuminol ist isomer mit Anis- und Fenchelcampher.

Das Cuminol ist ein farbloses, stark nach Kümmel riechendes, scharf und brennend schmeckendes Oel, nach H. Kopp vom specif. Gew. 0,9832 bei 0° oder 0,9727 bei 13°,4 und bei 236°,6 (corrigirt; nach Gerhard und Cahours bei 220°) siedend. In Wasser ist es unlöslich, leicht löslich in Weingeist und Aether.

Erwärmt man Cuminol vorsichtig mit Kalium oder festem Kalihydrat, so entsteht unter Entwicklung von Wasserstoff resp. Bildung von Wasser festes Cuminolkalium, das durch Wasser in Cuminol und Kalihydrat zerlegt, an feuchter Luft rasch in cuminsaures Kali verwandelt wird (Gerhardt und Cahours). — Mit den zweifach-schwefligsauren Salzen des Kaliums, Natriums und Ammoniums verbindet sich das Cuminol als Aldehyd direct zu krystal- Zersetzungen. Derivate.

lisirbaren Verbindungen, von denen die oben erwähnte Natrium-Verbindung nach der Formel $2\,C_{10}H_{12}O,\ Na_2O,\ 2\,SO_2 + 3\,H_2O$ zusammengesetzt ist. Die wässrige Lösung dieser Verbindungen wird sowohl durch Erhitzen, als auch durch Säuren und Basen unter Freiwerden von Cuminol zerlegt (Bertagnini).

Bleibt Cuminol längere Zeit mit Wasser bei gewöhnlicher Temperatur in Berührung, so verwandelt es sich unter Wasseraufnahme in gleiche Atome Cuminalkohol, $C_{10}H_{14}O$, und Cuminsäure, $C_{10}H_{12}O_2$ ($2\,C_{10}H_{12}O + H_2O = C_{10}H_{14}O + C_{10}H_{12}O_2$). Diese Verwandlung wird durch wässriges, besser noch durch weingeistiges Kali viel rascher bewirkt (Gerhardt u. Cahours. Kraut), während schmelzendes Kalihydrat aufgetröpfeltes Cuminol unter Wasserstoffentwicklung nur in Cuminsäure überführt ($C_{10}H_{12}O + KHO = C_{10}H_{11}KO_2 + 2H$. Gerhardt und Cahours). Auch bei Einwirkung von kalt gehaltener rauchender Salpetersäure oder von Kaliumbichromat und verdünnter Schwefelsäure wird das Cuminol zu Cuminsäure oxydirt; jedoch entsteht bei längerer Einwirkung der Chromsäuremischung noch eine zweite in Weingeist schwer lösliche Säure, nach Hofmann (Ann. Chem. Pharm. **97**. 207) Insolinsäure, $C_9H_8O_4$, nach Buliginsky und Erlenmeyer eine in der Zusammensetzung zwischen der Terephtalsäure, $C_8H_6O_4$, und Insolinsäure in der Mitte stehende Säure. — Der Cuminalkohol, $C_{10}H_{14}O$, ist ein farbloses, schwach aber angenehm gewürzhaft riechendes, brennend schmeckendes, bei 243° siedendes, in Wasser unlösliches Oel (Kraut). — Die Cuminsäure, $C_{10}H_{12}O_2$ (p = $(CH_3)_2.CH.C_6H_4.CO.OH$) bildet weisse Tafeln und Säulen, die bei 115° schmelzen, über 250° sieden und zu langen Nadeln sublimiren. Sie löst sich kaum in kaltem, wenig in kochendem Wasser, leicht in Weingeist und Aether (Gerhardt und Cahours). Sie giebt im Organismus keine Hippursäure (Kraut. Hofmann).

Cumin-alkohol, Cuminsäure.

Die Darstellung der Cuminsäure geschieht entweder durch Aufträufeln von Römischkümmelöl auf schmelzendes Kali und Zerlegen des Productes mit Salzsäure in wässriger Lösung (Beilstein und Kupffer, Ann. Chem. Pharm. **170**. 302) oder durch Kochen von 6 g Cuminol mit 30 g Natronlauge (spec. Gew. 1,25) unter allmäligem Zusatze von 10 g MnO_4Ka, in 250 CC. Wasser gelöst, Zerlegen mit Salzsäure, nachdem zuvor mittelst Alkohol die Mangansäure zersetzt war (Meyer, Rosicki, Berl. Ber. **11**. 1790).

Bei Behandlung einer ätherischen Lösung des Cuminol mit Natriumamalgam entsteht neben Cuminsäure ein in Nadeln krystallisirender indifferenter, mit conc. Schwefelsäure sich violett oder roth färbender Körper von der Formel C_8H_9O (Claus, Ann. Chem. Pharm. **137**. 104).

Bei Einwirkung von trocknem Chlor oder Brom auf Cuminol im zerstreuten Tageslichte entsteht Chlorcuminol, $C_{10}H_{11}ClO$, resp. Bromcuminol, $C_{10}H_{11}BrO$, beides schwere ölige, stark riechende Flüssigkeiten (Gerhardt und Cahours), während Phosphorsuperchlorid damit Chlorocumol, $C_{10}H_{12}Cl_2$, eine wasserhelle, bei 260° siedende Flüssigkeit erzeugt (Cahours). — Beim Behandeln mit Salpetersäure von 1,2—1,4 spec. Gew. im Wasserbade entstehen Cuminsäure, Nitrocuminsäure, $C_{20}H_{11}(NO_2)O_2$, und wie es scheint, auch Terephtalsäure, aber keine Oxalsäure (Buliginsky u. Erlenmeyer). — In weingeistiger Lösung wird das Cuminol durch Schwefelammonium in Thiocumol, $C_{10}H_{12}S$, verwandelt (Cahours).

Cymol. Cymen, Paramethylpropylbenzol. $C_{10}H_{14}$. — p = $C_6H_4.(CH_3)(C_3H_7)$ — Literatur: Gerhardt und Cahours, Ann. Chim. Phys. (3) **1**. 102. 372. — Delalande, ebendas. **1**. 368. — Noad, Ann. Chem. Pharm. **63**. 281. — Kraut, ebendas. **92**. 66. — Haines, Quart. J. chem. Soc. **8**. 289. — Lallemand, ebendas. **102**. 119. — Sieveking, ebendas. **106**. 260. — Trapp, ebend. **108**. 386. — Buliginsky und Erlenmeyer, ebendas. **140**. 137. — Fittig, Köbrich und Jilke, ebendas. **145**. 129. — Czumpelik, Berl. Ber. 1870. 481.

Dieser Kohlenwasserstoff findet sich im Römisch-Kümmelöl (Gerhardt u. Cahours) und im Wasserschierlingssamenöl (Trapp; man vergl. Cuminol), ferner im flüchtigen Oel von *Ptychotis Ajowan DC.* (Haines) und im Thymianöl (Lallemand, man vergl. Thymol); vielleicht im Eucalyptusöl (Faust und Homeyer, Berl. Ber. **7**. 1429).

Es bildet sich bei der trocknen Destillation der Steinkohlen und kommt daher im leichten, in grösserer Menge noch im schweren Steinkohlentheeröl vor (Mansfield), — ferner beim Destilliren von Campher mit Phosphorsäureanhydrid, Chlorzink, Phosphorsuperchlorid und Phosphorsulfid (Delalande. Gerhardt. Louguinine und Lippmann, Bull. Soc. chim. (2) **7**. 374. Pott, Berl. Ber. 1869. 122), oder von Cuminol mit Chlorzink (Louguinine, Compt. rend. **64**. 785), — beim Erhitzen von Cuminalkohol mit weingeistigem Kali (Kraut), — beim Einwirken von feuchter Kohlensäure auf Terpentinöl bei schwacher Rothgluth ($C_{10}H_{16} + CO_2 = C_{10}H_{14} + CO + H_2O$) (Deville), aus Wermuthöl durch Destillation über Phosphorsäureanhydrid (Leblanc, Ann. Chim. Phys. (3) **16**. 334), — aus Wurmsamenöl beim Erhitzen mit Jod oder mit verd. Salpetersäure (Hirzel, Zeitschr. Pharm. 1854. 23. 67; 1855. 84. 181). — Ob alle auf diesen Wegen erhaltenen Kohlenwasserstoffe $C_{10}H_{14}$ wirklich identisch oder nur isomer sind, ist noch fraglich; die neueren Untersuchungen von Fittig u. A. sprechen dafür, dass zwischen dem Cymol aus Römisch-Kümmelöl und dem aus Campher erhaltenen keine Constitutionsverschiedenheiten bestehen. Bildung.

Dasselbe entsteht ferner bei Einwirkung von Phosphorsupersulfid auf Thymol und den sauerstoffhaltigen Bestandtheil von Eucalyptusöl (Faust und Homeyer, Pott), durch Einwirkung von Natriumamalgam auf Chlortoluol (Carstanjen, J. Chem. Min. 1871. 456). Durch Einwirkung von Brom oder Jod auf die Terpene $C_{10}H_{16}$ in der Wärme entsteht durch Verlust von 2H stets Cymol (Oppenheim, Berl. Ber. **5**. 94. 628. — Barbier, ebendas. **5**. 215. — Kekulé, ebendas. **6**. 437).

Die Synthese des Cymols gelingt aus p-Bromtoluol, normalem Propylbromid und Natrium (König, Schäffer, Fittig, Ann. Chem. Pharm. **149**. 334. — A. Fittica, ebendas. **172**. 320). Synthese.

Zur Darstellung aus Römisch-Kümmelöl rectificirt man den unter 190° siedenden Theil desselben, um noch beigemengtes Cuminol in Cuminsäure zu verwandeln, über schmelzendes Kalihydrat (Gerhardt und Cahours), auf welchem Wege etwa 40 % vom Römisch-Kümmelöl an Cymol erhalten werden (Noad), oder man kocht das Oel so lange mit weingeistigem Kali, bis der durch Zersetzung des Cuminols zuerst entstehende Cuminalkohol weiter Darstellung.

in Cuminsäure und Cymol zerlegt ist, scheidet dann das letztere durch Wasser ab und rectificirt es (Kraut). Nach Fittica erhält man 60—80 % Cymol aus Campher durch Erhitzen gleicher Theile Campher und Phosphorpentachlorid, Abgiessen des Cymols und Rectificiren über Phosphorsäureanhydrid und Natrium. — Ueber seine Darstellung aus Steinkohlentheer vergl. man: Mansfield (J. chem. soc. 1. 244; auch Ann. Chem. Pharm. 69. 162) und Berthelot (Ann. Chim. Phys. (4) 12. 195; auch Ann. Chem. Pharm. Suppl. 5. 367. 372).

Das Cymol ist ein farbloses stark lichtbrechendes Oel vom spec. Gew. 0,8678 bei 12°,6 oder 0,8778° bei 0° (Kopp) und dem (corrig.) Siedepunkt von 179°,5 (Warren), spec. Gew. 0,87226 bei 0° bis 0,79126 bei 100° (Paterno, Pisati, J. Chem. Min. 1874. 397). Es riecht angenehm, campherartig. In Wasser löst es sich nicht, dagegen leicht in Weingeist, Aether und fetten Oelen.

Zersetzungen. Derivate. Von kalter rauchender Schwefelsäure wird das Cymol mit rother Farbe unter Bildung von Cymolschwefelsäure, $C_{10}H_{14}SO_3$, gelöst, die aus ihrem Bleisalz abgeschieden in kleinen zerfliesslichen Krystallen erhalten wird (Gerhardt und Cahours). — Beim Kochen des Cymols mit verdünnter Salpetersäure werden Toluylsäure, und wie es scheint, auch Xylylsäure gebildet, während bei Behandlung mit einer Mischung von rauchender Salpetersäure und conc. Schwefelsäure Trinitrocymol, Dinitrocymol und andere Producte entstehen (Fittig, Köbrich und Jilke. Kraut). — Beim Erhitzen mit Kaliumbichromat und verdünnter Schwefelsäure wird das Cymol zu Terephtalsäure und Essigsäure oxydirt (Buliginsky u. Erlenmeyer. Fittig, Köbrich und Jilke). — Erhitzt man Cymol mit dem 80fachen Gewicht conc. wässriger Jodwasserstoffsäure im geschlossenen Rohr auf 280°, so entsteht daraus neben anderen Kohlenwasserstoffen vorwiegend Decylwasserstoff, $C_{10}H_{22}$ (Berthelot). — Die Producte der Einwirkung von Brom und Chlor, welche Sieveking, Riche und Bérard (Ann. Chem. Pharm. 133. 54), Fittig, Köbrich und Jilke und Czumpelik untersuchten, bedürfen noch eines genaueren Studiums. Czumpelik erhielt, indem er mit Kohlensäure verdünntes Chlorgas auf kochendes Cymol einwirken liess, ein Monochlorcymol, $C_{10}H_{13}Cl$, jedoch nicht im reinen Zustande, während Sieveking die Verbindungen $C_{10}H_{14}Cl_2$ und $C_{10}H_{14}Br_2$ dargestellt haben will.

Beim Erhitzen von 1 Th. Cymol mit $^1/_2$ J bei 250° entstehen Kohlenwasserstoffe C_nH_{2n-6}, Toluol etc. (Raymann u. Preis, Berl. Ber. 13. 344), Brom und Aluminiumbromid spalten Cymol bei 0° in Pentabromtoluol, Isopropylbromid (Gustavsohn, Berl. Ber. 9. 287; 10. 1101. — Kekulé u. Schrötter, Berl. Ber. 12. 2280). Nach Leeds (Berl. Ber. 14. 484) bildet verdünnte Salpetersäure mit Cymol, α-Nitrocymol, Oxalsäure, γ-Toluylsäure.

Cymol zeigt einen charakteristischen Spectralabsorptionsstreifen, der zum Nachweis desselben benutzt werden kann.

Wirkung. Physiologisches Verhalten. Cymol geht, wie zuerst Ziegler (Arch. exp. Pathol. 1. 96. 1873) fand, im menschlichen Organismus in Cuminsäure über. Bei längerem Gebrauche von 3,0—4,0 entsteht Kopfschmerz, Uebelkeit und Erbrechen, vielleicht als Folge der gebildeten Cuminsäure (Ziegler). Auch bei Hunden erscheint nach interner Application von Cymol im Harn Cuminsäure, doch paart sich dieselbe zum grössten Theile mit Glykokoll zu Cuminursäure (Jacobsen, Ber.

deutsch. Gesellsch. 12. 512. 1879). H. Schulz (Das Eucalyptusöl. Bonn, 1881) fand auch bei Hunden nur sehr geringe Menge Cuminursäure. Subcutaninjection in Oel gelösten Cymols kann zu Abscessbildung führen; wiederholte Injection scheint auch Gastroenteritis bedingen zu können (H. Schulz). Cymol setzt die Reflexaction weniger als Baldrianöl, Campher und Kamillenöl herab (Grisar, Exp. Beitr. zur Pharmakod. der äther. Oele. Bonn, 1873).

Carvol. $C_{10}H_{14}O$. — Findet sich neben dem Kohlenwasserstoff Carven im Kümmelöl (s. dies.) (Völkel, Ann. Chem. Pharm. **35**. 308; **85**. 246), aus dem es durch oft wiederholte fractionirte Destillation als der zwischen 225—230° siedende Antheil abgeschieden werden kann; ferner im ätherischen Dillöl (Nietzki), auch im Oele von Mentha viridis (Gladstone). Carvol.

Das Carvol kann mit folgender Constitutionsformel belegt werden

$$C_3H_7 . C \begin{matrix} \overset{O}{\diagup CH . CH \diagdown} \\ \diagdown\!\!\diagdown CH . CH \diagup\!\!\diagup \end{matrix} C . CH_3$$

(Kekulé, Berl. Ber. **6**. 933).

Es bildet ein wasserhelles dünnes, wie Kümmelöl riechendes Oel von 0,953 spec. Gew. bei 15° (Völkel), nach Varrentrap (Handwörterb. d. Chem. **4**. 686) erst über 250° siedend. Es ist isomer mit Cuminalkohol, Thymol und Carvacrol.

Beim Destilliren über glasige Phosphorsäure oder festes Kalihydrat verwandelt sich das Carvol in das isomere schwerere dickflüssige, kreosotähnlich riechende, erst bei 232° siedende Carvacrol (Schweizer, Journ. pract. Chem. **24**. 271; **26**. 118), das auch bei blossem längerem Erhitzen des Carvols zu entstehen scheint (Völkel). Salpetersäure und conc. Schwefelsäure wirken heftig ein und verharzen das Carvol. Trocknes Salzsäuregas wird dann unter Bildung von salzsaurem Carvol, $C_{10}H_{14}O, HCl$, absorbirt. Eine Mischung von Carvol mit dem gleichen Volumen weingeistigen Schwefelammoniums scheidet nach halbstündigem Stehen weisse seideglänzende Krystalle von Schwefelwasserstoff-Carvol, $2C_{10}H_{14}O, H_2S$, aus, die durch weingeistiges Kali leicht wieder in ihre Bestandtheile zerlegt werden (Varrentrap). Leitet man Carvol im feuchten Zustande dampfförmig über erhitzten Zinkstaub und behandelt das Product mit Natrium, so erhält man zwei Kohlenwasserstoffe, von denen der eine bei 173° siedende der Formel $C_{10}H_{16}$ entspricht, während der andere bei 176—178° siedende nach der Formel $C_{10}H_{14}$ zusammengesetzt ist und Cymol zu sein scheint (Arndt, Berl. Ber. 1868. 203). Zersetzungen.

Heracleum.

Die Früchte der Heracleumspecies sind reich an ätherischem Oel, enthalten ausserdem Methylalkohol, Aethylalkohol, Paraffine in geringen Mengen und im unreifen Zustande Heraclin (s. oben Pastinaca [Gutzeit]).

Aetherische Oele:

Literatur: Zincke, Ann. Chem. Pharm. **152**. 1. — Möslinger, Ebendas. **185**. 26; Berl. Ber. 1876. 998. — Franchimont und Zincke, Ann. Chem. Heracleumöl.

Pharm. **163.** 193; Berl. Ber., 5, 19. — **4.** 822. — Gutzeit, Ann. Chem. Pharm. 177. 344.

Das durch Destillation der Früchte von Heracleum Sphondylium erhaltene Oel (aus 1000 Theiln. Samen 3 Thl. Oel Zincke, 8—9 Thle. Möslinger), ist blassgelb, sauer reagirend, 0,80 spec. Gew., siedet von 80° bis über 300°. Das bei der Destillation gewonnene Wasser enthält Methylalkohol, Aethylalkohol, Essigsäure, Capronsäure neben etwas Ammon. Das unter 175° erhaltene Destillat des ätherischen Oeles besteht aus Buttersäureäthylester, Essigsäureäthylester und etwas Hexylalkohol, bei 190—195° destillirt aus dem Oele freier Aethylalkohol (Zincke). Die Fractionen bei 203—208° bestehen aus Octylacetat, bei 210—240° aus Essigsäure- und Capronsäureoctylester, bei 240—275° Octylcapronat, endlich scheint das bei 275—320° Uebergehende Caprinsäureoctylester zu sein. Im Rückstande war noch nach der Verseifung Octylalkohol und Laurinsäure nachzuweisen. — Das ätherische Oel der Früchte von Heracleum giganteum (bis 2% Ausbeute) enthält circa 10% Aethylbutyrat und Acetat, ausserdem Hexylbutyrat und Octylacetat (55%). — Die Früchte von Heracleum asperum sollen bei der Destillation mit Soda eine flüchtige Basis liefern (Kirchmann, Arch. Pharm. (3) 7. 43).

Angelica.

Die Species Angelica Archangelica enthält in ihrer Wurzel ein ätherisches Oel, ein Harz, das beim Schmelzen mit Kali Resorcin, Protocatechusäure, flüchtige Fettsäuren, vorwiegend Essigsäure liefert, Rohrzucker, Angelicasäure und Hydrocarotin (Brimmer), das früher von Buchner als Angelicin beschrieben wurde. Die Früchte sind reich an ätherischem Oele.

Literatur: C. Brimmer, Dissertation. Erlangen 1875. Ann. Chem. Pharm. **180.** 269. — Buchholz, Brandes, Trommsdorffs Journ. Pharm. 1. 138. — Buchner, Repert. **26.** 145—178. — R. Müller, Dissert. Breslau 1880. — M. Naudin, Compt. rend. **93.** 1146. — Beilstein u. Wiegandt, Berl. Ber. **15.** 741.

Aetherisches Oel. Das ätherische Oel der Angelicawurzel besteht grösstentheils aus einem bei 166° siedenden Terpen, Terebangelen, 0,870 spec. Gew., rechtsdrehend 5°39′ (Naudin); Beilstein und Kupfer wiesen ausserdem geringe Mengen Cymol darin nach — R. Müller wies als Bestandtheile des Oeles der Früchte von Angelica Archangelica nach: ein Terpen $C_{10}H_{16}$, 172,5° Sdpkt., Methylaethylessigsäure,

$$\begin{array}{c} CH_3\ C_2H_5 \\ \vee \\ CH \\ | \\ CO.OH \end{array}$$

farblose Flüssigkeit, 170—176° Sdpkt. und Oxymyristinsäure, weiss krystallinisch, Schmpkt. 21,51°, unlöslich in Wasser, von der Zusammensetzung

$$\left.\begin{array}{l} C_{12}H_{25} \\ CHOH \\ CO.OH \end{array}\right\}.$$

Angelicasäure. **Angelicasäure.** $C_5H_8O_2$. — Literat.: L. A. Buchner, Repertor. Pharm. 76. 161. — Meyer und Zenner, Ann. Chem. Pharm. **55.** 317. — Reinsch, Jahrb. Pharm. 7. 79. — Chiozza, Ann. Chim. Phys. (3)

39. 435. — Jaffé, Ann. Chem. Pharm. 135. 291. — Alscher, Berl. Ber. 1869. 685. — E. Schmidt, Berl. Ber. 12. 253. — Feldmann, Ann. Chem. Pharm. 135. 236. — A. Kopp, Ebendas. 195. 81. — Pagenstecher, Ebendas. 195. 108. — Demarçay, Berl. Ber. 9. 1933. — Ascher, Berl. Ber. 2. 685. — Köbig, Ann. Chem. Pharm. 195. 95.

Die Angelicasäure wurde 1843 von Buchner in der Engelwurzel, der Wurzel von *Angelica sativa Mill. s. Angelica Archangelica var. sativa L.* aufgefunden, in welcher sie, wie später Meyer und Zenner zeigten, von Valeriansäure begleitet wird. Sie findet sich nach Reinsch noch reichlicher, gleichfalls neben Valeriansäure, in der Sumbul- oder Moschuswurzel, die wahrscheinlich auch von einer Umbellifere abstammt. Nach Schlippė (Ann. Chem. Pharm. **105**. 25) kommt sie als Glycerid auch im Crotonöl (Fam. Euphorbiaceae) vor, was jedoch von Geuther (Zeitschr. Chem. 1870). Nr. 1) in Abrede gestellt wird. Das Römisch-Kamillenöl enthält Angelicasäure an Isobutyl und Hexyl gebunden (s. Anthemis).

Zur Darstellung der Säure aus der Angelicawurzel kocht man sie nach Meyer und Zenner am besten mit Kalkmilch aus, colirt, concentrirt den braunen Auszug und destillirt ihn mit überschüssiger verdünnter Schwefelsäure. Das Destillat wird darauf mit Kali gesättigt und nach dem Eindampfen, wobei ein fenchelartig riechendes Oel entweicht, aufs Neue mit Schwefelsäure bei nicht zu kalt gehaltenem Kühlrohr und unter wiederholtem Zusatz von Wasser der Destillation unterworfen. Das jetzt erhaltene Destillat scheidet bei mehrtägigem Stehen in der Kälte die Angelicasäure in Krystallen aus, während Valeriansäure und Essigsäure in Lösung bleiben. Durch Wiederumkrystallisiren aus kochendem Wasser wird sie rein erhalten. Meyer und Zenner erhielten eine Ausbeute von reiner Säure von 0,25 bis 0,38 Procent. Darstellung aus Angelicawurzel.

Die Sumbulwurzel zog Reinsch mit Weingeist aus, kochte den beim Verdunsten der Lösung hinterbleibenden Balsam mit concentrirter Kalilauge, wobei ein flüchtiges Oel verdampfte, übersättigte die filtrirte Flüssigkeit mit Schwefelsäure und destillirte das dadurch abgeschiedene dunkelbraune Oel so lange mit Wasser, als das Destillat noch trübe überging. Dieses setzte dann in der Kälte die Angelicasäure ab, welche durch Neutralisation mit Soda, Destillation des gebildeten Salzes mit Schwefelsäure und nochmalige Destillation der wieder gewonnenen Säure für sich endlich rein erhalten wurde. Die Ausbeute an roher Säure betrug 3,5 Procent. Aus Sumbulwurzel.

Zur Darstellung aus Römisch-Kamillenöl, das ausser fertig gebildeter Angelicasäure vielleicht Angelicasäurehydrid neben einem Kohlenwasserstoff enthält, zerreibt man dasselbe mit beinahe seinem gleichen Gewicht festen Kalihydrats (auf 30 Thle. Oel 25 Thle. Kalihydrat) bis zur Gallertbildung, erwärmt dann vorsichtig, bis aufsteigende weisse Dämpfe den Beginn der Reaction anzeigen und rührt die vom Feuer entfernte Masse, bis sie trocken und krümlich geworden ist. Beim Auflösen derselben in Wasser scheidet sich der Kohlenwasserstoff oben ab und wird durch Abheben und Ausschütteln mit Aether entfernt. Auf Zusatz von überschüssiger Schwefelsäure wird nun die Angelicasäure als aufschwimmendes Oel abgeschieden und erstarrt nach dem Abheben mittelst einer Pipette an einem kühlen Orte in gut ausgebildeten Krystallen, die man durch Abpressen und Waschen mit Aether völlig rein Aus Römisch-Kamillenöl.

erhält. — Die Ausbeute beträgt im günstigsten Falle 30 Proc. vom angewandten Oele. Sie ist geringer, wenn die Erhitzung nicht richtig geleitet, oder wenn zu wenig oder zu viel Kali genommen wird. Im letzteren Falle zerfällt ein Theil der Angelicasäure in Propionsäure und Essigsäure (Jaffé).

Nach Kopp und Pagenstecher stellt man die Angelicasäure aus Römisch-Kamillenöl her, indem man 100 g Oel mit 200 g Alkohol und 50 g Kaliumhydroxyd 8—10 Stunden verseift, den Alkohol abdestillirt und nach Ansäuern mit Schwefelsäure die Säuren abdestillirt. Das Destillat, mit Soda neutralisirt, zur Trockne verdampft, wird mit Wasser und Schwefelsäure zerlegt. Die Säuren werden an Kalk gebunden; die kalt gesättigte Lösung der Kalksalze scheidet beim Erwärmen auf 60—70° angelicasauren Kalk ab, während der tiglinsaure Kalk gelöst bleibt.

Bildung. Die Angelicasäure bildet sich ferner nach Wagner (Journ. pract. Chem. **61.** 503) aus Peucedanin (s. dieses), nach Feldmann aus Laserpitiin (s. dies.) beim Kochen mit weingeistigem Kali und Neubauer (Ann. Chem. Pharm. **106.** 62) glaubt sie unter den Producten der Oxydation von valeriansaurem Kali mit Uebermangansäure bemerkt zu haben.

Eigenschaften. Die Angelicasäure bildet wasserklare glänzende Prismen und Nadeln, die bei 44—45° zu einem klaren, auf Wasser schwimmenden und etwas über 0° strahlig krystallinisch wieder erstarrenden Oel schmelzen, das bei 185° siedet und unverändert destillirt. Sie riecht eigenthümlich gewürzhaft, schmeckt sehr sauer und zugleich brennend gewürzhaft und röthet Lackmus. Sie löst sich kaum in kaltem, gut in heissem Wasser, leicht in Weingeist, Aether, Terpentinöl und fetten Oelen (Meyer und Zenner. Reinsch). Durch längeres Kochen und durch Schwefelsäure bei 100° geht die Angelicasäure in Tiglinsäure über.

Salze. Von den nach der Formel $C_5H_7MO_2$ zusammengesetzten Salzen sind das Ammonium-, Kalium-, Natrium- und Kalksalz in Wasser leicht löslich und verlieren beim Abdampfen ihrer Lösung einen Theil ihrer Säure. Sie fällen Blei- und Silbersalze weiss, Eisenoxydsalze dunkelgelb, Kupferoxydsalze bläulich.

Zersetzungen. Die Angelicasäure lässt sich entzünden und verbrennt mit leuchtender, etwas russender Flamme. Beim Zusammenbringen mit 2 At. Brom entsteht durch directe Vereinigung Angelicasäuredibromid oder Dibromvaleriansäure, $C_5H_8Br_2O_2$, eine weisse saure, bei 76° unter theilweiser Zersetzung schmelzende, mit Natriumamalgam sich in Bromnatrium und Angelicasäure zerlegende Krystallmasse (Jaffé). — Bei andauerndem Erhitzen mit Jodwasserstoffsäure und rothem Phosphor auf 180—200° wird die Angelicasäure vollständig in Valeriansäure übergeführt (Ascher). — Bei Behandlung des Kalisalzes mit Phosphoroxychlorid entsteht Angelicasäureanhydrid, $C_{10}H_{14}O_3$, als farbloses, im Geruch von der Angelicasäure ganz verschiedenes Oel (Chiozza). — Beim Schmelzen mit Kalihydrat zerfällt die Angelicasäure zu propionsaurem und essigsaurem Kali ($C_5H_8O_2 + 2KHO = C_3H_5KO_2 + C_2H_3KO_2$) (Chiozza).

Beim Schmelzen mit Kali liefert die Säure Essigsäure und Propionsäure; mit Brom bildet dieselbe Dibromvaleriansäure, mit Bromwasserstoff Bromvaleriansäure (Schmidt). Beim Erhitzen mit JH und amorphem Phosphor entsteht bei 180—200° Valeriansäure (Ascher).

Angelicin und **Angelicabitter.** — Der weingeistige Auszug der Angelicawurzel trennt sich beim Verdunsten in zwei Schichten, eine untere hellgelbe wässrige und eine obere braune harzige. Wird die letztere, nach dem Waschen mit Wasser den „Angelicabalsam" bildend, mit Kalilauge verseift, die weingeistige Lösung der Harzseife durch Kohlensäure zersetzt, dann eingedampft und der Rückstand mit Aether behandelt, so nimmt dieser das Angelicin auf. Es krystallisirt aus Weingeist in feinen farb- und geruchlosen Nadeln von anfangs nicht hervortretendem, dann aber brennendem und gewürzhaftem Geschmack, welche leicht schmelzen, sich nicht sublimiren lassen und nicht in Wasser, aber in Weingeist und Aether löslich sind. Angelicin ist identisch mit Hydrocarotin. Angelicin.

Lässt man aus der eben erwähnten wässrigen Schicht den reichlich vorhandenen Zucker heraus krystallisiren, fällt dann Aepfel- und Gerbsäure durch Bleiessig und nimmt den Verdunstungsrückstand des entbleiten Filtrats in Weingeist auf, so hinterlässt dieser beim Eindunsten das amorphe gelbliche durchscheinende, in Wasser und Weingeist leicht lösliche, in Aether unlösliche, durch Gerbsäure und Quecksilberchlorid nicht fällbare (jedenfalls noch unreine) Angelicabitter (Buchner, Repert. Pharm. **76**. 167).

Peucedanum.

Peucedanin. Imperatorin. $C_{16}H_{16}O_4$. — Literat.: Wackenroder, Chem. Centrlbl. 1831. 202; Arch. Pharm. **37**. 341. — Schlatter, Ann. Chem. Pharm. **5**. 201. — Erdmann, Journ. pract. Chem. **16**. 42. Rothe, ebendas. **46**. 371; **50**. 381. — R. Wagner, ebendas. **61**. 503; **62**. 275; N. Jahrb. Pharm. **13**. 223. Berl. Ber. **7**. 9. — Hlasiwetz, Berl. Ber. **7**. 8. — Hlasiwetz und Weidel, Ann. Chem. Pharm. **174**. 67. — Heut, Dissertat. 1874. Erlangen. J. Chem. Min. 1875. 831. Peucedanin.

Von R. Wagner wurde 1854 die Identität des 1831 von Osann und Wackenroder in der Wurzel von *Imperatoria Ostruthium L.* aufgefundenen Imperatorins mit dem 1833 von Schlatter aus der Wurzel von *Peucedanum officinale L.* dargestellten Peucedanin nachgewiesen.

Osann und Wackenroder erhielten ihr Imperatorin, indem sie gröblich zerstossene Meisterwurzel in der Realschen Presse mit 2—3 Th. Aether extrahirten, von dem Auszuge 4/5 des Aethers abdestillirten, die aus dem Rückstande beim Stehen in der Luft sich ausscheidenden mit einem grünlichen Oel verunreinigten Krystalle aus Aether umkrystallisirten, mit kaltem Weingeist mischten und nun aus kochendem krystallisiren liessen, auch wohl letzterer Operation noch eine Behandlung mit kalter verdünnter Kalilauge voranschickten. — Zur Darstellung aus Peucedanum macerirt Bothe die zerkleinerte Wurzel einige Stunden mit Weingeist und erhitzt darauf zum Sieden. Das Filtrat setzt dann bei geringem Verdunsten Krystalle des Körpers ab, die durch Waschen mit kaltem verdünntem Weingeist von anhängendem braunem Harz befreit werden. Die späteren weingeistigen Auszüge der Wurzel liefern ein viel stärker mit Harz verunreinigtes Peucedanin als die erstere. Um dieses zu reinigen verdünnt man nach Bothe die heisse weingeistige Lösung desselben mit Wasser bis zur bleibenden Trübung und krystallisirt die nach längerer Ruhe anschiessenden Krystalle aus Aether um. Darstellung aus Meisterwurzel. Aus Peucedanum.

Heut digerirt 1 Th. Wurzel von Peucedanum mit 3 Th. 90procent. Weingeistes in gelinder Wärme 6 Tage lang, verdunstet den Auszug und reinigt das ausgeschiedene Peucedanin durch Lösen in Aether und Versetzen mit Ligroïn während des Verdunstens.

Das Peucedanin bildet farblose glänzende rhombische Säulen ohne Geruch und nur in weingeistiger Lösung brennend aromatischen und anhaltend kratzenden Geschmack zeigend. Es schmilzt bei 76° und erstarrt bei ruhigem Stehen erst nach längerer Zeit strahlig-krystallinisch wieder, nach Hlasiwetz bei 81—82°. Es löst sich nicht in Wasser, nur wenig in kaltem, aber leicht in heissem Weingeist, sowie in Aether, flüchtigen und fetten Oelen (Schlatter. Bothe). Dasselbe löst sich auch in Chloroform, Schwefelkohlenstoff, in heissem Eisessig.

Zersetzungen. In stärkerer Hitze wird das Peucedanin zerstört. — Von auf 60° erwärmter Salpetersäure von 1,21 spec. Gew. wird es langsam gelöst, worauf die gelbe Lösung beim Erkalten zu einer blättrig-krystallinischen Masse von Nitropeucedanin (nach Bothe: $C_{24}H_{10}NO_9$) erstarrt, das durch Umkrystallisiren aus Weingeist in farblosen biegsamen, über 100° unter Zersetzung schmelzenden, in Wasser kaum, aber in Weingeist und Aether ziemlich gut löslichen Blättchen erhalten wird und durch Erwärmen mit weingeistigem Ammoniak in Nitropeucedaninamid (nach Bothe: $C_{24}H_{12}N_2O_8$) verwandelt wird, welches in diamantglänzenden rhombischen, fast gar nicht in Wasser, aber leicht in Weingeist und Aether löslichen Säulen krystallisirt (Bothe). — Nicht oxydirend wirkende Säuren sind nach Schlatter ohne Wirkung auf das Peucedanin. Dagegen wird es nach Wagner beim Kochen mit weingeistigem Kali in Angelicasäure und Oreoselin, $C_{14}H_{12}O_4$ (man vergl. Oreoselon bei Athamantin) gespalten $C_{12}H_{12}O_3 + KHO = C_5H_7KO_2 + C_7H_6O_2$).

Beim Erhitzen mit Salzsäure entsteht Oreoselon, $C_{14}H_{12}O_4$, und Methylchlorid, beim Kochen mit verdünnter Schwefelsäure ebenfalls Oreoselon, mit alkoholischem Kali Ameisensäure und Oreoselon.

Constitution. Hlasiwetz und Weidel stellen auf Grund ihrer Versuche für Peucedanin die Constitutionsformel auf:

$$\begin{array}{l} C_6H_4 - OCH_3 \\ \quad | \\ \quad O \\ \quad | \\ C_6H_4 - OCH_2 - CO.CH_3. \end{array}$$

Anhang:

Oxypeucedanin. Oxypeucedanin. — Nach Erdmann findet sich in älteren Wurzeln von Peucedanum officinale neben Peucedanin noch ein sauerstoffreicherer Körper, den er Oxypeucedanin nennt. Es bleibt beim Behandeln des unreinen Peucedanins mit kaltem Aether als körnige, bei 140° schmelzende, in Aether kaum lösliche Masse zurück. Bothe fand dafür die Formel $C_{14}H_{11}O_7$.

Heut fand Oxypeucedanin in Imperatoriawurzel, Hlasiwetz und Weidel halten dasselbe für ein Gemenge von Oreoselon und Peucedanin.

Athamantha.

Das Bergpetersilienöl, aus dem Kraut von *Athamantha Oreoselinum Mönch.*, hat starken wachholderähnlichen Geruch, das specif. Gew. 0,84 und einen Siedepunkt von 163°. Es ist ein Camphen und giebt mit Salzsäuregas eine flüssige, bei 190° destillirende Verbindung von der Formel $C_{10}H_{16}$,HCl. (Schnedermann und Winckler, Ann. Chem. Pharm. 51. 336). Berg-petersilienöl.

Athamantin. $C_{24}H_{30}O_7$. — Literatur: Winckler, Repert. Pharm. 77. 169. — Schnedermann und Winckler, Ann. Chem. Pharm. 51. 315. — Geyger, Ann. Chem. Pharm. 110. 359. — Heut, Ann. Chem. Pharm. 176. 73. Athamantin.

Findet sich in der Wurzel und den reifen Samen von *Athamanta Oreoselinum L. s. Peucedanum Oreoselinum Mönch.*, in denen es von Winckler zuerst aufgefunden wurde.

Zur Darstellung extrahirt man die getrockneten und gepulverten Wurzeln oder Samen mit ihrem dreifachen Gewicht 80proc. Weingeist bei 50—60°, nimmt den Verdunstungsrückstand des Auszugs in der achtfachen Menge Aether auf, behandelt die Lösung mit Thierkohle und verdunstet, worauf ein gelbliches, allmälig körnig-krystallinisch erstarrendes Oel hinterbleibt. Wird die Auflösung desselben in der 4fachen Menge Weingeist vorsichtig mit der 60fachen Menge Wasser vermischt, so scheidet sich aus der milchigen Flüssigkeit in einigen Tagen oder Wochen ein krystallinischer Niederschlag ab, der aus warm bereiteter nicht zu concentrirter weingeistiger Lösung an einem kühlen Orte in langen haarfeinen Nadeln krystallisirt, die man abpresst und so oft aus Weingeist umkrystallisirt, bis sie völlig weiss erscheinen. Ganz rein lässt sich jedoch das Athamantin durch blosses Umkrystallisiren nicht darstellen, sondern wird nur in grossen Krystallen erhalten, dass man das aus seiner concentrirten warmen weingeistigen Lösung beim Erkalten sich absetzende Oel längere Zeit mit der überstehenden Flüssigkeit in Berührung lässt. Auch schiessen bisweilen solche reine grosse Krystalle neben den unreinen feinen Nadeln beim Umkrystallisiren derselben an. (Winckler und Schnedermann). Darstellung.

Das reine Athamantin bildet farblose, zum Theil zolllange rechtwinklige Säulen, seltener Oktaëder, das nicht völlig reine eine lockere, blendend weisse, atlasglänzende, aus verwebten haarfeinen biegsamen Nadeln bestehende Masse. Es riecht, namentlich beim Erwärmen, seifenartig und schmeckt ranzig, dabei etwas bitter und kratzend. Das reine schmilzt bei 79°, das unreine schon bei 50 bis 60° zu einer terpentinartigen, erst nach längerer Zeit strahlig wieder erstarrenden Masse. Es löst sich nicht in Wasser, leicht in Weingeist und Aether, reichlich auch in ätherischen und fetten Oelen (Winckler und Schnedermann). — Die Zusammensetzung wird nach Winckler und Schnedermann durch die Formel $C_{24}H_{15}O_7$ ausgedrückt, welche Formel Gerhardt verdoppelte. Eigenschaften.

Bei gewöhnlicher Temperatur absorbirt das Athamantin sowohl schweflige Säure als auch Salzsäuregas, damit nur in der Kälte eine Zeitlang beständige, Zersetzungen.

sehr leicht unter Spaltung des Athamantins sich zersetzende Verbindungen bildend (Winckler und Schnedermann).

Beim Erhitzen wird das Athamantin zerstört; bei der trocknen Destillation tritt viel Valeriansäure auf (Winckler und Schnedermann). — Löst man es in abgekühlter rauchender Salpetersäure, so fällt Wasser aus dieser Lösung gelbes pulveriges Nitroathamantin, $C_{24}H_{27}(NO_2)_3O_7$. Bei Einwirkung von Chlor auf seine weingeistige Lösung entsteht ein harzartiges Chlorathamantin, $C_{24}H_{29}CeO_7$ (Geyger).

Wird das Athamantin in Salz- oder Schwefligsäuregas erwärmt oder mit wässriger Salz- oder Schwefelsäure gekocht, so zerfällt es in Valeriansäure und Oreoselon ($C_{24}H_{30}O_7 = 2\,C_5H_{10}O_2 + C_{14}H_{10}O_3$). Wässrige Alkalien, langsamer auch alkalische Erden bewirken in der Wärme die nämliche Zersetzung, nur geht bei Ueberschuss von Kali das Oreoselon durch Wasseraufnahme in Oreoselin, $C_{14}H_{12}O_4$ über (Winckler und Schnedermann).

Oreoselon. Das Oreoselon, $C_{14}H_{10}O_3$, bildet eine farblose lockere blumenkohlartige Masse ohne Geruch und Geschmack, die bei etwa 156° zu einer gelben Flüssigkeit schmilzt, amorph wieder erstarrt, in höherer Temperatur verkohlt, sich nicht in Wasser, nur schwierig in Weingeist und Aether, dagegen in der Wärme reichlich mit gelber Farbe unter Verwandlung in Oreoselin in conc. Kalilauge löst. Mit Kali liefert es Resorcin und Essigsäure.

Das aus der kalischen Lösung des Oreoselons durch Säuren als gelbweisser Niederschlag gefällte Oreoselin, $C_{14}H_{12}O_4$, kann aus Weingeist in Nadeln krystallisirt erhalten werden, die sich in Wasser, Weingeist und Aether lösen, beim Erhitzen erst schmelzen und dann zerstört werden (Winckler und Schnedermann).

Laserpitium.

Laserpitin. $C_{15}H_{22}O_4$. (Külz.) — Diesen dem Athamantin verwandten Körper entdeckte A. Feldmann (Ann. Chem. Pharm. **135.** 236) 1865 in der weissen Enzianwurzel, der Wurzel von *Laserpitium latifolium L.* O. Krüger, Dissertation. Erlangen. 1877. — R. Külz, Dissertat. Halle a./S. 1882. Arch. Pharm. (2) **21.** 161.

Darstellung. Zur Darstellung erschöpft man die zerschnittene trockne Wurzel durch zweimaliges Ausziehen mit ihrem doppelten Gewicht 80procent. Weingeists bei 60° und überlässt die durch Destillation vom Weingeist befreiten vereinigten Auszüge der Ruhe, worauf die sich bildende obere Schicht allmälig körnigkrystallinisch erstarrt. Sie wird abgepresst, mit schwachem Weingeist gewaschen, dann ihre weingeistige Lösung mit Bleizucker ausgefällt und die abfiltrirte Flüssigkeit mit Schwefelwasserstoff behandelt. Das abfiltrirte Schwefelblei wird mit Weingeist ausgekocht, dieser mit dem Filtrat vereinigt und beide langsam verdunstet. Das Laserpitin schiesst nun in farblosen Krystallen an (Feldmann). Külz extrahirt direct die Wurzel mit Petroleumäther und erzielte dadurch Vortheile, da fast kein Harz in Lösung ging.

Eigenschaften. Es bildet farb- und geruchlose neutrale monokline Säulen, die trocken geschmacklos sind, aber in weingeistiger Lösung sehr bitter schmecken. Es ist etwas schwerer als Wasser, schmilzt bei 114°, 116° (Krüger), 118° (Külz) zu einem farblosen Oel, das anfangs amorph erstarrt, aber allmälig wieder krystallinisch wird und sich bei stärkerem Erhitzen verflüchtigt und zu Oeltröpfchen verdichtet. Von Wasser wird es nicht gelöst, auch nicht von wässrigen Säuren und Alkalien. Von absolutem Weingeist erfordert es 9 Th., von gewöhnlichem 21,7 Th., von Aether 3,6 Th., von Schwefelkohlenstoff 12,3 Th. zur Lösung. Chloroform, Benzol, Schwefelkohlenstoff und ätherische Oele lösen es leicht.

Von conc. Schwefelsäure wird es mit kirschrother Farbe gelöst; Wasser fällt aus dieser so wie aus der Lösung in rauchender Salpetersäure weisse Niederschläge. Auch beim Erhitzen mit rauchender Salzsäure auf 158° erfolgt theilweise Lösung mit rother Farbe, aber ebensowenig wie durch Erhitzen mit verd. Schwefelsäure auf 250° Spaltung. Dagegen wird durch Kochen seiner weingeistigen Lösung mit conc. Kalilauge Spaltung in Laserol und Angelicasäure bewirkt. Das Laserol, $C_{14}H_{22}O_4$ (nach der Gleichung: $C_{24}H_{36}O_7 + H_2O = C_{14}H_{22}O_4 + 2\,C_5H_8O_2$ entstehend) scheidet sich nach dem Verflüchtigen des Weingeists beim Uebersättigen der kalischen Lösung mit verdünnter Schwefelsäure in braunen Harzflocken aus, die sich aus weingeistiger Lösung in Form gelber, erst langsam krystallinisch erstarrender Tropfen abscheiden. Es schmeckt pfefferartig kratzend, löst sich leicht in Weingeist und Aether, mit gelber Farbe auch in Kalilauge, aus der es Säuren wieder fällen (Feldmann). Külz hat bei seinen Arbeiten über Laserpitin folgende Derivate erhalten und Umsetzungen beobachtet: Acetat des Laserpitins, $C_{15}H_{22}O_4$, $C_2H_4O_2$ weisse Nadeln; Acetyllaserpitin, $C_{15}H_{21}(C_2H_3O)O_4$, durch Essigsäureanhydrid und Natriumacetateinwirkung dargestellt, farblose Nadeln, 113° Schmpkt. (Krüger hat eine Acetyl- und Diacetylverbindung angeblich erhalten). — Einwirkung rauchender Salpetersäure liefert einen Salpetersäureäther $C_{15}H_{20}(NO_2)O + H_2O$; Brom bewirkt in Chloroformlösung des Laserpitins die Entstehung von Bromverbindungen.

Zersetzungen. Derivate.

Laserol.

Mit Zinkstaub oder Natronkalk erhitzt entsteht Aceton, mit kochender, concentrirter Salzsäure Methylcrotonsäure und Laserol, mit Schwefelsäure Angelicasäure, mit verdünnter Salpetersäure Kohlensäure, Oxalsäure, mit Kali geschmolzen Methylcrotonsäure, mit Kalilauge Angelicasäure und Laseron, $C_{20}H_{30}O_8$, wohl durch Wasseraufnahme aus 2 Molec. Laserpitin entstanden.

Laseron.

Imperatoria.

Das ätherische Oel der Wurzel von Imperatoria Ostruthium (Ausbeute 0,18–0,78%) ist farblos oder blassgelb, von scharfem Geruche und campherartigem Geschmacke, Sdpkt. 170—220°, ist ein Gemenge von Hydraten eines Kohlenwasserstoffs C_5H_8 (Hirzel, J. pr. Chem. **46**. 292).

Ostruthin. $C_{14}H_{17}O_2$. — In der Wurzel von Imperatoria Ostruthium hat v. Gorup (Ann. Chem. Pharm. **183**. 321; Berl. Ber. 1874), als derselbe Peucedanin aus dieser Wurzel herstellen wollte, das Ostruthin aufgefunden.

Ostruthin.

Am besten ein- bis zweijährige Imperatoriawurzeln werden mit Alkohol (90%) bei 50—60° digerirt, die Auszüge verdunstet und mit einem Gemische

Darstellung.

von 3 Th. Aether und 1 Th. Ligroïn behandelt. Diese ätherische Lösung wird noch so lange mit Ligroïn versetzt, als sich noch Harz ausscheidet und dann verdunstet. Das so erhaltene Ostruthin wird durch eine analoge Behandlung gereinigt (Ausbeute 0,6%).

Eigenschaften. Das Ostruthin bildet farblose, trikline Krystalle, fast geschmacklos, Schmpkt. 115°, kaum löslich in kochendem Wasser, leicht löslich in Alkohol und Aether. In alkalischem Wasser löst sich die optisch inactive Substanz mit gelber Farbe und blauer Fluorescenz, woraus Kohlensäure dieselbe wieder abscheidet, Metallsalze fällen nicht.

Zersetzung. Beim Kochen mit Salpetersäure liefert Ostruthin Styphninsäure, beim Schmelzen mit Kali entstehen Resorcin, Essigsäure und wenig Buttersäure. Dargestellt sind ferner eine Monoacetylverbindung, $C_{14}H_{16}(C_2H_3O)O_3$, Schmpkt. 78°, unlöslich in Wasser, löslich in Alkohol und Aether, sowie eine salzsaure und bromwasserstoffsaure Verbindung.

Apium. Petroselinum.

Aetherische Oele. Das ätherische Oel der Früchte von Apium graveolens (Sellerie) ist wasserhell oder gelb, 0,881 spec. Gew. von durchdringendem Geruche. Aus den Früchten von Petroselinum sativum erhält man ein ätherisches Oel, farblos oder grüngelb, 1,015—1,144 spec. Gew., in $2\frac{1}{2}$ bis 3 Th. Weingeist löslich (0,85 spec. Gew.), welches aus einem bei 160—170° siedenden, links polarisirenden Camphen, das Petersiliencampher gelöst enthält, besteht. (Vogel, Schweigg. Journ. 37. 365. — Löwig u. Weidmann, Poggend. Annal. 46. 53.)

Apiol. Das Apiol ist eine von Homolle und Joret (Journ. Pharm. (3) 28. 212) aufgestellte, aus Petersilienfrüchten erhaltene, ohne Zweifel gemengte Substanz, die ihren Eigenschaften nach in der Mitte zwischen den ätherischen und fetten Oelen steht. Zu ihrer Darstellung entfärbt man die weingeistige Tinctur des Petersiliensamens mit Thierkohle, destillirt den grössten Theil des Weingeists ab, nimmt den Rückstand in Aether oder Chloroform auf, verdunstet aus der Lösung das Lösungsmittel vollständig, reibt das hinterbleibende Oel mit $\frac{1}{8}$ Bleiglätte zusammen und filtrirt es nach 48 Stunden durch Kohle. So dargestellt ist das Apiol eine farblose ölige Flüssigkeit von 1,078 spec. Gew. bei 12°, die sich bei — 12° trübt, ohne zu erstarren. Es riecht stark nach Petersiliensamen, schmeckt scharf und beissend, reagirt schwach sauer und dreht die Polarisationsebene schwach nach links. In Wasser ist es unlöslich, löst sich aber leicht in Weingeist, auch in Essigsäure und nach allen Verhältnissen in Aether und Chloroform. Mit conc. Schwefelsäure färbt es sich schön roth und erstarrt damit, durch Salpetersäure wird es verharzt, mit den Alkalien bildet es eine Emulsion, ohne sich weiter zu verändern.

Wirkung. Das Apiol bewirkt zu 0,5—1,0 nach Art von Kaffee Cerebralexcitation mit Gefühl von Kraft und Wohlsein und vorübergehender Wärme im Epigastrium, zu 2,0—4,0 wie grössere Dosen Chinin eine Art Trunkenheit, Funkensehen, Betäubung, Ohrensausen, Schwindel und Stirnkopfschmerz, ausnahmsweise auch Aufstossen, Uebelkeit, Kolik und gallige Diarrhoe. Joret und Homolle empfahlen diesen Stoff, dessen Darstellungsmaterial, die Semina Petroselini, in Frankreich Volksmittel gegen Wechselfieber sind, als bestes Surrogat des Chinins, indem er in heissen Ländern 55%, in gemässigten Klimaten 86%

der Wechselfieber, am sichersten Quotidianen, heile. Eine Commission der Société de Pharmacie gelangte bei Versuchen mit Apiol zu dem Resultate, dass es die Hälfte der Quotidian- und Tertianfieber coupiren könne, dagegen Quartanen nicht heile, dass die Fieber nach Apiol weit häufiger recidivirten als nach Chinin und die Recidive durch letzteres, nicht aber durch Apiol, geheilt würden (Journ. Pharm. 22. 81). Auch empfahlen Joret und Homolle die Anwendung gegen intermittirende Neuralgien, bei ausgebliebener Menstruation und gegen Menstrualkoliken. Wegen stechend scharfen Geschmackes ist Apiol am zweckmässigsten in Gallertkapseln, deren jede 0,25 enthält, zu reichen; in Pugol's Apiolsyrup (5:1000 Sacch. und 500 Aq.) ist der Geschmack nicht ganz verdeckt. Erwachsene erhalten bei Quotidiana 5—6 Stunden vor dem Anfalle 4 Kapseln (1,0) grössere Kinder 2, kleinere 1; nach Ausbleiben des Fiebers wird das Mittel noch einige Tage fortgebraucht. Bei Menostase giebt man 8 Tage vor Eintritt der Regel täglich 2mal 1 Kapsel (Joret und Homolle).

Apiin. $C_{27}H_{32}O_{16}$. (Lindenborn, v. Gerichten.) — Literat.: Braconnot, Ann. Chim. Phys. (3) 9. 250. — v. Planta u. Wallace, Ann. Chem. 74. 262. — Lindenborn, Dissertation. Würzburg. 1867. — v. Gerichten, Berl. Ber. 1876. 1158. — Withney, Pharm. J. Trans. (3) 10. 585.

Dieses Glykosid findet sich in der Petersilie, *Petroselinum sativum Hoffm. s. Apium Petroselinum L.*, in kleiner Menge auch in den Stengeln und Blättern des Sellerie, *Apium graveolens L.* und wurde darin von Braconnot aufgefunden.

Zur Darstellung kochte Braconnot frisches, vor der Blüthe gesammeltes Petersilienkraut mit Wasser aus, kolirte kochend heiss, wusch die beim Erkalten sich abscheidende Gallerte mit kaltem Wasser und trocknete sie. Um den Körper völlig rein zu erhalten, kochten v. Planta und Wallace die nach Braconnot's Angabe erhaltene, gewaschene und auf dem Wasserbade eingetrocknete Gallerte wiederholt mit Weingeist aus, fügten zu den vereinigten weingeistigen Lösungen Wasser und destillirten nun so viel vom Weingeist ab, dass der Destillationsrückstand beim Erkalten breiförmig erstarrte. Den erhaltenen Brei pressten sie auf einem Seihtuch aus, wuschen den Rückstand mit Weingeist, kochten ihn endlich noch mit Aether aus und trockneten ihn. Durch wiederholtes Lösen der Gallerte in Alkohol, Wiederausfällen mit Wasser wird das Apiin gereinigt und kann aus concentrirter alkoholischer Lösung durch Umrühren während des Verdampfens in seidenglänzenden Nadeln erhalten werden (Lindenborn, v. Gerichten).

Eigenschaften.

So dargestellt bildet das Apiin ein zartes weisses geruch- und geschmackloses neutrales, bei 228° ohne Gewichtsverlust schmelzendes und dann zu einer gelben glasartigen Masse wieder erstarrendes Pulver, oder seidenglänzende, feine Nadeln, die sich leicht in kochendem Wasser lösen, daraus aber beim Erkalten so vollständig gallertartig wieder abgeschieden werden, dass noch aus 1 Th. Apiin und 1500 Th. Wasser eine lockere Gallerte entsteht. Auch in wässrigem Ammoniak, ätzenden und kohlensauren Alkalien löst es sich und wird daraus durch Säuren als Gallerte gefällt (Braconnot. v. Planta und Wallace). Von kaltem Weingeist erfordert es 390 Th. zur Lösung, in kochendem löst es sich leicht und erstarrt damit beim Erkalten gallertartig (v. Planta und Wallace). — Die warme wässrige Lösung wird durch Eisenvitriol tief blutroth gefärbt (Braconnot). Eisenchlorid färbt tief roth, die schwach alkalischen Lösungeu sind tief gelb, polarisiren $(\alpha)j = +173^{0}$.

Zersetzung. Derivate. In höherer Temperatur wird das Apiin zerstört. Bei längerem Kochen mit Wasser verliert es die Eigenschaft, beim Erkalten zu gelatiniren, und scheidet sich nun in gelblichen Flocken ab, die nach v. Planta und Wallace nach der Formel $C_{24}H_{32}O_{15}$ zusammengesetzt sind. Conc. Schwefelsäure löst es mit orangerother Farbe und Wasser fällt aus dieser Lösung gelbe Flocken von der Formel $C_{24}H_{24}O_{11}$. Conc. Salzsäure übt die gleiche Wirkung aus. Beim Kochen mit verdünnten Mineralsäuren scheiden sich weisse Flocken eines Spaltungsproductes mit 63,45% Kohlenstoff, 4,52% Wasserstoff und 32,03% Sauerstoff aus, während Zucker in Lösung bleibt. Chromsäuremischung oxydirt das Apiin zu Ameisensäure und Kohlensäure, Salpetersäure liefert Oxalsäure und Styphninsäure, schmelzendes Kali Phloroglucin, und eine Säure, die weiter in Protocatechusäure übergeht neben Paraoxybenzoësäure.

Apigenin. Beim Erhitzen von Apiin mit der 40—60fachen Menge Salzsäure von 1,04 spec. Gew. 10—12 Stunden scheiden sich Blättchen aus, die durch Umkrystallisiren aus Alkohol zu reinigen sind, während in der Flüssigkeit 41—45% Glycose bleiben. Das so erhaltene Spaltungsproduct „Apigenin" schmilzt bei 292—295°, das sich sonst wie das Apiin verhält. Die Umsetzung des Apiin lässt sich in folgende Gleichung bringen:

$$C_{27}H_{32}O_{16} = C_{12}H_{22}O_{11} + C_{15}H_{10}O_{5} \text{ (Apigenin).}$$

Fett. Das in dem Petersiliensamen reichlich vorhandene Fett schmilzt nach v. Gerichten bei 28—29° (Berl. Ber. 1876. 1125), ist in heissem Alkohol und Aether löslich und besteht aus den Glyceriden der Oel-, Palmitin- und Stearinsäure.

Petersiliencampher. $C_{12}H_{14}O_{4}$. — Literat.: Bolle, Arch. Pharm. 29. 168. — Bley, Trommsdorff's N. Journ. Pharm. 14. 2. 134; Arch. Pharm. (2) 63. 267. — Blanchet und Sell, Ann. Chem. Pharm. 6. 301. — Rump, Repert. Pharm. 56. 21. — Löwig und Weidmann, ebendas. 70. 163. — Loose, Arch. Pharm. (2) 63. 267. — v. Gerichten, Berl. Ber. 1876. 1477. — Lindenborn, Dissertat. Würzburg, 1867.

Petersiliencampher. Dieser schon 1778 von Dehne (Crells chem. Journ. **1.** 40) beobachtete Körper findet sich im Kraut und Samen der Petersilie. Zur Darstellung destillirt man die genannten Pflanzentheile mit Wasser, sammelt die aus dem Destillat sich abscheidenden Krystalle, presst sie zwischen Fliesspapier ab und krystallisirt sie aus Weingeist um. Nach Rump enthält das zugleich mit über destillirende Petersilienöl (s. dies.) gegen das Ende der Destillation hin mehr von dem Campher als im Anfang; die Ausbeute aus dem Samen beträgt nach ihm 0,21%.

Der Petersiliencampher bildet feine weisse seideglänzende, oft mehrere Zoll lange Nadeln, die bei 30° schmelzen, bei etwa 300° sieden und sich nur theilweise unzersetzt sublimiren lassen. Spec. Gew. 1,015. Es riecht schwach nach Petersilie, schmeckt brennend und hinterher kratzend, reagirt neutral und macht auf Papier Fettflecke. Er sinkt in Wasser unter, darin sich nur wenig lösend. In Weingeist, Aether, flüchtigen und fetten Oelen löst er sich leicht (Bolle. Bley. Blanchet und Sell. Rump. Loose).

Durch Aufnahme von Sauerstoff scheint der Petersiliencampher in einen gelben pulvrigen Körper überzugehen, der sich auch aus dem wässrigen Destillat des Petersiliensamens beim Stehen an der Luft abscheidet. Mit Brom verpufft es lebhaft. Conc. Schwefelsäure verändert ihn in der Kälte nicht, conc. Salpetersäure löst ihn unter Entwicklung rother Dämpfe (Bolle. Bley). Salpetersäure liefert Oxalsäure und einen Körper vom Schmelzpunkt 114°, alkoholische Kalilauge verändert den Campher ebenfalls (v. Gerichten).

Hydrocotyle.

Vellarin.

Vellarin. — So hat Lepine in Pondichery (Journ. Pharm. (3) **26**. 47) 1855 den nach seiner Meinung wirksamen Bestandtheil der gegen Lepra, Syphilis und Geschwüre mit Erfolg gebrauchten, im ganzen südlichen Asien und Afrika vorkommenden *Hydrocotyle asiatica L.* (tamulisch *Vallarai*) genannt. Ueber die Darstellung liegen keine Angaben vor. Die ganze Pflanze soll getrocknet 0,86%, die trocknen Blätter 0,15%, die trocknen Wurzeln 1,1% enthalten. Es ist ein blassgelber dicköliger Körper, der stark nach der frischen Pflanze riecht, anhaltend bitter und picant schmeckt und neutral reagirt. Es bildet mit Wasser eine Emulsion und löst sich in Weingeist, Aether, flüchtigen und fetten Oelen, sowie auch in wässrigem Ammoniak, aus dem es durch Säuren wieder gefällt wird, dagegen nicht in Kalilauge. An der Luft wird es dunkler und dicker und beim Erhitzen zerstört (Lepine).

Daucus.

Aetherisches Oel.

Das ätherische Oel der frischen Wurzeln von *Daucus Carota L.*, von dem nur 0,012% gewonnen werden, ist farblos, riecht und schmeckt durchdringend, hat das spec. Gew. 0,886 bei 11° und löst sich leicht in Weingeist (Wackenroder, Mag. Pharm. **33**. 145).

Carotin. $C_{18}H_{24}O$. — Literat.: Wackenroder, Mag. Pharm. **33**. 148. Zeise, Journ. pract. Chem. **40**. 297. — A. Husemann, Ann. Chem. Pharm. **117**. 200.

Das Carotin, der Farbstoff der Wurzel der cultivirten Mohrrübe, *Daucus Carota L.*, wurde 1832 von Wackenroder entdeckt.

Darstellung.

Zur Darstellung presst man die zerriebenen Mohrrüben unter Zusatz von etwas Wasser wiederholt aus und fällt die vereinigten Pressflüssigkeiten mit verdünnter Schwefelsäure und etwas Gerbsäure. Das auffallende Coagulum enthält ausser Albumin das Carotin und Hydrocarotin (s. dieses). Es wird gepresst, im halbtrocknen Zustände 6—7 mal mit seinem 5—6 fachen Volumen 80 proc. Weingeists ausgekocht, welcher Hydrocarotin und Mannit auszieht, und hierauf mit kochendem Schwefelkohlenstoff erschöpft, der das Carotin mit blutrother Farbe aufnimmt. Die Schwefelkohlenstofflösung wird durch Destillation auf ein geringes Volumen gebracht und der Rückstand mit seinem gleichen Mass absolutem Weingeist versetzt, worauf bei ruhigem Stehen das Carotin herauskrystallisirt. Es wird so lange mit kochendem 80 procent., zuletzt mit kochendem absolutem Weingeist gewaschen, bis dieser nur noch schwach gelb gefärbt abläuft (Husemann. Zeise).

Eigenschaften. Das reine Carotin bildet kleine dunkelrothe sammetglänzende, bisweilen auch goldglänzende, anscheinend quadratische Tafeln, ohne Geruch, von angenehmem, besonders beim Erwärmen hervortretenden Veilchengeruch und neutraler Reaction, die bei 167°,8 zu einer dunkelrothen dicken, amorph wieder erstarrendon Flüssigkeit schmelzen. Es ist schwerer als Wasser. Von Wasser, wässrigen Alkalien und Säuren wird es nicht gelöst, fast gar nicht auch von Weingeist, der es jedoch in unreinem Zustande reichlicher aufnimmt, nur schwierig von Aether und Chloroform, leicht dagegen von Benzol, fetten und flüchtigen Oelen und namentlich, und zwar mit blutrother Farbe, von Schwefelkohlenstoff (Husemann).

Zeise gab für die Zusammensetzung die Formel $C_5 H_8$, Husemann die oben angeführte.

Zersetzung. Derivate. Im Lichte wird das Carotin bald farblos und dabei unkrystallisirbar, schwer löslich in Schwefelkohlenstoff und leicht löslich in Weingeist und Aether, also völlig verändert. Eine ähnliche Veränderung tritt auch beim Erhitzen auf 150° ein. In höherer Temperatur schmilzt es dann und wird endlich zerstört. Von conc. Schwefelsäure wird es mit schön purpurblauer Farbe (das durch Licht veränderte mit Umbrafarbe) gelöst und durch Wasser aus dieser Lösung in dunkelgrünen, nicht mehr krystallisationsfähigen Flocken wieder abgeschieden. Gasförmige schweflige Säure färbt das Carotin tief indigblau, ohne es sonst zu verändern, wässrige dagegen kaffeebraun; in beiden Fällen stellt Kali die rothe Farbe wieder her. Kalte rauchende Salpetersäure verwandelt es in Nitrocarotin, das aus der Lösung durch Wasser als citronengelber, in Schwefelkohlenstoff unlöslicher und auch in Weingeist und Aether nur schwierig löslicher Niederschlag gefällt wird. — Chlor, Brom und Jod erzeugen mit dem Carotin Substitutionsproducte, von denen das Quadrichlorcarotin durch Ueberleiten von trocknem Chlor über Carotin und Fällen der weingeistigen Auflösung des Products mittelst Wasser als weisses amorphes, bei 100° dunkelroth werdendes, bei 120° schmelzendes Pulver erhalten wird. Durch Kochen mit weingeistigem Kali wird das Carotin unkrystallisirbar, während wässriges Kali und verdünnte Mineralsäuren ohne Einwirkung sind (Husemann).

Hydrocarotin. $C_{18} H_{30} O$. — Dieser zweite in der Wurzel der cultivirten *Daucus Carota L.* sich findende Körper wurde von

Bödeker zuerst bemerkt, dann von A. Husemann (Ann. Chem. Pharm. **117**. 200) als eigenthümlich erkannt und näher untersucht. Brimmer fand denselben als Bestandtheil der Wurzel von Angelica.

Es wird bei Gelegenheit der Darstellung des Carotins aus den weingeistigen Auskochungen des durch Schwefelsäure im ausgepressten Möhrensaft erzeugten Coagulums erhalten. Dieselben setzen beim Erkalten zunächst einen rothbraunen Schlamm ab, den man entfernt, dann bei längerem Stehen ein krystallinisches Gemenge von Mannit und Hydrocarotin. Von letzterem liefert die Mutterlauge beim Einengen noch mehr. Man reinigt es, indem man den beigemengten Mannit durch Behandlung mit Wasser entfernt, dann wiederholt aus möglichst wenig heissem Weingeist umkrystallisirt und endlich noch mit Wasser auskocht (Husemann). Darstellung.

Das Hydrocarotin bildet farblose seideglänzende grosse dünne weiche und sehr biegsame Blättchen ohne Geruch und Geschmack, die auf Wasser schwimmen, ohne sich zu benetzen, bei 100° hart und brüchig, in wenig höherer Temperatur gelblich und weich werden und dann bei 126°,5 ohne Gewichtsverlust zu einer gelben Flüssigkeit schmelzen, die harzartig erstarrt und nicht wieder krystallisirt erhalten werden kann. Es löst sich nicht in Wasser, dagegen reichlich in kochendem Weingeist, aus dem es beim Erkalten fast vollständig herauskrystallisirt, leicht ferner auch in Aether, Chloroform, Schwefelkohlenstoff, Benzol, flüchtigen und fetten Oelen (Husemann). Eigenschaften.

Die von Froehde (Journ. pract. Chem. **102**. 7) ausgesprochene Ansicht, das Hydrocarotin sei mit Cholestrin identisch, ist von Husemann (Arch. Pharm. **129**. 30) widerlegt worden.

Ueber seinen Schmelzpunkt hinaus erhitzt wird das Hydrocarotin roth und verkohlt dann bei 280°. Conc. Schwefelsäure löst es mit rubinrother Farbe und Wasser scheidet es aus dieser Lösung, wenn schwach erwärmt wurde, im unkrystallisirbaren Zustande wieder ab. Bei Einwirkung von rauchender Salpetersäure entsteht eine Nitroverbindung und Chlor, Brom und Jod verwandeln es in amorphe Substitutionsproducte. Aus dem Bromhydrocarotin, $C_{18}H_{27}Br_3O$, entsteht beim Erwärmen mit weingeistigem Kali ein gelbrother bromfreier, mit dunkelrother Farbe in Schwefelkohlenstoff löslicher Körper, der vielleicht Carotin ist. — Kalihydrat führt das Carotin erst beim Schmelzen damit in eine gelbe amorphe Masse über, während wässriges oder weingeistiges Kali, verdünnte Mineralsäuren und Oxydationsmittel keine Veränderung bewirken (Husemann). Zersetzung.

Ammi. Thapsia. Sium.

Aus den Samen von Ammi Wisnaga hat Mustapha (Berl. Ber. 12. 2266) ein Glykosid dargestellt, Kellin, weisse Nadeln, in heissem Wasser löslich. Kellin.

Untersuchungen der Wurzel von Thapsia Garganica L. und Th. Silphium sind von Yvon (Journ. pharm. chim. (4) 25. 588) gemacht worden. Als der wirksame Bestandtheil des in Frankreich zur Bereitung eines hautröthenden Pflasters vielgebrauchten Thapsiaharzes, von Thapsia Garganica L., scheint nach St. Martin (Bull. gén. Thérap. 172. 1868) ein braunes, bröckliges Harz, das darin zu 66% vorhanden ist, neben ätherischem

Oele anzusehen zu sein; die darin enthaltene Harzsäure (Thapsiasäure) soll nur auf Zunge und Lippen, nicht auf die Haut irritirend wirken. Nach Yvon soll das Harz von Thapsia Silphium noch irritirender rein. — Von Porter (Americ. J. pharm. 84. 348) und Rogers (ebendas. 48. 483) sind Untersuchungen über Sium latifolium veröffentlicht.

Dorema.

Ammoniak. Das Ammoniakgummi(harz) des Handels stammt grossentheils aus Persien und ist der eingetrocknete Milchsaft von Dorema ammoniacum (Aucheri, auch tingitana), der freiwillig oder, durch Insectenstiche veranlasst, ausfliesst. Das persische Ammoniak bildet milchweisse oder gelbliche Körner, oder grössere gelbe oder bräunliche Massen, welche bei niederer Temperatur hart und spröde, bei mittlerer klebend und weich sind, beim Erhitzen nur unvollständig schmelzen, widrig riechen, schwach bitter und hinterher kratzend schmecken. Mit Wasser angerieben giebt es eine milchige Flüssigkeit. Weingeist entzieht ihm ein klares, fast farbloses, leicht schmelzbares Harz (bis 70 % Hirschsohn), dessen Zusammensetzung nach Johnston (Phil. Trans. 1840. 350) der Formel $C_{40} H_{25} O_9$ entspricht. Beim Destilliren mit Wasser liefert es ein farbloses, stark riechendes ätherisches Oel das 5°,8' rechts dreht (Flückiger). In Salpetersäure von 1,35 spec. Gew. löst es sich nach kurzem Kochen unter Bildung von Camphresinsäure, $C_{10} H_{14} O_7$ (Schwanert, Ann. Chem. Pharm. 128. 123). Beim Schmelzen mit Kalihydrat liefert es Protocatechusäure und Resorcin (Hlasiwetz und Barth). Nach Braconnot (Ann. Chim. 68. 69) enthält es in 100 Th. etwa 70 Th. Harz, 23 Th. Gummi und Bassorin und 6 Th. Wasser. Martius fand 0,4 % ätherisches Oel, Flückiger ⅓ %. — Beim Erhitzen mit Zinkstaub (10 Th.) entsteht $C_{18} H_{20}$, Sdpkt. 235, ausserdem m- und p-Xylol, m-Aethyltoluol, und o-Aethylphenolmethyläther $C_2 H_5 . C_6 H_4 . O . CH_3$ (Ciamician, Berl. Ber. 12. 1658). — Nach Przeciszewski (Pharmakol. Unters. über Ammoniacum, Sagapenum und Opoponax. Dorpat, 1862) ist das ätherische Oel nicht schwefelhaltig und lässt sich das Harz in ein saures hellbraunes und ein indifferentes, schwefelhaltiges Harz zerlegen, welche beide selbst zu 15,0 ohne Einwirkung sind, der Hauptmenge nach mit den Faeces entleert werden und nur spurweise im Harn auftreten. Auch Trousseau und Pidoux haben schon früher von 8,0 Ammoniacum keinerlei Befindensänderung constatirt, wonach die älteren Angaben über Störung der Digestion, purgirende Action und Hervorbringung von Hautaffectionen durch grössere Dosen zweifelhaft sind. Das Ammoniacum hat bis in die neueste Zeit hinein in der Art der balsamischen Mittel Anwendung und Lobredner (Savignac, Bull. Acad. méd. 32. 1237) gefunden und dient ausserdem zu Pflastern, die zur Zertheilung von Drüsengeschwülsten (Emplastrum Ammoniaci), bei Leichdornen, bei Tinea capitis oder bei Druckverbänden (Eversches Pflaster) benutzt werden. — Das afrikanische Ammoniacum bildet gelbweisse oder hellbräunliche Massen, die beim Erwärmen schwach benzoëartig riechen und etwas scharf, aber nicht bitter schmecken. Das afrikanische Ammoniak enthält nach Moss (J. Chem. Min. 1873. 867) 67,8% Harz, 9% Gummi, Bassorin und Unlösliches 18,9%, äther. Oel + Wasser 4,3 % (Goldschmidt, Berl. Ber. 1878. 850).

Ferula.

Das Galbanum oder Mutterharz, theils aus Mittel-Afrika, theils aus Persien eingeführt, ist der eingetrocknete Milchsaft von *Ferula galbaniflora, rubricaulis, Schair,* und vielleicht noch einiger anderer *Ferula*-Arten. Es bildet gelbliche oder braune Körner oder Massen, die in der Wärme weich und klebend, kalt spröde sind, durchdringend und nicht gerade unangenehm riechen und scharf und bitter schmecken. Mit Wasser giebt es eine gelbliche Emulsion und von Weingeist wird es nur unvollständig gelöst. Es enthält nach Pelletier (Bull. Pharm. 4. 97) in 100 Th. 6 Th. ätherisches Oel, 67 Th. Harz, 19 Th. Gummi und 8 Th. fremde Einmengungen. Das ätherische Oel ist farblos, rechtsdrehend, 9,1°—10,3° (Flückiger) siedet bei 170°, hat das spec. Gew. 0,884, ist mit dem Terpentinöl isomer und erzeugt mit Salzsäuregas Krystalle (Mössmer, Ann. Chem. Pharm. **119**. 257). Das durch Destilliren des Galbanums mit Wasser, Auflösen des Rückstandes in Kalkmilch und Fällen der Lösung mit Salzsäure isolirte Galbanumharz bildet amorphe weissgelbe Flocken, die in der Wärme erweichen und schmelzen und sich leicht in Weingeist, völlig auch in käuflichem, dagegen nicht ganz in absolutem Aether lösen (Mössmer). Seine Zusammensetzung entspricht nach Mössmer u. Hlasiwetz der Formel $C_{26}H_{38}O_5$. Bei der trocknen Destillation liefert es Wasser, ein blaues, dickes, bei 289° siedendes Oel von der Formel $C_{20}H_{30}O$ und Krystalle von Umbelliferon (Sommer, Arch. Pharm. **148**. 3). Letzteres entsteht auch beim Erhitzen seiner mit Salzsäuregas gesättigten weingeistigen Lösung auf 100° (Mössmer). Schmilzt man es mit Kalihydrat zusammen, so finden sich im Rückstande Resorcin, Oxalsäure und flüchtige Fettsäuren (Hlasiwetz und Barth, Wien, Akad. Ber. **49**. 203). Dem blauen Oele ist aber nach Kachler (Berl. Ber. 1871. 39) ein Kohlenwasserstoff $C_{30}H_{48}$ beigemengt, der beim längeren Erhitzen des Oeles bei 240—250° beseitigt wird. Der so erhaltene Rückstand $C_{10}H_{16}O$ verliert mit Phosphorsäureanhydrid Wasser. Dieser so erhaltene Kohlenwasserstoff giebt, mit Aether verdünnt, mit Brom eine blaue Färbung. Dieser blaue Bestandtheil des Galbanumöles stimmt mit dem blauen Bestandtheile des Kamillenöles überein. Nach Semmer (Disquis. pharm. de Asa foetida et Galbano. Dorp. 1859) besteht das Galbanumharz aus einem sauren und indifferenten Harze (beide schwefelhaltig), wovon das letztere zu 15,0 Purgiren bedingt, während das saure Harz zu 12,0 nicht auf den Stuhl wirkt und beide Harze in den Fäces zum grössten Theile, im Harn nur spurweise erscheinen, und afficirt das ätherische Oel zu 60 Tr. den menschlichen Organismus nicht, während es im Urin erscheint. Die Anwendung des Galbanum als Emmenagogum, Balsamicum und Antispasmodicum, sowie als Bestandtheil des Emplastrum oxycroceum und de Galbano crocatum kann füglich übergangen werden. Galbanum.

Umbelliferon. $C_9H_6O_3$. — $OH.C_6H_3 < {O \,.\, CO \atop CH : CH}$, Anhydrid der Umbelliferonsäure. — Das Umbelliferon entsteht bei der trocknen Destillation verschiedener anderer Harze, namentlich aus der Familie der Umbelliferen, und kommt nach Zwenger und Sommer (Ann. Chem. Pharm. **115**. 15) fertig gebildet in der Seidelbastrinde (*Daphne Mezereum L.*) vor. Es bildet farblose seideglänzende, geschmack- und geruchlose Nadeln, die bei 223—224° schmelzen, aber schon unterhalb dieser Temperatur sublimiren. Es Umbelliferon.

löst sich leicht in kochendem Wasser, damit eine blau fluorescirende Lösung gebend, leicht auch in Weingeist, Aether und Chloroform, leicht auch in Schwefelsäure mit blauer Fluorescenz. Beim Schmelzen entsteht Resorcin neben Kohlensäure und Wasserstoff. (Bezüglich des weiteren Verhaltens vergl. man Hlasiwetz und Grabowsky, Ann. Chem. Pharm. **139**. 99. — Tiemann und Reimer, Berl. Ber. **12**. 994. — Posen, ebendas. **14**. 2745. — Hlasiwetz, ebendas. 5. 551. — Tiemann, Levy, ebendas. **10**. 2216). Nach Böhm (Arch. exp. Path. **4**. 282) ist Umbelliferon nicht giftig.

Resorcin.

Resorcin. $C_6H_4(OH)_2$. Metadioxybenzol. — Dasselbe entsteht beim Schmelzen von Galbanum, Asa foetida, Sagapenum, Acaroïdharz mit Kali (Hlasiwetz und Barth), beim Schmelzen von m-Jodphenol mit Kali, von p- oder m-Disulfonsäure des Benzols mit Kali (Körner, Zeitschr. Chem. 1868. 322. — Barth und Senhofer, Berl. Ber. 8. 1483), aus m-Amidophenol mit salpetriger Säure (Bantlin, Berl. Ber. **11**. 2101), beim Schmelzen von p-Chlorbenzolsulfonsäure, von Phenolsulfonsäure, von p-, o (und m-) Bromphenol mit Kali (Oppenheim, Ann. Chem. Pharm. 6 Suppl. 376. — Kekulé, Zeitschr. Chem. 1867. 301. — Fittig u. Meyer, Berl. Ber. **7**. 1177; **8**. 362), beim Schmelzen von Phenol mit Natron (Barth, Schreder, Ann. Chem. Pharm. **130**. 354), bei der trocknen Destillation des Brasilienholzextractes (Kopp, Berl. Ber. **6**. 447), sowie beim Schmelzen von Sappanholzextract mit Natron (Schreder, Berl. Ber. **5**. 572). Die Darstellung gelingt am besten durch Schmelzen von m-Benzoldisulfonsäure mit Aetzkali (235—270°) (Degener, J. pr. Chem. (2) **20**. 319).

Das Resorcin bildet rhombische Tafeln, oder dicke Säulen, ist löslich in Wasser, Aether, Alkohol, Schmpkt. 110°, Sdpkt. 276,5°, spec. Gew. 1,271 bei 15°, unlöslich in Chloroform, Schwefelkohlenstoff. Der Geschmack ist süss; dasselbe reducirt in der Wärme ammoniakalische Silberlösung und Fehlings Lösung.

Reactionen zum Nachweis.

Mit Eisenchlorid liefert Resorcin eine dunkelviolette Färbung (Hlasiwetz); erhitzt man Resorcin mit überschüssigem Phtalsäureanhydrid bis fast zum Kochen und löst die gelbrothe Schmelze nach dem Erkalten in verdünnter Natronlauge, so entsteht eine grüne Fluorescenz (Baeyer, Ann. Chem. Pharm. **183**. 8). Die ätherische Lösung des Resorcins giebt mit wenigen Tropfen salpetrige Säure reicher Salpetersäure, beim Stehen Krystalle von Diazoresorcin, die mit Ammoniak behandelt sich mit blauvioletter Farbe lösen (Weselsky, Ann. Chem. Pharm. **162**. 276).

Das Resorcin hat in den letzten Jahren vorzugsweise durch die Bemühungen von Andeer, der schon 1877 Mittheilungen über die antiseptischen, kaustischen und hämostatischen Eigenschaften des Resorcins machte und seine ausgedehnten Versuche über physiologische, toxikologische und therapeutische Wirkung des dem Phenol bezüglich seiner Action sehr nahestehenden, aber weniger giftigen Körpers in einer besondern Schrift (Einleitende Studien über das Resorcin zur Einführung desselben in die praktische Medicin. Würzburg, 1880) und in einer grösseren Zahl kleinerer Artikel niederlegte, und von Lichtheim (Schweiz. Corresbl. 455. 1880), der es zuerst als Antipyreticum versuchte, verbreitete medicinische Anwendung gefunden. Da es nicht als eigenthümlicher Pflanzenstoff, sondern als organisches Artefact in Anwendung kommt, würde eine detaillirte Darstellung der Verhältnisse desselben nicht dem Zwecke dieses Buches entsprechen und müssen wir uns begnügen, auf die Arbeiten von

Andeer und die Schrift von Callias (De la resorcine et sur son emploi en thérapeutique. Paris, 1881) hinzuweisen. Vgl. auch Husemann, Arzneimittellehre. S. 500.

Brenzcatechin. $C_6H_4(OH)_2$. Orthodioxybenzol. — In Kinosorten, Ampelopsis hederacea, im Pferdeharn, auch Menschenharn als Schwefelsäure vorkommend, entsteht Brenzcatechin beim Schmelzen von Guajakharz und Benzoëharz mit Aetznatron (Hlasiwetz u. Barth), bei der trocknen Destillation von Moringerbsäure (Wagner, Ann. Chem. Pharm. 76. 351; 80. 316), von Katechin (Zwenger, ebendas. 37. 327) der eisengrünenden Gerbstoffe überhaupt, des Heidelbeerextractes neben Phloroglucin (Uloth, ebend. 111. 215), von Holz (Pettenkofer, Buchner), von Protocatechusäure (Strecker, ebendas. 118. 285), beim Erhitzen von Filtrirpapier, Rohrzucker, Stärke, Piperonylsäure mit Wasser bei 200—300° (Hoppe-Seyler, Berl. Ber. 4. 15. — Reinses, Fittig, Ann. Chem. Pharm. 159. 143), beim Schmelzen von Phenol mit Natron neben Resorcin und Phloroglucin (Barth, Schreder, Berl. Ber. 12. 419), beim Schmelzen von Jodphenol, o-Jodphenol, o-Phenolsulphonsäure, o-Bromphenol mit Kali (Lautemann, Ann. Chem. Pharm. 120. 315. — Körner, Zeitschr. Chem. 1868. 322. — Kekulé, ebendas. 1867. 643. — Fittig und Mager, Berl. Ber. 8. 364). Brenzcatechin.

Man stellt Brenzcatechin am besten durch Schmelzen von o-Phenolsulfonsäure mit 24 Mol. Kali bei 360° her (Degener) oder durch Einleiten von JH in bis auf 195—200° erhitztes Guajakol, Fractionirung, und Umkrystallisiren aus Benzol (Baeyer, Berl. Ber. 8. 153).

Prismatische Nadeln oder Blätter, Schmpkt. 104°, Sdpkt. 240—245°, spec. Gew. 1,344, löslich in Wasser, Alkohol, Aether, heissem Toluol, reducirt Kupfer, Silber, Gold aus Lösungen, fällbar durch Bleiacetat.

Wässrige Lösungen von Brenzcatechin geben mit Eisenchlorid (4 Th. Eisenchlorid in 100 Th. Wasser) eine smaragdgrüne Färbung, die auf Zusatz von Sodalösung violett wird (Hlasiwetz, Barth, Ebstein, Müller). Nachweis.

Brenzcatechin wirkt im Wesentlichen wie Phenol, Resorcin und Hydrochinon, übertrifft dieselben jedoch sowohl an Giftigkeit und antipyretischem Effecte (vgl. Brieger, Arch. klin. Med. 3. 25. 1881) als auch in Bezug auf die Verhütung von Schimmelbildung und Bacterienentwicklung (vgl. Arthur Masing, Ein Beitr. zur Kenntniss der antiseptischen und physiol. Eigenschaften des Brenzcatechins. Dorpat, 1882.)

Hydrochinon. $C_6H_4(OH)_2$. Paradioxybenzol. — Das Hydrochinon bildet sich bei der trocknen Destillation bernsteinsaurer Salze (Richter, J. pr. Chem. (2) 20. 207), bei der Oxydation von Anilin mit Chromsäuremischung und zwar (1 Th. Anilin, 8 Th. Schwefelsäure, 30 Th. Wasser, $2^1/_2$ Th. Kaliumdichromat, späterer Zusatz von Alkalisulfit und Ausschütteln mit Aether, Nietzky, Berl. Ber. 10. 2005; 11. 1104), Reduction von Chinon (Wöhler), Erhitzen von Arbutin mit verdünnter Schwefelsäure, Behandeln von Arbutin mit Emulsin (Strecker, Ann. Chem. Pharm. 107. 229. — Kawalier, ebendas. 84. 358), trockene Destillation von Chinasäure, Oxysalicylsäure, Gentisinsäure (Wöhler, Ann. Chem. Pharm. 51. 152. — Demole, Berl. Ber. 7. 1441), Schmelzen von p-Jodphenol mit Kali (Körner) u. s. w. Hydrochinon.

Hexagonale Prismen oder monokline Blättchen (durch Sublimation),

Schmpkt. 169°, leicht löslich in Alkohol, Aether, heissem Wasser, schwer löslich in kaltem Benzol, nicht fällbar durch Bleiacetat, reducirt Silberlösung und Kupferlösungen.

Ueber die Action und therapeutische Verwendung dieses nach Art des Phenols wirkenden organischen Artefacts vgl. Brieger, Arch. Anat. Physiol. 61. Suppl. Bd. 1879. Centralbl. med. Wiss. 673. 1880. Ztschr. klin. Med. 3. 25. 1881.

Protocatechusäure.

Protocatechusäure. $C_7H_6O_4$. — $(OH_2)\ C_6H_3\ CO\ OH$. α-Orthodioxybenzoësäure. — Protocatechusäure entsteht beim Schmelzen von Guajakharz, Drachenblut, Benzoëharz, Xanthorroeaharz, Asa foetida, Opoponax, Myrrhe, Vanillin, Gerbstoffen etc., von Nelkenöl, Piperinsäure, Catechin, Hemipinsäure, Maclurin mit Kali (Hlasiwetz, Barth, siehe oben. — Hlasiwetz, Grabowsky, Ann. Chem. Pharm. 139. 196. — Strecker, ebendas. 118. 311. — Kraut, Delden, ebendas. 128. 285. — Beckett und Wright, J. Chem. Min. 1876. 808. — Hlasiwetz und Pfaundler, Ann. Chem. Pharm. 130. 346), beim Behandeln von Chinasäure mit Brom (Fittig, Macalpine, Ann. Chem. Pharm. 168. 111. — O. Hesse, ebendas. 112. 52; 122. 211), Schmelzen von Kali mit Anissulfonsäure, p-Kresolsulfonsäure, o-Kresolsulfonsäure, Bromanissäure, Jod-p-Oxybenzoësäure etc. (Barth, Ann. Chem. Pharm. 154. 304; 159. 232. — Malin, ebendas. 152. 109).

Die Darstellung gelingt durch Schmelzen von 1 Th. Kino mit 3 Th. Aetznatron, Auflösen der Schmelze in 20 Th. Wasser und Ansäuern mit verdünnter Schwefelsäure, Ausschütteln mit Aether etc. (Stenhouse, Ann. Chem. Pharm. 177. 188).

Monokline nadelförmige Krystalle, Schmpkt. 199° (194°), spec. Gew. 1,5415, leicht löslich in Wasser, Alkohol, schwer löslich in Aether, reducirt Silberlösung, aber nicht Kupferlösung, fällbar durch Bleiacetat.

Nachweis.

Protocatechusäurelösungen geben mit Eisenchlorid grünblaue Färbung, die auf Zusatz von Soda dunkelroth wird. Die Salze geben mit Eisenvitriollösung violette Färbung.

Asa foetida.

Die Asa foetida (Stinkasant, Teufelsdreck), der eingetrocknete, aus Einschnitten in die Wurzeln ausfliessende Milchsaft der in Persien einheimischen *Ferula scorodorma*, *Narthex alliacea L.* und vielleicht noch anderer *Ferula*-Arten kommt reiner aber seltener in Körnern, häufiger in grösseren Massen vor. Sie ist auf frischen Bruchflächen weiss, färbt sich aber an der Luft schnell rosenroth, violett oder gelbbraun. Unter 0° spröde und zerreiblich wird sie schon in der Hand weich und knetbar und schmilzt bei höherer Temperatur. Sie riecht, namentlich beim Erwärmen, höchst unangenehm knoblauchartig und schmeckt bitter und scharf. Mit Wasser giebt sie eine Emulsion, von Weingeist wird sie nur theilweise gelöst. Sie enthält 3—9% eines flüchtigen Oels, ferner krystallisirbare Ferulasäure, Harz, Gummi, unorganische Salze und Beimengungen von Holz und Sand. Flückiger beobachtete grosse Schwankungen im Harzgehalte 10—70%. Maisch (Americ. J. pharm. (4) 1. 232) untersuchte 5 Sorten mit sehr schwankendem Harzgehalte und Oelgehalte.

Aetherisches Oel.

Das ätherische Oel, wie es scheint ein Gemenge von $(C_6H_{11})_2S$ und $C_6H_{10}S$, ist hellgelb, dünnflüssig, von penetrantem Geruch, siedet unter theilweiser Zersetzung zwischen 130 und 140°, löst sich in etwa 2000 Th. Wasser, leicht in Weingeist und Aether (Hlasiwetz, Ann. Chem. Pharm. 71. 23), spec. Gew. 0,915 (Flückiger), rechtsdrehend 13—19°. Das durch Fällen des weingeistigen, durch Abdestilliren vom ätherischen Oel befreiten Auszugs der Asa foetida mit Wasser abgeschiedene Harz ist gelbweiss, fast geruchlos, färbt sich an der Luft bald rosenroth und liefert beim Schmelzen mit Kalihydrat Resorcin, Protocatechusäure und flüchtige Fettsäuren (Hlasiwetz). Nach Semmer (vgl. Galbanum) lässt sich das Harz der Asa foetida in einen indifferenten und sauren Antheil zerlegen, welche beide schwefelhaltig sein sollen, zu 15,0 nicht abführen und fast ganz mit den Faeces entfernt werden, ohne anders wie spurweise im Urin zu erscheinen, und bewirkt das ätherische Oel zu 60 Tropfen ausser knoblauchduftendem Ructus keine Befindensänderung, während der Geruch desselben sich in Exspiration und Perspiration, Harn und Faeces zu erkennen giebt. Es stimmen damit die Erfahrungen von Trousseau und Pidoux über die Wirkung grosser Gaben Asa foetida (15,0), wonach die Ausscheidung des Oels erst in 48 Stunden sich vollendet, überein. Eine Zersetzung des Oels ist nicht anzunehmen, da der Gehalt an Sulfaten im Urin sich nicht vermehrt (Semmer). Die medicinische Anwendung dieses bekannten Antispasmodicum und Antihystericum bedarf keiner ausführlichen Darstellung. Wirkung.

Ferulasäure. $C_{10}H_{10}O_4$. m-Methylätherkaffeesäure. $CH_3O.C_6H_3(OH).C_2H_2.CO.OH(C_2H_2):OCH_3:OH = 1:3:4$. — Dieselbe findet sich nach Hlasiwetz und Barth (Ann. Chem. Pharm. **138**. 61) in der Asa foetida, aus der man sie erhält, indem man den weingeistigen Auszug mit weingeistigem Bleizucker fällt, den hellgelben Niederschlag durch Waschen mit Weingeist und wiederholtes Abpressen möglichst vollständig von anhängendem Harz befreit, ihn dann in warmem Wasser zertheilt, durch verdünnte Schwefelsäure zersetzt und das Filtrat zur Krystallisation verdampft. Die anschiessende rohe Säure wird durch Umkrystallisiren aus Weingeist und zuletzt aus kochendem Wasser gereinigt. Ferulasäure. Darstellung.

Sie bildet lange vierseitige rhombische Nadeln, ohne Geschmack, aber von saurer Reaction, die bei 168—169° schmelzen, beim Erkalten krystallinisch wieder erstarren, bei stärkerem Erhitzen zerstört werden. Sie löst sich fast gar nicht in kaltem, ziemlich gut in kochendem Wasser und in Aether, leicht in Weingeist, sehr leicht und mit gelber Farbe in wässrigen Alkalien. Ihre gelbe Lösung in conc. Schwefelsäure zeigt grüne, beim Verdünnen mit Wasser verschwindende Fluorescenz. Die wässrige Lösung wird durch Bleiacetat und durch Eisenchlorid gefällt, die ammoniakalische eigelb durch Silbernitrat. — Das Ammoniumsalz, $C_{10}H_9(NH_4)O_4 + H_{20}$, krystallisirt in Blättern, das strohgelbe Kaliumsalz, $C_{10}H_8K_2O_4$, ist zerfliesslich, das Silbersalz, $C_{10}H_9AgO_4$, bildet einen citronengelben Niederschlag.

Bei der trocknen Destillation scheint neben Phenol und Guajacol Brenzcatechin gebildet zu werden; beim Schmelzen mit Kalihydrat entsteht neben etwas Oxal-, Essig- und Kohlensäure als Hauptproduct Protocatechusäure (Hlasiwetz und Barth). Beim Kochen reducirt dieselbe Fehlingsche und Silberlösung, schmelzendes Aetzkali liefert Essigsäure und Protocatechusäure, Natriumamalgam Hydroferulasäure $C_{10}H_{12}O_4$ (Tiemann, Berl. Ber. **9**. 416 und Tiemann, Nagai, ebendas. **11**. 650). Zersetzungen.

Hier sind noch zu nennen die isomere Isoferulasäure, Hesperetinsäure, Paramethylätherkaffeesäure (siehe Hesperidin), sowie die Kaffeesäure, $C_9H_8O_4$, die sich beim Kochen der Kaffeegerbsäure mit Kali bildet.

Das Sagapenum, der eingetrocknete Milchsaft der persischen *Ferula Szo-* Sagapenum.

vitsiana Dec., kommt in braungelben bis rothbraunen Körnern oder Massen in den Handel. Es erweicht in der Hand, ohne bei höherer Temperatur zu schmelzen, riecht knoblauchartig, schmeckt scharf und bitter. Mit Wasser bildet es eine Emulsion, von Weingeist wird es nur unvollständig gelöst. Es enthält ein gelbes, dünnflüssiges, an der Luft verharzendes ätherisches Oel, verschiedene Harze, Gummi, Aschenbestandtheile und mechanische Beimengungen. (Man vergl.: Brandes, Trommsdorffs N. Journ. **2.** (2) 97. — Johnston, Phil. Trans. 1840. 361). Nach Przeciszewski (Dissertation Dorpat. 1862) ist das ätherische Oel des Sagapenum schmutziggrün, von saurer Reaction, riecht knoblauchartig, schmeckt scharf aromatisch und wird im Körper nicht zersetzt; die sämmtlich schwefelhaltigen Harze sind ein saures und zwei indifferente, von denen das eine in weissen Nadeln krystallisirt, welche aber durchweg im Organismus wie die Ammoniakharze sich verhalten. Das Sagapenum wurde früher wie Asa foetida benutzt.

Opoponax.

Opoponax.

Das Opoponax, der aus Einschnitten in die Wurzel von *Opoponax Chironium Koch. s. Ferula Opoponax L.* ausgeflossene und an der Luft getrocknete Milchsaft, bildet Körner oder Klumpen von rothgelber oder brauner Farbe und wachsglänzendem Bruch, die sich zu einem goldgelben Pulver zerreiben lassen. Es riecht stark und eigenthümlich, beim Schmelzen, das nur unvollständig erfolgt, knoblauchartig, schmeckt sehr bitter und balsamisch. Mit Wasser giebt es eine Emulsion, Weingeist löst nur theilweise. Es enthält sehr wenig ätherisches Oel, ein Harz, das bei 100° schmilzt, sich in Aether und wässrigen Alkalien löst und beim Schmelzen mit Kalihydrat Brenzcatechin und Protocatechusäure liefert, ferner Gummi, anorganische und organische Salze und fremde Beimengungen. (Man vergl.: Pelletier, Ann. Chim. **79.** 90. — Johnston, Phil. Trans. 1840. 352). Nach Przeciszewski ist das grünlichgelbe, an der Luft dunkler werdende Oel nicht schwefelhaltig und das Harz in einen sauren und indifferenten Antheil trennbar, die beide Schwefel enthalten und in ihren Beziehungen zum Organismus den Harzen des Ammoniakgummi und Sagapenum gleichen. Opoponax wurde früher wie Galbanum medicinisch benutzt.

Sumbulbalsam.

Als Sumbulbalsam bezeichnet Reinsch (Jahrb. Pharm. **6.** 300; **7.** 79; **13.** 68; **16.** 12) die klare blassgelbe harzartige Masse, welche hinterbleibt, wenn man das ätherische Extract der Moschuswurzel, *Radix Sumbuli*, von einer unbekannten Umbellifere stammend, in 75procent. Weingeist aufnimmt und die Lösung verdunstet. Er enthält reichlich Angelicasäure und Valeriansäure). Bei der trocknen Destillation lässt er ein blaues Oel übergehen, welches Umbelliferon enthält (Sommer, Arch. Pharm. (2) **98.** 1).

b. Araliaceae.

Hedera.

Der Epheu, Hedera Helix, war vielfach Gegenstand der Untersuchung, welche aber noch keine absolut sicheren Resultate geliefert hat. In Nachstehendem folgt das bis jetzt Bekannte:

Hederasäure. Hederagerbsäure.

Hederasäure und Hederagerbsäure. Literat.: Posselt, Ann. Chem. Pharm. **69.** 62. — Davies, J. Chem. M. 1878. 960. — Ch. F. Kingzett, Pharm. J. Trans. (3) **8.** 206.

Entfettet man die frischen Samen von Hedera Helix mittelst Aether und kocht sie dann wiederholt mit Alkohol aus, so scheidet sich aus den durch Destillation concentrirten vereinigten weingeistigen Auszügen unreine Hederinsäure ab, die nur schwierig aus Aetherweingeist krystallisirt erhalten werden kann. Zieht man dann weiter die mit Weingeist erschöpften Samen mit kochendem Wasser aus, reinigt den mit Essigsäure angesäuerten Auszug durch Ausfällen mit Bleizucker und fällt das Filtrat mit Ammoniak, so wird ein schön gelber Niederschlag von hederagerbsaurem Blei erhalten, aus dem durch Zerlegung mittelst Schwefelwasserstoff unter Wasser und Verdunsten des Filtrats die Hederagerbsäure in nicht völlig reinem Zustande gewonnen werden kann.

Davies hat der Hederasäure die Formel $C_{16}H_{26}O_4$ gegeben und durch Einwirkung von Salpetersäure eine Nitrosäure hergestellt. — Kingzett behauptet, dass durch Kochen der Hederasäure mit verdünnter Schwefelsäure Zucker abgespalten wurde.

Die Hederinsäure ($C_{15}H_{26}C_4 + H_2O$?) bildet feine weisse weiche Nadeln und Blättchen, ohne Geruch, von stark kratzendem Geschmack und schwach saurer Reaction. Sie zersetzt sich beim Erhitzen. In Wasser und Aether ist sie unlöslich, in Weingeist löslich. Sie treibt die Kohlensäure aus ihren Salzen aus und bildet mit Ammoniak, Kali, Baryt und Kalk amorphe gallertartige, kaum in Wasser, aber in Weingeist lösliche Salze. Das Silbersalz ist aus Weingeist krystallisirbar (Posselt). Hederinsäure.

Die Hederagerbsäure ist eine amorphe, geruchlose, sauer reagirende Masse. Ihre wässrige Lösung färbt sich beim Verdunsten; fällt Leimlösung nicht, reducirt Silber- und Quecksilbernitrat, wird durch Alkalien gelb gefärbt, durch Kalk-, Baryt- und Bleisalze gelb, durch Kupfersalze grünlich gefällt, durch Eisenoxydsalze dunkelgrün gefärbt (Posselt).

Hederaglycosid. $C_{32}H_{54}O_{11}$. — Wird das trockne alkoholische Extract der Blätter des Epheu mit kaltem Benzol gewaschen und dann mit kochendem Aceton aufgenommen, so scheiden sich beim Erkalten seidenglänzende Nadeln aus, die folgende Eigenschaften haben: Schmpkt. 233°, linksdrehend $(\alpha)D = -47{,}5°$ in alkoholischer Lösung, unlöslich in Wasser, Chloroform, Ligroïn, wenig löslich in kaltem Aceton, Benzol, Aether, besser in heissem Alkohol und heissen Alkalien, zerfällt beim Erwärmen mit verdünnter Schwefelsäure in einen krystallisirbaren, nicht gährungsfähigen Zucker, der Fehling-sche Lösung reducirt und einen Körper $C_{26}H_{44}O_6$, Schmpkt. 278—280°, rechtsdrehend $(\alpha)D = +42{,}6°$ (J. Vernet, Berl. Ber. **14.** 685). Hederaglycosid.

Aralia.

L. H. Holden (Pharm. J. Trans. (3) **11.** 210; Berl. Ber. **14.** 1112) hat die Rinde von Aralia spinosa untersucht und darin Fett, Gerbstoff und ein Glycosid Araliin gefunden, das aus der wässrigen Abkochung durch Bleiacetat gefällt wird, aus dieser Fällung aber wieder mit Alkohol extrahirt werden kann. Dasselbe ist noch nicht rein dargestellt, wird mit verdünnten Säuren in Zucker und Aralietin gespalten. J. Silly (Pharm. J. Trans. 1882. 305; Berl. Ber. 15. 2746) erhält das Glycosid aus dem alkoholischen Extracte, das mit Aether behandelt wird, in welchem das Glycosid unlöslich ist. Der Rückstand des ätherischen Auszuges wird in Wasser gelöst, mit neutralem Bleiacetat gefällt, das Filtrat mit bas. Bleiacetat gefällt, welcher Niederschlag, Araliin.

mit Schwefelwasserstoff zerlegt, das Glycosid abgiebt, das aus Alkohol umkrystallisirt wird.

Panax.

Panaquilon.

Panaquilon. — Diesen von Garrigues (Ann. Chem. Pharm. **90**. 231. 1854) aufgefundenen eigenthümlichen Bestandtheil der von *Panax quinquefolius L.* stammenden amerikanischen Ginsengwurzel erhält man, indem man den kalt bereiteten wässrigen Auszug auskocht, das Filtrat vom ausgeschiedenen Albumin zur Syrupsdicke eindunstet und mit Glaubersalzlösung fällt, den braunen klebenden Niederschlag nach vorgängigem Waschen mit Glaubersalzlösung in absolutem Weingeist und den Verdunstungsrückstand der filtrirten Lösung in Wasser aufnimmt, die wässrige Lösung mit Thierkohle behandelt, dann zur Trockne bringt und das rückständige Panaquilon durch nochmaliges Auflösen in absolutem Weingeist und Wiedereindunsten der Lösung reinigt.

Es hinterbleibt alsdann als gelbes amorphes Pulver von bittersüssem Geschmack, das sich leicht in Wasser und Weingeist, nicht in Aether löst. Die wässrige Lösung wird durch Alkalien gebräunt, durch Gerbsäure gefällt. Beim Erhitzen wird das Panaquilon zersetzt. Conc. Schwefelsäure löst es mit purpurrother Farbe unter Zersetzung in Kohlensäure, Wasser und Panacon, welches letztere durch Wasser aus der Lösung als weisses geschmackloses mikrokrystallinisches Pulver gefällt wird und sich nicht in Wasser und Aether, dagegen in Weingeist und mit purpurrother Farbe in concentrirter Schwefelsäure löst (Garrigues).

Garrigues berechnet aus seinen Analysen für das Panaquilon die Formel $C_{24} H_{25} O_{18}$ und für das Panacon die Formel $C_{22} H_{19} O_8$.

c. Cornaceae.

Cornus.

Cornin. — Ein von Carpenter (Mag. Pharm. 15. 146) aus der als Antitypicum in den Vereinigten Staaten werthgeschätzten Wurzelrinde von *Cornus florida L.* (sog. Dogwood) dargestelltes alkalisches Cornin ist nach Geiger (Ann. Chem. Pharm. **14**. 206) ein Gemenge von Kalksalzen und einem Bitterstoff gewesen. Er erhielt letzteren rein, indem er den kalt bereiteten wässrigen Auszug der Wurzelrinde mit frisch gefälltem Bleioxydhydrat schüttelte, das Filtrat zum Extract verdunstete, dieses mit absolutem Weingeist auszog, die filtrirte Lösung mit Aether bis zur Trübung versetzte, nochmals filtrirte und das Filtrat der freiwilligen Verdunstung überliess. Es krystallisirten dann sternförmig vereinigte zarte weisse seideglänzende Nadeln heraus, die sehr bitter schmecken, leicht schmelzen und sich sehr leicht in Wasser und Weingeist, aber schwierig oder gar nicht in Aether lösen. Die wässrige Lösung giebt mit Bleiessig einen weissen körnigen, mit Silbernitrat einen weissen krystallinischen Niederschlag. Neutrales Bleiacetat, Chlorbarium, Eisen- und Quecksilberchlorid, Jodtinctur und Gerbsäure fällen nicht (Geiger). Versuche von Cockburn (Americ. Journ. Pharm. 7. 109) und Maisch (Chem. News **4**. 198) bestätigen im Allgemeinen Geigers Angaben. (R. Gibson, J. Pharm. 62. 1879. — G. Frey, Amer. J. Pharm. 51. 390.)

Carpenters Cornin wird von Morton und Coates (Frer. Not. **14**. 16. 156) als besonders wirksames Febrifugum gerühmt.

Cornus-Resinoid. — Zieht man nach Geiger (Ann. Chem. Pharm. 14. 206) die mit Wasser erschöpfte Wurzelrinde von *Cornus florida* mit Weingeist aus, schüttelt die Tinctur mit Bleioxydhydrat und verdunstet das Filtrat, so scheidet sich ein gelbweisses körniges Pulver eines Cornus-Resinoids aus, das, mit Wasser gewaschen, beim freiwilligen Verdunsten aus Weingeist in glänzenden Blättern, aus Aether in Körnern krystallisirt. Es ist geruch- und geschmacklos, reagirt neutral, löst sich nur spurweise in kochendem Wasser, schwer in kaltem, leichter in heissem Weingeist, sehr leicht in Aether. Dieses Resinoid wird in Amerika als Dogwoodchinin vom Volke bezeichnet und soll bei Wechselfiebern leichter verträglich als Chinin sein. Es kann zu 0,06—0,6, ja zu 1,0 verwendet werden.

14. Saxifrageae.

a. Crassulaceae.

Die Familie der Crassulaceae, welche Fettpflanzen mit meist ungetheilten Blättern einschliesst, ist in ihren chemischen Bestandtheilen fast unbekannt. Die Säfte der Gattungen Sedum und Sempervivum sind reich an äpfelsaurem Kalke, enthalten einen ätzend wirkenden Bestandtheil, Rutin, Quercetin. Auch ist in der Gattung Cotyledon Trimethylamin nachgewiesen? (Hôtet, Compts. rend. **59.** 29).

E. Mylius (Arch. Pharm. (3) 1. 97) hat sich mit der Untersuchung von Sedum acre, dem Mauerpfeffer, beschäftigt und constatirt, dass kein Stärkemehl in der Pflanze sei. Als Bestandtheile werden erwähnt: Wachs, Zucker 12,4% Rutin, auch ein Alkaloid.

b. Saxifragaceae.

Saxifraga.

Garreau und Machelart haben Saxifraga sibirica und crassifolia untersucht und darin ein Glycosid, Bergenin, $C_6H_8O_4$, nachgewiesen. Dasselbe ist krystallinisch, schmeckt bitter, löst sich in Wasser und Alkohol, reducirt Fehlingsche Lösung. Bergenin.

Ribes.

Die Gattung Ribes liefert die essbaren Früchte von Ribes Grossularia, Stachelbeere, R. rubrum, Johannisbeere, R. nigrum, schwarze Johannisbeere. Die Früchte dieser Species enthalten Zucker 4—7%, Aepfelsäure, Citronensäure, Weinsäure 1,6—3%, viel Pectinstoffe, 83—86% Wasser. (de Haen, Neubauer, Souchay und Eglinger, Ann. Chem. Pharm. **101.** 223.)

c. Hamamalideae.

Liquidambar.

Der aus der Rinde von Liquidambar styraciflua durch Auskochen mit Wasser gewonnene Balsam, der vorwaltend als Parfüm neuerdings auch viel als Krätzmittel (vgl. Th. Husemann, Arzneimittellehre. 2. Aufl. p. 220) benutzte Styrax liquidus, ist dickflüssig, von grünlichbrauner Farbe, undurchsichtig, löslich in Alkohol, Styrax.

Aether, Amylalkohol, Chloroform und Schwefelkohlenstoff, besitzt einen angenehmen, eigenthümlichen Geruch und scharf aromatischen Geschmack.

Die zahlreichen Arbeiten über die Zusammensetzung des Styrax haben wegen der vielfach sehr interessanten Resultate hier eine eingehendere Betrachtung zu finden.

W. L. Harrison (Arch. Pharm. (3) 6. 541.) erhielt bei der Untersuchung des Balsames Liquidambar styraciflua Styrol, Zimmtsäure, Styracin nebst einem dunkelbraunen Harze. -- J. M. Maisch (ebendas. 545) hält die Balsame von Liq. styraciflua und orientale für identisch. Zur Darstellung des Styracins und der Zimmtsäure aus dem Balsam empfiehlt er Extraction mit Petroleumäther, aus welchem sich eine weisse Substanz ausscheidet, welche, mit Ammon behandelt, Zimmtsäure verliert.

Die Arbeiten von W. v. Miller (Ann. Chem. Pharm. **188.** 184 und **189.** 356) haben über die Zusammensetzung des Styrax Aufschluss gegeben, der aus folgenden Körpern besteht: Styrol, Zimmtsäure, Styracin, Zimmtsäurephenylpropylester in ziemlicher Menge, Zimmtsäureäthylester in geringerer Menge, eine Substanz 65° Schmpkt., wahrscheinlich Aethylvanillin, zwei alkoholische Körper α und β Storesin, die Zimmtsäureester dieser Alkohole, die Natriumverbindung dieses Storesin, ausserdem Harz und Kautschuk, Spuren von Benzoësäure.

Miller hat bei seiner Untersuchung des Styrax folgendes Verfahren eingeschlagen:

Der Styrax des Handels wird erwärmt zunächst durch Leinwand colirt, wobei Kautschuk und Harz zurückbleiben, dann folgt die Destillation mit Dampf zur Abscheidung des Styrols, hierauf wird der Destillationsrückstand mit der 3fachen Menge verdünnter Natronlauge (1,05 spec. Gew.) digerirt, um die freie Zimmtsäure und das Storesin in Lösung zu bringen. Durch Einleiten von Kohlensäure in diese Lösung fällt ein Theil des Storesins heraus, im Filtrate lässt sich Zimmtsäure mit Salzsäure abscheiden. Dem von der Natronlauge nicht Gelösten entzieht man das Storesin mit kaltem Alkohol, destillirt den Alkohol ab und befreit den Rückstand von Styracin und den übrigen Estern durch Petroleumäther.

Storesin

Das Storesin, $C_{36}H_{58}O_3$, ein dreiatomiger Alkohol, ist in 2 Zuständen bekannt:

α Storesin, amorph, 160—168° Schmpkt. löslich in verdünnter Kalilauge, mit concentr. Kalilauge eine krystallinische Kaliumverbindung bildend;

β Storesin, weisse Flocken, 140—145° Schmpkt., mit Kalium eine amorphe Verbindung bildend, die leichter löslich ist, als diese des α Storesin. Mit Acetylchlorid entstehen aus Storesin der Mono- und Triacetylester.

Zur Darstellung des Styracins direkt aus dem Styrax behandelt Miller den Styrax so lange mit verdünnter Natronlauge, bis dieselbe fast klar ist. Der so erhaltene schlüpfrige Rückstand wird mit heissem Alkohol behandelt, der vorzüglich Styracin löst, das durch Umkrystallisiren aus Petroleumäther

gereinigt wird. Die Zimmtsäureester des Aethyles und Phenylpropylester lassen sich von Styracin nur durch wiederholtes Auskochen mit Petroleumäther trennen.
(Ueber Styrax, E. Mylius, Pharmac. Centralhalle, 1882. 79—81.)

Styrol. $C_{16}H_{16}$. — Phenylirtes Aethylen. C_8H_8 — C_6H_5 — $CH=CH_2$. — Die Darstellung des Styrol lehrte schon Bonastre 1831 aus dem Styrax durch Destillation; am besten erhält man es durch längeres Kochen der Zimmtsäure oder durch Erhitzen der Jodhydrozimmtsäure mit Sodalösung (Fittig und Binder, Ann. Chem. Pharm. **195**. 137.) Ueber die mannigfache weitere Bildung des Styroles siehe: Erlenmeyer, Ann. Chem. Pharm. **135**. 122. — Simon, ebendas. **31**. 267. — Gerhardt und Cahours, ebendas. **38**. 96. — Hatton, Journ. chem. soc. **39**. 319. Thorpe, Zeitschr. Chem. 1871. 130. — Berthelot, Ann. Chem. Pharm. **141** u. **142**. — Bötsch, Mon. Chem. **1**. 610. — Glénard und Boudault, Ann. Chem. Pharm. **53**. 525. Styrol.

Das Styrol bildet eine aromatisch riechende Flüssigkeit, Sdpkt. 144—145°, spec. Gew. 0,925, stark lichtbrechend, inactiv (das aus Styrax gewonnene ist linksdrehend), unlöslich in Wasser, in Aether und Alkohol löslich. Bei 300° geht Styrol in festes Metastyrol über, mit Cl, Br und J verbindet es sich direkt, mit conc. Schwefelsäure liefert es ebenfalls Metastyrol.

Zimmtsäure. $C_9H_8O_2$. Cinnamylsäure. C_6H_5 — $CH = CH_2$ — $CO.OH$. — Dumas und Péligot, Ann. Chim. Phys. (2) **57**. 305. — Plantamour, Ann. Chem. Pharm. **27**. 329; **30**. 341. — Marchand, Journ. pract. Chem. **16**. 60; **18**. 253. — Erdmann und Marchand, Journ. pract. Chem. **17**. 176. — Simon, Ann. Chem. Pharm. **31**. 265; **71**. 357; Arch. Pharm. (2) **29**. 182. — Fremy, Journ. pract. Chem. **16**. 59; **18**. 230; Ann. Chim. Phys. (2) **70**. 196. — Herzog, Arch. Pharm. (2) **20**. 159; **23**. 17. — Mitscherlich, Journ. pract. Chem. **22**. 192; Ann. Chim. Phys. (3) **4**. 73; **7**. 5. — Dumas u. Stas, Ann. Chim. Phys. (3) **50**. 53. — Stenhouse, Journ. pract. Chem. **26**. 126; **37**. 288; Ann. Chem. Pharm. **55**. 3. — E. Kopp, Journ. pract. Chem. **27**. 280; **41**. 425; Compt. Chim. 1849. 146; 1850. 140. — Hempel, Ann. Chem. Pharm. **59**. 316. — Cahours, Ann. Chem. Pharm. **60**. 254. **70**. 42. — Chiozza, Ann. Chim. Phys. (3) **39**. 439. — Löwe, Journ. pract. Chem. **66**. 188. — Piria, Ann. Chem. Pharm. **100**. 104. — Bertagnini, Ann. Chem. Pharm. **100**. 125. — Wolff, Ann. Chem. Pharm. **75**. 299. — Toel, Ann. Chem. Pharm. **70**. 1. — Scharling, Ann. Chem. Pharm. **74**. 230; **97**. 90. 174. — Aschoff, Arch. Pharm. **107**. 153. — Béchamp, Compt. rend. **42**. 224. — Kolbe und Lautemann, Ann. Chem. Pharm. **125**. 113; **129**. 136. — Swarts, Ann. Chem. Pharm. **137**. 229. — Howard, Zeitschr. Chem. 1860. 594. — A. Schmitt, Ann. Chem. Pharm. **127**. 319. — Erlenmeyer, Zeitschr. Chem. 1863. 307; 1864. 545; 1865. 527; 1866. 206. — Popoff, Zeitschr. Chem. 1865. 111. — Glaser, Ann. Chem. Pharm. **143**. 325; **147**. 78. — Kraut, Ann. Chem. Pharm. **147**. 107; **148**. 242. — Meissner und Shepard, H. Schiff, Berl. Ber. **3**. 412. — Tiemann und Hersfeld, ebendas. **10**. 68. — Beilstein und Kuhlberg, Ann. Chem. Pharm. **163**. 123. — Rudnew, ebendas. **173**. 10. — Schröder, Berl. Ber. **12**. 1612. — Barth und Schröder, ebendas. **12**. 1257. — Anschütz, Kenngutt, Berl. Ber. **11**. 1120. — Ladenburg, ebendas. **14**. 1879. —

A. Miller, Ann. Chem. Pharm. **188**. 203; **189**. 353. — Rostozki, ebendas. **178**. 214. — A. W. Hofmann, Berl. Ber. **13**. 1235. — Barisch, J. pr. Chem. (2) **20**. 182. — Gabriel, Meyer, Berl. Ber. **14**. 830. — Morgan, J. Chem. Min. 1877. 780. — Tiemann, Oppermann, Berl. Ber. **13**. 206. — Baeyer, ebendas. 2257. — Haushofer, J. Chem. Min. 1879. 712. — Friedländer, Ostermayer, Berl. Ber. **14**. 1916. 2576. — E. Fischer, **14**. 481. — Perkin, J. Chem. Min. 1877. 789. — Claisen, Antweiler, Berl. Ber. **13**. 2124.

Zimmtsäure. Nachdem schon zu Ende des vorigen und im Anfang dieses Jahrhunderts Trommsdorff, Du Mênil, Henkel, Buchner u. A. die Abscheidung von Krystallen aus Zimmtöl wahrgenommen, dieselben aber irrthümlich für Benzoësäure gehalten hatten, erwiesen Dumas und Péligot 1834 deren Eigenthümlichkeit und bezeichneten sie als Zimmtsäure.

Die Zimmtsäure entsteht im Zimmtöl erst durch den oxydirenden Einfluss des atmosphärischen Sauerstoffs. Dagegen findet sie sich fertig gebildet, theils frei, theils in Form von zusammengesetzten Aethern, in verschiedenen wohlriechenden Balsamen und Harzen. So wurde sie von Herberger im schwarzen Perubalsam (von *Myroxylon Pereirae Royle,* Fam. Papilionaceae), von Fremy und Plantamour im Tolubalsam (von *Myroxylon Toluiferum Rich.*), von Bonastre, Simon u. A. im flüssigen Storax (von *Liquidambar orientale Mill.,* Fam. Styracifluae), endlich neuerdings von Kolbe und Lautemann in einigen Benzoësorten (von *Styrax Benzoin Driander*, Fam. Styraceae), die sie in loser Verbindung mit Benzoësäure ($2\,C_7H_6O_2 + C_9H_8O_2$) enthalten, aufgefunden.

Bildung. Abgesehen von ihrer schon erwähnten Bildung aus dem Zimmtaldehyd, C_9H_8O, dem Hauptbestandtheil des Zimmtöls, welcher sich an der Luft rasch zu Zimmtsäure oxydirt, lässt sich diese Säure auch aus dem Styrol oder Zimmtalkohol, $C_9H_{10}O$, durch oxydirende Behandlung künstlich darstellen (Wolff). Sie bildet sich ferner aus Cinnameïn oder Zimmtsäure-Benzyläther, $C_{16}H_{14}O_2$, beim Behandeln mit Kali neben Benzylalkohol und Toluol (Fremy und Plantamour), auf gleiche Weise auch aus Styracin oder Zimmtsäure-Zimmtäther, $C_{18}H_{16}O_2$ (Wolff), dann nach Bertagnini beim Erhitzen von Bittermandelöl mit Chloracetyl ($C_7H_6O + C_2H_3OCl = C_9H_8O_2 + HCl$), nach H. Schiff beim Erhitzen von Bittermandelöl mit Eisessig und einer geringen Menge Salzsäure oder Chlorzink, und nach Swarts bei gleichzeitiger Einwirkung von Natrium und Kohlensäure auf Monobromstyrol ($C_8H_7Br + 2Na + CO_2 = C_9H_7NaO_2 + NaBr$). Ferner entsteht Zimmtsäure beim Erhitzen von 2 Th. Bittermandelöl, 1 Th. Natriumacetat (wasserfrei) und 3 Th. Essigsäureanhydrid (Perkin).

Darstellung. Die Darstellung der Zimmtsäure geschieht am vortheilhaftesten aus flüssigem Storax. Nach Simon destillirt man denselben mit Wasser unter Zusatz von 0,5—0,7 Th. krystallisirtem kohlensaurem Natron, oder, wenn man auf die gleichzeitige Gewinnung von Styracin verzichten will, besser noch (nach Hempel) von überschüssigem Aetznatron. Es geht alsdann

Zimmtalkohol oder Styrol über, und im Rückstande bleibt neben ausgeschiedenem Harz eine alkalische Lösung von Harz und zimmtsaurem Natron. Diese wird vorsichtig so lange mit Schwefelsäure versetzt, bis ein grösstentheils aus Harz bestehender Niederschlag sich auszuscheiden beginnt. Man filtrirt und übersättigt nun mit Schwefelsäure, worauf die Zimmtsäure vollständig gefällt wird. Diese wird zur Reinigung in Wasser mit Hülfe von möglichst wenig kohlensaurem Natron gelöst, aus der filtrirten Flüssigkeit durch Schwefelsäure wieder ausgefällt und dann durch freiwilliges Verdunsten ihrer weingeistigen Lösung krystallisirt. — Erdmann und Marchand reinigen sie durch Destillation, Auspressen des erstarrten Destillats zwischen mit Weingeist befeuchtetem Papier und wiederholtes Krystallisiren aus Weingeist.

Empfehlenswerther noch erscheint das Verfahren von Löwe. Derselbe kocht den Storax 8 Stunden mit einer concentrirten Lösung von Soda und einer zur Caustificirung derselben hinreichenden Menge von Kalkhydrat unter beständigem Ersatz des verdunsteten Wassers, decantirt dann das Flüssige, erschöpft den Rückstand durch wiederholtes Auswaschen mit Wasser und fällt die vereinigten Flüssigkeiten durch Uebersättigen mit Salzsäure. Die ausgeschiedene Zimmtsäure wird abgepresst und durch Auflösen in Sodalösung und Wiederausfällen mit Salzsäure gereinigt. Nach Miller behandelt man 600 g Styrax mit 67 g Aetznatron und $1^1/_2$ Liter Wasser 2 Tage in der Kälte, giesst die wässrige Schichte ab, leitet Kohlensäure ein, wodurch Storesin gefällt wird und zersetzt das Filtrat mit Salzsäure. Da durch diese Arbeit nur die freie Zimmtsäure des Styrax gewonnen wird, so schlagen Kuhlberg und Beilstein vor, den Styrax (3 Pfund) mit Natronlauge (2 Liter von 24° B.) zu kochen, so lange noch ölige Tropfen von Styron übergehen und die wässrigen Flüssigkeiten mit Salzsäure zu zersetzen. Durch Umkrystallisiren aus kochendem Ligroïn (105—130° Sdpkt.) lässt sich die rohe Zimmtsäure sehr gut reinigen.

Nach Simons Verfahren pflegt 1 Pfund Storax $^3/_4$—1 Unze, bei Anwendung der Modification Hempels dagegen bis 2 Unzen Zimmtsäure zu liefern, und nach Löwes Verfahren sollen sogar $3^3/_4$ Unzen gewonnen werden.

Herberger erhielt aus Perubalsam Zimmtsäurekrystalle, indem er den beim Aufbewahren desselben sich bildenden schmierigen Absatz in warmem Weingeist löste und das Filtrat in einem engen Cylinder mit Wasser überschichtet der Ruhe überliess. — Zur vollständigeren Gewinnung der Zimmtsäure kocht man den Balsam nach Fremy, um unlösliche Kalk-Harzseife zu bilden, am besten mit dicker Kalkmilch, erschöpft die dicke Masse mit kochendem Wasser und zersetzt die heiss filtrirte Flüssigkeit entweder direct durch Salzsäure, oder lässt daraus nach E. Kopp den in kaltem Wasser schwer löslichen zimmtsauren Kalk sich beim Erkalten in lockeren Krystallmassen abscheiden, zersetzt diese durch Salzsäure und reinigt die ausgeschiedene Zimmtsäure entweder durch Destillation oder durch Auflösen in wässrigem Ammoniak und Wiederausfällen aus der filtrirten heissen Lösung durch Salzsäure. Der Destillation der Zimmtsäure muss ein sehr vollständiges Trocknen derselben durch vorsichtiges, 200° nicht übersteigendes Erhitzen in einer Porcellanschale vorangehen. Beim Destilliren aus einer Retorte geht dann zuerst völlig reine Säure als farblose, beim Erkalten wie Stearin erstarrende Flüssigkeit über, und erst später folgt unreine gelbgefärbte Säure (E. Kopp).

Tolubalsam kocht man nach Kopp zweckmässig wiederholt mit wässrigem kohlensaurem Natron aus, zersetzt die filtrirten und stark concentrirten Auszüge mit Salzsäure, löst die sich harzig ausscheidende Säure in verdünntem wässrigen Ammoniak, wobei das beigemengte Harz meistens zurückbleibt, fällt nach vorgängigem Verdampfen wieder mittelst Salzsäure und reinigt die auch jetzt zum grösseren Theile sich als harzige Masse abscheidende Säure in der oben besprochenen Weise durch Destillation.

Das Zimmtöl lässt sich wegen seines hohen Preises nicht mit Vortheil zur Darstellung von Zimmtsäure verwenden. Jedoch kann man den in den bleiernen Originalgefässen, in welchem das Cassiaöl versandt wird, öfters vorhandenen Absatz von Zimmtsäure, zimmtsaurem Bleioxyd, Zimmtöl und Harz auf Zimmtsäure verarbeiten, indem man zuerst mit Weingeist behandelt, aus dem dann die freie Zimmtsäure beim Verdunsten herauskrystallisirt, dann das rückständige Bleisalz durch Kochen mit Sodalösung in das Natriumsalz verwandelt und dieses durch Schwefelsäure zersetzt (Herzog).

Nach Kolbe und Lautemann liefert die Mandelbenzoë aus Sumatra und Siam statt Benzoësäure eine lose Verbindung von 2 At. dieser Säure mit 1 At. Zimmtsäure, deren Trennung unter günstigen Bedingungen wohl durch fractionirte Krystallisation des Ammoniumsalzes gelingt, sonst durch fractionirte Fällung dieses Salzes mit Silbernitrat bewirkt werden kann.

Nach Aschoff enthält manche Sumatrabenzoë nur Zimmtsäure (11,2%), während andere Sorten und alle Siambenzoë nur Benzoësäure geben. Ein Gehalt an Zimmtsäure in der Benzoë lässt sich nach Kolbe und Lautemann sehr leicht erkennen, wenn man eine Probe der daraus dargestellten Säure in saurer Lösung mit übermangansaurem Kali versetzt; es tritt alsdann bei Gegenwart von Zimmtsäure sogleich Geruch nach Bittermandelöl auf.

Eigenschaften. Die Zimmtsäure krystallisirt in oft recht grossen farblosen Säulen oder Tafeln des klinorhombischen Systems. Sie ist geruchlos, aber von gewürzhaftem, hinterher schwach kratzendem Geschmack und saurer Reaction. Ihr spec. Gewicht ist nach Schabus 1,195, nach E. Kopp 1,245, nach Schröder 1,2475, ihr Schmelzpunkt nach E. Kopp 129°, Kraut 133° und ihr Siedepunkt 300—304° (die oben erwähnte Verbindung $2\,C_7H_6O_2 + C_9H_8O_2$ schmilzt nach Kolbe und Lautemann schon bei 95°). Die Sublimation der Säure beginnt schon ziemlich tief unter ihrer Siedetemperatur. Sie löst sich sehr wenig in kaltem, viel leichter in kochendem Wasser, in 4,3 Th. absolutem Weingeist von 20° (Mitscherlich), leicht auch in Aether.

Salze. Die besonders von Herzog untersuchten Salze der Zimmtsäure sind nach der Formel $C_9H_7MO_2$ zusammengesetzt. Die Salze der Alkalimetalle sind in Wasser leicht löslich und gut krystallisirbar, diejenigen der Erdalkalimetalle sind schwer löslich und die der meisten schweren Metalle darin fast unlöslich, aber theilweise in Weingeist etwas löslich. Am wenigsten löslich ist das Silbersalz. Es sind bekannt die Salze des Natrium, Kalium, Calcium, Zink, Cadmium, des Blei, des Silber (Perkin, E. Kopp, Schröder, Schiff, Kraut).

Derivate der Zimmtsäure:

Cinnameïn. Der Zimmtsäure-Benzylester, auch Cinnameïn genannt, $C_{16}H_{14}O_2 = C_7H_7 . O . C_9H_7O$, ist ein Bestandtheil des Perubalsams (nach Fremy auch des Tolubalsams, was Scharling bestreitet) und macht in der Hauptsache das daraus durch Kalilauge abscheidbare Perubalsamöl (s. Perubalsam) aus. Er ist eine farblose, stark lichtbrechende ölige Flüssigkeit (nach Grimaux, Zeitschr. Chem. 1869. 157, im völlig reinen Zustande ein krystallisirbarer, bei 39° schmelzender Körper) von 1,098 spec. Gew. bei 14 nach Scharling (1,05 bei 23° nach Kraut), die erst bei 340—350°, aber nur unter theilweiser Zersetzung, siedet. Er besitzt einen angenehmen, aber schwachen Geruch und scharfen gewürzhaften Geschmack und reagirt neutral. In Wasser löst er sich kaum, dagegen gut in Weingeist und Aether. Beim Behandeln mit conc. wässriger oder weingeistiger Kalilauge zerfällt er schon in der Kälte in Benzylalkohol und zimmtsaures Kali. Beim Schmelzen mit Kalihydrat an der Luft liefert er zimmtsaures und benzoësaures Kali. (Plantamour. Fremy. Scharling. Kopp).

Der Zimmtsäure - Zimmtester oder das Styracin, $C_{18}H_{16}O_2 = C_9H_9 . O . C_9H_7O$, findet sich im flüssigen Storax bisweilen auch in kleiner Menge im Perubalsam. Zur Darstellung digerirt man am besten nach Gössmann (Ann. Chem. Pharm. **99.** 376) flüssigen Storax bei höchstens 30° mit 5—6 Th. verdünnter Natronlauge, bis der Rückstand farblos geworden ist, sammelt diesen, wäscht und trocknet ihn und krystallisirt ihn aus ätherweingeistiger, mittelst Thierkohle entfärbter Lösung. Das Styracin bildet farblose, zu Büscheln vereinigte vierseitige Prismen oder sehr feine, kuglig gruppirte Nadeln von Wachshärte, geruch- und geschmacklos, vom spec. Gew. 1,085 bei 16°, bei 38—44° schmelzend und durch auf 180° erhitzten Wasserdampf unzersetzt destillirbar. Es ist unlöslich in Wasser, schwer löslich in kaltem, leicht löslich in kochendem Weingeist und in Aether. Weingeistiges Styracin wird durch überschüssige Natronlauge schon in der Kälte zu zimmtsaurem Natron und Zimmtalkohol oder Styron ($C_9H_{10}O$) zersetzt. (Bonastre. Simon. Toel. Strecker. Scharling. Kopp). Styracin.

Ausserdem sind bekannt:

Der Methylester, Aethylester der Zimmtsäure (Anschütz, Kinngutt, Miller), der Diaethylamidoaethylester (Ladenburg), Normalpropylester (Miller), flüssig.

Reine oder fast reine Zimmtsäure geht bei der Destillation, wie oben erwähnt wurde, fast unzersetzt über. Dagegen zerfällt rohe aus Styrax erhaltene Säure beim Destilliren in Styrol und Kohlensäure ($C_9H_8O_2 = C_8H_8 + CO_2$), und zwar um so vollständiger, je langsamer die Destillation geleitet wurde (1 Th. der Säure kann $^1/_4$—$^1/_3$ Th. reines Styrol liefern) (Howard). Auch beim Durchleiten von Zimmtsäuredämpfen durch ein mit Glasstücken gefülltes schwach rothglühendes Glasrohr erfolgt Zersetzung unter Bildung von Styrol Zersetzung.

(Hempel). Bei stärkerem Erhitzen der zimmtsauren Salze tritt in der Regel viel von dem mit dem Styrol isomeren Cinnamen auf. Werden sie mit überschüssigem Kalk oder Baryt destillirt, so bildet sich neben Cinnamen auch Benzol, und bei der trocknen Destillation von zimmtsaurem Kalk mit ameisensaurem Kalk entsteht nach Piria Zimmtaldehyd, $C_9 H_8 O$ (s. dieses).

Beim Zusammentreffen von Zimmtsäure mit Schwefelsäureanhydrid oder beim Auflösen derselben in rauchender Schwefelsäure entsteht Zimmtschwefelsäure, $C_9 H_8 O_2, SO_3$ (Marchand. Herzog). Diese kann aus ihrem Barium- oder Bleisalz in langen klinorhombischen, in Wasser leicht löslichen Säulen isolirt werden.

Nitrozimmtsäure. Behandelt man Zimmtsäure mit conc. Salpetersäure mit der Vorsicht, dass die Temperatur sich nicht über 50—60° erhöht, so entsteht Nitrozimmtsäure, $C_9 H_7 (NO_2) O_2$ (Mitscherlich). Dieselbe bildet kleine weisse, bei etwa 270° schmelzende, in etwas höherer Temperatur sich zersetzende, auch in kochendem Wasser und in kaltem Weingeist nur sehr wenig lösliche Krystalle. Bei stärkerem Erhitzen werden dagegen Benzoësäure und Nitrobenzoësäure gebildet (Mitscherlich). Beim Erwärmen mit verdünnter Salpetersäure entsteht zuerst Bittermandelöl und dann Benzoësäure (Dumas und Péligot). Die Oxydation der Zimmtsäure zu Bittermandelöl wird auch durch Erwärmen mit Braunstein und Schwefelsäure, durch Kochen mit Bleihyperoxyd und Wasser (Stenhouse), sowie durch Behandeln mit Kaliumbichromat und verdünnter Schwefelsäure (Simon) und mit Uebermangansäure (Kolbe und Lautemann) bewirkt. (Unterschied der Zimmtsäure von der Benzoësäure).

Leitet man Chlor über trockne Zimmtsäure (Herzog) oder in eine erwärmte wässrige Lösung derselben (Stenhouse), so entsteht ein schweres chlorhaltiges Oel, das vermuthlich Monochlorstyrol, $C_8 H_7 Cl$, ist, nach Kopp zugleich auch Benzoësäure und Chlorbenzoësäure. Aehnliche Producte erhielt Stenhouse beim Kochen der Zimmtsäure mit Chlorkalklösung. Beim Einleiten von Chlor in eine kalte Lösung der Säure in conc. wässrigem kohlensaurem Natron will Kopp die von Toel (Ann. Chem. Pharm. **70.** 7) auch aus Chlorstyracin dargestellte und genauer untersuchte Chlorzimmtsäure, $C_9 H_7 ClO_2$, erhalten haben, während beim Erwärmen sich unter heftiger Reaction das oben erwähnte chlorhaltige Oel und Chlorbenzoësäure bilden sollen. Dagegen erhielt Glaser, wenn er die alkalische Zimmtsäurelösung während der Einwirkung des Chlors mit Eis abkühlte, durch directe Addition der Elemente des Unterchlorigsäurehydrats zu denjenigen der Zimmtsäure die

Phenylchlormilchsäure. krystallisirbare, von ihm als Phenylchlormilchsäure bezeichnete Säure $C_9 H_9 ClO_3$. — Behandelt man Zimmtsäure mit Fünffach-Chlorphosphor (Cahours) oder Dreifach-Chlorphosphor (Béchamp), so entsteht Chlorcinnamyl, $C_9 H_7 O_2 Cl$, während bei Einwirkung von Phosphoroxychlorid auf das Natriumsalz Zimmtsäureanhydrid, $C_{18} H_{14} O_3$, gebildet wird. Ersteres ist ein bei 262° siedendes schweres Oel, das an feuchter Luft oder in Berührung mit Wasser rasch wieder in Zimmtsäure übergeht, letzteres ein weisses Krystallpulver, das sich mit Wasser nur sehr langsam in Zimmtsäure zurückverwandelt.

Nach A. Schmitt absorbirt die Zimmtsäure sowohl in der Kälte als bei 100° reichlich Bromdampf unter Bildung von Zimmtsäuredibromid (Dibromcumoylsäure, Phenylbibrompropionsäure), $C_9 H_8 Br_2 O_2$. Bei Gegenwart von Wasser entsteht nach Erlenmeyer neben diesem Körper auch Monobromstyrol, $C_8 H_7 Br$, und wenn man die Bromdämpfe auf eine Lösung von Zimmtsäure in wässrigem kohlensaurem Natron wirken lässt, so wird neben Monobromstyrol und harzigen Producten nach Glaser Phenylbrommilchsäure, $C_9 H_9 Br O_3$, erhalten. In letztere Säure verwandelt sich das Zimmtsäuredibromid auch beim Kochen mit Wasser (Erlenmeyer, Glaser), während es bei Behandlung mit Natriumamalgam in Hydrozimmtsäure (Cumoylsäure, Homotoluylsäure) $C_9 H_{10} O_2$, übergeführt wird (Schmitt), ein festes krystallisirbares Derivat der Zimmtsäure, welches auch direct aus dieser erzeugt werden kann, wenn man sie entweder mit Natriumamalgam und Wasser in Contact bringt (Erlenmeyer) oder längere Zeit mit conc. wässriger Jodwasserstoffsäure auf 100° erhitzt (Popoff) und welches sich durch Erwärmen mit Brom wieder in Zimmtsäure zurückverwandeln lässt (Glaser). — Bei anhaltendem Erhitzen von Zimmtsäure mit wässriger Brom- oder Chlorwasserstoffsäure auf 200° und darüber erhielt Swarts daraus Brom- resp. Chlorstyrol, während Erlenmeyer ein Zerfallen in Kohlensäure und den mit dem Styrol polymeren Kohlenwasserstoff Distyrol, $C_{16} H_{16}$, beobachtete.

Durch kochende Kalilauge wird die Zimmtsäure nicht verändert (Simon), aber beim Schmelzen mit Kalihydrat zerfällt sie unter Wasserstoffentwicklung in Benzoësäure und Essigsäure (Chiozza. Kraut).

Die zimmtsauren Salze fällen Mangansalze sofort. (Kraut, Unterschied von Tropasäure.)

Näher untersucht sind noch folgende Derivate:

Nitrozimmtsäuren.

Die beiden Monobromzimmtsäuren (Glaser, Barisch), die Nitrozimmtsäuren', $C_9 H_7 NO_4$. — $C_6 H_4 (NO_2)$ — $C_2 H_2$ — CO . OH.

Die o-Säure, m-Säure und p-Säure, durch Einwirkung rauchender Salpetersäure (5 Th., 48° B.) auf 1 Th. Zimmtsäure sich bildend, deren Methyl- und Aethylester näher bekannt sind (Beilstein, Kuteberg, Tiemann, Oppermann, Baeyer, Friedländer, Ostermaier).

Amidozimmtsäure.

Die Amidozimmtsäuren, NH_2 — $C_6 H_4$ — $C_2 H_2$ — CO . OH. Die o-Säure und p-Säure (Tiemann, Oppermann, E. Fischer, Gabriel, Berl. Ber. 15. 2294. — Friedländer und Weinberg, ebendas. 1423).

Die Zimmtsäure wurde schon 1875 von Fleck (Benzoësäure, Carbolsäure, Zimmtsäure u. s. w. München) als ein kräftiges Antifermentativum bezeichnet, das sogar der Salicylsäure überlegen sei. Schwarz (Pharm. Ztschr. f. Russl. 20—22. 1881) zeigte deren Wirksamkeit gegen Bacterien in Tabaksaufgüssen. Auch Barnes (Pharm. Journ. Transact. 1881) vindicirte ihr ähnliche antiseptische Wirkungen wie Benzoësäure und Salicylsäure. Trotz dieser Angaben und trotz günstiger Resultate, welche Lemcke (New Remed. 328. 1881) im Berliner Klinikum mit dem Gebrauche der Zimmtsäure beim antiseptic treatment von Wunden erhielt, ist dieselbe ihres theuren Preises wegen als Wundverbandmittel nicht durchgedrungen, obschon ihre Unschädlichkeit, da sie zu 5,0—6,0 ausser kaum merklichem Kratzen im Halse keine Störungen verursacht, sie dazu empfiehlt. Auf Pepsinwirkung übt Zimmtsäure keinen schädlichen Effect. Im Harn erscheint nach ihrem Genusse Hippursäure (Erdmann und Marchand, Journ. pract. Chem. 26. 491), und zwar bei Herbi- und Carnivoren, neben unveränderter Zimmtsäure (Mattschersky, Meissner und Shepard). Im Schweisse erscheint Zimmtsäure als solche oder Benzoësäure, nicht als Hippursäure (Schottin, Arch. physiol. Heilkd. 73. 1852).

15. Opuntinae.

Die Gattung Opuntia liefert essbare Früchte und eine amerikanische Gummisorte, das sog. Goma de tuna des Handels (Hanausek, Journ. Pharm. 1877. 151).

16. Passiflorinae.

Datisca.

Datiscin. **Datiscin.** $C_{21}H_{22}O_{11}$. — Dieses zuerst von Braconnot (Ann. Chim. Phys. (2) 3. 277) im Kraut, dann von Stenhouse (Ann. Chem. Pharm. 98. 166) auch in den Wurzeln von *Datisca cannabina L.* aufgefundene, eine Zeit lang für Inulin gehaltene Glycosid wird nach Stenhouse erhalten, indem man die Wurzeln mit Holzgeist auszieht, die Auszüge zum Syrup concentrirt, daraus durch Zusatz des halben Volumens heissen Wassers harzige Materien abscheidet, die klar abgegossene Flüssigkeit zur Krystallisation verdunstet und die gewonnenen Krystalle durch Abpressen, Auflösen in Weingeist, Fällung des noch in der Lösung vorhandenen Harzes durch Wasser und abermaliges Krystallisirenlassen reinigt.

Es bildet farblose, weiche, durchscheinende seideglänzende Nadeln und Blätter von neutraler Reaction, die bei 180° schmelzen und in höherer Temperatur zerstört werden. Es löst sich schwierig in kaltem, reichlicher in heissem Wasser, wenig in Aether, aber sehr leicht in Weingeist. Mit wässrigen Alkalien und alkalischen Erden giebt es tief gelbe Lösungen, die durch Säuren gefällt und entfärbt werden. — Neutrales und basisches Bleiacetat, sowie Zinnchlorür fällen die wässrige Lösung hellgelb, Kupferoxydsalze grünlich, Eisenchlorid dunkel braungrün; Gerbsäure fällt nicht (Stenhouse. Braconnot).

Beim Erwärmen mit verdünnter Schwefelsäure oder Salzsäure oder beim Kochen mit Alkalien erfolgt Spaltung in Zucker und Datiscetin,

$$C_{15}H_{10}O_6 \ (C_{21}H_{22}O_{12} = C_{15}H_{10}O_6 + C_6H_{12}O_6),$$

während Emulsin und Hefe ohne Einfluss sind. Das Datiscetin bildet farblose geschmacklose Nadeln, die nach dem Schmelzen krystallinisch wieder erstarren, sich leicht in Weingeist, fast nach jedem Verhältniss in Aether und kaum in Wasser lösen (Stenhouse).

Carica.

A. Wurtz, E. Bouchut (Compt. rend. 89. 425; 90. 1379) haben in dem
Papaïn. Safte von Carica Papaya ein lösliches Ferment, das Papaïn (Papayotin) nachgewiesen, und zwar dadurch gewonnen, dass sie die durch Filtration und Waschen des Saftes gewonnene, wässrige Flüssigkeit nach freiwilliger Concentration mit Alkohol gefällt haben. Diese Fällung besitzt, durch Bleizuckerlösung von Eiweiss befreit, bei 75° getrocknet die Zusammensetzung

$$C = 52{,}1 - 52{,}3, \ H = 7{,}1 - 7{,}3, \ N = 16{,}6 - 16{,}9.$$

Das gereinigte Product löst sich in Wasser zur Gummilösung auf, die wässrige Lösung schäumt beim Umschütteln, trübt sich beim Erhitzen und giebt Fällungen mit Salzsäure, Salpetersäure, im Ueberschuss löslich, mit Metaphosphorsäure, mit Ferrocyankalium + Essigsäure, Quecksilberchlorid (schwach), Kupfersulfat beim Kochen, durch Platinchlorid, Tannin,

Pikrinsäure und Millonsches Reagens. Das Papaïn besitzt die Fähigkeit, Fibrin zu lösen, wobei Peptone neben einem krystallisirbaren Stoffe (Leucin?) entstehen. Auch scheint dasselbe mit Fibrin eine Verbindung einzugehen (Wurtz, Compt. rend. 91. 787).

Untersuchungen über den Werth von Papaïn sind von E. Geissler gemacht worden (Pharm. Centralhalle 1881 und 1882). Ueber die Anwendung des Papaïns in der Medicin vgl. S. 240.

17. Myrtiflorae.

a. Onagrarieae.

Das ätherische Oel von Philadelphus coronarius erhält man durch Ausziehen der Blüthen mit Aether, Filtriren des erkalteten Destillationsrückstandes der geklärten ätherischen Lösung, Ausschütteln des wässrigen Filtrats mit Aether, Trocknen der abgehobenen Aetherschicht mit Chlorcalcium und freiwilliges Verdunsten derselben. Es ist goldgelb, riecht betäubend, aber im verdünnten Zustande lieblich (Buchner, Arch. Pharm. (2) 8. 70). Biddle (Pharm. J. Trans. (4) 407) untersuchte Epilobium angustifolium. Oel von Philadelphus.

b. Combretaceae.

Terminalia.

Die Früchte der Species der Gattung Terminalia, besonders Terminalia Chebula „Myrobalanen“ sind reich an Gerbsäure (im Pericarp 45%), welche nach Loewe identisch mit der aus Dividivischoten abgeschiedenen Ellagengerbsäure $C_{14}H_{10}O_{10}$ sein soll. Günther (Dissertation. Dorpat. 1871) hat in den Myrobalanen freie Gallussäure nachgewiesen.

c. Myrtaceae.

Memecylon.

Die Blätter von Memecylon tinctorium enthalten einen glycosidähnlichen, gelben Farbstoff, der in Wasser und absolutem Alkohol löslich ist (Dragendorff, Pharm. Z. Russl. 1882. 232).

Melaleuca.

Das Cajeputöl ist das ätherische Oel der Blätter von *Melaleuca minor Smith.*, *M. Cajeputi Roxb.* und *M. Leucadendron Dec.*, die besonders auf den molukkischen und Sunda-Inseln einheimisch sind. Es besitzt eine hellgrüne Farbe, die zum Theil von absichtlich zugesetztem oder aus den zum Versenden dienenden Gefässen aufgenommenem Kupfer, zum Theil aber auch von einem eigenthümlichen grünen Harze (Schmidl. Blanchet und Sell) herrührt, ist dünnflüssig, von durchdringend gewürzhaftem campherartigem Geruch und brennendem Geschmack. Sein spec. Gew. variirt zwischen 0,91 und 0,97. Es reagirt neutral und ist linksdrehend, enthält stets Spuren von Kupfer. Von Weingeist wird es leicht gelöst. Bei der Destillation gehen etwa $^2/_3$ bei 175 bis 178°, der Rest zwischen 178 und 250° über. Die Zusammensetzung des bei 175—178° siedenden Antheils wurde von Blanchet und Sell (Ann. Chem. Cajeputöl.

Pharm. 7. 161) und Schmidt (Chem. Soc. Qu. J. 14. 63; auch Journ. pract. Chem. 82. 185) übereinstimmend der Formel $C_{10}H_{18}O$ entsprechend gefunden, und Schmidt bezeichnet ihn als Cajeputenhydrat, $C_{10}H_{16}, H_2O$. Er hat das spec. Gew. 0,903, wird an feuchter Luft sauer und liefert bei längerer Einwirkung von wässrigem Kali, schmelzendem Kalihydrat oder erhitztem Natrium salzartige Verbindungen, deren Säure als harzartige Substanz abgeschieden werden kann. Wird das Cajeputenhydrat sehr vorsichtig mit conc. Schwefelsäure vermischt, so entsteht ein bei 170—175° siedendes Halbhydrat, $2C_{10}H_{16}, H_2O$, während sich bei längerer Berührung mit verdünnter Schwefelsäure eine wasserreichere krystallinische Substanz, $C_{10}H_{16}, 3H_2O$, erzeugt. Bei wiederholtem Destilliren des Cajeputenhydrats über wasserfreie Phosphorsäure erhält man die Kohlenwasserstoffe Cajeputen, $C_{10}H_{16}$, bei 160—165° siedend, von 0,85 spec. Gew., Isocajeputen, $C_{10}H_{16}$, bei 176—178° siedend, und Paracajeputen, $C_{20}H_{32}$, klebrig, citronengelb und bei 310—316° übergehend (Schmidt). — Starke Salpetersäure verwandelt das Cajeputöl beim Erhitzen grösstentheils in Oxalsäure. Behandelt man das mit $^1/_3$ Weingeist oder starker wässriger Salzsäure vermischte Oel mit Salzsäuregas, so entsteht das krystallisirte Hydrochlorat $C_{10}H_{16}, 2HCl$, das sich in kochendem Weingeist und in Aether leicht löst, bei 55° schmilzt und sich beim Destilliren unter Bildung verschiedener Verbindungen, darunter das bei 160° siedende Monohydrochlorat, $C_{10}H_{16}, HCl$, zersetzt. Bei Einwirkung von Brom und Jod entstehen krystallisirbare Verbindungen $C_{10}H_{16}Br_4$ (Schmidt). Salpetersäure liefert Campheresinsäure und Serephtalsäure (Schwanert, Ann. Chem. Pharm. 134. 128).

Die Oele von Melaleuca ericifolia und linarifolia haben nach Gladstone spec. Gew. 0,90 und polarisiren nach Rechts. — Das ätherische Oel von Melaleuca flaviflora „Miaculi" siedet bei 176° und ist in Alkohol vollkommen löslich. Stan. Martin (Revue therap. 1880. 216. 313).

Wirkung und Anwendung. Das Oleum Cajeputi hat ausgedehnte medicinische Anwendung nach allen Richtungen hin, wo ätherische Oele benutzt werden, gefunden. Besonders beliebt war es im 18. Jahrhundert als sog. Oleum Wittnebianum in Deutschland und Holland, wo es sich gegen 1720 in den Apotheken fand. Anfangs als schweisstreibendes Mittel (Rumph) oder Gewürz des Caffees und Thees (Locher) erwähnt, wurde es bald in den verschiedensten Affectionen gebraucht, so bei Hydrops (Cartheuser), als Antitypicum (Valentini), als Emmenagogum und zur Beförderung fliessender Hämorrhoiden, vorzüglich aber bei Nervenaffectionen, Chorea, Convulsionen aller Art, Epilepsie, Hysterie, Amaurose, äusserlich bei Paralysen und Taubheit, bei cariösem und rheumatischem Zahnschmerz, bei Augenleiden (selbst Kataract und Leukomen) und Flechten (vgl. Murray, App. medic. 3. 319). Auch in späterer Zeit ist es in ähnlicher Weise verwerthet, z. B. gegen Aphonie (Behr, Casp. Wchschr. 26. 1834) und Wundstarrkrampf (Rusts Magaz. 53. 198), äusserlich bei Croup (Puchelts Ann. 8. 356) und bei Wasserkolk Schwangerer, dann aber ganz besonders im Stadium algidum der Cholera, wo sich das namentlich von Krajewsky 1831 empfohlene Mittel ebenso wenig wie andere bewährte. Die intensiv schädliche Wirkung auf Milben, Insecten und Entozoën (Rudolphi) dürften das Oel als Parasiticidum empfehlen. Prosper Delvaux (Presse méd. 12—30. 1861) hat es mit Erfolg gegen Ascaris lumbricoides und Oxyuris, ferner bei Dyspepsie mit Flatulenz, bei Meteorismus in schweren Erkrankungen, bei Cholerine (nicht bei epidemischer Cholera), bei asthenischen Affectionen der

Respirationsorgane, äusserlich bei chronischem Gelenk- und Muskelrheumatismus, bei Acne rosacea, Pityriasis und Psoriasis, bei Luxationen u. s. w. angewandt. Man giebt es zu 1—10, bei Cholera und Tetanus selbst zu 60 Tropfen, als Oelzucker, in Latwerge und Emulsion; äusserlich pinselt man es für sich, oder mit Baumöl auf. — Nach Prosper Delvaux wird Cajeputöl in kleineren Dosen bei Thieren völlig resorbirt, in grösseren (2,0—4,0) aber in eine halbflüssige, klebrige, gelbliche Masse verwandelt, wobei es gastrointestinale Reizung veranlasst; die Dämpfe reizen die Conjunctiva sehr und nach öfterer Bepinselung bleibt eine weisse Narbe zurück.

Myrcia.

Die Blätter von Myrcia acris enthalten ein flüchtiges Oel, farblos, das aus einem specifisch schwereren und leichteren Oele besteht, von welchen das letztere ein Terpen enthält, das erstere wahrscheinlich Eugenol (Markoe, Pharm. J. Trans. (4) S. 1005). Myrciaöl.

Eugenia.

Die in Chile als Balsamicum bei Bronchialkatarrh verwertheten Blätter der Eugenia Cheken, welche früher von Hutchinson (J. Pharm. 187. 9. 55) oberflächlich untersucht wurden, enthalten nach J. Winters England (Americ. J. Pharm. 1883. 246) neben einem dem Eucalyptusöl ähnlichen Oele (2 %) ein flüchtiges Alkaloid, das Chekenin, das durch Destillation der Blätter mit Kalilauge erhalten wurde. Höhn (ebendas. 253) will keine Spur eines Alkaloides gefunden haben, dagegen 3,7% ätherisches Oel. Chekenin.

Pimenta. Myrtus.

Das Nelkenpfefferöl oder Pimentöl, das ätherische Oel der unreifen getrockneten Früchte des in Westindien einheimischen *Myrtus Pimenta L.*, welche davon nach Jahn 2,34 % liefern, ist gelb bis gelbbraun, dickflüssig, riecht dem Gewürznelkenöl ähnlich, bricht das Licht stark, hat bei 8° das spec. Gew. 1,03, sondert sich mit Wasser in einen darin untersinkenden und einen obenauf schwimmenden Theil und besitzt nach Oeser (Ann. Chem. Pharm. 131. 277) die gleiche Zusammensetzung wie das Gewürznelkenöl, wird nämlich durch Kalilauge in sich lösende Nelkensäure und einen sich oben absondernden Kohlenwasserstoff $C_{15}H_{24}$ geschieden, der bei 255° siedet, ein spec. Gew. von 0,98 bei 8° und nur schwaches Rotationsvermögen nach links besitzt. Das Pimentöl wird selten und ganz wie Nelkenöl benutzt. Pimentöl.

Dragendorff (Untersuchungen aus dem pharm. Inst. Dorpat. 1. 23) will einen alkaloidähnlichen Stoff in den Früchten von Pimenta nachgewiesen haben.

Das ätherische Oel von Myrtus communis, das Myrtenöl, besteht nach Gladstone zu $^3/_4$ aus einem bei 160—170° siedenden Camphen. Nach Linarix (De l'emploi du myrtol ou essence de myrte principalement dans les maladies des voies respiratoires et génito-urinaires. Paris 1878) wirkt ätherisches Myrtenöl nicht irritirend auf die äussere Haut, wohl aber auf Wunden, erregt im Munde vermehrtes Wärmegefühl und Speichelabsonderung und fördert in Mengen von 0,6—0,9 die Digestion, während grössere Gaben Nausea, Meteorismus, Kopfschmerz und Mattigkeit hervorrufen, wobei Athem und Harn einen Veilchengeruch annehmen und in Urin Salpetersäure einen Myrtenöl.

reichlichen, nicht aus Eiweiss bestehenden Niederschlag erzeugt. Nach Erfahrungen in Pariser Hospitälern ist Myrtenöl bei Bronchialkatarrhen mit reichlichem Auswurf (nicht aber bei acuter Bronchitis), bei Katarrhen der Phthisiker und im letzten Stadium der Pneumonie, bei Cystitis acuta, wo es Schmerz und complicirende Hämaturie in wenigen Tagen beseitigt und in ca. 2 Wochen das Leiden hebt, Cystitis chronica, Urethritis und Blennorrhoe mit Vortheil gebraucht werden und empfiehlt sich auch als deodorisirendes Antisepticum äusserlich bei Hospitalbrand und Otorrhoe mit putridem Secret. Innerlich giebt man dasselbe zu 0,15 in Gallertkapseln oder nach dem Vorschlage von Delioux de Savignac (Bull. gén. thér. Févr. Mars. 1875) in einem Bolus mit Fol. Myrthi und Terebinthina; äusserlich wird es bei rheumatischen Affectionen (Delioux) und Psoriasis (Linarix) unverdünnt eingerieben, steht aber als Derivativum anderen ätherischen Oelen nach.

Eucalyptus.

Die Gattung Eucalyptus, vorzüglich Eucalyptus resinifera, sowie andere Species liefern das Eucalyptuskino, das beim Fällen der Bäume in besonderen Höhlungen des Holzes zum Vorscheine kommt (Wiesner, Z. östr. Apothekerver. 9. 501). Das Eucalyptuskino verhält sich dem Pterocarpuskino ganz analog.

Melitose. **Melitose.** $C_{12}H_{22}O_{11}$. — Dieser zuckerartige Stoff in der von *Eucalyptus mannifera* und anderen Eucalyptus-Arten stammenden australischen Manna wurde 1843 von Johnston (Phil. Mag. J. **23.** 14) als eigenthümlich erkannt, später von Berthelot (Ann. Chim. Phys. (3) **46.** 66) genauer untersucht. Er krystallisirt aus dem mit Thierkohle gereinigten wässrigen Auszuge der Manna beim Verdunsten oder aus der heiss gesättigten weingeistigen Lösung beim Erkalten heraus.

Die aus Wasser krystallisirte Melitose bildet dünne mikroskopische verfilzte Nadeln, die aus Weingeist angeschossene kleine farblose gut ausgebildete Krystalle, welche 3½ Atome H_2O enthalten, von denen 2½ bei 100° entweichen, das letzte aber erst bei 115—121° fortgeht. Sie schmeckt schwach süss und löst sich in Wasser wie Mannit, in kochendem Weingeist noch reichlicher (Johnston). Das Molecularrotationsvermögen ist rechts und $[\alpha]j = + 102°$ für die völlig entwässerte Substanz (Berthelot).

Beim Erhitzen tritt Geruch nach Caramel auf. Beim Erhitzen mit mässig verdünnter Salpetersäure entsteht wenig Schleimsäure und mehr Oxalsäure. Verdünnte Schwefelsäure spaltet sie beim Kochen in gleiche Theile gährungsfähigen Zucker und in nicht gährungsfähiges unkrystallisirbares, Kupferoxydkali nicht reducirendes Eukalin, $C_6H_{12}O_6$, dessen Rechtsdrehungsvermögen geringer ist ($[\alpha]j = 65°$). Die gleiche Zerlegung bewirkt Bierhefe, die dann die abgespaltene Glucose in Gährung versetzt, während das Eukalin unverändert in Lösung bleibt. Beim Kochen mit wässrigen Alkalien wird die Melitose nicht verändert, auch reducirt sie Kupferoxydkali nicht (Berthelot). Ihre Lösung wird durch Baryt bräunlich, durch Bleizucker und Ammoniak weiss gefällt (Johnston).

Das ätherische Oel der Blätter des neuerdings als Fiebermittel vielfach empfohlenen *Eucalyptus globulus Lab.* ist farblos, sehr dünnflüssig, von campherartigem Geruch und dem Siedepunkt 170°. Das über Kalihydrat destillirte Oel, das Eucalyptol, entspricht der Formel $C_{12}H_{20}O$, siedet bei 175°, polarisirt rechts, löst sich leicht in Weingeist und riecht in sehr verdünntem Zustande rosenartig. Salpetersäure verwandelt es in eine krystallisirbare, der Camphersäure analoge Säure. Beim Destilliren über wasserfreie Phosphorsäure entsteht der Kohlenwasserstoff Eucalypten, $C_{12}H_{18}$, der bei 165° siedet und das spec. Gew. 0,836 besitzt, neben einem erst bei 300° siedenden Polymeren, dem Eucalyptolen. Mit Salzsäuregas erzeugt das Eucalyptol eine krystallinische, leicht zersetzbare Verbindung (Cloetz, Compt. rend. **70.** 687). Eucalyptusöl.

A. Faust und J. Homeyer (Berl. Ber. 1874. 63 und 1429) haben das ätherische Oel von Eucalyptus globulus einer eingehenden Untersuchung mit folgendem Resultate unterzogen. Das Oel besteht aus einem bei 150—151° siedenden Terpen und einem 2. bei 172—175° siedenden Terpen, das Eucalypten genannt wird, endlich Cymol und einem Campher $C_{10}H_{16}O$. Das Eucalyptol (Cloëz) ist ein Gemenge von 70 % Eucalypten, 30 % Cymol, und siedet bei 171—174°, ist löslich in absolutem Alkohol, Aether und Chloroform, besitzt den Geruch eines feinen Terpenes und verpufft mit Jod. Mit Salpetersäure liefert es Paratoluylsäure, Terephtalsäure. — Der campherähnliche Körper ist eine bei 216—218° siedende Flüssigkeit, unlöslich in wässrigem Kali, giebt mit Schwefelphosphor Cymol.

Poehl (Pharm. Z. Russl. **16.** 577) stellte ebenfalls Eucalyptol her, Sdpkt. 171°, wasserhell, spec. Gew. 0,9175, rechtsdrehend, p(D) = + 681°.

Pfaff und Oppenheim erhielten aus australischem Eucalyptusöle ein bei 172—175° siedendes Terpen, das kein Terpinhydrat lieferte und mit Jod Cymol lieferte. Nach H. Schulz (Das Eucalyptusöl. Bonn, 1881) enthält das aus den Blättern von Eucalyptus globulus destillirte Oel kein Cymol, da sich bei Darreichung an Hunden weder Cuminsäure noch Cuminursäure im Harne findet. Es wäre daher möglich, dass die frühern Untersuchungen sich auf das in Australien destillirte Oel beziehen, zu dessen Darstellung auch andere Species von Eucalyptus benutzt werden. Nach F. v. Müller und Bosisto (vgl. des erstern Organic constituents of plants. Melbourne, 1878) ist das Oel von Eucalyptus amygdalina blassgelb, dünn, von stechendem Geruche, mildem und kühlendem, später bitterem Geschmacke, siedet bei 165—168°, verharzt an der Luft, und setzt bei — 18° ein Stearopten ab, das bei — 3° schmilzt. Eucalyptus oleosa liefert ein dünnes, blassgelbes Oel von campherartigem Geschmacke und minzenähnlichem Geruche; Sdpkt. 149—177°, spec. Gew. 0,917. Aehnlich ist das Oel von E. sideroxylon (Sdpkt. 152 bis 175°; spec. Gew. 0,918), nur heller gefärbt, während dasjenige von E. corymbosa farblos ist und nach Rosen und Citronen riecht (spec. Gew. 0,881). Röthlichgelb und von mildem Geruche sind die Oele von E. obliqua (Sdpkt. 171—195°; spec. Gew. 0,899, bei — 18° sich trübend) und von E. fissilis (Sdpkt. 177—196°, spec. Gew. 0,903); das von E. odorata (Sdpkt. 157—199°, spec. Gew. 0,899—0,922) ist blass grünlichgelb. Einen sehr hohen Siedepunkt (194—215°) hat das dickliche, stark campherähnlich riechende Oel von E. longifolia (spec. Gew. 0,940); bei sehr niedriger Temperatur sieden das blassgelbe Oel von E. rostrata (137—181°) und das unangenehm riechende Oel von

E. viminalis (159—182°), beide haben ein niedriges spec. Gew. (0,918—0,921). Das ätherische Oel von E. resinifera besteht vorwaltend aus einem nach Terpenthinöl riechenden Kohlenwasserstoffe.

Wirkung. Das Eucalyptusöl (Oleum Eucalypti s. Ol. Euc. Globuli) und das darin enthaltene Eucalyptol sind in den letzten 15 Jahren der Gegenstand einer grossen Anzahl medicinischer Aufsätze geworden, unter denen ausser der bereits oben erwähnten monographischen Bearbeitung von H. Schulz, welche die Literatur für Eucalyptus ziemlich vollständig giebt, diejenigen von Gubler (Bull. gén. de Thérap. Août 30. Sept. 15. 1871), Gimbert (Arch. gén. de méd. 129. 709. 1873), Binz (N. Repert. Pharm. 22. 342), Grisar (Exp. Beitr. zur Pharmacod. der äther. Oele. Bonn, 1873), Siegen (Ueb. d. pharmacod. Eigenschaften von Eucalyptus globulus. Bonn, 1873), Mees (Arch. klin. Med. 13. 638), Schlaeger (Exp. Unters. über d. physiol. Wirkung von E. G. Göttingen, 1874), Peyser (Ueber das Eucalyptol bei Febris intermittens. Berl. 1875), Sternberg (Ueb. die Einwirkung der Inhalationen von Oleum Terebinthinae und Ol. Eucal. auf Niere und Harn. Göttingen, 1880) und v. Schleinitz (Berl. klin. Wchschr. 524. 1882) besonderes Interesse darbieten. Eucalyptusöl und Eucalyptol gehören zu den mit ausserordentlich energischer antiseptischer Wirkung begabten ätherischen Oelen (Gimbert, Mees, Siegen, Schulz). Schon Gimbert betonte, dass Eucalyptol auf Blut und Eiter ebenso lange conservirend wirke wie Carbolsäure (5 Monate und länger) und weit länger als Terpenthinöl und dass Einspritzung von Eucalyptol in die Venen die Fäulniss der Versuchsthiere verhindere. Auch die Verhütung des Auftretens von Schimmelbildung und Vibrionen hat Gimbert constatirt. Mees stellte Eucalyptol selbst über Chininhydrochlorat, indem es schon zu $^1/_2$ % die Hefegährung aufhebe; zu 2% sistirte es in der Regel Fäulnissprocesse und Bakterienbildung, zu 1% hemmte es die alkalische Harngährung nicht. Siegen zeigte ebenfalls die Ueberlegenheit des Eucalyptols über Chinin in Bezug auf die Fäulniss von Eiweiss, Muskelsubstanz und Blut und wies die conservirende Action in Hinsicht von Tannin- und Weinsäurelösungen nach. In den Versuchen von Bucholtz (Arch. exp. Path. Pharm. 4. 1. 1875) wurde die Bakterienentwicklung durch Eucalyptol in Verdünnungen von 1 : 166, durch Chinin und Carbolsäure erst in solchen von 1 : 200 verhindert. Schulz constatirte, dass die antiseptische Wirkung des mit Sauerstoff beladenen Eucalyptusöles weit stärker als die des frisch destillirten Oeles ist. Besonders interessant ist das zuerst von Mees nachgewiesene Verhalten des Eucalyptols gegen weisse Blutkörperchen. Schon Zusatz von $^1/_{15}$% zu Blut vernichtet in 15 Min., ein solcher von $^1/_{10}$% sofort die Contractilität der Leukocyten. In Folge davon und ohne Alteration der Gefässweite (Binz) verhindern Eucalyptoldämpfe auch den Eintritt von Entzündung am Froschmesenterium (Mees, Binz). Direct mit Eucalyptol versetztes Blut wird rasch rosenroth, die anfangs aufschwellenden Erythrocyten geben allmählich ihren Farbstoff an das Serum ab (Gimbert). Eucalyptoldämpfe bewirken im Froschblute zunächst Deutlicherwerden des Kerns und die Oberfläche nimmt eine gefältelte Beschaffenheit an (Binz, Schulz). Das Blut mit Eucalyptol vergifteter Frösche zeigt den Oxyhämoglobinstreifen (Schulz). Mit dem Chinin theilt das Eucalyptol auch die verkleinernde Wirkung auf die Milz (Schlaeger). Auf höhere Thiere wirken grössere Dosen toxisch, indem sie einen deprimirenden Einfluss auf Circulation, Athmung und die Functionen des Nervensystems überhaupt ausüben; die Reflexaction wird vor der Gehirnfunction aufgehoben, die Temperatur sinkt bei interner Vergiftung mit 1,5—2,0 constant. Bei Subcutaninjection scheint Temperaturerhöhung in Zusammenhang mit localer Irritation bei Hunden und Kaninchen vorzukommen (Schlaeger). Einspritzung von 0,5—1,0 Eucalyptol in die Schenkelvene bedingt Verlangsamung des Herzschlages und Sinken des Blutdruckes; Vagus und vasomotorisches Centrum sind dabei unbetheiligt (Schlaeger). Auch auf die Bewegung des ausgeschnittenen Froschherzens wirkt Eucalyptol sistirend. Bei Warmblütern, welche auch bei Inhalation von Eucalyptusöl meist ohne Krämpfe zu Grunde gehen (Schulz), ist das arterielle Blut, wohl in Folge der aus der constanten Athemverlangsamung resultirenden Kohlensäureanhäufung, kaum vom venösen zu unterscheiden. Die Giftigkeit des Eucalyptusöls ist von Schulz für Paramecium, Hirudo officinalis, Flusskrebs, Kreuzspinnen, Perla, Küchenschaben, Fliegen, Schmeissfliegen, Limax agrestis, Lenciscus Dobula, Tritonen, ausserdem für Frösche, Kaninchen und Hunde dargethan. Die Wirkung war überall eine paralysirende; bei den Evertebraten, wo die Dämpfe in Anwendung kamen, ging Excitation der Lähmung voraus. Bei Säugethieren fehlt auch bei kleinen Gaben Erregung. Auf Trichina spiralis ist Eucalyptusöl ohne deleteren Effect. Die durch Brucin künstlich erhöhte Reflexerregbarkeit wird durch Eucalyptol und Eucalyptusöl herabgesetzt (Grisar, Schulz). Auf den Menschen wirken jedenfalls erst sehr grosse Gaben toxisch. Schon Gubler giebt an, dass 1,0—2,0 gut tolerirt werden und dass wenige Tropfen etwas Brennen im Halse und ein Gefühl von Frische bei Aspiration, etwas grössere Dosen auch vermehrte Secretion von Mundschleim und Speichel, mitunter auch Hitze im Magen bedingen. Nach 2,0—4,0 beobachtete Gubler Druck im Epigastrium, wohlriechende Ructus und Beeinträchtigung der Verdauung, mitunter Kopfweh, Unruhe, nach Eucalyptol riechende Stühle, später Temperatursteigerung, Zunahme der Pulsfrequenz und der Athemzahl, lebhaften Durst und allgemeines Unwohlsein für die Dauer einiger Stunden, bei Plethorischen Insomnie, einige Male gesteigerte Diurese. Gimbert beobachtete nach 1,0—2,0 Brennen im Oesophagus, Magen und selbst im Darm, anfangs Pulsbeschleunigung, allgemeine Aufregung und Lustigkeit, Steigerung des Appetits, der Körperkraft und mitunter selbst des Geschlechtstriebes, von trefflichem Schlafe gefolgt; bei einzelnen kam es zu febrilen Erscheinungen, bei andern zu Palpitation (vereinzelt schon nach 10 Tropfen), nach Inhalation auch zu Migräne. Bei längerer Darreichung kleinerer Dosen sah Gimbert einen Zustand von Ruhe mit Abnahme der arteriellen Spannung und Sinken der Temperatur um einige Zehntelgrade. Nach sehr grossen Dosen kam es zu Temperaturabfall von $1-1^1/_2{}^0$, beschleunigter, tiefer Athmung, Pulsverlangsamung und einem apathischen Zustande mit Abnahme der Reflexe und Schlafneigung ohne Stupor oder Pupillenveränderungen, welche Erscheinungen in einigen Stunden verschwanden. Bei einem alten Manne, der aus Versehen 80 Tropfen Eucalyptol eingenommen hatte, trat rasch gesteigerte Hitze, Kopfcongestion und Paralyse bei erhaltener Besinnung ein; auf eine Tasse Kaffee erfolgte Genesung in $^1/_2$ Stunde (Gimbert). Siegen nahm 3,5 Eucalyptol in 5 Einzeldosen binnen $4^1/_2$ Stde.; der Appetit blieb gut, dagegen kam es zu einer Art Trunkenheit mit nachfolgender Apathie; analog wirkten 5,0 in $2^1/_2$ Stdn. genommen. Schulz bekam nach 20 Tropfen anfangs Ructus, die nach mehrmaligen Versuchen ausblieben; später stieg er auf 8,0 und 10,0 auf einmal genommen, wonach sich Abgeschlagenheit, gelinde Nausea und eine gewisse Ruhelosigkeit einstellten. Albuminurie ist nach interner Application von Eucalyptol niemals beobachtet; auch keine intensivere Diarrhoe.

Oertliche irritirende Action kommt sowohl dem Eucalyptol als dem Eucalyptusöl, und zwar dem frischen und sauer reagirenden stärker als dem entsäuerten alten (Schulz), zu. Bei Verhinderung der Verdunstung entsteht auf der äusseren Haut diffuse Röthung mit Blasen- oder Pustelbildung. Bei Application auf Pharyngeal- und Vaginalschleimhaut resultiren heftige Schmerzen (v. Schleinitz).

Nach grösseren internen Dosen kommt es sowohl bei Thieren (Binz, Schulz) als bei gesunden Menschen zu Herabsetzung der Temperatur. Bei Siegen verhinderte 3,5 in Intervallen genommen nicht nur die Abendsteigerung der Normaltemperatur, sondern drückte dieselbe unter die Norm herab. Auch die Fiebertemperatur durch Einspritzung putrider Stoffe fällt bei gleichzeitiger Injection von Eucalyptol oder Eucalyptusöl weit geringer aus als ohne dieselbe (Mees, Siegen, Schulz).

Das Eucalyptusöl wird theils durch die Lungen und die Haut eliminirt, soweit der constante Geruch des Athems und der Perspiration nach demselben die unveränderte Ausscheidung demonstrirt, auch bei Application im Klystier (Gimbert), theils erscheint es verändert im Harn, der sowohl nach interner als nach externer und epidermatischer (Schulz) Application oder bei Inhalation (Sternberg) einen Veilchengeruch annimmt. Die Versuche von Schulz, einen besonderen Körper aus dem Harne zu isoliren, gaben kein genügendes Resultat. Siegen will deutlichen Eucalyptolgeruch des Harnes und Trimethylamingeruch der Respiration nach Eucalyptol beobachtet haben.

Anwendung. Therapeutisch ist Eucalyptusöl (Eucalyptol) in verschiedenen Richtungen empfohlen worden. Als Antiparasiticum hat es grosse Bedeutung nicht erlangt, obschon Ascariden und Oxyuriden danach abgehen können (Siegen, Vidan); gegen Tänien ist es unnütz (Bérenger-Féraud). Als Mittel gegen Intermittens hat sich Eucalyptol auf Frerichs Klinik erfolglos erwiesen (Peyser). Als Antipyreticum hat es sich nicht einbürgern können, obschon Mosengeil bei Wundfieber und Zuntz bei Polyarthritis rheumatica Temperaturabfälle beobachteten. Schleinitz erzielte bei Typhus zwar durch grössere Gaben Herabsetzung der Pulsfrequenz, jedoch nur vereinzelt Temperaturabnahme (um 1°). Schulz sah Erfolg bei perversen Gährungsvorgängen im Magen, dagegen erhielt Schleinitz rein negatives Resultat bei chronischem Darmkatarrh und Dysenterie. Bei Gallensteinkolik blieb es ebenfalls erfolglos (Schleinitz). Am meisten Bedeutung hat das Mittel offenbar bei verschiedenen Affectionen der Respirationsorgane. Gimbert empfahl es zuerst bei subacuter Entzündung der Bronchien, selbst bei Complication mit Keuchhusten und Spitzenkatarrh, und bei Lungentuberculose, wo er Fieber und Secretion danach abnehmen sah; doch warnt er, in letzterem Falle das Mittel länger als 3—4 Tage zu geben, weil es sonst leicht zu Husten und Blutspeien führe, und hebt hervor, dass gerade bei Phthisikern häufig Intoleranz gegen das Mittel existirt. Schulz und Schleinitz constatirten Herabsetzung des Hustenreizes bei chronischem Bronchialkatarrh und Phthisis, wo Eucalyptusöl vor dem Oleum Terebinthinae den Vorzug besitzt, keine Nierenreizung zu bedingen. Bei diesen Leiden eignet sich auch die Inhalation, welche Rühle mit Erfolg bei Lungengangrän und Mosler bei Diphteritis anwandte. Aron heilte eine Urethritis durch Injection von Eucalyptol in stark verdünnter Emulsion. Bei Ekzem und verwandten Hautleiden, sowie bei spitzen Condylomen ist Eucalyptusöl unzureichend (Schleinitz). Nachdem schon früher Gubler das Eucalyptol bei phagedänischen und brandigen Geschwüren zur

Herstellung guter Granulationen empfohlen, richtete Schulz (Centralbl. Chir. No. 4. 1880) die Aufmerksamkeit auf das Eucalyptusöl als Ersatz der Carbolsäure beim Wundverbande; doch bewährte es sich in Versuchen von Busch (Berl. klin. Wchschr. No. 39. 1880) bei Application mit Lösung oder Emulsion getränkter Gaze nicht, da es Entzündung der Wundränder hervorruft. Achnliche Erfahrungen machte Bassini (Ann. univ. di med. Sett. 1880). Dagegen bestreitet Siegen (Deutsche med. Wchschr. No. 30. 1880) jede örtliche Reizung bei Gebrauch von Gaze, welche pr. Meter mit einer Mischung von 3,0 in 15,0 Weingeist gelösten Eucalyptusöls und 100,0 Wasser getränkt waren. Sehr gute Resultate erhielt Busch bei directer Application des Oeles oder einer wässrigen Emulsion desselben auf schlechte Wunden und bei Ausspülung von Abscessen u. s. w., wo die Eiterung beschränkt wurde. Schleinitz, welcher alkoholische Solution (1 : 10—100) im Spray und zum Tränken von Verbandstücken benutzte, bezeichnet Eucalyptusöl als in Bezug auf die Förderung der Granulationen dem Jodoform überlegen, hinsichtlich der Beschränkung der Wundsecretion demselben nachstehend.

Gubler empfahl Eucalyptol als Stimulans zu 2—4 Tropfen in Oelzucker und als Antiblennorrhagicum zu 2,0—4,0 in Kapseln. Gimbert rieth, im Allgemeinen 5—10—20 Tropfen in Kapseln zu geben oder das Gummi emulgirt im Clysma zu appliciren. v. Schleinitz gebrauchte zur Inhalation 10—20 Tropfen auf die Watte des Hausmannschen Respirators gebracht und benutzte das Eucalyptusöl bei Bronchialkatarrh zu 10 Tropfen bis 1 Theelöffel voll, bei Typhuskranken 3,0—5,0 pro die in wässrig-alkoholischer Solution (1 : 30—50).

P. A. Hartsen (Berl. Ber. 1876. 314) hat in den Blättern der Eucalyptus globulus Gerbsäure, eine Harzsäure, eine wahrscheinlich neue Fettsäure, einen Körper (Cerylalkohol?) und Harz gefunden.

Caryophyllus.

Das Nelkenöl, das ätherische Oel der Blüthenknospen und Blüthenstiele von *Caryophyllus aromaticus L.*, von dem die ersteren, die bekannten Gewürznelken, 14—28%, die letzteren etwa 4% liefern, ist farblos oder gelblich, etwas dickflüssig, von starkem gewürzhaftem Geruch und brennendem Geschmack. Es bleibt noch bei —25° flüssig, hat ein spec. Gew. von 1,04—1,06. Es besteht aus Eugenol und einem Kohlenwasserstoff (wahrscheinlich $C_{15}H_{24}$), welcher in den bei der Destillation mit Wasser zuerst übergehenden Antheilen, sowie in dem Oele der Nelkenstiele in reichlicherer Menge enthalten ist, ein spec. Gew. von 0,90 bis 0,92 besitzt, nach Ettling bei 142—143°, nach Brüning und Williams aber erst bei 251—255° siedet, dickflüssiger als Terpenthinöl ist, sich viel weniger als dieses in Weingeist löst und Salzsäuregas absorbirt, ohne damit eine krystallinische Verbindung zu bilden. (Man vergl. Jahn, Arch. Pharm. (2) **66**. 129; van Hees, ebendas **69**. 41; Ettling, Ann. Chem. Pharm. **9**. 68; Brüning, ebendas. **104**. 204; Williams, ebendas. **107**. 242). Eisenchlorid färbt das Nelkenöl grün oder blau, Kalilauge (concentrirt) sowie wengeistiger Ammoniak geben mit Nelkenöl einen Krystallbrei. — A. H. Church (J. Chem. soc. (2) **13**. 113) fand für das aus Nelkenöl wiederholt über Natrium rectificirte Terpen, spec. Gew. 0,905, Sdpkt. 253,9°, die Formel $C_{15}H_{24}$. — Das Nelkenöl hat eine ausgesprochene Wirkung auf die Haut; seine Dämpfe tödten Fliegen und Mücken. Muskelsubstanz macht es mürbe und hemmt die Flimmerbewegung. Als Mittel bei cariösem Zahn- Nelkenöl.

schmerz (örtlich auf Baumwolle) findet es Anwendung, mit andren ätherischen Oelen gemischt auch wohl zu reizenden Einreibungen bei Glossoplegie und Amblyopsie oder innerlich als Oelzucker bei Flatulenz.

Eugenol. Eugensäure. Nelkensäure. $C_{10}H_{12}O_2$. — Literat.: Bonastre, Journ. Pharm. (2) **13**. 464 und 513. — Dumas, Ann. Chim. Phys. (2) **53**. 165; Ann. Chem. Pharm. **27**. 151. — Ettling, Ann. Chem. Pharm. **9**. 68. — Stenhouse, Ann. Chem. Pharm. **95**. 103. — Calvi und Chiozza, Ann. Chem. Pharm. **99**. 242. — Brüning, Ann. Chem. Pharm. **104**. 202. — C. G. Williams, Ann. Chem. Pharm. **107**. 238. — Oeser, Ann. Chem. Pharm. **131**. 277. — Hlasiwetz und Grabowsky, Ann. Chem. Pharm. **139**. 95. — Erlenmeyer, Zeitschr. Chem. 1866. 430. — Brüning, Ann. Chem. Pharm. **104**. 804. — Tiemann, Berl. Ber. **9**. 418. — Wassermann, Ann. Chem. Pharm, **179**. 369. — Gräbe, Borgmann, ebendas. **158**. 282. — Tiemann, Nagai, Berl. Ber. **10**. 202. — Saarbach, J. pr. Chem. (2) **21**. 158. — Baeyer, A., Ann. Chem. Pharm. **114**. 63.

Eugenol. Die 1827 von Bonastre im ätherischen Oel der von *Caryophyllus aromaticus L. s. Eugenia caryophyllata Thunb.* abstammenden Gewürznelken und später auch im Nelkenpfeffer- oder Pimentöl (von *Myrtus Pimenta L.*) aufgefundene Nelkensäure kommt nach Stenhouse auch im ätherischen Oel der Blätter von *Cinnamomum ceylanicum Nees.* (Fam. Laurineae), ferner nach Meyer und v. Reiche (Ann. Chem. Pharm. **47**. 234) im flüchtigen Oel der Rinde von *Canella alba Murr.* (Fam. Canellaceae) und nach Gladstone (Chem. Centralbl. 1864. 575) im flüchtigen Oel der Beeren von *Laurus nobilis L.* (Fam. Laurineae) vor. Auch in der Nelkencassia (*Dicypellium*), in *Ravensara aromatica* (Laurineae).

Darstellung. Zur Darstellung destillirt man rohes käufliches Gewürznelkenöl oder Pimentöl zuerst mit starker Kalilauge, bis das indifferente Nelkenöl ($C_{10}H_{16}$) verflüchtigt ist und dann den Rückstand mit überschüssiger Schwefelsäure oder Phosphorsäure, wobei die Nelkensäure als farbloses Oel übergeht (Ettling). Auch kann man zu der erstarrten Mischung von Nelkenöl und Kalilauge Weingeist setzen, das ausgeschiedene nelkensaure Kali abpressen und mit Schwefelsäure durch Destillation zerlegen (Brüning). Zur Entwässerung wird die Säure entweder für sich oder über Chlorcalcium rectificirt.

Eigenschaften. Das Eugenol ist ein farbloses klares, den Geruch und Geschmack der Gewürznelken zeigendes Oel von 1,068—1,079 (nach Oeser 1,08 bei 8°) spec. Gewicht und bei 242° (nach Oeser bei 251°, 247° Wassermann) siedend. Es reagirt schwach sauer. In Wasser löst es sich nur in geringer Menge, dagegen gut in Weingeist und Aether, auch in concentrirter Essigsäure. Eugenol reducirt ammoniakalische Silberlösung, wird durch Kaliumpermanganat zu Vanillinsäure oxydirt, zerfällt mit Chromsäure in Kohlensäure und Essigsäure; mit Phosphorpentachlorid entsteht Chlormethyl.

Constitution. Die Nelkensäure, für welche Dumas die Formel $C_{20}H_{12}O_5$, dann Ettling die Formel $C_{48}H_{20}O_{10}$ berechnete, ist mit der zuerst von Liebig und Gerhardt aufgestellten Formel $C_{10}H_{12}O_2$ isomer mit dem Eugenin und der Cuminsäure. Das Eugenol ist der Methyläther des Phenoles, $C_9H_{10}O_2$, steht in naher Beziehung zu Ferulasäure und Coniferylalkohol. Die Ferulasäure ist der dem Vanillin entsprechende Methylphenoläther der Kaffeesäure.

$$C_6H_3\begin{cases}CH.CH.CO.OH\\(O.CH_3)\\OH\end{cases}\qquad C_6H_3\begin{cases}CH.CH.CH_2.OH & (1)\\O.CH_3 & (3)\\OH & (4)\end{cases}$$

Ferulasäure Coniferylalkohol

$$C_6H_3\begin{cases}CH-CH-CH_3 & (1)\\O.OH_3 & (3)\\OH & (4)\end{cases}$$

Eugenol.

Die Salze, welche theils nach der Formel $C_{10}H_{11}MO_2$, theils nach der Formel $C_{10}H_{11}MO_2$, $C_{10}H_{12}O_2$ zusammengesetzt sind, können meistens krystallisirt erhalten werden, werden aber mit Ausnahme des Bariumsalzes beim Umkrystallisiren aus Wasser oder Weingeist zersetzt. Zersetzung. Derivate.

Beim Aufbewahren färbt sich die Nelkensäure braun. — Wird sie mit überschüssigem Aetzbaryt destillirt, so wird sie unter Bildung des Kohlenwasserstoffs C_9H_6 zersetzt (Church, Phil. Mag. Journ. (2) 9. 256). — Beim Schmelzen mit Kalihydrat zerfällt sie unter Bildung von Protocatechusäure, Essigsäure und Kohlensäure nach der Gleichung: $C_{10}H_{12}O_2 + 7O = C_7H_6O_4 + C_2H_4O_2 + CO_2 + H_2O$ (Hlasiwetz und Grabowsky). — Beim Destilliren mit Jodwasserstoffsäure wird sie in Jodmethyl und ein rothes Harz von der Formel $C_9H_{10}O_2$ zerlegt (Erlenmeyer). — Beim Erwärmen mit Phosphorchlorür entsteht Nelkensäureanhydrid, $C_{20}H_{22}O_3$, ein dickflüssiges, nicht rein zu erhaltendes Oel und amorphe gelbe pulvrige eugenylphosphorige Säure, $P(C_{10}H_{11}O)H_2O_3$ (Oeser).

Von Derivaten des Eugenols sind noch zu erwähnen:

Der Methyläther, $C_3H_5.C_6H_3.(O.CH_3)_2$ (Gräbe und Borgmann), Sdpkt. 244—245° (Matschmoto, Berl. Ber. 11. 123), aus Eugenolnatrium und Jodmethyl, der Aethyläther, sowie die Isopropyl-, Propyl-, Isobutyl-, Isoamyl-, Hexyl-, Allyl-, Aethylen-, Propylenäther des Eugenols (Cahours). Ferner sind bekannt das Eugenolacetat (Tiemann, Nagai), Eugenolglykolsäure (Saarbach), Eugenolallophanat (Baeyer), Benzoat, Cuminat und Tolylat (Cahours); ebenso sind die Bromverbindungen bekannt (Wassermann).

Eugenin. $C_{10}H_{12}O_2$. — Dieser von Dumas (Ann. Chim. Phys. (2) 52. 168) analysirte, nach Liebig (Ann. Chem. Pharm. 9. 72) mit der Nelkensäure isomere und sich zu dieser wie Benzin zum Bittermandelöl verhaltende Stoff scheidet sich, wie zuerst Bonastre (Journ. Pharm. (2) 20. 565) beobachtete, allmälig aus dem über Gewürznelken destillirtem trübem, mit ätherischem Oel überladenen Wasser ab. Er bildet zarte weisse durchsichtige perlglänzende Blättchen ohne Geschmack und von schwachem Nelkengeruch, die beim Aufbewahren gelblich werden, sich in Weingeist und Aether nach allen Verhältnissen lösen und sich mit kalter Salpetersäure, wie die Nelkensäure, lebhaft blutroth färben (Bonastre). Eugenin.

Caryophyllin. $C_{20}H_{32}O_2$. — Literat.: Lodibert, Journ. Pharm. (2) 11. 101. — Bonastre, ibid. 11. 103; 13. 519. — Dumas, Ann. Chim.

Phys. (2) 53. 169. — Mylius, Journ. pract. Chem. 22. 105. — Muspratt, Pharm. J. Trans. 10. 343. — Hjelt, Berl. Ber. 13. 800. — E. Mylius, Arch. Pharm. 203. 392.

Caryophyllin. Wurde 1825 von Lodibert und Baget in den Gewürznelken aufgefunden, von denen es die Ostindischen in reichlicher, die von Bourbon in geringerer Menge und die von Cayenne gar nicht enthalten. Es krystallisirt aus dem weingeistigen Auszug derselben heraus und wird nach Muspratt am besten in der Weise erhalten, dass man die Nelken mit Aether extrahirt, die Lösung mit Wasser fällt und den Niederschlag durch Behandeln mit wässrigem Ammoniak von anhängendem Harz befreit. Bonastre erhielt 3% vom Gewicht der Nelken.

Das Caryophyllin krystallisirt aus Weingeist in aus strahlig vereinigten weissen seideglänzenden Nadeln bestehenden Kugeln ohne Geruch und Geschmack und von neutraler Reaction, die nach Mylius zwischen 280 und 290° vollständig sublimiren, erst über 330° schmelzen und sich dabei allmälig in einen gelben, bitter schmeckenden, in Weingeist leichter löslichen Stoff verwandeln. In stärkerer Hitze verbrennt es mit russender Flamme. Es ist in Wasser unlöslich, ebenso in kaltem Weingeist, löst sich aber in kochendem Weingeist und leicht in Aether, wenig auch in Essigsäure und ätherischen Oelen, dagegen nicht in wässrigen Säuren und Alkalien (Bonastre, Mylius). Von concent. Schwefelsäure wird es mit rosenrother, dann blutrother Farbe gelöst. Seine Zusammensetzung wurde erst durch Dumas festgestellt. E. Mylius glaubt die Formel $C_{40}H_{64}O_4$ aufstellen zu sollen, da das Caryophyllin bei der Oxydation sich analog dem Lauruscampher verhält, der eine Camphersäure bildet, wie Caryophyllin eine Caryophyllinsäure liefert $C_{40}H_{64}O_{12}$.

Mit Essigsäureanhydrid liefert Caryophyllin ein Acetylderivat, monokline Krystalle, 184° Schmpkt. (Hjelt), mit Phosphorpentachlorid 2 Chloride, $C_4H_{63}O_3Cl$ und $C_4H_{63}O_2Cl_3$.

Caryophyllinsäure. $C_{20}H_{32}O_6$. — Literatur: E. Mylius, Arch. Pharm. 203. 392.

Beim Eintragen von Caryophyllin in rauchende Salpetersäure scheiden sich nach einiger Zeit Krystalle aus, die mit Salpetersäure gewaschen werden. Dieselben, in Ammoniak gelöst, mit Salzsäure ausgefällt, lassen sich durch Umkrystallisiren aus Alkohol reinigen.

Die Krystalle sind schwer löslich in Wasser, leicht löslich in Eisessig, Alkohol, Aether, zersetzen sich vor dem Schmelzen. Die Natrium-Barium-Silbersalze sind dargestellt.

Punica.

Granatgerbsäure. $C_{20}H_{16}O_{13}$. — Fällt man nach Rembold (Ann. Chem. Pharm. 143. 285) die wässrige Abkochung der Wurzelrinde von *Punica Granatum L.* fractionirt mit Bleizucker aus, so erhält man zuerst einen schmutzig bräunlich gelben und darauf einen rein gelben Niederschlag, von dem auf Zusatz von Bleiessig noch mehr entsteht. Der gelbe Niederschlag wird unter Wasser mit Schwefelwasserstoff zersetzt und die erhaltene Flüssigkeit abermals einer fractionirten Fällung mit Bleizucker unterworfen. Das so reiner erhaltene Bleisalz der Granatgerbsäure liefert nun nach nochmaliger Zersetzung mit Schwefelwasserstoff und Verdunsten des Filtrats diese selbst als amorphe, grünlichgelbe Masse, unlöslich in Alkohol, Aether, reducirt Fehlings Lösung, Silberlösung, wird gefällt durch Leimlösung, zerfällt mit Säuren in Ellagsäure und Zucker.

Reeb (l'Union pharm. 18. 144) untersuchte die Granatwurzelrinde und fand darin keinen Mannit (entgegen Hager) Harz-, Gerb- und Gallussäure.

Landerers Granatin (Repert. Pharm. 61. 92 und 68. 333), sowie Righinis Punicin (Journ. Pharm. (3) 5. 298) sind zwei noch sehr problematische und weiterer Untersuchung bedürftige Stoffe des Granatbaums.

Die Alkaloide der Granatwurzelrinde:

Literatur: Durand, Journ. pharm. chim. (2) 28. 168. — Tanret, Compts. rend. 88. 716; 90. 695. — J. Chem. Min. 1878. 898.

Durand hat in der Granatwurzelrinde ein Alkaloid, Granatin, nachgewiesen, Krystalle. Die Arbeiten von Tanret enthalten die Thatsache, dass in der Granatwurzelrinde 4 Alkaloide enthalten sind:

Pelletierin. $C_8H_{13}NO$, flüssig, Sdpkt. 195°, spec. Gew. 0,988 bei 0°, löslich in Alkohol, Aether, Chloroform, in 20 Th. Wasser, rechtsdrehend, Salze bildend, von welchen das schwefelsaure Salz linksdrehend ist. Bei 100° verliert das Alkaloid das Rotationsvermögen, Platinchlorid fällt nicht. Pelletierin.

Methylpelletierin. $C_{18}H_{34}N_2O_2$, flüssig, 215° Sdpkt., löslich in 25 Th. Wasser, Alkohol, Aether Chloroform, Rotationsvermögen des salzsauren Salzes, = 22°. Methylpelletierin.

Pseudopelletierin. $C_9H_{15}NO + 2H_2O$, prismatische Krystalle, Schmpkt. 246°, leicht löslich in Wasser, Alkohol, Aether, Chloroform, starke Basis. Das salzsaure-, schwefelsaure- und Platinchloriddoppelsalz sind dargestellt und analysirt. Pseudopelletierin.

Isopelletierin, von derselben Zusammensetzung und demselben Verhalten wie Pelletierin, nicht polarisirend. Isopelletierin.

Die gepulverte Rinde wird mit Kalkmilch behandelt, die erhaltene Flüssigkeit mit Chloroform und dieses mit Säuren ausgeschüttelt. Diese Lösung, welche sämmtliche Alkaloide enthält, wird mit überschüssigem doppeltkohlensaurem Natron versetzt, wodurch Pseudopelletierin und Methylpelletierin ausgeschieden werden, die man mit Chloroform aus der Flüssigkeit wegnimmt, in schwefelsaure Salze umwandelt und fractionirt mit Alkali fällt. Methylpelletierin fällt zuerst und dessen Salze drehen rechts. Aus der Mutterlauge nach der Behandlung mit doppeltkohlensaurem Natron scheidet man die beiden anderen Alkaloide durch Kalilauge und Chloroform ab, schüttelt das Chloroform mit verdünnter Schwefelsäure aus. Die schwefelsaure Lösung wird verdampft und das Salzgemenge der Luft ausgesetzt, Pelletierinsulfat ist wenig zerfliesslich, Isopelletierinsulfat zerfliesst.

(Synthetische Homologe von Pelletierin. A. Etard, Compts. rend. 92. 460.)

Wirkung. Die von Tanret isolirten Alkaloide der Granatwurzelrinde gehören keineswegs zu den für den Organismus indifferenten Stoffen, sondern sind nicht allein für niedere Thiere, sondern selbst für den Menschen in grösseren Dosen giftig. Nach Versuchen von Rochemure (Étude de physiol. et de thérap. sur les sels de pellétiérine. Paris, 1879) sind Methylpelletierin und Pseudopelletierin für Blutegel und Froschlarven weit weniger giftig als Isopelletierin und Pelletierin. Auf Kaninchen wirkt 0,15 bis 0,2 Pelletierin tödtlich. Rochemure bezeichnet die Action nach Versuchen an Fröschen bei kleineren Dosen als curareähnlich; nach grösseren (1—2 Tropfen) sah er anfangs Krämpfe und Muskelcontractionen, später allgemeine Muskelerschlaffung und diastolischen Herzstillstand in 1—6 Std.; die Reflexaction cessirte kurz nach der Aufhebung der Willkürbewegung. Auch bei Kaninchen beobachtete Rochemure vorwaltend paralytische Erscheinungen, mitunter terminale Convulsionen; die Athmung erschien anfangs beschleunigt, später retardirt und dyspnoisch; der Herzschlag überdauerte dieselbe constant. Bordureau (Contribution à l'étude exp. de l'action physiologique des pellétiérines. Paris, 1880) hält den Vergleich der Action des Pelletierins mit Curare nicht zutreffend, da bei Hunden auch bei Subcutanapplication Erbrechen, Zitterkrampf, Steigerung der Reflexerregbarkeit und Asphyxie das Vergiftungsbild ausmachen und da bei Fröschen, an denen Lähmung ausgesprochen ist und die Nervenendungen allerdings stark afficirt werden, die am Herzmuskel erhaltenen Curven eine Verstärkung und Beschleunigung der Herzaction ergeben. Directe Application von Pelletierinlösung auf Froschmuskeln bewirkt rasche Abnahme der Nerven-, später auch der Muskelirritabilität (Rochemure).

Die Giftigkeit ist für den Menschen durch verschiedene Beobachtungen von Nebenerscheinungen nach dem Gebrauche von Pelletierinsalzen nachgewiesen. Bei Dosen von 0,4—0,6 innerlich hat Bérenger-Féraud (Bull. gén. de thérap. 337. Oct. 30. 1879) constant Schwindel, Nebelsehen, Schwere der Augenlider, mitunter Diplopie, Krämpfe in den Waden- und Vorderarmmuskeln, sowie Kriebeln in Fingern und Zehen, häufig Nausea und Erbrechen beobachtet; mitunter kann auch nach kleineren Dosen Schwindel eintreten. Dieselben Erscheinungen sah Rochemure auch bei Subcutaninjection, mitunter bei interner Verabreichung von 0,5 Pelletierin auch allgemeine Muskelparese, besonders ausgeprägt an den Beinen und so intensiv, dass die Kranken sich niederlegen mussten. Dujardin-Beaumetz (Bull. gén. de Thérap. 433. Mai 30. 1880) leitet den Schwindel nach Pelletierin von Erweiterung der Gefässe des Augenhintergrunds ab.

Anwendung. Die Tanretschen Alkaloide bedingen die bandwurmabtreibende Wirkung der Granatrinde, an Stelle deren das Pelletierin, namentlich in Verbindung mit Gerbsäure (sog. Pelletierinum tannicum), versuchsweise Anwendung gefunden hat.

Nachdem zuerst Dujardin-Beaumetz, Const. Paul und Laboulbène von der bandwurmtödtenden Wirkung des Pelletierins sich überzeugt hatten, machte Bérenger-Féraud ausgedehnte Versuche mit Pelletierinsulfat, wobei etwa $^2/_3$ complete Curerfolge erhalten wurden. Noch besser stellten sich die Resultate bei Anwendung eines Gemisches einer Lösung von 0,4 Pelletierinsulfat mit 0,3—0,4 Gerbsäure, welchem man den keineswegs vollkommen angemessenen Namen Tannate de pelletiérine gegeben hat. Die Wirksamkeit des Pelletierins wird auch von Le Vaillant (Journ. de Thérap. 204. 1879), Emden und Roorda-Smit (Nederl. geneesk. Tijdschr. N. 36. 1879) u. A. bestätigt, doch hat das Mittel den Nachtheil, dass es bei Theilung der Dose den Abgang des Wurmes nicht sicher bewirkt und bei Darreichung von mehr als 0,4 die obenbeschriebenen Nebenerscheinungen hervorruft, welche auch durch Gebrauch des sog. Pelletierintannats nicht vermieden werden. Zu bedenken ist auch, dass Pelletierin nicht purgirend wirkt und manchmal sogar die Erzielung von Stühlen durch Abführmittel (Ol. Ricini) nach Anwendung des Mittels schwer fällt, weshalb Dujardin-Beaumetz dasselbe mit Jalapentinctur und Sennasyrup darreicht. Ueber 0,4 sollte nicht gegeben werden!

Bertholletia. Lecythis.

Die Samen der Gattungen Bertholletia und Lecythis, die Paranüsse, je 16—20 in einer Frucht enthalten ein fettes Oel (Cloëz, J. Chem. Min. 1865. 631) und zwar 60—70%, das nach Martius 74% Elaïn und 26% Stearin enthält. Ausserdem ist in den Paranüssen ein Eiweisskrystalloïd enthalten, das aus dem Magnesiumsalz eines Proteïnstoffes besteht. (Schmiedeberg, Z. phys. Chem. 1. 205. — Weyl, ebendas. 92. — Sachse, J. 1876. 353. — Ritthausen, J. Thierchem. 1878. 16. — Drechsel, J. pr. Chem. (2) 19. 331. Siehe Leguminosen, Eiweissstoffe).

18. Thymeleae.

a. Thymelaeaceae.

Daphne.

Coccogninsäure. — So nennt Göbel (Repert. Pharm. 8. 203) eine Säure, die er aus den Samen von *Daphne Gnidium L.* durch Ausziehen des weingeistigen Extracts mit Wasser erhalten haben will. Sie bildet farblose Prismen von säuerlichem Geschmack und fällt weder Kalkwasser, noch Barium- und Bleisalze. Coccogninsäure.

Mezereumharze. — Nach Untersuchungen von Buchheim über das scharfe Princip von Daphne Mezereum (Arch. Path. 1. 1872) enthält das ätherische Seidelbastextract eine dem Euphorbon ähnliche Substanz und ein fettes Oel, welche beide für die Wirkung irrelevant sind, und rührt die Schärfe der Pflanze von einem gelbbraunen, glänzenden, nicht krystallinischen, in Aether und Weingeist leicht, in Petroleumäther nicht löslichen Harze her, das in spirituöser Lösung stundenlanges Brennen und Kratzen auf der Rachenschleimhaut und Blasen auf der Haut erzeugt, auch verstäubt stark zum Niesen reizt. Bei Behandeln mit Kali giebt dieses Harz eine dunkelbraune, bitter schmeckende Säure, Mezereïnsäure, die auch im alkoholischen und ätherischen Seidelbastextracte sich findet. Mezereumharze.

Daphnin. $C_{15}H_{16}O_9 + 2H_2O$. — Literat.: Vauquelin, Ann. Chim. 84. 174. — Gmelin und Bär, Schweigg. Journ. 35. 1. — Zwenger, Ann. Chem. Pharm. 115. 1. — Rochleder, Journ. pract. Chem. 90. 442. — Stünckel, Berl. Ber. 12. 110.

Von Vauquelin 1817 entdeckter und von ihm, wie auch von Gmelin und Bär für ein Alkaloid gehaltener, von Zwenger als Glycosid erkannter Daphnin.

Bitterstoff in der Rinde von *Daphne alpina L.* und *D. Mezereum L.*, nach Enz (Viertelj. pract. Pharm. 8. 25) auch in den Blüthen der letztgenannten Species sich findend.

Darstellung. Zur Darstellung kocht man nach Rochleder das weingeistige Extract der Rinde (welches man vorher zur Bereitung des officinellen *Extractum Mezerei aethereum* mit Aether, in dem Daphnin durchaus unlöslich ist, erschöpfen kann) mit Wasser aus, fällt die nach 24stündiger Ruhe vom ausgeschiedenen Harz abgegossene Flüssigkeit mit Bleizucker aus und schlägt nun das Daphnin durch Bleiessig nieder. Der gewaschene Niederschlag wird unter Wasser durch Schwefelwasserstoff zersetzt, das Filtrat zum Syrup verdunstet, dieser mit Wasser verdünnt, die Flüssigkeit zur Beseitigung von Harz filtrirt und durch Ausschütteln mit ihrem 5—6fachen Volumen Aether vollständig davon befreit. Sie erstarrt nun allmälig zu einem Brei von Krystallen, die man mit kaltem Wasser wäscht und aus heissem umkrystallisirt.

Eigenschaften. Das Daphnin bildet farblose lange rectanguläre Säulen oder bei rascherem Krystallisiren feine Nadeln mit 4 At. H_2O, die bei 100° entweichen. Es schmeckt mässig bitter, hinterher herbe und reagirt neutral. Entwässert schmilzt es bei etwa 200° zu einer farblosen, krystallinisch wieder erstarrenden Flüssigkeit. Von kaltem Wasser wird es wenig, etwas besser als von kaltem Weingeist, leicht von heissem Wasser und sehr leicht von heissem Weingeist, dagegen gar nicht von Aether gelöst. Auch in erwärmter Essigsäure löst es sich leicht, sowie mit goldgelber Farbe in wässrigen ätzenden und kohlensauren Alkalien (Zwenger). Die Lösungen des Daphnin werden mit Eisenchlorid schwach bläulich.

Die oben angeführte Formel rührt von Zwenger her; Rochleder hält das Daphnin für isomer mit dem Aesculin und das Daphnetin mit dem Aesculetinhydrat, giebt ersterem also die Formel $C_{30}H_{34}O_{19}$.

Zersetzung. Wird Daphnin etwas über seinen Schmelzpunkt hinaus erhitzt, so wird es zersetzt und giebt dabei ein Sublimat von Daphnetin (s. unten). — Beim Kochen mit verdünnten Säuren zerfällt es in Daphnetin und Zucker, eine Spaltung, die auch durch Emulsin, weniger vollständig durch Hefe herbeigeführt wird ($C_{15}H_{16}O_9 + H_2O = C_9H_6O_4 + C_6H_{12}O_6$). Wässrige Alkalien und alkalische Erden wirken gleichfalls zersetzend. Durch kalte Salpetersäure wird es roth gefärbt, durch kochende in Oxalsäure verwandelt (Zwenger).

Daphnetin. Das Daphnetin, $C_{19}H_{14}O_9$, krystallisirt in feinen farblosen klinorhombischen Prismen, die über 253° schmelzen und schon unterhalb dieser Temperatur subliminen. Es schmeckt schwach herbe, riecht beim Erwärmen nach Cumarin, reagirt schwach sauer und löst sich leicht und mit gelber Farbe in kochendem Wasser, sehr leicht in kochendem Weingeist, wenig in Aether (Zwenger), unlöslich in Chloroform, Schwefelkohlenstoff, Benzol, löslich in ätzenden und kohlensauren Alkalien mit rother Farbe.

Die wässrige Lösung giebt mit Eisenchlorid grüne Färbung, die mit Soda roth wird, reducirt Kupfer- und Silbersalze, giebt mit Kalk-Barythydrat und Bleiacetat Niederschläge.

Stünkel hat Acetyldaphnetin, $C_9H_5(C_2H_3O)O_4$, Benzoyldaphnetin und Acetyltetrabromdaphnetin, $C_9HBr_4(C_2H_3O)O_4$ hergestellt und glaubt, das Daphnetin als Dioxycumarin auffassen zu dürfen

$$C_6Br_2O\begin{matrix}OC_2H_3O\\OH\\\overbrace{CHBr - CHBr - CO.}\end{matrix}$$

Ueber das scharfe Harz, das der Rinde von *Daphne Mezereum L.* durch Weingeist entzogen werden kann, liegen nur sehr dürftige Angaben vor. Nach Casselmann (N. Jahrb. Pharm. 23. 302) ist es braun, von süsslichem Geruch und scharfem brennendem Geschmack, löst sich ausser in Weingeist auch in Schwefelkohlenstoff und Kalilauge leicht, schwieriger in Aether, Chloroform, Benzol und ätherischen Oelen. Seidelbastharz.

Das fette Oel der Früchte von *Daphne Mezereum*, von dem bei heissem Auspressen 24%, durch Ausziehen mittelst Schwefelkohlenstoff über 31% erhalten werden, ist weingelb bis bläulichgelb, von schwachem, an Canthariden erinnerndem, an der Luft sich aber bald vollständig verlierendem Geruch und anfänglich süssem, hinterher aber brennend scharfem und kratzendem Geschmack. Es hat bei 15° das spec. Gew. 0,8908 und wird bei —16° noch nicht fest. Es gehört zu den trocknenden Oelen und besteht in 100 Th. aus etwa 10% Stearin, Palmitin und Myristin und 90 Th. Linoleïn und Oleïn. Auf der Haut erzeugt es starke Röthe und Ausschlag (Casselmann, l. c.). Seidelbastöl.

19. Rosiflorae.

a. Pomeae.

Sorbus.

Die Früchte von Sorbus aucuparia (Vogelbeeren) sind sehr reich an Aepfelsäure, enthalten Citronensäure, Weinsäure, ferner Sorbinsäure, Sorbin und Sorbit, auch Amygdalin.

Sorbin. $C_6H_{12}O_6$. — Diese mit der Glykose isomere Zuckerart wurde 1852 von Pelouze (Ann. Chim. Phys. (3) **35.** 222; auch Ann. Chem. Pharm. **83.** 47) aus reifen Vogelbeeren, den Früchten von *Sorbus aucuparia L.*, erhalten, jedoch ist es nach den Versuchen von Byschl (N. Repert. Pharm. **3.** 4) zweifelhaft, ob sie fertig gebildet im frischen Saft der Beeren enthalten ist. Pelouze hatte den ausgepressten Saft von gegen Ende September gesammelten Beeren 13—14 Monate in offenen Gefässen stehen lassen, dann die klar abgegossene Flüssigkeit zum dicken Syrup verdunstet und die angeschossenen Krystalle durch Umkrystallisiren mit Beihülfe von Thierkohle gereinigt. Sorbin.

Es bildet ausgezeichnet schöne farblose durchsichtige orthorhombische Krystalle von 1,654 specif. Gewicht. Die Krystalle krachen zwischen den Zähnen, schmecken rein süss wie Rohrzucker, lösen sich in ihrem halben Gewicht Wasser zu einer syrupdicken Flüssigkeit, dagegen gar nicht in kaltem und nur sehr wenig in kochendem Weingeist (Pelouze). Molecularrotationsvermögen links, und zwar $[\alpha]j = -46,9^{\circ}$ bei 7° (Berthelot).

Bei längerem Erhitzen auf 150—180° verwandelt sich das Sorbin in eine dunkelrothe Masse, vorzugsweise aus Pelouzes unkrystallisirbarer Pyrosorbinsäure ($C_{32}H_{18}O_{15}$?) bestehend. Salpetersäure führt es in Oxalsäure über (Dessaignes erhielt auch Traubensäure). Verdünnte Mineralsäuren verändern nicht. Die mit Kali versetzte wässrige Lösung färbt sich an der Luft schnell gelb unter Verbreitung von Caramelgeruch. Wässriges Sorbin löst Bleioxyd und Kupferoxydhydrat und die tiefblaue Kupferlösung scheidet schon in der Kälte nach einiger Zeit Kupferoxydul ab (Pelouze). Bierhefe ruft in wässriger Sorbinlösung keine weinige Gährung hervor (Pelouze), aber Käse und Kreide veranlassen bei 40° Milch- und Buttersäuregährung (Berthelot, Ann. Chim. Phys. (3) **50**. 350). Bei der Oxydation mit Chlor und Silberoxyd wird Glycolsäure gebildet. (Hlasiwetz u. Habermann, Ann. Chem. Pharm. **155**. 129).

Sorbit. **Sorbit.** $C_6H_{14}O_6$. — Boussignault (Journ. Pharm. Chim. (4) **16**. 36) hat einen zweiten zuckerähnlichen Körper in den Früchten von Sorbus aucuparia aufgefunden, der mit dem Mannit und Dulcit isomer ist. Derselbe ist in Wasser unlöslich, löslich in siedendem Alkohol, aus welchem er sich in durchscheinenden, opalisirenden, warzenförmigen Massen wieder abscheidet, die 1 Atom Krystallwasser enthalten. Schmpkt. 102°, optisch unwirksam, reducirt Fehlingsche Lösung nicht, löst sich in conc. Schwefelsäure ohne Färbung.

Cam. Vincent (Bull. soc. chim. **34**. 218) findet die Angaben von Pelouze über Sorbin und Sorbit vollkommen bestätigt und beobachtete, dass Sorbit (25 g) nach und nach mit einem Ueberschuss von Oxalsäure (600 g) erhitzt, Kohlensäure und 56% Ameisensäure liefert, ein farbloser Syrup, das Formin des Sorbits zurückbleibt. (Lorcin, Berl. Ber. 9. 503.)

Sorbinsäure. **Sorbinsäure.** $C_6H_8O_2$. — Diese von A. W. Hofmann (Ann. Chem. Pharm. **110**. 129) im Safte der unreifen Vogelbeeren beobachtete Säure, wird aus einem siedenden Gemenge von 1 Vol. Alkohol und 2 Vol. Aether in grossen Nadeln erhalten, Schmpkt. 134,5°, mit Wasserdämpfen flüchtig, unlöslich in kaltem, wenig löslich in heissem Wasser, löslich in Alkohol und Aether. Natriumamalgam wandelt dieselbe in Hydrosorbinsäure um $C_6H_{10}O_2$.

Der mit Kalk neutralisirte Saft unreifer Vogelbeeren wird zur Abscheidung des äpfelsauren Kalkes concentrirt, das Filtrat mit Schwefelsäure destillirt, das Destillat mit Soda neutralisirt und abermals mit Schwefelsäure destillirt. Die rohe Säure von öliger Consistens reinigt man durch gelindes Erwärmen mit Kali.

Die Calcium- und Baryumverbindungen sind dargestellt. — Eine Lösung von Sorbinsäure in Schwefelkohlenstoff nimmt 2—4 Atome Brom auf, mit Jodwasserstoff entsteht Jodcapronsäure, mit rauchendem Jodwasserstoffe Dibromcapronsäure. Ein Chlorid und der Aethylester sind gekannt. — Ueber Hydrosorbinsäure und deren Derivate, sowie Dibromcapronsäuren, deren Bildungen und Reactionen besonders hinsichtlich der Bildung von Lactonen siehe: Fittig, Ann. Chem. Pharm. **200**. 42. — Fittig und Barringer, ebendas. **161**. 309. — Landsberg, ebendas. 200. 50. — Fittig und Kachel, ebendas. **168**. 287. — Hjelt, Berl. Ber. 1882. 690 u. A. Die Bromcapronsäuren, aus Sorbinsäure und Hydrosorbinsäure gewonnen, werden alle mit Wasser oder alkalischem Wasser in der Wärme in Lactone verwandelt.

Pyrus.

Die Gattung Pyrus, deren Species Malus und communis die essbaren Früchte Aepfel und Birnen liefern, enthält in ihrer Wurzelrinde das interessante Phlorizin, in den Blättern nach Rochleder das Isophlorizin. Die Früchte enthalten je nach dem Stadium der Reife, Weinsäure, Aepfelsäure, Gerbstoff, Levulose, wahrscheinlich auch Rohrzucker, Arabinsäure, Eiweissstoffe etc. Hinsichtlich der Entwicklung der Früchte, der Gemengtheile der Hauptbestandtheile während der Reife, der Zusammensetzung der reifen Früchte ist auf folgende Literatur zu verweisen:

Pfeifer, Reifen des Kernobstes, Annal. Oenol. 1876. Bestimmung von Rohfaser, Asche, Proteïn, Zucker, Säure, Wasser, Pectin + Dextrin, während des Beginnes der Befruchtung bis zur Reife.

G. Dragendorff, Baltische Wochenschrift 1876. Bestimmung des Gehaltes an Wasser, Zucker, Säure, Asche und Trockensubstanz.

G. Dragendorff, Chemische Beiträge zur Pomologie mit Berücksichtigung der livländischen Obstcultur. Dorpater Naturforschende Gesellschaft. 1878. Als Durchschnittszahlen für die im Jahre 1877 untersuchten Aepfel werden mitgetheilt: Wasser 86,56%, freie Säure 1,17%, Zucker 5,57%, Stärke 1,55%, Metaarabinsäure 0,69%, Aschenbestandtheile 0,6%.

Bertram (Dingl. J. **228**. 190) untersuchte getrocknete und geschälte Aepfel, fand 32,12% Wasser, in der Trockensubstanz Traubenzucker 39,71%, Rohrzucker 3,9%, Stärke 5,2%, freie Säure 2,68%. In dem Fruchtfleische von Birnen geschält und getrocknet wies derselbe nach 29,61% und in der Trockensubstanz 29,39 Traubenzucker, 4,98 Rohrzucker, Stärke 10,31%, freie Säure 0,84.

Mach und Portele, Reifestudien an Kernobst. Agricult. chem. J. 1878. — Wiener Obst- und Gartenbauzeitung **2**. 303. – Agricult. chem. Centralbl. **7**. 430. — Die Levulose herrschte im jungen Kernobste vor, gegenüber der Dextrose im Vergleiche mit der Traube, beim Lagern des Obstes nimmt die Levulose auf Kosten der Dextrose zu. Der Zucker nimmt beim Lagern anfangs zu, dann bleibt er einige Zeit constant, später nimmt derselbe ab, die Säure nimmt beim Lagern ab.

Fruelle (J. Pharm. 1877. 184) untersuchte französische Aepfelsorten auf ihren Gehalt an nicht reducirendem Zucker (0,481—5,6% Rohrzucker?) und reducirendem Zucker (5,7—13,3%).

G. Dragendorff (J. Pharm. 1879. 56) analysirte Wildäpfel.

Th. Pfeil, Beiträge zur Pomologie. Dissertat. Dorpat, 1880.

C. Bender (Ann. Chem. Pharm **178**. 353) untersuchte die Gase von Kohläpfel und fand dieselben bestehend aus Kohlensäure 24—41%, Stickstoff 58 bis 75%. Ein Borsdorfer Apfel lieferte im Innern der Frucht ein Gas 78% Kohlensäure, 22% Stickstoff, die umgebende Luft enthielt 56,1% Kohlensäure und 4,1% Sauerstoff und 39,6% Stickstoff. Gase der Aepfel.

Die Samen der Früchte von Pyrus Malus und communis enthalten auch Amygdalin und zwar 0,6% (Lehmann).

Phlorizin. Phloridzin. $C_{21}H_{24}O_{10} + 2H_2O$. — Literat.: De Koninck, Ann. Chem. Pharm. **15**. 75 und 258. — Stas, Ann. Chem. Pharm. **30**. 192. — Mulder, Journ. pract. Chem. **17**. 299 und 304; **18**. 256; **32**. 330. — Roser, Ann. Chem. Pharm. **74**. 178. — Diehl, Journ. pr. Chem. **2**. 140; Repert. Pharm. **66**. 225. — H. Schiff, Berl. Ber. **14**. 303. — Ann. Chem. Pharm. **156**. 5; **172**. 357. — O. Hesse, Ann. Chem. Pharm. **176**. 117. — Löwe, Z. anal. Chem. **15**. 28. — Hesse, Schmidt, Ann. Chem. Pharm. **119**. 104.

Das Phlorizin (von φλοιός, Rinde und ῥίζα, Wurzel) wurde 1835 von De Koninck und Stas entdeckt und später von Letzterem als Glykosid erkannt. Es findet sich am reichlichsten in Phlorizin.

der Wurzelrinde des Apfel-, Birn-, Kirsch- und Pflaumenbaums, weniger reichlich in der Rinde des Stamms und der Zweige dieser Bäume (De Koninck), auch in den Blättern des Apfelbaums (Diehl).

De Koninck erhielt aus der Wurzelrinde des Apfelbaums 3—5% des Glukosids, Diehl aus den Blättern 0,8%. Trockne Wurzelrinde enthält wenig oder gar nichts davon (De Koninck), solche vom Januar mehr, als im Frühjahr gesammelte (Diehl).

Darstellung. Zur Darstellung kocht man die frische, nach dem Abschälen sogleich in Wasser gelegte Wurzelrinde des Apfelbaums einige Mal mit soviel Wasser aus, dass sie davon bedeckt ist, worauf beim Erkalten ein grosser Theil des Phlorizins herauskrystallisirt und der Rest durch Eindampfen der Mutterlauge gewonnen werden kann. Grössere Ausbeute wird erzielt, wenn schwacher Weingeist als Extractionsmittel dient (De Koninck). — Bei Verarbeitung von Apfelbaumblättern muss die wässrige Abkochung zur Abscheidung von Gummi und äpfelsaurem Kalk mit Weingeist ausgefällt werden.

Die Reinigung des rohen Phlorizins kann durch Umkrystallisiren mit Beihülfe von Thierkohle oder nach Roser in der Weise bewirkt werden, dass man es in heissem Wasser löst, die Lösung unter Zusatz von Leim kocht, die geklärte Flüssigkeit mit etwas Alaun versetzt, dann mit Kalk neutralisirt, filtrirt, zur Krystallisation bringt, die heisse Lösung der Krystalle mit einigen Tropfen Bleiessig vollständig reinigt und nochmals krystallisirt.

Eigenschaften. Das krystallisirte Phlorizin bildet kleine weisse seideglänzende, bei langsamer Bildung auch grössere platte perlglänzende Nadeln mit 2 At. H_2O, das bei 100° entweicht. Sein spec. Gew. ist 1,43. Es ist geruchlos, schmeckt schwach bitterlich süss und reagirt neutral. Es schmilzt bei 106—109° zu einer harzigen Masse, erhärtet dann wieder bei 130° und schmilzt bei 160° von Neuem, ohne sich dabei wesentlich zu verändern (De Koninck, Stas). Nach Schiff findet das zweite Schmelzen bei 170° statt, wobei Phloretin und Glucosin entstehen. Die Krystalle lösen sich in 1000 Th. Wasser bei 22°, sehr reichlich in warmem und in allen Verhältnissen in kochendem Wasser. Weingeist und Holzgeist lösen es leicht, ebenso Aetherweingeist und conc. Essigsäure, Aether dagegen nur wenig. Auch von wässrigem Ammoniak und wässrigen Alkalien wird es leicht gelöst (De Koninck). Das Phlorizin ist linksdrehend und zwar beträgt $[\alpha]r = -39{,}98°$ (Bouchardat); bei 15° α (j) $= -49{,}4 + 2{,}41$. p Hesse für alkoholische Lösung.

Von den zahlreichen für das Phlorizin in Vorschlag gebrachten Formeln rührt die jetzt allgemein angenommene von Strecker (Ann. Chem. Pharm. 74. 184) her.

Das Phlorizin vermag sich mit den stärkeren Basen zu verbinden. Es absorbirt, indem es schmilzt und dann zu einer farblosen Masse erstarrt, 11 bis 12% Ammoniakgas. Phlorizin-Kalk konnte in gelben Krystallen erhalten werden $= 2\,C_{21}H_{24}O_{10}$, H_2O, $3\,Ca_2O$ (Stas). Seine wässrige Lösung wird nicht durch Bleizucker, wohl aber durch Bleiessig gefällt.

Bei 200° wird das Phlorizin unter Wasserverlust dunkelroth (unter Bildung von Mulders Rufin), in stärkerer Hitze dann vollständig zerstört. In kalter conc. Schwefelsäure löst es sich mit gelber Farbe, die bei 30—60° in Roth übergeht (unter Bildung von Mulders Rufinschwefelsäure). Bei längerem Erhitzen mit verdünnten Mineralsäuren wird es vollständig in Glycose und Phloretin, das sich als krystallinisches Pulver abscheidet, gespalten (Stas). Für die Spaltung giebt Strecker die Gleichung: $C_{21}H_{24}O_{10} + H_2O = C_{15}H_{14}O_5 + C_6H_{12}O_6$. Von H. Schiff sind noch hergestellt: Monacetylphlorizin, Triacetylphlorizin, Pentacetylphlorizin, Tribenzoylphlorizin, Phlorizinanilid.

Phloretin, $C_{15}H_{14}O_5$, welches nach Rochleder (Journ. pract. Chem. 98. 205) auch fertig gebildet in der Wurzelrinde des Apfelbaums vorzukommen scheint, bildet weisse Blättchen von süssem Geschmack, die bei 180° schmelzen, sich in höherer Temperatur zersetzen, sich kaum in Wasser und Aether, leicht in Weingeist und Holzgeist, auch in heisser conc. Essigsäure und in wässrigen Alkalien lösen (Stas) und beim Kochen mit conc. Kalilauge in die gut krystallisirende Phloretinsäure, $C_9H_{10}O_3$, und in den Süssstoff Phloroglucin, $C_6H_6O_3$, zerlegt werden (Hlasiwetz, Journ. pract. Chem. 67. 105). Letzteres krystallisirt aus Wasser in harten orthorhombischen Krystallen mit $2\,H_2O$, die zwischen den Zähnen knirschen, süsser als gewöhnlicher Zucker schmecken, bei 22° schmelzen und sich zum Theil unverändert sublimiren lassen (Hlasiwetz). Phloretin.

Die Darstellung des Phloretins gelingt am besten, wenn 20 g Phlorizin mit einer Mischung von 140 g und 50 g 20% Schwefelsäure einige Zeit erhitzt werden.

Bei Behandlung von Phlorizin mit conc. Salpetersäure entsteht unter Entwicklung von Kohlensäure und Stickoxydgas Oxalsäure und ein dunkelrother ungelöst bleibender Körper, den Stas auch Phloretinsäure genannt hat. — Tröpfelt man Brom zu unter Aether befindlichem Phlorizin, so bildet sich nach O. Schmidt und Hesse (Ann. Chem. Pharm. **119**. 103) in blassgelben kleinen Nadeln krystallisirendes Quadribromphloretin, $C_{15}H_{10}Br_4O_5$. — Die Auflösung des Phlorizins in wässrigem Kali absorbirt an der Luft begierig Sauerstoff, färbt sich dabei allmälig rothbraun und enthält nun Essigsäure, Kohlensäure und einen rothbraunen Farbstoff (Stas). Auch die oben erwähnte Verbindung von Phlorizin mit Ammoniak nimmt im feuchten Zustande rasch Sauerstoff auf und verwandelt sich in dunkelblaues Phlorizeïn-Ammoniak, aus dessen wässriger Lösung durch vorsichtigen Zusatz von Essigsäure das Phlorizeïn, $C_{21}H_{30}NO_{13}$ (?), als rothe harzartige, in kochendem Wasser mit rother Farbe lösliche Masse abgeschieden werden kann (Stas). Acetyl-Anilidderivate, sowie ein Tetrabromphloretin sind bekannt (Schiff, Schmidt, Hesse).

Nach Rochleder (Journ. pract. Chem. 98. 205) enthält der in Essigsäure unlösliche Theil des durch Bleizucker in dem wässrigen Absud der Rinde bewirkten Niederschlags neben Pectin einen krystallisirbaren Körper von der Formel $C_{24}H_{30}O_{27}$ und der in Essigsäure lösliche Theil Phloretin und dieselbe Gerbsäure, die in der Rosskastanie vorkommt.

Das Phlorizin gehört zu den Bitterstoffen, die man als Surrogate des Chinins kurze Zeit pries, aber bald wieder verlassen hat. De Konincks Angabe (1836), dass es zu 0,8—1,0 ¾—1 St. vor Wechselfieberanfällen gereicht diese coupire, ohne Verdauung und Nervensystem zu afficiren, und dass drei Gaben zur Heilung ausreichten, fand anfangs durch van Mons, Kremers (Beob. über die Wechselfieber etc. Aachen, 1837), Boullier, Hanegräff, Lutens (Gaz. méd. de Paris. Avr. 1837. 267), L. Bonaparte u. A. Bestätigung, während Leonhard (Pr. Ver. Ztg. 17. 1837) fand, dass es als Antitypicum dem Chinin weit nachstehe, was auch Bouchardat, der es dem Salicin gleichstellt und bei leichten Fällen anzuwenden räth, zugiebt. W. Reil (Mat. med. p. 235) verwirft es nach eigenen Versuchen ganz.

Isophlorizin.

Isophlorizin. Isophloridzin. $C_{21}H_{24}O_{10}$. — Diese mit dem in der Rinde der Wurzel und des Samens des Apfelbaums so reichlich vorkommenden Phlorizin isomere Substanz hat Rochleder (Wien. Akad. Ber. 57. 779) 1868 in den Blättern des Baumes aufgefunden. Sie bildet halbzolllange silberglänzende dünne Nadeln, die wie Phlorizin bei 105° zu schmelzen beginnen. Ihre wässrige Lösung wird wie die des Phlorizins durch Bleiessig gefällt. Beim Erwärmen mit verdünnter Schwefelsäure zerfällt es viel schneller als dieses in das mit dem Phloretin isomere, aber in Aether leicht lösliche Isophloretin und Glycose. Beim Erhitzen mit conc. Kalilauge erfolgt in einigen Minuten Spaltung in Phloroglucin und Isophloretinsäure.

Phloroglucin. $C_6H_6O_3$ — $C_6H_3.(OH)_3$ (1 : 3 : 5). — Literatur: Hlasiwetz, Ann. Chem. Pharm. **96**. 120; **112**. 98; **134**. 118; **119**. 202; **138**. 190; **143**. 297. — Barth, Schreder, Berl. Ber. **12**. 417. 503. — Hlasiwetz, Pfaundler, Barth, Ann. Chem. Pharm. **127**. 357; **134**. 283. — Benedict, ebendas. **185**. 114. — Tiemann-Will, Berl. Ber. **14**. 954.

Phloroglucin.

Das Phloroglucin, bei der Spaltung des Phloretins mit Kali durch Hlasiwetz entdeckt, entsteht auch beim Schmelzen von Maclurin, Kino, Catechin, Gummigutt, Scoparin, Drachenblut, Quercetin mit Kali, ebenso auch beim Schmelzen von Resorcin, Phenol, Phenoltrisulfonsäure mit Natron, bei Einwirkung von Natriumamalgam auf Morin.

Die Darstellung lässt sich folgendermassen durchführen:

Ein Theil Resorcin wird mit 6 Th. Aetznatron circa 20—30 Minuten geschmolzen, bis die Masse hellbraun ist, die Schmelze wird in Wasser gelöst, mit Schwefelsäure angesäuert und mit Aether ausgeschüttelt, der das Phloroglucin hinterlässt, welches von beigemengtem Resorcin leicht durch vorsichtiges gereinigt werden kann. — Auch aus den Abfällen der Gelbholzextractfabrication (Maclurin) lässt sich Phloroglucin in analoger Weise mit Kali herstellen (1 : 3). Der Rückstand der Verdunstung des Aethers, der meistens Protocatechusäure beigemengt enthält, kann durch Bleiacetat in wässriger Lösung von dieser befreit werden, da nämlich Phloroglucin nicht durch Bleiacetat gefällt wird. — Das Phloroglucin bildet rhombische Blättchen oder Tafeln von süsslichem Geschmacke, Schmpkt. 206°, leicht löslich in Wasser, Alkohol, Aether, theilweise sublimirbar. — Phloroglucin färbt sich mit Eisenchlorid blauviolett. Nach Weselsky (Berl. Ber. 8. 967; 9. 216) lässt sich dasselbe leicht empfindlich nachweisen, wenn man verdünnte Lösungen von Phloroglucin und Anilinnitrat mischt und Kaliumnitrit zusetzt, wobei sich zinnoberrothes Azobenzolphloroglucin bildet.

Crataegus. Eriobotrya. Cydonia.

Der Bitterstoff von Crataegus Oxyacantha ist von Leroy (J. Chim. méd. 17. 3) dargestellt worden, indem die wässrige Abkochung der frischen Rinde der jungen Zweige mit Kalkhydrat versetzt wurde, das Filtrat hiervon zum Syrup verdunstet und nun mit Alkohol gefällt wurde. Das Filtrat hiervon lieferte Krystallwarzen von grauweisser Farbe, bitterem Geschmacke, leicht löslich in Wasser, wenig löslich in Weingeist, unlöslich in Aether.

Ballard (J. pharm. Chim. 24. 140) hat die Früchte der japanischen Mispel Eriobotrya japonica untersucht und darin reichlich Amygdalin gefunden.

Die Früchte von Cydonia vulgaris (Quitte) enthalen reichlich Aepfelsäure (3—3 1/2 %) und ein eigenthümliches Aroma, pelargonsaures Aethyl (?). Die Samen der Frucht sind durch ihren hohen Schleimgehalt ausgezeichnet, der nach Tollens eine Verbindung von Cellulose und Gummi sein dürfte (siehe S. 130).

b. Roseae.

Rosa.

Das ätherische Oel der Blumenblätter der besonders am Südabhange des Balkanes cultivirten Rosa damascena bildet bei Temperaturen von 16—18° eine gelbliche Flüssigkeit von 0,87—0,89 spec. Gew., schwach rechtsdrehend. Bei niederen Temperaturen scheidet sich eine grosse Menge eines Stearoptenes aus. Das Rosenöl ist ein Gemenge von einem flüssigen, wenig gekannten, sauerstoffhaltigen Oele mit einem festen, geruchlosen Kohlenwasserstoffe, der in wenig Chloroform gelöst, mit Eisessig oder Alkohol ausgeschieden werden kann. Nach wiederholtem Umkrystallisiren aus Alkohol bildet der sog. Rosenölcampher sechsseitige Pyramiden, Schmpkt. 32—33°, vielleicht von der Formel $C_{20}H_{42}$. Mit rauchender Salpetersäure entsteht daraus Bernsteinsäure und flüchtige Fettsäuren. Ueber Rosenölgewinnung und Rosenblüthenproducte etc. siehe: Douglas (Pharm. Zeitschr. Russ. 8. 811), W. v. Berg (J. Pharm. 1875. 194), Jonas-Hauart (J. Pharm. 1876. 210), v. Schlagintweit (München. acad. Ber. 1874. 329), R. Saunders (J. Pharm. 1874. 195). Die medicinische Anwendung bei Husemann, Arzneimittellehre. 2. Auflage. 411. Rosenöl.

Senier (Pharm. J. Trans. (3) 7. 650) stellte aus getrockneten Rosenblättern nach Beseitigung des Quercitrins, Fettes etc. mit Aether, durch Extraction mit Alkohol, Ausfällen mit Bleiacetat, Zerlegen des Niederschlages mit schwefelsäurehaltigem Alkohol den Farbstoff her, der durch starke Basen, Chlor, conc. Säuren leicht zerstört wird, mit verdünnten Alkalien dunkelroth, grün fluorescirend wird. Der Farbstoff giebt mit Alkalien krystallisirbare Verbindungen, mit alkalischen Erden amorphe, das Bleisalz hat die Zusammensetzung $C_{21}H_{29}Pb_2O_{30}$. Spectralerscheinungen sollen ebenfalls dem Farbstoff eigenthümlich sein. Farbstoff der Rosen.

Niederstadt (Landw. Versuchsst. 39. 251) hat die Aschenanalysen von rothen und weissen Rosenblättern ausgeführt und einen sehr beträchtlichen Gehalt an Kali 42—44 % nachgewiesen.

c. Potentilleae

Potentilla.

Tormentillgerbsäure. **Tormentillgerbsäure.** $C_{26} H_{22} O_{11}$. — Dieser Gerbstoff findet sich neben viel Chinovasäure und wenig Ellagsäure in der von *Potentilla Tormentilla Schrank* stammenden Tormentillwurzel. Fällt man nach O. Rembold (Ann. Chem. Pharm. 145. 5) die wässrige Abkochung der Wurzel mit Bleizucker aus, zerlegt den ausgewaschenen Niederschlag unter warmem Wasser mit Schwefelwasserstoff und fällt nun das etwas eingeengte Filtrat erst mit Bleizucker und dann mit Bleiessig, so liefert der erstere röthlichgelbe Niederschlag bei der Zerlegung mit Schwefelwasserstoff eine rothbraune Flüssigkeit, welche Chinovasäure, Ellagsäure, Tormentillgerbsäure und wahrscheinlich Chinovin enthält, während aus der Zersetzung des fast weissen Bleiessig-Niederschlags eine beinahe farblose Flüssigkeit resultirt, die beim Verdampfen reine gelbröthliche amorphe Tormentillgerbsäure giebt.

Diese fällt Leimlösung und erzeugt mit Eisenchlorid blaugrüne, auf Zusatz von Soda dunkel violettroth werdende Färbung. Beim Kochen mit verdünnter Schwefelsäure verwandelt sie sich ohne merkliche Zuckerbildung in das annähernd gleich zusammengesetzte Tormentillroth, ein rothbraunes amorphes, in Wasser unlösliches Pulver, das wahrscheinlich identisch mit Ratanhia- oder Kastanienroth ist, wenigstens wie diese beim Behandeln mit Kalihydrat Protocatechusäure und Phloroglucin liefert (Maisch, Americ. J. Pharm. 5. 109).

Gum.

Geumbitter. **Geumbitter.** — Von Buchner (Repert. Pharm. 85. 184) aus der als Chinasurrogat empfohlenen Wurzel von *Geum urbanum L.*, aber wohl nicht völlig rein, erhalten, indem er den unter Zusatz von Kalkhydrat bereiteten weingeistigen Auszug zur Trockne brachte, den Rückstand in Wasser aufnahm, die Lösung mittelst Oxalsäure vom Kalk befreite, dann mit Bleicarbonat neutralisirte, nach dem Filtriren eintrocknete, die trockne Masse in Weingeist löste, die Lösung mit Schwefelwasserstoff behandelte, ohne zu filtriren wiederum eintrocknete und dem Rückstande nun den Bitterstoff durch Weingeist entzog. — Gelbe amorphe, neutral reagirende, bitter schmeckende Masse, die sich schwer in Wasser, leicht in Weingeist und Aether löst und mit Kali, Kalk und Bleioxyd in Wasser und Weingeist lösliche Verbindungen bildet (Buchner).

Nach Tromsdorff liefert die Wurzel von Geum urbanum 0,04 % eines grüngelben butterartigen, in Weingeist löslichen Oeles, das nach Buchner (Repert. Pharm. 85. 17) nelkenähnlich riecht.

Rubus. Fragaria.

Die Früchte der Gattungen Rubus und Fragaria enthalten Aepfelsäure, Citronensäure, Pectinstoffe, Zucker (Levulose).

C. Bergstrand (Berl. Ber. 9. 857) hat die interessante Beobachtung gemacht, dass die Asche von Rubus arcticus bis 5,5 % Thonerde in Form von schwefelsaurer enthalten kann.

C. O. Cech (J. pr. Chem. 65. 399) untersuchte die Beeren von Rubus Chamaemorus und fand darin viel Zucker, Citronensäure und einen orangegelben Farbstoff, der die Beere gleichmässig durchdringt.

Himbeerencampher. — Die auf dem über ausgepresste Himbeeren abdestillirten Wasser nach längerem Stehen sich abscheidenden weissen Flocken krystallisiren beim freiwilligen Verdunsten ihrer ätherischen Lösung in kleinen Blättchen, die beim Erwärmen leicht verdampfen, sich leicht in Weingeist und Aether, aber in der Wärme auch in Wasser, Ammoniak und Kalilauge lösen und sich mit kalter conc. Schwefelsäure gelblich färben (Bley, Arch. Pharm. (2) **132**. 48). Himbeerencampher.

Seyffert hat die Wald- und Gartenhimbeere untersucht (Arch. Pharm. (3) **12**. 324).

C. A. Goessmann (J. chem. americ. 1) untersuchte die Aschenbestandtheile von Fragaria vesca und der Gartenhimbeere und fand darin 10—49 % Kali, 14—18 % Phosphorsäure.

Frz. Schulze (Jahresb. Agriculturch. 1868/69. 162) hat 14 verschiedene Erdbeersorten untersucht und 0,7—1,2 freie Säure, als Aepfelsäure berechnet, und 3—5 % Zucker gefunden.

Fresenius (Ann. Chem. Pharm. **101**. 224), der auch die Früchte von Rubus untersuchte, fand in Erdbeeren 3—7 % Dextrose, 1,2—1,6 Aepfelsäure, 0,5—0,7 Mineralbestandtheile.

Buignet (Compt. rend. **49**. 276) hat Rohrzucker, Dextrose, Levulose in den Erdbeeren nachgewiesen.

d. Spiraeeae.

Spiraea.

Das ätherische Oel von Spiraea Ulmaria besteht aus salicyliger Säure und einem indifferenten sauerstofffreien Bestandtheile (Ettling, Ann. Chem. Pharm. **25**. 251); nach Löwig (Poggend. Ann. **46**. 57) enthält es noch einen festen Bestandtheil, ein krystallisirendes Stearopten. Spiraeaöl.

Nietzki (Arch. Pharm. **4**. 429) stellte aus der Wurzel von Spiraea ulmaria ein ätherisches Oel dar, schwerer als Wasser, das aus Salicylsäure-Methylester besteht.

Salicylaldehyd. Spirige Säure. Salicylwasserstoff. $C_7H_6O_2$. Orthooxybenzaldehyd. OH . C_6H_4 CHO. — Literat.: Pagenstecher, Repert. Pharm. **49** 337; **51**. 364. — Löwig, Poggend. Annal. **36**. 383. — Löwig u. Weidmann, Poggend. Annal. **46**. 57. — Piria, Ann. Chem. Pharm. **29**. 300; **30**. 153; **81**. 245. — Ettling, ebendas. **29**. 309; **35**. 241; **53**. 77. — Wöhler, ebendas. **39**. 121. — Bertagnini, ebendas. **85**. 193. — Heerlein, Journ. pract. Chem. **32**. 65. — Cahours, Ann. Chim. Phys. (3) **52**. 201; auch Ann. Chem. Pharm. **108**. 312. — Perkin, Chem. Soc. Qu. J. (2) **5**. 418 u. 586; **6**. 53; Laboratory 1. 51; auch Ann. Chem. Pharm. **145**. 295; **146**. 370; **147**. 229. — Wicke, Ann. Chem. Pharm. **91**. 374; **83**. 175. — Tiemann und Reimer, Berl. Ber. **9**. 824. — Beilstein, Reinecke, Ann. Chem. Pharm. **128**. 179. — Tollens, Berl. Ber. **14**. 1950. — Henry, ebendas. **2**. 135.

Die salicylige Säure wurde zuerst im Jahre 1834 von Pagenstecher aus den Blüthen von *Spiraea Ulmaria L.* dargestellt und „Ulmarsäure" genannt, darauf von Wicke auch im Kraut und Salicylaldehyd.

Wurzelstock dieser Pflanze, sowie im Kraut von *Spiraea digitata W.*, *Sp. lobata Mur.* und *Sp. filipendula L.* (dagegen nicht in den strauchartigen Spiräen) und in den Blüthen von *Crepis foetida L.* (Fam. Synanthereae) aufgefunden. Ob sie in den genannten Pflanzen präexistirt, oder erst bei der Destillation mit Wasser aus vorhandenem Salicin gebildet wird, ist zweifelhaft. Wicke und Buchner halten letzteres für wahrscheinlich, wofür auch der Umstand spricht, dass nach E. W. Davy (Zeitschr. Chem. 1867. 734) die Zweige verschiedener Pappelarten beim Liegen an der Luft den Geruch der *Spiraea Ulmaria* annehmen und dann beim Destilliren salicylige Säure liefern. — Sie findet sich nach Liebig und Schweizer auch in dem Warzensecret der Larven von *Chrysomela populi*.

Bildung. Darstellung.

Sie entsteht künstlich durch oxydirende Behandlung von Salicin, Populin und Saligenin, durch Gährung des Salicins und Helicins (s. diese Stoffe), durch Behandlung des letzteren mit verdünnten Säuren oder wässrigen Alkalien und durch trockne Destillation der Chinasäure. Dumas und Ettling erwiesen die Identität der aus Salicin künstlich dargestellten Säure mit der aus *Spiraea Ulmaria* erhaltenen.

Ferner entsteht Salicylaldehyd bei der trocknen Destillation der Chinasäure, neben para-Oxybenzaldehyd beim Versetzen einer Lösung von Phenol in Natronlauge mit Chloroform (Tiemann, Reimer).

Zur Darstellung aus den Blüthen von *Spiraea Ulmaria* destillirt man dieselben nach Löwig (dessen Lehrbuch, 2. 747) am einfachsten mit Wasser, bis sich das Uebergehende mit Kali nicht mehr gelb färbt, neutralisirt das Destillat mit kaustischem oder kohlensaurem Kali, verdampft im Destillationsapparat (unter Abhaltung der Luft) bis fast zur Trockne und destillirt den Rückstand mit einem geringen Ueberschuss von Phosphorsäure. Es geht dann zuerst wässrige, hierauf reine salicylige Säure über, und endlich sublimiren lange Nadeln von Salicylsäure.

Vortheilhafter bereitet man die salicylige Säure aus Salicin. Man vermischt dieses mit seinem gleichen Gewicht zweifach chromsauren Kalis, übergiesst das Gemenge in einer mit Vorlage versehenen Retorte mit seinem 4fachen Gewicht Wassers, fügt hierauf auf 1 Th. Salicin $1^1/_2$ Th. concentrirter Schwefelsäure und endlich noch 4 Th. Wasser hinzu und destillirt nach Beendigung der mit geringer Gasentwicklung verbundenen Reaction vorsichtig, bis das Uebergehende nicht mehr milchig erscheint. Dem Destillat wird die salicylige Säure durch Schütteln mit Aether entzogen, der sie beim Verdunsten hinterlässt. 25 Th. Salicin liefern ungefähr 6 Th. salicyliger Säure (Ettling). — Nach Wöhler kann man anstatt des Salicins auch eine bis zur dünnen Extractconsistenz concentrirte Auskochung von salicinreichen Weidenrinden der Destillation mit zweifach chromsaurem Kali und Schwefelsäure unterwerfen, das Destillat mit einem Alkali neutralisiren, eindampfen und den Rückstand mit verdünnter Schwefelsäure destilliren.

Eigenschaften.

Die salicylige Säure ist ein farbloses, bei —20° zu grossen durchsichtigen Krystallen erstarrendes, nach Ettling bei 182 bis 185°, nach Piria unter normalem Druck bei 196°,5 siedendes, angenehm gewürzhaft und bittermandelartig riechendes, brennend schmeckendes, Lackmus erst röthendes und darauf bleichendes Oel von 1,173 spec. Gew. bei 13°,5. Sie lässt sich entzünden und brennt mit leuchtender russender Flamme. In Wasser löst sie sich reichlich und in Weingeist und Aether in jedem Verhältniss, reducirt Fehlingsche Lösung nicht.

Die salicylige Säure bildet neutrale und saure Salze. Die ersteren enthalten 1 At. Metall an Stelle von 1 At. Wasserstoff der Säure. Die Salze sind meistens gelb gefärbt, zum Theil gut krystallisirbar, in Wasser meistentheils schwer löslich oder unlöslich. Auch mit den unterschwefligsauren Alkalisalzen sowie Alkalidisulfiten vermag die salicylige Säure nach Art der Aldehyde krystallisirbare, in Wasser leicht lösliche Verbindungen einzugehen (Bertagnini). Endlich hat W. H. Perkin auch durch mehrstündiges Erhitzen von salicyliger Säure mit Essigsäureanhydrid auf 150° und Behandlung des Products mit verdünnter Kalilauge eine krystallisirbare Verbindung beider Körper von der Formel $C_7H_6O_2, C_4H_6O_3$ dargestellt.

An der Luft röthet sich die salicylige Säure allmälig. Ihr Kaliumsalz bedeckt sich daran im feuchten Zustande bald mit grünen, später mit schwarzen Punkten und verwandelt sich in einigen Tagen in ein schwarzes Gemenge von essigsaurem und melansaurem Kali ($C_6H_8KO_3$) (Piria). — Wird salicylige Säure mit mässig verdünnter Salpetersäure gelinde erwärmt, so entsteht unter Entwicklung rother Dämpfe Salicylsäure (Löwig), während bei Anwendung von nicht überschüssiger concentrirterer Säure beim Erkalten nitrosalicylige Säure, $C_7H_5(NO_2)O_2$, anschiesst, die aus Weingeist in zarten durchsichtigen goldgelben Nadeln krystallisirt (Pagenstecher), und bei langem Erhitzen mit überschüssiger Säure Pikrinsäure und Kohlensäure gebildet werden (Piria). — Bei anhaltendem Kochen von salicyliger Säure mit Kaliumbichromat und verdünnter Schwefelsäure entsteht Salicylsäure und ein braunes Harz (Ettling). — Leitet man Dämpfe von wasserfreier Schwefelsäure über trockne salicylige Säure, so verwandelt sich diese in einen isomeren festen Körper, der in grossen, neutral reagirenden, in Wasser unlöslichen Prismen krystallisirt (Piria). — Leitet man bei gewöhnlicher Temperatur trocknes Chlor in trockne salicylige Säure, so entsteht feste chlorsalicylige Säure, $C_7H_5ClO_2$, die aus Weingeist in blendend weissen rechtwinkligen Tafeln krystallisirt, welche unter 100° schmelzen und dann in langen Nadeln sublimiren (Löwig. Piria). Durch Brom wird die salicylige Säure bei gewöhnlicher Temperatur in bromsalicylige Säure, $C_7H_5BrO_2$, übergeführt, welche kleine farblose, unzersetzt sublimirbare Nadeln bildet (Piria. Löwig und Weidmann), während in der Wärme und bei längerer Einwirkung bibromsalicylige Säure, $C_7H_4Br_2O_2$, entsteht, ein in gelblichen langen, schon im Wasserbade schmelzenden Nadeln krystallisirender Körper (Heerlein). Jod ist ohne Einwirkung auf salicylige Säure (Löwig). — Beim Zusammentreffen mit gasförmigen oder wässrigem Ammoniak verwandelt sich die salicylige Säure in Salicylamid (Ettling. — vergl. Salicylsäure). Wird sie mit überschüssigem Kalihydrat erhitzt, so bildet sich unter lebhafter Wasserstoffentwicklung salicylsaures Kali (Piria). In Berührung mit Natriumamalgam und Wasser verwandelt sie sich ohne Wasserstoffentwicklung in Saligenin, $C_7H_8O_2$ (Reinecke und Beilstein, Ann. Chem. Pharm. 128. 179. — Man vergleiche Salicin). — Silberoxyd wird durch salicylige Säure zu metallischem Silber, Kupferoxyd zu Kupferoxydul reducirt (Ettling). Löst man salicylsaures Natron in Essigsäureanhydrid, was unter Verlust der gelben Farbe von jenem und unter beträchtlicher Wärmeentwicklung von Statten geht, kocht darauf die Lösung einige Minuten und giesst sie in Wasser, so scheidet sich ein Oel ab, welches beim Destilliren erst Essigsäureanhydrid, dann salicylige

Zersetzung.

Säure übergehen lässt, worauf endlich bei 290° reines Cumarin, $C_9H_6O_2$ (s. dieses) sublimirt. Bei Anwendung von Buttersäureanhydrid an Stelle des Essigsäureanhydrids wird ein dem Cumarin homologer Körper, $C_{11}H_{10}O_2$, Buttersäure-Cumarin vom Entdecker genannt, erhalten, welcher aus Weingeist in grossen, bei 70-71° schmelzenden, bei 296—297° destillirenden, dem gewöhnlichen Cumarin sonst äusserst ähnlich sich verhaltenden Prismen krystallisirt. In gleicher Weise kann auch ein Valeriansäure-Cumarin, $C_{12}H_{12}O_2$, als ein bei 54° schmelzender, bei 301° siedender, gleichfalls in langen Prismen krystallisirender Körper dargestellt werden (Perkin). — Endlich sind durch Behandlung der salicyligen Säure mit Chloracetyl, Chlorbenzoyl, Chlortoluyl, Chlorcumyl, Chloranisyl und Bromcyan von Cahours und durch Behandlung mit Jodmethyl und Jodäthyl von Perkin eine Reihe von Substitutionsderivaten derselben dargestellt worden, bezüglich derer wir auf die Originalabhandlungen verweisen müssen.

Reaktionen. Eine wässrige Lösung der freien salicyligen Säure sowohl, als auch ihrer löslichen Salze färbt sich noch bei grosser Verdünnung mit Eisenoxydsalzen violettroth, eine sehr empfindliche und sehr characteristische Reaction. — Eine verdünnte weingeistige Lösung der Säure färbt sich auf Zusatz von wässrigem essigsaurem Kupferoxyd smaragdgrün und setzt dann glänzende grüne Krystalle von salicyligsaurem Kupferoxyd ab (Ettling). — Vermischt man eine concentrirte Lösung von salicyligsaurem Kali mit wässrigem Silbernitrat, so entsteht ein gelber Niederschlag, der bald grau, dann schwarz wird; bei grösserer Verdünnung entsteht kein Niederschlag, aber beim Erwärmen überzieht sich das Gefäss mit einem Silberspiegel (Ettling. Löwig und Weidmann).

Wirkung und Anwendung. Die salicylige Säure besitzt nach Hannon (Bull. Thérap. 481. Dcb. 1851) und Falck (Cannst. Jahresber. V. **128**. 1852) reizende Eigenschaften und bewirkt bei interner oder endermatischer Application Brennen und Entzündung. Der Behauptung Hannons, dass 6-8 Tropfen intense Pyrosis und gastrische Reizung mit Erbrechen und Durchfall bedingen, widerspricht Falck, der bei Hunden ebenso wenig wie Wöhler und Frerichs durch mehrere Gramme Erbrechen und Durchfall bewirkt fand, doch heben Letztere Unruhe und Schäumen des Maules als Erscheinungen nach 0,5—4,0 hervor (Ann. Chem. 65. 335) Kleine Mengen sollen nach Hannon nur leichtes Brennen am Gaumen, aber keine gastrischen Symptome, dagegen in derselben Weise wie *Spiraea ulmaria* sehr vermehrte Diurese bedingen, welche Wirkung nach Hannon auch den salicyligsauren Alkalien zukommt, die er wie die Säure bei kachektischen Hydropikern empfiehlt. Die Säure will er in der Form der *Tinctura salicylica* (1:7½ Th. 21% Spiritus) und der *Potio salicylica* (20 Tr. Tinctur, 30,0 Syrup, 180,0 dest. Wasser) geben, wobei als Einzelgabe von der Tinctur 20 Tropfen und von der Potio ein Esslöffel verordnet wird. Falck will den Grund der diuretischen Wirkung in dem Umstande, dass die Säure reichlich in unverändertem Zustande die Nieren passirt, finden. Hippursäure tritt im Harn nicht danach auf (Wöhler und Frerichs). Neuere Studien von Marmé (Gött. Nachr. **373**. 1878) bestätigen den directen Uebergang der salicyligen Säure und des salicyligsauren Natriums in den Harn, dagegen weder bei kleinen noch bei grösseren toxischen Dosen die diuretische Wirkung. Auch letzteres Salz wirkt local irritirend und kann bei Hunden intern applicirt Erbrechen bedingen, das nicht bei Infusion auftritt; ausserdem erregt es bei Infusion starke Pulsbeschleunigung, langsames und mühsames Athmen,

Zittern, Schüttelkrampf (auch bei Unterbindung der Halsgefässe) und schliesslich tetanische Paroxysmen und Tod durch Herzlähmung, seltener durch Athemstillstand; der Blutdruck wird bis zum Ende nicht wesentlich beeinträchtigt. Bei Infusion bewirkt salicyligsaures Natrium zu 1,0 bei grossen Hunden und zu 0,1—0,5 bei Kaninchen von 2-3 kg. Schwere intensive Vergiftung (Marmé).

Salicylsäure. Spirsäure. $C_7H_6O_3$. — Oxybenzoësäure. $OH.C_6H_4.CO.OH$. — Literat.: Piria, Ann. Chem. Pharm. **30**. 165; **93**. 262. — Löwig und Weidmann, Journ. pr. Chem. **29**. 236; Poggend. Annal. **46**. 83. — Gerhardt, Ann. Chim. Phys. (3) **7**. 217; **37**. 322. Cahours, Ann. Chim. Phys. (3) **10**. 327; **13**. 90 und 113; **27**. 5. — Ettling, Ann. Chem. Pharm. **53**. 77. — Kolbe und Lautemann, Ann. Chem. Pharm. **115**. 157. — Kekulé, Ann. Chem. Pharm. **117**. 145. — Lautemann, Ann. Chem. Pharm. **122**. 299. — Köhler, Berl. Ber. **14**. 246. — Barth, Ann. Chem. Pharm. **154**. 360. — Vogt, Henninger, ebendas. **165**. 362. — Hübner, ebendas. **162**. 71. — Kolbe, J. pr. Chem. (2) **10**. 93; **11**. 9. — Wilm, Wischin, Z. Chem. 1868. 6. — Tiemann, Reimer, Berl. Ber. **9**. 1285. — Hermann, ebendas. **10**. 646. — Rautert, Berl. Ber. **8**. 537. — Rüdorf Berl. Ber. **12**. 281. — Schröder, ebendas. 12 1611. — Graebe, Ann. Chem. Pharm. **139**. 143. — Kraut, ebendas. **150**. 9. — Weith, Berl. Ber. **9**. 342. — Pagliani, ebendas. **12**. 385. — Velden, J. pr. Chem. (2) **15**. 164.

Nachdem Piria und Ettling im Jahre 1839 bereits die salicylige Säure durch Behandlung mit Oxydationsmitteln in Salicylsäure übergeführt hatten, wiesen Löwig und Weidmann 1840 das Vorkommen dieser in den Blüthen der *Spiraea Ulmaria L.* nach, und Cahours zeigte 1843, dass das ätherische Oel der *Gaultheria procumbens L.* (Fam. Ericeae) grösstentheils aus dem sauren Aether dieser Säure, aus Methylsalicylsäure besteht, welche Verbindung nach F. S. Winckler (N. Jahrb. Pharm. 7. 107) auch den Hauptbestandtheil des flüchtigen Oels einer anderen Ericee, der *Monotropa hypopitys L.*, ausmacht. Köhler hat als Bestandtheil der Oele von *Gaultheria punctata* und *leucocarpa* Salicylsäuremethylester nachgewiesen, ebenso Broughton denselben Ester im *Andromeda Leschenaulti.* Freie Salicylsäure ist Bestandtheil der Gattung Viola; auch soll nach Pottigrew das ätherische Oel von Betula lenta reiner Salicylsäuremethylester sein (Americ. J. Pharm. Aug. 1883. 385). Salicylsäure.

Ausser durch Oxydation der salicyligen Säure und des Salicins ist die Salicylsäure von Kolbe und Lautemann (Ann. Chem. Pharm. **113**. 125) auch durch gleichzeitige Einwirkung von Kohlensäure und Natrium auf Phenol (Phenyloxydhydrat, Carbolsäure), von Cahours durch Erhitzen von Indigblau mit Kalihydrat, von Gerland (Ann. Chem. Pharm. **86**. 143) durch Behandlung von Anthranilsäure mit salpetriger Säure, von Ettling durch Erhitzen von benzoësaurem Kupferoxyd, von Delalande (Ann. Chim. Phys. (3) **6**. 346) durch Schmelzen von Cumarinsäure, von Zwenger (Ann. Chem. Pharm. Suppl. 5. 100) durch Schmelzen von Melilotsäure (s. diese mit Kalihydrat, sowie noch Bildung.

aus einigen anderen Substanzen künstlich erzeugt worden. Ferner entsteht Salicylsäure durch Schmelzen von o-Kresol mit Kali (Barth), ebenso durch Schmelzen von Kali mit o Toluolsulfonsäure (Wolkow) p-Chlortoluol-a-Sulfonsäure (Vogt, Henninger, Ann. Chem. Pharm. 165. 362), beim Ueberleiten von Kohlensäure über ein auf 180° erhitztes Natriumphenylat, neben p-Oxybenzoësäure von Phenol, CCl_4 und alkoholischem Kali auf 100° (Tiemann, Reimer) bei längerer Berührung von Natrium mit Bernsteinsäureäthylester (Hermann, Berl. Ber. **10.** 646).

Aus den Blüthen von *Spiraea ulmaria* erhält man die Salicylsäure nach dem bei der salicyligen Säure angegebenen Verfahren (Löwig und Weidmann). — Zur Darstellung aus Gaultheriaöl erhitzt man dasselbe mit conc. Kalilauge, bis kein Holzgeist mehr entweicht, zersetzt das rückständige salicylsaure Kali in erkalteter wässriger Lösung mit Salzsäure und krystallisirt den mit kaltem Wasser gewaschenen Niederschlag aus kochendem Weingeist. — Leitet man nach Lautemann (Ann. Chem. Pharm. 125. 13) gasförmige Jodwasserstoffsäure in Gaultheriaöl, so scheidet sich krystallinische Salicylsäure ab und das gleichzeitig gebildete Jodmethyl kann im Wasserbade abdestillirt werden.

Vortheilhafter bereitet man die Säure aus Salicin. Man trägt dasselbe in kleinen Antheilen in überschüssiges, in einer Silberschale schmelzendes Kalihydrat ein, erhitzt bis zum Aufhören der Wasserstoffentwicklung, zerlegt die Schmelze in kaltgehaltener conc. wässriger Lösung durch Salzsäure und krystallisirt die ausgeschiedene Krystallmasse aus heissem Wasser oder Weingeist um (Piria).

Gleiche Aequivalente von Natronlauge und Salicylsäure werden zur Trockne gebracht und über das Gemenge ein Kohlensäurestrom geleitet; während die Temperatur allmälig auf 180° gebracht wird. Zuletzt erhitzt man zur Beseitigung des überschüssigen Phenoles auf 220—250°, worauf man den Rückstand mit Salzsäure zerlegt. Die Reinigung der Säure gelingt durch Destillation mit Wasserdampf, durch Dialyse etc.

Eigenschaften. Die reine Säure schiesst aus heisser wässriger Lösung in feinen, oft zolllangen Nadeln, beim freiwilligen Verdunsten ihrer weingeistigen Lösung in grossen schiefen vierseitigen Prismen an. Sie ist geruchlos, schmeckt süsslich sauer und röthet Lackmus ziemlich stark. Sie schmilzt nach Cahours bei 158° (nach Ettling bei 125°), 156° (Hübner), sublimirt, ohne zu sieden, bei etwa 200° in stark glänzenden feinen Nadeln und lässt sich bei vorsichtigem Erhitzen vollständig überdestilliren. Spec. Gew. 1,443 (Rudorff), 1,4835 (Schröder). Bei rascher Destillation oder beim Erhitzen mit Wasser im Rohre liefert dieselbe Kohlensäure und Phenol, was auch durch Salzsäure, Jodwasserstoff und verdünnte Schwefelsäure erreicht wird. — Die freie Salicylsäure wirkt antiseptisch (Kolbe), nicht die p- oder m-Oxybenzoësäure. 1 Th. Salicylsäure löst sich nach Kolbe in 1087 Th. Wasser, in 1050—1100 (Ost). 100 Thle. Aether lösen 50,47 Th. Säure, 100 Th. absoluter Alkohol = 49,63 und 100 Th. 90% Alkohol 42,09. Chloroform löst dieselbe sehr leicht (Unterschied von m- u. p-Säure). Ueber die Löslichkeit, besonders in

Salzen siehe noch: Bourgeoin, Bull. soc. chem. **31**. 57. — Toussaint, J. Chem. M. 1875. 571. — Vulpius, ebendas. 1878.

Die Salicylsäure kann 1 oder 2 At. Wasserstoff gegen Metall austauschen und demnach saure und neutrale Salze bilden. Dieselben sind meistentheils gut krystallisirbar und in Wasser theils leicht, theils schwer löslich. Die wässrige Lösung der salicylsauren Alkalien färbt sich an der Luft braun. Sie wurden besonders von Piria und Cahours untersucht. Salze.

Die einbasischen salicylsauren Salze sind in Wasser leichter löslich, als die zweibasischen Salze MeO, $C_6H_4.CO.OMe$. Die Alkalisalze und manche Andere erleiden beim Erwärmen vielfach Umlagerungen (Ost, J. pr. Chem. (2) **11**. 392. — Velden, ebendas. **15**. 154. — Kupferberg, **13**. 104; **16**. 437). Dargestellt sind die Salze des Natrium, Ammonium, Kalium, Calcium, Baryum, Zink, Blei, Thallium, Kupfer, Silber (Velden, A. W. Hofmann, Marignac, Piria, Vigier).

Beim Erhitzen mit Glaspulver oder Aetzkalk zerfällt die Salicylsäure in Phenyloxydhydrat und Kohlensäure ($C_7H_6O_3 = C_6H_6O + CO_2$); auch die meisten salicylsauren Salze liefern bei der trocknen Destillation die gleichen Producte (Gerhard. Cahours). — Bei Einwirkung der Dämpfe von wasserfreier Schwefelsäure auf trockne Salicylsäure entsteht Sulfosalicylsäure, $C_7H_6SO_6$. Diese zweibasische Säure kann aus ihrem gut krystallisirenden Barytsalz rein abgeschieden und in langen dünnen Nadeln erhalten werden. Sie schmilzt bei 120° und zersetzt sich in höherer Temperatur. In Wasser, Weingeist und Aether löst sie sich in jedem Verhältniss (Mendius, Ann. Chem. Pharm. **103**. 39). — Beim Kochen der Säure mit Braunstein und verdünnter Schwefelsäure bildet sich Ameisensäure (Cahours). — Concentrirte Salpetersäure verwandelt die Salicylsäure schon in der Kälte, verdünnte bei gelindem Erwärmen, in Nitrosalicylsäure, $C_7H_5(NO_2)O_3$. Diese bildet farblose, schmelz- und sublimirbare Nadeln, die sich schwer in kaltem, in jedem Verhältniss in kochendem Wasser, sehr leicht auch in Weingeist lösen und Salze mit 1 und 2 At. Metall liefern. — Beim Erwärmen von Salicylsäure mit Kaliumbichromat und verdünnter Schwefelsäure zerfällt sie in Kohlensäure und Ameisensäure (Kraut). Zersetzung.

Wirkt Chlor auf Salicylsäure ein, so entsteht, wenn diese im Ueberschuss bleibt, Chlorsalicylsäure, $C_7H_5ClO_3$, in feinen weissen Nadeln krystallisirend, sonst Dichlorsalicylsäure, $C_7H_4Cl_2O_3$, welche in farblosen Nadeln und Schuppen, aber bei freiwilligem Verdunsten ihrer weingeistigen Lösung auch in harten Octaëdern erhalten werden kann (Cahours). — Beim Erwärmen mit Salzsäure und chlorsaurem Kali entsteht aus der Salicylsäure Chloranil oder Perchlorchinon, $C_6Cl_4O_2$ (Cahours). Wird die Säure der Einwirkung von Phosphorsuperchlorid unterworfen, so entsteht nach Kolbe und Lautemann ein Gemenge von Chlorsalicylsäurechlorid (Chlorbenzoylchlorid), $C_7H_4Cl_2O$, Salicylsäurechlorid, $C_7H_5ClO_2$, und Chlorsalyltrichlorid, $C_7H_4Cl_4$. Bei Einwirkung von 1 At. Phosphoroxychlorid auf 6 At. der Säure bildet sich nach Gerhardt Salicylsäureanhydrid (man vergl. Kraut, Ann. Chem. Pharm. **150**. 1), das nur als zähe Masse erhalten wurde, während bei Ueberschuss des Oxychlorids nach Kolbe und Lautemann Salicylsäure-Phenyläther, $C_7H_3(C_6H_5)O_3$, und Phenyloxydhydrat entstehen, nach Kraut aber vorzugsweise Salicylid, $C_{56}H_{34}O_{17}$, gebildet wird. — Behandelt man Salicylsäure mit Brom, so entsteht bei Ueberschuss der ersteren Bromsalicylsäure, $C_{14}H_5BrO_3$, in farblosen glänzenden Prismen krystallisirend, bei überschüssigem Brom Dibromsalicylsäure, $C_7H_4Br_2O_3$, welche kurze farblose oder schwach röthlichgelbe Prismen bildet, und wenn ein Gemisch von dieser und überschüssigem Brom einen Monat dem Sonnenlicht ausgesetzt wird, so erzeugen sich kleine gelbliche sehr harte Prismen von Tribromsalicylsäure, $C_7H_3Br_3O_3$ (Cahours). — Bei vorsichtigem Zusammenschmelzen von Salicylsäure mit Jod entsteht nach Lautemann ein Gemenge von Mono-, Di- und Trijodsalicylsäure, welche sämmtlich krystallisirt erhalten werden können. — Wird Salicylsäure mit wässriger Jodwasserstoffsäure auf 280° erhitzt, so spaltet sie sich in Phenyloxyd und Kohlensäure (Kekulé),

Reactionen. Die wässrige Lösung der Salicylsäure oder ihrer löslichen Salze färbt Eisenoxydsalze intensiv violett wie die salicylige Säure. Dagegen fällt das Kalium- oder Ammoniumsalz Silberlösung weiss und nicht gelb wie salicyligsaures Kali.

Freie Säuren (HCl und Essigsäure) verhindern die Eisenchloridreaction. Eine mit 2 Mol. Aetznatron versetzte Salicylsäurelösung hält $^1/_2$ At. Kupferoxyd in Lösung (Unterschied von m- u. p-Oxybenzoësäure, die auch mit Eisenchlorid keine Färbung geben.

Wirkung und Gebrauch. Von einer ausführlichen Darstellung der Wirkungsweise und therapeutischen Verwendung der nach Entdeckung ihrer antiseptischen Eigenschaften durch Kolbe und ihrer antipyretischen Wirkung durch Buss, sowie ihrer specifischen Effecte beim acuten Gelenkrheumatismus durch Stricker, theils als solche, theils in Verbindung mit Basen, insbesondere als salicylsaures Natrium, im Laufe der letzten Jahre so überaus häufig als Medicament benutzten Salicylsäure muss hier abstrahirt werden, da nur das künstlich aus Carbolsäure dargestellte Product praktische Bedeutung besitzt. In Bezug auf die fäulnisswidrige Action bemerken wir nur, dass nach Lapper (Edinb. med. Journ. 328. May 1876) die aus Wintergrünöl dargestellte Salicylsäure auf die Fäulniss defibrinirten Blutes bei gewöhnlicher Temperatur genau wie aus Carbolsäure dargestellte wirkt, dagegen bei 37° weit weniger als diese leisten soll. Auf vegetabilische Salicylsäure beziehen sich auch die Versuche von Bertagnini (Nuovo Cimento 1. 363) über die Schicksale der Salicylsäure im Organismus, welche den Beweis liefern, dass auch die bei Kranken vielfach beobachteten Nebenerscheinungen nach künstlich dargestellter Salicylsäure der ersteren zukommen. Derselbe bekam nach Einnehmen von 6,0-7,0 binnen 2 Tagen in Dosen von 0,25 regelmässig am 2. Tage anhaltendes Ohrensausen und Gefühl von Betäubung. Im Urin fanden sich neben unveränderter Salicylsäure eine von ihm Salicylursäure genannte, stickstoffhaltige Säure, die sich zur Salicylsäure wie Hippursäure zur Benzoësäure verhält. Violettfärbung des Harns durch Eisensalze wurde schon 1 Stunde nach dem Beginne und schwach noch 48 Stunden nach Beendigung des Versuchs beobachtet. Im Uebrigen vergl. man Husemann, Arzneimittellehre. 2. Aufl. S. 307—316.

Salicylsäuremethylester. $C_8H_8O_3$.($OH.C_6H_4.CO.CH_3$.) — Gewürzhaft riechende Flüssigkeit. Sdpt. 224° oder 217° (Schreiner); spec. Gew. 1,8 (Kopp, Ann. Chem. Pharm. 94. 301.), welche beim Destilliren von Salicylsäure, Holzgeist und Schwefelsäure entsteht (Broughton, J. 1876. — Cahours. Schreiner. Ann. Chem. Pharm. 197. 17).

Spiraein. **Spiraein.** Spiraeagelb. Spiraeasäure. $C_{51}H_{16}O_7$ (?) — Von Löwig und Weidmann (Journ. pract. Chem. 19. 236) entdeckter gelber Farbstoff der Blüthen von *Spiraea Ulmaria L.* — Zu seiner Darstellung zieht man die Blüthen mit Aether aus, behandelt den Destillationsrückstand der ätherischen Tinctur mit warmem Wasser, das unreines Spiraein ungelöst lässt und reinigt dieses durch Lösen in heissem Weingeist und Verdunsten der von dem beim Erkalten sich ausscheidenden Fett getrennten Lösung, nöthigenfalls diese Operation nochmals wiederholend.

Das Spiraein bildet ein grünlich gelbes krystallinisches Pulver von bitterem Geschmack. Es löst sich nicht in Wasser, schwer in Weingeist, leicht in Aether. Die Lösungen sind gelb oder bei grösserer Concentration dunkelgrün. Auch wässriges Ammoniak und ätzende und kohlensaure Alkalien lösen es mit gelber Farbe, letztere in der Wärme unter Entwicklung von Kohlensäure. Säuren schlagen es aus diesen Lösungen unverändert wieder nieder. Die weingeistige Lösung des Spiraeins fällt Barium-, Aluminium-, Zink-, Eisen-, Blei-, Kupfer-, Quecksilber- und Silbersalze.

Beim Erhitzen wird das Spiraein zersetzt. Conc. Schwefelsäure löst es mit grüngelber Farbe und Wasser scheidet es aus dieser Lösung unzersetzt wieder ab. Beim Kochen mit Salpetersäure und Verdunsten der Lösung hinterbleibt eine amorphe saure Masse. Beim Erwärmen mit Braunstein und Schwefelsäure oder Chromsäure werden Ameisensäure und Kohlensäure gebildet (Löwig und Weidmann).

Hagenia.

Die Blüthen der Hagenia abyssinica (Koso, Kusso, Kousso) wurden zuerst von Wittstein (Vierteljschr. 8. 481. — **11**. 207), später von Harms (Arch. Pharm. **139**. 301), dann von Pavesi (J. Pharm. 1858. 82), dann von Bedall untersucht, der zuerst von einem Kussin spricht und solches darstellen lehrt.

Kosin. $C_{26}H_{44}O_5$. — Literat.: Wittstein, Repert. Pharm. **71**. 25. — Pavesi, Viertelj. pract. Pharm. 8. 505. — Bedall, Viertelj. pract. Pharm. 8. 481; **11**. 207. — Flückiger, Buri, Arch. Pharm. **205**. 1874. 193. Kosin.

Dieser zuerst von Wittstein bemerkte und auf dessen Veranlassung von Bedall genauer untersuchte harzartige Stoff findet sich in der Koso des Handels.

Zur Darstellung zieht man grob gestossenen Kusso unter Zusatz von Kalk warm wiederholt mit Weingeist aus, destillirt aus den Auszügen den Weingeist vollständig ab, filtrirt die rückständige Flüssigkeit nach dem Erkalten, übersättigt sie schwach mit Essigsäure, wäscht den ausgefallenen Niederschlag mit kaltem Wasser und trocknet ihn auf Glasplatten bei gewöhnlicher oder doch nur wenig erhöhter Temperatur. Darstellung.

So dargestellt bildet das Kosin ein weisses, häufig etwas ins Gelbe spielendes, bei starker Vergrösserung krystallinisch erscheinendes Pulver, ohne Geruch, von kratzend bitterem Geschmack und saurer Reaction. Es fängt bei 150° an sich zu bräunen und schmilzt bei 194° unter Zersetzung. Es löst sich wenig in Wasser, in 1300 Th. kaltem 45procentigem, in 12 Th. kaltem 90 procentigem Weingeist und fast in jedem Verhältniss in kochendem Weingeist und Aether. Auch wässrige Alkalien lösen es ziemlich leicht. Die weingeistige Lösung wird durch Eisenchlorid braun, durch Bleiacetat graugelb gefällt. Conc.

Schwefelsäure giebt damit eine gelbe Lösung, aus der Wasser und weisse Flocken abscheiden (Bedall. Wittstein).

Flückiger und Buri untersuchten ein von E. Merck in den Handel gebrachtes Kosin und beschrieben dasselbe. Rhombische, schön schwefelgelbe Krystalle, reichlich löslich in Alkohol, Aether, Benzol, Chloroform, Schwefelkohlenstoff, wenig löslich in Alkohol, so dass dieser zum Umkrystallisiren am besten geeignet ist. Schwefelsäure löst Kosin allmälig unter purpurrother Färbung, welche Lösung mit Wasser ein rothes amorphes Product abscheidet das je nach der Darstellung in der Kälte oder Wärme die Formel $C_{22}H_{21}O_{10}$ oder $C_{23}H_{22}O_{10}$ besitzt. Gleichzeitig entsteht Isobuttersäure. Verdünnte Alkalien lösen Kosin ebenfalls. Natriumamalgam wirkt ebenfalls auf Kosin ein. Eine Acetylverbindung von der Zusammensetzung $C_{31}H_{32}(C_2H_3O)_6O_{10}$, Schmpkt. 135°, ist ebenfalls dargestellt.

Aus dem Bedallschen Kosin lässt sich mit Eisessig das von Flückiger beschriebene Kosin extrahiren.

Wirkung und Gebrauch. Das Kosin von Bedall ist nach Versuchen Münchener Aerzte ein gutes Bandwurmmittel, das zu 1,25 auf einmal in Oblate oder, da es in dieser Gabe bisweilen Erbrechen und Durchfall bedingt, nach Bedall in 3-4 Theilgaben mit Elaeos. Menth. pip. zu geben ist; nach der letzten Portion wird Ricinusöl oder Glaubersalz verabreicht. Besser zu nehmen ist vollkommen reines Kosin, dessen Werth als Bandwurmmittel und dessen Dosirung nicht feststeht.

Gillenia.

Wetherill (J. Pharm. 1877. 186) fand in Gilleniawurzel ein Gillenin, angeblich Alkaloid.

e. Pruneae.

Prunus.

In den Blättern der Sauerkirsche findet sich, neben Amygdalin, Citronensäure, sehr wenig Quercetin und Spuren eines beim Zerlegen mit Säuren Quercetin und ein Kohlehydrat liefernden Glycosids, eine kleine Menge einer Gerbsäure, die beim Kochen mit Salzsäure rothe Flocken von der Formel $C_{21}H_{20}O_9$ abscheidet (Rochleder).

Der frisch gepresste Saft der reifen Früchte der Sauerkirsche (der sog. Weichselkirschen) enthält neben Aepfelsäure einen rothen Farbstoff von der Formel $C_{37}H_{50}O_{25}$, der nach vorangegangener Ausfällung des mit Weingeist gemischten Saftes mit Bleizucker durch Bleiessig und etwas Ammoniak als blaue Bleiverbindung niedergeschlagen werden kann. Er wird beim Kochen mit verdünnter Schwefelsäure in einen rothen Körper von wechselnder Zusammensetzung ($C_{26}H_{22}O_{11}$, $C_{52}H_{42}O_{21}$, $C_{28}H_{26}O_{11}$) und in unkrystallisirbaren Zucker zerlegt. Das rothe Spaltungsproduct zerfällt beim Schmelzen mit Kalihydrat weiter in Protocatechusäure und Essigsäure. Der Farbstoff selbst ist aller Wahrscheinlichkeit nach ein Umwandlungsproduct der in den unreifen Weichseln vorkommenden Gerbsäure und scheint identisch zu sein mit dem Farbstoff der Früchte von *Sambucus nigra* (Rochleder, Berl. Ber. 1870. 238).

Die Blätter von Prunus cerasus enthalten nach Petit (Compt. rend. 77) Sacharose und Glycose. — Richardson hat die Aschenbestandtheile der Früchte festgestellt. — Untersuchungen über die Bestandtheile der Früchte von Prunus cerasus liegen vor von Fresenius (Ann. Chem. Pharm. **101**. 227), welcher Zucker (8—18%) fand und den Gehalt an freier Säure, Eiweiss, Pectinkörpern und Mineralbestandtheilen feststellte. — Bertram untersuchte getrocknete Pflaumen (Prunus domestica) (Dingl. J. 228. 190).

Das fette Oel der Kirschkerne (23 %) ist gelb, nicht trocknend, das Zwetschenkernöl (Prunus domestica) ist gelbbraun, nicht trocknend, spec. Gew. 0,9127. Kirschkernöl.

Phlobaphene und Gerbsäuren der Sauerkirsche. — Die Rinde der Sauerkirsche, *Cerasus acida Borckh.*, enthält nach Rochleders eingehenden Untersuchungen (Wien. Akad. Ber. 59. II. Abth. April 1869; auch Chem. Centralbl. 1869. 712 und 721) neben einigen anderen, noch nicht genau festgestellten Körpern zwei Phlobaphene und eine eigenthümliche Gerbsäure. Fällt man die wässrige Abkochung der Rinde mit essigsaurem Zinkoxyd aus, dann das Filtrat zuerst unvollständig und nach dem Abfiltriren des zimmtfarbnen Niederschlags vollständig mit Bleizucker, so enthält der Zinkniederschlag vorzugsweise das Fuscophlobaphen, der erste Bleiniederschlag Fuscophlobaphen und Rubrophlobaphen und der zweite neben andern Körpern die Gerbsäure.

Zur Isolirung der Phlobaphene behandelt man den ersten Bleiniederschlag mit Essigsäure, die ihn zum weitaus grössten Theile mit rother Farbe löst, verdünnt mit Wasser und leitet Schwefelwasserstoff ein, wodurch ein cochenillerother Niederschlag gefällt wird. Das rothgelbe Filtrat enthält das Fuscophlobaphen, das durch Aufnehmen des beim Verdunsten im Vacuum gebliebenen Rückstandes in Weingeist, Eindunsten der filtrirten Lösung im Vacuum, Aufnehmen des Rückstandes in wenig Wasser und Fällen der Lösung mit gepulvertem Kochsalz in braungelben Harzflocken ausgeschieden wird, die nach dem Trocknen bei 110° ein hellgelbbraunes Pulver von der Formel $C_{27} H_{26} O_{12} + \frac{1}{2} H_2 O$ geben. Es wird durch Kochen mit verdünnter Schwefelsäure in unkrystallisirbaren Zucker $C_6 H_{12} O_6$ und in einen ziegelrothen harzartigen Körper von der Formel $C_{21} H_{18} O_8 + \frac{1}{2} H_2 O$ (bei 105°) gespalten. Beim Schmelzen mit Kalihydrat zerfällt es in Protocatechusäure (Aescylsäure), Oxalsäure und die untersten Glieder der Fettsäurereihe. — Zertheilt man den mit Wasser gewaschenen cochenillerothen Niederschlag, den Schwefelwasserstoff in der essigsauren Lösung des ersten Bleiniederschlags erzeugte, in Wasser, dem eine sehr kleine Menge Kalilauge zugesetzt ist und filtrirt in verdünnte Salzsäure, so scheiden sich fleischrothe Flocken des Rubrophlobaphens aus. Es ist bei 105° getrocknet und zerrieben ein rothes Pulver von der Formel $C_{35} H_{34} O_{17}$ und giebt beim Kochen mit Mineralsäuren keinen Zucker, sondern neben einem rothen Körper $C_{21} H_{22} O_9$ wahrscheinlich Protocatechusäure (Aescylsäure).

Der zweite Bleiniederschlag enthält die Gerbsäure der Rinde. Man zersetzt ihn unter Wasser mit Schwefelwasserstoff, verdunstet das Filtrat im Vacuum, löst den Rückstand in Weingeist, filtrirt, trocknet wieder im Vacuum ein, nimmt in wenig Wasser auf, schüttelt die Lösung mit Aether aus, wodurch ein Körper $C_{14} H_{14} O_8$ entfernt wird, verdunstet abermals, löst in absolutem Weingeist und fügt so lange Aether hinzu, als dadurch noch eine Ausscheidung bewirkt wird. Die klar abgegossene ätherweingeistige Lösung hinterlässt jetzt die Gerbsäure rein. Sie entspricht bei 112° getrocknet der Formel $C_{21} H_{20} O_{10} + \frac{1}{2} H_2 O$. Ihre wässrige Lösung färbt Eisenoxydsalze grün, trübt Leimlösung und giebt mit Bleizucker eine fast weisse Fällung. Beim Kochen mit verdünnter Schwefelsäure entsteht kein Zucker, sondern nur ein rothes Zersetzungsproduct von der Formel $C_{21} H_{16} O_8$. Beim Schmelzen mit Kalihydrat wird neben Essigsäure und einer noch nicht näher bestimmten Säure, die aber weder Protocatechusäure, noch Salicylsäure, noch Gallussäure ist, ein in hanfkorngrossen Aggregaten von Nadeln krystallisirender Süssstoff $C_6 H_6 O_3$ gebildet, den Rochleder Isophloroglucin nennt (Rochleder).

Kirschlorbeer. Die Untersuchungen der Blätter von Prunus Laurocerasus (Kirschlorbeer) von Guibourt (J. Chem. 1849. 433), von Winckler (ebendas. 1857. 519) haben nur von der Gegenwart von Blausäure und einem flüchtigen Oele, auch Amygdalin Mittheilung gemacht. Lehmann (Dissert. 1874. Dorpat) hat mit Sicherheit amorphes Amygdalin (Laurocerasin) 1,38% nachgewiesen, so wie Emulsin. Dieses amorphe Amygdalin, das auch in den Blättern von Prunus Padus vorkommt, schmeckt bitter, ist in Wasser und Alkohol löslich, nicht in Aether, linksdrehend, zerfällt mit Emulsin, langsamer als Amygdalin, in Benzaldehyd und Blausäure. Demselben lässt sich die Formel $C_{40} H_{67} NO_{30}$ zuweisen, so dass es, auch auf Grund der Zersetzbarkeit mit Baryt, als bestehend aus $C_{20} H_{27} NO_{11}$ entwässertem Amygdalin, Amygdalinsäure $C_{20} H_{28} O_{13}$ und 6 Mol. $H_2 O$ betrachtet werden kann.

Laurocerasin.

Kirschlorbeeröl. Das ätherische Oel der Blätter von Prunus Laurocerasus ist gelb, 1,061 spec. Gew., besteht hauptsächlich aus Benzaldehyd und Blausäure (2%), wahrscheinlich auch Benzilalkohol (Tilden, Pharm. J. Trans. (3) 5. 561). Fileti (J. 1879. 982) hält das Oel für eine Verbindung von Benzaldehyd und Blausäure, einem Nitrite der Mandelsäure entsprechend.

Die Samen von Pfirsichen enthalten 2,35% Amygdalin, die der Kirschen 0,82%, die der Pflaumen 0,96% (Lehmann), ausserdem Emulsin.

Dieselben liefern bei der Destillation mit Wasserdämpfen Bittermandelöl und zwar Pfirsichkerne 0,3—0,4%. Frische Rinde von Prunus Padus, sowie Blätter von derselben Species liefern etwas 0,2—0,3%.

Amygdalus.

Die Samen der Früchte der Gattung Amygdalus sind reich an fettem Oele, enthalten Emulsin (ein Ferment), in der Species Amygdalus amara neben dem fetten Oele, ein ätherisches Oel, sowie Amygdalin (2,5%); auch soll Asparagin darin vorkommen (Portes, Rep. d. Pharm. 4. 641 u. 673). Nach Portes ist Emulsin nur im Embryo enthalten, Amygdalin in den Hüllen des Samenkernes, aus welcher es allmälig in die Cotyledonen tritt.

Fettes Mandelöl. Das durch Pressen der Mandeln gewonnene Oel ist gelblich, von mildem Geschmacke, spec. Gew. 0,92, wird bei —10° dicklich, bei —16° weiss getrübt, erstarrt bei —21° (Schübler). Es ist löslich in 25 Th. kaltem und 6 Th. heissem Alkohol, leicht löslich in Aether und Essigäther.

Ueber die Wirkung des Mandelöls, das als Oleum Amygdalarum s. Amygdalarum dulcium officinell ist. Vgl. das S. 92—94 über die Pflanzenfette im Allgemeinen Gesagte. Das Oel findet seines angenehmen Geschmackes wegen namentlich da, wo man innerlich fette Oele anwenden will, Vorzug vor Olivenöl u. s. w., so bei Anginen, Heiserkeit, Laryngitis, Gastroenteritis toxica, Enteritis, bei Krankheiten der Urogenitalorgane, Blasenkatarrh, als Ersatzmittel des Leberthrans (zu 4,0 3mal täglich, Nunn, Thompson u. A.), auch (kaffeelöffelweise mit Veilchensyrup oder anderem Syrup) als Laxans bei Kindern. Innerlich giebt man es für sich oder in Emulsion (mit Gummi oder Traganth in Wasser fein zertheilt.) Aeusserlich wird es zur Zertheilung von Anschwellungen der Mamma oder der Lymphdrüsen und zur Erweichung verhärteter Secrete im Meatus auditorius externus, in der Nase und an den Augenlidern benutzt, in England auch beim Tripper mit Bleiessig injicirt. Ferner kann es als Lösungsmittel für Phosphor, zum Emulgiren von Harzen und durch Zusammenschmelzen mit Wachs, Walrath, Cacaobutter zur Darstellung eleganter Cerate (Crème céleste, Cold cream) benutzt werden.

Amygdalin. $C_{20}H_{27}NO_{11}$. — Literat.: Chemische: Robiquet und Boutron-Charlard, Ann. Chim. Phys. (2) **44**. 352; Journ. Pharm. (2) **23**. 605; auch Ann. Chem. Pharm. **25**. 175. — Wöhler und Liebig, ebend. **22**. 1. — Bette, ebend. **31**. 211. — Wicke, ebend. **79**. 79; **81**. 241; **83**. 175. — Winckler, Repertor. Pharm. **65**. 1. — Lehmann, Dissertation. 1874. Dorpat. — Henschen, J. Chem. M. 1872. 799. — H. Schiff, Ann. Chem. Pharm. **154**. 340. — Fileti, Berl. Ber. **12**. 297.

Medicinische: Widtmann, De methodo Amygdalinum parandi etc. Monachii. 1834. — Widtmann und Denk, Pharm. Centralbl. 1833. 738. — Bleisch, De Amygdalino. Vratisl. 1833. — Joh. Syna, De Amygdalino. Vindob. 1839. — Kölliker und H. Müller, Würzb. Ber. 1856. 30.

Dieses stickstoffhaltige Glykosid wurde 1830 von Robiquet und Boutron-Charlard in den bitteren Mandeln, den Fruchtkernen von *Amygdalus communis L., var. amara* aufgefunden, und obschon diese Chemiker erkannten, dass aus den vom Amygdalin befreiten bitteren Mandeln weder Bittermandelöl noch Blausäure erhalten werden kann, so stellten doch erst Wöhler und Liebig (1835) den genaueren Zusammenhang zwischen diesen Körpern fest. Amygdalin.

Reines krystallisirtes Amygdalin ist bis jetzt ausser aus den bitteren Mandeln nur den Fruchtkernen der Pfirsiche, *Amygdalus persica L.* (Geiseler, Repert. Pharm. **69**), des Kirschlorbeers, *Prunus Laurocerasus L.* (Winckler), der Zwetsche, *Prunus domestica L.* (Winckler), und der Ahlkirsche, *Prunus Padus L.* (Heumann, Repert. Pharm. **79**. 82 und **81**. 241), bei letzterer auch aus Rinde, Blättern und Blüthen (Riegel, Jahrb. Pharm. **4**. 342) dargestellt worden. Dagegen wurde noch aus anderen Theilen der genannten Pflanzen, sowie sonstiger Angehöriger der Familie der Amygdaleen ein dunkelgelber durchsichtiger harzartiger Stoff, sogen. amorphes Amygdalin, abgeschieden, welches in Berührung mit Mandelmilch dieselben Producte lieferte, wie das krystallisirte Amygdalin, so von Winckler aus den Blättern von *Amygdalus persica L.*, von Widtmann, Winckler, Liebig und Wöhler und Anderen aus den Blättern *Prunus Laurocerasus L.*, von Geissler und Winckler aus den Kernen der Kirsche, *Prunus avium L.*, von Riegel, Winckler u. A. aus verschiedenen Theilen von *Prunus Padus L.* Endlich liefern noch zahlreiche andere Pflanzen aus den Familien der Amygdaleen, Pomaceen und Spiraeaceen ein blausäurehaltiges Destillat und enthalten demnach wahrscheinlich ebenfalls Amygdalin: so die Blätter von *Prunus capricida Wall.*, die Rinde von *Pr. virginiana L.*, die Blüthen und Kerne von *Prunus spinosa L.*, die jungen Triebe von *Pr. domestica L.*, die Blätter von

Cerasus acida (Rochleder), die Rinde, die jungen Triebe und Blätter, zum Theil auch die Blüthen, namentlich aber die Knospen von *Sorbus aucuparia L.*, *S. hybrida L.* und *S. torminalis L.*, von *Amelanchier vulgaris Mnch.*, *Cotoneaster vulgaris Lindl.*, die jungen Triebe von *Crataegus Oxyacantha L.*, die Blätter und zum Theil auch die Blüthen der strauchartigen Spiraeaceen *Spiraea Aruncus L.*, *S. sorbifolia L.* und *S. japonica L.*, dagegen nicht die krautartigen Spiraeaceen, auch nicht die Rinde und die grünen Theile von *Prunus avium L.* und *Prunus Mahaleb L.* (Wicke). Wicke schliesst aus seinen Versuchen, dass das Amygdalin analog dem Stärkmehl zur Herbstzeit in den Knospen und Rinden in grösserer Menge abgelagert werde und während der Wachsthumsperiode allmälig verschwinde.

Aus bitteren Mandeln wurden von Wöhler und Liebig $1^1/_2$—2 %, von Bette 2,2% (aus kleinen) bis 3% (aus grossen) Amygdalin erhalten. Pfirsichkerne lieferten Geiseler 3 %. Aus Kernen von *Prunus Padus* vermochte Heumann $1^1/_2$%, aus Blüthen, Blättern und Rinde Riegel $^2/_3$—1% krystallisirtes Amygdalin, neben welchem auch noch amorphes in dieser Pflanze vorkommt, zu erhalten.

Darstellung. Zur Darstellung des Amygdalins dienen ausschliesslich die bitteren Mandeln. Nach Wöhler und Liebig kocht man die durch starkes Auspressen vom Oel befreite Kleie der bitteren Mandeln zweimal mit 95procent. Weingeist aus, lässt den Auszug zur Aussonderung von noch beigemengtem Oel einige Tage stehen, filtrirt, destillirt $^5/_6$ des Weingeists ab und mischt den Destillationsrückstand mit seinem halben Volum Aether, wodurch alles Amygdalin niedergeschlagen wird. Dieses wird stark zwischen Fliesspapier gepresst, zur Entfernung anhängenden Oels anhaltend mit Aether gewaschen und endlich aus kochendem Weingeist krystallisirt. — Bette kocht die ausgepresste Kleie zuerst eine Stunde mit der doppelten, dann noch einmal mit der anderthalbfachen Menge Weingeist, entzieht den möglichst geklärten Auszügen allen Weingeist durch Destillation, colirt den Rückstand, wobei das noch vorhandene fette Oel grösstentheils auf dem Seihtuch bleibt, wäscht den nach 24 Stunden entstandenen Krystallbrei mit kaltem Weingeist, presst ihn zwischen Leinen und krystallisirt ihn aus kochendem Weingeist um.

Eigenschaften. Das Amygdalin krystallisirt aus 80procent. Weingeist in farblosen perlglänzenden Schuppen, welche 2 At. Krystallwasser ($2H_2O$) enthalten, aus Wasser oder schwächerem Weingeist in durchsichtigen orthorhombischen Prismen mit $3H_2O$. Die letztgenannten Krystalle verlieren über Schwefelsäure 1 At. H_2O und werden bei 110–120° wasserfrei. Das Amygdalin besitzt keinen Geruch, schmeckt schwach bitter, reagirt neutral und dreht die Ebene des polarisirten Lichts nach links (nach Bouchardat ist für das bei 45° über Kalk getrocknete Amygdalin $[\alpha]r = -35,51°$). Es löst sich in jeder Menge kochenden und in 12 Th. kalten Wassers von 10°; bei 8–12° erfordert es von Weingeist von 0,939 spec. Gew. 148, von solchem von 0,819 spec. Gew. 904 Th., von ersterem beim Kochen 11, von letzterem 12 Th. zur Lösung; in Aether ist es unlöslich (Wittstein, Viertelj. pract. Pharm. **13**. 372).

Zersetzung. Beim Erhitzen über 120° hinaus schmilzt das Amygdalin zu einer wasserhellen Flüssigkeit, beginnt bei 160° sich zu bräunen, entwickelt Geruch nach Caramel und wird endlich vollständig zerstört (Robiquet und Boutron-Charlard). — Ozon ist bei gewöhnlicher Temperatur ohne Einwirkung (Gorup-Besanez). Beim Erwärmen mit Braunstein und verdünnter Schwefelsäure entwickelt sich Kohlensäure, und es entstehen Bittermandelöl, Benzoësäure, Ameisensäure und Ammoniak, während gelindes Erwärmen mit wässrigem übermangansaurem Kali Bildung von cyansaurem und benzoësaurem Kali zur Folge hat (Wöhler und Liebig). Beim Erhitzen mit Salpetersäure erhielten Robiquet und Boutron-Charlard Benzoësäure und bei Einwirkung von Chlor auf wässriges Amygdalin eine weisse zerreibliche, in Wasser und Weingeist unlösliche Masse. Bei Behandlung mit Jod oder Brom bei Gegenwart von Kali entsteht nach Lefort (Compt. rend. 23. 229) viel Bittermandelöl. — Concentrirte Schwefelsäure löst nach Winckler das Amygdalin mit hellviolettrother Farbe und beim Kochen mit verdünnter Schwefelsäure wird es nach Chiozza theilweise unter Bildung von Bittermandelöl, Ameisensäure und Zucker zerlegt. Leichter wird diese Zersetzung nach Ludwig (Arch. Pharm. (2) 82. 138 und 87. 273) durch Kochen mit verdünnter Salzsäure bewirkt. Dampft man dagegen Amygdalin mit conc. Salzsäure im Wasserbade bis zum Syrup ein, so entzieht Aether dem von Huminkörpern schwarzbraun gefärbten Rückstande Mandelsäure, $C_8H_8O_3$. — Beim Erwärmen von Phosphorpentachlorid mit Amygdalin entstehen HCl, CyCl und Benzylidenchlorid, kein Benzoylchlorid (Schiff). — Mit Zink und Salzsäure entsteht Phenyläthylamin $C_6H_5 . C_2H_4 . NH_2$ (Fileti). Schiff hat auch ein Heptacetylamygdalin dargestellt und glaubt, man könne dem Amygdalin die Constitutionsformel geben:

$$C_{12}H_{14}O_4 \begin{cases} (OH)_7 \\ C_7H_6 . CN \end{cases}$$

Kocht man Amygdalin mit wässrigem Kali oder Baryt, so zerfällt es in Ammoniak und Amygdalinsäure, $C_{20}H_{26}O_{12}$. Die Zersetzung erfolgt nach der Gleichung: $C_{20}H_{27}NO_{11} + H_2O = C_{20}H_{26}O_{12} + NH_3$. Die Amygdalinsäure trocknet beim Verdunsten ihrer wässrigen Lösung zu einer zerfliesslichen gummiartigen Masse aus, die mit den Basen nur unkrystallisirbare Salze erzeugt (Wöhler und Liebig).

Die interessanteste Zersetzung des Amygdalins ist diejenige, welche es in Berührung mit dem Emulsin, dem Eiweissstoff der Mandeln, bei Gegenwart von Wasser erleidet. Es zerfällt damit (mit Mandelmilch) schnell unter Bildung von Blausäure, Bittermandelöl (s. dieses), Zucker und, wie es scheint, auch von Ameisensäure. Betrachtet man letztere als secundäres Umwandlungsproduct der Blausäure, so kann der Vorgang durch die Gleichung: $C_{20}H_{27}NO_{11} + 2H_2O = CNH + C_7H_6O + 2C_6H_{12}O_6$ ausgedrückt werden. Wöhler und Liebig geben die Gleichung: $2C_{20}H_{27}NO_{11} = 2CNH + 4C_7H_6O + C_6H_{12}O_6 + 4CH_2O_2 + 4H_2O$, gegen deren Richtigkeit sich aber einwenden lässt, dass mehr Zucker gebildet wird als derselben entspricht. Die Zerlegung erfolgt nur bei Gegenwart einer hinreichenden Menge Wasser und wenn das Emulsin sich im frischen und gelösten Zustande befindet, am schnellsten bei 20—30°.

Einwirkung von Emulsin.

Durch Kochen mit Wasser coagulirtes oder durch Behandlung mit kochendem Weingeist unlöslich gewordenes Emulsin ist durchaus unwirksam. Die Wirkung wird verzögert durch Zusatz von starken Basen oder Säuren, sowie auch von Weingeist und Aether. Es ergiebt sich hieraus, dass es zur möglichst vollständigen Zerlegung des Amygdalins behufs Gewinnung von Bittermandelöl oder Darstellung von Bittermandelwasser rathsam ist, die zerkleinerten und entfetteten bitteren Mandeln erst einige Zeit mit der hinreichenden Menge Wassers gelinde zu erwärmen, ehe man zur Destillation schreitet.

In ähnlicher Weise, aber weniger kräftig als das Emulsin der Mandeln wirkt auch das aus den Blättern von *Prunus Laurocerasus* oder der Rinde von *Pr. Padus* gewonnene Emulsin (Simon, Ann. Chem. Pharm. **31**. 263). Auch eine Materie des Eigelbs (Barreswill, Journ. Pharm. (3) **17**. 118), ferner Diastase (Robiquet und Boutron-Charlard) und Bierhefe bei Gegenwart von Natriumbicarbonat (Ranke, Journ. pract. Chem. **56**. 16) können, wenn auch nur langsam, die gleiche Zersetzung bewirken. Dagegen üben Kälberlab, Speichel, Pankreasdrüsenscret und gewöhnliches Pflanzeneiweiss keine Wirkung aus.

Wirkung und Anwendung. Das Amygdalin hat nur durch seine Spaltung im Contacte mit Emulsin und Wasser Bedeutung für die Pharmakologie und Toxikologie, da es für sich keine irgendwie auffallenden Functionsveränderungen hervorruft. Mit Amygdalin experimentirten Widtmann und Denk an sich selbst, sowie an Kaninchen und Hunden, indem sie von kleineren Gaben bis auf 4,0 pro dosi stiegen, mit negativem Resultate; nur einmal zeigte sich etwas Hunger nach 0,6. Reil hat von 0,06 beginnend bis 0,6 3mal täglich genommen und nur 1 mal nach 0,3, unmittelbar nach dem Essen genossen, Ructus nach Blausäure, sonst nur schwach bitterlichen Geschmack, nie aber andere Symptome wahrgenommen. Wenn Lehmann es zu 1,0—2,5 auf Kaninchen und Hunde tödtlich wirkend bezeichnet, so ist anzunehmen, dass im Magen oder Darme der Versuchsthiere eine die Spaltung des Amygdalins einleitende Substanz vorhanden gewesen sein muss, welche nach Kölliker und H. Müller beim Kaninchen auch unter normalen Verhältnissen im Darme vorhanden zu sein scheint. Bringt man Amygdalin mit Emulsin zusammen in den Magen, so bildet sich Blausäure, die den Tod bedingen kann; injicirt man zuerst Amygdalin und 1 St. später Emulsin in das Blut, so erfolgt der Tod rasch, dagegen nicht, wenn man zuerst Emulsin und 55—80 Min. später Amygdalin injicirt; injicirt man Emulsin in das Blut und Amygdalin in den Darm, so erfolgt ebenfalls, obschon langsamer, Vergiftung, welche auch statthat, wenn Amygdalin in grossen Dosen innerlich Kaninchen gegeben wird, ohne Emulsin in das Blut zu bringen, dagegen nicht, wenn Amygdalin in das Blut und Emulsin in den Darm gebracht wird. Ob nun die langsame Vergiftung mit Amygdalin vom Kaninchendarme aus auf Blausäureintoxication beruht, ist um so mehr unsicher, als unter gewissen Bedingungen auch andere Veränderungen des Amygdalins im Darm entstehen können, wie denn Ranke (Erdm. Journ. 56. 7) nach Darreichung von 5,0 mit Milch im Urin eines Kaninchen in kurzer Zeit Ameisensäure reichlich auftreten sah. Nach Martinow (Hirsch, Jahresber. 1867. 1. 458) tritt die Bildung von Blausäure aus Amygdalin und Emulsin nur bei nüchternen Hunden, dagegen nicht bei eben gefütterten und bei Zusatz von Salzsäure oder Milchsäure in kleinen Mengen zur Mischung ein. In das

Blut (Kölliker) und theilweise auch in den Harn (Wöhler und Frerichs) geht Amygdalin unverändert über. In letzterem findet sich keine Benzoësäure. Im Blute ist es nach Subcutaninjection schon in $3^1/_2$—4, bei interner Einführung in 14 Min. nachweisbar (Eulenburg). In therapeutischer Beziehung ist der Vorschlag von Liebig und Wöhler erwähnenswerth, Amygdalin in bestimmten Mengen zusammen mit einer Mandelemulsion als eine die destillirten Wässer aus bitteren Mandeln oder Kirschlorbeerblättern ersetzende Flüssigkeit von constantem Blausäuregehalt zu geben; doch wird davon in der Praxis verhältnissmässig wenig Gebrauch gemacht. Nach ihren Untersuchungen liefern 17 Gran Amygdalin grade 1 Gran Blausäure und 8 Gran Bittermandelöl; vermischt man also 34 Gran Amygdalin mit 36 Gran Mandelemulsion, so erhält man eine Flüssigkeit von der Stärke des Acidum hydrocyanicum dilutum (2%), wonach dann $^1/_3$ Gran Amygdalin 1 Gran medicinischer Blausäure und in einer Auflösung von 1 Gran Amygdalin in 3 Unzen Mandelemulsion jede Unze 1 Gran medicinischer Blausäure entspräche. Von der Verordnung: „Rp. Amygdal. dulc. excort. drachm. 1, Aq. dest. q. s. ut. f. Emulsio. In Colat. uncia 1 solve Amygdalini gr. 17" bestimmen sie als Einzelgabe 10—15 Tropfen. Dieses Präparat, $1^1/_2$mal stärker als Aqua Amygdalarum amararum, unterliegt gegründeten Bedenken, namentlich ist die Spaltung des Amygdalins in der Mixtur erst in einigen Stunden vollendet, so dass der Kranke mit dem frisch bereiteten Präparate nicht das zugedachte Quantum Blausäure und Bittermandelöl erhält; andererseits ist kaum eine Arzneiform mehr zur Zersetzung geneigt als die Emulsion. Schon Wittke (Berl. med. Centralz. 12. 1843) bestritt die Richtigkeit der Dosis, da ihm ein Fall vorkam, wo 6 Gran Amygdalin auf 1 Unze Emulsion stündlich 2 Theelöffel = 120 Tropfen, also in der 4fachen Dosis der höchsten Gabe des Kirschlorbeerwassers genommen, keinerlei Erscheinungen bedingten. Schwächer als die ursprüngliche Vorschrift ist die Emulsio hydrocyanata der Schwedischen Pharm. (1 Th. Amygdalin auf 80 Th. Emuls. amygd.), welche in 15 Gm. 1 Cgm. wasserfreie Blausäure enthält. Noch weniger als die Emulsio Amygdalini hat sich Kranichfelds Phyllis amara s. Farina Amygdalarum amararum einbürgern können, ein unreines Amygdalin und Emulsin, durch Entölung der bittern Mandeln gewonnen und zu 0,06—0,3 3—4 mal täglich gegeben. Inosemtzeff (Gaz. méd. 1845. p. 37) empfahl Amygdalin innerlich und Bilsenöl äusserlich als Mittel gegen Krebs und Markschwamm; Wernher und Seitz (Deutsche Klin. 9. 1850) sahen davon keinen Erfolg.

Mandelsäure. Phenylglykolsäure. $C_6H_5.CH.(OH).CO.OH$. Mandelsäure.
Die Mandelsäure, welche ausser der bereits erwähnten Bildung auch beim Kochen von Phenylchloressigsäure mit Alkalien (Spiegel, Berl. Ber. 14. 239) entsteht, bildet grosse, rhombische Krystalle, Schmpkt. 118°, spec. Gew. 1,361, leicht löslich in Wasser, Alkohol, Aether. Dieselbe bildet mit Jodwasserstoff und Phosphor « Toluylsäure (Brown. Z. Chem. 1865. 443), durch Erhitzen mit rauchender Bromwasserstoffsäure auf 120—130° Phenylbromessigsäure (Körner, Radziszewski, Berl. Ber. 2. 208). Im Thierkörper geht sie in Hippursäure über (Schultze und Graebe, Arch. Anat. Physiol. 167. 1867).

Emulsin.

Emulsin. Synaptase. — Dieser Eiweissstoff wurde zuerst von Wöhler und Liebig (Ann. Chem. Pharm. **22.** 17) bei ihren Untersuchungen über das Amygdalin (s. dieses) als Bestandtheil der Mandeln bemerkt und in seiner Bedeutung für die Spaltung des Amygdalins gewürdigt, aber erst Robiquet (Journ. Pharm. (2) **24.** 326), der ihn „Synaptase" nannte, versuchte ihn zu isoliren. Er macerirte zu diesem Zweck entfettete süsse Mandeln mit ihrem doppelten Gewicht Wasser, schlug aus der Lösung zuerst das Legumin durch Essigsäure, dann das Albumin und Gummi durch Bleiacetat nieder, fällte das entbleite Filtrat mit Weingeist, wusch den Niederschlag mit Weingeist und trocknete ihn im Vacuum. Später stellte Ortloff (Arch. Pharm. (2) **48.** 22) das Emulsin in der Weise dar, dass er ausgepresste süsse Mandeln mit ihrem 3fachen Gewicht Wasser 5—7 Tage bei 20—25° C. einer Gährung überliess, dann colirte, die saure Flüssigkeit mit Weingeist fällte und den mit Weingeist gewaschenen Niederschlag bei höchstens 37° trocknete. Bull (Ann. Chem. Pharm. **69.** 145) bereitet aus den gepressten Mandeln mit 2—3 Th. Wasser eine Emulsion, überlässt diese 12 Stunden der Ruhe, beseitigt die oben abgeschiedene rahmartige Schicht, fällt mit Essigsäure das Legumin und dann mittelst Weingeist das Emulsin, das wie angegeben weiter behandelt wird. Er erhielt so aus 1 Pfund Mandeln 6 g Emulsin.

Das so erhaltene Emulsin enthält noch 22—36% Aschenbestandtheile, nach Bull grösstentheils Kalkphosphat. Es bildet eine weissliche bröckliche, beim Trocknen leicht röthlich und gummiartig werdende Masse, die sich in Wasser löst und daraus durch Weingeist gefällt wird. Die wässrige Lösung reagirt schwach sauer, trübt sich beim Erwärmen und scheidet bei 85—90° 10% ihres Emulsingehalts als unlöslichen, 50—60% Asche beigemengt enthaltenden Niederschlag ab (Bull). Dieser sowohl, wie auch die gekochte Lösung haben die characteristische Eigenschaft des Emulsins, Amygdalin (vergl. dieses) zu spalten, verloren, während das trocken auf 100° erhitzt gewesene Emulsin sie noch besitzt. Säuren fällen die Emulsinlösung nicht, verhindern sogar die Bildung eines Niederschlags beim Kochen (Ortloff). Essigsaures Bleioxyd schlägt dagegen, vorausgesetzt dass keine freie Säure zugegen ist, das Emulsin vollständig nieder. Beim Aufbewahren der wässrigen Lösung tritt bald Zersetzung ein unter Entwicklung von Gas und Bildung von Milchsäure.

Bittermandelöl

Das **Bittermandelöl** ist ein Zersetzungsproduct des Amygdalins und findet sich nicht fertig gebildet im Pflanzenreich. Das durch Destillation gewonnene Oel (die Ausbeute beträgt aus bitteren Mandeln $^{7}/_{10}$—$^{9}/_{10}$%, aus Pfirsichkernen $^{3}/_{10}$—$^{4}/_{10}$%, aus Kirschlorbeerblättern $^{5}/_{10}$—$^{6}/_{10}$%) besteht wesentlich aus Benzaldehyd oder Benzoylwasserstoff, C_7H_6O, enthält aber stets etwas Blausäure und ausserdem geringe Mengen von Benzoësäure, Benzoïn und anderen Benzoylderivaten. Das reine Oel ist farblos, dünnflüssig, stark lichtbrechend, von eigenthümlichem angenehmem Geruch und brennend gewürzhaftem Geschmack. Specif. Gew. 1,043. Siedepunkt 180°. Löst sich in 30 Th. Wasser, leicht in Weingeist und Aether. An der Luft geht es durch Oxydation in Benzoësäure über. — Zu Verfälschungen des in der Parfümerie früher mehr als jetzt gebrauchten Oels dienen Weingeist, leichte ätherische Oele und namentlich das sehr ähnlich riechende Nitrobenzol. Der Weingeist erniedrigt das specifische Gewicht; ätherische Oele und Nitrobenzol bleiben beim Vermischen mit einer warmen concentrirten Lösung von zweifach-schwefligsaurem Natron, die reines Bittermandelöl klar löst, ungelöst zurück. Nitrobenzol lässt sich nach Maisch auch leicht durch Erwärmen mit weingeistiger Kalilösung erkennen, die das Bittermandelöl unter Verwandlung in Benzoësäure löst, ersteres aber in ein braunes unlösliches Harz verwandelt. Noch sicherer gelingt die Erkennung des Nitrobenzols, wenn man es durch reducirende Mittel in Anilin überführt und dieses den bekannten Farbenreactionen unterwirft (man vergl. hierüber Flückiger, N. Jahrb. Pharm. 34. 202).

Die Identität des Bittermandelöles mit dem aus Benzylchlorid dargestellten Benzaldehyde haben Lippmann und Hawlisceck (Berl. Ber. 9. 1461) bewiesen. — Bezüglich der Darstellung des bitteren Mandelöles siehe M. Pettenkofer, Ann. Chem. Pharm. 122. 77. — Peltz, J. Chem. Min. 1864. 651. — Um das Bittermandelöl von Blausäure zu befreien, kann man dasselbe mit Eisenoxydullösung, Kalk oder Kali behandeln, oder mit Quecksilberoxyd digeriren oder mit Alkalibisulfit schütteln, um das Aldehyd wegzunehmen, dessen Doppelverbindung leicht zerlegt werden kann.

Benzaldehyd. (Bittermandelöl.) $C_6H_5 . COH$. — Das Benzaldehyd entsteht ausser der bereits oben bei Amygdalin erwähnten Bildung aus Toluol durch Behandeln mit CrO_2Cl_2, beim Erhitzen von Benzylidenchlorid $C_6H_5 . CHCl_2$ mit alkoholischem Kali bei 200° (Cahours, Ann. Chem. Pharm. Suppl. 2. 253), mit Wasser auf 160° (Limpricht, ebendas. 139. 319), auch mit Schwefelsäure (Oppenheim), ferner bei der Oxydation der Zimmtsäure, Benzalkohol, Zimmtalkohol, Albuminaten etc. beim Kochen von Benzylchlorid (5 Th.) mit Bleinitrat (7 Th.) und 50 Th. Wasser (Grimaux, Lauth, Bull. soc. chim. 7. 106), bei der Reduction der Phtalsäure mit Zink (Baeyer, Ann. Chem. Pkarm. 140. 296).

Hinsichtlich der Wirkung des Bittermandelöls ist die des im Handel vorkommenden Präparates wohl zu unterscheiden von der des reinen, da ersteres durch beigemengte Blausäure höchst toxisch wirkt und wiederholt zu Vergiftungen mit tödlichem Ausgange Anlass gegeben hat (vgl. Husemann, Toxikologie p. 37). Reines Bittermandelöl wirkt nach Art andrer ätherischer Oele, und zwar nach Mitscherlich bei Kaninchen zu 1,25 nicht giftig, während 4,0 resp. 8,0 in 4 resp. 1 St. den Tod bedingen, nach Douglas Maclagan (Monthly Journ. Jan. 1854) bei Hunden selbst zu 12,0 nicht tödtlich. — Das Bittermandelöl gehört zu denjenigen Stoffen, nach deren Genuss im Harn Hippursäure auftritt (Wöhler und Frerichs); kleinere Gaben scheinen ganz zu Hippursäure umgesetzt zu werden, nach grösseren riechen Harn und Lungenexhalation nach dem unveränderten Oele (Mitscherlich).

Charakteristisch riechende Flüssigkeit, spec. Gew. 1,054 bei 15°, Sdpkt. 179°, in 300 Th. Wasser löslich (Flückiger), zersetzt sich in der Rothglühhitze in Kohlenoxyd und Benzol, ozonisirt im Sonnenlicht den Sauerstoff, reducirt nicht Fehlings Lösung, bildet mit Alkalibisulfiten, Fluorbor, auch Zinnchlorid, krystallinische Additionsproducte.

20. Leguminosae.

a. Papilionaceae.

Spartium.

Sparteïn. $C_{15}H_{26}N_2$. — Literat.: Stenhouse, Philosoph. Transact. 1851, 2. 422; auch Annal. d. Chem. u. Pharm. **78**. 20. — Mills, Chem. Soc. Qu. J. 15. 1; auch Annal. d. Ch. u. Pharm. **125**. 71.

Sparteïn. Diese flüchtige Base wurde 1851 im Besenginster, *Spartium Scoparium L.*, zugleich mit dem Scoparin, einem krystallinischen Farbstoff, von Stenhouse entdeckt.

Darstellung. Zur Darstellung zieht man nach Mills, welcher das von Stenhouse befolgte Verfahren etwas modificirte, die ganze Pflanze mit schwefelsäurehaltigem Wasser aus, verdampft den Auszug auf ein kleines Volumen und destillirt nun mit Aetznatron, bis das Destillat nicht mehr alkalisch reagirt. Dieses wird nach Uebersättigung mit Salzsäure im Wasserbade bis zur Trockne gebracht und darauf der Rückstand mit festem Kalihydrat der Destillation unterworfen. Es entweicht erst Ammoniak, dann geht die Base als dickes Oel über. Dasselbe wird zur Entwässerung mit metallischem Natrium im Wasserstrome mässig erwärmt und dann vom Natrium getrennt noch einmal rectificirt. — Mills erhielt aus 150 Pfund der Pflanze 22 cbcm Sparteïn. Nach Stenhouse geben an schattigen Orten gewachsene Pflanzen kaum ein Viertel der Ausbeute, welche an sonnigen Plätzen gesammelte Exemplare liefern.

Eigenschaften. Das Sparteïn ist frisch bereitet ein wasserhelles dickflüssiges Oel von schwachem demjenigen des Anilins ähnlichen Geruch und äusserst bitterem Geschmack. Es ist schwerer als Wasser und siedet bei 288°, 276° (Merck). In Wasser löst es sich nur wenig, löst aber auch seinerseits allmälig etwas Wasser. Die Lösung reagirt stark alkalisch.

Von Stenhouse wurde dem Sparteïn die Formel $C_{15}H_{13}N$ beigelegt. Da diese bei Annahme des neueren Atomgewichtes des Kohlenstoffes nicht beibehalten werden kann, so schlug Gerhardt die Formel $C_{16}H_{13}N$ vor, welche zwar mit Stenhouses analytischen Resultaten nicht in Uebereinstimmung war, aber dennoch allgemein anerkannt wurde, da so das Sparteïn homolog mit dem Coniin erschien. Mills Analysen bestätigen die von Stenhouse angenommene Zusammensetzung. Er verdoppelt indess die Formel und betrachtet das Sparteïn auf Grund seiner Substitutionsversuche als ein tertiäres Diamin, dessen vorläufige rationelle Formel $(C_{15}H_{26})_{IV}N_2$ ist.

Das stark basische Sparteïn neutralisirt die Säuren vollständig. Seine Verbindungen mit Chlor-, Brom- und Jodwasserstoff sind amorph und harzartig. Das salpetersaure Salz konnte gleichfalls nicht krystallisirt erhalten werden und das oxalsaure nur schwierig in Nadeln. Versetzt man die mit Salzsäure neutralisirte Lösung des Sparteïns mit Platinchlorid, so scheidet sich chlorwasserstoffsaures Sparteïn-Platinchlorid, $C_{15}H_{26}N_2, 2HCl, 2PtCl_2, + 2H_2O$ als gelbes krystallinisches Pulver aus, das in Wasser und kaltem Weingeist fast unlöslich ist, aber aus kochender Salzsäure leicht in schönen rhombischen Prismen krystallisirt erhalten werden kann

(Stenhouse. Mills). Das auf gleiche Weise zu erhaltende Golddoppelsalz krystallisirt aus heisser Salzsäure in glänzenden gelben glimmerartigen Blättchen und hat das nach Mills die Formel $C_{15}H_{26}N_2, 2HCl, AuCl_3$. Auf demselben Wege wird auch das chlorwasserstoffsaure Sparteïn-Quecksilberchlorid, $C_{15}H_{26}N_2, 2HCl, 2HgCl$, in stark glänzenden farblosen rhombischen Säulen erhalten (Stenhouse). Das Chlorzink-Doppelsalz, $C_{15}H_{26}N_2, 2HCl, 2ZnCl$, krystallisirt in langen glänzenden Nadeln und auch das analog zusammengesetzte Jodzink-Doppelsalz wurde in feinen Nadeln erhalten (Mills). Beim Vermischen weingeistiger Lösungen von Sparteïn und Pikrinsäure entsteht krystallinischer gelber Niederschlag von pikrinsaurem Sparteïn, $C_{15}H_{26}N_2, 2C_6H_3(NO_2)3O$, das aus kochendem Weingeist in glänzenden, 1—2 Zoll langen, dem Kalipikrat äusserst ähnlichen Nadeln anschiesst. Es verpufft beim Erhitzen und löst sich in Wasser und kaltem Weingeist nur wenig und ist auch in siedendem Weingeist noch schwer löslich (Stenhouse). — Das Sparteïn fällt neutrales und basisches Bleiacetat weiss, Kupferchlorid grün (Stenhouse).

Das Sparteïn ist sehr veränderlich: es wird an der Luft bald braun und in Berührung mit Wasser opalisirend. Auch beim Destilliren unter Luftzutritt färbt es sich gelblich, während es im trocknen Kohlensäurestrome fast farblos übergeht. Durch Kochen mit überschüssiger Salzsäure wird es zersetzt, wobei die Flüssigkeit einen Geruch nach Mäusen annimmt. Die durch anhaltendes Kochen mit rauchender Salpetersäure entstehende Flüssigkeit scheidet auf Wasserzusatz einen leichten flockigen Niederschlag ab und das davon getrennte Filtrat erzeugt mit Chlorkalklösung Chlorpikrin und liefert beim Destilliren mit Kali eine nicht näher untersuchte flüchtige Base. Durch Brom wird Sparteïn unter beträchtlicher Wärmeentwicklung in einen braunen harzartigen Körper verwandelt (Stenhouse). — Wird ein Gemenge gleicher Volumina Sparteïn, Jodäthyl und Weingeist im zugeschmolzenen Rohr eine Stunde lang auf 100° erhitzt, so krystallisirt beim Erkalten Aethylsparteïniumjodid, $C_{15}H_{27}(C_2H_5)N_2J_2$, in langen, in kaltem Weingeist schwer löslichen, in kochendem Weingeist und Wasser dagegen leicht löslichen Nadeln heraus. Dieses wird durch Kali nicht verändert, aber durch Silberoxyd in das stark alkalisch reagirende Oxydhydrat, $\left.\begin{matrix}C_{15}H_{27}(C_2H_5)N_2\\H_2\end{matrix}\right\}O_2$, übergeführt. Das Chlorid bildet ein in Nadeln krystallisirendes Doppelsalz mit Chlorzink, ein halbkrystallinisches mit Platinchlorid. Bei weiterem Erhitzen des Aethylsparteïnoxydhydrats mit Jodäthyl entsteht Diäthylsparteïnjodid, $C_{15}H_{26}(C_2H_5)_2N_2J_2$, welches aus Weingeist in kurzen, kleinen, in Wasser leicht löslichen Krystallen anschiesst. Es giebt bei Behandlung mit Silberoxyd eine stark alkalische Lösung von Diäthylsparteïniumoxydhydrat, dessen blassgelbes Platindoppelsalz aus Weingeist in strahligen Aggregaten krystallisirt (Mills).

Zersetzung.

Das Sparteïn ist der Träger der toxischen Wirkung des Besenginsters und scheint sich besonders in den im Schatten gewachsenen Exemplaren zu entwickeln. Von dem durch Stenhouse dargestellten Alkaloide bewirkte nach

Wirkung.

Versuchen von Mitchell 0,25 den Tod eines Kaninchens in 3 Std. Schroff fand bereits einen Tropfen beim Kaninchen intern in 6 Min. tödtlich, während bei Mitchell nach 1 Tr. bei Kaninchen und Hund grosse Aufregung und eine Art Berauschung, dem ein fünf- bis sechsstünd. Betäubungszustand folgte, hervortrat. In seiner Wirkung nähert sich das Sparteïn theils dem Coniin, theils dem Nicotin. Nach Fick (Arch. exp. Path. Pharm. 1. 397) lähmt dasselbe bei Fröschen in grossen Dosen (8 Mgm.) die motorischen Nerven, setzt die Reflexaction des Rückenmarks im hohen Grade herab und beeinträchtigt die Hirnthätigkeit; in kleinen Gaben ($^1/_2$—1 Mgm.) hebt es die elektrische Erregbarkeit des Vagus auf, in grösseren Dosen (5—6 Mgm.) lähmt es die Hemmungscentren selbst, so dass weder Muscarin noch Sinusreizung Herzstillstand bedingen. Bei Warmblütern erfolgt der Tod durch Lähmung des Athemcentrums, künstliche Athmung erhält das Leben der vergifteten Thiere längere Zeit. Die Hauptsymptome sind Somnolenz, wankender Gang, anfangs enorme Steigerung der Puls- und Athemfrequenz, schliesslich starke Dyspnoe und Abnahme der Frequenz und Energie der Herzschläge, terminale Convulsionen und Pupillenerweiterung (Fick). Neben diesen neuerdings auch von Rymon (Étude exp. sur l'action physiol. de la spartéine. Paris, 1880) bestätigten Effecten werden von Schroff auch dem Gift als solchem zukommende, nicht terminale, tonische und klonische Krämpfe zugeschrieben; nach Mitchell kann der Tod im tiefen Schlafe ohne Krämpfe erfolgen, während nach Fick vollständige Bewusstlosigkeit bei Warmblütern durch Sparteïn nicht hervorgerufen wird. Nach Fick tritt unmittelbar vor dem Tode häufig reichliche Harnentleerung ein. In wie weit diese in erster Linie auf Lähmung des Sphincter vesicae zu beziehende Wirkung auch auf diuretische Effecte des Alkaloids hinweist, steht dahin. Dass die allgemein dem Scoparin vindicirten Wirkungen des Besenginsters auf die Diurese z. Th. auch auf dem Sparteïn beruhen, vermuthet Fronmüller (Memorab. 12. 535. 1878) nach Beobachtungen an Kranken mit sparsamer Harnabsonderung, welche nach 30—72 Tr. einer alkoholischen Solution (1 : 40) mehrmals vermehrte Diurese zeigten.

Scoparin. **Scoparin.** $C_{21}H_{22}O_{10}$. — Literat.: Stenhouse, Ann. Chem. Pharm. 78. 15. — Hlasiwetz, ebendas. 138. 190.

Wurde 1851 zugleich mit dem Sparteïn von Stenhouse in *Spartium Scoparium L.* aufgefunden. Zur Darstellung verdampft man den durch 6—8stündiges Auskochen der Pflanze hergestellten wässrigen Auszug auf ein geringes Volumen, wäscht die nach 24stündiger Ruhe gebildete Gallerte, die Scoparin, Blattgrün und wenig Sparteïn enthält, mit wenig kaltem Wasser, löst sie dann in schwach mit Salzsäure angesäuertem kochenden Wasser, filtrirt und behandelt die beim Erkalten wieder entstehende Gallerte nach vorgängigem Trocknen im Wasserbade noch einmal in gleicher Weise. Wird das so vom Blattgrün befreite gallertartige Scoparin aus kalter ammoniakalischer Lösung durch Salzsäure ausgefällt und die nun erhaltene festere Gallerte in kochendem Wasser oder Weingeist gelöst, so scheidet sich bei langsamem Erkalten neben gallertartigem auch krystallisirtes Scoparin ab (Stenhouse).

Das gallertartige Scoparin bildet nach dem Trocknen eine blassgelbe spröde amorphe Masse, das krystallisirte blassgelbe Sterne. Es löst sich wenig in kaltem, reichlicher in heissem Wasser mit grünlich blassgelber Farbe, sehr leicht und mit sattgelbgrüner Farbe in wässrigem Ammoniak und ätzenden und kohlensauren Alkalien. Auch in Weingeist ist es löslich sowie Kalk-Barytwasser,

Glycerin (E. Merck, Z. östr. Apothver. 1879). In seiner wässrigen Lösung erzeugen neutrales und basisches Bleiacetat einen grüngelben flockigen Niederschlag, Quecksilber- und Silbersalze fällen sie nicht (Stenhouse). — In der Hitze wird das Scoparin zersetzt. Beim Schmelzen mit Kalihydrat liefert es nach Hlasiwetz als Endproducte der Zersetzung Phloroglucin und Protocatechusäure, vielleicht nach der Gleichung:

$$C_{21}H_{22}O_{10} + 4O = C_6H_6O_3 + 2C_7H_6O_4 + CO_2 + H_2O.$$

Nach Stenhouses Versuchen an Menschen und Thieren ist Scoparin das diuretische Princip des in Grossbritannien bei Wassersucht geschätzten Besenginsters und bedingt beim Erwärmen in 12 Std. zu 0,3—0,5 Abscheidung der doppelten Harnmenge. Schroff fand Scoparin zu 0,1—0,3 wirkungslos, zu 0,6 Bauchschmerzen und Kollern erregend. Fronmüller (Memorab. 12. 1878) erhielt bei Gesunden und Kranken nach interner Verabreichung von 0,5 und Subcutanapplication von 0,03 (in 1,0 Wasser, mit Hülfe von etwas Ammoniak gelöst) wiederholt deutliche Vermehrung der Harnmenge; örtliche Irritation fehlte.

Genista.

Der Färberginster, Genista tinctoria, enthält in den Blüthen einen gelben Farbstoff. Untersuchungen der Gattung Genista sind von C. Sprengel (J. techn. Chem. 5. 134), Keller und Tiedemann (Monatsber. 3. 487) gemacht worden.

Cytisus.

Cytisin. $C_{20}H_{27}N_3O$. — Literat.: A. Husemann und W. Marmé, Z. Chem. 1865. 161. — A. Husemann, Jahrb. Pharm. 31. 1. — W. Marmé, Gött. Narhr. N. 24. 1871. Cytisin.

Dieses Alkaloid wurde 1864 von A. Husemann und Marmé in den reifen Früchten des Goldregens, Cytisus Laburnum, entdeckt und darauf auch im Samen von Cytisus alpinus, C. supinus und C. elongatus aufgefunden. In kleinerer Menge traf es Husemann auch in unreifen Schoten und Blüthen und spurenweis in den Blättern der erstgenannten Pflanze an. Marmé constatirte das Alkaloid in Cytisus Weldeni, C. sessilifolius und C. hirsutus, dagegen nicht in Cytisus (Lembotropis) nigricans.

Zur Darstellung werden die gröblich zerkleinerten Samen mit kaltem, schwach mit Schwefelsäure angesäuertem Wasser wiederholt extrahirt, die vereinigten Auszüge mit Kalk beinahe neutralisirt, nach dem Absetzen des Niederschlags colirt und darauf durch Ausfällen mit Bleiessig gereinigt. Das fast farblose Filtrat wird mit Schwefelsäure vom Blei befreit, mit Soda gesättigt, stark eingedampft und unter allmäligem Zusatz von so viel Soda, dass die Reaction immer schwach alkalisch bleibt, mit Gerbsäure ausgefällt. Um keine Einbuse an Alkaloid zu erleiden, reinigt man das noch viel Cytisin enthaltende Filtrat vom Gerbsäureniederschlage nochmals mittelst Bleiessig, dunstet es nach dem Fortschaffen des Bleis durch Schwefelsäure stark ein und fällt nach Uebersättigung mit Soda ein zweites Mal mit Gerbsäure. Die Gerbsäureniederschläge werden, da sie beim Aufbewahren harzig zusammenballen, sogleich mit überschüssiger feingeschlämmter Bleiglätte vermischt und damit so lange Darstellung.

unter beständiger Ersetzung des verdampften Wassers im Wasserbade erhitzt, bis die Masse an kochenden Weingeist keine Gerbsäure mehr abtritt. Hierauf wird vollständig eingetrocknet und der gepulverte Rückstand mit kochendem Weingeist erschöpft. Der weingeistige Auszug wird bis zur Syrupsconsistenz concentrirt, mit Salpetersäure bis zur stark sauren Reaction und darauf mit dem 6—8fachen Volumen absoluten Alkohols versetzt. Nach einigen Stunden wird die Flüssigkeit von der ausgeschiedenen harzartigen Substanz klar abgegossen und mehrere Tage der Ruhe überlassen. Es krystallisirt salpetersaures Cytisin heraus, von dem durch Eindampfen der Mutterlauge noch etwas mehr gewonnen werden kann (Husemann und Marmé). Dieses gut krystallisirende Salz wird durch wiederholtes Umkrystallisiren aus möglichst wenig kochendem Wasser gereinigt und dann im entwässerten und gepulverten Zustande in einem schmalen Röhrchen mit einer heiss bereiteten Lösung von Kalihydrat von solcher Concentration, dass sie beim Erkalten fest wird, so lange erhitzt, bis sich eine vollkommen klare und fast farblose dicklölige Schicht von der geschmolzenen Base obenauf abgeschieden hat. Diese erstarrt beim Abkühlen krystallinisch, kann nach dem Zerschlagen des Röhrchens leicht mechanisch getrennt werden und wird zum Zweck gänzlicher Reinigung nochmals mit wässrigem Kalihydrat von gleicher Concentration umgeschmolzen. Nach abermaliger Trennung und behutsamem Abspülen mit einigen Tropfen kalten Wassers lässt man die erhaltene Krystallmasse, um anhängendes Kali in Kalicarbonat zu verwandeln, einige Zeit in einer kohlensäurereichen Atmosphäre liegen, löst sie dann in absolutem Weingeist, filtrirt und verdampft im Wasserbade zum Syrup, der beim Erkalten krystallinisch erstarrt (Husemann).

Eigenschaften. Das Cytisin bildet eine weisse, strahlig krystallinische, an der Luft trocken bleibende Masse von bitterlichem und zugleich schwach kaustischem Geschmack und ohne Geruch (Husemann u. Marmé). Bei vorsichtigem Erhitzen lässt es sich, namentlich im Wasserstoffstrome, vollständig in Gestalt etwas dünner, biegsamer und sehr langer Nadeln und Blättchen sublimiren. Bei 154°, 5 C., kurz vor dem Verdampfen, schmilzt es zu einer schwach gelblichen öligen Flüssigkeit, die beim Abkühlen krystallinisch wird. Es reagirt stark alkalisch. Von Wasser wird es in jedem Verhältniss, beinahe eben so leicht auch von Weingeist gelöst; dagegen löst es sich in wasserfreiem Aether, Chloroform, Benzol und Schwefelkohlenstoff so gut wie gar nicht (Husemann).

Die Zusammensetzung des Cytisins wurde von Husemann durch die Analyse der freien Base sowohl, als verschiedener ihrer Salze und Doppelsalze ermittelt und der Formel $C_{20}H_{27}N_3O$ entsprechend gefunden.

Salze. Das Cytisin ist eine der stärksten Pflanzenbasen. Es fällt die Erden und die Oxyde der schweren Metalle aus ihren Salzlösungen und macht schon in der Kälte das Ammoniak aus seinen Verbindungen frei. Die löslichen Cytisinsalze schmecken bitterer als die freie Base. Die einfachen Salze sind meistentheils zerfliesslich oder doch nur schwierig krystallisirt zu erhalten. Nur das salpetersaure Cytisin, $C_{20}H_{27}N_3O, 2NHO_3 + 2H_2O$ besitzt ein ausgezeichnetes Krystallisationsvermögen. Es krystallisirt in grossen dicken wasserklaren monoklinischen Prismen, die bei 100—110° unter Verlust des Krystallwassers undurchsichtig und porcellanartig werden. Es reagirt sauer. Von kochendem Wasser erfordert es weniger als sein gleiches Gewicht zur Lösung, löst sich aber auch in kaltem Wasser und wässrigem Weingeist gut, schwierig dagegen in absolutem Alkohol und gar nicht in Aether. — Beim Verdunsten einer Auflösung des Cytisins in überschüssiger Salzsäure im Vacuum wurde saures chlorwasserstoffsaures Cytisin, $C_{20}H_{27}N_3O, 4HCl + 3H_2O$, als weisse, in Wasser sehr leicht, in absolutem Weingeist schwerer lösliche Krystallmasse erhalten. Beim Trocknen in der Wärme verliert es Salzsäure. — Versetzt man die nicht zu verdünnte wässrige Lösung eines der genannten Salze mit Platinchlorid im Ueberschuss, so fällt chlorwasserstoffsaures Cytisin-Platinchlorid, $C_{20}H_{27}N_3O 2HCl, 2PtCl_2$ als orangegelber flockiger, allmälig krystallinisch werdender Niederschlag aus. Es löst sich in vielem Wasser schon in der Kälte, leichter in kochendem und nach Zusatz von freier Salzsäure und krystallisirt aus kochender Lösung beim Erkalten in dunkelgelben, büschlig vereinigten Nadeln. Absoluter Weingeist löst die Verbindung schwer, Aether noch schwieriger, weshalb man sie zweckmässig mit Aetherweingeist auswäscht. Die Mutterlauge von diesem Doppelsalze setzt nach dem Eindampfen beim Stehen zweifach-chlorwasserstoffsaures Cytisin-Platinchlorid, $C_{20}H_{27}N_3O, 4HCl, 4PtCl_2$ in hellgelben warzenförmigen, in Wasser viel leichter löslichen Krystallgruppen ab. — Das auf gleiche Weise mittelst Goldchlorid zu fällende chlorwasserstoffsaure Cytisin-Goldchlorid, $C_{20}H_{27}N_3O, 2HCl, 2AuCl_3$, ist ein hellgelber, anfangs flockiger, später in ein Haufwerk feiner, büschlig vereinigter Nadeln sich verwandelnder, in Wasser sehr schwer löslicher Niederschlag. — Quecksilberchlorid fällt selbst concentrirte Lösungen der Cytisinsalze nicht, erzeugt aber noch in sehr verdünnten Lösungen der freien Base einen weissen, allmälig sich in harte grosse halbkuglige Krystalldrusen verwandelnden Niederschlag von Cytisin-Quecksilberchlorid, $C_{20}H_{27}N_3O, 4HgCl$, welcher sich sehr schwer in Wasser, dagegen leicht in verdünnten Säuren löst (Husemann).

Conc. Schwefelsäure löst das Cytisin farblos; die Lösung wird durch ein Tröpfchen Salpetersäure orangegelb, durch ein Stückchen Kaliumbichromat erst gelb, dann schmutzig braun, endlich grün. Conc. Salpetersäure löst die Base in der Kälte farblos, aber beim Erwärmen tritt orangegelbe Färbung ein. Die wässrigen Lösungen der freien Base oder ihrer mit Soda neutralisirten Salze werden durch Gerbsäure bei starker Verdünnung weiss und flockig gefällt, bei 300facher Verdünnung noch deutlich getrübt. Pikrinsäure fällt hellgelb, grossblätterig krystallinisch, noch bei 1000facher Verdünnung. Phosphormolybdänsäure erzeugt in den angesäuerten Lösungen starke gelbe Niederschläge, noch bei 10,000facher Verdünnung augenblickliche gelbe Trübung. Kaliumquecksilberjodid fällt das Nitrat weisslich und krystallinisch noch Reactionen.

bei 5000facher Verdünnung. Kaliumkadmiumjodid giebt nur mit conc. Lösungen einen aus seideglänzenden Nadeln bestehenden Niederschlag. Jod-Jodkalium fällt noch bei grosser Verdünnung dunkelrothbraun, Bromwasser orangegelb. — Chlorwasser und chromsaures Kali bewirken keine Fällung, eben so wenig Ammoniak und die ätzenden und kohlensauren Alkalien (Husemann).

Wirkung. Das Cytisin ist nach Marmé das einzige toxische Princip von Cytisus Laburnum, dessen Wirkung sich auf alle Thiertypen erstreckt und wesentlich auf das Rückenmark und die peripherischen motorischen Nerven und das respiratorische Centrum, welche anfangs vorübergehend erregt, dann herabgesetzt und schliesslich gelähmt werden, ferner auf verschiedene Herznerven und die Peristaltik, welche letztere dadurch in hohem Grade gesteigert, oft krampfhaft wird, gerichtet ist. Der Tod mit Cytisin vergifteter Thiere erfolgt stets durch Stillstand der Respiration nach terminalen Krämpfen oder ohne dieselben.

Die Giftigkeit des Cytisins und des salpetersauren Cytisins ist festgestellt für verschiedene Ringelwürmer, Helminthen, Crustaceen, Arachniden, Myriapoden und Insecten, sowie für sämmtliche Wirbelthierclassen. Bei Säugethieren und Vögeln ist die letale Dosis für Fleischfresser kleiner als für Pflanzenfresser, am meisten toleriren Ziegen. Bei subcutaner Einführung von *Cytisinum nitricum* stellt sich die letale Dosis pr. Kilo berechnet für Katzen auf 10-13 Mg, für Hunde auf 6-10 Mg, für Kaninchen auf 30-40 und für Ziegen auf 120 Mg; Käutzchen und Dohlen sterben nach 1—1½ Mg, junge Tauben erst nach 3 Mg, Frösche nach 2—4 Mg. Das Gift wirkt an allen Applicationsstellen.

Hinsichtlich der Wirkungsweise des Cytisins ist die Integrität des Bewusstseins bis zum Eintritte completer Lähmung hervorzuheben, sodass eine directe Wirkung auf das Gehirn nicht angenommen werden kann. Die Erregung des Rückenmarks und der motorischen Nerven zeigt sich namentlich bei allen Vögeln, Unke und Salamander, dagegen bei Säugethieren nur in (nicht immer deutlicher) Steifheit der Extremitäten. Die Lähmung beginnt in den peripherischen Enden der motorischen Nerven; Muskeln und sensible Nerven bleiben intact. Von den Herznerven werden die im Sympathicus und Halsmark verlaufenden Beschleunigungsnerven, ebenso die Herzganglien gelähmt; bei Kaninchen scheinen auch die Hemmungsnerven anfänglich erregt zu werden. Das Herz pulsirt bei Amphibien oft länger als 48 Stunden und pulsirt bei Säugern nach erfolgtem Stillstand auf electrischen Reiz oft wieder rythmisch. Cytisin erregt auch das vasomotorische Nervensystem und bedingt rasch bei directer, langsamer bei entfernter Application hochgradige Gefässverengung, womit vielleicht die namentlich bei Ziegen constante Vermehrung der Diurese in Zusammenhang steht. Die durch Cytisin hervorgerufene Erregung der Peristaltik ist nicht mit Vermehrung der Secretion verbunden und macht sich auch nach vorheriger intensiver Opiumeinwirkung geltend; die livide gefärbten Darmschlingen werden dann dadurch völlig blass. Bei Vögeln und vielen Säugethieren erregt Cytisin Erbrechen (sowohl bei erhaltenen als bei intacten Vagi), bei Hunden, Katzen und Kaninchen auch Salivation. Die Pupille wird nicht constant verändert, bei Säugern in der

Dyspnoe oft verengt, bei Katzen oft erweitert. Die Temperatur ist anfangs etwas erhöht, später sinkt sie constant bis zum Tode.

Das Cytisin wird durch den Harn eliminirt und kann in demselben physiologisch durch Versuche an Fröschen nachgewiesen werden. Künstliche Respiration und Transfusion wirken bei vergifteten Thieren lebensrettend. Erbrechen begünstigt die Genesung. Gerbsäure ist als chemisches Antidot nicht zu empfehlen, da Cytisintannat sich in überschüssiger Gerbsäure löst; auch alkalische Tanninlösungen geben kein gutes Resultat.

Therapeutisch wird Cytisin nicht benutzt. Nach Marmé und Flügge (Götting. Nachr. 1875. 23. 614) beschränkt es am besten die durch Arsenikalien bedingte Hyperämie der Darmgefässe und könnte somit im Arsenicismus acutus von Nutzen sein.

Die nach Scott Gray (Journ. Pharm. (3) 42. 160) in Samen und Rinde von Cytisus Laburnum vorhandene eigenthümliche Säure, die Laburninsäure, ist nach Marmé ein Gemenge organischer und anorganischer Säuren. Scott Gray will auch zwei Bitterstoffe im Goldregen gefunden haben. Laburninsäure.

Lupinus.

Literatur: E. Schulze, Barbieri, Berl. Ber. 1878. 2200. — Journ. pr. Chem. (2) 25. 159. — Schulz, Landw. Jahrb. (8) 42. — Beyer, Arch. Pharm. (2) 131. 201. — Ritthausen, J. pr. Chem. (2) 2. 339. — Eichhorn, Landwirth. Versuchsst. 9. 272. — Schulze und Umlauft, Chem. Centralbl. 1875. 309. — Berl. Ber. 1876. 1314. — Weinhold, J. pr. Chem. (2) 2. 339. — Graham, Berl. Ber. 1876. 1314. — Campbell, Arch. Pharm. (3) 1. 40.

Die Samen der Lupinen zeigen die verschiedenartigsten Bestandtheile, zunächst Fett 4—7%, Mineralbestandtheile 3—4%, 31—40% stickstoffhaltige Substanzen (Schulz, Eichhorn). Beyer nennt als Bestandtheile 49% Eiweisskörper (Conglutin und Albumin), freie Citronensäure, feste und flüssige Fette, mehrere Alkaloide; Ritthausen nimmt die Gegenwart von Aepfelsäure und Oxalsäure an. Aschenanalysen sind von Weinhold, Beyer, Graham, Campbell u. A. gemacht, welche 28—36% Kali, 5—23% Magnesia, 25—42% Phosphorsäure u. A. angeben.

E. Schulze, Barbieri, Ulrich, Umlauft haben in den Keimlingen der Lupinensamen Asparagin (17—19%) und Phenylamidopropionsäure, $C_9H_{11}NO_2$, nachgewiesen. Schulze, Barbieri haben in den Cotyledonen und Samen ferner die Gegenwart eines mit dem gewöhnlichen Cholesterin fast vollkommen übereinstimmendes Product nachgewiesen. Schmpkt. 136—137°, (α) D = —36,4°, und daneben in der Wurzel und dem hypnocotylen Gliede des Keimlings Caulosterin, Schmpkt. 158—159°, Drehung (α) D = —49,6°. Die Mengen von Cholesterin bei 2 verschiedenen Ernten betrugen:

	1	2.
Bei ungekeimten Samen	0,152	0,195
Keimlingen	0,360	0,324
Cotyledonen der gleichen Sämlinge	0,392	0,391
In den übrigen Theilen	0,227	0,258.

Lupinin. — $C_{29}H_{32}O_{16} + 7H_2O$. — Das Lupinin von Schulze und Barbieri (Berl. Ber. 1878. 2200) in den Keimlingen, welche zuerst Lupinin. (Glykosid.)

im Dunkeln, sowie dann im Lichte vegetirt hatten, sowie in den im Freien gezogenen Pflanzen von Lupinus luteus, dargestellt, bildet gelblichweisse Nadeln, schwerlöslich in Wasser, Alkohol, löslich in wässrigen Alkalien und Ammoniak, aus welchen Lösungen Säuren das Lupinin unverändert wieder abscheiden. Mit Wasser oder verdünnten Säuren gekocht, zerfällt Lupinin in Dextrose und Lupigenin $C_{17}H_{12}O6$, unlöslich in Wasser, schwerlöslich in Weingeist, das sich in conc. Schwefelsäure mit gelber Farbe löst, welche mit Salpetersäure gelbroth, mit Kaliumdichromat braunroth wird. Dasselbe bildet mit Ammoniak eine krystallinische Verbindung, schmilzt unter Zersetzung und sublimirt theilweise.

Lupigenin.

Die getrockneten Pflanzen extrahirt man zum Zwecke der Darstellung des Lupinin mit 50% Weingeist, fällt mit Bleiessig aus, zerlegt den Bleiniederschlag, in Wasser sehr stark vertheilt mit Schwefelwasserstoff und filtrirt. Aus dem Filtrate scheidet sich Lupinin ab.

Lupinen-alkaloide.

Lupinenalkaloide. — Die Lupinen, Kraut, Früchte, Samen, enthalten Alkaloide, deren Existenz zuerst von Cassola (Ann. Chem. Pharm. **13**. 308) nachgewiesen wurde. Eichhorn (Landw. Versuchsst. **9**. 272) isolirte sowohl aus der blauen Lupine, Lupinus angustifolius, als auch Lupinus luteus und albus ein unreines Alkaloid. Beyer (Landw. Versuchsstat. **10**. 518. — **14**. 168) isolirte ein flüssiges Alkaloid = $C_{17}H_{36}N_2O_2$ und eine krystallisirbare Base $C_{10}H_{28}NO_2$: Siewert (Landw. Versuchsstat. **12**. 306. 321) fand in Lupinen verschiedene flüchtige Basen, welche Aehnlichkeit mit Conydrin und Methylconiin besitzen. Derselbe behauptete, dass in der gelben Lupine Bimethylconiin vorkomme, ferner dass der Bitterstoff eine bei 261° siedende, krystallisirbare Base $C_{20}H_{21}NO$ enthalte, und der bei 306—307° siedende Antheil der Basen aus 2 Basen $C_7H_{15}NO$ und $C_8H_{17}NO$ bestehe. — H. Schulz (Landw. Jahrbücher (8) 37) spricht ebenfalls von einer krystallisirenden Base $C_{20}H_{21}NO$, in Wasser leicht löslich, Schmpkt. 69,5°, Sdpkt. 269—270°, sowie 2 flüchtigen Basen $C_8H_{17}NO$ und $C_7H_{15}NO$, von denen nur die erste von Ammoniak freigemacht werden kann. — Die Arbeiten von Liebscher (Ber. d. landw. Institutes Halle (2) 1880. 63) sowie von Baumert (Berl. Ber. 1881: 1150, 1321; 1880. 1882. — Ebendas. 1882. 631, 634, 1951 und 2745. — Landw. Versuchsstat. **27**. 15) haben nun mit Sicherheit Alkaloid festgestellt, das Lupinin (nicht zu verwechseln mit dem Glykosid Lupinin).

Lupinin. (Alkaloid).

Lupinin. $C_{21}H_{40}N_2O_2$. — Liebscher hat nach folgender Methode gearbeitet: 200 kg. Samen wurden mit Salzsäure enthaltendem Alkohol extrahirt. Der Alkohol abdestillirt und der Rückstand mit Soda neutralisirt, dann mit Kaliüberschuss versetzt und mit Petroleumäther wiederholt ausgeschüttelt. Diese Lösung wird mit Salzsäure ausgeschüttelt, die saure Lösung neutralisirt und mit Aether ausgeschüttelt, der beim Verdunsten einen braunen Syrup hinterlässt, der allmälig erstarrt. Durch Destillation im Wasserstoffstrom erhält man aus diesem Gemenge bei 311—314° das Lupinin. Farblose rhombische Krystalle, von eigenthümlichem Geruche, sehr bitter schmeckend, Schmpkt. 67—80°, Sdpkt. 257—258°. Das Lupinin ist eine 2säurige, starke Basis, welche mit Salzsäure, Salpetersäure, Schwefelsäure, pikrinsaure Salze bildet; auch ein Platinchlorid und Goldchloriddoppelsalz ist hergestellt. Die Base ist eine tertiäre Aminbase.

Mit Aethyljodid bildet Lupinin ein Aethyljodid (Ammoniumbase) $C_{21}H_{40}N_2O_2$, $2C_2H_5J$, in hexagonalen Krystallen zu erhalten. Mit rauchender Salzsäure bei 200° erhitzt scheidet sich kein Methyl ab, aber es entsteht eine Basis Anhydrolupinin, $C_{21}H_{38}N_2O$, auch mit Phosphorsäureanhydrid entstehend, dessen Platindoppelsalz dargestellt wurde. Ausserdem entsteht bei der Salzsäureeinwirkung noch Dianhydrolupinin, $C_{21}H_{36}N_2$. — Mit Natrium bildet sich unter Wasserstoffentwicklung eine lösliche Verbindung, die mit Wasser wieder Lupinin bildet. — Aus den Samen vom Lupinus albus wurden von Campani und Bettelli (Berl. Ber. 1881. 2253) Alkaloide gewonnen.

Auf welchen Stoff sich die Untersuchungen von Gemma (Gazz. med. Lomb. 147. 1882) über ein „amorphes Lupinin" beziehen, das zu 0,02 bei Fröschen und zu 15,0 bei kleinen Kaninchen hypodermatisch anfangs Krämpfe, später Lähmung erzeuge, von erwachsenen Menschen jedoch zu 1,5 und von Kindern zu 0,4 tolerirt werde, und ein Antitypicum zweiten Ranges darstelle, ist fraglich. Nach Liebscher wirkt das krystallisirte Alkaloid der Lupinen wie die amorphen Basen, jedoch zehnmal schwächer als diese, lähmend auf Gehirn und Medulla oblongata. Alle Alkaloide sind an den seit 1872 wiederholt in Schlesien, Westpreussen, Sachsen und Pommern beobachteten, als Lupinose bezeichneten Epizootien bei Schafen, die sich als ein acuter Icterus gravis charakterisirt, unschuldig. Bezüglich dieser Krankheit (vgl. Dammann, Deutsche Ztschr. Thierheilk. 353. 1877; Zürn, Vortr. für Thierärzte. (2) H. 7. 1879; Schulz, Preuss. Mitth. f. Th. 4. 17. 1879) ist mit Sicherheit festgestellt, dass sie nur durch einen in befallenen Lupinen sich bildenden Stoff bedingt wird, der mit Wasser und Glycerin ausziehbar ist. Mit der Isolirung dieses als Icterogen bezeichneten Stoffes hat sich sowohl Liebscher als C. Arnold (Berl. Ber. 16. 461) beschäftigt. Wirkung von Lupinenstoffen.

Ononis.

Ononin. $C_{30}H_{34}O_{13}$. — Literat.: Reinsch, Repert. Pharm. 76. 12; 78. 18. — Hlasiwetz, Journ. pract. Chem. 65. 419; auch Chem. Centr. 1855. 449 und 470.

Dieses Glykosid wurde von Reinsch in der als Diureticum geschätzten Wurzel von *Ononis spinosa L.* entdeckt, von Hlasiwetz ausführlicher untersucht. Ononin.

Zur Darstellung empfiehlt sich das von Hlasiwetz angegebene Verfahren. Man fällt die wässrige Abkochung der Wurzel mit neutralem Bleiacetat aus und behandelt das Filtrat mit Schwefelwasserstoff. Das ausfallende Schwefelblei reisst alles Ononin mit nieder, das, dem getrockneten Niederschlage durch 3—4 maliges Auskochen mit Weingeist entzogen, beim Verdunsten der Lösung in gelben Krümeln zurückbleibt und durch Umkrystallisiren aus mittelst Thierkohle entfärbter weingeistiger Lösung rein erhalten wird.

Das Ononin bildet mikroskopische farblose vierseitige Prismen und Blättchen, ohne Geruch und Geschmack, bei 235° unter geringer Zersetzung schmelzend und krystallinisch wieder erstarrend. Es löst sich nicht in kaltem und nur wenig in kochendem Wasser, daraus beim Erkalten krystallisirend. Starker Weingeist löst es erst nach längerem Kochen und Aether fast gar nicht (Hlasiwetz).

Hlasiwetz gab die Formel $C_{62}H_{34}O_{27}$. Die oben angeführte Formel ist von Limpricht aufgestellt und auch von Kraut in Gmelins Handbuch accepirt worden.

Das Ononin wird in stärkerer Hitze zersetzt. Von conc. Schwefelsäure wird es mit rothgelber, später kirschroth werdender Farbe gelöst, die auf Zusatz von Braunstein in Carminroth übergeht (Reinsch). Conc. Salpetersäure löst es mit gelber Farbe unter Bildung von Oxalsäure (Hlasiwetz). — Beim Kochen mit wässriger Salzsäure oder verdünnter Schwefelsäure zerfällt es in Glycose und Formonetin ($C_{30}H_{34}O_{13} = C_6H_{12}O_6 + C_{24}H_{20}O_6 + H_2O$, oder nach Hlasiwetz: $C_{62}H_{34}O_{27} = C_{12}H_{12}O_{12} + C_{50}H_{20}O_{13} + 2\,HO$). Dabei erstarrt die Flüssigkeit zu einem blassvioletten flockig-krystallinischen Brei, indem das Formonetin, $C_{24}H_{20}O_6$ ($C_{50}H_{20}O_{13}$ nach Hlasiwetz) sich krystallinisch ausscheidet. Durch Waschen mit kaltem Wasser und Umkrystallisiren aus starkem Weingeist, oder besser durch Auflösen in wässrigem Ammoniak, nicht ganz vollständiges Wiederausfällen mit Ammoniak (wobei der Farbstoff gelöst bleibt) und Krystallisiren aus Weingeist wird es rein erhalten. Es bildet kleine geschmacklose, in Wasser und Aether unlösliche, in kochendem Weingeist gut sich lösende Krystalle, die sich mit conc. Schwefelsäure schön violett färben und beim Kochen mit wässrigen Alkalien oder Baryt in Ononetin (s. unten) und Ameisensäure zerfallen $C_{24}H_{20}O_6 + 2\,H_2O = C_{23}H_{22}O_6 = CH_2O_2$, oder nach Hlasiwetz: $C_{50}H_{20}O_{13} + 4\,HO = C_{48}H_{22}O_{13} + C_2H_2O_4$ (Hlasiwetz). — Wird das Ononin längere Zeit hindurch mit Barytwasser (oder wässrigem Kali) gekocht, so löst es sich mit gelber Farbe unter Zersetzung in Onospin und Ameisensäure. $C_{30}H_{34}O_{13} + H_2O = C_{29}H_{34}O_{12} + CH_2O_2$, oder nach Hlasiwetz: $C_{62}H_{34}O_{27} + 2\,HO = C_{60}H_{34}C_{25} + C_2H_2O_4$). Um das Onospin, $C_{20}H_{24}O_{12}$ ($C_{60}H_{34}O_{25}$ nach Hlasiwetz) rein zu erhalten, leitet man die abgekühlte gelbe Flüssigkeit, die es als Onospin-Baryt in Lösung enthält, Kohlensäure, wäscht den entstandenen aus Onospin bestehenden Niederschlag mit etwas kaltem Wasser und kocht ihn dann noch feucht wiederholt mit Wasser aus. Die heiss filtrirten Auszüge scheiden beim Erkalten das Onospin krystallisirt aus. Die farblosen mikroskopischen Krystalle desselben trocknen zu einer glänzenden Masse zusammen. Es ist fast geschmacklos, schmilzt bei 162°, amorph wieder erstarrend und nun bitterlich adstringirenden Geschmack zeigend, löst sich in kochendem Wasser nach allen Verhältnissen, leicht auch in Weingeist, kaum in Aether. Auch von wässrigen Alkalien und Ammoniak wird es leicht gelöst und daraus durch Säuren wieder abgeschieden. In höherer Temperatur wird es zerstört. Beim Kochen mit verdünnten Mineralsäuren zerfällt es in Ononetin und Glucose ($C_{29}H_{34}O_{12} = C_{23}H_{22}O_6 + C_6H_{12}O_6$, oder nach Hlasiwetz: $C_{60}H_{34}O_{35} = C_{48}H_{22}O_{18} + C_{12}H_{12}O_{12}$). Das Ononetin, $C_{23}H_{22}O_6$ ($C_{48}H_{12}O_{18}$ nach Hlasiwetz), scheidet sich dabei krystallinisch oder in allmälig erstarrenden Oeltropfen aus. Es bildet nach dem Umkrystallisiren farblose, strahlig vereinigte Prismen, die bei 120° schmelzen, krystallinisch wieder erstarren, sich nur wenig in kochendem Wasser und warmem Aether, aber leicht in Weingeist lösen. Gegen wässrige Alkalien und Ammoniak verhält es sich wie Onospin. Die ammoniakalische Lösung wird an der Luft dunkel chromgrün und Säuren fällen nun daraus rothe Harzflocken (Hlasiwetz).

Wirkung. Schroff (Pharmakol. 3. Aufl. 372) fand Ononin zu 0,2 und 0,3 weder diuretisch noch, ausser nach längerer Zeit sich entwickelndem Gefühl von Kratzen und Rauhigkeit im Gaumen und Schlund, Wirkungen bedingend.

Ononid. Ononisglycyrrhizin. $C_{18}H_{22}O_8$. — Literat.: Reinsch, Repertor. Pharm. 76. 27. — Hlasiwetz, Wien. Acad. Ber. 15. 165.

Die trockne Wurzel von *Ononis spinosa L.* enthält ausser dem Ononin noch einen dem Glycyrrhizin äusserst ähnlichen Körper, den sein Entdecker Reinsch Ononid genannt hat. Hlasiwetz, der ihn genauer untersuchte, erhielt ihn von der angeführten Zusammensetzung, indem er die wässrige Abkochung der Wurzel mit verdünnter Schwefelsäure ausfällte, die ausgeschiedenen braunen Flocken mit kaltem Wasser wusch, trocknete und so oft in absolutem Weingeist löste und die filtrirte Lösung verdunstete, bis der Rückstand sich völlig löslich darin zeigte.

Der so erhaltene Körper ist eine dunkelgelbe amorphe spröde Masse, die anfangs bitter, hinterher anhaltend süss schmeckt, sauer reagirt und ausser in Wasser sich reichlich auch in Weingeist löst. Die wässrige Lösung wird durch Schwefelsäure weiss gefällt; auch Blei-, Kupfer-, Quecksilber- und Silbersalze erzeugen darin Niederschläge, Gerbsäure dagegen nicht (Reinsch).

Da Hlasiwetz nach anderen Methoden den Körper von anderer Zusammensetzung erhielt, so ist derselbe vielleicht als ein erst beim Trocknen sich bildendes Umwandlungsproduct, etwa von wirklichem Glycyrrhizin, zu betrachten (Hlasiwetz).

Onocerin. $C_{12}H_{20}O$. — Findet sich nach Hlasiwetz (Wien. Acad. Ber. 15. 162) neben Ononin und Ononid in der Wurzel von *Ononis spinosa L.* Zu seiner Darstellung wird dieselbe mit Weingeist ausgekocht und der Auszug durch Destillation und Verdunsten zum Syrup concentrirt. Nach einigen Tagen findet man alsdann Krystalle ausgeschieden, die man durch Pressen, Waschen mit kaltem Weingeist und Umkrystallisiren aus kochendem Weingeist reinigt.

Es sind kleine, äusserst zarte und dünne atlasglänzende Kryställchen ohne Geruch und Geschmack und von neutraler Reaction. Sie schmelzen beim Erhitzen und erstarren krystallinisch wieder. Unlöslich in Wasser lösen sie sich gut in kochendem Weingeist und warmem Terpentinöl, wenig in Aether. Bei stärkerem Erhitzen an der Luft verbreiten sie an Weihrauch erinnernden Geruch und verbrennen dann mit Flamme. Verdünnte Säuren und Alkalien sind ohne Einwirkung. Concentrirte Schwefelsäure löst mit gelber Farbe. Die weingeistige Lösung fällt Metallsalze nicht (Hlasiwetz).

Medicago.

Die als Futterpflanze so wichtige Luzerne, Medicago sativa, ist reich an Mineralbestandtheilen, welche sich durch einen hohen Kieselsäuregehalt (0,5 bis 10,6%), Kalkgehalt (24—45%), sowie auch Kaligehalt (9—41%) auszeichnen.

Galactin. A. Muntz (Compts. rend. **94**. 453) hat aus den Luzernesamen ein im Pflanzenreiche noch weiter verbreitetes Kohlenhydrat, das Galactin, $C_6H_{10}O_5$, isolirt, eine weisse Masse, in Wasser aufquellend, nicht durch neutrales Bleiacetat, aber durch bas. Bleiacetat fällbar, Drehungsvermögen $(\alpha)_D = +84,6^0$. Durch Salpetersäure entsteht daraus Schleimsäure; mit verdünnten Säuren soll Galactose entstehen. Verfasser gelangte zu diesem Körper, indem er die gepulverten Luzernekörner mit Bleiacetat enthaltendem Wasser stehen liess, das Filtrat mit Oxalsäure versetzte, die Oxalsäure mit Kalk beseitigte und zu diesem Filtrate das $1\frac{1}{2}$fache Volumen 92% Alkohol zusetze.

Melilotus. Dipterix.

Der Steinklee enthält Melilotol, ein ätherisches Oel Melilotsäure (Hydrocumarsäure), Melilotus-cumarin (Melilotuscampher), Cumarsäure.

Die Samen von Dipterix odorata (Tonko oder Tabaksbohnen) sind ebenfalls sehr reich an Cumarin, auch an fettem Oele.

Melilotol. — Phipson (J. Pharm. 1875. 318. — Compts. rend. 86. 830) hat die Beobachtung gemacht, dass die Melilotpflanze ein ätherisches Oel, das Melilotol, enthält, $C_9H_8O_2$, löslich in Alkohol und Aether, das mit Kaliumhydroxyd unter Wasseraufnahme in Melilotsäure übergeht.

Cumarin. $C_9H_6O_2$. Cumarsäureanhydrid. $C_6H_4\langle{}^{O - CO}_{CH : CH}$

Literat.: A. Vogel, Gilb. Annal. **64**. 161. — Guibourt, Histoire des drogues simples. — Boullay und Boutron-Charlard, Journ. Pharm. (2) **11**. 480. — Buchner, Repertor. Pharm. **24**. 126. — Guillemette, Journ. Pharm. (3) **21**. 172. — Henry, Journ. Pharm. (2) **21**. 272. — Delalande, Ann. Chim. Phys. (3) **6**. 343. — Kossmann, Journ. Pharm. (3) 5. 393. — Leroy, Journ. Pharm. (3) **11**. 37. — Bleibtreu, Ann. Chem. Pharm. **59**. 177. — Gobley, Journ. Pharm. (3) **17**. 348. — Gössmann, Ann. Chem. Pharm. **98**. 66. — G. und C. Bley, Arch. Pharm. (2) **142**. 32. — Kittel, Viertelj. pract. Pharm. Bd. **7**. 12. — Wittstein, ebendas. 7. 18. — Zwenger und Bodenbender, Ann. Chem. Pharm. **126**. 257. — Zwenger, Ann. Chem. Pharm. **136**. 256; Suppl. **5**. 100. — Reinsch, N. Jahrb. Pharm. 28. 65. — Perkin, Chem. Soc. J. (2) **6**. 53; auch Ann. Chem. Pharm. **147**. 229; Ann. Chem. Pharm. **147**. 230; Berl. Ber. 8. 1599. — Fittig, Z. Chem. 1868. 565. — B. Williamson, J. Chem. M. 1876. 587. — Tiemann, Herzfeld, Berl. Ber. **10**. 284.

Cumarin. Dieser indifferente flüchtige, im Pflanzenreich ziemlich verbreitete Stoff wurde zuerst von Vogel (1820) in den Tonkabohnen bemerkt, aber irrthümlich für Benzoësäure gehalten, mit der er später noch öfters verwechselt wurde. Guibourt erkannte seine Eigenthümlichkeit.

Bis jetzt wurde derselbe in folgenden Pflanzen aufgefunden: in den reifen Samen von *Dipterix odorata Willd.*, den sog. Tonkabohnen (Fam. Caesalpineae); von Fontana, Bleibtreu u. A. in den Blüthen des Steinklees, *Melilotus officinalis L.*; von Reinsch in den Blättern des Riesenklees, *Melilotus vulgaris W.*; von Leroy in den Früchten von *Myroxylon toluiferum L.* (Fam. Papilionaceae); von Kossmann in den Blättern des Waldmeisters, *Asperula odorata L.* (Fam. Rubiaceae); von Zwenger und Bodenbender in der Gartenraute, *Ruta graveolens L.* (Fam. Rutaceae); von Bleibtreu in den Blüthen von *Anthoxanthum odoratum L.*; von Wittstein (als wahrscheinlich hingestellt) im Rhizom von *Hierochloa borealis R. Sch.* (Fam. Gramineae); von Bley im Kraut von *Orchis fusca Jacq.*; von Gobley in den von *Angraecum fragrans* stammenden Fahamblättern; von Wittstein in *Nigritella alpina* (Fam. Orchideae); von Wittstein (wahrscheinlich) in dem Kraut von *Herniaria glabra L.* (Fam. Portulaceae); von G. Kittel (wahrscheinlich) in der Weichselrinde, *Prunus Mahaleb L.* (Fam. Amygdaleae); von Procter in und auf den Blättern von *Liatris odoratissima* (Fam. Synanthereae); endlich von Kletzinsky in den Datteln, den Früchten von *Phoenix dactylifera L.* (Fam. Palmae).

Nicht in allen diesen Pflanzen kommt das Cumarin im freien Zustande vor. Nachdem bereits früher erkannt war, dass das aromatische Princip des Steinklees und der Fahamblätter in seinen Eigenschaften sowohl, als in der Zusammensetzung nicht ganz mit dem Tonkabohnen-Cumarin übereinstimme, haben Zwenger und Bodenbender bezüglich des Cumarins aus dem Steinklee gezeigt, dass es eine Verbindung von eigentlichem Cumarin mit Melilotsäure (s. diese) ist. Ob auch in den Fahamblättern und der Gartenraute das Cumarin an Melilotsäure gebunden ist, bedarf noch weiterer Untersuchung.

Bildung.

Perkin gelang neuerdings die künstliche Darstellung des Cumarins aus salicyliger Säure. Kocht man nämlich die Auflösung des Natriumsalzes der letzteren in Essigsäureanhydrid einige Minuten und giesst sie dann in Wasser, so scheidet sich ein ölartiger Körper ab, während essigsaures Natron in Lösung geht. Ersterer ist ein Gemenge von Essigsäureanhydrid, salicyliger Säure und Cumarin, welches bei der Destillation zuletzt (bei 290°) als eine in der Vorlage krystallinisch erstarrende Masse übergeht ($C_7H_5NaO_2 + C_4H_6O_3 = C_9H_6O_2 + C_2H_3NaO_2 + H_2O$). — Durch Erhitzen des Natriumsalzes der chlorsalicyligen Säure mit Essigsäureanhydrid wurde dann auch von Bäsecke (Ann. Chem. Pharm. 154. 84. 1870) Chlorcumarin, $C_9H_5ClO_2$, erhalten. Acetylcumarsäure zerfällt beim Erhitzen mit Essigsäure in Cumarin (Tiemann, Herzfeld).

Darstellung aus Tonkabohnen.

Zur Darstellung aus Tonkabohnen zieht man nach Boullay und Boutron-Charlard die gepulverten Bohnen mit Aether aus, verdunstet den Auszug, nimmt den gebliebenen Rückstand in 84 procent. Weingeist auf, wobei das Fett zurückbleibt, verdunstet die Lösung zum Krystallisiren, behandelt die erhaltenen schmutzig gelben Krystalle in weingeistiger Lösung mit Thierkohle und krystallisirt aufs Neue. — Gössmann empfiehlt die zerschnittenen

Bohnen zweimal mit dem gleichen Volumen 80grädigen Weingeists längere Zeit bei Siedhitze zu digeriren, von den vereinigten filtrirten Auszügen so viel Weingeist abzudestilliren, bis sie sich zu trüben anfangen und sie dann mit dem 4fachen Volumen Wasser zu versetzen, wodurch das Cumarin krystallinisch ausgeschieden wird. Dann wird zum Kochen erhitzt und heiss durch ein mit Wasser genässtes Filter filtrirt. Aus dem Filtrat krystallisirt beim Erkalten das meiste Cumarin rein heraus, der Rest wird durch Eindampfen der Mutterlauge gewonnen und durch Behandeln mit Thierkohle gereinigt.

Aus Waldmeister.

Aus Waldmeister erhält man das Cumarin nach Bleibtreu, indem man das lufttrockne, kurz vor oder während der Blüthe gesammelte Kraut mit 85grädigem Weingeist digerirend auszieht, dem Auszuge den Weingeist durch Destillation entzieht, den Destillationsrückstand mit Wasser auskocht und die filtrirte Lösung mit Aether ausschüttelt. Dieser nimmt das Cumarin auf und hinterlässt es beim Verdunsten als gelbe honigartige Masse, deren Lösung in kochendem Wasser sich beim Erkalten erst milchig trübt und dann grosse Krystalle absetzt. — In ähnlicher Weise lässt sich das Cumarin aus *Anthoxantum odoratum* gewinnen.

Aus Orchis fusca.

Das frische Kraut von *Orchis fusca* presst man nach G. und C. Bley zur Gewinnung des Cumarins aus, erschöpft den Pressrückstand mit Weingeist von 0,897 spec. Gew., vermischt diesen Auszug mit dem Presssaft, filtrirt, destillirt den Weingeist ab, überlässt die rückständige Flüssigkeit der freiwilligen Verdunstung und reinigt das nach einigen Tagen auskrystallisirende Cumarin durch Behandlung mit Thierkohle.

Aus Steinklee.

Aus dem aus Steinklee in der bei der Melilotsäure angegebenen Weise zu erhaltenden melilotsauren Cumarin lässt sich das Cumarin nach Zwenger und Bodenbender leicht durch Behandlung mit wässrigem Ammoniak isoliren. Dieses löst die Melilotsäure und lässt das Cumarin grösstentheils ungelöst zurück. — Reinsch empfiehlt die Darstellung des Cumarins (das aber vermuthlich melilotsaures Cumarin ist) aus Riesenklee, *Melilotus vulgaris*. Er verdampft den coagulirten Saft der Blätter zum Extract und entzieht diesem das Cumarin durch Aether.

Gössmann erhielt aus 1 Pfund Tonkabohnen 7 g Cumarin. G. und C. Bley hatten eine Ausbeute von 1,25 g aus 1 Pfund *Orchis fusca*. Aus 25 Pfd. trocknem Steinklee gewannen Zwenger und Bodenbender 5 g melilotsaures Cumarin.

Eigenschaften.

Das Cumarin krystallisirt in kleinen farblosen, seideglänzenden rectangulären Blättchen oder in vierseitigen Säulen des orthorhombischen Systems. Es ist sehr hart, kracht zwischen den Zähnen, zeigt glatten Bruch und sinkt in Wasser unter. Es riecht sehr gewürzhaft, beim Reiben zwischen den Fingern auch bittermandelartig und schmeckt bitter, warm und stechend. Es schmilzt nach Zwenger und Bodenbender bei 64°, nach Perkin (künstliches) bei 67—67,5°, nach Buchner bei 50°, nach Kossmann schon bei 40° (wahrscheinlich war bei Letzterem der Schmelzpunkt durch Beimengung von Fett erniedrigt). Der Siedepunkt liegt bei 270° (Delalande), bei 290,5—290° (Perkin), es verflüchtigt sich aber schon bei weit niederen Temperaturen unter Ausstossung eines bittermandelartigen Geruchs und sublimirt in weissen Nadeln. Von kaltem Wasser (15°) erfordert es nach Buchner 400 Th., von kochendem nur 45 Th. zur Lösung. Viel leichter wird es von Essigsäure und wässriger Weinsäure und sehr leicht von Aether, sowie auch von flüchtigen und fetten Oelen gelöst (Buchner, Boullay und Boutron-Charlard). Von heisser Kalilauge wird es leicht gelöst, von kalter dagegen nur äusserst langsam (Perkin).

Zusammensetzung.

Von O. Henry wurde für das Cumarin die Formel $C_{20}H_8O_4$; von Delalande die Formel $C_{18}H_7O_4$ aufgestellt. Die jetzt angenommene ist von Gerhardt aus Delalandes Analysen berechnet und von Bleibtreu u. A. als richtig bestätigt. Perkin betrachtet das Cumarin als gemischtes Säureradical C_2H_3O, C_7H_3O. Dasselbe ist Cumarsäureanhydrid.

Cumarinverbindungen mit Basen hat Williamson hergestellt und zwar mit Hydroxyden von Natrium, Kalium, Baryum, mit Bleioxyd und Silberoxyd. Das im Steinklee vorkommende melilotsaure Cumarin, $C_9H_6O_2$, $C_9H_{10}O_3$, (Darst. s. b. Melilotsäure) bildet farblose, scheinbar rhomboëdrische Tafeln oder feine seideglänzende Nadeln, die, abgesehen von ihrem höheren Schmelzpunkt (125—128°), in ihren sonstigen Eigenschaften dem Cumarin sehr ähnlich sind. Es verflüchtigt sich bei langsamem Erhitzen ohne Schmelzung und riecht dabei zuerst nach Cumarin, dann nach Zimmtöl. Die wässrige, deutlich sauer reagirende Lösung wird von Bleiessig weiss, von Eisenchlorid rothbraun gefällt; sie reducirt Goldchlorid und salpetersaures Silberoxyd-Ammoniak beim Kochen (Zwenger und Bodenbender).

Melilotsaures Cumarin.

Conc. Schwefelsäure verkohlt das Cumarin schon in gelinder Wärme, während conc. Salzsäure ohne Einwirkung ist (Delalande). Kalte rauchende Salpetersäure löst das Cumarin und verwandelt es in Nitrocumarin, während bei anhaltendem Kochen damit Pikrinsäure entsteht (Delalande, Bleibtreu). Das Nitrocumarin, $C_9H_5(NO_2)O_2$, scheidet sich aus seiner salpetersauren Lösung auf Wasserzusatz als käsiger Niederschlag ab, der aus kochendem Weingeist in kleinen weissen seideglänzenden Nadeln anschiesst. Es schmilzt bei 170° und sublimirt bei höherer Temperatur in weissen perlmutterglänzenden Krystallen. Es löst sich ziemlich schwer in kochendem Wasser, Weingeist und Aether, beim Erkalten aller dieser Lösungen sogleich krystallisirend. Von wässrigen Alkalien wird es mit rothgelber Farbe gelöst und durch Säuren daraus wieder gefällt (Delalande, Bleibtreu).

Zersetzung.

Beim Kochen mit Alkalien geht Cumarin in Cumarsäure über, beim Schmelzen mit Kali in Essigsäure und Salicylsäure. In wässriger Lösung entsteht mittelst Natriumamalgam Hydrocumarsäure; bei Ueberschuss von Cumarin Hydrocumarinsäure.

Die Chlor-, Brom- und Jodverbindungen sind von Perkin, Bäsecke untersucht worden. Beim Auflösen von Cumarin in rauchender Schwefelsäure entstehen die Sulfonsäuren des Cumarins (Perkin, J. Chem. M. 1871. 94 und 179).

Amidocumarin entsteht aus Nitrocumarin nach Chiozza und Frappolli (Ann. Chem. Pharm. 95).

Wirkung. Die schon von **Bleibtreu** hervorgehobene toxische Wirkung grösserer Mengen von Cumarin ist von **Buchheim** und **A. Malewski** (De camphora, carboneo sesquichlorato, cumarino, vanillaque meletemata. Dorpati, 1855), sowie von **Weismann** und von **Hallwachs** (vergl. Literatur der Benzoësäure) constatirt. 2,0 sind für den Menschen ohne Wirkung; 4,0 riefen bei **Malewski** in 1 St. unangenehmes Gefühl im Magen, starke Nausea, in $1^1/_2$ Stunde Erbrechen, Schwäche, Schweiss, Schwindel, Schlafsucht und mehrstündige Nausea hervor, und auf die nämliche Gabe erfolgte bei **Buchheim** gleichfalls Schwindel, später Nausea, mehrmaliges Erbrechen und mehrstündiges Unwohlsein. **Berg** (De nonnullar. mater, in urinam transitu disq. Dorp. 1858) bekam nach 2,5 heftige Kopfschmerzen, welche 4 St. lang gleichzeitig mit nach Cumarin riechenden Ructus anhielten. Nach **Weismann** tödten 0,7 einen mittelgrossen Hund unter narkotischen Erscheinungen. In **Hallwachs'** Versuchen waren 0,3 bei einem Hunde wirkungslos; 0,6 erzeugten Zittern, starken Durst und mehrtägige Abgeschlagenheit. Nach ausgedehnten Versuchen von **H. Köhler** (Centralbl. med. Wiss. 51. 52. 1875) wirkt Cumarin bei Kalt- und Warmblütern lähmend auf die Grosshirnfunctionen und die Reflexaction, deren Herabsetzung durch den Setschenowschen Schnitt durch die Hemisphären verhindert wird. Wässrige Cumarinlösung (1 : 500) tödtet Kaninchen von $1^1/_2$ Kg. zu 26 Ccm. bei Infusion und zu 39—40 Ccm. bei interner Application; die Hauptsymptome sind Sopor und Anästhesie, der Tod erfolgt ohne voraufgehende Convulsionen; der Herzstillstand ist diastolisch. Neben der Wirkung auf die Nervencentren wies **Köhler** eine lähmende Action des Cumarins auf die im Herzen belegenen Hemmungsmechanismen und auf den Herzmuskel selbst, auf das vasomotorische und auf das Athemcentrum nach; die Retardation der Athmung wird durch Vagusdurchschneidung nicht beeinflusst. Die bei Fröschen beobachtete Gefässdilatation fällt nach Halsmarkzerstörung weg; die Schlagfolge des Herzens wird bei diesen nicht geändert, während Cumarin bei Warmblütern zuerst erhebliches Absinken, dann Steigen des Blutdrucks bei stetigem Sinken der Herzschlagzahl bedingt; die anfangs erniedrigte Pulswelle steigt bei wiederholter Injection um das 20fache und mehr und zeigt das Verhalten der bei Halsvagusreizung auftretenden Welle, weiter kommt es zu langsamem Absinken bei normaler oder selbst wachsender Herzschlagzahl und zu Unerregbarkeit des Vagus und der Venensinus, wenn nicht schon früher (bei Kaninchen) Tod eintritt. Das Sinken des Blutdrucks ist vom Vagus und vom vasomotorischen Centrum unabhängig. Bei Warmblütern wird die Peristaltik aufgehoben und sinkt die Temperatur (**Köhler**). — Im Urin erscheint Cumarin als solches und nicht als Hippursäure (**Hallwachs**).

Cumarsäure. $C_9H_8O_3$. —

o-Cumarsäure. Die **o-Cumarsäure**, $OH . C_6H_4 . CH : CH . CO . OH$, ist fertig gebildet im Steinklee (*Melilotus officinalis*) und in den Tahamblättern.

Darstellung: Cumarin wird mit concentr. Kalilauge so lange gekocht, bis die rothgelbe Lösung beim Erkalten fest wird, worauf man verdünnt und mit Salzsäure ausfällt. Die Ausscheidung löst man in Soda, schüttelt mit Aether zur Beseitigung des Cumarins aus und fällt nochmals mit Salzsäure. — Beim Behandeln der o-Amidozimmtsäure mit salpetriger Säure entsteht ebenfalls Cumarsäure (**E. Fischer**, Berl. Ber. **14**. 479).

Cumarsäure bildet nadelförmige Krystalle, wenig löslich in kaltem, mehr in heissem Wasser, leicht löslich in Alkohol, Aether, sublimationsfähig (Perkin, Ann. Chem. Pharm. **147.** 232). Von Salzen sind hergestellt das Baryum-, Silber-, Zink-, Bleisalz.

Bei der Destillation zerfällt o-Cumarsäure in Phenol, mit Kali geschmolzen, entsteht daraus Essigsäure und Salicylsäure, mit Natriumamalgam bildet sich Hydrocumarsäure (Tiemann, Herzfeld).

Die Methyläthersäuren der o-Cumarsäure sind studirt von: Salkowski, J. Chem. 1877. 794. — Fletscher, J. chem. Soc. 39. — Perkin. Die Acetcumarsäure ist durch Erhitzen von 3 Th. Salicylaldehyd mit 5 Th. Essigsäureanhydrid von Tiemann, Herzfeld dargestellt, Schmpkt. 140°.

Die p-Cumarsäure bildet sich beim Kochen von Aloë mit verdünnter Schwefelsäure (Hlasiwetz, Ann. Chem. Pharm. 136. 131). — Nadelförmige Krystalle, Schmpkt. 206°, von derselben Löslichkeit wie o-Cumarsäure. (Siehe: Barth, Schreder, Berl. Ber. 12. 1259. — Perkin, Tiemann, Herzfeld). p-Cumarsäure.

Orthocumarsäure giebt mit Eisenchlorid gelbe bis gelbrothe Fällung, löst sich in verdünntem Ammoniak mit gelber Farbe, im reflectirten Lichte grün erscheinend. Die Paracumarsäure giebt mit Eisenchlorid dunkelgoldbraune Färbung. Reaktionen.

Melilotsäure. Hydrocumarsäure. $C_9H_{10}O_3$. —
$OH . C_6H_4 . CH_2 . CH_2 . CO . OH$. — Literat.: Zwenger, und Bodenbender, Ann. Chem. Pharm. **126.** 257. — Zwenger, Ann. Chem. Pharm. Supplem. 5. 100. — Perkin, J. chem. soc. 39.

Diese Säure findet sich nach Zwenger und Bodenbender im Steinklee, *Melilotus officinalis L.*, und zwar zum Theil in Verbindung mit Cumarin den Körper bildend, den man bis dahin für reines Cumarin gehalten hatte. Melilotsäure.

Behandelt man die zur dünnflüssigen Extractconsistenz eingedampfte wässrige Abkochung des Steinklees so lange mit Aether, als dieser noch saure Reaction annimmt und kocht den Destillationsrückstand der vereinigten ätherischen Flüssigkeiten mit Wasser aus, so scheiden sich aus der wässrigen Flüssigkeit beim Erkalten wohlausgebildete Krystalle, oder bei grösserer Concentration krystallinisch erstarrende Oeltropfen von melilotsaurem Cumarin, $C_9H_6O_2, C_9H_{10}O_3$, ab (Näheses s. b. Cumarin), während in der Mutterlauge ausser Melilotsäure noch ein saures Oel bleibt (Zwenger u. Bodenbender). Zur Darstellung der Melilotsäure fällt man die wässrige Lösung des melilotsauren Cumarins oder auch direct die wässrige Abkochung des oben erwähnten Rückstandes der Aetherauszüge unter sorgfältiger Vermeidung eines lösend wirkenden Ueberschusses mit Bleiessig aus, wäscht den nach längerem Stehen abfiltrirten Niederschlag mit kaltem Wasser und kocht ihn dann so lange mit Wasser aus, als sich aus dem heissen Filtrat bei längerer Ruhe noch ein krystallinischer Niederschlag von melilotsaurem Blei absetzt. Dieses wird in Wasser suspendirt durch Schwefelwasserstoff zerlegt und die frei gemachte Säure zu weiterer Reinigung nochmals mit Bleizucker gefällt. Aufs Neue aus dem Bleisalz abgeschieden, wird sie nach dem Eindampfen ihrer wässrigen Lösung endlich aus Weingeist oder heiss gesättigter wässriger Lösung krystallisirt (Zwenger). Darstellung.

Zwenger erhielt aus 100 Pfund des Krauts 3—4 Loth reiner Säure.

Bildung. Die Melilotsäure kann, wie Zwenger gefunden hat, auch künstlich durch Einwirkung von Natriumamalgam auf wässriges Cumarin erzeugt werden (Näheres bei Cumarin); auch durch Einwirkung von Natriumamalgam auf Cumarsäure.

Eigenschaften. Sie krystallisirt aus heiss gesättigter wässriger Lösung in farblosen zollgrossen spiessigen, dem Arragonit ähnlichen Krystallen, schmilzt bei 82°, erstarrt krystallinisch wieder, reagirt stark sauer, schmeckt adstringirend sauer, riecht honigartig aromatisch, in der Wärme an Steinklee erinnernd. Sie löst sich bei 18° in 20 Th., bei 40° in weniger als 1 Th. Wasser, auch sehr leicht in Weingeist und Aether (Zwenger und Bodenbender).

Die Melilotsäure ist isomer mit der Phloretinsäure, Phenylmilchsäure und Tropasäure, gehört zu den Phenolsäuren.

Salze. Die Melilotsäure ist eine starke Säure. Sie zersetzt die kohlensauren Salze mit Leichtigkeit und löst in der Wärme Eisen und Zink unter Entwicklung von Wasserstoff. Ihre Salze sind meistens leicht krystallisirbar und enthalten 1 At. Metall an Stelle von 1 At. Wasserstoff der Säure. Die der Alkalien und alkalischen Erden reagiren schwach alkalisch, das Ammoniumsalz und die Salze der schweren Metalle dagegen sauer. Letztere sind in kaltem Wasser schwer löslich und werden durch Doppelzersetzung erhalten. — Der Aethyläther der Melilotsäure, $C_9H_9(C_2H_5)O_3$, krystallisirt aus Aether in grossen monoklinoëdrischen, bei 34° schmelzenden, bei 273° unzersetzt siedenden Prismen. — Ueber melilotsaures Cumarin vgl. man Cumarin.

Zersetzung. Bei der trocknen Destillation zerfällt die Melilotsäure in Wasser und ölartiges Melilotsäureanhydrid, $C_9H_8O_2$. Dieses erstarrt erst nach völliger Entwässerung durch Chlorcalcium krystallinisch und krystallisirt aus Weingeist in grossen harten, scheinbar rhombischen Tafeln, die kalt wie Cumarin, in der Wärme wie Zimmtöl und Nitrobenzol riechen, bei 25° schmelzen und bei 272° unzersetzt destilliren. In Weingeist und Aether löst es sich mit neutraler Reaction. In kaltem Wasser ist es unlöslich, bei raschem Kochen löst es sich theilweise als solches und wird beim Erkalten als milchige Trübung wieder abgeschieden, bei längerem Erwärmen mit Wasser wird es aber vollständig als Melilotsäure gelöst. Flüssiges Anhydrid geht auch an der Luft durch Wasseraufnahme allmälig in Melilotsäure über. Beim Auflösen des Anhydrids in concentrirtem wässrigem Ammoniak, oder auch bei Einwirkung des letzterem auf Melilotsäure-Aethyläther entsteht Melilotsäureamid, $C_9H_{11}NO_2$, ein neutraler, in feinen langen Nadeln krystallisirender, in kaltem Wasser wenig, leicht in heissem Wasser, Weingeist und Aether löslicher, bei 70° schmelzender und in stärkerer Hitze in Ammoniak und Melilotsäureanhydrid zerfallender Körper, dessen wässrige Lösung sich mit Eisenchlorid indigblau färbt. — Die Salze der Melilotsäure schmelzen beim Erhitzen leicht, färben sich roth, dann violett und entwickeln Anhydrid; bei vollkommener Zersetzung in Glühhitze entsteht Phenol. — Bei Behandlung der Melilotsäure mit heisser concentrirter Salpetersäure entsteht neben Oxalsäure Dinitromelilotsäure, $C_9H_8(NO_2)_2O_3$. Diese krystallisirt aus Weingeist in honig- bis schwefelgelben, bei 150° schmelzenden, grösstentheils unzersetzt flüchtigen, in kaltem Wasser schwer löslichen, organische Stoffe wie Pikrinsäure färbenden Prismen. Ihre Salze sind gelb oder roth und verpuffen beim Erhitzen. — Tröpfelt man Brom auf zerriebene Melilotsäure, so entsteht Dibrommelilotsäure, $C_9 H_8 Br_2 O_3$. Sie krystallisirt in feinen Nadeln, reagirt stark sauer, löst sich nicht in Wasser, aber in Weingeist und Aethar, schmilzt bei 115° und ist ohne Zersetzung destillirbar. — Wird Melilotsäure mit Kalihydrat geschmolzen, so entsteht Essigsäure und Salicylsäure. — Löst man die Säure in Ammoniak, so entsteht indigblaue Färbung, die beim Erwärmen röthlich wird. Mit Eisenchlorid entsteht eine bläuliche Färbung, die nach und nach wieder verschwindet, unter Bildung eines gelben Niederschlages. Chlorkalk färbt gelb, später roth.

Es dürfte hier auch auf die Hydroparacumarsäure hingewiesen werden, welche im normalen Menschenharn vorkommt (Baumann, Z. phys. Chem. 4. 307). Dieselbe entsteht aus Paracumarsäure mittelst Natriumamalgam, so wie auch durch Einwirkung von salpetriger Säure. Hydroparacumarsäure.

p-Amidohydrozimmtsäure (Buchanan, Glaser, Z. Chem. 1869. der Fäulniss des Tyrosins oder von Fleisch (Baumann, Berl. Ber. 12. 1450. 197), bei — E. u. H. Salkowski, Berl. Ber. 13. 190). Monokline Nadeln, Schmpkt. 125°, löslich in Wasser, Alkohol, Aether. Schliesslich sei an das Tyrosin erinnert „Hydroparacumaraminsäure".

Nach Berg (vgl. Cumarin) ist Cumarsäure zu 1,25 ohne Effect auf den Menschen; vermuthlich geht sie als solche in den Harn über.

Trigonella.

Die Samen von Trigonella foenum graecum, durch einen sehr charakteristischen aromatischen Geruch ausgezeichnet, enthalten 6 % fettes Oel von starkem Geruch. Das Wesen des aromatischen Geruches ist bis jetzt unbekannt.

Glycyrrhiza.

Glycyrrhizin. Das saure Ammonsalz der Glycyrrhizinsäure.

$C_{44} H_{63} NO_{18}$. — Literat.: Pfaff, System der Mat. med. 1. 187. — Robiquet, Ann. Chim. 72. 143. — Döbereiner, Element. d. pharm. Chem. p. 149. — Berzelius, Poggend. Annal. 10. 243. — A. Vogel, Journ. pract. Chem. 28. 1. — Lade, Ann. Chem. Pharm. 59. 224. — C. Rump, N. Repert. Pharm. 4. 153. — Gorup-Besanez, Ann. Chem. Pharm. 118. 236. — Sestini, J. Chem. M. 1878. 1879. 921. — Roussin, J. Pharm. Chim. 1875. — Martin, J. Chem. Min. 1860. 551. — Hirsch, Pharm. J. Trans. (3) 1. 749. — Habermann, Ann. Chem. Pharm. 197. 110. — Griessmayer, Dingl. J. 209. 228. — Weselsky, Benedict, Berl. Ber. 1876. 802.

Dieser von Gorup-Besanez als Glykosid erkannte Körper wurde im unreinen Zustande zuerst von Pfaff als süsser Extractivstoff beschrieben. Reiner erhielten ihn Robiquet, Berzelius und Lade. Fr findet sich an Kalk und Magnesia gebunden in der von *Glycyrrhiza glabra L.* und *G. echinata L.* stammenden Süssholzwurzel und dem daraus dargestellten Lakritz, nach Derosne, Henry und Payen (Journ. Pharm. (2) 27. 25) auch in der Monesiarinde, der Rinde von *Chrysophyllum glycyphlaeum Casar.* (Fam. Sapoteae). Glycyrrhizin.

Die Untersuchungen von Habermann haben das, was Roussin schon aussprach, bestätigt, nämlich, dass das Glycirrhizin das saure Ammonsalz der stickstoffhaltigen Glycirrhizinsäure ist. Sestini hält die krystallisirte Glycirrhizinsäure für den Abkömmling des amorphen Glycirrhizines.

Ob die sich sehr ähnlich verhaltenden Stoffe, welche Berzelius aus den Blättern von *Abrus precatorius* (Fam. Papilionaceae) und der Wurzel von *Polypodium vulgare L.* (Fam. Polypodiaceae) dargestellt hat, sowie das von Döbereiner, Desfosses (Journ. Pharm. (2) 14. 276) und Pelletier (Ann. Chim. Phys. (2) 51. 198) untersuchte Sarcocollin aus der Sarcocolla, dem eingetrockneten Saft der afrikanischen *Penaea Sarcocolla, P. mucronata* und *P. squamosa*, mit dem Glycyrrhizin identisch sind, wie mehrfach angenommen wurde, ist nicht entschieden.

Darstellung. Zur Darstellung bedient man sich nach Gorup-Besanez zweckmässig der russischen und nicht der spanischen Süssholzwurzel, da letztere ein gefärbtes, nur schwierig zu reinigendes Product liefert. Man erhitzt den mit kaltem Wasser bereiteten Auszug der Wurzel zum Sieden, filtrirt, engt ein und fällt mit verdünnter Schwefelsäure. Es scheiden sich hellgelbe Flocken aus, die bald zu einer dunkelbraunen zähen Masse zusammenfliessen, welche man decantirend so lange mit Wässer auswäscht, bis dieses frei von Schwefelsäure ist, dann im 82 proc. Weingeist löst. Die nicht zu concentrirte Lösung wird mit kleinen Mengen Aether versetzt, wodurch ein braunes Harz ausfällt, nach dessen Beseitigung man sie im Wasserbade zur Trockne bringt. Den Rückstand löst man nochmals in Weingeist, scheidet durch Aetherzusatz noch einen Rest des Harzes ab und verdunstet auf's Neue (Gorup-Besanez). — Nach einem anderen von Vogel angegebenen Verfahren extrahirt man mit kochendem Wasser, fällt den geklärten Auszug vorsichtig mit Bleiessig, zerlegt den entstandenen Niederschlag unter Wasser durch Schwefelwasserstoff, kocht auf, filtrirt, verdunstet das Filtrat und reinigt den Rückstand durch wiederholtes Auflösen in absolutem Weingeist und Verdunsten der Lösung.

Aus dem Lakritz des Handels erhält man das Glycyrrhizin nach Rump, indem man es mit schwach ammoniakalischem Wasser auszieht, die Lösung mit Salzsäure fällt, den Niederschlag in wässrigem Ammoniak aufnimmt, Kalk und Magnesia durch phosphorsaures und oxalsaures Ammon abscheidet und nun wiederum mit Essigsäure fällt. Der gallertartige Niederschlag wird nach dem Trocknen und Zerreiben mit Wasser ausgewaschen. (Siehe noch Hirsch, Martin).

Eigenschaften. Das Glycyrrhizin, ist ein amorphes gelblich weisses Pulver (Gorup-Besanez) von stark bittersüssem Geschmack, schwachem (nur in weingeistiger Lösung hervortretendem) Geruch, saurer Reaction (Lade) und ohne Rotationsvermögen (Ventzke, Journ. pract. Chem. **25**. 65). Es löst sich schwer in kaltem, leicht und mit gelber Farbe in kochendem Wasser, daraus beim Erkalten zu einem Theil in harzigen Tröpfchen sich ausscheidend (Gorup-Besanez). Weingeist, besonders absoluter, löst es schnell und reichlich (Vogel, Lade); auch warmer Aether bringt es vollständig in Lösung (Gorup-Besanez). Wässrige Alkalien und Ammoniak lösen es besser als Wasser und zwar mit tiefrothgelber Farbe und unter Entwicklung eines eigenthümlichen Geruchs (Gorup-Besanez).

Die Zusammensetzung des Glycyrrhizins ist noch nicht mit Sicherheit festgestellt. Vogel gab die Formel $C_{16} H_{12} O_6$, Lade die Formel $C_{36} H_{24} O_{14}$; Gorup-Besanez hält die oben angeführte Formel $C_{48} H_{36} O_{18}$ für wahrscheinlicher.

Das Glycyrrhizin geht lose Verbindungen mit den stärkeren Basen ein. Versetzt man seine weingeistige Lösung mit weingeistigem Chlorcalcium, so entsteht ein blassgelber Niederschlag von der Zusammensetzung $2 C_{48} H_{36} O_{18}$, $3 CaO, 4 HO$. Bleizucker, dem etwas Ammoniak zugemischt ist, fällt aus wässrigem Glycyrrhizin blassgelben, in Wasser und Weingeist unlöslichen Niederschlag, $C_{48} H_{36} O_{18}, 6 PbO, 4 HO$, und reiner Bleizucker aus in schwachem Weingeist gelöstem Glycyrrhizin die gelbe Verbindung $C_{48} H_{36} O_{18}, 3 PbO$. (Gorup-Besanez). Verbindungen.

Bei 200° schmilzt das Glycyrrhizin zu einer dunkelbraunen durchsichtigen Masse, die sich in höherer Temperatur zersetzt und an der Luft unter Verbreitung des Geruchs von verbrennendem Zucker mit leuchtender Flamme verbrennt (Lade, Trommsdorff). Es reducirt Chromsäure und Bleisuperoxyd (Gorup-Besanez), dagegen kalische Kupferlösung nicht (Mathey, Arch. Pharm. (2) 72. 293). Salpetersäure zersetzt es heftig unter Bildung von Oxalsäure und einer blassgelben krystallisirbaren Nitrosäure. Von conc. Schwefelsäure wird es mit rothbrauner Farbe gelöst und durch Wasser in graubraunen Flocken wieder ausgeschieden. Beim Kochen mit verdünnten Säuren zerfällt es in sich ausscheidendes Glycyrretin und Glycose. Das Glycyrretin, $C_{18} H_{26} O_4$ (?), vielleicht nach der Gleichung: $C_{24} H_{36} O_9 + H_2 O = C_{18} H_{26} O_4 + C_6 H_{12} O_6$, entsteht, ist ein amorpher braungelber Körper von stark bitterm Geschmack. Es schmilzt leicht, verbrennt nach Art der Harze, löst sich nicht in Wasser, gut in Weingeist, etwas schwieriger in Aether (Gorup-Besanez). — Durch Emulsin ist das Glycyrrhizin nicht zerlegbar (Gorup-Besanez). Zersetzung. Glycyrretin.

Die Arbeiten Habermanns haben, wie bereits erwähnt, das Glycirrhizin als das saure Ammonsalz der Glycirrhizinsäure erkennen lassen. Diese Säure, welche durch Zerlegung des Bleisalzes am besten gewonnen wird, bildet eine Gallerte, die zu einer braunen Masse eintrocknet, in kaltem Wasser aufquillt, sich in Eisessig löst, kaum löslich ist in Alkohol und Aether. Der Geschmack ist süss. Die Reaction sauer. Dieselbe ist eine dreibasische Säure, die die Kohlensäure aus den Carbonaten beim Erwärmen austreibt. Von Salzen sind bekannt das Ammonium-, Baryum-, Kalium-, Bleisalz. — Mit verdünnten Säuren entsteht ebenfalls Glycyrrhetin, mit Kali p-Oxybenzoësäure (Weselsky).

Darstellung des Ammonsalzes. — Das käufliche Extract der Süssholzwurzel (Succus liquiritiae) löst man in kochendem Eisessig, filtrirt heiss und lässt das Filtrat einige Tage stehen. Die sich ausscheidenden Krystalle werden mit Alkohol abgewaschen und wiederholt aus Eisessig umkrystallisirt.

Zersetzung. Derivate. Beim Kochen der Glycyrrhizinsäure mit Schwefelsäure (1—1½fache Menge) entsteht Parazuckersäure und Glycyrretin. Letzteres bildet, aus Eisessig umkrystallisirt, ein weisses, krystallinisches Pulver ohne Geschmack, unlöslich in Wasser und Alkalien, löslich in Alkohol, Eisessig, Schmpkt. 200°. — $C_{44}H_{63}NO_{18} + 2H_2O = C_{32}H_{47}NO_4 + 2C_6H_{10}O_8$ (Habermann).
Glycyrrhizinsäure Glycyrretin Parazuckersäure

Es sind von Habermann noch dargestellt das Diacetylglycyrretin, Mononitro-, Monobromglycyrretin.

Neben Glycyrrhizin wurden im Süssholzsafte noch beobachtet ein Glycyrrhizinbitter, löslich in Aetheralkohol, in den Mutterlaugen des Glycyrrhizins enthalten, sowie Glycyrrhizinharz. Sestini fand im Süssholzsafte 48,7% Wasser, Glycyrrhizin 3,27%, Kohlehydrate 29,62, Asparagin 1,25%, Asche 2,08.

Untersuchungen von Süssholzsaft des Handels (Pelz, Pharm. Z. Russl. 1876).

Wirkung. Witte (Meletemata de sacchari, manniti, glycyrrhizini in organismo mutationibus. Dorp. 1856) fand Glycyrrhizin nach Versuchen am eignen Körper (zu 15,0—30,0 in Pillenform genommen) in 1½ Stunden Kollern im Leibe und nach 4 Stunden eine flüssige Dejection, welcher in Intervallen von einigen Stunden noch 2—3 weitere folgten, bedingend; in den Stuhlgängen fanden sich grössere Mengen (nach 30,0 12,5, nach 5,0 nur 1,5 Gm.) Glycyrrhizin wieder, im Urin nichts. — Roussin (Union pharm. 16. 205. 232. 1875) hat das Glycyrrhizin-Ammoniak, das er als das dem süssen Geschmack der Süssholzwurzel, an welchem übrigens die reichlich darin enthaltene Glykose participirt, bedingende Princip betrachtet, als Medicament an Stelle der Rad. Liquiritiae, das seiner intensiven Süssigkeit wegen vor und nach dem Einnehmen übelschmeckender Substanzen (Leberthran u. s. w.) oder als Corrigens bitterer und salziger Mixturen besonders brauchbar sei, empfohlen.

Robinia.

Robinin. **Robinin.** $C_{25}H_{30}O_{16}$. — Zur Darstellung dieses von Zwenger und Dronke (Ann. Chem. Pharm. Suppl. I. 257) in den Blüthen der *Robinia Pseudacacia L.* aufgefundenen Glycosids kocht man die frischen Blüthen in der Weise mit Wasser aus, dass die Auszüge 6—8 Mal zur Extraction neuer Quantitäten dienen, concentrirt sie dann bis zur Syrupsconsistenz, zieht den Rückstand wiederholt mit kochendem Weingeist aus, entfernt aus den erhaltenen Tincturen den Weingeist durch Destillation und überlässt das Residuum der Krystallisation. Zur Reinigung löst man die angeschossenen Krystalle nach vorgängigem Pressen und Waschem mit kaltem Weingeist in kochendem Wasser, fällt aus der heissen Lösung durch neutrales Bleiacetat färbende Stoffe und verdampft das entbleite Filtrat zur Krystallisation.

Das aus Wasser krystallisirte Robinin bildet sehr feine strohgelbe, schwach seideglänzende Nadeln mit 5½ At. H_2O, das bei 100° entweicht. Es reagirt neutral und schmeckt in wässriger Lösung schwach adstringirend. Das entwässerte Glucosid schmilzt bei 195° zu einer gelben, amorph wieder erstarrenden Flüssigkeit. Es löst sich wenig in kaltem, leicht in kochendem Wasser mit gelber Farbe, die auf Säurezusatz verschwindet, gut auch in wässrigem heissem

Weingeist, dagegen nicht in Aether. In wässrigem Ammoniak, ätzenden und kohlensauren Alkalien löst es sich leicht mit goldgelber Farbe. Metallsalze fällen die wässrige Lösung nicht, nur überschüssiger Bleiessig schlägt das Robinin mit gelber Farbe nieder.

Durch Hitze wird das Robinin zerstört. Conc. Salpetersäure zersetzt es leicht unter Bildung von Oxalsänre und Pikrinsäure. Beim Kochen mit verdünnten Säuren zerfällt es leicht in Quercetin (s. Quercitrin) und einen nicht gährungsfähigen Zucker ($C_{25}H_{30}O_{16} + 2H_2O = C_{13}H_{10}O_6 + 2C_6H_{12}O_6$). — Kalisches Kupferoxyd und Chlorgold reducirt das Robinin rasch, Silbernitrat nur langsam und unvollständig (Zwenger und Dronke).

Astragalus.

Zahlreiche Species der Gattung Astragalus liefern das im Handel vorkommende Tragantligummi, das durch Umbildung des Gewebes der Markstrahlen und des Markes entsteht. Dieses Gummi (siehe S. 135) enthält noch bis 3% Aschenbestandtheile, darunter kohlensauren Kalk, Phosphorsäure, ist in Wasser unendlich schwer löslich (1000 Theile).

Fereira.

Literatur: Th. Peckolt, Z. östr. Apothver. 1868. 518. — Gintl, Wiener Acad. Ber. 58. 443.

Das Angelin, ein Alkaloid, findet sich merkwürdiger Weise in fast reinem Zustande in harzartigen Massen ausgeschieden im Splint und an der Stelle des Splintes älterer Exemplare von Fereira spectabilis, eines in den Wäldern von Rio de Janeiro sehr verbreiteten und dort Schopira genannten Baumes. Ein einziger Baum soll 10—20 Pfund des sogenannten Angelin-Pedraharzes liefern, und dieses enthält nach Peckolt 86,85% reines Alkaloid, während das als Baumaterial sehr geschätzte steinharte Holz des Baumes 2,45% der Base führt. Angelin.

Das von den Bewohnern der Provinz Minas auch „Sulfato" genannte und ihrer Meinung nach das Chinin zur Heilung der Wechselfieber vollständig ersetzende Angelin-Pedraharz, also das rohe Alkaloid, bildet plattenförmige, etwa 5 mm dicke Stücke, die etwas röthlich gefärbtem Kaolin gleichen, geschmacklos und an der Luft geruchlos sind, aber in verschlossenen Gefässen aufbewahrt einen stark kothartigen Geruch zeigen. Es verbrennt auf Platinblech mit heller Flamme, löst sich in Wasser, Weingeist, Aether, Chloroform und Benzol nur zum geringsten Theile, dagegen leicht und mit brauner Farbe in den Auflösungen von reinen und kohlensauren Alkalien, aus denen es durch Säuren theilweise in braunen Flocken wieder gefällt wird.

Zur Darstellung der reinen Base wird das rohe Alkaloid im gepulverten Zustande mit verdünnter Essigsäure (25procentige) so lange macerirend ausgezogen, bis diese sich nicht mehr färbt, dann mit Wasser, endlich mit Weingeist ausgewaschen und nun nach vorgängigem Trocknen in warmer 5procentiger Salzsäure gelöst. Aus der Lösung krystallisirt beim Verdampfen salzsaures Angelin, das durch Umkrystallisiren in völlig farblosen perlglänzenden Sternen erhalten wird, und aus deren wässriger Lösung Ammoniak die freie Base als weisses, beim Erhitzen völlig flüchtiges, in Säuren leicht lösliches Pulver fällt.

Nach Geuther's Analyse ist das Angelin, über welches weitere Angaben von Peckolt in Aussicht gestellt sind, nach der Formel $C_{18}H_{24}N_2O_6$ zusammengesetzt, nach Gintl $C_{10}H_{13}NO_3$, der dasselbe mit Rathanin identisch hält.

Baptisia. Alhagi. Sophora.

F. V. Greene (Pharm. J. Trans. (3) 60. 584) hat aus der Wurzel der Baptisia tinctoria ein Alkaloid extrahirt und zwar durch Extraction der mit Soda befeuchteten Wurzel mit Aether, der beim Verdunsten ein amorphes Alkaloid zurücklässt, löslich in Aether, Alkohol, Wasser, unlöslich in Benzol, Benzin, Chloroform. Das salzsaure Salz krystallisirt.

A. Villiers (Compts. rend. 84. 35) fand in einer persischen Manna von Alhagi Maurorum, einen krystallisirbaren Zucker, $C_{12}H_{22}O_{11} + H_2O$, Schmpkt. 140°, Drehungsvermögen α (D) = 88,5, der mit verdünnter Säure Dextrose, mit Salpetersäure nur Oxalsäure liefert, demnach mit Berthelots Melezitose identisch ist.

Wood (Americ. J. Pharm. 50. 203) stellte aus den Samen der Sophora speciosa ein Alkaloid her, amorph, in Wasser, Alkohol und Aether löslich, giebt mit Eisenchlorid eine blutrothe Färbung. Die Darstellung ist folgende: Die Samen werden mit absolutem Alkohol extrahirt. Dieser conc. Extract mit salzsäurehaltigem Wasser eine Woche macerirt, verdampft, alkalisch gemacht und wiederholt mit Chloroform ausgeschüttelt. Dieser Chloroformauszug mit salzsäurehaltigem Wasser geschüttelt nimmt das Alkaloid wieder auf, das durch wiederholte Extraction mit Chloroform bei Alkalescenz der Lösung erhalten wird.

Sophorin. Die getrockneten, unentwickelten Blüthenknospen von Sophora joponica (die chinesischen Gelbbeeren) enthalten nach Stein Rutin (J. pr. Chem. 58. 399. 85. 351. 88. 280). P. Foerster (Berl. Ber. 15. 214) hat das Glykosid dieser Gelbbeeren sich dargestellt und zwar nach der Methode, die Hlasiwetz bei der Untersuchung der Kappern in Anwendung zog. Er constatirte, dass dasselbe beim Spalten mit verdünnter Schwefelsäure 57,5% Isodulcit neben dem Spaltungskörper erhielt, demnach von Rutin oder Queroitrin keine Rede sein kann. Er hält das Glykosid für einen selbständigen Körper und schlägt die Namen Sophorin und Sophoretin (Spaltungsproduct) vor.

Oxytropis. Gastrolobium. Piscidia. Cyclopia.

Gastrolobin. In Oxytropis Lambertii wurde von Watson eine alkoholähnliche Substanz extrahirt (Americ. J. Pharm. (4) 50. 564).

In den Blättern und jungen Zweigen von Gastrolobium bilobum isolirten F. v. Müller und J. Rummel (J. Chem. Min. 1880, 1032) ein Glykosid Gastrolobin, hygroscopisch, von safranähnlichem Geruch, löslich in siedendem Wasser und Alkohol, auch in Ammon. Beim Kochen mit verdünnten Säuren dasselbe zersetzt.

Piscidin. Die Wurzelrinde des Jamaika-Kornelkirschbaumes (Piscidia erythrina) von E. Hart enthält einen Körper, Piscidin, $C_{29}H_{24}O_8$, in 4—6 seitigen Prismen krystallisirend, unlöslich in Wasser, wenig löslich in Aether, leicht löslich in Benzol, Chloroform und siedendem Alkohol. Die Darstellung gelang aus dem in Amerika als Ersatz des Morphins empfohlenen flüssigen Extracte der Wurzelrinde, welches, mit Kalkbrei vermischt, stehen bleibt und hierauf ausgepresst wird. Aus der erhaltenen Flüssigkeit scheidet sich bei Wasserzusatz allmälig das Piscidin krystallinisch ab.

Buschthee. H. J. Greenish (Pharm. Z. Russl. 20. 133) hat eine chemische und botanische Arbeit über den Cap-Buschthee, ein Theesurrogat geliefert und stellt fest, dass dieses Surrogat von Cyclopiaarten stammt. Der Buschthee, welcher früher schon von Church untersucht wurde, enthält kein Caffein, aber eine stark fluorescirende Säure, welche man erhält, wenn man die getrockneten Blätter und Blumen in einem Tuche in Wasser von 30—40° aufweicht. Auf dem Boden des Gefässes sammelt sich die Säure an, ein gelbes Pulver, $C_7H_8O_6$ oder $C_{14}H_{16}O_4$ (Church). Greenish will folgende Körper isolirt haben: 1) Cyclopin, Glycosid $C_{25}H_{28}O_{13}$, H_2O, das durch verdünnte Säuren in Zucker und Cyclopiaroth $C_{19}H_{22}O_{10}$ gespalten wird; 2) Cyclopiofluorescin in alkalischer Lösung grün fluorescirende krystallinische Masse, $C_{14}H_{18}O_{12}$ und 3) Oxycyclopiaroth, $C_{25}H_{30}O_{16}$, eine Substanz, die mit Säuren ebenfalls Zucker und Oxycyclopiaroth liefert.

Baphia.

Das Holz von Baphia nitida ist von Anderson (J. chem. soc. 1876. 2. 582) einer eingehenden Untersuchung unterzogen worden. Durch Ausziehen mit Alkohol und Aether erhielt derselbe neben Farbstoffen 2 Körper, Baphiin, Baphiasäure. Das Baphiin krystallisirt, ist in Wasser schwer löslich, löslich in Alkohol und Aether, $C_{12}H_{10}O_4$. Durch alkoholische Kalilauge wird aus Baphiin die Baphiasäure erhalten, $C_{24}H_{22}O_{10}$ oder O_9, und zwar durch Abscheidung mit Salzsäure. Die Säure ist leicht löslich in Wasser, Alkohol, Aether. Durch Einwirkung von wässriger Kalilauge bei höheren Temperaturen wurden Baphinitin und Baphiniton erhalten. Baphiin. Baphiasäure.

Andira.

Andira Araroba liefert in den Höhlungen der Stämme das sog. Goapulver, das Chrysarobin. Das Goapulver, gelb bis rothbraun, wurde zuerst von Attfield (Pharm. J. Trans. 1875. 721) untersucht, der darin 80—84% Chrysophansäure neben Bitterstoffen etc. nachwies, ausserdem fand, dass 0,43% Asche darin enthalten sind, die nur aus Aluminiumsilicat, Kalium-Natriumsulfat bestehe. Kemp nannte das Arrarobapulver ursprünglich Chrysarobin, welche Bezeichnung Attfield für die im Goapulver angeblich vorhandene Chrysophansäure beibehielt. Die Untersuchungen von Liebermann und Seidler (Ann. Chem. Pharm. **212**. 20) haben nun bewiesen, dass der Bestandtheil, der von Attfield Chrysophansäure genannt wurde, keine Chrysophansäure ist, sondern ein Reductionsproduct der Chrysophansäure, das wahre Chrysarobin. Goapulver. Chrysarobin.

Chrysarobin. $C_{30}H_{26}O_7$.

$$O\left[CH < {C_6H_3 . OH \atop C_6H_2(CH_3(OH)} > CH . OH\right]_2$$

Das Chrysarobin stellt man leicht dar durch Auskochen des Goapulvers mit Benzol, das beim Verdunsten das Chrysarobin abscheidet, das man aus Eisessig umkrystallisirt. Darstellung.

Gelbe Nadeln oder Blättchen, Schmpkt. 170—178°, unlöslich in Wasser und Ammon, löslich in Benzol, Chloroform, Eisessig, schwer löslich in Aether und Alkohol, sublimirt, wobei eine kleine

Menge eines Körpers $C_{15}H_{12}$ entsteht. Das Chrysarobin ist unlöslich in verdünnter Kalilauge, löslich in concentrirter mit gelber Farbe und grüner Fluorescenz.

Beim Einleiten von Luft in die alkalische Lösung entsteht Chrysophansäure unter Aufnahme von 4 Sauerstoff, der eine Abscheidung von 3 Wasser veranlasst. — Mit Salpetersäure (1,4 spec. Gew.) entsteht Tetranitrochrysophansäure, mit Zinkstaub Methylanthracen. Eine Tetraacetylverbindung ist ebenfalls bekannt.

(Siehe Chrysophansäure, Emodin S. 523.)

Wirkung und Anwendung.

Das über die Wirkung des Chrysarobins Bekannte bezieht sich im Wesentlichen auf das mit Benzol gereinigte Ararobapulver, dem gewöhnlich der Name Chrysophansäure oder unreine Chrysophansäure beigelegt wird. Nach Ashburton Thompson (Brit. med. Journ. Mai 19. 1877) findet sich darin noch ein Harz, welches auf den Tractus 4—5mal stärker als Chrysarobin wirkt. Letzteres bezeichnet Thompson als Emetocatharticum ohne deprimirende Nebenwirkung und soll volle Action (bei zu geringer Dosis erfolgt nur Emese, keine Catharsis), bei kleinen Kindern nach 0,4, bei 12jährigen nach 0,5 und bei Erwachsenen nach 1,0 hervortreten. Die Wirkung soll durch Darreichung alkalischer Lösung verstärkt werden, so dass dann 0,4 für Erwachsene ausreichen. Die Anwendung als Emetocatharticum ist indessen sehr bedenklich, da nach Glaister (Glasgow. med. Journ. Oct. 1881) schon nach 0,2 heftige Magenschmerzen und lang anhaltende Emetocatharsis, sowie Irritation der Blase, Urinverhaltung und Hämaturie eintreten können. Dass Reizungen der Nieren durch Chrysarobin hervorgerufen werden können, beweisen Versuche von Levin und O. Rosenthal (Arch. path. Anat. 85. 118. 1881), wonach bei Kaninchen durch interne Application Hämaturie und durch Inunction Albuminurie und leichte parenchymatöse Nephritis auftraten. Im Harn erscheint Chrysarobin theils unverändert als solches wieder, theils als Chrysophansäure (Levin und Rosenthal). Wie die ungereinigte Araroba bei verschiedenen Hautaffectionen in Brasilien und Indien im Rufe steht (vgl. Da Silva Lima, Journ. de Thérap. 779. 1876 und Ullersperger, Berl. klin. Wochenschr. No. 3. 1876), so hat sich das Chrysarobin nach der Empfehlung von Hebra und Jarisch (Wien. med. Bl. 156. 1878), Neumann (Wien. Anz. 123. 1878), Balmanyo Squire, Thin u. A. bei verschiedenen Dermopathien, insbesondere Psoriasis und parasitären Krankheiten, wie Pityriasis versicolor und Tinea tonsurans, bewährt. Bei den genannten parasitären Affectionen sind gewöhnlich nur 2 bis 3 Einreibungen, bei Psoriasis 10—12, in leichteren Fällen auch weniger zur Cur ausreichend. Um bei Psoriasis Wirkung zu haben, muss man Salben mit etwa 20% Chrysarobin in Anwendung bringen, welche jedoch mitunter schon nach wenigen Einreibungen sehr heftige, über die Einreibungsstelle hinaus sich ausdehnende Dermatitis hervorrufen (Jarisch). Nach Heilung der Psoriasisplaques hinterbleibt gewöhnlich an den entsprechenden Stellen ein weisser Fleck zurück. Vor Recidiven schützt das Mittel nicht. Vgl. über dessen Anwendung auch Cottle, St. Georges Hospital Report 9. 745 und Anders, Pamietnik towarzystwa lekarskiego. Warsz. H. 1. 1880.

Surinamin. Geoffroyin. — Literat.: Hüttenschmid, Mag. Pharm. 7. 287. — Winckler, Jahrb. Pharm. 2. 159.

Dieses noch sehr ungenügend bekannte Alkaloid wurde 1824 von Hüttenschmid in der Rinde von *Geoffroy surinamensis Murr. Andira retusa Knth.* aufgefunden, welche wurmwidrige Wirkung besitzt. — Zur Darstellung behandelt man das weingeistige Extract der Rinde mit Wasser, reinigt das Filtrat durch Ausfällen mit Bleiessig, entfernt das Blei durch Schwefelwasserstoff und verdunstet, worauf ein Theil der Base sich abscheidet. Den Rest gewinnt man durch Digestion der Flüssigkeit mit Magnesia und weiteres Verdampfen des Filtrats (Hüttenschmid). Nach Winckler reinigt man sie, indem man mit kaltem Wasser wäscht und dann aus kochendem Wasser umkrystallisirt. Letzterer erhielt aus 1 Pfund der Rinde 30 g Surinamin. — Das Surinamin krystallisirt in glänzend weissen, feinen, wollig zusammengehäuften Nadeln ohne Geschmack und Geruch und von neutraler Reaction. Es löst sich wenig in kaltem, leicht in kochendem Wasser, in Kalilauge reichlicher als in Wasser, in Weingeist auch in der Siedhitze nur wenig und in Aether gar nicht. Beim Verdunsten der schwefelsauren Lösung werden Krystallblättchen erhalten, während die salzsaure Lösung weisse Nadeln liefert, die beim Uebergiessen mit Wasser milchweiss werden. Beim Erhitzen der Base scheint ein Theil sich unverändert zu verflüchtigen, aber das Meiste zersetzt sich (Winckler). Conc. Schwefelsäure löst es farblos, ebenso conc. reine Salpetersäure; rauchende Salpetersäure dagegen giebt damit beim Erwärmen eine zuerst violett, dann berlinerblau gefärbte Lösung. — Essigsaures Surinamin wirkt zu 0,12 auf Sperlinge und Tauben nicht toxisch (Hüttenschmid).

Surinamin.

Wirkung.

Soja.

Schulze und Barbieri (Landw. Versuchsstat. **26**. 213. 241) haben in den Extracten von Sojakeimlingen Peptone, F. Nobbe, Hänlein und Councler (ebendas. **23**. 471) haben bei der Untersuchung der Parenchymzellen des Mesophylles von Soja hispida wahrscheinlich zweibasisch phosphorsauren Kalk nachgewiesen. Untersuchungen der Samen und der ganzen Pflanze von Soja hispida, die als Culturpflanze in letzten Jahren eine Rolle spielte, liegen vor von H. Pellet (Compts. rend. **90**. 1077), von Levallois (ebendas. **93**. 281) der eine besondere Zuckerart nachgewiesen haben will, Rotationsvermögen + 115°, nach der Inversion + 35°, mit Salpetersäure, Schleim- und Oxalsäure liefernd.

Abrus.

Die Samen von Abrus precatorius (Abrusbohnen, Paternostererbsen Jequirity) enthalten einen rothen Farbstoff und einen krystallisirbaren Körper, löslich in Aether, schwerlöslich in Wasser, löslich in schwacher Kalilauge, der vorläufig noch schwer zu charakterisiren ist. (Siehe New. Remedies. 1883. 163).

Physostigma.

Physostigmin. Eserin. $C_{15}H_{21}N_3O_2$. — Literat.: J. Jobst und O. Hesse, Ann. Chem. Pharm. **129**. 115. — O. Hesse, Ann. Chem. Pharm. **141**. 82. — A. Vée und M. Leven, Journ. Pharm. (4). 1. 70. — Holmes, Pharm. J. Trans. (3) **9**. 913. — Harnack, Witkowski, Arch. experim. Path. 1876. 401. — Petit, Compts. rend. **72**. 569. —

Poehl, Pharm. Z. Russl. 17. 385. — Dusquesnel, Pharm. J. Trans. (3) 5. 847. — Léven, Compts. rend. 60.

Medicinische: Vée, Recherch. chim. et physiol. sur la fève du Calabar. Paris, 1865. — Fronmüller, Deutsche Kl. N. 35. 1865. — Pander, Beitr. zu dem gerichtl. chem. Nachweise des Brucins, Emetins und Physostigmins in thier. Flüssigkeiten und Geweben. Dorpat. 1871. — Martin-Damourette, Journ. de Thér. N. 1—7. 1874. — Bouchut, Gaz. méd. de Paris. N. 7. 1875. — Harnack und Witkowski, a. a. O. — Harnack, Arch. exp. Path. 12. 334. — Schoemann, Ueber die Wirkung des Physostigmins auf die Pupille. Erlangen, 1880. — Laqueur, Centralbl. med. Wiss. N. 24. 1876. Arch. Ophth. 23. 149. — Weber, Arch. Ophthaln. 22. 615. — Mohr, ebend. 22. 161. — Königstein, Wien. med. Presse. N. 38. 1877. — Wecker, Klin. Mtsbl. Augenheilk. 60. 1877. — Graser, Arch. exp. Path. 13. 329. 1883.

Physostigmin. Wurde 1864 von Jobst und Hesse in der Calabar- oder Gottesgerichtsbohne (auch Esére — oder Spaltnuss genannt), dem Samen einer in Calabar (Ober-Guinea) wachsenden Pflanze, *Physostigma venenosum Balf.*, aufgefunden. Es findet sich nur in den Cotyledonen des Samens. Holmes fand auch in den Samen von Mucuna cylindrosperma Physostigmin.

Darstellung. Als beste Darstellungsmethode empfiehlt Hesse das frisch bereitete weingeistige Extract der Bohnen mit überschüssigem wässrigem kohlensaurem Natron zu vermischen und dann in einem hohen Cylinder mit Aether auszuschütteln. Die abgehobene Aetherlösung wird hierauf mit sehr verdünnter Schwefelsäure behandelt und die so gewonnene vom Aether getrennte und durch ein angefeuchtetes Filtrum filtrirte saure wässrige Physostigminlösung nach Uebersättigung mit Natriumbicarbonat aufs Neue mit Aether extrahirt, der nun, wenigstens nach nochmaliger Wiederholung der letzteren Operation, beim freiwilligen Verdunsten das Alkaloid im reinen, aber firnissartigen Zustande hinterlässt. — Nach Vée, welcher dafür die Bezeichnung „Eserin" vorschlägt, kann das Alkaloid krystallisirt erhalten werden, wenn man den beim Verdunsten der ersten Aetherlösung (s. oben) bleibenden Rückstand in verdünnter Säure aufnimmt, die Lösung mit Bleiacetat fällt, das Filtrat nach Uebersättigung mit Kaliumbicarbonat mit Aether schüttelt und diesen der freiwilligen Verdunstung überlässt. Löst man die gebildeten Krystallkrusten der Base in wenig verdünnter Säure auf und fügt eine concentrirte Lösung von Kaliumbicarbonat hinzu, so soll sie sich schon in wenigen Augenblicken in Krystallblättchen ausscheiden.

Eigenschaften. Das Physostigmin ist nach Hesse ein farbloser Firniss, der im Exsiccator zu einer spröden Masse austrocknet. Diese erweicht schon bei geringer Temperaturerhöhung, wird bei 40° zähflüssig und in Fäden ausziehbar, bei 45° vollkommen flüssig. — Nach Vée bildet es im reinen Zustande krystallinische Krusten oder glänzende rhombische Blättchen, was Hesse bestreitet, der die beschriebenen Krystalle für Phytosteris hält. — Es ist geschmackfrei, reagirt stark alkalisch und löst sich etwas schwierig in Wasser, dagegen leicht in Weingeist, Aether, Chloroform, Benzol und Schwefelkohlenstoff (Hesse), linksdrehend.

Die Zusammensetzung wurde von Hesse durch Analyse der bei 100° getrockneten Base und ihres Jodquecksilberdoppelsalzes ermittelt und der Formel $C_{15}H_{21}N_3O_2$ entsprechend gefunden.

Das Physostigmin neutralisirt die Säuren vollständig unter Bildung geschmackloser Salze. Einfache Salze konnten wegen der so leicht eintretenden Zersetzung nicht rein dargestellt werden. Leitet man Kohlensäure zu dem in Wasser vertheilten Alkaloid, so löst es sich klar auf, aber die alkalisch reagirende Lösung trübt sich schon bei gelindem Erwärmen und scheidet es in farblosen Oeltropfen wieder ab. — Das durch Fällung zu erhaltende jodwasserstoffsaure Physostigmin-Quecksilberjodid $C_{15}H_{21}N_3O_2, HJ, 2HgJ$, ist ein weisser, beim Trocknen gelblich werdender, in Wasser unlöslicher, dagegen in Aether und namentlich in Weingeist leicht löslicher und daraus in kleinen farblosen, concentrisch gruppirten Prismen krystallisirender Niederschlag, der bei 70° schmilzt und amorph wieder erstarrt.

Bei längerem Erhitzen auf 100° verändert sich das Physostigmin; es färbt sich röthlich und liefert nun mit Säuren rothe Lösungen. Im feuchten Zustande tritt diese Zersetzung sehr rasch ein. Auch die anfangs farblosen Lösungen des Alkaloids in verdünnten Säuren werden bald roth, können aber bei noch nicht zu weit fortgeschrittener Zersetzung durch Schwefelwasserstoff, schweflige Säure, unterschwefligsaures Natron, sowie durch Thierkohle wieder entfärbt werden. Zersetzung.

Concentrirte Schwefelsäure löst das Alkaloid mit gelber, bald olivengrün werdender Farbe; conc. Salpetersäure löst gelb. Die Lösung der freien Base giebt mit Eisenchlorid eine Fällung von Eisenoxydhydrat, mit Jod-Jodkalium einen reichlichen kermesfarbigen Niederschlag und wird durch Chlorkalk anfänglich intensiv roth gefärbt, bei weiterem Zusatz aber wieder gebleicht. — Aus conc. farbloser Lösung des essigsauren Salzes fällen Ammoniak, kohlensaure und doppelt-kohlensaure Alkalien das Alkaloid in farblosen Oeltropfen, die jedoch rasch durch Oxydation roth werden, am langsamsten bei Anwendung von Bicarbonaten. Die wässrige Lösung des salzsauren Physostigmins giebt mit Gerbsäure einen röthlich-weissen flockigen, in Salzsäure schwer löslichen Niederschlag, mit Goldchlorid eine bläuliche, durch Reduction bald Gold ausscheidende Fällung, mit Quecksilberchlorid einen röthlich-weissen, in Salzsäure leicht löslichen Niederschlag, wird dagegen durch Platinchlorid nicht gefällt, sondern nur verändert (Hesse). Reaktionen.

Neutralisirt man die Base in schwefelsaurer Lösung mit Ammon und erwärmt, so bilden sich allmälig die Färbungen roth, rothgelb, grün bis blau (Petit). Werden die Salzlösungen mit Alkali oder Barytwasser erwärmt, so entsteht eine rothe Färbung, welche in Chloroform eintreten kann, das beim Verdunsten Krystalle von Rubreserin erzeugt.

Das Physostigmin ist nicht allein wegen seiner eigenthümlichen localen Action auf die Iris, indem es ausgesprochene und anhaltende Myose bedingt, sondern auch durch seine entfernte Wirkung interessant, indem es gleichzeitig direct lähmend auf das centrale Nerven- Wirkung.

system, und zwar auf das Gehirn früher als auf das Rückenmark, und reizend auf gewisse musculöse und drüsige Apparate wirkt. In Bezug auf die Action auf letztere (Uterus, Speicheldrüsen, Thränendrüsen, Darm) reiht es sich dem Muscarin und Pilocarpin an. Die Effecte kommen in gleicher Weise dem Alkaloide wie dessen Salzen, unter denen das Sulfat, das Hydrobromat (Duquesnel) und neuerdings seiner grösseren Haltbarkeit wegen das Salicylat therapeutische Anwendung gefunden haben, zu. Letale Dosen tödten durch Lähmung des respiratorischen Centrums.

Die myotische Wirkung des Physostigmins wurde schon von Vée und Leven, Hesse und Fronmüller constatirt. Von dem chlorwasserstoffsauren Escrin Vées bewirkte 1 Tropfen diluirter Lösung auf ein Auge gebracht in 15 Min. leichte Gesichtstrübung und beginnende Myosis, welche $^3/_4$ Stunden nach der Instillation ihr Maximum erreicht hatte, wo das binoculäre Sehen unmöglich, der Sehpunkt bei dem afficirten Auge ein wenig genähert erschien und ein Gefühl von Druck im Auge bestand; nach $1^1/_2$ Stunden begann die Pupille sich wieder zu erweitern und nach 3—4 Stunden war die Differenz in beiden Pupillen nicht mehr beträchtlich, obschon noch nach mehreren Stunden zu erkennen. Auf Lichtreiz reagirte sie stets. Ganz die nämlichen Phänomene boten sich bei Menschen wie bei Thieren dar. Schon eine Lösung von 1:1000 war wirksam und 4 Tropfen einer solchen bedingten einstündige Myosis. Das Physostigmin von Jobst und Hesse bewirkte zu 2 Tropfen wässriger Lösung nach 10 Minuten in Kaninchenaugen anhaltende und nach 5 bis 6 Stunden verschwindende Verengung der Pupille bis zu $^1/_{20}$ der Norm. Die Verengung trat auch im Auge eines vorher getödteten Kaninchens auf, auch wenn der Tod durch Cyankalium erfolgt war, jedoch nicht bei mit Physostigmin selbst vergifteten Thieren. Von Merck dargestelltes Physostigmin fand Fronmüller dreimal stärker als Calabarbohnenextract wirkend.

Nach v. Reuss (Wien. med. Presse. N. 21. 1877. Arch. Ophthalm. 23. 63) verbindet sich die Myose mit einer in 10—30 Min. ihren Höhepunkt erreichenden und in $1^1/_2$—1 Stunde verschwindenden Steigerung der Refraction, mit welcher eine Vergrösserung der Hornhautwölbung parallel geht. Koenigstein (Wien. med. Presse. N. 38. 1877) betont die Verringerung der Helligkeitsintensität und der Sehschärfe während der Physostigminmyose Dor die mitunter vorkommende verringerte Empfindlichkeit für die Perception der Farben. Der innere Druck wird durch Physostigmin anfangs gesteigert, später, sobald sich die Myosis entwickelt, unter die Norm herabgesetzt (Graser). Sulfat und Salicylat wirken ziemlich in gleicher Weise. Zehender (Monatsbl. Augenheilk. 239. 1881) fand Physostigminsalicylat zu 1 Tropfen diluirter Lösung fast momentan pupillenverengend; das Maximum der Myose trat in 1 Std. ein; die Wirkung, mit Makropsie, Verschwommen- und Doppelsehen verbunden, hielt 32 Std. an. Vgl. auch Mohr a. a. O.

Die locale Wirkung auf die Iris ist nicht bei allen Thieren gleich. Bei Vögeln wird dieselbe dadurch wenig afficirt. Schon 1 Tropfen einer $^1/_2$% Lösung Physostigminsalicylat erzeugt bei Application auf ein Katzenauge den höchsten Grad von Myose. Harnack und Witkowski beziehen die Physostigminmyose auf eine erregende Wirkung des Alkaloids auf den Sphincter iridis,

Filehne und Schoemann auf Erregung des peripheren Endes des Oculomotorius. Das Physostigmin und seine Salze werden von allen Schleimhäuten und ebenso vom Unterhautzellgewebe aus resorbirt. Selbst von der Augenbindehaut aus kann bei Thieren Intoxication erfolgen. Die Receptivität der einzelnen Thierclassen ist sehr verschieden. Nach Harnack und Witkowski wirken bei Infusion 2--3 Mgm. bei Katzen, 3 Mgm. bei Kaninchen und 4—5 Mgm. bei Hunden letal. Subcutan tödten 3 Mgm. pr. Kilo Kaninchen (Th. Husemann und Hessling). Vée und Leven bezeichneten von ihrem Eserin (als salzsaures Salz benutzt) bei Kaninchen 1 Mgm. subcutan als krankmachend, 10 Mgm. als in 30 Minuten tödtend, bei Meerschweinchen erfolgte der Tod nach 5 Mgm. in ca. $^1/_4$, bei Hunden nach 10 Mgm. in ca. $^3/_4$ Stunden; von der Bindehaut wirkte 1 Mgm. bei Kaninchen toxisch, bei Meerschweinchen 2 Mgm. letal. Auffallend unempfindlich gegen Physostigmin sind Frösche, welche deutliche Vergiftungssymptome erst nach 2—5 Mgm. zeigen (Harnack und Witkowski). Vögel sind sehr empfindlich, so dass Sperlinge und Rothkehlchen schon nach $^1/_{10}$ Mgm. Eserinsulfat asphyktisch sterben (Martin-Damourette).

Für den Menschen ist die Dosis letalis nicht festgestellt. Vées Eserinsulfat bedingte subcutan zu 0,001 bei einer alten an Contractur der Beine in Folge von Rückenmarksaffection leidenden Frau nach $^1/_2$ Stunde Erbrechen und Unwohlsein von kurzer Dauer. Leven nahm mehrere Tage steigende Dosen; 0,003 wurde gut ertragen, 0,004 bedingte dagegen heftiges Unwohlsein, mit Nausea begleitet, doch ohne Muskelschwäche. Cumulative Wirkung hat das Eserin nicht, und 0,01 in fractionirten Dosen binnen 24 Stunden gereicht bedingen keine Störung des Befindens. Ein Schüler von Gubler (Leteinturier) nahm 2 Mgm. in Lösung ohne Symptome; nach 0,01 traten dagegen, jedoch nicht sofort, sondern auf einem Gange Schwere des Kopfes, Undeutlichsehen gedruckter Schrift, Schwindel, Nausea und grosse Muskelschwäche ein, die ihn im Laufe von 5 Minuten zum Anlehnen oder zum Hinsetzen zwang; Schwindel, Nausea und Sehstörungen traten am schlimmsten auf, wenn er geradeaussah, während beim Niedersehen dieselben schwanden; Brennen im Magen und Pulsbeschleunigung (eher deutet die Pulszahl von 56 auf eine entschiedene Retardation), Kopfweh, Schweiss, Störungen des Gehörs waren nicht vorhanden. Nach $^3/_4$ Stunden erfolgte Erbrechen eines Theils der genommenen Eserinlösung und von Galle, die beim Sitzen eingetretene Besserung schwand bei Gehversuchen wieder und erst nach $2^1/_2$ Stunden trat Besserung und Wiederkehr der Kraft ein, auch waren erst nach 4 Stunden alle Erscheinungen fort. Die Pupille war enorm contrahirt. Von 6 Mgm. des Merckschen Physostigmins sah Fronmüller keine Erscheinungen, dagegen bewirkten 12 Mgm. nach 1 Stunde etwas Uebelkeit, leichte beiderseitige Myosis, Flor vor den Augen, jedoch keine Veränderung der Pulsfrequenz, welche dagegen von Harnack und Witkowski nach $^1/_4$—1 Mgm. reinen Physostigmins beobachtet wurden. Bouchut hat bei Kindern, denen er 3—5 Mgm. Eserinsulfat subcutan und die doppelte Menge intern (pro die selbst 10—15 Mgm.!) administrirte, regelmässig Blässe mit Verkleinerung, mitunter auch Verlangsamung des Pulses, Uebelkeit, Gastralgie, Erbrechen (nicht Durchfall) und starke Schweissabsonderung an Gesicht und Rumpf, nach 5 Mgm. subcutane Parese und 1 mal vorübergehende Zwerchfelllähmung wahrgenommen; Zittern und Convulsionen traten nie auf.

Das Physostigmin vertritt nicht vollständig die Wirkung der Calabarbohne oder der daraus dargestellten Extracte, deren physiologische Action in der umfangreichen Literatur (vgl. die genaue Zusammenstellung im Arch. exp. Path. Pharmakol. V. 446) ziemlich abweichende Darstellung gefunden hat, je nachdem die benutzten Präparate mehr oder minder Calabarin, das krampferregende Princip der Semina Physostigmatis, beigemengt erhielten, welches auch neben dem aus Physostigmin entstehenden unwirksamen rothen Farbstoffe in dem käuflichen Physostigmin früher vielfach vorkam. Prägnante Verschiedenheiten der Wirkung des Calabarbohnenextracts und des unreinen Physostigmins gegenüber dem reinen Alkaloide ergeben namentlich Thierversuche von Vintschgau (Ber. Wiener Acad. 55. 49. 1867) und Rossbach (Pharmakol. Unters. 1. 1873) gegenüber Harnacks und Witkowkis Versuchen mit reinem Alkaloide, während die älteren Autoren die Identität der fraglichen Intoxicationen betonen, indem sie einerseits Extracte, in denen das Ueberwiegen des Physostigmins die Wirkung des Calabarins mehr oder weniger unterdrückte, benutzten, oder andererseits das gebrauchte Physostigmin nicht rein war. Letzteres scheint auch mit Vées Eserin der Fall gewesen zu sein, nach dessen Angaben dasselbe neben kathartischer Wirkung Verlust der Willkürbewegung und Muskelschwäche, abwechselnd mit convulsivischen Bewegungen der Rumpf- und Gliedermuskeln, Verlangsamung der Circulation und Dyspnoe, bedinge. Reines Physostigmin bedingt bei Fröschen zuerst Trägheit der Bewegungen, dann Verlust der willkürlichen Motilität und der Empfindung, nach einiger Zeit Athemstillstand und Cessiren der Reflexe. Krämpfe treten nicht ein; nur in einzelnen Fällen kommen beim Frosch fibrilläre Zuckungen vor, welche bei Säugethieren niemals fehlen und sämmtliche Muskeln betreffen, so dass heftiges Zittern bei diesen eines der hervorragendsten Symptome bildet, welches der allmälig sich ausbildenden allgemeinen Paralyse theils voraufgeht, theils dieselbe begleitet. Die Reflexfunction wird erst später vernichtet. Sowohl bei Katzen als auch bei Kaninchen (nach eignen Beobachtungen bei Subcutaninjection) kann dem Stadium der Lähmung ein solches der Unruhe und planlosen Umherlaufens vorhergehen. Ueberall ist die Respiration anfangs beschleunigt, dann aber sinkt sie stark und wird rasch oberflächlich. Weitere Erscheinungen, welche constant beobachtet werden, sind Speichelfluss, und wiederholte Entleerung von Koth und Harn; dagegen ist Pupillenverengung auch beim reinen Physostigmin nicht constant und bisweilen kommt auch hier Mydriasis vor. Selbst bei letaler Vergiftung mit Eserin von der Bindehaut aus kann die Myosis fehlen und erscheint stets später als die übrigen Symptome (Vée und Leven).

Bezüglich der physiologischen Wirkung des reinen Physostigmins geben Harnack und Witkowski an, dass die Nervenreizbarkeit dadurch nicht aufgehoben wird (selbst 0,01 lähmt die peripherischen Nervenendigungen nicht) und dass die Erregbarkeit der Muskeln bei nicht allzugrossen Dosen eine Steigerung erfährt. Besonders tritt dies auch am Froschherzen hervor, dessen Schläge (auch nach Abtrennung der Herznerven und Rückenmarksdurchschneidung) gleichzeitig verlangsamt und verstärkt werden. Beim Warmblüter steigert Physostigmin den Blutdruck und verlangsamt den Puls durch directe Action auf den Herzmuskel oder die automatischen Herzganglien; bei kleinen Dosen resultirt in Folge von Herabsetzung des vasomotorischen Centrums geringes Sinken des Blutdrucks, das auch bei grösseren Dosen nach Aufhören des Steigens auftritt. Vagusreizung bedingt bei physostigminisirten Säugern diastolischen Herzstillstand. Schwächung der Herzaction findet sich auch bei sehr grossen Dosen nicht und kann daher Herzlähmung nicht als Ursache des

Todes betrachtet werden, wie dies früher vielfach geschah. Dass das Athemcentrum frühzeitig leidet, beweist die Symptomatologie bei Warmblütern, wo anfangs Acceleration, dann Aussetzen, und schliesslich vollständiges Stocken eintritt. Die schon von Vée constatirte Beschaffenheit des Herzens und die dunkle Färbung des Blutes sprechen ebenfalls für den Erstickungstod. Auch der Umstand, dass künstliche Respiration das Leben ansehnlich verlängert, zeigt die Einwirkung auf das Athemcentrum. Auf den Uterus wirkt Physostigmin wie Pilocarpin; die dadurch hervorgerufenen Contractionen werden nicht durch Rückenmarksdurchscheidung aufgehoben; weitere Einspritzungen verstärken dieselben (van der Mey, Journ. méd. Brux. 118. Août 1880). In wie weit bei der Respirationslähmung neben der Paralyse des Athemcentrums auch Bronchialmuskelkrampf (Westermann, Ueber die Wirkung der Calabarbohne. Dorpat, 1867) mitwirkt, den Laborde und Leven (Gaz. méd. de Paris. 3. 6. 1870) als einzige Todesursache hinstellen, bleibt fraglich. Vée und Leven fanden bei ihren Versuchsthieren neben Lungenanämie Ueberfüllung des schlaffen Herzen mit dunklem Blute. Bei sofortiger Section finden sich bei Warmblütern constant noch schwache Contractionen des Herzens.

Antiseptische Action, welche Wecker dem Physostigmin zuschrieb, besitzt es nach Schmidt-Rimpler nicht.

Antagonismus gegen Atropin. Wie dem Muscarin und Pilocarpin ist auch dem Physostigmin ein besonderer Antagonismus gegenüber dem Atropin zugeschrieben. Harnack will das Alkaloid geradezu bei Atropinvergiftung angewendet wissen, und jedenfalls sprechen die von Fraser, Köhler u. A. mit Calabarbohnenextract bei Hunden erhaltenen Resultate, wonach 0,5 Atropinsulfat und 0,4 Calabarextract gleichzeitig verabreicht nicht tödtlich wirkten, für die Möglichkeit einer günstigen Wirkung. Diese Versuche sind nicht unbestritten; jedenfalls aber würde Physostigmin seiner intensiven Wirkung halber dem neuerdings viel verwendeten Pilocarpin vorzuziehen sein. Harnack und Witkowski fassen den Antagonismus von Atropin und Physostigmin auf die einzelnen Organe als einen indirecten auf, indem Atropin die Nervenendigungen lähme, Physostigmin die Muskeln bezw. die drüsigen Elemente irritire. Unbedingt ist Physostigmin von weit energischerer Action auf die Pupille als Pilocarpin und Muscarin und vermag die Wirkung grösserer Atropinmengen aufzuheben als diese; nach Harnack halten gleiche Dosen einander die Wage. Vgl. auch Schoemann, a. a. O. Nach einer neuern Studie Harnacks (Centrbl. med. Wiss. 769. 1881) hebt Physostigmin alle diastolischen Herzstillstände durch Erregung des Herzmuskels auf und erzeugt selbst unvollständigen systolischen Ventrikelstillstand.

Schicksale im Thierkörper. Nach Pander ist Physostigmin bei Vergiftungen in Blut und Leber nachzuweisen; es geht mit Sicherheit in Speichel und Galle über; ob in den Harn, ist zweifelhaft.

Physiologischer Nachweis der Vergiftung. Zum physiologischen Nachweise der Vergiftung mit Eserin bringt man am besten von der aus Leichentheilen abgeschiedenen Substanz eine kleine Menge auf das Auge von Kaninchen, wo dann meistens in 8, spätestens in 20 Minuten starke Verengung der Pupille eintritt, die nach einigen Stunden verschwindet. Kaninchen sind dazu geeigneter als Katzen oder Hunde. Glaubt man genug von der wirksamen Substanz zu einem Vergiftungsversuche zu haben, so wählt man am besten dazu kleine Vögel, die am raschesten und stärksten von dem Gifte afficirt (gelähmt) und getödtet werden. Man darf sich hier durch das Nichteintreten der Myosis, die auch bei örtlicher Application Vögel nicht manifestiren, nicht täuschen lassen. Danach kommt die Infusion bei Katzen in Betracht. Frösche sind nicht gut zu benutzen, weil bei diesen die Lähmung durch weniger als 2 Mgm. kaum herbeigeführt wird. Ist das Physostigmin nicht frei von Calabarin, so kommen auch Krämpfe vor. Immer bleibt das Eintreten der Myosis bei Application auf das Kaninchenauge das entscheidende Moment, da hierin die specifische Wirkung des Alkaloids beruht.

Therapeutische Anwendung.

Im Ganzen hat das Physostigmin, dessen Salicylat neuerdings in der Ph. Germ. Aufnahme fand, für die Therapie wenig Bedeutung erlangt und nur in der Augenheilkunde und vielleicht als Mittel gegen Obstipation verdient es die Beachtung des Arztes.

Vée und Leven versuchten es bei Muskelcontractur an der unteren Extremität ohne jeden Erfolg. Die früher nach den physiologischen Versuchen von Roeber u. A. verbreitete Annahme, dass das Calabarextract eine besondere herabsetzende Wirkung auf die Reflexaction des Rückenmarks besitze, trifft nach Harnack und Witkowski weder für das Calabarextract noch für das reine Physostigmin zu und kann deshalb die Empfehlung bei Tetanus, bei welchem Calabarextract zweifellos höchst befriedigende Resultate gab (Fraser), sich keineswegs auf eine specifische Action des Mittels gründen; immerhin aber ist es im Hinblicke auf die herabsetzende Wirkung auf die Nervencentren überhaupt des Versuches werth. Dagegen ist Physostigmin bei Tetanus toxicus (Strychnismus) nicht anzurathen, weil die Gefahren der Asphyxie durch Physostigmin gemehrt werden. Schon Vée und Leven sahen bei Kaninchen und Hunden, denen 2—5 Mgm. Eserin und nach einigen Minuten 1—3 Mgm. Strychnin injicirt wurden, den Tod unter Erstickungskrämpfen noch rascher als durch allein gereichtes Strychnin eintreten. Th. Husemann und Hessling (Arch. exp. Path. Pharmakol. **10**. 101) konnten zwar bei einfach letaler Dosis Strychnin, nicht bei 2—3facher, das Leben von Kaninchen mit solchen Dosen Physostigmin retten, welche auf die Athmung nicht zu sehr herabsetzend wirkten, doch wurden dabei die tetanischen Krämpfe nicht aufgehoben. Gubler sah den von englischen Aerzten dem Calabarextract vindicirten Erfolg bei Chorea unter Eserinanwendung nicht, dagegen hat Bouchut mit allerdings sehr grossen Dosen Heilung in kurzer Zeit bewirkt. Harnack und Witkowski widerrathen die Anwendung gegen Epilepsie, weil bei Thieren, die nach Westphals Methode zu epileptischen Anfällen prädisponirt wurden, Physostigmin heftige Krampfanfälle erzeugt und weil auch bei Epileptikern Vermehrung der Zahl der Paroxysmen und Aufregung durch Dosen von $^1/_2$ Mgm. resultiren kann, während sonst selbst bei längerem Gebrauche der doppelten Menge ausser geringem Sinken der Pulszahl und etwas kachektischem Aussehen keine Störungen eintreten.

Für die Verwerthung bei habitueller Obstipation sprechen auch die bei Kolik der Pferde mit subcutaner oder intravenöser Injection erhaltenen günstigen Resultate (Dieckerhof, Thierärztl. Wchbl. 109. 1881; Lindquist, Svensk. Läk. Sällsk. Handl. 261. 1882).

Locale Anwendung in der Ophthalmiatrik hat das Physostigmin zunächst als Antagonist des Atropins bei anhaltender Mydriasis in Folge von Atropinisiren (Fano, Gallard, A. Dufour) gefunden, wobei, wie bereits Vée hervorhob, die rasche Erschöpfung der Eserinwirkung Wiederholung der Instillation nothwendig macht. Gubler versuchte Eserin bei Lähmung des

Oculomotorius, wo während der Dauer der Wirkung deutlicheres Sehen eintrat, und zur Lösung von hinteren Synechien bei Iritis variolosa. Koenigstein sah günstigen Erfolg bei Accomodationsparalyse aus rheumatischer Ursache; Williams (Bost. med. Journ. Aug. 14. 1878) bei diphtheritischer Accomodationslähmung; Eichenberg (Ueber Vergiftung durch Wurstgift. Göttingen, 1880) und Kaatzer (Dtsch. med. Wochenschr. N. 7. 1881) bei Accomodationsstörungen im Verlaufe von Wurstvergiftung. Besonderes Interesse hat Laqueurs Empfehlung bei secundärem Glaucom, bei welchem nach 3—4tägiger Behandlung starke Herabsetzung des intraoculären Drucks und starke Besserung der Sehschärfe erfolgte; doch hat sich das Verfahren keineswegs überall bewährt, ja von Manchem werden ihm sogar Gefahren, z. B. durch Blutungen in den Glaskörper, zugeschrieben (Weber, Landsberg, Mohr). Weber will Physostigmin in solchen Fällen verwendet wissen, wo es sich um Herabsetzung des Druckes in der vorderen Kammer handelt, so bei Keratocele, Cornea conica, tiefgreifenden Hornhautgeschwüren, ferner bei staphylomatösen Processen und Irisvorfällen. Oberflächliche Ulcerationen, besonders stark vascularisirte, und nekrotische Hornhautabscesse contraindiciren den Gebrauch. Williams benutzt es bei Photophobie im kindlichen Lebensalter statt des Atropins. Wecker empfahl es bei Hypopyonkeratitis, Ulcus serpens corneae und Lappenvereiterung nach Cataractextractioni, Morano und Rampoldi bei Iritis serosa.

Gebrauchsweise. Die von Vée zuerst empfohlenen Lösungen von $\frac{1}{20}$—$\frac{1}{30}$ % für ophthalmiatrische Zwecke sind später mit stärkeren vertauscht worden. Bei Glaucom empfahl Laqueur 3—4 Tropfen einer $\frac{1}{2}$—$\frac{1}{3}$procentigen Lösung täglich zu appliciren.

Für das Physostigminsalicylat hat die Ph. Germ. 1 Mgm. pro dosi und 3 Mgm. pro die als Maximaldose, die indessen nach den Erfahrungen von Bouchut über die Gaben von Eserinsulfat bei choreakranken Kindern (siehe oben) entschieden zu niedrig ist. Schon Vée befürwortete grössere Gaben (2—3 Mgm.), da der Effect fractionirter Dosen wegen der raschen Elimination ein geringerer ist. Bei Subcutaninjection, welche nach Bouchut der internen Darreichung vorzuziehen ist, will Lindquist zum Zwecke verstärkter Peristaltik sogar 2,1 Mgm. pr. Kilo angewendet wissen.

Calabarin. Literat.: Harnack, Witkowski, Arch. experim. Pathol. 1876. 401. — Poehl, Pharm. J. Russl. 17. 385.

Die bei der Gewinnung von Physostigmin erhaltene Flüssigkeit, welche nach der Ausschüttelung mit Aether resultirt, fällt man mit basischem Bleiacetat und Ammoniak aus, dampft das Filtrat zur Trockne ein und extrahirt mit Alkohol, der das Alkaloid aufnimmt. Die verdunstete alkoholische Lösung wird mit schwefelsäurehaltigem Wasser aufgenommen und mit Phosphorwolframsäure gefällt. Der erhaltene Niederschlag wird in bekannter Weise mit Baryt zerlegt. In freiem Zustande ist das Calabarin nicht bekannt, nur in Lösung. Der Unterschied von Physostigmin besteht hauptsächlich in der Unlöslichkeit in Aether, der stärkeren Linksdrehung, ferner darin, dass die Kaliumquecksilberjodidfällung in Alkohol unlöslich ist, endlich in der physiologischen Wirkung, in dem das Calabarin bei Fröschen Tetanus erzeugt.

Zur Werthbestimmung der Calabarbohne kann man Kaliumquecksilberjodidlösung benutzen (1 CC = 0,01375 Physostigmin). (E. Masing, Arch. Pharm. (3) 9. 315).

Pterocarpus. Butea.

Die Gattung Pterocarpus spec. marsupium liefert das Kino, den eingetrockneten Saft dieser Pflanze, der jedoch auch unter diesem Namen als bengalisches Kino von Butea frondosa und anderen Spec. gewonnen wird. Auch sind hier noch das Eucalyptus Kino (australische), von Eucalyptusarten stammend, sowie das westafrikanische von Pterocarpus erinaceus zu nennen. — Pterocarpus santalinus liefert das Farbholz, rothe Santelholz, sowie das sog. Caliaturholz der Kunstschreiner.

Kinogerbsäure.

Kinogerbsäure. — Berzelius (Lehrb. Aufl. 6. 3. 258) und Gerding (Arch. Pharm. (2) 65. 283) halten die Gerbsäure des Kino, des freiwillig oder aus Einschnitten ausgeflossenen und eingetrockneten Saftes von *Pterocarpus erinaceus Lam.* (in Senegambien) und *Pt. Marsupium Mart.* (in Vorder- und Hinter-Indien) für eigenthümlich. Nach Gerding soll man zu ihrer Darstellung den wässrigen Kinoauszug mit heisser Hausenblaselösung fällen, den fleischfarbenen Niederschlag mit 95 proc. Weingeist auskochen und die rothe weingeistige Lösung im Vacuum oder in gelinder Wärme verdunsten. Es hinterbleibe dann die Kinogerbsäure als rothe durchsichtige gesprungene Masse, deren wässrige Lösung bei wochenlangem Stehen an der Luft unter Sauerstoffaufnahme einen amorphen rothen Niederschlag von Kinoroth absetze.

Eissfeldt (Ann. Chem. 92. 101) vermochte auf diesem Wege keine reine Kinogerbsäure zu erhalten und vermuthet, dass das Kino vielleicht Catechugerbsäure enthalte. Nach Hennig (Arch. Pharm. (2) 73. 129) ist das nach Gerdings Vorschrift dargestellte Präparat in Wasser nur theilweise löslich, mithin ein Gemenge; er hält die Gerbsäure des Kino für identisch mit der Galläpfelgerbsäure.

Das von Eisfeldt, Flückiger als Bestandtheil des Kino erwähnte Brenzcatechin bleibt vorläufig zweifelhaft. Hlasiwetz erhielt beim Schmelzen von Kino mit Aetzkali Phloroglucin (Ann. Chem. Pharm. 134. 122), Stenhouse (ebendas. 177. 187) Protocatechusäure.

Die Arbeiten von Etti (Berl. Ber. 11. 1879) haben als Bestandtheile des Malabarkino festgestellt:

Kinoïn, Kinoroth.

Kinoïn, $C_{14}H_{12}O_6$ und Kinoroth $C_{28}H_{22}O_{11}$. Beim Eintragen von 1 Th. Malabarkino in 2 Th. kochende, verdünnte Salzsäure (1 : 5) und nachherige Filtration erhält man ein Filtrat, das, mit Aether ausgeschüttelt, eine Flüssigkeit giebt, die beim Verdunsten das Kinoïn hinterlässt, das man aus Wasser umkrystallisirt. Das Kinoroth bleibt bei der Behandlung mit Salzsäure unlöslich. — Kinoïn ist schwer löslich in Wasser, leichter löslich in heissem Wasser, Alkohol, weniger leicht löslich in Aether, geht beim Erhitzen bei 130° in Kinoroth über. Eisenchlorid färbt die Lösungen roth, Leimlösung fällt nicht. Beim Erhitzen mit Salzsäure auf 130° entstehen Gallussäure, Brenzcatechin, Methylchlorid.

Das Kinoïn ist ebenfalls schwer löslich in Wasser, leicht löslich in Alkohol und Alkalien, wird von Leimlösung gefällt und giebt mit Eisenchlorid eine schmutzig grüne Färbung. Beim Erhitzen schmilzt dasselbe und geht in das Anhydrid über; bei der trocknen Destillation liefert es Phenol, Brenzcatechin und Methyläther.

Die Umwandlung des Kinoïn in Kinoroth erfolgt unter Wasseraustritt. Die Constitution für Kinoïn lässt sich aus den erwähnten Reactionen ableiten, wonach dasselbe als der Gallussäuremethyläther des Brenzcatechins aufzufassen wäre, $C_6 H_4 (OCH_3) C_7 H_5 O_5$.

Santalsäure. Santalin. $C_{15} H_{14} O_2$. (?) — Literat.: Pelletier, Journ. Phys. 79. 268; Ann. Chim. Phys. (2) 51. 193; auch Ann. Chem. Pharm. 6. 48. — Bolley, Ann. Chem. Pharm. 62. 150. — L. Meyer, Arch. Pharm. (2) 55. 285; 56. 41. Weyermann und Häffely, Ann. Chem. Pharm. 74. 226. — H. Weidel, Wien. Akad. Ber. 60. 388. — Franchimont, Sicherer, Berl. Ber. 12. 14. — Cazeneuve, Flückiger, Pharmacogn. 467. Santalsäure.

Diese Säure wurde zuerst von Pelletier in dem rothen Santelholz, dem Holz von *Pterocarpus santalinus L. fil.*, aufgefunden.

Zur Darstellung derselben zieht man nach L. Meyer das geraspelte Holz kalt mit Weingeist aus, kocht den Verdunstungsrückstand des weingeistigen Auszugs wiederholt mit Wasser aus, nimmt ihn dann in 60—80proc. Weingeist auf, fällt die Lösung mit weingeistigem Bleiacetat, wäscht den dunkelvioletten Niederschlag mit kochendem Weingeist und zerlegt ihn in Weingeist vertheilt mit Schwefelwasserstoff oder Schwefelsäure. Die blutrothe weingeistige Lösung hinterlässt nun beim Verdunsten Santalsäure, die man nach Weyermann und Häffely von Mineralbestandtheilen noch dadurch befreit, dass man ihre weingeistige Lösung nach Zusatz von etwas Salzsäure mit Wasser ausfällt und den Niederschlag aus Weingeist umkrystallisirt. — Nach Weidel erhält man durch blosses Ausziehen des Holzes mit Aether und Verdunsten der Auszüge eine der Santalsäure gleichende Substanz.

Die reine Santalsäure ist ein rothes, aus mikroskopischen Prismen bestehendes, geruch- und geschmackloses Pulver von saurer Reaction, das bei 104° schmilzt, in höherer Temperatur zersetzt wird, in Wasser völlig unlöslich ist, aber von Aether mit gelber, und von 80 procent. und absolutem Weingeist in jedem Verhältniss mit blutrother Farbe gelöst wird (Meyer). Sie löst sich ferner leicht in Essigsäure und ist daraus durch Wasser wieder fällbar. Von den ätherischen Oelen wirken nur einige lösend. Von wässrigen Alkalien und wässrigem Ammoniak wird sie leicht gelöst.

Die Santalsäure neutralisirt die Basen unter Bildung unkrystallisirbarer und mit Ausnahme des leicht löslichen Kalium- und Natriumsalzes in Wasser schwer löslicher oder unlöslicher Salze. Beim Kochen ihrer Lösungen mit den Oxyden der schweren Metalle entstehen rothe Lacke, denen kochender Weingeist die Säure nicht entzieht (Meyer). Weidel vermuthet, dass seine rothe Substanz, die einen grünen metallischen Reflex zeigte und in Weingeist sich nur schwer löste, nicht ganz identisch mit Meyers Santalin sei, letzteres etwa die Elemente des Wassers mehr enthalte. Er berechnet für seinen Körper die Formel $C_{14} H_{12} O_4$.

Cazeneuve erhielt bei der Extraction von 4 Th. geraspeltem Holze, mit Kalkhydrat gemengt mittelst alkoholhaltigem Aether, der beim Verdunsten Krystalle lieferte, Pterocarpin, $C_{17} H_{16} O_5$, reichlich löslich in Chloroform, Schwefelkohlenstoff, Schmpkt. 83.

Franchimont erhielt den rothen Farbstoff, die Santalsäure nach dem

Meyerschen Verfahren nur amorph, das er folgendermassen schildert: Zusammensetzung $C_{17} H_{16} O_6$, Schmpkt. 104°, leicht löslich in Alkohol und Essigsäure. Mit concentrirter Salzsäure entsteht Methylchlorid neben 2 verschiedenen Körpern, mit Salpetersäure Oxalsäure und eine Nitrosäure, mit alkalischer Permanganatlösung Oxalsäure, Essigsäure, Vanillin (?), mit schmelzendem Kali Resorcin und Essigsäure.

Santal. **Santal.** $C_8 H_6 O_3$. — Diesen Körper, der nach seinem chemischen Charakter zu den schwachen Säuren gezählt werden muss, erhielt H. Weidel (Wien. Akad. Ber. **60**. 388; auch Chem. Centralbl. 1870. 59) aus dem Santelholz, indem er dasselbe mit kalihaltigem Wasser auskochte, die tiefrothe Abkochung mit Salzsäure fällte, den voluminösen ziegelrothen Niederschlag nach dem Waschen und Trocknen mit kaltem Aether auszog, die feuerrothe Lösung verdunstete und den mit Weingeist verdünnten Rückstand der Krystallisation überliess. Es schossen dann Krystalle an, die nach dem Abspülen mit verdünntem Weingeist und nach wiederholtem Umkrystallisiren aus heissem Weingeist völlig farblos waren. Ein Pfund des Holzes lieferte etwa 1,5 g davon.

Es sind geruch- und geschmacklose, neutral reagirende Blätter und Tafeln, die der Benzoësäure gleichen, sich nicht in Wasser und auch in kochendem Weingeist nur schwer lösen, in Schwefelkohlenstoff, Chloroform und Benzol ganz unlöslich, schwer löslich in wässrigem Ammoniak, Kalkwasser und wässrigen kohlensauren Alkalien, dagegen leicht löslich in verdünnten kaustischen Alkalien sind. Die alkalischen Lösungen sind anfangs lichtgelb, werden an der Luft jedoch schnell roth, dann grün und endlich missfarbig. Chlorcalcium und Chlorbarium erzeugen darin anfangs farblose, aber sehr rasch sich färbende Niederschläge. Conc. Schwefelsäure löst das Santal mit citronengelber, Salpetersäure mit olivengrüner Farbe. Die weingeistige Lösung färbt sich mit Eisenchlorid dunkelroth. Beim Schmelzen mit Kali entsteht Protocatechusäure neben Kohlensäure.

Das Santal ist isomer mit dem Piperonal.

L. Meyer (Literat. s. Santalsäure) hat neben der Santalsäure noch fünf andere Körper als eigenthümliche Bestandtheile des Santelholzes beschrieben, nämlich Santaloxyd, Santalid, Santaloid, Santalidid und Santaloidid. Da alle diese Stoffe im unkrystallinischen und wahrscheinlich unreinen Zustande erhalten wurden, so verweisen wir bezüglich ihrer auf die oben citirte Originalabhandlung.

Arachis.

Das Erdnussöl, das fette Oel der mandelartigen Früchte von *Arachis hypogaea L.*, ist grünlich, fast geruchlos, von mildem Geschmack. Es enthält als eigenthümliche Bestandtheile neben den gewöhnlichen Glyceriden die Glyceride der Arachinsäure und Hypogäsäure. Dient als Brenn- und Speiseöl.

Arachinsäure. $C_{20} H_{40} O_2$. — Literat.: Heintz, Poggend. Annal. **90**. 146. — Gössmann, Ann. Chem. Pharm. **89**. 1. — Scheven und Gössmann, Ann. Chem. Pharm. **97**. 257. — Caldwell, Ann. Chem. Pharm. **101**. 97. — Oudemanns Z. Chem. 1867. 256. — Goldschmidt, J. Chem. 1877. 728. — Caldwell, Ann. Chem. Pharm. **101**. 97.

Diese zuerst von Heintz in der Butter wahrgenommene Säure wurde 1853 von Gössmann auch im Erdnussöl, dem fetten Oel der Samen von *Arachis hypogaea L.* aufgefunden sowie im Fette der Fruchtkerne von Nephelium lappaceum, das Arachinsäureglycerid neben Oelsäureglycerid enthält. Arachinsäure.

Zur Darstellung verseift man das Oel, scheidet aus der Seife durch Salzsäure das Gemenge der festen Fettsäuren ab, macerirt dieses mit seinem 5—6fachen Volumen kalten Weingeistes und löst den gebliebenen Rückstand nach dem Abpressen in seinem 20fachen Gewicht kochenden Weingeists. Aus der Lösung scheiden sich beim Erkalten Blättchen von unreiner Säure ab, die man so oft aus absolutem Weingeist umkrystallisirt, bis ihr Schmelzpunkt bei 75⁰ liegt und dann noch durch Auflösen in warmem Aether von anhängendem grünen Harz befreit. Darstellung.

Beim Schmelzen von Brassidinsäure mit Aetzkali (Goldschmidt) entsteht ebenfalls Arachinsäure.

Die Arachinsäure bildet kleine glänzende Blättchen, die beim Aufbewahren porcellanartig werden, bei 75⁰ schmelzen und bei 73⁰,5 strahlig krystallinisch wieder erstarren. Sie löst sich nicht in Wasser, kaum in kaltem, aber leicht in heissem Weingeist und sehr leicht in Aether.

Ihre von Scheven und Gössmann genauer untersuchten Salze gleichen denen der Stearinsäure und sind in Wasser meistentheils unlöslich oder doch schwer löslich. Mehrere zusammengesetzte Aether der Säure sind von Caldwell dargestellt worden, wie der Methyl-, Aethyl- und Isoamylester.

Hypogäsäure. $C_{16}H_{30}O_2$. — Literat.: Gössmann und Scheven, Ann. Chem. Pharm. **94**. 230. — Caldwell und Gössmann, Ann. Chem. Pharm. **99**. 305. — H. Schröder, Ann. Chem. Pharm. **143**. 22. — Hoppe, J. Chem. Min. 1860.

Diese Säure wurde bald nach der Arachinsäure von Gössmann und Scheven (1855) im fetten Oel der Samen von *Arachis hypogaea L.* aufgefunden. Hypogäsäure.

Zu ihrer Darstellung lösten sie das aus der Oelseife abgeschiedene Gemenge von fetten Säuren in Weingeist, schlugen aus der Lösung mit essigsaurer Magnesia und Ammoniak die Arachin- und Palmitinsäure nieder und fällten das Filtrat mit einer weingeistigen Auflösung von Bleizucker unter Zusatz von Ammoniak. Der Niederschlag wurde nach einigen Tagen abfiltrirt, seine ätherische Lösung erst mit wässriger Salzsäure und nach dem Abfiltriren des Chlorbleis mit luftfreiem Wasser geschüttelt und dann durch Destillation concentrirt, worauf gelbliche Krystalle der Hypogäsäure daraus anschossen, die durch Pressen und Umkrystallisiren aus Weingeist bei möglichst niedrigerer Temperatur gereinigt wurden. — Schröder zersetzte die Natronseife des Oels mit Salzsäure, löste die abgeschiedenen Fettsäuren in der gerade genügenden Menge kochenden Weingeists, verdunstete das Filtrat von der beim Erkalten auskrystallisirten Arachinsäure in einer Wasserstoffatmosphäre, löste die zurückbleibende halbfeste Masse nach starkem Abpressen wieder in heissem Weingeist, verdunstete abermals im Wasserstoffstrome und wiederholte die ange- Darstellung.

führte Operation so lange, bis die erkaltende weingeistige Lösung keine Krystalle mehr ausschied und beim schliesslichen Verdunsten reine Hypogäsäure vom Schmelzpunkt 33° hinterliess.

Eigenschaften. Die Hypogäsäure bildet feine farblose sternförmig gruppirte geruchlose Nadeln, die bei 33° schmelzen und bei 28—30° wieder erstarren. Sie ist unlöslich in Wasser und leicht löslich in Weingeist und Aether. — Ihr Barytsalz bildet weisse und ihr Kupferoxydsalz blaue, in heissem Weingeist leicht lösliche Körner (Gössmann und Scheven).

Ob die Hypogäsäure identisch ist mit der gleich zusammengesetzten Physetölsäure, die Hofstädter (Ann. Chem. Pharm. 91. 177) im Wallrathöl entdeckte, sowie mit der von F. Hoppe (Journ. pract. Chem. 80. 112) durch Oxydation der im Axin oder Age, einem aus einer Mexikanischen Coccus-Art gewonnenen thierischen Fett, vorkommenden Axinsäure erhaltenen Säure $C_{16}H_{30}O_2$, lässt sich noch nicht mit Sicherheit entscheiden.

Zersetzung. Derivate. An der Luft wird die Hypogäsäure gelbroth, nimmt ranzigen Geruch an und verliert ihr Krystallisationsvermögen. Bei der trocknen Destillation liefert sie neben anderen Producten Sebacylsäure (Gössmann und Caldwell). Behandelt man die Säure mit Salpetrigsäuregas (Gössmann und Caldwell), oder erwärmt man sie mit gewöhnlicher Salpetersäure bis zum Beginn der Entwicklung von rothen Dämpfen (Schröder), so verwandelt sie sich in die isomere Gaeidinsäure, eine farblose krystallinische, an der Luft unveränderliche, bei 38° schmelzende Substanz (Gössmann und Caldwell). — Tröpfelt man zu mit Eis abgekühlter Hypogäsäure vorsichtig und unter Umrühren Brom, bis dessen Farbe nicht mehr verschwindet, so entsteht durch directe Vereinigung Hypogäsäure-Dibromid, $C_{16}H_{30}Br_2O_2$, eine feste, nicht krystallisirbare Säure, welche durch Erwärmen mit weingeistigem Kali in Monobromhypogäsäure, $C_{16}H_{29}BrO_2$, beim stärkeren Erhitzen damit in Palmitolsäure, $C_{16}H_{28}O_2$, und durch Behandlung mit frisch gefälltem Silberoxyd und Wasser in Oxyhypogäsäure, $C_{16}H_{40}O_3$, verwandelt wird (Schröder).

Der Fettgehalt der Samen von Arachis hypogäa. beträgt nach Tuson (Pharm. J. Trans. (3) 7. 322) 40—50%.

Toluifera.

Perubalsam. Der schwarze Perubalsam wird in San Salvador in Südamerika aus *Toluifera Pereirae* Baillon in der Weise gewonnen, dass man die Rinde der Bäume anschlägt und durch Erhitzen mittelst brennender Holzbündel zum Fliessen bringt. Er ist eine braunschwarze, in dünnen Schichten tief honiggelbe durchsichtige Flüssigkeit von 1,14—1,16 spec. Gew., schwach saurer Reaction, angenehmem Geruch und anfangs mildem, aber hinterher scharfem und kratzendem Geschmack. Er mischt sich mit absolutem Weingeist in jedem Verhältniss, während Aether einen braunen schmierigen Rückstand ungelöst lässt und heisses Terpentin- und Mandelöl nur etwa die Hälfte lösen. Er ist mischbar mit Aceton, Chloroform, Amylalkohol. Beim Digeriren des Balsams mit wässriger Kalilauge scheidet sich obenauf das etwa 60% desselben ausmachende Perubalsamöl ab, das nach Kachler (Ber. d. deutsch. chem. Ges. 1860. 512) im unzersetzten Zustande in der Hauptsache nur Zimmtsäure-Benzyläther oder Cinnameïn ist, während Kraut

(Ann. Chem. Pharm. 152. 129) daraus auch Benzylalkohol, C_7H_8O, und namentlich Benzoësäure-Benzyläther abgeschieden, (die Kachler beide aus dem Cinnameïn durch Einwirkung von Kali und Sauerstoff hervorgegangen ansieht) und Delafontaine (Zeitschr. Chem. 1869. 156) darin noch Zimmtsäure-Zimmtäther oder Styracin in kleiner Menge angetroffen hat. Die von Perubalsamöl getrennte wässrige kalische Lösung enthält Zimmtsäure, Benzoësäure und Harz, welches sich nach Stoltze (Berl. Jahrb. 25. 2. 24) in einen in wässrigem Weingeist löslichen und einen darin unlöslichen Antheil zerlegen lässt. Die bei längerem Stehen des Balsams sich daraus abscheidenden Krystalle sind Zimmtsäure. — Als Verfälschungen des Perubalsams hat man fettes Oel und Copaivabalsam, der sich bis zu 25% beimischen lässt, angetroffen. Zur Prüfung darauf vermischt man nach Ulex 10 Tropfen des Balsams mit 20 Tropfen conc. Schwefelsäure und behandelt das Gemenge dann mit Wasser. Reiner Balsam hinterlässt ein sprödes brüchiges Harz, mit fettem Oel versetzter eine schmierige Masse, und bei Gegenwart von Copaivabalsam entwickelt sich schweflige Säure.

Ueber die Fälschungen des Perubalsames, deren Nachweis siehe:

Zeitschr. anal. Chem. 1882. 463. — Flückiger, Pharm. Z. 26. 222. — A. Döscher, ebendas. 238. — Brandes, ebendas. 1880. — O. Schlickum, Arch. Pharm. 1882. (3) 17. — Gawalowski, Pharm. Centralhall. 16. 235. — Baillon, J. Pharm. Chim. (4) 19. 239. — P. Calles, ebendas. 19. 112. — Schweickert, Arch. Pham. 203. 53. — Hirschsohn, J. Pharm. 1877. 192. — Maltison, Americ. J. Pharm. 48. 51.

Th. Peckolt (Z. östr. Apothver. 17. 49 etc.) hat eingehende Mittheilungen über Gewinnung des Perubalsames und Bestandtheile von Myroxylon peruiferum überhaupt gemacht. In den Blättern fand derselbe ein ätherisches Oel, spec. Gew. 0,874, aus zwei Bestandtheilen zusammengesetzt. Auch aus dem Holz erhielt er ein ähnliches Oel von sassafrasähnlichem Geruche, 0,892 spec. Gew., neben Harzsäuren und Harzen, von welchen unter dem Namen Myroxylin (Myroxylin.) ein solches indifferentes Harz beschrieben wird, vielleicht mit dem Myroxocarpin des weissen Perubalsames identisch

Der Perubalsam hat als Arzneimittel sowohl durch seine Wirkung auf Ektoparasiten als durch seine antiseptische Action neuerdings wieder Bedeutung gewonnen und ist auch als Balsamicum bei Schleimhautkatarrhen nicht ohne Werth; doch müssen wir, da er ein Complex sehr verschiedener Stoffe darstellt, auf eine ausführliche Besprechung verzichten, indem wir auf Th. Husemann, Handb. der Arzneimittell. 2. Aufl. S. 221 verweisen.

Der weisse Perubalsam ist von gleicher Abstammung wie der schwarze, wird aber durch Auspressen der Früchte erhalten. Er ist honigdick, blassgelb, riecht nach Vanille und Steinklee und schmeckt gewürzhaft bitter. Bei längerem Stehen setzt er Krystalle von Myroxocarpin ab. Ist nicht officinell.

Der Tolubalsam, von *Toluifera Balsamum Mill.* in Südamerika, ist (Tolubalsam.) frisch gelblich, durchsichtig und dickflüssig (weisser Tolubalsam), wird beim Aufbewahren rothbraun und zähe (schwarzer Tolubalsam) und trocknet endlich zu einer körnig krystallinischen spröden Harzmasse (trockner Tolubalsam) ein. Er riecht angenehm aromatisch und schmeckt süsslich gewürzhaft und brennend. Der feste Balsam erweicht bei 30° und schmilzt bei 60—65°. Von Weingeist und Chloroform wird er vollständig, von Aether nur theilweise gelöst. Characteristisch und zur Erkennung von Verfälschungen geeignet ist sein Verhalten gegen ätherische Oele und Schwefelkohlenstoff, die ihn fast gar nicht angreifen. Dagegen wird er von Kalilauge von 1,17 spec. Gew. klar gelöst, ebenso, aber mit rother Farbe, von conc. Schwefelsäure. Er besteht aus Tolen, Zimmtsäure, Benzoësäure und einem in Weingeist leicht löslichen und einem darin schwer löslichen Harz (hierüber sehe man E. Kopp, Compt. chim. 1849. 150).

E. Busse (Berl. Ber. 1876. 830) hat bei Untersuchung eines etwas verharzten Tolubalsames neben Harz, freie Zimmt- und Benzoësäure, sowie Benzoësäurebenzyläther und Zimmtsäurebenzyläther nachgewiesen. — Bezüglich der medicinischen Anwendung als Parfüm und Balsamicum vgl. Husemann, Arzneimittellehre. 2. Aufl. S. 408.

Myroxocarpin. $C_{24}H_{34}O_3$ ($C_{48}H_{35}O_6$ nach Stenhouse). — Literat.: Stenhouse, Ann. Chem. Pharm. 77. 306. — Scharling, Ann. Chem. Pharm. 97. 69).

Myroxocarpin. Findet sich nach Stenhouse, was Scharling bestätigt, im weissen Perubalsam (s. diesen) und krystallisirt daraus zum Theil nach längerer Ruhe aus. Zur Darstellung digerirt man den Balsam mit Weingeist und reinigt die nach 12stündigem Stehen in der Kälte ausgeschiedenen Krystalle durch Umkrystallisiren mit Beihülfe von Thierkohle. Stenhouse erhielt aus 1 Pfund Balsam 1 Unze Myroxocarpin.

Es bildet mehr als zolllange breite dünne Prismen des triklinischen Systems, die hart, brüchig, geruch- und geschmacklos und von neutraler Reaction sind. Es schmilzt bei 115° und erstarrt zu einem durchsichtigen Glase. In stärkerer Hitze sublimirt ein kleiner Theil, der Rest wird zersetzt. Es löst sich weder in Wasser noch in wässrigen Säuren oder Alkalien, schwierig in kaltem Weingeist und Aether, leicht in beiden Flüssigkeiten in der Wärme. Kalilauge ist ohne Einwirkung, Salpetersäure verwandelt in der Wärme langsam in Oxalsäure und Harz, ohne Pikrinsäure zu bilden (Stenhouse).

Tolen. **Tolen.** $C_{10}H_{16}$ ($C_{12}H_{18}$ nach Deville). — Ist nach Deville (Ann. Chim. Phys. (3) 3. 154. 1841) Bestandtheil des Tolubalsams und macht nach Scharling etwa 1% desselben aus. Um es rein zu erhalten, scheidet man aus dem durch Destillation des Balsams mit Wasser gewonnenen Oel, das ein Gemenge von Benzoësäure, Cinnameïn und Tolen ist, den bei 160° siedenden Antheil und rectificirt ihn wiederholt über Kalihydrat. Es ist ein farbloses dünnes Oel, nach Deville bei 170°, nach E. Kopp (Compt. Chim. 1849. 145) bei 154—160° siedend, und vom spec. Gew. 0,858. Es schmeckt stechend, scharf, pfefferartig und riecht nach Elemiharz (Kopp). In lufthaltigen Gefässen verwandelt es sich, ohne sich zu färben, allmälig durch Oxydation in ein weiches Harz (Kopp).

Butea. Pongamia.

Das fette Oel der Samen von *Butea frondosa Rockb.* ist gelb, geschmacklos, bei + 10° erstarrend, von 0,917 spec. Gew., dasjenige der Samen von *Pongamia glabra Vent.*, sog. Kurrunje-Oel, dunkelgelb, von virösem Geruch, bitterem Geschmack, bei + 8° erstarrend, von 0,945 spec. Gew. (Lepine).

Benzylalkohol. $C_7H_8O. — C_6H_5.CH_2.OH.$ — Der Benzylalkohol ist, wie bereits erwähnt, Bestandtheil des Perubalsames, als Zimmtsäurebenzylester im Styrax (Laubenheimer, Ann. Chem Pharm. **164.** 289). Derselbe entsteht durch Erhitzen von 100 Wasser, 1 Benzylchlorid, 3 frisch gefälltem Bleioxyd bei 100° (Lauth, Grimaux, Ann. Chem. Pharm. **143.** 81) oder auch nach Niederist (ebendas. **196.** 353) nur mit 30 Theilen Wasser bei längerem Kochen, ferner bei Einwirkung von Natriumamalgam auf wässrige Lösung von Benzoësäure (Hermann, ebendas. **132.** 76), sowie auch von Natriumamalgam auf Chlorbenzoyl bei Gegenwart von Salzsäure (Lippmann, Z. Chem. 1870. 700), auch aus Benzylchlorid durch Einwirkung von Kaliumacetat und Zerlegen des Benzylacetates mit Kali (Cannizzaro, Ann. Chem. Pharm. **96.** 246; **92.** 114), endlich durch Einwirkung alkoholischer Kalilauge auf Bittermandelöl. Benzylalkohol.

Der Benzylalkohol bildet eine Flüssigkeit, 206,5° Sdpkt., spec. Gew. 1,0628. Durch Oxydationsmittel entsteht daraus Bittermandelöl und Benzoësäure, mit alkoholischem Kali, Toluol und Benzoësäure. Wasserentziehende Substanzen lassen Benzyläther, auch Harze, sauerstofffrei, entstehen (Gräbe, Cannizzaro, Berl. Ber. 8. 1055). — Im Organismus wird derselbe zu Benzoësäure oxydirt; die Verwandlung scheint vorzugsweise im Nierenparenchym und in den Lungen stattzuhaben; weit weniger im Blute (Schmiedeberg, Arch exp. Path. Pharmacol. **14.** 288).

Benzoësäurebenzylester. $C_{14}H_{12}O_2.$ — Dieser Bestandtheil des Perubalsames entsteht durch Einwirkung von Chlorbenzoyl auf Benzylalkohol (Cannizzaro). Blättrige Massen, Schmpkt. 345.

Zimmtsäurebenzylester. $C_{16}H_{14}O_2.$ — (Cinnameïn), ebenfalls ein Bestandtheil des Perubalsames, bildet sich bei längeren Erhitzen von Benzylchlorid mit zimmtsaurem Natron und Alkohol (Grimaux, Z. Chem. 1869. 157) und bildet prismatische Krystalle, Schmpkt. 29°.

Benzoësäure. $C_7H_6O_2. — C_6H_5.CO.OH.$ — Literat.: Chemische: Scheele, Opusc. 2. 23. — Trommsdorff, Crells Ann. 1790. 2. 303; Trommsdorffs Journ. 1. 1. 162 und (2) 9. 134. — Bucholz, Gehlens Journ. f. Chem. und Phys. 9. 340. — Berzelius, Gehlens Journ. 2. 277; Poggend. Annal. **26.** 480. — Wöhler und Liebig, Poggend. Annal. **26.** 328. — Wöhler, Ann. Chem. Pharm. **49.** 245; **67.** 360. — Plantamour, ebendas. **30.** 349. — Mohr, ebendas. **39.** 177. — Barraswill und Boudault, Journ. Pharm. (3) 5. 265. — Dessaignes, Ann. Chim. Phys. (3) **17.** 50. — Mitscherlich, Journ. pract. Chem. **22.** 196; Poggend. Annal. **32.** 227. — Gerhardt, Ann. Chim. Phys. (3) **37.** 299. — Herzog, Arch. Pharm. (2) **23.** 16. — Péligot, Compt. rend. **32.** 11. — Abel, Ann. Chem. Pharm. **63.** 313. — Mulder, ebendas. **34.** 297. — Cahours, Ann. Chim. Phys. (3) 25. 30; Ann. Chem. Pharm. Suppl. 2. 253. — Stenhouse, Ann. Chem. Pharm. **55.** 10; **134.** 211. — Canizzaro, ebendas. 88. 129. — Hofmann, ebendas. **97.** 207. — Schützenberger, Compt. rend. **52.** 135 und 963; **54.** 1026. — P. u. E. Depouilly, Compt. rend. **60.** 456; auch Ann. Chem. Pharm. Suppl. 4. 128. — Meissner und Shepard, Zeitschr. Chem. 1866. 752. — Löwe, J. pr. Chem. **108.** 257. (2) **19.** 312.

Carius, Ann. Chem. Pharm. 148. 51 u. 59. — Friedel-Krafts, Z. Chem. 1878. 739.

Medicinische: Rau, De acido benzoico. Erlangen, 1801. — Keller, Ann. Chem. Pharm. 43. 108. — Piotrowsky, De acidorum organicorum in organismo mutationibus. Dorpat, 1856. — Kühne und Hallwachs, Gött. Nachr. 8. 1857; Arch. path. Anat. 12. 386. — Meissner und Shepard, Untersuchungen über das Entstehen der Hippursäure im thierischen Organismus. Hannover, 1866. — E. Salkowski, Berl. klin. Wochenschr. 22. 1875. — Bunge und Schmiedeberg, Arch. exp. Path. Pharmakol. 6. 233. — Arthur Hoffmann, ebendas. 7. 233. — Graham-Brown, Arch. exp. Path. 8. 140. — Klebs, Allg. Wien. med. Ztg. N. 5. 1880. — Senator, ebendas. N. 38. 1878. — Schüller, Dtsch. med. Wchschr. N. 11. 1878. — Schnee, Ueber Benzoësäure und benzoësaures Natron. Berl., 1880. — Schulte, Zur Benzoëfrage. Halle, 1880. — C. Virchow, Ztschr. physiol. Chem. 6. 78.

Benzoësäure. Sie findet sich, vielfach begleitet von Zimmtsäure, ausser im Benzoëharz, aus dem sie zuerst dargestellt wurde, noch in manchen anderen Harzen und wohlriechenden Balsamen, nämlich im Drachenblut, im Storax, in der Myrrhe, im Botanibayharz, im Tolubalsam, im schwarzen und im weissen trocknen Perubalsam, ferner im Zimmt-, Bergamott- und Majoranöl, in den reifen Früchten des Gewürznelkenbaums, in der Vanillle, im Sternanis, in den Samen von *Evonymus europaea L.* und in den Wurzeln von *Acorus Calamus L.*, *Inula Helenium L.* und *Pimpinella Saxifraga L.*, in den Preisselbeeren (Loewe), also in Pflanzen aus den Familien der Styraceae, Papilionaceae, Amyrideae, Aurantiaceae, Styracifluae, Myrtaceae, Umbelliferae, Synanthereae, Labiatae, Aroideae, Celastrineae, Magnoliaceae und Orchideae. — Nach Löwe ist nur ein Theil der Benzoësäure im Benzoëharz fertig gebildet vorhanden, ein anderer erzeugt sich erst beim Schmelzen desselben. — Auch im thierischen Organismus wird Benzoësäure erzeugt. Man hat sie im moscovitischen und im canadischen Castoreum angetroffen; sie findet sich ferner bisweilen statt der gewöhnlich vorhandenen Hippursäure im Harn der grasfressenden Thiere, und Seligsohn (Chem. Centralbl. 1861. 241) entdeckte Krystalle der Säure in den Nebennieren eines Ochsen. Benzoësäure entsteht aus Benzylamin durch Histozym, Ferment der Schweineniere (Schmiedeberg, Berl. Ber. 15. 256).

Bildung. Die Benzoësäure lässt sich auf die mannigfaltigste Weise künstlich erzeugen. Bittermandelöl, C_7H_6O, ihr Aldehyd, geht schon beim Stehen an der Luft, rascher durch oxydirende Behandlung mit Salpetersäure, Chromsäure oder anderen Oxydationsmitteln, ferner unter Wasserstoffentwicklung durch Schmelzen mit Kalihydrat (Liebig und Wöhler) und unter gleichzeitiger Bildung von Benzylalkohol beim Kochen mit weingeistiger Kalilösung (Canizzaro) in Benzoësäure über. Chlerbenzoyl, C_7H_5OCl (auch Brom- und Jodbenzoyl) zerfällt mit Wasser in Benzoësäure und Salzsäure (Wöhler und Liebig).

Benzylalkohol, $C_7 H_8 O$, verwandelt sich beim Erwärmen mit wässriger Chromsäure in Benzoësäure (Canizzaro). Sie entsteht ferner aus Chlorbenzol, $C_7 H_6 Cl_2$, bei Einwirkung von Wasser und Luft (Cahours); aus Benzyldisulfür, $C_7 H_4 S_2$, beim Erhitzen mit Brom und Wasser auf 130° (Märcker, Ann. Chem. Pharm. **140**. 86); aus Benzol, $C_6 H_6$, wenn dasselbe in Dampfform gemengt mit Chlorkohlenoxyd, $COCl_2$, in einer erhitzten und dem directen Sonnenlicht ausgesetzten Retorte zusammentrifft und das alsdann in der abgekühlten Vorlage sich verdichtende Chlorbenzoyl durch Wasser zersetzt wird (Harnitz-Harnitzky, Ann. Chem. Pharm. **132**. 72); aus Monobrombenzol, $C_6 H_5 Br$, wenn man dasselbe mit kleinen Stückchen Natrium versetzt und in die erwärmte Mischung Kohlensäure leitet (Kekulé, Ann. Chem. Pharm. **137**. 178); aus Cinnamol (Styrol), $C_8 H_8$, Zimmtsäurealdehyd (Cinnamylwasserstoff), $C_8 H_8 O$, Zimmtsäure, $C_9 H_8 O_2$, Cuminsäurealdehyd (Cuminol, $C_{10} H_{12} O$, durch Behandlung mit Salpetersäure; aus Toluol, $C_7 H_8$, Xylol, $C_8 H_{10}$, und Cumol, $C_9 H_{12}$, bei Einwirkung von wässriger Chromsäure oder Salpetersäure (Hofmann, Abel); aus Insolinsäure, $C_9 H_8 O_4$, durch trockne Destillation (Hofmann); aus Chinasäure, $C_7 H_{12} O_6$, durch trockne Destillation (Wöhler) oder durch Erhitzen mit wässriger Jodwasserstoffsäure (Lautemann, Ann. Chem. Pharm. **125**. 9); aus Phtalsäure, $C_8 H_6 O_4$, durch mehrstündiges Erhitzen eines Gemenges gleicher Atomgewichte ihres Kalksalzes und Kalkhydrats ($C_8 H_4 Ca_2 O_4 + CaHO = C_7 H_5 CaO_2 + CCa_2 O_3$) bei möglichstem Luftabschluss auf 330–350° (P. und E. Depouilly); aus Hippursäure, $C_9 H_9 NO_3$, die beim Erwärmen mit wässrigen Säuren oder Alkalien oder bei Einwirkung von Fermenten in Benzoësäure und Glycin $C_9 H_9 NO_3 + H_2 O = C_7 H_6 O_2 + C_2 H_5 NO_2$) gespalten wird (Dessaignes); aus Populin, $C_{20} H_{22} O_8$ (s. dieses) durch Erwärmen mit wässrigen Alkalien neben Salicin (Piria); aus Cocaïn $C_{17} H_{21} NO_4$ durch Erhitzen mit conc. Salzsäure neben Methylalkohol und Ecgonin (Lossen); aus den eiweissartigen Stoffen und dem Leim durch Erwärmen mit Braunstein und verdünnter Schwefelsäure oder mit übermangansaurem Kali oder anderen Oxydationsmitteln (Guckelberger, Städeler); endlich noch aus einigen anderen Verbindungen, wie aus Chlorhippursäure, Chlorsalylsäure, Azoamidobenzoësäure, bei der Oxydation des Benzols mit Braunstein und Schwefelsäure in der Kälte (Carius), beim Einleiten von Kohlensäure in mit Chloraluminium versetztes Benzol (Friedel, Krafts) u. s. w.

Für medicinische Zwecke muss die Benzoësäure durch Sublimation aus Benzoëharz (s. dieses) dargestellt werden, da ihr bei dieser Bereitungsweise Spuren eines flüchtigen, stark vanilleartig riechenden Oels anhaften, dessen Beimengung man nicht für unwesentlich hält. Man wendet hier gewöhnlich das von Mohr angegebene Verfahren an. Das gröblich gepulverte Harz wird auf dem Boden eines runden flachen eisernen Gefässes von ungefähr 8 Zoll Durchmesser und 2 Zoll Höhe ausgebreitet. Ueber die Oeffnung spannt man lockeres Fliesspapier, das an den Rand des Gefässes festgeklebt wird, und setzt darauf einen kegelförmigen Hut von dickem Papier, der über den Rand des Gefässes hinübergreift und daran mit einer Schnur befestigt wird. Erhitzt man nun den Boden des Gefässes gelinde im Sandbade etwa 3–4 Stunden lang, so findet man nach dem Erkalten den Hut mit farblosen Benzoësäurekrystallen erfüllt. Die Menge derselben beträgt gewöhnlich nur 4 % vom angewandten Harz, kann aber durch Pulvern des geschmolzenen Rückstandes und nochmalige Sublimation so vermehrt werden, dass bei öfterer Wiederholung dieser Darstellung.

Operation bis zu $12^1/_2$ % erhalten werden. Nach Mohr kann man den Papierhut nicht unvortheilhaft durch einen Kasten von Holz oder Pappe ersetzen, der auf einen genau an das Sublimationsgefäss anschliessenden flachen und mit ziemlich weiter Oeffnung versehenen Trichter von Weissblech gesteckt wird. — Von verschiedenen anderen Sublimationsapparaten erwähnen wir als besonders zweckmässig noch den von Rump empfohlenen, dessen Einrichtung im Jahresbericht für Pharmacognos., Pharmac. und Toxikol. von Wiggers und Husemann, Jahrg. 1868. 269, ausführlich beschrieben ist. Es soll darin die Sublimation vollständig schon bei 140° erfolgen, so dass kein Verlust durch Ueberhitzung stattfindet und die Ausbeute mehr beträgt, als nach den besten Darstellungsmethoden auf nassem Wege. — Die reichste Ausbeute liefert nach Löwe die gewöhnliche Benzoë, nur $^1/_3$ derselben die Mandelbenzoë und sehr wenig die Benzoë in granis. (Siehe Hagers Commentar zur Pharmac. german. Edit. II).

Zur Darstellung der Säure auf nassem Wege sind verschiedene Methoden in Vorschlag gebracht worden. Nach dem von Geiger etwas modificirten Verfahren Scheele's mischt man gleiche Theile von gepulverter Benzoë und Kalkhydrat recht innig zusammen, kocht das Gemenge einige Stunden mit 40 Th. Wasser, filtrirt, wäscht den Rückstand mit kochendem Wasser aus, verdampft die vereinigten Flüssigkeiten auf etwa $^1/_3$ des ursprünglichen Volumens und übersättigt nun mit Salzsäure. Die beim Erkalten herauskrystallisirende Benzoësäure wird mit wenig kaltem Wasser gewaschen. Die von Bucholz empfohlene Anwendung von $^1/_4$ Th. krystallisirter Soda an Stelle des Kalkhydrats ist mit dem Uebelstand verbunden, dass dadurch Harz mit in Lösung gebracht wird (der Harzkalk ist unlöslich in Wasser, das Harznatron nicht), welches freilich dadurch wieder beseitigt werden kann, dass man die klar abgegossene Lösung kochend heiss mit Schwefelsäure neutralisirt, dann durch einen kleinen Ueberschuss von dieser das Harz ausfällt und aus dem Filtrat durch Zusatz von mehr Säure die Benzoësäure abscheidet. — Nach einem anderen Verfahren von Bucholz, welches eine Ausbeute von 13,8 % lieferte, löst man die Benzoë in ihrem 4fachen Gewicht Weingeist, mischt zu der filtrirten Lösung 12 Th. Wasser, destillirt den Weingeist ab und verdampft die vom ausgeschiedenen Harz getrennte rückständige Flüssigkeit zur Krystallisation. — Ein sonst gutes aber etwas umständliches Verfahren wurde von Wöhler beschrieben. Man löst die gepulverte Benzoë in ihrem gleichen Volumen 90—95 proc. Weingeists durch Erwärmen, vermischt noch heiss mit so viel rauchender Salzsäure, dass das Harz gefällt zu werden anfängt und destillirt nun die Mischung so lange, als deren Consistenz es erlaubt. Der Rückstand wird mit Wasser übergossen und aufs Neue destillirt und diese Operation wiederholt, bis keine Tröpfchen von Benzoësäure-Aethyläther mehr übergehen. Die vereinigten Destillate enthalten nun alle Benzoësäure in Form des genannten Aethers. Sie werden, zuletzt bei Siedhitze, mit Kalilauge digerirt, bis aller Aether zersetzt ist, worauf man durch Uebersättigen mit Salzsäure die Benzoësäure abscheidet. Die nach dieser Methode gewonnene Säure besitzt (wohl von etwas anhängendem Aether) einen angenehmen, dem der sublimirten Säure ähnlichen Geruch. R. v. Wagner (Chem. Centralbl. 1880) empfiehlt, das Benzoëharz in 3—4 Theile Essigsäure zu lösen und diese Lösung in siedendes Wasser zu filtriren, aus welchem sich die Säure ausscheidet.

Um die Benzoësäure aus sonstigem pflanzlichem Material, in dem sie enthalten ist, zu gewinnen, kocht man dasselbe am besten im gut zerkleinerten Zustande mit Kalkmilch aus, verdampft das Filtrat auf ein geringes Volumen, übersättigt nach dem Erkalten mit Salzsäure, presst den erhaltenen Niederschlag zwischen Fliesspapier und krystallisirt ihn aus wenig kochendem Wasser um.

Die zuerst von Dessaignes beobachtete Spaltung, welche die im Harn aller grasfressenden Thiere reichlich vorhandene Hippursäure beim Kochen mit wässrigen Säuren oder Alkalien oder beim Faulen mit stickstoffhaltigen Körpern erleidet (s. oben), kann mit Vortheil zur Darstellung von Benzoësäure benutzt werden. Man lässt den Harn von Pferden oder Kühen faulen, fällt ihn darauf mittelst Kalkmilch, filtrirt, concentrirt das Filtrat durch Eindampfen und scheidet nach dem Erkalten die Benzoësäure durch Uebersättigen mit Salzsäure ab. Zur Reinigung wird sie nochmals unter Zusatz von etwas Chlorkalk in dünner Kalkmilch gelöst, aus der einige Zeit gekochten Lösung durch Salzsäure wieder ausgefällt und endlich aus kochendem Wasser umkrystallisirt. Die so dargestellte Säure riecht stets nach Harn und darf zu medicinischen Zwecken nicht benutzt werden.

Vor einigen Jahren ist von P. und E. Depouilly die oben erwähnte Zerlegung in Benzoësäure und Kohlensäure, welche die Phtalsäure beim Glühen mit überschüssigem Kalkhydrat erfährt, zur fabrikmässigen Darstellung der Benzoësäure in Vorschlag gebracht worden. Sie bereiten die Phtalsäure, $C_8 H_6 O_4$, für diesen Zweck aus Naphthalin, das bei Behandlung mit chlorsaurem Kali und Salzsäure in der Kälte ein Gemenge von Naphthalindichlorür, $C_{10} H_8 Cl_4$, Chlornaphthalinhichlorür, $C_{10} H_7 Cl Cl_4$, und wenig flüssigem Naphthalinchlorür, $C_{10} H_8 Cl_2$, liefert. Letzteres wird durch Abpressen entfernt und der Rückstand im Wasserbade mit Salpetersäure erwärmt, wodurch das Naphthalindichlorür in Phtalsäure, das Chlornaphthalindichlorür in Chloroxynaphtylchlorür verwandelt wird. Dem sich absetzenden Gemenge beider Körper wird die Phtalsäure durch kochendes Wasser entzogen und durch Umkrystallisiren gereinigt. Das Chloroxynaphtylchlorür kann dann durch Auflösen in Kalilauge und Fällen der Lösung mit Salzsäure in rothe Chloroxynaphtalinsäure übergeführt werden, die als Färbematerial zu verwenden ist.

Nach Laurent erhitzt man phtalsaures Ammon, um Phtalimid herzustellen, das durch Destillation mit Kalk in Benzonitril übergeht, das man durch Kochen mit Natronlauge in Benzoësäure umwandelt. — v. Rad stellt Benzoësäure durch Erhitzen von Wasser mit Benzotrichlorid her, Grimaux und Lauth (Berl. Ber. 7. 100) durch Kochen von Benzotrichlorid mit verdünnter Salpetersäure und zwar 100 Th. Benzotrichlorid, 300 Th. Salpetersäure (35° B) und circa 200 Th. Wasser (Lunge).

Die Benzoësäure bildet farblose undurchsichtige seideglänzende monokline Nadeln und Blättchen, die unter der Loupe sich als sechsseitige Säulen darstellen. Sie ist im reinen Zustande geruchlos und schmeckt schwach aber anhaltend sauer und stechend. Sie schmilzt nach Kopp bei 121°,4 zu einer farblosen Flüssigkeit von 1,0838 spec. Gew., die beim Abkühlen strahlig-krystallinisch wieder erstarrt und bei 249°,2 ohne Zersetzung siedet. Die Entwicklung ihres die Augen zu Thränen reizenden und Husten erregenden Dampfes beginnt indess schon bei weit niedrigerer Temperatur, so dass die Säure nicht nur mit Wasserdämpfen sich in reichlicher Menge ver- Eigenschaften.

flüchtigt, sondern schon bei 100° leicht und vollständig zwischen zwei Uhrgläsern sublimirt werden kann. Durch Verunreinigungen wird die Löslichkeit geändert, sowie der Schmpkt. (Beilstein). Die Dichte des Dampfes ist nach Mitscherlich 4,27. Von kaltem Wasser wird die Benzoësäure nur wenig (200 Th. nach Bucholz, 500 Th. nach Bergmann), viel leichter dagegen von kochendem Wasser (24 Th. nach Bergmann, 30 Th. nach Trommsdorff) gelöst. Von kaltem Weingeist erfordert sie dagegen nach Bucholz nur 2 Th. und von kochendem 1 Th., von kaltem und heissem Aether 25 Th. zur Lösung. Nach Ost (J. pr. Chem. (2) **17**. 232) lösen 640 Th. Wasser bei 0° 1 Th. Benzoësäure. Nach Bourgoin (Ann. Chim. (5) **15**. 168; Bull. soc. chim. **29**. 245) sind die Löslichkeitsverhältnisse der Benzoësäure: 1000 Th. Wasser lösen von der Säure bei 0° = 1,7 g, bei 10° = 2,1, bei 20° = 2,9 und bei 100° = 58,75 g; 60 Th. Aether lösen bei 15° 23,86, 100 Alkohol (90%) bei 15° 29,39 Th., 100 absoluter Alkohol bei 15° 31,84 Th. Sie löst sich auch in fetten und flüchtigen Oelen. Leicht und ohne Zersetzung wird sie von conc. Schwefelsäure gelöst und durch Wasser unverändert daraus wieder abgeschieden.

Prüfung der Benzoësäure. Die für Heilzwecke bestimmte Benzoësäure muss weiss oder höchstens schwach gelblich und von angenehmem, jedoch nicht brenzlichem Geruch sein. Als Verfälschungen hat man Asbest, Kreide, Gyps und auch Zucker darin angetroffen. Die drei erst genannten Körper bleiben beim Verflüchtigen auf Platinblech oder beim Lösen in Weingeist zurück. Der Zucker verräth sich beim Erhitzen durch Kohlebildung und den bei seiner Verbrennung auftretenden charakteristischen Geruch. Von der sehr ähnlichen, aber wegen ihres weit höheren Preises nicht als Verfälschung zu benutzenden Zimmtsäure unterscheidet sich die Benzoësäure leicht dadurch, dass sie beim Kochen mit verdünnter Salpetersäure oder wässriger Chromsäure unverändert bleibt, während Zimmtsäure damit Bittermandelöl entwickelt. Ueber die Prüfung der Benzoësäure auf Reinheit, speciell die Prüfung der officinellen Säure siehe besonders: Spörl, Arch. Pharm. (3) **12**. 517. — C. Schneider, ebendas. (3) **20**. 401. 892. — E. Schaer, ebendas. 425. — C. Schacht, ebendas. **19**. 321; Pharmac. Zeitung. 1881 und 1882.

Zusammensetzung. Die Zusammensetzung der Benzoësäure wurde zuerst von Berzelius festgestellt. Die von Kolbe und Lautemann (Ann. Chem. Pharm. **115**. 157), dann auch von Kekulé (Ann. Chem. Pharm. 117. 145) aus dem Product der Einwirkung von Phosphorsuperchlorid auf Salicylsäure (s. diese), der sogen. Chlorsalylsäure, endlich auch von Griess (Ann. Chem. Pharm. 117. 1) aus Amidobenzamid und Diazobenzoëamidobenzoësäure dargestellte und nach ihrer Meinung mit der Benzoësäure isomere Salylsäure ist nach Reichenbach und Beilstein (Ann. Chem. Pharm. **132**. 309) nichts anderes als gewöhnliche Benzoësäure. Auch die früher von E. Kopp (Compt. rend. par Laur. et Gerh. 1849. 154) durch Behandlung von Tolu- und Benzoëharz mit Salpetersäure erhaltene und als amorphe Benzoësäure beschriebene Säure ist ohne Zweifel nur unreine Benzoësäure gewesen. Alle Angaben über isomere

Modificationen der Benzoësäure sind also dahin zu berichtigen, dass nur eine Benzoësäure von der Formel $C_7H_6O_2$ existirt.

Die Benzoësäure ist nur eine schwache Säure. Sie zersetzt zwar die kohlensauren Salze, wird aber ihrerseits durch die meisten Säuren aus ihren Salzen abgeschieden. Die meisten ihrer Salze sind neutral und nach der Formel $C_7H_5MO_2$ zusammengesetzt. jedoch bildet sie auch einige saure und basische Salze. Die ersteren sind grösstentheils krystallisirbar und fast sämmtlich in Wasser, viele auch in Weingeist löslich, und zwar leicht löslich. Man erhält sie durch Sättigen der Säure mit den freien Basen oder den kohlensauren Salzen, seltener durch doppelte Zersetzung. Salze.

Dargestellt sind folgende Salze:

Die Salze des Ammonium, Kalium, Natrium, Lithium, der alkalischen Erdmetalle, des Magnesiums, des Eisens, Kobalts, Zinkes, Silbers, Kupfers, Zinnes, Quecksilbers, Chroms, Bleies.

Benzoësaures Kali wird nach Bourgoin (Bull. Soc. Chim. (2) 9. 341 und 10. 209) in neutraler und alkalischer Lösung nur schwierig durch den elektrischen Strom zerlegt; es treten dabei am positiven Pole Sauerstoff, etwas Kohlensäure, Kohlenoxyd, bisweilen auch Acetylen und Bittermandelöl auf. — Wird Benzoësäure in Dampfform durch ein mit Bimssteinstücken gefülltes schwach glühendes Rohr geleitet, so zerfällt sie gerade auf in Benzol und Kohlensäure ($C_7H_6O_2 = C_6H_6 + CO_2$); nur bei zu starkem Erhitzen bilden sich auch Naphthalin, Kohlenoxyd, Kohle und brenzliche Producte (Barreswill und Boudault, Journ. Pharm. (3) 5. 265). Bei der trocknen Destillation eines Gemenges von Benzoësäure und Kalkhydrat tritt nur Benzol auf, da die Kohlensäure beim Kalk bleibt. Die neutralen benzoësauren Salze liefern bei der trocknen Destillation Benzol, Benzophenon, Naphthalin und andere Kohlenwasserstoffe und zurückbleibendes kohlensaures Salz, diejenigen, welche leicht reducirbare Metalloxyde enthalten, auch Benzophenid (Benzoësäure-Phenyläther). — Beim Erhitzen an der Luft verbrennt die Benzoësäure mit leuchtender russender Flamme. Durch Ozon wird sie in alkalischer Lösung vollständig zu Kohlensäure und Wasser oxydirt (Gorup-Besanez, Ann. Chem. Pharm. 125. 207). — Trifft Benzoësäure mit den Dämpfen von wasserfreier Schwefelsäure zusammen, oder löst man sie in rauchender Schwefelsäure, so entsteht Benzoëschwefelsäure (Sulfobenzoësäure), $C_7H_6SO_5$, eine krystallinische, an feuchter Luft zerfliessende zweiatomige Säure (Mitscherlich, Poggend. Annal. 31. 287). — Concentrirte Salpetersäure ist in der Kälte ohne Einwirkung; beim Kochen damit entsteht jedoch unter Entwicklung rother Dämpfe Nitrobenzoësäure, $C_7H_5(NO_2)O_2$ (Mulder), und beim Behandeln mit einem Gemenge von rauchender Salpetersäure und conc. Schwefelsäure wird Dinitrobenzoësäure, $C_7H_4(NO_2)_2O_2$, gebildet (Cahours). Die Nitrobenzoësäure bildet farblose Blättchen, sublimirt unzersetzt in feinen Nadeln schon unter ihrem bei 127° gelegenen Schmelzpunkt, löst sich schwer in kaltem, gut in kochendem Wasser, sehr leicht in Weingeist (Mulder). Die Dinitrobenzoësäure krystallisirt aus Weingeist in Blättchen oder kurzen glänzenden Säulen, ist bei vorsichtigem Erhitzen gleichfalls in zarten Nadeln sublimirbar und zeigt ähnliche Löslichkeitsverhältnisse (Cahours). Beide Säuren sind einatomig. — Durch wässrige Chromsäure wird die Benzoësäure nicht verändert; Zersetzung. Derivate.

aber beim Kochen mit verdünnter Schwefelsäure und Bleihyperoxyd wird sie zu Bernsteinsäure oxydirt (Meissner und Shepard). — Chlor ist auf trockne Benzoësäure im Schatten fast ohne Einwirkung; bei Gegenwart directen Sonnenlichtes jedoch (Herzog), oder wenn man das Gas in eine heisse wässrige Lösung der Säure einleitet, oder diese mit wässriger Chlorkalklösung oder einer Mischung von Salzsäure und chlorsaurem Kali kocht (Stenhouse), entsteht ein Gemenge von Chlorbenzoësäuren ($C_7H_5ClO_2$, $C_7H_4Cl_2O_2$ und $C_7H_3Cl_3O_2$), das nur schwierig in seine einzelnen Bestandtheile geschieden werden kann (Stenhouse). Bei gelindem Erwärmen der Säure mit Phosphorsuperchlorid wird nach Cahours Chlorbenzoyl, C_7H_5ClO, gebildet, eine farblose, eigenthümlich durchdringend riechende, bei 196° siedende, mit Wasser sich in der Kälte langsam, bei Siedhitze rasch in Benzoësäure und Salzsäure zersetzende Flüssigkeit von 1,125 spec. Gew. Diese Verbindung entsteht nach Beketoff (Ann. Chem. Pharm. **59**. 256) auch beim Erhitzen eines Gemenges von Chlornatrium, saurem schwefelsaurem Kali und Benzoësäure auf 200°, sowie nach Carius (Ann. Chem. Pharm. **151**. 291) bei Einwirkung von Chlorschwefel auf benzoësaures Natron. Lässt man das Phosphorsuperchlorid auf überschüssiges benzoësaures Alkali einwirken, so entsteht zwar auch Chlorbenzoyl, das aber mit dem benzoësauren Salz dann weiter Benzoësäureanhydrid, $C_{14}H_{10}O_3$, giebt, einen in klinorhombischen Säulen krystallisirenden, bei 42° schmelzenden, bei 310° destillirenden, beim Kochen mit Wasser sich wieder in Benzoësäure verwandelnden Körper (Gerhardt). — Flüssiges Brom wirkt im Sonnenlicht rascher auf Benzoësäure ein als Chlor unter Bildung von Monobrombenzoësäure, $C_7H_5BrO_2$, und einem anderen bromhaltigen flüssigen Product (Herzog). Die Monobrombenzoësäure ist eine farblose krystallinische, bei 100° schmelzende und bei 250° sublimirende, in Wasser wenig, in Weingeist und Aether leicht lösliche Masse (Péligot). Behandelt man wässrige Benzoësäure mit nicht überschüssigem Chlorjod, so scheiden sich neben freiem Jod gechlorte Benzoësäuren ab (Stenhouse). Lässt man dagegen das Chlorjod auf benzoësaures Natron einwirken, so bildet sich zunächst wahrscheinlich Chlornatrium und benzoësaures Jod, $C_7H_5JO_2$, das aber beim Erwärmen des Gemenges unter Verflüchtigung von Monojodbenzol, C_6H_5J, einer bei 185° siedenden Flüssigkeit, Dijodbenzol $C_6H_4J_2$, einem bei 250° siedenden, aus Weingeist in perlglänzenden Blättern krystallisirenden Körzer, und anderen Producten wieder zerfällt (Schützenberger). — Bei Einwirkung von gasförmigem Chlorcyan auf benzoësaures Kali bei 160° erhielt Cloëz (Ann. Chem. Pharm. **115**. 27) viel Cyanphenyl. — Erhitzt man nach Berthelot (Journ. Pharm. (4) 5. 424; 6. 24 und 259) Benzoësäure mit 20 Th. conc. wässriger Jodwasserstoffsäure auf 275—280°, so zerfällt sie damit in Toluol, C_7H_8, Wasser und freies Jod, während bei Anwendung von 80 Th. Jodwasserstoffsäure als normales Zersetzungsproduct Heptylwasserstoff, C_7H_{16}, secundär auch Hexylwasserstoff, C_6H_{14}, entsteht. — Wird eine gesättigte heisse Lösung von Benzoësäure, die durch Salzsäure stets schwach sauer erhalten wird, mit Natriumamalgam versetzt, so wird sie theilweise zu Bittermandelöl reducirt; in alkalischer Lösung ist die Einwirkung eine viel langsamere, und es entstehen verschiedene Säuren, aber kein Bittermandelöl (Kolbe, Ann. Chem. Pharm. **118**. 122). Nach Baeyer (Ann. Chem. Pharm. **140**. 295) wird die Reduction zu Bittermandelöl auch durch Ueberleitung von Benzoësäuredämpfen über erhitzten Zinkstaub bewirkt.

Beim Schmelzen von Kaliumbenzoat mit Natriumformiat entsteht Terephtalsäure und Isophtalsäure (Richter, Berl. Ber. 6. 876), bei der Destillation von Calciumbenzoat entsteht Benzophenon, Benzol, Anthrachinon und Tetraphenylmethan (Kékulé, Franchimont, Berl. Ber. 5. 909). — Bezüglich der weiteren Zersetzungen der Benzoësäure und ihrer Salze, sowie der übrigen Verbindungen und Derivate muss hier auf die Handbücher der organischen Chemie verwiesen werden.

Der Benzoësäure kommt eine nicht sehr starke irritirende Wirkung. und anscheinend auch eine excitirende Wirkung zu. Ihr Dampf bedingt Husten und Katarrh der Athmungswerkzeuge; im Munde erzeugt sie saure Geschmacksempfindung und brennendes Gefühl. In grossen Dosen wirkt sie auf Thiere toxisch, während ziemlich hohe Gaben der Säure oder ihrer Alkalisalze bei Menschen nur unbedeutende oder gar keine Beschwerden erregen. So nahm Schreiber (Dierbach, Synops. Mat. med. 1. 464) in zwei Tagen 15,0 Flores Benzoës, ohne danach etwas Anderes zu bekommen als Kratzen im Halse, Wärmegefühl im Abdomen und später im ganzen Körper, Zunahme der Pulsfrequenz um 30 Schläge, allmälig wieder abnehmend, Tages darauf reichlichen Schweiss und vermehrten Schleimauswurf, Eingenommenheit des Kopfes und geringe Verdauungsstörungen, von welchen Erscheinungen manche als Folge der der sublimirten Säure anhaftenden empyreumatischen Producte zu betrachten sind. Reine Säure (in Zuckersyrup Abends genommen) rief bei Keller zu 2,0 in der Nacht Schweiss, aber keine Befindensstörung hervor; nach 3 gleichen Dosen am Tage resultirte auch kein Schweiss. Piotrowsky scheint weder von 10 resp. 30 Grm. Acidum benzoicum in Pillenform noch von 10 Grm. Natrium und Ammonium benzoicum Störungen beobachtet zu haben. Bei Meissner erregten 6—8 Grm. Benzoësäure an Natron gebunden regelmässig in 30—35 Min. Nausea und Erbrechen, wenn nicht lebhafte Körperbewegung stattfand; auf Shepard machte diese Dosis keinen Effect (4 Grm. auch nicht bei Meissner). Kaninchen und Hunde ertragen mehrere Gramme innerlich ohne Beschwerden; 1,0 mit Natron verbundene Benzoësäure erregt bei Subcutaninjection, 0,5 bei Injection in das Blut keine Vergiftungssymptome. Länger fortgesetzte Einführung grösserer Mengen erzeugt indessen bei Hunden epileptiforme Anfälle, die schon nach 20 Grm. auftreten können. Auch Hühner vertragen die Fütterung mit Benzoësäure nicht lange (Meissner und Shepard). Auf Fäulnissorganismen und Infusorien (Bakterien, Vibrionen, Monaden, Amoeben) wirkt Benzoësäure unter allen organischen Säuren am meisten deleter (Dougall, Med. Times Apr. 27. 1872). Gährungs- und Fäulnissprocesse sistirt sie besser als Salicylsäure. Auch die aus Thierharn dargestellte Benzoësäure hat die gleiche Action (Salkowski).

Besonderes Interesse hat die Benzoësäure dadurch, dass sie im Schicksale i. Organismus Harn nach interner oder subcutaner Anwendung nicht als solche, sondern nach Verbindung mit einem stickstoffhaltigen Atomencomplex als Hippursäure (Benzursäure), an Alkali gebunden, wieder erscheint. Das Factum des Auftretens von Hippursäure nach Benzoëgenuss ist zuerst beim Hunde durch Wöhler, dann beim Menschen von Ure (1841) und auf Wöhlers Veranlassung durch Keller (1842) constatirt. Physiologischerseits wird es seit Dessaignes so gedeutet, dass die Benzoësäure unter Abgabe von Wasser die Elemente von Glycocoll nach der Formel $C_7H_6O_2 + C_2H_5NO_2 - H_2O = C_9H_9NO_3$ aufnimmt. Die Annahme, dass dabei die Leber als Ort der

Hippursäurebildung oder dadurch, dass sie das Glycocoll liefere, besonders betheiligt sei (Kühne und Hallwachs) ist durch Meissner und Shepard (1866) und später durch Bunge und Schmiedeberg (1877) vollständig widerlegt, und kann es namentlich nach den interessanten Versuchen der Letzteren als entschieden ausgemacht werden, dass bei Säugethieren die Nieren es sind, in denen die Umwandlung geschieht, wobei ausserdem die rothen Blutkörperchen als Sauerstoffträger eine Hauptrolle spielen. Nur die lebende Niere bewirkt die Vereinigung von Glycocoll und Benzoësäure zu Hippursäure; Chinin hebt das Vermögen derselben, diese Umwandlung zu bewirken, auf (Hoffmann). Dass Darm und Blut dieselbe nicht zu Stande bringen, geht daraus hervor, dass einerseits bei directer Einführung von Benzoësäure plus Glycocoll in das Blut Hippursäure in demselben sich nicht bildet, wie auch nach interner Einführung von Benzoësäure diese stets als solche im Blute sich findet, andererseits bei Kaninchen nach Einführung von Hippursäure in den Magen das Blut nur wenig Hippursäure, dagegen eine grosse Menge Benzoësäure enthält, die ihrerseits wieder in den Nieren umgesetzt wird, ferner weil bei directer Einführung hippursaurer Salze in den Kreislauf Intoxicationserscheinungen (heftiges Zittern, besonders bei Berührung oder Geräusch, oder Abgeschlagenheit) eintreten. Werden grössere Mengen benzoësaurer Salze in das Blut eingespritzt oder sonst eingeführt, so verwandelt sich nicht alle Benzoësäure in Hippursäure, sondern ein Theil erscheint als solche im Urin. Bisweilen findet sich bei Menschen auch durch Oxydation entstandene Bernsteinsäure in nicht geringer Quantität neben Hippursäure im Harn, die als Oxydationsproduct im Blute bei ruhigem Körperverhalten gebildet zu werden scheint (Meissner und Shepard). Bei Hühnern tritt nach Benzoësäure keine Hippursäure im Harn auf, sondern 2 neue neutrale Körper, deren einer stickstoffhaltig ist, Jaffés Ornithursäure, vermuthlich eine Glycuronsäure (Shepard, Ztschr. rat. Med. 31. 216). Die Frage, auf Kosten welches stickstoffhaltigen Körperbestandtheiles die Benzoësäure in Hippursäure übergehe, ist noch nicht entschieden. Sicher ist es nicht der Harnstoff, da dieser während der Dauer der Hippursäureabscheidung nicht vermindert ist (Meissner und Shepard). Auch scheint es nicht die neuerdings von Strecker als Glycocollverbindung erkannte Harnsäure zu sein, welche Ure als im Harne nach Benzoësäuregenuss vermindert oder geschwunden bezeichnete, indem dies Keller für gesunde und Pereira für Rheumatismuskranke in Abrede stellt. Der Angabe von Ure, dass die Säure des Urins durch Benzoësäure vermehrt werde, welche Eylandt (De acidorum sumptorum vi in urinae acorem. Dorpati. 1854) bestätigt und damit erklären will, dass die Hippursäure im Urin zum Theil frei erscheine, wird von Piotrowsky, Vogel und Kerner widersprochen. Bei gleichzeitiger Einführung von Alanin und Benzoësäure scheint nach der Gleichung $C_7H_6O_2 + C_3H_7NO_2 - H_2O = C_{10}H_{11}NO_3$ Alaninhippursäure gebildet zu werden (Hoffmann). — Ein kleiner Theil der Benzoësäure wird auch durch den Schweiss fortgeschafft, und zwar entweder als benzoësaures Salz (Schottin), was Hoffmann bestreitet, oder als bernsteinsaures Salz: dasselbe geschieht durch den Speichel (Meissner und Shepard). Im Schweiss tritt Hippursäure nicht auf (Hoffmann).

Nitro- und Chlorbenzoësäure.

Ein der Benzoësäure analoges Verhalten zeigen Nitrobenzoësäure und Chlorbenzoësäure, indem sie im Urin als Nitrohippursäure resp. Chlorhippursäure erscheinen (Bertagnini, Schulzen und Gräbe).

Die medicinische Anwendung der Benzoësäure hat eine grössere Ausdehnung erst in den letzten Decennien erlangt, wo man namentlich gewissen nicht bewiesenen Theorien über ihre Verwandlung im Organismus zu Liebe Indicationen für ihren Gebrauch aufstellte. Dahin gehört die von Golding Bird, Ure und Hauff (Würtb. Corrbl. 14. 33) proponirte Verwendung bei gichtischer Dyscrasie (harnsaurer Diathese) zur Verhinderung der Bildung von harnsauren Concrementen, die von F. Hoppe (Deutsche Klin. 13. 1857) auf die Vermehrung der Säure im Harn und die dadurch bedingte Wegräumung der die Harnkanälchen obstruirenden Phosphate basirte Empfehlung bei Morbus Brighti, bei welchem Leiden bereits früher Frerichs das Mittel zur Bekämpfung der Urämie (Ammoniämie) empfahl, wie auch Ure und Wood (Philad. Transact. 1855. March. 7) es zur Lösung von Phosphaten rühmten, zum Theil auch die Verwerthung gegen Blasencatarrh und Nierenerweiterung (Smith Soden) und Dysurie (Walker), endlich die von Falck und Justi (Corrbl. f. gemeins. Arb. 30. 1857) aus der irrigen Kühne und Hallwachsschen Theorie deducirte Anwendung gegen Leberleiden und in specie Icterus. Meist wird die Benzoësäure indess, wie schon im vorigen Jahrhundert die Benzoë, als stimulirendes Expectorans bei chronischem Bronchialcatarrh, in späteren Stadien der Bronchitis, von Croup, Pneumonie u. s. w. gebraucht, wo sie in der That manchmal Günstiges leistet. Hier fand sie neuerdings Lobredner in Malin (Casp. Wchschr. 35. 1835), Jaksch (Prager Vtljschr. 2. 1), Aberle, Reil, Schroff u. A. — Sonstige empirische Anwendungen haben wenig Bedeutung. Dahin gehört auch die Empfehlung gegen Incontinentia urinae bei Kindern (Delcour) und bei Erwachsenen (Langsdorff), bei Irritabilität der Blase (Hargrave), bei Intermittens mit Senfpulver (Rindowsky). Die antiseptischen Eigenschaften der Benzoësaure haben auch zu Versuchen geführt, dieselbe in Form von Benzoësäurewatte zu Verbänden an Stelle der Salicylsäure zu verwenden; doch wirkt die mit Benzoësäure imprägnirte Watte leicht durch Verstäuben irritirend auf die Athemwerkzeuge.

Anwendung der Benzoësäure.

Man verwendet meist die in allen Pharmakopöen officinelle, durch vielleicht die excitirende Wirkung erhöhende Empyreumatica etwas verunreinigte sublimirte Säure, Acidumbenzoicum (sublimatum) s. Flores Benzoës, seltener die aus dem benzoësauren Kalk erhaltene Säure (Acid. benz. crystallisatum nach Pharm. Bor. oder praecipitatum Ph. Norv.) in Pulver- oder Pillenform, auch in Syrup, bei Erwachsenen zu 0,1—0,5 und mehr, bei Kindern zu 0,03—0,06. Erstere passt besonders bei Affectionen der Respirationswege, wo nach Posner grössere Mengen leicht sehr heftigen Husten veranlassen sollen. Um die Löslichkeit der Säure in Wasser zu befördern, ist Zusatz von $1^1/_2$ Th. borsaurem Natron oder von 4 Th. phosphorsaurem Natron zweckmässig. — Vix empfiehlt die Dämpfe heiss gesättigter wässriger Solutionen zu Inhalationen.

Von den Salzen der Benzoësäure hat sich neuerdings das benzoësaure Natrium als Antisepticum einen Platz in der Materia medica verschafft, während es früher fast ausschliesslich in Frankreich, wie auch das benzoësaure Calcium (Mentel, Bouchardat), gegen harnsaure Diathese benutzt wurde. Auch benzoësaures Ammonium fand gegen Albuminuria scarla-

Benzoësaures Natrium u. a. Salze.

tinosa (G. Taylor), Hydrops, Gicht, Asthma und Bronchialkatarrh Verwendung. Als Antisepticum ist von Klebs auch Magnesiumbenzoat vorgeschlagen.

Völlig indifferent ist Natriumbenzoat für den menschlichen Organismus nicht, indem grosse Gaben 10% Lösung Ekchymosen im Magen hervorrufen können, die sich nach toxischen Dosen auch bei Thieren, selbst bei Subcutaninjection finden (Schulte). Bei Fröschen bewirkt es Zuckungen und selbst Tetanus, später Cessiren der Reflexaction, bei Warmblütern Lähmung der psychischen und spinalen Functionen, enormes Sinken der Eigenwärme und Tod durch Lähmung der Respiration (Schulte). Auf die Bakterienentwicklung wirkt es in gleicher Weise wie Thymol, doppelt so stark wie Carbolsäure und 3mal so stark wie Salicylsäure ein (Bucholtz). Nach Klebs und Graham sterilisirt 5% Natriumbenzoatlösung den Diphterithispilz in 1 Stunde; Kaninchen, welche 1,0 per Kilo erhalten, bieten gegen die Einimpfung desselben Immunität. Nachdem zuerst Klebs das Natriumbenzoat gegen Diphtheritis empfohlen, glaubten Rokitansky und Krozak in demselben ein Specificum gegen Lungenphthise gefunden zu haben; später empfahlen es Senator bei acutem Gelenkrheumatismus, Schüller bei phlegmonösen Abscessen, Erysipelas und analogen Affectionen, Kapuscinsky und Zielewicz gegen Brechdurchfall kleiner Kinder. Trotz der angewendeten hohen Dosen (10,0—20,0 in 5% Lösung intern pro die, daneben bei Diphtheritis noch Rachenpulver oder verstäubte 10% Lösung, bei Cholera infantum 1—2 Theelöffel 5% Solution) sind die Resultate doch keineswegs befriedigend, und bei Diphtherie und Tuberculose ist man von dem Mittel ganz zurückgekommen. Als Antipyreticum in Infectionskrankheiten ist es höchst unzuverlässig. Bei Febris hectica, wo es Lépine u. A. empfahlen, scheint die durch Thierversuche von Salkowsky und C. Virchow nachgewiesene bedeutende Steigerung des Eiweisszerfalls nicht ohne Bedenken. Schulte hatte guten Erfolg bei Gaumentuberculose und bei verschiedenen Neuralgien. Cardy (New York. med. Rec. July 24. 1880) rühmt Natriumbenzoat bei Pneumonie. Auch in der Augenheilkunde ist das z. B. von Dor bei Ophthalmia neonatorum empfohlene Mittel wieder verlassen.

Indigofera.

Indigblau. Indigotin. $C_{16}H_{10}N_2O_2$. — Literatur: Chevreul, Journ. Phys. **65.** 309; **66.** 369; Ann. Chim. **66.** 8; **68.** 284. — W. Crum, Schweigg. Journ. **38.** 22. — Berzelius, Poggend. Annal. **10.** 105. 107. — Girardin und Preisser, Journ. Pharm. **26.** 344. — Dumas, Ann. Chim. Phys. (2) **63.** 265; (3) **2.** 204. — Erdmann, Journ. pract. Chem. **19.** 321; **24.** 3. — Fritzsche, ebendas. **23.** 67; **28.** 193. — Laurent, ebendas. **25.** 430; **26.** 123; **28.** 337. — Schunck, ebend. **66.** 321; **73.** 268; **74.** 99 und 174; **75.** 376. — Baeyer, Ber. d. Deutsch. chem. Ges. 1868. 17. Baeyer und Emmerling, ebendas. 1870. 514. Baeyer, Berl. Ber. **11.** 297; **12.** 456; **13.** 2260; **14.** 1743. — Baeyer, Aquiar, Ann. Chem Pharm. **157.** 367. — Sommaruga, ebendas. **195.** 305. — Wartha, Berl. Ber. **4.** 334. — Vogel, Berl. **11.** 1364. Böttinger, Berl. Ber **10.** 269. — Berthelot, Bull. soc. chim. **9.** 189. — Cahours, Ann. chim. phys. — Baeyer, Berl. Ber. **15.** 53. 728. 2101. 2856. — N. Ljubavin, ebendas. **15.** 247.

Dieser blaue Farbstoff bildet den Hauptbestandtheil des in

Indien und Aegypten schon im Alterthum als Farbmaterial benutzten, von Dioskorides und Plinius als ἰνδικόν resp. indicum erwähnten, in Europa aber erst seit dem 16ten Jahrhundert in Gebrauch gekommenen Indigos, welcher in Ost- und Westindien, in Süd- und Mittelamerika, in Aegypten und an anderen Orten namentlich aus *Indigofera tinctoria L.*, *I. Anil L.*, *I. argentea L.*, *I. disperma L.* u. a. Indigofera-Arten (Fam. Papilionaceae) gewonnen wird, aber auch aus der Waidpflanze. *Isatis tinctoria* und *I. lusitanica* (Fam. Cruciferae), aus *Nerium tinctorium s. Wrightia tinctoria* (Fam. Apocyneae), aus *Polygonum tinctorium* und *P. chinense* (Fam. Polygoneae), aus *Marsdenia tinctoria* und *Asclepias tingens* (Fam. Asclepiadeae) und aus *Galega tinctoria* (Fam. Papilionaceae) dargestellt werden kann.

Ein dem Indigblau ähnlicher, vielleicht damit übereinstimmender Farbstoff lässt sich auch aus *Mercurialis perennis*, *Melampyrum arvense* und *cristatum*, *Polygonum Fagopyrum*, *Polygala bracteolata*, *Croton tinctorium* und *verbascifolium*, *Phytolacca decandra* und *mexicana* und *Monotropa hypopitys* gewinnen. Ausserdem kommt Indigblau pathologisch bisweilen in thierischen Flüssigkeiten vor und wurde insbesondere von Hassal (Chem. Gaz. 1854. 320) und Sicherer (Ann. Chem. Pharm. **90.** 120) im Harn, von Bizio (Wien. Acad. Ber. **39.** 32) im Schweiss, von Herapath (Chem. News. **10.** 169) im Eiter beobachtet.

Das Indigblau ist kein directes Erzeugniss des pflanzlichen Stoffwechsels, denn der Saft der den Indigo liefernden Pflanzen ist ursprünglich farblos. Nach der lange für richtig gehaltenen Ansicht von Chevreul und von Girardin und Preisser findet sich Indigweiss (s. unten), eine lösliche Wasserstoffverbindung des Indigblaus, in den Pflanzensäften und wird bei Luftzutritt zu Indigblau oxydirt. Nachdem aber Schunck darauf aufmerksam gemacht hat, dass das Indigweiss sich nur in alkalischen Flüssigkeiten löst, die betreffenden Pflanzensäfte aber sauer sind, und ausserdem gezeigt hat, dass Isatis tinctoria ein farbloses Glykosid enthält, das Indican (s. dieses), welches durch verdünnte Säuren und Fermente leicht in Indigblau und Indiglucin gespalten wird, erscheint es wahrscheinlicher, dass der Indigo auch bei den Indigofera-Arten und den übrigen Indigo liefernden Pflanzen aus einem Chromogen von Glykosidnatur seine Entstehung nimmt. Bildung

Indigblau bildet sich beim Erwärmen von Isatin mit Phosphorchlorid PCl_3, Phosphor und Acetylchlorid (Baeyer, Emmerling), bei der Reduction des Isatinchlorides mit Schwefelammonium, Zink- und Essigsäure (Baeyer), beim Erhitzen von Orthophenylpropiolsäure mit Soda und Glykose (Baeyer), bei der Oxydation der Indoxylschwefelsäure mit Eisenchlorid (Baumann, Brieger), ausserdem haben Baeyers Forschungen gezeigt, dass bei folgenden

Reaktionen Indigblau entsteht: beim Erhitzen von o-Nitrophenyloxyakrylsäure mit Phenol, durch Oxydation der Indoxylsäure, $C_9H_7NO_3$ in alkalischer Lösung an der Luft oder mit sauren Oxydationsmitteln, beim Erwärmen von Indoxylsäureäthylester mit Schwefelsäure, sowie beim Erwärmen einer Lösung von Indoxyl oder Indoxylsäure in Soda mit o-Nitrophenylpropiolsäure. Diisatogen, $C_{16}H_8N_2O_4$, liefert mit Schwefelalkalien, Zinkstaub, Ammoniak, Natronlauge oder Traubenzucker ebenfalls unter Sauerstoffaustritt und Wasserstoffeintritt Indigo, ebenso Isatinsäureäther mit alkoholischem Schwefelammonium, endlich auch Orthonitrobenzaldehyd, das mit verdünnter Natronlauge, Ammon, Barytwasser, auch Brenztraubensäure in Indigblau übergeht (Baeyer).

Darstellung des Indigo. Der Indigo wird in Bengalen und anderen tropischen Ländern aus den während der Entfaltung der Blüthe am Boden abgeschnittenen frischen Indigopflanzen in der Weise gewonnen, dass man sie in einer gemauerten Cisterne (der Gährungsküpe) einige Zoll hoch mit kaltem Wasser übergiesst, einer mit Kohlensäureentwicklung verbundenen, rasch verlaufenden, bei 30° meistens in 12—15 Stunden beendeten Gährung überlässt und die abgelassene grünlich gelbe Flüssigkeit in einem flachen Behälter (der Schlagküpe) einige Stunden mit hölzernen Schaufeln umrührt, wobei sich der Indigo in feinen Körnern absetzt. Der Absatz wird 3—4 Stunden in einem kupfernen Kessel gekocht, dann auf ein Seihtuch gebracht, ausgepresst, in Würfel zerschnitten und in der Wärme getrocknet. — Im südlichen Ostindien bereitet man den Indigo aus völlig getrockneten, nach etwa 4wöchentlicher Aufbewahrung in Magazinen bleigrau gewordenen Blättern, indem man sie mit kaltem Wasser 2 Stunden lang auszieht und den Auszug in der Schlagküpe in der angegebenen Weise weiter behandelt.

Da beide Methoden der Darstellung ohne Zweifel sehr unvollkommen sind und keine genügende Ausbeute ermöglichen, so empfiehlt Mulder (Scheik. Onderz. 3. 2. 163) die Pflanzen im Vacuum mit siedendem Wasser zu extrahiren und den im Vacuum erkalteten Auszug sogleich in verdünnte Säure einfliessen zu lassen.

Die europäische Indigogewinnung aus *Isatis tinctoria* und *Polygonum tinctorium* hat trotz vielfacher Versuche bis jetzt keine Erfolge aufzuweisen. Der Waid soll nach Chevreul im günstigsten Falle auch nur $^1/_{30}$ so viel Indigo liefern, als ein gleiches Indigofera.

Der beste Indigo des Handels enthält 70—90 % Indigblau, Mittelsorten enthalten nur 40—50, geringe wohl nur 20 %. Der Rest besteht aus Indigroth, Indigbraun, Indigleim, Spuren eines gelben Farbstoffs, Carbonaten von Kalk und Magnesia, Thonerde und Eisenoxyd.

Indigblau. Man kann aus käuflichem Indigo ein unreines Indigblau darstellen, wenn man ihn im gepulverten Zustande zur Entfernung der übrigen Bestandtheile erst mit Salzsäure, dann mit starker Kalilauge, endlich wiederholt mit Weingeist auskocht (Berzelius). — Ganz rein, aber nur in kleinerer Menge, lässt sich das Indigblau durch vorsichtiges Erhitzen des Indigos in einem Schälchen oder in einer kleinen luftleer gemachten Retorte erhalten. Es entsteht dann ein Sublimat von Indigblaukrystallen, die unter einer Loupe aus den beigemengten Kohlentheilchen herausgelesen werden können. — Gleichfalls völlig rein und in grösserem Maassstabe erhält man dasselbe, wenn man 2 Th. gepulverten Indigo, 2 Th. Traubenzucker, 3 Th. concentrirteste Natronlauge und 96 Th. 75procent. kochend heissen Weingeist in einer völlig damit anzufüllenden gut verkorkten Flasche zusammenschüttelt, nach mehrstündigem Stehen die geklärte gelbrothe Flüssigkeit abhebert und sie in einem lose bedeckten Gefässe der Einwirkung der Luft aussetzt. Es scheidet sich dann, indem sich das gebildete Indigweiss-Natron rasch durch Oxydation zersetzt, Indigblau aus, welches zuerst mit Weingeist, dann mit Wasser gewaschen wird, bis dieses farblos abläuft (Fritzsche, Marchand). Das so hergestellte Indigblau wird zweckmässig noch mit Alkohol gewaschen und dann sublimirt (Sommaruga).

Auch aus den in der Färberei aus dem Indigo hergestellten Küpen scheidet sich an der Luft ziemlich reines Indigblau aus. Bei der sog. kalten Küpe wird 1 Theil feingepulverter Indigo mit heissem Wasser übergossen, darin Kalk (2—4 Th.) gelöscht, Eisenvitriol ($1^1/_2$—3 Th.) hinzugesetzt und die Mischung mit Wasser auf 60—150 Th. gebracht. Die geklärte gelbe, Indigweiss-Kalk enthaltende Flüssigkeit setzt an der Luft bald einen blauen Niederschlag ab, dem man beigemengten kohlensauren Kalk durch Salzsäure und Indigroth durch Weingeist entziehen kann. Bei der warmen Waidküpe (Pastellküpe) wird durch Erwärmen einer Mischung von 2—6 Th. gepulvertem Indigo, 30—50 Th. Waid, 2 Th. Krapp, 2 Th. Kleie, 1—8 Th. Pottasche und $^1/_2$ Th. Kalk mit 1000 Th. Wasser auf 80° eine Gährung herbeigeführt, bei welcher Indigweiss-Ammoniak entsteht; die abgegossene braungelbe Lösung wird an der Luft erst grün und setzt dann Indigblau ab. Bei der Pottaschen- oder indischen Küpe endlich fügt man den Indigo (3 Th.) zu einem Gemisch von Krapp (2 Th.), Kleie (2 Th.), Pottasche (6 Th.) und Wasser von 60° (1000 Th.) und setzt innerhalb 48 Stunden noch die gleiche Menge Pottasche hinzu.

Eigenschaften.

Das sublimirte Indigblau bildet purpurrothe, halb metallglänzende orthorhombische Prismen oder Blättchen; das auf nassem Wege dargestellte ist ein dunkelblaues, beim Reiben dunkelkupferroth werdendes und Metallglanz annehmendes Pulver; aus Anilin krystallisirt bildet es tiefblaue Krystalle (Baeyer). Es ist geruch- und geschmacklos und reagirt neutral. Bei sehr vorsichtigem Erhitzen kleiner Mengen in offnen Gefässen verdampft es bei 288° (Crum) unzersetzt in dunkelpurpurrothen Dämpfen, Dampfdichte = 9,45. In Wasser, Weingeist, Aether, verdünnten Säuren und Alkalien ist es unlöslich. In kochendem Terpentinöl löst es sich nach Crum in kleiner Menge mit purpurrother Farbe, scheidet sich aber beim Erkalten sogleich wieder aus. Indigblau löst sich ferner in kochendem Anilin, Chloroform, Terpentin, Paraffin, Petroleum (Wartha), auch in Ricinusöl, Nitrobenzol, Phenol (Mehu, Jacobsen). Eine Lösung von Indigo in Amylalkohol zeigt einen Absorptionsstreifen zwischen D und d (Vogel).

Zersetzung. Derivate

Bei raschem Erhitzen an der Luft schmilzt das Indigblau, geräth ins Kochen und verbrennt mit heller Flamme und starkem Rauch. Bei der trocknen Destillation liefert es kohlensaures Ammon, Cyanammonium, Anilin, brenzliches Oel und hinterlässt viel glänzende aufgeblähte Kohle (Crum). — Trocknes Chlor wirkt unter 100° nicht auf Indigblau. Leitet man das Chlor dagegen zu mit Wasser angeriebenem Indigblau, so tritt rasch Entfärbung ein, es bildet sich ein pomeranzenfarbner Bodensatz und eine gelbrothe Lösung, und bei der Destillation des Ganzen verflüchtigen sich Trichlorcarbolsäure, $C_6H_3Cl_3O$ und Trichloranilin $C_6H_4Cl_3N$, während Chlorisatin, $C_8H_4ClNO_2$ und Bichlorisatin $C_8H_3Cl_2NO_2$ im Rückstande bleiben (Erdmann). Brom erzeugt ganz ähnlich Zersetzungsproducte (Erdmann), aber Jod wirkt erst in der Hitze zersetzend ein (Berzelius). Erhitzt man Indigblau mit seinem 80fachen Gewicht conc. wässriger Jodwasserstoffsäure, so findet vollständige Zersetzung statt, wobei namentlich die Kohlenwasserstoffe CH_4, C_7H_{16} und C_8H_8 gebildet werden (Berthelot). Von Bromderivaten sind bekannt Dibromindigo $C_{16}H_8Br_2N_2O_2$, von Baeyer durch Behandeln von Bromisatinchlorid mit Lösung von Jodwasserstoffsäure in Eisessig (Berl. Ber. 12. 315) entstehend. Baeyer hat auch einen Dinitro- und Diamidoindigo hergestellt. — Bei mässigem Erwärmen mit verdünnter Salpetersäure verwandelt sich das Indigblau unter lebhafter Gasentwicklung in Isatin, $C_8H_5NO_2$, während beim Erhitzen mit überschüssiger concentrirter Salpetersäure erst Nitrosalicylsäure, $C_7H_5(NO_2)O_3$, dann Pikrinsäure, $C_6H_3(NO_2)_3O$, entsteht unter gleichzeitiger Bildung von Kohlensäure, Blausäure, Oxalsäure und harzartigen Producten (Laurent, Fritsche). Verdünnte Chromsäure führt das Indigblau gleichfalls leicht in Isatin über, ebenso Ozon bei Gegenwart von Wasser (Erdmann).

Isatin.

Das Isatin, $C_8H_5NO_2$, bildet durchsichtige glänzende rothbraune luftbeständige Prismen, die ein orangerothes Pulver geben. Es ist geruchlos, schmilzt beim Erhitzen und sublimirt theilweise unzersetzt. Von kaltem Wasser wird es wenig, leichter und mit rothbrauner Farbe von kochendem Wasser gelöst; kochender Weingeist löst es reichlich, Aether weniger gut. Es vereinigt sich mit den unorganischen Basen unter Abscheidung von Wasser zu Isatin-Metalloxyden. Isatin, welches als das Anhydrid der o-Amidobenzoylameisensäure aufzufassen ist, $C_6H_4{<}{\begin{matrix}NH - CO - CO\\ CO - CO - NH\end{matrix}}{>}C_6H_4$, entsteht auch durch Oxydation des Carbostyryl C_9H_7NO mit alkalischer Kaliumpermanganatlösung (Friedländer, Ostermaier, Berl. Ber. 14. 194) durch Kochen von Orthonitrophenylpropiolsäure mit Alkalien (Baeyer), sowie auch durch Oxydation von Amidooxindol durch salpetrige Säure, Eisenchlorid unter Austritt von Ammoniak (Baeyer).

Indigblauschwefelsäure.

Von conc. Schwefelsäure wird Indigblau (und gepulverter Indigo) schon in der Kälte mit schön blauer Farbe gelöst unter Bildung von Indigblauschwefelsäure, $C_{16}H_8N_2O_2SO_3H$, Indigblauunterschwefelsäure und Phönicinschwefelsäure, $C_{16}H_9N_2O_2$, SO_3H. Von englischer Schwefelsäure sind 12—15 Th., von rauchender 4—6 Th. zur Lösung des Indigo erforderlich. Die Auflösung erfolgt bei 100° vollständiger, als in der Kälte, ohne dass weitere Zersetzung eintritt (Crum). Die Phönicinschwefelsäure entsteht namentlich bei Anwendung einer unzureichenden oder doch nicht überschüssigen Menge von Schwefelsäure und lässt sich aus der Lösung durch Wasserzusatz fällen. Sie bildet eine purpurfarbige Masse, die sich in reinem

Wasser und Weingeist mit blauer Farbe löst, aber nicht in verdünnten Säuren. Sie ist eine einbasische Säure und wird durch überschüssige Schwefelsäure leicht in Indigblauschwefelsäure übergeführt. — Die Indigblauschwefelsäure und die Indigblauunterschwefelsäure schlagen sich aus ihrer mit Wasser stark verdünnten Lösung auf Wolle nieder, der man sie alsdann durch wässriges kohlensaures Ammon wieder entziehen kann. Aus dem Rückstande der bei 50° zur Trockne gebrachten Lösung nimmt Weingeist das indigblauunterschwefelsaure Ammon auf und lässt das indigblauschwefelsaure ungelöst. Beide Säuren können dann durch Fällung der wässrigen Lösungen ihrer Ammonsalze mit Bleiacetat in Bleisalze übergeführt und daraus durch Schwefelwasserstoff isolirt werden. Es sind blaue amorphe, in Wasser und Weingeist lösliche Massen (Berzelius, Crum u. A.). Das indigblauschwefelsaure Kali, C_8H_4KNO, SO_3, wird in nicht ganz reinem Zustande aus schwefelsaurer Indigolösung durch überschüssige Pottasche als blaue weiche Masse gefällt und kam früher als Indigcarmin, *Indigo soluble*, in den Handel. Gegenwärtig ist das hauptsächlich zum Sächsischblaufärben verwandte Handelsproduct dieses Namens indigblauschwefelsaures Natron. Zu seiner Darstellung reinigt man gepulverten Indigo durch Digeriren mit sehr verdünnter Salzsäure und darauf folgendes Auskochen mit Soda, wäscht und trocknet ihn, löst ihn dann in 6 Th. rauch. Schwefelsäure bei etwa 30°, verdünnt die abgegossene Lösung mit 3 Th. Wasser, sättigt sie mit Soda und fällt das gebildete indigblauschwefelsaure Natron durch Zusatz von 5—6 Th. Kochsalz.

Verdünnte Kalilauge greift Indigblau nur wenig an, aber beim Kochen mit Kalilauge von 1,45 spec. Gewicht (bei 150° siedend) wird es ohne Gasentwicklung vollständig zersetzt und mit gelbrother Farbe gelöst. Die Lösung enthält nach Fritzsche Chrysanilsäure, $C_{14}H_{11}N_2O_3$, nach Gerhardt dagegen Isatinsäure, $C_8H_7NO_3$, und Indigweiss. Wird das Indigblau mit Kalihydrat geschmolzen, so entsteht zuerst unter Wasserstoffentwicklung und gleichzeitiger Bildung von Kohlensäure Anthranilsäure, $C_7H_7NO_2$, bei stärkerem Erhitzen dann Anilin, C_6H_7N (Fritzsche). Beim Kochen von Indigo mit Kalilauge und Braunstein entsteht reichlich Anthranilsäure.

Die Anthranilsäure = o-Amidobenzoësäure, $NH_2.C_6H_4.CO.OH$, bildet rhombische Krystalle oder Blättchen, Schmpkt. 144—145°, sublimirt, ist in Wasser und Alkohol löslich. Anthranilsäure.

Kommt Indigblau bei Gegenwart von wässrigem Alkali mit reducirend wirkenden Substanzen, wie Eisenvitriol, arsenige Säure, schweflige Säure, phosphorige Säure, Schwefelwasserstoff, Schwefelkalium, Schwefelarsen, Schwefelantimon, Zinn, Zink, Eisen, Blei, Arsen, Traubenzucker, Waid, Krapp, Kleie, Harn oder anderen leicht in Gährung oder Fäulniss übergehenden Stoffen, in Berührung, so verwandelt es sich unter Aufnahme von Wasserstoff in Indigweiss, das dann als Indigweiss-Alkali in Lösung geht. Dabei wird Indigblau in Isatinsäure und Indigweiss gespalten: $3(C_{16}H_{10}N_2O_2) + 2KOH + 2H_2O = 2K.C_8H_6NO_3 + 2C_{16}H_{12}N_2O_2$. Dabei geht die Reduction unter Umständen weiter. So entstehen z. B. bei Einwirkung einer überschüssigen weingeistigen Lösung von ätzendem und ameisensaurem Natron und Traubenzucker an Stelle des Indigweiss nach Schunck Anthranilsäure und harzartige Producte. — Das Indigweiss, $C_{16}H_{12}N_2O_2$ oder $C_{16}H_{11}N_2O_2$ kann aus den alkalischen Lösungen bei Abschluss von Luft mit Salzsäure in weissen Flocken gefällt werden und bildet, nachdem es unter sorgfältiger Verhinderung des Indigweiss.

Luftzutritts ausgewaschen und im Vacuum getrocknet ist, ein aus kleinen geruch- und geschmacklosen Krystallschüppchen bestehendes Pulver. Es ist unlöslich in Wasser, löst sich aber in Weingeist und Aether, sowie in den Lösungen der Alkalien und alkalischen Erden mit gelblicher Farbe. Es absorbirt begierig Sauerstoff und geht dadurch in Indigblau über. Mit den Alkalien und alkalischen Erden bildet es lösliche, mit Magnesia, Thonerde und den Oxyden der schweren Metalle unlösliche Verbindungen. Die oben erwähnten Indigküpen enthalten Indigweiss-Kalk resp. -Kali. Eingetauchte Gespinnste oder Gewebe saugen die Lösung auf und färben sich dann an der Luft durch Bildung von fest mit der Faser sich verbindenden Indigblau. Indigweiss liefert beim Erhitzen mit Barythydrat Zinkstaub, und Wasser bei 180° Indolin $C_{16}H_{14}N_2$.

Behandelt man nach Baeyer Indigblau mit Salzsäure und Zinn, so entsteht zunächst eine grüne Verbindung von Indigweiss mit Zinnoxydul, die bei längerem Erhitzen rein gelb wird und beim Erhitzen mit wenig Wasser und Zinkstaub reichliche Mengen von Indol, C_8H_7N, liefert. Das Indol, in geringer Menge in den menschlichen Excrementen enthalten (Brieger), bildet sich bei der Pankreasfäulniss von Albuminaten (Nencki, Berl. Ber. 7. 1593; 8. 336), beim Schmelzen von Albuminaten mit Kali neben Skatol (Engler, Berl. Ber. 9. 1411; Nencki, J. pr. Chem. (2) 17. 98), ferner beim Erhitzen von Indigoderivaten, wie Oxindol, mit Zinkstaub, o-Nitrozimmtsäure mit Kali und Eisenfeile (Baeyer, Beilstein, Kuhlberg, Berl. Ber. 2. 680 und Annal. Chem. Pharm. 163. 141; Splb. 7. 56) beim Durchleiten von Aethylanilin, besonders Diäthyl o-Toluidin durch glühendes Rohr (Caro, Baeyer, Berl. Ber. 10. 1212) u. s. w.

Indol.

Das Indol bildet grosse oder kleine atlasglänzende Blättchen, Schmpkt. 52°, löslich in heissem Wasser, Alkohol, Aether und Kohlenwasserstoffen. Salpetrige Säure erzeugt in wässriger Lösung einen rothen, krystallinischen Niederschlag von Nitrosoindolnitrat, eine mit Salzsäure versetzte alkoholische Lösung färbt Fichtenholz rasch kirschroth (Baeyer).

Wird Indigblau mit überschüssigem Chlorbenzoyl erhitzt, so entsteht braunes amorphes, bei 108° schmelzendes, in Wasser unlösliches, in Weingeist wenig, in Aether ziemlich lösliches Benzoylindigotin, $C_8H_4(C_7H_5O)NO$ (A. Schwartz, Compt. rend. 56. 1050. 1863).

Werthbestimmung des Indigo.

Da der Werth des Indigo allein von seinem Gehalt an Indigblau abhängt, so hat man sich vielfach um Auffindung bequemer und zuverlässiger Methoden zur Bestimmung desselben bemüht. Alle diese Methoden laufen entweder darauf hinaus, das Indigblau zu Indigweiss zu reduciren, sei es durch Eisenvitriol und Kalk (Berzelius), oder durch Traubenzucker und weingeistige Natronlösung (Fritzsche), um dann aus der alkalischen Lösung des Indigweiss durch Oxydation an der Luft das Indigblau rein abzuscheiden und zu wägen, wobei man nach Ullgren aber nur 0,87 desselben erhält — oder das Indigblau durch Chlor, Chromsäure, Uebermangansäure, Ferridcyankalium u. a. Oxydationsmittel zu oxydiren und dann aus der zur Entfärbung erforderten Menge der in titrirter Lösung verwendeten Oxydationsmittel das Indigblau zu berechnen. Ullgren (Ann. Chem. Pharm. 136. 96) giebt den Oxydationsmethoden als weniger zeitraubend und zuverlässiger den Vorzug und empfiehlt 1 Grm. Indigo in 10 Grm. einer Mischung von Nordhäuser und destillirter Schwefelsäure unter 50° zu lösen, die Lösung auf 1 Liter zu verdünnen, 10 Cub.-Cent. dieser Lösung in einer Porzellanschale mit 1 Liter

Wasser und 20 Cub.-Cent. kalt gesättigter Sodalösung zu vermischen und dann aus einer Burette bis zur Entfärbung von einer Ferridcyankaliumlösung zufliessen zu lassen, welche im Litre 2,5115 Grm. Salz enthält und von der jeder Cub.-Cent. 0,0005 Grm. Indigblau entspricht. Von Leuchs (Journ. pract. Chem. **105**. 107. 1868), welcher die verschiedenen Methoden einer experimentellen Prüfung unterzog, wird folgendes Verfahren als zweckmässig vorgeschlagen: Man führt den Indigo durch Eisenvitriol und Kalk in Indigweiss über, lässt einen aliquoten Theil der Lösung in eine mit Schwefelsäure angesäuerte Lösung von schwefelsaurem Eisenoxyd-Ammoniak von bekanntem Gehalt einfliessen und bestimmt nach dem Abfiltriren des gebildeten Indigblaus das aus dem Eisenoxyd reducirte Eisenoxydul nach irgend einer der bekannten maassanalytischen Methoden, um daraus dann die Menge des Indigblaus zu berechnen. Auf spectralanalytischem Wege lässt sich der Werth des Indigos ebenfalls bestimmen (Vierordt, Wolff, Z. anal. Chem. **17**. 65). — Bernthsen und Drews (Berl. Ber. **13**. 2283) schlagen zur Bestimmung des Indigblaues vor, die Indigosulfonsäure mittelst Natriumthiosulfatlösung zu reduciren und den Ueberschuss des vorhandenen Thiosulfates mit ammoniakalischer Kupferlösung maasanalytisch zu bestimmen.

Anhang. Sonstige Indigobestandtheile. — Behandelt man den käuflichen Indigo mit verdünnter Salz-, Schwefel- oder Essigsäure und wäscht mit Wasser nach, so wird dadurch der Indigleim ausgezogen und hinterbleibt nach Entfernung der Säure beim Verdunsten der Lösung als gelbe firnissartige, in Wasser und Weingeist sich lösende Masse, die sich wenig vom gewöhnlichen Pflanzenleim unterscheidet.

Dem vom Indigleim befreiten Indigo entzieht nun concentrirte Kalilauge das schon von Chevreul bemerkte, von Berzelius genauer untersuchte Indigbraun. Es wird aus der alkalischen Lösung durch Uebersättigen mit Schwefelsäure als durch beigemischtes Indigblau fast schwarz gefärbter voluminöser Niederschlag abgeschieden, den man zu weiterer Reinigung mit Wasser wäscht, und in wässrigem kohlensaurem Ammon wieder löst. Der Rückstand der eingedunsteten Lösung wird in Wasser aufgenommen und aus dem Filtrat das Indigbraun wieder mit Schwefelsäure niedergeschlagen. Es lässt sich nicht völlig rein herstellen und bildet eine braune, fast geschmacklose Masse, die sich in reinem Wasser sehr wenig, gar nicht in angesäuertem, dagegen leicht und mit brauner Farbe in alkalischen Flüssigkeiten löst (Berzelius). Indigbraun.

Kocht man den mit verdünnten Säuren und mit Kalilauge behandelten Indigo so lange mit Weingeist aus, bis dieser sich nicht mehr roth, sondern hellblau färbt, so scheidet sich aus den erhaltenen Tincturen beim Abdestilliren des meisten Weingeists ein Theil des Indigroths rein aus; der Rest kann durch Verdampfen des Filtrats, Wiederauflösen des Rückstandes in Wasser, Fällen mit einem geringen Ueberschuss von Essigsäure, wobei das begleitende Indigbraun gelöst bleibt, Auswaschen des ausgeschiedenen Niederschlags mit Wasser, Lösen desselben in Weingeist und Verdunsten der Lösung erhalten werden. Es ist ein schwarzbraunes Pulver oder eine schwarzbraune glänzende firnissartige Masse, löst sich weder in Wasser, noch in wässrigen Säuren und Alkalien, wenig in Weingeist, reichlicher in Aether. Indigroth.

Der von Säuren, Alkalien und Weingeist nicht gelöste Theil des Indigo ist ziemlich reines Indigblau.

Von Bolley und Crinsoz (Zeitschr. Chem. 1866. 573) ist durch vorsichtiges Erhitzen von rohem oder gereinigtem Bengalindigo auch noch ein goldgelber Farbstoff in kleiner Menge als Sublimat erhalten worden. Er bildet lange, bei 130° sich verflüchtigende Nadeln, die sich kaum in Wasser, nur sehr wenig in Weingeist, leichter in Natronlauge und in conc. Schwefelsäure oder Salpetersäure lösen.

Wirkung. Die Angabe von Ranke (Journ. pract. Chem. 56. 1), dass bei Einführung von Indigo in Substanz das Indigblau in den unteren Partien des Darmcanals zu Indigweiss reducirt, als solches aufgesogen und im Urin, wo es sich an der Luft wieder zu Indigblau oxydire, ausgeschieden werde, steht sowohl mit den Versuchen von Niggeler (Arch. exp. Path. 3. 71), der nach Fütterung mit Indigblau im Harn weder Indican noch einen anderen Farbstoff auffand, in Widerspruch, als mit den früheren Beobachtungen bei therapeutischen Versuchen mit Indigo, bei denen nur von einzelnen Beobachtern dunkelviolette (Roth) oder dunkelgrüne (Strahl) Färbung des Harns constatirt, häufiger keine Veränderung wahrgenommen wurde. Auf die hier und da bei Kranken stattfindende Bildung eines identischen blauen Pigments im Harn ohne Indigozufuhr (Kletzinsky) können die fraglichen Beobachtungen nicht bezogen werden. Bei Intoxication mit schwefelsaurer Indigolösung, deren Giftigkeit nur die überschüssige Schwefelsäure bedingt, ist dagegen blauer Urin beobachtet (Orfila, Bouchardat), desgleichen nach Darreichung zuvor neutralisirter Lösung (Tiedemann u. Gmelin, Kletzinsky). Bei Kranken ist nach Indigogenuss bisweilen Elimination durch den Schweiss (Stahly, Hardy) wahrgenommen; sicher geht indess die Hauptmasse des eingeführten Indigo mit den Fäces wieder ab. Auch Salkowski stellt die Resorption des Indigblaus in Abrede und fand im Harn keine Producte (Indigoroth, Indigbraun), wie Niggeler sie bei Fütterung mit Isatin erhielt.

Anwendung. Der früher gegen Gelbsucht angewandte und von Barton (1803) als Färbemittel des kalten Wassers bei dessen Gebrauche gegen Croup empfohlene Indigo wurde von Stahly (De Epilepsia. Budae, 1832), Lenhossek, Grossheim und anderen ungarischen Aerzten gegen Epilepsie gerühmt und gab dies Ideler Veranlassung zu einer Prüfung in der Berliner Charité (vgl. Roth, Heckers N. Annalen 1. 17). Hiernach bewirkte Indigo (es wurde bester Guatemala-Indigo angewendet) in starken Dosen (vielleicht rein mechanisch) meist Würgen und Erbrechen dunkelblau gefärbter Magencontenta, bei fortgesetztem Gebrauche in 3—4 Tagen cessirend, später weiche, halbflüssige, dunkelblauschwarze Stühle, mit oder ohne Koliken, allmälig gastrischen Zustand mit Appetitmangel, Druck und Schwindel des Kopfes, selbst Flimmern vor den Augen; bei einigen Patienten nach mehrwöchentlichem Gebrauche leichte Zuckungen und Sehnenhüpfen. Für die Anwendung bei Epilepsie sprachen sich zwar Roth und Ideler, die nach dem Indigo die Krämpfe anfangs heftiger, aber abgekürzt, dann nach 3—8 Wochen in jeder Beziehung abnehmen sahen und welche unter 26 Fällen 9 Fälle (von idiopathischer Epilepsie) damit geheilt und 11 gebessert haben wollen, später Hilsenberg, Sick, Noble, Blanche u. A. aus, doch kamen auch sehr bald negative Erfolge zur Beobachtung, z. B. von Strahl, der ausserdem heftige Nierenkolik durch (?) das Mittel eintreten gesehen haben will, von Rech in Montpellier, von Pereira etc. und in der jetzigen Zeit ist man völlig von dem Gebrauche abgekommen. Hubert-Rodrigues (Rév. md. chir. Avr. 1855) glaubt die Wirkung gegen Epilepsie nicht dem Indigblau, sondern der Bildung von Baldriansäure aus einer im käuflichen Indigo befindlichen leucinähnlichen Substanz zuschreiben zu müssen. So dürfte denn die von Kletzinsky vorgeschlagene Substitution eines indigschwefelsauren Salzes an Stelle des Indigo, den man in Dosen von 0,5—8,0 in Pulver oder Latwerge anwendete, keinen grossen Nutzen gewähren.

Synthese des Indigoblaues. — Bei der wissenschaftlichen, nicht minder praktischen Bedeutung der Forschungen des letzten Jahrzehntes, dahin gerichtet, die nun vollendete Indigoblausynthese durchzuführen, dürfte der Versuch hier gerechtfertigt erscheinen, eine gedrängte Uebersicht über die betreffenden Arbeiten zu geben. Als Grundlagen für die Indigosynthese müssen wohl eine Reihe von Thatsachen, bereits oben mitgetheilt, betrachtet werden, von welchen die hervorragendsten nochmals kurz erwähnt werden sollen: Die Bildung von Anthranilsäure (o-Amidobenzoësäure) beim Schmelzen mit Kali, die Oxydation des Indigo zu Isatin, $C_8H_5NO_2$, das durch Reduction Isatyd, $C_{16}H_{12}N_2O_4$, liefert, welches weiter durch Kali in Indin, $C_{16}H_{10}N_2O_2$, umgewandelt wird, die Bildung von Sulfosäuren, sowie das Reductionsvermögen des Indigblaues zu Indigweiss, auch wohl die Anilinbildung bei der trocknen Destillation des Indigoblaues.

Die Synthese des Indols, der Muttersubstanz des Indigos, durch Baeyer und Emmerling (Berl. Ber. 1869. 679) aus Nitrozimmtsäure mit Kali und Eisenfeile, sowie die schon vorher dargestellten Körper Oxindol, $C_8H_6N(OH)$, das Dioxindol $C_8H_5N(OH)_2$, (Baeyer und Knop, Ann. Chem. Pharm. **140**. 1) waren für die Entwicklung der Indigosynthese von grösster Tragweite. Baeyer schrieb das Indol $C_6H_4<^{CH\,=\,CH}_{NH}$ auf Grund seiner Erfahrungen, Kékulé aber vermuthete, das Indol könne das Orthoamidoderivat des Acetenylbenzoles sein und schrieb das Indol $C_6H_4<^{C\,=\,CH}_{NH_2}$ (Berl. Ber. 1869. 748).

Im Jahre 1870 machten Baeyer und Emmerling die bedeutsame Entdeckung, dass Isatin in Indigblau umgewandelt werden könne, nämlich durch Erhitzen von Isatin mit der 50fachen Menge einer Mischung von gleichen Theilen Chloracetyl und Phosphortrichlorid bei 75—80° im Rohre. Im Jahre 1877 kamen die nicht minder bedeutungsvollen Thatsachen hinzu, von Baeyer und Caro (Berl. Ber. 1877. 692 u. 1292) mitgetheilt, dass das Indol aus aromatischen Amminen erhalten werden könne, besonders aus Diäthylorthotoluïdin. In die Zeit vom Jahre 1870—1877 fällt die von Engler und Emmerling mitgetheilte Synthese des Indigblaues aus Nitroacetophenon (Berl. Ber. 1870. 885), welche aber weder Wichelhaus noch auch später Engler wieder gelang, sowie die Beobachtung Nencki's (Berl. Ber. 1875. 727), dass aus Indol durch Ozon Indigblau entstehe.

Das Jahr 1878 brachte nun die Synthese des Oxindols aus Isatinsäure (Suida, Berl. Ber. 1878. 584), ebenso die Synthese des Isatines durch Baeyer (Berl. Ber. 1878. 1228) und zwar durch Oxydation von Amidooxindol durch Eisenchlorid, Kupferchlorid, oder salpetrige Säure, andererseits die Isatinsynthese aus o-Nitrobenzoësäure, welche in die o-Amidophenylglyoxylsäure, mit Kalilauge alsdann in o-nitrophenylglyoxylsaures Salz verwandelt wurde und nun mit Ferrosulfat in alkalischer Lösung isatinsaures Salz lieferte, das leicht in Isatin durch Säuren zu verwandeln ist (Claisen und Shadwell, Berl. Ber. 1879. 350).

Baeyer hat die Orthonitrozimmtsäure $C_9 H_7 NO_4$, welche unter Austritt von CO_2 und $H_2 O$ theoretisch die nahen Beziehungen zum Indigblau zeigt, zum Ausgangspunkt der wahren Synthese des Indigblaues gewählt (Berl. Ber. 1880. 2254), indem er zuerst das Dibromid herstellte ($C_6 H_4 <^{CHBr - CHBr - CO.OH}_{NO_2}$), das durch alkoholische Kalilauge unter Austritt von BrH in die Orthonitrophenylpropiolsäure übergeht,

$$\left(C_6 H_4 <^{CHBr - CHBr - COOH}_{NO_2}\right) 2\,BrH$$

$$= C_6 H_4 <^{C \equiv C - CO.OH}_{NO_2}$$

Orthonitrophenylpropiolsäure liefert mit alkalischen Erden oder Alkalien Isatin, bei gleichzeitiger Gegenwart eines Reductionsmittels (Traubenzucker, Milchzucker) Indigblau.

$$C_9 H_5 NO_4 - CO_2 = \underset{\text{Isatin}}{C_8 H_5 NO_2}$$

$$C_9 H_5 NO_4 - CO_2 - O = \underset{\text{Indigblau.}}{C_8 H_5 NO}$$

Nachdem diese auch in die Praxis eingeführte Synthese vollendet war, bestrebte sich Baeyer nebst andern Forschern die Constitution des Indigblaues, des Isatines und der sonstigen Derivate aufzuklären. Da es hier nicht die Aufgabe sein kann, diese Fragen eingehender zu besprechen, so begnügen wir uns die wesentliche Literatur mitzutheilen, welche hier massgebend ist: Baeyer: (Berl. Ber. 1881. 1741) Bildung des Isatogensäureäther, des Indoïns, $C_{32} H_{20} N_4 O_5$, der Indoxylverbindungen des Indoxyls $C_8 H_7 NO$; Baeyer (ebendas. 1882. 50. 57. 775): Untersuchungen über Orthrodinitrophenyldiacetylen, Diisatogen, $C_{16} H_8 N_2 O_4$, das unter Austritt von 2 Sauerstoff und 2H Indigblau bildet, Diphenyldiacetylen etc., Oxydation des Indoxylsäureäthers, Reduction dieser Verbindung, Einwirkung von salpetriger Säure auf die Indoxylgruppe; Baeyer und Oekonomides (Berl. Ber. 15. 1882. 2093):

das Studium der Aether des Isatines, des Bromisatins, des Bibromisatines; **Friedländer** und **Ostermaier** (Berl. Ber. **1881**. 1920. 1916. **1882**. 332), **Friedländer** und **Weinberg** (ebendas. **1882**. 1421. 2103): Umwandlung des Carbostyriles in Isatin durch Oxydation mit alkalischem Kaliumpermanganat, Nachweis, dass Carbostyril ein Oxychinolin ist; O. **Widmann** (Berl. Ber. 1882. 2547): die Synthese des Indols aus Nitrocuminaldehyd, das durch Oxydation Nitrooxypropylbenzoësäure, damit mit Salzsäure Nitropropenylbenzoësäure liefert, die mit Kalk Indol bildet.

Von Bedeutung ist ferner ein neuer Weg der Indigosynthese von **Baeyer** (Berl. Ber. 1882. 2862) mittelst Anwendung des Orthonitrobenzaldehydes, das mit Brenztraubensäure und Salzsäure zu dem Condensationsproduct, der Orthocinnamylameisensäure und mittelst Alkalien, kohlensaurem Natron in Indigblau umgewandelt wird. $2 C_6 H_4 <^{CH = CH - CO - CO.OH}_{NO_2}$

o-Nitrocinnamylameisensäure

$= C_{16} H_{10} N_2 O_2 + 2 C_2 H_2 O_4.$

Auch o-Nitrobenzaldehyd und Aceton liefern ein Condensationsproduct, das mit Alkali Indigo liefert, ebenso o-Nitrobenzaldehyd und Acetaldehyd.

Durch die erwähnten Arbeiten und Thatsachen ist es wohl möglich, über die Constitution des Indigblaues und seiner Derivate Bestimmtes festzustellen. Es lassen sich zunächst für **Indol**, **Isatin** auf Grund der gewonnenen Thatsachen Constitutionsformeln mit voller Berechtigung aufstellen. Indol ist durch Combination eines Pyrrol- und Benzolrestes entstanden:

```
      H              H              H     H
      C              C              C     C
     / \\           / \\          // \   / \\
   HC    CH       HC    C       HC     C     CH
   ||    |        ||    |       |      ||    |
   HC    CH       HC —— NH      HC     C ——— NH
     \  //                        \\  /
      C                             C
      H                             H
    Benzol         Pyrrol          Indol.
```

Isatin $= C_6 H_4 <^{CO - C(OH)}_{N}$ (N mit C(OH) verbunden) **Isatinsäure** $= C_6 H_4 <^{CO.COOH}_{NH_2}$

(das innere Anhydrid ist Isatinsäure).

Die neuesten Arbeiten A. **Baeyer's** (Berl. Ber. 1883. 2188), welche uns neben geradezu überraschenden Thatsachen über die Constitution des Indigblaues Aufklärung geben und besonders dazu bestimmt waren, die Stellung des einen nicht im Benzolkern befindlichen Wasserstoffatomes im Indigomolecüle festzustellen, haben das Resultat geliefert, dass der Indigo als eine Doppeltverbindung der zweiwerthigen Gruppe $C_8H_5NO = \begin{matrix} C_6H_4 - CO \\ | \qquad\quad | \\ HN - C = \end{matrix}$, Indogen genannt, zu betrachten ist, das α-Indogenid des Pseudoisatins, „ein Diindogen sein muss (Indogenide nennt Baeyer solche Substanzen, die Indogengruppe an Stelle eines Sauerstoffatomes in irgend einem Moleküle enthalten wie z. B. das Indigrubin mit der Formel:

$$C_6H_4 \begin{matrix} \diagup NH \diagdown \\ \\ \diagdown CO \diagup \end{matrix} C = C \begin{matrix} OH \\ | \\ \diagup C \diagdown \\ \\ \diagdown C_6H_4 \diagup \end{matrix} N.$$

). — Die optischen Eigenschaften des Indigo werden dadurch erklärt, dass alle Indogenide den Azofarbstoffen ähnlich, gelb bis blauroth gefärbt sind und einige blaue Salze mit dem Indigospektrum liefern. Man braucht daher nur die Hypothese zu machen, dass durch die Verbindung der Indogengruppe mit sich selbst ihre Wirkung auf das Licht so gesteigert wird, wie wir es am Indigo beobachten. Dass Indigo ein Derivat des Diphenyldiacetylens $C_6H_5 - C \equiv C - C \equiv C - C_6H_5$ ist, hat Baeyer früher schon bewiesen, indem er aus diesem Moleküle den Indigo herstellte. Gleichzeitig wurde damit bewiesen, dass der Indigo die Atomgruppirung $C_6H_4 \begin{matrix} \diagup N \\ \diagdown C \end{matrix} - C - C - C - \overset{N \diagdown}{C} - C_6H_4$ besitzt, in welcher die Stellung des Stickstoffatomes zur Kohlenstoffseitenkette dadurch feststeht, dass der Indigo der Orthoreihe der Benzolderivate angehört.

Die neueren Experimentalforschungen haben nun die Stellung von 2 Hatomen und 2 Sauerstoffatomen klar gelegt, so dass nun feststeht, dass dass das Indigblau 2 Carboxylgruppen enthält, und zwar in unmittelbarer Verbindung mit den beiden Benzolresten, ausserdem 2 Imidgruppen im Molekül vorhanden sind. Die Constitutionsformel ergiebt sich demnach folgendermassen:

$$C_6H_4 \begin{matrix} \diagup NH \diagdown \\ \diagdown CO - \end{matrix} C = C \begin{matrix} \diagup NH \diagdown \\ - CO \diagup \end{matrix} C_6H_4.$$

Cicer. Ervum. Pisum. Lathyrus. Phaseolus.

Die Gattungen Cicer (C. arietinum, die Kichererbse), Ervum (E. Lens, Linse), Pisum (P. sativum, Erbse), Lathyrus (L. sativus, Platterbse), Phaseolus (Ph. vulgaris, Bohne) haben als Futterpflanzen sowohl als auch in ihren Samen als menschliche Nahrungsmittel eine hohe Bedeutung. Die Samen sind reich an Stärkemehl, Albuminaten, sowie auch an Phosphorsäure, bieten auch für das

Studium der Keimungsvorgänge sehr brauchbares Material, wodurch manche, wichtige pflanzenphysiologische Thatsache ermittelt wurde.

Ueber die Zusammensetzung der Samen der erwähnten Pflanzengattungen, hinsichtlich ihres Werthes als Futterstoffe und Nahrungsmittel siehe Jahresbericht für Agriculturchemie, sowie König, Zusammensetzung der Nahrungsmittel.

Die Durchschnittszusammensetzung lässt sich nach König folgendermassen feststellen:

	Feldbohnen (Vicia Faba)	Schminkbohnen Phaseolus vulgaris	Erbsen	Linsen
Wasser	14,76 %	13,74	14,99	12,34
Stickstoffsubstanzen	24,27 %	23,21	22,85	25,70
Fett	1,61 %	2,14	1,79	1,89
Stärkemehl und Analoges	49,01 %	53,67	52,36	53,46
Holzfaser	7,09 %	3,69	5,43	3,57
Asche	3,26 %	3,55	2,58	3,04

Die Haare der Blätter, Hülsen und des Stengels von Cicer arietinum scheiden eine saure Flüssigkeit aus, die Essigsäure, Oxalsäure, vielleicht auch Aepfelsäure enthält.

Das von Reinsch (Jahrb. Pharm. 18. 37) aus Lathyrus angustifolius dargestellte Lathyrin bedarf noch der Bestätigung.

Vicia.

Vicin. $C_{28}H_{51}N_{11}O_{21}$. — Literat.: Ritthausen, Berl. Ber. 1876. 301; J. pr. Chem. (2) **24**. 202. — Das Vicin ist neben Convicin Bestandtheil des Samens der Wicke (Vicia sativa) etwa zu 0,3%. Vicin.

Zur Darstellung des Vicins lässt man 1 kg gepulverte Wickensamen 12 Stunden lang mit verdünnter Schwefelsäure (20 g H_2SO_4 auf 1 l Wasser) stehen, versetzt die erhaltene Lösung mit Kalkmilch bis zur alkalischen Reaction, dampft ein und extrahirt wiederholt mit 85 % Alkohol. Das sich ausscheidende Vicin krystallisirt man aus 85 % Alkohol um.

Das Vicin krystallisirt in feinen büschelförmig vereinigten Nadeln, in 108 Theilen Wasser bei 22,5° löslich, unlöslich in absolutem Alkohol, leichter löslich in 85 % Alkohol in der Siedhitze, leicht löslich in verdünnten Alkalien und in Kalk- und Barytwasser; bei 120° treten $2H_2O$ aus. Beim Kochen mit Kalilauge, oder mit verdünnter Salz- und Schwefelsäure entsteht Divicin neben Ammoniak. Salpetersäure (1,2 spec. Gew.) bringt Vicin zum kleisterartigen Aufquellen, beim Erwärmen löst sich dasselbe und liefert beim Verdampfen einen Rückstand, der violett gefärbte Ränder besitzt. Mit Säuren, spec. mit Salzsäure und Schwefelsäure entstehen lösliche, krystallinische Körper, mit Quecksilberoxyd bildet sich eine unlösliche Verbindung.

Divicin.

Divicin. $C_{31} H_{50} N_{30} O_{16}$ (?). — Beim Erwärmen von Vicin, in verdünnter Schwefelsäure (1 : 5) gelöst, scheiden sich beim Abkühlen Divicinsulfatkrystalle ab, die man mit Kali zerlegt. Es bildet flache Prismen, die sich an der Luft färben. Die wässrige Lösung zersetzt sich leicht, reducirt Silberlösung, färbt sich mit Eisenchlorid und Ammoniak blau. Divicin ist löslich in kalter Kalilauge, liefert beim Schmelzen mit Kali Ammoniak und Kaliumcyanid, wie das Vicin.

Convicin

Convicin. $C_{10} H_{14} N_3 O_7 + H_2 O$ (?). — In den Mutterlaugen nach Abscheidung des Vicins aus den Wickensamen ist Convicin enthalten, rhombische Blättchen, beim Schmelzen zersetzbar, wenig löslich in Wasser und Alkohol, beim Schmelzen mit Kali nur Ammoniak liefernd. Die wässrige Lösung wird durch Quecksilberoxydnitrat vollkommen gefällt.

c. Cäsalpiniaceae.

Ceratonia.

Die Schoten von Ceratonia Siliqua (Johannisbrod) sind sehr zuckerreiche Früchte, die bis 50 % Glycose enthalten, 1 % Fett, ausserdem Isobuttersäure (Redtenbacher, Ann. Chem. Pharm. 57. 177. — Mercer, Pharm. J. Trans. 1857. 489. — Völcker, J. pr. Chem. 5. 401. — Reinsch, J. pr. Chem. 5. 401).

Balsamocarpum.

Die Frucht von Balsamocarpum brevifolium kommt als Algarobilla in den Handel und zeichnet sich durch einen hohen Gerbsäuregehalt aus.

R. Godeffroy (Zeitschr. östr. Apothver. 1879) fand darin 59,2 % Gerbsäure, Hartwich (Arch. Pharm. **216**. 281) nie mehr als 64 %.

Bowdichia.

Sicopirin.

Peckolt (Zeitschr. östr. Apothver. 1876. 289) hat die Theile der Bowdichia major näher beschrieben und untersucht. Aus den Blättern des Baumes fliesst, durch Insektenstiche veranlasst, ein Saft der erhärtet und aus reichlich Harzsäuren, Gummi und bassorinähnlichen Substanzen besteht. Die Wurzelrinde liefert aus dem ätherischen Extracte durch Behandeln desselben mit Alkohol von 32° einen krystallinischen Rückstand, das sog. Sicopirin, $C_{16} H_{12} O_5$, in Aether und heissem Alkohol löslich, mit verdünnter Schwefelsäure Zucker liefernd.

Spirgatis (Buchners Repertor. 20. 765) hat aus der Rinde von Bowdichia virgilioides (der amerik. Alkornoquerinde) einen krystallinischen Körper erhalten, dem Cholesterin ähnlich, sehr indifferent

Aloëxylon.

Das flüchtige Oel des Aloëholzes (Aloëxylon Agallochum?) besteht nach Gladstone (Pharm. J. Trans. (3) 2. 687) aus einem vorwiegend bei 200° siedenden Bestandtheile, spec. Gew. 0,864, wahrscheinlich isomer mit Melissenöl, $C_{10} H_{16} O$.

Moringa.

Das Behenöl, das fette Oel der Früchte von *Moringa oleifera Lam.* und

M. aptera Gärtn., ist farblos oder schwach gelblich, bei Wintertemperatur fest, erst bei 25° völlig flüssig, von 0,912 spec. Gew.

Behensäure. $C_{22}H_{44}O_2$. — Literat.: Mulder u. A. Völcker, Journ. pract. Chem. **39**. 351; auch. Ann. Chem. Pharm. **64**. 342. Behensäure.

Zur Darstellung dieser in den aus den Samen von *Moringa oleifera Lam.* gewonnenen Behenöl vorkommenden Säure scheidet man das aus der Seife des Oels erhaltene Fettsäurengemenge durch Pressen in einen flüssigen und festen Antheil. Letzteren löst man in heissem Weingeist, sammelt den noch vor dem völligen Erkalten herauskrystallisirenden Theil und verfährt damit noch 6—8mal in gleicher Weise. So erhält man zuletzt reine Behensäure als weisse krystallinische zerreibliche Masse, die bei 76° schmilzt, sich gut in Weingeist löst und der Stearinsäure in ihrem sonstigen Verhalten gleicht. — Die oben angegebene von Strecker (Ann. Chem. Pharm. **64**. 346) vorgeschlagene Formel passt besser zu Völckers Analysen, als die von ihm selbst aufgestellte Formel $C_{21}H_{42}O_2$.

Aus Dibrombehensäure hat Hausknecht (Ann. Chem. Pharm. **143**. 41) mit alkoholischem Kali bei 140—145° eine Säure die Behenolsäure, $C_{22}H_{40}O_2$, dargestellt, Nadeln, Schmpkt. 57,5°, leicht löslich in absolutem Alkohol, giebt mit rauchender Salpetersäure Dioxybehenolsäure, Brassylsäure, $C_{11}H_{10}O_4$, und einen Aldehyd, $C_{11}H_{20}O_3$.

Aus dem von *Moringa aptera Gärtn.* stammenden Behenöl ist von Ph. Walter (Chem. Centr. 1846. 893) neben der Moringasäure auch eine von ihm für eigenthümlich gehaltene und gleichfalls Behensäure genannte feste Säure in sehr kleiner Menge dargestellt worden, die aus Weingeist in lockeren Warzen krystallisirt und darin leichter löslich ist als Margarinsäure. Heintz (Poggend. Annal. **92**. 601) hält sie für ein Gemenge von Palmitinsäure und Myristinsäure.

Moringasäure. $C_{15}H_{28}O_2$. — Diese der gewöhnlichen Oelsäure sehr nahe stehende, vielleicht damit identische Säure findet sich nach Ph. Walter (Compt. rend. **22**. 1143; auch Chem. Centralbl. 1846. 893) in demjenigen Behenöl, welches die Samen von *Moringa aptera Gärtn.* liefern. Sie ist ein farbloses oder schwach gelblich gefärbtes geruch- und geschmackloses Oel von 0,909 spec. Gew. bei 12°,5, das bei 0° strahlig krystallinisch erstarrt, Lackmus röthet und sich leicht in kaltem Weingeist, Holzgeist, Aether und Terpentinöl löst. Von conc. Schwefelsäure wird sie in der Kälte blutroth gefärbt, beim Erwärmen verkohlt. Moringasäure.

Caesalpinia.

Die Gattung Caesalpinia liefert die Farbhölzer, Fernambuk-, Rothholz, Brasilienholz, von Caesalpinia echinata stammend, sowie das Sappanholz von Caesalpinia Sappan. Das darin enthaltende Chromogen ist das Brasilin.

Die Spec. Caesalpinia coriaria liefert die gerbstoffreichen Früchte „Dividivi“, welche von Löwe (Zeitschr. anal. Chem. **14**. 35) näher untersucht sind. Der hieraus dargestellten Gerbsäure, $C_{14}H_{10}O_{10}$, giebt derselbe den Namen Ellagengerbsäure, die sich durch ein Plus von O von Digallussäure und ein Plus von $2H_2O$ von Ellagsäure unterscheidet (siehe Gerbsäuren S. 455).

Brasilin.

Brasilin. $C_{16}H_{14}O_5$. — Literat.: Chevreul, E. Kopp, Berl. Ber. 6. 447. — Bolley, J. Chem. M. 1864. 545. — Liebermann, Burg, Berl. Ber. 9. 1885. — Benedict, Ann. Chem. Pharm. 178. 100. — Schreder, Berl. Ber. 1872. 572. — Preisser, Ann. Chem. Pharm. 52. — Reim, Berl. Ber. 4. 334. — Perkin, Hummel, ebendas. 15. 2343. — M. Wiedemann, Dissertat. Würzburg, 1883.

Das Brasilin ist Bestandtheil des Fernambuk und Sappanholzes. Das Material zur Darstellung ist am besten das Brasilienholzextract, oder noch besser die sich beim Aufbewahren des Extractes bildenden Krusten, aus Brasilin und Brasilinkalk bestehend, welche man mit Wasser auskocht, dem 5—10 % Alkohol zugesetzt sind, bei gleichzeitiger Gegenwart von Salzsäure und Zinkstaub. Das Brasilin krystallisirt leicht aus piesen Lösungen.

Brasilin bildet weisse seideglänzende Nadeln (Bolley) oder gelbe, grosse, vielleicht rhombische Krystalle, mit $1 H_2O$. Dieselben sind löslich in Wasser, Alkohol und Aether, mit carminrother Farbe in Alkalien.

Bei vorsichtiger Oxydation entsteht Brasileïn. Bei Einwirkung von salpetriger Säure auf ätherische Lösung von Brasilin entsteht ein Farbstoff, $C_{66}H_{51}O_{21}N$ (?), mit Salzsäure und Kaliumchlorat Isotrichlorglycerinsäure (Benedict). Bei der trocknen Destillation bildet sich Resorcin (Kopp), mit Salpetersäure Trinitroresorcin. Dargestellt sind ferner die Tetracetylverbindung, Dichlor- und Dibrombrasilin, die Bleiverbindung ($Pb, C_{16}H_{12}O_5 + H_2O$) (Liebermann, Burg). Die wässrige Lösung des Brasilins giebt mit Bleiacetat, Eisenchlorid, Quecksilberchlorid und Zinnchlorid gefärbte Niederschläge, reducirt Silbersalze (Wiedemann). Beim Erhitzen von Brasilin mit Jodwasserstoffsäure entsteht unter Austritt von Sauerstoff Brasinol, $C_{16}H_{14}O_4$, Schmpkt. 240°, aus letzterem mit Jodwasserstoffsäure ein Körper $C_{16}H_{26}O_3$; beim Brasilin mit Zinkstaub bildet sich der Kohlenwasserstoff $C_{16}H_{14}$, beim Schmelzen mit Kali Resorcin, Ameisensäure, Essigsäure (Wiedemann).

Brasileïn.

Brasileïn. $C_{16}H_{12}O_5$. — Dasselbe entsteht am besten durch Versetzen einer heissen, wässrigen Brasilinlösung (3 zu 300) mit alkoholischer Jodlösung (2 zu 20). Silberglänzende, graue Blättchen, leicht löslich in Alkalien mit rother Farbe.

Perkin und Hummel stellen Brasileïn aus Brasilienholz her, indem sie den wässrigen Auszug des Holzes mit Ammonüberschuss versetzen und in heissem Wasser (40 g in 1 l) gelöst mit 30—160 g Essigsäure (1,04 spec. Gew.) versetzen und nun digeriren; nach dem Erkalten scheidet sich unreines Brasileïn aus, das aus heisser Essigsäure umkrystallisirt wird. Das so hergestellte Brasileïn bildet dunkle Krystalle, mit grauem Metallglanz, löslich in Wasser mit hellrother Farbe und orangerother Fluorescenz.

Mit Schwefelsäure entstehen:

$C_{16}H_{11}\overset{H}{O_4}\left\{SO_4\right. + H_2O$ und $C_{16}H_{12}O_5, 2\left(C_{16}H_{11}\overset{H}{O_4}\left\{SO_4\right.\right)$ stark färbende Verbindungen, mit Salzsäure bei 100° im Rohre, $C_{16}H_{11}O_4Cl$, mit Bromwasserstoff, $C_{16}H_{11}O_4Br$. Mit Phtalsäureanhydrid entsteht bei 120° ein neuer Farbstoff. Baeyer hält Brasileïn für ein Phtaleïn. J. Schreder hat durch Schmelzen von Sappanholzextract mit Kali, Zersetzen der Schmelze mit Säuren und Umkrystallisiren des ausgeschiedenen Körpers aus Aether weisse
Sappanin. Blättchen hergestellt, das sog. Sappanin, $C_{12}H_6(OH)_4$, leicht löslich in Alkohol, Aether, siedendem Wasser, unlöslich in Chloroform, Benzol. Wässrige

Lösung wird durch Eisenchlorid kirschroth, reducirt Silber- und Kupferlösungen, wird durch Bleiacetat gefällt. Mit Salpetersäure entsteht Trinitroresorcin, mit Acetylchlorid Tetracetylsappanin.

Hämatoxylon.

Hämatoxylin. $C_{16}H_{14}O_6$. — Literat.: Chevreul, Ann. Chim. 82. 53 und 126. — O. L. Erdmann, Journ. pract. Chem. 26. 193. — O. Hesse, Journ. pract. Chem. 75. 218; Ann. Chem. Pharm. 109. 332. — Rammelsberg, J. Chem. M 1857. 490. — Rich. Meyer, Berl. Ber. 12. 1398. — Reim, ebendas. 4. 329. — Wagner, J. Chem. M. 1877. 1156. — Letts, Berl. Ber. 12. 1652. — Halberstadt, Reis, ebendas. 14. 611. — Benedikt, Ann. Chem. Pharm. 178. 88. — Weselsky, ebendas. 170. 100. — Schützenberger, J. Chem. M. 1862. 495. — Maschke, Berl. Ber. 1874. 1535. — Perkin, Hummel, ebendas. 15. 2237. Hämatoxylin.

Dieses Chromogen wurde schon im 2ten Jahrzehnt unseres Jahrhunderts von Chevreul entdeckt, aber erst 1842 von Erdmann rein dargestellt. Es findet sich in dem aus Mexiko und den Antillen eingeführten Campeche- oder Blauholz, dem von Rinde und Splint befreiten Kernholz von *Haematoxylon campechianum L.*

Man stellt es am besten aus dem trocknen Blauholzextract des Handels dar, das $9^1/_2$—$12^1/_2$ % davon enthält, bisweilen zu einem Theil schon in langen Nadeln auskrystallisirt. Dasselbe wird gepulvert, mit viel Sand gemengt und darauf wiederholt kalt mit dem 5—6fachen Volumen wasserhaltigen Aethers ausgezogen. Die das Hämatoxylin enthaltenden Auszüge werden dann durch Abdestilliren des Aethers bis zur Syrupsdicke concentrirt, nach Zusatz von etwas Wasser der Krystallisation überlassen und die daraus angeschossenen Krystalle nach vorgängigem Abwaschen mit kaltem Wasser und Auspressen aus kochendem Wasser, das etwas schweflige Säure, zweifach-schwefligsaures Ammoniak oder Natron enthält, umkrystallisirt (Erdmann, Hesse). Darstellung.

Das Hämatoxylin krystallisirt aus wässrigen Lösungen gewöhnlich mit 3 At. H_2O in farblosen durchsichtigen glänzenden Säulen des quadratischen Systems, die sich aber bisweilen in salzhaltigen Lösungen unter der Flüssigkeit in orthorhombische Krystalle mit nur 1 At. H_2O umbilden (Hesse). Diese wasserwärmeren Krystalle scheiden sich auch wohl aus kochend gesättigten wässrigen Lösungen erst längere Zeit nach vollständigem Erkalten in harten körnigen Krusten aus, die leichter als die wasserreicheren im Lichte sich röthen (Erdmann). Das Krystallwasser entweicht bei 100—120° vollständig, ohne dass, wenn vorsichtig erwärmt wird, dabei Schmelzung eintritt. Aus den Lösungen alkalisch reagirender Salze, wie unterschwefligsaurem Natron, Borax, basisch phosphorsaurem Natron u. s. w. scheidet sich das Hämatoxylin beim Erkalten oder auf Zusatz von Kochsalz und anderen Neutralsalzen als amorphe Masse aus, die dann auch aus reiner wässriger oder weingeistiger Lösung Eigenschaften.

erst auf Zusatz von etwas freier Säure wieder in Krystallen anschiesst. — Das Hämatoxylin schmeckt stark und lange anhaltend süssholzartig. Es löst sich in kaltem Wasser nur langsam und in geringer Menge, sehr reichlich dagegen in kochendem. Auch in Weingeist löst es sich, schwieriger in Aether. Von den Lösungen alkalisch reagirender Salze wird es reichlicher aufgenommen als von Wasser, von Kochsalzlösung schwieriger. Das Rotationsvermögen der wässrigen Lösung ist nach Hesse $[\alpha]j = 92^0$.

Zersetzung. Derivate. In der wässrigen Lösung erzeugt Barytwasser einen weissen, an der Luft dunkelblau und später braunroth werdenden Niederschlag. Bleizucker und Bleiessig geben gleichfalls weisse, bald blau werdende Niederschläge; Zinnchlorür fällt rosenroth, Kupfervitriol schmutzig grünlich grau, bald in Blau übergehend, und auch die Salzlösungen anderer schwerer Metalle geben damit Fallungen.

Das Hämatoxylin färbt sich im Lichte, selbst im Vacuum, röthlich, ohne seine Zusammensetzung nachweisbar zu ändern. Beim Erhitzen wird es vollständig zerstört (Erdmann). In feuchter stark ozonisirter Luft färbt es sich rasch rostbraun, zerfliesst und verwandelt sich endlich in eine farblose, durchsichtige, Oxalsäure enthaltende Masse. Mit ätherischer Hämatoxylinlösung getränktes Filtrirpapier kann nach Schönbein demnach als Reagens auf Ozon dienen, indem es in ozonhaltiger Luft schnell rothgelb, dann braunroth, endlich wieder farblos wird. Nach Schönbein (Journ. pract. Chem. 18. 257) sind auch die rothen oder violetten Färbungen, welche feuchtes oder wässriges Hämatoxylin mit den Superoxyden des Mangans, Bleis und Nickels, mit Eisenoxydsalzen, Chromsäure, Uebermangansäure u. s. w. erleidet, auf den in diesen Verbindungen enthaltenen negativ-activen Sauerstoff zurückzuführen. — Aehnlich dem Ozon wirkt das Chlor. Auch Salpetersäure ruft im verdünnten Zustande Röthung hervor, während concentrirte rasch unter Bildung von Oxalsäure zerstört. Die Oxyde und Salze des Silbers und Quecksilbers, sowie auch alkalische Kupferoxydlösung, werden durch Hämatoxylin mehr oder weniger vollständig reducirt (Erdmann). — Bei der trocknen Destillation entsteht Pyrogallol und Resorcin (R. Mayer). Beim Schmelzen mit Kali ebenfalls Pyrogallol. Die Lösungen des Hämatoxylins geben mit Eisenoxydlösungen schwarzviolette Niederschläge, mit Ammoniumvanadat schwarzblaue Färbungen, ebenso mit Kaliumdichromat schwarze Färbung (Tinte).

Dargestellt sind ferner ein Hexacetylhämatoxylin, ferner ein Phtalein, durch Erhitzen von 2 Mol. Hämatoxylin und 1 Phtalsäureanhydrid (Letts), purpurfarben. — Von wässrigem Ammoniak wird das Hämatoxylin mit anfangs rosenrother, dann schön purpurrother Farbe gelöst. Die Lösung absorbirt an der Luft rasch Sauerstoff, wird dadurch endlich schwarzroth und enthält nun Hämateïn-Ammoniak, $C_{16}H_{12}O_6$, $2NH^3$, das beim Verdunsten herauskrystallisirt. Es bildet mikroskopische violette vierseitige Prismen, die sich in Wasser mit purpurrother, in Weingeist mit braunrother Farbe lösen. Beim Erhitzen auf 130° verliert es das Ammoniak und verwandelt sich Hämateïn, dass auch auf Zusatz von Essigsäure zu seiner wässrigen Lösung sich abscheidet.

Hämateïn. $C_{16}H_{12}O_6$. — Hämateïn entsteht noch beim Stehenlassen einer mit wenigen Tropfen Salpetersäure versetzten Lösung von Hämatoxylin in Aether, auch nach der oben bei Brasileïn angegebenen Methode (Perkin, Hummel). Dasselbe bildet je nach der Darstellung dunkelgrüne metallglänzende Massen, oder schwarzviolettes Pulver, oder kleine braunrothe Krystalle, oder gelbgrüne, metallglänzende Blättchen, schwer löslich in Alkohol Eisessig, unlöslich in Chloroform und Benzol. Wasserfrei krystallisirt Hämateïn in rothen, metallglänzenden Krystallen. 100 Th. Wasser lösen 0,06 bei 20°, 100 Th. Aether bei 20°, 0,013, Alkalien lösen mit blauer Farbe, braunwerdend. Die Ammoniakverbindung $C_{16}H_{12}O_6$, 2 NH_3 bildet violettschwarze Körner, in Wasser löslich, die mit Metallsalzen gefärbte Niederschläge geben. — Hummel und Perkin studierten mit Bezugnahme auf die Annahme Baeyers, dass Hämateïn ein Phtaleïn wäre, die Einwirkung von Schwefelsäure, Salzsäure und Bromwasserstoffsäure auf Hämateïn. Sie erhielten: $C_{16}H_{11}\overset{H}{O_5}\left\{SO_4\right. + H_2O$, $(C_{16}H_{12}O_6)_2\,C_{16}H_{11}\overset{H}{O_5}\left\{SO_4\right.$, ferner Isohämateïnchlorhydrin, $C_{16}H_{11}O_5Cl$, sowie $C_{16}H_{11}O_5Br$. Werden die Chlor- und Bromhydrine mit Silberoxyd zerlegt, so entsteht Isohämateïn, isomer aber nicht identisch mit Hämateïn.

Fliesspapier, das mit conc. weingeistiger Hämatoxylinlösung getränkt wurde, ist ein feines Reagens auf Ammoniak und wird noch von einer Flüssigkeit, die nur $^1/_{1000000}$ Ammoniak enthält, deutlich orangeroth gefärbt (Reuling, Wildenstein, Zeitschr. analyt. Chem. 2. 9 und 422). — Von ätzenden und kohlensauren Alkalien und ätzenden und doppelt kohlensauren alkalischen Erden werden Hämatoxylinlösungen bei Zutritt der Luft anfangs veilchenblau, später purpurroth und braun gefärbt. Hämatoxylinpapier oder einfach weingeistige Campecheholztinctur ist daher auch für diese Körper ein treffliches Reagens.

Tamarindus.

Die Früchte von Tamarindus indica waren vielfach Gegenstand der Untersuchung. Vauquelin fand darin schon 12,5% Zucker, 9,4 Citronensäure, 1,5 Weinsäure, 3,2% Weinstein, Aepfelsäure 0,4. v. Gorup wies darin, wohl als Gährungsproducte, Ameisensäure, Essigsäure und Buttersäure nach, Nessler will bis 13,5% Citronensäure gefunden haben, andere Analytiker behaupten, die Citronensäure fehle. K. Müller (Pharm. Centrlh. 1882) untersuchte 9 Handelssorten, constatirte, dass Citronensäure und Aepfelsäure nur in Spuren vorhanden seien und giebt folgende Grenzzahlen hinsichtlich der Hauptbestandtheile: Samen 1,5–38 %, Wasser 21,9—32,58 %, Weinstein 4,6—6 %, Weinsäure 5,2–8,8 %.

Krameria.

Ratanhiagerbsäure. — Findet sich nach Wittstein (Viertelj. pr. Pharm. 3. 353; 6. 621) sowohl in der Rinde der officinellen von *Krameria triandra R. et P.* stammenden Ratanhiawurzel, als auch in der Rinde der *Savanilla-Ratanhia*, der Wurzel von *Krameria tomentosa*. — Zur Darstellung zieht man die gepulverte Rinde mit Aether aus, verdunstet den Auszug, nimmt den Rückstand in 90proc. Weingeist auf und verdunstet diese Lösung wiederum zur Trockne. Die Säure hinterbleibt dann als glänzende tiefrothe amorphe Masse, die sich auch in warmem Wasser nur unvollständig mit schmutzig rosarother Farbe, vollständig aber auf Zusatz einiger Tropfen Ammoniakflüssigkeit löst. Weingeist löst sie leicht. Die wässrige Lösung wird durch Eisenchlorid dunkelgrün gefärbt, dann gefällt, durch Leimlösung fleischroth, durch Brechweinstein nicht gefällt. Das nach Vorabfällung durch wenig Bleizucker aus der weingeistigen Lösung der Säure durch überschüssigen Bleizucker gefällte ratanhiagerbsaure Bleioxyd (nach Wittstein: 2PbO, $C_{54}H_{24}O_{21}$) ist nach dem Trocknen ein dunkelrothes Pulver (Wittstein).

Wird reine, aus dem Bleisalz durch Schwefelwasserstoff frei gemachte Säure längere Zeit mit 5proc. wässriger Schwefelsäure im Wasserbade erwärmt, so scheidet sich rothbraunes Ratanhiaroth ab (Wittstein), während Zucker in Lösung bleibt. Dasselbe kann nach Grabowski (Ann. Chem. Pharm. **143.** 274) auch durch Fällung des heissen wässrigen Auszugs des Ratanhiaextractes mit Bleizucker, Zerlegung des Niederschlags mit Schwefelwasserstoff, Kochen des Filtrats mit verdünnter Schwefelsäure, Lösen des abgeschiedenen unreinen Products in wässrigem Ammoniak und Wiederausfällen mittelst Salzsäure dargestellt werden. Es ist nach der Formel $C_{26}H_{22}O_{11}$, also wie das rothe Zersetzungsproduct der Kastaniengerbsäure (s. diese) zusammengesetzt und verhält sich diesem ganz ähnlich (Grabowsky).

Ratanhin. **Ratanhin.** $C_{10}H_{13}NO_2$. — Findet sich nach Ruge (Viertelj. Zürich. naturf. Gesellsch. 6., Heft 3; auch Jahresber. Chem. 1862. 493) im Amerikanischen Ratanhiaextract, dem in Südamerika aus frischen Wurzeln von *Krameria triandra R. et P.* und wahrscheinlich auch von anderen Krameria-Arten bereiteten wässrigen Extract, das davon höchstens 1,26 Proc. enthalten soll. Nach Fr. Gintl (Chem. Centralbl. 1869. 394; 1870. 281) ist es identisch mit dem Angelin, das hiernach als Alkaloid in Wegfall kommen würde. Zur Darstellung fällt man die Lösung des Extracts mit Bleiessig, verdunstet das entbleite Filtrat auf ein kleines Volumen und reinigt die nach 12 Stunden angeschossenen Krystalldrusen, indem man sie nach dem Abpressen und Waschen zunächst aus ammoniakalischer Lösung durch freiwilliges Verdunstenlassen derselben umkrystallisirt, dann ihre heisse Lösung nochmals mit etwas Bleiessig ausfällt, das Filtrat kochend durch Schwefelwasserstoff entbleit und nun wiederum krystallisiren lässt.

Das Ratanhin bildet grosse kugelförmige, aus zarten weichen Nadeln bestehende Krystalldrusen, die zu einer verfilzten Masse eintrocknen. Es löst sich in 125 Th. kochenden Wassers, viel weniger reichlich in kaltem Wasser, damit jedoch leicht übersättigte Lösungen bildend. Von gewöhnlichem Weingeist erfordert es bei Siedhitze 2345 Th., bei 15° 9480 Th. zur Lösung, während es in absolutem Weingeist und Aether unlöslich ist.

Das Ratanhin gehört nach seinem chemischen Charakter in die Kategorie der Amidosäuren. Es verbindet sich nach Art des Tyrosins, mit dem es homolog ist, sowohl mit Mineralsäuren, als mit stärkeren basischen Metalloxyden und vermag aus den Carbonaten der Erdalkalimetalle die Kohlensäure auszutreiben. Von diesen Verbindungen wurden das salzsaure Ratanhin $C_{10}H_{13}NO_3$,HCl., neuerdings von Gintl auch das schwefelsaure R., $C_{10}H_{13}NO_3$, SH_2O_4 und das phosphorsaure R., $C_{10}H_{12}NO_3$, PH_3O_4, krystallisirt erhalten, und zwar in farblosen, sauer reagirenden, durch Zusatz von Weingeist oder Aether zu ihren wässrigen Lösungen unter Abscheidung von Ratanhia sich zersetzenden Krystallen. Organische Säuren, selbst starke, gehen nach Gintl entweder gar keine oder doch nur sehr unbeständige Verbindungen mit dem Ratanhin ein.

— Die besonders von Gintl untersuchten Verbindungen mit den Metalloxyden und mit dem Ammoniak sind amorph.

Neutralisirt man die warm bereitete dunkelrothe Lösung des Ratanhins in 5 Th. conc. Schwefelsäure nach vorhergegangenem Verdünnen mit Wasser mit kohlensaurem Baryt, so krystallisiren aus dem Filtrat zuerst feine Nadeln von ratanhinschwefelsaurem Baryt, $C_{10}H_{11}Ba_2NSO_6 + 2^1/_2 H_2O$, und darauf trocknet die Mutterlauge zu einem Salz von der Formel $C_{10}H_{12}BaNSO_6 + 2^1/_2 H_2O$ ein. Aus letzterem kann die freie einbasische Ratanhinschwefelsäure $C_{10}H_{13}NSO_{12} + H_2O$ durch Schwefelsäure abgeschieden, und dann aus absolutem Weingeist in grossen farblosen quadratischen Tafeln krystallisirt erhalten werden. Diese sowohl wie die beiden Barytsalze geben mit Eisenchlorid wie die Tyrosinschwefelsäure eine prächtig violette Färbung.

Fügt man zu mit Wasser angeriebenem Ratanhin etwas verdünnte Salpetersäure und erwärmt, so färbt sich die kochende Flüssigkeit erst rosen-, dann rubinroth, hierauf unter schwacher Gasentwicklung violett und endlich indigblau. Durch salpetrige Säure wird angefeuchtetes Ratanhin rosen- bis violettroth gefärbt und zuletzt mit blauer oder grüner Farbe gelöst. Erhitzt man eine bei 15° gesättigte wässrige Lösung des Ratanhins mit einigen Tropfen einer Lösung von salpetersaurem Quecksilberoxyd, so tritt rothe Färbung und erst bei erneuertem Zusatz der Quecksilberlösung Ausscheidung von braunrothen Flocken ein (Runge).

Kreitmair (Dissert. Erlangen) fand die mit Salpetersäure entstehende Lösung fluorescirend.

Hymenaea, Copaifera.

Der Copal stammt, soviel sich bis jetzt übersehen lässt, von Bäumen der Gattungen *Hymenaea*, *Trachylobium*, *Vouapa*, *Guibourtia* (*Fam. Caesalpineae*), *Rhus* (*Fam. Cassurieae*), *Icica* (*Fam. Amyrideae*), *Vateria s. Elaeocarpus* (*Fam. Dipterocarpineae*) *und Dammara* (*Fam. Abietinae*), bei denen er sich theils in tropfenförmigen Massen zwischen Rinde und Holz ausscheidet, theils unter ihrer Pfahlwurzel im Boden in grösseren Massen ansammelt. Er besitzt gewöhnlich eine gelbliche bis bräunliche, seltener röthliche Farbe, hat eine rauhe und trübe Oberfläche, ist aber im Innern meistens klar und durchsichtig. Er ist ziemlich hart und spröde, von muschligem und dabei glasig-splitterigen Bruch, ohne Geruch und Geschmack. Das spec. Gew. variirt zwischen 1,045 und 1,139, der Schmelzpunkt zwischen 180° und 340°. Wasserhaltiger Weingeist löst den Copal nicht, absoluter nur wenig, doch wird die Löslichkeit darin gesteigert durch Zusatz von Campher zum Lösungsmittel, ferner durch längeres Liegen in gepulvertem Zustande an der Luft, wobei er Sauerstoff aufnimmt, oder namentlich durch längeres Schmelzen. In Aether quillt er gallertartig auf und löst sich dann in Weingeist. Chloroform löst reichlich, Benzol langsam, ätherische Oele und Schwefelkohlenstoff bringen ihn nur theilweise in Lösung. Die besten Lösungsmittel sind Kautschuköl und das bei stärkerem Schmelzen aus dem Copal selbst sich verflüchtigende empyreumatische Copalöl. In wässrigem Ammoniak quillt der Copal gallertartig auf, von conc. Kalilauge wird er beim Erwärmen klar gelöst. — Nach den Untersuchungen von Unverdorben (Schweigg. Journ. 59. 460) und Filhol (Journ. Pharm. (3) 1. 301. 507; auch Ann. Chem. Pharm. 44. 323) ist der afrikanische, wie auch der ostindische Copal ein Gemenge von 5 verschiedenen Harzen, die sich durch auf einander folgende Behandlung mit schwachem und starkem Weingeist, Aether und wein- Copal geistigem Kali von einander trennen lassen. Siehe noch die Arbeiten von Hirschsohn, J. Pharm. 1877 und 1878, sowie Arch. Pharm. (3) **10.** **91.** — Bei der Destillation des Copales geht noch ein Oel über, das aus Terpen $C_{10}H_{16}$, 160, 165° Sdpkt. spec. Gew. 0,965 und einem sauerstoffhaltigen Oele besteht, ausserdem eine Säure enthalten soll (Scheibler, Ann. Chem. Pharm. **113.** 338). Der Kauricopal ist hier ebenfalls zu nennen, der in England vielfach zur Lackfabrication benutzt wird (Muiz, J. Chem. M. 1874. 923. — Thomson, Ann. Chem. Pharm. **47.** 351. — Rennie, J. chem. soc. **39.** 240). — Zur Darstellung des sehr geschätzten Copallacks dient der bei längerem Schmelzen des Copals bleibende, etwa 75—80% betragende, leichter lösliche Rückstand. Medicinisch hat man Copal zur Herstellung von Zahnkitten mit Asbest benutzt (Wirth).

Anime. Das von der westindischen *Hymenaea Courbaril L.* stammende Animeharz bildet blassgelbe durchscheinende Stücke mit glasigem Bruch und von 1,028 bis 1,03 spec. Gew. Es erweicht schon in der Hand und riecht beim Erwärmen angenehm aromatisch. In Terpentinöl und Benzol ist es vollkommen löslich, auch in warmem wässrigem Ammoniak. Kalter Weingeist löst daraus ätherisches Oel und einen Theil des Harzes; der bleibende Rückstand krystallisirt aus kochendem Weingeist in zarten weissen Nadeln von der Formel $C_{40}H_{33}O$ (Laurent, Ann. Chim. Phys. (2) **66.** 314). Zu Räucherungen benutzt, nicht officinell.

Copaivabalsam. Der Copaivabalsam wird von verschiedenen fast über den ganzen südamerikanischen Continent verbreiteten *Copaifera*-Arten gewonnen. Er ist hellgelb bis goldgelb, bald sehr zähflüssig, bald dünnflüssiger, von unangenehm aromatischem, manchmal terpentinartigem Geruch und bitterem und zugleich scharfem oder kratzendem Geschmack. Sein spec. Gew. variirt zwischen 0,91 bis 0,99. Bis auf den Maracaibo-Balsam sind alle Sorten linksdrehend. Er ist mit absolutem Weingeist, Schwefelkohlenstoff, ätherischen und fetten Oelen vollkommen mischbar, auch in Aether und Essigäther leicht löslich. Mit wässrigem Ammoniak und wässrigem Kali geben nur diejenigen Sorten eine klare Mischung, welche besonders reich an Copaivasäure sind. Wird der Balsam mit $^1/_{16}$ Aetzkalk oder $^1/_8$ gebrannter Magnesia zusammengerieben, so erhärtet er damit innerhalb einiger Stunden zu einem consistenten Teige. — Die Gemengtheile des Copaivabalsams sind Copaivaöl, von dem 30—80% vorhanden sein können, krystallisirbare Copaivasäure, bisweilen auch Oxycopaivasäure und ein amorphes indifferentes Harz, dass sich nach Posselt (Ann. Chem. Pharm. **69.** 71) durch gewöhnlichen Weingeist in einen löslichen und einen unlöslichen Antheil zerlegen lässt. Hierbei ist jedoch zu erwähnen, dass in einem in neuerer Zeit im Handel erschienenen ganz besonders dünnflüssigen Parabalsam von Posselt gar keine krystallisirbare Säure, sondern ausser ätherischem Oel nur indifferentes Harz angetroffen wurde, dass weder Bergmann und Buchheim noch Bernatzik (Prag. Vtljschr. 240. 1868) aus diversen Balsamsorten krystallisirbare Säuren gewinnen konnten, und dass auch Strauss (Ann. Chem. Pharm. **148.** 150) in einem Maracaibobalsam von Columbien nur Spuren einer besonderen Säure, die er Metacopaivasäure nennt, gefunden hat. Als Verfälschungen des Copaivabalsams sind fette Oele (erkennbar daran, dass beim Vermischen mit 8 Th. 90proc. Weingeist keine klare Lösung entsteht), namentlich Ricinusöl (in diesem Falle giebt zwar Weingeist klare Lösung, aber ein in gelinder Wärme auf Papier verdunsteter Tropfen hinterlässt keinen harten scharf begrenzten, sondern einen weichen, mit einem Fettrande umgebenen Fleck) und Terpentinöl (das sich durch seinen Geruch beim Erwärmen verräth) angetroffen worden; auch hat man ihm in jüngster Zeit wohl den im Geruch und Geschmack sehr ähnlichen, aber durch sein gallertartiges Erstarren beim Erhitzen auf 130° leicht zu erkennenden Gurjun-Balsam (s. diesen) substituirt. (Ueber Prüfung des Copaivabalsams vergl. man Flückiger, Schweiz. Wochenschr. für Pharm. 1867. 158; auch Wiggers-Husemanns Jahresber. 1867. 163, vor Allem Flückiger, Pharmacognosie 21. Aufl. 84.)

Anwendung. Bezüglich der medicinischen Wirkung des Copaivabalsams, deren ausführliche Darstellung nicht im Plane dieses Buches liegt, verweisen wir auf Husemann, Arzneimittellehre 2. Aufl. S. 1188—1192. Die in dem Balsam enthaltenen indifferenten Harze wirken intensiv reizend auf den Darmcanal; schon 2,5—3,0 erregen heftige Leibschmerzen und wiederholte Gaben von 5,0 können zu heftigen Brechdurchfällen, auch zu Albuminurie und Lendenschmerzen nach vorausgegangener Vermehrung der Diurese führen (Bernatzik, Prag. Vierteljahrschrift. **100**. 240. 1868). Nach grösseren Dosen findet sich Copaivaharz im Harn wieder, dessen Ausfuhr in 36 Std. vollendet scheint (Bernatzik); auch finden sich reducirende Substanzen (Quincke, Arch. exp. Path. **17**. 243). Ueber die Anwendung des von den Copaivaölen befreiten Harzgemenges als Trippermittel vgl. Husemann, a. a. O. S. 1191. Als Diureticum empfahl es Taylor (Guys Hosp. Rec. 21. 1. 1875) zu 0,8 dreimal täglich in Emulsion bei verschiedenen Formen von Hydrops und serösen Ergüssen, insbesondre zur Unterstützung der Digitalis bei Compensationsstörungen, so lange das Nierenparenchym intact ist. Auch Quincke lobt die diuretischen Effecte.

Copaivaöl. $C_{10}H_{16}$ oder $C_{20}H_{32}$. — Literat.: Ader, Journ. Pharm. (2) 15. 95. — Gerber, Arch. Pharm. **30**. 157. — Blanchet, Ann. Chem. Pharm. 7. 156. — Soubeiran und Capitaine, Journ. Pharm. (2) 26. 70; auch Ann. Chem. Pharm. **34**. 321. — Posselt, Ann. Chem. Pharm. **69**. 67. — Strauss, Ann. Chem. **148**. 148. — Brix, Monatsh. Chem. **2**. 507.

Medicinische: C. G. Mitscherlich, Pr. Ver. Ztg. 19. 22. 1848. — Weikart, Arch. Heilk. **1**. 2. 1860. — Bernatzik, Prag. Vtljhrschr. **100**. 240. 1868. — Quincke, Arch. exp. Path. **17**. 273. 1883.

Das ätherische Oel des Copaivabalsams, welches daraus durch Destillation des Balsams für sich (Blanchet), oder mit Wasser (Soubeiran und Capitaine), oder am bequemsten, indem man den Balsam mit verdünnter Natronlauge zum Sieden erhitzt und das sich oben abscheidende Oel nach dem Entwässern mit Chlorcalcium rectificirt (Ader, Strauss), gewonnen werden kann, zeigt, je nach der Art des Balsams, der zu seiner Darstellung diente, bei gleicher Zusammensetzung einige Abweichungen im Verhalten.

Aus dem gewöhnlichen Balsam erhalten, ist es ein wasserhelles dünnes Oel von 0,88—0,91 spec. Gew., bei 245—260° siedend, bei —26° theilweise krystallinisch erstarrend, von gewürzhaftem Geruch, brennend scharfem Geschmack und neutraler Reaction. Seine Dampfdichte ist nach Strauss 9,5 und die Molecular-Formel demnach $C_{20}H_{32}$. Es löst sich nicht in Wasser, in 2,5 Th. absolutem, in 8 Th. rectificirtestem Weingeist, in Aether und Schwefelkohlenstoff in jedem Verhältniss. Das Molecularrotationsvermögen fanden Soubeiran und Capitaine zu 34,18 links. — Es wird bei längerem Kochen braun und dickflüssig, verbindet sich mit Jod ohne Verpuffung, verpufft dagegen mit rauchender Salpetersäure, während schwächere Salpetersäure es in eine harzartige Masse verwandelt. — Leitet man trocknes Salzsäuregas in das Oel, so scheiden sich beim Abkühlen weisse prismatische Krystalle von salzsaurem Copaivaöl (Copaivacamphor), $C_{20}H_{32}$, 4HCl, aus, die fast geruchlos sind, gewürzhaft bitter schmecken, bei 77° schmelzen, bei höherer Temperatur sich zersetzen, sich nicht in Wasser, wenig in Weingeist und leicht in Aether lösen (Blanchet, Soubeiran und Capitaine).

Ein aus einem über Para eingeführten Balsam gewonnenes und von Posselt als Para-Copaivaöl bezeichnetes Oel unterschied sich von dem gewöhnlichen durch geringeres Rotationsvermögen (28,55 nach Soubeiran und Capitaine), sowie namentlich dadurch, dass es beim Behandeln mit Salzsäuregas keine Krystalle abschied. Das Oel aus Maracaibobalsam ist nach Brix ein Terpen $C_{20}H_{32}$, Sdpkt. 250—260°, spec. Gew. 0,892, färbt sich mit Salzsäuregas dunkelviolettblau, ohne Abscheidung von Krystallen, giebt mit Chromsäure Terephtalsäure. Beim Destilliren von wasserhaltigem Copaivaöle mit Natrium erhielt Brix blaues Copaivaölhydrat, dunkelblaues Oel, Sdpkt 252—260°, löslich in Aether, Alkohol und fetten Oelen, liefert beim Destilliren mit P_2O_5 das Terpen $C_{20}H_{32}$, Sdpkt. 250—260°.

Wirkung. Die physiologische Wirkung des Copaivaöls gleicht im Allgemeinen derjenigen der ätherischen Oele und insbesondere der des Cubebenöls (Mitscherlich, Bernatzik). Zu 30,0 tödtet es junge Kaninchen erst nach 11—28 Stunden, während mittelgrosse nach 24,0—30,0 nur erkranken; die Hauptsymptome sind frequenter Herzschlag, starke Respirationsbeschleunigung, Unruhe, vermehrte Diurese und häufiger Abgang schleimig blutiger Stühle, dann Schwäche und verminderte Sensibilität; Krämpfe fehlen; post mortem finden sich im Magen unter dem Schleimhautepithel linsengrosse Blutaustretungen (Mitscherlich). Auf der Haut bei Menschen 1 Stunde lang applicirt bedingt Copaivaöl keine Röthung, höchstens sehr gelindes Brennen von kurzer Dauer (Mitscherlich). Durch grosse Dosen innerlich (zu 30,0 in 2 Tagen, in Einzeldosen von 3,0—6,0) werden wiederholte Ructus, Brechneigung, selbst Erbrechen, Leibschmerzen und diarrhoische Entleerungen, auch Dysurie hervorgerufen, wobei der Puls anfangs voller und frequenter wird und die Temperatur um 0°,5 steigt, während zur Zeit der stärkeren Darmreizung Pulsschwankung und Sinken der Eigenwärme hervortreten; schon 2,0 können Diarrhöe bedingen (Bernatzik). Kleinere Dosen bewirken keine Symptome, die nicht auf Rechnung des unangenehmen Geschmackes kämen; selbst grössere sind bisweilen ohne die von Bernatzik beobachteten Folgen, und die toxische Wirksamkeit muss als sehr gering angesehen werden, da z. B. Pereira 15,0 auf einmal ohne nachtheilige Folgen nehmen sah.

Elimination. Das Copaivaöl wird resorbirt und theilweise durch den Urin und die Exspiration, vielleicht auch durch die Haut wieder ausgeschieden, theilweise oxydirt (Bernatzik, Quincke). Schon Mitscherlich constatirte den Geruch des Oels in der Bauchhöhle damit vergifteter Kaninchen. Im Urin von Patienten und ebenso in deren Exhalationen wird er oft nach Copaivabalsam bemerkt. Bernatzik fand den deutlich nach Copaivaöl riechenden Harn nach dem Genusse von 30,0 eiweissfrei, von hohem spec. Gew., anfangs klar, mit Salpetersäure sich trübend und ein violettrothes Harz enthaltend, dessen Menge mit steigender Dosis sich hob und nach Aussetzen des Mittels so rasch sank, dass in 36 Stunden kaum noch Spuren gefunden wurden; im Ganzen wurden davon nahezu 5% der genommenen Oelquantität entleert. Nach 5,0 in 3 Gaben wurden im Harn 0,31 Grm. verharzter Materien aufgefunden und der balsamische Geruch des Urins am stärksten 5—6 Stunden nach dem Einnehmen constatirt; auch hier wurde der Urin durch Salpetersäure getrübt, womit die Angabe von Weikart, dass Copaivaöl zu 4,0 diese für den Copaivabalsamharn charakteristische Eigenschaft des Urins nicht bedinge, rectificirt wird. Nach Quincke findet sich im Harn eine harzartige Substanz und farblose Salze einer rothgefärbten Säure (Copaivaroth), welche links polarisirt, Kupferoxyd reducirt und charakteristische Absorptionsstreifen giebt, sich in Wasser, Alkohol, Amylalkohol und Chloroform, dagegen nicht in Aether und Schwefelkohlenstoff löst. Copaivaroth.

In Frankreich durch Dublanc und Cullerier (Journ. gén. de méd. Apr. 1828), in England durch Pereira, Christison und Bird, bei uns vorzugsweise von Wolfsheim (Hufeland's Journ. 119. 1841) als rasches und sicherer als andere Copaivapräparate wirkendes Trippermittel gerühmt, ging Copaivaöl in die Britische und als Oleum Balsami Copaivae aethereum in die Preussische Pharmakopoe über. Meist wird es überhaupt als wirksames Princip des Copaivabalsams bezeichnet, dessen Harzgehalt, wie Schroff sich ausdrückt, nur die Wirksamkeit mehr fixiren und langsamer hervortreten lassen sollte. Dieser Ansicht ist bei uns Weikart, in England Thorn und Tyrell (Gräfe und Walther, Journ. 12. 3. 505), in Frankreich Gubler (Commentaires. p. 88) entgegen getreten, welche in dem Harzcomplexe, der nach Abdestilliren des Oels zurückbleibt, ein ebenso sicheres und noch dazu billigeres Trippermittel als im Balsam selbst erblicken, eine Ansicht, die von bekannteren Syphilidologen auch Zeissl theilt. — Nach den auf Bernatziks Veranlassung in verschiedenen Oesterreichischen Militärhospitälern angestellten Versuchen zeigt Copaivaöl keine Vorzüge vor den (billigeren) flüssigeren ölreichen Balsamsorten, wohl aber vor den harzreicheren zähen Sorten und vor dem Harzcomplexe, die auf den Tractus in weit intensiverer Weise einwirken. — Die nach Ricords Erfahrungen an Hypospadiäen allgemein gewordene Annahme, dass der Copaivabalsam nur durch den mit seinen wirksamen Bestandtheilen imprägnirten Urin heilend auf den Urethraltripper wirke, wird von Bernatzik verworfen, da der Urin einer Versuchsperson, die grosse Copaivaölmengen genommen, in der Harnröhre tripperkranker Soldaten keinen Heileffect, ja selbst Verschlimmerung zur Folge hatte. Auch Quincke bestätigt die Wirksamkeit des Copaivaöls beim Tripper. Anwendung.

Meist werden 10-20-30 Tropfen, später mehr, auf Zucker gegeben. Besser reicht man es in Gallertcapseln. Wolfsheim gab es in Emulsion (8,0 auf 120,0 und 20 Tropfen Opiumtinctur, 3stündlich 1 Esslöffel). Reil rühmt Injectionen in die Harnröhre (6 Tr. auf 180,0).

Copaivasäure. $C_{20}H_{30}O_2$. — Literat.: Schweitzer, Poggend. Annal. 27. 488; 21. 172. — H. Rose, Poggend. Annal. 33. 35; 53. 372. — Hess, Ann. Chem. Pharm. 29. 140. — Flückiger, J. Chem. M. 1867. 727. — Warren, B. Rush, Pharm. J. Trans. (3) 10. 5. — Brix, Monatsh. Chem. 2. 507. Copaivasäure.

Zur Darstellung dieser von Schweitzer im Brasilianischen Copaivabalsam (s. diesen) aufgefundenen Säure überlässt man eine Mischung von etwa 9 Th. des Balsams mit 2 oder mehr Theilen wässrigen Ammoniaks von 0,95 spec. Gew. im verschlossenen Gefässe bei möglichst niedrigerer Temperatur der

Ruhe. Es erstarrt alsdann das Gemisch bei — 12° schon in einem Tage, bei + 10° erst nach Wochen zu einem Brei von Krystallen, die man nach Zusatz von etwas Aether abdresst und aus absolutem Weingeist umkrystallisirt, aus dem sie ammoniakfrei anschiessen (Schweitzer).

Die Copaivasäure bildet 4–6 Linien lange, durchscheinende bis durchsichtige rhombische Prismen von bitterem Geschmack, schwachem Geruch und saurer Reaction. Sie löst sich nicht in Wasser, ziemlich schwer in Aether und wasserhaltigem Weingeist, leicht in absolutem Weingeist. Auch in flüchtigen und fetten Oelen ist sie löslich, und die durch Wasser aus ihrer weingeistigen Lösung gefällte Säure wird auch von wässrigem Ammoniak gelöst (Schweitzer). — Das Calcium-, Blei- und Silbersalz, welche sämmtlich 1 At. Metall an Stelle von 1 At. H der Säure enthalten, theilweise krystallinisch sind und auch in Weingeist sich nur schwer lösen, sind von H. Rose dargestellt und untersucht worden.

Conc. Schwefelsäure löst die Säure mit rothbrauner Farbe. Aus ihrer Lösung in heisser Salpetersäure wird sie durch Wasser in weissen Flocken wieder gefällt (Schweitzer).

Nach Brix ist die käufliche Copaivasäure, aus Gurjunbalsam hergestellt, $C_{20}H_{30}O_2$, 126–129° Schmpkt., welche einen Diacetyläther bildet.

Oxycopaivasäure. $C_{20}H_{28}O_3$. — Diese von der krystallisirbaren Säure des gewöhnlichen Copaivabalsams abweichende Säure fand Fehling (Ann. Chem. Pharm. 40. 110) im Bodensatz eines trüben Parabalsams, aus dem er sie durch Lösen in Weingeist und langsames Verdunsten der Lösung in farblosen rhombischen Säulen krystallisirt erhielt. Sie schmilzt gegen 120° und löst sich leicht in Aether, weniger leicht in Weingeist. Bei raschem Verdunsten ihrer weingeistigen oder ätherischen Lösung an der Luft scheidet sich bisweilen ein amorphes Pulver von der Formel $C_{20}H_{28}O_3$, H_2O ab.

Metacopaivasäure. $C_{22}H_{34}O_4$. — Auch in dem jetzt von Columbien unter dem Namen „Maracaibobalsam" eingeführten Copaivabalsam hat Strauss (Ann. Chem. Pharm. 148. 148) eine von der Copaivasäure verschiedene Säure angetroffen. Er erhitzte zu ihrer Darstellung den Balsam mit verdünnter Natronlauge zum Sieden, worauf sich das ätherische Oel grösstentheils oben abschied, versetzte die davon getrennte alkalische Harzlösung mit Chlorammonium und fällte das Filtrat von den hierdurch ausgeschiedenen unlöslichen Harzseifen mit Salzsäure im Ueberschuss. Es entstand dann ein weisser flockiger Niederschlag der neuen Säure, der nach vollständigem Trocknen an der Luft aus kochend bereiteter weingeistiger Lösung bei möglichst niedrigerer Temperatur in krystallinischen Blättern anschoss. — Die Metacopaivasäure ist weiss, schmilzt bei 205—206°, ist in Wasser unlöslich, leicht löslich in Weingeist und Aether, sowie in Kalilauge und Ammoniak. Die weingeistige Lösung reagirt sauer.

Nach Strauss ist die Metacopaivasäure, die in dem genannten Balsam nur in geringer Menge und begleitet von zwei anderen, noch nicht untersuchten, sauer reagirenden Körpern vorkommt, vielleicht identisch mit der

Cassia.

Die Sennesblätter, die Blätter der Cassia lenitiva und andere Cassiaspecies, enthalten als Hauptbestandtheile Schleim, Cathartin, Cathartomannit,

Chrysophansäure, Emodin (Bouillon-Lagrange, Braconnot, Lassaigne-Feneuille, Ludwig, Batka, Dragendorff und Kubly, Journ. Pharm. 1869. 139. — Bourgoin und Bouchut, J. Pharm. Chim. (4) 12. 305. — E. Keussler, Pharm. Z. Russl. 1878. 257—353. — Martius, Dissertation. 1857. Leipzig.

Sennapikrin. — Diesen unkrystallisirbaren Bitterstoff haben Ludwig und Stütz (Arch. Pharm. (2) 119. 42; 190. 69; Schweiz. Wchschr. Pharm. 1870. 115) aus den Sennesblättern dargestellt. Sennapikrin.

Cathartomannit. — So nennen Dragendorff u. Kubly (Viertelj. pract. Pharm. 16. 96) eine krystallisirbare zuckerartige Substanz von der Formel $C_{21}H_{44}O_{19}$, die neben Sennapikrin in den weingeistigen Flüssigkeiten von der Darstellung der Cathartinsäure (s. diese) enthalten ist. Sie ist nicht gährungsfähig, wirkt rechtsdrehend und reducirt alkalische Kupferlösung nicht, auch nicht nach vorgängigem Kochen mit verdünnter Schwefelsäure. Cathartomannit.

Der Carthomannit ist optisch inactiv, reducirt Gold, Platin, Quecksilber — Silber und Kupfersalze nicht und zeigt die Zusammensetzung eines Dimannits (Keussler).

Cathartinsäure. — Dieses saure Glycosid bildet, theilweise an Kalk und Magnesia gebunden, nach Dragendorff und Kubly (Viertelj. pr. Pharm. 16. 96. 337) den wirksamen Bestandtheil der von verschiedenen Arten der Gattung *Senna* abstammenden Sennesblätter, wahrscheinlich auch der Rinde von *Rhamnus Frangula L.* Zur Darstellung aus Sennesblättern wird der zum Syrup verdampfte wässrige Auszug mit dem gleichen Volumen Weingeist vermischt und die ausgeschiedene schleimige Masse abfiltrirt. Das Filtrat giebt nun mit absolutem Weingeist aufs Neue einen Niederschlag, den man zur weiteren Reinigung aus conc. wässriger Lösung nochmals durch Weingeist abscheidet und darauf wieder in Wasser aufnimmt, um aus dieser Lösung durch einige Tropfen Salzsäure zuerst noch vorhandene Eiweisskörper niederzuschlagen und nach deren Entfernung durch weiteren Zusatz von Salzsäure die Cathartinsäure zu fällen, welche dann durch Ausfällen aus ihrer weingeistigen Lösung mittelst Aether noch vollständiger gereinigt wird. Ueber die Darstellung des purgirenden, wahrscheinlich mit der Cathartinsäure identischen Substanz aus Faulbaumrinde vergl. man Avornin. Die Cathartinsäure bildet eine amorphe braune, nach dem Trocknen schwarze, in wässrigen Alkalien lösliche und daraus durch Säuren fällbare Masse, die durch Kochen ihrer weingeistigen Lösung mit Säuren unter Bildung von Zucker und einer gelbbraunen, in Wasser und Aether unlöslichen Substanz, der Cathartogeninsäure zersetzt wird. Cathartinsäure.

Wahrscheinlich ist die Cathartinsäure das einzige wirksame Princip der Sennesblätter. 0,1 bedingt nach geringem Leibschneiden in 14 Std. einen und 1½ Std. später einen zweiten flüssigen Stuhl, vorher in Kali gelöst schon in 6 St. reichliche flüssige Entleerung mit starkem Leibschneiden (Kubly). — Auch die Cathartogeninsäure wirkt etwas purgirend; 0,3 können binnen 3 St. 3 halbflüssige Stühle bedingen (Kubly). — Aus Rhamnus Frangula dargestellte Cathartinsäure (Wiggers' Frangulasäure) bewirkte im reinsten Zustande zu 0,3 in 10—15 St. zwei flüssige Stühle ohne erhebliches Leib- Wirkung.

schneiden (Kubly). Björnström (Ups. Läk. Förhandl. 3. 295) hat dieselbe bei Verstopfung zu 0,5—0,6 angewandt, jedoch 8—10 Stunden lang anhaltende Leibschmerzen und stets mehr oder minder heftige Koliken darnach entstehen sehen. Nach Bäumker (vgl. bei Frangulin) wirkt Frangulasäure aus frischer Rinde von Rhamnus frangula bei Hunden nicht rein kathartisch wie Frangulasäure aus alter Faulbaumrinde, sondern erzeugt Leibschmerzen, mitunter selbst Erbrechen und in unterbundenen Darmschlingen starke Schwellung und gleichmässige Röthung der Schleimhaut; die Wirkung erfolgt sowohl bei localer Application als bei Einspritzung in die Vene.

c. Mimoseae.

Erythrophloeum.

Erythlo-phloeïn. Gallois und Hardy (Pharm. J. Trans. (3) 7. 77) haben in der Rinde von Erythrophloeum guineense, der Sassyrinde, ein Alkaloid nachgewiesen, Erythrophloeïn, indem sie die Rinde mit salzsäurehaltigem Alkohol extrahirten, diese Lösung eindampften, mit Wasser aufnahmen, und nach dem Uebersättigen mit Ammon das Alkaloid mit Essigäther ausschüttelten. Dasselbe bildet eine farblose, krystallinische Masse, leicht löslich in Weingeist und Essigäther, schwer löslich in Chloroform und Aether. Das salzsaure und Platindoppeltsalz dieses Alkaloides sind von diesen Forschern hergestellt, welche auch eine violette Färbung als charakteristisch für Erythrophloeïn angeben, die entsteht, wenn dasselbe mit Schwefelsäure und Kaliumpermanganat behandelt wird.

E. Harnack und R. Zabrocki (Arch. experim. Path. 15. 404) haben aus dem Extracte der Sassyrinde ebenfalls Erythrophloeïn hergestellt, als dicken, gelben Syrup, dessen Salze ebenfalls nicht krystallinisch waren. Durch Einwirkung von Salzsäure auf Erythrophloein erhielten dieselben eine Säure Erythrophloeïnsäure und ein flüchtiges Alkaloid, das sie Mançonin nennen. (Mançonin.)

Wirkung. Gallois und Hardy bezeichneten das Erythrophloeïn als ein nach Art des Digitalins wirkendes Herzgift, welches bei Fröschen zu 2 Mgm. subcutan in 5—6 Minuten (bei directer Application noch früher zu $^1/_3$ Mgm.) systolischen Ventrikelstillstand (durch Atropin unbeeinflusst, durch Curare verzögert) bedinge und auch bei Warmblütern die Erscheinungen der Herzgifte (Pulsverlangsamung, Blutdrucksteigerung, Dyspnoe, terminale Krämpfe) erzeuge, auch die willkürlichen Muskeln, jedoch später afficire und die Nasenschleimhaut stark irritire. Eine ähnliche Action constatirten auch Brunton und Pye (Philos. Transact. R. S. 167. 2. 627. 1876) an der Sassyrinde. Harnack und Zabrocki vindiciren dem Erythrophloeïn eine combinirte Action des Digitalins und Pikrotoxins. Nach ihren Versuchen bedingt das reine Alkaloid bei Rana temporaria schon zu $^1/_2$ Mgm. systolischen Herzstillstand und werden die bei Fröschen auftretenden klonischen Krämpfe bald tonisch und cessiren nach Abtragung des verlängerten Marks, nicht des Grosshirns und der Lobi optici. Bei Kaninchen wird die Herzwirkung nach Infusion kleiner Mengen (1 Mgm.) besonders gut erhalten, während die pikrotoxinartigen Krämpfe sich nach grösseren Dosen (5 Mgm.) zeigen. Der Tod bei Warmblütern ist Folge von Erstickung; die bei chloralisirten Thieren nach Erythrophloeïn auftretende Athembeschleunigung und Dyspnoe beweist eine directe Beeinflussung des Athemcentrums. (Wirkung der Derivate.) Die Erythrophloeïnsäure wirkt nur in sehr grossen Mengen auf Frösche vorübergehend lähmend, während Mançonin Paralyse bei gesteigerter Reflexerregbarkeit und Lähmung der Herzvagusendungen und schliesslich des Herzens selbst hervorruft (Harnack und Zabrocki).

Acacia.

Die einzelnen Species der Gattung Acacia, speciell A. Senegal, A. glaucophylla, auch andere liefern das früher bereits eingehend (S. 132) besprochene arabische und Senegal-Gummi. (Masing, Arch. Pharm. (3) 12. 216). — Die Blätter, Holztheile, auch Früchte anderer Acaciaarten sind durch ihren Reichthum an Gerbstoffen und analogen Körpern ausgezeichnet. Die Hülsenfrüchte von Acacia nilotica und arabico sind unter dem Namen Bablah, mit 19—20% Gerbstoff, Handelswaare.

Die Zweigrinde von A. pycnantha, mit 40—45% Gerbstoff, die Rinde und Blätter von Acacia Cebil, mit 9—14% Gerbstoff spielen ebenfalls als Gerbmaterialien eine Rolle. Besonders erwähnenswerth sind aber A. Catechu und A. Suma, deren dunkelrothes Kernholz das Material zur Darstellung des „Catechu“ liefert, das durch Auskochen des Holzes mit Wasser und Verdampfen dieses Auszuges zur Trockne dargestellt wird, schwarzbraune bis leberfarbene Wasser bildend, mit muschlig glänzendem Bruche. — Das Catechu (Pegu Catechu, Terra japonica) enthält Catechin, Catechugerbsäure, Quercetin neben Farbstoff.

Catechin. Catechusäure. Tanningensäure. $C_{21}H_{20}O_9 + 5H_2O$ oder $C_{18}H_8O_8$. — Literat.: Nees v. Esenbeck, Repert. Pharm. 27. 211; 33. 169; 43. 337; 45. 457. — Döbereiner, Schweigg. Journ. 61. 378. — Winckler, Repert. 59. 39. — Büchner, Poggend. Annal. 39. 162. — Dahlström, Poggend. Annal. 39. 163. — Svanberg, Poggend. Annal. 39. 169. — Wackenroder, Ann. Chem. Pharm. 31. 72; 37. 306. — Zwenger, Ann. Chem. Pharm. 37. 320. — Hagen, Ann. Chem. Pharm. 37. 326. — Guibourt, Ann. Chim. Phys. (3) 11. 360; 12. 186. — Dellfs, Jahrb. Pharm. 12. 164. — Neubauer, Ann. Chem. Pharm. 96. 337. — Kraut und v. Delden, Ann. Chem. Pharm. 128. 285. — Hlasiwetz und Malin, Ann. Chem. Pharm. 134. 118. — Schützenberger und Rack, Journ. pract. Chem. 96. 266. — J. Löwe, Journ. pract. Chem. 105. 35. 75. — Z. anal. Chem. 12. 285. — Rochleder, Wien. Akad. Ber. 1869. Januar; auch Chem. Centralbl. 1869. 267. — Cazeneuve, Berl. Ber. 8. 828. — Liebermann, Dauchert, ebendas. 13. 695. — Etti, Ann. Chem. Pharm. 186. 332. Monatsh. Chem. 2. 552. — Gautier, Bull. soc. chem. 30. 568.

Dieser schon von Runge bemerkte, aber erst von Nees v. Esenbeck und von Döbereiner rein dargestellte und genauer charakterisirte Körper findet sich im officinellen Bombay-Catechu, dem wässrigen Extract des Holzes von *Acacia Catechu Willd.* (Fam. Mimoseae), in dem aus den Nüssen von *Areca Guvaca* (Fam. Palmae) bereiteten Catechu von Colombo und Bengalen, im Gambir, dem Extract von *Nauclea Gambir Hunt* (Fam. Rubiaceae) und, wie es scheint, auch im Kino, dem eingetrockneten Saft von *Pterocarpus erinaceus Lam.* und *Pt. Marsupium Mart.* Nach Schwarz (Wien. Catechin.

Akad. Ber. 6. 446) soll er auch im Waldmeister, *Asperula odorata L.* vorkommen, nach Cazeneuve im Mahagoniholz.

Darstellung. Zur Darstellung verwendet man entweder Bombay-Catechu oder Gambir, welches letztere die grösste Ausbeute liefert. Sie geschieht am einfachsten nach dem von Wackenroder angegebenen Verfahren, welches sich indess nach Neubauer weniger für Bombay-Catechu als für Gambir eignet. Man behandelt das zerriebene Rohmaterial 24 Stunden hindurch mit 3 Th. kaltem Wasser und kocht darauf den Rückstand wiederholt mit Wasser aus. Aus den heiss filtrirten Auszügen scheidet sich beim Erkalten und Stehen die Säure als bräunliche körnige Masse ab, die man mit kaltem Wasser wäscht und dann aus kochendem Wasser unter gleichzeitiger Behandlung der heissen Lösung mit Thierkohle umkrystallisirt. Da bei Verarbeitung von Bombay-Catechu aus dem schlecht filtrirenden heissen wässrigen Auszuge des mit kaltem Wasser erschöpften Rückstandes die Säure sich sehr unrein und stark gefärbt ausscheidet, so schlägt man nach Neubauer hier zweckmässig den von Büchner angegebenen Weg ein und versetzt die kochend heisse wässrige Lösung so lange nach und nach mit Bleizuckerlösung, als diese noch einen gefärbten, oder doch nach einigen Augenblicken sich färbenden Niederschlag hervorbringt. Das Filtrat wird darauf kochend heiss mittelst Schwefelwasserstoff entbleit und die nach 24 Stunden ausgeschiedene Säure nach dem Auswaschen mit kaltem Wasser aus kochendem Wasser umkrystallisirt. — Dagegen soll nach Kraut und v. Delden das leichter zerreibliche braune Bombay-Catechu sich besser zur Darstellung der Säure nach Wackenroder's Verfahren eignen, als das gelbe Catechu, wenn man den braunen, mit heissem Wasser bereiteten Auszug mit ausgewaschener Thierkohle entfärbe und die beim Erkalten ausfallende Säure möglichst stark auspresse und rasch über Vitriolöl trockne. Andere Darstellungsmethoden sind von Nees v. Esenbeck, Swanberg, Hagen, Dahlström, Winckler und Zwenger angegeben worden.

Nach Löwe, Liebermann und Tauchert stellt man Catechin am besten dar, indem man 1 Thl. Catechin mit 8—10 Theilen Wasser einige Tage stehen lässt, das ungelöste Catechu abfiltrirt, abpresst, trocknet und mit Essigäther digerirt. Nach 12stündigem Stehen wird der Essigäther abfiltrirt, das Filtrat abdestillirt und der Rückstand aus Wasser umkrystallisirt. Die Reinigung kann mit Aether geschehen, der auch dadurch, dass man die wässerige Lösung mit Bleiacetat fällt, den Niederschlag in Essigsäure löst, wobei die Verunreinigungen zurückbleiben. —

Eigenschaften. Das reine Catechin krystallisirt bei langsamem Erkalten ihrer heissen wässrigen Lösung in feinen, an den Enden zugespitzten, meistens büschlig vereinigten Nadeln; rascher ausgeschieden bildet sie eine weisse leichte seideglänzende blättrige Masse. Dieselbe enthält noch Wasser, von dem der kleinere Theil beim Stehen über Schwefelsäure, der Rest dann im Wasserstoffstrome bei 100° entweicht. Bei 217° tritt Schmelzung ein (Zwenger). Die heisse wässrige Lösung schmeckt etwas bitter und adstringirend und röthet Lackmus schwach. Von Wasser erfordert es nach Wackenroder bei 17° 1133 Th., bei Siedhitze etwa 3 Th. zur Lösung, von kaltem

Weingeist 5—6 Th., von kochendem 2—3 Th., von kochendem Aether 7—8 Theile. Es löst sich auch in Essigsäure, aber nicht in Terpenthinöl. Aus wässriger Lösung wird es nach Neubauer durch Schwefelsäure gefällt.

Die Zusammensetzung des Catechins ist noch nicht mit Sicherheit festgestellt. Kraut und v. Delden gelangen nach ihren Untersuchungen für das bei 100° getrocknete Catechin zu der Formel $C_{12}H_{12}O_5$; dasselbe ist nach ihnen $2\,C_{12}H_{12}O_5$, $4^1/_2\,H_2O$, und das neben Schwefelsäure an der Luft getrocknete $C_{12}H_{12}O_5$, $2\,H_2O$. Schützenberger und Rack erhielten bei der Analyse des getrockneten Catechins Zahlen, die den Formeln, $C_{10}H_{10}O_4$, $C_{12}H_{12}O_5$ und $C_{22}H_{22}O_9$ entsprechen. Neubauer gab für das bei 100° getrocknete die Formel $C_{17}H_{18}O_7$, für das lufttrockne die Formel $C_{17}H_{24}O_{10}$. Hlasiwetz berechnet auf Grund der von Malin beobachteten Zersetzung in Protocatechusäure und Phloroglucin, das Catechin beim Schmelzen mit Kalihydrat erleidet die Formel $C_{19}H_{18}O_8$. Löwe giebt die Formel $C_{16}H_{14}O_6$. Rochleder endlich betrachtet die Catechusäure als das Phloroglucid des Aescylalkohols und legt ihm die Formel $C_{13}H_{12}O_5$ bei. Zusammensetzung.

Liebermann und Tauchert nehmen auf Grund ihrer Studien der Acetylderivate des Catechins die Formel $C_{21}H_{20}O_9 + 5\,H_2O$ an. Etti stellt auf Grund seiner Thatsachen, dass Catechin beim Erhitzen mit verdünnter Schwefelsäure Brenzcatechin und Phloroglucin liefert, dass ferner Catechin die Reaktionen von Brenzcatechin, wie Phloroglucin zeigt, ebenso mit Bezugnahme auf die Zusammensetzung der Anhydride, der Azobenzolverbindung die Formel $C_{18}H_8O_8$ ($C_{18}H_{14}O_6 + 2\,H_2O$) auf und glaubt, dass Catechin aus 2 Mol. Phloroglucin, 1 Mol. Brenzcatechin unter Austritt von 2 H_2O, die vereinigt bleiben, entstanden wäre. ($2\,C_6H_6O_3 + C_6H_6O_2 = (C_{18}H_{14}O_6 + 2\,H_2O)$).

Wässriges Catechin wird sowohl durch neutrales als basisch essigsaures Bleioxyd gefällt. Die meisten Niederschläge werden beim Trocknen röthlich. Der erstere enthält nach Svanberg 45,16% Bleioxyd, der letztere nach Hagen 62,07 %. Eisenoxydlösungen werden durch Catechin grünlichbraun, Quecksilberoxydul- und -oxydlösungen weiss oder schmutzig weiss, Chlorgoldlösung rothbraun gefällt. In einer Auflösung von essigsaurem Kupferoxyd entsteht erst auf Zusatz von Ammoniak ein brauner, in wässrigem Silbernitrat auf Catechin schön grün, später setzt sich ein violettschwarzer Niederschlag ab, der bei Gegenwart von Alkali sogleich entsteht. Reaktionen. Zersetzung.

Wird Catechin über seinen Schmelzpunkt hinaus erhitzt, so zersetzt es sich unter starkem Aufblähen. Auch durch anhaltendes Trocknen bei 100° wird es allmälig unter Gelbfärbung zersetzt. Bei der trocknen Destillation entweichen Kohlensäure, Kohlenoxyd, flüchtiges Oel und Brenzcatechin, $C_6H_6O_2$. Letzteres bildet weise glänzende Blättchen und Prismen, schmilzt bei 110—115°, siedet bei 240—245° unzersetzt, löst sich sehr leicht in Wasser und Weingeist und auch in Aether (Zwenger). — Wässriges Catechin färbt sich an der Luft in einigen Stunden citronengelb, beim Kochen dunkelroth und fällt nun Leimlösung; nach Neubauer beruht diese Veränderung vielleicht auf Bildung von Catechusäure, während nach Guibourt dabei eine zwischen Catechin und der Rubinsäure intermediäre Verbindung entsteht. Die zuletzt genannte Säure, $C_9H_6O_5$, entsteht nämlich nach Svanberg bei Einwirkung von Luft auf eine kalte Lösung von Catechin in wässrigen kohlensauren Alkalien, geht aber beim Waschen und Trocknen rasch in die schwarze

Japonsäure, $C_{12}H_8O_5$, über, die auch bei Einwirkung der Luft auf eine Lösung von Catechusäure in Kalilauge ihre Entstehung nimmt (Svanberg). — Wird Catechin nach Hlasiwetz und Malin mit Kalihydrat geschmolzen, so zerfällt es in die bei gleicher Behandlung auch aus verschiedenen anderen Pflanzenstoffen entstehende Protocatechusäure, $C_7H_6O_4$, und in Phloroglucin, $C_6H_6O_3$ nach der Gleichung: $C_{19}H_{18}O_8 + 2O = C_7H_6O_4 + 2C_6H_6O_3$. — Von conc. Schwefelsäure wird Catechin in der Wärme mit purpurrother Farbe gelöst und dann aus dieser Lösung durch Wasser nicht mehr gefällt. Kocht man die Säure anhaltend mit verdünnter Schwefelsäure, so scheidet, ohne dass zugleich Zucker gebildet wurde, ein Catechuretin. zimmetfarbener Niederschlag von Catechuretin ab (Neubauer), das nach Kraut und v. Delden am besten durch Einleiten von Wasserstoff- und Salzsäuregas in die kochende weingeistige Lösung des Catechins erhalten wird und bei 100° getrocknet nach der Formel $C_{12}H_{10}O_4$ zusammengesetzt ist. Rochleder berechnet aus Löwe's Analysen für das Catechuretin die gleiche Formel wie für das Catechin. Nach Löwe kommt es fertig gebildet als Zersetzungsproduct des Catechins im Catechu vor.

Von mässig starker Salpetersäure wird das Catechin unter Entwicklung salpetriger Dämpfe gelöst; die Lösung enthält Oxalsäure. — Chlor färbt die wässrige Lösung der Säure erst gelb, dann folgt unter Zersetzung Entfärbung. — Die Salzlösung der edlen Metalle werden durch Catechin allmälig unter Abscheidung der Metalle reducirt (Svanberg); auch aus alkalischer Kupferlösung scheidet sie Kupferoxyd ab (Neubauer). Eisenchlorid färbt sie chromgrün und giebt allmälig bräunlichen Niederschlag. Quecksilberchlorid und Bleiacetat geben weisse Fällungen. — Erhitzt man mit Jodphosphor (PJ_3) und Wasser auf 100°, so scheidet sich aus der entstandenen Lösung allmälig eine gelbe elastische, in den gewöhnlichen Lösungsmitteln unlösliche Substanz von der Zusammensetzung $C_{21}H_{14}O_{10}$ ab, während bei Einwirkung von Bariumsuperoxyd auf eine Lösung des Catechins in Essigsäure ein durch Wasser fällbarer weisser Körper $C_{21}H_{14}O_{10}$ und bei Behandlung mit Kaliumbichromat eine braune Substanz von gleicher Formel gebildet wird (Schützenberger und Rack).

Catechugerbsäure. — Literat.: Nees v. Esenbeck, Repert. Pharm. **33**. 169; **43**. 340. — Delffs, Jahrb. Pharm. **12**. 164. — Neubauer, Ann. Chem. Pharm. **96**. 337. — J. Löwe, Journ. pract. Chem. **105**. 75. — Z. anal. Chem. **13**. 119. — Rochleder, Wien. Akad. Ber. 1869. Jan.; auch Chem. Centr. 1869. 267. — Etti, Ann. chem. Pharm. **186**. 332.

Diese zugleich mit der Catechusäure von Nees v. Esenbeck im Catechu aufgefundene und als eigenthümlich erkannte Gerbsäure muss nach Neubauer und nach Löwe als ein Zersetzungsproduct der Catechusäure betrachtet werden.

Darstellung. Zu ihrer Darstellung schüttelte Neubauer den ätherischen Auszug des Catechu mit Wasser aus, verdunstete die wässrige Flüssigkeit zur Trockne, löste den Rückstand in kochendem Wasser, liess die Catechusäure herauskrystallisiren und fällte aus der Mutterlauge durch Schwefelsäure die Catechugerbsäure. — Löwe erschöpft das Catechu mit kaltem Wasser, wobei Catechusäure (s. oben) ungelöst bleibt, verdampft die filtrirte Lösung zur Trockne, zieht den Rückstand (Catechuextract) mit starkem Weingeist aus, concentrirt die filtrirten weingeistigen Auszüge bis zur Syrupsconsistenz, versetzt nach dem Erkalten so lange mit wasserfreiem Aether, bis dadurch kein Niederschlag (von Oxycatechuretin, Catechuretinhydrat, Japoninsäure und Mimotanniretin. S. den Anhang) mehr erzeugt wird, trennt die ätherische Flüssigkeit, bringt sie durch Abdestilliren des Aethers und schliessliches Verdunsten im dunkeln Vacuum zur Trockne, löst die hinterbliebene rothgelbe glänzende Masse in nicht zu viel warmem Wasser, schüttelt die Lösung, nachdem daraus innerhalb einiger Stunden viel Catechusäure auskrystallisirt ist, um diese noch vollständiger zu entfernen, ein bis zwei Mal mit Aether aus und bringt sie nun auf's Neue im Exsiccator zur Trockne.

Die Catechugerbsäure, nach dem zuletzt beschriebenen Verfahren dargestellt, bildet eine rothgelbe glänzende rissige durchsichtige gummiartige Masse, die sich sehr leicht zu einem röthlich weissen Pulver zerreiben lässt. Sie löst sich langsam aber sehr reichlich in Wasser zu einer klaren hellgelben, sauer reagirenden und adstringirend wirkenden Lösung. Von wasserfreiem Aether wird sie nur wenig gelöst, reichlich dagegen von einer Mischung von Aether mit wenig Weingeist. Die wässrige Lösung wird durch Leimlösung, Brechweinstein, Eisenchlorid (grünlichbraun), Bleiacetat und manche anderen Metallsalze gefällt (Löwe). Nach Neubauer wird die Gerbsäure aus conc. Lösung auch durch Schwefelsäure abgeschieden.

Löwe berechnet aus seinen Analysen die Formel $C_{15}H_{14}O_6$. Rochleder zeigt dagegen, dass auch die Formel $C_{12}H_{12}O_5$ zu Löwe's Analysen passt und hält die Catechugerbsäure für isomer, vielleicht polymer mit der Catechusäure.

Beim Erhitzen zersetzt sich die Catechugerbsäure und unter den Zersetzungsproducten scheint Brenzcatechin zu sein. — Wird sie mit sehr verdünnter Schwefelsäure gekocht, so scheidet sich ein dunkelbrauner harzähnlich zusammenbackender, nach dem Erkalten spröder, in Weingeist und Kalilauge leicht löslicher Körper aus von der Formel $C_{15}H_{12}O_5$, den Löwe Mimotannihydroretin nennt. — Die wässrige Lösung der möglichst reinen Säuren hält sich an der Luft lange unverändert. Ist die Säure aber nicht völlig rein, so setzt verdünnte Lösung von selbst, concentrirte auf Zusatz von Wasser einen hellgelben, beim Trocknen braunroth werdenden Niederschlag ab, dessen Ausscheidung durch Gegenwart von etwas Kali oder Kalk begünstigt wird, Löwe's Catechuretinhydrat, $C_{14}H_{14}C_6$.

Sonstige Catechustoffe. — Nach Löwe enthält das Catechuextract (s. oben) noch eine Reihe von Stoffen, die theils während der Vegetation, theils bei der Bereitung des Catechu aus der Catechusäure und Catechugerbsäure, die nach ihm auch nur ein Umwandlungsproduct der ersteren ist, hervorgehen. Ausser einigen schon bei diesen Säuren erwähnten Zersetzungsproducten, nämlich dem Catechuretin und Catechuretinhydrat, hat derselbe, wie schon bei seinem oben beschriebenen Darstellungsverfahren der Catechugerbsäure angedeutet wurde, noch 3 weitere Körper, die er als Oxycatechuretin, $C_{14}H_{12}O_6$, Japoninsäure, $C_{12}H_{12}O_5$, und Mimotanniretin, $C_{13}H_{10}O_5 + \frac{1}{2}H_2O$, bezeichnet, daraus isolirt. Wir müssen jedoch bei den noch sehr unvollständigen Angaben bezüglich derselben auf die Originalabhandlung verweisen.

Die späteren Arbeiten von Etti und Löwe finden in Nachstehendem noch gebührende Berücksichtigung.

Die Catechugerbsäure, Catechuanhydrid, $C_{21}H_{18}O_8$ (Etti) entsteht beim Erhitzen von Catechin mit Wasser bei 110° im Rohre (Löwe), sowie sehr Catechuanhydrid.

rasch beim Erhitzen von Catechin mit Bleihydroxyd, ätzender oder kohlensaurer Alkalien. 2 Th. Catechin mit $^1/_2$ Th. Soda und 100 Th. Wasser eine Stunde gekocht, mit Aether ausgeschüttelt, wässriger Rückstand nach der Ausschüttelung mit Essigsäure gefällt. — Essigäther löst das Anhydrid leicht, Wasser ebenso. Ein zweites, drittes und viertes Anhydrid (letzteres identisch mit Catechuretin) sollen nach Etti, Neubauer ebenfalls existiren.

Azobenzolcatechin. Etti hat ein Azobenzolcatechin hergestellt $C_{18}H_{16}O_8(N_2 . C_6H_5)_2$, und zwar durch Eintragen einer Lösung von 2 Mol. Diazobenzolchlorid in eine conc. Lösung von 1 Mol. Catechin in verdünntem Weingeist, wobei nach 12-stündigem Stehen eine Ausscheidung erfolgt, die man nach vorsichtigem Trocknen aus Alkohol umkrystallisirt. Dunkelrothbraune Krystalle. Etti nimmt ferner an, dass in dem Acaciencatechu (Pegucatechu) und dem Gambir (v. Uncaria Gambir) ein und dasselbe Catechin vorkomme von der Formel $C_{18}H_8O_8$, das über 100° in Anhydride übergeht, bei 140° schmilzt, und bei 150—160° in Catechugerbsäure $C_{36}H_{34}O_{15}$ übergeht, die bei höheren Temperaturen in das Anhydrid $C_{36}H_{30}O_{13}$ übergeht. Beim Erhitzen mit verdünnter Salzsäure auf 180° entstehen aus Catechin unlösliches Anhydrid und wenig Brenzcatechin, mit verdünnter Schwefelsäure (1:8) bei 140° Brenzcatechin und Phloroglucin. Beim Schmelzen mit Kali bilden sich Phloroglucin, Brenzcatechin und Protocatechusäure. Mit Zinkstaub erhitzt bildet sich eine kleine Menge Benzol. Gautier giebt dem Catechin aus gelbem, bengalischem Catechu die Formel $C_{21}H_{18}O_8$; $3H_2O$, Schmpkt. 188—191°, dem Catechin aus indischem Catechu die Formel $C_{21}H_{18}O_8$, $4H_2O$, Schmpkt. 140°, dem Catechin, aus Acacienholz hergestellt, die Formel $C_{42}H_{34}O_{10}$, $11H_2O$. Die Catechine der Formel $C_{21}H_{18}O_8$ liefern nach ihm beim Schmelzen mit Kali Protocatechusäure, Phloroglucin, Ameisensäure, Kohlensäure, mit verdünnter Schwefelsäure bei 140° Protocatechusäure, einen Körper $C_{28}H_{22}O_7$ und ein Phenol $C_{14}H_{16}O_7$.

Gambircatechu. Aus Gambircatechu erhielt Gautier 3 verschiedene Catechine von folgender Zusammensetzung:

A $C_{40}H_{38}O_{16} + 2H_2O$ — Schmpkt. 204—205°
B $C_{42}H_{38}O_{16} + H_2O$ — 176—177°
C $C_{40}H_{38}C_{16} + 2H_2O$ — „ 163°

Ueber die Bestimmung des Catechins und der Catechugerbsäure haben gearbeitet Günther, (Pharm. J. Russl. 1870) der vorschlägt, Catechin mit Kaliumpermanganat zu bestimmen nach Löwenthal, und die Catechugerbsäure mit Leim zu fällen. A. Lehmann (Dissertation. Dorpat, 1880) hat sich mit derselben Frage, speciell Prüfung der Methoden von Löwenthal und Schulze beschäftigt und eine grosse Anzahl Catechu- und Gambirproben untersucht.

Cholesterin. **Cholesterin.** $C_{26}H_{44}O$. — Dieser bis 1862 nur im thierischen Organismus angetroffene Stoff findet sich nach Beneke (Ann. Chem. Pharm. **122**. 249; **127**. 105) in den Samen der Erbsen, Bohnen und Mandeln, daher auch im Mandelöl, ferner im Olivenöl und ist wahrscheinlich eine in Samen und Blüthen, sowie im jungen Pflanzengrün sehr verbreitete Substanz. Nach Lindenmeyer (Journ. pract. Chem. **90**. 321) beginnt die Bildung des Cholesterins in den Samen schon früh, nimmt aber während des Reifens beträchtlich zu. Er erhielt aus trocknen unreifen Erbsen im Mittel 0,025 %, aus trocknen reifen 0,055 %. Auch Knop (Chem. Centralbl. 1862. 819) hat die

Ausscheidung von Cholesterinflittern aus dem Fett der Erbsen beobachtet. Ferner haben Ritthausen (Journ. pract. Chem. 85. 212; 88. 145; 102. 321) es in den Weizen- und Roggenkörnern, Hoppe-Seyler (Zeitschr. Chem. 10. 32) in den Maiskörnern, Lintner (N. Repert. Pharm. 17. 279) in den Gerstenkörnern und Lermer (Dingl. polyt. Journ. 179. 71) in den Gerstenmalzkeimen angetroffen. Ferner ist Cholesterin in den Calabarbohnen nachgewiesen (O. Hesse, Ann. Chem. Pharm. 192. 175), in den Samen und Cotyledonen der Keimlinge von Lupinen (Schulze und Barbieri J. pr. Chem. (2). 25. 159). Reinke und Rodewald (Ann. Chem. Pharm. 207. 229) haben aus dem Schleimpilze Aethalium septicum ein Cholesterin unter dem Namen Paracholesterin beschrieben, von der Zusammensetzung $C_{26}H_{44}O + H_2O$. — E. Schulze (J. pr. Chem. (2). 7. 163) hat im Wollfette ebenfalls ein Cholesterin unter dem Namen Isocholesterin $C_{26}H_{44}O$ beschrieben; derselbe Forscher hat mit Barbieri in den Würzelchen und dem hypocotylen Gliede der Keimlinge ein Cholesterin unter dem Namen Caulosterin festgestellt. Der Name Phytosterin für das im vegetabilischen Reiche vorkommende Cholesterin wird nach den neuesten Beobachtungen von Schulze und Barbieri kaum seine Berechtigung, wie überhaupt unsere jetzigen Erfahrungen eine bestimmte, sichere Regelung dieser Frage zulassen. Aus diesem Grunde scheint es, mit Berücksichtigung der Cholesterine im Pflanzenreiche, wo dieselben jedenfalls als Spaltungsproducte beim Lebensprocesse der Zellen zu Tage treten, zweckmässig, eine kurze Uebersicht über die vorhandenen Thatsachen zu geben.

Phytosterin. $C_{26}H_{44}O + H_2O$ — Die Darstellung des Phytosterins gelingt leicht durch Extraction der Saaterbsen mit Ligroïn, Verdunsten der Lösung und Umkrystallisiren des Verdampfungsrückstandes aus Alkohol. Phytosterin.

Das sog. Phytosterin krystallisirt aus Ligroïn, Chloroform und Aether in wasserfreien Nadeln, aus Alkohol in Blättchen, die noch Wasser enthalten. Dasselbe ist unlöslich in Wasser und Alkalien, löslich in 6,6 Th. Chloroform. Schmpkt. 132—133° (Hesse), 136—137° (Schulze), $(\alpha)_D = -34{,}2^\circ$ (Hesse), $= -36{,}4^\circ$ (Schulze).

Das Cholesterin zeigt dieselben Reactionen wie das Cholesterin des thierischen Organismus, nämlich die charakteristische Färbung kirschroth, blutroth, beim Zerreiben von wenigen Centigramm Cholesterin 2 CC. conc. Schwefelsäure und 2 CC. Chloroform, wobei die Schwefelsäure meistens eine grüne Fluorescenz annimmt. Auch beim gelinden Erwärmen von Cholesterin mit Schwefelsäure entsteht eine rothe Färbung, ebenso mit Jodzusatz. — Mit Salpetersäure verdampft verbleibt ein gelber Fleck, der mit Ammon roth wird.

Caulocholesterin. (Schulze, Barbieri). — Schmpkt. 158—159°, $(\alpha)_D = -49{,}6$, mit derselben Reaction gegen Chloroform und Schwefelsäure. Caulocholesterin.

Paracholesterin. $C_{26}H_{44}O + H_2O$ (Reinke, Rodewald). Die Darstellung aus Aethalium gelingt auf diese Weise, dass der Pilz mit Paracholesterin.

starkem Alkohol extrahirt, die Lösung verdunstet und mit Aether der Rückstand aufgenommen wird. Der Verdunstungsrückstand dieser ätherischen Lösung wird mit alkoholischem Kali gekocht, dann das Paracholesterin mit Aether aufgenommen und mit Alkohol durch Umkrystallisiren gereinigt.

Das Paracholesterin bildet seidenglänzende Nadeln oder Blättchen, Schmpkt. 134—134,5°, leicht löslich in Aether und Chloroform, schwer in kaltem Alkohol, unlöslich in Wasser. Mit Chloroform und Schwefelsäure entstehen gelblichbraune Färbungen, die Schwefelsäure fluorescirt grün; beim Stehen färbt sich die Chloroformlösung blau und violett. Die Chloroformlösung dreht links, $(\alpha)_D = -28,8^0$.

Charakteristisch für die Erkennung des Cholesterines ist besonders dessen Fähigkeit, mit Benzoësäure ein Benzoat zu liefern, wenn die zu prüfende Substanz mit Benzoësäure oder Benzoësäureanhydrid zusammengeschmolzen wird. Das Cholesterinbenzoat ist unlöslich in Alkohol, löslich in Aether, aus welchem dasselbe in charakteristischen, rechtwinkligen Tafeln krystallisirt (E. Schulze, Z. anal. Chem. **17**. 174).

Der Mittheilung werth sind die von Schulze und Barbieri gemachten Angaben über den Gehalt der Samen und Samenbestandtheile, Keimlinge der Lupinen an Cholesterin. Bei verschiedenen Ernten wurden folgende Mengen erhalten:

	A	B
Ungekeimte Samen	0,152	0,135 %
Keimlinge	0,306	0,324 %
Cotyledonen der gleichen Sämlinge	0,392	0,391 %
Uebrige Theile	0,227	0,258 %

Vegetabilische Eiweissstoffe.

Die Samen der Gramineen, Leguminosen, auch Cruciferen, welche durch hohen Eiweissgehalt ausgezeichnet sind, bildeten vorwiegend den Ausgangspunkt zum näheren Studium der Eiweisskörper. Vor Allem waren es aber gerade die Samen der Leguminosen, in welchen die verschiedenen Modificationen des Pflanzeneiweisses erkannt wurden, wesshalb es auch gerechtfertigt erscheint, am Schlusse der Leguminosen eine gedrängte Zusammenstellung der bis jetzt gewonnenen Erfahrungen über die Beschaffenheit der vegetabilischen Eiweisskörper zu versuchen. Mit Hinweiss auf S. 231, wo über die Gesammtliteratur, Classification, Methoden der Abscheidung, Erkennung der Eiweissstoffe im Allgemeinen berichtet wurde, folgt zunächst eine nähere Charakteristik der verschiedenen Eiweissarten.

I. Pflanzenalbumin.

Wenn überhaupt diese Bezeichnung gerechtfertigt ist, da hiermit kaum ein bestimmtes Eiweissmolekül bezeichnet werden kann, so versteht man unter diesem Begriffe jene Proteïnstoffe des Pflanzenreiches, welche sich in Wasser klar lösen, beim Erwärmen für sich oder mit Zusatz von wenig Säure vollkommen ausscheiden und in den Samen der Leguminosen und Cruciferae neben Legumin, ebenso in den Samen der Gerste, Mais, Buchweizen und Ricinussamen enthalten sind (Ritthausen). Die Zusammensetzung dieser Eiweissstoffe geht sehr auseinander; bei 2,6—4,6 % Asche zeigen sich folgende Schwankungen: C = 52,6 — 54,3, H = 7,2 — 7,5, N = 16,4 — 17,6, S = 0,8 — 1,6 %.

II. Kleberproteïnstoffe.

Schon im Jahre 1820 zeigte Taddei, dass sich der Weizenkleber in einen in Weingeist löslichen Theil (Gliadin, Liebigs Pflanzenleim) und einen darin unlöslichen (Zymom, Liebigs Pflanzenfibrin) zerlegen lässt. Später hat Günsberg drei verschiedene Stoffe abgeschieden, das Pflanzencaseïn, in Weingeist und Wasser unlöslich, den Pflanzenleim, in Weingeist und kochendem Wasser löslich. Commaille, vor Allem aber Ritthausen unterscheidet 4 verschiedene Körper, das Gliadin, Mucedin, Glutenfibrin, Glutencaseïn (Ritthausen, die Eiweisskörper. Bonn, 1872).

Th. Weyl und Bischoff (Berl. Ber. **13**. 368) vermuthen, dass die Kleberbildung im Weizen durch Pflanzenmyosin (siehe unten) mit Zuhilfenahme eines Fermentes geschehe, da nach Beseitigung des Myosins mittelst Kochsalzlösung keine Kleberbildung mehr stattfand.

Die 4 genannten Kleberproteïnstoffe sind im frischen, wasserhaltigen Zustande zähe, schleimige Massen, etwas löslich in Wasser, leicht löslich in Weingeist und in schwach saurem oder schwach alkalischem Wasser. Schwefelsäure wirkt darauf zersetzend unter Bildung von Tyrosin und Leucin (letzteres in geringer Menge), neben wenig Asparaginsäure und viel Glutaminsäure.

a. Glutenfibrin. Dasselbe findet sich im Weizen, der Gerste, im Mais, und bildet nach Ritthausen mit Gliadin, Mucedin und Glutencaseïn den Kleber.

Aus Kleber erhält man Glutenfibrin durch Ausziehen mit 60—80% Alkohol in der Kälte, Lösen des hierbei bleibenden Rückstandes in 0,1 % Kalilösung, welche mit Essigsäure im Ueberschuss ausgefällt wird. Der so erhaltene Niederschlag wird mit Alkohol (70 %) bei 30° erschöpft. Diese alkoholischen Auszüge, abdestillirt bis zu 40—45%, scheiden beim Erkalten viel Glutenfibrin aus, während Mucedin und Gliadin gelöst bleiben. Der Niederschlag wird noch feucht in absolutem Alkohol gelöst, und die concentrirte Lösung mit Aether ausgefällt. Durch wiederholtes Lösen dieser Fällung in Weingeist (50—60%) in der Wärme und Abkühlenlassen wird Fibrin gereinigt. Bräunlichgelbe Massen, die hornartig über Schwefelsäure eintrocknen, bilden Glutenfibrin, unlöslich in Wasser, löslich in heissem Alkohol von 30—70 %, beim Erkalten sich ausscheidend; längere Berührung mit Wasser macht dasselbe Glutenfibrin.

unlöslich in verdünnten Säuren und Alkalien, worin es sonst löslich ist. In kaltem Alkohol von 80—90% ist es bedeutend löslich. Die Zusammensetzung zeigt folgende Schwankungen: C = 54,3 — 54,7, H = 7,2 — 7,5, N = 15,6 — 16,9 (Weizen), S = 0,7 — 1.

Gorham (Berzelius, J. Chem. 2. 124) hat eine dem Glutenfibrin nahestehende Substanz im Mais nachgewiesen, die nach Stepp (J. pr. Chem. 76. 88) ein Gemenge von Caseïn und Pflanzenleim, nach Ritthausen dem Glutenfibrin sehr nahe verwandt ist, der dasselbe Maisfibrin nennt. Die Darstellung ist eine anologe, wie dieselbe oben geschildert, mit Anwendung von Maismehl, das mit Alkohol von 80—85% ausgekocht wird, der bei der Concentration das Fibrin ausscheidet.

Die Zusammensetzung ist: $C_{54,7}\, H_{7,5},\, N_{15,6},\, O_{21,5}\, S_{0,7}$.

b. Gliadin (Pflanzenleim).

(Dumas, Ann. Chim. Phys. (3) 6. 385. — Boussignault, ebendas. (2) 65. 301. — Guensberg, Sitzber. Wien. Ac. 44. 2. 429. — Liebig, Ann. Chem. Pharm. 39. 129).

Gliadin. Das Gliadin, Bestandtheil des Pflanzenkleber, wird erhalten, indem man Weizenkleber, wie bei Glutenfibrin erwähnt, zuerst mit Alkohol extrahirt, dann mit Kalilauge (0,1 %) den Rückstand löst, diese Lösung mit Essigsäure ausfällt und den erhaltenen Niederschlag mit 70—75% Alkohol bei 30° behandelt. Diese Lösung scheidet beim Erkalten Gliadin aus, das man in kalter Essigsäure löst, mit Kali fällt und wiederholt mit äther. Alkohol behandelt.

Gliadin bildet zähe Massen, in kaltem Wasser quellbar, in heissem Wasser reichlich löslich, unlöslich in absolutem Alkohol, löslich, wenn auch schwer, in 60—70% Alkohol, löslich in verdünnten Alkalien, in verdünnter Essigsäure und Salzsäure, wenig löslich in verdünnter Schwefelsäure, dagegen löslich in concentr. Salz-, Salpeter- und Schwefelsäure, die mit gleichen Theilen Wasser vermischt waren. Kreusler (J. pr. Chem. 107. 17) hat aus Hafer ein Gliadin isolirt, das sich durch einen hohen Schwefelgehalt auszeichnet.

Zusammensetzung des Gliadins:

	aus Weizen		aus Hafer
C =	52,7	—	52,6
H =	7,1	—	7,6
N =	18	—	17,7
S =	0,9	—	1,7

c. Mucedin (de Saussure's Mucin).

Mucedin. Das Mucedin Ritthausens, das Berzelius jedenfalls schon charakterisirt hat, findet sich in Gerste, Roggen, Weizen. Seine Darstellung gelingt nach Ritthausen mit Berücksichtigung der Thatsache, dass Mucedin eine geringere Löslichkeit in starkem Weingeist besitzt und zwar bei gewöhnlicher Temperatur, ferner dass aus essigsaurer Lösung mit wenig Kali schon Fällung entsteht.

Mucedin bildet gelblichweisse, schleimige Massen, wenig löslich in kaltem Wasser, leicht löslich in kaltem 60—70 procent. Alkohol, aus welcher Lösung absoluter Alkohol das Mucedin fällt. Verdünnte Säuren und Alkalien lösen. Zusammensetzung: C = 53,6 — 54,1, H = 6,8 — 7, N = 16,6 — 17, S = 0,5 — 0,9.

III. Pflanzencaseïne.

Diese in Gramineen und Leguminosen, auch Pomaceen, Cruciferen verbreiteten Eiweissstoffe sind nach Ritthausen in 3 Modificationen zu unterscheiden, als Legumin, Glutencaseïn und Conglutin.

Diese Moleküle charakterisiren sich durch ihre Unlöslichkeit in Wasser, Löslichkeit in schwach alkalischem Wasser, auch sauren und basisch-phosphorsauren Salzen, ihre Fällbarkeit aus diesen Lösungen durch Säuren, auch Lab, sowie durch ihren Phosphorsäuregehalt. Mit verdünnter Schwefelsäure liefern dieselben Asparaginsäure und Glutaminsäure, jedoch weniger als die Kleberproteïnstoffe. Ihre Darstellung gründet sich im Allgemeinen darauf, dass man die betreffenden Pflanzentheile, Samen (die Getreidearten nach Beseitigung des Stärkemehles), im zerkleinerten Zustande zerquetscht (auch von Oel befreit) mit 0,1% Kalilauge extrahirt, diesen Auszug einige Zeit zum Absetzen stehen lässt, hierauf mit verdünnter Essigsäure ausfällt und den Niederschlag mit schwächerem, dann stärkerem Alkohol, später mit Aether auswäscht. Auch Wasser nimmt vielfach schon Conglutin aus Samen direct auf.

a. Legumin. Das Legumin, von Einhof 1805 entdeckt, von Braconnot 1827 aus Erbsen dargestellt und mit dem Namen Legumin versehen, bildet eine körnig brüchige Masse, spec. Gew. 1,285—1,36 (Dittmar), löslich in verdünnten Alkalien, welche Lösungen mit etwas Kupfersulfat versetzt, violette Färbung zeigen, kaum löslich in verdünnten Säuren, löslicher in conc. Essigsäure, liefert beim Kochen mit verdünnter Schwefelsäure Leucin, Tyrosin, Asparaginsäure und Glutaminsäure, letztere in sehr geringer Menge. Die Zusammensetzung ist: C = 51,5 — 51,6, H = 7 — 7,5, N = 14,7 — 17,2, S = 0,4 — 0,8. Legumin.

Bleunard (Ann. chim. phys. (5) **26.** 47) erhielt bei Einwirkung von Barythydrat auch Legumin bei 150°, Ammon, Oxalsäure, Essigsäure, Amidosäuren, Glukoproteïne (Ritthausen, Verhalten von Legumin zu Kochsalzlösungen. — J. pr. Chem. (2) **26.** 504).

Das aus Hafer von Johnston seiner Zeit hergestellte Avenin ist nach Kreusler (J. pr. Chem. **107.** 17) mit Legumin sehr nahe verwandt, wenn nicht identisch und ist daher am besten Haferlegumin zu nennen, da dasselbe in seinem Verhalten und seiner Zusammensetzung dem Legumin sehr nahe steht. Avenin.

b. Glutencaseïn (Liebigs Pflanzenfibrin, Berselius' unlösliches Pflanzenalbumin).

Das Glutencaseïn ist nur bis jetzt in den Samen der Gramineen nachgewiesen und bildet trocken eine erdige Masse, löslich in kalihaltigem Wasser, unlöslich in reinem Wasser und Weingeist, quillt mit Essigsäure stark auf Glutencaseïn.

und liefert mit verdünnter Schwefelsäure sehr viel Glutamminsäure, neben wenig Asparaginsäure. Die Zusammensetzung desselben ist: C = 50,2 — 52,9, H = 6,7 — 7, N = 17,1 — 17,4, S = 0,9 — 1,9.

In den Buchweizensamen ist ebenfalls ein dem Gluteïncaseïn verwandter Eiweisskörper enthalten, der schon mit Wasser in Lösung gebracht wird und daraus mit Säuren gefällt werden kann. Die Zusammensetzung ist aber etwas verschieden: C 50,2, H 6,8, N 17,4, O 24,1, S 1,5.

Conglutin. **c. Conglutin.** Das Conglutin ist Bestandtheil der Mandeln, Erbsen, Saubohnen, Pfirsichkernen, Rettigsamen, Lupinen, Erdnüsse, Haselnüsse (Ritthausen, J. pr. Chem. (2) 24. 223. 272). Dasselbe lässt sich mit Wasser oder alkalischem Wasser leicht aus den Vegetabilien lösen, welche Lösungen auf Säurezusatz das Conglutin abscheiden, das wie bei Legumin etc. gereinigt wird. — Das Legumin ist leicht in Wasser löslich, als Legumin, reichlich löslich in verdünnten Säuren, aus welcher Lösung durch Neutralisation Conglutin wieder herausfällt.

Beim Kochen mit verdünnter Schwefelsäure entstehen Leucin, Tyrosin und 2mal mehr Glutaminsäure, als Asparaginsäure. Das Conglutin aus Mandeln, Haselnüssen und Pfirsichkernen wird aus der Lösung in Kochsalz durch Wasser nicht gefällt, zum Unterschiede von dem Conglutin der Lupinen, Erdnüsse etc. (Ritthausen).

IV. Globuline (Weyl).

Globuline. Unter Globulinen fasst man alle Eiweissstoffe des thierischen, wie pflanzlichen Organismus zusammen, welche die Fähigkeit besitzen, durch 10 % Kochsalzlösung gelöst zu werden, aus welcher Lösung dieselben durch Wasser (auch Kohlensäure, wenn auch unvollständig), gefällt werden, auch ebenso durch Essigsäure, Salpetersäure, Kochsalz, Glaubersalz, Magnesiumsulfat etc. Bei längerer Berührung mit Wasser oder Säuren verlieren dieselben die Fähigkeit, sich in Kochsalzlösung aufzulösen. Dieselben coaguliren beim Kochen in ihren neutralen oder schwach sauren Lösungen.

Es werden unterschieden:

a. Vitellin: im Mittel C = 51,3, H = 7,5, N = 18, S = 0,5 %.

Vitellin. Dasselbe ist neben Myosin im Mais, Hafer, Mandeln, Erbsen, im weissen Senf, Kürbissamen (Barbieri, J. pr. Chem. 2. 18. 102) enthalten und wird erhalten, indem die Samen mit 10 % Kochsalzlösung zerrieben werden. Aus dieser Lösung fällt festes Kochsalz Myosin aus, im Filtrat scheidet kohlensäurehaltiges Wasser das Vitellin ab.

Vitellinkochsalzlösungen coaguliren bei 75°, alkalische Lösungen coaguliren nicht.

Myosin. **b. Myosin.** Wie oben angegeben, ist Myosin Begleiter des Vitellins; besonders reich ist der Senfsamen (Weyl), auch enthält die Kartoffel ein dem Myosin ähnliches Globulin mit 14,2% Stickstoff, ebenso der Weizen (Zoller,

Berl. Ber. 14. 1064). Die Lösungen in 10% Kochsalzlösung coaguliren bei 55—60°.

Die Behauptung Weyls, dass in frischen Pflanzensamen kein Albuminat, sondern nur Globuline enthalten seien, die durch Wasser, Alkalien, Säuren in Albuminate und coagulirtes Albumin übergehen, ferner die Annahme, dass die Pflanzencaseïne Ritthausens Zersetzungsproducte der Globuline sind, haben durch die Arbeiten Barbieris (J. pr. Chem. (2) 18. 102), auch Ritthausens durchaus keine Bestätigung gefunden, im Gegentheile, da bewiesen wurde, dass die nach Weyl mit Kochsalzlösung, sowie die nach Ritthausen mit alkalihaltigem Wasser extrahirten Eiweissstoffe genau dieselbe Zusammensetzung hatten.

(Literatur über diese Fragen: Ritthausen, J. pr. Chem. 85. 193; 86. 257; 88. 141; 103. 65. — Arch. Phys. 16. 301; 19. 15; 21. 81. — J. pr. Chem. (2) 24. 257. — ebendas. 26. 440. 504; 25. 131. — Sachsse, Farbstoffe, Kohlenhydrate etc. Leipzig, 136. 1877. — Weyl, Z. phys. Chem. 1. 85—96. — Barbieri, siehe oben).

Die Arbeiten von Ritthausen über die Eiweisskörper von Erdnüssen, Samen von Helianthus (Sonnenblumen), von Sesamum indicum, von Cocosnuss, von Rapssamen, Kartoffeln beweisen, dass die durch Auflösen von Wasser mit geringen Zusätzen von Kali, Baryt- oder Kalkwasser erhaltenen Proteïnstoffe in ihrer Zusammensetzung nicht wesentlich verschieden sind von denen, welche mit 10% Kochsalzlösung extrahirt wurden.

Eiweisskörper, ähnlich dem Conglutin aus Lupinen und Mandeln mit 18% Stickstoff sind enthalten in Mandeln, Paranüssen, Ricinussamen, Kürbissamen, Sonnenblumensamen, Erdnüssen, Sesamsamen, Cocosnüssen und im weissen Senf, Haselnüssen. Im Raps und Rübsamen fehlen dieselben. Die N-reichen Eiweisskörper pflanzlichen Ursprunges enthalten 1—2% Kohlenstoff weniger als die thierischen Eiweissstoffe, und mehr als 2% Stickstoff.

Ritthausen hat auch die Eiweisskörper der Wallnüsse, Haselnüsse, Candlnetts (Aleurites triloba) untersucht (J. pr. Chem. (2) 24. 257). In Sesamrückständen waren Eiweisskörper mit 2,36% S enthalten (J. pr. Chem. (2) 26. 440). Aus Pfirsichkernen wurde ein Eiweisskörper von der Zusammensetzung des Conglutins erhalten, nur mit dem Unterschiede, dass derselbe in Kochsalzlösung mit Wasser nicht ausgefällt wird.

Das Conglutin, welches Ritthausen aus Lupinen isolirt hatte, besteht nach neueren Arbeiten aus einem in Kochsalz löslichen Eiweisskörper Conglutin $C_{50,16}$, $H_{7,03}$, $N_{18,07}$, $S_{1,07}$, $O_{23,07}$, und einem in Kochsalz unlöslichen dem Legumin (J. pr. Chem. (2) 26. 422).

V. Proteïnkörner.

(Literatur: Hartig, Bot. Z. 1855. 881. 1856. 257. — v. Holle, J. f. Pharm. 10. 1. — Hartig, Entwicklung des Pflanzenkeimes. 1858. 109. — Pfeffer, J. wissensch. Bot. 8. 499. — Maschke, Bot. Z. 1859. 410. — S. H. Vines, Journ. of phys. 3. 93. 114. — R. Sachsse, Pflanzenstoffe, siehe oben).

Proteïnkörner.

Mit dem Namen Proteïnkörner (Aleuronkörner, Proteïnmehl) fasst man rundliche, eiförmige, oder ellipsoïde Gebilde zusammen, meist farblos, wenig gefärbt, welche in allen ruhenden Samen und anderen Reservestoffe enthaltenden, ruhenden Vegetationsorganen, dem Stärkemehl, ähnlich vorkommen. Diese Körner sind mit einem Häutchen versehen, aus Proteïnsubstanz bestehend, das resistenter gegen Lösungsmittel ist, als das Korn. In diesen Körnern finden sich hie und da Einschlüsse krystallinischer Art (oxalsaurer Kalk), nie fehlend, traubenförmige, kugel-bisquitförmige Gebilde, amorph, sog. Globoïde (Pfeffer), endlich auch, wenn auch nicht stets krystallinische Einschlüsse, Krystalloïde (Nägeli), theils in Wasser löslich, theils in Wasser unlöslich, unlöslich in Alkohol und Aether. Die Proteïnkörner sind alle löslich in verdünntem Alkali, mit Hinterlassung des erwähnten Häutchens.

S. H. Vines theilt die Proteïnkörner folgendermassen ein:

1) in Wasser lösliche (Päonia offic.) ohne Krystalloïde;
2) in 10 % Kochsalzlösung lösliche, wobei Unterabtheilungen gemacht werden, je nachdem nach Behandlung mit Alkohol und Aether die Lösung in Kochsalz erfolgt, mit oder ohne Krystalloïde;
3) theilweise in 10% Kochsalzlösung lösliche, die theils in 1% Sodalösung, theils in verdünnter Kalilauge löslich sind.

Ueber die Zusammensetzung der Körner wird erwähnt, dass die Hauptmasse aus Globulinen, Myosin und Vitellin besteht, während die Krystalloïde verschiedener Natur, aber nur aus einem Körper bestehen, einem Albuminat oder coagulirtem Albuminat oder auch nur, wie bei Leguminosen aus Globulinen.

Die in Wasser löslichen Aleuronkörner verdanken ihre Löslichkeit der Gegenwart von Salzen, auch vielleicht einem Peptone. Die Mineralbestandtheile sind Kalk, Magnesia, Phosphorsäure.

VI. Krystalloïde. Krystallisirte Eiweisskörper.

Literatur: Cohn, J. pr. Chem. 80. 129. — Radlkofer, Leipzig, 1859, über Lathraea squamaria. — Pfeffer, siehe oben. — Cramer, Naturf. Ges. Zürich. 7. 380. — Klein, J. wissensch. Bot. 8. 337. — Cohn, Arch. mikrosk. Anat. 3. 23. — G. Kraus, Jahrb. wissensch. Bot. 8. 426. — v. Tieghem, Ann. sc. natur. (6) 1. 24. — Schmiedeberg, Z. phys. Chem. 1. 205. — Weyl, ebend. 1. 92. — Drechsel, J. p. Chem. (2) 19. 331. — Ueber Proteïnkrystalloïde der Pflanzen. A. F. W. Schimper. Dissertation. Strassburg, 1879. — H. Ritthausen, Pflügers Arch. f. Phys. 19. 15; 16. 301. — J. pr. Chem. (2) 23. 431. — Grübler, J. pr. Chem. (2) 23. 97.

Krystalloïde. Die Krystalloïde sind im Allgemeinen unlöslich in Wasser, Alkohol und Aether, coagulirbar durch heisses Wasser oder Alkohol, löslich in Alkalien, auch theilweise in Säuren. Ihre Verbreitung ist eine ausserordentlich grosse, so in der Rindenschichte der Kartoffel, Lathraea squamaria, in den Fruchthyphen der Kryptogamen, nach Pfeffer in den Samen der Euphorbiaceae, Sesameae, Solaneae, Cacteae, Papaveraceae, Coniferae, Cucurbitaceae, Fumariaceae, Salvia,

Linum, Celtis, Viola, Campanulaceae, Myrica, Myristica, Plantago, Bertholletia, Ruta und vielen Anderen.

Da die Charakteristik bezüglich der Form, des mikroskopischen und mikrochemischen Verhaltens hier keine eingehendere Berücksichtigung finden kann, sei besonders verwiesen auf die Arbeiten von R. Sachsse und Schimper, Pfeffer und C. Nägeli (Sitzber. Acad. München, 1862. 2. 147).

Die Methoden der Darstellung der krystallisirten Eiweissstoffe sind folgende:

Aus Paranüssen: Die gemahlenen Nüsse werden mit einer Lösung von Olivenöl und Ligroïn durchknetet und zwar auf einem Leinentuche, durch welches die Krystalloïde gehen. Nach Abwaschen mit Ligroïn werden dieselben mit Wasser von 30 bis 35° behandelt und in die filtrirte Lösung Kohlensäure eingeleitet. Der erhaltene Niederschlag wird mit Wasser von 30° gewaschen (Schmiedeberg). Weyl extrahirt mit 10% Kochsalzlösung und fällt mit Kohlensäure. Ritthausen behandelt die Nüsse zuerst mit Alkohol, Aether, dann mit Kali enthaltenden Wasser und fällt mit Essigsäure das Krystalloïd, das mit Wasser, Alkohol und Aether gewaschen wird.

Aus Kürbissamen: Die zerkleinerten Samen werden mit 10% Kochsalzlösung ausgezogen, die Lösung mit festem Kochsalz ausgefällt und das Filtrat mit viel Wasser gefällt. Dieser Niederschlag in 20% Kochsalzlösung gelöst, wird mit Wasser bis zur beginnenden Trübung vermischt, auf 30° erwärmt, die wieder geklärte Lösung mit Wasser von 30° versetzt, bis Trübung erfolgt und dann auf 42° erwärmt. Beim ganz allmäligen Abkühlen scheiden sich mikroskopische Kryställchen ab.

Krystallisirtes Eiweiss aus Paranüssen (Weyls Pflanzenvitellin). — Der frisch gefällte Körper ist vollkommen löslich in 10% Kochsalzlösung, ebenso in 0,8% Salzsäure und in Sodalösung, nach dem Behandeln mit absolutem Alkohol aber darin unlöslich. Die Kochsalzlösung desselben coagulirt bei 75°, wird nicht durch festes Kochsalz gefällt.

Mit Magnesiumoxyd verbindet sich dieses Eiweiss, indem nach Drechsel der frisch gefällte Niederschlag mit Magnesia und Wasser bei 35° behandelt wird, welche Lösung man in einen Dialysator bringt, indem absoluter Alkohol zugegeben wird. In dem Dialysator scheiden sich Körner aus, die mit Alkohol und Aether gewaschen werden. Dieselben sind krystallinisch, enthalten 13,8% Krystallwasser, oder 7,7% (Schmiedeberg), wenn dieselben durch Verdunsten der Lösung erhalten wurden. Der Gehalt an Magnesium beträgt 1,4%.

Die Calcium- und Baryumsalze erhält man aus dem Magnesiumsalzlösungen mit Chlorcalcium und Baryumchlorid.

Krystallisirtes Eiweiss der Kürbissamen. — Dieser Proteïnkörper, wie oben erwähnt dargestellt, bildet mikroskopische, reguläre Octaëder, unlöslich in Wasser, in Säuren und Alkalien löslich, durch Kalilauge und Säuren beim Stehen zersetzbar. Die Krystalle enthalten 5,3% Wasser und können auch noch hergestellt werden durch Extraction der Kürbissamen mit Magnesiumsulfat, Ammoniumchlorid, Calciumchlorid. — Mit Calciumoxyd, Magnesiumoxyd entstehen octaëdrisch krystallisirende Salze, mit 0,5% MgO und

1,1 % CaO; auch ein Kupfersalz mit 1,1 % CuO existirt und bildet einen bläulich-weissen Niederschlag.

Die Zusammensetzung der verschiedenen krystallisirten Eiweissstoffe ist folgende:

	C	H	N	S
Aus Paranüssen:				
Sachsse	51	7,3	18,1	1,4
Weyl	52,4	7,1	18,1	0,6
Ritthausen	52,3	7,2	18,1	1,3
Aus Kürbissamen:				
Grübler	53,2	7,2	19,2	1,1 %
Barbieri	51,6	7,5	18,1	0,6 %
Ritthausen	51,7	7,0	—	—

Aus Hanfsamen, Ricinussamen und Sesamsamen hat Ritthausen (J. pr. Chem. (2) 23. 482) mittelst 10 % Kochsalzlösung ebenfalls regulär krystallisirende Eiweisskörper hergestellt von folgender Zusammensetzung:

	C	H	N	S
Aus Hanfsamen	50,98	6,92	18,73	0,82
Aus Ricinussamen	50,83	6,98	18,58	0,77.

Zersetzungs-producte.

Zersetzungen der Eiweisskörper. — Die hervorragendsten Resultate über die Zersetzung des Eiweissmoleküles finden in Nachstehendem eine gedrängte Uebersicht.

Bei der Oxydation mit Braunstein und Schwefelsäure entstehen Ameisen-, Essig-, Propion-, Butter-, Valerian-, Capron-, Benzoësäure, Ammon, Aceton, Benzaldehyd, Aldehyd und Butyraldehyd, bei Anwendung von Chromsäure entsteht noch neben den erwähnten Körpern Cyanwasserstoff (Guckelberger, Ann. Chem. Pharm. 64. 39. — Keller, ebendas. 64. 39). Die Oxydation mit Königswasser (Ann. Chem. Pharm. 79. 171) liefert Oxalsäure, Fumarsäure, Schwefelsäure, Chlorazol, $C_4H_3Cl_3NO_4$, neben einem Oele und terpentinähnlichen Körper, Brom und Wasser zersetzen das Eiweiss unter Bildung von CO_2, Capronsäure, Tribromamidobenzoësäure, Bromoform, Bromessigsäure, Oxalsäure, Leucin, Bromanil und Asparaginsäure (Hlasiwetz und Habermann, Ann. Chem. Pharm. 159. 304).

Die Einwirkung von Brom und conc. Salzsäure in der Kälte oder auch Brom und Bromwasserstoff bildete aus Eiweiss gebromte Producte, die Bleisalze zu bilden im Stande sind (Knop, J. Chem. M. 1875. 810. ebendas. 1870. 869. — Berwerth, ebendas. 1879. 871. — Kohn, ebend. 1878. 934).

Die Einwirkung von Salpetersäure liefert Xanthoproteïnsäure, Trinitroalbumin und andere Producte (Mulder, Berr. J. 19. 651. — v. der Pant, J. Chem. Min. 1849. 507). Längeres Kochen von Albuminaten mit Wasser giebt Veränderungen, theils Lösungen, Leucin, Tyrosin u. s. w. (Mulder, Ann. Chem. Pharm. 45. — Liubavin, J. Thierch. 1. 13. — Dumas, Cahours).

Die Einwirkung verdünnter Mineralsäuren liefert zahlreiche Umwandlungsproducte. Schützenberger (Bull. soc. chim. 23. 161) beobachtete bei 2stündiger Einwirkung von verdünnter Schwefelsäure (1 : 5) lösliches Hemialbumin und unlösliches Hemiproteïn. L. Mayer will bei Einwirkung verdünnter Salzsäure (1 : 5) Ammon neben einer Säure beobachtet haben. — Die Arbeiten von Kreusler, Ritthausen, Erlenmeyer, Schoffer bewiesen, dass durch Einwirkung verdünnter Schwefelsäure auf thierische und vegetabilische Albuminate entstehen: Leucin, Tyrosin, Asparaginsäure, Glutamminsäure. — Schulze und Barbieri (Berl. Ber. **16.** 12) haben die Bildung von Phenylamidopropionsäure aus Eiweiss durch HCl und Zinnchlorür bewiesen.

Die Einwirkung starker Basen auf Albuminate bei höherer Temperatur lieferte ebenfalls mannichfache Umwandlungsproducte und zwar Kalilauge, Schwefelkalium, Peptone, analog der Einwirkung von Fermenten oder verdünnten Säuren (Liebig, Laskowsky, Ann. Chem. Pharm. 57 und 58). Barythydrat liefert im Rohre bei 130° Leucin, Tyrosin, Alanin nebst dessen Homologen bis C_{17} —, Asparaginsäure, Glutamminsäure, Glutimminsäure, Tyroleucin, $C_7H_{11}NO_2$, Leuceïne, $C_nH_{2n-1}O_2$, Glukoproteïne, mit süssem Geschmacke, löslich in Wasser. Ammon, CO_2, Oxalsäure, Essigsäure, Pyrrol und dessen Homologe, auch ein flüchtiges Oel (Schützenberger, Ann. chim. phys. (5) **16.** 289). — Schmelzendes Kali giebt Indol, Leucin, Ammon, Essigsäure, viel Buttersäure, Valeriansäure, Phenol, Pyrrol, Skatol (Nencki, J. pr. Chem. (2) 17. 99. — Kühne, Berl. Ber. 8. 209).

Lösliche Fermente führen die Albuminate in Peptone über, Fäulnissbacterien, Pankreasdrüse und andere Fäulnisserreger verwandeln die Albuminate sehr energisch. Zu diesen Umwandlungsproducten gehören Leucin, Tyrosin, Peptone, Ammon, H_2S, Schwefelsäure, Buttersäure, Valeriansäure, auch Phenol, Hydrozimmtsäure, Indol, Skatol, Palmitinsäure, Oelsäure, Bernsteinsäure, α-Toluylsäure, p-Oxyphenylessigsäure, o- und p-Kresol. Siehe hierüber die Literatur: Brieger, J. pr. Chem. (2) 17. 124. — Bopp, Ann. Chem. Pharm. **69.** 30. — Nencki, J. Thierch. 1876. 32. — Baumann. Berl. Ber. **10.** 685. — Nencki, ebendas. 9. 300. — Salkowsky, ebend. **12.** 107. — Baumann, ebendas. 9. 685. — Baumann und Brieger, J. phys. Chem. 3. 149. — Jeanerret, J. pr. Chem. (2) 15. 353. — Brieger, J. phys. Chem. 3. 134. — J. Ossisovsky, Berl. Ber. **13.** 326. — E. und H. Salkowsky, ebendas. **13.** 189. — A. Danilewsky, ebendas. 13. 2132.

Als Umwandlungsproduct des Eiweisses im Pflanzenorganismus speciell beim Keimungsprocesse sind vor Allem die Peptone zu nennen (siehe S. 435), ferner Leucin, Tyrosin, Asparagin, Asparaginsäure, Glutammin, Glutamminsäure, Ammon, welche als Bestandtheile der Keimlinge von Samen, der Kartoffel etc. mit Sicherheit festgestellt sind. Auch haben Schulze und Barbieri Phenylamidopropionsäure, Amidovaleriansäure als Bestandtheile der Keimlinge von Lupinen nachgewiesen, die ebenfalls zu den Umwandlungsproducten der Eiweissstoffe zu zählen sind; dazu gesellen sich noch Xanthinkörper und Lecithin, die in Cotyledonen und Axenorganen nachgewiesen sind.

Beachtenswerthe Literatur über Keimungsvorgänge und Eiweisszersetzung im Pflanzenorganismus:

E. Schulze, Barbieri, Producte der Eiweisszersetzung in Kürbiskeimlingen. Landw. Jahrb. 6. — E. Schulze, Processe, durch welche in der

Natur freier Stickstoff in Stickstoffverbindungen übergeführt wird. Ebend. 6. — E. Schulze, Zersetzung und Neubildung von Eiweissstoffen in Lupinenkeimlingen. Ebendas. 7. — E. Schulze und Barbieri (J. pr. Chem. (2) 20. 385) Eiweisszersetzung in Kürbiskeimlingen. — Phenylamidopropionsäure, Amidovaleriansäure und einige andere stickstoffhaltige Bestandtheile von Lupinus luteus. Ebendas. (2) 20. 385. — Chemische Vorgänge beim Keimen von Pisum sativum. O. Kellner, Landw. Versst. 17. — J. Agriculturch. 1874. 261. — Chemische Vorgänge beim Keimen von Kürbissamen. N. Laskowsky, J. Agriculturch. 1874. 261. — Chemische Vorgänge beim Keimen der gelben Lupine. E. Schulze, W. Umlauft, U. Urich, J. Agricchem. 1876. 216. — Umwandlung von Asparagin in Pflanzen. Mercadante, Journ. Agricchem. 1876. 219. — Lösungsvorgänge im Eiweisskörper. v. Tieghem, Compt. rend. 84. 578. — Physiologischer Werth der Reservestoffe in den Samen von Phaseolus vulgaris. G. Marek, Journ. Agriculturchem. 1877. 176. — Bildung von schwefelsauren Salzen bei der Eiweisszersetzung in Keimpflanzen. E. Schulze, J. Agricchem. 1878. 211; Berl. Ber. 1878. 1234. — Eiweissbildung in Pflanzen. A. Emmerling, Landw. Versuchsst. 24. 113. — H. Müller-Thurgau, J. Agriculturchem. 1879. 198.

Literatur über die Bestimmung der Eiweissstoffe, Peptone und deren Zersetzungsproducte, speciell bei Untersuchung von Pflanzentheilen, Pflanzensäften etc.

C. Böhmer, Bestimmung des Amidstickstoffs mittelst salpetriger Säure. Landw. Versuchsst. 28. 235. — J. Agriculturchem. 1882. 355. — Zur quantitativen Bestimmung der Eiweissstoffe und der nicht eiweissstoffartigen Stickstoffverbindungen. E. Schulze, ebendas. 1882. 357. — Quantitative Bestimmung der Eiweissstoffe. A. Stutzer, J. Landw. 23. 382. — J. Agriculturchem. 1881. 324. — E. Schulze, J. Barbieri, ebendas. 1881. 325.. Nachweis der Peptone. F. Hofmeister, Z. phys. Chem. 4. 253. — Ueber quantitative Bestimmung des Stickstoffes von Proteïn und Trennung desselben von anderen Stickstoffverbindungen in Pflanzen. A. Stutzer, J. Landw. 28. 103. J. Agriculturchem. 1880. 382. — Zur Bestimmung des Amidstickstoffes. A. Emmerling, ebendas. 1879. 317. — E. Kern, Landw. Versuchsstat. 24. 365. — O. Kellner, Landw. Versuchsst. 24. 439. J. Agriculturchem. 1879. 319. — Methode zur Bestimmung des in Amidform vorhandenen Stickstoffes. R. Sachsse und W. Kormann, Landw. Versuchsstat. 17. 321. — P. Brumme und R. Sachse, E. Schulze, Landw. Versuchsst. 20. 117.

2. Unterkl. Sympetalae.

1. Bicornes.

a. Ericaceae.

Die Gattungen, welche die Familie der Ericaceae einschliesst, sind durch einzelne gemeinsame Bestandtheile ausgezeichnet, so scheint das Ericolin, das Arbutin grössere Verbreitung zu besitzen, ebenso Gerbsäuren, Urson. Einzelne Gattungen, wie Ledum, Gaultheria sind durch ihren Gehalt an ätherischem Oele ausgezeichnet. Die Früchte der meisten Gattungen sind reich an Aepfelsäure, enthalten auch Citronensäure und Weinsäure; auffallend ist ferner der Mangangehalt mancher Gattungen, wie Vaccinium, worin auch Chinasäure nachgewiesen wurde.

Vaccinium.

Die Heidelbeeren, die Früchte von Vaccin. Myrtillus, enthalten nach Margold (J. Agricchem. 1861. 52) 5,26% Zucker, 1,9 freie Säure, 0,6% Asche, nach R. Kayser (Repert. anal. Chem. 1883. 608) im getrockneten Zustande unter Anderem 2,48% Asche, 7,02% Säure (als Weinsäure berechnet), in der Asche 0,034% Manganoxydul, 20,13% Zucker. Kayser glaubt, dass die grössere Menge Säure in Form von Aepfelsäure vorhanden sei mit wenig Citronen- und Weinsäure. Siebert (Ann. Chem. Pharm. 115. 108) hat Chinasäure in den Blättern nachgewiesen.

Die Preisselbeeren (Kronsbeeren), die Früchte von Vaccinium Vitis idaea, sind von Graeger (Jahrb. Pharm. 39. 193; 36. 208) untersucht worden, der 1,3—1,7% Zucker fand, die Asche untersuchte und $1^1/_4$—$1^1/_3$% Citronensäure, $^1/_4$—$^1/_3$% Aepfelsäure darin annimmt. O. Loew (J. pr. Chem. (2) 20. 312) fand darin Benzoësäure, A. Ferdinand (J. Pharm. 1880. 68) nimmt darin 1,141% Citronensäure an.

Vacciniin. — Der Bitterstoff der Preisselbeere, *Vaccinium Vitis idaea L.* E. Claassen (Americ. Journ. of Pharmac. 1870. 297) erhielt ihn, indem er die frische Pflanze mit Wasser unter Zusatz von Aetzkalk auskochte, den Auszug mit Bleizucker fällte, das entbleite Filtrat zum Syrup verdunstete, den nach einigen Tagen gebildeten Krystallbrei abpresste und aus kochendem Wasser mit Beihülfe von Kohle umkrystallisirte. Die Ausbeute beträgt etwa 1 Procent. Vacciniin.

Das Vacciniin bildet lange farblose, meist büschlig vereinigte Prismen ohne Geruch, von etwas bitterem Geschmack und neutraler Reaction. Es löst sich kaum in Aether, ziemlich gut in kaltem Wasser und Weingeist und so leicht in kochendem Wasser, dass die gesättigte Lösung beim Erkalten krystallinisch erstarrt. Beim Erhitzen schmilzt es zu einer klaren Flüssigkeit, die in stärkerer Hitze verkohlt. Es ist stickstofffrei (Claassen).

Erica. Calluna. Arctostaphylos. Ledum. Pyrola. Rhododendron. Epacris. Gaultheria. Epigaea. Andromeda.

Callutannsäure. — Die Gerbsäure der *Calluna vulgaris Salisb.* wird nach Rochleder (Ann. Chem. Pharm. 84. 354) erhalten, indem man den Destillationsrückstand des weingeistigen Auszugs der Pflanze mit Wasser vermischt, das Filtrat mit Bleizucker fällt, den ausgewaschenen Niederschlag mit sehr verdünnter Essigsäure behandelt, die filtrirte Lösung kochend heiss mit Bleiessig ausfällt, den chromgelben Niederschlag unter Wasser mittelst Schwefelwasserstoff zersetzt, die Flüssigkeit nach dem Aufkochen filtrirt und das Filtrat auf dem Chlorcalciumbade im Kohlensäurestrom zur Trockne verdunstet. Die Callutannsäure bildet eine bernsteingelbe geruchlose Masse, deren wässrige Lösung Silberoxyd reducirt, Eisenchlorid grün färbt und Zinnchlorid schön gelb fällt. Rochleder berechnet für die Säure die Formel $C_{14}H_7O_8$. Callutannsäure.

Wird ihre wässrige Lösung mit Mineralsäuren erhitzt, so färbt sie sich rothgelb und scheidet gelbe Flocken von Calluxanthin (nach Rochleder: $C_{14}H_5O_7$) ab, das in alkalischer Lösung rasch Sauerstoff absorbirt und nun durch Säuren in rothbraunen Flocken wieder gefällt wird.

R. Thal (Pharm. Z. Russl. 1883. 281) hat sich mit der Darstellung von Callutannsäure beschäftigt und deren Eigenschaften und Umsetzung in Calluxanthin studirt. Derselbe stellt für die wasserfreie Säure die Formel $C_{14}H_{12}O_8$, für das Calluxanthin $C_{14}H_{10}O_7$ auf.

Rhodotannsäure.

Rhodotannsäure. — Wurde von Schwarz (Ann. Chem. Pharm. 84. 361) aus den Blättern von *Rhododendron ferrugineum L.* ganz nach Art der Callutannsäure dargestellt.

Sie ist ein bernsteingelbes, säuerlich-herbe schmeckendes, Eisenchlorid grün färbendes, Zinnchlorid schön gelb fällendes Pulver, dessen Zusammensetzung nach Schwarz der Formel $C_{14}H_6O_7$ entspricht.

Die wässrige Lösung scheidet beim Erwärmen mit Mineralsäuren einen rothgelben Niederschlag von Rhodoxanthin ab.

Liditannsäure.

Leditannsäure. — Von Rochleder und Schwarz (Ann. Chem. Pharm. 84. 366) aus den Blättern von *Ledum palustre L.* wie die Callutannsäure erhalten.

Sie ist ein röthliches, in Wasser und Weingeist leicht lösliches Pulver, für welches Willigk (Ann. Chem. Pharm. 84. 363) die Formel $C_{28}H_{15}O_{15}$ berechnet. Sie färbt Eisenchlorid dunkelgrün und fällt Bleiacetat und Zinnchlorid gelb. — Beim Kochen mit verdünnten Mineralsäuren wird Ledixanthin (nach Willigk: $C_{14}H_6O_6$) als gelbes oder rothes Pulver abgeschieden.

R. Thal (Pharm. Z. Russl. 1883. 268) hat für die Leditannsäure die Formel $C_{15}H_{20}O_8$, für das Ledixanthin $C_{30}H_{34}O_{13}$ aufgestellt.

Arbutin. $C_{12}H_{16}O_7$ oder $C_{25}H_{34}O_{14}$ (Hlasiwetz und Habermann). — Literat.: Kavalier, Ann. Chem. Pharm. 82. 241; 84. 356. — Strecker, ebend. 107. 228; 118. 292. — Zwenger und Himmelmann, ebend. 129. 203. — Schiff, ebend. 154. 237. — H. Schiff, Ann. Chem. Pharm. 206. 159. Berl. Ber. 15. 1841; 14. 2561. 304. — Hlasiwetz und Habermann, Z. Chem. Min. 1875. 830. — Maisch, Americ. J. Pharm. 46. 314. — E. N. Smith, ebendas. 53. 549. — Michael, Berl. Ber. 14. 2098. — J. Habermann, Monatsh. Chem. 4. 695.

Arbutin.

Dieses 1852 von Kavalier in den Blättern von *Arctostaphylos officinalis Wimm., s. Arbutus Uva Ursi L.* aufgefundene Glykosid findet sich nach Zwenger und Himmelmann auch im Wintergrün, *Chimaphila umbellata Nutt., s. Pyrola umbellata L.* und vielleicht noch in einigen anderen Ericineen, deren Extracte bei der trocknen Destillation Hydrochinon liefern. Maisch hat Arbutin nachgewiesen in Calluna vulgaris, Ledum palustre, Vaccinium, Epigaea, Gaultheria.

Zur Darstellung verdunstet man die mit Bleiessig ausgefällte und wieder entbleite wässrige Abkochung der Blätter der Bärentraube zur Krystallisation und reinigt die angeschossenen Krystalle mit Beihülfe von Thierkohle durch Umkrystallisiren aus Wasser (Strecker). — Zwenger und Himmelmann entzogen dem in gleicher Weise gereinigten Decoct des Wintergrüns das

Arbutin durch Ausschütteln mit einer Mischung von 8 Th. Aether und 1 Th. Weingeist.

Eigenschaften.

Das Arbutin krystallisirt aus Wasser in langen farblosen seideglänzenden büschlig vereinigten Nadeln mit 2 At. H_2O, von denen $1^1/_2$ At. beim Trocknen an der Luft, der Rest bei 100° entweichen. Es schmeckt bitter, ist sehr hygroscopisch, reagirt neutral und schmilzt bei 170°, bei 100° getrocknet 144—146°, sonst 162° (Habermann), zu einer farblosen Flüssigkeit, die amorph wieder erstarrt. Es löst sich etwas schwierig in kaltem, leicht in heissem Wasser und in Weingeist, kaum in Aether. Die wässrige Lösung reducirt alkalisches Kupferoxyd nicht und wird durch Metallsalze nicht gefällt (Strecker, Zwenger und Himmelmann), giebt mit Eisenchlorid blaue Färbung (Schiff).

Zersetzung. Zusammensetzung.

In Berührung mit Emulsin bei mittlerer Temperatur, rascher beim Kochen mit verdünnter Schwefelsäure, zerfällt das Arbutin in Zucker und Hydrochinon (von Kavalier als Arctuvin bezeichnet, man, welches der Lösung durch Aether entzogen werden kann ($C_{12}H_{16}O_7 + H_2O = C_6H_6O_2 + C_6H_{12}O_6$). Beim Erhitzen bis über 100° (—170°) zufällt Arbutin in Hydrochinon, Methylhydrochinon, Glucosan (Strecker, Habermann, Schiff). Bei Behandlung mit Braunstein und verdünnter Schwefelsäure wird es in Chinon und Ameisensäure verwandelt. Bei Einwirkung von Chlor auf seine wässrige Lösung entstehen Chlor- und Bichlorchinon, Brom erzeugt entsprechende Verbindungen neben Bromarbutin und kalte concentrirte Salpetersäure verwandelt in Binitrohydrochinon (Strecker). Durch Behandlung mit Chloracetyl (oder Essigsäureanhydrid) sowie mit Chlorbenzoyl erhielt Schiff mehrere krystallisirbare Acetyl, resp. Benzoyl enthaltenden Derivate.

Hlasiwetz und Habermann stellen für die Spaltung des Arbutins die Gleichung auf $C_{25}H_{34}O_{14} + 2H_2O = C_6H_6O_2 + C_7H_8O_2$ (Methylhydrochinon) $+ 2C_6H_{12}O_6$, weil bei der Spaltung des Arbutin neben Zucker, Hydrochinon auch Methylhydrochinon entsteht. Habermann ist geneigt Arbutin von Rohrzucker oder einem Isomeren abzuleiten und giebt der Constitution durch folgende Formel Ausdruck:

$$\begin{array}{l} \qquad\quad (OH)_6 \\ C_{12}H_{14}O_3 - O - C_6H_4 . OH \\ \qquad\quad - O - C_6H_4 . O . CH_3 . \end{array}$$

Wirkung und Verhalten im Thierkörper.

Weder zu 0,1—0,5 (Schroff) noch selbst zu 20,0 in 48 Stunden genommen (Jablonowski, de Santonini, Bebeerini, Narcotini, Arbutini, Citratis ferrici intra organismum humanum rationibus. Dorp.) wirkt Arbutin auf den menschlichen Organismus. Im Urin fanden es weder Schroff noch Jablonowski wieder; nach Letzterem enthält der Urin auch kein Hydrochinon, sondern Benzoësäure und eine in Alkohol unlösliche humusähnliche Substanz. Dagegen fand v. Mering nach Einnehmen von Arbutin Hydrochinonschwefelsäure und Methylhydrochinonschwefelsäure, während L. Lewin und Behrend (Arch. path. Anat. **113**. 3. D. Med. Ztg. N. 29. 1883) nach grösseren Gaben auch unverändertes Arbutin im Harn constatirten. Das Arbutin ist offenbar das wirksame Princip der Bärentraube, besonders bei Behandlung des Blasenkatarrhs, und kann statt derselben in grösseren Dosen (0,5—1,0) in Pulver oder Lösung gegeben werden.

Methyl-arbutin.

Methylarbutin. $C_{13}H_{18}O_7$. — In den Blättern von Arbutus haben Hlasiwetz und Habermann (Ann. Chem. Pharm. **177**. 334) und Schiff (siehe oben) Methylarbutin neben Arbutin nachgewiesen. Schmpkt. 142 bis 143° im nicht ganz reinen Zustande, zerfällt mit verdünnter Schwefelsäure in Glykose und Hydrochinonmethyläther $O_{13}H_{18}O_7 + H_2O = C_6H_{12}O_6 + C_6H_4(OH).CH_3$.

Michael stellte ein Methylarbutin her, indem er Hydrochinonmethylätherkali in absolutem Alkohol mit Acetochlorhydrose in Berührung brachte. Dasselbe bildet seidenglänzende, bitterschmeckende Nadeln, Schmpkt. 168 bis 169°, leicht löslich in Wasser und Alkohol, schwerlöslich in Aether. Eisenchlorid und Fehlingsche Lösung verändern nicht. Verdünnte Mineralsäuren veranlassen dieselbe Spaltung wie beim natürlichen Methylarbutin. Schiff stellte ebenfalls Methylarbutin her durch Einwirkung von Arbutin, Methyljodid und Kaliumhydroxyd, Schmpkt. 175°.

Ericolin.

Ericolin. $C_{34}H_{56}O_{21}$. — Wurde von Rochleder und Schwarz (Wien. Akad. Ber. 9. 308; 11. 371; auch Chem. Centralbl. 1852. 812 und 1853. 861) in den Blättern von *Ledum palustre L.*, in geringerer Menge in den Blättern von *Calluna vulgaris Salisb.*, *Erica herbacea L.* und *Rhododendron ferrugineum L.* aufgefunden.

Nach R. Thal (Pharm. Z. Russl. 1883. 209) findet sich Ericolin in den Pflanzengattungen Erica, Rhododendron, Pyrola, Vaccinium, Azalea, Gaultheria, Clethra, Eriodyction, Epigaea.

Aus den Blättern des Porst (*Ledum palustre*) erhält man das Ericolin, indem man die wässrige Abkochung derselben mit Bleiessig ausfällt, das Filtrat in einer Retorte auf ein Drittel einengt, vom ausgeschiedenen Bleisalz abfiltrirt, mit Schwefelwasserstoff entbleit, zum Extract eindickt, dieses mit Aetherweingeist auszieht und den Verdunstungsrückstand der ätherweingeistigen Lösung so oft in Aetherweingeist aufnimmt, bis er sich darin vollständig löst.

Das Ericolin ist ein braungelbes amorphes, bei 100° zusammenklebendes, sehr bitter schmeckendes Pulver. — Es zerfällt beim Erhitzen mit verdünnter Schwefelsäure in Zucker und Ericinol, $C_{10}H_{16}O$ ($C_{34}H_{56}O_{21} + 4H_2O = C_{10}H_{16}O + 4C_6H_{12}O_5$), ein farbloses, eigenthümlich und nicht unangenehm riechendes Oel, das an der Luft durch Sauerstoffaufnahme rasch dunkelbraun wird, wahrscheinlich identisch ist mit dem in gleicher Weise erhaltenen Spaltungsproduct des Pinipikrins (s. dies.) und vielleicht fertig gebildet im flüchtigen Oel von *Ledum palustre* und anderen Ericineen vorkommt.

Ericinol.

R. Thal stellte aus Calunna und Ledum nach der oben beschriebenen Methode Ericolin her und studirte die Spaltungsproducte. Er glaubt, was allerdings noch sehr der Bestätigung bedarf, folgendes feststellen zu dürfen:

Das Ericolin spaltet sich mit verdünnten Säuren in Zucker und Ericinol, das unter Wasseraufnahme in Hydroericinol übergehen kann.

$$C_{26}H_{30}O_8 + 4H_2O = C_6H_{12}O_6 + \underset{\text{Ericinol.}}{C_{20}H_{26}O}$$

$$C_{20}H_{26}O + 7H_2O = 2\underset{\text{Hydroericinol.}}{(C_{10}H_{20}O_4)}$$

Urson. $C_{20}H_{32}O_2$. — Literat.: H. Trommsdorff, Arch. Pharm. (2) 80. 273. — Hlasiwetz, ebendas. 85. 15; auch Journ. pract. Chem. 66. 123. — Rochleder und Tonner, Journ. pract. Chem. 98. 208.

Wurde von Trommsdorff in den Blättern von *Arbutus Uva Ursi L.*, später von Rochleder und Tenner auch in den Blättern einer neuholländischen *Epacris*-Art aufgefunden. Man erhält es aus ersteren am einfachsten, indem man sie mit ihrem gleichen Gewicht Aether auszieht, das aus dem dunkelgrünen Auszuge sich abscheidende krystallinische Pulver mit Aether wäscht und aus Weingeist umkrystallisirt.

Es bildet feine farblose seideglänzende Nadeln ohne Geruch und Geschmack (Trommsdorff), die bei 198—200° schmelzen und krystallinisch wieder erstarren (Hlasiwetz), in höherer Temperatur anscheinend unverändert sublimiren. Es löst sich nicht in Wasser, wässrigen Säuren und Alkalien, schwierig in Weingeist und Aether. Von conc. Schwefelsäure wird es mit orangegelber, von conc. Salpetersäure mit gelber Farbe gelöst.

Hlasiwetz berechnet aus seinen Analysen die Formel $C_{20}H_{17}O_2$ und erklärt es für nahe übereinstimmend mit Schrötters Hartin aus der Braunkohle von Hart; Rochleder stellt für das aus Epacrisblättern dargestellte die oben angeführte Formel auf.

Chimaphilin. — Wurde von Fairbank (Amer. Journ. of Pharm. 22. 254; auch Viertelj. pract. Pharm. 9. 582) aus den Blättern der *Chimaphila s. Pyrola umbellata* erhalten, indem er den mit verdünntem Weingeist bereiteten Auszug derselben mit Chloroform schüttelte, die getrennte Chloroformlösung der freiwilligen Verdunstung überlassen und die erhaltenen Krystalle aus Alkohol umkrystallisirt. Es geht auch beim Destilliren der Pflanze mit Wasser über in goldgelbe, bis $1^1/_2$ Zoll lange, geruch- und geschmacklose Krystalle, schmelzbar, sublimirbar, kaum löslich in Wasser, löslich in Alkohol, Aether, Chloroform, flüchtigen und fetten Oelen. Chimaphilin.

Asebotoxin. — Die Blätter der in Japan als Giftpflanze gefürchteten Andromeda japonica untersuchte Eykman und fand darin einen unkrystallisirbaren Bitterstoff, den er darstellte, indem er das wässrige Extract von Syrupsconsistenz mit Chloroform ausschüttelte, die Chloroformlösung destillirte, den Rückstand mit Petroleumäther extrahirte. Der Rückstand dieser Lösung, in alkoholhaltigem Aether gelöst, wurde mit Wasser geschüttelt, das den Bitterstoff aufnahm und beim Verdunsten als amorphe Masse hinterliess. Dieser Körper, Asebotoxin genannt, schmilzt bei 120°, ist in Alkohol, Aether, Chloroform, Amylalkohol, Essigsäure löslich, in Wasser schwerlöslich. Die alkoholische Lösung giebt mit Salzsäure (concentrirt) eine blaue Färbung neben dem Geruche nach Spiraea ulmaria, der auch mit Schwefelsäure auftritt. Das Asebotoxin tödtet Kaninchen schon zu 3 Mgm. pr. Kilo bei hypodermatischer Anwendung; die Erscheinungen beginnen nach 15—20 Min. mit starkem Zittern, stertoröser Respiration, Rückwärtsbewegung des Kopfes, grosser Unruhe und Umherlaufen und gehen später in Paralyse über, bisweilen kommt vermehrte Diurese und Defäcation vor. Bei Hunden tritt Erbrechen ein. Neben dem Asebotoxin hat Eykman (New Remed. 66. 1882) noch ein zu 5 Mgm. nicht giftiges, krystallisirbares Glykosid dargestellt, welches sich in heissem Wasser zu einer bitter schmeckenden Solution löst, in kaltem Wasser wenig löslich ist, wohl aber gut in verdünnten Alkalien. Das beim Kochen mit verdünnten Mineralsäuren daraus entstehende

Asebotoxin. Wirkung.

Asebogenin ist auch in heissem Wasser unlöslich, löst sich dagegen in Aether, Alkohol und Alkalien. Es besitzt die elementare Zusammensetzung $C_{24}H_{28}O_{12}$, ist aber mit Arbutin nicht identisch, da es durch Ammoniakdämpfe dunkelblau gefärbt wird. Ferner hat Eykman (New Remed. 229. 1883) vier Farbstoffe, Aseboquercetin, Aseboquercitrin, Asebofuscin und Asebopurpurin, aus der Pflanze dargestellt und untersucht. Der von Plugge (Arch. Pharm. 21. 1) aufgefundene und Andromedotoxin genannte Stoff, der bei Fröschen Sistiren der Athmung, fibrilläre Zuckungen und Paralyse bedingt und die Nervenerregbarkeit herabsetzt, aber die Muskeln intact lässt, ist mit Asebotoxin wohl identisch.

Andromedaöl. Das ätherische Oel von Andromeda Leschenaultii enthält nach Broughton (Pharm. J. Trans. (3) 2. 281) ein ätherisches Oel, das mit dem Oele von Gaultheria identisch ist, nur mit dem Unterschiede, dass es weniger Gaultherylen, $C_{10}H_{16}$ und mehr salicylsauren Methylester enthält.

Gaultheria Oel. Das Gaultheriaöl oder Wintergreen-Oil des Handels findet sich in allen Theilen, besonders aber in den Blüthen der in Nord-Amerika häufig wachsenden *Gaultheria procumbens L.* Es ist frisch farblos, wird aber an der Luft röthlich, riecht angenehm, schmeckt süsslich gewürzhaft und siedet zwischen 200 und 222°. Es ist ein Gemenge von etwa $^{9}/_{10}$ Methylsalicylsäure und $^{1}/_{10}$ Gaultherilen. Letzteres ist ein farbloses, sehr dünnflüssiges, bei 160° siedendes, nach Pfefferöl riechendes Camphen, das am besten isolirt wird, wenn man das rohe Oel mit Kalilauge destillirt, das Uebergehende mit Wasser und verdünnter Kalilauge wäscht und dann mit Chlorcalcium entwässert. (Man vergl. Cahours, Ann. Chem. Phys. (3) **10.** 358).

De Vrij (N. Tijdschr. v. Pharm. 1871. 355) erhielt aus $32^{1}/_{2}$ kg der Blätter von Gaultheria leucocarpa 40 g, aus $29^{1}/_{2}$ kg der Blätter von G. punctata 340 g Oel.

Der Methylester der Salicylsäure, $OH.C_6H_4.CO.O.CH_3$, bildet eine angenehm riechende Flüssigkeit, Sdpkt. 224°, spec. Gew. 1,1969.

Das Wintergrünöl wird in den Vereinigten Staaten als Carminativum und als Geschmackscorrigens schlecht schmeckender Mixturen, z. B. Syrupus Sarsaparillae compositus, benutzt (Stillé), scheint aber auch beim Volke als Panacee zu dienen. Nach W. Reil (Mat. med. p. 178) bedingt es bis zu 5 Tropfen Gefühl von Wärme im Magen und im ganzen Körper neben Pulsbeschleunigung, und ruft auf der äussern Haut nur Wärme, aber keine Entzündung hervor. Es soll mehrfach zu 30,0 bei Kindern tödtliche Vergiftung bewirkt haben (Stillé, Pereira). Ein von Gallagher (Philad. med. Exam. 8. 347) berichteter Fall von Intoxication eines 9jähr. Knaben mit 15,0 endete in einigen Wochen günstig; die Erscheinungen waren heftiges Erbrechen, Purgiren, Magenschmerzen, heisse Haut, vermehrte Pulsfrequenz, langsame und mühsame Respiration, Schwerhörigkeit und intensiver Heisshunger. Wegen seines Gehaltes an Methylsalicylsäure ist das Oel ein treffliches Antisepticum, vielleicht auch Antirheumaticum, und als ersteres auch von Gosselin und Bergeron (Arch. gén. de méd. 16. 1881) in 2,5% spirituöser Lösung als angenehm riechendes und die Haut nicht reizendes Wundverbandmittel empfohlen.

Porschöl. Das Porschöl, aus dem blühenden Kraut von *Ledum palustre L.*, von welchem 1000 Pfund nach Trapp (Zeitschr. Chem. 1869. 350) 26 Unzen liefern, ist eine weissgelbe krystallinisch-fettige Masse von durchdringendem und betäubendem Geruch, brennendem Geschmack und schwach saurer Reaction. Trapp fand es in Uebereinstimmung mit den älteren Angaben von Grassmann (Repert. Pharm. 38. 53) und Buchner (ebendas. 38. 57 und N. Repert. Pharm. 5. 1) aus einem krystallinischen Stearopten und einem davon abzupressenden Eläopten bestehend. Ersteres bildet feine atlasglänzende Nadeln, die leicht schmelzen, unzersetzt sublimiren und sich leicht in Weingeist und Aether lösen. Es färbt sich mit conc. Schwefelsäure rothbraun und mit rauchender Salpetersäure oder einer Mischung von Schwefelsäure und gewöhnlicher Salpetersäure oder Eisenchlorid schön violett. Das Eläopten verbindet sich mit zweifach-schwefligsaurem Natron zu einer weissen kautschukähnlichen Masse, aus der es durch Destillation mit Säuren oder Alkalien wieder abgeschieden werden kann. — Zu abweichenden Resultaten gelangten Willigk (Wien. Akad. Ber. 9. 302) und Fröhde (Journ. pract. Chem. 82. 181). Beide erhielten nur flüssiges Oel, das nach Fröhde auch bei starker Abkühlung kein Stearopten absetzte. Fröhde zerlegte es durch Schütteln mit Kalilauge in eine Säure von der Formel $C_8H_{10}O_4$ und einen nicht mit Kalilauge verbindbaren Theil, der bei fractionirter Destillation ein bei 160° siedendes Camphen und ein bei 240—242° siedendes sauerstoffhaltiges Oel von der Zusammensetzung des Ericinols, $C_{10}H_{16}O$, lieferte.

Iwanow (Pharm. Z. Russl. 15. 577) untersuchte Porschöl und stellte aus den Blättern und Spitzen von Ledum palustre reichlich Krystalle von Ledumcampher her, Schmpkt 101°, Sdpkt. 174°, rechtsdrehend in alkoholischer Lösung, von der Formel $C_5H_8O_2$. Trapp (Berl. Ber. 8. 542) nimmt die Formel $C_{28}H_{48}O$ an. — E. Hjelt und U. Collan (Berl. Ber. 15. 2500) stellen die Formel $C_{25}H_{44}O_2$ auf. B. Rirza (Berl. Ber. 16. 1883. 2311) giebt den Schmelzpunkt des Ledumcamphers zu 104—105° an, Dampfdichte = 8,10 und stellt aus 14 Analysen die beiden Formeln auf $C_{15}H_{24}O$ oder $C_{16}H_{26}O$.

Die Gattung Monotropa entbehrt des Chlorophylles.

2. Primulinae.

a. Primulaceae.

Cyclamin. $C_{20}H_{34}O_{10}$. — Literat.: Saladin, Journ. Chim. méd. 6. 417. Buchner und Herberger, Repert. Pharm. 37. 36. — De Luca, Compt. rend. 44. 723; 47. 295 und 328; 87. 297; auch Journ. Pharm. (3) 31. 427; 34. 353. — Th. W. C. Martius, N. Repert. Pharm. 8. 388. — Hilger und Mutschler, Ann. Chem. Pharm. 185. 214.

Dieses zuerst von Saladin dargestellte und als „Arthanitin“ bezeichnete Glykosid findet sich in den Knollen von *Cyclamen europaeum L.*, nach Saladin ausserdem in kleiner Menge auch in der Wurzel von *Primula veris L.* und in noch geringerer in den Wurzeln von *Anagallis arvensis L.* und *Limosella aquatica L.* (Fam. Scrophularineae), was indess wohl weiterer Bestätigung bedarf. Cyclamin.

Zur Darstellung zieht man im Herbst gesammelte, getrocknete und gröblich gepulverte Cyclamen-Knollen digerirend einige Mal mit im Ganzen etwa dem 10fachen Gewicht Weingeist von 0,817—0,825 specif. Gew. aus, destillirt von den erhaltenen vereinigten Tincturen etwa $^2/_3$ des Weingeists ab und überlässt den Rückstand 4—10 Wochen der Ruhe. Das Cyclamin scheidet sich dann in Rinden oder als Pulver aus und wird durch nochmalige Abscheidung aus kochendem Weingeist mit Beihülfe von Thierkohle rein erhalten (Martius). — Aehnlich verfährt De Luca. Saladin zog die zum Brei zerquetschte frische Wurzel mit kaltem Wasser aus, verdunstete das Filtrat zur

Extractdicke, nahm in Weingeist auf und überliess die filtrirte Lösung der freiwilligen Verdunstung.

Das von Saladin angeblich in kleinen weissen Krystallen erhaltene Cyclamin bildet nach De Luca und Martius eine weisse amorphe zerreibliche Masse, die keinen Geruch, aber äusserst scharfen Geschmack besitzt und neutral reagirt. An feuchter Luft, sowie in Berührung mit Wasser quillt es auf und löst sich dann leicht in Wasser (De Luca). Die nach Martius etwas fluorescirende Lösung schäumt nach De Luca wie Seifenwasser, trübt sich bei 60 bis 70° durch Ausscheidung von geronnenem Cyclamin und dreht die Ebene des polarisirten Lichtes schwach nach links. Sie wird nach Martius durch Bleizucker, Silbernitrat und Kupfersulfat gefällt. In Weingeist und Holzgeist löst sich das Cyclamin leicht, dagegen nicht in Aether, Chloroform und Schwefelkohlenstoff. (De Luca).

Hilger und Mutschler erhielten nach der oben angegebenen Methode aus der Wurzel von Cyclamen das Cyclamin als Pulver, aus mikroskopischen Krystallen bestehend, Schmpkt. 198°, löslich in Wasser, in 71 Th. Alkohol (96 %), unlöslich in Aether, Ligroïn, Chloroform, Benzol, Schwefelkohlenstoff. Die wässrige Lösung schäumt beim Schütteln, ist opalisirend; conc. Schwefelsäure löst dasselbe mit dunkelrother Farbe.

Aus De Luca's Analysen ergiebt sich als einfachster Ausdruck für die Zusammensetzung des Cyclamins die Formel C_2H_4O, aus Klinger's Analysen berechnet Martius durch ein Versehen $C_{20}H_{24}O_{10}$ anstatt der Formel $C_{20}H_{34}O_{10}$. Nahe Beziehungen des Cyclamins zu Saponin und verwandten Glykosiden scheinen vorhanden zu sein.

Wird wässriges Cyclamin im verschlossenen Rohr dem Lichte ausgesetzt, so scheidet sich eine weisse amorphe Substanz aus, die sich bei gelindem Erwärmen wieder löst, worauf bei stärkerem Erwärmen wieder unverändertes Cyclamin abgeschieden wird (De Luca). Beim Kochen mit verdünnten Mineralsäuren, am besten Salzsäure, erfolgt Spaltung in Glykose und Cyclamiretin ($C_{14}H_{16}O_6$?), das sich als weisser körniger harzartiger, in Weingeist löslicher, in Wasser und Aether unlöslicher Niederschlag ausscheidet (Martius). Auch in Berührung mit Emulsin (nicht mit Hefe) tritt bei 30 bis 35° Zersetzung unter Bildung von gährungsfähigem Zucker ein. (De Luca). Beim Schmelzen mit Kalihydrat entsteht unter Wasserstoffentwicklung eine besondere Säure. (De Luca).

Die Spaltung des Cyclamins in Cyclamiretin und Glykose scheint folgendermassen angenommen werden zu dürfen.

$$3\,C_{20}H_{34}O_{10} = 4\,C_6H_{12}O_6 + 2\,C_{15}H_{22}O_2 + C_3H_{10}O_2.$$

De Luca giebt an, mittelst Hefe spalte sich Cyclamin in Glykose und Mannit (?).

Cyclamiretin **Cyclamiretin.** $C_{15}H_{22}O_2$. — Weisses, amorphes Pulver, Schmelzpunkt 198°, unlöslich in Wasser, löslich in Alkohol und Aether, giebt mit Salpetersäure zuletzt Oxalsäure, mit schmelzendem Kali Ameisensäure, Buttersäure und einen krystallinischen Körper. (Hilger und Mutschler).

Wirkung. Die über Cyclamin von Pelikan (Beitr. zur gerichtlichen Medicin 180. 1858), Schroff (Ztschr. Wien. Aerzte 21. 22. 1859) und Chirone (Il Morgagni 769. 817. 904. 1877) angestellten Versuche vindiciren dem Stoffe eine stark irritirende örtliche Wirkung, welche sich bei Fröschen nach interner Application von 1—6 Cgm. durch Erbrechen und nach dem Tode durch Epithelverlust, starke Gefässentwicklung und Ekchymosen im Mund, Schlund und Magen (Pelikan) und bei Warmblütern nach subcutaner Injection durch Gangrän und Geschwürbildung (Chirone) zu erkennen giebt. Nach Schroff ist diese locale Wirkung, welche auch beim Menschen nach Einnehmen von 0,1 in Oblaten durch Brennen im Magen sich characterisirt, zu welchem nach 0,2 noch Druckgefühl, Ekel, heftige Brechneigung, Aufstossen und heftiger Kopfschmerz von einer Stunde Dauer hinzutreten, nicht an allen Applicationsstellen gleich, am ausgesprochensten im Unterhautzellgewebe, am Peritoneum und in den Respirationsorganen, wo grössere Mengen blutige Suffusion bedingen, danach im Rectum, weit geringer im Magen (woraus Schroff schliesst, dass Cyclamin nicht das einzige active Princip der wirkliche Gastritis bedingenden Wurzel vor Cyclamen europaeum sei) und völlig fehlend auf der äusseren Haut. Neben der irritirenden Localaction existirt ohne Zweifel auch eine entfernte Action. Schon Pelikan sah bei Fröschen nach einiger Zeit Schwäche der Bewegungen sowie Abnahme und (in 1½ Stunden) Schwinden der Reflexaction, was vielleicht im Zusammenhange mit der von Harnack (Arch. f. exp. Path. Pharm. II. 301) nach 0,02 subcutan nachgewiesenen Lähmung der willkürlichen Muskeln steht; doch geben andrerseits Pelikan und Chirone an, dass weder die Herzaction noch die Muskeln- und Nervenreizbarkeit durch Cyclamin beeinträchtigt werden. Längere Fortdauer der Herzthätigkeit beobachtete auch Schroff bei kleinen Fischen, welche in wässriger Cyclaminlösung (1:300) in einer Viertelstunde starben. Schroff, welcher den Tod von Warmblütern nur nach Application von 0,2—0,3 in die Bauchhöhle in Folge von Peritonitis eintreten sah, betont als entfernte Wirkungen des Cyclamins die von ihm nach 0,05 Cyclamin in Oblate genommen, beim Menschen beobachtete einstündige Verminderung der Athemfrequenz und mehrstündige Vermehrung der Speichelsecretion. Chirone zeigte, dass der Tod von Warmblütern auch durch Subcutaninjection von Cyclamin durch entfernte Action herbeigeführt werden könne; doch tritt letztere nur langsam in Folge der irritirenden Localwirkung ein und dauert 2—3 Tage. Nach Chirone sind die Erscheinungen der Cyclaminvergiftung Stupor, Hyperästhesie, bisweilen zu spontanen Krämpfen gesteigert, Schwäche und Beschleunigung des Herzschlages, bisweilen Acceleration, manchmal Retardation der Athemzüge, Dyspnoe und Sinken der Temperatur; post mortem finden sich seröse und hämoglobinhaltige Transsudate in Pleuren, Peritoneum u. s. w. In wie weit letztere und die Action des Cyclamins überhaupt einer spec. Action des Cyclamins auf das Blut ihre Entstehung danken, steht dahin; nach Chirone wird dasselbe im Contact mit Cyclamin sofort dunkel und an Stelle der beiden Oxyhämoglobinstreifen tritt der Streifen des reducirten Hämoglobins, welches bei prolongirter Einwirkung nach einigen Tagen in Hämatin übergeht.

Aurikelcampher. — Scheidet sich nach Hünefeld (Journ. pract. Chem. 7. 61 und 16. 111) aus dem durch Destillation frischer im Frühjahr gesammelter Wurzeln von *Primula Auricula L.* mit Wasser erhaltenen trüben Destillat als weisse krystallinische, stark und angenehm riechende, in weingeistiger Lösung sich mit Eisenoxyd roth färbende Masse ab.

Primulacampher. $C_{11}H_{12}O_5$. — (Hilger und Mutschler, Ann. Chem. Pharm. 185. 222).

Durch Destillation der Wurzel von Primula veris erhält man ein Destillat, welches reichlich kleine Kryställchen absondert, die aus Benzol oder Aether umkrystallisirt werden. Sechsseitige Blättchen, löslich in Alkohol, Aether, Benzol, schwer löslich in Wasser, welche in Lösung mit Eisenchlorid violette Färbung geben. Schmpkt. 49°. Die anisähnlich riechende Substanz liefert bei der Oxydation mit Chromsäure oder, mit Kalilauge erhitzt, Salicylsäure.

Die Gattung Hottonia ist durch einen sehr hohen Kieselsäuregehalt ausgezeichnet, in 100 Th. Asche 18,6 Kieselsäure.

b. Myrsinaceae.

Maesa.

Die Früchte von Maesa picta (Saoria = Bandwurmmittel) enthalten fettes und ätherisches Oel, sollen auch in der Asche Baryt enthalten (Journ. Chem. Min. 1857. 530), auch 0,35 % Borsäure.

Corynocarpus.

Karakin. W. Skey (Chem. News. 27. 190) hat aus den Samen von Corynocarpus laevigata einen Bitterstoff hergestellt, Karakin, indem die Kerne mit kaltem Wasser vollkommen extrahirt wurden, der wässrige Auszug von Albuminaten mittelst Essigsäure befreit und hierauf mit Thierkohle bis zum Verschwinden des bitteren Geschmackes digerirt wird. Die Thierkohle giebt an Alkohol den Bitterstoff ab, der sich in weissen, sternförmig gruppirten Nadeln abscheidet, sauer reagirt, bitter schmeckt, Schmpkt. 100°, löslich in Wasser, Säuren, Alkalien, Alkohol, unlöslich in Aether, Chloroform.

3. Diospyrinae.

Dichopsis (Isonandra.)

Guttapercha. Die Guttapercha scheidet sich aus dem durch Einschnitte in die Rinde zum Ausfliessen gebrachten Milchsaft von *Dichopsis Gutta Lindl. s. I. sonandra Hook.* an der Luft als Coagulum ab, welches alsdann geknetet und geformt wird. Das rohe Product ist grauweiss oder röthlich, blättrig, mit Rindentheilen und anderen Unreinlichkeiten gemengt. Zur Reinigung wird es zerschnitten, mit kaltem und zuletzt mit warmem Wasser gewaschen und durch Erhitzen auf etwa 110° und Pressen in eine feste Masse verwandelt. Die Guttapercha ist fast so hart wie Holz, ist zwischen 0 und 25° in nicht zu dicken Schichten biegsam wie Leder, aber nur in geringem Grade dehnbar, lässt sich bei 45—60°, wo sie zu erweichen beginnt, zu Fäden ausziehen und wird bei 100° so weich, dass sie leicht in Formen gepresst werden kann. Sie leitet Wärme und Electricität schlecht und wird beim Reiben stark negativ electrisch. In Wasser ist sie unlöslich, absoluter Weingeist und Aether lösen davon nach Payen nur bis zu 22 %, Chloroform löst leicht und vollständig, aber erst bei 16 Theilen des Lösungsmittels ist die Lösung filtrirbar. Auch Schwefelkohlenstoff, Benzol und Terpentinöl lösen sie, letztere aber erst beim Erwärmen vollständig; fette Oele bringen nur in der Wärme eine geringe Menge in Lösung, die sie beim Erkalten wieder abscheiden. — Nach Payen (Journ. pract. Chem. 57. 152; Jahresber. d. Chem. 1859. 519) enthält die Guttapercha 75—82 % des Kohlenwasserstoffs Gutta, 14—16 % Alban, 4—6 % Fluavil, ausserdem etwas Salze, Fett, flüchtiges Oel und Farbstoff. Die Gutta bleibt als Rückstand, wenn man mechanisch gereinigte zerkleinerte Guttapercha so lange mit kaltem Aether oder kochendem absolutem Weingeist behandelt, als diese Flüssigkeiten noch etwas aufnehmen; aus dem Weingeist krystallisirt beim Erkalten das Alban heraus, während das Fluavil gelöst bleibt. Reiner erhält man die Gutta nach Baumhauer (Journ. pract. Chem. 78. 277), wenn man die durch Behandeln mit Wasser und Salzsäure gereinigte Guttapercha in kochendem Aether löst, die beim Erkalten sich ausscheidende Masse nochmals in kochendem Aether aufnimmt und die wieder abgeschiedene Gallerte nach gutem Auswaschen mit kaltem Aether und Weingeist, um der Oxydation vorzubeugen, sogleich zum Schmelzen auf 100° erhitzt und trocknet. Die Gutta ist ein weisses Pulver, das schon unter 100° durchsichtig wird, bei 150° völlig schmilzt und in höherer Temperatur sich zersetzt. Sie löst sich nicht in Weingeist und kaltem Aether, leicht in Schwefelkohlenstoff und Chloroform, nur sehr wenig in Benzol und Terpentinöl. An der Luft absorbirt sie begierig Sauerstoff, wobei Ameisensäure erzeugt wird. Ihre Zusammensetzung entspricht nach Baumbauer, Oudemanns u. A. der Formel $C_{20}H_{32}$, nach Payen C_4H_7 oder einem Vielfachen davon, nach Miller (Journ. pract. Chem. 47. 380) $C_{20}H_{30}$. — Das Alban ist eine leichte pulvrige aus mikroskopischen Blättchen gebildete Masse, die bei 140° (nach Payen erst bei 160—180°) schmilzt, durch Wasser, verd. Säuren und Alkalien nicht angegriffen wird, sich reichlich in kochendem, schwierig in kaltem, absolutem Weingeist, leicht in Aether, Chloroform, Schwefelkohlenstoff, Benzol und Terpentinöl löst und der Formel $C_{10}H_{16}O$ entspricht (Oudemanns, Jahresber. d. Chem. 1859. 517). — Das Fluavil, nach Oudemanns $C_{20}H_{32}O$, löst sich in den eben genannten Lösungsmitteln noch leichter und hinterbleibt beim Verdunsten seiner Lösungen als citronengelbe amorphe brüchige Masse, die bei 50° teigig wird und bei 100—110° schmilzt (Payen). — Zu abweichenden Resultaten über die Bestandtheile der Guttapercha gelangte Arppe (Journ. pract. Chem. 53. 171). — Auf dem Verhalten der Gutta gegen Sauerstoff (s. oben) beruht die Veränderung, welche Guttapercha an der Luft erleidet; sie wird brüchig, harzartig, in Weingeist und wässrigen Alkalien löslich, nimmt bisweilen selbst einen stechenden Geruch an und erweicht bei 100°, ohne zu schmelzen. Diese Veränderung erfolgt im Dunkeln weniger schnell als im Licht, unter Wasser gar nicht. Beim Erhitzen mit Schwefel oder beim Behandeln mit Chlorschwefel wird die Guttapercha härter und weniger schmelzbar, also ähnlich modificirt, wie Kautschuk. Leitet man Chlor in eine Auflösung von Guttapercha in Benzol, so scheidet sich eine weisse pulvrige Substanz ab, die als Ersatz für Elfenbein benutzt wird. — Die vielfachen Verwendungen der Guttapercha sind bekannt. Bezüglich des Gebrauches in der Medicin (Percha lamellata, Traumaticin u. s. w.) vergl. Husemann, Arzneimittellehre, 2. Aufl. S. 385 bis 387.

Bassia.

Die Galam- oder Bamboucbutter, ein mildes, schwach gewürzhaft schmeckendes, etwa bei 29° schmelzendes, in 40 Th. kochendem Weingeist und leicht in kaltem Aether sich lösendes, völlig verseifbares Fett der Südseeinseln, scheint aus den Früchten von *Bassia obovata Forst.*, vielleicht auch von *B. longifolia L.* oder einer anderen *Bassia*-Art, gewonnen zu werden (Guibourt, Jour. chim. med. 1. 175). — Auch die grünlichweisse, bei 43° schmelzende Sheabutter, die Thomson und Wood (Journ. pract. Chem. 47. 237) untersuchten und die von O. Henry (Ann. Chem. Pharm. 18. 96) untersuchte Galambutter.

Illipé- oder Mahvahbutter stammen wohl von *Bassia*-Arten ab, erstere, wie es scheint, von *Bassia Parkii Hook.*

Illippébutter. Nach Rische und Rémont (J. Pharm. Chim. (5) 1 u. 2. 1880) kommt die Illippébutter von Bassia longifolia, deren Blüthen 60 % gährungsfähigen und 8,5 % Rohrzucker enthalten. Die Illipébutter schmilzt bei 63°. — Die Bassiafette, welche in der Kerzenfabrikation eine hervorragende Rolle spielen, enthalten viel Stearinsäure (79 % Oudemanns. J. Chem. Min. 1863, 333. — Deite, Dingl. J. 231. 169. — G. Léon-Soubeiran. J. pharm. chim. (3) 3. 400.)

Lucuma.

Die Frucht von Lucuma Bonplandii ist reich an fettem Oele (45 %) enthält Amygdalin, Emulsin, Glykose neben bekannten Bestandtheilen. (J. Pharm. 1876. 162.)

Chrysophyllum. Sapota.

Die Rinde von Chrysophyllum glyciphloeum (Cortex Monesiae) enthält Saponin. — Sapota Mülleri liefert einen dem Guttapercha ähnlichen Milchsaft, der als Balata im Handel vorkam.

b. Ebenaceae.

Diospyros.

Diospyros Ebenum liefert das Ebenholz (Kernholz), das sich durch sein hohes spec. Gew. auszeichnet, schwerer als Wasser ist.

c. Styracaceae.

Styrax

Benzoë. Die Benzoë ist ein, theils freiwillig, theils in Folge gemachter Einschnitte, aus der Rinde des auf den Sundainseln und in Siam einheimischen *Styrax Benzoïn Dryand.* ausfliessendes Harz, das entweder in kleinen rundlichen, aussen röthlichgelben, inwendig milchweissen, auf dem Bruch harzig glänzenden Stücken (Benzoë in lacrymis), oder in grösseren röthlichgrauen bis rothbraunen, auf dem Bruche wenig glänzenden Massen (Benzoë in massis), oder endlich als ein Conglomerat dieser beiden Sorten (Benzoë amygdaloides) in den Handel kommt. Sie riecht sehr angenehm, besonders beim Erwärmen, und schmeckt süsslich, scharf und balsamisch. Erhitzt schmilzt sie unter Entwicklung von Benzoësäuredämpfen. Von heissem Weingeist wird sie bis auf die beigemengten fremden Stoffe vollständig gelöst, von Aether nur theilweise; heisses Wasser entzieht ihr die Benzoësäure. Sie ist nach den Untersuchungen von Unverdorben (Poggend. Ann. 17. 179), van der Vliet (Journ. pract. Chem. 18. 411) und Anderen ein Gemenge von drei oder vier Harzen und enthält daneben Benzoësäure (14—18 %), nach Kolbe und Lautemann in einigen Sorten in loser Verbindung mit Zimmtsäure; in einer Sumatrabenzoë fand Aschoff nur Zimmtsäure und keine Benzoësäure. Rump (Berl. Ber. 1878) fand auch Vanillin in dem Benzoëharze. Kocht man die Benzoë mit wässrigem kohlensaurem Natron aus, so werden die Säuren und das Gamaharz ausgezogen, welches letztere aus der kochend heissen Lösung durch Salzsäure als dunkelbraunes Harz gefällt wird. Aus dem in kohlensaurem Alkali unlöslichen

Theil der Benzoë bringt Aether hellbraunes Alphaharz und nach längerem Stehen sich daraus wieder abscheidendes Deltaharz in Lösung, worauf der Rückstand hauptsächlich aus Betaharz besteht, das durch Auflösen in kochendem Weingeist gereinigt werden kann. Sämmtliche Harze liefern nach Hlasiwetz und Barth (Ann. Chem. Pharm. 134. 265) beim Schmelzen mit Kalihydrat die gleichen Producte, nämlich Benzoësäure, Paraoxybenzoësäure, Protocatechusäure, Brenzcatechin und flüchtige Fettsäuren. Bei der trocknen Destillation der von den aromatischen Säuren befreiten Benzoë werden Benzoësäure, Carbolsäure, eine salbenartige Substanz und andere Producte gebildet (E. Kopp, Compt. rend. 19. 1269). Concentrirte Schwefelsäure löst die Benzoëharze mit karmoisinrother Farbe, Salpetersäure erzeugt damit Pikrinsäure, Benzoëresinsäure, Benzoësäure, Bittermandelöl und Blausäure. Benzoëharz, mit Zinkstaub destillirt, liefert reichlich Toluol (Ciamician, Berl. Ber. 1878); bei der trocknen Destillation von Benzoë entsteht auch neben Benzoësäure Styrol (5%). Bezüglich der medicinischen Verwendung vgl. Husemann, Arzneimittellehre. 2. Aufl. S. 406–408.

Symplocos.

Die Rinde von Symplocos racemosa (Lotusrinde), früher schon von Winckler untersucht, wobei ein „Californin" nachgewiesen wurde, war Gegenstand einer eingehenden Prüfung durch O. Hesse, der 3 Alkaloide darin nachwies. (Berl. Ber. 1878. 1542.) Die Darstellung der Alkaloide gelingt auf folgende Weise:

Die zerkleinerte Rinde wird mit heissem Alkohol extrahirt, der Alkohol abdestillirt, und der Rückstand mit Aether behandelt, der die Basen aufnimmt und beim Verdunsten zurücklässt. Dieses Gemenge der Alkaloide wird in verdünnter Essigsäure gelöst, mit Ammon neutralisirt und nun mit Rhodankalium die Rhodanate von Loturin und Colloturin abgeschieden. Die Rhodanate werden mit Soda zerlegt und die reinen Alkaloide mit Aether aufgenommen, der dieselben in Krystallen zurücklässt, von welchen die Krystalle des Loturin verwittern, die des Colloturin's nicht. Die Mutterlauge, aus welcher die Rhodanate gefällt wurden, wird mit Ammon übersättigt, mit Aether das Loturidin ausgeschüttelt, das beim Verdunsten des Aethers amorph zurückbleibt.

Das Loturin (0,24 % in der Rinde) bildet lange, glatte Prismen, leicht verwitterbar, kaum löslich in Wasser und Alkalien, löslich in Alkohol, Aceton, Aether, Chloroform. Die Lösungen des Alkaloides in verdünnten Mineralsäuren zeigen blauviollette Fluorescenz. Schmpkt 234°. Von Salzen sind dargestellt: das salzsaure, jodwasserstoffsaure, sulfo-cyansaure, salpetersaure, essigsaure, chromsaure, pikrinsaure, sowie Platinchlorid- und Goldchloriddoppelsalze.

Colloturin (0,02 % in der Rinde) bildet aus Alkohol von Pyramiden begrenzte Prismen, aus Aether körnige Massen, sublimationsfähig; die Lösungen in verdünnten Mineralsäuren fluoresciren blauviolett.

Loturidin ist amorph, zeigt basische Eigenschaften, und in saurer Lösung ebenfalls die blauviolette Fluorescenz, die beim Verdünnen besonders hervortritt.

4. Tubiflorae.

Convolvulus. Ipomaea.

Die Gattungen Convolvulus und Ipomaea zeichnen sich durch einen hohen Harzgehalt aus, der besonders in den Wurzeln und Zweigen angehäuft ist. Die Harze selbst enthalten als Hauptbestandtheile Glykoside oder diesen sehr ähnliche Substanzen. Die nähere Kenntniss dieser Harze lässt noch Manches zu wünschen übrig, wesshalb es unmöglich ist, scharfe Kritik walten zu lassen und es zweckmässig erscheint, die Arbeiten referirend zusammenzustellen.

Rosenholzöl. Harze und Oele: Das Rosenholzöl, aus dem Holz der Wurzel und des Stammes von *Convolvulus scoparius L.*, ist blassgelb, etwas dickflüssig, leichter als Wasser, von rosenartigem Geruch und bitterem gewürzhaftem Geschmack. Es besteht nach Gladstone zu etwa $^4/_5$ aus einem bei 249° siedenden Camphen.

Jalappenharz. Das Jalappenharz wird der knolligen Jalappenwurzel *(Convolvulus Purga Wend.)* durch Weingeist entzogen und aus dieser Lösung durch Wasser gefällt. Es ist schmutzig braungrau, auf dem Bruche gelbbraun, undurchsichtig, spröde fast geruchlos und von scharfem und bitterem Geschmack. In Weingeist löst es sich leicht, während Aether nur etwa $^3/_{10}$ desselben löst. Es enthält neben seinem Hauptbestandtheile, dem in Aether unlöslichen Glycosid Convolvulin ein durch Aether ausziehbares kratzend schmeckendes, stark sauer reagirendes, in wässrigen Alkalien leicht lösliches Weichharz. (Bezüglich des letzteren vergl. man Sandrock, Arch. Pharm. (2) 64. 160 und Kayser, Ann. Chem, Pharm. 51. 81). Beimengungen von Colophonium und ähnlichen billigen Harzen im käuflichen Jalappenharz können leicht durch Behandlung mit Terpentinöl erkannt worden, welches erstere auflöst, letzteres ungelöst lässt.

A. F. Stevenson (Pharm. J. Trans. (3) 10. 644) zerlegt Jalappenharz in 2 Bestandtheile Jalapin, löslich in Aether und Convolvulin, unlöslich in Aether. Das Weichharz soll erst zu 0,5 purgirend wirken, während die officinelle Resina Jalapae vermöge ihres Convolvulingehaltes schon zu 0,3 drastische Action hat (Buchheim und Hagentorn).

Das Jalappenstengelharz von *Convolvulus Orizabensis L.*, mit welchem die Harze von *Convolvulus arvensis L.* und *C. Soldanella L.* nach Weppen, (Arch. Pharm. (2) 87. 153), und Planche, (Journ. Pharm. (2) 13. 165), nach Zwingmann (Disq. pharmacol. de quarund. Convolvulac. resin. inst. Dorp. 1857) die von *Convolvulus sepium L.* und *Convolvulus tricolor L.*, dagegen nicht die von *Convolvulus arvensis L.* und *Ipomoea purpurea Lam.*, sowie das aus der Wurzel von *Convolvulus Mechoacanha W.*, das zu den Harzsäuren gehört und nach Buchheim und Hagentorn selbst zu 1,5 nicht abführt, darin übereinstimmen, dass sie von Aether gelöst werden, enthält als wesentlichen Bestandtheil das Glykosid Jalapin. Das Harz der Jalappenstengel wirkt nach Bernatzik gleich kräftig purgirend wie Jalappenharz, während die gereinigten Harze von *Convolvulus arvensis, sepium* und *tricolor*, sowie von *Ipomoea purpurea*

Scammonium. *Lam.* etwas weniger stark drastisch als das Convolvulin wirken sollen (Zwingmann). — Das Gleiche bezüglich der Zusammensetzung gilt vom Aleppischen Scammonium, dem aus Einschnitten in die Wurzel geflossenen und an der Luft eingetrockneten Milchsaft von *Convolvulus Scammonia L.* (man vergl. S. 886), welches jedoch im Handel oft so verfälscht vorkommt, dass es nur 40 % (Smyrnaisches Scammonium sogar nur 4,5 %) Harz enthält, deshalb in sehr variabler Weise drastisch wirkt und als Abführmittel besser vermieden wird (Bernatzik). — Ueber Französisches Scammonium, den eingetrockneten Milchsaft des Rhizoms der Asclepiadee *Cynanchum monspelianum L.*, das nur etwa 3 % Harz enthält und sehr geringen Werth hat, vergl. man Jessler, Viertelj. pract. Pharm. **17**. 266.

Ueber Scammonium, dessen Beschaffenheit Prüfung siehe: Kingzett und Faries Pharm. J. Trans. 8. 249. — Perret, Bull. soc. chim. 28. 511. — Hess, Arch. Pharm. (3) 6. 223. — Jacobsohn, J. Pharm. 1874. 94. — Haselden, Pharm. J. Trans. 5. 41. — Hager, Pharm. Centrlbl. 95. 110. —

Das Tampicoharz wird nach Spirgatis (N. Repert. Pharm. **19**. 452. 1870) aus einer unter dem Namen Tampico-Jalape seit einiger Zeit aus Mexiko über Tampico ausgeführten Jalapensorte, deren Stammpflanze Hanbury (ebenda. 460) als *Ipomoea simulans* beschrieben hat, in gleicher Weise wie die übrigen Jalapenharze gewonnen. Es bildet, nachdem es durch Auskochen mit Wasser und Behandlung seiner weingeistigen Lösung mit Kohle gereinigt ist, eine farblose oder schwach gelbliche, durchscheinende, spröde, geruch- und geschmacklose Masse, die bei 30° schmilzt, sich ausser in Weingeist auch in Aether leicht löst und in diesen Lösungen schwach sauer reagirt. Das gereinigte Harz, das Tampicin, gleicht in seinem chemischen Verhalten durchaus dem Convolvulin. Seine Zusammensetzung entspricht der Formel $C_{34}H_{54}O_{14}$. Durch Kochen mit wässrigen Alkalien oder alkalischen Erden geht es unter Aufnahme von 3 Molecülen Wasser in die amorphe gelbliche, der Convolvulinsäure ähnliche Tampicinsäure $C_{34}H_{60}O_{17}$, über. Beide werden durch Erwärmen mit Salzsäure in Zucker und Tampicolsäure, $C_{16}H_{32}O_3$, gespalten, welche in feinen geruchlosen, deutlich sauer reagirenden, in Weingeist leicht, in Aether schwer sich lösenden Nadeln krystallisirt. Tampicoharz.

Das Turpethharz aus *Ipomoea Turpethum R. Br.*, die etwa 4 % davon liefert, besteht in der Hauptsache aus dem in Aether unlöslichen Glycosid Turpethin, dem nur etwa $^1/_{20}$ eines in Aether unlöslichen Harzes beigemengt ist. Turpethharz.

Rössig (J. Pharm. 1875. 76) untersuchte die Wurzel von Ipomoea Turpethum, speciell der Aschenbestandtheile.

Pharbitis.

In den Kaladanasamen von Pharbitis Nil fanden Flückiger und Hanbury (Pharmacographia) 14,4 % fettes Oel und 8,2 % in Alkohol lösliches, in Aether und Benzol unlösliches Harz.

Convolvulin. Jalapin Buchner's. Rhodeoretin Kaysers.

$C_{31}H_{50}O_{16}$. — Literat.: Chemische, Buchner und Herberger, Repert. Pharm. 37. 203. — Kayser, Ann. Chem. Pharm. 51. 81. — — W. Mayer, ebendas. 83. 121; 92. 125. — Köhler und Zwicke, N. Jahrb. Pharm. 32. 1. auch N. Repert. Pharm. 18. 450. Medicinische: Hagentorn, Disquisitiones pharmacologicae de quarundam Convolvulacearum resinarum institutae Dorpat 1858. — Buchheim, Arch. phys. Heilk. 1857. 493. — Bernatzik, Wien. med. Jahrb. 1864. H. 2, 3, 5 u. 6. — Zwicke, die wirksamen Bestandtheile der Convolvulaceen; Convolvulin und Jalapin in historischer, chemischer und physiologischer Hinsicht. Halle, 1869.

Convolvulin. Der zuerst von Kayser (1844) rein dargestellte und als Glykosid erkannte, dann namentlich von Mayer untersuchte und als Convolvulin bezeichnete wirksame Bestandtheil der ächten, von dem am östlichen Abhange der mexicanischen Anden wachsenden *Convolvulus Purga Wend. seu Ipomoea Schiedeana Jucc.* stammenden Jalapenwurzel.

Zur Darstellung extrahirt man die zuvor mit Wasser erschöpften, dann wieder getrockneten und gepulverten Wurzeln 3 Mal mit ihrem doppelten Gewicht 90proc. Weingeist, versetzt die vereinigten Auszüge mit Wasser bis zur beginnenden Trübung, kocht mit Knochenkohle, verdunstet das Filtrat, behandelt den harzigen Rückstand zur Entfernung eines weichen, kratzend schmeckenden Harzes 4—5 Mal mit Aether, löst ihn dann in wenig absolutem Weingeist, fällt die Lösung mit Aether und wiederholt mit dem ausgeschiedenen Convolvulin die letzte Operation noch einige Male (Mayer).

Das Convolvulin bildet eine farblose, in dünnen Schichten durchsichtige, bei gewöhnlicher Temperatur durch Wassergehalt weiche, aber bei 100° spröde und zerreibliche, bei 141° erweichende, bei 150° zu einer klaren gelblichen Flüssigkeit schmelzende, geruch- und geschmacklose, in weingeistiger Lösung schwach sauer reagirende Masse. Es löst sich sehr wenig in Wasser, leicht in Essigsäure, in allen Verhältnissen in Weinessig, nicht in Aether (Mayer, Kayser.) Chloroform, Amylalkohol und Schwefelkohlenstoff lösen es nur wenig, Benzol und Petroleumäther gar nicht. Die weingeistige Lösung wird durch kein in Weingeist lösliches Metallsalz, Silbernitrat ausgenommen, gefällt. (Köhler und Zwicke.)

Die oben angeführte Formel ist von Mayer aufgestellt. Derselbe gab früher die Formel $C_{72}H_{60}O_{36}$ und Kayser $C_{42}H_{35}O_{20}$.

Zersetzung. In stärkerer Hitze wird das Convolvulin zerstört. — Conc. Schwefelsäure löst es langsam mit schön amaranthrother Farbe und scheidet später braunes Harz aus (Mayer). Dampft man es mit Salzsäure ab, so bleibt ein grauer Rückstand, der mit conc. Schwefelsäure kirschroth wird (Köhler und Zwicke). Leitet man Salzsäure in die weingeistige Lösung, so erfolgt Spaltung in Convolvulinol und Zucker (Kayser). Das Convolvulinol (nach Mayer daraus nach der Gleichung: $C_{62}H_{50}O_{32} + 5\,HO = C_{26}H_{25}O_7 + 3\,C_{12}H_{12}O_{12}$ entstehend) scheidet sich dabei als Oel ab, erstarrt aber später und krystallisirt aus Weingeist oder Aether in blendend weissen dünnen biegsamen Nadeln, die bei 39° schmelzen, schwach sauer reagiren, sich schwer in Wasser, etwas besser in Aether und leicht in Weingeist lösen und in Berührung mit wässrigen Alkalien sich in Convolvulinolsäure, $C_{26}H_{24}O_6$, verwandeln. (Mayer.)

Wässrige kaustische und kohlensaure Alkalien, alkalische Erden und Ammoniak lösen das Convolvulin, die ersteren schon in der Kälte, die letzteren wenigstens beim Erwärmen, unter Ueberführung in Convolvulinsäure (nach Mayer ($C_{62}H_{53}O_{35}$). Diese bildet eine weisse, sehr hygroskopische, zwischen 100° und 120° schmelzende, stark sauer reagirende, in Wasser und Weingeist leicht lösliche, in Aether unlösliche Masse, die beim

Kochen mit verdünnten Säuren in Convolvulinol (s. oben) und Zucker zerfällt (Kayser, Mayer). — Conc. Salpetersäure oxydirt das Convolvulinol zu Oxalsäure und einer Säure, die wahrscheinlich Sebacylsäure ist, von Mayer aber als Ipomsäure bezeichnet wird.

Wirkung. Das Convolvulin ist der vorzüglichste drastische Bestandtheil der Tubera Jalapae, der schon in sehr kleinen Dosen (0,1—0,2) purgirend wirkt. Schon Wibmer hat bei Versuchen an sich das in Essigsäure gelöste sog. Jalapin Buchners und Herbergers (Repert. Pharm. 37. 203) nach 2 im Intervall von 1 St. gereichten Dosen von 0,12 Bewegungen in den Gedärmen und breiigen Stuhl nach 1 Stunde, nach 0,25 heftiges Leibschneiden und flüssigen Stuhl nach 3 Stunden bewirken sehen. Auch Mayer sah nach 0,18—0,25 mehrfaches Purgiren. Reines Convolvulin brachte bei Hagentorn in 2 Stunden Leibschmerzen und flüssigen Stuhl, der sich 1 Stunde später noch einmal wiederholte, hervor, während das Weichharz in der 4fachen Gabe erst nach mehreren Stunden purgirte. Bernatzik bezeichnet 0.216 als purgirende Dosis. Grössere purgirende Dosen können Thiere tödten, so z. B. 0,3 Meerschweinchen in 3 Stunden, wobei sich Gastroenteritis, jedoch nicht immer, anatomisch nachweisen lässt (Köhler und Zwicke). Andere Wirkungen als auf den Darm scheinen nicht zu existiren, insonderheit keine diuretische (Bernatzik) noch bei interner Anwendung solche auf das Nervensystem (Zwicke). Bei Einspritzung von über 0,1 mit Natron gesättigter Convolvulinsäure sahen Buchheim und Hagentorn entschieden nervöse Symptome, nämlich tiefes Athmen, Convulsionen und Paralyse vor dem in $^1/_2$ Stunde eintretenden Tode. Reizungserscheinungen auf der Haut, Nasenschleimhaut und Augenbindehaut sind beim Convolvulin gering oder fehlen ganz (Buchheim und Hagentorn, Bernatzik). Die purgirende Wirkung desselben beruhet offenbar nicht auf den gebildeten bekannten Spaltungsproducten, da diese theils gar nicht, theils minder kräftig den Darm afficiren, ausserdem Spaltungen durch Speichel, Magen- und Darmsaft nicht erwiesen sind. Convolvulinsäure wirkt erst zu 0,5 in 5 Stunden, convolvulinsaures Natron zu 0,2 in derselben Zeit, convolvulinsaure Magnesia zu 0,3 nicht purgirend (Hagentorn). Nach Bernatzik ist die purgirende Dosis der Convolvulinsäure 0,6 und steigert sich die Wirkung, die oft erst am 3. Tage abgeschlossen ist, mit zunehmender Dosis nicht erheblich; die Salze derselben purgiren gar nicht; Convolvulinsäure bedingt zu 1,0 und darüber Aufstossen und Blähungen, aber kein Purgiren, welches durch convolvulinolsaure Alkalien hervorgerufen wird; Ipomsäure ist selbst zu 2,0 ganz wirkungslos. Die purgirende Wirkung des Convolvulins muss als locale betrachtet werden, da sie sich nicht bei Einspritzung in die Venen (0,1) oder Subcutaninjection (0,5) einstellt und kommt nur zu Stande, wenn das Convolvulin direct mit Galle im Darm in Contact kommt (Buchheim und Hagentorn, Köhler und Zwicke). In unterbundenen Darmschlingen sowie nach Unterbindung des Ductus choledochus oder nach Anlegung von Gallenfisteln wirken selbst 1,0—2,0 nicht purgirend. In den Mastdarm gebracht bleiben 0,3 Convolvulin unwirksam;

Convolvulinsäure.

Ipomsäure.

dieselbe Menge mit Galle oder gallensauren Alkalien gemengt, erregt stark rasches Purgiren. Die Galle wirkt dabei nicht verändernd, sondern einfach lösend; 100 CC. lösen 1,333 Gm. Convolvulin (Schaur).

Schicksale im Organismus. Weder das Convolvulin noch seine Verwandlungsproducte gehen in den Harn über; da man auch in den Fäces nur nach grossen Gaben (2,0—4,0) Convolvulin in sehr geringer Menge, dagegen keines seiner Spaltungsproducte wiederfindet, erscheint Resorption, die sowohl durch die Galle als durch den Pancreassaft (Schaur) vermittelt wird, und Verbrennung im Blute wahrscheinlich. Convolvulinsäure ist nach 10,0 in den Fäces nur qualitativ nachweisbar (Bernatzik).

Jalapin. Pararhodeoretin Kaysers. Scammonin. $C_{34}H_{56}O_{16}$.

Literat.: Johnston, Phil. Trans. 1840. 342. — Kayser, Ann. Chem. Pharm. 51. 101. — W. Mayer, ebendas. 95. 129. — Keller, ebendas. 104. 63; 109. 209. — Spirgatis, ebendas. 116. 289. — Köhler und Zwicke, N. Jahrb. Pharm. 32. 1. — Samelson, J. Dissertation. Breslau, 1883.

Die medicinische Literatur siehe beim Convolvulin.

Jalapin. Das dem Convolvulin der ächten Jalape entsprechende Glykosid der von dem mexikanischen *Convolvulus Orizabensis L.* stammenden sogen. Jalapenstengel des Handels und des Scammoniums, des eingetrockneten Milchsafts des in Anatolien, Syrien etc. wachsenden *Convolvulus Scammonia L.* Es wurde zuerst von Johnston dargestellt, dann von Kayser und Mayer ausführlicher untersucht, und Spirgatis zeigte, dass die schon von Johnston erkannte Aehnlichkeit zwischen dem Jalapin und dem Scammonin auf der Identität beider beruhe.

Aus der käuflichen *Resina Jalapae ex stipitibus* erhält man das Jalapin, indem man dessen weingeistige Lösung mit Wasser bis zur beginnenden Trübung versetzt, die Mischung mit Thierkohle kocht, dann mit Bleizucker und etwas Ammoniak ausfällt, das Filtrat mit Schwefelwasserstoff entbleit, den Weingeist abdestillirt, das zurückbleibende Harz wiederholt mit kochendem Wasser ausknetet, es dann in Aether löst und die Lösung verdunstet (Mayer).

Gröblich gepulvertes Scammonium wird mit kaltem Weingeist erschöpft und mit der Lösung bis auf die Fällung mit Bleizucker, welche unterlassen werden kann, ganz in der gleichen Weise, wie bei der Verarbeitung von Jalapenstengelharz verfahren (Spirgatis).

Eigenschaften. Das Jalapin ist eine farblose, in dünnen Schichten durchscheinende, bei 100° spröde und zerreibliche, bei 123° erweichende, bei 150° zu einer farblosen Flüssigkeit schmelzende harzige Substanz, die weder Geruch noch Geschmack zeigt und in weingeistiger Lösung kaum merkbar sauer reagirt (Mayer, Spirgatis). Es löst sich sehr wenig in Wasser, leicht in Weingeist, Holzgeist, Amylalkohol, heisser Essigsäure, Aether und Chloroform (Mayer, Spirgatis), schwieriger in Benzol, Terpentinöl und Schwefelkohlenstoff, gut auch in wässrigen Alkalien (Köhler und Zwicke).

Zersetzung. Derivate.

Für die Zusammensetzung gab Keller die Formel $C_{76}H_{67}O_{36}$. Spirgatis bestätigte die von Mayer aufgestellte und oben angeführte Formel $C_{34}H_{56}O_{16}$.

Ueber 150° erhitzt bräunt sich das Jalapin und wird in höherer Temperatur unter Entwicklung eines brenzlich-stechenden Geruchs zerstört. Von kalter conc. Schwefelsäure wird es langsam mit purpur- bis amaranthrother Farbe gelöst, die später in Braun und endlich in Schwarz übergeht. Beim Erwärmen mit verdünnten Mineralsäuren zerfällt es in Jalapinol und Zucker (Mayer), das aus Scammonium dargestellte in Jalapinolsäure und Zucker (Spirgatis). Das Jalapinol, $C_{32}H_{31}O_7$ (nach Mayer nach der Gleichung: $C_{68}H_{56}O_{32} + 11HO = C_{32}H_{31}O_7 + 3C_{12}H_{12}O_{12}$ entstehend) bildet weisse blumenkohlartige Krystalle, die bei 62°,5 schmelzen, geruchlos sind, kratzend schmecken, schwach sauer reagiren und auf Papier Fettflecke machen. Es löst sich nicht in Wasser, leicht in Weingeist und Aether. In Berührung mit Ammoniak, Alkalien oder alkalischen Erden verwandelt es sich unter Austritt von 1 Aequiv. Wasser in Jalapinolsäure (Mayer). — Die Jalapinolsäure, $C_{32}H_{30}O_6$, wahrscheinlich identisch mit dem Jalapinol, bildet weisse Nadelbüschel von beinahe gänzlich mit denen des Jalapinols übereinstimmenden Eigenschaften (Mayer, Spirgatis). — Beim Auflösen des Jalapins in wässrigen Alkalien, alkalischen Erden oder Ammoniak, oder beim Kochen mit wässrigen kohlensauren Alkalien wird es unter Aufnahme von 3 Aeq. Wasser in Jalapinsäure, $C_{68}H_{59}O_{35}$, übergeführt. Diese ist eine durchscheinende gelbliche amorphe Masse ohne Geruch, von kratzend-süsslichem Geschmack und stark saurer Reaction, die sich sehr leicht in Wasser, auch in Weingeist, aber nur schwierig in Aether löst (Mayer, Spirgatis). — Salpetersäure erzeugt aus dem Jalapin die nämlichen Producte, wie aus dem Convolvulin (Mayer).

Die Arbeiten von J. Samelson, der sich mit dem Studium der Oxydationsproducte des Jalapins durch Salpetersäure und Kaliumpermanganat, sowie der Spaltungsproducte durch Salzsäure etc. beschäftigte, haben zu nachstehenden Resultaten geführt:

1) Das Jalapin ist das Anhydrid der 2basischen Jalapinsäure, $C_{17}H_{30}O_9$. 2) Die Oxydation mit Salpetersäure liefert Kohlensäure, Isobuttersäure und eine mit der Sebacinsäure isomere Säure, die Ipomsäure. 3) Durch Kaliumpermanganat wird aus Jalapin erzeugt: Isobuttersäure, Oxyisobuttersäure, Oxalsäure. 4) Die Jalapinsäure, $C_{17}H_{30}O_9$, entsteht durch Einwirkung von Alkalien auf Jalapin. 5) Das Jalapinol, $C_{16}H_{30}O_3 + \frac{1}{2}H_2O$ ist ein Aldehyd, indem es ammoniakalische Silberlösungen reducirt und mit saurem schwefligsaurem Kalium eine krystallinische Verbindung giebt. Dasselbe liefert mit alkoholischem Kali Harz, Jalapinolsäure und wahrscheinlich einen Alkohol. Uebermangansaures Kalium oxydirt Jalapinol zu Jalapinolsäure, $C_{16}H_{30}O_4$, die weiter zu Isobuttersäure und später zu Oxysobuttersäure oxydirt wird. Das Jalapinol kann daher als ein Tetrabutylaldehyd angesehen werden, dem durch die Behandlung mit Salzsäure ein Molekül Wasser entzogen wurde.

Wirkung.

Das Jalapin ist der hauptsächlichste drastische Bestandtheil in den Stipites Jalapae und im Scammonium und steht in seiner Wirkung dem Convolvulin sehr nahe. Hagentorn bekam nach 0,25 nicht ganz reinen Jalapins aus Convolvulus orizabensis mehrfache flüssige, zuerst in 3 Stunden auftretende Stühle, nach 0,12 in 3—4 St. flüssige Dejection. Buchheim fand Jalapin aus Scammonium etwas minder wirksam als das aus Stip. Jalapae, so dass etwa 0,226 des erstern 0,2 des letzteren entsprechen. Wirkungen auf andere Organe sind nicht constatirt. Bei Einspritzung von 0,5 mit Natron verbundener Jalapinsäure aus Stip. Jal. sahen Buchheim und Hagentorn Convulsionen, Wanken, profusen Speichelfluss, Unruhe, fortgesetzte Bewegungen der Bulbi und Contraction der Pupille, die sich wieder kurz vor dem in $^1/_2$ Stunde erfolgten Tode erweiterte. Wie beim Convolvulin scheinen auch beim Jalapin die bekannten Spaltungsproducte nicht das Purgiren zu veranlassen. Jalapinol aus Conv. orizab. fanden Buchheim und Hagentorn zu 0,5 und daraus bereitetes jalapinolsaures Natron zu 0,3, jalapinolsaure Magnesia zu 0,12 ohne purgirende Action; ebenso wirkte aus Scammonium bereitetes Jalapinol zu 0,1 nicht purgirend, während Jalapinsäure aus Scammonium erst zu 0,5 zwei flüssige Stühle hervorrief. Bernatzik bezeichnet Jalapinsäure aus Scammonium und Stipites Jalapae als zu 0,6 purgirend, Jalapinolsäure als sich gleich der Convolvulinolsäure verhaltend. Auch beim Jalapin ist die purgirende Wirkung vom Contacte mit der Galle, die es fast in derselben Menge wie Convolvulin löst (Schaur), abhängig (Buchheim und Hagentorn). In unterbundenen Darmschlingen ruft 0,6 Jalapin aus Scammonium und 0,1—0,2 Jalapinsäure keine Entzündung hervor; weder hier noch bei Injection von 0,5 der letzteren (mit Natron verbunden) entsteht Verflüssigung des Darminhaltes und Stuhlgang (Buchheim und Hagentorn, Brunton).

Jalapinsäure. Jalapinol.

Elimination. Im Harn sind weder Jalapin noch Jalapinsäure und Jalapinol wiedergefunden (Buchheim und Hagentorn, Bernatzik), in den Fäces Jalapin und Jalapinsäure auch nach sehr erheblichen Gaben (0,2 resp. 0,10) nur in sehr geringer Menge (Bernatzik).

Turpethin. **Turpethin.** $C_{34}H_{56}O_{16}$. — Dieses mit dem Jalapin isomere Glykosid wurde von Spirgatis (Journ. pract. Chem. 92. 97) aus der als *Rad. Turpethi* officinellen Wurzel der in Ostindien und Australien wachsenden *Ipomoea Turpethum R. Br.* dargestellt.

Die mit kaltem Wasser erschöpfte und dann getrocknete und zerschnittene Wurzel wird mit Weingeist ausgezogen, der Destillationsrückstand der weingeistigen Tinctur mit Wasser versetzt, das ausgeschiedene Harz wiederholt mit Wasser ausgekocht und mehrere Mal aus weingeistiger Lösung durch Aether gefällt.

Das so erhaltene Turpethin ist eine braungelbe, zum grauen Pulver zerreibliche, bei 183° schmelzende harzartige Masse, die keinen Geruch aber allmälig scharfen und bitteren Geschmack entwickelt. Es ist unlöslich in Wasser und Aether, leicht löslich in Weingeist. Conc. Schwefelsäure löst es zu einer schön rothen Flüssigkeit, die mit Wasser zuerst lebhafter roth, dann braun und schwarz wird.

Durch verdünnte Mineralsäuren wird das Turpethin in Zucker und Turpetholsäure, $C_{16}H_{32}O_4$ ($C_{34}H_{56}O_{16} + 6H_2O = C_{16}H_{32}O_4 + 3C_6H_{12}O_6$) gespalten, die sich als gelbes weisses körniges Conglomerat abscheidet und aus verdünntem Weingeist in mikroskopischen Nadeln krystallisirt. Sie schmilzt bei 88°, ist geruchlos, schmeckt kratzend, reagirt sauer, löst sich nicht in Wasser, leicht in Weingeist, schwieriger in Aether. Beim Auflösen des Turpethins in wässrigen Alkalien oder alkalischen Erden geht es durch Aufnahme von $2H_2O$ in Turpethsäure, $C_{34}H_{60}O_{18}$, über, eine amorphe gelbe, geruchlose, säuerlich bitter schmeckende, stark sauer reagirende, in Wasser lösliche Substanz (Spirgatis).

Offenbar hat Vogl dies von ihm mit Convolvulin identificirte Turpethin bei seinen Versuchen aber Rad. Turpethi (Wien. med. Jahrb. **20.** 1. 25) in Händen gehabt. Nach seinen Experimenten wirkt es zu 0,25 sicher 2mal abführend und erfolgt die Wirkung meist in 3 St. ohne besondere Bauchschmerzen. Es ist die einzige wirksame Substanz im Turpethharze, dessen in Aether löslicher Theil zu 1,21 nicht purgirt (Vogl). Wirkung.

b. Asperifolieae (Boragineae).

Heliotropium.

Battandier (Repert. Pharm. **32.** 648. 673) hat aus Heliotropium europaeum und peruvianum durch Auskochen mit angesäuertem Wasser, Versetzen mit Alkohol, Verdunsten der alkoholischen Lösung, Ausfällen mit Ammon und Ausschütteln mit Aether ein Alkaloïd dargestellt, das beim Verdunsten der ätherischen Lösung ölartig, butterartig, zuletzt krystallinisch sich ausscheidet, bitteren Geschmack besitzt und flüchtig ist. Heliotropin.

Das Heliotropin tödtet zu 0,025 subcutan Katzen nach voraufgehender Somnolenz, die bisweilen auf Zittern, Unruhe und Erbrechen folgt und sich mit Abnahme der Herzschlagzahl und Anästhesie verbindet; terminale Krämpfe sind inconstant (Battandier). Wirkung.

Echium. Cynoglossum.

Aus dem frischen Kraute des gemeinen Natterkopfs, Echium vulgare L., erhielt Buchheim (vgl. Buchheim und Loos, Ueber die pharmakologische Gruppe des Curarins. Giessen, 1870) ein chemisch nicht näher charakterisirtes Alkaloid, das bei Fröschen zu 0,025 Irregularität der Athmung und Muskelrigidität, zu 0,1 tetanischen Krampf und mehrtägigen Rigor der Muskeln erzeugte. Auch aus Cynoglossum officinale hat Buchheim ein zu 0,1 auf Frösche paralysirend wirkendes Alkaloid, jedoch nicht rein, dargestellt. Ausserdem glaubt er die Gegenwart von Pflanzenbasen in verschiedenen Arten der Gattungen Myosotis, Lithospermum, Symphytum, Lycopsis und Pulmonaria dargethan zu haben, doch wirkt keine dieser Pflanzen giftig; dagegen soll Alkanna tinctoria eine giftige Base einschliessen.

Cordia.

Anacahuitgerbsäure. $C_8 H_{12} O_5$. — Die in dem von *Cordia Boissieri* stammenden Anacahuitholz enthaltene Gerbsäure wird aus der wässrigen Abkochung desselben durch Bleizucker gefällt und kann aus dem Bleiniederschlage durch Schwefelwasserstoff isolirt und durch Lösen in Essigsäure und Fällen des Filtrats mit Ammoniak gereinigt werden. Sie schmeckt in wässriger Lösung herbe und schwach bitter, fällt Eisenchlorid schwarzgrün und Leimlösung braun (L. Müller, Viertelj. pract. Pharm. **10.** 519).

Alkanna.

Alkannaroth. Anchusin. Pseudalkannin. $C_{18} H_{20} O_4$ (?). — Literat.: Pelletier, Journ. Phys. **79.** 278; Ann. Chim. Phys. (2) **51.** 191. — John, Chem. Schrift. **4.** 81. — Bolley und Wydler, Ann.

Chem. Pharm. 141. — Lepage, Polytechn. Centralbl. 1859. 751. — Carnelluti, Nasini, Berl. Ber. 1880. 1514.

Alkannaroth. Dieser zuerst von Pelletier dargestellte und untersuchte und als „acide anchusique" bezeichnete Farbstoff findet sich in der Wurzel der in Südeuropa wachsenden *Alkanna tinctoria Tausch. s. Anchusa tinctoria L.*

Um ihn darzustellen wird die zuvor mit kaltem Wasser erschöpfte zerschnittene Wurzel mit Weingeist ausgezogen und der zur Verhinderung der Umwandlung des Alkannaroths in Alkannagrün mit einigen Tropfen Salzsäure versetzte Auszug durch Destillation und Eindampfen bis zur Bildung eines dicklichen trüben, schon viel Farbstoff ausgeschieden enthaltenden Residuums concentrirt. Dieses wird nach Zusatz von Wasser mit Aether ausgeschüttelt und die abgehobene blutrothe ätherische Lösung so lange durch Schütteln mit frischem Wasser gewaschen, bis sie dickflüssig geworden ist, und dann verdunstet (Bolley und Wydler). — Lepage erschöpft die gröblich zerstossenen Wurzeln mit Schwefelkohlenstoff und behandelt den völlig von Schwefelkohlenstoff befreiten Verdunstungsrückstand des Auszugs mit kaltem 2% Aetznatron enthaltenden Wasser. Aus der filtrirten indigblauen Lösung scheidet dann Salzsäure in schwachem Ueberschuss das Alkannaroth als rothbraunen Niederschlag ab, den man mit Wasser wäscht, presst und trocknet. Carnelutti und Nasini stellten aus dem käuflichen Alkannin Tommsdorffs auf folgende Weise den Farbstoff her. Das Extract wurde mit alkalischem Wasser gelöst, diese Lösung mit Aether ausgeschüttelt, der eine zwiebelrothe Substanz wegnimmt, und hierauf die alkalische Lösung mit Kohlensäure gefällt, welche eine Säure, durch Salzsäure fällbar, in Lösung lässt. Das ausgeschiedene Alkannin wurde nochmals in Aether gelöst.

Das Alkannaroth hinterbleibt aus ätherischer Lösung als dunkelrothbraune harzähnliche spröde Masse, die zu einem purpurrothen Pulver zerreiblich ist. Es ist schwerer als Wasser, reagirt neutral, schmilzt bei 60°, und verdampft bei vorsichtigem stärkeren Erhitzen zum Theil unzersetzt in violettrothen Dämpfen, die sich zu leichten Flocken verdichten. In Wasser ist es unlöslich, löst sich aber in Weingeist und leichter noch und mit schön rother Farbe in Aether, Schwefelkohlenstoff, flüchtigen und fetten Oelen (Pelletiér, Bolley und Wydler), sowie Eisessig, Chloroform.

Pelletier gab die Formel $C_{17} H_{10} O_4$, Bolley und Wydler berechneten aus ihren Analysen $C_{35} H_{20} O_8$, wofür Gmelin die oben angeführte Formel $C_{36} H_{20} O_8$ in Vorschlag brachte; Carnelluti, Nasini nehmen $C_{15} H_{14} O_4$ an.

Das Alkannaroth löst sich in wässrigen Alkalien und Ammoniak mit blauer Farbe und wird daraus durch Säuren in braunrothen Flocken wieder abgeschieden. Auch mit den alkalischen Erden bildet es blaue, in Wasser wenig, dagegen in Weingeist und Aether lösliche Verbindungen. Seine weingeistige Lösung wird nicht durch neutrales, aber durch basisches Bleiacetat graublau (Bolley und Wydler), durch Zinnchlorür karmoisinroth (John), durch Quecksilberchlorid fleischfarben (Pelletier) gefällt.

Von conc. Schwefelsäure wird das Alkannaroth mit amethystrother Farbe gelöst (John). Conc. Salpetersäure erzeugt damit vorzugsweise

Oxalsäure. Versetzt man die weingeistige Lösung mit wenig Ammoniak oder mit der stickstoffhaltigen braunen Substanz der Wurzel, so färbt sie sich blaugrün, indem das Alkannaroth in Alkannagrün übergeht (nach Bolley und Wydler unter Concurrenz von Wasser und Austritt von Kohlensäure; $C_{35} H_{20} O_8 + 2 HO = C_{34} H_{22} O_8 + CO_2$). Diese Verwandlung erklärt den Farbenwechsel, den die weingeistige Tinctur der Alkannawurzel beim Eindampfen ohne Salzsäurezusatz (s. oben) erleidet. Zur Darstellung des Alkannagrüns verdunstet man die weingeistige Tinctur der Wurzel zur Trockne, entfernt aus dem Rückstande die braune stickstoffhaltige Substanz durch Wasser und zieht ihn dann mit Aether aus, der das Alkannagrün mit schön grüner Farbe aufnimmt (Bolley und Wydler).

Carnelutti und Nasini stellten ein Diacetylderivat her, auch eine Barytverbindung. — Durch verdünnte oder starke Salpetersäure, auch Brom in alkalischer Lösung entstehen aus Alkannin Oxalsäure und Bernsteinsäure. Es scheinen nahe Beziehungen zwischen Alkannin und Santalin zu existiren.

Das Alkannin wurde wegen seiner Eigenschaft, durch Alkalien blau und durch Säuren wieder roth zu werden, als Reagens für die Alkali- und Acidimetrie vorgeschlagen (J. Pharm. 1871. 56).

Lithospermum.

Lithospermumroth. — Ludwig und Kromayer (Arch. Pharm. Lithospermum.
(2) 96. 278) haben den rothen Farbstoff, den die Wurzelrinde von *Lithospermum arvense L.* enthält, dadurch isolirt, dass sie den mit essigsäurehaltigem Weingeist bereiteten Auszug durch Destillation und Eindampfen concentrirten, die aus dem wässrigen Rückstande sich abscheidende schwarze Masse noch feucht mit Aether behandelten und die ätherische Lösung verdunsteten. [illegible] bildet eine schwarze harzähnliche Masse, welche sich in Aether mit blauer, in Weingeist mit violetter, durch Alkalien blau werdender Farbe löst. Conc. Schwefelsäure giebt damit eine rothe Lösung, aus der Wasser grüne Flocken fällen (Ludwig und Kromayer).

Die Wurzel von Lithospermum Erythrorhizon enthält nach Kuhara (Pharm. J. Trans 9. 439) 10 % Glykose und 4 % Invertzucker, ausserdem einen rothen Farbstoff, dem Alkannin ähnlich, Schmpkt. 95°, von der Formel $C_{20} H_{30} O_{10}$.

Die Samen von Lithospermum officinale enthalten kohlensauren Kalk und reichlich Kieselerde und zwar in 100 Th. Asche = 19,39 % SiO_2, 41,35 CaO und 26,85 CO_2 (Hornberger, Ann. Chem. Pharm. **176**. 84).

c. Solanaceae.

Die Familie der Solanaceae zeichnet sich durch das Vorhandensein zahlreicher Alkaloïde aus, welche theils in der ganzen Pflanze, theils nur in speciellen Pflanzentheilen Verbreitung finden und meist, besonders durch die neueren Forschungen Ladenburgs, hinsichtlich ihrer Constitution aufgeklärt sind.

Solanum.

Die Wurzelknollen von Solanum tuberosum, die Kartoffel, enthalten in sehr geringen Mengen das Glykosid-Alkaloïd Solanin; ausserdem sind in ihrem Safte nachgewiesen Asparagin (Vauquelin, Hirsch, Ludwig, Gmelins

73*

Handbuch 5. 360), reichlich Eiweissstoffe, Peptone, Hypoxanthin (Schulze), Leucin, Tyrosin. Die Literatur über diesen für die Pflanzenphysiologie hochwichtigen Gegenstand, im Betreffe auch namentlich der Methoden zur Abscheidung der Peptone, Amidokörper etc. ist besonders: E. Schulze, Barbieri und Ulrich, Landw. Versuchsstat. 21. 63; 24. 167 und 26. 213. — E. Schulze und Eugster, ebendas. 27. 357. — O. Kellner, Landw. Jahrb. 1879. 243. — A. Morgen, Handb. d. Spiritusfabrikation. 21. Aufl. 1880. — Dehmel, Landw. Versuchsst. 24. 214. — E. Kern u. H. Wattenberg, J. Landw. 1878. 618. — E. Schulze, Landw. Versuchsst. 28. 111.

Aus frischen Kartoffeln lassen sich mittelst Aether etwa 0,073% Fett ausziehen. Davon findet sich nach Eichhorn (Poggend. Ann. 87. 227) die Hälfte in den Schaalen von brauner dickflüssiger Beschaffenheit, während das Fett des inneren Theiles von hellerer Farbe butterartig ist und nach Heintz ausser Palmitinsäure Myristinsäure enthält.

Solanin. — Literat.: Chemische: Desfosses, Journ. Pharm. 6. 374. und 7. 414. — Morin, Journ. Chim. méd. 1. 84. Pelletier, Journ. Pharm. 14. 256. — Payen und Chevallier, Journ. Chim. méd. 1. 517. — Blanchet, Ann. Chim. Phys. 53. 414. — Reuling, Ann. Chem. Pharm. 30. 225. — Otto, Ann. Chem. Pharm. 7. 150 und 26. 232. — Wackenroder, Arch. Pharm. 33. 59. — Baup, Ann. Chim. Phys. 31. 109. — Heumann, Buchn. Repert. 24. 125. — Winckler, Buchn. Repert. 76. 384. — Henry, Journ. Pharm. 18. 165. — Zwenger und Kindt, Ann. Chem. Pharm. 109. 244; 118. 129; 133. 341. — O. Gmelin, Ann. Chem. Pharm. 110. 167. — Moitessier, Compt. rend. 43. 978. — Delffs, N. Jahrb. Pharm. 11. 956. — Kromayer, Arch. Pharm. (2) 116. 114. — Hauf, Buchn. n. Repert. 13. 559. — Kletzinsky, Zeitschrift für Chemie 1866. 127. — Morin, J. chim. méd. 1. 84. — Fodéré und Hecht, Ann. Chem. Pharm. 3. 130. — Missaghi, Berl. Ber. 1876. 83. — Jagi, Arch. Pharm. 213. 336. Bach, J. pr. Chem. (2) 7. 248. — Hilger und Martin, Ann. Chem. Pharm. 195. 317. — Karmrodt, ebendas. 81. 171. — Hager, Z. anal. Chem. 1872. 203. — Helwig, ebendas. 1864.

Medicinische: Fraas, Arch. path. Anat. 6. 3. 225. 1854. — Jul. Clarus, Journ. Pharmacod. 1. 2. p. 249. — Fronmüller, Deutsche Klin. 1865. 40. — v. Praag, Journ. Pharmacod. 1. 2. 275. — Leydorf, Studien über den Einfluss des Solanins auf Thiere und Menschen. Marb. 1863. — Balmannya, Versuche über die Wirk. des Solanins und Solanidins. Göttingen, 1874. — Husemann, Th., Arch. exp. Path. Pharm. 4. 369. 1875.

Solanin. Das Solanin wurde 1820 von Desfosses in den Beeren des schwarzen Nachtschattens, *Solanum nigrum L.*, entdeckt und ein Jahr später von dem nämlichen Forscher auch in verschiedenen Organen des Bittersüss, *Solanum dulcamara L.*, nachgewiesen. Später fand es Baumann auch in den Kartoffeln, den Knollen von *Solanum tuberosum L.* und Baup und Wackenroder zeigten, dass es besonders reichlich in den während der Winter- und Frühlingsmonate hervorschiessenden Keimen der Kartoffeln enthalten ist.

Von Heumann wurde es dann noch in den grünen Früchten, von Otto im Kraut der Kartoffeln, von Morin und Pelletier in den Früchten von *Solanum mammosum L.* und von Payen und Chevallier in den Früchten von *Solanum verbascifolium L.* aufgefunden. In den beiden letztgenannten Solaneen ist es als saures äpfelsaures Salz vorhanden, was, da Peschiers Solansäure, mit welcher das Solanin stets verbunden vorkommen sollte, sich als Aepfelsäure herausgestellt hat, vielleicht auch für alle anderen gilt. Solanin ist ferner nachgewiesen in Sol. lycopersicum (Fôdéré u. Hecht), ferner in S. sodomeum (Missaghi), in den Beeren von Sol. bacciferum (Hoffmann, Edinb. med. Journ. Nov. 1867) und in Scopolia japonica (Jagi).

Ueber den Gehalt der Kartoffelknollen an Solanin liegen verschiedene, sehr von einander abweichende Angaben vor. Nach den neuesten Versuchen von Hauf enthielten Kartoffeln, die sorgfältig von den jungen Trieben befreit worden waren, in je 500 Grammen roh im Mai 0,16, im Juli 0,21 g geschält im Mai 0,12, im Juli 0,16 g des Alkaloids, und 500 Grm. Kartoffelschalen im Mai 0,18, im Juli 0,24 g. Das Solanin ist nach den vorliegenden Untersuchungen nur in den Kartoffelkeimen und den dem Keim zunächst liegenden Schaalentheilen enthalten; allerdings soll nach Vieth unter Umständen die Kartoffel solaninhaltig werden.

Für die Darstellung des Solanins sind frische, nicht zu lang entwickelte Kartoffelkeime das geeignetste Material. Nach Reuling, dessen Methode auch Zwenger und Kindt bei ihren neuesten Untersuchungen über dieses Alkaloid im Wesentlichen gefolgt sind, zieht man die getrockneten und gepulverten Keime heiss mit schwefelsäurehaltigem Wasser aus, fällt den Auszug kochend heiss mit Ammoniak, wäscht den Niederschlag mit verdünntem wässrigem Ammoniak, und kocht ihn darauf wiederholt mit 85procent. Weingeist aus. Aus dem Filtrat krystallisirt das Solanin beim Erkalten ziemlich vollständig heraus und wird durch mehrfaches Umkrystalliren aus kochendem Weingeist rein erhalten. — Otto reinigt den durch Auskochen der frisch zerstampften Keime mit schwefelsäurehaltigem Wasser bereiteten Auszug zuerst durch Ausfällen mit neutralem essigsaurem Bleioxyd, entfernt das überschüssige Blei mit Schwefelsäure, versetzt darauf mit Kalkmilch im Ueberschuss und entzieht dem nach 12stündiger Ruhe abfiltrirten und mit kaltem Wasser gewaschenen Niederschlage durch kochenden Weingeist das Solanin. — Wackenroder lässt die frischen Keime 12—18 Stunden kalt mit schwefelsäure- oder salzsäurehaltigem Wasser in Berührung, behandelt mit der abgepressten Flüssigkeit in gleicher Weise eine neue Quantität Keime und wiederholt dieses Verfahren einige Male. Die so gewonnenen concentrirten Auszüge werden, nachdem sie durch Absetzenlassen und Coliren geklärt sind, mit Kalkhydrat bis zur schwach alkalischen Reaction versetzt, worauf aus dem nach 24 Stunden gesammelten und getrockneten Niederschlage durch kochenden Weingeist das Alkaloid ausgezogen werden kann. — Zur Darstellung des Solanins aus den Beeren des Nachtschattens fällte Desfosses den frisch ausgepressten Saft mit Ammoniak und zog den mit kaltem Wasser gewaschenen Niederschlag mit kochendem Weingeist aus.

Darstellung.

Seitdem Zwenger und Kindt, wie weiter unten genauer angegeben ist, gezeigt haben, dass das Solanin durch verdünnte Mineralsäuren auch schon bei gewöhnlicher Temperatur in Zucker und Solanidin gespalten wird, dürfte es rathsam sein, bei der Darstellung das Ausziehen mit Säuren entweder ganz zu vermeiden und die zerstampften frischen Keime, die an und für sich sauer reagiren, nur auszupressen, oder doch an Stelle der Mineralsäuren die keine Spaltung bewirkende Essigsäure zu verwenden. In der That fand Kromayer, dass Kartoffelkeime, wenn sie nur ausgepresst wurden, stets reines krystallisirbares Solanin liefern, während aus den mit schwefelsäurehaltigem Wasser bereiteten Auszügen der Keime das Solanin gallertartig und stark mit Solanidin verunreinigt erhalten wird. Die gallertartige Ausscheidung des Solanins aus seiner erkaltenden weingeistigen Lösung ist übrigens eine sehr gewöhnliche, von Reuling, Otto und vielen Anderen wahrgenommene Erscheinung, die wohl nicht, wie vielfach die Meinung war, in der Verunreinigung mit fremdartigen Substanzen begründet ist. Eine concentrirte heisse weingeistige Lösung von reinem Solanin gelatinirt stets beim Erkalten, während beim langsamen Erkalten verdünnter Lösungen Krystallisation in oft deutlichen Krystallnadeln erfolgt. Dragendorff (Gerichtl. chemische Ermittelung der Gifte, p. 315) beobachtete, dass Lösungen von Solanin in Amylalkohol in noch höherem Grade zum Gelatiniren neigen, und noch bei einem Verhältniss von 1:2000 eine so feste Gallerte bilden, dass diese beim Umkehren der Gefässe nicht ausfliesst.

Eigenschaften.

Das Solanin krystallisirt aus Weingeist in mikroskopisch kleinen, perlmutterartig glänzenden, weissen, rechtwinklig vierseitigen Prismen. Beim raschen Erkalten concentrirter heisser weingeistiger Lösungen oder beim Versetzen der Lösungen seiner Salze mit Ammoniak, Kali oder anderen starken Basen wird es gallertartig oder flockig ausgeschieden, ist dann völlig amorph und trocknet zu einer hornartigen Masse ein. Es schmilzt bei 235° und erstarrt beim Erkalten amorph. Nach Helwigs Methode der Sublimation unterworfen, liefert es ein Netzwerk feiner, büschel- oder ruthenförmig zusammengefügter Nadeln, die sich nach längerer Berührung mit Salzsäure zum Theil in Octaëder verwandeln. Der Geschmack des Solanins ist bitter und etwas brennend, seine Reaction eine schwach alkalische. Es löst sich nach Desfosses in 8000 Th. siedenden Wassers, in 4000 Th. Aether, in 500 Th. kaltem und 125 Th. kochendem Weingeist von 0,839 spec. Gewicht, nach Baumann schwierig auch in heissem Baumöl. Nach Otto ist das amorphe Solanin in Weingeist viel leichter löslich, als das krystallisirte. In Benzin ist es nach Dragendorff kaum spurweise löslich, dagegen löst es sich gut in heissem Amylalkohol, der es wässrigen Flüssigkeiten recht vollständig entzieht. Die wässrige Lösung schäumt beim Schütteln.

Die Zusammensetzung des Solanins wird nach den Analysen von Zwenger und Kindt durch die Formel $C_{43}H_{70}NO_{16}$ ausgedrückt. Da in derselben die Summe der Stickstoff- und Wasserstoffatome eine unpaare ist, was bei keiner gut untersuchten organischen Verbindung vorkommt, so schlägt Kraut

(Gmelins Handbuch, 7. 2074) dafür die Formel $C_{43}H_{69}NO_{16}$ vor. Blanchet hatte früher die Formel $C_{42}H_{73}NO_{14}$ aufgestellt und O. Gmelin, es als stickstofffrei betrachtend, die Formel $C_{44}H_{72}O_{15}$, während Delffs aus den Analysen des letzteren die Formel $C_{20}H_{32}O_7$ berechnete. Von Moitessier, der aus seinen Untersuchungen den Schluss zog, die in den verschiedenen Arten des Genus Solanum enthaltenen Basen seien merklich verschieden — eine Annahme, die nicht bestätigt worden ist und wohl in dem Umstande ihre Erklärung findet, dass damals die Spaltbarkeit des Solanins noch nicht erkannt war, also häufig Gemenge von Solanin und Solanidin für reines Solanin genommen werden mussten —, ist für das aus Solanum Dulcamara dargestellte Alkaloid die Formel $C_{21}H_{35}NO_7$ gefunden worden, die auch von Kletzinsky aus seinen Analysen der reinen Base und des phosphorsauren Salzes berechnet wird. Hilger glaubt, aus zahlreichen Elementaranalysen und den Spaltungsversuchen die Formel $C_{42}H_{87}NO_{15}$ als die wahrscheinlichste aufstellen zu dürfen.

Mit den Säuren bildet das Solanin ausser neutralen auch saure Salze. Die neutralen Salze reagiren schwach sauer, schmecken bitter und brennend und lösen sich leicht in Wasser und Weingeist, sind aber beinahe unlöslich in Aether. Sie hinterbleiben beim Verdunsten ihrer weingeistigen Lösungen meistens als gallertartige Massen. Ihre verdünnten wässrigen Lösungen zersetzen sich, besonders beim Erwärmen, unter Ausscheidung von Solanin. Salze.

Das chlorwasserstoffsaure Solanin, $C_{43}H_{69}NO_{16}$, HCl, bildet, durch Auflösen der Base in salzsäurehaltigem Weingeist und Ausfällen mit Aether dargestellt, einen gelatinösen, gummiartig eintrocknenden Niederschlag. Von gleicher Beschaffenheit ist das auf ähnliche Weise darzustellende saure schwefelsaure Salz, $C_{43}H_{69}NO_{16}$, SH_2O_4, und das aus diesem durch Behandeln mit überschüssigem Solanin und Verdunsten des Filtrats im Vacuum zu erhaltende neutrale schwefelsaure Salz, $2\,C_{43}H_{69}NO_{16}$, SH_2O_4. Ein salpetersaures Salz lässt sich wegen eintretender Zersetzung nicht darstellen. Das phosphorsaure Solanin ist das schwerlöslichste der Solaninsalze und wird durch Fällung von schwefelsaurem Solanin mit phosphorsaurem Natron als weisses krystallinisches Pulver erhalten. Das essigsaure Salz ist gummiartig, dagegen kann das neutrale oxalsaure Solanin, $2\,C_{43}H_{69}NO_{16}$, $C_2H_2O_4$, beim Verdunsten seiner durch Digestion von wässriger Oxalsäure mit überschüssigem Solanin bereiteten Lösung im Vacuum in harten, weissen, aus mikroskopischen Krusten gebildeten Nadeln erhalten werden. Chlorwasserstoffsaures Solanin-Platinchlorid endlich $2\,C_{43}H_{69}NO_{16}$, 2 HCl, 2 $PtCl_2$, bildet gelbe Flocken. Ausserdem sind noch dargestellt das salpetersaure, chromsaure, bernsteinsaure, weinsaure Salz und Andere.

Wird das Solanin im Röhrchen rasch erhitzt, so verbreitet sich der Geruch Zersetzung. nach verbrennendem Zucker und es entsteht ein krystallinisches Sublimat von Solanidin. Bei der trocknen Destillation tritt neben sauer reagirenden empyreumatischen Producten viel Solanidin auf. An der Luft erhitzt, verbrennt es mit russender Flamme und hinterlässt eine poröse, leicht verbrennliche Kohle. Es wird von Kalilauge selbst beim Kochen nicht zersetzt, verändert auch alkalische Kupferoxydlösung nicht, reducirt aber beim Erwärmen sowohl salpetersaures Silberoxyd, als auch Goldchlorid. Von verdünnter Salzsäure oder Schwefelsäure, sowie auch von Oxalsäure wird es beim Erwärmen, wie Zwenger und Kindt und gleichzeitig auch O. Gmelin beobachteten, leicht gespalten unter Bildung von Zucker und von einem schwer löslichen, sich krystallinisch ausscheidenden Solanidinsalz. Die Spaltung erfolgt gemäss der Gleichung: $C_{43}H_{69}NO_{16} + 3\,H_2O = C_{25}H_{39}NO + 3\,C_6H_{12}O_6$. Die letztgenannten Forscher fanden weiter, dass eine kalt bereitete Lösung von Solanin in conc. Salzsäure beim Stehen einen voluminösen gelben Niederschlag absetzt, der die Salze zweier aus dem anfangs gebildeten Solanidin durch weitere Einwirkung der Säure entstandenen Basen enthält, von denen sie die eine Solanicin nennen, während sie die andere für modificirtes Solanidin halten. Beim Spaltungsprocess des Solanins in Zucker erhielt Hilger nur bis 36% Zucker. — Kletzinsky giebt an, dass Solanin durch Natriumamalgam, auch mit Käse, Zucker und Kreide in Nicotin und Buttersäure gespalten werde.

Solanidin. Das Solanidin, $C_{25}H_{39}NO$ (nach Zwenger und Kindt: $C_{25}H_{40}NO$), $C_{26}H_{41}NO_2$ (Hilger) wird aus seinem schwefelsauren und chlorwasserstoffsauren Salz gewonnen, welche sich als Krystallpulver ausscheiden, wenn man Solanin mit sehr verdünnter Schwefelsäure bez. Salzsäure so lange kocht, bis gelbliche Trübung der Lösung eintritt. Das schwefelsaure Solanidin zerlegt man durch Digeriren seiner concentrirten weingeistigen Lösung mit kohlensaurem Baryt und zieht aus dem entstandenen Niederschlage nach dem Auswaschen und Trocknen das freie Solanidin durch kochenden absoluten Weingeist aus. Das salzsaure Solanidin zersetzt man in weingeistiger Lösung mit Ammoniak und krystallisirt die gefällte Base aus kochendem Weingeist und Aether. Das reine Solanidin bildet sehr feine lange farblose seideglänzende Nadeln, seltener dickere vierseitige Säulen. Es schmilzt bei 208° (Hilger) zu einer gelblichen, strahlig krystallinisch erstarrenden Masse und lässt sich in höherer Temperatur unter Hinterlassung von nur wenig Kohle sublimiren. Es ist in fester Form fast geschmacklos, schmeckt aber in weingeistiger Lösung bitter und herbe. Es reagirt stärker alkalisch als Solanin. Von kochendem Wasser wird es nur schwierig gelöst, dagegen leicht von heissem starkem Weingeist und selbst von kaltem Aether; auch Benzol löst. Concentrirte Schwefelsäure färbt das Solanidin roth und löst es unter Bildung von Solanicin und modificirtem Solanidin zu einer dunkelrothen Flüssigkeit. Die Salze des Solanidins sind theils einfach-, theils zweifach-saure. Sie sind meistens krystallisirbar und die einfach-sauren sehr schwer löslich in Wasser und wässrigen Säuren. Ammoniak oder Alkalihydrate fällen aus ihren Lösungen das Solanidin als Gallerte. Hilger und Martin haben auch Acetylderivate hergestellt, Hexacetylsolanin, lange Nadeln, unlöslich in Wasser, löslich in Alkohol und Aether, und Pentacetylsolanidin, Schmpkt. 150°.

Solanicin. Das Solanicin, $C_{50}H_{76}N_2O$ (nach Zwenger und Kindt: $C_{50}H_{39}NO$), welches bei länger dauernder Einwirkung von kalter Salzsäure auf Solanin entsteht, bildet eine amorphe, hellgelbe, aus Aether bisweilen in feinen Nadeln krystallisirende, fast geschmacklose, kaum alkalisch reagirende Masse. Es schmilzt über 250° unter theilweiser Zersetzung, löst sich nicht in Wasser, kaum in Weingeist und erst in 2000 Th. kochendem Aether und bildet mit den Säuren amorphe Salze von rothgelber Farbe, die fast neutral reagiren und sich leicht in Wasser und Weingeist lösen.

Durch Erhitzen von weingeistigem Solanin mit Aethyljodür im zugeschmolzenen Rohr auf 120° und Fällen des Productes mit Ammoniak erhielt Moitessier ein Aethylsolanin. Dieses ist eine weisse, mikroskopisch krystallinische, geruchlose, bitter schmeckende, in Wasser unlösliche, in Weingeist lösliche Masse, das mit Säuren gummiartige, leicht lösliche Salze bildet und dessen Zusammensetzung nach Moitessiers Analysen mit Zugrundelegung der hier für Solanin angenommenen Formel durch die Formel $C_{43}H_{67}(C_2H_5)_2NO_{16}$ ausgedrückt werden kann. In entsprechender Weise wurde auch ein Amylsolanin und ein Aethylamylsolanin dargestellt.

Zur Erkennung des Solanins und seiner Salze dienen folgende, zum grösseren Theil von Dragendorff neuerdings controlirte und berichtigte Reactionen: Concentrirte Schwefelsäure löst das Solanin mit hellröthlichgelber Farbe, die nach 20 Stunden in braun übergeht. Diese Lösung, frisch bereitet, wird auf Zusatz von ein wenig conc. Salpetersäure blassgelb, auf Zusatz von molybdänsaurem Natron zuerst kirschroth, dann rothbraun, gelb und zuletzt grüngelb mit Bildung von schwarzen Flocken, auf Zusatz von chromsaurem Kali vorübergehend hellblau und dann grün, in Berührung mit Bromdämpfen endlich braun. — Verdunstet man nach Helwig eine Spur von Solanin mit sehr verdünnter Schwefelsäure (1 : 100) auf dem Objectgläschen nicht ganz zur Trockne, so bleibt ein krystallinischer, vierseitige Säulen zeigender Rückstand, der allmälig erwärmt, sich leicht roth, später purpur-, endlich braunroth färbt, beim Erkalten erst violette, dann schwarzblaue, zuletzt grüne Färbung annimmt und jetzt unter dem Mikroskope noch farblose Krystalle erkennen lässt. — Concentrirte Salpetersäure von 1,4 spec. Gewichte löst das Solanin anfangs farblos, aber die Lösung wird später am Rande schön blau. — Solanin giebt mit conc. Schwefelsäure (6 CC.) Wasser (8 CC.) und 3 g selensaurem Natron beim gelinden Erwärmen eine schön himbeerrothe Färbung, mit einer Mischung von conc. Schwefelsäure 6 Th. und absolutem Alkohol 9 Vol. beim Erwärmen eine schön johannisbeerrothe Färbung (Dragendorff). Eine gesättigte wässrige Lösung von Jod färbt verdünnte Solaninlösungen dunkelbraun, Fällung wird auch durch Jodtinctur und Jod-Jodkaliumlösung nicht bewirkt. Auch Platinchlorid, Goldchlorid, Quecksilberchlorid, Kaliumquecksilberjodid, zweifach-chromsaures Kali und Pikrinsäure fällen verdünnte Lösungen (1 : 3000) des Solanins und seiner Salze nicht. Gerbsäure erzeugt bei der angegebenen Verdünnung erst nach 24 Stunden geringen flockigen, auf Salzsäurezusatz vorübergehend stärker werdenden, in der Wärme sich lösenden Niederschlag. Kaliumwismuthjodid bewirkt in verdünnten Lösungen schwache Trübung, in concentrirten orangenrothe Fällung. Phosphormolybdänsäure fällt citronengelb und pulvrig.

Reaktionen.

Der gerichtlich-chemische Nachweis des Solanins kann darauf basirt werden, dass dieses Alkaloid weder aus saurer noch alkalischer Lösung in Benzin, Chloroform oder Petroleumäther übergeht, dagegen alkalischen Lösungen leicht durch heissen Amylalkohol entzogen wird. Es gleicht hierin nur dem Morphin, von dem es, abgesehen von dem abweichenden Verhalten beider gegen sonstige Reagentien, auch dadurch leicht unterschieden

Gerichtlich-chemischer Nachweis.

werden kann, dass es bei Behandlung mit mässig concentrirter Salzsäure in Aether leicht lösliches Solanidin und Zucker liefert, während Morphin dadurch in chlorwasserstoffsaures Morphin, welches in Aether unlöslich ist, übergeführt wird. Solanidin wird nicht nur aus alkalischer, sondern auch aus saurer wässriger Lösung durch Chlorоform und Amylalkohol leicht weggenommen. (Dragendorff, Pharm. Z. Russl. 21. 612).

Die Untersuchungen von Solanum Dulcamara von Wittstein (Viertelj. pr. Pharm. 1. 371) sowie namentlich E. Geissler (Arch. Pharm. 1875. 289) haben gezeigt, dass in den Bittersüssstengeln kein Alkaloid, wie Wittstein

Dulcamarin annahm, sondern ein Bitterstoff enthalten sei, das Dulcamarin, das aus dem wässrigen Auszug der Stengel durch Digestion mit Thierkohle beseitigt werden kann. Die Thierkohle wird hierauf mit Alkohol ausgekocht und der Alkohol verdunstet, mit Ammon aufgenommen und die ammoniakalische Lösung mit Bleiacetat gefällt. Dieser Niederschlag, in Alkohol vertheilt, mit Schwefelwasserstoff zerlegt, giebt das Dulcamarin nach wiederholter Operation stickstofffrei, von der Zusammensetzung $C_{22}H_{34}O_{10}$. Dasselbe ist ein amorphes, gelbes Pulver, schwerlöslich in Wasser, leichtlöslich in Alkohol, Essigäther, Essigsäure, unlöslich in Aether, Chloroform, Benzin etc., Schmpkt. 160°. Mit Mineralsäuren zerfällt dasselbe in Zucker und Dulcamaretin, $C_{16}H_{26}O_{6}$, schwarzbraune Masse.

In Solanum paniculatum will Greene (Amer. J. Pharm. (4) 506) und zwar in den Beeren ein Alkaloid, Jurubebin, gefunden haben.

Wirkung. Das Solanin, welches als der Träger der giftigen Wirkung verschiedener, vielleicht aller Species von Solanum anzusehen ist, erscheint in reinem Zustande als ein nicht scharfes, weder Magen und Darm noch das Unterhautzellgewebe irritirendes Gift, welches besonders central wirkt und, ohne directe Hypnose oder Narkose zu bedingen, in erster Linie die motorischen Centren (vielleicht nach vorausgehender Reizung der im Hirn belegenen) und das Athemcentrum in ihrer Function beeinträchtigt und lähmt, woraus Kohlensäureanhäufung im Blute und Tod durch Erstickung resultirt (Th. Husemann und Balmañya).

Reines Solanin aus Kartoffelkeimen ist für Hunde, Katzen, Kaninchen, Tauben, Frösche und Tritonen ein tödliches Gift; Tauben werden schon durch 0,15 subcutan in 2 Std. dadurch getödtet (Gegensatz zum Morphin), Kaninchen durch weniger als 0,1. Bei Warmblütern kommt es in 5 Min. bei subcutaner Injection zu immer zunehmender Apathie ohne complete Hypnose oder Paralyse, dagegen mit Herabsetzung der Motilität und der Sensibilität, besonders der Schmerzempfindung, minder der tactilen, und mit Sinken der Temperatur um 1—3°, daneben tritt Muskelzittern, klonischer Krampf der Kiefermuskeln und pendelnde Bewegung des Kopfes auf; anfangs starke Beschleunigung, später starkes Sinken der Athemzahl und der Pulsfrequenz, sowie stetige Abnahme der Herzenergie. Frühzeitig tritt Röthung der Ohren und Lividität der sichtbaren Schleimhäute ein. Die Pupille bleibt bis kurz (5—1½ Min.) vor dem Tode, dem tonische und klonische Krämpfe und Mydriasis vorausgehen, unverändert. Die Herzaction überdauert die Athmung. Muskeln und Nerven sind noch nach dem Tode electrisch reizbar; der Herzstillstand ist ein diastolischer, das Blut überall dunkel. Die Peristaltik ist erhalten, doch herabgesetzt; die Temperatur steigt nach dem Tode. — Tauben zeigen ähnliche Erscheinungen mit starker Dyspnoe und Schwäche der Beine, daneben Erbrechen. Bei Fröschen ist bei allmäliger Resorption Schwäche der Motilität vor Aufhebung der willkürlichen Bewegung unverkennbar; später cessiren Reflexaction und Athmung, die schon frühzeitig irregulär wird, in 2—3 Stunden das Herz unter allmäliger Abnahme der Schlagzahl, später erlischt die Reizbarkeit der peripherischen Nerven und Muskeln. Das Verhalten des Herzschlages und der Athmung bei Warmblütern zeigt eine gewisse Aehnlichkeit mit der des Nicotins und treten die Veränderungen letzterer auch nach Vagusdurchschneidung auf (Th. Husemann und Balmañya).

Die Versuche älterer Experimentatoren zeigen bedeutende Divergenzen in Bezug auf Dosis toxica und namentlich die locale Action. So fand Desfosses von seinem Solanin aus den Beeren von Solanum nigrum 0,12—0,5 bei Hunden und Katzen nicht tödlich, sondern nur Erbrechen und längere (nach 0,5 nach und nach gereicht, 36stündige) Schlafsucht bedingend. Otto vermochte mit 0,06 Solanin aus Kartoffelkeimen, mit etwas Schwefelsäure in Wasser gelöst, ein kleines Kaninchen in 6 Stunden zu tödten, während 0,12 ein grösseres in 8 Stunden tödtete; Symptome waren Parese der Hinterbeine, klagende Töne, Niedergeschlagenheit, Brechanstrengungen, die Section wies keine Entzündung nach. Fraas und Martin sahen nach 0,3 und 0,6 heftigen Brechreiz, Pupillenerweiterung und Erregung des Gefässsystems, aber selbst bei Oesophagusligatur nicht den Tod, der bei stufenweiser Injection von 0,18 bis 0,3 Solaninsulfat oder Acetat in die Jugularis oder Saphena in mehreren Versuchen erfolgte (bei einem Hunde nach 0,3 in 7 Min. nach plötzlich sehr erschwerter, beschleunigter und krampfhafter Respiration, Convulsionen, tetanischer Streckung, starker Mydriasis und Ausfliessen blutigen Schaumes aus Mund und Nasenhöhle). Ein Kaninchen starb nach Einspritzung von 0,12 in die Bauchhöhle in 6 Stunden nach vorausgegangener Traurigkeit, Störung der Sensibilität und Motilität, etwas Mydriasis, Steigen der Gefäss- und Respirationsthätigkeit, Convulsionen an Gliedern und Kopf, die in 2 Stunden sistirten; die Section zeigte enteritische Erscheinungen. Ein Pferd erholte sich nach Infusion von 2 Grm., wodurch plötzliches Zusammenstürzen unter heftigen Athembeschwerden, enorm vermehrtem Herzschlag, Flankenschlagen und convulsivischen Bewegungen bewirkt war, in 20 Min. — J. Clarus bezeichnet das Solanin (von Trommsdorff) als qualitativ der Dulcamara gleich, quantitativ aber 30mal stärker als Extract und 150—300mal stärker als Bittersüssstengel wirkend. 0,15 afficirten intern Kaninchen nicht; 0,06 Solaninacetat bedingten bei Application auf das Auge lebhafte Bindehautentzündung und geringe Myose. Die constanteste Erscheinung bei Lebzeiten bildet bedeutende Verlangsamung des Athmens neben Acceleration des an Stärke abnehmenden Herzschlages, beide der Dosis proportional, ferner zeigen sich Convulsionen der Thoraxmuskeln, 4—6—8 St. nach der Vergiftung auftretend, und Streckkrämpfe, (1mal pendelartiges Drehen des Kopfes), eine geringe Verengerung der Pupille, die beim Nachlasse der Symptome sich mässig erweitert und Eiweiss im Harn; post mortem intensive Röthe und Gefässinjection (auch mikroskopisch nachgewiesen) der Häute des kleinen Gehirns, des Rückenmarks und der Medulla oblongata bei anscheinender Integrität der Substanz des Gehirns und Rückenmarkes, ausserdem Oedem und part. Emphysem der Lungen, starke Blutüberfüllung der Nieren und Leber, dagegen keine örtliche Erscheinungen im Darm. L. v. Praag bezeichnet nach Versuchen an Hunden, Kaninchen und Tauben ebenfalls das ruhige Athmen bei plötzlichem

Steigen der Pulsfrequenz als die auffallendste Erscheinung nach Solanin und hebt hervor, dass Pupillenerweiterung auch bei nicht tödlicher Intoxication vorkomme. Speichelfluss hat er nie beobachtet, dagegen 4 mal anhaltenden Husten. Im Gegensatze zu diesem stehen die von Malik und Spatzier mit einem unreinen Solanin ausgeführten Versuche, das zu 10 Loth (150 Grm.) eine 4 jährige Kuh unter Erscheinungen von Darm- und Nierenentzündung im Verlaufe eines Monats getödtet haben soll, und die unter Falck von Leydorf an Tauben und Kaninchen mit Merck'schem Solanin ausgeführten. Von den Tauben wurde das Gift durch Erbrechen wieder entleert; nur bei unterbundener Speiseröhre erfolgte Tod nach 0,2—0,3 in 3½—4 Stunden; Symptome waren Brechanstrengungen, frequentes und dyspnoisches Athmen, Zittern, Sinken des Kopfes, Schliessen der Augen, Hinfallen, leichte Convulsionen, Pupillenerweiterung; bei dem mit innerlich 0,5 getödteten Kaninchen fand sich Röthung, Ekchymosirung und Exsudation in der leicht abstreifbaren Schleimhaut des Magens, reichlicher dünnflüssiger Inhalt des Dünndarms bei kaum gerötheter Schleimhaut, feste Kothballen im Dickdarm.

Die Abhängigkeit verschiedener Thierkrankheiten, so der Lähmung der Hinterbeine beim Rindvieh nach Fütterung mit Branntweintrebern (Otto) und namentlich des Rothlauffiebers der Schweine (Bergmann etc.) vom Solanin der Nahrung derselben scheint wenig begründet, da nach Fraas Schweine eine besondere Immunität gegen Solanin besitzen, von dem sie selbst 2 Gm. (als Alkaloid oder Salz) ertragen.

Solanidin. Manche der bei den älteren Versuchen an Thieren hervorgetretenen Differenzen erklären sich ungezwungen daraus, dass die Präparate Solanidin beigemengt enthielten, welches bei Kaninchen ziemlich dasselbe Vergiftungsbild, wie Solanin, jedoch frühzeitig Mydriasis und trotz ruhigen Verhaltens Temperatursteigerung bedingt und bei subcutaner Einführung als Acetat entzündlich wirkt, übrigens weniger giftig ist und erst zu 0,4—0,5 Kaninchen in 2—3 St. tödtet. Frösche, welche nach 0,03—0,06 Solanin in 1—2 Std. sterben, gehen nach 0,06 Solanidin erst in 6 Stunden zu Grunde. Für die Annahme Moitessier's, dass Solanin aus verschiedenen Solanumarten different wirke, liegen keine Belege vor (Th. Husemann uad Balmañya.)

Auch die Prüfungen des Solanins am Menschen seitens älterer Experimentatoren bieten Differenzen. Nach 0,02 seines Solanins constatirte Desfosses schwach bittern, widrigen Geschmack, Reizgefühl im Halse, aber keine Schlafneigung. Clarus nahm 0,4 essigsaures Solanin, das äusserst stark und nachhaltig bitter schmeckte, während Solanin sich geschmackfrei erwies, und bekam danach in 6—7 Stunden Schwere im Kopf, Schmerz im Hinterkopfe, Kratzen im Halse, Verlangsamung und Erschwerung des Athmens, Zunahme der Pulsfrequenz um 16 Schläge bei Abnahme der Stärke des Pulses, Schweiss ohne Mattigkeit; 9 Stunden nach dem Einnehmen stellte sich plötzliches Erbrechen ohne Schmerz und sonstige Intestinalerscheinungen und 1 Stunde später Dyspnoe und noch weiter erhöhte Frequenz des Pulses, dessen Kleinheit sehr zunahm, grosse Mattigkeit, Empfindlichkeit gegen Licht, Schall und Berührung ein; Pupille und Diurese waren wenig verändert; der Schlaf in der folgenden Nacht öfters unterbrochen. Schroff prüfte Solanin in Gaben von 0,02—0,2 an 4 Personen. Im reinen Zustande einfach, ohne Alkohol genommen, brachte es schwach kühlende, säuerliche und salzige Geschmacksempfindung und beim Kauen die Empfindung des Klebrigseins, im Schlunde und Halse Gefühl von Kratzen hervor, das sich bis in den Magen erstreckte, wo es ein Beobachter bei 0,15 eigenthümlich stechend angab. Bei kleinen Gaben traten gesteigerte Hautempfindlichkeit, Rieselgefühl nach dem Verlauf der Wirbelsäule bei Berührung der Haut, vermehrte Neigung zum Kitzel, häufiges Gähnen, Betäubung ohne vorausgegangene Aufregung, Schläfrigkeit und geringe tonische Krämpfe in den unteren Extremitäten auf; der Puls nahm sofort an Frequenz zu. Bei grossen Gaben stieg der Puls sogleich um mehrere (bis 25) Schläge und erhielt sich unter geringen Fluctuationen auf dieser Höhe 4 Stunden hindurch (erst am anderen Morgen trat Verminderung unter die Norm ein), dabei war er klein, schwach, selbst fadenförmig; weitere Symptome waren beschwerliches Athmen, Beklommenheit der Brust; fortwährendes Aufstossen, Uebelkeit, sehr heftiger Brechreiz, jedoch ohne Erfolg, Kollern im Bauche, Kratzen im Halse, Heiserkeit, Salivation; Kopf heiss, schwer, eingenommen, schmerzhaft, Schwindel, grosse Neigung zum Schlaf und doch Unvermögen zu schlafen, dabei die Extremitäten kalt, die Haut trocken, Jucken in derselben, Gefühl von grosser Schwäche; Stuhl- und Harnentleerung unverändert, Pupille normal; Schlaf sehr unruhig, durch schreckhafte Träume oft unterbrochen. — Im Wiener allgemeinen Krankenhause wurde nach kleineren Dosen stets Verlangsamung von Puls und Resp., Pupillenerweiterung, bei grösseren Gaben Eingenommenheit des Kopfes und Schwindel, nie jedoch Erbrechen und Verstopfung (vielmehr schien der Stuhl in einigen Fällen dadurch vermehrt) wahrgenommen. Fronmüller beobachtete nach 0,20—0,25 Solanin aus zwei verschiedenen Bezugsquellen bei Kranken bisweilen leichtes Brennen im Schlunde und Aufstossen, 1mal Pupillenerweiterung als Nebenerscheinung. Kratzen im Schlunde zeigte sich auch bei einem Gesunden nach 0,54 und 1,0, worauf das erste Mal nach einigen Stunden Erbrechen, das zweite Mal in 3 Stunden Uebelkeit und Abweichen, Appetitmangel und einige Stunden später Schwindel und Schlaf erfolgte; Pupillenerweiterung fand nicht statt, die Einwirkung auf Respiration und Puls liessen keine Constanz erkennen, die Temperatur stieg unerheblich.

Auf die medicinische Anwendung des Solanins wies zunächst Clarus hin und empfahl als mittlere Dosis für Erwachsene 0,01—0,06 Solaninum aceticum, das als leichter löslich vor dem reinen Alkaloid den Vorzug verdiene, aber des Uebelgeschmackes wegen in Pillen zu reichen sei, namentlich bei Krämpfen und Reizungszuständen in den Respirationsorganen, Krampfhusten, Keuchhusten, Asthma, wobei er nicht Reizungszustände der Luftwege und des Magendarmcanals, wohl aber Nierenentzündung als Contraindication ansieht. Im Wien. allg. Krankenhause wandte man Solanin gegen Catarrh des Magens und Darmes bis zu 0,25 pro die, in Wasser mit Hülfe von etwas Spiritus gelöst, an. Fronmüller gab es als Hypnoticum zu 0,05—0,25 mit inconstantem Erfolge. Anwendung.

Physalis.

Physalin. $C_{14}H_{16}O_5$. — Den 1852 von Dessaignes und Chautard (Journ. Pharm. (3) 21. 24; auch Journ. pract. Chem. 55. 323) in den früher als Diureticum und Febrifugum gebrauchten Blättern der Judenkirsche, *Physalis Alkekengi L.*, aufgefundenen Bitterstoff erhält man, indem man den kalten wässrigen Auszug derselben zwei Mal mit Chloroform (je 20 Gm. auf 1 Liter Flüssigkeit) ausschüttelt, den Verdunstungsrückstand der Chloroformlösung in heissem Weingeist aufnimmt, die Lösung mit Thierkohle schüttelt und das Filtrat mit Wasser fällt. Physalin.

Das in dieser Weise abgeschiedene Physalin bildet ein weisses oder schwach gelbliches, amorphes, beim Reiben electrisch werdendes Pulver von anfangs schwachem, hinterher aber anhaltend starkem bitterem Geschmack. Es erweicht bei 180°, wird bei 190° zähflüssig und zersetzt sich in höherer Temperatur. Es löst sich kaum in kaltem, etwas mehr in kochendem Wasser, leicht in Weingeist und Chloroform, wenig in Aether. Auch von wässrigem Ammoniak wird es leicht gelöst, bleibt aber beim Verdunsten unverändert zurück. Aus der weingeistigen Lösung fällt ammoniakalisches Bleiacetat gelbe Flocken von der Zusammensetzung $C_{14} H_{15} Pb O_5$, $Pb_2 O$. (Dessaignes und Chautard.)

Capsicum.

Capsicin. Als Capsicin hat Braconnot (Ann. Chim. Phys. (2) 6. 1. 124.) eine Substanz beschrieben, die er durch Behandeln mit weingeistigen Extracts des spanischen Pfeffers, der Frucht von *Capsicum annuum L.* mit Aether und Verdunsten der ätherischen Lösung erhielt. Offenbar noch kein reiner Körper, bildete sie eine weiche gelb- oder rothbraune Masse von anfangs balsamischem, hinterher heftig brennendem Geschmack, die sich wenig in Wasser, leicht in Weingeist, Aether, Terpentinöl und Kalilauge löste, an der Luft allmälig austrocknete und bei stärkerem Erhitzen heftige zum Husten und Niesen reizende Dämpfe entwickelte.

Capsicumroth. Zieht man das durch Extrahiren mit heissem Weingeist bereitete Extract nacheinander mit Wasser und kaltem Weingeist aus, so hinterbleibt das Capsicumroth. Es löst sich nur sehr wenig in kaltem, besser in heissem Weingeist, dagegen gut in heisser Kalilauge, aus der es durch Säuren blutroth gefärbt wird. (Braconnot.)

Ausserdem haben sich noch Witting (Repert. Pharm. 13. 366) und Landerer (Viertelj. pract. Pharm. 3. 34), jedoch ohne zuverlässige Resultate zu erlangen, mit der chemischen Untersuchung des spanischen Pfeffers beschäftigt.

Felletár (J. Pharm. 1868. 70) constatirte in den Früchten von *Capsicum annuum* eine flüchtige Basis. Buchheim (Arch. Path. 24. 1872) erklärte eine dem Cardol ähnliche braunrothe, flüssige, in Aether, Chloroform, Weingeist und Petroleumäther leicht lösliche Substanz, welche er Capsicol. Capsicol nannte, für das wirksame Princip des spanischen Pfeffers. Einen ähnlichen Körper erhielt auch Fleischer durch Ausziehen mit Petroleumäther und Behandeln mit essigsaurem Blei (Arch. exp. Path. 9. 117.) Dagegen bestätigte Dragendorff (Untersuchungen. 1. H. 22.), dass wirklich eine flüchtige Basis vorhanden sei, ohne dieselbe näher zu charakterisiren. — Thresh (Pharm. J. Trans. (3) 6. 7. 315. 473) hat sich eingehend mit demselben Thema Capsaïcin. beschäftigt und die flüchtige Basis, Capsaïcin, aus Capsicol rein dargestellt, das er durch Extraction der Früchte mit Aether, Destilliren, Lösen des Rückstandes in Kalilauge, Fällen mit Baryumchlorid und Behandeln des Niederschlages mit Aether isolirte. Das Capsicol wurde in Mandelöl gelöst (1:2), mit Alkohol ausgeschüttelt, der Alkohol abdestillirt. Der rothe Rückstand wurde in Kalilauge gelöst, mit Kohlensäure gefällt, und der Niederschlag aus heissem Petroleum umkrystallisirt. Durch Lösen in Alkohol, Fällen mit Wasser, und Wiederauflösen in Alkohol wird es gereinigt. — Dasselbe bildet Krystalle, $C_9 H_{14} O_2$ (Flückiger und Buri), liefert bei der Oxydation Oxalsäure und Bernsteinsäure, mit Metallen Verbindungen und mit Chlor gechlorte Producte. — Thresh (Pharm. J. Trans. (3) 8. 187) giebt ferner Palmitinsäure als Bestandtheil des alkoholischen Extractes vom spanischen Pfeffer an. — Der rothe Farbstoff des Cayennepfeffers wird mit Schwefelsäure indigblau, dann schwarz, mit Salpetersäure blau, in's Grüne übergehend.

Die bisherigen physiologischen Untersuchungen über Capsicol (vgl. insbesondere Högyes, Arch. exp. Path. 9. 117) lassen dasselbe oder das darin eingeschlossene active Princip als eine ausschliesslich auf Haut und Schleimhäuten locale Irritation und Hyperaemie erzeugende Substanz erkennen. Bei Högyes erregte 0,2 Fleischersches Capsicol Aufstossen nach Spanischem Pfeffer, Wärmegefühl, von der Speiseröhre bis zum Rachen emporsteigend und in starkes Brennen übergehend, Brechneigung, in 20 Minuten Kollern im Leibe, Stuhlreiz und Flatus, welche Symptome sich in 1 Stunde verloren. Bei Hunden kam es nach 1 Ccm. zu Zittern, Schüttelfrost und Apathie von 1 Stunde Dauer. Auf das ausgeschnittene Froschherz, auf Muskeln und Nerven, wirkte Capsicol in Högyes' Versuchen nicht; ebensowenig hemmte es die Bacterienentwicklung; auch antipyretische Effecte konnten nicht constatirt werden.

Scopolia. Lycium. Lycopersicum.

Die von A. Husemann und Marmé (Ann. Chem. Pharm. Suppl. 2. 383 und 3. 245) in den Stengeln und Blättern von Lycium barbarum beobachtete Basis „Lycin" ist nach A. Husemann (Arch. Pharm. 206. 216) identisch mit Betaïn (Oxyneurin).

Nach A. Langgaard (Pharm. J. Trans. (3) 11. 10) kommen in der Wurzel von Scopolia japonica zwei mydriatisch wirkende Alkaloide vor, Scopoloin und Rotoin; die noch sehr der Charakteristik bedürfen, wesshalb auf das Original verwiesen werden muss.

Die Früchte von Lycopersicum esculentum (die Tomaten oder Liebesäpfel), ein für Amerika wichtiges Nahrungsmittel, enthalten Weinsäure (Lancaster), nach Echenie (Chem. Centralbl. 1872. 520) Citronensäure, Apfelsäure und Oxalsäure, in wechselnden Mengen je nach Reife und Standort.

Duboisia.

F. v. Müller und Rummel (J. Chem. soc. 35. 21) haben in Duboisia myoporides ein festes, krystallisirtes Alkaloid Duboisin festgestellt. Ein flüssiges Alkaloid, Piturin, fand Gerrard (Pharm. J. Transact. (3). 9. 252) in der von australischen Völkerstämmen als narkotisches Genussmittel benutzten Pituripflanze, Duboisia Hopwoodii, auf. Nach Liversidge (Chem. News. 43. 124) erhält man das letztere durch Destillation des concentrirten wässrigen, schwefelsauren Auszuges mit Natronlauge. Das Destillat wird mit Salzsäure neutralisirt, concentrirt, mit Natronlauge versetzt und mit Aether ausgeschüttelt. Die ätherische Lösung wird im Wasserstoffstrome destillirt. — Das so dargestellte Piturin bildet ein farbloses Oel, mischbar mit Wasser, Aether, Alkohol, Sdpt. 243°. — Mit conc. Schwefelsäure und Kaliumdichromat entsteht eine rothe Farbe. — Petit (Pharm. J. Trans. (3). 9. 819) hält Piturin mit Nicotin identisch. Auch Ladenburg (Ann. Chem. Pharm. 206. 274) macht auf den übereinstimmenden Siedepunkt des Nicotins und Piturins aufmerksam, während er (Ber. Ber. 13. 157. 909) das krystallisirte Duboisin mit Hyoscyamin identificirte. — Die phamakologischen Untersuchungen von Ringer und Murrell (Lancet, March 1. 1879; Journ. of Physiol. 2. 132) über Piturin lassen eine grosse Aehnlichkeit der Wirkung mit der des Nicotins

Piturin. Duboisin.

nicht verkennen, da dasselbe (als salpetersaures Salz subcutan verwendet) beim Menschen zu 6—7 Mg. Ohnmacht, Schwindel, Blässe, leichten Tremor, Acceleration des Pulses und der Athmung, Contraction der Pupille und gesteigerte Schweisssecretion (keine Salivation) bedingt, welche Erscheinungen sich in 20—30 Min. verlieren, und bei Thieren Betäubung, Pupillenerweiterung, allgemeine Schwäche mit Convulsionen und Muskelzuckungen, auch Würgen und profusen Speichelfluss erzeugt. Bei Application auf die Conjunctiva bewirkt es starkes Brennen im Auge und Myose, später Mydriasis; die Herzwirkung des Muscarins wird dadurch aufgehoben; die Mydriasis nach Piturin ist weit schwächer als bei Atropin. Häufiger ist das Duboisin Gegenstand pharmakologischer Untersuchungen geworden, welche die Ansicht Ladenburgs über dessen Identität mit Hyoscyamin stützen, da das Duboisin zu den mydriatisch wirkenden Alkaloiden gehört und als Mydriaticum stärker als Atropin wirkt. Die Analogie mit Atropin und Hyoscyamin, welche zuerst Ringer (Journ. de méd. de Brux. 198. 1878) hervorhob, zeigt sich nicht nur durch die bei Application auf die Bindehaut hervortretende Pupillenerweiterung, sondern es bedingt auch bei interner Application in entsprechenden Mengen wie Atropin ausser Mydriasis Trockenheit des Mundes und der Haut, Pulsbeschleunigung, Kopfweh und Trägheit und beseitigt Pilocarpinschweisse und Salivation. Tweedy (Lancet. March 2. 1878) constatirte zuerst, dass die Pupillenerweiterung bei localer Application rascher als nach Atropin eintritt. Auch Marmé (Gött. Nachr. 113. 1878) fand Duboisin bei kleinen Dosen rascher und anhaltender, ja fast 10mal so stark wirkend wie Atropin. Am genauesten hat Schaefer (Arch. Augenheilk. 10. 186) die Wirkung einer gleichen ($^1/_2$ %) Lösung Atropin und Duboisin verglichen. Nach Instillation eines Tropfen zeigen sich beim Menschen die ersten Spuren der Dilatation bei D. nach 8, bei A. in 14 Min., das Maximum derselben bei D. in 19, bei A. in 30 Min., die Erweiterung ist bei D. etwas grösser, hält aber nicht so lange an, wie bei Atropin. Die Accomodation wird zuerst nach 10 Min. beeinträchtigt, (bei A. in 23 Min.), nach 80 Min. besteht complete Accomodationslähmung (bei A. in 2 Std.), welche 12 Stunden (bei Atropin 18 Std.) dauert; normal wird die Accomodation in 2 Tagen (bei A. in 2—4$^1/_2$ Tagen). Der spät auftretende Tetanus bei Fröschen und die aufhebende Wirkung auf Muscarinstillstände kommen auch dem Duboisin zu (Ringer). Wie Atropin wirkt es bei perforirter Cornea weniger rasch, stumpft die Sensibilität des Bulbus bei localer Application ab, erweitert die Pupille der Vögel nicht, wirkt auf Pflanzenfresser weniger energisch als auf Fleischfresser und beschleunigt die durch Morphin in toxischen Dosen gesunkene Herzschlagzahl unter gleichzeitiger Regularisirung der Respiration. Es theilt die physiologischen Wirkungen des Atropins auch in Bezug auf die Erregung der Hirncentren, Respiration und Temperatur, Darmganglien und Nervus splanchnicus (Marmé). Die Pupillenerweiterung erfolgt auch in den Augen getödteter Thiere (Albini, Il Morgagni. Ott. 1880). Nach Ringer und Neale (Pract. 247. Oct. 1879) wirkt Atropin bei Fröschen weit stärker lähmend auf Nervensystem, Herz und Respiration als Duboisin. Beim Menschen bedingt 1 Mgm. Duboisinsulfat, in 2 Dosen innerhalb 2 St. gegeben, Schläfrigkeit und Delirien, Zucken in den Gliedern, Gesichtshallucinationen und Puls- und Athembeschleunigung auf die Dauer von 10 Stunden, während 1 Mgm. Atropinsulfat nur Trockenheit im Halse verursacht. Vgl. über die physiologische Wirkung auch Tiger, Warsch. Denkschr. 77. 1. 1881 und Gibson, Journ. of Anat. 10. Oct. 1882.

Als Ersatzmittel des Atropins in der Ophthalmiatrie wurde Duboisin zuerst von Tweedy, Wecker (Bull. gén. Avr. 30. 1878) und Galezowski (Gaz. des Hôp. 1082. 1878) bei Iritis, Accomodationskrampf, Traumen der Cornea u. s. w. empfohlen; doch schränkten W. und H. den Gebrauch auf solche Fälle ein, wo Atropininstillation nicht vertragen wird. Landesberg (Philad. med. Rep. Nov. 29. 1879) zieht es bei Accomodationskrampf vor, weil die Accomodationslähmung nach Duboisin rascher zurückgehe. Heyl (Amer. Journ. med. Sc. Apr. 1882) sah durch Duboisineinträufelung acuten Glaucomanfall entstehen. Gubler (Journ. de Thér. 81. 1880) empfahl Duboisin statt Atropin bei Nachtschweissen der Phthisiker, doch scheint es nach Fraentzel (Char. Ann. 6. 265) demselben nicht gleichwerthig. Dujardin Beaumetz (Bull. gén. de thérap. Oct. 15. 1880) und Desnos (ibid. Janv. 30. 1880) empfahlen es gegen Basedowsche Krankheit subcutan zu $\frac{1}{4}$—1 Mgm. pro die, wo besonders der Kropf kleiner werden soll.

Für die innere Anwendung darf Duboisin nicht in den Dosen des Atropins gegeben werden, weil danach Nebenerscheinungen in Gestalt von Schwäche, Depression und Schwindel regelmässig auftreten. Auch bei der Application auf die Conjunctiva, wo man $\frac{1}{2}$ % Lösung Duboisinsulfat verwendet, ist, wie schon Galezowski hervorhob, Vorsicht zu beobachten, da auch sehr kleine Mengen Intoxication bedingen können. In einem Falle von Seely (Arch. Augenheilk. 8. 246), wo ein kleines Stückchen Duboisin einige Minuten auf die Conjunctiva gehalten wurde, fühlte sich die 18jähr. Kranke wenige Min. darauf schwindelig, wurde dunkelroth im Gesicht und delirirte; der Puls stieg auf 132, die Temperatur auf 38° und dauerte die Unruhe und gleichzeitig die Pulsaufregung $1\frac{1}{2}$ Std. Leichter Schwindel scheint fast regelmässig nach Duboisineinträufelung einzutreten. Little (Philad. med. Times. 321. 1880), der die Nebenwirkungen mehr bei Erwachsenen als bei Kindern wahrgenommen haben will, beobachtete in einem Falle neben Schwindel u. s. w. auch unfreiwilligen Harnabgang, der nach Atropin nicht eintrat; in einem andern bewirkte 1 Tropfen einer Lösung von 1 : 240 nach 2 Stunden Verlust der willkürlichen Bewegung und tiefen Schlaf. Schwere Erscheinungen beobachtete auch Berner (Nord. med. Ark. 12. No. 20) an sich selbst. Längerer Gebrauch von Duboisincollyrien kann eine ähnliche Conjunctivitis wie Atropin erzeugen (Schenkl, Prag. med. Wchschr. N. 19. 1881).

Indicirt ist Duboisin als ophthalmiatrisches Mittel offenbar nur in solchen Fällen, wo Atropin wegen Idiosynkrasie oder folgender Conjunctivitis folliculosa ausgesetzt werden muss. Landesberg (Philad. med. Rep. Nov. 29. 1879), der vom Duboisin auch bei Accomodationskrampf Nutzen sah, hält Duboisinsulfat für Pupillendilatation zu diagnostischen Zwecken für angezeigt, da bei Anwendung gleich starker Solution die Accomodationslähmung rascher zurückgeht. Nach Loison (Lyon. méd. 20. Avr. 1879) genügt zu diagnostischen Zwecken 1 Tr. einer $\frac{1}{4}$ % Lösung von Duboisin, um in 7—12 Minuten die nöthige Erweiterung der Pupille und Accomodationslähmung hervorzurufen.

Nicotiana.

Die Blätter von Nicotiana Tabacum enthalten das flüchtige Alkaloid Nicotin, (Nicotianin), Chinasäure, Gallussäure, Bernsteinsäure, Melilotsäure, Amide (wahrscheinlich Asparagin) Salpetersäure 0,1—0,9 %. (Pamas Kosntani. J. Pharm. 1880. 70). — Der Gehalt an Mineralbestandtheilen ist sehr bedeutend,

14—26 % auf getrocknete Blätter berechnet. Die Asche ist sehr reich an Kalium, soll auch Ceritmetalle enthalten (L. Ricciardi Berl. Ber. 12. 683).

Der Gehalt der im Handel befindlichen Tabakssorten an Nicotin variirt sehr. Nach Schlössing enthalten von Amerikanischen Tabaken: Havanna unter 2 % Nicotin, Maryland 2,29 %, Kentucky 6,09 % und Virginischer 6,87 %; von Französischen: Departement Lot 7,96 %, Lot-et-Garonne 7,34 %, Nord 6,58 %, Jle-et-Vilaine 6,29 %, Pas-de-Calais 4,94 %, Elsass 3,21 %. Lenoble (Journ. de Pharm. (3) 22. (30) fand in 4 Sorten Paraguay-Tabak 1,8, 2, 5,5 und 6 % Nicotin, Wittstein (Viertelj. f. pr. Pharm. 11. 351) in 6 Sorten Pfälzer Tabak 1,54, 1,57, 1,85, 1,85, 2,17 und 2,62 %. Im Schnupftabak, bei dessen Darstellung nach Henry und Boutron-Charlard durch Gährung etwa ²/₃ des Nicotins verloren gehen soll, fand Schlössing im getrockneten Zustand 2 % der Base, wonach im feuchten nur etwa 1,3 % vorhanden wären. In frischen, im Juli gesammelten Blättern von *Nicotiana Tabacum* fand Schoonbroodt (Viertelj. pract. Pharm. 18. 87) 0,8 %, in getrockneten kaum 0,4 % Nicotin. —

Die italienischen Tabakssorten enthalten nach Ricciardi im Mittel 4—6 % Nicotin (—6,5 %). (Agricchm. Centrlbl. 1878. 434), Nessler (Der Tabak und seine Bestandtheile. 1867. Mannheim) fand in verschiedenen badischen und rheinischen Tabakssorten 0,9—3,3 % Nicotin. Kissling (Z. anal. Chem. 1882. 89) fand in Rohtabaken Virginia, Kentucky, Sumatra, Java, Brasil, Domingo etc. 0,6—4,7 % Nicotin.

Der Tabaksrauch enthält geringe Mengen von Kohlenoxyd, Schwefelwasserstoff, Cyanwasserstoff, ausserdem stets Nicotin (Kissling), dessen Mengen vom Nicotingehalt der Blätter abhängen, ausserdem die niedrigen Glieder der Picolinbasen. Die Cigarrenenden geben, je kürzer dieselben werden, einen, um so nicotinreicheren Rauch. Durch die Verbrennung der Cigarre wird sehr wenig Nicotin zerstört. — Literatur: Kissling, Dingl. J. 244. 64. 234. Unverdorben, Poogend. Annal. 8. 399. — Zeise, Ann. Chem. Pharm. 47. 212). — Meluns, ebendas. 49. 353. — A. Vogel, Dingl. J. 148. 231. — Vohl und Eulenburg, Vtjrschr. ger. Medic. 14. 248. — Heubel, Centrbl. med. Wiss. 1872. 641. — Le Bon, (la fumée du tabac. Paris. — Pease, J. americ. chem. 1880) soc. 2. 338.

Nicotin. $C_{10}H_{14}N_2$. — Literat.: Für Chemie: Posselt und Reimann, Mag. de Pharm. 24. 138. — Henry und Boutron-Charlard, Journ. de Pharm. 22. 689. — Liebig und Gail, Ann. der Chemie und Pharm. 18. 66. — Ortigosa, Ann. der Chem. und Pharm. 41. 114. — Barral, Annal. de Chim. et de Phys. (3) 7. 151 und 20. 345. — Melsens, Annal. de Chim. et de Phys. (3) 9. 465; auch Ann. de Chem. und Pharm. 49. 353. — Schlössing, Annal. de Chim. et de Phys. (3) 19. 230. — Raewsky, Annal. de Chim et de Phys. (3) 25. 322; auch Ann. der Chem. und Pharm. 70. 232. — J. Bödeker, Ann. der Chem. und Pharm. 73. 372. — Planta und Kekulé, Ann. der Chem. und Pharm. 87. 1. — Stahlschmidt, Ann. der Chem. und Pharm. 90. 218. — Wertheim, Wien. Akad. Ber. 47. (Abth. 2). 207. — Huber, Ann. der Chem. und Pharm. 131. 257. — Will, Ann. der Chem. und Pharm. 118. 206. — Pribram, Zeitschr. Chem. 1867, 381. — Laiblin, Ann. Chem. Pharm. 196. 129, Berl. Ber. 1880. 1996. 1212. — Dauber, ebendas. 74. 201. — Weidel, Ann. Chem. Pharm. 165. 328. — Kirchmann, Arch. Pharm. **209**. 209. — Vohl und Eulenburg, ebendas. **147**. 130. — Vohl, J. pr. Chem. (2) **2**. 331. — Cahours u. Etard, Compts. rend. **88**. 999. **90**. 275. **92**. 1079. — Andreoni, Gazz. chim. 9. 129. — Preobraschensky, Pharm. Z. Russl. 1876. 705. — Landolt, Berl. Ber. 1876. 909. — Huber, Berl. Ber. 1870. 849. — Laiblin ebendas. 1877. 2136. — Wischnegradsky, ebendas. 1880. 2315. — Skalweit, Berl. Ber. 1881. 1809. — Geuther und Hofacker, Ann. Chem. Pharm. **108**. 51. — A. W. Hofmann, Ann. Chem. Pharm. **66**. 129. — Wurtz, ebendas. **80**. 349. — Kraut, **128**. 280. — Anderson, ebendas. **75**. 82.

Medicinische. — Henry und Boutron-Charlard, Journ. Pharm. **22**. 689. 1836; Journ. pr. Chem. **42**. 209. — Janssen, De Nicotiana Tabaco. Schoonhoviae, 1836. — Cl. Bernard, Ann. d'hyg. **34**. 239. 1845. — Ed. Wachenfeld (Falck), De Nicotini effectu in organismum animalem. Marburgi. 1848. — Orfila, Journ. Chim. méd. 1851. 7. — V. Vandenbroeck, De la préparation de la nicotine et den son mode d'action sur l'économie animale. 1851. — Van den Corput und Vlemiugkx, Presse méd. 20. 27. 1851. — Albers, Deutsche Klin. 32. 1851. — Berutti und Vella, Gaz. med. Sard. 38. 1851. — van Praag, Arch. path. Anat. **8**. 56. 1855. — Koelliker, ibid. **10**. 257. 1856. — Reil, Journ. Pharmacod. 2. 195. 1857. — Wertheim, Ztschr. Wien. Aerzte. Jan. 1851. — Traube, Allg. med. Centralztg. 38. 1862; 97. 1863. — Rosenthal, Med. Centralbl. 47. 1863. — Erlenmeyer, Corr. Bl. Psych. 16. 1864. — Krocker, Ueber die Wirkung des Nicotins auf d. thier. Organism. Berl. 1868. — Truhart, Ein Beitrag zur Nicotinwirkung. Dorpat. 1869. — Blatin, Rech. physiol. et clin. sur la nicotine etc. Paris. 1870. Kopff, de la nicotine, Strassb. 1869. — Valentin, Ztschr. Biol. **13**. 358. — Surminsky, Wirkungsweise des Nicotins und des Atropins. Erlangen. 1877; Ztschr. rat. Med. **34**. 205. — Basch und Oser, Wien. med. Jahrb. 1872. 367. — Heger, Journ. méd. Brux. 305. 1877. — Haynes, Philad. med. Times. Mai 12. 1877. — Corso, Imparz. Nov. 1877. — René, Gaz. Hôp. 409. 1878. — v. Anrep, Arch. Anat. Physiol. Suppl. 1879. 169. 209. — Lautenbach, Philad. med. Times. 523. 1880.

Nachdem Vauquelin's Versuche bereits im Jahre 1809 das Vorhandensein eines scharfen flüchtigen Princips im Tabak dargethan hatten, gelang Posselt und Reimann 1828 die Isolirung der darin enthaltenen flüchtigen Base. Diese, das Nicotin, findet sich in verschiedenen Arten der Gattung Nicotiana, insbesondere in *N. Tabacum*, *rustica*, *macrophylla* und *glutinosa*. Nicotin.

Posselt und Reimann destillirten zur Darstellung des Nicotins Tabaksblätter mit Wasser und $^1/_{12}$ ihres Gewichts Kalihydrat so lange, als das Uebergehende noch scharf schmeckte. Sie neutralisirten dann das Destillat mit Schwefelsäure, verdunsteten zur Trockne und behandelten den Rückstand zur Abtrennung des Ammonsulfats mit absolutem Weingeist. Die weingeistige Lösung von Nicotinsulfat wurde wiederum verdunstet, das Rückständige mit Kalilauge versetzt und dann mit Aether geschüttelt, der das Nicotin aufnimmt und beim Verdunsten hinterlässt. Sie erhielten nach diesem Verfahren etwa Darstellung.

1 % eines offenbar nicht ganz reinen, namentlich noch Wasser enthaltenden Nicotins. — Henry und Boutron-Charlard verfuhren ähnlich, destillirten aber das schwefelsaure Nicotin mit Natronhydrat und befreiten die übergegangenen Base durch Hinstellen im Vacuum vom Ammoniak.

Viel zweckmässiger unterwarfen spätere Forscher nicht die sehr voluminösen Tabaksblätter selbst, sondern den daraus mit schwefelsäure- oder salzsäurehaltigem Wasser dargestellten und durch Eindampfen stark concentrirten Auszug der Destillation mit Kali oder Kalk. Liebig und Gail trugen alsdann in das Destillat so lange festes Kalihydrat ein, bis sich das Nicotin als wasserhelle Oelschicht obenauf abschied. Ortigosa neutralisirte es mit Oxalsäure, verdampfte zur Trockne, entzog dem Rückstande das oxalsaure Nicotin mit kochendem Weingeist, concentrirte die Lösung durch Verdunstung bis zur Syrupsdicke und behandelte sie nun mit festem Kalihydrat und Aether. Bei der Destillation der ätherischen Nicotinlösung ging dann erst reiner, später nicotinhaltiger Aether und zuletzt Nicotin als wasserhelles, noch etwas Wasser zurückhaltendes Oel über. Barral endlich schüttelte das Destillat direct mit Aether, goss bei fortgesetzter Destillation die wässerige Schicht in das Destillationsgefäss zurück, unterwarf das weiter Uebergehende der gleichen Behandlung und setzte die Destillation so lange fort, bis der Destillationsrückstand nicht mehr scharf schmeckte. Die vereinigten ätherischen Lösungen wurden dann zur Verflüchtigung von Aether, Wasser und anderen flüchtigen Stoffen etwa 14 Tage hindurch bei allmälig auf 140° gesteigerter Temperatur erhitzt, zuletzt unter Zusatz von etwas Kalkhydrat das Nicotin bei 190° im Wasserstoffstrome überdestillirt und dieses endlich nochmals bei Luftabschluss rectificirt.

Schlössing vermischt durch Auskochen von grob gepulvertem Tabak mit Wasser und Eindampfen des Auszuges bereitetes dickes Tabaksextract vor dem völligen Erkalten mit dem doppelten Volumen 36grädigen Weingeistes. Es bilden sich beim Stehen zwei Schichten, eine untere beinahe feste, welche grösstentheils aus äpfelsaurem Kalk besteht, und eine obere dünnflüssige, die alles Nicotin enthält. Dieses wird getrennt, verdunstet, ihr Rückstand mit starkem Weingeist behandelt, die weingeistige Lösung nochmals verdunstet, der Rückstand mit starker Kalilauge erwärmt und nach dem Erkalten mit Aether schüttelnd ausgezogen. In die gelb gefärbte und noch viel fremde Stoffe enthaltende ätherische Lösung wird nun unter Umschütteln allmälig gepulverte Oxalsäure eingetragen, welche das Nicotin als weissen, bald syrupartig zerfliessenden Niederschlag fällt. Dieser wird mit Aether gewaschen und auf's Neue mit conc. Kalilauge und Aether behandelt. Die so resultirende reinere ätherische Lösung der Base wird zuerst im Wasserbade verdunstet, dann im Wasserstoffstrome einen Tag über auf 140° erwärmt, worauf dann bei auf 180° gesteigerter Temperatur das Nicotin überdestillirt wird. Schlössing erhielt nach diesem Verfahren aus 1000 Grm. Tabak vom Departement Lot 50 bis 60 Grm. Nicotin. — R. Pribram (Viertelj. pr. Pharm. 16. 185) empfiehlt die zerkleinerten Tabaksblätter mit Wasser, das 1 % Schwefelsäure enthält, heiss auszuziehen, den Auszug zur Syrupsconsistenz einzudampfen und dann nach Zusatz ven $^1/_{20}$ Holzkohlenpulver ganz einzutrocknen. Die rückständige Masse wird gepulvert und warm mit 90procent. Weingeist ausgezogen. Der Weingeist des Auszuges wird verdunstet, der Rückstand mit Wasser versetzt und vom ausgeschiedenen Harz abfiltrirt. Das Filtrat wird nun mit Kalihydrat destillirt und das Destillat in der von Reimann und Posselt angegebenen Weise weiter behandelt.

Zur vollständigen Entwässerung und Reinigung lässt Melsens so lange metallisches Kalium auf das Nicotin einwirken, bis dieses nicht mehr angegriffen wird, und destillirt es dann im Wasserstoffstrome über Aetzbaryt; die mittlere Portion des Destillates ist die reinste.

Bei allen Destillationen sind Kautschukverschlüsse zu vermeiden (Laiblin). — Cahours und Etard lösen das rohe Nicotin in verdünnter Schwefelsäure, schütteln diese Lösung mit Aether aus und zerlegen hierauf mit Kali.

Zur Bestimmung des Nicotingehaltes im Tabak bediente sich Schlössing eines sehr einfachen und, wie es scheint, genauen Verfahrens. Er erschöpft 10 Grm. des gepulverten und mit wässrigem Ammoniak hinreichend durchfeuchteten Tabaks im Robiquet'schen Extractionsapparat (einen Verdrängungsapparat mit ununterbrochener Destillation) mit Aether, wozu 2—4 Stunden erforderlich sind, destillirt dann den gewonnenen Aetherauszug, bis die übergehenden Aetherdämpfe ammoniakfrei sind, lässt den Rest des Aethers an freier Luft verdunsten und ermittelt nun, wie viel Schwefelsäure zur Neutralisation des rückständigen Nicotins nothwendig ist. Dies geschieht jetzt wohl am besten nach den Principien der Titrirmethode durch Zufliessenlassen sehr verdünnter Schwefelsäure von bekannter Stärke aus einer Bürette. 49 Gewichtstheile Schwefelsäurehydrat entsprechen 162 Gewichtstheilen Nicotin. Bestimmung des Nicotins.

Aeltere Methoden zur Bestimmung des Nicotins sind beschrieben von Henry und Boutron-Charlard (J. Pharmac. 22. 692), von Wittstein (Dragendorff, chem. Werthbest. 1874. 55). Kosutary (Ebendas. 55.) extrahirt den mit Kalk versetzten Tabak mit Wasser, schüttelt mit Petroleumäther wiederholt aus und bindet das so extrahirte Nicotin an titrirte Schwefelsäure durch Ausschütteln. Dragendorff (Ebendas. 53. 9.) wendet das Mayer'sche Reagens (Quecksilberjodidjodkaliumlösung) zur Bestimmung des Nicotins in dem wässerigen Auszuge des Tabakes an. Die Methoden von Nessler und Liedke können unberücksichtigt bleiben, während in neuerer Zeit Kissling (Z. anal. Chem. 1882. 64) und Skalweit (Repert. anal. Chem. 1. 165) Methoden zur Bestimmung des Nicotingehaltes aufgestellt haben.

Methode von Kissling: 20 g grobes Tabakspulver von entripptem Tabak wird mit 10 CC. einer alkohol. Natronlauge (6 g. NaOH, 40 CC. H_2O und 60 CC. 90 % Alkohol) durchgearbeitet, hierauf in einem Tollen'schen Extractionsapparat in einer Papierhülse 2—3 Stunden mit Aether extrahirt. Die ätherische Lösung wird abdestillirt bis auf einen kleinen Rückstand, hierauf mit verdünnter Natronlauge (4 : 1000) versetzt, und der Dampfdestillation unterworfen. In je 100 CC. Destillat wird das Nicotin mit Schwefelsäure filtrirt.

Methode von Skalweit: 20,25 g fein pulverisirten Tabak, dessen Feuchtigkeit bei 100° zuvor bestimmt war, werden mit 10 CC. 90 % Normalschwefelsäure befeuchtet, mit 200 CC. 90 % Alkohol 2 Stunden am Rückflusskühler gekocht, und in einem 250 CC. fassenden Kolben 6—12 Stunden stehen gelassen. 1000 CC. dieser Lösung werden durch Destillation von der grössten Menge Alkoholes befreit, 30 CC. verdünnte Kalilauge (Kalilauge 1,159 mit gleichen Theilen Wasser vermischt) zugesetzt und hierauf das Nicotin abdestillirt, das im Destillat mit $^1/_{10}$ Normalschwefelsäure bestimmt wird.

(Zinofsky, J. Chem. Min. 1873. 963).

Eigenschaften. Das reine Nicotin ist eine farblose, durchsichtige, ziemlich bewegliche Flüssigkeit von starkem, besonders beim Erwärmen sehr hervortretendem Tabaksgeruch und scharfem, brennendem, lange anhaltendem Geschmack. Barral fand den Geruch wenig tabaksähnlich, Otto im verdünnten Zustande ätherartig. Es erzeugt auf Papier Fettflecken, die nach einiger Zeit wieder verschwinden. Sein spec. Gewicht ist nach Barral 1,033 bei 4^0, 1,027 bei 15^0, 1,018 bei 30^0, 1,0006 bei 50^0 und 0,9424 bei 101^0,5, 1,01837 bei 10^0 (Landolt). Bei Zusatz von Wasser zu Nicotin tritt Contraction ein. 1 Wasser + 2 Nicotin = spec. Gew. 1,04 (Skalweit). Das spec. Gew. seines Dampfes ist nach demselben Forscher 5,618. Es erstarrt noch nicht bei 10^0, erzeugt schon unter 100^0 sichtbare Nebel, beginnt bei 146^0 langsam zu destilliren, kocht aber erst bei 240—250^0 unter theilweiser Zersetzung (Barral). Es lenkt das polarisirte Licht stark nach links ab (Laurent); $\alpha_D = -161{,}55$ bei 20^0 (Landolt). Von Wasser, das es an der Luft rasch und in reichlicher Menge absorbirt, wird es in allen Verhältnissen gelöst, aus dieser Lösung aber durch festes Kalihydrat abgeschieden; ebenso ist es auch mit Weingeist und Aether mischbar. Von Terpentinöl erfordert es etwa 40 Theile zur Lösung, und auch von fetten Oelen wird es leicht aufgenommen. Die Lösungen reagiren stark alkalisch. Das Nicotin seinerseits löst bei 100^0 etwa 10 Procent Schwefel, der beim Erkalten grösstentheils herauskyrstallisirt; Phosphor löst es nicht. Sdpt. 247^0 (Landolt).

Das Nicotin ist von Ortigosa, Melsens, Barral, Schlössing und Raewsky analysirt worden. Ortigosa stellte die Formel $C_{10}H_8N$, Melsens $C_{10}H_7N$ auf, welche letztere von Barral und Schlössing acceptirt, aber auf Grund der Dampfdichtebestimmung des Nicotins und seiner Sättigungscapacität gegen Schwefelsäure verdoppelt wurde. Nach den von Planta und Kekulé und von Stahlschmidt ausgeführten Versuchen über die Einwirkung von Jodäthyl und Jodmethyl muss das Nicotin als ein tertiäres Diamid betrachtet werden.

Für die Constitution des Nicotins ist unbedingt massgebend die Thatsache, dass durch Oxydation eine Pyridincarbonsäure entsteht, wodurch nahe Beziehungen zum Pyridin festgestellt sind.

Eine Structurformel aufzustellen, auf Grund der gewonnenen Thatsachen, bleibt jedenfalls zunächst gewagt, wenn auch Wischnegradsky solches versucht hat, der das Nicotin für ein Dihydropyridin hält, in welchem 1 Atom Wasserstoff durch die Allylgruppe vertreten ist und 2 andere durch die Imidgruppe, in welcher der Wasserstoff durch ein Aethyl substituirt ist.

Salze. Das Nicotin ist eine starke Base und sättigt die Säuren vollständig. Es fällt die Salze der meisten schweren Metalle. Leitet man in ein Gemisch von Nicotin und überschüssigem salpetersaurem Kalk oder Chlorbarium in wässriger Lösung Kohlensäuregas, so werden Carbonate des Kalks resp. Baryts gefällt. Die einfachen Salze des Nicotins krystallisiren schwierig. Ihre wässrige Lösung verliert beim Abdampfen Nicotin. Sie lösen sich leicht in Weingeist, aber, das essigsaure Salz ausgenommen, nicht in Aether. Sie schmecken sehr scharf. Die Doppelsalze kystallisiren besser.

Chlorwasserstoffsaures Nicotin, $C_{10}H_{14}N_2$, 2 HCl, wird nach Barral durch Sättigen von Nicotin mit trocknem Salzsäuregas und Hinstellen des Productes unter die Glocke der Luftpumpe in langen zerfliesslichen weissen Fäden erhalten. Das Salz ist sehr unbeständig und verliert schon bei gelindem Erwärmen Salzsäure. — Jodwasserstoffsaures Nicotin, $C_{10}H_{14}N_2$, 2 HJ, wurde von Wertheim durch Eintragen des unten erwähnten jodirten einfach-jodwasserstoffsauren Nicotins in eine Lösung von Phosphor in gleichen Theilen Benzol und Weingeist und Verdunstenlassen der entfärbten Lösung in farblosen Krystallnadeln erhalten. — Schwefelsaures, salpetersaures und phosphorsaures Nicotin krystallisiren schwierig. Weinsaures und oxalsaures Nicotin sind weisse krystallinische, in Wasser leicht lösliche, in Aether nicht lösliche Salze.

Versetzt man wässriges salzsaures Nicotin mit Platinchlorid, so entsteht bei grösserer Concentration ein gelber krystallinischer Niederschlag, während bei stärkerer Verdünnung erst nach einiger Zeit vierseitige klinorhombische Prismen von chlorwasserstoffsaurem Nicotin-Platinchlorid, $C_{10}H_{14}N_2$, 2 HCl, 2 $PtCl_2$, krystallisiren. Sie lösen sich schwierig in kaltem Wasser, leicht dagegen bei Ueberschuss von Nicotin, und sind in Weingeist und Aether nicht löslich (Ortigosa). — Fügt man unter beständigem Umrühren und Abkühlen Nicotin allmälig zu einer Lösung von Platinchlorür in Salzsäure, so bildet sich ein pomeranzengelber krystallinischer Niederschlag von Vierfach-chlorwasserstoffsaurem Nicotin-Platinchlorür, $C_{10}H_{14}N_2$, 4 HCl, 2 PtCl, und aus der Mutterlauge krystallisiren beim Verdunsten gerade rothe Säulen von Zweifach-chlorwasserstoffsaurem Nicotin-Platinchlorür, $C_{10}H_{14}N_2$, 2 HCl, 2 PtCl. Letztere Verbindung scheidet sich aus heisser wässriger Lösung beim Erkalten in gelben Krystallschuppen aus, während die erstgenannte aus ihrer Lösung in Salzsäure beim freiwilligen Verdunsten in sehr grossen und regelmässigen orangerothen rhombischen Säulen krystallisirt (Raewsky). — Chlorwasserstoffsaures Nicotin-Quecksilberchlorid, $C_{10}H_{14}N_2$, HCl, 8 HgCl, wird als weisser krystallinischer Niederschlag erhalten, wenn man neutrales salzsaures Nicotin in kalter wässriger Lösung mit einem grossen Ueberschuss von wässrigem Quecksilberchlorid versetzt. Es krystallisirt aus heissem Wasser in strahlig gruppirten Nadeln (Wertheim). Tröpfelt man dagegen in eine Lösung von Nicotin in verdünnter Salzsäure so lange gesättigte Quecksilberchloridlösung, als sich der anfangs entstehende Niederschlag noch wieder auflöst, so scheiden sich nach einigen Tagen lange klare farblose oder blassgelbe Krystalle ab von Nicotin-Quecksilberchlorid, $C_{10}H_{14}N_2$, 6 HgCl, die sich in kaltem Wasser und Weingeist wenig lösen, aber in säurehaltigem Wasser löslich sind und unter heissem Wasser zu einem braunen Harz schmelzen (J. Bödeker). Eine wässrige Lösung von freiem Nicotin giebt endlich mit Quecksilberchlorid einen weissen krystallinischen, in Wasser und Aether unlöslichen, in Weingeist schwer löslichen Niederschlag von der Zusammensetzung $C_{10}H_{14}N_2$, 2 HgCl (Ortigosa). — Cyanquecksilber fällt wässriges freies Nicotin nicht. Vermischt man aber neutrales salzsaures Nicotin mit gesättigter Cyanquecksilberlösung, so erhält man farblose, seideglänzende, büschlig vereinigte, in Wasser und Weingeist leicht lösliche Säulen eines Doppelsalzes, welches entweder $C_{10}H_{14}N_2$, $5HgCl, HgCy$ oder $C_{10}H_{14}N_2, 4HgCl, 2HgCy$ ist (J. Bödeker). — Jodwasserstoffsaures Nicotin-Quecksilberjodid, $C_{10}H_{14}N_2, 2HJ, 2HgJ$, scheidet sich in kleinen gelben, in kaltem Wasser und Weingeist wenig löslichen Säulen aus, wenn man wässriges jodwasserstoffsaures Nicotin so lange tropfenweise mit einer Auflösung von Quecksilberjodid in wässriger Jodwasserstoffsäure versetzt, bis der allemal vorübergehend entstehende Niederschlag bleibend zu werden beginnt (J. Bödeker). Kocht man eine weingeistige Lösung von jodwasserstoffsaurem Nicotin mit Quecksilberoxyd, so scheiden sich aus dem Filtrat Krystalle von Nicotin-Quecksilberjodid, $C_{10}H_{14}N_2, 2HgJ$, ab (Wertheim). — Auch mit Chlorkadmium verbindet sich das salzsaure Nicotin zu einer in Wasser leicht löslichen, schwierig krystallisirenden Verbindung von der Formel $C_{10}H_{14}N_2, 2HCl, 5CdCl$ (Galletley). — Versetzt man eine weingeistige Lösung von Silbernitrat mit überschüssigem weingeistigem Nicotin, so scheiden sich beim freiwilligen Verdunsten farblose schöne klinorhombische Säulen von der Formel $2C_{10}H_{14}N_2, NAgO_3$ aus, während bei Ueberschuss des Silbersalpeters prismatische Krystalle von der Zusammensetzung $C_{10}H_{14}N_2, NAgO_3$ erhalten werden (Wertheim). Ausserdem sind dargestellt: salzsaures Nicotinzinkchlorid, $C_{10}H_{14}N_2, 2HCl. ZnCl_2 + 4H_2O$, Nicotin-Zinkjodid (Wertheim, Vohl, Laiblin). Auch Doppelsalze mit Silbernitrat bilden sich, wenn weingeistige Lösungen von Silbernitrat mit weingeistigen Nicotinlösungen vermischt werden.

Zersetzung. Derivate. Das Nicotin wird an der Luft, besonders schnell im Sonnenlichte, braun, dickflüssiger und zum Theil harzartig. Es lässt sich bei gewöhnlicher Temperatur nicht entzünden, brennt aber am Docht mit heller russender Flamme. — Durch conc. Schwefelsäure und Salpetersäure wird es beim Erhitzen zerstört. Erwärmt man nach Palm (Russisch. Zeitschr. f. Pharm. 1. 4) Nicotin mit sehr wenig Salzsäure von 1,12 spec. Gew. gelinde, so entsteht eine violette Färbung, welche auf Zusatz von wenig conc. Salpetersäure in intensives Orange übergeht. Sehr kleine Mengen der Base sollen auf diese Weise noch erkannt werden können. — Ein Tropfen Nicotin mit trockner Chromsäure in Berührung gebracht, verglimmt nach Kletzinsky sogleich unter Verbreitung eines Geruchs nach Tabakscampher. — C. Huber hat durch Oxydation des Nicotins mit Kaliumbichromat und Schwefelsäure eine Amidosäure von der Formel $C_6H_5NO_2$ erhalten und aus dieser weiter durch Destillation mit Kalk eine ölförmige, in Wasser lösliche Base C_5H_5N. — Wässriges Chlor wirkt in der Kälte nicht auf Nicotin, aber trocknes Chlor verwandelt dasselbe unter bisweilen von Lichtentwicklung begleiteter Reaction in ein krystallinisches, nicht näher untersuchtes Product (Barral). Einwirkung von Chlor auf salzsaures Nicotin bildet eine krystallinische Verbindung (Hofacker). — Bei Einwirkung von trocknem Brom auf wasserfreies Nicotin entsteht unter starker Erhitzung und Dampfbildung eine harzartige, mehr oder weniger dunkel gefärbte Masse. Tröpfelt man aber langsam eine ätherische Lösung von 1 Th. Nicotin zu einer gleichfalls ätherischen Lösung von $3^1/_2$ Th. Brom, so scheidet sich ein rothes Oel ab, das nach dem Waschen mit Aether aus einer Lösung in kaltem Weingeist innerhalb einiger Tage in morgenrothen, zu halbkugligen Gruppen vereinigten Prismen krystallisirt erhalten werden kann. Sie sind gebromtes einfach-bromwasserstoffsaures

Bromnicotin, $C_{10}H_{12}Br_2N_2, HBr, Br_2$, nach Cahours tetrabromirtes bromwasserstoffsaures Nicotin. Sie lösen sich sehr wenig Wasser, kaum in Aether, besser in Weingeist. Die weingeistige Lösung wird bei längerem Stehen sowohl, als auch beim Erwärmen farblos und hinterlässt nun beim Verdunsten im Vacuum einfach-bromwasserstoffsaures Bromnicotin, $C_{10}H_{12}Br_2N_2, HBr$, als zähen unkrystallisirbaren Syrup. Durch Kalilauge, Ammoniak oder frisch gefälltes Silberoxyd werden die rothen Krystalle in der Kälte unter Bildung einer weissen käsigen Masse zersetzt, die aus warmem Wasser in langen seideglänzenden Nadeln anschiesst. Diese sind Bromnicotin, $C_{10}H_{12}Br_2N_2$, eine neutral reagirende, geruch- und geschmacklose, in kaltem Wasser schwer, in heissem Wasser leichter, sehr leicht in Weingeist, aber nur wenig in Aether sich lösende Verbindung. Kochende Kalilauge regenerirt daraus (auch aus den rothen Krystallen) Nicotin. Die Salze des Bromnicotins krystallisiren leichter als die Nicotinsalze (Huber). Ein Nicotintetrabromid entsteht bei der Einwirkung von Brom auf Nicotin in concentrirter, wässriger Lösung.

Vermischt man nach Wertheim 1 Th. Nicotin mit $^3/_8$ Th. Jod in ätherischer Lösung (7 Th. Aether), so scheidet sich zuerst ein braunrothes Oel ab, welches Huber für $C_{10}H_{12}J_2N_2, HJ.J_2$ hält, und dann krystallisiren 1—2 Zoll lange, rubinroth durchscheinende, im reflectirten Lichte dunkelblau schillernde Nadeln aus, welche nach Huber als $C_{10}H_{14}N_2, HJ, J_2$ zu betrachten sind. — Festes Natronhydrat zersetzt das Nicotin beim Erhitzen unter Entwicklung von Ammoniak. Destillirt man aber wässriges Nicotin mit Kalihydrat oder erhitzt es mit Aetzbaryt auf 170°, so erzeugt sich eine noch nicht näher untersuchte flüchtige Base (Ortigosa, Kraut). — Leitet man Cyangas in weingeistiges Nicotin, so entsteht ein braunes, aus Weingeist nicht krystallisirbares, nicht basisches Product (Stahlschmidt, Hofmann). — Cyansäure-Aethyläther bildet nach Art des Anilins und der übrigen Anilinbasen mit dem Nicotin einen in schönen Blättern krystallisirenden zusammengesetzten Harnstoff (Wurtz). — Bei Einwirkung von Chlorbenzoyl entsteht nach Will unter starker Erhitzung eine zähe, unter Aether allmälig zu weissen wawellitähnlichen zerfliesslichen Kugeln erstarrende Masse, die er auf Grund der ausgeführten Analyse für Benzoylnicotiniumchlorid, $C_{10}H_{14}(C_7H_5O)_2N_2Cl_2$, hält. — Ueberschüssiges Jodmethyl verwandelt Nicotin unter starker Erwärmung in beim Erkalten krystallinisch erstarrendes, durch Waschen mit Weingeist und Umkrystallisiren aus Wasser rein zu erhaltendes Methylnicotiniumjodid, $C_{10}H_{14}(CH_3)_2N_2J_2$. Dieses wird durch frisch gefälltes Silberoxyd in die beim Verdunsten ihrer Lösung als zäher, nicht krystallinischer, stark alkalisch reagirender und die Säuren vollkommen neutralisirender Rückstand zurückbleibende freie Base, das Methylnicotiniumoxydhydrat übergeführt. Die einfachen Salze dieses Methylnicotins sind schwierig oder gar nicht krystallisirbar. Durch Fällung von wässrigem salzsaurem Methylnicotin mit den betreffenden Chloriden erhält man chlorwasserstoffsaures Methylnicotin-Quecksilberchlorid, $C_{10}H_{14}(CH_3)_2N_2, 2HCl, 8HgCl$, als weissen, aus heissem Wasser in Warzen krystallisirenden Niederschlag, chlorwasserstoffsaures Methylnicotin-Platinchlorid, $C_{10}H_{14}(CH_3)_2N_2, 2HCl, 2PtCl_2$, als gelbliches krystallinisches Pulver und das Golddoppelsalz, $C_{10}H_{14}(CH_3)_2N_2, 2HCl, 2AuCl_3$, als hellgelben, in kaltem Wasser und Weingeist fast unlöslichen Niederschlag (Stahlschmidt). — Erhitzt man Nicotin mit überschüssigem Jodäthyl eine Stunde auf 100°, so entsteht neben einem rothen Harz, das namentlich bei zu lange fortgesetztem Erhitzen sich bildet, Aethylnicotiniumjodid, $C_{10}H_{14}(C_2H_5)_2N_2J_2$. Dasselbe kann durch Umkrystallisiren aus Wasser und Weingeist in farblosen warzig gruppirten zerfliesslichen Säulen erhalten werden. Es schmilzt beim Erhitzen und zerfällt in Nicotin und Jodäthyl. Beim Behandeln seiner wässrigen Lösung mit Silberoxyd entsteht das Oxydhydrat des Aethylnicotins, eine unkrystallinische, farb- und geruchlose, sehr bitter schmeckende, stark alkalische Masse, deren wässrige Lösung sich beim Erhitzen trübt und ein tief rothbraunes Oel abscheidet. Die einfachen Salze des Aethylnicotins sind zerfliesslich. Das Quecksilberdoppelsalz, $C_{10}H_{14}(C_2H_5)_2N_2, 2HCl, 6HgCl$, krystallisirt aus heissem Wasser in weissen Krystallwarzen, das Golddoppelsalz, $C_{10}H_{14}(C_2H_5)_2N_2, 2HCl, 2AuCl_3$, in prächtigen goldgelben Nadeln, und das Platindoppelsalz, $C_{10}H_{14}(C_2H_5)_2N_2, 2HCl, 2PtCl_2$, orangerothen zugespitzten rhombischen Säulen (Planta und Kekulé). — Durch mehrtägiges Erhitzen mit Jodamyl wird Nicotin in Amylnicotiniumjodid, $C_{10}H_{14}(C_5H_{11})_2N_2J_2$, verwandelt, das durch Silberoxyd in wässriger Lösung in das Oxydhydrat des Amylnicotins übergeführt wird (Stahlschmidt). — Wässriges Alloxan färbt sich wie mit Coniin so auch mit einigen Tropfen Nicotin dunkel purpurfarben, worauf sich farblose rhombische Tafeln abscheiden, die sich in kalter, mässig verdünnter Kalilauge mit schön purpurblauer Farbe und unter Entwicklung von Nicotingeruch auflösen (Schwarzenbach, Vierteljahrsschr. f. pr. Pharm. 6. 424 und 7. 170).

Die Einwirkung von Natriumhydrat liefert Ammon und einen noch nicht näher charakterisirten Körper (Kraut). Der Nicotindampf zersetzt sich in glühenden Röhren in Wasserstoff und Pyridinbasen (Pyridin, Collidin), bei stärkerer Hitze ein Collidin, das bei der Oxydation mit Kaliumpermanganat eine Nicotinsäure liefert, demnach ein Propylpyridin ist (Cahours und Etard).

Nicotinsäure. Bei der Oxydation des Nicotins mit Salpetersäure, Chromsäure oder auch Uebermangansäure entsteht eine Pyridincarbonsäure, die Nicotinsäure, $C_5H_4N.CO.OH$, die mit Basen beim Erhitzen Pyridin liefert (Huber, Laiblin, Weidel).

Beim Erhitzen von Nicotin mit Schwefel entsteht ein Körper, der von Cahours und Etard als Thiotetrapyridin aufgefasst wird und mit verdünnter Salpetersäure Nicotinsäure, mit pulverisirtem Kupfer Isodipyridin, eine Base, $C_{10}H_{10}N_2$, liefert.

Gerichtlich-chemischer Nachweis. Nicotin und seine Salze sollen sehr resistent bei Fäulnissprocessen sein. — Bei dem gerichtlich chemischen Nachweis gilt im Allgemeinen das bei Coniin erwähnte. Sehr zweckmässig ist es, den schwefelsauren Auszug der betreffenden Objecte, nach der Ausschüttelung mit Benzin, mit Ammoniak zu versetzen und mit Petroleumäther auszuschütteln, der das Alkaloid aufnimmt und beim Verdunsten auf einem mit Salzsäure befeuchteten Uhrschälchen als salzsaures Salz zurücklässt, das weiter an seiner amorphen oder krystallinischen Beschaffenheit klassificirt werden kann. Die oben angegebenen Reactionen finden weitere Anwendung.

Die Lösungen der einfachen Nicotinsalze werden durch Phosphormolybdänsäure gelb gefällt (1 : 10000). Phosphorantimonsäure trübt sie noch bei 250facher Verdünnung. Pikrinsäure fällt aus völlig neutralen Lösungen einen gelben krystallinischen Niederschlag, während sauer reagirende nur vorübergehend getrübt werden. Gerbsäure bewirkt noch bei 3000facher Verdünnung gelblich weisse, in Salzsäure lösliche Fällung. Bei gleicher Verdünnung erzeugt Platinchlorid einen fast weissen, in Salzsäure löslichen Niederschlag, der sich beim Erhitzen löst, und sich wieder krystallinisch abscheidet. Goldchlorid fällt hellgelbe, in Salzsäure kaum lösliche Flocken. Kaliumquecksilberjodid verursacht einen gelblich weissen Niederschlag, der noch bei 25000facher Verdünnung eintritt und beim Stehen erst harzig, dann aber sehr schön krystallinisch wird. Auch Kaliumkadmiumjodid fällt noch bei starker Verdünnung. — In der wässrigen Lösung der freien Base giebt Jodtinctur bei 1000facher Verdünnung kermesfarbigen Niederschlag. Chlor färbt blutroth, Schwefelsäure (concentr.) färbt weinroth; Kaliumcadmiumjodid erzeugt Fällungen in Lösungen von Nicotin (1 : 100000).

Wirkung.

Das Nicotin ist eins der heftigsten Gifte, das dem chemisch am nächsten stehenden Alkaloide Coniin an Giftigkeit etwa 16mal überlegen ist (Schroff).

Beziehung der Wirkung zum Tabak.

Es muss als das einzige giftige Princip der Tabaksblätter und aller Theile der verschiedenen Species der Gattung Nicotiana angesehen werden, da die Wirkungen identisch sind und die sonst im Tabak nachgewiesenen Stoffe kaum an der Action der Folia Nicotianae participiren. Wenn man Uebelkeit, Erbrechen und Diarrhoe bei Tabaksvergiftung als Differenz von Nicotinvergiftung und den Tabak als mehr irritirend bezeichnet hat: so ist hervorzuheben, dass die betreffenden Symptome wahrscheinlich mehr durch den entschieden dem Nicotin zukommenden Einfluss auf die Peristaltik als durch Magendarmentzündung veranlasst werden und dass auch Nicotin local irritirend wirkt.

Thierspecies.

Die giftige Wirkung des Nicotins scheint sich auf alle Thierklassen zu erstrecken, doch erweisen sich einzelne Thierspecies resistenter als andere. Von niederen Thieren werden Schmetterlinge, Schaben und Spinnen durch sehr verdünnte Nicotinlösungen getödtet, während Fliegen und Tausendfüsse sich an der Luft von dem Einflusse verdünnter Nicotinlösungen erholen (Henry und Boutron-Charlard). Infusorien im Darmcanal vergifteter Thiere zeigen noch einige Stunden nach der letzteren Tode Bewegung (Berutti und Vella). Flussbarsche von 30 Gm. werden durch 5 bis 10 Mgm. auf die Kiemen gestrichenes Nicotin in 5—6 Min., solche vom doppelten Gewicht durch 20 Mgm. in 9 Min. getödtet, während sie 10 Mgm. überstehen (Wachenfeld). Cyprinus Tinca von 3 Pfund sterben von 3 Tr. Nicotin in 39—66 Min. (v. Praag). Frösche sterben nach 10 Mgm. in 17, nach 20 Mgm. in 14 und nach 30 Mgm. in 5 Min. bei interner Darreichung, nach 20 Mgm. von einer Wunde aus in 4 Min. (Wachenfeld); nach 1 Tropfen auf die Zunge in 87 Secunden (Vandenbroeck). Kleine Vögel sterben schon durch die blosse Annäherung eines in Nicotin getauchten Glasstabes an ihren Schnabel; Tauben nach 35—50 Mgm. in $3^1/_2$ resp. 2 Min. (Wachenfeld), nach $^1/_2$ Tropfen in 2 Min., nach 1—2 Tr. in 30 Sec. (v. Praag); Hähne nach zweimaliger Gabe von 50 Mgm. in 5 Min. (Wachenfeld); Eulen sterben sofort durch $^1/_{10}$ Tr. Nicotin (Reil). Mäuse besitzen nicht die ihnen von Nasse zugeschriebene Immunität (René). Katzen erliegen Nicotin schneller als Kaninchen und werden anscheinend auch durch gleiche Dosen heftiger afficirt als Hunde (Cl. Bernard, v. Praag); doch sterben Kaninchen schon nach $^1/_4$, Hunde nach $^1/_2$—2 Tropfen (Posselt und Reimann; Boutron-Charlard). Uebrigens sind die Differenzen bei stärkeren Gaben nicht sehr erheblich. Ein Pferd vermochte Vandenbroeck mit 8 Ccm. Nicotin innerlich in $4^1/_2$ Min. zu tödten. Nach Haynes berechnet sich die letale Dosis bei Subcutaninjection pr. Kilo auf $^1/_{100}$ Tropfen für Ratten, $^1/_{75}$ für Katzen und $^1/_{40}$ für Kaninchen.

Applicationsstelle, Gewöhnung und verschiedene äussere Verhältnisse modificiren die Wirkung hinsichtlich der Schnelligkeit des Eintrittes der Symptome und des tödtlichen Ausganges. Subcutane Application wirkt minder energisch als interne (Janssen). Janssen sah die Symptome bei Application in das Auge sehr rasch, langsamer vom Mastdarm und am langsamsten von dem Unterhautbindegewebe des Rückens bei Kaninchen auftreten. Nach L. v. Praag wirkt Nicotin am heftigsten bei directer Einführung in das Blut und fast ebenso rasch und intensiv von Zunge und Auge aus, am schwächsten endermatisch. Nach Berutti und Vella erfolgt bei gleicher Dosis der Tod bei Application in die Halsvene in 80 Sec., in die Trachea nach 110 Sec., in die Mundhöhle nach 2 Min., in das Rectum nach 220 Sec., in die Urethra nach 235 Sec., in den innern Augenwinkel nach 5 und in das Unterhautbindegewebe nach 11 Min. René bezeichnet die Mundschleimhaut für gefährlicher als das Unterhautzellgewebe. Wie früher Hertwig, hat auch Savory (Lancet 1. 19. 1863) den Mastdarm für eine gefährlichere Applicationsstelle als den Magen erklärt. In einem Versuche von Vandenbroeck traten die Symptome von der Schleimhaut der Vulva einer Hündin sehr rasch auf. Dass auch von der äussern Haut Resorption stattfindet, scheinen jene Tabaksvergiftungen zu erweisen, die vermöge Application von Blättern oder Tabaksblätterdecocten zu Stande kamen (vergl. Husemann, Supplbd. z. Tox. 53); doch sah Wachenfeld bei sich nach Einreibung einer Salbe (von 50 Mgm. und 1,2 Fett) keine Intoxication. Die geringe Aufsaugung von frischen Wunden aus constatirte Vandenbroeck durch Versuche mit vergifteten Dolchen, die niemals positive Resultate gaben. Interessant ist der Gegensatz der Einführung in die Venen, wobei $^1/_2$ Tropfen in 3 Min. tödtet, und in die Arterien oder Pfortader, wobei $^3/_4$ Tr. nur Pulsbeschleunigung, Verlust der Sensibilität, laute Athmung und Protrusion der Bulbi bedingt, ohne zu tödten (Lautenbach). — Wie man längst beim Tabak erprobt hat, dass eine Gewöhnung an denselben stattfindet, so ist für Nicotin von Wachenfeld und v. Praag bei Fischen und Batrachiern ausdrücklich constatirt, dass die Receptivität abnimmt. Von besonderem Interesse sind v. Anreps Versuche, welche nicht nur die Gewöhnung für Warmblüter darthuen, sondern auch qualitative Wirkungsdifferenzen bei wiederholter Einführung von Nicotin nachweisen, insofern bei Warmblütern die charakteristischen Krämpfe fehlen und bei Fröschen die Wirkung auf den Vagus nicht eintritt, während die lähmende Wirkung auf die motorischen Herzganglien bestehen bleibt. Bei allmäliger Steigerung lässt sich beim Kaninchen eine Gewöhnung bis zu 2 Tr. in 14 Tagen erzielen, die Wirkungsabnahme bezieht sich indess nicht auf die wiederholte Einführung nahezu letaler Dosen, welche sogar intensiver einwirken (v. Anrep). Die Angabe, dass Nicotin bei grösserer Hitze Thiere mehr afficire, erklärt sich leicht aus der durch solche bedingten Erschlaffung, die stärkere Wirkung des erwärmten Giftes (Berutti und Vella) aus rascherer Diffusion desselben.

Applicationsstellen.

Gewöhnung.

Selbstverständlich wirkt älteres und theilweise in Zersetzung übergegangenes Nicotin schwächer (Schroff, Valentin), so in den Versuchen von Kopff selbst schwächer als Coniin.

Das reine Alkaloid wirkt qualitativ gleich seinen Salzen, von denen nach Versuchen von Wachenfeld mit essigsaurem und citronensaurem Nicotin, dem Säuregehalt entsprechend, eine grössere Dosis nothwendig ist, um toxisch oder letal zu wirken. Nicotinsalze.

Die acute Nicotinvergiftung bei Thieren zeichnet sich vor Allem durch die Rapidität des Eintrittes der Symptome und des tödtlichen Verlaufes aus. Die Erscheinungen sind namentlich solche von Seiten des Nervensystems (Stupor, Krämpfe mit nachfolgender Lähmung); sehr deutlich ist auch Respiration und Circulation betheiligt. Die Pupille erscheint vorwaltend verengt. Symptome bei Thieren.

Mit Nicotin vergiftete Säugethiere zeigen in vielen Fällen bei der Application, namentlich bei Application in den Mastdarm oder die Genitalien (Vandenbroeck), seltener bei interner Application Symptome von Schmerzempfindung, bei nicht allzugrosser Dosis Aufregung und Angst, dann Zittern der Glieder, Harn- und Stuhlentleerung, hierauf Stupor, Schwanken und plötzliches Hinfallen auf die Seite, bald auf die rechte, bald auf die linke (Vandenbroeck), bei sehr grossen Dosen fehlt die Excitation und das Thier stürzt nach einem einzigen Satze oder Sprunge hin. Sehr frühzeitig wird die Athmung beeinträchtigt, anfangs beschleunigt und keuchend, schwierig und mit einem eigenthümlichen zischenden Tone verbunden, später seltener und tiefer. Der Puls wird bei nicht zu grossen Gaben anfangs langsamer, dann wieder frequenter und später wieder verlangsamt, bei massigen Dosen sofort frequent und unregelmässig. Speichelfluss ist fast constant, auch bei externer Vergiftung; Kothentleerung fehlt bei raschem Eintritte des Todes. Mit dem Hinstürzen der Thiere kommt es zu klonischen Krämpfen, die manchmal mit tonischen abwechseln, auch wohl auf einen tonischen Anfall folgen, bald an den Vorder- oder Hinterbeinen, bald am Kopfe, bald am Rumpfe; bei Kaninchen sind Schwimmbewegungen nicht selten, auch Nystagmus bulbi kommt vor. In den Krämpfen ist die Pupille zuerst verengt und bleibt dies bei nicht zu grossen Dosen bis zum Ende; bei grossen Gaben kommt es oft zu rascher Erweiterung, die bei Katzen der Myose vorausgeht. Zahnfleisch und Zunge sind während der Krämpfe meist livid, die Ohrgefässe erweitert. Der Tod erfolgt entweder im Krampfstadium oder in einem auf dasselbe folgenden Stadium der Erschlaffung, in welchem die anfangs noch gesteigerte Reflexerregbarkeit sich nach und nach abstumpft. Charakteristisch ist bei Hunden, Katzen und Kaninchen der stürmische Verlauf der Intoxication bei Application etwas grösserer Dosen (2—4 Tropfen) in den Mund, wo entweder sofort oder in $^1/_2$—2 Min. die Vergiftungserscheinungen beginnen und meist in 1—5 Min. mit dem Tode endigen. Sog. blitzschneller Tod (Stas) tritt nur nach colossalen Gaben (2,0) ein. Das flimmernde Muskelzucken kann noch $^1/_4$ Std. und länger post mortem persistiren.

Bei kleinen Vögeln (Sperling, Finke) kann durch relativ geringe Gaben der Tod in wenigen Secunden ohne Symptome erfolgen; mitunter geht demselben wiederholtes Oeffnen des Schnabels (Dyspnoe), Wanken und Parese der Flügel voraus, die bei grössern Vögeln (Taube, Huhn) neben tetanischer Steifigkeit regelmässig zu constatiren sind. Das Herz steht nach dem Tode rasch still (Praag). Bei Fröschen erzeugen kleine Mengen Nicotin nach vorausgehender Unruhe starken tetanischen Krampf mit höchst charakteristischer Stellung der Gliedmassen, wie sie zuerst Wachenfeld beschrieb, wobei die Vorderbeine nach hinten geschlagen, eng an die Seitenwände des Bauches, die Hinterbeine spastisch gegen den Rücken gezogen sind, so zwar dass die Oberschenkel rechtwinklig vom Körper abstehen, die Unterschenkel vollkommen in Flexion sich befinden, so dass sich die Fusswurzeln auf dem Becken berühren, welche Stellung bei forcirter Extension sofort wieder eingenommen wird. Auf dieses Stadium, in welchem der Kopf nach unten geneigt ist, Nickhaut und Pupillen auf keinen Reiz reagiren, die Willkürbewegung aufgehoben ist und nur starke Reize Fluchtversuche hervorrufen, folgt ein Stadium der Muskelerschlaffung, in welchem — wie auch während des tetanischen Stadiums — eigenthümliche flimmernde Muskelzuckungen beobachtet werden. Ausnahmsweise kommt gewöhnlicher Tetanus vor. Schon sehr kleine Dosen sistiren bei Fröschen die Athmung (Wachenfeld); der Herzschlag persistirt noch lange nach dem Tode.

Frösche zeigen nach Nicotinapplication wilde Bewegungen, Verlangsamung der Athmung, Zittern und Adynamie (Wachenfeld, v. Praag).

Symptome beim Menschen.

Die Kenntniss der Symptomatologie beim Menschen verdanken wir weniger den bisher beobachteten Vergiftungen mit Nicotin als einer Anzahl von Selbstprüfungen und einigen Erfahrungen Wertheims an Kranken.

Sowohl in der Vergiftung von Gustav Fougnies, dem Opfer des Grafen Bocarmé, als in einem Falle von Selbstvergiftung (Fonssagrives und Besnon, Ann. d'hyg. 10. 404. 1861) fehlt die exacte Bestimmung der Todeszeit (bei Fougnies etwa 5 Min.) und der beide Male sehr beträchtlichen (aus dem Mageninhalte Fougnies extrahirte Stas gegen 0,4 Nicotin) Dosis. In einem Londoner Vergiftungsfalle (Guys Hosp. Rep. (3) 4. 345. 1879) fiel der Vergiftete sofort hin und starb in 3—5 Minuten; als einzige Symptome werden Bewusstlosigkeit, eigenthümlicher wilder Blick und ein tiefer Seufzer beim Sterben angegeben; Convulsionen fehlten.

Zu den Selbstprüfungen gehört auch die Beobachtung von Boutron-Charlard, der beim Beschmecken einer Nicotinlösung 10 Min. anhaltenden Stupor mit heftigem Kopfschmerz bekam. Stas fand das von ihm aus Fougnies Leiche extrahirte Nicotin stechend und nach Tabak schmeckend, worauf ein ziemlich lange anhaltendes Gefühl von Hitze und Brennen folgte; die beim Erhitzen in einem Uhrglase entstehenden Dämpfe reizten den Schlund sehr und bedingten unangenehmes Wärmegefühl und Constriction. Falck und Wachenfeld beobachteten bei Selbstversuchen mit 0,2—0,3 Mgm. (in 8,0 Wasser) häufige Ructus, Nausea, Mattigkeit und Somnolenz; Wachenfeld und eine dritte Versuchsperson bekamen nach 4 Mg. Kopfweh, Schwindel und Brustbeklemmung. W. Reil, der in steigender Dosis 1—15 Tropfen 1% alkoholischer Nicotinsolution nahm, verspürte schon nach $^1/_{100}$ Tropfen kratziges gelind brennendes Gefühl auf der Zunge und im Halse, Stirn- und Schläfenkopfschmerz, in 10 Min. auftretend und 1 Std. anhaltend, und schwache Symptome von Dysphagie; dazu kamen nach $^1/_{50}$ Tr. mässiger Schwindel und rasch verschwindende Schmerzen im rechten Arm, Ober- und Unterschenkel, nach $^1/_{33}$ Tr. auffallende Mattigkeit in den Beinen, Wüstheit im Kopfe, leichtes Thränen der Augenlider, wozu sich nach einer weiteren Dose starkes Aufstossen und Zittern, nach weiteren $^1/_{25}$ Tropfen öfteres Nöthigen zum Tiefathmen wegen Oppression der Brust gesellte; nach $^1/_{10}$ Tr. kam es zu Klopfen in den Temporales, Pupillenerweiterung, Schwachsichtigkeit und Singultus. In der 16tägigen Versuchszeit war der Stuhlgang sehr retardirt, die Diurese normal, Puls und Resp. sehr wechselnd. — In Versuchen von Dworzak und Heinrich mit 1—4 Mgm. bewirkten selbst die kleinsten Dosen Brennen im Munde, Kratzen im Schlunde, Gefühl, als werde mit einer scharfen Bürste durch die Speiseröhre gezogen, Vermehrung der Speichelsecretion, ein vom Magen aus über Brust und Kopf in Finger und Zehenspitzen sich verbreitendes Gefühl und grosse Aufregung; dazu kamen bei kleineren Gaben gewöhnlich Kopfschmerz, Aura im Oberkiefer, Eingenommenheit des Kopfes, Schwindel, Betäubung, Schläfrigkeit, undeutliches Sehen und Hören bei grosser Empfindlichkeit gegen Licht, häufige und beschwerliche Respiration, Beklommenheit und Trockenheit im Schlunde; grosse Gaben erzeugten nach etwa 40 Min. ungewöhnliches Schwächegefühl und Mattigkeit, Blässe des Gesichts, Kälte der Extremitäten, gegen den Rumpf sich verbreitend, Ohnmachtsanwandlungen, Aufstossen, Uebelkeit, Erbrechen, Auftreibung des Bauches und heftigen Stuhldrang mit Abgang von Winden, in der ersten Hälfte der 2. St. bei dem Einen heftiges Zittern und Schüttelkrampf des Rumpfes, 40 Min. an Stärke zunehmend und etwa 1 Std. anhaltend, stossweises beschwerliches Athmen, bei dem Andern neben Abdomnialsymptomen Abgeschlagenheit, Muskelschwäche, Schüttelfrost, dann Ameisenkriechen von den Fingerspitzen bis zum Handwurzel- und später Ellbogengelenk; erst nach 3 Stunden Minderung der Intensität der Erscheinungen mit rückbleibender Schwäche und Schläfrigkeit, später jedoch nochmalige Wiederholung der Krampfzufälle bei dem Einen, dann noch zweitägiges Unwohlsein. Bei Einem war die Harnausscheidung bedeutend vermehrt, Haut bei beiden trocken. Der Puls nahm stets gleich anfangs, selbst bei kleinen Dosen, an Häufigkeit zu, und zwar entsprechend der Gabe, dann schwankte er, zumal bei grossen Dosen, fortwährend, so dass er bald um mehrere Schläge stieg, bald um dieselbe oder grössere Zahl Schläge fiel. Characteristisch war bei beiden der Abscheu vor Tabakrauch. Bei Beiden entwickelte die ausgeathmete Luft einen Geruch nach Tabak, der von ihnen selbst und von der Umgebung wahrgenommen wurde. Wertheim sah bei therapeutischen Versuchen mit Nicotin häufig Kratzen im Halse, einige Male Erschöpfung, Schwindel, Delirien mit schreckhaften Träumen und Erweiterung der Pupille.

Sectionsbefund.

Der Sectionsbefund nach Nicotinvergiftung bietet weder beim Menschen noch bei Thieren etwas Characteristisches.

Die in dem oben erwähnten Londoner Vergiftungsfalle constatirte Fluidität des Blutes, die dunkle Färbung desselben und der stark hyperämischen Lungen und Leber, die Anfüllung der Gefässe der äusseren Schädeldecke und der Hirnhäute, die Prominenz der Bulbi, sind offenbar, ebenso wie die dunkelcarmoisinrothe Färbung des Magens in Fonssagrives' Falle, Zeichen der Erstickung. Die Verätzungen in Fougnies' Leiche müssen auf die mit dem Nicotin beigebrachte Essigsäure bezogen werden. Auch Fäulniss und Todtenstarre bieten nichts Besonderes; in dem Londoner Falle waren die Muskeln schlaff und die Fäulniss in 48 Std. schon entwickelt. Bei Säugethieren tritt der Rigor mortis in der Regel sehr rasch ein und ist stark ausgesprochen, das Blut gerinnt spät, örtliche Entzündung fehlt constant, dagegen findet sich regelmässig Hyperämie, nicht selten auch kleine Ekchymosen, in Hirn, Hirnhäuten und Lungen, sowie starke Füllung des ganzen Gebietes der Pfortader. Die Angaben über Präponderanz der Hyperämie in einzelnen Hirntheilen (Streifenhügel und Varolsbrücke nach Orfila) oder das ausschliessliche Vorkommen von Blutergüssen in bestimmten Theilen des Gehirns (Berutti und Vella) beruhen auf nicht genug ausgedehnter Beobachtung.

Oertliche Wirkung. Es lässt sich nicht leugnen, dass Nicotin in concentrirtem Zustande örtlich reizende Wirkung besitzt, wenn es auch nicht eigentlich kaustisch wirkt und wenn auch bei interner Darreichung toxischer Gaben die Entzündung der Magenschleimhaut wegen der Rapidität des Verlaufes nicht immer sich findet. Als Folge örtlicher Reizung ergiebt sich bei Application auf die Conjunctiva Myosis, die auch bei interner Darreichung häufig auftritt. In der Literatur finden sich widersprechende Angaben; Einzelne leugnen die irritirende Wirkung ganz und wollen bei ihren Versuchsthieren die ausgestossenen Töne nicht als Schmerzensäusserungen, sondern als von einem Respirationshinderniss ausgepresst betrachtet wissen (Reil); Andere machen Nicotin gradezu zu einem Causticum, so Stas, der durch einen ihm ins Gesicht gerathenen Tropfen eine Brandwunde bekommen haben will und die Verätzungen bei Fougnies dem Nicotin imputirt, während Wachenfeld nur auf dünnen Hautstellen vom Nicotin Wärmegefühl und Röthung gesehen haben will. Dass in Mund und Rachen beim Frosche durch das Gift Entzündung entsteht, bestätigen Kölliker und Krocker. Man kann sich übrigens von dieser irritirenden Wirkung am besten überzeugen, wenn man das Nicotin auf die Bindehaut bringt, hier entstehen lebhafte Schmerzen, Lidkrampf, vermehrte Thränensecretion, Röthe der Conjunctiva, und wenn relativ grössere Gaben nicht letal wirken, später wirkliche, selbst auf die Cornea übergreifende Entzündung. Auf die Nasenschleimhaut gebracht bedingt Nicotin Kitzeln, Niesen und verstärkte Schleimsecretion (Wachenfeld).

Entfernte Wirkung. In wie weit das Blut im lebenden Organismus durch Nicotin verändert wird, ist nicht aufgeklärt. Die dunkelrothe Farbe ist Folge der Erstickung, da die Blutkörperchen im vergifteten Thiere erhalten sind und das Blut an der Luft sich röthet. Zusatz auch geringer Mengen Nicotin zu frischem Blute färbt dasselbe schwarzroth durch rasche Vernichtung der Blutkörperchen, die theils ganz zerstört, theils geschrumpft und blass sind (Krocker).

Die entfernte Wirkung des Nicotins äussert sich auf alle Theile des Nervensystems, besonders aber auf die Nervencentren und zwar auf Gehirn, verlängertes Mark und Rückenmark anfangs erregend, dann deprimirend. Die Erregbarkeit des Rückenmarks hört oft eher auf als die vom Gehirn abzuleitenden Krämpfe (Rosenthal und Krocker), deren Form in der Regel mehr der Intoxication mit Hirnkrampfgiften als mit Spinalgiften entspricht und auf besondere Betheiligung der Med. oblongata hinweist, wofür auch das Schwächerwerden bei Abtrennung derselben spricht (v. Anrep). Bei mit Arsen vergifteten Thieren treten Nicotinkrämpfe nicht hervor (v. Anrep). In der Nicotinparalyse wirkt Strychnin zwar steigernd auf die Reflexaction, ruft aber keinen Tetanus hervor (v. Anrep). Auch die intramusculären Endigungen der Nerven werden nach vorgehender Erregung (fibrilläre

Muskelzuckungen) gelähmt, während die Nervenstämme weniger rasch und die Muskeln gar nicht alterirt werden (Kölliker, Krocker, Valentin). Nach Valentin schwinden Reflexe oft (besonders bei Kröten) vor der Willkürbewegung; mechanische Reize bleiben oft länger wirksam als chemische. v. Anrep führt auf Betheiligung der Muskeln eine eigenthümliche Katalepsie der Vorderbeine im paralytischen Stadium bei Fröschen zurück, wobei die Reizbarkeit der betreffenden Muskeln weit geringer als die der gelähmten ist. Nach Corso treten choreiforme Bewegungen nach Nicotin auch in abgeschnittenen Extremitäten ein. Eine locale Vergiftung der Muskeln macht sich auch bei künstlicher Circulation geltend (fibrilläre Zuckungen auf den ganzen Muskel sich ausdehnend, später Verlust der Erregbarkeit); auch geben sich locale Erscheinungen bei partieller Vergiftung kund, z. B. bei Einspritzung in die Carotis einseitiger Krampf der Augenmuskeln, Erweiterung der Pupille und wiederholte Contraction der Schläfemuskeln (Héger). René behauptet gradezu eine zerstörende Wirkung des Nicotins auf die Muskelerregbarkeit (?). Specifische Beeinträchtigung der Sinnesnerven, wie sie durch die Zufälle der chronischen Tabaksvergiftung und namentlich der Tabakamaurose (vgl. Husemann, Toxikologie 491) für den Opticus angedeutet sind, zeigt sich bei acuter Vergiftung nicht. Nicotinkrämpfe werden durch künstliche Respiration nicht aufgehoben (Uspenski). v. Anrep hält die fibrillären Muskelzuckungen z. Th. vom Rückenmarke abhängig, da sie nicht bei Trennung desselben vom verl. Mark, sondern erst nach Durchschneidung der Med. spinalis unter der Abgangsstelle der Nerven schwinden. Imgleichen wird die Medulla oblongata anfangs erregt und rasch in ihrer Thätigkeit herabgesetzt. Die sehr characteristische und früh eintretende Wirkung auf die Respiration, anfangs gesteigerte Athemfrequenz und inspiratorischer Zwerchfellkrampf, dann Athemverlangsamung, erfolgt in gleicher Weise auch bei Vagusdurchschneidung (Rosenthal). Auch auf das vasomotorische Centrum wirkt Nicotin erregend (Blutdruckssteigerung ohne gleichzeitige entsprechende Pulsveränderung), später herabsetzend (Surminsky). Schon Cl. Bernard wies auf eine anfängliche Verengung der Gefässe bei Nicotinvergiftung hin, welche Basch und Oser an den Darmgefässen bei Injection in eine Carotis und Zuklemmung der Aorta, aber auch als Folge peripherischen Einflusses bei Injection in eine Darmarterie bei Aortenunterbindung beobachteten; dagegen sah Rosenthal nur Lähmung der vasomotorischen Fäden des Sympathicus (Erweiterung der Ohrgefässe). Nach Corso ist die Blutdruckssteigerung von Vagusdurchschneidung und Section des Rückenmarks u. a. Centraltheile des Nervensystems unabhängig und tritt auch bei chloroformirten und chloralisirten Thieren auf. Die Wirkung auf die Darmperistaltik muss theils als central, theils als peripherisch bezeichnet werden. Nach Nasse bedingt Einspritzung in die Jugularis Tetanus des Darms vom Magen bis zum Rectum, der weder durch Vagustrennung noch durch Aortencompression vermindert wird und wobei der Splanchnicus seine Hemmungswirkung nicht ausüben kann. Nach Basch und Oser handelt es sich nicht allein um Darmtetanus, sondern um einen nach diesem und nach einem Stadium der Ruhe auftretenden hochgradigen Steigerungszustand der Peristaltik aller Darmschlingen, welche letztere isochronisch mit der ersten Pulsverlangsamung und der ersten Blutdruckssteigerung auftritt und mit Absinken des Blutdrucks und Steigerung der Pulsfrequenz aufhört.

Nicotin erregt in kleinen Gaben die Endigungen des Vagus im Herzen (Traube, Rosenthal, Truhart) und lähmt in grösseren dieselben bei gleichzeitiger Erregung des excitomotorischen Herznervencentrums (Truhart), welches schliesslich ebenfalls gelähmt wird. Die Herabsetzung der Pulsfrequenz durch kleine Dosen wird nicht durch Vagusdurchschneidung, wohl aber durch Atropinisirung oder starke Curarisirung (Corso) verhindert; die Beschleunigung durch grosse Dosen tritt bei Durchschneidung der Vagi, Sympathicus und des Halsmarks noch stärker hervor. 0,125—0,3 Mgm. bedingen beim Frosche diastolische Herzstillstände, jedoch nicht nach zuvoriger Atropinisirung. Die von Nicotin bedingte Lähmung der Herznerven verhindert nicht das Zustandekommen der Muscarinwirkung (Schmiedeberg und Truhart). Der Tod der Säugethiere erfolgt niemals durch Herzlähmung, der Herzstillstand ist diastolisch. Beim Frosche stehen die Lymphherzen viel früher als das Blutherz still (Valentin).

Ueber die übrigen Functionsstörungen durch Nicotin sind nur vereinzelte physiologische Untersuchungen vorhanden; doch ist zu erwähnen, dass Speichelfluss, Diurese, Erbrechen und vermehrte Bronchialsecretion und das auf dieser beruhende Athemgeräusch bei vorher atropinisirten Thieren nicht auftreten, während die Athemfrequenz bei diesen noch mehr gesteigert wird (Truhart). Nicotin stört beim Frosche die Darmbewegung wenig und ebenso wenig die Flimmerbewegung und die Bewegung der Spermatozoen (Valentin). Nach Krocker regt Nicotin auch die Gallensecretion, nach Corso die des Nasenschleims an. Grünhagen (Med. Centralbl. 1863. 577) leitet die Pupillenverengung von Reizung des Sphincter iridis ab, während Rosenthal auch Lähmung des Dilatator annimmt; nach Grünhagen geht ihr kurzdauernde Erweiterung voraus, die Corso einer Reizung des Sympathicus zuschreibt. Die von Heidenhein behauptete Aufhebung der Function der Chorda tympani wird von Corso in Abrede genommen, der Verminderung der Speichelsecretion durch Nicotin nur da erhielt, wo allgemeine Lähmung eintrat. Héger fand bei Versuchen mit künstlicher Circulation in den Muskeln der unteren Extremitäten locale Vergiftung, durch fibrilläre Muskelzuckungen und Paralyse der Nervenendigungen gekennzeichnet, ebenso bei Einspritzung in die Carotis, wo einseitiger Krampf der Augenmuskeln, wiederholte Contraction der Temporalmuskeln und maximale Erweiterung der Pupille sich einstellte.

Schicksale im Organismus.

Von den Schicksalen des Nicotins im Organismus ist nur bekannt, dass es bei toxischen Dosen unter Umständen im Blute und in entfernten Organen als solches auffindbar ist. Stas wies in Fougnies' Leiche das Nicotin in der Leber und in noch grösseren Mengen in den Lungen nach; Orsila constatirte dasselbe in Leber, Milz, Lungen und Nieren (spurweise), nicht im Blute mit 15—20 Grm. vergifteter Hunde, Taylor im Blute eines mit 1 Tr. getödteten Kaninchen, nicht in Leber, Milz und Lungen. Dragendorff und Zaleski fanden dasselbe in Leber, Milz, Gehirn und Nieren. v. Praag fand das Blut eines mit Nicotin vergifteten Hundes giftig, indem es bei einem Finken Wanken und keuchende Athmung hervorbrachte. Bei künstlicher Circulation von Nicotin durch die Leber diffundirt ein Theil des Alkaloids in letztere und wird in den Leberzellen fixirt, während die Lungen unter denselben Bedingungen kein oder bei ödematöser Schwellung nur Spuren von Nicotin aufnehmen; in den unteren Extremitäten kommt es ebenfalls zur Aufnahme (Héger).

Für den gerichtlichen Nachweis einer Nicotinvergiftung ist der physiologische Nachweis um so werthvoller, als dem Nicotin in ihren chemischen Reactionen ähnliche Cadaveralkaloide existiren, welche jedoch in ihrer Wirkung abweichen. Physiologischer Nachweis.

Ueber die Vornahme der Versuche vergl. Husemann in Maschkas Handb. der ger. Med. 2. 474, wo auch die auf das nicotinähnliche Phomaïn bezügliche Literatur von Otto, Selmi und Wolkenhaar angegeben ist. Schon Stas benutzte den physiologischen Nachweis im Processe Bocarmé.

Bei Vergiftungen mit grösseren Dosen macht der rasch tödliche Effect des Nicotins in der Regel die Behandlung überflüssig. In schweren Fällen ist das einzige rationelle Verfahren die Anwendung der Magenpumpe, womöglich unter Gebrauch von Tannin oder Jodjodkaliumlösung zur Ausspülung, später Excitantien. Behandlung der Vergiftung.

Bei Thieren wirkt Tannin oder Bouchardats Eau iodurée kaum jemals lebensrettend, wenn schon Nicotinwirkung eingetreten ist (Berutti und Vella). Reil wies den verzögernden Einfluss des Tannins und Jodkaliums auf den letalen Effect tödlicher Nicotinmengen bei Hänflingen, Eulen und Kaninchen nach. v. Praags Versuchsthiere erhielten sich stets, wenn vermehrte Diurese eintrat.

Die grosse Giftigkeit und Zersetzbarkeit des Nicotins machen dasselbe zu einem schlechten Medicamente, das noch dazu völlig entbehrlich ist. Therapeutische Anwendung.

Weder die von Reil als haltbarer empfohlenen Salze (Oxalat, Tartrat, Phosphat) noch das Nicotinquecksilberchlorid, welches Hebra (Wien. Ztschr. S. 80. 1852) zu 0,02—0,045 bei Syphilis cutanea pust. c. ulcer. und Roseola syphilitica rühmte, haben sich einbürgern können. Am meisten Gebrauch vom Nicotin machte Wertheim, und zwar zur Herabsetzung des Fiebers (richtiger Pulses) im Vorläuferstadium des Typhus, zur Beseitigung von Intermittens und von krampfhaften Zuständen des Magens und Darmcanals. L. v. Praag rieth zur Anwendung des Nicotins bei chronischen Dermatosen und chronischen Entzündungen überhaupt. Reil betont, dass während der von ihm unternommenen Selbstprüfung eine katarrhalische Reizung der Trachea mit Hustenreiz auffallend rasch verschwand. Auch hat er Nicotin zu $^1/_{20}$ Tropfen stündlich bei einem Asthmatiker und bei einer an Herzpalpitationen leidenden jungen Dame mit dem Erfolge gereicht, dass die Anfälle gemildert, abgekürzt und seltener wurden. Wegen der Rapidität und Flüchtigkeit der Wirkung betrachtet er im Gegensatze zu van Praag solche nervöse Anfälle für geeigneter als chronische Entzündungszustände und meint, dass in der Cholera ein Versuch damit zu machen sei. Auch Blatin und Sée halten Nicotin bei Asthma indicirt. Pavesi (Gaz. med. Lombardia. 41. 1852) will durch Nicotin (0,6 in 360,0 Aq. und 30,0 Mucilago, wovon täglich 15,0, später 30,0 injicirt wurde), nach Ueberfüllung entstandene Blasenlähmung geheilt haben. Vielleicht noch am ehesten anwendbar erscheint das Nicotin bei Tetanus. Hier wandten zuerst Simon (Med. Times und Gaz. July. 1858. 112), später Sam. Haughton (Dubl.

Journ. Aug. 1862), Tufnell (ibid. und Amer. Journ. med. sc. Apr. 1863) und Erlenmeyer (D. subcut. Inj. 3. Aufl. 85) theils innerlich (stündl. 10 bis 15 Mgm.), theils subcutan (zu 1 Mgm. pro die) das Mittel erfolgreich an, nachdem schon früher Tabaksinfuse, namentlich im Clystier, häufiger benutzt waren, und zwar nach Curling mit dem nicht ungünstigen Resultate, dass von 19 damit behandelten Fällen 9 geheilt wurden. Es bezieht sich dies mehr auf Tetanus traumaticus, als auf den Strychnintetanus. Die Thierversuche, welche Haughton anstellte, indem er durch Verweilen in Strychninlösung tetanisirte Frösche in Nicotinlösung brachte, wonach Erholung erfolgte, sind nicht stichhaltig, da auch bei einem solchen Verfahren das Hineinsetzen in destillirtes Wasser dieselben Dienste thut (Th. Husemann). In einer grossen Versuchsreihe an Warmblütern hat Haynes völlig negative Resultate erhalten, indem weder die Krämpfe vermindert noch der tödliche Ausgang verhütet wurde.

Man giebt Nicotin in Dosen von 1 Mgm. Als Tagesgabe concedirt Wertheim 0,003 bei Intermittens, während er bei Magenaffectionen die Dosis von 0,001 auf mehrere Tage vertheilte. Bei Fieber steht nach Wertheim die Dosis insofern im umgekehrten Verhältnisse zur Pulsfrequenz, als 0,01 einen Puls von 120 Schlägen auf 90 herabsetzt (mit gleichzeitiger Steigerung der Diurese), während eine neue Dosis unter Harnverminderung beschleunigend wirkt, dagegen die Verlangsamung von 80 auf 60 Schläge eine weit grössere Menge erfordert.

Methylnicotin.

Derivate des Nicotins. — Methylnicotin ist nach Crum Brown und Fraser (Transact. R. Soc. Edinb. 25. 51) zu 0,3 nicht giftig für Kaninchen, bedingt zu 0,6 und 1,0 Zittern und schwache Beeinträchtigung der Motilität, ohne Convulsionen und ohne Lähmung der peripherischen Nervenendigungen zu bewirken, und tödtet, sowohl als Jodür wie als Sulfat angewandt, Kaninchen zu 1,2. Nach Buchheim und Loos (1870) hebt Methylnicotinsulfat zu 33 und Methylnicotinjodür zu 50 Mgm. die Willkürbewegung beim Frosche auf, während Aethylnicotinjodür resp. Sulfat zu
Aethylnicotin. 0,15—0,2 die Reflexaction schwinden machen.

Thiotetrapyridin. Isodipyridin bei Fröschen.

Thiotetrapyridin und Isodipyridin wirken nach Vulpian (Compt. rend. 92. 165) selbst in sehr hohen Dosen (1,0) auf Hunde und Katzen nicht giftig; ersteres bedingt bei Fröschen als Hydrochlorat zu 13 Mgm. erst in $1\frac{1}{2}$ St. geringe Paralyse, ohne die Respiration aufzuheben und ohne Nicotinkrämpfe zu bewirken.

Nicotianin. Tabakscampher. Dieser 1823 von Hermbstaedt (Schweigg. Journ. 31. 442) aus Tabak erhaltene flüchtige indifferente Stoff kommt nach Landerer (Repert. Pharm. 53. 205) nur in getrockneten Tabaksblättern vor. Reimann und Posselt (Mag. Pharm. 24. 138) destillirten zur Darstellung des Nicotianins 1 Th. trockner Tabaksblätter mit 2 Th. Wasser zu 1 Th. ab und wiederholten diese Destillation fünf Mal. Aus der vereinigten Destillation schied sich dann das Nicotianin in Blättern ab, und die Ausbeute betrug 11 Grm. aus 6 Pfund Tabak. Das Nicotianin bildet weise Krystallblättchen von feinem tabakartigen Geruch, bitterlich gewürzhaftem Geschmack und neutraler Reaction. Es löst sich nur wenig in Wasser, leicht in Weingeist und Aether. Schon bei Mittelwärme verdampft es in offnen Gefässen innerhalb einiger Wochen vollständig. Für die Zusammensetzung berechnet

Gerhardt aus Barral's Analyse (Cpt. rend. 21. 1376) die Formel $C_{20}H_{32}N_2O_3$. Da es nach Barral beim Destilliren mit Kalilauge Nicotin liefert, so ist Buchner's Meinung, es möge eine Verbindung von Nicotin mit einer flüchtigen Säure sein, vielleicht zutreffend.

Ueber die Wirkung des Nicotianins giebt Hermstaedt an, dass es auf der Zunge und im Schlunde einen eigenen Reiz, bei Application in der Nase häufig Drang zum Niesen veranlasse; 0,03 in Oblate bedingten in ½ Stunde Kopfweh, Uebelkeit und Neigung zum Erbrechen. Von Posselt und Reimann's Präparate, das bitterlich aromatischen warmen Geschmack und Tabaksgeruch zeizte, aber nicht zum Niesen reizte, bewirkten 0,12 nur etwas Aufstossen. Wirkung.

Das fette Oel der Tabaksamen besitzt eine blassgrüngelbe Farbe, die Consistenz des Hanföles und ist bei —15° noch flüssig. Spec. Gew. 0,925 (Schübler). Tabaksamenöl.

Atropa. Hyoscyamus. Datura.

Die Gattungen Atropa, Hyoscyamus und Datura enthalten die Alkaloide Atropin, Hyoscyamin und Hyoscin und zwar findet sich Atropin in allen Theilen der Gattung Datura Stramonium, sowie Atropa Belladonna, begleitet von Hyoscyamin. Ladenburg fand in Atropa mehr Atropin neben kleinen Mengen Hyoscyamin, in Datura überwiegend Hyoscyamin, während E. Schmidt in Datura mehr Atropin beobachtet haben will. Hyoscyamin findet sich in grösseren Mengen im Samen von Hyoscyamus niger und albus, neben Hyoscin, ebenso in den Samen von Atropa Belladonna und Datura Stramonium, ebenso, wie bereits erwähnt in Duboïsia. Atropin ist auch nachgewiesen in Atropa Belladonna var. lutea (Schütz, J. Pharm. 1877. 121), auch in Datura arborea (Walz, Jahrb. Pharm. **24**. 353).

(Literatur: Geiger-Hesse, Ann. Chem. Pharm. **5**. 43; **6**. 44. — Mein, ebendas. **6**. 67. — Geiger, ebendas. **7**. 272. — v. Planta, ebendas. **74**. 246. 252. — Ladenburg, ebendas. **206**. 279. — E. Schmidt, ebendas. **208**. 196. Höhn, Reichardt, ebendas. **157**. 98).

Atropin. (Daturin.) $C_{17}H_{23}NO_3$. — Literat.: Liebig, Ann. Chem. Pharm. **6**. 66. — Walz, Jahrb. Pharm. **24**. 353. — Procter, Kühtze's Notizen. **13**. 13. — Rabourdin, Ann. Chim. Phys. (3) **30**. 381. — Callmann, Journ. pract. Chem. **76**. 69. — Hinterberger, Ann. Chem. Pharm. **82**. 318. — Pfeiffer, ebendas. **128**. 273. — Kraut, ebendas. **128**. 280; **133**. 87; **148**. 236. — Lossen, ebendas. **131**. 43; **138**. 230. — A. Ladenburg, ebendas. **217**. 74. — Berl. Ber. **1879**. 941. 944; **1880**. 909. 252. 2041. 104. 257. 1549; **1881**. 2403. 2126. 227. 1870. — Merling, ebendas. **1881**. 1829. Ann. Chem. Pharm. **216**. 329. — A. Spiegel, ebendas. 1881. 235. — Ehrhardt, Jahrb. Pharm. 1866. — Pohl, Dissertat. Giessen, 1876. — E. Schmidt, Berl. Ber. 1881. 154; Ann. Chem. Pharm. **208**. 201. — Bouchardat, Repert. Pharm. (3) **11**. 326. — Rabourdin, Ann. chim. phys. (3) **30**. 381. —

Lefort, Journ. Pharm. (4) 15. 417. — Trommsdorff, Ann. Chem. Pharm. 32. 275. — Günther, Viertelj. Pharm. 19. 598. — Buignet, Journ. Pharm. (3) 40. 252. — Trapp, Pharm. Z. Russl. 2. 1. — Gulielmo, Z. anal. Chem. 1863. 404. — Vitali, ebendas. 1881. 563. — Brunner, Berl. Ber. 1873. 98. — Wormley, Chem. News. 2. 13. — Selmi, Gazz. chim. 1876. 153. — Berl. Ber. 1876. 347. — Mayer, Viertelj. Pharm. 13. 43. — Ludwig, Arch. Pharm. 107. 129; 127. 102. — Jörgensen, J. pr. Chem. (2) 3. 328. — Buchheim, Arch. experim. Path. 1876. 472. — Rennard, Arch. Pharm. 133. 179. — Kletzinsky, Z. Chem. 1866. 127. — Thorey, Pharm. Z. Russl. 8. 265. — Martindale, Pharm. J. Trans. (3) 7. 471. — Gerrard, ebendas. (3) 8. 787. — Tilden, ebendas. (2) 8. — Merck, Jahrb. Pharm. 38. 203. — L. Pesci, Berl. Ber. 15. 1189. — Dragendorff, Koppe, Kruse, J. Pharm. 1874. 96. — Buddel, Arch. Pharm. 17. 414. — Lüdecke, Ann. Chem. Pharm. 208. 210. — Jacobsen, J. pr. Chem. (2) 3. 329.

Atropin. Das Atropin wurde 1831 von Mein und unabhängig von ihm 1833 auch von Geiger und Hesse in der Tollkirsche, *Atropa Belladonna L.*, entdeckt. Die von Letzteren im gleichen Jahre in den Samen des Stechapfels, *Datura Stramonium L.*, aufgefundene und als Daturin bezeichnete Base wurde von v. Planta als chemisch identisch mit Atropin erkannt.

Darstellung. Zur Darstellung dienen das Kraut und die Wurzeln der Tollkirsche und die Samen des Stechapfels. Aus dem Kraut der Tollkirsche bereiteten Geiger und Hesse zuerst ein wässriges dickes Extract, übersättigten die filtrirte wässrige Lösung desselben mit Natronhydrat und zogen sie zweimal schüttelnd mit dem anderthalbfachen Volumen Aether aus. Dieser nimmt das Atropin auf und hinterlässt es beim Verdunsten verunreinigt mit Fett und Chlorophyll. Zur Reinigung wurde in Wasser unter Zusatz eines geringen Ueberschusses von Schwefelsäure gelöst, die Lösung mit Thierkohle digerirt und dann mit Natronlauge ausgefällt. Der weisse Niederschlag wurde gewaschen, getrocknet und aus kochendem Wasser krystallisirt. — Rabourdin presst das frische kurz vor der Blüthe gesammelte Kraut aus, erhitzt den gewonnenen Saft zum Coaguliren des Eiweisses auf 80—90°, filtrirt und schüttelt je 1 Liter der Flüssigkeit nach dem Erkalten mit 4 Gm. Kalihydrat und 30 Gm. Chloroform. Dieses wird, nachdem es sich mit dem Atropin beladen als grünliches Oel abgeschieden hat, mit Wasser gewaschen und der Destillation unterworfen. Aus der Lösung des gebliebenen Rückstandes in schwefelsäurehaltigem Wasser fällt nun kohlensaures Kali die Base, welche aus Weingeist umkrystallisirt wird.

Mein zog die frischen fein gepulverten Belladonnawurzeln heiss mit Weingeist aus, versetzte den Auszug mit $^1/_{24}$ vom Gewicht der Wurzeln an Kalkhydrat, filtrirte nach 24 Stunden, neutralisirte mit Schwefelsäure, trennte den ausgeschiedenen Gyps, destillirte den Weingeist ab und fügte zu der rückständigen wässrigen Flüssigkeit, nachdem sie zuvor auf das Doppelte vom Gewicht der angewandten Wurzeln eingeengt worden war, vorsichtig kohlensaures Kali bis zur beginnenden Trübung. Nach einigen Stunden wurde das ausgeschiedene Harz abfiltrirt und mit mehr kohlensaurem Kali versetzt, worauf nach 12—24stündigem Stehen das Atropin herauskrystallisirte. Zur weiteren Reinigung wurde es unter wiederholtem Anfeuchten mit Wasser gepresst und durch Eingiessen seiner weingeistigen Lösung in Wasser umkrystallisirt. — Procter zieht die Wurzeln im Verdrängungsapparate mit Weingeist aus, verfährt mit dem Auszuge anfangs in der von Mein angegebenen Weise weiter, schüttelt aber die nach dem Abdestilliren des Weingeists bleibende Flüssigkeit nach Zusatz von etwas Wasser zur Entfernung fetter und färbender Stoffe mit Chloroform und zieht dann nach Uebersättigung mit Kalilauge mit frischem Chloroform das Atropin aus. Es wird in weingeistiger Lösung mit Thierkohle behandelt und dann daraus krystallisirt.

Die Samen des Stechapfels zogen Geiger und Hesse mit schwefelsäurehaltigem Weingeist aus, versetzten den Auszug mit gepulvertem Kalk im Ueberschuss und säuerten nach geschehener Filtration schwach mit Schwefelsäure an. Nach abermaliger Filtration wurde filtrirt, der Weingeist abdestillirt, die rückständige Flüssigkeit vom aufschwimmenden Oel getrennt und mit kohlensaurem Kali gefällt. Das ausgeschiedene unreine Alkaloid wurde zwischen Papier gepresst, in Aetherweingeist gelöst, das Lösungsmittel abdestillirt, der Rückstand in verdünnter Schwefelsäure gelöst, die Lösung filtrirt, nach Zusatz des gleichen Volumens Weingeist mit Thierkohle behandelt und nach Entfernung des Weingeists wieder mit kohlensaurem Kali ausgefällt. Die concentrirte weingeistige Lösung des Niederschlages wurde dann mit Wasser versetzt, bis sie milchig wurde, und nun in offener Schale bei gelinder Wärme der Krystallisation überlassen.

E. Schmidt reinigt das rohe Atropin durch fractionirte Fällung der Lösung schwefelsaurer Salze mit kohlensaurem Kali, Lösen der reineren fractionirten Fällungen in Alkohol, Zusatz von Wasser bis zur bleibenden Trübung und Verdunstenlassen bei gewöhnlicher Temperatur. Die sich ausscheidenden Krystallmassen bedürfen nochmals des Umkrystallisirens auf dieselbe Weise, bis sie spiessige Krystalle vom Schmelzpunkt des Atropins liefern.

A. Ladenburg reinigt und trennt das Atropin von Hyoscyamin durch Umkrystallisiren aus 50 % Alkohol; auch benützt er die fractionirte Fällung mit Goldchlorid, wobei das Golddoppelsalz des Hyoscyamins zuerst ausfällt (Ann. Chem. Pharm. 206).

Gerrard stellt Atropin aus dem alkoholischen Extracte der Wurzeln und Blätter von Atropa dar, indem dasselbe in Wasser aufgenommen, concentrirt, hierauf mit Ammon das Alkaloid abgeschieden wird, worauf sich die Ausschüttelung mit Aether anreihet.

Lefort extrahirt die Blätter der Belladonna mit 1% Weinsäure enthaltendem Wasser, welcher Auszug concentrirt und hierauf mit Alkohol bei 50° behandelt wird. Der alkoholische Auszug wird eingedampft, mit Aether abermals extrahirt, die ätherische Lösung verdampft, mit schwefelsäurehaltigem Wasser aufgenommen und mit Kaliumcarbonat ausgefällt.

Sehr zu beachten bei der Darstellung des Atropins ist der Umstand, dass dasselbe beim Kochen seiner Lösungen oder bei längerer Berührung mit Alkalien oder alkalischen Erden partiell zersetzt wird. Die Ausbeute beträgt nach Procter aus getrockneter frischer Belladonnawurzel höchstens $\frac{1}{3}$ %, aus Belladonnakraut oder Stechapfelsamen weniger. Schoonbroodt erhielt aus 250 Gm. frischen, im Juni von wilden Pflanzen gesammelten Blättern 0,53 Gm., also etwa $\frac{1}{5}$ %, vollkommen reinen krystallisirten Atropins. Das aus getrockneten Blättern von ihm gewonnene Atropin krystallisirte nur schwierig und blieb theilweise amorph. Günther (Pharmac. Zeitschr. f. Russl. Februar 1869) hat die verschiedenen Theile frischer cultivirter Exemplare von *Atropa*

Belladonna und *Datura Stramonium* einer vergleichenden Prüfung auf ihren Atropingehalt unterworfen. Er erschöpfte die zerkleinerten Pflanzentheile mit schwefelsäurehaltigem Wasser bei 30—40°, verdunstete die Auszüge zur Syrupsconsistenz, nahm in Weingeist auf, filtrirte, entfernte den Weingeist durch Verdunsten, reinigte die hinterbleibende wässrige Flüssigkeit durch wiederholtes Ausschütteln mit Petroleumäther, übersättigte dann schwach mit Ammoniak und schüttelte mit Chloroform aus. Die mit Wasser gewaschenen Chloroformlösungen hinterliessen das Alkaloid fast farblos und zwar aus Wurzeln, Blättern und Früchten der Belladonna strahlig krystallinisch, dagegen aus Belladonnastengeln und allen Theilen von *Datura Stramonium* nur amorph. Von Belladonna lieferten ihm die Blätter 0,2 %, die Stengel 0,042 %, die Samen 0,335 %, die reifen Früchte 0,21 %, die unreifen Früchte 0,196 %, die Wurzeln 0,062 %, von Stramonium die Blätter 0,076 %, die Stengel 0,018 %, die Samen 0,255 %, die Wurzeln 0,024 %. Lefort beobachtete, dass der Gehalt an Atropin in den einzelnen Theilen der Pflanze sehr wechselnd ist und wesentlich von der Wachsthumsperiode abhängt. So fand er in Blättern im August 0,443—0,48 % Atropin, in im Mai gesammelten 0,392 bis 0,421 %, in 2—3jährigen Wurzeln 0,471—0,488 %, in 7—8jährigen Wurzeln 0,25—0,31 % Atropin.

Mein gewann aus Belladonnawurzeln 0,33 % Atropin; Trommsdorff aus Stechapfelsamen nur 0,002—0,02 %. E. Schmidt erhielt aus Stechapfelsamen 0,05 0,06 % Rohatropin, das 50—70 % reines Atropin lieferte. Pesci stellte aus 4 kg Stechapfelsamen 1,9 g Daturin dar. Dragendorff wendet das Mayersche Reagens zur quantitativen Bestimmung des Atropines an; 100 Th. Niederschlag, durch das Reagens erhalten, bei 100° getrocknet = 44,9 Th. Atropin. Mittelst dieser Methode wurden in Belladonnablättern 0,66 %, in Wurzeln 0,4 %, in Stramoniumblättern 0,612 %, in Stramoniumsamen 0,388 Alkaloid nachgewiesen (Dragendorff, Chem. Werthbest. etc. 1874. 19).

Eigenschaften. Das Atropin bildet farblose seidenglänzende Büschel von Säulen und Nadeln aus verdünntem Weingeist glänzend spiessige Krystalle, Prismen, welche schwerer als Wasser sind, keinen Geruch und einen sehr unangenehm bitteren, lange anhaltenden Geschmack besitzen. Es schmilzt bei 90°, 114° (Ladenburg) und sublimirt bei sehr vorsichtigem Erhitzen kleiner Mengen theilweise in undeutlichen Krystallen; auch mit Wasserdämpfen scheint es sich in Spuren zu verflüchtigen. Es reagirt alkalisch. Von kaltem Wasser erfordert es 300, von kochendem 58 Th. zur Lösung, von Chloroform 3, von Benzol etwa 40 Th., von Aether 30 Th. In Weingeist löst es sich fast in jedem Verhältniss, sehr leicht auch in Amylalkohol. Thierkohle vermag es seinen Lösungen theilweise zu entziehen. Es dreht die Ebene des polarisirten Lichtes schwach nach links.

Die Zusammensetzung des Atropins wurde zuerst von Liebig ermittelt. Planta bestätigte später die von Ersterem aufgestellte Formel $C_{17}H_{23}NO_3$ und zeigte, dass das bis dahin für verschieden gehaltene Daturin gleich zusammengesetzt und chemisch mit dem Atropin identisch sei.

Salze. Die Salze des Atropins sollen nach Geiger und Hesse und auch nach Mein leicht krystallisirbar sein, wenn sie durch möglichst vollständige Sättigung der Säuren mit Atropin dargestellt wurden, während v. Planta und Hinterberger sie nicht oder kaum krystallisirt erhalten konnten. Möglicher Weise sind die älteren Beobachter durch die unten erwähnten krystallisirbaren Spaltungsproducte irre geleitet worden. Die einfachen Salze lösen sich nach Planta leicht in Wasser und Weingeist, nicht in Aether. — Schwefelsaures Atropin bildet nach Geiger und Hesse sternförmige atlasglänzende Krystalle. Planta konnte es nicht krystallinisch darstellen. — Chlorwasserstoffsaures Atropin wurde von Geiger und Hesse in glänzenden, sternförmig gruppirten Nadeln, von Planta nur als Syrup, der zuletzt zu einer glasartigen Masse austrocknete, erhalten. — Chlorwassersaures Atropin-Goldchlorid, $C_{17}H_{23}NO_3, HCl, AuCl_3$, wird beim Eintröpfeln einer conc. Lösung von salzsaurem Atropin in verdünnte Goldchloridlösung als gelber pulvriger Niederschlag erhalten, der bald krystallinisch wird und sich wenig in Wasser und Salzsäure löst (Planta). — Salpetersaures und weinsaures Atropin sind auch nach Geiger und Hesse unkrystallisirbar, während sie das essigsaure Salz in perlglänzenden luftbeständigen Nadeln erhalten haben wollen. — Valeriansaures Atropin, $2(C_{17}H_{23}NO_3, C_5H_{10}O_2) + H_2O$, bildet leichte weisse Krusten oder besser ausgebildete wasserklare Krystalle, die schwach alkalisch reagiren, über 20° erweichen, bei 42° schmelzen und nicht wieder krystallinisch erstarren. Sie riechen nach Baldriansäure, zerfliessen an der Luft, lösen sich leicht in Wasser und Weingeist, aber nicht in Aether. Zur Darstellung wird Atropin bei 0° mit der äquivalenten Menge Baldriansäure, die mit dem doppeltem Gewicht Aether vermischt ist, zerrieben; dann fügt man noch das 5fache vom Gewicht des Atropins an Aether hinzu und erkaltet die Lösung im verschlossenen Gefässe auf —10°. Die nach 2 Stunden gebildeten Krystalle werden mit Aether gewaschen (Callmann). Von Salzen sind ausserdem noch bekannt das salzsaure Atropin-Platinchlorid 2(HCl-Atropin), $PtCl_4$ (E. Schmidt), Atropintrijodid $C_{17}H_{23}NO_3 . (JH)_3$, und Pentajodid (Jörgensen).

Aus concentrirten Lösungen der Atropinsalze fällen ätzende und kohlensaure Alkalien, sowie Ammoniak einen Theil der Base als pulvrigen allmälig krystallinisch werdenden Niederschlag (Geiger und Hesse), der sich im Ueberschuss der Fällungsmittel wieder löst (Mein-Planta). Kohlensaures Ammon, zweifach-kohlensaure und phosphorsaure Alkalien, ferner Jodsäure, Jodkalium und Schwefelcyankalium fällen nicht (Planta). Zweifach-Jodkalium fällt bei 100facher Verdünnung gelblich, bei 1000- bis 3000facher röthlich braun. Phosphorantimonsäure fällt noch bei 5000facher Verdünnung; bei 1000facher entsteht ein reichlicher weisser Niederschlag, der sich beim Erhitzen erst löst, dann aber sich wieder abscheidet. Phosphormolybdänsäure fällt hellgelb und flockig, in Ammon mit blauer Farbe löslich. Pikrinsäure fällt verdünnte Lösungen nicht; concentrirte scheiden damit nach längerem Stehen einen gelben schön krystallinischen Niederschlag ab. Gerbsäure giebt noch bei 3000facher Verdünnung starken weissen, in Salzsäure leicht löslichen Niederschlag. Bei 3000facher Verdünnung erzeugen ferner Quecksilberchlorid geringe, allmälig stärker werdende Trübung, Goldchlorid schön citronengelben Niederschlag, der nach dem Umkrystallisiren bei 135—137° schmilzt, Kaliumquecksilberjodid giebt dichten käsigen Niederschlag, wahrnehmbar noch bei 7000facher Verdünnung; auch Kaliumwismuthjodid und Kaliumkadmiumjodid fällen noch bei starker Verdünnung. Platinchlorid fällt erst bei grösserer Concentration

Reactionen.

dichte gelbe, harzig zusammenballende Flocken (Planta, Dragendorff u. A.). — Leitet man in weingeistiges Atropin Cyangas, so färbt sich die Lösung blutroth (Hinterberger). — Erwärmt man Atropin mit conc. Schwefelsäure, so entwickelt sich nach Gulielmo ein eigenthümlicher Geruch. Erhitzt man einige Tropfen Schwefelsäure mit einem Körnchen zweifach-chromsauren Kalis, bringt dann Atropin in die Mischung und fügt nun etwas Wasser hinzu, so tritt derselbe Geruch auf, der an Bittermandelöl oder die Blättchen von *Spiraea ulmaria* erinnert; der Versuch gelingt noch besser, wenn man molybdänsaures Ammon an Stelle des Bichromats anwendet (Pfeiffer, Herbst). Diese Reaction tritt am charakteristischsten auf wenn circa 0,001 Atropin bis zur Bildung weisser Nebel erhitzt, hierauf 1,5 g Schwefelsäure beigefügt und nun langsam 2 g Wasser zugesetzt werden. Der charakteristische Geruch tritt sofort auf und geht in den Bittermandelölgeruch über, sobald man nur ein Körnchen Kaliumdichromat zusetzt (Flückiger). Rauchende Salpetersäure, mit Atropin auf dem Wasserbade eingedampft, liefert einen Rückstand, der nach dem Betupfen mit alkalischer Kalilauge zuerst violett, dann tief kirschroth wird. — Atropin liefert beim Befeuchten mit conc. Schwefelsäure und allmäligen Anrühren mit Natriumnitrit eine Orangefärbung, die auf Zusatz von alkoholischer Kalilauge rothviolett wird (Arnold, Arch. Pharm. 1882. 564), welche Reaction wohl mit der Vitali'schen zusammenfällt.

Für den gerichtlich-chemischen Nachweis des Atropins ist zunächst beachtenswerth, dass Atropin ziemlich leicht in verwesenden Leichentheilen zersetzt wird (Selmi), ferner dass starke Basen und conc. Säuren sehr rasch zersetzend wirken, nur Ammon hiervon eine Ausnahme macht. Wird bei Anwendung des Stas- oder Dragendorffschen Verfahrens der Extraction der Alkaloide aus Leichentheilen mit Benzin extrahirt, so ist dasselbe in der Wärme anzuwenden (Dragendorff). Bei der Nachweisung des Atropins ist vor Allem die mydriatische Wirkung von grösster Bedeutung.

Synthese des Atropins. Derivate. Zersetzungen.

Beim Verbrennen des Atropins an der Luft entsteht Benzoësäure. Mit Chromsäure erhitzt bilden sich Benzaldehyd und Benzoësäure (Ludwig, Pfeffer), Alkalien, feuchte Luft veranlassen bald eine Veränderung des Atropins. Von grösster Bedeutung für die Constitution und Synthese des Atropins waren die von Lossen und Kraut beobachteten Spaltungen des Atropins durch mehrstündiges Erhitzen desselben mit conc. Salzsäure auf 120—130° oder durch längeres Erwärmen des Atropins mit Barytwasser bei 58°, wobei nach der Gleichung $C_{17}H_{23}NO_3 + H_2O = \underset{\text{(Tropasäure)}}{C_9H_{10}O_3} + \underset{\text{(Tropin)}}{C_8H_{15}N}$ Tropasäure und Tropin, bei weiterer Einwirkung Atropasäure $C_9H_8O_2$ und Isotropasäure, letztere mehr auf Einwirkung von Salzsäure, während Atropasäure mehr bei Einwirkung von Barytwasser entsteht.

Atropasäure. CH_2 $C(C_6H_5)$ CO OH. — Die Atropasäure, Atropasäure. welche neben der erwähnten Bildung, auch synthetisch durch Kochen von Aethylatrolactinsäure mit Salzsäure (Ladenburg und Riegheimer, Berl. Ber. 13. 2042), sowie durch Kochen von Chlorhydratropasäure mit Natronlauge (Spiegel) entsteht, wird durch Erhitzen von 50 g Atropin 100 g $Ba(OH)_2$ und 1 L. Wasser 15 Stunden lang, heisse Filtration und Fällen mit Salzsäure erhalten. Durch Umkrystallisiren aus einem Gemenge von gleichen Theilen Alkohol und Wasser wird dieselbe gereinigt. — Klinorhombische Blätter, Nadeln oder Tafeln, Schmpkt. 106—107°, Sdpkt. 202—204°, in 692,5 Th. Wasser löslich bei 19° (Kraut), löslich in Schwefelkohlenstoff, mit Wasserdämpfen flüchtig. Ueber das weitere Verhalten siehe: Fittig, Wuster, Ann. Chem. Pharm. 195. 147. — Kraut, ebendas. 148. 242. — Lossen. — Ladenburg, Berl. Ber. 12. 948.

Bei der längeren Einwirkung von Salzsäure auf Atropasäure, schon beim Erhitzen der Säure für sich bei 140° oder Kochen mit Wasser, ja schon beim Umkrystallisiren der Atropasäure mit Wasser entstehen die beiden Isatropasäuren, die αSäure = $C_6H_5(CO$ $OH)$. CH_2 — CH_2, Schmpkt. 237°, und die βSäure = C_6H_4 . CH . CO . OH . CH_2 Schmpkt. 206°. Letztere bildet sich besonders beim Kochen mit Wasser. (Fittig, Wuster, Ann. Chem. Pharm. 195. 148., A. Fittig, ebendas. 206. 34. — Kraut.

Tropin. C_7H_{11} , OH . NC.H_3 (Ladenburg). — Das Tropin er- Tropin. hält man aus der bei der Salzsäureeinwirkung auf Atropin erhaltenen Masse, nach Beseitigung der Säuren durch Ausschütteln mit Aether und Zerlegen des salzsauren Salzes mit Silberoxyd, oder auch durch Zerlegen des salzsauren Tropins mit Kali, Ausschütteln mit Aether.

Bei der Spaltung des Hyoscyamins mit Salzsäure entsteht ebenfalls Tropin. — Weisse krystallinische Masse oder farblose Tafeln, Schmpkt. 61,2, Sdpkt. 229 (Kraut, Lossen, Ladenburg). Die Salze der Salzsäure, Pikrinsäure, Tropasäure, das Golddoppelsalz, Platindoppelsalz des Tropins sind bekannt. (Kraut, Lossen, Ladenburg Ann. Chem. Pharm. 206).

Merling und Ladenburg (Berl. Ber. 1881, 2126.) haben durch Einwirkung von Methyljodid, Methyltropinjodid hergestellt, daraus Methyltropinhydroxyd, das bei der Destillation α Methyltropin liefert, $C_8H_{14}(CH_3)NO$, das sich mit Methyljodid zu Dimethyltropinjodid vereinigt, welches mit Alkalien erhitzt besonders Tropiliden C_7H_8, Sdpkt. 113—115°, liefert. Aus Dimethyltropinhydroxyd bildet sich bei der Destillation wesentlich Tropiliden und Tropilen Tropilen. Tropiliden. $C_7H_{10}O$, Sdpkt. 181°, liefert mit Salpetersäure Adipinsäure. Aus Tropilen entsteht durch Addition mit Dimethylammin β Methyltropin. Aethyltropinjodid hat Kraut hergestsllt.

Tropin liefert mit rauchender Jodwasserstoffsäure und amorphem Phosphor bei 140° Hydrotropinjodid $C_8H_{17}NJ_2$ (Ladenburg, Berl. Ber. 1881. 227), das mit Silberoxyd Metatropin liefert $C_8H_{15}NO$ (?). Oxydationsmittel, besonders übermangansaures Kalium in alkalischer Lösung verändern Tropin unter Abspaltung von einem Kohlenstoff unter Bildung einer secundären Basis, des Tropigenins $C_7H_{13}NO$ (Ladenburg, Berl. Ber. 1882), Tropigenin. das aus dem salzsauren Salz mit Silberoxyd abgeschieden, durch Abdestilliren des Wassers im Wasserstoffstrome in bei 161° schmelzenden Nadeln erhalten wird. Dasselbe bildet mit Salzsäure, Jodwasserstoffsäure, Kohlensäure, Platinchlorid, Goldchlorid, Salze, auch eine Nitrosoverbindung.

Starke Basen, Kalk, Baryt, auch Natronkalk liefern mit Tropin, Tropiliden und Methylamin (Kraut). — Rauchende Salzsäure wandelt Tropin bei Gegenwart von Eisessig bei 180° unter Wasseraustritt in eine sauerstofffreie

Tropidin. tertiäre Basis, das Tropidin um, $C_8H_{13}N$, (Ladenburg, Berl. Ber. 1879) ölige Flüssigkeit, von dem Coniin ähnlichem Geruche, Sdpkt. 162°, deren Doppelsalze mit Goldchlorid und Platinchlorid hergestellt sind (Ladenburg, Berl. Ber. 1881 und 1882).

Einwirkung von Aethyl- oder Methyljodid liefern damit Aethyltropidinjodid, das Methyltropidinjodid, das mit Alkalien Tropilen und Dimethylamin liefert. — Bromwasserstoffsaures Tropidin liefert beim Erhitzen auf 170—180° neben Aethylenbromid, BrH, ein Dibrommethylpyridin, Schmpkt. 110° woraus sich die berechtigte Annahme erklärt, dass das Tropidin als ein Wasserstoffadditionsproduct und Aethylenderivat eines Methylpyridins zu betrachten ist, $C_5H_6(C_2H_4)NCH_3$.

Aus den bisherigen Reactionen lässt sich für Tropin die Formel: $C_5H_7(C_2H_4.OH)N.CH_3$, für Atropin die Formel:

$$C_5H_7\left\{C_2H_4O.CO.CH<{CH_2.OH \atop C_6H_5}\right\}N.CH_3$$

aufstellen (Ladenburg).

A. Ladenburg ist es gelungen, Atropin künstlich herzustellen und zwar durch längere Behandlung von tropasaurem Atropin mit überschüssiger, verdünnter Salzsäure im Wasserbade. Das künstliche Atropin stimmt in seinen Eigenschaften mit dem natürlichen vollkommen überein. Die Synthese der Tropasäure ist, wie bereits mitgetheilt, gelungen, ebenso ist die Constitution von Tropin durch die Forschungen Ladenburg's bekannt geworden. Analog wie Atropin künstlich hergestellt wird, sind von Ladenburg und Andern aus Tropin und aromatischen Säuren eine Reihe Verbindungen hergestellt, die Tropeïne, ätherartige Verbindungen, die ebenfalls zum Theil durch mydriatische Wirkungen ausgezeichnet sind. — Diese Tropeïne mögen hier noch kurze Erwähnung finden:

Homatropin, Oxytolyltropin. $C_{16}H_{21}NO_3$. — Aus Mandelsäure und Tropin mittelst Salzsäure hergestellt, glashelle Prismen, Schmpkt. 95—98° (Ladenburg, Berl. Ber. 13. 1080. 1349.)

Benzoyltropin. $C_{15}H_{19}NO_2, 2H_2O$. — Seideglänzende Blättchen, Schmpkt. 58° (Ladenburg, Berl. Ber. 13. 1083).

Phenylacetropin. $C_{16}H_{21}NO_2$. — Oelartiger Körper (Ladenburg. Berl. Ber. 15. 1026).

Cinnamyltropin. $C_{17}H_{21}NO_2$. — Feste krystallinische Masse, Schmpkt. 70°. Atropyl-, Salicyltropiin-, m.-Oxybenzoyltropiin, Atrolaktyltropiin (Pseudoatropin) Phlolyltropiin. (Ladenburg, Berl. Ber. 13. 1081. 107. 15. 1027).

Hyoscyamin. — Literat.: Geiger und Hesse, Ann. Chem. Pharm. 7. 270. — Tilden, Pharm. Journ. Trans. (2) 8. 127. — Ludwig und Kemper, Arch. Pharm. 177. 102. — Kletzinsky, Schweiz.

Wochenschr. Pharm. 1866. 85. — Rennard, Pharmac. Ztschr. f. Russl. 6. 595. — Schoonbroodt, Viertelj. pract. Pharm. 18. 79. — Wadgymar, Proceed. Amer. Pharm. Associat. 1867. 404. — Ernst Thorey, Pharm. Zeitschr. f. Russl. Juni und Juli. 1869, auch Schweiz. Wochenschr. Pharm. 1869. 264. Siehe noch Literatur von Atropin, speciell auch Höhn und Reichardt, Ann. Chem. Pharm. 157. 98. — Ladenburg, ebendas. 206. 282. — E. Schmidt, ebendas. 208. 196.

Nachdem schon Peschier 1821 und Payen 1824 das Vorhandensein eines Alkaloides im schwarzen Bilsenkraut als wahrscheinlich bezeichnet hatten, auch bereits von Brandes 1821 (Ann. Chem. Pharm. **1.** 333) unrichtig ein flüssiger Körper unter dem Namen Hyoscyamin als die im Samen dieser Pflanze enthaltene Base beschrieben worden war, gelang Geiger und Hesse 1833 die Darstellung des reinen Hyoscyamins. — Es findet sich am reichlichsten im Samen, in geringerer Menge im Kraut von *Hyoscyamus niger L.* und *H. albus L.* und zwar neben Hyoxin. Ebenso enthalten die Samen von Atropa Belladonna und Datura Stramonium Hyoscyamin (Ladenburg, Schmidt), ebenso ist es in Duboisia myoporoïdes nachgewiesen, da Ladenburg die Identität des Duboisins mit Hyoscyamin feststellte. Hyoscyamin.

Geiger und Hesse zogen zur Darstellung der Base die zerquetschten Samen des Bilsenkrauts warm mit Weingeist aus, dem $^1/_{50}$ Schwefelsäure zugesetzt war. Sie versetzten den Auszug unter Umrühren mit gepulvertem Kalk bis zur schwach alkalischen Reaction, filtrirten, säuerten schwach mit Schwefelsäure an, destillirten den Weingeist bis auf ein Viertel ab und verdampften dann nach Zusatz von etwas Wasser in gelinder Wärme bis zur völligen Verflüchtigung desselben. Sie neutralisirten nun vorsichtig mit trocknem kohlensaurem Natron, filtrirten, wenn Trübung erfolgte, versetzten dann mit einem bedeutenden Ueberschuss des Natroncarbonats, pressten den entstandenen Niederschlag rasch ab und zogen ihn mit absolutem Weingeist aus. Gleichzeitig wurde der Mutterlauge das noch darin steckende Hyoscyamin durch Schütteln mit Aether entzogen. Die vereinigte weingeistige und ätherische Lösung versetzten sie wiederum mit Kalk, filtrirten, behandelten das Filtrat mit Thierkohle, destillirten Aether und Weingeist grösstentheils ab und verdunsteten zuletzt unter Zusatz von Wasser in sehr gelinder Wärme. War das so erhaltene Hyoscyamin gefärbt, so wurde es nochmals an eine Säure gebunden und das gleiche Verfahren von der Fällung mit Soda an wiederholt. — Geiger modificirte dies Verfahren später dahin, dass er die mit kohlensaurem Alkali im Ueberschuss zersetzte Flüssigkeit zugleich zu wiederholten Malen mit Aether behandelte, den Aether der getrennten und vereinigten Auszüge abdestillirte, den Rückstand in Wasser aufnahm, welches das Hyoscyamin ziemlich gut löst, die filtrirte Lösung mit dem doppelten Volumen Aetherweingeist unter Zusatz von Blutkohle bis zur Entfärbung schüttelte, hierauf filtrirte, den Aetherweingeist abdestillirte und die rückständige Flüssigkeit im Vacuum verdunstete. Darstellung.

Neuere Versuche, ein einfacheres und ergiebigeres Verfahren der Darstellung aufzufinden, sind anfangs nicht besonders glücklich gewesen. Ludwig und Kemper extrahirten den Samen von *Hyoscyamus niger* mit 85 procent. Weingeist, destillirten vom Auszug $^3/_4$ des Weingeistes ab, schüttelten den sich in 2 Schichten sondernden Rückstand mehrere Mal nach einander mit Wasser und trennten dieses jedesmal von der ölig-harzigen Schicht. Die vereinigten wässrigen Flüssigkeiten wurden auf $^1/_8$ des Gewichts vom angewandten Kraut eingedampft, filtrirt und nach Uebersättigung mit Kalihydrat einige Mal mit Chloroform schüttelnd ausgezogen, welches dann beim Verdunsten unreines Hyoscyamin hinterliess. Sie erhielten davon aus 2 Pfund Samen 0,7 Grm. Wurde dieses in Salzsäure gelöst, die Lösung nach Uebersättigung mit Kali wieder mit Cloroform ausgeschüttelt und die beim Verdunsten des Chloroforms als zähe wachsartige Masse hinterbleibende Base in Benzol aufgenommen, so entstanden beim langsamen Verdunsten unter einer Glasglocke schöne weisse Krystalle. Trocknes Kraut lieferte ihnen nur eine geringe Menge amorphen Hyoscyamins.

Tilden löste das aus frischem Kraut bereitete Extract. unter Zusatz von etwas Kalkmilch in der 7 fachen Menge Wasser, filtrirte die Lösung, versetzte sie mit kohlensaurem Kali bis zur stark alkalischen Reaction und schüttelte sie dann mit Chloroform aus. Diesem wurde die Base wieder durch Schütteln mit schwefelsäurehaltigem Wasser entzogen, welches darauf mittelst phosphormolybdänsaurem Natron ausgefällt wurde. Der Niederschlag wurde nach dem Auswaschen mit kohlensaurem Kali alkalisch gemacht und mit Aether ausgezogen. Aus der ätherischen Lösung wurde das Hyoscyamin dann nochmals in saures Wasser und aus diesem nach Zusatz von kohlensaurem Kali wieder in Aether übergeführt, der es beim Verdunsten hinterliess. Die wässrige Lösung der Base gab bisweilen beim Verdunsten über Schwefelsäure sternförmig gruppirte Nadeln, gewöhnlich aber nur eine amorphe gummiartige Masse.

Günstigere Resultate erzielte Kletzinsky. Derselbe zog zerstossenes frisches Kraut bei 50° mit schwefelsäurehaltigem Weingeist aus, übersättigte den Auszug schwach mit Barythydrat, erwärmte kurze Zeit, filtrirte, fällte den Baryt mittelst Schwefelsäure in geringem Ueberschuss, destillirte den Weingeist ab, neutralisirte die rückständige wässrige Flüssigkeit mit kohlensaurem Kali, filtrirte abermals, fügte nun Kalicarbonat im Ueberschuss hinzu und zog wiederholt schüttelnd mit Aether aus. Der beim Verdunsten der ätherischen Auszüge bleibende Rückstand wurde dann in kochendem Wasser gelöst, die Lösung filtrirt, mit einer Mischung von 1 Th. Porcellanthon, 1 Th. Holzkohle und 2 Th. reiner Thierkohle zum Brei angerührt und dieser dünn ausgestrichen an der Sonne getrocknet. Der trockne Rückstand trat nun an Aether das Hyoscyamin ab, welches, wenn der nach dem Abdestilliren des Aethers gebliebene Rückstand zuerst gelinde bis zum Schmelzen erhitzt und dann in kochendem Weingeist gelöst wurde, daraus in schneeweissen seideglänzenden Krystallen anschoss.

Rennard hat neuerdings unter Dragendorff's Leitung die Versuche Kletzinsky's wiederholt, konnte aber nach dessen Verfahren kein krystallisirtes Hyoscyamin erhalten. Nach vielseitigen Versuchen lieferte ihm das folgende Verfahren die besten Resultate: Die zerquetschten Samen oder das zerkleinerte Kraut wurden zweimal mit säurehaltigem Wasser ausgezogen. Der Auszug wurde mit gebrannter Magnesia fast neutralisirt und nach Zusatz des gleichen Volumens Weingeist filtrirt. Der Weingeist wurde abdestillirt und die rückständige wässrige noch schwach saure Flüssigkeit wiederholt zum Zweck der Reinigung mit Aether ausgeschüttelt. Auf Zusatz von überschüssigem Ammoniak konnte jetzt das Hyoscyamin durch Aether entzogen werden. Zur weiteren Reinigung wurde die beim Verdunsten der ätherischen Lösung hinterbleibende unreine Base in verdünnter Schwefelsäure gelöst und daraus nach Uebersättigung mit Ammoniak nochmals in Aether übergeführt. Immer wurde nur amorphes Hyoscyamin als gelbliche zähe Masse erhalten und nur einmal vorübergehend Bildung einiger Krystalle wahrgenommen. Ausserdem war die Ausbeute ausserordentlich gering.

Die neuesten Versuche über Darstellung reinen Hyoscyamins sind von Wadgymar und von Thorey gemacht worden. — Wadgymar digerirte 1 Th. des frischen Krauts oder Samens mit 4 Th. 60proc. Weingeist, dem $^1/_{32}$ Th. verdünnter Schwefelsäure zugesetzt was, 24 Stunden hindurch, colirte und erschöpfte die rückständige Masse im Verdrängungsapparrte mit so viel heissem 95proc. Weingeist, dass die vereinigten Flüssigkeiten 5 Theile betrugen. Von diesen wurde die Hälfte des Weingeists abdestillirt, der Rückstand stark mit Essigsäure angesäuert und nun 12 Stunden der Ruhe überlassen. Darauf wurde filtrirt, das Filterresiduum mit essigsäurehaltigem Wasser nachgewaschen und das gesammte Filtrat zum Syrup verdunstet. Dieser wurde warm in Weingeist, dem $^1/_{10}$ Schwefelsäure zugesetzt war, behandelt, das Filtrat mit Kalkmilch bis zur schwach alkalischen Reaction versetzt und nach dem Einengen zur Syrupsdicke 48 Stunden der Ruhe überlassen. Nach Zusatz von Wasser wurde jetzt der das Hyoscyamin enthaltende Niederschlag abfiltrirt, mit verdünntem Weingeist ausgezogen und der Auszug nach vorgängiger Behandlung mit Thierkohle bei höchstens 60° zur Trockne verdunstet. Aus der mit Thierkohle vermischten trocknen Masse zog nun Aether reines Hyoscyamin aus und hinterliess es beim Verdunsten in farblosen Nadeln.

Thorey gewann das Hyoscyamin am leichtesten und reinsten in folgender Weise. Er befreite den frisch zerstossenen Samen durch dreimalige Extraction mit Petroleumäther vom fetten Oele und zog ihn darauf nach vorgängigem Trocknen zweimal mit 85proc. Weingeist, dem ein wenig Salzsäure zugesetzt worden war, bei 40° C. aus. Nachdem dann von den vereinigten Tincturen der Weingeist abdestillirt und der Rückstand filtrirt worden war, wurde das Filtrat durch Schütteln mit Petroleumäther entfärbt, hierauf mit Ammoniak übersättigt und mit Chloroform ausgeschüttelt, welches nach dem Auswaschen mit destillirtem Wasser die Base so rein hinterliess, dass deren Auflösung in verdünnter Schwefelsäure beim Verdunsten lange Nadeln ihres schwefelsauren Salzes lieferten. Aus diesem konnte dann die freie Base leicht vollkommen rein erhalten werden.

Auch aus den Mutterlaugen bei der Darstellung des Atropins lässt sich das Hyoscyamin abscheiden, indem mittelst Platinchlorid ausgefällt wird, das zuerst das Atropindoppelsalz zur Abscheidung bringt, während das Hyoscyamindoppelsalz gelöst bleibt. — Auch aus Extractum Duboisiae lässt sich nach Gerrard Hyoscyamin darstellen. — Aus dem Golddoppelsalze lässt sich Hyoscyamin am reinsten darstellen, besonders wenn man Chloroform als Lösungsmittel anwendet oder eine concentrirtere alkalische Lösung in Wasser giesst (Ladenburg).

Es scheint schon aus den obigen Angaben hervorzugehen, dass der Gehalt an Alkaloid im Samen und Kraut des Bilsenkrauts sehr variabel ist. Wahrscheinlich spielen die Zeit der Einsammlung, die Dauer der Aufbewahrung und der Standort der Pflanzen dabei eine wichtige Rolle. Vielleicht sind auch, wie beim Coniin, die unreifen Samen reichhaltiger, als die reifen. Schoonbroodt vermochte aus frisch getrockneten, im Juni von wilden Pflanzen gesammelten Blättern gar kein krystallisirbares Alkaloid zu erhalten; auch reagirte das gewonnene kaum alkalisch. Dagegen lieferten 250 Grm. der nämlichen Blätter im frischen Zustande 0,41 Grm., also 0.164 %, völlig weisses, in feinen glänzenden Nadeln krystallisirtes, alkalisch reagirendes Hyoscyamin. Sein Verfahren bestand einfach darin, dass er mit Weingeist auszog, den nach dem Abdestilliren des Weingeists bleibenden flüssigen Rückstand durch ein benetztes Filter filtrirte und dann über Schwefelsäure zur Trockne brachte. Der trockne Rückstand wurde mit dem gleichen Gewicht gebrannten Kalks gemengt und dann mit Aetherweingeist ausgezogen. Dieser hinterliess eine weisse amorphe Masse, deren schwefelsaure Lösung mit kohlensaurem Kali einen Niederschlag gab, welcher aus Weingeist, wie angegeben, krystallirte. Wadgymar erhielt aus frischem Kraut nach seinem eben beschriebenen Verfahren nahezu die gleiche Ausbeute wie Schoonbroodt, nämlich 0,143 %, aus frischen Samen dagegen fast viermal mehr, nämlich 0,52 %. Thorey erhielt aus frischem Samen nur 0,057—0,160 %, dagegen aus getrockneten Blättern nicht blühender Pflanzen 0,188—0,208 %. — Sehr zu beachten dürfte bei der Darstellung des Hyoscyamins jedenfalls der Umstand sein, dass dieser sehr leicht veränderliche Körper auch im Contact mit den bei der Abscheidung benutzten Chemikalien zersetzt werden kann; namentlich dürfte jedes Eindampfen seiner sauren oder alkalischen Lösungen in der Wärme sorgfältig zu vermeiden sein. Höhn und Reichardt erhielten aus den Samen nur 0,028 % Hyoscyamin.

Eigenschaften. Das Hyoscyamin krystallisirt nach Geiger langsam in stern- oder büschelförmig vereinigten seideglänzenden, bisweilen durchsichtigen Nadeln, welche keinen Geruch zeigen. Weniger rein bildet es eine zähe, schwierig auszutrocknende amorphe Masse, die so lange sie feucht ist, einen widerlich betäubenden tabaksähnlichen Geruch besitzt. Dasselbe kann sich auch aus Alkohol oder Wasser als Gallerte abscheiden. Es schmeckt äusserst scharf und unangenehm. Schmpkt. 108,5°. $\alpha_D = -14,5$ (Ladenburg). Mit Wasserdämpfen scheint es in geringem Grade flüchtig zu sein. Auch Wadgymar erklärt das Hyoscyamin bei vorsichtigem Erhitzen für unverändert sublimirbar; er erhielt durch Sublimation 1½—2 Linien lange weisse seideglänzende Nadeln. — Nach Thorey krystallisirt das Hyoscyamin aus Chloroform in rhombischen Tafeln, aus Benzol in feinen Nadeln, während es aus Aether und Amylalkohol amorph hinterbleibt. Im reinen Zustande ist es luftbeständig und löst sich in kaltem Wasser schwer, in heissem leichter, unrein ist es dagegen hygroskopisch und viel leichter in Wasser löslich. Es löst sich ferner in Weingeist, Aether, Chloroform, Amylalkohol, Benzol und verdünnten Säuren.

Nach einer von Kletzinsky unternommenen Analyse des Golddoppelsalzes soll ihm die Formel $C_{15}H_{17}NO$ zukommen, die indess wohl als noch eben so unsicher zu betrachten ist, als die Formel $C_{20}H_{32}N_2$, zu welcher Wadgymar gelangte. Rennard fand im Golddoppelsalz nahezu den gleichen Goldgehalt, wie v. Planta im entsprechenden Atropinsalz, nämlich 31,1—32,2%.

Höhn und Reichardt stellten die Formel $C_{15}H_{23}NO_2$ auf, Ladenburg ermittelte die Isomerie mit Atropin.

Das Hyoscyamin sättigt die Säuren vollständig. Seine Lösungen in Salzsäure, Schwefelsäure, Salpetersäure, Phosphorsäure und Essigsäure geben leicht und gut krystallisirende Salze. Das salzsaure Salz bildet kreuzförmig gruppirte, das schwefelsaure Salz büschel- oder garbenförmige Krystalle, die übrigen krystallisiren in geraden feinen Nadeln (Rennard, Thorey). Ladenburg konnte keine krystallisirbaren Salze erhalten. Krystallisationsfähig sind das Golddoppelsalz, $C_{17}H_{23}NO_3, HCl, AuCl_3$, das aus Wasser in goldgelben Krystallen krystallisirt, Schmpkt. 160°, auch das Platinchlorid- und Quecksilberchloriddoppelsalz (Ladenburg). Salze.

Die wässrige Lösung der freien Base zersetzt sich allmälig an der Luft, rascher unter Braunfärbung und Ammoniakentwicklung beim Erwärmen mit Alkalien. Kletzinsky macht die mit Vorsicht aufzunehmende Angabe, dass sie beim Erwärmen mit Natronlauge gerade auf in Ammoniak und Santonin zerfalle. Wadgymar hat durch Erhitzen mit Jodäthyl ein jodwasserstoffsaures Aethylhyoscyamin (nach ihm $C_{20}H_{30}(C_2H_5)_2N_2, 2HJ$) dargestellt. Die von Höhn und Reichardt aufgestellten, durch Einwirkung von Barytwasser auf Hyoscyamin erhaltenen Spaltungsproducte, Hyoscin $C_6H_{13}N$ und Hyoscinsäure $C_9H_{10}O_3$, existiren nach Ladenburg nicht, indem Hyoscyamin sich gegen Salzsäure und Barytwasser wie Atropin verhält. Zersetzung.

Ammoniak, ätzende und kohlensaure Alkalien fällen auch concentrirte Lösungen der Hyoscyaminsalze nur unvollständig. Platinchlorid fällt nur aus concentrirten Lösungen bräunliche Flocken, verdünnte bleiben klar. Dagegen werden verdünntere Lösungen durch Goldchlorid gelblich weiss, durch Jodtinctur kermesfarben, durch phosphormolybdänsaures Natron und durch Gerbsäure gelblich weiss, durch Kaliumquecksilberjodid weiss und durch Kaliumwismuthjodid orangefarbig gefällt (Rennard). Pikrinsäure giebt damit gelben feinkörnigen Niederschlag (Thorey). Reactionen.

Bei dem so unvollkommenen Zustande unserer Kenntniss des reinen Hyoscyamins und dem Mangel aller charakteristischen Reactionen stösst der gerichtlich-chemische Nachweis des Hyoscyamins auf grosse Schwierigkeiten. Die Abscheidung kann mittelst der Stas-Ottoschen Methode bewirkt werden. Zur Erkennung muss das anschliessend besprochene stark mydriatische Verhalten zu Hülfe genommen werden. Gerichtlich-chemischer Nachweis.

Hyoscin. $C_{17}H_{23}NO_3$. — Wie schon erwähnt, findet sich neben Hyoscyamin noch in Hyoscyamus niger ein zweites Alkaloid, Hyoscin genannt, das von Buchheim (Arch. experiment. Path. 1876) schon unter dem Namen Sikeranin angedeutet wurde. Ladenburg (Berl. Ber. 1880. 1881; Ann. Chem. Pharm. 206) bestätigte dessen Existenz und Vorkommen neben Hyoscyamin, besonders in dem käuflichen braunen halbflüssigen Hyoscyamin. Hyoscin.

Die Darstellung gelingt dadurch, dass man das erwähnte, käufliche Hyoscyamin in Wasser löst und mit Goldchlorid ausfällt. Der erhaltene Niederschlag wird auf heissem Wasser umkrystallisirt, wobei zuerst das Hyoscindoppelsalz zur Ausscheidung gelangt, das man mittelst Schwefelwasserstoff zerlegt, die salzsaure Verbindung durch kohlensaures Kalium fällt und das auffallende Oel in Chloroform löst.

Dasselbe bildet eine amorphe, farblose, halbflüssige Masse, schwer löslich in Wasser, leicht löslich in Alkohol und Aether. Die Salze sind krystallisirbar und bis jetzt gekannt in Form des salzsauren, jodwasserstoff-, bromwasserstoff-, pikrinsauren-, der Gold- und Platindoppelsalze. — Hyoscin liefert mit Barytwasser bei 60° erwärmt Tropasäure und mit Tropin isomeres Pseudotropin, $C_8 H_{15} NO$, krystallinisch, Sdpkt. 141—143°.

Belladonnin. — Literat.: Hübschmann, Schweiz. Zeitschr. Pharm. 1858. 123; auch Viertelj. pract. Pharm. 8. 126. — Lübekind, Arch. Pharm. 18. 175. — Kraut, Ann. Chem. Pharm. 148. 236.

Dieser keineswegs genügend studirte, vielleicht nicht einmal eigenthümliche Körper wurde von Lübekind zuerst unrein charakterisirt, dann 1858 von Hübschmann als zweites Alkaloid der *Atropa Belladonna L.* aufgestellt. Es ist das dem unreinen Atropin beigemengte und seine Krystallisation erschwerende gelbe Harz. Zur Darstellung löst man rohes Atropin vermittelst einer Säure in Wasser, scheidet aus der Lösung durch vorsichtiges Zusetzen von kohlensaurem Kali erst einen blau schillernden Stoff ab und fügt nach dessen Entfernung so lange weiteres kohlensaures Kali zu, als dadurch eine harzige oder ölartig zusammenfliessende Substanz gefällt, aber noch kein pulvriger Niederschlag erzeugt wird. Zur Reinigung löst man nach vorhergegangenem Abspülen die erhaltene Substanz nochmals in angesäuertem Wasser und wiederholt die Ausfällung mit der gleichen Vorsicht, löst dann in wasserfreiem Aether und verdunstet die Lösung. Das Belladonnin bleibt dann als weisse oder schwach gelbliche gummiartige Masse zurück, die wenig bitter, aber brennend scharf schmeckt, beim Erhitzen auf Platinblech erst schmilzt und dann ohne Verkohlung unter Ausstossung dicker weisser Dämpfe zersetzt wird. Es löst sich wenig in Wasser, leicht in Weingeist und Aether und ertheilt seinen Lösungen stark alkalische Reaction. Von verdünnten Säuren, die es vollständig sättigt, wird es leicht gelöst und aus diesen Lösungen durch Ammoniak zwar erst pulvrig abgeschieden, aber der Niederschlag wird bald harzförmig klebrig. Gerbsäure fällt die Lösungen weiss. Die wässrig-weingeistige Lösung des freien Belladonnins wird durch Silbersalpeter aschgrau, durch Goldchlorid röthlich gelb, durch Zweifach-Jodkalium orangefarbig gefällt, während Jodkalium und Schwefelcyankalium keine Fällung bewirken.

Kraut hat im käuflichen unreinen Atropin hie und da vorkommende Base als Belladonnin bezeichnet, die sich weniger leicht durch Barytwasser spalten lasse und stellte hierfür die Formel $C_{18} H_{25} NO_4$, später $C_{17} H_{23} NO_3$ (Berl. Ber. 1880) auf, wodurch Isomerie mit Atropin festgestellt ist. Buchheim bestätigte theilweise die Angaben Krauts, der aus Abfällen der Atropindarstellung viel Belladonnin herstellte, dasselbe als gelbes, harziges Pulver beschrieb und angiebt, dasselbe spalte sich durch Baryt nicht, dagegen durch alkoholisches Kali in Tropin und eine Belladonninsäure übergehe. Zweifelhaft bleibt trotzdem die Existenz dieses Körpers mit Bezug auf die Arbeiten von Ladenburg.

R. Fassbender (Berl. Ber. 1876. 1357) isolirte aus den Tollkirschen den fluorescirenden Körper auf diese Weise, dass er die Beeren mit Alkohol auskochte, diese Lösung eindampfte, mit Wasser aufnahm, mit Thierkohle digerirte, die der Farbstoff aufnahm, aber wieder an ammoniakalischen Alkohol abgab.

Das fette Oel der Kerne von *Atropa Belladonna L.* ist etwas dicker als Leinöl, milde, von 0,925 spec. Gew., erstarrt erst bei —27° und trocknet langsam (Schübler). Fettes Oel von Atropa, Hyoscyamus.

Das Bilsensamenöl ist farblos, ziemlich dünnflüssig, milde, von 0,913 spec. Gew. (Brandes).

Ueber die Körper „Hyoscypicrin, Hyoscerin, Hyoscyresin" siehe Höhn (Archiv Pharm. (2) 141. 215).

Stramonin. — Dieser indifferente Körper scheidet sich nach Trommsdorff (Arch. Pharm. 18. 81) aus dem Oele ab, welches sich absetzt, wenn man von dem weingeistigen, mit Kalkhydrat behandelten, filtrirten und wieder angesäuerten Auszuge der Samen von *Datura Stramonium L.* den Weingeist abdestillirt. Er wird durch Umkrystallisiren gereinigt und bildet dann weisse, geruch- und geschmacklose, neutral reagirende, bei 150° schmelzende, bei vorsichtigem stärkerem Erhitzen unverändert sublimirende Kryställchen, die sich nicht in Wasser, schwer in Weingeist, besser in Aether und auch in fetten und ätherischen Oelen lösen. Conc. Schwefelsäure erzeugt damit eine blutroth gefärbte Lösung. Metallsalze bewirken in den Lösungen keine Niederschläge. Verdünnte Säuren und Alkalien sind ohne Einwirkung.

Wirkung und Anwendung der Alkaloide von Belladonna, Hyoscyamus und Datura. — Das über die Alkaloide der drei genannten Solanceengattungen in medicinischer Hinsicht Bekannte bezieht sich fast ausschliesslich auf Gemenge, nicht auf die reinen Körper, da keiner der unter dem Namen Atropin, Hyoscyamin und Daturin im Handel befindlichen Körper als ein reiner Pflanzenstoff anzusehen ist. Ueber chemisch reines Atropin liegen kaum überhaupt Versuche vor, doch ist dieses in dem Atropin des Handels meist so überwiegend, dass die Untersuchungen darauf füglich bezogen werden können. Anders beim Hyoscyamin des Handels, das vorwaltend Hyoscin, nicht Hyoscyamin ist, und beim Daturin, das so divergente Gemische von Atropin und Hyoscyamin darstellt, dass die Wirkungsdifferenzen verschiedener Sorten sich daraus leicht erklären. Den reinen Alkaloiden kommen übrigens gemeinschaftlich verschiedene Wirkungen zu, namentlich eine erweiternde Action auf die Pupille bei örtlicher Application und bei Vergiftungen, wegen deren man sie auch als mydriatische Solaneenalkaloide dem Solanin und Nicotin gegenüber stellt; doch variirt die Intensität dieser Actionen einerseits, andrerseits hat man neuerdings auch mit Sicherheit constatirt, dass nicht alle Wirkungen dieselben sind. Die Feststellung des Grades gewisser Actionen ist bei der grossen Verschiedenheit der Receptivität bei Menschen und Thieren äusserst schwierig.

Atropin. — Literat.: Runge, De nova methodo veneficium Belladonnae, Daturae nec non Hyoscyami explorandi. Jenae, 1819. — Schotten, L., De effectu Atropii. Marb., 1842. — Loth. Pfitzner, De Atropino. Vratislav. 1846. — Brookes, Nederl. Lancet. Jan. 1847. — Bouchardat et St. Cooper, Gaz. méd. de Paris. 1848. 51. 52. Ann. de Thérap. 1851. 6. — Lussana, Gazz. med. 18. 34. 35. 37. 38. 1851; Ann. univers. Giugno. 1852. — Volonterio, Gazz. med. Lomb 24. 1851. — Andrew, Monthl. Journ. Sept. 1851. — Namias, Edinb. med. Journ. 249. 1851. — Croserio, Gazz. Lomb. 40. 1852. — Schroff, Zeitschr. Wien. Aerzte.

März 1852. 211. — De Ruiter, De actione Atropae Belladonnae in iridem. Traj. ad Rhen. 1853; Nederl. Lancet (2.) 3. 235; Holländ. Beitr. 1. 379. — Anderson, Monthly Journ. Apr. 1854. 377; Edinb. med. Journ. June. 1860. — Martin Lauzer, Rev. de Thérap. 206. 1854. — Michéa, Gaz. des hôp. 115. 1853; Bull. de Thérap. Mars. 15; Gaz. des hôp. 23. 26. 1854; Du prognostic de l'epilepsie et du traitement de cette maladie par le valérianate d'atropine. Paris, 1858. — Vella e Parola, Gazz. Sarda. Nov. 24; Gaz. hebd. 4. 1855. — Nussbaum, Bayr. ärzt. Intbl. 38. 1855. — Chamisso, de Atropini vi mydriatica ejusque usu ophthalmiatrico. Berol. 1855. — Erlenmeyer, Preuss. Ver. Ztg. 20. 1855. — Johnen, Analecta et experimenta de effectu Atropae Belladonnae in iridem. Bonn, 1856. — Wharton Jones, Med. Times. 1857. 1. 27. — Bell, Edinb. med. Journ. Juli. 1858. — Scholz, Wien. Ztschr. 42. 1858. — Puczniewsky, De venenis, praesertim Cantharidino, Strychnino, Atropino in sanguine reperiendis. Dorpat. 1858. — Béhier, Union méd. 83. 1859; 85. 1863. — Coulon, ibid. 91. 1859. — Courty, Montpell. méd. Oct. Nov. 1859. — Holthouse, Med. Times and Gaz. Dec. 3. 1859. — Lange, Deutsche Klin. 19. 1860. — v. Graefe, ibid. 16. 1861; Arch. Ophthal. 9. 2. 62. — Botkin, Virch. Arch. 24. 83. 1862. — Th. Hayden, Dubl. quart. Journ. 51. Aug. 1863. — Fleming, Edinb. med. Journ. March. 1863. — Ploss, Ztschr. Chirurg. 177. 1863. — R. Hohl, De Atropini effectu. Halis, 1863. — Onsum, Ferhandl. norsk. med. Selsk. 188. 1864. — Schmidt (Wiesbaden), Mtsbl. Augenheilk. 158. Mai 1864. — Chambers, Lancet 1. 1. 1864. — Kleinwächter, Berl. klin. Wchschr. 38. 1864. — Fronmüller, Memorab. 9. 1. 1864. — Lemattre, Arch. gén. 39. 173. 1864. — Lubelski, Gaz. hebd. 7. Spt. 1864. — H. Cohn und Th. Körner, Berl. klin. Wchschr. 16. 1865. — Camus, Étude sur l'antagonisme de de l'opium et de la belladonne. Paris, 1865. — S. Weir Mitchell, M. Keen und Geo. Morehouse, Amer. Journ. 67. Jul. 1865. — Kay, Ueber den Antagonismus zwischen Opium und Belladonna. Jena, 1866. — Raynaud, Antagonisme de l'opium et de la belladonne. Paris, 1866. — Erlenmeyer, Berl. klin. Wchschr. 2. 1866. — Fraigniaud, Gaz. hôp. 45. 1866. — Adamson, Brit. med. Journ. 6. Jan. 1866. — F. Bloebaum, De vi physiologica Atropini sulfurici. Gryphiae, 1866. — v. Bezold und Bloebaum, Würzb. physiol. Unters. 1. 1. 1867. — W. Ogle, Med. Times Mai. 4. 1867. — Hoering, Würtb. med. Corr.-Bl. 28. 1868. — Meuriot, De la méthode physiol. en thérap. et de ses applications à l'étude de la belladonne. Paris, 1868; Bull. de thérap. Juill. 15. 30; Gaz. hebd. 12. 15. 1868. — G. Lawson, Ophth. Hosp. Rep. 2. 2. 119. — Oglesby, Pract. 4. 27. — Keuchel, Das Atropin und die Hemmungsnerven. Dorpat, 1868. — Denis, Gaz. hebd. 7. 1869. — Gross, Amer. J. med. Sc. 401. 1869. — Fraser, Arch. Anat. Physiol. 2. 1869; Pract. 4. 64. — Nunneley, ibid. 4. 217. — Bartholomeus, ibid. 5. 27. — Surminsky, Ztschr. rat. Path. 36. 205. — Hosch, Die therapeutische Wirkung des Atropins auf myopische Augen. Basel, 1871. — Guitard, Journ. conn. med. chir. 563. 592. 1871. — Wood, Amer. Journ. med. sc. 128. 1871; 332. 1873; Philad. med. Times. Aug. 9. 1873. — Sydney Ringer, Pract. 7. 93. 224. — Ebstein, Berl. klin. Wchschr. 25. 1873. — Johnston, Med. Times. 268. 1872;

175. 1873. — Rabuteau, Un. méd. 134. 1006. 1873. — Fröhlich, Würzb. Vhdlg. 6. 190. — Rossbach, ibid. 7. 21. — Laqueur, Arch. Ophthalm. 23. 149. — Fraentzel, Charité Ann. 1. 374. — Zeller, Arch. path. Anat. 66. 384. — Vulpian, Gaz. Hôp. 139. 1877. — Royet, De l'emploi du sulfate d'atropine contre les sueurs pathologiques. Paris, 1877. — Oettinger, Wien. med. Presse. 34. 1877. — Binz, Deutsche med. Wchschr. 133. 1877. — Cavazzani, Ann. univ. 144. 325. — Heubach, Arch. exp. Path. 8. 31. — Knapstein, Ueber die gleichzeitige Wirkung von Atropin und Morphium. Bonn, 1878. — Valentin, Arch. exp. Path 9. 95. — Hartmann, Vglchd. Unters. über Atropin, Daturin und Hyoscyamin. Göttingen, 1880. — Bernabei, Riv. clin. 82. 1880. — Schaefer, Brit. med. Journ. Oct. 16. 1880. — Girard, Bull. gén. thér. 481. 1880. — v. Anrep, Arch. ges. Physiol. 21. 85. — Luchsinger und Szpilman, ibid. 26. 449. — F. Deutschmann, Ein Beitrag zur Kenntniss der Atropinvergiftung. Gött., 1881. — Curtis Smith, Philad. med. Rep. 517. 1883. — Harnack, Centrbl. med. Wiss. 769. 1882. — Harnack und Hafemann, Arch. exp. Path. 17. 145. — Graser, ibid. 17. 329. 1883.

Das Atropin ist der hauptsächlichste Stoff, auf dem die Wirkung der Tollkirsche und des Stechapfels beruht.

Verhalten der Wirkung zu den Mutterpflanzen.

Das Verhältniss der Wirkungsgrösse des Atropins aus der Tollkirsche zu derjenigen von Theilen der letzteren Pflanze oder Präparaten derselben ist insofern schwierig festzustellen, als die Pflanzentheile besonders nach der Jahreszeit Wirkungsdifferenzen zeigen, aus welchem Umstande die Schwankungen in den Angaben der Autoren ihre Erklärung finden. Geiger und Hesse stellen 1 Th. Atropinsulfat oder Hydrochlorat 200 Th. Extract und 600 Th. Kraut gleich; Pfitzner 1 Th. Atropin 160—240 Th. Extract oder 480—720 Th. Blätter und 360 Th. Wurzel; nach Schroff entsprechen 0,005 Atropin 0,15 der Juliwurzel von Atropa Belladonna und 0,3 der October-, März- und Maiwurzel. Mitwirkend ist nach den Ladenburgschen Untersuchungen auch Hyoscyamin, ausserdem vielleicht noch Belladonnin (siehe unten).

Oertliche Wirkung.

Das Atropin hat sowohl ausgesprochene locale als auffallende entfernte Wirkungen. Die örtlichen äussern sich theilweise als Irritationsphänomene (Brennen bei epidermatischer und endermatischer Application, Entzündung in einzelnen Fällen bei Application auf die Conjunctiva), theilweise durch Herabsetzung der Sensibilität, in einer eigenthümlichen Weise bei Application auf das Auge in Erweiterung der Pupille, die schon nach äusserst geringen Mengen auftritt und auch bei der entfernten Wirkung grösserer und namentlich toxischer Atropinquantitäten beobachtet wird. Intensität und Dauer der Pupillenerweiterung variiren sehr nach Dosis, Thierspecies, Individualität und anderen Momenten, welche z. Th. auch die örtliche Wirkung überhaupt beeinflussen.

Atropin-injectivitis.

Application auf die Bindehaut bedingt bei Anwendung nicht concentrirter Solutionen und nicht zu häufiger Instillation meist keine Irritation; doch sieht man bei bestehendem Catarrh denselben sich steigern und bei langer fortgesetzter Application, z. B. bei Iritis, eine eigenthümliche Conjunctivitis auftreten, die das Aussetzen des Mittels fordert. Auch giebt es Personen, welche von vornherein selbst diluirtere Solution nicht gut ertragen und die erste Einträuflung mit Röthung und Schwellung, sowie mit Thränenfliessen, länger dauernde mit Chemose und erysipelatöser Lidanschwellung beantworten (G. Lawson). Man hat hier in der Qnalität des Atropins oder in der Anwendung saurer oder alkoholischer Lösung den Grund gesucht; doch ist dies sicher nicht immer der Grund. In wie weit das Vorkommen von Hautentzündung, Ekzem, Furunkeln der Wangen nach Gebrauche von Atropincollyrien (Meuriot) auf den Reiz des Atropins oder der Feuchtigkeit zu beziehen ist, steht dahin.

Wirkung auf die Pupille. Ueber die Wirkung des Atropins auf die Iris sind die ausführlichsten und gründlichsten Untersuchungen von de Ruyter und Donders, sowie von A. v. Gräfe angestellt. Dass die Wirkung auf die Iris bei Application auf das Auge als eine locale zu betrachten ist, geht daraus hervor, dass bei Atropineinträuflung in Ein Auge nur die Pupille dieses, nicht die des anderen Auges sich erweitert und dass Mydriasis nach viel geringeren Mengen bei localer Application auftritt, als bei subcutaner oder interner Application. Bei Fröschen erzeugt Application auch nach Decapitation oder nach Exstirpation von Hirn und Rückenmark oder am ausgeschnittenen Bulbus Mydriasis, letzteres geschieht auch bei Säugethieren. Der Eintritt der Dilatation erfolgt dabei um so rascher, je dünner die Hornhaut ist, deshalb z. B. bei jüngeren Individuen eher als bei älteren, beim Frosch (nach starken Solutionen in 5 Min.) eher als bei Tauben (7 Min.), Kaninchen (10 Min.), Hunden und Menschen (15 Min.). Je dünner die Cornea durch Abtragung einzelner Lagen wird, um so rascher wirkt Atropin mydriatisch (v. Gräfe). Die Mydriasis entsteht auch, wenn das Atropin auf einen Theil der Cornea oder mit einem Capillarröhrchen direct zur Iris gebracht wird, und der Humor aqueus eines vergifteten Thieres wirkt ebenfalls mydriatisch (Chamisso). Nach Fleming dilatirt bei sorgfältiger Atropinapplication an der äusseren Augenseite sich zuerst die äussere Seite der Pupille. Die örtliche Atropinwirkung ist bei Hunden und Katzen intensiver als beim Menschen; wässrige Sol. (1:120) bedingt in 20—25 Min. völliges Verstrichensein der Iris bei ersteren und noch in 8 Tagen ist der Effect nicht ganz geschwunden. Bei Kaninchen tritt die Mydriasis zwar rascher auf, erreicht aber nie den hohen Grad und schwindet rascher; noch unbedeutender ist die nur durch conc. Sol. zu erzielende Dilatation bei Tauben, wo ausserdem nicht völlige Unempfindlichkeit gegen Lichtreiz existirt, auch schwindet sie schon in 2 Stunden. Bei Flussbarsch, Hecht und anderen Fischen scheinen Atropinlösungen gar nicht mydriatisch zu wirken. Beim Menschen beginnt die Wirkung einer Solution von 1:120 in 6 bis 7 Min., erreicht den höchsten Grad in 10—15 Min. und persistirt 6—8 Tage; Lösungen von 1 480 wirken zuerst in 15—20 Min., und der höchste Grad ist in 20 Minuten erreicht; Lösungen von 1:28000 bedingen in $^3/_4$ bis 1 Stunde mässige Dilatation und Trägheit der Iris (Gräfe); ja nach de Ruyter bewirkt $^1/_{129600}$ Gran 20stündige Pupillenerweiterung. Die Mydriasis verbindet sich mit Accomodationsparalyse; das Auge wird für den Fernpunkt und über diesen hinaus eingestellt, so dass das Sehen durch Convexgläser verbessert wird; in einzelnen Fällen kommt auch Mikropsie vor (Warlomont, Sichel). Ueber die zeitlichen Grenzen der Wirkung auf Pupillenweite und Accomodation vgl. auch die beim Duboisin vorgeführten Experimente Schäfers. Wie schon Laqueur angab, wird der intraoculäre Druck durch mydriatische Dosen gesteigert; selten geht kurzdauernde Herabsetzung der Blutdruckerhöhung voraus (Graser).

Das Zustandekommen der Pupillenerweiterung wird entweder durch alleinige Paralyse des Oculomotorius und des Sphincter (Bezold und Bloebaum) oder des Sphincter allein (Grünhagen, Luchsinger), oder durch gleichzeitige Reizung des Sympathicus (Gräfe, Corso) erklärt. Bezold betrachtet die Lähmung des Sympathicus als primär, Rossbach, der nach Atropin beim Frosche und nach minimalen Dosen Atropin auch bei Warmblütern Myose beobachtete, die nach einiger Zeit zur Normalweite oder zu Mydriasie überging, als secundär nach vorgängiger Erregung. Luchsinger und Szpilman halten die Action für eine Folge der Action des Atropins auf glatte Muskeln, da die Wirkung bei Thieren, deren Iris quergestreifte Muskelfasern enthält (Vögel, Schildkröten) nicht oder doch nur nach Dosen eintritt, welche die peripheren Nervenendigungen lähmen.

Antiphlogistische Local-wirkung.

Der irritirenden Wirkung des Atropins steht die ihm von anderer Seite beigelegte entzündungswidrige Action, die man meist aus Beobachtungen bei Entzündungszuständen abstrahirt hat, gegenüber. Zellers Untersuchungen an der Froschzunge ergeben, dass Atropinsulfat, in möglichst indifferenter Kochsalzsolution gelöst, Erweiterung der Arterien mit gleichzeitiger Acceleration des Kreislaufes in den nicht erweiterten Venen und Capillaren bewirkt, und so den Austritt weisser Blutkörperchen in die Gewebe stark beschränkt; auch büssen die ausgewanderten Leukocyten im Contacte mit Atropin ihre amoebride Bewegung ein und werden dunkel und trübe. Wässrige Atropinlösung wirkt auf Leukocyten wie Aq. destillata. Contraction der Gefässe, welche Fleming und Jones dem Atropin als Effect vindicirten, konnte Zeller bei $2^1/_2\%$ Atropinlösungen weder primär noch secundär constatiren. Zu den örtlichen Atropineffecten gehört auch die Hemmung der Peristaltik durch innerlich applicirtes Atropin, die übrigens auch als entfernte Wirkung zu Stande kommt.

Entfernte Wirkung.

Die entfernte Wirkung des Atropins ist trotz vieler gediegener physiologischer Untersuchungen in einzelnen wichtigen Punkten noch nicht zum Abschlusse gediehen. Von Bezold und Bloebaum ist das Atropin als ein ohne voraufgehende Excitation direct lähmendes Gift bezeichnet, während Andere auch Excitationsphänomene durch dasselbe bedingt glauben, obschon, wie sich Fraser ausdrückt, der Betrag der lähmenden Action im Atropin grösser sei, als derjenige der reizenden, wie sich solcher z. B. in dem durch Rückenmarksreizung zu erklärenden convulsivischen Stadium der Vergiftung bei Fröschen ergebe. Bezold vermuthet sogar, dass anscheinende Excitationserscheinungen sich durch Aufhebung der Wirkung hemmender Einflüsse erklären liessen, so die Delirien durch Aufhebung des Willens- und Bewusstseinseinflusses. Wie wenig Uebereinstimmung in den Anschauungen herrscht, zeigt namentlich der Umstand, dass wir über die beiden hauptsächlichsten toxischen Phänomene, die schon oben besprochene Pupillenerweiterung einerseits und die Delirien, derentwegen man die Belladonna als Delirifaciens oder Epileptifaciens bezeichnet hat, die verschiedensten Anschauungen antreffen. Von dem psychischen Excitationsstadium und dem Coma, das im Allgemeinen als directe Wirkung auf das Gehirn aufgefasst wird, behauptet Meuriot, dass es allein durch die Alterationen des Kreislaufes (Schlaflosigkeit und Delirium durch Beschleunigung, Coma durch tiefere Störung) hervorgerufen werde. Nach Binz bewirkt Atropin nicht die Dunkelung der Ganglienzellen, welche Morphin (siehe daselbst) hervorruft. Als sichergestellt ist anzusehen, dass Atropin herabsetzend und in grossen Dosen lähmend auf die peripherischen Enden der motorischen Nerven in den quergestreiften Muskelfasern und auf die peripherischen Enden der sensiblen Nerven in der Haut wirkt, während es die Muskelreizbarkeit nicht afficirt (Botkin, Lemattre, Bezold und Bloebaum, Meuriot). Botkin, der, nur mit sehr grossen Dosen experimentirend, die peripherischen Enden der motorischen Nerven gelähmt fand, parallelisirt Atropin dem Curare, was wegen der nicht völlig lähmenden Wirkung selbst grosser Dosen bei Säugethieren (Bezold und Bloebaum) und wegen des convulsivischen Stadiums (Fraser) nicht thunlich ist. Botkin sah die Motilität vor der Sensibilität, Lemattre und Meuriot umgekehrt letztere vor ersterer schwinden. Diese Wirkung auf die peripherischen Endigungen der motorischen und sensiblen Nerven steht offenbar im Zusammenhange mit dem Schwindel, Taumel und wankenden Gange, dann auch mit den Gefühlstäuschungen und der Anästhesie bei Atropinvergiftungen und gewährt theilweise Erklärung für die Anwendung des Atropins als anästhesirendes oder als antispasmodisches Mittel.

Ferner wirkt Atropin herabsetzend und bei stärkeren Dosen lähmend auf die peripherischen Endigungen des Herzvagus (Lemattre, Bezold und Bloebaum, Meuriot, Keuchel), sowie auf die motorischen Herzganglien, und setzt in grossen Gaben auch die Erregbarkeit des Herzmuskels herab (Bezold und Bloebaum, Cavazzani, Harnack und Hafemann). Auf den N. depressor ist es ohne Einfluss (Keuchel). Die lähmende Wirkung auf die Herzvagusendigungen wird gewöhnlich als primäre aufgefasst; nach Rossbach geht ihr eine erregende Action voraus. Auch Harnack und Hafemann haben eine solche bei künstlichen Circulationsversuchen im isolirten Froschherzen beobachtet; doch war dieselbe sehr unbedeutend. Dass Atropin nicht bloss auf die peripherischen Vagusendigungen wirkt, geht daraus hervor, dass es nicht bloss den auf Erregung der Endorgane bezogenen Muscarinstillstand aufhebt, sondern verschiedene andere Stillstände durch Gifte z. B. Chloroform, Kaliumsalze, Oxalate, gallensaure Salze, Apomorphin, Kupfer, Zink, Antimon, Chinin aufhebt (Luchsinger und O. Socoloff). Ringer (Pract. 26. 5. 1881) leitet auch die aufhebende Wirkung auf Muscarin und Pilocarpinstillstand von einer Einwirkung des Atropins auf die excitomotorischen Ganglien und den Herzmuskel ab. Die specifische Wirkung auf den Vagus macht Atropin für den Physiologen zu einem werthvollen Hülfsmittel beim Studium der Innervation des Herzens, um den Einfluss des Vagus zu eliminiren. Sie erklärt die eigenthümliche Action des Atropins in medicamentöser und toxischer Dosis auf den Puls und ist zum Theil maassgebend für die therapeutische Anwendung bei gewissen Intoxicationen. Eclatant lässt sich die Wirkung auf den Vagus beim Menschen dadurch darthun, dass nach Subcutaninjection von 0,001 Atropinsulfat Carotidencompresssion nicht Aussetzen des Pulses, sondern nur geringe Verlangsamung erzeugt (Albertoni und Bernabei).

Eine Einwirkung auf die vasomotorischen Nerven ergiebt sich aus der dadurch bedingten Dilatation der Gefässe, die nach Bezold und Bloebaum primär, nach Meuriot erst nach vorausgegangener Contraction auftritt und nicht ohne Einfluss auf die Verhältnisse des Blutdruckes sein kann. Der Blutdruck scheint bei Injection kleiner Dosen (0,0025) zu steigen, bei mittleren (0,001) fällt er constant (Bezold und Bloebaum, Meuriot, Surminsky). Keuchet stellt das Steigen des Blutdrucks überhaupt in Abrede. Surminsky wies als Grund der Blutdrucksenkung Lähmung des vasomotorischen Centrums nach, während die von demselben abgehenden Nerven und die peripherischen Gefässnerven nicht betroffen werden.

Die Einwirkung auf die Gefässe wird zur Deutung der Heilwirkung des Atropins bei Entzündungen, z. B. der Iris, z. Th. auch bei Morphinvergiftung und Collaps und bei Epilepsie, in soweit diese von Gefässerweiterung der Medulla oblongata abhängt, bezogen. Meuriot leitet von den Störungen der capillären Circulation eine Reihe von Vergiftungserscheinungen ab, namentlich Trockenheit und Röthe der Schleimhäute und der Haut, Angina, ferner secundäre Dysphagie, Geschmacksverlust, Stirnkopfschmerz, Heiserkeit, Aphonie, Dysurie, Strangurie, Coliken.

Auch lähmt Atropin die peripherischen Vagusendungen in der Lunge, jedoch nur vorübergehend (Bezold und Bloebaum, Meuriot) und steigert die Erregbarkeit des inspiratorischen Centrums (Bezold und Bloebaum). Die Wirkung auf die Respiration führte zu der Verwerthung des Atropins als Antidot der Blausäure und als Medicament bei Keuchhusten und Asthma, wo es indessen wegen der nur vorübergehenden Paralyse der peripherischen Vagusendigungen nach Meuriot kaum etwas erwarten lässt. Mit den Veränderungen des Herzschlages und der Respiration steht die Steigerung der Temperatur nach kleinen Gaben (Meuriot) in engem Zusammenhange.

Atropin wirkt in sehr geringen Mengen erregbarkeitsvermindernd, in grösseren lähmend auf die Ganglienapparate des Darmcanals, der Blase, des Uterus und der Ureteren und vielleicht auch auf die glatten Muskelfasern selbst (Bezold und Bloebaum). Meuriot will der Lähmung der glatten Muskelfasern stets eine höhere Energie der Contractionen vorausgehen und nur bei starken Dosen Lähmung resultiren gesehen haben; ja er bezieht auf diese die Heileffecte bei Obstipation, Ischurie, Incontinenz, Blasenlähmung. Luchsinger begründet die Wirkung auf die glatten Muskelfasern besonders damit, dass bei Thieren, welche quergestreifte Muskelfasern in bestimmten Theilen des Tractus besitzen, letztere vom Atropin nicht afficirt werden. Atropin paralysirt den hemmenden Einfluss der N. splanchnici auf die Bewegungsfasern der Darmperistaltik, während es alle übrigen Fasern derselben nicht afficirt (Keuchel).

Endlich beschränkt Atropin die Thätigkeit der Speichel-, Schweiss- und Bronchialdrüsen, anscheinend vorzugsweise durch Einwirkung auf deren Innervation, vielleicht auch auf die Drüsenzellen selbst (Rossbach). Die Trockenheit des Mundes nach Atropin ist bestimmt nicht Folge von Circulationsstörungen, wie Meuriot wollte. Nach Keuchel lähmt Atropin die von der Chorda tympani zum Ganglion submaxillare verlaufenden Hemmungsfasern. Subcutaninjection von 0,3 Mgm.

Atropinsulfat sistirt in wenigen Minuten das Schwitzen im russischen Bade (Ringer); ebenso wird die durch Pilocarpin und Muscarin hervorgerufene Diaphorese durch eine starke Dosis Atropin constant aufgehoben. Die Wirkung ist, wie bereits Ringer hervorhob, nicht die Folge verminderter Blutzufuhr zur Peripherie, weil Röthe des Gesichts dieselbe begleitet, sondern auf das Schweisscentrum und die secretorischen Nerven und vielleicht auch auf die Drüsensubstanz gerichtet.

Die entfernte Wirkung des Atropins wird weniger durch die Applicationsstellen, dagegen mehr durch Thierspecies, Individualität und Dosis modificirt.

Applicationsstelle. Toxische Wirkung grösserer Quantitäten von Atropin kann von allen Applicationsstellen aus erfolgen. So hat man Intoxicationserscheinungen nach interner, endermatischer, hypodermatischer und nicht selten bei Application in Collyrienform (vgl. darüber Beauvais in Ann. d'hyg. 41. 1881) auftreten gesehen. Der Uebergang des Atropins bei epidermatischer Anwendung von der unverletzten Haut aus ist durch das Vorkommen verschiedener Vergiftungen durch Belladonnalinimeut, dann aber auch experimentell durch A. Waller (Proceed. R. Soc. 10. 35. 1859) nachgewiesen, der nach Eintauchen der Füsse von Albinoratten in Atropinlösungen Pupillenerweiterung eintreten sah, und zwar rascher bei Lösung in Chloroform als in Alkohol oder Wasser. Lussana giebt als Differenzen verschiedener Applicationsstellen bei Menschen an, dass bei Einbringung in die Venen und hiernach bei Einathmung in Dunstform die allgemeine Wirkung am raschesten, vom Mastdarm aus etwas später und schwächer, von der entblössten Cutis gleich rasch und intensiv wie vom Magen aus (in 15—20 Min.) eintritt und dass Allgemeinwirkung auch von der unverletzten Haut und den Schleimhäuten, z. B. der Genitalien, von letzteren aus etwas intensiver als bei epidermatischer Application erfolgt. Trousseaus Behauptung, dass 5–10 Mgm. hypodermatisch minder heftig als 1—2 Mgm. vom Magen aus wirken, ist irrig.

Thierspecies. Die Wirkung des Atropins auf Thiere ist durch Versuche bisher festgestellt für Maikäfer, Salamander, Triton, Coluber natrix, Sturnus vulgaris, Muscicapa grisola (Schotten), Parus nigra (Geiger und Hesse), Huhn und Taube (Schotten, Pfitzner), Meerschweinchen und Ratte (Meuriot), Känguruhs (Heckel, Cpt. rend. 80. 1608), endlich für Frosch, Kaninchen, Hund und Katze (von den meisten Experimentatoren). Es ergiebt sich daraus, dass bei den einzelnen Versuchsthieren die Empfänglichkeit äusserst variirt. Besonders auffallend ist die Immunität der Kaninchen, welche in ausgewachsenem Zustande meist Dosen vertragen, die für den Menschen letal sind, ohne dadurch wesentlich belästigt zu werden (Bouchardat und Cooper, Clarus, Ogle, Meuriot). 0,25—0,5 Atropinsulfat bedingen subcutan bei Kaninchen nur etwas Herzschlagbeschleunigung, Mydriasis und Hyperämie der Ohren, sowie constant mehrtägige Diarrhoe (Meuriot). 0,6—1,0 können wirkungslos bleiben (Clarus); bisweilen genügen indess schon 0,12 innerlich zur Tödtung (Schroff), 0,08 bei Injection in die Jugularis (Lemattre), und sehr junge Kaninchen toleriren nur 0,06 subcutan, werden aber nach 0,12 comatös und sterben (Ogle). Dieselbe Immunität zeigen Meerschweinchen und Ratten; 0,25 Gm. bei erstern und 0,15 Gm. bei Ratten bedingen nur Durchfall (Meuriot). Auch Beutelthiere participiren an dieser Immunität (Heckel). Ein Igel kann 0,12 in 8 Stunden überstehen (Schotten).

Uebrigens ertragen auch grosse Hunde ziemlich beträchtliche Mengen, 0,5—0,6 innerlich oder per anum (Schotten), 0,05 in die Cruralvene (Bouchardat und Cooper), 0,75 subcutan (Meuriot), zeigen aber nach geringen Mengen erhebliche Störungen. — Von Vögeln sterben Sperlinge nach 2—4 Mgm. (Meuriot); ob Amseln, die nach Anderson und Pereira Belladonnabeeren ohne Schaden fressen sollen, gegen Atropin unempfänglich sind, steht dahin. Geiger tödtete eine Meise, die 3 Mgm. überstand, mit weiteren 2 Mgm. 0,2 tödten einen Staar in 1 Stunde, während 0,42 einen Hahn zwar mehrere Stunden krank machen, ohne dass jedoch der Tod erfolgt. Tauben werden durch 0,03 nicht behelligt oder erbrechen höchstens (Pfitzner, Wood). Auch Frösche können sich aus vollkommener Lähmung durch Atropin wieder völlig erholen. Im Allgemeinen scheinen alle Thiere minder stark auf Atropin als der menschliche Organismus zu reagiren.

Alter und Idiosynkrasien.

Während Ogle die Toleranz gegen Atropin bei Kaninchen mit dem Alter zunehmen sah, hat Fuller (Lancet 2. 3. July 1859) grosse Toleranz choreakranker Kinder gegen das nur durch Atropin wirksame Belladonnaextract beobachtet, eine unbedeutend geringere bei gesunden Kindern, bei denen indess vereinzelt physiologische Wirkungen (Pupillenerweiterung, Trockenheit im Halse, Diarrhoe) eintraten, so dass möglicher Weise der krankhafte Zustand (Chorea) dabei von Einfluss ist, ähnlich wie dies der Nervenzustand bei Opiumvergiftung zu sein scheint (vgl. weiter unten). Idiosynkrasien kommen in allen Lebensaltern vor. Als solche zeigen sich scarlatinöse Exantheme, z. B. von Sadler (Med. Times. Apr. 11. 1867) bei einem 3 Mon. alten Kinde nach etwa $^{1}/_{800}$ Gran Atropin, von Stocks (Brit. med. Journ. May 14. 1870) nach 6 Tr. frischer Atropinsolution subcutan an sich selbst beobachtet, oder die gewöhnlichen Erscheinungen der Belladonnavergiftung (Delirien) durch minimale Gaben, z. B. nach hypoderm. Injection von 12 Tr. einer Lösung von 0,05 in 20,0 Wasser (Boissario, Gaz. Hôp. 54. 1864), nach Einträufeln von 3—4 Tropfen einer Sol. von 1 600 (Martin Lauzer), nach 8tägiger Einträuflung von 1 Tr. 1% Atropinlösung (Gaz. Hôp. 285. 1869) u. a. m. Nervöse Personen, vorzüglich hysterische, scheinen am empfindlichsten. Idioten und Blödsinnige ertragen viel grössere Gaben, nach Lussana bis 3,0 in 59 Tagen.

Schicksale im Organismus.

Dass das Atropin im Organismus keiner völligen Destruction unterliegt, erhellt aus dem Nachweise in den Geweben (Leber, Muskeln) und Secreten. Runge zeigte schon 1819, dass der eingedampfte Urin der mit atropinhaltigen Substanzen vergifteten Thiere mydriatisch wirkt; Puczniewski gelang 1858 auf dieselbe Weise der Nachweis im Blute. In einem Falle von Siegmund (Arch. path. Anat. 48. 188) wurde Atropin nach Vergiftung mit 0,03 Atropinsulfat in dem 15—26 Std. nach der Einführung gelassenen Harne gefunden; in einem Falle von Gross nach Intoxication mit 0,02 im Harn und post mortem im Liquor cerebrospinalis; in Deutschmanns Falle in sehr erheblichen Mengen im Urin. Dragendorff und Koppe fanden bei einer Katze, die 0,18 Atropin innerlich erhielt, nach 24 Stunden viel Atropin im Harn, sehr wenig im Blut, Spuren in Leber und Hirn, nichts in der Milz; bei einem Kater nach 0,2 Spuren in der Leber; bei einem Kaninchen, das 10 Tage hindurch 0,06 erhielt, viel im Harn, Spuren im Blute, ferner reichlichen Gehalt in den Muskeln der Extremitäten, Brust und Lenden. Die Elimination aus dem Körper scheint vorzugsweise durch die

Nieren zu geschehen, und zwar ziemlich rasch. Bei einem Kaninchen, das 9 Tage Atropin erhielt, war sie in 36 Std. beendet (Dragendorff). Bei einem mit 0,12 Atropinsulfat Vergifteten fand sich das Alkaloid im Harn noch nach 36 Std. (Hohl).

Atropinvergiftung beim Menschen.

Atropinvergiftungen beim Menschen sind bei der ausgedehnten Verwendung des Alkaloids in der medicinischen und insonderheit augenärztlichen Praxis verhältnissmässig selten. Ausser den Vergiftungsfällen in Genf, wegen derer die Krankenpflegerin Marie Jeanneret im November 1868 verurtheilt wurde, einer von Taylor erwähnten, im Jahre 1850 in England vorgekommenen, einer von Körner und Cohn beschriebenen Selbstvergiftung in Breslau, der in Wien beobachteten, in 15 Std. letal verlaufenen Selbstvergiftung eines Arztes (Pollak, Wien. med. Presse. 565. 1870), einem analogen italienischen Falle (Macchiavelli, Gazz. med. Lomb. 339. 1880) und einer complexen Selbstintoxication mit Atropin und Morphin (Deutschmann) handelt es sich um medicinale Intoxicationen, die durch internen oder noch häufiger durch den äusseren Gebrauch des Alkaloids oder des Sulfats oder Valerianats (Lubelski) verursacht wurden. Meist handelt es sich um Versehen der Patienten; selten sind Fälle, wo Verwechselungen auf der Apotheke oder Verfälschungen Ursache zur Intoxication gaben, so in Kohl's Falle Dispensation von Atropin statt Coffeïn, in e. F. v. Greenway (Brit. med. Journ. Oct. 8. 1878) von Liquor Atropiae statt einer indifferenten Tinctur, ferner nach Commaille mehrfach in Algier durch Chininum valerianicum, welches mit Atropinum valerianicum vermengt war (Journ. Pharm. Chim. Avr. 1865). Auch atropinhaltiges Pepsin führte in Paris zu Vergiftungen.

Dosis toxica und letalis.

Vergiftungssymptome können beim Menschen schon durch ungemein kleine Gaben hervorgerufen werden, auch wo keine Idiosynkrasie besteht; andererseits aber können auch verhältnissmässig grosse Gaben, selbst wenn sie stark toxisch wirken, überstanden werden. Toxisch kann bereits 1 Mgm. eines Atropinsalzes bei Application auf das Auge (Chassaignac) oder hypodermatisch (Lubelski) wirken; letaler Ausgang wurde in dem Taylor'schen Selbstvergiftungsfalle nach 0,12 innerlich und in einem Falle von Ploss beobachtet, wo 0,18 endermatisch applicirt waren, bei einem Kinde nach 0,08 in 10 Std. (Boston med. Journ. Oct. 8. 1868), bei einer Frau nach 0,2 Atropinsulfat in Pillen in 15 Std. (Gross), während in anderen Fällen grössere oder doch sehr erhebliche Quantitäten überstanden wurden. So innerlich 0,5 in Macchiavellis Falle, 0,24—0,36 (Schmid), 0,12 (Hohl), 0,06 Atrop. sulf. angl. (Cohn mit Koerner), 0,04 (Johnston, Boston med. Journ. July 27. 1871), 0,06 in einem Stuhlzäpfchen beim Erwachsenen (Schüler, Berl. kl. Wchschr. 658. 1880), mehr als 0,03 bei einem ½jährigen Kinde (Hoering) und mehr als 0,045 bei einem 19 Mt. alten Kinde (Prentiss, Philad. med. Times. Journ. 1881). Sehr schwere Intoxication kann schon durch 6 Mgm. (Neudörfer) und selbst durch 4 Mgm. subcutan (Reisz, Wien. med. Wchschr. 98. 1881) bedingt worden.

Symptome der acuten Vergiftung beim Menschen.

In der Regel lässt der Beginn der Vergiftungserscheinungen nach Atropin und besonders bei hypodermatischer Application nur wenige Minuten auf sich warten. Die ersten Symptome, welche bei leichteren Intoxicationen die einzigen zu bleiben pflegen, sind Kopfschmerz, Trockenheit im Munde und Halse, verbunden mit kratzendem Gefühle an diesen Stellen, Steigen der

Pulsfrequenz und Erweiterung beider Pupillen, die gegen Lichtreiz unempfindlich sind. Die Trockenheit im Munde und Halse erzeugt Durst, der durch Wassertrinken wenig gemildert wird, auch äussert sich manchmal Ekel und Uebelkeit. Bei einem etwas höheren Grade der Vergiftung zeigen sich ausser diesen Erscheinungen, die dabei stärker entwickelt sind, so dass z. B. mit der Erweiterung der Pupille ad maximum sich allerlei Gesichtsstörungen (Farbensehen, Doppelsehen) und selbst Blindheit verbinden, die Speichelsecretion ganz aufgehoben ist und Beschwerden beim Schlucken und Sprechen, insbesondere Heiserkeit und manchmal Verlust des Vermögens zu articuliren (Lallen) resultiren, Brechneigung und wirkliches Erbrechen, Röthung des Gesichtes, Injection der Conjunctiva, Hitze des Kopfes, Trockenheit und Brennen der Haut, auf der in manchen Fällen ein eigenthümliches, scharlachähnliches Exanthem auftritt, dann besonders Schwindel, taumelnder Gang, Aufgeregtsein, Unruhe, wirkliche Delirien, bisweilen mehr still, bisweilen heiter und mit närrischer Lachlust verbunden, manchmal furibund mit maniakalischen Ausbrüchen, allerlei veitstanzähnliche automatische Bewegungen der Gliedmaassen, wie zum Fliegen, Tanzen, Schwimmen, Hallucinationen des Gesichts, seltener des Gehörs, ferner Alteration oder Aufhebung der Gefühlsperception. Bisweilen sind auch Störungen der Urinentleerung (Ischurie oder Harndrang) vorhanden. Alle Erscheinungen schwinden in diesen leichteren Fällen der Intoxication in 12—24 Std.; nur die Pupillenerweiterung bleibt meist einige Tage bestehen.

Die Vergiftungserscheinungen geringen und mittleren Grades werden am besten durch die Selbstprüfungen des Atropins seitens verschiedener Autoren characterisirt, so von Geiger und Hesse (nach Applic. von 6 Mgm. auf die Zunge, meist sofort wieder ausgespieen), von Pfitzner (nach 20 Tropfen einer wässr. Solution von 4 Mgm. in 30 Gm.); endlich durch die vorzüglichen Versuche von Schroff, Lichtenfels und Fröhlich, bezüglich derer auf das Original verwiesen werden muss. Lussana bezeichnet nach seinen ausgedehnten Erfahrungen am Krankenbette als physiologische Wirkung des Atropins der Reihenfolge nach: 1) Erweiterung und Unbeweglichkeit der Pupille 14—20 Min. nach dem Gebrauche von 2—5 Mgm. Die Dilatation bleibt oft lange nach Weglassung des Mittels. 2) Gesichtsstörungen, welche aber nach Weglassung des Atropins wieder verschwinden. 3) Intelligenzstörungen. 4) Hallucinationen des Gehörs. 5) Hallucinationen des Gesichts, ähnlich denen bei Delirium tremens. 6) Anästhesie, häufiger Analgesie. 7) Trockenheit des Mundes und der Kehle. 8) Appetitverlust. 9) Behinderung der Sprache. 10) Delirium und Stupor schon bei anfänglicher Dosis von 5 Mgm. Delirien sind meist heiterer Art und dauern noch einige Tage nach dem Aussetzen des Medicamentes fort. 11) Dysphagie, bei längerem Gebrauche. 12) Röthe der Haut. 13) Torpor und paralytisches Zittern bei sehr hoher Dosis. 14) Mastdarm- und Blasenparalyse ist der höchste Grad, der bei medicamentösem Ge-Gebrauche des Atropins beobachtet wird. Suppurative Augenentzündung, Livor und Schwellen der Haut bis zu brandiger Abstossung kam bei einzelnen Personen vor. Hiermit harmoniren auch im Ganzen die neueren Erfahrungen über die Wirkung bei subcutaner Application (v. Gräfe, Erlenmeyer, Eulenburg). Nach Erlenmeyer bedingt interne Application zunächst Pupillenerweiterung, später tritt Steigen der Pulsfrequenz ein; diese erfolgt nach 0,005 um 50 % in etwa 1 Std.; nach Subcutaninjection derselben Dosis entsteht die Zunahme der Pulsfrequenz schon nach 6 Min. und erreicht ihr

Maximum mit etwa 68½ % in 12½ Minuten; mit 21 Min. beginnt Trockenheit und Röthe im Munde. Als ziemlich constante Erscheinung sah Erlenmeyer auch Röthe und Temperatursteigerung der Wangen, in einzelnen Fällen Erbrechen, die Respirationsfrequenz im Ganzen wenig gesteigert. Bei grösseren Dosen fällt die Temperatur rasch (Schroff), später steigt sie (Oglesby), was bei kleineren Gaben constant der Fall ist (Meuriot, Oglesby).

Dass manche Symptome im Einzelfalle fehlen können, beweist der Fall Langes, wo z. B. Schlingbeschwerden vermisst wurden, obschon 0,06 genommen waren. In Hinsicht der Pulsfrequenz wollen Lichtenfels und Fröhlich zunächst Sinken, dann erst die erhebliche Steigerung erfolgen gesehen haben; die neueren Versuche ergeben bei hypodermatischer Injection nicht zu grosser Dosen Steigerung des Pulses um 12–30—40 und mehr Schläge in der Minute; bei zu starken Dosen kann der Puls unregelmässiger und kleiner, ja selbst verlangsamt werden (Eulenburg). Meuriot sah schon nach 0,001 Atropinsulfat Pulsbeschleunigung, nach grösseren Dosen hielt dieselbe mehrere Tage an und machte dann einer Pulsverlangsamung Platz. Bei Vergiftungsfällen sind Pulse von 130—140 verchiedentlich beobachtet (Schmidt u. A.). Erectionen und allgemeine geschlechtliche Aufregung gehören zu den minder constanten Erscheinungen der Atropinwirkungen; im Schmid'schen Falle werden erotische Bewegungen notirt. In demselben Falle schwand das Gedächtniss vor den übrigen Hirnfunctionen.

In den schwersten Fällen der Intoxication steigen meist die angegebenen Symptome zu ausserordentlicher Höhe; es kommt zu völliger Aphagie und Aphonie; manchmal ist es unmöglich, Flüssigkeiten hinunterzubringen und bei dem Versuche dazu resultiren allgemeine Convulsionen, wodurch das Krankheitsbild einige Aehnlichkeit mit demjenigen der Hydrophobie gewinnt. Zuckungen in den Gesichtsmuskeln, klonische Krämpfe der Extremitäten, Zähneknirschen, selten Trismus, treten hinzu, daneben eigenthümliches fibrilläres Zucken in einzelnen Muskeln (Masseter., Pector. major). Dem Zustande höchster Excitation folgt Coma (Parese und Paralyse der unteren Extremitäten, Bewusstlosigkeit, Anästhesie, röchelnde und stertoröse Respiration), das in den Tod, der schon in 2 Std. erfolgen kann (Ploss), oder in einen gesunden Schlaf, oder wiederum in einen Zustand von Exaltation und Delirium übergeht. In einzelnen Fällen wechseln Sopor und Delirien mehrfach mit einander ab, wodurch eine Art Periodicität des Krankheitslaufes bedingt wird (Andrew). In den schwersten Fällen kommt es zu Paralyse der Sphincteren der Blase und des Mastdarms mit unwillkürlicher Entleerung von Harn und Koth.

Schwinden des Bewusstseins kann schon in 1½ Stunden erfolgen (Cohn und Körner); die Zufälle selbst können, namentlich bei Abwechslung von Delirien und Coma, sich sehr in die Länge ziehen, z. B. im Falle von Andrew mehrere Tage, indem zuerst 48stündiges Coma, dann ebensolange dauernde Agitation und Delirien eintraten. Neudörfer sah nach hypodermatischer Injection von 0,006 11stündige Delirien und 18stündigen Sopor. Die Genesung erfolgt bis auf die Störungen des Sehvermögens und Mattigkeit, die stets einige Tage dauern, meist rasch; doch kommt bisweilen vor, dass das Bewusstsein sich nach drei Tagen nicht wieder völlig geklärt hat (Neudörfer). Sehr ausgesprochen sind in der von Kleinwächter mitgetheilten Beobachtung die drei verschiedenen Grade des Atropismus acutus bei den Vergifteten, je nach der genossenen Quantität.

Vergiftungssymptome bei Thieren.

Im Wesentlichen sind die Vergiftungserscheinungen bei Thieren von derselben Art, doch tritt bei Säugethieren, insbesondere Hunden und Katzen, nicht selten bei Application per os sofort Speichelfluss und starke Absonderung von Schleim aus dem Munde neben Schlingbeschwerden und heftigen Kaubewegungen auf. Würgen, Brechneigung und wirkliches Erbrechen fehlen nicht; ebensowenig die Mydriasis und Raucedo. Die Respiration nimmt anfangs an Zahl ab, wird tief und mühsam, später beschleunigt und keuchend; die Pulsfrequenz steigt, und zwar bedeutender beim Hunde als beim Kaninchen. Im Allgemeinen sind die Zeichen der Agitation nicht so gross, vielmehr überwiegt die Lähmung und Schwäche. Auch hier verschwindet die Coordination der Bewegungen und bisweilen wird eine Art Reitbahngang beobachtet (Lemattre). Vor dem Tode, aber auch schon früher und ohne im Zusammenhange mit der Blutveränderung zu stehen, treten meist Convulsionen auf, die nicht selten tetanischen Character tragen.

Auch bei Fröschen tritt die Lähmung in den Vordergrund; bei diesen wird durch grössere Dosen die Herzaction verlangsamt und steht sogar still (Botkin, Meuriot). Auf das wegen seines späten Auftretens oft übersehene Stadium der Convulsionen bei Atropinvergiftung von Fröschen, das sich nach Beendigung des Stadiums der Lähmung der motorischen und sensiblen Nerven, ohne dass diese complet gewesen zu sein braucht, in Folge stark toxischer, der minimalen letalen Dosis nahe kommender Mengen entwickelt, hat zuerst Fraser, später Ringer und Murrell (Journ. Anat. 11. 323), die Aufmerksamkeit gelenkt.

Chronische Atropinvergiftung.

Durch den längeren Gebrauch von Atropin in Collyrien kann ein Zustand erethischer Schwäche mit Darniederliegen der Assimilation entstehen, der nur durch das Unterlassen der Einträuflungen schwindet und als Atropinismus chronicus zu bezeichnen ist. Von den Symptomen der acuten Atropinvergiftung findet sich hier Nichts (v. Gräfe, Arch. Ophth. **10.** 2. 62. 1864). Die in dem Process Jeanneret angeregte Frage, ob der fortwährende Gebrauch kleiner Gaben Atropin zu einem Zustande cerebraler Exication oder geistiger Störung führe, ist nach den Erfahrungen in Augenheilanstalten, wo selbst jahrelanger Gebrauch solche Erscheinungen nicht zeigt, zu negiren. Nach Versuchen von Anreps über die Gewöhnung an Atropin treten bei Hunden bei mehrmaliger Wiederholung kleiner giftiger Gaben Atropin (1—3 Mgm.) die leichten Vergiftungserscheinungen (Zittern, Veränderung in der Hautempfindlichkeit) nicht mehr auf, auch steigt die Pulsfrequenz nicht mehr in der früheren Weise und nimmt überhaupt einen niederern Stand als in der Norm in Folge einer gewissen Herzschwäche ein; dagegen kommt es stets zu Pupillenerweiterung und kurzdauerndem Versiegen der Speichelsecretion. Auch die sehr heftigen Vergiftungserscheinungen nach Dosen von 0,05—1,0 nehmen an Intensität allmälig ab und nur die Einwirkung auf Herz, Pupille und Speicheldrüsen persistirt; während aber bei kleinen Dosen des Allgemeinbefinden ungeändert ist, werden bei sehr grossen Gaben die Thiere trübsinnig, matt, verlieren die Fresslust und magern in Folge davon hochgradig ab. Sehr grosse Gaben, wie 2,4, können auch in solchen Fällen hochgradige Vergiftung hervorrufen.

Leichenbefund bei acuter Atropinvergiftung.

Das bisher vorliegende Material über Atropinvergiftung beim Menschen ist zu gering, um über die Verhältnisse des Leichenbefundes positive Daten zu geben; doch ist kein Grund zu der Annahme vorhanden, dass die Sectionsergebnisse andre wie bei der Belladonnavergiftung sind, wo man gewöhnlich, jedoch keineswegs constant, starke Hyperämie der Hirnhäute und des Gehirns, ebenso der parenchymatösen Organe des Unterleibes und der Lungen, flüssiges dunkles Blut, bisweilen Ekchymosen auf den serösen und Schleimhäuten, besonders im Mund und Schlunde, antrifft, während im Magen und Darm keine Abnormitäten sich finden. Die Erweiterung der Pupille kann nach dem Tode fortdauern (Kürnberger). Ganz analog verhält sich der Leichenbefund bei Thieren nach Atropinvergiftung. Nach Schroff kommt bei Kaninchen nach letalen Dosen von Atropin, Daturin und Hyoscyamin Lungenentzündung, vermuthlich Schluckpneumonie, zu Stande, die auch post mortem zu constatiren ist.

Behandlung der acuten Atropinvergiftung.

Die Behandlung der Atropinvergiftung geschieht vorwaltend mittelst organischer Antidote, von denen zunächst der Wein (Lussana), dann die Opiaceen, insbesonderr Morphin, neuerdings vereinzelt Calabarbohnenextract (Kleinwächter) und in mehreren Fällen Pilocarpin (vgl. S. 846) in Anwendung gezogen wurden.

Thompson hat Kali causticum bei Atropinvergiftung, Garrod (Bull. de Thér. 54. 1858. p. 168) die Thierkohle bei Intoxication mit Solaneen überhaupt empfohlen. Reil und Saiz Rioyo (Rév. thér. 67. 1854) rühmten Jodjodkalium, Morel Tannin als chemisches Antidot. Lange sah vom Jodjodkalium keinen besonderen Effect. Lussana erklärt den innerlich oder im Clystier zu reichenden Wein für ein so sicheres Specificum bei Atropinvergiftung, dass er selbst die Anwendung der Emetica überflüssig machen soll; auffallend ist, dass in einzelnen Fällen von Vergiftung mit atropinhaltigen Substanzen enorme Quantitäten ertragen wurden, so dass z. B. ein $6^1/_2$ Monate altes Kind 12 Unzen starken Wein ertrug (Castaldi, Gaz. méd. d'Orient. 4. 5. 1860). Arnica montana und Pulsatilla als Antidote der Belladonna sind vergessen, und überhaupt ist es bei der relativ günstigen Prognose der Intoxication mit Atropin und atropinhaltigen Substanzen, die selbst bei der absolut zu missbilligenden älteren Behandlung mit Essig sich ergiebt, schwer, im Einzelfalle den Werth des Antidots zu bestimmen.

Physiologischer Nachweis.

Zu dem physiologischen Nachweise einer Atropinvergiftung ist schon längere Zeit die Application der verdächtigen Flüssigkeit auf ein Auge einer Katze, um Pupillenerweiterung und Unempfindlichkeit gegen Lichtreiz hervorzurufen, im Gebrauche. Dieser Versuch verdient bei der grossen Susceptibilität der Katzeniris, wie es Tardieu und Roussin thun, bei dem Mangel characteristischer chemischer Reactionen als das eigentliche Atropinreagens bezeichnet zu werden. Dieselben wählen dazu Kaninchen, doch ist die schon von Runge empfohlene Katze weit empfindlicher, und daher, obschon nicht so gut zu manipuliren, geeigneter, das Phänomen zu bedingen, welches man natürlich nur an Einem Auge hervorrufen darf, um an dem anderen eine Controle zu haben. Man bringt einige Tropfen des aus den organischen Massen möglichst isolirten gelösten Alkaloids auf die Conjunctiva, wobei man das untere Augenlid so lange etwas vom Augapfel abzieht, bis das Fluidum resorbirt ist. Durch vergleichende Versuche mit Atropinlösungen verschiedener Stärke wird man im Stande sein, aus dem Intervalle des Eintrittes und der Dauer der Erweiterung annäherd die Menge zu bestimmen, welche ein Tropfen der verdächtigen Flüssigkeit enthielt. Von Lemattre ist auch der Humor aqueus zur physiologischen Prüfung empfohlen; die Beobachtungen von de Ruyter sprechen nicht stark zu dessen Gunsten. Die interne oder subcutane Application bei Kaninchen (Tardieu und Roussin) ist unbedingt zu verwerfen. — In den Organen der von der Jeanneret vergifteten Personen wurde Atropin in der oben angegebenen Weise von Piachaud nachgewiesen.

Therapeutische Anwendung.

In der Therapie sind ausser dem Alkaloide selbst hauptsächlich nur zwei Salze desselben verwerthet, nämlich das allgemein officinelle schwefelsaure Atropin, Atropium s. Atropinum sulfuricum, und das baldriansaure Atropin, Atropinum valerianicum. Atropin und Atropinsulfat sind sowohl äusserlich als innerlich zu denselben Zwecken angewendet, während das Atropinvalerianat auf den inneren und hypodermatischen Gebrauch bei besonderen Krankheitszuständen beschränkt geblieben ist. In Bezug auf die beiden erstgenannten ist zu bemerken, dass, während früher vorzugsweise das reine Alkaloid oder ein durch Zusatz von Säure zum Solvens ex tempore dargestelltes Salz gebraucht wurde, jetzt allgemein das Sulfat in Gebrauch gezogen wird, das zur äusseren Anwendung wegen seiner leichteren Löslichkeit entschiedene Vorzüge besitzt. Bei der Leichtzersetzlichkeit von Atropinsulfatlösungen hat Tichborne (Un. pharm. 19. 199. 1878) salicylsaures Atropin vorgeschlagen, das durch Leichtlöslichkeit (1:20 Wasser), Haltbarkeit, energische mydriatische Wirkung und Abwesenheit von Irritation sich auszeichnen soll, aber allgemeine Verbreitung bisher nicht gefunden hat. Atropin und Atropinsulfat werden gebraucht:

a) in der Augenheilkunde in allen Fällen, wo eine Erweiterung der Pupille zu diagnostischen oder curativen Zwecken indicirt ist. So behufs der Untersuchung des Augengrundes mittelst des Augenspiegels bei grosser Enge der Pupille oder bei Opacität der brechenden Medien, auch bei der Untersuchung mit schräger Beleuchtung, zumal zur Feststellung von Linsentrübungen, sowie zur Diagnose von Refractionsanomalien, ferner zur Vorbereitung zu Augenoperationen (Kataract), oder um bei Cataracta centralis oder centraler Trübung der Cornea das Sehen zu ermöglichen (Donders), besonders aber um bei Iritis die Entstehung von Adhäsionen zu verhüten und frisch gebildete Synechien zu zerreissen, endlich um bei perforirenden Hornhautwunden oder Hornhautgeschwüren drohenden Prolapsus iridis zu beseitigen. Unter allen diesen Verhältnissen hat das Atropin die früher üblichen Belladonnapräparate zur Erweiterung der Pupille völlig verdrängt, wird aber neuerdings zu diagnostischen Zwecken von dem kürzere Zeit die Accomodation störenden Homatropin oft ersetzt. Die trefflichen Erfolge, welche die neuere Schule bei Iritisbehandlung aufzuweisen hat, verdankt sie vorzugsweise dem Atropin. Ebenso viel leistet dasselbe zur Verhütung von Iritis nach Extraction oder Discission der Linse.

b) bei entzündlichen Zuständen des Auges überhaupt, insbesondere wenn dieselben mit starken Schmerzen, Lichtscheu und Thränenfluss verbunden sind, namentlich bei Cornealaffectionen, ebenso nach Verletzungen der Cornea mit oder ohne Irisaffection (v. Gräfe, Wernher, Mosler). Mosler giebt an, dass adstringirende Augenwässer und besonders stärkere Cauterisationsmittel besser ertragen wurden und rascher Erfolg hatten, wenn die übermässig gesteigerte Reizbarkeit vorher durch Atropin abgestumpft wurde. Contraindicirt ist Atropin bei chronischem Glaucom, da es den intraoculären Druck steigert und das Leiden häufig in Glaucoma acutum verwandelt.

c) bei Myopie, wo es zu längerem Gebrauche in nicht zu hochgradigen Fällen zuerst 1871 von Schiess-Gemuseus (vgl. die Diss. von Hosch) empfohlen wurde.

d) bei krampfhaften Affectionen, so vorzugsweise gegen Chorea (Bouchardat und Cooper), sowie gegen Epilepsie (Namias, Lussana, Croserio, Volonterio, Krug, Lange, Reil), besonders in frischen Fällen sehr wirksam, in älteren günstig durch Abkürzung der Anfälle psychischer Störung (Erlenmeyer), gegen Hysterie (Reil, Azario) und dabei bestehende spastische Contracturen (Boissario, Benedict), bei Laryngospasmus (Mayer, Lac de Bosrédon), endlich bei Krampfwehen (Breslau).

Die Empfehlung des Atropins gegen Keuchhusten (Ingman, Wigleworth) und Asthma (Michéa) scheint wenig begründet; palliative Effecte hat es subcutan bei Blepharospasmus (v. Gräfe), curativen mitunter bei Schreiberkrampf (Reuben); vielleicht bei Eklampsie (Michéa); erfolglos ist es bei Hydrophobie (Richidini, Oulmont) und nach den vorliegenden Erfahrungen bei Menschen und Pferden (Amory, St. Cyr) gegen Tetanus und Trismus. — In der Epilepsie, wo Atropin jetzt durch Bromkalium fast ganz verdrängt ist, und bei Nervenleiden überhaupt wird von Einzelnen das Atropinvalerianat als besonders wirksam erachtet. Dieses empfahl 1853 Michéa gegen Epilepsie, Hysterie, Veitstanz, Keuchhusten und Asthma als werthvolles und sowohl der Belladonna als dem Baldrian als Antiepilepticum vorzuziehendes, auch durch Sicherheit der Dosirung ausgezeichnetes Medicament, und erklärte es bei dem erstgenannten Leiden in allen Altersclassen und dann besonders indicirt und heilend, wenn die epileptischen Anfälle noch neueren Datums sind und wenn intellectuelle Störungen weder vor noch nach denselben auftreten, während in veralteten oder mit Geistesstörung complicirten Fällen danach nur Seltner- und Schwächerwerden der Anfälle erfolge. Auch später veröffentlichte er Fälle, wo die Heilung insofern sicher gestellt wurde, als die Anfälle seit 2—3—4 Jahren ausgeblieben waren. Bestätigung dieser Angaben kamen bald in Frankreich durch Tussy, Dollez und Pichot, in Deutschland durch Maresch und Scholz, in Holland durch Schneevogt und Kroon. Nach Schroeder van der Kolck wurden von 34 meist veralteten Fällen von Epilepsie 1 geheilt, 15 gebessert (sämmtlich idiopathische Epileptiker, die nach dem Mittel keine Intoxicationssymptome zeigten) und 18 (sämmtlich frischere Fälle hysterischen Ursprungs mit Aura und mit Intoxicationsphänomenen) nicht gebessert, so dass grade veraltete Fälle günstig beeinflusst wurden.

e) als schmerzstillendes Mittel, besonders bei verschiedenen Neuralgien, wo es die meisten Autoren äusserlich, namentlich endermatisch und subcutan, als werthvolles, manchmal nach vergeblichem Morphingebrauche noch sehr nützliches, oft radical heilendes Medicament empfehlen. So bei Neuralgien Lussana, Brookes, Brambilla, Morganti, Croserio, Müller in Wiesendanger, Scholz, Bell,

Behier, Courty, Oppolzer, Lorent, Eulenburg, Guitard u. A., bei Neuritis radialis Oppolzer, bei syphilitischen Knochenschmerzen Südeckum, bei Muskelrheumatismus Béhier und Wilson, von Ersterem auch bei Traumen und Carc. uteri, bei Gelenkentzündung Garrod, Otitis (Theobald) u. a. m. Einzelne rühmen auch sehr die Combination von Morphin und Atropin, so v. Gräfe, Fraigniaud, der auf diese Weise sehr grosse Dosen beider Alkaloide zur Wirkung bringen zu können glaubt u. a. m. Saemann empfiehlt das Valerianat. Hierher gehört auch die günstige Wirkung bei Tenesmus im Verlauf von Dysenterie (Guitard).

f) gegen Psychosen. Erlenmeyer will das Mittel subcutan mit sehr gutem Erfolge bei periodischer Tobsucht benutzt haben, während Maresch keinen Einfluss des innerlich applicirten Atropins constatiren konnte.

g) gegen Neurosen der Blase, (Ischurie, Enuresis).

h) gegen abnorm vermehrte Secretionen, wo das Atropin vom physiologischen Gesichtspunkte sehr indicirt ist, insbesondere bei profusen Schweissen und Salivation. Das Atropin wurde 1872 zuerst von Sydney Ringer und Wilson in Philadelphia fast gleichzeitig gegen profuse Schweisse und in specie Nachtschweisse der Phthisiker empfohlen und dessen Wirksamkeit, die in manchen Fällen eine curative, stets aber eine entweder in der der Application folgenden Nacht den Schweiss völlig sistirende oder doch sehr beschränkende ist, wenn auch manchmal beim Fortschreiten der Phthise sich erhöhete Dosen nöthig machen, dann von Fraentzel (Arch. path. Anat. 58. 120. 138. 1873. Charité Ann. 1. 374. 1876), Williamson und Harsall (Lanc. Juli 25. 1874), Oettinger (Wien. med. Pr. 34. 1877), Fothergill (Pract. 17. 409. 1876), Vulpian, Royet und Mader in vollem Masse bestätigt wurden. Fraentzel fand das Mittel ebenso erfolgreich bei Schweissen in der Trichinose und im acuten Gelenkrheumatismus; ebenso Mader bei verschiedenen anderen Schweissen. Beliebt scheint nach Vulpian die Darreichung von Pillen von $^1/_2$ Mgm., von denen meist 2—3 und bei Hysterischen selbst 3—4 St. in 2 st. Intervallen, die letzte Pille 1—2 Std. vor Ausbruch des Schweisses zu reichen sind. Ebstein (Berl. kl. Wchschr. 25. 1873) wies zuerst auf die Verwendung bei Speichelfluss hin. Neuerdings haben Stephanides und Nowatschek (Wien. med. Pr. 28. 1879) günstige Erfolge in mehreren Fällen von Spermatorrhoe gehabt Whelan (Lancet. Sept. 2. 1882) rühmt Atropin bei nächtlichen Pollutionen und als Abortivmittel bei Coryza.

i) gegen Prurigo und Urticaria (Fraentzel).

k) bei Hitzschlag. Das Mittel soll hier nach Barnell (Am. Journ. med. Sc. 111. 1875) bei sehr verlangsamtem Pulse, oberflächlicher Athmung und Pupillencontraction indicirt sein. Curtis Smith widerräth Atropin bei der apoplektischen Form des Sonnenstichs.

l) im Collaps, insbesondere bei Cholera nostras (Oglesby). Hier ist die Action auf Gefässsystem und Temp. das indicirende Moment.

m) bei Vomitus gravidarum. Die von Comegys (Philad. Rep. July 11. 1870) befürwortete Anwendung hat nur Erfolg, wenn die Dosen sehr hoch gegriffen werden.

n) gegen Angina tonsillaris. Hier räth Popper Belladonnatinctur,

Ingman (Journ. Pharmacod. 1. 3. 308) Atropinlösung innerlich sowohl als äusserlich (Bestreichung der Mandeln) an.

o) gegen Obstipation (Al. Martin, Fleming). Fleming (Journ. méd. Brux. Fevr. 1866) das Atropin indicirt, weil es die Schleimabsonderung im Darme vermindere und der Contact der Kothmassen mit der entblössten Mucosa Contractionen hervorrufe.

p) gegen Intermittens (Bouchardat, Croserio). Lussana will sogar Fälle, wo Chinin 2 Monate wirkungslos blieb, durch Darreichung von höchstens 0,03 Gm. Atropin, rasch geheilt haben; Rieken empfiehlt bei intermittirenden Neuralgien eine Combination von Chinin und Atropin.

q) zur Verhütung von urämischen Anfällen (Curtis Smith).

r) bei Blutungen, bei Menorrhagie und Haemoptysis empfahl Tacke (Berl. klin. Wchschr. 6. 1881) Atropin als das Mutterkorn übertreffend.

s) als Antidot verschiedener Vergiftungen, namentlich derjenigen mit Opiaceen und Morphin, mit Chloral und Chloroform, mit Blausäure, mit Pilocarpin, Physostignin und Calaberbohne, mit dem Fliegenpilze und Pilzen überhaupt.

Antagonismus des Atropins. Der reelle Werth, der sich dem Atropin bei manchen dieser Vergiftungen nicht abstreiten lässt, hat zu der jetzt ziemlich abgeschlossenen Lehre vom Antagonismus verschiedener Gifte den Anstoss gegeben, deren eingehende Beleuchtung nicht hierher gehört, bezüglich deren wir aber die verschiedensten Facta, soweit das Atropin dabei in Betracht kommt, kurz berühren müssen. Morphin. Am meisten ventilirt ist die Frage des Antagonismus von Atropin und Morphin resp. der Belladonna und des Opiums, welche nicht, wie meist angegeben wird, zuerst von Anderson angeregt, der 1854 Belladonna in 2 Fällen von Opiumvergiftung anwandte, sondern weit älteren Datums ist, indem schon 1810 Autenrieth (vgl. die Tübinger Diss. von Lipp De veneficio baccis belladonnae producto atque opii in eo usu) die Anwendung des Opiums bei Belladonnavergiftung befürwortete. Die aus der äusserst reichhaltigen Literatur zu ziehenden Schlusssätze sind folgende:

1) Der Antagonismus ist nicht ein derartiger, dass der gleichzeitige Gebrauch alle Intoxicationssymptome aufhebt; vielmehr giebt es complexe Vergiftungen mit Belladonna und Opium, in denen seltener die Symptome des Morphismus, gewöhnlich die des Atropismus in den Vordergrund treten. So prävaliren z. B. in einem Falle von Wickham Legg (Med. Times. Nov. 1866. 473) entschieden die Atropinsymptome nach innerlicher Einverleibung von einem 0,35 Belladonnaextract und 2,0 Opiumtinctur enthaltenden Linimente, und ebenso in den Selbstversuchen von Denis, wo 1 Mgm. Atropin mit 1 Cgm. Codeïn resp. Narceïn hypodermatisch applicirt wurden, dagegen die des Morphismus nach Subcutaninjection von 5 Cgm. Morphinsulfat und $2^1/_2$ Mgm. Atrop. sulf. Ausnahmsweise kommen Symptome gemischter Intoxication vor, wie z. B. in Cotters (Med. Times. May 21. 1870) Falle von complexer Vergiftung mit 1,5 Extr. Belladonnae und 0,8 Opium psychische Erregung und Dysphagie neben Myosis.

2) Noch viel weniger ist der Antagonismus ein solcher, dass er sich auf alle Systeme oder alle Organe, welche die beiden Alkaloide afficiren, bezieht. Wenn sich ein Gegensatz der Wirkung auch in Bezug auf die Pupille (und

die Accomodation (A. v. Gräfe), auf Athmung und Hirnerscheinungen (Erlenmeyer) nicht verkennen lässt, so fehlt er doch in Bezug auf Temperatur (Oglesby), Puls, Trockenheit der Schleimhäute und das Verhalten der Secretionen, Peristaltik und Sensibilität (Erlenmeyer, Mitchell, Kean und Morehouse). Im Allgemeinen prävalirt die Wirkung des Atropins, so dass es leicht ist, durch dieses z. B. die Opiummyose zu beseitigen, während das Umgekehrte nur ausnahmsweise, wenn überhaupt gelingt und selbst bei Vergiftungen mit sozusagen minimal toxischen Mengen Atropin (2,5 Mgm. und weniger) trotz grösseren Mengen Morphins die Mydriasis Stunden und selbst Tage lang persistirt (vgl. Finny, Med. Press. July 24. 1872). Der vielfach ausgesprochene Satz, dass nur das lähmende Gift die Wirkung des excitirenden aufhebe, gilt für Atropin und Morphin insofern nicht, als man bei morphinisirten Thieren die erregende Wirkung des Atropins auf das stark herabgesetzte respiratorische Centrum leicht constatiren kann. Die durch Atropin bedingte Abnahme des Stupors in der Opiumvergiftung ist allerdings nicht ein Beweis für eine Action durch directe Erregung des Gehirns, da derselbe mit der Kohlensäureanhäufung im Blute wenigstens theilweise zusammenhängt, welche die durch Atropin beschleunigte Athmung verändert.

3) Ebenso wenig ist der Antagonismus ein solcher, dass der Tod in allen Fällen von Atropinvergiftung durch Morphin und von Morphin- resp. Opiumvergiftung durch Atropin abgewendet werden könnte. Schon Anderson hatte einen Todesfall durch Morphin der antagonistischen Behandlung zum Trotz zu beklagen und aus der neueren Literatur des Morphinismus und Atropinismus lassen sich zahlreiche Fälle nachweisen, in denen Atropin resp. Morphin erfolglos blieben. Dass durch die antagonistische Behandlung eine Besserung der Mortalität älteren Behandlungsmethoden gegenüber erzielt ist, wird freilich von verschiedenen Seiten behauptet, doch lehrt eine genaue Prüfung der Krankengeschichten, dass die bisherige Statistik nicht entscheidend ist, insofern die Behandlung meistens nicht eine ausschliesslich antagonistische war. Die bisher versuchte Statistik ist sehr widersprechend. Für die Intoxication mit Atropin und atropinhaltigen Drogen sind die mitgetheilten Zahlen auf jeden Fall zu klein. Nach einer Tabelle von Fitz kommen auf 74 ohne Belladonna behandelte Fälle von Opiumvergiftung 15 Todesfälle (20,3 %) und auf 17 Fälle, in denen Belladonna gebraucht wurde, 4 T. (23,5 %); von 15 mit Morphin behandelten F. von Belladonnavergiftung starben 2, von 13 ohne Atropinbehandlung nur 1. Dagegen hat Curtis Smith (Philad. med. Rep. 381. 401. 1874) 74 Fälle antagonistisch behandelten Opiumvergiftungen (darunter aber nur 30 von ausschliesslicher Belladonnabehandlung) zusammengestellt, welche nur 4 Todesfälle (5,5 %) umfassen, während von 11 ohne Belladonna Behandelten 3 starben.

4) Es lässt sich nicht leugnen, dass in manchen Fällen, wo der menschliche Organismus mit dem einen Alkaloide imprägnirt ist, sehr erhebliche Dosen des andern tolerirt werden und dass bei antagonistischer Behandlung mit Opium Vergifteter der Tod manchmal bei derartigen Dosen nicht eintritt, wo er sonst wahrscheinlich erfolgt sein würde. So ertrug ein mit 1 Unze Laudanum vergifteter Patient Adamsons (Brit. med. Journ. Janv. 6. 1865) nicht weniger als 10 Drachmen Belladonnatinctur. Hörings Patient, ein ½ jähriges Kind, erholte sich sehr rasch nach 0,03 Atropin. Den vollgültigsten Beweis für diesen Satz liefern die Mittheilungen von Johnston in Shangai, der grosse Atropindosen in 17 äusserst schweren Fällen von Opium-

vergiftung 11 mal mit lebensrettendem Erfolge anwandte. Nach Johnston ist das Atropin grade bei solchen schweren, mit starkem Sopor, hochgradiger Myosis, completer Insensibilität und stertoröser Athmung verbundenen, nicht bei leichten Vergiftungen indicirt.

5) Dagegen wird bei Thieren die letale Dosis des Morphins resp. Atropins durch die Combination mit dem Antagonisten nicht geändert. Dieses Resultat der Versuche von Onsum und Camus hat auch Bennett (Report on the antagonism of medicines. 1874) im Wesentlichen erhalten; doch fand er, dass in einzelnen Fällen nach Application letaler Dosen von Morphiummeconat das letale Ende hinausgeschoben und mitunter verhütet wurde, während die Atropinvergiftung bei Thieren durch Morphin constant ungünstig beeinflusst wurde und der Tod früher eintrat. Knapstein hatte in 2 Versuchen von combinirter Anwendung von Morphin und Atropin letalen Ausgang nach nicht tödtlichen Gaben jedes einzelnen Alkaloides, in 2 anderen keinerlei antidotarischen Effecte.

6) Sowohl bei Menschen als bei Thieren ist Besserung der Erscheinungen der Morphinvergiftung nach Anwendung von Morphin in einzelnen Fällen unverkennbar; bei Anwendung von Morphin gegen Atropinismus ist dies weniger der Fall, mitunter gradezu Verschlimmerung nachweisbar; findet Besserung statt, so ist diese höchstens in einer gewissen Beruhigung gegeben, die in dem Excitationsstadium eintritt. Die Wirkung des Atropins bei Morphinvergiftung zeigt sich am Menschen durch ruhigere Athmung und vollen Puls (Johnston); bisweilen wird die Athmung auch rascher und die Tiefe des Coma nimmt ab. Diese Effecte sind mitunter, wie auch gleichzeitig die für den Verlauf und die Prognose irrelevante Umwandlung der Myose in Mydriasis, sehr rasch, manchmal indess nur bei den ersten Dosen bemerkbar (Evans). Bei Morphinvergiftung von Hunden mit completer Lähmung des Sensorium, bedeutender Retardation und Abnahme der Energie des Herzschlages, ganz oberflächlicher Athmung und starkem Sinken der Rectaltemperatur sahen Binz und Heubach nach $^1/_2$ Mgm. Atropin subcutan Zeichen des Erwachens und Besserung der Herz- und Athemfunction bei gleichbleibender Eigenwärme.

7) Die günstigen Effecte des Atropins bei Morphinvergiftung beruhen wesentlich in der Besserung der Respirations-, möglicherweise auch der Circulationsverhältnisse. Wood hält die directe Stimulation des respiratorischen Centrums durch Atropin für die wesentliche Wirkung, woraus dann indirect die Abnahme des Stupors resultire, insoweit derselbe mit Kohlensäureanhäufung in Connex stehe. Auch Johnston fasst das Atropin wesentlich als ein Ersatzmittel der künstlichen Respiration auf. Bennett hält die Contraction der Arterien (?) für die Hauptbedingung der günstigen Effecte. Binz und Heubach statuiren neben der Erregung des Athemcentrums eine Aufbesserung des geschädigten Blutdruckes, der regelmässig nach Einführung kleiner Mengen Atropin ansteige, als Ursache der Besserung des Allgemeinbefindens. Die etwaigen günstigen Effecte des Morphins bei Atropin können nur in der Erhaltung der Kraft beruhen, welche bei Delirium furibandum gefährdet wird.

8) Die antagonistische Behandlung der resp. Vergiftungen schliesst die mechanische und chemische Therapie derselben in Fällen, wo diese möglich sind, nicht aus. Johnston widerräth in schweren Fällen von Morphinismus nach Injection des Atropin die künstliche Respiration als den Schlaf störend und des ambulatory treatment als die Körperkraft abnutzend.

Die antidotarische Wirkung des Atropins bei Chloralvergiftung scheint durch einen Fall beim Menschen (Berl. klin. Wchschr. 389. 1876) gestützt zu werden. Bei tief chloralisirten Kaninchen wirkt Atropin besser als irgend ein Excitans oder Amylnitrit, indem es die Respiration hebt und die Bronchialsecretion vermindert (Th. Husemann und Kroeger, Arch. exp. Path. 6. 335.) Chloral.

Zur Verhütung von Chloroformsyncope empfahl zuerst Schaefer (Brit. med. Journ. Oct. 16. 1880) Subcutaninjection von Atropin vor Beginn der Narkose, welchem Verfahren Curtis Smith und Whelan das Wort redeten. Fraser (ibid. Oct. 30. 1880) combinirt dabei ½—1 Mgm. Atropinsulfat mit 5—7,5 Mgm. Morphin. Chloroform.

Preyer (Die Blausäure. 1868) bezeichnete Atropin nach Massgabe seiner Herzwirkung als den directesten Antagonisten der Blausäure. Wenn schon die Versuche Preyers, wonach bei vorheriger Einspritzung von 1 Mgm. Atropin letale Blausäuremengen nicht tödten und auch bei nicht zu weit fortgeschrittener Blausäureaction Vergiftung mit nicht zu grossen Dosen durch Atropin glücklich beendet werden können, so ist doch bei den zu Selbstmordzwecken meist benutzten enormen Dosen Blausäure oder Cyankalium vom Atropin wenig zu erwarten. Schon Bartholow limitirte den antidotarischen Werth auf protrahirte Vergiftungen durch die kleinsten letalen Blausäuremengen. Blausäure.

Ueber den Antagonismus des Atropins und des Muscarins, Pilocarpins und Physostigmins vgl. S. 294. 841 und 1057. Der Effect des Atropins ist überall der vorwiegende (vgl. besonders Rossbach, Arch. ges. Physiol. 21. 21.) Muscarin. Pilocarpin und Physostigmin.

Ein gewisser Antagonismus besteht nach Surminski zwischen Nicotin und Atropin, insofern Atropin die durch Nicotin bedingte starke Steigung des Blutdrucks aufhebt, ohne die Nicotinmyose in Mydriasis zu verwandeln; dagegen steigert Nicotin nicht den durch Atropin herabgesetzten Blutdruck. — Pantelejeff (Centrbl. med. Wiss. 529. 1880) statuirt auch einen Antagonismus von Chinin und Atropin, indem letzteres Chininstillstände des Frosch- und Kaninchenherzens aufhebt. Diese sog. Antagonismen sind rein physiologische, nicht therapeutische. Nicotin. Chinin.

In der Augenheilkunde wird jetzt fast ausschliesslich das Atropinsulfat in wässeriger Lösung als Augentropfen gebraucht, während man in früherer Zeit mehr das Alkaloid, in Wasser oder mit Salzsäure, Schwefelsäure oder selbst Salpetersäure in sehr geringen, zur Lösung ausreichenden Mengen versetztem Wasser gelöst, in Gebrauch zog (Wilde u. A.). Bei Anwendung des Atropinsulfats behufs Herstellung stärkerer Lösungen darf kein Zusatz von Säure benutzt werden, da durch so bereitete Solutionen die bei längerem Gebrauche resultirende Irritation der Augenbindehaut weit früher eintritt. Man thut sogar gut, auf dem Recepte ausdrücklich Atrop. sulfur. plane neutrale zu verordnen. Von der Bevorzugung englischen Atropins ist man mit Recht ganz zurückgekommen; die dem deutschen Fabricate zugeschriebene Reizung der Conjunctiva kommt bei längerem Gebrauche jeder Atropinsorte vor, ist übrigens häufig Folge davon, dass man alte Atropinsolutionen benutzt, in denen sich Hygrocrocis- und Leptomitus-Formen gebildet haben, deren Entwicklung auf Kosten des Atropins stattfindet, so dass derartige Lösungen an mydriatischer Wirksamkeit verlieren (Gubler). Zur Verhütung davon ist ein Zusatz geringer Mengen Borsäure oder Phenol zu empfehlen (Kraemer). Gebrauchsweise.

Die Lösungen des Atropinsulfats müssen je nach dem Zwecke, zu dem die Mydriasis erzielt werden soll, von verschiedener Stärke sein. Zur Pupillenerweiterung behufs Augenspiegeluntersuchungen werden sehr diluirte, zur Untersuchung von Refractionsanomalien stärkere, zur Beseitigung von Iritis, Synechien u. dgl. nur concentrirte Solutionen benutzt. Als Lösungen von mittlerer Stärke sind solche von 1 Th. Atropinsulfat in 250—500 Th. dest. Wasser zu betrachten; die stärksten Lösungen, die nach dem Vorgange von Donders und Gräfe bei Iritis angewendet werden, sind 1:100—120, von denen unter Umständen alle 5—10 Min. und nach Beseitigung der Entzündung 8—14 mal täglich 6–8 Wochen hindurch 1 oder mehrere Tropfen mit einem Pinsel auf die Innenfläche des unteren Augenlids gebracht werden, welcher Applicationsweise Andre das Einträufeln in den äussern Augenwinkel vorziehen, um eine Weiterbeförderung durch den Ductus nasolacrymalis zu verhüten, die sich bei einzelnen Personen durch einen bitteren Geschmack im Munde, Kratzen und Trockenheit im Halse verräth. Ein Theil der letzteren Auflösung, mit 15 Th. dest. Wasser verdünnt, genügt zur vollkommenen Erweiterung mit vorübergehender Unbeweglichkeit, wenn die inneren Theile des Auges in allen Richtungen untersucht werden sollen; die Erweiterung tritt nach 30—45 Min. ein und die Störung im Sehen hält gewöhnlich nur 24 Stunden an. Wird 1 Th. der nämlichen Auflösung mit 80 Th. Wasser verdünnt, d. h. 1 Th. Atropin auf 9600 Th. Wasser, so erzeugen wenige Tropfen dieser Verdünnung, einige Secunden zwischen die Augenlider gebracht, nach 30—60 Min. eine ebenfalls zur Untersuchung der Augen ausreichende Erweiterung, wobei das Sehvermögen nicht merklich gestört wird und die Erweiterung nach 8—36 Stunden verschwunden ist (Donders, de Ruyter).

Statt Atropinlösungen wird auch sog. Atropinpapier (Straitfield), besonders in England, gebraucht, von welchem kleine quadratische Abschnitte auf die Conjunctiva gebracht werden, von denen ein jeder einer bestimmten Atropinmenge entsprechen soll (1 Tropfen ener Solution von 1 : 300); der Atropingehalt der einzelnen Abschnitte ist nicht immer gleich, da in dem Papier gleichmässige Vertheilung nicht stets stattfindet. Gleichförmiger ist diese in den Gelatineblättchen, welche neuerdings von Frankreich und Schweden (Almén) aus empfohlen werden und sich leicht in der Thränenflüssigkeit lösen, ohne Reizung zu veranlassen. Von den nach Almén angefertigten enthält jedes kleine Quadrat 0,5 Mgm. Atropinsulfat.

Epidermatisch kann man Atropin oder Atropinsulfat bei schmerzhaften Affectionen in Salben, aus Fett oder Wachssalbe bereitet, wobei man den wirksamen Stoff vorher zur Lösung bringt, anwenden. Guibert und Brookes nehmen hier vom Atropin sogar 0,2—0,3 auf 5,0—12,0 Vehikel, welche Salben aber da zu vermeiden sind, wo Excoriationen bestehen. Auch hier sind Lösungen in Alkohol (1 : 250) oder Wasser zu benutzen, die entweder eingerieben oder nach Garrod auf Charpie oder Leinwandcompressen unter Wachstuch applicirt werden. Zur endermatischen Anwendung würde ½—1 Mgm. in Milchzucker auf 24 Stunden für den Anfang ausreichen, welche Dosis dann vorsichtig gesteigert werden kann (Reil). Zur hypodermatischen Anwendung empfiehlt Béhier eine Lösung von 0,3 Atrop. sulf. in 30,0 Wasser, wovon 10 Tropfen entspr. 2 Mgm. Atropinsulfat injicirt werden. Man sei bei dieser Art der Administration sehr vorsichtig, da schon sehr unerhebliches Ueberschreiten der Dosis Intoxicationssymptome bedingen kann. Bourdon empfiehlt bei Neuralgien gleichzeitig die 4 fache Menge von Morph. zu injiciren. Bei Neuralgien ist selten mehr als 1 Mgm. nöthig; dagegen ist bei phthisischen Schweissen mitunter die Dosis auf 1,5 Mgm. und mehr zu erhöhen.

Zum inneren Gebrauche wird das Atropin in steigenden Gaben, von 0,5 bis 0,8 Mgm. gewöhnlich beginnend, in verschiedenen Formen gegeben. Die gebräuchliche Maximaldosis von 1 Mgm. (pro die 3 Mgm.) muss man allerdings in einzelnen Fällen überschreiten, und, wie bei hypodermatischer Anwendung, auf 2—3 und selbst auf 3—4 Mgm. steigern. Bei dem Gebrauche gegen Nachtschweisse nützt weniger als 1—1,25 Mgm. selten viel und bei längerem Gebrauche stumpft sich auch die Wirkung dieser oft ab. Bei Opiumvergiftung hat man meist in kurzen Intervallen bis zum Eintritt von Besserung zu gebende Dosen von 1 Mgm. empfohlen (Küthe, Wood); Johnston hat bei schwerer Intoxication selbst 0,015—0,05 angewandt! Immer aber ist Reils Forderung, mit ½ Mgm. zu beginnen, da die Receptivität der einzelnen Individuen verschieden ist und Nichts daran liegt, Trockenheit im Schlunde, Mydriasis und Dysphagie möglichst rasch als Arzneiwirkung hervortreten zu lassen, zu berücksichtigen. Am besten eignet sich für Atropinsulfat die Pulver- oder Pillenform. Wässrige Lösungen schmecken bitter und sind für den längeren Gebrauch schlecht zu verschreiben, da sie sich zersetzen, aus welchem Grunde auch die von Bouchardat angegebene Form des Syrups, welcher in 100 Gm. 5 Mgm. Atropin (mit Hülfe von Chlorwasserstoffsäure gelöst) enthält und zu 10—30 Gm. verordnet werden soll, nicht räthlich erscheint. Für die Pillenform wählt man indifferente Vehikel, Extr. Gent. (Fräntzel). Mit Honig und Eibischpulver bereitete und mit Zucker incrustirte Pillen, von welchem jede ½ Mgm. Atropin enthält, bilden Bouchardats Dragées d'atropine. Bei Kindern (gegen Pertussis) empfiehlt Bouchardat Prisen, welche ¼ Mgm. Atropin enthalten.

Bei Darreichung und Verschreibung von Atropin sind tanninhaltige Substanzen zu meiden, weshalb auch Kaffee und Thee bei Epileptikern, die man mit Atropin behandelt, besser ausgesetzt werden.

Das Atropinum valerianicum ist mit derselben Vorsicht in Anwendung zu bringen, wie das Sulfat, da es schon in sehr kleiner Dosis zu toxischen Erscheinungen Anlass geben kann. Schon 0,001 ist im Stande, bei Einzelnen Mydriasis, Diplopie, leichten Kopfschmerz, Schwindel und Trockenheit im Munde und Schlunde zu bewirken. Michéa gab das Medicament gegen Epilepsie zu 0,5 Mgm. in steigenden Dosen bis zu 2 Mgm., setzte, sobald Pupillenerweiterung eintrat, 8—14 Tage aus, reichte es dann wieder 10—14 Tage lang und so Monate fort, bis die Anfälle ausblieben, wo er dann auf 1 und schliesslich wieder auf 0,5 Mgm. hinabging. In den von Michéa mitgetheilten Fällen schwanden bei dieser Behandlung die Anfälle in 6—7 Monaten. Gegen Keuchhusten gab es Bosrédon in Solution. Scholz und Saemann haben es in subcutaner Injection versucht.

Derivate des Atropins. — Literat.: Cr. Brown u. Fraser, Transact. R. Soc. Edinb. 25. 556. 693. 1869. — Hellmann, Beitr. zur physiol. Wirkung des Hyoscyamins und der Spaltungsproducte des Hyoscyamins und Atropins. Jena, 1873. — Ringer, Pract. 16. 166; Lancet, May. 20. 1880. — Buchheim, Arch. exp. Path. 5. 567. — Eckhard, Beitr. Anat. 8. 1. — Völckers, Vhdl. physik. Vereins. Kiel, v. 23. Jan. 1880; Schlesw. Holst. Mitth. 1. 5. — Götz, Das Homatropin in der Augenheilkunde. Kiel, 1880. — Bertheau, Berl. klin. Wchschr. 41. 1880. — Tweedy, Lancet, May 22. 1880. — Pantinsky, Mtsbl. Augenheilk. 343. 1880. — Fuchs, Centrbl. Augenheilk. 182. 1880. — Schell, Philad. med. Times. Oct. 9. 1880. — Risley, ibid. Febr. 26. 1881. —

Schaefer, Arch. Augenheilk. **10.** 186. — Oliver, Amer. Journ. med. Sc. July, 1881. — Fronmüller, Memorab. 190. 1880; 6. 12. 1882.

Methylatropin. Methylatropinjodür wirkt nach Cr. Brown und Fraser giftig auf Frösche, Kaninchen, Hunde und besonders (5mal so stark) Katzen, die es zu 0,15 tödtet; die Hauptwirkung ist eine Lähmung der peripherischen Nervenendigungen, vor welcher die Atropineffecte in den Hintergrund zurücktreten; doch tritt die mydriatische Action des Atropins und die Wirkung auf den Herzvagus auch am Methylatropin hervor. Bei Fröschen fehlen die dem Atropin zukommenden späten Convulsionen. — Aethylatropin. Aethylatropin wurde von Ringer als Beruhigungsmittel bei Mania acuta ohne Erfolg gegeben.

Tropasäure und Tropin. Tropasäure ist für den Organismus indifferent (Hellmann). Das Tropin besitzt keine mydriatische Action, lähmt dagegen, jedoch erst in weit grösseren Dosen die Herzvagusendigungen (Fraser, Buchheim u. Schmiedeberg) und besitzt auch die übrigen Wirkungen des Atropins auf Respiration und Nervensystem (Hellmann). Benzoyltropin. In gleicher Weise wirkt Benzoyltropin (Buchheim, a. a. O.). Eckhard erhielt auch bei sehr grossen Dosen Tropin (0,2) und Benzoyltropin (0,097) keine Wirkung auf Herzvagus und Speichelsecretion. Mandelsaures Tropin. Mandelsaures Tropin wirkt nicht mydriatisch und sistirt die durch Pilocarpin und Muscarin erzeugte Hidrose nicht (Ringer und Tweedy, Lancet, May 22. 1880).

Homatropin. Das Homatropin, welches als bromwasserstoffsaures Salz seit den Empfehlungen von Voelckers, Pantinsky, Fuchs, Schell und Tweedy in der Ophthalmiatrik Anwendung gefunden hat, besitzt im Allgemeinen die Wirkung des Atropins, jedoch in abgeschwächtem Masse und scheint therapeutisch insbesondere durch die weniger intensive und langdauernde Beeinträchtigung der Accomodation zum Zwecke ophthalmoskopischer Untersuchung Vorzüge vor dem Atropinsulfat darzubieten. Nach den Versuchen von Bertheau und Ringer lähmt Homatropin bei Fröschen weniger rasch (zu 0,02—0,04), lässt Muskeln und periphere Nerven intact und tetanisirt in geringerem Grade (nach Ringer nur unmittelbar vor dem Eintritte und nach dem Verschwinden der Paralyse); auch lähmt es wie Atropin die Herzvagusendigungen und hebt Muscarinstillstände auf. Die schweiss- und speicheltreibende Wirkung des Pilocarpins wird bei Hunden und Katzen sistirt (Bertheau). 0,05—0,1 subcutan bedingt bei Hunden Erbrechen, Schwäche und Ermüdung, beträchtliche Mydriasis von 6 Std. Dauer, Steigen der Pulsfrequenz um das Doppelte und Trockenheit der Mund- und Rachenschleimhaut. Die Verlangsamung des Froschherzens ist geringer als beim Atropin (Ringer). Auch beim Menschen wird durch Homatropin die Pilocarpinwirkung aufgehoben (Tweedy). Die Veränderungen der Pulsfrequenz sind bei kleinen Dosen inconstant (nach Tweedy bei 1—2 Mgm. Verlangsamung). Dosen unter 5 Mgm. bedingen keine Nebenerscheinungen. Bertheau sah nach grösseren Dosen grosse Schwäche in den Beinen, Trockenheit im Munde, Schwindel und Eingenommensein des Kopfes; Pupillenerweiterung geringen Grades erfolgte erst nach 0,02; die Herzaction wurde verlangsamt, namentlich bei hoher Pulszahl, bei sehr hohen Gaben unregelmässig. Gleiche Erscheinungen beobachtete Fronmüller bei interner Verabreichung von dreimal 4 Pillen von 5 Mgm. Fronmüller sah günstige Effecte auf die Schweisse und das Allgemeinbefinden von Phthisikern und empfiehlt Homatropin gegen Nebenerscheinungen des Pliocarpins. Die mydriatische Wirkung bei localer Application erfolgt beim Menschen nach Anwendung 2 % Lösung von bromwasserstoffsaurem Homatropin in 10—15 Min. in derselben Höhe wie beim Atropin, auch gleichzeitig mit Störung der Accomodation, die jedoch in spätestens 24 Std. verschwindet. Eine örtlich irritirende Wirkung auf die Augenbindehaut besitzt das Homatropinsalz nach Völckers und Tweedy nicht.

Belladonnin. — Dieses Alkaloid gehört nach Buchheim (Arch. exp. Path. 5. 563) ebenfalls zu den mydriatischen und theilt die Wirkung des Atropins auf den Herzvagus; bei der Katze bringt 0,001 auf das Auge applicirt in 30 Min. beginnende und nach 40—60 Min. ihr Maximum erreichende Mydriasis und Unempfindlichkeit gegen Licht hervor; gleichzeitig tritt Speichelfluss ein.

Hyoscyamin und **Hyoscin.** — Die beiden reinen Alkaloide des Bilsenkrauts sind erst vereinzelt untersucht und benutzt, während über die Gemenge derselben, die im Handel unter dem Namen Hyoscyamin vorkommen, vielfache Untersuchungen vorliegen. Ausser den beim Atropin genannten Arbeiten sind bezüglich des letzteren folgende Arbeiten zu nennen: Schroff, Wchbl. Wien. Aerzte. 25. 27. 1865; 1. 2. 1868. — Lemattre, Arch. gén. Juill. Août. 39. 173. 1865. — Laurent, De l'hyoscyamine et de la daturine; études physiologiques; applications thérapeutiques. Paris, 1869. — Oulmont, Practitioner. Jan. 1873. 1. — Lawson, ebendas. Juli 1876. 7; West-Riding Rep. 6. 65. Lancet, Aug. 31. 1878. — Harnack, Arch. exp. Path. 8. 166. — Pearse, Lancet 319. 1876. — Fronmüller, Deutsche Klin. 35. 1865; Memorab. 5. 1877. — Coghill, Lancet. Aug. 3. 1878. — Prideaux, ebendas. Dec. 14. 1878; Sept. 27. Oct. 11. 1879. — Gill, Pract. 20. 84. — Empis, Gaz. Hôp. 949. 1880. — Seguin, New-York med. Rec. March. 27. 1880. — Sepilli und Riva, Riv. sper. 7. 62. — Dörrenberg, Allg. Ztschr. Psych. 38. H. 1. — Bacon und Hills, Journ. ment. sc. July 1881. — Millican, Lancet. May 20. 1882. — Brown und Hilston, Brit. med. J. Nov. 25. 1882. — Kretz, Allg. Ztschr. Psychiatr. **39**. 90.

Hyoscin wirkt als Hydrochlorat und Hydrojodat nach Edlefsen und Illing (Centbl. med. Wiss. 317. 1881) wie Atropin und Hyoscyamin, nach Gnauck (ebend. 801. 1881; Charité Ann. 7. 448) 10mal stärker als Hyoscyamin. Die Empfindlichkeit der einzelnen Individuen ist sehr verschieden, so dass manche nicht einmal $^1/_{10}$ Mgm. subcutan, andere $2^1/_2$ Mgm. Hydrojodat ertragen (Gnauck). Edlefsen und Illing sahen nach 1,5 Mgm. bei einem Erwachsenen Uebelkeit und Trockenheit im Halse, nach 3,6 Mgm. Hydrojodat bei einem Kranken, der früher fast die 4fache Dosis Hydrochlorat ohne Nebenerscheinungen genommen hatte, ausserdem Delirien, Sehstörungen und Unsicherheit des Ganges. In Gnaucks Versuchen überstiegen die Nebenwirkungen des Hyoscins (Kopfdruck, Schwindel, starke Hitze und Röthung des Gesichts, Flimmern vor den Augen, Hautjucken u. s. w.) die des Atropins, insofern dieselben schon nach kleineren Dosen hervortraten; bei grösseren erfolgten unter Erschwerung und Verlangsamung der Athmung Delirien und wie beim Hyoscyamin Schlaf, jedoch nur von halb so langer Dauer, aber niemals Beschleunigung, sondern stets der Dosis entsprechende Verlangsamung des Pulses. Edlefsen und Illing empfahlen Hyoscin bei Keuchhusten, Asthma, Epilepsie und Enteralgie, durchschnittlich in einer Einzelgabe von 1,8 Mgm. Hyoscinum hydrojodicum oder einem Theelöffel einer Lösung von 0,045 : 100, bei Asthma 1—2mal täglich einen Theelöffel voll einer Solution Hyoscin.

von 0,3 : 100; bei Keuchhusten gaben sie das schwächer wirkende Hydrochlorat zu zweimal täglich einen Theelöffel voll einer Solution von 0,025 : 100. Nach Gnauck ertragen Geisteskranke grössere Dosen Hyoscin schlecht. Fraentzel (Charité Ann. 8.) versuchte Hyoscinhydrojodat zu $^1/_2$ Mgm. subcutan oder intern mit Erfolg bei Nachtschweissen in Fällen, wo Atropin wenig wirkte. Nach Hirschberg (Centrbl. Augenheilk. Juni 1881) und Emmert (Arch. Augenheilk. 9) wirkt Hyoscin weit energischer auf die Pupille und Accomodation als Atropin, so dass $^1/_{10}$ % Solution einer $^1/_2$ % Atropinlösung gleichkommt (Emmert). Es bewirkt Pupillenerweiterung und zerreisst Synechien in Fällen, wo Atropin erfolglos bleibt, bedingt aber in stärkeren Solutionen ($1^1/_2$% nach Hirschberg) ausserordentlich leicht Nebenerscheinungen, die übrigens bei Anwendung $^1/_{10}$procentiger Lösung (Emmert) erst nach sehr langem Gebrauche eintreten.

Hyoscyamin. Chemischreines Hyoscyamin bewirkt nach Gnauck (Arch. Anat. Physiol. Ph. Abth. 466. 1881) bei Menschen subcutan injicirt kurzdauernde Verlangsamung des Pulses, dann Pulsbeschleunigung auf die Dauer von 1—2 Std., geringe Vermehrung der Athemfrequenz, Durst, Trockenheit und Kratzen im Halse, Heiserkeit, Pupillenerweiterung, unklares Sehen, auch Diplopie, Schwindel, Kopfdruck, schwankenden Gang, in grossen Dosen auch Delirien; selbst bei 3—10 Mgm. treten bedrohliche Symptome nicht hervor. In kleinen Dosen ist Hyoscyamin ein wahres Hypnoticum, indem zur Zeit der höchsten Pulszahl oder etwas vorher Müdigkeit eintritt, auf welche während der Pulsabnahme ruhiger und tiefer mehrstündiger Schlaf mit Erweiterung der Armgefässe und Verengung der Pupillen folgt. Hyoscyamin wirkt auf das Froschherz wie Atropin, doch ruft letzteres intensiveres Sinken der Pulsfrequenz hervor; auch bei Kaninchen geht die vaguslähmende Wirkung rascher als beim Atropin vorüber. Verschieden vom Atropin erweitert Hyoscyamin vorübergehend die Bauchgefässe und bedingt wie Chloral und Morphin Steigen der Bauchtemperatur bei Fallen der Rectaltemperatur.

Hyoscyamin des Handels. Das Hyoscyamin, wie es im Handel in amorphem oder krystallisirtem Zustande sich findet, zeigt in seiner Wirkung qualitativ keine Unterschiede von dem Atropin. Es gilt dies vor Allem von der schon durch Reisinger (1825) constatirten mydriatischen Action bei Application auf das Auge, aber auch von den übrigen localen und entfernten Wirkungen. Wie Atropin wirkt es local (und vorübergehend auch bei Subcutanapplication) auch bei durchschnittenem Ischiadicus und getrennter Haut contrahirend auf die Gefässe (Laurent), vermehrt durch Lähmung der peripherischen Vagusendigungen die Zahl der Pulsschläge (Laurent, Preyer und Hellmann) und steigert in kleinen, vermindert in grossen Dosen den Blutdruck, hebt die Muscarinwirkung auf das Herz auf (Eckhard, Harnack) und beschränkt die Speichelabsonderung (Eckhard); es hebt das Stadium der erhöhten Erregbarkeit des absterbenden motorischen Nerven auf, setzt die Reflexerregbarkeit vielleicht in Folge von Lähmung der Hautnerven herab, retardirt bei Fröschen und beschleunigt bei Warmblütern nach vorgängiger Verlangsamung die Respiration (Preyer und Hellmann), letzteres auch nach Vagusdurchschneidung (Laurent); es wirkt nicht convulsionserregend (Laurent, Buchheim), lähmt in grossen Dosen die Peristaltik und bedingt in kleinen Dosen Steigerung, in grossen Herabsetzung der Temperatur (Laurent). — In Bezug auf die relative Grösse der Wirkung müssen die Angaben der Experimentatoren, theils in Folge der Anwendung verschieden zusammengesetzter Präparate, theils wohl in Folge individueller Verschiedenheiten der

Versuchsthiere u. s. w. differiren, doch wird der Effect als Mydriaticum und im Allgemeinen meist über die des Atropins gestellt (Schroff, Hartmann). Pupillenerweiterung sah Schroff z. B. beim Kaninchen durch $^1/_{4600}$ Gran (0,014 Mgm.) in 15 Min. von 5—6 Std. Dauer. Schroff stellt die mydriatische Wirkung auch am Menschenauge höher als die des Atropins, während Laurent sie später eintretend, aber intensiver nennt und Pearse krystallisirtes Hyoscyamin zwar nicht so rasch (in 15—25 Min.), aber ebenso intensiv und dauernd (2—21 Tage) wirkend fand, wobei in $^1/_3$ der Fälle Nebelschen auftrat. Entgegenstehende Resultate erhielt Lemattre. Eckhard fand sog. krystallisirtes Hyoscyamin auch auf Herzvagus und Speichelsecretion in etwas geringerer Dosis als Atropin wirkend. Nach Harnack wirkt letzteres auf das muscarinisirte Froschherz und die Kaninchenpupille 2—$2^1/_2$mal so stark wie extractförmiges und 20—40mal so stark wie Hyoscyaminum destillatum des deutschen Handels. Das Vorkommen sehr schwacher, fast unwirksamer Hyoscyaminsorten wird von Prideaux und Lawson, das von auffallend starken von Empis betont. In Folge der Inconstanz der Präparate sind auch die Angaben über Nebenwirkungen widersprechend. Pearse bezeichnet sie als dieselben wie beim Atropin, nur soll (nach 1—5 Mgm.) die Vermehrung der Pulsfrequenz nicht so bedeutend sein und die Diurese nicht afficirt werden. Laurent und Schroff bezeichnen die Nebenerscheinungen als entschieden geringer, insbesondere gibt Schroff an, dass Hyoscyamin nur ausnahmsweise Exantheme, Delirien und Steigerung des Bewegungstriebes veranlasse, vielmehr meist Ruhe und Schlaf bedinge. Oulmont beobachtete ausser leichten Delirien besonders halbparalytische Zustände der Extremitäten, Lawson einen Zustand latenter Manie mit completer Lähmung der willkürlichen Muskeln, worauf Ruhe und erfrischender Schlaf folgte. Den Zusammenhang solcher Erscheinungen mit der Verschiedenheit der Präparate bewiesen Fronmüllers therapeutische Versuche. Hyoscinreichere Sorten werden in gleichen Dosen stets bedeutendere Wirkungen, aber auch grössere Nebenwirkungen haben. Länger fortgesetzter Gebrauch kleiner Dosen erzeugt weder Trockenheit im Halse noch nächtliche Unruhe, noch Störung der Digestion und der Ernährung (Lawson, Bacon und Hills).

Im Ganzen ist die therapeutische Verwendung des Hyoscyamins keine sehr verbreitete, obschon neuerdings wieder mehrere namhafte Autoren dieselbe befürworteten. Als Mydriaticum ist Hyoscyamin als Ersatzmittel des Atropins bei Leiden der Iris und anderen Ophthalmien von verschiedenen Seiten (Reissinger, Gulz, Honold) in Vorschlag gebracht. Schroff glaubt, dass in der bedeutenden Wirksamkeit und in der durch seine Versuche eruirten Haltbarheit, indem 11 Jahre altes Hyoscyamin und solches, welches 2 Tage der Luft ausgesetzt war, mydriatische Lösungen von der Stärke der aus wohlverwahrtem frischem bereiteten analogen Solutionen gaben, empfehlende Momente liegen. Schroff und Fronmüller empfahlen Hyoscyamin als Hypnoticum, besonders wenn Hustenreiz die Ursache der Insomnie ist oder wenn die stuhlretardirende Wirkung des Morphins vermieden werden soll. Letzterer hat diese Wirkung sowohl beim krystallisirten als beim amorphen und extractförmigen Hyoscyamin constatirt. Am meisten Gebrauch ist von Hyoscyamin seitens der Irrenärzte gemacht, namentlich in England, wo es zuerst als Sedativum bei geistigen Aufregungszuständen Crichton Browne und Lawson empfohlen. Im West Riding Asylum bewährte es sich besonders in allen Fällen, wo aggressive und zerstörungssüchtige Anfälle Hauptsymptom der Geisteskrankheit sind, bei chronischer Manie mit Wahnvorstellungen, durch Argwohn charakterisirt, subacuter und recurrirender Manie, bei Aufregung in der allgemeinen Paralyse und im Status epilepticus u. s. w. Die Sucht zum Kleiderzerreissen soll oft schon durch wenige Gaben auf lange Zeit beseitigt werden. Besonders vortheilhaft scheint es bei chronischer Manie mit periodischer Aufregung, auch bei circulären Formen zu wirken (Prideaux, Bacon und Hills, Sepilli und Riva, Kretsch). Seguin bezeichnet es bei Delirien sicherer als Chloral. Sepilli und Riva sahen auch epileptische Anfälle durch Hyoscyamin an Intensität abnehmen. Bei Gesichtshallucinationen ist es zu meiden (Kretsch). Lawson und Dörrenberg wandten Hyoscyamin mit Erfolg bei Harn- und Stuhlretention von Irren an; ob Atropin hierbei, wie Schroff annimmt, mehr wirkt, steht dahin. Als schmerzlinderndes Mittel gab es Oulmont subcutan bei Neuralgien, wo es jedoch nur bei längerem Gebrauche und nicht besser als Morphin wirkt. Millican gebrauchte es in dieser Richtung mit besonderem Erfolge bei Gallensteinkolik und Perityphlitis. Schroff rühmte es gegen Hustenreiz, Millican bei Asthma; bei Anginen bewährte es sich in der Krankenanstalt Rudolf-Stiftung (Ber. 1867. 150) nicht. Oulmont hatte bei Tetanus nur palliativen, dagegen dauernden Erfolg bei Paralysis agitans, Tremor senilis und Tremor mercurialis.

Ueber die Dosirung des Hyoscyamins schwanken die Angaben je nach den benutzten Sorten. Dass die stärkeren Sorten die besseren und zuverlässigsten seien, ist nicht gesagt. Nach den Versuchen Fronmüllers wirkten von Buchners schwächerem Hyoscyamin Gaben von 0,01—0,03 besser hypnotisch als grössere oder als entsprechende Gaben des stärkeren Merckschen Präparats. Vom krystallisirten Hyoscyamin dürfte daher die Gabe noch zu verringern, auf 0,001—0,002 festzustellen sein. Oulmont empfiehlt bei Neuralgien und Neurosen mit 1 Mgm. sowohl für interne als für subcutane Verwendung zu beginnen und allmälig zu steigern. Bei tobsüchtigen Geisteskranken können natürlich weit höhere Dosen gegeben werden. Die geringsten Dosen bei acuter Manie mit starker Herabsetzung der Kräfte bezeichnet Prideaux als 6 Mgm. Lawson gab bei kleiderzerreissenden Paralytikern 8 Mgm. 3stündlich. Bei chronischer Manie sind Prideaux u. A. auf 0,03 gestiegen; Lawson bis auf 0,045 und Seguin bis 0,05; obschon derartige Dosen nicht selten zu Collaps führen, der ärztliches Einschreiten erfordert. Kleinere, mehrmals wiederholte Dosen führen weniger häufig zu Collaps (Prideaux). Innerlich giebt man Hyoscyamin in Pulver (nach Schroff mit Milchzucker nach zuvoriger Lösung in Alkohol), Pillen oder Tropfen. Lawson reicht bei aggressiven Zufällen Geisteskranker einen Haustus aus 45 Mgm. Hyoscyamin, 6 Tropfen Spir. aethereus, 18 Tropfen Spir. rect. und 60 Gm. Aq. destillata. Empfehlenswerther ist überall die Subcutaninjection, wozu man nach Browne und Hills Lösung von 0,25 in āā 15,0 Aq. und Glycerin verwendet, da concentrirtere Lösungen nur mit Hülfe von Hitze darstellbar sind, wobei sich das Hyoscyamin zersetzt. Brown empfiehlt weingeistige Lösung von 1 : 60.

Daturin. — Literatur vgl. Atropin und Hyoscyamin. Die früher häufig ventilirte Frage, ob das Atropin aus Belladonna oder aus Datura stärker wirkend sei, ist nach den neuesten chemischen Ermittlungen gegenstandslos. In der Regel wirkt allerdings das Alkaloidgemenge aus Stechapfel (Daturin) stärker als das aus der Tollkirsche (Atropin), wie dies zuerst Schroff für Mercksches Daturin sowohl für die locale mydriatische als für die toxische

Wirkung bei innerem Gebrauche angab. Die Angabe Lemattres, Atropin bewirke stärkere Pulsbeschleunigung als Daturin, ist kein directer Widerspruch in Bezug auf die Wirkungsenergie, weist aber vielleicht auf das Vorhandensein von mehr Hyoscyamin im Daturin hin. Laurent vindicirt dem Daturin in therapeutischen und toxischen Dosen die nämlichen Effecte wie dem Hyoscyamin, nur soll ersteres leichter Intermittenz des Herzschlages und Convulsionen erzeugen. Hartmann bezeichnet Daturin als auf Pupille, Accomodation und Diaphorese, nicht aber auf den Herzvagus, stärker als Atropin wirkend, dagegen dem krystallisirten Hyoscyamin nachstehend. Verschiedene Ophthalmologe (Cunier, Jobert de Lamballe) empfehlen Daturin an Stelle des durch seinen Preis weit empfehlenswertheren Atropins als Mydriaticum, A. v. Graefe in Fällen von Intoleranz gegen Atropin, doch wird hier Daturin auch nur kurze Zeit ertragen (Chamisso). Laurent und Oulmont versuchten Daturin auch intern und subcutan zu 0,001—0,002 bei profusen Schweissen, Neuralgien, Tremor und Paralysis senilis. Nach 0,006 subcutan kam es bei einem ihrer Kranken zu Aphonie, Irregularität der Athmung und Intermittenz des Herzschlages, Kopfweh u. a. Atropinsymptomen.

5. Labiatiflorae.

a. Scrophulariaceae.

Rhinanthus.

Rhinanthin. $C_{29}H_{52}O_{20}$, — Von Ludwig (Arch. Pharm. (2) 136. 64; 142. 199) 1868 in den Samen des Ackerhahnenkamms, *Alectorolophus hirsutus Reich. seu Rhinanthus buccalis Wallr.* aufgefundenes Glykosid. — Zur Darstellung werden die gegen 8% fettes Oel enthaltenden Samen zerkleinert mit 90procent. Weingeist ausgekocht, der Auszug durch Destillation und Eindunsten zum Extract concentrirt, dieses in Wasser aufgenommen und die wässrige Lösung zur Beseitigung des fetten Oels durch ein genässtes Filter filtrirt. Den syrupdicken Verdunstungsrückstand dieser Lösung behandelt man mit einer reichlichen Menge absoluten Weingeists, fügt zum Filtrat Aether, giesst die nach tüchtigem Schütteln und nach längerem Stehen sich bildende obere, weniger gefärbte Schicht ab, vereinigt damit die durch Nachwaschen der unteren Schicht mit Aetherweingeist erhaltenen Flüssigkeiten und concentrirt sie durch Destillation und Eindampfen im Wasserbade. Beim Erkalten scheiden sich alsdann braune Krystalle des Rhinanthins aus, die durch wiederholtes Umkrystallisiren aus Weingeist unter Beihülfe von Thierkohle, nöthigenfalls auch durch Eintrocknen ihrer wässrigen Lösung mit feingeriebener Bleiglätte, Auskochen des Rückstandes mit Weingeist, Entfärben der Lösung mit Thierkohle und Eindampfen rein erhalten werden. Rinanthin.

Das Rhinanthin bildet sternförmig gruppirte kleine farblose seidenglänzende Nadeln, die bei 300facher Linearvergrösserung als lange rhombische Prismen erscheinen. Es ist geruchlos, schmeckt bitterlich süss und reagirt neutral. Von Wasser wird es sehr leicht, gut auch von Weingeist gelöst. Die wässrige Lösung färbt sich mit Ammoniak und Kali, namentlich beim Erwärmen, gelblich. Sie wird durch Bleiessig nicht gefällt, durch Eisenchlorid nicht gefärbt.

Die von Höhn ermittelte Zusammensetzung ist noch nicht als sicher festgestellt zu betrachten.

Wird das Rhinanthin mit verdünnten wässrigen Mineralsäuren gekocht, so tritt Spaltung in gährungsfähigen Zucker und in schwarzbraunen Flocken sich abscheidendes Rhinanthogenin, $C_{12}H_{10}O_4$, ein. Erwärmt man es dagegen in weingeistiger Lösung mit etwas Salzsäure oder Schwefelsäure, so tritt eine Zersetzung anderer Art ein, indem die Flüssigkeit eine tief grünblaue Färbung annimmt. — Wenn Samen des Ackerhahnenkamms dem Roggen beigemengt sind, so zeigt das daraus gebackene Brod eine violette Färbung, wohl in Folge der Veränderungen, die das Rhinanthin durch die Bestandtheile des Mehls beim Backprocess erleidet (Ludwig).

Gratiola.

Gratiolin. **Gratiolin und Gratiosolin.** — Literat.: Vauquelin, Ann. Chim. Phys. (2) 72. 191. — E. Marchand, Journ. chim. méd. 21. 517. — Walz, Jahrb. Pharm. 14. 4; 21. 1; 24. 4; N. Jahrb. Pharm. 10. 65.

Nachdem zuerst Vauquelin durch Ausziehen des ätherischen Extracts der *Gratiola officinalis L.* mit Weingeist und Verdunsten der Lösung eine „Matière résinoïde amère" der Gratiola dargestellt hat, gelang später Marchand die Isolirung des krystallisirbaren Bitterstoffs Gratiolin, den dann Walz von 1852 an genauer untersuchte und als Glykosid erkannte und neben dem er noch ein zweites Glykosid, das amorphe Gratiosolin, in der Pflanze auffand.

Zur Darstellung der beiden Glykoside fällt man die wässrige Abkochung der getrockneten Pflanze mit Bleiessig und das mit kohlensaurem Natron entbleite und zugleich neutralisirte Filtrat mit Gerbsäure aus, zerreibt den gewaschenen und ausgepressten Niederschlag mit Bleihydrat oder einer Mischung von geschlämmter Bleiglätte mit 5% Bleiessig und lässt ihn mit Weingeist von 0,85 spec. Gew. übergossen so lange stehen, bis eine abfiltrirte Probe durch Eisenchlorid nicht mehr gebläut wird. Man filtrirt nun, wäscht den Rückstand mit heissem Weingeist aus, entfärbt die vereinigten weingeistigen Flüssigkeiten durch Thierkohle und bringt sie dann durch Abdestilliren des Weingeists und Verdunsten zur Trockne. Den Rückstand erschöpft man zuerst mit absolutem Aether, der Gratioloïnsäure (s. diese) und Gratiolafett auszieht, dann mit kaltem Wasser, welches das Gratiosolin aufnimmt, trocknet ihn dann und krystallisirt ihn aus kochendem Weingeist oder Wasser. Ist das so erhaltene Gratiolin noch durch Beimengung von Gratiosolin oder braunem Harz gefärbt, so fällt man es aus concentrirter weingeistiger Lösung durch Wasser aus, wobei ersteres gelöst bleibt und behandelt es dann mit Aether, der das Harz in der Regel fortnimmt. Die goldgelbe wässrige Lösung des Gratiosolins wird, um dieses rein zu erhalten, mit Thierkohle digerirt und der beim Verdunsten des Filtrats bleibende Rückstand zur Entfernung von etwas Fett und Gratiolinsäure noch mit Aether ausgezogen (Walz).

Das Gratiolin krystallisirt aus Weingeist in Warzen (Marchand), aus Wasser in feinen seideglänzenden Nadeln (Walz). Es riecht schwach, schmeckt anfangs kaum, hinterher stark bitter, schmilzt bei 200°, ohne dabei Veränderung zu erleiden (Marchand), löst sich in 893 Th. kaltem und in 476 Th. kochendem Wasser, sehr leicht in Weingeist, aber erst in 1000 Th. kaltem und in 666 Th. kochendem Aether, ferner in wässrigem Ammoniak, aus dem er durch Wasser gallertartig gefällt wird (Walz). Für seine Zusammensetzung gab Walz anfangs die Formel $C_{42}H_{36}O_{14}$, später $C_{40}H_{34}O_{14}$.

Ueber 212° beginnt das Gratiolin sich zu zersetzen. Mit conc. Schwefelsäure bildet es eine dunkelrothe Lösung, die durch Wasser gefällt wird. Mit

Salpetersäure von 1,54 spec. Gew. färbt es sich goldgelb und giebt eine braungelbe Lösung, die durch Wasserzusatz zuckerartig erstarrt (Walz). — Bei anhaltendem Kochen mit verdünnter Schwefelsäure liefert es nach Walz Gratioletin, Gratiolaretin und Zucker, von denen das erstere nach Kraut (vergl. Gmelin's Handbuch 7. 1373 und 1374) nur durch Austritt von H_2O zu entstehen scheint, während das Gratiolaretin einem eigentlichen Spaltungsprocess seine Entstehung verdankt. — Das Gratioletin, nach Walz $C_{34}H_{28}O_{10}$, nach Kraut vielleicht $C_{40}H_{32}O_{12}$, scheidet sich zugleich mit dem Gratiolaretin ab, das ihm durch Aether entzogen werden kann. Es krystallisirt aus Weingeist in weissen atlasglänzenden Schuppen, die sich nicht in Wasser und Aether lösen. Conc. Schwefelsäure färbt es gelblich, während sie selbst eine zeisiggrüne Färbung annimmt. Beim Verdunsten mit conc. Salzsäure färbt es sich violett, wird aber durch Wasser dann wieder entfärbt. — Das Gratiolaretin, nach Walz $C_{34}H_{28}O_6$, hinterbleibt beim Verdunsten seiner ätherischen Lösung als gelbe amorphe geschmacklose und fast geruchlose, unter 100° schmelzende Masse, die sich mit conc. Schwefelsäure nicht färbt, sich nicht in Wasser, aber leicht in Weingeist und Aether löst (Walz).

Gratioletin. Gratiolaretin.

Das Gratiosolin wird in der oben angegebenen Weise als amorphe, lebhaft morgenroth gefärbte und zum gelben Pulver zerreibliche Masse erhalten. Es riecht eigenthümlich und schmeckt ekelhaft bitter. Bei 125° tritt Schmelzung, über 212° Zerstörung ein. Es löst sich in 7 Th. kaltem und 5 Th. kochendem Wasser und scheidet sich daraus beim Verdunsten als allmälig erstarrendes Oel aus. Es löst sich ferner mit gelber Farbe in 3 Th. kaltem und 2 Th. kochendem Weingeist, sodann in 1700 Th. kaltem und 1100 Th. kochendem Aether (Walz). — Für seine Zusammensetzung gab Walz anfangs die Formel $C_{16}H_{16}O_{10}$, später $C_{46}H_{42}H_{25}$. Mit conc. Schwefelsäure giebt das Gratiosolin eine braunrothe Lösung, die auf Wasserzusatz gelbe Flocken abscheidet; aus der Lösung in concentrirter Salpetersäure fällt Wasser ein goldgelbes, nicht sehr bitteres Pulver. In Berührung mit wässrigen Säuren oder Alkalien zerfällt es schon bei Mittelwärme in Gratiosoletin und Zucker ($2\,C_{46}H_{42}O_{25} = 2\,C_{40}H_{34}O_{17} + C_{12}H_{12}O_{12} + 4\,HO$). Das Gratiosoletin, $C_{40}H_{34}O_{17}$, kann aus der Lösung durch Gerbsäure gefällt und aus dem Niederschlage durch Bleioxydhydrat abgeschieden werden. Es ist eine goldgelbe, sehr bitter schmeckende Masse, die von conc. Schwefelsäure unter Spaltung mit rothbrauner Farbe gelöst, auch bei längerem Kochen mit verdünnten Säuren in Zucker und ein sich ausscheidendes Gemenge von Gratiosoleretin, $C_{34}H_{26}O_9$ und Hydrogratiosoleretin, $C_{34}H_{28}O_{11}$ zerlegt wird, von denen sich das erstere in Aether löst, das letztere nicht. Beides sind amorphe gelbe, in Wasser unlösliche Körper (Walz).

Gratiosolin.

Von den Gratiolastoffen scheint das Gratiolin ohne Wirkung. 0,12 Gratiosolin bewirken bei Kaninchen beschleunigten Herzschlag und irreguläres Athmen, 0,3 heftigen Durchfall, Fieber, Zuckungen und Tod, worauf die Section Röthung und Erweichung der Gastrointastinalschleimhaut zeigt (Walz).

Gratioloïnsäure.

Gratioloïnsäure.

Wenn man das nach der Methode von Walz dargestellte unreine Gratiolin, welches beim Verdunsten des weingeistigen Auszugs des mit Bleioxydhydrat zersetzten Gerbsäure-Niederschlags hinterbleibt, zur Reinigung mit Aether auswäscht, so nimmt dieser ein (anfänglich von Walz und Gratiolacrin bezeichnetes) Gemenge von Gratiolinsäure, Gratiolafett und braunem Harz auf. Verdunstet man diese ätherische Lösung und behandelt den Rückstand nach einander mit kaltem absolutem Weingeist, mit wässrigem Ammoniak und wiederum mit Weingeist, so liefert das ungelöst Gebliebene, wenn es mit kochendem Weingeist ausgezogen wird, Krystalle von Gratioloinsäure. Auch kann diese Säure aus dem eben erwähnten, vom kalten Weingeist aufgenommenen Gratiolafett durch Verseifung desselben mit Kali und Zerlegung des gebildeten Kalisalzes durch eine stärkere Säure gewonnen werden (Walz, N. Jahrb. Pharm. **10**. 79).

Die Gratioloïnsäure bildet weisse atlasglänzende Schuppen oder Blättchen von Fettgeruch. Die von Walz aus seinen Analysen berechnete Formel $C_{28}H_{28}O_4$ ist durchaus unzuverlässig (man vergl. Gmelins Handb. **7**. 1376).

Linaria.

Linarin. **Linarin, Linaracrin, Linaresin** und **Linarosmin.** — Fällt man nach Walz (Jahrb. Pharm. **27**. 16) die mit Bleizucker und Bleiessig ausgefällte und wieder entbleite Abkochung der *Linaria vulgaris Mill.* mit Gerbsäure aus, zerlegt den Niederschlag mit Bleioxyd, kocht die trockne Masse mit Weingeist aus und verdunstet die Lösung, so entzieht Wasser dem Rückstande weisses krystallinisches, bitter schmeckendes Linarin, Aether gelbbraunes amorphes harzartiges, kratzend schmeckendes Linaracrin und das ungelöst gebliebene stellt das in Wasser und Aether unlösliche, in Weingeist lösliche Gelbbraune zerreibliche, schwach kratzend schmeckende Linaresin dar. Auf dem von der Linaria abdestillirten Wasser schwimmt eine fettartige Substanz, das Linarosmin. — Alle diese Stoffe bedürfen einer genaueren Untersuchung.

Von Riegel (Jahrb. Pharm. **5**. 148) war schon früher ein aus den Blüthen der Linaria dargestellter gelber krystallisirbarer Farbstoff als Acthokirrin bezeichnet worden.

Scrophularia.

Scrophularin, Scrophularacrin und **Scrophularosmin.** — Als Walz (Jahrb. Pharm. **26**. 296) die auf die Linaria angewandte Behandlung auch auf *Scrophularia nodosa L.* und *Scrophularia aquatica L.* ausdehnte, erhielt er aus ersterer den krystallinische Schuppen bildenden Bitterstoff Scrophularin und den auf dem wässrigen Destillate schwimmenden stearoptenartigen Körper Scrophularosmin, aus letzterer einen in Wasser löslichen, gleichfalls als „Scrophularin" bezeichneten, aber nicht mit dem vorhin genannten identischen Körper und eine in Wasser unlösliche, aber in Aether lösliche harzartige Substanz, das Scrophularacrin.

Melampyrum.

Dulcit. Dulcose. Melampyrit. Evonymit. $C_6H_{14}O_6$. — Literat.: Hünefeld, Journ. pract. Chem. **7**. 233; **9**. 47. — Laurent, Compt. rend. **30**. 41; **31**. 694; auch Chem. Pharm. **76**. 358 und **80**. 345. — Jacquelain, Compt. rend. **31**. 625; auch Ann. Chem. Pharm. 345. — Eichler, Chem. Centralbl. 1859. 522. — Béchamp, Compt. rend. **51**. 257; auch Zeitschr. Chem. **3**. 657. — Berthelot, Chim. organ. **2**. 209. Paris. 1860; Compt. rend. **41**. 452. — Gilmer, Ann. Chem. **123** 372. — Erlenmeyer und Wanklyn, Zeitschr. Chem.

Pharm. 1862. 641; auch Ann. Chem. Pharm. **113**. 25. — Kubel, Journ. pract. Chem. 85. 372. — Carlet, Ann. Chem. Pharm. **117**. **143**. — Bouchardat, Ann. chim. phys. (4) 27. 68. — Bell, Berl. Ber. 12. 1274. — Champion, Bull. soc. chim. 22. 179. — Claesson, J. pr. Chem. (2) **20**. **15**.

Dieser mit dem Mannit isomere Stoff wurde zuerst 1836 von Hünefeld aus *Melampyrum nemorosum L.* und *M. pratense L.* dargestellt, aber nur sehr unvollkommen unter dem Namen „Melampyrit" beschrieben. Im Jahre 1848 isolirte dann Laurent aus einer von Madagaskar eingeführten Manna unbekannter Abkunft den von ihm als „Dulcose," später als „Dulcit," bezeichneten Süssstoff. Im Jahre 1855 unterwarf Eichler das Melampyrin einer genaueren Untersuchung und fand es auch in *Scrophularia nodosa L.* und *Rhinanthus Crista Galli L.*, 1862 endlich bewies Gilmer die Identität des Melampyrins und Dulcits, was durch die Untersuchungen von Erlenmeyer und Wanklyn bestätigt wurde, und machte es höchst wahrscheinlich, dass auch der im gleichen Jahre von Kubel aus der Cambialschicht der Zweige von *Evonymus europaeus L.* dargestellte und mit dem Mannit isomer gefundene Körper mit ihnen identisch sei. Dulcit.

Aus der Dulcit-Manna erhielt Laurent den Körper krystallisirt durch blosses Erkaltenlassen des kochend heiss bereiteten filtrirten wässrigen Auszugs derselben. — Aus dem Kraut der oben genannten Scrophularineen stellt man ihn nach Eichler dar, indem man den wässrigen Absud mit Kalkmilch bis zur alkalischen Reaction versetzt, aufkocht, filtrirt, stark concentrirt, mit Salzsäure ansäuert, krystallisiren lässt und durch Wasser reinigt. — Kubel zog die unter der äusseren grünen Rinde im Frühjahr gesammelter dicker Zweige von Evonymus europaeus liegende Rindenschicht mit starkem Weingeist aus und verdunstete den Auszug zur Krystallisation. Dulcit entsteht bei Einwirkung von Natriumamalgam auf Galactose oder Milchzucker (Bouchardat).

Der Dulcit bildet farblose glänzende durchsichtige klinorhombische Säulen, die bei 182° (uncorrigirt nach Gilmer) schmelzen, krystallinisch wieder erstarren und in höherer Temperatur theilweise unzersetzt sublimiren. Sein spec. Gew. ist nach Eichler 1,466 bei 15°. Er kracht zwischen den Zähnen, ist geruchlos, schmeckt schwach süss, reagirt neutral und besitzt kein Rotationsvermögen. 100 Th. Wasser lösen davon bei 16° etwas über 3 Theile (Gilmer, Erlenmeyer und Wanklyn); kochendes Wasser löst viel reichlicher. Von kaltem Weingeist von 0,835 spec. Gew. sind nach Eichler 1362 Th., von kochendem nicht viel weniger zur Lösung erforderlich; Aether löst ihn gar nicht. Eigenschaften.

Der Dulcit vermag nach Art des Mannits Verbindungen mit einigen Metalloxyden einzugehen, von denen die Barytverbindung in gut ausgebildeten Krystallen erhalten wurde, denen nach Laurent lufttrocken die Formel $C_6H_{14}O_6Ba_2O + 7 H_2O$, nach Gilmer über Schwefelsäure getrocknet die Formel $C_6H_{12}O_5$, $Ba_2O + 4^1/_2 H_2O$ zukommt. — Erhitzt man Dulcit mit Weinsäure, Essigsäure, Benzoësäure u. a. organischen Säuren auf 100—200°, so entstehen nach Berthelot unter Austritt von Wasser sogenannte Dulcitanide (z. B. $C_6H_{14}O_6 + 2 C_7H_6O_2 = C_6H_{10}(C_7H_5O)_2O_5 + 3 H_2O$), die in allen Beziehungen den Mannitaniden gleichen.

Zersetzung. Derivate. Wird Dulcit anhaltend auf 190—200° erhitzt, so verwandelt er sich unter Verlust von Wasser in Dulcitan, $C_6H_{12}O_5$, einen sehr zähflüssigen, in Wasser und Weingeist, aber nicht in Aether löslichen Körper, der bei längerer Berührung mit Wasser wieder in Dulcit übergeht (Berthelot). In höherer Temperatur werden sowohl bei Zutritt als bei Abschluss von Luft die nämlichen Zersetzungsproducte wie beim Mannit erhalten (Jacquelain, Laurent). — Von conc. Schwefelsäure wird Dulcit langsam unter Bildung von Dulcitschwefelsäure gelöst (Jacquelain, Eichler). — Beim Kochen mit mässig verdünnter Salpetersäure wird Dulcit zu Schleimsäure, Oxalsäure und Traubensäure oxydirt (Carlet), während aus einer Auflösung desselben in rauchender Salpetersäure durch Zusatz von conc. Schwefelsäure oder durch Eingiessen in Wasser Hexanitrodulcit, $C_6H_8(NO_2)_6O_6$, als halbflüssiger Niederschlag gefällt wird, der aus Weingeist in farblosen, biegsamen, bei 68 bis 72° schmelzenden Nadeln krystallisirt erhalten werden kann, und bei 30 bis 45° sich unter Entwicklung salpetersaurer Dämpfe innerhalb einiger Wochen ohne Aenderung der Krystallform in Tetranitrodulcit, $C_6H_{10}(NO_2)4O_6$ verwandelt (Béchamp). — Beim Destilliren des Dulcits mit conc. wässriger Jodwasserstoffsäure im Kohlensäurestrom entsteht, wie aus Mannit, Hexyljodür, $C_6H_{13}J$ (Erlenmeyer und Wanklyn). — Gegen Hefe, sowie beim Gähren mit Käse und Kreide verhält sich Dulcit genau wie Mannit (Berthelot). Mit Phosphorpentachlorid liefert Dulcit mehr Mannitotetrachlorhydrin als Mannit (Bell). Durch Einwirkung von Ammoniak auf die Brom- und Chlorhydrine des Dulcites erhielt Bouchardat ein alkalisches, salzebildendes Dulcitammin, $C_6H_{15}NO_5$.

Euphrasia.

Euphrastannsäure. **Euphrastannsäure.** — Das Bleisalz dieser Gerbsäure, aus *Euphrasia officinalis L.*, wurde von Enz (Viertelj. pract. Pharm. 8. 175) durch Fällen des kalten wässrigen Auszugs der frischen Pflanze mit Bleizucker, Lösen des ausgewaschenen Niederschlags in Essigsäure und Neutralisiren der filtrirten Lösung mit Ammoniak als zeisiggrüner Niederschlag erhalten, für welchen er aus seinen Analysen die Formel $C_{32}H_{20}O_{17}$, 3 PbO berechnet.

Digitalis.

Die Versuche, den wirksamen Bestandtheil der Gattung Digitalis rein und unverändert herzustellen, zu charakterisiren, sind zahlreich, ohne dass es aber gelang, Klarheit in die Verhältnisse zu bringen. Vor allem sind es die Arbeiten von Nativelle, Schmiedeberg, Kosmann, Goerz u. A., welche das letzte Jahrzehnt brachte, deren Resultate beachtenswerth erscheinen. Trotzdem darf es aber nicht gewagt werden, die frühere Literatur vollkommen über Bord zu werfen und kritische Behandlung eintreten zu lassen, aus welchem Grunde über die vorhandene, beachtenswerthe Gesammtliteratur, wohl am besten in historischer Entwicklung hier referirt wird.

Antirrhinsäure. So nennt Morin (Journ. Pharm. (3) 7. 299 eine von ihm in der *Digitalis purpurea L.* und einigen anderen zur Familie der *Scrophularineen* gehörenden Pflanzen aufgefundene, nach Art der Valeriansäure darzustellende flüchtige Säure, welche grosse Aehnlichkeit mit der Valeriansäure zeigte und von ihm selbst als vielleicht identisch mit dieser bezeichnet wurde. Einathmung ihrer Dämpfe soll Kopfweh und selbst Betäubung verursachen (Morin). — Auch Walz (Jahrb. Pharm. **26.** 296; **27.** 12. 65. 129) hat aus verschiedenen Scrophularineen, insbesondere aus *Digitalis grandiflora L.*, *Linaria vulgaris Dec.* und *Antirrhinum Cymbalaria L.* ausser Ameisensäure und Essigsäure noch eine andere flüchtige Säure von höherem Atomgewicht erhalten, die er als „Antirrhinsäure" bezeichnete. Antirrhinsäure.

Digitalsäure. — Diese nicht mit der Digitalinsäure (vergl. Digitalin) zu verwechselnde Säure erhält man nach Morin (Journ. Pharm. (3) 7. 295) aus den Blättern von *Digitalis purpurea L.*, wenn man den heiss bereiteten wässrigen Auszug derselben im Wasserbade zum Syrup verdunstet, diesen mit soviel 92procentigen Weingeist versetzt, bis dadurch kein Niederschlag mehr erzeugt wird, dann nach einigen Tagen filtrirt, das Filtrat zum dicken Extract concentrirt und dieses mit Aether erschöpft, der die Digitalsäure löst. Diese fällt man aus der ätherischen Lösung durch Zusatz von Aetzbaryt bis zur alkalischen Reaction, wäscht den gelben Niederschlag zuerst mit Aether, dann mit 92procentigem Weingeist, bis dieser sich nicht mehr färbt und zersetzt ihn dann unter Wasser mit einer nicht ganz zureichenden Menge verdünnter Schwefelsäure. Das Filtrat wird nun verdunstet, etwa noch vorhandener digitalsaurer Baryt mit starkem Weingeist gefällt und nach abermaligem Filtriren im Vacuum zum Krystallisiren gebracht. Die aus der braunen Mutterlauge angeschossenen Krystalle werden endlich bei möglichstem Luftabschluss aus Weingeist umkrystallisirt. Digitalsäure.

Die Digitalsäure bildet sauer schmeckende und stark sauer reagirende weisse Nadeln von schwachem eigenthümlichen Geruch. Sie löst sich sehr leicht in Wasser und Weingeist, weniger gut in Aether. An der Luft und im Lichte verwandelt sie sich leicht, namentlich bei Gegenwart von Alkalien in ein schwarzes, in Wasser unlösliches Product. Sie treibt die Kohlensäure aus ihren Salzen aus und bildet ihrerseits Salze, von denen diejenigen der Alkali- und Erdalkalimetalle und des Zinks sich in Wasser lösen und zum Theil, wenn auch schwierig, krystallisirt erhalten werden können (Morin).

Digitoleïnsäure. — Wurde von Kosmann (Journ. Chim. méd. 22. 377. 1846) aus den Blättern der *Digitalis purpurea L.* gewonnen und darf nicht mit dem von Walz als „Digitoleïnsäure" bezeichneten, von uns als „Digitoleïn" (s. indifferente Digitalisstoffe) abgehandelten Körper verwechselt werden. Zu ihrer Darstellung fällt man den kalten wässrigen Auszug der Blätter mit Bleiessig, kocht den gewaschenen Niederschlag $^1/_4$ Stunde mit Sodalösung, übersättigt das braune Filtrat mit verdünnter Schwefelsäure, wäscht die dadurch ausgeschiedenen Flocken mit Wasser und kocht sie nach dem Trocknen mit 85procentigem Weingeist aus. Den krystallinisch erstarrenden Verdunstungsrückstand der weingeistigen Lösung behandelt man wiederholt mit Aether, verdunstet die ätherischen Auszüge, löst das zurückbleibende grüne Oel in wässrigem zweifach-kohlensaurem Natron, fällt mit Essigsäure und krystallisirt den gewaschenen Niederschlag aus Aether

Die so erhaltene Digitoleïnsäure bildet grüne, sternförmig gruppirte Nadeln, die bei 30° schmelzen, auf Papier Fettflecke machen, bitter und zugleich scharf schmecken und in weingeistiger Lösung Lackmus röthen. Sie löst sich wenig in Wasser, leicht in Weingeist und Aether. In den wässrigen kohlensauren und zweifach-kohlensauren Alkalien löst sie sich unter Entwicklung von Kohlensäure und wird daraus durch Säuren in grünen Flocken wieder gefällt. Von ihren Salzen sind diejenigen der schweren Metalle unlösliche gelbe oder grüne Niederschläge (Kosmann).

Nach Homolle (Union méd. 1872) wirkt Digitoleïnsäure schon zu 2 bis 3 Gm. giftig für den Menschen. Bei einer Intoxication durch 0,45, Morgens nüchtern genommen, stellte sich in den ersten 8 Std. etwas Uebelkeit, Druck im Epigastrium und Kopfschmerz ein, wozu später alle Viertelstunde repetirendes Erbrechen und Prostration bei intactem Bewusstsein traten, der Harn selten abgesondert wurde und sedimentirte, die Defäcation ebenfalls selten und stets mit Brennen erfolgte, auch Brennen in der Handfläche und Fusssohle bestand; die Erscheinungen persistirten auch an den folgenden Tagen mit grosser Heftigkeit, wobei Gesichtstrübung und Sinken des Pulses (am 4. Tage 48 Schläge) auftrat und selbst bis zum 14. Tage Gastralgie und Husten mit Auswurf anhielt.

Digitalin und verwandte glykosidische Bestandtheile. —

Literat.: Chemische: Homolle, Journ. Pharm. (3) 7. 57. — Henry, ebendas. 7. 460. — Kosmann, Journ. Chim. méd. 22. 377; Journ. Pharm. (3) 38. 5. — Lebourdais, Ann. Chim. Phys. (3) 24. 58. — Homolle und Quevenne, N. Repert. Pharm. 9. 1. — Walz, Jahrb. 12. 83; 14. 20; 21. 29; 24. 86; N. Jahrb. Pharm. 8. 322; 9. 302; 10. 319. — Delffs, N. Jahrb. Pharm. 9. 25. — Grandeau, Compt. rend. 58. 1048. — Lefort, ebendas. 58. 1120; Journ. Pharm. (4) 6. 424. — Nativelle, Journ. Chim. méd. 21. 61; Monit. scientif. 1867 und N. Jahrb. Pharm. 27. 161; Journ. Pharm. (4) 9. 255. — A. Brandt (und Dragendorff), Experimentelle Studien über die forensische Chemie der Digitalis und ihrer wirksamen Bestandtheile. Dissert. Dorpat. 1869. — Selmi, Berl. Ber. 1878. 1692. — Hock, Compts. rend. 93. 849. — Tanret, ebendas. 92. 1163. — Bartsch, Dissertat. Dorpat. 1878. — Nativelle, J. pharm. chim. (4) 16. 430; 20. 81. — Kosmann, ebendas. 427. — Schmiedeberg, Arch. experim. Pathol. 3. 16. — Goerz, Pharm. Z. Russl. 12. 385. 418. — Dragendorffs Mittheilungen 1. 25. — Koppe, Dissertat. Dorpat. 1874.

Medicinische: Stannius, Arch. physiol. Heilk. 10. 2. 177. — Homolle und Quevenne, Gaz. hôp. 1850. 53. Union méd. 69. 70. 1851. Arch. de Physiol. et de Thérap. Janv. 1854. — Hervieux, Arch. gén. (4) 16. 17. Ann. Thér. 147. 1849. — Strohl, Gaz. méd. Strasb. 294. 1849. — Bouchardat und Sandras, Répert. Pharm. 1. 199. Bull. gén. 14. Févr. 1851. — Bouillaud, Clin. méd. de la Charité 3. 236. — Andral und Lemaistre, Union méd. 6. 52. 53. — Corvisart, Bull. Thérap. 44. 18. — Leroux, Union méd. 6. 99. — Chereau,

Un. méd. 8. Nr. 4. — Lange, D. Klin. N. 13. 1853. — Vulpian, Gaz. méd. Paris. N. 35. 559. — Decaisne, Gaz. Hôp. N. 31. 1859. — Trousseau, Un. méd. N. 36. 1859. — Winogradoff, Arch. path. Anat. 22. 457. — Pelikan und Dybkowsky, Ztschr. wiss. Zool. 11. 278. — Tardieu und Roussin, Ann. d'hyg. Juill. 1864. 80. — Homolle, Un. méd. 74. 75. 1864. — Becker, Études bot., toxicol. et chimique sur la Digitale pourprée. Strassb. 1864. — Agis Ducroix, De l'empoisonnement par la digitale et la digitaline. Paris. 1864. — Marmé, Ztschr. rat. Med. 26. 1. — Legroux, Gaz. hebd. 7—11. 1867. Action physiologique de la digitale. Paris. 1867. — Schroff, Wien. ärztl. Wchbl. 20. 22. 1868. — Traube, Berl. kl. Wchschr. 317. 396. 1871. — Courvat, Gaz. hebd. N. 26—52. Gaz. Hôp. 526. 1871. — Böhm, Arch. ges. Physiol. 5. 153. 1872. Dorp. med. Ztschr. 4. 162. — Ackermann, Berl. kl. Wchschr. 27. 1872. Arch. klin. Med. 11. 125. — Brunton und Mayer, Journ. of Anat. 7. 135. — Widal, Un. méd. 386. 625. 1872. Rec. mém. méd. 385. 1873. — Buignet, Bull. Acad. méd. 2. 65. 1872. — Homolle, E. und G., Un. méd. Nr. 80 u. 134. 1872. — Görz, Unters. üb. d. Nativelle'schen Digitalinpräparate u. s. w. Dorpat. 1873. — Schmiedeberg, Arch. exp. Path. 3. 16. 1874. Beitr. zur Anat. u. Physiol. 1875. — Koppe, Arch. exp. Path. 3. 274. 1875. — Otto, Deutsch. Arch. klin. Med. 2. 140. 1875. — Williams, Arch. exp. Path. 13. 1. 1880.

Nach Nativelle enthält der Fingerhut drei eigenthümliche Stoffe, das wirksame krystallisirbare bitter schmeckende Digitalin, (wir gebrauchen die Bezeichnungen von Wiggers, Jahresber. f. Pharmacognosie, Pharmacie etc. 1868. 304; Nativelle nennt den hier als Digitalin aufgeführten Körper Digitaleïn, und den hier als Digitaleïn bezeichneten Digitalin) das ebenfalls wirksame amorphe, bitter schmeckende Digitaleïn und einen unwirksamen krystallisirbaren geschmacklosen, vorläufig als „substance crystallisée inerte" bezeichneten Körper. Von diesen 3 Körpern findet sich das Digitalin nur in den Blättern, begleitet von den beiden anderen Stoffen, während die Samen nur Digitaleïn und die substance inerte enthalten. Der Gehalt der wild gewachsenen Pflanze an wirksamen Bestandtheilen ist nach ihm viel grösser, als derjenige der cultivirten und im Maximum etwa im Monat Mai, also vor der Entwicklung der Blüthe.

Die Angaben über den relativen Gehalt der genannten Organe an diesen Stoffen bedürfen noch der Controle und der Vervollständigung. Von krystallisirtem Digitalin erhielt Nativelle aus den Blättern nur $^1/_{10}$ Procent, von Digitaleïn, gemengt aber noch mit substance inerte, aus den Blättern etwa 1%, aus den Samen dagegen 2%.

Um alle drei Stoffe der Digitalis in zweckmässigster Weise zu isoliren, macerirt man nach Nativelle 100 Th. der getrockneten und gröblich gepulverten Blätter 12 Stunden lang mit einer Auflösung von 25 Th. krystallisirtem neutralem Bleiacetat in 100 Th. Wasser, erschöpft damit die Masse deplacirend mit soviel Wasser, dass die gewonnene Colatur 300 Th. beträgt und verarbeitet nun den Rückstand auf das noch vollständig darin erhaltene Digitalin und die substance inerte, den Auszug dagegen auf das in Wasser lösliche Digitaleïn. Darstellung.

Der Rückstand wird zu diesem Zweck mit 50proc. Weingeist im Verdrängungsapparate bis zur Geschmacklosigkeit erschöpft, der etwa 300 Th.

betragende Auszug mit einer Lösung von 4 Th. krystallisirtem Bleizucker ausgefällt, das Filtrat zur Entfernung des Bleis mit etwa 2 Th. phosphorsaurem Natron versetzt, nach abermaligem Filtriren durch Destillation vom Weingeist befreit und im Wasserbade auf 10 Th. eingedunstet. Dabei scheidet sich eine gelbliche harzartige, mit kleinen Krystallen der substance inerte gemengte, etwa 2—3% vom Gewicht der Digitalisblätter betragende Masse aus, die das Digitalin zum Theil in einer amorphen Modification enthält. Sie wird mit kaltem Wasser gewaschen, auf Löschpapier an der Luft getrocknet und dann in ihrem doppelten Gewicht 60proc. Weingeists kochend heiss gelöst. Aus der Lösung scheiden sich zunächst Krystalle der substance inerte, dann innerhalb einiger Tage gelbliche opake strahlige Krystalle des Digitalins aus. Das Krystallgemenge wird in einem Deplacirungscylinder gebracht, nach dem Abtropfen der Mutterlauge mit etwas 35procent. Weingeist gewaschen und durch nochmaliges Umkrystallisiren aus 80proc. Weingeist unter Beihülfe von Thierkohle gereinigt. Die nun resultirende Krystallmasse wird 24 Stunden unter öfterem Schütteln mit der 20fachen Menge Chloroform in Berührung gebracht, welches das Digitalin löst und beim Verdunsten hinterlässt während die substance inerte ungelöst bleibt. Zur völligen Reinigung wird das Digitalin in weingeistiger Lösung noch mit Thierkohle behandelt, einige Male aus 80proc. und zuletzt aus wenig heissem 93proc. Weingeist umkrystallisirt.

Die vom Chloroform nicht gelöste substance inerte wird leicht rein erhalten, wenn man das eingesogene Chloroform durch gelindes Erwärmen verflüchtigt, in heissem 80proc. Weingeist löst, die Lösung mit Thierkohle kocht, heiss filtrirt und der Krystallisation überlässt.

Um das Digitaleïn aus dem mit wässriger Bleizuckerlösung bereiteten Auszuge der Digitalisblätter (s. oben) zu gewinnen, befreit man ihn durch phosphorsaures oder kohlensaures Natron vom Blei, fällt das Filtrat mit Gerbsäure, zersetzt den durch Erwärmen zum Zusammenfliessen gebrachten und einige Male mit heissem Wasser ausgewaschenen Niederschlag durch während 48 Stunden oft wiederholtes Kneten mit dem gleichen Gewicht fein präparirter Bleiglätte (oder Quecksilberoxyd) und zieht die getrocknete und zerriebene Masse in einem Deplacirungsapparat mit 94 volumprocent. Weingeist aus, bis dieser geschmacklos abläuft. Beim Verdunsten der weingeistigen Lösung hinterbleibt amorphes Digitaleïn.

Digitalin. Das Digitalin bildet aus feinen weissen seideglänzenden, strahlig oder büschlig vereinigten Nadeln bestehende sehr lockere Krystallaggregate von völlig neutraler Reaction, intensivem und lange anhaltendem, aber wegen seiner Schwerlöslichkeit sich nur langsam entwickelndem bitterem Geschmack und ohne Geruch. Es löst sich auch in kochendem Wasser nur sehr wenig und in Aether und Benzol gar nicht. Von 90proc. Weingeist erfordert es bei gewöhnlicher Temperatur 12, bei Siedhitze 6 Th. zur Lösung; absoluter Alkohol löst es schwieriger und liefert nur kurze Krystalle. Chloroform löst es in allen Verhältnissen. Concentr. Schwefelsäure nimmt es mit grüner Farbe auf, die durch Bromdampf in Johannisbeerroth übergeht, aber auf Wasserzusatz wieder grün wird. Salpetersäure giebt eine anfangs farblose, später gelb werdende Lösung. Salzsäure löst mit grünlichgelber, allmälig in Smaragdgrün übergehender Farbe, und Wasser fällt aus dieser Lösung eine harzige Masse. Beim Erwärmen wird es schon unter 100° weich und elastisch und in stärkerer Hitze wird es zerstört (Nativelle). — Eine Elementaranalyse ergab 51,33% Kohlenstoff, 6,85% Wasserstoff und 41,82% Sauerstoff, woraus sich die

Formel $C_{19}H_{78}O_{30}$ die berechnen lässt, indess noch weiterer Controle bedarf, wie denn überhaupt vor Allem noch festgestellt werden muss, ob das Digitalin von Nativelle, wie die älteren Untersuchungen von Walz und Kosmann es wahrscheinlich machen, zu den Glykosiden gehört.

Digitaleïn.

Das Digitaleïn ist ein farbloser amorpher Körper von bitterem Geschmack, das sich in allen Verhältnissen in Wasser löst. Eine von Pisani ausgeführte Elementaranalyse ergab 54,72% Kohlenstoff, 9,22% Wasserstoff und 36,06% Sauerstoff (Nativelle).

Die substance inerte bildet feine blendend weisse glänzende Nadeln, die sich zu perlmutterartigen Schuppen an und übereinander lagern. Sie besitzt weder Geruch noch Geschmack, reagirt neutral, ist stickstofffrei, löst sich nur spurweise in Wasser, Aether und Chloroform, dagegen leicht in Weingeist, namentlich in der Wärme. Conc. Schwefelsäure löst sie mit johannisbeerrother Farbe, die auf Wasserzusatz in Gelb übergeht. Salpetersäure und Salzsäure lösen farblos. Beim Erhitzen auf Platinblech tritt Schmelzung, dann Zerstörung ein (Nativelle).

Digitalin (Homolle).

Digitalin von Homolle. — Homolle muss als der Erste bezeichnet werden, dem es gelang (1845), die wirksamen Bestandtheile des Fingerhuts in reinerer Form darzustellen. Sein noch jetzt unter dem Namen „Französisches Digitalin“ gebräuchliches, von ihm selbst und Quevenne später als „la Digitaline“ bezeichnetes Präparat wird in folgender Weise erhalten: Man fällt den im Verdrängungsapparate erhaltenen wässrigen Auszug der Blätter mit Bleiessig aus, befreit das Filtrat durch kohlensaures, oxalsaures und phosphorsaures Alkali von Blei, Kalk und Magnesia, fällt es darauf mit Gerbsäure, zersetzt den mit wenig kaltem Wasser gewaschenen Niederschlag durch Vermischen und Eintrocknen mit seinem halben Gewicht geschlämmter Bleiglätte, kocht die trockne Masse mit Weingeist aus, wäscht den Verdunstungsrückstand der weingeistigen Lösung mit wenig kaltem Wasser, behandelt ihn dann in absolut weingeistiger Lösung mit Thierkohle und zieht die beim freiwilligen Verdunsten des Filtrats hinterbleibende gelbliche körnige Masse noch mit kochendem Aether aus, um beigemengtes Fett und andere Substanzen zu entfernen.

Das in dieser Weise dargestellte Digitalin von Homolle bildet weisse Warzen oder Schüppchen ohne Geruch, von höchst bitterem Geschmack und von neutraler Reaction. Es löst sich in etwa 2000 Th. kaltem und in 1000 Th. kochendem Wasser, in 1250 Th. kaltem absolutem Aether, gut in conc. Essigsäure, leicht in Weingeist. Mit conc. Salzsäure giebt es eine Lösung, die schnell smaragdgrün wird und nach einigen Stunden ein grünes Pulver abscheidet (Homolle).

Es ist nach Homolle und Quevenne ein Gemenge von Digitalin, Digitaline und Digitalose. Zur Trennung behandelt man es mit Aetherweingeist von 0,78 spec. Gew. welcher Digitalin ungelöst lässt. Aus dem beim Verdunsten der Lösung bleibenden Rückstande zieht dann Weingeist von 50° nur Digitaline aus, das aus der Lösung beim Eindampfen als gelbliches durchscheinendes, leicht zerreibliches neutrales Harz hinterbleibt, das sich nur wenig in Wasser, in 100 Th. Aether von 0,727 spec. Gew. und in allen Verhältnissen in Weingeist löst (Homolle und Quevenne).

Digitaline, Digitalin (Kosmann).

Digitaline und Digitalin von Kosmann. — Kosmann nennt ein im Wesentlichen nach Homolles Verfahren dargestelltes Präparat Digitaline und berechnet aus einer Analyse desselben die Formel $C_{54}H_{45}O_{30}$. Es zerfällt nach ihm beim Kochen mit verdünnter Schwefelsäure in Digitaliretin, $C_{30}H_{25}O_{10}$ und Zucker ($C_{54}H_{45}O_{30} + 4HO = C_{30}H_{25}O_{10} + 2C_{12}H_{12}O_{12}$). Wird es dagegen mit Natronlauge von 36° Baumé gekocht, so geht es in Digitalinsäure über, die sich beim Uebersättigen mit verd. Schwefelsäure abscheidet, aus kochendem Weingeist in mikroskopischen glänzenden Blättchen von saurer Reaction und nur wenig bitterem Geschmack krystallisirt und beim Kochen mit verdünnten Säuren in Zucker und Digitaliretin zerfällt. Das Digitaliretin von Kosmann bildet glänzende, schwach sauer reagirende, bitter schmeckende, bei 169° schmelzende Blättchen, die sich kaum in Wasser, nur wenig in Aether, schwer in kaltem, aber leicht in kochendem Weingeist lösen (Kosmann).

Digitalin (Lancelot). Digitalin von Lancelot. — Lancelot zieht wässriges Digitalisextract bei 40° mit 36grädigem Weingeist aus und versetzt den extractförmigen Verdunstungsrückstand der weingeistigen Lösung in Wasser aufgenommen mit einer reichlichen Menge verdünnter Salzsäure. Es scheiden sich dann gelbe Flocken aus, die sich auf Wasserzusatz noch vermehren. Ihre weingeistige Lösung setzt, nachdem sie zuvor mit Kohle behandelt ist, beim Verdunsten gelbliche Krystallkörner ab.

Digitalin (Lebourdais). Digitalin von Lebourdais. — Lebourdais fällt zur Darstellung seines Digitalins die wässrige Lösung des wässrig-weingeistigen Digitalisextracts mit Bleizucker aus und digerirt das Filtrat so lange mit gereinigter Knochenkohle, bis es nicht mehr bitter schmeckt. Er kocht dann die mit Wasser gewaschene Kohle mit Weingeist aus und concentrirt den Auszug im Wasserbade, worauf sich beim Erkalten ein Pulver absetzt, das aus heisser weingeistiger Lösung in Krystallen anschiesst.

Präparate von Walz. Digitalin, Digitaletin, Digitaloin, Digitalacrin und Digitalosmin von Walz. — Zur Darstellung des unter dem Namen „Deutsches Digitalin“ bekannten, von Walz anfangs als „Digitasolin“, später als „Digitalin“ bezeichneten Körpers, der nach Walz ausser in der *Digitalis purpurea L.* auch in der *D. lutea L.* vorkommt, extrahirt man gröblich gepulvertes Digitaliskraut in der Real'schen Presse mit 8 Th. Weingeist von 0,852 specif. Gew., zieht den Verdunstungsrückstand der erhaltenen Tinctur so lange mit Wasser aus, als dieses noch bitteren Geschmack annimmt und digerirt die vereinigten wässrigen Auszüge mit geschlemmter Bleiglätte und etwas Bleiessig, bis eine abfiltrirte Probe durch Bleiessig nicht mehr gefällt wird. Das Filtrat wird mit Schwefelsäure entbleit, mit Ammoniak bis zur neutralen Reaction versetzt und nach dem Filtriren mit Gerbsäure ausgefällt. Der gut ausgewaschene und gepresste Niederschlag wird mit frisch gefälltem Bleioxydhydrat zusammengerieben, die Masse dann mit Weingeist ausgekocht und die Lösung, nachdem etwas gelöstes Blei daraus durch Schwefelwasserstoff entfernt und der meiste Weingeist abdestillirt ist, langsam verdunstet. Es hinterbleibt alsdann rohes Digitalin, nach Walz ein Gemenge von Digitalin, Digitaletin, Digitaloin, α- und β-Digitalacrin und Digitalisfett.

Erschöpft man das rohe Digitalin mit absolutem Aether, so nimmt dieser das Digitaloin, das α- und β-Digitalacrin und das Fett daraus fort und es hinterbleibt ein Gemenge von Digitalin und Digitaletin, von denen sich das erstere beim Behandeln des Rückstandes mit 8 Th. Wasser auflöst, während das Digitaletin sich als weisses Pulver zu Boden setzt und durch Waschen mit kaltem Wasser und Umkrystallisiren aus kochendem Weingeist rein erhalten wird. Die das Digitalin enthaltende wässrige Lösung wird entweder mit

Thierkohle entfärbt und dann zur Trockne verdunstet, oder sie wird besser nochmals mit Gerbsäure ausgefällt, der Niederschlag in der oben angegebenen Weise wieder mit Bleioxydhydrat zersetzt und das Digitalin durch Weingeist ausgezogen.

Der ätherische Auszug des rohen Digitalins wird verdunstet und der Rückstand so lange mit Wasser gewaschen, als dieses noch bitter schmeckend abläuft. Darauf nimmt man ihn in Weingeist auf, digerirt die Lösung zur Entfernung des Farbstoffs mit etwas Bleiessig, verdunstet nach Fortschaffung des Bleis das Filtrat, zieht den hinterbleibenden goldgelben harzartigen Rückstand nochmals mit Wasser aus und behandelt ihn dann mit Wasser, das einige Procente Ammoniak enthält. Es gehen dann α-Digitalacrin und Fett in Lösung, während weisse Flocken von Digitaloin und β-Digitalacrin zurückbleiben. Letztere werden mit kaltem Weingeist gewaschen und dann in kochendem gelöst, worauf sich beim Erkalten ein Theil des Digitaloins in glänzenden Blättchen ausscheidet. Der Rest desselben wird erhalten, indem man die gebliebene Lösung verdunstet und das Rückständige mit Kalilauge behandelt, welche das β-Digitalacrin löst und beim Uebersättigen mit verd. Schwefelsäure wieder abscheidet, während Digitaloïn ungelöst zurückbleibt. — Die das Fett und das α-Digitalacrin enthaltende ammoniakalische Lösung wird zur Gewinnung des letzteren mit Schwefelsäure übersättigt, der entstehende, bald harzig zusammenballende Niederschlag in Weingeist gelöst und die Lösung mit weingeistigem Bleizucker versetzt, wodurch das Fett abgeschieden wird. Das entbleite Filtrat setzt nun beim freiwilligen Verdunsten ölige, allmälig erstarrende Tropfen des α-Digitalacrins ab (Walz).

Das Digitalin von Walz bildet eine gelbliche amorphe Masse von stark bitterem Geschmack, die bei 137°,5 schmilzt aus über 200° sich zersetzt. Es löst sich in 125 Th. kaltem und in 42 Th. kochendem Wasser, in 2½ Th. kaltem und in 1⅔—2 Th. kochendem absolutem Weingeist, in 20,000 Th. kaltem und in 10,000 Th. kochendem Aether (Walz), in 80 Th. Chloroform (Schlimpert), mit rosenrother, später bräunlich werdender Farbe auch in wässrigem Ammoniak (Walz). Es besitzt Linksdrehungsvermögen, und zwar ist $[\alpha]r = -30°$ nach Buignet. Walz gab dafür anfangs die Formel Digitaletin. Digitaliretin.
$C_{19}H_{16}O_9$, später $C_{56}H_{48}O_{28}$. Beim Kochen mit verdünnter Schwefelsäure oder Salzsäure zerfällt es nach Walz zunächst in Zucker und Digitaletin ($C_{56}H_{48}O_{28} = C_{12}H_{10}O_{10} + C_{44}H_{38}O_{18}$), welches letzteres dann aber theils durch Wasserverlust in Paradigitaletin, $C_{44}H_{34}O_{14}$, theils durch weitergehende Spaltung in Zucker und Digitaliretin, $C_{32}H_{26}O_6$, ($C_{44}H_{38}O_{18} = C_{12}H_{12}O_{12} + C_{32}H_{26}O_6$) verwandelt wird. Das Paradigitaletin von Walz ist eine gelbliche glänzende geschmacklose, bei 100° sich nicht verändernde, in Wasser und Aether unlösliche, in Weingeist lösliche Masse. Das Digitaliretin bildet ein gelbweisses, bitter und nicht scharf schmeckendes, schon bei 60° schmelzendes, in Wasser unlösliches, aber in Weingeist und Aether lösliches Pulver.

Das Digitaletin krystallisirt in weissen Warzen und Körnern, schmeckt in wässriger Lösung bitter, schmilzt bei 175°, zersetzt sich über 206° unter Entwicklung saurer Dämpfe, löst sich in 848 Th. kaltem und 222 Th. kochendem Wasser, in 3⅓ kaltem und in 2—2⅓ Th. kochendem Weingeist, ferner in 1960 Th. kaltem und in 1470 Th. kochendem Aether. Es löst sich auch in conc. Salzsäure und in wässrigem Ammoniak und wird aus beiden durch Wasserzusatz gefällt. Mit conc. Schwefelsäure färbt es sich rothbraun; die

Lösung wird auf Wasserzusatz olivengrün. Beim Kochen mit verdünnter Schwefelsäure zerfällt es, wie schon oben angeführt wurde, in Zucker und Digitaliretin, wobei gleichzeitig etwas Paradigitaletin entsteht (s. oben). — Walz gab anfangs die Formel $C_{10}H_9O_4$, später $C_{44}H_{35}O_{15}$.

Das Digitaloin, von Walz ohne ersichtbaren Grund als „Digitaloinsäure“ bezeichnet, bildet schiefe abgestumpfte Prismen. Es ist geruchlos. Von Wasser, wässrigem Ammoniak und Kali wird es nicht gelöst, dagegen von Weingeist und Aether. Walz giebt die Formel $C_{22}H_{23}O_4$. Das α- und β-Digitalacrin sind gelbe amorphe Substanzen von brennend scharfem Geschmack und saurer Reaction. Ersteres ist honigweich und in Wasser unlöslich, aber löslich in wässrigem Ammoniak, letzteres fest, zerreiblich, in Wasser ein wenig löslich, in Ammoniak unlöslich. Beide lösen sich in Weingeist und Aether. Für ersteres giebt Walz u. a. die Formel $C_{35}H_{25}O_6$, für letzteres $O_{35}H_{23}O_7$.

Endlich hat Walz auch noch das riechende Princip der *Digitalis purpurea* isolirt und „Digitalosmin“ genannt. Es scheidet sich bei langsamer Dampfdestillation von Digitaliskraut auf dem Destillat zum Theil in fettigen Schuppen aus und wird demselben durch Ausschütteln mit Aether entzogen, der es beim freiwilligen Verdunsten als gelblichweisse perlglänzende, stark nach Digitalisaufguss riechende, ekelhaft und anhaltend kratzend schmeckende Masse hinterlässt. Es schmilzt beim Erhitzen auf Platin und verflüchtigt sich in Dämpfen, die ohne russende Flamme brennen. Es löst sich kaum in kaltem, merklich in heissem Wasser, daraus beim Erkalten sich in Schuppen ausscheidend, leicht in Weingeist und sehr leicht in Aether (Walz).

Die späteren Arbeiten von Nativelle im Jahre 1872 und 1874 bringen zunächst neue Namen, nämlich Digitalinum crystallisatum für das frühere active Digitalin und Digitalin für das frühere passive Digitalin. Auch die Darstellungsmethode des krystallinischen Digitalins wurde verbessert, indem Nativelle vorschlägt, dem ersten alkoholischen Auszug das Digitalin mit Chloroform zu entziehen, wobei Digitin ungelöst bleibt, ferner durch Behandlung des Rohdigitalines mit Aether Fette und andere Verunreinigungen beseitigt und die Essigsäure mit Magnesiumcarbonat neutralsirt werden. Die verbesserte Vorschrift ist folgende: 1000 g gepulverter Digitalisblätter werden mit 1000 g Wasser, dem 250 g neutrales Bleiacetat zugesetzt wurden, gemengt. Nach 24 Stunden wird die Masse im Verdrängungsapparate mit 50% Alkohol erschöpft. Dieser Auszug, mit 40 g Natriumbicarbonat oder Magnesiumcarbonat versetzt, wird auf 200 g concentrirt, nach dem Abkühlen mit der gleichen Menge Wasser macerirt und hierauf das Unlösliche abgepresst. Dieses Unlösliche wird mit 80% Alkohol (1000 g) erwärmt, unter Zusatz von 10 g neutralem Bleiacetat abgekühlt und filtrirt. Die Flüssigkeiten werden mit Thierkohle gemengt und allmälig eingetrocknet, die trockne Masse mit Chloroform extrahirt, welcher Auszug verdunstet wird. Das so gewonnene Rohdigitalin wird nochmals mit Alkohol aufgenommen unter Zusatz von Bleiacetat, filtrirt, das Filtrat destillirt und der Destillationsrückstand, mit Wasser vertheilt, mit Aether ausgeschüttelt. Der Aether nimmt Fett und sonstige Verunreinigungen weg, während im Rückstand das Digitalin durch nochmaliges Lösen in Chloroform, Behandeln mit Thierkohle und endliches Umkrystallisiren aus Alkohol erhalten werden kann.

Auf die oben erwähnte Kosmannsche Arbeit vom Jahre 1874 können wir hier nur verweisen. So viel sei hier nur erwähnt, dass derselbe glaubt, alle bekannten Digitalisbestandtheile stammten von einem leicht zersetzbaren Princip der Fingerhutpflanze ab, das mit verdünnten Säuren Glykose und unlösliches Digitalin liefere, das durch weitere Einwirkung von Säuren in Glykose und Digitaliretin gespalten würde, welch' letzteres noch 4 Mol. Wasser verliere.

Goerz hat die Nativelle'schen Arbeiten wiederholt und studirte die Eigenschaften des krystallisirten Digitalins, von dem er grössere Mengen erhielt. Dasselbe bildet kugelige Aggregate, oder sternförmige Nadeln, die beim Trocknen ein trocknes, leichtes Pulver geben. Dasselbe ist löslich in heissem Alkohol, in Chloroform, wenig in Benzin, leicht löslich in Aether, unlöslich in Wasser. Mit conc. Schwefelsäure löst sich dasselbe und färbt sich beim Stehen violett bis purpurroth. Digitin ist ein Glykosid und besitzt die Formel: $C_4 H_9 O_3$.

Das Digitaleïn Nativelles ist nach ihm ebenfalls ein Glykosid, das die Zusammensetzung $C_4 H_7 O_3$ besitzt.

Nach den gemachten Erfahrungen können im Allgemeinen 2 Digitaline unterschieden werden, das deutsche, ein amorphes Pulver, leicht löslich in Wasser und Alkohol, schwer löslich in Chloroform und Aether und das französische, krystallinisch, das Digitalin Homolles und Nativelles, leicht löslich in Chloroform, schwer löslich in Wasser und Alkohol. Das deutsche Digitalin wird im Wesentlichen nach Homolle dargestellt, nur mit dem Unterschiede, dass das fertige Product nochmals mit Wasser ausgezogen und der wässrige Auszug langsam verdunstet wird. — Das deutsche Digitalin löst sich in Schwefelsäure, welche Lösung beim Stehen kirschroth wird, bei Zusatz von wenig Brom tief violett. Deutsches französisches Digitalin.

Das deutsche Digitalin besteht im Wesentlichen nach Schmiedeberg aus Digitaleïn.

Das französiche Digitalin (Digitalin Homolles) löst sich in 2000 Th. kaltem und 1000 Th. kochendem Wasser, ist schwer löslich in Aether, leicht löslich in 90 % Alkohol und Eisessig. Die Lösung in Schwefelsäure färbt sich allmälig carminroth. Dasselbe besteht nach Schmiedeberg aus Digitoxin und Digitogenin. — Das Digitalin Nativelles ist leicht löslich in Chloroform und Alkohol (12 Th.), unlöslich in Aether, Benzin und Wasser. Die Lösung in conc. Schwefelsäure wird auf Zusatz von wenig Brom johannisbeerroth. Dasselbe ist nach Schmiedeberg fast reines Digitoxin.

Schmiedeberg erklärt die käuflichen Digitaline bestehend aus Digitonin, Digitalin, Digitoxin und Digitaleïn, welche Körper auch wohl im Fingerhut als Bestandtheile anzunehmen sind.

1) Digitonin. $C_{31} H_{52} O_{17}$. — Dem Saponin nahestehend. Wird deutsches Digitalin mit absolutem Alkohol befeuchtet, mit einer Mischung von gleichen Raumtheilen Alkohol und Chloroform gelöst, das Ungelöste abfiltrirt, so lässt sich durch Zusatz von Aether das Digitonin abscheiden. Letzteres wird derselben Manipulation nochmals unterworfen und endlich 2 mal in alkoholischer Lösung mit Thierkohle entfärbt. Diese Lösung schied freiwillig Digitonin ab, oder auch auf Zusatz von Aether. — Auch nach der Methode der Saponin-Darstellung nach Rochleder lässt sich Digitonin erhalten. Digitonin.

Digitonin bildet weisse, amorphe Massen, leicht löslich in Wasser, wenig löslich in Alkohol, unlöslich in Aether, Chloroform, Benzin, löslich in einer Mischung von Alkohol und Aether. Die stark schäumende wässrige Lösung wird durch Bleiacetat, Gerbsäure, Bleiessig und Ammon gefällt. Salzsäure (concentrirt) löst beim Kochen Digitonin violett, ebenso verdünnte Schwefelsäure. Beim längeren Kochen mit verdünnter Salzsäure (12—14stündig) bildet dasselbe Zucker und 2 nicht krystallisirbare Körper, Digitoresin und Digitoneïn, ersteres in Chloroform und Aether leicht, in Wasser wenig löslich, letzteres unlöslich in Aether. — Wird eine alkoholische Lösung von Digitonin mit Salzsäure gekocht, so entsteht Digitogenin, schwerlöslich in kaltem Alkohol, Benzol und Aether, leicht löslich in Chloroform. Durch Gährung entsteht aus Digitonin Paradigitonin, das auch durch Erhitzen von käuflichem Digitalin mit Wasser bei 210—220° erhalten werden kann, vielleicht identisch mit Homolles und Quevennes Digitalone. Schmiedeberg hält das Digitalin von Homolle und Quevenne, sowie Digitoneïn Kosmanns für Digitoneïn, das Digitaliretin Kosmanns für ein Gemenge verschiedener Spaltungsproducte.

Digitalin. **2) Digitalin.** $x(C_5H_8O_2)$. — Aus deutschem Digitalin erhält man das Digitalin, indem die wässrige Lösung mit Aether zur Abscheidung des Digitonins versetzt wird, wobei es in der Aether-Alkohollösung erhalten bleibt. Nach Abdestilliren des Aethers und Vermischen mit Wasser wird dasselbe flockig gefällt, dann mit Wasser von Digitaleïn, mit Soda und Ammoniak von färbenden Substanzen gereinigt und dann aus Alkohol umkrystallisirt. Krystallinische Masse, schwer löslich in kaltem Wasser, leicht in Alkohol und Chloroform-Alkohol, schwer löslich in Aether. Beim Erhitzen mit Säuren in alkoholischer Lösung entsteht Zucker und Digitaliresin. Die Digitaline Homolles und Quevennes sind vorzugsweise Gemenge von Digitalin und Digitaliresin. Das Digitaletin von Walz ist wohl ein Gemenge von Digitalin und Digitoneïn.

Digitaleïn. **3) Digitaleïn.** — Dieser Körper, der noch wenig gekannt ist, ist zum Unterschied von Digitonin leicht löslich in kaltem, absolutem Alkohol, leichter löslich in Aether, löslich in Wasser, giebt die Salzsäureprobe, für Digitonin charakteristisch, nicht.

Digitoxin. **4) Digitoxin.** ($C_{21}H_{32}O_7$? Koppe). — Die Darstellung des Digitoxin, des Hauptbestandtheiles des Nativelleschen Digitalins gelingt dadurch, dass man die Blätter des Fingerhutes 2mal mit Wasser auskocht, dann mit 50 % Alkohol extrahirt und diese Lösung mit Bleiessig und Ammon vollkommen ausfällt. Das Filtrat wird bei stets neutraler Reaction concentrirt und der sich hierbei abscheidende Bodensatz mit Soda, dann mit reinem Wasser gewaschen, und der verbleibende Rückstand in Chloroform gelöst. Der nach Abdestilliren des Chloroforms verbleibende Rückstand wird mittelst Aether oder Benzin gereinigt, in Alkohol gelöst, mit Thierkohle gereinigt und aus Alkohol umkrystallisirt

Digitoxin bildet perlmutterglänzende Nadeln, unlöslich in Benzin und Wasser, löslich in Chloroform, heissem Alkohol, weniger löslich in Aether oder kaltem Alkohol. Beim Kochen mit verdünnten Säuren in alkoholischer Lösung entsteht das amorphe Toxiresin, das auch Bestandtheil des Nativelleschen Digitalins ist. Dasselbe ist leicht löslich in Aether, Chloroform, Alkohol, schwer löslich in Wasser und Benzin.

Nachweis der Digitalisbestandtheile. Die Meinung von Tardieu, Devergie und anderen Toxikologen, dass der chemische Nachweis einer Digitalisvergiftung unausführbar sei, ist durch die Untersuchungen von Brandt und Dragendorff widerlegt worden, welche gezeigt haben, dass sich die wirksamen Bestandtheile der Digitalis, nämlich das Digitalin und das Digitaleïn Nativelles aus animalischen Materien in einem Grade der Reinheit isoliren lassen, welcher nicht nur die physiologische Probe in der zuverlässigsten Weise auszuführen, sondern auch Grandeau's Schwefelsäure-Brom-Probe auf das Unzweideutigste zu erhalten gestattet.

Die Extraction der auf Digitalisbestandtheile zu prüfenden animalischen Organe und Flüssigkeiten kann zwar nach Brandt und Dragendorff ohne erkennbaren Nachtheil in der gewöhnlichen von Dragendorff vorgeschlagenen Weise durch Digestion mit schwefelsäurehaltigem Wasser bewirkt werden, sie ziehen es indess, um sicher jede Zersetzung zu verhüten, vor, die nöthigenfalls zerkleinerten und durch vorsichtiges Eindampfen concentrirten Massen mit so viel Eisessig zu versetzen, dass das Gemenge mindestens 50 % Säure enthält, nach einiger Zeit mit Wasser zum dünnen Brei zu verflüssigen und nun 24 Stunden bei 40—50° zu digeriren. Dann wird das 3fache Volumen Weingeist hinzugefügt, nochmals 24 Stunden lang digerirt, filtrirt, das Filtrat vom Weingeist befreit und nun bei 50° zweimal mit seinem halben Volumen reinen Benzols ausgeschüttelt. Das Benzol nimmt, namentlich wenn man vor dem Abheben es völlig erkalten lässt, nur das Digitalin und die substanze inerte auf, worauf das Digitaleïn leicht durch $^1/_4$ Vol. Chloroform ausgeschüttelt werden kann. Die Auszüge werden mit Wasser gewaschen, filtrirt und verdunstet und hinterlassen dann meistens die betreffenden Stoffe in genügend reinem Zustande. Sonst werden die Rückstände nochmals in Essigsäure und die mit Wasser verdünnten filtrirten Lösungen wieder mit Benzol resp. Chloroform ausgeschüttelt.

Gegen Grandeaus Probe verhalten sich Digitalin und Digitaleïn nach Dragendorff fast gleich. Er modificirt dieselbe dahin, dass man das mit conc. Schwefelsäure angefeuchtete Digitalispräparat mit einem Tröpfchen einer Mischung versetzt von 1 Th. Kalihydrat, 3 Th. Wasser und soviel Brom, dass dadurch gelbliche Färbung hervorgebracht wird. Es entstehen dann schön violettrothe Streifen, die ihre Färbung ziemlich lange behalten; auf Wasserzusatz wird die Lösung schmutzig grün. Das Digitalin giebt die Reaction weniger schön als das Digitaleïn, indem die Färbung bei ersterem mehr blut- oder braunroth ist.

Brandt und Dragendorff kommen bei ihren Versuchen über die Nachweisbarkeit des Digitalins in den Organen des Körpers zu dem Resultat, dass mit einiger Sicherheit die Auffindung nur im Magen und dem Erbrochenen erwartet werden könne, aber hier selbst dann noch, wenn eine verhältnissmässig lange Zeit seit der Vergiftung verstrichen sein sollte. Den zersetzenden Einflüssen putrider Substanzen scheint nach ihnen das Digitaleïn ziemlich gut, und besser als das Digitalin zu widerstehen. Bartsch bestätigt dieses.

Nach Hock erkennt man Digitalin an der schwarzen Linie im Spectrum bei F., während das Violett zwischen F. und G. absorbirt wird, ferner auch an den beiden schwarzen Linien, welche die Lösung in conc. Schwefelsäure bei E. und F. hervorruft. — Nach Tanret reducirt Digitalin Ferricyankalium; nach Selmi färbt sich die Lösung des Digitalins in Schwefelsäure auf Zusatz von Kaliumdichromat braungrün bis blau, auf Zusatz von Bleichlorid roth werdend.

Die Pharmakologie der Digitalisstoffe muss sich zum grössten Theile auf die Versuche mit sog. Digitalinen des Handels stützen, Wirkung der Digitalisstoffe.

welche variable Gemenge der als Digitin, Digitonin, Digitalin, Digitaleïn und Digitoxin bezeichneten Stoffe und verschiedener Spaltungsproducte der letzteren darstellen. Die Wirkung, an welcher das Digitonin. nach Art des Saponins wirkende Digitonin in unerheblicher Weise Digitin. participirt, während Digitin inactiv ist, ist vorzugsweise durch die drei letztgenannten Substanzen bedingt, welche in Hinsicht ihrer entfernten Action nur quantitative Differenzen zeigen. Sie sind in grösseren Dosen energische Herzgifte, welche das Leben durch Herzstillstand vernichten, und haben die besondere Eigenthümlichkeit cumulativer Wirkung, so dass bei längerer Darreichung kleinerer Dosen die Effecte einer einzelnen hohen Gabe hervortreten.

Digitoxin. Unter den Digitalisstoffen ist offenbar das stärkste das Digitoxin, welches bei Rana temporaria schon zu $^1/_{10}$ Mgm., sicher zu $^1/_2$ Mgm. in 5 bis 7 Min. systolischen Ventrikelstillstand hervorruft, der bei Rana esculenta erst nach 1—1$^1/_2$ Mgm. eintritt; die erstgenannte Froschspecies wird durch 1—3 Mgm. in etwa $^1/_2$ Std. gelähmt. Bei Hunden bedingt dasselbe zu 2 Mgm. mehrmals sich wiederholendes Erbrechen, zu 5—6 Mgm. Verminderung der Pulszahl, Abgeschlagenheit und Schwäche, zu 8 Mgm. 1,7 per Kilo Tod durch Herzstillstand. Bei Katzen tödtet schon 1 Mgm. (0,4 per Kilo); $^1/_2$ Mgm. bewirkt Erbrechen mit nachfolgendem mehrtägigem Kranksein, ohne dass Herzverlangsamung und Hinfälligkeit in gleicher Weise ausgesprochen sind. Auf Kaninchen wirken 4 Mgm. nicht letal, aber lähmend und die Muskelcontractilität herabsetzend, während 5—6 Mgm. (3—5 Mgm. per Kilo) durch complete Lähmung tödten. Der Herzstillstand scheint bei Kaninchen diastolisch, bei Hunden und Katzen systolisch. Unter die Haut in Substanz eingeführt, wirkt Digitoxin in Folge seiner absoluten Unlöslichkeit in Wasser selbst zu 4—5 Mgm. gar nicht. Selbstversuche Koppes, der zuerst $^1/_2$ Mgm. ohne Befindensänderung, dann am folgenden Tage 1 Mgm., mit nachfolgender körperlicher Verstimmung und Anorexie nahm, führten zu ziemlich heftiger Vergiftung, welche 1 Std. nach der letzten Dosis mit Uebelkeit und leichtem Schwindelgefühl begann, wozu nach 3 Stunden hochgradige Uebelkeit und Schwäche, Sinken der Pulszahl von 80 auf 58 und Intermittenz des Pulses sich gesellten und in den folgenden Stunden an Intensität zunahmen. Zu wiederholtem Erbrechen, das immer nur vorübergehende Erleichterung schaffte, und extremer Schwäche trat Insomnie, besonders durch quälende Nausea unterhalten, Schwachsichtigkeit und Gelbsehen, namentlich der helleren Gegenstände, und erst am 4. Tage wurde der Puls, der am 2. Tage seinen tiefsten Stand (54) zeigte, wieder normal, während Schwäche und Sehstörung erst nach 5—7 Tagen verschwanden. Sphygmographisch zeigte der Puls bei Koppe am 2. Tage noch zwei Pulswellen, von denen die zweite viel kleiner war, eine Intermission, die sich subjectiv durch ein Gefühl von Unruhe und schwacher Präcordialangst zu erkennen gab, am 3. Tage grosse Unregelmässigkeit in Höhe und Form der Welle und in den Intervallen.

Digitalin. Digitaleïn. Während die physiologischen Effecte und insbesondese die Wirkung auf den Blutdruck beim Digitoxin dieselben sind, wie beim reinen Digitalin und Digitaleïn, ergiebt sich bei Säugethieren ein wesentlicher Unterschied des Digitoxins in der dadurch local erzeugten phlegmonösen Entzündung mit nachfolgender Vereiterung, die bei Hunden schon nach Subcutaninjection von

$^1/_{10}$ Mgm. niemals ausbleibt, dagegen bei den genannten beiden Glykosiden wohl in Folge ihrer leichteren Löslichkeit und rascheren Resorptionsfähigkeit nicht beobachtet werden. Reines Digitalin und Digitaleïn führen bei Rana temporaria zu $^1/_8$—$^1/_4$ Mgm., bei R. esculenta zu 1—1$^1/_2$ Mgm. zum systolischen Herzstillstand und zu 2 Mgm. bei beiden Froscharten zu Muskellähmung; bei Säugethieren scheinen dieselben 6—10 mal schwächer als Digitoxin zu sein (Koppe). Digitaleïn kann schon zu $^1/_2$ Mgm. bei Fröschen systolischen Herzstillstand bedingen und tödtet dieselben zu 1 Mgm. in 12—13 Min., auch bei Katzen wirkt es rascher tödtlich als Nativellesches Digitalin oder eine andere Handelssorte (Görz). Entzündliche Reizung im Tractus findet sich bei per os vergifteten Säugethieren nicht. Bei Selbstversuchen von Görz, der 10 Tage lang Digitaleïn in Pillen, von 1—5 Mgm. pro die steigend, nahm, trat exquisites Sinken der Pulszahl deutlich hervor und hielt noch mehrere Tage nach dem Aussetzen des Medicaments an. Gleichzeitig litt G. an bitterem Geschmack, häufig an Kopfschmerz, Appetitmangel, zuweilen an grossem Schwächegefühl und Druck in den Präcordien, nicht an Erbrechen, und nahm um 325 Gm. an Körpergewicht ab.

Unter den mit dem Namen Digitalin belegten Mischungen verschiedener Digitalisstoffe und ihrer Spaltungsproducte ist das krystallisirte Digitalin von Nativelle, welches zum grössten Theile aus Digitoxin besteht, das stärkste. Zu 1 Mgm. bewirkt es in 22 Min. systolischen Herzstillstand beim Frosche (Görz). Marrotte fand bei Kranken 3 Mgm. pro die Nausea, Erbrechen, Schwindel und Durchfall erregend, welche Symptome 2 Tage anhielten, während $^1/_4$ bis 2 Mgm. gut tolerirt wurden und 1 Mgm. exquisite Herzverlangsamung hervorrief. Widal fand bei Kranken Nativellesches Digitalin 8—10 mal stärker wirkend als amorphes und die Tagesgabe von 1—2 Mgm. zur Herbeiführung von Pulsverlangsamung und von 2—3 Mgm. zur Herabsetzung der Temperatur (bei Typhus 4—6 Mgm.) genügend. 2—4 Mgm. machten den Puls regelmässig und bedingten Mydriasis und Sehstörungen, die manchmal schon nach kleineren Dosen resultirten, bisweilen auch Kopfweh und Schwindel; selbst nach 4$^1/_2$ Mgrm. pro dosi traten andere Erscheinungen wie Nausea nicht ein. Toxische Erscheinungen, in Kleinheit und Beschleunigung des Pulses, Blässe, Kälte der Extremitäten und allgemeiner Prostration bestehend, hat Widal nach Nativelleschem Digitalin nur 2 mal beobachtet, das eine Mal nach 1$^1/_2$ Mgm., das zweite Mal nach 6tägiger Darreichung von 6 Mgm. Schroff stellt das toxische Verhalten des Nativelleschen Digitalins, welches nach dem Entdecker im reinsten Zustande zu 0,01 einen jungen Hund tödtet, gegenüber dem deutschen Digitalin auf 60 : 24. Ersteres macht zu 0,05 Kaninchen 4 Tage krank und tödtet dieselben zu 0,1 unter Convulsionen in 20 Min.; letzteres wirkt auf gleiche Thiere zu 0,05 nicht und zu 0,1—0,2 erst in 4 St. tödtlich. Beim Menschen beeinflussen 5 Mgm. des ersteren Puls und Befinden stärker als ein Cgm. des letzteren. Die Angabe Schroffs, dass Nativelles Digitalin bei Fröschen stets heftige Reflexkrämpfe tonischer und klonischer Art, dagegen deutsches Digitalin Lähmungserscheinungen und nur schwache Zukkungen erregen, ist wohl nur dadurch zu erklären, dass das benutzte Präparat grössere Mengen von Toxiresin (vgl. unten) einschloss.

Krystallisirtes Digitalin von Nativelle.

Das Digitalin von Homolle und Quevenne sollte nach Angaben ihrer Entdecker 100 mal stärker als Digitalisblätter wirken, während Schroff dem

Digitalin von Homolle.

Digitalin von Nativelle nur die 60fache und dem deutschen Digitalin die 24fache Stärke der Folia Digitalis zuschreibt. Nach Durosiez ist das neuere mit Chloroform gereinigte Digitalin Homolles doppelt so stark wie das frühere. Obschon Vulpian bei Fröschen keine besondere Wirkungsdifferenz zwischen Nativelleschem und späterem Homolleschen Digitalin constatiren konnte, ist letzteres doch nach den Versuchen an Menschen entschieden schwächer, wie die Prävalenz des eigentlichen Digitalins vor dem Digitoxin in diesem Präparate a priori wahrscheinlich macht. Nach Versuchen von Widal tritt die pulsverlangsamende Wirkung der sogenannten Digitaline globulaire crystallisée d'Homolle erst durch eine nach der Individualität schwankende Gesammtgabe zwischen 2 und 10 Mgm. ein, während Herabsetzung der Temperatur erst durch 15—30 Mgm. im Ganzen herbeigeführt wird. Homolles Digitalin ist dasjenige Präparat, bezüglich dessen die Literatur verschiedene Daten über die Dosis toxica beim Einnehmen grösserer Mengen liefert, wozu die unter dem Namen Granules de Digitaline in Frankreich gebräuchlichen überzuckerten Pillen die Ursache wurden. Durch dasselbe wurde auch die Wittwe de Paw von dem homöopathischen Aerzte Couty de la Pommerais vergiftet, bei welcher vor dem Tode heftiges Erbrechen, grosse Schwäche, unerträgliches Kopfweh, Blässe des Gesichts, kleiner intermittirender Puls und tumultuarische irreguläre Herzaction beobachtet wurden. Andere tödtliche Fälle acuter Digitalinvergiftungen beim Menschen liegen nicht vor, so dass die Dosis letalis nicht mit Sicherheit zu bestimmen ist. In der Regel setzt man die medicinale Dosis auf 1 Mgm. 3—4 mal täglich und hält es für gefährlich, 6 Mgm. im Tage zu überschreiten, doch kommen Nebenerscheinungen auch schon bei kleineren Dosen vor, wie solche von Lemaistre nach 2 Mgm. bei einem 15jährigen Jungen beobachtet wurden, während andere erheblich grössere Dosen, selbst 10—12 Mgm. ertragen. Da einerseits Homolles Digitalin ein variirendes Gemenge wirksamer und unwirksamer Digitalisstoffe darstellt, andererseits auch nicht bezweifelt werden kann, dass die Granules nicht immer den vorschriftsmässigen Gehalt von 1 Mgm. Digitalin besitzen, sind diese quantitativen Wirkungsdifferenzen auch ohne die Annahme besonderer Prädisposition oder Immunität zu erklären. Jedenfalls liegt die tödtliche Gabe relativ hoch, da ohne tödtlichen Effect von einem 72jährigen Mann 35 Mgm. auf 2 mal (Leroux) und von verschiedenen Erwachsenen 16 (Heer), 15 (Magnin), 40—45 (Chéreau) und selbst 50 Mgm. (Trèves) genommen wurden. In dem Fall von Magnin führten 15 Granules de Digitaline sofort Präcordialangst, kalte Schweisse und Nausea, in 6 St. Erbrechen, das sich beim Trinken stets wiederholte, neben Abgeschlagenheit und Schwäche, anfängliche Beschleunigung und spätere Verlangsamung des Pulses, beträchtliche Steigerung der Diurese in den ersten 24 St. mit nachfolgender Suppressio urinae, endlich längere Zeit anhaltende, ausserordentlich starke Empfindung von Bitterkeit im Munde hervor. In dem Falle von Heer bewirkten 16 Granules bei einer Frau nach 2 St. einen von Zittern begleiteten Frost, Schwindel, Hallucinationen, welche Symptome gegen 12 Stunden anhielten, dann kalte Schweisse, Insomnie, Dyspnoe; weitere Schwindelanfälle, bis 20 Stunden nach dem Einnehmen Besserung erfolgte; nach weiteren 40 Granules trat wieder Frost, Schwindel, ausserdem Nausea und Erbrechen, auch Koliken ohne Stuhl ein, dabei grosse Schwäche, Aphonie, Gelbfärbung der Conjunctiva, Pupillenerweiterung, kleiner intermittenter Puls von 46—48 Schl., brennender Durst und heftige Magenschmerzen, welche Symptome nach und nach, und erst vollständig in 7—8 Tagen schwanden; auffallend ist, dass 3—4 Tage durchaus kein Harn gelassen wurde; auch hier war das Bewusstsein ungetrübt. Im Falle von Trèves, wo 50 Granules in selbstmörderischer Absicht genommen waren, sind heftiger Kopfschmerz, ohne Trübung der Intelligenz, kalter Schweiss, Nausea, wiederholtes Erbrechen, bedeutende Pulsverlangsamung (25—30 Schl.) und Prostration die hervorstechendsten Erscheinungen. Die Symptome waren in Lerouxs Falle, wo sie mit Heftigkeit erst in $6^1/_2$ St. auftraten, Kopfschmerz, Gesichtsstörungen, Präcordialangst, Nausea, besonders durch Trinken gesteigert, Schmerzen im Epigastrium, Erbrechen, seltenes Harnlassen, etwas frequente Respiration, Kühle der Haut, Schwindel und Betäubung beim Aufrichten im Bett, bei intactem Bewusstsein und Gefühl, Röthung des Gesichts, kräftiger, stark verlangsamter Herzschlag, am 2. Tage auch Koliken und Diarrhoe, und verloren sich erst im Laufe von 7—8 Tagen.

Deutsches Digitalin. Deutsches Digitalin scheint nicht erheblich schwächer zu wirken als das französische von Homolle, variirt aber natürlich nach Massgabe seiner Zusammensetzung, so dass digitoxinhaltige Präparate, wie sie mitunter das Digitalin von Merck darstellt, stärker sind als andere vorwaltend aus Digitaleïn bestehende Präparate. Brand sah nach 0,05 Merckschen Digitalins in $3^3/_4$ St., nach 0,1 Marcard'schen Digitalins in 35 Min. den Tod von Katzen nach Ligatur des Oesophagus erfolgen, während sie ohne zuvorige Oesophagotomie nach 0,1 des letzteren nur heftig erkrankten. Hunde starben manchmal nach 0,03—0,06, rasch nach 0,12—0,18 Merck'schen Digitalins subcutan (Martin). Auf deutsches Digitalin beziehen sich die Angaben verschiedener Autoren über das Auftreten von Nebenerscheinungen nach Subcutanapplication von 3 Mgm., wonach Pletzer Erbrechen und Brennen im Halse, Erlenmeyer Appetitlosigkeit, Uebelsein, mitunter Brechneigung, gestörten Schlaf, selbst Schlaflosigkeit, Kopfweh, Diarrhöen, sowie 3—4 Tage anhaltende Missstimmung, Reizbarkeit und Streitsucht beobachtete.

Spaltungsproducte. Die Wirkung der auf das Herz influirenden Digitalisstoffe muss auf deren eigene Action, nicht auf daraus im Organismus sich abspaltende Substanzen bezogen werden. Toxiresin und Digitaliresin wirken auf Frösche und Säugethiere convulsionserregend, ersteres in gleichen Dosen rascher und stärker als letzteres; die Krämpfe scheinen in Erregung der Krampfcentren im verlängerten Marke zu beruhen, verbinden sich aber nicht mit dem Aufblasen und anderen Symptomen der Hirnkrampfgifte. Bei Säugern wird die Athmung sehr beschleunigt und ist der Tod asphyktisch. Toxiresin, welches Frösche schon zu $^1/_2$, Kaninchen zu 5 und Katzen und Hunde zu 20 Mgm. tödtet, setzt bei Fröschen die Muskelerregbarkeit und die Energie der Herzcontraction herab, scheint jedoch den Vagus nicht zu beeinflussen. (Perrier, des effets de la toxirésine et de la digitalirésine. Strassburg, 1875). Das beim Kochen von Digitaliresin mit Säuren resultirende Harz ist unwirksam. Becker fand Kosmann'sches Digitaliretin zu 0,5 intern bei Kaninchen wirkungslos und wahrscheinlich sind auch noch andere Spaltungsproducte ohne Effect.

Schicksale im Organismus. Von der Magenschleimhaut aus erfolgt die Resorption der Digitaline nur langsam, so dass nach $4^1/_2$ Std. nach Application der Nachweis möglich ist. Totale Destruction findet bei toxischen Dosen nicht statt, da mitunter im Harn und Leber Spuren von Digitaleïn auffindbar sind (Brandt und Dragendoff).

Oertliche Wirkung. Die Angabe über die örtliche Wirkung des käuflichen Digitalins sind sehr verschieden und müssen variiren, je nachdem dieselben Digitoxin oder die beiden übrigen Herzgifte der Digitalis enthalten; doch kann auch z. B. das

Nativellesche Digitalin bei Application auf die Conjunctiva wegen seiner Unlöslickeit in Wasser ohne örtlichen reizenden Effect bleiben (Rabuteau). Entzündung zeigt sich übrigens oft bei endermatischer Application (Homolle und Quevenne) und häufig auch bei hypodermatischer als Infiltrate und Erysipele (Lorent, Erlenmeyer), während bei epidermatischer Application wässriger Digitalinlösung nur Abnahme der Gefühlsperception eintritt (Hoppe). Hineingerathen von Digitalin in das Auge bedingt in der Regel Schmerz, 12—15 Stunden anhaltende Trübung des Gesichtes, Funkensehen und leichte Pupillendilatation. Bei Application auf die Nasenschleimhaut erregt es heftiges Niesen (Homolle und Quevenne). Die Erscheinungen seitens des Digestionstractus (Erbrechen und Diarrhoe) kommen auch nach nicht interner Application zur Beobachtung und erscheinen somit nicht als völlig locale Symptome.

Auf die örtlich irritirenden Effecte bezieht Witkowski (Arch. klin. Med. 17. 313) auch das von Otto (ebendas. 140) aufgestellte Digitalinfieber, welches derselbe nach Subcutaninjection von Merckschem Digitalin, zu 1—3 Mgm. in Weingeist oder Glycerin gelöst, 4—6 Std. nach der Application constant beobachtet haben will, während andere, wie z. B. Gerber (ebendas. 18. 23), bei gesunden Wöchnerinnen das weder mit Merckschem noch mit Natiavelleschem Digitalien constatiren konnten.

Entfernte Wirkung.

Die entfernte Wirkung des käuflichen Digitalins erstreckt sich auf Säugethiere, Vögel, Haifische (Cadiat), Amphibien (Tritonen, Frösche) und selbst auch wirbellose Thiere wie die Weinbergsschnecke (Vulpian); Krebse scheinen nicht davon afficirt zu werden (Schmiedeberg). Die Resorption erfolgt sowohl vom Magen als vom Unterhautbindegewebe aus. Die Symptome der Digitalinvergiftung sind die bei den sogenannten Herzgiften zur Beobachtung gelangenden.

Symptome der Vergiftung bei Thieren.

Bei Fröschen tritt, häufig erst nach längerer Zeit, Mattigkeit, lähmungsartige Schwäche, absatzweise und sehr langsame Respiration, stets erst dann in Erscheinung, wenn bereits höchst intensive Veränderungen der Herzthätigkeit eingetreten sind; vereinzelt kommen Zuckungen, spontan oder reflectorisch vor. Die Erscheinungen am Herzen bestehen anfangs in einer Volumszunahme der Pulsationen (erstes Stadium der Digitaliswirkung), meist mit Verlangsamung der Herzschlagzahl verbunden; bei starken Dosen nimmt die Verlangsamung auffallend rasch zu, dann wird die Herzbewegung unregelmässig und peristaltisch und es erfolgt Stillstand des Ventrikels in outrirter Systole, so dass die Ventrikelwandungen aneinander liegen, worauf nach einiger Zeit diastolischer Stillstand der Vorhöfe folgt. Zur Zeit des Herzstillstandes können die übrigen Functionen noch vollkommen erhalten sein und der Frosch mit vollständig stillstehendem Herzen noch stundenlang umherhüpfen. Ein analoges Verhalten findet auch bei anderen Kaltblütern, z. B. bei Haifischen (Cadiat) statt.

Bei Tauben und anderen Vögeln zeigt sich Unruhe, Mattigkeit, Vomiturition, Erbrechen, Zucken und Tod, welchem krampfhaftes Strecken der Flügel und Rückwärtsziehen der Beine vorausgehen, auch hier erfolgt der Tod durch Herzstillstand. Bei Kaninchen beschränken sich die Symptome auf Leckbewegungen, geringe Mattigkeit, diarrhoische Entleerungen und Verlust des Appetits; bei grösseren Gaben zeigt sich stark gesteigerte Athemfrequenz, Mydriasis und Störung der Herzaction, die sich nach differenten Dosen verschieden verhält. Nach Marmé wirkt Digitalin subcutan in Glycerinlösung applicirt zu 1—2 Cgm. vorübergehend verlangsamend, zu 8 Cgm. erst verlangsamend, dann enorm beschleunigend und einige Zeit vor dem Tode wieder retardirend; zu 16 Cgm. verlangsamend bis zum Tode; in die Vene in derselben Solution injicirt zu 8—10 Mgm. verlangsamend und vor dem Tode wieder beschleunigend, in grossen Gaben meist erst verlangsamend, dann beschleunigend und häufig ohne nochmalige Retardation tödlich, in sehr grossen Gaben, wenn nicht schon nach wenigen Secunden der Tod erfolgt, kaum verlangsamend, sondern enorm beschleunigend und mit dem Tode wieder verlangsamend. Das Herz steht meist in Contraction still, hier und da diastolisch, und noch nach dem Aufhören des Herzschlages erfolgen einige Athemzüge; ganz ausnahmsweise zeigen sich noch zwei Stunden nach dem Tode schwache, spontane Contractionen.

Bei Hunden und Katzen treten zu den beim Kaninchen zu beobachtenden Symptomen insbesondere nach Würg- und Brechbewegungen, häufig wiederholtes Erbrechen, grosse Hinfälligkeit und Collapsus, erst in mehreren Stunden zum Tode führend. Das Bewusstsein bleibt bis zuletzt erhalten. Der Stillstand des Herzens ist keineswegs immer ausgeprägt systolisch, obschon der linke Ventrikel sich meist mehr oder weniger erheblicher contrahirt zeigt.

Sectionsbefund bei Thieren.

Der Sectionsbefund bei Thieren zeigt nichts besonders Charakteristisches. Hyperämie der Magen- und Darmschleimhaut kommt sowohl bei interner als bei subcutaner Application nicht selten vor, meist auch Blutanhäufung in einzelnen Körperhöhlen; bei Thieren, welche brechen können, mitunter Extravasate in der Magenschleimhaut; das Blut ist dunkel, in seiner Coagulationsfähigkeit nicht verändert.

Symptome beim Menschen.

Die Erscheinungen der Digitalinwirkung beim Menschen entsprechen im Wesentlichen den bei Katzen und Hunden zu beobachtenden Symptomen. Kleine medicinale Dosen setzen Pulsfrequenz und im geringen Grade auch die Temperatur herab; grössere erzeugen Vergiftungserscheinungen verschiedener Intensität, vorzugsweise durch gastrische und nervöse Erscheinungen oder als Collaps characterisirt. In leichteren Fällen, wie solche durch mässige Ueberschreitung der medicinalen Gaben oder durch die cumulative Action richtig dosirter Digitalinmengen entstehen, bleibt es meist bei Brechreiz und etwas Kopfschmerz, bisweilen treten Delirien hinzu, die innerhalb 24 Std. verschwinden; manchmal geht ein Gefühl von Schwäche im Epigastrium, etwas Uebelsein, Spannung über den Orbitae, dumpfes Gefühl im Kopfe und Gesichtsverdunkelung voraus (Homolle und Quevenne). In anderen Fällen kommt es wirklich zur Verwirrung der Sinne, schweren Träumen, Hallucinationen, Diarrhoe oder galligem Erbrechen, sich öfters wiederholend und mit gleichzeitiger Appetitlosigkeit 2—3 Tage anhaltend. Solche Vergiftungserscheinungen, wie sie Homolle und Quevenne bei ihren Selbstversuchen mit Digitalin beobachteten und wie sie in dem oben ausführlich geschilderten Versuche Koppes mit Digitoxin hervortreten, haben die grösste Aehnlichkeit mit den bereits oben geschilderten schweren Intoxicationen (vgl. Homolles Digitalin).

Thierspecies.

Die entfernte Wirkung der auf das Herz wirkenden Digitalisstoffe wird durch verschiedene Umstände modificirt. Carnivoren werden dadurch stärker als Herbivoren afficirt. Die Thatsache wurde mit unreinem Digitalin, das jedoch schon zu 0,3 Katzen tödtete, in Bezug auf Katzen und Hunde, gegenüber den Kaninchen, und obschon nicht so evident, in Hinsicht auf Eulen und Raben gegenüber den Tauben constatirt und später vielfach bestätigt, Vögel sind, wie schon Bonjean (Journ. Pharm. 4. 21) für das Huhn in Bezug auf Digitalis fand, minder empfindlich als Säugethiere. Tauben ertragen 0,03 Mercksches Digitalin vom Kropf aus, werden aber durch 0,02 subcutan getödtet. Die von Stannius behauptete grosse Resistenz der Frösche kann sich nur auf Rana esculenta beziehen. Bei Rana temporaria treten vom Herzstillstande abgesehen allerdings Allgemeinerscheinungen spät auf, jedoch schon durch kleine Bruchtheile eines Mgms. Interessant ist die von Vulpian ermittelte Verschiedenheit des Verhaltens der Frösche und Kröten gegen das Gift, indem letztere selbst durch die zehnfache Menge der bei Fröschen systolischen Herzstillstand bedingenden Dose nicht afficirt werden. — Unter den Applicationsarten ist die Einspritzung in die Venen, insonderheit in die Jugularis, von dem intensivsten Effecte; die Subcutaninjection erfordert geringere Dosen als die interne Darreichung. Homolles Digitalin wirkte nach Bouchardat und Sandras bei Einspritzung in die subcutanen Hautvenen des Abdomens zu 0,1 Gm. in 4 Std. tödlich, in die Jugularis injicirt zu 0,1 in $1^1/_2$, zu 0,05 in 3 Minuten, zu 0,01 in $4^1/_2$ Stunde, intern zu 0,05 in 5 Stunden nach 3stündiger Agone. Homolle fand beim Kaninchen, dass bei interner Application die 3- und selbst die 5fache Dosis nicht so markirte toxische Effecte bedingt wie die endermatische. In Hinsicht besonderer Momente ist hervorzuheben, dass bei manchen Kranken, namentlich Fieberkranken und Herzkranken, die retardirende Wirkung auf den Puls stärker als bei Gesunden hervortritt (Bouchardat). Die Frage, ob sich bei einzelnen Individualitäten besondere Empfindlichkeit, bei anderen bedeutendere Resistenz finde, ist selbstverständlich bei einem Gemenge, wie sie das käufliche Digitalin darstellt, kaum zu entscheiden. Die cumulative Action des Digitalins, schon von Bouchardat und Sandras an ihren Kranken, welche gastrische und nervöse Symptome meist erst nach dem dritten Tage vom Beginn der Darreichung an darboten, wurde bereits oben betont. Ob bei Kaninchen, wie Winogradoff behauptet, bei wiederholter Application Toleranz gegen Digitalin eintritt, steht dahin.

Applicationsstellen.

Cumulative Wirkung.

Physiologische Wirkung.

Die physiologischen Untersuchungen der verschiedensten Autoren setzen es ausser Zweifel, dass Digitalin zu den sog. Herzgiften gehört. Ein directer Einfluss der Fingerhutstoffe auf das Centralnervensystem ist nicht erkennbar und sind die Erscheinungen seitens desselben von den Circulationsstörungen abzuleiten. Am wenigsten wird, wie die Persistenz des Bewusstseins bis zum Tode beweist, das Grosshirn afficirt. Die terminalen Krämpfe sind, insoweit nicht gewisse Spaltungsproducte von Digitalin und Digitoxin dabei im Spiele sind, entweder auf mangelhafte Blutlüftung oder auf Anämie der Medulla oblongata zu beziehen. Als Ursache der Dyspnoe, die bei Säugethieren ebenfalls gegen Ende der Vergiftung in sehr hochgradiger Weise auftritt, ist ebenfalls grösstentheils wenigstens die Circulationsveränderung aufzufassen. Weil (Arch. Anat. Physiol. 252. 1871) und Meihuizen (Arch. ges. Physiol. 7. 201) vindiciren dem Digitalin beim Frosche eine herabsetzende Wirkung auf die Reflexerregbarkeit in Folge einer Reizung der Setschenowschen Centren. Auch Courvat fand die Erregung des Rückenmarks und der peripheren Nerven früher erloschen als die der quergestreiften Muskeln. Als centrale Wirkung des Digitalins erscheint auch das durch alle Herzgifte bei verschiedenen Thierclassen erzeugte Erbrechen, für welches die örtliche Reizung der Magenschleimhaut keine genügende Erklärung bietet. Nach Faure (Arch. gén. 113. 1864) soll dasselbe etwas ganz Charakteristisches haben, indem die Brechanstrengungen nur die Folge einer Reihe convulsivischer Contractionen darstellten, die in den entferntesten Körpertheilen beginnen und in den oberen Regionen erst auftreten, nachdem sie sich in den unteren gezeigt haben (?). Nach Nasse steigert Digitalin die Darmperistaltik, wofür auch das Vorkommen von Diarrhoe bei manchen Intoxicationen spricht.

Herzwirkung.

Der Einfluss des Digitalins auf die Circulation hängt vorwaltend vom Herzen ab, an welchem die musculösen und nervösen Elemente gleichzeitig betheiligt erscheinen. Der Herzmuskel scheint durch das Digitalin eine Veränderung seiner Elasticität zu erfahren (Schmiedeberg). Die Wirkung tritt auch an der nervenlosen Herzspitze ein (Franck, Gaz. de méd. de Bord. 8. 1881). In dem ersten Wirkungsstadium resultirt Volumszunahme der Herzpulsationen ohne Zunahme der absoluten Leistungsfähigkeit des Herzens und bei nicht erhöhtem Maximaldruck erhebliches Steigen des mittleren Blutdrucks bei Ausschaltung des capillären Kreislaufes (Williams). Nach dem Eintritte des Herzstillstandes geht die electrische Reizbarkeit des Herzmuskels in der Regel rasch verloren; Atropin hebt den systolischen Stillstand weder auf, noch verhindert es denselben; ebenso wirkt Curare (Vulpian), wohl aber hebt Delphinin denselben auf (Boehm), ebenso die Einführung von Kochsalzlösung oder Serum in das stillstehende Herz bei einem gewissen Ausdehnungsgrade desselben, offenbar nicht in Folge von Erregung der automatischen Herzcentren, da nur bei starker Ausdehnung Herzcontractionen wieder erzeugt werden. Die Auffassung des Digitalinstillstandes als Herzlähmung oder Herztetanus muss hiernach fallen gelassen werden. Neben dem Herzmuskel ist, wie Traube zuerst nachwies, besonders der Vagus betheiligt. Die Wirkung des Digitalins auf denselben ist eine erregende, sowohl auf das Vaguscentrum als auf die Endorgane im Herzen gerichtete, und giebt sich besonders und ausschliesslich nach kleinen Digitalinmengen und im ersten Stadium der Wirkung grosser Digitalingaben zu erkennen, indem einerseits die Herzbewegung verlangsamt, andererseits der Blutdruck gesteigert wird. Ganz den nämlichen Effect hat übrigens die durch die Muskelwirkung des Digitalins bedingte Verlängerung der Systolen und die grössere Arbeitsleistung des Herzens und hierzu scheint in dritter Linie als ein in gleicher Richtung wirkender Faktor eine Verengung der peripheren Gefässe zu kommen, wie solche von Brunton (1868) und von Ackermann (Deutsch. Arch. klin. Med. 11. 125) an den Mesenterialgefässen nachgewiesen wurde. Das vasomotorische Centrum ist dabei unbetheiligt (Williams). Die für die Digitalinvergiftung in der Regel nach dem Vorgange von Traube angenommenen beiden späteren Stadien, wovon das eine durch plötzliche und starke Vermehrung der Pulsfrequenz bei allmälig sinkendem Blutdrucke, das andere durch abnorm hohe Pulsfrequenz bei subnormalem Blutdrucke sich charakterisiren soll und welche man aus der consecutiven Lähmung des Vagus, Ermattung des Herzmuskels und Lähmung der Gefässnerven erklärt, sind insofern nicht ganz zutreffend, als nicht eben selten, selbst bei tödtlichen Vergiftungen eine Steigerung der Pulsfrequenz, welche Traube und Kaufmann (Lyon. méd. 20. 1881) darauf beziehen, dass die Lähmung des Vagus derjenigen des Herzmuskels vorausgeht, überhaupt nicht eintritt und dass auch gar nicht selten auf einen stark gesteigerten Blutdruck ein unmittelbares jähes Absinken mit fast gleichzeitigem Herzstillstande vorkommt. Bei directer Einspritzung grösserer Digitalinmengen in die Gefässe kann dies ebenso wohl der Fall sein wie bei subcutaner Injection. Muscarinstillstände werden durch Digitalin aufgehoben (Böhm); Saponin beseitigt die durch Digitalin bedingten Herzstillstände durch Herabsetzung der erregten Hemmungsmechanismen, Digitalin dagegen Saponinstillstände durch starke Erregung des Herzmuskels (Köhler).

Diuretische Wirkung.

Ueber die Frage, ob dem Digitalin als solchem eine harntreibende Wirkung zukomme, sind die Ansichten getheilt. Man hat diese Action zunächst in Folge von Beobachtungen am Krankenbette supponirt, und es lässt sich wohl nicht leugnen, dass bei Hydrops im Gefolge von Herzaffection Digitalin durch Steigerung des Blutdruckes vermehrte Harnabsonderung bedingt. Bei gesunden Menschen und bei Thierversuchen lässt sich vermehrte Diurese nicht in auffälliger Weise constatiren, ja es kommt bei Intoxicationen gar nicht selten zu Verminderung. Siegmund (Arch. path. Anat. 7. 298) will bei vergleichenden Versuchen an Kaninchen durch Digitalin die Harnmenge gesteigert, den Harnstoff dagegen vermindert gefunden haben. Winogradoff leugnet die vermehrte Diurese, fand aber Harnstoff und Chloride vermindert, Sulfate und Phosphate vermehrt.

Die letzten Angaben über Veränderung des Stoffwechsels durch Digitalin haben indess nur untergeordnete Bedeutung, da die Stoffwechselversuche nicht an fastenden oder im Stickstoffgleichgewicht befindlichen Thieren angestellt wurden, lassen sich übrigens indirect durch die Beeinträchtigung der Verdauung durch Digitalin erklären. Diese letztere resultirt theilweise aus der irritativen Einwirkung, theilweise aus einer Hemmung der Peptonisirung, die nach Wolberg (Arch. ges. Physiol. 22. 308) der zu Verdauungsflüssigkeiten zugesetzten Menge proportional ist, jedoch geringer als bei Morphin, Strychnin und Narcotin erscheint. Nach von Boeck bedingt Digitalin irgendwie nennenswerthe Aenderungen der Kohlenhydrat- und Eiweisszersetzung nicht, in Gaben, welche den Blutdruck erhöhen, steigert es Kohlensäureausscheidung, Sauerstoffaufnahme und Harnstoffmenge, in hohen Gaben, welche die Herzthätigkeit herabsetzen, werden dieselben Faktoren vermindert. Hiernach ist die Temperaturherabsetzung, welche Digitalin in kleinen und grossen Dosen bedingt, die aber in der Regel bei ersteren in febrilen Leiden, selbst beim Vorhandensein von hohem Fieber relativ gering ausfällt, auf eine Herabsetzung des Stoffwechsels nicht zurückzuführen; möglicherweise steht dieselbe mit der Veränderung des Lumens der peripheren Gefässe und dadurch bedingter Vermehrung der Wärmeabgabe (von Boeck) in Verbindung. Die Ableitung der Temperaturabnahme von verminderter Muskelthätigkeit ist für kleine Dosen nicht statthaft, wenn auch bei grösseren eine lähmende Wirkung auf die quergestreiften Muskeln (Buchheim und Eisenmenger, Courvat, Harnack) nicht in Abrede zu stellen ist. Dass die übrigen quergestreiften Muskeln weit später als der Herzmuskel afficirt werden, beweisen die willkürlichen Bewegungen von Fröschen und Haifischen bei völlig stillstehendem Herzen.

Behandlung der Vergiftung.

Die Behandlung der Digitalinvergiftung richtet sich wesentlich nach allgemein therapeutischen Regeln. In leichten Fällen, wie sie bei medicinaler Darreichung durch zu starke Dosen oder zu lange Anwendung kleiner Gaben resultiren, genügt in der Regel das Aussetzen des Mittels und die Darreichung kleiner Mengen analeptischer Medicamente. Bei der Behandlung der schwereren Form ist, wenn spontanes Erbrechen erfolgt, dies durch lauwarme Getränke zu unterstützen, wenn nicht durch Emetica hervorzurufen. In späteren Stadien ist das häufig quälende Erbrechen durch Opium zu beseitigen. Als chemisches Antidot ist, wie Thierversuche von Becker darthun, das allerdings kein völlig unlösliches Präcipitat in wässrigen Lösungen gebende Tannin nicht ohne Erfolg, während verdünnte Säuren, zum Zwecke der Spaltung der Digitaline im Magen gegeben, bei der Körpertemperatur unwirksam bleiben. Als antagonistische Gegengifte könnten Elemiöl, Saponin (Köhler) und Delphinin (Böhm) in Anwendung gebracht werden. Die lähmende Wirkung des Elemiöls auf den Vagus kann freilich als keine besondere Empfehlung dienen, da bei letalen Dosen Digitalin schliesslich auch Vaguslähmung erfolgt und das Absterben des Herzens offenbar auf der Wirkung des Digitalins auf den Herzmuskel selbst und nicht auf den Veränderungen des Vagus beruht. In wie weit die aufhebende Wirkung des Delphinins und Aconitins auf den Digitalinherzstillstand bei Kaltblütern für die Behandlung der Digitalinvergiftung bei Menschen Verwerthung finden kann, müssen Versuche zeigen, die bei der grossen Giftigkeit des Aconitins und Delphinins natürlich mit Vorsicht anzustellen sind. Das Hauptgewicht ist auf die Beseitigung des Collaps zu legen, wozu interne und externe Stimulantien am Platze sind. Man vermeide bei Digitalinvergiftung häufiges Trinkenlassen, da dadurch gewöhnlich das Erbrechen vermehrt wird, und starke Bewegungen, da solche mitunter plötzlichen synkoptischen Tod herbeiführen.

Physiologischer Nachweis.

Offenbar ist gerade bei Digitalinvergiftung wegen der schwierigen Nachweisbarkeit des Giftes durch chemische Reactionen die physiologische Prüfung in Folge ihrer ausserordentlichen Schärfe von ganz besonderer Bedeutung, und auf diese haben in dem La Pommeraisschen Processe Tardieu und Roussin einzig und allein ihr affirmatives Gutachten über das Vorhandensein einer Digitalinvergiftung gestützt. Man muss den physiologischen Nachweis indessen nicht als alleiniges und die chemische Prüfung entbehrlich machendes Beweismaterial betrachten, da derselbe nur das Vorhandensein eines Herzgiftes erweist, zu denen von Pflanzengiften Antiarin, Strophantin, Helleboreïn, Thevetin, Tanghinin, Convallamarin, Scillitoxin, Erythrophloein und die Glykoside von Nerium Oleander und Nerium odorum gehören. Zur Unterscheidung von diesen, sowie von verschiedenen Cadaveralkaloiden, welche nach Selmi den für die Herzgifte dieser Gruppe charakteristischen systolischen Herzstillstand bedingen, dagegen nicht die Schwefelsäure-Bromwasser-Reaction geben, können nur chemische Kriterien dienen. Man benutzt als Versuchsthier Rana temporaria, da bei dieser Froschspecies der systolische Herzstillstand und die demselben vorangehenden Veränderungen des Herzschlages nach den allerkleinsten Giftmengen bei hypodermatischer Application zu beobachten sind. Zur Lösung bedient man sich am besten der verdünnten Essigsäure (Brand und Dragendorff); alkoholische Solutionen geben namentlich hinsichtlich der Pulsverlangsamung zweifelhafte Resultate. Man kann an zwei gefensterten Fröschen das Verhalten des Herzschlages unter dem Einflusse von käuflichem Digitalin einerseits und von der aus dem Leichname extrahirten verdächtigen Substanz andererseits neben einander beobachten. Um den Versuch völlig concludent zu machen, überzeugt man sich davon, dass weder Curare noch Atropin den systolischen Herzstillstand modificiren und dass beim Eintritte des letzteren die Nerven- und Muskelreizbarkeit vollständig erhalten ist, wo dieses nicht schon aus der spontanen Bewegung des Versuchsthieres hervorgeht. Bei reichlicherem Material kann man auch kleine Carnivoren zu Vergiftungsversuchen benutzen. Man bedarf keiner vollkommen letalen Dose, da die Vergiftungserscheinungen bei Säugethieren charakteristischer als der Leichenbefund sind. Erwähnenswerth ist noch, dass auch bei Untersuchung erbrochener Massen der physiologische Nachweis für sich nicht ausreicht, um die Existenz einer Digitalinvergiftung zu beweisen, da in jenen Gallensäuren und andere

Stoffe, welche systolischen Herzstillstand erzeugen, vorhanden sein können (Fagge und Stevenson).

Therapeutische Anwendung. Das Digitalin findet in allen pathologischen Zuständen Anwendung, in denen Fingerhutpräparate indicirt sind. Seit dem Vorkommen von quantitativ sehr differenten Digitalinen im Handel ist der Arzt genöthigt, bei der Benutzung eines Präparates die grösste Vorsicht zu beobachten, um nicht durch Ersatz der gewöhnlichen Sorten von Homolle und Merck mit dem Nativelleschen Präparate die Gesundheit seiner Patienten zu gefährden. Dass die ersteren vor den gewöhnlichen Präparaten des Fingerhuts gewisse Vorzüge, und selbst den einer genaueren Dosirung haben, da die Digitalisblätter nach Standort, Einsammlungszeit, Alter und Aufbewahrungsweise ausserordentlich variiren, kann nicht verkannt werden. Französische Autoren (Homolle und Quevenne, Andral und Lemaistre) vindiciren dem Digitalin ein relativ grösseres Freisein von Nebenerscheinungen als den Extracten und Tincturen der Folia Digitalis. Es gilt dies wohl nur für mässige Dosen in Pillen- oder Zuckerpillenform, während grössere Gaben selbst bei der von Fronmüller und Gubler wegen des minder häufigen Auftretens gastrischer Symptome befürworteten subcutanen Application Nebenerscheinungen zur Folge haben. Die nauseose Wirkung, sowie die Wirkung auf die Augen bei Digitalisinfusen beziehen Homolle und Quevenne kaum mit Recht auf die Antirrhin- und Digitoleïnsäure. Die bezüglich der längeren Anwendung der Digitalis geltenden Vorsichtsmassregeln zur Verhütung cumulativer Wirkung gelten auch für die wiederholte Darreichung des Digitalins.

Angewendet ist Digitalin bis jetzt in folgenden Krankheitszuständen:

1) Bei entzündlichen Affectionen innerer Organe mit intensiverem Fieber, besonders bei Pneumonie, Pleuritis, Peri- und Endocarditis, bei acutem Gelenkrheumatismus, auch bei hektischem Fieber, zur Herabsetzung der Temperatur und des Pulses (Bouilland, Hervieux, Andral und Lemaistre). Eulenburg ist bei Versuchen über die Frage, ob vielleicht eine einmalige Einspritzung von Digitalin unter die Haut im Stande sei, dauernde Herabsetzung der Fiebertemperatur zu bedingen, zu negativem Resultate gelangt; doch sind seine Dosen sehr klein. Manchmal wird vor Eintritt der meist nicht mehr sehr lange (einige Stunden) anhaltenden Pulsverlangsamung eine Erhöhung beobachtet (Schroff, Eulenburg). Nach Otto führt die Subcutaninjection von 1—3 Mgm. sogar zu entschiedener Steigerung der Pulsfrequenz und der Körpertemperatur, nach vorgängigem Frostschauer mit Mattigkeit, Uebelkeit und schwerem Krankheitsgefühl. Am wenigsten leistet Digitalin (auch Nativellesches nach Widal) beim Typhus. Hervieux constatirte bei Phthisis neben Herabgehen von Puls und Temperatur auch Abnahme des Hustens, der Kopfschmerzen und der Athemnoth.

2) Bei Herzleiden und nervösen Palpitationen (Andral, Sandras, Fronmüller u. A.). Die Indicationen sind hier dieselben wie beim Fingerhut, Schwäche der Herzarbeit bei fehlender Degeneration des Herzmuskels, sowie niedriger Blutdruck. Vgl. Potain, Gaz. des Hôp. No. 3–8. 1880.

3) Bei Hydrops aus verschiedenen Ursachen, auch bei Morbus Brightii und namentlich bei Anasarka im Gefolge von Herzaffectionen (Andral und Lemaistre, Christison, Hervieux u. A.). Die diuretische Wirkung des Digitalins, von Strohl, Lange u. A. in Zweifel gezogen, äusserte sich in den Versuchen von Andral und Lemaistre oft in der Abscheidung einer Harnmenge, die das Dreifache des eingeführten Quantums Wasser bildete, jedoch

erst am 3. oder 4. Tage der Einverleibung des Mittels nach Eintritt der Herzwirkung, und dauerte dann 2—3 Tage, worauf die Harnmenge wieder auf die Norm herabging und auch durch neue Dosen nicht gesteigert wurde. Die Wirkung war bei Hautödem die beste, weniger gut bei Ergüssen in Pleura u. s. w. Der Urin hatte ein geringes spec. Gewicht.

Ferner bei Metrorrhagie (Decaisne, Trousseau); als Sedativum bei Delirium und Manie (Homolle und Quevenne, Erlenmeyer), wobei besonders das Delirium potatorum zu neuen Versuchen auffordern dürfte; und bei Spermatorrhoe (Corvisart, Laroche), wo auch die Digitalis von Brugmans empfohlen wurde. Als Antidot des Aconitins (Fothergill) hat es bisher practische Anwendung nicht gefunden. Dumont (Ann. Thér. 1853) versuchte Digitalinsalbe gegen Ekzem.

Gebrauchsweise.

Welche Digitalinsorte des Handels den Verzug verdiene, ist schwer zu sagen. Wendet man stets das stärkere sog. krystallisirte Digitalin von Nativelle an, so braucht man nicht zu riskiren, durch Verwechslung mit einem anderen Präparate heftige Nebenerscheinungen bei Einhaltung der nämlichen Dosis zu bekommen, was wohl sich ereignen kann, wenn man ein minder stark wirkendes Präparat benutzt und statt dessen Nativellesches Digitalin erhält. Das letztere giebt man zu $^1/_4$—$^1/_2$ Mgm. pro dosi und zu 1—2 Mgm. pro die. Homolle und Quevenne reichten ihr Digitalin in Dosen von 1—4 Mgm. und zwar 2—3 St. nach und mindestens $^1/_2$—1 St. vor der Mahlzeit. Sie empfahlen die mittlere Dosis nicht zu steigern, um cumulirende Wirkung zu verhindern und nach 14tägiger Darreichung eine Pause von 10 Tagen eintreten zu lassen. Das neuere sog. krystallisirte Digitalin von Homolle soll die doppelte Wirksamkeit besitzen und entspricht danach in seiner Activität dem mit Chloroform gereinigten Digitalin der französischen und österreichischen Pharmacopoe, welches Schroff intern zu 1—2—3 Mgm. in alkoholischer Lösung (zu 3—5 Tr. einer Lösung von 0,1 in 4,0 Alkohol) zu geben empfiehlt. Die letztangegebenen Dosenverhältnisse passen für die Mehrzahl der im deutschen Handel vorkommenden Digitaline.

Zum innerlichen Gebrauche ist die Pillenform allen übrigen vorzuziehen. In Frankreich benutzt man sehr häufig die Granules de Digitaline, deren Dosirung, ursprünglich auf 1 Mgm. angegeben, nicht immer genau ist. Ausserdem werden ein Sirop de Digitaline (0,5, in Alkohol gelöst, 1500,0 Syr. simpl.), von welchem 15,0 1 Mgm. repräsentiren und eine Potion de Digitaline (0,005 in 100,0 Aqua Lactucae und 25,0 Syr. flor. aur., theelöffelweise in 24 Std.) gebraucht. Lösungen in Alkohol oder Aceton (Strohl) sind der durch Verdunstung des Lösungsmittels resultirenden ungenauen Dosirung wegen unzweckmässig (W. Reil). Die von Gubler als besonders empfehlenswerth bei Personen, welche zu Nausea und Erbrechen geneigt sind, bezeichnete Subcutaninjection führt leicht zu örtlicher Entzündung. Die Dosis der einzelnen Sorten ist nicht höher zu greifen als zu interner Anwendung. Pletzer benutzte Solutionen von 0,06 in 20 Tr. Glycerin mit Zusatz von Wasser bis zu 8,0, wovon 0,12 1 Mgm. Digitalin entsprechen, Eulenburg Lösung von 0,03 in āā 4,0 Wasser und Weingeist, Erlenmeyer wässrige Solution (1 : 20). Ohne Bedeutung ist die zu Frictionen bei Anasarca empfohlene Pommade de Digitaline; eine von Dumont gegen Ekzem benutzte Digitalinsalbe bestand aus 0,1 Digitalin, 0,02 Cinnabaris, 16,0 weissem Präcipitat und 120,0 Coldcream.

Bouchardat verband Digitalin bei Wassersuchten mit Scammonium oder

Scilla. Zu vermeiden sind bei der Darreichung Alkalien, besonders kaustische (Homolle).

Leptandra. Franciscea.

Leptandra virginica enthält ein Harz, das Leptandrin, sowie, wie es scheint, ausserdem ein Glykosid (Reeb, Un. pharm. 18. Lloyd, Pharm. J. Trans. (3) 11. 370). — Dragendorff (Therap. Gaz. 4. 63; Pharm. Zeit. 1883. 363) hat in der Wurzel und den Blättern von Franciscea uniflora, Manaca, ein Alkaloid nachgewiesen.

b. Labiatae.

Als der Familie der Labiatae charakteristisch kann die grosse Verbreitung ätherischer Oele in den einzelnen Gattungen bezeichnet werden. In den meisten Fällen führen nicht bloss einzelne Pflanzentheile, sondern die ganzen Pflanzen diesen Reichthum an ätherischen Oelen.

Marrubium.

Marrubiin. **Marrubiin.** — Diesen zuerst von Mein aus *Marrubium vulgare L.* dargestellten, von Harms (Arch. Pharm. (2) 83. 144; 116. 141) und von Kromayer (Arch. Pharm. (2) 108. 257) untersuchten Bitterstoff erhält man nach Harms, indem man die wässrige Abkochung des trocknen Krauts zum Syrup verdunstet, diesen mit Weingeist behandelt, den Destillationsrückstand des weingeistigen Filtrats mit Kochsalz und Aether schüttelt, letzteren trennt und das beim freiwilligen Verdunsten hinterbleibende Marrubiin in der Weise umkrystallisirt, dass man seine kochend heisse weingeistige Lösung mit kochendem Wasser bis zur Trübung versetzt und erkalten lässt. Harms erhielt so aus 25 Pfund trocknem Kraut 2 g des Bitterstoffs. — Kromayer behandelt den durch Aufkochen vom Eiweiss befreiten frischen Saft des Krautes warm mit Knochenkohle, bis er nicht mehr bitter schmeckt, entzieht dieser das davon aufgenommene Marrubiin durch kochenden Weingeist, schüttelt die mit Wasser bis zur Trübung versetzte Lösung mit Bleioxydhydrat, nimmt den Verdunstungsrückstand des entbleiten Filtrats in Aether auf und überlässt diesen dem freiwilligen Verdunsten.

Das Marrubiin krystallisirt aus Weingeist in Nadeln, aus Aether in farblosen, dem Gyps ähnlichen Tafeln (Kromayer). Durch Auflösen in heissen Flüssigkeiten wird es leicht amorph, krystallisirt dann aber wieder bei längerem Stehen seiner weingeistigen Lösung (Harms). Es schmilzt nach Harms bei 148°, nach Kromayer bei 160° zu einem farblosen, strahlig krystallinisch wieder erstarrenden Oel. Sein Geschmack ist sehr bitter und kratzend, seine Reaction neutral. Von Wasser wird es auch beim Kochen nur sehr schwierig, leicht dagegen von Weingeist und Aether gelöst. Die weingeistige Lösung scheidet es auf Wasserzusatz in Oeltropfen ab, die allmälig krystallinisch erstarren. Sie wird durch Metallsalze und Gerbsäure nicht gefällt (Kromayer).

In höherer Temperatur wird das Marrubiin zerstört. Conc. Schwefelsäure löst es mit braungelber Farbe. Verdünnte Säuren und Alkalien sind ohne Einwirkung (Kromayer).

Lycopus.

Lycopin. **Lycopin.** — Nimmt man das wässrige Extract der Blätter von *Lycopus* *europaeus L.* in Weingeist auf und den Verdunstungsrückstand der Lösung abwechselnd so oft in vielem Wasser und in Aether, bis diese nichts Unlösliches mehr zurücklassen, so erhält man eine farblose durchsichtige amorphe geruchlose, stark bitter schmeckende Substanz, die sich in etwa 500 Th. Wasser und sehr leicht in Weingeist und Aether, auch in warmer Essigsäure löst (Geiger, Repert. Pharm. 15. 11).

Thymus. Monarda.

Das Thymianöl, aus den blühenden Zweigen von *Thymus vulgaris L.*, ist gelblich oder bräunlich, dünnflüssig, riecht durchdringend nach Thymian, schmeckt campherartig, hat das spec. Gew. 0,87—0,90, polarisirt links und löst sich in seinem gleichen Gewicht Weingeist von 0,85 spec. Gew. Es enthält das Camphen Thymen, ein farbloses, bei 160—165° siedendes, links polarisirendes Oel von 0,868 spec. Gew. (Lallemand, Ann. Chim. Phys. (3) **49.** 155) als flüchtigsten Bestandtheil, ferner Cymol und Thymol. — Letzteres findet sich auch im ätherischen Oel der nordamerikanischen *Monarda punctata L.* (Arppe), das in Amerika seit 1819, wo es Atlee als kräftiges Rubefaciens und Derivativum zu Einreibungen mit 2—4 Th. Olivenöl bei chronischem Rheumatismus, localen schmerzhaften Leiden, Hemiplegie, Typhus und bei Cholera infantum empfahl, nicht selten benutzt und auch innerlich als Stimulans u. s. w. gegeben wird (Stillé). Thymianöl.

Das Quendelöl, von dem das Kraut von *Thymus Serpyllum L.* etwa 0,08 bis 0,09 % liefert, ist goldgelb bis braunroth, von angenehmem Geruch und gewürzhaftem Geschmack, hat das spec. Gew. 0,89—0,91 und löst sich nach jedem Verhältniss in Weingeist von 0,85 spec. Gew. (Herberger, Zeller). Es besteht fast ganz aus einem Camphen (Gladstone). Buri (Arch. Pharm. (3) 12. 485) hält das Oel aus vorwiegend 2 Phenolen bestehend, Sdpkt. 180 bis 350°; dasselbe ist linksdrehend und liefert bei der Destillation Essigsäure nebst einer Spur einer höheren Fettsäure. — E. Jahns (Arch. Pharm. (3) 13. 277) giebt als Bestandtheile Thymol und Carvacrol an und zwar 1 % Phenole. — Nach P. Felevre (Compt. rend. **92.** 1290) liefert Quendelöl bei der Destillation einen unter 200° siedenden Bestandtheil, aus Cymol $C_{10}H_{14}$ von 0,873 spec. Gew., bei 175—177° siedend, bestehend und einen über 200° siedenden Antheil, der ein Phenol $C_{10}H_{14}O$, Sdpkt. 233—235°, spec. Gew. 0,988 liefert. — Es wurde früher als Carminativum gegeben. Topinard empfahl es zu 1,0—2,0 als Zusatz stimulirender Bäder, in denen es wie Thymianöl oder Rosmarinöl wirkt. Quendelöl.

Thymol. Thymiancampher. $C_{10}H_{14}O$. Propyl m-Kresol. $C_3H_7 . C_6H_3(CH_3) . OH$ (1 : 3 : 4). — Literat.: Arppe, Ann. Chem. Pharm. 58. 42. — Doveri, ebendas. **64.** 374; Compt. rend. **24.** 390. — Lallemand, Ann. Chim. Phys. (3) **49.** 148; auch ann. Chem. Pharm. **102.** 119. — Stenhouse, Ann. Chem. Pharm. **43.** 269; 48. 307. — Haines, Quart. J. chem. Soc. 8. 289; auch Journ. pract. Chem. **68.** 130. — Jungfleisch, Journ. pract. Chem. **96.** 364. — Engelhardt und Latschinoff, Zeitschr. Chem. 5. 43; H. Müller, Berl. Ber. 2. 430. — Rüdorff, Berl. Ber. 12. 262. — Fittica, Ebend. 172. 305. — Barth, Ebend. 11. 1571. — O. Widmann, Berl. Ber. 15. 166.

Medicinische: Paquet, Bull. gén. Thér. 494. 1868. 103. 1869. —

Builhon ibid. 508. 1868. — Peschechonow, Pharm. Zeitsch. f. Russl. Oct. 73. 12. — L. Lewin, Arch. path. An. 65. 164. 1875; Deutsche med. Wochenschr. 187. 1878. — Th. Husemann, Arch. exp. Path. Pharm. 4. 280. 1875; Gött. Nachr. 481. Arch. Pharm. Sept. 1875. — Valverde, Versuche über die Wirkung des Thymols, Göttingen. 1875. — Küssner, Ueber die physiologischen und therapeutischen Wirkungen des Thymols. Halle. 1878. — Coghen, Medycyna, N. 48. 49. 1876. — Bälz, Arch. Heilkunde 378. 1876. — Ranke, über das Thymol und seine Benutzung bei der antiseptischen Behandlung der Wunden. Samml klin. Vortr. 128. 1878. — Crocker, Brit. med. Journ. 1878. Febr. 16. — Coghen und Korcynski, Med. gaz. No. 48. 49. 1876. — De Visscher, Bull. Soc. méd. Gand. Juin. 1879. — Füller, Deutsche med. Wochenschr. 41—43. 1879. — Alvin, Bull. gén. de Thérap., Avr. 15. 1879. — Köhler, Deutsche Zeitschr. f. prakt. Medicin 21. 1878. — Kobert, ibid. 29. 1878. — Stern, Bresl. ärztl. Ztschr. 17. 1880. — Löbisch, die neuesten Arzneimittel. 2. Aufl. S. 108.

Thymol. Das Thymol bildet den schwerflüchtigsten Bestandtheil der ätherischen Oele von *Thymus vulgaris L.*, *Monarda punctata L.* und *Ptychotis Ajowan DC.*

Es entsteht aus Cymol und Thymen durch Oxydation an der Luft (Lallemand). Widmann hat aus Cuminol Thymol erhalten, indem derselbe zuerst nitrirt, dann mit Phosphorpentachlorid den Sauerstoff der Aldehydgruppe durch Chlor ersetzt, die Nitrogruppe reducirt, das Chlor durch Wasserstoff, die Amidgruppe durch Hydroxyl ersetzt.

Zur Darstellung aus Thymianöl scheidet man daraus nach Doveri durch fractionirte Destillation den zwischen 230° und 235° siedenden Antheil ab und krystallisirt ihn nach dem Erstarren, das durch Einlegen eines Thymolkrystalls befördert wird, und Abpressen aus Weingeist um. Nach Lallemand lässt sich auch aus dem unter 250° Uebergehenden noch viel Thymol gewinnen, wenn man es mit mässig concentrirter Natronlauge schüttelt, das aufschwimmende Cymol und Thymol trennt und die Lösung mit Salzsäure ansäuert, wodurch das Thymol als bald erstarrendes Oel ausgeschieden wird. — Aus dem Monardaöl scheidet sich nach Arppe schon beim Stehen aus dem Oel von *Ptychotis Ajowan* nach Stenhouse beim freiwilligen Verdunsten festes Thymol aus.

Das Thymol krystallisirt in dünnen farblosen, nach Miller klinorhombischen Tafeln. Es ist im festen Zustande etwas schwerer, flüssig etwas leichter als Wasser. Es schmilzt nach Lallemand und Stenhouse bei 44°, nach Arppe bei 48°, nach Haines bei 52,7°, nach Mentschukin bei 50° zu einem farblosen Oel, das bei gewöhnlicher Temperatur lange flüssig bleiben kann. Der Siedepunkt wurde von Arppe bei 220°, von Stenhouse zu 222°, von Doveri und Lallemand zu 230° bestimmt, die Dampfdichte von Lallemand zu 5,42. Es riecht schwach, von Thymianöl verschieden, schmeckt stechend gewürzhaft, reagirt neutral und besitzt kein Retationsvermögen. Von Wasser erfordert es etwa 333 Th. zur Lösung. In Weingeist, Aether und Eisessig löst es sich leicht, auch in wässrigen Alkalien, aus denen es schon durch Kohlensäure wieder ausgeschieden wird (Lallemand).

Das Thymol ist isomer mit Cuminalkohol, Carvol und Carvacrol.

Zersetzung. Bei wiederholtem Destilliren wird es etwas verändert (Stenhouse). — Durch mehrfach erneuertes Destilliren über Phosphorsäureanhydrid wird es in einen bei 180° siedenden Kohlenwasserstoff ($C_{10}H_{12}$?) verwandelt

(Doveri). — Beim Erhitzen mit Phosphoroxychlorid entsteht unter Chlorwasserstoffentwicklung phosphorsaures Thymol $(C_{10}H_{13}O)_3PO$ (Engelhardi und Latschinoff). Mit Phosphorpentasulfid entsteht Cymol, mit Phosphorpentachlorid Chlorymol. — Bei der Einwirkung von conc. Schwefelsäure auf Thymol erzeugen sich drei isomere Thymolsulfosäuren von der Formel $C_{10}H_{14}O, SO_3$ und eine Thymoldisulfosäure, $C_{10}H_{14}O, 2SO_3$ (Engelhardt und Latschinoff). — Durch Behandlung mit Chlor, bez. Brom erhielt Lallemand Pentachlorthymol, $C_{10}H_9Cl_5O$, resp. Pentabromthymol, $C_{10}H_9Br_5O$. — Salpetersäure erzeugt nach Lallemand aus dem Thymol neben anderen Producten viel Oxalsäure, nach Stenhouse dagegen eine eigenthümliche Säure. — Bei gleichzeitiger Einwirkung von Kohlensäure und Natrium verwandelt sich das Thymol in Thymotinsäure, $C_{11}H_{14}O_3$, eine in feinen Nadeln krystallisirende, unverändert sublimirende, in Wasser schwer lösliche Säure (Kolbe und Lautemann, Ann. Chem. Pharm. 115. 179). — Trägt man in erwärmtes Thymol nur soviel Natrium, dass die Masse noch flüssig bleibt, so entsteht unter Wasserstoffentwicklung Natriumthymolat, $C_{10}H_{13}NaO$ (Jungfleisch), eine Verbindung, die schon früher von Lallemand durch Ueberleiten von dampfförmigem Thymol über dunkelrothglühenden Natronkalk als krystallisirbarer Körper erhalten wurde. — Durch Behandlung von weingeistigem Thymol mit Kalihydrat und Jodmethyl, Jodäthyl und anderen Haloidäthern sind von Engelhardt und Latschinoff Methylthymol, Aethylthymol und mehrere andere entsprechende Thymolderivate dargestellt worden.

Mit Braunstein und Schwefelsäure erwärmt, entsteht Thymochinon $C_{10}H_{12}O_2$, beim Schmelzen mit Kali Oxybenzoësäure, Oxyterephtalsäure, Thymooxycuminsäure und eine 2bas. Säure $C_{10}H_{10}O_5$ (Barth). Ueber weitere Derivate siehe: Saarbach, J. pr. Chem. (2) 21. 159. — Armstrong, Thorpe, J. Chem. Min. 1876. 453. — R. Schiff, Berl. Ber. 8. 1500. — Liebermann, Ebend. 10. 77. — 8. 150. — Andresen, J. pr. Chem. (2.) 23. 172. — Ladenburg, Engelbrecht, Ebend. 20. 1218. — Atcherby, Z. Chem. 1871. 415.

Das Thymol gehört zu den kräftigsten Hemmungsmitteln der Fäulniss und Gährung und hat in Folge davon in der Neuzeit höchst verbreitete Anwendung, theils äusserlich, als antiseptisches Mittel zum Wundverbande, theils innerlich, jedoch weniger gut, bei putriden und fieberhaften Affectionen gefunden. Antiseptische Wirkung.

Nach Bucholz hindert es die Bacterienentwicklung stärker als alle Antiseptica, Sublimat ausgenommen, und beschränkt deren Fortpflanzungsvermögen zwar weniger als Salicylsäure und Benzoësäure, aber bedeutend mehr als Phenol (Arch. exp. Path. 4. 1) Nach Krajewski vernichtet Thymol die Action septischen Blutes nach Art des carbolsauren Natriums (1 : 40), ist aber schwächer als Salicylsäure (1:300). Die antiseptische Wirkung des Thymols wurde zuerst von Paquet und Builhon an einem offenbar in Thymen gelösten syrupösen Thymol dargethan und machte ersterer auf den Umstand aufmerksam, dass Muskelsubstanz in sehr diluirten Thymollösungen sich monatelang halte. Später constatirte Sulima-Samuillo, dass Thymol die Zucker- und Buttergährung energischer als Carbolsäure und Chininsulfat hemme. Die Retardation der Fäulniss mit Thymol vergifteter Thiere und die unveränderte Conservation von Fleisch und Eiweissstücken bei nicht völligem Luftabschluss wurde von Th. Husemann und Valverde constatirt. Lewin zeigte, dass

Thymol auf Hefegährung viermal so energisch wie Carbolsäure und Salicylsäure wirkt und stellte die retardirende Action des Thymols auf Milchsäuregährung und die Spaltung des Amygdalins durch Emulsin fest. Peschechonow behauptete eine hemmende Wirkung auf die Action des Speichels auf Amylum und des Pepsins auf Eiweiss, doch wird letzteres von Lewin in Abrede gestellt. Auf die faulige Zersetzung des Harns und des Eiweiss wirkt Thymol stärker beschränkend als Phenol (Lewin). Vaccinelymphe wird durch Zusatz wässriger Thymollösung nicht unwirksam (Köhler), büsst aber an ihrer Wirksamkeit bei mehrmonatlicher Aufbewahrung ein (Stern).

Toxische Action. Das Thymol ist nicht ohne toxische Wirkung, steht jedoch in Folge seiner Schwerlöslichkeit intern applicirt der Carbolsäure an Giftigkeit nach (Th. Husemann und Valverde), während es emulgirt und infundirt stärker als Phenol wirkt (Küssner). — Schon Sulima Samuillo zeigte die Giftigkeit des Thymols zu 8,0—15,0 bei interner Einführung bei Hunden; bei ausgewachsenen Kaninchen tödtet es zu 3,0—4,0 hypodermatisch und 5,0 intern (Th. Husemann und Valverde). Emulgirtes Thymol wirkt bei Infusion schon zu 0,1 per Kilo letal, während die 3—20fache Menge einer Thymolemulsion oder in Oel gelöstes Thymol Thiere nicht afficirt, wohl aber 0,2 vom Peritoneum aus (Küssner). Die Wirkung des Thymols, welche theils eine örtlich irritirende, theils eine entfernte, auf das Nervensystem gerichtete ist, nähert sich mehr derjenigen der aetherischen Oele als der Action der Carbolsäure, namentlich fehlen die eigenthümlichen krampfhaften Muskelbewegungen, welche letztere bei Warmblütern hervorruft.

Die locale Wirkung ist entschieden schwächer als die der Carbolsäure; eine eigentliche kaustische Action kommt dem Thymol nicht zu; epidermatisch ist es fast völlig unwirksam, während es auf der Bindehaut und am Lippensaume Brennen und Röthung erregt und bei Thieren in toxischer Dosis intern eingeführt Magenentzündung bedingt (Sulima Samuillo, Th. Husemann und Valverde). Die entfernten Wirkungen bei interner Vergiftung äussern sich in einem Zustande von Adynamie, Sinken der Athemfrequenz und der Temperatur, die bei letalem Ausgange oft mehr als 3° herabgeht. Die dunkle Farbe und flüssige Consistenz des Blutes, welches an der Luft sich röthet und keine Veränderungen der Blutkörperchen darbietet, der diastolische Herzstillstand und die ungleiche Blutvertheilung in den einzelnen Körperhöhlen weichen vom Carbolismus acutus nicht ab. Entzündliche Erscheinungen können sich auch in den Bronchien und Lungen so wie in den Nieren finden, wobei der Harn Eiweiss und Blut enthalten kann; daneben kommt öfters ausgeprägte fettige Degeneration der Leber vor, mitunter auch körnige Degeneration der Muskeln. In wie weit die Verfettungserscheinungen, welche bei Infusion emulgirten Thymols fehlen (Küssner), mit dem von Küssner constatirten Vermögen concentrirter Thymollösungen, Blutkörperchen bei directem Contact mit Blut aufzulösen, im Zusammenhang stehen, ist bei der Abwesenheit von Hämoglobinurie und bei dem Umstand, dass auch bei Infusion eine Verminderung der rothen Blutkörperchen im lebenden Thiere nicht stattfindet, nicht klar. Infusion von Thymol bedingt wirkliches Coma, Abnahme der Respirationszahl nach kurz vorübergehender Zunahme, Beschleunigung und Irregularität, später Sinken der Zahl des Pulses, unmittelbares

Sinken des Blutdrucks, dann Wiederansteigen desselben bis nicht ganz zur Norm, schliesslich Anästhesie, zuerst in den hinteren Extremitäten und Sistiren der Athmung, die in der Regel durch künstliche Respiration wieder in Gang gebracht werden kann; Convulsionen fehlen auch hier, doch kommt mitunter Zittern vor (Küssner). Im tiefen Thymolcoma bedingt Strychnin keine Krämpfe, wohl aber, wenn das Coma nicht vollständig ist, hier besonders in den Vorderbeinen (Küssner). Kleinere Mengen in Oel gelöstes Thymol können bei Thieren wochenlang eingeführt werden, ohne Störung zu bewirken (Lewin); bei mehrwöchentlicher Einführung von 5—20 Ccm. Emulsion (1%) kommt es zu hochgradiger Abmagerung und Anämie ohne Darmerscheinungen oder fettige Degenerationen (Küssner).

Auch beim Menschen können grössere Mengen Thymol störende Nebenwirkungen theils localer, theils entfernter Natur bedingen. Subcutaninjection in Oel gelösten Thymols ist äusserst schmerzhaft. Die Empfindlichkeit bei interner Anwendurg variirt sehr; während Einzelne 0,7 pro die in vertheilten Gaben toleriren, bekommen Andere nach geringen Mengen Ohrensausen, Kopfschmerz, heftige Delirien, ja selbst Collaps mit Lähmungserscheinungen und Somnolenz, häufig kommen Diarrhöen vor (Bälz). In Selbstversuchen von Küssner bewirkte 1,0 pro die in Pillen Brennen im Epigastrium, 1,5 heftige Magenschmerzen und 14 Tage anhaltende Druckempfindlichkeit in der Herzgrube; auch beobachtete derselbe danach bei einem Kranken blutiggestreiftes Erbrechen.

Nach Versuchen Fioris (Centrbl. klin. Med. 2. 1883) bewirken 3,0—4,0 pro die beim Menschen rasche Abnahme von Temp., Puls- und Athemfrequenz, ohne Schwächung der Herzkraft zu bedingen; vielmehr erscheint der Blutdruck gesteigert. Bozzola sah auf sehr grosse Dosen (2,0—10,0 pro die in 3—6 Gaben) als Nebenerscheinungen nur Durst, Brennen im Magen und in der Harnröhre beim Urinlassen.

Schicksale im Thierkörper.

Im Thierkörper bleibt bei Vergiftungen mit Thymol ein Theil desselben unzersetzt und lässt sich durch den Geruch im Blute und verschiedenen Körperhöhlen nachweisen (Husemann, Küssner), ein Theil erscheint im Harn als Thymolschwefelsäure (Baumann und Hertel, Arch. physiol. Chem. 1. 244. 1877). Vogelius (Hosp. Tid. 427. 1881) fand nach Einnehmen von 0,5 Thymol die doppelte Menge gepaarter Schwefelsäure im eignen Harn. Der Harn wird dunkel und dichroitisch, grünlich im auffallenden, braungelb im durchfallenden Lichte.

Therapeutische Anwendung.

Das Thymol wurde zuerst von Paquet als Aetzmittel für unbedeutende Excrescenzen und zur Zerstörung bloss liegender Zahnnerven empfohlen, wo jedoch Carbolsäure wahrscheinlich bessere Resultate giebt. Fruchtbringender war die Empfehlung desselben durch den nämlichen Autor als Ersatzmittel des Phenols zur Verhütung der Wundsepsis, indem später Ranke und Lewin den Gebrauch des Thymols als antiseptisches Verbandmittel verallgemeinerten. Ranke erklärt eine Lösung von 1 : 1000 (mit Zusatz von 10 Alkohol und 20 Glycerin) für ein vortreffliches, zu Waschungen, Spray u. s. w. geeignetes Antisepticum und benutzte ein aus 1000 Gaze, 500 Cetaceum, 50 Harz und 16 Thymol bestehendes Verbandzeug mit dem günstigsten Erfolge selbst nach grösseren Amputationen, wobei als Vorzüge vor der Carbolsäure die Möglichkeit, den Verband länger liegen zu lassen, und die Abkürzung des Verheilungsprocesses sich ergeben. Pöhl (Petersb. med. Wochenschr. No. 37. 1878) empfahl aetherisch spirituöse Lösung zur Herstellung von Thymolgaze. Auch der nasse antiseptische Compressivverband mit Thymol, hergestellt mit Gazecompressen, welche 6—8 Std. in Thymollösung (1:1000) gelegen haben, bewährt sich nach den Erfahrungen in der Bardelebenschen Klinik und hat vor dem Carbolsäureverbande den Vortheil rascherer Cicatrisation; doch wird der starke Thymolgeruch den Kranken bald lästig, erzeugt Kopfschmerzen und scheint auch massenhaft Fliegen herbeizulocken, was natürlich bei hermetisch angelegtem Verbande wegfällt (Lewin). Zur Herstellung von $^1/_{10}$% wässrigen Lösungen ist übrigens ein sehr geringer Zusatz von 90% Alkohol (0,4) ausreichend. Zu bedauern ist, dass im Handel minder zuverlässige Thymolsorten existiren, welche manchen Chirurgen, z. B. Küster, zu ungünstigen Resultaten verholfen haben.

Aeusserlich ist Thymol von Lewin zum Verband weicher Schankergeschwüre, von Fuller bei Verbrennungen (mit 100 Th. Leinöl) und von Crocker in Salbenform (0,5—1,5 : 30,0) bei Psoriasis, chronischem Ekzem und Lichen planus empfohlen.

Küssner sah Erfolg von Gurgelwässern (1:1000—2000) bei Anginen und Stomatitis, Warren bei Diphtherie, Paquet berichtet Günstiges über die Inhalation von Thymoldämpfen bei Gangraena pulmonum, während Coghen bei Bronchialkatarrh und Phthisis nur Vermehrung des Hustenreizes sah. Alvin will Thymol in allen Fällen von Schlund- und Kehlkopfleiden angewendet wissen, wo man Phenol gibt, und zwar theils als Aetzmittel (1:4 Glycerin), theils als Adstringens (1:50 Glycerin). Leyden benutzte Thymol bei Bronchitis putrida in 2‰ Solution. Die interne Anwendung von Thymol ist fast ganz wieder aufgegeben. Die antipyretischen Effecte, welche dasselbe zu 2,0 und 4,0 pro die entfaltet, sind weit unsicherer und mit mehr Nebenerscheinungen verbunden, als die von Salicylsäure; bei acutem Gelenkrheumatismus setzt Thymol zwar die Schmerzen herab, wirkt aber wenig auf die Fiebertemperatur (Bälz). Küster sah von Thymolinhalation das convulsivische Stadium des Keuchhustens sich wesentlich verkürzen. Intermittens und Milztumor werden durch Thymol nicht beseitigt (Coghen); ebenso ist der Gebrauch bei Cystitis chronica ohne Erfolg (Coghen, Küssner). Am meisten Erfolg scheint dasselbe bei chronischem Magenkatarrh mit abnormen Gährungsvorgängen (Lewin, Coghen), mitunter bei Diarrhoe (hier nach Küssner zu 3—5 Tropfen wässriger Lösung) zu haben. Bei Diabetes mellitus setzt Thymol in einzelnen Fällen die Menge des ausgeschiedenen Zuckers bedeutend herab, in anderen gar nicht (Küssner). Fürbringer (Arch. klin. Med. 21. 469) sah beim Diabetiker Zucker und Stickstoffausfuhr, sowie die Harnmenge vermehrt. In Italien will man günstige Erfolge bei Anchylostoma gesehen haben (Bozzari, Ferroncito).

Zum inneren Gebrauche scheint die Pillenform am empfehlenswerthesten, da dieselbe im Allgemeinen weniger Brennen im Magen und Oesophagus erregt als die von Lewin esslöffelweise empfohlene wässrige Solution von 1:2000—1000; bei letzterer dient Aqua florum Naphae als Corrigens. Lewin schlug auch eine mit Solutio acidi thymici (1:1000) bereitete Mandelemulsion vor. In Pillen kann man Thymol zu 0,5—1,0 nehmen lassen (Bälz). Die Subcutaninjection ist wegen der dadurch bedingten heftigen Schmerzen und Anschwellung contraindicirt. Zu Thymolsalben dient Vaselin, bei mehr als $2^1/_2$% Salbe wird das Thymol zuvor in Weingeist gelöst (Crocker). Schwimmer empfahl zur Verhütung von Blatternarben eine Paste aus 2,0 Thymol, 40,0 Leinöl und 60,0 Schlemmkreide. H. Köhler empfahl Thymollösung zur Vermischung mit

Vaccinelymphe (Thymollymphe) zur längeren Haltbarkeit; Wywodzew (1880) zur Einbalsamirung und Conservirung anatomischer Präparate Mischung von 15,0 Thymol, 45,0 Weingeist, 2160,0 Glycerin und 1080,0 Wasser. Natriumthymolat, Natrium thymolicum, ist von Alvin in Pastillen von 1 Mgm. bei Stomatitis und Pharyngitis und in Lösung (0,01—0,04 in 100,0 Aq. und 60,0 Syrup pro die) bei Bronchitis und Keuchhusten empfohlen. Alkalische Thymollösung wurde auch von Crocker bei Hautaffectionen benutzt. Natriumthymolat.

Mentha. Pulegium.

Das Pfefferminzöl, aus dem Kraut von *Mentha piperita L.*, das davon nach Martius 1,25% liefert, wird in sehr grossen Mengen in Nordamerika dargestellt. Es ist frisch farblos oder schwach grünlich und dünnflüssig, wird aber an der Luft allmälig dunkler und dickflüssig. Es riecht durchdringend nach Pfefferminze, schmeckt gewürzhaft brennend, hinterher kühlend, hat das spec. Gew. 0,89—0,92, besitzt ein Rotationsvermögen nach links, reagirt meistens sauer, löst sich in 1—3 Th. Weingeist von 0,85 spec. Gew., in absolutem nach allen Verhältnissen. Es ist ein Gemenge von einem nicht näher untersuchten Kohlenwasserstoff und dem Stearopten Pfefferminzcampher oder Menthol, das sich aus amerikanischem und japanischem Oel, in welchem es in grösserer Menge vorkommt, schon bei 0° bis —8°, aus deutschem erst bei —20° zum Theil abscheidet. — Flückiger und Power (Pharm. J. Trans. (3) 11. 174. 220) haben im flüssigen Theile des Pfefferminzöles durch fractionirte Destillation isomere und polymere Terpene nachgewiesen, von 165 bis 260° siedend. Flückiger (Pharm. J. Trans. (3) 1. 682) giebt eine charakteristische Reaction des Pfeffermizöles an, nämlich beim Vermischen von 50 bis 60 Tropfen Oel mit 1 Tropfen Salpetersäure 1,2 entsteht eine zuerst gelbliche bis blauviolette Färbung, die stundenlang anhält. — Dunin von Wassowicz prüfte das Verhalten des Pfefferminzöles gegen Chloralhydrat. Pfefferminzöl.

Nach H. Köhler und Marcuson (Das Pfefferminzöl. Halle, 1877) setzt Pfefferminzöl emulgirt (1 : 200) in die Venen gespritzt anfangs Blutdruck, Puls- und Athemfrequenz nach vorgängiger Steigerung herab und tödtet durch gleichzeitige Lähmung des vasomotorischen und respiratorischen Centrums; bei Inhalation sinkt die Temperatur und die Reflexthätigkeit, letztere auch bei Subcutaninjection, nicht aber bei Infusion. Das Blut wird bei Pfefferminzölvergiftung dunkelkirschroth und zeigt starke Verminderung der rothen Körperchen (Köhler und Marcuson). Als Medicament dient Oleum Menthae piperitae von allen Labiatenölen am häufigsten, theils als Stomachicum, Digestivum und Carminativum (besonders in Form der Rotulae Menth. pip.), theils als Excitans (nach Recamier selbst bei Cholera) und schmerzlinderndes Mittel bei Koliken und Zahnschmerz. Auf die vom Menthol abhängige antalgische Wirkung haben neuerdings Delioux de Savignac (Union méd. 43. 46. 48. 1874) und Wright besonders hingewiesen, von denen Ersterer eine ätherische Lösung (1 10) besonders wirksam fand, der er bei Einreibung in der Nähe der Augen auch eine Schürfung des Gesichts zuschreibt. Wirkung.

Pfefferminzcampher. Menthol. $C_{10}H_{20}O$. — Literat.: Gmelin, Handbuch. 3. Aufl. 2. 408. — Dumas, Ann. Chim. Phys. (2) 50. 232. — Blanchet und Sell, Ann. Chem. Pharm. 6. 293. — Walter, ebendas. 32. 288.

Das Pfefferminzöl scheidet beim Stehen, namentlich seiner schwer flüchtigsten Pfefferminzcampher.

Antheile, leichter beim Abkühlen auf — 20° bis — 27° Krystalle ab, die beim Umkrystallisiren aus Weingeist wasserhelle glänzende, nach Pfefferminzöl riechende und schmeckende, neutral reagirende Prismen liefern, welche bei 36°,5 (Gmelin), 34° (Walter), 27° (Blanchet und Sell) schmelzen, bei 213° (Walter), 208° (Blanchet und Sell) sieden und sich unzersetzt verflüchtigen. Sie lösen sich wenig in Wasser, leicht in Weingeist, Aether, Holzgeist, Schwefelkohlenstoff und ätherischen Oelen.

Beim Sieden an der Luft färbt sich der Pfefferminzcampher gelb bis braun. — Beim Vermischen mit conc. Schwefelsäure entsteht eine dickliche blutrothe Masse, aus der Alkali den Campher unzersetzt wieder abscheidet. Wird der Campher aber mit conc. Schwefelsäure im Wasserbade erwärmt oder geschmolzen mit Phosphorsäureanhydrid zusammengebracht, so entsteht Menthen, $C_{10}H_{18}$, ein wasserheller, bei 163° siedender, angenehm riechender Kohlenwasserstoff von 0,851 spec. Gew. bei 21° (Walter). — Bei Behandlung mit Chlor entstehen ölartige, noch ungenügend untersuchte Substitutionsproducte (Walter, Laurent). Brom färbt den Campher schön roth unter Entwicklung von Bromwasserstoff; Jod ist ohne Einwirkung; mit Salzsäuregas, das er reichlich absorbirt, wird er zähflüssig; conc. Salpetersäure färbt ihn in der Kälte roth, ohne Gas zu entwickeln (Walter). Bei Einwirkung von Kaliumdichromat, Schwefelsäure und Eisessig auf Menthol bei 120° im Rohre entsteht $C_{10}H_{18}O$, Menthon, 204° Sdpkt., das wohl auch im Pfefferminzöle vorkommt. Mit rauchender Salpetersäure entstehen Krystalle $(C_5H_8O_4)_2H_2O$, Schmpkt. 97°; auch, wie es scheint, ein Nitrokörper, der mit reducirenden Agentien $C_{10}H_{19}NH_2$ liefert. M. Moriya (J. Chem. soc. 1881. 1. 77.) Atkinson und Yoshida (J. Chem. soc. 1882. 49) haben Menthon und Menthen näher untersucht und geben folgende Charakteristik. Menthon siedet bei 206°, dreht nach Rechts $(\alpha)_D = +21,10°$, bei 0° spec. Gew. 0,912, bei 10° 0,9048. — Menthen $C_{10}H_{18}$, Sdpkt. 167,4°, $(\alpha)_D = +13,25°$, spec. Gew. bei 10° 0,8145; bei Einwirkung von Jodwasserstoff auf Menthen wurde ein Kohlenwasserstoff $C_{10}H_{16}$ oder $C_{10}H_{18}$ erhalten, $(\alpha)_D = +5,2$, spec. Gew. bei 10° 0,8178.

Wirkung. Der aus Japan und China eingeführte Pfefferminzcampher, der im Wesentlichen die chemischen Eigenschaften des Menthols aus europäischem Pfefferminzöl zeigt (vgl. Oppenheimer, Ann. Chem. Pharm. 120. 350. Gorup-Besanez, ebend. 119. 255), wahrscheinlich aber von einer Varietät von Mentha arvensis (vgl. Holmes, Pharm. Journ. Transact. (3) 13. 381) stammt, gilt in seiner Heimat als schmerzstillendes Mittel, das namentlich gegen Zahnweh in Gebrauch steht. Auch Macdonald (Edinb. med. Journ. 121. Aug. 1880) rühmt dasselbe als Antineuralgicum örtlich in Form geschmolzener Krystalle oder spirituöser Lösung (1 10) bei Prosopalgie, cariösem Zahnschmerz, Ischias u. s. w. Die Entwicklung von Bakterien hemmt Menthol im Verhältniss von 1 : 1000 ebensostark wie Phenol im Verhältnisse von 1 : 500 (Macdonald), doch verbietet der theure Preis die Anwendung als Desinficiens.

Krauseminzöl. Das Krauseminzöl, aus *Mentha crispa Geig.*, einer Varietät von *M. sylvestris*, scheint dem Pfefferminzöl nahe zu stehen. Es ist blassgelb, wird beim Aufbewahren rothgelb, riecht stark nach dem Kraut und hat das spec. Gew. 0,969. — Das ätherische Oel der grünen Minze, *Mentha viridis L.*, hat das spec. Gew. 0,91—0,93 und enthält neben einem bei 160° siedenden Camphen einen dem Carvol isomeren Körper, der bei 225° siedet und das spec.

Poleyöl. Gew. 0,9515 hat (Gladstone). — Das Poleyöl, aus dem Kraut der *Mentha*

Pulegium L. Pulegium vulgare Mill. siedet zwischen 183 und 188° und hat das spec. Gew. 0,927 (Kane, Journ. pract. Chem. 15. 160). — Das ätherische Oel aus dem Kraut des in Süd-Russland einheimischen *Pulegium micranthum* ist farblos oder gelblich, von 0,937 spec. Gew. bei 17°, siedet zwischen 202 und 227°, riecht und schmeckt den Metha-Oelen ähnlich, löst sich leicht in Weingeist und entspricht der Formel $C_{10}H_{16}O$ (Buttlerow, Chem. Centralblatt 1854. 359).

Hedeoma. Melissa. Lavandula. Rosmarinus.

Das Oel von *Hedeoma pulegioides Pers.* ist in frischem Zustande hellgelb, von äusserst starkem eigenthümlichem Geruche und 0,948 spec. Gew. Es wird in den Vereinigten Staaten als Carminativum und Emmenagogum benutzt und soll auch zur Hervorrufung von Abortus missbraucht werden. Oel von Hedeoma.

Das Melissenöl, aus dem blühenden Kraut von *Melissa officinalis L.*, ist farblos oder blassgelb, von angenehmem Geruch, hat das spec. Gew. 0,85 bis 0,92, reagirt schwach sauer, löst sich in 5—6 Th. Weingeist von 0,856 spec. Gew. Es kann wie Pfefferminzöl benutzt werden. Melissenöl.

Das Lavendelöl wird aus den Blüthen und Stengeln der *Lavandula vera Dec. s. L. angustifolia Ehrh.* dargestellt. Das nur aus Blüthen gewonnene Oel riecht viel angenehmer als das käufliche, welches in der Regel das übel riechende Oel der Stengel beigemengt enthält. Die Ausbeute aus trocknen Blüthen beträgt 1 bis 1,4%. Es ist blassgelb, sehr dünnflüssig, von 0,87 bis 0,94 spec. Gew., polarisirt links, siedet bei 185—188°, reagirt neutral, scheidet in der Kälte bisweilen Campher ab und löst sich schon in Weingeist von 0,85 spec. Gew. nach allen Verhältnissen. Es enthält neben mehreren Camphenhydraten — nach Kane (Journ. pract Chem. 15. 163) ist der bei 185° siedende Theil $C_{20}H_{16}, 3\,H_2O$ und der bei 188° siedende $2\,C_{20}H_{16}, 3\,H_2O$ — ein Stearopten in wechselnden Mengen. — Das aus den Blättern und Blüthen von *Lavandula Spica Dec. s. L. latifolia Ehrh.* im südlichen Frankreich gewonnene Spiköl riecht weniger angenehm und mehr terpentinölartig als Lavendelöl. — Lavendelöl gehört zu den stark toxisch wirkenden Oelen, indem es bei Kaninchen schon zu 4,0 den Tod nach voraufgehenden Convulsionen bedingt (Strumpf). Auf Epizoën wirkt es heftig deleter. Innerlich ist es gegen Migräne und nervöse Aufregung zu 1—3 Tr., äusserlich besonders in spirituöser Lösung als Spiritus Lavandulae zu Waschungen bei Rheumatismus, Lähmungen u. s. w., sonst als Zusatz zu Parfümerien im Gebrauch. Auf der Haut erregt es im Bade zu 2,0 nur allgemeine Wärme und erst in 1 Stunde Erythem (Topinard). Lavendelöl.

Das Rosmarinöl, aus den frischen Blüthen und Blättern von *Rosmarinus officinalis L.*, ist farblos oder gelblich, dünnflüssig, von durchdringendem Geruch, hat das spec. Gew. 0,88—0,91, siedet über 166°, polarisirt links, reagirt neutral und löst sich in jeder Menge Weingeist von 0,85 spec. Gew. Es ist nach Kane (Ann. Chem. Pharm. 32. 284) ein Gemenge eines Camphens und eines sauerstoffhaltigen Oels; nach Gladstone besteht es fast ganz aus einem Camphen. Mit Salzsäuregas schwärzt es sich, ohne eine feste Verbindung zu erzeugen. Beim Destilliren mit conc. Schwefelsäure liefert es ein knoblauchartig riechendes, bei 173° siedendes Oel von 0,867 spec. Gew. und der Formel $C_{10}H_{16}$ (Kane). — Nach H. Köhler und Schreiber (Med. Centralbl. 419. 1878) wirkt Rosmarinöl, in 1/4—1% Emulsion infundirt oder in 10% Lösung innerlich bei Warmblütern durch Erregung und nachfolgende Lähmung des vasomotorischen Centrums vorübergehend steigernd, später herabsetzend auf Rosmarinöl.

den Blutdruck, retardirt in den späteren Stadien der Vergiftung den Puls, ohne direct das Herz zu beeinflussen, und tödtet durch Lähmung des Athemcentrums; kleine Dosen steigern, grosse und wiederholte kleinere setzen die Reflexerregbarkeit herab; die Temperatur sinkt (nach 2,0 intern um 2°, nach Inhalation selbst um 8°); auf Pupille und Muskeln ist es ohne Einfluss. Oertlich resultirt bei interner Application Vermehrung der Peristaltik und dünnflüssiger Stuhl; kleine Dosen steigern die Diurese, wobei der Harn Veilchengeruch zeigt, bei längerer Darreichung treten in letzterer Eiweiss und Faserstoffcylinder auf und findet sich nach dem Tode fettige Degeneration der Nieren und Leber (H. Köhler und Schreiber). Schon Strumpf bezeichnete das Oel als zu 1,2 intern Kaninchen unter Krämpfen tödtend und stellte es hinsichtlich seiner Activität über das Lavendelöl. Nach Stillé starb ein Kind nach dem wiederholten Eingeben von Theelöffeldosen einer Mischung von 1 Th. Rosmarinöl und 2 Th. Oleum Cinae. Besonders toxisch ist es für Milben und Insecten (Morpionen, Motten), weshalb es von Jähne, Abt (1864) und Bourguignon bei Scabies empfohlen wurde. 2,0 im Bade bedingen anfangs Wärmegefühl, später Stechen und in einer Stunde Erythem der Haut (Topinard). Benutzt wird Rosmarinöl nur äusserlich in Verbindung mit anderen aetherischen Oelen in Form von Linimenten oder spirituösen Einreibungen, Salben (Unguent. Rorismar. comp.), Pomaden und Haarölen (gegen Alopecie), Pflastern oder Bädern, wie sie schon Busch gegen Scheintod Neugeborener empfahl, auch in den Pennèschen Bädern, als Reizmittel; auch fanden die Dämpfe gegen Amblyopie Anwendung.

Teucrium. Ocymum.

Marumkrautcampher.

Marum- oder **Amberkrautcampher.** — Scheidet sich aus dem über *Teucrium Marum L.* destillirten Wasser als weisse durchsichtige, spröde, aus dünnen Krystallblättchen bestehende, in Wasser untersinkende, unangenehm riechende, gewürzhaft schmeckende Masse aus (Bley, Trommsdorff's N. Journ. 14. 2. 87. 1827).

A. Ogliario (Gazz. chim. S. 440) stellte aus dem alkoholischen Extracte von Teucrium fruticans einen Kohlenwasserstoff, Schmpkt. 80–85° und ein Glykosid her, letzteres von der Zusammensetzung $C_{21}H_{24}O_{11}$ oder $C_{21}H_{26}O_{11}$, Eisessig löslich, Schmpkt. 228—230°, das mit verdünnten Säuren Zucker und eine Säure und mit Salpetersäure Oxalsäure, Weinsäure und eine Säure $C_8H_8O_3$ liefert, Schmpkt. 180°.

Basilicumcampher.

Basilicumcampher. — Das beim Destilliren von *Ocymum basilicum L.* mit Wasser erhaltene, etwa 1½% betragende Oel erstarrt beim Aufbewahren fast ganz und liefert dann beim Umkrystallisiren aus Weingeist vierseitige Säulen, aus kochendem Wasser farblose durchsichtige Tafeln, die fast geruch- und geschmacklos und von neutraler Reaction sind. Die Krystalle lösen sich wenig in kaltem, leicht in heissem Wasser, wässrigem Ammoniak und Essigsäure, schwer in kaltem, gut in heissem Weingeist und in etwa 6 Th. Aether (Bonastre, Journ. Pharm. (2) 17. 647. 1831). Ihre Zusammensetzung entspricht nach Dumas und Péligot (Ann. Chim. Phys. (2) 17. 334) der Formel $C_{10}H_{22}O_3 = C_{10}H_{16}, 3\,H_2O$.

Pogostemon.

Patchouliöl.

Das Patchouliöl von *Pogostemon Patchouli Lindl.* ist bräunlichgelb, polarisirt links, siedet fast vollständig zwischen 282 und 294° und ist mit dem Patchoulicampher, den es beim Stehen abscheidet, isomer (Gal). Nach Gladstone lässt sich daraus ein schon bei 257° siedender Kohlenwasserstoff abscheiden. Der übermässige Gebrauch des Oeles soll nach Dorvault Gehirnerscheinungen veranlassen können.

Patchouli-campher.

Patchoulicampher. $C_{15}H_{28}O$. — Das von *Pogostemon Patchouly Pellet.* abstammende Patchouliöl scheidet beim Stehen, namentlich nach stattgefundenem Entwässern mit geschmolzenem Chlorcalcium Krystalle aus, die bei langsamem Verdunsten ihrer weingeistigen oder ätherischen Lösungen in grossen hexagonalen Prismen anschiessen, bei 54—55° schmelzen, bei 296° sieden und bei 4°,5 das spec. Gew. 1,051 besitzen. Sie sind unlöslich in Wasser, leicht löslich in Weingeist und Aether. Die weingeistige Lösung ist linksdrehend. Beim Destilliren mit Chlorzink entsteht ein bei 248—252° siedender Kohlenwasserstoff $C_{15}H_{26}$ (Gal, Compt. rend. 68. 406; auch Ann. Chem. Pharm. 150. 374).

J. de Montgolfier (Compts. rend. 84. 88) charakterisirt den Patchoulicampher folgendermassen: Schmpkt. 59°, Formel $C_{15}H_{26}O$, für flüssigen Campher $(\alpha)_D = -118°$; derselbe zerfällt leicht in Wasser und einen Kohlenwasserstoff Patschoulin, 252—255° Sdpkt., spec. Gew. bei 13,5° 0,937, $(\alpha)_D = -42°,10$, $C_{15}H_{24}$, leicht löslich in Benzol und Aether, mit Salzsäure und Schwefelsäure sich roth färbend.

Salvia.

Das Salbeiöl, aus dem Kraut von *Salvia officinalis L.*, ist grünlich- bis bräunlichgelb, dünnflüssig, riecht und schmeckt nach dem Kraut, hat das spec. Gew. 0,86—0,92, siedet zwischen 130—160° und löst sich in Weingeist von 0,85 spec. Gew. nach allen Verhältnissen. Es ist nach Rochleder (Ann. Chem. Pharm. 44. 4) ein Gemenge mehrerer sauerstoffhaltiger Oele. Bei langer Aufbewahrung unter Luftzutritt scheidet es Salbeicampher ab, der bei 31—37° schmilzt, scharf und kühlend schmeckt und sich in 450 Th. kaltem Wasser, in 5 Th. Weingeist von 0,82 spec. Gew. und in jeder Menge Aether löst (Herberger, Repert. Pharm. 34. 131). Salbeiöl.

Pattison Muir und S. Ligiura (J. chem. soc. 1878. 1. 292. — Phil. Mag. (5) 4. 336. — J. chem. soc. 1. 678) haben sich eingehend mit dem Studium des Salveiöles beschäftigt und folgendes festgestellt. Das Salbeiöl enthält, je nach Alter in den Mengen verschieden, ein wahrscheinlich mit dem französischen Terpentinöl identisches Terpen $C_{10}H_{16}$, vielleicht ein isomeres Sdpkt. 171°, ferner Salviol, $C_{10}H_{18}O$ Sdpkt. 200°, Campher und einen Kohlenwasserstoff $C_{18}H_{24}$, Sdpkt. 260°. Bei der Oxydation an der Luft wächst der Gehalt an Salviol und Campher. Durch Phosphorsäureanhydrid entstehen aus Salviol Polymere von $C_{10}H_{16}$, ein Kohlenwasserstoff der Benzolreihe, Sdpkt. 130°, ein paraffinähnlicher Sdpkt. 170—180°; der Campher ist optisch inactiv, sonst dem gewöhnlichen Campher ähnlich. — Das Salbeiöl ist von Schneider (Heidelb. Ann. 7. 307) gegen chronische Anginen (in Pastillenform), scorbutisches Zahnfleisch (in Zahnpulvern) und Nachtschweisse der Phthisiker, wobei auch Reil Elaeosacch. Salviae rühmt, empfohlen.

Hyssopus. Origanum.

Das Ysop- oder Hyssopöl, aus dem Kraut von *Hyssopus officinalis L.*, Ysopöl.

das sehr viel davon liefert, ist farblos oder grünlichgelb, von eigenthümlichem Geruch, scharfem campherartigem Geschmack und neutraler Reaction. Es hat das spec. Gew. 0.88—0,98 (Zeller), destillirt zwischen 142 und 162° und löst sich schon in seinem gleichen Gewicht Weingeist von 0,85 spec. Gew. Nach Stenhouse (Journ. pract. Chem. 27. 255) ist es ein Gemenge mehrerer sauerstoffhaltiger Oele. Das Oleum Hyssopi ist von Schneider bei chronischen Katarrhen der Athmungswerkzeuge, Asthma und Tuberkulose, empfohlen.

Dostenöl. Das Dostenöl, aus dem blühenden Kraut von *Origanum vulgare L.*, ist blass- bis braungelb, von starkem Geruch und scharf gewürzhaftem Geschmack, hat das spec. Gew. 0,87—0,97, siedet fast constant bei 161° und löst sich erst in 12—16 Th. Weingeist von 0,85 spec. Gew. (Zeller). Bei längerem Stehen scheidet es Campher ab. Seine Zusammensetzung entspricht nach Kane (Journ. pract. Chem. 15. 157) der Formel $C_{50}H_{40}O$. — Das unter dem Namen „spanisches Hopfenöl", besonders in Italien gegen cariösen Zahnschmerz und Paralysen gebrauchte rothbraune ätherische Oel von *Origanum creticum Hayne* ist nicht näher untersucht.

E. Jahns (Arch. Pharm. (3) 16. 277; 15. 1) beschäftigte sich mit der Untersuchung des Kretisch-Dostenöles von Origanum creticum und des gewöhnlichen Dostenöles von Origanum vulgare. Das kretische Dostenöl ist röthlichgelb, dünnflüssig, schwach linksdrehend, spec. Gew. 0,951 bei 15°, besteht aus Terpen und Carvacrol, das ziemlich reichlich vorhanden ist (50 bis 80%), und einer flüchtigen Säure nebst einer geringen Menge eines Phenoles, das rothviolette Eisenreaction giebt. Die französischen Dostenöle enthalten kein Carvacrol. Als charakteristisch für Kretisch-Dostenöl ist folgende Reaction: Wird Phosphorpentachlorid in das Oel allmälig eingetragen, so entsteht lebhafte Reaction und himbeer- bis bläulichrothe Färbung; ähnliche Färbungen entstehen mit Auflösung von Brom in Chloroform. — In dem Oele von Origanum vulgare fand Jahns nur 0,1% Phenole, die aber nicht von den übrigen verschieden sein sollen.

Majoranöl. Das Majoranöl, aus dem blühenden Kraut von *Origanum Majorana L.*, ist gelbgrün bis braungrün, riecht durchdringend, schmeckt erwärmend und scharf, reagirt schwach sauer, hat das spec. Gew. 0,87—0.89, siedet fast constant bei 163° und löst sich in 1 Th. Weingeist von 0,85 spec. Gew. klar, in 2 oder mehr Theilen schwach opalisirend (Kane, Zeller). Beim Aufbewahren in schlecht verschlossenen Gefässen scheidet es Majorancampher ab, der aus Weingeist oder Aether in weissen harten Krystallen anschiesst, beim Erwärmen schmilzt und in Blättchen vollständig sublimirt, sich in kochendem Wasser, leichter in Weingeist und Aether löst und der Formel $C_{14}H_{15}O_5$ entspricht (Mulder, Journ. pract. Chem. 17. 103).

F. Beilstein und E. Wiegand (Berl. Ber. 1882. 2855) isolirten aus dem Majoranöle ein Terpen $C_{10}H_{16}$, Sdpkt. 178°, spec. Gew. 0,8463 bei 18,5°, und ein bei 200—220° siedendes Sesquiterbenhydrat $C_{15}H_{26}O$, das keine Hydroxylgruppe enthält.

Satureja. Coleus.

Saturejaöl. Das ätherische Oel von Satureja montana ist nach A. Haller (Compts. rend. 94. 132) eine orangegelbe, aromatische Flüssigkeit, spec. Gew. 0,7394 bei 17°, $(\alpha)_D = -6{,}50$, welche 30—40% Carvacrol und ausserdem Kohlenwasserstoffe von 172—185° enthält. — E. Jahns (Berl. Ber. 15. 1882. 816) hat das ätherische Oel von Satureja hortensis beschrieben und zwar als gelb, dünnflüssig, spec. Gew. 0,898 bei 15°, $(\alpha)_D = -0,62°$, das 30% Carvacrol, mit Eisenchlorid sich grünfärbend, 20% Cymol und 50% eines Terpenes, Sdpkt. 178—180°, enthält. Südfranzösisches Oel enthält 10% Carvacrol, 0,8% eines anderen Phenoles, ausserdem Terpen, Cymol und einen nicht phenolartigen, sauerstoffhaltigen Körper.

A. H. Church (J. chem. soc. 1877. 1. 253) hat aus Coleus Verschaffeltii einen rothen, harzigen Farbstoff aus dem alkoholischen Auszuge der Pflanzen durch Fällen mit Aether oder Wasser erhalten, löslich in Alkohol, conc. Schwefelsäure, Zusammensetzung $C_{10}H_{10}O_5$ (?).

e. Gesneraceae.

Sesamum.

Das fette Oel der Samen des im ganzen Orient cultivirten *Sesamum orientale L.* ist goldgelb, geruchlos, von mildem und angenehmem Geschmack, hat das spec. Gew. 0,92 und erstarrt bei —5°. Es dient als Speise- und Brennöl, sowie als cosmetisches Mittel und lässt sich zur Herstellung von Bleipflaster u. a. pharmaceutischen Präparaten, wie es Pharm. Helv. that, dem Olivenöl substituiren. Sesamöl.

d. Bignoniaceae.

Bignonia.

Chicaroth. $C_8H_8O_3$. — Die Eingeborenen Guyana's und Brasiliens gewinnen aus den Blättern der *Bignonia Chica Humb.*, indem sie dieselben mit Wasser übergossen gähren lassen, ein in blutrothen Kuchen als *Chica, Carajuru Carucru* oder *Vermeilon americanum* in den Handel kommendes Farbmaterial, aus dem ein rother Farbstoff, das Chicaroth, nach Boussingault (Ann. Chim. Phys. (2) 27. 315) durch Auskochen mit Weingeist und Verdunsten der Lösung, nach O. L. Erdmann (Journ. pract. Chem. 71. 198) entweder durch anhaltendes Behandeln mit Aether und Trocknen des Rückstandes, oder durch Ausziehen mit schwefelsäurehaltigem Weingeist, Fällen der Lösung mit kohlensaurem Ammon, Waschen des Niederschlags mit kochendem Wasser und Trocknen desselben bei 100°, gewonnen werden kann. Chicaroth

Das Chicaroth löst sich nicht in Wasser, nur wenig und mit gelber Farbe in Aether, leicht und mit rubinrother Farbe in Weingeist. Auch von wässrigem Ammoniak, ätzenden und kohlensauren Alkalien wird es gelöst und daraus durch Säuren wieder gefällt. Von kalter conc. Schwefelsäure wird es geschwärzt, von Salpetersäure beim Erwärmen ohne beträchtliche Entwicklung von rothen Dämpfen in Anissäure verwandelt. Beim Digeriren mit Kali, Glykose und Wasser oder Weingeist in einem verschlossenen Gefässe entsteht eine violette Lösung, die sich an der Luft rasch bräunt und durch Salzsäure rothgelb gefällt wird (Erdmann). — Das Chicaroth ist nach Erdmann mit der Anissäure isomer.

Jacaranda (Cybistax Mart.). Sparatosperma.

Peckolt (Pharm. J. Trans. 1882. 614) giebt als Bestandtheile der Carobablätter von Jacaranda procera (Cybistax antisyphyllitica Mart.) an): Carobin, dünne Nadeln, in Aether unlöslich, in siedendem Wasser und Alkohol löslich, aus der wässrigen Lösung durch Brechweinstein fällbar, Carobasäure, in

Wasser lösliche Nadeln, durch Blei- und Kupferacetat fällbar, Steocarobasäure, braunes Pulver und die Harze Carobon, Caroboretinsäure, Carobabalsam. O. Hesse (Ann. Chem. Pharm. 202. 150) findet die Carobablätter alkaloidfrei, ausserdem nur aromatisches Harz, wahrscheinlich das Carobon Peckold's.

Sparattospermin. Peckolt (Z. östr. Apothver. 16. 361. J. Pharm. 1878. 133) untersuchte die Blätter von Sparattosperma leucantha und wies darin einen Körper nach, der dem Phlorizin der Zusammensetzung nach verwandt ist. Aus dem wässrigen Extracte der Blätter wurde durch Auskochen mit Alkohol ein alkoholischer Auszug hergestellt, der zur Trockne gebracht, beim Behandeln nadelförmiges, krystallinisches Pulver zurückliess, das aus Alkohol umkrystallisirt wurde. Dieser Körper Sparattospermin, ist unlöslich in Wasser, Chloroform, Amylalkohol, Petroleumäther, schwerlöslich in kochendem Wasser und Aether, leichtlöslich in absolutem Alkohol. Mit conc. Salpetersäure färbt sich derselbe violettgrün bis rosaroth. Zusammensetzung $C_{19}H_{24}O_{10}$, Schmpkt. 245°, keinen Zucker mit verdünnten Säuren liefernd.

Lapacho. **Lapacho.** — In einem Farbholze einer südamerikanischen Bignoniacee, dem Lapacho, von unbestimmter Abstammung, wies E. Paterno (Gazz. chim. 12. 337. Berl. Ber. 1883. 801) eine Säure, die Lapachosäure nach, welche durch Auskochen des Holzes mit Sodalösung und Ausfällen dieser Sodalösung mit Salzsäure erhalten wird. Durch Waschen mit Aether und Umkrystallisiren mit Benzol wird diese Säure gereinigt. Diese Säure, welche zu 5% im Holze nachgewiesen wurde, krystallisirt in monoklinen Prismen, ist unlöslich in Wasser, löslich in siedendem Alkohol und Benzol, wenig löslich in Aether, löslich in Alkalien mit rother Farbe, in conc. Schwefelsäure mit blutrother Farbe. Schmpkt. 121—122°. Die ammoniakalische Lösung wird durch Metallsalze gefällt. Die Säure $C_{15}H_{14}O_3$ ist einbasisch, bildet rothe Salze, darunter ein Anilinsalz in gelben Nadeln, Schmpkt. 121—122°. Durch Einwirkung von Brom in essigsaurer Lösung auf die Säure entsteht eine Bromverbindung, welche mit Salpetersäure in der Wärme Phtalsäure liefert. Eine Mono- und Diacetylverbindung sind hergestellt. In alkalischer Lösung liefert diese Säure mittelst Kaliumpermanganat Oxalsäure. Die Destillation der Lapachosäure über Zinkstaub liefert Naphtalin. Das Erhitzen mit dem gleichen Gewichte Phosphor und 4fachen Gewichte Jodwasserstoffsäure (Sdpkt. 127°), liefert Amylnaphtalin $C_{10}H_7$, C_5H_{11}. Beim Eintragen der Säure (1 Th.) in Schwefelsäure (4 Th.) entsteht Lapachon, $C_{30}H_{28}O_6$, das beim Erhitzen mit Essigsäureanhydrid und Natriumacetat metallglänzende, broncefarbene Blättchen bildet, löslich in Alkohol und Aether mit blauer Farbe, wahrscheinlich das Anhydrid des Lapachons. Paterno hält den Körper identisch mit Taigusäure Arnoudon's und mit Groenhartin von Stein und giebt ihm die Structurformel: $C_{10}H_4\begin{cases}CH = CH.CH<^{CH_3}_{CH_3}\\O_2\\OH\end{cases}$ als Oxychinon eines Naphtylamylens.

e. Acanthaceae.

Sericographis. Rhinacanthus.

Mohitlin. Rhinacanthin. **Mohitlin.** — Nach Thomas (Journ. Pharm. (4) 3. 251; auch Ztschr.

Chem. 1866. 376) enthält die in Mexico einheimische *Sericographis Mohitli DC. seu Justicia atramentaria Benth.* in den Blättern ein farbloses Chromogen, das Mohitlin, das aber, wenn der bei Abschluss der Luft mit ausgekochtem Wasser bereitete Auszug derselben mit Luft in Berührung kommt, durch Oxydation zuerst in grünes Mohitleïn und dann in blaue Mohitlinsäure übergeht. Letztere, ein gegen Säuren und Basen wie Lackmus sich verhaltender Farbstoff, wird im unreinen Zustande durch Ausziehen der frischen Blätter mit Wasser, Aufkochen des Auszugs, Verdunsten des Filtrats, nochmaliges Lösen des Rückstandes und Verdunsten der Lösung als amorphe dunkelblaue, in Wasser leicht lösliche Masse erhalten. — Keiner dieser Körper wurde rein dargestellt.

P. Liborius (Pharm. Z. Russl. 20. 98) hat aus der Wurzel von Rhinacanthus communis eine amorphe, stickstofffreie Substanz isolirt, löslich in Alkohol, Rhinacanthin genannt, $C_{14}H_{18}N_4$.

f. Selaginaceae (Globularicae).

Globularia.

Globularitannsäure, Globularin und **Globularesin.** — Von diesen drei von Walz (N. Jahrb. Pharm. 7. 1; 13. 281) in den Blättern der *Globularia Alypum L.* aufgefundenen Körpern wurde die Globularitannsäure nur als Bleisalz und in weingeistiger Lösung erhalten. Letztere färbt Eisenchlorid dunkelgrün und fällt Kupfervitriol, Silbernitrat und Quecksilbernitrat schmutzig grün. Walz berechnet für das Bleisalz die Formel $C_{16}H_{12}O_{14}$, 2 PbO.

Zur Darstellung des Bitterstoffs Globularin, $C_{30}H_{44}O_{14}$ (?), wird der Destillationsrückstand des weingeistigen Auszugs der Blätter nach Zusatz von Wasser längere Zeit mit geschlämmter Bleiglätte bis fast zum Sieden erhitzt, das Filtrat im Wasserbade verdunstet, der Rückstand nach vorgängiger Behandlung mit Aether (zur Entfernung von Globularesin) in Wasser aufgenommen, die Lösung mit Gerbsäure unter Zusatz von etwas Ammoniak gefällt, der Niederschlag in weingeistiger Lösung heiss mit geschlämmter Bleiglätte zersetzt und das Filtrat zur Trockne verdunstet. Das Globularin hinterbleibt nun als weisses, bitter schmeckendes, in Wasser und Weingeist lösliches, in Aether unlösliches Pulver. Es zerfällt beim Kochen mit verdünnter Schwefelsäure in Zucker und ein sich ausscheidendes harzartiges Gemenge von Globularetin, $C_{12}H_{14}O_3$, und Paraglobularetin, $C_{12}H_{16}O_4$, welche durch Aether, der nur das erstere löst, getrennt werden können ($C_{30}H_{44}O_{14} = C_{12}H_{14}O_3 + C_{12}H_{16}O_4 + C_6H_{12}O_6 + C_6H_{12}O_6 + H_2O$?). Globularin.

Das Globularesin, $C_{20}H_{36}O_8$ (?), das wohlriechende Harz der Blätter, bleibt bei Behandlung des weingeistigen Extracts der Blätter mit Wasser als Rückstand und wird durch Auflösen desselben in Weingeist, Digeriren der Lösung mit Thierkohle und Fällen des Filtrats mit Wasser rein erhalten. Es bildet eine olivengrüne durchsichtige knetbare, in Weingeist und Aether lösliche Masse (Walz). Globularesin.

Heckel und Schlagdenhauffen (Ann. Chim. Phys. (5) 28. 67) haben aus den Blättern und Zweigen von Globularia alypum und vulgaris mittelst verschiedener Lösungsmittel folgende Körper hergestellt. Mittelst Schwefelkohlenstoff wurde aus Blättern Fett, Wachs, Chlorophyll, mittelst Aether und Chloroform Tannin, Globularin und Zimmtsäure extrahirt. Die noch rückständigen Blätter wurden mit Alkohol siedend ausgezogen, der Auszug eingedampft, mit Wasser aufgenommen. Die wässrige Lösung enthielt noch Zimmtsäure, Mannit. Das Globularin, $C_{15}H_{20}O_8$, löslich in Wasser, Alkohol, Aether, Chloroform, krystallisirt nicht, spaltet sich durch Fermente und verdünnte Säuren in Zucker und Globularetin, C_9H_8O, das mit Alkalien erhitzt unter Wasseranfnahme Zimmtsäure liefert.

Die Wirkung von Globularia ist nach Heckel (Gaz. hebd. 25. 26. 1882) theilweise vom Globularin, theilweise vom Globularetin abhängig, welches letztere zusammen mit dem in den Blättern enthaltenen Mannit die purgirende Action veranlasst. Die nach Dosen von 0,125 bis 1,0 in der Regel erst spät auftretenden Stühle enthalten Galle, aber kein Eiweiss und sind von Coliken und leichtem Aufstossen begleitet; daneben findet vermehrte Abscheidung des Harns und besonders der festen Harnbestandtheile statt. Globularin wirkt bei allmälig steigenden Dosen von 0,15 bis 0,56 in 6 Tagen herabsetzend auf Temperatur (um 0,3 -- 0,5°) und Pulsschlag (um 6 bis 8 Schläge), vermehrt in kleinen Dosen den Blutdruck, den es in grossen herabsetzt, steigert den Appetit und erleichtert durch Darmcontractionen den Stuhlgang. Eine Gabe von 0,65 beschleunigt und vertieft die Athmung, bedingt allgemeine Mattigkeit, Schwindel, Kopfschmerz, Frösteln und Schüttelfrost, Sinken des Pulses auf 60—70 Schläge und der Temperatur um mehrere Grade; die Erscheinungen verschwinden, mit Ausnahme von Schmerzen in der Herzgegend und einem intermittirenden langsamen Pulse in 12 Stunden. Bei Fröschen bedingt Globularin zu 0,1 bis 0,25 Verlangsamung der Herzschlagzahl und systolischen Herzstillstand. Auf eine örtliche Reizung deuten Oedem und Hämorrhagien unter der Haut und in den Muskeln der Extremitäten, in welche das Gift injicirt wurde, doch finden sich auch Ecchymosen und apoplectische Herde in anderen Körpertheilen (Heckel).

g. Verbenaceae.

Lippia. Tectona. Verbena.

Lippiol. V. Podwissotzki (Pharm. Z. Russl. 1882. 920) fand in Blättern und Stengeln von Lippia mexicana ätherisches Oel, ein Lippiol, campherähnlichen Stoff, einen dem Quercetin verwandten Körper. In Podwissotzkis Versuchen bewirkte Lippiol zu 0,2 in den Magen einer Katze gebracht in 1/2 Stunde geringe Pupillenerweiterung und Nickbewegungen, dann bei Wiederholung der Dosis Brechbewegungen und Unruhe mit nachfolgendem 2stündigen Schlafe. Bei einer an Emphysem leidenden Frau bedingte 0,3 in Alkohol Wärmegefühl und Röthung des Gesichts, Diaphorese und Schläfrigkeit. Das auf Zucker genommene Lippienöl bewirkte ausser süssem Geschmack und Uebelkeit bedeutende Gasentwickelung in den Eingeweiden (Podwissotzki).

Teakholz. Das Teakholz von Tectona grandis wurde von G. Thoms (Landw. Versuchsst. 23. 413), der einen sehr hohen Gehalt an saurem Calciumphosphat (78—80%) sowie auch grossen Kieselerdegehalt in der Asche nachwies (24,9%), ferner von dem lufttrocknen Holze eine Elementaranalyse ausführte mit folgendem Resultate untersucht: 8,46% Wasser, 47,51% Kohlenstoff, 5,72% Wasserstoff, 36% Sauerstoff, 0,13% Stickstoff und 2,15% Asche.

Der von Landerer (Repert. Pharm. 54. 90) aus den Samen von Vitex agnus castus beschriebene alkaloidische Stoff Viticin möge hier nur erwähnt werden.

6. Contortae.

a. Oleaceae (incl. Jasmineae).

Olea.

Olivil. $C_{14} H_{18} O_5$. — Literat.: Pelletier, Ann. Chim. Phys. (2) 3. 105; 51. 196. — Sobrero, Journ. Pharm. (3) 3. 286; auch Ann. Chem. Pharm. 54. 67.

Das Gummiharz des Olivenbaums *Olea europaea L.*, enthält nach Sobrero zwei Harze, von denen eines in Aether und heissem Weingeist löslich, ein zweites in Aether wenig, aber schon in kaltem Weingeist löslich ist, dann ein in beiden Flüssigkeiten unlösliches Gummi und das krystallisirbare, schon 1816 von Pelletier entdeckte Olivil. Olivil.

Zur Darstellung entzieht man dem gepulverten Gummiharz durch Aether die harzigen Bestandtheile und kocht den Rückstand mit 36grädigem Weingeist aus, worauf die heiss filtrirte Lösung beim Erkalten zu einem Brei von Krystallen erstarrt, die man durch Waschen mit kaltem und einmaliges Umkrystallisiren aus kochendem Weingeist rein erhält (Pelletier, Sobrero)

Aus absolutem Weingeist krystallisirt das Olivil wasserfrei, aus Wasser bald mit $^1/_2 H_2 O$, bald in farblosen klaren, sternförmig vereinigten Säulen mit 1 At. $H_2 O$. Es ist geruchlos, schmeckt bittersüss, etwas gewürzhaft und reagirt neutral. Das wasserfreie Olivil schmilzt bei 118—120° zu einer durchsichtigen zähen Flüssigkeit, die beim Erkalten zu einer durchsichtigen electrischen, schon bei 70° wieder schmelzenden, aber sonst unverändert gebliebenen harzartigen Masse erstarrt. Von kaltem Wasser wird es schwierig, dagegen von etwa 32 Th. kochendem gelöst. Weingeist löst es beim Kochen in jedem Verhältniss, auch Holzgeist und conc. Essigsäure lösen es leicht, Aether dagegen, sowie flüchtige und fette Oele nur wenig (Sobrero, Pelletier).

Pelletier gab für das Olivil die Formel $C_{12} H_9 O_4$, Sobrero die oben angeführte.

Das Olivil besitzt die Eigenschaften einer schwachen Säure. Es zerlegt zwar die kohlensauren Alkalien nicht, löst sich aber leicht in wässrigen Alkalien und Ammoniak und wird aus diesen Lösungen durch Säuren wieder abgeschieden. Seine wässrige Lösung wird durch Bleiessig weiss gefällt.

Bei der trocknen Destillation des Olivils geht neben Wasser eine farblose ölige schwere, erst über 200° kochende, ganz wie Nelkensäure riechende und schmeckende, in Wasser nur sehr wenig, in Weingeist und Aether leicht lösliche Flüssigkeit über, die Sobrero als Pyrolivilsäure bezeichnet und für die er die Formel $C_{20} H_{13} O_5$ berechnet. Zugleich bleibt ein schwarzer klebriger Rückstand, der bei fortdauerndem Erhitzen noch andere flüchtige Producte liefert. An der Luft erhitzt verbrennt das Olivil mit heisser Flamme. Von conc. Schwefelsäure wird es mit blutrother Farbe gelöst. Setzt man conc. Schwefelsäure zu in Wasser gelöstem Olivil, so scheiden sich rothe Flocken eines von Sobrero Olivirutin genannten Verwandlungsproductes aus, das auch beim Ueberleiten von trocknem Salzsäuregas über erwärmtes Olivil entsteht. Das Olivirutin entsteht aus dem Olivin durch Austritt von Wasser. Es wird aus seiner weingeistigen Lösung durch Wasser gefällt. — Salpetersäure wirkt heftig auf das Olivil ein. Die Lösung desselben in Kalilauge färbt sich an der Luft bald gelbgrün, dann braun. Chromsäure scheidet aus wässrigem Olivil braune, schnell grün und körnig werdende Flocken ab. Aus Gold- und Silberlösungen reducirt es sogleich Metall (Sobrero).

Olivenöl. Das Olivenöl, aus dem Fruchtfleisch von *Olea europaea L.*, ist grünlichgelb, von mildem und angenehmem Geschmack, hat das spec. Gew. 0,916 bei 17°, setzt schon bei + 10° körnige Ausscheidungen ab und erstarrt vollständig bei 0°. Es löst sich sehr wenig in Holzgeist und Weingeist, aber schon in 1½—2½ Th. Aether und in 5 Th. Essigäther. Es besteht zu mehr als zwei Dritttheilen aus Olein; der Rest ist Palmitin mit etwas Butin und Stearin. Nach Beneke findet sich auch etwas Cholesterin. — Bezüglich der medicinischen Verwendung vgl. das S. 93 über die fetten Oele im Allgemeinen Gesagte und Th. Husemann, Arzneimittell. 2. Aufl. S. 363.

E. Mingioli (Gazz. chim. 11. 496) hat in dem Epicarpium der Drupa des Olivenbaumes ein butterartiges Fett und vegetabilisches Wachs nachgewiesen.

Phillyrin. $C_{27}H_{34}O_{11}$. — Literat.: Carboncini, Ann. Chem. Pharm. 24. 242. — Bertagnini, ebendas. 92. 109. — Bertagnini und de Luca, Compt. rend. 51. 368; auch Chem. Centralbl. 1861. 29.

Phillyrin. Dieses 1836 zuerst von Carboncini beobachtete, dann von Bertagnini genauer untersuchte Glykosid findet sich in der Rinde, weniger in den Blättern von *Phillyrea latifolia L.*, *Ph. angustifolia L.* und *Ph. media L.*

Zur Darstellung versetzte Carboncini den bis auf's Vierfache vom Gewicht der Rinde eingedampften und mit Eiweiss geklärten Absud mit Kalkmilch bis zur schwach alkalischen Reaction, sammelte den nach mehrwöchentlichem Stehen ausgeschiedenen schwarzgrünen, aus Phillyrin und einer Verbindung von Kalk mit einem sauren Harz bestehenden Niederschlag und zog ihn nach vorgängigem Trocknen und Pulverisiren mit kochendem Weingeist von 55° aus. Aus den mit Thierkohle entfärbten, durch Abdestilliren des Weingeists stark concentrirten und mit Wasser versetzten Tincturen krystallisirte dann das Phyllyrin heraus. — Bertagnini fällte die Abkochung der Rinde mit Bleioxyd oder Kalk aus und verdunstete das Filtrat zum Krystallisiren.

Das Phillyrin krystallisirt aus Wasser oder wässrigem Weingeist in leichten weissen silberglänzenden Schuppen mit wechselndem Gehalt an Krystallwasser (nach Bertagninis erster Angabe 1½ H_2O), das über Schwefelsäure oder bei 50—60° entweicht (Bertagnini und de Luca). Es ist geruchlos und für sich anfangs geschmacklos, schmeckt aber nach Carboncini hinterher oder in Lösungen sehr bitter und herbe, nach Bertagnini dagegen kaum bitter. Nach voraufgegangenem Entwässern schmilzt es bei 160° zu einer farblosen Flüssigkeit, die beim Erkalten zu einer durchsichtigen rissigen Masse erstarrt. Es löst sich in 1300 Th. kaltem, reichlich in kochendem Wasser, in 40 Th. kaltem (9°), leichter in heissem Weingeist, auch in warmer Essigsäure, nicht aber in Aether, flüchtigen und fetten Oelen. Alkalien und Ammoniak wirken weder lösend noch verändernd. Metallsalze fällen die Lösungen nicht (Bertagnini, Bertagnini und de Luca, Carboncini).

In stärkerer Hitze wird das Phillyrin zerstört. Conc. Schwefelsäure löst es unter Zersetzung mit rothvioletter Farbe. Bei Behandlung mit verdünnter Salpetersäure entstehen gelbgefärbte krystallisirbare Producte, bei Anwendung concentrirter Säure neben einem in glänzenden Blättchen krystallisirenden Körper Kohlensäure und Oxalsäure. Brom und Chlor erzeugen damit Substitutionsproducte. Beim Kochen mit verdünnter Salzsäure wird es in Phillygenin und Glykose gespalten ($C_{27} H_{34} O_{11} + H_2 O = C_{21} H_{24} O_6 + C_6 H_{12} O_6$). Diese Spaltung wird nicht durch Emulsin oder Weinhefe herbeigeführt, wohl aber, wenn das Phillyrin der Milchsäuregährung unterworfen wird.

Das Phillygenin, $C_{21} H_{24} O_6$, scheidet sich dabei in Harztropfen aus, die aus Aether in weissen perlglänzenden Krystallen anschiessen. Es löst sich kaum in kaltem und nur sehr wenig in kochendem Wasser, schwieriger in Weingeist als Phillyrin, dagegen leicht in Aether und in wässrigen Alkalien und Ammoniak. Mit conc. Schwefelsäure färbt es sich amaranthroth (Bertagnini, Bertagnini und de Luca).

Das Phillyrin ist von Campona (Gaz. ecclett. 1836. Nov. 641; Pharm. Centralbl. 291. 1837) gegen Intermittens empfohlen. Jacchette (Journ. Chim. méd. 4. 93. 1858) rühmt eine angebliche schwefelsaure Verbindung zu 0,75 bis 1,25 in Pulverform oder angesäuerter Lösung als sicheres Antitypicum, das von 22 Wechselfieberkranken 20 heilte.

Fraxinus.

Fraxin. Paviin. $C_{27} H_{30} O_{17}$. — Literat.: Salm-Horstmar, Poggend. Ann. **97**. 637; **100**. 607; **107**. 327. — Stokes Chem. Soc. Q. J. **11**. 17; **12**. 126. — Rochleder, Poggend. Ann. **107**. 331; Wien. Akad. Ber. **40**. 37; auch Journ. pract. Chem. **78**. 360; **80**. 173; **90**. 433.

Wurde 1856 von Salm-Horstmar in der Rinde (nicht in den Blättern, (Gintl) der Esche, *Fraxinus excelsior L.*, entdeckt und bald darauf von Stokes auch in der Rinde von *Aesculus Hippocastanum L.*, *A. Pavia L.* und anderer Aesculus- und Fraxinus-Arten aufgefunden. Fraxin.

Zur Darstellung aus Eschenrinde kocht man die im Frühjahr zur Blüthezeit gesammelte und getrocknete Rinde mit Wasser aus, fällt den Auszug mit Bleizucker und das Filtrat vom gebildeten Niederschlage mit Bleiessig, presst den nun erhaltenen Niederschlag gut aus und zerlegt ihn unter Wasser durch Schwefelwasserstoff. Aus dem zum Syrup verdunsteten Filtrat vom Schwefelblei schiessen bei 24stündigem Stehen Krystalle des Glykosids an, welche man mit Wasser und etwas Weingeist wäscht und dann aus Weingeist umkrystallisirt (Salm-Horstmar).

Rosskastanienrinde erschöpft man nach Rochleder am besten mit Weingeist von 35° B., fällt den Auszug mit einer weingeistigen Bleizuckerlösung und zerlegt den mit Weingeist gewaschenen Niederschlag unter Wasser durch Schwefelwasserstoff. Das Filtrat wird im Vacuum über Schwefelsäure eingedunstet und aus dem trocknen Rückstande durch wiederholte Behandlung mit wenig eiskaltem Wasser die Gerbsäure entfernt, worauf Krystalle des Fraxins zurückbleiben.

Aus kochendem absolutem Weingeist krystallisirt das Fraxin beim Erkalten in farblosen, dem Zinkvitriol gleichenden, auch beim Trocknen farblos bleibenden Krystallen (Rochleder). Nach Salm-Horstmar bildet es büschlig vereinigte feine vierseitige glänzende Prismen mit schwefelgelbem Stich. Die unter 110° getrockneten Krystalle enthalten nach Rochleder noch ½ At. H_2O. Es ist geruchlos und schmeckt schwach bitter und herbe. Es löst sich in 1000 Th. Wasser von 14°, leicht in heissem, schwierig in kaltem, sehr reichlich in heissem Weingeist, nicht in Aether. Die wässrigen oder weingeistigen Lösungen zeigen, besonders bei Gegenwart kleiner Mengen von Alkali oder Ammoniak, im Tageslichte blaue oder bläulich-grüne Fluorescenz, die auf Zusatz von Säuren verschwindet (Salm-Horstmar). Die wässrige Lösung färbt sich mit conc. Schwefelsäure, Ammoniak, ätzenden und kohlensauren Alkalien gelb. Bleizucker und Bleiessig färben sie gelb, ohne zu fällen, aber ammoniakalische Bleizuckerlösung giebt gelben Niederschlag. Eisenchlorid färbt erst grün und bewirkt dann citronengelbe Fällung (Salm-Horstmar).

Für die Zusammensetzung gab Rochleder zuerst die Formel $C_{42}H_{23}O_{27}$, später die oben angeführte.

Bei 320° schmilzt das Fraxin unter Verlust von Wasser zu einer rothen Flüssigkeit, die amorph erstarrt. In höherer Temperatur tritt Verkohlung ein. Beim Kochen mit verdünnten Mineralsäuren spaltet sich das Fraxin in Fraxetin und krystallisirbaren Zucker ($C_{27}H_{26}O_{17} + 3H_2O == C_{15}H_{12}O_8$
Fraxetin. $+ 2C_6H_2O_6$). Das Fraxetin, $C_{15}H_{12}O_8$, krystallisirt aus kochendem Wasser oder Weingeist in farblosen oder gelblichen durchsichtigen Nadeln und Tafeln mit 1½ At. H_2O. Das Krystallwasser entweicht bei 100°; bei 230° schmilzt dann das entwässerte Fraxetin, beim Erkalten krystallinisch wieder erstarrend. Es schmeckt sehr schwach herbe und reagirt in heisser wässriger Lösung sauer. Es löst sich in 10,000 Th. kaltem und in 33 Th. kochendem Wasser, etwas reichlicher in Weingeist und nur wenig in warmem Aether. Von conc. Schwefelsäure und Salzsäure wird es mit gelber, von Salpetersäure mit dunkelvioletter, bald durch Granatroth, Rosenroth und Gelb in's Farblose übergehender Farbe gelöst (Salm-Horstmar, Rochleder).

Reines Fraxin ist pharmakologisch nicht geprüft. Eine Angabe Mandets über die antitypische Wirkung eines von ihm in der Eschenrinde aufgefundenen Fraxinins, das von dem gleichnamigen, als Mannit erkannten Stoffe Kellers verschieden sei, bezieht sich auf eine extractförmige, hygroskopische Masse, die zu 1,0—1,5 4 Tage lang gebraucht, ein afrikanisches Wechselfieber heilte.

W. Gintl und Reinitzer (Monatsh. Chem. 3. 745. **1882**) haben die Blätter von Fraxinus excelsior einer eingehenden Untersuchung unterworfen und darin festgestellt, reichlich äpfelsauren Kalk, Gerbsäure, geringe Mengen von Mannit, Inosit, sowie Traubenzucker, Quercitrin, freie Aepfelsäure, endlich ein ätherisches Oel, das wohl aus Terpenen besteht, Sdpkt. 110—160°, und einem Körper der Formel des Terpins $C_{10}H_{20}O_2$, Sdpkt. 175°.

Mouchons Fraxinit aus Eschenblättern (Journ. med. Brux. 544. Dec. 1854), der zu 10,0 purgirend wirkte, war vermuthlich Mannit!

Die Gerbsäure von Fraxinus wurde eingehender studirt und aus dem wässrigen Auszuge durch Fällung mit Bleiacetat abgeschieden. Der Niederschlag wurde zur Entfernung des äpfelsauren Kalkes mit Essigsäure behandelt, diese Lösung nun mit Ammon fractionirt gefällt. Die Fractionen wurden mittelst Schwefelwasserstoff bei möglichstem Luftabschlusse zerlegt und die erhaltenen Lösungen verdunstet. Eine Reinigung der trockenen Masse mit absolutem Alkohol leistete sehr gute Dienste. Die Fraxinusgerbsäure ist amorph, braun, glänzend, ein goldgelbes Pulver liefernd, löslich in Alkohol und Essigäther, unlöslich in wasserfreiem Aether, Benzol, Chloroform. Die wässrige Lösung wird gefällt durch Salzsäure, Schwefelsäure, Bleiacetat, giebt mit Eisenchlorid dunkelgrüne Färbung, die auf Zusatz von doppelkohlensauren Alkalien blutroth wird. Die Formel dieser Gerbsäure ist nach dem Studium der Acetyl-Benzoylderivate etc. zu $C_{26}H_{32}O_{14}$, die der Anhydrosäure zu $C_{52}H_{60}O_{26}$ angenommen.

Die Manna-Esche, Fraxinus Ornus, liefert durch Einschnitte in die Rinde den eingetrockneten Saft, die Manna. Dieselbe enthält 10—15 % Wasser, bis 3,6 % Asche, 25—80 % Mannit, ausserdem Schleim, ferner Rohrzucker und Invertzucker (Buignet), auch Dextrin (?) (Flückiger). [Buignet, J. pharm. chim. 7. 401 und 8. 5—16. — Flückiger, Arch. Pharm. 200. 159]. Manna.

Syringa. Ligustrum.

Das ätherische Oel der frischen Blüthen von *Syringa vulgaris L.* lässt sich nur durch Extraction mittelst Aether im Verdrängungsapparate gewinnen. Es ist bernsteingelb, riecht den Blüthen ähnlich und scheidet beim Aufbewahren ein Stearopten ab (Favrot, Journ. chim. méd. 14. 212).

Syringin. $C_{19}H_{28}O_{10}$. — Literat.: Bernays, Repert. Pharm. 74. 348. — Meillet, Journ. Pharm. (3) 1. 25. — Polex, Arch. Pharm. (2) 17. 75. — Kromayer, Arch. Pharm. (2) 105. 9; 108. 7; 109. 18; 113. 19; die Bitterstoffe des Pflanzenreichs. Erlangen, 1861. S. 52.

Dieser von Kromayer als Glykosid erkannte und genauer untersuchte Körper wurde 1841 von Bernays im Flieder *Syringa vulgaris L.*, entdeckt. Bald darauf stellte Polex, aber nur in unreinem Zustande, einen als „Ligustrin" bezeichneten Stoff aus *Ligustrum vulgare L.* dar, dessen Identität mit ersterem später Kromayer feststellte. Auch ein von Meillet unter dem Namen „Lilacin" beschriebener krystallisirbarer Stoff der Syringa scheint mit Kromayers Syringin übereinzukommen. Syringin.

Das Syringin findet sich, begleitet von Syringopikrin, in der Rinde der *Syringa vulgaris,* reichlicher im März, als zu Ende April, überhaupt im Laufe der Vegetation verschwindend, wo dann Syringopikrin an seine Stelle zu treten scheint. Die Blätter und halbreifen Früchte enthalten nichts und die Blüthenknospen nur Spuren davon.

Ganz ähnlich verhält es sich mit dem Vorkommen in *Lingustrum vulgare* (Kromayer).

Zur Darstellung erschöpft man die im März gesammelte Rinde des Flieders oder der Rainweide mit kochendem Wasser, fällt die Auszüge mit Bleiessig aus und verdunstet das entbleite Filtrat zum dünnen Syrup, der innerhalb eines Tages zum Krystallbrei erstarrt. Dieser wird mit kaltem Wasser angerührt, ausgepresst und unter Beihülfe von Thierkohle aus kochendem Wasser umkrystallisirt. Der in der abgepressten Flüssigkeit gebliebene Rest des Glykosids wird gewonnen, indem man sie eindampft und den Rückstand mit kaltem starkem Weingeist ausschüttelt. Dieser löst das Syringin, während Zucker und andere Stoffe ungelöst bleiben.

Eigenschaften. Das Syringin krystallisirt aus wässriger Lösung in oft über ½ Zoll langen farblosen durchsichtigen Nadeln mit 1 At. H_2O, die bald sternförmig gruppirt, bald in einander verwoben sind. Es ist geruch- und geschmacklos und reagirt neutral. Das Krystallwasser entweicht bei 100—115°; bei 212° (das aus Rainweide dargestellte schmilzt schon bei 185—190°) tritt Schmelzung zu einer farblosen, zu durchsichtiger harter Masse wieder erstarrenden Flüssigkeit und in höherer Temperatur Zersetzung unter Entwicklung von Caramelgeruch ein. Von kaltem Wasser wird es schwer, von kochendem Wasser und Weingeist leicht, von Aether gar nicht gelöst (Kromayer).

Zersetzung. Wird die wässrige oder weingeistige Lösung des Syringins mit ihrem gleichen Volumen conc. Schwefelsäure versetzt, so färbt sie sich prächtig dunkelblau und bei grösserem Säurezusatz schön violett. Conc. wässrige Salzsäure löst das Syringin farblos, aber beim Kochen scheiden sich blaue Flocken ab, während die Flüssigkeit eine schön hellviolettrothe Farbe annimmt. Conc. Salpetersäure löst es augenblicklich mit blutrother Farbe. Beim Erwärmen mit verdünnten Mineralsäuren wird das Syringin gespalten:
Syringenin. es scheiden sich graue Flocken von Syringenin aus, während gährungsfähiger Zucker in Lösung bleibt ($C_{19}H_{28}O_{10} + H_2O = C_{13}H_{18}O_5 + C_6H_{12}O_6$). Die Flocken des Syringenins, $C_{13}H_{18}O_5$, erstarren beim Erkalten zu einer harten spröden hellgrau blauen geschmacklosen Masse, die noch 1 At. bei 100° entweichendes Wasser enthält, bei 170—180° schmilzt. Beim Uebergiessen mit Wasser, in dem es unlöslich ist, nimmt es eine hellrosarothe Farbe an. Von Weingeist wird es leicht, von Aether nicht gelöst. Aus der weingeistigen Lösung wird es durch Wasser in rosarothen Flocken gefällt. Mit conc. Schwefelsäure und Salpetersäure giebt es dieselben Farbenreactionen wie das Syringin. — Chlorgas färbt die wässrige Lösung des Syringins anfangs rothbraun; später tritt Entfärbung ein. Wässrige Alkalien sind ohne Einwirkung. Auch kalische Kupferlösung und Silbernitrat werden durch Syringin nicht reducirt (Kromayer).

Syringopikrin. **Syringopikrin.** — Dieser Bitterstoff begleitet nach Kromayer (Literat. s. b. Syringin) das Syringin in der Rinde von *Syringa vulgaris* und wahrscheinlich auch in der Rinde von *Ligustrum vulgare*. Er bleibt bei der Darstellung des Syringins in den Mutterlaugen und wird denselben durch Behandlung mit Thierkohle entzogen. Wäscht man die Kohle mit warmem Wasser und kocht sie dann mit Weingeist aus, so hinterbleibt beim Verdunsten unreines syrupförmiges Syringopikrin, das durch Auflösen in Weingeist, Entfärben der Lösung durch Thierkohle, Verdunsten der entfärbten Lösung und Behandeln des Rückstandes mit Aether, der noch einen kratzend schmeckenden Stoff auszieht, gereinigt wird.

Das Syringopikrin ist eine gelbe durchsichtige, zu einem weissen luftbeständigen Pulver zerreibliche Masse von stark bitterem Geschmack und schwach saurer Reaction. Es schmilzt unter 100° und erstarrt wieder zu einer spröden Masse. Von Wasser und Weingeist wird es leicht, von Aether nicht gelöst. — Aus seinen Analysen berechnet Kromayer die Formel $C_{26} H_{24} O_{17}$.

Die Lösungen werden durch Gerbsäure weiss, durch Bleiessig und Eisenchlorid nicht gefällt. Conc. Schwefelsäure löst es mit grünlicher, in Braun übergehender Farbe. Beim Kochen mit verdünnter Schwefelsäure scheidet sich unter Entwicklung eines aromatischen Geruchs ein braunes Harz ab und die Lösung reducirt nun kalische Kupferlösung, was unverändertes Syringopikrin nicht thut. Aus ammoniakalischer Silberlösung reducirt es beim Kochen Metall (Kromayer).

Ligustron. — Findet sich nach Kromayer (Die Bitterstoffe. S. 56) als dritter eigenthümlicher Bestandtheil in der Rinde von *Ligustrum vulgare* und kann der Mutterlauge des daraus dargestellten Syringins durch Ausschütteln mit Aether entzogen werden. Es krystallisirt in Gruppen von strahlig vereinigten Nadeln von bitterem erwärmendem Geschmack und neutraler Reaction. Etwas über 100° schmilzt es zu einem krystallinisch wieder erstarrenden Oel und sublimirt zwischen 260 und 280° unzersetzt. Von Wasser, Weingeist und Aether wird es leicht gelöst. Conc. Schwefelsäure färbt es gelblich und conc. Salpetersäure löst es mit gelber Farbe. Alkalien verändern es nicht. Aus ammoniakalischer Silberlösung reducirt es Metall (Kromayer). Ligustron.

Die Samen von Ligustrum Ileotu, welche als Kaffeesurrogat in Japan Anwendung finden sollen, hat Martin (Arch. Pharm. (3) **13**. 338) untersucht, der kein Coffeïn aber einen glykosidischen Bestandtheil nachwies, der mit conc. Schwefelsäure in der Wärme roth wird. Ausserdem wurden Mannit, ca. 20% fettes Oel und 3,422 % Asche darin nachgewiesen.

b. Gentianeae.

Gentiana. Ophelia.

Die Gattung Gentiana enthält einen Zucker Gentianose, Gentisin, einen Gerbstoff und Gerbsäure, welche von Davyes (Pharm. J. Trans. (3) **482**. 230) für Gallusgerbsäure, von Maisch für eine eigenthümliche Gentianagerbsäure (Amer. J. pharm. **52**. 1) erklärt wird. Ville (J. Pharm. 1877. 118) hält Gentisin für den Gerbstoff des Enzianes.

Gentiansäure. Gentianin. Gentisin. $C_{14} H_{10} O_5$. — Literat.: Henry und Caventou. Journ. Pharm. (2) **7**. 173. — Trommsdorff, Ann. Chem. Pharm. **21**. 134. — Leconte, Journ. Pharm. (2) **23**. 465. — Baumert, Ann. Chem. Pharm. **62**. 106. — Hlasiwetz und Habermann, Berl. Ber. 1874. 652. — Arch. Pharm. (3) **8**. 156.

Diese nicht mit dem Enzianbitter zu verwechselnde, im Jahre Gentiansäure.

1821 von Henry und Caventou entdeckte, aber erst von Trommsdorff rein dargestellte Säure findet sich in der rothen Enzianwurzel, der Wurzel von *Gentiana lutea L.*

Trommsdorff erschöpfte zu ihrer Darstellung die gepulverte Wurzel mit Aether und nahm den Verdunstungsrückstand der ätherischen Auszüge in 80proc. Weingeist auf. Die weingeistige Lösung hinterliess dann beim Abdestilliren des Weingeists im Wasserbade einen krystallinischen Rückstand der Säure, der durch Waschen mit kleinen Mengen von Aether und kaltem Weingeist und endliches Umkrystallisiren aus kochendem Weingeist gereinigt wurde. — Zweckmässiger entziehen Leconte und Baumert der gepulverten Wurzel durch mehrtägiges Maceriren mit kaltem Wasser den meisten Bitterstoff, extrahiren den ausgetrockneten Wurzelrückstand mit starkem Weingeist, concentriren den weingeistigen Auszug bis zur Syrupsdicke, behandeln ihn dann wiederholt mit kaltem Wasser, um darin lösliche Stoffe zu entfernen, waschen die rückständige noch mit Fett, Harz und etwas Bitterstoff gemengte Gentiansäure zur Beseitigung des Fettes mit Aether und krystallisiren sie endlich mit kochendem Weingeist um. — Trommsdorff erhielt eine Ausbeute von $^1/_{2000}$ bis $^1/_{1000}$ der getrockneten Wurzel.

Eigenschaften. Die Gentiansäure bildet lange blassgelbe seidenglänzende geruch- und geschmacklose Nadeln von neutraler Reaction, die über 300° zum Theil unzersetzt sublimiren. Sie erfordert von kaltem Wasser 5000 Th., von kochendem 3850 Th., von kaltem absolutem Weingeist 455 Th., von kochendem 62,5 Th., von kochendem gewöhnlichem Weingeist 90 Th., von kaltem Aether endlich 2000 Th. zur Lösung (Leconte).

Die oben angeführte, noch der Bestätigung bedürftige Formel ergiebt sich aus den Analysen Baumerts.

Die Gentiansäure treibt aus den kohlensauren Salzen die Kohlensäure aus und bildet neutrale und saure Salze, von denen die der Alkalimetalle krystallisirbar sind. Die Zusammensetzung dieser Salze ist durch die Untersuchungen Baumerts noch nicht genügend aufgeklärt. Hlasiwetz und Habermann fanden die Metallverbindungen des Gentisins zusammengesetzt, Gentisinkalium, $C_{14} H_9 KO_5$, und erhielten auch ein Diacetylgentisin.

Von conc. Schwefelsäure wird die Gentiansäure mit gelber Farbe gelöst und durch Wasser unverändert daraus wieder abgeschieden. Verd. Schwefelsäure ist auch nach tagelangem Kochen damit ohne Einwirkung. Trägt man aber die Gentiansäure in reine Salpetersäure von 1,43 spec. Gew. ein und fügt zu der dunkelgrünen Lösung vorsichtig Wasser, so scheidet sich Dinitrogentiansäure, $C_{14} H_8 (NO_2)_2 O_5 + H_2 O$ als grünes Pulver ab. Verfährt man in gleicher Weise mit rauchender Salpetersäure, so fällt Wasser aus der rothen Lösung ein hellgelbes, aus mikroskopischen Prismen bestehendes Pulver, das vielleicht Trinitrogentiansäure, $C_{14} H_7 (NO_2)_3 O_5$ ist. — Aus Silbersalzen reducirt die Gentiansäure metallisches Silber. Beim Behandeln mit Kaliumbichromat und verdünnter Schwefelsäure in der Wärme zerfällt sie unter Bildung von Kohlensäure und Ameisensäure (Baumert).

Schmelzendes Kali erzeugt aus Gentisin Essigsäure, Phloroglucin und Oxysalicylsäure, welche bei höheren Temperaturen Hydrochinon liefert. Salzsäuregas liefert aus Gentisin Methylchlorid. — Die durch Schmelzen mit Kali veranlasste Reaction findet in folgender Gleichung ihren Ausdruck:

$$2C_{14}H_{10}O_5 + O_2 + 4H_2O = \underset{\text{Phloroglucin}}{2C_6H_6O_3} + \underset{\text{Oxysalicylsäure}}{2C_7H_6O_4} + C_2H_4O_2.$$

Die Constitution des Gentisin stellen Hlasiwetz und Habermann folgendermassen dar:

$$\begin{array}{l} C_6H_2\left\{\begin{array}{l}CH\\O\\O>\end{array}\right.\\ \quad|\\ CO\\ \quad|\\ C_6H_3\left\{\begin{array}{l}OH\\OH.\end{array}\right.\end{array}$$

Gentiansäure ist zu mehreren Gm. ohne Wirkung (Baumert, Leconte). Sonstige Versuche über Gentianin sind mit unreinem, noch Gentiopikrin enthaltenden Stoffe angestellt. Sicher gilt dies von Magendies Experimenten (Formulaire. 8 éd. p. 309) mit Gentianin von Henry und Caventou, das zu 0,12 in Alkohol gelöst äusserst bittern Geschmack und leichtes Wärmegefühl im Magen erregte und zu mehreren Granen in die Venen von Hunden gespritzt keine Symptome machte. Es dürfen wohl die therapeutischen Resultate, welche Magendie mit dem Präparate in alkohol. Lösung (1 : 96) und in Syrup (1 : 500) bei scrophulösen Leiden und Verdauungsschwäche erzielte, auf Gentiopikrin bezogen werden. Dasselbe gilt von dem von Bardsley (Hosp. facts etc. London, 1829. Frorieps Not. 27. 141) bei Dyspepsie mit Irritabilität des Magens in Pillen empfohlenen Gentianin. Die Beobachtungen de Konings (Letterbode 1836. 26. 27. 30), wonach Gentianin Surrogat des Chinins sei, sind mit nach Magendie bereitetem Präparate angestellt, während P. H. Pool (De Gentianino. Trajecti ad Rhen. 1837) in seinen völlig negativen Versuchen bei Intermittens sich nicht völlig reinen Gentiopikrins bediente. Darauf sind auch die Angaben von Lange (Deutsche Klin. 1851. 36), wonach in 34 Fällen Gentianin zu 2 Gm. nur höchst selten die Wechselfieberanfälle coupirte, sowie diejenigen von Küchenmeister (Arch physiol. Heilk. 10. 1), der anfangs in Gentianin ein milzverkleinerndes Mittel sah, später dies widerrief, zu beziehen. Wirkung.

Gentiopikrin. Enzianbitter. $C_{20}H_{30}O_{12}$. — Der früher meistens mit der geschmacklosen Gentiansäure verwechselte glykosidische Bitterstoff der rothen Enzianwurzel wurde erst 1862 von Kromayer (Arch. Pharm. (2) **110**. 27) rein dargestellt. — Er ist nur aus den frischen Wurzeln leicht und im krystallisirten Zustande zu gewinnen. Man löst das mit 70proc. Weingeist bereitete Extract derselben in 3 Th. Wasser, behandelt die Lösung zweimal mit guter gekörnter Knochenkohle und entzieht dieser nach vorhergegangenem Waschen mit kaltem Wasser den grösstentheils darauf niedergeschlagenen Bitterstoff durch kochenden 80grädigen Weingeist. Die weingeistige Tinctur wird durch Abdestilliren vom Weingeist befreit, der syrupförmige Rückstand mit $^1/_3$ Vol. Wasser vermischt und die vom ausgeschiedenen Harz abfiltrirte Flüssigkeit einige Stunden im Wasserbade mit geschlämmtem Bleioxyd digerirt. Man verdünnt die Masse dann mit Wasser, filtrirt heiss, entbleit das Filtrat durch Schwefelwasserstoff, verdunstet es zum Syrup und schüttelt diesen mit Aether zusammen, worauf er in 24 Stunden zu einer Krystallmasse erstarrt, die man auspresst und aus wenig heissem Wasser unter Zusatz von etwas Kohle umkrystallisirt. — Um auch den von der Kohle aus der wässrigen Lösung des weingeistigen Extracts nicht niedergeschlagenen Antheil des Gentio- Gentiopikrin.

pikrins zu gewinnen, fällt man mit Bleiessig aus, concentrirt das entbleite Filtrat zum Syrup, nimmt diesen in Weingeist auf, scheidet durch Zusatz von Aether ab, verdunstet das ätherweingeistige Filtrat wiederum zur Syrupsconsistenz, schüttelt mit Aether und behandelt die entstehende Krystallmasse, wie oben angegeben. — Sechs Pfund frische Wurzeln liefern nach diesem Verfahren 4 Gm. des Bitterstoffs.

Das Gentiopikrin krystallisirt in farblosen, strahlig oder zu Körnern vereinigten, stark und rein bitter schmeckenden, neutral reagirenden Nadeln mit 1 At. (H_2O) Krystallwasser, die an der Luft verwittern und undurchsichtig weiss werden. Die bei 100° entwässerten Krystalle schmelzen bei 120—125° zu einer braunen, amorph erstarrenden Flüssigkeit und werden in höherer Temperatur vollständig zerstört. Wasser löst leicht, ebenso kalter wässriger Weingeist, absoluter aber erst beim Erhitzen und Aether gar nicht. Kali- oder Natronlauge, sowie heisse Ammoniakflüssigkeit lösen mit gelber Farbe. Conc. Schwefelsäure giebt damit in der Kälte eine farblose Lösung, die bei gelindem Erwärmen prächtig carminroth gefärbt, auf Wasserzusatz in grauen Flocken gefällt wird.

Gentiogenin. Beim Kochen mit verdünnter Schwefelsäure, Salzsäure oder Oxalsäure wird das Gentiopikrin in gährungsfähigen Zucker und Gentiogenin, $C_{14}H_{16}O_5$, gespalten ($C_{20}H_{20}O_{12} = C_{14}H_{16}O_5 + C_6H_{12}O_6 + H_2O$). Bierhefe bewirkt diese Spaltung nicht. Das Gentiogenin ist ein amorphes gelbbraunes luftbeständiges Pulver von neutraler Reaction und bitterem Geschmack, das sich nur wenig in kaltem Wasser, leicht in Weingeist und ziemlich leicht in Aetherweingeist löst.

Die Lösung des Gentiopikrins in conc. Schwefelsäure wird beim Erhitzen gelb und scheidet dann auf Wasserzusatz gelbe Flocken aus; beim Kochen entsteht Oxalsäure. Kalische Kupferlösung wird durch den Bitterstoff nicht verändert, dagegen aus ammoniakalischer Silberlösung beim Kochen Metall reducirt (Kromayer).

Ueber die Wirkung vgl. oben die Gentiansäure,

Gentianose. **Gentianose.** $C_{36}H_{66}O_{31}$. — A. Meyer (Z. phys. Chem. 6. 135) stellte aus dem Safte der Wurzeln von Gentiana lutea eine krystallisirte Zuckerart her, welche auf die Weise erhalten wurde, dass der Saft zuerst mit ²/₃ Vol. Alkohol (95 %) versetzt wurde. Das sich ausscheidende Coagulum wurde abfiltrirt und mit dem 5fachen Volumen Aether allmälig versetzt. Die entstandenen syrupösen Fällungen wurden in 95 % heissen Alkohol gelöst, aus welcher Lösung sich allmälig über Schwefelsäure oder rasch beim Kochen der alkoholischen Lösung die Gentianose krystallinisch ausscheidet. — Die Gentianose schmeckt kaum süss, Schmpkt. 210°, reducirt Fehlingsche Lösung nicht, gährt sofort mit Hefe; kalte Lösungen in Wasser drehen = + 33,36°, heisse Lösungen = + 65,7°. Die Drehung der invertirten Gentianose betrug 20,2° bei 18° und nahm beim Erwärmen ab, die Reductionsfähigkeit gegenüber Fehlingscher Lösung war dieselbe wie beim Traubenzucker.

Opheliasäure. **Opheliasäure.** $C_{13}H_{20}O_{10}$. — Findet sich nach Flückiger und Höhn (Arch. Pharm. 139. 213) in der Ophelia Chirayta Griseb. s. Agathotes Chirayta Don., einer in den Vorbergen des Himalaya wachsenden und als Volksheilmittel gegen Fieber und Schwächezustände unter dem Namen „Creyat“ gebräuchlichen Gentianee. Sie stellt einen gelbbraunen Syrup dar von anfangs schwach säuerlichem, dann aber anhaltend bitterem Geschmack und eigenthümlichem, an Enzian erinnernden Geruch. In Wasser löst sie sich leicht, auch in Weingeist und Aetherweingeist. Sie reducirt kalische Kupfer- und ammoniakalische Silberlösung, wird durch Alkalien dunkler gefärbt und durch Metallsalze gefällt (Höhn).

Chiratin. $C_{26}H_{48}O_{15}$. — Findet sich nach Höhn neben Opheliasäure (vgl. diese) in der Ophelia Chirayta Griseb. und ist ein harziger, neutral reagirender, intensiv bitter schmeckender, kalische Kupferlösung nicht reducirender, durch Gerbsäure fällbarer Bitterstoff, der bei anhaltendem Kochen mit verdünnter Salzsäure in amorphes, durch Gerbsäure nicht mehr fällbares Chiratogenin, $C_{13}H_{24}O_3$, Opheliasäure und Wasser gespalten wird ($C_{26}H_{48}O_{15} = C_{13}H_{24}O_3 + C_{13}H_{20}O_{10} + 2H_2O$). Chiratin.

Erythraea.

Erythrocentaurin. $C_{27}H_{24}O_8$. — Zieht man nach Méhu (Journ. Pharm. (4) 3. 265; auch Viertelj. pract. Pharm. 12. 557) das wässrige Extract des als Amarum geschätzten blühenden Tausendgüldenkrauts, *Erythraea Centaurium Pers.*, mit Weingeist und den Verdunstungsrückstand der weingeistigen Tinctur mit Aether aus, so scheidet die ätherische Lösung beim freiwilligen Verdunsten Krystalle aus, die man durch wiederholtes Umkrystallisiren aus kochendem Wasser und Aether mit Beihülfe von Thierkohle rein und farblos erhält. Die Ausbeute an Erythrocentaurin, welches sich auch in *Erythraea chilensis Pers. s. Chironia chilensis W.* (Journ. Pharm. (4) 10. 454) findet, beträgt $^1/_{3000}$ vom Gewicht des Tausendgüldenkrauts. Erythrocentaurin.

Die an sich farblosen, geruch- und geschmacklosen, neutral reagirenden, bei 136° schmelzenden und krystallinisch wieder erstarrenden Krystalle färben sich im directen Sonnenlichte schnell rosa und dann lebhaft roth, werden aber beim Erwärmen auf 130° wieder völlig entfärbt. Die Färbung tritt auch in sauerstofffreien Gasen auf. Von kaltem Wasser erfordert das Erythrocentaurin 1630 Th., von kochendem etwa 35 Th., von 86proc. Weingeist bei 15° 48 Th., von Aether 245, von Chloroform $13^1/_2$ Th. zur Lösung. Schwefelkohlenstoff, Benzol, flüchtige und fette Oele lösen es leicht. Conc. Schwefelsäure giebt damit farblose Lösung, aus der es durch Wasser unverändert wieder gefällt wird. Die wässrige Lösung wird weder durch Metallsalze, noch durch Gerbsäure gefällt.

Salpetersäure, Salzsäure, Chromsäure, Brom und Jod wirken nicht auf das Erythrocentaurin ein. Nur Chlor erzeugt beim Ueberleiten über die schmelzende Substanz ein krystallisirbares Zersetzungsproduct, und übermangansaures Kali zersetzt schon in der Kälte (Méhu).

Huncker (Amer. J. Pharm. (4) 1. 207) hat Erythrocentaurin in Sabattia vulgaris nachgewiesen.

Menyanthin. $C_{30}H_{46}O_{14}$ (?). — Nachdem Trommsdorff und später Brandes (Arch. Pharm. (2) 30. 154) vergeblich den Bitterstoff des als Amarum und Febrifugum früher sehr geschätzten Fieber- oder Bitterklees, *Menyanthes trifoliata L.*, rein abzuscheiden versucht hatten, gelang Ludwig und Kromayer (Arch. Pharm. (2) 108. 263) 1861 dessen Isolirung.

Menyanthin. Man fällt den heiss bereiteten wässrigen Auszug des Bitterklees nach vorgängigem Klären und Concentriren mit Gerbsäure, trocknet den gewaschenen Niederschlag mit geschlämmtem Bleioxyd auf dem Wasserbade ein und kocht die trockne Masse mit 85proc. Weingeist aus. Der terpentinartige Verdunstungsrückstand der weingeistigen Tinctur wird wiederholt mit Wasser und Aether gewaschen und seine heiss bereitete wässrige Lösung nach dem Erkalten wiederum mit Gerbsäure ausgefällt. Den pflasterartigen Niederschlag zersetzt man aufs Neue in weingeistiger Lösung mit Bleioxyd, trocknet ein, kocht den Rückstand mit starkem Weingeist aus, entfärbt die Lösung mit Thierkohle und lässt sie nach Zusatz von Wasser verdunsten.

Zweckmässiger noch digerirt man nach einer späteren Angabe von Kromayer (Arch. Pharm. (2) 124. 37) den möglichst concentrirten wässrigen Auszug des Fieberklees bei 60–70° mit gekörnter Knochenkohle (etwa ⅔ vom Gewicht der trocknen Pflanze) bis zur Entbitterung, kocht dann die mit kaltem Wasser gut ausgewaschene Kohle mit Weingeist aus und concentrirt den heiss filtrirten Auszug durch Destillation bis zum Extract. Dieses wird zunächst zur Entfernung eines zweiten im Bitterklee vorhandenen, aber nicht näher untersuchten, kratzend schmeckenden Stoffes mit Aether behandelt und dann in wässriger Lösung mit Gerbsäure gefällt. Den mit Wasser gewaschenen Niederschlag trocknet man mit Bleiweiss ein, zieht den Rückstand mit Weingeist aus, entfärbt den Auszug durch Knochenkohle, verdunstet, fällt die wässrige Lösung nochmals mit Gerbsäure und verfährt in der oben angegebenen Weise weiter.

So dargestellt bildet das Menyanthin eine amorphe gelbliche terpentinartige Masse, die beim Trocknen über Schwefelsäure allmälig fest wird. Es schmeckt stark und rein bitter und reagirt neutral. Schon bei 60–65° erweichend, schmilzt es bei 100–115° zu einer dünnen klaren Flüssigkeit, die zu einer harten durchsichtigen Masse wieder erstarrt. Es löst sich schwer in kaltem, leicht in kochendem Wasser und Weingeist, nicht in Aether. Die kochend gesättigte wässrige Lösung trübt sich beim Erkalten milchig.

Für die Zusammensetzung wurde von Ludwig und Kromayer zuerst die Formel $C_{22} H_{36} O_{11}$, später von Kromayer die Formel $C_{30} H_{46} O_{11}$ aufgestellt.

Bei stärkerem Erhitzen wird das Menyanthin zerstört. Conc. Schwefelsäure giebt damit eine gelbbraune, beim Stehen violettroth werdende und auf Wasserzusatz graue Flocken abscheidende Lösung. Beim Erhitzen mit verdünnter Schwefelsäure erfolgt Spaltung in gährungsfähigen Zucker und Menyanthol ($C_8 H_8 O$?). Kromayer giebt für diese Spaltung die noch unzuverlässige Gleichung: $C_{30} H_{46} O_{14} = 3 C_8 H_8 O + C_6 H_{12} O_6 + 5 H_2 O$. Das Menyanthol ist ein farbloses schweres flüchtiges, dem Bittermandelöl ähnlich riechendes, sauer reagirendes Oel, das sich an der Luft, sowie beim Schmelzen mit Kali in eine krystallinische sublimirbare Säure verwandelt (Kromayer).

Die Versuche von Liebelt (Dissertat. Halle, 1875) Menyanthin in seiner Zusammensetzung und seinen Zersetzungen schärfer zu präcisiren, haben nicht das gewünschte Resultat erzielt.

Frasera.

Die Wurzeln von Frasera Walteri, die sog. amerikanischen Colombowurzeln, sollen nach Lloyd (Amer. Journ. pharm. 52. 71.) neben Rohrzucker, Traubenzucker einen in gelben Nadeln krystallisirende Körper enthalten, der verschieden von Gentisin ist.

c. Loganiaceae.

Strychnos.

Die Gattung Strychnos, speciell die Samen, enthalten die Alkaloide Strychnin und Brucin, ausserdem Igasurin als drittes Alkaloid, dessen Existenz noch in Frage gestellt werden muss. Ferner sind die Alkaloide Curarin, Bestandtheil des südamerikanischen Pfeilgiftes, und das Alkaloid der Akazgapflanze, Akazgin, sicher auch der Gattung Strychnos zugehörig.

Die Igasursäure, von Pelletier und Caventou (Ann. Chim. phys. (2) **10**. 16. **20**. 54) als Bestandtheil von Strychnos nux vomica und St. Ignatia aufgestellt, wurde von Berzelius für Milchsäure erklärt, was Marson (J. Pharm. 1848) und Ludwig (Ebendas. 1857. 39) leugneten, während Winckler (Arch. Pharm. **37**. 69) die Igasursäure für unreine Gallussäure erklärte. Die Arbeiten von Höhn (Arch. Pharm. **202**. 137) beweisen mit ziemlicher Sicherheit, dass die Igasursäure eine eisengrünende Gerbsäure ist.

Das Fett der Krähenaugen, der Samen von Strychnos nux vomica, hat F. Meyer (Dissert. St. Petersb. 1875. J. Pharm. 1875. 54) untersucht und darin als Bestandtheile die Triglyceride der Oelsäure, Caprin-, Capryl-, Capron-, Butter- und Palmitinsäure nachgewiesen.

Strychnin. $C_{21}H_{22}N_2O_2$. — Literat.: Pelletier und Caventou, Ann. Chim. Phys. (2) **10**. 142; **26**. 44. — Pelletier, Ann. Chim. Phys. (2) **63**. 165; Journ. Pharm. (2) **24**. 154. — Merck, Trommsdorff's N. Journ. Pharm. **20**. 1. 134. — Liebig, Poggend. Annal. **21**. 21 u. 487; Ann. Chem. Pharm. **26**. 56. — Duflos, Schweigger's Journ. Chem. Phys. **62**. 68. — Regnault, Ann. Chem. Pharm. **26**. 17; **29**. 58. — Brandes, Ann. Chem. Pharm. **66**. 257. — Serullas, Ann. Chim. Phys. (2) **45**. 275. — Anderson, Ann. Chem. Pharm. **66**. 55. — Laurent, Ann. Chim. Phys. (3) **24**. 313. — Bödeker, Ann. Chem. Pharm. **71**. 62. — Nicholson und Abel, Ann. Chem. Pharm. **71**. 79. — Schützenberger, Ann. Chem. Pharm. **108**. 349. — How, Ann. Chem. Pharm. **92**. 326. — Stahlschmidt, Poggend. Annal. **108**. 513. — Ménétriès, Journ. pract. Chem. **85**. 230. — Jörgensen, Ann. Chim. Phys. (4) **11**. 114. — Henry, J. pharm. Chim. (2) **8**. 401. — ebendas. **16**. 752. — Corriol, ebendas. **11**. 492. — Kenngott, Poggend. Ann. **95**. 613. — Ferrari, Schweigg. J. **40**. 492. — Schabus, J. Chem. Min. 1854. 516. — Bouchardat, Ann. chim. phys. (3) **9**. 228.

— Decloiseaux, Poggend. Ann. **102**. 474. — Bödecker, Ann. Chem. Pharm. 71. 62. Hoorweg, ebendas. **166**. 76. — Elderhorst, ebendas. 74. 77. — Langlois, ebendas. **83**. 153. — Anderson, ebendas. **66**. 55. — Dollfuss, ebendas. **65**. 221. — Schmidt, ebendas. **180**. 287. — Rammelsberg, Berl. Ber. 1881. 1231. — Lee, ebendas. 1871. 789. Hofmann, ebendas. 1868, 81 und 1877. 1087. — Schmidt, ebendas. 1877. 1288. — Horsley, Pharm. J. Trans. **16**. 177. Ceresoli, J. Pharm. Chim. (4) 1. 343. — Chiapero, Arch. Pharm. (2) **115**. 94. — Arppe, J. pr. Chem. **53**. 331. — Tilden, ebendas. **96**. 371. Jörgensen, ebend. (2) **3**. 145. 328. — Pasteur, Ann. chim. phys. (3) **38**. 437. — Gräfinghoff, J. pr. chem. **95**. 229. — Gallethy, Chem. Centrlbl. 1856. 607. — Groves, Pharm. J. Trans. **18**. 181. — Schwarzenbach, Viertelj. Pharm. — Herapath, Chem. Centrlbl. 1856. 32. — Shenstone, chem. soc. 1881. 453. 1883. — Gal u. Etard, J. chim. pharm. **29**. 30. — Schiff, Gazz. chim. 8. 82. — Rousseau, J. pharm. chim. (2) **10**. 1. — Beckett u. Wright, J. chem. soc. 1876. 652. — Romir, Z. Chem. 1871. 435. — Messel, ebendas. 571. — Konrad, Hilger's Mittheil. 1874. 1. — Dragendorff, Z. Chem. 1866. 27. — Moens, Z. Chem. 1866. 288. — van Berlekom, ebendas. 1866. 443. — Jahns, Arch. Pharm. (3) **15**. 185. — Hellwig, Z. anal. Chem. **3**. 46. — Marchand, J. pharm. chim. (3) **4**. 200. — Sonnenschein, Z. anal. Chem. **9**. 494. — Selmi, Berl. Ber. 1878. 1692. — Brieger, J. Pharm. **20**. 87. — Reese, J. Chem. Min. 1861. 871. — Wenzell, Z. anal. Chem. 1871. 226. — Flückiger, Arch. Pharm. **206**. 404. — Masing, Beitr. ger. Chem. Dorpat. 1868. — Heintz, Arch. Pharm. (2) **146**. 126. — Cloetta. Z. Chem. 1866. 318. — Rieckher, Viertelj. Pharm. **17**. 189. Sextrait, Compts. rend. **92**. 1057. — Richet u. Bouchardat, ebendas. **91**. 990. — Wyndham, R. Dunstan, F. W. Short, Pharm. J. Trans. (3) **660**. 665. — Tanner, ebendas. (3) **660**. 676.

Medicinische: Stannius, Arch. Physiol. 222. 1837. — Brown-Séquard, Experimental researches etc. New-York 1853. — W. Arnold, Hygea. **19**. 390. — Kölliker, Arch. path. Anat. **10**. 1. 1856. — Krockow, Quae observavi in animalibus strychnino interemtis quatenus pertinent ad nervosum cordis apparatum. Regiomonti. 1856. — G. Harley, Lancet. July 12. 1856. — Pelikan, Beitr. zur gerichtl. Med. Würzburg 1858. 92. — R. Richter, Zeitschr. rat. Med. **17**. 76. 1863. — Spence, Edinb. med. Journ. 44. July 1866. — J. Rosenthal, Comptes rend. **64**. 142. — W. Leube, Arch. Anat. Physiol. 1867. 5. 629. — Gay, Centlbl. f. med. Wiss. 4. 1867. — Uspensky, Arch. Anat. Phys. 1868. 4. 522. — S. Mayer, Wien. Sitzgsber. **64**. 9. Nov. 1871. Med. Jahrbuch 1872. — F. A. Falck, Die Wirkungen des Strychnins. Leipzig 1874; Vtljschr. ger. Med. Apr. Juli. 1874. — Freusberg, Arch. exp. Pathol. **3**. 204. 348. 1875. — Richet, Cpt. rend. **91**. 131. 443. — Vulpian, ebendas. **94**. 155. — Kratter, Wien. med. Wchschr. No. 8—10. 1882. — Th. Husemann, Journ. Pharmacodyn. **1**. 469. 1857; Arch. exp. Path. **6**. 335. 1877; Deutsche med. W. 36—39. 1878. — Weyrich, Petersb. medicin. Zeitschr. **16**. 735. 1869. — Taylor, On poisoning by Strychnia, with comments on the trial of William Palmer. London, 1856. — Gallard, Ann. d'hyg. publ. 368. 1865. 129. 1866. — Kroeger, Ueber Str. und Chloral. Gött. 1877. — Hessling, Ueber einige Antidote des Str. Gött. 1876. — Tamburrini, Giorn. internaz. 757. 1879. — A. L. Richter, Rust's Mag. 32. 452; Preuss. Ver. Ztg. 6. 1834. Die endermatische Methode. 1835. 69. — Blumhard, Würtb. Corr.-Bl. 7. 1. 1. 1837. — Lüdicke, Preuss. Ver.-Ztg. 11. 48. 1842. — Wegeler, Casp. Wchschr. 24. 389. 1840. — Theinhard, ebendas. 143. 1846. — Cormack, Monthly Journ. 141. 1846. W. Travers, Lancet. 2. 14 Oct. 1861. — G. Harley, ebendas. — Ogston, Brid. med. Rev. Oct. 1861. — Danvin, Ann. d'hyg. 128. 1861. — Duriau, ebend. 428. 1861. — Barker, Amer. Journ. med. Sc. Oct. 1864. — Casper, Vierteljahrschr. ger. Med. 1. 1. 1864. — Burow jun., Deutsche Klin. 31. 1864. — Fructeau, Ann. d'hyg. 387. 1865. — Palm, Würtb. Corr.-Bl. 5. 1867. — Holmes Coote, Brit. med. Journ. 30. 1867. — W. Hunter, Med. Times a. G. July 5. 1867. Folker, Lancet. July 13. 1867. — Hamilton, New-York med. Rec. March 1. 1867. — Williams, Pharm. Journ. Trans. July 1867. 98. — Phelps, Med. Times and. Gaz. 1868. May 23. — Bailhache, Philad. med. Rep. May 25. 1878. — Maschka, Prag. Vierteljahrschr. Bd. 86. 1865; Bd. 96. 1868 p. 19. — M. Hall, Dubl. Hosp. Gaz. 2. 1856. — Joh. Meyer, Einige Vers. über Strychninvergiftung als gerichtl. toxikol. Beitrag zu den Strychninvergiftungen. Bern, 1864. — W. F. W. Artus, Diss. toxicologico-chem. de Strychnino. Jena, 1835. — Andral, Journ. de Physiol. Juill. 1823. — Diesing, De nucis vomicae principio efficaci. Berol. 1826. — Lembert, Essai sur la méthode endermique. Paris. 1828. — Bardsley, Hosp. facts. of the efficacia of Strychnine etc. 1829. — Richter, De methodo anderm. Berol. 1829. — Groebenschütz, De strychnii in neurosibus usu atque abusu. Ber. 1831. — Oppler, De strychn. nitr. interne adhibiti usu etc. Berl. 1833. — Reyffert, De nuce vom. Lugd. 1836. — Tyrrell, Brit. med. Journ. August. 7. 1869. — Nagel, Med. Centrbl. 55. 1870; Die Behandlung der Amblyopien und Amaurosen mit Strychnin. Tübingen 1871; Monatsbl. Augenheilk. 9. 391. 1872. — Chisolm, Lancet. Jan. 6. Amer. Journ. med. Sc. Jan. Oct. 1872. — Cohn, Wien. med. Wchschr. 13. 1872; 42—47. 1873. — Woinow, Arch. Augenheilk. 18. 33. — Kaltenhoff, La strychnine dans la therapeutique oculaire. Génève, Lyon. 1876. — Hippel, Ueber die Wirkung des Strychnins auf das normale und kranke Auge. Berl. 1873. — Riecke, Die neueren Arzneimittel, p. 565. — Brünniche, Hosp. Tid. 369. 874. Rossander, Nord. Ark. 3. 22. — Kelp, Arch. klin. Med. 14. 432. — Harley, Philad. Rep. 95. 1874. — Henoch, Berl. kl. Wchschr. 17. 1875. — Acker, Arch. klin. Med. 13. 416. 1874. — Luton, Bull. gén. de Thér. Juin. 15. 1882. — Groskost, De l'action physiolog. de la str. et de quelquesuns de ses composés comp. à celle du curare. Paris 1880.

Das Strychnin wurde 1818 von Pelletier und Caventou in den St. Ignatiusbohnen entdeckt, den Samen von *Ignatia amara L. fil. s. Strychnos Ignatia Berg,* eines auf den Philippinischen Inseln wachsenden strauchartigen Baums. Die nämlichen Chemiker fanden es dann später auch in den Krähenaugen oder Brechnüssen, den reifen Samen der auf der ganzen Küste von Koromandel, auf Ceylon und in anderen Theilen Ostindiens vorkommenden *Strychnos Nux* Strychnin.

vomica L., ferner in der von dem gleichen Baume abstammenden sogen. falschen Angusturarinde, sodann im Schlangenholz, der holzigen Wurzel der auf den Molukkischen Inseln wachsenden *Strychnos colubrina L.*, endlich in der Wurzelrinde der auf den Molukken und den Sundainseln sich findenden *Strychnos Tieuté Lesch.* und dem daraus von den Eingeborenen bereiteten gefährlichsten aller Pfeilgifte, dem Upas Radja s. Tieuté. Vermuthlich kommt die Base noch in verschiedenen anderen Strychnos-Arten vor. Sie findet sich überall begleitet von einer zweiten Base, dem Brucin.

Die Angaben über den Gehalt der genannten Drogen an Strychnin und Brucin variiren sehr. In den St. Ignatiusbohnen scheint das Strychnin stark zu überwiegen. Pelletier und Caventou, sowie Geiseler fanden darin $1\frac{1}{2}$ % Strychnin, Pettenkofer 1,4 %; nur F. Mayer (N. Jahrb. Pharm. 23. 38) will darin 2–3mal mehr Brucin als Strychnin aufgefunden haben. Umgekehrt waltet, wie es scheint, in den Brechnüssen, jedenfalls aber in der falschen Angusturarinde das Brucin vor. Wittstock erhielt aus 16 Unzen Brechnüssen 40 Gran (also nicht ganz $\frac{1}{2}$ %) salpetersaures Strychnin und 50 Gran salpetersaures Brucin. Pelletier und Caventou fanden in den Brechnüssen 0,28—0,4 % Strychnin, Wittstein 0,47 %, Pettenkofer 0,53 %. Nach Fr. Mayer übersteigt darin der Brucingehalt den Gehalt an Strychnin um mehr als das Dreifache, während Merck im Durchschnitt auf 0,628 % Strychnin nur 0,125 % Brucin gefunden hat. Dragendorff erhielt aus den Brechnüssen im Ganzen 2,3 % von beiden Alkaloiden, Dunstan und Short 2,56—3,57 % Alkaloide. — Auch das Schlangenholz enthält nach Berdenis van Berlekom nur wenig Strychnin neben ziemlich viel Brucin. Im Upas findet sich kein Brucin.

Nach Pelletier und Caventou soll das Strychnin in den Ignatiusbohnen und Brechnüssen an eine besondere Säure, die Igasursäure oder Strychnossäure, gebunden sein, die indess von Berzelius für Milchsäure, von anderen für Aepfelsäure gehalten wird, und deren Existenz jedenfalls noch weitere Beweise bedarf.

Darstellung. Die Darstellung des Strychnins aus Brechnüssen, der fast ausschliesslich dazu verwendeten Drogue, ist insofern mit einigen Schwierigkeiten verbunden, als einmal die Zerkleinerung derselben durch ihre grosse Zähigkeit sehr erschwert ist und andererseits die völlige Trennung des Strychnins vom Brucin nur mühsam gelingt. Gewöhnlich werden die Brechnüsse geraspelt oder gepulvert. Um letztere Operation zu erleichtern, kann man sie im Backofen etwas rösten oder sie während einer halben Stunde in geschlossenen Gefässen der Einwirkung von Wasserdämpfen aussetzen und dann wieder trocknen. Wittstock hat vorgeschlagen, sie einige Zeit mit Branntwein auszukochen (der Auszug wird natürlich mit auf Strychnin verarbeitet) und dann zu trocknen, wodurch indess die Arbeit des Pulverisirens nur wenig erleichtert wird. Zweckmässiger ist das Verfahren von Merck, welcher die Brechnüsse mit Wasser, dem $\frac{1}{8}$ vom Gewicht der Samen an Schwefelsäure zugesetzt ist, einem eisernen Kessel 24—36 Stunden mit der Vorsicht kocht, dass sie stets von der Flüssigkeit bedeckt bleiben; es wird alsdann der Schleim allmälig in Zucker verwandelt und die Faser so vollständig erweicht, dass die Samen nun leicht zwischen steinernen Walzen zu einem gleichmässigen Brei zerrieben werden können. — die Trennung des Strychnins vom Brucin benutzt man den Umstand, dass das freie Brucin weit löslicher in Wasser und verdünntem Weingeist ist als Strychnin, und dass auch das salpetersaure Brucin eine grössere Löslichkeit in Wasser zeigt als Strychninnitrat.

Pelletier und Caventou kochten die geraspelten Brechnüsse mit Weingeist aus, lösten den extractartigen Destillationsrückstand der weingeistigen Tinctur in Wasser, trennten das ausgeschiedene Fett, kochten das Filtrat einige Minuten mit $^1/_{33}$ vom Gewicht der angewandten Brechnüsse an Magnesia, erschöpften den vorzugsweise das Styrchnin enthaltenden (das Brucin scheidet sich aus der Flüssigkeit erst im Laufe von einigen Tagen ab) grüngelben Niederschlag mit kochendem Weingeist von 38° B., concentrirten die weingeistige Lösung bis zur Krystallisation und wuschen die anschiessenden Strychninkrystalle mit kaltem Weingeist von 22° B.

Wittstein digerirt geraspelte Brechnüsse dreimal hintereinander in gelinder Wärme mit 40proc. Weingeist, concentrirt die vereinigten Auszüge durch Destillation und Eindampfen bis zum Gewicht der angewandten Brechnüsse, fällt die rückständige Flüssigkeit mit Bleizucker aus und lässt das Filtrat nach nochmaligem Eindunsten auf die Hälfte etwa 8 Tage mit $^1/_{50}$ vom Gewicht der Brechnüsse an Magnesia unter häufigem Schütteln in Berührung. Darauf wird der Niederschlag gewaschen, getrocknet und dreimal mit 8proc. Weingeist ausgekocht. Die weingeistigen Tincturen hinterlassen beim Abdestilliren ein unreines Gemenge der beiden Alkaloide, welches mit kaltem 40proc. Weingeist übergossen wird. Dieser löst Brucin und Farbstoff, worauf das zurückbleibende Strychnin aus kochend. 85proc. Weingeist umkrystallisirt wird. — Neuerdings giebt Wittstein (Viertelj. pract. Pharm. 15. 19) an, dass bei der Extraction der Brechnüsse statt Weingeist auch kochendes Wasser benutzt werden könne, da die so erhaltene schleimige, nicht colirbare Flüssigkeit sich nach mehrwöchentlichem Stehen bei 30° und dann ohne Verlust an Strychnin weiter verarbeiten liesse.

Wittstock behandelt die nach seinem oben angegebenen Verfahren gepulverten Brechnüsse im Allgemeinen ähnlich, destillirt aber den weingeistigen Auszug des Magnesianiederschlages nur so weit ab, dass das Brucin grösstentheils gelöst bleibt und in der Hauptsache nur Strychnin als weisses Krystallpulver abgeschieden wird. Dieses löst er zur völligen Reinigung in verdünnter Salpetersäure bis zur Sättigung und verdampft die Lösung in gelinder Wärme zur Krystallisation, worauf zuerst Strychninnitrat in kleinen federartigen Krystallen anschiesst und erst später salpetersaures Brucin in grossen harten vierseitigen Prismen herauskrystallisirt.

Nach Corriol gewinnt man beide Basen am vortheilhaftesten auf folgende Weise: Die Brechnüsse werden so lange mit Wasser gekocht, bis sie hinlänglich aufgeweicht sind, um gemahlen werden zu können. Dann kocht man sie einige Stunden zuerst mit dem nämlichen Wasser und darauf noch zweimal mit neuem Wasser aus, verdunstet die vereinigten Auszüge zur Syrupsdicke und versetzt den Rückstand mit Weingeist, bis dadurch kein Niederschlag mehr erzeugt wird. Das Filtrat vom ausgeschiedenen Schleim wird durch Destillation und Eindampfen zum Extract concentrirt. Dieses wärmt man in kaltem Wasser auf, wobei etwas Fett zurückbleibt, und erhitzt nun die Lösung mit überschüssiger Kalkmilch. Der entstehende, beide Basen enthaltende Niederschlag wird abgepresst, getrocknet und 2—3mal mit starkem Weingeist ausgekocht. Die vereinigten Auszüge hinterlassen nach dem Abdestilliren ein

Gemenge der beiden Basen mit Farbstoff, aus dem man mit schwachem kaltem Weingeist von 50° Trall. Brucin und Farbstoff in Lösung bringt. Das zurückbleibende Strychnin wird durch Umkrystallisiren aus starkem Weingeist gereinigt.

Auch N.·E. Henry Robiquet und Ferrari wenden Wasser zum Ausziehen der Brechnüsse an, das Letzterer schwach mit Schwefelsäure oder Salzsäure ansäuert. Merck kocht, wie schon oben mitgetheilt wurde, die Brechnüsse, um deren Zerkleinerung zu erleichtern, anhaltend mit schwefelsäurehaltigem Wasser, presst sie nach dem Zermalen scharf aus, kocht sie nochmals mit Wasser, presst wiederum und versetzt nun die vereinigten abgepressten Flüssigkeiten mit überschüssigem Kalk. Der Niederschlag wird im Wesentlichen nach der Methode von Corriol weiter behandelt.

Die Ignatiusbohnen würden, wenn sie leichter zu erhalten wären, wegen ihres bedeutenden Strychningehalts das vortheilhafteste Material zur Darstellung dieser Base sein. Sie können zu diesem Zweck nach irgend einer der eben geschilderten Methoden verarbeitet werden. Pelletier und Caventou fanden es zweckmässig, die geraspelten Bohnen zuerst durch Behandeln mit warmem Aether zu entfetten, sie dann wiederholt mit Weingeist auszukochen, den Verdunstungsrückstand der weingeistigen Auszüge mit Wasser und Magnesia zu kochen und den so erhaltenen Niederschlag nach dem Waschen und Trocknen mit heissem Weingeist auszuziehen, der beim Verdampfen dann das Strychnin absetzt.

Um das Strychin völlig brucinfrei zu erhalten, fällt Horsley die stark essigsäure Lösung des käuflichen Strychnins mit chromsaurem Kali, wodurch nur chromsaures Strychnin niedergeschlagen wird, das er dann nach dem Auswaschen durch Ammoniak zersetzt.

Eigenschaften. Beim freiwilligen Verdunsten einer weingeistigen Lösung krystallisirt das Strychnin in wasserfreien kleinen weissen vierseitigen, durch eine vierseitige Pyramide zugespitzten orthorhombischen Prismen, während es bei raschem Verdampfen oder schnellem Erkaltem als weisses körniges Pulver erhalten wird. Aus verdünnter wässriger Lösung scheidet Ammon zarte, vierseitige Prismen aus, ein Hydrat (Jahns). Es lässt sich nicht ohne Zersetzung schmelzen und nur in sehr kleinen Mengen nach den Methoden von Helwig und Guy sublimiren. Es reagirt alkalisch. Sein Geschmack ist ein ausserordentlich bitterer, hinterher etwas metallischer. Es löst sich nach Pelletier und Caventou in 6667 Th. kaltem und 2500 Th. kochendem Wasser. Die kalt gesättigte Lösung schmeckt mit ihrem hundertfachen Gewicht Wasser verdünnt noch merklich bitter. Ammoniak und Kali vermehren die Löslichkeit in Wasser nicht. In absolutem Weingeist ist das Strychnin nach Merck vollkommen unlöslich. Von Weingeist von 0,863 spec. Gew. erfordert es nach Wittstein in der Kälte 120 Th., bei Siedhitze nur 10 Th. zur Lösung, von kaltem schwachem Weingeist von 0,936 spec. Gew. nach Merck 240 Th.; nach Dragendorff lösen 107 Th. Weingeist von 0,815 spec. Gew. bei gewöhnlicher Temperatur 1 Th. Strychnin.

Absoluter Aether löst es nicht, käuflicher löst nach Dragendorff 0,08 %. Chloroform löst nach Schlimpert 14,3 %, nach Pettenkofer 20 %; Amylalkohol nimmt nach Dragendorff 0,55 %, Benzol 0,607 % auf. Auch Kreosot, flüchtige und fette Oele lösen das Strychnin. Aus den meisten der genannten Lösungsmittel scheidet es sich bei langsamem Verdunsten krystallisirt ab. Die weingeistige Lösung dreht die Ebene des polarisirten Lichts nach links, und zwar ist $[\alpha]r = -132,08$ bis 136,78°, während saure Lösungen viel geringeres Drehungsvermögen zeigen (Bouchardat).

Aeltere Formeln des Strychnins sind $C_{30}H_{16}NO_6$ und $C_{44}H_{23}N_2O_5$ (Liebig), $C_{43}H_{28}N_2O_4$ (Regnault), $C_{44}H_{24}N_2O_4$ (Gerhardt und Will). Die jetzt angenommene, von Regnault später vorgeschlagene Formel $C_{21}H_{22}N_2O_2$ wurde durch Analysen der freien Base und vieler ihrer Salze von Nicholson und Abel als richtig erwiesen. — Schützenberger hält die als Strychnin bezeichnete Base für ein Gemenge von drei Basen mit den Formeln $C_{20}H_{22}N_2O_2$, $C_{21}H_{22}N_2O_2$ und $C_{22}H_{22}N_2O_2$; denn aus einer verdünnten Auflösung von salzsaurem Strychnin fälle Ammoniak zuerst und in einer halben Minute lange feine Nadeln einer Base mit 21 At. Kohlenstoff, worauf die Mutterlauge nach ¼ Stunde Octaëder einer Base mit 20 At. Kohlenstoff absetze. Diese Angabe bedarf sehr der Bestätigung.

Das Strychnin ist eine starke Base. Es neutralisirt nicht nur die stärksten Säuren vollständig, sondern fällt auch viele Metalloxyde aus ihren Salzlösungen, nicht selten unter gleichzeitiger Bildung von Doppelsalzen. Die Strychninsalze sind meistens krystallisirbar und schmecken unerträglich bitter. Salze.

Das salpetersaure Strychnin, $C_{21}H_{22}N_2O_2$, NHO_3, ist das medicinisch am meisten verwendete Salz. Es krystallisirt aus einer warm bereiteten Lösung der Base in verdünnter Salpetersäure beim Erkalten und Verdunsten in seideglänzenden, büschelförmig vereinigten, neutral reagirenden Nadeln, die sich nach Cap und Garot in 50 Th. kaltem, nach Wittstein in 2 Th. kochendem Wasser, in 60 Th. kaltem und 2 Th. kochendem 80proc. Weingeist lösen. Das Polarisationsvermögen der wässrigen Lösung ist $[\alpha]r = -29,25°$ (Bouchardat). Schon bald über 100° färbt sich das Salz gelb, bläht sich auf, verpufft schwach und verkohlt dann. — Digerirt man mässig verdünnte Phosphorsäure mit Strychnin, so schiessen beim Erkalten strahlig vereinigte, sauer reagirende Nadeln von saurem phosphorsaurem Strychnin, $C_{21}H_{22}N_2O_2$, $PH_3O_4 + H_2O$, an, die ihr Krystallwasser über 100° verlieren und sich in 5 bis 6 Th. kaltem, viel reichlicher in heissem Wasser lösen (Anderson). Wird dieses Salz längere Zeit in wässriger Lösung mit feingepulvertem Strychnin erwärmt, so entstehen grosse, rectanguläre, sehr dünne, neutral reagirende, in Wasser viel schwerer lösliche Tafeln des Salzes $2C_{21}H_{22}N_2O_2$, $PH_3O_4 + 9H_2O$ (Anderson).

Das leicht durch Lösen von Strychnin in verdünnter Schwefelsäure zu erhaltende neutrale schwefelsäure Strychnin, $2C_{21}H_{22}N_2O_2$, $SH_2O_4 + 7H_2O$, krystallisirt in vierseitigen orthorhombischen, neutral reagirenden Prismen, die sich in etwa 50 Th. kaltem Wasser lösen (Regnault). Aus der Auflösung dieses Salzes verdünnter Schwefelsäure schiessen lange dünne sehr saure Nadeln von saurem schwefelsaurem Strychnin, $C_{21}H_{22}N_2O_2$, SH_2O_4, an (Nicholson und Abel). — Eine Auflösung des durch Jod-Jodkalium in Strychninsalzlösungen erzeugten braunen Niederschlags in schwefelsäurehaltigem Weingeist liefert sternförmig gruppirte, im reflectirten Lichte grün, im durchfallenden blutroth erscheinende Prismen von schwefelsaurem Jodstrychnin (De Vrij. Herapath, Hilger). — Beim Stehen einer Mischung von weingeistigem Strychnin und Schwefelammonium an der Luft scheiden sich grosse rhombische, neutral reagirende, in 114 Th. kaltem Wasser sich lösende Tafeln ab von unterschwefligsaurem Strychnin, $2C_{21}H_{22}N_2O_2$, $S_2H_2O_3 + H_2O$ (How). Lässt man dagegen eine kalt gesättigte Lösung von Strychnin in starkem Weingeist mit weingeistigem, überschüssigem Schwefel enthaltenden Schwefelammonium in einem verschlossenen Gefässe stehen, so zeigen sich dessen Wände nach 12 Stunden mit schönen, oft centimeterlangen orangerothen Nadeln der Verbindung $2C_{21}H_{22}N_2O_2$, H_4S_3 bedeckt. Dieselben sind in Wasser, Weingeist, Aether und Schwefelkohlenstoff unlöslich und lassen sich monatelang unzersetzt aufbewahren. Durch conc. Schwefelsäure und nachherigen Zusatz von Wasser werden sie unter Bildung von schwefelsaurem Strychnin und Abscheidung von farblosem öligem Wasserstoffsesquisulfid (H_4S_3) zerlegt (Hofmann).

Eine Auflösung von Strychnin in warmer verdünnter Salzsäure gesteht beim Erkalten zu einer aus seideglänzenden Nadeln bestehenden Krystallmasse von chlorwasserstoffsaurem Strychnin, $C_{21}H_{22}N_2O_2$, $HCl + 1\frac{1}{2}H_2O$. Das Salz reagirt neutral, verliert das Krystallwasser schon im Vacuum über Schwefelsäure, löst sich in etwa 50 Th. kaltem Wasser und besitzt das Rotationsvermögen $[\alpha]r = -28{,}18^{\circ}$ (Regnault, Nicholson und Abel). In gleicher Weise können bromwasserstoffsaures Strychnin, $C_{21}H_{22}N_2O_2$, HBr, und jodwasserstoffsaures Strychnin, $C_{21}H_{22}N_2O_2$, HJ, erhalten werden (Nicholson und Abel). Letzteres wird auch aus Strychninsalzen durch Jodkalium als dicter krystallinischer Niederschlag gefällt, der aus Weingeist in vierseitigen Nadeln krystallisirt (Merck). Durch Auflösen der Base in warmer wässriger Flusssäure erhielt Elderhorst auch farblose orthorhombische, in kaltem Wasser und Weingeist schwer, in heissem Wasser leicht lösliche, sauer reagirende Prismen von fluorwasserstoffsaurem Strychnin, $C_{21}H_{22}N_2O_2$, $4HFl + 2H_2O$. — Durch Auflösen von Strychnin in wässriger Chlorsäure erhielt Serullas kurze dünne Prismen von chlorsaurem Strychnin und in gleicher Weise lange farblose Nadelbüschel von jodsaurem Strychnin. Ueberchlorsaues Strychnin, $C_{21}H_{22}N_2O_2$, $ClHO_4 + H_2O$, durch Wechselzersetzung von Strychninsulfat mit überchlorsaurem Baryt zu erhalten, bildet kleine farblose oder blassgelbe rhombische Prismen, überjodsaures Strychnin farblose sechsseitige, in heissem Wasser und Weingeist gut lösliche Prismen (Bödecker). — Vermischt man wässriges salpetersaures Strychnin mit Jod-Jodkalium, so scheiden sich rothbraune krystallinische Flocken, oder bei grössserer Verdünnung goldgelbe Prismen der Verbindung $C_{21}H_{22}N_2O_2$, HJ_3, ab, die aus kochendem Weingeist in langen dunkelbraunen Nadeln mit bläulichem Metallglanz krystallisiren (Tilden, Jörgensen).

Der durch neutrales chromsaures Kali in den Lösungen neutraler Strychninsalze hervorgebrachte gelbbraune Niederschlag von neutralem chromsaurem Strychnin, $C_{21}H_{22}N_2O_2$, $CrHO_2$, krystallisirt aus heissem Wasser in schönen, orangegelben, in Wasser und Weingeist schwer löslichen Nadeln (Nicholson u. Abel). Durch freie Chromsäure oder eine Mischung von Kaliumchromat und Schwefelsäure wird aus wässrigem essigsaurem Strychnin saures chromsaures Strychnin je nach der Concentration der Flüssigkeiten entweder als goldfarbener krystallinischer Niederschlag oder in langen orangerothen Nadeln gefällt (Horsley, André). — Arsenigsaures Strychnin, $C_{21}H_{22}N_2O_2$, $AsHO_2$, ist von Ceresoli durch Vermischen einer Auflösung von 3,3 Th. arseniger Säure in 3,12 Th. Kalihydrat und 40 Th. Wasser mit einer Lösung von 12 Th. Strychnin in 2,65 Th. Schwefelsäurehydrat und 20 Th. Wasser, Aufkochen der Mischung, Auskrystallisiren des schwefelsauren Kalis, Verdunsten der Flüssigkeit zur Trockne und Ausziehen des Rückstandes mit Weingeist in mattweissen, an der Luft verwitternden, in 35 Th. kaltem und 10 Th. kochendem Wasser löslichen Würfeln erhalten. Arsensaures Strychnin, $C_{21}H_{22}N_2O_2$, $AsH_3O_4 + \frac{1}{2}H_2O$, krystallisirt aus einer Auflösung der Base in der wässrigen Säure in monoklinischen, in 15 Th. kaltem, leicht in heissem Wasser, aber schwer in Weingeist und Aether löslichen Prismen (Chiappero).

Schwefelcyanwasserstoffsaures Strychnin, $C_{21}H_{22}N_2O_2$, CHNS, wird aus wässrigen Strychninsalzen durch Schwefelcyankalium als dichter weisser Niederschlag gefällt, der beim Erwärmen sich löst und beim Erkalten in Form langer seideglänzender Nadeln wieder erscheint (Artus, v. Planta). Auch aus einer Mischung von weingeistigem Strychnin und nicht zu verdünnter wässriger Schwefelcyanwasserstoffsäure werden wasserhelle Nadeln dieser Verbindung erhalten (Dollfuss). — Essigsaures Strychnin soll nach Pelletier und Caventou als neutrales Salz schwierig, als saures leicht krystallisiren. — Neutrales oxalsaures Strychnin, $2\,C_{21}H_{22}N_2O_2$, $C_2H_2O_4 + 4\frac{1}{2}H_2O$, wird durch Neutralisiren von wässriger Oxalsäure mit Strychnin in langen platten, neutral reagirenden Nadeln erhalten und verwandelt sich mit überschüssiger Säure in das saure Salz $C_{21}H_{22}N_2O_2$, $C_2H_2O_4$ (Nicholson und Abel). — Durch Neutralisation von wässriger Rechtsweinsäure mit Strychnin werden zolllange glänzende, an der Luft verwitternde, in Wasser und Weingeist leicht lösliche Nadeln von neutralem rechtsweinsaurem Strychnin, $2\,C_{21}H_{22}N_2O_2$, $C_4H_6O_6 + 4\,H_2O$, erhalten (Arppe). Nach Pasteur enthält dieses Salz $7\frac{1}{2}H_2O$ und das der Linksweinsäure $4\,H_2O$. Bei Anwendung von überschüssiger Weinsäure entsteht saures weinsaures Strychnin, $C_{21}H_{22}N_2O_2$, $C_4H_6O_6 + 3\,H_2O$, in feinen glänzenden luftbeständigen, sauer reagirenden, in Wasser gut löslichen Nadeln (Arppe). — Mellithsaures Strychnin ist von Karmrodt in seideglänzenden büschlig vereinigten, in Weingeist gar nicht und in Wasser sehr schwer löslichen Nadeln, hippursaures Strychnin von Elderhorst als amorphe, erst nach Monaten zu kleinen Krystallwarzen sich umsetzende Masse, krokonsaures Strychnin von Heller in kleinen gelben Nadeln, pikrinsaures Strychnin von Kemp in schönen gelben Krystallen erhalten worden.

Weinsaures Strychnin-Antimonoxyd, $C_{21}H_{22}N_2O_2$, $C_4H_5(SbO)O_6$, bildet nach Stenhouse schwer lösliche Blätter oder Nadeln. — Chlorwasserstoffsaures Strychnin-Zinkchlorid, $C_{21}H_{22}N_2O_2$, HCl, ZnCl, krystallisirt aus einer längere Zeit mit Strychnin gekochten und dann heiss filtrirten weingeistigen Lösung von Chlorzink beim Erkalten in wasserfreien perlglänzenden dünnen quadratischen Tafeln, worauf die Mutterlauge bei weiterem freiwilligen Verdunsten wasserhelle perlglänzende Prismen derselben Verbindung mit 1 At. Krystallwasser (H_2O) abscheidet (Gräfinghoff). — Chlorwasserstoffsaures Strychnin-Kadmiumchlorid, $C_{21}H_{22}N_2O_2$,

HCl, $CdCl$, ist von Galletly in weissen schimmernden Schuppen, Nadeln und Prismen erhalten werden. — Der durch Quecksilberchlorid in wässrigem salzsaurem Strychnin (oder mit Kochsalz versetzten salpetersaurem oder schwefelsaurem Strychnin) hervorgebrachte, anfangs gallertartige, aber auf Zusatz von Salzsäure oder Salmiak sich in Krystallnadeln verwandelnde, in Wasser sehr schwierig lösliche Niederschlag von chlorwasserstoffsaurem Strychnin-Quecksilberchlorid, $C_{21}H_{22}N_2O_2$, HCl, $2HgCl$, kann auch aus Weingeist, in dem er sich leicht löst, krystallisirt erhalten werden (v. Planta, Nicholson und Abel). Versetzt man eine Auflösung von reinem Strychnin in wässrigem Weingeist mit Quecksilberchlorid, so fällt weisses krystallinisches, in Wasser, Weingeist und Aether unlösliches Strychnin-Quecksiberchlorid, $C_{21}H_{22}N_2O_2$, $2HgCl$, aus, dessen Auflösung in verdünnter Schwefelsäure beim Verdunsten eine nur unvollkommen krystallinische Masse von schwefelsaurem Strychnin-Quecksilberchlorid, $2C_{21}H_{22}N_2O$, SH_2O_4, $2HgCl$, liefert (Nicholson und Abel). — Durch Kaliumquecksilberjodid wird aus Strychninsalzlösungen ein weisser dichter amorpher Niederschlag gefällt, vermischt man aber die Lösungen von 1 At. salzsaurem Strychnin 1 At. Quecksilberchlorid und 3 At. Jodkalinm (Groves), oder schüttelt man Tilden's jodwasserstoffsaures Jodstrychnin (s. oben) in weingeistiger Lösung mit Quecksilber (Jörgensen), so erhält man krystallinisches jodwasserstoffsaures Strychnin-Quecksilberjodid, $C_{21}H_{22}N_2O_2$, HJ, $2HgJ$, das in Wasser unlöslich ist und aus kochendem Weingeist, in dem es sich nur sehr schwierig löst, in hellgelben glänzenden Tafeln krystallisirt. — Ueberschüssiges Cyanquecksilber fällt aus einer Lösung von Strychnin in Weingeist kleine, etwas in Wasser und Weingeist, aber nicht in Aethar lösliche Prismen von Strychnin-Quecksilbercyanid, $C_{21}H_{22}N_2O_2$, $2HgCy$, während aus verdünnten heissen wässrigen Lösungen von salzsaurem Strychnin durch Cyanquecksilber farblose, in heissem Wasser und Weingeist lösliche Nadeln von chlorwasserstoffsaurem Strychnin-Quecksilbercyanid, $C_{21}H_{22}N_2O_2$, HCl, $HgCy$, (Brandis hat auf gleiche Weise auch perlglänzende rectanguläre Tafeln und Prismen von der Formel $C_{21}H_{22}N_2O_2$, HCl, $4HgCy$ erhalten) zur Ausscheidung gebracht werden (Nicholson und Abel). — Der durch Platinchlorid in wässrigem salzsaurem Strychnin erfolgte gelbweisse Niederschlag von chlorwasserstoffsaurem Strychnin-Platinchlorid, $C_{21}H_{22}N_2O_2$, HCl, $PtCl_2$, krystallisirt aus kochendem wässrigem Weingeist, in dem er etwas löslich ist, in musivgoldartigen Schuppen (Nicholson und Abel). In gleicher Weise wird chlorwasserstoffsaures Strychnin-Palladiumchlorür, $C_2H_{22}N_2O_2$, HCl, $PdCl$, in dunkelbraunen Nadeln und chlorwasserstoffsaures Strychnin-Goldchlorid, $C_{21}H_{22}N_2O_2$, HCl, $AuCl_3$, in hellorangefarbenen Krystallen erhalten (Nicholson und Abel). Der aus wässrigem salpetersaurem Strychnin durch Kaliumplatincyanür gefällte weisse Niederschlag von cyanwasserstoffsaurem Strychnin-Platincyanür, $C_{21}H_{22}N_2O_2$, HCy, $PtCy + H_2O$, verwandelt sich rasch in Blättchen und krystallisirt aus Weingeist in Nadelbüscheln und vierseitigen Prismen (Schwarzenbach). — Auch mit salpetersaurem Silberoxyd, salpetersaurem Quecksilberoxydul und schwefelsaurem Kupferoxyd sind krystallisirte Verbindungen des Strychnins dargestellt worden. Antimonweinsaures Strychnin erhält man durch Kochen von Brechweinsteinlösung mit Strychnin (Stenhouse, Ann. Chem. Pharm. 129. 25.)

Vermischt man kalt gesättigte Lösungen von gelbem Blutlaugensalz und irgend einem neutralen Strychninsalz, so scheiden sich farblose Nadeln, bei grösserer Verdünnung zolllange blassgelbe vierseitige Prismen von ferrocyanwasserstoffsaurem Strychnin $2\,C_{21}H_{22}N_2O_2$, $H_2FeCy_3 + 4\,H_2O$, aus, die an der Luft feucht werden, sich wenig in kaltem Wasser und Weingeist lösen und in kochender wässriger Lösung unter Bildung von ferridcyanwasserstoffsaurem Strychnin, $3\,C_{21}H_{22}N_2O_2$, $H_3Fe_2Cy_6 + 6\,H_2O$, und Abscheidung von Strychnin zersetzt werden. Letztere Verbindung, die auch durch Vermischen von heiss gesättigter Strychninsalzlösung mit rothem Blutlaugensalz erzeugt wird, bildet kleine glänzende goldgelbe, sehr hygroskopische Prismen. Werden dieselben mit weingeistiger Ferrocyanwasserstoffsäure zusammengebracht oder wird diese im Ueberschuss zu weingeistigem Strychnin gesetzt, so entstehen luftbeständige, aber in Berührung mit Wasser sich unter Entwicklung von Blausäure und Regeneration von ferridcyanwasserstoffsaurem Strychnin sich zersetzende Krystalle der Verbindung $C_{21}H_{22}N_2O_2$, HFe_2Cy_3 (Brandis).

Bei 312—315° beginnt das Strychnin zu verkohlen. Auf Platinblech erhitzt schmilzt es, entzündet sich dann und verbrennt unter Hinterlassung voluminöser Kohle. Durch den electrischen Strom werden Strychninsalze mit Heftigkeit zersetzt. — Leitet man in eine heisse Lösung von salzsaurem Strychnin Chlorgas, so entsteht salzsaures Chlorstrychnin. Das Chlorstrychnin kann, nachdem man zuvor durch wenig Ammoniak unzersetzt gebliebenes Strychnin ausgefällt und zugleich mit einer secundär gebildeten harzartigen Substanz abfiltrirt hat, durch überschüssiges Ammoniak als weisser Niederschlag gefällt werden. Es giebt mit Schwefelsäure krystallisirbares schwefelsaures Chlorstrychnin, $2\,C_{21}H_{21}ClN_2O_2$, $SH_2O_4 + 7\,H_2O$ (Laurent, Ann. Chim. Phys. (3) 24. 313). Lässt man Chlor auf verdünnte kalte Strychninsalzlösungen einwirken, so scheidet sich ein weisser, aus Aether in weissen glänzenden Schuppen krystallisirender Körper ab, der wahrscheinlich Trichlorstrychnin ist (Pelletier). — Versetzt man eine conc. Lösung von salzsaurem Strychnin mit Brom, so entsteht ein harzartiger Niederschlag, während Bromstrychnin in Lösung bleibt, das durch Ammoniak als weisser, aus Weingeist in Nadeln krystallisirender Niederschlag gefällt wird (Laurent). — Beim Zusammenreiben von Strychnin mit Jod entsteht eine braunrothe Masse, die ausser jodwasserstoffsaurem Strychnin wahrscheinlich das schon oben beschriebene jodwasserstoffsaure Jodstrychnin, $C_{21}H_{22}N_2O_2$, HJ_3, enthält. — Beim Zusammenbringen von weingeistiger angesäuerter Strychninlösung mit Jodtinctur oder einer wässrigen salpetersauren Strychninlösung mit Jod-Jodkaliumlösung fällt Strychnintrijodid, $C_{21}H_{22}N_2O_2 . HJ . J_2$ (Jörgensen, Herapath, Hilger). Durch Einwirkung von concentrirter Salpetersäure scheint salpetersaures Nitrostrychnin erzeugt zu werden (Nicholson und Abel). — Kocht man wässriges schwefelsaures Strychnin so lange mit salpetrigsaurem Kali, als noch Entwicklung von Stickstoffgas stattfindet, und versetzt dann die hellgelb gewordene Flüssigkeit mit Ammoniak, so fallen hellgelbe Flocken aus, deren weingeistige Lösung zuerst orangegelbe Krystalle von Oxystrychnin, $C_{21}H_{28}N_2O_6$, später orangerothe Prismen von Bioxystrychnin, $C_{21}H_{28}N_2O_7$, liefert. Das Oxystrychnin bildet grosse orangegelbe durchsichtige, anscheinend rectanguläre Prismen mit abgestumpften Kanten, die sich in Weingeist, aber nicht in Wasser lösen, weniger bitter als Strychnin schmecken und sich bei 300° zersetzen. Die orangerothen Säulen des Bioxystrychnins sind gleichfalls unlöslich in Wasser, und noch reichlicher als

Zersetzungen. Derivate.

Oxystrychnin in Weingeist löslich. Beide Körper bilden mit Platinchlorid Doppelsalze (Schützenberger). Claus und Glassner (Berl. Ber. 1881. 773) liessen auf siedende absolut alkoholische Lösungen von Strychnin salpetrige Säure einwirken, ebenso Salpetersäure und erhielten ein gelbes Pulver, salpetersaures Dinitrostrychnin, unlöslich in Wasser, Aether, Chloroform, leichtlöslich in Alkohol, Aceton, das durch Ammon zerlegt wird. Dieselben erklären auch Schützenberger's Oxystrychnine als Nitroderivate eines Strychnines $C_{22}H_{22}N_2O_2$. Wirkt Salpetersäure auf wässrige Lösungen von Strychnin ein, so erfolgt tief eingreifendere Reaktion und es entsteht Kokostrychnin, $C_{21}H_{22}(NO_3)_3N_2O_4$. Durch Zusammenbringen eines breiförmigen Gemenges von Strychnin, chlorsaurem Kali und Wasser mit conc. Schwefelsäure, Aufkochen der sich stark erhitzenden Masse mit mehr Wasser und Eindampfen der Flüssigkeit erhielt Rousseau, nachdem zuvor unzersetzt gebliebenes schwefelsaures Strychnin auskrystallisirt war, farblose saure Nadeln von Strychninsäure, die sich leicht in Wasser, schwierig in Weingeist lösen und mit Kali und Kupferoxyd krystallisirbare Salze bilden. Hanriot (Compt. rend. 96. 1671) erhielt bei der Oxydation des Strychnins mit Kaliumpermanganat eine Säure, $C_{11}H_{11}NO_8 . H_2O$, amorph. P. C. Plugge (Arch. Pharm. 1883. 21. 641—656) hat ebenfalls mit Kaliumpermanganat eine Säure aus Strychnin dargestellt, wohl identisch mit der Säure Hanriot's. — Hoogewerff und van Dorp (Rev. trav. chim. 2. 179—180) haben ebenfalls mittelst Kaliumpermanganat eine Säure erhalten, krystallinisch, in Alkohol, Aether löslich, Schmpkt. 194—195, Zusammensetzung $C_{52,3}H_{3,7}N_{6,8}$. — Beim Schmelzen von Strychnin mit Kalihydrat wird Wasserstoff und Chinolin entwickelt, und der Rückstand enthält kohlensaures Kali (Gerhardt).

Erwärmt man feingepulvertes Strychnin einige Stunden mit überschüssigem Jodmethyl und destillirt dann dessen Ueberschuss ab, so krystallisirt der Rückstand von jodwasserstoffsaurem Methylstrychnin,

$$C_{21}H_{21}(CH_3)N_2O_2, HJ,$$

aus heissem Wasser in feinen perlglänzenden, in kaltem Wasser schwer löslichen Blättchen. Durch Behandlung dieses Salzes mit Silberoxyd und Wasser und Eindunsten des Filtrats, oder besser durch Wechselzersetzung mit schwefelsaurem Silberoxyd, Eindampfen des Filtrats mit schwach überschüssigem Barytwasser, Lösen des Rückstandes und Verdunsten kann Methylstrychniniumoxydhydrat, $C_{21}H_{23}(CH_3)N_2O_3$, in grossen glänzenden gelblichen orthorhombischen Krystallen erhalten werden, die sich ausser in Wasser auch leicht in Weingeist, aber kaum in Aether lösen (Stahlschmidt). Bezüglich der von Stahlschmidt ausführlicher untersuchten Salze verweisen wir auf dessen Originalabhandlung. Jörgensen hat durch Zusammenbringen einer weingeistigen Lösung von jodwasserstoffsaurem Methylstrychnin mit Jod lange braungelbe Nadeln der Verbindung $C_{21}H_{21}(CH_3)N_2O_2, HJ_3$, erhalten und analog zusammengesetzte Körper auch mit Aethyl- und Amylstrychnin hervorgebracht. — Durch zwanzig Minuten währendes Erhitzen von Strychnin mit weingeistigem Jodäthyl im zugeschmolzenen Rohr auf 100° erhielt How glänzende weisse Prismen und Nadeln von jodwasserstoffsaurem Aethylstrychnin, $C_{21}H_{21}(C_2H_5)N_2O_2$, HJ. Aus diesem lässt sich durch Behandlung mit Silberoxyd und Wasser, Eindampfen des Filtrats in kohlensäurefreier Atmosphäre und Lösen des Rückstandes in heissem absolutem Weingeist Aethylstrychniniumoxydhydrat in farblosen kleinen Prismen erhalten. Durch 100stündiges Erhitzen mit weingeistigem Chloramyl vermochte How auch salzsaures Amylstrychnin, $C_{21}H_{21}(C_5H_{11})N_2O_2$, $HCl + \frac{1}{2}H_2O$, in farblosen monoklinischen Prismen darzustellen. — Erhitzt man nach Ménétriès Strychnin mit weingeistigem überschüssigen Bromäthylen ($C_2H_4Br_2$) ¼ Stunde im zugeschmolzenen Rohr auf 100°, so entstehen weisse, in heissem Wasser und Weingeist leicht lösliche Krystalle von zweifach-bromwasserstoffsaurem Aethylenstrychnin, $C_{21}H_{20}(C_2H_4)N_2O_2$, 2 HBr. Ménétriès hat daraus nicht nur mittelst feuchtem Silberoxyd festes weisses, alkalisch reagirendes Aethylenstrychniniumoxydhydrat, $C_{21}H_{22}(C_2H_4)N_2O_3$, isolirt, sondern noch eine ganze Reihe interessanter Derivate dargestellt, bezüglich derer wir auf dessen Originalarbeit verweisen. — Endlich hat Schützenberger noch durch Einwirkung von Chlorbenzoyl auf Strychnin Benzoylstrychnin, $C_{21}H_{21}(H_7H_5O)N_2O_2$, als weissen krystallinischen, in Wasser wenig, in Weingeist und Aether leicht löslichen, mit Säuren anscheinend nicht verbindbaren Körper erhalten.

Gal und Etard erhielten bei Einwirkung von gesättigter Barytlösung auf 135—140° C. zwei neue Basen, ein Dihydrostrychnin, $C_{21}H_{26}N_2O_4$, schwerlöslich in Wasser und Trihydrostrychnin, $C_{21}H_{28}N_2O_5$, gelbliche Prismen, leichter in Wasser löslich, in Lösung leicht zersetzbar. Diese Basis giebt die Strychninreactionen nicht, reducirt Gold-, Platin-, und Silbersalze, färbt sich mit Bromwasser purpurroth und liefert mit Kalilauge ein nach Chinolin riechendes Oel. — Eine Verbindung des Strychnins mit Jodoform $3(C_{21}H_{22}N_2O_2).CHJ_3$ hat Lextrait hergestellt, schwerlöslich in Alkohol, leichtlöslich in Aether und Chloroform. — Beckett und Wright haben ein Diacetylstrychnin hergestellt, Römer durch Einwirkung von Monochloressigsäure eine glykochollartige Verbindung, $C_{23}H_{24}N_2O_4$. Durch Versetzen einer alkoholischen Strychninlösung mit gelbem Schwefelammonium oder durch Aussetzen einer mit Schwefelwasserstoff gesättigten alkoholischen Strychninlösung an der Luft entsteht ein Strychninpolysulfhydrat, $2(C_{21}H_{22}N_2O_2).H_2S_6$, orangerothe, zolllange Nadeln, unlöslich in Wasser, Alkohol und Aether, welche mit salzsaurer arseniger Säure, As_2S_{18}, mit Bleiacetatlösung erhitzt PbS_6 liefern (Schmidt, A. W. Hofmann). — Beim Schmelzen von Strychnin mit der 10fachen Menge Aetzkali erhielt H. Goldschmid (Berl. Ber. 15. 1977) Indol.

Concentrirte kalte Schwefelsäure löst reines Strychnin farblos. In dieser Lösung rufen oxydirend wirkende Substanzen höchst characteristische, zur Erkennung ausserordentlich kleiner Mengen der Base geeignete Färbungen hervor. Den Vorzug unter den zu diesem Zweck verwendbaren Substanzen verdient das zweifach chromsaure Kali. Bringt man in die zweckmässig in einem Uhrschälchen auf weisser Unterlage befindliche Lösung des Alkaloids in concentrirter Schwefelsäure ein stecknadelknopfgrosses Bruchstück des Kaliumbichromats (ein grosser Ueberschuss kann den Eintritt der Reaction ganz verhindern) und bewegt dieses von Zeit zu Zeit etwas, so entstehen von demselben ausgehende violette oder blaue Streifen, und endlich nimmt die ganze Flüssigkeit eine violette oder bei Anwesenheit von mehr Strychnin blaue Färbung an, die aber rasch durch Zwiebelroth in schmutziges Grün übergeht (Otto). Ist das Alkaloid als Verdunstungsrückstand auf dem Uhrschälchen erhalten worden, so kann die Probe nach Otto vortheilhaft dahin ab- Reactionen.

geändert werden, dass man denselben mit einer verdünnten wässrigen Lösung von Kaliumbichromat befeuchtet, das Flüssige nach einigen Minuten abgiesst oder mit Fliesspapier fortnimmt und nun mit conc. Schwefelsäure übergiesst, worauf sogleich die blaue Färbung hervortritt. Stehen etwas grössere Mengen des Strychnins zu Gebote, so kann man auch in schwefelsäurehaltigem Wasser lösen und mit einer Lösung von zweifach chromsaurem Kali versetzen. Es scheiden sich dann fast augenblicklich goldgelbe nadelförmige Krystalle von Strychninchromat aus, die sich in conc. Schwefelsäure mit prächtig blauer Farbe lösen. — Anstatt mit einem Stückchen Kaliumbichromat kann man zur Hervorrufung der beschriebenen Färbungen die Lösung des Strychnins in conc. Schwefelsäure mit nahezu gleichem Erfolge auch mit einem Kryställchen rothen Blutlaugensalzes (Davy) versetzen, oder, in welchem Falle jedoch die benutzte Schwefelsäure zweckmässig etwa 1% Salpetersäure enthalten muss, mit etwas Bleihyperoxyd (Marchand) oder mit Braunstein (J. Erdmann), chlorsaurem Kali, jodsaurem Kali, übermangansaurem Kali, Nitroprussidnatrium (Horsley), Ceroxyduloxyd (Sonnenschein) und anderen Oxydationsmitteln. Bei Anwendung von Braunstein geht die anfängliche purpurviolette Färbung bald in Zwiebelroth über, welche Farbe auch nach Zusatz des 4—6fachen Volumens Wasser sich erhält, bei unvollständigem Neutralisiren mit Ammoniak wieder in Violett, bei Uebersättigung damit in Gelb oder Grüngelb übergeht, um nach dem Ansäuren abermals sich in Violett zu verwandeln (J. Erdmann). Nach Letheby tritt die purpurviolette Färbung der schwefelsauren Strychninlösung auch sehr schön ein, wenn man sie in ein Platinschälchen oder in die Vertiefung eines Platinblechs bringt und dieses mit dem positiven, die Lösung selbst mit dem negativen Pole eines galvanischen Bechers in Berührung bringt.

Nach den Versuchen von de Vrij und van der Burg besitzen die Proben von Otto, Davy und Marchand gleiche Empfindlichkeit, indem mittelst jeder noch $^1/_{60000}$ Gran Strychnin nachgewiesen werden kann. Gegenwart grösserer Mengen von Salpetersäure beeinträchtigen die Reaction. Auch Zucker, der indess leicht ausgeschlossen werden kann, macht sie unsicher und grössere Mengen von Brucin und Morphin, deren Trennung auch keine Schwierigkeiten macht, sowie von Chinin und Cinchonin, drücken ebenfalls ihre Empfindlichkeit herab. — Ein ganz ähnliches Verhalten gegen die genannten Reagentien wie das Strychnin zeigt das Curarin, nur sind die durch Curarin hervorgerufenen Färbungen weit beständiger, auch wird Curarin schon durch Schwefelsäure allein roth gefärbt. Eine Verwechselung des Strychnins mit Curarin bei einer gerichtlich-chemischen Untersuchung ist übrigens schon deshalb kaum möglich, weil letzteres weder sauren noch alkalischen Flüssigkeiten durch Schütteln mit Aether, Chloroform, Amylalkohol oder Benzol entzogen wird. — Auch eine Verwechselung des Strychnins mit Anilin, das in Berührung mit verdünnter Schwefelsäure und Kaliumbichromat ebenfalls eine schön blaue Färbung erzeugt, ist nicht zu besorgen. Der flüssige Aggregatzustand des freien Anilins, sein Geruch und der Umstand, dass die Färbung nur bei Anwendung von verdünnter Schwefelsäure, oder wenn concentrirte genommen wurde, auf Zusatz von Wasser eintritt, sehr beständig ist und mit Entwicklung eines eigenthümlichen bittermandelölartigen Geruchs verbunden ist, schliesst jede Täuschung aus. Störend können bei den obenerwähnten

Farbenreactionen leicht oxydable Körper, auch Morphin sein, das aber leicht mit Petroleumäther unschädlich gemacht werden kann, worin Morphin unlöslich ist. — Grössere Mengen von Brucin, die bei obigen Reactionen nachtheilig wirken können, beseitigt man durch Eindampfen der Lösungen essigsaurer Salze, wobei essigsaures Brucin kaum zersetzt wird, während das Strychninsalz fast vollkommen zerlegt wird. — Weitere Reactionen zur Erkennung des Strychnins sind: eine Lösung von Jodsäure in Schwefelsäure färbt sich mit Strychnin ziegelroth bis violett (Selmi), Strychnin mit conc. Schwefelsäure und etwas Natriumnitrit färbt sich gelb, mit alkoholischer Kalilauge tief orangeroth (Arnold), Ueberchlorsäure färbt sich mit Strychnin röthlichgelb (Fraude, Berl. Ber. 1879. 1858), geschmolzenes Antimonchlorid färbt Strychnin nicht, Brucin roth (Smith).

Aus den Lösungen der Strychninsalze fällen ätzende und kohlensaure Alkalien und Ammoniak krystallinisches Strychnin. Der in verdünnten Lösungen durch Ammoniak erzeugte Niederschlag löst sich im Ueberschuss desselben, scheidet sich aber nach einiger Zeit in deutlichen Nadeln wieder ab. Saure verdünnte Lösungen werden durch doppelt kohlensaure Alkalien nicht gefällt, da Strychnin in kohlensäurehaltigem Wasser löslich ist. Jod-Jodkalium und Jodtinctur fällen verdünnte Strychninsalzlösungen kermesfarben, überschüssiges Chlorwasser erzeugt weissen amorphen, überchlorsaures Kali weissen krystallinischen, rothes Blutlaugensalz grünlichgelben krystallinischen, Rhodankalium weissen krystallinischen Niederschlag. Platinchlorid erzeugt darin hellgelbe, allmälig krystallinisch werdende, Goldchlorid erzeugt darin hellgelbe, allmälig krystallinisch weisse krystallinische, Kaliumiridiumchlorid dunkelbraune, beim Schütteln verschwindende, aber bald krystallinisch wieder erscheinende Fällung. Zweifach-chromsaures Kali fällt gelb, krystallinisch, Kaliumplatincyanür weiss, krystallinisch, Kaliumkadmiumjodid weiss und flockig, Kaliumquecksilberjodid weiss und dicht. Phosphormolybdänsäure giebt gelblich-weissen, Pikrinsäure gelben, allmälig krystallinisch werdenden, Gerbsäure starken weissen Niederschlag.

Gerichtlich-chemischer Nachweis.

Die Abscheidung des Strychnins aus organischen Massen geschieht im Allgemeinen mit Erfolg nach der Stas'schen, Erdmann-schen auch Dragendorff'schen Methode. Nach Helwig liefert das Strychnin nach seiner Methode der Mikrosublimation dicke weisse Anflüge, die bei 80facher Vergrösserung als runde durchsichtige Körnchen erscheinen. Fügt man ein Tröpfchen Wasser hinzu, so entsteht eine Menge kreuz- und sternförmig über einander gelagerter vierseitiger Säulchen, während auf Zusatz eines Tröpfchens Ammoniakflüssigkeit zuerst alle Körner zu Fetttröpfchen zerfliessen, aus denen sich aber nach und nach quadratische Octaëder und kurze breite vierseitige Säulchen entwickeln. Ein Tröpfchen verdünnter Salzsäure bildet das Sublimat fast augenblicklich in ein Netz büschelförmig übereinander gelagerter oder sich durchkreuzender Nadeln um, und ähnliche Krystallisationen erzeugen auch Schwefel- und Salpetersäure. Verdünnte Chromsäurelösung endlich lässt die Körnerschicht zwar anfangs unverändert, erzeugt aber allmälig schöne gelbe Krystallsterne und hochgelbe Doppelpyramiden.

Zu berücksichtigen bleibt beim Nachweis des Strychnins stets die Schwerlöslichkeit in Aether, Leichtlöslichkeit in Amylalkohol, Benzol und Petroleumäther.

Der Fäulniss animalischer Stoffe widersteht das Strychnin in hohem Grade, wie dies namentlich Versuche von Macadam, Majers und Rieckher auch von v. Gorup, Ranke, Scherer dargethan haben. Bezüglich der Nachweisbarkeit des Alkaloids in den verschiedenen Organen und im Harn damit vergifteter Thiere ergiebt sich aus den ausführlichen und zuverlässigen Untersuchungen von Masing (Beiträge für d. ger.-chemisch. Nachw. d. Strychnins und Veratrins in thierisch. Flüssigk. und Geweben, Dorpat 1868), dass dasselbe ausser im Magen besonders leicht im oberen Theile des Dünndarms (niemals im unteren Theile des Darmkanals) und in der Leber, schwieriger im Blut, niemals im Gehirn, und wie es scheint auch nicht in Herz und Lungen nachgewiesen werden kann.

Verhalten zu den Mutterdrogen.

In den schon längere Zeit als Gifte oder Medicamente bekannten Pflanzentheilen aus der Familie der Loganieen, welche oben aufgeführt wurden, bildet das Strychnin das hauptsächlichste und energischste active Princip.

Oertliche Wirkung.

Local irritirende Action kommt dem Strychnin und noch mehr dessen Salzen nur in untergeordnetem Masse zu, macht sich indess bei endermatischer Application nicht selten geltend. A. L. Richter giebt als Wirkung zu 0,015 auf eine Vesicatorfläche aufgestreuten Strychninpulvers heftiges Brennen und Jucken und mässige Entzündung an; in der nächsten Umgebung ein Gefühl, als wenn man die Haut mit Nadeln stäche. Dafür spricht auch die Beobachtung von Reid (Med. Times. Dcb. 31. 1859), wonach ein Mann beim Mischen von Mehl mit Strychnin durch Hineingerathen des Giftes in eine Wunde am Daumen nach $^1/_2$ St. ein auch der Hand und dem Handgelenke sich mittheilendes, 12 St. anhaltendes Gefühl von Taubsein und Anschwellung bekam. Im Magen und Darmkanal fehlt diese locale irritirende Wirkung ganz oder doch fast vollständig; dagegen ruft Strychnin auf der Zunge in höchst minimalen Mengen intensiv bittere Geschmacksempfindung hervor, die in einzelnen Fällen reflectorisch das auch bei Vergiftungen mitunter constatirte Erbrechen bedingt. In kleinen Mengen scheint Strychnin den Appetit zu steigern und im Magen vorhandene perverse Gährungsprocesse beschränken zu können. Strychnin beschleunigt in geringen Quantitäten (0,1 %) zu Verdauungsflüssigkeit gesetzt, die Digestion des Fibrins um 2 %, hemmt dieselbe jedoch bei Zusatz der doppelten Menge um 2,3 % (Wolberg, Arch. ges. Physiol. 22. 307). Auf die alkoholische Gährung wirkt es stärker ein als Chinin, jedoch keineswegs im Verhältniss zu seiner Bitterkeit (Buchheim und Engel).

Entfernte Wirkung.

Die hauptsächlichste Wirkung wird erst durch Aufnahme in das Blut bedingt, dessen Fähigkeit Sauerstoff zu absorbiren geringer Strychninzusatz wesentlich herabsetzt (Harley) und ist auf die graue Substanz des Rückenmarks gerichtet. Strychnin bildet den Hauptrepräsentanten der sog. Spinantia oder Tetanica, welche Steigerung der Reflexaction und in toxischen Dosen das Auftreten von tetanischen Paroxysmen bedingen, die durch die leiseste Berührung oder auch durch das leiseste Geräusch hervorgerufen zu werden vermögen. Durch die Theilnahme der Brustmuskeln an dem Tetanus wird Asphyxie und Tod herbeigeführt, welcher letztere in seltenen Fällen auch in Folge der durch häufig wiederholte tetanische Anfälle bedingten Erschöpfung und Lähmung der Nervencentren eintritt, höchst ausnahmsweise auch mit Blutextravasaten im Zusammenhange stehen kann, die während der Paroxysmen sich innerhalb der Nervencentra ausbilden. Dass die Strychninkrämpfe vom Rückenmark ausgehen und wesentlich als reflectorische zu betrachten sind, beweisen die Arbeiten von Stannius, Kölliker, Brown-Séquard und Bonefin, Spence, Freusberg u. A. m. Bei Fröschen bedingt Strychnin auch nach Decapitation zu 0,06 Mgm. Tetanus (Arnold); dagegen bleibt derselbe nach Durchschneidung der hintern Wurzeln der Rückenmarksnerven oder Lähmung sämmtlicher peripheren Hautnerven aus (H. Mayer). Bei Durchschneidung des Rückenmarks strychninisirter Frösche treten zwar unmittelbar in Folge des Shocks in der hinteren Körperhälfte keine Convulsionen auf, wohl aber nach einiger Zeit (Freusberg). Frösche lassen sich durch sorgsame Behütung vor Berührung und Erschütterung auch vor dem Eintritt des Tetanus bewahren. Ob bei Warmblütern und insbesondere bei Menschen Strychnin auch einen nicht reflectorischen Tetanus erzeugt, lässt sich, da schon minimale, im Körper selbst belegene Reize bei der enorm gesteigerten Reflexerregbarkeit Tetanus auf reflectorischem Wege erzeugen können, mit Sicherheit nicht feststellen (Freusberg), ist indess nicht unwahrscheinlich. Bei Fröschen tritt der Tetanus sowohl auf chemische wie auf thermische Reize hervor; stärkere mechanische Reize wirken manchmal weniger starrkrampferregend als schwache. Mit Strychnin vergiftete Menschen ertragen oft Frottiren des Nackens, während Fühlen des Pulses tetanischen Anfall hervorruft. Auch plötzliche Reize der Sinnesnerven lösen Krämpfe aus. Lähmung von Hemmungscentren der Reflexaction im Gehirn wird schon durch die Versuche von Arnold widerlegt; die Annahme Nothnagels, dass reflexhemmende Centra im Rückenmarke gelähmt würden, würde die völlig unzulässige Annahme, dass beim Absterben des Frosches auf die Lähmung dieser Organe eine Reizung folge, nach sich ziehn (Freusberg) und ist auch aus verschiedenen anderen Gründen (vgl. Walton, Arch. Anat. Physiol. Ph. Abth. 46. 1882) unhaltbar. S. Mayer und F. A. Falck haben die Ansicht ausgesprochen, dass die Wirkung auf die reflexübertragenden Apparate im Rückenmark nur eine untergeordnete sei und dass das Strychnin primär erregend auf die Medulla oblongata und zwar in heftigster Weise auf das Athemcentrum wirke, so dass die Erregung von diesem auf die gesammte Körpertemperatur irradiire; doch treten beim chloralisirten Kaninchen nach Herabsetzung der Respirationsfunction auf ein Minimum durch Strychnin Krämpfe ohne vorausgehende Respirationsbeschleunigung ein (Th. Husemann). Allerdings lässt sich für das Strychnin eine erregende Wirkung auf die Medulla oblongata nicht leugnen; denn die bereits von R. Richter nachgewiesene Action der kleinen Arterien und bedeutende Steigerung des Blutdrucks hängt mit einer starken Erregung des vasomotorischen Centrums zusammen, auch findet eine Reizung der Ursprünge des Vagus statt, die sich durch Pulsverlangsamung zu erkennen giebt. In wie weit die Arteriencontraction oder die Verminderung des Sauerstoffs im Blute beim Strychnismus den Eintritt spontaner Krämpfe herbeiführt, bleibt dahingestellt.

doch ist als Hauptsache wohl directe moleculäre Wirkung anzunehmen (Spence, Gay). Gay behauptet geradezu eine Ablagerung in der grauen Substanz des Rückenmarks, der Varolsbrücke und vor Allem der Med. oblongata.

Eine erregende Wirkung auf das Gehirn kommt dem Strychnin nicht zu; die Vergiftung beim Menschen giebt hierfür keinen Anhaltepunkt und die bei Fröschen vor dem Krampfausbruch zu beobachtende Unruhe tritt auch nach Decapitation hervor. Auf einzelne Sinnesnerven wirkt Strychnin in auffallender Weise erregend; so steigern geringe Mengen die Schärfe der Geruchsempfindung (Lichtenfels und Fröhlich), ebenso bei gesunden Augen die Sehschärfe bei gleichzeitiger Erweiterung des Gesichtsfeldes (Cohn, Hippel), besonders für die blaue und rothe Farbe (Cohn). Ob Erregung peripherer sensibler Nerven durch Strychnin statthat, bleibt unentschieden; die peripheren motorischen Nerven erleiden im Verlaufe der Strychninvergiftung Herabsetzung (von Wittich), welche bei Einspritzung colossaler Strychninmengen in das Blut ausserordentlich rasch erfolgt (Vulpian). Die Peristaltik wird durch letale Dosen Strychnin beschleunigt (Freusberg). Die Action des Strychnins auf den Herzschlag differirt; bei Fröschen findet meist Verlangsamung, beim Säugethiere häufig Beschleunigung statt; Heinemann (Arch. path. Anat. **33**. 394) deutet erstere auf Reizung der Vagusendigungen im Herzen. Brunton und Cash (Barthol. Hosp. Rep. **16**. 230) vindiciren dem Strychnin eine besondere stimulirende Action auf das Herz, da die Ligatur der venösen Sinus an strychninisirten Fröschen keinen Herzstillstand bedingt und der Herzstillstand durch intracardiale Einbringung von Strychnin wieder aufgehoben wird. Ein analoger Effect scheint auch auf das respiratorische und vasomotorische Centrum zu existiren, da durch Rückenmarksdurchschneidung bei strychninisirten Thieren Athembewegung und vasomotorischer Tonus nicht vollkommen aufgehoben werden und beide Functionen bei nachträglicher Einführung von Strychnin sich wieder herstellen (v. Rokitansky). In Bezug auf die motorischen Centren des Gehirns, deren Beeinflussung durch Strychnin schon aus dem den Tetanus begleitenden Trismus erhellt, spricht auch die Angabe von Spence, dass directe Application von Strychnin auf die Thalami optici leicht Krämpfe herbeiführt, für eine solche. Auf die Körpertemperatur wirken toxische Dosen Strychnin stark steigernd, offenbar in Folge der Muskelarbeit; bei Kaninchen steigt die Eigenwärme oft auf 44—44,8°. Eine steigernde Einwirkung des Strychnins auf die Diurese (Gubler) existirt nicht, wohl aber auf die Harnentleerung (Lugenes, Anal. med. Argentin. 1. 2. 1878).

Applicationsstellen. Unter den vielen, die Wirkung des Strychnins modificirenden Momenten stehen die Applicationsstellen obenan, indem dadurch die Schnelligkeit der Action und einigermassen auch die Qualität der Wirkung sehr bedeutender Dosen beeinflusst wird. Am raschesten wirkt directe Einwirkung in das Blut, danach subcutane, hierauf endermatische oder interne Application; vom Rectum aus ist die Wirkung intensiver als vom Magen (Savory). Vom Thränencanal aus sah Schüler (Gaz. méd. 1861) schon von 3 Mgm. Intoxication. Auch bei Injection in die Blase ist nach grossen Dosen beim Menschen Vergiftung gesehen (Robert), obschon bei Thieren (Hunden) keine Vergiftung von der Blasenschleimhaut aus erhalten wird (Falck). — Bei Infusion erheblicher Strychninmengen kommt kein oder doch nur ein rudimentärer Anfall von tetanischem Krampf zu Stande, an dessen Stelle die heftigsten klonischen Krämpfe der gesammten Muskulatur, selbst der Augenlider und des Bulbus, bei plötzlich cessirendem Athem auftreten. Es genügen in letzterem Falle, um bei Hunden den Tod in wenigen Minuten herbeizuführen, weniger als 5 Mgm. (Harley), während vom Magen aus 1—2 Cgm. weit weniger rasch tödten. Nach Richet, der nach Dosen von 0,01 pr. Kilo neben tonischem und klonischem Krampfe auch noch eine Periode choreiformer Bewegungen eintreten sah, bedingen Dosen von 0,04 pr. Kilo eine solche der Resolution, die durch künstliche Respiration mehrere Stunden prolongirt werden kann und in welcher weder Reflexe noch Athmung bestehen, das Herz sehr frequent, aber irregulär schlägt und Blutdruck und Temperatur ausserordentlich stark sinken. Dosen über 0,05 pr. Kilo setzen den Herzvagus und die peripheren Nervenendigungen stark herab, ohne die Muskelreizbarkeit zu beeinträchtigen (Richet).

Die Angaben der Autoren über die letale Dosis bei Thieren variiren, da wiederholt unreines Strychnin in Anwendung gebracht wurde, z. B. für das Kaninchen von 0,5 Mgm. (Falck) bis 2,4 Mgm. (Rosenthal und Leube). Die letale Gabe ist nicht überall proportional der Empfänglichkeit; Frösche überstehen bisweilen 2—2,5 Mgm., während sie oft schon nach 0,01 Mgm., ja selbst nach 0,006 Mgm. (Pickford) in Tetanus verfallen. Die Angabe von Rosenthal und Leube, dass der Tod bei Thieren in der Regel schon eintrete, wenn man die kleinste tetanisirende Wirkung um ein Drittel erhöhe, trifft daher nicht zu. Nach F. A. Falcks sorgsamen Untersuchungen beträgt bei subcutaner Einführung die letale Dosis für Weissfische 6—12 Mgm., für Frösche 2—2,4 Mgm., für Hühner 1—2 Mgm., für Kaninchen 0,5—0,6 Mgm., für Katzen 0,75 Mgm. und bei Hunden 0,45 Mgm. Die den Hühnern noch von Rosenthal und Leube zugeschriebene auffallende Immunität scheint vorzugsweise bei Application in den Magen sich zu ergeben, wo erst 50 Mgm. letal sind (Falck). Ringelnattern sterben erst nach 23 Mgm. subcutan. — Neben den Hühnern wird Buceros Rhinoceros, der Nashornvogel, als mit Immunität begabt bezeichnet, der die Früchte von Strychnos nux vomica (ob auch die Samen?) verzehren und daher sogar den Namen Kuchila kai, Kuchilafresser, erhalten haben soll (Emerson, Tennent). Eine Faulthierart, Choloepus Hoffmanni aus Costarica, soll ebenfalls erst sehr langsam durch Strychnin (durch 0,6 in 8 Tagen) zu tödten sein. — Sehr unempfindlich ist Helix pomatium, welche selbst durch 0,045 nicht getödtet wird, u. a. Schnecken (Heckel, Cpt. rend. 88. 918). Auf Astacus und Dyticus ist es ohne Wirkung (Walton). Christison fand Strychnin zu 0,02 beim Schwein, zu 0,03 beim Bären in alkoholischer Solution in die Pleuren injicirt, tödtlich. Thierspecies.

Bei Thieren können krankhafte Zustände die Empfänglichkeit sehr steigern; so sind durch Sitzen auf Fliesspapier des Wassers beraubte Frösche schon durch $^1/_{8000}$ Gran in Krämpfe zu versetzen, wenn sonst $^1/_{2000}$ nöthig ist (Clair-Gray, Glasg. med. Journ. 167. 1871). Nach Delaunay (Cpt. rend. 93. 532) sind gut genährte Frösche viel empfindlicher als schlecht genährte und anämische. Blutentziehung mindert Intensität und Gefahr der Intoxication (Vierordt, Kaupps, Delaunay). Active Bewegungen fördern die Entwickelung der Convulsionen; Ruhe und Stille verzögert dieselben (Th. Husemann). Erhöhte Temperatur wirkt bei Vergiftung günstig (Ranke). Verschiedene Narcotica wirken retardirend auf den Eintritt der Krämpfe.

Leubes und Rosenthals Beobachtung an Kaninchen und Hühnern über erworbene Toleranz gegen Strychnin findet Bestätigung durch manche Erfahrungen am Menschen, z. B. dem in Med. Gaz. 36. 261. (1845) berichteten Falle einer Paralytischen, die in 2 Mon. 70 Gran Strychnin genommen haben soll, und zwar anfangs $^1/_{16}$ Gran, nach 4 Tagen $^1/_8$, nach weiteren Toleranz.

4 Tagen $^1/_4$ und bei allmäliger Erhöhung 3 Gran täglich, die 6 Tage hindurch genommen wurden. Es giebt aber für diese erworbene Toleranz, die vielleicht mit Modification der Strychninwirkung durch krankhafte Zustände der Medulla spinalis zusammenhängt, Grenzen und es kommt nicht selten zu heftigen Intoxicationen, die selbst den Tod zur Folge haben können. Solche Fälle finden sich bei Taylor und Pereira; auch gehören hierher diejenigen von Borchard (Journ. de méd. de Bord. 1855. 355) und von W. Hunter (Tod einer 70jähr. Herzkranken nach Steigerung der Dosis auf 0,01). Der Umstand, dass dieser und der Fall der niedrigsten Dosis letalis bei acuter Vergiftung Herzkranke betrafen, ist beachtungswerth.

Salze. Die Verbindung des Strychnins mit Säuren modificirt die Strychninwirkung nur in sofern, als die dem reinen Alkaloide zukommende Localaction an ihnen weniger hervortritt und die geringere Löslichkeit einzelner Salze, z. B. des Tannats oder Hydrojodats, dieselben minder rasch auf den Organismus einwirken lässt. Selbst blausaures Strychnin wirkt genau wie reines Strychnin tetanisirend (Coullon, Magendie, Pelikan).

Schicksale im Organismus. Dass das Strychnin in das Blut gelangt, ist sowohl durch directen chemischen Nachweis als durch die gleichartig vergiftende Wirkung des Blutes strychninisirter Thiere erwiesen.

Nachdem schon Vernière 1828 mit dem Blute von Thieren, die er mit Brechnussextract vergiftet hatte, andere tödtete, haben später Krokow (1856) und Harley dasselbe für das Strychnin selbst dargethan, indem es Ersterem gelang, bei Fröschen mit dem Blute eines vergifteten Frosches oder Kaninchens Tetanus hervorzurufen, während Letzterer bei einem Hunde durch das Blut eines anderen mit Strychnin vergifteten Hundes denselben auftreten sah. Wir sind im Stande, diese Angaben zu bestätigen. Im menschlichen Blute hat Ogston zuerst Spuren Strychnin nach einer tödtlichen Vergiftung nachgewiesen; ferner M'Adam (1856) im Blute eines vergifteten Pferdes. Masing und Dragendorff constatirten bei 5 Versuchsthieren dreimal Strychnin im Blute.

Dass bei dem Verweilen im Blute Alteration und Destruction des Alkaloids stattfindet, ist möglich. Sicher kann es sich nur um theilweise Zerstörung handeln, da man im Stande ist, das Gift nach interner Application in verschiedenen Organen des Körpers, besonders der Leber, wieder aufzufinden, und da ausserdem selbst längere Zeit hindurch Elimination eines Theiles durch Nieren und Speicheldrüsen (Gay) stattfindet. Der Erste, welcher mit Sicherheit Strychnin in Organen und Secreten nachwies, war M'Adam, der es in Muskeln und Harnblaseninhalt eines vergifteten Pferdes fand, ausserdem im Urin eines Hundes, 9 Minuten nach der Darreichung von $^1/_2$ Gran, ehe noch Vergiftungssymptome auftraten. In der Leber, wo man Strychnin nach Masing und Dragendorff stets in grossen Mengen antrifft, und wo wir es selbst mehrere Male gefunden, constatirte es Anderson zuerst. Ausserdem fanden es Dragendorff und Masing spurenweise in Nieren, Milz und Pancreas, Gay in verschiedenen Theilen des Centralnervensystems und im Speichel. Am meisten spricht gegen Destruction, dass Masing noch 3 Tage nach Verabreichen einer grossen nicht letalen Dosis in der Leber eines Hundes Strychnin fand und dass das Strychnin bei längerer Darreichung kleiner Dosen an Hunde erst mehrere Tage nachher im Harn erscheint und dann die Elimination auch mehrere Tage fortdauert. Hamilton constatirte Strychnin in dem Urin eines Vergifteten am Morgen nach der Intoxication. Kratter fand Strychnin schon in $^1/_2$ Std. nach Einführung von 0,0075 Strychninnitrat; die Elimination war nach einmaliger Injection in 24 Std., nach längerem Gebrauche in 3 Tagen vollendet. Bei acut zu Grunde gehenden Thieren findet sich Strychnin im Harn nicht, weil die Zeit zur Ausscheidung fehlt und die Harnsecretion durch die hochgradige Gefässerregung sistirt wird. Die Annahme einer Verbindung des Strychnins im Blute, sei es mit Sauerstoff (Harley) oder mit Alkalien (Mialhe) oder mit Eiweissstoffen (Horsley), ist noch zu beweisen.

Acute Vergiftung beim Menschen.

Die Vergiftung mit Strychnin beim Menschen kommt unter den Intoxicationen mit Alkaloiden nächst der Morphinvergiftung am meisten vor und übertrifft an forensischer Bedeutung die letztere, da sie häufiger zu gerichtlichen Verhandlungen wegen versuchten Giftmordes Ursache wurde. Unter diesen haben bekanntlich die gegen William Palmer in London wegen Vergiftung von John Parsons Cook (1856) und diejenige gegen Dr. Hermann Demme und Frau Trümpy in Bern wegen Vergiftung des Ehemanns der letzteren (1864) die ganze gebildete Welt in Aufregung versetzt. Ausserdem finden sich Selbstmorde mit Strychnin in erheblicher Anzahl berichtet, erreichen indess nicht die Zahl der unabsichtlichen Vergiftungen, die in ihrem kleineren Theile zu den ökonomischen Vergiftungen, hauptsächlich jedoch zu den medicinalen gehören. Zu den ökonomischen Intoxicationen führt namentlich der Gebrauch des Strychnins zur Anfertigung von Rattengift, insbesondere das in England viel verwendete, aus Strychnin (10 %), Stärkemehl und Berliner Blau bestehende Battles vermin powder, zu medicinalen entweder zu hohe Dosirung oder Nichtbeachtung der cumulativen Wirkung des Strychnins oder Versehen bei der Dispensation (am häufigsten Verwechslung mit Santonin oder Salicin), oder das Einnehmen vorschriftswidriger hoher Gaben oder für andere Kranke bestimmter Medicamente. Unter den durch Schuld des Arztes bedingten Strychninvergiftungen ist ein Fall von Wegeler deshalb hervorzuheben, weil der Arzt Strychnin in einer zur Lösung nicht ausreichenden Menge von Spiritus vini verwendet hatte, so dass ein Bodensatz verblieb, durch dessen Verschlucken der Tod erfolgte. Aehnliche giftige Bodensätze können sich durch Verschreiben von Strychninlösungen mit Tannin oder Jod (Jodeisensyrup) bilden.

Dosis toxica und letalis.

Die vergiftende und tödtliche Dosis variirt natürlich nach Alter, Constitution u. s. w. Es giebt Fälle, wo 0,005 beim Erwachsenen Erscheinungen bedingten. So in einem solchen von Lüdicke (Preuss. Ver.-Ztg. 11. 1842) Schwindel, während erst nach 5 gleichen Gaben Opisthotonos eintrat, in einem anderen von Andral intensive tetanische Steifigkeit in dem paralytischen Beine eines Hemiplegischen, in einem Falle von Holmes Coote nach noch etwas weniger ($^1/_{14}$ Gran) Krämpfe der Extremitäten. In der Regel führen indess erst grössere Dosen zur Vergiftung, wie denn ja auch die in den Pharmakopöen gestattete höchste Gabe das Doppelte (0,01 pro dosi und 0,02 pro die) gestattet, welche Maximaldosis selbst von einzelnen Aerzten überschritten wird. Bei endermatischer Anwendung, wo meist 0,03 und mehr gegeben wurde, hat Wittke schon nach 0,01 heftige Brustkrämpfe mit apoplectischen Erscheinungen beobachtet. G. H. Richter sah bei gesteigerter Dosis nach 0,1 intensive Vergiftungserscheinungen, Lesieur erst nach 0,125. Wenn Dassen in 59 Tagen bei einem Kranken 12 Gm. endermatisch applicirt haben will, wobei er auf 0,3 pro dosi stieg, ohne besondere Erscheinungen zu sehen, so ist wohl mit van Hasselt Zweifel in die Reinheit des Präparates zu setzen.

Bei subcutaner Anwendung sah Eulenburg schon nach 0,006 und 0,01 Intoxicationsphänomene, welche eine Steigerung der Dosis verboten. Bois beobachtete bei einem 6jährigen Kinde ähnliche Erscheinungen bei subcutaner Injection von 0,008, bei einem 4jährigen Kinde 0,004, innerlich bei ersterem erst nach 0,012. Bei einem 3monatlichen Kinde will Upshur schon nach 0,003 Intoxication gesehen haben.

Als niedrigste tödtliche Gabe beim Erwachsenen wurde in einem Falle von Warner 0,015—0,03 Strychninsulfat, beim Kinde (Taylor) 0,004 ($^1/_{16}$ Gran) Strychninnitrat beobachtet. Mehrere Fälle, wo 0,03—0,045 bei Erwachsenen tödtlich wirkten, sind bei Taylor angeführt, der die letale Gabe für Erwachsene als zwischen 0,03 und 0,12 liegend betrachtet. Andrerseits lässt sich nicht verkennen, dass Genesung nach viel mehr Strychnin erfolgen kann, wofür wir nur die Beobachtungen von Folker (3 Gran), Hamilton (4 Gran), Chippendale (4 Gran), Hinell (4 Gran), Williams (5 Gran), Bailhache (5—10 Gran), Sellden (6—8 Gran), O'Reilly (6 Gran), Gray (20 Gran) und Atlee (20 Gran, offenbar nur theilweise resorbirt), endlich den Fall complexer Vergiftung von Tschepke (Deutsche Klinik 10. 1861), wo 8—10 Gran Strychnin, ebensoviel Morphium, ferner Aqua Amygdalarum amar. und Chloroform genommen wurden, zu citiren brauchen.

Symptome der Vergiftung.

Die Vergiftung durch Strychnin beim Menschen charakterisirt sich durch das bald mit, bald ohne Vorboten erfolgende anfallsweise Auftreten tetanischer Krämpfe, die besonders durch äussere Reize (Berührung. Geräusche) hervorgerufen werden, und an welchen Extremitäten und Rumpf, sowie die Kaumuskeln, die nicht wie bei Tetanus traumaticus zuerst afficirt werden, participiren (Opisthotonos, die häufigste Form, seltener Orthotonos und noch seltener Pleurotonos oder Emprosthotonos). Nur in leichteren Fällen, die man als physiologische Erscheinungen auffassen kann, kommt es bloss zu Muskelrigidität, welche sich nach kurzer Zeit zurückbildet; in schwereren kommt es zu meist mehreren, durch deutliche Intermissionen, in denen die Muskeln meist nicht in rigidem Zustande sich befinden und in welchen das auch in den Anfällen meist erhaltene Bewusstsein intact erscheint, von einander getrennten tetanischen Paroxysmen, welche den Tod durch Erstickung im Anfalle oder durch Erschöpfung herbeiführen. Der Zeitraum zwischen Vergiftung und Symptomeneintritt schwankt sehr nach der genommenen Quantität und der Form der Darreichung, aber auch ohne dass diese Momente zur Erklärung ausreichen; eben so ist der Zeitraum, in welchem die Vergiftung verläuft, sehr variirend. Der kürzeste Zeitraum bis zum Eintritt der Symptome betrug $2^1/_2$—3 Min. bei Vergiftung mit 6 Gran Strychnin in einem Falle von Barker (Amer. Journ. med. Sc. Oct. 1864), der zweitkürzeste weniger als 5 Minuten im Fall von Dr. Warner, der $^1/_2$ Gran Strychninsulfat in Pulverform nahm, der drittkürzeste zwischen 5 und 10 Minuten im Falle von Mrs. Smyth (Pharm. Journ. 1848. 2. 298), der längste in einem Falle von Anderson (Edinb. monthly journ. 1848. 566) betrug $2^1/_2$ Stunden nach $3^1/_2$ Gran Strychnin in derselben Form. Bennett berichtet einen solchen, wo nach $1^1/_2$ Gran Strychnin in Lösung bei einem 13jährigen Mädchen die Symptome erst in 1 Stunde sich entwickelten.

In einem Falle von Schmidt (Preuss. Ver. Ztg. 1845. 9), wo etwa 0,1 in Pillenform genommen waren, trat Tetanus erst in 8 Stunden auf. Im Durchschnitt können wir $^1/_4$—1 Stunde als mittleren Zeitraum ansehen. Der Fall Warner ist auch einer von denjenigen, wo der Tod sehr rasch erfolgte; doch berichtet Taylor einen Fall, wo das Ende nach 10 Gran Strychnin schon in 10 Min. eintrat und Hunter einen solchen, wo nach mehreren kleinen Dosen bei einer 70jährigen Dame der Tod 5 Minuten nach Auftreten des ersten tetanischen Anfalls erfolgte. Andererseits giebt es Fälle, wo die Vergiftung erst in $3^1/_2$, 4 und 6 Stunden tödtlich endete (Fälle bei Taylor und in Guys Hosp. Rep. 1857. Oct. 183). In Fällen, welche mit Genesung endigen, können die Anfälle noch über die Zeit von 6 Stunden hinaus dauern; so persistirten sie in einem Falle von Folker sogar 12 Stunden.

Was die leichteren, meist von selbst vorübergehenden Erscheinungen nach sog. physiologischen Dosen angeht, so bestehen dieselben nach den Erfahrungen Eulenburgs bei subcutaner Injection in Vibrationen in den Extremitäten, wie beim Fieberfrost, Ziehen in den Kaumuskeln, Sensationen verschiedener Art in der Haut und erhöhter Empfindlichkeit gegen äussere Reize. Bois giebt als solche Schütteln der Glieder und Steifheit im Unterkiefer an. In älteren Fällen ist mehrfach von Zittern, Frostschauder und Schwindel die Rede. — Im Durchschnitt scheinen die Paroxysmen nicht über 2 Minuten zu dauern. Die Zahl der Anfälle kann in letal endigenden Intoxicationen eine sehr beschränkte sein, z. B. im Falle Warner 2 (bei Thieren erfolgt der Tod nach grossen Gaben gelösten Strychnins häufig im ersten Anfalle), in anderen 6—10 und mehr. Es participiren nicht immer alle Muskeln in gleichem Maasse an dem Krampfe und selten nehmen z. B. Gesichts- und Bauchmuskeln daran Theil; auch scheint nach den Krankengeschichten Trismus nicht überall ausgeprägt vorzukommen. In den Anfällen, wo die Steifigkeit der Brustmuskeln natürlich hochgradige Dyspnoe, Cyanose und Erstickungsgefühl hervorruft, die häufig den ganzen Symptomencomplex einleiten, scheint das Bewusstsein zuweilen zu schwinden; höchst selten sind die Fälle, wo das Bewusstsein in den Intervallen getrübt erscheint; da wo das Bewusstsein schwindet, geschieht es entweder kurz vor dem Tode (Fall der Miss Dove, Fall von Ogston) oder es scheinen, z. B. bei Murray (Brit. med. Journ. Oct. 1868) und Duriau (Ann. d'hyg. 428. 1861) andere Momente (Hirnkrankheit, Aderlass) davon Ursache zu sein. — Dass constante Veränderungen der Pupille nicht statthaben, ist trotz der Behauptung von Civinini und Puccinotti, dass Strychnin myotisch wirke. ein Factum; im Anfall ist die Pupille oft erweitert, in den Intermissionen normal.

Die Steigerung der Reflexerregbarkeit ist nicht in allen Vergiftungsgeschichten ausdrücklich hervorgehoben; sie ist manchmal nicht derart, dass sie die Ausübung bestimmter Handlungen während der Intervalle verhinderte; so konnte z. B. Caspers Kranker in denselben klopfen, Andere schlucken u. s. w. Auch ist zu erwähnen, dass Reiben des Nackens und der gespannten Muskeln häufig dem Patienten Erleichterung schaffen und keinen Krampfanfall bedingen, während dieser durch Anreden und Anfassen, selbst Zugwind herbeigeführt werden kann. Nachkrankheiten sind bei den in Genesung übergehenden Fällen nicht beobachtet, das aus den Muskelcontractionen resultirende Schmerzgefühl verliert sich ebenso wie die allgemeine Abgeschlagenheit meist in einigen Tagen.

Leichenbefund.

Ein Moment zur Constatirung der Strychninvergiftung nach dem Tode ist in der Todtenstarre gegeben, die in der Regel, nachdem im Moment des Todes Relaxation sich eingestellt, äusserst rasch auftritt und lange persistirt, oft noch bei schon eingetretener Fäulniss besteht und selbst mehrere Monate andauern kann; die Finger sind dabei eingekniffen, der Fuss gewölbt oder einwärts gedreht. Nur in sehr wenigen Fällen ist die Todtenstarre normal (z. B. im Casperschen Falle). Meist findet man ausserdem die Zeichen des Erstickungstodes, dunkle Blutfärbung (in Caspers Falle war das Blut ausnahmsweise weichselkirschroth, wie bei Kohlenoxydvergiftung) und Hyperämie in verschiedenen Körperhöhlen, namentlich der Lungen, der Leber und Baucheingeweide, sowie der Hirnhäute und bisweilen auch des Gehirns und Rückenmarkes. Diese locale Hyperämie betrifft bald dieses Organ mehr und bald jenes; bisweilen ist sie äusserst hochgradig (Blumhard). Im Gehirn scheinen, soweit dies aus Thierversuchen hervorgeht, und ebenso an den Hirnhäuten, sowie auch in den Muskeln, im tetanischen Anfall sich kleine Extravasate bilden zu können (Fructeau, Maschka). In den Hirnhäuten und den Hirnventrikeln ist einige Male seröser Erguss, in dem Falle von Trümpy ödematöser Zustand des Gehirns beobachtet. Das Herz ist bald rechts vom Blute ausgedehnt, bald aber auch, und wie es nach Taylor scheint, in der Mehrzahl der Fälle, leer, und dann entweder contrahirt oder auch schlaff. Die Intestinalschleimhaut ist meist normal. Contraction der Blase, von Gallard als pathognomonisch bezeichnet, ist zwar Regel, aber nicht unbedingt nothwendig.

Behandlung der Vergiftung.

Bezüglich der mechanischen und chemischen Behandlung der Strychninvergiftung gelten die allgemeinen Regeln. Die zur Verzögerung resp. Verhütung der Resorption des Strychnins von Pendell (Amer. Journ. 541. Oct. 1855), später von Rienderhoff (Holl. Beitr. Natw. 3. 2. 141. 162) nach Thierversuchen empfohlene Darreichung von Fett, Butter oder Oel, wodurch aber jedenfalls die Wirkung der Brechmittel verzögert wird, scheint illusorisch (Hammond), die von Govré empfohlene Milch wirkungslos (Gallard). Brechmittel werden im Allgemeinen der Magenpumpe vorgezogen, weil bei Einführung der letzteren häufig Reflexkrämpfe resultiren, doch kann man dieselbe in der Chloroformnarkose oder im Chloralschlafe appliciren, ohne solche zu erzeugen. Zur Entfernung des in den Dünndarm übergegangenen Strychnins, dessen Resorption natürlicherweise auch durch dargereichtes Fett nicht im Mindesten verhindert wird, dienen drastische Purganzen, z. B. Crotonöl mit Ricinusöl (Harley). Apomorphin wirkte in einem Falle von Glisan (Amer. Journ. med. Sc. 448. 1878) lebensrettend. Tannin wurde als chemisches Antidot von Kurzak (Wien. Ztschr. 11. 1860) durch Thierversuche erprobt, von Gallard nicht günstig beurtheilt. Nach Kurzak erscheint die 20—25fache Menge zur Neutralisation des Giftes erforderlich, die selbst, wenn das gebildete Strychnintannat nicht wieder erbrochen wird, sich als Antidot bewährt, falls man nicht die Wiederauflösung desselben durch Pflanzensäuren oder Alkohol befördert und falls man durch Vermeidung heftiger Bewegung das Zustandekommen von Krämpfen verhütet. Kurzak scheint dem reinen Tannin die Galläpfel (in Wasser zerstossen zu 4,0 Gallae turcicae oder im Absud 10,0 auf 0,06 Strychnin) vorzuziehen. Die neben dem Tannin vorgeschlagenen Antidota chemica erscheinen vielleicht mit Ausnahme von Brom-Bromkalium, das zugleich antagonistisch wirken kann, ohne jeden Vorzug. So wirkt Chlor, von Dumas 1840 empfohlen, nach Boudet (Rév. analyt. 145. 1852) nur bei gleichzeitiger Anwendung von

Brechmitteln günstig; auch Jodjodkalium oder die früher von Todd Thompson, neuerdings wieder von Darby (Pharm. Journ. 535. May 1868) vorgeschlagene Jodtinctur geben keine minder lösliche oder minder gefährliche Präcipitate mit Strychnin. Thorels mechanisch-chemisches Antidot, der Kermes minerale, ist total unbrauchbar (Bellini); über Thierkohle (Chippendale) fehlen exacte Versuche.

Die antagonistische Behandlung der Strychninvergiftung ist offenbar die Hauptsache und reicht in manchen Fällen für sich aus, insofern es gelingt, das eingeführte Gift während der Dauer der Einwirkung des physiologischen Antidots vollständig zur Destruction oder Elimination zu bringen und den mechanischen Erstickungstod oder Erschöpfung zu verhüten. Unter allen in Anwendung gezogenen Mitteln bietet das Chloralhydrat die grösste Aussicht auf Erfolg, danach das Chloroform, obschon sich nicht leugnen lässt, dass auch verschiedene andere theils auf das Rückenmark, theils auf das Gehirn, theils auf die peripherischen Nerven wirkende Stoffe in einzelnen Fällen günstige Resultate geben können.

Als directe Antagonisten, d. h. durch Herabsetzung der Reflexerregbarkeit des Rückenmarks wirkend, können nur Chinin und Bromkalium bezeichnet werden, welche bei Fröschen Strychninkrämpfe aufheben (Eulenburg, Lewizky), vielleicht auch Nicotin und verschiedene ätherische Oele (Binz, Bock, H. Köhler). Diese Substanzen geben jedoch bei Säugethieren mit Ausnahme des Bromkaliums in Hinsicht auf Lebensrettung durchgehends negative Resultate; die mit Tabaksaufgüssen in einzelnen Vergiftungen beim Menschen (O'Reilly, Med. Times. 12. 1858; Chevers, Meikle, Chevallier, Haughton) constatirten günstigen Wirkungen sind wohl grösstentheils auf das dadurch entstandene Erbrechen zu beziehen. Das von Th. Husemann zuerst proponirte Bromkalium, welches namentlich bei Zusatz von freiem Brom zur Lösung desselben auch als chemisches Antidot wirkt, hat sich in verschiedenen Vergiftungen beim Menschen, z. B. in Fällen von Bard (Philad. Med. Times Jun. 1. 1871) und Gillespie (Amer. med. Journ. 470. 1870) in wiederholten Dosen von 0,30 als brauchbares Antidot erwiesen, doch steht es bei Thieren hinsichtlich der Sicherheit seiner Wirkung dem Chloral entschieden nach und verlängert bei Combination mit letzterem, vermuthlich durch Beeinträchtigung der Ausscheidung des Strychnins, die Dauer der Intoxication (Th. Husemann und Hessling). Auch in den bisher beim Menschen in dieser Weise behandelten Fällen von Bivine (Philad. med. Times. Aug. 14. 1875) und Prideaux (Lancet, Jan. 18. 1881) ist die Reconvalescenz sehr protrahirt. Für das Chloralhydrat spricht mehrfache Erfahrung an Menschen, z. B. von Turner (Philad. med. Report. 529. 1872), Angus Macdonald (Edinb. med. Journ. 882. 1872), Vasey (Lanc. May 17. 1873), Ogilvie Will (Edinb. med. Journ. 307. 1875), Charteris (Lanc. April 10. 1875, Gray (Brit. med. Journ. March. 27. 1880), Harrison (Lanc. May 13. 1882) und Faucon (Arch. gén. méd. 74. 152. 1883), bei deren Kranken in der Regel 2,0 bis 2,5 pro dosi, in einzelnen Fällen wiederholt gegeben wurden. Bei Thieren ist der günstige Effect durch die Versuche von Th. Husemann und Kröger, Liebreich, Arnould, Rajewsky, C. von Schroff jun., Bennett, Amagat und Oré zur Genüge constatirt und kann bei Kaninchen die 5—6fach letale Dosis mit Sicherheit überwunden werden, während bei noch höheren Dosen sehr erhebliche Lebensverlängerung bedingt wird. Chloralhydrat und Strychnin zeigen keinen wechselseitigen Antagonismus, wie anfangs von Liebreich behauptet wurde; letale Dosen beider Gifte heben ihre Wirkung nicht auf. Auch wird der tödtliche Effect letaler Chloraldosen durch nicht letale Strychninmengen nicht aufgehoben, indem weder das respiratorische noch das vasomotorische Centrum noch die Herzaction durch antidotarisch gereichtes Strychnin erregt werden (Oré, Th. Husemann). Die günstige Wirkung des Chloralhydrats bei Strychnismus acutus erklärt sich nur zum kleinsten Theil aus directer Herabsetzung der Reflexerregbarkeit, vielmehr kann im Chloralschlafe bei mehr als zweifach minimal letaler Dosis Strychnin tetanischer Krampf auftreten, der jedoch meist schwächer als ohne Chloral ausfällt und bei dem durch letzteres bedingten Erschlaffungszustande der Muskeln nicht leicht durch Tetanus thoracicus zum Tode führt; ein wesentliches Moment ist offenbar die Herabsetzung der Thätigkeit sensibler und sensorieller Nerven, so wie des Gehirns, wodurch die Reizung der motorischen Centren und des Rückenmarks auf ein Minimum beschränkt wird. In der Aufhebung des Bewusstseins hat man ein manchen anderen Methoden gegenüber für die Chloralbehandlung sprechendes Moment, weil dadurch dem Patienten unnütze Qualen und Todesangst erspart werden (Th. Husemann). Paraldehyd, das bei strychninisirten Thieren ähnlich wirkt (vgl. Cervello, Archivio Sc. med. 7. 1) ist beim Menschen bisher nicht versucht. In dieser Beziehung steht dem Chloralhydrat offenbar das Chloroform am nächsten, welches zuerst von Manson 1852 zu Boston angewendet, von Folker (Lanc. Juli 13. 1867), Hamilton (New-York med. Rec. March 1. 1867), Phelps (Med. Times. May 23. 1868), Cameron, White, Copeland, Shann und Sim, z. Th. bei Vergiftung mit sehr hohen Dosen von Strychnin erfolgreich benutzt wurde. Vor dem Chloral hat es den Vorzug, dass es rascher zur Narkose führt, aber dieser wird dadurch aufgewogen, dass es mehrere Stunden lang inhalirt werden muss, was, wenn schon in einzelnen Fällen 7 Stunden lange (Hamilton) oder pfundweise (Copeland) Einathmung ertragen wurde, immerhin gefährlich ist und in einem Falle von Weyrich geradezu den Tod durch Herzlähmung herbeigeführt zu haben scheint. In dem Falle von Copeland, wo nur beim Eintritt von Krampfanfällen geathmet wurde, war das betreffende Pfund Chloroform zwar verbraucht, aber gewiss nicht geathmet. Die schlechten Resultate, welche Pillwax (Wien. med. Wochenschr. 6. 7. 1857) bei Säugethieren vom Chloroform hatte, erklären sich leicht daraus, dass diese prolongirte Chloroformisation schlechter als der Mensch ertragen. Die von Dresbach (Amer. med. Journ. 546. 1850) und O'Farrel (Philad. med. Times. Febr. 15. 1873) empfohlene interne Darreichung von Chloroform hat vor der Chloralbehandlung wohl keinen Vorzug. Von Lyon aus ist durch Bredin statt des Chloroforms der Aether empfohlen, der länger ohne Gefahr inhalirt werden kann. Die Wirkung durch Morphin oder Chloral prolongirter Chloroformnarkose ist bisher nicht geprüft worden.

Die günstige Wirkung des Opiums und Morphins bei Krämpfen überhaupt führte schon frühzeitig zur Anwendung beim Strychnismus, so dass dasselbe bereits in dem ältesten bekannten Falle von Patou, wie später von Richter bei endermatischer Strychninvergiftung, wo Morphin mit einem Zauberschlage half, A. Smith (Edinb. med. Journ. 508. 1859) und in neuester Zeit durch Aufrecht (Dtsch. med. Wochenschr. 38. 1877) und Mecredy (Lanc.

Oct. 28. 1882) angewendet wurde. Durch Thierversuche constatirten schon 1819 Pelletier und Caventou (Journ. univ. 258), später Rodolfi (Gazz. med. Lomb. 7. 1855) und Bellini den antidotarischen Effect. Jedenfalls führt Chloralhydrat rascher Hypnose herbei als Morphium, das selbst bei subcutaner Injection, die hier allein zulässig erscheint, oft keinen Schlaf erzeugt. Wie Opium wirkt im Wesentlichen auch der indische Hanf, der von Williams (Philad. med. Rep. 98. Juli 1867) und Hemenway (Pacific Journ. 101. 113. 1867) in zwei Vergiftungen mit sehr bedeutenden Strychninmengen mit Erfolg benutzt wurde. Auch Alkohol hebt in grosser nicht erheblich die minimalletale Gabe überschreitenden Dosis Strychnin die Krämpfe auf (Amagat), doch ist bei Thieren sowohl diese Action, als die antidotarische Wirkung bei grösseren Strychninmengen weniger zuverlässig als die des Chlorals (Stachini, Th. Husemann und Hessling, Tamburini).

Alle übrigen empfohlenen Narcotica haben geringen oder gar keinen therapeutischen Werth. So haben Atropin und Hyoscyamin bei Säugethieren gar keinen Einfluss auf die Strychninkrämpfe (Rodolfi); Calabarbohne und Physostigmin, welche Blatin (Union méd. 153. 1872) wegen ihrer vermeintlichen directen herabsetzenden Wirkung auf die Reflexaction empfahl, haben diese Wirkung gar nicht und vergrössern in physiologischen Dosen geradezu die Lebensgefahr durch Lähmung des respiratorischen Centrums (Vée, Th. Husemann). Aconitin von Rodolfi und Woakes (Brit. med. Journ. Oct. 26. 1861) und Blausäurepräparate, von Tillay, Strambio und Restelli empfohlen, dürften ebenfalls die Lebensgefahr nur vergrössern. Amylnitrit, von Barnes (Brit. med. Journ. Apr. 1. 1882) gerühmt, hilft bei Thieren nicht (Th. Husemann u. Kroeger). Endlich sind noch Campher, Baldriansäure und Curare zu nennen. Ersterer wurde von Arnold (Charleston Journ. 12. 86), Pidduck (Dubl. med. Press. Nov. 1848), Givens (Amer. med. Journ. Jan. 1857) und Pritchard (Lanc. April 17. 1857) mit Nutzen in grossen Dosen (mehrmals 0,3—0,4) erfolgreich gebraucht, ist aber als Sedativum in diesen Dosen unzuverlässig. Baldriansäure bedingt nach Bellini Verzögerung des Eintritts der Krämpfe bei Thieren, ist aber wohl wie das nach Bock noch stärker wirkende ätherische Baldrianöl practisch unverwendbar. Das zuerst von Thiébaud (Union méd. 154. 1856) und später von Harley nach ungenügenden Experimenten an Fröschen, so wie von Vella (Compt. rend. 51. 353. 1860) empfohlene Curare, welches Burow jun. (Dtsch. Kl. 21. 1864) in einem günstig verlaufenden Vergiftungsfalle beim Menschen neben Tannin- und Morphininjectionen benutzte, ist nach dem durch Moroni und dell'Acqua (Ann. univers. Sept. Dec. 1864) bestätigten Versuchen von R. Richter in kleinen Dosen ausser Stande, das Eintreten von Krämpfen und tödtlichem Tetanus thoracicus zu verhüten, während es in grösseren Mengen selbst Erstickungsgefahr durch Lähmung der Respirationsmuskeln bedingt; doch lässt sich diese durch Einleitung der künstlichen Respiration beseitigen und auch vermittelst letzterer das Leben der mit colossalen Dosen Strychnin und Curare vergifteten Warmblüter bei hinreichender Ausdauer erhalten. Bei Menschen dürfte dies heroische Verfahren der combinirten Curarisation und künstlichen Respiration hinter der Chloralbehandlung zurückstehen, da sie das Bewusstsein des Vergifteten nicht aufhebt.

Auch für ausschliessliche Anwendung der künstlichen Respiration haben sich Stimmen erhoben, indem Rosenthal und Leube fanden, dass im Zustande der Apnoe Strychnin Krämpfe nicht hervorruft und dass strychninisirte

Hühner durch arteficielle Athmung gerettet werden können, wenn sie 0,3 Mgm. über die letale Dosis erhalten haben. Rossbach und Jochelsohn (Würzb. pharmac. Unters. 1. 92) konnten mit starken Strychningaben vergiftete Thiere nicht dadurch retten. Auch Pauschinger (Arch. Anat. Physiol. Phys. Abth. 401. 1878) sah bei ausgebrochenem Krampfe und grossen Dosen keinen Nutzen von der künstlichen Athmung, die nach Richet bei Thieren zwar wohl bei sehr grossen Dosen, nicht aber bei mittleren toxischen Mengen ausreicht, die Asphyxie zu beseitigen, wenn nicht ein sehr beschleunigtes Tempo in Anwendung kommt. Wir haben in der letzteren höchstens ein geeignetes Mittel, um die nach einem Krampfanfalle stockende Athmung wieder in Gang zu bringen, was bei Thieren häufig gelingt und wo nach dem Vorgange von Orfila und Poljuta auch die Tracheotomie indicirt sein kann, welche ursprünglich zur Beseitigung der Folgen des beim Strychnismus vorkommenden Glottiskrampfes gebraucht wurde. Ganz zwecklos und geradezu schädlich (vergl. Kaupp, Arch. phys. Heilk. 145. 1855) erscheinen Blutentziehungen.

Das von Ranke constatirte Factum, dass Strychninkrämpfe durch Leitung eines constanten electrischen Stromes durch das Rückenmark sistiren, ist bis jetzt eben so wenig wie die Beobachtung von Kunde (Arch. path. Anat. 18. 357), dass bei Fröschen erhöhte Temperatur bei kleiner Strychnindosis die Krämpfe beseitige, während Wärmeentziehung dieselben begünstige, für die Therapie des Strychnismus verwerthet.

Physiologischer Nachweis der Vergiftung.

Zur Unterstützung des chemischen Nachweises der Strychninvergiftung lassen sich Experimente an Fröschen, die ihre grosse Empfänglichkeit gegen Strychninwirkung zu geeigneten Versuchsobjecten macht, benutzen. Man kann nach Marshall Hall so verfahren, dass man die organischen Massen mit Wasser und etwas Essigsäure auszieht und in die filtrirte Flüssigkeit Frösche, am besten frisch gefangene Männchen, setzt, worauf dieselben bei einem Strychningehalte von $^1/_2$ Mgm. und darunter in 1—2 Stunden Tetanus bekommen. Oder man bringt das möglichst rein isolirte Alkaloid trocken oder gelöst mittelst Injection unter die Rückenhaut von Fröschen, worauf bei noch viel geringeren Mengen Tetanus in einigen Minuten eintritt. Dass man dabei die Frösche im Wasser beobachtet (Tardieu), ist unnöthig; am besten sieht man das Verhalten unter einer geräumigen Glasglocke, unter der sich die Frösche nicht im Mindesten belästigt fühlen. Zweckmässig ist, gleichzeitig einen anderen Frosch mit kleinen Mengen Strychnin zu vergiften; unbedingt geboten aber, sich nicht mit einem einzigen Versuche zu begnügen, da sehr reizbare Frösche schon durch blossen Schnitt in Tetanus versetzt werden. — Die Erscheinungen des Tetanus, welche meist ohne besondere Vorläufer eintreten, insbesondere das Hervorrufen der Krämpfe durch leise Berührung, die im Verlaufe der Vergiftung deutliche anfallsweise Streckung der Hinterbeine u. s. w., sind charakteristisch, doch muss man im Auge behalten, dass auch viele andere Gifte wirklichen Tetanus oder tetaniforme Erscheinungen produciren, weshalb die Möglichkeit der Anwesenheit dieser auszuschliessen ist, um den Nachweis der Vergiftung mit Strychnin zu liefern.

Therapeutische Anwendung.

Strychnin und seine Salze finden erfolgreiche Anwendung:

a) gegen motorische Lähmungen, insbesondere der Extremitäten, sowohl bei blosser Parese, als bei vollständiger Paraplegie, auch bei Hemiplegie und bei circumscripten Lähmungen, selbst von Gehirnnerven, z. B. Facialis- und Hypoglossus-Lähmung, bei Stimmbandlähmung. Die günstigsten Erfolge geben Paralysen peripherischen Ursprungs oder auch durch Toxication (Alkoholismus, Saturnismus, Mercurialismus, Diphtheritis) bedingte. Besonders ist Strychnin auch mit Recht in Gebrauch gegen Lähmung der Sphinkteren, so bei Prolapsus ani, Enuresis nocturna und paralytischer Ischurie. Wie Fouquier 1811 zuerst die Präparate der Nux vomica methodisch gegen Lähmung in Anwendung zog, so haben später Magendie, Andral, Lembert und Lesieur, Richter, Bardsley und viele Andere das Strychnin oder seine Salze zu demselben Zwecke benutzt, und in manchen Fällen mit entschiedenem Erfolge, besonders, wie dies schon Fouquier hervorhob, in solchen, wo nicht Läsionen der Nervencentra bestehen. Vorsichtig muss man namentlich bei Hemiplegie mit dem Gebrauche sein, da bei zu frischen Fällen danach häufig Reizungserscheinungen auftreten. Aus neuester Zeit liegen besonders prägnante Erfolge bei diphtheritischer Lähmung (Henoch, Acker) vor. — Eine eigenthümliche Erscheinung ist das Ameisenkriechen, das nach dem Strychningebrauche sich in den gelähmten Gliedern im Verlaufe der Nerven einstellt und manchmal, angeblich weniger bei hypodermatischer als bei interner Application mit schmerzhaften Sensationen, welche die Kranken dem Durchzucken elektrischer Funken vergleichen, und mit Zuckungen der gelähmten Muskeln, bisweilen mit Gefühl von Wärme über die ganze Haut sich verbindet. Eintreten der Heilung hängt nicht nothwendig von dem Vorkommen dieser Erscheinungen ab.

b) gegen Lähmung sensibler und sensorieller Nerven, besonders gegen Amblyopie und Amaurose, gegen Anosmie (Brünniche), sowie gegen Impotenz (Trousseau und Pidoux).

Schon früher von Middlemore, Griffin, Fremineau, Saemann und Hoegh gegen Amaurose und von De Ricci gegen Hemeralopie empfohlen, ist die Bedeutung des Strychnins für die Behandlung der Augenkrankheiten neuerdings durch Nagel besonders klargestellt, dessen Angaben von Rossander, Bull, Chisolm, Woinon, Barrows, Horner, Cohn, Hippel, Fronmüller, Berg, Savary, Mannhard, Marano u. A. glänzende Bestätigung fanden. Besonders bewährt sich Strychnin in Fällen von Amblyopie und Amaurose ohne materielle Veränderungen, doch werden mitunter selbst dauernde Besserungen bei Atrophie der Papille (Nagel, Hippel u. A.) constatirt, wie selbst ein temporärer Stillstand bei progressiver grauer Degeneration erhalten werden kann (Horner). Besonders günstig influirt Strychnin bei Anaesthesia retinae hysterischer und nervöser Individuen oder nach Traumen, bei Amblyopie nach Infectionskrankheiten z. B. Masern (Nagel), Diphtheritis (Savary), bei Alkoholamblyopie (Berg), bei Amaurosis saturnina und Tabaksamaurose (Hoegh), ferner bei Amblyopie durch Ueberanstrengung der Augen (Middlemore, Nagel) und durch Nichtgebrauch (Nagel, Chisolm). Bei entzündlichen Leiden (Neuritis optica) scheint Strychnin meist erfolglos, obschon einzelne günstige Effecte (Griffin, Bull) verbürgt sind. Cohn rühmt es besonders bei Amblyopie mit Hyperopie, Chisolm und Woinon auch bei Hemeralopie und secundärer Sehnervenatrophie nach Chorioiditis. Sicher ist die Ansicht Gublers, Strychnin wirke nur auf Accomodationsparesen günstig, unhaltbar. Dass es hier und bei accomodativer und musculärer Asthenopie günstig wirkt, verbürgt Nagel, der auch in leichten Formen von Hyperaesthesia retinae und bei Accomodationskrampf Erfolge hatte. Gegen Ohrentönen und nervöse Schwerhörigkeit, wogegen es Kramer empfiehlt, scheint das Mittel ohne Einfluss (Marc d'Espine).

c) bei einer Reihe anderer Nervenkrankheiten. So bei Chorea (Trousseau) und Epilepsie (Chrestien), besonders von Uterinleiden abhängender (Tyrrel), Hysterie, Oesophagealkrampf (Mathieu), Gesichtskrampf (Sander), Zuckungen nach Schussfractur der Wirbelsäule (Ruppaner), Prosopalgie (Adelmann), ischiadische Schmerzen der Tabetiker (Pletzer), Asthma und Lungenemphysem (Bouchardat und Homolle, Lorent), Heufieber (Green), die in vereinzelten Fällen günstig durch Strychnin beeinflusst wurden. Wie dasselbe bei Wundkrampf nützen soll (Fell und Kellock), ist nicht abzusehen. Drinkard (Amer. Journ. July 1873) empfahl Strychnin neuerdings sehr gegen progressive Ataxie.

d) gegen Leiden des Tractus, sowohl des Magens, wo Strychnin, z. B. bei Dyspepsie und chronischem Magencatarrh, als starkes Amarum bisweilen sehr günstig wirkt, als des Darmcanals, wo es z. B. bei Atone der Darmmusculatur und daraus resultirender Obstipation, aber auch bei chronischen Durchfällen (Bardsley) und selbst bei Dysenterie (Wenzel) nützt. Auch Gastralgien und Colica saturnina, ferner Vomitus gravidarum sind mit Strychnin behandelt. Man thut hier jedenfalls wohl, die minder giftigen Präparate der Brechnuss, besonders die Extracte, zu verordnen, die bei den genannten Affectionen auch viel häufiger benutzt werden.

Ueberflüssig ist Strychnin bei Intermittens als Unterstützungsmittel des Chinins (Hassinger, Schroff), unzuverlässig gegen Muskelatrophie (Magendie, Schaible, Zuelzer). Von problematischem Werthe erscheint die von Jenkins, Abeille (1837), Sée (1854), Hensman und Balfour (1867) gerühmte Behandlung der asiatischen Cholera mit Strychnin, ferner der Nutzen bei Amenorrhoe (Bardsley), Hernia incarcerata (Bardsley). Maragliano (Centrbl. med. Wissensch. 26. 1882) empfahl 5—6tägigen Gebrauch von 2—3 Mgm. gegen Herzerweiterung. Luton sieht im Strychnin das souveräne Mittel gegen Alkoholismus. Brunton, der im Strychnin das eigentliche Tonicum par excellence sieht, empfahl es gegen hektische Schweisse, wo es durch Erregung des respiratorischen Centrums die Blutlüftung bessere und dadurch die Erregung des Schweisscentrums herabsetze. Alle übrigen Anwendungen, wie gegen Diabetes, Hydrops, fötide Bronchitis, Rotz, Krebs, Scrophulose sind irrelevant und resultatlos.

Gebräuchliche Verbindungen.

Therapeutisch hat bei uns nur das salpetersaure Strychnin, Strychninum nitricum, Bedeutung, obschon hie und da auch von anderen Salzen Gebrauch gemacht ist. Es hat vor dem schwefelsauren Strychnin, das in den Vereinigten Staaten und in Frankreich statt des Nitrats neben dem Alkaloid officinell ist, keinerlei Vorzüge, vielmehr den Nachtheil minder grosser Löslichkeit. In England ist eine aus dem Alkaloide unter Salzsäurezusatz dargestellte Lösung, Liquor Strychniae (1 : 30), officinell. Ausserdem sind in Anwendung gezogen: das essigsaure Strychnin, bei Lähmungen von Lueders, Oesterlen, Neumann u. A., gegen syphilitische Schmerzen von Fricke, gegen Amblyopie von Holscher u. A. gebraucht; das camphersaure Strychnin, von Pavesi (Bull. de Thérap. 60. 215. 1861) wegen seiner Löslichkeit in fetten Oelen besonders zu epidermatischer Anwendung empfohlen; das salzsaure Strychnin, selten, u. A. von Wimmer, gegen Amaurose benutzt; das jodsaure Strychnin, von Magendie als sehr wirksam gegen Lähmungen gerühmt; das jodwasserstoffsaure Strychnin, von Magendie und Cottereau empfohlen; das jodwasserstoffsaure Strychninjodür, Iodure d'iodhydrate de strychnine, nach Bouchardat wegen seiner geringeren Löslichkeit langsamer, aber anhaltender wirkend und minder giftig; das arsensaure und arsenigsaure Strychnin, letzteres in Italien gegen Rotz bei Pferden (Chiappero, Giorn. de Farm. 10. 66. 1861) das erstere zu 2 Mgm. 1—3mal täglich gegen scrophulöse Leiden (Grimelli, Gaz. Sarda. 51. 1860) und äusserlich gegen Krebs bei Menschen in Gebrauch gezogen. Alle diese Salze haben vor dem Nitrat keinen Vorzug. Ausser ihnen sind verschiedene Doppelsalze hie und da verwerthet, welche dann nicht mehr die reine Strychninwirkung repräsentiren. Solche sind das schwefelsaure Morphin-Strychnin, von Grimelli bei Lähmungen, Schmerzen, ja aber auch bei Scrophulose und Krebs gerühmt, das bald mehr auf das Gehirn, bald mehr auf das Rückenmark wirken und bald Schlaf, bald Zuckungen hervorbringen soll; das arsensaure Chinin-Strychnin, Chinino-Strychninum arsenicicum, in Italien wie Chininarseniat angewendet (Chiappero, Giorn. di Farm. 10. 68. 1861) und das citronensaure Strychnin-Eisenoxyd, als Tonicum von O. Connor u. A. gegen Indigestion, Chorea, Amenorrhoe zu 0,1—0,2 in Lösung gegeben, jedenfalls entbehrlich.

Gebrauchsweise.

Als höchste zulässige Dosis bei innerer Application wird von Pharm. Germ. 0,01, für den Tag 0,02 bezeichnet. Man thut wohl, diese nicht zu überschreiten, ja unter derselben, besonders bei schwächlichen Personen, zu bleiben; die Vergiftungserscheinungen nach geringen Dosen und die Todesfälle in Folge zu stark gesteigerter Gaben bei längerer Anwendung des Mittels rathen dringend hierzu! Am besten beginnt man vorsichtig mit 0,002 und steigert, wenn die Wirkung bei Paralysen nicht andauernd ist, um ½—1 Mgm. Bei Alkoholismus hält Luton Dosen unter 5 Mgm. werthlos; in einem Falle gab er sogar 0,07 in 15 Stunden. Man versäume nicht, von Zeit zu Zeit zu pausiren und die Kranken auf die Erstwirkung des Medicaments, die erwähnten electrischen Schläge, aufmerksam zu machen. Was die Form anlangt, so ist die Pillenform wegen des bitteren Geschmackes anzurathen, wobei das Strychnin zuerst mit Aq. dest. oder Sp. vini q. s. fein verrieben wird. Lösungen lassen sich bei den verschiedenen Strychninsalzen mit Hülfe von Wasser, mit oder ohne Zusatz von Säure, von Alkohol oder von Glycerin (Soubeiran) herstellen; sie sind aber wegen der intensiven Bitterkeit und wegen der nicht so genauen Dosirung nicht zweckmässig. Der Solutio Strychnii der Englischen Pharmacopoe, die zu 5 Tropfen und mehr gegeben wird, und des Trousseauschen Sirop de sulfate de strychnine, der auf 100 Gm. Zuckersyrup 5 Gm. Strychninsulfat enthält und kaffeelöffelweise bei choreakranken Kindern gegeben wird, mag hier gedacht werden.

Die Unannehmlichkeit des internen Gebrauches eines so intensiven Mittels und die Absicht, das Strychnin so nahe wie möglich den gelähmten oder anderswie afficirten Theilen anzubringen, sind Ursache gewesen, dass dasselbe viel häufiger äusserlich als innerlich administrirt ist. Zur Erzielung allgemeiner und localer Wirkung hat man schon früh (Lesieur, Richter, Shortt) das Mittel endermatisch, in neuester Zeit hypodermatisch verwendet. Weniger kann die epidermatische Methode (Einreibungen von Strychninsalbe oder von

Lösungen in Glycerin, 1 auf 50—100, in gelähmte Glieder) und die Inoculation (Laffargue, Verlegh), die z. B. bei Amaurose am unteren Augenlide ausgeführt wurde, in Gebrauch. Selten hat man das Mittel zu Injectionen in die Blase (bei Blasenlähmung) verwerthet. Von Girault (Bull. de l'Acad. 13. 1847) ist die Conjunctiva als Applicationsstelle zur Erzielung allgemeiner Wirkungen empfohlen, während Andere bei Amaurose es ebenfalls in Collyrien administrirten. Brünniche brachte eine Lösung in Oel bei Anosmie auf die Nasenschleimhaut. In die Paukenhöhle injicirte Kramer wässrige Lösungen. Bei allen diesen Applicationsweisen thut man wohl, keine höheren Dosen zu gebrauchen als bei der internen Verabreichung, vielleicht ausgenommen bei der endermatischen, für welche auf eine Vesicatorstelle von der Grösse eines Quadratzolls 0,005 genügen. Es wird als zweckmässig empfohlen, das als Pulver endermatisch applicirte Strychnin nicht bloss aufzulegen, sondern durch Verreiben die Resorption zu fördern. Bei hypodermatischer Injection wird man nach den Erfahrungen von Eulenburg und Bois meist kaum über 0,008 bis 0,01 Gm. steigen dürfen, obschon Lorent 0,015 und neuerdings Henoch bei 10—12jährigen Kindern 0,015—0,02 ohne Schaden administrirten. Zur Subcutaninjection ist Strychninsulfat geeigneter als Nitrat.

Methylstrychnin, Oxaethylstrychnin.

Das Methylstrychnin, welches Stahlschmidt innerlich zu 0,05—0,2 bei Kaninchen und 0,3 beim Hunde unwirksam fand, erkannte Schroff als ein nach Art des Curare wirkendes und bei subcutaner Anwendung zu 0,1 Kaninchen tödtendes und zu 4 Mgm. bei Fröschen complete Paralyse und im Erholungsstadium Tetanus producirendes Gift (Wchbl. Wien. Aerzte 11. 1868). Crum Brown und Fraser bezeichnen 0,06 subcutan und 1,2 intern als niedrigste letale Dosis für Kaninchen. Nicht allein die peripherischen Nerven, welche übrigens länger ihre Reizbarkeit behalten als bei Curare, sondern auch die Muskeln verhalten sich wie beim amerikanischen Pfeilgifte (Valentin, Arch. ges. Physiol. 7. 222. 1873). Dasselbe gilt vom Oxaethylstrychnin, welches nach Vaillant und Vierordt (Journ. de l'Anat. 256. 1870) zu 4—5 Mgm. bei Fröschen und zu 25 Mgm. bei Kaninchen Tod herbeiführt; die Vergiftungserscheinungen halten die Mitte zwischen Strychnin und Curare, indem die Reflexaction in der ersten Periode der Vergiftung und der Reconvalescenz gesteigert erscheint, während sonst Paralyse der peripherischen Nerven bei Integrität der Muskeln und der bei Kaninchen verlangsamten Herzaction Haupterscheinungen sind. Für das Methylstrychnin bestätigt auch Valentin die dadurch bewirkte Steigerung der Reflexaction, welche Brown und Fraser nicht beobachteten und von Verunreinigung des Präparats mit Strychnin ableiten. Böhm (Arch. exp. Path. 15. 453) und Faure (Pharmakol. Studien über schwefels. Methylstrychnin. Dorp. 1880) fanden Methylstrychnin zu 0,08 intravenös letal für Hunde und constatirten bei Fröschen eine weitere Analogie mit Curare, insofern es in höheren Gaben auch die peripheren Vagusendigungen lähmt, dagegen Muscarinstillstände nicht aufhebt.

Brucin. $C_{23}H_{26}N_2O_4$. — Literat.: Pelletier u. Caventou, Ann. Chim. Phys. (2) 12. 113; 26. 58. — Pelletier, Ann. Chim. Phys. (2) 54. 186; 63. 176; Journ. Pharm. (2) 24. 159. — Merck, Trommsd. N. Journ. Pharm. 20. 1. 134. — Duflos, Schweigger's Journ. Chem. Phys. 62. 68. — Liebig, Poggend. Annal. 21. 22 u. 487; Ann. Chem. Pharm. 26. 53 und 29. 62. — Regnault, Ann. Chem. Pharm. 26. 20; 29. 59. — Varrentrapp und Will, ebendas. 39. 285. — Dollfuss, ebendas. 65. 214. — Strecker, ebendas. 91. 76. — Jörgensen, Ann. Chim. Phys. (4) 11. 114. — Palm, Viertelj. Pharm. 11. 552. — Shenstone, Pharm. J. Trans. (3) 7. 652. — Oudemans, Ann. Chem. Pharm. 160. 69. — Stenhouse, ebendas. 129. — Hinterberger, ebendas. 82. 313. — Baumert, ebendas. 70. 330. — Schad, ebendas. 118. — Baudrimont, J. pharm. Chim. (4) 10. 58. — Röhne, Berl. Ber. 1878. 741. — Lindo, Chem. News. 37. 98; 38. 145. Wanklyn und Chapmann, Z. Chem. 1868. 535. — Cownley, Pharm. J. Trans. (3) 6. 841. — Claus und Röhne, Berl. Ber. 1881. 765. — Gunning, J. pr. Chem. 67. 46. — Reichardt, Arch. Pharm. 145. 108. — Luck, Z. anal. Chem. 8. 406. — Schönn, ebendas. 9. 211. — Hager, ebend. 11. 201. — Dragendorff, ebendas. 18. 107. — Flückiger, Arch. Pharm. 206. 404.

Medicinische: Schirlitz, De Brucio. Halae. 1821. — C. Abée, Experimental-Untersuchungen über den Einfluss des Brucins auf die thierische Organisation. Marburg, 1864. — Bardsley, Hospital facts and observations, illustrative of the effects of the new remedies Strychnia, Brucia etc. London, 1829. — Bricheteau, Bull. de Thérap. Oct. 1850. — Lepelletier, Gaz. des Hôp. 1851. 10—13. — F. A. Falck, Vjhrschr. ger. Med. 23. 78. 1875. — Liedtke, Die physiologische Wirkung des Brucins. Königsberg, 1876. — Fliescher, Tetanisirende Gifte und ihr Antidot. Heiligenstadt, 1877. — Robins, Philad. med. Times. Febr. 15. 1879. — Lautenbach, ibid. Aug. 2. 1879.

Ueber das Vorkommen dieser bald nach dem Strychnin im Jahre 1819 von Pelletier und Caventou entdeckten Base ist das Erforderliche schon beim Strychnin, das es überall begleitet, mitgetheilt worden. Auch war dort bereits von dem Gehalt der verschiedenen, diese Alkaloide führenden Drogen an Brucin die Rede, und angeführt, dass die sogen. falsche Angusturarinde, die Rinde von *Strychnos nux vomica L.*, von letzterem relativ am meisten enthält. Der Name „Brucin" verdankt dem Umstande seine Entstehung, dass die falsche Angusturarinde früher irrthümlich von *Brucea antidysenterica* abgeleitet wurde. Nach Aufklärung dieses Irrthums wurde von Geiger, nicht weil die Base als ein vorzügliches Mittel gegen Hundswuth gerühmt wurde, sondern von einem ostindischen Namen der Brechnuss, für sie der Name „Caniramin" in Vorschlag gebracht, der wenig Eingang gefunden hat. In Upas tieute ist es nicht aufgefunden, dagegen in einem südamerikanischen Pfeilgift „Coba longa" (Palm). Brucin.

Ueber die Gewinnung von unreinem Brucin aus Brechnüssen vergl. man beim Strychnin. Zur Reinigung desselben verdunstet man die weingeistige Lösung desselben nach Coriol und Soubeiran (Journ. Pharm. (3) 45. 231) zur Syrupsdicke und neutralisirt mit kalter verdünnter Schwefelsäure, worauf nach einigen Tagen schwefelsaures Brucin auskrystallisirt ist, das durch Pressen von der schwarzen Mutterlauge getrennt wird. Die wässrige Lösung der Krystalle wird dann mit Thierkohle entfärbt und mit Ammoniak übersättigt, wodurch ein Theil des Brucins sogleich gefällt wird, während der Rest aus der Darstellung.

ammoniakalischen Flüssigkeit beim Stehen an der Luft allmälig anschiesst. Es wird durch Umkrystallisiren aus kochendem 80procentigem Weingeist völlig gereinigt. — Wittstein empfiehlt zur Reinigung das nachstehend beschriebene, auf der Unlöslichkeit des oxalsauren Brucins in kaltem absolutem Weingeist beruhende Verfahren von Pelletier und Caventou.

Zur Darstellung des Brucins aus falscher Angusturarinde kochten Pelletier und Caventou sie nach vorangegangener Entfettung mittelst Aether wiederholt mit Weingeist aus, verdunsteten die Auszüge, lösten den Rückstand in Wasser, fällten diese Lösung mit Bleiessig, kochten das mittelst Schwefelwasserstoff entbleite Filtrat zur Abscheidung des Strychnins mit $^1/_{50}$ der Rinde an Magnesia und verwandelten das beim Verdunsten nun hinterbleibende unreine Brucin durch Zusatz von Oxalsäure in oxalsaures Brucin. Dieses wurde nun durch Waschen mit eiskaltem absolutem Weingeist vom anhängenden Farbstoff befreit und dann durch Eintrocknen mit Magnesia und Wasser zerlegt. Der rückständigen Masse entzog Weingeist jetzt reines Brucin, das durch freiwilliges Verdunstenlassen der mit etwas Wasser versetzten Lösung krystallisirt erhalten wurde. Die käufliche Waare enthält meistens noch $^1/_4$ bis 1 % Strychnin. Die falsche Angustura enthält bis 2,5 %, die Brechnüsse 0,125 % (Merck).

Eigenschaften. Das aus wässrigem Weingeist krystallisirte Brucin enthält 4 At. Krystallwasser ($4\ H_2O$), das im Vacuum über Schwefelsäure oder beim Schmelzen entweicht. Es bildet wasserhelle, geschoben vierseitige Prismen, oder, wenn schneller angeschossen, perlglänzende, der Borsäure gleichende Blättchen oder blumenkohlähnliche Aggregate, die an der Luft etwas verwittern. Es schmeckt stark und anhaltend bitter. Etwas über 100° schmilzt es und erstarrt beim Erkalten zu einer amorphen wachsartigen Masse; nach dem Entwässern ist der Schmpkt. 178°. Das verwitterte Brucin löst sich nach Pelletier und Caventou in 500 Th. kochendem und 850 Th. kaltem Wasser (nach Abl in 768 Th. Wasser von $18^3/_4$°), während das leichter lösliche frisch krystallisirte Brucin nach Duflos nur 320 Th. kaltes und 150 Th. kochendes Wasser zur Lösung erfordert. In Weingeist, sowohl in absolutem als in wässrigem, ist das Brucin sehr leicht löslich (nach Cap und Garot in $1^1/_2$ Th. gewöhnl. Weingeist.) Absoluter Aether löst es dagegen nicht. Chloroform löst nach Pettenkofer 56 %, nach Schlimpert 14,5 %, Benzol nach Dragendorff 1,66 %. Auch Amylalkohol löst leicht, Petroleumäther, flüchtige und fette Oele, sowie Glycerin schwieriger. — Die weingeistige Lösung des Brucins ist linksdrehend. Für klare Krystalle ist $[\alpha]r = -61,27°$. Saure Lösungen haben weit geringeres Drehungsvermögen, das indess durch Zusatz von Ammoniak wieder erhöht wird (Bouchardat).

Pelletier und Dumas stellten für das Brucin die Formel $C_{24}H_{12}NO_3$ auf; Liebig gab ihm erst die Formel $C_{32}H_{18}NO_6$, dann $C_{47}H_{27}N_2O_8$; Varrentrapp und Will gelangten zu der Formel $C_{44}H_{25}N_2O_7$. Die jetzt angenommene und auch von Will für richtig erklärte Formel $C_{23}H_{26}N_2O_4$ wurde von Regnault, Strecker und von Dollfuss festgestellt. Nach derselben ist das Brucin isomer mit dem Aricin.

Das Brucin neutralisirt die Säuren vollständig und bildet damit meistentheils krystallisirbare, sehr bitter schmeckende Salze. Salze.

Neutrales schwefelsaures Brucin, $2C_{23}H_{26}N_2O_4$, $SH_2O_4 + 3\frac{1}{2}H_2O$, krystallisirt in langen, in Wasser leicht, in Weingeist wenig löslichen Nadeln (Regnault), deren conc. wässrige Lösung auf Zusatz von Schwefelsäure grosse Krystalle von saurem schwefelsaurem Brucin liefert (Pelletier und Caventou). — Aus einer mit Schwefelammonium versetzten weingeistigen Brucinlösung setzen sich an der Luft weisse Nadeln von unterschwefligsaurem Brucin, $2C_{23}H_{26}N_2O_4$, $S_2H_2O_3 + 2H_2O$, ab (How, Chem. Centlbl. 1855. 95). — Die überschüssige Säure enthaltende salpetersaure Lösung der Base liefert beim Verdunsten grosse harte vierseitige Prismen von salpetersaurem Brucin, $C_{23}H_{26}N_2O_4$, $NHO_3 + 3H_2O$ (Regnault). — Durch Eindampfen und Abkühlen einer Lösung von Brucin in wässriger Phosphorsäure erhielt Anderson (Ann. Chem. Pharm. **66**. 58) kurze dicke, an der Luft verwitternde, in heissem Wasser sehr leicht, in kaltem erheblich schwieriger lösliche Prismen von phosphorsaurem Brucin, $2C_{23}H_{26}N_2O_4$, PH_3O_4, und bei Anwendung von überschüssiger Phosphorsäure ein saures Salz in grossen vierseitigen Tafeln.

Chlorwasserstoffsaures Brucin, $C_{23}H_{26}N_5O_4$, HCl, krystallisirt aus einer Auflösung von Brucin in warmer wässriger Salzsäure beim Erkalten in kleinen Krystallbüscheln, die sich sehr leicht in Wasser lösen (Regnault). — Jodwasserstoffsaurss Brucin, $C_{23}H_{26}N_2O_4$, HJ, durch Fällung des Sulfats mit Jodkalium und Umkrystallisiren des Niederschlags mit Weingeist, oder aus Jodwasserstoffsäure und Brucin dargestellt, bildet seideglänzende, in Weingeist reichlicher als in Wasser lösliche Nadeln (Merck, Pelletier). — Fluorwasserstoffsaures Brucin ist von Elderhorst (Ann. Chem. Pharm. **74**. 79) aus einer Auflösung der Base in warmer wässriger Flusssäure in kleinen farblosen orthorhombischen, in Wasser gut, aber in Weingeist wenig löslichen Prismen erhalten worden. — Der aus weingeistigem Brucin durch nicht überschüssige Jodtinctur gefällte braune, nach Regnault in Blättchen krystallisirende Niederschlag ist nach Pelletier anderthalb-Jodbrucin, $2C_{23}H_{26}N_2O_4$, 3J, während beim Zusammenreiben von Brucin mit Jod und Wasser neben jodwasserstoffsaurem Brucin Dreifach-Jodbrucin, $C_{23}H_{26}N_2O_4$, 3J, als braunes, nach Regnault ebenfalls in Blättchen krystallisirendes Pulver gebildet wird. Nach Jörgensen hat der durch Jod-Jodkalium in einer wässrigen Lösung von Brucinsulfat hervorgebrachte braunrothe, aus Weingeist in langen braun violetten Nadeln krystallisirende Niederschlag eine der Formel $C_{23}H_{26}N_2O_4$, HJ, J_2, entsprechende Zusammensetzung. — Von Serullas (Ann. Chim. Phys. (2) **45**. 280) ist chlorsaures Brucin in durchsichtigen Rhomboëdern, von Pelletier jodsaures Brucin als basisches und saures Salz krystallisirt erhalten worden. Bödeker (Ann. Chem. Pharm. 71. 62) stellte überchlorsaures Brucin in blassgelben, in Wasser und Weingeist schwer löslichen Prismen, Langlois (Ann. Chim. Phys. (3) **34**. 278) überjodsaures Brucin in schönen farblosen, in Wasser und Weingeist schwer löslichen Nadeln dar.

Aus einer neutralen Mischung von weingeistigem Brucin und wässriger mässig concentrirter Schwefelcyanwasserstoffsäure schiessen wasserhelle krystallwasserfreie, in Wasser ziemlich leicht lösliche Blättchen von schwefelcyanwasserstoffsaurem Brucin, $C_{23}H_{26}N_2O_4$, CNHS, an (Dollfuss).

Essigsaures Brucin ist nach Pelletier und Caventou nicht krystallisirbar, während oxalsaures Brucin besonders bei Säureüberschuss in langen Nadeln krystallisirt. Neutrales rechtsweinsaures Brucin, $2C_{23}H_{26}N_2O_4$, $C_4H_6O_6 + 5^1/_2 H_2O$, scheidet sich nach Pasteur (Ann. Chim. Phys. (3) 38. 472) beim Vermischen weingeistiger Lösungen von Brucin und gewöhnlicher Weinsäure in richtigem Atomverhältniss sogleich in Blättern aus, während aus conc. wässriger Lösung grosse klare Krystalle mit $8H_2O$ erhalten werden. Saures rechtsweinsaures Brucin, $C_{23}H_{26}N_2O_4$, $C_4H_6O_6$, bildet ein wasserfreies körniges Krystallpulver. Das neutrale linksweinsaure Salz bildet atlasglänzende Warzen und krystallisirt sowohl aus Wasser als aus Weingeist mit 14 At. H_2O, während das saure linksweinsaure Salz aus Wasser und Weingeist in seideglänzenden Schuppen oder feinen Nadeln mit 5 At. H_2O anschiesst (Pasteur).

Ein weinsaures Brucin-Antimonoxyd, $C_{23}H_{26}N_2O_4$, $C_4H_5(SbO)O_6$, hat Stenhouse (Ann. Chem. Pharm. 129. 26) wie das entsprechende Strychninsalz in kurzen zerbrechlichen Krystallen erhalten.

Der durch Platinchlorid in wässrigem salzsaurem Brucin erzeugte Niederschlag von chlorwasserstoffsaurem Brucin-Platinchlorid, $C_{23}H_{26}N_2O_4$, HCl, $PtCl_2$, ist ein gelbes, in kaltem Wasser sehr schwer lösliches Pulver (Liebig). Cyanwasserstoffsaures Brucin-Platincyanür hat Delffs (N. Jahrb. Pharm. 21. 31) in sechsseitigen rhombischen Tafeln erhalten. — Aus einer gemischten weingeistigen Lösung von salzsaurem Brucin und Quecksilberchlorid scheiden sich kleine weisse Nadeln von chlorwasserstoffsaurem Brucin-Quecksilberchlorid, $C_{23}H_{26}N_2O_4$, HCl, 2HgCl, ab (Hinterberger). — Beim Vermischen kalt gesättigter wässriger Lösungen von gelbem Blutlaugensalz und salpetersaurem Brucin scheiden sich glänzende Nadeln von ferrocyanwasserstoffsaurem Brucin, $2C_{23}H_{26}N_2O_4$, $H_2FeCy_3 + H_2O$, aus, während weingeistige Ferrocyanwasserstoffsäure aus weingeistigem Brucin einen weissen Niederschlag der Verbindung $C_{23}H_{26}N_2O_4$, HFe_2Cy_3, fällt. Ferridcyanwasserstoffsaures Brucin wird durch Fällung einer conc. Brucinsalzlösung mit rothem Blutlaugensalz als dunkelgelber Niederschlag erhalten. (Brandis, Ann. Chem. Pharm. 66. 266).

Zersetzung. Derivate.

Durch Hitze wird das Brucin zerstört und seine Salze erleiden durch Electrolyse ähnliche lebhafte Zersetzung wie die Strychninsalze. Erhitzt man Brucin mit verdünnter Schwefelsäure und Braunstein, oder chromsaurem Kali oder anderen leicht Sauerstoff abgebenden Substanzen, so werden Dämpfe von Holzgeist und von Ameisensäure, sowie viel Kohlensäure entwickelt (Baumert).

Die Angabe Sonnenschein's, dass bei der Oxydation des Brucins Strychnin entsteht, ist nicht bestätigt worden (Cownley, Claus, Rohne und Shenstone, Hanriot). — Durch Einwirkung alkoholischer Natronlauge auf Brucin bei 100° stellte Shenstone ein Hydrobrucin $C_{23}H_{28}N_2O_5$ her, dessen Farbenreaktionen nicht mit Brucin übereinstimmen. — Auch dem Strychnin analog zusammengesetzte Polysulfhydrate sind von Schmidt und Hofmann hergestellt (siehe oben Literatur bei Strychnin).

Dagegen beobachtete Baudrimont, dass das Brucin bei 10—20stündigem Erhitzen mit überschüssiger Salzsäure oder Schwefelsäure auf 125° unter Abscheidung eines dem Chinaroth ähnlichen Farbstoffs und Bildung von Bittermandelöl, Zucker, Ammoniak und eines mit grüner Flamme brennenden Gases zersetzt wird. — Uebergiesst man Brucin mit Salpetersäure von 1,4 spec. Gew., so färbt es sich augenblicklich scharlach- bis blutroth und es entstehen unter heftiger Einwirkung und Entwicklung von Stickoxyd, Kohlensäure und Salpetrigsäure-Methyläther Kakotelin und Oxalsäure nach der Gleichung: $C_{23}H_{26}N_2O_4 + 5NHO_3 = C_{20}H_{22}N_4O_9 + N(CH_3)O_2 + C_2H_2O_4 + 2NO + 2H_2O$ (Strecker). Um das Kakotelin, $C_{20}H_{22}N_4O_9$, rein zu erhalten, stellt man die Mischung zur Verhinderung allzu starker Erhitzung in kaltes Wasser, verdünnt nach Beendigung der Reaction mit Wasser und krystallisirt die sich ausscheidenden gelben Flocken von Kakotelin aus salzsäure- oder salpetersäurehaltigem Wasser um. Man erhält dann gelbe oder orangegelbe Krystalle mit $^1/_2$—1 At. Krystallwasser, die sich kaum in Wasser, wenig in Weingeist und Aether, aber gut in verdünnten Säuren lösen. Die einfachen Salze dieser schwachen Base, die vielleicht eine Nitroverbindung $= C_{20}H_{22}(NO_2)_2N_2O_5$ ist, werden durch Wasser zerlegt und sind daher kaum darstellbar (Strecker). — Die Arbeiten von Baudrimont, Claus, Röhne, Lindo, über Kakotelin und die Einwirkung von Salpetersäure, haben nachstehende Resultate geliefert: Beim Kochen von Kakotelin mit Bariumcarbonat entsteht eine Bariumverbindung, auch sind Blei- und Silberverbindungen durch Fällen der salpetersauren Kakotelinlösung mit Silbernitrat und Bleiacetat zu erhalten. Alkalische Lösungen des Kakotelins werden beim Erhitzen mit Traubenzucker blau. — Die salpetersaure Lösung des Kakotelins wird durch Reductionsmittel, wie schweflige Säure, Zinnchlorür, Schwefelwasserstoff, Schwefelammonium, eigenthümlich verändert; es entstehen blau, amethystfarben, violett gefärbte Producte, die jedoch wieder durch Ueberschuss des Reductionsmittels farblos werden. — Claus und Röhne haben die durch Salpetersäure entstehende blutrothe Farbe als veranlasst von Dinitrobrucin $C_{23}H_{24}(NO_2)_2N_2O_4$ erklärt, das entsteht, wenn man in eine alkoholische Lösung von Brucin salpetrige Säure einleitet oder die alkoholische Brucinlösung mit Salpetersäure erhitzt. Amorphes rothes Pulver, in Wasser löslich, unlöslich in Aether. Kakotelin.

Oechsner de Coninck (Compt. rend. 95. 298) erhielt beim Schmelzen mit Kali ölige Producte, Sdpkt. 160—200°, deren Hauptbestandtheile das β-Lutidin, Sdpkt. 166°, α-Collidin, Sdpkt. 180—182°, und β-Collidin, Sdpkt. 190°, bilden. Leitet man zu in Wasser vertheiltem Brucin Chlorgas, so löst es sich zu einer erst gelben, später rothen bis blutrothen Flüssigkeit, die sich zuletzt wieder entfärbt (Pelletier). Beimengung kleiner Mengen Strychnins würde sich hier durch die in Folge der Bildung von unlöslichem Chlorstrychnin entstehende Trübung sogleich zu erkennen geben (Lepage). Bei Einwirkung von Brom auf in Wasser vertheiltes Brucin oder wässrige Brucinsalze entsteht neben einem sich sogleich ausscheidenden harzigen Product Brombrucin, $C_{23}H_{25}BrN_2O_4$, das aus der Lösung durch Ammoniak gefällt und aus sehr schwachem Weingeist in bräunlich weissen Nadeln krystallisirt erhalten werden kann (Laurent, Ann. Chim. Phys. (3) **24**. 314). Dass Jod mit dem Brucin directe Verbindungen eingeht, wurde schon oben mitgetheilt.

Durch Jodmethyl wird feingepulvertes Brucin unter Selbsterhitzung in jodwasserstoffsaures Methylbrucin, $C_{23}H_{25}(CH_3)N_2O_4$, HJ, verwandelt. Dieses krystallisirt aus heissem Wasser in kleinen glänzenden Blättchen mit 8 At. H_2O und wird durch Behandlung mit feuchtem Silberoxyd in Methylbruciniumoxydhydrat übergeführt, das aus seiner farblosen, sehr bitteren Lösung nicht in fester Form erhalten werden konnte, aber mit den Säuren gut krystallisirende Salze bildet (Stahlschmidt, Poggend. Annal. 108. 535). — Durch Behandlung des Brucins mit weingeistigem Jodäthyl erhielt Gunning krystallisirbares jodwasserstoffsaures Aethylbrucin, $C_{23}H_{25}(C_2H_5)N_2O_4$, $HJ + \frac{1}{2}H_2O$, aus dem er mittelst Silberoxyd das Aethylbrnciniumoxydhydrat ebenfalls nur in wässriger, stark alkalischer Lösung darzustellen vermochte. — Von Schad wurde endlich durch Erhitzen von Brucin mit Aethylenbromür auf 100° zweifach bromwasserstoffsaures Aethylenbrucin, $C_{23}H_{24}(C_2H_4)N_2O_4$, 2HBr, in perlglänzenden, leicht in heissem Wasser, schwierig in Weingeist und gar nicht in Aether löslichen Blättchen dargestellt. Durch Behandlung ihrer wässrigen Lösung mit frisch gefälltem Silberoxyd und Eindunsten des Filtrats wurde Aethylenbruciniumoxydhydrat als zäher, mit Säuren gut krystallisirende Salze bildender Firniss erhalten. — Von Jörgensen sind die Tri- und Pentajodide des Methyl-, Aethyl-, Amyl- und Allylbrucins genauer untersucht worden; wir müssen aber wegen des Näheren auf die oben citirte Originalabhandlung verweisen.

Reactionen. Durch conc. Salpetersäure werden Brucin und seine Salze schön scharlach- bis blutroth gefärbt. Die rothe Farbe geht allmälig in gelbroth, endlich, namentlich beim Erwärmen, in gelb über. Bringt man in die gelbgewordene, zweckmässig mit etwas Wasser verdünnte Flüssigkeit etwas Zinnchlorür oder Schwefelammonium, so wird sie schön rothviolett. Bringt man nach Cotton (Journ. Pharm. (4) **10.** 18. 1869) in die auf 40—50° erwärmte Lösung conc. Salpetersäure eine conc. Lösung von Natriumsulfhydrat im Ueberschuss, so wird die anfangs eintretende violette Färbung in eine grüne verwandelt, die durch verdünnte Säuren in Rosa übergeht. Die Salpetersäure-Reaction wird durch Gegenwart von Strychnin nicht beeinträchtigt und kann auch für wässrige Brucinlösungen in Anwendung gebracht werden. Versetzt man diese in einem Spitzglase mit einigen Tropfen Salpetersäure und lässt nun vorsichtig conc. Schwefelsäure so einfliessen, dass sie sich als untere Schicht ablagert, zo entsteht an der Berührungsfläche beider Flüssigkeitsschichten eine schön rothe Zone, die zwar bald in Gelb übergeht, aber durch vorsichtiges Bewegen des Glases und dadurch bewirkte Erneuerung der Berührungsflächen immer wieder hervorgerufen werden kann. — Auch durch Chlorwasser werden Brucinsalzlösungen hellroth gefärbt; Ammoniak verwandelt die Färbung in Gelb.

Auch andere Oxydationsmittel färben Brucin roth, wie unterchlorige Säure, Uebermangansäure, Wasserstoffsuperoxyd, Chlor, Chromsäure, Ferricyankalium, Platinchlorid, Eisenchlorid (Luck). Brucinlösungen werden beim Erwärmen mit einer sauren, salpetersauren Quecksilberoxydullösung carminroth gefärbt (Flückiger). Die Lösung von Brucin in verdünnter Schwefelsäure (1 10) wird auf Zusatz weniger Tropfen Kaliumchromatlösung himbeerroth bis orangegelb (Dragendorff). Mit Braunstein und verdünnter Schwefelsäure entsteht mit Brucin eine gelbrothe bis blutrothe Färbung, nach Filtration giebt Pikrinsäure im Filtrate einen gelben Niederschlag (Hager).

Aus den wässrigen Lösungen der Brucinsalze fällen ätzende und kohlensaure Alkalien, Magnesia, Kalk, ja selbst Strychnin und Morphin dichten, im Ueberschuss der Fällungsmittel unlöslichen, sich allmälig unter Bindung von Wasser in concentrisch geordnete Nadeln verwandelnden Niederschlag von Brucin. Durch Ammoniak, dessen Ueberschuss anfangs wieder lösend wirkt, wird das Brucin in Oeltröpfchen gefällt, die bald zu Krystallnadeln erstarren. Zweifach-kohlensaure Alkalien fällen aus sauren Lösungen das Brucin erst nach dem Entweichen der Kohlensäure, die es in Lösung zu erhalten vermag. Bei Gegenwart von Weinsäure werden verdünnte Brucinlösungen durch doppelt kohlensaure Alkalien nicht gefällt. — Schwefelcyankalium erzeugt in den Brucinsalzlösungen je nach der Concentration weissen käsigen, kugligen oder fein krystallinischen, rothes Blutlaugensalz gelben krystallinischen Niederschlag, Kaliumbichromat scheidet daraus allmälig lange gelbe Nadeln ab. Platinchlorid erzeugt darin gelben, bald krystallinisch werdenden, Goldchlorid schmutzig gelben amorphen, Natriumiridiumchlorid ockergelben oder rothbraunen krystallinischen, Quecksilberchlorid weissen amorphen (nur aus conc. Lösungen allmälig krystallinisch werdenden), Kaliumplatincyanür weissen krystallinischen, Kaliumquecksilberjodid weissen oder gelblichen amorphen und Kaliumkadmiumjodid krystallinischen Niederschlag. Phosphormolybdänsäure fällt orangegelbe Flocken, Phosphorantimonsäure rosenrothen Niederschlag, Pikrinsäure giebt amorphe, bald krystallinisch werdende, Gerbsäure starke weisse Fällung, Jod-Jodkalium kermesfarbigen Niederschlag.

Die Abscheidung des Brucins aus organischen Materien bietet nach den angegebenen Methoden keine Schwierigkeiten. Da man es, im Fall eine Vergiftung mit Brechnüssen vorläge, in Begleitung von Strychnin anträfe, so würde zweckmässig vor Anstellung der Reaction eine Trennung beider vorzunehmen sein, die für diesen Zweck durch kalten absoluten Weingeist, der das Brucin weit leichter und schneller als das Strychnin löst, in ausreichender Weise bewirkt werden könnte; auch nach einem der bei Strychnin angegebenen Verfahren. Gerichtlich-chemischer Nachweis.

Zur Erkennung dient vor Allem die oben beschriebene Salpetersäureprobe. — Bei dem Verfahren der Microsublimation liefert Brucin runde Körnchen, bei zu starker Erhitzung auch Tröpfchen. Auf Zusatz von Wasser so wenig, als von Ammoniakwasser entstehen aus den Körnchen Krystallisationen; auch die gewöhnlichen Säuren erzeugen daraus nur vorübergehende Krystallbildungen. Verdünnte Chromsäure dagegen löst die Körner allmälig und lässt dann dunkelgelbe Prismen und Krystallsterne entstehen (Helwig).

Brucin widersteht sehr lange den Fäulnissprocessen (Pander. Bull. soc. chim. 18. 416). Ueber die quantitative Bestimmung der

Strychnosalkaloide siehe Dragendorff: die chemische Werthbestimmung scharf wirkender Droguen. S. 61.

Wirkung. Das Brucin wirkt auf warmblütige Thiere nach Art des Strychnins, indem es die Reflexaction des Rückenmarks steigert und dadurch in höheren Dosen tetanischen Krampf erzeugt, welcher durch Erstickung oder Erschöpfung den Tod bedingen kann. Bei Fröschen bedingt es zwar ebenfalls Steigerung der Reflexerregbarkeit, aber indem es schon in relativ geringeren Mengen gleichzeitig Lähmung der peripherischen Endigungen und später auch der Stämme der motorischen Nerven bewirkt, erzeugt es keinen tetanischen Krampf (v. Wittich und Liedtke). Mit dem Strychnin theilt es nach Harley auch die Wirkung auf das Blut, die Aufnahme von Sauerstoff und die Abgabe von Kohlensäure zu beschränken, unterscheidet sich aber wesentlich durch die weit grössere Menge, die zur Erzielung tödlicher Effecte nöthig ist und welche nach den Untersuchungen von F. A. Falck für das Brucinnitrat sich 38½ mal höher stellt als für Strychninnitrat. Oertliche Wirkung fehlt.

Hiermit fallen die älteren, auf mit Strychnin oder anderen Strychnosbasen verunreinigtes Brucin bezüglichen Angaben, wonach Brucin 10 (Pelletier) oder 12 (Andral) oder 24 (Magendie) mal schwächer als Strychnin wirke, weg. Für Kaninchen ist nach F. A. Falck die minimale letale Dosis 23 Mgm. pr. Kilo, während auch im deutschen Handel Brucinsorten vorkommen, von denen 4—5 Mgm. pr. Kilo letal sind (Th. Husemann und Fliescher). Die Vergiftung durch Brucinnitrat verläuft entschieden langsamer, indem die Krämpfe später auftreten (F. A. Falck). Die älteren Angaben von Schirlitz, C. Ph. Falck und Abée über letale Dosen bei andern Thierspecies sind jetzt ohne Interesse. — Brucin wirkt bei Warm- und Kaltblütern am schnellsten bei Infusion, danach bei Subcutaninjection, am langsamsten von den Schleimhäuten; von der Magenschleimhaut der Tauben scheint es gar nicht oder nur wenig resorbirt zu werden. Winterfrösche sind gegen das Gift resistenter als Sommerfrösche und zeigen die Steigerung der Reflexerregbarkeit in höherem Grade; letztere ist schneller und kräftiger bei Rana temporaria als bei Rana esculenta. Die Lähmung der Nerven schreitet von hinten nach vorn vorwärts und stellt sich in 6—150 Min. ein. Bei kleinen Dosen findet völlige Wiederherstellung der Thiere und der total gelähmten Nerven statt. In physiologischer Hinsicht ist ferner bemerkenswerth, dass bei einseitiger Vergiftung die Reflexerregbarkeit auch bis zum Tetanus geht, und dass derselben in längerer oder kürzerer Zeit eine Lähmung der Reflexcentra folgt, mit welcher gleichzeitig eine Lähmung der vorderen Stränge des Rückenmarks eintritt, welche sich auch auf die Nervenstämme fortpflanzt und schliesslich die peripherischen Nerven vom Centrum nach der Peripherie ergreift. Gehirn und sensible Nerven werden, wenn überhaupt, erst sehr spät afficirt. Die Erregbarkeit der willkürlichen wie der unwillkürlichen Muskeln wird durch Brucin nicht alterirt. Die hinteren Lymphherzen stehen bei Brucinvergiftung bald still, sind jedoch, so lange noch Reflexe eintreten, durch periphere Reize zu 4—6 und mehr Pulsationen zu bringen. Das Blutherz bleibt bei Fröschen lange intact und erfährt erst nach Lähmung des Rückenmarks eine Verlangsamung der Frequenz und pulsirt nach dem Tode 12—24 Stunden fort. Der Vagus wird durch grosse Dosen gelähmt, durch schwache nicht afficirt. Der Blutdruck wird bei Säugethieren herabgesetzt, theils in Folge von Schwächung der Herzenergie, theils durch Depression des vasomotorischen Centrums; die periphere Ausbreitung des Sympathicus wird bei Kaninchen nicht behelligt. Weder bei Fröschen, noch bei Säugethieren findet Lähmung der Muskeln durch Ermüdung statt; directe Application schwacher Brucinlösungen auf Nerven afficirt dieselben nicht, während starke Lösungen dieselben sehr bald local und später (6—7 Stunden) im Ganzen, vom Applicationsorte bis zur Peripherie, lähmen. Das Blut mit Brucin vergifteter Thiere wirkt wie Brucin selbst (Liedtke). Das Herz mit (käuflichem) Brucin getödteter Kaninchen kann nach mehreren Stunden rhythmisch fortpulsiren (Th. Husemann und Fliescher). Die Lähmung der peripherischen Nervenendigungen durch Brucin erfolgt bei Fröschen nur bei grossen Dosen, 1:1000—1500 des Körpergewichts (Lautenbach).

Bei der Darreichung von Brucin an Kranke sind nach Lepelletier verschiedene sog. physiologische Erscheinungen beobachtet, die sich ziemlich genau an die nach Strychnin vorkommenden schliessen. Die ersten Wege werden nicht direct durch Brucin afficirt, von der Bitterkeit abgesehen zeigt sich höchstens etwas Wärme im Magen und Oesophagus, bisweilen Uebelkeiten und Appetitverminderung. Die Urinsecretion ist manchmal vermehrt, die Circulation nicht alterirt. Gaben unter 0,1 bedingen leichtes Kriebeln in allen Gliedern und Jucken, insonderheit am Kopfe; von 0,1 an Bewegungen in den Muskeln, namentlich auch der gelähmten Glieder, nach Art elektrischer Schläge, welche Erschütterungen bei Steigerung der Dosis lebhafter und allgemeiner werden, so dass z. B. ein Hemiplegischer bei 0,05 aus dem Bette geworfen zu werden fürchtete. Finger und Zehen gerathen nicht in Tetanus, sondern in rasch abwechselnde Extension und Flexion, Kiefer und Schlundmuskeln bleiben frei, während Erectionen vorkommen. In diesem Stadium beobachtet man auch Schlaflosigkeit, Ohrenklingen und Nebelsehen; Abends zeigt sich meist Steigerung der Symptome. Bei der stärksten Einwirkung fühlen die Kranken lebhafte Schmerzen in den Gliedern, können sich nicht rühren, sind sehr schwach, leiden an Kopfschmerz, Empfindlichkeit des Gehörs und Gesichts, heftigem Durst, trocknem Mund und mehrstündigem Fieber.

Brucin findet sich bei vergifteten Thieren in allen Organen, auch den Nieren, besonders stark in der Leber; im Harn ist es nur undeutlich nachweisbar (Dragendorff und Pander). Schicksale im Organismus.

Nach den Versuchen von Uspensky (Arch. Anat. Physiol. 1868. 4. 522) wirkt die künstliche Respiration bei Thieren, die mit Brucin vergiftet sind, grade wie beim Strychnin, indem Dosen von 4 Mgm. pr. Pfund, die bei subcutaner Injection tödlich sind, bei $1\frac{1}{2}$—2stündiger künstlicher Respiration gar keine Krämpfe, bei 6 Mgm. schwache und weniger anhaltende und erst bei 7 Mgm. tödliche Vergiftung bedingen. Behandlung der Vergiftung.

Das Brucin hat seit der Empfehlung durch Pelletier und Andral mehrfach, besonders in Frankreich und England, Anwendung in denjenigen Krankheitsfällen gefunden, wo man Strychnin heutzutage verwerthet. Es ist aber fast ganz von dem stärker wirkenden Alkaloide verdrängt, da sich die Bemerkung von Andral, man habe dasselbe viel mehr in seiner Gewalt wie Therapeutische Anwendung.

das Strychnin, weil es eben erst in grösseren Dosen toxisch wirke, als irrig erweist, indem wenigstens das käufliche Brucin sehr häufig kleine Mengen von stärkerem Alkaloide beigemengt enthält, weshalb stets eine sorgfältige Prüfung desselben vor der Anwendung geboten erscheint, so dass z. B. schon Magendie den Rath giebt, nur aus falscher Angusturarinde dargestelltes Brucin zu verwenden, weil dieses nur wenig Strychnin enthalten könne.

Die hauptsächlichsten Empfehler sind ausser den schon genannten Bardsley, Bricheteau und Lepelletier, die sämmtlich das Mittel bei Lähmungen (Magendie auch bei Atrophie der Arme und Beine) mit Erfolg gebraucht haben wollen und dasselbe zum Theil auch in seiner Wirkung über das Strychnin stellen. So Bardsley in 10 Fällen von Lähmung, die mit Gehirnaffection zusammenhingen; Bricheteau bei Paralysen überhaupt und insbesondere bei Bleilähmung, wovon er 1 Fall in 1$^1/_2$ Monaten durch das Mittel heilte. Lepelletier empfiehlt Brucin bei Lähmungen in Folge von Hirnapoplexie, wenn der Bluterguss bereits längere Zeit besteht, während bei frischen Apoplexien das Mittel zu Hirnreizung Anlass giebt, ferner bei Paraplegien in Folge von Congestion der Rückenmarkshäute, nie aber bei Erweichung der Medulla spinalis, bei Lähmungen einzelner Muskeln nach Knochenbrüchen, bei saturniner Paralyse, endlich bei Impotenz.

Brucin lässt sich in Pulver, Pillen oder Tropfen darreichen, wobei man sich des reinen Alkaloids oder der Salze (Hydrochlorat, Sulfat, Nitrat) bedient. Man pflegt mit kleineren Gaben zu beginnen und die Dosis allmälig zu steigern. Bardsley giebt 2mal täglich 0,06 und steigert bis 3mal täglich 0,18, wobei er bemerkt, dass, wenn in 5—6 Wochen keine deutliche Besserung erfolgt, von dem Mittel abzustehen sei. Die französischen Autoren beginnen mit kleineren Gaben, steigen aber höher; so fängt Bricheteau mit 0,02—0,03 an und steigt selbst bis 0,8—0,9 pro die; bei höheren Gaben lässt er länger, oft 8—14 Tage, verweilen, wenn die Erscheinungen sehr intensive werden, ehe er um ein weiteres Centigramm steigt. Ihm zufolge erschöpft sich die Wirkung allmälig.

Methylbrucin. Methylbrucinjodür ist mindestens 60mal, Methylbrucinsulfat mindestens 9mal schwächer als Brucin, ersteres wirkt subcutan zu 0,6 auf Kaninchen nicht, bedingt zu 1,0 $^3/_4$ Std. anhaltende Paralyse und tödtet zu 1,2, während 2,0 vom Magen aus nicht giftig wirken; letzteres ist zu 0,06 subcutan ungiftig, ebenso zu 1,2 bei interner Einführung und wirkt subcutan zu 0,12 paralysirend und zu 0,15 letal (Crum Brown und Fraser, Transact. R. Soc. Edinb. 25. Journ. Anat. Physiol. 2. 224.)

Igasurin. **Igasurin.** — Nach Desnoix (Journ. Pharm. (3) 25. 202) sollen die Brechnüsse neben Strychnin und Brucin noch eine dritte, von ihm „Igasurin" genannte, tetanisirende und in ihrer Giftigkeit zwischen Brucin und Strychnin stehende Base enthalten, die nach Ausfällung des Strychnins und Brucins aus dem siedend heissen wässrigen Auszuge durch Kalk und Eindampfen des Filtrats aus diesem beim Stehen allmälig herauskrystallisire, und durch Entfärbung ihrer salzsauren Lösung mit Thierkohle, Fällen durch Ammoniak nochmalige Wiederholung dieser Behandlung und endliches Umkrystallisiren aus Weingeist rein erhalten werde. Das Igasurin bildet nach Angabe von Desnoix weisse seideglänzende Prismen mit etwa 10 Proc. Krystallwasser und unterscheidet sich vom Brucin nur dadurch, dass es sich schon in 200 Th. kochendem Wasser löst und daraus beim Erkalten sehr rasch (das erst in 500 Th. kochenden Wassers lösliche Brucin krystallisirt sehr langsam) krystallisirt, und dass es ferner auch bei Gegenwart von Weinsäure durch doppelt kohlensaure Alkalien gefällt wird.

Wenn diese Angaben der Bestätigung bedürfen, so gilt dies noch mehr von einer Mittheilung Schützenbergers (Ann. Chim. Phys. (3) 54. 65), der aus käuflichem Brucin neben Strychnin und wahrem Brucin nicht weniger als 9 in ihrer Zusammensetzung und bezüglich ihrer Löslichkeit in Wasser von einander abweichende Basen isolirt haben will.

Curarin. — Literat.: Roulin und Boussingault, Ann. Chim. Phys. 39. 24. — Pelletier und Petroz, Ann. Chim. Phys. 40. 213. — A. Buchner, N. Repertor. Pharm. 10. 167. — W. Preyer, Zeitschr. Chem. 8. 381. — Liebig, Arch. Pharm. (2) 110. 26. — Sachs, Ann. Chem. Pharm. 191. 254. — Dragendorff, Z. Chem. 1867. 28. — Flückiger, N. Repert. Pharm. 22. 65. — Dragendorff, Z. Chem. 1867. 28. — G. Planchon, Compts. rend. 90. 133. — Couty und Lacerda, Compts. rend. 89. 582. — Dragendorff, Beiträge 1872. 172—175.

Medicinische: Pelikan, Beiträge zur gerichtlichen Medicin u. s. w. Würzb. 1858. p. 156. — Preyer, Berl. klin. Wchschr. 1865. N. 40. — Beigel, Berl. klin. Wchschr. 1868. N. 9.

Curarin.

In dem von den Indianern in Spanisch-Guyana und Nordbrasilien bereiteten und unter den Namen Curari und Urari bekannten schwarzen extractartigen Pfeilgift, dessen Abstammung von verschiedenen Strychnosarten neuerdings Planchon zur Evidenz dargethan hat, wurde zuerst durch Roulin und Boussingault (1830) eine eigenthümliche basische Substanz, die sie Curarin nannten, aufgefunden. Pelletier und Petroz, und später auch A. Buchner bestätigen die Angaben von Roulin und Boussingault,. vermochten aber wie diese diese neue Base nur amorph und in unreinem Zustande zu erhalten. Neuerdings (1865) gelang endlich Preyer die Reindarstellung in krystallisirter Form. Nach den Angaben von Planchon, Couty und de Lacerda besteht wohl kein Zweifel mehr, dass das Curara aus Strychnosarten hergestellt wird. So werden genannt Strychnos toxifera, Schomburgkii, cogens, Castelnaeana, Gubleri, Crevauxii, triplinervia, hirsuta, nigricans, rubiginosa. (Ueber Bereitung von Curari siehe besonders Jobert, Un. pharm. 19. 60. J. Pharm. 1878. 116.)

Darstellung.

Preyer kochte gepulvertes Curare mit absolutem Weingeist aus, dem einige Tropfen Sodalösung zugesetzt waren, nahm den Verdunstungsrückstand des weingeistigen Auszugs in Wasser auf, filtrirte vom ungelöst bleibenden Harz ab, fällte das mit Salpetersäure angesäuerte Filtrat mit Phosphormolybdänsäure aus, zerlegte den Niederschlag durch Eintrocknen mit Barythydrat, zog die trockne Masse mit absolutem Weingeist aus und schied aus der weingeistigen Lösung durch wasserfreien Aether das Curarin in weissen Flocken ab, die an der Luft rasch zu einem braunen Oel zerflossen, aber durch Auflösen in Chloroform und freiwilliges Verdunstenlassen der Lösung krystallisirt erhalten wurden. — Nach Preyer kann man statt mit Phosphormolybdänsäure die vom Harz abfiltrirte wässrige Lösung, ohne anzusäuern, auch mit Quecksilberchlorid fällen, den ausgewaschenen Niederschlag mit Schwefelwasserstoff zersetzen und aus der so erhaltenen unreinen Lösung von salzsaurem Curarin durch wiederholtes Fällen mit Quecksilber- oder Platinchlorid und Zersetzen der Niederschläge mit Schwefelwasserstoff endlich reines salzsaures Curarin gewinnen. Nach Sachs ist bei der Darstellung des Curarins stets Wasser zur Extraction zu verwenden, welches Extract mit Kaliumquecksilberjodid gefällt wird. Der erhaltene Niederschlag, mit Schwefelwasserstoff zerlegt, liefert jodwasserstoffsaures Salz, das mit Bleiacetat zerlegt wird, wodurch man essigsaures Salz erhält.

Eigenschaften.

Das Curarin bildet farblose vierseitige sehr hygroskopische Prismen von stark bitterem Geschmack und schwach alkalischer Reaction, die sich in Wasser und Weingeist in allen Verhältnissen, nur schwierig in Amylalkohol und Chloroform und gar nicht in wasserfreiem Aether, Schwefelkohlenstoff. Benzol und Terpentinöl lösen.

Die Zusammensetzung des Curarins ist noch nicht festgestellt. Eine Analyse des krystallinischen Platindoppelsalzes hatte zu der nicht sehr wahrscheinlichen Formel $C_{10}H_{15}N, PtCl_2$, geführt (Preyer). Sachs berechnet aus den Resultaten der Analyse des pikrinsauren Salzes die Formel $C_{18}H_{35}N$.

Das schwefelsaure, salpetersaure, chlorwasserstoffsaure und essigsaure Salz sind krystallisirbar, lösen sich sehr leicht in Wasser und färben sich beim Trocknen in der Wärme braun. Nach Sachs ist schwefelsaures und salzsaures Salz unbeständig.

Reactionen. Gerichtlich-chemischer Nachweis.

Beim Erhitzen wird das Curarin zersetzt unter Entwicklung ammoniakalischer Dämpfe. — Durch conc. Schwefelsäure wird es schön roth, durch conc. Salpetersäure purpurroth gefärbt. Bringt man seine Auflösung in conc. Schwefelsäure mit Kaliumbichromat, rothem Blutlaugensalz oder Bleisuperoxyd zusammen, so entsteht eine schön violette, der durch Strychnin hervorgebrachten ähnliche, aber beständigere Färbung (Preyer). Kaliumbichromat fällt Lösungen des Curarins amorph, Fällungen erzeugen ferner Platinchlorid, Phosphormolybdänsäure, Kaliumwismuthjodid, Gerbsäure. Kaliumquecksilberjodid. Kaliumplatincyanür, Ferrocyankalium. Rhodankalium, jodsaures Kali etc. Für den gerichtlichchemischen Nachweis sind besonders beachtenswerth (Dragendorff, Koch, Dissertat. Dorpat. 1875): Curarin wird aus schwefelsaurer Lösung weder von Aether, noch Benzol, Petroleumäther, aufgenommen, auch nicht, wenn die Lösung alkalisch gemacht wurde. Der eingetrocknete alkalische Auszug giebt Curarin an 95 % Alkohol ab. Curarin ist in Wasser leicht löslich.

Wirkung.

Das Curarin bedingt die Wirkung sämmtlicher oder doch der meisten südamerikanischen Pfeilgifte, lähmt wie diese zuerst die peripherischen Nervenendigungen und später die Nervenstämme, in grossen Dosen auch die Endigungen des Vagus im Herzen, afficirt im Uebrigen Nervencentra, Herzaction und Darmperistaltik nicht und tödtet durch Lähmung der Brustmuskeln asphyktisch. Mit den Pfeilgiften theilt es die Eigenschaft, dass es vom Magen aus weit weniger toxisch wirkt als vom Unterhautzellgewebe und Wunden aus.

In Bezug auf die Giftigkeit des Curarins giebt Preyer an, dass dasselbe zu 1—1,5 Mgm. Kaninchen rapide tödtet (Meerschweinchen zu weniger als 1 Mgm., Frösche zu 0,3 Mgm.), doch gelingt es auch mittelst des Verfahrens von Preyer in Folge leichter Zersetzung des Alkaloids schwer derartige starke Alkaloide herzustellen; meist wirkt das Curarin nicht stärker als das Pfeilgift selbst (Dragendorff und Koch). — Das Blut beider Herzhälften zeigt spectroskopisch die Streifen des sauerstofffreien Hämoglobins (Preyer).

Schicksale im Organismus.

Das Curarin wird als solches durch den Harn und durch die Galle eliminirt. Bei letaler Vergiftung von Thieren findet es sich in allen Organen, besonders in Leber, Herz und Lungen, ausnahmsweise im Blute; bei protrahirter Intoxication mehrere Tage in Urin und Fäces (Dragendorff und Koch). Dass das Curarin im Organismus nicht völlig destruirt wird, wie man daraus schliessen wollte, dass ein starker Ozonstrom die Lösungen von amerikanischem Pfeilgift unwirksam macht (R. Richter), sondern hauptsächlich eliminirt wird, geht daraus hervor, dass Urin mit Curare vergifteter Thiere Frösche genau wie Curare vergiftet (Voisin und Liouville); ja sogar der Urin eines curarisirten Frosches kann subcutan einen zweiten, der des zweiten einen dritten Frosch s. f. in Lähmung versetzen (Bidder).

Vergiftungserscheinungen beim Menschen.

Eine Vergiftung bei einem Menschen mit Curarin in Folge des Gerathens einiger Tropfen Curarinlösung in eine Fingerwunde, deren Preyer gedenkt, äusserte sich erst nach 5 Stunden, und zwar in einer auffallenden Secretionsvermehrung der Schweissdrüsen, Speichel- und Thränendrüsen, der Nasenschleimhaut und der Nieren, worauf ein Gefühl von Frische und Erleichterung gefolgt sein soll. Preyer bekam durch Einathmen des beim Pulvern einer besonders harzreichen Curare-Sorte aus Venezuela erzeugten Staubes starken Blutandrang zum Kopfe, heftige, aber nicht lange dauernde Cephalalgie, mehrstündige Müdigkeit und Unlust zu Bewegung, sowie Hypersecretion Speichel und Nasenschleim.

Behandlung der Vergiftung.

Bei einer Vergiftung mit Curarin würde, falls Indicatio vitalis besteht, vor Allem die Einleitung künstlicher Respiration auszuführen sein; ausserdem wird man für die Entfernung des Giftes von der Applicationsstelle zur Verhütung weiterer Resorption Sorge zu tragen haben.

Physiologischer Nachweis.

Bei einer etwaigen tödtlichen Vergiftung mit Curarin (oder Curare) dürfte nach Untersuchungen von Voisin und Liouville der physiologische Nachweis des Giftes hier um so mehr indicirt sein, als die Vergiftungserscheinungen sowohl bei Kaltblütern als bei Warmblütern höchst eclatante sind, die in gleicher Weise nur noch bei wenigen Stoffen, z. B. beim Coniin und verschiedenen Methylbasen, auftreten. Man bedient sich zu diesem Nachweis der subcutanen Injection und wird bei Fröschen an der rasch auftretenden Paralyse und Erschlaffung, und wenn der Tod erfolgt, an dem Fortschlagen des Herzens und an der Unfähigkeit der motorischen Nerven, auf elektrischen Reiz zu reagiren, die Diagnose eines die peripherischen Nerven lähmenden Giftes stellen können.

Therapeutische Anwendung.

In therapeutischer Hinsicht ist das Curarin, und zwar das schwefelsaure Curarin als weniger leicht zersetzbares, in wässriger Lösung aufzubewahrendes Salz, von Preyer an Stelle des Curare hauptsächlich aus dem Grunde empfohlen, weil die verschiedenen Handelssorten, wahrscheinlich ihrem Curaringehalte entsprechend, in ihrer Wirkung quantitativ sehr differiren. Es ist bis jetzt bei Epilepsie und Chorea mit negativem Erfolge benutzt (Beigel), dürfte aber besonders beim Wundstarrkrampf, wo das Curare relativ günstige therapeutische Erfahrungen für sich hat und wo Busch auch das Curarin in einem glücklich verlaufenen Falle benutzte, weniger bei Tetanus toxicus (Strychnismus), wo es dem Chloral entschieden nachsteht, ferner bei Meningitis spinalis (Morf) und mimischem Gesichtskrampfe (Gualla), natürlich nur in hypodermatischer Injection, angewendet werden können.

Hinsichtlich der zu injicirenden Menge würde, wenn die Preyersche Angabe, dass Curarin zu kräftigem Curare in Bezug auf die Stärke der Wirkung im Verhältniss von 20 : 1 steht, für jedes Curarin zuträfe, sich, die gewöhnliche Dosis zu 0,1 gesetzt, als Dosis 0,005 ergeben. Dies ist indessen nicht der Fall, wie oben die Angaben von Dragendorff und Koch darthun. Buchheim und Loos (1870) fanden dasselbe nur 10mal stärker als das von ihnen benutzte, noch dazu sehr schwache Curare. Auch hat Beigel bei Versuchen mit aus Bonn bezogenem (Preyerschen) Curarin bei einem Epileptiker, welcher auf 0,06 Curare entschiedene Curarewirkung zeigte, bis zu 0,013 Curarin ohne jeglichen physiologischen oder therapeutischen Effect injicirt und selbst bei einem Knaben, der 0,005 gegen Chorea erhielt, stellte sich keine eigentliche Curarewirkung ein. Unter diesen Umständen dürfte der Vorzug vor dem Curare, der dem Curarin als sicherer zu dosirendem Medicamente zugetheilt wird, sehr zweifelhaft erscheinen, ein Umstand, der zusammen mit dem enorm theuren Preise des Mittels seine Einführung in den Arzneischatz geradezu unmöglich macht.

Akazgin. **Akazgin.** — In einer auf der westafrikanischen Küste wachsenden, botanisch noch nicht näher bestimmten, aber ohne Zweifel den Strychnosarten verwandten Pflanze, die von den Eingeborenen unter den Namen „Akazga, Boundu, Ikaja und Quai" zur Anstellung von Gottesurtheilen, aber auch zu anderen abergläubischen Zwecken benutzt wird und auch medicinische Verwendung findet, hat Th. Fraser 1867 (Brit. and. for. med. chir. Rev. **79.** 210) ein dem Strychnin nahe stehendes Alkaloid aufgefunden.

Zur Darstellung löste Fraser das weingeistige Extract der Rinde in sehr verdünnter wässriger Weinsäurelösung und behandelte diese nach dem Verfahren von Stas, indem er sie zuerst mit Aether schüttelnd auszog, dann nach Uebersättigung mit kohlensaurem Natron das Alkaloid in Aether und aus diesem wieder in weinsaures Wasser überführte, aus welchem es dann schliesslich durch kohlensaures Natron gefällt wurde.

Es bildet eine weisse amorphe Substanz, die nur schwierig aus weingeistiger Lösung in kleinen Prismen krystallisirt. Beim Erhitzen in Röhrchen wird es gelb, schmilzt unter Entwicklung alkalisch reagirender, beissend riechender Dämpfe und verkohlt dann. Es löst sich in 13000 Th. Wasser von 10° Cels., in 16 Th. 85procentigen, in 60 Th. absoluten Weingeists, in etwa 120 Th. absolutem Aether, ferner leicht in gewöhnlichem Aether von 0,735 spec. Gew., Chloroform, Benzol und Schwefelkohlenstoff. Die Lösungen reagiren alkalisch. Mit den Säuren, welche es vollständig neutralisirt, bildet das Akazgin in Wasser lösliche, zwar sehr bitter schmeckende, aber bezüglich der Intensität und Persistenz ihrer Bitterkeit von den Strychninsalzen weit übertroffene Salze.

Das Akazgin zeigt gegen Schwefelsäure und chromsaures Kali, resp. Bleisuperoxyd dasselbe Verhalten wie Strychnin. Aus seinen Salzlösungen wird es durch ätzende und kohlensaure Alkalien, Ammoniak, phosphorsaures Natron,

Jodkalium, Schwefelcyankalium, gelbes Blutlaugensalz, Kaliumbichromat, Zinnchlorür, Platin- und Goldchlorid, Kaliumquecksilberjodid, Pikrinsäure, Gerbsäure und Jodlösung gefällt, aber sämmtliche Niederschläge sind amorph. Der durch Quecksilberchlorid bewirkte weisse amorphe Niederschlag löst sich beim Erwärmen und erscheint beim Erkalten amorph wieder (Fraser).

Nach Fraser wirkt Akazgin genau wie Strychnin und tödtet Kaninchen zu 6 Mgm. in 9 Min. unter Steigerung der Reflexaction und tetanischen Convulsionen; 5 Mgm. bedingen Convulsionen und nachfolgende Paralyse, doch erfolgt in 1—2 Stunden Erholung. Der Tetanus scheint etwas später als nach Strychninlösungen einzutreten. Wirkung.

Spigelia.

Dudley (Americ. J. Chem. 1. 104) isolirte aus Spigelia marylandica ein Alkaloid, das Spigelin.

Gelsemium.

Gelsemin. $C_{22}H_{38}N_2O_4$. — Literat.: Wormsley, Amer. J. Pharm. 1. 1870. — Robbins, Berl. Ber. 1876. 1182. — Fredicke, Amer. Pharm. Ass. Proc. 1873. 652. — E. M. Holmes, Pharm. J. Trans. (3) 6. 481. 521. 601. — E. Rennard, Pharm. Z. Russ. 1876. 737. — L. Sonnenschein, Berl. Ber. 1876. 1182.

Medicinische: Ringer und Murrell, Lanc. Jan. July 1876. Ott, Philad. med. Times 291. 1877. Tweedy, Lanc. June 9. 1877. — Putzeys und Romiée, Mem. sur l'action physiol. de la Gelsémine. Brux. 1878. — Moritz, Arch. exp. Pharmakol. 11. 299. 1879.

Die von Wormsley 1870 vorgenommene Untersuchung des Wurzelstockes von Gelsemium sempervirens ergab als Bestandtheile ein Alkaloid Gelsemin und eine sog. Gelseminsäure, deren Identität mit Aesculin inzwischen von Robbins festgestellt wurde. Gelsemin.

Am besten gelingt die Isolirung des Alkaloides durch Extraction des Wurzelstockes mit 50 % Alkohol, Concentration dieses Auszuges zum Zwecke der Abscheidung harziger Massen, Filtration und Beseitigung des Aesculins durch Ausfällen mit Bleiessig. Das Filtrat dieser Ausfällung, mit Schwefelwasserstoff entbleit, wird mit Aether ausgeschüttelt, dann concentrirt, mit Kalilauge alkalisch gemacht, mit Aether vollkommen ausgeschüttelt, der beim Verdunsten das Alkaloid zurücklässt. — Durch Wiederauflösen in Salzsäure und nochmalige analoge Behandlung wird es gereinigt. Ausbeute circa 0,49 % (Fredicke). — Gelsemin ist amorph, von bitterem Geschmacke, schmilzt unter 100°, ist schwerlöslich in Wasser, leicht in Chloroform, Aether, schwerer löslich in Alkohol. — Die Salze, soweit dieselben bekannt, krystallisiren nicht.

Die Lösungen des Gelsemins geben mit den allgemeinen Alkaloïdreagentien Fällungen. Charakteristisch für den Nachweis des Alkaloïdes ist die Fähigkeit, mit concentrirter Schwefelsäure und Kaliumdichromat eine violettrothe, mit Ceroxyduloxyd eine kirschrothe Farbe zu geben.

Auch mit Schwefelsäure und Zucker färbt sich Gelsemin roth, mit Perchlorsäure gelb (Strychnin rothbraun), mit Eisenchlorid und Ferricyankalium scheidet es Berlinerblau ab. — Beim gerichtlichen Nachweis bleibt zunächst das gleichzeitige Vorkommen von Aesculin neben Gelsemin in der Gelseminwurzel beachtenswerth, ferner der Umstand, dass Gelsemin sauren Auszügen durch Benzin und Chloroform nicht entzogen wird, Aesculin sauren Auszügen mit Chloroform entzogen wird. (Dragendorff, Z. Pharm. Russl. 21. 1883. 590).

Wirkung. Das Gelsemin, welches schon von Wormsley (1870) als das giftige Princip von Gelsemium sempervirens erkannt wurde, ist für verschiedene Thierclassen und auch für den Menschen stark toxisch und kann bei letzteren zu 0,15 subcutan bedenkliche Vergiftungserscheinungen herbeiführen.

Schon Wormsley fand, dass 6 Mgm. bei Katzen mehrstündige starke Prostration und 7—8 Mgm. subcutan Tod in 1½ St. nach voraufgehender Paralyse, Athemverlangsamung und Mydriasis bedingen kann. 0,5 Mgm. chlorwasserstoffsaures G. subcutan ist für ein mittelgrosses Kaninchen tödtlich (Moritz). Die einzige Beobachtung über die toxische Dosis beim Menschen betrifft einen 14j. Kranken Fronmüllers (Memor. 195. 1878), bei welchem sich nach 0,06 innerlich mässige Pupillenerweiterung und Frontalschmerz, nach 0,15 ausserdem mässige Abnahme des Appetits und Unruhe in der Nacht, dann aber nach einer weiteren Dosis von 0,15 extreme Mydriasis, heftiger Stirnkopfschmerz und Schwäche einstellten, wozu beim Aufstehen plötzliche Bewusstlosigkeit und Anaesthesie, schnarchendes und verlangsamtes Athmen, Blässe des Gesichts und Kinnbackenkrampf sich gesellten und schliesslich die Athmung sistirte, so dass nur durch künstliche Respiration das Leben zu erhalten war. Die von Ringer und Murrell ausgesprochene Vermuthung, wonach in Gelsemiumextract neben Gelsemin noch eine zweite active Substanz existire, scheint nicht begründet (Romiée und Putzeys, Moritz).

Die Wirkung des Gelsemins ist vor Allem auf die Motiliät und die Respiration gerichtet und ist bei toxischen Dosen vorwaltend eine deprimirende mit voraufgehender kurzer Erregung. Der Tod mit Gelsemin vergifteter Warmblüter erfolgt durch Lähmung des respiratorischen Centrums. — Das Vergiftungsbild beim Frosche äussert sich vorwaltend in Paralyse, anfangs mit Steigerung der Reflexerregbarkeit verbunden, welche bei Reizung zu Tremor (Moritz) oder zu wirklichem Tetanus (Ringer und Murrell, Romiée und Putzeys) führt, jedoch mit langdauernden Intervallen; hierzu kommt bald Herabsetzung und Stillstand der Athmung, später der Reflexerregbarkeit. Bei Säugethieren bedingt G. ein äusserst charakteristisches Vergiftungsbild in Form von anfallsweisem Tremor des Kopfes und der vorderen, bisweilen auch der hinteren Extremitäten und von Ataxie der Vorderbeine (Moritz) mit gleichzeitiger Parese und Athemschwäche, bei vorgeschrittener Vergiftung mit Herabsetzung der Sensibilität, sehr starkem Sinken der Temperatur, Verlangsamung der Herzthätigkeit und Mydriasis, Speichelfluss. Die Combination von Tremor und Paralyse scheint am einfachsten sich so zu erklären, dass G. zuerst excitirend auf das Gehirn und bald darauf auf die motorischen Bahnen des Rückenmarks, darnach auf beide der Reihe nach deprimirend wirkt, während es die sensibeln Rückenmarksleitungen direct und zwar zu einer Zeit, wo die Reizbarkeit der motorischen noch erhöht ist, lähmt (Moritz). Die reflexhemmenden Centra sind nicht afficirt (Ott); grosse Giftmengen lassen bei Fröschen keinen Tetanus eintreten; der Tremor ist entweder spinal oder von den nach Romiée und Putzeys im späteren Verlaufe der Vergiftung gelähmten, nach Moritz nicht afficirten intramusculären Nervenendigungen abhängig, da G. den quergestreiften Muskel nicht beeinflusst. Die Erregung und spätere Herabsetzung oder die primäre Depression der Respiration sind von den peripheren Nerven und vom Vagus unabhängig, scheinen aber ihrerseits bei Warmblütern secundäre Retardation des Herzschlages zu veranlassen, die bei Vagusdurchschneidung oder künstlicher Respiration ausbleibt (Moritz). Nach Romiée und Putzeys lähmt G. bei Kalt- und Warmblütern die peripherischen Endigungen des Herzvagus und ist die dadurch bedingte hochgradige Temperaturherabsetzung Folge der Schwächung der Herzaction und der damit im Zusammenhange stehenden ophthalmoskopisch nachweisbaren Verengung der Arterien; bei Infusion tritt sofortiges Fallen des Blutdrucks und Beschleunigung mit geringer Ausgiebigkeit der Herzcontractionen ein und erfolgt Drucksenkung auch nach vorgängiger Halsmarkdurchschneidung. R. und P. betrachten übrigens das respiratorische Centrum als das von dem Gifte erst betroffene Organ, da bei künstlicher Respiration die Functionen des Gehirns und Rückenmarks intact bleiben. Dem Tode gehen häufig Erstickungskrämpfe, welche künstliche Respiration beseitigt, voraus, mitunter Exophthalmos (Ringer und Murrell), auch bei künstlich respirirenden Thieren. Vergiftung kann auch von der Conjunctiva aus erfolgen (Ringer und Murrell); wiederholte Injection kleiner Giftmengen macht eine grössere Dosis zur Tödtung nothwendig (Moritz). In den Tremoranfällen scheint die Reflexerregbarkeit gesunken, unmittelbar darauf etwas erhöht (Moritz). Interessant sind die beim Menschen auftretenden Erscheinungen nach grossen Dosen von Gelsemiumpräparaten, insofern dabei die Augenmuskeln (Ptosis, Unbeweglichkeit des Bulbus) zuerst paralysirt werden und gleichzeitige Schläfrigkeit und Gähnen eine Primärwirkung auf das Gehirn andeuten. Rouch (Cpt. rend. Soc. Biol. 770. 1882) vindicirt dem Gelsemin tetanisirende Action im Gegensatze zu dem die peripheren Nervenendigungen lähmenden Gelsemiumextract.

Unmittelbare Application von Gelseminlösung bewirkt in 20 Min. nach vorgängiger halbkreisförmiger Injection der Bindehaut und leichter Myose (Tweedy) oder ohne letztere unmittelbar Mydriasis mit Beeinträchtigung der Accommodation durch Verschieben des Nahepunktes.

Anwendung. Tweedy empfiehlt Gelsemin statt Atropin zur Feststellung von Refractionsanomalien, weil die Accommodationsstörungen nach ersterem schon in 10—20 Std. aufhören und das Undeutlichsehen geringer sei; doch muss man, um in 3 St. complete Accommodationsparalyse zu erhalten, wässrige Lösung von 1:60 anfangs viertel-, später halbstündlich einträufeln. Bei Accommodationskrampf sind schwache Lösungen ganz wirkungslos; ebenso ist wegen der kurzen Dauer der mydriatischen Wirkungen das Mittel bei Iritis unbrauchbar. Fronmüller wandte es erfolglos gegen Hustenreiz an; gegen sonstige Affectionen, wie Fieber und Neuralgien, wo Gelsemiumpräparate in Gebrauch sind, ist das Alkaloid noch nicht benutzt.

Gelsemiumsäure. Die oben erwähnte Gelsemiumsäure (Aesculin?) wirkt nach Ott zu 3—6 Cgm. subcutan auf Frösche tetanisirend.

d. Apocyneae.

Wrightia. Holarrhena.

Conessin oder **Wrightin.** Neriin. — Aus der unter den Namen *Cortex Conessi, Cort. profluvii,* früher auch in Europa, jetzt noch in ihrem Vaterlande Ostindien gegen Dysenterie, Diarrhöe und Fieber geschätzten Rinde des auf Ceylon und in Indien wachsenden Baumes *Wrightia antidysenterica R. Br. Nerium antidysentericum L.*, hat R. Haines (Pharm. J. Trans. (2) 6. 432, auch Schweiz. Pharm. Wochenschr. 1865. 174) im Jahre 1858 eine Base isolirt, die er Conessin zu nennen vorschlägt. Stenhouse (Pharm. J. Trans. (2) 5. 493, auch Viertelj. pract. Pharm. 14. 301) stellte das nämliche Alkaloid, ohne von Haines Untersuchung Kenntniss zu haben, 1864 aus den, nach den Untersuchungen, welche Th. Husemann (Hannov. Ztsch. Med. Heilk. 2. 5. 57) mit daraus dargestellten Extracten an Fröschen, Tauben und Kaninchen anstellte, narkotischen, aber nicht das Herz afficirenden Samen der Wrightia, die als *Semina Indurjuo* in den europäischen Handel gelangten, dar und nannte es „Wrightin".

Zur Darstellung aus der Rinde fällte Haines den mit verdünnter Salzsäure bereiteten Auszug mit Ammoniak, zog den Niederschlag mit Weingeist aus, engte die Tinctur zum Syrup ein, brachte diesen mit Bleizucker und etwas Ammoniak zur Trockne und zog den Rückstand mit Aether aus, der das Alkaloid beim Verdunsten hinterliess. — Stenhouse entfettete die Samen mit Schwefelkohlenstoff, erschöpfte sie dann durch Digestion mit Weingeist, nahm den Verdunstungsrückstand des weingeistigen Auszuges in wenig verdünnter Salzsäure auf, fällte die filtrirte Lösung mit Ammoniak und wusch den Niederschlag mit kaltem Wasser.

Stenhouse erhielt das Alkaloid als weisses amorphes, sehr bitter schmeckendes Pulver, Haines als braungelbes amorphes Harz, das bitter, aber zugleich scharf und kratzend schmeckte. Es löst sich nach Stenhouse wenig in kochendem Wasser und kochendem Weingeist, kaum in Aether und Schwefelkohlenstoff, dagegen leicht in verdünnten Säuren, damit amorphe Salze bildend. Die essigsaure Lösung wird durch Gerbsäure, die salzsaure durch Platin-, Gold- und Quecksilberchlorid flockig gefällt (Stenhouse). Aus der von ihm ausgeführten Analyse der Base und ihres Platindoppelsalzes berechnet Haines die Formel $C_{25}H_{32}NO$. Greenwish (Pharm. Z. Russl. 20. 80) hält Conessin und Wrightin für verschiedene Körper.

Das Conessin scheint mit einem Alkaloide aus der in Westafrica bei Dysenterie benutzten, nach Wulfsberg (Gött. Nachr. N. 3. 1878) von Holarrhena africana stammenden Rinde identisch zu sein, welches Keidel (Ueber die physiologische Wirkung des Conessin. Gött. 1878) pharmakologisch untersuchte. Dasselbe wirkt auf das Gehirn nach Art des Morphins, jedoch in geringeren Dosen, so dass bei Tauben 5, bei Kaninchen 13, bei Hunden 15 und bei Katzen 25 Mgm. salzsaures Conessin subcutan hypnotisch wirken, und tödtet bei Warmblütern nach Einführung letaler Dosen in 10—15 Min. unter Erstickungskrämpfen durch Lähmung des respiratorischen Centrums. In grösseren Dosen setzt Conessin auch die Reflexaction des Rückenmarks ohne nachweisbar vorhergehende Erregung herab. Manche Erregungserscheinungen, wie Hautjucken und Tremor, scheinen mit der Herabsetzung resp. Lähmung des vasomotorischen Centrums im Zusammenhange zu stehen, welche zu starker Abschwächung und Verlangsamung der Action des Herzens führt, dessen

Ganglien nicht direct afficirt werden, wie auch der Vagus nur geringe Herabsetzung seines Tonus erfährt. Erregend scheint Conessin schon in sehr kleinen Dosen auf die Centren der Peristaltik des Magens (Erbrechen) und Darmes und die Contraction der Harnblase zu wirken. Die Temperatur sinkt etwas. Die peripherischen Nerven afficirt Conessin direct nicht.

Nerium.

Als Oleandrin und Pseudocurarin bezeichnete Lukowsky (Rép. chim. appliq. 3. 77, Journ. Pharm. (3) 46. 397) 1861 zwei aus den Blätter von *Nerium Oleander L.* dargestellte, angeblich basische Stoffe. Er fällte die concentrirte wässrige Abkochung genau mit Gerbsäure aus und behandelte den nur mit wenig kaltem Wasser gewaschenen Niederschlag kurze Zeit mit wässriger Gerbsäurelösung. Diese löste das gerbsaure Pseudocurarin, während gerbsaures Oleandrin ungelöst zurückblieb. Die Lösung des ersteren wurde mit feingepulverter Bleiglätte gekocht, das Filtrat zur Trockne verdampft, dem Rückstande zuerst etwas beigemengtes Oleandrin durch Aether entzogen und dann in Weingeist gelöst, dessen filtrirte Lösung beim Verdunsten das Pseudocurarin hinterliess. Zur Isolirung des Oleandrins wurde das in Gerbsäurelösung ungelöst gebliebene gerbsaure Oleandrin in Aether aufgenommen, die Lösung, um Gerbsäure und Chlorophyll zu entfernen, mit Aetzkalk behandelt und das Filtrat der freiwilligen Verdunstung überlassen. Nach Lukowski ist das Oleandrin ein schwach gelblicher, harzartiger, sehr bitter schmeckender, in Wasser nur wenig, aber leicht in Weingeist und Aether löslicher Körper, welcher sich mit Säuren zu unkrystallisirbaren Salzen verbindet, deren Lösungen durch Gold- und Platinchlorid gefällt werden. Dagegen erscheint das Pseudocurarin als gelblicher, geschmack- und geruchloser, nicht flüchtiger Firniss, der sich sehr leicht in Wasser und Weingeist, aber nicht in Aether löst und starke Säuren neutralisirt. Die Salze sind unkrystallisirbar und ihre Lösungen werden durch Quecksilber- und Platinchlorid gefällt. Oleandrin.

Betelli (Berl. Ber. 1875. 1197) stellte nach demselben Verfahren das Oleandrin her und erhielt es als kaum krystallinisches gelbliches Pulver, löslich in Wasser, Alkohol, Aether, Chloroform, auch fetten Oelen, bei 56° erweichend, später zum Oele schmelzend, das bei 240° seine Löslichkeit in Wasser und Giftigkeit einbüsst. — Das salzsaure Salz krystallisirt, die Lösungen werden durch Gold- und Quecksilberchlorid gefällt. Das Pseudocurarin ist nach Belliet ein Gemenge indifferenter Substanzen mit etwaz Oleandrin.

Finocchi (Berl. Ber. 1881. 2602) giebt an, dass die Oleandrinlösungen durch die bekannten Alkaloidreagentien gefällt werden, auch durch Pikrinsäure. Ferricyankalium wird dadurch schnell reducirt. Aus sauren wässrigen Lösungen wird Oleandrin durch Aether extrahirt, das mit einem von Selmi isolirten Ptomaïn identisch sein soll. — Nach Schmiedeberg (Arch. exp. Path. 16. 151. 1882) enthalten Oleanderblätter allerdings einen in seinen Eigenschaften dem Oleandrin von Lukowski gleichenden Körper, doch gehen demselben basische Eigenschaften ab, dagegen zerfällt er beim Kochen mit sehr verdünnten Säuren in Glykose und einen gelben, harzartigen, in Wasser sehr wenig, in Chloroform, Aether und Alkohol leicht löslichen Körper, der wie Digitaliresin reagirt und wirkt und bei stärkerem Kochen mit conc. Mineralsäuren in ein gelbbraunes, unwirksames Harz sich verwandelt. Neben diesen Stoffen enthalten frische Oleanderblätter nach Schmiedeberg ein Glykosid, Neriin, Neriin.
das alle Eigenschaften des Digitaleïns (vergl. S. 1238) zeigt, die nämlichen

Spaltungsproducte liefert und wahrscheinlich mit demselben identisch ist. In trocknen Oleanderblättern aus Tunis fand Schmiedeberg ausserdem die dem Digitaliresin entsprechenden Derivate des Oleandrins und Neriins, ausserdem
Nerianthin. einen aus ätherhaltigem Wasser krystallisirenden stickstofffreien Stoff, Nerianthin, der mit conc. Schwefelsäure und Bromkalium in prägnanter Weise Digitalinreaction giebt, dagegen beim Kochen mit verdünnten Säuren Glykose und ein krystallinischen, die erwähnte Reaction ebenfalls gebendes Spaltungsproduct, Nerianthogenin, liefert.

Das von Lukowsky zu $^1/_{10}$ Mgm. bei Epilepsie versuchte, in dieser Gabe nauseos wirkende, von Erlenmeyer in einem Falle von Epilepsia verminosa ohne Erfolg benutzte Oleandrin ist, wie schon Pelikan (Cpt. rend. 62. 237) angab, ein Herzgift, das zu 0,25 Mgm. systolischen Stillstand beim Frosche bedingt. Neriin wirkt wie Digitaleïn, dagegen bringt Nerianthin keinen systolischen Herzstillstand hervor (Schmiedeberg).

In Nerium odorum hat H. Greenish (Pharm. Journ. Transact. (3) 11. 873) ebenfalls zwei als Herzgifte in sehr kleinen Dosen wirkende Bitter-
Neriodorin. Neriodoreïn. stoffe aufgefunden, die er als Neriodorin und Neriodoreïn bezeichnete. Das Neriodorin, ein gelber, klarer, durchsichtiger Firniss, löst sich leicht in Chloroform, ziemlich leicht in Alkohol, sehr wenig in kaltem Wasser, spurweise in Aether, nicht in Petroleum, Benzol und Schwefelkohlenstoff und giebt in gesättigter wässriger Lösung mit Eisenchlorid rothbraune Färbung, mit basischem Bleiacetat gelatinöse Flocken und mit Kaliumquecksilberjodid reichlichen weissen Niederschlag. Diese Reaction giebt das in Wasser und Alkohol leicht lösliche, in Chloroform und sonstigen Solventien unlösliche, amorphe Neriodoreïn nicht. Schmiedeberg hält die Körper für identisch mit Oleandrin und Neriin.

Apocynum.

Apocynin. Apocyneïn. In Apocynum cannabinum haben Schmiedeberg und te Water (Arch. exp. Path. 16. 161) zwei nach Art des Digitalins wirkende Herzgifte gefunden, eine in Alkohol und Aether sehr leicht, in Wasser fast gar nicht lösliche, harzartig amorphe, vermuthlich nicht glykosidische Substanz, Apocynin, und ein in Wasser leicht lösliches Glykosid, Apocyneïn, welche beide mit conc. Schwefelsäure und Brom keine Farbenreaction geben.

Strophantus.

Strophantin. E. Hardy und Gallois (Compts. rend. 84. 261) haben aus den Samen von Strophantus hispidus, aus welchen das Iné Pfeilgift hergestellt wird, einen in sehr geringer Menge als Herzgift nach Art des Digitalins wirkenden Körper, Strophantin, abgeschieden, farblose Krystalle bildend, löslich in Wasser und Alkohol, neutral, reagirend. Ausserdem isolirten dieselben aus den Haaren der Samenkronen ein krystallisirbares, nicht giftiges Alkaloid, Ineïn.

Thevetia.

Thevetin. **Thevetin.** $C_{54}H_{84}O_{24}$. — Ein von De Vrij entdecktes, von Blas (N. Jahrb. Pharm. 31. 1) untersuchtes Glykosid in den gegen den Biss giftiger Schlangen gerühmten Samen von *Cerbera Thevetia L. s. Thevetia neriifolia Juss.*, eines in Westindien und Südamerika einheimischen Baumes, vielleicht identisch mit dem von Oudemans j. (Journ. pract. Chem. 99. 407) als Cerberin bezeichneten Glykosid, das sich allmälig aus der Lösung des fetten Oels der Samen von *Cerbera Odallam Ham.* in wenig absolutem Aether krystallinisch ausscheidet.

Zur Darstellung zieht man nach Blas die durch Auspressen und nachherige Behandlung mit Aether vollständig entfetteten Samen zuerst mit kaltem Wasser und dann mit kochendem Weingeist aus und reinigt die beim Erkalten des weingeistigen Auszugs sich abscheidenden Krystalle durch wiederholtes Umkrystallisiren.

Das Thevetin ist ein weisses, aus kleinen Krystallblättchen bestehendes, geruchloses, stark bitter schmeckendes Pulver, das nach dem Trocknen über Schwefelsäure 3 At. H_2O enthält, bei etwa 170° schmilzt und sich in höherer Temperatur zersetzt. Es löst sich in 122 Th. Wasser von 140°, reichlicher in kochendem Wasser, leicht in Weingeist, gut auch in Essigsäure, dagegen nicht in Aether. Die essigsaure Lösung dreht die Ebene des polarisirten Lichts nach links; nach De Vrij ist $\alpha = -85°,5$. Metallsalze fällen die Lösungen nicht.

Von conc. Schwefelsäure wird das Thevetin mit rothbrauner, bald in Kirschroth, in einigen Stunden in Violett übergehender, auf Wasserzusatz verschwindender Farbe gelöst. — Beim Kochen mit verdünnter Schwefelsäure oder Salzsäure, am besten in hermetisch verschlossenen Röhren erfolgt Spaltung in Glykose und Theveresin, $C_{48}H_{70}O_{17}$ nach der Gleichung: $C_{54}H_{84}O_{24} = C_{48}H_{70}O_{17} + C_6H_{12}O_6 + H_2O$. Das Theveresin scheidet sich dabei als harzartiger Niederschlag ab, der durch wiederholtes Auflösen in Weingeist und Ausfällen durch Wasser gereinigt und als weisses, leicht zusammenklebendes, nach dem Trocknen über Schwefelsäure nach 2 At. H_2O enthaltendes Pulver erhalten werden kann. Es schmilzt bei 140° und zersetzt sich in höherer Temperatur. Von kaltem Wasser wird es nur sehr wenig, etwas reichlicher von kochendem, leicht von Weingeist, kaum von Aether und gar nicht von Chloroform und Benzol gelöst. Die Lösungen reagiren neutral und schmecken bitter. Gegen conc. Schwefelsäure verhält es sich wie Thevetin, von wässrigen Alkalien wird es mit gelber Farbe gelöst.

Thevetiaöl.

De Vrij (Pharm. J. Trans. 1881. (3) 12. 417) hat aus den Samen der Thevetia nereïfolia ein farbloses, fettes Oel dargestellt, das aus 63% Trioleïn und 37% Tripalmitin besteht.

Wirkung.

Thevetin und Theveresin sind stark toxisch; ersteres wirkt zu 0,05 auf Hunde in $8\frac{1}{2}$, zu 0,5 in $5\frac{1}{2}$ Stunden, letztres trotz seiner Unlöslichkeit in Wasser zu 0,05 in $2\frac{1}{2}$ Stunden tödtlich. Die durch Thevetin bedingten Symptome sind Salivation, Erbrechen, Vomituritionen, flüssige Stühle, Zittern, Niederkauern bei intactem Bewusstsein, normaler Pupille und Tod ohne Convulsionen; durch Theveresin entsteht weder Erbrechen noch Diarrhöe, noch Zittern, dagegen Steifigkeit der Glieder und Insensibilität (Blas). Auf Kaninchen und Frösche wirken sowohl Thevetin als Theveresin in charakteristischer Weise als Herzgift; der Herzstillstand ist systolisch; die Erregbarkeit der Vagi ist gesteigert und das vergiftete Herz verhält sich Atropin und Curare gegenüber wie bei Vergiftung mit Digitalin. Theveresin ist kaum weniger giftig als Thevetin; beide wirken subcutan applicirt örtlich reizend (Th. Husemann, Arch. exp. Path. Pharmakol. 5. 228). In der Leber wies Blas nach interner Application das Thevetin in ziemlich beträchtlicher Menge nach, dagegen im Urin weder das Glykosid noch seine Spaltungsproducte.

Thevetosin.

Thevetosin. — Von Herrera (Pharm. Journ. Transact (3) 854. 1877) aus den völlig entölten und mit Wasser ausgezogenen Samen der Mexicanischen Yoyote, Thevetia Yccotli DC., durch Behandeln mit 85% Weingeist gewonnen. Es bildet 4seitige Prismen und spaltet sich durch Einwirkung verdünnter Schwefelsäure in Glykose und Harz wie Thevetin, von dem es sich durch intensiv scharfen Geschmack und complete Unlöslichkeit in Wasser (Aether soll es in geringem Masse lösen) und durch seine Wirkung unterscheidet. Nach Carpio wirkt dasselbe auf Thiere höchst giftig, bedingt durch Vermittlung des Nervensystems Emese und tödtet durch Lähmung der Athemmuskeln, mit welcher sich bisweilen Lähmung der gesammten Musculatur verbindet. Neuere Versuche von Cerna (Philad. med. Times 396. 426. 1879) lassen Thevetosin als Herzgift erscheinen, das zu 0,16 Mgm. Frösche tödtet, auf den Blutdruck wie Digitalin wirkt, die peripherischen Nerven nicht lähmt, dagegen local stark irritirend wirkt. Die Farbenreaction des Thevetins mit Schwefelsäure theilt das Thevetosin (Cerna).

Plumeria. Alyxia. Tanghinia.

Agoniadin.

Agoniadin. — Von Peckolt (Arch. Pharm. (2) 192. 34) aus der als Agoniadarinde bezeichneten, gegen Wechselfieber gebrauchten Rinde von *Plumeria lancifolia β major* Müll. Arg. (Brasilien) dargestelltes Glykosid, das aus der frischen Rinde zu 1,19% aus trockner zu $^1/_3$% und gar nicht aus den Blättern derselben Pflanze erhalten wurde. Zur Darstellung wird die feingestossene, trockne Rinde mit 80% Weingeist bei 60° mehrere Tage digerirt, abgepresst und wiederholt ebenso behandelt, die vereinten Auszüge fast bis zur Trockne abgedampft, der Rückstand bis zum Verschwinden der Bitterkeit mit heissem destillirten Wasser, dann die filtrirte Flüssigkeit mit Bleiessig behandelt, so lange Fällung entsteht, die vom Niederschlage getrennte Flüssigkeit entbleit, bei gelinder Wärme abgedampft und an kühlem Orte der Krystallisation überlassen, worauf das Agoniadin durch Auswaschen mit Wasser, wiederholtes Lösen in Aetherweingeist und Behandeln mit Blutkohle gereinigt wird.

Es krystallisirt aus verdünnter Lösung krystallwasserfrei in sternförmig vereinten, seideglänzenden Krystallnadeln, ist von sehr bitterem Geschmack und ohne Geruch. Es schmilzt bei 155°, ist nicht sublimirbar und löst sich spurweise in kaltem, besser in kochendem Wasser, leicht in Aetherweingeist, Schwefelkohlenstoff und in heissem, schwieriger in kaltem Alkohol, nicht in Chloroform und Petroleumäther. Kalilauge löst es in der Wärme mit brauner Farbe, Ammoniak in der Kälte. Conc. Schwefelsäure löst es goldgelb, die Lösung wird nach einiger Zeit grünlich und durch Hinzufügen von Salpetersäure dunkelgelb, worauf sich gelbe krystallinische Flocken ausscheiden. Aus der durch Salpetersäure bewirkten dunkelgelben Lösung scheidet Wasser eine gelbe harzartige Substanz aus. Salpetersäure löst goldgelb, Salzsäure farblos. Mit verdünnter Schwefelsäure gekocht wird das Agoniadin in Zucker und einen braunen amorphen Körper gespalten. Von Metallsalzen giebt nur Eisenchlorid in wässrigen Lösungen des Agoniadins Niederschlag; auch Tanninlösung fällt nach einiger Zeit.

Nach Geuthers Analyse hat Agoniadin fast die gleiche Zusammensetzung wie Arbutin, von dem es wesentlich verschieden ist; Geuther giebt ihm die Formel $C_{10}H_{14}O_6$.

Das Agoniadin ist zu 0,125—025 mit Erfolg gegen Wechselfieber benutzt (Peckolt).

Agoniapikrin. — Wurde von Peckolt neben dem Agoniadin aus der Rinde von Plumeria lancifolia als angenehm bitter schmeckende, jedoch selbst zu 2 Gm. ohne Einfluss auf den Organismus bleibende, auch nach wiederholter Reinigung schwachbräunlich gefärbte amorphe Substanz erhalten, die in Wasser, Weingeist und Aether sich löst. Die wässrige Lösung reagirt neutral, wird durch Eisenchlorid stark gebräunt, durch Platinchlorid dunkelbraun und desgleichen von Tannin gefällt. Agoniapikrin.

A. C. Oudemans jun. (Ann. Chem. Pharm. **181.** 154) hat den Milchsaft von Plumeria acutifolia untersucht und daraus nach Beseitigung des Harzes mit Petroleumäther aus den reichlich vorhandenen Kalksalzen mit Schwefelsäure eine Säure abgeschieden, die Plumeriasäure, die in Aether leicht löslich ist, ebenso in Wasser, Alkohol, schwerlöslich in Chloroform, Schmpkt. 139°, farblos, krystallinisch ist. Die Zusammensetzung ist $C_{10}H_{10}O_5$. — Die Oxydation dieser Säure mit Chromsäure liefert Ameisensäure und eine Säure $C_9H_8O_4$, Natriumamalgam und Wasser reduciren die Plumeriasäure zu Dihydroplumeriasäure. Die trockne Destillation der Säure liefert Essigsäure und ein Oel (Cinnamylhydrür?), beim Schmelzen mit Kali entsteht Salicylsäure. Plumeriasäure.

Alyxiacampher. — Findet sich als weisses lockeres Gewebe auf der Unterseite der gegen Wechselfieber und als Stomachicum benutzten Rinde der auf Java und Amboina wachsenden *Alyxia Rheinwardtii* Blume. Er bildet weisse haarförmige, nach Tonkabohnen riechende, schwach gewürzhaft schmeckende, neutral reagirende Krystalle, die, ohne zu schmelzen, bei 75 bis 87° sublimiren, bei stärkerem Erhitzen unter Bräunung schmelzen und sich sehr wenig in kaltem, leichter in warmem Wasser, leicht in Weingeist, Aether, Essigsäure, Terpentinöl, wässrigen Alkalien und Ammoniak lösen (Nees v. Esenbeck, Arch. Pharm. 28 1). Alyxiacampher.

Tanghinin. — Zieht man die durch Auspressen entölten Fruchtkerne von *Tanghinis madagascariensis Pet. Th.*, eines in Madagascar einheimischen Strauches, mit Aether aus, so hinterbleibt beim Verdunsten ein aus Weingeist in farblosen durchsichtigen glänzenden Schuppen krystallisirender Körper. Die Krystalle verwittern an der Luft, schmecken bitter und anhaltend scharf, schmelzen bei gelindem Erwärmen, ohne sich zu verflüchtigen und lösen sich in Weingeist, Aether und Essigsäure. Sie färben sich mit den stärkeren Säuren und Alkalien gelb. Ihre weingeistige Lösung wird durch Blei-, Silber- und Quecksilbersalze gefällt. Diese Substanz ist zwar sehr giftig, da sie zu 0,01 Gm. innerlich bei Meerschweinchen den Tod in 7 Stunden herbeiführt, scheint aber nicht die volle Wirkung der in ihrem Vaterlande zu Gottesurtheilen benutzten, von Kölliker und Pelikan als Herzgift erkannten Kerne von Tanghinia zu besitzen, da sie nur Erbrechen erregt, während die nervösen Erscheinungen von einer durch Aether nicht ausziehbaren, in Wasser löslichen, aber nur in unreinem Zustande als braune klebrige Masse erhaltenen Substanz abzuleiten sein sollen, die zu 0,18 Gm. im Stehen einschläferte. Tanghinin wirkte zu 0,01 Gm. vom Unterhautzellgewebe aus nicht toxisch und Tanghinin.

erregte nur leichte locale Entzündung (Ollivier und Henry, Arch. gén. 4. 351 (2824); Journ. Pharm. (2) 10. 52; auch Repert. Pharm. 20. 379).

Urechitis.

Urechitin. J. J. Bowrey (Chem. News 37. 166) hat aus den Blättern von Urechitis suberecta 3 Substanzen, wie es scheint, von Glykosidcharakter isolirt und zwar durch Extraction mit Alkohol, Urechitin, Urechitoxin (amorph und krystallisirt). Urechitin krystallisirt in farblosen Nadeln, in Wasser und verdünntem Alkohol unlöslich, löslich in Aether, heissem Alkohol, Amylalkohol, Chloroform, Eisessig. Die Zusammensetzung $C_{28}H_{42}C_{8}$ ist aufgestellt für die Substanz, welche durch Säuren unter Zuckerbildung zerlegt wird. Das Urechitoxin krystallisirt, ist leichter löslich als das Urechitin und spaltet sich mit Säuren in Zucker und Urechitoxetin. Das Urechitoxin soll ein Zersetzungsproduct des Urechitins sein.

Alstonia.

Literatur: Palm, Viertelj. Pharm. 12. 161. — Hesse und Jobst, Ann. Chem. Pharm. 176. 326; 178. 49. — Hesse, ebendas. 203. 144; 205. 360. Berl. Ber. 1878. 2234. — Scharlée, Geneesk. Tijdschr. Nederl. Ind. 10. 209. — Harnack, Berl. Ber. 1878. Arch. experim. Path. 7. 126. — v. Müller und Rummel, Chem. News. 38. 240. — Hesse, Ann. Chem. Suppl. 4. 40. — Oberlin, Schagdenhauffen, J. Pharm. Chim. 1879. — v. Gorup, Ann. Chem. Pharm. 176. 88.

Die Gattung Alstonia, besonders in Ostindien und Australien heimisch, liefert Rinden, welche sich durch ihren Reichthum an Alkaloiden auszeichnen und wiederholt Gegenstand chemischer Untersuchung waren. — Palm beschäftigte sich zuerst mit der australischen Alstoniarinde und isolirte daraus einen indifferenten Bitterstoff, das sog. Alstonin. v. Müller und Rummel haben später ein amorphes Alkaloid, Oberlin und Schlagdenhauffen aus der australischen Rinde ein krystallisirtes Alkaloid, Alstonicin, dargestellt. — Aus der javanischen Rinde, dem Poelé, stellte Scharlée 1863 ein krystallisirbares Alkaloid her, ebenfalls Alstonin genannt; auch die sog. Ditarinde lieferte, unter dem Namen Ditaïn von den Philippinen kommend, ein gegen Wechselfieber ausgezeichnetes Extract, in dem v. Gorup zuerst ein Alkaloid nachwies. Die Arbeiten von Hesse über die einzelnen Rindenbestandtheile dürften wohl für uns massgebend sein, da dieselben zur Klärung der verschiedenen Angaben und Thatsachen beigetragen haben.

O. Hesse (auch Jobst) giebt als Bestandtheile der Ditarinde von Alstonia scholaris (Echites) ein Alkaloid, Ditamin, ausserdem ein zweites Echitamin und ein drittes Echitenin an. Das von Merck und Harnack hergestellte krystallisirte Alkaloid ist nach Hesse wesentlich Echitamin.

Aus der javanischen Rinde von Alstonia spectabilis isolirte

Hesse Alstonamin (Scharlée's Alstonin), ausserdem die bereits erwähnten Ditamin, Echitamin und Echitenin in grösserer Menge.

Die australische Alstoniarinde von Alstonia constricta enthält nach Hesse, der das Alstonin Palms mit dem von ihm benannten Alkaloid Chlorogenin als mehr oder weniger identisch bezeichnete, die Alkaloide Alstonin (Chlorogenin), Porphyrin, Porphyrosin, Alstonidin.

Ditamin. $C_{16}H_{19}O_3$. — Ditamin erhält man nach Hesse, wenn die gepulverte Ditarinde mit Petroleum zuerst extrahirt, der dabei bleibende Rückstand mit heissem Alkohol ausgezogen wird. Der alkoholische Auszug wird durch Destillation vom Alkohol befreit, hierauf durch Filtration vom Fette befreit und mit kohlensaurem Natron übersättigt. Durch Ausschütteln mit Aether wird Ditamin ausgezogen, das durch Schütteln mit Essigsäure als essigsaures Salz erhalten wird, das man mit Ammon zerlegt (Ausbeute 0,04% nach Hesse). Ditamin.

Ditamin ist eine amorphe Masse, von alkalischer Reaction, Schmpkt. 70°, löslich in Benzol, Alkohol, Aether und Chloroform. — Concentrirte Salpetersäure färbt Ditamin gelb, später dunkelgrün, zuletzt orangeroth. Die Lösungen des Alkaloides geben mit Platinchlorid, Goldchlorid, auch Quecksilberchlorid krystallinische Niederschläge.

Die oben bei der Darstellung von Ditamin durch Ausschüttelung mit Aether erhaltene alkalische Flüssigkeit giebt nach Zusatz von festem Kali an Chloroform Echitamin ab, das nach dem Verdunsten des Chloroform zurückbleibt und mit conc. Salzsäure in unlösliches salzsaures Salz verwandelt werden kann. Dieses Salz, in wenig heissem Wasser gelöst, mit festem Kali versetzt, giebt an Aether oder Chloroform das Echitamin ab, das beim Verdunsten amorph zurückbleibt, oder aus Alkohol oder Mischungen von gleichen Volumina Aceton und Wasser in Prismen erhalten werden kann, besonders wenn man im kohlensäurefreien Raume verdunstet.

Auf diese Weise dargestellt besitzt das Alkaloid 4 Mol. H_2O, von denen 1 Mol. leicht über Schwefelsäure, 2 im luftverdünnten Raum bei 80° weggehen, das letztere erst bei höheren Temperaturen weggeht. Die Verbindung mit 1 Wasser nennt O. Hesse Echitaminhydrat oder Echitammoniumhydroxyd, $C_{22}H_{28}N_2O_4 + H_2O$, leicht löslich in Alkohol und Wasser, wenig löslich in Benzol, nicht löslich in Petroleumäther. Die starke Basis treibt Ammon aus seinen Verbindungen aus, schmilzt bei 206° unter Zersetzung, ist linksdrehend und zwar für die Lösung der Base mit 4 H_2O in Alkohol $(\alpha)_D = -28{,}8$.

Conc. Schwefelsäure löst Echitamin purpurroth. Ammon scheidet aus den Echitaminsalzen keine freie Basis aus (Unterschied von Ditamin).

Von den meist gut krystallisirenden Salzen sind hergestellt:

Das salzsaure-, bromwasserstoffsaure-, jodwasserstoffsaure-, schwefelsaure-, doppeltkohlensaure-, sulfocyansaure-, essigsaure-, oxalsaure-, weinsaure-, benzoësaure-, salicylsaure-, pikrinsaure Platinchloriddoppelsalz (Hesse).

Beim Erhitzen des Echitaminhydrates an der Luft auf 110—120° entsteht Oxyechitamin, $C_{22}H_{28}N_2O_5$, durch Ammon aus Lösungen fällbar; auch mittelst Salzsäure entsteht eine neue Basis.

Echitamin. **Echitamin.** $C_{22}H_{28}N_2O_4$ (Hesse). — Das von Harnack untersuchte und aus dem Merckschen Ditaïn dargestellte krystallisirbare Ditaïn, das Hesse für identisch mit Echitamin hält, soll die Formel $C_{20}H_{30}N_2O_4$ haben und ein lähmendes Gift darstellen, welches bei Fröschen gleichzeitig das Rückenmark und die motorischen Nervenendigungen, sowie nach Art des Atropins die peripherischen Herzvagusendigungen paralysirt, ohne primär erregend auf die Medulla spinalis zu wirken. Die Lähmung der peripherischen Nerven erfolgt bei Fröschen nach wenigen Mgm., bei Säugethieren erst nach Infusion von 0,05—0,1, wodurch auch die Herzvagusendigungen, nicht aber das Rückenmark gelähmt werden. Der Blutdruck sinkt in Folge completer Erschlaffung der Musculatur und Lähmung der Vasomotoren durch Ditaïn weit mehr als nach Curare. Die Darmperistaltik wird selbst durch 0,1 Ditaïn nicht aufgehoben. Künstliche Respiration verzögert den letalen Ausgang nach tödtlichen Ditaïnmengen wesentlich.

Echitenin. **Echitenin.** $C_{20}H_{27}NO_4$?. — Hesse stellte dieses Alkaloid aus der salzsauren Mutterlauge, die bei Gewinnung des salzsauren Echitamins erhalten wird, her, indem er mit Quecksilberchlorid ausfällte, den Niederschlag mit Schwefelwasserstoff zerlegte und die erhaltene Lösung eindampfte. Zuerst schied sich noch salzsaures Echitamin aus, dann wurde mit Natronlauge übersättigt und mit Chloroform ausgeschüttelt, das Echitenin aufnimmt. — Das Echitenin ist eine braune amorphe Masse, Schmpkt. 120°, leicht löslich in Alkohol, frisch gefällt in Chloroform und Aether, schwerlöslich in Wasser. Die Salze sind amorph.

Jobst und Hesse (siehe oben die Literatur) haben aus dem Petroleumätherauszuge der Ditarinde noch folgende Körper isolirt:

Echikautschin, $C_{50}H_{40}O_2$, eine amorphe, elastische Substanz, in Chloroform, Aether, Benzin löslich.

Echicerin, $C_{30}H_{48}O_2$, aus dem Petroleumätherextracte mit siedendem Alkohole zu erhalten, krystallisirend, in Aether leicht löslich, ebenso in Petroleumäther, Essigäther, Benzin, Chloroform, schwer löslich in Aceton. Die ätherische Lösung ist rechtsdrehend $(\alpha)D = + 63{,}75°$, Chloroformlösung $(\alpha)D = + 65{,}75$.

Echitin, $C_{32}H_{52}O_2$, krystallisirend, in Aether, Chloroform leicht löslich, schwer löslich in Alkohol (1430 Th.). Aetherische und Chloroformlösung drehen rechts $(\alpha)D = + 72{,}72°$. Schmpkt. 170°.

Echiteïn, $C_{42}H_{70}O_2$, in 960 Th. Alkohol 80 % löslich, ebenso in Aether, Chloroform, Chloroformlösung $(\alpha)D = + 85{,}45°$.

Echiretin, ölige Substanz, trocken, weiss, amorph, leicht löslich in

Aether, Petroleumäther, Chloroform, siedendem Aceton und Alkohol. Aetherische Lösung $(\alpha)D = +54{,}82^\circ$.

Echiretin soll nach Hesse mit aus der Milch des Kuhbaumes dargestelltem Harze (Heintz, Poggend. Ann. 64. 240) identisch sein, ebenso das Echicerin mit dem Lactucerin, Cubebencamphor, Echiteïn mit Ludwig's und De Vrij's Antiaretin.

Alstonin. Porphyrin. Alstonidin. Das alkoholische Extract der australischen Alstoniarinde hat Hesse zur Isolirung der genannten Alkaloide verwendet, indem er dasselbe in Wasser löste, mit doppelt kohlensaurem Natron übersättigte, filtrirte und das Filtrat wiederholt mit Petroleumäther schüttelte. Letzterer nimmt Porphyrin, Alstonidin und andere Verunreinigungen auf. Das nach dieser Ausschüttelung verbleibende wird mit Natronlauge übersättigt und mit Chloroform behandelt, welches das Alstonin aufnimmt, das in essigsaure Lösung verwandelt wird, nach der Reinigung mit Thierkohle, nochmals mit Alkali abgeschieden und in Chloroform gelöst wird, das beim Verdunsten Alstonin zurücklässt (Ausbeute $2^1/_4$%). — Die aber erhaltene Petroleumätherlösung wird mit Essigsäure geschüttelt, die essigsaure Lösung mit Ammon gefällt und dieser Niederschlag mit Aether aufgenommen und mit Thierkohle behandelt. Letztere nimmt Alstonin und Porphyrosin auf, während Porphyrin in Lösung bleibt, das wieder in essigsaures Salz verwandelt, mit Ammon zerlegt wird. Das ausgefällte Porphyrin wird in heissem Ligroin gelöst und eventuell nach dem erwähnten Principe nochmals gereinigt. (Ausbeute an Porphyrin 0,6 g aus 2 kg Rinde.) — Um Alstonidin darzustellen, benutzt man den in Ligroin schwer löslichen Theil des Porphyrin.

Das Alstonin, $C_{21}H_2N_2O_4$?, bildet amorphe, braune Massen, enthält $3^1/_2$ H_2O, schmilzt bei 100°, ist leicht löslich in Alkohol, Amylalkohol, Chloroform, sowie verdünntem Ammoniak; auch ist dasselbe frisch gefällt in viel Wasser löslich. Die Chloroformlösungen fluoresciren grün. Alstonin bildet Salze, die bis jetzt noch nicht krystallisirt erhalten worden sind. Alstonin.

Das Porphyrin, $C_{21}H_{25}N_3N_2$, ist ebenfalls amorph, löslich in Aether, Alkohol, Chloroform, Schmpkt. 97°, bildet mit Säuren blau fluorescirende Lösungen. Salpetersäure und conc. Schwefelsäure lösen mit Purpurfarbe, die nicht constant ist; die salzsaure Lösung wird durch Kaliumdichromat blutroth. Porphyrin.

Das Alstonidin bildet Nadeln, Schmpkt 181°, leicht löslich in Alkohol, Aceton, Chloroform, Aether, die ebenfalls in saurer Lösung blau fluoresciren. Alstonidin.

Aspidosperma.

Die südamerikanische Gattung Aspidosperma, speciell Aspidosperma Quebracho, liefert die „weisse Quebrachorinde“, in welcher neben reichlich Gerbsäure von Fraude und Hesse 6 Alkaloide nachgewiesen wurden (Schickendanz war der erste, welcher ein krystallisirbares Alkaloid in der Rinde auffand). Der Gehalt an Alkaloiden beträgt durchschnittlich 0,8 %, bei jüngeren Rinden bis 1,4 %, bei älteren oft nur 0,3 % (Hesse).

Alkaloide der Quebrachorinde (blanco).

Aspidospermin. $C_{22}H_{30}N_2O_2$. — Aspidospermatin. $C_{22}H_{28}N_2O_2$. Aspidosamin. $C_{22}H_{28}N_2O_2$. — Quebrachin. $C_{21}H_{26}N_2O_2$. Hypoquebrachin. $C_{21}H_{26}N_2O_2$. — Quebrachamin. —

Literat.: Frande, Berl. Ber. 1878. 2189; 1879. 1560; 1881. 319. — O. Hesse, Berl. Ber. 1880. 2308. — Ann. Chem. Pharm. **211**. 249.

Darstellung der Quebracho-alkaloide.

Die Isolirung sämmtlicher Quebrachoalkaloide gelingt in folgender Weise: Die zerkleinerte Rinde wird mit siedendem Alkohol vollkommen extrahirt, die alkoholische Flüssigkeit von Alkohol befreit und der verbleibende Rückstand nach dem Uebersättigen mit Natronlauge mit Aether oder Chloroform ausgezogen. Nach Verdunstung des Lösungsmittels wird der Rückstand mit verdünnter Schwefelsäure gelöst, die Lösung mit Natronlauge zerlegt. Das ausgeschiedene Alkaloidgemenge wird zunächst mit wenig Alkohol heiss gelöst, aus welcher Lösung beim Erkalten ein Gemenge von Aspidospermin und Quebrachin auskrystallisirt. Zur Trennung dieser beiden löst man in Alkohol mit Zusatz von 1—2 Mol. Salzsäure, und lässt verdunsten, wobei sich zuerst salzsaures Quebrachin abscheidet, aus der Mutterlauge das Aspidospermin mit Ammon ausgefällt und aus Alkohol umkrystallisirt wird. (Hierbei wurde einmal von Hesse in der Mutterlauge beim Umkrystallisiren des Aspidospermins eine geringe Menge Quebrachamin beobachtet). — Die Mutterlauge, welche nach Abscheidung des Gemenges von Quebrachin und Aspidospermin bleibt, wird verdampft, der Rückstand an Essigsäure gebunden, diese Lösung mit Natriumbicarbonat im Ueberschusse versetzt, das Filtrat mit Ammon allmälig versetzt, so lange eine flockige Fällung entsteht, welche Aspidosamin ist, diese Fällung durch Filtration beseitigt und das Filtrat mit Natronlauge im Ueberschusse vermischt und mit Aether ausgeschüttelt. Der Aether, welcher Aspidospermatin und Hypoquebrachin aufgenommen hat, wird verdunstet, der Verdunstungsrückstand mit Ligroïn ausgekocht, welches vorwiegend Aspidospermatin löst und dasselbe beim Verdunsten in Warzen abscheidet. Der in Ligroïn unlösliche Theil wird in Essigsäure gelöst, mit Natronlauge alkalisch gemacht, und mit Aether das Hypoquebrachin daraus aufgenommen (Fröde, Hesse).

Aspidospermin.

Aspidospermin. — Das Aspidospermin krystallisirt in Nadeln oder spiessigen Prismen. Schmpkt. 205—206°, löslich bei 18° in 48 Th. 99% Alkohol, in 106 Th. absolutem Aeter, 6000 Th. Wasser. ist linksdrehend, für alkoholische Lösung $(\alpha)_D = -100{,}2°$ ($c = 2$ $t = 15$). Dasselbe ist eine schwache Basis und bildet mit Salzsäure, Schwefelsäure, Oxalsäure, Citronensäure, Platinchlorid, Goldchlorid, Sulfocyansäure amorphe Salze.

Beim Erhitzen mit wässriger Ueberchlorsäure (spec. Gew. 1,13 bis 1,4) wird die Basis intensiv roth in andauernder Färbung (Fröde). Mit Platinchlorid färben sich die Lösungen blau, beim Zerreiben mit etwas conc. Schwefelsäure unter Zusatz von Bleisuperoxyd entsteht eine kirschrothe bis violette Färbung: alkalische Kupferlösung wird reducirt. Die allgemeinen Alkaloidreagentien fällen Aspidospermin. Mit Kali erhitzt liefert dasselbe dem Geruch nach Pyridin und Chinolinbasen.

Aspidospermatin.

Aspidospermatin. — Das aus kochendem Ligroïn gereinigte Alkaloid bildet feine, warzenförmige Krystallmassen, leicht löslich in

Alkohol, Aether, Chloroform, frisch gefällt in Wasser löslich. Schmpkt. 162°. Linksdrehung $(\alpha)_D = -72,3$ (bei p = 2, t = 15°). Gegen Ueberchlorsäure verhält sich dasselbe wie Aspidospermin, mit Schwefelsäure und Kaliumdichromat giebt es aber keine Färbung. — Die Salze desselben sind amorph.

Aspidosamin. — Amorphe, mit der Zeit krystallinisch werdende Masse, löslich in Aether, Alkohol, Chloroform, Benzol, schwer löslich in Ligroïn, Schmpkt. bei 100°. — Das salzsaure Salz ist amorph, die Lösungen werden durch Goldchlorid, Quecksilberchlorid, Natriumplatinchlorid, Rhodankalium gefällt. — Charakteristisch ist für die Basis fuchsinrothe Färbung, welche mit Ueberchlorsäure in der Wärme entsteht, sowie die blaue Färbung mit Schwefelsäure und Kaliumdichromat, auch die blaue Färbung mit Molybdänsäure enthaltender Schwefelsäure. Aspidosamin.

Quebrachin. — Dasselbe bildet farblose, wasserfreie Krystalle, am Licht sich gelb färbend, wenig löslich in kaltem Alkohol, Aether, Ligroïn, leicht löslich in siedendem Alkohol und Ligroïn. Rechtsdrehung der alkoholischen (97 %) Lösung $\alpha(D) = +62,5°$ (t = 15, c = 2). Schmpkt. 214—216°. Ueberchlorsäure färbt die starke Basis gelb, conc. Schwefelsäure färbt, besonders nach Zusatz von Oxydationsmitteln blau. — Die Salze krystallisiren gut, besonders das salzsaure, jodwasserstoffsaure, schwefelsaure, sulfocyansaure, oxalsaure, weinsaure, citronensaure Salz. Quebrachin.

Hypoquebrachin. — Gelbliche, eiweissähnliche Masse, Schmpkt. 80°, leicht löslich in Aether, Chloroform und Alkohol, bildet als starke Basis amorphe Salze. — Ueberchlorsäure färbt das Alkaloid beim Kochen roth, conc. Schwefelsäure färbt, besonders bei Gegenwart von Molybdänsäure violette. Eisenchlorid färbt die salzsauren Lösungen kirschroth. Hypoquebrachin.

Quebrachamin. — Farblose, atlasglänzende Nadeln, wasserfrei, wenig löslich in Alkohol, Aether, Chloroform, Benzin. Schmpkt. 142°. Die Reactionen desselben sind analog dem Quebrachin. Quebrachamin.

Für den gerichtlich chemischen Nachweis sind besonders massgebend: Aspidospermin kann aus sauren Auszügen nicht durch Petroleumäther und Benzin, aber durch Chloroform weggenommen werden, aus ammoniakalischen Lösungen geht es am besten in Chloroform und Amylalkohol über. Quebrachin verhält sich analog, nur ist die Aufnahme in Chloroform und Amylalkohol etwas schwieriger. (Unterschied von Strychnin). Vor Allem ist Fröde's Reagens, Ueberchlorsäure für die Quebrachoalkaloide charakteristisch; auch sei hier Gerichtlich-chemischer Nachweis.

an die Absorptionserscheinungen erinnert, welche die mit Ueberchlorsäure entsprechenden Lösungen des Aspidospermins im Spectrum zeigen (Fröhde, Berl. Ber. 1879. 1558. — Dragendorff. Z. Pharm. Russl. 1883. 554. — Czerniewsky, Dissert. Dorpat. 1882.

Wirkung der Alkaloide der weissen Quebrachorinde. Nach Versuchen von Penzoldt bewirken sämmtliche Alkaloide der weissen Quebracho beim Frosch Lähmung des motorischen Apparats, und zwar zunächst der Athemmusculatur, während die Sensibilität noch lange intact bleibt. Die Lähmung ist beim Aspidospermin, Aspidospermatin, Quebrachamin und Hypoquebrachin eine centrale, bei Quebrachin und Aspidosamin theilweise eine periphere. Am Froschherzen bedingen Aspidospermin, Aspidosamin, Aspidospermatin und Quebrachin rasch beträchtliche, stetig zunehmende Verlangsamung der Schlagfolge und schliesslich Herzstillstand. Bei Kaninchen bedingt Quebrachin zu 0,02—0,04 motorische Lähmung, starke Dilatation der Ohrengefässe und Dyspnoe, Hypoquebrachin in gleicher Gabe Dyspnoe, aber geringe Lähmung; dem Quebrachin analog wirkt Aspidospermin in grösseren Dosen (0,08—1,12), während Aspidosamin und Aspidospermatin zu 0,02—0,04 Motilität und Athmung beim Kaninchen nicht modificiren. Vom Aspidospermin giebt Penzoldt (Berl. klin. Wchschr. 565. 1880) an, dass bei 8 an Dyspnoe leidenden Menschen die günstige Wirkung von 0,05—0,08 3mal (bei Emphysem) sehr ausgesprochen war, und 2mal (Phthisis, Bronchialasthma) ganz fehlte; bei mehreren Kranken wurde die Athmung oberflächlich, aber nicht bedeutend verlangsamt (Hitzegefühl im Kopfe und Röthung des Gesichts war Regel). In mehreren Fällen wirkte Quebrachotinctur besser. Bei Fieber war Aspidospermin zu 0,7 ohne Wirkung; dagegen retardirte es zu 1 : 1000 die Fäulniss von Urin, ohne die Entwicklung von Bacterien oder Schimmelbildung hintanzuhalten. Versuche G. Gutmanns (Ueber einige Präparate des Aspidospermins. Greifswald, 1881) mit Aspidospermin und Aspidospermincitrat von Gehe und Merck scheinen das Alkaloid, dessen Reinheit vorausgesetzt, die allerdings nach den chemischen Reactionen und der Schwankung der Giftigkeit (die letale Dose variirte bei Kaninchen zwischen 40 und 80 Mgm.) dubiös bleibt, als bei Fröschen vorzugsweise auf das centrale Nervensystem (Aufhebung der Willkürbewegung und Paralyse bei Fortdauer der Reflexe) und das Athemcentrum wirkend erscheinen, doch wird auch die Herzaction durch directe Wirkung auf die excitomorischen Herzganglien herabgesetzt. Letztere Action ist beim Warmblüter die Hauptsache und verbindet sich mit starker Abnahme der Temperatur und allmälig zunehmender Dyspnoe. Periphere Nerven und Muskeln werden nicht afficirt (Gutmann). Nach Huchard und Eloy (Compt. Soc. Biol. 370. 1883) vermehrt reines Aspidospermin in physiologischen Dosen den Umfang und später auch die Frequenz der Athmung und setzt in toxischen Dosen die Temperatur um 1—2° herab, indem es gleichzeitig starke Röthung des venösen Blutes bedingt, während die anderen Quebrachoalkaloide Krämpfe, Temperaturerhöhung und Asphyxie erzeugen. Hiernach ist das von Petrone (Sperim. 129. 1883) benutzte Aspidospermin, welches auf Frösche lähmend und die Reflexaction herabsetzend wirkte, bei Warmblütern Mydriasis, Dyspnoe und tonische und klonische Krämpfe erzeugte, als Gemenge zu betrachten.

Quebrachol. **Quebrachol.** $C_{20}H_{34}O$. — O. Hesse (Ann. Chem. Pharm. 211) hat aus der weissen Quebrachorinde durch Extraction mit Aether, Verdunsten dieses Auszuges zur Trockne, Aufnahme in wenig kochendem Alkohol und Verdunsten einen in farblosen Blättchen krystallisirenden Körper erhalten, das Quebrachol, Schmpkt. 125°, sublimirbar, linksdrehend $(\alpha)D = -29{,}3$, mit Schwefelsäure sich roth färbend. Mit Essigsäureanhydrid entsteht daraus Monacetylquebrachol, Schmpkt. 115°.

Paytin. $C_{21}H_{24}N_2O + H_2O$. — In der früher als „weisse Chinarinde von Payta" bezeichneten Rinde, die ebenfalls von der Gattung Aspidosperma abstammt fand Hesse im Jahre 1870 2 Alkaloide, die mit den Quebrachoalkaloiden nahe verwandt sind. Paytin.

Die letzten Arbeiten Hesse's dürften alle Differenzen über angebliche Identität von Aspidospermin und Paytin beseitigt haben, wesshalb es wohl am Platze ist, hier im Wesentlichen den Forschungen Hesse's zu folgen und auf die ausserdem vorhandene Literatur hinzuweisen.

Literat.: Hesse, Ann. Chem. Pharm. **211**. **249**. — ebend. **154**. 287; **166**. 217; **178**. 244. — Fraude, Berl. Ber. 1879. 1560. 1563. — Arata, Gazz. chim. 11. 246. — Wulfsberg, J. Chem. Min. 1880. — Hesse, ebend. 1877. 886.

Die sog. weisse Chinarinde wird mit Alkohol extrahirt, dieser Auszug eingedampft, mit Soda übersättigt und mit Aether ausgeschüttelt. Aus der ätherischen Lösung beseitigt man das Alkaloid mit verdünnter Schwefelsäure, welche Lösung nahezu neutralisirt, und mit Kaliumjodid versetzt wird. Die Base fällt als jodwasserstoffsaures Salz heraus, das leicht zerlegt werden kann. Das Paytin bildet, aus Alkohol oder Aether umkrystallisirt, farblose Krystalle, leicht löslich in Alkohol und Aether, Benzol, Chloroform, Petroleumäther, wenig löslich in Wasser, Kalilauge, Ammoniak; Schmpkt. 156°, linksdrehend, $(\alpha)D = -49{,}5$.

Die Salze des Paytins sind krystallisirbar, speciell das salzsaure, jodwasserstoffsaure, salpetersaure, schwefelsaure, oxalsaure. Das pikrinsaure, chromsaure, die Goldchlorid- und Platinchloriddoppelsalze sind amorph.

Charakteristisch zum Nachweise des Paytins ist das Verhalten gegen Chlorkalklösung, die dasselbe dunkelroth färbt, blau werdend, sowie gegen Salpetersäure, die farblos löst, später granatroth werdend.

Beim Erhitzen mit Natronkalk liefert Paytin einen flüchtigen, in farblosen oder gelben Nadeln auftretenden Körper, stickstofffrei, das Payton.

Mit dem Namen Paytamin belegt Hesse das amorphe Alkaloid der Paytarinde, das isomer mit Paytin sein soll, aber mittelst Jodkalium aus seinen Lösungen nicht gefällt werden soll. Goldchlorid wird, wie durch Paytin, reducirt.

Geissospermum.

Die Pereirarinde, ein brasilianisches Fiebermittel, von Geissospermum Vellosii nach Peckold, oder G. laeve nach Baillon stammend, wurde zuerst von Correa dos Santos untersucht und darin ein Alkaloid nachgewiesen, dessen Existenz von Groos bestätigt wurde (1838). Spätere Untersuchungen von Peretti und Hesse namentlich haben mit Sicherheit 2 Alkaloide festgestellt, Geissospermin und Pereirin, ausser welchen die Existenz eines dritten noch wahrscheinlich gemacht wird.

Literat.: Groos, N. Repert. Pharm. 76. 32. — Peretti, Journ. chim. 26. 162. — O. Hesse, Berl. Ber. 1877. 2162; Ann. Chem. Pharm. 202. 141.

Die Darstellung der beiden Alkaloide gelingt auf folgende Weise: Die Pereirarinde wird mit Alkohol ausgekocht, der Auszug concentrirt, mit Soda übersättigt, und mit viel Aether ausgeschüttelt. Der ätherische Auszug, zum Theil verdunstet, wird mit essigsäurehaltigem Wasser ausgeschüttelt, vom Aether getrennt und die braune essigsaure Lösung hierauf mit wenig Aether und Ammon ausgeschüttelt. Es scheidet sich hierbei Geissospermin krystallinisch aus, während das Pereirin in Aether gelöst bleibt. Die ätherische Lösung scheidet beim Verdunsten noch Krystallkörner aus (nach Hesse ein 3. Alkaloid). Zur Isolirung des Pereirins wird die ätherische Lösung vollkommen zur Trockne gebracht, hierauf mit Essigsäure aufgenommen, mit Thierkohle, soweit möglich, entfärbt und mit Ammon gefällt.

Geissospermin. **Geissospermin.** $C_{19}H_{24}N_2O_2 + H_2O$. — Dasselbe bildet kleine, farblose Prismen, leicht löslich in heissem Alkohol, schwer löslich in kaltem Alkohol, unlöslich in Wasser und Aether. Schmpkt. 160°. Die Lösung in 97 % Alkohol dreht links und zwar $(\alpha)D = -93{,}37°$ ($c = 1{,}5$ und $t = 15°$). Das schwefelsaure und oxalsaure Salz sind krystallinisch, das salzsaure amorph.

Von charakteristischen Reactionen sind zu nennen: Die Löslichkeit des Geissospermins in conc. Schwefelsäure ohne Färbung, bald blau werdend, die purpurrothe Färbung mit conc. Salpetersäure, die dunkelblaue Färbung mit Molybdänsäure enthaltender Schwefelsäure, die Fällbarkeit durch Ammon, Aetzalkalien und kohlensaure Alkalien in krystallinischer Form.

Wirkung. Geissospermin tödtet nach Bochefontaine und De Freitas (Compt. rend. 85. 412) zu 2 Mgm. Frösche und zu 1 Cgm. Meerschweinchen, lähmt zu 14 Cgm. kleine Hunde, wirkt local nicht irritirend, setzt die Puls- und Athemzahl sowie den arteriellen Blutdruck herab, hebt zuerst durch Wirkung auf das Hirn die Willkürbewegung und später durch Beeinflussung des Rückenmarks die Reflexaction auf und ist ohne Einfluss auf die sensibeln und motorischen Nerven, sowie auf die Contractilität der Muskeln.

Pereirin. **Pereirin.** $C_{19}H_{24}N_2O$ — Dasselbe bildet ein grauweisses Pulver, leicht löslich in Alkohol, Aether, Chloroform, fast unlöslich in Wasser, bei 124° schmelzbar. Schwefelsäure löst dasselbe mit violetter, Salpetersäure mit blutrother Farbe.

Für den gerichtlich-chemischen Nachweis der Pereiraalkaloide ist zu berücksichtigen, dass Geissospermin aus saurer Lösung durch Chloroform, aus alkalischer(?) durch Benzin, Amylalkohol, Chloroform leicht entfernt werden kann, auch Pereirin wird aus saurer Lösung nicht durch Benzin, aus alkalischer Lösung sowohl durch Petroleumäther, wie Benzin, Chloroform, Amylalkohol gewonnen. — Erwähnenswerth bleibt noch zum Unterschied von Strychnin und Brucin, dass Geissospermin die Reaction mit Schwefelsäure und Kaliumdichromat ebenfalls giebt, mit Fröhde's Reagens aber keine Reaction giebt und sich beim Ausschütteln anders verhält, als Strychnin und Brucin; ferner dass Pereirin mit Quecksilbernitratlösungen nicht roth wird und beim Erhitzen die rothe Lösung in Salpetersäure mit Zinnchlorür nicht wie Brucinlösung blauviolett wird.

e. **Asclepiadaceae.**

Asclepias.

Asclepion. $C_{20}H_{34}O_3$. — Von List (Ann. Chem. Pharm. 69. 125. 1849) aus dem scharfen, gegen Asthma gerühmten Milchsaft der in Nordamerika einheimischen *Asclepias syriaca L.* isolirt. — Zur Darstellung erhitzt man den Saft und entzieht dem gebildeten Eiweisscoagulum das eingeschlossene Asclepion durch Aether, aus dem es beim Verdunsten krystallisirt. Durch nochmaliges Auflösen in absolutem Aether wird es völlig rein erhalten. Asclepion.

Es bildet eine weisse blumenkohlartige Masse oder feine, büschelförmig vereinigte Krystallstrahlen ohne Geruch und Geschmack, schmilzt bei 104°, beim Erkalten amorph wieder erstarrend und wird in höherer Temperatur zersetzt. Es löst sich weder in Wasser noch in wässrigem Kali und Weingeist, schwierig in Essigsäure, Terpenthin- und Steinöl, leicht in Aether (List).

Dieses Asclepion ist jedenfalls reiner als das sogenannte Resinoid Asclepin aus *Asclepias tuberosa L.*, einer ebenfalls in Nordamerika einheimischen Species der Gattung Asclepias, welches als schön rahmgelbes, widrig riechendes und wie Ipecacuanha schmeckendes Pulver beschrieben, und zu 0,125, ja bei kräftigen Personen zu 0,3–0,4 Gm. als Diaphoreticum und Alterans bei Secundärsyphilis und chronischen Exanthemen oder bei trockner und heisser Haut vor dem Ausbruche acuter Exantheme, als Purgans bei Cephalalgie in Folge von chronischer Obstipation, endlich bei Ruhr benutzt wird (Positive med. agents. p. 125).

Vincetoxicum.

Asclepiadin. (Asclepin. Cynanchin). — Von Feneulle (Journ. Pharm. (2) 11. 305. 1845) als in Gaben von 0,2 brechenerregender, in kleineren Dosen diaphoretisch und purgirend wirkender, von Harnack (Arch. exp. Path. 2. 303) als ein die quergestreiften Muskeln lähmender (?) Stoff aus dem früher als Antihydropicum sehr geschätzten *Vincetoxicum officinale Mönch.* beschrieben. Zu seiner Darstellung verdunstete Feneulle die durch Ausfällen mit Bleiessig gereinigte und wieder entbleite wässrige Abkochung der Wurzeln zum Extract, zog dieses mit Weingeist aus, nahm den Verdunstungsrückstand der weingeistigen Lösung in verdünnter Schwefelsäure auf, digerirte die saure Lösung mit überschüssiger Magnesia und Thierkohle, verdunstete das Filtrat zur Trockne und behandelte den Rückstand mit absolutem Weingeist, der nun das Asclepiadin beim Eindunsten hinterliess. Reiner erhält man es nach Harnack durch wiederholtes successives Behandeln des Heisswasserextracts mit Aether und Alkohol. Es ist eine gelbliche amorphe Masse von bitterem Geschmack, die an der Luft feucht wird und sich schwer in kaltem, dagegen leicht in heissem Wasser, Aether und Weingeist löst. Seine wässrige Lösung wird durch Gerbsäure gefällt. Salpetersäure verwandelt es in Oxalsäure (Feneulle); conc. Salzsäure färbt es gelbgrün, später tiefgrün (Harnack). Asclepiadin.

Calotropis.

Mudarin. — Wird dem weingeistigen Extract der Rinde der als Arzneimittel in ihrem Vaterlande Ostindien bei den verschiedensten Krankheiten und besonders gegen Lepra gebrauchten Wurzel von *Calotropis gigantea* R. Br. und C. procera R. Br. s. C. Mudarii Ham. nach Duncan (Phil. Mag. 10. Mudarin.

465) durch Wasser entzogen und hinterbleibt beim Verdunsten als hellbraune morphe brüchige Masse, die keinen Geruch, aber ekelhaft bitteren Geschmack besitzt und zu 0,06 g dreimal gereicht emetisch wirkt. Kaltes Wasser löst das Mudarin leicht, aber die Lösung beginnt bei 23° sich zu trüben und bildet bei 35° eine Gallerte, die sich bei stärkerem Erhitzen pechartig zusammen zieht und nun sehr langsam von kaltem Wasser wieder gelöst wird. In Weingeist löst es sich leicht, nicht in Aether und Terpentinöl (Duncan).

Solenostemma (Cynanchum).

A. Buttlerow (J. Chem. Min. 1875. 841) hat in dem Milchsafte von Solenostemma acutum neben viel Kaliumchlorid einen krystallisirten Körper, nachgewiesen, $C_{15}H_{24}O$?, der keine giftigen Wirkungen besass. O. Hesse (Ann. Chem. Pharm. 180. 352 und 182. 163 und 192. 182) hat von diesem Milchsafte eine eingehendere Untersuchung vorgenommen und zwei Körper Cynanchocerin und Cynanchin, isolirt mit folgender Charakteristik:

Cynanchocerin. Cynanchocerin, platte Nadeln, sternförmig, Schmpkt. 143—146°, löslich in Aether, Chloroform, Alkohol.

Cynanchin. Cynanchin, breite, glänzende Blätter, Schmpkt. 148—149°, löslich in denselben Lösungsmitteln.

Condurangorinde. — Untersuchungen dieser Rinde, deren Ursprung noch nicht feststeht, sind von Antisell (Amer. J. Pharm. 1871. 289) sowie von Vulpius (J. Pharm. 1873) gemacht worden, ohne besondere Resultate (12% Asche wurde gefunden). Flückiger (Pharmacognosie. 2. Aufl. 555) giebt an, dass er Bitterstoff und Spuren eines amorphen Alkaloides erhalten habe.

7. Campanulinae.

a. Lobeliaceae.

Lobelia.

Lobelin. **Lobelin.** — Nachdem von Reinsch (Jahrb. Pharm. 5. 292) aus der *Lobelia inflata L.* als „Lobelin" eine gelbe gummiartige hygroskopische, sauer reagirende und von Colhoun (Journ. Pharm. (2) 20. 545) auf einem wenig Vertrauen einflössenden Wege eine feste, alkalisch reagirende, mit Säuren zu Salzen verbindbare Substanz dargestellt worden war, haben Bastick (Pharm. Journ. Trans. 10. 217, auch Journ. Pharm. (3) 19. 454) und Procter (Pharm. Journ. Trans. 10. 456) daraus ein stark alkalisch reagirendes ölartiges Alkaloid isolirt. Ersterer zog das Kraut mit schwefelsäurehaltigem Weingeist aus, versetzte die Tinctur mit Kalk, filtrirte, sättigte mit verdünnter Schwefelsäure, verdunstete das Filtrat, neutralisirte den wässrigen Rückstand nach Beseitigung des ausgeschiedenen Harzes genau mit kohlensaurem Kali, filtrirte wieder und schüttelte nun nach Zusatz von mehr kohlensaurem Kali mit Aether, der die Base beim Verdunsten hinterliess. Procter verdunstete den mit essigsäurehaltigem Weingeist bereiteten Auszug der Samen zum Extract und schüttelte dieses nach vorgänger Vermischung mit Magnesia und Wasser mit Aether. Zur Reinigung wurde das beim Verdunsten hinterbleibende Oel in schwefelsaurer Lösung mit Thierkohle behandelt und dann nach Zusatz von Magnesia mit Aether wieder ausgeschüttelt.

Nach Procter ist das Lobelin ein hellgelbes, stark alkalisch reagirendes, gewürzhaft riechendes und stechend tabaksartig schmeckendes Oel, das sich in Wasser, leichter in Weingeist und Aether löst, beim Erhitzen unter theilweiser Zersetzung verflüchtigt wird und mit Säuren krystallisirbare, in Wasser und Weingeist lösliche Salze bildet. F. F. Mayer (Viertelj. pract. Pharm. 15. 233) giebt darüber noch an, dass eine wässrige und saure Lösung durch Jod-Jodkalium braunroth, durch Kaliumquecksilberjodid blassgelb, durch Gerbsäure weiss und ferner die wässrige Lösung durch Silbernitrat weiss, durch Gold- und Platinchlorid gelblich, durch Quecksilberchlorid dagegen nicht gefällt werde.

W. H. D. Lewis (Pharm. J. Trans. (3) 8. 561) stellt reines Lobelin dar, indem er die Blätter von Lobelia inflata mit Thierkohle mengt, mit verdünnter Essigsäure extrahirt, das Extract concentrirt, mit Magnesia mischt und nun das Filtrat hievon mit Amylalkohol ausschüttelt. Der Abdampfrückstand des Amylalkohols wird wieder in Wasser gelöst, über Thierkohle filtrirt, welche das Alkaloïd aufnimmt und leicht an Amylalkohol abgiebt. — Das Lobelin, so gewonnen, ist ein gelbes Oel von alkalischer Reaktion, das krystallisirbare Salze bildet, in Wasser, Alkohol, Chloroform, Aether, Benzol, Amylalkohol, Schwefelkohlenstoff löslich ist. Die Lösungen geben die allgemeinen Alkaloidreactionen.

Beim längeren Kochen mit verdünnten Säuren oder Kalilauge bildet sich Zucker. — Das Lobelin ist in der Pflanze an Lobelinsäure gebunden, die krystallisirt. — Das bisher als Lobelacrin bezeichnete Material dürfte ein Gemenge von lobeliasaurem Lobelin mit Lobeliasäure sein.

Ueber das Bastick-Procter'sche Lobelin, welches wahrscheinlich als actives Princip der als Emeticum und Antiasthmaticum besonders in den Vereinigten Staaten gebräuchlichen Herba Lobeliae inflatae anzusehen ist, liegen Versuche von Ott (Philad. med. Times. Dec. 11. 1875) vor, wonach dasselbe ein auf das respiratorische Centrum lähmend wirkendes Gift ist, welches bei Katzen auch die Temperatur stark herabsetzt und in eigenthümlicher Weise auf die peripherischen vasomotorischen Nerven wirkt, welche es in kleinen Dosen reizt, woraus Steigerung des Blutdrucks resultirt; die Pulsfrequenz wird dadurch anfangs vermindert, später beschleunigt. Anwendung von Amylnitrit oder Nicotin wirken der Blutdruckssteigerung entgegen, welche durch Rückenmarksdurchschneidung markirter, durch Vagussection oder Atropin nicht beeinflusst wird (Ott). Bei Katzen bedingt 0,06 Erbrechen und mehrstündige Prostration mit Mydriasis, jedoch nicht den Tod, so dass es andern flüchtigen Alkaloiden (Nicotin, Coniin, Sparteïn) an Giftigkeit nachsteht. Das Alkaloid ist nicht zu verwechseln mit dem von den Eklektikern in den Vereinigten Staaten gebrauchten gelblichgrünen Resinoide Lobelin, welches als mildes, aber sicheres Emeticum mit relaxirender und diaphoretischer Beiwirkung gerühmt und zu 0,03—0,06 bei Krampf des Muttermundes (im Klystiere) und bei Katarrhen, so wie äusserlich als Anodynum bei Geschwüren benutzt wird. Wirkung.

b. Cucurbitaceae.

Cucumis.

Colocynthin. $C_{56}H_{84}O_{23}$. — Literat.: Herberger, Repertor. Pharm. 35. 368. Bastick, Pharm. Journ. Trans. 10. 239. — Walz, N. Jahrb. Pharm. 9. 16 und 225; 16. 10. — Meissner, N. J. Pharm. 1818. 22. — Vauquelin, Ebendas. 1818. — Braconnot, J. Chim. Phys. 1819. — Lebourdais, Ebendas. 24. 3. — Hübschmann,

Schweiz. Wochschr. Pharm. 1858. 216. — G. Henke, Arch. Pharm. (3) 21. 201. —

Colocynthin. Von Herberger dargestelltes, von Walz näher untersuchtes Glykosid der Coloquinten, Früchte von Cucumis Colocynthis, die es hauptsächlich im Mark, weniger in den Kernen enthalten.

Die neueste Arbeit von Henke bestätigt nicht die krystallisirten Körper von Walz, beweist die Schwierigkeit der Darstellung reiner Präparate.

Zur Darstellung nimmt man mit schwachem Weingeist bereitetes, völlig ausgetrocknetes Coloquintenextract in kaltem Wasser auf und fällt die filtrirte Lösung zuerst mit Bleizucker und dann noch mit Bleiessig aus. Das Filtrat wird entbleit, mit Gerbsäure unter Vermeidung eines Ueberschusses gefällt, der nach dem Erwärmen harzig zusammenballende Niederschlag gewaschen, in weingeistiger Lösung durch Digeriren mit Bleioxydhydrat zerlegt, die abfiltrirte Flüssigkeit mit Schwefelwasserstoff völlig vom Blei befreit, nach Behandlung mit Thierkohle der freiwilligen Verdunstung überlassen und das zurückbleibende Colocynthin noch mit wasserfreiem Aether gewaschen. Aus der mit Gerbsäure ausgefällten Flüssigkeit kann noch ein Rest des Colocynthins gewonnen werden, wenn man sie (zweckmässig wohl nach vorangegangener Ausfällung mit Bleiessig, H.) concentrirt und nochmals mit Gerbsäure ausfällt. — Die Ausbeute beträgt gegen 2 % (Walz).

Wegen der Darstellung des Colocynthin nach Hübschmann sei auf das Original verwiesen. — Henke benutzte folgende Methode zur Herstellung des Bitterstoffes: 5 kg des von Kernen befreiten Colocynthengewebes werden mit Alkohol von 0,930 sp. G. extrahirt, der Alkohol abdestillirt, der Rückstand mit Wasser digerirt und diese so erhaltene Lösung mit Gerbsäuse gefällt. Diese Fällung wird mit frisch gefälltem Bleicarbonat eingetrocknet, mit Alkohol ausgekocht, welcher beim Verdunsten einen gelben amorphen Körper zurücklässt. (Ausbeute von 5 kg = 30 g Henke).

Das Colocynthin bildet gewöhnlich eine amorphe gelbe Masse, kann aber bei sehr langsamem Verdunsten seiner weingeistigen Lösung auch in weissgelben Büscheln krystallisirt erhalten werden. Es schmeckt äusserst bitter, löst sich in 8 Th. kaltem und 6 Th. kochendem Wasser, sich daraus als Oel wieder abscheidend, ferner in 6 Th. wässrigem und 10 Th. absolutem Weingeist, nicht in Aether. Die wässrige Lösung wird durch Gerbsäure, aber nicht durch Metallsalze gefällt (Walz).

Henke charakterisirt den Bitterstoff folgendermassen: gelbes, amorphes Pulver, löslich in 20 Th. kalten, 16 warmen Wassers, in Alkohol, Ammoniak und wässriger Chromsäure, unlöslich in Chloroform, Aether, Benzol, Petroleumäther, Schwefelkohlenstoff. — Conc. Schwefelsäure löst mit tiefrother Farbe, Salpetersäure mit hellrother, Gerbsäure fällt die Lösungen. Fehlingsche Lösung wird nach kurzer Zeit reducirt. Die Walzschen Spaltungsvorgänge müssen zunächst als sehr zweifelhaft hingestellt werden.

Conc. Salpetersäure verwandelt das Colocynthin in eine gelbe amorphe, in Wasser unlösliche Säure. Conc. Schwefelsäure löst es mit hochrother, später in Braun übergehender Farbe. Verdünnte Mineralsäuren zerlegen es in der Kälte langsam, beim Kochen rascher und vollständig in Zucker und harzig sich abscheidendes Colocyntheïn, $C_{44} H_{64} O_{13}$ ($C_{56} H_{84} O_{26}$ -|- 2 $H_2 O$ $C_{44} H_{64} O_{13}$ -|- 2 $C_6 H_{12} O_6$). Aus wässrigem Chlorgold reducirt es allmälig metallisches Gold (Walz).

Nach Schroff tödtet Colocynthin zu 0,3—0,5 Kaninchen binnen 4 Std. nach Wirkung. rasch auf einander folgenden Stuhlentleerungen in Folge höchst ausgedehnter Gastroenteritis. Nach Marmé (Ztschr. rat. Med. 26. 61) bringen 6 Cgm. (nicht aber 3—4 Cgm.) beim Hunde breiig flüssige Stühle ohne Befindensstörung hervor. Nach Sokolowski (Disqu. comp. de Aloë et Coleynthid. fructu. Dorp. 1857) bedingt sowohl Colocynthin als Colocyntheïn beim Menschen zu 0,03 in 8 St. Kolik und Diarrhoe. Hiller (Ztschr. klin. Med. 4. 1882) fand Colocynthin von Merck zu 0,01 subcutan und in Clysma in ½—1 Std. reichliche breiige Stuhlentleerungen mit mässigen Kolikschmerzen bewirkend; die rectale Anwendung bedingt locale Schmerzen nicht, die bei Subcutanapplication sehr bedeutend sind.

Colocynthitin. — So nennt Walz (Literat. s. b. Colocynthin) einen Colocynthitin. zweiten Bestandtheil der Coloquinten, den er erhielt, indem er den in Wasser unlöslichen Theil des Coloquintenextractes mit Aether auszog, die mit Thierkohle behandelte ätherische Lösung verdunstete, den Rückstand mit kaltem absolutem Weingeist wusch und nun in kochendem Weingeist löste, worauf die nochmals mit Thierkohle entfärbte Lösung beim Erkalten zuerst Krystalle dieses Körpers absetzte und dann bei weiterem Verdunsten zu einer Gallerte erstarrte, die sich langsam in krystallinisches Colocynthitin verwandelte. — Es bildet ein geschmackloses krystallinisches, aus mikroskopischen schief-rhombischen Prismen bestehendes Pulver, das sich nicht in Wasser und kaltem absolutem Weingeist, aber in kochendem Weingeist und Aether löst (Walz.)

Melonenemetin. — So nennt Torosiewicz (Repert. Pharm. 45. Melonenemetin. 30) einen aus der Wurzel von *Cucumis Melo L.* gewonnenen unreinen Stoff, den er durch Eintrocknen des weingeistigen Auszugs des wässrigen Extracts erhielt. Es ist eine braune glänzende zerfliessliche Masse, welche scharf bitter schmeckt und sich leicht in Wasser und Weingeist, nicht in Aether und Oelen löst. — Wirkt brechenerregend.

Bryonia.

Bryonin. — Nachdem schon früher Vitalis, Fremy und Cheval- Bryonin. lier, Vauquelin, Dulong, Brandes und Firnhaber unreine, aus der Wurzel von *Bryonia alba L.* gewonnene Substanzen mit diesem Namen bezeichnet hatten, gelang Walz (N. Jahrb. Pharm. 9. 65 und 217; 16. 8) 1858 die Isolirung eines Glycosids daraus. Man erhält dasselbe, indem man das weingeistige Extract der getrockneten Wurzel mit kaltem Wasser auszieht, den Auszug durch Ausfällen mit Bleiessig reinigt, das entbleite und mit Soda neutralisirte Filtrat mit Gerbsäure fällt, den in Weingeist gelösten Niederschlag durch Digeriren mit Aetzkalk zerlegt, die abfiltrirte Flüssigkeit mit Thierkohle entfärbt, dann verdunstet, den Rückstand mit Aether auswäscht und durch nochmaliges Auflösen, Ausfällen mit Gerbsäure und Abscheidung aus dem Tannat durch Kalk (vielleicht besser durch Bleioxyd?) reinigt.

Das so dargestellte Bryonin ist ein farbloser amorpher, zum weissen Pulver zerreiblicher, sehr bitter schmeckender Körper, der sich leicht in Wasser, in 2—3 Th. Weingeist, aber nicht in Aether löst. Seine wässrige Lösung wird durch Gerbsäure und Platinchlorid gefällt. Beim Kochen mit verdünnten Säuren zerfällt es in Zucker und ein gelbes harziges Product, das sich in einen in Aether löslichen Theil, Bryoretin, und einen darin unlöslichen Theil, Hydrobryoretin, zerlegen lässt. Walz giebt dem Bryonin die noch zu controlirende Formel $C_{96}H_{80}O_{38}$ und für die Spaltung die Gleichung: $C_{96}H_{80}O_{38} + 4HO = C_{42}H_{35}O_{14} + C_{42}H_{37}O_{16} + C_{12}H_{12}O_{12}$.

Ecbalium.

Elaterin. **Elaterin.** Elatin. $C_{20}H_{28}O_5$. — Literat.: Hennel, Journ. of Roy. Inst. 1. 532. — Morries, Repert. Pharm. 39. 134. — Marquart, Repert. Pharm. 46. 8. Golding-Bird, Repert. Pharm. 73. 222. — Zwenger, Ann. Chem. Pharm. 43. 359. — Walz, N. Jahrb. Pharm. 11. 21 u. 178. — Köhler, N. Repert. Pharm. 18. 578.

Dieser zuerst von Morries rein dargestellte Bitterstoff findet sich im Fruchtsaft von *Ecbalium officinale Nees s. Momordica Elaterium L.*, ist daher auch in dem durch freiwilliges Eintrocknen resp. durch Verdunsten desselben in der Wärme gewonnenen *Elaterium album* und *E. nigrum* enthalten. Nach Marquart und Walz sind die Früchte im Herbst viel ärmer an Elaterin, als im Sommer, nach ersterem sogar ganz frei davon, was Köhler bestätigt. — Das Elaterium album enthält davon nach Morries 15—26 %, nach Hennel 40 % und nach Walz 50 %.

Zur Darstellung erschöpft man weisses Elaterium mit kochendem Weingeist, concentrirt die Auszüge, fällt daraus das Elaterin mit kochendem Wasser und reinigt es durch Waschen mit Aether und Umkrystallisiren aus absolutem Weingeist (Zwenger). — Aus den Früchten der Springgurke erhält man es, indem man den ausgepressten Saft zum Extract eindunstet, dieses mit Weingeist auszieht, den Auszug mit weingeistigem Bleizucker ausfällt, das mittelst Schwefelwasserstoff entbleite Filtrat zur Trockne bringt, den Rückstand mit Aether behandelt, das ungelöst Gebliebene in Weingeist aufnimmt und aus der Lösung das Elaterin mit kochendem Wasser fällt (Walz).

Das Elaterin krystallisirt in farblosen glänzenden sechsseitigen Tafeln, ohne Geruch, von sehr bitterem und scharfem Geschmack und von neutraler Reaction. Es schmilzt unter Gelbfärbung bei 200° und erstarrt wieder zu einer gelblichen amorphen Masse (Zwenger). In Wasser ist es unlöslich, ebenso in Glycerin, schwer löslich in kaltem Weingeist (nach Golding Bird in 125 Th.) und Aether (nach Hennel in 290 Th.), leicht löslich in kochendem Weingeist. Von Benzol wird es schwer, von Schwefelkohlenstoff, Amylalkohol und Chloroform dagegen leicht aufgenommen. Auch in wässrigem Ammoniak, sowie in conc. wässrigen Alkalien ist es löslich und wird daraus durch Säuren wieder abgeschieden: kohlensaure Alkalien lösen es nicht (Köhler).

Bei stärkerem Erhitzen zersetzt sich das Elaterin unter Entwicklung weisser, stechend riechender Dämpfe. Conc. Schwefelsäure löst es mit dunkelrother Farbe und Wasser fällt aus dieser Lösung eine braune Substanz (Zwenger). Wird es mit Salzsäure eingedampft, so färbt sich der Rückstand mit conc. Schwefelsäure amaranthroth (Köhler). Beim Kochen mit verdünnten Säuren wird es nicht gespalten (Köhler). Seine weingeistige Lösung wird durch die Salze der schweren Metalle nicht gefällt. Nach Lindo (Chem. News. 27. 35) giebt Elaterin mit wenig flüssiger Carbolsäure und conc. Schwefelsäure eine carminrothe Färbung.

Das Elaterin ist das drastische Princip des sog. Elateriums und bringt bei interner Darreichung schon in sehr geringen Dosen bei Thieren und Menschen wässrige Stühle und selbst Intoxicationserscheinungen hervor. Weder die drastische, noch die für Thiere letale Gabe lässt sich mit Bestimmtheit angeben, da sowohl die Individualität, als die Art der Darreichung, als das Vorhandensein nicht völlig reiner Präparate im Handel auf die Gabengrösse einwirken können. Morrus (Edinb. med. Journ. Apr. 1831; Ann. Pharm. 2. 366) giebt an, dass 3 Mgm. bei einem Gesunden Erbrechen und starken Durchfall erregten, während in vier Versuchen Christisons an Kranken mit 6 Mgm. in Pillen bei zwei Erbrechen und Purgiren, bei einem heftige Kolikschmerzen und bei dem vierten keinerlei Symptome eintraten und in Versuchen Duncans mit 4—5 Mgm. in alkoholischer angesäuerter Lösung stets sofort die Wirkung des Elateriums eintrat. Golding Bird (Lond. med. Gaz. 35. 908) fand, dass bei an Obstipation Leidenden 2 oder höchstens 3 Dosen von 4 Mgm. reichliche wässrige Entleerungen bedingten, die meistens ohne Leibschmerz u. s. w. auftraten und nur bisweilen mit Erbrechen einhergingen; Pulsbeschleunigung soll dabei Regel sein. Wolodzko (De materiis ad Elaterii ordinem pertinentibus. Dorp. 1857) fand bei sich 5 Mgm. in 1 Std. stark nauseos wirkend, wobei die Nausea so lange anhielt, bis innerhalb 5 Stunden zwei flüssige Stühle erfolgt waren. Mit bedeutend grösserer Dosis, nämlich mit 5 Cgm., sind Selbstversuche von zwei Schülern Schroffs angestellt, die danach allerdings auch erhebliche Intoxicationserscheinungen zeigten, indessen doch kaum solche, die im Verhältnisse zu den durch die geringeren Dosen anderer Experimentatoren hervorgerufenen Symptomen und zu den Mengenverhältnissen des Elaterins im Elaterium, von welchem schon 0,01 bei einer 70jährigen Dame tödlich wirkte (Craig, Amer. Journ. Pharm. July. 1862. p. 373), stehen. Ausser bitterem Geschmacke und Salivation bekam die eine Versuchsperson in 45 Min. Ekel, Brechneigung und Erbrechen, das sich in den folgenden 2 Std. noch 4mal wiederholte und anfangs schleimig, später gallig gefärbt war, wobei die Salivation zunahm und Aufstossen von Luft, Flatulenz, Kollern im Bauche und Kratzen im Halse eintrat; an Stelle dieser Erscheinungen stellte sich in der Bettwärme Bauchschmerz, Eingenommenheit des Kopfes, später Kopfschmerz und nach 6 Std. eine reichliche flüssige Stuhlentleerung ein, der in den folgenden Std. noch zwei weitere folgten, wonach noch Eingenommenheit des Kopfes, Eingezogensein des Bauches und Appetitmangel zurückblieben. Bei der zweiten Versuchsperson wurden Aufstossen und Uebelkeit, die sich rasch einstellten, durch Niesen erleichtert und erfolgte nach $6^1/_2$ Std. die erste, nach 9 Std. die zweite flüssige Stuhlentleerung, in 11 Std. Epistaxis und heftiges Erbrechen, welches letztere trotz Uebelkeit und Aufstossen mit dem Geruch nach faulen Eiern nicht repetirte, während am zweiten Tage noch 9mal und am dritten Tage noch 3mal flüssige Stuhlentleerungen folgten und sowohl Aufstossen und Nausea, sowie Schwäche und Mattigkeit noch 2 Tage anhielten. — Von manchen Thieren scheinen verhältnissmässig grosse Dosen überstanden werden zu können, von Kaninchen z. B. 6 Mgm., während eine zweite Dosis von derselben Grösse den Tod bewirken kann, aber erst nach ziemlich langer Zeit (13 Std. nach der zweiten Verabreichung) (Morrus); Schroff sah bei Kaninchen Tod durch 0,2 in 16 Std., Wolodzko bei Katzen Genesung nach 6 Mgm. Flüssige Dejectionen können hier fehlen (Morrus), nach dem Tode findet sich heftige Entzündung in Magen und Darmcanal (Morrus, Schroff). — Nicht nur die Dosis, sondern auch die Qualität der Wirkung des Elaterins wird durch die Application modificirt, indem nur bei interner Anwendung Purgiren, bei anderer Art der Application entweder gar keine oder eine Wirkung auf das Nervensystem eintritt. Beim Menschen bleiben 0,12 bei Einreibung auf die Haut als Salbe oder Liniment erfolglos; 0,06 producirt endermatisch weder Schmerz noch entfernte Symptome, ebenso entbleibt jede Wirkung bei Inoculation, Einreibung in das Zahnfleisch und Application auf die Nasenschleimhaut. Bei Katzen bedingen 0,06 von Wunden aus keine entfernten Vergiftungserscheinungen, in Oel gelöst in die Drosselvene injicirt Unruhe des Thieres, Salivation, stertoröse Respiration und Tod in 22 Min., 0,03 bei Injection in die Jugularis anfangs Beschleunigung der Respiration, nach 1 Stunde Salivation und Dyspnoe und in $1^1/_2$ Stunden Tod in Folge von Hyperämie und Oedem der Lungen (Wolodzko und Buchheim). Köhler (Ztschr. ges. Natw. 34. 96) bezeichnet als die Symptome bei subcutaner Injection alkoholischer Lösung oder bei Einspritzung in die Venen bei Kaninchen Speichelfluss, Verlust des Bewusstseins und der Sensibilität, und Tod, nach 0,05 eintretend, unter Tetanus und Respirationsbeschwerden und als Sectionsbefund Anschoppung der Lungen. Die drastische Wirkung des Elaterins in interner Application ist nur unter dem Contacte der Galle möglich. In doppelt unterbundene und durch Ausdrücken ihres Inhalts beraubte Darmschlingen eingeblasenes pulverförmiges Elaterin bleibt ohne locale und entfernte Wirkung; nach Unterbindung des Ductus choledochus bedingt interne Application gelösten Elaterins nur entfernte Erscheinungen (H. Köhler). Dagegen will Brunton (Practitioner. 342. May 1875) in zugeschnürten Dünndarmschlingen Vermehrung des flüssigen Inhalts durch Elaterin gesehen haben.

Bei der beträchtlichen Wirkungsdifferenz verschiedener Handelssorten hat das Medicament, wie das Elaterium selbst, nicht allgemeinen Gebrauch gefunden, obschon es von Morrus und Golding Bird bei Hydrops und Diabetes insipidus sehr empfohlen wurde. In Deutschland ist es von Nickels (Bayr. Corrsbl. 44. 1850) bei demselben Leiden und bei hartnäckiger Obstruction gerühmt. Am zweckmässigsten erscheint es, bei Verordnung des Elaterins mit 3—4 Mgm. zu beginnen, und wenn diese Dosis nicht wirkt, zu steigern, was nach Nickels sogar bis zu 0,015 geschehen kann. Golding-Bird empfahl eine Solutio Elaterinae (Elat. 0,25, Spir. rectificati 120,0 solve ope lenis caloris, wovon 2 Grm. zunächst gegeben wurden) und ein Pulvis Elaterinae compositus (Elat. 0,25, Kali bitartarici 40,0 zu 0,6 pro dosi). Zusatz von Salpetersäure zur alkoholischen Lösung (Dumas) ist ohne Nutzen; die iatroliptische Anwendung (von Reil vorgeschlagen) ist nach den Experimenten Wolodzkos unzweckmässig.

Nach Buchheim ist Elaterin das Anhydrid einer zu 1,0 nicht purgirenden

Säure, der Elaterinsäure, in welche es sich im Tractus verwandeln soll, Elaterinsäure. doch fand Köhler bei Thieren, die er mit Elaterin vergiftete, eine Substanz mit den Reactionen des Elaterins wieder.

Sonstige Elateriumstoffe. Walz (N. Jahrb. Pharm. 11. 178) hat aus *Ecbalium officinale*, und zwar aus der ganzen mit den Wurzeln gesammelten Pflanze, noch vier andere Körper isolirt, deren Existenz aber noch weiterer Begründung bedarf. Er nennt sie Prophetin, Ecbalin oder Elaterinsäure, Hydroelaterin und Elaterid.

Das Prophetin, $C_{20}H_{36}O_7$ (?) findet sich ausser im *Ecbalium officinale* nach Winckler (N. Jahrb. Pharm. 11. 31) auch in den Früchten von *Cucumis Prophetarum*. Aus letzteren erhält man es, indem man den durch Absetzen und Aufkochen geklärten Saft zum Syrup verdunstet, diesen mit dem 4fachen Volumen 80proc. Weingeists vermischt, das Filtrat wiederum zum dünnen Syrup concentrirt und diesem den Bitterstoff mittelst Aether entzieht. — Zur Darstellung aus der Springgurke wird die ganze getrocknete und gröblich gepulverte Pflanze nach Walz mit kochendem Weingeist ausgezogen. Dem Auszuge wird nach Zusatz von Wasser der Weingeist durch Destillation entzogen, wobei sich unreines Ecbalin als Weichharz abscheidet, während Prophetin, Hydroelaterin und Elaterid im wässrigen Rückstande gelöst bleiben. Die Lösung wird erst mit Bleizucker, dann mit Bleiessig ausgefällt, das Filtrat unvollständig durch Schwefelsäure, vollständig dann durch Soda entbleit und die schwach alkalische Lösung nun mit Gerbsäure gefällt. Der etwas gewaschene und ausgepresste Niederschlag wird in Weingeist aufgenommen, die filtrirte Lösung mit Bleioxydhydrat geschüttelt und das Filtrat eingedampft. Es scheidet sich dann das Prophetin langsam als weisses Pulver ab. Bringt man nun die Mutterlauge zur Trockne, löst wieder in Wasser und verdunstet aufs Neue, so entzieht Aether dem Rückstande Hydroelaterin, während Elaterid zurückbleibt, das durch Auflösen in absolutem Weingeist gereinigt werden kann.

Das Prophetin bildet ein gelblich weisses, sehr bitter schmeckendes Pulver, das sich wenig in Wasser, leicht in Aether und fast in jedem Verhältniss in Weingeist löst. Von conc. Schwefelsäure wird es mit rothbrauner Farbe gelöst, und durch Kochen mit verdünnter Salzsäure in Glycose und Propheretin, $C_{20}H_{30}O_4$, einen amorphen harzartigen Körper, gespalten (Walz).

Das Ecbalin oder die Elaterinsäure, $C_{20}H_{34}O_4$ (?), (Darst. s. oben), wird durch Auflösen in Aether, Behandeln dieser Lösung mit Thierkohle und Wiederausfällen daraus durch Wasser gereinigt. Es ist ein gelbes weiches Harz von stark bitterem und kratzendem Geschmack. Es löst sich in etwa 20 Th. Wasser, leichter in Weingeist und Aether, auch in wässrigen Alkalien. Salpetersäure löst es unter Zersetzung mit hochrother Farbe (Walz).

Das Hydroelaterin, $C_{20}H_{30}O_6$ (?), bildet eine gelbe, amorphe zerreibliche, in Wasser, Weingeist und Aether lösliche Masse (Walz).

Das Elaterid, $C_{20}H_{32}O_{12}$ (?), schmeckt stark bitter, löst sich nicht in Wasser und Aether, aber in Weingeist und wässrigen Alkalien.

Trianosperma.

Trianospermin und **Trianospermitin.** — Diese beiden noch etwas zweifelhaften Alkaloide wurden nebst einem Bitterstoff, dem Tayuyin

(s. unten) 1862 von Peckolt in der purgirend wirkenden und als Antisyphiliticum benutzten Wurzel der brasilianischen Pflanze *Trianosperma ficifolia* aufgefunden. Das Trianospermin bildet farblose und geruchlose sublimirbare Nadeln von beissendem Geschmack und alkalischer Reaction. Es löst sich in Wasser und Weingeist, nicht in Aether. Platinchlorid fällt seine Lösungen.

Das Trianospermitin scheidet sich aus der ätherischen Lösung in geruch- und geschmacklosen Körnern ab, die beim Erhitzen verdampfen und sich nicht in Wasser, schwer in Weingeist, leicht in Aether lösen. (Peckolt, Arch. Pharm. (2) 63. 104).

Megarrhiza.

Megarrhizin. Megarrhizitin.

Heaney (Amer. J. pharm. 48. 451) stellte aus der Wurzel von Megarrhiza californica einen krystallinischen Körper Megarrhizitin her, von harzartiger Natur, dann ein in Alkohol lösliches, in Aether unlösliches Glykosid, Megarrhizin, das durch verdünnte Schwefelsäure in Zucker und Megarrhizionetin gespalten wird. Megarrhizin bewirkte in mehrmals wiederholten Gaben von 0,32 bei Hunden Erbrechen, Durchfall und Tenesmus, in grossen Dosen Gastroenteritis, Nieren- und Blasenreizung und Tod (Heaney).

Young (Verhandlungen der pharmac. Gesellschaft Californiens. 1882) will nun neben diesem Glykosid ein zweites aufgefunden haben, Megarrhin, in Aether löslich, dem Saponin ähnlich, das die Pupille erweitern soll.

Feuillea. Cayaponia.

Das fette Oel von Feuillea cordifolia ist nach Hanausek (Z. östr. Apothver. 15. 279) butterartig, weissgelb, Schmpkt. 21°, reich an Oleïn. — In Cayaponia globulosa soll ein drastischer Bestandtheil Cayaponin vorkommen (Gubler, Bull. gén. Thér. 48. 380).

Cucurbita.

Die Kürbissamen (von Cucurbita Pepo) bildeten wiederholt werthvolle Objecte beim Studium der Keimungsvorgänge, speciell der Umwandlungsproducte der Eiweissstoffe bei der Keimung. Schulze und Barbieri wiesen in den Kürbiskeimlingen noch Leucin, Tyrosin, Asparaginsäure, Glutamin, Asparagin (Berl. Ber. 11. 710; J. pr. Chem. 20. 385; 10. 199; Landw. Jahrb. 1877. 681; siehe die Literatur über Keimung bei den Eiweissstoffen).

Kürbisöl.

Das fette Oel der Samen von *Cucurbita Pepo L.* ist blassgelb, ziemlich dickflüssig, von 0,923 spec. Gew., geruch- und geschmacklos, bei —15° erstarrend, an der Luft langsam trocknend (Schübler). Es besteht nach Kopylow aus Palmitin-Myristin und Oelsäureglykosid und freien Fettsäuren. — Kopylow (Dissertat. Pharm. J. Russl. 1876. 513) hat durch seine Untersuchungen der Kürbissamen festgestellt, dass weder ein Alkaloid noch Glykosid in den Samen enthalten ist. Es scheint daher das von Lyons zu 2 mal 15,0 gegen Taenia empfohlene Oel der Träger der unzweifelhaften anthelmintischen Action der Kürbissamen zu sein.

G. Krübler hat aus den Kürbissamen ein in Octaëdern krystallisirendes Eiweiss erhalten (J. pr. Chem. (2) 23. 97), das nach Ritthausen (ebendas. (2) 25. 137) 51,78 % C, 7,22 % H. enthält.

Die Früchte von Cucumis lagenaria enthalten nach Marquardt 6 % Zucker, die Wasser verloren, Cucurbita citrullus, 3 % Zucker.

8. Rubiinae.

a. Rubiaceae.

Uncaria.

Uncaria Gambir liefert das Extract Gambir (Gutta Gambir, Terra japonica, Gambir-Catechu), über dessen Bestandtheile bereits bei Catechu berichtet ist.

Palicourea. Gardenia.

Peckolt (Arch. Pharm. (2) **127**. 93) fand in *Palicourea Markgrafii St. Hil.*, einer in Brasilien vorkommenden und dort für giftig gehaltenen, als Rattengift benutzten Pflanze, eine in seideglänzenden Nadeln und mit Schwefelsäure und Salpetersäure schön krystallisirende Salze bildende Base, Palicourin, welche auf eine Taube ohne letalen Effect blieb, und drei nur unvollständig charakterisirte Säuren, Palicoureasäure (krystallinisch und ungiftig), Myoctoninsäure (gelbliches, lieblich und betäubend riechendes Oel, zu 1 Tropfen rasch eine Taube tödtend) und Palicoureagerbsäure, welche der Kaffeegerbsäure nahe stehen soll. Palicourin.

Gelbschotengerbsäuren. — Die chinesischen Gelbschoten, wahrscheinlich von *Gardenia grandiflora Lour.* stammend, enthalten nach v. Orth (Journ. pract. Chem. 64. 10) neben Rubichlorsäure zwei verschiedene Gerbsäuren. Die eine erhält man, wenn man die zerstossenen Schoten mit Weingeist von 40° extrahirt, den Auszug im Kohlensäurestrome verdunstet, den Rückstand in Wasser aufnimmt, vom ausgeschiedenen Oel abfiltrirt, mit Bleizucker fällt und die aus dem Bleiniederschlage durch Schwefelwasserstoff isolirte unreine Säure durch nochmalige Ueberführung in das Bleisalz und Abscheidung daraus reinigt. Sie ist eine amorphe braungelbe Masse, welche Eisenchlorid grün färbt und deren Zusammensetzung der Formel $C_{23} H_{36} O_{17}$ entspricht.

Die zweite Gerbsäure wird aus den mit Weingeist erschöpften Früchten durch Wasser ausgezogen und durch Fällung des Auszugs mit Bleizucker, Behandlung des Niederschlags mit wenig Essigsäure, Ausfällung der Lösung mit Ammoniak, Zersetzung des gefällten Bleisalzes unter Wasser durch Schwefelwasserstoff und Verdunsten des Filtrats dargestellt. Ihr kommt die Formel $C_{46} H_{58} O_{27}$ zu.

Das Decamalee-Gummi aus *Gardenia lucida Roxb. s. G. resinifera Roth.* ist frisch von Honigconsistenz und sehr widerwärtigem Geruch, älter ist es hart, dunkelbraun und riecht auf frischem Bruch und beim Erhitzen nach Katzenharn. Aus dem heiss bereiteten weingeistigen Auszuge scheiden sich beim Erkalten zunächst gelbe Flocken aus und bei weiterem Verdunsten im Vacuum schiessen lange goldgelbe glänzende Krystalle von Gardenin an, das Rochleder für identisch mit Crocin ansieht (Stenhouse, Ann. Chem. Pharm. **98**. 316). Decamalee-Gummi. Gardenin.

J. Stenhouse und C. E. Groves (J. chemic. soc. 1877. 1. 551; **35**. 688) haben die Untersuchungen über das Gardeniaharz fortgesetzt und das Gardenin näher charakterisirt. Dasselbe schmilzt bei 163 und 164°, und lässt sich durch Umkrystallisiren aus Chloroform am besten reinigen und besitzt die Formel $C_{14} H_{12} O_6$. Durch Einwirkung von Salpetersäure entsteht daraus Gardeniasäure, $C_{14} H_{10} O_6$, Schmpkt. 223°, ein chinonartiger Körper, der ein Diacetyl- Gardeniasäure.

derivat liefert, mit schwefliger Säure Hydrogardeniasäure giebt. — Bei der Destillation des Harzes mit Wasserdämpfen wurde ein ätherisches Oel erhalten Sdpkt. 140°, sowie ein Terpen, Sdpkt. 157—160°, $C_{10}H_{16}$. — Flückiger (Pharm. J. Trans. 7. 343) stellt für das Gardenin die Formel $C_{28}H_{30}O_{10}$ auf und beobachtete bei der Untersuchung des Gardeniaharzes noch zwei andere amorphe Bestandtheile.

Asperula. Galium.

Asperula odorata enthält Cumarin besonders reichlich vor der Entwicklung der Blüthen und eine Gerbsäure, die Aspertannsäure.

Aspertannsäure. — Die von R. Schwarz (Ann. Chem. Pharm. 80. 334) untersuchte Gerbsäure im Kraut von *Asperula odorata L.*, die nach Vielguth (Viertelj. pract. Pharm. 5. 193) identisch mit derjenigen des Krauts von *Galium Mollugo L.* sein soll, wird wie die Rubitannsäure dargestellt. Sie ist eine geruchlose hellbraune sehr hygroskopische, leicht in Wasser und Weingeist, schwierig in Aether lösliche Masse, deren Zusammensetzung nach dem Trocken bei 100° der Formel $C_7H_8O_4 + \frac{1}{2}H_2O$ entspricht. Ihre Lösung fällt Eiweiss, Leimlösung und Brechweinstein nicht, reducirt Silberlösung und färbt sich mit Eisenchlorid grün.

Galitannsäure. — Findet sich im Kraut von *Galium verum L.* und *G. Aparine L.* (über die Gerbsäure von *G. Mollugo L.* vergl. man Aspertannsäure) und wurde von R. Schwarz untersucht (Ann. Chem. Pharm. 83. 57). Darstellung wie die der Rubi- und Aspertannsäure, denen sie äusserlich gleicht. Ihre Zusammensetzung entspricht der Formel $C_7H_8O_5$. Sie färbt sich mit Eisenchlorid schön grün, fällt Kupferacetat schmutzig braun, neutrales Bleiacetat kaum, basisches dagegen vollständig mit schön gelber Farbe.

Chiococca.

Caïncasäure. Caïncin. $C_{40}H_{64}O_{18}$. — Literat.: François, Pelletier und Caventou, Journ. Pharm. (2) 16. 465. — Rochleder und Hlasiwetz, Journ. pract. Chem. 51. 415. — Rochleder, ebendas. 85. 284; 102. 16.

Caïncasäure. Diese Säure wurde 1829 von François, Pelletier und Caventou in der Rinde der Wurzel von *Chiococca racemosa Jacq.* aufgefunden, die sie als saures Kalksalz enthält.

Ihre Darstellung geschieht nach Rochleder und Hlasiwetz am besten in der Weise, dass man die weingeistige Abkochung der Wurzelrinde mit in Weingeist gelöstem Bleizucker, wodurch die Kaffeegerbsäure mit nur wenig Caïncasäure niedergeschlagen wird, und nach der Beseitigung dieses Niederschlags mit Bleiessig ausfällt. Das jetzt gefällte caïncasaure Blei wird in einer reichlichen Menge Wasser vertheilt, durch Schwefelwasserstoff zersetzt und das Filtrat zur Krystallisation verdunstet. Auch die in den Bleizuckerniederschlag übergegangene Caïncasäure kann gewonnen werden, wenn man ihn unter Wasser durch Schwefelwasserstoff zerlegt und das Filtrat zuerst mit Bleizucker und darauf mit Bleiessig ausfällt; der zuletzt erhaltene Niederschlag ist reines caïncasaures Blei, aus dem die Säure in der angegebenen Weise isolirt wird. Zur Reinigung wird sie abgepresst und aus verdünntem Weingeist umkrystallisirt.

Die Caïncasäure bildet feine verfilzte seideglänzende Nadeln ohne Geruch von anfangs kaum wahrnehmbaren, dann aber stark hervortretenden bitterem und zusammenziehendem Geschmack und von saurer Reaction. Sie ist in Wasser und Aether schwer löslich, wird dagegen gut von heissem Weingeist gelöst, aus dem sie beim Erkalten krystallisirt.

Liebig (Poggend. Annal. 21. 33) stellte für die Caïncasäure zuerst die Formel $C_{16} H_{14} O_8$ auf; Rochleder und Hlasiwetz gaben dann die Formel $C_{32} H_{26} O_{14}$; später leitete Rochleder aus den Spaltungsproducten die Formel $C_{120} H_{91} O_{53}$ ab, die er neuerdings durch die oben angeführte Formel $C_{40} H_{64} O_{18}$ ersetzte.

Die Salze der Caïncasäure sind unkrystallisirbar. Die Salze der Alkalimetalle schmecken bitter und sind in Wasser und Weingeist löslich. Auch mit Baryt- und Kalkwasser giebt die Säure eine klare Lösung und erst überschüssiges Kalkwasser scheidet Flocken von basisch-caïncasaurem Kalk ab. Eisenoxydsalze fällt die Caïncasäure nicht (François, Pelletier und Caventou).

Durch Hitze wird die Caïncasäure zerstört; auf Platinblech erhitzt verbrennt sie mit Geruch nach Weihrauch. Wird sie mit verdünnter wässriger Salzsäure gekocht oder einen Augenblick mit kalter rauchender Salzsäure zusammengebracht, so zerfällt sie in Zucker und in Wasser unlösliche und in weissen Flocken sich ausscheidende Chiococcasäure (Rochleder und Hlasiwetz), für welche Rochleder früher die Formel $C_{36} H_{56} O_9$ gegeben hat und die von Anderen für identisch mit Chinovasäure (s. diese) gehalten wird. Kocht man dagegen anhaltend mit weingeistiger Salzsäure, so tritt statt der Chiococcasäure Caïncetin, $C_{22} H_{34} O_3$, als Spaltungsproduct auf ($C_{40} H_{64} O_{18} + 3 H_2 O = C_{22} H_{34} O_3 + 3C\ H_{12} O_6$). Caïncetin. Dieses krystallisirt aus Weingeist nur schwierig und wird gewöhnlich in gallertartigen, aus mikroskopischen Krystallen bestehenden Klumpen erhalten. Es bildet krystallisirbare Verbindungen mit Kali und Baryt und zerfällt beim Schmelzen mit Kalihydrat in Caïncigenin, $C_{14} H_{24} O_2$, und Buttersäure ($C_{22} H_{34} O_3 + 3 H_2 O = C_{14} H_{24} O_2 + 2 C_4 H_8 O_2$) (Rochleder). – In Berührung mit Natriumamalgam und wässrigem Weingeist löst sich die Caïncasäure zu einer bräunlichen Flüssigkeit, aus der verdünnte Schwefelsäure einen krystallinischen Körper von der Formel $C_{36} O_{58} O_{15}$ fällt (Rochleder).

In der von ihm mehrfach in täglich einige Male zu wiederholenden Gaben Anwendung. von 0,125—0,36—1,0 (entsprechend 1,0—2,0 Extr. Caïncae) gereichten Caïncasäure sieht François (Journ. gén. Méd. Sept. 1829. 1. 408) das diuretische Princip der seit 1825 in Europa eingeführten und von verschiedenen Seiten (Spitta, Wendt u. s. w.) gegen Wassersuchten gerühmten Radix Caïncae. Die Caïncasäure soll geraume Zeit von Kranken genommen werden können, ohne Beschwerden hervorzurufen, tonisirend wirken, die Urinsecretion bei Hydropischen um das 2—3fache vermehren, ohne Nieren und Blase zu afficiren, und falls der diuretische Effect ausbleibt, Purgiren bedingen. Lefort (Réc. périod. Soc. de Méd. (3) 14. 165), der die Säure gegen Hydrops und Anasarca bei Herzkrankheiten und Nierenleiden mit Erfolg anwandte, sah in einem Falle nach jeder Dosis Erbrechen dicker schleimiger Massen.

Morinda. Cascarilla. Arariba.

Morindin. $C_{28} H_{30} O_{15}$ (nach Anderson). – Literat.: Anderson, Trans. of the roy. Soc. of Edinb. 16. 435; auch Ann. Chem. Pharm.

71. 216. — Rochleder, Wien. Akad. Ber. 7. 806. — Stenhouse, Chem. Soc. J. (2) 2. 333; auch Chem. Centrbl. 1865. 528. — Stein, Journ. pract. Chem. 97. 234.

Morindin. Die Eigenthümlichkeit dieses gelben, 1849 von Anderson in der Wurzelrinde von *Morinda citrifolia* aufgefundenen Farbstoffs, welchen Rochleder und Stenhouse für identisch mit Ruberythrinsäure zu halten geneigt waren, ist neuerdings von Stein dargethan worden.

Es scheidet sich aus der heiss filtrirten weingeistigen Abkochung der Rinde beim Erkalten gemengt mit einem rothen Farbstoff aus, und wird durch Umkrystallisiren zuerst aus 50procentigem, dann aus stärkerem salzsäurehaltigem Weingeist gereinigt (Anderson).

Es bildet feine schwefelgelbe seideglänzende Nadeln, die sich leicht und mit gelber Farbe in kochendem Wasser lösen und daraus beim Erkalten als Gallerte wieder abscheiden. Von kaltem absolutem Weingeist wird es nur wenig, von verdünntem kochendem reichlich; von Aether gar nicht (Unterschied von Ruberythrinsäure), von wässrigen Alkalien leicht und mit orangerother Farbe gelöst. Seine wässrige Lösung wird durch Baryt-, Strontian- und Kalkwasser roth, durch Alaun röthlich, durch Bleiessig scharlachroth gefällt. Die weingeistige Lösung färbt sich mit Eisenchlorid dunkelbraun, die ammoniakalische giebt damit einen braunen Lack (Anderson).

Beim Erhitzen auf 245° schmilzt das Morindin zu einer dunkelbraunen Flüssigkeit, giebt aber schon unter dieser Temperatur ein krystallinisches Sublimat von Morindon, etwa 45 % der ursprünglichen Substanz betragend und einen Rückstand, der unkrystallisirbaren, Kupferoxyd reducirenden Zucker enthält (Anderson, Stein).

Morindon. Das Morindon (nach Anderson $C_{14}H_{10}O_5$, nach Stein $C_{14}H_8O_3$) bildet mikroskopische lange vierseitige Nadeln, die sich nicht in Wasser, leicht in Weingeist und Aether lösen (Anderson). Es ist nach Stein nicht identisch mit Alizarin, wie Stenhouse angab. In conc. Schwefelsäure löst es sich mit indigblauer Farbe, die nach einigen Stunden in Purpurroth, zuletzt in Gelbroth übergeht. Wässrige Alkalien nehmen es mit prächtig violetter Farbe auf. Barytwasser fällt die ammoniakalische Lösung kobaltblau, Alaun roth. Die weingeistige Lösung wird durch Eisenchlorid schwarzgrün und nicht rothbraun wie die des Alizarins gefärbt (Stein, Anderson).

Beim Kochen des Morindins mit Salpetersäure entsteht nur Oxalsäure, keine Phtalsäure (Stein).

Californin. **Californin.** — Von Winckler (Repert. Pharm. 82. 28; 89. 345; 91. 220) untersuchter Bitterstoff der nach Wiggers von *Cascarilla Riedeliana Wedd.*, nach Batka von *Buena obtusifolia Dec.* abzuleitenden *China californica.* — Zur Darstellung wird die mit Aether erschöpfte Rinde mit kochendem 80procent. Weingeist ausgezogen, der Verdunstungsrückstand des weingeistigen Auszugs in Wasser aufgenommen und die Lösung mit Bleizucker gefällt. Das entbleite Filtrat wird dann abermals verdunstet und der Rückstand mit 90proc. Weingeist ausgezogen. Aus der mittelst Thierkohle entfärbten Lösung fällt nun Aether den Bitterstoff, der sich bei längerer Ruhe abscheidet. Er wird mit Aether gewaschen und seine wässrige Anflösung im Wasserbade zur Trockne verdunstet.

Das Californin ist eine rein goldgelbe amorphe zerreibliche Substanz von bitterem Geschmack und neutraler Reaction. Es löst sich in Wasser und Weingeist, nicht in Aether, wird durch Gerbsäure, Quecksilber- und Platinchlorid nicht gefällt, durch conc. Schwefelsäure braunroth gefärbt (Winckler).

Montanin. — Von van Mons (Buchn. Rep. **29.** 445; **37.** 451) in einer aus dem Handel verschwundenen falschen Chinarinde aus Guadeloupe, der sog. China montana, die nicht mit der gewöhnlich damit identificirten China Piton s. St. Luciae s. martinicensis (von Exostemma floribundum) identisch sein soll, aufgefundene pseudokrystallinische, weisse, in Wasser fast unlösliche, sehr anhaltend widrig bitter schmeckende Substanz, über deren Bereitungsweise und sonstige Eigenschaften nichts bekannt ist (?).

Aribin. $C_{23}H_{20}N_4$. — Literat.: Rieth und Wöhler, Ann. Chem. Pharm. **120.** 247.

Aribin.

Dieses 1861 von Rieth unter Wöhler's Leitung in der zum Rothfärben von Wolle benutzten Rinde von *Arariba rubra Mart.* *Pinckneya rufescens,* einem brasilianischen Baume, aufgefundene Alkaloid wird erhalten, indem man den mit heissem schwefelsäurehaltigen Wasser bereiteten Auszug der Rinde nach vorgängigem starkem Einengen und beinahe vollständigem Neutralisiren mit Soda mit Bleizucker zur Entfernung des rothen Farbstoffs ausfällt, das Filtrat mit Schwefelwasserstoff entbleit, darauf mit Soda übersättigt, die ein braunes Coagulum abscheidet und wiederholt mit Aether ausschüttelt. Aus der getrennten ätherischen Aribinlösung fällt dann auf Zusatz von Salzsäure salzsaures Aribin heraus, das man durch wiederholtes Umkrystallisiren und Waschen mit starker Salzsäure reinigt. Endlich zerlegt man dasselbe in wässriger Lösung mit kohlensaurem Natron, schüttelt das freigewordene und grösstentheils ausgeschiedene Aribin mit Aether aus und krystallisirt es einige Male aus Aether.

Das Aribin krystallisirt in zwei Formen, mit und ohne Krystallwasser. Die beim Verdunsten in der Wärme anschiessende wasserfreie Base bildet ziemlich grosse, stark glänzende Rhombenoctaëder oder rhombische Prismen, die bei freiwilligem Verdunsten der ätherischen Lösung krystallisirende, $8H_2O$ enthaltende wasserhaltige Base wird in langen schmalen, meistens hohlen, durchsichtigen vierseitigen platten Prismen mit schiefer Endfläche erhalten, die schon an der Luft verwittern und bei 100° ihr Krystallwasser vollständig verlieren. Bei 229° schmilzt das Aribin und erstarrt krystallinisch wieder, beginnt aber schon unterhalb seiner Schmelztemperatur in sehr feinen langen Nadeln unzersetzt zu sublimiren. Es schmeckt stark bitter und reagirt alkalisch. Von Wasser erfordert es bei 23° 7762 Th. zur Lösung; in heissem Wasser löst es sich reichlicher und scheidet sich daraus beim Erkalten anfangs in wasserfreien, später in zarten federartigen gewässerten Krystallen ab. Von Weingeist wird es leicht, weniger gut von Aether und Amylalkohol gelöst. Die Lösungen besitzen kein Molecularrotationsvermögen.

Mit den Säuren vereinigt sich das Aribin zu neutralen und sauren Salzen, die zum Theil vorzüglich gut krystallisiren. Ammoniak, ätzende und kohlensaure Alkalien fällen aus den verdünnten wässrigen Lösungen der Salze krystallinisches Aribin, das sich beim Erwärmen löst, beim Erkalten wieder erscheint. Gerbsäure bewirkt keine Fällung. — Neutrales salzsaures Aribin, $C_{23}H_{20}N_4, 2HCl$, bildet feine Nadeln, die sich leicht in Wasser, auch in Amylalkohol, aber nicht in Äther lösen. Aus wässriger Lösung wird es sowohl durch conc. Salzsäure, als auch durch manche anderen Mineralsäuren und Salze gefällt. Neutrales schwefelsaures Aribin, $C_{23}H_{20}N_4, SH_2O_4$, wurde durch Zersetzung von salzsaurem Aribin mit Silbersulfat, saures schwefelsaures Aribin, $C_{23}H_{20}N_4, 2SH_2O_4$, durch Behandlung von Aribin mit überschüssiger Schwefelsäure und Waschen des im Ueberschuss der Säure unlöslichen Salzes mit Aether und Aetherweingeist erhalten. Salzsaures Aribin-Platinchlorid, $C_{23}H_{20}N_4, 2HCl, 2PtCl_2$, ist ein aus hellgelben Nadeln bestehender, in Wasser und verdünnter Salzsäure unlöslicher Niederschlag. — Versetzt man eine verdünnte wässrige Lösung von salzsaurem Aribin mit Chlor, Brom oder Jod, so scheiden sich in farblosen, gelben, resp. braunen Nadeln krystallisirende Verbindungen dieser Elemente mit der Base ab, die sich beim Erwärmen auflösen, beim Erkalten aber wieder auskrystallisiren. — Bei mehrtägigem Erhitzen des Aribins mit Jodäthyl auf 100° entstehen gelbliche, in Wasser lösliche Krystalle von jodwasserstoffsaurem Diäthylaribin, $C_{23}H_{18}(C_2H_5)_2N_2, 2HJ$, deren weingeistige Lösung nach Behandlung mit Silberoxyd und Entfernung des Jodsilbers beim Verdunsten eine amorphe gefärbte, mit Salzsäure Krystalle erzeugende firnissartige Masse von Diäthylaribiniumoxydhydrat hinterlässt.

Crossopteryx.

O. Hesse (Berl. Ber. 1878. 1548) isolirte aus der Rinde von Crossopteryx Kotschyana nach dem Stas'schen Verfahren ein Alkaloid, das amorph aus ätherischer Lösung erhalten wurde.

Cephaëlis. Richardsonia.

Die Gattung Cephaëlis enthält als wesentlichen Bestandtheil das Alkaloid Emetin und Gerbsäure, ausserdem einen Farbstoff, Erythrocephaleïn.

Ipecacuanhasäure.

Ipecacuanhasäure. — Diese schon von Pfaff als eigenthümlich erkannte Gerbsäure der Wurzel von *Cephaëlis Ipecacuanha Rich.* wird nach Willigk (Journ. pract. Chem. 51. 404) rein erhalten, indem man die weingeistige Abkochung der Wurzel mit Bleiessig ausfällt, den mit Weingeist gewaschenen Niederschlag in verdünnter Essigsäure löst, die Lösung aufs Neue mit Bleiessig und etwas Ammoniak fällt, den Niederschlag unter Aether mit Schwefelwasserstoff zersetzt, das Filtrat im Kohlensäurestrome verdunstet, den Rückstand in Wasser aufnimmt, die filtrirte Lösung mit Thierkohle entfärbt und endlich im Kohlensäurestrome zur Trockne bringt.

Die Säure bildet eine amorphe röthlich braune sehr hygroskopische Masse von stark bitterem Geschmack, die sich leicht in Wasser, gut in Weingeist, schwieriger in Aether löst, sich mit Eisenoxydsalzen grün und in alkalischer Lösung schwarzbraun färbt. Zusammensetzung $C_{14}H_9O_7$ (Willigk).

Emetin. — Literat.: Pelletier und Magendie, Journ. Pharm. (2) 3. 145; 4. 322. — Pelletier und Dumas, Ann. Chim. Phys. (2) 24. 180. — Pelletier, Journ. Pharm. (2) 14. 200. — Merck, Trommsdorff's N. Journ. Pharm. 20. 1. 134. — Reich, Arch. Pharm. (2) 113. 193. — Lefort, Journ. Pharm. (4) 9. 167 u. 241. — Podwyssotzky Pharm. J. Trans. (3) 10. 642. — Power, ebendas. (3) 8. 344. — Glénard, J. Chem. Min. 1875. 783. 829. — J. Lefort und Wurtz, Compts. rend. 84. 1299.

Medicinische: Klinsmann, De Emetino. Berl. 1823. — Oswald, De Ipecacuanha et ejus principio emetico. Wien, 1833. — Pécholier,

Rech. exp. sur l'action de l'Ipécacuanha. Montpellier, 1862. — Prollius, Hufel. Journ. 1834. Febr. 84. — Schuchardt, Arzneimittellehre, p. 586. — Dyce Duckworth, St. Bartholom. Hosp. Rep. 5. 217. 1869; 7. 90. 1871. D'Ornellas, Gaz. méd. de Paris. 40–42. Bull. gén. Mars. 15. Gaz. hebdom. 20. 1872. — Pander. Beiträge zu dem gerichtl. chemischen Nachweise des Brucins, Emetins u. s. w. Dorpat, 1871. — Polichronie, Gaz. des Hôp. 115. 1874. — Chouppe, Arch. Physiol. norm. 100. 1874. — Podwyssotzki, Arch. exp. Path. 11. 231. 1879. — Rossbach, Berl. klin. Wchschr. N. 19. 20. 1882.

Das Emetin (Name von ἐμέω, erbrechen) wurde von Pelletier schon 1816 im unreinen, 1821 im Verein mit Magendie im reinen Zustande dargestellt. Emetin.

Es findet sich in den verschiedenen im Handel vorkommenden Sorten der Ipecacuanha (Brechwurzel), nämlich den Wurzeln der zur Familie der Rubiaceae gehörenden *Cephaëlis Ipecacuanha Willd.*, *Ronabea emetica Richard.* (*Psychotria emetica L.*) und *Richardsonia scabra St. Hil.* (*Richardia scabra L.*), sowie in *Jonidium Ipecacuanha Venten.* (*Viola Ipecacuanha L.*) und *Jonidium indecorum St. Hil.* aus der Familie der Violarieae. Das Vorkommen in der Caincawurzel, der Wurzel von *Chiococca racemosa Jacq.* (Fam. Rubiaceae), ist noch zweifelhaft.

Zur Darstellung entzogen Pelletier und Magendie der gepulverten Ipecacuanhawurzel durch Aether zuerst das Fett, erschöpften sie dann mit kochendem Weingeist, destillirten vom Auszuge nach Zusatz von Wasser den Weingeist ab, fügten noch etwas mehr Wasser zum Rückstande, filtrirten und fällten mit überschüssiger Magnesia. Der gewaschene und getrocknete Niederschlag trat dann an kochenden Weingeist unreines Emetin ab, das nach dem Verdunsten des Weingeists durch Auflösen in verdünnter Säure, Behandeln mit Thierkohle und Wiederausfällen mit Kali oder Ammoniak rein erhalten wurde. — Merck zieht die zerkleinerte Wurzel mit kochendem Wasser aus, verdampft den Auszug zur Trockne, behandelt den Rückstand mit Weingeist, verdunstet die filtrirte Lösung abermals zur Trockne und nimmt in verdünnter Salzsäure auf. Er fällt dann die Lösung mit Quecksilberchlorid, löst den mit kaltem Wasser gewaschenen Niederschlag in Weingeist, scheidet das Quecksilber durch Schwefelbarium ab, entfernt das Barium durch Schwefelsäure, destillirt nach Zusatz von Wasser den Weingeist ab, fällt endlich das Emetin mit Ammoniak und wäscht es mit kaltem Wasser. — Reich extrahirt die Wurzel mit warmem Weingeist, fällt den Auszug zur Entfernung der Ipecacuanhasäure nach einander mit neutralem und basischem essigsaurem Bleioxyd aus, destillirt vom Filtrat den meisten Weingeist ab, filtrirt nach Zusatz von Wasser vom ausgeschiedenen Harz, entfernt darauf mit Schwefelwasserstoff das Blei und fällt das Emetin durch Gerbsäure. Der Niederschlag wird durch Eintrocknen mit Bleioxyd zersetzt und aus dem Rückstande das Emetin mit Weingeist ausgezogen. Zur Reinigung wird es nochmals aus salzsaurer Lösung mit Gerbsäure niedergeschlagen, aus dem Niederschlage in der früheren Weise wiedergewonnen und endlich mit Aether gewaschen. — Léfort empfiehlt, die gepulverte Wurzel im Verdrängungsapparate zuerst mit 86grädigem, Darstellung.

darauf mit 56 grädigem Weingeist zu extrahiren, darauf die vereinigten Auszüge bis zur Syrupsconsistenz zu concentriren, mit etwas Wasser und $^1/_{50}$ vom Gewicht der Wurzeln an Kalihydrat zu versetzen und in ganz von der Mischung angefüllten Gefässen wiederholt mit Chloroformlösungen schütteln. Das beim Verdunsten der Chloroformlösungen hinterbleibende harzartige Emetin wird in verdünnter Salzsäure gelöst und durch die eben genügende Menge Ammoniak wieder gefällt, worauf es zuerst mit Wasser und dann durch Digestion mit Aether ausgewaschen wird. A. Glenard empfiehlt zur Gewinnung des Emetins das Extract oder auch die Wurzel mit Kalk zu mischen und mit Aether auszuziehen, der sämmtliches Emetin aufnimmt. Aus dieser Lösung erhält man es durch Ausschütteln mit säurehaltigem Wasser, das man mit Ammon fällt. Lefort und Würtz fällen die heisse concentrirte, wässrige Lösung des Extractes mit Kaliumnitrat, zerlegen das ausgeschiedene Emetinnitrat in alkoholischer Lösung mit Kalk und extrahiren hierauf mit Aether. — Podwyssotzki extrahirt die Ipecacuanhawurzel zuerst mit Aether und Petroleumäther, welche den oben erwähnten Farbstoff lösen (der gelbe Nadeln bildet), hierauf mit Alkohol (83%), welche Lösung nach Beseitigung des Alkoholes mit Eisenchlorid gefällt wird. Das Filtrat wird mit Natriumcarbonat versetzt und der erhaltene Brei mit Petroleumäther extrahirt, der Emetin aufnimmt und beim Abkühlen krystallinisch ausscheidet. Ausbeute $^1/_4$—1%).

Die Ausbeute an Emetin beträgt nach Pelletier $^1/_4$—$^1/_3$%. Lefort erhielt aus Brasilianischer Ipecacuanha im Mittel 1,45% gerbsaures und 1,35% salpetersaures Emetin, während die Wurzel von Neu-Granada ihm im Mittel 1,35% des Tannats und 1,80% des Nitrats lieferte. Stall fand in Brechwurzelsorten 0,588, 0,245 und 3,115% Emetin, Stewart (J. amer. pharm. 48. 398) 1,4—2,1% Emetin.

Eigenschaften. Das Emetin ist ein weisses unkrystallinisches geruchloses Pulver von schwach bitterem und kratzendem Geschmack und alkalischer Reaction oder krystallisirt in dünnen Blättchen (Podwyssotzki) oder Nadeln (Lefort, Wurtz). Es schmilzt nach Pelletier bei 50°, nach Lefort bei 70°, bei 62—65° (Podwyssotzki). Es löst sich in 1000 Th. Wasser von 50° (Lefort), weniger in kaltem. Von wässrigem und wasserfreiem Weingeist, sowie von Chloroform wird es sehr leicht gelöst, löst sich auch in Benzol und Petroleumäther, in Aether, Essigäther, Terpenthinöl, fetten Oelen. Die wässrige Lösung besitzt kein Rotationsvermögen. Die (etwas unreine) saure wässrige Lösung zeigt nach Dragendorff deutliche Fluorescenz in Blau.

Das in Frankreich unter dem Namen Emétine colorée (brune, médicinale) arzneilich verwendete Präparat ist nur ein braunes Extract, welches an der Luft zerfliesst, sich leicht in Wasser löst und bitterer schmeckt, als das reine Emetin. Zur Darstellung wird der weingeistige Auszug der Brechwurzel bis zur Trockne eingedampft, der Rückstand in Wasser aufgenommen und die nach Zusatz von etwas kohlensaurer Magnesia filtrirte Lösung wiederum zur Trockne gebracht.

Zusammensetzung. Die Zusammensetzung des Emetins ist noch nicht als sicher festgestellt zu betrachten. Dumas und Pelletier fanden darin 64,57% C, 7,77 H und

4,30 N; Reich fand 63,11% C, 7,99 H und 6,11 N. Aus den Analysen von Dumas und Pelletier sind theils von ihnen selbst, theils von Anderen die Formeln $C_{30}H_{22}NO_8$, $C_{35}H_{25}NO_9$, $C_{36}H_{25}NO_{10}$ und $C_{37}H_{27}NO_{10}$ berechnet worden. Reich stellt die Formel $C_{40}H_{30}N_2O_{10}$ auf und Lefort hält nach seinen, indess keineswegs als maassgebend anzusehenden, Versuchen über den Schwefelsäure- resp. Chlorgehalt der beim Eintrocknen vollkommen neutraler Lösungen von Emetin in verd. Schwefelsäure resp. Salzsäure hinterbleibenden Rückstande die Formel $C_{60}H_{44}N_2O_{16}$ für die richtige. Glenard leitet aus der Zusammensetzung des salzsauren Salzes, das er krystallisirt erhielt, die Formel $C_{15}H_{22}NO_3$ ab, Lefort und Wurtz $C_{28}H_{40}N_2O_5$.

Salze. Zersetzung.

Stärker an der Luft erhitzt, entzündet sich das Emetin und verbrennt mit stark russender Flamme. Durch Kochen mit starker Salzsäure wird es nach Reich nicht gespalten. Im Joddampfe färbt es sich nach Donné braungelb, im Brom- und Chlorjoddampfe grünlichgelbbraun.

Von allen Säuren wird das Emetin gelöst unter Bildung neutraler meist unkrystallisirbarer Salze; nur bei Säureüberschuss werden nach Pelletier bisweilen krystallisirte Verbindungen erhalten. Die einfachen Salze sind meistens leicht löslich in Wasser, jedoch ist das Nitrat nach Lefort sehr schwer löslich. Sie schmecken bitter und zugleich scharf. Das salzsaure Salz und Nitrat krystallisiren.

Conc. Schwefelsäure löst das Emetin langsam mit schmutzig bräunlicher Farbe. Conc. Salpetersäure färbt es gelbbraun. — Verdünnte wässrige Lösungen der Emetinsalze werden durch Phosphormolybdänsäure gelblich, durch Pikrinsäure schwefelgelb und amorph, durch Gerbsäure nach Zusatz von etwas freier Salzsäure weisslich, durch Kaliumquecksilberjodid und Kaliumkadmiumjodid gelblich weiss und amorph, durch Platinchlorid gelbweiss, durch Goldchlorid citronengelb, durch Quecksilberchlorid (nur bei etwas grösserer Concentration) weiss und pulvrig, durch Natriumiridiumchlorid ockergelb, durch Schwefelcyankalium gelblichweiss und pulvrig, durch zweifach-chromsaures Kali allmälig gelb und amorph, durch salpetersaure Alkalien weiss gefällt. Aetzende, kohlensaure und zweifach-kohlensaure Alkalien, Ammoniak und kohlensaures Ammon, sowie Magnesia scheiden daraus Emetin ab, das sich im Ueberschuss der Fällungsmittel nicht löst. Nach Paneer giebt Emetin mit Chlorkalklösung eine hellgelbe bis citronengelbe Färbung; Dragendorff hält das Fröhde'sche Reagens für zuverlässig, bei der Erkennung des Emetines, das sofort eine rothe, später grüne Färbung giebt.

Gerichtlich-chemischer Nachweis.

Obgleich Emetin oder Brechwurzel zu absichtlichen Vergiftungen nicht gedient hat und schwerlich dienen wird, so muss es bei gerichtlich-chemischen Untersuchungen doch insofern in Betracht gezogen werden, als es bei der ausgedehnten medicinischen Anwendung der Brechwurzel zur Verwechselung mit einem anderen Alkaloide Veranlassung geben könnte. Bezüglich seiner Isolirung aus organischen Untersuchungsobjecten ist zu beachten, dass es nicht aus sauren, aber leicht aus alkalisch gemachten Lösungen in Chloroform, Amylalkohol, Benzol und Petroleumäther übergeht. Allenfallsige Verwechselungen und Täuschungen mit Strychnin, Brucin, Veratrin, Chinin sind wohl ausgeschlossen, da zunächst Emetin in Alkohol leicht löslich ist, durch Ammon gefällt wird, im Ueberschuss unlöslich (Brucin), sich in conc. Schwefelsäure auch bei Gegenwart von Salpetersäure ohne Farbe löst. Die quantitative Bestimmung kann nach Zinnoffsky (Pharm. Z. Russl. 11) mittelst Mayer'scher

Lösung geschehen im schwachsauren wässrigen oder alkoholischem Auszuge (1 CC = 0,0189 Emetin).

Wirkung. Das Emetin ist das brechenerregende Princip der Radix Ipecacuanha, deren stopfende Wirkung, die ihr als Ruhrwurzel besonderen Ruf verschaffte, auf die darin enthaltene Ipecacuanhasäure zu beziehen ist. Die emetische Action des Emetins, welche auch bei subcutaner Application und Infusion, aber später als bei interner Application, erfolgt, ist bei interner Anwendung ausschliesslich die Folge einer local irritirenden Wirkung, die das Emetin auch bei Application auf die äussere Haut, ins Unterhautzellgewebe und auf verschiedene Schleimhäute äussert. Grosse Dosen rufen bei Thieren Magen- und Darmentzündung, centrale Lähmung und Collaps mit nachfolgendem Tode hervor; sehr grosse bedingen bei Infusion Tod durch Herzparalyse (Duckworth) oder vasomotorische Lähmung (Podwyssotzki).

Dass das durch Emetin bedingte Erbrechen nur Reflex in Folge örtlicher Reizung der Nervenendigungen im Magen ist, beweist dessen Ausbleiben bei vorher durchschnittenen Vagi (Duckworth, d'Ornellas, Chouppe, Pelichronie) und das Auftreten derselben Entzündungserscheinungen im Tractus bei externer Application (Dragendorff und Pander, Duckworth, Polichronie). Die Entzündung im ganzen Verlaufe des Darmes als Folge von Emetinvergiftung constatirte schon Magendie und Pelletier bei Versuchen mit unreinem Emetin, sog. Emetinum coloratum, das zu 0,03 bis 0,2 bei Hunden nur emetisch und zu 0,6 stark brechenerregend und nach tiefem Schlaf (? Apathie) meist in 24 Stunden letal wirkte. Das Verhältniss dieses Stoffes zum reinen Emetin ergeben die von denselben Autoren gemachten Angaben über die Wirkung beim Menschen. Danach bedingt Emetinum coloratum zu 0,015 Erbrechen und Ekel und zu 0,12 ausserdem Schlafneigung, reines Emetin (zu 0,12 bei einem Hunde letal) schon zu 4 Mgm. Emese. Mérat und de Lens bezeichnen das reine Emetin als mindestens 3mal so stark wie das unreine, welchem letzteren Lerminier, der bei 7 Kranken durch 0,15 Erbrechen oder Stuhlentleerungen oder auch beides zugleich auftreten sah, eine 10fach kräftigere Wirkung als der Ipecacuanha zuschreibt.

Symptome der Vergiftung. Als Symptome der Vergiftung durch Emetin zeigten sich nach Pécholier nach 5 Mgm. intern bei Hunden zunächst Excitation, in 1 Minute Brechanstrengungen, in 2 Minuten bedeutende Schwäche, Hinstürzen und eine beträchtliche Abnahme der Frequenz des Pulses und der Respiration, sowie der Temperatur der oberen Körperhälfte, während diese im Rectum stieg (in Folge localer Hyperämie); in 30 Min. trat Erholung ein, die auch nach weiteren 0,005 trotz extremer Schwäche erfolgte. Wurde die nämliche Dosis dem Kaninchen mehrere Tage hintereinander (4- bis 8mal) gegeben, so nahmen Schwäche, Sinken der Puls- und Respirationsfrequenz und der Temperatur zu, während die Brechanstrengungen und die Excitation minder stark wurden und Tod trat ein. 0,05 tödteten ein Kaninchen nach Sinken von Puls- und Athemfrequenz und 2 Min. langen Krämpfen. 28 Tr. Emetinhydrochlorat auf die rasirte Haut eines Kaninchens gebracht, bedingten dieselben Erscheinungen wie die innere Application kleiner Emetindosen, von $^{1}/_{2}$ Stunde Dauer, und auch nach

15 Tr. verminderte sich die Pulsfrequenz (Pécholier). Nach Dyce Duckworth tödtet 0,1 Emetinum aceticum subcutan Katzen in 33 Std., 0,015 Meerschweinchen in 20 Std., während letztere nach 0,045 in 10 Min. zu Grunde gehen. In den Versuchen fand sich stets Pulsbeschleunigung, Muskelschwäche und Collaps, sehr häufig Albuminurie. Constant scheint bei Hunden und Menschen bei subcutaner Injection Salivation zu sein (d'Ornellas). Bei Injection in die Venen wirkt Emetin bei Hunden zu 0,025—0,1 rascher emetisch als bei Subcutanapplication, aber langsamer als intern (Chouppe). Auch Podwyssotzki, der allein mit völlig reinem Emetin experimentirte, sah bei Infusion grosser Dosen bei Katzen raschen Tod unter adynamischen Erscheinungen, bei kleineren sowohl bei Katzen als bei Hunden und Ratten Erbrechen und Durchfälle; hier erfolgte der Tod in Folge der Gastroenteritis in 18—24 Stunden.

Als Sectionsbefund mit Emetin vergifteter Thiere wird ausser den Erscheinungen von Gastritis und Enteritis, wovon die letztere sich bisweilen auf die oberen Darmpartien beschränkt, und welche um so ausgeprägter sind, je protrahirter der Verlauf der Intoxication ist, starke Hyperämie und Entzündung der Lungen (Magendie, Duckworth, d'Ornellas, Podwyssotzki) constatirt. Bei Infusion colossaler Dosen kommt die Gastroenteritis nicht zu Stande. Bei Hunden kommt es selbst zu Geschwürsbildung, wobei der Darminhalt viele abgestossene Epithelien und Eiterkörperchen enthält (Podwyssotzki). Schroff und Pécholier trafen diesen Befund nicht, dagegen fand Letzterer Fehlen der Glykose in der Leber. Sectionsbefund.

In Bezug auf die neben dem Erbrechen hervortretenden Wirkungen des Emetin ist d'Ornellas geneigt, die Athemverlangsamung ebenfalls als Reflexphänomen von den gereizten Vagusendigungen in der Magenschleimhaut zu betrachten. Directe Application von Emetinum hydrochloricum auf das Froschherz retardirt und sistirt die Herzaction rasch (Pécholier). Nach Einbringung einer Lösung des Salzes (1:10) zu 20 Tr. sah Pécholier bei Fröschen zuerst eine Lähmung der sensiblen Nerven, während die motorischen noch functionirten, die Muskelirritabilität erhalten, aber vermindert, ebenso die electrische Reizbarkeit der Nerven. Podwyssotzki beobachtete bei Fröschen in $^1/_2$—$1^1/_2$ Std. sich ausbildende allgemeine Paralyse ohne Voraufgehen von Zuckungen oder Brechbewegungen, die auch in Versuchen von d'Ornellas fehlten; doch war die Willkürbewegung vor der Erregbarkeit durch chemische oder mechanische Reize verschwunden. Eine lähmende Wirkung auf die Muskeln, die auch Buchheim und Loos bei grossen Dosen unter den Erscheinungen des Veratrins erfolgen soll, konnte Podwyssotzki nicht constatiren, ebenso sind die motorischen Nerven in ihrer Erregbarkeit nicht alterirt. Die Lähmung ergreift zuerst das Gehirn, später das Rückenmark, dessen Reflexerregbarkeit auch bei decapitirten Fröschen herabgesetzt wird, wodurch sich die von d'Ornellas beobachtete krampfaufhebende Wirkung bei Strychnismus erklärt. Am Froschherzen tritt rasch peristaltische Ventrikelbewegung und Unregelmässigkeit der Schlagfolge auf und kommt es zu diastolischen Stillständen, Abnahme der Energie der Systolen und Verlangsamung, bis definitiver diastolischer Stillstand eintritt, den weder mechanische Reize noch Atropin beseitigen. Muscarinstillstände werden durch Emetin nicht aufgehoben. Ueber die Wirkung auf das Froschherz und das Verhalten gegen Atropin vgl. auch Grasset und Aublard, Aug. Sept. Oct. 1881. Duckworth leugnet einen Einfluss auf den Blutdruck, d'Ornellas einen solchen Physiologische Action.

auf die Contraction der Gefässe; dagegen sah Podwyssotzki bei kleinen Dosen vorübergehendes unbedeutendes Sinken, bei grossen steiles Abfallen des Druckes, wobei ein Einfluss des Vagus nicht ersichtlich war. Die deletere Wirkung auf die Herzaction schien bei künstlich respirirenden Thieren weniger rasch einzutreten (Podwyssotzki). Nach Rossbach erregt Emetin starke Schleimsecretion durch directe Reizung der Bronchialdrüsen ohne Veränderung der Blutfüllung.

Oertliche Wirkung. Auf das Auge applicirt bedingt Emetin mehrtägige Conjunctivitis mit Chemosis und Keratitis, auf das Präputium applicirt wirkt es irritirend und corrodirend (Duckworth). Auf der unverletzten menschlichen Haut konnten Duckworth und Polichronie mit Emetinsalben keine Entzündung bewirken; die Angabe Turnbulls, dass Emetinsalbe, wie dies Ipecacuanhasalbe thut, einen Pustelausschlag erzeuge, scheint danach zweifelhaft, vielleicht waren die Salben der neueren Experimentatoren (1 : 120) zu schwach. Bei Thieren ruft Subcutaninjection von 0,25—0,36 Emetinum coloratum intensive Hyperämie der darunter liegenden Muskeln und serös-blutige Bindegewebsinfiltration, besonders längs der Venen hervor (Schuchardt). Auch bei Menschen tritt nach Subcutaninjection kleiner Mengen Verhärtung an der Einstichstelle auf (Duckworth).

Das beim Menschen nach Emetin eintretende Erbrechen erfolgt bei interner Application nach kleineren Dosen (1,5 Mgm.) als subcutan (3 Mgm.), in beiden Fällen oft sehr spät in 30—40 Min. (Duckworth, d'Ornellas).

Elimination. Das Emetin wird durch die Nieren und bei Subcutanapplication auch theilweise durch die Magenschleimhaut eliminirt (Dragendorff und Pander). Emetin findet sich nach Dragendorff im Erbrochenen nach Einführung des Gifts unter die Haut, im Harn bei Katzen nach 0,05—1,0 spurweise noch nach 48 Stunden. Podwyssotzki konnte es weder im Erbrochenen noch im Urin wiederfinden.

Anwendung. Emetin hat, obschon es hin und wieder als Brechmittel benutzt wurde, keine therapeutische Bedeutung, zumal nach Entdeckung der emetischen Wirkungen des Apomorphins, das sich für Subcutaninjection weit besser eignet. Von der durch Magendie und Klinsmann befürworteten Verwendung des Emetinum coloratum kann wegen Unzuverlässigkeit der Wirkung (vgl. Chomel, Mém. de l'Acad. 1. 448. 1829) keine Rede mehr sein. Das reine Emetin wandte zuerst Prollius an, der es als sicher, schnell und leicht wirkendes, bequem und angenehm anzuwendendes Brechmittel zur Aufnahme in die Pharmakopöe empfahl. Bei Keuchhusten, gegen welchen Magendie und Pelletier Emetinum coloratum empfahlen, haben wir das reine Emetinum erfolglos versucht. Als Contrastimulans bei Pneumonie u. s. w. (Pécholier) erscheint es wegen seiner irritirenden Action auf den Tractus wenig geeignet. Bei Vomitus gravidarum fand Duckworth bisweilen Emetin zu 3 Mgm. nützlich.

Als Emeticum ist Emetinum purum zu 0,004—0,01 am besten in Pulvern oder in Lösung innerlich zu geben. Zur subcutanen Application, die von Eulenburg bei einem an Bronchitis capillaris leidenden Kinde zu 8 Mgm. erfolglos versucht wurde, wie sie auch in einem Falle von Kohlenoxydvergiftung resultatlos blieb, sind Lösungen mit Zusatz einer Säure nothwendig (Eulenburgs Lösung enthielt 1 Emetin in 30 Wasser unter Zusatz von Schwefelsäure), wie ein solcher Zusatz (Weinsäure) auch bereits von Prollius als die Wirkung fördernd bei interner Darreichung empfohlen wurde; Emetini puri 0,03, Acidi tartarici 0,06, Sacch. albi 2,0. M. f. pv. div. in part. 4. ¼stündlich 1 Pulver, wovon meist 2 genügen, um hinreichend emetisch zu wirken. Schlecht ist die Vorschrift Magendies, Salpetersäure zuzusetzen, da diese Säure in den Lösungen der Emetinsalze Niederschläge giebt. Etwaige Hyperemese lässt sich am besten durch Tannin beseitigen, welches, wie bei allen Alkaloiden, wo man nicht die Wirkung verringern will, zu meiden ist. Als Expectorans ist Emetin zu 1—2 Mgm. zu geben. In derivirender Absicht dürfte Emetinum coloratum zur Anfertigung einer Pustelsalbe (1 Th. auf 15 Th. Fett) verwendbar sein.

Auch das Emetinum purum des Handels ist nicht rein und selbst das vollkommen reine verliert bei längerer Aufbewahrung und Gelbwerden an Intensität der Wirkung; völlig reines Emetin tödtet Frösche zu 0,01 subcutan und bei Infusion von mehr als 0,01 Katzen in 12—15 Minuten unter Adynamie.

Cephalanthus. Hymenodictyon.

Hattan (J. Amer. Pharm. **46**. 310) hat in der Rinde von Cephalanthus occidentalis eine krystallinische, fluorescirende Säure, sowie einen Saponin ähnlichen Körper unkrystallinischen Bitterstoff gefunden.

W. A. H. Nayler (Pharm. J. Trans. (3) **12**. 817. **14**. 311. 1883. Berl. Ber. 1883. 2771) fand in der in Ostindien bei Intermittens geschätzten Rinde von Hymenodictyon excelsum Wallich ein sauerstofffreies Alkaloid, Hymenodictyonin, das schon in sehr kleinen Mengen Schwindel und Kopfweh hervorrufen soll, und einen in Aether und Chloroform unlöslichen indifferenten Bitterstoff, welche beide genauerer Untersuchung bedürftig sind.

Coffea.

Ueber die Bestandtheile der einzelnen Theile des Kaffeebaumes, Coffea arabica, liegen folgende Arbeiten vor: O. Hehner (Analyst. 1879. 84) fand in schwach gerösteten Kaffeeblättern 30,15% lösliche (0,29% Coffeïn, 4,95% Asche) und 56,56% unlösliche Bestandtheile. — Boussingault (Compt. rend. **91**. 639) fand in den Beerenfrüchten des Kaffeebaumes auf 100 Th. getrockneter Frucht berechnet, Mannit 2,21 %, Invertzucker 8,73 %, Rohrzucker 2,37 %.

Das Fett der Kaffeebohnen scheidet sich aus dem mit Weingeist von 40° B. bereiteten Auszuge zum Theil beim Abkühlen auf — 6° aus, der Rest wird durch Wasserzusatz gefällt. Es ist weiss, geruchlos, von Schmalzconsistenz, schmilzt bei 37°,5 und wird an der Luft ranzig. Nach Rochleder (Wien. Akad. Ber. **24**. 40) enthält es Glyceride der Palmitinsäure und einer Säure $C_{12} H_{24} O_2$.

C. O. Cech erhielt aus den Kaffeesamen durch Extraction mit Aether 8—13 % eines grünen, dickflüssigen Oeles, aus dem sich Krystalle von Coffeïn, sowie auch feste Fettsäuren ausschieden.

H. Ludwig (Arch. Pharm. (3) 1. 482) liess Aschenanalysen verschiedener Theile des Kaffeebaumes ausführen, wobei beobachtet wurde, dass der Gehalt an Phosphorsäure von der Wurzel des jungen Kaffeebaumes bis zur Frucht und ihrer Theile steigt. — (Aschenanalysen liegen noch vor von Graham, Stenhouse, Campbell, J. chem. soc. 9. 33).

Die Samen der Frucht, die Kaffeebohnen, enthalten Zucker 6—7 %, Fett 10—13%, Coffeïn 0,5—2 %, Asche 6—7 % und Spuren flüchtiger Oele (Robiquet und Boutron, J. pr. chem. 13. 257. — Rochleder, Ann. Chem. Pharm. 50. 224; 59. 300; 63. 193. 66. 35. — Payen, Ann. chim. phys. (3) 26. 168. — v. Bibra, Narkotische Genussmittel. 1855).

Weyrich (Pharm. Z. Russl. 12. 362) hat 25 Kaffeesorten untersucht und folgende Grenzwerthe festgestellt im Gehalte an: 0,67–2,2% Coffeïn, 3,8–4,9% Asche, darin 50,9—64,6% Kali, 6,75—15,56% Phosphorsäure. — Levesie (Arch. Pharm. (3) 8. 294) hat versucht den Gehalt an Fett, Schleim, Gerbsäure in Kaffeesorten zu bestimmen. — Dragendorff (Chem. Werthbest. scharf wirkender Droguen. Petersb., 1874) fand in 25 Kaffeesorten 0,7—2,2% Coffeïn.

Ueber die Veränderungen, welche die Kaffeebohnen beim Rösten erleiden, hat Bernheimer (Wiener academ. Ber. 81. II. 1032) gearbeitet und fand als hierbei auftretende Hauptproducte Palmitinsäure 0,48%, Coffeïn 0,18—0,28%, Caffeol 0,04—0,05, Essigsäure, Kohlensäure, neben Hydrochinon, Methylamin, Pyrrol, Caffeol ist ein Oel, $C_8H_{10}O_2$, Sdpkt. 195—197°, das mit Kali geschmolzen Salicylsäure liefert (vielleicht Methylsaligenin).

Caffeol.

Kaffeegerbsäure. Coffeïnsäure. — Literat.: Pfaff, Schweigger's Journ. 62. 31. — Rochleder, Ann. Chem. Pharm. 59. 300; 63. 193; 66. 39; 82. 194; Journ. pract. Chem. 72. 392. — Rochleder und Hlasiwetz, Ann. Chem. Pharm. 76. 338. — Hlasiwetz, ebendas. 142. 219.

Kaffeegerbsäure.

Diese zuerst von Pfaff beobachtete Gerbsäure findet sich ausser in den Samen und Blättern des Kaffeebaums, *Coffea arabica L.*, auch in der Wurzel von *Chiococca racemosa Jacq.* (Rochleder und Hlasiwetz) und in den Blättern der Aquifoliacee *Ilex paraguayensis St. Hil.* (Rochleder).

Zur Darstellung unterwirft man die wässrige Abkochung der Kaffeebohnen einer fractionirten Fällung mit Bleizucker. Es enthalten dann die zuerst gebildeten Niederschläge Citronensäure neben Kaffeegerbsäure, die späteren nur Kaffeegerbsäure. Diese werden gewaschen und unter Wasser mit Schwefelwasserstoff zerlegt, worauf man das blassgelbe Filtrat im Wasserbade zur Trockne verdunstet (Rochleder).

Die Kaffeegerbsäure ist eine spröde, ein gelbweisses Pulver gebende Masse von schwach saurem und etwas zusammenziehendem Geschmack. Sie löst sich sehr leicht in Wasser und Weingeit, kaum in Aether. Ihre Lösungen färben sich mit Eisenchlorid dunkelgrün (Rochleder).

Für ihre Zusammensetzung gab Rochleder früher die Formel $C_{16}H_9O_8$, später die Formel $C_{14}H_8O_7$. Hlasiwetz berechnet mit Rücksicht auf die unten erwähnte Spaltung der Kaffeegerbsäure in Kaffeesäure und Zucker neuerdigs aus Rochleder's Analysen die Formel $C_{15}H_{18}O_8$.

Die Kaffeegerbsäure löst sich in wässrigen Alkalien, alkalischen Erden und wässrigem Ammoniak mit rothgelber oder gelber Farbe. Alle diese Lösungen färben sich, wenn nicht die Säure vorwaltet, an der Luft unter Zersetzung rasch grün (s. unten). Die Bleisalze sind je nach dem Bleigehalt weisse oder gelbe Niederschläge, das Kupfersalz ist ein grauer Niederschlag (Rochleder).

Das bei trockner Destillation der Säure sich bildende Destillat besteht vorwiegend aus Brenzcatechin. Von conc. Schwefelsäure wird sie beim Erwärmen mit blutrother Farbe gelöst; Wasser entfärbt und fällt die Lösung. Bei mehrstündigem Kochen mit verdünnter Schwefelsäure bildet sich durch Oxydation etwas Viridinsäure. Diese entsteht leichter bei Einwirkung der

Viridinsäure.

Luft auf alkalische Lösungen der Kaffeegerbsäure, kann aus den zuletzt blaugrün gewordenen Flüssigkeiten durch Fällen mit Bleizucker und Zerlegung des Bleisalzes durch Schwefelwasserstoff als amorphe braune in Wasser leicht lösliche, in conc. Schwefelsäure mit schön carminrother Farbe sich lösende und aus dieser Lösung durch Wasser in blauen Flocken fällbare Masse isolirt werden (Rochleder). Wird Kaffeegerbsäure mit 3 Th. festem Kalihydrat geschmolzen, so entsteht als Endproduct der Zersetzung viel Protocatechusäure. Kocht man sie dagegen mit 5 Th. Kalilauge von 1,25 spec. Gew. während $^{3}/_{4}$ Stunden, so erstarrt die Flüssigkeit nach dem Uebersättigen mit Schwefelsäure zu einem Krystallbrei von Kaffeesäure, $C_9H_8O_4$, ($C_{15}H_{18}O_8 + H_2O = C_9H_8O_4 + C_6H_{12}O_5$). Diese kann durch Abpressen und Umkrystallisiren aus kochendem Wasser in strohgelben glänzenden monoklinoëdrischen Prismen und Blättchen erhalten werden, reagirt stark sauer, bildet krystallisirbare Salze von der Formel $C_9H_7MO_4$, färbt sich mit Eisenchlorid intensiv grasgrün, auf Zusatz von Soda blau und rothviolett, wird durch Salpetersäure zu Oxalsäure oxydirt, und zerfällt beim Schmelzen mit Kalihydrat in Protocatechusäure und Essigsäure (Hlasiwetz). Bei Einwirkung von Natriumamalgam entsteht Hydrokaffeesäure, $C_9H_{10}O_4$. Kaffeesäure.

Die Kaffeesäure ($OH_2 . C_6H_3 . CH : CH . CO . OH$) steht in nahen Beziehungen zur Ferulasäure (m-Methyläthersäure), zur Hesperetinsäure, Isoferulasäure (p-Methyläthersäure). — (Kaffeesäure wurde von G. Körner (Berl. Ber. 15. 2624) in der Rinde von Cinchona cuprea nachgewiesen.)

Coffeïn. Coffeïn. Theïn. Guaranin. Methyltheobromin. Trimethylxanthin. $C_8H_{10}N_4O_2 + H_2O$. — Literat.: Runge, Schweigg. Journ. Chem. Phys. **31**. 308. — Pelletier, Journ. Pharm. (2) **12**. 229. — Garot, Journ. Pharm. (2) **12**. 234. — Oudry, Geiger's Mag. Pharm. **19**. 49. — Günther, Journ. pract. Chem. **10**. 273. — Zenneck, Repert. Pharm. **37**. 169 u. 337. — Th. Martius, Kastn. Arch. **7**. 266: Ann. Chem. Pharm. **36**. 93. — Mulder, Poggend. Annal. **43**. 160. C. Jobst; Ann. Chem. Pharm. **25**. 63. — Berthemot u. Dechastelus, Journ. Pharm. (2) **26**. 518. — Herzog, Ann. Chem. Pharm. **26**. 244; **29**. 271. — Pfaff u. Liebig, Schweigg. Journ. Chem. Phys. **61**. 487; **64**. 372; Annal. Chem. Pharm. **1**. 17. — Stenhouse, Phil. Mag. J. **23**. 426; **42**. 21; Chem. Soc. Qu. J. **9**. 33. — Peligot, Ann. Chim. Phys. (3) **11**. 138. — Rochleder, Ann. Chem. Pharm. **50**. 231; **63**. 201; **69**. 120; **71**. 1; Journ. pract. Chem. **51**. 401. — Nicholson, Chem. Sec. Qu. J. **3**. 321; auch Ann. Chem. Pharm. **62**. 71. — Versmann, Arch. Pharm. (2) **68**. 148. — A. Vogel jun., Chem. Centr. 1858. 367. — Strecker, Ann. Chem. Pharm. **118**. 151. — Stahlschmidt, Pogg. Ann. **112**. 441. — Tilden, Chem. Soc. Qu. J. (2) **3**. 99; **4**. 145. — O. Schultzen, Zeitschr. Chem. 1867. 614. — Strauch, Viertelj. pract. Pharm. **16**. 167. — Commaille, Berl. Ber. **8**. 1591. — Maly, Hinterberger, Andreasch, Monatsh. Chem. **3**. 85. 100. **1**. 138; **2**. 87. 126. — C. Schmidt, Berl. Ber. **14**. 806; Ann. Chem. Pharm. **217**. 270; Arch. Pharm. **21**. 656. — E. Fischer, Berl. Ber. **14**. 637. 1905; **15**. 453. 29; Ann. Chem. Pharm. **215**. 253. — H. Biedermann, Arch. Pharm. **21**. 46. — Rosengarten, Ann. Chem. Pharm. **157**. 1.

Medicinische: Hannon, Journ. pharm. (3) 18. 209. 1850. — Cogswell, Lanc. Nov. 491. 1852. — Albers, Dtsch. Klin. 34. 51. 1853. — Frerichs, Handwbch. d. Physiol. **3**. 721. — C. G. Lehmann, Physiol. Chem. **1**. 151. 1853. — A. Mitscherlich, der Cacao. Berl. 1854. 84. — Stuhlmann, J., Beiträge zur Wirkung des Coffeïns. Marb. 1856. — C. F. Falck und Stuhlmann, Arch. path. Anat. **11**. 324. 481. — J. Lehmann, Ann. Chem. Pharm. **87**. 205. 275. 1853. — Kurzak, Ztschr. Wien. Aerzte. N. F. **3**. 40. 1860. — Voit, Unters. üb. d. Einfluss des Kochsalzes, des Kaffees und der Muskelbewegungen auf den Stoffwechsel. München. 1860. p. 67. — W. Brill, das Caffeïn. E. pharmakol. Monogr. Marb. 1861. (Zusammenstellung des Bekannten). — Koschlakoff, Arch. path. Anat. **31**. 436. 1865. — Leven, Arch. de physiol. **1**. 179. 470. 1868. — Amory, Boston med. Journ. **1**. 17. 1868. — Pratt, ibid. **2**. 6. 1868. — Osc. Johannsen, Ueber die Wirkung des Coffeïn. Dorpat. 1869. — F. Haase, Untersuch. üb. d. Wirkung des Coffeïns. Rostock. 1871. — Aubert, Arch. ges. Physiol. **5**. 589; **9**. 115. 1872. 1874. — Bennett, Edinb. med. Journ. Oct. 1873. — Peretti, Beitr. zur Toxikologie des Coffeïn. Bonn, 1875. — Binz, Berl. klin. Wchschr. 45. 1872; Arch. exp. Path. **9**. 31. 1878. — Schmiedeberg, Arch. exp. Path. **2**. 62. 1874. — Zulinski, Denkschr. Poln. Aerzte. Lemb. 1875. — Shapter, Pract. **22**. 23. 1879. — Leech, das. **24**. 401; **25**. 25. 1880. — Paret, Quelques résultats obtenus par l'emploi du valérianate de caféine. Paris, 1874.

Coffeïn. Das Coffeïn wurde aus den Kaffeebohnen, den reifen Samen von *Coffea arabica L.* (Fam. Rubiaceae) im unreinen Zustande zuerst im Jahre 1820 von Runge, etwas reiner ein Jahr später fast gleichzeitig von Pelletier, von Robiquet und von Caventou und Garot dargestellt. Es findet sich nach van den Corput und Stenhouse in geringer Menge auch in den Blättern des Kaffeebaumes. Im Jahre 1827 entdeckte dann Oudry eine Base in verschiedenen Theesorten, den Blättern von *Thea chinensis*. (Fam. Camelliaceae), die er Theïn nannte, und von der Mulder und C. Jobst, 1838, zeigten, dass sie, wie schon Berzelius vorher vermuthet hatte, identisch mit dem Caffeïn sei. Das inzwischen von Th. Martius in der Guarana, einer in Brasilien aus den reifen Früchten von *Paullinia sorbilis Mart.* (Fam. Sapindaceae) bereiteten Paste, aufgefundene Guaranin wurde 1840 sowohl von Martius selbst, als auch non Berthemot und Dechastelus gleichfalls als Coffeïn erkannt. Im Jahre 1843 wurde darauf diese Base noch von Stenhouse im Paraguay-Thee (Maté), den Blättern und Stengeln von *Ilex paraguayensis Lamb.* (Fam. Aquifoliaceae), und endlich 1865 von J. Attfield (Pharm. Journ. Trans. (2) **6**. 457) in den Kola- oder Guru-Nüssen, den im westlichen Central-Africa im frischen Zustande als Nahrungs- und Arzneimittel verwendeten Samen des Kolabaums, *Cola acuminata R. Br.* (Fam. Sterculiaceae) aufgefunden. — In den Kaffeebohnen ist das Coffeïn als kaffeegerbsaures Salz (Payen) enthalten.

Zur Darstellung des Coffeïns digerirte Robiquet den kalten wässrigen Auszug der rohen Kaffeebohnen mit Magnesia, concentrirte das Filtrat durch Eindampfen und reinigte das herauskrystallisirende Coffeïn durch Umkrystallisiren aus Wasser oder Weingeist, was indess durch begleitende schleimige Stoffe sehr erschwert wird. — Pelletier bereitete daher ein weingeistiges Extract der Bohnen, zog dasselbe mit Wasser aus, erwärmte die vom Fett durch Filtration getrennte wässrige Lösung mit Magnesia, brachte das mit der Waschflüssigkeit des Niederschlags vereinigte Filtrat zur Trockne, erschöpfte den Rückstand mit absolutem Weingeist, filtrirte die weingeistige Lösung durch Thierkohle und concentrirte sie durch Destillation, worauf beim Erkalten reines Coffeïn herauskrystallisirte. Pfaff fällte, was auch schon Runge gethan hatte, den wässrigen Auszug der Bohnen erst mit Bleizucker, dann mit Bleiessig, neutralisirte die mittelst Schwefelwasserstoff entbleite und durch Eindampfen conc. Flüssigkeit mit kohlensaurem Kali, filtrirte die bei etwas weiterem Eindampfen sich noch vollständiger ausscheidenden Carbonate von Kalk und Magnesia ab und verdampfte nun bis zur Krystallisation des Coffeïns, das dann noch durch freiwilliges Verdunsten seiner weingeistigen Lösung umkrystallisirt wurde. — Von neueren Darstellungsmethoden verdient diejenige von Versmann hervorgehobn zu werden. Man mengt gepulverte Bohnen mit einem Fünftheil in pulvriges Hydrat verwandelten Aetzkalks, erschöpft die Mischung im Verdrängungsapparate mit Weingeist von 80 Proc. Richt., destillirt aus der erhaltenen Tinctur den Weingeist ab, fügt zu dem Rückstande Wasser, trennt das beim Stehen sich abscheidende Fett, verdunstet das Filtrat, bis es in der Kälte zum Krystallbrei erstarrt, presst diesen aus und reinigt ihn unter Zuhülfenahme von Thierkohle durch Umkrystallisiren aus Wasser. — A. Vogel empfiehlt als zweckmässig, die gepulverten Bohnen eine Woche lang mit käuflichem Benzol zu digeriren. Der Auszug hinterlässt beim Destilliren ein Gemenge von Coffeïn und Caffeeöl, die durch heisses Wasser, aus dem ersteres beim Verdunsten rein herauskrystallisirt, getrennt werden können. Darstellung.

Aus Theeblättern lässt sich das Coffeïn nach den nämlichen Methoden erhalten. — Zur Verarbeitung von Theestaub oder unbrauchbarem Thee empfiehlt Heijnsius (Journ. pract. Chem. **49**. 317) einfaches Erhitzen des Materials in Mohrs Benzoesäure-Sublimationsapparat. Es sublimirt alsdann ein erheblicher Theil der Base rein, während ein anderer weniger rein auftretender Antheil durch Umkrystallisiren aus Wasser gereinigt werden kann. Da unreines Coffeïn beim Erhitzen theilweise zersetzt wird, so führt diese Methode ohne Zweifel beträchtlichen Verlust an Alkaloid herbei. Mehr Ausbeute liefert das Sublimationsverfahren von Stenhouse, welcher weingeistigen Theeauszug mit überschüssigem Bleizucker oder auch wässrige Theeabkochung mit Bleiessig ausfällt, das Filtrat zur Trockne verdunstet und den Rückstand, gemengt mit Sand, bei allmälig gesteigerter Temperatur der Sublimation unterwirft.

Aus Guarana stellte Martius die Base nach einem ähnlichen Verfahren dar, wie es von Versmann zur Verarbeitung von Kaffeebohnen empfohlen ist (siehe oben), nur mit dem Unterschiede, dass er zuletzt sublimirte. — Stenhouse fällt die wässrige Auskochung des Guaranapulvers mit Bleiessig, vereinigt die durch wiederholtes Behandeln des Niederschlags mit heissem Wasser erhaltenen Flüssigkeiten mit dem Filtrat, verdunstet nach Entfernung des Bleis mittelst Schwefelwasserstoff zur Trockne, krystallisirt den

Rückstand aus kochendem Weingeist und reinigt die gewonnenen Krystalle durch Auspressen und Umkrystallisiren.

Zur Darstellung von Coffeïn aus Paraguay-Thee wurde von Stenhouse das auch für Chinesischen Thee von ihm in Anwendung gebrachte Sublimationsverfahren (siehe oben) benutzt. — Stahlschmidt kocht den Paraguay-Thee wiederholt mit Wasser aus, fällt die vereinigten Auszüge mit Bleiessig, entbleit das Filtrat mit Schwefelwasserstoff, verdampft zum Syrup und zieht diesen mit heissem Benzol aus, aus dem das Coffeïn beim Erkalten fast rein herauskrystallisirt. — Strauch extrahirt den Paraguay-Thee zuerst mit kochendem Wasser, dann mit 80proc. Weingeist, behandelt die Auszüge nach der Weise Stahlschmidts, benutzt aber zum Ausschütteln des Alkaloids an Stelle des Benzols Chloroform.

Nach den Bestimmungen von Stenhouse enthielten verschiedene Proben von Kaffeebohnen 0,5—1 % Coffeïn, Kaffeeblätter von Sumatra 1,15 bis 1,25 %, Theeblätter 2—2,1 %, Paraguay-Thee 1,1—1,2 %, Guarana 5,07 %. Beim Rösten der Kaffeebohnen geht nur ein Theil des Coffeïns verloren. Zenneck erhielt aus rohen Bohnen 0,75 %, aus gerösteten 0,42 % Coffeïn. Claus fand, dass die im Handel für die schlechteren geltenden Theesorten stets reicher an Coffeïn sind, als die feineren und wohlriechenden. Chinesischer Thee enthält nach ihm 1—2,5 %, Ziegelthee 3,5 % Coffein (siehe Thea). — Stahlschmidt und neuerdings auch Strauch haben im Paraguay-Thee nur 0,45 % Coffeïn aufgefunden (sie oben Zusammensetzung der Kaffeebohnen).

Durch vierundzwanzigstündiges Erhitzen von Theobrominsilber, $C_7H_7AgN_4O_2$, mit Jodmethyl auf 100° erhielt Strecker Jodsilber und Coffeïn, das dem natürlichen vollkommen glich.

Eigenschaften. Das Coffeïn krystallisirt aus Wasser mit 1 At. H_2O in langen schneeweissen seideglänzenden Nadeln, die, wenn sie aus concentrirter Lösung anschossen, undurchsichtig, sehr biegsam und nur schwierig zerreibbar sind. Aus Aether schiessen wasserfreie Krystalle an. Sein spec. Gew. ist nach Pfaff 1,23 bei 19°. Es schmilzt, nachdem das Krystallwasser bei 120° entwichen ist, nach Mulder bei 177,8°, nach Strauch bei 224—228°, sublimirt nach Strauch bei 177°, nach Mulder bei 184,7° unzersetzt in haarförmigen, zum Theil federförmig vereinigten Nadeln und siedet bei 384° (Peligot), nach Strecker bei 234—245°, Biedermann 230,5°. — Es ist auch in Dampfform geruchlos und zeigt nur sehr schwach bitterlichen Geschmack. Seine Reaction ist neutral. Die wasserhaltige Base löst sich nach Mulder in 93 Th. kaltem (12,5°) Wasser, in 128 Th. absolutem Weingeist und 218 Th. Aether, die wasserfreie in 98 Th. Wasser, 97 Th. Weingeist und 194 Th. Aether. Sämmtliche Flüssigkeiten lösen die Base in der Wärme viel reichlicher (Mulder). Nach Günther sind von 85procent. Weingeist bei 20° nur 25 Th. zur Lösung erforderlich. Nach den Bestimmungen von Strauch bedarf das wasserhaltige Coffeïn von Wasser bei 20,4° 58 Th., bei 100° 9,5 Th., von Weingeist von 0,825 spec. Gew. bei 20,4° 21 Th., von Aether von 0,725 spec. Gew. bei 20,4° 535 Th. und von Chloroform bei 20,4° 9 Th. zur Lösung. Nach Commaille lösen 100 Theile Wasser bei 15–17° 1,35 Th. wasserfreies Coffeïn, 100 Alkohol 85 % = 2,3, absoluter Alkohol 0,61. Aether = 0,044, Schwefelkohlenstoff 0,059, Chloroform = 12,97.

Die Zusammensetzung des Coffeïns wurde durch Liebig und Pfaff und durch Wöhler richtig ermittelt. Ihre auch von Mulder, Stenhouse und Martius bestätigte Formel $C_8H_5N_2O_2$ wurde dann durch Nicholson verdoppelt.

Strecker stellte die Constitutionsformel auf

```
NCH3—CO—NCH3
 |         |
 C—CN     CH2
 ||
 N—CH2—CO
```

Medicus (Habilitationsschr. Würzburg, 1874)

```
NCH3—CO
 |     |
 CO    C.NCH3
 |     ||    >CH
NCH3  C.N
```

E. Fischer:

```
CH3N—CH
   |   |
   CO CN.CH3
   |   |     >CO
CH3N—C=N
```

Das Coffeïn verbindet sich nur mit den stärkeren Säuren zu sauer reagirenden Salzen und geht ausserdem mit einigen Salzen krystallisirbare Verbindungen ein. Aus seinen Lösungen in schwächeren Säuren krystallisirt es unverändert wieder heraus.

Salzsaures Coffeïn, $C_8H_{10}N_4O_2$, HCl, krystallisirt aus einer Lösung von Coffeïn in conc. wässriger Salzsäure beim Verdunsten in gelinder Wärme in schönen grossen monoklinoëdrischen Krystallen, die an der Luft unter Verlust von Salzsäure leicht verwittern (Herzog). Beim Ueberleiten von trocknem Salzsäuregas über wasserfreies Coffeïn wird eine der Formel $C_8H_{10}N_4O_2$, 2HCl, entsprechende Menge Salzsäure absorbirt, aber aus der wässrigen Lösung des erhaltenen Products schiesst freies Coffeïn an (Mulder). — Ein schwefelsaures Salz lässt sich nach Mulder mittelst verdünnter Schwefelsäure in fester Form nicht erhalten, jedoch sollen nach Herzog bei langsamem Verdunsten einer Auflösung der Base in conc. Schwefelsäure seideglänzende, stark sauer reagirende Nadeln eines Salzes anschiessen. In gleicher Weise erhielt Herzog auch krystallisirtes, in Aether sehr schwer lösliches salpetersaures Coffeïn. Salze.

Citronensaures Coffeïn wird nach Hannon (Journ. Pharm. 1850. 209) erhalten, indem man einen warm filtrirten Auszug gepulverter Kaffeebohnen mit verdünnter wässriger Citronensäure mit $^2/_3$ Vol. Aether schüttelt und nach dem Abgiessen der Aetherschicht die wässrige Flüssigkeit verdunstet; in ähnlicher Weise lässt es sich auch aus Coffeïn und Citronensäure darstellen.

Fügt man zu einer heissen concentrirten Lösung von salzsaurem Coffeïn Platinchlorid, so scheiden sich beim Erkalten kleine pommeranzengelbe Krystalle von chlorwasserstoffsaurem Coffeïn-Platinchlorid, $C_8H_{10}N_4O_2$,

HCl, $PtCl_2$, ab (Stenhouse, Nicholsen), die sich nach Stahlschmidt bei gewöhlicher Temperatur in 20 Th. Wasser und 50 Th. Weingeist, sehr leicht in der Wärme der beiden Flüssigkeiten lösen. — Beim Vermischen concentrirter Lösungen von salzsaurem Coffeïn und Goldchlorid entsteht ein schön citronengelber Krystallbrei von chlorwasserstoffsaurem Coffeïn-Goldchlorid, $C_8H_{10}N_4O_2$, HCl, $AuCl_3$, das aus Weingeist in langen gelben Nadeln anschiesst, aber in warmer wässriger Lösung allmälig Gold abscheidet (Nicholsen). — Sowohl aus wässriger und weingeistiger, als auch salzsaurer Lösung des Coffeïns scheiden sich auf Zusatz von Quecksilberchlorid kleine weisse, seideglänzende, durch Umkrystallisiren aus Wasser oder Weingeist zu reinigende, in Aether fast unlösliche Nadeln von Coffeïn-Quecksilberchlorid, $C_8H_{10}N_4O_2$, $2HgCl$, ab, die ohne Zersetzung und ohne Gewichtsverlust bei 100° getrocknet werden können (Nicholsen, Hinterberger). — Fügt man zu heisser weingeistiger Coffeïnlösung heisse wässrige Cyanquecksilberlösung, so krystallisiren beim Erkalten farblose, in kaltem Wasser und Weingeist sehr schwer lösliche monoklinoëdrische Prismen von Coffeïnquecksilbercyanid, $C_8H_{10}N_4O_2$, $2HgCy$, (Kohl u. Swoboda, Ann. Chem. Pharm. **83**. 341). — Aus conc. wässriger oder weingeistiger Coffeïnlösung scheidet Silbernitrat weisse krystallinische Halbkugeln von Coffeïn-Silbernitrat, $C_8H_{10}N_4O_2$, $NAgO_3$, ab (Nicholson).

Ueber Payen's chlorogensaures Coffeïn-Kali, das nach diesem Forscher zu 3,5—5 % in der Kaffeebohne fertig gebildet vorkommen soll und von ihm in feinen weissen kuglig gruppirten Nadeln erhalten wurde, das aber bezüglich seiner Zusammensetzung noch dunkel ist (Zwenger und Siebert halten es für ein chinasaures Doppelsalz), vergl. man Annal. Chim. Phys. (3) **26**. 110.

Biedermann hat sich eingehend mit dem Studium der Coffeïnsalze beschäftigt und näher untersucht: das salzsaure Salz, $C_8H_{10}N_4O_2$, $HCl + 2H_2O$, bromwasserstoffsaures, jodwasserstoffsaures, salpetersaures, schwefelsaures, ameisensaures, essigsaures, valeriansaures, buttersaures Salz, ferner die Doppelsalze, Coffeïnplatinchlorid u. Coffeïngoldchlorid.

Versetzt man nach Tilden eine salzsaure Lösung des Coffeïns mit wässrigem Chlorjod, so entsteht ein gelber, bald krystallinisch werdender Niederschlag von chlorwasserstoffsaurem Chlorjod-Coffeïn, $C_8H_{10}N_4O_2$, HCl, JCl, der aus verdünnter Salzsäure in schiefen rhombischen Prismen krystallisirt. — Eine mit Jodwasserstoffsäure stark angesäuerte Lösung von Coffeïn in schwachem Weingeist setzt im Sonnenlichte nach einigen Tagen lange, metallgrün glänzende, in Weingeist sehr leicht lösliche Prismen von jodwasserstoffsaurem Jod-Coffeïn, $C_8H_{10}N_4O_2$, HJ, $J_2 + 1\frac{1}{2}H_2O$, ab (Tilden). — Bei mehrstündigem Erhitzen des Coffeïns mit Jodäthyl auf 130°, Verdunsten der Lösung in gelinder Wärme und Vermischen mit einer Auflösung von Jod in wässriger Jodwasserstoffsäure entsteht die aus Weingeist in braunen glänzenden Schuppen krystallisirende Verbindung $C_8H_{10}N_4O_2$, C_2H_5J, J_2 (oder $C_8H_9(C_2H_5)N_4O_2$, HJ, J_2), während bei kürzer dauernder Einwirkung des Jodäthyls vorwiegend die Verbindung $C_8H_{10}N_4O_2$, HJ, $J_2 + H_2O$, in glänzenden Krystallen erhalten wird. Bei Einwirkung von Jodmethyl auf Coffeïn entsteht die leicht in Wasser, schwieriger in Weingeist lösliche Verbindung $C_8H_{10}N_4O_2$, CH_3J, die beim Vermischen ihrer wässrigen Lösung mit Jodtinctur in das krystallisirbare Jodid, $C_8H_{10}N_4O_2$, CH_3J, J_2, übergeht (Tilden).

Zersetzung. Derivate.

Kocht man Coffeïn einige Minuten mit rauchender Salpetersäure, entsteht unter reichlicher Stickoxydgasentwicklung eine dunkelgelbe Lösung, die beim Eintrocknen eine dunkelgelbe, wohl Amalinsäure (s. unten) enthaltende bei gelindem Erwärmen mit etwas wässrigem Ammoniak sich purpurroth färbende Masse hinterlässt. Wird das Kochen der Lösung lange fortgesetzt, bis eine Probe beim Abdampfen keinen gelben, sondern einen weissen, mit Ammoniak sich nicht mehr färbenden Rückstand giebt, so krystallisirt aus der zur Syrupsdicke eingedampften Lösung Cholestrophan, während die Mutterlauge zerfliessliche Ammoniumsalze enthält (Stenhouse). Nach O. Schultzen soll sich beim Verdampfen von Coffeïn mit conc. Salpetersäure Nitrocoffeïn, $C_{16}H_9(NO_2)N_4O_2$, ein aus heissem Wasser in gelben Blättchen krystallisirender Körper, neben einer harzartigen Substanz bilden. Aehnliche Producte entstehen auch bei Einwirkung von Königswasser und einer Mischung von chlorsaurem Kali und Salzsäure auf Coffeïn (Rochleder). Das Cholestrophan, $C_5H_6N_2O_3$, (von Rochleder so genannt wegen seiner Aehnlichkeit mit dem Cholesterin; Stenhouse nennt den Körper Nitrothein, obgleich er keine Nitroverbindung ist, Gerhardt bezeichnet ihn als Dimethylparabansäure) krystallisirt aus Wasser in weissen perlglänzenden grossen Blättern, aus Aether in regelmässigen Octaëdern und sublimirt in feinen Blättchen, die sich sehr leicht in Wasser, Weingeist und Aether lösen (Stenhouse) und beim Kochen mit Kalilauge unter Entwicklung von Ammoniak (vielleicht auch Aethylamin) und Bildung von kohlensaurem Kali zersetzt werden (Rochleder). — Trocknes Chlor ist nach Mulder ohne Einwirkung auf Coffeïn. Leitet man es aber in einen auf 50° erwärmten dicken wässrigen Brei der Base, so entsteht nach Rochleder anfangs Chlorcoffeïn, später neben Methylamin und Chlorcyan Amalinsäure und endlich Cholestrophan ($C_8H_{10}N_4O_2 + 2H_2O + 4Cl = C_6H_6N_2O_4 + CNH_5 + CNCl + 3HCl$. — $C_6H_6N_2O_4 + H_2O + 2Cl = C_5H_6N_2O_3 + CO_2 + 2HCl$). — Das Chlorcoffeïn, $C_8H_9ClN_4O_2$, krystallisirt aus heissem Wasser als leichte voluminöse Masse, aus Weingeist in Nadeln. — Die Amalinsäure, $C_6H_6N_2O_4$ (nach Rochleder: $C_6H_7N_2O_4$), bildet farblose weiche wasserfreie, dem Alloxantin äusserst ähnliche Krystalle, die sich mit Ammoniak dunkelroth färben und bei Gegenwart von Wasser durch Chlor in Cholestrophan verwandelt werden (Rochleder). Behandelt man in Wasser suspendirtes Coffeïn mit Brom, so entsteht zuerst ein ziegelrother Brei, der sich auf weiteren Bromzusatz löst. Aus dieser Lösung fällt Ammoniak flockiges Bromcoffeïn, $C_8H_9BrN_4O_2$, während ein noch näher zu untersuchender krystallisirbarer Körper in Lösung bleibt (Schultzen). Amalinsäure.

Beim Kochen mit sehr conc. Kalilauge entwickelt das Coffeïn unter gleichzeitiger Bildung von Cyankalium viel Methylamin. Erhitzt man es dagegen nach Strecker mit Barytwasser zum Sieden, so scheidet sich unter Entwicklung von Methylamin und etwas Ammoniak kohlensaurer Baryt ab und die Lösung liefert nach Entfernung des Baryts mittelst Schwefelsäure farblose Prismen von schwefelsaurem Coffeïdin, $C_7H_{14}N_4O, SO_3$. Die Zersetzung erfolgt in der Hauptsache nach der Gleichung: $C_8H_{10}N_4O_2 + H_2O = C_7H_{12}N_4O + CO_2$. Das aus dem Sulfat durch kohlensauren Baryt abgeschiedene freie Coffeïdin ist amorph, zerfliesslich, leicht in Wasser, schwerer in Weingeist und Aether löslich (Strecker). — Wird das Kochen des Coffeïns mit überschüssigem conc. Barytwasser etwa 60 Stunden, nämlich so lange, bis kein Ammoniak mehr entweicht, fortgesetzt, die zur Entfernung des Aetzbaryts mit Kohlensäure behandelte Lösung zur Syrupsdicke verdampft, dann, um gebildeten ameisensauren Baryt zu fällen, mit absolutem Weingeist vermischt, endlich die durch etwas Schwefelsäure völlig vom Baryt befreite Flüssigkeit nochmals zum Syrup eingedickt, so zieht Weingeist aus dem Rückstande einen in grossen, neutral reagirenden, an der Luft zerfliesslichen Krystallen anschiessenden, mit Säuren zu sauer reagirenden Salzen verbindbaren Körper aus, dessen Zusammensetzung durch die Formel C_3H_7NO ausgedrückt wird, der also mit dem Alanin isomer ist. Bei dieser weitergehenden Zersetzung treten ausser dem genannten Körper noch Ameisensäure, Methylamin, Ammoniak und Kohlensäure als Zersetzungsproducte auf nach der Gleichung $C_8H_{10}N_4O_2 + 6H_2O = C_3H_7NO + CH_2O_2 + 2CH_5N + NH_3 + 2CO_2$ (Schultzen). (Siehe auch E. Schmidt, Berl. Ber. **14**. 816).

Die neueren Forschungen über die Constitution des Coffeïns verlangen hier noch nähere Berücksichtigung, die wohl am besten in kurzen Referaten geschieht.

R. Maly und Fr. Hinteregger, sowie Andreasch haben durch Oxydation des Coffeïns mit Chromsäure Cholestrophan (Dimethylparabansäure) $C_5H_6N_2O_3$ erhalten, das mit Alkalien leicht in Oxalsäure und symmetrischen Dimethylharnstoff zerfällt. Theobromin liefert unter denselben Verhältnissen Monomethylparabansäure $C_4H_4N_2O_3$, die mit Alkalien in Oxalsäure und Methylharnstoff zerfällt. Neben den erwähnten Hauptproducten entstehen bei dieser Oxydation mit Chromsäure neben Cholestrophan noch Ammoniak, Methylamin, Kohlensäure, bei Theobromin Ammoniak, Methylamin und Kohlensäure. — Dieselben Forscher erhielten bei Einwirkung von Brom auf Coffeïn neben Oxydationsproducten Bromcoffeïn $C_8H_9BrN_4O_2$, ferner beim Einwirken von Kaliumchlorat und Salzsäure Dimethylalloxan und Apocoffeïn, letzteres unter Abspaltung von Methylamin. — Die Amalinsäure erhielten dieselben durch einfaches Mischen der Lösungen von Dimethyldialursäure und Dimethylalloxan. Die Constitutionsformel der Amalinsäure ist nach Ihnen:

$$CO\genfrac{<}{}{0pt}{}{NCH_3-CO}{NCH_3-\underset{\substack{|\\OH}}{C}}\!\!>\!C-\underset{\substack{|\\OH}}{C}\!<\genfrac{}{}{0pt}{}{CO-NCH_3}{CO-NCH_3}\!>CO$$

Aus Theobromin wurden dieselben Agentien erhalten: Monomethylalloxan, Apotheobromin; bei Einwirkung von Schwefelwasserstoff wurde bei dieser Reaction Dimethylalloxanthin erhalten. — E. Schmidt und seine Schüler erhielten bei der Einwirkung von Salzsäure auf Coffeïn Ammon, Methylamin, Sarkosin, Ameisensäure und Kohlensäure, mit Baryum- oder Kaliumhydroxyd, zuerst Kohlensäure und Coffeïdin, dann ebenfalls dieselben Zersetzungsproducte, wie mit Salzsäure. Die Arbeiten von E. Fischer, welche über die Constitution des Coffeïns Aufschluss geben, haben das Coffeïn als ein Diureïd der noch unbekannten Dihydroxyalylsäure erkannt, dem die bereits oben erwähnte Constitutionsformel zustimmt. Dieselbe erklärt sich, indem von den Einzelheiten der experimentellen Forschungen Fischer's hier natürlich abgesehen werden muss, aus folgender kurzen Uebersicht:

Constitution.

Der Zerfall des Coffeïns durch Chlor in Monomethylharnstoff und Dimethylalloxan geht nach folgendem Schema vor sich:

```
CH3                    CH3          H
|                      |            |
N—CH                   N—C=O        N /CH3
|  ‖                   |     \       / \
CO C—N<CH3 +2H2O=CO     C<OH +   CO
|  |    CO             |     /  OH  N /
N—C=N                  N—C=O        | \H
|                      |            H
CH3                    CH3
```

Die Derivate des Coffeïns deuten auf eine besondere Stellung des einen Wasserstoffes hin, während die übrigen 9 H-Atome auf 9 Methylgruppen vertheilt sind. Das eine H-Atom lässt sich leicht durch Cl, Br, Amido- und Hydroxylgruppen ersetzen. Es ergeben sich daher folgende Formeln für

Hydroxycoffeïn und Hydroxydiäthoxycoffeïn

```
CH3                      CH3
|                        |
N—C—OH                   N—C<OH
|  ‖                     |  |  OC2H5
CO C—N<CH3               CO C/OC2H5 CH3
|  |    CO               |  |——N<CO
N—C=N/                   N—C===N/
|                        |
CH3                      CH3
```

Aus dem Diäthoxyhydroxycoffeïn wird durch Salzsäure unter Abspaltung von Methylamin eine Säure gebildet, die sofort zerfällt in

Apocoffeïn und Hypocoffeïn

```
      COOH                      H
      |                         |
COO—C—N<CH3               COO—C—N<CH3
|     |   CO                    |   CO
N ——— C=N/                N ——— C=N
|                         |
CH3                       CH3
```

Apocoffeïn zerfällt durch Baryt bei gewöhnlicher Temperatur in Caffursäure, die beim Erwärmen mit bas. Bleiacetat in Methylamin, Mesoxalsäure und Methylharnstoff zerfällt.

Caffursäure Mesoxalsäure

```
       CO.OH          CO.OH
       |              |
HO—C—N<CH3
       |    CO=C=O + Methylharnstoff + Methylamin
H—N—C=N/      |       C2N2H6O          CH5N
       |      CO.OH
       CH3
```

Caffursäure geht durch Jodwasserstoff in Hydrocaffursäure und diese durch Alkalien in Methylamin und Methylhydantoïncarbonsäure über, welche wieder in Kohlensäure und Methylhydantoïn zerfällt. — Hypocoffeïn zerfällt mit Barythydrat in Coffeïn und Kohlensäure = CO_2 +

```
       H
HO—C—N<CH3 (Coffeïn)
       |    CO
H—N—C=N/
   |
   CH3
```

Letzteres liefert mit Kaliumpermanganat CO_2, NH_3 und Dimethyloxamid, mit Kaliumdichromat und Schwefelsäure Cholestrophan und Ammoniak, mit

Ferricyankalium in alkalischer Lösung das Kaliumsalz der Methyloxaminsäure und Monomethylharnstoff. Demnach ist die Caffursäure eine Verbindung von Mesoxalsäure mit Methylamin und Methylharnstoff, das Coffeïn eine Verbindung von Glyoxylsäure mit Methylamin und Methylharnstoff, das Hypocoffeïn das Anhydrit einer Coffeïncarbonsäure, das Apocoffeïn die Carbonsäure des Hypocoffeïns. — Es sei hier noch erwähnt, dass das durch Einwirkung von Barythydrat auf Coffeïn entstehende Coffeïdin Streckers nach E. Fischer die Constitution besitzt:

```
CH₃.HN—CH
         ‖
         C—N.CH₃
         |   .>CO'
CH₃.HN—C—N
```

da durch Austritt der COgruppe der Alloxankern des Coffeïns zerstört ist. Das Coffeïdin zerfällt mit Alkalien in CO_2, NH_3, Methylamin, Ameisensäure und Sarkosin.

Derivate des Coffeïns:

Methyl-Aethylcoffeïn. (Tilden). Chlorcoffeïn (siehe oben). Bromcoffeïn. $C_8H_9BrN_4O_2$. — (Schultzen, Maly, Hinterberger, E. Fischer). Mikroskopische Nadeln, Schmpkt. 206°, schwerlöslich in Wasser und Alkohol, leicht löslich in Essigsäure und Alkohol, entsteht beim Eintragen von 100 gr Coffeïn in 50 gr Brom, Erhitzen nach 12 Stunden auf 100 bis 150°, Beseitigen des Brom mit schwefliger Säure, Lösen mit Salzsäure und Fällen mit Wasser. — Dasselbe liefert beim Erhitzen mit alkoholischem Ammon auf 130° Amidocoffeïn, $C_8H_9(NH_2)N_4O_2$, feine Krystalle. — Bromcoffeïn liefert, mit alkoholischem Kali erhitzt, Aethoxycoffeïn, $C_8H_9(OC_2H_5)N_4O_2$, Krystalle, Schmpkt. 140°, leicht löslich in heissem Alkohol, welche beim Erwärmen in Chloräthyl und Hydroxycoffeïn, $C_8H_{10}N_4O_3$, zerfallen, Nadeln, Schmpkt. 350°, destillirbar, schwerlöslich in Wasser. Aus dem Bromid des Hydroxycoffeïnbromides entsteht beim Uebergiessen mit absolutem Alkohol Diaethoxyhydrocoffeïn, $C_8H_9(OH)N_4O_2(OC_2H_5)$, Prismen, Schmpkt. 195—205°, schwer löslich in Wasser und Aether, leicht löslich in heissem Alkohol und Alkalien. — Wird Coffeïn mit Salzsäure und Kaliumchlorat bei 50° behandelt, so entsteht Apocoffeïn, $C_7H_7N_3O_5$, das mit Aether ausgeschüttelt werden kann. (Maly, Hinterberger, E. Fischer) Krystallinische Masse, Schmpkt. 147—148°, schwer löslich in Wasser, löslich in Chloroform, Aether, welche beim Kochen mit Wasser unter Kohlensäurebildung Hypocoffeïn und Coffursäure liefert. Hypocoffeïn, $C_6H_7N_3O_3$, Krystalle, Schmpkt. 181°, leicht löslich in heissem Wasser; Caffursäure, $C_6H_9N_3O_4$, glänzende Tafeln, Schmpkt. 210—220°, leicht löslich in Wasser (E. Fischer). Wird Hypocoffeïn mit concentrirter bas. Bleiacetatlösung 2 Stunden erhitzt, so entsteht Caffolin, $C_5H_9N_3O_2$, lange Prismen, Schmpkt. 194—196°, leicht löslich in Wasser (E. Fischer). Amalinsäure, (Tetramethylalloxantin),

$$C_{12}H_{14}N_4O_8 = CO<\begin{matrix}N(CH_3).CO\\N(CH_3).CO\end{matrix}>C(OH).\ C(OH)<\begin{matrix}CO.N(CH_3)\\CO.N(CH_3)\end{matrix}>OO.$$

(Rochleder, E. Fischer, Maly, Andreasch). Dieselbe bildet sich bei der Einwirkung von Salzsäure und Kaliumchlorat auf Coffeïn bei 50° und nachheriger Einwirkung von Schwefelwasserstoff auf die verdünnte, von Chlor befreite Lösung (Fischer). Dem Alloxantin ähnliche Krystalle, fast unlöslich in kaltem Wasser und absolutem Alkohol, besser löslich in heissem Wasser.

Reactionen.

Concentrirte Schwefelsäure und conc. Salpetersäure lösen das Coffeïn farblos. Verdunstet man die Lösung der Base in rauchender Salpetersäure vorsichtig, so hinterbleibt, wie schon oben angegeben wurde, ein rothgelber Rückstand, der sich mit Ammoniak prächtig purpurroth färbt. Zur Erkennung sehr kleiner Mengen Coffeïns ersetzt man bei dieser Probe die Salpetersäure zweckmässig durch Chlorwasser. Verdampft man nach Schwarzenbach (Chem. Centralbl. 1861. 989) Coffeïn mit etwas Chlorwasser in einem Uhrschälchen vorsichtig zur Trockne, so erhält man einen rothbraunen (bei stärkerem Erhitzen goldgelb, mit Ammoniak wieder roth werdenden) Rückstand; befeuchtet man denselben nach dem Erkalten ein wenig und deckt dann das Schälchen über eine Glasplatte, auf welcher ein Tropfen starke Ammoniakflüssigkeit freiwillig verdunstet, so nimmt er eine prachtvoll purpurviolette Farbe an (Theobromin (s. dieses) verhält sich ganz ähnlich).

Die Lösungen des Coffeïns in Säuren werden durch Ammoniak, ätzende und kohlensaure Alkalien nicht gefällt. Auch Pikrinsäure, Phosphorantimonsäure, Kaliumbichromat, Kaliumquecksilberjodid und Kaliumkadmiumjodid fällen verdünnte Lösungen nicht. Dagegen erzeugt darin Phosphormolybdänsäure gelblichen Niederschlag, Gerbsäure allmälig geringe Trübung, Jod-Jodkalium schmutzig braune Fällung, Platinchlorid nach 1–2 Stunden Abscheidung von hellgelben haarförmigen, in kalter Salzsäure sich nicht lösenden Krystallen, Goldchlorid nach 10 bis 15 Stunden citronengelben krystallinischen Niederschlag und Quecksilberchlorid nach längerer Zeit Ausscheidung langer farbloser, in kalter Salzsäure löslicher Nadeln.

Bestimmung.

Bei der Bestimmung des Coffeïns in den Vegetabilien und Analogen kocht man mit Wasser aus, verdampft die wässrigen Auszüge mit Magnesia und extrahirt mit Chloroform, heissem Benzol, Mischungen von Chloroform und Aether oder Alkohol, auch ist die Extraction der Vegetabilien mit saurem Wasser vorgeschlagen worden. (Siehe die betr. Literatur: Claus, Pharm. Z. Russl. 1. 1862. 357—565. — Zöller, Ann. Chem. Pharm. 158. 80. — Peligot, Ann. chim. Phys. (3) 11. 129. — Weyrich, Dissertat. Dorpat. 1872. — Würthner, Pharm. Z. Russl. 1872. 11. 711. — Chem. Werthbestimm. von Dragendorff. 1874. 57. — Commaille, Bull. soc. chim. 25. 261. — Mulder, Ann. Chem. Pharm. 28. — Aubert, J. Chem. Min. 1872. — Markownikow, J. russ. chem. Ges. 1877. — J. Chem. Min. 1877 etc.)

Wirkung. Beziehungen zu Kaffee und Thee.

Die Stellung des Coffeïns in der Pharmakodynamik und seine Beziehungen zu der Action der aus den Theeblättern und den gerösteten Kaffeebohnen bereiteten, als Genussmittel im ausgedehntesten Masse benutzten Aufgüsse ist zu verschiedenen Zeiten in sehr divergirender Weise aufgefasst worden. Nachdem man ursprünglich das Coffeïn für einen nährenden Stoff und für das ausschliesslich wirksame Princip des Kaffees und Thees ziemlich allgemein hielt, zumal da bedeutende Chemiker, wie Liebig und Rochleder, ihm auf Grund theoretischer Speculationen einen Platz unter den Nutrientien anwiesen, kam man nach den Versuchen von Falck und Stuhlmann, welche von Mitscherlich, Kurzak, Voit und vielen Anderen

Bestätigung fanden, zu der Annahme, dass das Coffeïn als ein zu den Tetanicis zu rechnendes Gift zu betrachten sei, das für die nutritive Wirkung des Kaffees und Thees relativ indifferent sei. Obschon die Giftigkeit des Coffeïns keinem Zweifel unterliegt und neuerdings auch wiederholt durch Beobachtung am Menschen constatirt wurde, obschon ferner bereits die Versuche von J. Lehmann die Mitwirkung des empyreumatischen Kaffeeöls und die von Aubert und Haase diejenigen der Kaliverbindungen an dem erregenden Effecte der Aufgüsse aus Theeblättern und Kaffeebohnen hervorhoben, lässt sich nach den neuesten Untersuchungen von Binz und Peretti eine Mitwirkung des Coffeïns an den erregenden Wirkungen der fraglichen Genussmittel um so weniger bestreiten, als dem Coffeïn sehr erhebliche Effecte auf die Circulation und insbesondere auf die Körpertemperatur zukommen, welche letzteren dasselbe in einen gewissen Gegensatz zum Chinin und Alkohol stellen.

Die Angabe, dass Coffeïn nach der Abstammung quantitative Wirkungsdifferenzen zeigen soll, scheint irrig.

Leven bezeichnete das aus den Theeblättern gewonnene Theïn als nur halb so stark toxisch wie Coffeïn aus ungerösteten Kaffeebohnen. Weder frühere Versuche von Albers noch spätere von Amory und C. von Schroff jun. (Med. Jahrb. 420. 1872) haben diese Differenz bestätigt. Nach Leven soll Theïn in den Gliedmassen convulsivische Bewegungen bedingen, die nach Coffeïn nicht beobachtet werden, was entschieden irrig ist. Gubler (Union pharm. 19. 308. 1878) rühmt das aus Guarana dargestellte Alkaloid als weit kräftiger diuretisch wie die aus Thee, Maté und Kaffee dargestellten Basen, doch sind vereinzelte Beobachtungen am Krankenbett kaum im Stande, solche Differenzen sicher zu stellen.

Dass bei der erregenden Wirkung des Kaffees das sog. Kaffeon oder die brenzlichen Substanzen des gerösteten Kaffees mitwirkend sind, ist aus den Versuchen von J. Lehmann ersichtlich, wonach ein Kaffeedestillat zu 4 Gläsern täglich angenehme Aufregung mit gelindem Schweiss und merkliche Steigerung des Verstandes, in doppelter Dosis aber Congestionen, starke Hidrose und Schlaflosigkeit erzeugte, wobei gleichzeitig auch Stoffwechselveränderungen in Gestalt bedeutender Verminderung der Phosphorsäure und des Harnstoffs sich einstellten. Bei verschiedenen Personen trat vermehrte Peristaltik mit Stuhlentleerungen ein, was mit den Thierversuchen von Nasse stimmt, der nach den beim Kaffeerösten entstehenden empyreumatischen Producten Darmtetanus beobachtete, während Coffeïn die Darmperistaltik nicht alterirte. Meplain und Marvaud (Les aliments d'épargne 300. Paris, 1874) vindiciren dem Kaffeon beschleunigende Wirkung auf den Kreislauf und Verminderung der Arterienspannung, Rabuteau die schlafhindernde Wirkung von Kaffeeaufgüssen. Binz sah nach Kaffeon bei Thieren Steigerung des Herzschlages und der Athemzahl, sowie der Hubhöhen des Ventrikels bei starkem Sinken des Blutdrucks, das nur auf Gefässerweiterung bezogen werden kann, welche auch als Ursache der nach Kaffeon auftretenden subjectiven Wärmeempfindung anzusehen ist. Jedenfalls haben die Kalisalze bei den erregenden Wirkungen des Kaffees wenig zu bedeuten, wenigstens bei interner Einführung.

Die Giftigkeit des Coffeïns ist für Kalt- und Warmblüter, für Herbi- und Carnivoren nachgewiesen.

Dosis toxica bei Thieren.

Schon Falck und Stuhlmann constatirten die Toxicität des Coffeïns für Fische, Frösche, Kröten, Nattern, Tauben, Eulen, Raben, Kaninchen, Hunden und Katzen, Zulinski für Meerschweinchen und Hühner Die Dosis toxica und letalis ist in völlig exacter Weise im Verhältniss zum Körpergewichte bisher nicht ermittelt worden. Das bisher über die toxische Dose Bekannte lässt eine besondere Resistenz einzelner Thierarten oder Thierabtheilungen nicht mit Sicherheit erkennen, obschon nach Strauch Kaninchen der Einwirkung des Giftes stärker widerstehen als Katzen, indem letztere schon nach 0,25 in 35 Min., dagegen Kaninchen erst nach 0,375 in 71—330 Min. zu Grunde gehen; letztere Dosis tödtet Katzen in 28 und eine Gabe von 0,5, der Kaninchen in 82—333 Min. erliegen, in 20 Min. Auch nach den Versuchen von Falck und Stuhlmann scheinen Katzen empfänglicher als Kaninchen, indem Kaninchen nach 0,2—0,5 bei Einbringen unter die Haut oder in den Darm in 1 2 Std. zu Grunde gehen, dagegen Katzen schon durch 0,1 Gm. nach mehreren Stunden sterben, während 0,7 vom Darm aus den Tod einer Katze schon in 3 Min. herbeiführen kann. Kurzak fand 0,05—0,2 Coffeïnum purum oder citricum ohne Wirkung auf Kaninchen, 0,3 toxisch und Dosen über 0,5 letal wirkend, wobei jedoch der Tod selbst nach 0,8 erst in mehreren Stunden erfolgte. Die hiernach wahrscheinliche grössere Empfindlichkeit der Katzen ist nicht den Carnivoren im Allgemeinen eigen, da einzelne Hunde Dosen von 2,0 bei Infusion in die Venen ertragen und 0,5 vom Magen aus nur Würgen, Erbrechen und flüssige Stühle hervorbringen, und da Differenzen der letalen Dosis bei Tauben, Eulen und Raben, die nach Einspritzung von 0,12—0,5 in den Tract bei unterbundenem Schlunde in $^3/_4$ bis $3^1/_4$ Std. verenden, nicht existiren. Frösche sind relativ unempfindlich, insofern Dosen von 0,05 unter die Haut des Rückens gebracht, erst nach mehreren Stunden, mitunter erst selbst nach 2—3 Tagen den Tod herbeiführten.

Das Bild der Coffeïnvergiftung ist bei den meisten Thieren durch das Vorhandensein tonischer und klonischer Convulsionen mit Störungen der Respiration und Circulation charakterisirt, worauf später paralytische Erscheinungen erfolgen. Bei Warmblütern ist Speichelfluss constant und Kothentleerung ziemlich regelmässig vorhanden.

Symptome bei Thieren.

Auffallend ist in Bezug auf die Symptomatologie der Coffeïnwirkung das differente Verhalten von Rana temporaria und Rana esculenta, indem die erstgenannte Froschart eine eigenthümliche Rigidität der Muskeln, unabhängig vom Rückenmark, da sie auch nach Durchschneidung desselben und ebenso in abgeschnittenen Extremitäten bei directer Application eintritt, nach Coffeïnvergiftung zeigt, während das Alkaloid bei Rana esculenta charakteristischen Reflextetanus hervorbringt (Johannsen, Schmiedeberg). Ob auf diese Differenz der beiden Froschspecies die früheren Angaben von Albers, wonach der Coffeïnstarrkrampf entwickelter, gleichmässiger und intensiver andauernd als der Strychnintetanus sei, zurückzuführen sind, steht dahin. Voit bezog die eigenthümliche Muskelstarre auf seröse Exsudation und Erweiterung der Gefässe. Dass bei Rana esculenta auch ohne das eigenthümliche, von Voit und Johannsen beobachtete Prall- und Undurchsichtigwerden der Muskeln

Tetanus hervortreten kann und bei Säugethieren stets ohne dasselbe vorkommt, wurde schon von Aubert und Haase betont. Steigerung der Reflexerregbarkeit bei coffeïnisirten Fröschen beobachteten schon Falck und Kurzak. Bei Säugethieren und Vögeln ist die Existenz wirklicher tetanischer und klonischer Convulsionen, die zuerst an den Beinen auftreten, dann allgemein werden, nicht zu verkennen. Schreckhaftes Zusammenfahren und masticatorischer Krampf wurden von Falck und Stuhlmann bei Vögeln in sehr markirter Weise beobachtet. Auch bei Weissfischen tödtet Bestreichung der Kiemen mit Coffeïnlösung in 5—20 Min. nach voraufgehenden Muskelzuckungen mit nachfolgender Adynamie. Ebenso gehen Nattern nach 0,2 intern unter Krämpfen und Dyspnoe zu Grunde (Falck und Stuhlmann). Die Veränderungen der Athmung scheinen bei Fröschen zunächst in Vermehrung, dann in entschiedener Abnahme zu bestehen. Bei Säugethieren kann die Respirationszahl bei kleineren Gaben unverändert bleiben, während bei grossen bedeutende Abnahme erfolgt (Kurzak); in anderen Fällen ist auch hier bei mittleren Dosen rascheres und stärkeres Athmen zu constatiren (Binz). Die Veränderung der Herzthätigkeit bei Coffeïnvergiftung wurde an Fröschen bereits von Falck und Stuhlmann constatirt; dieselben sahen zunächst Steigerung, später Herabsetzung, an welchen sich vorübergehende, anfangs nur seltene und kurze, später längere und häufigere Häsitationen schlossen, bis Herzstillstand erfolgte, nach dessen Eintritt Reize nur vorübergehende Contraction bedingten. Aubert und Haase fanden bei Fröschen nur Abnahme der Herzpulsationen, nach der Grösse der Dosis entweder ganz unbedeutend oder sehr ausgesprochen, stets aber allmälig und gleichmässig, wobei das Herz anfangs stark gefüllt, später bei stärkerer Ausdehnung der Venen leerer und blasser war. Bei Säugethieren wird die Herzschlagzahl erheblich frequenter und kann dies stundenlang bleiben (Kurzak, Leven, Aubert und Haase, Binz). — Mit der Vermehrung der Dejectionen und dem Erbrechen verbindet sich bei Säugethieren mitunter stark vermehrte Harnentleerung (Kurzak).

Als Sectionsbefund wurde von Falck und Stuhlmann bei Warmblütern in einzelnen Fällen Darmkatarrh und Entzündung der Darmschleimhaut, ausserdem starke Ausdehnung des Herzens und der grossen, in das rechte Herz mündenden Venenstämme, sowie der Mesenterialvenen, Hyperämie von Leber und Nieren und dunkle Farbe des Blutes, das normal gerann und an der Luft sich röthete, constatirt. Aubert und Haase haben diese Angabe bestätigt.

Symptome beim Menschen.

Beim Menschen treten bei grösseren Dosen Coffeïn die bei Kaninchen und anderen Säugethieren weniger prägnanten Störungen der Hirnthätigkeit deutlicher hervor, woneben sich übrigens auch Veränderungen der Pulsfrequenz, mitunter auch der Respiration und vereinzelt Andeutungen von Krämpfen finden.

In Versuchen von C. G. Lehmann und seinen Schülern, wobei 0,12—0,7 genommen wurden, traten in manchen Fällen keine Erscheinungen, in andren dagegen Herzklopfen, ausserordentlich frequenter, unregelmässiger, aussetzender Puls, Brustbeklemmung, Kopfschmerzen, Ohrensausen, Funkensehen, Schlaflosigkeit, Erectionen, selbst Delirien, und wenn höhere Dosen genommen waren, Unfähigkeit zur Arbeit am folgenden Tage ein. Frerichs bekam nach einer nicht mit Sicherheit zu bestimmenden Dosis (2,5 Gm. oder 2,5 Gran?) in ¼ Stunde Voll- und Hartwerden des Pulses, Steigen der Pulsfrequenz, Schwere im Kopfe, Ohrensausen, leichten Schwindel, Pulsiren der Arterien an den Schläfen, grosse Unruhe und Aufregung, die das Festhalten einer Idee unmöglich machte, nach 1 Stunde Erbrechen, worauf die Erscheinungen nachliessen. J. Lehmann sah nach 0,5 Pulsbeschleunigung, Zittern, fortwährenden Drang zum Uriniren, wobei nur sehr wenig Urin entleert wurde, starke Erregung der Phantasie, Verwirrung der Gedanken, Visionen, eigenthümlichen rauschartigen Zustand und endlich sehr festen Schlaf. Wir selbst haben nach 0,25 Coffeïn neben heftigen Congestionen nach dem Kopfe und starker Aufgeregtheit bei Zunahme der Pulsfrequenz auch Athemnoth bekommen, die mehrere Stunden anhielt, und Hannon will durch grosse Dosen ausser cerebralen Symptomen noch Erbrechen und Purgiren, angeblich in Folge vermehrter Gallenabsonderung, gesehen haben. In Versuchen von Pratt mit dem aus Theeblättern dargestellten Alkaloide, subcutan in Dosen von 0,12—1,2, trat bei Dosen unter 0,3 Verminderung der Pulsfrequenz und Mangel an Schlaf in der folgenden Nacht ein; auch nach 0,4—0,5 Abnahme der Pulsfrequenz neben vermehrtem Urindrange, nirgends Pupillenerweiterung. Innerlich bedingten bei Pratt selbst 0,8 nach 2 St. etwa 2 St. dauernden Zustand grosser Unruhe und Seelenangst, Zittern in Händen und Armen, so dass er nicht schreiben konnte, später sehr unruhigen Schlaf, da die Gedanken stets beschäftigt waren, und die nämliche Erscheinung zeigte sich bei einem anderen neben Micturition nach 0,6 (auf 2mal), der dabei die Bemerkung machte, dass er ihm sonst schwer verständliche Bücher mit Leichtigkeit begreifen konnte.

Dass die Empfänglichkeit gegen Coffeïn bei verschiedenen Individualitäten sehr differirt, beweisen Versuche von Aubert, in denen 0,12—0,24 gar keine Symptome, 0,36 nach einer Std. vorübergehendes Eingenommensein des Kopfes und 0,5 ausserdem Zittern der Hände und etwas Pulsbeschleunigung bewirkten; 4 Std. nach den Versuchen, in denen in 6 Tagen 1,22 genommen wurde, traten schmerzhafte Hämorrhoidalknoten ein, die möglicherweise mit dem Einnehmen des Coffeïn im Zusammenhange stehen. Caron fühlte 2 Std. nach dem Einnehmen von 0,5 Kopfschmerzen, Uebelkeit, Zittern und fortwährende Somnolenz, auch sank die Pulszahl von 80 auf 50. Kelp (Memorab. 494. 1877) sah nach der Darreichung von 2 Dosen Coffeïn zu 0,24 bei einer zarten Frau Schwindel, Mattigkeit, starke Präcordialangst, Herzklopfen, sehr frequenten Puls, Abdominalpulsation, heftiges Zittern der Extremitäten, beängstigende Eingenommenheit des Kopfes, Zähneknirschen, krampfhafte Empfindung am Halse und Nacken eintreten, welche Erscheinungen 3 Std. anhielten. Eine ähnliche Vergiftung sah Rehan (Przeglad Lekarski 15. 12. 1876) nach dem Einnehmen von 7 Pulvern, welche 0,21 Guarana und 0,14 Coffeïn enthielten, binnen 6 Std. bei einer an Migräne leidenden Frau unter heftigem Singultus und Erbrechen mit Collaps, der nach einer subcutanen Morphininjection in einer Viertelstunde wich; auch bei einem Bauern, dem Rehan in 3 Std. 0,65 Coffeïn gab, trat Uebelkeit, Aufstossen und Schluchzen, später Schlaf ein. Heftige Kopfschmerzen und Zitterkrämpfe wurden auch nach einer einmaligen Dosis von 0,25—0,3 von einem an kleinen Gaben gewöhnten Apotheker an sich selbst beobachtet (Pharm. Ztg. 1880).

Tödtliche Vergiftungen beim Menschen liegen nicht vor. Für die Behandlung gelten die allgemeinen Regeln.

Betont werden muss, dass nach Aubert und Haase bei coffeïnisirten Thieren der Krampf durch künstliche Respiration aufgehoben wird, und zwar schon nach 5 Min., rascher als nach irgend einem anderen Gifte; bei Unterhaltung künstlicher Athmung sind selbst 3,0 Coffeïn, binnen 1/2 Std. in die Drosselader injicirt, nicht im Stande, einen Hund zu tödten. Auch Morphin beseitigt Coffeïnkrämpfe, wirkt jedoch bei höheren Dosen nicht lebensrettend (Bennett).

Phisiologische Wirkung.

Die Wirkung des Coffeïns scheint im Wesentlichen in Erregung und später Lähmung sämmtlicher Partien des centralen Nervensystems zu bestehen, woneben dem Alkaloide eine ausgesprochene Wirkung auf die Herzmuskulatur oder das Herznervensystem zukommt.

Die einzelnen Verhältnisse und der Zusammenhang der physiologischen Wirkung des Coffeïns sind trotz der Arbeiten von Voit, Aubert, Binz, Schmiedeberg, Bennett u. A. keineswegs völlig geklärt. Das stärkere Hervortreten der cerebralen Störungen beim Menschen hat bei dem analogen Verhalten von Morphin und ähnlichen Körpern an sich nichts Auffälliges; dagegen bleibt es immerhin fraglich, ob es sich um eine directe Wirkung auf die Hirnsubstanz oder um eine indirecte Action, vermittelt durch die veränderte Herzaction, in specie die Beschleunigung des Kreislaufes handelt. Ein Betroffensein des Gehirns ist selbst beim Frosche kaum zu bestreiten, da abgesehen von den primären Erregungserscheinungen auch das Vorangehen motorischer Lähmung vor der Reflexlähmung für dessen Vorhandensein spricht, da eine erhebliche Beeinflussung der Erregbarkeit die peripherischen Nerven und Muskeln durch Coffeïn nicht herbeigeführt wird (Leven, Aubert und Haase). Directes Eintauchen von Nerven in Coffeïnlösung vernichtet allerdings deren Erregbarkeit, und eine gewisse unbedeutende Abnahme der Nerven- und Muskelirritabilität macht sich auch bei Coffeïnvergiftung an Fröschen bemerklich; auch scheint Coffeïn bei Subcutaninjection beim Menschen herabsetzend auf die Sensibilität zu wirken (Pratt, Eulenburg). Worauf die Wirkung des Coffeïns auf das Herz beruht, ist noch nicht mit Sicherheit festgestellt. Leven erklärt sie für eine directe, weder durch den Vagus noch durch den Sympathicus vermittelte, wofür auch die Versuche von Aubert und Haase sprechen, doch fanden letztere auch eine vorübergehende Lähmung des Vagus. Bei directer Einspritzung von Coffeïnlösung in die Jugularis können vorübergehende Herzstillstände, wobei der Muskel nicht zusammengezogen, sondern erschlafft ist, vorkommen. Der Blutdruck wird durch mittlere Dosen gesteigert, wobei der Vagus ohne Einfluss ist (Leven, Binz), durch grosse stark herabgesetzt, vielleicht im Zusammenhange mit der Gefässerweiterung (Aubert und Haase). Die Abhängigkeit des Coffeïntetanus von der Medulla spinalis wurde von Leven und Aubert experimentell dargethan.

Der Einfluss des Coffeïns auf die Körpertemperatur stellt sich nach Binz dahin, dass kleine Gaben ohne erkennbaren Einfluss sind, mittlere Gaben, welche die ersten Symptome der Vergiftung ohne irgend welche Krampferscheinungen hervorrufen und das Leben in keiner Weise gefährden, eine rasch eintretende Steigerung bis zu etwa 0,6° C. bedingen, während grosse Gaben, welche deutliche Muskelrigidität und andere Vergiftungserscheinungen veranlassen, mit einer in 1—2 Std. ihr Maximum erreichenden Steigerung von 1—1,5° einhergehen, welche dann bis zu einem gewissen Punkte wieder abfällt, aber mehrfach noch stundenlang über der Norm sich hält. Bei noch höheren Gaben, wo die tödtlichen Krämpfe bald auftreten und der dauernde starre Zustand der Muskulatur fehlt, sinkt die Temperatur entweder sofort oder nach sehr kurzer Steigerung. Die wärmesteigernde Wirkung des Coffeïns wird sowohl durch Curarisation als durch künstliche Respiration verhindert (Binz).

Cumulative Wirkung besitzt Coffeïn nicht, vielmehr scheint ziemlich rasch Toleranz für steigende Dosen sich auszubilden (Aubert und Haase, Binz). Gewöhnung.

Ueber das Verhalten des Coffeïns im Organismus selbst sind unsere Kenntnisse noch ziemlich dürftig. Schicksale im Organismus. Pratt nimmt an, dass dasselbe als reines Alkaloid in das Blut auch bei interner Application aufgenommen, da ein Lactat und Acetat nicht existire und da das Hydrochlorat durch Wasser zersetzt werde. In warmem Magensaft löst es sich nach Amory gut auf. Nur der Curiosität halber die Ansicht Zobels erwähnend, dass im Blute das Coffeïn in Blausäure sich umwandle und dadurch toxisch wirke, müssen wir als Factum hervorheben, dass Strauch neuerdings das Coffeïn im Blut, im Urin und in der Galle bei den damit vergifteten Kaninchen, Katzen und Meerschweinchen nachgewiesen hat. Bei interner Einführung sehr kleiner Mengen Coffeïn oder Theïn ist nach Hammarsten (Upsala Läkareförenings Förhandlingar 5. 685. 1870) das Alkaloid im Harn nicht aufzufinden.

Therapeutische Anwendung hat das Alkaloid besonders gegen Hemicranie gefunden, welche Hannon, Van den Corput, Riedel, Reil, Eulenburg sen., Lorent u. A. befürworten. Anwendung. Besonders ist es das sog. Coffeïnum citricum (vielleicht nur ein Gemenge von Coffeïn und Citronensäure), das in dieser Richtung in Gebrauch kam und neben welchem noch van den Corput zwei andere Salze, Coffeïnum lacticum und malicum, in Vorschlag gebracht hat, deren wirkliche Existenz noch dubiös ist, die aber sicher weitere Verbreitung nicht gefunden haben. Die Erfolge sind bei idiopathischer Hemicranie oft überraschend; so heilte Riedel eine 10 Jahre lang in Intervallen von 4—6 Wochen von Migräne geplagte Dame, und Reil beobachtete die auffallendsten Erfolge nicht allein bei idiopathischer Hemicranie, für welche er das Coffeïn als ein sicheres Heilmittel bezeichnet, sondern auch bei sympathischer Migräne, wo er es palliativ wirkend fand. Hannon empfiehlt es auch gegen hysterische und hypochondrische Verstimmung des Nervensystems; A. Eulenburg sah erheblichen palliativen Erfolg von subcutaner Injection in einem Falle von Occipitalneuralgie von wahrscheinlich centralem Ursprunge, während er in 2 Fällen von hysterischer Cephalalgie keine besondere Besserung bemerkte. Ausserdem ist Coffeïnum citricum als Diureticum bei Hydrops von Koschlakoff in St. Petersburg auf Botkins Klinik wirksam befunden. Die Harnmenge nahm rasch zu, bei Kräftigerwerden und Verlangsamung der Herzcontractionen, und mehrte sich in einem Falle auf Vergrösserung der Gabe; die vermehrte Diurese war auch von vermehrtem Harndrang und Brennen in der Harnröhre begleitet. Die günstigen Wirkungen bei Hydrops erfuhren neuerdings Bestätigung durch Gubler (Union pharm. 19. 308), Shapter (Pract. 22. 23), Leech (Pract. 24. 241. 401; 25. 25. 1880) und Brakenridge (Edinb. med. Journ. July. Aug. 4. 100. 1881). Gubler stellt das von ihm als Citrat oder Hydrobromat bei Hydrops im Gefolge von Herzkrankheiten benutzte Alkaloid höher als Digitalis und auch Shapter sah in Fällen, wo Digitalis und andere Mittel ihre Wirkung versagten, von Coffeïn diuretischen Effect und empfiehlt es namentlich bei vorgerückter Herzkrankheit und da, wo Beeinträchtigung des Herzmuskels und nervöse Incoordination die Anwendung von Digitalis verbieten. Leech bezeichnet das Vorhandensein einer Nierenentzündung als Complication der

Herzaffection, nicht als die Wirkung des Coffeïns völlig aufhebend, obschon bei nicht mit Herzkrankheit complicirtem Morbus Brighti nur in ganz frischen Fällen diuretischer Effect erhalten wird. Der Effect erfolgt oft nach einer einzigen Dosis, hält 24—36 Std. an, verringert sich aber beim Fortgebrauche im Zusammenhange mit der Abschwächung der Coffeïnwirkung überhaupt. Brakenridge empfiehlt Coffeïncitrat als „Stimulans des Nierenepithels" allein besonders in der Reconvalescenz von acuter desquamativer Nephritis und bei normalem Verhalten des Blutdrucks, bei Compensationsstörungen abwechselnd mit Digitalis.

Für die günstige Wirkung des Coffeïns bei narkotischen Vergiftungen scheinen Thierversuche von Bennett und Binz zu sprechen. Bennett statuirt einen doppelseitigen Antagonismus von Coffeïn (Theïn) und Morphin, insofern letzteres die charakteristischen Coffeïnconvulsionen verzögert und auf Morphingaben, welche sonst nur Coma erzeugen, bei gleichzeitiger Anwendung von Coffeïn cerebrale Excitation folgt. Tödtliche Gaben von Morphin (0,11—0,22) und Coffeïn (0,25—0,3) wurden von einzelnen Thieren (Katzen) ertragen, doch trat nach mehr als 0,3 Coffeïn stets der Tod ein. Schon 1860 gab Campbell (Am. med. Journ. Oct.) Coffeïn statt der gebräuchlichen Kaffeeaufgüsse als dynamisches Antidot bei Morphinvergiftung, jedoch mit negativem Erfolge. Binz versuchte Coffeïn wegen seiner temperatursteigernden Wirkung bei alkoholisirten Hunden mit Erfolg. — Die Empfehlung gegen Intermittens, gegen welche Gastinel und Schnepp in Alexandria arsenigsaures Coffeïn mit Nutzen verwendet haben wollen, sind sehr mit Vorsicht aufzunehmen, da man bei Benutzung dieses Salzes nicht weiss, ob Coffeïn oder Arsenik das wirksame Agens war, zumal da Versuche mit reinem Coffeïn im Marburger Landkrankenhause, wo das Mittel in Einzeldosen von 0,12 während der Apyrexie gereicht wurde, völlig erfolglos blieb. Oser injicirte Coffeïn offenbar in zu kleinen Dosen (0,01—0,03) und daher mit negativem Erfolge bei Cholera. Auch die Empfehlung Thomsons (Brit. med. Journ. Febr. 12. 1871) als gleichzeitig Chinin und Wein ersetzendes Tonicum im Depressionsstadium von Typhus, Variola, Relapsing fever, Gangraena senilis u. s. w. hat das Coffeïn nicht zu einem Arzneimittel ersten oder zweiten Ranges promovirt.

Baldriansaures Coffeïn.

Eine besondere Wirkungssphäre ist von Gubler und Paret dem baldriansauren Coffeïn zugewiesen, das bei hysterischem Erbrechen zu 0,1 2—3mal täglich in Pillen gegeben curativ wirkt, dagegen bei Vomitus gravidarum und Erbrechen der Phthisiker ohne Wirkung bleibt. Nach Labbadie-Lagrave wirkt das Präparat auch bei Keuchhusten günstig.

Dosis und Gebrauchsweise.

Die gewöhnliche Dosis des Coffeïns ist 0,06—0,12, 1—2stündlich, die gebräuchlichste Form die des Pulvers. Van den Corput giebt 0,15 bis 0,2 mit 0,5 Elaeosaccharum Vanillae als Poudre contre la migraine, wovon 4 Pulver zur Beseitigung oder Milderung des Leidens hinreichen. Hannon giebt es in 0,1 schweren Pillen aus Coffeïni citr. 0,5, Extr. Graminis 1,0, wovon alle 2 Stunden 1 Stück zu nehmen ist, oder im Klystier (Coff. citr. 0,25 auf 100,0 Wasser, wovon die Hälfte Abends, die Hälfte Morgens genommen werden soll), oder im Syrup (Coffeïn. citr. 5,0, Syrupi simpl. 120,0), den man kaffeelöffelweise nimmt oder Mixturen zusetzt, in Trochisken, selbst als Salbe.

Bei hydropischen Herzkranken hat man die Dosis des Coffeïns wahrscheinlich ohne Noth oft sehr hoch genommen. Nach Brakenridge sind Dosen über 0,2 3mal täglich zu vermeiden. Shapter und Leech haben

3mal täglich oder 3stündlich 0,2 gegeben, wodurch bei mehreren Kranken Nausea und allgemeine Abgeschlagenheit, bei einem Kranken von Leech profuse Salivation, welche 24 Stunden anhielt, herbeigeführt wurde. Gubler stieg sogar auf 0,5. Leech hebt übrigens hervor, dass bei geringeren Dosen (0,12) mitunter Kopfweh und kein diuretischer Effect eintrat und dass selbst manchmal 3 Gaben von 0,2 pro die nicht ausreichten, während die 3stündliche Darreichung von 0,2 diuretisch wirkte, jedoch nicht ohne sehr heftiges Erbrechen und höchst intensiven Kopfschmerz zu bedingen. Shapter giebt das Coffeïncitrat in wässriger Lösung (1 150) mit Glycerin und Tinctura Pruni Virginianae, auch als sog. Aquatheïne in kohlensäurehaltigem Wasser gelöst als Getränk. — Hypodermatisch benutzte Eulenburg Lösung von Coffeïn in āā 20 Th. Wasser und Spiritus, wodurch örtlich nur leichtes Brennen an der Stichstelle mit nachfolgender Abnahme der Empfindlichkeit bedingt wurde. Eine Lösung von 0,06 Coffeïncitrat in 25 Tr. Glycerin (Lorent) muss wegen Ausscheidung von Krystallen beim Erkalten vor dem Gebrauche jedesmal erwärmt werden. Pletzers Injectionslösung (Coffeïni puri 0,18, Aceti conc. gtt. 6. Aq. dest. ad 7,5) erregt lebhafte Schmerzen, was vermuthlich auch, wenn schon in milderer Art, bei den von M. Rosenthal empfohlenen Lösungen in Glycerin unter Zusatz von Citronen- oder Schwefelsäure der Fall ist.

Rubia.

Die Wurzel von Rubia tinctorum, „Krapp" (Färberröthe, Garançe, Madder), welche von den Völkern des Alterthums schon zum Rothfärben benutzt wurde, spielt seit dem 16. Jahrhundert in Europa eine wichtige Rolle als Farbmaterial, das allerdings in der Neuzeit durch die Synthesen der darin enthaltenen Farbstoffe immer mehr verdrängt wird. Die Untersuchungen über die Bestandtheile des Krapp haben zunächst erwiesen, dass vorhanden sind: Glykose, vielleicht auch Rohrzucker, Pectin, Eiweisskörper, Rochleders Rubichlorsäure (Schuncks Chlorogenin), die Alkalisalze von Schwefelsäure, Chlor, Phosphorsäure, Citronensäure, Aepfelsäure, Weinsäure, ausserdem eine stickstoffhaltige, durch Alkohol fällbare Substanz, das Erythrozym, das als lösliches Ferment die Spaltung der vorhandenen Farbstoffglykoside veranlasst, welch' letztere ätherartige Verbindungen sind. (Literat.: Watt, Ann. chim. phys. 4. 104. — Gaultier und Persoz, ebendas. 48. 69. — Kuhlmann, ebendas. (2) 24. 225. Colin und Robiquet, ebendas. (2) 34. 225. — Runge, J. pr. Chem. (5) 362. — Schiel, Ann. Chem. Pharm. 60. 79. — Debus, ebendas. 66. 351. — Wolff und Strecker, ebendas. 75. 1. — Rochleder, ebendas. 80. 321; 82. 205. — Stenhouse, ebendas. 80. 325. — Robiquet, J. pharm. Chim. 21. 387. — Decaisne, ebendas. 24. 424. — Schlumberger, E. Kopp, Schützenberger, Bull. soc. industr. Mülh. 31. 145; 27. 5; 27. 395; 30. 70. — Higgin, Philos. Mag. 33. 282). Die Mineralbestandtheile der Wurzel betragen 6—10% (Köchler, May, Peckholdt, J. pr. Chem. 95. 211. — Kuhlmann, Wall etc.). Krapp.

Die Farbstoffglykoside des Krappes sind, mehr oder weniger rein, gemengt mit einander vorhanden, so dass die Isolirung im reinen Zustande schwierig ist. Mit Sicherheit ist bekannt die Ruberythrinsäure Rochleder's, das Glykosid des Allizarins; jedenfalls existirt auch ein Purpuringlykosid, das jedoch zu leicht zersetzbar ist. — Von aus den Glykosiden entstehenden Farbstoffen, welche mehr oder weniger grösseren Mengen Bestandtheile der

Krappwurzel sind, sind 6 mit Sicherheit bekannt sämmtliche hydroxylirte Abkömmlinge des Anthrachinons.

Alizarin (Dioxyanthrachinon), Purpurin (Trioxyanthrachinon), Pseudopurpurin (Purpurincarbonsäure), Purpurinhydrat, Munjistin (Xanthopurpurincarbonsäure), Xanthopurpurin (Purpuroxanthin).

Die letztgenannten Farbstoffe sind Bestandtheile des E. Kopp'schen Handelspurpurin, mittelst schwefliger Säure hergestellt. — Siehe hierüber die Arbeiten von: E. Kopp (siehe oben), Rochleder, Wolff und Strecker, Schützenberger, Plessy und Schiffert, Bull. soc. industr. Mülh. **27.** 395; **30.** 70. — Schunk und Roesner, Berl. Ber. **10.** 172. 175. 790; **11.** 431. Liebermann und Plath, ebendas. **9.** 1204; **10.** 604. 1618. — Rosenstiehl, Compt. rend. **79.** 680; **83.** 827; **84.** 559. 1092. — Bull. soc. indust. Mülh. 1879. 409. — Xanthopurpurin ist isomer mit Alizarin, das durch Oxydation Purpurin liefert, welches wieder in Xanthopurpurin umgewandelt werden kann. Das Pseudopurpurin ist wohl ursprünglich als Farbstoffglykosid vorhanden, sehr unbeständig, besonders beim Erwärmen und bei Gegenwart von Wasser und Alkohol, wobei entweder Sauerstoff oder Kohlensäure sich abspaltet. Im ersteren Falle entsteht Munjistin, im zweiten Falle Purpurin und sein Hydrat. Munjistin geht unter Abspaltung von Kohlensäure leicht in Xanthopurpurin über. Eine dem Alizarin entsprechende Carbonsäure ist bis jetzt nicht isolirt worden. Rosenstiehl macht die Hypothese, dass in dem Krapp eine hypothetische, mit Munjistin isomere, Alizarincarbonsäure als Glykosid vorhanden sei, die in der Siedhitze nicht bestehen könne, und im Momente der Spaltung in Alizarin und Kohlensäure zerfalle. Wurtz (Compts. rend. **96.** 465) nennt als Krappbestandtheile 3 Glykoside, die Pseudopurpurin, Alizarin und Munjistin liefern. Purpuroxanthin ist nach Rosenstiehl isomer mit Alizarin, geht mit schmelzendem Kali in Purpurin und durch Reduction in Purpuroxanthin über. Purpurin liefert mit Jodwasserstoff, Zinnchlorür, Aetznatron Purpuroxanthin, nicht Alizarin, Anthracen und Hydrüre desselben. Krapp erhält kein Pseudopurpurin. Pseudopurpurin ist Trioxycarboxylanthrachinon, das unter Verlust von Kohlensäure Purpurin liefert. Purpurin = $C_{14}H_5O_2(OH)_3$, Pseudopurpurin = $C_{14}H_4O_2 . CO . OH . (OH)_3$.

Rubichlorsäure. — Literat.: Rochleder, Ann. Chem. **71.** 327. — Schwarz, Ann. Chem. Pharm. **80.** 333; Wien. Akad. Ber. **8.** 31. — Willigk, Ann. Chem. Pharm **82.** 339. — Schunck, Ann. Chem. Pharm. **66.** 174 und **87.** 344.

Rubichlorsäure. Diese Säure wurde 1851 von Rochleder in der Wurzel, bald darauf von Willigk auch im Kraut von *Rubia tinctorum L.*, dann von Schwarz im Kraut von *Asperula odorata L.*, *Galium verum L.* und *G. Aparine L.* und von v. Orth in den chinesischen Gelbschoten (*Gardenia grandiflora Lour.*) aufgefunden. Sie scheint identisch mit dem von Schunck unter dem Namen „Chlorogenin" beschriebenen Krappbestandtheil zu sein.

Zur Darstellung fällt man die wässrigen Auszüge der genannten Pflanzentheile mit Bleiessig aus, entfernt den nur wenig Rubichlorsäure enthaltenden Niederschlag und versetzt nun mit mehr Bleiessig und überschüssigem Ammoniak. Der jetzt erhaltene neben vorwiegender Rubichlorsäure noch etwas Ruberythrinsäure, Essigsäure und Zucker enthaltende Niederschlag wird nach dem Auswaschen unter Wasser durch Schwefelwasserstoff zersetzt, wobei die

Ruberythrinsäure in der Hauptsache mit dem Schwefelblei niedergerissen wird. Das Filtrat wird zur Entfärbung 24 Stunden in einem verschlossenen Gefässe mit Thierkohle digerirt und nach Vorabfällung der noch vorhandenen Ruberythrinsäure mit etwas Bleiessig aufs Neue mit Bleiessig und Ammoniak ausgefällt. Der Niederschlag wird mit Weingeist gewaschen und in absolutem Weingeist vertheilt wieder durch Schwefelwasserstoff zersetzt. Das Filtrat ist jetzt fast frei von Zucker. Es wird im Vacuum über Schwefelsäure und Kalihydrat eingetrocknet und aus dem Rückstande durch absoluten Weingeist reine Rubichlorsäure ausgezogen (Rochleder).

Die Rubichlorsäure ist eine farblose oder schwach gelbe amorphe Masse von fadem und ekelhaftem Geschmack. Sie löst sich leicht in Wasser und Weingeist, aber nicht in Aether. — Ihre Zusammensetzung wird nach Rochleder durch die Formel $C_{14}H_8O_9$ ausgedrückt.

Mit den Alkalien färbt sich die Säure gelb, aber Säuren machen die Lösung wieder farblos. Bleiessig erzeugt in der wässrigen Lösung erst auf Zusatz von Ammoniak einen starken weissen Niederschlag von wechselnder Zusammensetzung. Barytwasser giebt keine Fällung.

Die wässrige Lösung der Säure färbt sich beim Verdunsten braungelb und hinterlässt eine braune klebende Masse. Beim Erwärmen mit Salzsäure wird sie blau, dann grün und scheidet endlich unter gleichzeitiger Bildung von Ameisensäure dunkelgrüne Flocken von Chlorrubin, $C_{12}H_4O_3$, aus ($C_{14}H_8O_9 = C_2H_2O_4 + C_{12}H_4O_3 + 2\,HO$) (Rochleder). Beim Kochen mit Salpetersäure wird sie in Oxalsäure verwandelt (Willigk).

Ruberythrinsäure. $C_{20}H_{22}O_{11}$. — Literat.: Rochleder, Ann. Chem. Pharm. **80**. 324; **82**. 205 und 215; Wien. Akad. Ber. 1870. Februar.

Dieses saure Glykosid isolirte Rochleder 1851 aus der Krappwurzel, der Wurzel von *Rubia tinctorum L.* und erklärte es für das in der frischen Wurzel primär vorhandene Chromogen, welches schon beim Trocknen und Aufbewahren des Krapps, unter der Einwirkung von Fermenten und besonders durch Behandlung mit Säuren und Alkalien in die bekannten Farbstoffe des Krapps und Zucker oder dessen Zersetzungsproducte zersetzt werde. Er hält das etwa gleichzeitig von Schunck aus dem Krapp dargestellte und für das ursprüngliche Chromogen ausgegebene Rubian (s. Anhang) für unreine Ruberythrinsäure und macht die nämliche Annahme in Bezug auf Higgin's und Kuhlmann's Xanthin und Runge's Krappgelb. Ruberythrinsäure.

Zur Darstellung der Ruberythrinsäure fällt man nach Rochleder die wässrige Abkochung der Krappwurzel zuerst mit Bleiessig aus und darauf das Filtrat mit Bleiessig unter Vermeidung eines Ueberschusses. Der fast ziegelrothe Niederschlag enthält ausser Ruberythrinsäure auch Rubichlorsäure, Citronensäure und Phosphorsäure. Wird derselbe unter Wasser mit Schwefelwasserstoff zersetzt, so bleibt die Ruberythrinsäure beim Schwefelblei, welchem man sie nach kurzem Auswaschen mit Wasser durch Auskochen mit Weingeist entzieht. Versetzt man die durch Eindunsten stark concentrirte weingeistige Lösung mit Wasser und wenig Barytwasser und filtrirt vom entstandenen geringen Niederschlege ab, so scheidet mehr Baryt aus dem Filtrat nun ruberythrinsauren Baryt in dunkelkirschrothen Flocken ab. Dieser wird durch Lösen in verdünnter Essigsäure und Fällen der mit Ammoniak beinahe neutralisirten Lösung mit Bleiessig in das zinnoberrothe Bleisalz verwandelt, das mit verdünntem Weingeist gewaschen und dann in starkem Weingeist suspendirt heiss mit Schwefelwasserstoff zerlegt wird. Die heiss filtrirte Flüssigkeit scheidet beim Verdunsten gelbe Krystalle der Ruberythrinsäure ab, die durch Auspressen und Umkrystallisiren aus wenig kochendem Wasser gereinigt werden. — 25 Pfund Krapp lieferten 1 Gramm der Säure. Levantinischer Krapp ist reicher daran, als in Europa gebauter. Die geringe Ausbeute hat nach Rochleder darin ihren Grund, dass beim Trocknen der Krappwurzel bereits der grösste Theil des Chromogens unter Bildung von Farbstoffen zersetzt wird.

Die Ruberythrinsäure bildet gelbe seidenglänzende Prismen von schwachem Geschmack, schwer löslich in kaltem, leicht löslich in heissem Wasser. Sie löst sich auch in Weingeist und Aether. Von heisser Eisenchloridlösung wird sie mit dunkelbraunrother Farbe gelöst und daraus durch Salzsäure wieder gefällt. Wässrige Alkalien lösen sie mit dunkelblutrother Farbe. Barytwasser erzeugt in der wässrigen Lösung der Säure dunkelkirschrothen flockigen Niederschlag.

Für die Zusammensetzung der Säure gab Rochleder zuerst die Formel $C_{72}H_{40}O_{40}$, später $C_{56}H_{31}O_{31}$, neuerdings die oben angeführte, während Graebe und Liebermann (Ann. Chem. Pharm. Suppl. 7. 296) die Formel $C_{26}H_{28}O_{14}$ annehmen zu sollen glauben.

Wird die wässrige Lösung der Säure mit Salzsäure gekocht, so scheidet sich Alizarin, $C_{10}H_6O_3$, in gelben Flocken ab und die Flüssigkeit enthält nun Zucker. Auch beim Kochen mit wässrigen Alkalien wird Alizarin gebildet. Emulsin ist ohne Einwirkung. Für die Spaltung giebt Rochleder die Gleichung $C_{20}H_{22}O_{11} = C_{14}H_8O_4 + C_6H_{12}O_6 + H_2O$, während Graebe und Liebermann den Vorgang durch die Gleichung: $C_{26}H_{28}O_{14} + 2H_2O = C_{14}H_8O_4 + 2C_6H_{12}O_6$ interpretiren.

Rubian. Rubiacin. Rubiretin. Verantin. Chlorogenin. Erythrozym. — Literat.: Runge, Journ. pract. Chem 5. 367. — Robiquet, Ann. Chim. Phys. (2) **63**. 311. — Kuhlmann, Journ. Pharm. (2) **14**. 354. — Higgin, Journ. pract. Chem. **46**. 1. — Ed. Schunck, Ann. Chem. Pharm. **66**. 174; **81**. 336; **87**. 344; auch Journ. pract. Chem. **45**. 286; **55**. 490; **59**. 453; ferner Journ. pract. Chem. **61**. 65; **70**. 154; Zeitschr. Chem. **3**. 67 u. 158.

Während Rochleder in der Ruberythrinsäure das primäre Chromogen des Krapps erblickt, hält Schunck dieselbe bereis für ein Zersetzungsproduct seines Rubians und für identisch mit seiner Rubiansäure.

Alizarin. $C_{14}H_8O_4$. — $C_{14}H_6(OH)_2O_2$. Dioxyanthrachinon. Literat. (auch für Purpurin): Colin und Robiquet, Ann. Chim. Phys. (2) **34**. 225. — Robiquet, Journ. Pharm. (2) **21**. 387; Ann. Chim. Phys. (2) **63**. 297; **73**. 274. — Kuhlmann, Journ. Pharm. (2) **14**. 354. — Zenneck, Poggend. Annal. **13**. 261. — Gaultier de Claubry und Persoz, Ann. Chim. Phys. (2) **48**. 69. — Runge, Journ. pract. Chem. **5**. 374. — Schiel, Ann. Chem. Pharm. **60**. 79. — Schunck, in den beim Rubian angeführten Abhandl. — Debus, Ann. Chem. Pharm. **66**. 351. — Wolff und Strecker, ebendas. **75**. 20. — Rochleder, ebendas. **80**. 321; **82**. 205. — Stenhouse, ebendas, **130**. 325. — Schützenberger und Paraf, Zeitschr. Chem. 1862. 40. — Schützenberger und Schiffert, Bull. Soc. chim. (2) **4**. 12; auch Chem. Centr.

1865. 541. — Bolley und Rosa, Journ. pract. Chem. 99. 305. — E. Kopp, Rép. chim. appliq. 3. 85. 165. 223. 276; Bull. Soc. chim. (2) 2. 231; auch Dingl, polyt. Journ. 160. 73; 174. 60. — Strecker und Städel, Zeitschr. Chem. 1868. 263. — Graebe, Liebermann, Ber. Ber. 1868. 49; 1869. 332; 1870. 359; auch Ann. Chem. Pharm. Suppl. 7. 291. — Wartha, Ber. d. Berlin. Deutsch. chem. Ges. 1870. 545. — Meister, Lucius, Brüning, J. Chem. Min. 1873. 1122. — Baeyer, Caro, Berl. Ber. 7. 972. — Widmann, Berl. Ber. 9. 856.

Alizarin.

Dieser 1826 von Colin und Robiquet im Krapp entdeckte rothe Farbstoff (der Name ist von „Alizari", der Bezeichnung für den orientalischen Krapp hergenommen) findet sich wenigstens in der getrockneten Wurzel theilweise fertig gebildet und kann derselben durch Weingeist entzogen werden. Der grössere Theil aber des im wässrigen Krappauszuge vorhandenen Alizarins entsteht neben Purpurin (s. dieses), einem zweiten Farbstoffe, erst bei der durch ein eigenthümliches Ferment des Krapps, das Erythrozym (s. oben) herbeigeführten Spaltung des Krapp-Chromogens, der Rubierythrinsäure Rochleders oder des Rubians von Schunck. Die durch Gährenlassen des gemahlenen Krapps dargestellten Krappblumen (fleurs de garance) haben desshalb auch einen grösseren Gehalt an Farbstoff als jener. Vollständiger noch wird die Umwandlung des Chromogens in Farbstoff durch Säuren bewirkt. Die sehr farbstoffreiche Garancine des Handels wird durch Erhitzen mit verdünnter Schwefelsäure bereitet.

Darstellung.

Zur Darstellung des Alizarins aus Krapp sind zahlreiche Vorschriften von Colin und Robiquet, Robiquet, Kuhlmann, Debus, Runge, Wolff und Strecker, Schunck, Rochleder, E. Kopp und Anderen gegeben worden.

Schunck lässt den Krapp wiederholt und längere Zeit mit Wasser auskochen, die vereinigten Auszüge mit Salzsäure oder Schwefelsäure versetzen, den dadurch erzeugten dunkelbraunen Niederschlag nach dem Abwaschen mit Wasser mit siedendem Weingeist ausziehen und das weingeistige Filtrat mit frisch gefälltem Thonerdehydrat schütteln. Dem alles Alizarin, aber auch Rubianin und andere Stoffe enthaltenden Niederschlage können die letzteren durch Auskochen mit einer concentrirten Lösung von kohlensaurem Kali vollständig entzogen werden, worauf die zurückbleibende Alizarin-Thonerde mit Wasser gewaschen und durch kochende Salzsäure zerlegt wird. Das sich als hellrothes Pulver abscheidende Alizarin wird aus kochendem Weingeist umkrystallisirt.

Wolff und Strecker kochen den durch Schwefelsäure im wässrigen Krappabsude bewirkten Niederschlag noch feucht mit einer concentrirten Lösung von Thonerdehydrat in Salzsäure, wodurch die Farbstoffe in Lösung gebracht werden, während beigemengte dunkelbraune Substanzen zurückbleiben. Die Lösung scheidet auf Zusatz von Salzsäure rothe Flocken eines Gemenges von Alizarin, Purpurin und Harz ab, deren weingeistige oder ammoniakalische Lösung mit frisch bereitetem Thonerdehydrat gefällt wird. Dem Niederschlage wird das Purpurin und Harz durch Auskochen mit Sodalösung entzogen und die zurückbleibende Alizarin-Thonerde in der oben angegebenen Weise weiter behandelt.

Rochleder fällt den Krappabsud durch Bleizucker, zersetzt den ausgewaschenen Niederschlag unter Wasser durch Schwefelwasserstoff und kocht das gebildete Schwefelblei, bei welchem Alizarin, Purpurin und Fett zurückbleiben, mit Weingeist aus. Die Lösung scheidet auf Zusatz von Wasser gallertartiges, nur wenig Fett und Purpurin beigemengt enthaltendes Alizarin ab, das durch Umkrystallisiren aus Weingeist gereinigt wird, während Purpurin in Lösung bleibt.

Nach Wartha erhält man sehr bequem vollkommen reines Alizarin, wenn man türkischroth gefärbte Baumwollstoffe mit einem Gemenge von Weingeist und starker Salzsäure im Wasserbade extrahirt, die Lösung mit Kali fällt, den purpurvioletten Niederschlag nach dem Auswaschen mit Weingeist auf dem Filter mit verdünnter Salzsäure zersetzt und die resultirende orangegelbe Masse gewaschen und getrocknet der Sublimation unterwirft.

Für technische Zwecke hat E. Kopp das folgende Verfahren zur Herstellung von Purpurin und unreinem sogenanntem „grünen Alizarin" empfohlen. Man weicht den gemahlenen Krapp mit seinem 10fachen Gewicht gesättigter wässriger schwefliger Säure, die mit etwa $^1/_{1000}$ conc. Salzsäure versetzt ist, ein, presst die Masse nach 24 Stunden aus und behandelt den Rückstand noch einmal in gleicher Weise. Die vereinigten Auszüge werden mit 2—3 Volumprocenten conc. Schwefelsäure, oder bei sehr kalkhaltigem Krapp, mit 3—5% conc. Salzsäure versetzt und dann auf 50—60° erwärmt. Es scheidet sich dann ein schön rother Niederschlag von fast reinem Purpurin (etwa 1,8% vom Krapp) ab, während die abgegossene braungelbe Flüssigkeit nach 1—2stündlichem Sieden eine schwärzlich-grüne harzartige Masse, (etwa 3% vom Krapp) das „grüne Alizarin" absetzt. Aus letzterem kann durch Ausziehen mit Weingeist oder Holzgeist und Verdunsten der Lösung ziemlich reines Alizarin gewonnen werden. Ganz rein erhält man es durch Sublimation des unreinen Products oder besser, indem man dieses mit 15—20 Th. eines etwa bei 150° siedenden Kohlenwasserstoffs 15 Minuten auskocht, die Lösung noch heiss mit $^1/_7$ Vol. schwacher Natronlauge ausschüttelt und aus der violettblauen alkalischen Lösung das Alizarin durch Schwefelsäure fällt (E. Kopp).

Künstliche Darstellung.

Ueber die künstliche Bildung von Alizarin aus Rubierythrinsäure oder Rubian ist schon bei diesen Substanzen das Erforderliche mitgetheilt worden. Nach Bolley geht Purpurin beim Erhitzen auf 210—220° zum Theil in Alizarin über. Von ganz besonderem Interesse ist die von Graebe und Liebermann entdeckte synthetische Darstellung aus dem Kohlenwasserstoff Anthracen, $C_{14}H_{10}$, insofern sie nicht nur das erste Beispiel künstlicher Erzeugung eines pflanzlichen Farbstoffes aus unorganischem Material ist, sondern auch zur endlichen Feststellung der lange unentschieden gebliebenen Zusammensetzung des Alizarins geführt hat. Das von diesen Forschern auch durch Reduction des Alizarins mittelst Zinkstaub dargestellte, unter den Producten der trocknen Destillation organischer Substanzen sich befindende und am bequemsten aus Steinkohlentheer zu gewinnende Anthracen wird durch Oxydationsmittel, wie Salpetersäure, Chromsäure, Braunstein u. s. w. in Oxanthracen oder Anthrachinon, $C_{14}H_8O_2$ verwandelt. Dieses lässt sich durch Behandlung mit Chlor oder leichter durch Erhitzen mit Brom auf 100° in Bichlor- resp. Bibromanthrachinon überführen. aus denen dann durch Erhitzen mit concentrirter Kalilauge auf etwa 170° Alizarin erzeugt wird ($C_{14}H_6Br_2O_2 + 2KHO = C_{14}H_8O_4 + 2KBr$). das man durch Schwefelsäure aus der violettblauen Lösung der entstandenen Kaliverbindung abscheidet. Billiger noch verwandelt man das Anthrachinon durch Erhitzen mit seinem 3fachen Gewicht conc. Schwefelsäure auf 260° in eine Anthrachinonsulfosäure und erhitzt deren Kalisalz mit überschüssigem Kali oder Natron eine Stunde oder länger auf 180—260°, wodurch sie in Alizarin übergeführt wird. — Nach Wartha wird das Anthrachinon schon durch Kochen seiner alkoholischen Lösung mit Kalihydrat unter Wasserstoffentwicklung allmälig in Alizarin-Kali verwandelt. Alizarin wurde ferner erhalten durch Erhitzen von Nitroanthrachinon mit Kali (Meisterett, Lucius), durch Einwirkung von conc. Schwefelsäure auf ein Gemenge von Brenzcatechin und Phtalsäureanhydrid bei 140° (Baeyer, Caro), auch bei Einwirkung von Natriumamalgam auf Rufigallussäure (Widmann).

Das Alizarin krystallisirt aus Weingeist in langen durchsichtigen glänzenden dunkelgelben bis rothen Säulen oder dem Musivgold gleichenden Schuppen von der Formel $C_{14}H_8O_4 + 3H_2O$. Durch Verlust des bei 100° entweichenden Krystallwassers wird es undurchsichtig und dunkler roth, schmilzt dann bei 289—290° (Claus. Berl. Ber. 8. 531) und sublimirt grösstentheils unzersetzt in langen goldgelben, das Licht mit rother Farbe reflectirenden Nadeln. Es schmeckt bitter und reagirt neutral. Es ist schwerer als Wasser. wird davon nur schwierig benetzt und in der Hälfte kaum gelöst. Kochendes Wasser löst es etwas reichlicher (0,034 Th. in 100 Th.). Von Weingeist wird es gut, namentlich beim Kochen, reichlicher noch und mit goldgelber Farbe von Aether gelöst. Auch Benzol. Terpentinöl und Schwefelkohlenstoff lösen es gut. Von Alaunlösung wird es in der Kälte gar nicht und auch beim Sieden nur wenig aufgenommen (Unterschied von Purpurin). Von conc. Schwefelsäure wird es mit blutrother Farbe aufgenommen und daraus durch Wasser unverändert wieder gefällt (Colin und Robiquet, Schunck. Zenneck). Eigenschaften.

Die Zusammensetzung des Alizarins ist erst neuerdings endgültig festgestellt. Robiquet gab die Formel $C_{37}H_{24}O_{10}$, Schiel $C_{28}H_8O_9$, Schunck $C_{14}H_5O_4$, Wolff und Strecker und Rochleder die lange für richtig gehaltene $C_{20}H_6O_6$, dann wieder Bolley $C_{20}H_{14}O_8$, bis Strecker durch neue Analysen und Graebe und Liebermann durch ihre synthetische Darstellung des Alizarins aus Anthracen (s. oben) zu der Formel $C_{14}H_8O_4$ gelangten, die kürzlich auch Rochleder durch nochmalige Untersuchung der Rubery thrinsäure und ihrer Spaltung in Alizarin und Zucker bestätigte.

Das Alizarin besitzt die Eigenschaften einer schwachen Säure und erzeugt mit den Basen gefärbte Verbindungen. Es löst sich in wässrigem Ammoniak und wässrigen kohlensauren Alkalien mit Orseillefarbe ohne blauen Schein, in ätzenden Alkalien mit purpurblauer, bei grosser Verdünnung violetter Farbe (Wolff und Strecker). Säuren fällen es aus diesen Lösungen in tief orangefarbenen Flocken. Die Verbindungen, welche das Alizarin mit den alkalischen Erden, Erden und schweren Metalloxyden hervorbringt, sind in Wasser und Weingeist unlöslich und entstehen durch Fällung von ammoniakalischer Alizarinlösung mit löslichen Salzen der genannten Basen. Auch weingeistiges Alizarin wird durch Baryt- und Kalkwasser, durch Thonerdehydrat und Bleizucker gefällt. In diesen Verbindungen sind wenigstens 2 Atome Wasserstoff des Alizarins durch Metall ersetzt. Sie sind amorph und von blauer (Kalk- und Barytverbindung) oder purpurrother (Bleiverbindung) Farbe. Die Alizarin-Thonerde bildet den Hauptbestandtheil der Krapplacke. — Mit Alaun gebeizte Zeuge werden durch Alizarin tiefroth, mit Eisenoxyd gebeizte violett gefärbt; auf mit Oel und Alaun gebeiztem Baumwollentuch erzeugt es das sogenannte Türkischroth.

Beim Erhitzen auf Platinblech verbrennt das Alizarin mit Flamme. Durch Kochen mit verdünnter Salpetersäure wird es in Oxalsäure und Phtalsäure (Laurent und Gerhardt) durch Kochen mit Eisenchlorid oder salpetersaurem Eisenoxyd in Phtalsäure verwandelt (Schunck). Von kalter rauchender Salpetersäure wird das Alizarin leicht gelöst, worauf sich nach kurzer Zeit ein gelber krystallinischer, sehr leicht veränderlicher Körper abscheidet, dessen Lösung in unreinem Wasser nach kurzem Kochen rothes krystallinisch-pulvriges Nitrooxyalizarin, $C_{14}H_7(NO_2)O_5$ absetzt (Strecker und Städel), mit salpetriger Säure Anthrachinon (Nienhaus, Berl. Ber. 8).

Bei Behandlung mit Chlor unter Wasser scheint es in Purpurin überzugehen, da das Product sich in Kalilauge mit hochrother Farbe löst (Wolff und Strecker). Vermischt man heiss gesättigte weingeistige Alizarinlösung mit 1—1½ Th. Bromwasser, so entsteht ein hellgelber amorpher Niederschlag und aus dem Filtrat krystallisirt beim Verdunsten Bromalizarin, $C_{14}H_7BrO_4$, in feinen orangefarbenen, in Wasser unlöslichen, in Weingeist, Aether und Schwefelkohlenstoff löslichen Nadeln (Stenhouse). Beim Erhitzen mit 100 Th. conc. wässriger Jodwasserstoffsäure zerfällt es allmälig unter Bildung einer Anzahl von Kohlenwasserstoffen (Berthelot). Durch Erhitzen mit Zinkstaub wird es zu Anthracen ($C_{14}H_{10}$) reducirt (Graebe und Liebermann). Die violettrothe Lösung des Alizarins in wässrigem Ammoniak wird beim Stehen in einigen Monaten, beim Erhitzen auf 100° in 2 Tagen blau und giebt dann mit Salzsäure einen violetten, mit Kali-Ammoniak entwickelnden Niederschlag von Alizarinamid oder Alizareïn, der sich kaum in kaltem Wasser, mit violetter Farbe in Weingeist löst, dessen Zusammensetzung aber noch näher festgestellt werden muss (Schützenberger und Paraf, Stenhouse). Ueber die Chlor-, Brom-, Jodderivate, Ester, Nitroverbindungen siehe besonders: Schunck, J. Chem. Min. 1874. 446. — Perkin, ebendas. 1873. 447. — Baeyer, Berl. Ber. 9. 1232. — Diehl, Berl. Ber. 11. 187. — Stenhouse, Ann. Chem. Pharm. 130. 343. — Schunck und Römer, Berl. Ber. 12. 587. — Caro, Ann. Chem. Pharm. 201. 353. — Simon, Berl. Ber. 13. 692.

Isoalizarin, Hydrisalizarin, nebst 2 Körpern $C_{28}H_{30}O_8$ und $C_{15}H_{10}O_4$ fand Rochleder (Berl. Ber. 3. 292) in mit Säuren behandeltem Krappe, welche Körper in Barytwasser löslich sind (Unterschied von Alizarin).

Purpuroxanthin. Metadioxyanthrachinon.

$C_6H_4(CO)_2 C_6H_2(OH)_2$. (OH : OH = 1 : 3). — Das Purpuroxanthin ist nach Schützenberger und Schiffert Bestandtheil des rohen aus Krapp dargestellten Purpurin, wird künstlich erhalten aus Purpurin durch Erhitzen mit Natronlauge und Zinnchlorür, durch Erhitzen mit Natronlauge und gewöhnlichem Phosphor, durch Einwirkung von Aethylnitrit auf Purpurinamid (Liebermann), beim Erhitzen von Purpuroxanthincarbonsäure (Schunk, Römer). — Gelbe Nadeln, sublimirbar in rothen Nadeln, Schmpkt. 262—263° (Plath, Berl. Ber. 9) löslich in Essigsäure, Benzol, Alkohol. Chinizarin, Paraoxyanthrachinon, das ebenfalls beim Erhitzen von Purpurin auf 300° entsteht, möge hier ebenfalls noch genannt werden. Purpuroxanthin. Chinizarin.

Purpurin. Oxyalizarin. $C_{14}H_8O_5$. Trioxyanthrachinon, $C_6H_4(CO)_2 . C_6H(OH)_3$ (1 : 2 : 4). Die Literatur ist beim Alizarin grösstentheils aufgeführt, ausserdem Lalande, J. Chem. Min. 1874. — Baeyer, Caro, Berl. Ber. 8. 152. — Diehl, ebendas. 11. 184. — Liebermann, Giesel, ebendas. 10. 608. Querbach, ebendas. 4. 979. — Rosenstiehl, Berl. Ber. 10. 2172.

Dieser zweite Farbstoff des Krapp wurde gleichzeitig mit dem Alizarin von Colin und Robiquet entdeckt und von Runge früher als Krapppurpur, von Debus als Oxylizarinsäure bezeichnet. Ob er schon in der frischen Wurzel enthalten ist, steht dahin. Auch scheint die Annahme, dass es grösstentheils erst aus Alizarin, welches nach Wolff und Strecker, wenn seine wässrige Lösung in Berührung mit Fermenten und Luft ist, sich in Purpurin verwandelt, gebildet werde, nicht richtig zu sein; denn E. Kopps Versuche über das Verhalten des Krapps gegen schweflige Säure sprechen dafür, dass ein besonderes schon bei 60° durch schweflige Säure sich spaltendes Glykosid des Purpurins neben der erst bei 100° durch jene Säure sich zersetzenden Ruberythrinsäure im Krapp enthalten ist. Zur Darstellung lässt man Elsasser- oder Avignon-Krapp mit Wasser angerührt und mit Hefe versetzt an einem warmen Orte gähren, giesst nach beendigter Gährung die Flüssigkeit ab, wäscht den Rückstand mit kaltem Wasser, und kocht ihn mit Alaunlösung aus, worauf der erkaltete hochrothe Auszug auf Zusatz von Schwefelsäure rothe Flocken von Purpurin abscheidet, die man durch Auskochen mit verdünnter Salzsäure von anhängender Thonerde befreit und aus Weingeist oder Aether umkrystallisirt (Wolff und Strecker). — Andere Darstellungsweisen von Wolff und Strecker und von Rochleder wurden bereits beim Alizarin mitgetheilt. Künstlich erhält man Purpurin durch Erhitzen von Chinisarin oder Alizarin mit Braunstein und Schwefelsäure (Baeyer, Caro, Lalande), beim Erhitzen von Dibromanthrachinon mit Kali (Diehl), beim Schmelzen von Alizarinpurpursulfonsäure mit Kali auf 200° (Perger, J. pr. Ch. (2) 18. 176). Purpurin.

Das Purpurin krystallisirt aus starkem Weingeist in langen rothen wasserfreien Nadeln, aus schwachem Weingeist in feinen weichen orangefarbenen Nadeln mit etwa 5% bei 100° entweichenden Krystallwasser (Wolff und Strecker). Es schmilzt bei 253° (Schunck), 256° (Diehl) zu einer rothgelben, beim Erkalten zu langen, concentrisch vereinigten Nadeln wieder erstarrenden Flüssigkeit (Debus) und sublimirt theilweise unzersetzt (Colin u. Robiquet. Wolff und Strecker). Von Wasser wird es, namentlich beim Kochen, etwas leichter gelöst, als Alizarin und zwar mit röthlicher Farbe. Weingeist, besonders kochender, löst es gut, noch leichter Aether; die Lösungen sind weit stärker roth gefärbt, als die des Alizarins. Leicht und mit kirschrother Farbe löst sich das Purpurin in heisser Alaunlösung (Unterschied von Alizarin). Von conc. Schwefelsäure wird es mit tiefrother Farbe gelöst und durch Wasser daraus unverändert wieder gefällt. Schwefelkohlenstoff, kochendes Benzol und Eisessig lösen ebenfalls Purpurin leicht. Die Lösungen zeigen Absorptionsbänder auf der Linie F. und bei E, die Lösung in Schwefelsäure zeigt einen Absorptionsstreif in Gelb, die alkalische Lösung 2 Bänder in Grün (H. Vogel, Berl. 9. 164.)

Nach Strecker kommt dem Purpurin die Formel $C_{14}H_8O_5$ zu, so dass es als Oxyalizarin zu betrachten ist. Früher hatten Strecker und Wolff die später auch von Stenhouse bestätigte Formel $C_9H_6O_3$ aufgestellt, Schützenberger und Schiffert wurden zu der Formel $C_{20}H_{12}O_7$, Bolley zu der Formel $C_{20}H_{14}O_8$ geführt.

Das Purpurin geht wie das Alizarin Verbindungen mit Basen ein. Wässrige kohlensaure Alkalien lösen es zwar in der Kälte nicht, aber wässrige kaustische Alkalien und Ammoniak mit hochrother Farbe ohne blauen Schein. Die ammoniakalische Lösung fällt Kalk- und Barytwasser purpurroth (Unterschied von Alizarin), Bleisalze gleichfalls roth. Mit Alaun gebeiztes Baumwollenzeug wird durch Purpurin hochroth bis braunroth, mit Oelbeize versehenes braunroth gefärbt; Seife bringt dann aber im ersteren Falle hochrothe, im letzteren feurig türkischrothe Färbung hervor (Wolff und Strecker).

Beim Erhitzen des Purpurins in geschlossenen Glasröhren auf 210—220° verwandelt es sich theilweise in Alizarin; auch der beim Sublimiren von Purpurin bleibende kohlige Rückstand scheint Alizarin zu enthalten, da er sich mit Kalilauge blau färbt (Bolley). — Beim Kochen mit verdünnter Salpetersäure wird es in Oxalsäure und Phtalsäure übergeführt (Wolff und Strecker). Durch Chlor wird es leichter zersetzt als Alizarin. — Concentrirtes wässriges Ammoniak löst das Purpurin unter Wärmeentwicklung, worauf Schwefelsäure aus der Lösung Purpureïn, einen dem Orceïn analogen Körper fällt. Um das Purpureïn, dem nach Stenhouse die Formel $C_{33}H_{20}N_2O_{10}$ zukommt, rein zu erhalten, fällt man es nochmals aus heisser weingeistiger Lösung durch Vermischen derselben mit heisser 1—2proc. Schwefelsäure und krystallisirt das Abgeschiedene aus kochender sehr verdünnter Schwefelsäure um. Es krystallisirt in feinen carmoisinrothen, in reflectirtem Lichte grünen Nadeln, welche fast unlöslich in Schwefelkohlenstoff und kaltem Wasser, löslicher in heissem Wasser und sehr leicht löslich in Weingeist und wässrigen Alkalien sind. Aus seiner Lösung in kalter conc. Schwefelsäure wird es durch Wasser unverändert wieder abgeschieden. Seine wässrige Lösung wird durch Kochsalz gefällt; Zinkchlorid erzeugt darin einen rothen, Quecksilberchlorid einen purpurfarbigen und Silbernitrat einen dunkelbraunen Niederschlag. Aus seiner Auflösung in heisser conc. Salpetersäure krystallisirt beim Erkalten Nitropurpureïn in scharlachrothen Prismen, die sich nicht in Wasser, Aether und Schwefelkohlenstoff, kaum in Weingeist, aber gut in heisser Salpetersäure lösen (Stenhouse). — Beim Erhitzen von Purpurin-Kali mit Jodäthyl auf 150° entsteht ein rothes krystallinisches Aethylpurpurin (Schützenberger und Schiffert).

Zur Erkennung von Alizarin, Purpurin etc. dienen vor Allem die charakteristischen Absorptionsspectren (siehe bei Purpurin) der Lösungen (Kundt, Berl. Ber. **6**. 511. — Lepel, ebendas. **11**. 1150. — Vogel, Berl. Ber. **11**. 1368), ferner die Sublimationsfähigkeit des Alizarins bei 140°, da die übrigen wie Purpurin bei 160° höher sublimiren. Kleine Mengen von Alizarin im Purpurin weist man nach, indem man die Lösung des Purpurins in Natronlauge an der Luft stehen lässt, bis das Purpurin zerstört ist, worauf man mit Salzsäure ansäuert und mit Aether ausschüttelt, wodurch Alizarin in Lösung geht, das man an seinem Spectrum erkennt.

Munjistin. $C_8H_6O_3$. — Der im Handel Munjeet genannte ostindische Krapp (von *Rubia munjista*) enthält nach Stenhouse (Ann. Chem. Pharm. **130**. 325) neben Purpurin an Stelle des Alizarins einen anderen orangegelben, von ihm als Munjistin bezeichneten Farbstoff, der sich im gewöhnlichen Krapp nicht findet. Munjistin.

Zur Darstellung kocht man wiederholt 1 Th. Munjeet 5 bis 6 Stunden lang mit einer Lösung von 2 Th. schwefelsaurer Thonerde in 16 Th. Wasser und säuert die vereinigten Auszüge mit Salzsäure an. Der nach 12stündiger Ruhe gebildete hellrothe Niederschlag wird mit kaltem Wasser gewaschen, getrocknet und mit Schwefelkohlenstoff behandelt, der Purpurin und Munjistin löst und eine harzartige Substanz zurücklässt. Dem nach dem Abdestilliren des Schwefelkohlenstoffs bleibenden rothen Extract wird dann das Munjistin durch mehrmaliges Auskochen mit wenig essigsäurehaltigem Wasser entzogen und aus der hellgelben Lösung durch Schwefel- oder Salzsäure gefällt. Zur Reinigung krystallisirt man es einige Mal aus heissem salzsäurehaltigem Weingeist.

Das dem Rubiacin gleichende Munjistin bildet glänzende goldgelbe Tafeln, die beim Erhitzen schmelzen und leichter als Alizarin und Purpurin in goldgelben Schuppen oder breiten flachen Nadeln sublimiren. In heissem Wasser löst es sich leicht und scheidet sich daraus beim Erkalten in Flocken oder als Gallerte wieder ab. Seine weingeistige Lösung wird durch Wasser nicht gefällt. Die ätherische Lösung zeigt starke gelbgrüne Fluorescenz. Thonerde entzieht es sowohl der wässrigen als der weingeistigen Lösung vollständig. Durch Barytwasser wird es gelb, durch Bleiacetat carmoisinroth gefällt. Seine Auflösung in wässrigem kohlensaurem Natron ist hellroth, in Aetznatron carmoisinroth, in Ammoniak bräunlichroth. Von conc. Schwefelsäure wird es mit heller Orangefarbe gelöst. Beim Verdunsten mit conc. Salpetersäure liefert es neben wenig Oxalsäure fast nur Phtalsäure. Durch Einwirkung von Ammoniak wird es zum grösseren Theile eine braune humusartige Substanz verwandelt. — Es färbt Zeuge mit Thonerdebeize hell orangefarben, mit Eisenbeizen bräunlichpurpurn, mit Türkischrothbeize tief orange (Stenhouse).

Cinchona. Remijia.

Die Gattungen Cinchona und Remijia, deren Kenntniss und Bedeutung als Fiebermittel in die Mitte des 17. Jahrhunderts verlegt werden kann, liefern in ihrer Rinde vor Allem dem Chemiker ein reiches Feld der Thätigkeit, indem dieselben, analog dem Opium, als ein wahres Magazin von Alkaloiden bekannt geworden sind. — Die Rinden der Cinchona enthalten 9—11% Wasser, 3/4—3% Mineralbestandtheile, unter denen besonders die Carbonate von Calcium und Kalium eine Rolle spielen (Reichardt), ausserdem Ammonsalze, Calciumoxalat (—1%), ferner Stärkemehl, wachsähnliche Substanz (Cinchocerotin Kerner's), ferner Gerbsäure, die Chinagerbsäure (Schwarz), das Chinaroth, Chinasäure, Chinovasäure, Chinovagerbsäure, Chinovin, Kaffeesäure (Körner), ausserdem Phlobaphene, wenig untersucht (Lignoïn Reichel's). Von den Alkaloiden, welche in Form von Chinotannaten (de Vrij) in den Rinden enthalten sind, sind näher charakterisirt in grösseren Mengen vorhanden: Chinin, Cinchonin, beide von Pelletier und Caventou als Alkaloide 1820 entdeckt, zuerst von Gomes 1810 und 1811 als Gemenge dargestellt, dessen basischer Charakter von Houtou-Sabillardière zuerst erkannt wurde, Chinidin von Henry und Delondre 1833, Cinchonidin von Winckler 1847 entdeckt. In geringerer Menge sind vorhanden: Homocinchonidin von Hesse 1877, Chinamin von Hesse 1872, Conchinamin von Hesse 1877, Cinchamidin von Hesse 1881, Cinchonamin von Arnaud 1881, Homochinin von D. Howard 1882 entdeckt. Zu diesen gesellen sich noch eine Anzahl Alkaloide, die in ihrem chemischen Charakter ferner stehen, wie das Aricin von Pelletier und Coriol 1829, die von O. Hesse 1877 und 1880 entdeckten und beschriebenen Cusconin, Cusconidin, Cuscamin, Cuscamodin, Paytin (1870) und das von Winckler 1845 beobachtete Paricin.

Zahlreiche amorphe Alkaloide sind ferner noch vorhanden, wie Chinicin, Cinchonicin, Dicinchonin, Diconchinin, Cusconidin, Cuscamidin; auch sollen nach Fürst und Behringer die Oxydationsproducte des Chinins, Cinchonins etc., wie Cinchotin, Hydroconchinin, Hydrocinchonin, Hydrocinchonidin, Hydrochinidin Bestandtheile der Rinden sein. Endlich seien noch Alkaloide genannt, deren Existenz als Bestandtheile der Chinarinden noch zweifelhaft erscheinen muss, Javanin, Chinichin, Cinchonichin, Homocinchonidin, Cincholin (flüssig).

Die Alkaloide haben in der Rinde selbst vorwiegend ihren Sitz nicht in der Bastschichte, sondern der äusseren Parenchymschichte (de Vrij).

Die Wurzelrinden der Gattung Cinchona scheinen nach de Vrij meistens alkaloidreicher zu sein als die Stammrinden. Die Blüthen der Cinchonen sind reich an Chinovin (Broughton), enthalten kein Alkaloid, ebenso scheinen die Blätter nur geringe Mengen Alkaloide zu enthalten, dagegen auch viel Chinovin 2%. Auch die Früchte scheinen nach Broughton nur Spuren der Alkaloide zu enthalten. — Hesse giebt an, dass im Holze, den Blättern und Früchten keine Alkaloide vorkommen, während in neuester Zeit durch Happersberger (Proceed. Californ. Coll. 53. 1883) behauptet wird, dass die Blätter der Cinchonen verhältnissmässig reich an Alkaloiden sind und dadurch medicinischen Werth haben.

Chinasäure. $C_7H_{12}O_6$. — C_6H_7 OH_4 . CO OH. — Literat.: F. Chr. Hofmann, Crell's Annal. 2. 314. — Vauquelin, Ann. Chim. 59. 162. — Pelletier und Caventou, Ann. Chim. Phys. (2) 15. 340. — Henry und Plisson, ebendas. (2) 35. 165; 47. 427. — Liebig, Poggend. Annal. 21. 1; 29. 70. — Baup, Ann. Chim. Phys. (2) 51. 57. — Woskresensky, Ann. Chem. Pharm. 27. 257. — Wöhler, ebendas. 52. 152. — Kremers, ebendas. 72. 92. — Stenhouse, ebendas. 89. 244. — Clemm, ebendas. 110. 345. — O. Hesse, ebendas. 110. 194 und 333; 112. 52; 114. 292. — Zwenger und Siebert, ebendas. 115. 108; Suppl. 1. 71. — C. Graebe, ebendas. 138. 197. — O. Hesse, ebendas. 200. 233. — Gräbe, ebendas. 138. 200. — Lautemann, ebendas. 125. 9. — Fittig und Hillebrand, ebendas. 193. 194. — Gundelach, Berl. Ber. 9. 852.

Schon im Jahre 1790 wies F. Chr. Hofmann, Apotheker in Leer, nach, dass in der von Hermbsädt u. A. als Chinasalz bezeichneten Verbindung eine von allen anderen damals bekannten Säuren verschiedene Säure enthalten sei, die dann aber erst 1806 von Vauquelin bestimmter charakterisirt und als Chinasäure bezeichnet wurde.

Die Chinasäure findet sich in allen echten Chinarinden, etwa zu 5—8 %, an Kalk und organische Basen gebunden. Unter den falschen Chinarinden hat sie Hlasiwetz (Ann. Chem. Pharm. 79. 144) in der *China nova surinamensis* aufgefunden. Sie kommt ferner nach Zwenger und Siebert in den Kaffeebohnen und im Heidelbeerkraut, *Vaccinium Myrtillus L.* (Fam. Vaccineae), nach Oehren (Zeitschr. Chem. 1867. 28) auch im Kraut von *Galium Mollugo L.* vor. Da endlich Stenhouse beim Destilliren mit Braunstein und Schwefelsäure aus den Blättern von *Ilex aquifolium L.* und *Ilex paraguayensis St. Hil.* (Fam. Aquifoliaceae), *Ligustrum vulgare L.* und *Fraxinus excelsior L.* (Fam. Oleinae), *Hedera Helix L.* (Fam. Hederaceae), *Quercus Robur L.* und *Quercus Ilex L.* (Fam. Cupuliferae), *Ulmus campestris L.* (Fam. Ulmaceae) und *Cyclopia latifolia* (Fam. Papilionaceae) Chinon erhielt und Uloth (Ann. Chem. Pharm. 111. 222) Hydrochinon bei der trocknen Destillation der Blätter von *Calluna vulgaris Salisb.*, *Pyrola umbellata L.*, *Rhododendron ferrugineum L.* und *Arctostaphylos officinalis W. et Gr.* (Fam. Ericeae) so liegt die Vermuthung nahe, dass diese Pflanzen sämmtlich Chinasäure oder doch nahe verwandte Körper enthalten. Loew (J. pr. Chem. (2) 19. 310) hat Chinasäure (0,6 %) im Wiesenheu nachgewiesen.

Verdunstet man das bei der Darstellung des Chinins nach dem Ausfällen des mit schwefelsäurehaltigem Wasser bereiteten Auszugs der Chinarinden mit überschüssiger Kalkmilch gebliebene Filtrat zur dünnen Syrupsconsistenz, lässt den Gyps herauskrystallisiren, dampft die klar abgegossene Flüssigkeit zum Extract ein, kocht dieses 2—3mal mit Weingeist aus und löst darauf den Rückstand in wenig Wasser, so erstarrt die Lösung innerhalb einiger Tage zu einem Krystallbrei von chinasaurem Kalk, welchen man durch Auspressen und Umkrystallisiren reinigt (Henry und Plisson). Um daraus die Säure abzuscheiden, zerlegt man dasselbe in wässriger Lösung durch Schwefelsäure oder durch die gerade erforderliche Menge Oxalsäure und bringt das Filtrat zur Krystallisation (Vauquelin), oder man fällt die wässrige Lösung durch Bleiessig, behandelt den ausgewaschenen Niederschlag unter Wasser durch Schwefelwasserstoff und verdunstet das Filtrat zum Krystallisiren (Berzelius).

Zur Darstellung aus Heidelbeerkraut kochten Zwenger und Siebert dasselbe mit Wasser unter Zusatz von Aetzkalk aus, concentrirten den Auszug, fällten durch Weingeist unreinen chinasauren Kalk, lösten diesen in essigsäurehaltigem Wasser, reinigten die Lösung durch Ausfällen mit Bleizucker, entfernten das Blei durch Schwefelwasserstoff und verdampften sie nun zur Syrupsdicke, worauf nach einigen Tagen reiner chinasaurer Kalk herauskrystallisirte, aus dem dann durch Schwefelsäure die Chinasäure abgeschieden wurde. Sie gewannen aus einigen Körben des Krauts über eine Unze Chinasäure.

Kaffeebohnen behandelten Zwenger und Siebert in gleicher Weise, nur zogen sie es vor, die mit Bleizucker gereinigte essigsaure Lösung des unreinen Kalksalzes mit Bleiessig auszufällen und das erhaltene chinasaure Blei unter Wasser durch Schwefelwasserstoff zu zerlegen.

Eigenschaften. Die Chinasäure bildet grosse farblose durchsichtige tafelertige Krystalle des monoklinoëdrischen Systems von 1,637 spec. Gew. bei 8°,5. Sie sind luftbeständig und schmelzen nach Hesse bei 161°,6, amorph wieder erstarrend. Sie schmecken stark und rein sauer. Zur Lösung erfordern sie 2½ Th. Wasser von 9°, von kochendem viel weniger (Henry und Plisson). In wässrigem Weingeist lösen sie sich reichlicher als in starkem und kaum in Aether (Wackenroder). Die wässrige Lösung dreht die Polarisationsebene nach links, und zwar eine kalt bereitete Lösung stärker, als eine heiss bereitete (Hesse).

Die jetzt für richtig gehaltene Formel der Chinasäure wurde von Liebig aufgestellt und neuerdings von Clemm und von Hesse bestätigt.

Salze. Die Salze der Chinasäure sind nach der Formel $C_7 H_{11} MO_6$ zusammengesetzt. Sie sind meistens krystallisirbar und mit Ausnahme des basischen Bleisalzes in Wasser löslich, dagegen in starkem Weingeist unlöslich. Sie sind namentlich von Clemm, Hesse, Baup u. A. genauer untersucht worden. Der chinasaure Kalk, $C_7 H_{11} CaO_6 + 5H_2 O$, krystallisirt in rhomboidalen Blättchen oder aus sauren Lösungen in stark glänzenden, concentrisch gruppirten Prismen, die an der Luft verwittern und sich in 6 Th. Wasser von 16°, viel reichlicher in heissem Wasser lösen. Dargestellt sind die Salze des Natrium, Magnesium, Strontium, Baryum, Zink, Cadmium, Mangan, Eisen, Cobalt, Kupfer, Silber, sowie Blei.

Wird Chinasäure rasch an der Luft erhitzt, so verbrennt sie mit Flamme und Geruch nach verbrennender Weinsäure. Beim vorsichtigen Erhitzen auf 220—225° verwandelt sie sich unter Austritt von Wasser und Bräunung in Chinid, $C_7 H_{10} O_5$, eine glasartige zähe Masse, die sich leicht in Wasser löst und bei langsamem Verdunsten seiner weingeistigen Lösung in salmiakähnlichen Krystallen erhalten werden kann (Hesse). Unterwirft man die Chinasäure der trocknen Destillation, so beginnt sie bei 280° zu sieden, giebt Wasser und brennbares Gas aus, worauf in stärkerer Hitze neben Carbolsäure,
Hydrochinon. Benzoësäure, Benzol und Carbohydrochinonsäure (s. unten) Hydrochinon, $C_6 H_6 O_2$ überdestillirt. Dieses bildet in reinem Zustande farblose durchsichtige rhombische, bei 177°, 5 schmelzende, in Wasser, Weingeist und Aether leicht lösliche Krystalle (Wöhler).

Bei der trocknen Destillation chinasaurer Salze wird dagegen wässrige
Chinon. Ameisensäure und ein Sublimat von Chinon, $C_6 H_4 O_2$ erhalten (Wokre-

sensky). Dieses Zersetzungsproduct der Chinasäure tritt in noch reichlicherer Menge auf, wenn die Chinasäure oder ein chinasaures Salz mit Braunstein und verdünnter Schwefelsäure erhitzt werden (Woskresensky). Die Zersetzung erfolgt nach der Gleichung: $C_7 H_{12} O_6 + O = C_6 H_4 O_2 + CH_2 O_2 + 3 H_2 O$, wobei jedoch die Ameisensäure grösstentheils durch weitere Oxydation in Kohlensäure und Wasser verwandelt wird. Das Chinon bildet goldgelbe glänzende Krystalle, die bei 115°, 7 schmelzen, krystallinisch wieder erstarren, sehr leicht unter Verbreitung eines durchdringenden, die Augen heftig angreifenden Geruchs sublimiren und mit goldgelber Farbe in heissem Wasser, Weingeist und Aether lösen. Die wässrige Lösung färbt die Haut unwaschbar braun (Woskresensky, Wöhler). Trägt man Bleihyperoxyd in wässrige Chinasäure, so entsteht nach Hesse unter Kohlensäure-Entwicklung Hydrochinon ($C_7 H_{12} O_6 + O = C_6 H_6 O_2 + CO_2 + 3 H_2 O$). — Wird Chinasäure mit einer Chlor entwickelnden Mischung erwärmt, so treten Ameisensäure, Chlorsubstitutionsproducte des Chinons und Acetons und andere Producte auf (Städeler, Ann. Chem. Pharm. 69. 300 und 111. 293. — Beim Erwärmen der Chinasäure mit 5 Aequiv. Phosphorsuperchlorid entsteht Chlorbenzoylchlorid, $C_7 H_4 Cl_2 O$, neben Phosphoroxychlorid und Salzsäure. — Tröpfelt man Brom in wässrige Chinasäure, bis dasselbe nicht mehr gelöst wird, entfernt die gebildete Bromwasserstoffsäure durch kohlensaures Bleioxyd und schüttelt das zum Syrup eingedunstete Filtrat mit Aether, so nimmt dieser Protocatechusäure auf. Das nämliche Zersetzungsproduct entseht nach Graebe auch beim Schmelzen der Chinasäure mit überschüssigem Kalihydrat. — Als Endproduct der Einwirkung von Salpetersäure auf Chinasäure entsteht Oxalsäure (Henry und Plisson). — Bei gelindem Erwärmen der Chinasäure mit rauchender Schwefelsäure entsteht unter Entwicklung von Kohlenoxyd Bisulfohydrochinonsäure, $C_6 H_6 S_2 O_8 = C_6 H_6 O_2, 2 SO_3$, die aus ihrem Barium- oder Bleisalz als ein farbloser saurer, leicht in Wasser und Weingeist, aber nicht in Aether löslicher Syrup isolirt werden kann (Hesse). — Beim Erwärmen der Chinasäure mit wässriger Phosphorsäure bildet sich gleichfalls unter Kohlenoxydentwicklung die noch wenig untersuchte Phosphorhydrochinonsäure, wahrscheinlich $C_6 H_7 PO_5$ (Hesse). — Erhitzt man Chinasäure einige Stunden mit wässriger Jodwasserstoffsäure auf 115 bis 120°, oder destillirt ihre syrupdicke Lösung mit 4 At. Zweifach-Jodphosphor, so wird sie zu Benzoësäure reducirt (Lautemann). Mit conc. Salzsäure entsteht bei 140—150° Hydrochinon und Oxybenzoësäure (Hesse), mit rauchender Bromwasserstoffsäure auf 130° erhitzt, Protocatechusäure und Benzoësäure (Fittig, Hillebrand). Dargestellt sind ferner Tetracetylchinid (Hesse), Tetracetylchinasäureäthylester (Fittig), sowie Chinasäureäthylester; auch ein Chinasäureanilid (Hesse).

Chinon.

Die Chinasäure, welche ebenso wenig wie ihre Verbindungen mit Alkalien und Erden besonderen Einfluss auf den Organismus besitzt und wahrscheinlich wie andere milde Pflanzensäuren wirkt (Kerner), daher für die Wirkung der Chinarinden nur insofern von Bedeutung ist, als ihre Verbindung mit Chinin sehr leicht löslich ist, gewährt Interesse durch ihren zuerst von Lautemann (Ann. Chem. Pharm. 125. 12) constatirten, später von Mattschersky (Arch. path. Anat. 28. 538), sowie von Meissner und Shepard und in beschränkterem Maasse von Stadelmann (Arch. exp. Path. 10. 317) bestätigten Uebergang in den Harn als Hippursäure. Meissner und Shepard constatirten das Vorkommen grösserer Mengen Hippursäure nach Einfuhr von chinasaurem

Wirkung und Schicksale im Organismus.

Kalk oder Natron bei Menschen, Kaninchen und Ziegen, nicht bei Hunden, ausserdem (bei Carnivoren und Herbivoren) Zunahme von Bernsteinsäure und Kohlensäure, zuweilen vor Eintritt der Hippursäurezunahme bei Kaninchen; im Blute fanden sie Bernsteinsäure und eine andre, nicht näher bestimmte Säure vermehrt, dagegen weder Benzoë- noch Hippursäure. Das Auftreten von Hippursäure im Harn geschieht nach Chinasäure langsamer als nach Benzoësäure, nach Meissner und Shepard in 2—3 Std., nach Stadelmann in 24—48 Std. Bildung von Bernsteinsäure findet vielleicht schon im Magen statt, indem Chinasäure mit Eiweiss, bei Brutwärme der Wirkung des künstlichen Magensaftes ausgesetzt, in dieselbe verwandelt zu werden scheint. Die Menge der im Harn auftretenden Hippursäure entspricht nur $^1/_{10}$—$^1/_{20}$ der eingeführten Chinasäure, deren Reduction zu Benzoësäure nicht durch Magensaft, Galle und Pankreassaft stattfindet (Stadelmann). 10 Gm. Chinasäure an Kalk gebunden sind bei Menschen, 15 Gm. an Natron oder Kalk bei Ziegen und Hunden, 2—3 Gm. bei Kaninchen ohne störende Beiwirkung (Meissner und Shepard). Das S. 1401 erwähnte Chinon wirkt zu 1 Gm. auf Hunde nicht toxisch. Im Harn findet es sich nicht wieder (Wöhler u. Frerichs).

Chinovasäure. $C_{24}H_{38}O_4$. — Literat.: Hlasiwetz, Ann. Chem. Pharm. 111. 182. — De Vrij, Journ. Pharm. (3) 37. 255. — Rembold, Ann. Chem. Pharm. 145. 5. — Rochleder, J. Chem. Min. 1867. 749. — Stoeder, Nieuw Tijdschr. Pharm. Nederl. 1878. 152. — De Vrij, ebendas. 306. — Liebermann und Giesel, Berl. Ber. 1883. 936.

Chinovasäure. Diese Säure wurde zuerst von Hlasiwetz auf künstlichem Wege durch Spaltung des in allen echten und falschen Chinarinden vorkommenden Chinovins (s. dieses) mittelst weingeistiger Salzsäure erhalten. Später zeigte De Vrij, dass das rohe Chinovin der auf Java cultivirten Chinabäume bereits fertig gebildete Chinovasäure enthält und kürzlich wies Rembold nach, dass diese Säure in reichlicher Menge in der Tormentillwurzel (*Potentilla Tormentilla Schr.*, Fam. Dryadeae) vorkommt.

Darstellung. Zur Darstellung aus Chinarinde behandelt man dieselbe im gepulverten Zustande mit verdünnter Natronlauge, fällt den Auszug mit Salzsäure, löst den Niederschlag in Kalkmilch, wobei Chinaroth ungelöst bleibt, fällt wieder mit Salzsäure aus und wiederholt diese Operation so lange, bis alles Chinaroth entfernt ist. Das so resultirende Gemenge von Chinovin und Chinovasäure wird nun mit Chloroform behandelt, welches das erstere auszieht (De Vrij). Die von Stolder angewandte Methode der Behandlung der Rinden mit Natronlauge zur Extraction der Chinovasäure hält de Vrij nicht für zweckmässig, der verdünnte Kalkmilch vorschlägt.

Die Tormentillwurzel kocht man nach Rembold zwei Mal mit dünner Kalkmilch aus und säuert die Auszüge mit Salzsäure an. Der ausfallende Niederschlag wird in kochendem Barytwasser aufgenommen, um Tormentillroth abzuscheiden, das Filtrat wieder mit Salzsäure gefällt und die weingeistige Lösung des Niederschlags mit Thierkohle bis zur Entfärbung gekocht. Beim Abdampfen des Filtrats scheidet sich nun die Chinovasäure als weisses sandiges Krystallpulver aus.

Zur Darstellung aus Chinovin, welches durch weingeistige Salzsäure leicht in Chinovasäure und Chinovinzucker gespalten wird ($C_{30}H_{41}O_8 + H_2O = C_{24}H_{38}O_4 + C_6H_{12}O_5$), leitet man trocknes Salzsäuregas in eine Auflösung desselben in starkem Weingeist, wäscht das nach der freiwillig eintretenden Erhitzung der Flüssigkeit sich abscheidende Krystallmehl mit schwachem Weingeist und krystallisirt es aus kochendem Weingeist um (Hlasiwetz).

Die Chinovasäure ist ein blendend weisses lockeres krystallinisches Pulver, das aus mikroskopischen sechseckigen Blättchen des rhombischen Systems besteht. Sie ist geschmacklos, völlig unlöslich in Wasser, schwer löslich in Weingeist (etwas besser in kochendem als in kaltem) und Aether, unlöslich in Chloroform. Von conc. Schwefelsäure wird sie gelöst und daraus durch Wasser unverändert wieder gefällt. Sie löst sich endlich gut in wässrigem Ammoniak und in wässrigen ätzenden und kohlensauren Alkalien, aus letzteren die Kohlensäure austreibend (Hlasiwetz). Die ammoniakalische Lösung ist nach De Vrij rechtsdrehend ($[\alpha]j = 76^{\circ},5$). Eigenschaften.

Die Salze der Chinovasäure sind nach der Formel $C_{24}H_{36}M_2O_4$ zusammengesetzt, sämmtlich amorph und bis auf die gallertartigen Salze der Alkalien in Wasser schwer löslich oder unlöslich (Hlasiwetz).

Beim Erhitzen schmilzt die Säure und wird dann zersetzt. Salzsäure und kochende Salpetersäure wirken kaum darauf ein (Hlasiwetz).

Kerner (D. Klin. 1868. 9. 10) sieht in der Chinovasäure und deren Salzen, insbesondre dem chinovasauren Kalk, der zu 15,0–20,0 bei Erwachsenen keine unangenehmen Nebenwirkungen erzeugt, das tonisirende Princip der Chinarinde (namentlich auch im Extractum Chinae frigide paratum und in dem Delondre'schen Extract Quinium), welches insbesondere bei Diarrhöen und selbst bei Dysenterien, wie Erfahrungen in Niederl. Indien (de Vrij), Oberitalien und Frankfurt (de Neufville, Wallach) lehren, vortheilhaft wirke und auch bei Malariafiebern (De Vrij) nicht ohne Nutzen sei. Zur Bekämpfung heftiger Wechselfieber eignen sich nach Kerner vorzüglich Verbindungen der Chinaalkaloide mit Chinovasäure, erhalten durch Fällung essigsaurer, salpetersaurer oder chlorwasserstoffsaurer Salze mit chinovasaurem Kalk, namentlich das Chinoidinum chinovicum. Den chinovasauren Kalk, Calcaria chinovica, zu dessen Darstellung übrigens nicht die reine Säure, sondern das weiter unten zu besprechende Chinovin dient, giebt man entweder als Calcaria chinovica pura in Pulverform 1—2stündlich zu 0,12–0,5 mit Saccharum album oder Calcaria phosphorica fein zerrieben in Oblate, oder 3,0—12,0 Calc. chinov. mit Calc. phosphor. fein zerrieben, in 24 bis 36 Std. messerspitzenweise, oder als Calcaria chinovica cruda in Schüttelmixturen, wenn rasch nach einander grosse Dosen oder das Mittel wegen Brechneigung per anum zu reichen ist, in welchem Falle 4,0—25,0 mit 150,0 bis 250,0 Aq. dest. unter Zusatz von etwas Traganthschleim fein angerieben und dieser Mischung unter tüchtigem Umschütteln so viele Tropfen Phosphorsäure allmälig zugeträufelt werden, bis bei schwachsaurer Reaction Kalk und Chinovasäure in fein vertheilter Form ausgeschieden sind (Kerner). Wirkung und Anwendung.

Chinagerbsäure. — Schon Berzelius (Lehrb. 3. Aufl. 6. 246) hatte gefunden, dass die Chinarinden eine von der Galläpfelgerbsäure verschiedene Gerbsäure enthalten, was Pelletier und Caventou Ann. Chim. Phys. (2) 15. 337) bestätigten. R. Schwarz (Journ. pract. Chem. 56. 76) hat diese Säure genauer untersucht. Chinagerbsäure.

Zu ihrer Darstellung schied Schwarz aus der wässrigen Abkochung der Königschinarinde durch Zusatz von etwas gebrannter Magnesia zuerst Chinaroth ab, fällte dann das Filtrat mit Bleizucker, zerlegte den Niederschlag unter Wasser mit Schwefelwasserstoff, fällte die abfiltrirte Flüssigkeit nun mit Bleiessig, löste den Niederschlag in verdünnter Essigsäure, die den Rest des Chinaroths ungelöst liess und fällte die Lösung mit Ammoniak. Der ausgewaschene hellgelbe Niederschlag wurde wiederum mittelst Schwefelwasserstoff zersetzt und das Filtrat im Vacuum neben Vitriolöl und einem Gemenge von Eisenvitriol und Kalistücken verdunstet.

Nach Reichardt enthält die China rubra 3,18 % die China Calisaya 2,1—3,3 %, dagegen die China flava fibrosa nur 0,96 % und die China Huanoco nur 0,51 % der Säure.

Die auf dem angegebenen Wege erhaltene und schon etwas veränderte Chinagerbsäure bildet eine hellgelbe zerreibliche und beim Reiben electrisch werdende sehr hygroskopische Masse. Sie schmeckt säuerlich und herbe, aber nicht bitter. In Wasser, Weingeist und Aether ist sie leicht löslich (Berzelius, Schwarz).

Für die nach der Meinung von Schwarz bereits zersetzte Säure ergab ihm die Analyse die Formel $C_{42} H_{30} O_{35}$. Für die unveränderte glaubt er die Formel $C_{14} H_8 O_9 + 2 H_2O$ aufstellen zu müssen.

Die Verbindungen der Chinagerbsäure mit den Basen gleichen im Allgemeinen denen der Galläpfelgerbsäure. Eisenoxydsalze werden durch die Säure grün, Brechweinsteinlösung wird graugelb gefällt. Leim, Eiweiss und Stärke fällt sie wie Galläpfelgerbsäure, auch wird sie wie diese, jedoch weniger leicht, aus ihrer concentrirten wässrigen Lösung durch Salzsäure und Schwefelsäure in Form von Verbindungen mit diesen Mineralsäuren gefällt (Berzelius, Schwarz).

Selbst im Kohlensäurestrome wird die Chinagerbsäure schon bei 100° dunkelroth unter Bildung eines rothbraunen in Wasser unlöslichen Harzes. Bei der trocknen Destillation geht Brenzcatechin über und zugleich tritt Geruch nach Carbolsäure auf (Schwarz). An der Luft nimmt ihre wässrige Lösung sehr begierig Sauerstoff auf, namentlich bei Gegenwart von Alkalien, färbt sich rothbraun und scheidet Chinaroth oder eine ähnliche rothe Substanz ab (Berzelius). — Nach Rembold (Ann. Chem. Pharm. **143**. 270) zerfällt die Chinagerbsäure beim Kochen mit verdünnter Schwefelsäure in Chinaroth (s. dieses) und Zucker.

Chinovagerbsäure.

Chinovagerbsäure. — So nennt Hlasiwetz (Ann. Chem. Pharm. **79**. 130) die eigenthümliche Gerbsäure einer falschen Chinarinde, der *China nova s. surinamensis.* Er stellte sie dar, indem er die wässrige Abkochung der Rinde zur Abscheidung des Chinovaroths mit Bleizucker fällte, das Filtrat zu einem Drittel mit Bleiessig ausfällte und nach Zusatz der beiden übrigen Drittheile den das Chinovin, den Rest des Chinovaroths und etwas Chinovagerbsäure enthaltenden Niederschlag abfiltrirte, um nun nochmals mit Bleiessig zu fällen. Der gewaschene Niederschlag wurde nun unter Wasser durch Schwefelwasserstoff zerlegt, aus dem Filtrat nach Zusatz von Bleizucker durch Weingeist chinovagerbsaures Blei in Flocken abgeschieden, dieses wieder unter Wasser mit Schwefelwasserstoff behandelt und die resultirende Flüssigkeit im Kohlensäurestrome verdunstet.

Die Chinovagerbsäure, für welche Hlasiwetz die Formel $C_{24} H_{18} O_8$ giebt, ist eine durchsichtige bernsteingelbe, herbe und zugleich etwas bitter schmeckende Masse, die sich in Wasser und Weingeist, aber nicht in Aether löst. Ihre wässrige Lösung färbt noch bei grosser Verdünnung sich mit Eisenchlorid dunkelgrün, mit Ammoniak braun; sie fällt Brechweinstein- und Leimlösung nicht, reducirt aber Silber- und Goldlösung (Hlasiwetz).

An der Luft scheidet wässrige Chinovagerbsäure allmälig unter Sauerstoffaufnahme ein rothes Pulver (Chinovaroth?) ab. Nach Rembold (Ann. Chem. Pharm. **143**. 273) wird sie beim Kochen mit verdünnter Schwefelsäure in Zucker und Chinovaroth (s. dieses) gespalten. Beim Schmelzen mit Kalihydrat liefert sie Protocatechusäure.

Chinovin. Chinovabitter. $C_{30}H_{38}O_8$. — Literatur: Pelletier u. Caventou, J. Pharm. (2) **7**. 112. — Winckler, Repert. Pharm. **49**. 116; **51**. 193; **75**. 293; **81**. 42. **51**. 332; **91**. 314; (3) **4**. 206. — L. A. Buchner, Repert. Pharm. **53**. 1. — Petersen, Ann. Chem. Pharm. **17**. 164. — Schnedermann, ebendas. **45**. 277. — Hlasiwetz, ebendas. **79**. 145; **101**. 182. — Schwarz, Journ. pract. Chem. **56**. 76. — De Vrij, Journ. Pharm. (3) **37**. 255; auch N. Repert. Pharm. **9**. 303. — Rochleder, Journ. pract. Chem. **102**. 16. — Nowack, J. Pharm. 1873. — C. Liebermann und Giesel, Berl. Ber. 1883. 906.

Dieses früher vielfach Chinovasäure bezeichnete, 1821 von Pelletier und Caventou in der von *Cascarilla magnifolia Wedd.* stammenden *China nova granatensis* aufgefundene Glycosid kommt auch in allen oder doch den meisten echten Chinarinden vor. So fand es Winckler in *China Huamalies, flava dura, nova flava, alba, Rio de Janeiro, de Maracaibo, Piton. rubra de Para*, und in der verwandten *Cort. Esenbeckiae febrifugae* (Fam. Diosmeae), Schwarz in der *China regia*, Hlasiwetz in der *China Huanuco*, De Vrij in allen Theilen der in Ostindien cultivirten *Cinchona Calisaya*, Nowack in der Rinde von *Remijia Vellossii* neben Chinovasäure. Chinovin.

Winckler erhielt das Chinovin aus der *China nova*, indem er den durch mehrfaches Auskochen mit Wasser und $^1/_{10}$ Kalkhydrat bereiteten Auszug der (nach Hlasiwetz zweckmässig vorher durch einmaliges Auslaugen mit kaltem Wasser von dem weissen Chinovaroth zu befreienden) Rinde mit überschüssiger Salzsäure fällte, den mit kaltem Wasser gewaschenen Niederschlag in warmem wässrigem Ammoniak (wofür Hlasiwetz Kalkmilch empfiehlt) löste, die mit Thierkohle entfärbte Lösung wieder mit Salzsäure ausfällte, den gewaschenen ausgetrockneten Niederschlag mit 90proc. Weingeist auszog und das nochmals mit Thierkohle behandelte Filtrat verdunstete. — Hlasiwetz fällt den weingeistigen Auszug der *China nova* mit Bleizucker, concentrirt das entbleite Filtrat und giesst den Rückstand in Wasser, worauf das Chinovin niederfällt und nach Winckler's Weise gereinigt werden kann. — Echte Chinarinden behandelt De Vrij zur Darstellung des Chinovins mit verdünnter Natronlauge, fällt den Auszug mit Salzsäure, löst den Niederschlag zur Entfernung des Chinovaroths in Kalkmilch, scheidet ihn daraus wieder durch Salzsäure ab, wiederholt diese Operation einige Male und zieht endlich aus dem resultirenden Gemenge von Chinovin und Chinovasäure ersteres durch Chloroform aus.

Das Chinovin ist eine amorphe harzartige, zu einem leichten weissen Pulver zerreibliche und dabei electrisch werdende, erst beim Erwärmen schwach balsamisch riechende, anfangs kaum, hinterher aber scharf und unangenehm bitter schmeckende, neutral reagirende Substanz, die erst durch monatelanges Stehen im Vacuum oder durch anhaltendes Trocknen bei 160—180° völlig wasserfrei erhalten wird. Es löst sich kaum in kaltem, etwas besser in kochendem Wasser, reichlich in Weingeist, weniger gut in Aether, auch in ätherischen und fetten Oelen. (Winckler, Hlasiwetz). Die weingeistige Lösung ist rechtsdrehend, und es beträgt [a]j = 52,4° (De Vrij).

Für die Zusammensetzung gab Petersen die Formel $C_{15}H_{12}O_4$, Schnedermann $C_{38}H_{30}O_{10}$, Hlasiwetz die oben angeführte $C_{30}H_{48}O_8$.

Das Chinovin verbindet sich mit den Basen zu amorphen Verbindungen, von denen die mit den Alkalien, den alkalischen Erden und mit Ammoniak sich leicht in Wasser und Weingeist lösen, sehr bitter schmecken, schwach alkalisch reagiren und schon durch Kohlensäure unter Abscheidung von Chinovin zerlegt werden (Schnedermann). Als Kalkverbindung kommt das Chinovin in der China nova vor (Hlasiwetz). Die Verbindungen mit den schweren Metalloxyden werden entweder durch Fällung der weingeistigen oder der ammoniakalischen Lösung mit den betreffenden Metalloxyden erhalten.

Beim Erhitzen wird das Chinovin zerstört. Bei der trockenen Destillation mit Kalk werden Metaceton und harzartige Körper gebildet. Conc. Salpetersäure löst es beim Erhitzen unter Entwicklung rother Dämpfe und Bildung noch näher zu untersuchender Producte. Conc. Schwefelsäure löst es allmälig mit dunkelrother Farbe. Leitet man in seine weingeistige Lösung Salzsäuregas, so zerfällt es in Chinovasäure (s. diese) und Chinovinzucker ($C_{30}H_{48}O_8 + H_2O = C_{24}H_{38}O_4 + C_6H_{12}O_5$). Letzterer bildet eine amorphe zerfliessliche Masse von fadem und schwach bitterem Geschmack, die nur in concentrirter Lösung weinsaures Kupferoxydkali reducirt (Hlasiwetz). — Durch Kochen mit wässrigen Säuren wird diese Spaltung nur schwierig bewirkt, dagegen sehr leicht durch Natriumamalgam; in Berührung mit diesem und wasserhaltigem Weingeist löst sich das Chinovin zu einer bräunlichen Flüssigkeit, die beim Verdunsten krystallisirtes chinovasaures Natron liefert (Rochleder).

Neuere Arbeiten von Liebermann und Giesel über Chinovin und Chinovasäure geben über diese Stoffe neue Aufschlüsse. Aus einem Nebenproducte der Chininfabrication bei Extraction der Rinden mit Alkohol, welche Lösung nach Abdestilliren des Alkohols, mit saurem Wasser behandelt, einen harzigen Rückstand liefert, der das Rohmaterial zu den Arbeiten abgab. Dasselbe wurde mit Kalkmilch digerirt, das Filtrat mit Salzsäure versetzt, wodurch ein hellgelber Niederschlag gefällt wurde, der sich bei der Digestion mit Alkohol fast vollkommen löste. Die alkoholische Lösung wurde warm mit conc. Ammon versetzt, worauf nach kurzer Zeit ein Krystallbrei eines Ammonsalzes entstand, welch' letzteres mit Essigsäure zerlegt wurde, das Chinovin wurde abermals so behandelt und schliesslich das Chinovin aus Alkohol umkrystallisirt. Aus Cuprearinde wurde ein isomeres Chinoverin „β-Chinovin“ erhalten, aus Cinchonarinden ein α-Chinovin. Das α-Chinovin bildet ein weisses, lockeres, krystallinisches Pulver, unlöslich in kaltem Wasser, löslich in wässrigen Alkalien und alkalischen Erden, schwer löslich in Benzol, Chloroform und absolutem Aether, leicht löslich in 98 % Alkohol, schwerer löslich in kaltem Alkohol (100 Th. = 43 Th. Chinovin). Die alkoholische Lösung wird, über Schwefelsäure getrocknet, gummiartig. Die Lösung des α-Chinovins dreht rechts $\alpha = + 56,6$. (Conc. Schwefelsäure löst mit gelber Farbe unter Kohlenoxydentwicklung, Eisessiglösung wird mit Salpetersäure blau. Die Elementaranalysen ergaben C 65,75 und 65,96, H 8,88 und 8,98. — β-Chinovin unterscheidet sich von α-Chinovin durch die Unlöslichkeit in absolutem Aether und Aether, sowie leichte Löslichkeit in absolutem Alkohol, welche Lösung aber beim vorsichtigen Verdampfen sämmtliches β-Chinovin wieder abscheidet. Conc. Schwefelsäure löst mit gelber Farbe, an der Luft kirschroth werdend. — Beide Chinovine zeigen mit Schwefelsäure oder Salzsäure in alkoholischer Lösung die Spaltung in Chinovasäure und Zucker und zwar entstehen fast gleiche Mengen Chinovasäure.

Im Betreff der Chinovasäure wurde besonders beobachtet, dass dieselbe aus alkalischer Lösung mit Salzsäure als besonderes Hydrat ausfiel, das auffallend löslich in Aether und Alkohol ist. Die Elementaranalyse der bei 120° getrockneten Säure gab C = 72,3 — 72,79 u. H 9,2 — 9,66. Auch der Chinovinzucker wurde dargestellt und zwar aus der alkoholischen, salzsauren Lösung, die mit Natronlauge neutralisirt, zur Trockne verdampft mit absolutem Alkohol ausgezogen wird, welche Manipulation wiederholt wird. Zuletzt nimmt man den Zucker mit Aether auf. Derselbe ist nicht krystallinisch, schmeckt süss, enthält 48,9 % C und 8,12 % H = $C_6 H_{12} O_4$ oder $C_{12} H_{22} O_8$ In der Wärme reducirt er Fehling'sche Lösung, dreht die Polarisationsebene nach rechts $\alpha = + 78,1$ (β Chinovinzucker), mit Salpetersäure liefert er Oxalsäure. Chinovasäure liefert ferner beim Erhitzen Brenzchinovasäure, Schmpkt. 216°, destillirbar, krystallinisch, löslich in Benzol, Alkohol, Aether, Eisessig, unlöslich in Wasser. Brenz-chinovasäure.

Mit conc. Schwefelsäure entsteht unter Kohlenoxydentwicklung aus Chinovasäure Novasäure, krystallisirbar, in Benzol und Benzin löslich, schwer löslich in Alkohol, Schmpkt. 252°, ausserdem ein Farbstoff Chinochromin, der mit Oxydationsmitteln in essigsaurer Lösung übermanganroth, in Chloroformlösung mit Brom röthviolett wird. Novasäure. Chinochromin.

Für Chinovin wird die wahrscheinlichste Formel $C_{38} H_{62} O_{11}$ angenommen, für Chinovasäure $C_{32} H_{48} O_6$, für Brenzchinovasäure $C_{31} H_{48} O_4$. Die Spaltung des Chinovins in Chinovasäure und Zucker findet wahrscheinlich folgendermassen statt: $C_{38} H_{62} O_{11} = C_{32} H_{48} O_6 + C_6 H_{12} O_4 + H_2 O$.

Siehe noch A. C. Oudeman's (Rec. trav. chim. 2. 160), welcher im Wesentlichen die Resultate Liebermann's erhalten hat. Bei der Einwirkung von Schwefelsäure wurde auch neben Chinochromin ein Kohlenwasserstoff, Chinoven (C 89,5 H 9,8 %) und eine Säure Aponovasäure, $C_{16} H_{26} O_4$, beobachtet. Chinoven. Aponovasäure.

Chinaroth. $C_{28} H_{22} O_{14}$. — Literat.: Pelletier und Caventou, Ann. Chim. Phys. 15. 315. — Schwarz, Wien, Akad. Ber. 7. 255. — Guiraud-Boissenot, Journ. Pharm. (3) 25. 199. — Reichardt, Ueber die chemisch. Bestandth. d. Chinarinden. Braunschweig, 1855. — Rembold, Wien, Akad. Ber. 55. (2) 559; auch Ann. Chem. Pharm. 143. 270.

Dieses schon 1812 von Reuss (Gött. Anz. 1812. 601) beobachtete, von Pelletier und Caventou zuerst genauer untersuchte Phlobaphen (man vergl. S. 629) findet sich in allen Chinarinden, am reichlichsten in den rothen. Es entsteht darin ohne Zweifel aus der Chinagerbsäure (man vergl. diese), die schon beim Stehen ihrer wässrigen Lösung an der Luft, leichter beim Kochen mit verdünnten Säuren Chinaroth als Zersetzungsproduct liefert.

Zur Darstellung aus Chinarinde erschöpft man dieselbe nach Schwarz mit verdünntem wässrigem Ammoniak, fällt den Auszug mit Salzsäure und erhitzt den aus Chinovin und Chinaroth bestehenden flockigen Niederschlag nach vorgängigem Waschen mit Kalkmilch zum Kochen. Es bleibt dann eine Verbindung von Chinaroth und Kalk im Rückstande, den man mit kochendem

Wasser wäscht und mit verdünnter Salzsäure zersetzt. Das dadurch ausgeschiedene Chinaroth wird zur Reinigung in wässrigem Ammoniak gelöst, daraus durch Salzsäure wieder gefällt, dann noch einmal lu Weingeist aufgenommen, worauf die filtrirte Lösung zur Trockne verdunstet wird.

Das Chinaroth ist eine amorphe, bald heller, bald dunkler rothbraune, geruch- und geschmacklose, unschmelzbare Substauz, die sich nicht oder doch nur sehr wenig in kochendem Wasser, etwas mehr in säurehaltigem Wasser, leicht in Weingeist und auch in Aether, (Schwarz) sowie in wässrigen Alkalien und Ammoniak und in conc. Essigsäure löst. Die ammoniakalische Lösung fällt Chlorcalcium, Magnesia- und Thonerdesalze, sowie Brechweinstein schön roth, auch Leim auf Zusatz von Weingeist (Pelletier und Caventou, Reichardt).

Schwarz berechnete für das Chinaroth aus seinen Analysen die Formel $C_{12}H_7O_7$, Guiraud-Boissenot $C_{14}H_8O_6$, Rembold für das aus Chinagerbsäure dargestellte die oben angeführte Formel $C_{28}H_{22}O_{14}$.

Wird Chinaroth der trocknen Destillation unterworfen, so tritt neben Pyrogallussäure und brenzlichem Oel eine carminrothe, in Wasser unlösliche, in Weingeist und Aether lösliche Substanz auf (Guiraud-Boissenot).

Chinovaroth. $C_{12}H_{12}O_5$. — Literat.: Pelletier u. Caventou (1820) Journ. Phanm. (2) 7. 111. — Hlasiwetz, Ann. Chem. Pharm. 79. 138. Rembold, ebendas. 143. 273.

Chinovaroth. Das vom Chinaroth zu unterscheidende und nach Rembold zur Chinovagerbsäure in gleicher Beziehung wie jenes zur Chinagerbsäure stehende Phlobaphen der China nova. Die Darstellung wird ganz wie diejenige des Chinaroths bewirkt.

Es ist eine fast schwarze glänzende harzähnliche, zum dunkelrothen Pulver zerreibliche Substanz, die ganz ähnliche Löslichkeitsverhältnisse wie Chinaroth besitzt und sich diesem auch sonst durchaus ähnlich verhält.

Hesse (Ann. Chem. Pharm. 109. 342) berechnet mit Rücksicht auf die Zusammensetzung des Lignoins (s. dieses) aus Hlasiwetz Analysen statt der oben angeführten Formel $C_{20}H_{20}O_8$.

Lignoin. **Lignoin.** — So nennt Reichel (Ueber Chinarinden und deren Bestandth. Leipzig 1856) die braune den Huminsubstanzen verwandte, nach Hesse (Ann. Chem. Pharm. 109. 341) vielleicht mit dem Chinovaroth indentische Materie in alter Huanocochinarinde. Er erhielt sie, indem er die mit Aether, Weingeist und Wasser erschöpfte Chinarinde mit Natronlauge auszog, die dunkelrothbraune Lösung mit Salzsäure fällte, den gewaschenen Niederschlag noch einmal aus alkalischer Lösung durch Schwefelsäure abschied, ihn dann mit schwefelsäurehaltigem und zuletzt mit reinem Wasser wusch und bei 100° trocknete. Es ist eine schwarzbraune zerreibliche Masse, welche sich fast ganz in Weingeist, sehr leicht in wässrigen Alkalien und Ammoniak löst. Die ammoniakalische Lösung fällt Kalk- und Barytsalze rothbraun, Bleisalze fleischfarben. Beim Kochen mit Kalilauge entwickelt es Ammoniak (Hesse, Ann. Chem. Pharm. 109. 341). — Nach Reichel ist das Lignoin nach der Formel $C_{20}H_{28}NO_8$ zusammengesetzt und nach Hesse entspricht die daraus beim Kochen mit Kali resultirende stickstofffreie Substanz der Formel $C_{20}H_{20}O_8$.

Cinchocerotin. **Cinchocerotin.** — Im Jahre 1859 hat Kerner unter dem Namen

Cinchocerotin einen Körper beschrieben, der von A. Helms näher untersucht wurde. Derselbe wurde in der Zimmer'schen Chininfabrik in Frankfurt a. M. auf folgende Weise dargestellt; flache südamerikanische Calisaya wurde mit Kalk eingetrocknet und mit Alkohol behandelt und langsam abgekühlt, wobei sich nach 6—9 Monaten das rohe Cinchocerotin abschied, das aus einem in Alkohol leicht löslichen und darin schwer löslichen Bestandtheil (geringerer Menge) besteht, welch' letztere beim Kochen mit Eisessig Säure bildet, Schmpkt. 54°. — Die leicht lösliche Substanz, das Cinchocerotin, ist leicht löslich in Aether, Chloroform, Schmpkt. 130°, Zusammensetzung $C_{27}H_{48}O_2$ (oder Polymeres), liefert bei der Oxydation mit Chromsäure flüchtige Säuren (Essigsäure und Buttersäure) und eine Säure, $C_{10}H_{22}O_2$. — (Arch. Pharm. 1883. (3) 21. 281.

Gehalt der Chinarinden an Alkaloiden. — Im Allgemeinen enthalten die Stammrinden der Chinabäume relativ viel Chinin, die Rinden der Aeste und Zweige mehr Cinchonin. Die unter allen südamerikanischen Rinden den bedeutendsten Chiningehalt führende *China regia plana* oder flache Königschina, die vom Periderma befreite Stammrinde von *Cinchona Calisaya var. vera Wedd.* enthält nach Reichardt (Chemisch-physiol. Abhandl. über die chemischen Bestandtheile der Chinarinden, Braunschweig. 1855) 2,7 % Chinin und 0,26 % Cinchonin, während die *China regia convoluta* oder Röhren-Königschina, die noch mit dem Periderma versehene Rinde der Aeste und Zweige des nämlichen Baumes nur 0,66 % Chinin und 0,33 % Cinchonin führt. Als das Mittel aus zahlreichen Untersuchungen dieser beiden gelben Rinden von Seiten verschiedener Forscher ergiebt sich für die flache Königschina ein Gehalt von 2,2 % Chinin und 0,28 % Cinchonin, für die Röhren-Königschina von 1,1 % Chinin und 0,42 % Cinchonin. Von anderen gelben Rinden enthält die sehr werthvolle und gegenwärtig vorzugsweise zur Bereitung der officinellen Chinabasen dienende *China Pitaya s. Pitayo*, von *Cinchona Condaminea var. Pitayensis* abstammend, nach Delondre 1,5—1,8 % Chinin und 0,8—1 % Cinchonin. Die der Königschina wohl am nächsten stehende *China de Bogota* hält nach Delondre und Bouchardat 2,2—2,4 % Chinin und 0,25—0,33 % Cinchonin. — Von den bezüglich ihrer Abstammung nach unsicheren rothen Chinarinden enthält die beste, die meistens aus Stammrinden bestehende rothe Quito-China, *China de Quito rubra*, nach Reichardt 0,95 % Chinin und 0,39 % Cinchonin. Als Mittel aus zahlreichen Bestimmungen verschiedener rother Chinarinden des Handels ergiebt sich ein Alkaloidgehalt von 0,91 % Chinin und 1,05 % Cinchonin. In den braunen Chinarinden, über deren Abstammung ebenfalls noch grosse Unsicherheit besteht, und die stets in gerollten, meistens von Zweigen und dünnen Aesten gesammelten Stücken vorkommen, überwiegt das Cinchonin. Die beste derselben, die Huanuco-China, enthält nach Reichardt 0,85 % Chinin und 2,24 % Cinchonin, im Mittel aus verschiedenen Bestimmungen 0,4 % Chinin und 1,7 % Cinchonin. Eine andere sehr werthvolle braune China, die *China Huamalies* enthält im Mittel der zahlreichen, zum Theil sehr weit auseinander gehenden Untersuchungen verschiedener Chemiker 0,3 % Chinin und 0,05 % Cinchonin, die *China Loxa* 0,35 % Chinin und 0,34 % Cinchonin, die *China Pseudoloxa* 0,35 % Chinin und 0,66 % Cinchonin, die *China Jaen pallida* 0,56 % Chinin und 0,6 % Cinchonin.

Nach de Vrij's Untersuchungen ist der Gesammtgehalt an Alkaloiden in den Wurzelrinden vieler Cinchonaarten erheblich grösser, als in den Stammrinden.

Jobst (J. Pharm. 1872. 104) fand in Chinarinden Java's speciell Calisaya 3,39 % Alkaloide, in Hasskarliana 2,52 %, in Pahudiana 2,07 %, Broughton (Pharm. J. Trans. (3) 2. 705) fand in Rinden aus Englisch-Indien und zwar in Succirubra 6,7—7,85 % Alkaloide mit 1,7—2,4 % Chinin, in den Rinden von Cinchona officinalis 3,1—6,9 % Alkaloide mit 1,6—4,18 % Chinin, in Calisaya mit 3,9—5,36 % Alkaloid und 1,02—4,6 % Chinin, in der Rinde von Cinchona peruviana 2—6 % Alkaloide mit 0,79 % Chinin. — Moens (Nieuw. Tijdschr. Pharm. Nederl. 1873, 170. 346) fand in 8 Exemplaren von Calisaya 5—10,9 % Chinin, 0,9—0,86 % Chinidin, 0,1—1,1 % Cinchonin, 0,4—1,2 % Cinchonidin, amorphe Basen 0,2—2 %. De Vrij (Nieuw Tijdschr. Pharm. 1873, 257 und 278) fand in 16 Proben von Cinchona officinalis von 1,4—9,1 % Chinin. Derselbe Forscher theilt Untersuchungsresultate jamaicanischer Rinden mit (ebendas. 1873. 33), und zwar 3,7 % Chinabasen in Cinchona Pahudiana, mit 0,95 % Chinin, 0,83 % Basen in C. officinalis, in C. succirubra 10,83 % Alkaloide 1,9 % Chinin, 5,59 % Cinchonin mit Spuren eines neuen Alkaloides enthaltend, in einer andern succirubra 5,8 % Basen, in der Rinde von C. Calisaya 2,75 % Basen, in der Rinde von C. micrantha 3,402 % Chinabasen. — Die weiteren Arbeiten über den Gehalt der Chinarinden, auch über den Sitz der Alkaloide in der Rinde, über Alkaloidvermehrung durch Düngung etc. folgen in der Literaturangabe: Howard, Erzeugung und Sitz der Basen in den Rinden, Pharm. J. Trans. (3) 3. 541. Broughton, ebendas. 521, über Wirkung der Dünger. — Carles, über die Vertheilung der Chinabasen in der Rinde, J. Chim. Pharm. (4) 17. 22. — Gorkom, 3. u. 4. Quartalbericht der Chinacultur Java's, Nieuw Tijdschr. Pharm. Nederl. 1874. 1. J. Pharm. 1874. 109. — (Succirubra mit 9—16,3 % Alkaloide, Ledgeriana 3—11,9 %, Succirubra 10—12 % etc.). 1. u. 2. Quartalbericht in Jahrgang 1874 derselben Zeitschrift. O. Hesse, Ann. Chem. Pharm. 174. 337. hoher Gehalt der javanischen Calisaya an Conchinin (Chinidin). — De Vrij, Pharm. J. Trans. (3) 5. 235. — O. Hesse, Ann. Chem. Pharm. 176. 319. — De Vrij, Nieuw Tijdschr. Pharm. Nederl. 1875. Quartalsberichte aus Java in Nieuw Tijdschr. Pharm. Nederl. 1875—1883. J. Pharm. 1875—1880: Die Ledgeriana wird chininreicher, ihre Wurzelrinde hat geringen Werth, während bei der Succirubra die Wurzelrinde mehr Chinin als die Stammrinde zu haben scheint." — „Die Rinde von Succirubra scheint während und am Schluss der Regenzeit am alkaloidreichsten zu sein." Analysen von Calisaya, Succirubra, Haskarliana, Ledgeriana, Javanica. J. Pharm. 1876. 134—138. — Ebendas. 1878. 102 und 105. — „Calisaya Javanica und Haskarliana enthalten 1,3—10,3 % Alkaloide, die Ledgerianen enthalten gegenüber anderen Sorten das meiste Chinin, 5—8 %, ausserdem kein Chinidin und Cinchonidin. (Nieuw. Tijdschr. Pharm. Nederl. 1879.) — „Durch Abschaben der äusseren Rinde, so dass das Cambium und der innere Theil des Bastes zurückbleiben, wird qualitativ und quantitativ das beste Resultat erzielt. Die Rinde erneuert sich sehr rasch. Der Alkaloidgehalt einer Chinarinde steht im umgekehrten Verhältnisse zu der Zahl der in demselben vorhandenen Bastfasern." „Der erneute Bast ist immer alkaloidreicher als der ursprüngliche. Die Qualität der Alkaloide bleibt dabei fast unverändert, so dass eine chininhaltige Sorte chininreicher wird, während ebenso eine chinidinreiche Rinde bei der Erneuerung vorzüglich wieder Chinidin enthält. Die Rinde darf nicht zweimal im Jahre geerntet werden, erst ein Jahr nach der Abschälung hat dieselbe ihren vollen Gehalt und nach 2 Jahren ihre volle Dicke. Die Rinde einer Pflanze, welche der Mutterpflanze am nächsten steht, kommt auch derselben im Chiningehalt am nächsten.“ Berichte aus Java 1879 und 1880. — Durch längeres Aufbewahren der Rinde findet eine theilweise Zersetzung der Alkaloide statt. (De Vrij, Nieuw Tijdschr. Pharm. Nederl. 1880. 16 u. 17). — Weitere Literatur: De Vrij, Vortrag über Cinchona und ihre Alkaloide. N. Tijdschr. Pharm. Nederl. 1875. 1. — Bericht über britisch-indische Chinacultur. Pharm. Journ. Trans. (3) 5. 243. 663. — Journ. Pharm. 1874. 91. — Analysen ceylonischer Rinden. H. Paul, Pharm. J. Trans. (3) 6. 278. 321. — De Vrij, ebendas. 381. — D. Howard, ebendas. (3) 5. 260. 1505. Analysen v. Cinchona officinalis aus Ceylon. Cinchonacultur auf Jamaica, bei deren Analysen es sich bestätigt, dass Chinin in der Zellhülle und Cinchonin im Bast vorherrsche. — De Vrij, (Nieuw. Tijdschr. Pharm. Nederl. 1876. 225). Beurtheilung der ostindischen Chinarinden vom pharm. Standpunkte aus. — Cultur im englischen Indien. J. Pharm. 1876. 143. — Moens, (Nieuw Tijdschr. Pharm. Nederl. 1877. **10**. 298). Cultur der China Calisaya Ledgeriana in Java. — Howard, the Quinology of the east Indien. Plantaleons. 1877. — Stoeder, (Nieuw. Tijdschr. Pharm. Nederl. 1878). Analysen bolivianischer Rinden der grossen Ausstellung von Rinden in Amsterdam 1877. — De Vrij, ebendas. 306. — Chinacultur Bengalens.' Wood, (Pharm. J. Trans. 8. **398**. 621). Ueber Cinchona pubescens (9,47 % Alkaloid) De Vrij, (Pharm. J. Trans. 8. **407**. 805). — Howard, Ueber Cinchona in Indien. Nieuw Tijdschr. Pharm. Nederl. 1879. 351. — Moens, Bericht. Ebendas. 321 u. 361. Trouette, J. Pharm. chim. (5) 1 und 2. 1880. Chinarinden auf der Insel Réunion. Succirubra 7,5 %, Calisaya 4,38 %, officinalis 5,345 % Alkaloide. — Cinchona Calisaya Ledgeriana J. E. Howard, Pharm. J. Trans. **507**. 730. 1880. — De Vrij, Ueber die Form, in welcher sich die Alkaloide in der Rinde befinden. Nieuw Tijdschr. Pharm. Nederl. 1878. 1. — De Vrij, Pharm. J. Trans. 1874 und 1873. De Vrij, über den Alkaloidgehalt der Wurzelrinde der verschiedenen Cinchonaarten 1868. Nieuw Tijdschr. Pharm. Nederl. Die China cuprea enthält 2—5,9 % Alkaloide, darunter 1—2 % Chinin (De Vrij, Hesse). — Als besonders beachtenswerthe Literatur ist hier noch zu bezeichnen: Die Chinarinden von F. A. Flückiger, Berlin 1883.

Methoden der Werthbestimmung der Chinarinden. — Zur Bestimmung der Alkaloidmengen in den Chinarinden, sowie der Trennung der einzelnen Alkaloide existiren zahlreiche Methoden, welche alle mehr oder weniger darauf beruhen, dass die Rinden mit Mineralsäuren extrahirt werden, diese Auszüge mit starken Basen versetzt, und mit entsprechenden Lösungsmitteln behandelt werden wie Aether, Chloroform, höher siedenden Kohlenwasserstoffen, oder dass man die Rinden zuerst mit Kalk, oder Alkalihydroxyd zur Beseitigung der Gerbsäuren, Chinasäure, Chinovasäure, Farbstoffe, ebenso zur Isolirung der Alkaloide behandelt und hierauf mit den erwähnten Extractionsmitteln in Berührung bringt oder auch endlich ammoniakalische Lösungsmittel, Aether, Alkohol etc. in Anwendung bringt, welche die Alkaloide aufnehmen, aus welchen Lösungen nach Beseitigung der leicht flüchtigen Lösungsmittel mittelst Säuren die Alkaloide wieder aufgenommen und mit Alkali ausgefällt werden. — Die Trennung resp. quantitative Bestimmung der Hauptalkaloide der Rinden wie Chinin, Cinchonin, Chinidin, Cinchonidin, nebst amorphen Alkaloiden gründet sich theils auf das Polarisationsverhalten der betr. Alkaloide theils auf ihr Verhalten gegen Weinsäure, Kaliumjodid, sowie die Löslichkeitsverhältnisse gegenüber Aether etc. — Die gewaltige Literatur auf diesem Gebiete kann unmöglich hier eingehender besprochen werden, dagegen möge der Versuch gemacht werden, eine gedrängte Uebersicht zu geben. — Die Methoden der Bestimmung der Gesammtmenge der Alkaloide lassen sich wohl nach 3 Gesichtspunkten behandeln, je nach Anwendung des Extractionsmittels und der Arbeit selbst.

I. Säuremethoden.

Winkler, Arch. Pharm. 1868. **133**. 112. — Hager, (Schweiz. Wochschr. Pharm. 1869. 253) kocht 10 gr. gepulv. Rinde 1/4 Stunde mit 130 gr. Wasser + 20 Tropfen Kalilauge (sp. Gew. 1,3), fügt hierauf 16 gr. verd. Schwefelsäure (1,115) zu, kocht 15—20 Min. und fällt nun die noch verdünnte, filtrirte Lösung mit Pikrinsäure. 8,24 gr. Pikrate = 3,5 Chinabasen. Rabourdin (Compts. rend. **31**. 782) extrahirt mit salzsäurehaltigem Wasser, fällt mit Kali und schüttelt mit Chloroform, welches dann mit säurehaltigem Wasser behandelt wird, das die Alkaloide aufnimmt, die mit Ammon gefällt werden. — Claus, (Viertelj. Pharm. 13) extrahirt mit schwefelsäurehaltigem Wasser, dampft die Auszüge mit Magnesia ein und extrahirt zuerst mit Aether (Chinin), dann mit Alkohol (Cinchonin). — Hager (J. Pharm. 1877. 71). — Schacht, Arch. Pharm. 1871, Kritik der Hager'schen Methode. — Duflos extrahirt mit schwefelsäurehaltigem Wasser, dampft mit Magnesia ein, extrahirt mit Alkohol, verdampft zur Trockne, zieht wieder mit Aether aus und versetzt mit Alkohol und Platinchlorid. — Schacht, (J. Pharm. 1871. 87) extrahirt mit salzsäurehaltigem Wasser und Glycerin, filtrirt, fällt mit Kali und schüttelt mit Amylalkohol aus. — Scott (Pharm. J. Trans. (2) **11**. 222) extrahirt die Rinden mit zweifach schwefelsaurem Kali. — De Vrij, (Nieuw Tijdschr. Pharm. Nederl. 1880. 17) extrahirt 12 Stunden in der Kälte mit Salzsäure (Normal) und der 3fachen Wassermenge, verdrängt noch mit Wasser bis Aetzalkalien keine Fällung mehr geben. Dieser Auszug wird mit verdünnter Natronlauge bis zur beginnenden Trübung versetzt, dann durch Essigsäurezusatz geklärt, bis nahe dem Siedepunkt erhitzt und mit Kaliumoxalat (1 1/2 % von dem Gewichte der angewandten Rinde) versetzt. Nach Filtration wird die erhaltene Lösung mit Aetzalkali und Chloroform (auf 15 gr. Rinde 100 gr. Chloroform) behandelt, die Chloroformausschüttlung wiederholt und der Verdampfungsrückstand des Chloroforms gewogen = Alkaloide.

II. Kalkmethoden.

Delondre, Canstatts Jahresb. Pharm. 1861. Guillermond, ebendas. — Glénard u. Guillermond (Dictionnar. of Chemistry. 6. I. Suppl.) extrahirt die mit $Ca(OH)_2$ gemischte Rinde mit Aether, schüttelt den Aether mit Normalschwefelsäure aus, deren Ueberschuss mit Ammon zurückgenommen wird. — Kerkhoff, modificirt diese Methode. — V. d. Burg (J. Pharm. 1866, 93) extrahirt die mit Kalk gemischten Rinden mit Alkohol, verdunstet die alkoholischen Auszüge, nimmt die Rückstände mit Essigsäure auf, fällt mit Aetznatron, löst wieder in Salzsäure, fällt, fractionnirt mit Ammon die Farbstoffe, dann die Alkaloide, die wieder in Alkohol gelöst werden. — Gunning (Nieuw Tijdschr. Pharm. Niederl. 1870. 146. Ned.) erweicht die Rinde mit schwacher Kalilauge, mischt mit Gyps und extrahirt mit Amylalkohol. v. d. Burg, Zeitschr. anal. Chem. **9**. 179. — Moens (J. Pharm. 1870. 129) extrahirt die Rinde, mit 1/4 Kalk gemischt, mit Alkohol, verdampft nach Zusatz von Essigsäure und fällt mit Aetzkali etc. — Schneider (J. Pharm.

1870. 82) trocknet die Rinde mit Kalkmilch zunächst ein, extrahirt mit Alkohol, versetzt mit Schwefelsäure, dampft das Filtrat etwas ein und fällt mit Aetznatron. — Schacht (J. Pharm. 1871. 85 u. 87), welcher die Schneider'sche Methode kritisirt, wendet zuerst Extraction der Rinde mit Kali, hierauf mit verdünnter Schwefelsäure an, hierauf Ausfällen mit Kalilauge und Ausschütteln mit Amylalkohol. — Carles (J. Pharm. 1871. 84) extrahirt die mit Kalk eingetrocknete Rinde mit Chloroform. — De Vrij (Nieuw Tijdschr. Pharm. 1871. J. Pharm. 1871. 90) extrahirt die mit Kalk eingetrocknete Rinde mit 90 % Alkohol, versetzt mit verd. Schwefelsäure, verdampft den Alkohol und fällt mit Kali. — V. d. Burg findet diese Extraction nicht genügend. — Lawrence-Cleaver. — Pharm. J. Trans. (3) Vol. 6. 280. 361. — Moens (Nieuw Tijdschr. Pharm. Nederl. 1875. 129. J. Pharm. 1875. 99) extrahirt die mit gleichen Theilen Kalk gemischte Rinde mit Alkohol (94 %) (1—2tägiges Maceriren, dann Auskochen), versetzt den alkoholischen Auszug mit verdünnter Schwefelsäure, lässt 24 Stunden stehen, filtrirt, verdunstet den Alkohol und fällt die klare Lösung mit kohlensaurem Natron. Im Filtrat wird mit Aether der letzte Rest Alkaloid aufgenommen. — Johannsen, (Arch. Pharm. (3) 12. J. Pharm. 1877. 106) schlägt zum Ausfällen anstatt Soda Aetznatron vor.

Stoeder (J. Pharm. 1879. 94) schlägt vor, die Rindenkalkmischung mit einem Gemenge von 100 g Weingeist und 20 g Chloroform zu extrahiren (Maceriren und im Wasserbade). — Prunier (Arch. Pharm. (3) 14. 1879) wendet zur Extraction der Kalkrindenmischung Chloroform mit $^1/_6$ Alkohol (95 %) an. — Hilbig's Methode, sehr zeitraubend, ist eine Combination der Säure- und Kalkmethode (Pharm. J. Russl. 1880. 326). Schacht (Pharm. J. Russl. 1881) extrahirt die Kalkrindenmischung mit Alkohol, versetzt diese Lösung mit Schwefelsäure, verdampft das Filtrat vom Gypsniederschlag, nimmt den Rückstand mit Wasser auf und fällt mit Aetznatron.

Flückiger's Methode (Pharm. Z. 1881) beruht auf der Anwendung von Aether als Extractionsmittel der mit Kalkbrei eingetrockneten Rinde, Ausschütteln der ätherischen Lösung mit Salzsäure und Fällen mit Natronlauge (1,3 sp. Gew.). — Squibb-Brocklyn (Pharm. Z. 1882) wendet zur Extraction der Chininkalkmischung eine Mischung von Amylalkohol und Aether an.

III. Ammoniakmethode.

Der Begründer der sog. Ammoniakmethode, welche sich wegen ihrer raschen Ausführung und brauchbaren Resultate allgemein Geltung verschafft hat, ist Prollius (Arch. Pharm. 1881), der zuerst eine Mischung von 38 Th. Alkohol, 10 Chloroform und 2 Ammoniak auf 5 Th. Rinde zur Extraction vorschlug. Diese Extraction wurde später von Prollius selbst verbessert durch Anwendung einer Mischung von 88 Th. Aether, 4 Ammon, 8 Alkohol. Die weiteren kritischen Prüfungen dieser Methode, sowie auch anderer Methoden, besonders von de Vrij (Nieuw Tijdschr. Pharm. Nederl. 1872), Kissel (Arch. Pharm. 1882), Meyer (ebendas. 1882) und Biel (ebendas. 1882) haben Modificationen veranlasst, die unstreitig zum Vortheil des ursprünglichen Principes sich entwickelten. Die de Vrij'sche Modification dürfte hier zunächst Erwähnung finden: 40 g gepulverter Rinde werden mit 200 g einer Mischung von 88 Th. Aether, 4 Th. Salmiakgeist und 8 Th. Alkohol in einer verschlossenen Flasche 2 Stunden unter Umschütteln stehen gelassen. Innerhalb dieser Zeit ist die Extraction stets vollendet. Von diesem Auszuge wird ein Theil abgewogen, durch Destillation der Aether und Alkohol weggenommen und der Rückstand mit Salzsäure aufgenommen, mit Aetznatron versetzt und mit Chloroform ausgeschüttelt, welches beim Verdunsten die Alkaloide hinterlässt. — Kissel extrahirt mit der Ammonäthermischung von Prollius 2 St., verdampft eine abgewogene Menge des Auszuges, nimmt mit Schwefelsäure auf und fällt mit Alkali. — Biel wendet 20 g Rinde an, die mit Mischung von 176 g Aether, 16 g Alkohol und 8 g Ammoniak 4 Stunden extrahirt werden. Ein Theil des Auszuges wird verdunstet, mit verdünnter Schwefelsäure aufgenommen, mit Ammon übersättigt und mit Chloroform ausgeschüttelt. — Auch ist noch an die Methoden zu erinnern, welche die deutsche Pharmacopoe II. Auflage, englische u. amerikanische Pharmacopoe aufgenommen haben.

Von kritischen Arbeiten seien erwähnt Carles (J. Pharm. Chim. (4) 12. 81), der die älteren Methoden von Henry, Buchner, Guibourt, Wohler, Maitre, Raboudin u. A. prüfte, ferner C. Schacht (Arch. Pharm. 197. 97), der besonders die Methode von Claus, J. E. Schacht, Schneider, Hager, Gunning prüfte, de Vrij (Nieuw Tijdschr. Nederl. Pharm. 1871), der die Methoden v. d. Burg, Kerkhoff, Gunning, Vogl, Carles behandelte, sowie die oben schon bei der Ammonmethode erwähnten Arbeiten von Biel, Meyer, Johannsen, Kissel und de Vrij. — Im Betreff der Trennung der einzelnen Chinabasen von einander verdienen vor Allem die Forschungen de Vrij's (Pharm. J. Trans. (3) 2. 643) erwähnt zu werden. Derselbe hat auf folgende Thatsachen eine Trennung der Hauptalkaloide gegründet: 1) leichte Löslichkeit von Chinin und amorphen Chinabasen in Aether, gegenüber der geringen Löslichkeit der 3 übrigen Chinabasen in demselben Lösungsmittel, 2) leichte Löslichkeit des schwefelsauren Salzes der Jodverbindung vor der amorphen Chinabase in Alkohol gegenüber der geringen Löslichkeit des schwefelsauren Jodchinins in Alkohol, 3) auf die Löslichkeitsverhältnisse der weinsauren Salze, indem 1 Th. weinsaures Cinchonidin 1265 Th. Wasser von 10°, weinsaures Cinchonin 35,6 Th. Wasser von 16° und weinsaures Chinidin 38,8 Th. Wasser von 15° verlangt, 4) auf die verschiedene Löslichkeit der jodwasserstoffsauren Salze von Chinidin, Cinchonin, Cinchonidin in Wasser und Alkohol. Ein Theil des jodwasserstoffsauren Salzes von Chinidin bedarf 1250 Th. H_2O bei 15° und 110 Th. Alkohol, 1 Th. Cinchonidinsalz, 110 Th. Wasser, 3 Th. Alkohol und 1 Th. Cinchoninsalz 128 Th. Wasser von 15° und 3 Th. Alkohol. Wegen der detaillirten Ausführung des Verfahrens muss hier auf das Original verwiesen werden. — (Weiteres über diese Methode: Nieuw Tijdschr. Pharm. Nederl. 6. 161. 361.) — De Vrij, (Pharm. J. Trans. (3) 6. 285. 461) hält das Jodosulfat des Chinioidins für ein vorzügliches Reagens zum Zweck der qualitativen und quantitativen Bestimmung des krystallisirbaren Chinins. Die Darstellung ist folgende: 2 Th. Chinioidinsulfat (identisch mit dem Sulfat des amorphen Chinins, nach de Vrij's Vorschrift von Howard & Sons Stratford angefertigt) werden in 8 Th. 5 % schwefelhaltigem Wasser gelöst und hierauf allmälig eine aus 1 Jod und 2 Jodkalium in 100 Th. Wasser bestehende Lösung zugesetzt, wobei das Chinioidinsulfat ausfällt, das gewaschen und getrocknet wird. Ein Theil derselben, auf dem Wasserbade mit 6 Th. Alkohol von 92—96 % gelöst, scheidet beim Erkalten einen Bodensatz ab; das Filtrat wird verdampft und der Rückstand in 5 Th. kalten Alkohols gelöst, welche Lösung das erwähnte Reagens abgiebt. — Zur Bestimmung der Chininmenge in einem Alkaloidgemische wird ein Theil Alkaloidgemisch in 20 Th. Alkohol (90—92 %) mit 1,5 % Schwefelsäure gelöst, mit der erwähnten Lösung so lange versetzt, bis kein Niederschlag von Chininjodosulfat (Herapathit) mehr entsteht. Der Niederschlag wird abfiltrirt, mit Herapathitlösung (alkoholisch, gesättigt), ausgewaschen, vorsichtig getrocknet und gewogen. Ein Theil bei 100° getrocknetes Chininjodosulfat $4 C_{26} H_{24} N_2 O_2$ $3 H_2 SO_4$, $6 J = 0{,}5509$ Chinin (wasserfrei) oder 0,7345 reinem Disulfat des Handels. (Wegen der speciellen Ausführung siehe Original). — Moens, (Nieuw. Tijdschr. Pharm. Nederl. 1875. 129) löst die abgeschiedenen Alkaloide in Salzsäure, neutralisirt mit Ammon und versetzt mit Kalium-Natriumtartrat (Seignettesalz), wodurch die Doppeltartrate von Chinin und Cinchonidin gefällt werden. Das Filtrat dieser Fällung wird mit Jodkalium, besser Jodnatrium versetzt und concentrirt, wobei sich Conchininjodhydrür abscheidet, das mit Wasser und Alkohol gewaschen wird. Das Filtrat hievon liefert auch Zusatz von Soda ein Gemenge von Cinchonin und amorphem Alkaloid, welches mit Alkohol von 40 % getrennt werden kann, worin sich das amorphe Alkaloid nebst Spuren von Cinchonin löst. Zur Trennung der oben erhaltenen Chinin- u. Cinchonidintartrate löst man in Salzsäure, überschichtet mit Aether und setzt Sodalösung zu, wodurch Chinin mit wenig Cinchonidin in Lösung geht, welches sich event. beim Verdunsten des Aethers zuerst abscheidet. — Johansen (Arch. Pharm. (3) 10. 5. 418) prüfte die Moens'sche Methode bei amerkanischen Rinden und erhielt keine übereinstimmenden Resultate, die er auf eine Reihe von Fehlerquellen der Methode zurückführt (siehe Original, auch J. Pharm. 1877. 106).

Christensen hält die Bestimmungsmethode de Vrij's für ungenau, worauf de Vrij seine Methode wiederholt empfiehlt und mit einigen Modificationen, besonders bezüglich der Darstellung des Reagenzes, das durch Ausziehen von Chinioidin im Wasserbade mit 2 Th. Benzol, Schütteln der erhaltenen Lösung mit verdünnter Schwefelsäure, Versetzen dieser Lösung unter Umrühren mit 1 Jod und 2 Jodkalium (auf 2 Th. Chinioidin erhalten wird, wodurch der Niederschlag der Jodverbindung entsteht, die, wie oben bereits angegeben, weiter behandelt wird. — Die Arbeit von Hager (Pharm. Centlh. 1880. 412). die besonderen Werth der mikroskopischen Untersuchung der Ammonfällungen der Chinaalkaloidsalze, der Borate beimessen, müssen ebenfalls Beachtung verdienen. (Siehe auch in dieser Richtung Godeffroye, Z. öst. Apothver. 1878). — Ueber die Bestimmung des Gesammtgehaltes an Alkaloiden, sowie deren Trennung, siehe noch Perret, Bull. soc. chim. 21. 433. — Medin, J. Chem. Min. 1872. 825. — Colton, Pharm. J. Trans. (3) 5. 586. — Nieuw. Tijdschr. Pharm. Nederl. 6. 161. 321. — C. Hesse, J. Pharm. 1872. — De Vrij, Nieuw. Tijdschr. Pharm. Nederl. 1873. — Prolliusmethode von Kissel, Pharm. Centrlh. 1881. 555. — E. Mylius, Pharm. Centrlh. 1882. 541. — Flückiger, Pharm. Ztg. 1882. No. 97. — Alessandri, Arch. Pharm. (3) 20. 690. — Studien über qualitative u. quantitative Analyse der Chinaalkaloide. M. Rozsnyay, Arad. 1878.

Ueber die Benützung des verschiedenen Polarisationsvermögens der Chinabasen in Lösungen neutraler, saurer Natur etc. zur Bestimmung des Gehaltes der Chinarinde an Alkaloiden, sowie zur speciellen Unterscheidung der niederen Alkaloide sind besonders hier zu nennen, die Arbeit von de Vrij (Nieuw. Tijdschr. Nederl. Pharm. 1873. 129. J. Pharm. 1873. 107.) Oudemanns, Ann. Chem. Pharm. 166. 65. — Arch. néderland. des scciences exactes et naturelles. 10. 193; Ann. Chem. Pharm. 182. 83. — O. Hesse, Ann. Chem. Pharm. 176. 89. — J. Molnar, Ztschr. östr. Apothekerv. 1879. — O. Hesse,

Berl. Ber. 4. 629; Ann. Chem..Pharm. **166**. 217. — De Vrij, Pharm. J. Trans. (3) 2. 1. 521. — So verdienstvoll, interessant und beachtenswerth die durch die genannten Arbeiten erhaltenen Resultate sind, so ist dennoch eine sichere, zuverlässige Bestimmungsmethode des Gesammtgehaltes der Chinarinden an Alkaloiden, sowie auch der Trennung der einzelnen Alkaloide unter sich auf rein optischem Wege nicht vorhanden, wenn auch unbedingt zugegeben werden muss, dass die optischen Methoden in der Hand des Geübten brauchbare Resultate liefern.

Wohl darf auch hier, wenn auch nur in Kürze, der Nomenclatur der Chinabasen gedacht werden, die zu mancherlei Controversen in der Literatur führte; (de Vrij, Nieuw. Tijdschr. Pharm. 1871. 65.) — G. Kerner, Arch. Pharm. **216**. 1880. 259. — O. Hesse, **217**. 1880. 268. 369. — G. Kerner, ebendas. 438.

Unter den Hauptalkaloiden sind folgende Synonyme nennenswerth: Chinidin, Syn. β-Chinin von van Heiningen, Chinotin von Löwig, Cinchotin von Hlasiwetz, Pitayin v. Muratory, Carthagin v. Gruner, Conchinin v. Hesse. — Cinchonin, Synon. Betacinchonin v. Schwabe, Huanokin von Erdmann. — Cinchonidin, Synon. Pseudochinin von Mengarduque, Chinidin v. Rosengarten, Wincklers & Hesse.

Zur allgemeinen Charakteristik der Hauptalkaloide der Chinarinden möge noch folgende Uebersicht dienen, welche mit Berücksichtigung der Löslichkeitsverhältnisse, der Polarisation-Fluorescenzverhältnisse und sonstigen Reaktionen zusammengestellt ist:

I. In Aether löslich und zwar leicht sind Chinin, Chinidin, Chinamin, wenig löslich Cinchonidin, Cinchonamin, sehr wenig löslich Cinchonin.

II. linksdrehend Chinin, Cinchonidin, rechtsdrehend Chinidin, Cinchonin, Chinamin.

III. Fluorescenz der sauren Salze bei Chinin, Chinidin, Homochinin, keine Fluorescenz Chinonin, Cinchonidin, Chinamin.

IV. Krystallisirte Hydrate bilden Chinin, Chinidin, die übrigen nicht.

V. Die grüne Talleiochininreaction geben Chinin, Chinidin und Homochinin.

Chinin bildet einen Herapathit (Chininjodosulfat), Cinchonin wird durch Kaliumjodid nicht gefällt, sein Hydrojodat ist in Alkohol löslich, Chinidin (Conchinin Hesse) bildet ein in Wasser und Alkohol schwer lösliches Hydrojodat.

Chinin. $C_{20}H_{24}N_2O_2$. — Literat.: Pelletier und Caventou, Ann. Chim. Phys. (2) **15**. 291 und 337. — Pelletier und Dumas, Ann. Chim. Phys. (2) 24. 169. — Pelletier, Journ. Pharm. (2) **11**. 249. — O. Henry und Plisson, Journ. Pharm. (2) **13**. 268 und 369; **15**. 405; Ann. Chim. Phys. (2) **35**. 172. — Duflos, Schweigg. Journ. Chem. Phys. **42**. 396 und Berl. Jahrb. 27. 1. 100. — Merck, Trommsd. N. Journ. Pharm. **20**. 1. 134. — Liebig, Poggend. Annal. **21**. 23; Ann. Chem. Pharm. **26**. 47 und **29**. 63. — Regnault, Ann. Chem. Pharm. **26**. 11. und **29**. 58. — Pasteur, Compt. rend. **36**. 26, **37**. 110 und **37**. 162. Serullas, Ann. Chim. Phys. (2) **45**. 279. — L. L. Bonaparte, Journ. Chim. méd. **18**. 680. — Calvert, Journ. Pharm. (3) 2. 388. — Delondre und Henry, Journ. Pharm. (3) **21**. 286. — De Vrij, Pharm. Journ. Trans. **6**. 50. — Winckler, Repet. Pharm. **34**.

266; Jahrb. Pharm. **20.** 321; Journ. Pharm. (4) 1869. 17. — Stratingh, Repert. Pharm. 15. 139. — Wittstein, Repert. Pharm. 87. 295; Vierteljahrschr. pract. Pharm. 5. 552. — Van Heijningen, Scheik. Onderz. 5. 319. — Herapath, Phil. Mag. (4) **3.** 161; **6.** 171 und 346; **7.** 352; **9.** 366; **14.** 224; Chem. Gaz. 1858. 56. 70. 437. — Haidinger u. Stokes, Poggend. Annal. **89.** 250. — Schützenberger, Compt. rend. **46.** 894. 1065; **47.** 81. 233. 235; Alles im Ausz., auch Jahresber. d. Chem. 1858. 369. — Strecker, Ann. Chem. Pharm. **91.** 155. — Jobst u. Hesse, Ann. Chem. Pharm. **119.** 361. — Hesse, Ann. Chem. Pharm. **123.** 382; **135.** 325. — Van der Burg, Zeitschr. analyt. Chem. **4.** 273. — Sestini, Zeitschr. analyt. Chem. **6.** 359. — Kerner, Zeitschr. analyt. Chem. **1.** 150; Pflüger's Arch. f. Physiolog. **2.** 200. — O. Hesse, Ann. Chem. Pharm. **135.** 325; **166.** 217; **176.** 205. — Berl. Ber. 1880. 1519. — Jobst & Hesse, Ann. Chem. Pharm. **119.** 361. — Arch. Pharm. **213.** — N. J. Pharm. **40.** 129. — Ann. Chem. Pharm. **205.** 217; **181.** 48. — Jobst & Hesse, **180.** 248; **205.** 315. — Oudemans, Arch. néerland. **9.** 285. — Stokes, J. chem. soc. (2) **7.** 147. — Boek, Berl. Ber. 173. 489. — Morren, ebendas. 1869. 556. — Flückiger, Arch. Pharm. **201.** 111. — Latour, J. Pharm. (4) **12.** 91. — Bauer, Arch. Pharm. **205.** 295. — Tichborne, Chem. News. **16.** 111. — Cowynley, Pharm. J. Trans. (3) **7.** 189. — Kerner, Arch. Pharm. **213.** 186; Z. Chem. 1869. 593. — Hjortdahl, Z. Krystallog. **3.** 302. — Wertherell, Ann. Chem. Pharm. 150. — Gerhardt, J. Pharm. **14.** 52; Rev. scient. **10.** 186. — Skraup, Berl. Ber. 1879. 232. 1104; Monatsh. Chem. **2.** 587. 610. — Brett, J. pharm. (3) **27.** 116. — Zorn, J. pr. Chem. (2) **8.** 279. — André, Ann. Chim. Phys. **71.** 195. — Schützenberger, J. pr. chem. **75.** 295. 124; **74.** 224. — Wischnegradsky & Butlerow, Berl. Ber. 1878. 1254. — Jörgensen, J. pr. chem. (2) **14.** 213. 356; **15.** 65; **3.** 145. — Claus, Berl. Ber. 1880. 2194; 1881. 76. — Wright u. Beckett, ebend. 1876. 508. — Pelletier, Ann. Chim. Phys. (2) **63.** 184. — Smith, Amer. J. Pharm. **31.** 285. — Langlois, Ann. chim. phys. (3) **38.** 477. — Bonaparte, J. pr. chem. **30.** — Schwarzenbach, Viertelj. Pharm. **8.** 518. — Stohlmann, Ann. Chem. Pharm. **147.** 129. — Howard, J. chim. soc. (2) **11.** 1177. — Schmidt, Berl. Ber. 1875. 1274. — Drygin, Pharm. Z. Russl. **17.** 449. — Jobst, Arch. Pharm. 212. 331; N. Repert. Pharm. **24.** 193. — Pasteur, Ann. Chim. Phys. (3) **38.** 477. — Mandelin, Arch. Pharm. **215.** 129. — Andreae, Viertelj. Pharm. **10.** 382. — Wittstein, ebend. **5.** 552. — Hilger, Verbind. des Jod mit Alkaloiden 1869. — Dotto-Scribani, Gazz. chim. ital. **9.** 283. — Austen, Pharm. J. Trans. (3) **3.** 1016. — Roznyay, Pharm. Centlh. **16.** 106. — Carey Lea, Sillim. amer. J. **26.** 379. — Gräfinghoff, J. pr. chem. **95.** 221. — Colton, Bull. soc. chim. (2) **24.** 535. — Weidel u. Schmidt, Berl. Ber. 1879. 232. 1104. — Hoogewerff & v. Dorp, Berl. Ber. 1877. 1936; 1879. 158; 1880. 61. 152; Ann. Chem. Pharm. **204.** 84. — Ramsay & Dorbie, J. chem. soc. **35.** 189. — Schrage, Arch. Pharm. **213.** 25. — Edw. Rennie, J. chem. soc. 1871. 227. — Maumené, Compts. rend. **95.** 968.

Medicinische: Rud. Wenz, Die therapeutische Anwendung der China und ihrer Alkaloide. Tübingen. 1867 (Literatur des Chinins vollständig). — Magendie, Journ. Pharm. 7. 138; Journ. Physiol. expér. Oct. 1821. — Chomel, Nouv. Journ. méd. 1821, Mars.; Journ. Pharm. 7. 134. — Nieuwenhuys, Verbeterde bereiding van de Kina looggzouten. Amsterdam, 1823. — Bally, Traité anat. pathol. des fièvres intermittentes. Paris 1825 p. 406. — Wittmann, Das schwefelsaure Chinin als Heilmittel betrachtet. Mainz. 1827. — Lembert, Traité sur la méthode endermique. Paris. 1827. — G. Stratingh, De Cinchonino, Chinino eorumque salibus, inprimis sulfate Chinini, pharmac. ac therap. ratione consideratis. Groningae. 1828. — Fraenkel, De Chinino et Cinchonino. Berol. 1828. — Böhler, De Chinino sulfurico. Lips. 1828. — Lehmann, Obs. de usu externo Chinini et muriat. et sulfur. Berl. 1828. — Wesche, Obss. quaed. de Chinino, praecipue de externa ejus applicat. Berl. 1828. — Sachs, Die China und die Krankheiten, welche sie heilt. Königsb. 1831. — Prinz, De Muriate Chininae. Arnheim. 1836. — Desiderio, Journ. Chim. méd. 1840 p. 94. — Giacomini, Journ. Pharm. Chim. Sept. 1842; Annal. univ. **97.** p. 325. — Waldorf, de manifestis in corp. vivo mutationibus usu Chinini sulf. productis. Berl. 1849. — Melier, Mém. de l'Acad. **10.** Paris 1843. — Baldwin, Amer. med. Journ. 293. 1847. — Favier, Du sulfate de quinine, considéré comme antiphlogistique. Montpellier. 1848. — Buchheim u. Engel, Beitr. Arzmttll. 1. 1849. — Küchenmeister, Arch. klin. Heilkd. **10.** 1. 1851. — Noack, Journ. Arzneimittellehre **2.** 2. 107. — Legroux, Bull. thérap. Août 1850. — Duméril, Demarquay et Lecointe, Gaz. Hôp. 40. 46. 62. 1854. — Dietl, Wien. med. Wchschr. 47—50. 1862. — Briquet, Traité thérap. de Quinquina et de ses préparations. Paris. 1853. — Köster, Med. Ztg. Russl. 37. 1860. — van Buren, New-York Journ. of med. **6.** 51. — Hammond, Amer. Journ. Apr. 1858. — Schlockow, De Chinii sulf. vi physiologica experimenta nonnulla. Vratislav. 1861; Studien physiol. Inst. zu Breslau. 1. p. 163. — Eulenburg und Simon, Berl. klin. Wchschr. 5. 1864; Arch. Anat. Physiol. H. 4. 123. 1865; Comptes rend. **64.** 9. 1867. — Wachsmuth, Arch. Heilk. 4. 1863. — Liebermeister, Arch. klin. Med. 3. 24. 569. 1867. — Bernatzik, Wien. med. Wchschr. 40—42. 99—104. 1867. — Scharrenbroich, Ueber das Ch. als Antiphlogisticum. Bonn. 1867; Berl. klin. Wchschr. 16. 1873; Arch. exp. Path. **12.** 33. 1879. — Herbst, Beitr. zur Kenntn. der antisept. Eigenschaften des Ch. Bonn. 1867. — Schwengers, Der Nachweis des Ch. im Harn. Bonn. 1868. — Binz, Experimentelle Untersuchungen über das Wesen der Chininwirkung. Berl. 1868; Jahrb. für Kinderhlkd. **1.** 234. 1868; Arch. path. Anat. **46.** 67. 129. 1869; 51. 6. 153. Pract. Jul. 1. 1870; Sept. 1872; Berl. kl. Wchschr. 47. 48. 1871; das Chinin nach den neueren pharmakologischen Arbeiten dargestellt. Berl. 1874; Arch. exp. Path. **7.** 275. 1877; Deutsche med. Wchschr. 26. 1877; Art. Chinarinde in Realencycl. 3. 167. 1880. — Gell und Ringer, Lancet. Oct. 1868. Goyon, Etude physiol. et thérap. du sulfate de quinine. Paris. 1868. — Thau, Ueber die zeitliche Ausscheidungsgrösse des Chinins bei Gesunden und fieberhaft Kranken. Kiel. 1868; Arch. klin. Med. 5. 5. u. 6. 505. 1869. — Chapéron, Arch. Physiol. 1869 H. 4. u. 5. — Kerner, Arch. ges. Physiol. 93. 1870. — Sédan, Étude experimentale sur la propriété antiseptique du sulfate de quinine et sur les divers modes d'administration de ce médicament. Strassburg 1870. — W. Block, Ueber den Einfluss des salzsauren Chinin und des salpetersauren Kali auf Temperatur und Herzaction. Gött. 1870. — Gützloe, Ueber den Einfluss chemischer Agentien auf die Brownsche Molecularbewegung. Bonn. 1870. — Schulte, Ueber den Einfluss des Chinin auf einen Oxydationsprocess im Blute. Bonn. 1870. — Ransoné, Ueber einige Beziehungen des Chinin zum Blute. Bonn. 1871. — Geltowski, Pract. Jun. 1871. — Delioux de Savignac, Bull. gén. de Thérap. Avr. 15. 30. 1871. — Brünniche, Ugeskr. Läger 273. 1871. — C. Zahn, Berl. kl. Wchschr. 30. 1872. — Mosler, die Pathol. und Therap. der Leukämie. Berl. 1872. — Colin, Bull. gén. Thérap. Juillet 15. 30. 1872. — Monteverdi, Ann. univers. Lugl. Sett. 1872. — Vulpian u. Bochefontaine, Arch. physiol. norm. 389. 1873. — Buchanan Baxter, Pract. 321. Nov. 1873. — Heubach, Centrlbl. med. Wissensch. 43. 1874; Arch. exp. Path. 5. 1. 1875. — Allbutt, Pract. 23. Jan. 1874. — Jerusalimsky, Ueber die physiol. Wirkung des Chinin. Berl. 1875. — Stiénon, Action physiol. de la quinine sur la circulation du sang. Paris. 1875. — Grissac, Des éruptions quiniques. Paris. 1876. — Herbillon, Du bromhydrate de quinine et son influence dans la fièvre intermittente. Paris. 1876. — Chirone, Mecanisme de l'action du quinine sur la circulation. Paris. 1875. — Dupuis, Étude exp. sur l'action physiologique de la quinine. Paris. 1877. — Cavazzani, Ann. univ. 489. 1878. 1. 1879. — Buss, Ueber Wesen und Behandlung des Fiebers. Stuttgart. 1878. — Schtschepotjew, Arch. ges. Physiol. **19**. 53. 1879. — A. Becker, Beobachtungen über die Anwendung des gerbs. Chin. Bonn. 1879. — Cerna, Philad. med. Times. 495. 1880. — Laborde, Bull. Acad. méd. 57. 1880; Compt rend. Soc. Biol. 760. 1882. — Pantelejeff, Centrlbl. med. Wiss. 529. 1880. — Lepidi-Chioti, Morgagni, Maggio 321. 1880. — Sée und Bochefontaine, Compt. rend. **96**. 266. — Arntz, Ueber den Einfluss des Chinins auf Wärmeabgabe und Wärmeproduction. Bonn. 1883.

Nachdem schon 1792 Fourcroy (Annal. Chim. **7**. 113. **9**. 7) einen vom gewöhnlichen verschiedenen harzartigen Extractivstoff aus der Chinarinde dargestellt, Vauquelin 1809 (Ann. Chim. **59**. 130 und 148) denselben in reinerer Gestalt als Chinastoff beschrieben hatte und von Gomez 1811 (Edinb. med. and surg. Journ. 1811. Art. 420) und Pfaff 1814 (Schweigg. Journ. Chem. Phys. **10**. 265) das wirksame Princip der Chinarinde bereits noch reiner erhalten worden war, zeigten Pelletier und Caventou im Jahre 1820, dass dieser Chinastoff ein Gemenge von 2 Basen, von Chinin und Cinchonin, sei. Chinin.

Das Chinin, die wichtigste unter den verschiedenen, später noch aufgefundenen Chinabasen, kommt in allen echten, von zahlreichen Arten der Gattung Cinchona abstammenden Chinarinden vor, und zwar stets begleitet von Cinchonin, in der Regel, wie es scheint, auch von Chinidin und Cinchonidin. Besonders reich an Chinin sind die Rinden von C. Calisaya, Hasskarliana, Pitayensis, Tucujensis, officinalis, lancifolia, succirubra.

Darstellung. Die Chinaalkaloide finden sich in den Rinden als chinasaure und chinagerbsaure Salze. Da diese durch Wasser in saure und basische Salze zerlegt werden und letztere in Wasser unlöslich sind, so reicht blosses Ausziehen mit reinem Wasser zur Erschöpfung der Rinden nicht hin (daher die Rückstände der zu pharmaceutischen Decocten und Infusionen benutzten Chinarinden immer noch Chinin und Cinchonin liefern), sondern die Extraction muss durch wiederholtes Auskochen (bei kalter Extraction, die weniger färbende Substanzen in Lösung bringt, soll 6maliges Ausziehen zur Erschöpfung nothwendig sein) mit schwefelsäure- oder salzsäurehaltigem Wasser (im Ganzen etwa 1 Th. Salzsäure von 1,12 spec. Gew. auf 8 Th. der Rinde) bewirkt werden. Aus dieser Abkochung, die ausser den Basen noch Chinasäure, Chinagerbsäure, Chinaroth und andere färbende Substanzen enthält, können nun die ersteren durch Uebersättigung mit einer mineralischen Base abgeschieden werden. Früher wurde dazu vielfach die kostspieligere Magnesia benutzt, gegenwärtig wendet man Kalkhydrat oder Natron an. Ammoniak widerräth sich deshalb, weil ein Ueberschuss desselben, namentlich wenn Schwefelsäure zur Extraction gedient hatte, erhebliche Mengen der Basen in Lösung zurückhält. Auch in Kalkwasser und Chlorcalcium ist das Chinin nicht unlöslich. Dagegen besitzen wässriges ätzendes und kohlensaures Natron ein ganz besonderes geringes Lösungsvermögen für das Chinin (ein geringeres als die entsprechenden Kaliumverbindungen), während sie andererseits einen Theil der färbenden Substanzen in Lösung erhalten, weshalb diese Fällungsmittel den Vorzug verdienen. Man neutralisirt daher zweckmässig die vereinigten und durch Eindampfen etwas concentrirten sauren Auszüge annähernd mit kohlensaurem Natron und fällt dann heiss mit Aetznatron. Den ausser den Chinabasen noch Farb- und Gerbstoff (und bei Fällung mittelst Kalkmilch auch Kalk, event. Gyps) enthaltenden Niederschlag zieht man nach dem Abwaschen, Auspressen und Trocknen, wenn die verarbeitete Rinde viel Chinin neben wenig Cinchonin enthält, mit 75—80procentigem kochendem Weingeist aus, versetzt die Lösung mit verd. Schwefelsäure bis zur schwach sauren Reaction und destillirt nun den Weingeist ab. Beim Erkalten gesteht der Rückstand zu einer lockeren, fast das ganze Chinin als schwer lösliches schwefelsaures Salz enthaltenden Krystallmasse. Sie wird durch Abpressen von der Mutterlauge getrennt, mit kaltem Wasser gewaschen, dann unter Wasser mit frisch geglühter Thierkohle digerirt und endlich noch mit grade soviel Wasser versetzt, dass beim Kochen eben Lösung des Chininsalzes erfolgt. Aus der heiss filtrirten Flüssigkeit krystallisirt dieses dann rein heraus und wird nach dem Abtropfen auf Fliesspapier im Schatten (im Lichte tritt Gelbfärbung ein) getrocknet. Aus der von den Krystallen getrennten Lauge kann durch Verdunsten der Rest des Chininsalzes gewonnen und durch nochmaliges Zersetzen mit kohlensaurem Natron, Wiederauflösen in Schwefelsäure und Krystallisiren der Lösung rein erhalten werden.

Bei Verarbeitung von braunen oder grauen cinchoninreichen Rinden ändert man das Verfahren dahin ab, dass man den durch Natron erhaltenen Niederschlag mit 85—90procentigem Weingeist auskocht. Aus der heiss filtrirten Lösung krystallisirt alsdann das in kaltem Weingeist schwer lösliche Cinchonin beim Erkalten zu einem Theil heraus. Dieser wird mit kaltem Weingeist gewaschen, den man der gebliebenen Lösung hinzufügt. Nachdem letzterer die Hälfte oder zwei Drittheile des Weingeists durch Destillation entzogen sind, schiessen neue Mengen des Cinchonins an. Die rückständige, nun vorwiegend Chinin enthaltende Mutterlauge, wird jetzt mit Schwefelsäure kaum merklich übersättigt und in der oben beschriebenen Weise weiter behandelt.

Die nach dem einen oder anderen Verfahren von der ersten unreinen Krystallisation des basisch-schwefelsauren Chinins abgepresste braune unkrystallisirbare Mutterlauge enthält neben wenig Chinin und viel Cinchonin, zu denen in vielen Fällen noch Chinidin und Cinchonidin kommen, auch Zersetzungsproducte dieser Basen, ferner Harz, Farbstoff und andere Substanzen. Gewöhnlich wird sie auf Chinoidin verarbeitet, indem man sie mit Ammoniak oder Alkalien ausfällt und den harzartig zusammenfliessenden Niederschlag mit Wasser wäscht und trocknet. Will man noch Chinin und Cinchonin daraus gewinnen, so kann man sie nach Geiger mit Bleiacetat ausfällen, das Filtrat mit Schwefelwasserstoff entbleien, aus der jetzt nur noch wenig gefärbten Flüssigkeit die Basen durch ein Alkali niederschlagen und sie nach einer der weiter unten angegebenen Methoden trennen. Henry jun. und Delondre empfehlen die Basen aus der Lauge mit oxalsaurem Ammoniak als oxalsaure Salze zu fällen, wobei die Harze gelöst bleiben und die Oxalate dann durch ein Alkali zu zersetzen.

Ausser den eben beschriebenen, besonders für die fabrikmässige Darstellung geeigneten Methoden, sind noch zahlreiche andere in Vorschlag gebracht worden. Ein Theil derselben, so die Vorschläge von Badollier (Ann. Chim. Phys. (2) **17.** 273), von Cassola (Journ. Pharm. (2) **15.** 167), von Scharling (Pogg. Annal. **24.** 182) und von Herring (Journ. pract. Chem. **62.** 505), strebt eine Entfernung von Farb- und Gerbstoff, von Chinaroth und Chinasäure durch ein der eigentlichen Extraction der Alkaloide vorhergehendes Ausziehen der Rinde mit alkalihaltigem Wasser an. Es ist dagegen einzuwenden, dass eine vollständige Beseitigung der fremden Stoffe auf diesem Wege nicht zu erreichen ist, dagegen ein Antheil der Alkaloide in den alkalischen Auszug übergeht. Um diesen nicht zu verlieren, dampft Herring die natronhaltige Lauge mit überschüssiger Salzsäure ein, filtrirt den Farbstoff ab, fällt mit Kalk und entzieht dem Kalkniederschlage die Basen durch Benzol oder Terpentinöl.

Henry und Plisson empfehlen, um die Anwendung des Weingeists zu umgehen, den mit schwefelsäurehaltigem Wasser bereiteten Auszug der Rinden mit frisch gefälltem feuchtem Bleioxydhydrat zu versetzen, bis er eben neutral und nur noch wenig gefärbt ist (wobei jedoch neben den zu entfernenden Stoffen auch etwas von den Basen mit niedergeschlagen wird), das Filtrat mit Schwefelwasserstoff zu entbleien, dann mit Kalkmilch in geringem Ueberschuss zu fällen, den gewaschenen Niederschlag direct in der eben erforderlichen Menge verdünnter Schwefelsäure heiss zu lösen und die Lösung zur Krystallisation zu bringen.

Stratingh versetzt den mit schwefelsäurehaltigem Wasser bereiteten Auszug mit $^1/_{12}$ vom Gewicht der Rinden an Alaun, fällt mit $^1/_4$ der verwendeten China an kohlensaurem Kali, behandelt den Niederschlag, in welchem das Thonerdehydrat sehr fest mit den Farbstoffen verbunden ist, mit Weingeist und verfährt im Uebrigen in der oben erörterten Weise.

W. Clark (Lond. Journ. of arts 1860. 94) übersättigt den sauren Auszug der Rinden schwach mit Ammoniak oder Soda, versetzt dann mit käuflicher Stearinsäure und kocht unter Umrühren. Die schmelzende Säure entzieht der Flüssigkeit wie dem Niederschlage die Basen allmälig vollständig und scheidet sich damit beim Erkalten als schwarzer Kuchen oben ab. Dieser wird zur

Reinigung mit Wasser, dann aber mit schwefelsäurehaltigem Wasser ausgekocht, welches die Alkaloide aufnimmt. Wird die saure Lösung vorsichtig mit einem Alkali abgestumpft, so werden nur färbende Beimengungen gefällt und beim Erkalten erstarrt das Filtrat zu einer Krystallmasse von schwefelsaurem Chinin Bei der fabrikmässigen Darstellung des Chinins und der anderen Alkaloide scheidet man mit Kalk die Alkaloide ab und extrahirt die feuchte Kalkmenge mit Schieferöl, Petroleum, Braunkohlentheeröl, auch Weingeist, schüttelt mit Säuren aus und fällt mit Natron.

Zur Trennung des Chinins vom Cinchonin wurde in den meisten der vorstehend beschriebenen Darstellungsmethoden der Umstand benutzt, dass neutrales schwefelsaures Chinin viel weniger in Wasser löslich und viel leichter krystallisirbar ist, als schwefelsaures Cinchonin. Auch durch Weingeist können die beiden Basen getrennt werden, aus dessen heiss gesättigter Lösung das Cinchonin beim Erkalten grösstentheils herauskrystallisirt, während das darin sehr leicht lösliche Chinin vollständig mit nur wenig Cinchonin in Lösung bleibt. Endlich löst sich das Chinin auch in Aether viel reichlicher als das Cinchonin.

Ist neben Cinchonin auch Chinidin vom Chinin zu trennen, so neutralisirt man nach de Vrij die Lösung der Basen in möglichst wenig starken Weingeist mit Jodwasserstoffsäure, filtrirt nach 24 Stunden das als schweres sandiges Pulver ausgeschiedene jodwasserstoffsaure Chinidin ab, fügt zum Filtrat Aetznatron bis zur alkalischen Reaction und lässt das Cinchonin auskrystallisiren. Die hierauf mit verdünnter Schwefelsäure neutralisirte und nöthigenfalls mit Thierkohle entfärbte Mutterlauge liefert beim Verdunsten schwefelsaures Chinin.

Aus der Lösung des schwefelsauren Chinins in verdünnter Schwefelsäure fällt Ammoniak amorphes wasserfreies Chinin, das aber bei Gegenwart von freiem Ammoniak rasch in krystallinisches Chininhydrat übergeht (Hesse). Dieses wird beim Stehen über Schwefelsäure oder bei längerem Erhitzen auf 120° wieder wasserfrei.

Da das käufliche Chininsulfat stets Spuren von Chinidin oder anderen Chinabasen enthält, so verwandeln de Vrij und Alluard (Journ. Pharm. (2) 46. 194) zur Herstellung von völlig reinem Chinin dasselbe in das wegen seiner Schwerlöslichkeit leicht ganz rein zu erhaltende schwefelsaure Jodchinin (s. unten), zerlegen dieses unter Wasser mit Schwefelwasserstoff, fällen das Filtrat mit Natronlauge, waschen das als weiches Harz niederfallende Chinin mit Wasser und trocknen es erst an der Luft, dann im Wasserbade.

Eigenschaften. Fällt man die wässrige Lösung eines Chininsalzes mit einem Alkali, so bildet der gewaschene Niederschlag nach dem Trocknen an der Luft eine lockere, meist sehr zerreibliche Masse. Diese ist ein Hydrat von der Formel $C_{20}H_{24}N_2O_2 + 3H_2O$. Nach Hesse ist der durch Ammoniak erzeugte amorphe Niederschlag anfangs wasserfrei, geht aber bald, namentlich bei Gegenwart von überschüssigem Ammoniak, in krystallinisches Hydrat von der angegebenen Zusammensetzung über, welches unter der Lupe erkennbare vierseitige, von Domen begrenzte Prismen bildet. Auch durch Verdunsten einer Auflösung des Hydrats in Weingeist von 40—42° B. an trockner kalter Luft (Pelletier und Caventou), so wie bei längerem Stehen einer heiss bereiteten Lösung in sehr verdünntem wässrigem Ammoniak (Liebig, van Heyningen) werden Büschel von feinen seideglänzenden Nadeln erhalten.

Ein anderes krystallisirtes Hydrat von der Formel $C_{20}H_{24}N_2O_2 + H_2O$ wurde von v. Heyningen, der es als Gammachinin bezeichnete, erhalten, indem er frisch gefälltes und ausgewaschenes amorphes Chinin unter öfterem Befeuchten an der Luft ausgebreitet liegen liess. Der Niederschlag verwandelte sich dann langsam in Krystalle, die auch aus warmer weingeistiger Lösung beim Erkalten wieder anschossen.

Ein drittes Hydrat mit $2H_2O$ soll nach Schützenberger sich bilden, wenn man in einer Auflösung von Chinin in verdünnter Schwefelsäure durch Zink Wasserstoff entwickelt, durch überschüssiges Ammoniak fällt, den schleimigen Niederschlag in Weingeist löst und den grünlichen durchsichtigen harzartigen Verdunstungsrückstand der Lösung bei 120° trocknet. Es wird bei 35° weich, ist bei 100° vollkommen geschmolzen und verliert bei 150° nur die Hälfte seines Wassergehalts. Mit den Säuren soll es Salze bilden, welche leichter löslich sind als die gewöhnlichen Chininsalze. Oudemanns (Berl. Ber. 6. 1165) hat ein Hydrat mit $18H_2O$ erhalten.

Die beiden erst genannten Hydrate schmelzen bei 120° zum farblosen Oel und verlieren ihr Wasser bei 130° vollständig. Nach Hesse's abweichender Angabe schmilzt das Hydrat mit $3H_2O$ bei 57°, die wasserfreie Base bei 176°,8. Das geschmolzene wasserfreie Chinin erstarrt beim Erkalten zu einer weissen undurchsichtigen, strahlig krystallinischen Masse, welche sich nicht sublimiren lässt, an der Luft sich nicht verändert, beim Reiben stark negativ electrisch wird, keinen Geruch besitzt, sehr bitter schmeckt und alkalisch reagirt.

Nach Sestini's Bestimmungen löst sich das wasserfreie Chinin in 1667 Th. Wasser von 20° und 902,5 Th. von 100°, während das Hydrat mit $3H_2O$ 1428 Th. Wasser von 20° und 773,4 Th. Wasser von 100° zur Lösung erfordert (nach Duflos lösen das wasserfreie Chinin schon 364 Th. kaltes und 267 Th. kochendes Wasser). Verdünnte Lösungen von Alkalien lösen das Chinin gleichfalls, jedoch in geringerer Menge als reines Wasser. Am stärksten vermindert Natron die Löslichkeit des Chinins in Wasser, und eine Lauge, die $^1/_6$ ihres Gewichts an Natronhydrat enthält, übt nach Sestini gar keine lösende Wirkung mehr auf das Alkaloid aus. Nach Calvert lösen 2146 Th. Kalkwasser 1 Th. Chinin. Dass Ammonium- und Calciumsalze gewisser Säuren die Löslichkeit erhöhen, wurde schon oben erwähnt. — Starker Weingeist löst das Chinin sehr leicht, verdünnter weniger gut. Von kochendem Weingeist von 0,82 spec. Gew. sind nach Duflos 2 Th. zur Lösung erforderlich. Von Aether erfordert das wasserfreie Chinin bei gewöhnlicher Temperatur nach Merck 60 Th., nach van der Burg bei 18° etwa 23 Th. (vom spec. Gew. 0,72); nach Hesse löst sich das Hydrat mit $3 H_2 O$ ungefähr in seinem gleichen Gewicht Aether. Chloroform löst nach Pettenkofer 55%, nach Schlimpert 15,2%. Benzol löst es gut; es ist ferner löslich in Petroleumäther, Schwefelkohlenstoff, in flüchtigen und fetten Oelen und in Glycerin (200 Th.). Aus heissem Petroleumäther so wie aus verdunstender Benzollösung krystallisirt das Chinin, während es aus Weingeist-Aether und Chloroform bei raschem Verdunsten stets harzartig erhalten wird. Aus den Lösungen in Benzolkohlenwasserstoffen krystallisiren Verbindungen von Chinin mit den Kohlenwasserstoffen (Oudemanns). — Aus der heiss bereiteten Lösung des krystallisirten Hydrates, die längere Zeit bei 30° stand, scheidet sich wasserfreies Chinin aus, das bei 15° 1960 Th. Wasser zur Lösung nöthig hat, welche Lösung beim Verdampfen lange Nadeln bildet. — Die Lösungen des Chinins sind linksdrehend, und zwar beträgt bei 25° in weingeistiger Lösung $[\alpha]r = -141°,33$ (De Vrij und Alluard). Hesse fand für die Lösung des gewöhnlichen Hydrates in Aether ($\delta = 0{,}7296$) bei 15° $(\alpha)D = -(158{,}7 - 1{,}911\, c)$, für die Lösung in Alkohol (97%), $(\alpha)D = -(145{,}2 - 0{,}657\, c)$, für die 5% Chloroformlösung des wasserfreien Chinins $(\alpha)D = -106{,}6$. Säuren vermehren die Ablenkung. Die Lösungen seiner Salze besitzen stärkeres Rotationsvermögen und zeigen starke Fluorescenz in Blau, die aber durch Sulfocyansäure, Ferro-, Palladio- und Platincyanwasserstoffsäure und unterschwefligsaure Salze aufgehoben wird.

Pelletier und Dumas, die es zuerst analysirten, fanden für das wasserfreie Chinin die Formel $C_{20} H_{10} NO_2$, Regnault, $C_{41} H_{25} N_2 O_4$, Laurent $C_{38} H_{22} N_2 O_4$; Liebig's und Strecker's Analysen ergeben die Formel $C_{20} H_{12} NO_2$, die nach ihrer Verdoppelung durch Strecker jetzt als richtig anerkannt wird.

Salze. Das Chinin ist eine starke Base und macht aus kochenden Lösungen von Ammoniumsalzen Ammoniak frei. Es neutralisirt die Säuren vollständig und bildet mit ihnen neutrale und saure Salze. Dieselben sind meistens schwerer löslich in Wasser und besser krystallisirbar als die entsprechenden Cinchoninsalze. Sie schmecken stark bitter und ertheilen ihren Lösungen Fluorescenz in Blau und beträchtliches Linksdrehungsvermögen.

Das wegen seiner ausgedehnten medicinischen Anwendung wichtigste Chininsalz ist das neutrale schwefelsaure Chinin, $2 C_{20} H_{24} N_2 O_2, SH_2 O_4$, dessen Darstellung bereits oben beschrieben wurde. Das aus Wasser krystallisirte Salz enthält an kalter Luft getrocknet und noch unverwittert nach Regnault 7 Atome ($7 H_2 O$) Krystallwasser, nach Jobst und Hesse $7^1/_2 H_2 O$. Es bildet zarte seideglänzende, etwas biegsame Nadeln und Blättchen des diclinischen Systems, die zu einer voluminösen lockeren Masse zusammengehäuft sind. Das an der Luft verwitterte oder über Schwefelsäure oder bei 100° getrocknete Salz enthält nur noch $2H_2O$. Bei 120° geht alles Wasser fort, aber an feuchter Luft werden rasch wieder $2H_2O$ aufgenommen. Auch aus seiner Auflösung in Weingeist von 0,852 spec. Gew. krystallisirt das verwitterte Salz in weissen Nadeln mit $2H_2O$. Bis 155 oder 160° erhitzt, zersetzt sich das Chininsulfat nicht, phosphorescirt aber bei dieser Temperatur mit blassgrünem Licht und wird positiv electrisch. In höherer Temperatur schmilzt es und zersetzt sich endlich unter Entwicklung purpurrother Dämpfe. Im Sonnenlichte bräunt es sich allmälig im feuchten wie im trockenen Zustande. Nach Jobst und Hesse erfordert 1 Th. wasserfreies Salz 794 Th. Wasser von 6° und 788 Th. von 9,5° zur Lösung, ferner 100—115 Th. kalten Weingeists von 0,852 spec. Gew. Die Lösungen reagiren neutral. Auch Kreosot und Glycerin lösen das Salz, Chloroform jedoch nicht.

Als Verunreinigungen können dem Chininsulfat Sulfate der gleichzeitig in den Chinarinden vorkommenden Basen Cinchonin, Chinidin und Cinchonidin beigemengt sein. Ihre Erkennung kann durch Liebig's Chininprobe bewirkt werden: Man löst 10 Gran des Sulfats im Proberöhrchen durch Erwärmen mit 10 Tropfen verdünnter Schwefelsäure und 15 Tropfen Wasser, fügt nach dem Erkalten 60 Tropfen käuflichen Aether (dem man nach Roger zweckmässig 2% 90procent. Weingeist zusetzt) und 20 Tropfen wässriges Ammoniak hinzu, schüttelt und verschliesst das Röhrchen. War kein Cinchonin und nicht über 10% Chinidinsalz beigemengt, so bleibt die Flüssigkeit klar. Cinchonin scheidet sich als weisse pulverige Schicht zwischen dem Aether und dem Wasser aus, ebenso Cinchonidin und Chinidin, wenn sie in grösserer Menge vorhanden sind. Um auch die kleinsten Mengen von Chinidin noch sicher zu entdecken, braucht man bei dieser Probe statt reinen Aethers nur eine etwas grössere Menge zuvor mit Chinidin gesättigten Aethers anzuwenden (Zimmer). — Riegel (Jahrb. Pharmac. 25. 340) ändert die vorstehende Probe dahin ab, dass er statt des Aethers 100 Tropfen Chloroform nimmt, wodurch aber nur das Cinchonin, jedoch sicherer, angezeigt wird. Um auch das in Chloroform gut lösliche Chinidin zu erkennen, versetzt er eine wässrige Auflösung von 10 Gran des Sulfats mit Weinsäure (deren Gegenwart die Fällung des Chinins durch alkalische Bicarbonate verhindert), fällt dann durch doppeltkohlensaures Natron das Cinchonin und Chinidin und trennt diese durch Chloroform. — Andere Prüfungen sind von O. Henry (Journ. Pharm. (3) **13.** 107), von Delondre und O. Henry (Journ. Pharm. (3) **21.** 281) und von verschiedenen Anderen angegeben worden. O. Hesse erklärt ein von Kerner aufgestelltes Prüfungsverfahren, welches sich auf die verschiedene Löslichkeit der freien Basen in Ammoniak und ihrer neutralen schwefelsauren Salze in Wasser gründet, für das zuverlässigste. Nach Kerner enthält eine bei 15° gesättigte Lösung von reinem neutralem Chininsulfat $^1/_{755}$ des Salzes in Lösung. Versetzt man 5 ccm einer solchen Lösung mit wässrigem Ammoniak von genau 0,92 spec. Gew., bis die anfänglich entstandene Trübung eben wieder verschwunden ist, so sind davon im Minimum 4,5 und im Maximum 5 ccm erforderlich, und von Ammoniakflüssigkeit vom spec. Gew. 0,96 im Minimum 6,5 und im Maximum 7 ccm. Dagegen beträgt die Löslichkeit des neutralen Chinidinsulfats (Kerner unterscheidet 3 isomere, in ihren Löslichkeitsverhältnissen von einander abweichende Modificationen des Chinidins) in Wasser von 15° $^1/_{223}$—$^1/_{105}$, und 1 ccm gesättigter Chinidinsulfatlösung erfordert 11

Prüfung des Chininsulfates.

bis 14,5 ccm. Ammoniak von 0,92 oder 12,5—15,5 ccm Ammoniak von 0,96 spec. Gew. bis zur Wiederauflösung des dadurch erzeugten Niederschlags. Die Löslichkeit des neutralen Cinchonidinsulfats in Wasser von 15° beträgt $^1/_{110}$—$^1/_{98}$ und die Wiederauflösung des in 1 ccm kalt gesättigter Lösung entstandenen Niederschlags erheischt etwa 16 ccm Ammoniakflüssigkeit von beiden Stärken. Von neutralem Cinchoninsulfat endlich beträgt die Löslichkeit in Wasser von 15° $^1/_{55}$ und wird $^1/_2$ ccm solcher kalt gesättigter Lösung selbst auf Zusatz von 150 ccm. Ammoniakflüssigkeit nicht wieder klar. — Gestützt auf diese Beobachtungen stellt Kerner nun folgende qualitative Chininprobe auf: Man übergiesst etwa 2 g des zu prüfenden Salzes mit etwa 20 g Wasser von 15°, mischt anhaltend, presst nach einer halben Stunde das Flüssige ab und filtrirt es. Zu 5 ccm des Filtrats lässt man alsdann in einem Proberöhrchen genau 5 ccm Ammoniakflüssigkeit von 0,92 spec. Gew. oder 7 ccm einer solchen von 0,96 spec. Gew. fliessen und schüttelt um. Wird die Flüssigkeit sogleich oder doch nach einigen Minuten vollkommen klar, oder zeigt sich nur eine leichte Opalescenz, so kann das Präparat als genügend rein angesehen werden. — Will man die Menge des beigemengten fremden Alkaloids bestimmen, so wägt man 5 g des zu prüfenden Salzes ab und behandelt sie so lange mit kleinen Mengen kalten Wassers, bis ein Pröbchen des Filtrats die Ammoniakprobe hält (d. h. bis 1 ccm des Filtrats auf Zusatz von 1 ccm wässrigen Ammoniak von 0,92 spec. Gew. klar bleibt). Das Gesammtfiltrat wird alsdann auf ein bestimmtes Volumen gebracht und ein aliquoter Theil desselben im Verhältniss der qualitativen Ammoniakprobe mit Ammoniak versetzt. Das ausgeschiedene Alkaloid sammelt man nach halbstündigem Stehen auf einem gewogenen Filter, wäscht es zuerst mit wenig schwacher Ammoniakflüssigkeit, dann mit Wasser aus, trocknet es bei 100° und wägt.

Methode Kerner.

Die Kerner'sche Probe führt man am besten folgendermassen aus: 2 g Chininsulfat werden mit 20 ccm Wasser von 15° $^1/_2$ Stunde stehen gelassen, dann in ein graduirtes in $^1/_{10}$ ccm getheiltes Proberöhrchen filtrirt, und nun so viel 10% Salmiakgeist zugesetzt, bis sich der entstandene Niederschlag gerade wieder auflöst. Mehr als 7 ccm Ammoniak soll nicht verbraucht werden; jeder Mehrverbrauch zeigt mehr als 1% Sulfate des Chinidins, Cinchonidins oder Cinchonin an. — Schärfer wird diese Probe, wenn man 2 g Chininsulfat mit 20 g lauwarmem Wasser $1^1/_2$ Stunde stehen lässt und dann 5 ccm wie oben prüft. — Die Methode von O. Hesse gründet sich darauf, dass Chininsulfat von Wasser bei 50—60° nur spärlich gelöst wird, die übrigen Sulfate reichlich und dass diese Lösung, mit Ammon und Aether in bestimmter Menge versetzt, klar bleibt, wenn nur bestimmte Procente der noch vorhandenen Sulfate vorhanden sind. Die Ausführung ist folgende: 0,5 g Chininsulfat werden mit 10 ccm Wasser von 50—60° tüchtig geschüttelt, 10—15 Minuten stehen gelassen, hierauf 5 ccm durch ein kleines trocknes Filter in ein 10—11 mm. weites Probirrohr filtrirt, 1 ccm Aether von 0,7203 spec. Gew. und 5 Tropfen Salmiakgeist und 0,960 spec. Gew. zugefügt. Nach kräftigem Umschütteln lässt man das Rohr verkorkt 2 Stunden ruhig stehen. Enthält das Chininsulfat mehr als 0,25% Cinchoninsulfat, 0,5 Chinidinsulfat und 1% Cinchonidinsulfat, so entstehen in der Aetherschicht krystallinische Ausscheidungen. Chininsulfat löst sich in Chloroform schwer,, Cinchonin und Conchininsulfat leicht. 1 g Chininsulfat löst sich in 7 ccm einer Mischung von 2 Vol. Chloroform, 1 Vol. Alkohol (97%) (O. Hesse, Ann. Chem. Pharm. **176**. 324).

Methode Hesse.

Literatur über Veränderungen des Chininsulfats in Mischungen mit anderen Arzneimitteln, Prüfung auf Verfälschungen, Verunreinigungen etc.:

Maisch, Pharm. J. Trans. (4) **1**. 51. — Biel, Pharm. Z. Russl. 11. 367. — Heintz, Arch. Pharm. **199**. 220; J. Pharm. 1872. 375. — Albers, Arch. Pharm. **202**. 23. — Hager, Comment. z. Pharmac. german. I. Aufl. 464. — O. Hesse, N. Jahrb. Pharm. **90**. 129. — Maisch, N. J. Pharm. 202. 224. — Schrage, Arch. Pharm. (3) **6**. 38; Pharm. Centrlh. **16**. 52. 444. — Allen, J. Pharm. 1876. 489. — Palmer, Pharm. J. Trans. **7**. (3) 318. — Holloway, Amer. J. Pharm. (4) **49**. 481. — Paul, Pharm. J. Trans. (3) 7. 346; J. Pharm. 1877. 421. — Trimble, J. Pharm. 1877. 422. — Prateri, J. Pharm. 1877. 423. — Dovars, Nieuw Tijdschr. Pharm. 1878. 267; J. Pharm. 1878. 471. — Van der Burg, Nieuw Tijdschr. Pharm. 1879. 66; J. Pharm. 1879. 172. — P. Carles, J. Pharm. 1879. 172. — J. Kerner, Arch. Pharm. **216**. 259. 186. — O. Hesse, ebendas. **217**. 268. — Kerner, ebendas. **217**. 438. — G. Schacht, ebendas. **217**. 89. — Hoogewerff und Van Dorp, Ann. Chem. Pharm. **204**. 88. — W. Stoeder, N. Tijdschr. Pharm. 1880. 259. — O. Hesse, Ann. Chem. Pharm. 205. 217. Bestimmung von Cinchonidinsulfat in Chininsulfat mittelst des Polariscopes.

Löst man neutrales schwefelsaures Chinin in schwefelsäurehaltigem Wasser, so enthält die Lösung saures schwefelsaures Chinin. Dieses krystallisirt nach Baup bei raschem Erkalten seiner heissen wässrigen Lösung in feinen Nadeln, bei langsamem Verdunsten verdünnterer Lösungen in grossen wasserhellen, an der Luft verwitternden, nach Hahn orthorhombischen Prismen von der Zusammensetzung $C_{20}H_{24}N_2O_2, SH_2O_4 + 7^1/_2 H_2O$. Es reagirt sauer, schmeckt aber bitter. Es schmilzt bei 100° in seinem Krystallwasser. Bei 13° erfordert es 11 Theile, bei 22° 8 Theile Wasser zur Lösung. Die Lösung zeigt so starke Fluorescenz in Blau, dass dieselbe mit Hülfe einer Linse noch bei $^1/_{100000}$ Gehalt daran deutlich wahrgenommen wird. Weingeist, namentlich wässriger, löst das Salz gut, aber weit reichlicher warm als kalt. Aus der heiss gesättigten Lösung in absolutem Weingeist schiesst es in Krystallen an, die an der Luft sogleich zu Pulver zerfallen (Robiquet, Hjordahl).

Unterschwefligsaures Chinin, $2 C_{20}H_{24}N_2O_2, S_2H_2O_3 + 2 N_2O$, wird durch unterschwefligsaures Natron aus mässig concentrirtem wässrigem salzsaurem Chinin als blendend weisser, aus heissem Weingeist in schönen durchscheinenden Nadeln krystallisirender Niederschlag erhalten (Wetherill, Ann. Chem. Pharm. **66**. 150), der sich in 300 Th. kaltem, leicht in heissem Wasser löst (How). Auch das unterschwefelsaure Salz wurde von Heeren (Poggend. Annal. 7. 193) durch Wechselzersetzung des Sulfats mit unterschwefelsaurem Baryt krystallisirt erhalten.

Vertheilt man nach Langlois (Ann. Chim. Phys. (3) **41**. 89) das aus 10 g des Sulfats durch Ammoniak gefällte Chinin in 1 Liter Wasser und leitet Kohlensäure bis zur Lösung ein, so setzen sich aus der alkalisch reagirenden Flüssigkeit bei Luftzutritt im Laufe von 24 Stunden durchscheinende, an der Luft rasch verwitternde, bei 110° unter Freiwerden von Kohlensäure sich zersetzende, in Weingeist, aber nicht in Aether lösliche Nadeln von kohlensaurem Chinin, $C_{20}H_{24}N_2O_2, CH_2O_3 + H_2O$, ab.

Neutrales chlorwasserstoffsaures Chinin, $C_{20}H_{24}N_2O_2, HCl + 2 H_2O$ (Hesse), krystallisirt aus einer Lösung von Chinin in schwach überschüssiger Salzsäure in weissen, sternförmig gruppirten seideglänzenden Nadeln. Da Anwendung von zu viel Salzsäure Bildung des unkrystallisirbaren gummiartigen sauren Salzes zur Folge hat, so stellt man das neutrale Salz am zweckmässigsten durch doppelte Zersetzung von aequivalenten Mengen gelösten Chininsulfats und Chlorbariums und Verdampfen des Filtrats bei einer 40° nicht übersteigenden Temperatur dar (Winckler). Es löst sich nach Abl in 24 Th. Wasser von 19°, nach Hesse in 39,4 Th. Wasser von 10° und leicht in Chloroform. Vitali, J. Pharm. 1880. 168. — Wolff, Arch. Pharm. 219. 1. — Vulpius, Arch. Pharm. (3) 20. 361. — Das am besten durch langsames Verdunsten einer Auflösung der Base in möglichst wenig wässriger Jodwasserstoffsäure zu erhaltende neutrale jodwasserstoffsaure Chinin, $C_{20}H_{24}N_2O_2$, HJ, krystallisirt in dünnen, in kaltem Wasser schwer löslichen Nadeln (Winckler); das bei Anwendung von überschüssiger Säure zu erhaltende saure jodwasserstoffsaure Chinin, $C_{20}H_{24}N_2O_2, 2\,HJ + 5H_2O$, bildet nach O. Hesse Prismen und Blättchen, die bei 120° wasserfrei werden, an feuchter Luft aber wieder $2\,H_2O$ aufnehmen (Bauer). — Bromwasserstoffsaures Chinin, neutrales und saures, lösliche Salze (Latour, Boille, Macdonald). — Eine Lösung von frisch gefälltem Chinin in wässriger Flusssäure liefert beim Verdunsten eine aus concentrisch gruppirten feinen Nadeln bestehende, sehr zerfliessliche Krystallmasse von fluorwasserstoffsaurem Chinin (Elderhorst, Ann. Chem. Pharm. 74. 79). — Jodsaures Salz erhielt Serullas aus Chinin und wässriger Jodsäure in seideglänzenden, dem Sulfat gleichenden Krystallen. Chlorsaures Chinin $4\,(C_{20}H_{24}N_2O_2HClO_3) + 7\,H_2O$, wird nach Tichborne (Chem. News 14. 111) am besten durch Wechselzersetzung von chlorsaurem Baryt mit schwefelsaurem Chinin in pilzartigen, aus fadenförmigen Krystallen gefügten Massen erhalten. — Ueberchlorsaures Chinin, $C_{20}H_{24}N_2O_2, 2\,ClHO_4 + 7\,H_2O$ scheidet sich beim Einengen des durch Wechselzersetzung von wässrigem Sulfat mit überchlorsaurem Baryt erhaltenen Filtrats in gelblichen Oeltropfen aus, deren warme wässrige Lösung beim Erkalten starkglänzende, schwachen Dichroismus in Blau und Gelb zeigende orthorhombische Tafeln oder gestreifte Prismen liefert (J. Bödeker, Ann. Chem. Pharm. 71. 60). — Neutralisirt man eine weingeistige Lösung von Chinin mit Ueberjodsäure und verdunstet darauf bei 30 bis 40°, so erhält man rundliche in Wasser schwer lösliche Krystallnadelaggregate von überjodsaurem Chinin, $2\,C_{20}H_{24}N_2O_2$, J_2O_7, die bei 40° getrocknet $9\,H_2C$, bei 100° getrocknet noch $6\,H_2O$ enthalten (Langlois, Ann. Chim. Phys. (3) 34. 274).

Salpetersaures Chinin, $C_{20}H_{24}N_2O_2$, $NHO_3 + H_2O$ wird nach Strecker am Besten erhalten, indem man neutrales Sulfat in wässriger Lösung mit salpetersaurem Baryt zersetzt und das Filtrat der freiwilligen Verdunstung überlässt. Es bildet grosse durchsichtige Prismen. — Aus einer Auflösung von Chinin in warmer verdünnter wässriger Phosphorsäure krystallisiren beim Erkalten feine strahlig vereinigte seideglänzende neutral reagirende Nadeln von phosphorsaurem Chinin, $3\,C_{20}H_{24}N_2O_2, 2\,PH_3O_4$, die bald $5\,H_2O$, bald $12\,H_2O$ an Krystallwasser enthalten (Anderson, Ann. Chem. Pharm. 66. 59.) Nach Hesse hat das in langen Nadelbüscheln krystallisirende phosphorsaure Chinin die Formel $2\,C_{20}H_{24}N_2O_2$, $PH_3O_4 + 8\,H_2O$ und löst sich bei 10° in 784 Th. Wasser. — Erhitzt man nach L. Smith (Amer. Journ. Pharm. 31. 285 und 32. 410) 100 Th. Chininsulfat mit 6000 Th. Wasser und 38,7 Th. unterphosphoriger Säure auf 94°, fügt dann unterphosphorigsauren Baryt bis zur beinahe vollständigen Zersetzung hinzu und lässt das Filtrat krystallisiren, so erhält man eine leichte sehr lockere, in 60 Th. kaltem, leichter in kochendem

Wasser lösliche Masse von unterphosphorigsaurem Chinin, $C_{20}H_{24}N_2O_2$, PH_3O_2. — Arsensaures Chinin, $2C_{20}H_{24}N_2O_2, AsH_3O_4 + 8H_2O$, krystallisirt nach Hesse in langen, in kaltem Wasser schwer, in heissem leicht löslichen Prismen. — Borsaures Chinin wurde von Serullas aus einer Auflösung von Chinin in nicht überschüssiger heisser wässriger Borsäure in Krystallkörnern erhalten. — Aus einer keine freie Säure enthaltenden wässrigen Auflösung von neutralem oder saurem schwefelsaurem Chinin fällt neutrales chromsaures Kali neutrales chromsaures Chinin, $2C_{20}H_{24}N_2O_2, Cr_2O_3$, das durch Umkrystallisiren in glänzenden goldgelben Nadelbüscheln erhalten werden kann, sich in Weingeist, in 160 Th. kochendem und 2400 Th. Wasser von 15°, aber nicht in Aether löst. Bei Gegenwart von freier Schwefelsäure fällt saures chromsaures Kali dagegen orangegelbes, aus mikroskopischen Nadeln bestehendes, in Wasser leichter lösliches und am Lichte sich rasch zersetzendes zweifach-chromsaures Chinin, $C_{20}H_{24}N_2O_2, Cr_2O_8 + 8H_2O$. (André, Journ. Pharm. (3) **41**. 341).

Ameisensaures Chinin krystallisirt nach L. L. Bonaparte leicht in Nadeln. Neutrales essigsaures Chinin, $C_{20}H_{24}N_2O_2$, $C_2H_4O_2$, bildet nach Regnault lange seideglänzende, im Wasserbade Essigsäure verlierende Nadeln; saures essigsaures Chinin, $C_{20}H_{24}N_2O_2$, $2C_2H_4O_2 + 3H_2O$ (?), soll nach Schwarzenbach (Viertelj. pract. Pharm. 8. 518) beim freiwilligen Verdunsten einer Lösung von Chinin in überschüssiger Essigsäure gleichfalls in langen Nadeln von Seidenglanz erhalten werden. — Das valeriansaure Chinin, $C_{20}H_{24}N_2O_2$, $C_5H_{10}O_5$, wird nach Bonaparte durch Neutralisiren einer weingeistigen Chininlösung mit Valeriansäure in schwachem Ueberschuss, Vermischen der Lösung mit dem doppelten Volumen Wasser und freiwilliges Verdunsten bei einer 50° nicht übersteigenden Temperatur in luftbeständigen harten Rectanguläroctaëdern oder Hexaëdern, bei raschem Verdunsten auch in seidenglänzenden Nadeln erhalten, die 1 At. H_2O enthalten. Wittstein erhielt das Salz in perlglänzenden schief rhomboidischen Tafeln oder weissen Nadeln mit 12 At. H_2O, während Stalmann (Annal. Chem. Pharm. **147**. 132) neuerdings ein in Nadeln krystallisirendes Salz mit nur $^1/_2$ H_2O Krystallwasser dargestellt hat, das sowohl mit natürlicher, als mit künstlicher Valeriansäure vollkommen gleichartig ausfiel. Die Krystalle riechen nach Valeriansäure und schmecken sehr bitter. Sie lösen sich nach Wittstein in 110 Th. kaltem und 40 Th. kochendem Wasser, sowie in 6 Th. kaltem und 1 Th. kochendem 80proc. Weingeist, und scheiden beim Kochen ihrer wässrigen Lösung wasserfreies Salz in harzigen Tropfen aus, die aus Weingeist krystallisiren. Nach Landerer (Arch. Pharm. (2) **119**. 240) soll das mit natürlicher Säure bereitete Salz (welches zu medicinischen Zwecken allein benutzt werden darf) beim Zerreiben phosphoresciren, das mit künstlicher Säure bereitete dagegen nicht. Die sicherste Prüfung darauf, ob ein käuflich bezogenes Salz mit natürlicher oder künstlicher Valeriansäure bereitet wurde, dürfte jedoch durch Verwandlung derselben in das Barytsalz zu bewirken sein, welches nach Stalmann leicht krystallisirt, wenn es natürliche Säure enthält, anderenfalls aber unkrystallisirbar ist. — Benzoësaures Chinin, $C_{20}H_{24}N_2O_2$, $C_7H_6O_2$, bildet nach Hesse kleine, bei 10° in 373 Th. Wasser lösliche Prismen; nelkensaures Chinin, $C_{20}H_{24}N_2O_2$, $C_{10}H_{12}O_2$, krystallisirt aus Weingeist in langen seidenglänzenden, auch in Aether gut löslichen, in Wasser dagegen schwer löslichen Prismen. — Neutrales oxalsaures Chinin, $2C_{20}H_{24}N_2O_2$, $C_2H_2O_0 + H_2O_2$, krystallisirt bei freiwilliger Verdunstung seiner Lösung in kleinen, in kaltem Wasser ziemlich leicht löslichen Prismen (Hesse). — Bernsteinsaures Chinin, $2\,C_{20}H_{24}N_2O_2$, $C_4H_6O_4 + 8\,H_2O$, wurde von Hesse sowohl aus Wasser als aus Weingeist in langen weissen Prismen krystallisirt erhalten, die sich in Weingeist und kochendem Wasser leicht, bei 10° aber erst in 910 Th. Wasser lösen. — Durch Eintröpfeln von Mellithsäure-Lösung in weingeistiges Chinin erhielt Karmrodt (Ann. Chem. Pharm. 81. 170) einen weissen, beim Auswaschen mit wässrigem Weingeist krystallinisch werdenden Niederschlag von mellithsaurem Chinin, $C_{20}H_{24}N_2O_2, 2C_4H_2O_4$. — Milchsaures Chinin bildet nach Bonaparte seidenglänzende, in Wasser leichter als das Sulfat lösliche Nadelbüschel. — Neutrales rechtsweinsaures Chinin, $2\,C_{20}H_{24}N_2O_2$, $C_4H_6O_6$, wird nach Arppe (Journ. pract. Chem. 53. 334) durch Fällung von wässrigem Chininsulfat mit neutralem weinsaurem Kali als krystallinischer Niederschlag erhalten, während beim Verdunsten einer weingeistigen Lösung von gleichen Atomen Chinin und Weinsäure saures rechtsweinsaures Chinin, $C_{20}H_{24}N_2O_2$, $C_4H_6O_6 + H_2O$ krystallisirt (Pasteur). Saures linksweinsaures Chinin hat nach Pasteur gleiche Zusammensetzung, zeigt aber abweichende Krystallform und ist weit leichter löslich in Wasser. — Trägt man in eine warme verdünnte wässrige Lösung von Citronensäure Chinin bis zur Sättigung ein, so krystallisiren beim Erkalten und Verdunsten feine weisse neutral reagirende Prismen von citronensaurem Chinin, die nach Hesse nach der Formel $2\,C_{20}H_{24}N_2O_2$, $C_6H_8O_7 + 7\,H_2O$ zusammengesetzt sind und sich bei 12° in 930 Th. Wasser, nach Wittstein ferner in 30 Th. kochendem Wasser, in 44 Th. kaltem und 3 Th. kochendem Weingeist von 85 Proc. lösen. Ein mit überschüssiger Citronensäure zu erhaltendes saures Salz von der Formel $C_{20}H_{24}N_2O_2$, $C_6H_8O_7$ gleicht dem vorhergehenden, reagirt aber stark sauer und ist in Wasser schwerer löslich (Hesse). — Harnsaures Chinin wird nach Andreae durch Kochen von 1 Th. frisch gefälltem Chinin mit $1^1/_2$ Th. Harnsäure und Wasser als weisses mattglänzendes krystallinisches Pulver erhalten, das sich in Wasser und Weingeist in der Kälte schwer, beim Kochen weit reichlicher löst. — Chinasaures Chinin lässt sich durch Verdunsten einer mit frisch gefälltem Chinin gesättigten Chinasäure-Lösung zur Trockne und Befeuchten des Rückstandes mit Wasser als warzig krystallinische, in Wasser und Weingeist leicht lösliche Masse darstellen (Henry und Plisson). — Gerbsaures Chinin wird aus mässig verdünnten wässrigen Lösungen der Chininsalze durch Gerbsäure in weissen Flocken gefällt und bildet trocken eine weisse schwammige, geschmack- und geruchlose Masse, die sich sehr schwer in Wasser (480 Th. bei 18° nach Abl), besser in Weingeist und sehr wenig in Aether löst und sich nach Lintner bei längerer Berührung mit Wasser in lösliches gallussaures Chinin verwandelt. Nach Delondre und Henry enthält es auf 1 At. Chinin 2 At. Gerbsäure. — Der durch weingeistige Pikrinsäure in den verdünntesten Chininsalzlösungen hervorgebrachte gelbe pulvrige Niederschlag von pikrinsaurem Chinin löst sich nach Carey Lea sehr leicht in Weingeist und schiesst daraus in gelben Nadeln an. — Löst man 5 Th. Chinin und 1 Th. Anisöl in kochendem Weingeist und krystallisirt dann durch Erkaltenlassen und weiteres Verdunsten, so erhält man glasglänzende vierseitige klinorhombische Doppelpyramiden von Anethol-Chinin, $2\,C_{20}H_{24}N_2O_2$, $C_{10}H_{12}O + 2\,H_2O$, die kaum nach Anisöl riechen, sich sehr schwer in Wasser, wenig in kaltem, leicht in kochendem Weingeist und sehr leicht in Aether lösen und durch Salzsäure zerlegt werden.

Schwefelcyanwasserstoffsaures Chinin, $C_{20}H_{24}N_2O_2$, 2CNHS bildet nach Wertheim (Wien. Acad. Ber. 1. 263) grosse hellcitronengelbe klinorhombische Krystalle, aus deren wässriger Lösung Quecksilberchlorid das Doppelsalz 3($C_{20}H_{24}N_2O_2$, 2CNHS) + 8HgCl und Quecksilbercyanid das Doppelsalz $C_{20}H_{24}N_2O_2$, 2CNHS + 2Hg(CN) fällen. — Ferrocyanwasserstoffsaures Chinin, $C_{20}H_{24}N_2O_2$, $(CN)_6Fe_2H_4$ + 3H_2O wird durch Fällung einer weingeistigen Chininlösung mit weingeistiger Ferrocyanwasserstoffsäure als orangegelber krystallinischer, in Weingeist schwer löslicher Niederschlag erhalten, während wässriges rothes Blutlaugensalz aus concentrirter und mit etwas freier Salzsäure versetzter wässriger Lösung von salzsaurem Chinin goldgelbe Blättchen von in Wasser ziemlich leicht löslichen, aber beim Abdampfen dieser Lösung sich zersetzenden Ferridcyanwasserstoffsaurem Chinin, $C_{20}H_{24}N_2O_2$, $(CH)_6Fe_2H_3$ + 1½ H_2O abscheidet (Dollfus, Ann. Chem. Pharm. 65. 212).

Ueber Chininsalze sind noch folgende Arbeiten zu nennen:

Ueber Chinintannat. Haaxmann, Nieuw Tijdschr. Pharm. Nederl. 1871. 4. — Schlagdenhauffen, Pharm. J. Trans. (3) 3. 682. — Roznyay, Pharm. Centrlb. 16. 106. — W. Stoeder, J. Pharm. 1877. 425. Haaxmann, ebendas. 425. — Dwars, Nieuw Tijdschr. Pharm. 1878. 51.

Baldriansaures Chinin. Hager, Commentar. z. Pharmac. I. Aufl. 473. — Landerer, Un. pharm. 18. 273.

Ferrocyanchinin. Maisch, Amer. J. Pharm. (4) 49.

Meconsaures Chinin. Austen, Pharm. J. Trans. (3) 3. 1016.

Salicylsaures Chinin. Schering, Pharm. Ztg. 1875. No. 11. — Yvon, J. pharm. (Chim. (4) 30. 211. J. Pharm. 1879. 174.

Löslichkeit von Chininsalzen, unterphosphorigsaures-, ameisensaures-, buttersaures-, milchsaures-, aethylschwefelsaures-, methylamylschwefelsaures Chinin, Schlagdenhauffen, Pharm. J. Trans. (3) 3. 682. — Carbolsaures Chinin, Jobst, N. Repert. Pharm. 24. 193.

Chininferrocitrat. Holloway, J. pharm. (4) 49. 484). — Drueding, ebendas. (4) 49. 550. — Paul, Pharm. J. Trans. (3) 7. 355. — Lloyd, J. Pharm. 1876. — Schuttleworth, J. Pharm. 1878. 474. —Stoeder, ebend. 494. — van Gelder, J. Pharm. 1878. 475. — W. Stevenson, Pharm. J. Trans. 3. 451. — Fletscher, ebendas. 482. — J. de Vrij, Pharm. J. Trans. (3) 534.

Saures salzsaures Chinin. J. Pharm. 1880. 168.

Chininthymolcitrat. Pavesi, J. Pharm. Chim. (4) 26. 64. — J. Pharm. 1877. 426. — Cosselino, ebendas. 1879.

Chininsulfaethylat, J. Pharm. 1877. 426.

Chininphenolsulfat. Cotton, J. pharm. 1875. 353. — Jobst und Hesse, Ann. Chem. Pharm. 180. 248. (Chininphenolchlor- und bromhydrat).

Schwefelcyanverbindungen des Chinins und anderer Alkaloide. Schrage, Arch. Pharm. (3) 13. 25. — O. Hesse, ebendas. (13) 10. 481. — J. Pharm. 468.

Chinasaures Chinin. Collier, Pharm. J. Trans. 9. 424. 104.

Arsenigsaures Chinin. Adler, Arch. Pharm. (3) 11. 44.

Beim freiwilligen Verdunsten einer gemischten Lösung von Chininsulfat und schwefelsaurem Eisenoxyd krystallisiren nach Monaten kleine regelmässige Octaeder von schwefelsaurem Chinin-Eisenoxyd (Will, Ann. Chem. Doppeltsalze.

Pharm. 42. 111). — In weingeistiger Chininlösung erzeugt weingeistiges Silbernitrat einen weissen krystallinischen Niederschlag von salpetersaurem Chinin, Silberoxyd, $C_{20}H_{24}N_2O_2$, $NAgO_3 + {}^1/_2 H_2O$, das sich in 286 Th. Wasser von 15° löst und dessen heisse wässrige Lösung beim Erkalten kleisterartig gesteht (Regnault, Strecker). — Versetzt man weingeistige Chininlösung mit Chlorzink und dann bis zum Verschwinden des entstandenen Niederschlages mit Salzsäure, so krystallisiren allmälig feine plattgedrückte Prismen von salzsaurem Chinin-Chlorzink, $C_{20}H_{24}N_2O_2$, 2 HCl, ZnCl $+ H_2O$, heraus, die beim Umkrystallisiren aus verdünnter Salzsäure sich in das leicht lösliche, wawellitähnlich krystallisirende Salz $C_{20}H_{24}N_2O_2$, 3 HCl, $ZnCl + 1^1/_2 H_2O$ verwandeln, das auch aus einer heissen weingeistigen Lösung von saurem salzsaurem Chinin und Chlorzink beim Erkalten anschiesst (Gräfinghoff, Journ. pract. Chem. 95. 221). — Fällt man mit Salzsäure versetzte weingeistige Chininlösung mit weingeistigem Quecksilberchlorid, so scheidet sich nach einiger Zeit ein körnig-krystallinischer, in kaltem Wasser, Weingeist und Aether schwer löslicher Niederschlag von salzsaurem Chinin-Quecksilberchlorid, $C_{20}H_{24}N_2O_2$,2HCl,2HgCl, ab (Hinterberger, Ann. Chem. Pharm 77. 201). — Platinchlorid fällt aus Chininsalzlösungen hellgelbes, bei Gegenwart von freier Salzsäure dunkler gelbes und krystallinisches salzsaures Chinin-Platinchlorid, $C_{20}H_{24}N_2O_2$, 2 HCl, $2 PtCl_2 + H_2O$, das seinen Wassergehalt erst bei 140° verliert und sich leicht in verdünnter Salzsäure, aber erst in 120 Th. kochendem, in 1500 Th. kaltem Wasser und in 2000 Th. kochendem Weingeist löst (Liebig, Gerhardt, Duflos). — Verschiedene krystallisirbare Doppelverbindungen von cyanwasserstoffsaurem Chinin mit Platincyanür sind von Werthheim (Wien. Acad. Ber. 1849. 1. 263) und Schwarzenbach (Viertelj. pract. Chem. 8. 518) dargestellt und beschrieben worden.

Die Harnstoffverbindungen des Chinins, in denen ${}^1/_2$, 1 und 2 Mol. Harnstoff mit dem sauren salzsauren Salz verbunden sind, wurden von Drygin hergestellt; ferner wurden hergestellt Anisölchinin, Eugenolchinin (O. Hesse, Ann. Chem. Pharm. 135. 329; 123. 382), Resorcinchininsulfat, Orcinchininsulfat, Phloroglucinchininsulfat (Hlasiwetz, Barth, Ann. Chem. Pharm. 134. und 138. — Malin, ebendas. 138). G. Marzara (Gazz. chim. 13. 269) hat Additionsproducte des Chinin mit Chloral, Thymol, Parakresol hergestellt.

Jodverbindungen des Chinins. Die älteste Verbindung wurde von Bouchardat beobachtet, von Herapath beschrieben und ist unter dem Namen Herapathit allgemein bekannt. Dieselbe entsteht entweder durch Lösen von Chinin in der berechneten Menge Schwefelsäure, Erhitzen unter Alkoholzusatz und Zusatz der nöthigen Jod- und Jodwasserstoffmenge, wobei sich der Herapathit ausscheidet, oder durch Fällen einer heissen, essigsauren alkoholischen Chininsulfatlösung mit Jod. Rhombische 6- oder 8eckige Blättchen, im durchfallenden Lichte olivengrün, im reflectirten cantharidengrün, metallglänzend. Die Polarisation ist bei dieser Verbindung bedeutend stärker als bei Turmalin und zwar grün oder roth. Der Herapathit löst sich in 650 Th. kaltem, in 50 Th. heissem Weingeist von 0,837, und in Essigsäure. Mit Wasser wird er zerlegt und bildet mit Quecksilber ein Doppelsalz, das in rhombischen, doppeltbrechenden Tafeln krystallisirt. Die Zusammensetzung ist $4(C_{20}H_{24}N_2O_2) 3 SO_4H_2 . 2 JH . J_4$. Jörgensen hat sich eingehend mit dem Studium dieser Herapathite beschäftigt und durch Einwirkung von Jod auf alkoholische Lösungen von neutralem oder saurem Chininsulfat anderer Jodchininsulfate erhalten von der verschiedenartigsten Zusammensetzung. Auch Selensäureherapathit wurde hergestellt (Jörgensen), ebenso Chininjerjodidchlorhydrate. Pelletier erhielt durch Zusammenreiben von Chinin mit Jod bei Gegenwart von Alkohol neben jodwasserstoffsaurem Chinin ein Jodchinin von der Zusammensetzung $2(C_{20}H_{24}N_2O_2)J_2$, safrangelb, Bauer erhielt auf diese Weise $2(C_{20}H_{24}N_2O_2)J_3$ neben $4(C_{20}H_{24}N_2O_2)J_5$. — Hilger stellte durch Vermischen von neutraler oder schwachsaurer Chininsulfatlösung mit Lösung von Jod in Jodkalium eine kermesfarbene Verbindung $C_{20}H_{24}N_2O_2$, J_2 dar (Bauer ein jodwasserstoffsaures Jodchinin?)

Derivate des Chinin. Benzoylchinin, $C_{20}H_{23}(C_7H_5O)N_2O_2$, durch Einwirkung von Benzoylchlorid auf Chinin als salzsaures Salz erhalten, amorph, Platinchloriddoppelsalz bildend (Schützenberger). — Propionylchinin, $C_{20}H_{23}(C_3H_5O)N_2O_2$, aus salzsaurem Chinin und Propionsäureanhydrid bei 60—80° gewonnen (Hesse), farblose, sechsseitige Prismen, löslich in Aether, Alkohol, Chloroform, schwerlöslich in Wasser, Schmpkt. 129°, Platinchlorid- und Goldchloriddoppelsalze bildend. — Acetylchinin $C_{20}H_{23}(C_2H_3O)N_2O_2$, darstellbar durch Einwirkung von Essigsäureanhydrid auf Chinin bei 60—80°, Fällen mit Ammoniak und Ausschütteln mit Aether (Hesse), Prismen, Schmpkt. 108°, löslich in Alkohol, Aether, Chloroform. Chininreaction gebend, ebenso Doppelsalze mit $PtCl_4$ und $AuCl_3$. — Tolylchinine, $C_{20}H_{23}(C_7H_7)N_2O_2$. Beim Erhitzen von salzsaurem Chinin mit Ortho- oder Paratoluidin bilden sich zunächst α-Tolylchinine und später β-Tolylchinin. Oelige Körper oder gelbe und braune Massen.

Strecker, Claus, Jörgensen, Skraup, Howard, Hesse haben sich mit dem Studium der Methyl- und Aethylderivate des Chinins beschäftigt und folgende Verbindungen hergestellt. Strecker hat dargestellt Jodmethylchinin, $C_{20}H_{24}N_2O_2$, CH_3J durch Zusammenbringen von Chinin mit Jodmethyl in ätherischer Lösung, Aethylchininjodid, $C_{20}H_{24}N_2O_2$, C_2H_5J, unter denselben Bedingungen wie beim Chininmethyljodid entstehend, krystallisirend, wenig löslich in Wasser, Schmpkt. 210—211°, Aethylchininumhydroxyd, $C_{20}H_{24}N_2O_2 . C_2H_5 . OH$, aus Jodäthylchinin mit Silberoxyd entstehend. — Claus und Mallmann erhielten durch Zerlegen des Jodüres mit Alkalien und Behandeln mit Jodwasserstoff ein isomeres Jodür, ferner Chininmethylchlorid, $C_{20}H_{24}N_2O_2, CH_3Cl + H_2O$, durch Zerlegen der Jodverbindung mit Chlorsilber, Schmpkt. 181 und 182°, ebenso eine Brom- und Jodverbindung, ferner Methylchinin, $C_{20}H_{23}(CH_3)N_2O_2$, durch Kochen der Jodüre des Methylchinin mit Kali oder Barytwasser, hellgelbes Oel, Dimethylchinin, durch Kochen des Methyljodürs mit Methyljodid und Alkohol, gelbe Tafeln, Schmpkt. 158—160°, Methylchininmethyljodid, $C_{20}H_{23}(CH_3)N_2O_2$, CH_3J, Jodäthylchininmethyljodid und Jodmethylchininaethyljodid. — Jörgensen beschäftigte sich mit der Darstellung der Herapathite und erhielt durch Einwirkung von Jod auf Jodmethylchinin und Schwefelsäure in weingeistiger Lösung

$2(C_{20}H_{24}C_2O_2 . CH_3J)SO_4H_2 . J_4$; $2(C_{20}H_{24}N_2O_2 . CH_3J)SO_4H_2 . J_6$;
$4(C_{20}H_{24}N_2O_2 . CH_3J)2SO_4H_2J_{14}$; $4(C_{20}H_{24}N_2O_2 . CH_3J)2SO_4H_2 . J_{16}$;

ferner Methylchinintrijodid, $C_{20}H_{24}N_2O_2$, CH_3J_3, aus Jodmethyl Chinin und Jod in alkoholischer Lösung entstehend, schwarze, glänzende Nadeln, Schmpkt. 159—160°, ebenso Aethylchinintrijodid.

Skraup beschreibt ein Diäthylchinin, $C_{20}H_{24}N_2O_2(C_2H_5J)_2$, beim Erhitzen von Chinin mit Aethyljodid und Kali entstehend. — Diese Forschungen zeigen die Richtigkeit der Annahme Strecker's, dem es nicht gelang, die freie äthylirte Chininbase abzuscheiden, dass das Aethylchininhydroxyd als Ammoniumbase, das Chinin als Nitrilbase zu betrachten ist, dass Claus, der Jodalkylchinin heiss mit Alkali zerlegte, Basen isolirte, die den Charakter von Aminbasen tragen, da dieselben mit Alkyljodiden Additionsproducte liefern. Claus hat ferner gezeigt, dass eine weitere Addition von 2 Mol. Aethyl- oder Methyljodid zum Chinin möglich ist, wodurch das Chinin als Diammin erscheint.

Zersetzung. Die Einwirkung des Lichtes veranlasst bei den festen, wie gelösten Chininsalzen Färbungen, gelb bis braun, roth. Erhitzen verändert Chinin in der Weise, dass im Anfange ein Sublimat sich bildet, später Verkohlung eintritt. Diese Umwandlung in Chinin erfolgt auch beim Erhitzen des Chinin mit Glycerin bei 180—210°, so wie auch der sauren Chininsalze bei 120—130° (Strecker, Pasteur). Beim Erhitzen mit Zinknatrium bei Gegenwart von überschüssigem Zinkstaub entsteht neben Cyannatrium ein nach Kümmel riechendes, öliges Destillat (Stokes).

Conc. Schwefelsäure verwandelt das Chinin nach längerer Einwirkung in eine Sulfochininsäure, $C_{40}H_{48}N_4O_4 . SO_3$, eine amorphe Masse, deren Barytsalz ebenfalls amorph ist (Schützenberger). Chlor färbt Chinin im Anfange carminroth, das allmälig zerfliesst; dasselbe wird beobachtet, wenn Chinin, in Wasser vertheilt, mit Chlorgas behandelt wird (André, Pelletier). Beim Vermischen einer Chininlösung mit conc. Chlorwasser oder auch Chlorkalklösung und Ammoniak entsteht ein grüner, harziger Niederschlag, das sog. Thalleiochinin (Brandes und Leber), löslich in Alkohol und Glycerin, unlöslich in Wasser, Kohlenwasserstoffen, Aether und Schwefelkohlenstoff. — Bei Einwirkung von Alkalihydroxyden auf Chinin entsteht nach Wertheim Ameisensäure und Chinolin; spätere Arbeiten haben gezeigt, dass dieselben aber analoge Producte wie bei Einwirkung von Alkali auf Cinchonin entstehen, nemlich ein bei 280° siedendes Oxylepidin, $C_{10}H_9NO$ (Methoxychinolin), ferner flüchtige Fettsäuren und ein Product, $C_{10}H_9NO$, das Aethylpyridin zu liefern vermag (Gerhardt, Wischnegradsky und Buttlerow). Mit Zink und Schwefelsäure liefert Chinin Hydrochinin, ein grünliches Harz, $C_{20}H_{26}N_2O_3$, H_2O. — Wird Chinin mit Salzsäure (spec. Gew. 1,125) 6—10 Stunden auf 140—150° erhitzt, so entsteht unter Abspaltung von Methylchlorid die Base

Apochinin Apochinin, $C_{19}H_{22}N_2O_2 + 2H_2O$, amorph, leicht löslich in Chloroform, Alkohol, Aether, wenig löslich in Wasser, linksdrehend. Diacetylapochinin ist ebenfalls dargestellt (Hesse, Ann. Chem. Pharm. 205). — Behandelt man Chinin oder Apochinin mit bei —17° gesättigter Salzsäure 6—10 Stunden in der Hitze, so entsteht Hydrochlorapochinin, leicht löslich in Alkohol, Chloroform und Aether, $C_{19}H_{23}ClN_2O_2$ (Zorn, Hesse). — Die Einwirkung oxydirender Agentien haben mit Chinolin und Pyridin in Beziehung stehende Säuren, krystallisirbar, geliefert und zwar liefert Kaliumpermanganat in saurer Lösung Ammoniak, Oxalsäure und Pyridincarbonsäure, $C_5H_2N . (CO . OH)_3$, welche beim Erhitzen eine Pyridindicarbonsäure (Cinchomeronsäure) und später eine Monocarbonsäure liefert. Diese Tricarbonsäure ist identisch mit derjenigen, welche bei der Oxydation des Cinchonin, Conchinin und Cinchonidin unter denselben Umständen entsteht (Hoogewerff und van Dorp).

In alkalischer Lösung liefert Kaliumpermanganat Ammoniak, Oxalsäure und Kohlensäure. Findet die Einwirkung des Kaliumpermanganates in der Kälte statt, so entsteht Ameisensäure und Chitenin, $C_{19}H_{22}O_4 + 4H_2O$, Prismen, in Aether unlöslich, in Alkohol mit blauer Fluorescenz löslich, linksdrehend, schwache Basis (Kerner, Skraup). — Beim Kochen von Chinin mit Salpetersäure (25—30fache) entsteht die Cinchomeronsäure, $C_5H_3N.(CO.OH)_2$ (Weidel und Schmitt). Chromsäure oxydirt Chinin in schwefelsaurer Lösung unter Entwicklung von Chininsäure, $C_{11}H_9NO_3$, einer flüchtigen Säure, Methoxylchinolincarbonsäure, $C_9H_5N(OCH_3).CO.OH$. Chitenin. Cinchomeronsäure.

Conc. Schwefelsäure und conc. Salpetersäure lösen das Chinin vollkommen farblos. Auch Chlorwasser färbt für sich allein Chininsalzlösungen nicht. Fügt man aber zu einer mit nicht zu grossem Ueberschuss von Chlorwasser versetzten Chininsalzlösung Ammoniak, so scheiden sich grüne Flocken ab (s. oben), die sich im Ueberschuss desselben mit schön smaragdgrüner Farbe lösen (Brandes). Diese Lösung wird bei genauer Neutralisation mit einer Säure himmelblau, damit übersättigt violett oder feuerroth, und auf Zusatz von Ammoniak wieder grün (André). Bei kleinen Mengen von Chinin wendet man besser Bromwasser an, das noch $^1/_{20,000}$ Chinin erkennen lässt (Flückiger). Auf Zusatz von Kali wird die mit Chlorwasser versetzte Chininlösung dunkelgelb, auf vorsichtigen Zusatz von Kalkwassser roth. Versetzt man eine Chininsalzlösung zuerst mit Chlorwasser, dann mit gelbem Blutlaugensalz, so entsteht eine rothe Färbung, die besonders intensiv auf Zusatz von etwas Ammoniak hervortritt (A. Vogel, Ann. Chem. Pharm. **73.** 221). — Ueberjodsäure wird durch Chinin und seine Salze unter Abscheidung von Jod reducirt (Bödeker). — Cyankalium färbt Chininsalzlösungen carminroth (Schwabe), Kaliumpentasulfuret fällt beim Kochen daraus eine rothe terpentinartige Masse (Palm). Aetzende, kohlensaure und doppelt kohlensaure Alkalien und Ammoniak fällen sogleich pulvriges, im Ueberschuss der Fällungsmittel nur wenig lösliches Chinin; jedoch bleibt bei Gegenwart von Weinsäure, wennmehr als 300 Theile Wasser vorhanden sind, die Fällung durch doppelt kohlensaure Alkalien aus. oder tritt doch erst nach mehreren Stunden ein (Riegel). Auch kohlensaures Ammoniak fällt nach v. Planta aus der Lösung des Sulfats erst nach Stunden Krystallnadeln. — Auch die Fluorescenz der Chininlösung ist zum Nachweis des Chinins geeignet (Flückiger, Kerner). Reactionen.

Verdünnte Lösungen von Chininsalzen geben mit: Phosphormolybdänsäure weissgelben amorphen, Phosphorantimonsäure hellgelben flockigen, Pikrinsäure gelben amorphen, Gerbsäure gelbweissen, beim Erwärmen in Salzsäure löslichen, Schwefelcyankalium weissen, anfangs pulvrigen, später nadelig krystallinischen, Kaliumbichromat allmälig gelben amorphen,

Quecksilberchlorid weissen amorphen, Goldchlorid citronengelben amorphen, Platinchlorid blassgelben, fast weissen, Kaliumplatincyanür weissen amorphen, Kaliumsilbercyanid weissen käsigen, Kaliumquecksilberjodid und Kaliumkadmiumjodid weissen flockigen, Kaliumwismuthjodid orangerothen amorphen Niederschlag.

Die Abscheidung des Chinins aus organischen Massen gelingt leicht mit Hülfe der Otto-Stas'schen Methode und auch die Constatirung des Alkaloids durch die Chlorwasserprobe, die freilich auch für das Chinidin (s. dieses) gilt, ist einfach. Es muss auch hier darauf hingewiesen werden, dass aus ammoniakalisch gemachten Lösungen, welche Chinaalkaloide enthalten, durch Chloroform und Amylalkohol, weniger leicht durch Benzol, Chinin, Cinchonin, Conchinin und Cinchonidin ausgeschüttelt werden können, während Petroleumäther wesentlich nur Chinin aufnimmt, Aether Chinin und Cinchonin.

Beziehungen der Wirkung zur Chinarinde.

Das Chinin ist unstreitig der wirksamste Stoff in den seit mehr als 200 Jahren gegen Wechselfieber und als vorzügliches tonisches Mittel allgemein geschätzten Chinarinden, doch nicht der alleinige Träger der medicinischen Wirksamkeit derselben, da auch die Nebenalkaloide Wechselfieber heilen und die tonisirende Wirkung vielleicht theilweise auch auf einzelnen nicht basischen Producten (Gerbsäure, Chinovasäure) beruht. Die medicinische Wirkung der Chinarinden ist mit derjenigen der Chininsalze nicht zu vergleichen, weil bei Anwendung von Königschinarindenpulver nur 28 % des darin enthaltenen Chinins zur Resorption gelangen, während bei Benutzung leicht löslicher Chininsalze 92 bis 96 % resorbirt werden. (Kerner). Es erklärt sich hieraus andererseits, dass toxische Erscheinungen beim Menschen, welche erst durch grosse Dosen Chinin hervorgerufen werden, durch den Gebrauch von Chinarinden in Substanz nicht resultiren. Das Verhältniss des Chinins als Heilmittel gegenüber den übrigen Chinaalkaloiden gestaltet sich in den einzelnen Krankheitszuständen verschieden, doch steht Chinin bei der hauptsächlichsten Gruppe von Krankheiten, gegen welche es in Anwendung gezogen wird, den Malariafiebern, höher als die übrigen Chinabasen. Nach den 1866 auf Veranlassung des indischen Gouvernements in der Präsidentschaft Madras angestellten Versuchen wurden von 100 Malariafieberkranken durch weniger als 1,2 Chinin 76,92, dagegen durch eine entsprechende Quantität Chinidin, Cinchonidin und Cinchonin nur 75,72 resp. 74,92 resp. 73,24 geheilt. Vgl. Dougall, Edinb. med. Journ. Sept. 193. 1873.

Toxische Wirkung.

Chinin ist in auffallend kleinen Mengen toxisch und letal für die niedrigsten animalischen Organismen (Protozoen und Infusorien) und wird hierin nur von den stärksten vegetablischen Giften (Strychnin, Morphin) übertroffen, die für höhere Thiere, denen Chinin erst in grossen Dosen schädlich wird, in weit geringeren Mengen toxisch sind (Binz).

Was die Giftigkeit für höhere Thiere anlangt, so bedarf es für Frösche 0,05 bis 0,1 bei interner, 0,025 bei subcutaner und 0,012—0,055 bei rectaler Application als letaler Dosis. Kaninchen sterben durch 0,25—1,0 subcutan

Schlockow). Bei Hunden sind 0,11 pr. Kilo nicht tödtlich, wohl aber 0,12 (Bernatzik).

Bei Infusorien scheint die Wirkung nicht gleich zu sein. Nach Vulpian und Bochefontaine werden durch Chininhydrochlorat und Chininsulfat in Heuaufgüssen zuerst die Monaden, dann die Vorticellen und Spirillen, die Vibrionen und erst zuletzt die Fäulnissbacterien getödtet. Paramecien werden in Heujauche durch Chininhydrochlorat schon bei einer Verdünnung von 1:20000 in 5 Min. gelähmt, in 2 Std. bewegungslos und zerfallen in 4—5 Std. in Detritus (Binz). Sehr resistent sind Salzwasserinfusorien (Binz). bei Infusionen.

Vielleicht im Zusammenhange mit dieser Wirkung auf Mikrozoen und Mikrophyten steht die auffallend hemmende Wirkung, welche Chinin auf die Alkoholgährung und verschiedene andere Gährungsprocesse, namentlich aber auf den Fäulnissprocess besitzt. Gährungs- und fäulnisshemmende Wirkung.

Das Zustandekommen der alkoholischen Gährung wird vom Chininsulfat in so auffallender Weise gehindert, dass es darin, wie es scheint, nur vom Strychnin, jedoch nicht im Verhältnisse der Bitterkeit, übertroffen wird (Buchheim und Engel). Die Thatsache wurde auch durch Liebig (Ann. 153. 152, 1870) in vollem Masse bestätigt. Wie die Alkoholgährung werden auch die Buttersäuregährung und die Milchsäuregährung, sowie die Essigsäurefermentation des Alkohol durch Chinin beschränkt (Binz). Die Wirkung beschränkt sich nicht blos auf organisirte Fermente, insofern auch Einwirkung von Synaptase auf Amygdalin und Salicin dadurch gehemmt wird (Binz), dagegen erfährt die Wirkung des Pepsins auf Eiweissstoffe und die des Ptyalins und der Malzdiastase keine Hemmung. Wie bei Mikrozoën Chinin nicht in gleicher Weise deleter wirkt, so ist dies auch in Bezug auf Mikrophyten der Fall, so dass in Lösungen von Chininsulfat und Chininbisulfat sich Schimmelbildung (Penicillium) entwickelt, die in sehr concentrirten Chinihydrochloratlösungen nicht vorkommt.

Von besonderem Interesse ist das Verhalten des Chinins zu gewissen pathologischen Fermenten. Die Entdeckung von Schmidt-Rimpler (Arch. path. Anat. 70. 224), dass Chinin dem Secret der diphtheritischen Conjunctivitis zugesetzt, dessen Fähigkeit abschwächt, bei Impfung auf der gesunden Cornea spec. Entzündung zu erregen, ist von Klebs und G. Brown bestätigt. Filehne (Erl. Sitzungsberichte Juni 1877) constatirte eine ähnliche Hemmungswirkung des Chinins auf die energische peptonisirende Action fauliger Sputa des Lungenbrandes.

Die fäulnisswidrige Wirkung des Chinins scheint zuerst von Robin (Compt. rend. 32. 774), erkannt worden zu sein. Gieseler (Arch. klin. Chir. 4. 550. 1864) constatirte, dass frisches Muskelfleisch eine etwa $^4/_5$ % Lösung Chin. bisulf. oder eine $^1/_5$ % Lösung von Chin. pur. im Sommer bis zum Eintrocknen und weiter unversehrt erhalten wird, und zwar besser als durch andere Amara, Chlor, Kochsalz, Arsen und Kreosot. Binz constatirte, dass Chininhydrochlorat die Vibrionen- und Schimmelbildungen in Aufgüssen von Leguminosen in weit kleineren Mengen (zu $^1/_{10}$—$^1/_4$ %) verhindert als Strychnin, Morphin, Zinkvitriol und arsenigsaures Kali, dagegen 50—60 mal schwächer auf Fleisch conservirend wirkt als Sublimat. Auf die Production neuer Bacterien ist Chinin von weit intensiverem Einflusse als auf die bereits entwickelten Protozoen. Dass die Fäulniss des Blutes nicht durch Chininmuriat gehemmt werde (Sédan), werde durch Binz widerlegt.

Man hat die experimentell gewonnenen Thatsachen in Bezug auf die deletere Wirkung des Chinins auf Fäulnissorganismen und Fermentvorgänge vielfach in Beziehung zu zymotischen Krankheitsprocessen und die Möglichkeit einer günstigen Beeinflussung derselben durch Chinin gesetzt. Die toxische Wirkung grosser Chiningaben beim Warmblüter und auch beim Menschen scheint eine directe Tödtung im Blute vorhandener Mikroorganismen kaum möglich zu machen. Am ehesten wäre hier noch an eine Wirkung bei Spirilla (Recurrenstyphus) zu denken, schwerlich aber bei Vibrioniden und Bacterien. Vulpian und Bochefontaine halten es nach ihren Versuchen geradezu für unmöglich, bei Septicämischen und Malariakranken eine Vernichtung der Vibrioniden zu bewirken, da bei einer Gesammtmenge von 14 Kgm. die Einführung von 17,0 Chinin erforderlich wäre. Auch Buchanan Baxter hält höchstens eine Beschränkung septischer Processe, nicht aber eine Ertödtung der Mikrozymen im Blute für möglich. Thierversuche von Binz und Fickert (Exp. Beit. über den Einfl. d. Chinin bei Jauchevergiftung. Bonn. 1868) gaben keineswegs zufriedenstellende Resultate, obschon der Eintritt des Todes mitunter hinausgeschoben und die Höhe des Fiebers gemildert wurde. Manasseïn will durch grosse Gaben Chininhydrochlorat fast vollständige Unterdrückung des künstlichen putriden Fiebers erzielt haben, jedoch nur durch an sich lebensgefährliche Dosen. Popoff (Mosk. pharmakol. Unters. 1. 84) hatte nahezu negative Resultate.

Wirkung auf weisse Blutkörperchen.

Die Wirkung des Chinins als Protoplasmagift zeigt sich nicht nur bei Amöben und anderen Protozoen, sondern in exquisiter Weise an den weissen Blutkörperchen, deren amöboide Bewegungen durch Chininhydrochlorat energischer als durch andere höchst deletere Stoffe, Coniin und Campher ausgenommen, herabgesetzt werden (Binz und Scharrenbroich).

Das Salz tödtet die Leucocyten noch in Lösungen von 1:3000 bis 4000 Blutserum, macht dieselben bewegungslos, rund, granulirt und beraubt sie der Fähigkeit festzuhaften (Binz). Chininsulfat wirkt wie Chininhydrochlorat; die Leucocyten einiger Thierspecies besitzen verschiedene Resistenz gegen beide (Geltowski).

Chinin beschränkt sowohl bei directer Application als bei indirecter, durch den Kreislauf vermittelter Zufuhr die Auswanderung farbloser Blutzellen an örtlich irritirten Geweben (Binz und Scharrenbroich). Sowohl am Mesenterium und an der Zunge des Frosches als am Mesenterium der Katze resultirt bei wiederholter Einführung von Chinin ein Sistiren des Durchtritts der Leucocyten durch die Gefässwand und eine Verhinderung der Eiterbildung; bei örtlicher Bespülung mit verdünnten neutralen oder schwach basischen Lösungen von Chinin treten die Leucocyten zwar aus, werden aber sofort getödtet (Binz). Die Wanderbewegung der farblosen Blutzellen werden schon durch geringere Chininmengen beschränkt als die Bewegung ihrer Protuberanzen (Buchanan Baxter). Die ursprünglichen Angaben von Scharrenbroich wurden von Winter und Martin, Kerner, Zahn, Jerusalimsky, Cutter und insbesondere von Appert (Arch. path. Anat. 71. 364. 1877) bestätigt. Die behindernde Wirkung auf die Emigration der Leucocyten erfolgt auch bei Dosen Chinin (1:4000 des Körpergewichts), die wesentliche Alteration der Circulation nicht bedingen (Appert). Innerhalb der Blutbahn selbst ist eine Verminderung der weissen Blutkörperchen unter dem Einflusse der Chinininjection unverkennbar (Scharrenbroich, Jerusalimsky), — Die Wirkung des Chinins auf die weissen Blutkörperchen ist von besonderem Interesse für die therapeutische Verwendung des Chinins als Antiphlogisticum, möglicherweise auch für die Erklärung der Chininwirkung bei Malariafiebern, insofern die Leucocyten den Sitz des Malariapilzes darstellen (Scharrenbroich).

Auf die rothen Blutkörperchen wirkt Chinin nicht formverändernd ein, dagegen hemmt es die Sauerstoffübertragung seitens derselben (Binz und Ransoné). Wirkung auf rothe Blutkörperchen.

Möglicherweise besteht hierin der Grund für die dem Chinin zukommende Beschränkung der Auswanderung weisser Blutkörperchen, die in ihrer Activität einer Ladung mit Sauerstoff zu bedürfen scheinen, welche sie von den Erythrocyten erhalten (Binz). Möglicherweise ist auch die durch Chinin bedingte Hemmung der Oxydation überhaupt, vielleicht in Folge des Zustandekommens einer Verbindung zwischen dem Chinin und Protoplasma, die viel schwerer oxydirbar ist als das Protoplasma für sich, der Hauptgrund der beschränkenden Wirkung des Chinins auf manche Gährungs- und Fäulnissvorgänge. Mehrere solcher Hemmungswirkungen treten auch am Blute hervor. So erfährt die praemortale und postmortale Säuerung des Blutes starke Hemmung durch Chininhydrochlorat (Binz und Schulte). Die Verlangsamung der Sauerstoffübertragung der rothen Blutkörperchen kommt nach Binz und Schaer auch dem Hämoglobin als solchem zu, vielleicht nur in Folge der nach Rossbach allen Alkaloiden eigenthümlichen Eigenschaft, das Gas fester an den Farbstoff zu binden. Die Eigenschaft der Gefässwand und anderer frischer Gewebe oder von Penicillium glaucum, dem Oxyhämoglobin einen Theil seines Sauerstoffs zu entziehen, wird durch Chinin paralysirt (Binz), die Gerinnung des Blutes wird bei directem Zusatz von Chinin (Zuntz) und ebenso bei Vergiftung an Thieren verhindert. Von anderen nicht auf das Blut bezüglichen Vorgängen dieser Art ist die Aufhebung des Phosphorescenz lebender Organismen, die nach Heubach schon in enormer Verdünnung (1:14000) binnen $^1/_2$ Std. zu Stande kommt, bemerkenswerth. Merkwürdig ist auch die hemmende Wirkung auf das Nierengewebe in Bezug auf die Umwandlung von Benzoësäure in Hippursäure (Schmiedeberg und Hoffmann). Die Hemmung der Ozonreaction, wie sie an den rothen Blutkörperchen und am Eiter auftritt, macht sich auch am Pflanzenprotoplasma geltend (Binz). Auch das contractile Protoplasma von Drosera rotundifolia unterliegt der Einwirkung des Chinins (Darwin). Verschieden ihrer Natur nach, aber nicht ohne Interesse ist auch die von Binz und Gützloe constatirte Hemmungswirkung auf die Brownsche Molecularbewegung, die in der Verstärkung der Sedimentirung ihren nächsten Grund zu haben scheint. Eigenthümlich im Gegensatze zu der durch Chinin bedingten Oxydationshemmung steht die Beobachtung von Harnack, dass gleichzeitig vorhandenes Chinin die Reduction von weinsauren Zinnoxydulnatrion rascher eintreten lasse. Auch die Oxydation von Eisenoxydulsalzen wird durch Chinin beschleunigt (Binz).

In das Blut aufgenommen scheint Chinin dasselbe abgesehen von den Leucocyten, nicht wesentlich zu alteriren; dagegen beeinflusst es verschiedene Organe und den Stoffwechsel im Allgemeinen. Wirkung auf das Blut.

Die im arteriellen Blute nach Versetzen mit etwas schwach basischem Chinin eintretende Bräunung und spectroskopische Veränderung mit Auftreten eines starken Streifens im Roth (Binz), welche an die Einwirkung der Säuren erinnert, scheint für die Verhältnisse im lebendrn Körper ohne Beziehung zu sein.

Oertliche Wirkung.

Die Applicationswirkungen des Chinins sind verschieden nach der gewählten Stelle und nach der Darreichungsform und Dosis, zum Theil auch abhängig von individuellen Verhältnissen. Auf der äussern Haut ist es nach Briquet nicht ganz indifferent, indem Bäder, denen 15,0 Chininsulfat zugesetzt waren, bei einer Patientin Hautreizung, Beissen und Papeln veranlassten, dagegen äussert es auf Schleimhäute so wenig Wirkung, dass Giacomini sogar keine irritativen oder entzündlichen Erscheinungen beim Einblasen in das Auge constatirte. Auf die entblösste Haut in Pulverform gebracht, oder subcutan in concentrirten Lösungen injicirt, bedingen Chininsalze meist Schmerz und nicht selten Entzündung und Abscedirung, nach Trousseau endermatisch sogar bisweilen $^1/_2'''$ dicke Schorfbildung.

Es ist hier das Exanthem in Chininfabriken zu erwähnen, welches zuerst Chevallier (Gaz. des Hôp. 121. 1850) als Knötchenbildung an verschiedenen Körpertheilen, namentlich Armen und Beinen, verbunden mit Anschwellung der Genitalien und Augenlider und Röthung der Augen, sowohl bei nüchternen als bei ausschweifenden Arbeitern und selbst bei Personen, welche, ohne an der Arbeit betheiligt zu sein, mit den aus der Fabrik strömenden Dünsten in Berührung kommen, nach Berichten aus französischen englischen und deutschen Fabriken beschrieb und das häufig die Arbeiter zum Aufgeben ihrer Beschäftigung bringt. Die Angaben der Fabrikanten über die besonders prädisponirenden Arbeiten in Chinin-Fabriken sind verschieden, indem nach Einigen die Arbeiter, welche die Abkochungen besorgen, nach Anderen die mit der Behandlung des Kalkniederschlages mit Alkohol beschäftigten, nach Anderen (Zimmer) auch die mit dem Einfüllen des Chinins in Gläser oder selbst bei der Emballage Betheiligten davon befallen werden. Girard sah starkes Hautjucken nach mehrtägigem Verarbeiten gelber Chinarinde in heisser Jahreszeit, (mechanischer Reizung durch feine Splitterchen?). Kreuser (Würtb. Corr. Bl. 52. 1862) beschreibt nach seinen Beobachtungen in der Jobstschen Chinin-Fabrik, wie fünf mit dem Niederschlagen und Filtriren des unreinen Chinins beschäftigte Arbeiter daran litten, das Exanthem als vesiculös, wenig nässend, theilweise zu dünnen Krusten vertrocknend, theilweise zu Schrundenbildung führend und in dichten Schuppen desquamirend, von 1 bis 2 Wochen Dauer und zuweilen mit leichtem Fieber und Gastricismus complicirt.

Bei interner Darreichung erregt das Chinin schon in minimalen Quantitäten einen bittern Geschmack auf der Zunge. Buchheim und Engel geben als Grenze für weinsaures Chinin eine Verdünnung von 1:10000 als wahrnehmbar bitter an (weins. Strychnin 1:48000, weins. Cinchonin 1:4000, weins. Morphium 1:2000, Salicin 1:1500, Phlorrhizin 1:500). Der bittere Geschmack, welcher bei gewöhnlichen kleinen Medicinalgaben ein höchst intensiver, obschon nicht widriger ist, veranlasst in manchen

Fällen reflectorisch Vermehrung der Speichelsecretion und Erbrechen. Man sieht hie und da dies als directe Reizungserscheinung der Magenschleimhaut an; aber solche erfolgt durch kleine Mengen wohl nur bei besonderer Prädisposition in stärkerem Masse, oder wo schon Hyperämie und ein katarrhalischer Zustand in geringem Grade bestehen. Bei längerem Gebrauche kleiner Gaben kann Chinin gastrische Störungen, Hitze und Druck im Epigastrium, Verlust des Appetits, Empfindlichkeit gegen äusseren Druck, Ekel, Brechreiz und Würgen, bisweilen auch symptomatisch Durst und Fieber, in einzelnen Fällen Diarrhoe bewirken. Grössere Dosen (0,6 und darüber) sind ausnahmsweise im Stande, bei interner Application in Pulverform heftigere gastrische Störungen zu bedingen; nach Binz insbesondere, wenn, wie bei febrilen Zuständen, die zur Lösung erforderliche Salzsäuremenge fehlt. Die gastrischen Erscheinungen durch fortgesetzte kleine Gaben werden besonders dem Chininsulfat zugeschrieben, während sie bei Gebrauch der Verbindungen mit Salzsäure und organischen Säuren fehlen sollen. Die durch grosse Dosen hervorgebrachte Vermehrung der Speichelsecretion kann bisweilen sehr bedeutend sein. So haben wir bei einem an Quartana leidenden Manne mehrstündigen Speichelfluss nach Darreichung von 1,25 beobachtet.

Dass es bei der Vermehrung des Speichels sich um ein Reflexphänomenen handelt, geht daraus hervor, dass directes Einspritzen von 2,0—4,0 einer $^1/_6$ % Lösung von Chinin in den Ductus Whartoniaus die Secretionsfasern der Chorda lähmt, während die Erregbarkeit ihrer Beschleunigungsfasern sowie die Secretionsfasern des Sympathicus afficirt wird. (Heidenhain). Dass das im sogenannten Chininrausche vorkommende Erbrechen eine andere Ursache hat als das kurz nach dem Einnehmen eintretende, ist selbstverständlich; ersteres kommt auch nach Subcutanapplication vor (Binz).

Kleine Gaben von Chininsalzen regen, unter gewöhnlichen Verhältnissen wahrscheinlich nur nach Art der bitteren Mittel überhaupt, die Secretion des Magensaftes an und wirken dadurch auf die Verdauung günstig. Wirkung auf die Magenverdauung.

Hieraus erklärt sich im Wesentlichen die tonisirende Wirkung der Chininsalze, obschon ihnen vielleicht auch schon ein directer günstiger Einfluss auf die Eiweissverdauung zukommt, der namentlich kleinen Dosen eigenthümlich ist. Während Buchheim und Engel (Beitr. Arzmtllehre. 1. 1849), angaben, dass bei Chininzusatz weniger Eiweiss verdaut werde als für sich, hat Wolberg (Arch. ges. Physial. 22. 307) einen beschleunigenden Einfluss von Chininsulfat auf die Verdauung beobachtet, welche jedoch im umgekehrten Verhältnisse zu der Menge des Alkaloides steht, so dass die Resultate von Buchheim und Engel offenbar auf grosse Dosen sich beziehen. Dass grosse Dosen am Krankenbette häufig zu Verdauungsstörungen führen, ist notorisch.

Die Resorption des Chinins erfolgt in geringem Grade unter besonders günstigen Bedingungen von der äusseren Haut, besser von den Schleimhäuten aus und noch besser, wenn es in geeigneter Form eingebracht wird, vom Unterhautzellgewebe aus. Die Mastdarmschleimhaut scheint der Chininresorption weniger förderlich als die Magendarmschleimhaut zu sein (Kerner). Im Blute erfolgt nur sehr beschränkte Veränderung des Chinins, so dass dasselbe Resorption und Elimination.

fast oder ganz vollständig sowohl bei Gesunden als bei Fieberkranken (Thau) in den Secreten unverändert wieder erscheint. Die Nieren vermitteln die Elimination zum grössten Theile.

Wenn auch Briquet nach Chininbädern keine Resorption beobachtete, so hat doch Dufay nach Einreibung von Chininlösung in die Handflächen die charakteristischen Symptome des Cinchonismus (Ohrensausen) und mehrere Autoren durch epidermatische Anwendung verschiedener Chininpräparate therapeutische Erfolge wahrgenommen. — Nicht ganz unbetheiligt bei dem Verhalten der Darmschleimhaut in Bezug auf Chininresorption gegenüber andren Schleimhäuten scheint die Galle zu sein, welche nach Malinin (Med. Centralbl. 24. 1868) im Contact mit Chininsalzen zur Bildung von glycocholsaurem Chinin als einer dicken, zähen, in Wasser und verdünnten Säuren bei gewöhnlicher Temperatur nicht, in Aetzalkalien schwer löslichen Harzmasse, die sich wahrscheinlich ganz oder zum grössten Theile der Resorption entzieht, führt. Nichtsdestoweniger erscheint auch beim Einnehmen von Chinin mit Galle ersteres in 6 Std. im Harn (Kerner).

Der Nachweis des Chinins in den Secreten ist schon 1836 von Piorry und La Vallée (Buchn. Repert. (2) 5. 381), 1838 von Quevenne (Journ. Chim. méd. Oct.) in Bezug auf den Harn geliefert, indem das Alkaloid nach Verabreichung grosser Dosen (bei Quevenne 20,0 in 3 Tagen) constatirt wurde. Landerer wies dasselbe in Urin, Schweiss, Thränen, Milch säugender Frauen, den Fäces und im Blute selbst, sowie im Serum hydropischer Ergüsse nach (Buchn. Repert. 1839. 238. 1842. 241). Jürgensen und Thau fanden Chinin im Speichel nur spurweise. Schottin konnte es nach 0,7 im Schweisse nicht finden und Briquet in der Milch nur höchst unbedeutende Spuren. Bernatzik fand es nicht im Erbrochenen von Hunden, die damit subcutan vergiftet waren. Nach Albertoni und Ciotto (Gazz. med. Venet. 1876) erscheint Chinin bei interner Einführung rasch in der Galle, nicht aber bei Infusion, und localisirt sich (ebenfalls nur bei interner Anwendung) in Milz und Leber, welche weit stärker und länger als Herz und Gehirn chininhaltig bleiben.

Dihydroxylchinin.

Eine theilweise Veränderung des Chinins im Organismus in amorphes Chinin und ein Oxydationsproduct, Dihydroxylchinin, oder eine diesem Körper nahestehende Verbindung (Chitenin nach Skraup) ist von Kerner nachgewiesen. Mit der Bildung von Dihydroxylchinin ist eine theilweise Aufhebung der Wirksamkeit des Chinins im Thierkörper gegeben, insofern Dihydroxylchinin nach Kerners Versuchen Fäulnissinfusorien wenig afficirt, die sauerstofferregende Fähigkeit der Pflanzenzelle nicht alterirt, den Gasaustausch des Blutes nur unwesentlich hindert, die sauerstofferregende Thätigkeit der Blutelemente beim Warmblüter nicht stört, auf Leukocyten auch in 10 mal stärkerer Lösung als Chinin nicht tödtend wirkt und auf den Entzündungs- und Eiterbildungsprocess ohne Einfluss ist. Bei Fröschen wirken 0,28 subcutan, bei Kaninchen 6,52 intern, bei Menschen 8,0 innerlich nicht giftig. Bräunung der Lösung wird durch Eiweiss nicht in derselben Weise wie beim Chinin gehemmt, die Harnsäurebildung durch das Chininderivat nicht gehemmt und letzteres zum grössten Theile durch die Nieren, aber erst ziemlich spät und partiell amorph, ausgeschieden (Kerner). Eine partielle Umwandlung in Chinidin (Guyochin) scheint nicht stattzufinden. Auch die übrigen Veränderungen betreffen entschieden nur kleine Bruchtheile des eingeführten Chinins, da allein im Harn 75 % (Personne), ja selbst 95—96% (Jürgensen und Thau) wiedergefunden werden. Hierbei scheint es z. Th. auf die verschiedenen Verhältnisse der Diffusion, z. Th. auf die Applicationsstelle, z. Th. auch auf individuelle Verhältnisse anzukommen. So erhielt z. B. Kerner von dem schwerlöslichen Chinintannat nur 72%, von den löslicheren Salzen (Citrat, Hydrochlorat, Carbonat) 90—96% wieder, desgleichen von dem leicht löslichen Hydrochlorat bei Application in den Mastdarm nur 65%. Bei den einzelnen Salzen bestehen namentlich auch entschiedene Differenzen bezüglich des Zeitpunktes des Erscheinens des Chinins im Harn, bei Chininum tannicum fand Kerner erst nach 3 Stunden Chinin im Harn, Chininhydrochlorat bei subcutaner Application oder bei interner Einführung in kohlensäurehaltigem Wasser in 1/4 Std., Chininacetat, Chininsulfat und Chinincitrat bei interner Einführung ohne Säuerling in 1/2 Stunde. Bei Subcutaninjection löslicher Salze bei Hunden kann Chinin schon in 10 Min. im Harn nachweisbar sein (Jürgensen und Thau). Diese Zahlen gelten für grössere Dosen (0,5—1,0), aber auch bei kleineren (0,3) erscheint Chinin schon in 1 Std. im Harn, bei Kindern eher als bei Erwachsenen (Briquet); Schwenger gelang der Nachweis bei 0,1 in 100 Min., bei 0,2 in 1 Stunde. Ueber die Dauer der Elimination differiren die Angaben einigermassen. Yvon fand sie bei einem Kranken, der 2,0 in 2 Tagen genommen hatte und davon 0,313 in 3 Tagen ausschied, in 8 Tagen noch nicht beendet. Dietl behauptet sogar, dass bei längerem Chiningebrauch erst nach Wochen das Chinin im Harn nicht mehr nachzuweisen sei. Bei kleinen Dosen (0,1—0,5) ist sie in den ersten 9—32 Std. vollendet (Schwenger). Aus den zahlreichen Versuchen von Kerner geht zur Evidenz hervor, dass, ausgenommen beim Tannat, bei allen löslichen Salzen nach 1,0 der Harn nach 72, bei den leicht löslichen schon nach 48 Stunden chininfrei war. Jürgensen und Thau fanden nach grossen Dosen die Elimination stets in 48 Std. beendet. Dietl machte darauf aufmerksam, dass bei chronischem Milztumor und eigentlicher Malariakachexie, bei Magenüberfüllung, Albuminurie, Morbus Brighti, Pneumonie, Pleuritis, Emphysem und Dilatation des rechten Ventrikels eine Retardation der Ausscheidung Regel sei. Welitschkowski (Petersb. med. Wchschr. 16. 1876) constatirte dasselbe bei Typhösen (gleichzeitig mit einer Retention oder Umwandlung, das einen Verlust von 23,7% bedingte), womit auch die Angabe von Jürgensen und Thau stimmt, dass die relativ grösste Ausscheidung bei Gesunden auf die ersten, bei Typhösen auf die zweiten sechs Stunden fällt. Bei Gesunden wird nach Thau oft in den ersten 6 Std. schon die Hälfte, in den zweiten 12 Stunden 1/7—1/6 und in den zweiten 24 Std. 1/15—1/9 eliminirt; bei Typhuskranken in den ersten 24—36 Std. mehr als von Gesunden, so dass nach 24 Std. etwa 2/3 ausgeschieden sind. In Welitschkowskis Untersuchungen betrug die Ausscheidung am ersten Tage 65, am zweiten 25%. Kerner constatirte in allen Versuchen mit den leichten löslichen Salzen eine Ausscheidung über die Hälfte in den ersten 6 Stunden, die Höhe der Ausscheidungsgrösse fiel meist in die zweiten 8 Stunden; beim Tannat erst auf die 24. Stunde. Nach Jürgensen und Thau scheint bei Gesunden, so weit das aus dem subjectiven Verhalten zu schliessen, die Dauer der Wirkung mit der Menge der Ausscheidung in directem Verhältnisse zu stehen, ebenso bei Typhuskranken, wo bis zu 12 Std., so lange die Hauptausscheidung des Chinins dauert, die Temperatur sinkt und dann wieder ansteigt. In den Fäces hat Kerner bei seinen Versuchen, in denen die Chininsalze nüchtern genommen wurden, nur nach Chinintannat das Alkaloid beobachtet. Bei künstlicher

Steigerung der Temperatur durch Dampfbäder wird in den ersten 6 Stunden mehr Chinin eliminirt als bei normaler Temperatur (Welitschkowski) Lepidi-Chioti (Morgagni. 321. 1880) konnte im Pilocarpinschweiss und Speichel Chinin selbst nicht bei colossalen Dosen constatiren, dagegen im Harn nach hypodermatischer Injection in 13—15, bei interner Verabreichung in 15 bis 17, bei tiefer Einspritzung in den Mastdarm in 20—25 und bei Anwendung des Klysopomps in 30—40 Min., nicht nach Einreibung auf die Haut; bestehende Digestionsstörungen schienen die Resorption zu beeinträchtigen.

Wirkung auf den Stoffwechsel.

Eine Beeinflussung des Stoffwechsels durch Chinin lässt sich nach neueren Untersuchungen nicht in Abrede stellen, wenn schon die Harnstoffausscheidung manchmal nicht in erheblicher Weise dadurch beeinflusst ist. Besonders charakteristisch ist die Beschränkung der Harnsäureproduction (Ranke, Kerner) bei Gesunden. Kerner constatirte bei grossen Dosen (1,2) ausgesprochene Abnahme der Gesammtstickstoffausscheidung; nach kleinen Chininmengen resultirte beträchtliche Verminderung der Schwefelstoffausscheidung und der Harnsäureproduction, während Ammoniak und Kreatinin sich nicht änderten. v. Boeck constatirte am Hunde Abnahme des Harnstoffs um 13 und der Kynurensäure um 31,5%. In Bezug auf die Kohlensäureausscheidung und die Sauerstoffaufnahme erhielten v. Boeck und Bauer bei starken, aber nicht giftigen Dosen Chinins Abnahme beider, ersterer um 5,8 und 14%, letzterer um 7%. Binz und Strassburg konnten weder bei fieberfreien noch bei fiebernden Kaninchen Abnahme der ausgeathmeten Kohlensäure constatiren. Buss erhielt beim gesunden Menschen nach Chinin nur eine geringe Verminderung der Kohlensäureausscheidung, bei Fiebernden starke Ausfälle nach 1,5, selbst von 18—30%, unabhängig von der Beeinflussung der Temperatur, welche, da wo solche sich zu erkennen gab, stets zeitlich auf die Verminderung der Kohlensäureausscheidung folgte.

Wirkung auf die Temperatur.

Als Ausdruck der Herabsetzung des Verbrennungsprocesses im Organismus ergiebt sich die therapeutisch für die Verwendung des Chinins als Antipyreticum so bedeutsame Herabsetzung der Körpertemperatur, die zwar bei manchem Fiebernden weit leichter als beim Gesunden eintritt, jedoch auch bei letzterem sicher festgestellt ist (Gell und Ringer, Jürgensen).

Die temperaturherabsetzende Wirkung des Chinins beträgt beim gesunden Menschen (Gell und Ringer) allerdings nur wenige Zehntelgrade gegenüber Abfällen von mehreren Graden beim Fieber. Jürgensen zeigte, dass nach grösseren Chininmengen beim Gesunden die Temperatur die Tendenz annimmt, nach dem Typus der geraden Linie zu verlaufen und die Steigerungen, z. B. in den späten Nachmittagsstunden sich an der Temperaturcurve wenig ausprägen. Bei körperlicher Anstrengung wird das Ansteigen der Wärme durch mittlere Chiningaben in bedeutendem Masse beschränkt (Jürgensen, Kerner), nach Kerner unter bedeutender Herabsetzung der Schweisssecretion. Auch bei Thieren bewirkt Chinin Sinken der Temperatur (Duméril, Demarquay und Lecointe), und zwar sowohl nach kleinen als nach grossen Dosen (Block) und bei Verhinderung der Wärmeabgabe durch Einhüllen von Watte (Lewizky) oder nach Verhinderung einer Erweiterung der Hautgefässe durch sehr kalte

Bäder (Jürgensen). Das Sinken der Temperatur kommt beim Menschen nach Gaben vor, welche die Pulsfrequenz unverändert lassen; bei Thieren erscheint es völlig unabhängig von dem Verhalten der Pulsfrequenz, der Circulation und der Respiration (Block). Chinin bedingt bei Hunden nach Abtrennung des Halsmarks Abfall der Temperatur oder verhindert doch deren Ansteigen; ebenso bleibt die postmortale Temperatursteigerung durch Chinin aus (Binz und Bouvier). Die Wärmeabgabe durch die Haut wird weder beim Menschen durch Dosen von 0,25—1,0 noch bei Kaninchen verändert, dagegen setzt Chinin bei Kaninchen mit septischem Fieber die Sauerstoffaufnahme durch die Gewebe herab (Binz und Arntz).

Wirkung auf den Kreislauf.

Die Wirkung des Chinins auf den Kreislauf ist nicht so bedeutend wie bei verschiedenen anderen Alkaloiden. Im Allgemeinen lässt sich sagen, dass nach kleinen Dosen beim Menschen und bei Warmblütern eine geringe Vermehrung der Herzschläge und eine entsprechende Steigerung des Blutdrucks, nach grossen Dosen eine Verringerung der Herzschlagzahl und des arteriellen Blutdrucks eintritt.

Beim Menschen beträgt die durch kleine Dosen hervorgerufene Pulsverlangsamung nicht mehr als 8 Schläge in der Minute und hält 2—3 Std. an; noch kleiner (Bally, Favier) oder nur wenig bedeutender (Giacomini) ist die Abnahme der Pulszahl beim Gesunden nach Gaben von 1,0—1,25. Bei Fieberkranken ist der Abfall der Pulsfrequenz bedeutender. Nach Sée und Bochefontaine geht damit bei Typhösen regelmässig Steigerung des Blutdruckes einher. Bei Warmblütern sinkt die Pulsfrequenz um so mehr, je höher sie vor Einführung des Chinins war (Chirone); einzelne Thiere reagiren auch auf grosse Gaben mit beständiger Pulsbeschleunigung (Jerusalimsky). Bei Fröschen wird sowohl nach kleinen als nach grossen Dosen der Herzschlag verlangsamt (Eulenburg, Chirone). Directe Application auf das Froschherz bedingt Stillstand (Cerna). Die Pulsbeschleunigung kleiner Dosen beruht auf Erregung der motorischen Herzapparate, neben welchen Jerusalimsky auch eine Lähmung der Hemmungsapparate annimmt. Die Herzverlangsamung ist vom Vagus unabhängig, da vorherige Vagusdurchschneidung dieselbe nicht modificirt (Eulenburg) und Vagusdurchschneidung nach bereits eingetretener Retardation weitere Verlangsamung hervorruft (Schlockow), und resultirt entweder aus Lähmung der automatischen Erregungsganglien im Herzen (Lewitzki, Schlockow, Schtschepotjew) oder aus Schwächung des Herzmuskels (Chirone) oder aus beiden zugleich. Bei starker Chininwirkung bedingt periphere Vagusreizung keinen diastolischen Stillstand, doch bleibt der Vagus erregbar, da centrale Reizung Reflexerscheinungen auslöst (Chirone). Dass die Wirkung auf den Herzmuskel gerichtet ist, schliesst Chirone daraus, dass die Unwirksamkeit chemischer und electrischer Reizung des Herzens sich schon vor dem definitiven Stillstande zu einer Zeit geltend macht, wo die willkürliche Bewegung noch besteht und Reizung des Rückenmarks Muskelbewegungen bedingt, ohne den Herzschlag zu beschleunigen, dass auch vorherige Sympathicusdurchschneidung die Chinindiastole nicht beeinflusst und Electrisation der Herzganglien Reflexbewegungen, dagegen keine Herzcontraction bewirken. Die Lymphherzen stehen meist gleichzeitig mit dem Blutherzen (Chirone), mitunter selbst früher (Eulenburg) still. Ueber die Theorie der Beeinflussung des Herzmuskels vgl. Chirone a. a. O.

Schtschepotjew vindicirt dem Chinin wegen Fortdauer selbstständiger Contractionen der nervenlosen Herzspitze erhöhende Wirkung auf die Erregbarkeit der Herzmuskelfasern. Von der Schwächung des Herzschlages hängt theilweise auch die Blutdruckssenkung ab, doch ist nach Schroff jun. (Med. Jahrb. 175. 1875) auch das vasomotorische Centrum in seiner Reflexerregbarkeit erheblich herabgesetzt. Chirone vindicirt dem Chinin eine primär erweiternde Wirkung auf die Gefässe, unabhängig von der Innervation, die für das Sinken des Blutdrucks ebenfalls von Bedeutung sein könnte. Reizung der Depressoren findet nicht statt (Binz). Ueber die antagonistischen Verhältnisse von Atropin und Chinin vgl. Pantelejeff, Centralbl. med. Wiss. 529. 1880.

Wirkung auf die Athmung.

Die Athmung wird durch kleinere und mittlere Gaben Chinin kaum beeinflusst, durch grössere retardirt und abgeschwächt, durch colossale Dosen gelähmt. Künstliche Respiration kann den Eintritt des Todes verzögern. Nur bei Einspritzung colossaler Dosen in die Jugularis erlischt die Herzthätigkeit früher als die Athmung (Binz); in letzterem Falle gehen die Thiere unter Krämpfen durch Hirnanämie und Kohlensäurevergiftung zu Grunde.

Wirkung auf das Nervensystem.

Die Erscheinungen von Seiten des Nervensystems sind nach grossen Dosen vorwaltend cerebrale und besonders beim Menschen ausgesprochen, indem hier Störungen von Seiten gewisser Sinnesnerven, namentlich des Acusticus, auftreten. Auch bei Hunden und selbst bei niederen Thieren fehlen sie nicht, und scheint auch bei diesen das Hirn in erster Linie betroffen zu werden.

Briquet will bei directer Application von Chininsulfat in die Carotis Reizung des Gehirns und Convulsionen bei Thieren beobachtet haben. Nichttödtliche Dosen von Chinin (0,3—0,6) bedingen bei subcutaner Application Schwindel, Mattigkeit, Zittern, Sträuben, Brechversuche, Erbrechen und in beträchtlicher Dosis eigenthümliche Unruhe, die vielleicht das Vorhandensein von Hallucinationen andeutet, convulsivische Zuckungen, Betäubung und mehrstündige Schwäche (Bernatzik). Bei Kaninchen ist Unsicherheit der Bewegungen, Zittern, schwankender Gang, Abnahme der Empfindlichkeit der Extremitäten und Paralyse der Hinterbeine (Eulenburg und Simon, Schlockow) constant. Bei Fröschen zeigen sich nach letalen Dosen Aufhebung der spontanen Locomotion und Unsicherheit in den Bewegungen bei mechanischen Insulten, Aufhebung der Reflexaction, der Athmung und schliesslich der Herzaction. Die durch toxische Dosen Chinin (0,65 bei Infusion, 1,0 subcutan und 2,0 innerlich) bei Hunden hervorgerufenen Krämpfe bleiben bei Einführung in die Carotis zeitweise auf den Kopf beschränkt und scheinen um so mehr als cerebralen Ursprungs angesehen werden zu müssen, da nach Durchschneidung des verlängerten Marks im Momente der Vernichtung der Sensibilität Reflexe ausgelöst werden (Dupuis und Laborde). Von einer peripheren Action kann für die Erklärung der paralytischen Erscheinungen nicht die Rede sein,. da weder die directe Muskelreizbarkeit noch die Erregbarkeit der Nervenstämme und der Ursprünge der motorischen Nervenfasern im Rückenmark durch Chinin afficirt werden, wenn solches auch den eingetauchten Muskel rasch tödtet (Eulenburg und Simon, Chirone). Allerdings ist eine Beeinträchtigung der Stromgeschwindigkeit in den motorischen Nerven, jedoch ohne Herabsetzung der Stromstärke vorhanden (Curci, Lo Sperim. Luglio. Agosto. 1877). Das electromotorische Verhalten der Muskeln wird nicht geändert (Chirone). Nach Schlockow und Eulenburg und Simon wird durch toxische Dosen Chinin zuerst die Reflexaction herabgesetzt, dann erst die Empfindung und die willkürliche Bewegung und kann die Aufhebung der Reflexaction auch bei zuvoriger Erhöhung derselben durch Strychnin mittelst Chinin bewirkt werden. Kleine Dosen steigern die Reflexerregbarkeit anscheinend durch Reizung der sensiblen Nerven (Cerna). In Bezug auf die Erregung von Krämpfen durch Chinin beim Warmblüter behaupten Dupuis und Laborde einen directen Gegensatz zum Cinchonin und Cinchonidin, während Eulenburg und Simon, wie auch neuerdings Sée und Bochefontaine, mit dem Verluste der Reflexerregbarkeit tonische und klonische Krämpfe einhergehen sahen. Die Reflexerregbarkeit wird herabgesetzt sowohl für mechanische als für chemische, electrische und thermische Reize (Chapéron); nur die Cornea bewahrt ihre Irritabilität (Eulenburg). Chapéron und Cerna behaupten eine Abhängigkeit der durch grössere Dosen zu erzielenden Reflexherabsetzung von Reizwirkung des Chinins auf das problematische reflexhemmende Centrum im Gehirn. Brunton und Pardington (Barth. Rep. 12. 150. 1877) vindiciren dem krystallinischen chlorwasserstoffsauren Chinin überhaupt nur einen geringen Einfluss auf die Reflexthätigkeit, während Chininsulfat in saurer Lösung die Reflexaction stark vermindert oder ganz aufhebt (ebenso Schwefelsäure für sich), worauf Steigerung durch Trennung des Halsmarks nicht mehr eintritt. Nach Meihnizen (Arch. ges. Physiol. 7. 201. 1873) ist die Herabsetzung der Reflexerregbarkeit keine directe Wirkung, sondern ausschliesslich Folge der durch Chinin bedingten Circulationsstörung, welche stets früher als die Beeinträchtigung der Reflexaction eintritt.

Beim Menschen ist Ohrensausen ein charakteristisches Symptom, ein Symptom, welches schon Morton und Carthäuser nach grösseren Dosen Chinarinde beobachteten, Letzterer neben Schwere des Kopfes, Schwindel und Verwirrung der Ideen, die bei Chininvergiftung als häufigste Erscheinungen aufgezeichnet werden. Die Dumpfheit der Schallwahrnehmungen kann sogar längere Zeit andauern und bei ausgesprochenen Intoxicationen kann Taubheit nich nur mehrere Tage, sondern selbst Abnahme des Gehörs jahrelang persistiren. Neben dem Acusticus scheint häufiger der Opticus afficirt zu werden, so dass Blindheit oder Gesichtstrübung bald mit, bald ohne Erweiterung der Pupille zur Beobachtung kommt. Verlust der Sprache ist seltener. Alles dies weist auf Betheiligung des Gehirns, die vielleicht auch durch die Abnahme der Tastempfindlichkeit, die sich nach mittleren Dosen Chinin bei subcutaner Injection und nach grossen bei innerlicher Darreichung constatiren lässt, und durch das Erbrechen angedeutet wird.

Das Zustandekommen des eigenthümlichsten Symptoms der Chininwirkung, des Ohrensausen, ist nach Guder (Experimente über die Chininwirkung, insbesondere auf das gesunde menschliche Hörorgan. Berlin, 1881) nicht, wie Roosa 1875 behauptete, von Hyperämie des äusseren Gehörganges abhängig; die Temperatur im Ohr sinkt nach 1,0 Chin. hydrochlor. constant parallel der Körpertemperatur, und Röthung des Trommelfells tritt nicht ein, mindert sich vielmehr, wo sie vorher bestand. Nach Kirchner (Würzb. Sitzgsber. 11. 165. 1881) findet sich bei Hunden, Katzen und Kaninchen nach interner Application von 3,0 Chin. hydrochlor. intensive Hyperämie im Labyrinth, dessen Flüssigkeit kein Chinin enthält, ausserdem Trübung und Ecchymosirung der Paukenhöhlenschleimhaut. Die Hörfähigkeit für die Uhr ist bei intensiver Chininwirkung stets, mitunter auch die für die Sprache beeinträchtigt, am intensivsten beim tiefsten Stande der Temperatur (Guder); besonders ist die Perception für hohe Töne gestört, auch fehlt die Kopfknochenleitung (Kirchner).

Wirkung auf die Milz.

In auffallender Weise wirkt das Chinin auf die Milz, die sowohl im Zustande pathologischer Vergrösserung als im physiologischen durch grosse Dosen eine ausgesprochene Verkleinerung erfährt.

Schon Piorry und Paget beobachteten Runzeligwerden der Milz beim Hunde nach Einspritzung von Chinin ins Blut, eine Thatsache, welche später durch Magendie und unter den vor Täuschung am meisten sichernden Cautelen von Mosler und Landois dargethan wurde. Nach Bochefontaine und Vulpian kommt diese Contraction der Milz zwar nicht nach 40 Sec. (Paget und Piorry) in rapider Weise, aber doch nach Ablauf mehrerer Minuten allmälig bei Chinininfusion zu Stande. Küchenmeister konnte Milzverkleinerung wohl beim fastenden Schweine, nicht aber beim Kaninchen erhalten. Die contrahirende Wirkung auf die Milz ist vom Nervensystem vollständig unabhängig (Mosler und Landois). Die Fähigkeit der ausgeschnittenen Milz, unter künstlicher Circulation Säuren zu bilden, wird durch Chininzusatz zu dem durchgeleiteten Blute auf Null reducirt (Binz). Die Beziehungen der Beeinflussung der Milz zur Chinintherapie chronischer Milztumoren liegen auf der Hand; ob auch die Wirkung bei Intermittens damit zusammenhängt, steht dahin.

Wirkung auf den Uterus.

Analoge Wirkung scheint Chinin auch auf den Uterus zu besitzen, den es zu Contractionen reizt.

Nachdem zuerst Monteverdi darauf hingewiesen hatte, dass Chinin in grösseren Gaben bei Puerperae nach Art des Mutterkorns wirke und bei Wehenschwäche im Verlaufe einer halben Stunde kräftige Contractionen hervorrufe und die Expulsion der Placenta bedinge (1872), ist die sogenannte ekbolische Wirkung des Chinin der Gegenstand einer ausgedehnten Discussion geworden, als deren Ergebniss sich im Wesentlichen eine Bestätigung der Monteverdischen Ansichten ergeben hat. Es lässt sich nicht bestreiten, dass Chinin nicht bloss im Puerperium bei bestehender Atonie, sondern auch während der Gravidität Contraction der Uterinfasern bedingt und dadurch Abortus herbeigeführt werden kann. Obschon diese keineswegs constante abortive Wirkung des Chinins in verschiedenen Beobachtungen nicht sicher constatirt erscheint, insofern in manchen Beobachtungen möglicherweise ein Einfluss der Malaria mit im Spiele ist, ist an der Thatsache selbst um so weniger zu zweifeln als auch bei trächtigen Thieren abortive Wirkung von Chinin nicht selten ist (Chirone, Dupuis und Laborde). Chirone hält die Contraction des Uterus ebenso wie diejenige der Milz durch Chinin für Folge einer Wirkung auf die glatten Muskelfasern, welche sich nach seinen Versuchen auch an den Gefässen und an der Darmmusculatur zu erkennen giebt, indem bei Thieren Zunahme der Peristaltik und gleichzeitige Zunahme des Darmlumens, auch noch einige Zeit nach dem Tode anhaltend, hervortreten.

Von anderen Wirkungen des Chinins betont Chirone, dass es die Pigmentzellen verkleinere und ihre Sternform in eine runde oder ovale verwandle und dass es die Bewegung der Samenfäden zuerst stürmisch mache und später vollständig aufhebe.

Bei der Ausscheidung des Chinins durch die Nieren treten in der Regel keine Reizungserscheinungen in diesen Organen oder in der Blase ein. Wirkung auf die Nieren.

Es giebt einzelne wohl constatirte Fälle, wo nach grösseren Dosen Chinin Albuminurie oder Blasenkatarrrh hervortrat (Briquet). Auch Binz erwähnt eine eigene Beobachtung, wo bei einem 72jähr. Manne, der wegen Neuralgie in 48 Std. 3,4 Chininum hydrochloricum genommen, leichter Druck in der Blase und gelinder krampfhafter Schmerz beim Uriniren auftrat. Aehnliche Störungen, Ischurie und Strangurie bat Duchassaing in Tropengegenden häufig neben Hämaturie nach Verordnung grösserer Dosen Chininsulfat beobachtet. Gerade das Auftreten von Hämaturie oder Hämoglobinurie ist in den letzten Jahren als directe Folge des Chinins von sicilianischen und griechischen Aerzten (Tomaselli, Restraria, Ughetti, Karamitsas) beobachtet. Die Fälle von Ughetti (1877) und Karamitsas (1879) sind den Begleiterscheinungen (Frostanfall, Icterus) nach wohl mit ziemlicher Sicherheit als Hämoglobinurie zu bezeichnen und geben, da dieselbe niemals bei frischem Fieber nach den ersten grossen Dosen, sondern stets bei protrahirtem Fieber auftrat, der Vermuthung Raum, dass es sich um eine Malariainfection handle und das Chinin an den Erscheinungen unschuldig gewesen sei, die in einzelnen Fällen schon nach 0,6 eintraten. Antoniades (1879) glaubt geradezu, dass es sich um periodische Hämoglobinurie handle, die von Chinin weder günstig noch ungünstig beeinflusst werde, mit welcher Annahme dann wohl sich auch die sonderbare Angabe, dass Kranke, welche Hämaturie nach Chininsulfat bekommen, eine Zeitlang Chinintannat und Chininvalerianat ertragen, erklärt. In einem Falle, in welchem ein solcher Anfall von Hämoglobinurie, der nach dem Einnehmen von 0,6 Chininsulfat sich entwickelte, den Tod eines 8jähr. Knaben herbeiführte, wurde ein Arzt der Vergiftung angeklagt.

Auch auf andre secernirende Organe scheint Chinin ohne besonderen Einfluss, z. B. trotz der Aufspeicherung in der Leber auf diese und ihre Secretion.

Die Behauptung Stockmanns, dass Chinin die Gallensecretion steigere, wurde von Buchheim und Engel widerlegt; die von Letzteren behauptete Verminderung liegt innerhalb der Fehlergrenzen.

Dass das Chinin im Stande ist, in grossen Mengen auch auf den menschlichen Organismus giftig zu wirken, wurde bereits oben angeführt. Giftige Wirkung des Chinins. Mit wenigen Ausnahmen (Selbstprüfungen von Favier, Giacomini, Noack, Thau u. A.) und zwei Medicinalvergiftungen durch Verwechslung mit Purgirsalzen (Giacomini, van Hasselt) sind die bisher beobachteten Fälle dadurch herbeigeführt, dass der Arzt Chininsalze in allzugrossen Dosen verordnete. Dieselben sind meist durch das Sulfat veranlasst. Zusatz einer Säure, welche die Löslichkeit des Chininsulfats erhöht, begünstigt das Zustandekommen dieser Intoxicationen. Es ist dabei nicht nöthig, dass die betreffende Quantität des Chinins auf einmal gegeben ist, vielmehr liegen Fälle vor, wo man mehrere Drachmen neutrales Chininsulfat auf mehrere Tage vertheilte und erst allmählich die toxischen Phänomene zur Beobachtung kamen.

Der niedrigste Grad der Intoxication, gewöhnlich als physiologische Wirkung des Chinins bezeichnet und bei Behandlung verschiedener Krankheiten, insonderheit febriler, von manchen Aerzten gradezu als Arzneiwirkung gewünscht, zeigt vorwaltend cerebrale Erscheinungen, weshalb man auch von einem Chinarausche, Ivresse à la Quinquina, redet, verläuft meist in 6—12 Stunden günstig und dauert selten über 24 Stunden. Characteristisch für denselben ist das Ohrensausen, das entschieden zu den ersten Phänomenen des sog. Cinchonismus gehört.

Characteristisch ist die Selbstprüfung von Thau, der nüchtern 2,0 Chinin. sulf. in salzsaurer Lösung nahm und nach $^1/_2$ Std. Gefühl von bedeutend gesteigertem Wohlbehagen und Hang zur Fröhlichkeit verspürte, nach $^3/_4$ Std. beim Frühstück, das er mit vortrefflichem Appetit verzehrte, grosse Abnahme der Tastempfindlichkeit und Dumpfheit der Schallwahrnehmungen bemerkte; in 1 Std. trat Schwindel, Brausen vor den Ohren, Unwohlsein und leiser Halbschlummer ein, aus dem nach 1 Std. geweckt, Thau sich taumelnd erhob und mit Mühe eine nothwendige Arbeit besorgte, bei der Erbrechen nicht chininhaltiger Massen eintrat; dann verfiel er wieder in Halbschlummer und lag in apathischem Zustande 4 Std., worauf er ohne Schwindel aufstehen, seiner Beschäftigung nachgehen und mit Appetit essen konnte.

Bei höheren Dosen kommt es zu einem, bisweilen auf ansehnliche Aufregung folgenden Zustand von Sopor, in welchem sich ein höherer Grad von Collapsus ausbilden und den Tod zur Folge haben kann. In den mit Genesung endigenden schweren Fällen scheinen Störungen von Seiten einzelner Sinnesnerven dauernd werden zu können, insonderheit Taubheit und Amblyopie.

Fälle schwerer Chininvergiftung liegen in genauer Beschreibung vor von: Giacomini (Journ. Chim. méd. 1842), von Guersant (Frau des Dr. Bazire und Tod des Dr. Bazire, im Art. Quinquina im Dict. de Méd. mitgetheilt), von Baldwin, Trousseau, Jélinau (Bull. de Thérap. 62. 180), Ranking (Lond. med. Gaz. 1843. Apr. 7), mehrere in Galtiers Toxikologie. Als besonders auffällige Erscheinungen seitens des Nervensystems kommen vor: mehrtägige Stummheit (Goedorp, Gaz. méd. Par. 17. 18. 1840. Rep. Pharm. 71. 359), 12std. Stummsein (Oakley Heming, Lancet. Mai 1840); furibunde Delirien mit allgemeiner Excitation (M Cow); Hemiplegie (nach 3 Dosen von 0,5, in Intervallen von 4 Stunden genommen, mitgetheilt bei Stillé nach Western Lancet, 18. 175, ob aber wirklich Folge des Chinins?); Paralyse (Récamier, Bibl. méd. 1. 427). Amblyopie von längerer Dauer beobachteten van Buren, Beydler und Graefe; mehrjähriges Ohrensausen und Taubsein als Folgezustand von Chininvergiftung Menière; auch bei der Frau Bazire war dies vorhanden. Knapp (Arch. Augenheilk. 11. 151. 1881) beschrieb nach verschiedenen in Amerika vorgekommenen Fällen eine besondere Chininamaurose, welche nach wiederholtem Genusse grösserer Chininmengen in kurzen Zeiträumen (in minimo 5,0 in 30 Stunden) unter heftigem Ohrensausen mit grosser Blässe und Zuckungen des Mundes und der Extremitäten neben gleichzeitiger Taubheit plötzlich auftritt und erst nach Wochen oder Monaten schwindet, mitunter mit mehrtägiger completer oder incompleter Bewusstlosigkeit sich complicirt, stets mit Weite und Starre der Pupille und Beschränkung des Gesichtsfeldes einhergeht und ophthalmoskopisch sich durch

Blässe und hochgradige Verengerung der Retinalgefässe bis zu absoluter Blutleere charakterisirt.

Sectionsbefund.

In den wenigen Fällen von Chininvergiftung, wo die Section gemacht wurde (Baldwin u. A.) ist Gehirnhyperämie als constanter Befund verzeichnet. Die Hirnhyperämie harmonirt auch mit den Befunden bei Thieren. Ausser dieser constatirten Magendie, Melier und Baldwin bei Thierversuchen Hyperämie der Lungen, hie und da auch Splenisation und Hepatisation, weniger constant Blutreichthum der Leber nnd Nieren, Congestion des Rückenmarks, stellenweise Injection im Magen und Darm, endlich Verminderung der Coagulabilität des Blutes (Zeichen des Erstickungstodes).

Tödtliche Dosis.

Die Frage, welche Chininmengen den menschlichen Organismus zu tödten vermögen, ist in einem Gutachten von Frerichs (Vtljhrschr. ger. Med. 30. 1. 1862) über einen Fall, wo binnen 15 Min. 20 Gran (1,2) Chinin und 6 Gran Cinchonin genommen wurden und der Tod 3—4 Stunden später nach vorausgehenden Magenschmerzen, Ohnmachten und Convulsionen erfolgte, erörtert. Müssen wir auch der Ansicht des Gutachtens in diesem Falle, dass die Dosis zu klein, das Intervall zwischen dem Einnehmen des Chinins und dem Tode zu kurz ist, dass der Sectionsbefund (Hirnanämie) nicht mit dem der Chininvergiftungen stimmt und dass deshalb eine Chininvergiftung höchst wahrscheinlich nicht vorliege, als vollständig richtig beitreten, so sind wir doch ausser Stande mit Sicherheit die letale Gabe zu bestimmen, da die in der Literatur der Chininvergiftung vorhandenen Angaben sehr auseinander gehen und manchen Zweifel zulassen. Berechnung der letalen Dosis nach der Ermittlung Bernatziks, dass bei Hunden subcutan 120 Mgm. pr. Kilo tödtlich wirken, ist unthunlich und für innere Application nicht verwendbar, wenn auch Differenz der Empfänglichkeit einzelner Thierspecies nicht bestände. Wenn nach Bernatziks Berechnung als Dosis letalis 7,2—8,4 für Erwachsene von 60—70 Kgm. sich herausstellen, so giebt es in der Literatur Fälle, wo mehr genommen ist, ohne tödtlich zu wirken, so z. B. 16,0 und 25,0 im Falle der Frau Bazire; 4,0 2 Tage hinter einander und am 3. Tage 7,0 (Quévenne); 8,0 pro die bei einer Epileptica (Dietl); 12,0 Sulfat in 24 St. bei einer Quotid. perniciosa (Maillot); stündlich 2,0 17 St. hinter einander, sowie 1 Unze in 1 Nacht (Fälle bei Stillé); 16,0 in 42 St. (Ahrens in Guatemala bei Binz). Die letzteren Fälle finden ihre Erklärung theilweise darin, dass die Dosen nicht auf einmal genommen wurden, z. Th. aber auch, namentlich, was die aus Amerika berichteten Fälle anlangt, darin, dass nirgendswo eine Verfälschung des Chinins in so ausgedehntem Maasse stattfindet, wie in den Vereinigten Staaten. Die niedrigste Dosis von Chininsulfat, welche wir als tödtliche haben auffinden können, ist in einem Falle von Baldwin 0,5 bei einem Kinde von 6 Jahren; bei den Erwachsenen waren die einverleibten Chininmengen erheblich höhere, so bei Galtier 6½ Gm. in 14 Stunden, 5 Unzen Chinin bei Bazire. Als niedrigste Dosis toxica zur Hervorbringung schwerer Intoxication dürfte ein Fall von Trousseau 1,25, wonach bei einer jungen Dame 24stündige Manie folgte, anzusehen sein; zunächst folgt dann ein bei Stillé sich findender Fall, wo die dreimalige Gabe von 0,5 zur Hemiplegie geführt haben soll; hierauf ein solcher von van Buren, wo die 14 Tage lang genommene Menge von 2,0 Taubheit herbeiführte; Trousseau hat ebenfalls einen Fall, wo ernsthafte Erkrankung auf die einmalige Dosis von 3,0 bei einem Asthmatiker folgte.

Behandlung der Vergiftung.

In schwereren Fällen hat Mialhe zur Beförderung der Abscheidung des

Chinins durch den Harn den Alkohol empfohlen, für dessen Anwendung ein Versuch Desiderios, wonach ein Kaninchen 4,0 Chinin ertrug, sobald es dieselbe Menge Alkohol erhielt, spricht. Derselbe könnte im Collaps von Nutzen sein, natürlicher Weise auch andere Excitantien. Gegen den Alkohol, sowie aromatische Stimulantien spricht aber vielleicht die constante Hirnhyperämie nach Chininvergiftung, die durch dieselben gesteigert werden könnte. Bei Delirien und Excitation sind kalte Umschläge auf den Kopf, Blutegel hinter die Ohren und Purganzen zur Entfernung nicht resorbirter Chininreste empfohlen. Vom Morphin darf man, so weit dies aus therapeutischen Erfahrungen zu schliessen ist, wonach die Combination von Morphium und grossen Dosen Chinin nicht minder aufregend wirkt als die grossen Dosen für sich, im Stadium der Excitation nicht allzuviel erwarten. Bei Thieren führt combinirte Anwendung von Chinin und Morphin zu Convulsionen (Heubach).

Arzneiexanthem durch Chinin.

Sehr häufig hat man nach Chinin sogenannte Arzneiexantheme beobachtet, welche sich unter der Form von Urticaria, Erythema diffusum, ja selbst universellem Ekzem (Wallenberg) und Purpura hämorrhagica (Dumas) darstellen kann. Die Annahme einer vasomotorischen Reflexneurose reicht nicht aus, da dadurch schwerlich eine so enorme Exsudation erzeugt werden würde, wie dies in einzelnen an Scarlatina erinnernden universellen Exanthemen dieser Art der Fall ist. Vgl. Köbner, Berl. klin. Wochenschr. 23. 1877.

Therapeutische Anwendung.

Das Chinin und seine Salze finden therapeutische Anwendung in den folgenden krankhaften Zuständen:

a) Bei Wechselfieber, sowohl einfachem als perniciösem, wo Chinin, in geeigneter Weise verwendet, als das sicherste und gefahrloseste Medicament erscheint, und bei den Nachkrankheiten desselben (Milztumor, Hydrops).

Es ist das Verdienst Magendies, der bald nach Entdeckung des Alkaloids auf Veranlassung von Pelletier und Caventou Versuche mit demselben anstellte, auf dessen Bedeutung für die Behandlung der Wechselfieber und die Unschädlichkeit kleiner Gaben hingewiesen zu haben, und seit seinen Versuchen und deren Bestätigung durch Chomel und Double (1820) und der Darlegung der Vortheile, welche die Chininbehandlung vor der Behandlung mit der Chinarinde und deren pharmaceutischen Präparaten darbietet, durch Bally ist trotz einzelner Gegner die Substitution des Chinins für die Chinarinde bei typischen Krankheiten ein allgemeine geworden. Bei ausgedehnter eigner Erfahrung über die Wirkung des Chinin in Wechselfieber können wir als einzigen Uebelstand der Chininbehandlung den verhältnissmässig hohen Preis des Mittels nur zugestehen, während wir alle übrigen dem Medicament gemachten Vorwürfe als ungerecht erkennen und von ungeeigneter Anwendungsweise abhängig betrachten. Ein evacuirendes Verfahren dem Chiningebrauch vorauszuschicken, oder gar ein depletorisches, wie früher üblich war, und dann in minimalen Quantitäten das Chinin darzureichen, muss allerdings schlechte Resultate geben. Selbst bei Complication mit gastrischen Zuständen erscheint Darreichung eines Emeticums überflüssig. Je frühzeitiger bei decidirtem Typus Chinin in Anwendung kommt, um so sicherer ist dessen Effect. — Eintreten von Recidiven ist in Sumpfgegenden auch durch die beste Medication nicht zu verhüten und erfolgt selbst während fortgesetzten Gebrauches kleiner Chinindosen. — Dass Chinin auch bei den nach Intermittens zurückbleibenden Milztumoren und bei Hydrops ex Interm. die günstigsten Dienste leistet, haben wir mehrfach gesehen. Schon Piorry wollte das Sistiren des Chiningebrauchs durch das völlige Schwinden der Milzanschwellung normiren; dass eine Verkleinerung derselben durch Chinin erfolgt, ist zweifellos, mag auch Piorrys Angabe, dass diese schon einige Secunden nach Einnehmen von Chinin erfolge, auf Täuschung beruhen. Die in solchen Fällen empfohlene Verbindung von Chinin mit Eisen oder Belladonna (Henoch und Romberg) wirkt auch vorzugsweise durch Chinin. Ueber abwechselnde Darreichung von Chinin und Strychnin (Hassinger) fehlt uns eigne Erfahrung.

Auch bei Sumpffiebern mit nicht ausgesprochenem Typus (Febris remittens) ist nach Beobachtungen der Aerzte in Algier (Haspel, Worms) Chinin das ausgezeichnetste Mittel. — Zur Prophylaxe von Malariafiebern ist das Chinin ebenfalls gebraucht, so von verschiedenen Schiffsärzten an der Westküste von Africa, von den Africareisenden Schweinfurth und Stanley, von Saussure in Südcarolina, von van Buren, Merrit, Rodgers auf dem Isthmus zu Panama, wo Morgens und Abends das Mittel systematisch administrirt wurde (meist in Caffee) und die Personen, welche davon Gebrauch machten, durch das Klima nicht afficirt wurden. Nicht ganz so befriedigend waren die Resultate in Pola (1870), doch fiel die Procentzahl der ohne die prophylaktische Behandlung an Wechselfieber Erkrankten (28,2 %) um 10 % höher aus als bei prophylaktischer Behandlung. Jukes (Brit. med. Journ. Febr. 26. 1870) will bei Febris recurrens den Relaps durch grosse Chiningaben verhütet haben.

b) Bei intermittirenden Krankheitsformen jeder Art, namentlich Neuralgien und Neurosen mit bestimmtem Typus.

Eine Aufzählung der verschiedenen intermittirenden Affectionen nicht entzündlicher oder entzündlicher Art, gegen welche Chinin diesem oder jenem Arzte geholfen, nachdem andere Mittel fehlschlugen, würde zu weit führen. Die hier vorzugsweise ins Gewicht fallenden typischen Neuralgien werden rasch durch Chinin geheilt, wenn man nach der Vorschrift von Hauff (Württb. med. Corrbl. 34. 1834) Chininsulfat in stündlich wiederholten Gaben von 0,1—0,15 Gm. giebt. Auch hier wird das Chinin mit anderen Mitteln combinirt, wie mit Castoreum (Haxthausen), Ferrum (Schramm), oder statt Sulfat Valerianat oder Hydrocyanat empfohlen. Die Angabe, dass typische Neuralgien im Gesicht leichter durch Chinin heilen, als z. B. Ischias oder Neuralgia brachialis, (Trousseau, Lussana) wird von Andern (Schramm, Wenz) bestritten. Vielleicht ist hier die Dosis etwas höher zu greifen und mit Schramm und Wenz 3mal täglich 0,3—0,4 zu geben.

c) Bei atypischen Neuralgien und Neurosen.

Während Trousseau behauptet, dass es hinsichtlich der Heilwirkung des Chinins bei Neuralgien keinen Unterschied mache, ob dieselben typisch oder atypisch verlaufen, scheint nach unseren eigenen Erfahrungen das Chinin bei den unregelmässigen Neuralgien viel weniger zuverlässig, mindestens bei kleinen Gaben, wenn auch curative Wirkung grösserer Dosen bei Ischias u. s. w. in keiner Weise in Abrede gestellt werden kann. Auch bei Hemicranie wird Chinin von Einzelnen (Piorry, Oppolzer) gerühmt, und zwar von Letzterem in kurz vor dem Anfall zu reichenden kleinen Dosen (0,12). Glover (1870) fand es bei acuter Lumbago von besonderem Nutzen und nach Wade (1873) sollen grosse Dosen jeden cariösen Zahnschmerz aufheben. Von Neurosen sind besonders Epilepsie (Gamberini, Bull. Bologna. Ott. 1844;

Piorry, Gaz. Hôp. 19. 48. 1857) und Chorea magna hervorzuheben; bei letzterer wirken nach Skoda (Allg. Wien. Ztg. 36. 1858) oft schon kleine Gaben, manchmal nur sehr grosse (selbst bis über 2,0 pro dosi), die auch bei öfterer Wiederholung keinen üblen Effect haben. Skoda (ibid. 386. 1860) rühmt Chinin auch bei Innervationsstörungen des Herzens mit oder ohne Klappenfehler. Von verschiedenen amerikanischen Aerzten (Malone, Bishop u. A.) werden Fälle von traumatischem oder idiopathischem Tetanus berichtet, wo grosse Dosen Chinin Heilung herbeiführten. Heilung von hysterischem Schreiberkrampf durch grosse Chinindosen berichtet L. Meyer (Wien. Wchschr. 36. 1854.)

d) Als die Temperatur und die Pulsfrequenz herabsetzendes Mittel bei fieberhaften Krankheiten, insbesondere Typhus, acuten Exanthemen, Puerperalfieber, Pyämie, auch bei Pneumonie und bei hektischem Fieber. Diese Art der Anwendung des Chinins, deren sich zuerst die Anhänger Rasoris bedienten, ist in neuerer Zeit, besonders durch Briquet und Leroux in Frankreich, und in Deutschland durch Wachsmuth und Liebermeister zu Ehren gekommen und scheint namentlich bei Behandlung des Typhus und der Febris hectica sehr günstige Resultate zu liefern. Die Wirkung beruht in allen diesen Krankheiten in der Mässigung des Fiebers und der Abwendung der Lebensgefahr, welche sehr hohe Fiebertemperaturen bedingen, vielleicht auch nach den Untersuchungen von Sée bei Typhösen in der Steigerung des Blutdruckes und Regulirung der Herzthätigkeit.

Der Fieberbehandlung mit Chinin ist zwar in der Salicylsäuretherapie ein Concurrent erwachsen, doch ist dieselbe nur beim Rheumatismus acutus durch letztere verdrängt. Bei eruptiven Hautkrankheiten (Pocken, Scharlach u. s. w.), meist auch bei Erysipelas, ist die Erzielung von starken und dauernden Temperaturabfällen meist nicht möglich. (Ueber die Wirkung bei Typhus vgl. ausser der Abhandlung von Liebermeister besonders Ohlsen (Gazz. med. Lomb. 1870), Brünniche, Hensch, Allbutt, Popow, Dornblüth, Oeffner u. A., bei Puerperalfieber Josien (De la fièvre puerpérale et de son traitement par le sulf. de qu. (Strassb. 1868), bei Pneumonie Schroetter (Allg. Wien. Ztg. 58. 1870) und Brünniche. Meist findet sich die Angabe, dass eigentliches septisches Fieber durch Chinin am wenigsten beeinflusst werde, dagegen giebt Allbutt an, dass grade die intercurrenten Fieberexacerbationen durch Aufsaugung putrider Exsudate bei Scharlach, Typhus etc. besonders günstig modificirt wurden. Popow (Mosk. pharmakol. Unters. I.) bestritt jede Wirkung auf künstlich erzeugtes septisches Fieber. In hektischem Fieber sind kleinere Dosen (Liebermeister, Allbutt, Brünniche) oder Verbindung mit Digitalis (Liebermeister) angezeigt. Für die Verwendung bei Pneumonie ist übrigens zu berücksichtigen, dass die deprimirende Action grosser Chinindosen auf die Herzthätigkeit Steigerung der Dyspnoe und Cyanose bedingen kann und daher Vorsicht geboten ist (Binz). Eine Hemmung der eitrigen Exsudation bei Lungenentzündung, wie sie Skoda annahm, konnte Schroetter nicht constatiren.

e) Gegen Augenaffectionen, besonders in Holland und England, weniger in Deutschland gebräuchlich, wo es Ammon bei chronischen Leiden der fibrösen Gebilde des Auges benutzte.

Hauptempfehler sind Ilcken (Ned. Lancet. Maart en Apr. 1825), Goudée (ibid. Juli—Aug. 1855), die bei erethischen Augenentzündungen mit exacerbirenden Schmerzen besonders vom Chinin Gebrauch machten, Tyrell, Wallace, Mackenzie, Quadri, Gross, Pauli, die besonders bei scrophulösen Ophthalmien davon Erfolg sahen, Schreder (Allgem. Wien. med. Ztg. 76. 1861), der eine Amaurose nach Intermittens mit Chin. und Extr. nuc. vom. heilte, und Ponti (Ann. univ. Jan. 1873), der chronische Tabaksamaurose damit heilte.

f) als tonisirendes Mittel im Allgemeinen, in Schwächezuständen jeder Art.

Allerdings kommt dem Chinin nicht die volle tonisirende Wirkung der Chinarinde zu, weshalb man als Tonicum häufig andere Chinapräparate (Extract, Decoct, Chinawein) oder Verbindungen von Chinin mit Gerbsäure und Unterphosphorsäure statt Chininsulfats wählt. Andrerseits ist auch die günstige Wirkung bei Schwächezuständen häufig nicht eine directe tonische, sondern beruht z. B. bei Tuberculose nicht selten auf Herabsetzung des Fiebers (s. oben) oder Besserung des Durchfalls (Chinintannat) oder des Appetits nach Art andrer bittrer Mittel. Ein besonderer Lobredner des Chinins bei Tuberculosis ist Asmus (Preuss. Ver. Ztg. 18. 1846). Die Wirkung bei sog. asthenischen Formen acuter fieberhafter Krankheiten (Pneumonie u. s. w.), bei Scrophulose und scrophulöser Ophthalmie, ebenso bei skirrhösen Verhärtungen (Hirsch), muss als tonisirende aufgefasst werden.

g) Als milzverkleinerndes Mittel und gleichzeitig zur Verminderung der weissen Blutkörperchen bei Leukämie (Hewson, Mosler).

h) Als wehentreibendes Mittel bei Inertia uteri und zur Austreibung der Placenta. (Monteverdi, Bonadei, Gerelli, Ferrari, Mezadri, Persico u. A. m.), auch zur Stillung von Metrorrhagien (De Neffe, Gerelli, Bouqué), selbst zur Einleitung künstlicher Frühgeburt (Bianchi).

Versuchsweise ist die Anwendung des Chinins an Stelle das Secale cornutum gewiss gerechtfertigt, obschon Misserfolge nicht fehlen werden. Ob dasselbe den Uterus im Beginne der Gravidität (Josch) oder gegen den Schluss derselben bei stärkerer Entwicklung der Uterinfasern (Chirone) stärker afficirt, steht dahin. Bei Metrorrhagien dürfte auch die Herabsetzung des Blutdrucks durch grosse Dosen Chinin von Bedeutung sein, die das Mittel noch bei anderen Blutungen indicirt erscheinen liesse, wie es auch früher Klokow gegen Hämorrhoidalblutungen empfahl und neuerdings Caro (N. Y. med. Rec. 285. 1874) bei Epistaxis und Haemoptysis erprobte. Andererseits wollen freilich verschiedene Aerzte ausser Abortus (Ebrard, Gazz. méd. Lyon. 1846. Mai, Sistach u. A.) auch starke und selbst tödtliche Blutungen als Folge unvorsichtigen Chiningebrauches beobachtet haben; so Beydler (Ann. méd. Belge Août. 1836.) tödtliche Blutung aus dem Mastdarm, Simon (Gaz. Hôp. 8. 1861), Haemoptysis, vielleicht jedoch nur zufällig.

i) Als Antiparasiticum, besonders gegen Mikrophyten.

Delvaux (Abeille méd. 12. 152) constatirte Abgang von Spulwürmern und Taenien nach Chiningebrauch und empfahl Chininklystiere gegen Oxyuris, welche sich jedoch in Chininlösung recht wohl befinden. Binz gab Chinin wegen seiner starken Wirkung auf Infusorien bei Heuasthma, wo auch

Helmholz und Ferber die Wirksamkeit constatirten, und hält das Mittel namentlich indicirt bei Enteritis mit massenhafter Infusorienbildung, vielleicht auch bei Sommerdiarrhoe künstlich gefütterter Säuglinge. Aehnliche Erwägungen führten zur Anwendung und Empfehlung bei Cholera als Prophylacticum (Jörg, Guyet) oder als Heilmittel (Bourgogne, Goudas) oder als Desinfectionsmittel (Hallier).

h) Als antiseptisches, antizymotisches und antiphlogistisches Mittel örtlich bei Diphtheritis, Decubitus, Cystitis, Pyelitis und septischer Keratitis.

Bei Halsaffectionen hat Brakenridge (Pract. 110. August 1877) Gurgelwässer aus Chinin mit gutem Erfolg gegeben, namentlich bei Angina scarlatinosa und diphtheritica, selbst in schweren Fällen, bei Angina tonsillaris nur im Falle eintretender Suppuration; auch Geschwüre wurden günstig dadurch beeinflusst. Entschiedenen Erfolg sah Brakenridge vom Chinin bei Decubitus und Hautgeschwüren. Injection von Chininlösungen in die Blase bei schweren Blasenkatarrhen haben neuerdings Thornton und Nunn (1878) mit Erfolg benutzt, während Simmons (1879) bei diesen Leiden die interne Application empfiehlt. Fränkel (1881) rühmt intern Chinin zu 0,75—1,0 bei Tonsillitis. Dass das Chinin wie alle anderen viel verwendeten Mittel bei manchen Affectionen hier und da scheinbaren Nutzen brachte, in denen bestimmte Indicationen nicht aufgefunden werden können, darf nicht verwundern. Wir erwähnen nur die Empfehlung als Diureticum bei Morbus Brighti nach Scharlach (Hamburger), zur Prophylaxe der Seekrankheit (Guillabert), endlich bei unregelmässiger Menstruation mit nervösen Symptomen, Schmerzen und Leukorrhoe.

Chininsalze. Von den Chininsalzen ist das hauptsächlichste und allgemein gebräuchliche das Chininum sulfuricum (Chinium sulfuricum, Sulfas chinicus, Sulfas Chinini), neben dem aber Chininum bisulfuricum, Chininum hydrochloricum, Ch. ferro-citricum, Ch. tannicum und Ch. valerianicum häufiger benutzt werden. Ausser diesen sind noch eine Reihe von andern Chininsalzen von einzelnen Aerzten in Anwendung gezogen, zum Theil, weil man ihnen mildere Wirkung auf den Magen oder die Erzeugung geringerer Nebenwirkungen als dem Sulfate zuschrieb, zum Theil, weil sie leichter löslich als dasselbe und somit rascher resorbirbar erscheinen, zum Theil auch, weil man bei ihnen eine Steigerung der Wirksamkeit in gewissen Beziehungen durch die darin enthaltene Säure bedingt glaubte. Viele dieser Verbindungen sind unnöthige Spielereien. Dass übrigens Wirkungsdifferenzen — auch abgesehen vom Ch. hydrocyanicum, das durch Abspaltung von Blausäure im Magensafte stark toxisch werden kann —, bedingt durch die physikalischen Verhältnisse, existiren, ist neuerdings am Hydrochlorat erkannt, das nicht nur weit stärker antiseptisch als das Sulfat ist, sondern auch auf andre physiologische Verhältnisse (Reflexaction) anders einwirkt (Binz, Brunton).

Bei der Dosis des Chininsulfats ist zu unterscheiden, ob wir dasselbe als Tonicum oder als Vorbeugungsmittel von Wechselfieberanfällen oder als Antipyreticum verwenden. Als tonisirendes Mittel wird Chininsulfat zu 0,05 bis 0,15 gereicht. Als tonisirendes Mittel gegen Intermittens geben wir nach ausgedehnter eigner Erfahrung den grossen Dosen (0,6—1,2), wie sie zuerst

Brohmüller, später Maillot und Pfeufer kurz vor dem Anfalle zu reichen empfahlen, entschieden den Vorzug vor kleinen, öfters wiederholten, die höchstens für die Behandlung intermittirender Neuralgien, wo sie indessen öfters wiederholt (am besten stündlich) zu geben sind und für die Nachcur Berechtigung haben. Indessen ist selbst bei Neuralgien dieser Art die Darreichung mehrerer Gaben von 0,3—0,5 oft effectreicher und bei atypischen Neuralgien stets vorzuziehen (Schramm, Bayr. Intell. Bl. 16. 1859). Bei febrilen Affectionen scheint zur Herabsetzung des Pulses und der Temperatur ebenfalls 1,0—1,2, auf 2mal in Zwischenräumen von mehreren Stunden verabreicht, oder bei sehr empfindlichen Personen eine Dosis von 0,6, der man weitere 0,6 in 2stündlichen Dosen von 0,2—0,3 folgen lässt, am zweckmässigsten zu sein; kleinere Dosen wirken nur selten deutlich antipyretisch und oft sind selbst grössere Gaben (bis zu 3,5 in 24 St.) erforderlich (Liebermeister). Nur beim hektischen Fieber ist der continuirliche Gebrauch kleiner Dosen vorzuziehen (Liebermeister). Ist man auch bisweilen genöthigt, bei perniciösen Fiebern die Dosen noch zu erhöhen, so vergesse man doch niemals, dass zu hohe Gaben toxisch wirken können.

Meistens wird Chininsulfat innerlich gereicht, und zwar trotz seines bitteren Geschmackes in Pulverform. Zusatz von Oelzucker oder aromatischem Pflanzenpulver (M. Meyer gab es mit Pulv. flor. Chamomillae), noch besser von Chocolade verdeckt den Geschmack. Gegen Chinintrochisken aus Chocolademasse, für Kinder vielleicht die zweckmässigste Darreichungsform, ist sanitätspolizeilich kein Bedenken. Stockhard empfiehlt Einhüllung in Eierschaum. In Pillen und Boli wird es oft verordnet, z. B. von Pfeufer: R. Chin. sulf. 0,6 Extr. Millef. q. s. ut f. pil. No. 4. consp. pulv. Cass. cinn. S. Auf einmal zu nehmen. Man kann zur Vertheilung des Chinins in den Pillen einen geringen Säurezusatz anwenden. Wässrige Lösungen werden ihres schlechten Geschmacks wegen gemieden, obschon die Resorption des Medicaments dadurch befördert wird, noch mehr, wenn man das Salz durch Zusatz von Schwefelsäure in das Chininbisulfat überführt; Weinsäure, Citronensäure und selbst Oxalsäure können in geringen Mengen ebenfalls zur Beförderung der Löslichkeit und zugleich zur Geschmacksverbesserung dienen, desgleichen Salzsäure. Descouves (Gaz. Hôp. 11. 1855) empfahl Caffee als Vehikel, dem Delioux Citronensaft zusetzt; Kerner natürliche oder künstliche Säuerlinge, um das durch die Kohlensäure des Blutes bedingte Hemmniss der Resorption zu beseitigen. Alkoholische Lösungen, z. B. Vin de quinine nach Magendie, Tinct. Chinini nach Piorry oder das in einzelnen Gegenden als Volksmittel gebräuchliche Chininsulfat in Branntwein (Delioux) bieten keine Vorzüge dar.

Man verbindet Chinin bei interner Darreichung sehr häufig mit Mitteln, denen man eine Steigerung der Wirkung zuschreibt, so mit Digitalis als Antipyreticum und bei Intermittens, mit Antimonialien (Sulf. aurat., Brechweinstein), mit Belladonna und Opium, mit Strychnin, mit Kali aceticum (Clemens). Die letztere Beimischung ist bei Personen empfohlen, deren Tractus von dem Mittel unangenehm afficirt wird und dann bei solchen, die leicht nach Chinin brechen, auch um die Resorption und damit die Wirkung zu fördern. Zu vermeiden sind bei interner Darreichung im Allgemeinen Metallsalze, Alkalien, freies Chlor, Jod und Brom, da dadurch Zersetzungen und Bildung von Niederschlägen eingeleitet werden. Salmiak, Salpeter, Kochsalz und Seifenwasser steigern nach Calloud (Bull. Thérap. Avr. 1860. 306) die Löslichkeit des

Chinins um die Hälfte dem gewöhnlichen Wasser gegenüber. Glauber- und Bittersalz wirken schwächer lösend als Wasser, phosphorsaures und doppeltkohlensaures Natrium stören die Lösungswirkung des Wassers erheblich.

Aeusserlich ist Chinin vielfach in Clystierform applicirt, was besonders gut bei Kindern und bei bestehender Brechneigung in bösartigen Formen des Wechselfiebers, auch im Typhus (Lindwurm u. A.) geschehen kann. Die Wirkung ist fast sicherer als bei interner Darreichung (Trousseau und Pidoux, Piorry); die Dosen sollen nach den französischen Autoren etwas kleiner gegriffen werden (0,4—0,5 auf ein Clystier), welchem Liebermeister widerspricht und was seinerseits zu den physiologischen Versuchen über die Resorption im Widerspruche steht. Ob solche Chininclystiere besondere Wirkung gegen Ascariden besitzen (Delvaux), steht dahin. Selbst in Suppositorien (Chinini sulf. 1,0, Butyri Cacao 6,0) ist Chinin gegen Intermittens empfohlen.

Die epidermatische Anwendung, besonders bei Kindern (Dassit, Bull. de Thér. 16. 273. 1844) gegen Intermittens, neuerdings von Dufay (Gaz. hebd. 19. 1867) gegen Neuralgien empfohlen, ist für die Praxis bedeutungslos. Fast gilt dasselbe von der endermatischen Anwendung nach Lambert und Lesieur, die allerdings Intermittens heilen kann und nicht bloss auf die Behandlung von Neuralgien (Guersent) zu beschränken ist. Um das beim Einstreuen des Chinins jedesmal entstehende heftige Brennen und Entzündung zu verhüten, soll man statt Chininpulver eine Salbe von 0,6 auf 15,0 Cerat. spl. oder Solution gebrauchen (Kolb).

In der neuesten Zeit ist besonders die subcutane Application, zuerst von Schachaud in Smyrna (Union méd. 113. 1862), dann von Goudas und M'Craigh empfohlen, studirt; da aber dabei sehr häufig, wie Fischer (Allg. Wien. med. Ztg. 113. 1866) zuerst hervorhob, Entzündung, Bildung von Abscessen und selbst brandige Abstossung erfolgt, so ist das Verfahren nicht berufen, die interne Anwendung zu ersetzen, obschon dadurch nicht nur typische Neuralgien, sondern auch Wechselfieber, und zwar durch eine relativ kleine Dosis, geheilt werden können. Nur bei perniciöser Intermittens und Febris intermittens haemorrhagica (Leute, Vinson) ist diese Methode unbedingt zu empfehlen. Die Art der Einspritzung scheint übrigens auf das Zustandekommen der örtlichen Entzündung nicht ohne Einfluss zu sein. So will Bricheteau diese nicht nach Injection von Chininsulfatlösung mit Weinsäure, wohl aber mit Essigsäure auftreten gesehen haben; Eulenburg warnt vor zu sauren und nicht frischen Lösungen. Nach Bernatzik ist dagegen nicht Säurezusatz Schuld, sondern die Erstarrung des injicirten Chinins zu einer harzartigen, als Fremdkörper irritirend wirkenden Masse, welche am leichtesten bei neutralen Salzen eintritt, so dass Ansäuerung unbedingt nothwendig ist. Am besten eignet sich dazu Chlorwasserstoffsäure, welche am meisten die Löslichkeit aller Chinabasensalze erhöht und Krystallisation verhindert. Wird auf 1 Aeq. Chininsulfat 1 Aeq. Salzsäure (auf 100,0 69,0 Acid. hydrochl. dilut). genommen, so lässt sich eine nicht krystallisirende Lösung so concentrirt erhalten, dass je 1 Cc. Lösung 0,03 Chinin enthält, so dass 0,3 subcutan injicirt werden können. Das Quantum der ohnehin weniger als Schwefelsäure reizenden Salzsäure ist geringer als das zur Bildung von Ch. bisulfuricum erforderliche Quantum von Acid. sulfur. dilut. (auf 100,0 77,5) und lässt sich aus 0,6 Chin. sulf., 0,42 Acid. hydrochl. dilut. und 0,78 Wasser eine Lösung im Verhältniss von 1 : 2 herstellen. Eine noch stärker chininhaltige Solution erhält man bei

Anwendung von Chininum hydrochloricum (0,6 mit 0,47 Acid. hydrochl. dilut. und 0,7 Wasser) wegen des kleineren Atomgewichts der Salzsäure und der geringen Menge Krystallwasser. Diese Lösungen bewirken nach Loebels Versuchen im Hospital Rudolph-Stiftung (Ber. f. 1867 p. 139) zwar etwas Schwellung und Infiltration, aber keine Abscessbildung.

Zu Gurgelwässern benutzte Brakenridge Lösungen von 1:240. Inhalation zerstäubter Chininlösungen, von Fieber (Allg. Wien. Ztg. 108. 1862) zuerst gegen typische Hustenparoxysmen versucht, doch wegen eintretender Hämoptoë verlassen, ist von Ancelon (Gaz. des Hôp. 44. 1866) auch bei intermittirenden Fiebern angewandt, und zwar mit Erfolg (1,0 Chinin. sulf. auf 1 Lit. Decoct. Chinae, wovon 15 Min. lang inhalirt wurde). Auch gegen Keuchhusten und Heuasthma kann sie in Anwendung kommen (Binz). Als Augenwasser bei typischen Ophthalmien ist Chininsulfat (1:480) neben innerem Gebrauche von Belonsowich verwerthet. Zur Einspritzung in die Blase dienen Lösungen von 1:1200 (Nunn) oder selbst von 1:240 (Thornton), zu 60,0—90,0 p. d. Einreibung in die Wangenschleimhaut und Pharynxwand haben Pointe und Ducros versucht, ohne Nachahmer zu finden. Endlich ist Chininsulfat als Schnupfpulver von Hue (Rév. méd. 227, May 1833) gegen Migräne und von Bourjot St. Hilaire gegen Neuralg. supraorb. und cil. erfolgreich gebraucht, von Ersterem zu 1,0 auf 30,0 Tabak, in 6 Tagen zu verbrauchen, von Letzterem zu 0,4 mit 4,0 Zucker und 2,0 Pulv. Iridis.

Die übrigen in Anwendung gekommenen Chininsalze sind folgende:

1) Chininum aceticum. — Von Harless (Heidelb. klin. Ann. 5. 575) dem Chininsulfat wegen milderer Wirkung auf den Magen vorgezogen, auch in Frankreich von Magendie u. A. als Antiperiodicum benutzt.

2) Chininum camphoricum. — Von Pavesi als in Wasser und fetten Oelen leicht löslich zu Einreibungen empfohlen.

3) Chininum carbolicum. — Diese Verbindung ist auf Empfehlung von Bernatzik (Wien. med. Wchschr. 41. 1867. 24. 1868), der in ihr ein Antisepticum par excellence vermuthete, von G. Braun bei Puerperalfieber und von Duchek bei Typhusfällen, anscheinend nicht ohne Erfolg, wenn es auch den Verlauf nicht abkürzte, gebraucht. Von Pillen, deren jede 0,06 Chinin und 0,036 Carbolsäure enthielt, wurden 6—10 Stück täglich ohne Störung ertragen. Bei den damit behandelten Kranken konnte Bernatzik die Carbolsäure nicht im Urin nachweisen; doch widerstand der Urin von Puerperalfieberkranken sehr der ammoniakalischen Gährung. Chininum bicarbolicum wirkt stark reizend und selbst kaustisch auf die Intestinalschleimhaut (Maury).

4) Ch. carbonicum. — Von Langlois (Bull. Acad. 21. 10—12. 1856). und Kerner vorgeschlagen, aber nie verwerthet.

5) Ch. chinicum. — Man stösst nicht selten auf die Ansicht, dass eine Verbindung des Chinins mit Chinasäure als die in der Natur vorhandene, in den Chinarinden gebildete, besondere antitypische Wirksamkeit in höherem Grade besitzen müsse. Dies ist aber eine nur auf die teleologische Ansicht von der Erschaffung der Chinabäume für Fieberkranke basirte Hypothese, die dadurch widerlegt wird, dass die Chinasäure für sich nicht anders wie organische mildere Säuren wirkt (Kerner) und dass das fragliche Salz in seiner Löslichkeit von andern, z. B. vom ameisensauren Chinin, übertroffen wird, so dass es zu hypodermatischer Injection sich kaum eignet (Bernatzik). Die

Angabe von Brera, dass es sich besonders bei Reconvalescenten nach Heilung der Intermittens durch Chininsulfat und Zurückbleiben von Magenschwäche eigne, spricht nur für mildere Wirkung auf den Magen.

6) Ch. citricum. — Das citronensaure Chinin hat wie manche andre Chininsalze Hauptanwendung in Italien gefunden; doch kann man nicht wissen, ob alle damit gemachten Versuche wirklich mit Chinincitrat ausgeführt sind, da es sehr oft mit Chininsulfat verfälscht wurde. Hauptempfehler sind Beraudi, der 1837 an sich und seinen Schülern beobachtet haben wollte, dass es nicht so energisch auf das Gehirn wirke als das Sulfat, und auch nicht den Magen so angreife, Gazzone, Bergancini, Brera, der es bei irritativer Intermittens, wo diese mit Plethora oder Bluthusten verbunden ist, bevorzugt, Rota und Giacomini. In Frankreich rühmten es Caventou und Magendie als Antisepticum und Tonicum. Uebrigens steht die Angabe Beraudis von der minder heftigen Wirkung auf das Nervensystem einigermassen mit seinen eignen Details in Widerspruch; denn schon nach 0,6 sah er Schwere im Kopfe und Pulsbeschleunigung, nach 1,0 Wärme im Schlunde und Epigastrium, starken Kopfschmerz, intensive Röthe, frequenten Puls, Ohrensausen, Schwindel und profuse Schweisse auftreten. Magendie hat das saure Citrat (Chininum citricum acidum) in Form eines Syrupus Chinini citrati (2,0 auf 500,0 Zuckersyrup) zu 1—2 Löffel voll täglich als Antiscorbuticum und Antisepticum empfohlen.

Mehr zu den Eisenpräparaten gehört das Ferro-Chininum citricum s. Ch. ferro-citricum, das von Béral zuerst dargestellte Citrate de fer et de quinine, das nach unseren Erfahrungen bei chlorotischen Zuständen und Neuralgien günstig wirkt und wohl vertragen wird.

7) Ch. formicicum. — Nach Bernatzik das einzige neutrale Chininsalz, welches Herstellung gesättigter Lösungen zur Subcutaninjection erlaubt; indessen selbst in Lösungen von 1:3 zur Bildung localer Entzündungs- und Eiterheerde führend und daher leicht löslichen sauren Salzen nachstehend. In seiner Allgemeinwirkung verhält es sich nicht anders wie andere Salze.

8) Ch. hydrocyanicum. Das von Berutti u. A. (1832) gegen Intermittens angewandte Präparat, nach Cerioli besonders indicirt bei perniciösem Fieber und Complication mit entzündlichen Zuständen der Abdominalorgane, ist seiner Zersetzlichkeit und seines Preises wegen wieder verlassen. Die Dosis betrug bei den Italienern 0,2—0,5, welche letztere Gabe wir jedoch ernstlich widerrathen, gestützt auf einen Fall von Janson, der einem an mehrmals recidiver Intermittens Leidenden blausaures Chinin zu 0,25 mit bestem Erfolge gab, dagegen bei einem abermaligen Recidiv auf 0,3 sehr gefährliche Erscheinungen: grosse Hitze des ganzen Körpers, Röthe und Anschwellung des ganzen Gesichts, harten und vollen Puls, Zuckungen in den Gesichtsmuskeln linker Seite, sehr erweiterte Pupillen, Speichel- und Thränenfluss, Stottern, Convulsionen, beengte Respiration, unwillkührlichen Harn- und Samenabfluss — lauter Symptome der Blausäurevergiftung — eintreten sah.

9) Ch. ferrocyanatum. — Das sog. Idroferrocianato di chinina, nach Zaccarelli und Cereoli zu Cremona in Gaben von 0,12—0,25 bei Tertiana und Quotidiana häufig von Erfolg, wo das Sulfat fehlschlug, nach Giacomini minder wirksam als letzteres, mit dem es Angero zu verbinden anrieth, ist trotz weiterer Empfehlung von Gouzée nach Versuchen im Antwerpener Militärspital und von Donovan entbehrlich.

10) Ch. lacticum. — Louis Lucien Bonaparte (Ann. univ. di med.

Nov. 1841) empfahl zuerst das milchsaure Chinin als leichter assimilirbares und milderes Chininsalz; trotz der Anpreisungen von Seiten Italienischer Aerzte hat es sich jedoch keinen Eingang verschaffen können. Das saure milchsaure Chinin, Ch. bilacticum, gestattet seiner Löslichkeit wegen die Bildung concentrirter, nicht auskrystallisirender Lösungen zu hypodermatischer Injection (Bernatzik).

11) Chininum salicylicum. — Von Maury als gut tolerirtes Substitut des Chininsulfats bei Intermittens und putriden Affectionen empfohlen, obschon es in Bezug auf die Hemmung der Alkoholgährung der Carbol- und Salicylsäure nachstehe, und von Perroud als Antipyreticum bei Pneumonie und Meningitis benutzt (Lyon méd. 29. 30. 1871). Brown (Ed. med. Journ. 431. 1876) rühmt dasselbe zu 2,0 intern oder im Klysma als höchst kräftiges Antipyreticum (Temperaturabfälle um selbst 5%), das wenig Ohrensausen und Schweisse producire. Kersch (Memorab. 11. 1877) empfahl es bei Variola. Es hemmt die Bewegung der Leukocyten und die Molecularbewegung wie Chinin (Brown); in den Harn geht Salicylsäure über (Maury, Brown). Vgl. auch Antonesco, Du salicylate de quinine et de son emploi dans les fièvres intermittentes (Paris, 1877).

12) Ch. tannicum. — Das gerbsaure Chinin gehört zu denjenigen Chininsalzen, welche in praxi häufiger angewendet sind und welche Aufnahme in Pharmacopöen gefunden haben. Auch wir haben es verschiedentlich verordnet, und zwar sowohl als Tonicum, als in intermittirenden Fiebern: doch können wir es als Fiebermittel nicht sehr empfehlen, da es uns mehrfach zu 0,6 vor dem Anfalle gegeben im Stiche liess, wo dieselbe Gabe Chininsulfat ihre Schuldigkeit that, und da die ihm nachgerühmte Billigkeit eine Illusion ist, da es nicht, wie Strumpf will, in kleinerer, sondern in grösserer Gabe verabreicht werden muss. Es ist dies völlig im Einklange mit dem Chiningehalte des Präparats und mit den Angaben Kerners, wonach überhaupt vom Tannat nur 72% zur Resorption gelangen, während vom Hydrochlorat u. a. Salzen mehr als 90% vom Tractus aufgenommen werden. Dass es überhaupt nicht resorbirt werde, ist unrichtig, wie auch die Versuche von Guyochin und Rabuteau beweisen, die nach 2,0 Chinintannat stets Chinin im Harn fanden. Möglicherweise steht mit der allmäligen und langsamen Resorption das Fehlen von Ohrensausen u. s. w. nach Dosen von 3,0 (Rabuteau, Sistach) im Zusammenhange. Uebergang in gallussaures Chinin, das zu 1,0 Ohrensausen erregt, findet nicht statt (Rabuteau). Die Elimination tritt später ein als die des Chininsulfats. Von Dosen zu 0,06 — 0,12, auf Trousseaus Empfehlung bei Kindern wegen der geringeren Bitterkeit des Präparats gegeben, haben wir bei Diarrhöen und auch bei hektischen Schweissen phthisischer Personen manchmal recht günstige Wirkung gesehen und können Reil nicht beistimmen, der dessen Anwendung das Bestehen einer noch guten Verdauung voraussetzen lässt, da wir durch die angegebenen Dosen bei schwachem Magen nie Verdauungsstörungen resultiren sahen. Bei Intermittens dürfte sich die Anwendung, wie dies Wolff will, auf Fälle, wo Chininsulfat nicht tolerirt wird oder wo Diarrhöen bestehen, beschränken. Der erste Empfehler des Chinintannats gegen Intermittens war Ronander in Stockholm (1830), nachdem schon früher Berzelius die Aufmerksamkeit der Aerzte auf dies Salz gelenkt hatte; später wurde es vielfach in Griechenland (Landerer), in Frankreich (Barreswill, Lambron, Ledeschault, Bouvier u. A.), auch in Italien (Castiglioni) und Deutschland (Wolff, Preuss. Ver.-Ztg. 33. 33)

verwerthet. Bei remittirenden Fiebern hat es ebenfalls Ronander, bei typischen Neuralgien Hauff erfolgreich gebraucht; ausserdem ist es gerühmt gegen hektische Schweisse von Delioux (Journ. de connais. méd. May 1852. 533), gegen Cholera von Bourgogne und Goudas, gegen epidemische Grippe von Bourgogne jun. (Journ. de Brux. May, Juni, 1858), in neuester Zeit von Becker und Binz (Berl. kl. Wchschr. 36. 1880) gegen Keuchhusten. — Dosis: als Tonicum 0,05—0,12 3mal täglich. Intermittenten wollen Lambron und Sistach mit 3,0 (Tertiana) und 2,0 (Quotidiana) geheilt haben, was ziemlich grosse Mengen sind, da man dazu vom Sulfat die Hälfte braucht. Als besonders kräftig bei hartnäckigen alten Fiebern mit torpider Schwäche und Anlage zu Hydrops wird folgende Formel empfohlen: Chinini tannici, Piper. nigr. Extr. Absynth. āā 1,0. M. f. pilul. 30. 2—3stündl. 3 Pillen. Bei Cholera hat man bis zu 30,0 gegeben. Binz und Becker (Berl. klin. Wochenschrift 6. 1880) empfahlen Chinintannat, besonders bei Keuchhusten, zu soviel Dcgm. wie das Kind Jahre zählt. Hier dürften die nicht oder schwach bitteren Präparate am Platze sein, obschon dieselben relativ wenig Chinin erhalten, nach Jobst 7,4% gegen 22,72% des früher officinellen Chininum tannicum der Deutschen Pharmacopoe und 31,37% reinen neutralen Chinintannats.

13) Ch. tartaricum. — Das weinsaure Chinin, im Ganzen wenig versucht, dürfte im Wesentlichen die Eigenschaften des Chininum citricum haben. Es könnte das Chininum bitartaricum zu concentrirten Lösungen behufs subcutaner Injectionen in Anwendung gezogen werden (Bernatzik).

14) Ch. stearicum. — Das stearinsaure Chinin soll zufolge der Angaben von Jeannel und Monsel nach den Versuchen mehrerer Aerzte von Bordeaux in einer nur um ¼ stärkern Dosis wie das schwefelsaure Chinin wirken, obwohl es viermal weniger Chinin enthält. Es soll den Vortheil haben, sich im Magen nicht zu verändern und daher diesen nicht zu irritiren, sondern erst im Darme, ohne locale Symptome zu erzeugen, zu einer Emulsion sich umzuwandeln und so zur Resorption zu gelangen.

15) Ch. uricum. — Péreyre (Bull. Thérap. 58. 117. 1860) ist auf den Gedanken, harnsaures Chinin als Antitypicum zu benutzen, durch die Erfahrung gekommen, dass Fieberkranke, welche durch Chininsulfat nicht geheilt wurden, sich durch ihren eignen Urin curirten. Nach Armand de Fleury u. A. soll das Salz in halb so grosser Dosis wie Sulfat (0,20–0,25 in 24 Std.) Fieber heilen, besser vertragen werden und weniger leicht Ohrensausen und Gehirnreiz verursachen. Péreyre verordnet es in Pillen, Tropfen, Mixtur und gar als Vinum Chinini urici!

16) Ch. valerianicum. — Das baldriansaure Chinin ist ein von französischen und italienischen Aerzten viel benutztes Chininsalz, besonders protegirt durch Prinz Louis Lucien Bonaparte, nach welchem es viel weniger störend auf das Nervensystem wirkt als Chininsulfat und dessen unangenehme Nebenwirkungen nicht besitzt. Jedenfalls lässt sich, wenn man die Wirkung des Baldrians und des Chinins verbinden will, dies besser durch Zusammenverordnen beider erreichen, da die Baldriansäure ja nicht allein die Wirksamkeit der Valeriana bedingt. Dass der Säure überhaupt an dem Effecte des Salzes ein Antheil zukommt, ist unwahrscheinlich. Gubler erblickte in beiden Componenten des Salzes sogar pharmacodynamische Gegensätze und glaubte Erfolge nur möglich, wenn die stimulirende Wirkung der Baldriansäure bald der sedativen des Chinins Platz mache. Angewendet ist es mit Erfolg: a) in

intermittirenden Fiebern, besonders in bösartigen Formen mit atonischem, typhoidem Character (Devay, Barbarotta, Pruner, Castiglioni); b) bei typischen Neuralgien, wie Glossalgie (Buisson, Journ. de Bord. 1854. Janv.), Neuralgia facialis et supraorbitalis (Villaret, Castiglioni); c) bei Cardialgie (Pruner); d) mit theilweisem Erfolge bei Epilepsie und Hemicranie (Castiglioni). Die Dosis soll nach Devay (Gaz. méd. Paris. 1844. 42) und Barbarotta kleiner sein können als beim Chininsulfat und Citrat; nach Letzterem ist das Valerianat 3mal so wirksam. In den von Devay angegebenen Formeln finden wir als Gesammtgabe 3,0—1,0 gegen Intermittens. Castiglioni (Gazz. di Milano. 1844. 13) reichte 2stündlich 0,03, Villaret (Gaz. des Hôp. 1852. 39) gab es im Klystier zu 1,0—2,25, innerlich zu 1,0 täglich. Reil weist wegen Leichtlöslichkeit des Salzes in Oel auf endermatische Anwendung hin.

17) Ch. arsenicicum. — Von Bourières gegen hartnäckige intermittirende Fieber vorgeschlagen, ist das Chininarsenit von Manfré mit Erfolg benutzt; auch empfiehlt es Faye in zymotischen Affectionen, namentlich in bösen Formen von Puerperalfieber zu 0,003—0,012. Nach Gubler ist es von Apostolides bei Geisteskrankheiten mit Depression erfolgreich angewendet; Bacelli reichte es selbst zu 1,5—3,0 in wenigen Tagen, freilich mit dem Effecte chronischen Arsenicismus und Magenkatarrhs (Pinto). Du Jardin heilte damit 4 F. von Brachialneuralgie (1877).

18) Ch. arsenicosum. — Bertolini gab es zu 0,03 pro dosi angeblich unter 100 Fällen von Intermittens 90mal mit Erfolg.

Doppeltarsenigsaures Chinin soll nach Kingdon (zu 0,02 anfangs zweimal, später drei- bis viermal täglich) gegen Intermittens, Prosopalgie, Neuralgien und chronische Hautkrankheiten selbst da noch wirken, wo andre Arsenicalien den Dienst versagen.

19) Ch. antimoniatum s. stibicum. — Antimonsaures Chinin empfahlen La Camera und Palombo in Neapel, namentlich in Fällen dubiöser Periodicität, zu 0,12—0,2 viermal täglich, um sich gleichzeitig die typische Wirkung des Chinins und die alterirende der Antimonialien zu sichern. Dass letzteres kaum erreichbar ist, liegt auf der Hand; andrerseits ist man aber auch berechtigt zu behaupten, dass die betreffenden Italiener keine wirklich chemisch reine Verbindung anwandten. Ausser bei Intermittens haben sie es auch bei periodischem Rheumatismus und Arthritis in Folge zurückgetretener Hautausschläge (?) benutzt. Uebrigens wollen ja manche Aerzte Verbindung von Antimonialien mit Chinin wirksam gegen Intermittens gefunden haben, wo Chinin für sich nicht half.

20) Ch. hydrochloricum. — Schon frühzeitig hat das Chininum hydrochloricum sich Lobredner unter den Aerzten und Aufnahme in einzelne Pharmakopöen verschafft. Aeltere Beobachter, wie Hufeland, Spielmann, Bartels, Rhode, Grimm, Neumann u. A. rühmen seine leichtere Assimilirbarkeit, die aus seiner grösseren Löslichkeit resultirt, und die geringere Beeinträchtigung des Magens, erklären es für besonders indicirt bei gastrischen Complicationen, wo sie es gern mit Chlorammonium combiniren (Schönlein), Milzhypertrophie und Wassersuchten in Folge von Intermittens und behaupten, es verhüte Recidive mehr als das Sulfat. Spielmann (Allg. med. Ztg. 38. 144. 155) hat, von intermittirenden Fiebern abgesehen, das Präparat auch bei lentescirenden hectischen Fiebern, periodisch gichtischen Krankheiten, Wassersuchten, Scorbut und Morbus maculosus empfohlen; Prins gegen Febris continua remittens und Icterus; Bartels (Preuss. Ver.-Ztg. 1832) gegen „heftige,

ans Periodische grenzende rheumatische Schmerzen“ und nervösen Rheumatismus; A. G. Richter gebrauchte es insbesondere bei Quartanen, wo eine sehr hohe Chinindosis zu verabreichen war. In der neuesten Zeit hat Binz dem neutralen Chininhydrochlorat bedeutende Wirkung als Antisepticum und Protoplasmagift zugeschrieben und namentlich sollen in Lösungen Schimmelfäden in 15 Monaten nicht auftreten, während sich solche in Lösungen von Chininum bisulfuricum schon in 2 Monaten bilden. Toropoff erklärt es bei endemischem Wechselfieber nach Erscheinungen im Kaukasus für werthvoller als Sulfat. Botkin empfahl es bei Cholera (auch prophylaktisch). In der Bonner Kinderpoliklinik ist es von Binz gegen Keuchhusten angewendet (vgl. W. Jansen, Klin. Beitr. zur Kenntniss und Heilung des Keuchhustens. Diss. 1868), wobei es abkürzend auf den Krankheitsverlauf wirkt, wenn es in flüssiger (nicht in fester) Form und in nicht zu kleinen Gaben verordnet wird (örtliche Einwirkung auf den specifischen Katarrh der Pharynx- oder oberen Larynxschleimhaut?). Besonders zweckmässig dürfte es sein, bei antipyretischer Anwendung des Chinins das Sulfat durch das Hydrochlorat zu ersetzen, wie dies Binz, Socin, Lindwurm, Colin empfahlen. Man giebt hier, wenn die innere Darreichung nicht möglich ist, das Mittel zweckmässiger im Klystier (Oeffner). Hypodermatische Application des neutralen Hydrochlorats (vgl. die beim Sulfat angegebene Formel von Bernatzik) ist bei perniciösen Wechselfiebern, z. B. von Rogers (Lanc. Oct. 15. 1870) empfohlen, doch ist das Präparat leicht im Stande, örtliche Reizung zu bedingen. In wie weit sich dies auch bei dem neuerdings von Schivardi (Gaz. méd. Lomb. 46. 1879) nach dem Vorgange von Vitali u. Galignani zur Subcutaninjection empfohlenen, durch Wechselzersetzung von Chininbisulfat und Chlorbarium zu erhaltenden Chininum bihydrochloricum s. Chin. bimuriaticum als Inconvenienz geltend macht, muss die Erfahrung lehren. Aeusserlich ist Chininhydrochlorat bei septischer Conjunctivitis und Keratitis in Collyrium (1:100) angewendet (Samelsohn). Jousset injicirte 0,65 und 0,35 in 10% Lösung bei Kindern in Anfällen von Intermittens pern. tropfenweise mit Erfolg in den Kehlkopf.

21) Chininum amidato-bichloratum (Chininum bimuriaticum carbamidatum, Chininharnstoff). Von Drygin als zu Subcutaninjection besonders qualificirtes leicht lösliches Chinindoppelsalz empfohlen, ist dasselbe von Jaffé (Centrbl. med. Wiss. 422. 1879) nach Versuchen im Hamburger Krankenhause als an der Injectionsstelle nur unbedeutende Reizung, nie Absonderung bedingend, zu 1,0 bei Männern keine Nebenerscheinungen und bei Frauen und Kindern nur rasch vorübergehendes Ohrensausen veranlassend und den antitypischen Effect des Chininmuriats besitzend und in allen Fällen, wo Chinin innerlich nicht gereicht werden kann, sowie wegen der geringeren Dosis für Hospital- und Armenpraxis besonders geeignet bezeichnet. Mc Coy (New York med. Rec. Aug. 7. 1880) bezeichnet die Dosis zur Subcutaninjection als die Hälfte der internen und $^{2}/_{3}$ der im Klystier nöthigen Dose und 2,0 als diejenige Menge, welche in minimo Cinchonismus bedingt.

22) Ch. hydrojodicum. — Auf das jodwasserstoffsaure Chinin machte zuerst Panza in Neapel als Fiebermittel aufmerksam; Manpedonia gebrauchte zur Heilung eines Fiebers 4,0–8,0, Morton Dowler (New Orleans med. Journ. July 1856) empfahl das Mittel bei Intermittens Scrophulöser. Da es wegen seiner geringen Löslichkeit höherer Gaben bedarf als Sulfat, ist das ohnehin viel theurere Präparat zu verwerfen und zweckmässiger zunächst das Wechselfieber mit Chininsulfat zu beseitigen und dann, wenn nöthig, die Scro-

phulose mit Jod zu behandeln. Welche antitypische Kraft das von Bouchardat Nouv. Formul. 1856. 284) proponirte Iodure d'iodhydrate de quinine, das zu 0,25—0,5—1,0 pro die genommen werden soll und welches Righini bei Milzanschwellung in den Unterleib einreiben lässt, hat, steht dahin.

Das Jodeisenchinin, ebenfalls von Bouchardat dargestellt, ist wie Ferro-Chininum citricum mehr Eisen- als Chininpräparat, obschon angeblich nicht verstopfend.

23) Ch. hydrobromicum s. hydrobromatum, Bromhydrate de quinine. — Unter den französischen Aerzten hat in den letzten Jahren durch die Empfehlung von Gubler (Journ. Thér. 13. 17. 1875) das neutrale bromwasserstoffsaure Chinin sich viele Anhänger erworben, die demselben sowohl zu interner als zu hypodermatischer Injection als Antitypicum, Antipyreticum und Antineuralgicum das Wort reden. Das Salz giebt nach Gubler stabile wässrige Lösungen von 1:15, unter Zusatz von etwas Alkohol solche von 1:10, welche bei Subcutaninjection nicht oder kaum irritirend wirken, und wird zu 0,4—0,8 in Oblaten oder Pillen ausserordentlich gut tolerirt, so dass es selbst zu 2,4 pro die (Dardenne) keine Magenbeschwerden verursacht. Man vindicirt dem Salze neben den Chininwirkungen auch Bromwirkungen, die sich bei Dosen von 0,4 durch Schlafneigung und Erschlaffung zu erkennen geben. Dardenne (Journ. Thér. 9. 11. 1877. 16. 1879) erklärt das Salz für das sicherste Mittel in allen perniciösen Wechselfiebern, das auch bei ausgesprochenster Kachexie keine Abscedirung der Injectionsstelle bedinge und selbst bei remittirendem hämorrhagischem Fieber curativ wirke. Obissier (Bord. méd. 41. 1877) heilte Malarianeuralgien damit, die dem Chininsulfat Trotz geboten hatten. Gubler empfahl das Mittel besonders bei hysterischem Erbrechen, wo es sich besser als alle anderen Mittel bewährte, bei periodischen Neuralgien, Kopfschmerzen und Congestionen, endlich auch als Antipyreticum (bei Pleuritis). Vgl. auch Laverde, Du bromhydrate de quinine et de son emploi dans la fièvre intermittente, rhumatismes, nevralgies et autres affections. Paris, 1878.

24) Chininum jodatum und Chininum bromatum, jodsaures und bromsaures Chinin, sind von Cameron (Dubl. med. Journ. 474. 1882) in Dosen von 0,12 in Form eines gekörnten Brausepulvers bei scrophulösen Drüsentumoren, Ischias, Prosopalgie und bei langsamer Lösung von Pneumonie empfohlen. Chininiodat spaltet sich im Körper, so dass Jodsäure und Jodwasserstoff schon in 2, Chinin erst in 3 Std. im Harn erscheint.

25) Ch. nitricum. — Von Bischoff aus theoretischen Gründen gegen adynamische Affectionen des Harnsystems vorgeschlagen, als Antitypicum seiner Schwerlöslichkeit wegen kaum geeignet.

26) Ch. phosphoricum. — Nach Harless (Heidelb. kl. Ann. 5. 565) selbst von reizbaren Digestionsorganen gut ertragen; zu 0,12—0,25 in Pulver oder Pillen bei langwierigen gichtisch-rheumatischen Fiebern mit colliquativen Schweissen, atonischer Leucorrhoe und kachectischer Chlorose.

27) Chininum hypophosphoricum. — Das sog. Hypophosphate of Quinia wird von Lawrence Smith im hektischen Stadium der Lungenphthise (wegen vermeintlich antihektischer Eigenschaften der Hypophosphite überhaupt) und als allgemeines Tonicum empfohlen.

28) Ch. bisulfuricum s. sulfuricum neutrale. Dieses Salz, welches man bei Darreichung des Chininum sulfuricum in angesäuerter Lösung ex tempore darstellt, ist seiner Löslichkeit wegen von Einzelnen theils subcutan,

theils intern, z. B. von Amaducci als Antipyreticum bei Typhus (1874) empfohlen. Posner und Simon lassen die in Frankreich gebräuchliche Aqua carbonica febrifuga durch Darreichung eines Theelöffels voll einer Lösung von 0,5 dieses Salzes in 30,0 dest. Wasser in einem Glase Selterswasser ersetzen.

29) Chininum sulfurico-tartaricum (Sulfotartras Chinii). Von Bartella und Consolini (Gazz. med. Tosc. 45. 53. 54. 1851) ist zuerst eine Mischung gleicher Theile Weinsäure und Chininsulfat als letzteres für sich in Schnelligkeit und Sicherheit der Heilung von Intermittens übertreffend bezeichnet, so dass nur die Hälfte (0,6 Gm.) Chinin zur Heilung erforderlich sei, was Aran (Gaz. des Hôp. 1854. 9), Righini und Reil bestätigen; nach Letzterem ist das Präparat auch von Kindern gut zu nehmen. Merz (Du traitement des fièvres pernicieuses. Paris, 1877) gab es bei Febris perniciosa zu 0,6—2,0 subcutan) mit Erfolg.

30) Chinino-Ferrum sulfuricum. Von Regnoli (1854) wurde dies Doppelsalz besonders in der Cholera angewendet.

Schliesslich ist noch des reinen Alkaloids, Chininum purum, zu gedenken, das nach Elliotson und Nieuwenhuis ganz nach Art des Sulfats wirkt, aber als minder löslich und zu theuer den Salzen unbedingt nachzusetzen ist. Bernatzik empfahl eine Lösung reinen amorphen Chinins in Aether, als jeden beliebigen Concentrationsgrad gestattend, zur Subcutaninjection, welche so angefertigt wird, dass 5,0 Chinin in 15,0—20,0 Gm. Aether gelöst und zu 10 Ccm. abgedunstet werden. Man kann so fast 0,4 reines Chinin, entspr. 0,5 Chininum bisulf., injiciren. Die Lösung wird allerdings, da sie auf Hunde vergiftend wirkt, resorbirt, bedingt aber Abscesse. Struck fand Chininpulver und alkoholische Chininlösung von vorzüglicher Wirksamkeit als fäulnisswidrigen Verband bei ulcerirenden Krebsen.

Methylchinin. Von Derivaten des Chinins ist Methylchininsulfat ein curareartiges Gift, das bei Fröschen zu 0,6 Mgm. die Hinterextremitäten lähmt und zu 2,5 Mgm. die Reflexaction vernichtet (Buchheim und Loos, 1871).

Chinidin. (Conchinin). $C_{20}H_{24}N_2O_2 + 2\,^1/_2\,H_2O$. — Literat.: Henry und Delondre, Journ. Pharm. (2) 19. 623; 20. 157. — Van Heijningen, Ann. Chem. Pharm. 72. 302. — Pasteur, Journ. Pharm. (3) 23. 123. — De Vrij, Journ. Pharm. (3) 31. 183 u. 369; Jahresber. Chem. 1866. 473. — Herapath, Chem. Gaz. 1857. 96; 1858. 56. 70. 437. — Hlasiwetz, Ann. Chem. Pharm. 77. 49. — Kerner, Zeitschr. analyt. Chem. 1. 152. — Stenhouse, Ann. Chem. Pharm. 129. 15. — Koch, N. Jahrb. Pharm. 22. 240. — O. Hesse, Ann. Chem. Pharm. 146. 257; 174. 340; 192. 189. 326. — De Vrij, Nieuw. Tijdschr. Pharm. Nederl. 1871. 205 u. 354; Pharm. J. Trans. 8. 404; J. de pharm. chim. (3) 31. 183. 369. — Schaer, Berl. Ber. 9. 1315. — O. Hesse, Berl. Ber. 11. 1162. 1879. 425. 1878. 1162; Arch. Pharm. (3) 12. 495. — Oudemanns, Ann. Chem. Pharm. 182.

Chinidin. Dieses schon 1833 von Henry und Delondre beobachtete, aber später irrthümlich von ihnen für Chininhydrat gehaltene, dann van Heijningen, der es Betachinin nannte, und namentlich von Pasteur, der die jetzt übliche Bezeichnung wählte, als eigenthümlich, wenn auch isomer mit dem Chinin erkannte, von anderen Autoren auch als Chinotin, Cinchotin, Pitayin und von Hesse als Conchinin bezeichnete, nicht mit dem Chinidin von Winckler, Leers und Hesse, das jetzt nach Pasteur fast allgemein

Cinchonidin genannt wird, zu verwechselnde Alkaloid findet sich nach Koch und Hesse in allen gegenwärtig in den Chininfabriken verarbeiteten echten Chinarinden, insbesondere in den Pitoyarinden, die nach Letzterem bis zu 1,6% davon enthalten, ausserdem in Cinchona amygdalifolia, C. ovata, auch C. calisaya. Eine reiche und zugleich sehr bequeme Quelle zur Darstellung desselben ist, wie schon van Heijningen nachwies, das sog. Chinoidin (s. unten) des Handels.

Van Heijningen stellte das Chinidin dar, indem er käufliches Chinoidin in möglichst wenig Aether löste, den Verdunstungsrückstand der Lösung in verdünnter Schwefelsäure aufnahm, die erhaltene Flüssigkeit nach Behandlung mit Thierkohle mit Ammoniak fällte und die ätherische Lösung des ausgewaschenen Niederschlags nach Zusatz von $^1/_{10}$ ihres Volumens an 90proc. Weingeist der freiwilligen Verdunstung überliess. Es krystallisirte alsdann viel Chinidin heraus, das durch Umkrystallisiren aus Weingeist gereinigt wurde. Die Mutterlauge lieferte darauf nach dem Neutralisiren mit Schwefelsäure zuerst schwefelsaures Chinidin, später Chininsalz. Heijningen will auf diesem Wege 50—60% vom Chinoidin an Chinidin erhalten haben, das aber wohl noch nicht völlig rein war. Darstellung.

Hlasiwetz erhielt sein Cinchotin, dessen Indentität mit Pasteurs Chinidin Delfs (N. Jahrb. Pharm. 11. 321) später nachwies, durch Umkrystallisiren von käuflichem Cinchonin aus Weingeist, wobei zuerst reines Cinchonin auskrystallisirte, während Chinidin in der Mutterlauge blieb.

De Vrij neutralisirt die weingeistige, möglichst concentrirte Lösung des Chinoidins mit Jodwasserstoffsäure und zerlegt das sich abscheidende schwerlösliche jodwasserstoffsaure Chinidin durch Ammoniak. Nach einer neueren Mittheilung soll jedoch die Reindarstellung des Chinidins aus dem Chinoidin in Folge der Anwesenheit eines in die Auszüge mit übergehenden, die Krystallisation der Base hindernden Körpers oft nur in der Weise gelingen, dass man 9 Th. des Chinoidins mit einer sehr verdünnten Auflösung von 2 Th. neutralem oxalsaurem Ammon bis zum Aufhören der Ammoniakentwicklung kocht und die durch Eindampfen concentrirte Lösung, die nun oxalsaure Salze der Chinabasen enthält, mit einer gesättigten Lösung von Jodkalium und darauf vorsichtig mit soviel Weingeist versetzt, bis die durch das Jodkalium entstandene milchige Trübung verschwunden und der entstandene zähe Niederschlag wieder gelöst ist. Nach einiger Zeit scheidet sich dann das jodwasserstoffsaure Chinidin als sandiges krystallinisches Pulver ab.

Hesse, dem wir ausführliche Untersuchung des Chinidins verdanken, extrahirte das gepulverte Chinoidin bis zur Erschöpfung mit Aether, löste den Verdunstungsrückstand der ätherischen Auszüge in verdünnter Schwefelsäure, neutralisirte dann genau mit Ammoniak und fügte so lange gelöstes weinsaures Kali-Natron hinzu, bis kein krystallinischer Niederschlag mehr erfolgte. Das Filtrat von diesem aus weinsaurem Chinin und weinsaurem Cinchonidin bestehendem, mit verdünntem Seignettesalz etwas nachzuwaschendem Niederschlage entfärbte er mit Thierkohle und versetzte es dann (ohne es zu concentriren, da sonst eine harzige Masse gefällt würde) warm mit Jodkalium. Das nach längerem Stehen abgeschiedene pulvrige jodwasserstoffsaure Chinidin wurde nun durch Ammoniak zersetzt, das resultirende Chinidin aus essigsaurer, nochmals mit Thierkohle behandelter Lösung wieder durch Ammoniak niedergeschlagen und endlich aus heissem Weingeist krystallisirt. De Vrij schlägt vor, 100 Th. käuflichen Chinoidins in einer Lösung von 50 Th. Weinsäure in 200 Th. Wasser aufzulösen und diese Lösung stehen zu lassen, wodurch sich saures weinsaures Chinidin als Krystallbrei abscheidet, das wiederholt aus heissem Wasser umkrystallisirt wird. Handelt es sich um die Darstellung von Chinidin aus den Mutterlaugen der Chininsulfatdarstellung, so fällt man mit Natron, schüttelt mit Aether aus, verdunstet den ätherischen Auszug, nimmt den Rückstand mit schwefelsäurehaltigem Wasser auf, neutralisirt mit Ammon, fällt mit Seignettesalz und scheidet nun aus dem so erhaltenen Filtrat mit Kaliumjodid das Jodwasserstoffchinidin ab.

Eigenschaften. Das Chinidin krystallisirt aus erkaltendem Weingeist in grossen glänzenden vierseitigen Prismen des klinorhombischen Systems mit $2^1/_2$ At. H_2O. Wird eine weingeistige Lösung in der Wärme verdunstet, so lässt sich eine sehr concentrirte übersättigte Lösung erhalten, die in der Ruhe Tage lang klar bleibt, aber bei der geringsten Berührung zu einem Magma von dünnen Nadeln erstarrt. Aus Aether krystallisirt das Chinidin in Rhomboiden mit $2 H_2O$ und kann auch aus kochendem Wasser krystallisirt erhalten werden und zwar in Blättchen mit $1 H_2O$. Die aus Weingeist angeschossenen Krystalle verwittern rasch an der Luft zu $C_{20}H_{24}N_2O_2 + 2 H_2O$, also unter Verlust von $^1/_2$ At. H_2O. Der Rest des Wassers entweicht, ohne dass Schmelzung eintritt, bei 120°. Das entwässerte Chinidin schmilzt bei 168° zu einem farblosen, beim Erkalten krystallinisch wieder erstarrenden Liquidum und wird in höherer Temperatur zersetzt (Hesse). Das Chinidin schmeckt sehr bitter und reagirt schwach alkalisch. Zur Lösung erfordert es bei 15° 2000 Th. Wasser (Hesse), bei 100° 750 Th. (v. Heijningen) Wasser, ferner bei 20° 26 Th. 80proc. Weingeist (Hesse), von absolutem kochendem Weingeist 3,7 Th. (v. Heijningen), von Aether bei 10° 35 Th., bei 20° 22 Th. (Hesse). Petroleumäther löst nur das amorphe Chinidin in geringer Menge Chloroform, Schwefelkohlenstoff lösen nur Spuren von Chinidin. Das Chinidin ist rechtsdrehend, und zwar ist für alkoholische Lösung $(\alpha)_D = 236{,}7 - 3{,}01$ (Hesse, Oudemanns). In sauren Lösungen fluorescirt es in Blau wie Chinin; die schwefelsaure Chinidinlösung in Chloroform fluorescirt grün.

Das Chinidin ist nach den Analysen von Henry und Delondre, von van Heijningen, von Stenhouse und Anderen isomer mit dem Chinin. — Kerner (Zeitschr. f. analyt. Chem. 1. 152) unterscheidet 3 isomere Modificationen des Chinidins, die er als α-, β- und γ-Chinidin bezeichnet und welche sich namentlich durch ihre verschiedene Löslichkeit in Aether unterscheiden sollen.

Das Chinidin bildet mit den Säuren neutrale und saure Salze, die meistens gut krystallisiren und im Allgemeinen mehr den Cinchonin- als den Chininsalzen gleichen.

Salze. Neutrales schwefelsaures Chinidin, $2 C_{20}H_{24}N_2O_2, SH_2O_4 + H_2O$, nicht zu verwechseln mit dem Chinidinum sulfuricum des Handels, welches schwefelsaures Cinchonidin oder ein chininhaltiges Chlorchonidinsulfat mit Chlorchinin ist, krystallisirt in zarten weissen Prismen, die an der Luft nicht verwittern und sich in 108 Th. Wasser von 10° lösen. Löst man dasselbe in der aequivalenten Menge verdünnter Schwefelsäure, so bilden sich bei langsamem Verdunsten lange asbestartige farblose, in 8,7 Th. Wasser von 10° lösliche Prismen von saurem schwefelsaurem Chinidin, $C_{20}H_{24}N_2O_2, S_2H_2O_4 + 4 H_2O$ (Hesse). Die Lösungen des Salzes sind rechtsdrehend. Hesse schlägt vor zur Prüfung des Sulfats auf Reinheit: 0,5 des Salzes werden mit 10 CC. Wasser auf 60° erwärmt, 0,5 g Jodkalium zugefügt und $1^1/_2$ Stunde stehen gelassen. Das Filtrat vom ausgeschiedenen jodwasserstoffsauren Chinidin muss 'auf Zusatz eines Tropfens Ammoniak klar bleiben. Ist dies nicht der Fall, so kann Chinin, Cinchonin und Cinchonidin vorhanden sein. Zur Prüfung auf anorganische Beimengungen ist folgende Probe anzuwenden: 1 g Salz sei löslich in 7 CC. einer Mischung von 2 Vol. Chloroform und 1 Vol. Alkohol. (Siehe noch de Vrij, Pharm. Weekbl. 14. — O. Hesse, Arch. Pharm. (3) 12. — Dwars, Pharm. Weekbl. 14). — Wird die verdünnte Lösung des sauren Sulfats mit $^1/_3$—$^1/_2$ Volumen Weingeist auf 70—80° erwärmt und dann mit etwas Jodtinctur versetzt, so scheiden sich lange vierseitige, im reflectirten Lichte purpurroth, im durchfallenden dunkelbraunroth erscheinende, in 121 Th. kaltem und in 31 Th. kochendem Weingeist lösliche Prismen von schwefelsaurem Jodchinidin ab (Herapath). Acidperjodide sind ferner von Jörgensen (siehe Literatur bei Chinin) hergestellt. — Das durch Wechselzersetzung von salzsaurem Chinidin und unterschwefligsaurem Natron zu erhaltende unterschwefligsaure Chinidin, $2C_{20}H_{24}N_2O_2, S_2H_2O_3 + 2H_2O$, bildet kurze glasglänzende, in 415 Th. Wasser von 10° lösliche Prismen (Hesse).

Neutrales salzsaures Chinidin, $C_{20}H_{24}N_2O_2, HCl + H_2O$, krystallisirt nach van Heijningen und Hesse aus einer gesättigten Auflösung von Chinidin in Salzsäure in abestartigen, in heissem Wasser und Weingeist gut löslichen, in Aether unlöslichen Prismen und wird nach de Vrij aus kalt gesättigtem wässrigem Chinidinsulfat durch Kochsalz in leichten, wollig zusammengehäuften Nadeln gefällt. Da es nach Hesse 62,5 Th. Wasser von 10° zur Lösung erfordert, so ist es von allen salzsauren Salzen der Chinabasen das in kaltem Wasser am schwersten lösliche. Auch saures salzsaures Chinidin, $C_{20}H_{24}N_2D_2, 2HCl$, wurde von van Heijningen durch Ueberleiten von Salzsäuregas über Chinidin und Krystallisiren des Products aus Wasser in grossen schönen Krystallen erhalten. — Durch Jodkalium wird aus neutralen Chinidinsalzlösungen ein weisser körniger, bei verdünnten Lösungen aus grossen farblosen Blättchen bestehender Niederschlag von neutralem jodwasserstoffsaurem Chinidin, $C_{20}H_{24}N_2O_2, HJ$, gefällt, der sich in 1270 Th. Wasser von 10°, reichlicher in kochendem Wasser löst und aus kochend gesättigter Lösung in kleinen weissen sehr harten und schweren Krystallen anschiesst (Henry und Delondre, de Vrij, Hesse). Saures jodwasserstoffsaures Chinidin, $C_{20}H_{24}N_2O_2, 2HJ + 3H_2O$, scheidet sich beim Erkalten einer mit Jodkalium versetzten warmen angesäuerten Lösung von Chininsulfalt in schönen grossen goldglänzenden Prismen ab, die sich ziemlich leicht in heissem Wasser und Weingeist lösen (Hesse). — Neutrales bromwasserstoffsaures Chinidin gleicht nach de Vrij dem Hydrojodat und löst sich in 200 Th. Wasser von 14°.

Salpetersaures Chinidin, $C_{20}H_{24}N_2O_2 . NHO^3$, bildet kurze dicke wasserfreie, in 85 Th. Wasser von 15° lösliche Prismen, wird aber bei zu raschem Verdunsten seiner Lösung auch als öliges, firnisartig erhärtendes Liquidum erhalten (Hesse). — Neutralisirt man Chinidin in der Wärme genau mit wässriger Phosphorsäure, so krystallisirt beim Erhalten phosphorsaures Chinin, $C_{20}H_{24}N_2O_2, PH_3O_4$, in kurzen vierseitigen wasserfreien Prismen, die sich ziemlich schwer in Weingeist und in 131 Th. Wasser von 10° lösen und in diesen Lösungen sauer reagiren (Hesse).

Essigsaures Chinidin ist nach Hesse unkrystallisirbar. Neutrales oxalsaures Chinidin, $2C_{20}H_{24}N_2O_2, C_2H_2O_4 + H_2O$, durch Sättigung von Oxalsäure mit Chinidin dargestellt, bildet kleine zerbrechliche, kaum in kaltem, reichlich in kochendem Wasser lösliche Krystalle (Stenhouse). Ein saures oxalsaures Chinidin, $C_{20}H_{24}N_2O_2, C_2H_2O_4 + H_2O$ beschreibt van Heijningen als in perlglänzenden Krystallen krystallisirend. — Bernsteinsaures Chinidin, $2C_{20}H_{24}N_2O_2, C_4H_6O_4 + 2H_2O$ wird durch Sättigen von wässriger Bernsteinsäure mit Chinidin und Verdunsten der Lösung in feinen weissen, bei 100° schmelzenden, sehr leicht in Wasser und Weingeist löslichen Prismen erhalten (Hesse). Neutrales weinsaares Chinidin, $2C_{20}H_{24}N_2O_2, C_4H_6O_6 + H_2O$, bildet weise seidenglänzende, in 38,8 Th. Wasser von 15° lösliche Prismen, saures weinsaures Chinidin, $C_{20}H_{24}N_2O_2, C_4H_6O_6 + 3H_2O$, kurze perlglänzende, bei 10° sich in 400 Th. Wasser lösende Prismen (Hesse).

Weinsaures Chinidin-Antimonoxyd, $C_{20}H_{24}N_2O_2, C^4H_5(SbO)O_6 + 4H_2O$, wird nach Hesse am besten durch Vermischen einer warmen Chinidinsalzlösung mit Brechweinsteinlösung erhalten, worauf anfangs milchige Trübung, dann Ausscheidung von schönen langen seidegländen, in 540 Th. Wasser von 20° löslichen Nadeln erfolgt. — Ferrocyanwasserstoffsaures Chinidin scheidet sich auf Zusatz von gelbem Blutlaugensalz zu einer schwach angesäuerten Chinidinsalzlösung in schönen goldglänzenden Prismen, oder bei grösserer Concentration der Flüssigkeit als gelber krystallinischer Niederschlag ab (Hesse). — Salpetersaures Chinidin-Silberoxyd, $C_{20}H_{24}N_2O_2, NAgO_3$, fällt nach Stenhouse beim Vermischen von weingeistigem Chinidin mit Silbernitrat in feinen, sehr schwer löslichen Nadeln nieder. — Versetzt man weingeistiges Chinidin mit angesäuerter Chlorzinklösung, so scheidet sich weisses körniges, in Weingeist und verdünnter Salzsäure leicht lösliches salzsaures Chinidin-Chlorzink, $C_{20}H_{24}N_2O_2, 2HCl, 2ZnCl$, aus, das sich bei wiederholtem Umkrystallisiren in grosse sechsseitige Blätter und Prismen von der Formel $C_{20}H_{24}N_2O_2, HCl, ZnCl$ verwandelt (Stenhouse). — Salzsaures Chinidin-Quecksilberchlorid, $C_{20}H_{24}N_2O_2, 2HCl, 2HgCl$, ist ein weisser, in kaltem Wasser schwer löslicher, aus heissem Weingeist in perlglänzenden Blättchen krystallisirender Niederschlag (Stenhouse). Das salzsaure Chinidin-Platinchlorid, $C_{20}H_{24}N_2O_2, 2HCl, 2PtCl_2$, ist ein blassgelber Niederschlag, der aus heiser verdünnter Salzäure mit 2 At. H_2O krystallisirt, das Golddoppelsalz $C_{20}H_{24}N_2O_2, 2HCl, 2AuCl_3$, ein hellgelbes, durch heisses Wasser zersetzbares Pulver (Stenhouse). Ein cyanwasserstoffsaures Chinidin-Platincyanür von der Formel $C_{20}H_{24}N_2O_2, HCy, PtCy$, ist nach van der Burg (Zeitschr. analyt. Chem. 4. 273) amorph, ein anderes von der Formel $C_{20}H_{24}N_2O_2, 2HCy, 2PtCy$ krystallinisch; beide sind in verdünnter Schwefelsäure unlöslich.

Bei vorsichtigem Erhitzen gehen die Chinidinsalze wie die Chinoidinsalze in Chininsalze über (Pasteur). — Erhitzt man Chinidin kurze Zeit mit überschüssigem Jodäthyl, so scheiden sich beim Erkalten lange seideglänzende Nadeln von jodwasserstoffsaurem Aethylchinidin, $C_{20}H_{24}(C_2H_5)N_2O_2, HJ$, ab, aus welchem durch Behandlung mit Silberoxyd und Wasser wässriges Aethylchinidin als bitter schmeckende, alkalisch reagirende, beim Verdunsten Kohlensäure anziehende Flüssigkeit erhalten werden kann (Stenhouse). Das Chinidin, als tertiäre Ammonbase, ist im Stande, mit Jodalkylen überhaupt Verbindungen einzugehen, die nach Zersetzung mit Silberoxyd reine Ammoniumbasen zu liefern im Stande sind. Es sind noch dargestellt das Jodmethylchinidinhydroxyd, Jodmethylchinidin, Trijodmethylchinidin, Aethylchinidinhydroxyd, schwefelsaures

Aethylchinidin. Acetylchinidin ist von Hesse dargestellt. (Ann. Chem. Pharm. 205.) (Howard, Jörgensen, Stenhouse). Beim Erhitzen von Chinidin mit Salzsäure auf 140—150° (stundenlang) entsteht Methylchlorid und Apochinidin, $C_{19}H_{22}N_2O_2$, amorphes Pulver), Schmpkt. 137°, leicht löslich in Alkohol und Aether, rechtsdrehend, nicht fluorescirend (Hesse). Diacetylapochinidin. Wird conc. Salzsäure in Anwenduug gebracht so entsteht Hydrochlorapochinidin. — Die Oxydation mit Kaliumpermanganat liefert dieselbe Pyridincarbonsäure wie Chinin und Cinchonin (Hoogewerff und van Dorp, Ramsay und Dobbie). Forst und Böhringer erhielten bei der Oxydation von Chinidin mit Kaliumpermanganat Chitenidin, $C_{19}H_{22}N_2N_4$, isomer mit Chitenin. Apochinidin. Chitenidin.

Das Chinidin und seine Salze verhalten sich gegen Reagentien dem Chinin äusserst ähnlich. So kommen ihnen namentlich die verschiedenen Chlorwasserproben in gleicher Weise zu. Abgesehen von den oben angeführten Unterschieden in den physikalischen Eigenschaften und Löslichkeitsverhältnissen unterscheidet sich das Chinidin von Chinin, besonders aber durch das schon erwähnte Verhalten gegen Jodkalium.

Wirkung und Anwendung.

Während die früheren Arbeiten mit Chinidinum sulfuricum des Handels und wahrscheinlich die Bernatzikschen pharmakologischen Untersuchungen in Folge der bestehenden Confusion die Nomenclatur sich auf das Sulfat des Cinchonidins beziehen, sind neuerdings der antitypische und antipyretische Wirkung der Chinidinsalze mit Sicherheit als denen des Chinins ausserordentlich nahestehend nachgewiesen. Auch physiologisch steht Chinidin in Bezug auf die Erzeugung von Convulsionen nach Laborde (Bull. Soc. Thér. 1883) dem Chinin näher als eine andere Chinabase. Nach Byasson geht Chinidin wie die andern Chinaalkaloide bei Dosen von 1,0 zu 45 % in den Harn über und wird in circa 42 Std. eliminirt. In wie weit danach beobachtete merkliche Abnahme der Harnmenge und Zunahme der Sickstoffausscheidung zufällig (in Folge gleichzeitig eingetretener Diarrhoe) oder wesentlich ist, müssen weitere Versuche lehren. Nach Versuchen, welche in der Präsidentschaft Madras an 376 Malariakranken (grösstentheils Quotidiana) auf Veranlassung der ostindischen Regierung angestellt wurden, wurden 365 geheilt. Günstige Resultate hatte auch Macchiavelli (1875) bei italienischem Sumpffieber. Nach Strümpell (Berl. klin. Wchschr. 46. 1878) steht Conchinin als Antipyreticum bei Abdominaltyphus, Erysipelas, Puerperalfieber und Pneumonie dem Chinin gleich, so dass mit 1,0—1,5 durchschnittlich Temperaturabfälle von 2—2,5°, in einzelnen Fällen von 3,5—4,5° erzielt werden. Auf hektisches Fieber scheint der Effect unbedeutend. Als Nebenerscheinung tritt Ohrensausen selten (erst nach 1,5 und mehr), dagegen häufig Erbrechen auf, das den therapeutischen Effect jedoch nicht stört und am besten durch gleichzeitige Darreichung von etwas Opium verhindert wird. Am besten wirkt das Mittel bei interner Application, weniger im Klystier (Strümpell). Aehnliche günstige antipyretische Effecte erhielt auch Ziemssen. Steffen (Jahrb. Kinderheilkd. 18. 171) der die antipyretischen Effecte bei Kindern ebenfalls constatirte, urtheilt über Chinidin nicht besonders günstig, da es bei bestehender Herzschwäche Oedem und Anasarka hervorrufen könne und möglicherweise auch Convulsionen bedingt. Im Ganzen dürfte dieses Alkaloid, da es keine erhebliche Preisdifferenz dem Chinin gegenüber zeigt, wohl kaum jemals als ernsthafter Concurrent des Chinins Aussicht haben.

Nach Buchheim und Loos (1871) wirkt Methylchinidin giftiger als Methylchinidin.

Methylchinin, indem es als jodwasserstoffsaures Salz schon zu 0,55 Mgm. die Hinterbeine und zu 1,6 Mgm. die Reflexthätigkeit lähmt.

Hydrochinidin. $C_{70}H_{26}N_2O_2$. — Mit diesem Namen sind 2 Basen bezeichnet worden, von welchen die eine, amorph, aus Chinidin durch nacsirenden Wasserstoff entsteht (Howard), die andere, krystallisirbar, schon im Chinidin präexistirend vorkommt und mit Kaliumpermanganat aus Chinidin erhalten wird. (Forst und Böhringer, Berl. Ber. 1871. 1954. — 1882. 519) O. Hesse (Berl. Ber. 14, 854 konnte im Chinidin keine Hydrobasen erkennen, schildert Hydrochinidin als Prismen, 168° Schmpkt., löslich in heissem Alkohol, Chloroform, wenig löslich in Aether. Forst und Böhringer (Berl. Ber. 15. 1656) wiesen Hydrochinidin in allen Handelssorten des Chinidins nach und betrachten dasselbe als Begleiter des Chinins in den Chinarinden. O. Hesse (ebendas. 3008) wiederspricht diesen Thatsachen und glaubt, dass Hydrochinidin nur durch Oxydation entstehe, überhaupt die Hydrobasen sich zum grössten Theile bei der Darstellung der Chinabasen bilden.

Cinchonin. $C_{19}H_{22}N_2O$. — Literat. Pelletier und Caventou, Ann. Chim. Phys. (2) **15.** 291 und 337. — Pelletier und Dumas, ebendas. (2) **24.** 169. — Pelletier, ebendas. (2) **63.** 181. Baup, ebendas. (2) **27.** 323; Poggend. Annal. **29.** 70. — Liebig, Poggend. Annal. 21. 23; Ann. Chem. Pharm. **26.** 47 und **29.** 63. — Regnault, ebendas. **26.** 15. — Laurent, ebendas. (3) **19.** 365; **24.** 303; Compt. rend. **23.** 811. — Serullas, Ann. Chim. Phys. (2) **45.** 274. — Langlois, ebendas. (3) **34.** 257; **41.** 89. — L. L. Bonaparte, Journ. Chim. méd. **18.** 685. — Pasteur, s. Liter. b. Chinin; ferner Ann. Chim. Phys. (3) **24.** 304; Compt. Chim. 1849. 312. — Dollfuss, Ann. Chem. Pharm. **65.** 212. — Herapath, s. Liter. b. Chinin. — Hlasiwetz, Ann. Chem. Pharm. **77.** 49. — Elderhorst, ebendas. **74.** 80. — How, N. Edinb. Phil. J. 1858. 1. 47. — Schützenberger, Ann. Chem. Pharm. **108.** 347. — Strecker, ebendas. **123.** 379. — Stahlschmidt, ebendas. **90.** 218. — Hesse, ebendas. **122.** 226; **125.** 325. — Skraup, Berl. Ber. 1878. 1516. 1879; Ann. Chem. Pharm. **201.** 290. **197.** — Claus, 1878. 1820. — Claus und Muller, Berl. Ber. 1880. 2290. — Claus und Kemperdick, ebendas. 2286. — Claus und Treupel, ebendas. 1880. 2294. — Hesse, Ann. Chem. Pharm. **205.** **166.** **122.** — Oudemanns, ebendas. **182.** 44 und **166.** 69. — Hinterberger, ebendas. **82.** 311. — Groves, J. chem. soc. 11. 97. — Delffs, N. J. Pharm. **21.** — Martius, Ann. Chem. Pharm. **117.** 376. — Seligsohn, Chem. Centrlbl. 1861. 231. Kemp, Repert. Pharm. **71.** — Rochleder und Girsse, Wien. acad. Ber. 1874. 14. — Ebendas. 119. — A. Kopp, Arch. Pharm. **209.** **34.** — Fileti, Berl. Ber. 1879. 423. — Königs, ebendas. 1878. 1880. 285; 1879. 97 und 1881. 1852. — De Coninck, Bull. soc. chim. (2) **34.** 210; Compt. rend. **94.** 87. — Weidel, Ann. Chem. Pharm. **173.** 76; Wien. acad. Ber. (2) **72.** 1. — Zorn, J. pr. Chem. (2) 8; siehe auch Literatur bei Chinin.

Medicinische: Ficinus, Cinchonia, medicamen efficacissimum adversus cachexiam e febri intermittente obortam tutissime adhibendum. Dresden. 1816. — Chomel, Nouv. Journ. méd. 1821. Mars; Journ. Pharm. 7. 134. — S. Stratingh, Scheikundige Verhandeling over de

Cinchonine en Quinine, bevattende eene opgaaf van derselver verschillende bereidingen, eigenschappen, verbindingen en geneeskondige vermogen. Groningen. 1822. — Bleynie, Nouv. bibl. méd. 4. 326. 1826. — Marianini, Sulla pratica del solfato di cinconina. Mortara. 1826. Rust und Caspers krit. Repertor. 31. 133. — Wutzer, Arch. ärztl. Gesellsch. Münster. 1. 340. — Berandi, Ann. univ. di med. Nov. Dec. 1829. — Dufresne, Bibl. univ. Mai. 1836. Fror. Notiz. 31. 192. — A. Noack, Hygea. 16. 144. 1842. — Thomsen, Oppenh. Ztschr. 1849. 3. — Schweig, Mittheilg. Bad. ärztl. Ver. 1849. 4. — Wolff, Charité Annal. 1. 1850. — Wucherer, Dtsch. Kl. 7. 1852. — Castiglioni, Gazz. med. Lomb. 36. 38. 1852. — Briquet, Traité therap. de Quinquina. Paris. 1855; Bull. Acad. de méd. 338. 1872. — Hudellet, Rev. méd. chir. Janv. 1855. — Seitz, Dtsch. Kl. 40. 1855. — Moutard Martin, Bull. de l'Acad. 25. Mars-Mai. 1860. — Nonat, Union méd. 56. 1860. — J. Inze, Pharm. Journ. Trans. 4. 357. 1863. — Tourner, Amer. journ. med. Sc. Apr. 1864. — Daniell, Pharm. Journ. Trans. 5. 514. 1864. — Grillois, Mém. méd. milit. 3.10. 2. 1864. — Bernatzik, Wien. med. Wchschr. 102. 1877. — Conzen, Exper. Unters. über einige Ersatzmittel des Chinins. Bonn. 1868. — Johannsen, Beitr. zur Kenntniss der Cinchoninresorption. Dorpat. 1870. (Vgl. auch bei Chinin).

Ueber Vorkommen, Ausbeute, Darstellung und Bestimmung dieser gleichzeitig mit dem Chinin im Jahre 1820 von Pelletier und Caventou entdeckten Base ist das Erforderliche bereits beim Chinin mitgetheilt worden.

Zur Reinigung des käuflichen Cinchonins, welches gewöhnlich Cinchonidin und Chinidin beigemengt enthält, zerreibt man es, wäscht es mit reichlichen Mengen kalten Weingeists, verwandelt es dann in das schwefelsaure Salz, reinigt dieses durch Umkrystallisiren, zersetzt es durch Ammoniak und krystallisirt die gefällte Base aus Weingeist (Hesse).

Eigenschaften.

Das reine Cinchonin bildet weisse durchsichtige luftbeständige, krystallwasserfreie Prismen und Nadeln des klinorhombischen Systems, die nach Hesse bei 220° zu sublimiren beginnen, erst bei 240—250° unter Bräunung schmelzen und beim Erkalten krystallinisch wieder erstarren. Schmpkt. 253—254° (Claus), 139° (Skraup), 141° (Caventou u. Willm), 248—252° nach Hesse. Im Wasserstoff- oder Ammoniakgasstrome kann es ohne alle Zersetzung in zolllangen Krystallen sublimirt werden. Es schmeckt anfangs kaum, hinterher ziemlich stark bitter und reagirt alkalisch. Von Wasser erfordert es nach Hesse bei 10° 3810 Th., bei 20° 3670 und in der Siedhitze nach Pelletier und Caventou 2500 Th. zur Lösung. In wässrigem Ammoniak und wässrigen Alkalien ist es nahezu unlöslich. Es löst sich ferner in 140 Th. Weingeist von 0,852 spec. Gew. bei 10°, in 122,7 Th. bei 20° (Hesse); aus kochender weingeistiger Lösung krystallisirt nach Duflos $^2/_3$ heraus. Von Aether von 0,73 spec. Gew. sind nach Hesse bei 20° 371 Th. zur Lösung nöthig, nach v. Pettenkofer von Chloroform 40 Th., von Olivenöl 100 Th. Fast unlöslich in verdünntem Ammon und wässrigen Alkalien. Reines Chloroform sind bei 17° 356 Th. erforderlich (Oudemanns). Benzol löst in der Wärme, scheidet aber beim Erkalten fast alles Cinchonin krystallinisch wieder ab. Petroleumäther löst nur von amorphem Cinchonin Spuren (Dragendorff). Das Cinchonin ist rechtsdrehend, und zwar beträgt in weingeistiger Lösung $[\alpha]r = 237°,5$; die sauren Lösungen haben geringeres Rotationsvermögen (Bouchardat). Die sauren wässrigen Lösungen fluoresciren nicht.

Nach Oudemans ist das Drehungsvermögen von der Natur des Lösungsmittels, ebenso von dem Vorhandensein einer Säure, organischer oder unorganischer, beeinflusst. Folgende Ablenkung nach Rechts ist festgestellt:

Lösung in Chloroform $(\alpha)D = 223,3$
Alkohol $0,455 = (\alpha)D = 214,8$
$0,535 = (\alpha)D = 213,3$
„ „ „ $0,560 = (\alpha)D = 209,6$.

Verdünnte alkoholische Lösungen werden mit Ammon krystallinisch, wässrige Lösungen amorph, krystallinisch werdend, gefällt.

Pelletier und Dumas gaben dem Cinchonin die Formel $C_{40}H_{20}N_2O_3$, Laurent $C_{38}H_{22}N_2O_2$, Liebig $C_{20}H_{11}NO$. Die Formel $C_{20}H_{24}N_2O$ ist von Regnault aufgestellt worden, $C_{19}H_{22}N_2O$ von Laurent und Dollfuss. Hlasiwetz nahm die Regnault'sche Formel wieder auf, Skraup bestätigte entgültig die Laurent'sche.

Das Cinchonin neutralisirt die stärksten Säuren vollständig und bildet neutrale und saure, meistens krystallisirbare Salze. Die neutralen Salze lassen sich nur bei Anwendung von überschüssiger Base erhalten. Die löslichen schmecken stark und anhaltend bitter.

Salze. Neutrales schwefelsaures Cinchonin, $2C_{19}H_{22}N_2O, SH_2O_4 + 2H_2O$ bildet harte durchsichtige glasglänzende klinorhombische Prismen von neutraler Reaction, die bei 100° wasserfrei, und wenn sie gerieben elektrisch und blassgrün leuchtend werden, in etwas höherer Temperatur wie Wachs schmelzen und endlich sich zersetzen. Es löst sich nach Hesse in 65,5 Th. Wasser von 13°, mit heissem Wasser leicht übersättigte Lösungen bildend, in 5,8 Th. 80proc. Weingeist von 11°, nach Schwabe in $1^1/_2$ Th. kochendem Weingeist. Chloroform löst nach Schlimper 3%, Aether löst gar nicht. $(\alpha)D = + 170,3—0,855$ c. für wässrige Lösung, für Alkohol $97\% = (\alpha)D = + 193,29—0,374$.

Das saure schwefelsaure Cinchonin, $C_{19}H_{22}N_2O, SH_2O_4 + 4H_2O$, krystallisirt in wasserhellen, meistens an den Ecken abgestumpften, an der Luft etwas verwitternden rhombischen Octaëdern, die sich in 0,46 Th. Wasser von 14°, in 90 Th. kaltem Weingeist von 0,85 spec. Gew., in 100 Th. absolutem Weingeist aber nicht in Aether lösen (Baup). — In gleicher Weise wie die entsprechende Chininverbindung stellte Herapath ein schwefelsaures Jodcinchonin dar in langen vierseitigen, im durchfallenden Lichte purpurrothen, im reflectirten Lichte dunkelpurpurblauen Nadeln. — Aus wässrigem salzsaurem Cinchonin fällt unterschwefligsaures Natron krystallinisches unterschwefligsaures Cinchonin, $2C_{20}H_{21}N_2O, S_2H_2O_3 + 2H_2O$, das aus heissem Wasser, in dem es leicht löslich ist, in weissen rhombischen Prismen krystallisirt, die sich in 157 Th. Wasser von 16° lösen (Hesse, How).

Neutrales chlorwasserstoffsaures Cinchonin, $C_{19}H_{22}N_2O, HCl + 2H_2O$, krystallisirt in durchsichtigen orthorhombischen vierseitigen Prismen, die nicht an der Luft, aber im Exsiccator verwittern, bei 100° wasserfrei werden, über 130° schmelzen und sich in 24 Th. Wasser von 10°, in 1,3 Th. Weingeist von 0,85 spec. Gew. bei 16° und in 273 Th. Aether von 15° lösen (Hesse), wässrige Lösung $(\alpha)D = + 165,5 — 2,425$ c. — Saures chlorwasserstoffsaures Cinchonin, $C_{20}H_{24}N_2O, 2HCl$, erhält man nach Laurent, wenn man eine Auflösung von Cinchonin in überschüssiger Salzsäure abdampft und die weingeistige Lösung des Rückstandes der freiwilligen Verdunstung überlässt, in rechtwinkligen orthorhombischen Tafeln, die sich leicht in Wasser, schwieriger in Weingeist lösen. — Neutrales jodwasserstoffsaures

Cinchonin, $C_{20}H_{24}N_2O, HJ + H_2O$, scheidet sich beim Erkalten einer heiss gesättigten Lösung von Cinchonin in wässriger Jodwasserstoffsäure oder bei Zersetzung von salzsaurem Cinchonin mit Jodkalium, theils als blassgelbes, bald krystallinisch erstarrendes Oel, theils in zarten weissen Nadeln ab, die sich in Wasser schwerer lösen als das salzsaure Salz (Hesse). — Saures jodwasserstoffsaures Cinchonin, $C_{20}H_{24}N_2O, 2HJ + H_2O$, bildet goldgelbe Blättchen (Hesse). — Saures fluorwasserstoffsaures Cinchonin, $C_{20}H_{24}N_2O, 2HFl + \frac{1}{2}H_2O$, krystallisirt aus einer Lösung von Cinchonin in verdünnter Flusssäure beim Verdunsten in farblosen geraden rhombischen, durch vierseitige Pyramiden zugespitzten Säulen (Elderhorst). — Chlorsaures Cinchonin, $C_{20}H_{24}N_2O, ClHO_3 + \frac{1}{2}H_2O$, bildet nach Serullas sehr weisse lockere Schuppen, überchlorsaures Cinchonin, $C_{20}H_{24}N_2O, 2ClHO_4 + H_2O$, durch Zersetzung von wässrigem schwefelsaurem Cinchonin mit überchlorsaurem Baryt und Verdunsten des Filtrats erhalten, nach Bödeker (Ann. Chem. Pharm. 71. 59) grosse glänzende, schönen Dichroismus in Blau und Gelb zeigende Prismen. — Jodsaures Cinchonin, $C_{20}H_{24}N_2O, JHO_3$, bildet nach Serullas und Regnault feine weisse, sehr leicht in Wasser, nicht in Weingeist lösliche, bei 120° verpuffende Nadeln. — Ueberjodsaures Cinchonin scheidet sich nach Langlois bei vorsichtigem Verdunsten einer mit Ueberjodsäure versetzten weingeistigen Cinchoninlösung in kurzen farblosen, an der Luft gelb werdenden Prismen aus. — Eine gesättigte Auflösung von Cinchonin in sehr verdünnter Salpetersäure scheidet beim Verdunsten in der Wärme Oeltropfen ab, die wachsartig erstarren und bei längerem Stehen unter Wasser sich in grosse, oft zolllange klinorhombische Zwillingskrystalle von salpetersaurem Cinchonin $C_{20}H_{24}N_2O, NHO_3 + \frac{1}{2}H_3O$, verwandeln. Diese erfordern bei 12° 26,4 Th. Wasser zur Lösung, während sie in warmem Wasser viel reichlicher löslich sind (Hesse). — Phosphorsaures Cinchonin, $2C_{20}H_{24}N_2O_2, PH_3O_4 + 12H_2O$, aus Phosphorsäure und überschüssigem Cinchonin dargestellt, bildet nach Hesse concentrisch gruppirte, in Wasser leicht lösliche Prismen, arsensaures Cinchonin, $2C_{20}H_{24}N_2O, AsH_3O_4 + 12H_2O$, lange weisse, gleichfalls sehr leicht in Wasser lösliche Prismen. — Chromsaures Cinchonin, $C_{20}H_{24}N_2O, Cr_2O_3 + \frac{1}{2}H_2O$, setzt sich beim Vermischen einer warmen Lösung von salzsaurem Cinchonin mit Kaliumbichromat beim Erkalten in kleinen ochergelben Prismen ab (Hesse), die sich schon bei 60° zersetzen und in 80 Th. kockendem Wasser lösen (André, Journ. Pharm. (3) 41. 341). — Kohlensaures Cinchonin ist nach Langlois nicht darstellbar. — Schwefelcyanwasserstoffsaures Cinchonin, $C_{20}H_{24}N_2O, CNHS$, lässt sich sowohl durch Krystallisiren des in wässrigem salzsaurem Cinchonin durch Schwefelcyankalium hervorgebrachten käsigen Niederschlags aus heissem Wasser oder Weingeist, als auch durch Neutralisiren von weingeistigem Cinchonin mit Schwefelcyanwasserstoffsäure in glasglänzenden wasserhellen klinorhombischen Prismen und Nadeln erhalten (Dollfus, Lepage). — Cyanursaures Cinchonin schiesst aus einer mit frisch gefälltem Cinchonin gekochten conc. wässrigen Cyanursäurelösung beim Erkalten in flachen rhombischen, in Wasser schwer löslichen, in Weingeist und Aether löslichen Prismen an (Elderhorst). — Ameisensaures Cinchonin krystallisirt nach Bonaparte aus seiner syrupdicken Lösung nur schwierig in Nadeln. — Essigsaures Cinchonin scheint bis jetzt noch nicht rein erhalten zu sein, da die mit Cinchonin gesättigte essigsaure Lösung schon bei 30—40° Cinchonin ausscheidet und sauer wird. —

Oxalsaures Cinchonin, $2C_{20}H_{24}N_2O, C_2H_2O_4 + 2H_2O$, wird aus Cinchoninsalzlösungen durch oxalsaures Ammon als weisses Pulver gefällt und krystallisirt aus verdünnter wässriger Lösung in grossen Prismen, die sich in 104 Th. Wasser von 10° lösen und bei 130° wasserfrei werden (Hesse). — Mellithsaures Cinchonin, $C_{20}H_{24}N_2O, 2C_4H_2O_4$, wird durch Mellithsäure aus weingeistiger Cinchoninlösung als weisser Niederschlag gefällt (Karmrodt, Ann. Chem. Pharm. 81. 171). — Bernsteinsaures Cinchonin, $C_{20}H_{24}N_2O, C_4H_6O_4 + 1^1/_2H_2O$, aus Cinchonin und überschüssiger Bernsteinsäure dargestellt, krystallisirt in langen schiefwinkligen, stark sauer reagirenden, in Wasser leicht löslichen Nadeln, bisweilen auch in dicken grossen nur $1H_2O$ enthaltenden Krystallen (Hesse). — Neutrales rechtsweinsaures Cinchonin, $2C_{20}H_{24}N_2O, C_4H_6O_6 + 2H_2O$, scheidet sich nach Arppe aus einer heiss bereiteten Auflösung von Cinchonin in saurem weinsaurem Kali beim Erkalten in Krystallbüscheln aus und wird nach Hesse auch durch Fällen von conc. wässrigem salzsaurem Cinchonin mit neutralem weinsaurem Kali als weisser Niederschlag erhalten. Es reagirt schwach alkalisch uud löst sich in 33 Th. Wasser von 16°. — Saures rechtsweinsaures Cinchonin, $C_{20}H_{24}N_2, O, C_4H_6O_6 + 4H_2O$, krystallisirt aus einer Auflösung von 294 Th. Cinchonin und 132 Th. Rechtsweinsäure in warmem Wasser beim Erkalten in gut ausgebildeten perlglänzenden orthorhombischen Krystallen, die bei 100° wasserfrei werden, sich in 101 Th. Wasser von 16°, reichlicher in heissem Wasser und sehr leicht in absolutem Weingeist lösen (Pasteur, Hesse). Bei Anwendung von mindestens der vierfachen Menge Säure wird ein zweifachsaures Salz erhalten (Pasteur). — Ein saures linksweinsaures Cinchonin, $C_{20}H_{24}N_2O, C_4H_6O_6 + H_2O$, schiesst aus einer warmen Auflösung von Cinchonin in wässriger Linksweinsäure in Krystallen an, die sich sehr schwer in Wasser und erst in 338 Th. absolutem Weingeist lösen. — Durch Fällung von wässrigem salzsaurem Cinchonin mit neutralem citronensaurem Kali erhält man neutrales citronensaures Cinchonin, $3C_{20}H_{24}N_2O, C_6H_8O_7 + 4H_2O$, das sich bei freiwilligem Verdunsten seiner weingeistigen Lösung zuerst als Oel abscheidet, dann aber zu langen concentrisch gruppirten, in 48 Th. Wasser von 12° löslichen Prismen erstarrt. Aus Cinchonin und überschüssiger Citronensäure kann ein saures citronensaures Cinchonin, $2C_{20}H_{24}N_2O, C_6H_8O_7 + 4H_2O$, in kleinen, in 56 Th. Wasser von 15° löslichen Prismen dargestellt werden (Hesse). — Benzoësaures Cinchonin, $C_{20}H_{24}N_2O, C_7H_6O_2$, mit überschüssigem Cinchonin dargestellt, schiesst aus kochender Lösung beim Erkalten in kleinen sternförmig gruppirten, in 163 Th. Wasser von 15° löslichen Prismen an (Hesse). — Pikrinsaures Cinchonin, $2C_{20}H_{24}N_2O, 3C_6H_3(NO_2)_3O$, wird durch weingeistige Pikrinsäure aus weingeistigem Cinchonin oder Cinchoninsalz als gelber, allmälig dicht und krystallinisch werdender Niederschlag gefällt (Hesse). — Harnsaures Cinchonin, $C_{20}H_{24}N_2O, C_5H_4N_4O_3$, erhielt Elderhorst durch Kochen von Harnsäure mit überschüssigem frisch gefälltem Cinchonin und Wasser in klaren, in der Wärme rasch zu Pulver zerfallenden Prismen. Die in gleicher Weise mittelst Hippursäure bereitete Lösung liefert beim Verdunsten einen Syrup, der zu durchsichtigem amorphem hipursaurem Cinchonin erstarrt (Elderhorst). — Chinasaures Cinchonin, aus Chinasäure und frisch gefälltem Cinchonin dargestellt, krystallisirt aus heisser weingeistiger Lösung in farblosen glänzenden kurzen platten 4- und 6seitigen Prismen, die sauer reagiren, an trockner Luft undurchsichtig werden und an feuchter Luft zerfliessen (Baup).

Doppeltsalze.

Weinsaures Cinchonin-Antimonoxyd krystallisirt nach Hesse aus der durch Zerlegen von Cinchoninsulfat mit weinsaurem Antimonoxyd-Baryt erhaltenen Lösung bei freiwilligem Verdunsten in weissen Warzen oder grossen langen Prismen mit 2,6—2,8 % Wasser. — Durch Fällen von weingeistigem Cinchonin mit weingeistiger Ferrocyanwasserstoffsäure erhält man einen gelben krystallinischen Niederschlag von ferrocyanwasserstoffsaurem Cinchonin, $C_{20}H_{24}N_2O, (CN)_2FeH_2 + 2H_2O$. Aus wässrigem salzsaurem Salz fällt rothes Blutlaugensalz citronengelben, aus spiessigen Krystallen gebildeten Niederschlag von ferridcyanwasserstoffsaurem Cinchonin, $C_{20}H_{24}N_2O, (CN)_6Fe_2H_3 + 2H_2O$ (Dollfus). — Versetzt man ganz reines, chinidinfreies Cinchonin in weingeistiger Lösung mit Quecksilberchlorid, so wird erst auf Zusatz von Wasser ein weisser, allmälig krystallinisch werdender Niederschlag von salzsaurem Cinchonin, Quecksilberchlorid, $C_{20}H_{24}N_2O, 2HCl, 2HgCl$?, ausgeschieden (Hinterberger, Ann. Chem. Pharm. 82. 318). — Kaliumquecksilberjodid fällt aus wässrigem salzsaurem Cinchonin weisses amorphes, beim Trocknen gelb werdendes, in Wasser und Weingeist fast unlösliches jodwasserstoffsaures Cinchonin-Quecksilberjodid (Caillot, Ann. Chim. Phys. (2) 42. 265). — Ein salzsaures Cinchonin-Cadmiumchlorid, $C_{20}H_{24}N_2O, HCl, CdCl + \frac{1}{2}H_2O$, ist in grossen Krystallen von Galletley (N. Edinb. Phil. J. 4. 94), salzsaures Cinchoninzinkchlorid von der Formel $C_{20}H_{24}N_2O, 2HCl, ZnCl + H_2O$ und von der Formel $C_{20}H_{24}N_2O.3HCl, ZnCl + \frac{1}{2}H_2O$ analog den entsprechenden Chinindoppelsalzen von Gräfinghoff (Journ. pract. Chem. 95. 221), ein salzsaures Cinchonin-Zinnchlorür, $C_{20}H_{24}N_2O, 2HCl, 2SnCl$, von Hesse dargestellt worden. — Salzsaures Cinchonin-Goldchlorid, $C_{20}H_{24}N_2O, 2HCl, AuCl_3$, wird durch Fällung als schweres hellgelbes, über 100° schmelzendes Pulver erhalten (Hesse). — Salzsaures Cinchonin-Platinchlorid, $C_{20}H_{24}N_2O, 2HCl, 2PtCl_2$, ist ein hellgelber, aus kochendem Wasser langsam in dunkelorangegelben Krystallen anschiessender Niederschlag. — Cyanwasserstoffsaures Cinchonin-Platincyanür, $C_{20}H_{24}N_2O, HCy, PtCy + 1\frac{1}{2}H_2O$, wird nach Dellfs (N. Jahrb. Pharm. 21. 31) aus Cinchoninlösungen durch Kalium-Platincyanür gefällt, nach Martius (Ann. Chem. Pharm. 117. 376) durch Zersetzung von Bariumplatincyanür mit Cinchoninsulfat in wasserfreien farblosen Nadeln erhalten.

Chlor-, Brom-, Jodderivate des Cinchonin (Laurent, Fileti, A. Kopp, Königs, Strecker, Skraup): Dichlorcinchonin, $C_{19}H_{20}Cl_2N_2O$. — Mikroskopische Nadeln, in Alkohol löslich, rechtsdrehend, entstehen durch Fällen einer Lösung von salzsaurem Dichlorcinchonin, das durch Einwirkung von Chlorgas auf eine concentrirte salzsaure Cinchoninlösung erhalten wurde. Derselbe bildet salzsaure, salpetersaure, bromwasserstoffsaure Salze. — Cinchoninchlorid, $C_{19}H_{21}ClN_2$. — Weisse, rhombische Prismen, Schmpkt. 72°, in Wasser wenig löslich, mit Platinchlorid Doppelsalz bildend. Dieselbe entsteht bei gleichzeitiger Einwirkung von Phosphorchlorid und Phosphoroxychlorid auf trocknes salzsaures Cinchonin, Behandeln mit Wasser und Fällen mit Ammon. Mit alkoholischer Kalilauge erhitzt zerfällt dieses Chlorid in eine Base, $C_{19}H_{20}N_2$, Cinchen genannt, rhombische Blättchen bildend. Schmpkt. 123—125°, welche mit Salzsäure unter Abspaltung von Methylchlorid in Apocinchen zerfallen. — Durch Einwirkung von Brom auf feuchtes bromwasserstoffsaures Chinin oder alkoholische Lösungen dieses Salzes entstehen: Monobromcinchonin $C_{19}H_{21}BrN_2O$ und Dibromcinchonin,

Cinchen, Apocinchen.

letzteres krystallinisch. — Einwirknng von conc. Bromwasserstoffsäure wandelt Cinchonin in Hydrobromapocinchonin, $C_{19}H_{23}BrN_2O$ (Skraup). — Die Acidperjodide des Cinchonin hat Jörgensen hergestellt (siehe oben Literatur) durch Zusammenreiben von Jod mit Cinchonin bei Gegenwart von Alkohol, oder Fällen einer alkoholischen Lösung von jodwasserstoffsaurem Cinchonin mit Jodtinctur wurden von Pelletier und Bauer hergestellt: Jodcinchonin $(2(C_{19}H_{22}N_2O)J_2$ oder $C_{19}H_{22}N_2O,HJ$ (Bauer) und $C_{19}H_{22}N_2O, 3HJ + H_2O$. —

Die Halogenderivate der Alkoholradicale verhalten sich gegen Cinchonin, wie gegen Chinin, es entstehen Additionsproducte, die durch Kali zerlegbar sind und als Base wieder im Stande sind, sich mit Alkyl-Jodiden-Bromiden etc. zu vereinigen (Howard, Stahlschmidt, Claus). Dieselben entstehen im Allgemeinen durch Einwirkung der Alkyljodide in alkoholischer Lösung auf Cinchonin, welche Additionsproducte mit Alkalien die reinen Alkylderivate liefern. Dargestellt sind:

Jodmethylcinchonin, $C_{19}H_{22}N_2O, CH_3J$, Jodäthylcinchonin, $C_{19}H_{22}N_2O, C_2H_5J$, Dijodmethylcinchonin, Trijodidäthylcinchonin, Methylcinchonin, $C_{19}H_{21}(CH_3)N_2O$, Methylcinchoninhydroxyd, $C_{19}H_{21}N_2O, CH_3OH$, Aethylcinchonin, Aethylcinchoninhydroxyd, Jodmethyl-Methylcinchonin, $C_{19}H_{21}(CH_3)N_2O,CH_3J$, Jodäthyläthylcinchonin, Brommethylcinchonin und Bromäthylcinchonin, ausserdem Cinchoninbenzylchlorid, Benzilcinchonin, Benzilcinchonin-Benzylchlorid, Benzilcinchoninhydroxyd. — Auch phenylirte Derivate sind bekannt (Claus), so wie ein Acetylderivat, $C_{19}H_{21}(C_2H_3O)N_2O$, amorph, durch Einwirkung von Acetylchlorid oder Essigsäureanhydrid auf Cinchonin entstehend (Hesse), sowie ein Benzoylcinchonin, durch Einwirkung von Benzoylchlorid auch Benzoësäure entstehend.

Zersetzungen:

Durch Einwirkung von Kalihydrat entstehen, wie Gerhard zuerst nachwies, Chinolin, ferner nach Williams ausserdem Lepidin, Pyridin, Homologe des Pyridines. Wischnegradsky und Buttlerow glauben, dass diese Basen nur durch tiefer eingreifende Zersetzung entstehen und zuerst stets Chinolin auftritt, neben einem 2. Körper, der wie bei Chinin in Aethylpyridin und fette Säuren zerfällt. Ist Kupferoxyd neben Aetzkali zugegen, so entsteht nur Chinolin. Oechsner de Coninck erhielt bei der Destillation mit Kali Basen vom Sdpkt. 205—230°, Tetrahydrochinolin, Dihydrochinolin und Chinolin. Gegen Schwefelsäure, auch Zinknatrium verhält sich Cinchonin analog dem Chinin, mit Salzsäure entsteht, ohne Abspaltung von Methylchlorid, je nach der Concentration der Säure Apocinchonin, Diapocinchonin aber auch Hydrochlorapocinchonin. Apocinchonin, $C_{19}H_{22}N_2O$, Prismen, leicht löslich in Alkohol, Säuren, rechtsdrehend, Schmpkt. 209°, ein Acetylderivat bildend (Hesse). Diapocinchonin, $C_{38}H_{44}N_4O_2$, blassgelbes, amorphes Pulver, leicht löslich in Alkohol, Aether, Chloroform (Hesse). — Hydrochlorapocinchonin, $C_{19}H_{23}ClN_2O$, Nadeln, Schmpkt. 197°, unlöslich in Wasser und Natron, rechtsdrehend. — Beim Erhitzen von Cinchonin mit Glycerin bei 180—210°, sowie der schwefelsauren Salze entstehen Cinchonidin und dessen Salze (Pasteur, Hesse, Honiard).

Apocinchonin, Diapocinchonin.

Die Oxydationsproducte des Cinchonines sind in eingehender Weise untersucht worden. Bei der Einwirkung von Kaliumpermanganat in alkalischer Lösung wird aus Cinchonin reichlich Ammon entwickelt (Wanklyn und

Chapmann), in saurer Lösung entsteht Cinchonetin, tiefviolette Masse, mit rother Farbe löslich, neben Ameisensäure, später Cinchoninsäure (eine Carboxycinchoninsäure, Caventou, Willm, Ann. Chem. Pharm. Suppl. 7) (Skraup). Cinchonetin entsteht auch beim Erhitzen von Cinchonin mit verdünnter Schwefelsäure und Bleihyperoxyd (Marchand). — Chromsäure oxydirt ebenfalls zu Cinchoninsäure. — Weidel hat durch längere Einwirkung von Salpetersäure eine Reihe von Säuren hergestellt, die sich von Chinolin und auch Pyridin ableiten und zwar Chinolsäure, Oxycinchomeronsäure, $C_8H_5NO_6$, (eine Pyridindicarbonsäure) Cinchomeronsäure und Cinchoninsäure $C_{10}H_7NO_2$; ausserdem wurde noch ein salzsaures Salz einer Base $C_{16}H_{18}N_2O_5 . HCl$ erhalten, dessen freie Base Kupfer reducirt. (Siehe noch Weidel und Hazura, Monatsh. Chem. 3. 770) — Noch müssen Erwähnung finden die Hydrocinchonine und zwar Hydrocinchonin, $C_{19}H_{24}N_2O$, Dihydrocinchonin, $2(C_{19}H_{22}N_2O)H_2$, welche durch Einwirkung von Wasserstoff auf Cinchonin entstehen, auch in den Chinarinden vorkommen und von Schützenberger, Rochleder, Skraup studirt sind, ferner die Oxycinchonine, durch Einwirkung von salpetrigsaurem Kali auf Cinchonin auch aus Dibromcinchonin in alkoholischer Lösung mit Silberoxyd oder Kalilauge hergestellt wurden (A. Kopp, Schützenberger, Strecker). Cinchonetin.

Von conc. Schwefelsäure und conc. Salpetersäure wird das Cinchonin farblos gelöst. Die Chlorwasserproben des Chinins giebt Cinchonin nicht, sondern wird aus seiner Lösung in Chlorwasser durch Ammoniak weiss gefällt. Ueberjodsäure wird durch die Base und ihre Salze wie durch Chinin unter Abscheidung von Jod reducirt. Aetzende, einfach und doppelt kohlensaure Alkalien, Ammoniak und kohlensaures Ammon fällen aus den wässrigen Lösungen der Cinchoninsalze dichtes weisses pulvriges, im Ueberschuss der Fällungsmittel nicht merklich lösliches Cinchonin. Bei Gegenwart von Weinsäure erfolgt jedoch nach Hesse die Fällung durch Natriumbicarbonat erst beim Kochen. Heisse Salzlösungen werden durch Fünffach-Schwefelkalium nach Palm weiss und pulvrig gefällt. In nicht zu verdünnten Lösungen der Cinchoninsalze erzeugt gelbes Blutlaugensalz gelblich weissen, beim Erwärmen verschwindenden, beim Erkalten krystallinisch wieder erscheinenden Niederschlag, Schwefelcyankalium weissen käsigen, allmälig krystallinisch werdenden, Chlorcadmium weissen krystallinischen Niederschlag. Gegen die übrigen Alkaloid-Reagentien verhalten sich die Cinchoninsalzlösungen ganz wie Chininsalzlösungen, nur mit dem Unterschiede, dass Platinchlorid einen citronengelben Niederschlag erzeugt und der gelbe, durch Pikrinsäure bewirkte Niederschlag nicht amorph bleibt, sondern allmälig krystallinisch wird. Reactionen.

Vom Cinchonin lässt sich im Allgemeinen bezüglich seiner Wirkung sagen, dass es sich dem gesunden und kranken Organismus gegenüber wie Chinin verhält, jedoch quantitativ schwächer wirkt. Es gilt dies ebensowohl von seiner toxischen Wirkung auf niedriger und höher organisirte Thiere als von seinen Heileffecten. Wirkung.

Auf Infusorien wirkt es minder energisch als Chinin und Bebirin (Conzen); die alkoholische Gährung wird dadurch weniger verlangsamt als durch Chinin und Strychnin (Buchheim und Engel), ebenso die Fäulniss von Bohnenmehlinfusen und Eiweiss (Conzen), dagegen wird die Ozonreaction des Blutes dadurch stärker retardirt als durch Chinin.

Die Wirkung auf die Temperatur scheint ebenso energisch wie die des Chinins und der herabsetzende Effect auf die Harnstoffausscheidung sogar grösser (Johannsen). Dosen von 25 Mgm. per Kilo beim Menschen und 110 Mgm. per Kilo bei Hunden und Katzen bewirken Temperaturabfall um 0,7—2°. Die Resorption geschieht von allen Theilen des Tractus. Schon nach 50 Minuten lässt sich das Alkaloid in allen Organen nachweisen, namentlich reichlich im Gehirn, im Glaskörper und im Humor aqueus, wo es sich auch länger zu halten scheint. Die Elimination, welche in ½ Std. beginnt, ist nach grösseren Dosen bei Thieren in 142, beim Menschen in 96 Std. vollendet; im Harn erscheint ungefähr die Hälfte des Alkaloids, davon ⅓ in den ersten 6 und ½ in den ersten 24, ¼ in den zweiten 24 Std.; die Excretion durch den Darm deckt nicht die andere Hälfte des eingeführten Cinchonins. Nach Byasson erscheinen beim Menschen ca. 75% im Harn unverändert. In der ersten Zeit scheint unzersetztes Chinin ausgeschieden zu werden, später analoge Zersetzungsproducte wie beim Chinin (nicht Hydrocinchonin oder Cinchonetin), welche ohne bitteren Geschmack sind (Johannsen).

Resorption und Elimination.

Toxische Wirkung.

Auf grössere Thiere ist die toxische Wirkung nach Bernatziks Versuchen mit Cinchoninhydrochlorat an Hunden dergestalt schwächer, dass, während 110—120 Mgm. pr. Kgr. als letale Dosis des Chinins erscheinen, man vom Cinchonin 150 Mgm. nöthig hat, so dass toxisch 5 Th. Cinchonin 4 Th. Chinin gleichkommen. Die Vergiftungserscheinungen zeigen bei Cinchonin mehr protrahirten Verlauf, treten stürmischer auf und nehmen sogar intensiveren Charakter an; Erbrechen ist auf der Höhe der Symptome auch bei genesenden Thieren minder häufig, Erholung sowohl als Tod erfolgen minder rasch. Nach Laborde und Dupuis gehört Cinchonin wie das Cinchonidin (vgl. daselbst) im Gegensatze zum Chinin zu den Hirnkrampfgiften und tödtet Meerschweinchen zu 0,25 subcutan in einigen Stunden (Cpt. Soc. Biol. 760. 1882).

In Hinsicht der toxischen Wirkung beim Menschen gehen die Angaben auseinander, was wohl zum Theil seinen Grund darin hat, dass nicht zu allen Zeiten unter dem Namen Cinchonin Präparate von derselben Beschaffenheit im Handel waren. Namentlich in älterer Zeit, wo Chinin billiger war als Cinchonin, dürfte letzteres nicht immer chininfrei gewesen sein. So dürfte die Angabe von Nieuwenhuis, dass Cinchonin stärker auf den Magen einwirke und leichter Erbrechen errege, verglichen mit der Angabe Ballys (Arch. gén. 9. 436), dass das Cinchonin von jeder feindlichen Wirkung auf Magen- und Darmcanal frei sei, — nach Bally freilich auch auf das Nervensystem — kaum andere Erklärung zulassen. Wir wissen nicht, was Barbiers Patienten in Wirklichkeit erhielten, wenn sie nach 0,25—0,5 schon in ½ Stunde Auftreibung des Epigastriums, Hitze im Magen, Kolik, Durst, 2—3 harte Stuhlentleerungen mit Tenesmus, dann Obstipation und Vomituritionen bekamen (Traité élém. de Mat. méd. 4. ed. 1837. 1. 357), da wir in den allerdings nicht sehr zahlreichen Fällen, wo wir Cinchonin oder dessen Sulfat in Pulver oder Lösung anwandten oder anwenden sahen, etwas derartiges nicht bemerkten. Schütz (Med. Corr. Bl. 31. 1852) giebt geradezu die Entstehung von Magendrücken nach Cinchonin als seltener an und sieht darin einen Vorzug vor dem Chinin. Dass Erscheinungen von Seiten des Nervensystems nach grösseren

Dosen hervortreten können, ist eine Thatsache, die durch die verschiedensten Autoren verbürgt wird, wenn auch Manche, wie Tourner und Grillois, sie als minder stark und häufig bezeichnen. Berandi sah nach 1,0—1,25 vermehrte Speichelabsonderung, Uebelkeit, Leibschmerz, Pulsbeschleunigung, Gesichtsverdunklung, Ohrensausen und Kopfschmerz, kurz alle Erscheinungen wie nach grossen Dosen Chinin. Ebenso beobachtete Menard nach 0,6 in 24 Std. Kopfschmerz, Beängstigung und Erbrechen. Am ausführlichsten findet sich die Wirkung auf das Nervensystem erörtert von A. Noack, der Cinchoninsulfat sechs Personen täglich oder alle zwei Tage in steigenden Gaben 0,06—0,7 nehmen liess, und bei diesen Prüfungen zu dem Ergebnisse gelangte, dass Chinin und Cinchonin dieselben sehr ähnlichen Erscheinungen produciren, deren Differenz grossentheils nur in dem Intensitätsgrade zu suchen sei, welches dem Chinin ein entschiedenes Uebergewicht sichert. Die nach homöopathischen Principien von Noack zusammengestellten Symptomengruppen des Cinchonins sind: 1) Eingenommenheit und Schwere des Kopfes, Schwindel, Wallung, Kopfschmerz, besonders im Hinterhaupte, Gesichtsverdunkelung, Ohrenklingen, Nasenbluten. 2) Trockenheit im Munde, Frost, Appetitlosigkeit, vermehrter Speichelfluss, Sodbrennen, Aufstossen, Uebelkeit, Vollsein im Magen und Bauch, Leibschmerzen, Blähungskolik, träger Stuhl und schwieriger Abgang desselben. 3) Vermehrte Urinsecretion, Geschlechtserregung und Förderung der Menses. 4) Heiserkeit und Oppression der Brust. 5) Rheumatische Schmerzen in Nacken und Extremitäten. 6) Mattigkeit, Schläfrigkeit, Abmagerung, unruhiger traumvoller Schlaf, frequenter schneller Puls, typisches Auftreten aller Erscheinungen.

Nach den Erfahrungen an Thieren ist es sogar nicht unmöglich, dass auch beim Menschen die Erscheinungen wegen der langsameren Elimination grössere Intensität und Dauer haben. Bernatziks Versuche stützen die früheren Angaben von Bouchardat, Delondre und Girault (Suppl. zu Ann. de Thérap. 1856), insofern sie — abgesehen von der für Frösche und Hunde behaupteten grösseren Giftigkeit des Cinchoninsulfats — diesem das häufigere Auftreten von Präcordialangst, Ohnmacht, allgemeiner Schwäche, Subsultus tendinum zuschreiben. Dieselben gaben an, dass Ohrensausen und Amblyopie später nach Cinchonin eintrete als nach Chinin, dagegen Schmerz und Druck im Vorderkopfe rasch durch 0,75—1,0 Cinchoninsulfat hervorgerufen werde. Hiergegen behaupten Moutard-Martin und Briquet, dass die Erscheinungen zwar rascher auftreten, aber von kürzerer Dauer sind; doch kann Kopfschmerz 24 Std. anhalten (Briquet). Intensivere Vergiftung nach Art der beim Chinin referirten scheint nur von Daniell beobachtet zu sein, der die Anwendung des Mittels bei Fieberkranken in Jamaica wegen danach entstehender bedenklicher Kopf- und Hirnaffectionen aufzugeben gezwungen war.

Therapeutische Anwendung.

Im Allgemeinen hat Cinchonin sich nie jenen ausgedehnten Kreis der Anwendung erwerben können, welchen Chinin gefunden hat. Es könnten überhaupt für Cinchonin nur äussere Gründe sprechen; zunächst ist es der billigere Preis, der allerdings selbst bei der geringeren Wirksamkeit des Cinchonins noch beträchtlich ins Gewicht fallen kann, da sich der des Chinins zu dem des Cinchonins durchschnittlich wie 26:6 verhält; ausserdem ist das Cinchonin selbst wegen seiner geringen Löslichkeit fast geschmacklos, so dass man es sogar in den Vereinigten Staaten in Verbindung mit Glycyrrhizin als Sweet Quinine in den Handel gebracht hat (Amer. Journ. Pharm. July 1869), und deshalb vielleicht für manche empfindliche Kranke und für Kinder leichter zu nehmen als die Chininsalze in Pulverform. Wenn Morett (Salzb. med. Ztg. 3. 370) im Cinchonin mehr das tonische, im Chinin mehr das antifebrile Princip der Chinarinde begründet glaubt: so ist das eine reine Hypothese, für welche die Erfahrung nicht spricht; dagegen dürfte die antipyretische Action nach Massgabe von Johannsens Thierversuchen zu klinischen Experimenten auffordern. Die hauptsächlichste Anwendung hat Cinchonin als Mittel im Wechselfieber gefunden und hier sich von Chomel an bis in die neuere Zeit hinein eine grössere Anzahl Lobredner erworben, während die Anwendung im Typhus und verschiedenen chronischen Affectionen nur durch einzelne Aerzte geschehen ist und dann Präparate betrifft, welche, wie Cinchonintannat, vielleicht eigenartige Wirkung besitzen.

Selbst hinsichtlich des Werthes von Cinchonin im Wechselfieber fehlt es nicht an Zweiflern; so behauptet Michel Lévy (L'Union. 50. 1860) nicht allein die schon von älteren Beobachtern (Nieuwenhuis, Stratingh) anerkannte geringere Sicherheit und Dauerhaftigkeit seiner fiebervertreibenden Kraft, die auch von Moutard-Martin, Nonat, Seitz, Clarus, Daniell in Jamaica u. A. betont wird, sondern sogar die Unabhängigkeit mancher angeblicher Heilungen intermittirender Fieber vom Cinchonin, die als spontane Genesungen anzusehen seien. Diese Ansicht ist unzulässig, obschon die milzverkleinernde Wirkung des Chinins nach Küchenmeister (Arch. physiol. Heilkd. **10.** 483) dem Cinchonin abzugehen scheint, indem nach Versuchen bei Katzen Cinchonin Milzcongestion, aber keine Contraction veranlasste; denn die Aerzte, welche Erfolge vom Cinchonin hatten, und namentlich auch die Zahl der Behandelten und der Character der geheilten Intermittenten, ist derart, dass man nicht überall an Spontanheilung glauben kann (Hudellet und Place, Tourner). Nach Briquet wurden in Algier von 896 Malariakranken nur 22 nicht durch Cinchoninsulfat geheilt; von 194 Heilungen traten nur 16 nicht nach dem ersten Anfalle ein. Castiglioni empfiehlt Cinchoninum tannicum besonders bei Intermittenten, die mit Diarrhöe verbunden sind; Noack Cinchonin überhaupt bei gastrischer Complication des Wechselfiebers mit vorwaltendem Torpor des Darmcanals. Briquet fand es auch bei typischen Neuralgien wirksam.

Was sonstige Anwendung anlangt, so hat Wucherer das Cinchoninum tannicum im Typhus bei putridem Character desselben und in der Reconvalescenz nach Typhus bei zurückbleibenden schwächenden Durchfällen, Erethismus und Chlorose, ferner gegen chronischen Keuchhusten, Nachtripper, Fluor albus, Menstruatio nimia, passive Blutflüsse, Morbus Brighti und Hydrops, gegen Scorbut, sowie gegen adynamische Durchfälle der Phthisiker und nach Ruhren empfohlen, also unter Verhältnissen, wo besonders das Tannin angezeigt ist. Die Empfehlung des Cinchonins gegen Gastralgie und Hysterie von Seiten Dufresnes und Franchinis (Gazz. med. Sarda. 19. 1854) dürfte wenig zu bedeuten haben. Im Typhus fand Grillois das Cinchoninsulfat in kleinen Dosen ganz wirkungslos; Briquet sah davon Nutzen, ebenso bei hektischem Fieber und acutem Rheumatismus.

Zur therapeutischen Anwendung ist vorzugsweise das Alkaloid selbst als

Cinchoninum oder Cinchoninum purum (auch Cinchonia oder Cinchonina) gekommen, da es sich, wie Marianini zuerst hervorhob, seines unbedeutenden Geschmackes wegen zur innerlichen Darreichung sehr gut eignet, und nach Dufresne im Magensaft hinreichende Säuremengen findet, um vollständig resorbirt zu werden, was Bleynie noch durch das Nachtrinken von säuerlichem Getränk befördert wissen will. Ausser dem Cinchonin selbst sind besonders das zuerst von Chomel benutzte basische schwefelsaure Cinchonin, Cinchoninum sulfuricum, Sulfas cinchonicus und das gerbsaure Cinchonin, Cinchoninum tannicum, letzteres zuerst der Billigkeit wegen von Wucherer und Castiglioni gereicht, empfohlen und verwendet. Tourner benutzte Cinchoninum bisulfuricum, Ince Cinch. hydrochloratum. Die bei Guibert-Hagen erwähnten Salze, Cinchoninum aceticum und chinicum, sind wohl kaum jemals versucht und zweifelsohne ganz überflüssig. Dosis und Gebrauchsweise.

Dass Cinchonin und seine Salze in höheren Dosen gegeben werden müssen als Chinin, haben schon die ersten Beobachter (Chomel, J. Baart de la Faille, S. E. Stratingh u. A.) hervorgehoben, und die Angaben von Rust, Bleynie, Wutzer u. A., dass Cinchonin gleiche Wirksamkeit besitze und keine höheren Dosen erfordere, sind durch neuere Erfahrungen nicht gestützt. Marianini verordnete gegen Intermittens 3mal täglich 0,6, was etwa die doppelte Dosis des Chinins sein würde; Briquet giebt an, dass 4 Theile Cinchonium sulf. dasselbe wie 3 Theile Chininsulfat leisten; auch Wolff, der anfangs die gleiche Gabe beider Alkaloide von demselben Effecte gefunden haben wollte, reichte später vom Cinchonin das Doppelte. In wieweit Zusatz von Opium (Hudellet) die Wirkung verstärkt, steht dahin.

Mehrere Aerzte empfehlen Cinchonin besonders als Adjuvans des Chinins (Nieuwenhuis, S. Stratingh). Mangold (Ungar. med. Ztschr. **10**. 28. 1859) bezeichnet eine Verbindung von je 0,36 Chinin- und Cinchoninsulfat als mit 0,72 Chininsulfat gleichwirkend, dagegen weit billiger und sicherer, da er auf 0,72 Cinchonin das Fieber meist recidiviren sah. Von den meisten Aerzten wird die Pulverform angewendet; Briquet gibt Lösung den Vorzug, weil das Pulver den Magen irritire. Frisch gefälltes Cinchonin bildet einen Bestandtheil und dient zum Conspergiren der sog. C. Zimmerschen Chinaalkaloide in Pillenform (vgl. Chinoidin). Zur subcutanen Injection sind der hohen Dosis wegen Cinchoninsalze nicht geeignet.

Cinchoninum tannicum gab Wucherer Erwachsenen zu 0,2 3—4mal täglich (der Dosis für Cinchoninsalze als Tonica) in Pulver mit Zimmt oder Calmus, bei eintretender Obstipation mit Rheum.

Von Alkylderivaten des Cinchonins wirkt Methylcinchonin als Sulfat auf Frösche genau so toxisch wie Methylchinin, während Amylcinchonin als jod. wasserstoffsaures Salz erst zu 2,5 Mgm. die Hinterbeine und zu 5 Mgm. die Reflexaction von Fröschen aufhebt (Buchheim und Lows). Methyl- und Amylcinchonin.

Die Wirkung aus Cinchonin dargestellten Chinolins und diverser Pyridinbasen weicht von derjenigen der auf andere Weise bereiteten Substanzen nicht ab.

Cinchonidin. $C_{19}H_{22}N_2O$. — Literat.: Winckler, Repert. Pharm. 85. 392; 98. 384; 99. 1. — Leers, Ann. Chem. Pharm. 82. 147. — Stahlschmidt, Ann. Chem. Pharm. 90. 218. — Pasteur, Journ. Pharm. (3) **23**. 123. Herapath, Phil. Mag. (4) 14. 224. — Hesse,

Ann. Chem. Pharm. **135**. 325; **147**. 241. — Henry & Delondre, J. Pharm. **19**. 623. — Wittstein, Vierteljschr. Pharm. **5**. 511. — De Vrij, Pharm. J. Trans. (3) **4**. 121. — Mengadurcke, Compts. rend. **27**. 221. — C. Hesse, Ann. Chem. Pharm. **205**. 197. — Ebendas. **147**. 241; **182**. 60; — Berl. Ber. 1881. 1888. — Oudemanns, Arch. néerland. **12**. 55. u. 10. 193. — Clause Bock, Berl. Ber. 1880. 2991. — Claus u. Weller, ebendas. 1881. 1921. — Claus, ebendas. 1881. 413. — Skraup, Vortmann, Ann. Chem. Pharm. **197**. 226. — (Siehe Literatur bei Chinin u. Cinchonin).

Cinchonidin. Dieses Chinaalkaloid wurde 1848 von Winckler in einer der *China Huamalies* ähnlichen Rinde, sowie in der *China Maracaibo* aufgefunden und als „Chinidin" bezeichnet. Leers zeigte dann, dass es den Hauptbestandtheil des vorzugsweise aus einer billigeren Chinarinde, der *China Bogota*, fabrikmässig dargestellten und vielfach absichtlich dem Chinin zugemischten käuflichen Chinidins ausmache. Nach Hesse, der es ebenfalls Chinidin nennt, findet es sich neben den drei vorstehend beschriebenen Basen in allen echten Chinarinden; auch ist dasselbe in C. succirubra und officinalis vorhanden.

Pasteur, der es zuerst von der von ihm und jetzt fast allgemein „Chinidin" genannten Base unterschied und als isomer mit dem Cinchonin erkannte, führte die jetzt übliche Bezeichnung „Cinchonidin" ein. Es darf ausser mit Pasteur's Chinidin auch nicht mit Wittstein's Cinchonidinver verwechselt werden

Winckler hielt das Cinchonidin für isomer mit Chinin. Leers stellte die Formel $C_{18} H_{22} N_2 O$ auf, Pasteur hat das Verdienst, die Isomerie mit Cinchonin festgestellt zu haben. Strass u. Hesse haben die jetzige Formel bestimmt.

Darstellung. Winckler erhielt die Base, indem er das käufliche Chinidin zur Entfernung von Chinin und Harz mit Aether auszog, den Rückstand in heissem 80procent. Weingeist löste und die mit Thierkohle behandelte Lösung langsam verdunstete. Es schossen alsdann gefärbte Krystalle an, die er in schwefelsaures Salz verwandelte, welches darauf nach Art des Chininsulfats gereinigt und mit kohlensaurem Natron zersetzt wurde. Den nun erhaltenen Niederschlag entfärbte er nochmals in weingeistiger Lösung mit Thierkohle und krystallisirte ihn endlich. Er erhielt $\frac{1}{4}$ des Rohproducts an farblosen Krystallen.

Leers krystallisirte die beim freiwilligen Verdunsten einer weingeistigen Lösung des käuflichen Chinidins sich absetzenden Krystalle so oft aus Weingeist um, bis die Lösung kein Harz mehr abschied und wusch sie dann zerrieben so lange mit Aether aus, bis Chlorwasser und Ammoniak darin kein Chinin mehr erkennen liessen.

Hesse versetzt das käufliche Chinidin in schwefelsaurer Lösung nach vorangegangener genauer Neutralisation mit Ammoniak mit weinsaurem Natronkali und zersetzt den gebildeten Niederschlag von weinsaurem Cinchonidin und weinsaurem Chinin in salzsaurer Lösung durch Ammoniak. Das gefällte Basengemenge behandelt er mit Aether, der das Cinchonidin in der Hauptsache ungelöst lässt, reinigt dieses durch Umkrystallisiren seines salzsauren Salzes, scheidet daraus durch Ammoniak wieder die Base ab und krystallisirt sie aus Weingeist.

Das beste Darstellungsmaterial ist das Cinchonidin des Handels, das sog. Chinidin. Dasselbe wird zuerst mit Aether gewaschen und hierauf in salzsaurer Lösung mit Seignettesalz gefällt. Diese Arbeit wird wiederholt, bis das Filtrat mit Ammon keine Fällung mehr giebt, worauf die Ammonfällung aus möglichst wenig Alkohol umkrystallisirt wird. Man stellt hierauf das neutrale Sulfat her, fällt mit Ammon un krystallisirt aus Alkohol um.

Das Cinchonidin krystallisirt aus Weingeist in grossen harten stark glänzenden wasserfreien Prismen mit stark gestreiften Flächen, die bei 206,5° (175° nach Leers) schmelzen und bei 180° krystallinisch wieder erstarren (Hesse), Schmpkt. 200—201 (Claus, Hesse). — Es schmeckt weniger bitter als Chinin (Leers). Es löst sich nach Hesse bei 10° in 1680 Th. Wasser (nach Leers in 2580 Th. von 17° und 1858 Th. von 100°), 19,7 Th. 80proc. Weingeist (12 Th. von 0,83 spec. Gew. bei 17° nach Leers) und 76,4 Th. Aether (143 Th. von 0,728 spec. Gew. bei 17° nach Leers). Die Lösungen drehen die Ebene des polarisirten Lichtes nach links, und zwar ist [α]j nach Pasteur = — 144,61° nach Bouchardat und Boudet = — 142,8°. Säuren verstärken das Drehungsvermögen etwas. Lösung in 2 Vol. Chloroform und 1 Vol. Alkohol (α)D = — 70° (Hesse). Die Fluorescenz der sauren Lösungen ist nach Herapath nur schwach.

Leers gab der Base die Formel $C_{36}H_{22}N_2O_2$, Pasteur erklärte sie für isomer mit dem Cinchonin, was Hesse neuerdings bestätigte.

Das Cinchonidin sättigt die Säuren vollständig und bildet mit ihnen neutrale, saure und auch übersaure Salze, welche in Wasser meistens löslicher als die Chininsalze sind, sich sehr gut in Weingeist, aber kaum in Aether lösen.

Neutrales schwefelsaures Cinchonidin, $2\,C_{19}H_{22}N_2O, SH_2O_4 + 6\,H_2O$, durch Neutralisation verdünnter Schwefelsäure mit der Base erhalten, bildet weise seideglänzende Prismen, die bei 100° wasserfrei werden und sich bei 12° in 97,5 Th. Wasser lösen. Auch das entwässerte Salz kann krystallisirt erhalten werden (Hesse). — Zweifach schwefelsaures Cinchonidin, $C_{19}H_{22}N_2O, SH_2O_4 + 5\,H_2O$, krystallisirt in langen feinen gestreiften verwitternden Prismen, die sich leicht in Wasser und Weingeist lösen. Aus ihrer Auflösung in verdünnter Schwefelsäure schiessen im Exsiccator kurze, in kaltem Wasser nur träge sich lösende Prismen an von vierfach schwefelsaurem Cinchonidin, $C_{19}H_{22}N_2O, 2\,SH_2O_4 + 2\,H_2O$. (Claus, Hesse, Oudemanns). Die Lösungen des Salzes sind linksdrehend. Schwefelsaures Jodcinchonidin wurde von Herapath nach Art der entsprechenden Verbindungen der anderen Chinabasen in grünen Blättern und in langen goldgelben Nadeln erhalten, deren Zusammensetzung noch nicht feststeht. — Unterschwefligsaures Cinchonidin, $2\,C_{20}H_{24}N_2O, S_2H_2O_3 + 2\,H_2O$, bildet dünne, bei 10° in 221 Th. Wasser lösliche Prismen (Hesse). Salze.

Neutrales salzsaures Cinchonidin, $C_{19}H_{22}N_2O, HCl + H_2O$, krystallisirt beim freiwilligen Verdunsten seiner Lösungen in grossen glasglänzenden klinorhombischen Doppelpyramiden, die sich bei 10° in 30,5 Th., bei 20° in 20,1 Th. Wasser, sehr leicht in Weingeist und in 325 Th. Aether von 10° lösen (Leers, Hesse). Durch freiwilliges Verdunsten einer mit der äquivalenten Menge Salzsäure versetzten Auflösung dieses Salzes erhielt Leers grosse glasglänzende, gleichfalls monoklinometrische Krystalle von saurem salzsaurem Cinchonidin, $C_{19}H_{22}N_2O, 2\,HCl + H_2O$, die sich sehr leicht in Wasser und Weingeist lösen. — Zweifach-jodwasserstoffsaures Cinchonidin, $C_{19}H_{22}N_2O, 2\,HJ + H_2O$, bildet nach Hesse citronengelbe Prismen. Fluorwasserstoffsaures Cinchonidin hat Leers bei freiwilligem Verdunsten der Lösung in weissen, leicht löslichen Nadeln, chlorsaures Cinchonidin durch Wechselzersetzung des neutralen Sulfats mit Kaliumchlorat und Umkrystallisiren des Niederschlags aus Weingeist in langen weissen, büschlig gruppirten Prismen erhalten.

Salpetersaures Cinchonidin, $C_{19}H_{22}N_2O, NHO_3 + H_2O$, krystallisirt in grossen, in 70,5 Th. Wasser von 10° löslichen, bei 100° unter Verlust des Krystallwassers schmelzenden Prismen (Hesse). — Phosphorsaures Cinchonidin, $3C_{19}H_{22}N_2O, 2PH_3O_4 + 12H_2O$, wird nach Winckler aus dem neutralen Sulfat durch gewöhnliches phosphorsaures Natron als weisser, aus mikroskopischen vierseitigen Säulen bestehender Niederschlag gefällt.

Ameisensaures Cinchonidin bildet nach Leers lange seideglänzende leicht lösliche Nadeln, essigsaures Cinchonidon, $C_{19}H_{22}N_2O, C_2H_4O_2 + H_2O$, nach Hesse leicht lösliche, zu Warzen vereinigte Nadeln. Oxalsaures Cinchonidin, $2C_{19}H_{22}N_2O, C_2H_2O + 6H_2O$, krystallisirt in langen asbestartigen, bei 10° in 252 Theilen Wasser löslichen Prismen, das wasserfreie Salz in weissen Warzen, bernsteinsaures Cinchonidin, $2C_{19}H_{22}N_2O, C_4H_6O_4 + 2H_2O$, in farblosen bei 10° in 252 Th. Wasser löslichen Prismen (Hesse). — Neutrales weinsaures Cinchonidin, $2C_{19}H_{22}N_2O, C_4H_6O_6 + 2H_2O$, wird durch Fällung als weisser krystallinischer, aus heissem Wasser in Prismen anschiessender, in 1265 Th. kaltem Wasser sich lösender, in wässrigem weinsaurem Natronkali völlig unlöslicher Niederschlag erhalten. Löst man dasselbe unter Zusatz von Weinsäure in der zehnfachen Menge heissen Wassers, so krystallisiren beim Erkalten schöne lange weisse Prismen von vierfach-weinsaurem Cinchonidin, $C_{19}H_{22}N_2O 2C_4H_6O_6 + 3H_2O$, die sich mit Wasser in neutrales Salz und freie Weinsäure zersetzen (Hesse). — Benzoësaures Cinchonidin, $C_{19}H_{22}N_2O, C_7H_6O_2$, bildet kurze weisse, in 340 Th. Wasser von 10° lösliche Prismen (Hesse). Von Leers wurden auch das buttersaure, valeriansaure, citronensaure, hippursaure und chinasaure Salz krystallisirt erhalten, aber auf ihre Zusammensetzung nicht weiter untersucht.

Weinsaures Cinchonidin-Antimonoxyd krystallisirt in Prismen, die sich leicht in heissem Wasser und Weingeist lösen; ferrocyanwasserstoffsaures Cinchonidin ist ein dottergelber, entweder aus kugligen Krystallaggregaten oder aus kleinen Blättchen bestehender Niederschlag (Hesse). — Salzsaures Cinchonidin-Quecksilberchlorid, $C_{19}H_{22}N_2O, 2HCl, 2HgCl_2$ scheidet sich aus der mit Salzsäure versetzten weingeistigen Lösung des Cinchonidins auf Zusatz von weingeistigem Quecksilberchlorid in kleinen perlglänzenden, in kaltem Wasser schwer löslichen Schuppen aus (Leers). Das Platindoppelsalz, $C_{19}H_{22}N_2O, 2HCl, 2PtCl_4 + H_2O$, ist ein blass orangegelbes krystallinisches, in kaltem Wasser kaum lösliches Pulver, das Golddoppelsalz, $C_{19}H_{22}N_2O, 2HCl, 2AuCl_3$, ein schön gelbes, bei etwa 100° schmelzendes Pulver (Hesse).

Bezüglich der weiteren Derivate und Verbindungen des Cinchonidin, welche viel Analogie mit den entsprechenden des Cinchonins haben sei auf die Literatur verwiesen und zwar Acidperjodide von Jörgensen, Phenolderivate von Hesse (Ann. Chem. Pharm. 182.), Halogenalkylderivate von Jörgensen, Stahlschmidt, Claus & Bock, Claus & Dannenbaum (Berl. Ber. 1880. 2187). Claus, Howard, Claus & Weller.

Ueber seinen Schmelzpunkt hinaus erhitzt, wird das Cinchonidin zerstört. Bei vorsichtigem Schmelzen der bei ihrer Schmelztemperatur sich noch nicht zersetzenden Cinchonidinsalze verwandeln sie sich wie die Cinchoninsalze in Cinchonicinsalze (Pasteur). Bei trockner Destillation von Cinchonidin mit Kalihydrat entsteht Chinolin.

Bezüglich der Zersetzungen, Oxydation des Cinchonidins besteht vollkommene Analogie und Uebereinstimmung mit dem Cinchonin (Hesse, Leers, Weidel, Hoogewerff & van Dorp, Berl. Ber. 1880).

In seinem Verhalten gegen Reagentien zeigt das Cinchonidin und seine Salze nichts Characteristisches. Die Chlorwasserproben gelten für das Cinchonidin nicht. Aetzende, kohlensaure und doppelt kohlensaure Alkalien fällen aus den Salzlösungen weisses, im Ueberschuss der Fällungsmittel fast unlösliches, beim Stehen krystallinisch werdendes Cinchonidin.

In seinem Verhalten im Organismus und in seinen Wirkungen nähert sich das Cinchonidin dem Cinchonin und den übrigen Chinaalkaloiden, doch wird ihm von Bernatzik eine stärkere toxische Action als dem Chinin und von Laborde und Dupuis eine dem Chinin nicht zukommende krampferregende Wirksamkeit in toxischen Dosen zugeschrieben. Wirkung.

Nach Byasson wird Cinchonidin als solches im Harn ausgeschieden und verhält sich die Elimination wie beim Cinchonin; auch hat es wie dieses auf die Diurese keinen Einfluss. Nach Versuchen mit Bisulfat und Acetat giebt Bernatzik (Wien. med. Wochenschr. 100. 104. 1867) 0,10 per Kilo als letale Dose bei Hunden an, während beim Chinin erst 0,11 tödtlich sein soll, und weist auf das wiederholte Erbrechen schaumiger Massen hin, in denen er das Alkaloid nicht aufzufinden vermochte. Sée und Bochefontaine (Cpt. rend. 96. 1086. 1883) fanden 0,015 bei Fröschen, 0,15 bei Meerschweinchen und 2,5 bei Hunden letal, während Tauben 0,25 und Kaninchen 2,0 überstanden. Laborde und Dupuis (Gaz méd. Paris. 23. 1877) bezeichnen Cinchonin und Cinchonidin geradezu als Krampfgifte, indem sie bei Hunden subcutan nach vorgängiger Unruhe und (beim Cinchonin) Tremor epileptiforme Anfälle mit Hallucinationen in den Krampfpausen und Parese hervorrufen. Die Cinchonidinkrämpfe sind nach Chirone und Testa (Ann. univers. di med. Apr. 289. 1880), wie das ganze Vergiftungsbild und das Verhältniss des Giftes verschiedenen Thierclassen gegenüber, den durch Pikrotoxin erzeugten ähnlich und stellen sich als wahre epileptische Anfälle, meist von Schreien vor, während und nach derselben begleitet und von Betäubung gefolgt, dar, doch fehlen beim Cinchonidin die Rotationsbewegungen der Augen und die Zunge bleibt frei, auch fehlen die beim Pikrotoxin constatirte Harnentleerung und die starke Herabsetzung der Sensibilität; der Ruhezustand wird fortwährend durch allgemeine Agitation und Krämpfe, besonders einzelner Muskelgruppen, unterbrochen, und die vorwaltend klonischen und tonischen Krämpfe, welche von den Gesichtsmuskeln beginnend, auf die Muskeln des Kopfes und der Extremitäten übergehen, ergreifen nur in den schwersten Fällen die Rückenmuskeln; in den Krämpfen tritt constant Mydriasis ein. Bei Eidechsen und Batrachiern ruft Cinchonidin keine Krämpfe hervor; Kaninchen sind nicht empfänglicher als Meerschweinchen, auch ist die Wirkung des Cinchonidins langsamer und der Tod erst durch Grammendosen zu erzielen. Nach Albertoni (Arch. exp. Path. 15. 248) erregt Cinchonidin auch nach Entfernung des Grosshirns oder der psychomotorischen Centren noch immer allgemeine Krämpfe und epileptiforme Anfälle und verhindert Bromkalium bei längerer zuvoriger Verabreichung das Zustandekommen derselben und bei letalen Dosen den Tod, nicht aber Atropin. Sée und Bochefontaine stellen besondere krampferregende Wirkung in Abrede und vindiciren ihm eine deprimirende Action nach voraufgehender kurzer Erregung; die fraglichen Krämpfe erklären sie für terminal und schwächer als beim Cinchonin und Chinin. Beim gesunden Menschen steigert 1,0 Cinchonidinsulfat die Pulsfrequenz bedeutend und bedingt Röthung des Gesichts und der Augen, Brennen der Hände und Schwindel; im Harn erscheint das Alkaloid schon nach 1 Std. und ist noch nach 24 Std. nachweisbar (Sée und Bochefontaine).

Anwendung. Als Fiebermittel hat das Cinchonidin in neuerer Zeit die Aufmerksamkeit der Therapeuten in erhöhtem Masse auf sich gezogen, da es dem Chinin an Wirksamkeit nur sehr wenig nachsteht, in Dosen von 0,3—0,4 Nebenwirkungen nicht zeigt und durch seinen billigen Preis, der 1/3 oder noch weniger desjenigen des Chinins beträgt, sich als Surrogat des letzteren dringend empfiehlt.

In Madras wurden nach Weddell (Compt. rend. **84.** 4), von 359 Malariakranken (vorwaltend Quotidiana) 346 geheilt, darunter 74,92 % nach weniger als 1,25, und manchmal bewährte sich das Alkaloid in Fällen, wo Chinin resultatlos geblieben war. Auch in Londoner Hospitälern sind günstige Resultate dadurch erzielt (Howard). Aeltere deutsche und amerikanische Erfahrungen über die antitypische Wirksamkeit des Chinidinum sulfuricum, unter welchem Namen das Cinchonidinsulfat früher im Handel war, bestätigen die neueren Erfahrungen Sinkler's (Philad. Rep. Febr. 14. 1874) u. A. Empfohlen wurde das Alkaloid zuerst durch Cullen (Am. Journ. med. Sc. 81. 1855), der im Philadelphia Almshouse Hospital von 180 Fieberkranken (111 Quotidiana), von denen 80 über 14 T. daran litten, 129 mit durchschnittlich 1,0 heilte, wobei nur 19mal Recidiven vorkamen. Peacock (Med. Times and Gaz. 1855) bezeichnete das Chinidinsulfat als sehr wirksam und den Magen nicht belästigend, Spitzner (Arch. physiol. Heilkd. 391. 1856) nach Versuchen an 50 Fieberkranken im Jacobshospital zu Leipzig als bei nicht kachektischen Wechselfieberfällen eben so sicher und weniger schädlich auf den Tractus wirkend als Chinin und in der zweiten Dosis von 1,0—0,3 in 95 % heilend. Ebenso günstige Erfolge hatten Clarus, De Bordes, Schroff und Eisenstein, während Reuling und Salzer (Deutsch. Klin. 27. 1855) nach Beobachtungen in der Heidelberger Klinik (nach Wunderlich an kachektischen Intermittenskranken) die fieberwidrige Wirkung ihres Chinidinsulfats als dem Chinin nachstehend (0,4 Chinin sollen 0,6 Chinidin entsprechen) bezeichnen. Auch Raffertie (Philad. med. Rep. 383. 1877) betont, dass bei Intermittens 25—30 % mehr von Cinchonidin als vom Chinin zu geben seien, vindicirt aber ausserdem dem ersteren weit intensivere Nebenwirkungen, die zwar nicht in Ohrensausen und Schwerhörigkeit bestehen, wohl aber in Schwäche und Beschleunigung der Herzschläge, ausserdem in Schwindel, unregelmässigen Muskelbewegungen und Zittern, die neben ausgesprochener Muskularschwäche und profusem Schweisse hervortreten. Poncet (Gaz. hebdom. 7. 1880) sah bei Malariakranken selbst nach 4,0 pro die ausser Pulsverlangsamung keine Veränderungen. Nach Raffertie sollen grosse Dosen bei Gravidae Abortus bedingen können, was von Andren nicht bestätigt wird, dagegen kommen Urticaria und andere Arzneiexantheme nach Cinchonidin namentlich häufig bei Kindern vor (Lente, New-York med. Rec. 388. 1878). — Le Juge (Journ. Thérap. 22. 1877) fand Cinchonidinsulfat auch bei sehr schweren Malariafiebern auf Mauritius, selbst bei Febris remittens haemorrhagica von vorzüglicher Wirksamkeit. Raffertie rühmt es auch als Tonicum und Antipyreticum.

In früherer Zeit war fast ausschliesslich neutrales schwefelsaures Cinchonidin in Gebrauch, das man meist in Pulverform zu 1,0 auf einmal oder in 3—5stündlich zu nehmende Gaben vertheilt oder in wässriger Lösung durch Zusatz von etwas Schwefelsäure in Bisulfat verwandelt, darreichte. Bernatzik versuchte das saure schwefelsaure Salz und das neutrale essigsaure Salz zu Subcutaninjectionen, welche jedoch heftige Reizung und Abscedirung bedingten. In neuerer Zeit hat Gubler bromwasserstoffsaures Cinchonidin und doppelbromwasserstoffsaures Cinchonidin, Cinchonidinum hydrobromicum und dihydrobromicum, sowie das beide an Löslichkeit übertreffende Cinchonidinsulfovinat, Cinchonidinum sulfovinicum, Sulfovinate de Cinchonidine, zu Subcutaninjectionen besonders bei perniciöser Intermittens empfohlen, doch bringt das letztgenannte Salz in concentrirter Lösung örtliche Reizung und Entzündung hervor, während die bromwasserstoffsauren Salze in Lösung von 1:5 durchaus keine Irritation bedingen. Ein Ccm einer solchen Lösung subcutan entspricht nach Gubler einer Dosis von 1,0 Chininsulfat intern. Vgl. Coronado, Annotations sur les Quinquinas des États-unis de Colombie et sur l'emploi thérapeutique de la cinchonidine und Dziewonski, Étude sur les injections hypodermiques de bromhydrate et de sulfovinate de cinchonidine (Paris. 1878). In allerneuester Zeit hat Prosser James (Brit. med. Journ. March. 19. 1881) salicylsaures Cinchonidin zu 0,3—0,6 2—3stündlich in Tabletten bei Neuralgie und chronischem Rheumatismus und Bouchardat (Pharm. J. Transact. 323. 1883 benzoësaures Cinchonidin bei Diabetes mit excessiver Harnsäureproduction empfohlen. Gebrauchsweise.

Neben den in Vorhergehendem charakterisirten Hauptalkaloiden der Chinarinden sind noch folgende Alkaloide zu nennen, welche theils in kleineren Mengen neben den bereits erwähnten Bestandtheile der Chinarinden sind, theils Umwandlungsproducte, während der Verarbeitung der Rinden gebildet, auch ferner Bestandtheile von Chinarindensurrogaten, sog. falschen Chinarinden.

Aricin. $C_{23}H_{26}N_2O_4$. — Literat.: Pelletier u. Coriol, Journ. Pharm. (2) 15. 565. — Leverköhn, Repert. Pharm. 33. 353. Pelletier, Ann. Chim. Phys. (2) 51. 185. Manzini, Journ. Pharm. (3) 2. 95 u. 313. — Winckler, Repert. Pharm. 75. 299; 81. 249. — O. Hesse, Ann. Chem. Pharm. 185. 296.

Das Aricin (Name vom Hafen Arica in der Peruanischen Provinz Arequipa, von wo die Drogue zuerst nach Europa übergeführt wurde) ist 1829 fast gleichzeitig von Pelletier und Coriol einerseits, und von Leverköhn, der es Cusonin nannte, andererseits in einer sogenannten falschen Calisayarinde, welche Wiggers als *China de Cusco vera* aufführt, entdeckt worden. Als Manzini dann später eine neue, von ihm anfangs Chinovatin genannte Base in der *China Jaën pallida s. China Ten,* die Wiggers für die Zweigrinde des nämlichen Baumes hält, dessen Stammrinde die *China de Cusco vera* ist, aufgefunden zu haben glaubte, zeigte Winckler, dass dieselbe mit dem Aricin identisch sei. Hesse, welcher die Existenz von Aricin anzweifelte, konnte Aricin.

dasselbe später aus einer Cuscorinde darstellen und untersuchen. Diese Cuscorinde enthielt 0,62 % Aricin, 0,93 % Cusconin, 0,16 % amorphes Alkaloid.

Manzini erhielt das Alkaloid, indem er die Rinde mit angesäuertem Wasser auskochte, den Auszug mit Kalk fällte, den Niederschlag mit Weingeist auszog und heiss filtrirte. Beim Erkalten krystallisirte der grösste Theil der Base heraus. Zur Gewinnung des Rests wurde der Verdunstungsrückstand der Mutterlauge in verdünnter Salzsäure gelöst und mit conc. Kochsalzlösung der vorhandene Farbstoff niedergeschlagen. Ammoniak fällte alsdann unreines Aricin, das durch Behandlung mit Thierkohle und Umkrystallisiren aus Weingeist gereinigt wurde. — Leverköhn, der ein ähnliches Darstellungsverfahren einschlug, erhielt etwa 1,6 %, Winckler 1,4 % Ausbeute.

Hesse übersättigte den alkoholischen Extract der Rinde mit Soda, schüttelte mit Aether aus und entzog der ätherischen Lösung mit conc. Essigsäure die Alkaloide. Diese Lösung fast mit Ammoniak neutralisirt, scheidet essigsaures Aricin aus, während das Filtrat durch eine concentrirte Lösung von Ammonsulfat schwefelsaures Cusconin abscheidet.

Das Aricin krystallisirt in langen weissen durchscheinenden wasserfreien Nadeln, die keinen bitteren, schwach adstringirenden Geschmack entwickeln. Es schmilzt bei 188° und erstarrt wieder amorph; in höherer Temperatur wird es zersetzt. Es löst sicht kaum in Wasser, leichter als Cinchonin, aber schwerer als Chinin in Weingeist und ist auch in Aether löslich. Es ist linksdrehend, $(\alpha)D = -54{,}09$ für 97 % Alkohol, für Aether $(\alpha)D = -94{,}77$.

Pelletier berechnete aus seinen Analysen die Formel $C_{20}H_{12}NO_3$, Manzini die Formel $C_{46}H_{27}N_2O_8$. Die oben angeführte Formel $C_{23}H_{26}N_2O_4$ wurde von Gerhardt in Vorschlag gebracht. Nach derselben ist das Aricin isomer mit dem Brucin.

Die Salze des Aricins sind meistens leicht krystallisirbar. — Das neutrale schwefelsaure Salz erzeugt beim Erkalten einer neutralen Auflösung der Base in warmer verdünnter Schwefelsäure eine weisse zitternde Gallerte, die an der Luft zu einer hornartigen Masse eintrocknet. Diese krystallisirt dann aus Weingeist in seideglänzenden, dem Chininsulfat gleichenden Nadeln, deren Lösung in warmem Wasser beim Erkalten wieder gelatinirt. Das Salz löst sich in Wasser schwieriger als Cinchoninsulfat (Pelletier und Coriol, Winckler). Das zweifach schwefelsaure Aricin, $C_{23}H_{26}N_2O_4, SH_2O_4$ bildet nach Manzini platte wasserfreie Nadeln, deren wässrige Lösung blau schillert. — Aus einer Lösung der Base in warmer wässriger Salzsäure schiessen beim Erkalten wasserhaltige farblose Krystalle von salzsaurem Aricin, $C_{23}H_{26}N_2O_4$, HCl, an.

In gleicher Weise wird jodwasserstoffsaures Aricin, $C_{23}H_{26}N_2O_4$, HJ, in citronengelben wasserfreien Nadeln erhalten, die sich sehr wenig in kaltem, leicht in warmem Weingeist losen. Das chlorwasserstoffsaure Aricin-Platinchlorid, $C_{23}H_{26}N_2O_4$, HCl, $PtCl_2$, ist ein citronengelber, in Wasser sehr wenig, leicht in Weingeist lösiicher und daraus bei freiwilligem Verdunsten krystallisirender Niederschlag (Manzini). (Siehe wegen der übrigen Salze O. Hesse.)

Von conc. Schwefelsäure wird das Aricin nach Pelletier und Coriol mit dunkelgrüner, von verdünnter mit hellgrüner Farbe gelöst. Nach Winckler zeigt das Aricin diese Färbungen nur im unreinen Zustande; die Lösung in Schwefelsäure wird beim Erwärmen bei Gegenwart von molybdänsaurem Ammon blau, später olivengrün. — Aus den Lösungen der Aricinsalze fällen ätzende und kohlensaure Alkalien pulvriges Aricin. Der Niederschlag ist im überschüssigen Ammoniak etwas löslich und krystallisirt aus dieser Lösung allmälig heraus. Jodkalium, Platin- und Goldchlorid und Gerbsäure fällen die Salzlösungen (Manzini).

Cusconin. $C_{23}H_{26}N_2O_4 + 2H_2O$. — Dieses Alkaloid ist Begleiter des Aricins in der Cuscorinde, aus welcher derselbe zuerst von Leverköhn 1829 dargestellt, später von O. Hesse (siehe Literatur bei Aricin) genauer studirt wurde. Dasselbe wird aus dem oben bei der Aricindarstellung erhaltenen schwefelsauren Cusconin dargestellt, das mit Ammon zerlegt wird. Das Cusconin wird aus Aether umkrystallisirt. — Cusconin bildet metallglänzende, weisse Blättchen, oder Prismen, fast unlöslich in Wasser und Alkalien, leichter in Alkohol und Aceton löslich. Schmpkt. des entwässerten Alkaloides 110°. Die Lösungen sind linksdrehend, alkoholische 97 % (α) D — 54,32, ätherische Lösung — 26,80. Gegen Reagentien verhält sich dasselbe wie Aricin. Mit Säuren bildet dasselbe schwer krystallisirende, meist amorphe Salze. Dargestellt sind das salzsaure, brom-jodwasserstoffsaure, salpetersaure, schwefelsaure, sulfocyansaure, unterschwefligsaure, essigsaure, weinsaure, oxalsaure, salicylsaure Cusconin.

Cusconidin ist ein von Hesse (Ann. Chem. Pharm. **200.**) in Cuscorinde nachgewiesenes, amorphes Alkaloid. Cusconidin.

O. Hesse (Ann. Chem. Pharm. **200**) wies ferner in einer von Cinchona Pelleteriana stammenden Cuscorinde neben Aricin, anstatt Cusconin, ein krystallisirendes Alkaloid Cuscamin und ein amorphes Cuscamidin nach, wegen Cuscamin. deren auf das Original verwiesen wird. Dasselbe geschieht wegen des von Cuscamidin. Hesse aus der Rinde von C. Calisaya var. javanica isolirten Alkaloides, Javanin. (Berl. Ber. 1877. 2152). Javanin.

Paricin. $C_{16}H_{18}N_2O$. — Literatur: Winckler, Repert. Pharm. 91. 145; 92. 29. 231. Howard, siehe oben. — A. Hesse, Ann. Chem. Pharm. **166.** 217; Berl. Ber. 1877. 2152; ebendas. 1870. 232. — Flückiger, Arch. Pharm. **141.** 97.

Das von Winckler zuerst in einer falschen Pararinde beobachtete Al- Paricin. kaloid wurde später von Howard und Flückiger in seiner Existenz bestritten, zuletzt von Hesse auch in C. succirubra nachgewiesen und in seiner Zusammensetzung als selbständig erkannt. — Bei der Darstellung des Paricins, spec. Trennung von anderen Alkaloiden wird der Umstand benutzt, dass aus verdünnten Salzlösungen nur durch doppeltkohlensaures Natron Paricin fällt, ferner dass das schwefelsaure Salz in verdünnter Schwefelsäure schwerlöslich ist. Blassgelbes Pulver, amorph, Schmpkt. 136°, in Alkohol, Aether löslich, schwer löslich in Wasser. Die Salze sind amorph. Aus essigsaurer Lösung fällen Salpetersäure, Jodkalium und Chlornatrium gelbliche Niederschläge. Concentrirte Schwefelsäure und Salpetersäure färben dunkelgrün.

Homocinchonidin. $C_{19}H_{22}N_2O$. — Dieses von Hesse in rothen Homocinchonidin. südamerikanischen Chinarinden nachgewiesene Alkaloid soll nach Skraup u. Claus nur unreines Cinchonidin sein. (Siehe Literatur: O. Hesse, Berl. Ber. 1877. 2152. 1878; Ann. Chem. Pharm. **205.** Berl. Ber. 1881. — Skraup, Berl. Ber. 1878. 1879. — Claus, Berl. Ber. 1881. 1880.

Cinchamidin. **Cinchamidin.** $C_{20}H_{26}N_2O$. — Blättchen, Nadeln oder Prismen, löslich in kaltem Alkohol, Chloroform, schwerlöslich in Aether, Schmpkt. 230°, linksdrehend. Dieses Alkaloid, das nach Forst u. Böhringer vielleicht mit Hydrocinchonidin identisch ist, ist Begleiter des Cinchonidin und wird aus den Mutterlaugen der Darstellung des Homocinchonidins isolirt, indem die daraus ausgefällten Alkaloide in Salzsäure gelöst und fractionirt mit weinsaurem Natrium ausgefällt werden. Die letzte Fraction ist das weinsaure Cinchonidin. (O. Hesse, Berl. Ber. 1881. 1683).

Homochinin. (Ultrachinin). — $C_{19}H_{22}N_2O_2$. Literatur: Paul und Cownley, Pharm. J. Trans. 1881. 599. — Wood u. Parret, ebendas. 1882. 604 u. 605. — Whiffen, enbendas. 1881. — Forst und Böhringer, Berl. Ber. 1882. 519. — O. Hesse, Berl. Ber. **15**. 857. — Howard und Hodgkin, Journ. chem. soc. 1882. **1**. 66.

Homochinin. Paul und Cownley, sowie Whiffen wiesen in C. cuprea zuerst 1881 ein Alkaloid nach, das von Howard Homochinin genannt wurde. Wood und Parret konnten kein Homochinin aus C. cuprea isoliren.

Das Homochinin bildet Prismen mit $2H_2O$, oder Blättchen mit $1H_2O$, Schmpkt. 177°, leicht löslich in Alkohol und Chloroform, schwer löslich in Aether, fluorescirt in schwefelsaurer Lösung, dreht links und zwar stärker als Chinin.

Von Salzen sind hergestellt: das schwefelsaure, oxalsaure, weinsaure, salzsaure, jodwasserstoffsaure, salpetersaure und Platinchloriddoppelsalz.

Ueber Cinchonichin, Chinichin, Diconchinin, welche in ihrer Existenz noch fraglich sind, siehe die Literatur: Drygin, Pharm. J. Russl. **17**. 449; **18**. 356. — Hesse, Berl. Ber. 1877. 2149.

Dicinchonin **Dicinchonin.** $C_{40}H_{46}N_4O_3$ nennt O. Hesse (Berl. Ber. 1877) ein amorphes Alkaloid, das steter Begleiter des Chinin und Chinidin in allen Rinden sein soll. Dasselbe fluorescirt wie Chinin und giebt die Thalleiochininreaction.

Hydrochinin. **Hydrochinin.** $C_{20}H_{26}N_2O_2$. — Ein Begleiter des Chinins in den Chinarinden, löslich in Alkohol, Aether, amorph, Schmpkt. 168°. (O. Hesse, Berl. Ber. 15. 856).

Cinchotin. **Cinchotin.** (Hydrocinchonin). $C_{19}H_{24}N_2O$. — Dieser Begleiter des Cinchoninsulfates wird erhalten, wenn das rohe Cinchoninsulfat mit Kaliumpermanganat oxydirt wird, wobei Cinchotin unverändert bleibt. Zur Trennung von Cinchotin und Cinchonidin benutzt man die Sulfate, von welchen das Cinchonidinsulfat in Alkohol schwerer löslich ist, als das Cinchotinsulfat. Dasselbe krystallisirt, löst sich in 1360 Th. Wasser, 534 Th. Aether, (Hesse) auch in Alkohol, Schmpkt. 268°, 277° (Skraup), rechtsdrehend, giebt mit Chromsäure Cinchoninsäure. — Wegen der Salze (siehe Forst u. Böhringer, Berl. Ber. **14**. 436. 1266 u. Skraup, Willm, Caventou, Ann. Chem. Pharm. 7. 248. — O. Hesse, Ann. Chem. Pharm. 166. 256. — Skraup, ebendas. 197. — Forst u. Böhringer, Berl. Ber. 15. 520).

Hydrocinchonin. **Hydrocinchonin.** $C_{19}H_{24}N_2O$, ist Bestandtheil von China cuprea (O. Hesse, Berl. Ber. 15. 855), gelbes, amorphes Pulver.

Chinamin. $C_{19}H_{24}N_2O_2$. — Literatur: O. Hesse, Ann. Chem. Pharm.

166. 266; **207.** 288; **182.** 163. — Oudemans, ebendas. **197.** 50; **209.** 42. — O. Hesse, Berl. Ber. **10.** 2157. — De Vrij, J. Chem. Min. 1874. 874.

Chinamin wurde von O. Hesse in C. cuprea, officinalis, Calisaya, var. Ledgeriana (reich an Chinamin) aus Indien, auch in südamerikanischen Rinden nachgewiesen, von de Vrij in der Chinarinde von Sikkhim. — Die Darstellung gelingt, indem der schwefelsaure Auszug der Rinde mit Ammon nahezu neutralisirt, mit Seignettesalz gefällt wird, das Filtrat mit Natron. Der entstandene Niederschlag der freien Basen wird mit Aether behandelt, der Chinamin aufnimmt, das aus Alkohol umkrystallisirt oder in das salpetersaure Salz verwandelt werden kann (Oudemans). Auch kann man die essigsaure Lösung der Basen mit Rhodankalium versetzen, bis alles Cinchonin gefällt ist, worauf man mit Natron ausfällt und aus wenig Alkohol umkrystallisirt. Chinamin.

Prismatische Krystalle, Schmpkt. 172°, bei 16° in 1516 Th. Wasser, bei 20° in 105 Th. Alkohol und bei 16° in 48,5 Th. Aether löslich, rechtsdrehend, für alkoholische Lösung $(\alpha)D = + 104,5$, für Chloroform $(\alpha)D = + 93,5°$ (Hesse). Mit verdünnter Schwefelsäure oder Salzsäure erwärmt, entsteht Chinamidin, auf 100° erhitzt, aus dem trocknen Sulfat Chinamicin und Protochinamicin. — Zur Erkennung dient das Verhalten gegen Schwefelsäure und besonders Salpetersäure enthaltende Schwefelsäure, welche orangegelb bis braunroth färbt, schwefelsäurehaltige Chinaminsalzlösung, auf Papier eingetrocknet, wird durch Chlortetroxyd blau, an der Luft rosaroth. Wegen der Salze siehe O. Hesse, Ann, Chem. Pharm. **207.** 290.

Conchinamin. $C_{19}H_{24}N_2O_2$. — Dieses Alkaloid, welches Chinamin in C. cuprea begleitet, erhält man bei der Darstellung des Chinamins aus den alkoholischen Mutterlaugen des Umkrystallisirens, indem man die verschiedenen Löslichkeitsverhältnisse der Nitrate (Hesse) oder Oxalate (Oudemans) der beiden Basen benützt. Conchinamin.

Trikline Krystalle, Schmpkt. 121°, leicht löslich in Alkohol, Chloroform, auch Benzol, Schwefelkohlenstoff, wenig löslich in Wasser, rechtsdrehend, für Alkohol $(\alpha)D = + 204,6°$ (Hesse). Wegen der Salze siehe Hesse, Oudemans. (O. Hesse, Ann. Chem. Pharm. **209.** 62. — Oudemans, ebendas. **209.** 38).

Hydrochinidin (Hydroconchinin). $C_{20}H_{26}N_2O_2 + 2\frac{1}{2}H_2O$. — Das Chinidin des Handels enthält diese Base, die sich ausscheidet, wenn Chinidin mit Chamäleonlösung behandelt wird. — Prismatische Nadeln oder Tafeln, Schmpkt. 166 und 167°, schwer löslich in Aether, leicht löslich in Chloroform und Alkohol. Die schwefelsaure Lösung fluorescirt, rechtsdrehend, giebt Thalleiochininreaction und bei der Oxydation mit Chromsäure Chiniusäure (O. Hesse, Berl. Ber. **15.** 855. — Forst und Böhringer, ebendas. **14.** 1955; **15.** 520. Hydrochinidin.

Cinchonamin. $C_{19}H_{24}N_2O$. — Arnaud (Compt. rend. **93.** 593) hat in einer braunrothen, von Remija stammenden Chinarinde, aus Columbia stammend, dieses Alkaloid nachgewiesen, das sich durch die Schwerlöslichkeit seines salzsauren Salzes auszeichnet. Dasselbe krystallisirt in glänzenden Prismen, ist unlöslich in Wasser, löslich in Alkohol und Aether, Schmpkt. 195°, Cinchonamin.

dreht rechts, für Alkohollösung $(\alpha)D = + 117,9$. Nach Laborde (Compt. Soc. Biol. 760. 1882) tödtet das Alkaloid zu 0,25 Meerschweinchen in 4—5 Min.

Concusconin. **Concusconin,** $C_{23}H_{26}N_2O_2$ und **Concusconidin,** $C_{23}H_{26}N_2O_2$. — Diese beiden Alkaloide fand Hesse (Berl. Ber. 1883. 61) in einer Cuprearinde. Cusconin krystallisirt aus Alkohol, dreht links, für alkoholische Lösung $(\alpha)D = + 36,8^0$. Schmpkt. 114°, steht in denselben Beziehungen zu Cusconin, wie Chinidin zu Chinin. — Concusconidin ist amorph, gelb, Schmpkt. 124°, schwach rechtsdrehend. —

Concusconidin.

Neben den erwähnten Basen sind auch Basen flüssiger und flüchtiger Natur als Bestandtheile der Chinarinde beobachtet worden. Zuerst hat Howard (1871. J. chem. soc. (2) 9. 61) aus den Mutterlaugen des Chininsulfates eine flüchtige Base isolirt, die mit dem Chinin isomer ist, flüssig, die Thalleiochininreaction gebend. — Später beobachtete O. Hesse (Berl. Ber. 1877) in einer Calisayarinde ein flüchtiges Alkaloid. Zuletzt erhielt derselbe Forscher (Berl. Ber. 15. 857) aus den ersten Mutterlaugen der Chininsulfatdarstellung nach dem allmäligen Ausfällen mit Seignettesalz und Rhodankalium und Fällen des letzten Filtrates mit Natron, Ausziehen der Fällung mit Aether ein Gemenge flüchtiger Basen, von welchen er die eine mit dem Namen
Cincholin. Cincholin belegt. Dieselbe bildet ein gelbes Oel, leicht löslich in Aether, Alkohol, Chloroform.

Die im Handel vorkommenden Alkaloidgemenge „Chinoïdin“ und Quinetum haben ebenfalls noch kurze Erwähnung zu finden.

Chinoidin. Literat.: Sertürner, Annal. f. d. Universalsystem d. Elemente 3. 269; auf Hufel. u. Osann's Journ. 1829. 95. — Geiger, Mag. Pharm. 7. 44. — Henry und Delondre, Journ. Pharm. (2) 16. 144. — Guibourt, Journ. Chim. méd. 6. 357. — Winckler, Jahrb. pract. Pharm. 7. 65; 13. 361; 15. 281; 17. 32; 367. — Van Heijningen, Scheik. Onderzoek. 5. 233 und 319; auch Ann. Chem. Pharm. 72. 302. — De Vrij, Journ. Pharm. (4) 4. 50; Berl. Ber. 1876. 199; Nieuw. Tijdschr. Pharm. Nederl. 1871—1880. Februar. — Jobst, Berl. Ber. 1881. — Hesse, Ann. Chem. Pharm. 167. — Howard, J. chem. soc. (2) 10. 103. — De Vrij, Pharm. J. Trans. (3) 4. 589.

Medicinische: Diruf, Historische Untersuchungen über das Chinoidin in chem. pharmaceut. und therap. Beziehung. Erlangen, 1850. — O. Flume, Diss. de Chinoidino. Berol. 1830. — Stropp, De Chinoidino. Berol. 1853. — Reil, Mat. med. p. 110. (Giebt ebenso wie Diruf sehr ausführlich die ältere Literatur). — Leubuscher, Deutsche Klin. 1853. — Maratos u. Vartas, Gaz. hebd. 1856. 43. — Bernatzik, Wien. med. Wchschr. 1867. 41. 42. 100—104. 1868. 23. — Kerner, Deutsche Klin. 9. 1868; Arch. ges. Physiol. 5. 93. 1870. 7. 122. 1873. — Heubach, Centrbl. med. Wiss. 43. 1874. Arch. exp. Path. 5. 1875. — Jobst, Ueber das Wesen u. d. Anw. des citronens. Chinoid. 2. Aufl. Stuttg. 1871. — H. Hesse, Ueber d. Behandl. des Keuchhustens mit Chinin. Gött. 1875.

Chinoidin. Im Jahre 1828 glaubte Sertürner in der rothen und gelben Chinarinde ein eigenthümliches unkrystallisirbares Alkaloid entdeckt zu haben, das er „Chinoidin“ nannte.

Bezüglich des von Sertürner in Anwendung gebrachten etwas seltsamen

Darstellungsverfahrens dieser angeblichen neuen Base verweisen wir auf das wörtliche Referat darüber von Wiggers im Jahresbericht über Pharmacognosie, Pharmacie und Toxikologie von Wiggers und Husemann, Jahrg. 1866. S. 276.

Sertürner hielt sein Präparat für eine neben Chinin und Cinchonin in den genannten Chinarinden vorkommende zwar nicht absolut, aber für den medicinischen Gebrauch genügend reine amorphe Chinabase, von der er angiebt, dass sie stark alkalisch reagire, mit Säuren unkrystallisirbare klebrige, leicht schmelzbare Salze bilde und in ihrer fiebervertreibenden Wirkung höher stehe als Chinin. — Nicht lange nach Veröffentlichung dieser Beobachtungen begannen die Chininfabrikanten unter dem Namen Chinoidin ein der Sertürner-schen Substanz sehr ähnliches Präparat als Fiebermittel in den Handel zu bringen, welches sie durch Ausfällen der dunklen Mutterlauge von der Chininbereitung mit Ammoniak oder kohlensaurem Natron oder in neuerer Zeit mit Aetznatron als Nebenproduct gewannen, eine Bereitungsweise dieses geschätzten Medicaments, die sich bis jetzt erhalten hat. Es ist klar, dass ein in dieser Weise dargestelltes Product kein reiner Körper, sondern nur ein Gemenge sein kann, dessen Zusammensetzung sich nur so lange einigermassen constant zu erhalten vermochte, als in den Chininfabriken — was bis zum Jahre 1855 ziemlich allgemein der Fall war — nur *Chiua regia* in ziemlich übereinstimmender Weise verarbeitet wurde. Seitdem indess in neuerer Zeit in vielen Fabriken andere und zum Theil viel werthlosere Chinarinden zur Gewinnung der Chinaalkaloide dienen, welche die Basen in sehr variablen relativen Verhältnissen enthalten, ist das Chinoidin des Handels, auch abgesehen von absichtlichen Verfälschungen, denen es ausgesetzt ist, ein sehr unzuverlässiges Heilmittel geworden, und das um so mehr, als viele Fabrikanten vor der Fällung der Mutterlauge nicht erst das leicht lösliche schwefelsaure Cinchonin so viel als möglich herauskrystallisiren lassen und dadurch in speculativer Absicht einen unverhältnissmässig starken Gehalt des Chinoidins an dem als Fiebermittel nicht sehr hoch anzuschlagenden Cinchonin herbeiführen. Dies erklärt zum Theil, weshalb die chemischen Verhältnisse des Chinoidins so lange unklar geblieben und auch noch jetzt nicht völlig aufgehellt sind. Den älteren Untersuchungen von Geiger, Henry und Delondre, Guibourt u. A. ist aber auch deshalb kein grosser Werth mehr beizulegen, weil damals einige der jetzt bekannten Chinabasen noch gar nicht aufgefunden, die übrigen noch nicht in ausreichender Weise studirt waren.

Winckler war durch seine Untersuchungen zu dem Resultate gekommen, dass das Chinoidin in der Hauptsache aus amorphen Umwandlungsproducten der Chinabasen (amorphem Chinin) neben etwas unverändertem Chinin, Cinchonin und Harz bestehe. Im Jahre 1849 zeigte dann van Heijningen, dass ein von ihm untersuchtes Chinoidin 50—60% von einer bis dahin unbekannt gebliebenen Base, seinem β-Chinin, Pasteur's Chinidin, ausserdem 3—4% gewöhnliches Chinin, 6—8% Cinchonin, 29—41% von einer das Krystallisiren jener 3 Basen verhindernden farblosen harzigen Substanz und endlich eine gewisse Menge unter dem Einfluss der Luft entstandener schwarzbrauner Oxydationsproducte enthalte. Nach De Vrij's im Allgemeinen van Heijningen's bestätigenden Angaben soll die von Letzterem als Harz bezeichnete Substanz gleichfalls eine besondere amorphe und auch amorphe Salze bildende Base sein, deren vollständige Isolirung ihm indess bis jetzt nicht gelang. Auf Grund von Pasteur's Beobachtung, dass krystallisirbares

Chinin und Chinidin durch vorsichtiges Erhitzen ihrer Salze und wie es scheint auch durch Einwirkung des Lichts darauf in amorphes Chinicin und Cinchonin und Cinchonidin unter den nämlichen Umständen in amorphes Cinchonicin verwandelt werden, liegt die Vermuthung nahe, dass die fragliche amorphe Substanz wohl nur ein während der Bereitung, theilweise vielleicht auch schon in der Rinde sich bildendes Gemenge dieser beiden Umwandlungsproducte ist. Hesse, sowie Howard bestätigten auf das Bestimmteste, dass Chinicin und Chinidicin als Umwandlungsproducte des Chinin und Chinidin Bestandtheile des Chinoidins sind, jedenfalls neben anderen amorphen Basen, von welchen de Vrij eine solche isolirte, die sich durch die hygroskopischen Eigenschaften des oxalsauren Salzes auszeichnete. Hesse wies ferner als Bestandtheile des Chinoïdines nach Diconchinin und eine Base, wahrscheinlich Dicinchonin.

Das Chinoidin des Handels bildet eine mehr oder weniger dunkle harzartige Masse, die, wenn sie nicht absichtlich verfälscht wurde, auf Platinblech ohne Rückstand verbrennt und sich in Weingeist und verdünnten Säuren nahezu vollständig auflöst. Bedeutender Aschenrückstand würde Verfälschung mit anorganischen Stoffen, theilweise Unlöslichkeit in verdünnten Säuren Beimengung harzartiger Stoffe anzeigen. Kupfergehalt, der bisweilen beobachtet ist, würde durch Untersuchung der beim Verbrennen hinterlassenen Asche leicht zu constatiren sein.

Wegen der so sehr variirenden Beschaffenheit des käuflichen Chinoidins hatte schon Winckler sich bemüht, daraus ein reineres und zuverlässigeres Präparat zu gewinnen. Er vermischte zu diesem Zwecke dasselbe mit seinem gleichen Gewichte concentrirter Schwefelsäure und liess die Mischung bei einer 37° nicht übersteigenden Temperatur so lange stehen, bis ein gleichförmiger Syrup entstanden war. Alsdann verdünnte er mit Wasser, filtrirte und fällte das Filtrat heiss mit kohlensaurem Natron. Der noch gefärbte Niederschlag wurde mit heissem Wasser gewaschen, in verdünnter Essigsäure gelöst, die Lösung mit Thierkohle entfärbt und wieder mit Ammoniak ausgefällt, eine Operation, die nöthigenfalls noch einmal wiederholt wurde. Da der nunmehr blassgelbliche, nach dem Trocknen harzartige, leicht zerreibliche Niederschlag noch Cinchonin enthielt, so löste er ihn noch in Aether, wobei diese Base zurückblieb und verdunstete die ätherische Lösung. Indem er nun aus der neutralen schwefelsauren Lösung des Verdunstungsrückstandes das Chininsulfat möglichst herauskrystallisiren liess, dann den Rest des Chinins durch Zusatz von etwas phosphorsaurem Natron und mehrtägiges Stehenlassen abschied, fällte er aus dem Filtrat durch Ammoniak sein sog. amorphes Chinin, das er für reines Chinoidin hielt. Dieses ist nach einer neueren Untersuchung von De Vrij ein Gemege von Chinidin und seiner amorphen Chinabase (Chinicin und Cinchonicin; siehe oben).

Nachdem später als einfacherer Weg zur Darstellung eines gereinigten Chinoidins Auflösen des käuflichen Präparats in verdünnterer Essigsäure und Wiederausfällen der filtrirten Lösung mit Ammoniak empfohlen worden ist, hat De Vrij neuerdings ein Verfahren mitgetheilt, um die angestrebte Entfernung von unwirksamen Beimengungen noch vollständiger und zugleich billiger zu erreichen. Sich stützend auf die Beobachtung Pasteur's, dass die Chinabasen zum Theil schon bei gewöhnlicher Temperatur, zum Theil doch in der Wärme das Ammoniak aus seinen Salzen auszutreiben vermögen, kocht De Vrij 9 Th. gepulvertes Chinoidin mit einer verdünnten wässrigen Auflösung von 2 Th. oxalsaurem Ammoniak unter beständiger Ersetzung des verdunstenden Wassers bis zum Aufhören der Ammoniakentwicklung, wäscht den nach dem Abgiessen der geklärten, alle Chinabasen als oxalsaure Salze enthaltenden Lösung bleibenden Rückstand gut mit Wasser aus, versetzt erstere mit dieser Waschflüssigkeit und nöthigenfalls mit noch so viel Wasser, als dadurch noch Ausscheidung fremdartiger Stoffe bewirkt wird und fällt sie nach vorgängiger Filtration mit Natronlauge. Das dadurch ausgeschiedene gereinigte Chinoidin wird mit der obenstehenden Flüssigkeit gelinde erwärmt, bis es harzartig zusammengeflossen ist, dann mit Wasser knetend ausgewaschen und endlich so lange einer Temperatur von 100—110° ausgesetzt, bis es nach dem Erkalten hart und pulverisirbar geworden ist. De Vrij hat bei Anwendung dieser Reinigungsmethode im käuflichen Chinoidin verschiedener Fabriken 3,5 — über 30 % Verunreinigungen gefunden. — Wiggers (Jahrber. von Wiggers und Husemann. 1866) bemerkt zu diesem Verfahren, dass es allerdings sehr geeignet erscheine, fremdartige Stoffe aus dem Chinoidin zu entfernen, aber dasselbe nicht von einem etwa vorhandenen übermässig grossen und daher seine medicinischen Wirkungen ohne Zweifel sehr beeinträchtigenden Gehalt an Cinchonin befreie. De Vrij reinigt das käufliche Chinoidin (nach einem Patent von 1874) durch unterschwefligsaures Natron, indem man 324 Th. Chinoidin in 1670 Th. verdünnter Schwefelsäure (50 Schwefelsäure, 1620 Wasser) löst, nach dem Erhitzen mit Aetznatron bis zur alkalischen Reaction versetzt und nun unterschwefligsaures Natron zusetzt (auf 3 Chinoidin 1—6 Th. Hyposulfit). Das vom Niederschlag erhaltene Filtrat wird mit Aetznatron versetzt, das so gefällte Chinoidin in verdünnter Schwefelsäure gelöst und vorsichtig eingedampft. Das reine Chinoidin muss in allen Verhältnissen in Wasser löslich sein.

Wirkung und Anwendung.

Das Chinoidin ist unstreitig von den aus der Chinarinde dargestellten chemischen Präparaten dasjenige, welches am meisten neben dem Chinin gegen intermittirende Krankheitsformen in Anwendung gezogen ist. Schon ehe Sertürner (1828) den Namen erfand und die antitypische Wirksamkeit des unreinen Körpers emphatisch anpries, wurde die sog. Resina Chinae praeparata von Plagge und das Chininum resinoso-sulfuricum von Gutten, Roux und Buchner (im Wesentlichen Chinoidin) vielfach als das Chinin übertreffend bezeichnet. So wurde dasselbe von Thiel in Carlsruhe, von Gruner in Hannover, von Chapman in Philadelphia, von Thuessink u. A. in Holland (als sog. Residuum resinosum Chinini), ferner 1829 von Schilling in Berlin, der es zur Aufnahme in das Militärdispensatorium empfahl, angewendet, und auch die späteren Versuche mit dem Sertürnerschen Präparate von Pietsch, Flume, A. L. Richter, Dreyer, Cerutti u. A. fielen befriedigend aus, obschon nicht überall die gleichen glänzenden Erfolge erzielt wurden, so dass z. B. Flume bei freilich sehr kleinen Dosen (0,015—0,06 bei Kindern, 0,12—0,25 bei Erwachsenen täglich 3mal) von 70 Fällen nur 30 heilte. Besonders günstig hat sich Dreyer nach seinen Erfahrungen im Russisch-Türkischen Kriege (1829—1831) ausgesprochen und auch in Italien, wo Strambio und Casati dem Mittel das Wort redeten, Letzterer namentlich unter Hinweis auf die Seltenheit der Recidiven nach Chinoidin (was freilich in directem Widerspruche mit Angaben von A. L. Richter steht), erwarb sich dasselbe viele Anhänger. Auch im Decennium 1840—1850 sprachen sich viele Aerzte dafür aus, so Heimbrod, Ossieur und Vanoye, Bertini u. s. w. Am meisten für das Mittel hat wohl Diruf gethan, welcher über 108 mit Chinoidin behandelte Wechselfieberkranke aus der Poliklinik zu Erlangen referirte, von denen keiner ungeheilt blieb und von welchen 14 recidiv wurden. Diruf fand das Mittel besonders bei Kindern schätzenswerth, indem unter 13 Fällen nach Gebrauch des Mittels kein weiterer Anfall mehr auftrat. Diruf erklärte Chinoidin als Heilmittel gegen Intermittens und typische Affectionen für ebenso wirksam wie Chinin und wegen seines billigen Preises in der Armenpraxis und wegen des selteneren Auftretens von unangenehmen Nebenwirkungen sogar überlegen. Auch vindicirt er dem Chinoidin als Tonicum gleiche Wirkung wie dem Chinadecocte. Wenn auch Gorup-Besanez sich mit der Gleichstellung des Chinins und Chinoidins nicht einverstanden erklärte, weil die Wirkung eines Gemenges niemals mit dem eines reinen Stoffes parallelisirt werden könne: ist es nichts destoweniger von sehr vielen Aerzten Deutschlands mit Erfolg angewendet und auch in grösseren Anstalten als vorzügliches Fiebermittel anerkannt. So berichtet Stropp über Erfolge im Rombergschen Clinicum und im Gesundheitspflegeverein zu Berlin, wo es sich bei frischen und veralteten Intermittenten, bei Folgekrankheiten (Hydrops, Milzanschwellung) und typischen Neuralgien bewährte. Nach Versuchen im Wiener Allg. Krankenhause (1856, 57) kommt das Chinoidin in Tinctur als Fiebermittel gleich nach dem Chinin. Maratos und Vastas in Athen erprobten die Wirkung grosser Dosen in Pillen gegen die Anfälle selbst. Dagegen konnte Leubuscher im Berliner Arbeitshause eine nachhaltige Wirkung gegen die Anfälle selbst nicht constatiren, so dass er in vielen Fällen auf Chinin recurriren musste, während Chinoidin in der Nachbehandlung und namentlich zur Verkleinerung der Milzhypertrophie von entschiedenem Erfolge war. Reil vermisst sichere Indicationen für Anwendung des einen oder des anderen Antitypicums und fand Chinoidin manchmal sehr wirksam, manchmal nicht (ebenso Rademachers Mischung von Chinin und Chinoidin); auch hält er es für Täuschung, dass die Cur billiger zu stehen komme, als Chinin, weil nur in seltenen Fällen Chinoidin so schnell und ohne Rückfall helfe. Wir sind bei Behandlung frischer Fieberanfälle mit Chinoidintinctur nicht sehr glücklich gewesen, haben dieselbe dagegen nicht selten nach Beseitigung der Fieberanfälle durch Chinin gegeben und constatiren können, dass die nicht bedeutenden Milzanschwellungen rasch danach kleiner werden, während es bei bedeutender Intumescenz im Stiche liess. In allerneuester Zeit hat Burdel (Gaz. méd. 258. 1878) das Mittel gegen Quartanen wieder besonders empfohlen. Es lässt sich wohl sicher behaupten, dass die Misserfolge zum Theil auf die groben Verunreinigungen des Präparates zu beziehen sind und dass mit einer Reinigung des Chinoidins die Effecte besser werden, und gewiss bringt auch, wie dies Kerner, Bernatzik, Jobst u. A. forderten, die Substitution der Chinoidinsalze an Stelle des Chinoidins günstigere Resultate zu Wege. Von Chinoidinsalzen sind benutzt:

1) und 2) Chinoidinum aceticum und citricum. Von beiden Präparaten, deren antitypische Wirksamkeit zuerst Chwostek und Fischer erprobten, ist das Citrat von Macchiavelli, Pasta und Rotondi (Ann. univ. Dic. 1871) und Hagens (Ztschr. klin. Med. 5. 242. 1882) als vorzügliches Fiebermittel empfohlen, das nach den Beobachtungen in den Militärlazarethen von Spandau und Danzig selbst hinsichtlich der Verkleinerung der Milz dem Chininsulfat gleichsteht. In leichteren Fällen genügt eine Gabe von 1,0—2,0, in älteren Fällen eine Tagesgabe von 2,5—3,0 zum Coupiren der Anfälle. Die

temperaturherabsetzende und fäulnisswidrige Action des Chinoidincitrats ist geringer als die der Chininsalze (Hagens).

3) Chinovasaures Chinoidin, von Kerner als einziges für die Pulverform sich qualificirendes Chinoidinsalz bezeichnet.

4) Chinoidinum tannicum. Wie das Tannat des Cinchonins hat Wucherer (Deutsche Klin. 7. 1852) auch ein Präcipitat von Chinoidinlösung mittelst Tannin unter denselben Verhältnissen, und zwar als noch billiger, empfohlen. Becker weist auf die Verwendbarkeit als Ersatz des Chinintannats hin (Berl. klin. Wchschr. 6. 1880).

5) Chinoidinum sulfuricum. Dieses Salz, in den Chinoidinformeln Natorps und des Wiener Krankenhauses enthalten, wurde als solches von Fleischmann (Repert. Pharm. 24. 1. 1841) zusammen mit Chinoidin in Anwendung gebracht, und zwar in der Formel: Chinoidini, Chinoidini sulfurici āā 4,0, Rad. Gent., Rad. Cal. pulv. āā 1,25. M. f. pilul. pond. 0,12. consp. pulv. Cal. DS. 2stdl. 3 St. Hiervon sollte die Hälfte zur Fiebercur ausreichen. Ein Präparat, das seine Wirksamkeit dem Chinoidinsulfat verdankt, sind die „C. Zimmerschen Chinaalkaloide in Pillenform." Dieselben bestehen aus extractförmigem Chinoidinum sulfuricum und Cinchoninum praecipitatum; jede entspricht dem Wirkungswerthe eines Grans (0,06) Chinin.

6) Chinoidinum hydrochloricum (Chininum amorphum muriaticum). Nach Bernatzik ist diese Verbindung unter den Chinoidinsalzen die sowohl für interne als für hypodermatische Anwendung geeignetste, da sie von allen (das kohlensaure ausgenommen) das meiste Chinoidin (in 11 Gew.-Th. 10) enthält, in Wasser leicht löslich ist und damit eine höchst constante neutrale Lösung bildet. Nichtsdestoweniger hat Löbl, der auf Veranlassung von Bernatzik im Wiener Spitale Rudolphstiftung (Ber. für 1867. 150) die Wirksamkeit des Salzes bei Intermittens prüfte, sie nicht so stark wie die des Chininsulfats gefunden, so dass 10 Gran Chinoidin nur 6 Gran Chininsulfat gleichkommen sollen, während Chwostek und Fischer nach den ersten 12 Gran dieses und anderer Chinoidinsalze Tertianen und Quotidianen sofort schwinden sahen, wie auch die Milz danach in gleicher Weise wie nach Chinin abschwoll. Die hypodermatische Anwendung selbst filtrirter und angesäuerter Lösung ist zu widerrathen, da in den auf Bernatziks Veranlassung angestellten Versuchen die Einstichstellen sich entzündeten und sogar brandig wurden und weniger als 0,32 Chinoidin die Fieberanfälle selten ganz beseitigte. Die örtlich stark irritirende Wirkung wurde auch von Dusch bei Typhuskranken constatirt. Innerlich ist dasselbe von Kerner und Binz als billiges Surrogat des Chininhydrochlorats in allen Fällen, wo dieses indicirt ist, empfohlen. Mosengeil injicirte es täglich 3mal zu 0,5 bei Pyämie mit unwesentlichem antipyretischem und keinem curativen Effecte. Hesse und Ebstein gaben es mit gutem Erfolge bei Keuchhusten in Dosen von so viel Dcgm. wie das Kind Jahre zählte, theils innerlich, theils wo das Mittel Verdauungsstörungen verursachte, im Klystier, theils im Pharynx und Larynx eingeblasen.

7) Chinoidinum boricum, von De Vrij (Bull. Acad. Méd. No. 20. 1881) wegen seiner Löslichkeit (1 : 3) besonders zur Subcutaninjection empfohlen und von Hermanides mit Erfolg versucht.

Die toxikologischen und physiologischen Versuche an Thieren ergaben fast complete Identität der Wirkung des Chinoidins und Chinins. Diruf fand Chinoidin auf Kaninchen zu 1,25 constanter tödtlich als Chinin und als Erscheinungen der Vergiftung bei Kaninchen, Katzen und Hunden Toxische Wirkung.

vermehrte Speichelabsonderung, bei Hunden und Katzen auch Erbrechen, Aufregung im Gefässsystem, Niedergeschlagenheit, Mattigkeit, Neigung zum Schlafe, Schwäche beim Gehen, Parese der Extremitäten, Zittern des Kopfes und des ganzen Körpers; klonische und tonische Krämpfe in den Fällen, wo der Tod erfolgte, der bei Kaninchen in 4–6 Std. eintrat. Auf Darm- und Nierensecretion schien Chinoidin eher beschränkend als befördernd zu wirken. Die Section wies keine charakteristischen Erscheinungen nach; Hyperämie der Leber war meist vorhanden. Bernatzik giebt nach seinen Versuchen mit Chinoidinsalzen, die er subcutan bei Hunden injicirte, die letale Dosis des Chinoidins gleich 0,12 pr. Kilo wie die des Chinins an; qualitativ fand er keine Differenz beider Präparate. Nach Kerner übertrifft das Chininum amorphum muriaticum vermöge seiner rascheren Resorption das Chinin an Giftigkeit und tödtet Kaninchen zu 0,6 in 5 Std., wobei das Herz seine elektrische Reizbarkeit einbüsst. Das Alkaloid erscheint in allen Organen, jedoch nicht in der Galle. Beim Menschen führte nach Tidy (Lancet, July 13. 1872) eine Mixtur, welche 170 Gran Chinoidin enthielt, heftiges Erbrechen, Collaps und Tod in ½ Std. herbei; bei der Section fand sich starke Hirnhyperämie und (zufällig?) fettige Degeneration des Herzens. — Salzsaures Chinoidin wirkt auf weisse Blutkörperchen und deren Auswanderung wie Chininhydrochlorat (Kerner). Auf die Reflexaction wirkt es steigernd (Heubach, Brunton), in grossen Dosen nachträglich lähmend (Heubach).

Quinetum.

Quinetum. De Vrij hat dem Bestreben zufolge, die Chinabasen in concentriter und billiger Form zu haben, die Darstellung eines solchen Productes „Quinetum" gegeben. Die Rinden werden mit salzsäurehaltigem Wasser ausgezogen, der Auszug mit Natron gefällt, der Niederschlag wieder mit Schwefelsäure gelöst und nochmals mit Natron gefällt. Die mittlere procentische Zusammensetzung dieses Productes aus C. succirubra vom Jahre 1876 war: 33,5 Cinchonin, 29 Cinchonidin, amorphe Alkaloide 17, Chinin 15,5, Farbstoff 5. — Die Werthbestimmung geschieht nach De Vrij durch Feststellung der Tartratmenge, welche dasselbe in alkoholischer salzsaurer Lösung, die fast neutralisirt wird, mit Seignettesalz liefert. De Vrij verlangt 65% Tartrate. Siehe hierüber: De Vrij, Gorkom, Moens, J. Pharm. 1876. 138. — Nieuw. Tijdschr. Pharm. Nederl. 1876. 97. 33. 200. 355. — Stoeder, ebendas. 321. De Vrij, Nieuw. Tijdschr. 1879. 161. 340. 1878. 172; J. Pharm. 1878. 111. 1880. 46. 1883. 146. — B. Moens, ebendas. 1879. 190. — Dem De Vrijsche Quinetum entspricht die als billiges Chininsurrogat in den ostindischen Regierungshospitälern eingeführte aus Culturrinden bereitete sog. Cinchona febrifuga, deren Werth keinem Zweifel unterliegt, obschon von Einzelnen das Präparat als besonders leicht Brechen und Cinchonismus erregend bezeichnet wird. Vinckhuysen (Pract. 20. 81) stellt Quinetum als Antitypicum in etwas höheren Dosen gegeben dem Chinin gleich (nur nicht in perniciösen Fällen), ebenso als Tonicum, bei larvirten Wechselfiebern und Rheumatismus sogar höher. Jacobs (Geneesk. Tijdschr. Nederl. Ind. 10. 2. 1882) erklärt Quinetum für ein vorzügliches Mittel bei Intermittens mit regelmässigem Typus, stellt es aber als Antipyreticum weit unter Chinin.

Zur Constitution der Chinabasen. — Kann es auch nicht die Aufgabe des vorliegenden Werkes sein, eingehend über die experimentellen Thatsachen zu referiren, welche zur allmäligen Klärung der Constitutionsfrage der Chinabasen führen, so werden doch wohl zusammenfassende Betrachtungen am Platze sein, welche sich mit den fertigen Thatsachen beschäftigen. — Chinin und Cinchonin sind tertiäre Amminbasen, bewiesen durch die einmalige Addition von Alkyljodiden zu den Alkaloiden und Abscheidung mit Silberoxyd (Claus u. A.). Chinin, Cinchonin, Chinidin und Cinchonidin enthalten je eine Hydroxylgruppe, welche Thatsache O. Hesse durch die Acetylirung gezeigt hat. Chinin und Chinidin geben, mit Salzsäure erhitzt, wie bereits erwähnt, Methylchlorid, wodurch die Gegenwart einer Aethoxylgruppe bewiesen ist, welche uns die Differenz in den Formeln erklärt, nämlich um OCH_2 zwischen Chinin und Chinidin und andererseits Cinchonin und Cinchonidin. Werden ferner die Oxydationsproducte von Chinin und Cinchonin verglichen, die Chininsäure und Cinchoninsäure, ebenso die durch Einwirkung von Alkali erhaltenen Chinolin (aus Cinchonin), Oxylepidin (aus Chinin), so tritt dieselbe Differenz in der Zusammensetzung entgegen.

Die Chinabasen, speciell Cinchonin, enthalten Chinolinreste, gestützt durch folgende früher schon erwähnte Thatsachen: Durch Schmelzen mit Kali entsteht aus Cinchonin Chinolin neben Aethylpyridin, flüchtigen Fettsäuren, aus Chinin Oxylepidin ($C_{10}H_9NO$): die Oxydation der Chinabasen liefert Chinolin- und Pyridincarbonsäuren; durch die Synthese des Chinolins und Pyridins (Baeyer, Königs, Weidel, Gerhard, Ramsay und Dolbie, Skraup, Wischnegradsky); aus Cinchoninchlorid entsteht Cinchen, $C_{19}H_{20}N_2$, das mit Salzsäure Methylammin und Apocinchen $C_{18}H_{17}NO$ liefert (Königs).

Wischnegradsky betrachtet die Constitution des Cinchonins folgendermassen: $CH_3 . C_9H_7N\ CO . C_2H_4 . C_5H_5N . C_2H_5$, nimmt daher einen dihydrirten Methylchinolinrest und einen dihydrirten Aethylpyridinrest an, welche durch eine Fettsäure radical verbunden sind.

Königs, besonders auf die Cinchoninbildung gestützt, glaubt, dass im Cinchonin ein normaler Chinolinrest mit einem hydrirten Chinolinrest verbunden sei, welch' letzterer an seinem Stickstoff eine Methylgruppe und ausserdem eine Hydroxylgruppe (an dem Benzolrest) enthalte, so dass die Formel entsteht:

$$C_9H_6N . C_9H_4 . H_8 < {OH \atop NCH_3}.$$

Die Arbeit von Skraup (Monatsh. Chem. 4. 695) über die Xanthochinsäure, das Product der Einwirkung von Salzsäure auf

Chininsäure, deren Umwandlung in Oxychinolin hat die Constitution des von Königs erhaltenen Oxylepidin aufgeklärt, das als der Methyläther des p-Oxychinolins oder des p-Chinanisols zu betrachten ist. Damit ist auch die Constitution der Xanthochin- und Chininsäure bis auf die Stellung der Carboxylgruppe erkannt, welche jedoch jedenfalls dem Chinolinreste, vielmehr dem Pyridinkern, in welchem die beiden Chinolinreste verkuppelt sind, anhaftet und auch endlich damit die Hälfte des Chinin und Chinidinmoleküles in seiner Constitution klar liegt.

Cinchoninsäure — CO.OH — N

Chininsäure — CH_3O — CO.OH — N

Xanthochinsäure — HO — CO.OH — N

Endlich müssen hier Erwähnung finden die Forschungsresultate von O. Fischer. über Oxychinolinderivate, sowie über Tetrahydrochinolin (Berl. Ber. 1883. 712. 727), welche Arbeiten zu der Kenntniss einer Reihe von Filehne zuerst als Antipyretica erkannten Körper, wie α-Oxyhydrochinolin, salzsaures Methoxyhydrochinolin, vor Allem aber salzsaures α-Oxyhydromethylchinolin (Kairin M.), salzsaures α-Oxyhydroäthylchinolin (Kairin A.), auch β-Oxyhydroäthylchinolin, führten.

Die Constitution des α-Oxyhydroäthylchinolin ist:

CH_2 — CH_2 — CH_2 — OH — $N.C_2H_5$

(Literatur: Studien über die Alkaloide von Dr. W. Königs. München, 1880. — Skraup und Vortmann, Derivate des Dipyridins. Monatsh. Chem. 4. 569. — Königs, Berl. Ber. 14. Ueber die Constitution des Cinchonins. — Skraup, Ueber Cinchomeronsäure. Monatsh. Chem. 1. 193. — Synthese des Chinolins. Ebend. 316. — Weidel und Cobenzl, Derivate der Cinchoninsäure und des Chinolines. Ebend. 844. — Weidel, Tetrahydrocinchoninsäure. Ebend. 2. 29; 3. 61. — Skraup, Synthet. Versuche in der Chinolinreihe. Ebend. 139. 3. 381. 531. 587 und 610. — Zur Kenntniss der Cinchon- und Pyrocinchonsäure. Ebend. 3. 603. — Ueber Cinchonin. Weidel u. Hazura. Ebendas. 3. 770. — Ueber Pyridin. Weidel und Russo. Ebend. 850).

b. Caprifoliaceae.

Lonicera. Viburnum.

Xylosteïn. — Bitterstoff der giftigen Beeren von *Lonicera Xylosteum L.*, von Hübschmann (Verhandl. d. Schweiz. Apothekervereins. 1845; Viertelj. pract. Pharm. 5. 197) aufgefunden. Man erhält ihn nach Enz (Viertelj. pract. Pharm. 5. 196), indem man die wässrige Abkochung der zerquetschten Beeren mit Bleizucker ausfällt, das entbleite Filtrat zum Syrup verdunstet und diesen mit Aether ausschüttelt, der beim freiwilligen Verdunsten Krystalle liefert, welche noch mit kaltem Wasser abgespült werden. Das Xylosteïn bildet farblose lange Nadeln und Säulen, ohne Geruch, von nur schwach bitterem Geschmack und neutraler Reaction. Es schmilzt bei 100° zu einer farblosen, krystallinisch wieder erstarrenden Flüssigkeit. Von kaltem Wasser wird es kaum, leicht dagegen von kochendem Wasser, Weingeist und Aether gelöst (Hübschmann). Von conc. Schwefelsäure wird es braun gefärbt, von kochenden verdünnten Säuren in noch genauer zu untersuchender Weise unter Bildung von Zucker gespalten (Enz). Xylosteïn.

Van Allen fand in der Rinde von Viburnum prunifolium Viburnin, Valeriansäure, Oxalsäure, Citronensäure, Aepfelsäure nebst bekannten Bestandtheilen. Viburnin.

9. Aggregatae.

a. Valerianaceae.

Valeriana.

Das Valerian- oder Baldrianöl wird aus den Wurzeln von *Valeriana officinalis L.* gewonnen, die davon, je nach dem Standort (sonniger Standort und leichter trockner Boden sind günstiger für die Erzeugung des Oels als ein schattiger und feuchter Standort), 0,4—0,8% liefern. Es ist blassgelb bis gelbbraun, im frischen Zustande bisweilen grünlich, dünnflüssig, wird aber mit der Zeit dunkelbraun und dickflüssig. Es riecht stark nach den Wurzeln, schmeckt gewürzhaft brennend, reagirt stark sauer, hat das spec. Gew. 0,90 bis 0,96 und beginnt bei 200° zu sieden unter Erhöhung des Siedepunkts auf 400°. Weingeist von 0,85 spec. Gew. löst davon sein gleiches Gewicht, absoluter Weingeist mischt sich damit. Nach Gerhardt (Ann. Chim. Phys. (3) 7. 275) ist das Valerianöl ein Gemenge von einem Camphen mit Valerol und Valeriansäure, von denen das Valerol bei fractionirter Destillation zuletzt übergeht und durch Abkühlen in Eis krystallisirt erhalten wird. Es bildet nach Gerhardt farblose durchsichtige, neutral reagirende, schwach nach Heu riechende Säulen, die an der Luft rasch verharzen und unter Entwicklung von Kohlensäure Valeriansäure erzeugen. Seine Zusammensetzung soll der Formel $C_6H_{10}O$ entsprechen. Nach Pierlot (Ann. Chim. Phys. (3) 56. 291) ist das Valerol jedoch gar keine einfache Verbindung, sondern ein Gemenge von Valeriancampher, Harz und Wasser. Das Valerianöl besteht nach ihm aus 25 Th. des Camphens Valeren, 5 Th. Valeriansäure, 18 Th. Valeriancampher, 47 Th. Harz und 5 Th. Wasser. Das Valeren wird durch Rectificiren des zwischen 120 und 200° siedenden, auch die Valeriansäure enthaltenden Antheils des Valerianöls über trocknes Kalihydrat rein erhalten, ist ein farbloses bei 160° siedendes, nach Terpentinöl riechendes Oel, das durch Baldrianöl. Valeren

Salpetersäure nach Rochleder in gewöhnlichen Campher verwandelt wird. — Der Baldriancampher bildet weisse Krystalle von der Formel $C_{12}H_{20}O$ (Pierlot).

Nach den Untersuchungen von Bruylants (Berl. Ber. **11.** 452) besteht das Baldrianöl aus einem Terpen, $C_{10}H_{16}$ (Sdpkt. 155—160°), das mit Salzsäure eine krystallisirbare Verbindung giebt, ferner flüssiges Borneol $C_{10}H_{18}O$ (Sdpkt. 205—215°), die Ameisen-, Essig-, Isovaleriansäureester des Borneoles, Borneoläther (Sdpkt. 285—290°). Das Baldrianöl setzt nach Grisar (Exp. Beitr. z. Pharmacod. der ätherischen Oele. Bonn, 1873) die Reflexaction fast so stark wie Campher herab. Als Baldrianpräparat ist es gegen hysterische Leiden (Heyfelder), Helminthen (Wendt) und Chorea (Schneider) zu 1—10 Tr. empfohlen.

Valeriansäure. Baldriansäure. $C_5H_{10}O_2$. Isovaleriansäure. $(CH_3)_2.CH\ CH.CO\ OH$. — Literat.: Chevreul, Ann. Chim. Phys. (2) **7.** 264; **23.** 22; Recherches sur les corps gras, 99 und 209. — Grote, Arch. Pharm. (2) **33.** 160; **38.** 4. — Trommsdorff und Ettling, Ann. Chem. Pharm. **6.** 176. — Winckler, Repert. Pharm. **27.** 169; **44.** 180; **78.** 70. — Dumas und Stas, Ann. Chim. Phys. (2) **73.** 128. — Wittstein, Repert. Pharm. **87.** 289; Darstell. pharmac. u. chemisch. Präparate. — Arch. Pharm. **40.** 269. **43.** 21. — Béchamp, Compt. rend. **42.** 124; **58.** 135. — Liebig, Ann. Chem. Pharm. **57.** 127; **70.** 313. Moro, Ann. Chem. Pharm. **55.** 330. — Meyer und Zenner, Ann. Chem. Pharm. **55.** 317. — Guckelberger, Ann. Chem. Pharm. **64.** 39. — Iljenko, Ann. Chem. Pharm. **55.** 78 und **63.** 264. — Balard, Ann. Chim. Phys. (3) **12.** 317. — Brendecke, Arch. Pharm. (2) **70.** 26 u. 34. — Gerhardt, Journ. Pharm. (3) **9.** 319. — Personne, Journ. Pharm. (3) **26.** 241. 327; **27.** 22. — Frankland und Duppa, Chem. Soc. Q. J. (2) **5.** 108. — Pedler, Chem. Soc. Q. J. **6.** 74. — Erlenmeyer, Hell, Ann. Chem. **160.** 257. — Erlenmeyer, ebendas. Suppl. **5.** 337. — Pierre, Puchot, Ann. chim. phys. (4) **29.** 229. — Balbiano, J. Chem. Min. 1876. 348. — Loos, Ann. Chem. Pharm. **202.** 231. — Lourenço, Aguiar, Z. Chem. 1870. 404. — Dollfuss, Ann. Chem. Pharm. **131.** 286. — Zincke, ebendas. **152.** 6.

Baldriansäure.

Diese Säure wurde 1817 von Chevreul im Delphinöl entdeckt und Delphinsäure genannt. Nachdem dann 1819 Pentz (Arch. Pharm. **28.** 338) das Vorhandensein einer eigenthümlichen Säure in der Baldrianwurzel wahrscheinlich gemacht hatte, stellte sie 1830 Grote daraus dar und nannte sie Valeriansäure. Trommsdorff und Ettling zeigten darauf die Identität beider Säuren, und 1840 gelang Dumas und Stas die künstliche Darstellung der Valeriansäure aus Amylalkohol.

Ausser in den Wurzeln der *Valeriana officinalis L.* findet sich die Valeriansäure in geringer Menge auch im Kraut dieser Pflanze. Sie wurde ferner aufgefunden in den reifen Beeren (Chevreul) und in der Rinde (Krämer, Moro) von *Viburnum Opulus L.*, im Splint von *Sambucus nigra L.* (Krämer), in den Wurzeln von *Angelica Archangelica L.* (Meyer und Zenner) und *Athu-*

manta Oreoselinum L. (Winckler), in den Blüthen (Gerhardt) und im Kraut (Wunder) von *Anthemis nobilis L.*, in den Früchten von *Humulus Lupulus L.* (Personne) und von *Gingko biloba* (Béchamp), in der *Asa foëtida* (Hlasiwetz). Mit Wahrscheinlichkeit können endlich die aus *Matri- Parthenium* und *Artemisia Absynthium L.* (Peretti), aus *Digitalis purpurea L.* und einigen anderen Scrophularineen (Morin, Vgl. Antirrhinsäure), aus *Tanacetum vulgare L.*, *Arnica montana L.* und *Rosa centifolia L.* (Krämer) durch Destillation mit Wasser erhaltenen flüchtigen Säuren als Valeriansäure angesehen werden.

Auch ihr Vorkommen im Thierreich beschränkt sich nicht darauf, dass ihr Glycerid einen sehr wesentlichen Bestandtheil des Delphinöls ausmacht; man hat sie in kleiner Menge auch im gewöhnlichen Fischthran aufgefunden, ferner im Fussschweiss (Brendecke) und in einigen anderen thierischen Secreten (Balard).

Die Isovaleriansäure bildet sich durch Kochen von Cyanisobutyl mit Kalilauge (Erlenmeyer) bei der Oxydation des Isoamylalkohol (Erlenmeyer, Frankland, Duppa), aus Essigäther bei Einwirkung von Natrium und Isopropyljodid. — Sie bildet sich ferner leicht aus Leucin ($C_6H_{13}O_2$), und war nach Liebig beim Schmelzen desselben mit Kalihydrat oder beim Destilliren mit Braunstein und verdünnter Schwefelsäure, nach Neubauer beim Behandeln mit Uebermangansäure, nach Bopp (Ann. Chem. Pharm. **69.** 20) auch bei der Fäulniss dieses Körpers mit Fibrin. Noch andere stickstoffhaltige Materien, wie Caseïn, Fibrin, Kleber liefern bei der Fäulniss Valeriansäure (Iljenko, Brendecke, Sullivan); sie findet sich daher als Ammoniumsalz in altem Käse, besonders im Limburger Käse, Salvétat hat auch beim Faulen das Safflors und Buchner beim Faulen von Ochsengalle Valeriansäure auftreten sehen. Auch entsteht diese Säure aus den Proteïnstoffen beim Destilliren mit Braunstein oder chromsaurem Kali und verdünnter Schwefelsäure (Schlieper, Guckelberger), sowie beim Schmelzen derselben oder von Indigo oder Lycopodium mit Kalihydrat (Liebig, Gerhardt, Winckler). Sie befindet sich ferner unter den Producten der Einwirkung von conc. Salpetersäure auf Oelsäure (s. diese. Redtenbacher), entsteht beim Erhitzen von Asafoetidaöl mit Natronkalk (Hlasiwetz) und wird in kleiner Menge bei der trocknen Destillation von Torf (Vohl, Ann. Chem. Pharm. **109.** 192) und von Bernstein (Marsson) erhalten. Interessant endlich ist die von Schnedermann und Winckler beobachtete Spaltung in Valeriansäure und Oreoselon, welche das Athamantin (vergl. dies.) beim Behandeln mit Kali erleidet, sowie die kürzlich von Ascher (Ber. d. Deutsch. chem. Gesellsch. 1869. 685) bewirkte Ueberführung der Angelicasäure (s. diese) durch Erhitzen mit Jodwasserstoffsäure und rothem Phosphor in Valeriansäure. Bildung.

Die zu medicinischen Zwecken benutzte Valeriansäure muss schon deshalb aus Baldrianwurzeln dargestellt werden, weil die vollständige Identität der natürlich vorkommenden Säure mit der aus Amylalkohol künstlich bereiteten durchaus nicht sicher festgestellt ist (vergl. oben). Ueber die Art und Weise, wie diese Darstellung am vortheilhaftesten und ergiebigsten zu bewirken sei, gehen die Meinungen noch sehr auseinander. Während nach der Ansicht der meisten Chemiker die Valeriansäure frei in der Valerianawurzel enthalten ist oder wenigstens daraus bei anhaltendem Destilliren mit Wasser vollständig in das Destillat übergeführt wird, weil die Wurzel so viel freie Aepfelsäure (Aschoff, Wittstein) enthält, dass der Destillationsrückstand davon noch Darstellung.

stark sauer reagirt, sind Andere, wie T. und H. Smith (Journ. Pharm. (3) 9. 16) und Rabourdin (Journ. Pharm. (3) 6. 310) der Meinung, dass, da die Säure theilweise an Basen gebunden sei, eine grössere Ausbeute davon erhalten würde, wenn man die Destillation der Wurzeln unter Zusatz von etwas Schwefelsäure bewirke. Noch andere nehmen an, dass die beim Destilliren der Wurzeln mit Wasser erhaltene Valeriansäure, wenigstens theilweise, erst durch Oxydation aus primär vorhandenen Valeral (Thirault, Journ. Pharm. (3) 12. 161), oder aus dem Valerol (Gerhardt, Brun-Buisson, Journ. Pharm. (3) 9. 97. Lefort, Journ. Pharm. (3) 10. 194), einem der gleichzeitig mit der Valeriansäure übergehenden flüchtigen Stoffe, gebildet werde. Diese empfehlen daher zur Vergrösserung der Ausbeute entweder ein mehrwöchentliches Stehenlassen des aus der Wurzel beim Destilliren mit Schwefelsäure und Wasser erhaltenen Destillats an der Luft (Brun-Buisson), oder längeres Aussetzen der angefeuchteten und mit etwas Kalilauge versetzten Wurzeln an die Luft (Thirault), oder endlich Destillation der Wurzeln unter Zusatz von Schwefelsäure und chromsaurem Kali (Lefort). Nach den Versuchen von Wittstein, Aschoff (Arch. Pharm. (2) 48. 247), Laudet (Journ. Pharm. (3) 11. 444) beruht es indess auf Täuschung, wenn man nach irgend einer dieser angeblich verbesserten Darstellungsmethoden eine vermehrte Ausbeute an Valeriansäure erzielt zu haben glaubt. So soll nach Aschoff der grössere Säuregehalt, welchen das Destillat bei Zuhülfenahme von Schwefelsäure zeigt, nur daher rühren, dass in diesem Falle etwas Essigsäure und Ameisensäure mit überdestilliren; auch bei längerer Einwirkung von Luft auf die feuchten Wurzeln soll nach Aschoff nur deshalb scheinbar mehr Valeriansäure erhalten werden, weil durch Gährung Essigsäure erzeugt wird. Nach Laudet vermindert die Anwendung von chromsaurem Kali und Schwefelsäure sogar die Ausbeute, indem alsdann durch Oxydation ein Theil der Valeriansäure in eine andere Säure verwandelt wird.

Wir theilen von den verschiedenen Darstellungsmethoden, bei welchen mit Wasser ohne Zusatz von Mineralsäuren und Oxydationsmitteln destillirt wird, nur diejenige von Wittstein als die bewährteste mit. Man destillirt 20 Th. der zerkleinerten Wurzel mit 100 Th. Wasser, bis 30 Th. Destillat erhalten sind, fügt zum Rückstande wiederum 30 Th. Wasser, destillirt die gleiche Menge ab und verfährt in derselben Weise noch ein drittes Mal oder überhaupt so lange, als das Uebergehende noch merklich sauer reagirt. Die vereinigten Destillate werden vom abgeschiedenen Oel (dem man die darin enthaltene Valeriansäure durch Schütteln mit wässrigem kohlensaurem Natron auch noch entziehen kann) getrennt, mit Soda neutralisirt und anfänglich im kupfernen Kessel eingekocht, schliesslich in einer Porcellanschale zur Trockne gebracht. Das hinterbleibende valeriansaure Natron löst man in seinem gleichen Gewicht Wasser, fügt auf je 5 Th. des ersteren eine Mischung von 4 Th. Schwefelsäurehydrat und 8 Th. Wasser hinzu und destillirt das Gemenge aus einer sehr geräumigen Retorte (vom 8fachen Gehalt) bis fast zur Trockne. Das Destillat besteht aus einer wässrigen Lösung von Valeriansäure, welche bei neuen Darstellungen verwerthet werden kann, und einer darauf schwimmenden Oelschicht von Valeriansäurehydrat, $C_5H_{10}O_2$, H_2O. Diese wird abgehoben und nach Trommsdorff dadurch entwässert, dass man sie für sich destillirt und die Vorlage wechselt, sobald statt der anfangs auftretenden milchigen Flüssigkeit klare ölige wasserfreie Säure übergeht. Die Entwässerung darf nicht durch Destillation über Chlorcalcium bewirkt werden, da die Säure alsdann salzsäurehaltig wird (Trommsdorff). — Andere unter diese Kategorie fallende Bereitungsweisen sind von Trommsdorff, Frederking (Arch. Pharm. (2) 43. 2), L. L. Bonaparte (Journ. Chim. méd. 18. 616), Guillermond (Rev. scient 19. 70) und Winckler angegeben worden.

Unter den Darstellungsmethoden, welche auf der Voraussetzung beruhen, dass die blosse Destillation mit Wasser nicht zur Erzielung einer möglichst grossen Ausbeute hinreiche, verdient diejenige von T. und H. Smith hervorgehoben zu werden, da sie, auch wenn jene Voraussetzung ungegründet ist, practische Vortheile darbietet. Statt die Wurzeln direct der wiederholten beschwerlichen Destillation zu unterwerfen, kocht man sie mit sodahaltigem Wasser (auf 16 Th. Wurzeln 1 Th. Soda) und dann noch zweimal mit reinem Wasser aus und destillirt die vereinigten Auszüge mit Schwefelsäure im Ueberschuss, bis $^3/_4$ der Flüssigkeit übergegangen sind. Das Destillat wird dann in der oben angegebenen Weise weiter behandelt.

Ueber die Ausbeute an Valeriansäure aus den Baldrianwurzeln gehen die Angaben sehr auseinander. Gerhardt erhielt durch blosse Destillation mit Wasser nur 0,25%, Wittstein dagegen 0,5–0,9%. Rabourdin will durch Destillation mit Schwefelsäure 1% und Lefort durch Destillation mit chromsaurem Kali und Schwefelsäure 0,75% erhalten haben. T. und H. Smith geben an, nach ihrem oben mitgetheilten Verfahren 1,4% gewonnen zu haben. Ohne Zweifel wird übrigens die Ausbeute nicht allein von der Art der Darstellung, sondern wesentlich auch von dem Standort der Pflanze bedingt sein.

Da die Angelicawurzel neben Angelicasäure auch Valeriansäure enthält, so kann sie bei Verarbeitung dieser Wurzel als Nebenproduct gewonnen werden. Sie bleibt bei Anwendung des Verfahrens von Meyer und Zenner neben Essigsäure in der Flüssigkeit, aus welcher die Angelicasäure (vergl. diese) herauskrystallisirt ist. Man neutralisirt die Flüssigkeit mit kohlensaurem Baryt, verdampft zur Trockne, entzieht der trocknen Masse das essigsaure Salz durch Weingeist und destillirt den ungelöst gebliebenen Rückstand mit mässig verdünnter Schwefelsäure. Die so erhaltene Valeriansäure enthält etwas Essig- und Angelicasäure. Neutralisirt man sie mit wässrigem Ammoniak und fügt Silbersalz hinzu, so fällt zuerst valeriansaures Silber als das am schwersten lösliche Salz aus (Meyer und Zenner).

Die Valeriansäure ist eine farblose ölige Flüssigkeit von starkem, an Baldrian und zugleich an faulen Käse erinnernden Geruch und stark saurem brennend scharfem (bei der Verdünnung mit Wasser ist die Schärfe weniger bemerkbar) Geschmack. Die Angaben über ihr specifisches Gewicht variiren zwischen 0,935 und 0,955 bei 15°, die über den Siedepunkt zwischen 174°,5 bis 175°,8. Sie ist noch bei − 15° flüssig und durchsichtig. Auf Papier macht sie Fettflecke, die allmälig wieder verschwinden. Ihr Brechungsexponent ist 1,3952 (Delffs). — Von Wasser erfordert sie bei 12° 30 Th. zur Lösung (Trommsdorff); mit absolutem Weingeist und Aether mischt sie sich in jedem Verhältniss und auch von starker Essigsäure wird sie reichlich gelöst. Die Lösungen sind optisch indifferent. Eigenschaften.

Die Valeriansäure nimmt Wasser auf und bildet damit ein Hydrat von der Formel $C_5H_{10}O_2 + H_2O$ (siehe oben). Dasselbe scheidet sich als Oelschicht ab, wenn die Säure nicht die zur Lösung erforderliche Menge Wasser vorfindet oder wenn man Chlorcalcium in ihre wässrige Lösung einträgt. Sein specif. Gew. ist etwas grösser (0,967) als das der reinen Säure; auch löst es sich schon in 26 Th. Wasser. Beim Destilliren desselben geht zuerst Valeriansäure enthaltendes Wasser, später reine Valeriansäure über.

Bei der Prüfung der für medicinische Verwendung bestimmten Valeriansäure hat man zunächst zu ermitteln, ob sie die Eigenschaften der reinen Säure (Siedepunkt, specif. Gewicht, Löslichkeitsverhältnisse u. s. w.) zeigt und insbesondere, ob nicht statt der reinen Säure die gewässerte, das Hydrat, vorliegt. — Als Verunreinigungen könnten Salzsäure und Schwefelsäure zugegen sein, welche leicht mit Hülfe der gewöhnlichen Reagentien erkannt werden. Um auf einen Gehalt an Essigsäure zu prüfen, würde man am besten die Säure mit ihrem doppelten Gewicht Wasser versetzen, mit frisch gefälltem kohlensaurem Zinkoxyd sättigen, die entstandene Krystallmasse auspressen und das klare Filtrat langsam verdunsten lassen. Bei Gegenwart von Essigsäure schiessen dann ausser einigen Flitterchen des Valerianats wohlausgebildete wasserhelle Krystalle des Acetats an (Wittstein). Eine Beimengung von Buttersäure, die auch als Verfälschung zugesetzt sein könnte, kann durch wässriges essigsaures Kupferoxyd erkannt werden. Während Buttersäure damit sogleich einen krystallinischen Niederschlag giebt, scheiden sich auf Zusatz von Valeriansäure erst nach einiger Zeit beim Schütteln grünliche Oeltropfen von valeriansaurem Kupfer ab, die nur langsam krystallinisch erstarren (Larocque und Huraut).

Salze. Die Valeriansäure bildet neutrale Salze von der Formel $C_5H_9MO_2$ und nur selten saure oder basische. Sie werden durch Sättigen der Säure mit den betreffenden Basen oder den kohlensauren Salzen erhalten. Alle fühlen sich fettig an, sind zwar im trocknen Zustande geruchlos, riechen aber feucht, besonders in der Wärme, nach Valeriansäure und schmecken süsslich und hinterher stechend. Sie lösen sich meistens in Wasser und zeigen dabei ein eigenthümliches Rotiren auf dessen Oberfläche; auch in Weingeist sind manche von ihnen löslich. Durch die Mineralsäuren und verschiedene starke organische Säuren, wie Essigsäure, Weinsäure, Citronensäure und Aepfelsäure werden sie zersetzt, jedoch nicht durch Buttersäure, sondern die Valeriansäure macht umgekehrt aus den buttersauren Salzen beim Erwärmen die Buttersäure frei.

Medicinische Anwendung erleiden von den Metallsalzen der Valeriansäure das Zinksalz und das Eisenoxydsalz. Das valeriansaure Zinkoxyd, $C_5H_9ZnO_2$, kann wasserfrei und mit 6 Atomen Krystallwasser ($C_5H_9ZnO_2 + 6H_2O$) erhalten werden. Das wasserfreie Salz scheidet sich ab, wenn man eine wässrige Lösung von Zinkvitriol mit valeriansaurem Natron fällt, oder (nach Wittstein) wenn man die wässrige Säure kochend heiss mit frisch gefälltem kohlensaurem Zinkoxyd sättigt und die kochend filtrirte Flüssigkeit abdampft. Im letzteren Falle bildet es schneeweisse perlglänzende Blättchen von schwachem Geruch und herbem metallischem Geschmack. Es löst sich in 90 Th. Wasser von gewöhnlicher Temperatur, schwieriger in heissem, ferner in 60 Th. kaltem 80procent. Weingeists und in 500 Th. kaltem und 20 Th. kochendem Aether. — Das wasserhaltige Salz erhält man nach Wittstein, wenn man frisch gefälltes kohlensaures Zinkoxyd mit Wasser zum dünnen Brei anrührt, dann die aequivalente Menge Valeriansäure hinzumischt und das Product bei ganz gelinder Wärme austrocknet. Es gleicht im Aussehen dem wasserfreien Salz, löst sich aber schon in 44 Th. kalten Wassers. Bei 100° wird es wasserfrei. — Das officinelle valeriansaure Eisenoxyd wird durch Fällung von wässrigem Eisenchlorid mit valeriansaurem Natron dargestellt. Es ist ein dunkelziegelrothes amorphes Pulver, welches bei raschem Erhitzen unter Zersetzung schmilzt und sich nicht in Wasser löst. Seine Zusammensetzung entspricht nach Wittstein der Formel $3 Fe_2O_3, 7 C_{10}H_9O_3 + 2 HO$. Bei heisser Fällung oder zu langem Auswaschen enthält das Präparat zu wenig Säure und schmilzt dann nicht beim Erhitzen.

Der electrische Strom wird von der reinen Valeriansäure nur schlecht geleitet und bringt keine zersetzende Wirkung hervor. Valeriansaures Kali wird dagegen in concentrirter wässriger Lösung sehr leicht zersetzt unter Bildung von Kohlensäure, Butylen und Valeriansäure-Butyläther (Lapschin und Tichanowitsch, Kolbe). — Leitet man den Dampf der Valeriansäure durch ein glühendes Rohr, so entstehen neben flüssigen Producten Kohlenoxyd, Kohlensäure, Propylen, Aethylen und vielleicht auch Butylen (Hofmann, Ann. Chem. Pharm. 77. 161). — Die valeriansauren Salze geben bei der trocknen Destillation namentlich Valeron und Amylen. Beim Destilliren eines Gemenges von valeriansaurem und ameisensaurem Kalk entsteht Valeral (Limpricht, Ann. Chem. Pharm. 97. 370). — Conc. Salpetersäure, selbst Salpetersäurehydrat wirkt auch beim Kochen nur wenig auf Valeriansäure ein, bei sehr lange Zeit hindurch unterhaltenem Sieden wird ein Theil in Nitrovaleriansäure, $C_5H_9(NO_2)O_2$, umgewandelt, die aus der bis zur Syrupdicke eingedampften Flüssigkeit in dünnen Nadeln herauskrystallisirt, unzersetzt bei 100° sublimirt und aus kochendem Wasser in rhombischen Tafeln anschiesst. Ausserdem entstehen noch einige andere nicht näher untersuchte Producte, welche, je nachdem natürliche oder künstliche Valeriansäure angewendet wurde, von verschiedener Art sind (Dessaignes, Ann. Chem. Pharm. 99. 374). — Beim Erhitzen mit wässrigen Lösungen von Kaliumbichromat und Schwefelsäure bleibt die Valeriansäure unverändert, wenn die Lösung nur 5% von ersterem enthält; 8 procentige Lösungen entwickeln damit aber schon bei 100° etwas Gas und bei 130° erfolgt ziemlich rasche Zersetzung. Uebrigens scheinen die auf verschiedenen Wegen dargestellten Valeriansäuren sich nicht gleich zu verhalten; so lieferte eine käufliche Säure schon bei 100° rasch Kohlensäure und Buttersäure (Chapman und Thorp, Ann. Chem. Pharm. 142. 166). Nach Erlenmeyer zerfällt Isovaleriansäure mit Chromsäuremischung, Essigsäure und Kohlensäure. — Wird valeriansaures Kali mit übermangansaurem Kali erwärmt, so entstehen Kohlensäure, Oxalsäure, Essigsäure, Propionsäure, Buttersäure und wenig Angelicasäure (Neubauer, Ann. Chem. Pharm. 106. 62); Phipson (Chem. Centralbl. 1862. 877) erhielt dabei auch Bernsteinsäure und Essigsäure. — Leitet man trocknes Chlorgas zuerst bei gewöhnlicher, später bei auf 60° erhöhter Temperatur in Valeriansäure, so entsteht im Dunkeln hauptsächlich Trichlorvaleriansäure, $C_5H_7Cl_3O_2$, im Sonnenlichte Tetrachlorvaleriansäure, $C_5H_6Cl_4O_2$, beides farb- und geruchlose, sehr dicke, beim Erhitzen sich zersetzende Flüssigkeiten (Dumas und Stas). — Bei Einwirkung von wässrigem unterchlorigsaurem Natron auf valeriansaures Natron entsteht Monochlorvaleriansäure, die aber nicht frei von Valeriansäure zu erhalten ist (Schlebusch, Ann. Chem. Pharm. 141. 322). Bei Behandlung von Valeriansäure oder valeriansaurem Salz mit Dreifach- oder

Zersetzung.

Fünffach-Chlorphosphor oder mit Phosphoroxychlorid entsteht je nach dem Atomverhältniss der auf einander wirkenden Stoffe entweder Chlorvaleryl oder Valeriansäureanhydrid (Béchamp, Moldenhauer, Chiozza). Das Chlorvaleryl, C_5H_9OCl, ist eine farblose bewegliche, an der Luft rauchende, bei 115—120° siedende Flüssigkeit von 1,005 spec. Gew. bei 6°, die sich mit Wasser leicht in Salzsäure und Valeriansäure umsetzt. Das Valeriansäureanhydrid, $C_{10}H_{18}O_3$, bildet ein farbloses, schwach nach Aepfeln riechendes, bei 215° siedendes Oel von 0,934 spec. Gew. bei 15°, und verwandelt sich in Berührung mit Wasser langsam, in Berührung mit wässrigen Alkalien augenblicklich wieder in Valeriansäure. — Beim Erhitzen von Valeriansäure mit Brom mit oder ohne Wasser entsteht Monobromvaleriansäure, $C_5H_4BrO_2$, ein farbloses schweres, in Wasser wenig lösliches, beim Destilliren sich zersetzendes Oel (Clark und Fittig, Ann. Chem. Pharm. **89**. 199). Bei Behandlung von Valeriansäure mit Dreifach-Bromphosphor erhielt Béchamp Bromvaleryl, $C_5H_9O_2Br$, und Cahours (Ann. Chem. Pharm. **104**. 111) beim Destilliren von valeriansaurem Kali mit Jodphosphor Jodvaleryl, $C_5H_9O_2J$, beides ölartige Flüssigkeit, von denen die erstere bei 143°, die letztere bei 168° siedet. — Beim Erhitzen von Valeriansäure mit Fünffach-Schwefelphosphor entsteht nach Ulrich (Ann. Chem. Pharm. **109**. 281) Thiovaleriansäure, $C_5H_{10}OS$, eine noch wenig untersuchte, höchst unangenehm riechende Flüssigkeit. — Wird die Valeriansäure mit Phosphorsäureanhydrid erhitzt, so werden Valeron und brennbare Gase gebildet (Dumas und Stas). — Beim Destilliren von valeriansaurem Kali mit arseniger Säure wird ein schweres knoblauchartig riechendes Oel erhalten, vielleicht das Kakodyl der Valeriansäure (Gibbs, Ann. Chem. Pharm. **86**. 222).

Wirkung. Ueber die Wirkung der Valeriansäure giebt Reissner (De acido valerianico ejusque effectu in animalibus. Berol. 1855) an, dass sie Eiweiss, Blutserum und Milch, dagegen nicht Leim- und Chondrinlösung coagulirt und 1/4 Stunde lang auf die äussere Haut applicirt keinen Effect äussert, dagegen bei 1stündiger Application einen weissen Fleck und Hautjucken, worauf in 3/4 Stunden bald wieder verschwindende Röthe folgt, bedingt. Auch auf der Zunge bringt sie einen weissen Fleck, von Epithelabstossung gefolgt, hervor. In den Urin scheint sie als solche nicht überzugehen; der Geruch der Säure ist im Cavum peritonei, aber nicht im Blute nachzuweisen; vielleicht findet Verbrennung zu Kohlensäure statt. Kaninchen werden durch 4,0 nicht, durch 8,0 (intern) in 3 1/4 Stunde getödtet; die Schleimhaut im Tractus bietet bei rasch erfolgendem Tode eine intensiv weisse Färbung ohne Injectionsröthe oder Ekchymosen dar, während bei längerer Dauer der Intoxication vermehrte Epithelabstossung, Ekchymosirung und Exsudation unter die Schleimhaut bei rother oder rothbrauner Färbung derselben constatirt wird. Auf die Defäcation ist die Säure ohne Einfluss; bisweilen kommt Nierenhyperämie und Hämaturie vor; das Blut zeigt das gewöhnliche Verhalten der Gerinnung. Als Symptome der Intoxication finden sich vermehrter, aber an Energie verringerter Herzschlag, anfangs beschleunigte, später retardirte und mühsame Respiration, stetig zunehmende Schwäche und Parese der Extremitäten, vereinzelt terminale Krämpfe (Reissner). Baldriansaures Natrium setzt nach Bock (Experimente über die Wirkungsweise der Rad. Valerianae. Gött. 1875) bei Fröschen die Reflexerregbarkeit zwar rascher, aber weit unbeständiger und vorübergehender herab als Baldrianöl und afficirt in grossen Dosen auch vorübergehend die Herzthätigkeit; bei Säugethieren ist selbst Infusion von 7 Ccm. 20% Lösung ohne Einfluss auf Blutdruck und Reflexaction. — Ueber die Verbindungen der Valeriansäure mit Chinin und Atropin vergl. S. 1462 u. 1209. Die therapeutisch wie letztere gegen Hysterie und Epilepsie verwertheten Verbindungen mit Zink, Eisen und Wismuth verdanken ihre Wirksamkeit offenbar den Metallen und sind daher hier nicht abzuhandeln.

Baldriangerbsäuren. — Nach Czyrniansky (Ann. Chem. Pharm. 71. 21) enthält die Baldrianwurzel zwei Gerbsäuren. Die eine wird erhalten, wenn man die weingeistige Abkochung derselben mit weingeistiger Bleizuckerlösung fällt und den mit kochendem Weingeist ausgewaschenen Niederschlag unter Wasser durch Schwefelwasserstoff zerlegt, während das Bleisalz der zweiten aus dem Filtrat vom Bleiniederschlage der ersten durch Ammoniak gefällt wird. Die erste Gerbsäure färbt Eisenchlorid nicht grün, reducirt ammoniakalische Silberlösung rasch und liefert ein weisses schwer lösliches, an der Luft sich bräunendes Barytsalz. Aus der Analyse ihres Bleisalzes berechnete sich die Formel $C_{14}H_9O_8$. — Die zweite Gerbsäure bildet kein schwer lösliches Barytsalz und hat eine der Formel $C_{12}O_8H_9$ entsprechende Zusammensetzung.

b. Dipsacaceae.

Grünsäure. — Diese Säure findet sich nach Runge (Arch. Pharm. 27. 312) in den Wurzeln vieler Synanthereu, Dipsaceen und Umbelliferen. Er erhielt sie, indem er den gepulverten Wurzelstock von *Scabiosa succisa L.* mit Weingeist auszog, den Auszug mit Aether fällte, den gewaschenen Niederschlag in Wasser löste, die Lösung mit Bleizucker fällte, den nun erhaltenen Niederschlag unter Wasser durch Schwefelwasserstoff zersetzte und das Filtrat verdunstete. — Sie bildet eine amorphe gelbe Masse, deren wässrige Lösung bei Abwesenheit von Ammoniak sich an der Luft nicht verändert, aber sich bei Gegenwart von Ammoniak, schwächer von Kali oder Natron, unter Sauerstoffaufnahme an der Luft grün färbt. Säuren fällen aus dieser grünen Lösung rothbraunen Niederschlag, der sich in alkalischen Flüssigkeiten wieder mit grüner Farbe löst.

c. Compositae.

Eupatorium.

Eupatorin. — Righni (Journ. Pharm. (2) 14. 623) erhielt aus den Blättern und Blüthen von *Eupatorium cannabinum L.* durch Auskochen mit schwefelsäurehaltigem Wasser, Fällung des Auszugs mit Kalk, Ausziehen des eine Zeit lang an der Luft gestandenen Niederschlags mit Weingeist von 40° B. und verdunsten der weingeistigen Lösung ein weisses, bitter und zugleich stechend schmeckendes Pulver, das beim Erhitzen sich zersetzte, sich nicht in Wasser, aber in absolutem Weingeist und Aether löste und mit Schwefelsäure ein in seideglänzenden Nadeln krystallisirendes Salz bildete. Eupatorin.

G. Latin (Pharm. J. Trans (3) 11. 192) untersuchte Eupatorium perfoliatum und fand darin neben bekannten, allgemein verbreiten Stoffen ein Glykosid, Eupatorin, ferner etnen krystallisirbaren Körper.

Anthemis.

Das von Pattone (J. Pharm. (3) 35. 198) angeblich in Anthemis arvensis nachgewiesene Alkaloid bedarf sehr der Bestätigung.

Römisch-Kamillenöl. Das Römisch-Kamillenöl, aus den Blüthen von *Anthemis nobilis L.*, die frisch getrocknet davon 0,6—0,8% liefern, ist von bläulicher oder grünlicher Farbe. Beim Rectificiren gehen $^2/_3$ des Oels bei 180—190°, der Rest bis zu 210° über. Es ist, wie es scheint, ein Gemenge von Angelikasäure, Angelikasäureanhydrid und wahrscheinlich auch Valeriansäure (oder Aethern dieser Säuren) mit einem Camphen. Man isolirt letzteres durch Destillation des Oels mit gepulvertem Kalihydrat oder auch mit weingeistigem Kali, in welchem Falle das weingeistige Destillat zur Abscheidung des Kohlenwasserstoffs mit Wasser versetzt werdsn muss. Das Camphen riecht angenehm citronenartig und siedet bei 175° (Gerhardt, Ann. Chim. Phys. (3) 24. 96).

Camboulizes (J. Pharm. Chim. (4) 14. 337) hat die Blüthen von Anthemis nobilis näher untersucht, ohne gerade nennenswerthe Resultate erhalten zu haben. — Demareay) Compt. rend. 77. 360) beschäftlgte sich mit der Uotersuchung des Römisch-Kamillenöles und fand, dass es eine Mischung zusammengesetzter Aether sei und zwar die der Valeriansäure, Angelicasäure und des Autyl- und Amylalkoholes. — J. Köbig (Ann. Chem. Pharm. 195. 92) hat weder Aldehyde noch Terpen als Bestandtheil des Römisch-Kamillenöles nachgewiesen, dagegen das Oel als Gemenge von Estern erkannt und zwar von isobuttersaurem Isobutylester (Sdpkt. 147—148°), angelikasaurem und Tiglinsäureamylester (200—204° Sdpkt.), ferner den angelikasauren und tiglinsauren Aethern eines Hexylalkoholes, nebst dem Anthemol, einem Terpenalkohol, $C_{10}H_{15}(OH)$. (H. Kopp, Dissertation. Erlangen, 1877).

Perezia. Centaurea. Atractylis. Helianthus.

Pipitzahoinsäure. **Pipitzahoinsäure**, $C_{15}H_{20}O_3$. — Diese Säure wurde von Rio de la Loza in der von einer Art Perezia (Trixis Pipitzahuac Schaffner) stammenden mexikanischen Wurzel *Raiz del Pipitzahuac*, die von den Eingeborenen des Thales Tenango im Staate Tolnca als angenehmes und energisches Purgirmittel benutzt wird, aufgefunden und daraus unrein durch trockne Destillation der Wurzel, rein durch Ausziehen mit Weingeist, Krystallisirenlassen des Auszugs und Umkrystallisiren des gewonnenen Products aus absolutem Weingeist erhalten. Nach Weld (Ann. Chem. Pharm. 105. 188) krystallisirt sie aus absolutem Weingeist in goldfarbigen Büscheln blättriger Krystalle, aus Aether in kleinen goldgelben glänzenden klinorhombischen Tafeln, die bei etwa 100° zu einer rothen, krystallinisch wieder erstarrenden Flüssigkeit schmelzen und in etwas höherer Temperatur in goldgelben Blättchen sublimiren. Sie ist luftbeständig. In Wasser löst sie sich kaum, leicht dagegen in Weingeist und Aether, aus denen sie durch Wasser wieder gefällt wird. Sie bildet Salze, von denen diejenigen der Alkalimetalle sich in Wasser, Weingeist und Aether leicht mit purpurrother Farbe lösen und beim Verdunsten als Firniss hinterbleiben. Die übrigen Salze sind in Wasser schwer löslich oder unlöslich, und können durch Wechselzersetzung dargestellt werden. Vigener (Pharm. Ztg. 623. 1883) hält die Säure, welche man am reinsten durch Zusatz von kochendem Wasser zu alkoholischer Tinctur (1:5) erhält, für einen Anthrachinonstoff.

Calcitrapasäure. — So hat Colignon (Arch. Pharm. (2) 80. 186) eine sehr ungenügend untersuchte Substanz genannt, die er aus der wohl als Fiebermittel benutzten *Centaurea Calcitrapa L.* erhielt, indem er die zur Blüthezeit gesammelte, getrocknete und gröblich gepulverte Pflanze mit Weingeist extrahirte, den mit Thierkohle geschüttelten Auszug durch Destillation und Eindunsten stark concentrirte und das sich alsdann abscheidende Oel durch Auflösen in Aether und Verdunsten der Lösung reinigte. Es bildet eine bernsteingelbe dicke Flüssigkeit von sehr bitterem und styptischem Geschmack und saurer Reaction, die sich kaum in Wasser, leicht in Weingeist und Aether löst und mit den Alkalimetallen lösliche aber unkrystallisirbare, mit Calcium und Blei unlösliche Salze erzeugt. Calcitrapasäure.

Atractylsäure. Carlininsäure. — Beide Bezeichnungen gebraucht Lefranc (Journ. Pharm. (4) **10**. 325) für eine noch näher zu untersuchende eigenthümliche Säure der giftigen Wurzel der Mastixdistel, *Atractylis gummifera L. s. Carlina gummifera Less.*, einer in Griechenland und Nordafrika häufig vorkommenden und im Alterthum wie noch heute namentlich gegen äusserliche Leiden in Gebrauch gezogenen Pflanze. Sie bildet eine halbfeste fettähnliche Masse und findet sich in der Wurzel als Kalisalz, das in farblosen kurzen dünnen Prismen von bitterem und zugleich etwas süsslichem Geschmack krystallisirt und nach Art des myronsauren Kalis im schwarzen Senf bei Behandlung mit verdünnter Salzsäure in saures schwefelsaures Kali, Glykose und Valeriansäure gespalten wird. Lefranc giebt für das Kalisalz die Formel $2\,KO,\ C_{60}H_{52}O_{29},\ 4\,SO_3,\ HO$. Atractylsäure.

Lefranc (Compts rend. 76. 438) erklärt nach seinen weiteren Studien die Spaltung der Atractylsäure mit Kali durch folgende Gleichungen:

1) $C_{80}H_{51}Ka_3S_2O_{18} + 2\,KOH = 2\,C_5H_9KO_2 + \beta$ Atractylsaures Kalium

2) $C_{80}H_{54}S_2O_{18} = 2\,(H_2SO_4) + 2\,C_5H_{10}O_2 +$ Atractylin $C_{30}H_{30}O_{26}$

Atractylin, eine gummiartige, süss schmeckende Substanz zerfällt mit Alkalien in Atractyligenin und einen zuckerähnlichen Körper.

Helianthgerbsäure. — Wird nach Ludwig und Kromeyer (Arch. Pharm. (2) **99**. 1 u. 285) aus den von der Schale befreiten fein zerriebenen Samen der Sonnenblume, *Helianthus annuus L.*, durch Ausziehen mit kochendem starkem Weingeist, Concentriren des Auszugs durch Abdestilliren des Weingeists im Wasserstoffstrome, Fällen des filtrirten Rückstandes mit Bleizucker, Zerlegung des gewaschenen Niederschlags unter Wasser mittelst Schwefelwasserstoff und Verdunsten des Filtrats erhalten. Zur weiteren Reinigung wird die Fällung mit Bleizucker und Wiederabscheidung aus dem Bleiniederschlage noch einmal wiederholt. Helianthgerbsäure.

Die Gerbsäure bildet nun eine grüngelbe amorphe, zum gelblich weissen Pulver zerreibliche Masse, welche sich leicht in Wasser, auch in Weingeist, aber nicht in Aether löst. Sie färbt Eisenchlorid schön dunkelgrün, alkalische Flüssigkeiten gelb, reducirt ammoniakalische Silberlösung, aber nicht alkalische Kupferlösung, fällt Leim und Blutlaugensalz nicht. Von Salpetersäure und von kalter conc. Schwefelsäure wird sie roth gefärbt. Beim Kochen mit mässig verdünnter Salzsäure im Wasserstoffstrom zerfällt sie in gährungsfähigen Zucker und einen violetten Farbstoff. Ludwig und Kromayer berechnen für die Säure die Formel $C_{14}H_9O_8$.

E. Diek (Dissertat. Göttingen, 1878) hat in den Topinamburknollen

(Helianth. ann.) nur wenig Inulin, dagegen grössere Mengen Lävulin und einen rechts drehenden Zuckers nachgewiesen, ferner gezeigt, dass der Saft der Knollen mit Hefe reichlich rein schmeckenden Spiritus liefert.

Artemisia.

Santoninsäure oder **Santonin.** Santonsäure. $C_{15}H_{18}O_3$. — Literat.: Kahler, Arch. Pharm. **34.** 318; **35.** 216. — Alms, ebendas. **34.** 319; **39.** 190. — Trommsdorff, Ann. Chem. Pharm. **11.** 190. — Guillemette, ebendas. **36.** 333. — Roder, Jahrb. Pharm. **6.** 45. — Mialhe und Calloud, Journ. Pharm. (3) **4.** 387. — Cerutti, Arch. Pharm. (2) **52.** 148. — Heldt, Ann. Chem. Pharm. **63.** 10. — Calloud, ebendas. **72.** 326. — Cerutti, Arch. Pharm. (2) **52.** 148. — Kosmann, Journ. Pharm. (3) **38.** 81. — Sestini, Bull. Soc. chim. (2) **2.** 21; **5.** 202. — O. Schmidt, N. Jahrb. Pharm. **23.** 26. — Grosschopff, Arch. Pharm. (2) **128.** 210. — Waage, J. Chem. Min. 1873, 846. — Sacchi, ebendas. 1873. 845. — Strüver, ebendas. 1876. 817. 1878. 830. — Carnelutti, Nasini, Berl. Ber. **13.** 2210. — Canizzaro. Sestini, Berl. Ber. **6.** 1201. — Canizzaro, Amato, Berl. Ber. **7.** 1105. — Canizzaro, Carnelutti, J. Chem. Min. 1878. 828; 1880. 894. — Nasini, Berl. Ber. **14.** 1513. — O. Hesse, Berl. Ber. **6**; Ann. Chem. Pharm. **176.** 125. — Canizzaro, Valente, J. Chem. Min. 1878; ebendas. 1877. 810; 1880. 894. — Canizzaro, ebendas. 1873. 618; 1876. 619. — Dragendorff, Arch. Pharm. **212.** 300. — Heintz, Z. anal. Chem. **17.** 319. — Lepage, J. Chem. Min. 1876. 618.

Medicinische: Mayer, J. R., Ueber das Santonin. Diss. Heilbronn. 1838. — Kleiner, De medicamentis contra ascarides, praecipue de Semine Cinae ejusq. praeparatis. Turici. 1843. — Itzstein, A., Das gallensaure Natron als Arzneimittel, nebst Bemerkungen über Sem. Santonici etc. Mainz. 1846. — Calloud, Pharm. Centr.-Bl. 1843. 844. — Spencer Wells, Lond. med. Gaz. June. 1848; Journ. Pharm. Chim. **15.** 110. — Posner, Med. Centr.-Ztg. **19.** 40. — Spengler, D. Klin. 46. 1850. — Zimmermann, ibid. 46. 1853. 14. 1855. — Schmidt, ibid. 53. 1852. — Heydloff, Pr. Ver.-Ztg. 7. 1852. — Grimm, Schweiz. Ztschr. 493. 1852. — Al. Martin, Repert. Pharm. N. F. **2.** 5. 215. — Knoblauch, D. Klin. 35. 1854. — Mauthner, Journ. Kinderkkht. **22.** 3. 4; **23.** 1. 2. — Seitz, Hann. Convers.-Bl. 5. 22. 1855. — Terzi, Ann. Soc. d'Anvers. Aug. Sept. 1859. — E. Rose, De Santonico. Berol. 1858; Arch. path. Anat. **16.** 233; **18.** 15; **19.** 522; **20.** 245; **28.** 35; **30.** 442; Berl. klin. Wchschr. 31. 1865. — Manns, Das Santonin. Marburg, 1858. — Falck, D. Klin. 27. 28. 1860. — v. Hasselt und Rienderhoff, Arch. holl. Beitr. **2.** 3. 1860. — Lohrmann, Württb. Corr. Bl. 3. 1860. — Betz, Memorab. **5.** 2. — de Martini, Gaz. Hôp. 34. 1860. — Guépin, Bull. Thérap. Juin. 1860. — Snijders, Nederl. Tijdschr. 1868. **1.** 68. — Krauss, Ueber die Wirkungen des Santonins und Santoninnatrons. Tübingen, 1869. — M. Daniel, New Orleans Journ. of med. Apr. 1869. 271. — Eckman, Ups. Läk. Förhandl. **5.** 3. 237. 1870. — Brown und Ogston, Brit. and for. Rev. Apr. 1870. — Farqharson, Brit. med. Journ. Oct. 21. 1871. — Page, ibid. Sept. 16, 1871. Harley, Practitioner **6.**

85. — Becker, Centralbl. med. Wiss. 547. 1875. — Binz, Arch. exp. Path. Pharm. 6. 301. 1877. — Caspari, Ueber d. Verhalten des Santonins im Thierkörper. Berl. 1883. — L. Lewin, Berl. klin. Wchschr. N. 12. 1883.

Wurde 1830 gleichzeitig von Kahler und von Alms entdeckt und findet sich in Levantinischen, Berberischen und Russischen Wurmsamen (*Sem. Cinae s. Santonici*), den aufgeschlossenen Blüthenköpfchen der turkestanischen Form von *Artemisia maritima*. Santonin.

Zur Darstellung in grösserem Maassstabe empfiehlt Grosschopf als das vortheilhafteste Verfahren das im Wesentlichen schon von Calloud und Cerutti angewandte. Der zerquetschte Wurmsamen wird 3 Mal je eine Stunde lang mit der genügenden Menge Wassers ausgekocht, dem das erste Mal $^1/_{10}$ vom Gewicht des Wurmsamens an Aetzkalk, das zweite Mal $^1/_{25}$, das dritte Mal nichts zugesetzt ist. Die vereinigten Abkochungen werden auf das anderthalbfache Gewicht des angewandten Wurmsamens eingedampft und nach dem Absetzen bei 20—30° mit Salzsäure im Ueberschuss versetzt. Dabei scheidet sich zunächst etwas santoninfreies Harz auf der Oberfläche ab, das man entfernt. Nach achttägigem Stehen hat sich eine braune körnige Masse von Santonin und Harz abgesetzt, die man abspült, zur Entfernung des Harzes heiss mit ammoniakalischem Wasser auszieht, mit Wasser nachwäscht und in siedendem 90procent. Weingeist löst. Die Lösung wird mit Thierkohle erwärmt, worauf die heiss filtrirte Flüssigkeit beim Erkalten den grössten Theil des Santonins anschiessen lässt und der Rest desselben durch weiteres Verdampfen der Mutterlauge gewonnen werden kann. Grosschopf erhielt auf diesem Wege eine Ausbeute von 1,5—2,3 Procent. — Trommsdorff zieht ein Gemenge von 4 Th. Wurmsamen mit $1^1/_2$ Th. trocknem Kalkhydrat 3mal mit je 16—20 Th. heissem Weingeist von 0,94 spec. Gew. aus, destillirt von den vereinigten Auszügen den Weingeist ab, filtrirt, dampft noch weiter ein und kocht einige Minuten mit überschüssiger Essigsäure. Es scheidet sich dann beim Erkalten der grösste Theil des Santonins in Krystallen aus und der Rest kann durch Eindampfen der Mutterlauge zur Syrupsdicke und Vermischen derselben mit Wasser gewonnen werden. Die Ausbeute beträgt bei diesem Verfahren 1,8—1,9 Procent. — Andere weniger empfehlenswerthe Darstellungsmethoden sind von Guillemette u. A. in Vorschlag gebracht worden. Darstellung.

Das Santonin bildet farblose, perlglänzende, rechtwinklig-vierseitige, orthorhombische Tafeln. Es schmilzt bei 169—170° (Trommsdorff, Schmidt), bei langsamem Erkalten krystallinisch, bei raschem amorph wieder erstarrend, und sublimirt wenige Grade über seinem Schmelzpunkt unzersetzt in weissen Nadeln. Es zeigt neutrale Reaction, ist geruchlos und für sich fast geschmacklos, schmeckt aber in weingeistiger Lösung stark bitter. Sein spec. Gew. ist nach Trommsdorff 1,247 bei 21°, 1,1866 (Carnelutti) Schmpkt. 169 bis 170 (Schmidt). Es löst sich in 4000—5000 Th. kaltem und 250 Th. kochendem Wasser, bei 17°,5 in 43 Th., bei 50° in 12 Th. bei 80° in 2,7 Th. Weingeist von 0,848 spec. Gew., viel weniger gut in schwächerem, in 72 Th. kaltem und in 42 Th. kochendem Eigenschaften.

Aether (Trommsdorff), in 4,35 Th. Chloroform (Schlimpert). Auch Essigsäure und ätherische Oele lösen es nach Alms gut. Das Santonin ist linksdrehend und in weingeistiger Lösung ist bei 20° $[\alpha]j = 230°$; Zusatz in Alkalien vermindert das Rotationsvermögen (Buignet, Journ. Pharm. (3) **40.** 252, alkohol. Lösung $[\alpha]j = -173,81$ (Hesse), Chloroformlösung $(\alpha)_D = -171,37$. — Die oben angeführte Formel ist von Heldt aufgestellt worden.

Das Santonin verbindet sich mit den Basen ohne Elimination von Wasser und vermag auch die kohlensauren Alkalien in der Kälte unter Bildung von zweifach-kohlensaurem Salz (Heldt), beim Kochen unter Entwicklung von Kohlensäure (Hautz, Journ. pract. Chem. 62. 315) zu zerlegen. Von diesen Salzen sind die der Alkalien und alkalischen Erden in Wasser löslich, die übrigen darin unlöslich. Das durch Kochen von Santonin mit wässrigem Weingeist und kohlensaurem Kali bis zum Verschwinden der anfangs auftretenden carminrothen Färbung darzustellende santoninsaure Kali ist ein weisses zerfliessliches stark alkalisch reagirendes Gummi; das santoninsaure Natron, $C_{15}H_{18}O_8$, NaHO, krystallisirt aus Wasser in grossen rhombischen Krystallen, aus Weingeist in feinen verfilzten Nadeln; das Barytsalz wird als weisses Pulver, das Kalksalz, $C_{15}H_{18}O_8$, CaHO, in krystallinischen Krusten erhalten (Heldt).

Zersetzung. Das Santonin färbt sich im zerstreuten Lichte langsam, im directen Sonnenlichte rasch gelb, wobei feine Krystalle in kleine Stücke zerspringen (Heldt). Diese Gelbfärbung erfolgt nach Sestini auch unter Wasser, Weingeist und Aether, sowie in einer Atmosphäre von Kohlensäure, aber nicht innerhalb einer die chemisch wirkenden Strahlen nicht durchlassenden gesättigten Lösung von salpetersaurem Uranoxyd. Sie ist mit einer Zersetzung verbunden, bei welcher neben etwas Ameisensäure und anderen Producten ein als Photosantonin und Photosantoninsäure bezeichneter Körper entsteht. Man erhält diese nach Sestini am besten, wenn man eine weingeistige Lösung des Santonins längere Zeit (einen Monat) dem Sonnenlicht aussetzt und sie dann mit 15 Vol. Wasser vermischt. Die dadurch abgeschiedenen Oeltröpfchen erstarren nach einigen Tagen zu weissen Krystallblättchen, die aus Weingeist in farb- und geruchlosen, schwach bitter schmeckenden quadratischen Tafeln anschiessen. Diese schmelzen bei 64—65°, krystallinisch wieder erstarrend und sieden bei 305°. Sie lösen sich nicht in kaltem, nur wenig in heissem Wasser, leicht dagegen in Weingeist und Aether. Die Analyse führte zu der Formel $C_{23}H_{34}O_6$ (Sestini). — Bei Einwirkung von Chlor auf in Wasser suspendirtes Santonin entsteht je nach der Dauer der Einwirkung Mono-, Di- oder Trichlorsantonin, sämmtlich krystallisirbare Verbindungen (Heldt, Sestini). Auch Brom erzeugt damit Substitutionsproducte (Heldt). — Aus der anfänglichen farblosen Lösung des Santonins in conc. Schwefelsäure wird es durch Wasser unverändert wieder gefällt. Sobald dieselbe aber an der Luft gelb bis gelbroth geworden ist, scheidet Wasser daraus neben Santonin auch kirsch- bis braunrothe Harzflocken ab (Trommsdorff). — Bei längerem Kochen mit verdünnter Schwefelsäure oder Salzsäure verwandelt sich das Santonin wahrscheinlich durch Wasserentziehung und jedenfalls ohne Zuckerbildung in eine harzartige Masse (Kosmann's Santoniretin), die aus Weingeist wieder mit den unveränderten Eigenschaften des Santonins krystallisirt (Schmidt). — Bei anhaltender Behandlung mit conc.

Salpetersäure entsteht neben Oxal- und Bernsteinsäure eine durch Wasser als weisses Gerinnsel fällbare amorphe bittere Substanz (Trommsdorff, Heldt). — Uebermangansäure, Chromsäure, sowie Bleihyperoxyd und verd. Schwefelsäure üben gar keine oder doch nur eine geringe Wirkung auf Santonin aus (Heldt). — Schmilzt man dasselbe mit Kalihydrat, so färbt sich die Masse unter Gasentwicklung roth, scheidet beim Uebersättigen mit verd. Schwefelsäure harzige Substanzen aus und liefert beim Destilliren Ameisensäure, Propionsäure und, wie es scheint, auch Essigsäure (Baufi u. Chiozza, Ann. Chem. Pharm. 91. 112).

Von weiteren Derivaten sind hier zu nennen:

Santonsäure, $C_{15}H_{10}O_4$, entsteht beim 12stündigen Kochen von Santonin mit heiss gesättigtem Barytwasser (Cannizzaro, Sestini), rhombische Krystalle, leicht löslich in Alkohol, Chloroform, Eisessig, Aether, linksdrehend, Chloroformlösung $(\alpha)_D = -70{,}31^\circ$, liefert mit Jodwasserstoff einen Körper $C_{15}H_{26}$ und giebt beim Kochen mit Jodwasserstoff α und β Santonin, mit Natriumamalgam Hydrosantonsäure, mit Essigsäure gekocht und auf 160—260° erhitzt, Santonid und Parasantonid. Santonsäure.

Von Santonsäure sind dargestellt: Der Methyl-. Aethyl-, Propyl-, Isobutyl-, Allyl-, Benzilester (Cannizzaro, Strüver, Carnelutti, Nasini), Acetylsantonsäure (Sestini), $C_{15}H_{19}O_4$ $(C_2H_3O)O_4$, ferner das Acetat, Chlorid, Bromid und Jodid der Santonsäure (Cannizzaro, Valente, Sestini).

Metasantonsäure. $C_{15}H_{20}O_4$. — Rhombische Krystalle, Schmpkt. 161—167°, linksdrehend, entstehen beim Kochen von Santonid mit Kalilauge, beim Behandeln von Isosantonin mit Kalilauge, bei der Destillation von Santonsäure im luftverdünnten Raume (Cannizzaro, Valente). Metasantonsäure.

Parasantonsäure. $C_{15}H_{20}O_4$. (Cannizzaro, Valente), Photosantonsäure, $C_{15}H_{20}O_4, H_2O$, bei der Einwirkung von Licht auf Santonsäure entstehend, Pyrophotosantonsäure, $C_{14}H_{20}O_2$ (Sestini, Danesi, Garz. chim. 12. 83), Hydrosantonsäure, $C_{15}H_{22}O_4$, durch Einwirkung von Natriumamalgam auf Santonsäure entstehend (Cannizzaro), Hydrosantonid, $C_{15}H_{20}O_3$, Santonige Säure, $C_{15}H_{26}O_3$, beim Kochen von Santonin mit Phosphor und Jodwasserstoff entstehend (Cannizzaro, Carnelutti, Berl. Ber. 12. 1574), Nadeln, Schmpkt. 178—170°, die beim Destilliren mit Zinkstaub Dimethylnaphtol, $C_{12}H_{11}(OH)$ und Dimethylnaphtalin, $C_{12}H_{12}$, Propylen und Xylol (?) liefern (Cannizzaro, Carnelutti). Parasantonsäure und sonstige Derivate.

Isosantonige Säure $C_{15}H_{20}O_3$, (Cannizzaro) Carnelutti); Santonol, $C_{15}H_{18}O$, das beim Erhitzen von 1 Santonin mit 4 Th. Zinkpulver im Wasserstoffstrome entsteht. — Noch zu erwähnen sind ferner dass α Meta-Santonin $C_{15}H_{18}O_3$, sowie das β Metasantonin, $C_{15}H_{18}O_3$, welche beide beim längeren Kochen von Santonsäure mit Jodwasserstoffsäure und amorphem Phosphor oder durch 10stündiges Erhitzen von Para-Santonid, Parasantonsäure mit 10 Th. Jodwasserstoffsäure und 1 Th. amorphem Phosphor entstehen. (Cannizzaro, Carnelutti). — Santonid, $C_{15}H_{18}O_3$ und Parasantonid, $C_{15}H_{18}O_3$ welche bei mehrstündigem Kochen von Santonsäure mit Eisessig, Erhitzen bis 160° oder 260° (Parasantonid) entstehen. —

Ueber die quantitative Bestimmung des Santonins siehe Dragendorff (Arch. Pharm. (3) 12, 300.)

Toxische Wirkung.

Das Santonin, dessen hauptsächlichste Bedeutung in seiner therapeutischen Verwendung besteht, vermag in grösseren Dosen bei Menschen und Thieren nicht unerhebliche Vergiftungserscheinungen hervorzurufen, ja den Tod zu bedingen. In Folge unvorsichtiger medicinischer Anwendung, besonders aber in Folge Naschens der unten zu erwähnenden Trochisci Santonini, sind mehrfach Intoxicationen bei Kindern vorgekommen, wie solche übrigens auch durch zu grosse Dosen Sem. Cinae (Noack, Schmidt, Linstow) bewirkt sind. So beobachtete Spengler Vergiftung eines 4jährigen Knaben durch 2 Dosen von 0,125, Grimm die eines 8jährigen und den in 12—14 Stunden erfolgten Tod eines $5^1/_2$ jährigen durch 2 Dosen von 0,06 Gm,; Lohrmann (Würtb. med. Corrbl. 1860. 3) Intoxication eines dreijährigen Kindes durch 5 Stück Santoninzeltchen; Berg (ibid. 17. 1862) die eines $2^1/_2$ jährigen Kindes durch 9 und Snijders durch 12 Stück, was, wenn wir die Trochisken als richtig dosirt ansehen, 0,3 resp. 0.54 resp. 0,72 Gm. entspricht. In einem von Binz referirten Falle bedingten 2 Trochisken mit 0,025 Santonin, wenn nicht Verwechslung mit Trochisken von 0,05 stattgefunden hatte, 3tägige lebensgefährliche Erkrankung. Bei einer Erwachsenen nahm Snijders Vergiftungserscheinungen durch 0,24 Santonin wahr; doch ist diese Gabe als eine auffallend kleine zu bezeichnen, da in der Regel viel höhere ertragen werden, ohne (ausser dem weiter unten zu besprechenden Gelbschen) besondere Störungen zu bedingen, z. B. 0,5 in 3 Dosen innerhalb 4 Stunden genommen (Zimmermann), 0,1 in 3 Dosen innerhalb 6 Stunden (Falck und Manns) ja Dosen von 1,25 und 1,75 und selbst 4 Dosen von 1,25 Gm. in 48 Stunden, wonach nur geringes Kopfweh und dumpfe Leibschmerzen eintraten (Jablonowsky). In einem Falle von Raimondi und Bertoni (Ann. univ. 453. 1882) bewirkten 8,6 bei einem Erwachsenen Dyspnoe, epileptiforme Krämpfe und Schwäche, jedoch nicht den Tod. Der Umstand, dass bei Thieren selbst verhältnissmässig grosse Dosen erst in langer Zeit tödtlich wirken, macht es zweifelhaft, ob nicht andre Momente in dem von Grimm beobachteten Todesfalle als Ursache desselben anzusehen sind; doch sind die Erscheinungen die der Santoninvergiftung. In einem angeblich in $^1/_2$ Std. tödtlichen Vergiftungsfall eines 5jähr. Kindes (Pharm. Journ. 996. June. 1878) fehlt die genaue Dosenangabe, doch wurde 0,4 im Magen constatirt. Die

Symptome der Vergiftung.

Symptome der Vergiftung mit Santonin gehören zum Theil dem Tractus intestinalis an; hauptsächlich jedoch betreffen sie das Nervensystem und zwar insbesondere die Nervencentra. Am auffallendsten ist unter allen Symptomen das Farbensehen, besonders Gelbsehen, das auch bei Gaben von 0,2, die sonst keine pathologischen Erscheinungen hervorrufen, auftritt und welches neben der anfangs citronengelben, durch Zusatz von Alkalien und bei Alkalescenz des Urins in Purpurroth übergehenden Färbung des Harns als pathognomonisch für die Santoninvergiftung anzusehen ist.

Nur selten scheint bei Santoninwirkung die Chromatopsie zu fehlen, wie bei Versuchen von Giacomini (Traité de mat. méd. Paris. 1843. 489) mit 0,3 und selbst 1,0, in Folge welcher Schwäche, Sinken des Pulses und Magenbeschwerden allein aufgetreten sein sollen. Page gab 0,33 bei einem 5jähr. Mädchen, ohne dass Gelbsehen oder ein anderes Symptom auftrat. Weit häufiger zeigt sich Gelbsehen ohne Begleitung eines anderen Symptoms, bei Erwachsenen oft schon nach Dosen von 0,125, bei Andern jedoch erst nach viel grösseren Gaben, z. B. nicht unter 1 Gm. bei Jablonowski. Schon 1806 nach dem Gebrauche der sogenannten Wurmsamen von Hufeland constatirt, ist das Phänomen nach Santonin zuerst von Calloud beobachtet, dann als constant von Itzstein (1846) und Spencer Wells hervorgehoben und durch mehrfache Publicationen in den Jahren 1852 bis 1855 (Heydloff und Schmidt in Pösneck, Arnet, Knoblauch u. A.) allgemein bekannt geworden. Sowohl über die nähere Beschaffenheit der Xanthopsie als namentlich über das Zustandekommen und die Ursache derselben finden sich verschiedene Angaben. Es kommt das Gelbsehen nach der internen Einverleibung von Santonin oder Santoninnatron, aber nicht nach localer Application auf die Conjunctiva (Falck) vor. Am häufigsten zeigt es sich so, dass das Farbensehen sich darauf beschränkt, dass alle hell erleuchteten und weissen Gegenstände gelb oder grüngelb gesehen worden; doch sind schon frühzeitig auch andre Täuschungen bemerkt. So in dem Falle von Schmidt-Heydloff, wo nach Letzterem die Farben Roth und Blau immer in den complementären Farben (Orange und Grün) gesehen wurden, nach Schmidt Carmoisinroth fahl und Krapproth broncefarben, Berlinerblau mit einem Stich in's Grüne wahrgenommen wurde; ferner von Seitz, dessen Kinder nach Santoningenuss in der Abenddämmerung den blauen Himmel grün sahen, während dies am Tage nicht der Fall war; endlich von Knoblauch, der zuerst alle hellen Gegenstände gelb, die dunklen in der richtigen Farbe, später helle und dunkle gelbgrünlich und die rothen violett sah. Nach de Martini sah ein Individuum alle Gegenstände grün, ein andres blau, ein drittes nach 0,3 und nach weiteren 0,6 orange. Auch Falck referirt über Santoninversuche von Manns, bei welchen der Himmel grünblau und eine grüne Tapete bei Kerzenlicht violett gesehen wurde. Erst Rose hat erkannt, dass es zwei Arten der Farbensichtigkeit gebe, nämlich eine, wo in allen Mischfarben, die Gelb und Violett enthalten, das Gelbe prävalirt, die am gewöhnlichsten beobachtete, das Gelbsehen, und eine in höheren Graden der Santoninwirkung zum Gelbsehen hinzutretende, wo alle Gegenstände, je dunkler sie sind, in einem zwischen Violett und Ultramarin liegenden Farbentone gesehen werden, das Violettsehen. Diese Beobachtungen drängen schon zu der Annahme, dass das fragliche Phänomen nicht im Zusammenhange steht mit der Gelbfärbung der Augenmedien vermöge eines gelben Farbstoffes, welcher Art er sein möge. Namentlich nicht des Gallenfarbstoffes, da zwar auch bei Ikterus Gelbsehen und nach Santoninvergiftung bei Thieren Leberhyperämie vorkommt (Rose), aber das Santonin nie Gelbsucht der Haut oder der Conjunctiva erzeugt noch Abscheidung von Gallenpigment im Harn bedingt, noch endlich die Flüssigkeiten des Auges gelb färbt, wie letzteres z. B. Pikrinsäure thut, die aber trotz intensiver Gelbfärbung der Augenmedien Xanthopsie nicht hervorruft, aber auch nicht des die Gelbfärbung des Harns bedingenden Stoffes, der wahrscheinlich erst in den Nieren sich bildet, die bei den mit Santonin vergifteten Thieren mehr oder weniger gelb gefärbt sind und mit Ammoniak betupft sich purpurroth färben (Rose), aber nicht in dem durchaus durchsichtigen Blutserum (Zimmermann) und ebenso wenig in Lungen, Schweiss, Fruchtwasser, Netzhaut (Rose) angetroffen wird. Auch die intensivere Gelbfärbung der Macula lutea durch letzteres Pigment (M.

Schultze) ist eine unbewiesene Hypothese, wenn sie vielleicht auch die auf ein Afficirtsein der Retina hinweisenden gleichzeitigen Phänomene bei Gelb- und Violettsehen, wie sie Rose ermittelte, erklärt. Nach Rose beruht das Gelbsehen darauf, dass das betreffende Individuum meist Violett, selten Roth nicht mehr sieht, wodurch bei allen Mischfarben, die violette resp. rothe und gelbe Farbentöne enthalten, das Gelb prävalent wird, so dass also das Gelbsehen mit Violettblindheit resp. Rothblindheit coincidirt; es findet, wie bei dem ebenen Daltonismus (Rothblindheit) eine Verkürzung des Spectrums statt. Beim Violettsehen handelt es sich dagegen nicht um Farbenblindheit, sondern um sogenannten Farbenirrsinn, wobei es nicht nur vorkommt, dass zwei complementive Farben von ungleicher Stärke verwechselt, sondern auch dass zwei ungleiche Stärken eines Farbentons für entgegengesetzte Farben gehalten werden. Rose glaubt das Gelbsehen von der Retina abhängig, an welcher er Hyperämie constatirte, das Violettsehen als ein Leiden der Sehnervenfasern ansprechen zu müssen und macht für das Unabhängigsein von centralen Leiden die Abhängigkeit vom Lichteinfall und die Constanz der Art der Farbenverwechslung geltend. Es unterscheiden sich beide Zustände von wirklichen Gesichtshallucinationen, Farbenerscheinungen bei geschlossenen Augen, bei denen das Violett die grösste Rolle spielt und welche zeitlich weder an das Auftreten des Violett- noch des Gelbsehens gebunden sind, wie sie nach Einwirkung des Santonins, jedoch nur ausnahmsweise, vorkommen. Von sonstigen Störungen des Sehapparats finden sich nur einzelne auf Steigerung des innern Drucks deutende Erscheinungen, wie Druck oder Brennen im Auge (Krauss, Martin), Flimmern vor den Augen (Krauss), hic und da Thränenfluss (Martin); eigentliche Amblyopie und Störung der Accomodation existirt nach Rose nicht, wird dagegen von Andren, z. B. Bianchi Cogliesi, dem zufolge ein $^1/_2$jähriges Kind durch 0,3 Santonin eine $2^1/_2$ Monate dauernde Anaurose bekam, als Intoxicationsphänomen verzeichnet. Das Verhalten der Pupille scheint nicht constant; bei Einzelnen (Terzi, Manns) findet sich Myosis, bei Andern Mydriasis, die nach Krauss durch Dosen von 0,3-0,4 constant bedingt werden soll, angegeben.

Was die Färbung des Urins anlangt, so erscheinen die Nüancirungen verschieden, bald citronengelb, bald safrangelb oder selbst orange. Tritt in Folge von Zersetzung Ammoniakbildung ein, so bildet sich purpurrothe Farbe aus, die zur irrigen Annahme einer Hämaturie führen kann (Notta, M'Daniel), eine Färbung, die man auch an den Stuhlgängen nach Santonin bisweilen wahrgenommen hat (Betz). Nach Rose soll die Gelbfärbung des Urins erst eintreten, nachdem die Gesichtstäuschung und Hirnbetheiligung wieder verschwunden ist; indessen ist dies kaum richtig. So ist namentlich in den Versuchen von Krauss der Santoninharn oft schon in 1 Stunde, meist in 2 Stunden constatirt, ehe Gelbsehen sich zeigte, nach Santoninnatron schon in $^1/_2$ Stunde; Eckman sah nach 1 Gm. Santonin den Urin schon in 5 Minuten vor dem Erscheinen von andern Symptomen gelb gefärbt. Die Urinfärbung und Reaction mit Alkalien kann 60 bis 72 Stunden anhalten (Eckman); auch nach Santoninnatron 60 Stunden (Falck), wonach die Angabe von Krauss, dass das Santoninnatron schneller eliminirt werde als Santonin, problematisch ist. Der Harn erscheint durch Santonin nach verschiedenen Beobachtern (Krauss, Kletzinsky, Mauthner, Rose, M'Daniel) oft vermehrt und häufig ist ein heftiger Drang zum Uriniren mit Jucken in der Urethra (Krauss, Jablonowsky Farqharson) angegeben. Ueber die

Unterscheidung des Santoninharns von Rhabarberharn vgl. Munk, Arch. path. Anat. 72. 136.

Nur in einzelnen Fällen zeigen sich auch Hallucinationen des Geruches (Rose, Eckman), noch seltener des Geschmackes und Gefühls (Rose). Bei physiologischen Versuchen mit Santonin fand Rose 30 Mal Gelbsehen, 19 Mal Violettsehen, 14 Mal Uebelkeit und Erbrechen, das er zum Theil aus gastrischen Zuständen sich entwickelnd, zum Theil von cerebraler Reizung abhängig hält, 9 Mal duselige Empfindungen und Abgeschlagenheit, 8 Mal Visionen, 6 Mal Delirien des Geruchs, 5 Mal Delirien des Geschmacks, 8 Mal abnorme Gefühle und Kopfschmerzen, 2 Mal Sinken des Pulses, vereinzelt Kollern und Aufstossen. Als besonderes, jedoch vielleicht individuelles Symptom bei Selbstversuchen bezeichnet Farqharson tiefe psychische Depression mit Mangel an Selbstvertrauen. Von diesen Symptomen physiologischer und toxischen Action sind Idiosynkrasien zu unterscheiden, wie solche in Form von Oedem des Gesichtes und Urticaria Sieveking (Brit. med. Journ. Febr. 18. 1871). beobachtete.

In den wenigen Vergiftungsfällen durch Santonin kommen ausser Gelbsehen und der Färbung des Urins als Symptome vor: meist Brechreiz, Schmerzen im Abdomen, Unruhe, Angst, Zuckungen der Augen- und Gesichtsmuskeln und der Extremitäten, paroxysmenweise auftretend und schliesslich auf die Athemmuskeln übergehend, Bewusstlosigkeit, Stupor; vereinzelt Trismus und tonischer Krampf (Grimm, Lohrmann, Binz, Snijders), eigenthümliches Rückwärtslaufen (Snijders), Schäumen des Mundes (Lohrmann), Delirien (Grimm), vermehrte Darmentleerungen (Spengler); die Pupille wird als weit (Grimm), Berg, Snijders) oder normal (Spengler), stets aber nicht auf Lichtreiz reagirend, die Temperatur als gesunken (Spengler) oder als am Kopfe gesteigert (Berg), der Puls als frequent (Snijders, Berg) und irregulär (Berg) bezeichnet; die Erscheinungen, die bisweilen sehr spät, selbst 10 Std. nach der Einführung (Binz) eintreten, weichen mit Ausnahme der Gelbfärbung des Urins meist in 12-24 Stunden; doch sah Binz noch am 3. Tage Krampfanfälle.

Bei Thieren ergeben die Versuche von Manns und Falck, Rose, v. Hasselt und Rienderhoff, Krauss und R. Köhler ebenfalls die Giftigkeit des Santonins, die bei Fröschen und Kaninchen weniger intensiv, besonders ausgesprochen für Hunde zu sein scheint. v. Hasselt und Rienderhoff fanden bei Hunden 0,4 als niedrigste toxische Dosis, wonach Zittern der Extremitäten, zuerst der hinteren eintritt, und 4-6 Gm. tödtlich, jedoch erst in 36 Stunden, nach wiederholten Krampfanfällen, die theilweise reflectirte sind und in denen starker Speichelfluss auftritt. Die Erscheinungen nach 0,6-0,8 sind nach $^1/_4$-$^1/_2$ Stunde Zittern, Trägheit in den Bewegungen, Steifigkeit im Nacken, in Vorder- und Hinterbeinen, Hinfallen, Convulsionen, abwechselnd an Extremitäten, Rumpf und Kopf, Trismus, Pupillenerweiterung, nach den Krämpfen noch eine Zeit lang Bewusstlosigkeit, dann Umherlaufen mit Anstossen der Schnauze. Bei der Section der mit Santonin vergifteten Hunde wurde starke Capillarinjection der Med. oblong. und spinalis, Hyperämie der Hirnhäute und der Lungen und Ueberfüllung des Herzens mit Blut constatirt. Bei Kaninchen sind die Symptome, da wo sie nach genügenden Dosen (subcutan 2,0 in Chloroform gelöst nach Krauss) auftreten, dieselben (Krämpfe, Trismus, Speichelfluss, schliesslich Lähmung, Tod in 30 Stunden); der Sectionsbefund in den Nervencentren ist inconstant (Krauss). Nach Rose beschränken sich die vom Santonin hervorgerufenen Krämpfe bei Thieren manchmal auf die vom Gehirn innervirten Partien; auch kann der Urin bei Kaninchen purpurroth sein.

Es erhellt aus den obigen Angaben, dass das Santonin als eine besonders auf das Gehirn und die Gehirnnerven, vor Allen aber auf den Opticus und die Retina und in höheren Dosen nach Art des Pikrotoxins auf die Krampfcentren des Hirns erregend wirkende Substanz, der daneben eine geringe örtliche Beiwirkung auf den Tractus zukommt, anzusehen ist. Die bei Fröschen nach vorübergehender Erschlaffung auftretenden Krampfanfälle werden durch Durchschneiden des Halsmarks aufgehoben (Binz und Becker). Auf das Herz ist es ohne besonderen Einfluss (Binz). Nach Rose tritt die örtliche Wirkung stärker ein, wenn Santonin nüchtern genommen ist, und wird rasch durch eine baldige Mahlzeit beseitigt; Kopfschmerzen sollen dagegen verhütet werden, wenn man Santonin oder santoninsaures Natron nüchtern oder nach mässigem Essen einnimmt. Die Resorption des Santonins erfolgt sowohl bei interner Application als bei Application in den Mastdarm (Jablonowsky) als bei subcutaner Application in geeigneter Form (Lösung in Chloroform nach Köhler und Krauss oder Santoninnatron). Ein Theil des crystallinisch genommenen Santonins passirt unverändert den Tractus (Rose), während der übrige Theil

Schicksale im Organismus.

in das Blut tritt. Das Santonin löst sich zwar nicht in Salzsäure, wohl aber leicht in Milchsäure und in Magensaft, so dass arzneiliche Dosen vom Magen aus resorbirbar sind; weit leichter erfolgt die Resorption durch den Einfluss der Alkalien des Darmsaftes und des Pankreassaftes (Lewin und Caspari). Bei Subcutaninjection von Santoninnatrium findet sich Santonin in kleinen Mengen im Darm (Lewin). Ueber die Schicksale im Organismus sind wir noch nicht im Klaren, da die Natur des den Harn färbenden Princips, von Falck Xanthopsin genannt, bisher nicht nachgewiesen ist. Nach Jablonowsky geht das Santonin entweder als solches oder als Oxydationsproduct in den Urin über; nach Kletzinsky soll das Santonin 3 O aufnehmen und als Santoniin, $C_{15}H_{18}D_6$, im Urin erscheinen. Nach Lewin und Caspari findet eine moleculäre Umwandlung des Santonins im Körper statt.

Behandlung der Vergiftung.

Bei Santoninvergiftung ist ein Emeticum und, da die Resorption zumeist im Darm erfolgt, auch ein Abführungsmittel indicirt. Die Krämpfe werden durch Inhalationen von Chloroform oder Aether (nach Versuchen von Becker Binz an Thieren) verkürzt oder ganz aufgehoben; Chloral kann bei Thieren das Auftreten der Anfälle verhindern. Morphin, Amylnitrit und künstliche Respiration sind ohne besonderen Effect (Binz); Förderung der Elimination durch Diuretica scheint rationell.

Anwendung.

Das Santonin findet fast ausschliesslich in der Medicin Anwendung als bestes Mittel gegen den Spulwurm und hat die Flores Cinae, deren anthelmintisches Princip es darstellt, während es den durch ein ätherisches Oel bedingten widrigen Geschmack nicht theilt, fast ganz aus der Praxis der Aerzte und selbst aus der Volksmedicin verdrängt.

Die Einführung des Santonins als Anthelminticum in die medicinische Praxis, schon von Alms befürwortet, ist vorzugsweise Merck in Darmstadt zu danken, der schon mehrere Jahre früher als J. R. Mayer, Kleiner und Calloud (1843) Erfahrungen über die Wirksamkeit des Stoffes gemacht zu haben scheint. Directe Versuche von Küchenmeister (Arch. phys. Heilk.

10. 630. 1851) stellen das Santonin, da es in öliger Lösung Nematoden ausserhalb des Thierkörpers schon vor 1 Stunde und früher als irgend ein andres Wurmmittel tödtet, an die Spitze der Nematodenheilmittel, welchen Platz es auch der allgemeinen Erfahrung zufolge mit Recht beanspruchen kann, wenn auch die Angaben Küchenmeisters durch Falck nicht bestätigt wurden und wenn auch sehr häufig der Abgang lebendiger Spulwürmer danach erfolgt.

Nach Sp. Wells wirkt es auch gegen Taenien. — Oxyuris vermicularis und Trichocephalus dispar scheinen durch das Santonin nicht afficirt zu werden (E. Rose). Harley empfahl das Natronsalz zur Einspritzung in die Blase gegen Distoma. Bäumler (Schw. Corrsbl. 15. 1881) erklärt Santonin und Thymol für die besten Abtreibungsmittel des Anchylostoma duodenale.

Ausserdem ist das Santonin, jedoch wie es scheint aus unzureichenden Gründen empfohlen: 1. gegen Intermittens, zu 4 Dgm. (Maigron, Cnnst. Jahresb. 1851. 4. 100). 2. in leichteren Fällen von Keuchhusten (Lachmund, Prag. Ann. 21. 170. Reil, Mat. med. 274). 3. bei Augenleiden, insonderheit Amblyopie mit Mydriasis, zu täglich 0,2 mehrere Wochen gebraucht (Terzi), oder selbst zu 0,4-0,6 pro die (de Martini) gegen Retinalhypersthesie, Sehnervenatrophie und Cataract (Brown und Ogston), sowie gegen subacute Iritis und Chorioiditis zu 0,2 2 Mal täglich (Guépin). 4. gegen Nierensteinkoliken, zu 2 Mal wöchentlich 0,3-0,4 (Camera, Gaz. méd. de Paris. 44. 1863). 5. bei Tripper (Anderson, Lancet. Nov. 10. 1883). Etwas besser begründet ist die Empfehlung als Diureticum (M'Daniel).

Dosis und Gebrauchsweise.

Bei der Verabreichung des Santonins hat man sich, wie aus den obigen Angaben über die Santoninvergiftungen erhellt, vor zu hohen Dosen sehr zu hüten; man bedarf derselben aber auch gar nicht, da schon nach relativ geringen Gaben die Spulwürmer abgehen, und da jedenfalls wiederholte kleine Gaben dasselbe und mehr leisten als eine grössere. Man kommt nach unserer Erfahrung bei Kindern meist mit der (bei sehr kleinen Kindern in drei Portionen an verschiedenen Abenden zu reichenden) Gabe von 0,05 bis 0,1 aus, die man beim Zubettgehen, wodurch die Xanthopsie als ein von einfallendem Lichte abhängiges Symptom verhindert und der Schlaf eher befördert als gestört wird, 2—3 Abende hinter einander nehmen lässt. Eine solche Gabe entspricht 2—4 Stück der officinellen und in vielen Gegenden höchst populären Trochisci Santonini, welche 0,025 Santonin enthalten. Nicht unzweckmässig erscheint es, am 2. oder 3. Tage des Gebrauches der Santoninzeltchen einen Esslöffel Oleum Ricini oder eine Dosis Calomel mit Jalape zur Entfernung der getödteten oder in krankhaften Zustand versetzten Helminthen darzureichen. Das gilt auch für den Fall der Verabreichung von Santonin in Pulverform, welche in Folge der durch die Unlöslichkeit in Wasser bedingten Abwesenheit eines unangenehmen Geschmackes in Verbindung mit Zucker und Milchzucker (Anderson) geschehen kann, wenn man nicht Pasta Cacao oder Elaeosaccharum Tanaceti als Vehikel wählen will. Küchenmeister will zur Erleichterung der Lösung im Tractus es entweder auf eine Butterschnitte aufgestreut oder in einem Eigelb mit Zucker verrieben oder in Buttermilch geben; auch empfiehlt er, wo Oele gut vertragen werden, Darreichung in Oleum Ricini (zu 0,12-0,25 Santonin auf 30,0 kaffeelöffelweise bis zur abführenden Wirkung). Die Darreichung in Oel ist, da es aus obigen Lösungen vom Magen aus nicht resorbirt wird (Lewin), rationell.

Weder das am Lichte gelb gewordene Santonin, welches ebenfalls Gelbsehen bedingt, noch das unreine und deshalb unsicher wirkende und zu dosirende Santonine brute von Gaffard (Journ. Pharm. Chim. 16. 116) und die daraus dargestellten, nach Oleum Cinae unangenehm riechenden Pastilles de Santonine brute können dem Santonin Concurrenz machen.

Neben dem Santonin ist auch die Verbindung mit Natron als santonsaures Natrium, Natrium santonicum, auf seine physiologischen und wurmwidrigen Eigenschaften geprüft worden. Nach Küchenmeister ist das zuerst von Hautz (Schmidts Jahrb. 72. 172) wegen seiner Leichtlöslichkeit empfohlene Präparat als Anthelminticum gleich dem Santonin, sonst aber unschuldiger als dieses, indem es bei Erwachsenen selbst in Gaben von 0,5-0,6 2 Mal täglich und bei Kindern in Tagesgaben von zweimal 0,125-0,3 keine Nebenwirkung hervorbringt. Nach Falck und Manns erregen 10-20 Ccm. einer durch Kochen von 1/2 Gm. Santonin mit derselben Gewichtsmenge reinen krystall. Natr. carbon. und Wasser erhaltenen Flüssigkeit, bei Einspritzung in die Drosselader von Kaninchen und Hunden Zittern, masticatorischen Krampf, Zuckungen mit dem Kopfe und den Extremitäten; eine 1 Gm. Santonin entsprechende Menge des Santoninnatrons, in das Unterhautbindegewebe gespritzt, bedingte ausser wiederholten tonischen und klonischen Krämpfen Pupillenerweiterung, Speichelfluss, Abgang von Urin, Adynamie und Tod in 2-3 Stunden. Nach Rose wirkt santoninsaures Natron stärker toxisch als Santonin, indem bei Kaninchen 4,0 Santonin in Krystallen innerlich beigebracht nur Betäubung, 4,0 Santoninnatron = 2,8 Santonin dagegen starke Krämpfe der von Hirn mit Nerven versehenen Theile, 8,0 = 5,6 Santonin Opisthotonos und Tod in 73 Minuten bedingten, endlich 12,0 = 8,4 Santonin in 32 resp. 56 Minuten tödteten, wonach sich geringe Entzündung im Magen fand. Rose will vom Santoninnatro ais Anthelminticum Nichts wissen, weil es schlechter zu nehmen sei, weniger auf den Darminhalt wirke, da es nicht unverändert wie das Santonin den Darm passire, sondern nur theilweise, soweit das Salz im Magen zersetzt werde, grösstentheils aber rasch zur Resorption gelange und vermöge dieser raschen Resorption auch intensiver den Organismus afficire. Krauss stellt letzteres in Abrede, da er bei Kindern nach Dosen, welche 0,06-0,25 Santonin entsprechen, niemals Xanthopsie oder gastrische Beschwerden eintreten sah, während die Helminthen in derselben Weise danach abgingen wie nach Santonin, dessen Uebergang in die unteren Darmpartien in Substanz er bei feingepulvertem Santonin nie constatirte, und weist darauf hin, dass wegen der leichteren Eliminatien des Präparates die toxischen Phänomene eine kürzere Dauer haben müssten als nach Santonin, was bezüglich des Gelbsehens auch von Rose selbst behauptet wird. Gar kein Gelbsehen soll nach Pavesi (1875) ein von ihm dargestelltes Santoninnatronalbuminat besitzen (?).

Wurmsamenöl. Das Wurmsamenöl, aus dem sog. Wurmsamen (man vergl. S. 824), ist blassgelb bis bräunlichgelb, ziemlich dünnflüssig, wird aber an der Luft bald dunkler und dicker, hat einen durchdringenden widrigen Geruch und brennenden Geschmack. Es besitzt ein spec. Gewicht von 0,925-0,945, siedet zwischen 170-220°, grösstentheils bei 175°, und löst sich in seinem gleichen Gewicht Weingeist von 0,85 specif. Gew. Es ist nach Kraut und Wahlforss (Arch. Pharm. (2) CXI. 104; CXIX. 81) ein Gemenge eines sauerstoffhaltigen, bei 175° siedenden Oels von der Formel $C_{10}H_{18}O$ mit einer geringen Menge eines Kohlenwasserstoffs. Zu abweichenden Resultaten in Bezug auf die Zusammensetzung gelangten Völkel (Ann. Chem. Pharm. XXXVIII. 110; LXXXVII.

312) und Hirzel (Jahresb. d. Chem. 1854. 591 und 1855. 655), was zum Theil in der verschiedenen Beschaffenheit des Oels seinen Grund haben mag. Durch wiederholtes Destilliren des Wurmsamenöls über wasserfreie Phosphorsäure erhält man einen bei 172-175° siedenden optisch inactiven Kohlenwasserstoff von 0,878 specif. Gew. und der Formel $C_{10}H_{16}$ (Hirzel. Kraut u. Wahlforrs), nicht $C_{12}H_{18}$, wie Völkel annahm. Hirzel nennt ihn Cinaeben, Völkel Cynen. Beim Behandeln des Wurmsamenöls mit conc. Salpetersäure werden Phtalsäure und Terebilsäure neben Blausäure, Essigsäure und Oxalsäure gebildet (Kraut). Salzsäuregas wird von dem Oel lebhaft absorbirt unter Bildung einer krystallisirbaren Verbindung (Hirzel). Beim Vermischen mit einer gesättigten Lösung von Kaliumbijodid erstarrt es zu einem Brei metallgrün glänzender Nadeln, die an der Luft unter Entwicklung von Jod zerfliessen und der Formel $C_{10}H_{20}JO_2$ entsprechen (Kraut u. Wahlforss). Nach A. Faust u. Homeyer siedet rectificirtes Wurmsamenöl bei 173—174°, sp. G. 0,213 bei 20° und besteht nur aus einem Kohlenwasserstoff mit 75,69 % C. 11,72 % H. — Das Wurmsamenöl ist nach E. Rose (Arch. path. Anat. 16. 233) für Kaninchen schon zu 2,0 ein tödtliches Gift, das Unruhe, Sinken der Temperatur, Mattigkeit, Zittern, verminderte Sensibilität, tetanische und klonische Muskelzuckungen, vermehrte Diurese, Albuminurie und Darmkatarrh ohne Vermehrung der Stühle hervorbringt, durch die Exspiration ausgeschieden wird und dem Urin einen aromatischen Geruch verleiht. An der wurmwidrigen Wirkung der Flores Cinae ist es nur in untergeordnetem Masse betheiligt.

Wirkung.

Beifussöl. Das Beifussöl, aus der Wurzel von *Artemisia vulgaris L.*, ist blassgrünlichgelb, butterartig, von durchdringendem Geruch, bitterlich brennendem, hinterher kühlendem Geschmack und neutraler Reaction (Bretz u. Elieson). — Das Esdragonöl, aus den Blättern von *Artemisia Dracunculus L.*, hat das spec. Gew. 0,935, siedet bei 200—206° und enthält neben Anethol nur geringe Mengen eines leichter flüchtigen Kohlenwasserstoffs (Gerhardt).

Esdragonöl.

Wermuthöl. Das Wermuthöl, aus dem blühenden Kraut von *Artemisia Absinthium L*, das frisch getrocknet davon etwa 0,3 % liefert, ist dunkelgrün, riecht durchdringend nach Wermuth, schmeckt brennend, hat das spec. Gew. 0,92—0,97, siedet zwischen 180 und 205°, dreht die Polarisationsebene nach rechts, reagirt neutral und löst sich sehr leicht in Weingeist. An der Luft wird es dunkler und dickflüssiger. Es besteht nach Gladstone aus einem Kohlenwasserstoff, einem sauerstoffhaltigen Oel, das nach Leblanc (Ann. Chim. Phys. (3) 16. 333) bei 205° übergeht und der Formel $C_{10}H_{16}O$ entspricht, und dem schon beim Kamillenöl erwähnten blauen Coeruleïn. Bei wiederholtem Destilliren des Oels über wasserfreie Phosphorsäure erhielt Leblanc den Kohlenwasserstoff $C_{10}H_{14}$. Nach F. Beilstein und A. Kupffer (Berl. Ber. 1873. 1181) besteht das Wehrmuthöl aus einem Terpen, unter 160° Sdpkt., Absinthol, $C_{18}H_{16}O$, 195° Sdpkt., und aus einem tiefblauen Oele, Sdpkt. 270—300°. — A. Wright (J. chem. soc. (2) 12. 1 und 317) stellt als Bestandtheil des Wurmholzöles neben Absinthol, $C_{10}H_{16}O$, Sdpkt. 200—201°, ein Terpen, $C_{10}H_{16}$, Sdpkt. 150° und einen bei 170—180° siedenden Kohlenwasserstoff auf. Aus diesem Absinthol wurde Cymol durch Einwirkung von Chlorzink erhalten.

Wirkung. Das Wermuthöl wird von Magnan (Compt. rend. 68. 14; Gaz. Hôp. 79. 82. 1869) als die Ursache der bei Absynthtrinkern vorkommenden epileptiformen Anfälle angesehen, da es bei Tauben, Hunden und anderen Säugethieren zu 3—4 Gm. intern Zittern der Muskeln und electrische Stösse in Hals- und Vorderbeinmuskeln, in grossen Gaben Trismus und Tetanus, mit paroxystisch auftretenden klonischen Krämpfen abwechselnd, stertoröses Athmen, Schäumen des Maules, unwillkürliche Defäcation und Samenerguss producire, wobei in den längeren oder kürzeren Pausen sich manchmal wirkliche Hallucinationen einzustellen scheinen, und wonach, wenn der Tod erfolgt, Hyperämie der Hirn- und Rückenmarkshäute, namentlich am verlängerten Marke, schwache allgemeine Injection der Hirnsubstanz, Ekchymosen im Peri- und Endocardium und Lungenhyperämie, ausnahmsweise blutige Suffusion in den Magenwandungen vorkommen sollen. Auch Danillo (Arch. Physiol. norm. path. 388. 599. 1882; Compt. rend. 94. 1435) vindicirt dem Oele epileptogene Wirkung, so zwar, dass es bei Hunden in schwachen Dosen (0,1—0,3) die Erscheinungen eines Krampfanfalls mit einer tonischen und klonischen Periode, in einer einzigen starken Gabe (0,5—1,5) eine sehr intensive tonische Periode, auf welche eine schwache klonische und schliesslich Erschlaffung folgt, und in wiederholten kleinen Dosen eine länger dauernde klonische Periode mit Intervallen von Muskelrelaxation bedingt; Delirien fehlen bei kleinen und colossalen Dosen, welche unmittelbar Coma herbeiführen, treten aber bei grossen Einzelgaben und namentlich dann auf, wenn diesen mehrere kleine Gaben vorausgeschickt werden. In den Intervallen der Krämpfe ist die Reizbarkeit der Hirnrinde und die spinale Reflexthätigkeit bedeutend gesteigert; in der Erschlaffung schwächt sich die cerebromusculäre Reaction allmälig ab, während die Reizbarkeit der Muskeln und peripheren Nerven unverändert bleibt; die Delirien sind von den Sehhügeln unabhängig, schwinden aber nach Abtragung der Hirnrinde (Danillo). Mit den von den französischen Experimentatoren beobachteten Erscheinungen bei Thieren harmoniren auch die Symptome, welche W. Smith (Lancet, Dec. 6. 1862) bei einer in 48 Std. günstig verlaufenen Intoxication eines Erwachsenen mit 15,0 Oel wahrnahm (Anästhesie, Convulsionen, Trismus, Schäumen des Mundes, Brechneigung und völlige Bewusstlosigkeit während des Vergiftungsfalles). — Im Gegensatze zu Danillo fanden Böhm und Kobert (Centrbl. med. Wiss. 689. 1879) epileptoide Krämpfe mit Steigerung der Reflexaction nur unmittelbar vor dem Tode durch colossale Dosen, während sie sonst stets Depression der Reflexthätigkeit constatirten. Von sonstigen Wirkungen toxischer Dosen constatirten die letzteren bei Kaltblütern (Fröschen, Salamandern, Kröten), auf welche das Oel vom Magen aus, subcutan und inhalirt toxisch wirkt, Unruhe, Brechen und Aufhören der Respiration, bei Warmblütern (Kaninchen, Hunden) vom vasomotorischen Centrum abhängiges, vom Vagus unabhängiges Sinken des Blutdrucks nach kurzem Ansteigen, Beschleunigung des Herzschlages, Acceleration und spätere Irregularität der Athmung, sowie Herabsetzung der Temperatur (am intensivsten bei Inhalation). Der Tractus wird selbst durch 10,0 intern nicht afficirt, die Nieren wenig gereizt, die Leber nicht fettig degenerirt; vorübergehend kommt es zu beträchtlicher Zunahme der Leukocyten im Blute. — Das Oel wird durch die Lungen unverändert und durch die Nieren im verharzten Zustande ausgeschieden (Böhm und Kobert). — Therapeutisch wird Wermuthöl äusserst selten bei Verdauungsschwäche und als Anthelminticum gebraucht.

Absynthiin. — Literat.: Mein, Ann. Chem. Pharm. 8. 61. — Righini, Journ. Chim. méd. 19. 383. — Luck, Ann. Chem. Pharm. 54. 112; 78. 87. — Kromayer, Arch. Pharm. (2) 108. 129.

Absynthiin. Indem wir bezüglich der älteren Untersuchungen von Mein, Luck und

Righini über den Bitterstoff des Wermuths, *Artemisia Absynthium L.*, auf die Originalabhandlungen verweisen, folgen wir den Angaben Kromayer's.

Zur Darstellung fällt man nach Letzterem am besten den heiss bereiteten wässrigen Auszug des Wermuths mit Gerbsäure und zerlegt den gewaschenen Niederschlag durch Eintrocknen mit Bleioxyd. Weingeist entzieht alsdann der trocknen Masse das Absynthiin, welches man zu weiterer Reinigung in weingeistiger Lösung mit Thierkohle behandelt und nach dem Verdunsten des Filtrats noch einmal in Aether löst.

Beim Verdunsten seiner weingeistigen Lösung scheidet sich das Absynthiin in blassgelben Tropfen aus, die allmälig undeutlich krystallinisch erstarren. Seine ätherische Lösung hinterlässt es als beinahe farblose durchsichtige zerreibliche Masse von gewürzhaftem Geruch, sehr bitterem Geschmack und neutraler Reaction. Es schmilzt bei 120—125°, löst sich kaum in kaltem, wenig in heissem Wasser, leicht in Weingeist und Aether (Kromayer).

Für die Zusammensetzung des über Schwefelsäure getrockneten Körpers geben Kromayer und Ludwig die noch der Bestätigung bedürfende Formel $C_{40}H_{28}O_8$, HO.

Beim Erhitzen zersetzt sich das Absynthiin unter Entwicklung von scharfen reizenden Dämpfen. Seine anfangs braune Lösung in conc. Schwefelsäure wird bald grünblau, mit mehr Wasser dunkelblau (Kromayer). Aus schwefelsauren Lösungen wird das Absinthiin durch Benzin weggenommen.

Das bittere Princip des Wermuths wird von Leonardi (Osservazioni ed esperienze del. Dott. Lupis sopra la virtù antifebrile dell estratto amarissimo d'assenzio. Milano, 1828) als in kleinen Gaben stärkend und reizend, in grösseren Schwindel und Betäubung erregend, und als treffliches Fiebermittel bezeichnet. Righini (Journ. Chim. méd. (2) 9. 383) leugnet die excitirende Wirkung und bezeichnet es als reines Tonicum.

Achillea.

Ivaïn. — Von v. Planta (Ann. Chem. Pharm. 1870) entdeckter Bitterstoff der alpinen Achillea moschata. Zur Darstellung wird durch Destillation mit Wasser vom ätherischen Oele und den in Wasser löslichen Stoffen befreite und darauf wieder getrocknete Kraut in der Real'schen Presse mit starkem Weingeist erschöpft, der stark concentrirte Auszug auf dem Wasserbade mit überschüssiger weingeistiger Bleizuckerlösung gefällt, das mittelst Schwefelwasserstoff entbleite Filtrat zum Extract eingedunstet und diesem ein beigemengter Rest der alkaloidischen Bitterstoffe Achilleïn und Moschatin (s. diese) durch anhaltende Behandlung mit verdünnter Essigsäure entzogen. Der Rückstand wird mit Wasser gewaschen und wiederholt in weingeistiger Lösung mit Thierkohle behandelt. Beim Verdunsten hinterbleibt dann das Ivaïn (ob völlig rein?) als gelbliche terpentinartige, in Wasser unlösliche, in Weingeist lösliche und in dieser Lösung ausserordentlich bitter schmeckende, auf dem Platinblech mit russender Flamme verbrennende Masse. Die Analysen v. Planta's führten zu der Formel $C_8H_{14}O$. Ivaïn.

Achilleïn und Moschatin. — So nennt v. Planta (Ann. Chem. Pharm. 155. 145. 1870) zwei stickstoffhaltige, vielleicht zu den Alkaloiden zu zählende Bitterstoffe, die das Ivaïn (s. dies.) in der *Achillea moschata Jacq.* begleiten und von denen der erstere auch in der Scharfgarbe, *Achillea Mille-* Achilleïn.

folium L., vorkommt und bereits früher daraus von Zanon (Ann. Chem. Pharm. 58. 21) in unreinem Zustande erhalten wurde.

Zur Darstellung knetet man das wässrige Extract der erstgenannten Pflanze so lange mit absolutem Weingeist aus, als dieser noch bitteren Geschmack annimmt, wobei viel Gummi zurückbleibt. Der Destillationsrückstand der vereinigten weingeistigen Auszüge wird mit Wasser versetzt, wodurch das Moschatin in rothbraunen Flocken ausgeschieden wird. Die abfiltrirte Flüssigkeit wird kalt so lange mit wiederholt erneuerten Mengen von Bleioxydhydrat geschüttelt, bis sie sich mit Bleiessig nicht mehr trübt. Das mittelst Schwefelwasserstoff entbleite Filtrat hinterlässt nun beim Verdunsten Achilleïn, das durch wiederholtes Auflösen in absolutem Weingeist sowie auch in Wasser und Wiedereindunsten der Lösungen gereinigt wird. Zur Reinigung des Moschatins nimmt man die oben erwähnte flockige Ausscheidung in absolutem Weingeist auf und behandelt den Verdunstungsrückstand der Lösung so lange mit warmem und schliesslich mit kaltem Wasser, bis die Masse sich unter Wasser leicht pulvern lässt.

Das in gleicher Weise auch aus *Achillea Millefolium* zu gewinnende Achilleïn bildet eine spröde braunrothe, sehr zerfliessliche Masse von eigenthümlichem Geruch und stark bitterem, nicht unangenehmem Geschmack. Es löst sich leicht und mit weingelber Farbe in Wasser, schwieriger in Weingeist, gar nicht in Aether. Seine Reaction ist eine deutlich alkalische. Die wässrige Lösung wird weder durch Gerbsäure, noch durch Bleisalze gefällt. Die Analyse ergab die Formel $C_{20}H_{38}N_2O_{15}$ (v. Planta).

Durch längeres Kochen mit verdünnter Schwefelsäure wird das Achilleïn in Zucker und Achilletin, $C_{11}H_{17}NO_4$, gespalten. Letztes scheidet sich dabei als dunkelbraunes Pulver aus, das sich nicht in Wasser und nur sehr schwer in Weingeist löst (v. Planta).

Das Moschatin ist ein braunrothes, wenig hygroskopisches, aromatisch bitter schmeckendes, in Wasser kaum, besser in absolutem Weingeist sich lösendes Pulver, das auf dem Wasserbade unter Wasser schmilzt. Die Analyse führte zu der Formel $C_{21}H_{27}NO_7$ (v. Planta).

Ob Achilleïn und Moschatin mit den hier angegebenen Eigenschaften schon als reine Stoffe zu betrachten sind, steht dahin. v. Planta findet einen Beweis für die Reinheit darin, dass Analysen von Präparaten verschiedener Darstellungen übereinstimmende Resultate ergaben.

Schafgarbenöl. Das ätherische Oel der Schafgarbe, *Achillea Millefolium L.*, ist von verschiedener Beschaffenheit, je nachdem es aus Blüthen, Kraut, Wurzeln oder Samen gewonnen wurde. Das Oel der Blüthen ist blau oder grün, von 0,92 spec. Gew. und schwach saurer Reaction. Die Ausbeute beträgt nach Bley aus getrockneten Blüthen 0,114%. Das Oel des Krautes, welches frisch getrocknet davon 0,065 % liefert, ist dunkelblau, in der Kälte fast butterartig, von 0,85—0,91 spec. Gew. und starkem Geruch (Bley. Zeller). Das Oel der Wurzeln (Ausbeute 0,032%) ist schwach gelblich, von unangenehmem baldrianähnlichem Geruch, das Oel der Samen (Ausbeute 0,052 %) endlich grünlich. (Bley, Repert. Pharm. 48. 95. — Zeller, Studien etc.). — Das Edelschafgarbenöl, aus Blüthen, Kraut und Samen von *Achillea nobilis L.*, die davon im Durchschnitt 0,25% liefern, ist blassgelb, dickflüssig, von kräftigem angenehmem Geruch, campherartigem Geschmack und dem spec. Gew. 0,97—0,983

Ivaöl. (Bley, Arch. Pharm. (2) 2. 124). — Das Ivaöl, aus dem vor der Blüthe gesammelten Kraut der *Achillea moschata Dec.* (romanisch Iva) ist bläulichgrün, von starkem durchdringendem Geruch und pfeffermünzartigem Geschmack. Es besitzt das spec. Gew. 0,934 bei 15° und beginnt bei 170° zu sieden unter Erhöhung des Siedepunkts auf 260°. Der Hauptbestandtheil ist das Ivaol, $C_{12}H_{20}O$, Sdpkt. 170—210°, das eine harzige Substanz gelöst enthält (v. Planta). De Luca erhielt aus Achillea ageratum (Ann Chim. Phys. (5) 4. 132) ein ätherisches Oel, 0,849 spec. Gew. bei 24°, aus einem bei 165—170° siedenden Theile und einem bei 180—182° siedenden Theile, $C_{26}H_{44}O_3$ bestehend.

Erigeron. Chrysanthemum. Arnica.

Die ätherischen Oele:

Das ätherische Oel von *Erigeron canadense* strohgelb, besteht vorwiegend aus einem bei 176° siedenden Terpen, 0,8464 spec. Gew., das mit Salzsäure ein Dihydrochlorid bildet (F. Beilstein, E. Wiegand, Berl. Ber. 15. 2854. — F. Vigier, Ch. Cloëz, J. pharm. Chim. (5) 4. 236). Ueber die Prüfung dieses Oeles siehe E. J. Weeck, J. Chem. Min. 1873. 866. — Man benutzt das Oel in N. Am. als blutstillendes Mittel (Williams, Wilson, Stillé). Erigeronöl.

Das Rainfarnöl, aus den Blättern und Blüthen von *Chrysanthemum Tanacetum H.*, ist gelb oder grünlich, vom Geruch des Krautes, bitterem brennendem Geschmack und dem spec. Gew. 0,92. Es reagirt neutral, löst sich leicht in Weingeist und erzeugt beim Erwärmen mit Kaliumbichromat und verdünnter Schwefelsäure gewöhnlichen Campher (Zeller, Studien etc. — Persoz, Journ. pract. Chem. 25. 60. — Vohl, Arch. Pharm. (2) 74. 16). C. Bruylants (Berl. Ber. 1878. 449) giebt als Resultate seiner Untersuchung des Rainfarnöles: spec. Gew. 0,923, als Bestandtheile Terpen, $C_{10}H_{16}$, Sdpkt. 155—160°, Tanacetylhydrür, Sdpkt. 195—196°, spec. Gew. 0,918, mit Chromsäure Essigsäure und Propionsäure liefernd, Aldehyd von der Formel $C_{10}H_{16}O$ und ein Alkohol von der Formel $C_{10}H_{18}O$. Untersuchungen von Masoin über die Wirkung von Oleum tanaceti bei Fröschen und Warmblütern zeigen die Giftigkeit desselben bei Inhalation oder Einführung in den Magen, von wo aus beim Kaninchen zwei innerhalb ½ Std. applicirte Dosen von 1,0 und 3 binnen einer Std. eingeführte Gaben von 1,5 in 3 resp. 16 Stunden den Tod zur Folge haben. Bei Fröschen brachte Inhalation Torpor, Pupillencontraction, Muskelerschlaffung, Vernichtung der Sensibilität und starke Herabsetzung der elektrischen Reizbarkeit der motorischen Nerven hervor; 1 Tr. in den Mund tödtete unter starker Verlangsamung des Herzschlages in 10 Min.; directe Application auf das Herz bedingte ebenfalls starke Verlangsamung. Auch bei Kaninchen war Paralyse, starke Abnahme der Sensibilität und der Herzschlagzahl ausgesprochen, während Krämpfe und Athemveränderungen fehlten. Das von Masoin (Bull. Acad. Belge. 128. 1877) erhaltene Resultat, vielleicht beeinflusst durch gleichzeitige Einführung von Alkohol, stimmt übrigens weder mit den Versuchen von Putzeys über die Wirkung des wesentlichsten Bestandtheils des Oeles, des Tanacetylhydrürs, bei Thieren, noch mit den Erscheinungen, welche wiederholt in Amerika bei Frauen nach dem Genusse grösserer Mengen Oleum Tanaceti, als Abortivum oder Emmenagogum genommen, hervortraten und denen zu Folge das Rainfarnöl zu den nach Art der Hirnkrampfgifte wirkenden Stoffen gehört. Die Giftigkeit des Oels für den Menschen scheint danach sehr beträchtlich, indem schon nach 1½ Theelöffel voll (Romein Beck) der Tod in 2 Std. erfolgen kann, welcher letzterer bei grösseren Dosen übrigens auch später, z. B. nach 34,0 (Dalton, Amer. Journ. Jan. 1852) in 3½ Std. einzutreten

Rainfarnöl. Wirkung.

vermag. Schwere Vergiftungserscheinungen kann schon 1 Theelöffel voll herbeiführen (Spaulding, Philad. med. Times 7. 467. 1877). Die hauptsächlichsten Erscheinungen waren in der Mehrzahl wiederholte Anfälle von tonischen und klonischen Convulsionen, in den letalen Fällen mit Röthung des Gesichts, vollkommener Bewusstlosigkeit, Pupillenerweiterung, stertoröser Respiration, Pulsbeschleunigung und Trismus verbunden; in dem Falle von Spaulding war das Gesicht blass und das Bewusstsein erhalten. Nach Selbstversuchen eines amerikanischen Arztes (Schmidts Jahrbücher. 4. 15. 1834) bringt das Oel in kleinen Dosen heitere Ideen, in grösseren Narkose und Purgiren hervor. Bei der Section ist der Geruch des Oels im Thorax und Abdomen deutlich, ebenso im flüssigen Herzblut; der linke Ventrikel contrahirt, die Magenschleimhaut geröthet und erweicht (Dalton). Abortus scheint in keinem der Vergiftungsfälle eingetreten zu sein und ist somit eine emmenagoge Wirkung des Rainfarnöls, an welche man in den Vereinigten Staaten glaubt, sehr problematisch. Bei uns dient Oleum tanaceti zu 1 : 4 Tr. innerlich oder in den Unterleib eingerieben oder im Klystier als Mittel gegen Spul- und Madenwürmer.

Nach Putzeys (Bull. Acad. méd. Belge. 12. 11) wirkt Tanacetylhydrür ähnlich wie Campher, doch treten die Effecte auf Circulation und Blutdruck weniger prägnant hervor. Bei Fröschen erfolgt zuerst Verlust der Willkürbewegungen, dann ohne voraufgehende krampfhafte Streckung Lähmung der Motilität und Sensibilität; an der Lähmung sind die Muskeln nicht betheiligt (nur bei directem Contact tritt Muskelstarre ein), dagegen wird die Irritabilität der Nerven frühzeitig herabgesetzt und mitunter aufgehoben, offenbar peripher, da Tanacetylhydrür die erregende Wirkung des Guanidins auf die peripheren Nervenendigungen aufhebt; die Reflexerregbarkeit wird erst später als die Willkürbewegung sistirt, der Herzschlag zuerst durch Lähmung der intracardialen Hemmungsganglien accelerirt, später verlangsamt, theils wohl als Folge der bei vorgeschrittener Vergiftung sich ausbildenden Lähmung des Gefässtonus, welcher primäre Steigerung der Contractionen (durch Nervendurchschneidung nicht beeinflusst) vorausgeht. Bei Warmblütern ruft T. wie Campher rauschähnlichen Zustand und Anfälle von tonischen und klonischen Krämpfen mit darauf folgender Erschöpfung hervor; Durchschneidung des Halsmarks hebt die Krämpfe in den unterhalb des Schnittes belegenen Theilen auf. Bei Hunden ist Salivation sehr ausgesprochen, bei allen Warmblütern tritt Sinken der Temperatur um mehrere Grade (bisweilen nach geringer zuvoriger Steigerung) und Beschleunigung des Herzschlages in Folge von Erregung der excitomotorischen Nerven bei Integrität der Einstichstelle ein.

Arnicaöl. Das ätherische Oel aus den Blüthen von *Arnica montana L.* ist gelb- bis bräunlichgrün, riecht eigenthümlich, reagirt schwach sauer, löst sich erst in 16—60 Th. absolutem und in 100 Th. gewöhnlichem Weingeist; dasjenige aus den Wurzeln ist gelb, von 0,98—0,99 spec. Gew., reagirt schwach sauer und löst sich schon in 2 Th. gewöhnlichem und in jeder Menge absolutem Weingeist (Zeller). O. Sigel (Ann. Chem. Pharm. **170**. 345) wies in dem wässrigen Destillate der Wurzel von Arnica montana Isobuttersäure, nebst kleinen Mengen von Ameisensäure und Angelicasäure nach. Das ätherische Arnicaöl besteht nach ihm aus 3 Hauptgemengtheilen, welche von 214—263° sieden. Dieselben sind Isobuttersäure-Phlorylester, $^1/_5$ des Oeles ausmachend, Methyläther eines unbestimmten Phlorales und grösserer Mengen von Thymohydrochinonmethylester.

Tanacetin. Ueber die weiteren Bestandtheile von „Chrysanthemum Tanacetum“

liegen Arbeiten vor und zwar von F. Merletta (J. Pharm. Chim. (4) 14. 368), der eine Tanacetsäure (siehe Peschier, Jahrb. Pharm. 14. 175) nachgewiesen haben will, ferner von O. Leppig (Pharm. Z. Russl. 1882), welcher den Bitterstoff, Tanacetin, nur amorph herstellte, leicht löslich in Wasser und Alkohol, unlöslich in Aether, von der Zusammensetzung 61,46 % C, 7,79 H. Die Tanacetsäure existirt nach Leppig nicht, dagegen enthält das blühende Kraut Aepfelsäure und andere allgemein verbreitete Säuren. Leppig zeigte, dass der eisengrünende Gerbstoff der Blüthen von Tanacetum beim Kochen mit Säuren Catechin liefert. Ueber die weiteren, allgemein verbreiteten Bestandtheile von Tanacetum siehe Leppig's Arbeit. Tanacetsäure

(Aeltere Literatur: Homolle, J. Pharm. Chim. 7. 57. — Homolle und Quevenne, Repert. Pharm. 9. 1. — Leroy, J. chim. med. 21. 357. — Roder, Arch. Pharm. (2) 47. 109).

Arnicin. $C_{20}H_{30}O_4$. Literat.: Lebourdais, Ann. Chim. Phys. (3) 24. 63; auch Ann. Chem. Pharm. 67. 251. — Walz, N. Jahrb. Pharm. 13. 175; 15. 329. Pavesi, J. Chem. Min. 1839. 584.

Dieser zuerst von Lebourdais dargestellte, dann von Walz genauer untersuchte Bitterstoff findet sich in der Wurzel, reichlicher noch in den Blüthen der *Arnica montana L.* Arnicin

Zur Darstellung aus Arnicablumen kann man deren weingeistigen Auszug zur Entfernung von Chlorophyll mit Thierkohle behandeln, verdunsten, den Rückstand in Aether aufnehmen, welcher Arnicin und Fett löst und beide durch wiederholtes Behandeln mit schwachem Weingeist trennen. — Auch kann man die wässrige Abkochung der Blumen mit Gerbsäure fällen, den etwas gewaschenen und getrockneten Niederschlag mit Weingeist ausziehen, der Lösung die Gerbsäure durch Schütteln mit geschlämmter Bleiglätte entziehen und sie nach vorgängiger Entbleiung durch Schwefelwasserstoff vom Weingeist durch Destillation befreien. Es scheidet sich alsdann zuerst Fett aus, worauf das Arnicin durch Wasserzusatz gefällt und durch Waschen mit Wasser, Auflösen in Weingeist, Digeriren der Lösung mit Thierkohle, Aufnehmen ihres Verdunstungsrückstandes in Aether und freiwilliges Verdunsten der ätherischen Lösung gereinigt werden kann (Walz). — Lebourdais behandelte das concentrirte wässrige Infusum der Blüthen mit gereinigter Thierkohle, wusch diese mit Wasser und zog sie nach dem Trocknen mit heissem Weingeist aus, der beim Verdunsten das Arnicin hinterliess.

Die Arnicawurzel befreit Walz zunächst durch Destillation von ätherischem Oel, erschöpft sie dann mit Weingeist, digerirt den Auszug mit Bleioxyd, bringt ihn nach Entfernung des gelösten Bleis zur Trockne, entzieht dem Rückstande durch Aether das Arnicin, schüttelt die ätherische Lösung zur Entfernung von Harz, Fett und Farbstoff mit Kalilauge, behandelt sie dann mit Thierkohle, verdunstet, löst den Rückstand in schwachem Weingeist und fällt die filtrirte Lösung mit Wasser oder verdunstet sie. — Walz erhielt aus 13 Pfund Wurzeln 1 Unze Arnicin.

Das nach den Angaben von Walz dargestellte Arnicin bildet eine goldgelbe amorphe Masse, die sich nur wenig in Wasser, besser in wässrigen Alkalien und Ammoniak, gut in Weingeist und Aether löst. Seine weingeistige Lösung wird mit Bleiessig, durch Silbernitrat, Quecksilberoxydulsalz und Platinchlorid zersetzt. Durch verdünnte Säuren wird Arnicin ohne Zuckerbildung zersetzt.

Kamillenöl. Das Kamillenöl, aus den Blüthen von *Chrysanthemum Chamomilla B.*, wird am besten durch Dampfdestillation bereitet. Die Ausbeute beträgt aus frisch getrockneten Kamillen 0,416%, aus 4jährigen nur noch 0,04% (Steer, Repert. Pharm. 61. 85). Das Oel ist schön dunkelblau, fast undurchsichtig, dickflüssig, erstarrt bei — 12 bis — 20°, hat das spec. Gew. 0,92—0,94, riecht stark nach Kamillen, schmeckt gewürzhaft erwärmend und löst sich in 8—10 Th. Weingeist von 0,85 spec. Gew. An der Luft und im Lichte wird es grün bis braun und dabei schmierig, behält aber seine Farbe um so länger, je frischer die zu seiner Darstellung verwandten Kamillen waren (Zeller, Studien etc.). Es beginnt bei 240° zu sieden unter allmäliger Erhöhung des Siedepunkts auf 300°, bei welcher Temperatur Zersetzung eintritt. Die Zusammensetzung wird nach Bizio (Wien. Akad. Ber. 43. (2) 292) durch die Formel $5 C_{10} H_{16}$, $3 H_2 O$ ausgedrückt. Beim Destilliren mit wasserfreier Phosphorsäure liefert es ein farbloses, nach Steinöl riechendes Camphen, das mit Salzsäuregas die Verbindung $5 C_{10} H_{16}$, HCl erzeugt (Bizio). Man vergl. über die Zusammensetzung des Oels auch Bornträger, Ann. Chem. Pharm. 49. 244. Nach Gladstone geht bei der Destillation des Oels der blaue Bestandtheil, der identisch mit demjenigen des Wismuth- und Schafgarbenöls sein soll und von ihm Coeruleïn genannt wird, bis zu 320° über, nachdem unter 200° ein Kohlenwasserstoff und bei 200° ein sauerstoffhaltiges Oel destillirt ist. Das Coeruleïn soll nach Gladstone stickstoffhaltig sein und seine Farbe durch Alkalien und Säuren in Grün verwandeln. Nach Piesse (Pharm. Journ. Trans. (2) 5. 277), der es Azulen nennt, entspricht es dagegen der Formel $C_{16} H_{24}$, $H_2 O$.

Die Untersuchungen von Kachler (Berl. Ber. 4. 36) haben gezeigt, dass das Kamillenöl Terpen, ferner ein bei 150—165° siedendes Oel ($C_{10} H_{16} O$) enthält, ausserdem einen azurblauen, flüssigen Bestandtheil ($C_{10} H_{16} O$), bei 270—300° siedend, der mit Kalium ein Terpen, mit Phosphorsäureanhydrid einen Kohlenwasserstoff liefert. Es sei hier daran erinnert, dass das Galbanumöl, Wermuthöl, ebenfalls dem Kamillenöl analog zusammengesetzt sind. Nach Hock giebt das Kamillenöl 3 Absorptionsstreifen im Roth und Orange bei B. C. und C $^2/_3$ D.

Das Kamillenöl, welches nach Grisar die Reflexaction nach Art des Baldrianöls (vgl. daselbst), jedoch etwas schwächer herabsetzt, ist medicinisch in der Form des Oelzuckers gegen Asthma und Koliken, auch besonders gegen Magenkrampf (Schneider, Hufel. Journ. 63. 121; 91. 60), Keuchhusten (Löbenstein-Löbel), so wie gegen Intermittens (Voigtel) gegeben. Dass 5 Tropfen bei einer gesunden Schwangern Unbesinnlichkeit, vorübergehende Zuckungen, wehenähnliche Schmerzen und Druck in der Nabelgegend hervorzurufen im Stande sein sollen, verbürgt Hahnemann (Hufel. Journ. 11. 466).

Persisches Insectenpulver. Die Bestandtheile des sog. persischen Insectenpulvers, der Blüthen von Chrysanthemum cinerariaefolium, roseum etc. sind, trotzdem verschiedene Arbeiten vorliegen, nicht sicher bekannt und fehlt vor Allem der wirksame Bestandtheil. J. de Bellesme (Pharm. J. Trans. (3) 7. 172) hat ein flüchtiges Oel und einen giftig wirkenden krystallinischen Körper dargestellt. — R. Rother (ebendas. 7. 72) isolirte eine harzartige Säure, Persiceïn, eine braune Säure Persiretin, leicht lösliche Säure Persicin, ein Glycosid. — G. dal Sie (Bull. soc. chim. (2) 31. 542; Berl. Ber. 1879. 2368) nennt als Bestandtheile eine krystallinische Säure, sowie eine Säure von Oelconsistenz und ein glycosidisches Harz, endlich eine flüchtige Säure als wirksames Princip. — Nach Semenoff (Pharm. Z. Russl. 1876. 326) ist sogar ein flüchtiges Alkaloid vorhanden, nach der Pharm. Centralh. 19. 74. ein mit Trimethylammin verwandter Stoff, sowie ein Stoff, von den Harzdrüsen und Pollenkörnern gebildet.

Pyrethrumcampher. $C_{10}H_{16}O$. — Das ätherische Oel von *Chrysanthemum Parthenium B.* setzt beim Abkühlen auf — 10° einen mit dem gemeinen oder Japan-Campher (s. dies.) isomeren und fast in allen Eigenschaften übereinstimmenden Campher ab, von dem eine noch grössere Ausbeute erhalten wird, wenn man das Oel mit mässig verdünnter Salpetersäure erhitzt und dann einer nochmaligen Destillation unterwirft, wobei er sich im Retortenhalz ansetzt. Er schmilzt bei 175°, siedet bei 204° und sublimirt in kleinen Octaëdern. Sein spec. Gew. ist 0,9853 bei 18°. Vom gemeinen Campher unterscheidet er sich eigentlich nur dadurch, dass er die Ebene des polarisirten Lichtes eben so stark nach links dreht, wie dieser nach rechts (Chautard, Journ. Pharm. (3) 24. 168; 44. 13). Pyrethrumcampher.

Das ätherische Oel des blühenden Krautes von *Chrysanthemum Parthenium B.* ist grünlich, siedet zwischen 165 und 220°, scheidet beim Stehen Pyrethrumcampher ab und enthält ausserdem einen Kohlenwasserstoff und ein sauerstoffhaltiges Oel (Dessaignes und Chautard, Journ. Pharm. (3) 13. 241).

Cnicus. Crepis. Mikania. Calendula. Carthamus.

Cnicin. $C_{42}H_{56}O_{15}$. — Wurde 1839 von Nativelle (Journ. Chim. méd. 21. 69) aus den Blättern von *Cnicus benedictus Gärtn.* nach Art des Salicins (s. dies.) dargestellt und soll sich nach Scribe (Compt. rend. 15. 802; auch Ann. Chem. Pharm. 44. 289) auch in *Centaurea Calcitrapa L.* und in vielen anderen Cynarocephalen unter den Synantheren finden.

Es bildet wasserhelle seideglänzende Nadeln, ist luftbeständig, neutral, ohne Geruch, von sehr bitterem Geschmack, schmelzbar, aber nicht sublimirbar. Von kaltem Wasser wird es kaum gelöst, besser von kochendem Wasser, in allen Verhältnissen von Wein- und Holzgeist, sehr wenig von Aether und gar nicht von ätherischen Oelen (Scribe). Es ist nach Bouchardat (Compt. rend. 18. 299) rechtsdrehend und zwar ist $[\alpha]r = 130°,68$. Aus eignen und den Analysen von Dessaignes und Chautard (Journ. Pharm. (3) 21. 26) berechnet Scribe die oben angeführte Formel. — Mit kalter conc. Schwefelsäure giebt Cnicin eine rothe Lösung, die auf Wasserzusatz violett, auf Ammoniakzusatz gelb wird. Kalte conc. Salzsäure löst es mit grüner Farbe und beim Erhitzen der Lösung scheiden sich bräunliche Oeltropfen aus, die zu einem gelben Harz erstarren.

Nach Scribe soll Cnicin zu 0,36 brennende Hitze im Pharynx und im Oesophagus, mit Constrictionsgefühl verbunden, Wärme im Epigastrium, Erbrechen, Kolik, Durchfall und manchmal einen fieberartigen Zustand bedingen, welche Erscheinungen in 2—3 Stunden verschwänden, und Wechselfieber in Dosen von 0,3—0,5 beseitigen. Obschon von Bouchardat als Antitypicum höher als Salicin gestellt und von Einzelnen sogar irrthümlich den milzverkleinernden Mitteln zugerechnet, hat es doch allgemeinen Eingang nicht gefunden. Bouchardat giebt es in wässriger Lösung (1 100).

Crepin. **Crepin.** — Fällt man den weingeistigen Auszug von trockner blühender *Crepis foetida L.* mit Bleiessig aus und behandelt den Verdunstungsrückstand des mit Schwefelwasserstoff entbleiten Filtrats mit Aether, so hinterlässt dieser beim Verdunsten Krystalle von Crepin (Walz, N. Jahrb. Pharm. 13. 176).

Guacin. — Der wirksame Bestandtheil der Blätter der im tropischen Amerika wachsenden *Mikania Guaco H. B. K.*, die in ihrer Heimath gegen thierische Gifte grossen Ruf geniesst und bei uns namentlich auch gegen Cholera versucht worden ist. Man erhält das Guacin nach Fauré (Journ. Pharm. (2) 22. 291), indem man die Guacoblätter mit Aether extrahirt, den Verdunstungsrückstand der ätherischen Tinctur mit Wasser erschöpft, die wässrige Lösung zum Extract verdunstet, dieses in absolutem Weingeist aufnimmt und wieder verdunstet. — Pettenkofer (Repert. Pharm. 86. 311) behandelt den Verdunstungsrückstand des mit Kohle entfärbten weingeistigen Auszugs der Blätter mit Aether und verdunstet die Lösung.

Nach Fauré ist das Guacin eine hellbraune zerreibliche Masse von bitterem Geschmack, neutraler Reaction und ohne Geruch. Es schmilzt bei 100° und löst sich wenig in kaltem, reichlicher in kochendem Wasser, gut in Weingeist und Aether. Nach Pettenkofer ist es nur theilweise in Wasser löslich (also kein reiner Körper!) und entwickelt im feuchten Zustande oder beim Uebergiessen mit verdünnter Schwefelsäure den betäubenden Geruch der frischen Blätter. Es bewirkt nach Pettenkofer (Ueber Mikania Guaco. München, 1844) zu 0,06 Erbrechen, Pulsbeschleunigung, Schweiss und Absonderung stark harnsäurereichen Harnes.

Calendulin. **Calendulin.** — Hinterbleibt nach Behandlung des weingeistigen Extractes der Blätter und Blüthen von *Calendula officinalis L.* mit Wasser und Aether als gelbliche durchsichtige zerreibliche Masse ohne Geruch, Geschmack und Reaction, die in Wasser nur gallertartig aufschwillt, dagegen von wässrigem Kali und Ammoniak gelöst und daraus durch Säuren wieder abgeschieden wird. Es löst sich ferner in conc. Essigsäure, leicht in Weingeist, nicht in Aether. Die weingeistige Lösung wird durch Gerbsäure nicht gefällt, wohl aber durch Quecksilberchlorid und Bleiacetat (Geiger, Dissert. de Calendula officinali. Heidelberg, 1818). Die Blüthen enthalten 8% Asche mit 24% Kali, 14,4% Chlornatrium.

Carthamin. **Carthamin.** $C_{14}H_{16}O_7$. — Literat.: Dufour, Ann. Chim. 48. 283. — Döbereiner, Schweigg. Journ. 26. 266. — Kastner, Ann. Chem. Pharm. 12. 246. — Schlieper, ebendas. 58. 357. — Malin, ebendas. 136. 115.

Der besonders von Schlieper untersuchte rothe Farbstoff des Saflors, der Blüthen von *Carthamus tinctorius L.* findet sich darin nach Salvetat (Ann. Chim. Phys. (3) 25. 337) zu 3/10 bis 6/10 Procent.

Zur Darstellung erschöpft man Saflor zur Entfernung des Saflorgelbs (s. dieses) mit reinem oder essigsäurehaltigem Wasser und concentrirt dann den Rückstand einige Stunden mit Wasser, das etwa 15% krystallisirter Soda enthält. Aus der abgepressten rothen Flüssigkeit schlägt nach beinahe vollständigem Neutralisiren mit Essigsäure eingelegte Baumwolle das Carthamin auf sich nieder. Sie wird nach 24 Stunden herausgenommen, mit Wasser gewaschen und mit 5procent. wässriger Sodalösung behandelt, die ihr den Farbstoff wieder entzieht. Die erhaltene dunkel gelbrothe Lösung scheidet nach sogleich zu bewirkendem Uebersättigen mit Citronensäure das Carthamin in Flocken ab. Es wird gewaschen, dann in starkem Weingeist gelöst, worauf die Lösung beim Verdunsten auf dem Wasserbade und später im Vacuum einen Theil desselben in Krusten, den Rest bei weiterem Verdunsten auf Zusatz von Wasser in Flocken abscheidet (Schlieper).

Das Carthamin bildet ein dunkelbraunrothes, grünlich schillerndes, völlig amorphes Pulver Es löst sich kaum in Wasser, mit schöner Purpurfarbe in Weingeist, nicht in Aether und ätherischen Oelen. Wässrige ätzende und kohlensaure Alkalien, Barytwasser und Aetzammoniak lösen es leicht und Säuren scheiden es aus den gelbrothen, beim Stehen Zersetzung erleidenden Lösungen wieder ab. Die ammoniakalische Lösung wird durch Zinnchlorür gelbbraun, durch Eisenchlorid braunroth, durch Quecksilberchlorid roth und durch ammoniakalisches Kupfersulfat fast schwarz gefällt (Schlieper).

Bei längerem Kocken mit Wasser oder Weingeist wird das Carthamin in ein rothgelbes, in Wasser lösliches, aber vom Saflorgelb verschiedenes Product verwandelt ($C_{14}H_{14}O_{9}$?). Seine alkalische Lösung wird an der Luft durch Sauerstoffaufnahme hellgelb und scheidet nun beim Neutralisiren braune Flocken ab. Seine rothe Lösung in conc. Schwefelsäure wird durch Wasser nicht gefällt (Schlieper). Beim Schmelzen mit Kalihydrat entsteht neben wenig Oxalsäure eine Säure von der Zusammensetzung und den Eigenschaften der Paraoxybenzoësäure ($C_{14}H_{16}O_7 + O = 2C_7H_3O_3 + 2H_2O$). Durch Wasserstoff wird die alkalische Lösung des Carthamins entfärbt (Malin).

Saflorgelb. — Fällt man den mit Essigsäure angesäuerten wässrigen Auszug des Saflors mit Bleizucker aus und fügt zum Filtrat Ammoniak, so wird das Saflorgelb als orangegelbe Bleiverbindung gefällt, aus der es jedoch wegen der Veränderlichkeit seiner Lösungen, die an der Luft Sauerstoff aufnehmen und ein in Wasser unlösliches braunes Oxydationsproduct abscheided, kaum im reinen Zustande dargestellt werden kann. Seine wässrige Lösung ist dunkelbraungelb, reagirt sauer und schmeckt bitter und salzig. (Schlieper Ann. Chem. Pharm. 58. 358). Saflorgelb.

Lactuca.

Lactucin und **Lactucopikrin.** — Literat.: Walz, Ann. Chem. Pharm. 32. 85; Jahrb. Pharm. 14. 25; N. Jahrb. Pharm. 15. 118. Aubergier, Ann. Chem. Pharm. 44. 299. — Ludwig, Arch. Pharm. (2) 5. 1 u. 129. — Kromayer, ebendas. 105. 3. — Ludwig und Kromayer, 101. 1.

Das Lactucin, der Bitterstoff des Lactucariums, des eingetrockneten Milchsafts von *Lactuca virosa L., L. sativa L.* und wahrscheinlich auch noch anderer Luctuca-Arten, nach Aubergier auch im Milchsaft der kaukasischen Lactucin.

Lactuca altissima vorkommend, wurde zuerst von Walz im krystallinischen Zustande dargestellt.

Zur Darstellung bedient man sich am besten des von Ludwig und Kromayer angegebenen Verfahrens. Gepulvertes Lactucarium wird mit seinem gleichen Gewicht heissen Wassers übergossen, nach dem Erkalten das Flüssige abgepresst, der Rückstand nochmals mit wenig kaltem Wasser angerührt und wiederum ausgepresst. Nachdem so die Säuren entfernt sind, zieht man das Rückständige wiederholt mit heissem Wasser aus, bis es nicht mehr bitter schmeckt. Die vereinigten Auszüge werden auf dem Wasserbade concentrirt, bis ihr Volumen die Hälfte des angewandten Lactucariums beträgt. Sie erstarren dann beim Erkalten zu einer körnigen Masse von Lactucin, Lactucopikrin und Lactucasäure, welche von der vorzugsweise die beiden letztgenannten Stoffe enthaltenden Mutterlauge getrennt, in heissem Wasser gelöst und mit Bleiessig ausgefällt wird. Der Niederschlag wird mit heissem Wasser gewaschen, das mit der Waschflüssigkeit vereinigte Filtrat durch Schwefelwasserstoff entbleibt und stark verdunstet. Das auskrystallisirende Lactucin kann durch Umkrystallisiren aus heissem Weingeist mit Beihülfe von Thierkohle gereinigt werden. — Aus der Mutterlauge von der körnigen Masse kann, nachdem die Lactucasäure durch Bleiessig ausgefällt und der Ueberschuss des Bleis fortgeschafft ist, beim Verdunsten noch ein Rest des Lactucins krystallisirt erhalten werden, worauf zuletzt amorphes Lactucopikrin hinterbleibt, dem man durch wiederholte Behandlung mit Aether anhangendes Lactucin und Lactucerin entzieht.

Die Ausbeute an Lactucin ist sehr verschieden. Aus deutschen Lactucarium erhielt Kromayer ein Mal $^3/_{10}$ Procent, ein anderes Mal nur die Hälfte.

Das Lactucin bildet weisse perlglänzende Schuppen (Aubergier, Ludwig), aus verdünntem Weingeist krystallisirt auch rhombische Tafeln (Kromayer). Es schmeckt stark und rein bitter und reagirt neutral. Beim Erhitzen schmilzt es zunächst und verkohlt dann. Es löst sich kaum in kaltem, ziemlich gut in heissem Wasser, leicht in Weingeist, nicht in Aether. Seine farblose Lösung in conc. Schwefelsäure wird beim Erwärmen schön kirschroth. Beim Kochen mit conc. wässriger Salzsäure scheidet sich ein harziges Product aus, ohne dass Zucker entsteht. Die alkalische wässrige Lösung färbt sich, besonders an der Luft, weinroth. Kalisches Kupferoxyd und ammoniakalisches Silbernitrat werden leicht durch Lactucin reducirt (Kromayer). Für die Zusammensetzung giebt Kromayer die Formeln $C_{22}H_{18}O_7$ und $C_{22}H_{14}O_8$.

Das Lactucopikrin ist eine braune amorphe, sehr bitter schmeckende, schwach sauer reagirende, in Wasser und Weingeist leicht lösliche Substanz, deren Zusammensetzung der Formel $C_{44}H_{32}O_{21}$ entspricht (Kromayer).

Die bei der Darstellung des Lactucins und Lactucopikrins in die Bleiniederschläge übergehende, nur sehr unvollkommen beschriebene Lactucasäure Ludwig's (s. oben) scheint nach Kromayer ein an der Luft sich bildendes Oxydationsproduct des Lactucopikrins zu sein.

Wirkung. Fronmüller (Deutsche Klin. 1865. p. 432) hat amorphes Lactucin von Merck und krystallinisches von Ludwig (Kromayer) bei Kranken auf seine hypnotische Wirkung geprüft. Das erstere brachte einmal zu 0,015 keinen, zu 0,06 ziemlich guten Schlaf, zu 0,12 1mal keinen, 1mal guten und 3mal ziemlich guten oder mehrstündigen Schlaf hervor, zu 0,24, 0,36, 0,5 und 0,6 2mal vollkommen guten, 9mal theilweisen, 3mal keinen Erfolg; die höheren

Dosen hatten einige Male Aufstossen, Schwindel, Träume und Hautjucken im Gefolge; auch am Morgen bei Einigen Schwindel (5) und Kopfschmerz (2). Das Ludwigsche Lactucin hatte in 9 Fällen zu 0,06 3mal guten, 4mal partiellen und 2mal keinen, zu 0,12 1mal partiellen und 1mal keinen, zu 0,18 1mal partiellen, 1mal keinen und zu 0,3 1mal partiellen Erfolg; auch hier trat einige Male Schwindel, Träumen und Brechreiz ein, sowie Schwindel am folgenden Morgen. Auch schien das Ludwigsche Lactucin retardirend auf den Stuhlgang zu wirken, wie sich auch Sinken des Pulses in der Nacht — vielleicht nur zufällig — geltend machte. Fronmüller vindicirt dem Lactucin nicht die volle hypnotische Kraft der Lactuca, indem ihm Lactucarium 44 % vollkommene, 43 % partielle Wirkung und nur 13 % Nichterfolge, Ludwig'sches Lactucin 26,6 % vollkommene, 53,3 % theilweise und 20,5 Nichterfolge, Merck'sches sogar nur 11,7 % vollkommene Erfolge gab; doch sind die Versuchszahlen in Hinsicht des Lactucins relativ gering. — Das etwas verclausulirte Lob des von Emile Mouchon in Lyon dargestellten Lactucins von Seiten der Lyoner Aerzte Gromier und Bouchet, wonach ersteres alle Wirkungen des Lactucarium besitzen soll, hat noch nicht zur allgemeinen Anwendung des Lactucins geführt. — Als beste Dosis für das Ludwigsche Lactucin dürfte sich 0,1—0,3 empfehlen.

Lactucerin. Lactucon. $C_{15}H_{24}O$. — Literat.: Walz, Ann. Chem. Pharm. 32. 85; Jahrb. Pharm. 14. 25. — Lenoir, Ann. Chem. Pharm. 60. 83. — Ludwig, Arch. Pharm. (2) 5. 1. u. 129.

Diesen zuerst von Walz als „Lattichfett" beschriebenen Körper erhält man nach Lenoir aus Lactucarium (s. Lactucin), das man nach Ludwig zweckmässig vorher mit Wasser erschöpft, indem man es mit kochendem Weingeist auszieht und die aus den heiss filtrirten Auszügen beim Erkalten sich ausscheidenden Krystallwarzen durch Waschen mit Wasser und Umkrystallisiren aus Weingeist mit Hülfe von Thierkohle reinigt. Auch aus der beim Vermischen des frischen Milchsaft der *Lactuca virosa L.* auf Wasserzusatz sich ausscheidenden weissen käsigen Masse zieht Weingeist Lactucerin aus. Die Ausbeute aus trocknem Lactucarium beträgt gegen 53 Procent (Ludwig). Lactucerin.

Das Lactucerin bildet feine farblose, sternförmig vereinigte, geruch- und geschmacklose, neutral reagirende Nadeln, die bei 150—200° zu einer amorph wieder erstarrenden Masse schmelzen und im Kohlensäurestrom sich grösstentheils unzersetzt verflüchtigen. Es löst sich nicht in Wasser, dagegen in Weingeist, Aether und flüchtigen Oelen. Die weingeistige Lösung wird durch Metallsalze nicht gefällt (Lenoir).

Hesse (Fehling's Handwörterbuch. 4. 8.) stellt Lactucerin durch Auskochen des deutschen Lactucariums mit Ligroin und Verdampfem dieses Auszuges her, welcher Verdampfungsrückstand mit Alkohol ausgekocht wird. Schmpkt. 210°, löslich in heissem Ligroin, in Chloroform, Benzol rechtsdrehend, Chloroformlösung $p = 2$, $t = 15°$ $(\alpha)D = +49,1°$. Beim Schmelzen mit Kali entsteht Essigsäure und Lactucerilalkohol, $C_{18}H_{30}O$, Nadeln, Schmpkt. 162°, leicht löslich in Aether, Chloroform und heissem Alkohol.

Lactucon. ($C_{15}H_{24}O$ oder $C_{16}H_{26}O$, Flückiger). — Das Lactucon von Lenoir (Ann. Chem. Pharm. 60. 83) aus dem deutschen Lactucarium mittelst Alkohol isolirt, ist wohl dem Lactucerilalkohol nahe verwandt, Schmpkt. 185°, sternförmige Nadeln.

Gallactucon. $C_{14}H_{24}O$. — Franchimont u. Wigmann (Berl. Ber. 12. 10) haben aus dem französischen Lactucarium von Lactuca altissima durch Auskochen des Rohmaterials mit Wasser und verdünntem Alkohol, später 90% Alkohol das Gallactucon dargestellt, das sich aus dem 90% Alkohol in Warzen abschied, Schmpkt. 296°, mit Phosphorpentasulfid einen Kohlenwasserstoff, $C_{14}H_{22}$, Schmpkt. 241°, liefert.

Leontodon.

Taraxacin. **Taraxacin** und **Taraxacerin.** — Sammelt man nach Polex (Arch. Pharm. 19. 50) den frischen Milchsaft von *Leontodon Taraxacum L.* in Wasser, kocht die Mischung, um das Eiweiss zu coaguliren, und verdunstet das Filtrat langsam, so schiessen weisse, leicht schmelzbare, nicht flüchtige, bitter und etwas scharf schmeckende, indifferente, in kaltem Wasser schwierig, in kochendem Wasser und Aether leicht sich lösende Warzen eines als „Taraxacin" bezeichneten Bitterstoffs an.

Kromayer (Arch. Pharm. (2) 105. 6) vermochte aus dem eingetrockneten Milchsaft, dem Leontodonium, den Bitterstoff nur im amorphen Zustande zu erhalten, indem er den Verdunstungsrückstand der heissen wässrigen, mit Thierkohle behandelten Auszüge in Weingeist aufnahm, das Destillationsresiduum dieser Lösung mit Bleiessig ausfällte, das entbleite Filtrat im Wasserbade verdunstete und dem Rückstande durch Aether ein kratzend schmeckendes Harz entzog.

Aus der weingeistigen Lösung des in heissem Wasser unlöslichen Theils des Leontodoniums scheiden sich bei langsamem Verdunsten Krystallwarzen von Taraxacerin aus, deren Zusammensetzung der Formel $C_{40}H_{40}O_5$ entspricht (Kromayer).

Inula. Buphthalmum.

Helenin. Alantcampher. — Literatur: Nees v. Esenbeck, Arch. Pharm. 28. 3. 1829. — Funke, Ann. Chim. 76. 112. — Dumas, Journ. pract. 4. 434. — Rich, Journ. Pharm. (3) 5. 74. — Gerhardt, Ann. Chim. Phys. (2) 72. 163; 12. 188. — Delffs, Poggend. Annal. 80. 440. — C. Hoyer, Viertelj. pract. Pharm. 13. 544. — Kallen, Berl. Ber. 1875. 1506. u. 1876. 154.

Helenin. Dieser in der Wurzel von *Inula Helenium L.* vorkommende Körper wurde schon früh von Lefébure (1760), Geoffroy und Spiess und Anderen beobachtet, aber vielfach für Benzoësäure gehalten. Hofmann (Taschenbuch 1787. 150) und Krüger und Corvinus (Scher. Journ. 7. 575) haben ihn zuerst genauer beschrieben, Gerhardt, später Kallen untersuchte ihn am ausführlichsten. Es ist noch zweifelhaft, ob der aus dem weingeistigen Extract oder der Tinctur von alten Wurzeln sich beim Aufbewahren häufig in feinen Nadeln ausscheidende Körper identisch ist mit dem aus frischen Wurzeln bereiteten Helenin (man sehe weiter unten).

Zur Darstellung aus frischen Wurzeln kocht man diese, in Scheiben zerschnitten, mit 80proc. Weingeist aus und vermischt das heisse Filtrat mit seinem 3—4fachen Volumen kalten Wassers, worauf das Helenin innerhalb 24 Stunden in weissen Nadeln anschiesst (Delffs). — Man kann auch die Wurzeln mit Wasser destilliren; das übergehende Helenin setzt sich dann aus dem Destillat theils als bald erstarrendes Oel ab, theils krystallisirt es in Nadeln heraus (Funke). — Gerhardt concentrirte dis mit 36grädigem Weingeist bereitete Tinctur der frischen Wurzel durch Destillation und reinigte die anschiessenden Krystalle durch Umkrystallisiren. Kallen extrahirte die Wurzel mit heissem Alkohol, fällte mit Wasser und krystallisirte die Fällung aus Alkohol um.

Das Helenin bildet weisse vierseitige zerreibliche Säulen von nur schwachem Geruch und Geschmack und neutraler Reaction. Es schmilzt nach Gerhardt bei 72° (Hoyer fand bei den aus der weingeistigen Tinctur alter Wurzeln angeschossenen feinen weissen Nadeln einen Schmelzpunkt von 75°) nach Kallen 109—110°. Bei stärkerem Erhitzen sublimirt es unzersetzt in talkartigen Blättchen und verflüchtigt sich auch schon mit Wasserdämpfen. Es siedet unter theilweiser Zersetzung bei 275—280°. In Wasser löst es sich nicht, dagegen in heisser Kalilauge, aus der es Säuren unzersetzt wieder fällen. Es löst sich ferner in conc. Essigsäure, schwierig in kaltem, leicht in heissem Weingeist, leicht in Aether und in flüchtigen und fetten Oelen (Gerhardt).

Gerhardt berechnet aus seinen letzten Analysen, zu denen auch diejenigen von Dumas stimmen, die Fomel $C_{21}H_{28}O_{3}$, während Hoyer über 12 % Kohlenstoff weniger fand und zu der Formel $C_{16}H_{28}O_{5}$ gelangt. Kallen stellt $C_{6}H_{8}O$ auf.

Mässig verdünnte Salpetersäure löst das Helenin in der Kälte, ohne es zu zersetzen, aber heisse oder kalte rauchende Säure verwandeln es in Nitrohelenin, das durch Wasser als gelbe amorphe Masse gefällt wird. — Conc. Schwefelsäure löst es mit rother Farbe, worauf Wasser es anfangs unverändert wieder fällt; bei Anwendung von rauchender Schwefelsäure entsteht neben einem harzigen Product auch Heleninschwefelsäure. Beim Destilliren mit wasserfreier Phosphorsäure geht Helenen ($C_{18}H_{24}$ oder $C_{18}H_{26}$) über, ein farbloses oder gelbliches leichtes, bei 285—295° siedendes, schwach nach Aceton riechendes Oel. — Beim Ueberleiten von Chlor über geschmolzenes Helenin entsteht gelbes amorphes Chlorhelenin ($C_{21}H_{24}Cl_{4}O_{3}$?). — Salzsäuregas wird vom Helenin unter Violettfärbung verschluckt; auch Bineau (Ann. Chim. Phys. (3) **24**. 335) wird auch schweflige Säure absorbirt, aber bei vermindertem Druck wieder abgegeben. — Wässriges oder weingeistiges Kali ist auch bei Siedhitze ohne Einwirkung, aber Kali-Kalkhydrat zersetzt bei 250° unter reichlicher Entwicklung von Wasserstoff und Bildung eines gelben Oels (Helenen?). (Gerhardt).

J. Kallen erhielt bei der Destillation der Alantwurzel mit Wasserdämpfen eine weisse Krystallmasse, die aus Alantol und Alantsäureanhydrid besteht. **Alantol, Alantsäure.**

Alantol, $C_{10}H_{16}O$, ist eine gelbe Flüssigkeit, von Pfefferminzgeruch, Schmpkt. 200°, mit Phosphorpentasulfid einen Kohlenwasserstoff $C_{10}H_{14}$ liefernd, Schpkt. 175°, bei der Oxydation Terephtalsäure liefernd.

Alantsäureanhydrid, farblose Nadeln, in Alkohol und Aether löslich, Schmpkt 66°, von der Formel $C_{15}H_{20}O_{2}$, welche beim Einleiten von Ammon in die alkoholische Lösung Alantamid liefern.

Alantsäure, $C_{15}H_{22}O_{3}$, feine Nadeln, Schmpkt. 90—91°, 1basische Säure, 2atomig, entsteht durch Lösen des Anhydrides in Kalilauge und Ausfällen aus dieser Lösung in Säuren. — Die Angabe von de Korch (Bull. gén. Thérap. Juill. 30. 1881), dass Helenin deleter auf Tuberkelbacillen wirke, bedarf der Nachprüfung.

Buphthalmumcampher.

Buphthalmumcampher. Destillirt man die Blüthen des an den Küsten Griechenlands wachsenden *Buphthalmum maritimum* mit Wasser, so scheidet das auf 0° abgekühlte Destillat gelbe seideglänzende spiessige, schon in der warmen Hand zu einem schwach angenehm riechenden Oel schmelzende Krystalle ab, die sich in Weingeist lösen und schwach sauer reagiren (Landerer, Repert. Pharm. 79. 233. 1843).

Tarchonanthus. Bacharis. Liatris.

F. Canzoneri und G. Spica (Gazz. chim. 1882. 227. Berl. Ber. 15. 1760) haben in den Blättern von Tarchonanthus camphoratus ein zersetzbares Alkaloid und Tarchonin-Alkohol (dem Myricylalkohol nahend) nachgewiesen. Dieser Körper scheidet sich aus der heissen Alkohollösung beim Erkalten als Gallerte ab, die mit kaltem Alkohol von Chlorophyll befreit, aus heissem Alkohol gereinigt wird. Krystallinische Schüppchen, Schmpkt. 82°, mit Phosphorpentachlorid ein Chlorderivat gebend.

Die Blätter von Liatris odoratissima sind reich an Cumarin. (Pharm. J. Trans. (3) 612. 764) — P. Arata (J. Pharm. 1879. 92) hat aus Bacharis cordifolia ein krystallisirendes Alkaloid, Bacharin, hergestellt und zwar aus dem wässrigen Extract durch Eindampfen mit Kalk oder Magnesia, Ausziehen des Verdampfungsrückstandes mit Amylalkohol, schwer löslich in Wasser, leichter löslich in Alkohol und Aether, am leichtesten in Amylalkohol.

Bacharin.

Xanthium. Anacyclus. Cichorium. Centaurea.

Untersuchungen von Xanthium spinosum ohne nennenswerthes Resultat sind gemacht worden von Grzymala (J. thérapeut. 1876) u. Yvon (Repert. d. Pharm. (4), 546). — Zander (Pharm. Z. Russl. 20. 661) hat die Samen von Xanthium strumarium quantitativ untersucht und neben allverbreiteten Bestandtheilen einen glycosidähnlichen Körper, Xanthostrumarin, nachgewiesen, das nicht näher characterisirt ist. — In den Wurzeln von Anacyclus Pyrethrum hat Buchheim (Arch. experim. Path. 5. 458) als wirksame Substanz ein Alkaloid, Pyrethrin, nachgewiesen, das sich mit alkoholischer Kalilauge, dem Piperin ähnlich, in Pyrethrinsäure spaltet. — Neben den zuckerreichen Wurzeln von Cichorium Intybus, welche ein vielfach benutztes Rohmaterial zur Darstellung der Kaffeesurrogate abgeben, sind die Blüthen dieser Pflanze durch den Gehalt an einem Glycoside beachtenswerth. R. Nietzki (Arch. Pharm. (3) 8. 327) stellte dasselbe her, indem er die getrockneten Blüthen mit 60 % Alkohol extrahirte, den Auszug verdampfte, schwach angesäuert mit Bleiacetat fällte und das entbleite Filtrat dieser Ausfällung verdampfen liess. Die sich ausscheidenden Krystalle wurden aus heissem Wasser umkrystallisirt. Das Glycosid bildet weisse Krystalle, löslich in Wasser, Alkohol, unlöslich in Aether, bitter schmeckend, löslich in Salpetersäure mit rother Farbe, reducirend wirkend auf alkalische Kupfer- und Silberlösung, Schmpkt. 215—220°, von der Zusammensetzung $C_{32}H_{34}O_{19} + 4^1/_2 H_2O$. — Mit verdünnten Säuren scheidet unter Aufnahme von $2 H_2O$ dasselbe Traubenzucker und einen Spaltungskörper ab, $C_{20}H_{14}O_9$, glänzende Nadeln, in heissem Alkohol und Essigsäure löslich. Eisenchlorid färbt grün, Chlorwasser vorübergehend carminroth, Schmpkt. 250—255°. Dieses Spaltungsproduct ist schon in den Blüthen neben dem Glycosid enthalten.

Xanthostrumarin. Pyrethrin. Glycosid von Cichorium.

Die Blüthen von Centaurea Cyanus enthalten wahrscheinlich ebenfalls diesen Spaltungskörper.

Untersuchungen über die als Nahrungsmittel werthvollen Bestandtheile von Cichorium Endivia, Lactuca sativa liegen von W. Dahlen (Landw. Jahrb. 3. 723) vor.

Myriogyne. Ubyaea. Ceradia. Euryops.

In Myriogyne minuta wiesen Rummel und Müller (Z. östr. Apothver. 16. 489) eine Säure, die Myriogynesäure nach. — Dragendorff untersuchte die Blüthen von Ubyaea Schimperi. Myriogynesäure.

Die Harze der Gattungen Ceradia und Euryops hat Hirschsohn untersucht (Journ. Pharm. 1877).

Hysterophyta.

a. Aristolochiaceae.

Asarum. Aristolochia.

Das Oel von Asarum canadense enthält nach Power (Prozeed. Amer. Pharm. Assoc. 464. 1880) eine sehr geringe Menge Terpen oder Asaren $C_{10}H_{16}$ und vermuthlich etwas Valerianäther des Asarols. Das Osterluzeiöl, aus der Wurzel und dem Kraut von *Aristolochia Clematitis L.* ist goldgelb, dickflüssig, von 0,90 specif. Gew. und saurer Reaction. — Das Schlangenwurzelöl, aus der Wurzel von *Aristolochia Serpentaria E.*, die davon nach Buchholz 0,5 % liefert, ist hellbraun, leichter als Wasser, von baldrian- und campherähnlichem Geruch und Geschmack (Grassmann, Repert. Pharm. 15. 463). Asarumöl. Osterluzeiöl. Schlangenwurzelöl.

Haselwurzcampher. Asarin. Asaron. $C_{20}H_{26}O_5$. — Literat.: Görz, Pfaff's System der Mat. med. 3. 229. — Lassaigne und Feneulle, Journ. Pharm. (2) 6. 561. — Gräger, Dissert. inaug. de asaro europ. Götting. 1830. — Sell und Blanchet, Ann. Chem. Pharm. 6. 296. — K. Schmidt, ebendas. 53. 156.

Man erhält diesen von Görz in der Wurzel von *Asarum europaeum L.* entdeckten Stoff, indem man sie mit Wasser der Destillation unterwirft. Er findet sich dann theils in Krystallen im Retortenhals, theils im Destillat, aus dem er in kleinen Körnern anschiesst (Görz). Zur Reinigung fällt man ihn aus weingeistiger Lösung durch Wasser aus, kann anhängendes Asarumöl auch durch Schmelzen entfernen (Gräger). Asarom.

Der Campher bildet durchsichtige perlglänzende vierseitige Tafeln (Lassaigne und Feneulle) ohne Geruch und Geschmack und von 0,95 spec. Gew. (Gräger). Er schmilzt nach Gräger bei 70°, nach Blanchet und Sell bei 40° und lässt sich zwischen Urgläsern in kleinen Mengen unverändert sublimiren. Er löst sich wenig in Wasser, leicht in Weingeist, Aether und flüchtigen Oelen. Für die Zusammensetzung geben Blanchet und Sell die Formel $C_{16}H_{11}O_4$, Schmidt die oben angeführte.

Bei 280° beginnt der Campher zu sieden, aber gleichzeitig auch sich zu zersetzen (Blanchet und Sell) und verwandelt sich in eine rothe zähe

Masse; auch seine weingeistige Lösung wird beim Kochen erst gelb, dann blutroth und enthält nun rothen amorphen Campher von unveränderter Zusammensetzung (Schmidt). Salpetersäure verwandelt ihn theilweise in Oxalsäure, Kaliumbichromat oder Braunstein und Schwefelsäure erzeugen daraus ein rothes amorphes Harz. In trocknem Chlorgasstrome schmilzt er schon bei gewöhnlicher Temperatur zu einer tief blutrothen Masse (Schmidt). Conc. Schwefelsäure löst ihn kalt mit gelber, heiss mit braunrother Farbe; im ersteren Falle scheidet Wasser unveränderten Campher, im letzteren ein braunes Harz ab (Gräger).

Wirkung. Von Feneulle und Lassaigne wird Asarin ekel- und brechenerregend genannt und von Régimbeau (Journ. Pharm. 14. 200) dem Emetin verglichen. Hoppe (Nervenwirkung der Heilmittel. 4. 123) nennt Asarin ein die Gefässthätigkeit nicht schwach anregendes und gleich allen gefässanregenden Mitteln die Pupille erweiterndes Impulsmittel. Nach Harnack (Arch. exp. Path. 3. 62) lähmt es zu 0,03 bei Fröschen die quergestreiften Muskeln.

Das Aristolochin von Chevallier (Journ. Pharm. (2) 5. 565) aus *Aristolochia Serpentaria L.*, sowie das Clematidin und die flüchtige Aristolochiasäure von Walz (Jahrb. pract. Pharm. 24. 65; 26. 65) und endlich Frickinger's (Repert. Pharm. (3) 7. 1) Aristolochiengelb, ebenso der von Power als Asarin bezeichnete indifferente Körper in Asarum canadense sind zweifelhafte und jedenfalls nicht rein erhaltene Substanzen, bezüglich derer wir auf die Originalabhandlungen verweisen.

b. Santalaceae.

Santalum.

Santelöl. P. Chapoteaut (Bull. soc. chim. 37. 303) beschreibt das durch Destillation des weissen oder gelben Sandelholzes gewonnene ätherische Oel (Ausbeute 1,2 2,8, nach Schimmel 2—5 %), als dickliche Flüssigkeit von 0,945 spec. Gew., u. c. Sdpkt. zwischen 300 und 400°, bestehend aus einem Körper $C_{15}H_{24}O$, (Sdpkt. 300°) und einem Körper $C_{15}H_{26}O$, (Sdpkt. 310°) welche beide mit wasserfreier Phosphorsäure Kohlenwasserstoffe liefern und zwar den erstern $C_{15}H_{22}$, (Sdpkt. 245°) der letztere $C_{15}H_{24}$, (Sdpkt. 260°). Nach Flückiger (Pharmacogr. 2 ed. 602) ist das Oel linksdrehend und von 0,836 sp. Gew., der Sdpkt. nicht festzustellen, da es schon bei 255° sich bräunt. — Man hat das Oel nach Nirgon (Gaz. Hôp. 1140. 1875) und Durand (Étude sur les Santalacées et les propriétés chim. et physiol. de l'essence de santal citrin. Par. 1875) in Frankreich als ein auch in grossen Dosen (8,0—10,0) und bei längerer Verabreichung die Verdauung nicht störendes und nur ausnahmsweise kurzdauernde Nierenschmerzen, aber selbst zu 10,0 keine Albuminurie verursachendes Trippermittel gerühmt und ausserdem als Balsamicum bei Cystitis (Durand), Urethritis, Prostatitis und Harnröhrenstricturen (Simonnet, Coudmont), endlich bei chronischem Darmkatarrh benutzt. Bei frischer Gonorrhoe reicht man am ersten Tage 4,0—5,0, an den beiden folgenden 1,0 bis 1,5 mehr, nach Eintritt von Besserung 0,5—1,0 im Tage weniger, am besten in Kapseln in 2 Gaben vor der Mahlzeit. Das Oel geht schon in kurzer Zeit in den Harn über, der den Geruch des Oeles noch 24 St. zeigt und in welchem Salpetersäure eine ähnliche Trübung wie nach Copaivaöl erzeugt (Durand).

c. Loranthaceae.

Viscum.

Wenn man die zerquetschten weissen Beeren oder die fein geschabte Rinde der Mistel, *Viscum album L.*, anhaltend mit Wasser ausknetet, das zurückbleibende Gemenge von Vogelleim und Holzfaser zuerst wiederholt mit Weingeist und dann 5—6mal mit Aether auskocht, den zähen Verdunstungsrückstand der ätherischen Lösung mit Weingeist und darauf mit Wasser auswäscht und ihn endlich zur Verdampfung des Wassers bei Luftabschluss auf 120° erhitzt, so erhält man das Viscum von Reinsch (N. Jahrb. Pharm. 14. 129) als klare durchsichtige honigdicke, bei gewöhnlicher Temperatur zu Fäden ausziehbare, bei 100° dünnflüssige, sauer reagirende, fast geruch- und geschmacklose, auf Papier Fettflecke erzeugende Masse von dem specif. Gew. 1,0 und einer der Formel $C_{20}H_{48}O_8$ ($C_{20}H_{32}$, $8H_2O$) entsprechenden Zusammensetzung. — Die gleichen oder doch sehr ähnliche Substanzen finden sich auf dem Fruchtboden und der Blüthenhülle der *Atractylis gummifera L.* (Fam. Synanthereae), in der Oberhaut der jungen Zweige von *Robinia viscosa* (Fam. Papilionaceae), in der Wurzel von *Gentiana lutea L.* (Fam. Gentianeae), in den klebrigen Ueberzügen von *Lychnis viscosa L.* (Fam. Sileneae) und *Saxifraga tridactylites L.* (Fam. Saxifrageae), im Milchsaft der jungen Zweige verschiedener *Ficus*-Arten (Fam. Artocarpeae). — Der nach dem Ausziehen des Viscins durch Aether gebliebene Rückstand des Vogelleims (s. oben) tritt an Terpentinöl Viscautschin ab, das eine klare gelbliche, sehr elastische und zu langen Fäden ausziehbare, neutral reagirende Masse bildet, die der Formel $C_8H_{16}O$ entspricht (Reinsch).

Pawlevsky (Bull. soc. chim. (2) 34. 348) hat aus Viscum album eine krystallisirende Säure erhalten, wenig löslich in Wasser, in Alkohol und Aether unlöslich, Schmpkt. 101—103°, Formel $(CH_3O_2)OH$.

Sachregister, chemisch-systematisch geordnet.

(Bei der folgenden Zusammenstellung, welche vor Allem dem Chemiker eine allgemeine Uebersicht über die in diesem Werke behandelten Pflanzenbestandtheile geben soll, ist die alphabetische Anordnung nicht befolgt).

I. Fettreihe.

Einwerthige Verbindungen.

Thioäther.

Amine.

Ketone.

Fettsäuren 188.

Ungesättigte Säuren. $C_nH_{2n-2}O_2$.

Ester der Fettsäuren. Wachsarten.

Cyanverbindungen. Nitrile.

Amidosäuren.

Zweiwerthige Verbindungen.

Zweibasische Säuren $C_nH_{2n-2}O_4$

Terpene. Campher.

Aetherische Oele.

Harze (Gummiharze).

Balsame.

Glykoside 13.

Bitterstoffe. Indifferente Körper 15.

Pflanzenstoffe.

Pflanzensäuren unbekannter Constitution.

Proteïnstoffe.
(Eiweissstoffe.)

Ungeformte Fermente.

Alphabetisches Sachregister.

Alphabetisches Verzeichniss der Pflanzenfamilien und Gattungen.

Druckfehlerverzeichniss.

Seite 281 Zeile 22 von unten Cantharellus anstatt cantharellus.
„ 295 „ 8 „ „ Bestandtheile anstatt Alkaloide.
„ 329 „ 12 von oben de Vrij anstatt de Vrji.
„ 424 „ 19 von unten Cumarin anstatt Coumarin.
„ 435 „ 2 von oben Nitroerythrit anstatt Nitrocrythit.
„ 519 „ 27 „ „ E. Keussler anstatt E. Kreussler.
„ 812 „ 9 von unten Bixa anstatt Bix.
„ 942 „ 25 „ „ Additionsprodukte anstatt Apditionsprodukte.
„ 1004 „ 22 von oben Geum anstatt Gum.
„ 1027 „ 24 „ „ Cytisin anstatt Cisticin.
„ 1036 „ 7 von oben Galactin anstatt Galactein.
„ 1060 „ 17 von unten Kinoroth anstatt Kinroth.
„ 1159 „ 22 von oben Scopolin anstatt Soopolin.
„ 1187 „ 1 „ „ Atropasäure anstatt Atropinsäure.
„ 1187 „ 21 „ „ Tropin anstatt Atropin.
„ 1332 „ 17 „ „ Neriodorein anstatt Neriodereín.